# Gesamtverzeichnis des deutschsprachigen Schrifttums (GV) 1700 – 1910

Bearbeitet unter der Leitung von
Hilmar Schmuck und Willi Gorzny

Bibliographische und redaktionelle Beratung:
Hans Popst und Rainer Schöller

## 144

## Tas - That

K · G · Saur München · New York · London · Paris 1985

CIP-Kurztitelaufnahme der Deutschen Bibliothek

**Gesamtverzeichnis des deutschsprachigen Schrifttums :**
(GV). München, New York, London, Paris : Saur.
Bd. 1 6 bearb. unter d. Leitung von Peter Geils
u. Willi Gorzny.
ISBN 3-598-30000-X

1700 1910 / bearb. unter d. Leitung von Hilmar
Schmuck u. Willi Gorzny. Bibliograph. u. red.
Beratung: Hans Popst u. Rainer Schöller

NE: Schmuck, Hilmar [Bearb.]

144. Tas - That. - 1985.


Techn. Realisierung und Druck: Norbert Gärtner, Mainz-Kastel
Binden: Karl Schaumann, Darmstadt
Printed in the Federal Republic of Germany
ISBN 3-598-30000-X (Gesamtwerk)

Tasa, s. Tasso.

**Tasca**, Pierantonio, a Santa Lucia. (Am Strande Santa Lucia.) Melodram in 2 Acten. Nach d. neapolitan. Volksscenen v. Goffredo Cognetti. Musik v. T. Text v. Enrico Golisciani. Deutsch v. Ludw. Hartmann. Textbuch. 12. (50 S.) Berlin (893). E. Boto & G. Bock. n.n. — 50

A Santa Lucia. (Am Strande Santa Lucia.) Melodram in 2 Acten. Nach d. Neapolitanischen Volksscenen von Goffredo Cognetti. Musik von Pierantonio Tasca. Text von Enrico Golisciani. Deutsch von Ludwig Hartmann. [Textbuch.] *Berlin: E. Bote & G. Bock [1894].* (50 S.) 8°. [Ant. u. S.] [w. 5727

**Täsch**, Jh. Fr., († 1785.) Beschreib. eines von mir inventirten Höheninstruments. Mit 2 Kpf. gr. 4. Bresl. 781. (J. F. Korn). 4 gr.

* **TASCHE**, Die gefundene, oder: zwey Frauenzimmer-Briefe an den Herrn Abendstündler des Vauxhall. (Mit Portrait.) — Die wiedergegebene Tasche, oder: Beantwortung der zwey Frauenzimmerbriefe .... — Liebeserklärung an den Herrn Abendstündler .... — Feyerlicher Abschied ... (Berlin 1781.) 8°. (In Berlin, 1 vol.: Yy 8°. 6941.) Sehr rar!

Salzhausen. (Tasche, Meteorologische Beobachtungen zu — in den Jahren 1853 und 1854.

**Tasche**, Obstbaumtabelle. Kurze Uebersicht z. Erziehung, Pflanzung u. Wartung d. Obstbäume, f. d. Landmann. Fol. Lemgo, 1801. Meyer. — 2½

Tasche, Tabelle d. Obstbaumzucht. Fol. Hannov. Hahn.

**Tasche**, Albr., das lippische Höferecht. (VIII, 161 S.) 8. Lage 909. C. Böhringer. Geb. in Leinw. 3. —

Tasche, H., das Soolbad Salzhausen in der Wetterau. gr. 8. (32 S. mit 1 Stahlst.) Gießen 853, Ferber'sche Universitäts-Buchh.

**Tasché**, H., das Soolbad Salzhausen in der Wetterau im Grossherzogt. Hessen. 2., nach dem Tode des Verf. neubearb. Aufl. v. Karl Schnittspahn. Mit Illustr. u. 2 Karten. 12. (44 S.) Giessen 900. E. Roth. n. 1. —

Tasche, Hans, Bilder auf der Reise zur Naturforscherversammlung in Königsberg, im Herbst 1860. Mit besond. Berücksicht. der Bernsteinablagerung an der samländ. Ostseeküste, des Steinsalzvorkommens bei Staßfurt; nebst einigen anderen wichtigen geolog. und socialen Fragen. gr. 8. (VIII und 208 S. mit 2 Stnt. in qu. Fol.) Gießen 861, [Heinemann.] *

**Tasche**, Hans, Bilder auf der Reise zur Naturforscherversammlung in Königsberg, im Herbst 1860. Mit besonderer Berücksichtigung der Bernsteinablagerung an der samländischen Ostseeküste, des Steinsalzvorkommens bei Staßfurt; nebst einigen anderen wichtigen geologischen u. socialen Fragen. Mit 2 lith. Taf. (in Fol.) Gießen 861. Heyer. gr. 8. (VIII, 208 S.) n. 1 ₰

— kurzer Ueberblick über das Berg-, Hütten- u. Salinen-Wesen im Grossherzogthum Hessen. Darmstadt 858. Jonghaus. Lex.-8. (VIII, 92 S.) n. 20 ngr.

Tasché, Sophie, geb. Hoffmann, s. Sophie.

**REISE**, Die, in's Bad, oder Gewalt der Liebe und des Zufalls (von *Sophie Tasché*, geb. *Hoffmann*). Giessen, Tasché, 1812. 8°.
Anon.-Lex. III. p. 361 (nach Goedeke, Scriba u. v. Schindel). — Zahm.

**Taschek**, Wilh., neuer Frühling, s.: Volksschul-Bibliothek, neue österreichische.

Tasche, Wilhelm
Theses juridicae inaugurales.
Giessae 1826.
Dr. jur. 1826. 26 Kriegsverlust.

— Vorschläge zur Vereinfachung des grammatischen Unterrichtes in d. Volksschule. gr. 8. (16 S.) Wien 895. A. Siegl. n. — 50

**Taschek**, Wilh. E. A., deutsche vereinfachte Wortschreibung. Ein Handbuch der Orthografie f. Freunde einfacher ungekünstelter Wortbilder. gr. 8. (72 S.) Prag 871. André. n. 1. —

Taschen-Adressbuch und Fremdenführer von Frankfurt a. M. [Sachsenhausen, Bornheim und Bockenheim]. 6. Ausg. Mit 1 (lithogr.) Doppelplan. gr. 16. (IV, 72 S.) Frankfurt a. M. 884, (Erras.)

Taschen-Adressbuch und Fremdenführer von Frankfurt a. M. (Sachsenhausen, Bornheim und Bockenheim). 7. Aufl. (84 S.) 885; 8. Aufl. 12. (68 S. mit 1 lithogr. Doppelplan.) Frankfurt a. M. 886, [Erras.] Mor. Poetzl, Zeil 38.

**Taschen-Adreßbuch** u. **Häuser-Verzeichniß** v. Teplitz-Schönau-Turn. Zusammengestellt u. red. v. W. A. Westmann. gr. 16. (VII, 240 S.) Teplitz 892. (A. Becker.) n. 1. —

Taschen-Adreß-Buch der Residenz Rudolstadt. Neue Aufl. 16. (48 S.) Rudolstadt 867, Froebel. *

**Taschen-Agenda** für Buchdrucker auf das Jahr 1867. Schreib-, Merk- u. Notiz-Kalender. Leipzig, Waldow. gr. 16. (237 S. mit 1 lithogr. Karte in gr. 4.) geb. n. 16 ngr.

**Taschen-Agenda** f. Buchdrucker auf d. J. 1874. Schreib-, Merk- u. Notiz-Kalender. 8. (228 S.) Leipzig 874. Waldow. geb. n. 1. 75

**Taschen-Agenda** f. Imker (1898). gr. 16. (60 S. u. Tagebuch.) Berne, B. Bessin. Geb. — 60

Taschenagende für unvermuthete Predigerfunktionen. 12. Oldenburg 817. (Leipz., Kummer). 9 gr.

**Taschen-Album** von 48 leichteren Chaisen, 8 schönen Schlitten u. 7 Chaisen-Vordergestellen. 16. (60 Taf.) München 888. Meitinger. 6. —

**Taschen-Album** für Wanderer des Thüringer-Waldes in Wort und Bildern. Eine Burschenfahrt ... Langensalza 1854. V: *Polack, Carl.* (EngG)

Taschen-Album für Wanderer des thüringer Waldes in Wort und Bildern. Eine Burschenfahrt bearb. von C. P. 8. (VI und 114 S. mit 23 Stnt. in Tondr., wovon 1 in qu. 4.) Langensalza 854, (Schulbuchhandlung des thüringer Lehrer-Vereins.) —

Taschenalmanach für 1861. Taschenform. (64 S. mit 6 ill. Kpfr., Spiegel, in goldgepr. Einb. mit Stahlschloß.) Wien 860, Lienhart.

Taschen-Almanach für die Jahre 1864—67. Borna 863. Schulze. 32. Jeder Jahrg. (14—24 S. mit 1 Holzschn.-taf.) 2 ngr.

**Taschen-Almanach** für die k. k. österreich. Armee, s. Strack.

Taschen-Almanach für die k. k. österreichische Armee auf das J. 1855. Von Jos. Strack. 16. (176 S.) Wien 855. (Leipzig, Hübner.) *

Taschen-Almanach, Benzigers, s.a. Benziger: Taschen-Almanach.

Taschenalmanach. Benzigers T'-A'. Merkbuch für das Jahr 1903 u. 1904. [Jahrg. 5 u. 6.] *je* 112 S. 8. Einsiedeln, Schweiz, Benziger & Co. A. G. [geb. *je* fr. —. 75 u. 1. 50]

Taschenalmanach. Benzigers T'-A'. Merkbuch für das Jahr 1905. [Jahrg. 7.] 112 S. 8. Einsiedeln, Schweiz, Benziger & Co. A. G. [geb. fr. —. 75]

Taschenalmanach. Benzigers T'-A'. Merkbuch für das Jahr 1906. [Jahrg. 8.] 112 S. 8. Einsiedeln, Schweiz, Benziger & Co. A. G. [geb. fr. —. 50]

Taschenalmanach. Benzigers T'-A'. Merkbuch für das Jahr 1907. [Jahrg. 9.] 112 S. 8. Einsiedeln, Schweiz, *etc.*, Benziger & Co. A. G. [geb. fr. —. 50]

Taschenalmanach. Benzigers T'-A'. Merkbuch für das Jahr 1908. [Jahrg. 10.] 112 S. 8. Einsiedeln, Schweiz, *etc.*, Benziger & Co. A. G. [geb. fr. —. 50]

**Taschen-Almanach**, buchgewerblicher, f. d. J. 1904. (124 S.) 12. Leipzig, R. Hintzsche (durch Greßner & Schramm). Geb. in Leinw. n.n.n. 1. —

**Taschen-Almanach**, buchgewerbl., f. d. J. 1910. 7. Jahrg. (VIII, 198 S. m. Abb.) kl. 8. Leipzig, (Südstr. 17), Rich. Hintzsche. Geb. in Leinw. nnn 1. —

Taschen-Almanach, illustrirter, für 1887. 32. (57 S.) Troppau 886, Strasilla. geb.

**Taschen-Almanach**, Leipziger, f. 1894. 17. Jahrg. 32. (56 S.) Leipzig, W. Wigand's Buchdr. — 25

**Taschen-Almanach**, Leipziger, f. 1899. 22. Jahrg. 64. (56 S.) Leipzig, W. Wigand's Buchdr. In Leinw. kart. — 25

**Taschen-Almanach**, Leipziger, f. 1902. 25. Jahrg. 64. (56 S.) Leipzig, W. Wigand's Buchdr. In Leinw. kart. — 25
Fortsetzung, s.: Taschen-Kalender, Leipziger.

Taschen-Almanach, neuester, auf die J. 1868—1875. Zum Gebrauche für Jedermann. Hrsg. von L. Planitz. 1.—7. Jahrg. 64. (à Jahrg. 56 S.) Leipzig, (Stauffer.) à Jahrg. *

—— dass. — Kleine Ausg. 1869—1875. 1.—6. Jahrg. 128. (à Jahrg. 32 S.) Ebendas. à Jahrg.

Taschen-Almanach, neuester, auf die J. 1876—1880. Zum Gebrauche für Jedermann. Hrsg. von L. Planitz. 8—12. Jahrg. 64. (à Jahrg. 56 S.) Leipzig, (Stauffer.) geb. à Jahrg.

**Taschen Apotheke, Eine römische,** von Elfenbein. O. O. [18??]. V: *Aus'm Weerth, Ernst.* (Zuwachsverz. d. Bibliotheken in Zürich 1898 ff.)

Taschenarzt, der, zur Verlängerung des Lebens. 12. Prag, Schönfeld. 797.

**Taschen-Atlanten,** s.: **Atlanten.**

**Taschen-Atlas,** allgemeiner, d. europäischen Eisenbahnen, hrsg. v. L. V. Kleinknecht. 1. Abthl. 1—6. Lfg. 16. (16 Karten, 25 Stahlst. u. 12 Tab.) Schweinfurt 844—47. [Berlin, Danz.] à L.

**Taschen-Atlas,** allgemeiner, der europäischen Eisenbahnen, herausgeg. von L. V. Kleinknecht. 1. Abth. 1.—6. Liefg. kl. 8. (Mit Stahlstich., Karten u. Tabellen.) Schweinfurt 844—46, Kleinknecht's Kunstverlag. à n. 1/8 ℛ

Taschen-Atlas von Deutschland, oder Schul- u. Reise-Karte von Deutschland u. den angrenzenden Ländern. (17 lith. Karten, wovon 16 kolor.) Leipzig, Eisenach, Werner, 1833—37. Lex 8. (5/6 ℛ)

Taschen-Atlas von Deutschland, oder Schul- u. Reisekarte von Deutschland u. den angränz. Ländern in 18 Blättern. 1e u. 2e Lfrg., à 4 (lithogr. u ill.) Bl. schmal gr. 4. Schmalkalden 833. Lithograph. Institut. à 1/6 ℛ — ders. Lex.-8. (17 lith. Karten, wovon 16 ill. sind.) Leipzig 837. Eisenach. 5/6 ℛ

**Taschen-Atlas** der Eisenbahnen Deutschl., Oesterr.-Ungarns, d. Niederlande u. d. Schweiz. Bearb. v. W. Nietmann. 7. A. Basel, Detloff. 3 75
1893.

—— geograph.-statistischer, in 31 (ill.) v. C. F. Weiland entworf. u. gez. Karten, nebst zusammengedrängten geograph.-statist. Uebersichten sämmtl. Länder u. Staaten. qu. Lex.-8. (32 Bl. Text.) Weimar 838, Geograph. Institut.

**Taschenatlas,** oder geographisch-statistisches Handbuch von allen vier Welttheilen . . . Berlin 1788. V: *Seidenburg, Johann Gottlieb.* (MGT) (Ky)

**Taschenatlas,** oder geograph.-statist. Handbuch von allen 4 Welttheilen, zum lehrreichen Unterr. der Jugend, (von J. G. Seidenburg). Nebst 42 Landkarten. gr. 8. Berl. 788. (Sander). 1 ℛ 8 gℛ

— oder geograph. statist. Handbuch v. allen 4 Welttheilen in 42 Charten z. lehrreichen Unterricht d. Jugend. gr. 8. Berl. Weyer. (Sander) 797.

— in 45 Karten, mit e. Beschreib. aller Länder der 5 Welttheile, ihrer Lage, Klima's, Naturprodukte, Landeskultur, Flüsse, Städte rc. .. Wien ... Schrämbl. 6 ℛ 16 gℛ

Taschenatlas v. 14 Charten, nebst hinreichender Erklärung der jetzigen Veränderungen. 4. Breslau, G. Korn. 806.

Taschen-Atlas, neuer, d. Erde, in 22 ill. Bl. Gest. v. Jak. Mittensteiner u. Sohn. qu. 12. Augsburg 837, Riegersche Buchh. *

Neuer vollständiger Taschenatlas mit 33 Hauptkarten u. 16 Nebenkarten sowie erdkundl. u. volkswirtschaftl. Zahlenaufzeichnungen. (Berlin-Leipzig: J. Singer & Co 1905.) (16 S., 33 Karten.) 8°

Neuer vollständiger **Taschenatlas** mit 33 Hauptkarten u. 16 Nebenkarten sowie erdkundl. u. volkswirtschaftl. Zahlenaufzeichnungen. (Berlin-Leipzig: J. Springer 1905.) (Getr. Pag.) 8° 05. 12070

**—— neuester, üb. alle Theile d. Erde, zum Schul- u. Handgebr. Mit e. tabellar. Uebers. d. allgem. Weltgeschichte u. mehr. geograph.-statist. Tabellen üb. d. Grösse u. Einwohnerzahl aller Länder d. Erde u. ihrer Hauptstädte. qu. 16. (8 Kart. u. 2 B.) Leipzig 840, Polet.**

— neuester, über alle Theile d. Erde, zum Schul- u. Handgebrauch. Mit 1 tabellar. Uebersicht der allgem. Weltgeschichte u. mehreren geographisch-statist. Tabellen über die Größe u. Einwohnerzahl aller Länder der Erde u. ihrer Hauptstädte. qu. 16. Leipzig 840. Polet. 1/4 ℛ — 2e Aufl. qu. 16. Ebd. 840. 1/4 ℛ

**Perthes', Justus, Taschen-Atlas.** 28 colorirte Karten mit einem geographisch-statistischen Text. Ausgabe für die österr.-ungar. Monarchie. 8. (38 S. Text.) Geb. 1.56
Gotha: Perthes 1893.

**Taschenatlas.** Justus Perthes' Taschen-Atlas 42. Aufl. Vollständig neu bearb. von Hermann Habenicht. 24 kolorierte Karten [und 18 Nebenkarten] in Kupferstich. Mit geographisch-statistischen Notizen von Hugo Wichmann. 80 S. + 24 Tafeln. 8. Gotha, Justus Perthes, 1905. [geb. M. 2. 40]
*Darin S. 6/8. 10. 12 f. 25 f. etc. und Karten N° 2 f. 6. 7. 9 f. die* Schweiz *betr.*

**Taschen-Atlas** des Deutschen Reiches in 32 farb. Spezialkarten mit 1 Stadtpl. u. mit 71 Bildern charakterist. Gebirge, Städte u. Landschaften. Leipzig: C. Ziegenhirt [1906]. (20 Kartenbl.) 8° 06. 8150

— vom Königreiche Sachsen. (5 Blätter, gezeichnet u. lithogr. v. W. Werner). qu. kl. 4. Leipz. 832. (Barth). 8 gℓ

**—— üb. alle Theile d. Erde. Bearb. v. J. Arnz. kl. 4. (24 Kart.) Düsseldorf ..., Arnz u. Comp.**

—— über alle Theile d. Erde, in **21** (ill.) Karten. qu. 16. Berlin (832), Gropius.

— über alle Theile der Erde, in 24 (lithogr. u. ill.) Blättern. 1e Aufl. kl. 4. Düsseldorf 836. Arnz u. Comp. 1/2 ℛ

— über alle Theile der Erde nach dem neuesten Zustande in 24 ill. Karten. Nach Stieler's Handatlas verkleinert. qu. kl. 4. Ebend. 844. n. 1/2 ℛ

**—— über alle Theile der Erde nach dem neuesten Zustande in 24 ill. Karten. Nach Stieler's Handatlas verkleinert. qu. 4. Gotha 845, Just. Perthes.** *

**Taschen-Atlas** über alle Theile der Erde. Nach dem neuesten Zustande in 24 color. Karten in Kupferst. Nach Stieler's Handatlas verkleinert. 2. Aufl. qu. 8. Gotha 847, J. Perthes. — 3. Aufl. qu. 8. Ebd. 850. n. 1/2 ℛ

**Taschen-Atlas über alle Theile der Erde nach dem neuesten Zustande in 24 ill. Karten in Kpfrst. Nach Stieler's Hand-Atlas verkleinert. 7. Aufl. qu. 8. Gotha 856, J. Perthes.** *

**Taschen-Atlas** über alle Theile der Erde nach dem neuesten Zustande in 24 illum. Karten in Kpfrst. Nach Stieler's Hand-Atlas verkleinert. 8. Aufl. 859. — 9. Aufl. 861. — 10. Aufl. Gotha 864. J. Perthes. qu. 8. n. 15 ngr

**Taschen-Atlas** über alle Theile der Erde nach dem neuesten Zustande in 24 color. Karten in Kpfrst. Nach Stieler's Hand-Atlas verkleinert. 11—12. Aufl. Gotha 865—67. J. Perthes. qu. 8. n. 15 ngr

**Taschen-Atlas** üb. alle Theile der Erde nach dem neuesten Zustande in 24 colorirten Karten in Kupferst. Nach Stieler's Handatlas verkleinert. 13. Aufl. 16. Gotha 873. J. Perthes. n. 2. —; geb. n. 2. 50

Taschen-Atlas über alle Theile der Erde nach dem neuesten Zustande in 24 Karten. Nach Stieler's Handatlas verkleinert. 13. Aufl. 16. Ebendas. 874. * 2 —
geb. (* ℳ 2,50.) * 2 60

Taschen-Atlas über alle Theile der Erde nach dem neuesten Zustande in 24 color. Karten in Kpfrst. Nach Stieler's Hand-Atlas verkleinert. 14.—16. Aufl. kl. 4. Ebendas. 875—79. cart. * 2 —
geb. in Calico * 2 60

**Taschen-Atlas** z. Gebrauch in Unteroffiziersschulen und zum Selbstunterricht für Unteroffiziere und Soldaten. Herausgegeben von Carl Duncker, Oberlieutenant im k. k. 4. Feldjäger-Bataillon. Enthält 16 col. Kärtchen in 32. Wien: Tendler 1868.

**Taschenausgabe der Zürcher Bibel. Bericht des Zürcher Bibelkomite. ([Mit] Probeseite.) ⟨Separatabzug aus dem Jahresbericht der Evang. Gesellschaft [Zürich].⟩ 6 + 1 S. 8. Zürich, Berichthaus, 1902.**

Taschen-Ausgabe der Gesetze für das Königreich Böhmen, s. Gesetze für das Königreich Böhmen. Taschen-Ausg.

— der Gesetze für Böhmen. Nr. 250. 8. [Jahrgang 1891. II. Heft] (S. 65 136 und S. 17 bis 32) —.36
Prag: Höfer & Klouček 1891.

**Taschen-Ausgabe** der Gesetze für Böhmen. Nr. 251: Oesterr. Reichs-Gesetze, nebst Erlässen und Verordnungen. Jahrg. 1891 3. Heft. Inhalt: Publicationen des Reichsgesetzblattes Nr. 64—87 vom 5. Juni bis 27. Juni 1891 Darunter: Die Gesetze und Verordnungen über die Einbeziehung des Freihafengebietes von Triest in das österr. ungar. Zollgebiet 8. (S. 137—288) —.84
Prag: Höfer & Klouček 1891.

**Taschenausgabe** der Gesetze des Norddeutschen Bundes. Berlin. 2 Bde
Bd 1. Gesetze, Verträge, Verordnungen, Reglements etc. umfassend die Legislaturperiode 1867. 68.
„ 2. . . . ergangen im Jahre 1868, nebst Nachträgen zu Bd 1. 1869.

**Taschenausgabe** der Gesetze des norddeutschen Bundes. Berlin 1868/69.
Band 1. Gesetze, Verträge, Verordnungen, Reglements etc., umfassend die Legislaturperiode 1867.
„ 2. Gesetze, Instruktionen, Verträge etc., ergangen im Jahre 1868 nebst Nachträgen zu Band 1 und Register zu Band 1 und 2.

**Taschenausgabe** der gebräuchlichsten Gesetze f. den Kanton Aargau. (Hrsg. v. G. Schneider.) 1. u. 2. Bd. 12. Aarau, J. J. Christen, Verl. Geb. in Leinw. n. 7. 80
1. (VI, 458 S.) 893. n. 3. 80. — 2. (IV, 499 S.) 894. n. 4. —.

**Taschenausgabe** der gebräuchlichsten Gesetze für den Kanton Aargau. Hrg. von Dr. G[ustav] Schneider, Fürsprech, a. Oberrichter, Aarau. (2. ... Ausg.) 2 Bände. 8. Aarau, Emil Wirz, 1899—1902. [*je* geb. fr. 4. 50]
Band 1: (2. gänzlich umgearbeitete Ausg.) VI + 565 S. 1899.
Band 2: 2. vermehrte Aufl. (**Umschlag:* 2. gänzlich umgearbeitete Ausg.) [Mit 1 Tabelle.] IV + 551 S. 1902.

Taschenausgabe der österr. Gesetze, s. Gesetze, österr. Taschenausgabe.

**Taschenausgabe** der österreichischen Gesetze. Nr. 1–9. (I–V B.) kl. 8. Wien, F. Manz. **1860.** 6 fl.
Elegant geb. in engl. Leinwand. 8 fl.

Nr. 1. Gewerbeordnung mit allen Nachträgen. 15 kr.

Nr. 2. Privilegiengesetz sammt Vollzugsvorschrift. — Marken- und Musterschutzgesetz. — Hausirpatent. — Gesetz für Handelsagenten. — — Handelskammern. — Gesetze über Firmaprotocollirung. — Vereinsgesetz. 35 kr.

Nr. 3. Wechselordnung. — Verfahren in Wechselsachen. — Börse-Ordnung. — Gesetz für Waarenbörsen und Waarensensale. — Gesetz über das Vergleichsverfahren. 30 kr.

(Nr. 1–3 bilden zugleich den 1. Band dieser Sammlung, derselbe kostet 80 kr. eleg. in engl. Leinw. geb. 1 fl. 20 kr.

Nr. 4. Bürgerliches Gesetzbuch. 1 fl. 20 kr.

Zugleich 2. Band dieser Sammlung eleg. in engl. Leinw. geb. 1 fl. 60 kr.

Nr. 5. Verfahren außer Streitsachen. 60 kr.

Nr. 6. Notariatsordnung sammt Verfahren üb. Notariatsurkunden 30 kr.

Nr. 7. Grundbuchsordnung. — Verordnungen üb. Waisencassen u. Depositenwesen. 90 kr.

Nr. 5–7 bilden zugleich den 3. Band dieser Sammlung, derselbe kostet 1 fl. 80 kr. eleg. in engl. Leinw. geb. 2 fl. 20 kr.

Nr. 8. Strafgesetz. — Preßgesetz — Wuchergesetze. 80 kr.

Zugleich 4. Band dieser Sammlung eleg. in engl. Leinw. geb. 1 fl. 20 kr.

Nr. 9. Strafproceß. — Instruction für die Strafgerichte. — Instruction für die Staatsanwaltschaften. — Verfahren der politischen Behörden in Strafsachen. 1 fl. 40 kr.

Zugleich 5. Band dieser Sammlung eleg. in engl. Leinw. geb. 1 fl. 80 kr.

**Taschenausgabe** der österreichischen Gesetze. VI.–X. Bd. (Nr. 10–14.) kl. 8. Wien, Manz. **1861.** 6 fl.
Leinwbd. 8 fl.

Einzeln:

VI. Bd. (Nr. 10.) Jurisdictionsnormen. — Gerichts- und Concursordnung. — Die besonderen Arten des Verfahrens in Streitsachen. — Geschäftsordnung für die Gerichtsstellen. (XII. 427 S.) 1 fl. 60 kr.
Leinwbd. 2 fl.

VII. Bd. (Nr. 11.) Berggesetz vom 23. Mai 1854 sammt Vollzugsvorschrift. (XVI. 475 S.) 1 fl. 60 kr.
Leinwbd. 2 fl.

VIII. Bd. (Nr. 12.) Forstgesetz — Jagdgesetz. — Vorschriften über das Waffentragen und den Feldschutz. (VIII. 273 S.) 80 kr.
Leinwbd. 1 fl. 20 kr.

IX. Bd. (Nr. 13.) Gemeindegesetz vom 17. März 1849. — Nachträge, Erläuterungen und Instructionen. — Vorschriften über Zuständigkeit, Einwanderung, Auswanderung und die Verehelichung mit Ausländern. (IV. 142 u. 98 S.) 80 kr.
Leinwbd. 1 fl. 20 kr.

Daraus einzeln:
Das Gemeindegesetz allein. (132 S.) 40 kr.

X. Bd. (Nr. 14.) Vorschriften über Conscription, Militär-Entlassung, Reserve, Einquartierung und Vorspann. (359 S.) 1 fl. 20 kr.
Leinwbd. 1 fl. 60 kr.

(1.) — — Dieselbe Nr. 3. kl. 8. Gbdn. **1863.**
Inhalt: Wechselordnung, Verfahren in Wechselsachen, Börseordnung, Gesetz für Waarenbörsen u. Waarensensale, Gesetze über die Promessengeschäfte und über das Ausgleichsverfahren. Mit allen nachträglichen Verordnungen u. mit alphabet. Register. Neuer Abdruck, ergänzt bis Ende 1862. (IV. 127 S.) 30 kr.

(2.) **Taschenausgabe** der österreichischen Gesetze. 11. u. 12 Bd. kl. 8. Wien, Manz. **1863.**
Inhalt: 11. Bd. Das allgemeine Handelsgesetzbuch vom 17. Dec. 1862 sammt dem Einführungsgesetz u. allen darauf bezüglichen ergänzenden u. erläuternden Verordnungen. Mit alphabet. Nachschlageregister. (VIII. 184 S.) 80 kr.
Lwdbd. 1 fl.
12. Bd. Das Gebührengesetz vom 9. Febr. 1850 nebst dem Gebührengesetze vom 13. December 1862 u. allen übrigen, zu denselben erflossenen Gesetzen u. Verordnungen. (X. 402 S.) 1 fl. 60 kr.
Lwdbd. 2 fl.

**Taschenausgabe** der österr. Gesetze. 4., 6., 7. u. 10. Bd. Neue Aufl. 8. Wien, Manz. **1865.**
Inhalt: 4. Bd. Das allgemeine Strafgesetz vom 27. Mai 1852, das Preßgesetz vom 17. December 1862 und die Wuchergesetze nebst allen übrigen darauf bezüglichen, bis Ende December 1864 erschienenen Gesetzen und Verordnungen. 3. Aufl. (VIII u. 287 S.) 80 kr.
6. Bd. Die Civil- und Militär-Jurisdictionsnorm. — Die Geschäftsordnung für die Gerichtsstellen. — Die allgemeine Gerichts- und Concursordnung. — Die besonderen Arten des Verfahrens in Streitsachen, sammt allen ergänzenden und erläuternden Verordnungen. 2. bis Ende Mai 1865 vervollständigte Aufl. (X u. 422 S.) 1 fl. 60 kr.
7. Bd. Das allgemeine Berggesetz vom 23. Mai 1854 sammt der Vollzugsvorschrift und allen darauf Bezug nehmenden, bis Ende August 1865 erschienenen Verordnungen und Erläuterungen. Mit einem Anhange, enthaltend: Der Amts-Unterricht für die k. k. Berghauptmannschaften vom 3. Juli 1861. — Die Beschlüsse der Judex-Curial-Conferenz in Pest bezüglich des Bergwesens in Ungarn. — Die Vorschriften über die Berggerichte. — Die Vorschriften über die Bergbücher. — Die Vorschriften über die Aerarial-Montan-Beamten und Arbeiter. (XIV u. 456 S.) 1 fl. 60 kr.
10. Bd. Die Vorschriften über Conscription, Recrutirung, Stellvertretung, Militär-Entlassung, Reserve, Einquartierung und Vorspann, bis auf die neueste Zeit zusammengestellt. 2. bis Ende 1864 vervollständigte Aufl. (491 S.) 1 fl. 20 kr.

**Taschenausgabe** d. österreich. Gesetze. Bd. I–XXVII. Wien 875–91.

| Nr. | Titel | fl. | kr. |
|---|---|---|---|
| 1. | Ges. f. Gewerbe-, Fabriks- u. Handelsunternehmgn. | 4 | — |
| 2. | **Schey**, bürgerl. Gesetzb. 13. Aufl. 889. | 5 | — |
| 3. | Rechtsangelegenh. ausser Streitsachen. 890. | 4 | 60 |
| 4. | Strafgesetz u. Pressgesetz. 16. Aufl. 888. | 4 | 60 |
| 5. | Strafprocessordng. 7 Aufl. 886. | 4 | 60 |
| 6. | I. Civilgerichtsverfassg. Concursordng. Anfechts.-gesetz. 12. Aufl. 890. | 3 | 60 |
| | II. Gerichtsordng. 11. Aufl. 889. | 3 | 60 |
| 7. | Berggesetz m. Nachtr. I. 8. Aufl. 891. | 4 | 40 |
| 8. | Gesetze betr. Forstwesen u. Feldschutz. 9. Aufl. 890. | 5 | — |
| 9. | Gemeindegesetz. Heimatgesetz. 8. Aufl. | 4 | 60 |
| 10. | Wehrpflicht. Militärtaxe. Volkszählgsges. Einquartiergsges. 2 Thle. 5. A. 884. | 7 | — |
| 11. | I. Handelsgesetzbuch. 14. Aufl. 890. | 3 | — |
| | II. Wechselordng. 12. Aufl. 887. | 2 | — |
| 12. | Gebührenges. Taxgesetz. Verbrauchsstämpelgesetz. 12. Aufl. 891. | | |
| 13. | **v. Thaa**, Mass- u. Gewichtswesen u. Aichdienst. 890. | | |
| 14. | Bauordngn. unter d. Presse. | | |
| 15. | Strafges. üb. Gefällsübertretgn. 2. Aufl. 885. | | |
| 16. | Galiz. Gerichtsordng. 3. Aufl. 886. | | |
| 17. | Österr. Eisenbahngesetze. 3. Aufl. 888. | | |
| 18. | Allgem. Grundbuchsgesetz. 4. Aufl. 889. | | |
| 19. | Staatsgrundges. 5. A. 890. | | |
| 20. | Gesetze betr. ansteckende Thierkrankhtn. 20. Aufl. 884. | | |
| 21. | **Röll**, österr. Steuergesetze. 2 Thle. 3. Aufl. 887. | | |
| 22. | I. **Bernatzky**, Ges. betr. Branntweinbesteuerg. m. Nachtr. I. 890–91. | | |
| | II. — — Zuckerbesteuerg. 891. | | |
| 23. | Gesetz üb. Wasserrecht. 885. | | |
| 24. | Militärstrafgesetz. 885. | | |
| 25. | Ges. betr. Jagd, Vogelschutz u. Fischerei. 2. Aufl. 891. | | |
| 26. | **Burckhard**, Ges. in Cultussachen. 2. Aufl. 889. | | |
| 27. | — Volksschulges. 2 Thle. 888. | | |

**Taschen-Ausgabe** d. österr. Gesetze. 8. Wien, **Manz'sche** H.-V. u. U.-B. III. Bd. Vorschriften üb. Rechts-Angelegenheiten ausser Streitsachen. (Verfahren ausser Streitsachen 285 S., Notariatsordnung 112 S., Depositenwesen 125 S.) Geh. 2 fl. 50 kr. 663
**1885.**

**Taschenausgabe** der ungarischen Gesetze. I. Bd. kl. 8. (132 S.) Pest, Lampel. **1861.** 30 kr.
Gesetzartikel des ungar. Landtages 1847–1848. — Anhang: Die Sanction der Union von Ungarn und Siebenbürgen durch Ferdinand V. und das verantwortl. ungar. Ministerium.

**— der Landesgesetze für das Königr. Böhmen, s. a. Landesgesetze.**

**Taschen-Ausgabe** der Landesgesetze für das Königreich Böhmen. 8. (VIII. 92 S.) Prag, Mercy. **1864.**
Inhalt: Nr. 1. Gemeinde-Ordnung u. Gemeinde-Wahlordnung für das Königreich Böhmen vom 16. April 1864, mit einem Anhange, enthaltend das Gesetz vom 5. März 1862, womit die grundsätzlichen Bestimmungen zur Regelung des Gemeindewesens verzeichnet werden, u. das Gesetz vom 3. December 1863 betreffend die Regelung der Heimathsverhältnisse. Mit alphabetischem nach Schlagwörtern abgefaßtem Materien-Register. 30 kr.
Nr. 2. Die neue Bauordnung vom 11. Mai 1864 für das Königreich Böhmen mit Einschluß der königl. Hauptstadt Prag. Mit alphabetischem nach Schlagwörtern abgefaßtem Materien-Register. (55 S.) 20 kr.
Nr. 3 u. 4. Das Gesetz über die Bezirksvertretung vom 25. Juli 1864 u. das Gesetz über die Steuergeldfonde vom 7. Juli 1864 für das Königreich Böhmen. Mit alphabetischem nach Schlagwörtern abgefaßtem Materien-Register. (39 u. 11 S.) 30 kr.
Nr. 5. Das Gesetz vom 6. August 1864 für das Königreich Böhmen über die Grundzüge der Organisirung der aus dem Contributionsgetreide- und Getreidegeldfonden zu bildenden Vorschuß-Cassen. Mit alphabetischem nach Schlagwörtern abgefaßtem Materien-Register. (16 S.) 12 kr.
Nr. 6. Statut der Hypotheken-Bank des Königreiches Böhmen. Mit alphabetischem nach Schlagwörtern abgefaßtem Materien-Register. (V. 59 S.) 25 kr.
Nr. 7. Das Gesetz über das Schul-Patronat u. die Kostenbestreitung für die Localitäten der Volksschulen vom 13. Sept. 1864, für das Königreich Böhmen. Mit alphabet. nach Schlagwörtern abgefaßtem Materien-Register. (14 S.) 12 kr.

Taschen-Ausgabe der L a n d e s g e s e t z e für das Königreich Böhmen. Nr. 8. Prag: Mercy 1865. 13 S. 8°
Inhalt: Das Gesetz vom 12. August 1864, betreffend die Vertheilung der Leistungen und die Competenz bei öffentlichen nicht ärarischen Straßen und Wegen für das Königreich Böhmen. Mit alphabet. nach Schlagwörtern abgefaßtem Materien-Register.

**Taschenausgabe der mähr. Landesgesetze, s. a. Landesgesetze.**

— — der mährischen Landesgesetze. Nr. 1–4. kl. 8. Brünn, Rohrer. **1864.** à 40 kr.
Inhalt: Nr. 1. Das Gemeindegesetz für die Markgrafschaft Mähren vom 15. März 1864. Mit Beifügung des Gesetzes v. 5. März 1862 über die grundsätzlichen Bestimmungen zur Regelung des Gemeindewesens, des Gesetzes vom 3. December 1863 über die Regelung der Heimathsverhältnisse, des Circulars des k. k. mährisch-schlesischen Landes-Guberniums vom 24. November 1830 Z. 41,050, u. eines alphabet. Sachregisters. Nach den gesetzlichen Original-Texten. 2. durchges. Aufl. (120 S.)
Nr. 2. Gesetze über die Herstellungs- u. Erhaltungs-Kosten der katholischen Kirchen-, Pfründen- u. Volksschul-Gebäude, dann über das Schulpatronat in Mähren. Mit Beifügung des Gubernial-Circulars vom 21. Jänner 1797, dann einiger der wichtigsten neueren, in dieser Richtung bisher giltigen Normal-Vorschriften, der bezugnehmenden Abschnitte der politischen Verfassung der deutschen Schulen u. eines alphabet. Sachregisters. Nach den gesetzlichen Original-Texten. (76 S.)
Nr. 3. Gesetze, betreffend die Contributions-Fonde u. die aus denselben gebildeten Vorschußkassen, nebst einer geschichtlichen Darstellung über die Entstehung u. Verwaltung dieser Fonde, dem Einführungs-Patente vom 9. Juni 1788 den auf dieselben Bezug nehmenden bisherigen wichtigsten Regierungs-Erlässen u. einem alphab. Sachregister. (94 S.)
Nr. 4. Gesetze über die Landesordnung u. Landtags-Wahlordnung für Mähren in Verbindung mit dem kais. Patente vom 26. Februar 1861 über die Reichsverfassung, dem Grundgesetze über die Reichsvertretung, dem kais. Manifeste u. Diplome vom 20. October 1860, nebst der Geschäftsordnung für den Landtag der Markgrafschaft Mähren u. einem alphabet. Sachregister. (26 S.)

**Taschen-Ausgabe** d. mährischen Landesgesetze 1883. kl. 8. Brünn C. Winkler's Buchh. Nr. 1. Gemeindegesetz, Das. (85 S.) 50 kr. Nr. 2. Gesetze u. Verordnungen, betreffend die öffentlichen nicht ärarischen Strassen u. Wege. (152 S.) 90 kr. Nr. 3. Bauordnung u. dgl. (80 S.) 50 kr. Nr. 4. Gesetz üb. Benutzung, Leitung und Abwehr d. Gewässer. (60 S.) 50 kr. Nr. 5. Landes-Schulgesetze. (79 S.) 50 kr. Nr. 6. Gesetze, betreffend die Contributionsfonde etc. (73 S.) 50 kr.

**Taschen-Ausgabe** der mähr. Landesgesetze 1883. kl. 8. Brünn, C. Winkler's Buchh. Nr. 7. Gesetze u. Verordnungen, betreffend d. Landes-Cultur, nebst alphabet. Register. (86 S.) 50 kr. Nr. 8. Zusammensetzung etc. des Landessanitäts-Rathes etc., dann Dienstboten-Ordnung. (108 S.) 70 kr. Nr. 9. Verfassungsgesetze. (68 S.) 50 kr. Nr. 10. Gesetze über d. Zusammenleg. u. Theilung landwirthschaftl. Grundstücke etc. (144 S.) 70 kr. I. Bd. Nr. 1 bis 5. Gewerbegesetze, Strassen-, Bau- u. Feuerpolizei-Ordnung etc. (449 S.) 3 fl. 36 kr.

**Taschen-Ausgabe** der mährischen Landesgesetze Nr. III 1. Th.: Bauordnung für die Landeshauptstadt Brünn, für die königl. Hauptstadt Olmütz, für die kgl. Städte Iglau und Znaim und für deren Vororte. Mit einem alphabetischen Sachregister. 12. (75 S.) —.50

— — Nr. III—2. Inhalt: Bauordnung für die Markgrafschaft Mähren mit Ausschluß der Landeshauptstadt Brünn, der kgl. Hauptstadt Olmütz, der kgl. Städte Iglau und Znaim und deren Vororte. Mit einem alphabetischen Sachregister. 12. (76 S.) —.50

Brünn: Winkler 1894.

**Taschenausgabe** der mährischen Landesgesetze. Heft VII. 1. Theil. Enthaltend: Bauordnung für die Landeshauptstadt Brünn, die Städte Olmütz, Iglau, Znaim und deren Vororte. Mit einem alphabetischen Sachregister. 8. (75 S.) —.50

— — Heft VII. 2. Theil. Enthaltend: Bauordnung für die Markgrafschaft Mähren mit Ausschluß der Städte Brünn, Olmütz, Iglau, Znaim und deren Vororte. Mit einem alphabetischen Sachregister. 8. (76 S.) —.50

Brünn: Rohrer 1894.

**Taschenausgabe** der mähr. Landesgesetze. Nr. III. 12. Brünn, C. Winkler. 1902. 1. 20.

III. Bau-Ordnung f. die Markgrafsch. Mähren m. Ausschluss der Landes-Hauptstadt Brünn, der königl. Hauptstadt Olmütz, der königl. Städte Iglau u. Znaim u. deren Vororte. (Gesetz vom 16. VI. 1894.) Mit e. alphabet. Sachregister. 2. ergänzte Aufl. (2. Abdr.) (III, 95 S.)

**Taschenausgabe der mährischen Landesgesetze.** 20. u. 21. Heft. kl. 8. Brünn, R. M. Rohrer. n. 3. 90

20. Gemeindeordnung u. Gemeindewahlordnung f. die Landeshauptstadt Brünn, samt Situationsplan. Gesetz v. 3 V. 1905. (80 S.) 905. n. 2. 70

21. Landesordnung u. Landtagswahlordnung f. die Markgrafsch. Mähren u. die mährischen Enklaven in Schlesien, nebst Gesetz, wirksam f. die Markgrafsch. Mähren u. die mähr. Enklaven in Schlesien, betr. die Regelg. des Gebrauches beider Landessprachen bei den autonomen Behörden. Gesetze vom 27. XI. 1905. L.-G.-Bl. Nr. 1, 2 u. 3 al. 1906. (96 S.) 906. n. 1. 20

Früher u. d. T.: Landesgesetze, d. mähr.

**Taschenausgabe** der mähr. Landesgesetze. 22. Heft. kl. 8. Brünn 907. R. M. Rohrer. 2. —

22. Reichsratswahlordnung, die neue. Gesetz vom 21. XII. 1867, R.-G. Bl. Nr. 141, wodurch das Grundgesetz üb. die Reichsvertretg. vom 26. II. 1861, R.-G.-Bl. Nr. 20, abgeändert wurde, abgeändert durch die Gesetze vom 2. IV. 1873, R.-G.-Bl. Nr. 40, vom 12. XI. 1886, R.-G.-Bl. Nr. 162, vom 14. VI. 1896, R.-G.-Bl. Nr. 168, vom 26. I. 1907, R. G.-Bl. Nr. 15, u. vom 26. I. 1907, R.-G.-Bl. Nr. 16. — Gesetz vom 26. I. 1907, R.-G.-Bl. Nr. 17, betr. die Wahl d. Mitglieder des Abgeordnetenhauses des Reichsrates. — Gesetz vom 26. I. 1907, R.-G.-Bl. Nr. 18, betr. strafrechtl. Bestimmungen zum Schutze der Wahl- u. Versammlungsfreiheit. — Mit übersichtl. Sachregister. — 2 mehrfarb. Reichsratswahlkarten (deutsche u. böhm. Wahlbez. in Mähren u. Schlesien.) (82 u. 5 S.)

Fortsetzung s.: Irgang's Taschenausgabe der mähr. Landesgesetze.

**Taschen-Ausgabe** der siebenbürgischen Landesgesetze, s.a. Landesgesetze

**Taschenausgabe** der siebenbürgischen Landesgesetze. Nr. 1—5. kl. 8. Hermannstadt, Steinhaussen. 1861. 2 fl. 80 kr.

Nr. 1. Regulations-Vorschriften vom Jahre 1795—1805. (76 S.) 30 kr.

Nr. 2. Das Leopoldinische Diplom vom 4. Dezember 1691, die Landtagsartikel vom J. 1791, nebst dem Art. 3.: 1744 mit der pragmat. Sanction. (117 S.) 60 kr.

Nr. 3. Beschlüsse der sächsischen Nations-Universität 1861 in Justizsachen. (20 S.) 20 kr.

Nr. 4. Siebenbürgische Landtagsartikel vom Jahre 1848 — Anhang. (42 S.) 30 kr.

Nr. 5. Verfassungsgrundgesetze Siebenbürgens (174 S.) 1 fl 40 kr.

(2.) **Taschen-Ausgabe** der siebenbürgischen Landesgesetze. Nr. 6. kl. 8. Hermannstadt, Steinhaussen. 1862. 1 fl.

Inhalt: Merkwürdige Municipal-Constitutionen der Siebenbürger, Szekler u. Sachsen. Zusammengestellt u. theilweise ins Deutsche übersetzt sowie mit erklärenden Noten versehen von Friedrich Schuler von Libloy. (187 S.)

— **Manz'sche**, der österreichischen Gesetze, s.a. Gesetze, die österreichischen.

**Taschenausgabe**, (Manz'sche), der österreichischen Gesetze. Bd 1—32 nebst Suppl.-Bd zu Bd 1—12. Wien: Manz 1861 ff. 8° *[Mit Sondertit.]*

*[Umschlagtit.:] Manz'sche Gesetz-Ausgabe ...*

1, 1. [illegible] 1, 1. 8. Aufl. 1901. 1, 1. 2. 9. Aufl. 1908; 1. 2. 6. Aufl. 1875. 1. 1. 2. Aufl. [?] 1908.
2. 1862; 17. Aufl. [illegible]
3. [illegible] 3, [1]. 1904. 3, 2. 6. Aufl. 1905.
4. 4. Aufl. 1857.
5. 8. Aufl. [illegible] 5, 2. 11. Aufl. 1904. 5, 1. 2. 13. Aufl. 1914.
6. 2. Aufl. [illegible] 6, 2. 2. A. 6. 1914. 6, 3. 2. Aufl. 1915.
7. [illegible] 10. Aufl. 1904.
8. 1864; 8, [1]. 2. 11. Aufl. 1908.
9. [illegible] 16. Aufl. 1907.
10. 2. Aufl. 1864. 10, 1. 8. Aufl. 1904.
11. 1867. 11, 1. [illegible] Aufl. [illegible] 11, 2. 14. Aufl. 1905.
12. 1864. 12, 1. [illegible] Aufl. [illegible] 12, 1, 1. 2. 18. Aufl. 1924.
13. 1868.
14. Suppl.-Bd zu Bd 1—12. 1868.
15. 1871.
16. 1874. 16. 1901.
17. 1875; 2. Aufl. 1876; 17, 1. 2. 3. Aufl. 1905.
18. 1875. 7. Aufl. 1906.
19. 1876. 7. Aufl. 1906.
20. 1880. 4. Aufl. 1910.
21. 1. 2. 2. Aufl. 1883. 1884. 21, 1. 5. Aufl. 1901. 21, 2. 2. Aufl. 1900. 21, 2, 1, 1. 3. 2. 1915.
22. 1883. 22, 3. 2. Aufl. 1903. 22, 4. 1904.
23. 1885.
24. 1885. 24, 2. 1901.
25. 1885.
26. 1887.
27. 1. 2. 1888. 27, 1. 3. 3. Aufl. 1904. 27, 4. [illegible] Aufl. 1908.
28. 1892.
29. 1. 2. 1895. 1898.
30. 1898.
31. 1902.
32. 3. Aufl. 1911.

**Taschenausgabe, Manzsche**, der österreichischen Gesetze. [N. Ausg.] Wien 1900 ff. 8°. *[Mit Sondertit.]*

Bd 1, 1. 2 1904. 1906. 2, 1901. 3, 1. 2. 1904. 1905. 5, 2. 1904. 6, 1901. 7, [illegible] 1. 2. 1904. 9, 1907. 10, 1904. 11, 1905. 12, 1. 2. 1904. 16, 1901. 17, 1905. 18, 1902. 19, 1905. 21, 1900. 1901. 22, 1903. 1904. 24, 1901. 27, 1. 4. 1904. 1908. 31, 1902.

— **Manz'sche**, der österreichischen Gesetze. 2. Bd.; 4. Bd. II Abtlgn.; 5. Bd.; 12. Bd. II Abtlgn.; 13., 16., 18., 21., 24. Bd.; 24. Bd. II. Abtlg. u. 31. Bd. 12. Wien, Manz. n. 71. 90; geb. n. 84. 90

2. Das allgemeine bürgerliche Gesetzbuch f. das Kaiserth. Oesterreich sammt den einschläg. Gesetzen u. Verordnungen u. e. Übersicht üb. die civilrechtliche Spruchpraxis des k. k. obersten Gerichtshofes. Von Jos. Frhr. v. Schey. 17. Aufl. (XII, 905 S.) 902. n. 6. —; geb. n. 7. —

4. I. Strafgesetz, das, üb. Verbrechen, Vergehen u. Uebertretgn., vom 27. V. 1852, R. G. B. Nr. 117, sammt den dasselbe ergänz. u. erläut. Gesetzen u. Verordngn., unter Anführg. einschläg. Beschlüsse u. Entscheidgn. des obersten Gerichts- u. Cassationshofes. 19. Aufl. 1. Abth. (XVIII, 560 S.) 902. n. 3. 90; geb. n. 4. 90

II. Dasselbe. 2. Abth. (XII, 658 S.) 902. n. 3. 50; geb. n. 4. 50

5. Strafproceß-Ordnung, die, vom 23. V. 1873, Nr. 119 R.G.B., sammt der Vollzugsvorschrift, den Geschäftsordnungen f. die Strafgerichte u. Staatsanwaltschaften u. allen ergänz. u. erläut. Gesetzen u. Verordnungen, unter Anführg. einschläg. Entscheidgn. u. Beschlüsse des Obersten Gerichts- u. Cassationshofes. 10. Aufl. (XXVI, 1082 S.) 901. n. 7. —; geb. n. 8. —

12. I. Gebühren-, Tax- u. Verbrauchsstempelwesen, das. 1. Abth. Das Gebührengesetz sammt allen zu diesem Gesetze erflossenen Nachtragsvorschriften u. der einschlägigen Judicatur. Von Stef. Koczynski. 17. Aufl. (LXXXIII, 918 S.) 902. n. 6. 50; geb. n. 7. 50

II. Dasselbe. 2. Abtlg. Die Effectenumsatzsteuer, das Taxwesen u. der Spielkartenstempel, samt den dazu erflossenen Nachtrags-Vorschriften u. der einschlägigen Judicatur. Von Stef. Koczynski. 17. Aufl. (VIII, 404 S.) 902. n. 3. 50; geb. n. 4. 50

13. Das Maß- u. Gewichtswesen u. der Aichdienst in Österreich. Sammlung der auf diesen Gegenstand bezügl. Gesetze, Verordngn., Normal-Erlässe. Mit e. histor. Einleitg., e. chronolog. u. e. Sachregister. Mit Genehmigg. des k. k. Handelsministeriums u. m. Benützg. der amtl. Quellen hrsg. Von Geo. Ritter v. Thaa. 2., verm. u. rev. Aufl. (XXIX, 426 S.) 901. n. 4. 40; geb. n. 5 40

16. Die neuen Valuta- u. Bankgesetze, nebst den damit zusammenhängenden Gesetzen u. Verordnungen, m. Berücksicht. der ungar. Gesetzgebg., Bestimmgn. f. den Geschäftsverkehr m. der oesterr.-ungar. Bank, Saldirungsvereine, d. Gesetze üb. die Abstempelg. v. Prämien-Schuldverschreibgn. u. ausländ. Werthpapieren u. die k. k. Postsparcassen. Textausg. m. Anmerkgn. Von Ludw. Caltiaux. (XVIII, 514 S.) 901. n. 5. —; geb. n. 6. —

18. Das allgemeine Grundbuchsgesetz sammt der Instruction zu demselben, die Vorschriften üb. Eisenbahnbücher, Bergbücher u. Wasserbücher, die Gesetze üb. die Anlegung neuer Grundbücher, nebst allen übr. einschläg. Gesetzen u. Verordnungen u. den Entscheidungen des Obersten Gerichtshofes. Von A. Bitterlich. 7. Aufl. (XVI, 765 S.) 902. n. 5. 50; geb. n. 6. 50

21. Oesterreichische Steuergesetze. I. Abth.: Grund-, Gebäudesteuer, allgemeine Steuervorschriften. Von Vict. Röll. 5., verm. Aufl. (X, 897 S.) 901. n. 8. —; geb. n. 9. —

24. Das Militär-Strafgesetz über Verbrechen u. Vergehen vom 15. I. 1855 sammt den einschlägigen u. ergänzenden Gesetzen u. Verordnungen. 2., vollständig umgearb. Aufl. Red. v. Alex Koller. (XVII, 712 S.) 901. n. 5. —; geb. n. 6. —

24. II. Die Militär-Straf-Proceß-Ordnung, die Vorschriften üb. die Organisation der Militär-Gerichte, deren Besetzung u. sonstige einschlägige Bestimmungen, sammt den ergänzenden u. erläuternden Gesetzen, Entscheidungen, Verordnungen ꝛc. Hrsg. v. Geo. Lelewer. (XIV, 418 S.) 901. n. 5. —; geb. n. 6. —

31. Gesetze, Staatsverträge u. Verordnungen betr. das Binnenschiffahrtswesen in Österreich. Nebst e. Anh.: Überfuhranstalten u. Bau der neuen Wasserstraßen. Von Hans Kubauer. (XXII, 818 S.) 902. n. 8. 60; geb. n. 9. 60

Vergl.: Gesetze, österreichische, Manz'sche Taschenausg.

**Taschenausgabe, Manz'sche, der österreichischen Gesetze.** 1. Bd. 2 Abtlgn., 3.—5. Bd. à 2 Abtlgn., 6. Bd. 3 Abteilgn., 7. Bd., 8. Bd. 2 Abtlgn., 10.—12. Bd. à 2 Abteilgn., 15. Bd., 17. Bd., 22. Bd. II.—V. Abtlg. u. 27. Bd. 4 Abtlgn. 12. Wien, Manz. n. 167. 80

1, I. **Gewerbe-Ordnung, die,** sammt den dieselbe ergänz. u. erläut. Gesetzen, Verordnungen u. Erlässen u. eine Uebersicht üb. die einschlägige Spruchpraxis des Verwaltungsgerichtshofes, des Obersten Gerichtshofes, des Reichsgerichtes, der Gewerbegerichte u. der Ministerien, m. e. alphabet. u. chronolog. Register. 8., vollst. umgearb. u. erweit. Aufl. Von Otto v. Komorzynski. (Die 7. Aufl. ist von F. Müller.) (XXIII, 1159 S.) 904. n. 7. 50

II. **Der Schutz der Erfindungen, Marken u. Muster in Oesterreich.** Die Gesetze, Verordngn. u. Staatsverträge betr. Patente, Privilegien, Marken u. Muster samt der einschlag. Judikatur. Von Paul Schulz. 2. Aufl., hrsg. v. Eman. Adler u. Paul Schulz. (XXVI, 892 S.) 906. n. 6. 80; geb. n. 7. 60

3, I. Die Vorschriften über Rechtsangelegenheiten außer Streitsachen. I. Verfahren außer Streitsachen nach dem kaiserl. Patente vom 9. VIII. 1854 rc. rc. II. Notariatsordnung u. das Gesetz üb. die notarielle Errichtg. einiger Rechtsgeschäfte vom 25. VII. 1871 rc. rc. III. Gesetze u. Verordngn. üb. das zivilgerichtl. Depositenwesen u. die gemeinschaftl. Waisenkassen. Mit e. Uebersicht üb. die Spruchpraxis des k. k. Obersten Gerichtshofes, sowie üb. die einschläg. Entscheidgn. des k. k. Verwaltungsgerichtshofes. Von Jos. Friedlaender. (Neue Aufl.) (VIII, 581; IV, 182 u. VI, 346 S.) 904. n. 7. 40

II. Die Konkursordnung vom 25. XII. 1868. Mit allen einschläg. Gesetzen u. Verordngn. Von Jos. Friedlaender. 6., verm. Aufl. Mit einer Uebersicht üb. die konkursrechtl. Spruchpraxis des k. k. obersten Gerichtshofes. (XII, 214 S.) 905. n. 1. 70; geb n. 2. 30

4, I. **Strafgesetz, das,** üb. Verbrechen, Vergehen u. Uebertretungen, vom 27. V. 1852, Nr. 117 RGBl., samt den dasselbe ergänz. u. erläut. Gesetzen u. Verordngn., unter Anführg. einschläg. Beschlüsse u. Entscheidgn. des obersten Gerichts- u. Kassationshofes. 20. Aufl. 1. Abtlg. (XX, 631 S.) 905. n. 3. 80; geb. n. 4. 70

II. **Dasselbe.** 2. Abtlg. (XII, 635 S.) 905. n. 3. 40; geb. n. 4. 30

5, I. Strafprozeß-Ordnung, die, vom 23. V. 1873, Nr. 119 RGB., samt der Vollzugsvorschrift, den Geschäftsordnungen f. die Strafgerichte u. Staatsanwaltschaften u. allen ergänzenden u. erläuternden Gesetzen u. Verordnungen, unter Anführung einschläg. Entscheidungen u. Beschlüsse des Obersten Gerichts- als Kassationshofes. 11. Aufl. I. Abtlg. (XVII, 684 S.) 904. n. 4. 40; geb n. 5. 40

II. **Dasselbe.** II. Abtlg. (XI, 576 S.) 904. n. 3. 60; geb. n. 4. 60

6, I. Gesetze u. Verordnungen, die, üb. die Zivilgerichtsverfassg., insbesondere das Gerichtsorganisationsgesetz, die Jurisdiktionsnorm samt Einführungsgesetz u. die Advokatenordnung, nebst allen einschläg. Vorschriften u. e. Uebersicht über die Spruchpraxis des k. k. Obersten Gerichtshofes. (XVI, 682 S.) 903. n. 5. —

II. Zivilprozeßordnung, die, vom 1. VIII. 1895 samt dem Einführungsgesetze, den Durchführungsverordnungen u. den älteren bezüglichen Vorschriften, m. einer Uebersicht üb. die Spruchpraxis des k. k. Obersten Gerichtshofes. (XII, 665 S.) 903. n. 5. —

III. Exekutions-Ordnung, die, vom 27. V. 1896 samt dem Einführungsgesetze, den Durchführungsverordngn. u. den älteren bezüglichen Vorschriften, m. e. Uebersicht üb. die Spruchpraxis des k. k. Obersten Gerichtshofes. (XI, 791 S.) 903. n. 6. —

7. Berggesetz, das allgemeine, vom 23. V. 1854 samt der Vollzugsvorschrift u. allen darauf Bezug nehmenden Nachträgen, Verordnungen u. Erläuterungen, dann den einschlägigen Erkenntnissen des Verwaltungsgerichtshofes. Mit alphabet. u. chronolog. Register. 10., verb. u. verm. Aufl. (X, 720 S.) 904. n. 6. —

8, I. **Gesetze betr. das Forstwesen nebst allen ergänz. u. erläut. Verordnungen mit Hinweisung auf die einschläg. aus den Entscheidungen des Verwaltungsgerichtshofes ersichtl. Rechtsgrundsätze.** Von Rud. Svoboda. 11. Aufl., verb., ergänzt u. verm. (XVIII, 915 S.) 906. n. 6. —; geb. n. 6. 85

II. Gesetze betr. den Feldschutz nebst allen ergänz. u. erläut. Verordnungen mit Hinweisung auf die einschläg. aus den Entscheidungen des Verwaltungsgerichtshofes ersichtlichen Rechtsgrundsätze. Von Rud. Svoboda. 11. Aufl., verb., ergänzt u. verm. (XVII, 606 S.) 906. n. 3. 50; geb. n. 4. 35

10, I. **Militärgesetzgebung, die,** 1. Abtlg.: Die Wehrgesetzgebg. nebst den einschläg. Verordngn. u. publiz. Erlässen sowie den Entscheidgn. des k. k. Verwaltungsgerichtshofes. 8. Aufl. (VIII, 766 S.) 904. n. 6. —; geb. n. 7. —

II. Dasselbe. II. Abtlg. Gesetze u. Verordnungen nebst den publiz. Erlässen, sowie den Erkenntnissen des k. k. Verwaltungsgerichtshofes u. des k. k. Reichsgerichtes üb. den Landsturm, die Erfüllung der Wehr- u. Landsturmpflicht in Tirol u. Vorarlberg, die Gendarmerie, die Verleihung v. Anstellungen an ausgediente Unteroffiziere, die Militärtaxe, die Militärversorgung, die Militäreinquartierung, den Militärvorspann, die Bauverbotrayons, die Pferdestellung, Fuhrwerkszählung u. Hinausgabe v. Militärdienstpferden in die Privatbenutzung. Von Otto Stöger. 8. Aufl. (XIV, 800 S.) 906. n. 6. —; geb. n. 6. 80

11, I. **Das allgemeine Handelsgesetzbuch** vom 17. XII. 1862 samt dem Einführungsgesetze u. den anderen einschläg. Gesetzen u. Verordnungen. Die Vorschrift über Handelsmäkler u. Börsen, Erwerbs- u. Wirtschaftsgenossenschaften, Versicherungsanstalten, Aktiengesellschaften, Wäg- u. Meßanstalten, Lagerhäuser, Ratengeschäfte, die gemeinschaftliche Vertretung der Besitzer v. Pfandbriefen u. Teilschuldverschreibgn. u. den Eisenbahntransport. Von Osk. Pisko. 18. Aufl. Mit einer Uebersicht üb. die handelsrechtl. Spruchpraxis des k. k. Obersten Gerichtshofes u. des k. k. Verwaltungsgerichtshofes. (XVIII, 885 S.) 905. n. 5. 50; geb. n. 6. 40

II. **Wechselordnung,** Stempel u. Gebühren in Wechselsachen. Gesetze üb. die Börsen u. die Handelsmäkler. Statuten der Börsen in Wien, Prag, Graz, Linz u. Czernowitz. Usancen der Wiener Börse (Effekten- u. Warensektion) u. der Börse f. landwirtschaftl. Produkte in Wien. Gesetze üb. das Promessen- u. Ratengeschäft mit Losen. Von Jos. Friedlaender. Mit e. Uebersicht üb. die wechselrechtl. Spruchpraxis des k. k. Obersten Gerichtshofes sowie üb. die einschläg. Entscheidungen des k. k. Verwaltungsgerichtshofes. 14., verm. u. ergänzte Aufl. (XIV, 650 S.) 905. n. 3. 90; geb. n. 4. 80

12, I. **Gebühren, Tax- u. Verbrauchsstempelwesen, das.** I. Tl. Das Gebührengesetz samt allen zu diesem Gesetze erflossenen Nachtragsvorschriften u. der einschlägigen Judikatur m. e. chronolog. u. e. alphabet. Nachschlageregister. Von Stef. Koczynski. 18. Aufl. 2 Hälften. (XXIX, 1401 S.) 906. n. 9. 10; geb. n. 10. 90

II. Dasselbe. II. Tl. Die Effektenumsatzsteuer, die Fondsbeiträge, die Lizitationsarmenperzente, das Taxwesen u. der Spielkartenstempel, samt den dazu erflossenen Nachtrags-Vorschriften u. der einschlägigen Judikatur. Von Stef. Koczynski. 18. Aufl. (CXII, 613 S.) 906. n. 3. 40; geb. n. 4. 30

15. Strafgesetz über Gefällsübertretungen. Von Alois Jahn. (XCVI, 890 S.) 905. n. 6. 70; geb. n. 7. 60

17. **Eisenbahngesetze,** die österreichischen. Sammlung der das Eisenbahnwesen betr. Gesetze, Verordngn. u. Judikate. 5., vollständig umgearb. u. ergänzte Aufl. 2 Hälften. (XX, 1518 S.) 905. n. 16. —; geb. n. 18. —

22, II. Gesetze u. Verordnungen üb. die Zuckerbesteuerung. Von Adf. Carmine u. Leop. Joas. 8., umgearb. Aufl. (XXVIII, 498 S.) 906. n. 5. 20; geb. n. 6. —

III. Gesetze u. Verordnungen üb. die Bierbesteuerung. Von Edm. Bernatzky, Ad. Carmine u. Leop. Joas. 3., umgearb. u. verm. Aufl. (XXVI, 386 S. m. 11 Taf.) 903. n. 6. —; geb. n. 7. —

IV. **Gesetze u. Verordnungen über die Wein-, Fleisch-, Linienverzehrungssteuer, Landes- u. Gemeindezuschläge zu diesen Steuern, dann selbständige Gemeindeauflagen auf d. Privatverbrauch v. Wein, Weinmost u. Obstmost.** Von Rob. Wolf, Alois Jahn u. Adalb. Hala. (XXXI, 826 S.) 904. n. 8. —

V. Gesetze u. Verordnungen über die Zollbehandlung u. Besteuerung des Mineralöles. Von Edm. Bernatzky Edler v. Treuwart, Adf. Carmine u. Leop. Joas. (XVI, 337 S. m. 3 Taf.) 901. n. 4. —

27, I—III. **Volksschulgesetze.** Die Reichs- u. Landesgesetze m. den einschläg. Ministerialverordngn. u. Erlässen, erläutert durch die Entscheidgn. des k. k. Verwaltungsgerichtshofes u. des k. k. Reichsgerichtes. Von Burckhard. 3 Abtlgn. 3., verm. Aufl. Bearb. v. Burckhard u. Heidlmair. (XXIV, 714; XVIII, 752 u. VIII, 217 S.) 904. n. 13. 20

IV. Dasselbe. 3., verm. u. ergänzte Aufl. IV. Abtlg. Bearb. v. Heidlmair. (XVI, 419 S.) 906. n. 4. 70; geb. n. 5. 50 (I—IV: 17. 90; geb. n. 21. 70)

**Taschenausgabe, Manz'sche, der österreich. Gesetze.** 1. Bd. I. Abtlg. 2 Tle.; 2. Bd., 3. Bd., I. Abtlg. 2 Tle.; 4. Bd. I. u. II. Abtlg.; 5. Bd. I. u. II. Abtlg.; 9. Bd., 11. Bd. I. u. II. Abtlg.; 12., 18. Bd., 19. Bd. I. Abtlg., 20., 25. u. 29. Bd. kl. 8. Wien, Manz. 96.—; geb. 112. 20

Friedlaender, Jos., Notariatsordnung u. Gesetz üb. die notarielle Errichtung einiger Rechtsgeschäfte vom 25. VII. 1871, samt den ergänz. Gesetzen u. allen darauf bezügl. Verordngn. 13., verm. u. ergänzte Aufl. Mit e. Übersicht üb. die Spruchpraxis d. k. k. oberst. Gerichtshofes. (IV, 424 S.) 910. (3. Bd. I. Abtlg. 2. Tl.) 3.80; geb. n 4.60

— Das Verfahren außer Streitsachen nach dem kaiserl. Patente vom 9. VIII. 1854, dann die Bestimmgn. üb. Todeserklärg. u. Amortisierg. v. Urkunden, die Feilbietungsordng., die Bestimmgn. üb. die Mitwirkung der Gemeinden u. ihrer Vorsteher in Rechtsangelegenheiten außer Streitsachen u. üb. die Mitwirkg. der Gerichte bei Bemessg. u. Einhebg. der Verlassenschaftsgebühren. 4., verm. u. ergänzte Aufl. Mit e. Übersicht üb. die Spruchpraxis des Obersten Gerichtshofes, sowie üb. die einschläg. Entscheidgn. des k. k. Verwaltungsgerichtshofes. (VIII, 681 S.) 911. (3. Bd. I. Abtlg. 1. Tl.) 3.60; geb. n 4. 40

— Wechselordnung. Stempel u. Gebühren in Wechselsachen. Scheckgesetz. Gesetze üb. die Börsen u. die Handelsmäkler. Statuten der Börsen in Wien, Prag, Graz, Linz u. Czernowitz. Usancen der Wiener Börse (Effekten- u. Warensektion) u. der Börse f. landwirtschaftl. Produkte in Wien. Gesetze üb. das Promessen- u. Ratengeschäft m. Losen. Mit e. Übersicht üb. die Spruchpraxis des k. k. Obersten Gerichtshofes sowie üb. die einschläg. Entscheidgn. des k. k. Verwaltungsgerichtshofes. 15., verm. u. ergänzte Aufl. (XIV, 682 S.) 910. (11. Bd. 2. Abtlg.) 4.10; geb. n 5. —

Gemeindeordnungen u. Gemeindewahlordnungen, die, der im Reichsrate vertretenen Königreiche u. Länder nebst den Gesetzen üb. die Gutsgebiete in der Bukowina u. in Galizien, den Bezirksvertretungsgesetzen in Böhmen, Galizien u. Steiermark u. dem Gesetze vom 21. IX. 1869, RGBl. Nr. 150 üb. die Erfordernisse der Exekutionsfähigkeit der vor Vertrauensmännern aus der Gemeinde abgeschlossenen Vergleiche u. üb. die v. denselben zu entricht. Gebühren, abgeändert u. ergänzt durch das Gesetz vom 27. II. 1907, RGBl. Nr. 59. 10. Aufl. (XI, 899 S.) 907. (9. Bd.) 6.80; geb. n 7.60

Stegl, Jul., die Staatsgrundgesetze. Die Verfassungsgesetze f. die Gesamtheit der im Reichsrate vertretenen Königreiche u. Länder. Die Gesetze üb. die Beziehgn. zu den Ländern der ungar. Krone u. üb. das Verhältnis zu Bosnien u. der Herzegowina. Mit den einschläg. Erkenntnissen des Reichsgerichts. 8. Aufl. Nebst e. Suppl.: Die ungar. Verfassungsgesetze, v. Gust. Steinbach. (XI, 505 u. VIII, 142 S.) 909. (19. Bd. I. Abtlg.) 4.60; geb. n 5. 40

Komorzynski, Otto v., die Gewerbe-Ordnung samt den sie ergänz. u. erläut. Gesetzen, Verordnungen u. Erlässen u. e. Übersicht üb. die einschläg. Spruchpraxis des Verwaltungsgerichtshofes, des Obersten Gerichtshofes, des Reichsgerichtes, der Gewerbegerichte u. der Ministerien, m. e. alphabet. u. chronolog. Register. 9., vollständ. umgearb. u. erweit. Aufl. I Tl.: Die Gewerbeordng. 1. Hälfte. (XLVII, 917 S.) 908. (1. Bd. 1. Abtlg. 1. Tl.) 5.20; geb. n 6. —

— dasselbe. 2. Tl.: Die neben der Gewerbeordng. bestehenden Gesetze u. Verordnungen. (X, 950 S.) 908. (1. Bd. I. Abtlg. 2. Tl.) 5.20; geb. n 6. —

Löffler, Alex., u. Eug. Lorenz, die Strafprozeßordnung v. 23. V. 1873, Nr. 119 RGB., samt allen ergänzenden u. erläuternden Gesetzen u. Verordnungen, unter Anführung einschlägiger Entscheidungen u. Beschlüsse des Obersten Gerichts- als Kassationshofes. 1. Abtlg. 12., neu rev. u. umgearb. Aufl. (XXI, 730 S.) 909. (5. Bd. I. Abtlg.) 3.90; geb. n 4.80

— dasselbe. 2. Abtlg. 12., neu rev. u. umgearb. Aufl. (X, 677 S.) 910. (5. Bd. II. Abtlg.) 3.80; geb. n 4. 70

Loew, Wilh., u. Ernst Loew, das Gebührengesetz samt den zu diesem Gesetze erflossenen Nachtragsvorschriften u. der einschlägigen Judikatur. 19. Aufl. 2 Tle. (XXVII, 608 u. V, 702 S.) 909. (12. Bd.) 9.10; geb. n 10. 90

Pisko, Osk., das allgemeine Handelsgesetzbuch v. 17. XII. 1862 samt dem Einführungsgesetze u. den anderen einschlägigen Gesetzen u. Verordnungen. Die Vorschriften üb. Börsen, Erwerbs- u. Wirtschaftsgenossenschaft., Versicherungsanstalten, Aktiengesellschaften, Gesellschaften m. b. H. u. ausländ. Gesellschaften, Wäg- u Meßanstalten, Lagerhäuser, Ratengeschäfte, Pfandbriefe u. Teilschuldverschreibungen, den Scheck u. den Eisenbahntransport. 19. Aufl. Mit e. Übersicht üb. d. handelsrechtl. Spruchpraxis des k. k. Obersten Gerichtshofes u. des k. k. Verwaltungsgerichtshofes. (XX, 1039 S.) 908. (11. Bd. I. Abtlg.) 6.40; geb. n 7. 20

Pitreich, A., das allgemeine Grundbuchgesetz samt der Instruktion zu demselben, die Vorschriften über Eisenbahnbücher, Bergbücher u. Naphthabücher, die Gesetze üb. die Anlegung neuer Grundbücher, nebst allen übr. einschläg. Gesetzen u. Verordnungen u. den Entscheidungen des Oberst. Gerichtshofes. 8. Aufl. (XVI, 835 S.) 909. (18. Bd.) 5.20; geb. n 6. —

Schey, Jos. Frhr. v., das allgemeine bürgerl. Gesetzbuch f. d. Kaisert. Österreich samt den einschläg. Gesetzen u. Verordngn. u. e. Übersicht üb. die zivilrechtl. Spruchpraxis d. k. k. Oberst. Gerichtshofes. (Große Ausg.) 18. Aufl. (XII, 947 S.) 906. (2. Bd.) 6.10; geb. n 7. 10

Stöger, Otto, Gesetze u. Verordngn. üb. die Arbeiterversicherg. samt den einschläg. Entscheidgn. u. Erlässen der Ministerien u. den Erkenntnissen des Verwaltungsgerichtshofes usw. 2. Aufl. (XV, 859 S.) 908. (29. Bd.) 6.—; geb. n 6. 80

Strafgesetz u. strafrechtliche Nebengesetze. I. Abtlg. Löffler, Alex., u. Eug. Lorenz: Das Strafgesetz vom 27. V. 1852, Nr. 117 RGBl., samt den dasselbe ergänzenden u. erläut. Gesetzen u. Verordngn., unter Anführg. einschläg. Beschlüsse u. Entscheidgn. des Obersten Gerichts- u. Kassationshofes. 21., neu rev. Aufl. (XXI, 709 S.) 908. (4. Bd. I. Abtlg.) 4.70; geb. n 5. 40

— dasselbe. II. Abtlg. Löffler, Alex., u. Eug. Lorenz, das Strafgesetz vom 27. V. 1852, Nr. 117 RGBl., samt den dasselbe ergänzenden u. erläuternden Gesetzen u. Verordngn., unter Anführg. einschläg. Beschlüsse u. Entscheidgn. d. Oberst. Gerichts- u. Kassationshofes. 21., neu rev. Aufl. (XII, 828 S.) 908. (4. Bd. II. Abtlg.) 4.70; geb. n 5. 40

Světlík, Rud., Gesetze betr. Jagd, Vogelschutz u. Fischerei, nebst allen ergänz. u. erläut. Verordngn. m. Hinweisg. auf die einschläg. aus den Entscheidgn. des Verwaltungsgerichtshofes ersichtl. Rechtsgrundsätze. 4. Aufl., verb., ergänzt u. vermehrt. (XXI, 1087 S.) 910. (25. Bd.) 7.60; geb. n 8. 90

Veterinärgesetze, die österreich., samt den die Durchführg. derselben betr. Verordngn., den sonstigen normativen Vorschriften u. erläut. Anmerkgn. 4. Aufl. (XI, 570 u. Nachtrag 7 S.) 910. (20. Bd.) 5.20; geb. n 6. —

— der Militär-Vorschriften, s.a. Militär-Vorschriften.

Taschen-Ausgabe d. Militär-Vorschriften. Zusammengestellt f. den Feldgebrauch. 8. Heft 23. Organische Bestimmungen f. d. Heerwesen, betreff. d. Infanterie u. d. Jäger-Truppen v. Jahre 1882. (39 S.) Wien, Hof- u Staatsdruckerei. 50 kr. Heft 30. Organ. Bestimmungen, betreffend d. Artillerie-Stab, d. Feld- u. Festungs-Artillerie v. Jahre 1882, dann d. Artillerie-Zeugwesen v. Jahre 1876, berichtigt bis Ende December 1882. (III u. 67 S.) 60 kr. Heft 54. Inspicirungs-Vorschrift f. d. k. k. Heer v. Jahre 1882. 8. (37 S.) 10 kr.

1883.

— d. Militär-Vorschriften. 8. Wien, Hof- u. Staatsdruck. Heft 24. (A. 1. e. r. f. g.) Organische Bestimmungen für das Heerwesen (Commanden, Gen.-Adjudt. etc.) (87 S.) 80 kr. Heft 25. (A. 1. g. g. h. h.) Neue Aufl. Militär-Verpflegsanstalten etc. (VII und 37 S.) 40 kr. Heft 27. (A. 1. c. c.) Train. (54 S.) 70 kr. Heft 42. (A. 1. b. b.) Sanitätstruppe. (43 S.) 50 kr. Heft 50. (A. 1. o. o.) Neue Aufl. Sanitäts-Anstalten. (33 S.) 60 kr. Heft 51. (A. 1. l. A. 13½). Militärärzte. (VI u. 34 S.) 50 kr. Heft 55. (B. 7. b.) Evidenzvorschriften der Gagisten der Reserve. (79 S.) 60 kr.

1883.

Taschen-Ausgabe d. Militär-Vorschriften. (Zusammengest. f. den Feld-Gebrauch.) Heft 53. (A.—46.) Vorschrift f. d. ehrenräthliche Verfahren v. J. 1871. 8. (VI u. 27 S.) Wien, Hof- u. Staatsdr. 30 kr.

— — — 55. Heft. 2. Aufl. Evidenz-Vorschrift. II. Thl. Gagisten in d. Reserve, vom J. 1881 (berichtigt bis Ende August 1884). 8. (XI u. 79 S.) Ebds. 60 kr.

1884.

Taschen Ausgabe der Militär-Vorschriften. (Zusammengestellt für den Feld-Gebrauch.) Heft 4. 8°. (IV, 57 S.) Wien, Hof- und Staatsdruckerei. fl. —.40.

Inh.: Verzeichniss der in Kraft stehenden und der in Bearbeitung befindlichen Dienstbücher und Vorschriften. (Berichtigt bis Ende December 1885.)

1886.

Taschen-Ausgabe Heft 6. Superarbitrirungs-Vorschrift für die Personen des k. k. Heeres vom Jahre 1885. 8°. (XI, 96 S.) fl. —.60.

— — Heft 59. 8°. (V, 31 S.) fl. —.24.

Inh. Vorschrift zur Verfassung der Qualificationslisten über die Militär-Rechnungs-Controls-Beamten vom Militär, Ober-Rechnungsrathe I. Classe abwärts, vom Jahre 1885.

1886.

Taschen-Ausgabe der Militär-Vorschriften. Heft 27: Organische Bestimmungen für die k. u. k. Train-Truppe vom Jahre 1890 u. f. das Train-Zeugswesen vom Jahre 1882. Instruction für den General-Train-Inspector vom Jahre 1880. 8. (VII, 62 S.) —.80

Wien: Hof- u. Staatsdruckerei 1891.

Taschen-Ausgabe der Militär-Vorschriften. (Zusammengestellt für den Feldgebrauch.) Heft 42. Inh.: Organische Bestimmungen für die k. u. k. Sanitäts-Truppe vom Jahre 1890. Instruction für den Sanitäts-Truppen-Commandanten, vom Jahre 1870. 8. (27 S.) —.25

Wien: Hof- u. Staatsdruckerei 1891.

— — Heft 51. Inh.: Organische Bestimmungen für das k. u. k. militär-ärztliche Officierscorps vom Jahre 1890. 8. (22 S.) —.25

— — Heft 84. Inh.: Vorschrift über die Aufnahme von Aspiranten aus der Privat-Erziehung in die k. u. k. Militär Erziehungs- und Bildungs-Anstalten, ausschließlich der Cadettenschulen, vom Jahre 1888. 8 (44 S.) —.30

Wien: Hof- u. Staatsdruckerei 1891.

Taschen-Ausgabe der Militär-Vorschriften. Heft: Vorschrift über die Beurlaubung. 16. (IV, 107 S) —.60

Wien: Hof- u. Staatsdruckerei 1893.

Taschen-Ausgabe der Militär-Vorschriften. Heft 6: Superarbitrirungs-Vorschrift für die Personen des k. u. k. Heeres vom Jahre 1885. 8. (XV, 124 S.) Geh. —.80

Wien: Hof- u. Staatsdruckerei 1897.

— — Heft 24: Organische Bestimmungen für die k. und k. Jägertruppe vom Jahre 1895. 8. (V, 15 S.) Geh. —.20

Wien: Hof- u. Staatsdruckerei 1897.

— — Heft 25: Organische Bestimmungen für die k. u. k. Militär-Verpflegs-Anstalten vom Jahre 1891 und die k. u. k. Militär-Betten-Magazine vom Jahre 1890. 4. Aufl. 8. (VIII, 49 S.) Geh. —.50

Wien: Hof- u. Staatsdruckerei 1897.

— der Militär-Vorschriften. (Zusammengestellt f. den Feldgebrauch.) 10., 11., 17., 27., 33. u. 98.—103. Hft. Wien, Hof- u. Staatsdruckerei. n. 11.90

10. Gebürenvorschrift f. das k. u. k. Heer vom J. 1895. 1. Thl. Gebüren im Frieden. 1. Hft. Enth. Geld- u. Naturalgebüren, Beförderungsmittel u. Gebüren bei Dienstreisen u. Märschen. Nachdruckaufl. m. Berücksicht. des 1. u. 2. Nachtrages. 8. (XXIV, 265 S.) 902. n. 2.—
11. Dasselbe. 2. Hft. Enth. Futtergebüren der Thiere, Servicegebüren, Pauschalgebüren, Gebüren der Familien der activen Personen des Heeres, Anh. Nachdruckaufl. m. Berücksicht. des 1. u. 2. Nachtrages. 8. (VI, 187 S.) 902. n. 1.60
17. Wehrvorschriften. 2. Thl. Vorschrift üb. die Erfüllg. der Dienstpflicht im Heere u. in der Kriegsmarine, vom J. 1889. Mit Berücksicht. des 1. u. 5. Nachtrages. 12. (XVI, 187 S.) 899. n. 1.40
27. Bestimmungen, organische, f. die k. u. k. Train-Truppe vom J. 1891. (Bis Ende 1899 berichtigt.) 12. (VIII, 17 S. m. 2 Tab.) 900. n. —50
33. Gesetz (vom 19. IV. 1872), betr. die Verleihung v. Anstellgn. an ausgediente Unterofficiere. II. Gesetz-Artikel vom J. 1873, betr. die Anstellg. ausgedienter Unterofficiere. Ausführungs-Verordngn. zu ob. Gesetzen. (Mit Bewilligung des k. u. k. Reichs-Kriegs-Ministeriums.) 8. (VI, 56 S.) 902. n. —90
98. Bestimmungen, organische, f. die k. u. k. Pionier-Truppe vom J. 1899. (III, 15 S.) 899. n. —40
99. Bestimmungen, organische, u. Dienst-Vorschrift f. die Militär-Lehrer, vom J. 1899. (V, 13 S.) 899. n. —40
100. Organisation des k. u. k. Erziehungs-Institutes f. verwaiste Officierssöhne, vom J. 1899. (V, 14 S.) 899. n. —40
101. Vorschrift f. den ökonomisch-administrativen Dienst der Verwaltungs-Commissionen des k. u. k. Heeres. I.—V. Abschn. Vom J. 1887. (Nachdruckaufl. m. Einbeziehg. des 1. Nachtrages in den Text.) (XIII, 220 S.) 899. n. 2.40
102. Dasselbe. VI. Abschn. Vom J. 1887. (Nachdruckaufl. m. Einbeziehg. des 1. Nachtrages in den Text.) (V, 62 S.) 899. n. 1.20
103. Bestimmungen, organische, f. die k. u. k. Militär-Erziehungs- u. Bildungs-Anstalten v. J. 1900. (VII, 40 S.) 901. n. —70

**Taschenausgabe** der Militärvorschriften. (Zusammengestellt f. den Feldgebrauch.) (Mit Bewilligg. des k. u. k. Reichskriegsministeriums.) 7. 32. u. 80. Heft. kl. 8. Wien, Hof- u. Staatsdruckerei. n. 3.80

7. Vorschrift f. das Verfahren bei unnatürlichen u. gewaltsamen Todesfällen im k. u. k. Heere. (V, 71 S.) 906. n. —70
32. Vorschrift f. den ökonomisch-administrativen Dienst bei den Unterabteilungen des k. u. k. Heeres, vom J. 1887. (VIII, 222 S.) 904. n. 2.50
80. Bestimmungen, organische, f. d. Artillerie-Zeugswesen. (VII, 31 S.) 903. n. —60

**Taschenausgabe** der Militärvorschriften. (Zusammengestellt f. den Feldgebrauch.) (Mit Bewilligg. des k. u. k. Reichskriegsministeriums.) 2., 6., 10., 14., 31., 47. u. 89. Heft. kl. 8. Wien, Hof- u. Staatsdruckerei. 12.60

2. Beförderungsvorschrift f. die Personen des Soldatenstandes im k. u. k. Heere. (V, 32 S.) 908. —60
6. Superarbitrierungsvorschrift f. die Personen des k. u. k. Heeres v. J. 1885. (Neu durchgesehen.) (XV, 126 S.) 907. 2.—
10. Gebührenvorschrift f. das k. u. k. Heer vom J. 1895. I. Tl. Gebühren im Frieden. 1. Heft. Enth.: Geld- u. Naturalgebühren. Nachdruckaufl. — berichtigt bis Ende Dezbr. 1907. (XVIII, 191 S.) 908. 2.—
14. Gebührenvorschrift f. das k. u. k. Heer. I. Tl. 3. Hauptstück. Beförderungsmittel u. Gebühren bei Dienstreisen u. Märschen. (VII, 140 S.) 908. 2.—
31. Baudienstvorschriften f. das k. u. k. Heer. III. Tl. Instruktion f. d. Militärgebäudeverwaltg. nebst Anh. (Beleuchtg., Marketendereibetrieb). (VIII, 196 S.) 907. 2.60
47. Vorschrift z. Verfassung der Qualifikationslisten üb. Stabs- u. Oberoffiziere des Soldatenstandes, dann Kadetten im k. u. k. Heere. (IV, 60 S.) 908. 1.20
89. Wehrvorschriften. 3. Tl. Evidenzvorschrift, betr. die Personen d. Mannschaftsstandes d. Heeres u. d. Kriegsmarine. 2. Aufl. m. Berücksicht. der Nachträge 1—6 u. d. Erlasses Abt. 2 W., Nr. 2550 (v. 1909) vom 17. II. 1910 (Beiblatt Nr. 8). (XX, 143 S.) 910. 2.20

— der Reichsgesetze für das Kaiserthum Oesterreich, s. a. Reichsgesetze.

**Taschen-Ausgabe** der Reichsgesetze für Oesterreich. Nr. 198. 8. [Jahrgang 1891. II. Bändchen.] (S. 65—136 und 17—32.) 8. —.36

Prag: Höfer & Klouček 1891.

— der Reichsgesetze f. das Kaiserthum Oesterreich. Nr. 199: Oesterr. Reichs-Gesetze, nebst Erlässen und Verordnungen. Jahrg. 1891. 3. Hft. (Inhalt wie oben.) 8. (S. 137—288) —.84

Prag: Höfer & Klouček 1891.

— der Vorschriften der k. k. Landwehr. Zusammengestellt f. den Feldgebrauch.) (Mit Bewilligg. des k. k. Ministeriums f. Landesvertheidigg.) 1.—21. Heft. 8. Wien, Hof- u. Staatsdruckerei. n. 17.60

1. Vorschriften f. das ehrenräthliche Verfahren in der k. k. Landwehr, sammt Anh., betr. die Anwendg. derselben auf die k. k. Gendarmerie vom J. 1901. (VII, 38 S.) 903. n. —60
2. Beförderungs-Vorschrift f. die Personen des Soldatenstandes in der k. k. Landwehr. (VI, 24 S.) 903. n. —50
3. Bestimmungen, organische, für die k. k. Landwehr-Gerichte. (V, 9 S.) 903. n. —50
4. Bestimmungen, organische, f. das k. k. Landwehr-Auditoriat. (V, 7 S.) 903. n. —50
5. Vorschrift zur Verfassung der Qualifications-Listen üb. die k. k. Landwehr-Auditore. (V, 34 S.) 903. n. 1.20
6. Bestimmungen, organisatorische, für die k. k. Landsturmbezirks-Commanden. (V, 35 S.) 903. n. 1.40
7. Vorschrift üb. die Beurlaubung der im Gagebezuge stehenden Personen der k. k. Landwehr. (V, 19 S.) 903. n. —80
8. Bestimmungen, organisatorische, f. die höheren Commanden der k. k. Landwehr. — Bestimmungen über die Versehung des Generalstabsdienstes bei der k. k. Landwehr. — Durchführungs-Bestimmungen zur Organisation des Generalstabsdienstes bei der k. k. Landwehr. (III, 15 S.) 903. n. —70
9. Bestimmungen, organische, f. die k. k. Landwehr-(Landesschützen-)Ergänzungsbezirks-Commanden. (V, 33 S.) 903. n. 1.40
10. Instruction f. die Verwaltung u. Verrechnung des Train-Materials der k. k. Landwehr u. des k. k. Landsturmes. (VI, 43 S.) 903. n. 1.50
11. Vorschrift zur Rangbestimmung für die Personen des Soldatenstandes in der k. k. Landwehr. (V, 11 S.) 903. n. —50
12. Wehrvorschriften, enth. die Durchführungsbestimmungen zum Wehrgesetze. 4. Thl. Evidenzvorschrift, betr. die in e. Rangclasse eingetheilten Gagisten in der nichtactiven k. k. Landwehr. (VII, 111 S.) 903. n. 1.50
13. Inspicierungs-Vorschrift f. die k. k. Landwehr. (V, 31 S.) 903. n. —90
14. Bestimmungen, organische, f. die k. k. Landwehrfußtruppen vom J. 1904. (V, 16 S.) 904. n. —40
15. Bestimmungen, organische, f. d. berittenen Landwehrtruppen vom J. 1894 (m. Berücksicht. des 1. Nachtrages vom J. 1904.) (VI, 82 S.) 904. n. —70
16. Organisation des Landwehr-Stabsoffizierkurses in Wien vom J. 1904 (nebst e. Beilage: Lehrplan f. den Landwehr-Stabsoffizierskurs in Wien). (V, 15 S.) 904. n. —50
17. Bestimmungen, organische, u. Dienstvorschrift f. die Waffenmeister der k. k. Landwehr. (VI, 20 S.) 905. n. —60
18. Bestimmungen, organische, für a) das k. k. Landwehroberkommando, b) die k. k. Landwehrkommanden u. das k. k. Landesverteidigungskommando, c) die k. k. Landwehr-Infanterietruppendivisions-Kommanden, d) die k. k. Landwehr-Infanterie(Landesschützen)brigadekommanden. (IV, 23 S.) 905. n. —70
19. Wehrvorschriften. II. Tl., betr. die Vorschrift üb. die Erfüllg. der Dienstpflicht in der k. k. Landwehr. Anh. (92 S.) 905. n. 1.—
20. Dasselbe. III. Tl., betr. die Evidenzvorschrift für die Personen des Mannschaftsstandes der k. k. Landwehr. Anh. (70 S.) 905. n. 1.—
21. Vorschrift f. die Behandlung besonderer Personalangelegenheiten der Offiziere des Soldatenstandes der k. k. Landwehr. Vom J. 1881. (VII, 42 S.) 906. n. —70

— der Vorschriften d. k. k. Landwehr. (Zusammengestellt f. d. Feldgebrauch.) (Mit Bewilligg. d. k. k. Ministeriums f. Landesverteidigg.) 1. u. 22.—29. Heft. 8. Wien, Hof- u. Staatsdruckerei. 7.40

1. Vorschrift f. das ehrenrätliche Verfahren in der k. k. Landwehr samt Ergänzgn., betr. die Anwendung derselben auf d. k. k. Gendarmerie. (Vom J. 1908.) (VIII, 60 S.) 908. —80
22. Bestimmungen, organische, f. die k. k. Landwehrintendanz. Organische Bestimmungen u. Dienstvorschrift f. die k. k. Landwehrintendantur. Provisorische organische Bestimmungen f. den Rechnungskontrollsdienst in der k. k. Landwehr. Organ. Bestimmungen u. Dienstvorschrift f. den Truppenrechnungsführer u. Rechnungshilfsarbeiter d. k. k. Landwehr. Provisor. Dienstvorschrift f. die k. k. Landwehr-Rechnungskontrollsbeamten. (IV, 79 S.) 906. 1.20
23. Dasselbe f. d. k. k. Landwehr-Monturverwaltungsanstalten. — Organ. Bestimmgn. u. Dienstvorschrift f. das k. k. Landwehrwaisendepot. (III, 24 S.) 906. —50
24. Bestimmungen, organische, f. das k. k. landwehrärztl. Offizierskorps. — Organ. Bestimmgn. f. die k. k. Landwehrsanitätsanstalten. (31 S.) 907. —80
25. Vorschrift, provisorische, f. die Fortbildung d. k. k. landwehrärztlichen Offizierskorps. (IV, 15 S.) 907. —50
26. Vorschrift üb. die Aufnahme v. Aspiranten in die k. k. Landwehrkadettenschule. (Mit Bewilligg. des k. k. Ministeriums f. Landesverteidigg.) F—5a. (III, 18 S.) 907. —40
27. Bestimmungen, organische, f. d. Rechnungskontrollsdienst in der k. k. Landwehr. — Dienstvorschrift f. die k. k. Landwehr-Rechnungskontrollsbeamten. — Vorschrift zur Vornahme der Prüfung der auf die Beförderung z. Landwehrrechnungsrat aspirierenden Rechnungsoffiziale u. Hauptmannrechnungsführer 1. Klasse der k. k. Landwehr. (III, 27 S.) 907. —80
28. Vorschrift üb. die Heiraten in d. k. k. Landwehr. (IV, 35 S.) 908. —60
29. Vorschrift, provisorische, f. die Beschaffung der Naturalverpflegsartikel f. die k. k. Landwehr im Frieden (v. J. 1908). Beilagen zu dieser Vorschrift. (XV, 254 S.) 909. 1.80

Taschenberg, Ernst, s.a. T a s c h e n b e r g , Ernst Ludwig

**Bücher-Verzeichniss der Loge zu den drei Degen im Or. zu Halle a. S. [Zsgest. von Ernst Taschenberg.] Halle a. S. 1892: Gebauer-Schwetschke. VI, 150 S. 8°**

Taschenberg, Ernst Ludwig

**Taschenberg, E. L.**, Buch der Schmetterlinge u. Raupen, s.: Rockstroh, H.

**Taschenberg, E. L.**, Entomologie für Gärtner u. Gartenfreunde oder Naturgeschichte der dem Gartenbau schädlichen Insekten, Würmer etc., so wie ihrer natürlichen Feinde, nebst Angabe der gegen erstere anzuwendenden Schutzmittel. Mit 123 (eingedr.) Holzschn. Leipzig 871. Kummer. gr. 8. (VI, 586 S.) n. 2 ₰ 20 ngr.

**Taschenberg, Er. L.**, Handbuch der botanischen Kunstsprache. Systematisch bearb. Mit doppelten alphabet. Registern u. 2 Kupfertaf. gr. 8. Halle 843, Anton. 3/4 ₰

— die Hymenopteren Deutschlands nach ihren Gattungen u. theilweise nach ihren Arten als Wegweiser für angehende Hymenopterologen u. gleichzeitig als Verzeichniss der Halle'schen Hymenopterenfauna analytisch zusammengestellt. Ebend. 866. gr. 8. (VI, 277 S.) n. 1 ₰ 15 ngr.

**Taschenberg, E.**, d. Insecten nach ihrem Schaden u. Nutzen, s.a. Wissen, das, d. Gegenwart.

**Taschenberg,** Ernst, Die Insekten nach ihrem Schaden u. Nutzen. Leipzig 1882. 8.
Ist: Das Wissen der Gegenwart. Bd. 4.

Taschenberg E, die Insekten nach ihrem Schaden und Nutzen. (Wissen der Gegenwart 4) Leipzig 1883

**Taschenberg, E.**, Die Insekten nach ihrem Schaden und Nutzen. 2. Aufl. [Das Wissen der Gegenwart. IV. Bd.] 8°. (ill 312 S.) geb. K 3.00
Wien: Tempsky 1907.

Taschenberg, E.: Die dem Wein- und Obstbau schädlichen Insekten. In: Verhandlungen des Naturhistorischen Vereines der preußischen Rheinlande und Westphalens. 29 (F. 3, 9). Bonn 1872, S. 147-234. -- 5*
--- Dass. erschien auch als Sonderdruck. Bonn: Georgi 1872. 94 S. -- LKRhld.*

**Taschenberg, E. L.**, die Insekten, Tausendfüßler u. Spinnen, s.: Brehm, Alfr. E., Tierleben.

**Taschenberg, E. L.**, forstwirthschaftliche Insekten-Kunde od. Naturgeschichte der den deutschen Forsten schädl. Insekten, Angabe der Gegenmittel nebst Hinweis auf die wichtigsten Waldbeschützer unter den Thieren. Mit vielen (eingedr.) Holzschn. gr. 8. (VI, 548 S.) Leipzig 873. Kummer. n. 8. —

TASCHENBERG, E. L.: Forstwirthschaftliche Insektenkunde oder Naturgeschichte der den deutschen Forsten schädlichen Insekten, Angabe der Gegenmittel nebst Hinweis auf die wichtigsten Waldbeschützer unter den Thieren. - Leipzig 1874. VII, 548 S., m. Holzschn.

— praktische Insekten-Kunde oder Naturgeschichte aller derjenigen Insekten, mit welchen wir in Deutschland nach den bisherigen Erfahrungen in nähere Berührung kommen können. Nebst Angabe der Bekämpfungsmittel gegen die schädlichen unter ihnen. 1—5. Thl. gr. 8. Bremen 879. 80. Heinsius. n. 23. —
1. Einführung in die Insekten-Kunde. Mit 46 (eingedr.) Holzschn. (IV, 233 S.) n. 3. 80
2. Die Käfer u. Hautflügler. Mit 98 (eingedr.) Holzschn. (VIII, 401 S.) n. 6. 20
3. Die Schmetterlinge. Mit 83 (eingedr.) Holzschn. (VIII, 311 S.) n. 5. —
4. Die Zweitflügler, Netzflügler u. Kaukerfe. Mit 56 (eingedr.) Holzschn. (VII, 227 S.) n. 4. —
5. Die Schnabelkerfe, flügellosen Parasiten u. als Anhang einiges Ungeziefer, welches nicht zu den Insekten gehört. Mit 43 eingedr. Holzschn. (VIII, 238 S.) n. 4. —

– Der K a r t o f f e l k ä f e r und sein Auftreten in Deutschland, s.a. V o l k s b ü c h e r , Landwirtschaftliche.

**Taschenberg,** Ernst L., Der Kartoffelkäfer u. sein Auftreten in Deutschland. (Mit 1 Abbild. des Käfers in Farbendruck.) Leipzig 1877. 8.
Ist: Landwirthsch. Volksbücher. Nr. 61.

— Naturgeschichte der wirbellosen Thiere, die in Deutschland sowie in den Provinzen Preußen u. Posen den Feld-, Wiesen- u. Weide-Culturpflanzen schädlich werden. Gekrönte Preisschrift. Ebend. 865. Lex.-8. (XII, 288 S. mit 133 Abbild. auf 7 color. Steintaf.) n. 3 ₰
Erschien auch unter dem Titel:

— die der Landwirthschaft schädlichen Insekten u. Würmer. Eine durch das Königl. Preuß. Landes-Oekonomie-Collegium mit dem ersten Preise gekrönte Schrift.

**Taschenberg, Ernst L.**, Deutschlands Pflanzengattungen od. charakterist. Merkmale der in Deutschland wildwachsenden Gattungen der Phanerogamen, einiger Kryptogamen u. der überall angepflanzten ausländ. Bäume u. Sträucher besonders zum Schulgebrauche zusammengestellt. 8. (10 B.) Merseburg 845, [Garcke.]

— Deutschlands Pflanzengattungen oder charakterist. Merkmale der in Deutschland wildwachsenden Gattungen der Phanerogamen, einiger Kryptogamen u. der überall angepflanzten ausländischen Bäume u. Sträucher besonders zum Schulgebrauche zusammengestellt. 8. Merseburg 845, Nulandt. n. 1/4 ₰

**Taschenberg, E. L.**, die Schädigung d. Hopfens durch Insekten. 8. (20 S.) Halle 884. Knapp. n. 1. 20

— Schutz der Obstbäume, s.a. Obstschutz, der.

**Taschenberg E. L.:** Schutz d. Obstbäume u. deren Früchte gegen feindliche Thiere. Ravensburg 1874. 152 S. Fig. Forf.* Portr.
(=: Der Obstschutz. Abth. 1). 623.

— u. Ed. Lucas, Schutz der Obstbäume u. deren Früchte gegen feindliche Thiere u. gegen Krankheiten. 2 Bde. gr. 8. Stuttgart 879. Ulmer. In 1 Bd. geb. n. 4. 80; einzeln à n. 2. 30
1. Schutz der Obstbäume u. deren Früchte gegen feindliche Thiere. Von E. L. Taschenberg. Mit 49 in den Text gedr. Holzschn. 2., verm. Aufl. (VIII, 160 S.)
2. Schutz der Obstbäume gegen Krankheiten. Ein praktischer Rathgeber zur Erkennung, Abhaltung, Bekämpfung u. Hebung der die Gesundheit u. Lebensdauer unserer Obstbäume beeinträchtigenden Zustände u. Krankheiten. Von Ed. Lucas. Mit 41 in den Text gedr. Abbildungen (Holzschn.). (XVI, 140 S.)

— Schutz der Obstbäume gegen feindliche Tiere, s.a. Schutz der Obstbäume gegen feindliche Tiere u. gegen Krankheiten. I.

Schutz der Obstbäume gegen feindliche Tiere. Im Auftr. d. Deutschen Pomol.-Ver. bearb. von Prof. Dr. E[rnst] L[udwig] Taschenberg. 3., bedeut. verm. Aufl. von Dr. Otto Taschenberg, Prof., Halle a. S. Mit 75 Abb. *Stuttgart: E. Ulmer 1901.* (X, 238 S.) 8° [F.]
= Taschenborg, O.: Schutz d. Obstbäume gegen feindliche Tiere u. gegen Krankheiten. Bd 1. [Nr. 349]

—— wirbellose Thiere, s. Brehm, A. E., illustrirtes Thierleben.

— das Ungeziefer der landwirthschaftlichen Culturgewächse, s.a. Bibliothek, landwirthschaftliche.

**Taschenberg,** Ernst L., Das Ungeziefer der landwirthschaftlichen Culturgewächse. Mit 36 Abbildd. (in eingedr. Holzschn.) Berlin u. Leipzig 1874. 8.
(Ist: Landwirthsch. Bibliothek. Bd 3. 4.)

— Das Ungeziefer der landwirthschaftlichen Culturpflanzen. (Mit 36 eingedr. Holzschn.-Abbild.) Leipzig 1877. 8.
Ist: Landwirthsch. Volksbücher. No. ...

— **Wandtafel** zur Darstellung des Colorado-Kartoffelkäfers u. seiner Entwickelungsstufen. Chromolith. Imp.-Fol. Mit erklär. Texte für Schule u. Haus. gr. 8. (12 S.) Stuttgart 877. Ulmer. In Mappe. n. 1. 50

—— **Wandtafel** zur Darstellung der Reblaus und der Blutlaus für Schule und Haus. Chromolithogr. qu. gr. Fol. Mit erklär. Texte. gr. 8. (29 S.) Ebendas. 878. In Mappe *

Taschenberg, E. L., Wandtafel zur Darstellung der Reblaus und der Blutlaus. 2. verm. Aufl. Chromolithographie. qu. gr. Fol. Mit erläut. Text für Schule und Haus. gr. 8. (32 S.) Stuttgart 885, Ulmer. In Mappe *

**Taschenberg,** E. L., Was da kriecht und fliegt! Bilder aus dem Insekten-Leben mit besonderer Berücksichtigung ihrer Verwandelungsgeschichte. Berlin 861. Bosselmann. (Wiegandt & Hempel.) gr. 8. (VII, 632 S. m. Holzschn.) n. 1 ℛ 20 ngr.

—— **Was** da kriecht und fliegt! Bilder aus dem Insekten-Leben. 2. umgearb. Aufl. 10 Lfgn. gr. 8. (656 S. mit 85 eingedr. Holzschn.) Berlin 878, [Wiegand, Hempel und Parey.] Parey. à Heft * ℳ 1.; cart. *

— Was sind Holzwürmer u. wie erwehrt man sich ihrer? gr. 8. (40 S. m. eingedr. Holzschn.) Halle 883. Knapp. n. 1. —

Taschenberg, Ernst Otto, s. Taschenberg, Otto

**Taschenberg,** Otto: Anatomie, Histiologie und Systematik der Cylicozoa Leuckart, einer Ordnung der Hydrozoa. Halis Saxonum 1877: Gebauer-Schwetschke. 97 S. 8° [ohne Tafeln u. Tafelerklärung]
Halle-Wittenberg, Phil. Diss. v. 10. Febr. 1877
Geb. Zahna (Kr. Wittenberg) 23. 3. 1854. V.
Ersch. auch in: Zeitschrift f. d. ges. Naturwissenschaften. Bd 49. Berlin 1877. S. 1—104, Taf. 1—4.

**Taschenberg,** E Otto, Beiträge zur Kenntniss ectoparasitischer mariner Trematoden. Mit 2 (lith.) Taf. [Aus: „Abhandlungen der naturforsch. Gesellsch. in Halle".] gr. 4. (51 S.) Halle 879. Schmidt. n. 4. 40

**Taschenberg,** E[rnst] O[tto]: Weitere Beiträge zur Kenntniss ectoparasitischer mariner Trematoden. Halle (1879): Karras. 23 S. 8° (4°)
Halle-Wittenberg, Phil. Hab.-Schr. v. 21. Juni 1879
Ersch. vollst. in: Festschrift zur Feier des 100jährigen Bestehens der Naturforschenden Gesellschaft in Halle a. S. Halle 1879. 4° S. 23—76, Taf. 3 u. 4. Den Anfang der Arbeit bildete: Beiträge zur Kenntnis ectoparasitischer mariner Trematoden. Halle: Schmidt 1879. 51 S. 4° Aus: Abhandlungen der Naturforsch. Gesellschaft zu Halle. Bd 14. Halle 1880 4° S. 293—343, 2 Taf.

— weitere **Beiträge** zur Kenntniss ectoparasitischer mariner Trematoden. Mit 2 (lith.) Taf. (in 4. u. Fol.). [Aus: „Festschrift d. naturforsch. Gesellsch. zu Halle".] gr. 4. (52 S.) Halle 879. Niemeyer. n. 3. 60

**Taschenberg, Otto, s.a. Bibliotheca zoologica.**

**Taschenberg,** O., Bibliotheca zoologica. II. Verzeichniss der Schriften über Zoologie, welche in den period. Werken enthalten u. vom Jahre 1861—1880 selbständig erschienen sind. Mit Einschluss der allgemein-naturgeschichtlichen, periodischen u. paläontologischen Schriften. Bd. 1—4. Leipzig 1886—91. gr. 8. . . . . . . (D.)

Taschenberg, O., Bilder aus dem Tierleben, s.a. Wissen, das, der Gegenwart.

**Taschenberg** O, Bilder aus dem Tierleben. (Wissen der Gegenwart 41) Leipzig 1885

**Taschenberg,** O. Historische Entwickelung der Lehre von der **Parthenogenesis.** gr. 4. (89 S.) Halle a. S. 892, Niemeyer. * 3 —
**Aus: Abhandlgn. d. naturforsch. Gesellsch. zu Halle a. S., bes. abgedruckt.**

(B) — Entwickelung d. Lehre v. d. Parthenogenesis. 892. — Geschichte d. Zoologie. 894. (KBL 28.) Jetzt: Stuttgart, E. Schweizerbart.

— die **Feinde** der Biene, s.: Schmidt, Emil.

**Taschenberg,** Otto, die **Flöhe.** Die Arten der Insectenordnung Suctoria, nach ihrem Chitinskelet monographisch dargestellt. Lex.-8. (121 S. mit 4 lithogr. Taf.) Halle 880, Niemeyer. *

**Taschenberg,** Otto, **Geschichte** der Zoologie u. der zoologischen Sammlungen an der Universität Halle 1694—1894. [Aus: „Abhandlgn. d. naturforsch. Gesellsch. zu Halle".] gr. 8. (176 S. m. 3 Fig., 9 Taf. u. 9 Bl. Erklärgn.) Halle a/S. 894. M. Niemeyer. n. 6. —

**— die exotischen Käfer, s.: Heyne, Alex.**

— die Lehre von der Urzeugung sonst u. jetzt. Ein Beitrag zur histor. Entwicklung derselben. gr. 8. (111 S.) Ebend. 882. n. 2. —

—— die **Mallophagen** mit besond. Berücksicht. der von Dr. Meyer gesammelten Arten, systematisch bearb. gr. 4. (244 S. mit 7 lithogr. Taf.) Halle 882. (Leipzig, Engelmann.) *
**Aus: Nova Acta der kaiserl. Leop.-Carol. deutschen Akademie der Naturforscher, besonders abgedruckt.**

— s.: Monatsschrift, ornithologische.

—— Repetitorium der Zoologie, s. Repetitorium der medicinischen Hilfswissenschaften.

Schutz der Obstbäume gegen feindliche Tiere und gegen Krankheiten. Bearb. von Prof. Dr O[tto] **Taschenberg** u. Prof. Dr Paul Sorauer Bd 1. *Stuttgart: E. Ulmer 1901.* 8° [F.] [01. 1491

— Die giftigen Tiere. Ein Lehrbuch f. Zoologen, Mediziner u. Pharmazeuten. (XV, 325 S. m. 68 Abb.) gr. 8. Stuttgart 909. F. Enke. 7.—; geb. in Leinw. n 8. —

**Taschenberg,** Otto, s.: **Verhandlungen** der Gesellschaft deutscher Naturforscher u. Aerzte.

—— die Verwandlungen der Tiere, s.a. Wissen, das, der Gegenwart.

— Die Verwandlung der Tiere. (Wissen der Gegenwart 7) Leipzig 1884

— welche Tiere aus der Insektenwelt sind dem Schutze der Forstleute, Landwirte u. Gärtner, sowie der allgemeinen Berücksichtigung zu empfehlen u. warum? Eine vom internationalen entomolog. Vereine gestellte Preisfrage, beantwortet v. T. gr. 8. (III, 33 S. m. 28 Abbildgn.) Berlin 895. R. Friedländer & Sohn. n. — 60

Flensburg eine Handel-Stadt an der Ostsee. Erudito et Honorat. Senatui dedicatus **C. G. Taschenberger.** o. O. 1800. Kupferstich 1 Doppelbl. Fol., jedes 45 68 cm (etwas beschn.).

Taschenbibliothek, allgemeine. Nr. 1—8. 16. München, Monachia-Verlag. n. 5. 50
Clasen, E., Kosmetik. Anleitung zur Gesundheits- u. Schönheitspflege der Haut, der Nägel, Haare, Zähne u. Augen, m. Toilettegeheimnissen alter u. neuer Zeit u. zahlr. Recepten z. Herstellg. v. Toilettemitteln. (IV, 205 S.) (Nr. 7.) n. 1. 20
Feuchtwanger, Lion, die Einsamen. 2 Skizzen. (40 S.) (903.) (Nr. 4.) n. — 50
Giardinetto. 12 Geschichten v. verschiedenen Autoren. (96 S.) (903.) (Nr. 3.) n. 1. —
Greußing, Paul R., im Stubaital. Bilder, Sagen u. Skizzen. Mit Touristenführer u. Kärtchen. (165 S.) 903. (Nr. 6.) n. — 50
Kurz-Elsheim, Frz., niederrheinische Kleinstadt-Geschichten. (111 S.) (903.) (Nr. 5) n. — 30
Maupassant, Guy de, Boule de suif. Novelle. Uebers. von Frz. Kwest. (56 S.) (903.) (Nr. 2.) n. — 50
Norrmann, T., auf den Bergen. Novellen. (115 S.) (903.) (Nr. 1.) n. 1. —
Prechtl, Herm., am Brenner. Ein Führer f. Sommerfrischler u. Touristen m. Schildergn., Erzählgn. u. 1 Karte. (139 S.) (904.) (Nr. 8.) n. — 50

— allgem. deutsche, d. encyclopäd. Grundwissenschaften in ihren wechselseitigen Beziehungen u. nach d. Anforderungen d. Zeit. (No. 1 u. 2. J. J. Schneller, Gesch. d. Menschheit. 2 Bdchn. No. 3 u. 4. Hase, H., class. Alterthumskunde. 2 Bdchn. No. 5 u. 6. Förster, K., Abriß d. allgem. Literaturgeschichte. 2 Bdchn. No. 7 u. 8. Falkenstein, K., Gesch. d. geograph. Entdeckungsreisen. 2 Bdchn. No. 9. W. v. Lüdemann, Geschichte d. Architektur. No. 10. W. v. Lüdemann, Geschichte d. Malerei u. Zeichnenkunst.) 10 Bdchn. 12. Dresden 827. Hilscher.

(—— allgem. deutsche, der encyklopäd. Grundwissenschaften, in ihren wechselseit. Beziehungen u. nach d. Anforderungen d. Zeit. 1. Sect. 1—3. Abthl. u. 4 Sect.) 8. Dresden 827—33. [Zittau, Nauwerck.]
Das Ganze sollte in 4 Sect. erscheinen, wovon aber nur die 1. Sect. 1—3. Abthl. u. 4. Section, welche nachfolgende 4 Abthln. ausmachen, geliefert wurden. Jede Abthl. zählte ihre Bändchen besonders, die aber häufig, wie sie erschienen, unzusammenhängende Werke bildeten. Der bessern Uebersicht wegen wurden daher sämmtliche Schriften ihrem Inhalte nach zusammengestellt und alphabetisch nach den Verfassern geordnet. Specielle Auskunft über die in den Jahren 1828—33 gedruckten, findet man unter den Namen der genannten Autoren.
Heusinger, J. H., die Gesch. d. Kreuzzüge. N. d. Franz. de Saint-Maurice. 3 Bdchn
Klemm, G., die Gesch. Baierns. 3 Bdchn.
Kobbe, P. v., die Gesch. Schwedens. 2 Bdchn.
Lindau, W. A. v., Gesch. Irlands. 1. Bd. (2 Abthln.)
—— die Gesch. Schottlands. 4 Bdchn. 2., verb. Aufl.
Lüdemann, W. v., Gesch. Griechenlands u. d. Türkei. 4 Bdchn.
Münch, E., die Gesch. Brasiliens. 2 Bdchn.
—— die Gesch. Columbias. 2 Bdchn.
—— die Gesch. Portugals. 3 Bdchn.
Philippi, F., die Gesch. Dänemarks. 1. Bdchn. (2 Abthln.)
—— Gesch. d. Freistaats v. St. Domingo (Haiti). 3 Bdchn.
—— die Gesch. d. vereinigten Niederlande. Nach Scheffer. 2 Bdchn.
—— die Gesch. Nordamerikas. 3 Bdchn. 2. Aufl.
—— die Gesch. d. Papstthums. 1—10. Bdchn. (15 Abthln.)
—— die Gesch. Venedigs. 5 Bdchn.
Pölitz, K. H. L., die Gesch. Preußens. 4 Bdchn.
—— die Gesch. der Staaten d. Ernestinischen Hauses Sachsen.
—— die Gesch. d. Königr. Sachsen. 2 Bdchn.
Rabbe, A., die Gesch. Spaniens. Frei bearb. v. Belmont. 3 Bdchn.
Rauschnick, G. P., Gesch. d. deutschen Adels. 4 Bdchn.
—— die Gesch. d. deutschen Hanse. 2 Bdchn.
Schneller, J. F., die Gesch. v. Böhmen. 3 Bdchn.
—— Gesch. v. Oestereich u. Steiermark. 4 Bdchn.
—— die Gesch. Ungarns. 3 Bdchn.
—— die Gesch. d. Weltlaufes u. Zeitgeistes. 2 Bdchn. (3 Abthln.)
—— Jetzt! Taschenbuch d. Zeitgeschichte f. 1832. Fortsetz. für d. Weltgeschichten v. Eichhorn, Pölitz, v. Rotteck u. Schneller. 3 Bdchn.

Allgemeine geographisch-statistische Taschenbibliothek. 1—10. Bdchn. Thlr.
(1. Sect. 2. Abthl.)

Cannabich, J. G. F., statist.-geograph. Beschreibung d. Königr. Preußen. 6 Bdchn.
—— statist.-geograph. Beschreibung d. Königr. Würtemberg. 2 Bdchn.
Stein, G. D., statist.-geograph. Beschreibung d. Königr. Sachsen. 2 Bdchn.

Allgemeine Taschenbibliothek der menschlichen Culturgeschichte. 1—36. Bdchn. 13 Thlr. 21 Gr., hrbgs. Pr.
(1. Sect. 3. Abthl.)

Döring, M., Geschichte d. vornehmsten Mönchsorden. 2 Bdchn.
Falkenstein, C., Gesch. d. geograph. Entdeckungsreisen. 5 Bdchn. (6 Abthln.)
Förster, C., Abriß d. allgem. Literaturgeschichte. 4 Bdchn. (6 Abthln.)
Franke, A., Gesch. d. bibl. Offenbarungs-Glauben.
Gräter, J. D., Versuch e. Einleitung in d. nord. Alterthumskunde rc. 1. u. 2. Bdchn.
Hase, H., griech. Alterthumskunde. 2 Bdchn.
—— röm. Alterthumskunde. 1. Bdchn.
Kosegarten, J. G. L., morgenländ. Alterthumskunde rc. 1. Bdchn.
Lüdemann, W. v., Gesch. d. Architektur.
—— Gesch. d. Malerei u. Zeichnenkunst.
—— Gesch. d. Kupferstechkunst rc.
Poppe, J. H. M., Gesch. d. wichtigsten Erfindungen in d. Künsten u. Wissenschaften rc. 4 Bdchn.
Rauschnick, G. P., Bürgerthum u. Städtewesen d. Deutschen im Mittelalter. 3 Bdchn.
Schneller, J. F., Gesch. d. Menschheit. 2 Bdchn.
—— der Mensch u. d. Geschichte. Philosoph. u. krit. bearb. 3 Bdchn.

Allgemeine Taschenbibliothek der Naturwissenschaften. 1—27. Bdchn. 10 Thlr. 6 Gr., hrbgs. Pr.
(4. Sect.)

Carus, C. G., Grundzüge d. vergleich. Anatomie u. Physiologie. 3 Bdchn.
Choulant, L., Anthropologie. 2 Bdchn.
Ficinus, H., Chemie. 4 Bdchn.
—— Optik.
—— Physik. 2 Bdchn.
Gößel, J. G., Mineralogie. 5 Bdchn.
Holl, Fr., Petrefactenkunde. 6 Bdchn.
Prinz, C. G., allgem. Krankheits- u. Heilungslehre d. Hausthiere rc. 4 Bdchn.
Reichenbach, H. L., Zoologie. 1. Bd.

**Taschenbibliothek, Allgemeine geographisch-statistische,** d. i. Darstellungen der merkwürdigsten Europäischen und Ausser-Europäischen Staaten . . . Dresden 1827—28. H: *Hilscher, Paul Glob.* (BrMm)

— allgem. geograph.-statist., od. Darstell. der merkwürd. europ. u. außereurop. Staaten u. Reiche, im Lichte der Gegenwart, nach ihrer geograph. u. volklichen Grundmacht, Kultur, Verfassung, Verwaltung, polit. Stellung u. Gesammtheit aller geltenden Verträge. 1e u. 2e Liefer. od. 1s—10s Bdchen. 8. Dresd. 827 u. 28. Hilscher. (Prän.-Pr. à 1 ℛ 6 𝔤𝔤) 2 ℛ 12 𝔤𝔤 (1e Liefer. 1s u. 2s Bdchen, G. D. Stein, statist. geograph. Beschreib. des Königr. Sachsen. 2 Bdchen. — 3s—5s Bdchen, J. G. F. Cannabich, statist.-geograph. Beschreib. des Königr. Preußen. 1s—3s Bdchen. — 2e Liefer. 6s—8s Bdchen, J. G. F. Cannabich, statist.-geograph. Beschreib. des Königr. Preußen. 4s—6s Bdchen. — 9s—10s Bdchen, J. G. F. Cannabich, statist.-geograph. Beschreib. des Königr. Würtemberg. 2 Bdchn. NB. Sind auch einzeln unter d. Verfass. nachzusehen.)

Taschenbibliothek, Allgemeine geographisch-statistische. 1—10. Bdchn. Dresden. (Zittau, Nauwerk.) 8.

**Taschenbibliothek, Allgemeine historische,** für Jedermann. Dresden 1826—32. H: *Hilscher, Paul Glob.* (BrMm)

Taschen-Bibliothek, allgemeine historische, für Jedermann. 1r Thl. 1s u. 2s Bdchn. A. u. d. T.: Bodin, Felix, die Geschichte Frankreichs. 2e Aufl. Herausgeg. v. A. L. Herrmann. 2 Bdchn. 8. Dresden 827, Hilscher. Rthlr.

— dessen 2r Thl. 1s u. 2s Bdchn. A. u. d. T.: Bodin, Felix, die Gesch Englands. 2e Aufl. Herausgeg. v. J. H. G. Heusinger. 2 Bdchn. 8. Ebd. 827, Ebd.

— dessen 3r Thl. 1s—4s Bdchn. A. u. d. T.: Lindau, W. Ad., die Geschichte Schottlands. 4 Bdchn. 2e Aufl. 8. Ebd. 827, Ebd.

— dessen 4r Thl. 1s—3s Bdchn. A. u. d. T.: Philippi, F., Geschichte d. vereinigten Freistaaten von Nordamerika. 3 Bdchn. 2e Aufl. 8. Ebd. 827, Ebd.

— dessen 5r Thl. 1s u. 2s Bdchn. A. u. d. T.: Baumgarten-Crusius, D. K. W., die Geschichte d. Schweiz. 2 Bdchn. 8. Ebd. 826, Ebd.

— dessen 6r Thl. 1s—3s Bdchn. A. u. d. T.: Rabbe, Al., die Geschichte Spaniens, bearb. v. Belmont. 3 Bdchn. 8. Ebd. 826, Ebd.

— dessen 7r Thl. 1s—3s Bdchn. A. u. d. T.: v. Saint-Maurice, die Geschichte d. Kreuzzüge, nach d. Franz. v. J. H. G. Heusinger. 3 Bdchn. 8. Ebd. 826, Ebd.

— dessen 8r Thl. 1s u. 2s Bdchn. A. u. d. T.: Scheffer, die Geschichte d. vereinigten Niederlande, bearb. v. Ferd. Philippi. 2 Bdchn. 8. Ebd. 826, Ebd.

— dessen 9r Thl. 1s—4s Bdchn. A. u. d. T.: Herrmann, A. L., die Gesch. Rußlands. 4 Bdchn. 8. Ebd. 826, Ebd.

— dessen 10r Thl. 1s u. 2s Bdchn. A. u. d. T.: Herrmann, A. L., die Gesch. Sachsens. 2 Bdchn. 8. Ebd. 826, Ebd.

— dessen 11r Thl. 1s—3s Bdchn. A. u. d. T.: Philippi, F., Gesch. des Freistaats von St. Domingo, (Hayti). 3 Bdchn. 8. Ebd. 826, Ebd.

— dessen 12r Thl. 1s u. 2s Bdchn. A. u. d. T.: Hasse, F. Ch. A., die Gesch. der Lombardei. 2 Bdchn. 8. Ebd. 826, Ebd.

— dessen 13r Thl. 1s—4s Bdchn. A. u. d. T.: v. Bronikowski, Alex., die Gesch. Polens. 4 Bdchn. 8. Ebd. 827, Ebd.

— dessen 14r Thl. 1s—4s Bdchn. A. u. d. T.: Pölitz, K. H. L., die Gesch. Preußens von den ältesten Zeiten bis auf unsere Tage. 4 Bdchn. 8. Ebd. 827, Ebd.

— dess. 15r—18r Thl. oder 41s—50s Bdchn. 41s—44s: v. Lüdemann Gesch. Griechenlands. 4 Bdchn. 45s—47s Bdchn. Münch, d. Gesch. Portugals 3 Bdchn. 48s Bdchn. Pölitz, Gesch. d. Staaten d. Ernestin. Hauses Sachsen. 49s u. 50s Bdchn. Schneller, Gesch. v. Böhmen. 2 Bdchn. 8. Ebd. 827, Ebd.
(Ladenpreis für d. 1e — 40e Bdchn. 20 Rthl.)

— allgem. histor., für Jedermann. 1e—14e Liefer. od. 1s—115s Bdchen. 8. Dresd. 827—32. Hilscher. 1e—9e Liefer. od. 1s—90s Bdchen. (à 2 ℛ 12 gr) Prän.-Pr. 22 ℛ 12 gr 10e—14e Liefer. od. 91s—115s Bdchn. (à 1 ℛ 6 gr) 6 ℛ 6 gr (1e Liefer. 1s u. 2s Bdchen, .. **Bodin**, Gesch. v. Frankreich. 2 Bdchen. — 3s u. 4s Bdchen, .. **Bodin**, Gesch. v. England. 2 Bdchen. — 5s—7s Bdchen, W. A. **Lindau**, Gesch. v. Schottland. 1s—3s Bdchen. — 8s—10s Bdchen, Fd. **Philippi**, Gesch. v. Nordamerika. 3 Bdchen. — 2e Liefer. 11s u. 12s Bdchen, **Baumgarten-Crusius**, Gesch. d. Schweiz. 2 Bdchen. — 13s—15s Bdchen, .. **Rabbe**, Gesch. v. Spanien. 3 Bdchen. — 16s—18s Bdchen, .. **Heusinger**, Gesch. d. Kreuzzüge. 3 Bdchen. — 19s u. 20s Bdchen, Fd. **Philippi**, Gesch. der Niederlande. 2 Bdchen. — 3e Liefer. 21s—24s Bdchen, .. **Herrmann**, Gesch. Rußlands. 4 Bdchen. — 25s u. 26s Bdchen, **Pölitz**, Gesch. v. Sachsen. 2 Bdchen. — 27s—29s Bdchen, Fd. **Philippi**, Gesch. d. Freistaates von St. Dominigo. 3 Bdchen. — 30s Bdchen, **Hasse**, Gesch. d. Lombardei. 1s Bdchen. — 4e Liefer. 31s Bdchen, **Hasse**, Gesch. d. Lombardei. 2s Bdchn. — 32s Bdchen, W. A. **Lindau**, Gesch. v. Schottland. 4s Bdchn. — 33s—36s Bdchen, A. v. **Bronikowski**, Gesch. Polens. 4 Bdchn. — 37—40s Bdchen, **Pölitz**, Gesch. Preußens. 4 Bdchen. — 5e Liefer. 41s—44s Bdchen, W. v. **Lüdemann**, Gesch. Griechenlands. 4 Bdchn. — 45—47s Bdchen. E. **Münch**, Gesch. Portugals. 3 Bdchn. — 48s Bdchen, **Pölitz**, Gesch. d. Staaten d. Ernestin. Hauses Sachsen. 1s Bdchen. — 49s u. 50s Bdchen, J. F. **Schneller**, Gesch. Böhmens. 1s u. 2s Bdchen. — 6e Liefer. 51s Bdchen, J. F. **Schneller**, Gesch. Böhmens. 3s Bdchen. — 52—56s Bdchen, Fd. **Philippi**, Gesch. Venedigs. 5 Bdchn. — 57s—59s Bdchen. **Klemm**, Geschichte Baierns. 3 Bdchen. — 60s Bdchen, **Hasse**, Gesch. d. Lombardei. 3s Bdchen. — 7e Liefer. 61s Bdchen, **Hasse**, Gesch. d. Lombardei. 4s Bdchn. 1e Abtheil. — 62s u. 63s Bdchen, .. **Robbe**, Gesch. Schwedens. 2 Bdchn. — 64s—67s Bdchen, J. F. **Schneller**, Gesch. Oestreichs u. Steiermarks. 4 Bdchn. — 68s u. 69s Bdchen, E. **Münch**, Gesch. Columbia's. 2 Bdchen. — 70s Bdchen, Fd. **Philippi**, Gesch. des Papstthums. 1s Bdchn. — 8e Liefer. 71s Bdchen, **Hasse**, Gesch. d. Lombardei. 4s Bdchen. 2e Abtheil. — 72—73s Bdchen, Fd. **Philippi**, Gesch. d. Papstthums. 3s—5s Bdchen. in 7 Abtheill. — 79s Bdchen, E. **Münch**, Gesch. Brasiliens. 1s Bdchen. — 80s Bdchen, W. A. **Lindau**, Gesch. Irlands. 1s Bdchen. — 9e Liefer. 81s Bdchen, W. A. **Lindau**, Geschichte Irlands. 2s Bdchn. — 82s Bdchen, E. **Münch**, Geschichte Brasiliens. 2s Bdchn. — 83s—86s Bdchen, Fd. **Philippi**, Gesch. d. Papstthums. 6s u. 7s Bdchn. in 4 Abtheill. — 86s Bdchen, **Chalybäus**, Gesch. der Römer. 1s Bdchen. — 87s Bdchen, J. F. **Schneller**, Gesch. Ungarns. 1s Bdchn. — 88s u. 89s Bdchen, **Herrmann**, Gesch. Neapels u. Siciliens. 1s u. 2s Bdchn. — 90s Bdchen, J. F. **Schneller**, Gesch. d. Weltlaufs u. Zeitgeistes. — 10e Liefer. 91s Bdchen, **Herrmann**, Gesch. Neapels u. Siciliens. 3s Bdchen. — 92s Bdchen, Fd. **Philippi**, Geschichte des Papstthums. 7s Bdchn. 2e Abtheil. — 93s Bdchen, **Chalybäus**, Gesch. der Römer. 1s Bdchn. 2e Abtheil. — 94s Bdchen, **Kauschnick**, Gesch. der deutschen Hanse. 1s Bdchn. — 95s Bdchen, **Becker**, Gesch. Aegyptens. 1s Bdchn. 1e Abtheil. — 11e Liefer. 96s Bdchen, **Becker**, Gesch. Aegyptens. 1s Bdchen. 2e Abtheil. — 97s Bdchen, **Kauschnick**, Gesch. d. deutschen Hanse. 2s Bdchen. — 98s Bdchen, Fd. **Philippi**, Gesch. d. Papstthums. 8s Bdchen. — 99s u. 100s Bdchen, **Kauschnick**, Gesch. des deutschen Adels. 1s u. 2s Bdchen. — 12e Liefer. 101s Bdchen, F. **Philippi**, Gesch. d. Papstthums. 9s Bdchn. — 102s u. 103s Bdchen, **Kauschnick**, Gesch. des deutschen Adels. 3s u. 4s Bdchen. — 104s u. 105s Bdchen, J. F. **Schneller**, Jetzt! Taschenb. d. Zeitgesch. f. 1832. 1s Bdchn. 1e u. 2e Abtheil. — 13e Liefer. 106s Bdchen, **Chalybäus**, Gesch. d. Römer. 2s Bdchn. — 107s Bdchen, Fd. **Philippi**, Gesch. des Papstthums. 10s Bdchen. — 108s u. 109s Bdchen, J. F. **Schneller**, Jetzt! Taschenb. d. Zeitgesch. f. 1832. 2s Bdchen. 1e u. 2e Abtheil. — 110s Bdchen, **Flügel**, Gesch. d. Araber. 1s Bdchn. — 14e Liefer. 111s Bdchen, **Herrmann**, Gesch. Genua's. 1s Bdchen. — 112s u. 113s Bdchen, v. **Falkenstein**, Gesch. d. Ritterorden. 1s Bdchen. 1e u. 2e Abtheil. — 114s u. 115s Bdchen, Fd. **Philippi**, Gesch. Dänemarks. 1s Bdchen. 1e u. 2e Abtheil. NB: Sind auch einzeln unter d. Verfassern nachzusehen.)

Taschen-Bibliothek, allgemeine historische, für Jedermann. 1e — 143e Lfrg. gr. 12. Dresden, Zittau u. Leipzig 827 — 40. Brandes. — 1r Thl. Bodin, F., Geschichte Frankreichs. 2e verm. Aufl. von A. L. Hermann. 2 Bdchn. $1/2$ ℛ

— dass. 2r Thl. Dessen Geschichte Englands. 2e Aufl. von J. H. G. Heusinger. 2 Bdchn. $1/2$ ℛ

— dass. 3r Thl. Lindau, W. A., Geschichte Schottlands. 4 Bdchn. $2/3$ ℛ

— dass. 4r Thl. Philippi, F., Geschichte der Freistaaten von Nordamerika. 3e Aufl. 3 Bdchn. $1/2$ ℛ

— dass. 5r Thl. Baumgarten-Crusius, K. W., die Geschichte der Schweiz. 2 Bdchn. $1/3$ ℛ

— dass. 6r Thl. Rabbe, A., Geschichte von Spanien, frei bearb. von Belmont. 3 Bdchn. $1/2$ ℛ

— dass. 7r Thl. Heusinger, J. H. G., Geschichte der Kreuzzüge, nach d. Franz. des Hrn. de St. Maurice. 3 Bdchn. $1/2$ ℛ

— dass. 8r Thl. Philippi, F., Geschichte der vereinigten Niederlande nach Scheffer. 2 Bdchn. $1/3$ ℛ

— dass. 9r Thl. Hermann, A. L., Gesch. Rußlands. 4 Bdchn. $3/4$ ℛ

— dass. 10r Thl. Pölitz, K. H. L., Geschichte des Königreichs Sachsen. 2 Bdchn. $1/2$ ℛ

— dass. 11r Thl. Philippi, F., Geschichte von St. Domingo (Hayti). 3 Bdchn. $1/2$ ℛ

— dass. 12r Thl. Hasse, F. C. A., Geschichte der Lombardei. 4 Bdchn. (in 5 Lfrgg.). $5/6$ ℛ

— dass. 13r Thl. Bronikowski, Geschichte Polens. 4 Bdchn. $3/4$ ℛ

— dass. 14r Thl. Politz, K. H. L., Geschichte Preußens von den ältesten Zeiten bis auf unsere Tage. 4 Bdchn. $3/4$ ℛ

— dass. 15r Thl. v. Lüdemann, W., Geschichte Griechenlands u. der Türkei. 4 Bde. $3/4$ ℛ

— dass. 16r Thl. Munch, E., Gesch. v. Portugal. 3 Bdchn. $1/2$ ℛ

— dass. 17r Thl. Pölitz, K. H. L., Geschichte des Ernestinischen Hauses Sachsen, des Großherzogth. Weimar-Eisenach u. der Herzogthüm. Altenburg, Meiningen-, Hildburghausen-, Saalfeld- u. Coburg-Gotha. 1 Bdchn. 1/4 Thlr.

— dass. 18r Thl. Schneller, J. F., Geschichte von Böhmen. 3 Bdchn. 2/3 Thlr.

— dass. 19r Thl. Philippi, F., Gesch. v. Venedig. 5 Bdchn. 5/6 Thlr.

— dass. 20r Thl. Klemm, G., Gesch. Baierns. 3 Bdchn. 2/3 Thlr.

— dass. 21r Thl. v. Kobbe, P., Geschichte von Schweden. 2 Bdchn. 1/3 Thlr.

— dass. 22r Thl. Schneller, J. F., Geschichte von Oesterreich u. Steiermark. 4 Bdchn. 1 Thlr.

— dass. 23r Thl. Munch, E., Gesch. v. Columbia. 2 Bdchn. 1/3 Thlr.

— dass. 24r Thl. Philippi, F., Geschichte des Papstthums. 17 Bdchn. in 22 Lfrgg. 6 Thlr.

— dass. 25r Thl. Munch, E., Gesch. v. Brasilien. 2 Bdchn. 1/4 Thlr.

— dass. 26r Thl. Lindau, W. A., Geschichte Irlands. 1s Bdchn. in 2 Lfrgg. 1/4 Thlr. (1s, 2s Bdchn.; Schluß erscheint in Kurzem.)

— dass. 27r Thl. Schneller, J. F., Geschichte von Ungarn. 3 Bdchn. 2/3 Thlr.

— dass. 28r Thl. Herrmann, A. L., Geschichte von Neapel u. Sicilien. 3 Bdchn. 1/2 Thlr.

— dass. 29r Thl. Schneller, J. F., Geschichte des Weltlaufs und Zeitgeistes. 3 Bdchn. 2/3 Thlr.

— dass. 30r Thl. Chalybäus, H. M., Geschichte der Römer von Erbauung der Stadt bis zum Untergang des abendländischen Kaiserthums. 1s u. 2s Bdchn. in 4 Abthll. 11/12 Thlr.

— dass. 31r Thl. Rauschnick, Dr., Geschichte der deutschen Hanse. 2 Bdchn. 1/3 Thlr.

— dass. 32r Thl. Geschichte, neueste, Egyptens. Nach Planat, Prokesch, Mengin 2c. von *r. 1 Bdchn. in 2 Lfrgg. 1/4 Thlr.

— dass. 33r Thl. Rauschnick, Dr., Geschichte des deutschen Adels. 4 Bdchn. 2/3 Thlr.

— dass. 34r Thl. Herrmann, A. L., Gesch. v. Genua. 2 Bdchn. 1/3 Thlr.

— dass. 35r Thl. Philippi, F., Geschichte v. Danemark. 4 Bdchn. in 5 Lfrgg. 1 1/2 Thlr.

— dass. 36r Thl. Flügel, G., Geschichte der Araber bis auf den Sturz des Chalifats von Bagdad. 3 Bdchn. in 4 Lfrgg. 1 1/3 Thlr.

— dass. 37r Thl. Falkenstein, K., Geschichte der drei wichtigsten Ritterorden des Mittelalters: Templer, Johanniter u. Marianer. 1s, 2s u. 3s Bdchn. in 6 Lfrgg. 1 Thlr.

— dass. 38r Thl. Hüne, A., kurzgefaßte Geschichte d. Königreichs Hannover und des Herzogth. Braunschweig. 3 Bdchn. 1 1/2 Thlr.

— dass. letzter Thl. Schneller, J. F., Jetzt! Taschenbuch der Zeitgeschichte. 3 Bdchn. in 6 Lfrgg. 3/4 Thlr.

Taschenbibliothek, allgemeine historische, für Jedermann. (No. CXLIV.) 30. Thl. 3. Bdchn. — A. u. d. T.: Geschichte der Römer von der Gründung der Stadt bis zum Untergange des abendländischen Kaiserthums. 3. Bdchn. (Schluß.) kl. 8. Leipzig 842, Brandes. n. 1/3 Thlr.

— dies. (No. CXLV.) 37. Thl. 4. Bdchn. — A. u. d. T.: Geschichte der drei wichtigsten Ritterorden des Mittelalters: Templer, Johanniter u. Marianer (oder deutsche Herren). 4. Thl.: Geschichte des deutschen Ritterordens von H. B. kl. 8. Ebend. 842. n. 1/3 Thlr.

— dies. (No. CXLVI.) 26. Thl. 2. Bdchn. — A. u. d. T.: Geschichte Irlands von Wlh. Ad. Lindau. Fortgesetzt von H. B. Chr. Brandes. 2. Bdchn. kl. 8. Ebend. 846. n. 16 ngl

**Taschenbibliothek, Allgemeine,** der menschlichen Culturgeschichte. Dresden 1828—34. H: *Hilscher, Paul Gottlob.* (BrMm)

Taschenbibliothek, allgemeine der menschl. Kulturgeschichte. 1e—5e Liefer. oder 1s—36s Bdchen. 8. Dresd. 828—842. Hilscher. Prän.-Pr. 9 Thlr. 3 gr. (1e—3e Liefer. oder 1s—30s Bdchen. à 2 Thlr. 12 gr. 4e Liefer. od. 31s—35s Bdchn. à 1 Thlr. 6 gr. 5e Liefer. od. 36s Bdchen. à 9 gr.) (1e Liefer. 1s u. 2s Bdchen, Schneller, Geschichte d. Menschheit. — 3s u. 4s Bdchen, H. Hase, klass. Alterthumskunde. 2 Bdchen. — 5s u. 6s Bdchen, .. Förster, Literaturgeschichte. 1s u. 2s Bdchn. — 7s u. 8s Bdchen, v. Falkenstein, Gesch. der geograph. Entdeckungsreisen. — 9s Bdchen, W. v. Lüdemann, Geschichte d. Malerei. — 2e Liefer. 11s—13s Bdchen, Schneller, der Mensch u. die Geschichte. — 14s u. 15s Bdchen, v. Falkenstein, Gesch. d. geograph. Entdeckungsreisen. 3s u. 4s Bdchen. — 16s Bdchen, .. Förster, Literaturgeschichte. — 17s Bdchen, v. Falkenstein, Gesch. der geograph. Entdeckungsreisen. 5n Bdes 1e Abtheil. — 18s Bdchen, W. v. Lüdemann, Gesch. d. Kupferstecherkunst. — 19s u. 20s Bdchen, M. W. Döring, Gesch. d. Mönchsorden. 2 Bdchn. — 3e Liefer. 21s Bdchen, v. Falkenstein, Gesch. der geograph. Entdeckungsreisen. 5s Bdchen. 2e Abtheil. — 22s u. 23s Bdchen, Förster, Literaturgeschichte. 3s Bdchn. 1e u. 2e Abtheil. — 24s—27s Bdchen, Poppe, Gesch. d. menschl. Erfindungen. 4 Bdchen. — 28s—30s Bdchen, Rauschnick, Bürgerthum u. Städtewesen. 3 Bdchn. — 4e Liefer. 31s Bdchen, .. Gräter, nordische Alterthumskunde. 1s Bdchen. — 32s Bdchen, Hase, röm. Alterthumskunde. 1s Bdchen. — 33s Bdchen, .. Franke, Gesch. d. bibl. Offenbarungsglaubens. 1s Bdchn. — Förster, Literaturgeschichte. — 35s Bdchen, Gräter, nord. Alterthumskunde. 2s Bdchn. — 5e Liefer. 36s Bdchen, Rosegarten, morgenländ. Alterthumskunde. NB. Sind auch einzeln unter d. Verfassern nachzusehen.)

**Taschenbibliothek, Allgemeine,** der Naturwissenschaften. Dresden 1828—36. H: *Hilscher, Paul Glob.* (BrMm)

— allgem., d. Naturwissenschaften. 1e—4e Liefer. od. 1s—28s Bdchen. 8. Dresd. 828—31. Hilscher. Prän.-Pr. 7 Thlr. 6 gr. (1e Liefer. 1s u. 2s Bdchen, Ficinus, Physik. 2 Bdchn. — 3s Bdchen, Ficinus, Optik. 1 Bdchen. — 4s u. 5s Bdchen, Choulant, Anthropologie. 2 Bdchen. — 6s—8s Bdchen, Carus, Anatomie u. Physiologie. 3 Bdchen. — 9s Bdchen, Reichenbach, Zoologie. 1s Bdchn. — 10s Bdchen, Gößel, Mineralogie. 1s Bdchen. — 2e Liefer. 11s—14s Bdchen, Gößel, Mineralogie. 2—5s Bdchen. — 15s—17s Bdchen, Ficinus, Chemie. 1s—3s Bdchen. — 18s—20s Bdchen, Fr. Holl, Petrefaktenkunde. 1s—3s Bdchen. — 3e Liefer. 21s Bdchen, Fr. Holl, Petrefaktenkunde. 4s Bdchn. — 22s Bdchen, Choulant, Vorwelt d. organ. Wesen auf d. Erde. 1 Bdchen. — 23s Bdchen, Ficinus, Chemie. 4s Bdchen. — 24s u. 25s Bdchen, C. G. Prinz, Pathologie u. Therapie. 1s u. 2s Bdchen. — 4e Liefer. 26s u. 27s Bdchen, C. G. Prinz, Pathologie u. Therapie. 3s u. 4s Bdchen. — 28s Bdchen, Reichenbach, Zoologie. 2s Bdchn. NB. Sind auch einzeln unter d. Verfassern nachzusehen.)

— allgem., d. Naturwissenschaften. 28. u. 29. Bdchn. 8. Zittau 836, 37, Nauwerk.

Enthalten:

Hartmann, Carl, Grundriß d. Geologie. (8¾ B.) 837. 9 Gr.

Reichenbach, H. G. L., Zoologie od. Naturgeschichte d. Thierreichs. 2. Bdchn. (7 B.) 836. 10 Gr.

1—27. Bdchn. Ebendas. 1827—33., hrgs. Pr. 5 Thlr. 6 Gr. — Vgl. Taschenbibliothek, allgem. deutsche, (4. Sect.)

**— von Anekdoten, Epigrammen u. andern Erscheinungen auf dem Felde der komischen Literatur. 1s—3s Hft. Mit 1 Karrikaturkpf. 12. Augsb. 826. (Leipz., Rein). (à 4 gGr) 12 gGr**

Taschen-Bibliothek interessanter, merkwürdiger u. wahrer Begebenheiten aus der Vorzeit u. Gegenwart aller Länder u. Völker. Wohlfeile Ausg. 16. Erfurt 840. Fr. W. Andreä. Jedes Bdchn. 1/6 ℛ

**Taschenbibliothek,** deutsche. 1.—4. Bd. kl. 8. Dachau, Einhorn-Verlag. à 1.75; geb. in Leinw. à 2.75; in Ldr. à 3.50; in Perg. à 5. —

Bismarck, Otto v., setzen wir Deutschland in den Sattel. (Reden aus großer Zeit, hrsg. v. Eug. Kalkschmidt. Mit e. Portr. aus dem J. 1866.) (XXIV, 301 S.) München 907. 1.75; geb. in Leinw. 2.75; in Ldr. od. Perg. 3. 50

— Am Steuer des Reiches. Reden aus d. J. 1874—1890. Hrsg. v. Eug. Kalkschmidt. Mit e. Bildnis aus dem J. 1884. (X, 332 S.) Leipzig 908. 1.75; geb. in Leinw. 2.75; in Ldr. 3. 50

Fichte, Joh. Glieb., Reden an die deutsche Nation. Hrsg. v. Herm. Leser. (LXXI, 315 S. m. Bildnis.) Leipzig 908. 1.75; geb. in Leinw. 2.75; in Ldr. 3. 50

Weichardt, Walt., deutsche Liebeslieder v. 12. bis z. 20. Jahrh., ausgewählt v. W., geschmückt v. Hugo Gugg. 1.—5. Taus. (279 S.) München 909. (Bd. 4.) 1.75; geb. in Leinw. 2.75; in Ldr. 3.50; in Perg. 5. —

**Taschenbibliothek,** deutsche bautechnische. 1. Serie: Hochbaukunde. 1—11. 13—30. u. 32. Hft. 8. Leipzig 874—76. Scholtze. n. 55. 60

1. **Die deutsche Villa. In Bezug auf die Bestimmg., Lage, Verbindg., Grösse, Möblirg etc. aller jener Räume, welche als Bestandtheile d. freisteh. Familienhauses aufgefasst werden können. Bearb. v. Hittenkofer. Mit 57 (eingedr.) Holzst. (56 S.)** n. 2. —
2. **Die griechisch-dorische Architektur. Bearb. v. Ed. Blocht. Mit 59 (eingedr.) Holzst. (44 S.)** n. 1. 20
3. u. 4. **Das freistehende Familien-Wohnhaus. Die Vorführg. kleinerer u. grösserer Wohnhäuser, die nur v. e. Familie bewohnt werden. Mit Darlegg. d. Raumbedürfnisses, der Raumvertheilg. u. der Raumbenutzg. Bearb. v. Hittenkofer. Mit 99 (eingedr.) Holzst. in 2 Hftn. (107 S.)** à n. 2. —
5. u. 6. **Der Schulhausbau. Bearb. v. Hittenkofer. Mit 86 (eingedr.) Holzst. 2 Hfte. (140 S.)** à n. 2. —
7. **Die Bauten v. Stein. Bearb. v. E. H. Hoffmann. (48 S. m. eingedr. Holzst.)** n. 2. —
8. **Die Baumechanik, bearb. v. W. Jepp. 1. Hft. Regeln aus der Mechanik. Mit 73 (eingedr.) Holzst. (64 S.)** n. 2. —
9. **Die Baumechanik. Bearb. v. W. Jeep. 2. Hft. Das graph. Rechnen u. Graphostatik. 1. Thl. Mit 102 (eingedr.) Holzst. (66 S.)** n. 2. —
10. **Die Baumechanik. Bearb. v. W. Jeep. 5. Hft. Berechnung der Dachwerke. Mit 30 (eingedr.) Holzst. (76 S.)** n. 2. —
11. **Die Bauschlosserei. Bearb. v. W. Jeep. 1. Hft. Verbindungen u. Blecharbeiten. Mit 102 (eingedr.) Holzst. (68 S.)** n. 2. —
13. **Der Schafstall in seiner baul. Anlage u. Ausführg. sowie inneren Einrichtg. Bearb. v. C. Emil Jähn. Mit 54 (eingedr.) Holzst. (62 S.)** n. 2. —
14. **Die Baumechanik. Bearb. v. W. Jeep. 3. Hft. Grundzüge der Graphostatik. Mit 94 (eingedr.) Holzst. (62 S.)** n. 2. —
15. **Die Baumechanik. Bearb. v. W. Jeep. 4. Hft. Berechnung der Balken u. Träger. Mit 57 (eingedr.) Holzst. (66 S.)** n. 2. —
16. 17. **Die Bauschlosserei. Bearb. v. W. Jeep. 2. u. 3. Hft. Beschläge der Fenster u. Thüren. (131 S. m. eingedr. Holzschn.)** à n. 2. —
18. **Gewerbliches Vereinsleben. Eine Sammlg. v. Vorträgen f. Handwerker-, Gewerbe- u. Bildungs-Vereine v. J. E. Visser. 1. Hft. Der Naturalismus im Gewerbe. Der Mensch u. die Pflanzen. Ventilation u. Desinfektion. (54 S.)** n. 1. 20
19. **Dasselbe. 2. Hft. Der deutsche Geist in der Kunst. Das Rosten der Metalle. Kunst u. Natur. (56 S.)** n. 1. 20
20. **Die Reinlichkeit in den Städten od. die Abortfrage u. das Abfuhrwesen. Von J. E. Visser. (60 S. m. eingedr. Holzschn.)** n. 2. —
21. 22. **Feuerfeste u. schwammfreie Bauweise. Ein Beitrag zur Wiederbelebg. d. Wölbebaues im kleinbürgerl. Bauwesen. Bearb. nach eigenen Entwürfen u. Berechngn. v. Paul Gehrlicher. 1. u. 2. Hft. Stallgebäude. [Mit 45 (eingedr.) Holzst.] (124 S.)** à n. 2 —
23. 32. **Die Sperr- u. Bremswerke. Aufzugmaschinen. Zugorgane. — Flaschenzüge. Von Jos. Otto. 1. u. 2. Hft. (63 u. 61 S. m. eingedr. Holzschn.)** à n. 2. —
24. **Ueber Gewölbetheorien m. besond. Rücksicht auf den Brückenbau v. Heinr. Wilh. Fabian. Mit 4 (eingedr.) Holzst. (46 S.)** n. 2. —
25—29. **Der Bau der Feuerungsanlagen. Bearb. v. W. Jeep. 1—5. Hft. Mit 462 (eingedr.) Holzst. (76, 60, 66, 68 u. 80 S.)** à n. 2. —
30. **Die Wasserhebe-Maschinen. Bearb. v. W. Jeep. 1. Hft. Die Kolbenpumpen. Mit 124 (eingedr.) Holzst.-Fig. (70 S.)** n. 2. —

**Taschenbibliothek,** deutsche bautechnische. 7. 12. 31. 33—50. 52—91. 98—104. 106. 107. 115—117. Hft. 8. Leipzig 877—82. Scholtze. n. 139. 80

7. Die Bauten von Stein. [Landbauten.] Bearb. von E. H. Hoffmann. 2., verm. Aufl. Mit 74 (eingedr.) Holzst. (90 S.) n. 2. —
12. 33. 38. 39. Das evangelische Kirchengebäude. Hand- u. Hilfsbuch zur Anlage u. Einrichtung unserer Gotteshäuser. Von C. Emil Jähn. 1—4. Hft. (1. Bd. IV, 321 S. mit eingedr. Holzst.) à n. 2. —
31. Gewerbliches Vereinsleben. Eine Sammlung von Vorträgen für Handwerker-, Gewerbe- u. Bildungs-Vereine von J. P. Visser. 3. Hft. Das Wasserglas. Das Ziel der menschlichen Thätigkeit. Die Wärme. (55 S.) n. 1. 20
34. Der Pferdestall in seiner baulichen Anlage u. Ausführung, sowie innerer Einrichtung von C. Emil Jähn. Mit 73 (eingedr.) Holzst. (91 S.) n. 2. —
35. Das Holz-Zement-Dach. Von G. Baedeker. (45 S. m. 13 eingedr. Holzst.) n. 2. —
36. Bogenkonstruktionen. Zusammengestellt von W. Jeep. Mit 73 (eingedr.) Holzst. (57 S.) n. 2. —
37. Das Veranschlagen von Bauarbeiten. Taschenbuch des praktischen Baumeisters oder Handbuch für Rechnungsbeamte, Holzhändler, Bautechniker etc. Mit Anhang: Lohn-Tabellen für 12 Tage von 0,05 bis 5,35 Mk. pr. Tag. Von C. J. Wichmann. (IV, 155 S. mit 3 Tab.) n. 3. —
40. 41. Fluss-Korrektionen im Hügellande von M. Baur. Durch 152 (eingedr.) Holzst. erläutert. (VI, 123 S.) à n. 2. —
42. Grundzüge der freien Perspektive. Zum Gebrauch an technischen Anstalten u. zum Selbstunterricht für Dekorations-, Landschafts- u. Architektur-Maler, Architekten, Techniker u. Dilettanten etc. Von Karl Fliesen. Mit 43 in den Text gedr. (Holzschn.-)Abbildgn. (64 S.) n. 1. 20
43. Die geometrische Perspektive. Zum Gebrauch an technischen Anstalten u. zum Selbst-Unterricht für Handwerker, Techniker u. Industrielle. Bearb. von Karl Fliesen. Mit 48 in den Text gedr. Abbildgn. (61 S.) n. 1. 20
44. Die orthogonale u. perspektivische Schatten-Konstruktion. Zum Gebrauch an technischen Anstalten u. zum Selbst-Unterricht für Techniker, Maler u. Dilettanten. Bearb. von Karl Fliesen. Mit 82 in den Text gedr. Abbildungen. (110 S.) n. 2. 40
45. Die Unterhaltung der Kunst-Strassen. Eine praktische Anleitung von K. E. Ammon. (32 S.) n. 1. 20
46. Die Arbeiter-Wohnhäuser in ihrer baulichen Anlage u. Ausführung, sowie die Anlage von Arbeiter-Kolonien. Bearb. von Ludw. Klasen. Mit 66 in den Text gedr. Abbildungen. (72 S.) n. 2. —
47. 48. Ländliche u. landwirthschaftliche Bauten. Eine Reihe zwangloser Beiträge zur Hebung des ländlichen Bauwesens. Hrsg. von A. Knaebel. 1. Hft. Ländliche Bauten. Mit 46 (eingedr.) Holzst. (60 S.) — 2. Hft. Landwirthschaftliche Bauten. Mit 35 (eingedr.) Holzst. (57 S.) à n. 2. —

49. Die Ventilation der bewohnten Räume. Nach den neuesten Erfindungen u. Erfahrungen bearb. von G. Ahrendts. Mit 49 in den Text gedr. Abbildungen. (75 S.) n. 2. —
50. Die Central-Heizungen der Wohnhäuser, öffentlichen Gebäude etc. Nach den neuesten Erfindungen u. Erfahrungen bearb. von Ahrendts. Mit 87 in den Text gedr. Abbildungen. (93 S.) n. 2. —
52. Die Federvieh-Ställe in ihrer baulichen Anlage u. inneren Einrichtung, sowie die vortheilhafteste Federvieh- oder Geflügelzucht. Hrsg. von Ludw. Klasen. Mit 28 in den Text gedr. Holzst. (72 S.) n. 2. —
53. 65. 66. 68. 83. Die Schlachthöfe u. Viehmärkte der Neuzeit. Von Geo. Osthoff. 5 Hfte. Mit (eingedr.) Holzst. (VIII, 336 S.) à n. 2. —
54. Die Konstruktion von Brennöfen für Ziegeleien u. Thonwaarenfabriken in Hinsicht auf die Bauausführung von A. Eckhart. Mit 17 in den Text gedr. (Holzst.-)Abbildungen. (44 S.) n. 1. 20
55—57. 64. Die Bautischlerei. Als Unterrichtsbehelf u. zum Selbstunterrichte bearb. von Carl A. Romstorfer. 4 Hfte. Mit in den Text gedr. Holzst. (371 S.) à n. 2. —
58. Der Portland-Cement. Die Verwendung u. Prüfung desselben. Notizen u. Experimente, veröffentlicht von William W. Macley. Mit Genehmigung des Verfassers in's Deutsche übertragen von B. Stahl u. R. Rudloff. (100 S. m. 1 Steintaf. in Fol.) n. 2. —
59. Das Bier-Brauerei- u. Spiritus-Brennerei-Gebäude in der Anlage u. Einrichtung. Bearb. von A. Knäbel. Mit 42 (eingedr.) Holzschn. (88 S.) n. 2. —
60. Die Stallgebäude in ihrer sanitären Anlage u. der Vergleich des Lang- u. Querreihen-Systems. Bearb. von Carl A. Romstorfer. Mit 50 in den Text gedr. (Holzst.-)Abbildungen. (70 S.) n. 2. —
61. Das Rübenzucker- u. das Kartoffelstärke-Fabrikgebäude in der Anlage u. Einrichtung. Bearb. von A. Knäbel. (Landwirthschaftliche Fabrik-Anlagen 2. Hft.) (S. 89—127 mit eingedr. Holzst.) n. 1. 20
62. Die Anlage u. Einrichtung von Ziegeleien zur Fabrikation von Ziegeln u. Thonwaaren, sowie Anlage einer Kohlenstein- oder Briquett-Fabrik. Von A. Knäbel. (Landwirthsch. Fabrikanlagen S. 129—170.) n. 1. 20
63. Die Fabrikation der Oele u. Einrichtung der Oehlmühlen, sowie der Fabrikation der Pottasche, Laugensalze, Soda etc., des Theers u. des Kienrusses. Von A. Knäbel. Mit 20 (eingedr.) Holzst. (Landwirthschaftl. Fabrikanlagen S. 171—241.) n. 2. —
67. Die Bereitung des Cider resp. der Obstweine, sowie die Essig-Fabrikation von A. Knäbel. Mit 5 (eingedr.) Holzst. (Landwirthschaftliche Fabrikanlagen S. 243—275.) n. — 80
69—73. Der Zimmermeister u. Bau-Unternehmer. Handbuch bei Holzankäufen, bei praktischer Bauausführung u. bei Entwurf der Land- u. Wasserbauten, unter Angabe der Polizeibestimmungen. Von Gust. Adler. 1—5. Hft. (IV, 86; VIII, 84; VI, 138; 108; VIII, 98 S. m. eingedr. Holzst.) à n. 2. —
74—80. Der Architekt u. Maurermeister. Handbuch bei Entwurf, Veranschlagen u. Ausführung städtischer u. ländlicher Bauten unter Angabe der Polizeibestimmungen. Von Gust. Adler. 1—7. Hft. (94; VIII, 92; VIII, 74; VIII, 108; VII, 98; VI, 89 u. X, 81 S. m. eingedr. Holzst.) à n. 2. —
81. Die Mehlfabrikations-Anlage u. Einrichtung der Getreide-Mühlen. Von A. Knäbel. Durch 31 (eingedr.) Abbildungen erläutert. (71 S.) n. 2. —
82. Die Leinen-Industrie, Flachsgarnspinnerei, Bleich- u. Appretur-Anstalt etc. Von A. Knäbel. Durch 21 (eingedr.) Abbildungen erläutert. (Industrielle Fabrikanlagen S. 73—132.) n. 2. —
84. Das Miethaus. Die Anlage des Miethauses im allgemeinen u. in seiner speziellen Gestaltung in einer Reihe von grösseren Städten. Bearb. von Alb. Geul. Mit 78 in den Text eingedr. Holzst. (88 S.) n. 2. —
85. Die Armen-Arbeitshäuser. Anlage u. Einrichtung derselben. Von Geo. Osthoff. Mit einer Einleitung von Stadtsyndikus Beseler. Mit 22 (eingedr.) Abbildungen. (55 S.) n. 2. —
86. Die Turnhallen u. Turnplätze der Neuzeit in Anlage u. Einrichtung. Mit Kosten-Angaben. Von Geo. Osthoff. Mit 25 (eingedr.) Abbildungen. (80 S.) n. 2. —
87—91. Der Wege- u. Strassenbau in seinem ganzen Umfange. Unter besonderer Berücksichtigung des Erdbaues, der Land- u. Stadtstrassen u. der Pferdebahnen. Mit ausführlichen Angaben über Preise u. Kosten. Ein Handbuch in kurzer u. leicht fasslicher Darstellung für Ingenieure, Bauaufseher u. Studierende der technischen Hochschulen u. Baugewerbeschulen. Von Geo. Osthoff. Mit vielen (eingedr.) Abbildungen. 1—5. Hft. (S. 1—349.) à n. 2. —
98. Die Tuchfabrikation u. der Zeugdruck, speziell die Kattundruckerei. Bearb. von A. Knäbel Mit 57 (eingedr. Holzschn.-)Abbildungen. (Industrielle Fabrik-Anlagen. 3. Hft. (S. 133—247.) n. 2. —
99. Die Wollen- u. die Seiden-Färberei. Bearb. von A. Knäbel. Mit 28 (eingedr.) Holzst. (Industrielle Fabrik-Anlagen. 4. Hft.: S. 249—312.) n. 2. —
100—102. 107. Die ländlichen Wirtschafts-Gebäude u. Baulichkeiten in ihrer Anlage, Einrichtung u. Ausführung, mit Beifügung der generellen Kostenüberschläge. Zum Gebrauche für Architekten, Maurer- u. Zimmermeister, Studirende des Baufachs u. Landwirte etc. Bearb. von A. Knäbel. 1—4. Hft. (320 S. m. eingedr. Holzschn.) à n. 2. —
103. 104. Die Bau-Maschinen. Von W. Joop. 1. u. 2. Hft. Mit 215 (eingedr.) Holzst. (62 u. 99 S.) à n. 2. —
106. Neuere Krankenhäuser. Ihre Anlage, Bauart u. Einrichtung. Von Oppert. Mit 58 (eingedr.) Abbildungen. (108 S.) n. 2. —
115. Die Anlage u. Einrichtung der Porzellanfabriken. Von A. Knäbel. Mit 21 (eingedr.) Abbildungen. (Industrielle Fabriken u. Etablissements S. 313—368.) n. 2. —
116. Die Anlage u. Einrichtung der Glasfabriken. Von A. Knäbel. Mit 21 (eingedr.) Abbildungen. (Industrielle Fabriken etc. S. 369—424.) n. 2. —
117. Die Klinker u. die Klinker-Strassen. Von Geo. Osthoff. (51 S. m. eingedr. Holzschn.) n. 1. 20

**Taschenbibliothek,** deutsche bautechnische. 1. 3—7. 49. 50. 81. 92—97. 105. 108—114. 118—122. Hft. 8. Leipzig, Scholtze. n. 56. 40

1. Die deutsche Villa. In Bezug auf die Bestimmg., Grösse, Möblierg. etc. aller jener Räume, welche als Bestandteile d. freihsteh. Familienhauses aufgefasst werden können. Bearb. v. Hittenkofer. 2. Aufl. Mit 114 Holzst. (VIII, 96 S.) 885. n. 3. —
3. 4. Das freistehende Familien-Wohnhaus. Die Vorführg. kleiner u. grösserer Wohnhäuser, die nur v. e. Familie bewohnt werden. Mit Darlegg. d. Raumbedürfnisses, der Raumverteilg., Raumbenutzg. Bearb. v. Hittenkofer. 2. Aufl. (VII, 103 S. m. 110 eingedr. Holzst.) 885. n. 4. —
5. 6. Der Schulhausbau in bezug auf konstruktive Gestaltung u. praktische Gesundheitspflege v. Hittenkofer. 2. Aufl. Mit 209 Abbildgn. (VII, 240 S. m. 2 Tab.) 887 n. 6. —
7. Die Bauten v. Stein. [Landbau.] Rationelle Steinbauten v. E. H. Hoffmann. 3. Aufl. Durch 93 Abbildgn. erläutert. (III, 170 S.) 884. n. 2. —
49. Die Ventilation der bewohnten Räume. Nach den neuesten Erfindgn. u. Erfahrgn. bearb. v. Ahrendts. 2. Aufl. Mit 59 Abbildgn. (90 S.) 885. n. 2. —
50. Die Zentral-Heizungen der Wohnhäuser, öffentlichen Gebäude etc. Nach den neuesten Erfindgn. u. Erfahrgn. bearb. v. Ahrendts. 2. Aufl. Mit 92 in den Text gedr. Abbildgn. (102 S.) 885. n. 2. —
81. Die Fabrikation d. Mehls u. seiner Neben-Produkte, nebst Beschreibg. der f. die Mehlbereitg. gebräuchl. Einrichtgn., speziell der Getreide-Mühlen. Von Herm. Meyer. 1. Thl. Der Mahlprozess im Allgemeinen. Durch 32 Abbildgn. erläutert. (72 S.) 884. n. 2. —

92—94. Der gesamte Eisenbahnbau. Unter besond. Berücksicht. d. Erdbaues u. d. Oberbaues in bezug auf Haupt- u. Sekundärbahnen. Mit ausführl. Angaben v. Preisen u. Kosten. Ein Handbuch in kurzer u. leichtfassl. Darstellg. f. Ingenieure, Bahnmeister, Aufseher, Studierende der techn. Hochschulen u. der Baugewerbeschulen. Von Geo. Osthoff. Mit zahlreichen Abbildgn. 1—3. Hft. (S. 1—240.) 883. à n. 2. —

95—97. Der gesamte Eisenbahnbau. Unter besond. Berücksicht. der Sekundär- u. Tertiärbahnen, d. Erdbaues, der Trambahnen u. der Seilbahnen. Mit Angaben üb. Preise u. Kosten. Ein Handbuch in kurzer u. leicht fassl. Darstellg. f. Ingenieure, Juristen, Kameralisten, Studierende der techn. Hochschulen u. f. Bahnmeister. Bearb. v. Geo. Osthoff. Mit Abbildgn. 4—6. (Schluss-) Hft. (XVI u. S. 241—574.) 883. à n. 2. —

105. Die Bau-Maschinen. Von W. Jeep. 3. Hft.: Wagenwinden, Schrauben zum Heben, Ramm-Maschinen. Mit 89 (eingedr.) Abbildgn. (66 S.) 883. n. 2. —

108. 109. Die ländlichen Wirtschafts-Gebäude u. Baulichkeiten in ihrer Anlage, Einrichtung u. Ausführung m. Beifügung der generellen Kostenüberschläge. Zum Gebrauche f. Architekten, Maurer- u. Zimmermeister, Studierende d. Baufachs u. Landwirte etc. Bearb. v. A. Knäbel. 5. u. 6. (Schluss-)Hft. (IV u. S. 321—484 m. Holzst.) 883. à n. 2. —

110. Die Bau-Maschinen. Von W. Jeep. 4. Hft. Ausziehen der Pfähle, Abschneiden der Pfähle. Baggermaschinen. Mit 61 (eingedr.) Abbildgn. (91 S.) 883. n. 2. —

111. Dasselbe. 5. Hft. Erdbohrer, Mörtelmaschinen, Zerkleinerungsmaschinen. Mit 89 Abbildgn. (70 S.) 883. n. 2. —

112. Dasselbe. 6. Hft. Transport auf horizontalen u. geneigten Bahnen. Seilbahnen. Mit 100 Abbildgn. (87 S.) 883. n. 2. —

113. Dasselbe. 7. Hft. Die Kolbenpumpen. Mit 124 Holzst. (70 S.) 883. n. 2. —

114. Dasselbe. 8. Hft. Eimer, Schaufeln, Schnecken, Zentrifugalpumpen, Rotationspumpen etc. Mit 31 Abbildgn. (58 S.) 883. n. 2. —

118. Die Herberge zur Heimat. Bau u. Einrichtg. derselben. Von Herm. Cuno. Mit 16 (eingedr.) Abbildgn. (26 S.) 883. n. 1. 20

119. Die Fabrikation d. Mehls u. seiner Neben-Produkte, nebst Beschreibg. der f. die Mehlbereitg. gebräuchl. Einrichtgn. speziell der Getreide-Mühlen, v. Herm. Meyer. 2. Thl. Spezielle Ausführg. d. Mahlprozesses. Durch 50 Abbildgn. erläutert. (83 S.) 884. n. 2. —

120. Anhaltspunkte zum Entwerfen u. Veranschlagen v. Hochbauten. Mit e. Anh. üb. Anhaltspunkte zur stat. Berechng. v. Eisen- u. Holzkonstruktionen. Zusammengestellt f. Bau-Beamte, Bau-Ingenieure, Maurer- u. Zimmer-Meister v. Karl Holz. Mit 23 Abbildgn. (68 S.) 884. n. 2. —

121. Die Haus-Kanalisation. Prinzipien u. prakt. Winke f. e. rationelle Anlage v. Haus-Entwässergn. Eine bau-hygien. Skizze v. W. P. Gerhardt. (36 S.) 885. n. 1. 20

122. Methode zur Erlernung u. Anwendung der Perspektive f. Architekten u. Ingenieure, besonders aber f. Bauhandwerker, dargestellt v. Rob. Krause. Neue Ausg. (30 S. m. eingedr. Holzschn.) 885. n. 1. —

**Taschenbibliothek,** deutsche bautechnische. 122. —126. Hft. 8. Leipzig 887. Scholtze. n. 9. —

122. Methode zur Erlernung u. Anwendung d. Perspektive f. Architekten u. Ingenieure, besonders aber f. Bauhandwerker, dargestellt v. R. Krause. Neue (Titel-)Ausg. (30 S. m. Fig.) n. 1. —

123—126. Die Bäder u. Bade-Anstalten d. Neuzeit. Mit spezieller Berücksicht. der Badehäuser u. Badestuben, Volksbäder, Schwimmbassins, Douche-, Schwitz- u. Wannenbäder. Anlage, Einrichtg., Ausführg. u. Betrieb. Umfassend Fluss-, Quell- u. Wasserleitungsbäder etc. Bearb. v. G. Osthoff. Mit 135 in den Textgedr. Abbildgn. 4 Hfte. (VIII, 302 S.) n. 8. —

Vgl.: Taschenbücher, deutsche bautechnische.

**Taschenbibliothek,** deutsche forstwirtschaftliche. 1., 16., 22., 24. Bd. 8. Leipzig, Scholtze. n. 8. 90

1. Wald-Hege u. -Pflege. Ein Repetitorium f. das Jäger- u. Forsterexamen. Ein Hilfsbuch f. Privatwald-Besitzer, Guts-Verwalter, Gemeinde-Beamte rc. v. Frdr. Mücke. (VIII, 251 S.) 885. n. 2. 80; geb. n. 3. —

16. Grundriß der allgemeinen Ackerbaulehre. Ein Leitfaden f. den Unterricht an landwirtschaftl. Lehranstalten u. zum Selbstunterricht v. R. Strauch. 3. Aufl. Mit 30 Holzst. (XII, 121 S.) 886. n. 1. 80

22. Grundriß der landwirtschaftlichen Betriebslehre. Ein Leitfaden f. den Unterricht an landwirtschaftl. Lehranstalten. Von R. Strauch. 2. Aufl. (VIII, 116 S.) 883. n. 1. 80

24. Grundriß der landwirtschaftlichen Tierzucht-Lehre. Ein Leitfaden f. den Unterricht an landwirtschaftl. Lehranstalten u. zum Selbstunterricht. Von S. Römer. 2. Aufl. Mit 62 Abbildgn. (VIII, 180 S.) 884. n. 2. 50

—— deutsche kunstgewerbliche. 1.—6. Heft. 8. Leipzig, Scholtze. *

Inhalt:

Heft 1. Kaessner, B., über das Wesen der Parkets und deren Erzeugung. (56 S.) 877. *ℳ 2.

„ 2. Frauberger, Heinr., Kunst- und Haus-Industrie auf der Weltausstellung in Philadelphia 1876. (II, 48 S.) 878. *ℳ 1,20.

„ 3. 4. —— die Geschichte des Fächers. Studie. 2 Hefte. Mit vielen, theilweise nach Originalaufnahmen von A. Franz angefertigten (eingedr.) Holzschn. (123 S.) 878,79. à Heft *ℳ 2,80.

„ 5. —— die Kunst-Industrie auf der Pariser Weltausstellung 1878. (76 S. 879. *ℳ 1,20.

„ 6. —— die Leipziger Kunst-Gewerbe-Ausstellung. (VIII, 72 S.) 879. *ℳ 1,20.

**Taschenbibliothek,** deutsche kunstgewerbliche. 1—6. Hft. 8. Leipzig 882. Scholtze. n. 11. 20

1. Ueber das Wesen der Parkets u. deren Erzeugung. Von B. Raessner. (56 S.) n. 2. —

2. Kunst- u. Haus-Industrie auf der Weltausstellung in Philadelphia 1876. Berichtet v. Heinr. Frauberger. (II, 48 S.) n. 1. 20

3. 4. Die Geschichte des Fächers. Studie v. Heinr. Frauberger. 2 Hfte. Mit vielen, theilweise nach Originalaufnahmen von A. Franz angefertigten (eingedr.) Holzst. (123 S.) à n. 2. 80

5. Die Kunst-Industrie auf der Pariser Weltausstellung 1878. Bearb. v. Heinr. Frauberger. (76 S.) n. 1. 20

6. Die Leipziger Kunst-Gewerbe-Ausstellung 1879. Beurtheilt von Heinr. Frauberger. (VIII, 72 S.) n. 1. 20

—— deutsche kunstgewerbliche. 7. Heft: Die deutsche Schirm-Industrie und deren verwandte Nebenzweige in der Entwickelung und den fortschreitenden Erfindungen und Verbesserungen. Unter Mitwirkung namhafter Fachmänner bearb. von P. J. Achtelstetter. 8. (VIII, 104 S. mit in den Text gedr. Abbild.) Ebendas. 886. *

— deutsche landwirtschaftliche. 1—28. Hft. 8. Ebend. 878—82. n. 50. 50

1. 2. Der Flachsbau. Anleitung zum richt. Anbau u. zur entsprech. Behandlung desselben v. Fr. L. Giersberg. (VIII, 200 S.) à n. 1. 80

3—7. Landwirtschaftliches Rechenwesen für Landwirtschafts- u. Fortbildungsschulen, wie auch für den Selbstunterricht. Von Carl Schulze. 3 Thle.: 1. Arithmetik nebst Anleitung zum Feldmessen, Nivelliren u. Berechnen der Körper. Mit 64 Holzschn. (VIII, 232 S. mit 1 Holzschnitttaf.) — 2. Berechnungen über die Haustiere. Mit 14 Holzschn. (VIII, 136 S.) — 3. Kulturpflanzen. Mit 13 Holzschn. (VIII, 197 S.) cplt.: n. 9. —

8. Der Schafstall in seiner baulichen Anlage u. Ausführung, sowie inneren Einrichtung. Bearb. von C. Emil Jähn. Mit 54 (eingedr.) Holzst. (63 S.) n. 1. 80

9. Der Pferdestall in seiner baulichen Anlage u. Ausführung, sowie inneren Einrichtung, von C. Emil Jähn. Mit 73 (eingedr.) Holzst. (III, 91 S.) n. 1. 80

10. 11. Die durch Pilze verursachten Krankheiten der Kulturgewächse Von Geo. Winter. (II, 151 S.) à n. 1. 80

12. 13. Anleitung zur zweckmässigen Kultur unseres Getreides v. Fr. L. Giersberg. (VI, 158 S.) à n. 1. 80

14. Auflösungen zum landwirtschaftlichen Rechenwesen. 1—3. Bd. Von C. Schulze. Mit 4 in den Text gedr. Holzst. (III, 84 S.) n. 1. 80

15. Die Gesundheitspflege der nutzbaren Haustiere. Nach den neuesten Forschungen u. prakt. Erfahrungen für landwirtschaftl. Mittelschulen u. Landwirte bearb. v. K. Ableitner. (136 S.) n. 1. 80

16. Grundriss der allgemeinen Ackerbau-Lehre. Ein Leitfaden für den Unterricht an landwirtschaftl. Lehranstalten. Von R. Strauch. Mit 39 in den Text eingedr. Holzst. 2., verb. u. verm. Aufl. (VIII, 112 S.) n. 1. 80

17. Ländliche u. landwirtschaftliche Bauten. Eine Reihe zwangloser Beiträge zur Hebung d. ländlichen Bauwesens, bestehend in Entwürfen zu verschiedenen Bauten u. Baulichkeiten, mit besonderer Rücksicht auf eine zweckmässige Anordnung d. Grundrisse u. geschmackvolle Ausbildungen der Façaden. Von A. Knäbel. 1. Hft. Ländliche Bauten. Mit 46 (eingedr. Holzschn.-)Illustr. (60 S.) n. 1. 80

18. Dasselbe. 2. Hft. Landwirtschaftliche Bauten. Mit 33 (eingedr. Holzschn.-)Illustr. (57 S.) n. 1. 80

19. Der Schweine-Stall in seiner baulichen Anlage u. inneren Einrichtung, sowie die vortheilhafteste Schweinezucht u. Schweinemastung. Hrsg. von Ludw. Klasen. Mit 76 in den Text gedr. Holzst. (73 S.) n. 1. 80

20. Die Federvieh-Ställe in ihrer baulichen Anlage u. inneren Einrichtung, sowie die vortheilhafteste Federvieh- od. Geflügelzucht. Hrsg. v. Ludw. Klasen. Mit 28 in den Text gedr. Holzst. (72 S.) n. 1. 80

21. Abriß der landwirtschaftl. Geräte- u. Maschinenkunde. Ein Leitfaden für den Unterricht an landwirtschaftlichen Lehranstalten. Von R. Strauch. Mit 61 in den Text gedr. (Holzschn.-)Abbildungen. 2., verb. u. verm. Aufl. (VIII, 61 S.) n. 1. 20

22. Grundriß der landwirtschaftl. Betriebslehre. Ein Leitfaden f. den Unterricht an landwirtschaftlichen Lehranstalten. Von R. Strauch. (VIII, 117 S.) n. 2. 70

23. Grundriß der landwirtschaftlichen Tierzucht-Lehre. Ein Leitfaden für den Unterricht an landwirtschaftl. Lehranstalten u. zum Selbstunterricht. Von B. Römer. (VIII, 175 S. mit eingedr. Holzschn.) n. 2. 80

24. Grundriß der landwirtschaftlichen Pflanzenbaulehre. Ein Leitfaden für den Unterricht an landwirtschaftl. Lehranstalten u. zum Selbstunterricht. Von B. Römer. (VII, 111 S.) n. 1. 80

25. Grundriß der Chemie. Ein Leitfaden für den Unterricht an landwirtschaftl. Lehranstalten u. zum Selbstunterricht. Von E. Altmann. 1. Tl.: Unorganische Chemie. Mit 24 (eingedr.) Holzst. (VII, 122 S.) n. 1. 80

26. Grundriß der Chemie. Ein Leitfaden f. den Unterricht an landwirtschaftl. Lehranstalten u. zum Selbstunterricht. 2. Tl.: Organische Chemie. Von E. Altmann. (IV, 124 S. mit eingedr. Holzschn.) n. 1. 80

27. Grundriß des Gemüsebaues. Ein Leitfaden f. den Unterricht an landwirtschaftl. Lehranstalten u. zum Selbstunterricht. Von F. Staemmler. Mit 2 Gartenskizzen als Anh. (VIII, 60 S.) n. 1. 20

28. Grundriß des Obstbaues. Ein Leitfaden für den Unterricht an landwirtschaftl. Lehranstalten, Seminarien u. Elementarschulen, sowie zum Selbstunterricht. Von F. Staemmler. (VIII, 64 S. m. eingedr. Holzst.) n. 1. 20

— deutsche landwirthschaftliche. 29.—31. Hft. 8. Ebd. Geb. n. 6. —

29. Grundriß der Lehre vom Gartenbau. Von O. Hüttig. 1. Tl.: Allgemeines. Mit 22 Abbildgn. (XIX, 196 S.) 886. Geb. n. 2. 40

30. — dasselbe. 2. Tl.: Die Kultur der Topf- u. Kübelpflanzen u. das Treiben v. Nutz- u. Ziergewächsen. Mit 1 Titelbild u. 53 Abbildgn. (XVI, 160 S.) 886. Geb. n. 1. 80

31. — dasselbe. 3. Tl.: Der Schulgarten m. dem Gartenkalender, d. i. Erinnerg. an die Arbeiten jeden Monates im Jahre f. den Blumen-, Gemüse-, Obst- u. Treibgarten. Mit 1 Titelbilde u. 24 Abbildgn. (XVI, 144 S.) 886. Geb. n. 1. 80

— deutsche landwirtschaftliche. Leitfaden f. d. Unterricht an landwirtschaftl. Lehranstalten u. zum Selbstunterricht. 16., 21.—26., 32.—35. Hft. 8. Ebd. cart. n. 21. 10

16. Grundriß der allgemeinen Ackerbaulehre. Von R. Strauch. 5., verm. Aufl. Mit 30 in den Text gedr. Holzst. (XII, 130 S.) 890. n. 1. 80

21. Grundriß der landwirtschaftlichen Geräte- u. Maschinenkunde. Von R. Strauch. 3., verm. Aufl. Mit 86 in d. Text gedr. Abbildgn. (VIII, 87 S.) 888. n. 1. 50

22. Grundriß der landwirtschaftlichen Betriebslehre. Von R. Strauch. 5., verb. Aufl. (VIII, 114 S.) 890. n. 1. 80

23. Grundriß der landwirtschaftl. Tierzucht-Lehre. Von B. Römer. 4. Aufl. (VIII, 176 S. m. 63 Abbildgn.) 890. n. 2. 80

24. Grundriß der landwirtschaftlichen Pflanzenbaulehre. Von B. Römer. 3., verb. u. erweit. Aufl. (X, 150 S.) 889. n. 1. 80

25. Grundriß der Chemie. Von E. Altmann. 1. Tl.: Unorganische Chemie. 3., verm. Aufl. (VIII, 143 S. m. eingedr. Holzst.) 889. n. 1. 80

26. — dasselbe. 2. Tl.: Organische Chemie. Von E. Altmann. 2., verb. Aufl. (128 S.) 887. n. 1. 80

32. Der Weinbau im Garten. Von O. Hüttig. Mit e. Titelbild u. 41 in den Text gedr. Abbildgn. (XIV, 162 S.) 887. n. 2. 40

33. Handbuch der rationellen Bienenzucht. Von R. P. Kunnen. 2., stark verm. Aufl. Mit 78 Abbildgn. u. dem Bildnis Dzierzons. (V, 173 S.) 889. n. 1. 80

34. Der rationelle Klee- u. Kleegras-Bau. Von J. Aug. Neyen. 2., umgearb. Aufl. Mit 27 in den Text gedr. Holzst. (III, 156 S.) 888. n. 2. 40

35. Allgemeine Pflanzenkunde. Von E. Klocke. (VII, 61 S.) 890. n. 1. 20

— dasselbe. 16., 21.—24., 26., 27., 36.—40. Hft. gr. 8. Ebd. n. 20. 60

16. Grundriß der allgemeinen Ackerbaulehre. Ein Leitfaden f. den Unterricht an landwirtschaftl. Lehranstalten u. zum Selbstunterricht v. R. Strauch. 6., verb. u. teilweise umgearb. Aufl. (XII, 143 S. m. 31 Holzst.) 893. n. 1. 40; kart. n. 1. 40

21. Grundriß der landwirtschaftlichen Geräte- u. Maschinenkunde. Ein Leitfaden f. den Unterricht an landwirtschaftl. Lehranstalten u. zum Selbstunterricht. Von R. Strauch. 4., verm. Aufl. (VIII, 96 S. m. 88 Abbildgn.) 893. Kart. n. 1. 50

22. Grundriß der landwirtschaftl. Betriebslehre. Ein Leitfaden f. den Unterricht an landwirtschaftl. Lehranstalten. Von R. Strauch. 5., verb. Aufl. (VIII, 114 S.) 893. Kart n. 1. 80

23. Grundriß der landwirtschaftlichen Tierzucht-Lehre. Ein Leitfaden f. den Unterricht an landwirtschaftl. Lehranstalten u. zum Selbstunterricht. Von B. Römer. 5., verm. Aufl., bearb. v. G. Böhme. (X, 192 S. m. 63 Abbildgn.) 892. Kart. n. 2. —

24. Grundriß der landwirtschaftl. Pflanzenbaulehre. Ein Leitfaden f. den Unterricht an landwirtschaftl. Lehranstalten u. zum Selbstunterricht. Von B. Römer. 4., verb. u. erweit. Aufl. v. G. Böhme. (XII, 172 S.) 892. Kart. n. 1. 40

26. Grundriß der Chemie. Ein Leitfaden f. den Unterricht an landwirtschaftl. Lehranstalten. II. Tl.: Organische Chemie v. E. Altmann. 3., verm. Aufl. (XVI, 144 S. m. Abbildgn.) 892. n. 1. 40; kart. n. 1. 40

27. Grundriß d. Gemüse-Baues. Ein Leitfaden f. den Unterricht an landwirtschaftl. Lehranstalten u. Seminarien, sowie zum Selbstunterricht. Von F. Stämmler. Mit 41 Abbildgn. u. 2 kleinen Gartenskizzen. 2., verm. Aufl. (VIII, 77 S.) 891. n. 1. 20

36. Grundriß der Mineralogie, Gesteins- u. Bodenkunde. Ein Leitfaden f. den Unterricht an landwirtschaftl. Lehranstalten. Von A. Bisching u. Frz. Kozeschnik. (VII, 99 S. m. 26 Abbildgn.) 892. n. 1. 50; kart. n. 1. 50

37. Grundriß der landwirtschaftlichen Gewerbe. [Landwirtschaftl.-chem. Technologie.] Ein Leitfaden f. den Unterricht an landwirtschaftl. Lehranstalten u. zum Selbstunterricht. Von Frz. Kozeschnik. (VIII, 162 S. m. Abbildgn.) 892. n. 1. 80; kart. n. 1. 80

38. Grundzüge der Physik. Ein Leitfaden f. landwirtschaftl. Lehranstalten, Fortbildungsschulen u. s. w. u. zum Selbstunterricht. Von W. Caspari. (VII, 175 S. m. 220 Abbildgn.) 892. n. 2. 80; kart. n. 2. 80

39. Praktische Geometrie m. besond. Berücksicht. d. Zeichnens, Feldmessens u. Nivellierens, f. Ackerbauschulen, landwirtschaftl. Winterschulen u. ähnl. Lehranstalten bearb. v. P. Knak. (XII, 115 S. m. 85 Holzst.) 894. n. 1. 40; kart. n. 1. 40

40. Grundriß der Zoologie. Ein Leitfaden f. den Unterricht an landwirtschaftl. Lehranstalten u. f. prakt. Landwirte v. Frz. Kozeschnik. (VII, 255 S. m. 249 Abbildgn.) 894. n. 2. 40; kart. n. 2. 40

Taschenbibliothek, deutsche landwirtschaftliche. 8., 16., 24., 25. u. 41. Hft. 8. Leipzig, Landwirtschaftl. Schulbuchh. n. 9. 20

8. Grundriß d. Botanik m. bes. Berücksicht. d. landwirtschaftl. Kulturpflanzen. Ein Leitfaden f. landwirtschaftl. Lehranst. u. z. Selbstunterr. Von Frz. Kozeschnik. (XII, 246 S. m. 219 Abb.) 895. n. 2. 40

16. Grundriß der allgem. Ackerbaulehre. Ein Leitfaden für den Unterr. an landwirtschaftl. Lehranst. u. z. Selbstunterr. v. R. Strauch. 7., verb., teilweise erweit. u. umgearb. Aufl. (VIII, 128 S. m. 31 Holzst.) 896. Geb. n. 1. 80

24. Grundriß d. landwirtschaftl. Pflanzenbaulehre. E. Leitfaden f. d. Unterr. an landwirtschaftl. Lehranst. u. z. Selbstunterr. Von B. Römer. 5., verb. u. erweit. Aufl. m. 73 Abb. v. G. Böhme. (IX, 177 S.) 895. Geb. n. 1. 80

25. Grundriß d. Chemie. Ein Leitfaden f. d. Unterr. an landwirtschaftl. Lehranst. Von E. Altmann. 1. Tl.: Unorgan. Chemie. 4., verb. Aufl. (VIII, 145 S.) 895. Geb. n. 2.

41. Kurze Anleitg. zur Fütterg. u. Haltung v. Milchvieh. Von Adf. Otto. (VII, 87 S.) 895. n. 1. 20

**Taschenbibliothek** interessanter Erzählungen für die Jugend. Hamburg 1834. H: *Hoffmann, Peter Frdr. Ludw.* (schr)

—— der neuesten u. unterhaltendsten Erzählungen, Novellen, Sagen u. Mährchen. Verfaßt v. e. Vereine deutscher Dichter u Dichterinnen, u. hrsg. v. (F. C. Jul.) Schütz. 4 Bdchn. 16. (50½ B.) Lüneburg 828, Herold u. Wahlstab. à 8 Gr.

— für Freunde christl. Erbauung, zur Beförder. häusl. Andacht. 1s—4s Bdchen. — Fr. Karl Tim. Emmerich, Predigten. 4 Bdchen. gr. 12. Stuttg. 827. Sonnewald. 1 ₰ — 5s u. 6s Bdchen. Cölestinens Morgen- u. Abendandachten, v. Karoline B...., 12. Ebd. 827. 12 ₰

**Taschenbibliothek** sämmtlicher im Königreiche Bayern geltenden Gesetze und Verordnungen. . . . Augsburg 1836—38. H: *Barth, Anton.* (Ky)

Taschen-Bibliothek sämmtl. im Königr. Bayern gelt. Gesetze u. Verordn. Ein unentbehrl. Handbuch für jed. Staatsbürger. 1e bis 8e Lief. Staatsrechtl. Gegenstände. Mit 1 Steindr. *Augsburg*, v. Jenisch u. Stage. 836 — 38. 16. (à Lief. 8 Gr. — 2 Thl. 16 Gr.)

—— illustrierte, für Maschinentechniker. Hrsg. von M. Anton. 1. Serie. 1.—7. Bd. gr. 8. Leipzig, [Knapp.] Verlag des Maschinenbauer. à Bd. * 75 Pf. *

Inhalt:

Bd. 1. 2. Anton, M., praktische Werkzeuge und neue Arbeitsmethoden. Kurzes Handbuch zum Gebrauche für Schlosser, Dreher, Modelltischler, Former, Giesser, Studirende techn. Schulen und Gebildete aller Stände. 2 Bde. (128 S. mit eingedr. Fig.) 883.

» 3.—5. Compound-Maschinen. (64; 128; 64 S. mit eingedr. Fig. und 1 Taf.) 883,84.

» 6. 7. Elektro-magnetische Maschinen. (S. 1—128.) 884.

– für die Jugend edler Herkunft. m. K. 8. Delmenhorst. Barth. 808.

**Taschenbibliothek** der ausländischen Klassiker. Zwittau 1821—23. H: *Sigismund, Friedrich.* (MGT)

Taschenbibliothek der ausländ. Klassiker. 1s bis 12s Bdchen. 16. Zwickau, Gebr. Schumann. 821. à 10 Gr. 5 — (N. 1. 2. Voltaire's Candide. N. 3. Moliere's Tartüfe. N. 4.—6. Voltaire's Karl XII. N. 7. Byron's Poesien. N. 8. Shakespeare's Timon. N. 9. 10. Torq. Tasso. N. 11. 12. Virgil's Aeneide.)

— der ausländischen Classiker 1s — 207s Bdchn. in deutschen Uebersetzungen. 32. Zwickau 821—27, Gebr. Schumann. à Bdchn. 8 gr. geheftet à 9 gr.
(enthalten: Byrons Werke. 1r Bd. Gedichte, übers. v. J. Körner.— 2r Bd. Don Juan, 1r Gesang, übersetzt v. W. Reinhold.— 3r Bd. Manfred, e. Trspl., übers. von H. Döring.— 4r Bd. Childe Harold. 1s Bdchn, übers. von A. Schumann.— 5r Bd. Mazeppa -- Vampyr, übers. v. C. K. Meißner.— 6r Bd. Don Juan, 2r Gesang, übers. v. W. Reinhold.— 7r, 8r Bd. Marino Faliero, Doge v. Venedig; Trsp. 2 Bdchn, übers. v. Th. Hell.— 9r—12r Bd. Childe Harold. 2s—5s Bdchn, übers. v. A. Schumann u. J. L. Witthaus.— 13r Bd. Don Juan, 3r u. 4r Gesang, übers. von W. Reinhold.— 14r Bd. Parisina, v. Jul. Körner.— Beppo, übers. v. A. Schumann.— 15r Bd. Die beiden Foscari; Trsp. übers. v. W. v. Lüdemann.— 16r Bd. Werner, Trsp., übers. v. W. v. Lüdemann. — 17r Bd. Himmel u. Erde; Mysterium, übers. v. C. Richard.— 18r Bd. a, Cain; Mysterium; b, die Prophezeihung des Dante, übers. v. E. v. Hohenhausen.— 19r Bd. Sardanapal, Trsp., übers. v. H. Döring.— 20r Bd. a, die Braut v Abydos, b, der Gjaur, übers. v. H. Döring.— 21r Bd. a, der Corsar, b, Lara, übers. v. Fr. Diez.— 22r Bd. Don Juan, 5r u. 6r Gesang, übers. v. W. Reinhold.— 23r Bd. Don Juan, 7r u. 8r Gesang, übers. v. W. Reinhold.— 24r Bd. a, die Insel od. Christian u. seine Kameraden; b, kleinere Gedichte, übers. v. E. v. Hohenhausen.— 25r Bd. a, müßige Stunden; b, Uebersetzungen, c, flüchtige Poesien, übers. v. K. L. Kannegießer.— 26r Bd. a. der umgestaltete Ungestalte, b, die Erscheinung des Gerichts, c, der Fluch der Minerva, übers. v. K. L. Kannegießer.— 27r Bd. a, englische Barden u. schottische Kritiker; b, das Zeitalter v. Bronze; c, vermischte Gedichte, übers. v. K. L. Kannegießer.— 28r Bd. a, Briefe an *** üb. Pope's Leben; b, Monody auf Scheridans Tod; c, Parlamentsreden, übers. v. K. L. Kannegießer. — Alfieri's Trauerspiele, aus den Ital. v. W. v. Lüdemann u. Dr. Adrian. 1r Bd. a, Philipp II., b, Timoleon. 2r Bd. a, die Verschwörung d. Pazzi, b, Virginia. 3r Bd. a, Merope, b, Saul. 4r Bd. a, Myrrha, b, Don Garzia. 5r Bd. a, Agamemnon, b, Rosamunda. 6r Bd. a, Orest, b, Maria Stuart. 7r Bd. a, Polynices, b, Brutus der Aeltere. 8r Bd. a, Brutus d. Jüngere, b, Octavia. — Calderon's Schauspiele. Aus den Span. v. G. N. Bärmann u. C. Richard. 1r Bd. Die Brücke v. Mantible. 2r Bd. Das Leben ist Traum. 3r Bd. Der Schwarzkünstler. 4r Bd. Mariamne. 5r Bd. Die große Zenobia. 6r Bd. Echo u. Narziß. 7r Bd. Der Stimme Verhängniß. 8r Bd. Heil u. Unheil eines Namens. 9r Bd. Das Marienbild. 10r Bd. Der Arzt seiner Ehre. 11r Bd. Der Maler seiner Schande. 12r Bd. Kreuz-Erhöhung. — Cervantes Werke. Aus d. Span. v. Hieronymus Müller. 1r—8r Bd. Leben u. Thaten des sinnreichen Junkers Don Quixote von der Mancha. 8 Bde. 9r—12r Bd. Lehrreiche Erzählungen. 4 Bde. 13r—15r Bd. Die Drangsale des Persiles u. der Sigismunda. Eine nordische Geschichte. 3 Bde.— W. Scotts poetische Werke, aus den Engl. 1r u. 2r Bd. Die Jungfrau vom See, übers. v. W. Alexis. 2 Bdchn. 3r u. 4r Bd. Das Lied des letzten Minstrels, übers. v. W. Alexis. 2 Bdchn. 5r u. 6r Bd. Burg Rokeby, übers. v. C. Richard. 2 Bdchn. 7r Bd. a, Don Roderich, b, Das Schlachtfeld v. Waterloo, c, Macduffs Kreuz, übers. v. C. Richard u. H. Döring. 8r — 14r Bd. Historische u. romantische Balladen der schottischen Gränzlande. 7 Thle, übers. v. W. Alexis, E. v. Hohenhausen u. W. v. Lüdemann. 15r u. 16r Bd. Marmion; eine Erzählung vom Schlachtfelde von Flodden, übers. v. C. Richard. 2 Bdchn.— W. Scotts sämmtliche Romane, aus d. Engl. 1r—5r Bd. Guy Mannering; od. der Sterndeuter, übers. v. W. Gerhard. 5 Thle. 3e Aufl. 6r u. 7r Bd. Der schwarze Zwerg, übers. von E. Berthold. 2 Thle. 3e Aufl. 8r—11r Bd. Ivanhoe, übers. v. E. v. Hohenhausen. 4 Thle. 2e Aufl. 12r—16r Bd. Der Seeräuber, übers. v. H. Döring. 5 Thle. 2e Aufl. 17r—21r Bd. Das Herz Mid Lothians; od. das Gefängniß v. Edinburgh, übers. v. S. May. 5 Thle. 2e Aufl. 22r—25r Bd. Das Kloster, übers. v. Fr. Diez. 4 Thle. 26r—29r Bd. Der Abt od. eine Folge d. Klosters, übers. v. H. Müller. 4 Thle. 30r—33r Bd. Waverley, übers. v. M. C. Richter. 4 Thle. 34r—37r Bd. Die Presbyterianer, übers. v. E. Berthold. 4 Thle. 38r — 41r Bd. Der Alterthümler, übers. v. H. Döring. 4 Thle. 42r—45r Bd. Robin d. Rothe, übers. v. H. Schubart. 46r u. 47r Bd. Montrose u. seine Gefährten, übers. v. H. v. Montenglaut. 2 Thle. 48r — 51r Bd. Kenilworth, übers. v. E. v. Hohenhausen. 4 Thle. 52r — 55r Bd. Nigels Schicksale, übers. v. S. May. 4 Thle. 56r—58r Bd. Die Braut von Lammermoor, übers. v. H. v. Montenglaut. 59r—63r Bd. Quentin Durward, übers. v. H. Döring. 5 Thle. 64r—68r Bd. Peveril, übers. v. J. Körner. 5 Thle. 69r—72r Bd. St. Ronans Brunnen, übers. v. E. v. Hohenhausen. 4 Thle. 73r—76r Bd. Redgauntlet, übers. v. M. C. Richter. 4 Thle. 77r — 79r Bd. Pauls Briefe an seine Verwandten, übers. v. S. May. 3 Thle. 80r—85r Bd. Erzählungen der Kreuzfahrer, übers. v. H. Döring. 6 Theile. Erste Erzählung: die Verlobten. 3 Thle. Zweite Erzähl.: der Talismann. 3 Thle. 86r—89r Bd. Woodstock, oder der Ritter, übers. v. Bärmann. 4 Thle. — W. Scotts biographische Werke, aus d. Engl. 1r—3r Bd. Lebensbeschreibungen d. ausgezeichnetsten Romandichter, übers. v. W. v. Lüdemann. 3 Thle. 4r—19r Bd. Das Leben von Napoleon Buonoparte, Kaiser d. Franzosen, übers. v. G. N. Bärmann. 16 Thle. — W. Scotts sämmtl. Werke in Liefrg. Neue Aufl. 16. 1e—6e Liefrg. 85 Thle. 1e Liefrg. 2 Rthl. 16 gr. 2e Liefrg. 2 Rthl. 20 gr. 3e Liefrg. 2 Rthl.— 4e Liefrg. 2 Rthl. 4 gr. 5e Liefrg. 2 Rthl. 8 gr. 6e Liefrg. 2 Rthl. 4 gr. — Alfieri, von der Tyrannei, übers. v. H. Schweizer. 2 Bdchn. Chaucer, Canterburysche Erzählungen, übers. v. K. L. Kannegießer. 2 Bdchn. Delille, der Landmann; ein Lehrgedicht, übers. v. Georg Döring. 2 Bdchn. Guarini, der treue Schäfer, übers. v. Hieron. Müller. 2 Bdchn. Washington Irving, Bracebridge Hall oder die Humoristen, übers. v. H. Schubart. 4 Bdchn. Moliere, Tartüff; Lustsp., übers. v. Langenbeck. 1 Bändchen. Die Schule d. Frauen; Lustsp., übers. v. H. Döring. 1 Bdchn. Thomas Moore, Lalla Rookh; ein morgenländ. Gedicht, übers. v. J. L. Witthaus. 2 Bdchn. Shakespeare, Timon v. Athen, übers. v. G. Regis. 1 Bdchn. — König Lear, übers. v. Beauregard Pandin. 1 Bdchn.— Die Irrungen, übers. v. Beauregard Pandin. 1 Bdchn.— Torquato Tasso, auserlesene Gedichte, übers. v. C. Förster. 2 Bdchn. Amyntas; Schäferspiel, übers. v. H. L. v. Dansord. 1 Bdchn. Thomson, die Jahreszeiten, übers. v. Fr. Schmittbenner. 2 Bdchn. Virgil, die Aeneide, in deutsch. Jamben, übers. v. J. Nürnberger. 4 Bdchn. Voltaire, Candide, od. die beste Welt, übers. v. F. S. Sigismund. 2 Bdchn. Geschichte Karls XII., übers. v. N.

Stein. 3 Bdchn. Brutus; Trsp., übers. v. H. König. 1 Bdchn. Merope; Trsp. übers. v. H. v. Montenglaut. 1 Bdchn. Yorck's, empfindsame Reise durch Frankreich u. Italien, übers. v. C. K. Meißner. 1 Bdchn.)

—— der ausländ. Klassiker in neuen Verdeutschungen. No. 208—262. Mit Kpfr. 16. Zwickau 828—30, Gebr. Schumann. à 9 Gr., ohne Kpfr. 8 Gr., hrbgs. Pr.

No. 1—207. Ebendas. 1821—27. à 9 Gr., ohne Kpfr. 8 Gr., hrbgs. Pr. 1½ Gr.

Da diese Taschenbibliothek als abgeschlossen zu betrachten ist, aus dem 7. Bde. dieses Werkes aber nur mit Mühe eine Gesammtübersicht der einzelnen in ihr enthaltenen Schriften gewonnen wird, so möge hier eine alphabet. Zusammenstellung nach den Verfassern folgen.

Sämmtliche 262 Nrn. liefern nachstehende Werke:

Alfieri's Trauerspiele. A. d. Ital. v. W. v. Lüdemann v. Adrian. 8 Thle. 12 Gr.
—— von d. Tyrannei. A. d. Ital. v. H. Schweizer. 2 Thle. 3 Gr.
Byron's Werke. A. d. Engl. v. F. Dietz, H. Döring, † Theod. Hell, W. v. Lüdemann, K. L. Kannegiesser, C. Richardt etc. 31 Bdchn. 1 Thlr. 22½ Gr.
Calderon's Schauspiele. A. d. Span. v. G. N. Bärmann u. C. Richard. 12 Thle. 18 Gr.
Cervantes Werke. A. d. Span. v. H. Müller. 16 Thle. 1 Thlr.
Chaucer's Canterburysche Erzählungen. A. d. Engl. v. K. L. Kannegiesser. 2 Thle. 8 Gr.
Delille's Landmann; ein Lehrgedicht. A. d. Franz. v. H. Döring. 2 Thle. 3 Gr.
Guarini's treuer Schäfer; Schausp. A. d. Ital. v. H. Müller. 2 Thle. 3 Gr.
Irving's, Wash., Bracebridge Hall, od. d. Charaktere. A d. Engl. v. H. Schubert. 4 Thle. 6 Gr.
Molière's Tartüff u. d. Schule d. Frauen. Zwei Lustsp. A. d Franz. v. W. A. Langenbeck u. H. Döring. 2 Thle. 8 Gr.
Moore's Lalla Rookh. Ein morgenländ. Gedicht. A. d. Engl. v. J. L. Witthaus. 2 Thle. 3 Gr.
Scott's, Walter, sämmtl. Romane. A. d. Engl. v. G. N. Bärmann, F. Dietz, E. v. Hohenhausen, S. May, H. Müller etc. 112 Thle. 7 Thlr.
Fortsetzung, vgl Scott, W., Werke.
—— sämmtl. poet. Werke. A. d Engl. v. † Wilib. Alexis, H. Döring, E. v. Hohenhausen, K. L. Kannegiesser, W. v. Lüdemann u. C. Richard. 20 Thle. 1 Thlr. 6 Gr.
—— Geschichte v. Schottland. A. d. Engl. v. G. N. Bärmann. 7 Thle. 10½ Gr.
—— Leben Napoleons. A. d. Engl. v. G. N. Bärmann. 21 Thle. 1 Thlr. 8 Gr.
—— Lebensbeschreibungen d. ausgezeichnetsten Romandichter. A. d. Engl. v. W. v. Lüdemann. 8 Thle. 4½ Gr.
Shakspeare's Werke. A. d. Engl. v. Beauregard Bandin u. G. Regis. 8 Thle. 4½ Gr.
Sterne, Yoriks empfindl. Reise durch Frankreich u. Italien. A. d. Engl. v. K. L. Meissner. 1½ Gr.
Tasso, Torq., lyrische Gedichte u. Amyntas. A. d. Ital. v. C. Förster u. H. L. Danford. 8 Thle. 4½ Gr.
Thomson's Jahreszeiten. A. d. Engl. v. F. Schmitthenner. 2 Thle. 3 Gr.
Virgil's Aeneide. In deutschen Jamben v. J. Nürnberger. 4 Thle. 6 Gr.
Voltaire's Werke. A. d. Franz. v. H. König, F. S. Sigismund u. N. Stein. 7 Thle. 10½ Gr.

Kleine **Taschenbibliothek** zum Neujahrsgeschenk. 1797
s. **Denkmal** der Freundschaft und Liebe, ein Neujahrsgeschenk in's Strickkörbchen.

Taschenbibliothek, constitutionelle, für Sächs. Staatsbürger in Stadt u. Land. 1. Bd. Die Verfassungsurkunde d. Königr. Sachsen. (1—3. Abthl., die Erläuterungen zur Sächs. Verfassungsurkunde ꝛc.) 16. (24 B.) Grimma 834, Verlags-Comptoir.

Taschenbibliothek, constitutionelle, f. sächs. Staatsbürger in Stadt u. Land. 2. Bd. — A. u. d. T.: Das k. sächs. Wahlgesetz v. 24. Sept. 1831, u. d. Verordn., d. Ausführ. dess. betreff. v. 30. Mai 1836, mit Noten u. Zusätzen hrsg. v. Joh. Friedr. Brückner. 12. (7½ B.) Grimma 837, Verlags-Comptoir.
1. Bd. Ebendas. 1834. 16 Gr.

—— für häusl. u. gesell. Leben. Hrsg. v. C. F. W. Lorenz. 1. Bdchn. — A. u. d. Ttln.: Der unterhalt. Gesellschafter u. unerschöpfl. Maitre de plaisir. Eine gut gewählte Samml. allbekannter u. beliebter Gesänge, interess. Spiele, u. gesell. Unterhaltungsmittel aller Art. 1. Hft. Gesänge. — Neues Taschenliederbuch. 82 auserles. Gesänge ꝛc. 16. (96 Seit.) Leipzig 839. [Voigt u. Fernau.] Thlr.

**Taschenbibliothek** der neuesten klass. Literatur des Auslandes, in deutschen Uebersetzungen. 1e Abtheil. Gesch. v. Feldzügen u. Kriegen. 10 Bdchen. A. u. d. T.: W. v. Vaudoncourt, Geschichte der Feldzüge v. 1814 u. 15 in Frankreich; übers. v. Fr. Seybold. 10 Bdchen. 16. Stuttg. 827—829. Metzler. 2 ₰ 12 Gr

**Taschenbibliothek** der Lustreisen in Deutschland. 1. Bändchen . . . Berlin 1828. V: *Schmidt, Joh. Marius Friedrich.* (Koner)

—— der Lustreisen in Deutschland. 1. Bdchn. enth. die Reise v. Berlin nach Dresden, der Sächs. Schweiz, den Böhm. Bädern u. Prag. (6½ B. u. 1 Special-Reise-Karte.) Berlin 828, Magazin f. Kunst ꝛc. (?)
Ansichten hierzu, 4 Lfgn. à 16 Gr., ill. 1 Thlr. 8 Gr., enthalten:
Lfg. 1. 9 Ansichten v. Dresden.
" 2. 9 —— v. d. Sächs. Schweiz.
" 3. 9 —— v. Töplitz.
" 4. 9 —— v. Carlsbad.

—— der Lustreisen in Deutschland, hrsg. v. F. W. Wolff. 1—5. Bdchn. 16. Berlin, Bade.
Bdchn. 1. Die Reise v. Berlin üb. Halberstadt u. Quedlinburg durch die interessantesten Gegenden d. Ober- u. Unterharzes, üb. Göttingen, Münden, Cassel, Marburg u. Gießen nach Frankfurt a. M. (7½ B.) 836. 4 Gr.
" 2. Die Reise v. Berlin nach Dresden, d. sächs. Schweiz, d. böhm. Bädern u. Prag. 2. Aufl. (6½ B.) 836. 6 Gr.
" 3. Die Reise v. Berlin üb. Breslau nach d. Riesengebirge, d. vorzügl. schles. Bädern u. d. glatzer Gebirge. (7¼ B.) 837. 6 Gr.
" 4., 5. Die Reise v. Berlin üb. Leipzig, Weimar ꝛc. nach Frankfurt a. M., von dort üb. Mainz, den Rhein hinab bis Düsseldorf, u. von Coblenz üb. d. Taunus-Bäder zurück nach Frankfurt a. M. — A. u. d. T.: Ganz Deutschland f. 1 Thaler. Wegweiser f. Reisende durch d. Harz, d. sächs. Schweiz, d. Riesengebirge u. am Rhein. (7½ B.) 839. 9 Gr.

— der Lustreisen durch Deutschlands schönste Gegenden u. nach dessen besuchtesten Badeorten. 1. Bdchn. 2. verb. Aufl. A. u. d. T.: Taschenbuch für Lustreisende in die Rheingegenden u. Taunusbäder. 12. Grimma 844, Verl.-Compt. ¼ ₰

— dies. 2. Bdchn. 2. verb. Aufl. A. u. d. T.: Taschenbuch für Lustreisende in das Riesengebirge u. die schles. Bäder. 16. Ebend. 844. n. ⅙ ₰

**Taschenbibliothek**, maschinen-technische. 1. Hft. 8. Leipzig 877. Scholtze. n. 1. 20
Neuere Dampf-Kessel-Anlagen. Bearb. von W. Jeep. Mit 30 (eingedr.) Holzst. (40 S.)

— medizinische. Nr. 1. 16. Berlin, M Boas. n. — 20
Enuresis — Bettnässen. Von A. Giselher. (8 S.) (906.)

—— der Naturheilkunde. Eine Sammlg. gemeinverständl. Schriften üb. Gesundheitslehre u. Heilweise. Hrsg. v. M. Canitz. 1. Reihe. 1.—5. Heft. 12. Berl. 892, Alb. Lehmann. à Heft — 25
1. Pflege u. Erziehung d. Kindes. (38 S.)
2. Kopfschmerz u. Schlaflosigkeit. (31 S.)
3. Die Cholera. Ihre Verhütung u. sichere Heilung. (29 S.)
4. Brechdurchfall (Cholera nostras). Mit e. Anh. üb. Schwämmchen u. Wundsein der Kinder. (32 S.)
5. Die Grundzüge der Naturheilkunde, ihre Anwendungsformen ꝛc. (32 S.)

**Taschenbibliothek** der Naturheilkunde. Eine Sammlg. gemeinverständl. Schriften üb. Gesundheitslehre u. Heilweise. 1. Reihe. 1.—6. Hft. 12. Berlin, Verl. der Naturheilkunde. à — 25
1. Pflege u. Erziehung d. Kindes v. M. Canitz. (35 S.) 892.
2. Kopfschmerz u. Schlaflosigkeit. Zwei außerordentlich weitverbreitete Krankheitserscheingn. Ihre Entstehg., Verhütg. u. naturgemäße Heilg. v. M. Canitz. (31 S.) 892.
3. Die Cholera, ihre Verhütung u. sichere Heilung durch die jedermann zugänglichen Mittel der Naturheilmethode v. M. Canitz. (29 S.) 892.
4. Brechdurchfall (Cholera nostras). Seine Entstehg., Verhütg. u. Heilg. nach dem Naturheilverfahren. Mit e. Anh. üb.: Schwämmchen u. Wundsein der Kinder. Von M. Canitz. (30 S.) 893.
5. 6. Grundzüge u. Heilmittel der Naturheilkunde. Von M. Canitz. (66 S.) 893.

**Taschenbibliothek**, naturwissenschaftliche. 1.—6. Bdchn. 16. Wien, A. Hartleben. Geb. in Leinw., à Bdchn. 2. —
Henz, W., der Hausgarten als naturwissenschaftliches Praktikum. (191 S. m. Abb.) (910.) (5. Bdchn.)
Hoernes, Herm., Abriß üb. die Luftschiffahrt u. Flugtechnik. (190 S. m. 53 Abb.) (910.) (6. Bdchn.)
Lüttgendorff, M. A. v., das Mikroskop. Ein Leitfaden f. Anfänger. (191 S. m. Abb.) (910.) (4. Bdchn.)
Riegler, Gideon, der Amateurastronom. Mit vielen Abb. (256 S.) (909.) (2. Bdchn.)
Schmidt, Curt, die Photographie im Dienste wissenschaftlicher Forschung. Mit vielen Abb. (223 S.) (909.) (3. Bdchn.)
Schweiger-Lerchenfeld, A. v., Telluria. Aufzeichnungen e. Naturfreundes. Mit vielen Abb. (256 S.) (909.) (1. Bdchn.) Geb. 2. —

**Taschenbibliothek** zu Neujahrsgeschenken. Weissenfels 1797. II: *Seidel, Carl August.* (Ky)

— „Quelle". Nr. 3—6. kl. 8. Sarajevo, J. Studnička & Co. n. 1. 20
3. 4. **Deutsch-kroatisches Gesprächbuch.** Von Otto Hillmann. (73 S.) (905.) n. — 60
5. 6. **Schattenlehre für Schule u. Haus.** Von Alois Studnička. (56 S. m. Abbildgn.) (905.) n. — 60

— der neuesten unterhaltendsten Reisebeschreibungen. Nach ausländ. Originalien bearbeitet von Chr. A. Fischer. 1r u. 2r Jahrgg. à 4 Bdchn. 8. Frankf. 826,—27, H. Wilmans. à 4 Rthl.

—— der neuesten unterhaltendsten **Reisebeschreibungen.** Nach ausländ. Originalien bearb. v. Chr. A. Fischer. 3. Jahrg. 4 Bdchn. 8. Frankfurt a. M. 828. [Grimma, J. M. Gebhardt.] 4 Thlr., hrbgf. Pr.

—— dies. 4. u. 5. Jahrg. (u. d. veränd. T.:) Taschenbibl. d. neuesten Reisen u. Länder-Entdeckungen. Nach ausländ. Quellen u. mit Originalbeiträgen hrsg. v. Ph. A. G. v. Meyer. à 4 Bdchn. 8. Ebds. 830, 31. à J. 4 Thlr., hrbgf. Pr.
1. u. 2. Jahrg. Ebendas. 1826, 27. à 4 Thlr., hrbgf. Pr. 8 Thlr. — 5 Jahrge. zus. gen. 12 Thlr.

**Taschen-Bibliothek** der Reise-, Zeit- und Lebensbilder. Rudolstadt 854—57. Froebel. 16. Jede Nr. n. 5 *ngr.*
Nr. 1. (3 Nrn. in 1 Bdchn.): Eis- und transatlantische Skizzen von Joh. Quendt. (X, 212 S.)
= 2.: Auswanderer-Calender für 1854 und 1855. 1. Doppel-Jahrg. (Ausg. für Nord-Amerika.) (84 S.)
= 3.: Texas. Ein Supplement zu allen bisher erschienenen Beschreibungen dieses Staates. 1. Liefg. (2 Bl., 74 S.)
= 4.: Valdivia. Anwandtersche und Metzdorffsche Briefe. (72 S.)
= 5.: Auswanderer-Calender für 1854 und 1855. 1. Doppel-Jahrg. (Ausg. für Süd-Amerika.) (88 S.)
= 6. 1. Liefg.: Brasilien. Liefg. 1. Skizzen, Briefe und Berichte. (2 Bl., 80 S.)
= = 2. Liefg.: Brasilien. Liefg. 2. Kolonie Superaguhy, Parana. — System der Kolonie Vergueiro. Geschildert von Rob. Melly jun. (VIII, 120 S.)
= = 3. 4. Liefg.: Brasilien. Liefg. 3. u. 4. Skizzen, Briefe und Berichte. (2 Bl., 54; 48 S.)
= 7. 1. Liefg.: Nothwehr von Ed. Pelz. (61 S.) (gratis.)
= = 2. Liefg.: Der Staat Wisconsin im Jahre 1857, geschildert von Carl Knobelsdorf. (Nebst Redactions-Bemerkungen aus der Allg. Auswanderungszeitung abgedr.)

— — Nr. 1. 2. Bdchn. — Abth. I. 3—5. Bdchn. Rudolstadt 855, 56. Froebel. 16.
Nr. 1. 2. Bdchn.: Novellenkranz. Aus dem „Pilot" abgedr. (2 Bl., 188 S.) 15 *ngr.*
Abth. I. 3. Bdchn.: Aehrenlese auf dem Felde der Belletristik. Aus dem „Pilot" rc. abgedr. (2 Bl., 203 S.) 5 *ngr.*
= 4. Bdchn.: Erheiterungen. Wahrheit und Dichtung im romantischen Gewande. Aus dem „Pilot" rc. abgedr. (2 Bl., 204 S.) 15 *ngr.*
= 5. Bdchn.: Feierabend-Stunden. Eine Sammlung entsprechender Erzählungen und Dichtungen. (Aus dem „Pilot" rc. abgedr.) (2 Bl., 203 S.) 15 *ngr.*
Nr. 2.: Auswanderer-Calender für 1855 u. 1856. 2. Doppel-Jahrg. (Ausg. für Nord-Amerika.) (13 Bl., 66 S.) 5 *ngr.*

—— für Reisende auf Eisenbahnen, Dampfschiffen u. Eilwagen, redig. v. J. M. Braun. 1—10. Bdchn. 32. Stuttgart, Köhler.
A. u. d. Tiln.:
Bdchn. 1. Wegweiser durch Heidelberg, Manheim u. Schwezingen (nach Speyer, Worms, d. Bergstraße u. Darmstadt.) 1. Aufl. (76 Seit., 1 Plan u. 1 Grundr.) 836. 8 Gr., 2., verb. u. verm. A. (338 S.) 837. 20 Gr.
= 2. Wegweiser durch Stuttgart u. d. Umgegend. (68 Seit.) 836. 4 Gr.
= 3. Wegweiser durch d. Taunus-Bäder. Wiesbaden, Ems, Schwalbach, Schlangenbad. 1. Aufl. (96 Seit.) 836. 7 Gr., 2., verm. A. (236 S.) 837. 12 Gr.
= 4. Wegweiser durch d. Rheingegenden von Mainz bis Cöln. (382 Seit. u. 1 Karte.) 837. 22 Gr.
= 5. Wegweiser durch Heilbronn u. d. Soolenbäder Wimpfen, Jaxtfeld, Rappenau mit deren Umgebungen, verfaßt v. C. Th. Griesinger. (128 Seit.) 837. 7 Gr.
= 6. Wegweiser durch Leipzig u. seine Umgebungen. (208 Seit. u. 1 Grundr.) 837. 10 Gr.
= 7. Wegweiser durch Augsburg, Ulm u. deren Umgebungen. (192 Seit., 2 Grundr. u. 1 Tab.) 837. 14 Gr.
= 8. Wegweiser durch Göttingen u. seine Umgegend. Verfaßt v. G. Penny. (256 Seit.) 837. 16 Gr.
= 9. Wegweiser durch Frankfurt u. seine Umgebungen. (15 B.) 837. 12 Gr.
= 10. Wegweiser um den Bodensee u. seine Umgebungen. (30 B., 3 Ansicht. u. 1 Karte.) 838. * 1 Thlr. 6 Gr.

—— aller **Revolutionen** d. neuern Zeit. Hrsg. v. Ed. Burckhardt u. A. Kaiser. 10 Bdchn. 8. Leipzig, Literar. Museum. à Bdchn.
A. u. d. Tiln.:
Bdchn. 1. Gesch. d. poln. Revolution v. J. 1794. Von A. Kaiser. (8¼ B.) 832.
= 2., 3. Gesch. d. poln. Revolution v. J. 1830. Von E. Burckhardt. 2 Bdchn. (21½ B.) 832.
= 4., 5. Gesch. d. deutschen Bauernkrieges im J. 1525. Von E. Burckhardt. 2 Bdchn. (13¼ B.) 832.
= 6., 7. Gesch. d. griech. Revolution v. J. 1821 bis zur Thronbesteigung d. Königs Otto I. Von Theod. Kind. 2 Bdchn. (13¼ B.) 833.
= 8—10. Gesch. d. franz. Revolution im J. 1789. Von E. Burckhardt. 1. Abthl. (3 Bdchn.) ... 835, 37.

— aller **Revolutionen** der neueren Zeit. Herausg. von Ed. Burckhardt u. A. Kaiser. 6s u. 7s Bdchn. A. u. d. T.: Geschichte der griech. Revolution, vom Jahre 1821 bis zur Thronbesteigung des Königs Otto I. Von Theod. Kind. 1s u. 2s Bdchn. 8. Leipzig ... Literar. Museum, jetzt Schreck. n. ⅔ *ß*

— ders. 8s — 10s Bdchn. A. u. d. T.: Geschichte der französischen Revolution im Jahre 1789. Von Ed. Burckhardt. 1e Abthl. (3 Bdchn.) 8. Ebd. 835. n. 1 *ß*

—— classischer **Romane** d. Auslandes. 1—4. Bd. gr. 16. Jena 841, 42, Mauke. à 4 Gr.
A. u. d. Tiln.:
Bd. 1. Atala, od. d. Liebe zweier Wilden in d. Wüste. Von Chateaubriand. A. d. Franz. v. J. Günther. (9¾ B.)
= 2. Elisabeth, od. d. Verbannten v. Siberien. Von Made. Cottin. A. d. Franz. v. J. Günther. (11½ B.)
= 3. Yorick's empfindsame Reise durch Frankreich u. Italien. Von L. Sterne. A. d. Engl. v. H. Döring. } (17¼ B.)
= 4. Wilh. Tell od. d. freie Schweiz v. Florian. A. d. Franz. v. J. Günther. }

—— classischer **Romane** des Auslandes. 5. u. 6. Bd. Reise aus dieser Welt in eine andere. Von Henry Fielding. A. d. Engl. v. H. Döring. 16. (12 B.) Jena 843, Mauke. à *
1—4. Bd. Ebendas. 1841, 42. * 20 Ngr.

—— classischer **Romane** des Auslandes. 22 Bdchn. 16. Stuttgart 845, 46, Becher's Verl. à 5 Ngr.
A. u. d. Tiln.:
Bdchn. 1. Die Sylvesterglocken. Eine Koboldgeschichte von Glocken, die das alte Jahr aus- u. das neue einläuten, von († Boz.) Charl. Dickens. (7 B.)
= 2. Eine corsische Familie, v. Alex. Dumas. (7½ B.)
= 3—12. u. 19—22. Prosper Mérimée's Werke, übers. v. Heinr. Elsner. 7 Bde. (102½ B.)
Inhalt:
Bd. 1. Die Bartholomäusnacht u. Tamango.
= 2. Colomba. Mosaik, gesammelte Erzählungen u. Novellen. 1. Abthl.
= 3. Der doppelte Mißgriff. Mosaik, gesammelte Erzählungen, Novellen u. Skizzen. 2. Abthl.
= 4., 5. Das Theater der spanischen Schauspielerin Clara Gazul. 1. u. 2. Abthl. — Die Familie Carvajal.
= 6. Reisebriefe aus Spanien. Carmen, Novelle. Dramatisches.
= 7. Die Jaquerie, mittelalterliche Scenen in dramat. Form. Biographische Notiz üb. Prosper Mérimée.
Einzelne Bde. à 9 Ngr.
= 13—18. Der Vicomte de Launay. Roman aus der Zeit der ersten franz. Revolution von Frz. v. Lienhart. Frei nach d. Franz. v. W. Schöttlen. 3 Bde. (30½ B.) 27 Ngr.

**Taschenbibliothek, russische.** Eine Auswahl der besten Werke der russ. Litteratur. Hrsg. v. H. Roskoschny. 1.—25. Bd. 8. Leipzig 888. Greßner & Schramm. à n. 1. —
1. Unsere Armen u. Elenden. Von Graf Leo Tolstoi. Übers. aus dem Russ. v. H. Roskoschny. (134 S.)
2. 3. Zwei Leutnants. Von K. P. Massalski. Dem Russ. nacherzählt v. F. O. Maksimow. 2 Tle. (136 u. 98 S.)
4. Ein schwaches Herz. Von F. M. Dostojewski. Ins Deutsche übertr. v. H. Roskoschny. (92 S.)
5. Ein verlorenes Leben. Von D. W. Grigórowitsch. In deutscher Übersetzg. v. H. Roskoschny. (171 S.)

6. [illegible] Ende. Die letzte Dichtg. J. S. Turgenjew's. Turgenjew in seinem Heim. Von J. P. Polonski. Übers. aus dem Russ. v. H. Roskoschny. (112 S.)
7. Reisebriefe aus Deutschland. Königsberg. — Berlin. — Dresden. — Leipzig. — Weimar. — Frankfurt a M. Von N. W. Karamsin. Übers. aus d. Russ. v. H. Roskoschny. (106 S.)
8. Der Leinwandmesser. Die Geschichte e. Pferdes. Von Graf Leo Tolstoi. In deutscher Übersetzg. v. H. Roskoschny. (87 S.)
9. 10. Die Podlipowzi. Von F. M. Reschetnikow. Aus dem Russ. übers. von H. Roskoschny. 2 Tle. (92 u. 98 S.)
11. Die Stadt der Toten u. andere Erzählungen. Von Maksim Belinski. In deutscher Übersetzg. v. H. Roskoschny. (102 S.)
12. 13. Vornehme Welt. Eine Novelle in 2 Tänzen. Von Graf W. A. Sollogub. Übers. aus dem Russ. v. H. Roskoschny. 2 Tle. (82 u. 106 S.)
14. Stadt- u. Landleben. Von Graf Leo Tolstoi. In deutscher Übersetzg. v. H. Roskoschny. (82 S.)
15. 16. Zwei Erzählungen. [Polikuschka. — Luzern.] Von Graf Leo Tolstoi. Übers. aus dem Russ. v. H. Roskoschny. 2 Tle. (92 u. 90 S.)
17. Herr Prochartschin. Aufzeichnungen e. Unbekannten. Zwei Erzählgn. v. F. M. Dostojewski. Deutsch v. F. O. Maksimow. (88 S.)
18. Lustige Kaufmannsgeschichten. Von N. A. Leikin. Übers. aus dem Russ. v. H. Roskoschny. (92 S.)
19. Die Dekabristen. Von Graf Leo N. Tolstoi. In deutscher Übersetzg. v. H. Roskoschny. (90 S.)
20. Paris in der Revolution. Auszug a. den Briefen e. russischen Reisenden. Von N. M. Karamsin. Deutsch v. H. Roskoschny. (111 S.)
21. 22. Pétja Sturatow. Von Fürst W. W. Meschtscherski. Übers. v. H. Roskoschny. 2 Tle. (96 u. 82 S.)
23. Sergeant Iwanow. Von N. W. Kukolnik. Übers. aus dem Russ. v. H. Roskoschny. (82 S.)
24. Die Pflegetochter. Von Graf W. A. Sollogub. In deutscher Übersetzg. v. Roskoschny. (84 S.)
25. Erzählungen v. A. Marlinski. [A. A. Bestuzew.] Übers. aus dem Russ. v. F. O. Maksimow. (88 S.)

— d. wichtigst. u. interessant. See- u. Landreisen, von d. Erfindung d. Buchdruckerkunst bis auf unsere Zeiten. Verfaßt v. mehrern Gelehrten u. herausgeg. v. J. H. Jäck. 1r Thl. 18 u. 25 Bdchn. Mit 1 Charte u. 1 Kupf. rc. 16. Nürnb. 827, Haubenstricker.

Taschenbibliothek der wichtigsten u. interessantesten See- u. Land-Reisen, von d. Erfindung d. Buchdruckerkunst bis auf uns. Zeiten. Verfaßt v. Mehren, u. hrsg. v. Joach. Heinr. Jäck. 1—85. Bdchn. 16. (645½ B., 24 Karten u. Pläne u. 61 Kpfr. incl. Jäck's Portr.) Nürnberg 827—32. [Berlin, Bade.] à 4 Gr. 14 Thlr. 4 Gr., hrbgs. Pr. Thlr.

Enthalten:
Reise durch Aegypten. 9 Bde. 1 Thlr. 12 Gr.
— — Afrika. 9 Bde. 1 Thlr. 12 Gr.
— — China. 6 Bde. 1 Thlr.
— — Griechenland. 9 Bde. 1 Thlr. 12 Gr.
— — Ost-, West-, Südindien. 6 Bde. 1 Thlr.
— — Palästina. 6 Bde. 1 Thlr.
— — Persien. 9 Bde. 1 Thlr. 12 Gr.
— — Siebenbürgen. 4 Bde. 16 Gr.
— — die Türkei. 12 Bde. 2 Thlr.
— um die Welt. 15 Bde. 2 Thlr. 12 Gr.

Jaeck, Joachim Heinrich [Hrsg.]

Taschen-Bibliothek der wichtigsten und interessantesten See- und Landreisen, von der Erfindung der Buchdruckerkunst bis auf unsere Zeiten. Mit Landkarten, Plänen, Portraits und anderen Abbildungen. Verfaßt von Mehren, und hrsg. von Joachim Heinrich Jack. Bdchn ...
Nürnberg: Haubenstricker & von Ebner 1828-32. 8°

1. Aegypten. 9-I,2. 11-I,3. 14-II,1. 27-II,2. 33-II,3. -III,1-3.
2. Afrika. 46-I,1. 50-I,2. 51-I,3. -II,1-3. -III,1-3.
3. China. 1-I,1. 2-I,2. 43-I,3. 52-II,1. 57-II,2. 60-II,3
4. Griechenland. 15-I,1. 17-I,2. 29-I,3. 31-II,1. 44-II,2. 49-II,3. -III,1-3.
5. Ost-, West- und Süd-Indien. 5-I,1. 6-I,2. -II,1-3.
6. Palästina. 3-I,1. 4-I,2. 12-I,3.
7. Persien. 18-I,1. 20-I,2. 25-II,1. 47-II,2. 53-II,2. -III,1-3.
8. Siebenbürgen, Moldau, Wallachei, Bessarabien, Bulgarien, Servien, Bosnien und Rumänien. 23-I,1. 26-I,2. 38-I,3.
9. Türkei. 10-I,1. 13-I,2. 16-I,3. 32-II,1. 34-II,2. 37-III,1. 40-III,2. -IV,1-3.
10. Reisen um die Welt. -V,1-3.

— der wichtigsten u. interessantesten See- u. Land-Reisen, von der Erfindung der Buchdruckerkunst bis auf unsere Zeiten. Verfaßt von mehren Gelehrten u. herausg. von Joachim Heinr. Jäck. 866 u. 876 Bdchn., oder Neue Folge 16 u. 26 Bdchn. Spanien u. Portugal. 1r Thl. 16 u. 26 Bdchn. 16. Berlin 835, 36. Bade. 1/6 ß

— für baierische Staatsbürger. 2 Thle. Nürnb. ... F. Campe. 1 ƒ 4 K

Taschenbibliothek für bayerische Staatsbürger. 2 Teile. Verfassungs-Urkunde und Verordnungen über gemeindliche Verhältnisse. 32° Nürnberg 182?

—— der Wünsche und Gratulationen. Poetische Gaben für alle Verhältnisse des Lebens, von der Wiege bis zum Grabe. 1. und 2. Heft: Der Neujahrsgratulant. (à 32 S.) 32. Altona 856, (Verlagsbureau.) à Heft * 2½ Ngr. *

—— der Wünsche und Gratulationen. Poetische Gaben für alle Verhältnisse des Lebens, von der Wiege bis zum Grabe. 3. und 4. Heft. 32. (à Heft 32 S.) Altona 857, (Verlagsbureau.) à Heft * 2 Ngr. *

Inhalt:
Heft 3. Der Hochzeits-Gratulant.
" 4. Der Polterabend-Gratulant.
1. und 2. Heft. Ebendas. 1856. * 5 Ngr.

**Taschenblätter,** topographische Skizzen zur Topographie einer Landschaft. Hamburg 1802. V: *Niemann, Aug. Chn Hnr.* (Ky)

Taschenblätter, topograph. Skizzen zur Topographie einer Landschaft, (von A. Ch. A. Niemann). gr. 8. Hamb. 802. Perthes u. B. 8 g.

**Taschenblock** pro 1891 —.60
Wien: Perles 1890.

Taschen Block Kalender pro 1887. Wien, Perles. 8. —.60.
1886.

Taschen-Briefmarken-Album f. die Jugend, zugleich zur Aufbewahrg. v. Doubletten eingerichtet. Raum f. 1200 Briefmarken. Mit Marken-Abbildgn. 8. (80 S.) Ulm 885. G. Buck b. Gebr. Nübling. n. — 20

Taschenbuch

s.a. unter dem Bearbeiter oder Herausgeber

—, s. auch Almanach, s. auch Kalender.

Taschenbuch ... herausg. v. S. v. Tennecker, se Messageschenk.

Taschenbuch zum Jahr 1795. 8. Bern ... Typ. Soc. 16 g.

— auf das J. 1797, v. J. K. G—r. 12. Würzb. 796. Rienner. 6 g.

Taschenbuch für 1798. (Goethe, J. W. v., Hermann u. Dorothea) s.a. u.: Goethe.

Taschenbuch für ......
1798. M. Titelk. (Chodowiecki), 1 ill. Modek. u. 6 Kpf.
1799. M. 2 Titelk., 1 Portr., 8 Kpf. u. 8 Bl. Tab.
1801. M. Titelk., 13 Kpf. u. 7 Bl. Tab.
1802. M. Titelk., 12 Monatsk. u. 11 Kpf.
1803. M. Titelk., 6 Monatsk. u. 1 Kpf.
Berlin u. Braunschweig. Goed. VIII, 49, 10.

*Taschenbuch* für . . . Mit Kupfern
[von Franz Ludwig Catel u. a.]
Berlin [sp.] Braunschweig: Vieweg
1798 [Enth. Herrmann und Dorothea
v. J. W. von Goethe. – Titelbl. u. Kupfer
fehlen.]
1799 [Enth. Gentz, Fr.: Maria Stuart.
Lafontaine, A.: Die Rache.]
[1800 nicht ersch.]
1801: Hrsg. v. Friedrich Gentz, Jean Paul
[d. i. Johann Paul Friedrich Richter]
u. Johann Heinrich Voß.
1803.

— für 1798, enthalt.: Herrmann u. Dorothea, von J. W. v. Göthe. Mit Kpf. 12. Berl., (Vieweg in Braunschw.) 1 ₰ 8 gr — Für 1799, enthalt.: Maria Stuart, v. Fr. Gentz, u. die Rache, v. A. Lafontaine. Mit Kpf. 12. Ebd. 1 ₰ 12 gr — Für 1801, enthalt.: 1) Geschichte der Unruhen in Frankreich während der Gefangenschaft des Königs v. Valois, von Fr. Gentz; 2) 19 lyrische Gedichte, v. J. H. Voß; 3) Charlotte Corday, v. J. Paul. Mit Kpf. 12. Ebd. 1 ₰ 8 gr — Für 1802, enthalt.: 1) Eloise, ihr Charakter, Xenien an ihrem Grabe, von J. G. v. Herder u. Huber; 2) eigener Schade macht für andere klug; e. dramat. Sprüchwort, v. F. L. Huber; 3) Pauline Dupuis; e. Erzählung ꝛc., v. F. L. Huber. Mit Kpf. 12. Ebd. 1 ₰ 12 gr — Für 1803, enthalt.: 1) Narcissus u. Narcissa; aus e. Handschrift d. Pentameron v. Rosenhayn, v. Ch. M. Wieland; 3) Ariadne Libera; e. Melodram, v. J. G. v. Herder; 3) mehr Glück als Verstand; e. Erzählung in Briefen, v. F. L. Huber; 4) Suschen, von Aug. Lafontaine. Mit Kpf. 12. Ebd. 1 ₰ 12 gr

Taschenbuch für das Jahr 1802. Hrsg. v. Johann Georg Jacobi. ([Mit Kupf. v.] Ludw[ig] Strack [u. Musik v.] J[ohann] A[braham] P[eter] Schulz.)
Hamburg: Friedr. Perthes [1802]. VI S., 9 Bl., 214 S., 1 Bl., 1 Titelkupf., 6 Kupfertaf., 2 Notenbl. 8°
*Anf.* s. Taschenbuch von J. G. Jacobi und seinen Freunden . . .
*Forts.* s. Iris. Ein Taschenbuch.

— f. 1802. die Wartburg, ein Gedicht, f. Stieglitz.

— für 1802, enthalt.: die Wartburg; e. histor.-beschreibendes Gedicht in 8 Gesängen, (v. Chr. L. Stieglitz). Mit 5 Kpf. 12. Leipz. 802. (Schmidt). 1 ₰ 8 gr

**Taschenbuch** für 1802. [Christian Ludwig Stieglitz:] Wartburg. Ein Gedicht in fünf Gesängen. ([Nebst] Historische Erläuterungen [u. 5 Kupferst. v.] J[ohann] A[dolf] Darnstädt.)
Leipzig: Pet. Phil. Wolf 1802. 396 S., 1 Bl., 5 Kupfertaf. 12°

**Taschenbuch** für . . . ([Mit Kupf. v.] F[ranz Ludwig] Catel [u. a.].)
Braunschweig: Friedr. Vieweg [1803]. 12°
1803: Inhalt: I. Narcissus und Narcissa. Aus einer Handschrift, das Patameron von Rosenheim betitelt. Von C[hristoph] M[artin] Wieland. II. Ariadne: Libera. Ein Melodrama. Von J[ohann] G[ottfried] von Herder. III. Mehr Glück, als Verstand. Eine Erzählung in Briefen. Von F. L. [d. i. Ludwig Ferdinand] Huber. IV. Suschen. Von Aug[ust Heinrich Julius] Lafontaine. 8 Bl., 212 S., 1 Titelkupf., 6 Kupfertaf.

**Taschenbuch** auf das Jahr . . . Dem Edeln und Schönen, der frohen Laune und der Philosophie des Lebens gewidmet von C[arl] F[riedrich] Pockels . . . (Mit Kupf. [nach] Johann H[einrich] Ramberg, [gest. v.] C[hristian] F[riedrich] Stoelzel, [Johann] F[riedrich] Bolt [u. a.].)
Hannover: Hahn [1803—1804]. (1803:) 8° (1804:) 12°
[1803: Kupfert.]
1803: 1 Bl., XXII, 190 S., 2 Bl., 1 Titelkupf., 6 Kupfertaf. [*Titelkupf. fehlt.*]
1804: 2 Bl., XXVI, 270 S., 1 Bl., 7 Kupfertaf.

**Taschenbuch** auf das Jahr 1804. Hrsg. v. (C[hristoph] M[artin]) Wieland u. [Johann Wolfgang von] Goethe. ([Kupf. nach Franz Ludwig Catel u. Eberhard] Waechter, [gest. v. Friedrich Wilhelm Bollinger u. Johann] H[einrich] Lips.)
Tübingen: Cotta [1803]. 2 Bl., 152 S., 8 Bl., 1 Titelkupf., 4 Kupfertaf. 12°

**Taschenbuch** auf das Jahr 1804. — Die natürliche Tochter. Trauerspiel von [Johann Wolfgang von] Goethe.
Tübingen: Cotta [1803]. 1 Bl., 224 S. 12°

**Taschenbuch für 1804. (Wieland, Chr. M., Menander u. Glycerion) s.a. u.: Wieland.**

*Taschenbuch* für . . .
[Hrsg. v. Christoph Martin Wieland.]
Tübingen: Cotta
1804: Menander und Glycerion.
1805: Krates und Hipparchia.
Ein Seitenstück zu Menander und Glycerion
von C. M. Wieland. Zum Neujahrs-
geschenk auf 1805.
*Ff, 4:54*

**Taschenbuch.** Egeria 1805
s. Egeria.

**Taschenbuch a. d. J. 1805.** (Schiller, Fr., Phädra). s. u.: Racine.

**Taschenbuch** für 1805. Spanien nach [Jean Marie Jerome Fleuriot de] Langle von L[udwig] F[ranz] Freiherrn von Bilderbeck. ([Mit Kupf. v.] C[arl] Kuntz, [gest. v.] A. Bissel.)
Leipzig, Mannheim: Götz [1804]. 8 Bl., 295 S., 6 Kupfertaf. 16°

— v.; od. d. Banknoten. Ein Gemälde a. d. menschl. Leben in 1 Akt v. E. Großmann. 8. Altenb. Perthes. 806.

**Taschenbuch** auf das Jahr 1807. Von [August von] Kotzebue u. [Ludwig Ferdinand] Huber.
Tübingen: J. G. Cotta 1806. 2 Bl., 146, VI, 177 S. 16°

— für 1807. (Enth.: Der Russe in Deutschland, v. A. v. Kotzebue, und: Der natürliche Sohn, v. F. L. Huber). 12. Tübing. (Stuttg., v. Cotta). 1 ₰ 8 gr

**Taschenbuch f. d. J. . . . . Der Anekdotenfreund, e. Sammlung von kleinen Erzählungen u. Schwänken.
(1808). M. Kpf.
Berlin. Hayn-G. VII, 595.**

— — für das Jahr 1809. Der Anekdotenfreund, eine Sammlung von kleinen Erzählungen und Schwänken. Mit Kpfrn. Berlin, Oehmigke d. jüng., 1808. 12⁰. (⅔ Rthl.)

— für das J. 1811, Wilhelm u. Louise, f. G. Gesner.

— für das J. 1811, die Spieler im Glück u. Unglück. Mit Kpf. 12. Wien 811. Geistinger. 16 gr

— für das J. 1811, zur Unterhaltung auf d. Lande; hrsgg. vom Frhrrn. E. A. v. Steigentesch. Mit Kpf. 12. Wien 811. Geistinger. 16 gr (Gerold). Hbg. Pr. 8 gr

**Taschenbuch f. d. J. . . . Hg.: Amalie v. Hellwig.
1812. 163 S.
Amsterdam u. Leipzig. Goed. VIII, 79, 150.**

**Taschenbuch f. d. J. 1812. Hg.: K. Reinhard. — Titelauflage von: „Polyanthea".**

— für 1812; hrsgg. v. Reinhardt. Mit Kpf. u. Musik, enthalt. 1) sur la manière essentiellement différente, dont les poëtes français et les allemands traitent l'amour par Charl. Villors. 2) Erzähll., Gedichte ꝛc. 8. Münst., (Theissing). 18 gr

Taschenbuch für das J. 1813, Tändelei u. Ernst, zur gesellschaftl. Unterhaltung. Mit Kpf. u. Musik. 12. Wien 813. Geistinger. 1 ℛ

Taschenbuch für . . . . . Hg.: Fr. Raßmann.
1814. Erster (einz.) Jg. VIII, 205 S. M. 1 Portr.
Düsseldorf. Goed. VIII, 80, 160.

Taschenbuch für . . . . 1814. (Königsberg.) s. u.: Gedichte, Vaterländ.

Taschenbuch auf 1815, enthaltend Beschreibungen von Naturalien= und Kunst=Sammlungen — allen Rittergütern — Wasser= und Straßenbäuen Bambergs rc. Verf. v. J[oachim] H[einrich] Jaeck.
Erlangen: Joh. Jak. Palm [1815]. VIII, 152 S. 12°

*Taschenbuch* für 1816.
Friedrich von Kurowski-Eichen: Die Zerstörung von Tantalis. Eine Mythologisch-Romantische Dichtung in acht Gesängen.
Erfurt: Joh. Carl Müller
*Dd, 3:1971*

Taschenbuch, das, Drama in 3 Akten von Aug. von Kotzebue. 8. Leipzig, Kummer. 818.

Taschenbuch für . . . . Hg.: Og. Döring.
1820, 1822, 1823.
S. a.: Taschenkalender, Offenbacher.
Offenbach u. Heidelberg. Goed. VIII, 101, 223.

Taschenbuch a. d. J. . . . . Hg.: Müllner.
1821.
Stuttgart u. Tübingen. Goed. VIII, 305, 34.

*Taschenbuch* auf das Jahr 1821
[Enth.:] Die Albaneserin. Trauerspiel in 5 Akten v. [Adolph] Müllner.
Stuttgart, Tübingen: Cotta 1820.
[Umschlagt.]
*Ff,3c:24*

— für das J. 1821. Mit Kpf. 12. Wien 821. (Leipz., Hartmann). 16 gℛ

**Taschenbuch** für 1822—26. Offenbach. H: *Döring, Georg.* (KY)

— für 1822—26; hrsgg. (v. G. Döring). Mit Kpf. u. Vign. kl. 12. Offenbach, Brede. (à 12 gℛ) 2 ℛ 12 gℛ

— — für das Jahr 1848. Mit 6 farbigen Modeblättern u. 7 Stahlst., J. Weigel del., M. Hofmann sc. Wien [1848]. 8⁰. Selten! (6 Mk. L. Rosenthal. 1907.)

**Taschenbuch.** Gratisbeilage der Zeitschrift „Der österreichische Kaufmann". 5. Jahrg. 1889. 16. (30 S. m. 1 Karte.) Prag. (Smichow, Opp.) n. — 20

TASCHENBUCH FÜR DEN ACETYLEN-TECHNIKER FÜR 1900. Bearbeitet von A. Ludwig. Berlin, 1899.

**Taschenbuch** für den Acetylen-Techniker. Ein prakt. Leitfaden f. Fabrikanten ... (2: ... nebst Adreßbuch d. Carbid- u. Acetylen-Industrie). Bearb. von Dr. Anton Ludwig, Redakt. Jg. [1.] 2. 1900. 1901. Berlin: L. Toporski (2: S. Calvary & Co.) (1900–01). 2 Bde 8° [F.] 105. 2338

**Taschenbuch für den Acetylen-Techniker 1901.** Ein prakt. Leitfaden f. Fabrikanten u. Installateure v. Acetylen-Apparaten, Besitzer, Leiter u. Beamte v. Acetylenanlagen u. Carbidwerken, nebst Adressbuch der Carbid- u. Acetylen-Industrie, hrsg. v. Ant. Ludwig. 2. Jahrg. 12. (VIII, 288 u. 128 S.) Berlin, S. Calvary & Co. Geb. in Leinw. n. 3. —

**Taschenbuch** für den weiblichen Adel in Wien. Auf das Jahr 1788. Wien 1788. H: *Geissau, Ant. Ferdinand von.* (WBL 5/127) (BIBLPORT)

— für d. weibl. Adel in Wien, auf 1788. 8. Wien, Wucherer. 16 gℛ

**Taschenbuch, Akademisches,** für das J. 1790. Halle 1790. 2. Aufl. 1792. H: *Faselius, Joh. Chn. Wilh.*

Akademisches **Taschenbuch** für Göttingen. Sommersem. 1903. Ausg. f. Juristen. Übersandt von d. Göttinger Buchhandlungen... *(Göttingen 1903): Dietrich.* 8° 103. 7730 7

Akademisches **Taschenbuch** für Göttingen. Sommersem. 1903. Ausg. f. Mathematiker u. Naturwissenschaftler. Übersandt von d. Göttinger Buchhandlungen... *(Göttingen 1903): Dietrich.* 8° 103. 7733 7

Akademisches **Taschenbuch** für Göttingen. Sommersem. 1903. Ausg. f. Mediziner. Übersandt von d. Göttinger Buchhandlungen... *(Göttingen 1903): Dietrich.* 8° 103. 7734 7

Akademisches **Taschenbuch** für Göttingen. Sommersem. 1903. Ausg. f. Philologen u. Historiker. Übersandt von d. Göttinger Buchhandlungen... *(Göttingen 1903): Dietrich.* 8° 103. 7735 7

Akademisches **Taschenbuch** für Göttingen. Sommersem. 1903. Ausg. f. Theologen. Übersandt von d. Göttinger Buchhandlungen... *(Göttingen 1903): Dietrich.* 8° 103. 7732 7

— akademisches, f. Juristen. Winter=Sem. 1890/91. Zusammengestellt unter Benutzg. amtl. Quellen u. handschriftl. Mittheilgn. gr. 16. (XII, 114 S. m. dem Bildnis Rud. v. Gneist's.) Berlin, C. Heymann's Verl. cart. n. — 60

— akademisches, f. Juristen. Winter=Sem. 1894/95. 9. Bearbeitg. Zusammengestellt unter Benutzg. amtl. Quellen u. handschriftl. Mitteilgn. gr. 16. (XXIV, 146 S. m. 1 Bildnis.) Berlin 894. C. Heymanns Verl. Kart. n. — 60

— akademisches, f. Juristen. Sommer=Sem. 1897. 14. Bearbeitg. Zusammengest. unt. Benutzg. amtl. Quellen u. handschriftl. Mitteilgn. gr. 16. (XXIII, 128 S. m. 1 Bildn.) Berlin, C. Heymann's Verl. Kart. n. — 60
Weiter nicht erschienen.

— — desgl. — f. Mediziner. Sommer-Sem. 1891 — Winter-Sem. 1892/93. 1.—4. Bearbeitg. gr. 16. (à Sem. ca. 180 S. m. 1 Bildnis.) Ebd. cart. à Sem. * — 60

— akademisches, f. Mediziner. Winter=Sem. 1894/95. 8. Bearbeitg. Zusammengestellt unter Benutzg. amtl. Quellen u. handschriftl. Mitteilgn. gr. 16. (XXIV, 181 S.) Leipzig 894. G. Thieme. Kart. — 60

— akademisches, f. Mediziner. Winter=Sem. 1895/96. 10. Bearbeitg. Zusammengest. unt. Benutzg. amtl. Quellen u. handschriftl. Mitteilungen. gr. 16. (XXIV, 181 S.) Leipzig, G. Thieme. — 60
Weiter nicht erschienen.

**Taschenbuch, Akademisches,** für die Mitglieder der K. Akademie auf das Jahr 1809. München 1809. H: *Schlichtegroll, Adolph Hch Fch.* (Hauptkat. d. Univ.-Bibl. Tübingen. K. S. 23.)

—academ., für die Mitglieder d. königl. Academie d. Wissensch. f. 1808, 11 u. 29. 8. Münch., (Franz). (1808 u. 11 à 9 gr, 1829 1 ₰) 1 ₰ 18 gr s. auch Academie.

— akademisches, f. d. Mitglieder d. Akademie d. Wissenschaften zu München f. d. J. 1809. 8. Münch. Fleischmann.

**Taschenbuch, Akademisches,** zum Nutzen und Vergnügen für Studirende auf das Jahr 1791. Halle 1790. H: *Mursinna, Friedrich Samuel.* (MS) (MGT) »Halle 1790—91.« H: *Mursinna, F. S.* & *Joh. Chn. Wilh. Faselius.* (Adel) (Ky)

**Taschenbuch, Akademisches,** zum Nutzen und Vergnügen für Studierende auf das Jahr 1792. Halle 1791. H: *Mursinna, Fch. Samuel* & Notar *Joh. Chn. Wilh. Faselius.* (Ky 5/395) (westphalen 55/10) (streisand 17/772) (E. Müller 95/1678) (biblport)

—academ., zum Nutzen u. Vergnügen f. Studirende, auf das J. 1791, 92, (v. F. S. Mursinna u. Notar Faselius). Mit Kpf. 8. Halle 790, 91. (Herold jun. in Hamb.) 1 ₰

Akademisches **Taschenbuch** zum Nutzen und Vergnügen für Studirende auf das Jahr ... ([Hrsg.:] Friedrich Samuel Mursinna [u. Johann Christian Wilhelm Faselius].)
Halle: Joh. Fr. Dost in Komm. (1792). 12°
1792: Mit ... einem Grundriß von Halle. 1792. VI S., 7 Bl., 292 S., 6 Kupfertaf., 1 Pl.

— akademisches, z. Nutzen u. Vergnügen f. Studirende, m. K. 2 Bde. 8. Hamb. Vollmer. 793.

**Taschenbuch,** academisches, u. Stipendien-Wegweiser zu allen Stipendien Deutschlands. [1. Serie.] Sommersemester 1875. Hrsg. v. Staib. gr. 16. (176 S.) Stuttgart 875. (Levy & Müller.) in Leinw. geb. m. Goldschn. 2. —; in Leder geb. m. Goldschn. 2. 50
[Mehr nicht erschienen.]

—— desgl. — f. Theologen. Sommer-Sem. 1891 — Winter-Sem. 1892/93. 1.—4. Bearbeitg. gr. 16. (à Sem. ca. 140 S. m. 1 Bildnis.) Ebd. à Sem. cart. * — 60
Vorstehende 3 Taschenbücher erscheinen jährlich 2 mal: Sommer- u. Winter-Semester.

— akademisches, f. Theologen. Winter-Sem. 1893/94. 6. Bearbeitg. Zusammengestellt unter Benutzg. amtlicher Quellen u. handschriftl. Mitteilgn. gr. 16. (XXIV, 133 S. m. 1 Bildnis.) Berlin 893. C. Heymanns Verl. Kart. n. — 60

—— desgl. — f. katholische Theologen, v. Gfr. Hoberg. Studienj. 1892/93. 16. (XVI, 61 S. m. 1 Bildnis.) Paderb., F. Schöningh. cart. in Leinw. * — 50

— akademisches, f. katholische Theologen v. Gfr. Hoberg. Studienj. 1894/95. 3. Ausg. 16. (X, 66 S. m 1 Bildnis.) Paderborn 894. F. Schöningh. n. — 50

— akadem., f. kathol. Theologen v. Gfr. Hoberg. Studienj. 1895/96. 4. Ausg. 16. (XVI, 62 S. m. 1 Bildn.) Paderborn, F. Schöningh. n. — 50
**Weiter nicht erschienen.**

Taschenbuch der Accumulatoren-Fabrik A.-G. **Hagen** i. W. 1902—1903

**Taschenbuch** für Alchemisten, Theosophen und Weisensteinsforscher, die es sind und werden wollen ...
Leipzig: Christian Gottl. Hilscher 1790. 8 Bl., 342 S. 8°

—allgem., für junge Frauenzimmer, s. unten: Taschenbuch für Mädchen.

— allgem. f. junge Frauenzimmer, die sich den häusl. Geschäften widmen wollen. 1r u. 2r Jahrgg. 12. Neust. 826 u. 27, Wagner. à 6 gr.

Taschenbuch, allgemeines, f. junge Frauenzimmer, die den häusl. Geschäften sich widmen wollen. 3. Jahrg. 1828. 12. (6 B.) Neustadt a. d. O., Wagner. Thlr.
1. u. 2 Jahrg. 1826, 27. Ebendas. à 6 Gr.
Fortsetzung, vgl. unt.: Taschenbuch, allgem., f. Mädchen ꝛc.

Allgemeines **Taschenbuch** für Frei-Maurer auf das Jahr 1808—1810. [Hrsg. von Heinr. Theod. Stiller.] [Jg. 1.] 2. Pappenheim: Seybold [1808—1810]. 8°
[1.] a. d. J. 1808 9. VIII, CLXXVI, 120 S. [1808];
2. a. d. J. 1810. VIII, LXXII, 184 S. [1810].
Kl. 43, Tt. 245. Jg. 1 in 25; 2 in 215.

— allgem., f. Freymaurer a. d. J. 1808. u. 9. 12. Pappenheim, Seybold. (Graff in Lpz.) — 16

Taschenbuch, allgem., für Freimaurer, auf die J. 1808 u. 1809. 12. Pappenheim, Seybold. (Wienbrack in Leipz.) 16 gr

Allgemeines historisches **Taschenbuch** oder Abriß der merkwürdigsten neuen Welt-Begebenheiten. 1786
s. Historisch-Genealogischer Kalender oder Jahrbuch der merkwürdigsten neuen Welt-Begebenheiten.

Allgemeines historisches *Taschenbuch*
oder Abriß der merkwürdigsten neuen
Welt-Begebenheiten für 1787.
Enthaltend Zusätze zu d. f. d. Jahr 1786
hrsg. Geschichte d. wichtigsten Staats- u.
Handelsverändergn v. Ostindien v.
M[atthias] C[hristian] Sprengel.
Berlin: Haude u. Spener.
*Ff, 1:122*

—allgemeines, f. Mädchen, die den häusl. Geschäften sich widmen wollen. 1r—4r Jahrg. f. 1826, 27, 28, 32. 12. Neust. a. d. O. 825—32. Wagner. 1 ₰ 5 gr

—— allgem., für Mädchen (od. junge Frauenzimmer), welche den häusl. Geschäften sich widmen wollen. (4. Jahrg.) 12. (5½ B.) Neustadt a. d. O. 832, Wagner.
Vgl. oben: Taschenbuch, allgem., f. junge Frauenzimmer ꝛc.

**Taschenbuch** und Almanach zum geselligen Vergnügen.
s.a.**Taschenbuch** zum geselligen Vergnügen.

**Taschenbuch u. Almanach z. geselligen Vergnügen f. . . . . Hg.: W. G. Becker.**
(Forts. s. u.: Beckers W. G., Taschenbuch z. ges. Vergnügen).
1794. 19 Bl., VI, S., 3 Bl., 270 S. u. 25 Bl. M. 5 Kpf., 2 Ktn. u. 1 Musikb.
1795. XIV S., 1 Bl., 264, 24 S. M. Titelk., 7 Kpf. (Chodowiecki) Engelmann 738/39, 1 Kte. u. Musikb.
1796. 7 Bl., 294, 16, 18 S. u. 17 Bl. M. 11 Kpf. (8 Chodowiecki) 1 Kte. u. 1 Musikb. Engelmann 761/68.
1797. 23 Bl., 338, 20, 18 S. u. 10 Bl. M. 8 Kpf. (Chodowiecki), 1 Kte u. 3 Musikb. Engelmann 824/31.
1798. 23 Bl., 352, 30, 18 S. u. 8 Bl. M. 12 Kpf. (8 Chodowiecki), 1 Kte u. Musikb. Engelmann 838/45.
1799. 18 Bl., 10, 362, 8, 19 S. u. 6 Bl. M. 12 Kpf. (8 Chodowiecki) u. Musikb. Engelmann 865/72.
1800. 23 Bl., 396, 20, 39 S. u. 15 Bl. M. 12 Kpf. (8 Chodowiecki), Tanzf. u. Musikb. Engelmann 889/96.
1801. 15 Bl., 12, 356, 8, 35 S. u. 23 Bl. M. 12 Kpf. (8 Chodowiecki) u. Musikb. Engelmann 921/28.
1802. 2 Bl., VI, 1 Bl., 314, 6, 35 S. u. 4 Bl. M. 8 Kpf. u. 18 Musikb. u. Tanzf.
1803. VIII. S., 22 Bl., 336, 8, 39 S. u. 11 Bl. M. 14 Kpf. u. Musikb.
1804. VIII S., 18 Bl., 344, 32 S. u. 11 Bl. M. 13 Kpf. u. Musikb.
1805. VIII, 9 Bl., 352, 32 S. u. 11 Bl. M. 13 Kpf. u. Musikb.
1806. VIII S., 8 Bl., 358, 36 S. u. 4 Bl. M. 12 Kpf., Tanzf. u. Musikb.
1807. 358 S. M. 13 Kpf., 7 Musikb., 3 Bl. Tanzfig. u. 36 S. Noten z. Tänzen.
1808. 1 Bl., VI S., 1 Bl., 376 S. M. 13 Kpf. u. Musikb.
1809. 1 Bl., VIII, 360, 55 S. u. 5 Bl. M. 13 Kpf. u. 2 Bl. Tanzfig.
1810. 1 Bl., XII, 372 S. u. 6 Bl. M. 19 Kpf. u. 4 Bl. Tanzfig.
1811. 1 Bl., XII, 372, 47 S. u. 4 Bl. M. 19 Kpf. u. 4 Bl. Tanzf.
1812. 1 Bl., XII, 376 S. u. 6 Bl. M. 19 Kpf. u. 4 Bl. Tanzf.
1813. 1 Bl., XII, 380, 8, 27 S. M. 19 Kpf. u. 4 Bl. Tanzf.
1814. 1 Bl., VII, 376, 28 S. u. 5 Bl. M. 19 Kpf. u. 4 Bl. Tanzf.
Leipzig. (Gleditsch.) Goed. VIII, 43, 3, B.

— od. Almanach zum geselligen Vergnügen, auf d. J. 1791—1814, v. G. W. Becker. 1815—1820, v. Fr. Kind. 1821—1826, von Amad. Wendt u. Fd. Philippi. 36 Jahrgg. Mit Kpf. u. Musik. 12. Leipz., (Brockhaus). Hbg. Pr. 28 ℛ (NB. Von mehrern Jahrgg. erschienen neue Aufl.) Jahrg. 1827—1829. Mit. Kpf. 12. Ebd., Voß. 5 ℛ 8 g

— Dass. Taschenbuch. (Eine zweite Fortsetzung); hrsgg. v. Fr. Kind. Mit Kpf. Jahrg. 1819—28. 12. 818—27. Göschen. (à 2 ℛ) 20 ℛ (Jahrg. 1829—33, hersgg. v. Fr. Kind u. A. Mit Kpf. 16. Ebd. 1828—32. Hartmann. 1829—31. Hbg. Pr. 2 ℛ 1832. 2 ℛ 6 g 1833. 2 ℛ Alle 5 Jahrgg. im hbg. Pr. 4 ℛ 4 g

Taschenbuch u. Almanach z. geselligen Vergnügen. 1r Jahrg. 1791. 7te Aufl. 16 gr. 2r Jahrg. 1792. 3te Auflage. 16 gr. 4r Jahrg. 1794. 2te Aufl. 1 Rthlr. 7r Jahrg. 1797. 2te Aufl. 1 Rthlr. 12. Leipzig, Gleditsch. 812. Rthlr.

— u. Almanach z. gesell. Vergnügen, von W. G. Becker, auf die J. 1812—14. 12. Leipz. Gleditsch. (à 1 Rthlr. 16 gr.)

— — dasselbe f. die J. 1815 u. 16. Herausgeg. von Fr. Kind. 12. Ebend. (1815. 1 Rthlr. 16 gr. 1816. 1 Rthlr. 20 gr.)

— — und Almanach zum geselligen Vergnügen auf die Jahre 1817 u. 18. Herausgeg. v. Fr. Kind. 27r u. 28r Jahrg. 12. Leipzig, Gleditsch. à 1 Thlr. 20 Gr.

— — — — — auf das Jahr 1819 u. 20. Herausgeg. v. A. Wendt. 29r u. 30r Jahrg. 12. Ebend. à 1 Thlr. 20 Gr.

— — — — — auf das Jahr 1821 u. 22. 31r u. 32r Jahrg. oder Neue Folge 1r u. 2r Jahrg. M. Kpf. 12. Ebend. à 1 Thlr. 20 Gr.

— alphabetisches, sämmtlicher Ortschaften des Königr. Sachsen mit Angabe der politischen Gemeinde, des Gerichtsamtes, Bezirksgerichts, Regierungs- u. Appellationsgerichts-Bezirks, des amtshauptmannschaftlichen u. Gensdarmerie-Bezirks, der Häuser- u. Einwohnerzahl am 3. Dezember 1867, sowie der Bestell-Postanstalten. Bearb. im statist. Bureau des königl. Ministeriums des Innern. Dresden 869. Heinrich. gr. 8. (II, 118 S.) n. 15 ngr.

Taschenbuch, alphabetisches, sämmtlicher im Königr. Sachsen belegenen Ortschaften u. der besonders benannten Wohnplätze m. Angabe der politischen Gemeinden, der Amtsgerichte, der Landgerichte, der Kreishauptmannschaften, der Amtshauptmannschaften u. der Gendarmerie-Bezirke, der Gebäude- u. Einwohnerzahlen am 1. Decbr. 1890, sowie der Postbestellanstalten. Bearb. im statist. Büreau d. königl. Ministeriums d. Innern. gr. 8. (XII, 320 S.) Dresd. 892. (v. Zahn u. Jaensch). * 2 —

**Taschenbuch, Alphabetisch-topographisches,** von Tirol und Vorarlberg. [Innsbruck 1827.] H: *Zoller, Frz. Carl.* (GGr VI/681, Nr. 6/11b) (BiblPort)

**Taschenbuch, Alsatisches, a. d. J. . . . . . Hg.: E. Stöber.**
1806—1808. (Alles was erschienen). M. Kpf. u. Mus.
Strassburg u. Paris.

**Taschenbuch, Alsatisches,** auf die Jahre 1807 und 8. Strassburg 1807—8. H: *Stöber, Ehrenfried.* (EE) (Ky)

— Alsatisches, auf die J. 1807 u. 1808, (v. E. Stöber). Mit Kpf. 12. Straßb., König. (à 1 ℛ 16 g) 3 ℛ 8 g

— —, Altdeutsches. O. O. u. J. 8°. Selten! (3 Mk., defektes Expl., H. Hugendubel, München, c. 1908.)

**Taschenbuch f. Altenburger a. d. J. . . . . Hg.: J. F. Meyner.**
1797.
Altenburg.

— für den Kreis Altkirch f. d. J. 1909. Nach amtl. Material zusammengestellt. (92 S.) 16. Gebweiler, J. Boltze. Geb. in Leinw. nn 1. —

— der Amateur-Photographie, s.: Miniatur-Bibliothek.

— des statistischen Amts der Stadt Düsseldorf. Hauptziffern aus der Reichs-, Staats- u. Stadt-Statistik. 2. verm. Aufl. (VII, 86 S.) kl. 8. Düsseldorf 910. L. Voß & Co. — 75

— anatomisches, f. Aerzte u. Wundärzte, s. Consbruch u. Ebermaiers allgem. Encyklopädie.

— — für häusl. Andacht ꝛc. s. Frank, Th.,

*Taschenbuch* wissenschaftlicher und unterhaltender Anekdoten von Gelehrten älterer und neuerer Zeit.
Etwas zur tägl. Aufheiterung.
[Hrsg.: Johann Gottfried Bormann.]
Breslau: Korn 1823.
*Dd*, 3:485a

— witziger u. belehr. Anekdoten, zur Unterhaltung f. Lacher u. Denker. 2 Bde. 8. Leipz. 801. (Knobloch). 1 ℛ 16 g

— witziger u. belehrender **Anekdoten** z. Unterhalt. f. Lacher u. Denker. 2 Bde. 8. Lpz. Schlegg. 801.

— für Angestellte in **Webereien**. Garn-Tabellen nebst Auszügen aus d. Gewerbe- u. Handels-Gesetzen. 16. (30 S.) Leipzig 897. Spinner u. Weber, Hausdorff & Co. n. — 50

— für **Ansichtskarten-Sammler** u. Liebigbilder-Interessenten pro 1898. Nebst Lieder- u. Handbuch. gr. 8. (32 u. 57 S.) Halle 897. S. Cunéus. n. 1. —

**Taschenbuch** für evangelische Arbeiter. Hrsg. von Pastor Lic. [Ludwig] Weber, M.-Gladbach, [&] Pastor Lic. [Reinhard] Mumm, Berlin. [1.] Auf d. J. 1907. Berlin: Soziale Geschäftsstelle f. d. evang. Deutschland 1906. 8° [F.] (07. 18136)

— f. evangelische **Arbeiter** auf d. J. 1911. 5. Jahrg. Hrsg. v. Weber, Mumm. (153 S.) 16. Berlin, Buchh. der soz. Geschäftsstelle f. das ev. Deutschland. Geb. in Leinw. — 50

**Taschenbuch und Arbeits-Kalender für die Mitgl. der Gr. Landes-Loge der Freimaurer von Deutschland. Hrsg. Joh. Natge. Jg. 1. 1900—1901. Berlin: Natge [1900]. 94 S. 8°**
**Kalender, Logen- und Beamtenverzeichn. u. a. m.**

— arithmet., für das Königr. Westphalen. gr. 8. Marb. 809. Krieger. 1 ß

Taschen-Buch für den **Artilleristen**. Berlin 864. Bog. 16. (2 Bl., 218 S. m. Holzschn.) n. 15 ngr.

**Taschenbuch der Arzneyformeln n. d. Methoden der berühmtesten Aerzte. Hg.: K. Sundelin. 2 Bde.**
**(1828).**
**Berlin.**

— d. **Arzneymittellehre** f. prakt. Aerzte u. Wundärzte, s. **Consbruch** u. Ebermaiers Encyklopädie 4r Thl.

**Taschenbuch** fur Aerzte, s. Agatz.

Taschenbuch für angehende Ärzte. Leipzig 1794—95. H: *Consbruch, Georg Wilhelm Christoph.* (KY) (MGT)

— für angeh. Aerzte, (von G. W. Consbruch). Ir u. 2r Bd. gr. 12. Leipz. 794, 95. Barth. N. Aufl., s. Consbruch.

**Taschenbuch** für angehende practische **Ärzte**. Leipzig 1794—95. V: ***Consbruch, Georg Wilhelm Christoph.*** (ZÜRKL)

— für angeh. Aerzte u. Wundärzte, s. a. Jh. Dn. Hensing, u. setze hinzu: (Leipz. bei Kummer). Hbg. Pr. 3 ß 12 K

Taschenbuch für angehende Ärzte und Wundärzte über die praktische Arzneymittellehre in ihrem ganzen Umfange. Königsberg 1797—98. V: *Hensing, Johann Dietrich.* (R-N) (EDGM) (MGT) »1797—1805« (Call)

— f. angehende **Aerzte** u. Wundärzte, üb. d. prakt. Arzneymittellehre in ihrem ganzen Umfange. 4 Thle. 8. Königsb. Nicolovius. 797 - 805. (I. 16 gr. II. u. III. 1. à 20 gr. III. 2. 1 Thlr. 12 gr. IV. enth. d. Zusätze u. Register über das ganze Werk v. J. D. Hensing. 2 Thlr.)
Schreibp. I. 20 gr. II. u. III. 1. à 1 Thlr. III. 2. 1 Thlr. 20 gr.)

Taschenbuch f. Aerzte, Chemiker . . . . . . s. u.: Trommsdorf, J. B.

Taschenbuch für Aerzte, Physici und Apotheker . . . Erfurt 1795. V: *Bucholz, Chn Frdr.* (STAT)

**Taschenbuch** für Ärzte, Physiker und Brunnenfreunde zur bequemen Uebersicht der Resultate aller in neueren Zeiten **untersuchten Gesundbrunnen Deutschlands. Weimar 1794. H: *Hofmann, Carl August.* (F. A. Reuss, Chem. Med. Beschreibung d. K. Franzensbrunnens. Prag und Dresden 1794. S. 115)** (BIBLPORT)

*Taschenbuch* für Aerzte, Physiker und
Brunnenfreunde zur bequemen Uebersicht
der Resultate aller in neuern Zeiten
genauer untersuchten Gesundbrunnen und
Bäder Deutschlands.
Von Carl August Hoffmann.
Weimar: Hoffmann 1794.
*Ff, 4:153*

Taschenbuch für Aerzte, Physiker und Brunnenfreunde zur bequemen Uebersicht der Resultate aller in neuern Zeiten geschehenen genauern Untersuchungen, der Gesundbrunnen und Bäder Deutschlands, und der zunächst damit verbundnen Staaten von Carl August Hoffmann ... 2. umgearb. u. verm. Aufl.
Weimar: Hoffmann 1798. 1 Bl., XX, 212 S. 8°

**Taschenbuch für Aerzte, Wundärzte und Apotheker.** (6. und 7.) Jahrg. 1850 und 1851. Hrsg. von Jos. Nader. 18. (218 S.) Wien, Gerold, Verlag. [Jahrg. 1850. (238 S.) * 1 Thlr., 1851. (218 S.) * 20 Ngr.] *

— ärztliches, s. a. Schmitt's, Greg., ärztliches Taschenbuch.

**Taschenbuch, ärztliches.** Hrsg. von G. J. Agatz. 1859 und 1860. 7. und 8. Jahrg. gr. 16. Würzburg, Stahel'sche Buchh. [7. Jahrg. (VIII und 308 S.) 8. (IV und 384 S.)]
à Jahrg. *
Durchschossen à Jahrg. *
Erschien früher unter dem Titel: Taschen-Kalender für Aerzte etc.

— — dass. — Hrsg. von Greg. Schmitt. 1861 und 1862. 9. und 10. Jahrg. Neue Folge. 1. und 2. Jahrg. gr. 16. (VI und 397 S.) Ebendas. geb. à Jahrg. *
Durchschossen à Jahrg. *

— — **ärztliches.** Hrsg. von Gregor Schmitt. 1863—68. 11.—16. Jahrg. Neue Folge. 3.—8. Jahrg. gr. 16. (à Jahrg. VI und 396—432 S.) Würzburg, Stahel'sche Buchh.
geb. à Jahrg. * 21 Ngr.; durchschossen à Jahrg. *

**Taschenbuch, ärztliches.** Hrsg. von Gregor Schmitt. 1869—1872. 17.—20. Jahrg. Neue Folge. 9.—12. Jahrg. gr. 16. (IV, 432; VI, 456; IV, 268; VI, 400 S.) Würzburg, Stahel'sche Buchh. geb. à Jahrg. *
Durchschossen à Jahrg. *

— — dass. — 1873—1875. 21.—23. Jahrg. Neue Folge. 13.—15. Jahrg. gr. 16. (VI, 400; IV, 410; VI, 436 S.) Ebendas. geb. à Jahrg. *
Durchschossen à Jahrg. *

— ärztliches. Hrsg. von Gregor Schmitt. 1876—1880. 24.—28. Jahrg. Neue Folge 16.—20. Jahrg. gr. 16. (IV, 442; IV, 434; VI, 448; 460; IV, 431 S.) Würzburg, Stahel'sche Buchh. geb. à Jahrg. * 2 40
durchschossen à Jahrg. * 3 30

Taschenbuch, ärztliches. Hrsg. von Greg. Schmitt. 1881—1885. 29.—33. Jahrg. [Neue Folge. 21.—25. Jahrg.] gr. 16. (IV, 465; V, 192, 278; VI, 183, 296; VI, 183, 334; VI, 183, 361 S.) Würzburg, Stahel'sche Universitäts-Buchh. geb. in Leinw. à Jahrg. *
durchsch. à Jahrg. * ℳ 2,80.; geb. in Ldr. *

Taschenbuch, ärztliches. Hrsg. von Greg. Schmitt. 1886—1889. 34.—37. Jahrg. [N. F. 26.—29. Jahrg.] gr. 16. (VI, 183, 346; 372; IV, 183, 377; IV, 183, 388 S.) Würzburg, Stahel'sche Universitätsbuchh. geb. in Leinw. à Jahrg. *
Durchsch. und geb. à Jahrg. *
geb. in Leder à Jahrg. *

— ärztliches. Hrsg. v. Greg. Schmitt. 1890—1892. 38.—40. Jahrg. [N. F. 30.—32. Jahrg.] gr. 16. (à Jahrg. ca. 330 S. u. 1 Schreibkalender.) Würzb., Stahel. geb. in Leinw. * 2 40; durchsch. * 2 80
geb. in Ldr. * 3 20; durchsch. * 3 50
Forts., s. Schmitt's, Greg., ärztliches Taschenbuch.

(Albert) Auer's Taschenbuch für die Musikwelt. Zur Belehrung u. Anregung hrsg. unter Mitw. von Fachmännern. Stuttgart: Auer 1910. VI, 192 S. 8° 10. 9164

**Taschenbuch** für Aufklärer und Nicht-Aufklärer auf das Jahr 1791. Berlin. V: *Knoblauch auf Hatzbach, Carl von.* (ML) (ADB 41, 652) (Ky)

Taschenbuch für Aufklärer und Nichtaufklärer a. d. J. . . . von K. v. Knoblauch aus Hatzbach.
1791. Mit Titelk., 8 Kpfrn v. J. W. Mell u. 4 Kpfrn v. D. Chodowiecki. Engelmann 634—637.
Berlin. Hayn-G., VII, 592.

— für Aufklärer u. Nichtaufklärer für 1791, (von K. v. Knoblauch). Mit 12 Kpf. 8. Berl., Unger. (Rücker). 1 ℛ

— zum Auslegen der Träume. Den Freunden geselliger Zirkel gewidmet von Jeremias Traumdeuter. 16. Stuttg. 831. (Scheible). 5 gℛ

Taschenbuch zum Auslegen d. Träume. Den Freunden gesell. Zirkel gewid. v. Jerem. Traumdeuter. gr. 18. (72 Seit.) Stuttgart 840, Wachendorf's Vrlsh.

Taschenbuch dem Bacchus und Jocus geweiht von Fr. Hophthalmos. (Haug).
(1811). 248 S. M. 1 Kpf.
Stuttgart. Hayn-G. VII, 595. Goed. VIII, 79, 146.

*Taschenbuch* dem Bacchus und Jocus
geweiht von Friedrich Hophthalmos
[d. i. Johann Christoph Friedrich Haug].
Anh. v. 100 der besten ältern und neuern
Gesellschafts- u. Trink-Liedern.
Mit 1 Titelk.
Stuttgart: Steinkopf [1811].
*Ff, 4:36*

— für Bäcker u. Konditoren. Zugleich Verzeichnis sämtl. Mitglieder des freien deutschen Bäckerverbandes. Hrsg. v. Red. Jos. Fürst. Mit e. Anh. v. Bezugsquellen. Jahrg. 1901 u. 1902. 12. (201 S.) Stuttgart 901. Stähle & Friedel. Geb. in Leinw. 1. 50

— für Bäcker u. Konditoren. Zugleich Mitglieder-Verzeichnis der organisierten Innungen. u. Genossenschaften in den Verbänden Baden, Elsaß-Lothringen, Mitteldeutschland, der Pfalz u. Württemberg. Hrsg. v. Jos. Fürst. Mit e. Anh. von Bezugsquellen. Jahrg. 1905 u. 1906. (168 S.) kl. 8. Stuttgart 905. Stähle & Friedel.
Geb. in Leinw. 1. —

— f. Bäcker u. Konditoren. Zugleich Mitglieder-Verzeichnis d. organisierten Inngn. in d. Verbänden Baden, Elsaß-Lothringen, Mitteldeutschl., d. Pfalz u. Württemberg. Hrsg. v. Jos. Fürst. Mit e. Anh. u. Bezugsquellen. Jahrg. 1907 u. 1908. (LXXX, 174 S.) kl. 8. Stuttgart 907. Stähle & Friedel. Geb. in Leinw. 1. 50

*Taschenbuch* für Bade- u. Brunnenreisende
in Deutschland
s.a. Die *Bäder* und Heilbrunnen
Deutschlands und der Schweiz.

**Taschenbuch** für Bade- und Brunnen-Reisende in Teutschland. Leipz. 1819. H: *Mosch, Carl Friedrich.* (call) (MGT)

— für Bank-Beamte nebst Notiz-Kalender f. 1898. Hrsg. v. Vorstande d. deutschen Bankbeamten-Vereins u. s. Zweigvereine. 12. (110 S.) Berlin, W. Möller.
n. — 50

Taschenbuch für Bank-Beamte nebst Notiz-Kalender für 1903. Herausgegeben vom Verband Deutscher Bankbeamten-Vereine.
Dasselbe für 1904. — 1905.

— f. Bank-Beamte nebst Notiz-Kalender f. 1903 Hrsg. vom Verband deutscher Bankbeamten-Vereine. 12. (130 S.) Berlin, Möller & Borel. n. — 50

— für Bank-Beamte nebst Notiz-Kalender für 1906. Hrsg. vom Verband deutscher Bankbeamten-Vereine. (146 S) kl. 8. Berlin, Möller & Borel. n. — 50

— f. Bankbeamte 1910. Hrsg. vom deutschen Bankbeamten-Verein, E. V., Berlin. (180 S.) kl. 8. Berlin, Möller & Borel. — 50

— f. Banken, Bankiers u. Bankbeamte. Hrsg. v. einem jurist. Fachmann. 8. (VII, 327 S.) Glogau (899). C. Flemming. Geb. in Leinw. n. 4. 50

Taschenbuch, Basler, a. . . . . Hg.: W. Th. Streuber.
1850. VIII, 150 S. M. 1 Lith.
1851. VIII, 287 S. M. 2 Lith.
1852.
1853.
1854. VIII, 219 S. M. 2 Lith.
1855. VIII, 219 S. M. 2 Lith.
1856. IV, 191 S. M. 3 Lith.
1857. IV, 227 S. M. 1 Lith.
1858. 3 Bl., XXXIX, 152 S. M. 1 Lith.
Basel.

— Basler, auf d. J. 1850 u. 1851. Herausg. v. Wilh. Thdr. Streuber. 1 u. 2. Jahrg. 16. (1.: VIII u. 150 S. m. 1 Lith. in 4. 2.: VIII u. 287 S. m. 2 Lith. in gr. 16. u. 4.) Basel, Schweighauser. 1.: n. 1/2 ℛ 2.: 5/6 ℛ

— Basler, auf die Jahre 1854 und 1855. Herausg. von Wilh. Thdr. Streuber. 5. u. 6. Jahrg. Basel 855. Schweighauser'sche Verlhdlg. 16. (VIII, 219 S., 1 lith. Bildniß u. 1 Lithogr.) Jeder Jahrg. 24 ngr.

— — auf die Jahre 1856—1858. 7—9. Jahrg. Ebend. 16. (7. Jahrg.: IV, 191 S., 1 lith. Bildniß, 1 lith. Facsim. u. 1 lith. Plan in 4.; 8. Jahrg.: IV, 227 S. u. 1 lith. Bildniß; 9. Jahrg.: 3 Bl., XXXIX, 152 S. u. 1 lith. Bildniß.) Jeder Jahrg. 24 *ngr.*

**Taschenbuch,** Basler (später Jahrbuch) auf 1862—64. 79. 82—96. Basel. 8 u. 12.

— der königl. Baugewerkschule zu Münster i. W. Studienjahr 1904/05. (84 S. m. 1 Karte u. 1 Plan) kl. 8. Münster, H. Schöningh. Geb. in Leinw. n. — 50

Taschenbuch deutscher Baupreise. Baukalender für 1893. Erweiterte Fortsetzung vom Süddeutschen Baukalender. VII. Jahrg. Bearb. v. C. G. Finter. 2 Thle. gr. 16. (VI, 179 S., Schreibkalender, 121, 174 S. m. Fig.) Zür., C. Schmidt geb. u. geh. * 4 —
Vgl.: Baukalender, süddeutscher.

— deutscher Baupreise. Baukalender f. 1894. VIII. Jahrg. Bearb. v. C. G. Finter. 2 Thle. gr. 16. (VIII, 171 S., Schreibkalender, IV, 61 u. 95 S. m. Fig.) Zürich 893. C. Schmidt. Geb. u. geh. n. 4. —

— dasselbe. Baukalender 1895. IX. Jahrg. Ausg. f. Süddeutschland. 2 Thle. gr. 16. (XXIV, 175 S., Schreibkalender IV, 117; V, 68 u. 98 S. m. Fig.) Ebd. 894. Geb. u. geh. n. 3. 50; Ausg. f. Norddeutschland (XVIII, 175 S., Schreibkalender, IV, 117; V, 68 u. 98 S.) Geb. u. geh. n. 3. 50

— deutscher Baupreise, Fortsetzg., s.: Baukalender, norddeutscher.

— dasselbe, s.: Baukalender, süddeutscher.

— der Baupreise f. Süddeutschland, s. a. Baukalender, süddeutscher.

Taschenbuch d. Baupreise f. Süddtschl., bearb. v. Sapper. Jg. 1-3. Stuttgart 1886-88

—— der Baupreise für Süddeutschland. Bearb. von M. Sapper. 1.—3. Jahrg. 1886—1888. gr. 16. (VI, 247, 111; VII, 247, 111; VII, 271, 111 S.) Zürich, Schmidt. geb. à Jahrg. *

—— Bayreuther, m. Kalendarium f. d. J. 1892 u. 1893. 8. u. 9. Jahrg. d. „Bayreuther Taschenkalenders". Hrsg. vom allgemeinen Richard Wagner-Verein. Redact.: Osc. Eichberg. gr. 16. (VII, 186; IV, 228 S. m. je 1 Phototypie.) Berl., Thelen. geb. à Jahrg. * 1 80
1.—4. Jahrg. erschien bei Alfr. Schmid in München, 5.—7. Jahrg. bei Bote u. Bock in Berlin.

Bayreuther *Taschenbuch* mit Kalendarium
für das Jahr . . . Hrsg. vom Allg.
Richard Wagner-Verein.
München: Alfred Schmid;
Leipzig: Leede [u. a.]
([Zugl.:] Bayreuther Taschen-Kalender.)
(4.) 1888. (7.) 1891. (10.) 1894.
*M, 9:1582* pr. b

— Bayreuther, m. Kalendarium f. d. J. 1894. 10. Jahrg. des „Bayreuther Taschenkalenders". Hrsg. vom allgemeinen Richard Wagner-Verein. gr. 16. (IV, 190 S.) Berlin 893. P. Thelen. Geb. in Leinw. n. 1. 80

Taschenbuch des Allgemeinen Beamten-Vereins zu Kiel für das Jahr . . . Hrsg. vom Vorstand. 8°.
1891. Jg. 1. Kiel. (1890.) 1895. (Jg. 5.) ebd. 1894.
1897. (Jg. 7.) ebd. 1896.

— d. Berliner Beamten-Vereinigung f. d. J. 1898. Im Auftrage u. unter Mitwirkg. d. Vorstandes hrsg. 5. Jahrg. gr. 16. (X, 106, 11 u. 55 S.) Berlin 898. C. Heymann's Verl. n. 1. —

— der Berliner Beamten-Vereinigung f. d. J. 1902. Im Auftrage des Vorstandes hrsg. von L. Kathariner. 9. Jahrg. gr. 16. (X, 138 u. 61 S.) Berlin, C. Heymann. Kart. n. 1. —

**Taschenbuch** der Berliner Beamten-Vereinigung f. d. J. 1904. Im Auftrage des Vorstandes hrsg. v. W. Köhler 11. Jahrg. (XXIV, 118 S.) gr. 16. Berlin, C. Heymann. Kart. 1. —

**Taschenbuch** der Berliner Beamten-Vereinigung f. d. J. 1905. Im Auftrage des Vorstandes hrsg. v. W. Köhler. 12. Jahrg. (V, XX, 145 S.) kl. 8. Berlin, C. Heymann. Kart. 1. —

**Taschenbuch** der Berliner Beamten-Vereinigung f. d. J. 1906. Im Auftrage des Vorstandes hrsg. v. W. Köhler. 13. Jahrg. (III, 188 S.) kl. 8. Berlin, C. Heymann. Kart. 1. —

— der Berliner Beamten-Vereinigung f. d. J. 1907. Im Auftrage des Vorstandes hrsg. v. W. Köhler. 14. Jahrg. (IV, 198 S.) kl. 8. Berlin, C. Heymann. Kart. n. 1. —

**Taschenbuch** der Berliner Beamten-Vereinigung f. d. J. 1908. Im Auftrage des Vorstandes hrsg. v. W. Köhler. 15. Jahrg. (IV, 198 S.) kl. 8. Berlin, C. Heymann. Kart. 1. —

— d. Berliner Beamten-Vereinigung f. d. J. 1909. Im Auftrage d. Vorstandes hrsg. v. W. Köhler. 16. Jahrg. (IV, 246 S.) kl. 8. Berlin, C. Heymann. Kart. 1. —

**Becker's** Taschenbuch f. Kohlen-Interessenten. V. Jahrg. Enth. e. Zusammenstellg. der im Betriebe befindl. Kohlenwerke v. Oesterreich-Ungarn, Bosnien, Bayern u. Sachsen. Mit e. Uebersichtskarte der Kohlenwerke v. Böhmen, Mähren u. Schlesien. 12. (IV, 78 u. 95 S.) Teplitz-Schönau 901. A. Becker. Geb. in Leinw. n. 3. —
Vergl.: Taschenbuch f. Braunkohlen-Interressenten Böhmens.

**Becker's Taschenbuch f. Kohlen-Interessenten. VI. Jahrg. Enth. e. Zusammenstellung der im Betriebe befindl. Kohlenwerke Oesterreichs. Mit e. Uebersichtskarte des nordwestböhm. Braunkohlenbeckens u. 2 lith. Beilagen. (IV, 241 S) kl. 8. Teplitz-Schönau 906. A. Becker. Geb. in Leinw. n. 3. —**

W. G. Becker's Taschenbuch zum geselligen Vergnügen. 1815—1828
s. Taschenbuch zum geselligen Vergnügen.

**Taschenbuch z. Beförderung des Familienglücks. Von d. Verfasser d. Spiegels, d. Hilarion u. a. S. (D. K. Gutmann.)
(1800).
Leipzig.**

**Taschenbuch** zur Beförderung des Familienglücks. . . . Iserlohn 1832. H: *Rose, Dietr. Ant. Carl.* (Ky)

—— zur Beförderung d. Familienglücks. Von d. Verf. d. „Spiegels" († K. Gutmann). 16. (18 B.) Iserlohn 832, [Barmen,] Langewiesche.

— zur Beförderung anständiger Fröhlichkeit in Zirkeln deutscher Jünglinge u. Männer; eine Samml. von passenden Liedern nach bekannten Melodien. 12. Magdeb, 807. Creutz. 8 *gr*, Schrbp. 12 *gr*

Taschenbuch zur Beförderung des allgemeinen und häuslichen Glücks. 1798
s. Almanach zur Beförderung des allgemeinen und häuslichen Glücks.

— z. Beförderung d. Vaterlandsliebe, s. a. C. G. Salzmann.

**Taschenbuch** zur Beförderung der Vaterlandsliebe; auf das Jahr 1801. Schnepfenthal 1801. H: *Salzmann, Christian Gotthilf.* (Ky) (MGT)

**Taschenbuch zur Beförderung der Vaterlandsliebe für . . . . Hg.: C. O. Salzmann.**
1801. M. 1 Portr., 4 Kpf. (Chodowiecki) u. 2 Kpf. (Ramberg).
Engelmann 932—935.
Schnepfenthal.

Taschenbuch zur Beförderung der Vaterlandsliebe auf das Jahr 1801. Schnepfenthal, im Verlage d. Buchhandlung der Erziehungsanstalt 1801.
Mit Kupfern nach Chodowieck. u. Ramberg. 8.

**Taschenbuch, Belehrendes,** für Kinder von 10 bis 14 Jahren zur zweckmässigen Ausfüllung der . . . freien Stunden. Potsdam 1832. H: *Gutmann, Carl (= Dietrich Anton Carl Rose).* (Ky)

—— belehrendes, für Kinder von 10 bis 14 Jahren, zur zweckmäß. Ausfüllung der von d. Schule freien Stunden. Von d. Verf. d. „Spiegels" rc. (†K. Gutmann.) 8. (8¾ B.) Potsdam 832, Vogler.

Taschenbuch zur Belehrung u. Unterhaltung. Ein tägl. Handbuch für Deutschlands edle Mütter u. deren erwachsene Töchter. 1s Bdchn. 8. 1823. (Leipzig, W. A. Künzel.) 1⅓ ₰ — 2s Bdchn. 1826. ⅚ ₰

— zur Belehrung u. Unterhalt. f. Deutschlands edle Mütter u. deren erwachsene Töchter. 1s u. 2s Bdchn. 8. Schmalkalden 823—26. Varnhagen. (Schumann in Leipz.) (1s Bdchn. 1 ₰ 8 gr, 2s Bdchn. 21 gr) 2 ₰ 4 gr

Taschenbuch z. Belehrung u. Unterhaltung f. Wald- u. Jagdfreunde. Von C. P. Laurop u. W. F. v. d. Borch. 1831. Gotha u. Erfurt 1831. (O. m. Tit.: T. z. Nutzen u. Vergnügen f. Wald- u. Jagdfreunde. Herausg. v. do. — Fortsættelse af Sylvan).

—— zur Belustigung für Jedermann. Mit 1 Kpfr. Frankfurt und Leipzig 1781. 8°. (3 Mk., stockfl., Carl Bader, Hamburg, 1888; 18 Mk., unbeschn. im Umschl. d. Zeit. Carl Beck, Lpz., 1911.)
12 S. Vorr. u. 208 S. Enth. 172 interess. Anekdoten jocosen u. freien Inhalts, auch über Voltaire u. Friedrich d. Gr.

— z. Belustigung f. Jedermann. 8. Lpz. Gräff. 781.

— zur Belustigung f. Jedermann. 8. Leipz. 781. (Wienbrack). 8 gr

— der körperlichen Berechnung des runden Holzes. Leipz. Gleditsch. (in Comm.)

**Taschenbuch, Bergisches, zur Belehrung u. Unterhaltung a. d. J. . . . . Hg.: W. Aschenberg.**
1798.
1799. nicht erschienen.
1800, 1801, 1802.
1803. M. 1 Portr. u. 5 Kpf.
1804. M. 1 Portr., 6 Kpf. u. 1 Bl. Mus.
1805. nicht erschienen.
1806. M. 1 Portr., 6 Kpf. u. 1 Bl. Mus.
A. u. d. Titel: Taschenbuch f. d. Gegenden am Niederrhein.
A. u. d. Titel: Taschenbuch f. bildende, dichtende u. historische Kunst.
Düsseldorf u. Dortmund.

Bergisches Taschenbuch für . . . Zur Belehrung und Unterhaltung. (Von Ernst Moritz Arndt, . . . [Johann] Heinrich [Jung-]Stilling u. a.) Hrsg. v. W[ilhelm] Aschenberg. Mit Kupf. v. [Karl Ernst Christoph] Heß ([u. Ernst Karl Gottlieb] Thelott [u. Musik v.] J[akob] C[arl] Wagner, F[riedrich] A[dam] Hiller, H. C. Steup [u. a.]).
Düsseldorf: Dänzer (5/1803 ff.: Dortmund: Mallinckrodt 1799—1803). 16°
[Nebent.:] Taschenbuch zur Belehrung und Unterhaltung auf das Jahr . . . Für die Gegenden am Niederrhein.
*Fortges. u. d. T.:* Taschenbuch für bildende, dichtende und historische Kunst. 1804.
[2/]1800: (1799.) 6 Bl., III S., 7 Bl., 210 S., 1 Titelkupf., 12 Kupfertaf., 1 Notenbl. [*Davon fehlt Taf. Nr. 2.*]
3/ 1801: (1800.) XVIII S., 15 Bl., 297 S., 1 Bl., 1 Titelkupf., 8 Kupfertaf., 6 Notenbl.
4/ 1802: (1801.) XV S., 16 Bl., 271 S., 2 Bl., 1 Titelkupf., 7 Notenbl.
6/ 1804: (1803.) XII S., 12 Bl., 242, LXXIV S., 1 Titelkupf., 5 Kupfertaf., 3 Notenbl. [*Von Taf. 3 u. 4 nur noch die unt. Hälfte vorh.*]

— Bergisches, zur Belehrung u. Unterhaltung, f. 1798. (A. u. d. T.: Taschenbuch f. die Gegenden des Niederrheins); herausgg. v. Jh. Wlh. Aschenberg. Mit Kpf. Für die J. 1799, 1800, 1 u. 2. 16. Düsseld., Dänzer. (Barth in Leipz.) 4 ₰ 5 gr Für d. J. 1803, 4 u. 6 unter d. T.: Taschenbuch für bildende, dichtende u. histor. Kunst. 16. Dortm., Mallinkrodt. (Hamm, Schulz). 4 ₰

Taschenbuch für Berg- und Huttenleute, mit besonderer Berücksichtigung der Bestimmungen für den Bezirk des Kgl. Oberbergamts Breslau. Zusammengestellt von O. Kotze. 1. u. 2. Ausg. (1901 u. 1903). Kattowitz, 1900—1903.

— bergmännisches, s. a. Kalender, bergmännischer.

— bergmännisches, vom J. 1790 u. 91; herausgg. von A. W. Köhler. Mit Kpf. 16. Freiberg, Craz u. G. 1 ₰ 18 gr

Taschenbuch. Bergmännisches Taschenbuch für alle Freunde der Bergwerksindustrie. Siehe a. Kalender für den oberschlesischen Berg- und Hüttenmann.

Taschenbuch, Bergmännisches, hg. d. R. v. Carnall etc. Breslau 1844 – Gleiwitz 1847.

— bergmännisches, f. alle Freunde d. Bergwerks-Industrie im besondern derjenigen Oberschlesiens. 4. Jahrg. 1847. Hrsg. durch Rud. v. Carnall u. Otto Krug v. Nidda. gr. 8. (223 S. m. 2 Taf. in Fol.) Gleiwitz, Landsberger in Comm. n. 1 ₰ — Mit Kalender. gr. 8. (L u. 223 S. m. 2 Taf. in Fol.) Ebd. n. 1⅓ ₰

— berg- und hüttenmännisches, für das Jahr 1861 u. 62. 1. u. 2. Jahrg. (Für den Absatz außerhalb des preuß. Staates bestimmt.) Essen, Bädeker. 16. (211 S.; 220 S.) Jeder Jahrg. n. 25 ngr

Taschenbuch, bergmännisches oberschlesisches rc., s. Carnall.

— Berliner, s. a. Taschenkalender, auch Kalender.

— Berliner, für 1841—1847, 15.—21. Jahrg. Jeder mit 7 Stahlst. 8. Berlin 840—46, Reimarus. geb. à n. 2 ₰

— Berliner, f. 1848. 22. Jahrg. Mit 7 Stahlst. 8. (216 u. 72 S.) Berlin, Reimarus. geb. mit Goldschn. n. 2 ₰

**Taschenbuch, Berliner, a. d. J. . . . Hg.: Kön. Preuss. Kalender-Deputation.** (Forts. von: Kalender, Berliner. s. d.)
1849—1850.
Berlin. Goed. VIII, 93, 179.

— dass. f. 1849 u. 1850. (23 u. 24. Jahrg.) Jeder m. 7 Stahlst. 8. (1849: 255 S. 1850: XVI u. 240 S.) Berlin, Decker. geb. m. Goldschn. à n. 2 ₰ (s. auch: Kalender, Berliner.)

—— dass. — für 1849 und 1850. (23. und 24. Jahrg.) à Jahrg. mit 7 Stahlst. 8. Berlin, Deckersche geheime Ober-Hofbuchdr. à Jahrg. *
Wurde auch mit Kalender und einer Genealogie der fürstl. Häuser u. d. T.: Berliner Kalender zu dems. Preise ausgegeben.

Taschenbuch, Berliner. Hg.: H. Kletke, A. Dunker u. E. Haenel. (1843). 332 S. M. 2 Rad. (1 Hosemann u. 1 Grieben) Br. 94. Berlin.

Berliner *Taschenbuch*. Hrsg. v. [Gustav] H[ermann] Kletke, Alexander Duncker, Eduard Haenel.
Berlin: Duncker 1843.
*Ff, 4:18*

**Taschenbuch, Berliner,** herausgeg. von H. Kletke, Alex. Duncker, Ed. Haenel. (Mit vielen Beiträgen, in Poesie u. Prosa, u. 2 Radirungen.) 8. Berlin 843, Alex. Duncker. baar 1½ ₰

— **Berliner**, f. 1875, unter Red. u. Mitwirkg. v. H. **Schwabe**. gr. 16. (CIX, 63 S.) Berlin, C. Pfeiffer. geb. 1. 50
cf.: Universaltaschenbuch f. Handel u. Gewerbe.

Berliner Taschenbuch für die Damen historischen Inhalts. Berlin 1792.
Hrsg.: Joh. Gottfr. Lukas Hagemeister.

— Berlinisches, oder Toilettengeschenk für Damen, s. K. Müchler.

## Taschenbuch, Berlinisches,

für Freunde der Gesundheit, auf die Jahre 1783 und 84. Berlin. H: *Uden, Conrad Frdr.* (EngM)

— Berlinisches, f. Freunde der Gesundheit, auf d. Jahr 1783 u. 1784. gr. 12. Berl., Nicolai. 1 ₰

Taschenbuch, Berner, auf 1852–96. Begründet durch L. Lauterburg. Bern. 12.

Taschenbuch, berner, auf die J. 1855 und 1856. Hrsg. in Verbindung mit mehrern Freunden vaterländ. Geschichte von Ludw. Lauterburg. 4. und 5. Jahrg. 8. Bern, (Blom.) [4. (V und 288 S. mit 3 Stnt. in 4. und qu. Fol.) 855., 5. (VIII und 282 S. mit 2 Stnt. in 8. und gr. 4.) 856. à Jahrg. * 1 Thlr.] *

—— berner, auf die J. 1857—61. In Verbindung mit mehreren Freunden vaterländ. Geschichte hrsg. v. Ludw. Lauterburg. 6—10. Jahrg. Mit 2—4 (lithogr.) Abbild. in qu. 4. und mehrerer im Text gedr. Holzschn. 8. Bern, (Blom.) [6. Jahrg. (VII und 300 S.) 7. (VII und 282 S.) 8. (VIII und 280 S.) 9. (IV und 352 S.) 10. (V und 380 S.) 6—8. Jahrg. à * 1 Thlr., 9. und 10. Jahrg. à * 1 Thlr. 4 Ngr.] *

—— Berner, auf die J. 1862—65. In Verbindung mit mehreren Freunden vaterländ. Geschichte hrsg. von Ludw. Lauterburg. 11.—14. Jahrg. 8. (à Jahrg. 320—420 S. mit Abbild. in Holzschn. und Ton- und Buntdr.) Bern, [Fiala.] à Jahrg. *

—— dass. — auf die J. 1866 und 1867. Begründet von Ludw. Lauterburg. In Verbindung mit Freunden fortgesetzt von Frz. Lauterburg. 15. und 16. Jahrg. 8. [15. Jahrg. (VIII und 482 S. mit 2 Abbild., wovon 1 chromolithogr. und 1 in Holzschn.) 16. Jahrg. (VII und 431 S. mit 2 Abbild., wovon 1 lithogr. und 1 in ill. Holzschn.)] Bern, Haller'sche Verlagsh. à Jahrg. *

Taschenbuch, Berner, auf die J. 1868 und 1869. Begründet von Ludw. Lauterburg. In Verbindung mit Freunden fortgesetzt von Frz. Lauterburg. 17. und 18. Jahrg. 8. (V, 410 S. mit 3 Abbild. auf 3 Stnt., wovon 1 in Bunt- und 2 in Tondr.; X, 374 S. mit 2 Abbild. auf 1 Stn.- und 1 Holzschntaf. in Buntdr.) Bern, Haller'sche Verlagsh. à Jahrg. *

—— dass. — auf das J. 1870. Gegründet von Ludw. Lauterburg. In Verbindung mit Freunden fortgesetzt von Gfr. Ludwig. 19. Jahrg. 8. (VII, 368 S. mit 2 Abbild. auf 2 Stnt., wovon 1 in Buntdr.) Ebendas. *

—— Berner, auf die J. 1870—1876. 20.—26. Jahrg. 8. (à Jahrg. ca. 300 S. mit eingedr. Holzschn. und Stnt.) Bern, Haller. à Jahrg. *

—— dass. — auf das J. 1877. Gegründet von Ludw. Lauterburg, in Verbindung mit Freunden fortgesetzt von Emil Blösch. 26. Jahrg. 8. (VIII, 307 S. mit 2 eingedr. Holzschn., 1 Stnt. und 1 Chromolithogr.) Ebendas. *

—— dass. — auf das J. 1878. 27. Jahrg. 8. (VII, 343 S. mit 1 Stnt. und 1 Chromoxylogr.) Ebendas. *

—— dass. — auf das J. 1879. 28. Jahrg. 8. (VII, 272 S. mit 2 lithogr. Abbild.) Ebendas. *

**Taschenbuch, Berner,** auf das Jahr 1880. Begründet von Ludwig Lauterburg, in Verbindung mit Freunden fortgesetzt von Dr. Emil Blösch. In-8⁰. Bern, B. F. Haller. 4 —

**Taschenbuch, Berner,** auf das Jahr 1881. XXX. Jahrgang. Herausgegeben von Dr. Emil Blösch. In-8⁰. 308 S. mit 2 Abbildungen. Bern, B. F. Haller.

**Taschenbuch, Berner, auf das Jahr 1882.** Gegründet von Ludwig Lauterburg, in Verbindung mit Freunden fortgesetzt von Dr. *Emil Blösch*. 31. Jahrgang. In-8⁰, 299 S., mit 2 Abbild. Bern, B. F. Haller.

**Taschenbuch, Berner, auf das Jahr 1883.** Gegründet von Ludwig Lauterburg, in Verbindung mit Freunden fortgesetzt von Dr. Emil Blösch. 32. Jahrg. In-8⁰, 306 S. mit 2 Abbildungen, 1883. Bern, Haller. 4 —

**Taschenbuch,** berner, auf d. Jahr 1884. Gegründet v. Ludw. Lauterburg in Verbindung mit Freunden fortgesetzt v. Dr. E. Blösch. 33er Jahrg. (1884) mit 3 Abbildungen. Klein in-8⁰, 309 S. Bern, B. F. Haller. 4 —

**Berner Taschenbuch auf das Jahr 1885.** Gegründet von L. Lauterburg, in Verbindung mit Freunden fortgesetzt von Dr. *Em. Blösch*. XXXIV. Jahrg. Mit 4 Abbildungen. In-8⁰, 302 S. Bern, Nydegger und Baumgart.

**Berner** Taschenbuch auf d. J. 1886. Gegr. v. *L. Lauterburg*, fortges. v. *E. Blösch*. — XXXV. Jahrg. m. 2 Abb. In-8⁰, 322 S. Bern, Nydegger & Baumgart. 4 —

**Taschenbuch,** Berner, auf das Jahr 1887. Gegründet von Ludwig Lauterburg, in Verbindung mit Freunden fortgesetzt von Dr. *Hans Balmer*. Kl. in-8⁰, 350 S., mit 3 Abbild. Bern, Nydegger & Baumgart. 4 —

**Taschenbuch**, **Berner, auf das Jahr 1888. Gegründet von Ludwig Lauterburg, in Verbindung mit Freunden fortgesetzt von Dr.** *Hans Balmer*. 37. Jahrg. Mit 2 Illustrationen. Kl. in-8°, VIII u. 328 S. Bern, Nydegger & Baumgart. 4 —

**Taschenbuch**, Berner, auf das Jahr 1889/90. Gegründet von *L. Lauterburg* in Verbindung mit Freunden vaterländ. Geschichte, fortgesetzt von *K. Geiser*. 38. und 39. Jahrg. Mit 2 Illustr. In-8°. 314 S. Bern, Nydegger & Baumgart. 4 —

Inhalt: Johannes Steiger, Freiherr von Rolle, in einem Umrisse der Geschichte seiner Zeit, von *A. B. von Steiger*. Das projektirte Berner Jubiläum von 1791, von *G. Tobler*. Gedenkblatt an Dr. Aug. von Gonzenbach (1808—1887), von *W. F. von Mülinen*. Zwei bernische Schuldramen des 17. Jahrh., von *G. Tobler*. Der Brügglerbrunnen am Stalden, nach einer Zeichnung von Brenner 1732. Wie die gesetzgebenden Räthe der helvetischen Republik den Kalender verbesserten, von *K. Geiser*. Ueber die Herren von Scharnachthal, einstige Besitzer des Schlosses und der Herrschaft Oberhofen, von *B. Hidber*. Eine Kundgebung aus den Zeiten der Restauration in Bern im J. 1815, mitgetheilt von *H. Türler*. Zum Andenken an einen bernischen Patrioten, Oberrichter A. Züricher, von *K. Geiser*. Berner Chronik für das J. 1887, von *A. Züricher*. Berner Chronik für das J. 1888, von *Schorer*.

**Taschenbuch**, Berner, auf das Jahr 1891. Gegründet von *L. Lauterburg*, in Verbindung mit Freunden vaterländ. Geschichte fortgesetzt von *K. Geiser*. 40. Jahrg. Mit 4 Illustr. In-8°. 314 S. Bern, Nydegger & Baumgart. 4 —

Inhalt: Der Bund der Stadt Bern mit den Waldstätten vom 6. März 1353, von *K. Geiser*. Königsfelder Kirchenparamente im histor. Museum zu Bern, von *J. Stammler*. Die ersten Buchdrucker in der Stadt Biel, von *A. Maag*. Ein Stück altfreiburgischer Geschichte, von *J. Keller*. Aus den Anfängen des bernischen Geschützwesens, von *G. Tobler*. Christlicher Regenten Spiegel, Lobgedicht auf Schultheiss Christoph Steiger. Ein bernisches Pfarrhaus in den Märztagen 1798, nach einem Tagebuch von Pfarrer J. Müller in Limpach, hrsg. von *K. Geiser*. Der Prozess gegen Landvogt S. Tribolet 1653 und 1654, von *H. Türler*. Gedicht des „Guilielmus Fabricius Hildanus" über das Berner Wappen. Ueber astrologischen Aberglauben wie das Horoscopstellen und Kalenderprophezeiungen, von *J. H. Graf*. Kulturgeschichtliche Notizen aus dem bernischen Staatsarchiv, von *H. Türler*. Leben und Schriften des „Bürger Quixote aus Uechtland", von *K. Geiser*. Ein Volksfest in Sumiswald vor neunzig Jahren, mitgetheilt von *K. Geiser*. Ritter Kuno von Bubenberg. Berner Chronik für das Jahr 1889, von *A. Züricher*.

**Taschenbuch**, **Berner, auf das Jahr 1892. Gegründet von L. Lauterburg in Verbindung mit Freunden vaterländischer Geschichte fortges. von** *K. Geiser*. 41. Jahrg. Mit 2 Illustr. In-8°. I, 335 S. Bern, Nydegger & Baumgart. 4 —

Inhalt: Das Kloster Bellelay, von *S. Schwab* (mit Illustr.). Georg Friedr. Heilmann als Gesandter der Stadt Biel am Wiener Kongress 1814—15, von *A. Maag*. Thüring Frickers Testament, von *G. Tobler*. Beiträge zur Geschichte der Henzi-Verschwörung 1749. Berner Schülerreisen, von *G. Finsler*. Hans Sterr, der Glasmaler von Bern, von *B. Haendcke*. Eine Scene aus dem Festzug der Gründungsfeier (mit Illustr.). Die Lesegesellschaft in Bern 1791—1891, von *A. Wäber-Lindt*. Geschichte von 20 Häusern an der Junkerngasse in Bern, von *H. Türler*. Archivschnitzel, gesammelt von *K. Geiser*. Berner Chronik für das Jahr 1890, von *A. Züricher*.

**Taschenbuch**, **Berner, für das Jahr 1893/94. Begründet von** *Ludwig Lauterburg* **in Verbindung mit Freunden vaterländischer Geschichte fortgesetzt von** *Carl Geiser*. Mit zwei Illustrationen. Kl. in-8°. 322 S. Bern, Nydegger & Baumgart. 4 —

Forts. s. Taschenbuch. Neues Berner.

— für Berufsarbeiter u. Freunde d. inn. Mission auf d. J. 1896. Hrsg. v. Schöner. 12. (126 S.) Berlin. Fürstenwalde, L. Burmeister. n. 80

— n. Beschreibung des Fuchsthurms bei Jena, z. Erinnerung f. Alle, die einst diese berühmte Universität besuchten. Mit 2 illum. K. Jena, Voigt. 812.

**Taschen-Buch** zu richtiger Bestimmung des Cubic Inhalts und Werths derer Staemme nach aller ihrer Verschiedenheit besonders für den Forstmann zu Erleichterung genauer Wald Abschatzungen als der Grundlage einer sichern Forstwirtschafft, eingerichtet von Wilhelm Pfaff . . .
Gießen: Krieger 1791. 16 S., 33 S. Kupfertab. 8°
[Kupfert.]

**Taschenbuch f. d. Besuch d. sächs. Schweiz u. d. angrenzenden Gegenden Böhmens.** Hg.: W. A. Lindau u. J. G. Wiemann.
(1823). VI, 170 S. M. Titelk., 1 Kte u. 31 Rad. v. L. Richter.
H.-B. 146/75.
(1834). 3. Aufl. M. Titelk. u. 1 Karte.
Dresden.

— für Besucher d. Riesen- u. Isergebirges, sowie der angrenzenden Gebirge auf d. J. 1888. 1. Jahrg. Bearb. v. W. Winkler. 12. (IV, 83 S. m. 1 Fahrplan.) Hirschberg 888. (Kuh.) n. 1. —

— für Bienenliebhaber, s. Matuschka, neuer Bienenkalender ꝛc.

— f. Bierbrauer, Bäcker ꝛc. 8. Heilbronn. Mausche. 8ö0.

— zur Bildung des Geistes u. zur Veredlung des Herzens. Enthaltend: 325 Kraftstellen von v. Bischoff, Gla(t)z, Göthe, Harms, Niemeyer, Reinhard u. Wieland. Zur Belehrung für Jedermann. Mit 1 Abbild. (Neue Ausg.) 11. 8. Quedlinburg 841, Ernst. 1/3 Thlr

**Taschenbuch** zur Bildung der Jugend. Leipzig 1801. V: *Kerndörffer, Heinrich August.* (NN) (MGT) »Taschenbuch, Kleines.« (Ky)

Taschenbuch für Billardspieler. Enthaltend eine Anweisung sämtlicher Regeln, die zur richtiger Erlernung dieses schönen und unterhaltenden Spiels nothwendig sind. Mit Kupf.
Leipzig: Sommer 1801. 1 Bl., 212, 16 S., 2 Kupfertaf. 12°

— für Billardspieler. Mit Kpf. 8. Wien 801. Gerold. 20 gr Hbg. Pr. 10 gr

— f. Billardspieler. 12. Lpz. Sommer. 808.

— für Billardspieler, mit K. 16. Leipzig, Sommer. 815.

Taschenbuch für Billardspieler. 12. Leipz. 808. N. A. 820. (W. Nauck). 18 gr

— — für Billardspieler. N. Aufl. 8. Leipzig, Sommer. 820.

—— biographisches, deutsch. Bühnen-Künstler, s.a. Alvensleben, L. v.

Taschenbuch, biographisches, deutscher Bühnen-Künstler u. Künstlerinnen. Hg.: L. v. Alversleben.
1836. M. 3 Portr.
Leipzig.

Taschenbuch des Geschlechtes von Blücher. Als Manuscript gedruckt. Doberan 1893. 8.

— f. Blumen-, Küchen-, Feld-, Garten- u. Wirthschaftsfreunde. 8. Halle. (1796.) Dreyssig. — 5

— f. Blumenliebhaber, s.: Denhart.

— der Blumensprache, oder Deutscher Selam. Mit einer Anthologie aus den besten Dichtern zur Charakterisirung der Pflanzen Deutschlands. Herausgegeben von J. M. Braun. 4 Bdchn. Mit 4 color. Bildern. gr. 16. Stuttgart 843, Köhler. n. 1 1/2 Thlr — 2. Ausgabe. Mit 4 col. Kupf. 16. Ebend. 845. 1 Thlr fein Vel. geb. 1 1/2 Thlr

Taschenbuch dram. Blüthen für d. J. 1825 — 27, s.a. G. Harrys.

Taschenbuch dramatischer Blüthen f. d. J. . . . . Hg.: Gg. Harrys.
1825. VIII, 319 S. M. 1 kol. Lith.
1826. . . . . . . . . . .
1827. VIII, 285 S.
Hannover. Goed. VIII, 131, 31.

**Taschenbuch** für Bostonspieler. Enthaltend: Einiges zur Geschichte des Bostonspiels . . . Riga 1821. V: *Boubrig, Johann Samuel Friedrich.* (Ky) ›Dorpat 1818‹ (R-N)

— für Bostonspieler. Enthalt.: Einiges zur Geschichte des Bostonspiels, die Regeln desselben, Anekdoten, Gesänge u. Bostontabellen, (von Jh. Sam. Fr. Boubrig). 12. Riga 821. Meinshausen. 12 gr

—— der Botanik, v. K. R. Botanophilos, 2. Aufl., s. Richter, K. G. A.
[Füge am a. D. hinzu (11 B., 1 Stnt. u. 2 Tab.)]

— für reisende Botaniker im Kanton Luzern, auf Rigi, Pilatus u. Umgegend. Nach Dr. J. G. Krauer's Prodromus Florae Lucernensis. Verm. mit mehr als 500 Pflanzenarten u. eigenen Beobachtungen, nebst einem alphabet. Gattungsregister, hersg. von J. Schobinger-Pfister. Luzern 866. (Schiffmann.) 16. (252 S.) n. 12 ngr

Botanisches *Taschenbuch*
s.a. Deutschlands *Flora* oder Botanisches Taschenbuch f. d. Jahr . . .
T. 2. 1795 ff.

— Botanisches, s.a. D. H. Hoppe.

Botanisches Taschenbuch für die Anfänger dieser Wissenschaft und der Apothekerkunst. Jg. 1–22. Regensburg: Montags Erben (sp.: G. J. Manz) 1790–1811. 8°
Hrsg.: David Heinrich Hoppe; sp.: August Emanuel Fürnrohr.
Jg. 1808 ff. u. d. T.: Neues botanisches Taschenbuch.

— botanisches, für d. Anfänger dieser Wissenschaft u. der Apothekerkunst auf d. J. 1849. Begründet v. Dav. Heinr. Hoppe, fortges. v. Aug. Eman. Fürnrohr. 23. Jahrg. A. u. d. T.: D. H. Hoppe's Selbstbiographie. Nach seinem Tode ergänzt u. hrsg. v. A. E. Fürnrohr. Mit 1 Stahlst. 8. (VIII u. 352 S.) Regensburg, Manz. 1 1/3 Thlr

— botanisches. 12. Leipz. 794. Schäfer. (Kühn). 10 gr

— botanisches, s.a. Weber u. Mohr.

Botanisches *Taschenbuch* auf das Jahr 1807. Deutschlands Kryptogamische Gewächse. I. Abth.: Filices, Musci frondosi et hepatici. Von Friedr(ich) Weber u. [Daniel] M[atthias] H[einrich] Mohr.
Mit Kupfern.
Kiel: Akad. Buchhandlung
(Handbuch d. Einleitg in d. Studium d. kryptogamischen Gewächse. Prakt. Theil. I. Abth.)
*ZA 469*

Botanisches Taschenbuch, oder Conservatorium aller Resultate, Ideen und Ansichten aus dem ganzen Umfange der Gewächskunde. Jg. 1. [mehr nicht erschienen]. Wien: Schaumburg 1821. 8°
Hrsg.: Leopold Trattinick.

— für Braunkohlen-Interessenten des nordwestlichen Böhmens. I. Jahrg. Mit 1 Abbildg. der „Pluto-Schächte" u. 1 Uebersichtskarte des nordwestböhm. Braunkohlenbeckens Aussig-Komotau. 16. (IV, 80 S.) Teplitz 894. A. Becker. Geb. in Leinw. n. 2.—

— für Braunkohlen-Interessenten d. nordwestl. Böhmens. II. Jahrg. M. Uebersichtskarten d. Braunkohlenbecken v. Aussig-Komotau u. Eger-Carlsbad. gr. 16. (IV, 127 S.) Teplitz 895. A. Becker. n. 2.—

— für Braunkohlen-Interessenten Böhmens. III. Jahrg. Mit Uebersichtskarten der Braunkohlenbecken von Aussig-Komotau u. Eger-Carlsbad, u. e. geolog. Karte von Brüx-Dux-Teplitz nach Wolf's Grubenrevierkarte. 12. (IV, 127 S.) Teplitz-Schönau 897. A. Becker. n. 2.—
Vergl. auch Taschenbuch für Kohlen-Interessenten; Fortsetzg. s.: Becker's Taschenbuch f. Kohlen-Interess.

— f. Brunnengäste, besonders für Altwasser in Schlesien, e. liter. Nachlaß v. Fülleborn u. Menzel, m. K. 8. Freyberg, Craz u. G. (Breslau, Barth.) 806. 1 —

Taschenbuch für Brunnen und Badegaeste 1794. von . . . [Konrad Anton] Zwierlein u. . . . Karl Gottlob Kühn. [Mit Kupf. v. Johann David Schubert, Johann Karl Dornheim u. a.]
Leipzig: Fried. Aug. Leo (1794). XIV S., 8 Bl., 274 S., 3 Bl., 1 Titelkupf., 6 kol. Modekupf., 5 Kupf.-Ansicht., 2 Kupferkt., 4 Kupf. Tanzfig., 10 Notenbl. [*Titelkupf. fehlt.*] 12°
[Kupfert.]

*Taschenbuch* für Brunnen- und Badegäste.
Leipzig
1816–1818.

*Taschenbuch* für Brunnengäste und Reisende
s. *Beschreibung* von Teplitz und seinen mahlerischen Umgebungen.

*Taschenbuch* des Bücherfreundes.
[Nebst] Jahrbuch für Bücherkunde und -Liebhaberei. Hrsg. v. G[ustav] A[dolph] E[rich] Bogeng.
Nikolassee/Berlin: Harrwitz
Jg. 1. 1909 – 3. 1911.
*16, 6:227*[7]

— des Bücherfreundes f. 1910. Hrsg. v. G. A. E. Bogeng. Nebst Beilage: Jahrbuch f. Bücher-Kunde u. -Liebhaberei. 2. Jahrg. (95 u. III, 180 S. m. 2 Taf.) 22,5×12 cm. Berlin-Nikolassee, M. Harrwitz.
Geb. in Battist u. geh. 6.—; in Ldr. u. geh. 7. 50

— f. Buchhändler. Kantate 1892/93. Dem deutschen Verlagsbuchhandel zugeeignet. 16. (44 S.) Lpz., Baumbach u. Comp.
geb. in Skytogen ** — 75; in Ldr. ** 1 —
Kantate 1891/92. Ebd. ** — 50.

— für Buchhändler. Kantate 1894—95. 16. (64 S. m. farb. Titel.) Leipzig 894. Vereinigte Dampf-Buchbindereien, Baumbach & Co. Geb. in Skytogen.
n.n.n. — 60; in Ldr. m. Bloc-Einlage n.n.n. 2. —

— f. den Bürger u. Landmann. 1r Jahrg. 8. Berl. 796. Hayn. 8 gr. 2r Jahrg., od. neues Taschenbuch. 8. Berl. 797. Lange. 8 gr.

— für Chemiker u. Hüttenleute. Hrsg. v. dem Verein „Hütte". Mit 220 Holzschn. 8. (XIX, 952 S.) Berlin 883. Ernst & Korn.
n. 8. —

Chemisches Taschenbuch für Ärzte, Chemiker und Pharmaceuten. 1803
s.a. Taschenbuch für Scheidekünstler und Apotheker.

Chemisches *Taschenbuch* für Aerzte, Chemiker und Pharmaceuten auf das Jahr . . .
Hrsg. v. [Johann Friedrich August] Göttling. 1. Jahr 1803. Mit Kupfern.
Jena: Akadem. Buchhandlg
[Nebent. zu: Taschenbuch für Scheidekünstler u. Apotheker . . . 24. 1803.]
*Bb, 7:44*

— d. Chirurgie für angehende prakt. Aerzte u. Wundärzte. 2 Bände. s.a. Consbruch und Ebermaiers Encyklopädie 9r Thl. 1r 2r Bd.

**Taschenbuch** der Chirurgie für angebende practische Ärzte und Wundärzte. Leipzig 1802—11. H: *Ebermaier, Johann Christoph.* (EB)

**Taschenbuch** für Christen: ein Kern der heiligen Schrift des alten und neuen Testaments, zum Unterricht brüderlicher Vermahnung und getreuer Warnung der heutigen Christen. Wien 1786. V: *Hanke von Hankenstein, Joh. Alois.* (GGR VII/13, Nr. 11/7) (WBL VII/317) (BiblPort)

— christliches, auf d. J. 1830—34. (od. 1—5. Jahrg.), hrsg. v. K. A. Döring, s.a. Döring.
[Füge am a. O. hinzu: 1831/32. (18 B. u. 3 Stnt.) 12 Gr., 33. (16 B. u. 1 Stnt.), 34. (20 B. u. 3 Stnt.) Preise wie dort bemerkt.]

Taschenbuch, christliches, auf d. Jahr 1830. Herausg. von K. A. Döring. 16. Elberfeld ... (Leipzig, Klinkhardt.) 5/6 ℛ

— christl., auf d. J. 1830; hrsgg. v. K. A. Döring. Mit 1 Steindruck. 16. Elberf. u. Barmen, Weiße. 20 gr. — Dass. f. d. J. 1831—33. 2r—4r Jahrg.; hrsgg. v. Karl Aug. Döring. Mit 4 Steindr. 16. Barmen u. MGladbach, Gebr. Schmachtenberg u. St. (à 1 ℛ 4 gr.) 3 ℛ 12 gr.

— christliches, auf das Jahr 1832, 1833 u. 1834. Herausg. von Karl Aug. Döring. (Mit Steindrücken.) 16. Mülheim. (Elberfeld, Schmachtenberg.) 1832 u. 1833 ist der Preis jetzt à 1/3 ℛ, 1834 1/2 ℛ

— christliches, a. d. J. 1836 u. 37. gr. 12. Stuttgart, J. F. Steinkopf. [836. (5½ B.) 6 Gr., 37. (10½ B. u. 1 Holzschn.) 10 Gr.]

Christliches Taschenbuch für Dienende. U. St. 1834.

— christliches, für die Edlen im Lande auf das Jahr nach Christi Geburt 1844. Mit 1 Stahlst. 16. Heilbronn 844, Drechsler'sche Buchh. n. 1/3 ℛ

— christl., für Kinder; (hrsgg. von Hillmar). 1s u. 2s Bdchen. 12. Basel 823 u. 27. Schneider. (à 14 gr.) 1 ℛ 4 gr.

— chronolog., oder Erinnerungen der merkwürd. Begebenheiten d. alten u. neuesten Zeit, s.a. Jh. Chr. Dn. Geiser.

**Taschenbuch, Chronologisches,** oder Erinnerungen an die merkwürdigsten Begebenheiten der alten und neuesten Zeit . . . Breslau 1815. 2. . . . Aufl. 1821. H: *Geiser, Johann Chn Dan.* (Ky) (MGT)

— chronologisches, od. Erinnerungen d. merkwürd. Begebenheiten d. alten u. neuesten Zeit. 8. Breslau, Holäufer. 815.

Chronologisches *Taschenbuch* der neuesten Geschichte . . . Nebst einer Übers. d. denkwürdigsten Begebenheiten d. ältern, mittlern u. neuern Geschichte.
Hrsg. v. Karl Stein.
Berlin: Hayn
(Historische Erinnerungen in chronologischer Ordnung.)
1789/1812. 2. verb. u. verm. Aufl. 1812.
1789/1817. 3. verb. u. verm. Aufl. 1817.
1789/1827. 4. verb. u. verm. Aufl. 1827.
*Fj, 2:63*

— — Coburgisches, für das Jahr 1821. Mit Kupf. 12. Coburg. (Hinrichs in Leipzig.)

— Coburgisches, enthalt.: Ansarius, der jungfräul. Jüngling. — v. R***, Briefe über die Rosenau. — J. A. Wendel, der Weihnachtsbesuch in d. Residenz. — Gedichte ꝛc. Mit 7 Kpf. 12. Coburg 821. Riemann. 1 ℛ 12 gr.

Coburgisches **Taschenbuch** für das Jahr 1821. ([Hrsg. v. Johann Gerhard Riemann u. Mitw. v. Karl Alexander von Heideloff.] — Mit Kupf. v. C[arl Alexander von] Heideloff [u. a., gest. v. Friedrich?] Ros[s]mäs[s]ler jun., C[onrad] Wiesner [u. Friedrich] Fleischmann [u. Noten v. Christian Friedrich] Gumlich.)
Coburg: Joh. Gerh. Riemann [1821]. VIII, 352 S., 6 Kupfertaf., 1 geneal. Tab., 1 Notenbl. 12°
[Kupfert.]

— Coburgisches, zum Nutzen u. Vergnügen, f. 1792. 12. Nürnb., Bauer. 16 gr.

Herzoglich Coburg-Meiningisches jährliches gemeinnütziges **Taschenbuch.** 1801
s. Herzoglich Sachsen-Coburg-Meiningisches jährliches gemeinnütziges **Taschenbuch.**

— für Damen, auf die J. 1786, 87, 88, 89. Wien, Wucherer. 21 gr

— für Damen, enthalt.: die Wittwe; aus d. Engl. d. Miß Robinson, f. d. J. 1789. 12. Wien, R. A. 820. (W. Rauck in Leipz.) 16 gr

— f. Damen, enth. d. Wittwe, a. d. Engl. d. Miß Robinson f. d. J. 1789. 12. Wien, Wucherer (Sommer in Lpz.)

**Taschenbuch** für Damen auf das Jahr 1798[—1822]. Tübingen. H (1798—1808): *Huber, Therese geb. Heyne verw. Forster, Aug. Hnr. Jul. Lafontaine, Joh. Gg Sulzer & Glieb Conr. Pfeffel.* (GGr VIII, 49)

**Taschenbuch** für Damen. Auf das Jahr 1800. 1804. 1807—1811. 1813. 1815. 1817. 1820. 1822. 1830 Tübingen, in der Cotta'schen Buchhdlg
Mit Kupferst. 8°
*Erschienen 1798—1831 mit Beiträgen von Goethe, Schiller, De la Motte-Fouqué, Jean Paul, Heine, Kerner, Rückert u. a.*
*Illustrationen von Catel, Penzel, Gubitz u. a.*
*1830 u. 1831 München, Stuttgart und Tübingen*
*Seit 1828 mit Stahlstichen.*

**Taschenbuch** für Damen auf das Jahr ... Hrsg. v. [Therese] Huber, [August Heinrich Julius] Lafontaine, [Gottlieb Konrad] Pfeffel [u. a.]. Mit Kupf. ([von] J[ohann Georg] Penzel, [Johann] H[einrich] Lips [u. a.]).
Tübingen: J. G. Cotta [1797—1818]. 16°
1798—1799 [Nebent.]: Taschenkalender für Damen.

1798: [1797.] 8 Bl., XVI, 185 S., 3 Bl., 1 Titelkupf., 10 Kupfertaf. [*Das letzte d. ersten 8 Bl. fehlt.*]
1799: [1798.] 10 Bl., 196 S., 1 Titelkupf., 11 Kupfertaf. [*Bl. A[1] = S. 1/2 u. 1 Kupf. fehlen.*]
1802: [1801.] XV, 236 S., 2 Bl., 1 Titelkupf., 10 Kupfertaf.
*Darin u. a. Erstdr. v. Friedr. Schillers „An***" (= Der Antritt des neuen Jahrhunderts), „Voltaires Pucelle und die Jungfrau von Orleans" u. „Hero und Leander".*
1804: [1803.] VIII, 232 S., 8 Bl., 1 Titelkupf., 10 Kupfertaf.
*Darin u. a. Erstdr. v. Friedr. Schillers „Der Graf von Habspurg" u. „Das Siegesfest" u. Jean Pauls „Polymeter".*
1805: [1804.] VII, 232 S., 4 Bl., 1 Titelkupf., 9 Kupfertaf. [*Davon fehlen Titelkupf. u. weitere 4 Kupf.*]
*Darin u. a. Erstdr. v. Friedr. Schillers „Berglied".*
1806: [1805.] XXIV S., 4 Bl., 192 S., 6 Bl., 1 Titelkupf., 10 Kupfertaf.
*Darin u. a. Erstdr. v. Friedr. Schillers „Einem Freund ins Stammbuch" u. Joh. Wolfg. v. Goethes „[Epilog] Zum Andenken Schillers".*
1807: [1806.] 3 Bl., XVI, 218 S., 6 Bl., 1 Titelkupf., 12 Kupfertaf.
1809: [1808.] XIX, 302 S., 2 Bl., 1 Titelkupf., 9 Kupfertaf.
*Darin u. a. Erstdr. v. Jean Pauls „Der Traum einer Wahnsinnigen".*
1819: [1818.] XXXVI, 272 S., 1 Titelkupf., 6 Kupfertaf., 1 lith. Taf. [*Mit Kupfert. — Fehlend. letzt. Bl. (= S. 271/2) durch Xerokopie ergänzt.*]

**Taschenbuch f. Damen a. d. J. . . . .** Hg.: Huber, Lafontaine, Pfeffel u. A. (Jg. 1798 u. 1799 a. u. d. Tit.: Taschenkalender f. Damen . . .)
1798. 8 Bl., XVI., 185 u. 7 unb. S. M. 11 Kpf.
1799. 10 Bl., 196 S. M. 12 Kpf.
1800. 3 Bl., VIII, 240 S. M. 11 Kpf.
1801. 2 Bl., IV, 259 u. 5 unb. S. (Göthe u. Schiller.) M. Kpf.
1802. XIV, 236 S. u. 2 Bl. (Schiller). M. 11 Kpf.
1803. XVI, 205 (250) S. u. 3 Bl. (Schiller). M. 12 Kpf.
1804. VIII, 232 S. u. 8 Bl. (Schiller). M. 11 Kpf.
1805. VII, 232 S. u. 4 Bl. (Schiller). M. 10 Kpf.
1806. XXIV S., 4 Bl., 192 S. u. 6 Bl. (Göthe u. Schiller). M. Titelk. u. 10 Kpf.
1807. 3 Bl., XVI, 218 S. u. 6 Bl. (Schiller). M. Titelk. u. 12 Kpf.
1808. XVI, 254 S. u. 4 Bl. M. Titelk. u. 12 Kpf.
1809. XIX, 302 S. u. 2 Bl. (Göthe, Schiller). M. 10 Kpf.
1810. 9 Bl., XXXII, 288 S. (Göthe). M. 9 Kpf.
1811. 2 Bl., XIV S., 1 Bl., 298 S. M. 9 Kpf.
1812. 2 Bl., XVI, 300 S. M. 9 Kpf.
1813. 2 Bl., XXVI, 290 S. M. 10 Kpf.
1814. 2 Bl., X, 282 S. (Göthe). M. Kpf.
1815. XX, 396 (296) S. (Göthe). M. 10 Kpf.
1816. 2 Bl., XXXII, 318 S. (Göthe). M. 8 Kpf.
1817. 3 Bl., 22, XVI, 259 S. (Göthe). M. 9 Kpf.
1818. 2 Bl., XVIII, 336 S. (Göthe). M. 9 Kpf.
1819. 1 Bl., XXXVI, 272 S. (Göthe). M. gest. Tit., 7 Kpf. u. 1 Lith.
1820. 2 Bl., XVI, 304 S. M. Kpf.
1821. 2 Bl., 318 S. M. gest. Tit. u. 7 Kpf.
1822. XVI, 295 S. M. 12 Kpf.
1823—1827. nicht erschienen.
1828. XXVI, 454 S. (Hauff). M. 10 Kpf.
1829. XXXIV, 428 S. M. 10 Kpf.
1830. XXIV S., 2 Bl., 4 S., 1 Bl., 444 S. M. 9 Kpf.
1831. M. 10 Kpf.
Tübingen, Stuttgart, München. Goed. VIII, 49/50.

*Taschenbuch* für Damen auf das Jahr ...
Hrsg. v. [Therese] Huber, [August Heinrich Julius] Lafontaine [Gottlieb Conrad] Pfeffel [u. a.] mit Kupfern.
Tübingen: Cotta
1798.
1799. [zugl.:] Taschenkalender für Damen ...
1800–1807. 1809–1813. 1815–1822.
*Ff, 1:107*

— für Damen, von Huber, Lafontaine, Pfeffel, J. P. Fr. Richter u. Anderen, f. d. J. 1799—1822. 1828—31. Mit Kpf. 16. Tübing. 798—830. v. Cotta. (1799—1817 à 1 ß 8 gr., 1818—22 à 1 ß 16 gr., 1828—31, à 3 ß 4 gr) 43 ß 4 gr. (Für 1823—27 ist es nicht erschienen.)

**Taschenbuch f. Damen auf 1803 (Hamburg). s. u.: Baggesen, J., Taschenbuch . . . .**

**Taschenbuch (Demokratisches) für 1848. 8°. Leipzig 1848.**

**Taschenbuch, demokratisches, f. das deutsche Volk.** (Neue Titel-Ausg.) Anhang: Charakterbilder der französ. Revolution. 8. (VIII u. 375 S.) Leipzig 849, Weller. 1 ß

**Taschenbuch, Demokritisches,** oder Scherz nach dem Ernste. Hg. von einem unächten Seitenverwandten des weiland berühmten Grafen Donamar. Erfurt, Hennings, 1800. V: ***Bouterwek, Friedr.*** Vgl. (ungedr.) Brief von Hennings an Jean Paul v. 9. Jan. 1800 (Preuss. Staatsbibl. Lt. briefl. Mitth. des H. Dr. Eduard Berend). — Sauer, Die Dtsch. Säculardichtungen 1901, S. CLXV f. (DARP)

— **demokritisches, oder Scherz nach dem Ernste**, f. d. J. 1800. Mit Kpf. 8. Erfurt, Hennings in Gotha. 1 ℛ

— **für Denker**, s. **Ketzereien** aus allen Fächern des menschl. Wissens.

— **für Deutsche, auf d. J. 1795, u. für d. J. 1796.** 1 ℛ 16 gl Mit Kpf. 12. Eisenach, (Bäreke). 2 ℛ 12 gl (Dass. für das Jahr 1797 ist ein neuer Titel des J. 1796.)

— f. **Deutsche** a. d. J. 1795. m. K. 12. Eisenach, Wittekind.

— — f. 1796. 12. Ebend.

— — f. 1797. ist ein neuer Titel des 1796ger.

— f. **Deutsche** a. d. J. 1797. m. 12 K. 12. Lpz. Sommer.

**Taschenbuch** für Deutsche. 1797
s. **Kalender** für Deutsche.

— **deutsches, auf das Jahr 1837.** Mit Beiträgen von Willibald Alexis, Adelbert v. Chamisso, Jos. Frhrn. v. Eichendorff, E. Ferrand, Franz Frhr. Gaudy, Em. Geibel, O. F. Gruppe, Aug. Kopisch, H. Marggraff, Th. Mundt, L. Rellstab und H. Stieglitz. Herausg. von Karl Büchner. Mit 3 Kpfrn. 16. Berlin 836. Duncker u. Humblot. n. 2 ℛ — dass. auf d. Jahr 1838. Mit Beiträgen von Willibald Alexis, F. G. Kühne, Theod. Mügge, Ludw. Rellstab, Leop. Schefer u. Anderen. Herausg. von Karl Büchner. Mit 6 Kpfr.- u. Stahlstichen. 16. Ebd. 837. n. 2⅓ ℛ

—— **deutsches, 1837.** (Norden.) Hrsg. v. O. L. B. Wolff u. H. Doering. gr. 8. (13½ B. u. 17 Stahlst.) London u. Berlin [Asher u. Comp.] *
Inh.: Lübeck. — Hamburg. — Berlin u. Umgegend. — Marienburg. — Danzig. — Königsberg.
Dass. in **englischer** Sprache, s. **Wolff**, O. L. B.

Deutsches **Taschenbuch** auf das Jahr ... Hrsg. v. Karl Büchner. 1838. Berlin: Duncker & Humblot [1837]. 16°
1838: Mit Beitr. v. Willibald Alexis, F[erdinand] G[ustav] Kühne, Theodor Mügge, Ludwig Rellstab, Leopold Schefer u. A. Mit 6 Kupf.- u. Stahlst. 1837. 3 Bl., V, 409 S., 6 Taf.

—— **deutsches.** I. Jahrg. 1845. 16. (22½ B. u. 1 Vign.) Winterthur, Literar. Comptoir.

**Taschenbuch, Deutsches.**
**1845.** (G. Keller).
**1846.** (G. Keller).
Zürich u. Winterthur.

—— **Deutsches.** Jahrg. I II. (alles was erschienen ist). 2. veränderte u. vermehrte Ausgabe. Mannheim, J. P. Grohe, 1847. 12°. Sehr selten! (25 Mk., etwas stockfleckig, Simmel & Co., Lpz., 1911:)

**Taschenbuch, deutsches, f. Abstinenten, m. Kalendarium 1906.** Hrsg. v. F. Haft. (155 S.) kl. 8. Jena, F. Haft. n. 1.20

**Taschenbuch, Deutsches botanisches,** für Liebhaber der deutschen Pflanzenkunde, nach Hoffmann, Roth, Schkuhr . . . bearbeitet. . . . Zeitz 1809—14. H: *Frege, Christian August.* (NN) (MGT) (Ky) »Zeitz 1812« (AarK)

— **deutsches botan., für Liebhaber der deutschen Pflanzenkunde,** nach Hofmann, Roth, Skuhr &c. bearb. (v. Chr. Aug. Frege). 4 Thle. Taschenform. Zeitz 809—15. (1r Thl. 2e Aufl. 818. 1 ℛ 12 gl) Webel. 5 ℛ (3r u. 4r Thl. A. u. d. T.: C. A. Frege, Gartenflora.)

— **deutsches Botanisches**, für Liebhaber der deutschen Pflanzenkunde &c. (Von C. A. Frege.) 2 Thle. 2. Aufl. 12. 818, ist Verlag von Hentze in Leipzig. 3 ℛ

**Taschenbuch**, deutsches, u. **Kalender** f. alle Stände, s.: **Rücker**, Jul.

**Taschenbuch** von und für Deutschland auf das Jahr 1794. ([Hrsg.: Karl Ernst Friedrich von Scheler. Kupf. v. Christian Jakob] Schlotterbeck, [Johann Friedrich] Leybold, A[ugust] F[riedrich] Schöpflin [u. a.])
Getrukt in Germanien [vielm. Stuttgart 1793]. 13 Bl., VIII, 122 S., 13 Kupfertaf. davon 10 kol., 4 Notenbl. 8°
[Kupf.-Titelvign.]

— **deutschnationales**, m. Zeitweiser auf das J. 1907, 2020 seit der Schlacht bei Noreja. 6. Jahrg. Geleitet von Arth. v. Wallpach. Buchschmuck von E. Heermann, F. Burian, G. Zindel u. a. Hrsg.: Karl Habermann. (261 S. m. 1 Bildnis.) kl. 8. Innsbruck. (Wien, R. Lechner & Sohn.) Geb. n n. 1.30

— **deutschnationales**, m. Zeitweiser auf d. J. 1909, 2022 seit der Schlacht bei Noreja. 7. Jahrg. Geleitet v. Arth. v. Wallpach. Buchschmuck v. Fidus, E. Heermann, F. Burian u. a. Hrsg.: Karl Habermann. (268 S. m. 1 Taf.) kl. 8. Innsbruck. (Wien, R. Lechner & Sohn.) Geb. in Leinw. 1.60; in Ldr. n 3. —

**Taschenbuch** für Deutsch-Ostafrika. Unter Mitw. von ... hrsg. von Walther v. St. Paul Illaire, Kais. Bezirksamtmann a. D., Dr. Philalethes Kuhn, Stabsarzt, Kurd Schwabe, Major a. D. (Jg. 1.) 1910. Berlin: Weicher (1909). 8° 10. 10489

— für **Deutsch-Ostafrika** 1911. Unter Mitwirkg. v. Cleve, Delius, Döring u. a. hrsg. von Walth. v. St. Paul Illaire, Philalethes Kuhn u. Kurd Schwabe. 2 Tle. (XVI, 356 u. XV, 176 S.) kl. 8. Berlin, „Heimat u. Welt" Verlag, W. Weicher. Geb. in Lw. u. geh. 4.50

— **deutsch-russisches**, enthalt. die für alle Verhältnisse d. Umgangs nothwendigst. russ. Wörter u. Redensarten &c. Wohlf. Ausg. 8. Berl. 819. Schöne. 8 gl

— **Deutsch-Russisches**, enthaltend die für alle Verhältnisse des Umgangs nothwendigsten russischen Wörter und Redensarten, wie sie von Deutschen ausgesprochen werden müssen, nebst einer genauen Berechnung der russischen Gewichte, Maaße u. Münzen. 2e Aufl. 8. Jetzt Crantz in Berlin. ⅓ ℛ

— **deutsch-russ. u. russ.-deutsches.** Ein unentbehrl. Hülfsbuch z. mündl. Verkehr beider Nationen. Mit e. gestoch. Vorschrift. 12. Wien 813. Bauer u. D. 12 gl

— **diätetisches** f. Aerzte u. Nichtärzte, s. **Consbruch** u. **Ebermaiers** Encyklopädie 3r Thl.

**Taschenbuch** für Dichter und Dichterfreunde. Leipzig 1773—80. H: *Schmid, Christian Heinrich* (MI) & *Johann Gottfried Dyk.* (Degen) »1774—81« (Ky)

**TASCHENBUCH** für Dichter und Dichterfreunde. XII Abthlgn. mit 12 reizenden Titelvignetten, zum Theil von Geyser. Leipzig in der Dykischen Buchh., 1774—79. 8°. (20 Mk., cplt. in 3 schönen alten Ldrbdn, Max Hueber, München, 1913; 60 Kr., I—X, vorzügliches Expl. in reizenden alten Einbänden, Gilhofer & Ranschburg, Wien, 1912.)

Goedeke IV. 370, 51. Herausgeber der ersten 6 Abteilgn. waren Chr. R. Schmid u. G. Dyck, die Abtlgn. VII—XII gab Dyck allein heraus. Das Taschenb. enth. Beiträge von Blum, J. A. Cramer, Gleim, Goeckingh, Heusler, Kästner, Karschin, Lavater, Lenz, A. G. Meissner, Pfeffel, Ramler, Rose, Sucro, Wezel u. vielen Ungenannten, darunter: Casparson, Götz, Hölty, Zaupser (Aus einem Kloster in **; Auf die Inquisition), etc. Wegen Zaupsers Inquisitionsode ward die 8. Abtlg. verboten und konfisziert. Zaupser selbst durfte ohne ganz besondere Erlaubnis nichts wieder drucken lassen. (Goedeke IV. 119, 43.) Die 8. Abt. wurde dann neu ausgegeben mit einer latein. Ode von Denis. — Expll. mit der Inquisitionsode sind sehr selten. — Abthl. IV. S. 122; VIII. 32; X, 37 u. XI. 39 auf Goethe Bezügliches.

*Taschenbuch* für Dichter und Dichterfreunde. [Hrsg. v. Johann Gottfried Dyck, (Abt. 1-6 zus. mit Christian Heinrich Schmid).]
Leipzig: Dyck
Abth. 1. 1774 – 12. 1781.
[Mehr nicht ersch.]
[Abt. 8. 1778, S. 147–150 enth. die Inquisitionsode v. Zaupser, deretwegen die Ausg. verboten u. verändert neu hrsg. wurde.]
*Ff, 4:30*

**Taschenbuch** für Dichterfreunde. 1799
s. Toiletten-Kalender für Frauenzimmer.

— d. Dichtkunst, oder Blumenlese a. d. Gebiete d. vorzügl. Dichter Deutschlands. 8. Andernach. (Pauli in Coblenz.)

**Taschenbuch** der Dichtkunst, oder Blumenlese aus d. Gebiete der vorzügl. Dichter Deutschlands. 1r Jahrg. 1e Hälfte. 8. Andernach 803. Lassaulx. 12 gl.

— für weibl. Dienstboten, auf 1794, (von Frau Oehme). 12. Leipz., Breitkopf u. H. 9 gl.

— dienstliches, f. Leiter von Fortbildungsschulen, zugleich herausnehmbare Formulare zu Schülerverzeichnissen enth. Jahrg. 1906. Ausg. D des Notizbuches für Lehrer u. Leiter an Fortbildungsschulen. Hrsg. v. A. Booss. (111 S. u. Formulare.) 8. Goslar, F. A. Lattmann. Geb. in Leinw. n. 1.60
Erscheint nicht mehr.

**Taschenbuch von der Donau.** Hg.: L. Neuffer. A. d. J. . . . .
1824. 1 Bl., XII, 373 S. u. 2 Bl. M. gest. Tit. u. 7 Stahlst.
1825. 1 Bl., XXIV, 357 u. 3 S. M. gest. Tit. u. 7 Stahlst.
Ulm. Goed. VIII, 111, 262.

— v. d. Donau, a. d. J. 1824 u. 25. 1r u. 2r Jahrg. Herausg. von C. Neuffer. Mit Kpfrn. 16. Ulm, Stettin. à 2 Rthl. —

Dramatisches **Taschenbuch**. Hrsg. v. Julius Grafen von Soden. Fürs Jahr 1803. Jg 1. [*Mehr nicht ersch.*]
Osnabrück, Leipzig: Heinr. Blothe (1803). 8°
1: Soden, Julius Graf von: Anna Boley. Histor. Drama, neu bearb. 1803. 223 S., 2 Bl.

**Taschenbuch, Dramatisches,** auf das Jahr 1815. Dresden 1813. 2. Ausg. 1818. V: *Guehery, Louis Amanley de.* (MGT) (Ky)

— dramat., auf d. J. 1815, (von L. A. de Guehery). 2e Ausg. 12. Dresd. 818. Arnold. 18 gl. (Enth.: 1) Der Czaar u. der Bauer. — Der röm. Kaiser. — Das Bildniß. — Die Kosaken. — Drei Freier in Einem. — Concursus Creditorum).

— — dasselbe f. die Jugend, mit illum. Kupf. von F. L. Schmidt 12. Hamb. Hoffmann u. Campe. 812.

**Taschenbuch, Dramaturgisches,** über Ifflands Gastspiele in Hamburg. Hamburg 1806. V: *Schütze, Joh. Frdr.* (Ky) (MGT)

— dramaturg., über Ifflands Gastspiele in Hamburg, (v. J. F. Schütze II.) 8. Hamb. 806.

**Taschenbuch, Driburger,** zum Nutzen und Vergnügen für 1811 [u. 16]. Paderborn 1811—16. H: *Ficker, Wilhelm Anton.* (GGr) (Ky)

— Driburger, zum Nutzen u. Vergnügen, f. 1811, u. 2r Jahrg. f. 1816, (v. W. A. Ficker). 8. Paderb. 811, 816. Wesener. (à 16 gl) 1 rß 8 gl

Driburger Taschenbuch auf das Jahr... Hrsg. von Wilh[elm] Ant[on] Ficker, [Jg.2:]1816. Paderborn: Schlegel (1816). 8°
[Jg.2:] 1816: (1816.)

— d. Edlen u. Schönen, d. frohen Laune u. d. Philosophie d. Lebens, f. K. F. Wockels.

Taschenbuch für Eheleute und Ehelustige. 3 Thle. (= Jahrgänge). Mit Titelkpfrn. Ebd. 1804. 12°.
Anon. Lex. II. p. 5 citirt nur: „Regensburg 1799 bis 1801."

—— einfaches zeitbestimmendes, auf das ganze 19. Jahrhundert, vorzüglich zum Nachschlagen von älteren Daten. 8. (20 S.) Emden 854. (Leipzig, E. Fleischer.) **

—— für Einjährig-Freiwillige 1891—92 [4. Jahrg.), hrsg. v. Heinr. Wolff. 16. (VII, 288 S.) Offenb. a. M., Wagner. geb. 1 80

— für die Einwohner Berlins u. der Provinz Brandenburg. Zum Gebrauch für Hausbesitzer, Haus- u. Familienväter, Lehr- u. Brotherren, Gewerbtreibende aller Klassen ꝛc. – Vollständ. Archiv aller Verordnungen, Verfügungen, Polizei-Gesetze und Bestimmungen, welche auf die bürgerl. Verhältnisse und das Geschäftsleben der Einwohner Berlins u. d. Provinz Brandenburg Bezug haben. 2e bedeutend verm. u. verb. Aufl. des Taschenbuchs fur Hausbesitzer. 9 Lfrgg. u. Nachtrag: Der Eigenthümer von städtischen u. ländl. Grundstücken, oder prakt. Rathgeber beim Ankauf, Besitz, Bau u. Verkauf von Gebäuden aller Art. Von P. Bigot. gr. 8. Berlin 835, 36. Heymann. 3 rß — Ohne Nachtrag $2^1/_3$ rß (Der Nachtrag ist auch apart u. mit dem Anhange: Die Anweisung zur Construction d. Widerlagen. Mit 22 Figuren, fur 1 rß zu haben) — 3e verb. Aufl. Mit Nachtrag. 1838. $1^1/_2$ rß – Ohne Nachtrag 1 rß

—— für die Einwohner Berlins u. d. Provinz Brandenburg. Zum Gebr. f. Hausbesitzer, Haus- u. Familienväter, Lehr- u. Brotherren, Gewerbtreibende aller Klassen ꝛc. — Vollständ. Archiv aller Verordnn., Verfügn., Polizei-Gesetze u. Bestimmn., welche auf d. bürgerl. Verhältnisse u. d. Geschäftsleben d. Einwohner Berlins u. d. Provinz Brandenburg Bezug haben. 2., u. 3., verm. u. verb. Aufl. d. „Taschenbuchs f. Hausbesitzer." Mit Nachtrag. Von P. Bigot. gr. 8. (à $63^1/_2$ B. u. 1 Stnt.) Berlin 835—39, Heymann. à $3^1/_6$ Thlr., hrbgf. Pr. Ohne Nachtrag 1 Thlr.

**Taschenbuch** für die Einwohner der Stadt Kiel. 1799. Kiel. H: *Heinze, Val. Aug.* (schles)

Taschenbuch für die Einwohner der Stadt Kiel. 1801. Kiel. 8°.

— f. die Einwohner der Stadt Kiel f. die Jahre 1802, 3 u. 4. 8. Kiel, Hesse. 1 ꝑ — Dass. f. d. J. 1810. 8. Ebd. 12 gl.

—— für die Einwohner d. preuß. Staats, mit besond. Berücksichtig. d. Residenzstadt. Zum Gebr. f. Hausbesitzer, Haus- u. Familienväter, Lehr- u. Brotherren, Gewerbtreibende aller Klassen ꝛc. — Vollständ. Archiv aller Verordnn., Verfügn., Polizei-Gesetze u. Bestimmn., welche auf d. bürgerl. Verhältnisse u. d. Geschäftsleben Bezug haben. 2., unveränd. Aufl. gr. 8. (51⅛ B.) Berlin 839, Heymann. *

— für die Eisenbahnbeamten Deutschlands. Enth.: Betriebs-Reglement, Bahnpolizei-Reglement u. Signalordng. f. die Eisenbahnen Deutschlands, sowie Reglements üb. die Annahme, Ausbildg., Anstellg. resp. Prüfg. der Civil-Supernumerarien, Subaltern-Beamten, Station-Expeditions-Beamten der Staats-Eisenbahnen u. der vom Staate verwalteten Privatbahnen. Mit vollständ. alphabet. Sach-Registern. 8. (116 S.) Berlin 875. C. Heymann's Verl. geb. n. 1. 50

— für d. Eisenbahn-Fahrdienst u. Personenverkehr. 1. Jahrg. 1898. Hrsg. v. Münch. 12. (VIII, 256 S.) Kassel 898. Selbstverlag d. Herausgebers. Kart. n.n. — 75

— für den Eisenbahn-Fahrdienst, II. Jahrg., s.: Münch, H.

Taschenbuch für den Eisen- und Metallhandel mit Kalender ... Bearb. u. hrsg. von der Red. des 'Der Eisenhändler'. Jg. 1. *Bunzlau: O. Hoffmann 1902.* 8° [?] [illegible]

— für den Eisen- u. Metallhandel m. Kalender f. 1905. III. Jahrg. Bearb. u. hrsg. von der Red. des „Der Eisenhändler". (X S., Schreibkalender u. 292 S m. Abbildgn.) kl. 8. Bunzlau, Otto Hoffmann. (Nur direkt.) Geb. in Leinw. n.n. 2.50

— für d. Eisen- u. Metallhandel, Fortsetzg., s.: Eisenhändler, der.

Taschenbuch für Eisenhüttenleute, „Hütte". Hrsg. vom Akad. Verein Hütte, E. V. Berlin 1910.

Taschenbuch, Elegantes, a. d. J. . . . . Ein Manuscript f. Freunde u. Gönner, mitget. v. Gg. Nic. Bärmann.
1824. VI, 196 S.
Hamburg. Goed. VIII, 114, 267.

Taschenbuch f. gute Aeltern ꝛc., s. Erziehung, f. häusl. Geistesblühten aus den Werken weiser u. edler Menschen ꝛc.

— für gute Eltern, s. Für häusl. Erziehung.

— für Eltern, Lehrer u. Kinderfreunde; e. Fortsetz. der Wochenschrift: Etwas Wichtiges ꝛc.; hrsgg. von P. P. Finauer. 8. Münch. 786.

—— dass. 2. Bdchn. — A. u. d. T.: J. B. v. Spix u. C. F. P. v. Martius Reise in Brasilien in d. J. 1817—1820, nebst Skizzen aus Alex. v. Humboldt u. A. Bonpland Reise in d. Aequinoctial-Gegenden d. neuen Continents. 8. (13½ B. u. 4 ill. Stnt.) Ebds. 831.

—— dass. 3. Bdchn. — A. u. d. T.: P. Cunningham's Reise nach Neu-Süd-Wallis. 8. (10½ B. u. 4 Stnt.) Ebds. 832.

—— dass. 4. Bdchn. — A. u. d. T.: J. Crawfurd's Gesandtschafts-Reise nach Siam u. Cochin-China, u. Velasco's Reise in Japan. 8. (10½ B. u. 4 ill. Kpfr.) Ebds. 832.

Taschenbuch der neueren für die Jugend bearbeiteten Entdeckungs=Reisen. Hrsg. v. Carl Friedrich Dietzsch.
Leipzig: Ch. G. Kayser 1830—1832. 12°
1: Kotzebue, Otto von: Neue Reise um die Welt in den Jahren 1823, 24, 25 und 26; . . . 1830. VIII, 196 S., 4 Kupfertaf.
5: Parry, William Edward Sir: Dritte Reise zur Entdeckung einer nordwestlichen Durchfahrt, und Beechey's Reise nach dem stillen Meere und der Behringsstraße . . . 1832. 3 Bl., 150 S., 2 Bl., 4 Kupfertaf.

—— dass. 5. Bdchn. — A. u. d. T.: Parry's dritte Reise zur Entdeckung einer nordwestl. Durchfahrt, u. Beechey's Reise nach d. stillen Meere u. d. Behringsstraße. 8. (10 B. u. 4 Kpfr.) Ebds. 832.

—— dass. 6 Bdchn. — A. u. d. T.: Regin. Heber's, Lordbischofs v. Calcutta, Nachrichten üb. Indien, u. Beschluß v. Beechey's Reise nach d. stillen Meere u. der Behringsstraße. 8. (13¾ B., 3 schw. u. 1 ill. Kpfr.) Ebds. 833.

— der neueren für die Jugend bearbeiteten Entdeckungs-Reisen. 1. Bdchn. A. u. d. T.: Otto v. Kotzebue's, K. Russ. Flotten-Capitains, neue Reise um die Welt in den Jahren 1823—26. 2. Aufl. 16. Leipzig 847, (846,) Kößling'sche Buchh. ½ ꝑ

— dass. 2. Bdchn. Spix u. Martius Reise in Brasilien in den Jahren 1817—1820. 2. Aufl. 16. Ebend. 847, (846.) ½ ꝑ

**Entomologisches Taschenbuch für die Anfänger und Liebhaber dieser Wissenschaft auf das Jahr... Hrsg. von David Heinrich Hoppe. 1796. Regensburg: Montag & Weiß (1795.).** 8
**1796: (1795.)**

Entomologisches Taschenbuch für Schmetterlings Sammler von C[arl] L[udwig] v[on] Müller.
Breslau: Wilh. Gottl. Korn 1800. 132 S., 1 kol. Titelkupf. 12°

*Taschenbuch* der wichtigsten Entwickelungs-Momente der Erde und ihrer Bewohner.
Von Gustav Herbst. Mit 2 Holzschn.
Weimar: Hoffmann in Comm. 1850.
*Bb. 6:158*[1]

— encyklopädisches. 8. Hamb. 782. Möller. 8 gl.

Encyklopädisches Taschenbuch für deutsche angehende Schmetterlingssammler zum Gebrauche auf Exkursionen. Hrsg. v. Karl von Tischer.
Leipzig: Heinr. Gräff 1804. 3 Bl., 122 S., 1 kol. Titelkupf., 3 Kupf.-Falttaf. 8°

encyclopädisches, für gemeinnützig-wissenschaftliche Verbreitung naturgeschichtlicher Kenntnisse, insbesondere der Natur-, Länder- u. Völkerkunde, Künste u. Gewerbe. Im Verein mit mehren Gelehrten redig. von Johs. Gistel, gen. G. Tilesius. 1. Jahrg. Leipzig 866. Wartig. 8. (X, 271 S. mit dem lithogr. Bildnisse des Astronomen F. v. Gruithuisen u. Xylographiebild.) n. 1 ꝑ

— für trauernde u. zagende Erdenwaller, oder Glaube, Liebe, Hoffnung. Gesänge von Harms, Klopstock, Stolberg, Goethe ꝛc. 8. Quedlinb. 820. Basse. 1 ꝑ

**Taschenbuch** d. **Erfahrung f. gebildete Leser. Hg.: Ehrenhaus.**
**1804.** VI, 313 S.
1805. 278 S.
Schwerin. **Goed. VIII, 62, 73.**

—— der neuesten ärztlichen Erfahrungen aus allen Zweigen der Arzneiwissenschaft, s. Meyer, G.

—— der neuesten ärztlichen Erfahrungen aus allen Zweigen der Arzneiwissenschaft. Hrsg. von G. Meyer. 2. Bdchn. gr. 8. (292 S.) Nördlingen 849, Beck'sche Buchh.
1—3. Bdchn. Ebendas. 1842—46. 1 Thlr. 23 Ngr.

— der Erfindungen. Leipz., (W. Rauck), s. K. Renat. Müller.

Taschenbuch d. Erfindungen z. Belehrung u. angenehmen Unterhaltung f. Kinder.
(o. J.)
Leipzig.

**Taschenbuch** der Erfindungen; zur Belehrung und angenehmen Unterhaltung . . . Leipzig 1797. V: *Lucius, Carl Friedrich.* (MI.)

— d. Erfindungen, z. Belehr. u. angenehm. Unterhaltung f. Kinder. 12. Lpz. Sommer. 808.

— — derselben, zur Belehrung u. angenehmen Unterhaltung f. Kinder. 12. Ebend. 811. -

— der Erfindungen, z. Belehrung u. z. angenehmen Unterhaltung f. Kinder. 16. Leipz. Sommer. 815. -

— — d. Erfindungen. Für Kinder zur Belehrung. Neue Aufl. 8. Leipzig, Sommer. 820. — 10

*Taschenbuch* aller merkwürdigen Ereigniße in und außer meinem Vaterlande.
Von J[ohann] G[eorg] Heinritz.
Bayreuth: Höreth (Dru.)
1809.
*Ff, 1:50*

— f. die Erhaltung u. Verbesser. der Schönheit. 8. Stuttg. 803. (Sonnewald). 12 gr.

— — für die Erhaltung und Verbesserung der Schönheit. Stuttgart. Magazin f. Litteratur, 1804. 8°. (1/4 Rthl.)

— zur Erheiterung für Freunde des Scherzes, s. Superbe Kurzweil.

— — zur Erheiterung für Freunde des Scherzes. Schwarm Berliner, Wiener und Hamburger Spaßvögel von jeder Farbe und Geschlecht. Aufgejagt von Superbe Kurzweil, Magister der freien Künste. Mit 1 color. Kpfr. Hamburg u. Itzehoe (1833), Schuberth u. Niemeyer. 12°. 6 Bog. (Velinp. 9 ggr.)

—— zur Erheiterung für Freunde d. Scherzes. Schwarm Berliner, Wiener u. Hamburger Spaßvögel von jeder Farbe u. Geschlecht. Aufgejagt v. Superbe Kurzweil. 1. u. 2. Aufl. (à 6 B. u. 1 ill. Ttlkpfr.) 12. Hamburg (833, 35,) Schubert u. Niemeyer.

—— dass. Neue Samml. 12. (6 B. u. Ttlkpfr.) Ebds. 834.

—— zur Erheiterung f. Freunde d. Scherzes. Schwarm berliner, wiener u. hamburger Spaßvögel v. jed. Farbe u. Geschlecht. Aufgejagt von Superbe Kurzweil. Neueste Samml. (3. u. 4. Bdchn.) 12. Hamburg, [Schuberth u. Comp.] [3. (6 B. u. Ttlkpfr.) 836., 4. (4¾ B. u. Ttlkpfr.) 839. à ⅙ Thlr.]
(1. u. 2. Bdchn.) Ebendas. 1835, 36. à 9 Gr.

— zur Erheiterung für Freunde des Scherzes. Schwarm Berliner, Wiener u. Hamburger Spaßvögel von jeder Farbe u. Geschlecht. Aufgejagt von Superbe Kurzweil. (5. Bdchn.) Neueste Sammlung. (Mit 1 Kupfer.) 18. Hamburg 844, Niemeyer. ¼ ℛ

— der Erinnerung, Freundschaft und Liebe heilig. Ein Stammbuch mit 60 auf den Schnitt vergoldete Blätter vom feinsten Velinpapier, gestoch. Titel u. allegor. Umschlag in Futteral. 3e, mit einer Anzahl bunter Blätter f. die besten Freunde versehene, Aufl. qu. 8. Coburg 835. Riemann. n ⅔ ℛ — 4e Aufl. Mit 60 farbig. Goldschnittblättern, Titelkpfr. u. Titel in Golddruck. qu. 16. Ebd. 840. ¾ ℛ

Taschenbuch für mineralogische Excursionen in die umliegende Gegend von Jena. Entworfen von A[ugust] J[ohann] G[eorg] C[arl] Batsch . . .
Weimar: Industrie-Compt. 1802. 11 Bl., 361 S. 12°

— für Eß- u. Trinklustige. Mit Kpf. 12. Leipz., Joachim. 10 gr.

Taschenbuch für topographische Excursionen in die umliegende Gegend von Jena. Entworfen v. A[ugust] J[ohann] G[eorg] C[arl] Batsch . . .
Weimar: Verl. d. Industrie-Compt. 1800. 5 Bl., 253 S., 1 Falt-Kt. nebst 1 losen Falt-Kt. 12°

— für Fähnriche u. Fahnenjunker. Ein Rathgeber für den angeh. Offizier. Hrsg. v. Schaarschmidt. 2. wesentlich verm. u. umgearb. Aufl. Ausg. Herbst 1901/02. 12. (VIII, 288 S.) Oldenburg, G. Stalling's Verlag. n. 2. 40; geb. in Leinw. n. 2. 75
Vergl.: Jahrbuch f. Fähnriche u. Fahnenjunker.

— f. Fähnriche u. Fahnenjunker. Ein Ratgeber f. den angeh. Offizier. Hrsg. v. Schaarschmidt. Ausg. 1906/07. (VIII, 264 u. 42 S. in 16.) kl. 8. Oldenburg, G. Stalling's Verl. Geb. in Leinw. n. 2. 75

— für Fähnriche u. Fahnenjunker. Ein Ratgeber f. d. angeh. Offizier. Hrsg. v. Schaarschmidt. Ausg. 1909/10. (XVI, 272 u. 42 S.) kl. 8. Oldenburg, G. Stalling's Verl. Geb. in Leinw. 2. —

— für Familien, zur Beförder. des häusl. u. ehel. Glücks. 12. Frankf. a. M. 803. Behrens. 10 gr.

Taschenbuch für die k. und k. Feld-Artillerie. Bearbeitet und herausgegeben von Anton Korzeń und Ludwig David. 4. neu bearbeitete Auflage. Wien. 1899. Selbstverlag. In Comm. Seidel & Sohn. 16°. VII, 310 S. Mit 1 Tafel. Geb. fl. 2.20

**Taschenbuch** über den gesamten Felddienst. Für Unteroffiziere ꝛc. Von einem bayer. Offizier. Augsburg 1833. 246 S.

—— für den Felddienst und die Herbstübungen der Infanterie. Nach den neuesten Bestimmungen bearb. von einem Frontoffizier. 16. (VIII, 104 S.) Brieg 882, Bänder. geb. *
—— dass. — 16. (102 S.) [Leipzig 881, Mathis.] Brieg, Bänder. geb. in Leinw. *

—— für die k. k. österreichischen Finanz- und Steuerbeamten 1881—1885. 1.—5. Jahrg. 16. (à Jahrg. ca. 230 S.) Wien, Perles. geb. à Jahrg. *

—— für die k. k. österreichischen Finanz- und Steuerbeamten und die k. k. Finanzwache. 1888 und 1889. 8. und 9. Jahrg. 16. (III, 195; III, 194 S.) Wien, Perles. geb. à Jahrg. *

**Taschenbuch** für die k. k. österr. Finanz- u. Steuerbeamten u. die k. k. Finanzwache. 1890. X. Jahrg. 16. (200 S. mit Notizblättern.) In Lwd. geb. 1.50
Wien: Perles.

**Taschenbuch** für die k. k. österr. Finanz- u. Steuerbeamten und die k. k. Finanzwache 1891. XI. Jahrg. 16. (196 S. u. Notizblätter.) In Lnwd. geb. 1.50
Wien: Perles.

**Taschenbuch** für die k. k. österr. Finanz- und Steuerbeamten und die k. k. Finanzwache. 1892. XII. Jahrgang. 16. (212 S. mit Notizblättern.) In Lwd. geb. 1.50
Wien: Perles.

**Taschenbuch** für die k. k. österr. Finanz- und Steuerbeamten und die k. k. Finanzwache. 1893. XIII. Jahrg. Taschenf. (220 S. mit Notizblättern.) Geb. 1.50
Wien: Perles.

**Taschenbuch** für die k. k. österr. Finanz- und Steuerbeamten und die k. k. Finanzwache. 1894. XIV. Jahrg. Taschenf. (224 S. mit Notizblättern.) Geb. 1.50
Wien: Perles.

**Taschenbuch** für die k. k. österr. Finanz- und Steuerbeamten und die k. k. Finanzwache. 1895. XV. Jahrg. 16. (236 S. mit Notizblättern.) In Lnwd. geb. 1.50
Wien: Perles.

**Taschenbuch** für die k. k. österr. Finanz- und Steuerbeamten und die k. k. Finanzwache. 1896. XVI. Jahrg. 16. (236 S. mit Notizblättern.) In Lnwd. geb. 1.50
Wien: Perles.

**Taschenbuch** für die k. k. österr. Finanz- und Steuerbeamten und die k. k. Finanzwache. 1897. XVII. Jahrg. 16. (236 S. mit Notizblättern.) In Lnwd. geb. 1.50
Wien: Perles.

— f. d. k. k. österr. Finanz- u. Steuerbeamten u. d. k. k. Finanzwache. 1897/98. 18. Jahrg. 2. Ausg. 16. (III, 232 S.) Wien, M. Perles. Geb. in Leinw. n. 3.—

— für die k. k. österr. Finanz- u. Steuerbeamten u. die k. k. Finanzwache. 1898/99. 19. Jahrg. gr. 16. (III, 232 S.) Wien, M. Perles. Geb. in Leinw. n. 3.-

**Taschenbuch** der Deutschen und Schweizer Flora, enthaltend die genauer bekannten Pflanzen, welche in Deutschland, der Schweiz, in Preussen und Istrien wild wachsen und zum Gebrauche der Menschen in grösserer Menge gebauet werden, nach dem DeCandollischen Systeme geordnet, mit einer vorangehenden Uebersicht der Gattungen nach den Classen und Ordnungen des Linneischen Systemes, bearb. v. . . . Wilh[elm] Dan[iel] Jos[ef] Koch . . .
Leipzig: Gebhardt & Reisland 1844. LXXXII, 604 S. 8°

**Taschenbuch** für Forst- und Jagdfreunde für das Jahr . . . hrsg. v. L[udwig] C[arl] E[berhard] H[einrich] F[riedrich] von Wildungen (1807 ff.: u. P[hilipp] L[udwig] Bunsen). ([Mit Kupf. v.] L[udwig Karl Eberhard Heinrich Friedrich] de Wildungen,, C[arl Christian] Kehrer, [Johann Konrad u. Johann Theodor] Susemihl [u. a., gest. v.] G[ottlieb] Boettger senior [u. a.].)
Marburg: Neue academ. Buchh. [1799—1812]. 12°
[Kupfert.]
*Anf.* s. Neujahrsgeschenck für Jagd- und Forstliebhaber.
1800: [1799.] VIII S., 1 Bl., 278 S., 1 Titelkupf., 7 kol. Kupfertaf.
1801: [1800.] VIII S., 1 Bl., 262 S., 3 Bl., 1 Titelkupf., 8 Kupfertaf. davon 6 kol.
1802: [1801.] 8 Bl., IV, 201 S., 1 Bl., 1 Titelkupf., 6 kol. Kupfertaf.
1803/1804: [1803.] 12 Bl., 222 S., 2 Bl., 1 Titelkupf., 6 kol. Kupfertaf.
1805/1806: [1805.] 1 Bl., 220 S., 1 Bl., 8 S., 1 Bl., 1 Titelkupf., 6 kol. Kupfertaf.
1807: (1806.) VIII, 181 S., 2 Bl., 1 Titelkupf., 6 Kupfertaf. davon 4 kol., 1 Notenbl.
1808: [1807.] VIII, 175 S., 1 kol. Titelkupf., 6 Kupfertaf. davon 4 kol., 1 Notenbl.
1809—1812: [1812.] VIII, 184 S., 1 Bl., 1 Titelkupf., 6 kol. Kupfertaf.

*Forts.* s. Sylvan. 1813 ff.

*Taschenbuch* für Forst- und Jagdfreunde für das Jahr . . . Hrsg. v. L[udwig] C[arl] E[berhard] H[einrich] F[riedrich] von Wildungen.
[Mit z. T. kolor. Kupfern.]
Marburg: Neue acad. Buchhandlg
1800. 1801 (3. Aufl. 1824). 1802–1809/12.
Anf. u. d. T.: Neujahrsgeschenk für Jagd- und Forstliebhaber. 1794 ff.
Forts. u. d. T.: Sylvan. 1813 ff.
*Ff, 1:101*

— f. Forst- und Jagdliebhaber, s. a. F. G. Leonhardi Forst- u. Jagdcalender rc.

— für Forst- u. Jagdliebhaber; hrsgg. v. L. K. v. Wildungen, für die J. 1794—1808. Mit Kpf. 12. u. 8. Marb., Krieger. Hbg. Pr. 8 ℳ — Jahrg. 1809—12. 8. Ebd. Hbg. Pr. 1 ℳ 16 ℊ (NB. d. J. 1807 gab er mit D. P. L. Bunsen heraus). Fortsetzung, s. Sylvan.

— f. Forst- u. Jagdliebhaber, herausgegeben von Ritter v. Wildungen, ub die Jahre 1803 u. 4. neue Aufl. 8. Cassel r. Ebend. 812.

— für angeh. Forstmänner, zur Anwendung in der Folge bei der Auswahl der Bau- u. Baumhölzer zu Schiffsbauten, zu Staab-, Nutz- u. Schirrhölzen. Mit 8 Kpf. gr. 8. Potsd. 821. Horvath. 18 ℊ

— fur Forst- u. Jagdmänner. Das Wissenswürdigste aus dem Forst- u. Jagdwesen; insbesondere aus der Preuß. Forst- u. Jagdgesetzgebung der letzten Jahre. [Abdruck aus dem Forst- u. Jagdkalender f. Preußen. 1. Jahrg.] 16. (IV u. 131 S.) Leipzig 852, Spamer. n. 1/3 ℳ

— für Forst- und Jagdmänner. Das Wissenswürdigste aus dem Forst- und Jagdwesen: insbesondere aus der preuß. Forst- und Jagdgesetzgebung der letzten Jahre. II—V. (Jahrg. 1852—55.) 16. Leipzig, Spamer. à Jahrg. *
Aus: Forst- und Jagdkalender für Preußen, besonders abgedruckt.
1. Jahrg. 1851. Ebendas. * 10 Ngr.

— für Forst- und Jagdmänner. Das Wissenswürdigste aus dem Forst- und Jagdwesen; insbesond. aus der preuß. Forst- und Jagdgesetzgebung der letzten Jahre. VI. und VII. 16. (VII. 72 S.) Leipzig 857, Spamer. à Jahrg. *

— dass. — VIII—XI. 16. (80 S., 93 S., 90 S., 97 S.) Berlin 858—61, Springer's Verlag. à Jahrg. *
Sind sämmtlich aus: Forst- und Jagdkalender für Preußen, besonders abgedruckt.

—— für Forst- und Jagdmänner. Das Wissenswürdigste aus dem Forst- und Jagdwesen; insbesond. der preuß. Forst- und Jagdgesetzgebung der letzten Jahre. 12.—17. Jahrg. 16. (à Jahrg. ca. 90—130 S.) Berlin 862—67, Springer's Verlag. cart. à Jahrg. *
Aus: Forst- und Jagdkalender für Preußen, besonders abgedruckt.

Taschenbuch für Forstwirthe und Forsttaxatoren von Joseph Sintzel . . .
Nürnberg: Riegel & Wießner 1828. IV, 94 S. 4°

— des ärztlichen Fortbildungs-Unterrichtes im deutschen Reiche. Ostern 1896. Zusammengest. nach e. Umfrage bei d. medizin. Fakultäten im deutschen Reiche. (Von W. Becker.) 12. (57 S.) Leipzig 895. G. Thieme. n. 1. —

— über die Fortschritte der physikalisch-diätetischen Heilmethoden (Hydro-, Electro- u. Balneotherapie, Gymnastik, Massage, Diätotik etc.), hrsg. v. Schilling. 1. u. 2. Jahrg. 12. (XV, 214 u. XV, 212 S.) Leipzig 901. 902. B. Konegen. à n. 3. —; geb. in Leinw. à n. 3. 60

— der Fortschritte der physikalisch-diätetischen Heilmethoden, hrsg. von Schilling. 3.—6. Jahrg. 12. Leipzig, B. Konegen. n. 10. 80; geb. in Leinw. n. 13. 20
3. (XIX, 235 S.) 903. n. 3. —; geb. n. 3. 60
4. (XIX, 236 S.) 904. n. 3. —; geb. n. 3. 60
5. (XXIV, 216 S.) 905. n. 2. 40; geb. n. 3. —
6. (XXIV, 305 S.) 906. n. 2. 40; geb. n. 3. —

— der Fortschritte der physikalisch-diätetischen Heilmethoden. Von F. Schilling. 7.—10. Jahrg. (XXIV, 256; XXII, 274; XXIII, 244 u. XXIV, 312 S.) kl. 8. Leipzig 907—10. B. Konegen. 3.—; geb. in Leinw. 3. 60

— über Fracturen u. Lurationen f. angeh. Wundärzte. 8. Berl. 805. Haude u. Sp. 12 gl

— von Frankfurt am Main. Ein Führer f. Fremde u. Einheimische. 16. Frkf. a. M. 827. Fr. Wilmans. 1 ß Mit 39 ill. Krf. u. 1 Pl. 8 ß 16 gl

—— für Frankreich u. Deutschland, für d. J. 1834; hrsg. v. d. National-Gesellschaft v. Frankreich. 16. (8¾ B. u. viele Holzschn.) Leipzig, Allgem. Niederländ. Buchh.

Taschenbuch für edle teutsche Frauen mit Kupf. ([von] W[ilhelm] Arndt [u. Musik v. Anton] Beczwarzowsky) 1802.
Leipzig: Heinr. Müller [1802]. 10 Bl., 342 S., 1 Bl., 1 Titelkupf., 3 Kupfertaf., 1 Notenbl. 12°
[Kupfert.]

— f. edle deutsche Frauen, enth. Erzählungen, Geschichten, Gemälde, Abhandl. über Küche, Kocherey ꝛc. m. K. 2 Bde. 12. Leipz. H. Müller (Sommer) 802. gebund.

— für edle deutsche Frauen, enthalt. Erzähll., Geschichten, Gemälde, Abhandll. über Küche, Kocherei ꝛc. 2 Bde. Mit Kpf. 12. Leipz. 802. (W. Nauck). 2 ß geb. 3 ß

*Taschenbuch* für edle Frauen u[nd] Mädchen.
Carlsruhe: C. F. Müller;
Leipzig: Jakobäer in Comm.
(Jg. 7.) 1807: Mit Kupfern v. [Johann Caspar] Weinrauch.
*Ff, 1:134a*

— f. Frauen, f. Frauentaschenbuch.

**Taschenbuch** für das Frauenzimmer, für die Jahre 1779[—84]. Berlin. H: *Müchler*, *Carl Friedrich.* (ErschDL) (MGT) (Ky)

Taschenbuch fürs Frauenzimmer a. d. J. . . . . . Hg.: K. Müchler.
1779.
1780. M. Titelk. (D. Chodowiecki) 1 Portr. u. 1 Vign.
1781. M. Titelvign.
1782.
1783. M. 1 Kpf. (Meil.) 1 Titelvign. u. 1 Bl. Mus.
1784.
Berlin.

— für Frauenzimmer, auf die J. 1779—84; (hrsgg. v. K. F. Müchler). 12. Berl., Lange. (à 8 gl) 2 ß

**Taschenbuch** für Frauenzimmer auf das J. 1797. Marburg 1797. H: *Dambmann*, *Georg Peter.* (MGT)

— für Frauenzimmer, auf die J. 1800, 1801 u. 1802. 12. Gotha, Ettinger. (à 16 gl) 2 ß

— für Frauenzimmer, v. Eulalia Gutwill. Mit Kpf. 12. Leipz. 811, auch 816. (W. Nauck). 1 ß 12 gl

— f. Frauenzimmer, von Eulalia Gutwill. Mit K. 12. Leipz. Sommer. 811.

— f. Frauenzimmer, z. Beförder. d. Reinlichkeit u. d. daraus folgenden Gesundheit ꝛc. 8. Wesel, Bagel. (Hemmerde u. Sch. in Halle.)

Taschenbuch für Frauenzimmer von Bildung auf das Jahr . . . (hrsg. v. C[hristian] L[udwig] Neuffer). Mit Kupf. v. [Daniel] Chodowie(c)ky, [Abraham Wolfgang] Küffner [richtig: Küfner] u. [A. L.] D'Argent.
Stuttgart: Joh. Frid. Steinkopf (1798—1799). 16°
[Kupfert.]
1799: (Mit Kupf. aus Göthe's: Herrmann und Dorothea.) 1798. 15 Bl., XVI, 313 S., 7 Kupfertaf.
1800: 1799. 12 Bl., XXIV, 295 S., 7 Kupfertaf., 2 Tab.

— — dass. zur Unterhaltung u. Belehrung. Mit 13 K. 12. Ebend. 811.

— für Frauenzimmer, zur Unterhaltung u. Belehrung. Mit 13 Kpf. 12. Leipz. 814. (W. Nauck). 1 ß

— — dass. mit K. Ebend. 815.

— oder Frauenzimmertoilettengeschenk für 1795. f. K. Müchler Toilettengeschenk f. Damen.

**Taschenbuch** für Brüder Freymaurer auf das Jahr 1784. Hrsg. zum Vortheil der Armen [von Joh. Bapt. v. Alxinger]. [Wien: Gassler 1784.] 175 S. 8°
[Dasselbe.] [Nachdr. Ohne d. Angabe: Hrsg. z. Vorth. d. Armen. Frankfurt 1784.] 120 S. 8°
[Dasselbe.] [Nachdr. Wien: Wucherer 1784.] 120 S. 8°
Recens: Frmr.-Bibliothek. 3 (1785) S. 103—108; 2. Aufl 1793.

**Taschenbuch** für Brüder Freymaurer auf das Jahr des Lichts 5794 [Hrsg. von Phil. Jak. Hillebrandt.] Hildesheim [1794]: Schlegel. XII S. 10 Bl. 76 S. 8⁰
[Darin:]
[1.] Taschen-Kalender auf d. J. 1794.
[2.] Verzeichn. bekannter Frmr.-Logen auf d. J. 5794.
Kl. 120, Tt. 246. Selten.

**Taschenbuch** für Brüder Freimaurer enthaltend sämmtliche mit der g. und v. St. Johannis-Loge Pforte zur Einigkeit i. Orient v. Hildesheim theils correspondirende, theils derselben seit 5794 bekannt gewordenen Logen. Hildesheim 1796. H: *Hillebrandt, Philipp Jacob.* (KI 120) (wolfstieg I, 235) Vgl. IV, 4659.

**Taschenbuch** für Freimaurer auf das Jahr 1798—1805. Cöthen: Aue [1798—1805]. 8⁰ [Kupfertit.]
[Nebentit.]: Jahrbuch der Maurerey. Bd. 1—7.
[1.] 1798. XVI, 400 S 5 Kpfr. 1 Notenbeil.;
[2.] 1799. VIII, 32, 308 S. 4 Kpfr. 1 Notenbeil.;
[3.] 1800. VIII, 373, II S. 4 Kpfr. 1 Notenbeil.;
[4.] 1801. 367, VI S. 4 Kpfr. 1 Notenbeil.;
[5.] 1802. 473 S. 4 Kpfr. 1 Notenbeil.;
[6.] 1803. 430 S. 4 Kpfr. 1 Notenbeil.;
[7.] 1805. IV, 469 S. 3 Kpfr.
cf. f. 1803: Eleusinien. 2 (1803) S. 337—343.
Kl. 30, Tt. 242. Vertrat die Zinnendorfschen u. Fesslerschen Ideen. Wurde 1798 unter d. verbotenen Bücher gesetzt.

**Taschenbuch** für Freimaurer auf die Jahre 1826 und 1827 von [A.] K[ül]. Ms. f. Brr. Dresden: Gärtner [1826]. X, 158 S. 8⁰
Kl. 60.

**Taschen-Buch** für die Brüder Freymäurer der vereinigten Deutschen Logen auf das Jahr Christi 1777. [Hrsg. von Joh. Joach. Christoph Bode.] Mit Genehmigung der Obern. Zu finden in den Logen. Jg.] 2. [Leipzig: Göschen 1777.] 88 Bl. 8 Kupferst. 7 Bl. Noten. 8⁰
Andere Ausg. von Nr 791, Jg. 2.

**Taschenbuch** für Freimaurer und auch für solche, die es nicht sind, a. d. Ital. Frankf. a. M. 1780. Ü: *Salzmann, Frdr. Rud.* (Ky)

**Taschenbuch** für Freymäurer; und auch für solche, die es nicht sind. Aus d. Ital. Nebst einer Zugabe aus der höhern Philosophie; zum Nachdenken. Frankfurt u. Leipzig: Fleischer 1780. 88 S. 8⁰
Recens: Frmr.-Bibliothek. 2 (1782) S. 142—144.
Kl. 429, Tt. 1807. Aphorismen u. aphorist. Abhandl. a. d. Gebiete d. Philos.

— für Fremde in Dresden, die ihren Aufenthalt daselbst zweckmäßig benutzen wollen, (v. J. W. Schwarz). Mit Kpf. u. 1 Karte. 12. Dresd. 804. 2e verb. Aufl. unt. d. T.: Taschenbuch f. Fremde in Dresden, welche dessen Lage, Beschaffenheit, Gebäude u. Sehenswürdigkeiten ꝛc. kennen lernen wollen. Mit 1 Karte u. 1 Pl. 12. Ebd. 811. Beger. (Weygand). 18 gr
Mit Reiserouten. 1 rf

— f. Fremde in Dresden ꝛc. m. K. u. Plan. 12. Dresden, Beger. 810.

— — desselben 2r Thl. Beschreib. u. Wegweiser in der umliegenden Gegend, m. K. 12. Ebend. 810.
ohne Kupf.

*Taschenbuch* für Fremde in Leipzig,
welche ihren Aufenthalt daselbst
zweckmäßig benutzen wollen.
Mit einem Grundrisse der Stadt Leipzig,
und 7 Vign., nebst einem Anh., welcher
Post- u. Reiserouten v. Leipzig nach d.
vorzüglichsten Städten in Europa . . . enth.
Leipzig: Weigel 1805.
*32, 3:181*

— für Fremde in Leipzig. 8. Leipz. 808. Herzog. 1 rf

— der Freude. 16. Altenb. 805. Schnuphase. 12 gr

—— für Freude, Gemüth u. Scherz. 16. (9 B. u. 3 Stahlst.) Leipzig 840, [Herm. Fritzsche.]

—— dass. 4. Aufl. qu. 16. Ebds. 840.

— der gesell. Freude. Riga, f. Samml. angenehmer u. unterhaltend. Spiele.

§ — — der Freude und der ernstern Unterhaltung . . . . Zeiz (sic!), o. J. (c. 1800?). 8⁰. (In München: Gymn. 831.) Rar!

**Taschenbuch der Freude u. der ernsten Unterhaltung, enthalt. Anweisung zum Schach, Rathsel u. Charaden, Gesellschaftsspiele, Lieder u. Pfänderauflösungen.**
(1801). M. Kpf.
Zeitz. **Hayn-G. VII, 593.**

— der Freude u. der ernstern Unterhaltung, enthalt. Anweis. zum Schach, Räthsel u. Charaden, Gesellschaftsspiele, Lieder u. Pfänderauflösungen. Mit Kpf. 12. Zeitz 801. Webel. 8 gr

Taschenbuch für häusliche und gesellschaftliche Freuden
s.a Almanach und Taschenbuch für häusliche und gesellschaftliche Freuden.

**Taschenbuch f. häusl. u. gesellschaftl. Freuden. Hg.: C. Lang.**
1796. M. Kpf. (2 Chodowiecki). Engelmann 787/88.
1797. M. Kpf. (4 Chodowiecki). Engelmann 789/92.
1798. M. Kpf. (4 Chodowiecki). Engelmann 847/50.
1799. M. Kpf. (2 Chodowiecki). Engelmann 873/74.
1800. M. Kpf. (3 Chodowiecki). Engelmann 907/09.
1801. M. Kpf. (4 Chodowiecki). Engelmann 875, 929/31.
1802. M. Kpf. (1 Chodowiecki). Engelmann 876.
Frankfurt.

**Taschenbuch** für Freunde der römischen Autoren. Tübingen 1804. Ü: *Grimm, Dav. Chn.* (Ky)

— f. Freunde d. römischen Autoren. 1r Thl. enth. Sallusts catilinarische Verschwörung. 12. Tübing. Heerbrand. 804.

— für Freunde der röm. Autoren. 1r Thl., enthält: Sallust's catilinarische Verschwörung, übers. (v. Grimm). 12. Tübing 804. (Osiander). 9 ℊℊ

— für Freunde höherer Bildung, enthalt. e. Auswahl gelungener Denksprüche u. poet. Gedanken aus d. Werken d. vorzügl. Schriftsteller. Mit 5 Kpf. 16. Wien 827, a. 829. Pfautsch. 1 ℛ 14 ℊℊ (Liebeskind in Leipz.) 2 ℛ 6 ℊℊ

—— für Freunde höherer Bildung; enthalt. eine Samml. gelungener Denksprüche u. poet. Gedanken aus d. Werken d. vorzüglichsten Schriftsteller. (N. Ausg.) 16. (17 B. u. 5 Kpfr.) Wien 829, Pfautsch.

Taschenbuch f. Freunde d. Christentums. Auf d. J. . . . n. Christi Geburt. Hg.: J. H. Jung Stilling.
1805—1816. M. je 1 Titelk. (Portr.)
Nürnberg. Goed. IV, 271.

**Taschenbuch** für Freunde der Declamation auf das Jahr 1806. Hambg. H: *Eck, Johann Georg.* (MGT) (Ky) (GGr)

— für Freunde der Declamation für 1806, (von J. G. Eck II.) 12. Hamb., Großmann u. Horaczeck. 1 ℛ 12 ℊℊ

*Taschenbuch* für Freunde der Deklamation.
Enth. eine Auswahl v. Gedichten ernsten u. launigen Inhalts, nach den Regeln der Redekunst bearb. Hrsg. v. C[arl] F[riedrich] Solbrig.
Leipzig: Franz
Bdchn 1. [1816.] (Mit Portr. d. Hrsg. 2., verm. u. verb. Aufl.)
2. [1814.] 3. [1815.] 4. [1817.]
*Ff, 3c:38*

Taschenbuch f. Freunde d. Dichtkunst u. unterhalt. Lectüre a. d. J. . . . Von J. J. Edlen v. Huber.
1805. VIII, 216 S.
Augsburg. Goed. VIII, 63, 79.

**Taschenbuch** für Freunde in Dresden, die ihren Aufenthalt daselbst zweckmässig benutzen wollen. Dresden 1804 [1803]. V: *Schwartz, Johann Wilhelm.* (MGT) (Ky) (EngG)

— für Freunde in Dresden, welche dessen Lage, Beschaffenheit, Gebäude u. Sehenswürdigkeiten rc. kennen lernen wollen. 1r Thl. 2te Aufl. mit 1 K. u. Grundriß d. Stadt. 12. Dresd. Beger. 811. geh. mit Melferouten.

—— für Freunde religiösen Ernstes. Besteh. in gold. Wahrheiten f. jed. Tag d. Jahres. 16. (11 1/2 B.) Quedlinburg 840, Ernst'sche Buchh.

*Taschenbuch* für Freunde der Freude und des gesellschaftlichen Gesanges. (Mit Melodien der besten Tonkünstler.)
Leipzig
1798. 1799.

— für Freunde der Freude u. des gesellschaftl. Gesanges, mit Melodien der besten Tonkünstler. 12. Leipz. 808. N. Aufl. 820. (W. Nauck). 1 ℛ 4 ℊℊ

— f. Freunde d. Freude und d. gesellschaftl. Gesanges, mit Melodien d. best. Tonkünstler. 12. Lpz. Sommer. 808.

— f. Freunde der Freude u. des gesellschaftl. Gesanges, mit 57 Melodien d. besten Tonkünstler. 16. Leipz. Sommer. 815.

— — für Freunde der Freude u. des gesellschaftl. Gesanges. Nebst Melodien der besten Tonkünstler. Neue Aufl. 12. Leipzig, Sommer. 820.

**Taschenbuch** für Freunde und Freundinnen der Musik. Nürnberg 1786. H: *Martius, Joh. Fr.* (Ky 4/38) (Biblport)

**Taschenbuch** für Freunde und Freundinnen des Nachdenkens. Frankf. u. Leipzig 1787. V: *Ehrmann, Theophilus Friedrich.* (Ky) (MGT)

— f. Freunde u. Freundinnen des Nachdenkens (v. Th. Fr. Ehrmann). 8. Frankf. 787. (König in Straßb.) 4 ℊℊ

Taschenbuch f. Freunde u. Freundinnen des Schönen a. d. J. . . . .
1811—1814. M. Kpf. — Titelauflagen von: Taschenbuch, Heidelbergisches.
Mannheim. Goed. VIII, 69, 117 u. 78, 140.

— f. Freunde u. Freundinnen des Schönen, auf die J. 1812—1814. Mit Kpf. gr. 16. Manh., Löffler. 4 ℛ 3 ℊℊ

Taschenbuch für Freunde und Freundinnen des Schönen und Nützlichen, besonders für edle Gattinnen und Mütter und solche die es werden wollen s. a. Leipziger Taschenkalender.

Taschenbuch f. Freunde u. Freundinnen d. Schönen u. Nützlichen, besonders f. edle Gatinnen u. Mütter u. solche, die es werden wollen. A. d. J. . . . . Hg.: Fr. Herrmann.
1805. M. 9 Kpf. u. 3 Bl. Stickm.
Leipzig.

— f. Freunde u. Freundinn. d. Tanzes. 2 Thle. s. a. Kattfuß Choreographie.

Taschenbuch f. Freunde u. Freundinnen d. Tanzes. Hg.: J. H. Kattfuss
(1800). M. 3 Tanzt.
Leipzig.

— f. Freunde d. Gebirgskunde. 8. Götting. Vandenhök. 798.

— für Freunde vaterländ. Gegenden, s. a. Streifzüge, malerische, durch die interessantesten Gegenden um Wien.

**Taschenbuch** für Freunde schöner vaterländischer Gegenden. . . . Wien 1805. V (1 u. 2): *Wiedemann, Joseph Georg.* V (3 u. 4): *Fischel, Maximilian.* (GGr) (MGT)

Taschenbuch für Freunde schöner vaterländischer Gegenden. Vom Verfasser der Streifzüge nach Venedig und Istrien ([d. i. Josef Georg] Widemann [u. Maximilian Fischel, mit Kupf. v.] J[ohann] Blaschke.)
Wien: Doll 1805—1806. 8°
[Kupfert.]
[Nebent.:] Mahlerische Streifzüge durch die interessantesten Gegenden um Wien.
1: 1805. 152 S., 6 Kupfertaf.
2: 1806. 256 S., 6 Kupfertaf. [*Fehlende Kupfert. durch Fotokopien ergänzt; Kupfertaf. fehlen.*]

Taschenbuch für Freunde der Geologie. In allgemein faßlicher Weise bearb. v. Karl Cäsar v[on] Leonhard.
Stuttgart: E. Schweizerbart 1845—1847. 8°
1: 1845. XII, 239 S., 2 Taf.
2: 1846. X, 248 S., 3 Taf.
3: 1847. 1 Bl., IX, 248 S., 2 Taf.

**Taschenbuch** für Freunde des Gesanges. Stuttgart 1795—96. H: *Rüdiger, Johann Christian.* (Erman & Horn, Bibliogr. d. dtsch. Univers. 1. Leipz. u. Berl. 1904.)

— f. Freunde des Gesanges, z. Gebrauch bei frohen Mahlen, bei Wein u. in traulichen Zirkeln. 2 Thle. 8. Stuttg. 796. Steinkopf. (1r, 8 gr 2r, 10 gr) 18 gr Melodien z. 1n Thl. 16 gr

**Taschenbuch** für Freunde der vaterländischen Geschichte mit statistischen Notizen . . . Bayreuth 1823. V: *Heinritz, Joh. Georg.* (Ky)

— f. Freunde der vaterländ. Geschichte, mit statist. Notizen rc. (v. J. G. Heinritz). Mit 4 Kpf. u. 1 Taf. 8. Bayreuth 823. Verfasser. (186 S.)

— f. Freunde d. Geschichte des griech. Volkes älterer u. neuerer Zeit. 1r u. 2r Jahrg. 1823 u. 24. Hersgg. v. A. Schott u. M. Mebold. Mit Steindr., Musikbeil. u. 1 Karte. gr. 12. Heidelb., Winter. 3 rthl 9 gr Wohlf. Ausg., s. Beiträge zur Geschichte d. griech. Volks.

**Taschenbuch** für Freunde der Gesundheit. Berlin 1784. H: *Uden, K. F.* (schaper 63/1477) (biblport)

— f. Freunde edler Grundsätze f. 1792 (von Jh. Gf. Bremer). 16. Berl., Matzdorf. 18 gr

— f. Freunde d. Guten u. Schönen, z. Unterhaltung u. Belehr. Mit 1 Kpf. u. 6 Ansichten v. Rheingegenden nebst Musikbl. gr. 8. Kreuzn., Kehr. 2 rthl

Taschenbuch für die Freunde des hiesigen Hoftheaters. ([Ab 1816:] Theaterkalender für die Freunde des hiesigen Hoftheaters. [Ab 1820:] Theaterkalender für die Freunde des hiesigen Hofoperntheaters ([ab 1824:] Hof-Opern-Theaters). [Ab 1829:] Taschenbuch für die Freunde des hiesigen Hof-Opern-Theaters.) Herausgegeben von J. A. Moll. ([ab 1813:] A. Moll, [ab 1828:] J. K. Hainzfeld.) Darmstadt 1812–1825; 1828–1830.

— f. 1801. f. Freunde d. scherzhaften und angenehmen Lecture, m. Beytr. v. C. L. Pfeffel, Buri, Caroline Maisch und Wilhelmine Müller, m. K. 12. Pforzheim, Müller.

— für Freunde der Lichtbildkunst auf d. J. 1895. Hrsg. v. J. Goffel. 1. Jahrg. gr. 16. (336 S. m. Abbildgn., 1 Lichtdr. u. 2 Tab.) Hildburghausen 894. F. W. Gadow & Sohn. Geb. in Leinw. n. — 80

— f. Freunde d. Lichtbildkunst auf d. J. 1897. Hrsg. v. J. Goffel. 3. Jahrg. gr. 16. (IV, 295 S. m. Abb., 1 Bildn. u. 2 Tab.) Aachen, A. Jacobi & Co. Geb. in Leinw. n. 1. —

Taschenbuch für Freunde und Liebhaber der allgemeinen Weltkunde auf das Jahr . . . [Hrsg.: Johann Heinrich Fritsch.]
Quedlinburg: Friedr. Jos. Ernst 1797—1798. 8°
1798 [Nebent.]: Almanach für Liebhaber der Weltkunde.
1798: 1797. 4 Bl., 288 S., 5 Kupfertaf.
1799: 1798. XVI, 315 S., 5 Kupfertaf.

**Taschenbuch** für Freunde und Liebhaber der allgemeinen Weltkunde auf das Jahr 1801. Quedlinburg 1801. H: *Fritsch, Johann Heinrich.* (Ky) (MGT)

**Taschenbuch für Freunde der deutschen Literatur in Rußland für das Jahr 1802.** Riga und Leipzig 1862

— f. Freunde der deutschen Literatur in Rußland, f. d. J. 1802. (v. Benj. v. Bergmann). Enth. die Geschichte des Malteserordens. 8. Riga, (Meinshausen). 16 gr

— f. Freunde altnord. Musik u. Poesie f. 1814.
Auch unt. d. Titel:
Sander, L. C., Auswahl altdän. Heldenlieder u. Balladen. 8. Copenh. Bonnier. 816. in Futt. - fein Pap.

—— Freunden der Natur gewidmet. 16. (8 B.) Magdeburg 834, Creutz.

*Taschenbuch* für Freunde der Natur und Alterthumskunde
s. Die *Umgebungen* von Muggendorf.

— f. Freunde d. Obstbaues. 8. Biberach, 1805. — 7½

*Taschenbuch* für Freunde der Poesie des Südens.
Berlin: Hitzig [o. J.]
I. [Enth.: La Numancia, tragedia de Miguel de Servantes [Cervantes] Saavedra u. dt. Übers.]
*Dd, 9:10*

**Taschenbuch f. Freunde d. Poesie des Südens.**
(1809). 1. (einz.) Teil.
Berlin. **Goed. VIII, 69, 122**

— f. Freunde d. Poesie des Südens. 1r Thl. 16. Berl. 809. (Dümmler). 18 gr

**Taschenbuch für Freunde d. Privattheaters, (von Fr. Rochlitz). 12. Leipz. 795. (oder Lustspiele für Privattheater) N. A. 8. Leipz. 800. (Rauck). 16 gr**

— f. Freunde d. Privattheaters. (hatte sonst d. Tit. Lustspiele f. Privattheater.) 8. Lpz. Sommer. 800. — 12

*Taschenbuch* für Freunde des Privattheaters . . . von Carl Eduard Mannsfeld.
Weimar: Voigt 1839.
*Dd, 3:598d*

Taschenbuch für Freunde der Reitkunst hrsg. v. C[hristoph] Klatte . . .
Breslau, Leipzig: Ernst Wilh. Buchheister [1807]. 1 Bl., 92, 53, 47, 63 S., 1 Bl., 5 Kupfertaf. davon 2 kol. 16°
*Auch u. d. T.:* Castor und Erichthon.

**Taschenbuch** für Freunde des Riesengebirgs auf das Jahr 1799. Hirschberg [1798]. V: *Fischer, Johann Carl Christian.* (MGT) (Ky) (GGr) »[1797]« (Nent)

— für Freunde des Riesengebirges, auf das J. 1799, (v. J. K. W. Fischer). Mit 5 Kupf. u. 1 Karte. 12. Hirschb. (798.) Fuchs u. Sohn.

Taschenbuch f. Freunde d. Scherzes u. d. Satire. Hg.: 1797—1803 — J. D. Falk. 1804 — J. Eremita (J. Ch. Gretschel.)
1797. M. 1 Kpf. u. 3 Musikb.
1798. M. 2 Kpf. u. 1 Musikb.
1799.
1800. M. 1 Kpf.
1801. M. 1 Kpf.
1802. M. 1 Kpf.
1803. M. 12 Kpf.
Forts. s. u.: Grotesken, Satyren u. Novitäten.
S. a.: Taschenbuch, Neues, f. Freunde d. Laune, d. Scherzes u. d. Satyre.
Leipzig u. Weimar. Goed. VIII, 48, 7 a.

Taschenbuch für Freunde des Scherzes und der Satire. Hrsg. v. J[ohann] D[aniel] Falk ([Jg 8/]1804: fortges. v. Janus Eremita [d. i. Johann Christoph Gretschel]).
Leipzig: Sommer 1797—1804. 12°
Jg 5/1801—7/1803 [Nebent.]: J. D. Falks neueste Kleine Schriften. Bd. 1—3.

[1/]1797: 1 Bl., 336 S., 1 Tit.-Faltkupf., 3 Notenbl.
[2/]1798: XX, 323 S., 2 Bl., 1 Tit.-Faltkupf., 1 Notenbl.
[3/]1799: 10 Bl., 366 S., 19 Bl., 10 S.
[4/]1800: 1 Bl., 389 S., 1 Bl., 8 S., 1 kol. Tit.-Faltkupf.
5/[1801]: XVIII, 398 S., 1 Bl. [*Kupf. fehlt.*]
6/ 1802: 1 Bl., XVI, 344 S. [*Kupf. fehlt.*]
7/ 1803: 1 Bl., XIV, 396 S., 1 kol. Titelkupf.
[8/]1804: 1 Bl., LVI, 512 S., 12 kol. Kupfertaf.

*Taschenbuch* für Freunde des Scherzes und der Satire. Hrsg v. J[ohann] D[aniel] Falk. [Mit z. T. farb. Kupf.]
Leipzig: Sommer 1797 . . . 1800.
Weimar: Verl. d. Industrie-Comptoirs 1801 . . . 1803.
(Jg. 1.) 1797. 4. 1800. 5. (1801). 7. 1803.
*Dd, 4:143*

Taschenbuch für Freunde des Scherzes und der Satire. Herausg. v. J. D. Falk. Fünfter Jahrgang. Mit einer Caricatur. Weimar, im Verlage des Industrie-Comptoirs. 1801. 12°. (7 Mk. 50 Pfg. cart., unbeschnittenes sauberes Exemplar. Wilh. Jacobsohn & Co., Breslau. 1911.)
Goedeke VIII. S. 48. 7a. — No. 2. Vertraute Briefe über Friedrich Schlegels Lucinde.

— f. Freunde des Scherzes u. d. Satyre, angefangen v. J. D. Falk, fortges. v. Janus Eremita. Mit 12 ill. Kpf. 12. Leipz. 804. (W. Nauck). 1 ℛ 18 ℊ

— f. Freunde des Scherzes u. d. Satyre, angef. v. J. D. Falk, fortges. v. Janus Eremita, mit 12 illum. K. 12. Lpz. Sommer. 804.

**Taschenbuch** für Freunde des Scherzes und der Satire. Germanien 1817. V: *Falk, Johann Daniel.* (Wr)

Taschenbuch f. Freunde d. Schönen u. d. Unterhaltung.
(o. J.) M. 7 Kpf. u. 2 Musikb.
Leipzig. Goed. VIII, 66, 113.

— für Freunde des Schönen u. der Unterhaltung. Mit 7 Kpf. 12. Leipz. 808. N. A. 811. (W. Nauck). 1 ℛ 8 ℊ

— für Freunde des Schönen u. d. Unterhaltung, m. 7 K. 12. Leipz. Sommer. 808.

— f. Freunde d. Wahrheit, s. v. Wehren.

— f. Freunde der allgem. Weltkunde, f. die J. 1798, 1799 u. 1801, (von J. A. Fritsch). Mit Kpf. 8. Quedlinb., Ernst. 3 ℛ 8 ℊ

Taschenbuch f. Freunde des Witzes u. d. Laune z. Nutzen u. Vergnügen f. freundschaftl. Zirkel, m. K. 1r Jahrg. 8. Berlin, Dehmigke d. jüng. 811. Nicolai.

**Taschenbuch** für Freunde altdeutscher Zeit u. Kunst für das Jahr 1816. Köln [1815]. H: *Carové, Friedrich Wilhelm & Ebhard v. Groote.* (GGr) (Ky) (EE) (BrMm) H: *Fochem.* (MGT)

Taschenbuch für Freunde altdeutscher Zeit und Kunst auf das Jahr 1816. [Hrsg.: Eberhard von Groote u. Friedrich Wilhelm Carové.] Mit Kupf. ([von] E[rnst Karl Gottlieb] Thelott.)
Köln [1815]: M. DüMont-Schauberg. XIV, 389 S., 1 Tit.-Faltkupf., 3 Kupfertaf. [*1 weitere Kupfertaf. fehlt?*] 8°

TASCHENBUCH für Freunde altdeutscher Zeit und Kunst auf das Jahr 1816. Mit Kupfern. Koln, gedruckt bei M. Du Mont-Schauberg. 8°. XIV, 389 SS. u. 1 S. Druckfehler. (2 2/3 Rthl.) (26 Mk. Otto, Lpz., 1911; 32 Mk., Expl. im illustr. Orig.-Ppbd., Wilh. Heims, Lpz., 1911.)
U. a.: Görres, J., Altdeutsche Minnelieder.

— f. Freunde altdeutscher Zeit u. Kunst f. d. Jahr 1816, (von F. W. Carové u. Eb. v. Groote). Mit 12 Kpf. nach altdeutschen Gemälden. 8. Köln (815.) (Dü-Mont-Schauberg). 2 ℛ 16 ℊ — Dass. auf d. J. 1822, mit 3 Kpf. 8. Ebd. Schmidt. 3 ℛ 8 ℊ

Taschenbuch für Frohsinn und Liebe auf das Jahr . . . von C[hristoph] Kuffner. ([Mit Kupf. v.] C[arl] Kotterba, [Johann Nepomuk] Passini [u. a.].)
Wien: Friedr. Wilh. Pfautsch; Leipzig: A. G. Liebeskind in Comm. 1826—1827. 16°
[Kupfert.]
1826: ([Mit Vorw. v.] Ign[az] Jeitteles [u.] Musik v. [Heinrich] Eduard [Josef] Freyherrn von Lannoy.) 8 Bl., IV, 332 S., 1 Titelbild, 6 Taf. davon 1 kol., 1 Notenbl.
1827: 2 Bl., 310 S., 2 Bl., 1 Titelbild, 6 Taf.

*Taschenbuch* der Frühlings-Kuren oder vollst. u. gründl. Anleitg zum zweckmäßigen Gebrauch d. Kräuter- u. Badekuren . . . v. Carl Caspari.
Leipzig: Hartmann 1823.
8° *XV, 810*

— für Fuhrleute u. Kutscher. 8. Stuttg. 892. v. Cotta. 5 ℊ

— für die Fuß-Artillerie, vorzugsweise zum Gebrauch während der Schießübung. gr. 16. (X, 284 S.) Berlin 877. Voß. n. 3. —

*Taschenbuch* für angehende Fußreisende.
Eine d. dt. Jugend gew. Frühlingsgabe.
[Verf.: Friedrich Johannes Frommann.]
Jena: Frommann 1843.
*Aa, 6*:pr.[27]

— f. Gartenbesitzer u. Blumenliebhaber. 8. Leipzig, 1800. Neue Ausg. 1820. (Nauck.) 1. 5

— für Gartenbesitzer u. Blumenliebhaber. 8. Leipz. 808. N. A. 820. (W. Nauck). 1 ℛ 4 ℊ

— f. Gartenbesitzer u. Blumenliebhaber. 8. Leipz. Sommer. 808.

— f. Gartenbesitzer u. f. Blumenliebhaber. 8. Leipz. Sommer. 811.

— — für Gartenbesitzer u. für Blumenliebhaber. Neue Aufl. 8. Leipzig, Sommer. 820.

**Taschenbuch f. Gartenfreunde**, herausg. v. C. C. L. Hirschfeld. Jahrg. 1-7 (Jahrg. 1: neue Aufl.): 1782-89. 1-5 Kiel, 6-7 Braunschw.
(Jahrg. 1, 2, 5 har d. anf. Tit.; 3, 4, 6, 7 har Tit.: **Gartenkalender**. — Sml. **Gartenbibliothek**).

Hirschfeld, Christian Cay Lor. (Herausgeber): „Taschenbuch für Gartenfreunde", Kiel (Herausgeber) und Leipzig (Gelehrtenbuchh.) 1782. — Vorh.: Preußische Staatsbibliothek Berlin — Ow 21980. Fortsetzung: Derselbe: „Gartenkalender", Jahrgang 2—7, Kiel (Herausgeber) und Dessau (Gelehrten-Buchh.; sp. Braunschweig, Schulbuchhandlung) 1783—1789. — Vorh.: ebenda. Fortsetzung: Derselbe: „Gartenbibliothek", Kiel 1790. — Vorh.: UB Göttingen.

— für Gartenfreunde, s. W. G. Becker.

**Taschenbuch** für Garten Freunde von W(ilhelm) G(ottlieb) Becker. ([Mit Kupf. v.] J[ohann] A[dolf] Darnstedt, [Johann Gottfried] Klinsky, [Christian August] Günther [u. a.])
Leipzig: Voß (1794—1798). 8°
[Kupfert.]
1795: (1794.) 7 Bl., 328 S., 6 Kupfertaf. davon 1 kol.
1796: (1795.) 4 Bl., 398 S., 7 Bl., 7 Kupfertaf.
1797: (1796.) 4 Bl., 450 S., 10 Bl., 6 Kupfertaf.
1798: (1797.) 12 Bl., 460 S., 12 Bl., 7 Kupfertaf.
1799: (1798.) 3 Bl., 402 S., 8 Bl., 6 Kupfertaf.

— Taschenbuch f. Gartenfreunde. 5 Jahrgg. Mit Kpf. 8. Leipz. 95 — 99. Voß. 6 Thlr 16 Gr (A. u. d. T.: Miscellen f. Gartenfreunde, Botaniker etc. 5 Bde. Mit Kpf. 8. Ebd. 802. 5 Thlr)

**Becker**, Wilh. Gottl., Taschenbuch f. Gartenfreunde, als Fortsetz. v. Hirschfeld's Gartenkalender. 1—5. Jahrg. à 7 Kpf. 8. Leipzig, 1795—99. Voss. à 1. 10 6. 20

— für Garten- und Blumenfreunde und Obstbaum-Plantagenbesitzer, auf jedes Jahr anwendbar . . . Leipzig 1812. 8.

**Taschenbuch** f. Gartenfreunde u. f. Blumenliebhaber. Hg.: C. L. Denhard.
(o. J.)
Leipzig.

**Taschenbuch** des verständigen Gärtners. 1824
s.a.Le bon Jardinier. Almanach [dt.]

— d. verständ. Gärtners; aus d. Französ. von J. F. Lippold. Nebst bedeutend. Zusätzen u. Verbesserr. von d. Gebr. Baumann. 2 Bde. Mit 31 Steintaf. gr. 8. Stuttg. 824. v. Cotta. 4 Thlr N. Ausg. unter d. T.: neues Handbuch des verständ. Gärtners, od. neue Umarb. des Taschenbuchs etc.; aus d. Französ. des Almanach du bon jardinier von 1825 u. 1828 frei übers. u. aus eigenen u. fremden Erfahrr. verm. v. J. F. Lippold. 1r Bd. Mit 35 lithogr. Zeichnn. gr. 8. Ebd. 831. 3 Thlr

— zum dienstl. Gebrauch f. Geschworene, s.: Reuter, E. F.

— zum prakt. Gebrauch f. Flugtechniker u. Luftschiffer, unter Mitwirkg. v. H. Hoernes, V. Kremser, O. Lilienthal, A. Miethe, K. Müllenhoff u. A. hrsg. v. Herm. W. L. Moedebeck. gr. 16. (VIII S., Tagebuch, 198 u. 51 S. m. 17 Abb.) Berlin 895. W. H. Kühl. Geb. in Leinw. n. 3. 50

— zum prakt. Gebrauch f. Flugtechniker u. Luftschiffer, unter Mitwirkung v. O. Chanute, R. Emden, H. Hoernes u. a. bearb. u. hrsg. von Herm. W. L. Moedebeck. 2. gänzlich umgearb. u. verm. Aufl. (VIII, 588 S. m. 145 Abbildgn. u. 1 Taf.) 12. Berlin 904. W. H. Kühl. Geb. in Leinw. n. 10. —

— d. Geburtshülfe, f. angehende Geburtshelfer, 2 Bde. s. Consbruch und Ebermaiers Encyklopädie 8r Theil. 1r u. 2r Bd.

**Taschenbuch f. d. Gegenden des Niederrheins** s. u.: **Taschenbuch, Bergisches** . . . . . .

**Taschenbuch** für die Gegenden des Niederrheins auf 1800[—2]. Düsseldorf 1799—1801. V: *Aschenberg, Johann Wilhelm.* (MGT)

— geheimes, f. Tabaksfabrikanten, Tabakshändler etc. 8. Hamb. 821. (Leipz., Köhler). 1 Thlr

— f. Geist u. Herz a. 1801. 12. Ludwigslust, Cotta.

— für schöne Geister des schönen Geschlechts, für 1808. 12. Karlsr., Macklot. 1 Thlr 8 Gr

—— für evangelische Geistliche zum Gebrauche bei ihren dienstlichen Verrichtungen und kirchlichen Amtshandlungen und einer Taschen-Pfarramtsagende von M. Ueberschaer. [2. Jahrg. 1888.] 16. (181 S. mit dem Portr. und der Biographie des königl. General-Superintendenten der Provinz Westpreußen D. Taube.) Berlin, Dittbrenner. geb. *
1. und 3. Jahrg. sind u. d. T.: Pfarramts-Kalender erschienen (s. d.).

— für die evangelischen Geistlichen d. Großherzogt. Hessen auf d. J. 1893. 1. Jahrg. Hrsg. v. Johs. Ziegler. gr. 16. (168 S. m. 1 Bildnis.) Gießen 892. E. Roth. Geb. in Leinw. n. 1. 60

— f. die evangelischen Geistlichen Württembergs auf d. J. 1903. Hrsg. v. W. Breuninger. 12. (185 S.) Stuttgart, W. Kohlhammer. Geb. in Leinw. n.n. — 80

— f. die evangel. Geistlichen Württembergs auf d. J. 1906. Hrsg. v. W. Breuninger. 9. Jahrg. (186 S.) kl. 8. Stuttgart, W. Kohlhammer. Geb. in Leinw. n.n. — 80

— für die evangel. Geistlichen Württembergs auf d. J. 1911. Hrsg. v. W. Breuninger. 14. Jahrg. (178 S.) kl. 8. Stuttgart, W. Kohlhammer. Geb. in Leinw. nn — 80

— zunächst für kathol. Geistliche u. solche, die es werden wollen, dann für jeden Gebildeten zur Belehrung u. Erbauung. gr. 8. Augsb. 822, Wolf.

— für Geistliche u. Lehrer (der Prov. Brandenburg). 1898. gr. 16. (IV S., Schreibkalender u. 63 S.) Potsdam, A. Stein. Geb. n.n. — 70

—— für die schweizerischen reformirten Geistlichen auf die J. 1876—1881. 1.—6. Jahrg. Hrsg. unter der Leitung von Bernh. Riggenbach. 12. (à Jahrg. ca. 190 S.) Basel, Bahnmaier's Verlag. geb. à Jahrg. *
—— dass. — 1882—1885. 7.—10. Jahrg. 12. (à Jahrg. ca. 200 S.) Basel, Detloff's Buchh. à Jahrg.

**Taschenbuch** für die schweizer. reformirten Geistlichen auf das J. 1891. 16. Jahrg. Hrsg. von *B. Riggenbach.* In-12°. 224 S. Basel, R. Reich vormals C. Detloff's Buchh. 2 20

**Taschenbuch** für die schweizer. reformierten Geistlichen auf das Jahr 1896. 21. Jahrg. Begründ. von *A. Riggenbach*, fortgef. von *A. von Salis.* Kl. in-8°. 267 S. Basel, R. Reich. Leinw. 2 20

Taschenbuch für die Schweizerischen reformierten Geistlichen auf das Jahr 1901. Jahrg. 26. Begründet von B[ernhard] Riggenbach ... fortgeführt von Arnold von Salis... . 312 [+ 48 leere] S. 8. Basel, R. Reich. [geb. fr. 2. 20]
*S. 218 – 312, sep. broschiert:* Totenschau.

Taschenbuch für die Schweizerischen reformierten Geistlichen auf das Jahr 1902. Jahrg. 27. Begründet von B[ernhard] Riggenbach..., fortgeführt von Arnold von Salis.... II + 283 [+ 8 + 48 leere] S. 8. Basel, R. Reich. [geb. fr. 2. 20]

Taschenbuch für die Schweizerischen reformierten Geistlichen auf das Jahr 1903. Jahrg. 28. Begründet von B[ernhard] Riggenbach..., fortgeführt von Arnold von Salis.... III + 260 [+ 48 leere] S. 8. Basel, R. Reich. [geb. fr. 2. 20]

Taschenbuch für die Schweizerischen reformierten Geistlichen auf das Jahr 1904. Jahrg. 29. Begründet von B[ernhard] Riggenbach..., fortgeführt von Arnold von Salis.... III + 287 [+ 48 leere] S. 8. Basel, Helbing & Lichtenhahn. [geb. fr. 2. 25]

Taschenbuch für die Schweizerischen reformierten Geistlichen auf das Jahr 1905. Jahrg. 30. Begründet von B[ernhard] Riggenbach ..., fortgeführt von Arnold von Salis.... III + 296 [+ 48 leere] S. 8. Basel, Helbing & Lichtenhahn. [geb. fr. 2. 20]

Taschenbuch für die Schweizerischen reformierten Geistlichen auf das Jahr 1906. Jahrg. 31. Begründet von B[ernhard] Riggenbach ..., fortgeführt von Arnold von Salis.... III + 290 [+ 48 leere] S. 8. Basel, Helbing & Lichtenhahn. [geb. fr. 2. 20]

Taschenbuch für die Schweizerischen reformierten Geistlichen auf das Jahr 1907. Jahrg. 32. Begründet von B[ernhard] Riggenbach..., fortgeführt von Arnold von Salis.... III + 288 [+ 48 leere] S. 8. Basel, Helbing & Lichtenhahn. [geb. fr. 2. 20]

Taschenbuch für die Schweizerischen reformierten Geistlichen auf das Jahr 1908. Jahrg. 33. Begründet von B[ernhard] Riggenbach..., fortgeführt von Arnold von Salis.... III + 288 [+ 48 leere] S. 8. Basel, Helbing & Lichtenhahn. [geb. fr. 2. 20]

Taschenbuch für die Schweizerischen reformierten Geistlichen auf das Jahr 1909. Jahrg. 34. Begründet von B[ernhard] Riggenbach ..., fortgeführt von Arnold von Salis.... III + 286 [+ 50 leere] S. 8. Basel, Helbing & Lichtenhahn. [geb. fr. 2. 50]

Taschenbuch für die Schweizerischen reformierten Geistlichen auf das Jahr 1910. Jahrg. 35. Begründet von B[ernhard] Riggenbach..., fortgeführt von Arnold von Salis.... III + 240 S. 8. Basel, Helbing & Lichtenhahn. [geb. fr. 2. 50]

— für die schweizerischen reformierten Geistlichen auf d. J. 1911. 36. Jahrg. Begründet v. B. Riggenbach, fortgeführt von Arnold v. Salis. (249 S.) kl. 8. Basel, Helbing & Lichtenhahn. Geb. in Leinw. 2. —

**Taschenbuch, Gemeinnütziges,** zum Gebrauch für Anfänger der Handels- und Wechselgeschäftskunde ... Dresden 1804. H: *Beger, Chn Glob.* (Ky)

Gemeinnütziges historisch-geographisch-statistisches *Taschenbuch* über den Königlich Preußischen Staat.
Hrsg. v. Karl Kolbe.
Berlin 1830.
*39, 5:18a*

— gemeinnütziges jährl. Sachsen-Coburg-Meiningisches f. 1801, (herausgg. v. .. Bierling u. J. M. Bechstein). Mit Kpf. 12. Meiningen 801. 18 ℊ

— gemeinnütziges jährliches Sachsen-Coburg-Meinungisches. 8. 803.

— gemeinnütz., s. Jedermann, s. phys.-ökonom.-techn.-chemisch. Kunstkabinet.

**Taschenbuch, Gemeinnütziges Kieler.** 1821. Kiel. H: *Schmidt, August.* (LS)

Gemeinnütziges Kieler Taschenbuch. 1821. Kiel. — 1832. Herausgeg. und verlegt von Aug. Hesse. Sm. St.

Gemeinnütziges mathematisch technisches **Taschenbuch**, enthaltend eine gründliche Anweisung zur Arithmetik, Geometrie und Mechanik ... Zum Selbstunterricht f. Juristen, Cameralisten, Forstmänner ... v. Marius Wölfer ...
Ilmenau: Bernh. Fr. Voigt 1827. XX S., 1 Bl., 569 S., 10 lith. Taf. davon 2 kol. 8°

— für leidende Gemüther. 8. Ebnat 825, Keller. (Leipzig, Kayser.)

Genealogisches *Taschenbuch*
s.a. Gothaisches genealogisches *Taschenbuch*.

— genealog., f. 1827, zum Geschäftsleben eingerichtet. lang 8. Darmst., Leske. 8 ℊ Fein Pap. 12 ℊ

—— genealogisches, hrsg. v. Fr. Gottschalck, s. a. Gottschalck.

**Taschenbuch, Genealog., f. d. J. . . . Hg.: Fr. Gottschalck.**
**1829 u. 1830.**
**1831.**
**1833.**
**1838.**
**Stuttgt., Dresden, Halle.**

— genealog., für das J. 1829 u. 30; hrsgg. v. Fr. Gottschalck. gr. 16. Stuttg., 828, 29. Hoffmann. 3 ℛ (3r J.) für 1831. 12. Dresd., (Reimann in Leipz.) 1 ℛ 4 ℊ Für d. J. 1833. 12. Halle 832. Schwetschke u. S. 1 ℛ

Genealogisches **Taschenbuch** auf das Jahr ... v. Friedrich Gottschalck.
Halle: C. A. Schwetschke [1833]. 12°
[Stahlst.-Tit.]
1833: 407 S.

Genealogisches *Taschenbuch* für das Jahr ...
Von Friedrich Gottschalck.
Berlin: Reimer
1835.
*Ff, 2:99*

Genealogisches Taschenbuch der gräflichen und adeligen Familien von Bassewitz. Rostock 1876. 2. A. 1883.

**Taschenbuch, Genealogisches,** der adeligen und gräflichen Familie von Bassewitz. Rostock 1878. V: ***Bassewitz, H. von.*** (DMarsch 507)

— genealogisches, der adligen u. gräflichen Familie v. Bassewitz. 8. (32 S.) Rostock 878. (Stiller.) n. 1. —

— genealogisches, der adligen u. gräflichen Familie v. Bassewitz. 2. Aufl. 8. (32 S.) Rostock 883. (Stiller.) n. 1. —

— genealogisches, der adeligen Häuser. 1882. 7. Jahrg. 16. (XXIII, 633 S. m. 2 Stahlst.) Ebend. geb. n. 8. —

— genealogisches, der adeligen Häuser. 1883—1887. 8—12. Jahrg. 16. (à XXIV, 613 S. m. 1 Steintaf.) Brünn, Buschak & Irrgang. geb. à n. 8. —

— genealogisches, der Adeligen Häuser. 1888—1890. 13.—15. Jahrg. 16. (XXXII, 648 S. m. 2 Wappen; XXXVII, 618 S. m. 1 Portr. u. 1 Wappen; XXXIX, 595 S. m. 5 Wappentaf. in Farbendr.) Brünn, Irrgang. geb. à n. 8. —; Pracht-Ausg. à n. 11. —

**Taschenbuch,** genealogisches, der adeligen Häuser. 1891. 1892. (16. 17. Jahrg.) 16. Brünn 891. 892. F. Irrgang. Geb. in Leinw. à n. 8. —;
Prachtausg. geb. n. 11. —
1891. Mit e. Holzschn.-Wappen. (XLI, 621 S.)
1892. Mit 4 Farbendr.-Wappen u. 1 Wappen in Schwarzdr. (XLI, 607 S.)

— dasselbe. 1893. Bearb. von Alex. Frhrn. v. Dachenhausen. (18. Jahrg.) Mit 1 Farbendr.-Wappen u. 5 Wappen in Schwarzdr. 16. (XLVIII, 656 S.) Ebd. 893. Geb. in Leinw. n. 8. —

— genealogisches, d. adeligen Häuser. 1894. Bearb. von Alex. Frhrn. v. Dachenhausen. (19. Jahrg.) M. 5 Farbendr.-Wappen u. 1 Wappen in Schwarzdr. 16. (XLVIII, 519 u. 106 S.) Brünn (894). F. Irrgang. Geb. in Leinw. n. 8. —; Prachtausg. geb. n. 11. —

— **genealogisches**, der adeligen Häuser Oesterreichs. 1905. 1. Jahrg. (VIII, 665 S. m. 3 Bildnissen u. 2 farb. Taf.) kl. 8. Wien (I, Wallfischgasse 10), Otto Maass's Söhne. Geb. in Leinw. n.n. 10. 50

— genealogisches, der adeligen Häuser Österreichs. 1906/07. 2. Jahrg. (XVI, 635 S. m. 6 [1 farb.] Taf.) kl. 8. Wien, O. Maass' Söhne. Geb. in Leinw. nn 8. 75
(1 u. 2 zusammen: nn 12. —)

**Taschenbuch, genealogisches, d. adel. Häuser Oesterreichs.** Erm. Pr. n. 8. —.

Genealogisches *Taschenbuch* der deutschen gräflichen Häuser auf das Jahr . . .
s.a. Gothaisches Genealogisches *Taschenbuch* der gräflichen Häuser . . .

**Taschenbuch, Genealog., der deutschen gräflichen Häuser a. d. J. . . .**
1825—1829.
1831.
1833.
1835—1899. } M. je 1 Portr.
1830, 1832, 1834 sind nicht erschienen.
Gotha.

Genealogisches **Taschenbuch** der deutschen gräflichen Häuser auf das Jahr . . . Gotha. 8°
1831, Jg. 6 — 1835, Jg. 8. 1837, Jg. 10 — 1839, Jg. 12. 1843, Jg. 16 — 1848, Jg. 21. Fortges. u. d. T.:
Genealogisches **Taschenbuch** der gräflichen Häuser auf das Jahr . . . Gotha. 8°
1850, Jg. 23 — 1855, Jg. 28. Fortges. u. d. T.:
Gothaisches genealogisches **Taschenbuch** der gräflichen Häuser auf das Jahr . . . Gotha. 8°
1856, Jg. 29 — 1911, Jg. 84. 1913, Jg. 86. 1914, Jg. 87. 1919, Jg. 92 ff.

Taschenbuch, genealogisches, der deutschen gräfl. Häuser auf d. J. 1825—28. 1r—4r Jahrg. 16. Gotha, Perthes. 1825. 6 gr. 826. 16 gr. 827. 16 gr. 828. 16 gr. Rthlr.

—— genealogisches, der deutschen gräfl. Häuser auf d. J. 1829, 31, 33 u. 35. od. 5—8. Jahrg. 32. Gotha, J. Perthes. [829. (10 B.) 20 Gr., 31. (14 B. u. Graf v. Nesselrode's Bildn.) 1 Thlr., 33. (18 B. u. Graf v. Bernstorff's Bildn.), 35. (18¼ B. u. H. Graf zu Hardegg's Bildn.) à 1 Thlr. 8 Gr.]
1—4. Jahrg. 1825—28. Ebendas. 2 Thlr. 2 Gr. — 1—7. J. ungetrennt, hrbgs. Pr. 2 Thlr. 12 Gr.

Taschenbuch, genealogisches, d. deutschen gräfl. Häuser a. d. J. 1836—43. 9—16. Jahrg. Jeder m. 1 Portr. kl. 8. Gotha, J. Perthes. [836. (36¼ B.), 37. (36 B.), 38. (37 B.), 39. (37 B.), 40. (37¼ B.), 41. (37½ B.), 42. (40½ B.), 43. (41 B.) à * 1⅓ Thlr.] Thlr. *
Schrb.-Vlnp. à J. *
Pracht-Ausg. auf Schrb.-Vlnp. à J. *
1—8. J. 1825—28., 29., 31., 33. u. 35. Ebendas. * 6 Thlr. 14 Gr. — 1—15. J. ungetrennt nur * 8 Thlr.

—— genealogisches, der deutschen gräflichen Häuser auf d. Jahr 1844. 17. Jahrg. 16. (43½ B. u. 1 Stahlst.) Gotha, J. Perthes. *

—— dass. auf d. J. 1845—47. 18—20. Jahrg. à J. 1 Stahlst. 32. Ebds. [18. (724 S.) 19. (760 S.) 20. (768 S.)] à *
Pracht-Ausg. à *
1—17. Jahrg. ungetrennt nur * 9 Thlr. 12½ Ngr.

Taschenbuch, genealogisches, der deutschen gräflichen Häuser auf d. J. 1848—52. 21—25. Jahrg. à Jahrg. mit 1 Stahlst. 32. Gotha 847, J. Perthes. [21. (IV und 800 S.) 22. (IV und 780 S.) 23. (IV und 763 S.) 24. (IV und 792 S.) 25. (IV und 812 S.)] à Jahrg. Thlr. *
Prachtausgabe à Jahrg. *

Genealogisches Taschenbuch der deutschen gräflichen Häuser. [Hrsg.: Wilhelm Heinrich Dorotheus Ewald, Jg. 26—32: Louis Davanture u. a.]
Gotha: J. Perthes 1828 ff. 16°
[Umschlag- u. Rückent.:] Gräfliches Taschenbuch.
Jg. 22/1849—27/1854 [u. d. T.]: Genealogisches Taschenbuch der gräflichen Häuser.
Jg. 28/1855 ff. [u. d. T.]: Gothaisches genealogisches Taschenbuch der gräflichen Häuser.
5/1829.
7/1833.
9/1836.
10/1837.
12/1839.
13/1840.
16/1843.
21/1848.
26/1853.
28/1855—33/1860.
Weitere Bestände ab Jg. 34/1861 mit geringen Lücken.

**Taschenbuch, Genealogisches, d. freiherrlichen Häuser a. d. J. . . .**
1848—1849.
1853—1898. } M. je 1 Portr.
1850—1852 sind nicht erschienen.
Gotha.

— genealogisches, der freiherrl. Häuser auf d. J. 1848, 1849 u. 1853. 1—3. Jahrg. 32. (1: VIII u. 466 S. m. 1 Stahlst. 2: IV u. 552 S. m. 1 Stahlst. 3: IV u. 586 S. m. 1 Stahlst.) Gotha, J. Perthes. In Engl. Einb. (à n. 1½ ₰) n. 4½ ₰

—— genealogisches, der freiherrlichen Häuser auf die J. 1853—57. 3—7. Jahrg. à Jahrg. mit 1 Portr. in Stahlst. 32. Gotha, J. Perthes. [3. (IV und 586 S.) 4. (VI und 630 S.) 5. (XXIV und 747 S.) 6. (XVIII und 836 S.) 7. (XXIV und 941 S.)] à Jahrg. *
Prachtausg. à Jahrg. *
1. und 2. Jahrg. 1848 und 1849. Ebendas. à Jahrg. * 1 Thlr. 15 Ngr.

— genealogisches, der gräflichen Häuser auf d. J. 1848—1853. 21—26. Jahrg. 32. (21: IV u. 800 S. m. 1 Stahlst. 22: IV u. 780 S. m. 1 Stahlst. 23: IV u. 763 S. m. 1 Stahlst. 24: IV u. 792 S. m. 1 Stahlst. 25: IV u. 812 S. m. 1 Stahlst. 26: IV u. 876 S. m. 1 Stahlst.) Gotha, J. Perthes. In Engl. Einb. à n. 1½ ₰ Prachtausg. geb. m. Goldschn. à n. 2½ ₰

—— genealogisches, der gräflichen Häuser auf die J. 1853—57. 26—30. Jahrg. à Jahrg. mit 1 Portr. in Stahlst. 32. Gotha, J. Perthes. [26. (IV und 876 S.) 27. (IV und 940 S.) 28. (XXX und 978 S.) 29. (XVI und 916 S.) 30. (XIV und 961 S.) 852—56.] à Jahrg. *
Pracht-Ausgabe à Jahrg. *

**Taschenbuch, Genealogisches,** des lebenden Raths- und Gerichtsfähigen Adels zu Nürnberg auf das Jahr 1783. Nürnb. [1782]. H: *Welser von und zu Neuhof, Hans Carl.* (ML) (Ky)

— genealogisches, des lebenden Raths- u. Gerichtsfähigen Adels in Nürnberg, auf das J. 1783, (von H. K. v. Welser). 12. Nürnb. 782.

Taschenbuch, Genealogisches, der Ritter- und Adels-Geschlechter. (Vom Jahre 1882 an unter dem Titel: „Genealogisches Taschenbuch der adeligen Häuser".) 1. Jahrg. 1870. 2.—19. Jahrg. 1877—1894. (19 Bde.) 8. Brünn 1870—1894.

**Taschenbuch, Genealogisches,** der Ritter- und Adels-Geschlechter . . . Brünn 1877—1880. H: *Weittenhiller, Moriz Maria Franz Edler von.* 1881 ff. *Dachenhausen, Alexander von.* (WBL)

—— genealogisches, der Ritter- und Adels-Geschlechter. 1. Jahrg. 32. (V, 488 S.) Brünn 870, (Buschak und Irrgang.) geb. *

—— genealogisches, der Ritter- und Adels-Geschlechter. 1877—1880. 2.—5. Jahrg. 16. (VII, 744; V, 849; XV, 739; XVIII, 589 S. mit je 1 Stahlst.) Brünn, Buschak und Irrgang. geb. à Jahrg. *

—— genealogisches, der Ritter- und Adels-Geschlechter. 1881. 6. Jahrg. 16. (XX, 591 S. mit 1 Stahlst.) Brünn, Buschak und Irrgang. geb. *

**Taschenbuch,** Genealogisches, des Uradels. I. Bd. Mit sechs Farbendruckwappen, einer Siegeltafel, zwei Schloßansichten und 8 Porträts in Photogravure und Stahlstich. 8. (VII, 509 S.) 6. —
Brünn: Irrgang 1891.

**Taschenbuch,** Genealogisches, des Uradels. II. Bd. Mit 3 Porträts in Stahlstich und Photogravure. 6 Wappen in Farbendruck und 26 Wappen in Schwarzdruck. Bearbeitet von Alexander Freiherr von Dachenhausen. Gr.-8. (IX, 638 S.) In Lwd. geb. 6.—
Brünn: Irrgang 1893.

Genealogisch-geographisches Taschenbuch für die Jugend. Mit einem vorausgeschickten Versuch einer kurzgefaßten Geschichte der sämtlichen Durchl. Herzoge zu Sachsen Coburg, bis auf die neuesten Zeiten. ([Von] Christ[ian] Heinr[ich] Ludw[ig] Wilh[elm] Spiller von Mitterberg.)
Coburg: R. A. W. Ahl 1781. 1 Bl., 356 S., 1 Bl. 18°

— genealogisch-geograph., für die Jugend, (v. Spiller v. Mitterberg). 18. Coburg 791. (Riemann). 10 gr

Genealogisch-historisch-statistisches Taschenbuch für das Jahr 1800. Eine Uebersicht des thatenvollen achtzehnden Jahrhunderts enthaltend. [Hrsg.: Christian Adam Müller.] Mit 1 Landkarte und 5 histor. Kupf.
Hof: G. A. Grau 1800. 9 Bl., 132, 48, 68, 48 S., 1 Titelkupf., 6 Kupfertaf., 1 Kupferkt. 8°

— f. landwirthschaftliche Genossenschaften. Hrsg. von der Anwaltschaft des allgemeinen Verbandes der deutschen landw. Genossenschaften zu Offenbach a. M. 12. (IV, 310 S.) Offenbach a/M. (Löwenstr. 2) 900. Anwaltschaft des allgem. Verbandes der deutschen landw. Genossenschaften. Geb. in Leinw. n. 3. —

— f. landwirtschaftliche Genossenschaften. Hrsg. v. dem Reichsverband der deutschen landwirtschaftl. Genossenschaften zu Darmstadt. (2. Aufl.) (XXII, 374 S.) 12. Darmstadt (Rheinstr. 25 I), Reichsverband der deutschen landwirtschaftl. Genossenschaften. Geb. in Leinw. 3 —

— für landwirtschaftliche Genossenschaften. Hrsg. v. dem Reichsverband der deutschen landwirtschaftl. Genossenschaften zu Darmstadt. 4. Aufl. (XII, 557 u. XVII S.) kl. 8. Darmstadt (Rheinstr. 23 I) 910. Reichsverband der deutschen landwirtschaftl. Genossenschaften. Geb. in Leinw. 3. —

— der Geographie. Nebst 21, dem Texte beigefügten, fein gestochenen u. illum. kleinen Landkarten. 16. Magdeburg 833. Creutz'sche Buchh. n. 1½ rf

— geographisches, 8. Bregenz, Brentano.

—— geographisches, f. Jedermann, s. Dewald, G. A. St.

Geographisches Taschenbuch von Johann Gottfried Sommer. 1827—1828 s. Taschenbuch zur Verbreitung geographischer Kenntnisse.

— f. Geologen, Paläontologen u. Mineralogen. Hrsg. von K. Keilhack. 4. Jahrg. 1901. 12. (IV, 306 S.) Berlin, Gebr. Borntraeger. Geb. in Leinw. n. 3. —
Vergl.: Kalender f. Geologen etc.

—— der practischen Geometrie, hrsg. vom Ingenieur-Verein am Polytechnikum Stuttgart. 2. verm. Aufl. 8. (XV, 315 autogr. S. mit eingezeichneten Fig.) Stuttgart 879, (Metzler'sche Buchh.) * *

— der practischen Geometrie, hrsg. vom Ingenieur-Verein am Polytechnikum Stuttgart. 2. Aufl. 8. (XV, 315 autograph. S.) Stuttgart 879. (Wittwer's Verl.) n. n. 5. —

— f. das Geschäftsleben auf d. J. 1819—32. 8. Helmst., Fleckeisen. f. 1832. 20 gr

— für das Geschäftsleben. I—VIII. Auf d. Jahre 1834—1841. 8. Halle, Kummel. Schreibp. In gepreßt. Umschlag 1834—1840. à n. ⅚ rf 1841. 1 rf

— für das Geschäftsleben. IX.—XIV. Auf d. Jahre 1842—1847. (Mit Holzschnitten.) Halle 841—46, Kümmel's Verlagsh. IX. Jahrg. geb. 1 rf Durchschossen 1⅙ rf X—XIV. J. à ¾ rf Durchschossen ⅞ rf

— für das Geschäftsleben. XV—XVIII. (Jahrg.) Auf d. J. 1848—1851. 8. (XV: 328 S. XVI: Vermehrt m. einer Tabelle zur Vergleichg. aller in Europa gebräuchl. Fussmaasse: 328 S. XVII: Mit der Wechselordnung für Deutschland: IV u. 346 S. XVIII: Mit der Wechselordnung für Deutschland: IV u. 346 S.) Halle, Knapp. à ¾ rf

— für Geschäftsleute auf die Jahre 1864 u. 65. Enth.: Kalender, Notizbuch, Maaß- u. Münz-Tabellen, Notizen über Cassenscheine u. Banknoten, Zinstabelle, Genealogie u. Verzeichniß von Messen u. Märkten. Leipzig, Crusius. 8. Jeder Jahrg. n. 15 ngr

für Geschäftsleute auf das Jahr 1866. Enthltd.: Kalender, Notizbuch, Maaß- u. Münz-Tabellen, Notizen über Cassenscheine u. Banknoten, Zinstabellen, Genealogie u. Verzeichniß von Messen u. Märkten. Leipzig, Crusius. (195 S., mit 1 Karte in Kpfrst. in Fol.) 8. geb. n. 15 ngr.

—— Karlsruher Geschäfts-, Schreib-, Erinnerungs-, auch Reise-, Landwirthschafts- u. Conversations-, s.a. Heunisch, A. J. V.

— Karlsruher, genealog. Geschäfts-, Schreib-, Erinnerungs-, auch Reise-, Landwirthschafts- u. Conversations-, 1r—4r J. 1825—28. Herausgg. v. A. J. V. Heunisch. 8. Karlsr., Marx. à 1 Rthl. 6 gr.

—— f. Geschichte u. Alterthum in Süddeutschland, s.a. Schreiber, Heinr.

*Taschenbuch* für Geschichte und
Alterthum in Süddeutschland.
Hrsg. v. Heinrich Schreiber. Mit Abb.
Freiburg i. Br.: Emmerling
Jg. 1. 1839 – 5. 1846.
*Ff, 1:19*

Taschenbuch für Geschichte und Alterthum in Süddeutschland. Hrsg. v. . . .
Heinrich Schreiber.
Freiburg im Breisgau: Ad. Emmerling 1844. 8°
4: 1844. VI S., 1 Bl., 344 S., 3 Taf.

— d. Brandenburg. Geschichte und Geographie. 8. Berlin, Schöne. 802.

**Taschenbuch** für die Geschichte des letzten französischen Krieges in Schwaben. Augsburg 1798. V: *Neuhofer, Gerhard Adam.* (MGT) (Ky)

— f. die Geschichte Mährens u. Schlesiens. In Verbindung mit mehrern Geschichtsfreunden herggg. v. G. Wolny. 1r u. 2r Jahrg. 1826 u. 27. Mit Kpf. u. 1 Steindr. 8. Brünn, Traßler. (à 1 ℛ 8 gl) 2 ℛ 16 gl

— der Geschichte, Natur u. Kunst des Kantons Basel auf die J. 1801—6. Mit Kpf. 16. Basel, (Neukirch). 20 gl

**Taschenbuch** für die neuste Geschichte. Hrsg von Ernst Ludwig Posselt. Jg. 1—8. 1794—1802. Nürnberg, in der Bauer- und Mannischen Buchhdlg.
Mit Kupfern. 8°
*Erschienen bis 1803. Doch Jg. 8 (1802) auf dem Titelblatt als achter u. letzter Jahrgang bezeichnet.*

Taschenbuch für die neueste Geschichte. Hrsg. v. . . . Ernst Ludwig Posselt . . .
Mit [Abraham Wolfgang] Küfnerischen Kupf.
Nürnberg: Bauer & Mann 1794—1803. 12° (später 18°)
[Kupf.-Vort.]
[Zwischent.:] Posselt: Krieg der französischen Nation gegen die coalirten Mächte Europens.
1: 1794. XXIV S., 8 Bl., 116 S., 1 Titelkupf., 6 Kupfertaf.
2: 1795. XIV, 380 S., 1 Titelkupf., 13 Kupfertaf. davon 2 kol.
3: 1796. XVI, 32, 268 S., 2 Bl., 1 Titelkupf., 14 Kupfertaf.
4: 1798. XX, 275 [vielm. 375] S., 7 Bl., 1 Titelkupf., 12 Kupfertaf., 2 Notenbl.
5: 1799. XVI, 413 S., 1 Bl., 1 Titelkupf., 12 Kupfertaf.
6: 1800. XXIV, 201 S., 4 Bl., 1 Titelkupf., 12 Kupfertaf.
7: 1801. XVI, 344 S., 1 Titelkupf., 6 Kupfertaf., 2 kol. Kt.
8: 1802. XX, 427 S., 1 Bl., 1 Titelkupf., 6 Kupfertaf., 1 Tab.
9: 1803. 2 Bl., 131 S., 1 Bl., 1 Titelkupf., 1 Tab.

—— der neuesten Geschichte, s.a. Menzel, Wolfg.

Taschenbuch der neuesten Geschichte. Hrsg. v. . . . Wolfgang Menzel. (N. F.: Von Friedrich Thiersch).
Stuttgart, Tübingen: J. G. Cotta 1830—1839. 16°
1: Geschichte des Jahres 1829. 1830. IV S., 1 Bl., 433 S., 24 Portr.-Taf. [*Davon fehlen 11 Taf.*]
2: Geschichte des Jahres 1830.
  1: 1831. IV, 344 S., 2 Bl., 16 Portr.-Taf.
3: Geschichte des Jahres 1831.
  1: 1832. IV, 340 S., 12 Portr.-Taf.
  2: 1833. IV, 415 S., 10 Portr.-Taf.
4: Geschichte des Jahres 1832.
  1: 1833. IV, 316 S., 1 Bl., 12 Portr.-Taf.
  2: 1834. IV, 444 S., 11 Portr.-Taf.
5: Geschichte des Jahres 1833.
  1: 1834. 1 Bl., 355 S., 1 Bl., 12 Portr.-Taf.
  2: 1835. IV, 284 S., 12 Portr.-Taf.
Neue Folge:
7: Geschichte des Jahres 1837.
  1: 1839. VIII, 407 S., 8 Portr.-Taf.
  2: 1839. IV, 408 S., 2 Bl., 4 Portr.-Taf.

— der neuesten Geschichte. Herausg. von Wolfg. Menzel. 3r Jahrg. Geschichte d. Jahres 1831. 2r Thl. Mit 10 Portraits. 16. Stuttgart 833. v. Cotta. n. 1 5/6 ℛ — 4r Jahrg. Geschichte des Jahres 1832. 2 Thle. Mit 23 Portr. 16. Ebd. 833, 834. (à n. 1 5/6 ℛ) 3 2/3 ℛ — 5r Jahrg. Geschichte d. Jahres 1833. 2 Thle. Mit 24 Portr. 16. Ebd. 834, 35. n. 3 2/3 ℛ — 6r Jahrg. Neue Folge. 1r Jahrg. von Fr. Thiersch. Geschichte d. Jahres 1834. 1e Abthl. Mit 5 Portr. 16. Ebd. 837. 1 1/2 ℛ — 7r Jahrg. Geschichte des Jahres 1837 von Fr. Thiersch. 1e u. 2e Abthl. Mit 12 Portr. 16. Ebd. 839. (à n. 1 5/6 ℛ) 3 1/3 ℛ

Die J. 1834. 2. Abthl., 1835. u. 1836. sind nicht erschienen.

—— der neuesten Geschichte. Hrsg. v. Ernst Münch u. Gust. Bacherer. — Geschichte d. J. 1834—36. à 2 Thle. 16. Carlsruhe 836—38, Müller'sche Hofbuchh. [834. 1. (26 1/2 B. u. 10 Portr.), 2. (30 1/8 B. u. 10 Portr.); 35. 1. (29 3/4 B. u. 10 Portr.), 2. (32 1/4 B. u. 10 Portr.); 36. 1. (20 1/2 B. u. 8 Portr.), 2. (31 1/6 B. u. 5 Portr.) à Thl. * 1 2/3 Thlr.] *

Taschenbuch der neuesten Geschichte. Hrsg. v. . . . Ernst Münch u. . . . Gustav Bacherer (1841 ff. nur: G[ustav] Bacherer).
Carlsruhe: Chr. Fr. Müller (1841 ff.: Darmstadt: C. W. Leske) 1836—1843. 16°
Geschichte des Jahres 1834.
  1: 1836. 2 Bl., 420 S., 10 Portr.-Taf.
  2: 1837. 2 Bl., 466, XII S., 10 Portr.-Taf.
Geschichte des Jahres 1835.
  1: 1837. 2 Bl., IV, 467 S., 10 Portr.-Taf.
  2: 1837. XIV, 502 S., 10 Portr.-Taf. [*Davon fehlen 3 Taf.*]
Geschichte des Jahres 1842. 1843. XIV, 410 S., 4 Portr.-Taf.

**Taschenbuch** für die Schwäbische Geschichte, enthaltend die Schicksale Schwabens im Spanischen Erbfolge-Krieg. Augsburg 1799. II: *Neuhofer, Gerhard Adam.* (Ky) (MGT)

— f. Geschichte, Topographie u. Statistik Frankenlands. s.a. F. Oberthür.

**Taschenbuch** f. d. Geschichte, **Topographie u. Statistik Frankenlands, besonders** dessen **Hauptstadt Würzburg. Hg.: Fr. Oberthür.**
**(1795). M. 1 Plan.**
**(1796). M. 1 Plan u. 3 Ans.**
**(1798).**
**Frankfurt u. Leipzig.**

Taschenbuch für die Geschichte, Topographie, und Statistik Frankenlands besonders dessen Hauptstadt Wirzburg für das Jahr . . . von . . . Franz Oberthür.
Weimar: Jndustrie-Compt. 1796. 12°
1796: Mit Kupf. ([nach Johann Pleikard] Bittheuser). 1796. XLIV, 320 S., 2 Faltkupf., 1 Pl.

Taschenbuch, der Geschichte u. Topographie Thüringens gewidmet ([von] Ludwig Friedrich Hesse).
Rudolstadt: Hof-Buch- u. Kunst-Handlung 1816—1819. 12°
[Kupfert.]
[Umschlagt.:] Thüringisches Taschenbuch.
1: Hesse, Ludwig Friedrich: Rudolstadt und Schwarzburg nebst ihren Umgebungen, historisch und topographisch dargestellt. 1816. XII, 150, LII S., 3 Kupfertaf. [*Nur 1 Kupfertaf. vorh.*]
2: Hoffmann, Friedrich Lorenz: Günther von Schwarzburg, erwählter Römischer König. 1819. XIV, 264, XXX S., 1 Bl., 3 Kupfertaf.

**Taschenbuch** für Geschichte und Unterhaltung. 3. u. 4. Jahrgang. Augsburg 1800—1. H: *Neuhofer, Gerhard Adam.* (MGT) »1801—3« (Ky)

Taschenbuch für Geschichte u. Unterhaltung a. d. J. . . . . Hg.: G. A. Neuhofer.
1801. M. Titelk. u. 10 Kpf.
1802. M. Titelk. u. 10 Kpf.
1803. M. Titelk. u. 10 Kpf.
(Forts. s. u.: „Klio u. Euterpe".)
Augsburg.

— für Geschichte u. Unterhaltung, auf d. Jahr 1801—3. (von G. A. Neuhofer). (Fortsetz. des deutsch-französ. Kalenders). 12. Augsb., Rollwagen ... (Fortsetz., s. Klio u. Euterpe).

Taschenbuch für Geschichte und Unterhaltung auf das Jahr ... Hrsg. v. G[erhard] A[dam] Neuhofer. ([Mit Kupf. v.] P[aul] J[akob] Laminit.)
Augsburg: Joh. Georg Rollwagen [1802]. 12°
[Kupf.-Vort.]
5/1802: 12 Bl., 184 S., 1 Titelkupf., 9 Kupfertaf.
*Forts. s.* Klio und Euterpe.

— f. die vaterländ. Geschichte, s. a. v. Hormayr.

Taschenbuch f. d. vaterländische Geschichte. Hg.: J. v. Hormayr u. v. Mednyanski.
1811—1829. M. Portr. Kpf., u. Ktn.
Wien.

**Taschenbuch** für die vaterländische Geschichte. Wien 1811—14. II: *Hormayr zu Hortenburg, Joseph Freih. von.* (BrMm) (GGr)

*Taschenbuch* für die vaterländische Geschichte.
Hrsg. durch d. Freyherren [Joseph] v. Hormayr u. [Aloys] v. Mednyanski (1852 ff. fortges. v. Georg Thomas Rudhart). [Mit Kupfern.]
Wien: Strauß [u. a.]
Jg. 1. 1820 – 10. 1829.
N. F. 1. 1830 – 12. 1841. 14. 1843.
20. 1849. 22. 1852/53 – 24. 1856/57.
*Ff, 1:16*

Taschenbuch für die vaterländische Geschichte. Hrsg. durch d. Freyherren (Joseph) von Hormayr u. [Alois] von Mednyansky.
Wien: Franz Härter (1827 ff.: Wien: Franz Ludwig; N. F.: München: F. G. Franckh) [1822—1831]. 12°
3/1822: 1 Bl., 458 S., 1 Titelkupf., 5 Kupfertaf.
5/1824: 1 Bl., 457 S., 1 Titelkupf., 5 Kupfertaf., 1 Faks.
8/1827: 1 Bl., 452 S., 1 Titelkupf., 4 Kupfertaf.
9/1828: 1 Bl., 426 S., 1 Titelkupf., 5 Kupfertaf.
Neue Folge:
2/1831: 2 Bl., 452 S., 2 Bl., 5 Taf.

Taschenbuch f. d. vaterländische Geschichte. Hg.: J. v. Hormayr.
1830. (N. F. 1. Jg.) M. 5 Portr. u. 2 Karten.
1831. (N. F. 2. Jg.) M. 5 Portr.
1832. (N. F. 3. Jg.) M. 5 Portr.
1833. (N. F. 4. Jg.) M. 4 Portr.
1834. (N. F. 5. Jg.) M. 1 Portr. u. 2 kol. Kpf.
1835. (N. F. 6. Jg.) M. 1 Portr.
1836. (N. F. 7. Jg.) M. 1 Portr.
1837. (N. F. 8. Jg.) M. 1 Portr.
1838. (N. F. 9. Jg.) M. 1 Portr.
1839. (N. F. 10. Jg.) M. 1 Portr.
1840. (N. F. 11. Jg.) M. 1 Portr.
1841. (N. F. 12. Jg.) M. 1 Portr. u. 1 Faks.
1842. (N. F. 13. Jg.) M. 1 Portr.
1843. (N. F. 14. Jg.) M. 4 Portr. u. 1 Plan.
1844. (N. F. 15. Jg.) M. 4 Portr.
1845. (N. F. 16. Jg.) M. 4 Portr.
1846. (N. F. 17. Jg.) M. 2 Portr. u. Holzschn.
1847. (N. F. 18. Jg.)
1848. (N. F. 19. Jg.) M. 3 Stahlst. u. 2 Plän.
1849. (N. F. Jg. 20.)
1850. uff. — Neueste Folge Bd. I. usw., fortgesetzt von G. Th. Ruthardt.
Berlin, Leipzig, Stuttgart, München.

—— der vaterländ. Geschichte. Hrsg. v. Jos. Frh. v. Hormayr. Neue Folge. 1—5. Jahrg. 1830—34. gr. 12. München, Franz. [830. (20⅔ B., 3 Bildn., 1 Karte u. 1 Schlachtpl.), 31. (19 B. u. 5 Bildn.), 32. (21½ B. u. 5 Bildn.), 33. (17 B. u. 4 Bildn.), 34. (16⅔ B., 1 Bildn. u. 1 ill. Abbild.) à 2 Thlr. 12 Gr.]

—— dass., hrsg. v. dems. N. Folge. 6. Jahrg. 1835. gr. 12. (20 B. u. 1 Bildn.) Braunschweig, Vieweg.
Schließt sich an das: Taschenbuch d. vaterländ. Gesch., hrsg. v. J. v. Hormayr u. v. Mednyansky, 1. u. 2. Jahrg. 1820, 21. Wien, Schaumburg u. Comp. à 3 Thlr. 8 Gr. — 3—6. J. 1822 u. 25. Wien, Härter. à 4 Thlr. — 7—10. J. 1826—29. Wien, [Mayer u. Comp.] à 4 Thlr., hrbgs. Pr. zus. 6 Thlr.

—— für d. vaterländ. Geschichte. Hrsg. v. Jos. v. Hormayr. 25—32. Jahrg. d. gesammten, u. 7—14. der neuen Folge. 1836—43. gr. 12. Berlin, G. Reimer. [25. (22 B. u. Hormayr's Bildn.) 26. (22 B. u. J. v. Hammer-Purgstall's Bildn.), 27. (19 B. u. M. J. v. Montgelas' Bildn.), 28. (20⅚ B. u. v. Münster's Bildn.), 29. (27⅔ B. u. H. Altgraf zu Salm-Reifferscheid-Raitz's Bildn.), 30. (21 B., A. v. Mednyansky's Bildn. u. 1 Facsim.), 31. (20 B. u. Maurer's Bildn.), 32. (19½ B., 4 Bildn. u. 1 Plan.) à * 2½ Thlr.] *

—— f. die vaterländ. Geschichte. Hrsg. v. Jos. v. Hormayr. 33—36. Jahrg. der gesammten u. 15—18. der neuen Folge. 1844—47. 8. Berlin, G. Reimer. [33. (33⅞ B. u. 4 Bildn.) 34. (26 B., 4 Bildn., 3 Kpfrt. u. 1 Tab.) 35. (26 B., 2 Bildn. u. 1 Kpfrt.) à 2 Thlr. 15 Ngr., 36. (23¾ B. u. 1 Bildn.) 2 Thlr.]

— f. d. vaterländ. Geschichte. Herausg. von Jos. Frhr. v. Hormayr. 37 u. 38. Jahrg. der gesammten u. 19 u. 20 der neuen Folge. 1848 u. 1849. 8. (37: VIII u. 393 S. m. 3 Kpfrn. u. 2 lith. Plänen. 38: VIII u. 392 S.) Berlin, G. Reimer. à 2 ₰ (25—38. Jahrg. der gesammten oder 7—20. der neuen Folge, herabges. Pr. n. 16 ₰)

— dass. Gegründet u. hrsg. v. Jos. Frhrn. v. Hormayr u. nach dessen Tode fortgesetzt v. Geo. Thom. Rudhart. 39. Jahrg. der gesammten, 21. der neuen, u. 1. der neuesten Folge. 1850. 1851. — 40. Jahrg. der gesammten, 22. der neuen, 2. der neuesten Folge. 1852—1853. 8. (39: XII u. 387 S. 40: IV u. 363 S. m. 1 Lith.) München, Franz. à n. 1 ₰ 22 ngr

—— für die vaterländische Geschichte. Gegründet und hrsg. von Jos. v. Hormayr und nach dessen Tode fortges. von Geo. Thom. Rudhart. 41. Jahrg. der gesammten, 23., der neuen, 3., der neuesten Folge. 1854. 1855. (Lebensbeschreibungen der berühmten Männer, deren Brustbilder in Bayerns Ruhmeshalle aufgestellt sind.) 8. (VIII und 348 S.) München 854, Franz. *

—— dass. — 42. Jahrg. der gesammten, 24., der neuen, 4., der neuesten Folge. 1856. 1857. 8. (VIII und 292 S.) Ebds. 856. *

Taschenbuch für vaterländische Geschichte. 1. (u. einz.) Jahrg. Münster 1833. 8°. (1 1/6 Rthl.) (1 Mk. 80 Pfg. Heberle, Cöln, c. 1875; jetzt theurer!)

— für vaterländische Geschichte. 1r Jahrg. Mit dem (sauber lithogr.) Bildn. Chr. Bern. v. Galen. gr. 12. Münster 833. (Coppenrathsche Buchh.) 1 1/6 ℛ

Taschenbuch der Geschichte des Griechischen Volkes in allgemeinen Umrissen von der ältesten bis zur neueren Zeit. [Hrsg.: A. Schott u. M. Mebold.]
Heidelberg: Christian Friedr. Winter 1823. 12°
1: 1823. Nebst der jetzigen griechischen Konstitution und andern Aktenstücken als Anhang. 1823. VI, 162, 107 S., 6 Taf., 1 Kt. [*Die Kt. fehlt.*]

— für Geschworne in Oesterreich. Enthält die Strafgesetze über sämmtliche vor die Geschwornengerichte verwiesene Verbrechen u. Preßvergehen zur schnellsten Auffindung alphabetisch geordnet u. das Verfahren vor den Geschwornengerichten nach der prov. Strafprozeß-Ordnung vom 17. Jänner 1850. Von einem Freunde der Geschwornengerichte. 8. (87 S.) Wien 851. (Leipzig, Hübner.) 1/4 ℛ

**Taschenbuch** der aargauischen historischen Gesellschaft für das Jahr 1881. In-8°, 96 S. Aarau, H. R. Sauerländer.

— der historischen Gesellschaft des Kantons Aargau für das Jahr 1860. Verfaßt von E. L. Rochholz und K. Schröter. Aarau, Sauerländer's Verlag. 16. (XII, 156 S. u. 1 lith. Karte in Fol.) n. 18 ngr.

—— der historischen Gesellschaft des Kantons Aargau für 1861 und 1862. Verfaßt von E. L. Rochholz und K. Schröter. gr. 16. (200 S. mit 1 Stnt. in gr. Fol.) Aarau 862, Sauerländer's Verlag. *

**Taschenbuch** der historischen Gesellschaft vom Ct. Aargau für 1882 (vide Argovia, Bd. XIII.)

— d. historischen Gesellschaft d. Kantons Aargau f. d. J. 1896. 8. (V, 157 S. m. 2 Abb. u. 1 Plan.) Aarau 896. H. R. Sauerländer & Co. n. 2.—

— dasselbe, f. d. J. 1898. Mit 3 Abb. u. 1 Plane. 8. (III, 146 S.) Ebd. 898. n. 2.—
Erscheint nur alle 2 Jahre.

— der historischen Gesellschaft des Kantons Aargau f. d. J. 1900. Mit 3 Abbildgn., 1 Plane u. 1 Grundriß. 8. (IV, 144 S.) Aarau 900. H. R. Sauerländer & Co. n. 2.—

Taschenbuch der historischen Gesellschaft des Kantons Aargau für das Jahr 1902. IV + 205 S. 8. Aarau, H. R. Sauerländer & Co., 1902. [fr. 3.—]

Taschenbuch der historischen Gesellschaft des Kantons Aargau für das Jahr 1904. IV + 164 S. 8. Aarau, H. R. Sauerländer & Co., 1904. [fr. 2.—]

Taschenbuch der historischen Gesellschaft des Kantons Aargau für das Jahr 1906. [Mit 1 Porträt-Tafel.] IV + 160 S. 8. Aarau, H. R. Sauerländer & Co., 1906. [fr. 2.—]

Taschenbuch der historischen Gesellschaft des Kantons Aargau für das Jahr 1908. [Mit Illustrationen und 19 Tafeln.] X + 148 S. 8. Aarau, H. R. Sauerländer & Co., 1908. [fr. 2.80]

Taschenbuch der historischen Gesellschaft des Kantons Aargau für das Jahr 1910. [Mit 1 Porträt-Tafel.] IV + 236 S. 8. Aarau, H. R. Sauerländer & Co., 1910. [fr. 3.60]

— f. fröhliche Gesellschaften. (Anekdoten u. Parodien.) ... Hamb. ... Erie. 20 gr

— — für lustige Gesellschaften, oder Die aus Egypten gekommene Zigeunerin, ein Spiel für die, so künftige Dinge vorher wissen wollen. Dreßden, o. J. (c. 1800?) Quer-8°.

— für lustige Gesellschaften, ein Spiel f. die, so künftige Dinge gern vorher wissen wollen. 8. Dresd. 810. Hilscher. 8 gr

— — für fröhliche Gesellschafter. Anekdoten, Parodien und kleine Aufsätze, zur Unterhaltung in müßigen Stunden. Hamburg 1828. bei Johann Philipp Erie. 8°.
Titel u. 288 S. Enth. Gedichte und satyrische Zeitungsnachrichten. — Zahm.

**Taschenbuch für fröhliche Gesellschafter und alle, die es werden wollen. (1824). Tit. u. 280 S.**
**Hamburg (Leipzig). Hayn-G., VII, 507.**

— — für fröhliche Gesellschafter und alle, die es werden wollen. Hamburg 1824. (Leipzig bei Reclam.) 8°.

Taschenbuch für Gesundbrunnen und Bäder für das Jahr 1816—1818 s. Kurgeschenk für Brunnen- und Badegäste.

**Taschenbuch für Gesundbrunnen und Bäder auf das Jahr... hrsg. von Heinrich Fenner [von Fenneberg] 1816-1818. Darmstadt: Heyer & Leske 1816-18.** 8°
**1816: 1816.**
**1817: 1817.**
**1818: 1818.**

— f. die Gesundheit, s. Hildebrand, F.

Taschenbuch f. d. Gesundheit a. d. J. . . . . . Hg.: F. Hildebrandt.
1801. M. Titelvign.
Erlangen.

Taschenbuch für die Gesundheit, hrsg. v. Friedrich Hildebrandt ... 3. mit Zusätzen verm. Aufl.
Erlangen: Walther 1803. 1 Bl., 282 S., 1 Bl. 8°
[Kupfert.]

— der Gesundheit, darinnen in alphabet. Ordnung die gewöhnl. Krankheiten beschrieben, u. die leichtesten Mittel angezeigt werden; aus d. Französ. von J. F. C. Pichler. 8. Straßb. 784. Akadem. Buchh. 5 gr Nachdr. 8. Grätz 793. Ferstl. 8 gr

— Gesundheits-, für 1801. v. einer Gesellschaft Wiener Aerzte, m. J. Browns Biographie. 8. Wien, Schaumburg.

— — f. 1802. m. Joh. Pet. Franks Biographie. 8. Ebend.

— f. Gold-, Silber- u. Metallarbeiter, Mahler, Lackirer u. Farbenbereiter. 8. Leipz. 802. Joachim. 10 gr

Gothaisches *Taschenbuch* auf das Jahr ...
Mit Kupfern.
Gotha: Ettinger
1802. [1805.] 1807.
Forts. u. d. T.: Gothaisches genealogisches
Taschenbuch. 55. 1818 ff.
*F/, 1:73*[1]

—— Gothaisches genealogisches, s. Hofkalender, Gothaischer genealogischer.

— — Gothaisches genealogisches, s. Kalender.

Taschenbuch, Gothaisches genealogisches a. . . . . Die unter diesem Titel erschienenen Jahrgänge enthalten kein Kalendarium, im Uebrigen stimmen sie mit dem Gothaer Hofkalender (s. d.) inhaltlich vollkommen überein.

Gothaisches genealogisches **Taschenbuch.** [Hrsg.: Karl Christian von Wüstemann, Jg. 65—: Wilhelm Heinrich Dorotheus Ewald, 89—96: Louis Davanture u. a.]
Gotha: J. Perthes (1828 ff.). 16°
*Ausg. d. Gothaischen Hof-Kalenders ohne Kalendarium.*
*Fortges. u. d. T.:* Gothaisches genealogisches Taschenbuch nebst diplomatisch-statistischem Jahrbuche. Jg. 89/1852 ff.: 1851 ff.

63/1826.
65/1828.
67/1830.
74/1837—76/1839.
78/1841
89/1852.
94/1857—97/1860.
Weitere Bestände ab Jg. 98/1861 lückenhaft vorh.

Gothaisches genealogisches *Taschenbuch*
auf das Jahr ... (1849 ff.:) nebst
Diplomatisch-statistischem Jahrbuche.
Gotha: Perthes
Jg. 55. 1818 – 58. 1821. 60. 1823. 64. 1827.
66. 1829 – 68. 1831. 70. 1833. 76. 1839.
77. 1840.
79. 1842. 80. 1843 82. 1845 – 86. 1849.
88. 1851 – 112. 1875. 135. 1898. 137. 1900.
Anf. u. d. T.: Gothaisches Taschenbuch.
1802 ff.
*Ff, 1:73*[1]

— **Gothaisches genealogisches**, auf die Jahre 1842—1847. 79.—84. Jahrg. (Mit Portraits.) kl. 16. Gotha 841—46, J. Perthes. geb. à n. 1 ℛ Auf geleimt. Velinp. in Maroquin u. mit Goldschnitt à n. 2 ℛ (Die letzten 26 Jahrg. 1816—1841 kosten ungetrennt nur n. 13 ℛ)

— **Gothaisches**, genealogisches, nebst diplomatisch-statistischem Jahrbuche auf das Jahr 1854—59. (Herausg. von L. Davanture.) 91—96. Jahrg. Gotha, J. Perthes. 32. (91.: XIV, 720, 55 S.; 92.: XX, 740, 85 S.; 93.: XVIII, 730, 77 S.; 94.: XXXII, 760, 53 S.; 95.: XXIV, 784, 19 S.; 96.: XVI, 842, 63 S.) Jeder Jahrg. mit 6 Portr. in Stahlst. 91. u. 92.: à n. 1 ℛ. 5 ngr.; Prachtausg. à n. 2 ℛ.; 93—96.: à n. 1 ℛ. 10 ngr.; Prachtausg. à n. 2 ℛ. 10 ngr.

Gothaisches Genealogisches *Taschenbuch*
der Adeligen Häuser.
*(T. A.:) Deutscher Uradel.*
Gotha: Perthes
Jg. 1. 1900 – 41. 1942.
*Ff, 1:73d*

Gothaisches genealogisches **Taschenbuch** der adeligen Häuser. Deutscher Uradel. 1900, Jg. 1 ff. Gotha. (1900 ff.) 8°
1907—1919, Jg. 8—20 u. d. T.: Gothaisches genealogisches Taschenbuch der Uradeligen Häuser.
[Umschlagt.:] Uradel. Taschenbuch.

— **dasselbe, der adeligen Häuser. 1900—1903. Der in Deutschland eingeborene Adel (Uradel). 1.—4. Jahrg. gr. 16. (VII, 952; VII, 974; VIII, 932 u. VII, 990 S. m. je 1 Stahlst.) Gotha, J. Perthes.**
**Geb. in Leinw. à n. 8.—; Prachtausg. à n. 12.—**

— **gothaisches genealogisches, der adeligen Häuser. 1904—1906. Der in Deutschland eingeborene Adel (Uradel). 5.—7. Jahrg. (VII, 984; VII, 935 u. VII, 921 S. m. je 1 Stahlst.) gr. 16. Gotha, J. Perthes.**
**Geb. in Leinw. à n. 8.—; Prachtausg. à n. 12.—**
**Fortsetzg., s.: Taschenbuch usw. der uradeligen Häuser.**

Gothaisches genealogisches **Taschenbuch** der briefadeligen Häuser. 1907, Jg. 1 — 1919, Jg. 13. Gotha. (1907—1919.) 8°
Fortges. u. d. T.:
Gothaisches genealogisches **Taschenbuch** der adeligen Häuser. Alter Adel und Briefadel. 1920, Jg. 14 ff. Gotha. (1920 ff.) 8°

**Taschenbuch.** Gothaisches Genealogisches T' der Briefadeligen Häuser. 1907. Jahrg. 1. [Mit 1 Porträt-Tafel.] VIII + 848 S. 8. Gotha, Justus Perthes, (1906). [geb. M. 8.—]
*Darin S. 18/21. 29/32. 33/5. 49 f. 101 f. 127 f. 190 f. 525/7. 587 f. 680 f.:* (von, de) Bary, Beguelin, Belli von Pino, Biberstein, Coffrane, Decker, Froben, Merhart von Bernegg, Ochsenstein, Schlumberger: *s. auch S. 177. 302 f. 310. 325 f. 353. 434. 556 f. 588 etc.*

— **Gothaisches genealogisches, der briefadeligen Häuser. 1908—1911. 2.—5. Jahrg. (VII, 975; V, 949; V, 945 u. V, 960 S. m. je 1 Stahlst.) 16. Gotha, J. Perthes. Geb. in Leinw. à 8.—; Prachtausg. à 12.—**

(Jg. 5/1855 ff.: Gothaisches) Genealogisches **Taschenbuch** der freiherrlichen Häuser. [Hrsg.: Louis Davanture u. a.]
Gotha: J. Perthes 1847 ff. 16°
[Umschlag- u. Rückent.:] Freiherrliches Taschenbuch.
1/1848.
6/1856.
Weitere Bestände ab Jg. 19/1869 mit Lücken vorhanden.

— **Gothaisches**, genealogisches, der freiherrlichen Häuser auf das Jahr 1854—59. 4—9. Jahrg. (Herausg. von H. Soltmann.) Ebend. 32. (4.: VI, 630 S.; 5.: XXIV, 747 S.; 6.: XVIII, 835 S.; 7.: XII, 941 S.; 8.: XXXII, 919 S.; 9.: LII, 973 S.) Jeder Jahrg. mit 1 Portr. in Stahlst. n. 1 ℛ. 15 ngr.; Prachtausg. n. 2 ℛ. 15 ngr.; Schreibp. mit breitem Rande n. 2 ℛ.

— **Gothaisches genealogisches, der freiherrlichen Häuser auf die Jahre 1860—65. 10—15. Jahrg. Gotha, J. Perthes.** 32. (10.: LVI, 1031 S.; 11.: LIV, 1015 S.; 12.: LII, 986 S.; 13.: XII, 1112 S.; 14.: XX, 1049 S.; 15.: XX, 1083 S.) Jeder Jahrg. m. 1 Portr. in Stahlst. 10—12.: à n. 1 ℛ 15 ngr.; Prachtausg. n. 2 ℛ 15 ngr.; 13—15.: à n. 1 ℛ 20 ngr.; Prachtausg. n. 2 ℛ 25 ngr.

— **Gothaisches** genealogisches, der freiherrlichen Häuser auf die Jahre 1866—70. 16—20. Jahrg. Jeder Jahrg. mit 1 Portr. (in Stahlst.) Gotha, J. Perthes. 32. (16. Jahrg. (XXII, 1113 S.), 17. Jahrg. (XXX, 1125 S.), 18. Jahrg. (XVIII, 1105 S.), 19. Jahrg. (XVIII, 1084 S.), 20. Jahrg. (XIV, 1107 S.) geb. Jeder Jahrg. n. 1 ℛ 20 ngr.; Prachtausg. geb. mit Goldschn. Jeder Jahrg. n. 2 ℛ 25 ngr.

— **Gothaisches genealogisches, der freiherrlichen Häuser auf d. J. 1871—1873. 21—23. Jahrg. 16. (à XIV, 846 S. m. e. Portr. in Stahlst.) Gotha 871—73. J. Perthes. geb. à n. 5. 50; Prachtausg. geb. m. Goldschn. à n. 9.—**

— **dasselbe. 24—26. Jahrg. 1874—1876. 16. (à XVI, 877 S. m. 1 Stahlst.) Ebend. 873—75. geb. à n. 6. 50; Pracht-Ausg. à n. 10.—**

— dasselbe, der freiherrlichen Häuser. 1878 u. 1879. 28. u. 29. Jahrg. 16. (XVI, 1012 u. XVI, 999 S. m. je 1 Stahlst.) Gotha, J. Perthes. geb. à n. 6. 60; Prachtausg. à n. 10.—

— dasselbe. 1880—1882. 30—32. Jahrg. 16. (à ca. XVI, 1019 S.) Ebend. geb. à n. 7.—; Prachtausg. à n. 10. 40

— **Gothaisches genealogisches, der freiherrlichen Häuser. 1883—1886. 33—36. Jahrg. 16. (à ca. XIII, 1055 S. m. 1 Stahlst.) Gotha, J. Perthes. geb. à n. 8.—; Prachtausg. à n. 11. 40**

**Taschenbuch, Gothaisches genealogisches, der freiherrlichen Häuser. 1887—1890. 37.—40. Jahrg. 16. (à ca. V, 1050 S. m. 1 Stahlst.) Gotha, J. Perthes.**
**à Jahrg. geb. n. 8.—; Prachtausg. à n. 11. 40**

— **dasselbe der freiherrlichen Häuser. 1891—1894. 41.—44. Jahrg. 16. (à ca. XI, 1112 S. m. 1 Stahlst.) Gotha 890—893. J. Perthes. Geb. à Jahrg. n. 8.—; Prachtausg. n. 11. 40**

— dasselbe. 1895. 45. Jahrg. 16. (VIII, 1192 S. m. 1 Stahlst.) Ebd. 894. Geb. n. 8. —; Prachtausg. n. 12. —

— dasselbe, d. freiherrlichen Häuser. 1896—1899. 46.—49. Jahrg. 16. (VII, 1190; VII, 1222; VIII, 1190 u. VII, 1182 S. m. je 1 Stahlst.) Gotha 895—898. J. Perthes. Geb. in Leinw. à n. 8. —; Prachtausg. à n. 12. —

**Taschenbuch**, gothaisches, genealogisches, der freiherrlichen Häuser. 1900—1903. 50.—53. Jahrg. gr. 16. (VIII, 910; VII, 918; VIII, 896 u. VII, 926 S. m. je 1 Stahlst.) Gotha, J. Perthes. Geb. in Leinw. à n. 8. —; Prachtausg. à n. 12. —

— dasselbe, der freiherrlichen Häuser. 1904—1907. 54.—57. Jahrg. (VIII, 903; VIII, 943; VII, 919 u. VII, 951 S. m. je 1 Stahlst.) gr. 16. Gotha, J. Perthes. Geb. in Leinw. à n. 8. —; Prachtausg. à n. 12. —

**Taschenbuch**, Gothaisches genealogisches, der freiherrlichen Häuser. 1908—1911. 58.—61. Jahrg. (VIII, 912; VIII, 974; VIII, 934 u. VIII, 1079 S. m. je 1 Stahlst.) 16. Gotha, J. Perthes. Geb. in Leinw. à 8.—; Prachtausg. à 12. —

Taschenbuch (Gothaisches) Genealogisches der (deutschen) gräflichen Häuser auf das Jahr: (Fortsetzung) 1825, 1835, 1844, 1855, 1856, 1896—1905 Jahrgang: 1, 8, 17, 28, 29, 69—78 (15 Bde.) 8. Gotha 1825 (1904).

[Nebst]
(Soltmann, Hermann:) Historisch-heraldisches Handbuch zum Genealogischen Taschenbuch der gräflichen Häuser. Gotha: Perthes 1855.
*Ff*, 1:73 b.[1]

— — der gräflichen Häuser auf das Jahr 1854—59. 27—32. Jahrg. (Herausg. von H. Soltmann.) Ebend. 32. (27.: 2 Bl., 939 S.; 28.: XXX, 977 S.; 29.: XVI, 915 S.; 30.: XIV, 961 S.; 31.: XVI, 933 S.; 32.: XVI, 1029 S.) Jeder Jahrg. mit 1 Portr. in Stahlst. n. 1 ℛ. 15 ngr.; Prachtausg. n. 2 ℛ. 15 ngr.; Schreibp. mit breitem Rande n. 2 ℛ.

— — der gräflichen Häuser auf die Jahre 1860—65. 33—38. Jahrg. Ebend. 32. (33.: XVI, 997 S.; 34.: XVIII, 1037 S.; 35.: XVI, 1071 S.; 36.: XX, 1084 S.; 37.: XVIII, 1083 S.; 38.: XVIII, 1091 S.) Jeder Jahrg. mit 1 Portr. in Stahlst.
33—35.: à n. 1 ℛ 15 ngr.; Prachtausg. n. 2 ℛ 15 ngr.;
36—38.: à n. 1 ℛ 20 ngr.; Prachtausg. n. 2 ℛ 25 ngr.

— Gothaisches genealogisches, der gräflichen Häuser auf die Jahre 1866—69. 39—42. Jahrg. (Jeder Jahrg. mit 1 Portr. in Stahlst.) Ebend. 32. [39. Jahrg. (XX, 1107 S.), 40. Jahrg. (XXIV, 1109 S.), 41. Jahrg. (XVIII, 1059 S.), 42. Jahrg. (XX, 1095 S.)] geb. Jeder Jahrg. n. 1 ℛ 20 ngr. Prachtausg. geb. mit Goldschn. Jeder Jahrg. n. 2 ℛ 20 ngr.

— — auf das Jahr 1870. 43. Jahrg. mit 1 Portr. in Stahlst. Ebend. 32. (XXXVI, 1315 S.) geb. n. 2 ℛ; Prachtausg. geb. mit Goldschn. n. 3 ℛ 6 ngr.

— Gothaisches genealogisches, der gräflichen Häuser auf d. J. 1871—1873. 44—46. Jahrg. 16. (XXII, 1000 S. m. e. Portr. in Stahlst.) Ebend. 871—73. geb. à n. 6. 50; Prachtausg. geb. m. Goldschn. à n. 10. —

— dasselbe. 1874—1876. 47—49. Jahrg. 16. (à XVI, 1033 S. m. e. Stahlst.) Ebend. 873. 75. geb. à n. 7. 50; Pracht-Ausg. à n. 11. —

— dasselbe, der gräflichen Häuser. 1878 u. 1879. 51. u. 52. Jahrg. 16. (XX, 1119 u. XX, 1095 S. m. je 1 Stahlst.) Ebend. geb. à n. 7. 60; Prachtausg. à n. 11. —

— dasselbe. 1880—1882. 53—55. Jahrg. 16. (à ca. XVIII, 1109 S.) Ebend. geb. à n. 8. —; Prachtausg. à n. 11. 40

— dasselbe, der gräflichen Häuser. 1883—1886. 56—59. Jahrg. 16. (à ca. XVI, 1127 S. m. 1 Stahlst.) Ebend. geb. à n. 8. —; Prachtausg. à n. 11. 40

— dasselbe, der gräflichen Häuser. 1887—1890. 60.—63. Jahrg. 16. (à ca. V, 1200 S. m. 1 Stahlst.) Ebd. geb. à Jahrg. n. 8. —; Prachtausg. n. 11. 40

— dasselbe der gräflichen Häuser. 1891—1894. 64.—67. Jahrg. 16. (à ca. V, 1280 S. m. 1 Stahlst.) Ebd. Geb. à Jahrg. n. 8. —; Prachtausg. n. 11. 40

— dasselbe. 1895. 68. Jahrg. 16. (VII, 1328 S. m. 1 Stahlst.) Ebd. 894. Geb. n. 8. —; Prachtausg. n. 12. —

**Taschenbuch**, Gothaisches genealogisches, der gräflichen Häuser. 1896—1899. 69.—72. Jahrg. 16. (V, 1360; VII, 1327; VII, 1263 u. VIII, 1288 S. m. je 1 Stahlst.) Gotha 895—898. J. Perthes. Geb. in Leinw. à n. 8. —; Prachtausg. à n. 12. —

— dasselbe der gräflichen Häuser. 1900—1903. 73.—76. Jahrg. gr. 16. (VIII, 984; VII, 1014; VII, 1026 u. VIII, 1031 S. m. je 1 Stahlst.) Ebd. Geb. in Leinw. à n. 8. —; Prachtausg. à n. 12. —

**Taschenbuch**, gothaisches genealogisches, der gräflichen Häuser. 1904—1907. 77. bis 80. Jahrg. (VII, 1042; VII, 1028; VII, 1039 u. VII, 1031 S. m. je 1 Stahlst.) gr. 16. Gotha, J. Perthes. Geb. in Leinw. à n. 8. —; Prachtausg. à n. 12. —

— dasselbe, der gräflichen Häuser. 1908—1911. 81.—84. Jahrg. (VIII, 1056; VIII, 1066; VIII, 1087 u. VIII, 1096 S. m. je 1 Stahlst.) 16. Ebd. Geb. in Leinw. à 8. —; Prachtausg. à 12. —

— dasselbe, der uradeligen Häuser. Der in Deutschland eingeborene Adel (Uradel). 1907. 8. Jahrg. (VII, 872 S. m. 1 Stahlst.) gr. 16. Ebd. Geb. in Leinw. n. 8. —; Prachtausg. n. 12. —
Vergl.: Taschenbuch usw. der adeligen Häuser.

— dasselbe, der uradeligen Häuser. Der in Deutschland eingeborene Adel (Uradel). 1908—1911. 9.—12. Jahrg. (VII, 864; VIII, 856; VII, 888 u. VII, 822 S. m. je 1 Stahlst.) 16. Ebd. Geb. in Leinw. à 8.—; Prachtausg. à 12. —

**Taschenbuch**, Göttinger akademisches. Winter-Sem. 1910/11. (26 S. m. 1 farb. Plan.) kl. 8. Göttingen. Deuerlich. nn — 50

— Göttinger, s. Kalender.

— göttingsches genealogisches, s. Kalender, göttingscher.

Göttingisches **Taschenbuch** zum Nutzen und Vergnügen. 1801—
s. Göttinger **Taschenkalender**.

— —, Göttingisches, zum Nutzen u. Vergnügen für das Jahr 1810. Mit Kpfrn. (Titelkpf., 4 Modebilder u. 4 Landschaften, 4 Hogart'sche Skizzen, sämmtl. von Riepenhausen gestoch.). Göttingen, bei Heinrich Dieterich. 12°. Orig.-Carton mit Goldschn.

— f. Graben-Nymphen. Mit Kpf. 8. Wien, Wucherer. 10 K

Taschenbuch für Grabennymphen. Mit Kupf. Wien, Wucherer, o. J. (c. 1780). 12°.
Eminent selten.

Taschenbuch für Grabennymphen auf das Jahr 1781. Salzburg, Mayr. 12°.

**Taschenbuch** für Grabennymphen auf das Jahr 1787. O. O. 84 S. kl. 8°. 12 Kupfer. V: *Richter, Joseph*. (Hans Viktor Pisk: Josef Richter. Diss. Wien 1927. S. 112—113)

— — a. d. Jahr 1787. 8. Salzb. Mayr.

**Taschenbuch** für Grabennymphen auf das Jahr 1787. [Wien?] 1787. V: *Richter, Joseph*. (EB) (Gugitz, G., Kulturgesch. Begleitwort z. Taschenbuch f. Grabennymphen. Wien 1909)

— für Grabennymphen auf d. J. 1787. (Neudr.) (84 S. m. Titelblatt u. 12 Vollbildern.) Nebst: Kulturgeschichtl. Begleitwort, v. Gust. Gugitz. (21 S.) 11,2×7,4 cm. Wien (909). P. Knepler. Kart. u. geh. 10.—; Luxusausausg. 15.—

—— Grätzer, für d. J. 1829. M. 30 lith. Ansichten d. interessantesten Partien dies. Gegend v. verschied. Künstlern, begl. mit histor. u. pittoresken Fingerzeigen v. A. J. Wonsidler. 16. (4 B.) Grätz 828, Kaiser.

Taschenbuch der Grazien. 1805 ff.
s. a. Almanach und Taschenbuch der Grazien.

Taschenbuch d. Grazien a. d. J. . . . . Hg.: J. Lafontaine.
1805. M. 7 Kpf.
1806. M. 7 Kpf.
1807. M. 7 Kpf.
1808. M. 7 Kpf.
1820. M. 7 Kpf.
Mannheim. Hayn-G. VII, 59. Goed. VIII, 63, 81.

— der Grazien, f. 1805, v. Just. Lafontaine. Mit Kpf. Manh., Kaufmann. 1 Thlr 12 Gr Für 1806—8. Mit Kpf. 12. Ebd. (à 1 Thlr 12 Gr) 4 Thlr 12 Gr Für 1820. Mit Kpf. 12. Manh., Schwan u. G. 1 Thlr 16 Gr

— — der Grazien für das Jahr 1806. Mit 6 Kupfern von Jury u. Ramberg. Mannheim, Kaufmann, 1805. 12°. (1½ Rthl.; engl. Bd. 2 Rthl.)

— — der Grazien, 1820. Mit 7 Kpfrn. Mannheim. 12°. Selten! (3 Mk., Orig.-Cart. m. Goldschn., Jos. Baer & Co., 1894.)
Enth. u. A. Gedichte v. *Justinus Kerner* unter d. Pseudonym *J. Warteuburg*. (Nicht bei Weller.)

Taschenbuch für Gutsbesitzer, Pächter und Wirtschaftsbeamte. Breslau: Korn 1797—99.
Hrsg.: G. Brieger.

— für Gymnasiasten u. Realschüler. Enth. Tabellen, Jahreszahlen u. Formeln aus der Welt-, Kirchen-, Litteratur- u. Kunstgeschichte, der Mathematik, Astronomie, Physik, Chemie, Naturkunde u. Geographie, nebst einer Uebersicht der Maass-, Gewichts- u. Münz-Systeme. 16. (VI, 183 S.) Leipzig 877. Violet. cart. 1. 80; geb. 2. —

— dasselbe. 2. u. 3., verb. u. verm. Aufl. 12. (VI, 222 S.) Ebend. 880. 82. cart. 2. —; geb. 2. 25

— für Gymnasiasten u. Realschüler. Enth. Tabellen, Jahreszahlen u. Formeln aus der Welt-, Kirchen-, Litteratur- u. Kunstgeschichte, der Mathematik, Astronomie, Physik, Chemie, Naturkunde u. Geographie, nebst e. Uebersicht der Maass-, Gewichts- u. Münz-Systeme u. Chronologie. 4. Aufl. 12. (IV, 244 S.) Leipzig 886. Violet. cart. 2. —; geb. 2. 25

— für Gymnasiasten u. Realschüler. Enth. Tabellen, Jahreszahlen u. Formeln aus der Welt-, Kirchen-, Litteratur- u. Kunstgeschichte, der Mathematik, Astronomie, Physik, Chemie, Naturkunde u. Geographie, nebst e. Uebersicht der Maass-, Gewichts- u. Münz-Systeme u. Chronologie. 5., verm. Aufl. 12. (IV, 224 S.) Leipzig 889. Violet. cart. 2. —; geb. 2. 25

— für Gymnasiasten u. Realschüler. Enth. Tabellen, Jahreszahlen u. Formeln aus der Welt-, Kirchen-, Litteratur- u. Kunstgeschichte, der Mathematik, Astronomie, Physik, Chemie, Naturkunde u. Geographie, nebst e. Uebersicht der Maass-, Gewichts- u. Münz-Systeme u. Chronologie. 6., verm. Aufl. 12. (IV, 224 S.) Leipzig 893. W. Violet. Kart. 2. —; geb. in Leinw. 2. 25

— f. Gymnasiasten u. Realschüler. Enth. Tabellen, Jahreszahlen u. Formeln aus der Welt-, Kirchen-, Litteratur- u. Kunstgeschichte, d. Mathematik, Astronomie, Physik, Chemie, Naturkunde u. Geographie, nebst e. Uebersicht d. Maass-, Gewichts- u. Münz-Systeme u. Chronologie. 7., verb. u. verm. Aufl. 12. (IV, 224 S.) Dresden 896. W. Violet. Kart. 2. —; geb. in Leinw. 2. 25

— für Gymnasiasten u. Realschüler. Enth. Tabellen, Jahreszahlen u. Formeln aus der Welt-, Kirchen-, Litteratur- u. Kunstgeschichte, der Mathematik, Astronomie, Physik, Chemie, Naturkunde u. Geographie, nebst e. Uebersicht der Maass-, Gewichts- u. Münz-Systeme u. Chronologie. 8. verb. u. verm. Aufl. 12. (IV, 224 S.) Dresden 900. Stuttgart, W. Violet. Kart. 2. —; geb. in Leinw. 2. 25

— f. Gymnasiasten u. Realschüler, Fortsetzg., s.: **Violet's Taschenbuch** f. Schüler höh. Lehranstalten.

Hallesches **Taschenbuch** für Juristen und Staatswissenschaftler. Hrsg. von Rudolf Heller. (1.) Halle a. S.: R. Heller 1906. 8° 108. 2338 3

Hamburgisches neues **Taschenbuch** auf das Jahr . . . zur Beförderung froher Laune, Menschen= und Sittenkunde im neusten Jahrhundert. Hrsg. v. J[ohann] F[riedrich] Schütze. Mit Kupf. ([Bd 2: von] Frantz [Ludwig] Catel, [gest. v.] Leo Wolf [u.] J[ohann] C[hristian] G[ottfried] Fritzsch) u. Musik ([Bd 2: von] F. H. Lütgert).
Hamburg: C. W. Meyn [1802:] & Mahncke [1800—1801]. 16°
[Vort. 1801 vor d. Kalendarium]: Hamburgischer neuer Almanach auf das Jahr 1801 zur Beförderung froher Laune, Menschen- und Sittenkunde im neusten Jahrhundert.
1801: [1800.] 10 Bl., 190 S., 1 Bl., 1 Titelkupf., 2 Kupfertaf., 8 Notenbl.
1802: [1801.] 10 Bl., 216 S., 2 Bl., 1 Titelkupf., 4 Kupfertaf., 3 Notenbl.

**TASCHENBUCH,** Hamburgisches neues, auf das Jahr 1802 zur Beförderung froher Laune, Menschen- u. Sittenkunde im neuesten Jahrhundert. Hrsg. v. J. F. Schutze. Mit Titelbildniss (Joh. Georg Büsch's, Fritzsch sc., 4 Kpfrn. („Woche nich geit!", je 1 Scene aus „Piccolomini" u. „Wallenstein", etc.), Catel del., Wolf sc. Altona, u. 3 Musikbeilagen. Hamburg, bey Meyn & Mahnke. 12°, 2 Bll., 220 S. (6 Mk., Expl. im Orig.-Carton, Rich. Bertling. Dresden, 1908.)
Enthält u. a.: Wanderungen durch Hamburg. Fünfte bis achte Station (S. 1—63). — Gemälde gezeichnet nach dem Leben. 1. Der Belletrist. 2. Der Afterarzt (in Versen). (S. 64—114). — Hamburgische und andre litterarische Anekdoten und Charakterzüge (S. 115—126). — Etc. Etc. Am Schlusse (auf S. 219—220): Thorschliessungs-Tabelle.

Taschenbuch für weibliche Handarbeit auf das J. 1878. qu. gr. 16. (16 S. mit eingedr. Mustern und 6 Chromolithogr.) Leipzig 877, [Kramer und Comp.] Roßberg'sche Buchh. geb.
Nicht weiter erschienen.

Taschen= und Handbuch für Theater-Statistik. Von K[arl] Th[eodor] von Küstner. 2. verm. Aufl.
Leipzig: Dürr 1857. XXXI, 396 S., 1 Titelbild. 8°

— für Handel u. Industrie, insbes. f. d. Mitglieder v. Handels= u. Gewerbekammern, Korporationen u. and. wirtschaftl. Interessenvertretungen f. d. J. 1897. Hrsg. v. Kandt. 2 Tle. 12. (234 u. 318 S.) Bielefeld 897. A. Helmich. In Leinw. kart. n. 4. —

**Taschenbuch** für Handel und Schifffahrt für das Jahr 1855. Hamburg 1855. H: *Meyer, Hans Jacob Heinrich.* (schr)

Taschenbuch für Handel und Schifffahrt für das J. 1855 (hrsg. von Heinr. Meyer). 12. (XII und 162 S.) Hamburg, (Gassmann. — Kittler.) Thlr. *

Taschenbuch für Handel, Verkehr, Bergbau und Hüttenbetrieb 1882. Oberhausen und Leipzig. 8.

— der Handelsgesetzgebung f. Deutschland. 1 u. 2. Hft. [Ergänzt durch ein vollständ. Sachregister. — Besonderer Abdruck aus dem Leipziger Mess-Taschenbuch.] Ster.-Ausg. 12. (192 S.) Leipzig 850, Spamer. (à n. 5/12 ʀf) n. 5/6 ʀf

—— der Handelscorrespondenz. Mit Anmerkungen und Worterklärungen zum Selbstunterricht, sowie für Schulen und Comptoire bearb. II. (Abthl.:) Die Handelscorrespondenz in deutscher und französ. Sprache. Bearb. von Jac. Schantz. 2 Thle. (Französisch-deutsch. — Deutsch-französisch.) gr. 8. (XVI und 291 S.) Leipzig 856, Spamer. à Thl. * 15 Ngr. *

Vgl.: Simon, L., Taschenbuch der Handelscorrespondenz in engl. und deutscher Sprache, welches die I. Abth. dieses Werkes bildet.

—— der Handelscorrespondenz. Mit Anmerkungen und Worterklärungen zum Selbstunterricht, sowie für Schulen und Comptoire bearb. I. (Abthl.): Die Handelscorrespondenz in deutscher und englischer Sprache. Bearb. von Louis Simon. 2 Thle. 2., verb. Aufl. gr. 8. Leipzig 858, Spamer. à Thl. * 15 Ngr. *

Inhalt:
Thl. 1. Englisch-deutsch. (VIII und 159 S.)
» 2. Deutsch-englisch. (VIII und 133 S.)

Taschen=Buch der Handelscorrespondenz. Mit Anmerkungen Worterklärungen zum Selbstunterricht ꝛc. 2. Abth. Die Handelscorrespondenz in deutscher und französischer Sprache. Bearb. von J. Schantz. In 2. Aufl. gänzlich umgearb. und versehen mit einer „Anleitung zur leichtern Erlernung des kaufmännischen Briefstyls" von D. Kaltbrunner. 2 Thle. 859, 60. — 3. durchgeseh. Aufl. Leipzig 862. Spamer. 8. Jeder Thl. n. 15 ngr.

Inhalt: 1. Thl.: Französisch=Deutsch. (XII, 156 S.) — 2. Thl.: Deutsch=Französisch. (XII, 164 S.)

—— dass. — I.: Die Handelscorrespondenz in deutscher und englischer Sprache. In 1. und 2. Aufl. bearb. von L. Simon. 3. Aufl. gänzl. umgearb. und mit einer „Anleitung zum leichten Erlernen des engl. kaufmänn. Briefstils" versehen von Chrn. Vogel 2 Thle. gr. 8. Ebendas. (861)62. à Thl. * 15 Ngr. *

Inhalt:
Thl. 1. Englisch-deutsch. (VIII und 184 S.)
» 2. Deutsch-englisch. (XII und 146 S.)

— der Handelscorrespondenz. Mit Anmerkungen und Worterklärungen zum Selbstunterricht, sowie für Schulen u. Comptoire bearb. 1. Abth. Die Handelscorrespondenz in deutscher und englischer Sprache. In 1. u. 2. Aufl. bearb. von L. Simon. 3. Aufl. gänzlich umgearb. und mit einer „Anleitung zum leichten Erlernen des kaufmännischen Briefstils" versehen von Chrn. Vogel. 2 Thle. 862. — 4. Aufl. Leipzig 865. Spamer. 8. Jeder Thl. n. 15 ngr.

Inhalt: 1 Thl.: Englisch=deutsch. (X, 184 S.) — 2. Thl.: Deutsch=englisch. (XII, 148 S.)

Taschenbuch der Handelskorrespondenz mit Anmerkungen und Worterklärungen. 2. Abthl.: Taschenbuch der Handelskorrespondenz in deutscher und französischer Sprache. Zum Selbstunterricht sowie für Schulen und Comptoire. Von Jul. Schantz und D. Kaltbrunner. 2 Thle. 4. Aufl., versehen mit einer „Anleitung zum leichten Erlernen des kaufmänn. Briefstyls." gr. 8. Leipzig 866, Spamer. à Thl. * 15 Ngr. *

Inhalt:
Thl. 1. Französisch=deutsch. (XII und 156 S.)
» 2. Deutsch=französisch. (XII und 164 S.)

—— der Handelscorrespondenz mit Anmerkungen und Worterklärungen. — Manuel de correspondance commerciale accompagné de notes et d'un vocabulaire. Für Schulen und Comptoire, sowie zum Selbstunterrichte. 2 Abthlgn. Englisch und deutsch — Französisch und deutsch. In je 2 Thln. 6. Aufl. 1872, und 7. neu geordn. und erweit. Aufl. gr. 8. Leipzig 874, Spamer. à Thl. (*M 1,50.)

Inhalt:
Abthl. 1. Taschenbuch der Handelscorrespondenz in deutscher und englischer Sprache. In 2 Thln. Ursprünglich hrsg. von L. Simon und Chr. Vogel und versehen mit einer Anleitung zur leichten Erlernung des kaufmännischen Briefstils. Neu geordn., erweit. und durchges. von H. P. Skelton, W. F. Wrankmore, C. A. Dransfeld. 1. Thl.: Englisch-deutsch. 2. Thl.: Deutsch-englisch. (XII, 180; XIV, 210 S.)
» 2. Taschenbuch der Handelscorrespondenz in deutscher und französ. Sprache. In 2 Thln. Ursprünglich hrsg. von J. Schantz und Courvoisier und versehen mit einer Anleitung zur leichteren Erlernung des kaufmänn. Briefstils. Neu geordn., erweit. und durchges. von H. P. Skelton, D. Kaltbrunner und C. A. Dransfeld. 1. Thl.: Französisch-deutsch. 2. Thl.: Deutsch-französisch. (XII, 162; XII, 160 S.)

— der Handelskorrespondenz m. Anmerkungen u. Worterklärungen. Zum Selbstunterrichte sowie f. Schulen u. Kontore. 2 Abthlgn. à 2 Thle. 8. verm. u. verb. Aufl. gr. 8. Leipzig 876. 77. Spamer. à Thl. n. 1. 75

I. Taschenbuch der Handelskorrespondenz in deutscher u. englischer Sprache. 2 Thle. Ursprünglich hrsg. v. L. Simon u. Chr. Vogel u. versehen m. allgemeinen Regeln zur leichten Erlerng. d. kaufmänn. Briefstils. Geordnet, erweitert u. durchgesehen v. H. P. Skelton, W. C. Wrankmore, C. Dransfeld. Durchgesehen u. verm. v. F. Reiser. 1. Thl. Englisch=Deutsch. (XII, 192 S.) — 2. Thl. Deutsch=Englisch. (XVI, 226 S.)

II. Taschenbuch der Handelscorrespondenz in deutscher u. französischer Sprache. Ursprünglich hrsg. v. J. Schantz u. Courvoisier u. versehen m. e. Anleitg. zur leichtern Erlerng. d. kaufmänn. Briefstils. Neu geordnet, erweitert u. durchgesehen v. H. P. Skelton u. D. Kaltbrunner. 1. Thl. Französisch=deutsch. (XII, 155 S.) — 2. Thl. Deutsch=französisch. (XII, 152 S.)

—— der Handelskorrespondenz in deutscher und englischer Sprache. In 2 Thln. Ursprünglich hrsg. von L. Simon und Chr. Vogel und versehen mit allgemeinen Regeln zur leichten Erlernung des kaufmänn. Briefstils. Geordnet, erweitert und durchgesehen von H. P. Skelton, W. C. Wrankmore, C. Dransfeld. Durchgesehen und verm. von F. Reiser. 8. verm. und verb. Aufl. gr. 8. Leipzig 877, [Spamer.] Gloeckner. à Thl. * M 1,75. *

Inhalt:
Thl. 1. Englisch-Deutsch. (XII, 192 S.)
» 2. Deutsch-Englisch. (XVI, 226 S.)

—— dass. — in deutscher und französischer Sprache. In 2 Thln. Ursprünglich hrsg. von J. Schantz und Courvoisier und versehen mit einer Anleitung zur leichteren Erlernung des kaufmänn. Briefstils. Neu geordnet, erweitert und durchgesehen von H. P. Skelton, D. Kaltbrunner, C. A. Dransfeld. 8. und 9. neu durchgeseh. und verb. Aufl. gr. 8. Ebendas. 876,79. à Thl. * M 1,75. *

Inhalt:
Thl. 1. Französisch-Deutsch. (XII, 162 S.)
» 2. Deutsch-Französisch. (XII, 160 S.)

— der Handelskorrespondenz. 1—5. Abtlg. à 2 Tle. gr. 8. Leipzig 878—82. Glöckner. n. 18. 50

I. Deutsch u. englisch. Versehen mit einer Anleitung zum leichten Erlernen des kaufmännischen Briefstils. Ursprünglich hrsg. von L. Simon, Chr. Vogel u. H. P. Skelton. 10. Aufl. Durchgesehen u. verb. von Leland Mason u. Chr. Vogel. 2 Tle.: Englisch=Deutsch u. Deutsch=Englisch. (XII, 203 u. XII, 231 S.) à n. 2. —; geb. à n. 2. 60

II. Deutsch u. Französisch. In 2 Thln. Ursprünglich hrsg. von J. Schantz u. Fr. Courvoisier; versehen mit einer Anleitung zur leichten Erlernung des kaufmännischen Briefstils. Neu geordnet, erweitert u. durchgesehen von H. P. Skelton, D. Kaltbrunner, C. F. Dénervaud. 11., neu durchgeseh. u. verb. Aufl. 1. Thl. Französisch=deutsch. (XII, 162 S.) — 2. Thl. Deutsch=französisch. (XII, 160 S.) à Thl. n. 1. 75; geb. à n. 2. 25

III. Italienisch u. Deutsch, mit Anmerkungen u. Worterklärungen hrsg. von Guglielmo Locella. 2 Thle. 1. Thl. Italienisch-Deutsch. (XII, 160 S.) — 2. Thl. Deutsch-Italienisch. (XIV, 162 S.) à n. 2. —

IV. Spanisch u. Deutsch. Hrsg. von H. Robolsky u. Santo Domingo. 2 Thle. 1. Thl. Spanisch-Deutsch. (XIII, 182 S.) — 2. Thl. Deutsch-Spanisch. (XVI, 194 S.) à n. 2. 50

V. Lehrbuch der deutschen Handelskorrespondenz, enth.: Grammatische Anweisungen, eine vollständige Phraseologie, Formeln f. den Eingang, Übergang u. Schluß der Briefe, die eigentliche Korrespondenzlehre mit zahlreichen Mustern, Markt-, Handels- u. Kursberichten, eine sehr große Sammlung von Formularen [Rechnungen, Kontokorrenten, Wechseln, Konnossementen ꝛc.] u. Tabellen. Nach den modernsten kaufmännischen Prinzipien hrsg. von Chr. Vogel. (VIII, 241 S.) n. 2. —; geb. n. 2. 60

—— der Handelskorrespondenz mit Anmerkungen und Worterklärungen. Zum Selbstunterricht, sowie für Schulen und Kontore. 1. Abthl. A. u. d. T.: Taschenbuch der Handelskorrespondenz in deutscher und englischer Sprache. Versehen mit einer Anleitung zum leichten Erlernen des kaufmänn. Briefstils. In 2 Thln. Ursprünglich hrsg. von L. Simon, Chr. Vogel und H. P. Skelton. 9. verm. und verb. Aufl. Neu geordnet, erweitert und durchges. von H. P. Skelton, W. C. Wrankmore und C. Dransfeld. Durchges. und verm. von F. Reiser. 2 Thle. gr. 8. Leipzig 881, Spamer. à Thl. * ℳ 1,75. * geb. à Thl. * ℳ 2,25. *

Inhalt:

Thl. 1. Englisch-Deutsch. (192 S.)
= 2. Deutsch-Englisch. (XIV, 226 S.)

Taschenbuch der Handelskorrespondenz mit Anmerkungen und Worterklärungen. Zum Selbstunterricht, sowie für Schulen und Kontore. 1.—6. Abthl. gr. 8. Leipzig, Gloeckner. * geb. *

Inhalt:

Abthl. 1. Taschenbuch der Handelskorrespondenz in deutscher und englischer Sprache. Versehen mit einer Anleitung zum leichten Erlernen des kaufmänn. Briefstils. Ursprünglich hrsg. von L. Simon, Chr. Vogel und H. P. Skelton. 10.—12. Aufl. Durchges. und verb. von Leland Mason und Chr. Vogel. 2. Thle. [1. Thl.: Englisch-Deutsch. (XII, 203 S.); 2. Thl.: Deutsch-Englisch. (XII, 232 S.) à * ℳ 2.; geb. à * ℳ 2,60.] 882—85. * ℳ 4.; geb. * ℳ 5,20.

= 2. Taschenbuch der Handelskorrespondenz in deutscher und französischer Sprache. Ursprünglich hrsg. von J. Schanz und Fr. Courvoisier; versehen mit einer Anleitung zur leichtern Erlernung des kaufmänn. Briefstils. Neu geordnet, erweitert und durchges. von H. P. Skelton, D. Kaltbrunner, C. F. Dénervaud. 10. und 11. neu durchges. und verb. Aufl. 2 Thle. [1. Thl.: Französisch-Deutsch. (XII, 162 S.); 2. Thl.: Deutsch-Französisch. (XII, 160 S.) à * ℳ 1,75.; geb. à * ℳ 2,40.] 881. * ℳ 3,50.; geb. * ℳ 4,80.

= 3. Locella, Guglielmo, Taschenbuch der Handelskorrespondenz in italienischer und deutscher Sprache. 2 Tle. 2. sorgfältig verb. Aufl. [1. Tl.: Italienisch-Deutsch. (X, 176 S.); 2. Tl.: Deutsch-Italienisch. (XII, 184 S.) à * ℳ 2,25.; geb. à * ℳ 2,85.] 884. * ℳ 4,50.; geb. * ℳ 5,70.

= 4. Robolsky, H., und Santo Domingo, Taschenbuch der Handelskorrespondenz in deutscher und spanischer Sprache. 2 Tle. [1. Tl.: Spanisch-Deutsch. (XIII, 182 S.); 2. Tl.: Deutsch-Spanisch. (XVI, 194 S.) à * ℳ 2,50.; geb. * ℳ 3.] 882. * ℳ 5.; geb. * ℳ 6.

= 5. Vogel, Chr., Lehrbuch der deutschen Handelskorrespondenz, enthaltend: Grammatische Anweisungen, eine vollständige Phraseologie, Formeln für den Eingang, Übergang und Schluß der Briefe, die eigentl. Korrespondenzlehre mit zahlreichen Mustern, Markt-, Handels- und Kursberichten, eine sehr große Sammlung von Formularen [Rechnungen, Kontokorrenten, Wechseln, Konnossementen ꝛc.] und Tabellen. Nach den modernsten kaufmänn. Prinzipien hrsg. (VIII, 241 S.) 882. * ℳ 2.; geb. * ℳ 2,60.

= 6. Halasz und Budai, die Handelskorrespondenz in ungarischer und deutscher Sprache. 2 Tle. [1. Tl.: Ungarisch-Deutsch. (XII, 171 S.); 2. Tl.: Deutsch-Ungarisch. (XII, 166 S.) à * ℳ 2,50.; geb. à * ℳ 3.] 884. * ℳ 5.; geb. * ℳ 6.

— der Handelskorrespondenz in deutscher u. englischer Sprache. Versehen m. e. Anleitg. zum leichten Erlernen d. kaufmänn. Briefstils. 2 Tle. Ursprünglich hrsg. v. L. Simon, Chr. Vogel, H. P. Skelton u. W. C. Wrankmore. 12. Aufl. Durchgesehen u. verb. v. Leland Mason u. Chr. Vogel. gr. 8. Leipzig 885. Gloeckner. à n. 2. —; geb. à n. 2. 60

1. Englisch-Deutsch. (XII, 203 S.) — 2. Deutsch-Englisch (XII, 232 S.)

Taschenbuch der Handelskorrespondenz in deutscher u. französischer Sprache. In 2 Tln. Ursprünglich hrsg. v. J. Schanz, Fr. Courvoisier, P. H. Skelton, D. Kaltbrunner u. C. F. Dénervaud. Versehen m. e. Anleitg. zur leichtern Erlerng. d. kaufmänn. Briefstils. Erweitert u. verb. v. Chr. Vogel gr. 8. Leipzig, Gloeckner. à n. 2. —; geb. à n. 2. 60

1. Französisch-deutsch. 14. Aufl. (VIII, 197 S.) 887.
2. Deutsch-französisch. 13. Aufl. (XII, 239 S.) 885.

— dasselbe, in deutscher u. spanischer Sprache. 2 Tle. Ursprünglich hrsg. v. H. Robolsky u. Santo Domingo. 2. Aufl., durchgesehen, erweitert u. verb. v. Chr. Vogel. gr. 8. Ebd. à n. 2. 50; geb. n. 3. —

1. Spanisch-deutsch. Von H. Robolsky u. Santo Domingo. (VIII, 198 S.) 887.
2. Deutsch-spanisch. (XIV, 238 S.) 889.

Taschenbuch der Handelskorrespondenz mit Anmerkungen und Worterklärungen. Zum Selbstunterricht, sowie für Schulen und Kontore. 1., 2., 4., 5. und 7.—9. Abthl. gr. 8. Leipzig, Gloeckner. *

Inhalt:

Abthl. 1. Taschenbuch der Handelskorrespondenz in deutscher und englischer Sprache. Versehen mit einer Anleitung zum leichten Erlernen des kaufmänn. Briefstils. Ursprüngl. hrsg. von L. Simon, Chr. Vogel, H. P. Skelton und W. C. Wrankmore. 13. Aufl. Durchges. und verb. von Leland Mason und Chr. Vogel. 2 Tle. [1. Tl.: Englisch-Deutsch. (XII, 203 S.); 2. Tl.: Deutsch-Englisch. (XII, 232 S.) 888. à Tl. * ℳ 2.—.; geb. * ℳ 2.60.] * ℳ 4.—.; geb. * ℳ 5.20.

= 2. Taschenbuch der Handelskorrespondenz in deutscher und französischer Sprache. Ursprüngl. hrsg. von J. Schanz, Fr. Courvoisier, P. H. Skelton, D. Kaltbrunner und C. F. Dénervaud. Versehen mit einer Anleitung zur leichten Erlernung des kaufmänn. Briefstils. 14. Aufl., erweit. und verb. von Chr. Vogel. 2 Tle. [1. Tl.: Französisch-deutsch. (VIII, 197 S.); 2. Tl.: Deutsch-französisch. (XII, 240 S.) 887. à Tl. * ℳ 2.—.; geb. * ℳ 2.60.] * ℳ 4.—.; geb. * ℳ 5.20.

= 4. Robolsky, H., und Santo Domingo, Taschenbuch der Handelskorrespondenz in spanischer und deutscher Sprache. 1. Tl.: Spanisch-deutsch. 2. Aufl. (VIII, 198 S.) 887. * ℳ 2.50. geb. * ℳ 3.—.

= 5. Gloeckner's Lehrbuch der deutschen Handelskorrespondenz. 2. Aufl. Hrsg. unter Mitwirkung von Aug. Schmidt und Gust. Wagner. (XII, 388 S. mit 1 Tab.) 885. * ℳ 3.—.; geb. ** ℳ 3.75.

= 7. Vogel, Chr., manual of mercantile correspondence in two languages — English and French. 2 vols. [Vol. 1: English-French. Collection of English commercial letters and formularies with notes, explanatory and grammatical, prepared after a quite new and easy system to facilitate their being translated into French. To which is added a dictionary of commercial terms and expressions in English and French. (XXIV, 283 S.); vol. 2: French-English. Collection of English commercial letters and formularies with notes, explanatory and grammatical, prepared after a quite new and easy system to facilitate their being translated into French. To which is added a dictionary of commercial terms and expressions in French and English. (XXVI, 281 S.) 886. à Vol. * ℳ 4.—.; geb. * ℳ 4.60.] * ℳ 8.—.; geb. * ℳ 9.20.

= 8. Hermansen, H., Taschenbuch der Handelskorrespondenz in deutscher und dänisch-norwegischer Sprache. Mit einem Vorwort von G. C. Nordgien. 2 Tle. [1. Tl.: Dänisch-Deutsch. (VIII, 154 S.); 2. Tl.: Deutsch-Dänisch. (VIII, 157 S.) 888. à Tl. * ℳ 2.50.] * ℳ 5.—.

= 9. Nordgien, G. C., Taschenbuch der Handelskorrespondenz in deutscher und portugiesischer Sprache. 2 Tle. [1. Tl.: Portugiesisch-deutsch. (XIV, 155 S.); 2. Tl.: Deutsch-portugiesisch. (X, 162 S.) 888. à Tl. * ℳ 2.20.] * ℳ 4.40.

— dasselbe, in deutscher u. portugiesischer Sprache. 2 Tle. Hrsg. v. G. C. Nordgien. gr. 8. Ebd. 888. à n. 2. 20

1. Portugiesisch-deutsch. (XIV, 155 S.) — 2. Deutsch-portugiesisch. (X, 162 S.)

— dasselbe, in deutscher u. franz. Sprache. 2 Tle. Ursprünglich hrsg. v. J. Schantz, Fr. Courvoisier, P. H. Skelton, D. Kaltbrunner u. C. F. Dénervaud. Versehen m. e. Anleitg. zur leichtern Erlerng. d. kaufmänn. Briefstils. 15. Aufl., erweitert u. verb. v. Chr. Vogel. gr. 8. Ebd. 889. à n. 2. —; geb. à n. 2. 60

1. Französisch-Deutsch. (VIII, 243 S.) — 2. Deutsch-Französisch. (XII, 239 S.)

—— der Handelskorrespondenz (in 10 Abtlgn.). 1.—4. u. 10. Abtlg. gr. 8. Lpz., Gloeckner. * 23 50; geb. * 29 30

1. In deutscher u. englischer Sprache. 2 Thle. 14. Aufl., verb. v. Chr. Vogel u. Leland Mason. [1. Englisch-Deutsch. (XII, 203 S.) — 2. Deutsch-Englisch. (XII, 232 S.) 890.] à Tl. * 2 —; * 4 —; geb. * 2 60; * 5 20.
2. In deutscher u. französischer Sprache. 2 Tle. 15. u. 16. Aufl., verb. v. Chr. Vogel. [1. Französisch-Deutsch. (VIII, 243 S.) — 2. Deutsch-Französisch. (XII, 239 S.) 889.] à Tl. * 2 —; * 4 —; geb. * 2 60; * 5 20.
3. In italienischer u. deutscher Sprache. 2 Tle. Hrsg. v. Baron G. Locella. 3. Aufl. [1. Italienisch-Deutsch. (VIII, 180 S.) 889. — 2. Deutsch-Italienisch. (X, 188 S.) 892.] à Tl. * 2 25; * 4 50; geb. * 2 85; * 5 70.
4. In deutscher u. spanischer Sprache. 2 Tle. Hrsg. v. H. Robolsky u. Santo Domingo. [1. Spanisch-Deutsch. 3. Aufl. Verb. u. verm. v. J. O. Monasterios. (X, 212 S.) 892. — 2. Deutsch-Spanisch. 2. Aufl., verb. v. Chr. Vogel. (XIV, 238 S.) 889.] à Tl. * 2 50; * 5 —; geb. * 3 —; * 6 —.
10. In russischer u. deutscher Sprache, verseh. m. e. Wörterbuch. 2 Tle. Unter Mitwirkg. v. A. Markow u. S. Mandelkern hrsg. von Jul. Pfeiffer. [1. Russisch-Deutsch. (VIII, 185 S.) 2. Deutsch-Russisch. (VIII, 185 S.) 891.] à Tl. * 3 —; * 6 —; geb. * 3 60; * 7 20.

— dasselbe, in italienischer u. deutscher Sprache. [In 2 Tln.] Hrsg. v. Baron G. Locella. 1. Tl. Italienisch-Deutsch. 3., sorgfältig verb. Aufl. gr. 8. (VIII, 180 S.) Ebd. 890. n. 2. 25; geb. n.n. 3. 10

— der Handelskorrespondenz in deutscher u. französischer Sprache. In 2 Tln. Ursprünglich hrsg. v. J. Schanz, Fr. Courvoisier, P. H. Skelton, D. Kaltbrunner u. C. F. Dénervaud. Versehen m. e. Anleitg. zur leichtern Erlerng. d. kaufmänn. Briefstils. 16. Aufl., erweitert u. verb. v. Chr. Vogel. gr. 8. Leipzig 891. G. A. Gloeckner. à n. 2. —; geb. in Leinw. à n. 2. 60
1. Französisch-Deutsch. (VIII, 243 S.) — 2. Deutsch-Französisch. (XII, 239 S.)

— dasselbe. 17. Aufl. 1. Tl. Französisch-Deutsch. gr. 8. (VIII, 243 S.) Ebd. 894. n. 2. —; geb. n. 2. 60

— dasselbe in deutscher u. italienischer Sprache. In 2 Tln. Hrsg. v. Baron G. Locella. 2. Tl. Deutsch-Italienisch. 3., sorgfältig verb. Aufl. gr. 8. (X, 188 S.) Ebd. 892. n. 2. 25; geb. in Leinw. n.n. 2. 85

— dasselbe in deutscher u. spanischer Sprache. In 2 Tln. Hrsg. v. H. Robolsky u. Santo Domingo. 1. Tl. Spanisch-Deutsch. 3. Aufl. Verb. u. verm. v. J. O. Monasterios. gr. 8. (X, 212 S.) Ebd. 892. n. 2. 50; geb. in Leinw. n. 3. —

— d. Handelskorrespondenz in deutscher u. englischer Sprache. Versehen m. e. Anleitg. z. leichten Erlernen d. kaufmänn. Briefstils. In 2 Tln. Ursprünglich hrsg. v. L. Simon, Chr. Vogel, H. P. Skelton u. W. C. Wrankmore. 15. Aufl. Durchges. u. verb. v. Chr. Vogel u. Leland Mason. gr. 8. Leipzig 895. G. A. Gloeckner. à n. 2. —; geb. in Leinw. à n. 2. 60
1. Englisch-Deutsch. (XII, 203 S.)
2. Deutsch-Englisch. (XII, 232 S.)

— dasselbe, in deutscher u. französischer Sprache. In 2 Tln. Ursprünglich hrsg. v. J. Schanz, Fr. Courvoisier, P. H. Skelton, D. Kaltbrunner u. C. F. Dénervaud. Vers. m. e. Anleitg. zur leichtern Erlerng. d. kaufmänn. Briefstils. 17. Aufl., erweit. u. verb. v. Chr. Vogel. II. Tl. Deutsch-französisch. gr. 8. (XII, 239 S.) Ebd. 896. n. 2. —; geb. in Leinw. n. 2. 60

— dasselbe, in spanischer u. deutscher Sprache. Ursprüngl. hrsg v. H. Robolski u. Santo Domingo. 2 Tle. 4. Aufl., durchges., erweit. u. verb. v. Chr. Vogel. gr. 8. Ebd. 897. à n. 3. —; geb. à n. 3. 50
1. Spanisch-Deutsch. (X, 243 S.)
2. Deutsch-Spanisch. (XV, 292 S.)

— der Handelskorrespondenz in deutscher u. englischer Sprache, s.: Taschenbücher d. Handelskorresp.

— dasselbe in französ. u. deutscher Sprache, hrsg. v. Chr. Vogel, s.: Taschenbücher d. Handelskorrespondenz. II.

— der Handelskorrespondenz in deutscher u. span. Sprache. II. Tl. Deutsch-spanisch. 5. Aufl. Durchgesehen, erweitert u. verbessert v. Chr. Vogel. (XVI, 303 S.) 8. Leipzig 907. G. A. Gloeckner. Geb. in Leinw. 3. 50

**Taschenbuch** für junge Handwerker, welches lehrt, wie junge Leute es anfangen würden, Ihr Glück zu machen. Hermannstadt 1814. V: *Hochmeister, Martin.* (PK 2/136) (BIBLPORT)

— — hanseatisches, der engl. Litteratur. s. Hamilton.

A. Hartleben's
— — **kleines statistisches Taschenbuch** über alle Länder der Erde. 1895. Nach den neuesten Angaben bearbeitet von Professor Dr. Friedr. Umlauft. 12. (99 S.) Geb. —.80
Wien: Hartleben.

— — Kleines statistisches Taschenbuch über alle Länder der Erde. Fünfter Jahrgang. 1898. Nach den neuesten Angaben bearbeitet von Professor Dr. Friedrich Umlauft. 12. (98 S.) Geb. —.80
Wien: Hartleben.

**A. Hartleben's** kleines statistisches Taschenbuch über alle Länder der Erde. 9. Jahrg. 1901. 16°. (103 S.) geb. K 1.60
Wien: Hartleben.

**A. Hartleben's kleines statistisches Taschenbuch** über alle Länder der Erde. 11. Jahrg. 1904. 16°. (104 S.) geb. K 1.60
Wien: Hartleben.

Hartlebens kleines statistisches Taschenbuch über alle Länder der Erde. 12. Jahrg. 1905. 8°. (104 S.) geb. K 1.60
Wien: Hartleben.

**A. Hartlebens kleines statistisches Taschenbuch** über alle Länder der Erde. 13. Jahrg. 1906. 16°. (104 S.) geb. K 1.60
Wien: Hartleben.

**A. Hartleben's Kleines statistisches Taschenbuch** über alle Länder der Erde. 15. Jahrg. 1908. 16°. (108 S.) geb. K 1.60
Wien: Hartleben.

**A. Hartleben's kleines statistisches Taschenbuch** über alle Länder der Erde. 1909. 16. Jahrg. 8°. (108 S.) geb. K 1.60
Wien: Hartleben.

— f. Hausbesitzer u. die es werden wollen, od. Anweis. wie man sich beim Ankauf, Besitz u. Verkauf eines Gebäudes zc. zu verhalten hat. 8. Glogau 827. Heymann. 1 ℛ 4 gℊ Nachtrag zu Obigem: Konstruktionen d. Gewölbe. Mit 1 Kpf. 8. Ebd. 827. 6 gℊ

Taschenbuch zur Haushaltkunst für Frauenzimmer.
Jg. 1–4. Stuttgart 1784–87. 8°
Hrsg.: Joh. Albrecht Klüpfel.

— der Häuslichkeit u. Eintracht gewidmet, siehe Hell, Theodor.

Taschenbuch für Hausthierärzte, Ärzte und Ökonomen.
Bdchen 1. 2. Halberstadt 1804–05. 8°
Hrsg.: Joh. Frdr. Niemann.

Anonym: „Taschenbuch, guten Hausvätern und Hausmüttern gewidmet", Leipzig 1812 (Rein).

Taschenbuch der Haus= Land= und Staatswirthschaft für Männer, Weiber und Kinder auf das Jahr 1797 hrsg. v. J[ohann] C[hristian] C[hristoph] Rüdiger'n.
Halle: Hemmerde & Schwetschke in Comm. (1796). 16 Bl., 302 S., 1 Bl., 11 Kupfertaf. davon 3 kol. 12°

— Heidelberger, f. 1809. Herausgg. v. A. W. Schreiber. Mit Kpf. 16. Heidelb. 808. Mohr. 1 ℛ 8 gℊ (A. u. d. T.: Spätlinge, Erzähll.) Für d. J. 1810 u. 1811, von ebendenselben. 16. Manh. 810. Löffler. (à 1 ℛ 12 gℊ) 3 ℛ Für 1813. 18. Stuttg., v. Cotta. 1 ℛ 8 gℊ

Heidelberger *Taschenbuch.*
Mannheim
Hrsg.: Aloys Wilhelm Schreiber.
1812.

**Taschenbuch, Heidelbergisches (seit 1810 — Heidelberger) a. d. J. . . .**
**Hg.: Schreiber.**
**1809. 2 Bl., IV, 300 (200) S.**
**1810. XX S., 6 Bl., 223 S. M. 6 Kpf.**
**1811. XX S., 6 Bl., 255 S. M. 4 Kpf.**
**1812. XII, 264 S. M. 5 Kpf.**
**Heidelberg, Mannheim u.** **Goed. VIII, 68, 117.**
**Tübingen. Forts. s. u.: Cornelia.**

**— für junge Herren u. Damen in Grecourtschen Geschmack. 16. Braunschw. 792. Schröder. 9 ℳ**

§ — — für junge Herren und Damen im Grécourtschen Geschmacke. Mit Kpfrn. London (Braunschweig) 1792. 16⁰. Ungemein selten!

Herrmanns Taschenbuch für 1842. Minden u. Leipzig, Ferd. Eßmann. o. J. IV 272 S. 8.

— — hippologisches. s.a.F. v. Schelcher.

— — Hippologisches, s.a.Tennecker und Schelcher.

Hippologisches *Taschenbuch* für
Pferdekenner und Liebhaber.
Leipzig
Hrsg.: Karl Friedrich von Schelcher.
1817. 1818.

Historisches **Taschenbuch** von Rabaut de St. Étienne. 1795
s.a.**Almanach** historique de la révolution française [dt.]

Historisches **Taschenbuch.** 1790—1805
s.a.Historischer **Kalender.**

**— historisches, von F. Lassaulx. 1r Jahrg. 12. Andernach, Lassaulx und H.**

— —, Historisches, oder charakteristische Züge der Menschheit aus dem grauen Alterthum. Egypten (München, Platvoet) 1801.
Weller, fing. D. — Selten!

Historisches *Taschenbuch* für das Jahr 1813.
Von Ernst Moritz Arndt.
St. Petersburg: Lissner (1812).
*Ff, 3f:3*

**—— historisches, s.a.Buchholz, Fr.**

Historisches *Taschenbuch.*
Hrsg. v. Fr[iedrich] Buchholz.
Berlin: Wittich
[Zugl.:] Geschichte der europäischen
Staaten seit dem Frieden von Wien.
Jg. 1. 1814 (= Bd 1). 2. 1815, Abt. 2 (= 3).
3. 1815, Abt. 1 (= 4). 1816, 2 (= 5).
7. 1823 [unv.] (= 10).
*22, 4:48¹⁰a-c*

Historisches **Taschenbuch** für das Jahr . . . Von Ernst Moritz Arndt.
Königsberg: Friedr. Nicolovius [1814]. 16°
1814: XXVIII S., 3 Bl., 256 S.

Historisches *Taschenbuch. Hrsg. v.*
Friedrich Raumer (1871 ff.:) W[ilhelm]
H[einrich]Riehl (1822 ff.:) Wilhelm
Maurenbrecher.
Leipzig: Brockhaus
[F. 1.] Jg. 1. 1830 – F. 6. Jg. 12. 1892.
*Ff, 1:18*

**Taschenbuch, Historisches. Hg.: Fr. Raumer. (ab 1880 — W. Maurenbrecher.)**
**1830—1839. 1.—10. Jg.**
**1840—1849. N. F. 1.—10. Jg.**
**1850—1859. III. F. 1.—10. Jg.**
**1860—1869. IV. F. 1.—10. Jg.**
**1870—1879. V. F. 1.—10. Jg.**
**1880—1891. VI. F. 1.—10. Jg.**

**Leipzig.**

Historisches **Taschenbuch.** Mit Beitr. v. . . . hrsg. v. Friedrich von Raumer [u. a.]
Leipzig: F. A. Brockhaus 1830—1892. 12° (F. 4 ff.: 8°)
[F. 1,] Jg. 1: 1830. VIII, 460 S., 1 Bl., 1 Titelkupf.
2: 1831. 4 Bl., 604 S., 1 Titelkupf.
3: 1832. X, 537 S., 1 Titelkupf.
4: 1833. 3 Bl., 376 S., 1 Titelkupf.
5: 1834. 2 Bl., 453 S., 1 Bl., 2 Kupfertaf., 1 Tab.
6: 1835. 3 Bl., 548 S.
7: 1836. 3 Bl., 497 S., 1 Tit.-Holzschn., 1 Kupferkt.
8: 1837. 3 Bl., 599 S., 1 Titelbild.
9: 1838. 4 Bl., 628 S.
10: 1839. 3 Bl., 556 S.
F. [2,] Jg. 1: 1840. 3 Bl., 578 S.
2: 1841. 3 Bl., 677 S., 2 Taf.
3: 1842. 3 Bl., 567 S.
4: 1843. 3 Bl., 606 S.
5: 1844. 3 Bl., 697 S.
6: 1845. 3 Bl., 630 S.
7: 1846. 3 Bl., 700 S.
8: 1847. 3 Bl., 666 S.
9: 1848. 3 Bl., 570 S., 1 Titelbild.
10: 1849. 3 Bl., 637 S.
F. 3, Jg. 1: 1850. 3 Bl., 690 S.
2: 1850. 3 Bl, 714 S.
3: 1852. 3 Bl., 684 S.
4: 1853. 3 Bl., 644 S., 1 Bl.
5: 1854. 3 Bl., 582 S.
6: 1855. 3 Bl., 611 S.
7: 1856. 3 Bl., 692 S.
8: 1857. 3 Bl., 615 S.
9: 1858. 3 Bl., 643 S.
10: 1859. 3 Bl., 644 S.
F. 4, Jg. 1: 1860. 3 Bl., 418 S.
Weitere Bestände ab F. 4, Jg. 2 — F. 6, Jg. 12 vorh.

—— histor. Mit Beiträgen v. Passow, Raumer, Voigt, Wachler, Wilken u. A., hrsg. v. Friedr. (L. G.) v. Raumer. 1—6. Jahrg. gr. 12. Leipzig 830—35, Brockhaus. [1. (19½ B. u. Kardinal Richelieu's Bildn.), 2. (25½ B. u. Kais. Maximilian II. Bildn.), 3. (23 B. u. Kais. Ferdinand II. Bildn.) à 2 Thlr., 4. (16 B. u. Rubens Bildn.) 1 Thlr. 16 Gr., 5. (19 B., 2 Kpfr. [Faust'sche Bilder aus Auerbachs Keller in Leipzig] u. 1 Tab. gr. 4.), 6. (23 B.) à 2 Thlr.]
1—5. Jahrg. ungetrennt, hrbgs. Pr. 5 Thlr., einzeln à 1 Thlr. 8 Gr.

—— historisches, mit Beiträgen v. Barthold, Böttiger, Raumer, Roepell, Varnhagen v. Ense, hrsg. v. Friedr. v. Raumer. 7—10. Jahrg. u. neue Folge 1 — 4. Jahrg. gr. 12. Leipzig 836—43, Brockhaus. [7. (21 B., Anna Joanowna's Bildn. u. 1 Karte), 8. (25⅙ B.), 9. (26½ B.), 10. (23½ B.) N. F. 1. J. (24⅓ B.) à * 2 Thlr., 2. (28½ B. u. 2 lith. Schrifttaf.) * 2½ Thlr., 3. (24 B.), 4. (25½ B.) à * 2 Thlr.] *
1 — 10. Jahrg. 1830 — 39. Ebendas. ungetrennt * 10 Thlr., einzeln à * 1½ Thlr.

—— historisches. Hrsg. v. Friedr. v. Raumer. Neue Folge. 5—8. Jahrg. 12. Leipzig 844—47, Brockhaus. [5. (29½ B.) 6. (26⅔ B.) 7. (29½ B.) 8. (28 B.) à J. * 2 Thlr. 15 Ngr.] *
Vgl. 9. Bd. 2. Abthl. S. 351.

—— historisches. Hrsg. von Friedr. v. Raumer. Neue Folge. 9. und 10. Jahrg. (1848 und 1849.) gr. 12. Leipzig, Brockhaus. [9. (570 S. und R's. Bildn. in Stahlst.) 847., 10. (637 S.) 848.] à Jahrg. *

—— dass. — Hrsg. von Dems. 3. Folge. 1—4. Jahrg. (1850—53.) gr. 12. Ebds. 849—52. [1. (V und 690 S.) 2. (III und 714 S.) 3. (III und 684 S.) 4. (III und 645 S.) à Jahrg. * 2 Thlr. 15 Ngr.] *

— historisches. Hrsg. von Friedr. v. Raumer. 3. Folge. 5—8. Jahrg. (1854—57.) gr. 12. Leipzig, Brockhaus. [5. (V und 582 S.) 6. (III und 611 S.) 7. (III und 692 S.) 8. (III und 615 S.) 853—56.] à Jahrg. *

— historisches. Hrsg. von Friedr. v. Raumer. 3. Folge. 9. und 10. Jahrg. und 4. Folge. 1. und 2. Jahrg. gr. 12. Leipzig, Brockhaus. à Jahrg. *

Inhalt:

Folge 3. Jahrg. 9. 1. Das Reich Japan und seine Stellung in der west-östlichen Weltbewegung. Von C. F. Neumann. 2. Johann Konrad Dippel. Von C. Buchner. 3. Der Westen und der Norden im dritten Stadium der orientalischen Frage. Von J. W. Zinkeisen. 4. Bruchstücke aus Erinnerungen von einer Reise nach Dänemark, Schweden und Norwegen im Sommer 1856. Von F. L. G. v. Raumer. 5. Der prager Friede. Nach handschriftl. Quellen des königl. sächsischen Hauptstaatsarchivs. Von C. Gust. Helbig. (V und 643 S.) 858.

„ 3. „ 10. 1. Don Carlos von Spanien. Von Adf. Helfferich. 2. Christoph Kaufmann, der Kraftapostel der Geniezeit. Von H. Düntzer. 3. Zur neuern Geschichte Roms. 1848—50. Von F. L. G. v. Raumer. 4. Ueber den künstlerischen Bildungsgang Rafael's und seine vornehmsten Werke. Von Gust. F. Waagen. 5. Die Entwickelung des Staatswesens in Deutschland, England und Frankreich von C. Biedermann. 6. Das vierte Stadium oder das jüngste Jahrhundert und die Zukunft der orientalischen Frage. Von J. W. Zinkeisen. (V und 641 S.) 859.

„ 4. „ 1. 1. Die Mönchsrepublik des Berges Athos. Von G. Rth. Pischon. 2. Der brabanter Hof und eine brüsseler Revolution im 15. Jahrhundert. Von Fr. Löher. 3. Giovanni Rosini. Von Alf. v. Reumont. 4. Ein Schuß im Walde 1603. Von G. v. Weber. 5. Der evangelische Sagenkreis. Ein Beitrag zur Geschichte der religiösen Dichtung und Kunst des Mittelalters. Von Ed. Kolloff. 6. Ernst Christoph August von der Sahla. (V und 418 S.) 860.

„ 4. 2. 1. Deutschlands Schriftstellerinnen bis vor hundert Jahren. Von Talvj. 2. Daniel Manin, als Führer des moralischen Widerstands gegen Metternich, als Lenker der venetianischen Revolution und Diktator während der Belagerung und als Stifter des italienischen Nationalvereins. Von Hm. Reuchlin. 3. Skizzen des häuslichen und öffentlichen Lebens der Römerinnen im Alterthum. Von H. Asmus. 4. Deutsches Nationalbewußtsein und Stammesgefühl im Mittelalter. Von H. Rückert. (V und 404 S.) 861.

— historisches. Hrsg. von Friedr. v. Raumer. 4. Folge. 3.—8. Jahrg. 8. Leipzig, Brockhaus. à Jahrg. *

Inhalt:

Jahrg. 3. 1. Deutsche Königswahlen. Von W. Gld. Soldan. 2. Die Gastlichkeit im Mittelalter. Von Jak. Falke. 3. Skizzen des häuslichen und öffentlichen Lebens der Römer im Alterthum. Von H. Asmus. 4. Ueber die Urzeit der Indogermanen. Von Fd. Justi. 5. Das Blücherdenkmal in Rostock und Goethe's Theilnahme an diesem Werke. Mit 24 Briefen Goethe's. (V und 421 S.) 862.

„ 4. 1. Fürst Andreas Kyrillowitsch Rasumovski. Ein Fragment aus der Geschichte der russ. Diplomatie. Von J. H. Schnitzler. 2. Untergang von Bauern- und Herrenfreiheit in Holland. Von Fr. Löher. 3. Die irrende Ritterschaft. Von Jak. Falke. 4. Geschichte der deutschen Landwirthschaft in Verbindung mit der allgemeinen Geschichte von 1770—1850. Von Ch. Ed. Langethal. 5. Sicilien und Palermo. Vortrag, gehalten im Wissenschaftl. Verein zu Berlin am 24. Januar 1863. Von F. L. G. v. Raumer. 6. Das gesellige Leben vor und nach der Schreckenszeit in Paris. Von Ed. Kolloff. (V und 436 S.) 863.

„ 5. 1. Die volkswirthschaftlichen Folgen des Dreißigjährigen Kriegs für Deutschland insbesond. für Landwirthschaft, Gewerbe und Handel. Von K. Thdr. v. Inama-Sternegg. 2. Elisabeth Charlotte, Herzogin von Orleans. Von L. Delener. 3. Römer und Germanen im 4. Jahrh. Von Rdf. Köpke. 4. Der Kampf der Freiheitsmänner und der Geistlichen in Belgien in den letzten Jahrzehnten des vorigen Jahrhunderts. Von H. Wuttke. (III und 432 S.) 864.

„ 6. 1. Venedig, der Rath der Zehn und die Staatsinquisition. Von K. Hopf. 2. Die politische Anlage und Thätigkeit der verschiedenen deutschen Stämme. Von H. Rückert. 3. Fürstenromantik im 15. Jahrhundert. Von Fr. Löher. 4. Pfalz-Baiern gegen Ende des 18. Jahrhunderts. Von L. H. (III und 392 S.) 865.

„ 7. 1. Heinrich der Löwe. Geschichte, Sage und Poesie. Von Hs. Prutz. 2. Der Kampf der Fürsten gegen die Städte in den Jahren 1449 und 1450. Von Thdr. v. Kern. 3. Ueber die Studien Winckelmann's in seiner vorrömischen Zeit. Von K. Justi. 4. Dr. Karl Friedrich Bahrdt. Ein Beitrag zur Geschichte der deutschen Aufklärung von Gst. Frank. 5. Der lütticher Executionszug 1789 und 1790. Ein Beitrag zur Geschichte vom Untergange des Heiligen Römischen Reichs Deutscher Nation von L. H. (III und 423 S.) 866.

„ 8. 1. Die Absetzung der Herzoge von Mecklenburg und die Einsetzung Wallenstein's zum Fürsten des Landes. Von Joh. Paul Hassel. 2. Ali Pascha von Janina. Von K. Mendelssohn-Bartholdy. 3. Die sagenhafte und symbolische Thiergeschichte des Mittelalters. Von Ed. Kolloff. 4. Kaiser Paul I. vor und nach seiner Thronbesteigung. Von Joh. Heinr. Schnitzler. 5. Immanuel Kant. Von K. Biedermann. 6. König Jakob II. und Anna Hyde. Von Friedr. v. Raumer. (III und 430 S.) 867.

— historisches. Hrsg. von Friedr. v. Raumer. 4. Folge. 9. und 10. Jahrg. 8. Leipzig, Brockhaus. à Jahrg. *

Inhalt:

Jahrg. 9. 1. Das Verkehrsleben im Alterthum. Von H. Stephan. 2. Danzig, das nordische Venedig. Eine deutsche Städtegeschichte. Von Hans Prutz. 3. Das bürgerliche Wohnhaus in seiner geschichtlichen Wandlung. Von A. v. Eye. 4. Die beiden Foscari. (Wahrheit, nicht Dichtung.) Von K. Hopf. (III, 414 S.) 868.

„ 10. 1. Rhetorenschulen und Klosterschulen oder heidnische und christliche Cultur in Gallien während des 5. und 6. Jahrhunderts. Von G. Kaufmann. 2. Die Reformen der Kaiserin Maria Theresia. Von Thdr. Kern. 3. Philipp II. von Spanien und sein Minister Antonio Perez. Von E. Grahl. 4. Die italienische Krone im J. 1474. Von Fr. v. Löher. 5. Das Verkehrsleben im Mittelalter. Von H. Stephan. (III, 438 S.) 869.

Taschenbuch, historisches. Begründet von Frdr. v. Raumer. Hrsg. von W. H. Riehl. 5. Folge. 1.—5. Jahrg. 8. Leipzig, Brockhaus. à Jahrg. *

Inhalt:

Jahrg. 1. 1. Elsässische Culturstudien. Von W. H. Riehl. 2. Carlo Filangieri Fürst von Satriano. Autobiographisches und Commentar. Von Alf. v. Reumont. 3. Das Project einer süddeutschen Republik im J. 1800. Von K. Thdr. Heigel. 4. Jean Froissart und seine Zeit. Streiflichter auf das Literatur- und Gesellschaftsleben des spätern Mittelalters. Von G. Weber. 5. Der Weissagungsglaube und das Prophetenthum in der christlichen Zeit. Von J. Jos. Ign. v. Döllinger. 6. Hölderlin, der Dichter des Pantheismus. Von Adf. Wilbrandt. (XIII, 413 S.) 871.

„ 2. 1. König Maximilian II. von Bayern. Aus der Erinnerung gezeichnet von W. H. Riehl. 2. Die Marquise du Deffand. Ein Sittenbild aus dem 18. Jahrhundert von Hans Prutz. 3. Leben und Wirken des Teufels. Von Ed. Kolloff. 4. Zur Geschichte der französischen Colonien in Deutschland. Von W. Stricker. 5. Die Eroberung der Stadt Münster im J. 1535. Eine Untersuchung von C. A. Cornelius. 6. Erinnerungen an Rudolf Köpke. Von W. v. Giesebrecht. 7. Pfalzgräfin Maria. Ein Frauenleben aus der Reformationszeit. Von A. Kluckhohn. (XI, 374 S.) 872.

„ 3. 1. Die Capitulation von Ulm. Eine Denkschrift des Generals Mack. 2. Der Uebergangsproceß zweier Weltalter und François Rabelais. Von G. Weber. 3. Gesellschaft und Staat in den germanischen Reichen der Völkerwanderung. Von Fel. Dahn. 4. Theodor Agrippa d'Aubigné. Von E. L. Thdr. Henke. 5. Der Weißkunig Kaiser Maximilian's I. Von Rochus v. Liliencron. 6. Aus dem Komödiantenleben des vorigen Jahrhunderts. Denkwürdigkeiten von Karoline Schulze. Mitgetheilt von H. Uhde. (VIII, 415 S.) 873.

„ 4. 1. Eine Heerschau des Xerxes. Von Fd. Justi. 2. Ravenna. Von Hans Prutz. 3. Toulouser Studentenleben im Anfange des 16. Jahrhunderts. Eine Episode aus dem Leben Michael Servet's. Von H. Tollin. 4. Die Entwickelung der deutschen Alpendörfer. Ein wirthschaftsgeschichtlicher Essay von K. Thdr. v. Inama-Sternegg. 5. Johanna die Wahnsinnige von Castilien. Ein historisches Problem. Nach den neuesten Forschungen bearb. von A. v. Winning. 6. Radowitz. Seine politischen Anschauungen und deren Einfluß auf Friedrich Wilhelm IV. Von Fd. Fischer. 7. Die Pest des heiligen Karl Borromeo. Von Max Lossen. 8. Die Kriegsgeschichte der deutschen Oper. Von W. H. Riehl. (373 S.) 874.

„ 5. 1. Schauspieler und Schauspielkunst im griechischen Alterthum. Von Kr. Bursian. 2. Savonarola. Ein Culturbild aus der Renaissancezeit von Johs. Huber. 3. Die Toleranz im Zeitalter der Reformation. Von H. Tollin. 4. Beiträge zur Geschichte der Paläontologie. Von K. Alf. Zittel. 5. Die Reformbestrebungen Papst Hadrian's VI. und die Ursachen ihres Scheiterns. Von F. Nippold. 6. Friedrich Ludwig Schröder in seinen Briefen an K. A. Böttiger (1794—1816). Von H. Uhde. 7. Die Pilgerfahrten nach dem Heiligen Lande vor den Kreuzzügen. Von Rhld. Röhricht. (IX, 396 S.) 875.

1.—4. Folge. 40 Jahrgänge. 1830—69. (* ℳ 279,50.) * ℳ 120. Je 10 Jahrg. * ℳ 30. Einzelne Jahrg. à * ℳ 4.

— historisches. Begründet von Friedr. v. Raumer. Hrsg. von W. H. Riehl. 5. Folge. 6.—10. Jahrg. 8. Leipzig, Brockhaus. à Jahrg. *

Inhalt:

Jahrg. 6. 1. Das römische Kalenderwesen. Von W. Christ. 2. Staat und Kirche in der römischen Kaiserzeit. Von Mr. Ritter. 3. Die Belagerung von Damiette. (1218—1220.) Ein Beitrag zur Kriegsgeschichte des Mittelalters. Von Rhld. Röhricht. 4. Die Kaiserkrönung Karl's VII. Von Hm. Uhde. 5. Der Untergang des altenglischen Theaters. Von Adf. Stern. 6. Rußland und die katholische Kirche. Von K. Walcker. 7. Ein neues Lied auf die Sempacher Schlacht. Von Rochus v. Liliencron. 8. Aggäus Albada und der Kölner Pacificationscongreß 1579. Von Max Lossen. (X, 362 S.) 876.

7. 1. Russische Geldfürsten. Ein Beitrag zur Wirthschaftsgeschichte des 18. Jahrhunderts. Von A. Brückner. 2. Eine italienische Kaiserreise in den Jahren 1529 und 1530. Von Henri Tollin. 3. Beiträge zur Geschichte des Frankfurter Parlaments. Von K. Biedermann. 4. Mary Somerville. Von Alf. v. Reumont. 5. Die orientalische Krisis in den J. 1875—77. Von W. Müller. 6. Zur Geschichte der kirchenpolitischen Kämpfe Rußlands. Von K. Walcker. 7. Kaiser Joseph II. und die österreichischen Generalseminarien. Von Gerson Wolf. (X, 387 S.) 877.

8. 1. Die Beziehungen des Serbenvolkes zu Rußland. Von ihren Anfängen bis zum russischen Türkenkriege von 1806. Von G. Rosen. 2. Die Verhältnisse der Protestanten in Oesterreich unter der Kaiserin Maria Theresia und das Toleranzpatent. Von Gerson Wolf. 3. Christoph Ernst Friedrich Weyse und die dänische Musik seit dem vorigen Jahrhundert. Von Rochus v. Liliencron. 4. Die Molokanen. Ein Beitrag zur Sektenkunde und Kirchengeschichte Rußlands. Von Trg. Pech. 5. Der Musenhof der Königin Christine von Schweden zu Rom. Von Adf. Stern. 6. Christenthum und Islam während des Mittelalters und die culturgeschichtlichen Ergebnisse der Kreuzzüge. Von Hs. Prutz. 7. Die französische Krisis im Jahre 1877. Von W. Müller. (X, 400 S.) 878.

9. 1. Zur Charakteristik der Staufer. Von Rhd. Kugler. 2. Der Vertrag von Kalisch vom 27./28. Februar 1813 und unsere Ostgrenze. Von W. Niemann. 3. Patrick Gordon. Ein Beitrag zur Geschichte Rußlands im 17. Jahrhundert. Von A. Brückner. 4. Reformation und Gegenreformation in Oesterreich. Von H. M. Richter. 5. Der Zweikampf in der Geschichte der westeuropäischen Völker. Von F. Zimmermann. 6. Ein politischer Volkskatechismus aus dem 18. Jahrhundert. Von A. Geyer. (XII, 376 S.) 879.

10. 1. Isaak Casaubon. Von Fridolin Hoffmann. 2. Der Reichstag von Augsburg. Von Henri Tollin. 3. Gustav Wappers. Ein Künstlerleben. Von Hm. Billung. 4. Die Anfänge Wilhelm's von Oranien. Von H. Welzhofer. 5. Peter's des Großen Briefwechsel mit Katharina. Von A. Brückner. 6. Ein neues Fürstenthum in alter Zeit. Von A. Forstenheim. 7. Zur innern Geschichte des Socialismus. Von W. H. Riehl. 8. Der Dichter der „Insel Felsenburg". Von Adf. Stern. (XII, 366 S.) 880.

1.—5. Folge. 50 Jahrgänge. 1830—1880. (* ℳ 339,50.) * ℳ 150. — 1.—4. Folge. à * ℳ 30.; à Jahrg. * ℳ 4.; 5. Folge * ℳ 60.; à Jahrg. * ℳ 6.

— historisches. Begründet von Friedr. v. Raumer. Hrsg. von Wilh. Maurenbrecher. 6. Folge. 1.—4. Jahrg. 8. Leipzig, Brockhaus. à Jahrg. *ℳ 8.; geb. *

Inhalt:

Jahrg. 1. Breßlau, Harry, die Kassettenbriefe der Königin Maria Stuart. Eine historisch-diplomat. Untersuchung. — Noorden, K. v., Lord Bolingbroke. Ein Vortrag. — Keller, L., zur Geschichte der katholischen Reformation im nordwestlichen Deutschland 1530—1534. — Benrath, K., ein Inquisitionsproceß aus dem J. 1568. Aus venetian. Acten. — Schomburgk, W., die Pack'schen Händel. Ein Beitrag zur Geschichte Herzog Georg's von Sachsen. — Ritter, M., der Augsburger Religionsfrieden 1555. — Herrmann, E., der russische Hof unter Kaiserin Elisabeth. — Maurenbrecher, W., über die Objectivität des Historikers. (IX, 343 S.) 882.

„ 2. Oncken, W., aus den letzten Monaten des Jahres 1813. Archivalische Mittheilungen. — Lamprecht, K., Wirthschaft und Recht der Franken zur Zeit der Volksrechte. — Klüpfel, K., der schwäbische Bund. — Horawitz, A., der Humanismus. — Koser, R., Friedrich der Große im Jahrzehnt vor dem Siebenjährigen Kriege. — Maurenbrecher, W., die Lehrjahre Philipp's II. von Spanien. (V, 346 S.) 883.

„ 3. Schäfer, A., das macedonische Königthum. — Bernheim, E., die Sage von den treuen Weibern zu Weinsberg. — Wegele, F. X. v., Kanzler Konrad. Gest. 1202. — Klüpfel, K., der Schwäbische Bund. — Wenzelburger, K. Th., Johan von Oldenbarnevelt. Der Advocat von Holland. — Althaus, F., Samuel Hartlib. Ein deutsch-englisches Charakterbild. — Hüffer, H., die Neapolitanische Republik des Jahres 1799. (VII, 388 S.) 884.

„ 4. Oncken, Wilh., Lord Castlereagh und die Ministerconferenz zu Langres am 29. Jan. 1814. Archivalische Mittheilungen. — Panzer, Konr., Papstwahl und Laieninvestitur zur Zeit Papst Nikolaus' II. — Weber, Geo., Kaiser Heinrich VII. in Italien. — Keller, Ludw., Johann v. Staupitz und das Waldenserthum. — Benrath, Karl, Mario Galeoto. Zur Geschichte der Reformation in Neapel. — Breßlau, Harry, Joseph August du Cros. Ein diplomatischer Abenteurer aus dem Zeitalter Ludwigs XIV. — Prutz, Hans, Brandenburg und Frankreich 1688. — Stricker, Wilh., die Besetzung der Reichsstadt Frankfurt durch die Franzosen. — Stieda, Wilh., Zunfthändel im 16. Jahrhundert. (VIII, 352 S.) 885.

1.—5. Folge. 50 Jahrgänge. 1830—1880. (*ℳ 339,50.) *ℳ 150. — 1.—4. Folge. à *ℳ 30.; à Jahrg. *ℳ 4.; 5. Folge. *ℳ 60.; à Jahrg. *ℳ 6.

— historisches. Begründet von Friedr. v. Raumer. Hrsg. von Wilh. Maurenbrecher. 6. Folge. 5.—8. Jahrg. 8. Leipzig, Brockhaus. à Jahrg. *ℳ 8.—.; geb. à Jahrg. *

Inhalt:

Jahrg. 5. Oncken, W., die Krisis der letzten Friedensverhandlung mit Napoleon I. (Febr. 1814.) — Asbach, Jul., Cornelius Tacitus. — Menzel, K., Irmengard von Hammerstein. Eine rhein. Geschichte. — Häbler, Kr., der Aufstand Siciliens 1516. — Maurenbrecher, W., Tridentiner Concil. Vorspiel und Einleitung. — Heinze, Max, Pfalzgräfin Elisabeth und Descartes. — Löwenfeld, S., Geschichte des päpstlichen Archives bis zum J. 1817. (IX, 327 S.) 886.

„ 6. Kugler, Bhd., Gottfried von Bouillon. — Horawitz, Adlb., über die Colloquia des Erasmus. — Häbler, Kr., aus dem Leben des ersten Vicekönigs von Mexiko. — Asbach, Jul., Cornelius Tacitus. — Frank, Gust., Mysticismus und Pietismus im 19. Jahrh. — Löwenfeld, S., zur neuesten Geschichte des päpstlichen Archivs. — Below, G. v., die Neuorganisation der Verwaltung in den deutschen Territorien des 16. Jahrh. (V, 320 S.) 887.

„ 7. Pflugk-Harttung, Jul. v., das würtembergische Ministerium Linden. — Bodemann, Ed., Herzogin Sophie von Hannover. Ein Lebens- und Culturbild des 17. Jahrh. — Kleinschmidt, Ar., die Irrfahrten Gustavs IV. Adolf von Schweden. — Asbach, Jul., römisches Kaiserthum und Verfassung bis zur Erhebung Vespasians. — Noeldechen, E., Tertullian und die Kaiser. — Ritterling, Em., das Priesterthum bei den Germanen. — Haupt, Herm., Hussitische Propaganda in Deutschland. — Maurenbrecher, W., Tridentiner Concil. Begründung der kathol. Glaubenslehre. (V, 328 S.) 888.

„ 8. Gaedeke, Arn., die Ergebnisse der neuern Wallenstein-Forschung. — Breyer, Rob., Arnold von Brescia. — Erler, G., Florenz, Neapel und das päpstliche Schisma. — Hartfelder, K., der Aberglaube Philipp Melanchthon's. — Busch, W., der Ursprung der Ehescheidung König Heinrich's VIII. von England. (V, 327 S.) 889.

6. Folge. 1.—4. Jahrg. Ebendas. 1882—85. à Jahrg. *ℳ 8.—.; geb. à Jahrg. *ℳ 9.—.

— — s. **Griswold, W. M., General-Autor und Sachregister.**

— historisches. Begründet v. Friedr. v. Raumer. Hrsg. v. Wilh. Maurenbrecher. 6. Folge. 9.—12. Jahrg. 8. Lpz., Brockhaus. à Jahrg. * 8 —; geb. * * 9 —

9. Jahrg. 1. Köcher, Adf. Die Varusschlacht. — 2. Busch, W. Der Sturz d. Cardinals Wolsey im Scheidungshandel König Heinrich's VIII. von England. — 3. Winter, G. Die Wahl des Protestanten Krafft von Weissenbach zum Abt von Hersfeld (1588). — 4. Prutz, Hs. Die Kölner Wahl u. Frankreichs Friedensbruch 1688. — 5. Häbler, Kr. Eine deutsche Colonie in Venezuela. 6. Maurenbrecher, W. Tridentiner Concil. (V, 330 S.) 890.

10. Jahrg. 1. Beer, Adf. Die deutsche Politik des Fürsten Schwarzenberg bis zu den Dresdener Conferenzen. — 2. Winter, G. Die Strategie Friedrich's d. Großen in den Feldzügen v. 1756 u. 1757. — 3. Fechner, H. Ursprung, Wesen u. Bedeutung der Philosophie Friedrich's d. Großen. — 4. Kleinschmidt, Arth. Fürst Alexander Danilowitsch Menschikow. — 5. Huber, Alf. Aus dem Leben eines Professors der Medizin im 15. Jahrhundert. (III, 283 S.) 891.

11. Jahrg. 1. Bodemann, Ed. Elisabeth Charlotte von der Pfalz, Herzogin von Orléans. — 2. Welzhofer, H. Der Kriegszug d. Datis u. die Schlacht bei Marathon. — 3. Hartfelder, K. Desiderius Erasmus von Rotterdam u. die Päpste seiner Zeit. — 4. Heide, Gust. Beiträge zur Geschichte Nürnbergs in der Reformationszeit. — 5. Hilliger, Benno. Katharina von Medici u. die Zusammenkunft in Bayonne. (III, 317 S.) 891.

12. Jahrg. 1. Oncken, W. Vom Vorabend d. Befreiungskrieges 1813. — 2. Welzhofer, H. Die Seeschlacht bei Salamis. — 3. Mahrenholtz, Rich. Friedrich d. Große als Schriftsteller. — 4. Krebs, J. Die Pillauer Verschwörg. v. 1759. — 5. Kleinschmidt, Arth. Graf Feodor Wassiljewitsch Rostoptschin. — 6. Geß, Felician. Ignatius v. Loyola. — 7. Wachsmuth, Curt. Straßenleben u. Marktverkehr im alten Athen. (V, 310 S.) 892.

Historisches **Taschenbuch** für den deutschen Adel. 1793
s. Historischer **Almanach** für den deutschen Adel, und für Freunde der Geschichte desselben.

**Taschenbuch, Historisches,** der königlich Schwedischen Armee für das Jahr 1790. Stralsund 1789. H: *Thomas, Daniel Heinrich.* (MS) (MGT) (Ky)

— historisches, d. schwedischen Armee f. d. Jahr 1790. 8. Stralsund, Struck. (Gräff in Lpz.)

Historisches **Taschenbuch** für Damen
s. Historischer **Kalender** für Damen.

Historisches *Taschenbuch* für Damen für das Jahr ... [Mit Kupfern.]
Leipzig: Göschen [1789–1792]
1790: Von [Johann Wilhelm von] Archenholtz u. [Christoph Martin] Wieland.
*Ff, 4:134*
1791–1793 [enth.: Schiller, Friedrich von: Geschichte des dreißigjährigen Krieges.]
*Scb 916 1-3*
1793 *vorhanden u. d. T.:*
Historischer Calender für Damen.

**Taschenbuch,** histor. Hamburger, auf 1806. Mit illum. Kpf. Hamb., (Herold jun.) 9 ßl

— historisches Hamburger, a. 1806, m. ill. K. Hamburg, Vollmer.

— historisches, f. d. reif. Jugend. 1. Jahrg. — A. u. d. T.: Leben Napoleons d. Gr. Zur allgem. Belehr. dargest. v. Theod. Mügge. 1. Bdchn. 8. (17½ B. u. 7 Stnt.) Berlin 836, (Kuhr.)

— histor., f. Prediger u. Schullehrer u. and. Freunde u. Beförderer d. Kirchen- u. Schulwesens in d. Herzogth. Schleswig u. Holstein, f. d. J. 1801, 1802 u. 1803. 12. Schlesw. (Hammerich in Altona). 1 ₰ 16 ßl

— histor., f. Prediger u. Schullehrer u. and. Freunde und Beförderer d. Kirchen- u. Schulwesens in d. Herzogth. Schleswig und Holstein f. d. Jahre 1801, 2 u. 3. 12. Schleswig, Rohs. (801. 16 gr. 2. 3. à 12 gr.)

**Taschenbuch, Historisches,** mit besonderer Hinsicht auf die Östreichischen Staaten. Wien 1800—8. H: *Schwaldopler, Johann.* (MGT) »1805—6« (Ky) »1805—8« (Ky)

**Taschenbuch, historisches,** m. besond. Hinsicht a. die österr. Staaten. 2 Jahrg. m. K. u. Vign. (hat a. d. Titel: Gesch. d. 19. Jahrhunderts.) 8. Wien, Ant. Doll. (Liebeskind in Lpz. in Commiss.) 805 – 6. Rthlr.

Historisches **Taschenbuch**. Mit besonderer Hinsicht auf die Oesterreichischen Staaten. ([Hrsg.: Johann] Schwaldopler. [Mit Kupf. v.] J[ohann] Blaschke.)
Wien: Ant. Doll 1806. 8°
[Kupfert.]
[Nebent.:] Geschichte des neunzehnten Jahrhunderts. 2.
2: Geschichte des Jahres 1802. 1806. 235 S., 2 Bl., 4 Kupfertaf.

Historisches Taschenbuch für Teutschlands gebildete Stände auf das Jahr 1817. von Karl Heinrich Ludwig Pölitz.
Leipzig: Carl Friedr. Franz 1817. 12°
[Nebent.:] Pölitz: Die Staaten Teutschlands in historischen Gemählden für die gebildeten Stände des Vaterlandes.
1/1817: Das Königreich Sachsen. Abth. 1: XIV, 352 S., 1 Titelkupf.

**Taschenbuch, Historisches,** auf alle Tage im Jahre. Tübingen 1790. H: *Hehl, Eberh. Frdr.* (Hauptkat. d. Univ.-Bibl. Tübingen. F. S. 425.)

Historisches Taschenbuch auf alle Tage im Jahre hauptsächlich den Jünglingen gewidmet von . . . [David Christoph] Seybold . . .
Winterthur: Steiner 1797. XXIV, 559 S. 8°

**Taschenbuch, Historisches,** für das Vaterland und seine Freunde. Mainz 1790. H: *Hutter, Johann Adam Ignaz.* (Ky) (MGT)

— histor.-genealog., s. Almanach, histor.

Historisch-Genealogisches Taschenbuch. 1799
s. Königlich Großbritannischer und Churfürstlich Braunschweig-Lüneburgischer Genealogischer Kalender.

— historisch-genealogisches, enthält die Geschichte Ital. m. K. 16. Brschwg. Schulbuchhdl.

**Taschenbuch, Historisch-genealogisches,** fürs II. Jahr der Freiheit, enthaltend die fortgesetzte Geschichte der französischen Staatsumwälzung. Braunschweig 1791. H: *Schulz, Joach. Chph.* (Ky 5/178; 1/46) (Harrwitz 107/610) (Westphalen 55, S. 3; 56, S. 67) (Winter 123/14) (Baer 522/256) (Klüber 135/1a) (Teufen 4/2635) (Winter 132/4)

Taschenbuch, Histor. genealog. Hg.: Fr. Schlenkert.
(1794). M. Titelk. u. 12 Kpf.
Braunschweig

Historisch-genealogisches Taschenbuch, enthaltend die Geschichte der grossen Revolution in Frankreich. 4. Fortsetzung. Altona. 1795. (M. Tvl.). (De tidligere Bind udkom 1789, 1791, 1792 i Braunschweig).

— historisch-genealog. großbrittannisches, für 1799. siehe Kalender.

— histor.-geograph., f. Lektürfreunde, (v. Th. Fr. Ehrmann). Mit Tabellen. 8. Isny 788.

**Taschenbuch, Historisch-geographisches,** für Lektürfreunde . . . Isny 1788. H: *Ehrmann, Theophilus Friedrich.* (Ky) (MGT)

— histor.-literar., f. das Vaterland u. seine Freunde, (v. J. A. J. Hutter). Mit 12 Kpft. 12. Mainz 790. Sartorius. (Fr. Fleischer in Leipz.) 16 gr

— histor.-malerisches, von u. f. Österreich, enthält: 1) histor.-malerische Reise durch Oesterreich, von Jos. A. Schultes. 2) Denkwürdigkk. aus d. Geschichte d. österreich. Monarchie auf jeden Tag d. Jahres v. G. A. Griesinger. Mit Kpf. 8. Wien 800. Degen. 1 ß 4 gr Schrbp. 1 ß 16 gr (Vergl. G. A. Griesinger).

Taschenbuch, Histor.-malerisches, von u. f. Oesterreich.
(1804). M. gest. Titel u. 6 Kupfern. (Ansichten).
Wien. Goed. VI, 519.

Historisch-Romantisches Taschenbuch des Abentheuerlichen, Außerordentlichen, Wundervollen und Seltsamen in den wirklichen Schicksalen größtentheils geschichtlich-berühmter Personen. Für das Jahr 1834. Hrsg. durch Adolph von Schaden.
München: Jos. Lindauer [1834]. 2 Bl., 196 S., 1 Titelbild. 8°

— histor.-statist. u. geograph., f. die preuß.-brandenburg. Staaten. 8. Stettin 799. (Nicolai in Berl.) 14 gr

— historisch-statistisches, für Thüringen und Franken. Herausg. von Ldw. Bechstein u. Geo. Brückner. 1. 2. Jahrg. 1844. 1845. 12. Meiningen 844, Blum. à n. 1 ß

**Historisch-statistisches Taschenbuch für Thüringen und Franken. Herausgegeben von LUDWIG BECHSTEIN und GEORG BRÜCKNER. Jahrg. 1—2. 1844—1845. (Mit 1 Tafel.) Meiningen. In der Keyssner'schen Hofbuchhandlung.**

Historisch-topographisches Taschenbuch von Jena und seiner Umgebung besonders in naturwissenschaftlicher u. medicinischer Beziehung. Hrsg. unter Mitw. . . . v. J[onathan] C[arl] Zenker. Mit d. Plane von Jena u. e. geognost. Profile.
Jena: Friedr. Frommann 1836. X, 338 S. [*Plan u. Profil fehlen.*] 8°
[Vort.] Taschenbuch von Jena.

— der k. s. technischen Hochschule zu Dresden. Winter-Sem. 1902/1903. 12. (III, 60 S. m. 1 Bildnis u. 3 Taf.) Dresden, A. Dressel. n. — 50

— der k. s. technischen Hochschule zu Dresden. Winter-Sem. 1906/07. (IV, 91 S. m. Abbildgn. u. 6 Bildnissen.) kl. 8. Dresden, A. Dressel. n. 1. —

— der königl. sächs. technischen Hochschule zu Dresden. Sommer-Sem. 1910. (IV, 58 S. m. 2 Bildnissen.) kl. 8. Dresden, A. Dressel. — 50

— höchstnöthiges, f. Jedermann auf alle Tage des Jahres 1811. 8. Hildesh., Gerstenberg. 12 gr

— höchstnöthiges, f. Jedermann auf alle Tage des Jahres 1811. 8. Hildesh., Gerstenberg. 12 gr

Hoffmann's botanisches Taschenbuch. 1796—1804
s. Deutschlands Flora oder Botanisches Taschenbuch.

— Wiener Hoftheater-, 1r — 19r Jahrg. Mit Kpf. u. Portr. 12. Wien 804 — 819. (Wallishauser). 19 ß 12 gr Hbg. Pr. à Jahrg. 12 gr s. auch Hoftheater-Almanach.

— homiletisches. Herausgg. v. Chr. P. H. Brandt u. Pfarrer Göz. 1s Bdchen. A. u. d. T.: Materialien zu Religionsvorträgen bei Beerdigungen. 12. Lüneb. 825. Herold u. W. 16 gr 2s Bdchn. A. u. d. T. Dispositionen zu Beichtreden u. Bußtags-Predigten. 8. Ebd. 828. 16 gr

Taschenbuch, humoristisches, für 1858. Hrsg. von Ad. Löwenstein. 16. (IV und 122 S. mit Illustr. in eingedr. Holzschn. von Herb. König.) Berlin 857, Behrend. Thlr. *
Ist nicht fortgesetzt worden.

— humorist.-komisches, der neuesten Witze u. Anekdoten. 8. (94 S.) Magdeburg 848, Quednow. 1/4 ℛ

— für Hundebesitzer u. Hundeliebhaber, od. Anweisung, wie man sich kräftige, gesunde Hunde ziehen, die meisten Krankheiten derselben erkennen u. heilen kann. 16. Erfurt 842, Hennings u. Hopf. 1/6 ℛ

Taschenbuch von J. G. Jacobi u. seinen Freunden f. . . .
1795. M. 5 Kpf. (D. Chodowiecki del.) Engelmann-H.
1796. M. 5 Kpf., 1 Tanzf. u. 4 Musikb.
1797. nicht erschienen.
1798. M. 5 Kpf. u. 1 Musikb.
1799.
Königsberg u. Leipzig.

*Taschenbuch* von J. G. Jacobi und seinen Freunden für . . .
Königsberg, Leipzig: Nicolovius
1795: Mit Kupfern nach [Johann Daniel] Chodowiecki.
1796: Mit Kupfern v. [Johann Georg] Penzel.
Forts. u. d. T.: Überflüssiges Taschenbuch. 1800.
*Ff, 1:221*

Taschenbuch von J[ohann] G[eorg] Jacobi und seinen Freunden für . . . Mit Kupf. v. (J[ohann Georg]) Penzel [u. a.]
Königsberg, Leipzig: Friedr. Nicolovius (1798: Basel: Sam. Flick) [1796—1798.] 12°
1796: 12 Bl., 242 S., 6 Kupfertaf., 4 Notenbl.
1798: 166 S., 1 Bl., 1 Titelkupf., 4 Kupfertaf., 1 Notenbl.
*Forts. s.* Taschenbuch für das Jahr 1802.

Taschenbuch für Jagdfreunde. 1851
s. Neues Taschenbuch für Natur-, Forst- und Jagdfreunde.

— für Jäger u. Jagdliebhaber, enth. eine Sammlung von Jagdanekdoten, launigen Gedichten u. Jagdabenteuern, herausgeg. von e. Forstmanne. ... Halberstadt 845. (Lindequist u. Sch.) (Quedlinburg, Ernst.) 1/3 ℛ

Taschenbuch f. Jäger u. Naturfreunde. Hg.: O. v. Corvin-Wierbitzki.
1845 u. 1846.
Leipzig.

Taschenbuch für Jäger u. Naturfreunde. Hrsg. von Otto von Corvin-Wiersbitzki. (2. Jahrg.) gr. 16. (13 1/4 B. u. 1 Stahlst.) Leipzig 846, Teubner. Thlr.
1. Jahrg. s. Corvin-Wiersbitzki.

**Taschenbuch** für Jedermann oder Encyklopädistisches Taschenbuch. Dresden 1803. H: *Carlson, Joh. Carl (= Ferd. Renner).* (MGT) »Pirna« (Ky)

— f. Jedermann, od. encyklopäd. Taschenbuch (v. Fd. Renner). Pirna 803.

Taschenbuch von Jena. 1836
s. Historisch-topographisches Taschenbuch von Jena und seiner Umgebung besonders in naturwissenschaftlicher und medicinischer Beziehung.

— immerwährendes, angenehmes u. nützl., der Freundschaft, Liebe u. des geselligen Vergnügens. 8. Bresl. 807. Buchheister. 1 ℛ 16 gr.

—— für Industrie, Handel und Verkehr. 1882 und 1883. Hrsg. von W. Forschepiepe. 1. und 2. Jahrg. 16. (à Jahrg. ca. VIII, 342 S.) Oberhausen, Bauer und Witzler. geb. à Jahrg. *
Nicht weiter erschienen.

— f. preuß. Infanteristen, (v. Leop. v. Petery). 12. Trier 828. Gall. 4 gr. 2e Aufl. Ebd. 828. 4 gr.

— für den preußischen Infanteristen. Herausgeg. von Otto Rupplus. 16. Erfurt 843, Knick. n. 1/3 ℛ

DES INGENIEURS TASCHENBUCH.
Herausgegeben von dem Verein „die Hütte".
(1. Auflage.) Theil 1. Mathematik und Mechanik. Berlin. 1857. Verlag von Ernst & Korn (Gropius'sche Buch- und Kunsthandlung.) kl. 8°.
Theil 2. Maschinenbau und Technologie. ib. 1857. —
2.,[1]) verbesserte und vermehrte Auflage.
Theil 1. Mathematik und Mechanik. ib. 1858. —
Theil 2. Maschinenbau und Technologie. ib. 1858. —
Theil 3. Bauwissenschaft. ib. 1858. —
4., mit Berücksichtigung des neuen Gewichts-Systems vollständig umgearbeitete und sehr vermehrte Auflage. Mit vielen in den Text eingedruckten Holzschnitten. ib. 1862. —
5., theilweise umgearbeitete und sehr vermehrte Auflage. Mit 296 in den Text eingedruckten Holzschnitten. ib. 1864. —
6., [1]) umgearbeitete und vermehrte Auflage. Mit 312 in den Text eingedruckten Holzschnitten. ib. 1865. —
8., vermehrte und für Fuss- und Metermaas umgearbeitete Auflage. Mit 353 in den Text eingedruckten Holzschnitten. ib. 1870. —
9. vermehrte und für Fuss- und Metermaas umgearbeitete Auflage. Mit 359 in den Text eingedruckten Holzschnitten. ib. 1872. —
10., vermehrte und für Fuss- und Metermaas umgearbeitete Auflage. Mit 400 in den Text eingedruckten Holzschnitten. ib. 1875. —
11., vermehrte und umgearbeitete Auflage. Mit über 400 in den Text eingedruckten Holzschnitten. ib. 1877. —
12., umgearbeitete und vermehrte Auflage. Mit 450 in den Text eingedruckten Holzschnitten. ib. 1883. —
13., umgearbeitete und vermehrte Auflage. Mit vielen in den Text eingedruckten Holzschnitten. Erste Hälfte und Zweite Hälfte. Erste u. Zweite Abthlg (Bogen 1—50). ib. 1887. — A. u. d. T.: DES INGENIEURS TASCHENBUCH. Herausgegeben von dem Verein „Hütte". 13., umgearbeitete und vermehrte Auflage. Mit 596 in den Text eingedruckten Holzschnitten. ib. 1887. —
14., völlig umgearbeitete Auflage. Mit über 900 in den Text eingedruckten Figuren und 1 Tafel.
Abteilung I. ib. 1890. Verlag von Ernst & Korn (Wilhelm Ernst). — Abteilung II. ib. 1890. —
Herausgegeben vom Akademischen Verein „Hütte".
15., völlig umgearbeitete Auflage. Mit über 1000 in den Satz eingedruckten Abbildungen und 1 Tafel.
Abteilung I. ib. 1892. Verlag von Wilhelm Ernst & Sohn. vorm. Ernst & Korn. Abteilung II. ib. 1893. —
16., neu bearbeitete Auflage. Mit über 1100 in den Satz eingedruckten Abbildungen und zwei Tafeln.
Abteilung I. ib. 1896. — Abteilung II. ib. 1896. —
17., neu bearbeitete Auflage. Mit über 1200 in den Satz eingedruckten Abbildungen und zwei Tafeln.
Abteilung I. ib. 1899. — Abteilung II. ib. 1899. —
18., neu bearbeitete Auflage. Mit über 1400 in den Satz eingedruckten Abbildungen.
Abteilung I. ib. 1902. — Abteilung II. ib. 1902. —
19., neu bearbeitete Auflage. Mit über 1600 in den Satz eingedruckten Abbildungen.
Abteilung I. ib. 1905. — Abteilung II. ib. 1905. —

[1]) Die 3. und 7. Auflage habe ich nicht einsehen können.

„HÜTTE", DES INGENIEURS TASCHENBUCH.
Herausgegeben vom Akademischen Verein Hütte.
20. Auflage. Abteilung I. ib. 1908. Verlag von Wilhelm Ernst & Sohn. — Abteilung II. ib. 1908. — Abteilung III. ib. 1909. —

— des Ingenieurs. Herausg. von dem Verein „die Hutte". 3 Thle. (in 1 Bde.). Berlin 857. Ernst u. Korn. 8. (XXVII, 554 S. mit Holzschn. im Text.) n. 1 ℛ. 10 ngr.

— des Ingenieurs. Herausg. von dem Verein „Hütte." 2—5. umgearb. u. sehr verm. Aufl. Mit vielen in den Text eingedr. Holzschn. Berlin 859—64. Ernst & Korn. 8. (Jeder Jahrg. à 700—750 S.) 2—4.: à n. 1 ℛ 10 ngr.; 5.: n. 1 ℛ 15 ngr.

— Verein „die Hütte", Des Ingenieurs Taschenbuch. 3. Auflage. Berlin 1860.

Taschenbuch des Ingenieurs. Hrsg. von dem Verein »Hütte«. 7. Aufl. Berlin 1867

—— des Ingenieurs. Hrsg. von dem Verein „Hütte". 8. Aufl. 1869; 9. verm. und für Fuss- und Metermaass umgearb. Aufl. 1. Abdr. 1871, und 2. Abdr. 8. (XXII, 804 S. mit 359 in den Text eingedr. Holzschn.) Berlin 873, Ernst und Korn. *

— — 8. vermehrte u. für Fuss- u. Metermass umgearb. Aufl. Mit 353 Holzschn. i. Text. Berlin 1870. kl. 8°.

— — 9. Aufl. Mit vielen Holzschn. i. Text. Berlin 1871/72. kl. 8°.

— — 10. Aufl. Berlin 1874/75. 8°.

— dasselbe. 10. verm. u. verb. Aufl. Mit vielen in den Text eingedr. Holzschn. 8. (1. u. 2. Lfg. 448 S.) Ebend. 874. n. 6. —

**Taschenbuch** des Ingenieurs. Hrsg. von dem Verein »Hütte«. 13. Aufl. Berlin 1887

**Taschenbuch** des Ingenieurs. Hrsg. von dem Verein »Hütte«. 15. Aufl. Abth. 1. 2. Berlin 1892—1893

Des Ingenieurs **Taschenbuch**. Hrsg. v. akad. Ver. 'Hütte.' 16., neu bearb. Aufl. M. üb. 1100 in d. Satz eingedr. Abb. u. 2 Taf. Abt. 1. n. *Berlin: W. Ernst & Sohn 1896.* 2 Bde 8.
I. (VI, 984 S.) II. (XII, 618 S., 2 Taf.) [96. 6011

Des Ingenieurs **Taschenbuch**. Hrsg. vom Akad. Ver.'Hütte'. 17., neu bearb. Aufl. Mit über 1200 in d. Satz eingedr. Abb. u. 2 Taf. Abt. 1. 2. Berlin: W. Ernst & Sohn 18(98–)99. 2 Bde 8°

Des Ingenieurs **Taschenbuch**. Hrsg. vom Akad. Ver.'Hütte'. 18., neu bearb. Aufl. Mit über 1400 Abb. Abt. 1. 2. Berlin: W. Ernst & Sohn 1902. 2 Bde 8°

Des Ingenieurs **Taschenbuch**. Hrsg. v. akad. Ver. 'Hütte'. 19. neu bearb. Aufl. Abt. 1. 2. Mit über 1000 Abb. Berlin: W. Ernst & Sohn 1905. 2 Bde 8° [05. 14831

**Taschenbuch.** Des Ingenieurs. 20. Aufl. 1908.
s.a. Hütte. Des Ingenieurs Taschenbuch.

**Taschenbuch**, Des Ingenieurs. Hrsg. vom Akad. Verein »Hütte«. 20. Aufl. Abt. 1–3. Berlin 1908—1909

**Taschenbuch, Innsbrucker,** auf das Jahr 1813 für Freunde und Einheimische. [Begonnen von Gottfried Primisser.] Innsbruck 1813. V: *Di Pauli, Andreas Alois von.* (MARGR) (BIBLPORT)

**Taschenbuch** für Insektenfreunde oder Grundriss eines encyklopädischen Insektenkabinets . . . Leipz. 1784. H: *Schmiedlein, Gfr. Bened.* (EBHN) (Ky) (MGT)

— f. Insektenfreunde, (v. G. B. Schmiedlein). 8. Leipz. 784. Schwickert. 8 ℊ

Internationales **Taschenbuch** für Orientalisten. Hrsg. von Rudolf Haupt. Jg. 1. Halle a. S.: R. Haupt 1907. 8° [07. 4675

— internationales, f. Orientalisten. Hrsg. v. Rud. Haupt. 2. Jahrg. 1910. (XXXI, 273 S. m. 25 Taf. u. 1 Bl. Erklärgn. in Mappe.) kl. 8. Leipzig, R. Haupt. Geb. in Leinw. 4. 80

— Josephs II. römischen Kaisers. 8. 789.

— f. d. Kinder Israel, oder Almanach für unsere Leute, v. K. Müchler, mit K. 16. Berlin, Schmidt. 804.

Taschenbuch aus Jtalien und Griechenland auf das Jahr . . . Hrsg. v. Wilhelm Waiblinger.
Berlin: Reimer [1828—1830]. 8°
1829: Erstes Buch: Rom. Mit 8 Kupf. [1828.] 2 Bl., 406 S. [*Die Kupf. fehlen.*]
1830: Zweites Buch: Neapel und Rom. [1830.] 2 Bl., 369 S., 1 Titelkupf., 7 Kupfertaf., 1 Radier., 2 Notenbl. [*Eine d. Kupfertaf. fehlt.*]

— f. die Jugend. 1r—3r Jahrg. Herausgg. von J. C. Dolz u. M. Rothe. Mit ill. Kpf. 16. Leipz. 811—182.. Magazin f. Industr. 3 ∱ 4r Jahrg. herggg. v. M. Rothe. Mit 7 ill. Kpf. 16. Ebd. 829. 1 ∱ 6 ℊ

— f. die Jugend, od. christl. Lebens- u. Klugheits-Regeln aus d. Sprüchen der heil. Schrift, nebst e. Anh. baier. Sprüchwörter. 12. Münch. 819. Lindauer. 3 ℊ

— — für die Jugend oder christl. Lebens- und Klugheits-Regeln aus den Sprüchen der h. Schrift nebst einem Anhange baierischer Sprichw. 12. München, Lindauer. 820.

**Taschenbuch** f. d. **Jugend. (1820).** s. u.: **Jugendalmanach a. d. J.** . . . .

— f. die Jugend. 1r Jahrg. 1820. Mit Kpf. 8. Nürnb., Schrag. 1 ∱ 12 ℊ

— der christlichen Jugend Österreichs f. 1911. Bearb. v. der Kommission f. christl. Jugendbildg. Hrsg. vom Preßverein der christl. Jugend. (70 S. m. 1 Bildn.) 16. Wien, H. Kirsch. Geb. in Leinw. — 70

Taschenbuch für die Deutsche Jugend. Zur Unterhaltung, Belehrung und Veredlung hrsg. v. Jacob Glatz. ([Mit Kupf. v. Johann] C[arl] Ausfeld, A[mbrosius] Gabler, J[ohann] Nußbiegel, F[riedrich] Geißler.)
Fürth: Bureau f. Litteratur 1803. 16°
[Kupfert.]
(1/1803:) XVI, 256 S., 1 Titelkupf., 6 Kupfertaf.

— f. die deutsche Jugend; herggg. v. J. Glatz. 1r—4r Jahrg. 16. Fürth 803—5. (Campe in Nürnb.) (à 1 ∱ 8 ℊ) 4 ∱

— für die gebildete Jugend, s. J. G. Gruber, Vater Berthold.

**Taschenbuch** f. **Hamburgs Jugend** . . . . . **Hg.: C. Strauss u. C. Hold.** (J. P. C. Luck).
1829—1837.
1839—1840.
Hamburg. Goed. VIII, 122, 317.

— f. Hamburgs Jugend auf d. Jahr 1831, herausgg. v. Karl Straus. 3r. Jahrg. A. u. d. T.: Vater Gutmanns Mappe: Lebensbilder f. die reifere Jugend, herggg. v. K. Straus u. C. Hold. Mit 6 schwarz. u. illum. Titelvign. 16. Hamb. 831. Herold. 1 ∱ NB. Unter welchem Titel erschien der 1e u. 2e Jahrgang?

**Taschenbuch** für die Jugend, die Geschichte der französischen Religion enthaltend. Frankf. u. Leipzig 1793. V: *Karrer, Philipp Jacob.* (NN) (Ky) (MGT)

— f. die Jugend, die französ. Revolution enthaltend, (v. Ph. J. Karrer). 8. Frankf. u. Leipz. 793.

— für Junggesellen. Enth.: Anweisungen, wie im Zimmer die beliebtesten warmen u. kalten Getränke, Suppen, Eier-, Mehl-, Milch- u. Fleischspeisen zu bereiten sind ꝛc. Von G. D. v. S. 8. Nordhausen 843, Fürst. 1/2 ∱

— für Jünglinge. Insbesondere f. Mitglieder der Jünglings-Sodalitäten u. anderer Jugend-Vereine, von zwei Jugendfreunden. 1905. (96 S.) 16. Mainz, Druckerei Lehrlingshaus. Geb. n. — 30

**Taschenbuch** für Jünglinge, die sich dem Studiren weihen wollen. Bremen 1786—87. V: *Rotermundt, Heinrich Wilhelm* (MGT) & *Herm. Wilh. Franz Ueltzen* (Ky) (GGr) & *Aug. Frdr. Wilh. Crome.* (Roterm)

— f. Jünglinge, die sich d. Studiren weihen wollen, mit Fortset. (von H. W. Rotermund u. H. W. F. Uelzen). 8. (Bremen) 786, 87. Förster. 1 ₰ 8 gr

— f. Jünglinge u. Mädchen, die ins reifere Alter treten. 8. Altenb. 795. Petersen. 12 gr

**Taschenbuch** für angehende Juristen. Nürnberg 1783. H: *Lahner, Leonh. Chph.* (Ky)

— f. angehende Juristen, (von L. C. Lahner). 8. Nürnb. 783. (Schmidmer). 6 gr

Taschenbuch für die mittleren Justizbeamten Preußens. Mit e. auswechselbaren Kalendarium. Von Amtsger.Sekr. Wentzel (in Altona) u. Aktuar Frauböse. [1.] Breslau: J. U. Kern 1907. 8° [S.]

— m. Kalendarium f. das Vermessungswesen in Bayern. Hrsg. v. Karl Dittmar. (110 S., Schreibkalender u. II S.) 8. München, C. A. Seyfried & Co. Geb. in Leinw. 3. 50

Taschenbuch für Kammerjungfern, Kammerfrauen, Kammerdienerinnen und Stubenmädchen. Wien, bey Joseph Kurzbeck, k. k. Hofbuchdrucker und Buchhändler, 1776. 8⁰. (Im Besitze des Herrn Trau in Wien.)
Neue Ausgabe erschien 1778. — Gugitz p. 150.

— f. Kammerjungfern, Kammerfrauen, Kammerdienerinnen ꝛc. 8. Wien 777. Kurzböck. 6 gr

— — für Kammerjungfern und Stubenmädgen. Wien, Kurzbeck, 1777. 8⁰. Rar!
Kayser 1827. II. p. 562.

— f. Kammerjungfern u. Stubenmädchen f. d. J. 1781—83. 12. Wien, (Gerold). 12 gr Hbz. Pr. 4 gr

— zur Kanzelbildung f. Theologen, s. J. G. Vollbeding.

— z. Kanzelbildung f. Theologen. (hat a. d. Titel: J. G. Vollbeding Gedanken üb. Anstand d. Predigers auf der Kanzel.) 8. Leipzig, Böttger. 796.

*Taschenbuch* für das Karnaval.
Frankfurt, Leipzig [1793].
54, 64 S. 18 Taf. 16⁰
[Enth. im 2. Teil: Goethe, J. W. von:
Das Römische Carneval. Mit z. T. kol.
Kupfern. Taf. 1-18.]
Goe 262

Taschenbuch für das Carneval [dt. u. franz.]. ([Einbandgest. u. Kupf. v.] F[riedrich] W[ilhelm] Nettling.) Erstes Jahr. [*Mehr nicht ersch.*]
Leipzig: Friedr. Aug. Leo 1804. 31 S., 12 kol. Kupfertaf. 8⁰
[Nebent.:] Le Carnaval ou représentation d'une collection d'habits de masques.

— aller Karten-, Kegel-, Bret- u. Würfelspiele, s. das neue königl. L'hombre ꝛc.

—— aller Karten-, Kegel-, Brett- u. Würfelspiele. A. u. d. Ttl.: Das neue königl. l'Hombrespiel, nebst e. gründl. Anweisung, wie Piquet, Reversy ꝛc. nach jetziger Art zu spielen sind, wobei die Ausdrücke, deren man sich bei diesen Spielen bedient, deutl. erklärt worden sind. 18., verm. u. verb. Aufl. 12. (15¼ B.) Lüneburg 846, Herold u. Wahlstab'sche Buchh.

— der vorzüglichsten Kartenspiele. Neue Aufl. 12. Brandenburg 840. Müller. ⅓ ₰

*Taschenbuch* für Kartenspieler.
Leipzig
1811.

— f. Kartenspieler, auf das J. 1813, s. Kartenspiele, die deutschen.

— f. Kartenspieler, od. die deutschen Kartenspiele, f. 1813. N. Aufl. 8. Leipz. 820. Weygand. 20 gr (A. u. d. T.: Die deutschen Kartenspiele).

Taschenbuch f. Kartenspieler a. d. J. . . . .
1815. M. 1 Bl. Kpf.
Leipzig.

— f. Kaufleute, auf die Jahre 1780—1782. 8. Nürnb., Hauffe. 15 gr

— f. Kaufleute f. 1804. Mit Portr. kl. 8. Erfurt. (Hennings in Gotha). 1 ₰ 12 gr

— f. Kaufleute. 8. Marb. 812. Krieger. 1 ₰

— für Kaufleute. Enthält eine faßliche Erklärung der Courszettel der vorzüglichsten Handelsplätze, ein vollständiges kaufmann. Fremdwörterbuch und ein gedrängtes Wörterbuch der Münzen, Maaße u. Gewichte. Nebst e. intereff. Sammlung kaufmann. Zeichen u. Signaturen auf 2 Kupfertafeln. 8. Leipzig 837. Schreck. ⅔ ₰

**Taschenbuch** für Kaufleute. Enthält eine faßliche Erklärung der Courszettel der vorzüglichsten Handelsplätze, ein vollständiges kaufmännisches Fremdwörterbuch und ein gedrängtes Wörterbuch der Münzen, Maaße u. Gewichte. Neue Ausg. Nebst einer Sammlung kaufmänn. Zeichen u. Signaturen auf 2 Tafeln. 8. Braunschweig 845, Oehme u. Müller. geb. ¼ ₰

— für Kaufleute, hrsg. v. der Zeitschrift „Der österreichische Kaufmann". Mit vollständ. Kalender f. d. J. 1888. 4. Jahrg. 16. (89 S.) Prag, (Neugebauer). n. — 80; geb. n. 1. 20

— für Kaufleute u. Fabrikanten. 16. Leipzig 814, Romberg. n. ⅓ ₰

— f. Kaufleute, welche die Leipziger Messe besuchen. 8. Bremen 792. (Gnebloch in Leipz.) 8 gr

— f. Kaufleute, welche d. Leipziger Messe besuchen ꝛc. 8. Bremen, Cramer. 792. — 8

**Taschenbuch** für den Kauf- und Geschäftsmann nützlich und bequem . . . Dresden 1816. H: *Koch, Carl Frdr.* (Ky)

— f. den Kauf- u. Geschäftsmann nützl. u. bequem, v. C. W. (herausgg. v. K. F. Koch). 8. Dresd. 816. Verfass. Dann mit e. neuen Titel, welcher aber nicht mehr zu erforschen war. 8. Leipz. . . . (Köhler). 1 ₰

— der Zeitschrift „Der österreichische Kaufmann" f. d. Jahr 1887. 16. (64 S.) Prag, Neugebauer. geb. fl. —.50.

Taschenbuch der Zeitschrift „Der österreichische Kaufmann" für das Jahre 1889. V. Jahrg. 16. (65 u. XIV S mit Eisenbahnkarte) *—.10
Smichow: Opp 1889.

— kaufmännisches, 1910. (IX S., Schreibkalender u. 127 S.) 16. Hamm, Th. O. Weber. Geb. in Leinw. 1.50
Erscheint nicht mehr.

— für Kavallerie-Mannschafts-Schulen. In Fragen u. Antworten. Deutsch u. böhmisch. Wien 865. Seidel & Sohn. 8. (119 S.) n. 15 ngr.

— keramisches. Kalender f. die Angehörigen aller Zweige der „Keram-Industrie". Hrsg. im Vereine m. der „Keram. Rundschau" v. Reinh. Seidel. 1900. 12. (III, 96 S. u. Schreibkalender.) Coburg, Dietz'sche Hofbuchdr. Geb. in Leinw. 1.—

— Kieler akademisches. 4. Ausg. Für das Winter-Sem. 1901/02. 12. (98 S.) Kiel, Lipsius & Tischer. —75

Taschenbuch, Kieler akademisches. 14. Ausg. Für das Winter-Sem. 1906/07. (108 S. m. Abbildgn.) kl. 8. Kiel, Lipsius & Tischer. Kart. n. 1.—

Taschenbuch, Kieler akademisches. 16. Ausg. Für d. Winter-Sem. 1907/08. (108 S. m. Abb.) kl. 8. Kiel, Lipsius & Tischer. Kart. 1.—
Erscheint nicht mehr.

— f. Kinder, ein Geschenk a. J. 1782. v. e. Kinderfreunde. 8. Halle, Gebauer.

**Taschenbuch** für Kinder. Berl. 1784. II: *Splittegarb, Carl Frdr.* (Ky) (MGT)

— f. Kinder, (v. K. F. Splittegarb). 16. Berl. 784. 2e A. 16. 791. W. Oehmigke. 8 gr

— für Kinder zur Bildung und zum Sprachunterricht, siehe Herrmann.

§ — — für Kinder der Freude. O. O. u. J. (c. 1790). 12°.
Von grösster Seltenheit!

— für Kinder der Freude. 12. Berlin, Wilhelm Oehmigke. 793. — 8

— f. Kinder und Kinderfreunde, s. Almanach für Kinder und Kinderfreunde.

— f. Kinder und Kinderfreunde, s. Gemälde, sittliche, guter und böser Kinder.

Taschenbuch für Kinder und Kinderfreunde
s. Nürnbergischer Kinder-Almanach.

— f. Kinder u. Kinderfreunde, auf d. J. 1781—87, hrsgg. (v. Fr. Eckard u. C. G. Böckh). A. u. d. T.: Almanach, Nürnberg., f. Kinder. — Kinderalmanach, Nürnberg., Mit Kpf. 8. Nürnb., Schneider u. W. (à 12 gr) 3 ß 12 gr

**Taschenbuch** für Kinder und Kinderfreunde. Nürnberg 1782—86. H (1782. 83): *Ekkard, Frdr.* (MGT) (Ky) (Kordes, Schlesw.-holst. u. eutin. Schriftst. Schleswig 1797.) II (1784—86): *Böckh, Christian Gottfried.* (ML)

— f. Kinderwärterinnen, siehe Taschenbuch für Mütter.

— f. Kinderwärterinnen u. f. solches Gesinde, das mit Kindern umgeht, 12. Leipz. 800. N. A. 816. (W. Rauck). 6 gr

— f. Kinderwärterinnen und f. solches Gesinde, das mit Kindern umgeht. 12. Lpz. Sommer. 800. — 6

Taschenbuch für Kinderwärterinnen und für solches Gesinde, das mit Kindern umgeht. Neue Aufl. 12. Leipzig, Sommer. 816. Rthlr. — 6

— f. jede Klasse v. Menschen, auf alle Tage des Jahres brauchbar. 8. Wien ... Sammer. 18 gr

— das kleine schwarze. Gracian's Ideen über Lebensweisheit. 16. Leipz. 825. Rein. 6 gr

Taschenbuch, Das kleine schwarze.
(1826). X, 80 S.
Leipzig. Goed. VIII, 119, 298.

Taschenbuch, kleines, z. Bildung u. Veredlung d. Jugend (v. H. A. Kerndörfer). Mit 12 allegor. Sprüchwörter-Kpf. für 1802. 12. Leipz., Linke. 4 gr Mit 1 ill. Kpf. 8 gr

— kleines, der Freude, oder frohe Erholungsstunden für gesellschaftl. u. sittl. Cirkel, enthalt. Gesänge, Räthsel, Charaden, Sprüchwörter, Pfänder- u. Gesellschaftsspiele, Aufsätze in Stammbücher u. Gesundheiten. 16. Hamb. 805. (Schnuphase in Altenb.) 12 gr

— kleines, f. Stenographen 1907. Hrsg. v. M. Winkler. (64 S. m. 1 Bildnis.) 11,2×7,1 cm. Darmstadt. (Wolfenbüttel, Heckner.) nn — 15

— kleines, angenehm unterhaltendes, ein Geschenk f. gute Kinder, in ihren Fähigkeiten angemessenen Erzähll. 12. Leipz. 808. N. A. 820. (W. Rauck). 12 gr

— kleines, angenehm unterhaltendes, ein Geschenk für gute Kinder, in ihren Fähigkeiten angemess. Erzähl. 12. Leipz. Sommer. 808. — 12

— kleines angenehm unterhaltendes. Ein Geschenk f. gute Kinder, n. ihren Fähigkeiten angemessene Erzählungen. Leipz. Sommer. 811.

— — kleines angenehm unterhaltendes. Ein Geschenk f. gute Kinder, in ihren Fähigkeiten angemessenen Erzählungen. N. A. 12. Ebend. 820. — 12

— ein kleines, zum nützlichen Vergnügen. 8. Manh. 793. Löffler. 8 gr

—— für den katholischen Clerus. 1879 und 1880. 1. und 2. Jahrg. 16. (240; VIII, 255 S.) Würzburg, Etlinger'sche Buchh. geb. à Jahrg.

—— für den katholischen Clerus. 1881—1885. 3.—7. Jahrg. 16. (262; IV, 262; IV, 256; IV, 148; IV, 192 S.) Würzburg, Ettlinger'sche Buchh. geb. 3.—6. Jahrg. à *
geb. 7. Jahrg. *

—— für den katholischen Clerus. 1886—1889. 8.—11. Jahrg. gr. 16. (à Jahrg. 192 S.) Würzburg, Etlinger'sche Buchh. geb. à Jahrg. *

—— für den katholischen Clerus. 1890—1893. 12.—15. Jahrg. 16°. (à Jahrg. 192 S.) Würzb., Etlinger. Jahrg. 1890 u. 91 geb. à * 1 20
1892 u. 93 à * 1 —

— für den katholischen Clerus. 1895. 17. Jahrg. gr. 16. (176 S.) Würzburg 894. Etlinger. Geb. in Leinw. n. 1. —

— für d. kathol. Clerus. 1896. Red.: Conr. Eubel, O. M. C. 18. Jahrg. 12. (IV, 192 S) München, R. Abt. Geb. in Leinw. n. 1. —

— dasselbe, Fortsetzg., s.: Taschenkalender f. den kathol. Klerus.

— klinisches, f. praktische Aerzte. 2 Bde. s. Consbruch u. Ebermalers Encyclopädie 7r Thl. 1r 2r Bd.

— klinisches, für Aerzte und Wundärzte, von Horn. 8. Berlin, Schade. 803. 1 —

— klinisches, f. Aerzte und Wundärzte, von E. Horn und A. Henke. 8. Berlin, Braunes. 807. 1 12

* —— klinisches, f. Aerzte u. Wundärzte. v. E. Horn u. A. Henke. 8. 803. ist jetzt Verlag v. Achenwall u. C. in Berlin.

Taschenbuch fur Kneipp-Vereine. Herausgegeben von der Propaganda-Kommission des Kneipp-Bundes. 1907.

— f. die elegante Kochkunst, od. Küchenkalender, für 1820. 8. Leipz. 820. (Reclam). 18 gr.

— — d. eleg. u. bürgerl. Kochkunst. s.a. Fr. C. W. Juch.

**Taschenbuch d. eleganten u. bürgerlichen Kochkunst. Hg.: C. W. Juch.**
**(1818). M. Titelk. u. 4 Kpf.**
**Augsburg.**

## **Taschenbuch** zur Kochkunst für Frauenzimmer. Stuttg. 1784—85. V: *Klüpfel, Johann Albrecht.* (Ky) (ML)

— zur Kochkunst f. Frauenzimmer. 2 Jahrgg. (von Jh. Albr. Klüpfel). 8. Stuttg. 784, 85.

— für Kohlen-Interessenten. IV. Jahrg. Der gesammte Stein- u. Braunkohlenbergbau Böhmens. Mit e. Uebersichtskarte d. Braunkohlenwerke zwischen Eger-Aussig. 12. (IV, 161 S.) Teplitz 899. A. Becker. Geb. n. 3. —

**Taschenbuch** für Kohleninteressenten. Die im Betriebe befindlichen Kohlenbergwerke des Deutschen Reichs. Hrsg. von A. Becker. 1. [einziger] T.: Sachsen und Bayern. Teplitz 1900. 45 S. mit 1 Karte.

— dasselbe. Die im Betriebe befindlichen Kohlenbergwerke des Deutschen Reiches. 1. Abth.: Die Kohlenwerke der Königreiche Sachsen u. Bayern. Mit einem Uebersichtskärtchen der Kohlen-Industrie-Bezirke Sachsens. 12. (VI, 45 S.) Ebd. 900. Kart. n. 1. —
Vergl.: Taschenbuch f. Braunkohlen-Interessenten.

**Becker, A.**, Taschenbuch für Kohleninteressenten. Enthaltend eine Zusammenstellung der im Betriebe befindlichen Kohlenwerke von Österreich-Ungarn, Bosnien, Bayern und Sachsen. 5. Jg. (1901). Teplitz, 1901.

— dem Komus u. Bacchus gewidmet, (v. Fr. Hopfthalmos; J. C. F. Haug.) 12. Stuttg. ohne Jahrz.

## **Taschenbuch** dem Komus und Bacchus gewidmet . . . Stuttgart [181?]. H: *Haug, Johann Chph Frdr.* (Ky) (MGT)

— Komus, f. Freunde der Laune, s. Komus.

Taschenbuch für Conducteure. Fach-Kalender für das Jahr 1900. Bearbeitet unter Mitwirkung von Ambros Erbstein. II. Jahrgang. Mit Abbildungen. Wien. Pollak. 8°. 162 S.
Cart. fl. —.70

Taschenbuch für Conducteure. Fach-Kalender für das Jahr 1901. Bearbeitet unter Mitwirkung von Ambros Erbstein. III. Jahrgang. Mit Abbildungen. Wien. Pollak. 8°. 179 S.
Cart. K 1.40

— f. Conducteure. Fach-Kalender f. d. J. 1902. Bearb. unter Mitwirkg. v. Ambros Erbstein. 4. Jahrg. 12. (180 S. m. Abb.) Wien, J. L. Pollak. Kart. n. 1.40
Erscheint nicht mehr.

## **Taschenbuch** von Königsberg. Königsberg 1829. H: *Faber, Carl.* (Ky) (EngG)

— von Königsberg. (Von K. Faber). Mit 6 Ansichten u. 1 Pl. gr. 12. Königsb. 829. Universitäts-B. 2 ℛ 12 gr.

**Königsberger Taschenbuch.** Herausgegeben von Ludwig Walesrode. mit Beiträgen von Crelinger, Freundt, Alexander Jung, Jachmann, Johann Jacoby, Cäsar von Lengerke, Wechsler, Wolf und dem Herausgeber. Königsberg, H. L. Voigt 1846. 333 S. 8.

— Königsberger politisches, für 1846. Von Fr. Crüger. kl. 8. Königsberg 846, Theile. 18 ngr

— Königsberger politisches, für 1847. Von Fr. Crüger. 2. Jahrg. 8. (XII u. 328 S.) Leipzig, Jurany. 1 1/3 ℛ

—— d. Conversation, s. Manuel nouveau du voyageur.

— der Conversation in Englischer, Deutscher, Französ. u. Ital. Sprache. Nach Boldoni etc. Hrsg. von Frdr. Fabel. 5., verm. u. verb. Aufl. (Neue Titelausg. der 4. Aufl.) — Nouveau manuel du voyageur, or the travellers pocket companion; cont. copious and familiar conversations in English, German, French and Italian. 5. edition. — Nouveau manuel du voyageur ou le guide-interprète dans les langues Anglaise, Allem., Franç. et Italienne. 5. édition. qu. 8. (348 S.) Heidelberg 847, Engelmann. (Frankfurt a. M., J. Baer.) 18 ngr

— für die Conversation in ausländ. Sprachen, s.a. *Manuel* pour la conversation.

## **Taschenbuch** für die Conversation in ausländischen Sprachen. Amsterdam 1812. Leipzig 1819. V: *Ducrest de Sainte Aubin, Stéphanie Félicité Gräfin von Genlis.* (BrVV)

— f. die Conversation in ausländ. Sprachen (der französischen, engl., italien. u. portugiesischen, mit deutsch. Erklärung zum Behuf f. Reisende, fürs gesellschaftl. Leben u. f. den Unterricht; nebst e. Anhange, enth. Muster zu Briefen u. kleinen schriftlich. Aufsätzen in obigen Sprachen. 12. Amsterd. Kunst- u. Ind. Comt. 812.

— — für die Conversation in ausländischen Sprachen: der französ., engl., italien., mit deutscher Erklärung. N. Aufl. 18. Leipzig, Brockhaus. 819.

— für die Conversation in ausländ. Sprachen: der dän., deutschen, französ. u. engl. Mit e. Anh.: Muster zu Briefen 2c. 8. Kopenh. 822 Brummer. 1 ₰ 12 gl.

—— der Conversation in 4 Sprachen, s. Manuel.

Taschenbuch, kosmetisches, s.a.Schreger.

— kosmetisches, f. das J. 1813, od. die Kunst, die körperliche Schönheit zu erhalten u. ihre Mängel zu ersetzen. Mit e. besond. Abhandlung üb. die Erhaltung einer schönen Haut von Chr. Gottfr. Flittner. Mit 1 Titelk. 8. Berl. Neue Societäts-Verlagsbuchh.

— f. Kosmopoliten u. Denker, aus e. alten Manuscripte Swifts; aus d. Engl. 8. Wien 788. Mucherer. 6 gl.

— für den wirtschaftlichen u. verwaltungstechnischen Krankenanstalts-Betrieb. Ein Auskunfts- u. Nachschlagebuch üb. Bau, Einrichtg., wirtschaftl. Betrieb, Organisation u. Verwaltg. der Krankenhäuser, Hospitäler, Lazarette, Kliniken, Irren- u. Pflegeanstalten, Heilstätten, Sanatorien etc. 2. Jahrg. 1911, bearb. v. B. Zeidler. (410 S.) kl. 8. Leipzig 911. F. Leineweber. Geb. in Leinw. 4. —

— f. Krankenpflege. Bearb. v. Ed. Brehme, P. Fürbringer, Gärtner u. A. Hrsg. v. L. Pfeiffer. 2., verb. Aufl. 8. (XII, 328 u. VIII S.) Weimar 890. Böhlau. geb. n. 4. —

— der Krankenpflege f. Aerzte, Pflegerinnen, Pfleger u. f. die Familie. Bearb. von Fürbringer, Gärtner, C. Hecker 2c. Hrsg. im Auftrage der v. Ihrer königl. Hoh. der Frau Großherzogin Sophie v. Sachsen begründeten u. unter dem Protektorat Sr. königl. Hoh. des Großherzogs Carl Alexander v. Sachsen steh. Pflegerinnen-Anstalt Sophienhaus in Weimar v. L. Pfeiffer. 3. vollständig umgearb. Aufl. 8. (VIII, 413 S. m. Abbildgn.) Weimar 900. H. Böhlau's Nachf. Geb. n. 5. —

Taschenb. f. d. Krankenpfl. i. d. Familie, i. Hospital, i. Gemeinde- u. Armendienst, sowie i. Kriege. Weimar 1883.

— der Krankenpflege f. Krankenpflegeschulen, f. Ärzte u. f. die Familie. Bearb. v. Biesalski, Bock, Olga Bublitz u. a. Hrsg. im Auftrage der v. Ihrer königl. Hoheit der Frau Großherzogin Sophie v. Sachsen begründeten u. unter dem Protektorat Ihr. königl. Hoh. der Frau Großherzogin Feodora v. Sachsen steh. Pflegerinnen-Anstalt Sophienhaus in Weimar v. L. Pfeiffer. 6. unveränd. Aufl. Mit 1 Portr., zahlr. Abbildgn. u. 2 anatom. Taf. (XI, 427 S.) 8. Weimar 910. H. Böhlau's Nachf. Geb. in Leinw. 5. —

—— für Krankenpflegerinnen. 1879. Hrsg. von der Pflegerinnen-Anstalt in Weimar. gr. 16. (112 S.) Weimar, (Böhlau.) geb. *

—— dass. — 1880. 2. Jahrg. 8. (108 S. mit 2 Portr. in Stahlst.) (Ebendas.) geb. *

—— für Krankenpflegerinnen. 1881 und 1882. Hrsg. von der Pflegerinnen-Anstalt in Weimar. 3. und 4. Jahrg. 12. (VI, 110 S. mit 1 Portr. in Stahlst.; VIII, 126 S.) Weimar, (Böhlau.) geb. à Jahrg. *
Nicht weiter erschienen.

Taschenbuch für Krieger und Freunde des Kriegerstandes. Mit 4 Portraits. 8. Darmstadt 1827.

—— für Krieger u. Freunde d. Kriegerstandes. 1. Bdchn. 12. (11⅓ B. u. 4 Portr.) Darmstadt 829, Leske.
Aus dem „Allgem. Militär-Almanach" abgedruckt.

— der neuesten Kriegsbegebenheiten, od. Kriegskalender f. gebildete Leser aus allen Ständen. 1r — 3r Jahrgg. f. die J. 1809, 10 u. 11. Mit 30 schwarz. u. illum. Kpf. u. 2 Kart. 12. Leipz., Göschen. 10 ₰

*Taschenbuch* der neuesten Kriegsbegebenheiten für gebildete Leser aller Stände.
s. *Kriegskalender* für gebildete Leser aller Stände.

Taschenbuch der Deutschen Kriegsflotte. Mit teilweiser Benutzung amtl. Materials. Hrsg. von B[runo] Weyer, Kapitänlt. a. D. Jg. 1. *München: J. F. Lehmann 1900.* 8°

Taschenbuch der deutschen Kriegsflotte. Jg 4. München 1903. 8°. (Forts. u. d. T.:)

Taschenbuch der Kriegsflotten. Hrsg. v. B. Weyer. Jhrg. 1. 4—13. Mit Abb. 2c. München 1900. 1903—1912.

— der Kriegsflotten. 4. Jahrg. 1903. Mit teilweiser Benutzg. amtl. Materials. Hrsg. von B. Weyer. Mit 277 Schiffsbildern u. Skizzen. 8. (321 S.) München, J. F. Lehmann's Verlag. Geb. in Leinw. n. 3. —

— der Kriegsflotten. 8. Jahrg. 1907. Mit teilweiser Benutzg. amtl. Materials. Hrsg. von B. Weyer. Mit 436 Schiffsbildern u. Skizzen. (404 S.) kl. 8. München, J. F. Lehmann's Verl. Geb. in Leinw. n. 4. 50

Taschenbuch der Kriegsflotten. Mit Anh.: Die Luft-Kriegsschiffe. Hrsg. von B. Weyer. Jg 11. München 1910. 8°.

— der Kriegsflotten. 12. Jahrg. 1911. Mit teilweiser Benutzg. amtl. Quellen. Hrsg. v. B. Weyer. Mit 850 Schiffsbildern, Skizzen u. Schattenrissen. (541 S.) kl. 8. München, J. F. Lehmann's Verl. Geb. in Leinw. 5. —

Taschenbuch der deutschen und der fremden Kriegsflotten. Jg 3. München 1902. 8°.

— d. Kriegssprache, für Zeitungs- und Geschichtsleser. 8. Prag, Schönfeld. 790.

— der Kriegssprache, f. Zeitungs- u. Geschichtsleser. 8. Prag 792. (Neureutter). 6 gl.

Anonym: „Taschenbuch für Küchen-, Garten-, Blumen- und Landwirthschaftsfreunde", Halle 1796 (Dreyssig).

— Küch- und Haushaltungs-, f. Frauenzimmer. 1r Thl. 16. Rostock, Stiller. 799.

— für bildende, dichtende und historische Kunst, siehe a. 23. Aschenberg.

Taschenbuch für bildende, dichtende und historische Kunst. 1804 s.a. Bergisches Taschenbuch.

*Taschenbuch* für bildende, dichtende und historische Kunst. Hrsg. v. [Johannes] W[ilhelm] Aschenberg.
Dortmund: Mallinckrodt
1804 [auch u. d. T.:] Taschenbuch auf d. Jahr 1804 f. d. Gegenden am Niederrhein.
Anf. u. d. T.: Bergisches Taschenbuch.
1798.
*Ff*, 2:22

**Taschenbuch** für Kunst und Laune für 1801 [u. 1802]. Köln 1800. V: *Cramer, Carl Gottlob.* (Ky)

Taschenbuch f. Kunst und Laune a. d. Jahr . . . . Hg.: C. G. Kramer.
1801. M. gest. Tit. u. 7 Kpf.
1802. M. gest. Tit., 7 Kpf. u. 2 Bl. Mus.
1804.
Köln. Goed. VIII, 56, 26.

— f. Kunst u. Laune, f. 1801 (v. K. Glo. Cramer). u. f. 1802 u. 4. Mit Kpf. 8. Köln 800. Fabricius. 4 ₰

Taschenbuch für Kunst und Laune auf das Jahr . . . ([Hrsg. v. Karl Gottlob Cramer, mit Musik v. Christian Gottlob August] Bergt.)
Köln: Haas [1801]. 12°
1802: [1801.] 8 Bl., 88, 46 S., 15 Bl., 42 S., 8 Bl., 6 Kupfertaf., 2 Notenbl. [*3 d. Kupf. fehlen.*]

*Neuaufl. d. Jg. 1804 s.* Erholungs Taschenbuch für das Jahr 1805 für Freunde und Freundinnen des guten Geschmacks

*Taschenbuch* für Kunst und Laune.
Köln
Hrsg.: Karl Gottlob Cramer.
1811.

*Taschenbuch* für Kunst und Literatur im Königreich Sachsen
s. *Taschenbuch* für Literatur und Kunst im Königreich Sachsen.
Jg. 2. 1828.

— kurzgefaßtes, der Münz-, Maaß- u. Gewichtskunde f. alle Stände. 8. Berl. 817. Hasselberg. 3 ₰

— f. den **Kyffhäuser-Verband** der Vereine deutscher Studenten. In 4. erweit. u. ergänzter Aufl. hrsg. im Auftrage der Verbands-Tagungen von 1901 u. 1902 durch Otto Hötzsch. (164 S.) 12. Berlin 903 (G. Nauck.) Geb. in Leinw. n.n. 1.25

— f. den **Landwirt**. (II, 103 S.) 8. Biberach 905. Dorn. Geb. in Leinw. n. 1. —

— f. den angehend. lievländ. Landwirth, od. Resultate der eigenen vieljähr. Erfahrr. eines lievländ. Gutsbesitzers, zur Beförderung d. Landwirthschaft in Lievland, v. A. v. S. (K. M. Ad. v. Sivers). Mit 5 Tabell. 8. Dorpat 808. (35 S.)

**Taschenbuch** für den angehenden lievländischen Landwirth . . . Dorpat 1808. V: *Sivers, Carl Magnus Adolph von.* (R-N) (Ky)

—— landwirthschaftliches, für das J. 1852. gr. 12. (104 S.) Darmstadt, Jonghaus'sche Hofbuchh.

— landwirthschaftliches, auf das Jahr 1861. Cappeln. (Altona, Mentzel.) 16. (226 S.) n. 1 ₰

—— landwirthschaftliches, für das Großherzogth. Meklenburg auf die J. 1863 und 1864. 8. [1863. (XII und 318 S. mit 2 Tab. und 1 lithogr. Karte in Fol.) 1864. (VIII und 301 S. mit 2 Tab. und 1 lithogr. Karte in Fol.)] Wismar, Hinstorff'sche Hofbuchh. geb. à Jahrg. — In Leder geb. à Jahrg. Durchschossen und in Leder geb. à Jahrg.

— landwirthschaftliches, für die Großherzogthümer Meklenburg auf das Jahr 1863 u. 64. Wismar, Hinstorff. 8. (XII, 318 S.; VIII, 301 S.) Jeder Jahrg. mit 2 Tab. u. 1 lith. Karte in Fol. 22½ ngr.

—— landwirthschaftliches, für die Großherzogthümer Mecklenburg auf die J. 1869—1875. 7.—13. Jahrg. gr. 16. (à Jahrg. 360—388 S.) Wismar, Hinstorff'sche Hofbuchh. geb. à Jahrg. *M 2,25.; in Lederbd. * In Lederbd. und durchschossen *

—— landwirthschaftliches, für die Großherzogthümer Mecklenburg auf die J. 1876—1880. 14.—18. Jahrg. gr. 16. (à Jahrg. ca. 350—400 S.) Wismar, Hinstorff'sche Hofbuchh. geb. in Calico à Jahrg. * geb. in Ldr. à Jahrg. * geb. in Ldr. und durchsch. à Jahrg. *

—— landwirthschaftliches, für die Großherzogthümer Mecklenburg auf die J. 1881—1885. 19.—23. Jahrg. 12. (VIII, 341 S. mit 2 Beilagen à 55 S.; XII, 183, 97; XII, 183, 108; XIX, 183, 124; XIX, 183, 127 S. mit je 1 chromolithogr. Eisenbahnkarte.) Wismar, Hinstorff'sche Hofbuchh. geb. in Leinw. à Jahrg. * geb. in Ldr. à Jahrg. *M 3.; geb. und durchsch. *

—— landwirthschaftliches, für die Großherzogthümer Mecklenburg auf die J. 1886—1889. 24.—27. Jahrg. 8. (XIX, 183, 130; XIX, 183, 132; XIX, 183, 135; XIX, 183, 145 S. mit je 1 Eisenbahnkarte.) Wismar, Hinstorff'sche Hofbuchh., Verlag. geb. in Leinw. à Jahrg. * geb. in Leder à Jahrg. * Durchsch. und geb. à Jahrg. *

—— landwirthschaftliches, f. die Großherzogthümer Mecklenburg auf d. J. 1890—1893. 28.—31. Jahrg. gr. 16. (à Jahrg. VII S., Schreibkalender, 148 S. m. 1 farb. Karte.) Wismar, Hinstorff's Verlag. à Jahrg. geb. in Leinw. * 2 50; in Ldr. * 3 — geb. in Ldr., m. Schreibpap. durchsch. * 4 —

**Taschenbuch**, landwirthschaftliches, f. die Großherzogthümer Mecklenburg auf d. J. 1895. 33. Jahrg. gr 16. (XIX S., Schreibkalender u. 165 S. m. 1 farb. Karte.) Wismar 894. Hinstorff's Verl. Geb. in Leinw. n. 2. 50; in Ldr. n. 3. —; in Ldr., m. Schreibpap. durchsch. n. 4. —

— landwirthschaftliches, f. d. Großherzogth. Mecklenburg auf d. J. 1899. 37. Jahrg. 12. (XIX S., Schreibkal. u. 170 S. m. 1 farb. Karte.) Wismar, Hinstorff's Verl. Geb. in Leinw. n. 2. 50; geb. in Ldr. n. 3. —; in Ldr. u. durchsch. n. 4. —

— landwirthschaftliches, für die Großherzogthümer Mecklenburg auf d. J. 1903. 41. Jahrg. 12. (VII S., Schreibkalender u. 175 S.) Wismar, Hinstorff's Verl. Geb. in Leinw. n. 2.50; in Ldr. n. 3.—; durchsch. n. 4.—

— landwirtschaftliches, f. die Großherzogtümer Mecklenburg auf d. J. 1907. 45. Jahrg. (VII S., Schreibkalender u. 170 S.) kl. 8. Wismar, Hinstorff's Verlag. Geb. in Leinw. n. 2. 50; in Ldr. n. 3. —; durchsch. n. 4. —

— landwirtschaftliches, f. die Großherzogtümer Mecklenburg, auf d. J. 1911. 49. Jahrg. (VII S., Schreibkalender u. 173 S.) kl. 8. Wismar, Hinstorff's Verl. Geb. in Leinw. 2.50; in Ldr. 3.—; durchsch. 4.—

—— landwirthschaftliches, für die Ostsee-Provinzen. Hrsg. von der kaiserl. livländ. gemeinnützigen und ökonom. Societät. 1. Aufl. 1857. und 2., verb. und verm. Aufl. br. 8. (147 S.) Dorpat 860, Glaeser's Verlag. In Leinw. geb. * In Leder geb. *

— landwirthschaftliches, für die Ostsee-Provinzen. Herausg. von der Kaiserl. Livländ. gemeinnütz. u. ökonom. Societät. Dorpat 858. Gläser. 8. (135 S.) n. 26 ngr.

— landwirthschaftliches, für die Ostsee-Provinzen. Herausg. von der Kaiserl. Livländischen gemeinnützigen und ökonomischen Societät. 2. verb. u. verm. Aufl. Dorpat 860. Gläser. 8. (147 S.) n. 28 ngr.

—— landwirthschaftliches, für die Ostsee-Provinzen. Hrsg. von der kaiserl. livländ. gemeinnütz. und ökonom. Societät. 3., verb. und verm. Aufl. 8. (155 S.) Dorpat 867, Gläser's Verlag. geb. *

Taschen- und Tagebuch, landwirthschaftliches, für das J. 1856. Ein Kalender für Landwirthe nebst einem Noth- und Hilfsbüchlein zum tägl. Gebrauch. Hrsg. von Hugo Emil Schober. 24. (288 S.) Leipzig 855, G. Wigand. *

Taschenbuch für Landwirtschaftsschüler. 1903. gr. 16. (210 S.) Berlin [Meyer & Wunder]. Deutscher Verlag. Geb. in Leinw. n. 1. –

— Lauenburger, z. Nutzen u. Vergnügen, s. Kalender.

§ — — der Laune und des Scherzes. 300 Nrn. (zahme Anekdoten) aus dem Raritäten-Kabinette eines Einsiedlers. Leipzig, Gräff, 1806. 8⁰. Tit. u. 166 S. (2 Mk. Jul. Neumann, Magdeb., 1906.)

— der Laune u. d. Scherzes rc. 8. Leipz. 806. (Wienbrack). 12 ℊ

—— für die Lausitz. Hrsg. von Ed. Ruhlandt II. 1. und 2. Heft. 8. (XXI und 272 S. mit 3 Stnt.) Görlitz 855—56, Heinze und Comp. à Heft * 10 Ngr. *

Taschenbuch für weisen und frohen Lebens-Genuss 1800. v. A. Lindemann [d. i. Karl Lang]. Mit Kupf. v. D[aniel] Chodowiecki, Johann] (Fr[iedrich]) Bolt, (A[braham] W[olfgang]) Küffner [richtig Küfner], u. a. Mit Liedern u. Tänzen ([v. Leopold] Neuman, F[riedrich] A[dam] Hiller jun. [u. a.]). Altona: I. F. Hammerich [1799]. 9 Bl., 206 S., 8 Kupfertaf., 8 Notenbl. 16⁰

[Kupfert.]

— f. weisen u. frohen Lebensgenuß. Mit 8 Kpf. 16. Altona 802. Hammerich. 16 ℊ

— d. Lebensklugheit, enth. Oxenstierna's Weisheitslehren. 16. Zeitz 803. Webel. 1 ℛ 4 ℊ

— — f. frohe Lebensstunden. s. M. Engel, Taschenb.

— f. Lebensweisheit u. Lebensgenuß. 8. Leipz., s.a. Pallas am Ufer d. Ganges, u. setze hinzu: (Leipz., Lauffer). 12 ℊ

— f. Lebensweisheit und Lebensgenuß. 12. Lpz. Linke. 809.

— f. Lehrer. Kalender f. die Mitglieder des neuen preuss. Lehrervereins. 2. Jahrg. 1911/1912. Hrsg. vom Verlag der „Wacht". (304 S.) 16. Eilenburg, C. W. Offenhauer. Geb. in Leinw. 1. —

— für die Lehrer an den Gelehrten- u. Realschulen Württembergs a. d. Schulj. 1904/1905, bearb. v. G. Fehleisen. 2. Jahrg. (192 S.) kl. 8. Stuttgart, F. Lehmann. Erscheint nicht mehr. Geb. in Leinw. n. 1. —

Taschenbuch für Lehrer, Kalender f. d. Mitglieder d. Neuen Preuß. Lehrervereins. Hrsg. von A[lwin] Wehner. [1.] Für 1910/1911. Eilenburg: Offenhauer [1909]. 8⁰

— für die Lehrer an höheren Unterrichtsanstalten, s.: Reisert, K.

**Taschenbuch** für Lehrlinge der Wundarzneikunst. Wolfenbüttel 1799. V: *Bücking, Johann Jacob Heinrich.* (Ky) (EngM)

— f. Lehrlinge der Wundarzneikunst, (v. J. J. H. Bücking). 8. (Wolfenb.) 799. Albrecht. 12 ℊ

— Leipziger, oder Almanach für die erwachsene Jugend, f. d. J. 1789. und 91. 16. Lpz. Hamann.

Taschenbuch, Leipziger, a. d. J. . . . . oder Taschenbuch f. Freunde u. Freundinnen d. Schönen u. Nützlichen bes. f. edle Gattinnen u. Mütter, u. solche, die es werden wollen.
(1801). M. 13 Kpf.
1807. M. 10 Kpf. u. 4 Stickm.
Leipzig.

— Leipziger, f. 1809 u. 10, s. de Laborde, Reise in Spanien.

**Taschenbuch, Leipziger,** für das Jahr 1809—11. Leipz. H: *Bergk, Johann Adam.* (MGT)

— Leipziger, f. Frauenzimmer, s. Kalender f. Frauenzimmer.

Leipziger Taschenbuch für Frauenzimmer zum Nutzen und Vergnügen . . .
1786—1820
s.a. Frauenzimmer-Almanach zum Nutzen und Vergnügen.

Leipziger **Taschenbuch** für Frauenzimmer zum Nutzen und Vergnügen, aufs Jahr 1793 1812. Leipzig, bey Adam Friedrich Böhme.
Mit Kupfern. 8⁰.
*Erschienen 1784—1820. Hrsg. Frans Ehrenberg (Pseudonym für Karl Claudius), danach Friedrich Rochlitz. Jg. 1816 nicht erschienen. Von 1817 bis 1820 fortgesetzt als: Frauenzimmer-Almanach zum Nutzen und Vergnügen, Leipzig bei Carl Cnobloch.*

**Taschenbuch, Leipziger,** für Frauenzimmer, auf die Jahre 1784—96. V: *Claudius, Georg Carl.* »1784—1806« (BrMm) (MGT) H: *Ehrenberg, Frz.* (Kat. Lipperheide.)

Taschenbuch, Leipziger, f. Frauenzimmer z. Nutzen u. Vergnügen, a. d. J. . . . . . (a. u. d. Tit.: Frauenzimmer-Almanach ersch.)
1784. (236 S.) M. 4 Bl. Musik.
1784. dass.: Erweit. Ausg. 232 u. 48 S M. 4 Bl. Musik.
1785. M. gest. Tit., 15 Kpf. (1 Chodowiecki) u. Musikb. Engelmann-H. 75, 167.
1786. M. Titelk. (Chodowiecki) 9 (3 kol.) Kpf. u. 3 Musikb. Engelmann-H., 75, 174, 176—181.
1787. M. 15 (2 kol.) Kpf. u. 2 Musikb. Engelmann-H. 76, 182/87, 191.
1788. M. gest. Tit., 7 Kpf. (3 Chodowiecki), 8 Bl. Kostümk., 2 kol. Kpf., 1 Tafel u. 4 Bl. Musik. Engelmann-H. 76, 194—196.
1789. M. gest. Tit., 2 Modek., 8 Kpf. (2 kol.), (2 Chodowiecki) u. 3 Bl. Musik. Engelmann-H., 76/77, 197/98.
1790. M. gest. Tit., 7 Kpf. (3 n. Chodowiecki) 2 kol. Kpf. u. 2 Bl. Musik. Engelmann-H., 78, 200—201.
1791. M. gest. Tit., 12 Kpf. (4 n. Chodowiecki) u. 3 Musikbeil. Engelmann-H., 78, 202/05.
1792. M. 10 Kpf. (2 n. Chodowiecki), 1 kol. Kpf., 1 Portr., 2 Kostümk. u. 3 Bl. Musik. Engelmann-H. 78, 208, 209.
1793. M. 10 Kpf. (4 n. Chodowiecki), 5 Kostümk., 1 kol. Taf. u. 2 Bl. Musik. Engelmann-H. 78, 215/18.
1794. M. 3 Kostümk., 10 Kpf. (3 n. Chodowiecki), 2 Bl. Mus. u. 1 kol. Tafel. Engelmann-H. 78, 219—221.
1795. M. Titelk., 10 Kpf. (3 v. Chodowiecki), 1 kol. Taf. u. 2 Bl. Musik. Engelmann 745—747.
1796. M. Titelk., 14 Kpf. (3 Chodowiecki), 1 kol. Taf. u. 2 Bl. Musik. Engelmann 777—778.
1797. M. Titelk., 13 Kpf., 1 kol. Taf. u. 2 Bl. Musik
1798. M. Titelk., 13 Kpf., 1 kol. Taf. u. 2 Bl. Musik.
1799. M. Titelk., 12 Kpf., 1 kol. Taf. u. 2 Bl. Musik.
1800. M. Titelk., 12 Kpf., 1 kol. Taf. u. 2 Bl. Musik.
1801. M. Titelk., 12 Kpf., 1 kol. Taf. u. 1 Bl. Musik.
1802. M. Titelk., 10 Kpf. u. 1 Bl. Musik.
1803. M. 7 Kpf., 4 Stickm. u. 1 Bl. Musik.
1804. M. 9 Kpf., 3 Stickm. u. 2 Bl. Musik.
1805. M. Titelk., 7 Kpf. u. 2 Bl. Stickm.
1806.
1807. M. Titelk., 7 Kpf. u. 3 Bl. Stickm.
1808. M. Titelk., 7 u. 3 kol. Kpf.
1809. M. 8 Kpf. u. 2 kol. Taf.
1810.
1811. M. 10 Kpf.
1812. M. 10 Kpf. u. 2 Bl. Musik.

1813—1816. M. Kpf. u. Musik.
1817. M. 7 Kpf.
1818. M. 1 Portr. u. 6 Kpf.
1819. M. 1 Portr. u. 7 Kpf.
1820. M. 1 Portr. u. 5 Kpf.
Leipzig. Goed. VIII, 94, 187.

— Leipziger, f. Freunde u. Freundinnen d. Schönen und Nützlichen, besonders f. edle Gattinnen u. Mütter u. die es werden wollen, m. K. 6 Thle. od. Jahrg. 1800, 2. 4. 5. 6. 7. 12. Leipzig, Hinrichs. (I—IV. à 1 Rthlr. 4 gr. V. 1 Rthlr. 6 gr. VI. 1 Rthlr. 16 gr.)

Taschenbuch, Leipziger, f. Freunde u. Freundinnen des Schönen u. Nützlichen, besond. f. edle Gattinnen u. Mütter u. die es werden wollen. 6 Thle od. Jahrg. 1800—1808. Mit Kpf. 12. Leipz., Hinrichs. 7 ₰ 14 gr Hbg. Pr. (à 8 gr) 2 ₰

— Leipziger, d. deutsch. Kartenspiel enthaltend. 8. Leipz. Enobloch. 811.

Leipziger Taschenbuch für Liebhaber des Schönen und Guten. 1801
s. Leipziger Taschenkalender für Liebhaber des Schönen und Guten.

**Taschenbuch, Leipziger,** zum Nutzen und Vergnügen für die erwachsenere Jugend männlichen Geschlechts, auf das Jahr 1789 [u. 90]. Leipzig 1788—89. V: *Claudius, Georg Carl.* (MGT)

— für Leiter u. Helfer der Kindergottesdienste auf d. J. 1894/95, hrsg. v. L. Tiesmeyer, G. Volksmann u. P. Zauleck. gr. 16. (80 S.) Bremen 894. J. Morgenbesser. Kart. n. — 40

— f. Leiter u. Helfer d. Kindergottesdienste. 5. Jahrg. auf d. J. 1898/99. Hrsg. v. L. Tiesmeyer, G. Volkmann u. P. Zauleck. 12. (77 S.) Bremen, J. Morgenbesser. n. — 40

— f. Leiter u. Helfer d. Kindergottesdienste. 9. Jahrg., auf das J. 1902/1903. Hrsg. v. L. Tiesmeyer, G. Volkmann u. P. Zauleck. 12. (76 S.) Bremen, J. Morgenbesser. Kart. n. — 40

— f. Leiter u. Helfer der Kindergottesdienste. 13. Jahrg., auf d. J. 1906/1907. Hrsg. v. P. Zauleck. (79 S.) kl. 8. Bremen, J. Morgenbesser. Kart. n. — 40

— für Leiter u. Helfer der Kindergottesdienste. 17. Jahrg., auf d. J. 1910/1911. Hrsg. v. P. Zauleck. (87 S.) kl. 8. Bremen, J. Morgenbesser. Kart. — 40

*Taschenbuch* für romantische Lektüre.
Heilbronn, Frankfurt a. M.
Hrsg.: August Lindemann [d. i. Carl Lang.]
1798.

Das letzte *Taschenbuch* auf das achtzehnte Jahrhundert. Ohne Kupfer. [Zugl.:] Die Menschlichkeiten der deutschen Musenalmanache auf das Jahr 1800. Ein nöthiger Anh. z. d. Almanachen v. Schiller, Reinhard, Voß, Becker, Jakobi, Mohn, Lindemann u. a.
Pirna: Arnold u. Pinther
*14, 4:72*

— das letzte, aus d. 18n Jahrhund., od. die Menschlichkeiten d. deutschen Musenalmanache. 8. Dresd. 800. Arnold. 12 gr

— f. Leute, die gern lange leben u. gesund bleiben wollen, enthaltend die Struischen u. andere Noth- u. Hülfstabellen. 32. Zeitz 802. Webel. 6 gr

— f. Leute, die gern lange leben u. gesund bleiben wollen. 8. Leipz. 808. 2e A. 814. (W. Nauck). 8 gr

Taschenbuch für Leute, die gern lange leben und gesund bleiben wollen.
Leipzig: Sommer [1808]. 1 Bl., 80 S., 4 Bl., 8°

— f. Leute die gern lange leben u. gesund bleiben wollen, od. die Kunst lange u. gesund zu leben. 16. Leipz. Sommer. 815.

— für Leute, die sich vergnügen wollen. 8. Halle 790. Dreyssig. 4 gr

Taschenbuch für lustige Leute von edler Denkungsart. S. u.: Taschenbuch, Neues, für lustige Freunde . . .

**Taschenbuch** für lustige Leute von edler Denkungsart. Lüneburg 1785—86. V: *Michaelsen, Ludolf Chn.* (KY)

— f. lustige Leute von edler Denkungsart, (von Ldlf. Chr. Michaelsen). 2 Thle. 8. Lüneb. 785 u. 786. Lemke. (Herold u. W.) 1 ₰

— — der Liebe auf 1801. Aus Lichtenbergs Nachlass. Mit 13 Hogart'schen illum. Kpfrn. Mainz u. Hamburg bey Gottfr. Vollmer. 8°. (12 Mk., stark fleckig, die Kupf. ausgebess., Julius Neumann, Magdeb., 1906.)

— der Liebe, s. Amors Geburts- u. Lebenslauf.

— d. Liebe, siehe E. Müller Amors Geburts- und Lebenslauf.

Taschenbuch der Liebe f. d. J. . . . Hg.: Ernst Müller.
1806. Mit 25 Kpfrn v. Rosmaesler.
Dass. a. u. d. Tit.: Taschenbuch d. Liebe. Ein Geschenk f. Herren u. Damen. Neue Aufl. M. 25 Kpf.
Leipzig. Goed. VIII, 64, 89. Hayn-G., VII, 594.

— — der Liebe. Mit vielen erotischen Bildern. (1 Rthl. Ed. Fischhaber, Reutl., c. 1855. ohne Orts-, Jahrs- u. Formatsangabe; jetzt viel theurer!)

**Taschenbuch** auf das Jahr 1800[—1813]. Der Liebe und Freundschaft gewidmet. Bremen [seit 1803 Frankf. a. M.]. H (1800): *Nachtigal, Joh. Carl Chph* & *Joh. Gfr. Hoche.* (GGr VIII, 51) (1801—3) **nicht:** *Uthe-Spazier, Joh. Caroline Wilhelmine geb. Mayer.* (GGr VIII, 51 f.) (1811—13): *Schütze, Stephan.* (GGr VIII, 53) (1806—13): *Uthe-Spazier, J. C. W.* (MGT)

**Taschenbuch a. d. J. . . . . der Liebe u. Freundschaft gewidmet. Hg.:**
1811—1839 = St. Schütze, 1840—1841 = L. Storch.
1800. 21 Bl., 200 S. u. 9 Bl. M. Titelk. (Chodowiecki) u. 6 Kpf. Engelmann 901.
1801. — Titelaufl. v. 1800.
1802. 17 Bl., 204 S. u. 8 Bl.
1803. 20 Bl., 214 S. u. 2 Bl. M. 9 Kpf.
1804. 9 Bl., 252 S. u. 3 S. M. 6 Kpf.
1805. 13 Bl., 256 S. u. 3 Bl. M. 8 Kpf.
1806. 10 Bl., 264 S. M. 9 Kpf.
1807. 10 Bl., 268 S. M. 8 Kpf.
1808. 5 Bl., 248 S. u. 7 Bl. M. 6 Kpf. u. 12 Monatsk.
1809. 10 Bl., 284 S. u. 1 Bl. M. 6 Kpf. u. 12 Monatsk.
1810. 2 Bl., 304 S. M. 6 Kpf. u. 12 Monatsk.
1811. 15 Bl., 284 S. M. 6 Kpf. u. 12 Monatsk.
1812. 1 Bl., 4 S., 12 Bl., 262 S. u. 3 Bl. M. 6 Kpf. u. 12 Monatsk.
1813. 14 Bl., 316 S. M. 6 Kpf. u. 12 Monatsk.
1814. 14 Bl., 302 S. u. 1 Bl. M. 6 Kpf. u. 12 Monatsk.
1815. 15 Bl., 298 S. M. 6 Kpf. u. 12 Monatsk.
1816. 15 Bl., 316 S. M. 6 Kpf. u. 12 Monatsk.
1817. 14 Bl., 316 S. M. 6 Kpf. u. 12 Monatsk.
1818. 16 Bl., 320 S. M. 6 Kpf. u. 12 Monatsk.
1819. 15 Bl., 320 S. M. 6 Kpf. u. 12 Monatsk.
1820. 15 Bl., 320 S. M. 6 Kpf. u. 12 Monatsk.
1821. 15 Bl., 321 S. M. 6 Kpf. u. 12 Monatsk.
1822. 15 Bl., 304 S. M. 6 Kpf. u. 12 Monatsk.
1823. 2 Bl., 32, 310 S. M. 6 Kpf. u. 12 Monatsk.
1824. 1 Bl., 20, 314 S. M. 14 Kpf.
1825. 2 Bl., 16, 302 S. M. 14 Kpf.
1826. 3 Bl., 16, 309 S. M. 14 Kpf.
1827. 2 Bl., 16, 333 S. M. 14 Kpf.
1828. 2 Bl., 16, 325 S. M. 14 Kpf.
1829. 24, 310 (314) S. M. 12 Kpf.
1830. 1 Bl., 24, 320 S. u. 1 Bl. M. 12 Kpf.
1831. 10 Bl., 304 S. u. 1 Bl. M. 6 Kpf. u. 12 Monatsk.
1832. 10 Bl., 342 S. u. 1 Bl. M. 12 Kpf.
1833. 10 Bl., 336 S. M. 12 Kpf.
1834. 11 Bl., 336 S. M. 12 Kpf.
1835. 10 Bl., 335 S. M. 12 Kpf.
1836. 11 Bl., 300 S. M. 12 Kpf.
1837. 8 Bl., 310 S. M. 8 Kpf.
1838. 8 Bl., 348 S. M. 8 Kpf.
1839. 7 Bl., 332 S. u. 2 Bl. M.
1840. 12 Bl., 295 S. M. 6 Kpf.
1841. 7 Bl., 312 S. M. 6 Kpf.
Bremen. Seit 1803 = Frankfurt/M. — Goed. VIII, 53.

Taschenbuch auf das Jahr . . . der Liebe und Freundschaft gewidmet. (Hrsg. v. [Johanna Karoline Wilhelmine Spazier,] 1811 ff.: [Johann] St[ephan] Schütze. [Mit Kupf. v.] D[aniel Nikolaus] Chodowiecki, W[ilhelm] Jury, J[ohann] H[einrich] Ramberg [u. a.].)
Bremen (1803 ff.: Frankfurt am Mayn): Wilmans [1799—1838]. 16°
[Teilw. Kupfert.]
1800: [1799.] 19 Bl., 200 S., 9 Bl., 1 Titelkupf., 6 Kupfertaf. [*Eine d. Kupfertaf. fehlt.*]
1803: [1802.] 26 Bl., 214 S., 10 Bl., 1 Titelkupf., 9 Kupfertaf. [*Davon fehlt Taf. Nr. 5.*]
*Darin u. a. Erstdr. v. Joh. Gottfr. Herders „Kalligenia".*
1804: [1803.] 12 Bl., 252, III S., 1 Titelkupf., 6 Kupfertaf. Mit beigelegt. Kalender f. 1804 = 10 Bl.
1805: [1804.] 12 Bl., 256 S., 3 Bl., 1 Titelkupf., 6 Kupfertaf.
*Darin u. a. Erstdr. v. Friedr. Hölderlins „An die Hoffnung" u. „Hälfte des Lebens".*
1822: [1821.] 15 Bl., 304 S., 4 Bl., 1 Titelkupf., 17 Kupfertaf. [*Davon fehlt Taf. Nr. 4.*]
1827: [1826.] 1 Bl., 333 S., 1 Titelkupf., 13 Kupfertaf.
1829: [1828.] 1 Bl., 24, 310 S., 1 Titelkupf., 11 Kupfertaf.
1832: [1831.] 9 Bl., 342 S., 1 Bl., 1 Titelbild, 11 Taf.
1839: [1838.] 6 Bl., 332 S., 1 Titelbild, 6 Taf.

— der Liebe u. Freundschaft gewidmet. 1834—1841. Herausg. von Dr. St. Schütze u. L. Storch. Mit Kpfrn. u. Vignetten. 16. Frankfurt 834—40. Fr. Wilmans Verlagsh. Mit Goldschnitt à 1½ ₰ In Maroquin, als Brieftasche à n. 2⁷⁄₁₂ ₰ In Maroquin mit Maroquin-Futteral à n. 4 ₰

—— der Liebe u. Freundschaft gewidmet. 1836—39. Hrsg. v. St. Schütze u. 1840 u. 41. Hrsg. v. Ludw. Storch. 16. Frankfurt a. M. [Leipzig, Gebhardt u. Reisland. [836. (20 B., 4 Kpfr. u. 8 Vign.), 37. (20½ B. u. 8 Stahlst.), 38. (22½ B. u. 8 Stahlst.), 39. (21¾ B. u. 7 Stahlst.), 40. (20 B. u. 6 Stahlst.), 41. (20½ B. u. 6 Kpfrt.) à * 1½ Thlr.] *

— d. Liebe und d. Frohsinns, s. a. Karl Müchler.

*Taschenbuch* der Liebe und des
Frohsinns.
Berlin
Hrsg.: Karl Müchler.
1811.

**Taschenbuch der Liebe und ihrer Geheimnisse. Ein Toiletten-Geschenk f. Neuvermählte. Hg.: v. e. alten prakt. Arzte.**
o. J. (1840).
Dippoldiswalde. — Hayn-G., VII, 598.

— — für Liebende. Auf's Jahr 1810. Hrsg. von Jens Immanuel Baggesen. Tübingen, in der J. G. Cotta'schen Buchhandlung. Kl. 8°. 236 S. (In Darmstadt: E 5865.)

Taschenbuch f. Liebhaber engl. Anlagen, mit besond. Rücksicht auf d. um Leipzig herum befindlichen. 12. Leipzig, 1794. Neue Aufl. 1804. Schäfer. — 20

— für Liebhaber engl. Anlagen, mit besond. Hinsicht auf die um Leipzig befindlichen. 12. Leipz. 802. (Kühn). 16 gl.

**Taschenbuch f. Liebhaber u. Freunde d. altnordischen Poesie u. Musik. Hg.: L. C. Sander u. F. L. A. Kunzen.**
(1816).
Kopenhagen. — Goed. VIII, 93, 183.

**Taschenbuch f. Liebhaber d. ältern Geschichte östreichischer Staaten.**
(1801).
o. O.

— f. Liebhaber u. Liebhaberinnen d. Schönen u. Angenehmen, ist ein Jahrgang d. Taschenbuchs für Kunst u. Laune, Cöln, Fabricius.

**Taschenbuch** für Liebhaber der Pferde. A. d. Engl. Leipzig 1779. V: *Bourdon, Will.* (Henzen, Vet. Schriften. Stendal 1781. S. 136 f.)

— f. Liebhaber d. Pferde; aus d. Engl. 8. Leipz. 781. Heinsius. (Brockhaus). 5 gl.

— f. Liebhaber d. Pferde, a. d. Engl. 8. Leipz. Heinsius. (Gleditsch.) 781.

— f. Liebhaber der altnord. Poesie, s. Auswahl altdän. Helden-Lieder.

— für Liebhaber d. Privattheaters. gr. 16. Leipz. ... (Nauck). 16 gl.

**Taschenbuch** für Liebhaber des Privattheaters. Leipzig 1795. H: *Rochlitz, Friedrich.* (Ky) (MGT)

— f. Liebhaber der Reitkunst. Mit Kpf. 16. Frankf. a. M. 797. Behrens. 14 gl.

— f. Liebhaber der Tanzkunst, od. neue Cassinotänze, mit vollstimm. Musik. Coburg, Sinner. 1 ₰ 8 gl.

— f. Liebhaber lustig. Tischgesellschaften, ist d. Taschenbuch gesellschaftl. Spiele v. K. F. Taschucke.

**Korn, Wilhelm Gottlieb** [Editor].
Taschenbuch für die Liebhaber der medicinischen Wissenschaften. Oder: vollständiges Verzeichniss von medicinischen, botanischen, physikalischen, anatomischen, chymischen und alchymistischen Büchern so für beygesetzte billige Preise zu haben sind bey W. G. K., Buchhändler zu Breslau. n. p. 1787. pp. 311, 12mo.
The section devoted to chemistry and alchemy occupies pages 282–311. Useful in determining prices at the date given.

Literarhistorisches *Taschenbuch.*
Hrsg. v. R[obert] E[duard] Prutz.
Leipzig: Wigand 1843–1844.
Hannover: Kius 1845–1848.
Jg. 1. 1843 – 6. 1848.
*Dd, 3:pr m-r*

— literarhistorisches, herausgeg. von R. E. Prutz. 1.—5. Jahrg. 1843—1847. Mit Beiträgen von G. Bernhardy, K. Rosenkranz, A. Stahr, A. Wellmann u. dem Herausgeber. gr. 8. Leipzig 842—46, O. Wigand. à n. 2⅓ Thlr. 4. 5. J. 1846. 1847. Hannover, Kius. à n. 2⅓ Thlr.

— literarhistorisches. Herausg. von R. E. Prutz. 6. Jahrg. 1848. Mit Beiträgen von A. Bock, Th. W. Danzel, R. Haym, Th. Jacobi u. A. 8. (472 S.) Hannover, Kius. n. 2⅓ Thlr.

**Taschenbuch, Literarisches. 1. u. 2. Jg. (1831/32). s. u.: Almanach, Literarischer.**

**Taschenbuch, Literarisches. Hg.: R. E. Prutz.**
**1843.**
**1844.**
**1845.**
**1846.**
**1847.**
**1848.**
**Hannover.**

— literarisches, der Deutschen in Rußland. Hrsg. von Jegór v. Sivers. gr. 8. (XII und 320 S. mit Musikbeilage 7 S.) Riga 858, Kymmel. (Leipzig, Lorck.) *
geb. *

*Taschenbuch* für Literatur und Kunst im Königreich Sachsen. Hrsg. v. Johann Wilhelm Sigismund Lindner.
Dresden 1825: Gerlach
Dresden 1828: Schultz
Jg. 1. 1825.
2. 1828: Taschenbuch für Kunst und Literatur im Königr. Sachsen.
*Fl, 2:81a*

— f. die neueste Literatur u. Philosophie. 12. Frankf. a. M. 786. (Schwan u. G. in Manh.) 7 gr.

— für Locomotivführer, siehe a. Hassenstein, C.

— für Locomotivführer, Eisenbahnbeamte und Eisenbahnreisende. Eine auf vieljähr. Erfahrung gegründete populaire Darstellung aller zur Führung und Instandhaltung einer Locomotive, sowie zur Beurtheilung ihrer Tauglichkeit erforderlichen Kenntnisse. Bearb. nach Florentin Coste und Martial Chevalier von C. Hassenstein. 1. Aufl. 1849. und 2. (Titel-) Aufl. 16. (XII und 132 S.) Grimma 850. [Wurzen,] Verlags-Comptoir.

— f. Lottospieler, od. gründl. Anweis. z. Lottospiel. 8. Nürnb. 802. Bauer. (Schmiedmer); (a. Knobloch in Leipz.) 4 gr.

— das lustige. Eine Auswahl heiterer Erzählungen, Gedichte, Schnurren u. Anekdoten. Herausgegeben von Jac. Kreutzfidel. 2. Ausg. (8 Hftchn. in 1 Btc.) 16. Hamburg 847, (846,) Tramburg's Erben. ⅓ Thlr.

— für Lustreisende in die Rheingegenden, s. Taschen-Bibliothek der Lustreisen.

— für Lustreisende in das Riesengebirge, s. Ebendas.

Anonym: „Taschenbuch für Mädchen, die sich den häuslichen Geschäften widmen wollen", 1.—3. Jahrgang, Neustadt a. d. Orla 1825—1827 (Wagner).

**Taschenbuch**, erwachsenen Mädchen gewidmet, s. Bürger, Elise

**Taschenbuch der höhern Magie für Freunde wahrer Weisheit und höherer Kenntnisse. Hrsg. von einigen ehemaligen Mitgliedern der Afrikanischen Bauherrn-Loge. Altenburg: Petersen 1804. 164 S. 8°**
**cf. Taschenbuch f. Frmr. 1805 S. 337—345. Kl. 1958, Tt. 869. Produkt der Afrikanischen Bauherren nach ihrer Auflösung. Enth. auf die sog. geheimen Wissenschaften bezügliche Aufsätze.**

**Taschenbuch, Magisch-physikalisches,** oder natürliche Zaubereyen, nebst andern schönen Kunststücken . . . Ulm 1798. V: *Eggs, Ch. von.* (Ky) (MGT)

— magisch-physikal., od. natürl. Zaubereien etc. (v. Ch. Eggs). 8. Ulm 798. Stettin. 12 gr.

**Taschenbuch** für Mahler und Zeichner in Rücksicht auf Farbebereitungen von Carl Gottlob Rüger . . . 3. Aufl.
Gera: Heinr. Gottlieb Rothe 1795. 142 S., 1 Bl. 8°

Mahlerisches *Taschenbuch* für Freunde interessanter Gegenden, Natur- und Kunst-Merkwürdigkeiten der Österreichischen Monarchie.
[Hrsg: Franz Sartori. Mit zahlr. Kupfern.]
Wien: Doll
Jg. 1. 1812 – 6. 1818.
[Mehr nicht ersch.]
*Fl, 3c:14*

**Taschenbuch für Männer. Eine Schaltjahrsgabe für . . . . Hg.: M. Cunow.**
**1828. X, 152 S.**
**Berlin.** Goed. VIII, 121, 306.

— f. denkende Männer u. gute Bürger. 12. Nürnb. 794. 2e A. . . . Schneider u. W. 6 gr.

Taschenbuch auserlesener Mährchen von Goethe, d. Fürsten Pückler, Fr. Rückert u. d. Hrsgeb. Friedr. Förster. 1. Jahrg. 8. (15⅛ B., 11 Kpfrt. u. 2 farb. Stnt.) Berlin 838, [Hasselberg'sche Vrlsh.] Thlr.

— f. die kaiserl. Marine, enth. die f. die Marine erlassenen Bestimmgn. Mit Genehmigg. d. kaiserl. Ober-Kommandos der Marine hrsg. v. Capelle. 1. Jahrg. 1892. [Dienstjahr vom 1. Octbr. 1891 bis 30. Septbr. 1892.] gr. 16. (XVI, 410 S.) Berl., Luckhardt. geb. in Ldr. * 5 —

— für die kaiserl. Marine, enth. die f. die Marine erlassenen Bestimmgn. Mit Genehmigg. d. kaiserl. Ober-Kommandos der Marine hrsg. v. Capelle. 2. Jahrg. 1893. gr. 16. (LII, 450 S.) Berlin 893. Militärverlag, R. Felix. Geb. in Ldr. n. 4. —

— für Marine-Artillerie. gr. 16. (91 S. m. 2 Tab. in qu. gr. 8. u. 1 Steintaf. in qu. 4.) Kiel 875. Universitäts-Buchh. n. 1. 50

— für Marionetten- u. Kinder-Theater, vom Freihrn. v. Scherzgern. Mit 3 illum. Kupfertaf., 1 Musikbeil. u. 1 Vign. 8. Augsb. 825. (Leipz., Hinrichs.)

— für d. Markt-Verkehr. Hrsg. v. J. Sandmann, Auctionshalle in Berlin. gr. 16. (46 S.) Berlin 896. (Leipzig, F. Schneider.) n. — 50

— der Masken. Mit Kpf. 18. Manh., Kaufmann. 12 gr

Taschenbuch für Mathematiker und Physiker. Jg. 1—3. Leipzig und Berlin 1909—1913

— für Mathematiker u. Physiker. Unter Mitwirkg. v. Fr. Auerbach, O. Knopf, H. Liebmann u.a. hrsg. v. Fel. Auerbach. Mit e. Bildnis Lord Kelvins. (XLIV, 450 S.) kl. 8. Leipzig 909. B. G. Teubner.
Geb. in Leinw. 6. —

Maurerisches **Taschenbuch** auf das Jahr 5802—5806 von X. Y. Z. [d. i. C. Friedr. Wilh. Cosmann u. v. Held]. Berlin: Schmidt 1802—1806. 8°
5802—5803. M. Musik von H. Hurka. 331 S. 3 Notenbl. 1802; 5803—5804. M. e. Kupfer. XII, 340 S. 1803; 5804—5805. 340 S. 1804; 5805—5806. 804 S. 1806.
cf. f. 1802—1P03: Eleusinien. 2 (1803) S. 61—126 (J. A. Fessler); 1803—1804: Taschenbuch f. Frmr. 1805 S. 269—272.
Kl. 34. Vertritt die Zinnendorfsche Richtung.

—— für Maurer- rc. Meister, s. Grebenau, Heinr.

**Taschenbuch, Medicinisches,** für Hypochondristen und Solche, die es zu werden befürchten dürfen. Breslau 1824. H: *Klose, Carl Ludwig.* (EngM) (Ky)

— medicin., f. Hypochondristen u. Solche, die es zu werden befürchten dürfen, (v. K. L. Klose). Mit 1 Vign. gr. 12. Bresl. 824. Schöne. 2 rthl

**Taschenbuch, Medicinisch-praktisches,** für Feldärzte. Leipzig 1800. H: *Ackermann, Johann Christian Gottlob.* (EngM) (Ky) (Will)

— medicin.-prakt., für Feldärzte, (v. J. C. G. Ackermann). 8. Leipz. 800. Weygand. 1 rthl 6 gr

— medicin.-prakt., f. Feld- u. Wundärzte. 8. Leipz. 800. Weygand. 1 rthl 6 gr

Medicinisch = praktisches Taschenbuch für Feldärzte und Wundärzte deutscher Armeen. Von . . . August Friedrich Hecker . . . 2. Aufl.
Berlin: Maurer 1814. XXVIII, 292 S. 8°

— für Medicin-Studirende. Enth.: Gesetzliche Bestimmgn. Promotionsordngn. sämmtl. deutschen Universitäten. Arzneimittel m. Angabe ihrer Dosirg., Form, Anwendg. u. ihres Preises etc. 16. (IV, 80 u. 195 S.) Breslau 890. Preuss & Jünger. geb. n. 2. —

Mein Taschenbuch, den Freundlichen meines Geschlechts gereicht von E. Bürger, geb. Hahn.
1804. VIII, 196, 182 S. (2. Ausg. 1809.)
Pirna. Goed. VIII, 62, 74.

**Taschenbuch, Mein theatralisches.** O. O. [ca. 1785]. H: *Seyfried, Heinrich Wilhelm.* (Ky)

— für alle Menschen, welche schriftl. Aufsätze ohne andere Beihülfe verfassen, Briefe schreiben u. allerhand Geschäfte besorgen wollen. 8. Prag 801. Diesbach. 8 gr

Taschenbuch für gute Menschen.
(1801). Vorber. u. 192 S.
Berlin. Goed. VIII, 57, 35 a.

— f. gute Menschen. 16. Berl. 801. Frank; (a. Barth in Leipz.) 14 gr (broch. 18 gr gebund. zu 1 rthl bis 1 rthl 4 gr)

— für Menschenkenntniß rc., s. Heinichen.

**Taschenbuch** zur Menschenkenntniss und Menschenbesserung. . . . Leipzig 1826. V: *Bergk, Johann Adam.* (MGT)

— milchwirthschaftliches, f. 1877. 1. Jahrg. gr. 16. (297 S.) Danzig, Kafemann. geb. n. 2. 50

—— dass. — für 1878—1880. 2.—4. Jahrg. gr. 16. (306; 193, 116; 825 S.) Bremen, Heinsius.
geb. in Leinw. à Jahrg. *
geb. in Ldr. à Jahrg. *

—— milchwirthschaftliches, für 1881. 5. Jahrg. gr. 16. (320 S.) Bremen, Heinsius. geb. *

—— dass. — Für 1882—1885. Hrsg. von Benno Martiny. 6.—9. Jahrg. gr. 16. (334; 193, 140; 194, 150; 316, 36 S.) Ebendas. geb. in Leinw. à Jahrg. *
geb. in Ldr. à Jahrg. *

—— milchwirtschaftliches, für 1886—1889. Hrsg. von Benno Martiny. 10.—13. Jahrg. gr. 16. (322; 200, 162; 194, 136, 32; 193, 142, 34 S.) Bremen, Heinsius Nachf.
geb. à Jahrg. *

—— milchwirtschaftliches, f. 1890—1893. Hrsg. v. Benno Martiny. 14.—17. Jahrg. à 2 Tle. gr. 16. (à Jahrg. 320—370 S.) Bremen, Heinsius Nachf. à Jahrg. geb. in Leinw. u. geh. n. 2. 50
geb. in Ldr. u. geh. n. 3. —

— milchwirtschaftliches, f. 1895. Hrsg. v. Benno Martiny. 19. Jahrg. 2 Tle. gr. 16. (IX S., Schreibkalender, 59, 48, 82, 41 u. 92 S.) Bremen 894. M. Heinsius Nachf. Geb. in Leinw. u. geh. n. 2. 50; in Ldr. u. geh. n. 3. —

— milchwirtschaftliches, f. 1899. 23. Jahrg. Hrsg. v. Benno Martiny. 2 Tle. 12. (IX S., Schreibkal., 65 u. IV, 223 S. m. 1 Karte.) Leipzig, M. Heinsius Nachf. Geb. in Leinw. u. geh. n. 2. 50; in Ldr. u. geh. n. 3. —

— milchwirtschaftliches, f. 1903. 27. Jahrg. Hrsg. v. Benno Martiny. 2 Tle. 12. (IX S., Schreibkalender, 66, 48 u. IV, 84 S.) Leipzig, M. Heinsius Nachf. Geb. in Leinw. u. geh. n. 2.50; in Ldr. u. geh. n. 3. —

— milchwirtschaftliches, f. 1907. 31. Jahrg. Hrsg. v. Benno Martiny. 2 Tle. (X S., Schreibkalender, 67, 48 u. IV, 99 S.) kl. 8. Leipzig, M. Heinsius Nachf. Geb. in Leinw. u. geh. n. 2. 50; in Ldr. u. geh. n. 3. —

— milchwirtschaftliches, f. 1911. 35. Jahrg. Hrsg. v. Benno Martiny. 2 Tle. (XIII S., Schreibkalender, 72, 48 u. IV, 96 S.) kl. 8. Leipzig, M. Heinsius Nachf. Geb. in Leinw. u. geh. 2.50; in Ldr. u. geh. 3. —

—— für Militärärzte, s. Wittelshöfer, L.

— der Militär-Gymnastik als praktischer Anhalt f. Offiziere u. Unteroffiziere v. e. Front-Offizier. 8. (IV, 163 S.) Metz 885. Scriba. geb. n.n. 1. —

Militärisches Taschenbuch
s. Militärischer *Almanach*. 1780.

—— militairisches, s. Archiv für Kriegsgeschichte.

Taschenbuch, Militarisches auf das Jahr 1779. 8. Altona 1779.

**Taschenbuch, Militärisches,** Frankf. u. Leipzig 1779. H: *Buchenröder, Johann Nicolaus Carl.* (ML) (Ky)

**Taschenbuch, Militärisches,** auf das Jahr 1779 [u. 80]. Leipzig 1779—80. H: *Adelung, Joh. Chph.* (Ky) (MGT)

— militärisches, a. d. Jahre 1779 u. 80. mit 8 Kupf. 12. Lpz. Crusius. (F. C. W. Vogel.)

— militärisches, auf die J. 1779 u. 80. (Von Jh. Chr. Adelung). Mit 8 Kpf. 12. Altona (Leipz.), (W. Vogel). 2 ℔

**Taschenbuch, Militairisches,** für das Jahr 1801. Berlin. H: *Knoblauch, Friedrich Heinrich.* (Hitzig)

Taschenbuch, Militarisches, für das Jahr 1801. Mit einer Abbildung der Statue des Fürsten Leopold v. Anhalt-Dessau im Lustgarten zu Berlin. 8. Berlin (1801).

— militärisches, für d. J. 1801. 8. Berlin, Himburg.

— militär., f. d. J. 1801, (v. F. H. Knoblauch). 8. Berl. 800. (Reimer). 1 ℔

Taschenbuch, Militarisches, für das Jahr 1809. Herausgegeben von einem österr. kaiserl. Offizier. I. Militärische Zeitrechnung (Chronologie der Ereignisse 1286—1809). II. Militärisch historisches Tagebuch von Rudolf I. 1274—1809. III. Was für Veränderungen haben die letzten Kriege in Hinsicht der Kriegsbaukunst gebracht. IV. Dotirung einer Festung etc. V. Approvisionnement einer Festung. VI. Beiträge zur Kriegsgeschichte: Belagerung von Riga 1656. — Journal der Operationen zur Eroberung von Oberösterreich 1741—1742. — Der erste preussische Feldzug in Schlesien 1740—1741. — Rheinübergang der Franzosen 1793. VII. Uebersicht der von Oesterreich im XVIII. und XIX. Jahrhundert geführten Kriege. VIII. Verzeichniss der Friedensschlüsse Oesterreichs. IX. Miscellen etc., Disposition zur Schlacht bei Czaslau 17. Marz 1742 und zur Attake von Glogau 8. und 9. Marz 1741. 8. Wien (1809).

— militärisches, herausg. v. e. österreich. Officier für d. J. 1809. 12. Wien, Kaulfuß. (Rötzl.)

Militärisches Taschenbuch.
Leipzig: Baumgärtner 1819—1820. 8°
1: 1819. X S., 1 Bl., 207 S., 5 Bl., 4 kol. Pl.
2: 1820. IV S., 1 Bl., 210 S., 3 Bl., 1 kol. Kt. 1 kol. Pl.

Militaerisches Taschenbuch. Jhrg. 1—7. Mit Krt. u. Pl. Leipzig 1819—1827.
(Forts. f. Archiv für neuere Kriegs- u. Armeegeschichte.)

— militär., 1r—7r Jahrg. f. 1819—1827. Mit Plän. gr. 8. Leipz., Baumgärtner. 9 ℔ 16 ℊ

—— militairisches, enth. die Garnisonorte d. preuß. Armee, mit Angabe d. Einwohnerzahl, Münzen u. Maße, Formeln, Postrouten, Notizen üb. Verpflegung, geograph. u. geschichtl. Notizen rc. Nebst einigen Beiln. gr. 12. (4 B., 1 Stnt. u. 1 ill. Karte.) Magdeburg 837, Wagner u. Richter. (?)

Taschenbuch, Militairisches, zum nützlichen Gebrauch eines Offiziers im Felde, dessen er sich bei allen Vorfallenheiten bedienen kann. Mit 14 Plans versehen. 8. Wien 1783.

— militärisches, f. junge Officiere. Mit Kpf. 8. Bayreuth 796. ... 1 ℔ 12 ℊ

—— militärisches, für schweizerische Wehrmänner aller Waffen. 16. (VIII, 184 S. mit 1 Karte in Stndr. und 1 Tab. in qu. 4.) Bern 868, Haller'sche Verlagsh. *

*Taschenbuch* für reisende Mineralogen, Geologen, Berg-, und Hüttenleute durch die Hauptgebirge Deutschlands und der Schweiz. Von Carl Hartmann. Nebst einem Atlas mit 14 Taf. geolog. Kärtchen u. Profile.
Weimar: Voigt 1838.
*Bb*, 6:142a

Taschenbuch für die gesamte Mineralogie. Jg. 1–23. Frankfurt (1828f.: Heidelberg) 1807–29. 8°
Hrsg.: Carl Cäsar v. Leonhard.
Ab 1825 auch u. d. T.: Zeitschrift für Mineralogie.

*Taschenbuch* für die gesammte Mineralogie mit Hinsicht auf die neuesten Entdeckungen, hrsg. v. Carl Caesar Leonhard. Mit Kupfern u. Karten.
Frankfurt a. M.: Hermann
Jg. 2. 1808. 3. 1809.
*Bb*. 6:155²,³

Mineralogisches **Taschenbuch**. 1818—1824
s. **Taschenbuch** für die gesammte Mineralogie mit Hinsicht auf die neuesten Entdeckungen.

**Taschenbuch**, mineralogisches, für das Jahr 1818, 1819, 1820 (sämmtlich in 2 Abth.). 1821, 1822 (in 3 Abth.). 1823, 1824 (in 4 Abth.). Frankfurt a. M. 1817 bis 1825. 8. Desgl. ein 2. Exemplar. Fortsetzung siehe: Zeitschrift für Mineralogie.
Hierzu Repertorium. 1. Quinquennium. Jahre 1807—12 von K. C. Leonhard. Frankfurt a. M. 1811. 8. — 2. Quinquennium, Jahre 1812—16 von demselben. Frankfurt a. M. 1817. 8. — Ferner: ein 2. Exemplar vom 2. Quinquennium.

Mineralogisches **Taschenbuch** für Anfänger und Liebhaber. Entworfen v. Johann Georg Lenz . . .
Erfurt: Hennings 1798—1799. 12°
1: Die mineralogisch=einfachen Mineralien. 1798. XXIV, 168, 132 S., 6 Bl., 9 Tab.
2: Die Metalle. 1799. X, 144, 102 S., 4 Bl. Tab., 6 Bl.

Taschenbuch, Mineralogisches, für Deutschland, s. Meinecke, Johann Ludwig Georg

—— f. die Mitglieder d. Kyffhäuser Verbandes der Vereine deutscher Studenten. Im Auftrage der Verbands-Taggn. 1887 u. 1891, hrsg. v. Johs. Quandt, Chrn. Rogge u. Heinr. Frhrn. v. Zedlitz. 2. verm. u. verb. Aufl. gr. 16. (92 S.) Berl. 892, (G. Nauck). * — 75

— für d. Mitglieder d. Kyffhäuser-Verbandes der Vereine deutscher Studenten. Im Auftr. d. Verbands-Tagg. 1896 hrsg. v. derzeit. Vorortsausschusse d. Kyffhäuser-Verbandes zu Breslau. 3., verm. u. verb. Aufl. 12. (157 S.) Berlin 897. (G. Nauck.)
Geb. in Leinw. n. 1. —

[S.] Taschenbuch für die Mitglieder des Kyffhäuser-Verbandes der Vereine Deutscher Studenten. Im Auftr. d. Verbands-Tagung 1896 hrsg. v. derzeitigen Vorortsausschusse d. Kyffhäuser-Verbandes zu Breslau. 3. verm. u. verb. Aufl. *Berlin: Verl. d. Akad. Blätter 1897.* (157 S.) 1 Bd 8. 98. 3976

— f. Mitglieder von Privattheatern. 16. Leipz. Sommer. 814.

Taschenbuch f. d. Mitglieder d. Allgem. T. V. in Graz, i. A. d. Turnr. zsgest. v. Erich Bouvier, Graz 1883, 53 S., 16°.

Taschenbuch z. Ehre alter u. neuer Moden und Methoden. Von A. O. Eberhard.
1806.
Halle. Goed. VIII, 65, 98.

— der neuesten engl. u. französ. Moden. Mit Kpf. Frankf. a. M. 789. Jäger. 9 gr.

**Taschenbuch, Moralisches,** oder Wegweiser für die Jugend auf der Reise durchs Leben . . . Hambg. 1802. N. Abdr. 1808. V: *Hezel, Johann Wilhelm Friedrich von.* (MGT) (R-N)

— —, Moralisches, für Jünglinge, um in der Welt glücklich zu werden. Hamburg, Kratzsch, 1807. 12°. (Gebd. 1/3 Rthl.)

—— des Müllers, s. a. Müllers, des, Taschenbuch.

— des Müllers. 1. Jahrg. Notizbuch für Müller u. Mühlen-Interessenten für alle Tage des Jahres 1869. Leipzig 868. M. Schäfer. gr. 16. (320 S.) In engl. Einb. n. 1 Rthl

—— Münchener akademisches. Winter-Semester 1892/93. gr. 16. (32 S.) Münch. 892, Th. Ackermann. * — 80

**Taschenbuch,** Münchener akademisches. Winter-Sem. 1894/95. Hrsg. m. Benützg. amtlicher Quellen u. handschriftl. Mittheilgn. v. Thdr. Ackermann. gr. 16. (IX, 36 S. m. 3 Bildnissen.) München 894. Th. Ackermann. n. — 60

**Taschenbuch,** Münchener akademisches. Winter-Sem. 1897/98. Hrsg. m. Benützg. amtl. Quellen u. handschriftl. Mittheilgn. v. Thdr. Ackermann. gr. 16. (IX, 40 S. m. 2 Bildn.) München 897. Th. Ackermann. n. — 60

— Münchener akademisches. Sommer-Sem. 1902 u. Winter-Sem. 1902/3. Hrsg. m. Benützg. amtl. Quellen u. handschriftl. Mittheilgn. v. Thdr. Ackermann. gr. 16. (IX, 40 u. IX, 41 S. m. je 2 Bildnissen.) München, Th. Ackermann. à n. — 60

— Münchener akademisches. Studienjahr 1906/07. Hrsg. m. Benützg. amtl. Quellen u. handschriftlichen Mitteilgn. v. Thdr. Ackermann. (VIII, 31 S. m. 2 Bildnissen.) 16. München, Th. Ackermann. n. — 60

— Münchener akademisches. Studienj. 1907/8. Hrsg. m. Benützg. amtl. Quellen u. handschriftl. Mitteilgn. v. Thdr. Ackermann. (VIII, 29 S. m. 2 Bildnissen.) 16. München, Th. Ackermann. — 60
Erscheint nicht mehr.

—— desgl. — f. Juristen. Winter-Semester 1892/93. gr. 16. (69 S.) Ebd. * — 80

— Münchener akademisches, f. Juristen. Winter-Sem. 1894/95. Hrsg. m. Benützg. amtl. Quellen u. handschriftl. Mittheilgn. v. Thdr. Ackermann. gr. 16. (IX, 79 S. m. 3 Bildnissen.) München 894. Th. Ackermann. n. — 60

— Münchener akademisches, f. Juristen. Winter-Sem. 1898/99. Hrsg. m. Benützg. amtl. Quellen u. handschriftl. Mitteilgn. v. Thdr. Ackermann. gr. 16. (IX, 78 S. m. 2 Bildn.) München, Th. Ackermann. n. — 60

**Taschenbuch,** Münchener akademisches, f. Juristen. Sommer-Sem. 1900. Hrsg. m. Benützung amtl. Quellen u. handschriftl. Mitteilgn. v. Th. Ackermann. gr. 16. (IX, 82 S. m. 2 Bildnissen.) München, Th. Ackermann. —. 60.

— Münchener akademisches, f. Juristen. Sommer-Sem. 1902 u. Winter-Sem. 1902/03. Hrsg. m. Benützg. amtlicher Quellen u. handschriftl. Mittheilgn. v. Thdr. Ackermann. gr. 16. (IX, 80 u. IX, 82 S. m. je 2 Bildnissen.) München, Th. Ackermann. à n. — 60

— Münchener akademisches, f. Juristen. Studienjahr 1904/5. Hrsg. mit Benützg. amtl. Quellen u. handschriftl. Mitteilgn. v. Thdr. Ackermann. (VIII, 74 S. m. 2 Bildnissen.) 16. München, Th. Ackermann. — 60
Erscheint nicht mehr.

—— desgl. — f. Mediziner. Winter-Semester 1892/93. gr. 16. (84 S.) Ebd. * — 80

— Münchener akademisches, f. Mediziner. Winter-Sem. 1894/95. Hrsg. m. Benützg. amtl. Quellen u. handschriftl. Mittheilgn. v. Thdr. Ackermann. gr. 16. (84 S. m. 3 Bildnissen.) München 894. Th. Ackermann. n. — 60

— Münchener akadem., f. Mediziner. Winter-Sem. 1898/99. Hrsg. m. Benützg. amtl. Quellen u. handschriftl. Mitteilgn. v. Thdr. Ackermann. gr. 16. (IX, 85 S. m. 2 Bildn.) München, Th. Ackermann. n. — 60

— Münchener, akademisches, f. Mediziner. Sommer-Sem. 1902 u. Winter-Sem. 1902/03. Hrsg. m. Benützg. amtl. Quellen u. handschriftl. Mittheilgn. von Thdr Ackermann. gr. 16. (IX, 84 u. IX, 85 S. m. je 2 Bildnissen.) München, Th. Ackermann. à n. — 60

— Münchener akademisches, f. Mediziner. Studienj. 1904/05. Hrsg. m. Benützg. amtl. Quellen u. handschriftl. Mitteilgn. v. Thdr. Ackermann. (VIII, 79 S. m. 2 Bildnissen.) 16. München, Th. Ackermann. n. — 60
Erscheint nicht mehr.

— der Universität Münster i. W. I. Ausg. Winter-Sem. 1902/03. (Vollständige Ausg. m. 3 Plänen.) 12. (99 S.) Münster, H. Schöningh. In Leinw.-Decke n. — 60

— der Universität Münster i. W. IX. Ausg. W.-S. 1906/07. (82 S.) kl. 8. Münster, H. Schöningh. — 80

**Taschenbuch, Münsterländisches poetisches, a. d. J. . . . . Hg.: K. W. Grote.**
**1818. 176 S. Mit 1 Porträt.**
**Coesfeld. Goed. VIII, 98, 200.**

— der Musen u. Grazien auf d. J. 1811. Mit Kpf. u. Musik. 12. Berl., Schöne. 12 gr

Musikalisches Taschenbuch auf das Jahr . . . hrsg. v. Julius Werden u. Adolph Werden (1805: v. Friedrich Theodor Mann) mit Musik v. Wilhelm Schneider ([u. Kupf. v.] W[ilhelm] Arndt).
Penig: F. Dienemann 1803—1805. 12°
1805: [Kupfert.]
[1:] 1803. 2 Bl., 368 S., 6 Bl., 24 S. Noten.
2: 1805. 392 S., 5 Notenbl., 31 S. Noten, 2 Titelkupf.

— musikal., herãgg. v. Jul. u. Ad. Werden, mit Musik v. W. Schneider, mit Titelkpf. f. d. J. 1803 u. 1805. 12. Penig, Dienemann. 3 ß 16 gr (Leich in Leipz.) 3 ß 8 gr

— — für Mütter. Die erste Wartung und Sorgfalt für Kinder betreffend. N. Aufl. 12. Leipzig, Sommer. 816. — 6

— f. Mütter u. Kinderwärterinnen, die erste Wartung u. Sorgfalt d. Kinder betreffend. 16. Leipz. 808. 2e Aufl. 816. (W. Nauck). 6 gr

— f. Mütter und Kinderwärterinnen, die erste Wartung und Sorgfalt d. Kinder betreffend. 16. Lpz. Sommer. 808.

— f. Mütter u. f. Kinderwärterinnen. Die erste Wartung u. Sorgfalt d. Kinder betreffend. 16. Leipz. Sommer 815.

**Taschenbuch, Mythologisches, oder Darstellung . . . . s. u.: Majer, F., Mythol. Taschenbuch.**

Mythologisches *Taschenbuch* oder
Darstellung u. Schilderung der Mythen,
religiösen Ideen u. Gebräuche aller Völker.
Nach d. besten Quellen f. jede Klasse v.
Lesern entworfen v. Friedrich Majer.
Weimar: Verl. d. Landes-Industrie-
Comptoirs
Jg. 1. 1811. 2. 1813.
*ZA 888*

—— mytholog., 60 Kupferstiche nach J. Enders, Loders, Redels u. Schedys Zeichnungen v. J. Stöber. Mit e. erklär. Texte v. Geo. v. Gaal. gr. 8. (8 B.) Wien 834, Mayer u. Comp.
Vgl. Gallerie, mytholog.

Taschenbuch für Natur-, Forst- und Jagdfreunde. 1851
s. Neues Taschenbuch für Natur-, Forst- und Jagdfreunde.

Taschenbuch für Natur- und Gartenfreunde. 1795—1805
s. Taschenkalender für Natur- und Gartenfreunde.

— f. Natur- u. Gartenfreunde auf die J. 1795—1806. Mit Kpf. 16. Tübing., d. Cotta. (à 1 ß 8 gr) 16 ß

J[ohann] C[hristian] Nelkenbrechers allgemeines Taschenbuch der Münz= Maaß - und Gewichtskunde für Banquiers und Kaufleute. Umgearb. u. hrsg. v. J. S. G. Otto. 12. Ausg.
Berlin: Sander 1817. XV, 471 S. 8°

**Taschenbuch, Neuburger, f. . . . . Hg.: H. A. v. Reisach.**
**1807. M. 1 Portr. u. 6 Ans.**
**1808. M. 1 Portr. u. 6 Ans.**
**1809. M. gest. Tit., 3 Portr., 6 Ans. u. 2 kol. Karten.**

**Neuburg.**

*Neuburger Taschenbuch* für 1807 (hrsg. von *Karl Aug.* Grafen *v. Reisach*). Mit 7 Kpfrn., nach *Fr. Vogel* von *P. J. Laminit* gestoch. (Portr. *Otto Heinrich's* [1502—59], Neuburg a. d. D., Altenburg bei Neuburg, Donauwörth, Monheim, Graisbach, Wemding). Neuburg a. d. Donau, bei J. G. Stöttner. *A. E.*: Pappenheim gedr. durch J. J. Seybold. 12°. Orig.-Ppb.
Gestoch. Tit., 188 S. (excl. Vorst.), 1 Bl. Nachschr.

Neuburger Taschenbuch für . . . ([Hrsg.:] Karl August Graf von Reisach [-Steinberg. Mit Kupf. v.] P[aul] J[akob] Laminit.)
Neuburg an der Donau: I. G. Stöttner [1808]. 8°
[Kupfert.]
1808: 320 S., 2 Bl., 1 Titelkupf., 7 Kupfertaf., 1 Tab.

— — *Dritter* (!) Jahrg. (hrsg. von *Hans Adam* Grafen *v. Reisach*, geb. 1765, † 1821). Mit 3 Portr., 6 Ansichten (Burglengenfeld, Schwandorf, Kallmünz, Hilpoltstein, Kaissheim, Beilngries mit Hirschberg, nach *Fr. Vogel* gest. von *P. J. Laminit*), color. Generalkarte d. oberen Theils d. Prov. Neuburg u. ebensolcher des neuburgischen Nordgaues (beide gez. vom k. b. Oberförster *P. Reber* in Eichstädt, gest. von *F. X. Huter* in Augsb.). Neuburg a. d. Donau (München, Fleischmann) 1810. (Im Jahre 1809 erschien nichts.) *A. E.*: Pappenheim, gedr. durch J. J. Seybold. 8°. Ppb.
164 S. (excl. Vorst.), 1 Bl. Inh. Darin u. a. die kurzen Biogr. von: 1. Herzog Wolfgang, geb. 1526, † 11. Juni 1569 zu Nessun in Limousin, beigesetzt zu Meisenheim, d. 23. Sept. 1571. (Mit Portr.) 2. Ignaz Pickel, Jesuit, Naturforscher, Canonicus u. Hofkammerrath in Eichstädt, geb. das. 30. Juli 1736, † 1818. (Mit Portr., nach A. Franz.) 3. Gottfr. Roth, k. b. Landes-Directions-Rath u. Archivar zu Neuburg, geb. das. 25. April 1745, † 18. Juli 1802. (Mit Portr.) 4. Theodorich Reisacher, Pfalzgraf Rupert's Praeceptor, 1498 Prof. in Ingolstadt, † angebl. 1517.

— Neuburgisches, (v. H. A. Grafen v. Reisach-Steinberg). Mit Kpf. u. Kart. 3 Jahrgg. 8. Münch. 808—10. Fleischmann. (à 1 ß 12 gr) 4 ß 12 gr

— neues, s.: Lippold, J. F.

Neues Taschenbuch für Aerzte und Nichtaerzte. 1797
s. Almanach für Aerzte und Nichtaerzte

Taschenbuch neues Ärzte

Neues Taschenbuch für Ärzte und Nichtärzte.
Jg 1- 337 S.

Leipzig, Gera: 1797
(Almanach für Aerzte und Nichtaerzte für das Jahr 1797)

JB 6.032/1797

Neues Berner **Taschenbuch** auf das Jahr 1896. In Verbindung mit Freunden vaterländischer Geschichte herausgegeben von *Heinrich Türler*. Mit 6 Illustr. IV, 308 S. Bern, K. J. Wyss. 5 —
Inhalt: Vorwort. — Standes- und Wappenwesen der bernischen Familien, von *Ed. von Rodt*. — Die Altäre und Kaplaneien des Münsters in Bern vor der Reformation, von *H. Türler*. — Die Pruntruter Wirren (1730 — 1740), von *Ed. Bähler*. — Über die Thürme und Ringmauern der Stadt Bern, von *H. Türler*. — Schellhammer's Bernerchronik, von *G. Tobler*. — Die Papiermühle „zu Thal" und ihre Wasserzeichen 1466 — 1621, von *Ad. Fluri*. — Generaladjutant Hauptmann Sigmund Kneubühler von Frauenkappelen (1759—1809), von *Ed. Bähler*. — Ein altes Lied, mitgetheilt von *K. Geiser*. — Berner - Chronik für die Jahre 1893 und 1894, von *H. Türler*.

**Neues Berner Taschenbuch** auf das Jahr 1897. In Verbindung mit Freunden vaterländischer Geschichte herausg. von *H. Türler*. Mit 3 Illustr. In-8⁰. 334 S. Bern, K. J. Wyss. 5 —

**Taschenbuch,** Neues Berner, f. 1898. Hrsg. von *H. Türler*. In-8⁰. 289 S. m. viel. Abb. Bern, K. J. Wyss. 5 —

**Taschenbuch,** Neues Berner auf das Jahr 1899. In Verbindung mit Freunden vaterländ. Geschichte hrsg. v. *Heinr. Türler*. 8⁰. 314 S. m. Abbildgn. Bern, K. J. Wyss. 5 —

Nach einem Jahrhundert, von *J. C. Widmann*. Aus der Zeit der Helvetik. Mitteilgn aus zeitgen Briefen von Dr. *Steck*. Hans Jakob Dünz d Chorweibel u. Illustrator der Lochrödel 1617—1649, v. *J. G. Schaffroth*. Biographie des unglückl. Jünglings Georg Rud. König, geschr. v. seinem Vater. Zur Topogr. der Kreuzgasse u. d. Gerechtigkeitsgasse in Bern, v. *H. Türler*. Erlebnisse eines Berner Scharfschützen-Lieutenants im Feldzuge 1798, von *A. Zeerleder*. David Müslin's Tagebuch üb. d. Märztage 1798 v. *Alb. Haller*. J J. Rousseau und J. G. Zimmermann, v. *R. Ischer*. Erlebnisse e. bern. Dragoner-Lieutenants i. d. Märztagen 1798, von *K. Geiser*. Berner Chronik des Jahres 1897, von *H. Türler*.

**Taschenbuch,** Neues Berner, auf das Jahr 1900. In Verbindung mit Freunden vaterländischer Geschichte, herausgeg. von Dr. *Heinrich Türler*, Staatsarchivar. In-8⁰. 322 S. mit zahlr. Illustr. Bern, K. J. Wyss. 5

Taschenbuch. Neues Berner Taschenbuch auf das Jahr 1901. In Verbindung mit Freunden vaterländischer Geschichte hrg. von Dr. Heinrich Türler, Staatsarchivar. Mit zahlreichen Illustrationen [und 1 Tafel]. IV + 338 S. 8. Bern, K. J. Wyss. 1900. [fr. 5.—]

Taschenbuch. Neues Berner Taschenbuch auf das Jahr 1902. In Verbindung mit Freunden vaterländischer Geschichte hrg. von Dr. Heinrich Türler, Staatsarchivar. Mit einer Illustration [Porträt-Tafel]. IV + 324 S. 8. Bern, K. J. Wyss, 1901. [fr. 5.—]

Taschenbuch. Neues Berner Taschenbuch auf das Jahr 1903. In Verbindung mit Freunden vaterländischer Geschichte hrg. von Dr. Heinrich Türler, Staatsarchivar. Mit fünf (**Umschlag:* sechs) Illustrationen [= 6 Tafeln]. IV + 294 S. 8. Bern, K. J. Wyss, 1902. [fr. 5.—]

Taschenbuch. Neues Berner Taschenbuch auf das Jahr 1904. In Verbindung mit Freunden vaterländischer Geschichte hrg. von Dr. Heinrich Türler, Staatsarchivar. Mit sechs Illustrationen [wovon 1 Tafel]. IV + 325 S. 8. Bern, K. J. Wyss, 1903. [fr. 5.—]

Taschenbuch. Neues Berner T' auf das Jahr 1905. In Verbindung mit Freunden vaterländischer Geschichte hrg. von Prof. Dr. Heinrich Türler, Staatsarchivar. Mit 9 [*d. i.* 11] Illustrationen [wovon 10 Tafeln]. IV + 339 S. 8. Bern, K. J. Wyss, 1905 (**Umschlag:* 1904). [fr. 5.—]

Taschenbuch. Neues Berner T' auf das Jahr 1906. In Verbindung mit Freunden vaterländischer Geschichte hrg. von Prof. Dr. Heinrich Türler, Staatsarchivar. Mit mehreren Illustrationen [1 Abbildung im Text, 6 Tafeln und 1 Stammtafel]. IV + 339 S. 8. Bern, K. J. Wyss, 1905. [fr. 5.—]

Taschenbuch. Neues Berner T' auf das Jahr 1907. In Verbindung mit Freunden vaterländischer Geschichte hrg. von Prof. Dr. Heinrich Türler, Staatsarchivar. Mit mehreren Illustrationen [7 Tafeln]. IV + 324 S. 8. Bern, K. J. Wyss, 1906. [fr. 5.—]

Taschenbuch. Neues Berner T' auf das Jahr 1908. In Verbindung mit Freunden vaterländischer Geschichte hrg. von Prof. Dr. Heinrich Türler, Staatsarchivar. Mit zahlreichen Illustrationen [17 Tafeln]. IV + 327 S. 8. Bern, K. J. Wyss, 1907. [fr. 5.—]

Taschenbuch. Neues Berner T' auf das Jahr 1909. In Verbindung mit Freunden heimatlicher (**Umschlag:* vaterländischer) Geschichte hrg. von (Prof.) Dr. Heinrich Türler, Staatsarchivar. Mit mehreren Illustrationen [8 Tafeln]. IV + 332 S. 8. Bern, K. J. Wyss, 1908. [fr. 5.—]

Taschenbuch. Neues Berner T' für (**Umschlag:* auf) das Jahr 1910. In Verbindung mit Freunden vaterländischer Geschichte hrg. von Prof. Dr. Heinrich Türler, Staatsarchivar. Mit mehreren Illustrationen [8 Tafeln]. IV + 347 S. 8. Bern, K. J. Wyss, 1909. [fr. 5.—]

Taschenbuch. Neues Berner T' für (**Umschlag:* auf) das Jahr 1911. In Verbindung mit Freunden vaterländischer Geschichte hrg. von Prof. Dr. Heinrich Türler, Staatsarchivar. Mit mehreren Illustrationen [4 Tafeln]. IV + 336 S. 8. Bern, K. J. Wyss, 1910. [fr. 5.—]

— neues Botanisches, h. D. H. Hoppe.

Neues botanisches Taschenbuch. Nuernburg und Altdorff, 1805–11. 7 vols.
Edited by D. H. Hoppe.

**Taschenbuch, Neues,** für Brüder Freymaurer auf das Jahr 1801. Rostock. H: *Eck, Johann Georg.* (Ky) (MGT) (GGr) II: *Stiller, Carl Chph.* (NN) (Kl)

**Neues Taschenbuch für Freymaurer auf das Jahr 1801. [Hrsg. von Karl Christoph Stiller.] Rostock: Stiller 1801. VIII, 192 S. 1 Kpfr. 8⁰**
**cf. Taschenbuch f. Frmr. 1803 S. 347—352.**
**Kl. 32, Tt. 243. Vertritt die Zinnendorfsche Richtung.**

**Taschenbuch, Neues freymaurerisches,** auf das Jahr 1801 [bis 1803]. 1804—5. 1806—7. 1816—17. 1. bis 8. Jg. Freyburg [Ansbach]. H (1 u. 2): *Meissner, Johann Carl.* (4 u. 5): *Gerlach, Joh. Chph Frdr.* (GGr VIII, 56) (MGT) (Kl) (Ky) (SJL)

**Neues Freymaurerisches Taschenbuch auf das Jahr 1801—1817. Hrsg. von Joh. Karl Meissner, [Jg. 4—8:] von Joh. Christoph Friedr. Gerlach.] Jg. 1—8. Freyberg: Gerlach [in Komm. 1801—1816]. 8⁰**
**1. a. d. J. 1801. 104 S. [1801]; 2. a. d. J. 1802. M. Kpfrn. u. Noten. 176 S. 1 Kpfr. 1 Bl. Noten [1802]; 3. a. d. J. 1803. 216 S. 1 Taf. [1803]; 4. 5. a. d. J. 1804 u. 1805. XVI, 176 S. [1804]; 6. 7. a. d. J. 1806 u. 1807. IV, 248 S. [1806]; 8. a. d. J. 1816 u. 1817. VIII, 240 S. [1816].**
**Kl. 33, Tt. 244. Vertritt d. Fesslersch. Prinzipien.**

Neues *Taschenbuch* der geselligen Freude.
[Nicht erm.]
Leipzig, Riga
1798.

— neues, f. häusl. Freuden, als ein Beytrag zum geselligen Vergnügen f. gute Familien. 8. Frkf. Behrens. 802. — 16

— neues, f. häusl. u. gesellschaftl. Freuden, für 1801; hrsgg. v. A. Lindemann (F. K. Lang). 8. Frankf. a. M. 801. Behrens. 16 gr

Taschenbuch, Neues, für Freunde der Laune, des Scherzes u. d. Satire, nach Falk.
(1817).
Germanien. Goed. VIII, 97, 195.

Taschenbuch, Neues, für lustige Freunde von edler Denkungsart (Hg.: Ludolf Christian Michaelis).
(1784—1786). A. u. d. Tit.: Taschenbuch für lustige Leute von . . .
Lüneburg. Anon.-Lex. IV, 153. Hayn-G., VII, 592.

— neues genealog., auf das J. 1820. Von Em. Weber. 12. Wien 820. (Tendler). 12 gr

— neues Göttinger, z. Nutzen u. Vergnügen f. das J. 1813; mit Beitrr. v. Blumenbach, Gauß, Haußmann, Sartorius, Tychsen rc. u. 14 Kpf. 12. Götting. 813. Dieterich. 1 Thlr 16 gr

Neues Göttingisches *Taschenbuch* zum
Nutzen und Vergnügen für das Jahr . . .
Mit Kupfern.
Göttingen: Dieterich
1813.
Anf. u. d. T.: Göttinger Taschenkalender.
1776 ff.
*Ff, 1:63*

— neues hamburg., f. d. J. 1801 u. 1802 zur Beförder. froher Laune, Menschen- u. Sittenkunde rc. von J. F. Schütze. Mit Kpf. 16. Hamb. 800, 801. Mayn u. M. (à 1 Thlr 8 gr) 2 Thlr 16 gr

Taschenbuch, neues, der Laune, od. Schilderungen aus der wirkl. Welt. 12. Kopenh. 814, 15. Bonnier. (à 9 gr) 18 gr

— —, Neues, der Laune, oder Schilderungen aus der wirklichen Welt auf das Jahr 1814. Hrsg. von Ambrosius und Lucas. Kopenhagen, bei J. Brunier. 12°. Tit., 1 Bl. Inh. u. 170 SS. (2 Mk. W. H. Kühl, Berlin, c. 1882; jetzt höher.)

—— neues, f. die Lehrer an den Mittelschulen auf d. Schulj. 1889/90—1891/92. 1.—3. Jahrg. gr. 16. (à Jahrg. 144 S.) Bamb., Buchner Verlag. geb. à Jahrg. * 1 —

— neues, f. die Lehrer an den Mittelschulen auf d. Schulj. 1893/94. 6. Jahrg. gr. 16. (160 S.) München 893. J. Lindauer. Geb. in Leinw. n. 1. —

**Taschenbuch,** neues, f. d. Lehrer an höheren Unterrichtsanstalten auf d. Schulj. 1897/98 v. Karl Reisert. 9. Jahrg. M. Beilage: Personalstatus d. Gymnasien, Progymnasien, Lateinschulen, Industrieschulen u. Realschulen im Königr. Bayern nach dem Stande vom 1. IX. 1897. Hrsg. v. Stapfer. gr. 16. (160 u. 96 S.) München, J. Lindauer. Geb. in Leinw. u. geh. n. 1. 20

Neues Leipziger **Taschenbuch** für Liebhaber der Pferde. Hrsg. v. Valentin Trichter . . . Mit . . . Kupf. ([v. Karl Moritz] Berggold [u.] G[ottlieb] Boettger).
Leipzig: Theod. Seeger 1804. 8°
[Umschlagt.:] Neues Leipziger Taschenbuch für Pferde = Liebhaber.
*Anf. s.* Meßgeschenk zur belehrenden Unterhaltung für Liebhaber der Pferde. Bdch. 1—6. 1798—1803.

1: (Oster = Messe.) 1804. 144 S., 1 Titelkupf.
2: (Michaelis = Messe.) 1804. 140 S., 1 Titelkupf.

Taschenbuch, Neues, f. d. J. . . . . Der Liebe u. Freundsch. gewidmet.
1809.
Hamburg u. Altona. Goed. VIII, 69, 118.

— neues medicin., od. Heilung u. Vorbeugung d. Krankheiten, nach den neuesten Grundsätzen der Heilkunde durch bewährte rc. Mittel, nebst e. Anh. der vornehmsten Arzneimittel in d. schwersten Krankheiten, (v. Jh. Val. Müller). 8. Frankf. a. M. 804.

Neues Taschenbuch für Natur-, Forst- und Jagdfreunde. Hrsg. G. v. Schultes u. Ferdinand Frhr. v. Biedenfeld, ab 8. Jg. v. J. C. L. Schultze. - Weimar. Jg. 1-13. 1836-1853. - (M. n. ersch.)

Neues **Taschenbuch** für Natur-, Forst- und Jagdfreunde auf . . . Hrsg. v. G[eorg] von Schultes (1848 ff.: J. C. L. Schultze).
Weimar: Bernh. Friedr. Voigt 1845—1852. 12°
11/1851 [Umschlagt.]: Taschenbuch für Natur- Forst- und Jagdfreunde.
5/1844—1845 u. 12/1852 [Rückent.]: Forsttaschenbuch.
11/1851 [Rückent.]: Taschenbuch für Jagdfreunde.

5/1844—1845: X, 163 S., 3 Bl., 5 Taf. davon 4 kol.
11/1851: XIV, 310 S., 8 Taf. davon 2 kol.
12/1852: XVI, 357 S., 1 Bl., 8 Taf.

Taschenbuch, neues, für Natur-, Forst- u. Jagdfreunde auf d. J. 1836. Herausg. vom Forstmeister G. v. Schultes. Mit 3 ill. u. 1 schwarzen Steintaf. gr. 12. Weimar 835. Voigt 1 Thlr — 2r Jahrg. f. d. J. 1839. Mit Vign. u. 6 Monatskpfrn. gr. 12. Ebd. 1 1/4 Thlr — 3r Jahrg. 1841. gr. 12. Ebd. 1 1/4 Thlr

— neues, für Natur-, Forst- u. Jagdfreunde auf die Jahre 1840—1846. Herausgeg. von G. v. Schultes. 3.—6. Jahrg. Mit Kupfern. gr. 12. Weimar 841—46, Voigt. 3. Jahrg. 1 1/4 Thlr 4. 5. Jahrg. à 1 Thlr 6. Jahrg. 1 1/3 Thlr

— neues, für Natur-, Forst- u. Jagdfreunde. Angefangen v. G. v. Schultes, fortges. v. Ferd. Frhrn. v. Biedenfeld. 7. Jahrg. 1847. 12. (IV u. 400 S., 1 schw., 1 col. Taf. u. 1 Plan in Imp. 4.) Angefangen v. G. v. Schultes, fortges. v. J. C. L. Schultze. 8—13. Jahrg. auf d. J. 1848—1853. 12. (8: XII u. 368 S. m. 2 lith. u. col. Taf. 9: XII u. 348 S. m. 6 lith. u. col. Taf. 10: VIII u. 213 S. m. 19 rad. Taf. 11: XIV u. 310 S. m. 8 lith. Taf., wovon 2 color. 12: XVI u. 357 S. m. 8 lith. Taf. 13: VIII u. 298 S. m. 1 Titelkpfr.) Weimar, Voigt. 1847: 1 1/2 Thlr 1848 u. 1849: à 1 1/3 Thlr 1850: 1 1/6 Thlr 1851 u. 1852: à 1 1/2 Thlr 1853: 1 1/3 Thlr

Neues **Taschenbuch** von Nürnberg. ([Hrsg.:] J[ohann] K[arl] Osterhausen [u. Georg Christian Wilder].) Mit . . . Kupf. . . . v. [Friedrich] Geißler, [Friedrich] Fleischmann [u. a.].
Nürnberg: Riegel & Wießner 1819—1829. 8.°
[Kupf.-Vort.]
[1:] Enthaltend eine topographisch = statistische Beschreibung der Stadt nebst einer geschichtlichen Einleitung und einem vollständigen Sach = und Namenregister. 1819. LXVIII, 206 S., 1 Bl., 1 Titelkupf., 8 Kupfertaf., 1 Pl.
1: 2., verm. Aufl. 1829. LX, 251 S., 1 Titelkupf., 9 Kupfertaf., 1 Pl.
2: 1822. 4 Bl., XX, 300 S., 1 Titelkupf., 7 Kupfertaf., 1 teilw. kol. Kt.

Neues **Taschenbuch** für Pferdefreunde, Pferdeärzte und Beschlagschmiede. Oder Gründliche Anweisung zur richtigen Kenntniß, Behandlung und Beschlagung der Pferde, nebst Anleitung die gewöhnlichsten, schwersten Krankheiten und Unfälle der Pferde bald und sicher zu heilen, aus den neuesten und bewährtesten Schriftstellern in der Roßwissenschaft, namentlich einem Bel, Robertson, . . . u. aus eignen Erfahrungen zsgetr. v. K[arl] F[riedrich] B[uschendorf].
Leipzig: Pott 1797. XVI, 247 S., 5 Kupfertaf. 8°

— neues, f. Pferdefreunde, Pferdeärzte u. Beschlagschmiede rc. (v. K. F. Buschendorf) m. K. 8. Leipz. Pott. (Ruff in Halle.) 801. — 18

— neues, f. Pferdefreunde, Pferdeärzte u. Beschlagschmiede. Eine gründl. Anweis. zur richtigen Kenntniß, Behandl. rc., v. K. F. B(uschendorf). Mit Kpf. 8. Leipz. 801. (Reinicke u. C.) 18 gr

—— neues, für Reisende in den Harz. Enthalt. e. Beschreibung aller Merkwürdigkeiten d. Harzes, sowohl in topograph. Hinsicht, als in Bezug auf Natur u. Kunst; geschichtl. Nachrichten üb. d. Städte, Bergschlösser u. Burgruinen; Belehrungen üb. d. geognost. Beschaffenheit d. verschied. Gebirgszüge; e. Uebersicht d. Höhenmessungen ꝛc. In alphabet. Ordn. (1—3. Aufl.?) 4., verb. Aufl. gr. 12. (7 B.) Quedlinburg 833, Basse.

— neues, zur nützl. u. angenehmen Unterhaltung für wißbegier. Jünglinge u. Mädchen, in 3 Abschnitten (v. H. G. Hoff). 8. Grätz 792. Tusch. (Mayr in Salzb.) 10 gr

**Taschenbuch, Neues,** zur nützlichen Unterhaltung für wissbegierige Mädchen und sich bildende Jünglinge. Grätz 1792. H: *Hoff, Heinr. Georg.* (MGT)

**Taschenbuch, Neues, zum Vergnügen. Ein Andenken d. Freundschaft.**
(1801). M. Mus. u. Tanzfig.
Halle.

Neues **Taschenbuch** zum geselligen Vergnügen. 1801—1802
s. **Taschenbuch** zum geselligen Vergnügen.

— neues vollständiges und unentbehrliches, für Freunde des Fischfanges ꝛc. Nach eigenen vieljahr. Erfahrungen und nach den neuesten u. besten Quellen bearbeitet. 8. München 841. Fleischmann. 1/2 ℛ

s.a. Taschenbuch, Neuestes ...

Taschenbuch, neuestes, von Augsburg. Od.: Topograph.-statist. Beschreibung der Stadt u. ihrer Merkwürdigkeiten, mit Bezieh. auf d. ältern geschichtl. Ereignisse. Ein Handb. f. Fremde u. Einheimische. (Von Frz. E. Frh. v. Seida.) 8. (26 3/4 B. u. 9 Kpfr.) Augsburg 830, (v. Jenisch u. Stage'sche Buchh.)

**Taschenbuch, Neuestes,** von Augsburg. Oder: Topographisch-statistische Beschreibung der Stadt ... Augsbg. 1832. H: *Seida und Landensberg, Franz Eugen Jos. Freih. von.* (EngG)

**Taschen-, Lieder- u. Commersbuch,** neuestes deutsches, für Studirende, Sängervereine u. fröhliche Zirkel. Herausgeg. von A. P. de Brey. 2. verb. u. verm. Aufl. 12. Wesel 842, Prinz. 1/4 ℛ

**Taschenbuch, Neuestes, für Frauenzimmer edlerer Bildung. Hg.: Eulalia Outwill.**
1801. (1. einziger Jg.) 1 Bl. IV, 9 Bl., 292, 16 S. M. 7 Kpf.
Leipzig. Goed. VIII, 57, 37.

—— neuestes u. gemeinnützigstes, f. Pferdebesitzer u. Pferdeliebhaber. Ein treuer Rathgeber bei Krankheiten, Dressur u. gewöhnl. Behandl. d. Pferdes. Nach Sind, v. Tennecker u. a. guten Quellen bearb. u. hrsg. von e. alten Cavallerieoffizier. 8. (10 1/2 B.) Leipzig 839, [Brandstetter.]

— Neuestes und gemeinnützigstes, für Pferdebesitzer und Pferdeliebhaber. Ein treuer Ratgeber bei Krankheiten, Dressur u. gewöhnliche Behandlung des Pferdes. Nach Sind, v. Tennecker u. a. guten Quellen bearb. u. hrsg. von einem alten Kavallerieoffizier. 8. Leipzig 39. Eichhorn. M. 1.90

—— neuestes vollständ. u. unentbehrl., f. Freunde d. Fischfanges ꝛc. Nach eigenen vieljähr. Erfahrn. u. nach d. neuesten u. besten Quellen bearb. von e. Freunde d. Fischfanges. 8. (8 B.) München 841, Fleischmann.

— s.a. Taschenbuch, Neues ...

— f. Neuverehelichte, s. Heirathsgeschenk.

**Taschenbuch, Niederrheinisches, f. . . . . von Agnes Franz.**
1834. M. gest. Titel.
Wesel.

Niederrheinisches **Taschenbuch** für Liebhaber des Schönen u. Guten ... Hrsg. v. Fr[iedrich] Mohn. ([Mit Kupf. u. Musik v.] Fr[anz Anton] Pfeiffer, Stanislaus Schmitt [u. a.])
Düsseldorf: I. H. L. Schreiner 1799—1805. 12°
[Kupfert.]
1799: 13 Bl., 326 S., 7 Kupfertaf., 7 Notenbl. [*Davon fehlen 3 Kupfertaf.*]
1800: 29 Bl., 276 S., 1 Bl., 7 Kupfertaf., 5 Notenbl.
1801: 19 Bl., 249 S., 1 Bl., 7 Kupfertaf., 4 Notenbl. [*Tit.-Kupf. fehlt.*]
1802: 18 Bl., 237 S., 7 Kupfertaf., 3 Notenbl.
1803: 18 Bl., 228 S., 7 Kupfertaf., 2 Notenbl.
1804 *nicht erschienen.*
1805: 19 Bl., 233 S., 7 Kupfertaf., 2 Notenbl.

— niederrheinisches, f. Liebhaber des Schönen u. Guten, mit Darstell. aus d. Düsseldorfer Bildergallerie v. Hrß, herausgg. v. Fr. Mohn, f. die J. 1799, 1800, 1801, 1802, 1803 u. 1805. 12. Düsseld., Schreiner. (à 1 ℛ 20 gr) 11 ℛ — Dieselb. 6 Jahrgg. mit vorzügl. Kupferabdrücken. (à 2 ℛ 16 gr) 16 ℛ — Die Kupfersamml. aller 6 Jahrgg. ohne Beschreib. einzeln 9 ℛ

— niedersächs., f. 1801. 16. Hamb., (Campe). 22 gr

— Norddeutsches, auf das Jahr 1836. Mit Beiträgen von Ludw. Storch, Amalie Schoppe, geb. Weise, Ad. v. Schonen, F. W. Rogge u. dem Herausg. David Russa. Mit 6 Stahlst. (1r Jahrg.) 16. Wismar 835 Schmidt u. v. Cossel. n. 2 ℛ

— nordisches, der Reisen, mit K. u. Charten, auf das J. 1815, enthält Ekkards Island. 1s u. 2s Hft., s. Ekkard.

**Taschen-, Notiz- u. Adressbuch f. Taubstumme.** Hrsg. v. Rob. Sandig u. Otto Kresse. 5. Aufl. (122 S. m. Abbildgn.) 16. Leipzig (Dufourstr. 20 III), R. Sandig. Geb. in Leinw. n. 1. —

— u. **Notiz-Kalender** f. den Landwirt auf d. J. 1895. 12. (220 S.) Neudamm 894. J. Neumann. Geb. in Segeltuch. n. 1. 20

— u. **Notiz-Kalender** f. d. Landwirt auf d. J. 1896. 12. (235 S.) Neudamm, J. Neumann. Geb. in Segeltuch n. 1. 20

— Fortsetzung s. Neumann, J.

Nürnbergisches *Taschenbuch*.
Hrsg. v. Johann Ferdinand Roth.
Nürnberg: Schrag
Bdchn 1. 1812: Nürnbergs Geschichte.
Mit 3 Kupfern.
2. 1813: Nürnbergs (neueste) Beschreibg u. Verfassg (nebst einem Verz. d. Kaufleute ...) Mit 3 Kupfern.
*Ff, 3c:11*

**Taschenbuch** zum Nutzen und Vergnügen
s.a. Göttinger **Taschenkalender.**

— z. Nutzen u. Vergnügen, f. d. J. 1776—93. m. K. 16. Götting. Dieterich. (à 12 gr.)

**Taschenbuch** zum Nutzen und Vergnügen. Göttingen 1778—99. H: *Lichtenberg, Georg Christoph.* (Lauchert, Lichtenbergs schriftstell. Thätigkeit. Göttingen 1893.)

Taschenbuch zum Nutzen und Vergnügen. 1789—1798
s. Königlich Großbritannischer und Churfürstlich Braunschweig-Lüneburgischer Genealogischer Kalender.

— z. Nutzen u. geselligen Vergnügen, herausgg. von mehrern Freunden d. Literatur. 8. Wien ... Gerold. 3 gl

— zum Nutzen u. Vergnügen f. Kinder. 8. Stuttg. 800. Sonnewald. 12 gl

Taschenbuch z. Nutzen u. Vergnügen f. Rheinreisende. Hg.: Fr. W. v. Cölln.
(1821). 334 S.
Coblenz. Goed. VIII, 104, 238.

Taschenbuch zum Nutzen und Vergnugen fur Tabaksraucher und ihre Freunde. Regensburg, bei Montag und Weiß 1800
178 S., 1 Taf. in Kupferst. 8°.

— zum Nutzen u. Vergnügen f. Wald- u. Jagdfreunde, s. a. Sylvan, 5r Jahrg. Neue Folge.

Taschenbuch z. Nutzen u. Vergnügen f. Wald- u. Jagdfreunde . . . . .
s. u.: Taschenbuch f. Forst- u. Jagdfreunde.

LAUROP, Christian Peter u. Wilhelm Friedrich Frhr. von der BORCH (Hrsg.): Taschenbuch zum Nutzen und Vergnügen für Wald- und Jagdfreunde auf das Jahr 1831. - Erfurt, Gotha 1831. - Auch u. d. T.: Taschenbuch zur Belehrung und Unterhaltung...
(mehr nicht erschienen)

—— zum Nutzen u. Vergnügen für Wald- u. Jagdfreunde, auf d. J. 1831. Hrsg. v. C. P. Laurop u. W. F. Frh. v. d. Borch. (Sylvan. Neue Folge. 7. [5.] Jahrg.) gr. 12. (10 B., 4 ill. u. 2 schw. Stnt.) Gotha, Hennings.
1–4. Jahrg., vgl. Sylvan.

Taschenbuch, Nützl., für Eheleute u. Ehelustige. 3 Tle. — s. u.: Ehestandsalmanach.

— nutzl., f. Eheleute u. Ehelustige. mit 3 Kupf. 3 Theile. (hatte sonst den Titel: Ehestandsalmanach.) 12. Regensb. Montag u. W. 804. 4 —

Anonym: „Nützliches Taschenbuch für Frauenzimmer in der Haushaltung; nebst einer vollständigen Wäschetabelle und einem kleinen Marktbuche", Leipzig 1803 (Junius).

— Offenbacher, s. Taschenkalender.

—— für den Offizier. Eine Samml. v. Notizen. (Mit mehr. typograph. Zeichn. u. Tabn.) Zusammengetr. v. F. W. Dammeyer. 18. (610 Seit.) Berlin 838, Heymann.

— für Officiere. Mit Kpf. gr. 8. Braunschw. 791. Schulbuchhandl. 12 gl

Taschenbuch für Offiziere. Braunschweig 1792. 8°.

— f. Officiere im Felde. 8. Leipz. Hilscher. (Compt. für Lit.) 793.

— f. Officiere der leichten Infanterie, (v. H. Menu v. Minutoli). Mit 6 Kpf. 12. Warschau 796. Wilke. 12 gl

**Taschenbuch** für Officiere der leichten Infanterie . . . Warschau 1797. II: *Menu von Menutoli, Heinr. Freih.* (MGT) (Ky)

— f. junge Officiere, m. K. 8. Berlin, Schöne. 798.

— f. junge Officiere im Felde, s. Abhandl. üb. Grundsätze d. Elementartaktik.

— ökonomisches, f. Frauenzimer, od. Anweis. z. Selbstunterricht aller Arten v. Confekt u. Backwerk, u. z. Einmachen d. Baum- u. Gartenfrüchte. 12. Halberstadt, Groß. 804. — 15

—- ökonom., f. Frauenzimmer, od. Anweis. z. Selbstunterricht aller Arten von Confekt u. Backwerk, u. zum Einmachen der Baum- u. Gartenfrüchte. 16. Halberst. 804. (Brüggemann in Leipz.) 12 gl

— — ökonomisches, für Frauenzimmer, oder Anweisung zur Selbstbereitung aller Arten von Confect und Backwerk u. zum Einmachen der Früchte. 16. Halberstadt, 804. Ist jetzt Verlag von Vogler.

Taschenbuch, ökonomisches, f. Frauenzimmer, od. Anweisung zur Selbstbereitung aller Arten von Confekt u. Backwerk u. zum Einmachen d. Früchte. 16. Halberst. Büreau f. Lit. u. Kunst. 811. Rthlr.

Brieger, G.: „Oekonomisches Taschenbuch für Gutsbesitzer, Pächter und Wirthschaftsbeamte, besonders in Schlesien", vier Jahrgänge, Breslau 1796—1799.

Anonym: „Oekonomisches Taschenbuch für Hausväter und Hausmütter", Leipzig 1795 (Linke).

—- dramatischer Originalien. Hrsg. v. (Jos.) Franck. 1—5. Jahrg. u. neue Folge. 1. Jahrg. 8. Leipzig, Brockhaus. 17 Thlr., hrbgs. Pr. à * ⅔ Thlr., zusammen genomm. nur *

Jahrg. 1. Der Musicus v. Augsburg. Lustsp. v. Bauernfeld. — Miltons Muse. Dramat. Gedicht v. G. H. Liebenau. — Autors Qualen. Lustsp. v. Franck. — Die Christnacht. Schausp. v. Pannasch. — Der Herr im Hause. Lustsp. v. Franck. (19½ B. u. 5 Kpfrt.) 837. * 2 Thlr. 8 Gr.

" 2. Grabbe, v. Karl Immermann. — Die gefährl. Tante. Lustsp. v. Albini. — Die Leibrente. Schwank v. G. A. v. Maltitz. — Der Telegraph. Lustsp. v. Franck. — Fragment aus d. Trauersp. „Der Adept" v. Friedr. Halm. — Der literar. Salon. Lustsp. v. Bauernfeld. (30½ B., 5 Kpfrt. u. 1 Facs.) 838. * 3 Thlr.

" 3. Die Rosen. Ein dramat. Gemälde v. Albini. — Das Tagebuch. Lustsp. v. Bauernfeld. — Die Opfer d. Schweigens. Trauersp. v. Karl Immermann. — Der Gascogner in Paris. Lustsp. v. Franck. (27¾ B. u. 3 Kpfrt.) 839. * 2 Thlr. 12 Gr.

" 4. D'Schwoagerin a Kumödigschbül a so z'amagsödzd, wia s'in Esdaraich röd'n doan, v. J. F. Castelli. — Liebesbotschaften. Lustsp. v. Karl Weichselbaumer. — Das Gespenst auf der Brautschau. Ritterl. Lustsp., v. J. B. v. Zahlhas. — Der Heckthaler. Schwank, v. N. v. Lagusius. — Der Bräutigam v. Haiti. Lustsp., v. Franck. (31½ B. u. 4 Kpfrt.) 840. * 3 Thlr.

" 5. Irrgänge des Lebens. Trauersp., v. A. Pannasch. — Christine v. Schweden. Drama nach van der Velde, v. W. Vogel. — Richard Savage, od. d. Sohn einer Mutter, Trauersp., v. Karl Gutzkow. — Worcester, od. Geist u. Narrheit. Lustsp. v. Franck. — Die dramat. Literatur u. d. Theater d. Deutschen im 19. Jahrh. nach ihren historischen Voraussetzungen betrachtet, v. Ed. Reinhold. (34½ B., Pannasch's Bildn. u. 6 col. Costumbild.) 841. * 3 Thlr. 16 Gr.

Neue Folge.

Jahrg. 1. Die Schlittenfahrt od. d. Herr vom Hause. Orig.-Lustsp. v. Frz. v. Holbein. — Ernst u. Humor. Lustsp. v. E. v. Bauernfeld. — Der Oberst u. d. Matrose. Trauersp. v. Aug. Hagen. — Die Sylvesternacht. Drama v. Franck. (28¼ B. u. F. v. Holbein's Bildn.) 842. * 2 Thlr. 12 Gr.

— ornitholog., od. Samml. getreu nach d. Natur copirter Vögel, nebst Erläuter. sie zu fangen, zu pflegen u. im Gesang abzurichten. Mit Kpf. 8. Bresl. 804. Schall. 14 gl

— orthograph., zum tägl. Handgebrauch f. Jedermann; hrsgg. von J. J. Grabmann. 2 Abtheill. 8. Bregenz 800. Brentano. 8 gl

— österreich., mit Gedichten u. Aufsätzen v. Haschka, Hinsberg, Karoline Pichler, Ratschky, Retzer, Streckfuß u. And. f. die Jahre 1801—1806. Mit Kpf. 12. Wien, Pichler. 6 ₰ 4 gl Hbg. Pr. 3 ₰ 2 gl

— österreichisches statistisches, bearb. nach amtl. Quellen. 8. (VII, 257 S.) Wien 890. Hölder. n. 1. 40; geb. n.n. 1. 70

—— dass. — 2. u. 3. Jahrg. 8. (VII, 253; VII, 240 S.) Ebd. 891,92. à Jahrg. * 1 60; geb. ** 2 —

Taschenbuch, Ostfriesisches . . .
1813—1833.
Emden u. Norden. Goed. VIII, 80, 155.

Taschenbuch, Pädagogisches, für 1844. Erster (einz.?) Jahrg. Allen Lehrern gewidmet von P. J. Beumer. Mit 4 (drolligen) saubern (Holzschnitt-) Bildern. Wesel, J. Bagel. Kl. 8°.

119 S. (incl. Tit. u. 1' Bl. „Fürwort"), 1 S. Inh., 6 S. Notiz-Kalender. Selten u. wenig bekannt! Enth. auch Biographisches über Salzmann. — Dr. Franz Schnitzer's Bibl. München 1902. No. 1372.

— pädagogisches, f. Aeltern, Erzieher, Lehrer u. Kinderfreunde. 8. Leipz. 804. Leo. 6 gl

Taschenbuch, parlamentarisches, f. a. Rauch, A.

Taschenbuch, parlamentarisches, enth. die Verfassungen von Nordamerika, Norwegen, Neapel, Toscana, Sardinien, Rom, Oesterreich, Belgien, der Schweiz, England und den Entwurf einer deutschen Reichsverfassung. Deutsch hrsg. von A. Rauch. (1. Lfg.) gr. 16. (IV und 177 S.) Erlangen 848, Palm's Vrlgsb. Thlr. *

—— dass. — Hrsg. von Dems. 2—7. Lfg. gr. 16. Ebds. 849—52. à Lfg. * 15 Ngr. *

Inhalt:

Lfg. 2. Die Verfassungen von Schleswig-Holstein (nebst dem Gesetz über die Verantwortlichkeit der Minister), Anhalt-Dessau, Preußen (nebst Wahlgesetz), der Schweiz, der französ. Republik (und einer Uebersicht der Geschichte des französ. Verfassungswesens) so wie der Grundrechte des deutschen Volkes. §. 1—50. (II und 190 S.)

" 3. Die Verfassung von dem Königr. Hannover nebst Wahlgesetz, der Entwurf der Constitutions-Urkunde für die österreich. Staaten (der verfassunggebenden Versammlung in Kremsier), die octroyirte österreich. Verfassung nebst provisor. Preß- und Associationsgesetz, und das Wahlgesetz der französ. Republik. (IV und 235 S.)

" 4. Die Verfassung von Oldenburg nebst Wahlgesetz, des bremischen Staats, von Gotha nebst Wahlordnung, des deutschen Reichs, das Reichswahlgesetz und das Einführungsgesetz für die Grundrechte. (III und 204 S.) 849.

" 5. Die Verfassung des Freistaates Hamburg nebst Wahlgesetz, das Staatsgrundgesetz für die Fürstenth. Waldeck und Pyrmont nebst Wahlgesetz, das Staatsgrundgesetz für das Königr. Dänemark, den octroyirten preuß. Entwurf der deutschen Verfassung nebst Wahlgesetz und Entwurf eines provisor. Schiedsgerichts, den hannov. Entwurf nebst Denkschrift zur Verfassung des deutschen Reichs, das preuß. octroyirte Gesetz, das freie Vereins- und Versammlungsrecht betreff., nebst Preßgesetz. (IV und 268 S.) 849.

" 6. Verfassung des Großherzogth. Mecklenburg-Schwerin, nebst Einführungsgesetz und Wahlgesetz, die deutsche Bundesacte vom 8. Juni 1815 und 15. Mai 1820, die wiener Schlußacte vom 9. Juni 1815, das Staatsgrundgesetz für das Fürstenthum Reuß Jüngerer Linie, nebst Wahlgesetz, die Abänderungs-Vorschläge des bayer. Ministers v. d. Pfordten zu dem berliner Verfassungs-Entwurfe und die preuß. Erwiderungen darauf, das Interim, sowie die Geschäftsordnung für die verfassunggebende Reichsversammlung, in Frankfurt a. M. nebst Anhang dazu. (VI und 247 S.) 850.

" 7. Verfassung für das Großherzogth. Luxemburg nebst Wahlgesetz, die französ. Verfassung gegeben durch Louis Napoleon Buonaparte, das Grundgesetz für das Königr. der Niederlande nebst vorläufigem Wahlreglement, Verfassung Kurhessens vom 5. Jan. 1831 und 13. April 1852 und die österreich. Verfassung vom 31. Dec. 1851. (III und 244 S.) 852.

—— parlamentarisches, hrsg. von A. Rauch. 8. und 9. Lfg.: Verfassung für den preuß. Staat vom 31. Jan. 1850 nebst Wahlgesetzen und Ergänzungen, die Verfassung der freien und Hansestadt Hamburg publicirt den 28. Sept. 1860, die österreich. Verfassungsurkunde, das kaiserl. Manifest nebst sämmtl. kaiserl. Handschreiben vom 20. Octbr. 1860, dem Grundgesetz für die Reichsvertretung, den Landesordnungen und Landtagswahlordnungen für sämmtl. Kronländer und dem Protestantengesetze. gr. 16. (IV und 719 S.) Erlangen 861, Palm's Verlags- und Sortimentsb. à Lfg. * 15 Ngr. *

1—7. Lfg. Ebendas. 1848—52. * 3 Thlr. 15 Ngr.

Taschenbuch, parlamentarisches. Hrsg. von A. Rauch. In 11 Lfgn. 1. Lfg. 2., verm. Aufl. 2.—9. Lfg. 2. (Titel-)Ausg. gr. 16. Plauen 867,68, Schröter's Verlag. à Lfg. 15 Ngr.

Inhalt:

Lfg. 1. Die Verfassungen von Nordamerika, Maine, Louisiana, Norwegen, Belgien, England, Neapel, Toscana, Piemont, Sardinien und den Entwurf des deutschen Reichsgrundgesetzes. (V und 215 S.)

" 2. Die Verfassungen von Schleswig-Holstein (nebst dem Gesetz über die Verantwortlichkeit der Minister), Anhalt-Dessau, Preußen (nebst Wahlgesetz), der Schweiz, der französischen Republik (und einer Uebersicht der Geschichte des französischen Verfassungswesens), sowie die Grundrechte des deutschen Volkes. §. 1—50. (II und 190 S.)

" 3. 4. Die Verfassung von dem Königreiche Hannover nebst Wahlgesetz, den Entwurf der Constitutions-Urkunde für die österreichischen Staaten (der verfassunggebenden Versammlung in Kremsier), die octroyirte österreichische Verfassung nebst provisor. Preß- und Associationsgesetz, und das Wahlgesetz der französ. Republik. — Die Verfassung von Oldenburg nebst Wahlgesetz, des Bremischen Staats, von Gotha nebst Wahlordnung, des deutschen Reichs, das Reichswahlgesetz und das Einführungsgesetz für die Grundrechte. (IV und 235 S., III und 204 S.)

" 5. Die Verfassung des Freistaats Hamburg nebst Wahlgesetz, das Staatsgrundgesetz für die Fürstenthümer Waldeck und Pyrmont nebst Wahlgesetz, das Staatsgrundgesetz für das Königreich Dänemark, den octroyirten preußischen Entwurf der deutschen Verfassung nebst Wahlgesetz und Entwurf eines provisorischen Schiedsgerichts, den hannoverischen Entwurf nebst Denkschrift zur Verfassung des deutschen Reichs, das preußische octroyirte Gesetz, das freie Vereins- und Versammlungsrecht betreffend, nebst Preßgesetz. (IV und 268 S.)

" 6. Die Verfassung des Großherzogthums Mecklenburg-Schwerin, nebst Einführungsgesetz und Wahlgesetz, die deutsche Bundesacte vom 8. Juni 1815 und 15. Mai 1820, die Wiener Schlußacte vom 9. Juni 1815, das Staatsgrundgesetz für das Fürstenthum Reuß Jüngerer Linie, nebst Wahlgesetz, die Abänderungs-Vorschläge des baierischen Ministers von der Pfordten zu dem Berliner Verfassungs-Entwurfe und die preußischen Erwiderungen darauf, das Interim sowie die Geschäftsordnung für die verfassunggebende Reichsversammlung in Frankfurt a. M. nebst Anh. dazu. (VI und 247 S.)

" 7. Die Verfassung für das Großherzogthum Luxemburg nebst Wahlgesetz, die französ. Verfassung, gegeben durch Louis Napoleon Buonaparte, das Grundgesetz für das Königreich der Niederlande nebst vorläufigem Wahlreglement, Verfassung Kurhessens vom 5. Jan. 1831 und 13. April 1852 und die österreich. Verfassung vom 31. December 1851. (III und 244 S.)

" 8. 9. Die Verfassung für den preußischen Staat vom 31. Jan. 1850 nebst Wahlgesetzen und Ergänzungen, die Verfassung der freien und Hansestadt Hamburg, publicirt den 28. Sept. 1860, die österreich. Verfassungsurkunde, das kaiserl. Manifest nebst sämmtlichen kaiserl. Handschreiben vom 20. Octbr. 1860, dem Grundgesetz für die Reichsvertretung, den Landesordnungen und Landtagswahlordnungen für sämmtliche Kronländer und dem Protestantengesetze. (IV und 719 S.)

" 10. 11. Die Verfassung und die Gesetze des Norddeutschen Bundes, die Verfassungen von Ungarn, Schweden und Spanien, sowie die österreich. Verfassungsgesetze von 1867 und 1868. (VI und 470 S.)

—— parlamentarisches, des norddeutschen Bundes, enth. die Verfassung mit den dazu gehör. Erläuterungen, das Wahlgesetz und die Geschäftsordnung des Bundes, die Friedens- und Bündnißverträge mit Oesterreich, Sachsen und den süddeutschen Staaten 2c. gr. 16. (190 S.) Plauen 868, Schröter.

—— parlamentarisches, für den ungarischen Reichstag. Ein unentbehrl. Handbuch für alle Reichstagsdeputirte, Beamte, Juristen 2c., sowie überhaupt für Alle, welche sich für die constitutionellen Rechte Ungarns und seiner Nebenländer und für die darüber obschweb. Verhandlungen interessiren. 2 Bde. 16. (286 S., 224 S.) Pest 866,67, Gebr. Lauffer. à Bd. cart. * 16 Ngr.

—— parlamentarisches, für Reichs- und Landtagsabgeordnete. A. u. d. T.: Die österreichischen Verfassungs- und Staatsgrundgesetze und die zur Ausführung derselben erlassenen Gesetze und Verordnungen sammt den Bundesverfassungen. 8. (XII, 551 S.) Prag 876, Mercy. geb. *

Taschenbuch des Pastoral-Privat-Unterrichts. Carlsruhe 1804. V: *Kessel, Hilar.* (schmal)

Taschenbuch des Patentwesens. Sammlung der den Geschäftskreis des kaiserl. Patentamts berühr. Gesetze u. ergänz. Anordngn., nebst Liste der Patentanwälte. Amtl Ausg. Mai 1905. (VIII, 185 S.) schmal 8. Berlin, C. Heymann. Geb. 1. —

— des Patentwesens. Sammlg. der den Geschäftskreis des kaiserl. Patentamts u. den gewerbl. Rechtsschutz berühr. Gesetze u. ergänz. Anordngn., nebst Liste der Patentanwälte. Amtliche Ausg. April 1906. (VIII, 201 S.) schmal 8. Berlin, C. Heymann. Geb. n. 1. —

— des Patentwesens. Sammlung der den Geschäftskreis des kaiserl. Patentsamts u. den gewerbl. Rechtsschutz berühr. Gesetze u. ergänz. Anordngn., nebst Liste der Patentanwälte. Amtliche Ausg. Oktbr. 1910. (VIII, 204 S.) kl. 8. Berlin (910). C. Heymann. Geb. in Leinw. 1. —

— patriotisches, auf alle Jahre, f. Kinderfreund, patriot.

— patriotisches, auf alle Jahre, f. Freunde u. Freundinnen d. Vaterlandes, m. 8 illum. K. (v. K. Fr. Hofmann) (ist d. Forts. d. Buchs: d. Mensch v. Anbeginn). gr. 12. Leipz. Bruder u. Hoffm. 811. 1 12

— — patriotisches, auf alle Jahre, f. Freunde u. Freundinnen d. Vaterlandes ꝛc. gr. 12. Leipzig. 811. Jst Verl. v. Büschler in Elberfeld.

Taschenbuch, Penelope, s. Hell, Theod.

**Taschenbuch** für dienende Personen weiblichen Geschlechts zum täglichen Gebrauch für das Jahr 1794. Leipz. 1794. H: *Oehme, Sophie Constanze Theodore geb. Breitkopf.* (Ky) (MGT) (Schl)

**Taschenbuch** für die Pfarrer des Konsistorialbezirks Cassel. Zsgest. bei d. Kgl. Konsistorium in Cassel. Cassel 1910: Hof- u. Waisenhaus-Buchdr. 175 S. 8° [10. 2171

Der erfahrne *Rathgeber* f. Pferde-Besitzer od. Verhaltungsregeln, Recepte u. Operationsvorschriften ... Besonders f. Officier im Felde. Berl. 1801. 170 S.
[— neue Tit.-Aufl., m. Tit.:] Taschenbuch f. Pferde-Besitzer, od. Verhaltungsregeln, Recepte u. Operationsvorschriften ... Besonders f. Offiziere im Felde. Berl. u. Leipz. [1817]. 170 S.

— f. Pferdebesitzer od. Verhaltungsregeln ꝛc. wonach man seine Pferde gesund erhalten u. ihnen, sowohl bei Krankheiten als bei Verwundungen u. andern Schäden, in Ermangelung eines Roßarztes, ohne nachtheil. Verzug selbst helfen kann. 8. Berl. 817. Rauck. 16 gr

**Taschenbuch** für Pferdekenner und Pferdeliebhaber. Ergebnisse einer mehr als siebzigjährigen Ausübung des Pferdehandels. Nebst einem Anhang, selbst erlebte Anekdoten im Pferdehandel enthaltend. Von Abr(aham] Mortier, gen. Mortgen, u. ... C[arl] F[riedrich] Lentin ...
Dessau: H. Neubürger 1857. 5 Bl., 237 S., 1 Titelbild. 8°

— der Pferdekunde, s. Will.

**Taschenbuch** der Pferdekunde für Stallmeister, Officiere, Oeconomen, Thierärzte und Freunde des Pferdes überhaupt. Hrsg. von Will u. Schwab. Jg. 1—3. 5. München u. Nürnberg 1817—22.

**Taschenbuch** der Pferdekunde von Ant. Will und K. L. **Schwab**. 1.—6. **Jahrgang**. München 17/23. Finsterlin. à 4.50, kompl. M. 27.—

*Taschenbuch* der Pferdekunde für
Stallmeister, Offiziere, Oeconomen,
Thierärzte und Freunde des Pferdes
überhaupt.
Hrsg. v. [Anton] Will u. [Konrad
Ludwig] Schwab.
München: Will u. Schwab; Nürnberg:
Stein in Comm.
(1.) 1817.
*Ff*, 1:106b

**Taschenbuch** für Pferdeliebhaber. 1801—1803
s. **Taschenbuch** zur belehrenden Unterhaltung für Liebhaber der Pferde.

—— für Pferdeliebhaber, oder gründliche Anweisung, in kurzer Zeit ein prakt. Pferdekenner und Reiter zu werden, wie auch junge Pferde schulgerecht zuzureiten. Nebst einem Anhang enth.: Hausmittel bei Krankheiten der Pferde ꝛc. nach Sir Rich. Blakmore. 2. (Titel-)Aufl. 8. (XI, 94 S.) Hamburg 870, Verlags-Comptoir.

**Taschenbuch f. Pferdeliebhaber, u. für Personen, welche zu Pferde reisen od. eigne Pferde haben. A. u. d. T.: Unterricht, kurzer, wie Pferde auf d. Reise zu behandeln ꝛc. 8. Leipz. 808. 2e A. 815. (W. Rauck). 8 gr**

— f. Pferdeliebhaber, u. f. Personen, welche zu Pferde reisen, od. eigne Pferde halten. 8. Lpz. Sommer. 808.

— f. Pferdeliebhaber, u. f. Personen, welche zu Pferde reisen, od. welche eigene Pferde halten. 8. Leipzig, Sommer. 811. Rthlr.

**Taschenbuch** für Pferdeliebhaber, Reuter, Pferdezüchter, Pferdeärzte und Vorgesezte groser Marställe
s.a.**Taschenkalender** für Pferdeliebhaber, Reuter, Pferdezüchter, Pferdeärzte und Vorgesezte groser Marställe.

**Taschenbuch a. d. J. . . . . f. Pferdeliebhaber, Reuter . . . . Hg.: F. M. F. Frh. Bouwinghausen v. Wallmerode.**
1794. M. 14 Kpf.
1795. M. 14 Kpf.
1796. M. 14 Kpf.
1797. M. 14 Kpf.
1798. M. 14 Kpf.
1799. M. 14 Kpf.
1800. M. 14 Kpf.
1801. M. 14 Kpf.
1802. M. 14 Kpf.
Stuttgart.

— d. Pharmacie, f. Aerzte u. Apotheker. 1r Bd. s. Consbruch u. Ebermaiers Encyklopädie 5r Th. 1r Bd.

— philologisches, s. a. Wilhelmi.

Philologisches **Taschenbuch** oder Anleitung zur Übersetzungskunst für Lernbegierige beiderlei Geschlechts. Von Dr. [Karl August] Wilhelmi. Nach dessen Tode hrsg. v. Einem seiner Freunde.
Nürnberg: Konr. Tyroff 1824. VI, 335 S., 4 Kupfertaf. 16°
[Kupfert.]

**Taschenbuch, Das,** der Philosophie auf 1783. O. O. V: *Wekhrlin, Ludwig.* (Böhm, Wekhrlin. München 1893.) »Taschenbuch der Philosophie ... [Nürnb.]« (ML) (Ky)

**Taschenbuch** der Philosopnie auf das Jahr 1783. Nürnberg 1782. H (nicht): *Wekhrlin, Wilh. Ludwig.* (GGr IV/332, Nr. 11) (Friedrich W. Ebeling: Wilhelm Ludwig Wekhrlin. Berlin 1869)

**—d. Philosophie f. d. J. 1783, (v. W. L. Weckhrlin). Mit Kpf. 16. Nürnb. 782. Felssecker. 16 gr**

**—zur Philosophie des Lebens, des Umgangs u. d. Lebensgenusses zur Bildung der Menschheit, vorzügl. der Jugend beider Geschlechter. 8. Grätz 805. 2e A. 811. Ferstl. 16 gr Hbg. Pr. 10 gr**

Philosophisches *Taschenbuch* für denkende
Gottesverehrer von K[arl] H[einrich]
Heydenreich.
Leipzig: Martini
Jg. 1. 1796 – 3. 1798.
*Ff*, 2:93

Physikalisches Taschenbuch für Freunde der Naturlehre und Künstler. Göttingen: Dieterich 1786. 8°
Hrsg.: Joh. Georg Tralles.

**Taschenbuch, Physikalisches,** auf das Jahr 1789 für Freunde der Oekonomie und Witterungskunde. Prag 1789. H: *Strnadt, Anton.* (WBL 40/50) (KY 5/353) (Brünner Zeitung 1789, Beil. 11, S. 104) (BiblPort)

Physiognomisches Taschenbuch. 1781
s.a.Physiognomischer Almanach.

— physiognomisches, f. 1781. 8. Leipz. 780. Schneider. 8 gr

**Taschenbuch, Physiologisches.** Leipzig 1802. V: *Consbruch, Georg Wilh.* (TÜBZ 9, 35)

— physiologisches, f. Aerzte u. Liebhaber d. Anthropologie, s. Consbruch u. Ebermaiers Encyklopädie 2r Th.

**Taschenbuch** f. den Pionieroffizier. Auf dienstl. Veranlassung bearb. (VI, 9, 52, 12, 13, 11, 33, 9, 17, 15 u. 21 S. m. Abbildgn. u. 2 farb. Taf.) kl. 8. Berlin 904. A. Bath. Geb. in Leinw. n. 2. 85

— f. den Pionier-Unteroffizier. Auf dienstl. Veranlassg. bearb. (XII, 103, 31, 40, 18, 14, 15, 4, 5, 1 u. 1 S. m. Abbildgn. u. 2 farb. Taf.) kl. 8. Ebd. 904. Geb. in Leinw. n. 3 30

— poetisches, hersgg. v. K. U. Böhlendorf u. Ghd. Ant. Gramberg f. 1803. Mit 9 Kpf. zu W. Heinse's Ardinghello. 16. Berl., (Duncker u. H.) 1 rf 12 gr Hbg. Pr. 16 gr

Poetisches Taschenbuch. Hrsg. v. [Gerhard Anton Hermann] Gramberg u. [Kasimir Ulrich] Böhlendorff. ([Kupf. v. Heinrich Anton] Dähling, [gest. v. Johann Friedrich] Bolt.)
Berlin: Heinr. Frölich 1803. XX S., 2 Bl., 490 S., 9 Kupfertaf., 6 Bl. Souvenirs m. Vign. [*4 d. Kupf. fehlen*]. 16°
[Kupf.-Vort.:] Zum Neuen Jahr 1803.

Taschenbuch, Poetisches, f. d. J. . . . . Hg.: Fr. Schlegel.
1805.
1806. M. 6 Bl. Mus.
Berlin. Goed. IV, 370, 48.

Poetisches Taschenbuch für das Jahr 1806 von Friedrich Schlegel.
Berlin: Joh. Friedr. Unger 1806. 8 Bl., 432 S., 5 Notenbl. 8°

— — poetisches, für 1816. von Fr. Schlegel. 12. Berlin. Jezt Verlag von Reimer.

Taschenbuch, Poetisches, f. d. J. . . . . Hg.: Wit gen. v. Dörring.
1830. M. je 2 Lith. v. Lyser u. Speckter a. d. Einb.
1831. M. je 2 Lith. v. Lyser u. Speckter a. d. Einb.
Hamburg.

— poetisches, nach d. Horaz, zum lehrreichen Unterricht für Freunde der Satyre u. des Scherzes. 12. Berl. 816. Schöne. 20 gr

— poetisches, f. Reisende rc. Zugabe zu d. Gemälde von Schreiber rc. 12. Heidelb. 815. 2e A. 822. Engelmann. 16 gr

**Taschenbuch, Poetisches,** für Reisende, Zugabe zu den beiden Schriften für Reisende. Vollständiges Handbuch für Reisende am Rhein und Gemälde von Heidelberg . . . Heidelb. 1816. V: *Chezy, Wilhelmine Christine von geb. v. Klencke.* (schl)

— poetisches, f. Reisende. 2e Aufl. Mit 1 Kupf. 12. Heidelb. 822, Engelmann.

Taschenbuch, Poetisches, f. alle Stände u. Alter.
(1797).
Bern.

— politisches, s. a. Wit.

Politisches Taschenbuch für das Jahr 1830. Herausgeg. von [FERD. JOH.] WIT genannt v. DÖRRING. I. Jahrg. Die Diplomaten. Hamburg. 1830.

Politisches *Taschenbuch* für das Jahr . . .
Hrsg. v. [Ferdinand Johann] Wit genannt von Dörring.
Hamburg: Hoffmann u. Campe
Jg. 2. 1831.
*ZA 561*

**Taschenbuch, Politisches,** auf d. J. 1836. Hsg. von einem Ex-Zeitungsschreiber. I. Journalistik (Übersicht der auf der Erde erscheinenden Ztschr. u. Ztgn.) Leipz. 1835. H: *Rousseau, Joh. Baptist* (?). (Literar. Ztg. 1836, Sp. 67.) (GGr IX, 380)

— politisches, a. d. J. 1836. Hrsg. von ein. Ex-Zeitungsschreiber. (I. Journalistik.) 16. (14 B.) Leipzig 835, (Michelsen.)

— politisches, für Landtagsabgeordnete, Wahlberechtigte u. überhaupt für alle Staatsbürger. Mit 1 (lith.) Uebersichtskarte der Landtags-Wahlordnung für das Königr. Böhmen (in Fol.). Prag 861. Mercy. 16. (158 S.) 1 rf 10 ngr

— politisches, f. alle Stände u. Alter. 4. Bern 797. Haller. 4 gr

— polizeiliches, f. den Reg.-Bez. Breslau. Die f. den Reg.-Bez. Breslau ergangenen Polizei-Verordngn., polizeil. Anordngn., Ausführungs-Anweisungen u. polizeil. Vorschriften. (560 S.) 12. Kattowitz 903. C. Siwinna. Geb. in Leinw. n. 6. —
(Siwinna'sche Sammlung polizeilicher Taschenbücher.)

Polizeiliches Taschenbuch für den Regierungsbezirk Liegnitz. Die f. den Reg.-Bez. Liegnitz ergangenen Polizei-Verordnungen, polizeil. Anordnungen, Ausführungs-Anweisungen u. polizeil. Vorschriften. Kattowitz: G. Siwinna (1903). (515 S.) 8°
(Siwinna'sche Sammlung polizeilicher Taschenbücher.)

Polizeiliches Taschenbuch für den Regierungsbezirk Oppeln ... Die f. den Reg.-Bez. Oppeln ergangenen Polizei-Verordnungen, polizeil. Anordnungen, Ausführungsanweisungen u. polizeil. Vorschriften. *Kattowitz: G. Siwinna 1903.* (XVI, 583 S.) 8° [ð.]
(Siwinna'sche Sammlung polizeilicher Taschenbücher.) [04. 1998]

— dasselbe, s. die Provinz Schlesien. Die in der Provinz Schlesien in Geltg. befindl. allgemeinen Reichs- u. Landesgesetze, Ministerial- u. Oberpräsidial-Verordngn., sowie die Verordngn. des königl. Oberbergamtes. (511 S.) 12. Ebd. (903). Geb. in Leinw. n. 6. —; 1. Nachtrag. Fortgeführt bis zum 1. VI. 1903. (123 S.)
Geb. in Leinw. n. 2. —
Siwinna'sche Sammlung polizeilicher Taschenbücher.

Taschenbuch für Pomologen, Gärtner und Gartenfreunde.

—— dass. — s.a. Jahrbuch für Pomologen.

— für Pomologen, Gärtner u. Gartenfreunde. Herausg. vom Pomologischen Institut in Reutlingen. 1. u. 2. Jahrg. Mit (eingedr.) Holzschn. Stuttgart 860, 62. Ebner & Seubert. 16. (XII, 82 S.; XII, 100 S.) Jeder Jahrg. n. 8 ngr.

—— dass. — 3. und 4. Jahrg. 8. (110 S. mit eingedr. Holzschn.; 112 S. mit Holzschn. und 1 lithogr. Plan in Fol.) Stuttgart 863,64, Lubrecht und Comp. à Jahrg.

— für Pomologen, Gärtner u. Gartenfreunde. Hersg. von Ed. Lucas. 5—9. Jahrg. Ravensburg 865—69. Ulmer. 8. (X, 124 S.; X, 120 S.; VIII, 128 S.; XII, 96 S.; XII, 155 S. mit Abbild. in eingedr. Holzschn.) Jeder Jahrg. n. 12 ngr.

— für Pomologen, Gärtner u. Gartenfreunde. hrsg. vom pomolog. Institut in Reutlingen durch Ed. Lucas. 10. Jahrg. Mit 14 Abbildgn. (in eingedr. Holzschn.) 8. (XVI, 144 S.) Stuttgart 870. Ulmer. n. 1. 20

—— f. angehende Post- u. Telegraphen-Beamte, nebst Notiz-Kalender auf d. J. 1892. Hrsg. v. A. Haddenbrock. 12. (VI, 98, 84 S.) Kassel, Freyschmidt. cart. 1 50

— für Post- u. Telegraphen-Beamte im Betriebsdienste, nebst Notiz-Kalender 1895. IV. Jahrg. Hrsg. v. A. Haddenbrock. 12. (IV, 308 S.) Treffurt 894. (Kassel, A. Freyschmidt.) Geb. in Leinw. n.n. 1. 60

— für Post- u. Telegraphen-Beamte im Betriebsdienste, nebst Notiz-Kalender 1899. VIII. Jahrg. Hrsg. v. A. Haddenbrock. 12. (VII, 273 u. 28 S.) Treffurt. (Kassel, A. Freyschmidt.) Geb. in Leinw. n.n. 1. 60

— für Post- u. Telegraphen-Beamte im Betriebsdienste, nebst Notizkalender 1903. XII. Jahrg. Hrsg. v. A. Haddenbrock. 12 (VII, 314 u. 34 S. m. 3 Taf.) Magdeburg, E. Baensch jun. Geb. in Leinw. n. 1. 40

— für Post- u. Telegraphen-Beamte im Betriebsdienste, nebst Notiz-Kalender 1907. XVI. Jahrg. Hrsg. von A. Haldenbrock. (VIII, 330 u. 34 S. m. 4 Taf.) kl. 8. Magdeburg, E. Baensch jun.
Geb. in Leinw. n. 1. 40

— für Post- u. Telegraphen-Beamte im Betriebsdienste, nebst Notiz-Kalender 1911. 20. Jahrg. Hrsg. v. A. Haddenbrock. (VIII, 436 S. m. Abbildgn. u. 4 Taf.) kl. 8. Magdeburg, E. Baensch jun.
Geb. in Leinw. 1. 50

Taschenbuch des Rheinischen Postillon. Hg.: W. Fischer. (1839) u. (1840).
Mannheim.

—— des rheinischen Postillon. 1. Jahrg. Das Jahr 1838. 8. (21 B.) Mannheim 839, Hoff.

— f. angehende Praktiker in den preuß. Justizhöfen. 8. Halle 797. Renger. 15 gr.

— praktisches, f. den Post- u. Telegraphen-Verkehr. Sämmtliche Bestimmgn. in alphabet. Reihenfolge, zum Gebrauch f. das Publikum bearb. v. e. höheren Postbeamten. 2 Thle. in 1 Bd. 8. (112 u. 22 S.) Leipzig 884. Kempe. geb. n. 1. —; Postverkehr ap. (112 S.) geb. n. — 90; Telegraphenverkehr ap. (22 S.) n. — 20

— prakt.-medicin., f. Wund- u. Feldärzte. 8. Marb. 815. Krieger. 1 ₰

Taschenbuch für die ärztliche Praxis. Hrsg. von Paul Boerner. 2., unveränd. Ausg. gr. 16. (176 S.) Leipzig 879. Kloz. n. 1. 20

— für Präzisionsmechaniker, Optiker, Elektromechaniker u. Glasinstrumentenmacher f. d. J. 1903. (Jahrg. III.) Hrsg. unter Mitwirkg. angesehener Fachmänner v. F. Harrwitz. 12. (352 S. m. Fig. u. Schreibkalender.) Berlin, Administration der Fachzeitschrift „Der Mechaniker". Geb. in Leinw. n. 2. —

— f. Präzisionsmechaniker, Optiker, Elektromechaniker u. Glasinstrumentenmacher für das J. 1907. (Jahrg. VII.) Hrsg. unter Mitwirkg. angesehener Fachmänner von F. Harrwitz. (XVI, 416 S. m. Fig. u. Schreibkalender.) kl. 8. Berlin-Nikolassee, Administration der Fachzeitschrift „Der Mechaniker".
Geb. in Leinw. n. 2. —

— für Präzisionsmechaniker, Optiker, Elektromechaniker u. Glasinstrumentenmacher f. d. J. 1911. (Jahrg. XI.) Hrsg. v. F. Harrwitz. (XXIII, 449 S. m. Fig. u. Schreibkalender.) kl. 8. Nikolassee b. Berlin, Administration d. Fachzeitschrift „Der Mechaniker".
Geb. in Leinw. 2. —

— f. Prediger u. Candidaten des Predigtamts, v. J. C. H. Kbr. 8. Leipz. 804. (W. Rauck). 18 gr.

— f. Prediger u. Candidaten d. Predigtamts, v. J. C. H. Kbr. 8. Leipz. Paul Vogel. 805.

Taschenbuch für Preßluftbetrieb. Hrsg. von Pokorny & Wittekind. 2. Aufl. Ausg. 1911.
Frankfurt-Main, 1910. 333 S. mit Abb.

Rastatter Taschenbuch auf das Jahr 1802. Hrsg. v. d. Verf. d. Szenen aus Fausts Leben [d. i. Alois Wilhelm Schreiber]. ([Mit Kupf. v. A. L.] d'Argent.)
Rastatt: Sprinzing; Mannheim: Schwan & Götz in Comm. [1801] 18 Bl., 128 S., 3 Kupfertaf. 12°
[Kupfert.]

— Rastadter, f. 1812, (hersgg. v. A. W. Schreiber). Mit Kpf. 12. Manh., Schwan u. G. 16 gr.

Taschenbuch für Rätselfreunde . . . von J. v. Onirnoc. (Conring.) 1830.
Stettin. Goed. VIII, 126, 336.

— des deutschen Rechts, enth. sämmtliche Reichsgesetze: Reichsverfassung, Bürgerrecht, Militair- u. Verkehrswesen, Strafgesetzbuch, Gewerbeordnung, Handels- u. Wechselrecht, Münz-, Maß- u. Gewichtsordnung, Papiergeld u. Staatsschuldscheine, Zoll- u. Reichssteuergesetz, Preßgesetz u. Urheberrecht, Wahlgesetz, Haftpflichtgesetz, Patentgesetz, Socialistengesetz u. die gesammten Reichsjustizgesetze, nebst einem erklärenden Wörterbuche. 6 Lfgn. 16. (624 S.) Leipzig 879. Fröbel. à n. — 50; cplt. geb. 3. 50

—— des deutschen Rechts, enthaltend sämmtl. Reichsgesetze: Reichsverfassung, Bürgerrecht, Militär- und Verkehrswesen, Strafgesetzbuch, Gewerbeordnung, Handels- und Wechselrecht, Münz-, Maß- und Gewichtsordnung, Papiergeld und Staatsschuldscheine, Zoll- und Reichssteuergesetz, Preßgesetz und Urheberrecht, Wahlgesetz, Haftpflichtgesetz, Patentgesetz, Socialistengesetz und die gesammten Reichsjustizgesetze, nebst einem erklärenden Wörterbuche und im Anhang: Das gesammte Gerichtskostenwesen. 16. (624; 70 S.) Leipzig 880, [Fröbel.] C. A. Koch's Verlagsb. geb. *
Nachtrag (48 S.) * 40 Pf.; compl. geb. *

— des deutschen Rechts. Nachtrag. 16. (48 S.) Leipzig 884. C. A. Koch. n. — 40 (cplt. geb.: n. 2. 50)

—— der k. k. hermannstädter Rechts-Akademie für das Studienjahr 1858—59. Hrsg. von J. G. Müller. 1. Jahrg. 8. (242 S.) Hermannstadt 860, (Steinhaussen.)

—— dass. — Für das Studienjahr 1859—60. 2. Jahrg. 8. (272 S.) Ebendas. 861.

— f. Regenten u. Staatsmänner, a. Friedrichs u. Stanislaus gesamml. a. d. Franz. 8. Tübing. Heerbrand. 797.

— f. Regenten u. Staatsmänner, aus Friedrichs u. Stanislaus Schriften gesammelt; aus d. Französ. 8. Tübing. 797. (Osiander). 16 gr

**Taschenbuch** des deutschen Reichs zur gründlichen Kenntniss des jetzigen Zustandes aller deutschen Staaten und Länder auf das Jahr 1795[—98]. Leipzig. II (1796): *Hirsching, Friedrich Carl Gottlob.* (MGT) (Ky)

Taschenbuch des deutschen Reichs, oder Deutschlands Nationalkalender, zur gründlichen Kenntniss des jetzigen Zustandes aller deutschen Staaten und Länder für d. J. 1795, 96 u. 98. Leipzig. 8. A. u. d. T.: Jahrgang 1—3. Compendiöser Statistik von Deutschland überhaupt und der oesterreichischen Staaten insbesondere.

— des deutschen Reichs, (od. Deutschlands Nationalkalender) zur gründl. Kenntniß des jetzigen Zustandes aller deutschen Staaten u. Länder, auf die Jahre 1795, 96 u. 98. 3 Jahrgg. (2r Jahrg. von F. K. G. Hirsching). 12. Leipz. (Aue in Altona). 2 Rt 4 gr

— d. deutsch. Reichs, od. Deutschlands Nationalkalender, z. gründl. Kenntn. d. jetz. Zust. aller deutsch. Staat. u. Länd. f. d. Jahre 1795, 96 u. 98. 8. Leipz. Jacobaer. (95 od. 1r Jahrg. compend. Statistik v. Deutschland überh. u. d. österreich. Staaten insbesond. 20 gr. 96 od. 2r Jahrg. Mainz, Cöln u. Trier. 16 gr. 98 od. 3r Jahrg. Bayern und Sachsen 16 gr.)

— für Reichstags-Abgeordnete u. Journalisten. Materialien-Sammlg. zu den wirtschafts- u. sozialpolit. Gesetzes-Vorlagen d. Deutschen Reichstags. Hrsg. v. mehreren Volkswirten u. Juristen. Für 1891/92. 8. (IV, 374 S.) Halberstadt 891. H. Meyer's Buchdr. n. 4. 80

Taschenbuch auf der Reise von St. Petersburg bis Moskwa nebst einem Anhange über die landesüblichen Reisearten und ihren Kostenbelauf. Aus d. Russ. [d. Ivan Gluškov: Ručnoj Dorožnik dlja upotreblenija na puti meždu imperatorskimi vserossijskimi stolicami ... Izd. 2. 1802.] Mit Kupf. ([v. H. W.] Hoppe.)
Leipzig: Heinr. Gräff; St. Petersburg: Ernst Ziemßen 1805. VIII, 168 S., 5 Kupfertaf., 1 Tab. 12°

— auf einer Reise von St. Petersb. nach Moskau, nebst einem Anh. üb. die landesübl. Reisearten u. ihren Kostenbelauf; aus d. Russ. Mit Kpf. 12. Leipz. 805. (Wienbrack). 1 Rt 4 gr

*Taschenbuch* der Reisen, oder unterhaltende Darstellung der Entdeckungen des 18ten Jahrhunderts, in Rücksicht der Länder-, Menschen- und Productenkunde. Für jede Klasse von Lesern von E[berhard] A[ugust] W[ilhelm] von Zimmermann. Fortges. v. F[riedrich] Rühs u. H[einrich] Lichtenstein. Mit Kupfern.
Leipzig: Fleischer
Jg. 1. 1802 – 12. 1813.
13. 1817 u. 14. 1819 u. d. T.: E. A. W. von Zimmermanns Taschenbuch der Reisen ...
*Ff, 1:196*

**Taschenbuch der Reisen oder unterhalt. Darstellung d. Entdeckungen d. 18. Jhdts. . . . Hg.: F. A. W. Zimmermann.**
1802. M. 15 Kpf. u. 1 Kte.
1803. M. 11 Kpf. u. 1 Kte.
1804. M. 11 Kpf. u. 1 Kte.
1805. M. 9 Kpf. u. 1 Kte.
1806. M. 12 Kpf.
1807. M. 11 Kpf.
1808. M. 12 Kpf. u. 1 Kte.
1809. I. Abt. M. 11 Kpf. u. 1 Kte.
1809. II. Abt. M. 12 Kpf. u. 1 Kte.
1810. I. Abt. M. 14 Kpf.
1811. M. 12 Kpf.
1812. M. 19 Kpf. u. 1 Kte.
1813. I. Abt. M. 13 Kpf.
1813. II. Abt.
1814. Nicht erschienen.
1815. Nicht erschienen.
1816. Nicht erschienen.
1817. M. 14 Kpf.
1818. M. Frontisp., 10 Kpf. u. 1 Kte.
Leipzig, Fleischer.

Taschenbuch der Reisen, oder unterhaltende Darstellung der Entdeckungen des 18ten Jahrhunderts, in Rücksicht der Länder- Menschen- und Producten-kunde. Für jede Klasse von Lesern v. E[berhard] A[ugust] W[ilhelm] von Zimmermann. Mit Kupf. ... ([von] J[ohann] A[dolf] Darnstedt [u. a.]).
Leipzig: Gerh. Fleischer 1802—1805. 12°
[Kupfert.]
1: Mit 15 Kupfern und einer Karte. 1802. 10 Bl., 297 S., 1 Kt. [*Fehlend. Titelkupf. u. Titelbl. durch Fotokopie ergänzt, die übrigen Kupfer fehlen.*]
2: 1803. 3 Bl., 304 S., 1 Titelkupf., 10 Kupfertaf., 1 Kt. [*Davon fehlt 1 Kupf.*]
3: 1804. 2 Bl., 330 S., 1 Titelkupf., 9 Kupfertaf., 1 Kt.
4: 1805. 9 Bl., 283 S., 1 Bl., 1 Titelkupf., 7 Kupfertaf., 1 Bl., 1 Kt.
*Ergänzung* [*u. d. T.*]: Taschenbuch zur Verbreitung geographischer Kenntnisse.

Taschenbuch der Reisen für Freunde der Geographie, insbesondere für die Jugend und ihre Lehrer bearb. u. hrsg. v. A[ugust] W[ilhelm] Grube.
Leipzig: Friedr. Brandstetter 1858—1860. 8°
1: 1858. VI, 252 S., 1 Bl., 1 Titelbild, 6 Taf. davon 3 kol., 1 Kt.
2: 1859. V, 278 S., 1 Titelbild, 4 Taf. davon 3 kol., 1 Kt.
3: 1860. IV, 276 S., 1 Titelbild, 8 Taf. davon 2 kol., 3 Kt.

— auf Reisen, im häusl. u. Geschäftsleben 2c. 8. Braunschw. 821. Spohr. 20 gr

— auf Reisen durch Würtemberg. Mit e. Anh. über die besuchten Bäder Würtembergs. Mit 2 Abbildd. 16. Stuttg. 827, v. Cotta.

— f. Reisende 2c., s. a. Fromm.

Taschenbuch f. Reisende. 8. Hamb. 782. Möller. 14 gr

— — — 8. Berlin, Hesse. 784.

— f. Reisende. 8. Berl. 784. (Stuhr). 14 gr

— f. Reisende. 1r Bd. 1r Abschn. 8. Halle 792. Dreißig. 4 gr

Taschenbuch f. Reisende durch Bayerns u. Tyrols Hochlande. Hg.: A. v. Schaden.
(1833). M. 25 lith. Ans. u. 1 Kte.
(1836). 2. A. M. 2 Stahlst., 2 Ktn. u. 27 Lith.
München.

**Taschenbuch** für Reisende nach Chamouny um den Mont-Blanc . . . Aarau 1829. V: *Malten, H. Baron v.* (Bücherverz. d. Zentralbibl. d. D. u. Ö. A. V. München 1906.)

—— für Reisende nach Chamouny, um den Mont-Blanc, auf den großen u. kleinen Bernhard, um u. auf dem Genfersee u. in d. benachbarten Thäler. Nach d. Handschr. der 2. Ausg. in franz. Sprache verm. u. verb. 12. (8 B.) Aarau 829, [Sauerländer, Brlsbuchh.]

— f. Reisende durch Deutschland, enthalt.: die Gasthöfe, Entfernungen der Städte, Reisestraßen, Wagenspuren, Münze, Maaße u. Gewichte, Messen, Märkte, Freimaurer-Logen, Bäder rc. Deutschlands. 12. Berl. 818. Schlesinger. 2 ℛ

Taschenbuch für Reisende durch Deutschland und die angränzenden Länder . . . Von J[ulius] B[ernhard] Engelmann. 2. durchaus verb. u. verm. Aufl. mit Beitr. . . . [v. Heinrich August Ottokar] Reichard.
Frankfurt/M.: Friedr. Wilmans 1821. 274, 152 S., 1 Bl., 1 Faltkt. 12°
[Nebent.:] Post-Routen durch Deutschland und die angränzenden Länder. Nebst gemeinnützigen Notizen für Reisende.

– s.a. E n g e l m a n n , Julius Bernhard

— — — d. Deutschland u. d. angrenz. Provinzen v. J. B. Engelmann, n. 1 Karte. 8. Frankf. Willmanns. 807.

— f. Reisende jeder Gattung, s.a. J. G. C. Fick.

**Taschenbuch** für Reisende jeder Gattung durch Deutschland auf das Jahr 1794. 1795. 1796. Erlangen. H: *Fick, Joh. Gg. Chn.* (KY 2/210) (Biblport)

Taschenbuch für Reisende jeder Gattung durch Deutschland auf das Iahr . . . hrsg. v. Ioh[ann] Chr[istian] Fick . . .
Erlangen: Walther [1796]. 12°
[Kupfert.]
1797: [1796.] 4 Bl., 266 S., 1 Titelkupf., 1 teilw. kol. Kt.

Taschenbuch f. Reisende jeder Gattung durch Deutschland a. d. J. . . . .
Von J. Chr. Fick.
1802. 3. Aufl. M. Titelk. u. 1 Karte.
Erlangen.

—— für Reisende in den Harz, s.a. Gottschalck, Fr.

Taschenbuch für Reisende in den Harz von Friedrich Gottschalck.
Magdeburg: G. Ch. Keil 1806. VIII, 486 S., 3 Bl., 1 Titelkupf., 1 kol. Falt-Kt. 8°
[Kupfert.]

*Taschenbuch* für Reisende in den Harz.
Von Friedrich Gottschalck.
[1. Ausg.] 1806.
Magdeburg: Keil
2. verb. Aufl. mit einer Karte. 1817.
Magdeburg: Heinrichshofen
*Aa, 6:194* a, c

Taschenbuch für junge Reisende um Kunstgalerien, Museen und Bibliotheken mit Nutzen zu besuchen, v. J[ohann] F[riedrich] Facius.
Coburg, Leipzig: Sinner 1807. VI, 168 S. 16°

— f. Reisende u. Correspondenten, von P. G. H. Lampe. 12. Berl. 802. Franke. 1 ℛ 16 gℛ Velinp. 2 ℛ 12 gℛ (s. auch Lampe, u. ergänze das Fehlende).

— f. Reisende im Berner Oberlande, um u. auf d. Seen von Thun u. Brienz, zum Brünig, Jochberg, Susten, Grimsel u. s. w. Mit 5 Landkärtchen. 12. Aarau 820. N. Aufl. 829. Sauerländer. 1 ℛ 5 gℛ

**Taschenbuch** für Reisende im Berner Oberland . . . und in den angrenzenden Theilen der Kantone Unterwalden . . . Aarau 1829. V: *Malten, H. Baron von* (?). (Bibliogr. d. Schweiz. Landeskunde. Bern 1892 ff. III.)

—— für Reisende im Berner Oberlande, um u. auf den Seen v. Thun u. Brienz, zum Brünig, Jochberg, Susten, Grimsel, Gemmi, Rawyl, Gelten, Sanetsch, Pillon, Dent de Jaman rc., üb. d. große u. kleine Scheideck, in d. Thäler v. Lauterbrunnen, Grindelwald, Hasli rc., nebst ihren Verzweigungen, nach allen Bädern, schönen Aussichten, Wasserfällen, Gletschern, Bergseen, u. überhaupt allen merkwürd. Gegenständen im obern Theile d. Kantons Bern, in Unterwalden, Uri, Wallis, Waadt u. Freiburg. 12. (11½ B. u. 5 Landkärtchen.) Aarau 829, [Sauerländer, Brlsbuchh.]

T a s c h e n b u c h für Reisende von den Quellen des Rheins bis Mainz. Zum Theil verbesserter Auszug aus d. Handbuche für Reisende am Rhein etc. von Al. Schreiber. Nebst e. ausführlichen Beschreibung des Elsasses v. J. Fr. Aufschlager. Mit 1 Karte. Heidelberg 1823. 16.

*Taschenbuch* für Reisende von den
Quellen des Rheins bis Mainz . . . z. T.
verb. Auszug aus d. Handbuch f. Reisende
am Rhein etc. v. A[loys Wilhelm]
Schreiber. Nebst einer ausführl. Beschr.
d. Elsasses v. J. Fr. Aufschlager.
Heidelberg: Engelmann (1828).
*9, 4:36f³*

Taschenbuch f. Reisende am Rhein . . . . s. u.: Schreiber, A, Taschenbuch . . . .

Taschenbuch für R e i s e n d e in d. Herzogthümern Schleswig, Holstein u. Lauenburg. s.a. B i e r n a t z k i , Hermann

**Taschenbuch** für Reisende in den Herzogthümern Schleswig, Holstein und Lauenburg . . . Altona 1847. V: *Biernatzki, Hermann.* (schles) (A)

— für R e i s e n d e in den Herzogth. Schleswig, Holstein u. Lauenburg. Mit einer (lith.) Landkarte u. einem Meilenzeiger. (gr. 4.) 16. (192 S.) Altona 1847, Lehmkuhl. 27 ngℛ; mit 6 Ansichten: 1 ℛ 3 ngℛ — für R e i s e n d e in den Herzogth. Schleswig, Holstein, Lauenburg u. dem Fürstenth. Lübeck. Mit 1 (lith.) Landkarte (in Fol.) u. 1 (lith.) Ansicht. 2. stark verm. Ausgabe. 16. (IV u. 300 S.) Altona 852, Lehmkuhl & Co. n. 1⅓ ℛ; mit 16 Ansichten. n. 1⅚ ℛ

— für Reisende durch die gesammte Schweiz, Tyrol, Salzburg, am Bodensee rc., s.a. Aloys Schreiber.

—— für Reisende durch d. gesammte Schweiz, Tyrol, Salzburg, am Bodensee, durch Vorarlberg, Baiern, Würtemberg, Baden, Elsaß, Rheinbaiern, Rheinhessen, ein. Theil v. Rheinpreußen u. v. Heidelberg bis Frankfurt a. M. Mit besond. Berücksichtig. d. vorzügl. Cur- u. Badeorte in d. gen. Ländern. Nebst e. Ausz. (von d. Quellen d. Rheins bis Mainz) aus d. Handb. f. Reisende am Rhein von Schaffhausen bis Holland ꝛc. v. Aloys Schreiber. Ausg. v. 1835. — A. u. d. T.: Anleitung f. Reisende durch Baden ꝛc. 16. (33¼ B. u. 2 Karten.) Heidelberg 835, [Engelmann'sche Vrlsh.] *
Dass. in franz. Sprache, s. Schreiber, A., Manuel etc.

*Taschenbuch* für Reisende durch den Thüringer Wald. Von Cari Herzog. Mit 1 Kte von Thüringen.
Magdeburg: Heinrichshofen 1832.
*Aa, 6:119g*

*Taschenbuch* für Reisende, welche gründliche Menschenkenntniße erlangen (und sich und ihrem Vaterlande nützlich werden) wollen.
Leipzig
1797.

— f. Reisende, welche gründl. Menschenkenntniß erlangen u. sich u. ihrem Vaterlande nützlich werden wollen; voll interessant. Lokalbemerkk. u. Wahrheiten. 12. Leipz. 800. (W. Rauck), in Futteral 20 ℊ

— — — welche gründl. Menschenkenntnisse erlangen, und sich u. ihrem Vaterlande nützl. werden wollen, voll interess. Lokalbemerkungen und Wahrheiten. 12. Leipzig, Sommer. 800.

— für militärische Recognoscenten. br. 8. (XII, 143 S. m. 5 Steintaf. in qu. gr. 4. u. qu. Fol.) Wien 875. k. k. Hof- u. Staatsdr. n. 2. —

Taschenbuch für militärische Rekognoscenten. 2. Aufl. 8. (166 S. mit 6 Tafeln) geh. 1 fl.
Wien: Hof- u. Staatsdruckerei 1882.

— für militärische Recognoscenten. 8. (VIII, 227 S. m. 5 Taf.) Wien 894. Hof- u. Staatsdruckerei. n. 2. —

— f. den Rekruten-Offizier der Infanterie. 3. Abschn. Genealogie, Kalendarium, Notizbuch u. Tabellen. [Aus: „Engels, Taschenbuch".] (50 S.) 16. Berlin 905. E. S. Mittler & Sohn. n. — 60

Taschenbuch der Revolution. New-York, Harrwion 1851. 164, 31 S. 8.

— d. Receptirkunst f. angehende Aerzte. 8. Wien, Gerold. (Liebeskind in Lpz. in Commiss.) 804.

— d. medicin. chirurg. Receptirkunst, s. Consbruch u. Ebermaiers Encyklopädie 6r.

Taschenbuch, Rheinisches. Hg.: 1824/44 — Dr. Adrian; 1845/56 — C. Dräxler-Manfred.
1810. M. Kpf.
1811. M. 10 Kpf.
1812. M. Kpf.
1813. M. Kpf.
1814. M. 10 Kpf.
1815. M. Kpf.
1816. M. Kpf.
1817. M. Kpf.
1818. M. 10 Kpf.
1819. M. 10 Kpf.
1820. M. 10 Kpf.
1821. M. 10 Kpf.
1822. M. 1 Portr. u. 8 Kpf.
1823. M. 1 Portr. u. 3 Kpf.
1824. M. Portr. u. 3 Kpf.
1825. M. 8 Kpf.
1826. M. Kpf.
1827. M. 10 Kpf.
1828. M. Kpf.
1829. M. Kpf.
1830. M. Kpf.
1831. M. 6 Stahlst.
1832. M. Stahlst.
1833. M. 11 Stahlst.
1834. M. 1 Portr. u. 8 Stahlst.
1835. M. 1 Portr. u. 7 Stahlst.
1836. M. 8 Stahlst.
1837. M. 8 Stahlst.
1838. M. 8 Stahlst.
1839. M. 8 Stahlst.
1840. M. 8 Stahlst.
1841. M. 8 Stahlst.
1842. M. 8 Stahlst.
1843. M. 8 Stahlst.
1844. M. 8 Stahlst.
1845. M. 10 Stahlst.
1846. M. 8 Stahlst.
1847. M. 8 Stahlst.
1848. M. 8 Stahlst.
1849. Nicht erschienen.
1850. M. 8 Stahlst.
1851. M. 8 Stahlst.

1852. M. 8 Stahlst.
1853. M. 8 Stahlst.
1854. Nicht erschienen.
1855. M. 1 Portr. u. 7 Stahlst. (1 v. L. Richter) H.-B. 3190.
1856. M. 6 Stahlst.
1857. M. 5 Stahlst.
1858. M. 5 Stahlst.
Darmstadt u. Frankf./M. Goed. VIII, 70/72.

— Rheinisches, f. die J. 1810—1821. (A. u. d. T.: Großherzogl. Hess. Hofkalender. Mit Kpf. 12. Darmst. 809—820. Leske. (à 1 ℛ 12 ℊ) 24 ℛ Hbg. Pr. 810—813. à 8 ℊ 811—821. à 9 ℊ 13r—24r Jahrg. 822—33, od. neue Folge 1r—12r Jahrg. Herausgg. von Adrian. 16. Frankf. a. M. 821—32. Sauerländer. 1r—11r. J. (à 1 ℛ 12 ℊ) 12r J. 1 ℛ 16 ℊ 24 ℛ 4 ℊ Hbg. Pr. d. Jahrgg. 1822—29. 4 ℛ

— rheinisches, f. die J. 1812—16.
Hat auch d. Titel:
Großherzogl. hess. Hofkalender. 12. Darmstadt, Heyer u. Leske. (à 1 Rthlr. 12 gr.)
in Maroquin (à 2 Rthlr. 12 gr.)

Rheinisches Taschenbuch auf das Jahr ... (Hrsg. v. [1824—1844: Johann Valentin] Adrian, [1845 ff.:] C. Dräxler-Manfred [d. i. Karl Dräxler].)
Frankfurt/M.: Joh. Dav. Sauerländer 1822—1853. 16° (später 8°)
[Bis 1834 Kupf.- u. Stahlstich-Tit., 1841 ff. gest. Vort.]
*Textgleich mit „Großherzogl. Hessischer Hofkalender".*

1822: 8 Bl., 48, 308 S., 4 Bl., 1 Titelkupf., 7 Kupfertaf.
1825: XXII, 292, 48 S., 1 Bl., 2 Titelkupf. davon 1 kol., 8 Kupfertaf.
1826: XIV, 358 S., 2 Titelkupf., 6 Kupfertaf.
1827: XXIV, 285 S., 2 Titelkupf., 8 Kupfertaf.
1828: XVI, 336, 52 S., 2 Titelkupf. davon 1 kol., 8 Kupfertaf.
1832: XX, 301 S., 7 Bl., 1 Titelbild, 7 Taf.
1834: XVI, 370 S., 7 Bl., 1 Titelbild, 7 Taf.
1839: XVI, 309 S., 7 Bl., 1 Titelbild, 6 Taf.
1840: XIV, 360 S., 4 Bl., 1 Titelbild, 7 Taf.
1841: XXIII, 391 S., 1 Titelbild, 5 Taf., 1 Falt-Taf.
1842: XXXII, 397 S., 1 Bl., 1 Titelbild, 6 Taf.
1843: XXXII, 423 S., 1 Titelbild, 7 Taf.
1844: XL, 440 S., 1 Titelbild, 7 Taf.
1849 *nicht erschienen.*
1852: XXXI, 402 S., 1 Bl., 1 Titelbild, 7 Taf.
1853: XXXV, 338 S., 3 Bl., 1 Titelbild, 7 Taf.
1854 *nicht erschienen.*

Taschenbuch, Rheinisches, auf d. J. 1829—35. Hrsg. v. (J. W.) Adrian. (20—26. od.: Neue Folge. 8—14. Jahrg.) 16. Frankfurt a. M., Sauerländer. [829. (24½ B. u. 9 Kpfr.), 30. (24 B. u. 11 Kpfr.), 31. (21½ B. u. 9 Kpfr.), 32. (20¼ B. u. 8 Kpfr.), 33. (22 B. u. 11 Kpfr.) à 1 Thlr. 16 Gr., 34. (23¼ B. u. 8 Kpfr.), 35. (23 B. u. 8 Stahlst.) à 2 Thlr.] Thlr.
1—12. Jahrg. 1810—21. Darmstadt. [Berlin, List u. Klemann.] Zu hrbgs. Prsn. — 13—19. J. 1822—28. (od. N. Folge. 1—7. Jahrg.) Frankfurt a. M., [Berlin, List u. Klemann.] Zu hrbgs. Prsn. — Die Jahrg. 1829—83. sind jetzt ebenfalls nur durch letztgenannte zu beziehen.

Taschenbuch, rheinisches, a. d. J. 1836—42. Hrsg. v. Adrian. (27—33. od.: Neue Folge. 15—21. Jahrg.) 16. Frankfurt a. M. [Sauerländer's Verl.] [836. (20 B. u. 7 Stahlst.), 37. (25 B. u. 6 Stahlst.), 38. (24½ B. u. 7 Stahlst.), 39. (21 B. u. 7 Stahlst.), 40. (24 B. u. 8 Stahlst.) à * 2 Thlr., 41. (26 B. u. 7 Stahlst.), 42. (27 B. u. 8 Stahlst.) à * 2½ Thlr.] Thlr. *

—— rheinisches, auf das J. 1843—47. 34—38. Oder: Neue Folge 22—26. Jahrg. Hrsg. von Adrian (u. von 1845 an) von C. Dräxler-Manfred. 16. Frankfurt a. M., Sauerländer's Verl. [1843. (28½ B. u. 9 Stahlst.) 44. (30 B. u. 8 Stahlst.) 45. (29¼ B. u. 10 Stahlst.) 46. (29 B., 8 Stahlst. u. gest. Ttl.) 47. (28¾ B., 8 Stahlst. u. gest. Ttl.) à J. * 2 Thlr. 15 Ngr.] *

— Rheinisches, auf d. J. 1848, 1850—53. Herausg. von C. Dräxler-Manfred. Jeder Jahrg. mit 8 Stahlst. gr. 16. (1848: LXXII u. 397 S. 1850: XXXII u. 397 S. 1851: XLVIII u. 379 S. 1852: XXXII u. 402 S. m. Titel in Stahlst. 1853: XXXVI u. 338 S.) Frankfurt a. M., Sauerländer. à n. 2⅓ Thlr; in Engl. Einb. à n. 2½ Thlr

— Rheinisches, auf das Jahr 1855. Herausg. von C. Dräxler-Manfred. Mit 8 Stahlst. Frankfurt a. M., Sauerländer's Verlag. 16. (LXXII, 368 S.) n. 2 Thlr. 10 ngr.

— — auf das Jahr 1856. Herausg. von C. Dräxler-Manfred. Mit 6 Stahlst. Frankfurt a. M., Sauerländer's Verlag. 16. (XI, 357 S.) n. 1 Thlr. 25 ngr.

— — auf das Jahr 1857. Mit Beiträgen von A. Schloenbach, P. Heyse, E. Willkomm u. W. Müller. Mit 6 Stahlst. Frankfurt a. M., Sauerländer's Verlag. 16. (XVI, 376 S.) n. 1 Thlr. 25 ngr.

—— rheinisches für das J. 1858. Mit Beiträgen von Gisbert Frhrn. Vincke, Claire v. Glümer, Jos. Rank, Ernst Willkomm, Frz. Trautmann und Frz. J. Englert. br. 8. (XVI und 388 S. mit 5 Stahlst. und Titelblatt in Stahlst.) Frankfurt a. M. 857, Sauerländer's Verlag. • geb.

Ist nicht fortgesetzt worden.

— rheinisches, f. Freunde d. Poesien, m. K. u. Musik, f. d. J. 1809. 12. Mannheim. Bruder.

Taschenbuch, Rheinisches, f. Freunde d. Poesien. Hg.: C. D. L. (1809). [2. Aufl.] M. 2 Kpf. u. 8 Bl. Mus.
Mannheim.

— Rheinisches, f. den Sommergenuß (v. K. G. Sonntag. 16. Riga 801.

Taschenbuch für Rheinreisende. Hist. top. u. post. bearbeitet von W. Smets.
1818. IV, 134 S.
Coblenz. Goed. VIII, 99, 208.

**Taschenbuch, Rigisches, für den Sommergenuss. . . . Riga 1801. H: *Sonntag*, *Carl Gottlob*. (R-N) (GGr)**

Taschenbuch, Romantisches, a. d. J. . . . . Hg.: E. v. Heimburg.
1809. VI, 306 S. M. Kpf.
Bremen—Aurich. Goed. VIII, 69, 119.

*Taschenbuch* deutscher Romanzen
s. *Balladen* und Romanzen der deutschen
Dichter Bürger, Stollberg und Schiller.

— f. Roßärzte u. Pferdeliebhaber. (h. a. d. Tit. Roßarzneybuch f. Bereiter.) 12. Stuttgart, Magazin f. Lit. 799.

— f. Roßärzte u. Pferdeliebhaber. (Hat auch d. T.: Roßarzneibuch f. Bereiter). 12. Stuttg. 799. (Sonnewald); (a. K. Haas in Wien). 8 gl

Herzoglich S[achsen=]Coburg=Meiningisches jährliches gemeinnütziges Taschenbuch ... [Hrsg.: Johann Lorenz Vierling u. Johann Matthäus Bechstein.] Mit Kupf. ([v. Wilhelm Adam] Thierry [u. a.]).
Meiningen: Hartmann, Klein (1803 ff.: Leipzig: Carl Friedr. Enoch Richter in Komm.) 1801—1807. 16°
1801 [u. d. T.]: Herzoglich Coburg=Meiningisches jährliches gemeinnütziges Taschenbuch.

1801: 350 S., 4 Bl., 1 Titelkupf., 6 kol. Kupfertaf., 1 kol. Pl., 1 Tab.
1802: XLIV, 284 S., 6 Bl., 1 Titelkupf., 8 kol. Kupfertaf., 1 kol. Pl., 1 kol. Kt.
1803: XL, 242 S., 2 Bl., 1 Kupfertaf. [*Alle anderen Beigaben fehlen.*]
1804: LII, 235 S., 2 Bl., 1 Titelkupf., 8 Kupfertaf.
1805: Welches die Lebensgeschichte Herzog Georg's, des Unvergeßlichen ([von] Georg Carl Friedrich Emmrich) enthält. X, 268 S. [*Sämtl. Kupf. fehlen.*]
1806 *nicht erschienen.*
1807: 369 S., 3 Bl., 5 Kupfertaf. [*1 Titelkupf. u. 1 Kupfertaf. fehlen?*]

— deutscher Sagen für 1844. Herausgeg. von Roderich Benedix. 8. Wesel 843, Klönne. n. 1⅙ Thlr

*Taschenbuch* der Sagen und Legenden.
Hrsg. v. Amalie v. Helwig geb. v. Imhof
u. Fr[iedrich] de la Motte-Fouqué.
Mit Kupfern von Peter Cornelius.
Berlin: Realschulbuchhandlung
[Jg. 1. 1812.] 2. 1817.
*Ff, 4:6 a, b*

— der Sagen u. Legenden v. Amalie v. Helwig geb. v. Imhoff u. Karol. u. Fr. Baron de la Motte Fouqué. Mit Kpf. 2 Jahrgg. gr. 16. Berl. 812, 13. (Reimer). 3 Thlr

— der Sagen u. Legenden von Amalie v. Helwig geb. v. Imhoff, u. Fr. Baron de la Motte Fouqué. Mit K. gr. 12. Berl. Realschulbuchh. 813.

Taschenbuch der Sagen und Legenden, herausgeg. von Amalie v. Helwig und Fr. de la Motte Fouqué. 2r Jahrg. gr. 16. Berlin, Reimer. 816.

**Taschenbuch** der Sagen und Legenden hrsg. von Amalie v. Helwig ... u. Fr. Baron de la Motte Fouqué. 2. Jahrgang. Berlin, in der Realbuchhandlung 1817.
Mit Kupfern. 8°.
*Nur 2. Jg. 1812 u. 1817 erschienen*

—— f. Sammler auf d. J. 1893. 16. (51 S.) Lpz., Stefke. geb. 1 50

—— für deutsche Sänger gegründet und aus unmittelbaren Mittheilungen der einzelnen Gesangvereine zusammengestellt von Ed. Kral. 1. Jahrg. 8. (XLII und 376 S. mit dem lithogr. Brustbilde Frz. Schubert's.) Wien 864, Hoffmann und Ludwig. [Teufen.] *

— —, Satyrisch-literarisches für 1848. Unter Mitwirkung des jüngsten Deutschlands, hrsg. von einem Unberühmten. *X. Y. Z. (O. B. Friedmann?).* Leipzig, Spamer, o. J. (6 Mk., Orig.-Lwd., Paul Graupe, Berlin, 1911.)

**Taschenbuch, Satyrisch-literarisches,** für 1848. Unter Mitwirkung des jüngsten Deutschlands, hrsg. von einem Unberühmten X. Y. Z. Leipzig [1848]. H & Hauptverf.: *Friedmann*, *Otto Bernhard*. (BGE VII³, 598) MV: *Hoffmann*, *Adolf*, *Eduard Ritter von Hofmann*, *Adolf Fischhof*, *Ignaz Kuranda*, *Samson M. Mayer*, *Wilhelm Ritter von Hamm*. (Euphorion XX, 104—111)

— für Schach-Freunde. Diagramme zu Schach-Problemen. 12. (47 Bl.) Zürich 881. Schröter. cart. n. — 80

— f. Charadenfreunde, od. Samml. poet. u. pros. Sylbenräthsel, als e. Beitr. zum gesellschaftl. Vergnügen f. gebild. Leser. 8. Halle 789. Hendel. 6 ggr

Taschenbuch für die Schaubühne
s. Theaterkalender [Gothaer].

**Taschenbuch** für die Schaubühne, auf das Jahr 1775[—1800]. Gotha. H: *Reichardt, Heinrich August Ottocar.* (Ky)

— f. die Schaubühne, (v. H. A. O. Reichardt), auf die Jahre 1775—1800. Mit Kpf. 16. Gotha, Ettinger. 18 rthl

**Taschenbuch** für die Schaubühne auf das Jahr 1784. Gotha, bey Carl Wilhelm Ettinger.
Mit Kupfern von Riepenhausen u. Geyser. 8°.
*Erschienen von 1775—1800, meist u. d. Tit. Theaterkalender auf das Jahr*

**Taschenbuch** f. d. **Schaubühne** . . . .
1806. XVI, 165 S. M. Kpf.
Erfurt. Goed. VIII, 65, 100.

**Taschenbuch** f. d. **deutsche** Schaubühne a. d. J. . . . . Hg.: Adolf Bäuerle.
1817. XXXVI, 312 S. u. 2 Bl.
Wien. Goed. VIII, 96, 190.

— für deutsche Schaubühnen und Liebhabertheater, von J. Sonnleithner. s. a. Sonnleithner.

— — für deutsche Schaubühnen u. Liebhabertheater, herausgeg. von J. Sonnleithner. 1r Jahrg. 16. Wien, Wallishauser. 815.

**Taschenbuch** für Schauspieler u. Schauspielfreunde f. d. J. . . . . Hg.: Lembert u. Carl.
1816. 1 Bl., 272 S. u. 1 Bl.
1817. 2 Bl., 543 S.
1821. 3 Bl., 384 S.
1822. 3 Bl., 491 S. M. 1 Portr.
1823. 1 Bl., 479 S. u. 2 Bl.
Stuttgart, München, Wien. Goed. VIII, 129, 15.

— f. Schauspieler u. Schauspielfreunde auf d. J. 1816. Herausgg. v. Lembert u. Karl. 12. Stuttg., (Metzler). 1 rthl 8 ggr auf d. Jahr 1817. Herausgg. v. Lembert. 12. Ebd. 1 rthl 16 ggr auf d. Jahr 1821—23. Herausgg. v. J. Lembert. Mit Portr. 12. Wien, Tendler. (à 1 rthl 16 ggr) 5 rthl

*Taschenbuch* für Schauspieler und Schauspielfreunde auf das Jahr . . .
Hrsg. v. [Johann Wilhelm] Lembert
[d. i. Johann Wenzel Tremler].
Wien: Tendler u. v. Manstein
[Jg. 3.] 1821. [Jg. 4.] 1822.
*Ff, 4:7*

**Taschenbuch** für Schauspieler und Schauspielliebhaber. Offenbach a. M. 1779. H: *Müller*, Schauspieler der Doblerschen Gesellschaft. (Theater-Kalender 1780. Gotha. S. 206) (Theater-Journal von und für Deutschland 1780, 14. Heft, S. 95) H: *Bärstecher, Joh. Gottl.*, als Schauspieler genannt »*Müller*«. (Hdschr. Mitth. von Hofr. Prof. Dr. R. M. Werner u. Erich Mennbier, Wien, Nachtrag) S. a. IV, 4710.

— f. Schauspieler u. Schauspielliebhaber, (v. . . . Bärstecher). Mit Kpf. 12. Offenb. 779. Brede. 18 ggr

— f. Schauspieler u. Schauspielliebhaber f. 1806, m. K. 12. Erfurt, Hennings.

— f. Schauspieler u. Schauspielliebhaber f. 1806. Mit Kpf. 12. Erfurt. (Hennings in Gotha). 20 ggr

Taschenbuch f. Scheidekünstler u. Apotheker, s. Almanach.

(Almanach oder) **Taschenbuch** für Scheidekünstler und Apotheker auf das Jahr . . . ([Hrsg.:] J[ohann] F[riedrich] A[ugust] Göttling, [1804 ff.:] Christian Friedrich Bucholz.)
Weimar: Hoffmann (1803: Jena: Akad. Buchhandlg.) 1780—1818. 12°
[Mit Tit.-Holzschn. — später Kupf.-Vign.]
*Titel wechseln sich ab.*
[24/1803 Nebent.:] Chemisches Taschenbuch für Aerzte, Chemiker und und Pharmaceuten auf das Jahr 1803 . . . Erstes Jahr.

[1/]1780: 16 Bl., 206 S., 1 Bl.
[2/]1781: 16 Bl., 191 S., 1 Tab.
3/ 1782: 16 Bl., 192 S., 1 Tab.
4/ 1783: 16 Bl., 192 S., 1 Tab.
5/ 1784: 16 Bl., 108 [vielm. 208] S., 1 Tab.
6/ 1785: 16 Bl., 208 S., 1 Tab.
Vollständiges Register . . . der Jahre 1780—1785. 40 Bl.
7/ 1786: 16 Bl., 191 S., 1 Tab.
8/ 1787: 16 Bl., 192 S., 4 Bl., 1 Tab.
9/ 1788: 16 Bl., 192 S., 1 Tab.
10/ 1789: 16 Bl., 192 S., 1 Tab.
11/ 1790: 16 Bl., 191 S., 1 Kupfertaf., 1 Tab.
12/ 1791: 16 Bl., 291 [vielm. 192] S., 1 Tab.
Zweytes vollständiges Register . . . der Jahre 1786—1791. 84 S.
13/ 1792: 16 Bl., 208 S., 1 Kupf.-Falttaf.
14/ 1793: 16 Bl., 208 S., 1 Kupf.-Falttaf.
15/ 1794: 16 Bl., 212 S., 2 Kupf.-Falttaf.
16/ 1795: 16 Bl., 216 S., 1 Kupf.-Falttaf.
17/ 1796: 16 Bl., 193 S., 2 Kupf.-Falttaf.
18/ 1797: 16 Bl., 208 S., 1 Kupf.-Falttaf.
Drittes vollständiges Register . . . der Jahre 1792—1797. 78 S.
19/ 1798: 16 Bl., 212 S., 1 Kupf.-Falttaf.
20/ 1799: 16 Bl., 192 S., 1 Tab.
21/ 1800: 16 Bl., 208 S., 1 Falttaf.
22/ 1801: 16 Bl., 214 S., 2 Falttaf.
23/ 1802: 16 Bl., 208 S.
24/ 1803: 8 Bl., 191 S. [*Kupf. fehlen.*]
Viertes vollständiges Register . . . der Jahre 1798—1803. 92 S.
[25/]1804: 264 S., 1 Falttaf.
[26/]1805: 252 S., 2 Falttaf.
[27/]1806: 16 Bl., 224 S. [*Kupfer fehlen.*]
[29/]1808: 247 S.
[30/]1809: 256 S.
31/ 1810: Nebst dem (5.) vollständigen Register der Jahre 1804—1810. 256, 48 S.
32/ 1811: 256 S. [*Kupfer fehlt.*]
33/ 1812: VIII, 248 S. [*Kupfer fehlen.*]
34/ 1813: XVI, 256 S. [*Kupfer fehlt.*]
35/ 1814: XVI, 176 S.
36/ 1815: XX S., 6 Bl., 182 S.
37/ 1816: Mit einem (6.) Register über die Jahrgänge von 1811—1816. XVI S., 6 Bl., 180, 39 S.
38/ 1817: XII S., 6 Bl., 240 S.
39/ 1818: XII S., 6 Bl., 263 S.

—— (Almanach) für Scheidekünstler u. Apotheker auf d. J. 1828 u. 29. 49. u. 50. Jahrg. — A. u. d. T.: J. B. G. Trommsdorff's Taschen-Buch f. Chemiker u. Apotheker. 9. u. 10. Jahrg. 16. (15½ B. u. 1 Tab. u. 16½ B.) Weimar. [Leipzig, Böhme.] à
1—48. J. 1780—1828. 82 Thlr. 6 Gr. — Register z. J. 1780—1803. 4 Stck. 17 Gr. (Regist. z. J. 1804—29 ist meistens angedruckt.) — J. 1783—92 fehlen. Ein Expl. ohne diese Jahrge., hrbgs. Pr. 10 Thlr. Ebendas.

— — des Scherzes für das Jahr 1825. Ein Schatzkästlein für Verliebte und Ehelustige. Leipzig. Seeger. 16°.
Wagenseil, Literar. Alman. I. Lpz. 1827. S. 194; Goedeke VIII, 116, 282.

Taschenbuch voll Scherz und Laune. Hrg.: Wilh. Rong. (1795).
Halberstadt. Hayn-G., VII, 592.

Taschenbuch d. Scherzes u. d. guten Laune a. d. J. . . . . Hg.: S. W. Schießler.
1818.
Prag. Goed. VIII, 98, 199.

— — des Scherzes und der guten Laune, für Freunde fröhlicher Stunden, In komischen (z. Th. freien) Erzählungen. Auf das Jahr 1801 (und 1802). Hrsg. von G. Cramer, F. Langbein, Polt, F. Allram, und dem Verfasser des Odioso. Berlin (Prag). Im Verlag der Jos. Poltischen Buchhandlung. 12⁰. 197 S. (4 Mk. Taussig, Prag, 1906.)
Goedeke VI, 712: Vgl. Annalen, März 1802. Nr. 19.

— des Scherzes u. der Satyre f. d. J. 1819. Mit Kpf. Prag u. Wien 818. Haas. 1 ₰ 8 gr.

— für die Stadt Schleiz. 1882. Hrsg. von Rhold. Möhring. 64. (72 S.) Schleiz, (Lämmel). geb. n. — 35

— Schlesisches, s. a. W. L. Schmidt.

Taschenbuch, Schlesisches. Hg.: W. L. Schmidt.
1824. 1 Bl., XX, 147 S. M. 6 Kpf.
1825. 1 Bl., XII, 372 S. M. 6 Kpf.
1826. 3 Bl., 475 S. M. 6 Kpf.
1827. 5 Bl., 383 S. M. 6 Kpf.
1828. 5 Bl., 318 S. u. 1 Bl. M. 6 Kpf.
1829. 7 Bl., 323 S. M. 6 Kpf.
Hirschberg. cpl. K 27 — 25.— × Goed. VIII, 115, 268.

Schlesisches Taschenbuch. Erster Jg. 1824. Hrsg. von W. L. Schmidt. Hirschberg, bei C. W. Krahn.
Mit Kupfern. 8⁰.

—— Schlesisches, 1829. Hrsg. v. W. L. Schmidt. 16. (21¼ B. m. 6 Kpfr.) Hirschberg, Krahn.

— schleswig-holsteinisches landwirthschaftl., s. a. Meyn, L.

— schleswig-holsteinisches landwirthschaftl. Begründet v. Ludw. Meyn, fortgef. v. Jürgen Brix. Neue Folge. Hrsg. v. A. Conradi. 39. Jahrg. 1899. 2 Tle. 12. (XVI S., Schreibkalender u. II, 238 S. m. 1 Karte.) Itzehoe. (Altona, Schlüter.) Geb. in Leinw. u. geh. n. 2.—

— schleswig-holsteinisches landwirthschaftl. Begründet von Ludw. Meyn, fortgesetzt von Jürgen Brix. Neue Folge. Hrsg. v. A. Conradi. 43. Jahrg. 1903. 2 Tle. 12. (XVI S., Schreibkalender u. III, 268 S. m. 1 Karte.) Itzehoe. (Altona, Schlüter.) Geb. in Leinw. u. geh. n. 2.—

— schleswig-holsteinisches landwirtschaftliches. Begründet v. Ludw. Meyn. 47. Jahrg. 1907. (272 S.) kl. 8. Itzehoe, G. J. Pfingsten. (Nur direkt.) Geb in Leinw. n. 1. 50

— schleswig-holsteinisches landwirtschaftliches. Begründet v. Ludw. Meyn. 48. Jahrg. 1908. (272 S.) kl. 8. Itzehoe, G. J. Pfingsten. (Nur direkt.) Geb. in Leinw. 1. 50

—— für die Stadt und Kreis Schmalkalden. Ein Führer und Ratgeber für Einheimische und Fremde mit Notiz-Kalender für 1884. 64. (66 S.) Schmalkalden, Wilisch. geb. *

—— für Schmetterlingssammler, od. kurze Naturgeschichte u. vollständ. Aufführ. sämmtl. Gattungen u. der darin enth. deutschen sowie d. ausführl. Beschreib. u. Abbild. d. vorzüglichsten u. bekanntesten Schmetterlinge. Nebst e. gründl. Anweis. üb. d. Jagd u. Zucht d. Schmetterlinge, Raupen u. Puppen. 8. (6¾ B. u. 12 Stnt.) Berlin 836, Lewent.

Taschenbuch und Schreibkalender pro 1883. Bern, Haller. In verschiedenen Einbänden. 1 — bis 3 20

— für Schriftsteller u. Journalisten auf d. J. 1895. 2. Jahrg. Begründet v. Vict. Ottmann. 12. (182 S.) Leipzig 894. C. F. Müller. Geb. n. 2. 50

— der höheren Schulen Deutschlands. 1891/92. Von Juling. 2 Thle. in 1 Bde. 12. (159, LXIV u. 136 S.) Schönberg i/Mecklb. 891. Dr. Juling's Selbst-Verl. Kart. n. 1. 50

— für Schüler. Von Oktbr. 1894 bis dahin 1895. Hrsg. v. Fr. Koch. 16. (VI S., Schreibkalender u. 48 S. m. Bildnis.) Leipzig 894. Volkening & Co. Kart. n. — 60

— f. deutsche Schüler f. d. J. 1898. Hrsg. v. Fr. Koch. 16. (VIII, 105 u. 48 S. m. eingedr. u. 1 Holzschn.-Bildn.) Leipzig, E. Volkening. Kart. n. — 60

—— für Deutschlands Schüler. Für 1880/81. Hrsg. von F. Koch. Mit dem (Holzschn.-)Portr. und der Biographie Friedr. v. Schiller's. 16. (182 S.) Leipzig, Siegismund und Volkening. cart. *

—— dass. — Ausg. vom 1. Oktbr. 1880 bis dahin 1881. Mit dem (lithogr.) Portr. und der Biographie J. W. v. Goethe's. 16. (192 S.) Ebendas. cart. *

—— dass. — Ausg. vom 1. April 1881 bis dahin 1882. Mit dem (Holzschn.-)Portr. und der Biographie G. E. Lessing's. 16. (184 S.) Ebendas. cart. *

—— dass. — Ausg. vom 1. Oktbr. 1881 bis dahin 1882. Mit dem (lithogr.) Portr. und der Biographie J. W. v. Goethe's. 16. (190 S.) Ebendas. cart. *

Taschenbuch für Deutschlands Schüler. Ausg. vom 1. April 1882 bis dahin 1883. Mit dem (Holzschn.-)Portr. und der Biographie G. E. Lessing's. 16. (184 S.) Leipzig, Siegismund und Volkening. cart. *

— für Deutschlands Schüler. Ausg. vom 1. Oktbr. 1882 bis dahin 1883. Hrsg. von F. Koch. Mit dem (Holzschn.-) Portr. u. der Biographie Thdr. Körner's. 16. (179 S.) Leipzig, Siegismund & Volkening. cart. n. — 60

—— dass. — Ausg. vom 1. April 1883 bis dahin 1884. Mit dem (Holzschn.-)Portr. und der Biographie G. E. Lessing's. 16. (184 S.) Ebendas. cart. *

—— dass. — Ausg. vom 1. Oktbr. 1883 bis 1. Oktbr. 1884. Mit dem (Holzschn.-)Portr. und der Biographie Thdr. Körner's. 16. (179 S.) Ebendas. cart. *

—— dass. — Ausg. vom 1. April 1884 bis 1. April 1885. Mit dem (Holzschn.-)Portr. und der Biographie Gellert's. 16. (181 S.) Ebendas. cart. *

—— dass. — Ausg. vom 1. Oktbr. 1884 bis 1. Oktbr. 1885. Mit dem (Holzschn.-)Portr. und der Biographie Uhland's. 16. (172 S.) Ebendas. cart. *

—— dass. — Auf das J. 1885. Mit dem (Holzschn.-)Portr. und der Biographie Uhland's. 16. (172 S.) Ebendas. cart. *

—— für Deutschlands Schüler von Ostern 1885—1889. [4 Jahrgänge.] Hrsg. von F. Koch. 16. (à Jahrg. ca. 170 S. mit je 1 Portr.) Leipzig, Siegismund und Volkening. cart. à Jahrg. *

—— dass. — vom 1. Oktbr. 1885 bis dahin 1889. [4 Jahrgänge.] Hrsg. von F. Koch. 16. (à Jahrg. ca. 170 S.) Ebendas. cart. à Jahrg. *

—— dass. — Ausg. auf die J. 1886—1889. Hrsg. von F. Koch. 16. (à Jahrg. ca. 170 S. mit je 1 Portr.) Ebendas. cart. à Jahrg. *

— für Deutschlands Schüler f. 1887. Hrsg. v. F. Koch. 16. (VII, 167 S.) Leipzig, Siegismund & Volkening. cart. n. — 60

— für Deutschlands Schüler. Von Oktbr. 1890 bis dahin 1891. Hrsg. v. F. Koch. gr. 16. (8 S., Schreibkalender u. 48 S. m. Portr.) Leipzig, Siegismund & Volkening. cart. n. — 60

— dasselbe. Für d. J. 1891. gr. 16. (VIII, 128 u. 48 S. m. Portr.) Ebd. cart. n. — 60

—— f. Deutschlands Schüler auf d. J. 1893. Hrsg. v. F. Koch. 16. (VII, 128, 48 S. m. Portr.) Lpz., Volkening u. Comp. cart. * — 60

— für Deutschlands Schüler von Ostern 1894 bis Ostern 1895. Hrsg. v. Fr. Koch. 16. (VIII S., Schreibkalender u. 48 S. m. Bildnis.) Ebd. 894. Kart. n. — 60

— dasselbe auf d. J. 1895. Hrsg. v. Fr. Koch. 16. (VIII, 128 u. 48 S. m. Bildnis.) Ebd. 894. Kart. n. — 60

— f. Deutschlands Schüler f. Michaelis 1897 bis dahin 1898. Hrsg. v. Fr. Koch. 16. (VIII S., Schreibkal. u. 48 S. m. 1 Bildn.) Ebd. Kart. n. — 60

— für Schüler höh. Lehranstalten auf d. Schulj. 1902/03. Mit Portr. Peter Roseggers u. 65 Abbildgn. berühmter Männer des 19. Jahrh. gr. 16. (282 S.) Dresden, Pfeil. Geb. — 50

— für Schüler höherer Lehranstalten auf das Schuljahr 1905/1906. Mit 1 Bildnis Fritz Reuters. (256 S.) 16. Dresden, Pfeil. Geb. n. — 40

— für Schüler höherer Lehranstalten auf das Schulj. 1907/1908. (275 S. m. Abb. u. 1 Bildnis.) 16. Zittau, Pfeil. Geb. — 40

—— für Schüler in Oesterreich-Ungarn. Ausg. vom 1. Oktbr. 1880 bis dahin 1881. Hrsg. von F. Koch. Mit dem (lithogr.) Portr. und der Biographie J. W. v. Goethe's. 16. (192 S.) Ebendas. cart. *

— für die Schüler in Österreich-Ungarn. Ausg. für das Schuljahr 1882/83. Hrsg. von F. Koch. Mit dem (Holzschn.-)Portr. Körners. 16. (VIII, 181 S.) Ebend. cart. n. — 60

—— dass. — Ausg. vom 1. Oktbr. 1883 bis dahin 1884. Mit dem (Holzschn.-)Portr. und der Biographie Körner's. 16. (VIII, 181 S.) Ebendas. cart. *

—— dass. — Ausg. vom 1. Oktbr. 1884 bis dahin 1885. Mit dem (Holzschn.-)Portr. und der Biographie Rückert's. 16. (IV, 172 S.) Ebendas. cart. *

—— für die Schüler in Oesterreich-Ungarn. Ausg. vom 1. Oktbr. 1885 bis dahin 1887. [2 Jahrgänge.] Hrsg. von F. Koch. 16. (IV, 172; IV, 181 S. mit je 1 Holzschn.-Portr.) Ebendas. cart. à Jahrg. *
Nicht weiter erschienen.

**Taschenbuch** für stenographierende Schüler. Mentor z. Belehrung u. Unterhaltung junger Stenographen. Hrsg. von Dr. C[arl] Zander-Berlin (8 f.: E. Stöhr). Jg. [1]-9. 1894–1902. Berlin: Verl. d. Correspondenzblattes (6: Gabelsberger) 1894–1902. 9 Bde 8° [Ant. u. F.] (07.1969

— f. stenographierende Schüler. Hrsg. v. C. Zander. 2. Jahrg. 1895. gr. 16. (130 S. m. Abbildgn. u. 1 Bildnis.) Berlin 894. Verl. d. Correspondenzblattes. Geb. in Leinw. n. 1. 25

— für stenographierende Schüler. Hrsg. v. C. Zander. 6. Jahrg. 1899. gr. 16. (168 S. m. 1 Bildn.) Berlin, Verlag Gabelsberger. Geb. in Leinw. n. 1. 25

— für Schülerinnen vom 1. April 1882 bis 1. April 1883. Hrsg. von F. Koch. Mit (Holzschn.-)Portr. u. Biographie der Königin Luise von Preußen. 16. (185 S.) Ebend. cart. n. — 60

—— dass. — Vom 1. April 1883 bis 1. April 1884. Mit dem (Holzschn.-)Portr. und der Biographie der Königin Luise von Preußen. 16. (185 S.) Ebendas. cart. *

—— dass. — Vom 1. April 1884 bis 1. April 1885. Mit dem (Holzschn.-)Portr. und der Biographie Lessing's. 16. (185 S.) Ebendas. cart. *

—— dass. — Ausg. vom 1. Oktbr. 1884 bis dahin 1885. Mit dem (Holzschn.-)Portr. der Königin Luise von Preußen. 16. (185 S.) Ebendas. cart. *

—— für die Schülerinnen von Ostern 1885 bis Ostern 1889. [4 Jahrgänge.] Hrsg. von F. Koch. 16. (à Jahrg. 185 S. mit je 1 Holzschn.-Portr.) Ebendas. cart. à Jahrg. *

—— dass. — von Michaelis 1885 bis dahin 1886. 16. (IV, 176 S. mit 1 Holzschn.-Bildniß.) Ebendas. cart. *

—— dass. — vom 1. Oktbr. 1886 bis dahin 1887. 16. (VII, 176 S. mit 1 Holzschn.-Bild.) Ebendas. cart. *

—— dass. — Michaelis 1887 bis dahin 1888. 16. (128, 48 S. mit 1 Holzschn.-Portr.) Ebendas. cart. *

—— dass. — Von Oktbr. 1888 bis dahin 1889. 16. (128, 48 S. mit Arndt's Bild.) Ebendas. cart.

— für Schülerinnen. Von Oktbr. 1894 bis dahin 1895. Hrsg. v. Fr. Koch. 16. (VI S., Schreibkalender u. 48 S. m. 8 farb. Taf. u. 1 Bildnis.) Ebd. 894. Kart. n. — 60

— für deutsche Schülerinnen f. d. J. 1898. Hrsg. v. Fr. Koch. 16. (VIII, 105 u. 48 S. m. 8 Farbdr. u. 1 Bildn.) Ebd. Kart. n. — 60

— dasselbe f. Ostern 1898 bis dahin 1899. Hrsg. v. Fr. Koch. 16. (VIII, 320 S. m. 8 Farbdr.-Taf. u. 1 Bildn.) Ebd. Kart. n. — 60

— für deutsche Schülerinnen f. d. J. 1902. (Oster-Ausg.) Hrsg. v. Fr. Koch. gr. 16. (VIII S., Schreibkalender u. 48 S. m. 1 Bildnis.) Leipzig, E. Volkening. Kart. n. — 60

— dasselbe f. Michaelis 1902 bis Sylvester 1903. Hrsg. v. Fr. Koch. gr. 16. (VIII S., Schreibkalender u. 48 S. m. 4 Mustertaf. u. 1 Bildnis.) Ebd. Kart. n. — 60

— dasselbe f. d. J. 1903. gr. 16. (VIII S., Schreibkalender u. 48 S. m. Abb. u. 1 Bildnis.) Ebd. Kart n. — 60

— für deutsche Schülerinnen f. d. J. Michaelis 1906/07 (Kalendarium bis Sylvester 1907). Begründet v. Fr. Koch. (IX, 208 u. 69 S. m. eingedr. u. 1 Stahlstich-Bildnis.) 16. Leipzig, E. Bolkening. Kart. n. — 60

— f. deutsche Schülerinnen, Fortsetzg., s.: Schulkameradin, deutsche.

— für Deutschlands Schülerinnen. Von Oktbr. 1890 bis dahin 1891. Hrsg. v. F. Koch 16. (VIII S., Schreibkalender u. 48 S. m. Portr.) Ebd. cart. n. — 60

— dasselbe. Für d. J. 1891. 16. (VIII, 128 u. 48 S. m. Portr.) Ebd. cart. n. — 60

— f. Deutschlands Schülerinnen auf d. J. 1893. Hrsg. v. F. Koch. 16. (VIII, 128, 48 S.) Ebd. cart. * — 60
Vorstehende 2 Kalender erscheinen jährlich in 3 Ausgaben: 1) vom 1. Jan.—31. Decbr., 2) von Ostern—Ostern, 3) vom 1. Oktbr.—30. Septbr.

— für Deutschlands Schülerinnen von Ostern 1894 bis Ostern 1895. Hrsg. v. Fr. Koch. 16. (VIII S., Schreibkalender u. 48 S. m. Bildnis u. 8 Stickmustertaf. Leipzig 894. Volkening & Co. Kart. n. — 60

Taschenbuch für Deutschlands Schülerinnen auf d. J. 1895. Hrsg. v. Fr. Koch. 16. (VIII, 128 u. 48 S. m. 8 farb. Taf. u. 1 Bildnis.) Leipzig 894. Volkening & Co. Kart. n. — 60

— f. Deutschlands Schülerinnen f. Michaelis 1897 bis dahin 1898. Hrsg. v. Fr. Koch. 16. (VI S., Schreibkal. u. 48 S. m. 1 Bildn.) Ebd. Kart n. — 60

— schulhygienisches, m. Beiträgen v. R. Abel, Th. Altschul, Marie Baum u. a. hrsg. v. Mor. Fürst, Ernst Pfeiffer. (VIII, 384 S. m. 9 Abbildgn. u. 1 Taf.) kl. 8. Hamburg 907. Leipzig, L. Voss. Geb. 4. —

Taschenbuch für teutsche Schulmeister. Ulm: Wohler 1786–97.
Hrsg.: Christoph Ferd. Moser.

— f. Schützengesellschaften, m. K. 12. Leipz. Böhme. 795.

— f. Schützengesellschaften. Mit Kpf. 16. Leipz. 795. (Knobloch). 16 gr

**Taschenbuch, Schwäbisches.** Mit Beiträgen von Pfister, Lebret, Therese Huber . . . Stuttgart 1820. H: *Pfister, Johann Chn von.* (GGr) (MGT) (NN)

Taschenbuch, Schwäbisches, a. d. J. . . . . Hg.: J. Ch. Pfister.
1820. 3 Bl., IV. S. 1. Bl., LXIV, 137 (237) S. M. gest. Titel u. 7 Kpf.
Stuttgart. Goed. VIII, 101, 224.

— schwäbisches. 1r Jahrg. 1820. Mit Beitr. von Jh. Chr. Pfister, Lebret, Ther. Huber u. A. Mit 8 Kpf. 12. Stuttg., Sattler. 1 ℛ 12 gr

**Taschenbuch, Schwäbisches,** zur Beförderung der Kunde des Vaterlandes. Schwaben [Tübingen] 1796. H: *Pahl, Johann Gottfried.* (Wr) (Gradmann, Gel. Schwaben.)

† TASCHENBUCH für die Schwägerhalle auf das Jahr 1821, Hrsg. von Christian Gütethuer, Wilhelm Honig u. sämmtlichen Schwägern u. Schwägerinnen. (Motto: 2 Verszeilen.) Mit 2 color. (unsign.) Kpfrn. (unter jedem 2 Versz. v. C. G. Förster). Breslau, gedr. mit Kreuzer-Scholz-schen Schriften, Breit-12°. Orig.-Cartonbd.
32 S. Text u. 13 unpag. Bll. Calendarium. — Den Haupt-Inhalt dieses seltenen Curiosums bildet: „Das Lustspiel ohne Namen. Dramatische Posse in 1 Handlung. Ein gedrucktes Mspt. Aus d. Malabarischen übers. Aufgef. in der Schwägerhalle 1821."

— üb. die Schweiz, mit Prospecten u. Landestrachten. 16. Ulm, Jakob Ebner.

— üb. die Schweiz, (von Jh. Jak. Keller). Mit 16 Kpf. 16. Stuttg. 800. (Ulm, Ebner). 16 gr

Taschenbuch. Schweizerisches T' für Alkoholgegner. Hrg. vom Schweizerischen Abstinenzsekretariat (Secrétariat antialcoolique suisse) (Dr. R[obert] Hercod). [Ausgabe I. Mit Figuren.] 115 + XXXIV + *Anzeigen* XII S. 8. Lausanne, Verlag des Schweizerischen Abstinenzsekretariates, 1905. [cart.] fr. 1. —

— schweizerisches poetisches, Auswahl der gediegensten Poesien vaterländ. u. deutscher Dichter. Geeignet zum Vortrag in geselligen u. häuslichen Kreisen. Von Gph. Schümperli. gr. 16. Winterthur 846, liter. Comptoir von Hegner, älter. 1/2 ℛ

**Taschenbuch** zu Schweizerreisen mit Hinweisung auf die Sehenswürdigkeiten der Schweiz, eines Theils von Savoyen und anderer angrenzender Länder. Glarus 1832. V: *Walcher, Samuel.* (Bibliogr. d. Schweiz. Landeskunde. Bern 1892 ff. III.)

— zu Schweizer-Reisen, mit Hinweisung auf alle Sehens- u. Merkwürdigkeiten der Schweiz, eines Theils v. Savoyen u. a. benachbarten Orte u. mit Andeutung d. Entfernungen, Nebenwege, Abkürzungen, Wirthshäuser, Führer, Schiffstaxen, Diligencen, Geldeswerthe 2c. 12. (15 B. incl 1 Tab. 4.) Glarus 832. (Zürich, Trachsler. ?)

— Redaktion des Wassersport, Seglers Taschenbuch. Das Wissenswürdigste für Anfänger im Segelsport. Berlin 1891.

Seglers Taschenbuch. D. Wissenswürdigste f. Anfänger im Segelsport. Hrsg. v. d. Red. d. 'Wassersport'. 2. verm. u. verb. Aufl. M. 19 Taf. u. zahlr. Fig. im Text. *Berlin: J. Becker 1896.* (2 Bl., 248 S., 19 Taf.) 1 Bd 8. [96. 93?4]

Taschenbuch, Seglers. Hrsg. von G. Belitz. 3. Aufl. Berlin 1903

**H[erm.] Settegast's Taschenbuch für Freimaurer. Hrsg. von der Gr. Loge von Preussen, gen. Kaiser Friedrich zur Bundestreue. Jahr 1900. Berlin: Goldschmidt 1900. 48 S. 8°**
cf. Al. 26 (1900) S. 39; BstF. 9 (1900) S. 17—18; FZ. 54 (1900) S. 88 (K. Pilz); FT. 7 (1900); S. 139—140 (A. J. Lange); L. 23 (1900) S. 24; R. 28 (1900) S. 16.

— f. gutgeartete Söhne u. Töchter, z. Belohnung des Fleißes, mit K. u. Musik. 16. Ebend. 815.

— f. Soldaten, s. J. G. Hoyer.

— für Preußische Soldaten zur Unterhaltung und Erinnerung. Erfurt 855. (Körner'sche Buchhdlg. — Villaret.) 16. (62 S.) nn. 3 ngr

— für preußische Soldaten zur Unterhaltung u. Erinnerung. Berlin 866. (C. Beck.) gr. 16. (64 S.) n.n. 3 ngr.

— f. Spatziergänger zum Nachdenken. 8. Berl. 784. Maurers B. 5 gl

*Taschenbuch* dramatischer Spiele.
Hamburg
Hrsg.: Carl Ludwig Costenoble.
1816.

**Taschenbuch dramatischer Spiele, zur Feier häuslicher Feste. Hg.: A. Rublack.**
1820. (1. Lieferung).
Dresden. Goed. VIII, 130, 18.

**Taschenbuch** gesellschaftlicher Spiele und Vergnügungen für das Jahr 1800[—2]. Berlin 1800—2. H: *Tzschucke, Carl Frdr.* (Ky)

— gesellschaftl. Spiele u. Vergnügungen, (v. K. F. Tzschucke) f. die Jahre 1800, 1801 u. 1802. 8. Berl., Schöne. (1800, 18 gl 1801, 21 gl 1802, 1 ℛ) 2 ℛ 15 gl N. Aufl. 2 Thle. 817, 19. Ebd. 1 ℛ 16 gl

— — gesellschaftlicher Spiele u. Vergnügungen in müssigen Stunden. N. Aufl. 8. Berlin, Schöne. 816. — 20

—— der deutschen Sprache. Ein höchst nützliches u. unentbehrl. Handbuch f. Haus u. Schule. 1. Aufl. (13 B.) 829., 2., verb. A. — A. u. d. T.: Neues Handbuch d. deutschen Sprache. Od. sichere Anleitung, binnen kurzer Zeit richtig sprechen u. schreiben u. sich mündl. u. schriftl. schön ausdrücken zu lernen. Für d. Schul- u. Selbstunterr. hrsg. v. mehr. Schulmännern. (13 B.) 831., 3. verb. A. — A. u. d. T.: Unentbehrl. Rathgeber d. deutsch. Sprache ꝛc. (12½ B.) gr. 12. Hamburg 835, Schuberth u. Niemeyer.

Taschenbuch der deutschen Sprache. Eine faszliche Anleitung binnen kurzer Zeit sich mündlich und schriftlich ausdrücken zu lernen. 3. verb. Aufl. Hamburg und Itzehoe. (Magdeburg). 1835. (O. m. T. Unentbehrlicher Rathgeber der deutschen Sprache. Für das bürgerliche und Geschäftsleben. Sm. St. o. A.).

**Taschenbuch** für k. k. Staatsbeamte 1902. Hrsg. M. Fleischmann. I. Jahrg. 8°. (256 S.) geb. K 1.60
Wien: Fleischmann 1902.

**Taschenbuch**, f. k. k. Staatsbeamte f. d. J. 1905. Zusammengestellt u. hrsg. v. M. Fleischmann. 4. Jahrg. (260 S. u. Notizblätter.) kl. 8. Wien, R. Lechner & Sohn. Geb. in Leinw. 2. —

**Taschenbuch** f. k. k. Staatsbeamte u. Staatslehrpersonen f. d. J. 1906. Zusammengestellt u. hrsg. v. M. Fleischmann. 5. Jahrg. (251 S. u. Notizblätter.) kl. 8. Wien (XV/1, Sechshauserstr. 4), M. Fleischmann. Geb. in Leinw. 2. —

— **f. k. k. Staatsbeamte** u. Staatslehrpersonen **f. d. J. 1907.** Zusammengestellt u. hrsg. v. M. Fleischmann. 6. Jahrg. (208 S. u. Notizblätter.) kl. 8. Wien (XV/1, Sechshauserstr. 4), M. Fleischmann. Geb. in Leinw. n. 2. —

— f. k. k. Staatsbeamte u. Staatslehrpersonen f. d. J. 1909. 8. Jahrg. (304 S.) kl. 8. Wien XIX/1, Paradiesgasse 14, M. Fleischmann, k. k. Rechnungsrevident im Handelsministerium. Geb. in Leinw. 2. —

— f. k. k. Staatsbeamte u. Staatslehrpersonen f. d. J. 1910. Zusammengestellt u. hrsg. v. M. Fleischmann. 9. Jahrg. (270 S. u. Notizblätter.) 16. Wien, (R. Lechner & Sohn). Geb. in Leinw. 2. —

— f. Stadtverordnete, Magistratspersonen u. alle, die mit städtischen Angelegenheiten in Verbindung stehen, f. 1810. 8. Berl., Maurers B. 20 gl

— statistisches. 12. Lingen 788. Jülicher. 18 gl

— statistisches, der deutschen Bundesstaaten, s. a. Vaterlands-Bibliothek.

Taschenbuch, Statistisches, der deutschen Bundesstaaten. Nach officiellen Quellen. Jhg. 1. Stuttgart 1818. 16.
A. u. d. T.: Deutsche Vaterlands-Bibliothek Bd. 1.

— statistisches, f. die freie u. Hansestadt Lübeck. Hrsg. vom statist. Amt. (56 S.) kl. 8. Lübeck. Hamburg, Hamburger Verlag. 1909. 1. 50.

— statistisches, f. die freie u. Hansestadt Lübeck. Hrsg. vom statist. Amt. (56 S.) kl. 8. Lübeck 909. (Hamburg, Verlagsanstalt u. Druckerei-Ges.) 1. 50

Statistisches **Taschenbuch** für das Deutsche Reich. Eine Statistik, geordnet nach 1908 Stichworten in alphabet. Folge. Nach amtl. Quellen bearb. von Dr. rer. pol. Erich Simon. [1.] Frühjahr 1910. Berlin: Bodenburg 1910. 8° (10. 338)

— für die Stein- u. Cement-Industrie, hrsg. von A. Eisentraeger. 2. Jahrg. 1903. 12. (VIII, 240 S. m. Abb.) Berlin, Gebr. Borntraeger. Geb. n.n. 3. 50

— **für die Stein- u. Zement-Industrie**, hrsg. v. A. Eisentraeger. 3. Jahrg. 1904. (XXXII, 265 S. m. Abbildgn. u. 2 Taf.) 12. Berlin, Gebr. Borntraeger. Geb. n.n. 3. 50

— für die Stein- u. Zement-Industrie, hrsg. v. A. Eisentraeger. 9. Jahrg. 1910. 2 Tle. (XVIII, 192, 192 u. III, 68 S. m. Fig., 2 Bildnissen u. 12 Taf.) kl. 8. Berlin, Gebr. Borntraeger. Geb. in Leinw. u. geh. 5. —

— für Gabelsberger Stenographen auf die Jahre 1863 u. 64. [Neue Folge, 6. u. 7. Jahrg. des Gabelsberger Stenographen-Kalender.] Herausg. vom Königl. stenographischen Institute. Red. von Zeibig. Dresden, Dietze. 8. (105 S. u. 1 lith. Portr.; 128 S. u. 1 lith. Portr.) Jeder Jahrg. nn. 15 ngr.
Vgl.: Stenographen-Kalender.

— für Gabelsberger Stenographen auf die Jahre 1865—66. [Neue Folge des Gabelsberger Stenographen-Kalender.] Hersg. vom Königl. stenograph. Institute. Redig. von Zeibig. Dresden, G. Dietze. 8. Jeder Jahrg. (ca. 90 S. u. 14 lithogr. S. mit lithogr. Portr. u. Titel.) geb. n.n. 15 ngr.

— — auf die Jahre 1867—70. Hersg. vom Königl. stenograph. Institute. Redig. von Emil Bierey. Ebend. 8. [(87 u. 30 lithogr. S. mit 1 photogr. Portr.; VIII, 74 u. 28 lithogr. S. mit einer Photogr.; XIV, 82 u. 4 lithogr. S. mit einer Photogr.; XXIV, 82 S. mit einer Photogr.) Jeder Jahrg. n.n. 15 ngr.
Vergl. Stenographen-Kalender.

—— dass. — auf die J. 1871—1873. Hrsg. und verlegt vom königl. stenograph. Institut in Dresden. Redig. von Ed. Oppermann und Osk. Lehmann. 8. (XVI, 60; XVI, 70; XVI, 118 S.) Ebendas. geb. à Jahrg. **

—— dass. — auf das J. 1874. Redig. von C. Bruno Rotter. 8. (XIV, 108 S.) Ebendas. **

—— dass. — s. Jahrbuch, statistisches.

—— für Gabelsbergersche Stenographen auf das J. 1889. 1. Jahrg. Hrsg. von J. Gossel. gr. 16. (154, 46 lithogr. S. mit dem Lichtdr.-Bilde Gabelsbergers.) Hildburghausen, Gadow und Sohn. geb. *

— für Gabelsberger'sche Stenographen auf d. J. 1891. Hrsg. v. J. Gossel. 3. Jahrg. Mit dem wohlgetroffenen Bilde Dav. Dessau's, Bureaudir. d. dän. Reichstags. gr. 16. (256 u. LVI S.) Hildburghausen, Gadow & Sohn. geb. n. 1. 20

— für Gabelsbergersche Stenographen auf d. J. 1895. Hrsg. v. J. Gossel. 7. Jahrg. 12. (17 S., Schreibkalender, 149 u. XL lith. S. m. 1 Bildnis.) Hildburghausen 894. F. W. Gadow & Sohn. Geb. in Leinw. n. 1.20

— für Gabelsbergersche Stenographen auf d. J. 1897. Hrsg. v. J. Gossel. 9. Jahrg. gr. 16. (IV, 209 u. XLII S. m. 1 Bildn.) Aachen, A. Jacobi & Co. Geb. in Leinw. n. 1. 20

**Taschenbuch** (Umschlag: Herget's Taschenbuch) f. Gabelsbergersche Stenographen auf d. J. 1910. (64 S. m. 1 Bildnis.) 8,5×5,3 cm. Zwickau, (J. Herrmann). — 25

— für Stenographie-Schüler u. solche, die es werden wollen. 1905. 1.—5. Taus. (64 S. m. 1 Bildnis.) 16. Darmstadt (Zimmerstr. 11), Stenograph. Institut. Mich. Winkler. n. — 25

**Taschenbuch** vermischten Stoffs über verschiedene interessante Gegenstände z. angenehmen u. nützlichen Unterhaltung. Hg.: J. E. L. Paulmann.
1802. 170 S.
Berlin. Goed. VIII, 59, 54.

— für den Standort Strassburg i. E. Sommer-Ausg. 1910. (66 S.) kl. 8. Strassburg, Heinrich'sche Buchh. Geb. — 40

Taschenbuch, Strassburger, a. d. J. . . . . . .
1803.
1804.
Strassburg.

— f. junge Strickerinnen. 12. Nürnb., Stein. 1 ℛ 4 gℛ

— — für Studenten und ihre Freunde. Mit 8 Kpfrn. Halle 1797. 8⁰. Sehr selten! (12 Mk., um 4 S. defekt, Strobel, Jena, c. 1895.) Viel Pikantes.

Studentisches **Taschenbuch** für die Universität Leipzig. Hrsg. v. Präsidium d. Leipziger Freien Studentenschaft. (1.) Berlin: Verl. d. Druckerei f. Bibliophilen (1908). 8° [11. 3975

— studentisches, f. die Universität Leipzig. Hrsg. vom Präsidium der Leipziger Freien Studentenschaft Winter-Semester 1910—11. (85 S.) kl. 8. Berlin. Leipzig, Rossberg'sche Buchh. — 60

Studentisches **Taschenbuch** für die Studierenden der Univ. Halle. Hrsg. von d. Halleschen Freien Studentenschaft. [1.] (S. S. 1909.) Charlottenburg: Verl. freistudent. Schriften (1909). 8° [11. 333 3

Studentisches **Taschenbuch** und Vergünstigungs-Verzeichnis. Für d. Studierenden d. Kgl. Universität Breslau. Hrsg. von d. Vertretung d. Freien Studentenschaft Breslau durch Anton Heinrich Rose, (stud. phil.). [1.] (Sommer-Sem. 1909.) Charlottenburg: Verl. Freistudentischer Schriften (1909). 8⁰

— f. Studirende. kl. 8. Olmütz, W. Żakowský. 24 kr. 1883.

**Taschenbuch** für Südwestafrika. Hrsg. von Dr. Philalethes Kuhn, Stabsarzt, u. Kurd Schwabe, Hauptm. [1.] 1908. Leipzig: W. Weicher 1908. 8° [08. 35

— für Südwestafrika 1911. Unter Mitwirkg. v. Behrens, Gerstmeyer, J. Hellmann u. a. hrsg. v. Kurd Schwabe, Philalethes Kuhn u. Geo. Fock. 2 Tle. (XIV, 400 u. XVI, 238 S.) kl. 8. Berlin, „Heimat u. Welt"-Verlag, W. Weicher. Geb. u. geh. 5. --

— f. Tabaksfabrikanten, od. Vorschriften, nach welchen gute Schnupf- u. Rauchtabake verfertigt werden können; von einem prakt. Fabrikanten zu Amsterdam. .. Leipz. ... Centr.-Compt. 8 gℛ (A. u. d. T.: Rauch- u. Schnupftabaks-Saucen, Amsterd., od. Unterricht, alle Arten Rauch- u. Schnupftabake zu verfertigen, von e. Fabrikanten).

— f. Tabaksliebhaber, s. *Nicotiana*.

— f. Tabaksliebhaber od. Nicotiana, z. Unterhaltung f. Tabaksraucher u. Schnupfer, e. klein. Beytr. z. Gesch. d. Gewohnheiten u. des Luxus, m. K. 8. Berlin, Maurer. 801.

**Taschenbuch** für Tabacksraucher oder das Wissenswürdigste von der Geschichte des Rauchens . . . Tübingen 1825. H: *Poppe, Johann Heinrich Moriz.* (Ky) (ABJP)

— f. Tabaksraucher, (v. J. H. M. Poppe). 12. Tübing. 825. Osiander. 8 gℛ

—— für Tabacksraucher, od. Belehr. üb. Alles, was e. Tabacksraucher wissen muß, um Vergnügen vom Rauchen zu haben u. seine Gesundheit zu erhalten. gr. 16. (6 B.) Sondershausen 836, (Eupel.) *

— oder Tabellen zur richtigen Bestimmung des Cubik-Inhaltes der runden, viereckigen u. andern Hölzer nach aller ihrer Verschiedenheit u. Anwendung, nebst Tabellen zur Verwandlung der spanischen Korden in Metermaß, u. einem Anhang ꝛc. Zunächst für Holzhändler, Landwirthe, Waldbesitzer ꝛc. Tarifs de poche ou tables pour calculer les bois en grume, les bois carrés, de fente, etc. Luxemburg 861. Bück. 8. (72 S.) n. 10 ngr.

— od. Tabellen zur richtigen Bestimmung des Kubik-Inhaltes der runden, viereckigen u. andern Hölzer nach aller ihrer Verschiedenheit u. Anwendung, nebst Tabellen zur Verwandlung der alten Korden in Metermaß u. einem Anh. zur Berechnung des Gewichtes des Rindviehes mit dem Meßbande. Zunächst für Holzhändler, Landwirthe, Waldbesitzer ꝛc. 2. Aufl. (Deutsch u. französisch.) gr. 16. (88 S.) Luxemburg 879. Schamburger. cart. 1. 20

—— oder Tabellen zur richtigen Bestimmung des Kubikinhaltes der runden, viereckigen und andern Hölzer nebst Tabellen zur Verwandlung der alten Korden in Metermaß, und einem Anhange zur Berechnung des Gewichtes des Rindviehes mit dem Meßbande. 3. Aufl. in deutscher und französ. Sprache. 8. (88 S.) Luxemburg 888, Schamburger. *

Tägliches *Taschenbuch* für Frauenzimmer.
Gotha
1799.

„Tägliches Taschenbuch für Frauenzimmer in der Haushaltung; nebst einer vollständigen Wäschetabelle und einem kleinen Marktbuche", Leipzig 1803 (Junius).

— tägliches, f. Garten- u. Blumenfreunde u. Obstbaum-Plantagenbesitzer, s. a. Karl Fr. Richter III.

**Taschenbuch, Tägliches,** für Garten- und Blumenfreunde und Obstbaum-Plantagenbesitzer ... Eisenberg 1812. H: *Richter, Carl Friedrich.* (Ky) (MGT)

— tägliches, f. Garten- u. Blumenfreunde u. Obstbaum-Plantagenbesitzer, auf jedes Jahr anwendbar etc. 8. Leipz. Enobloch. 812.

— tägl., f. 1809, f. Geschäftsmänner. 12. Leipz., Herzog, 1 ℛ

Lange, J. C. (Herausgeber): „Tägliches Taschenbuch für Landwirthe und Wirthschaftsbeamte", Jahrgänge 1823—1826, Glogau (Neue Günthersche Buchhandlung).

— tägl., f. Landwirthe u. Wirthschaftsbeamte auf d. J. 1824. Herausgg. v. J. C. Lange. 1r Jahrg. 8. Glogau 824. Neue Güntersche B. 1 ℛ Mit d. Jahrg. 827. 16 gℛ

**Taschenbuch, Tägliches,** für Landwirthe und Wirthschaftsverwalter auf das Jahr 1811. ... Leipzig u. Halle 1811 [1820]. H: *Schnee, Gotthelf Heinrich.* (MGT) »1811[—40]. Halle 1810—39« (Ky)

— tägliches, f. Landwirthe u. Wirthschaftsverwalter. Herausgg. (von G. H. Schnee), f. 1811 — 1832. 8. Halle 810—831. Schwetschke u. S. à J. 18 gℛ

Schnee, Gotth. Heinr.: „Tägliches Taschenbuch für Landwirthe u. Wirthschaftsverwalter", Halle 1811 (Hemmerde & Schwetschke). Fortsetzung: Derselbe: „Tägliches Taschenbuch für Landwirthe und Wirthschaftsverwalter" ebenda 1823—1833.

— tägliches, für Landwirthe u. Wirthschaftsverwalter (von G. H. Schnee.) Jahrg. 1833 — 1840. 8. Halle 832 — 39. Schwetschke u. Sohn. à 3/4 ℛ

— tägliches, f. Rechtsgelehrte in d. preuß. Staaten f. 1799. 8. Bayreuth, Lübecks Erb. 16 gℛ

— tägl., f. alle Stände f. die Jahre 1793—1815. Mit Kpf. 8. Gotha, Ettinger. (à 16 gℛ) 15 ℛ 8 gℛ Auf die J. 1816—21. 8. Ebd. (à 20 gℛ) 5 ℛ Auf die Jahre 1822—28. 8. Ebd. (à 22 gℛ) 6 ℛ 10 gℛ

**Taschenbuch, Tägliches,** für alle Stände in dem Herzogthum Würtemberg, auf das Jahr 1798. ... Bayreuth 1798. H: *Kapp, Johann.* (BB) (Ky) (Adel)

— tägl., f. alle Stände in d. Herzogth. Würtemberg, auf das Jahr 1798. Mit e. Anh.: Verzeichniß aller z. Herzogth. Würtemberg gehör. Ortschaften etc. (v. J. Kapp). 8. Bayr. 798. Lübecks Erb. 16 gℛ Das Verzeichniß apart 9 gℛ

— tägl., f. alle Stände in d. Herzogth. Würtemberg etc. 8. Bayreuth, Lübeck. 799.

— tägl., f. 1809, f. die elegante Welt. 12. Leipz., Herzog. 1 ℛ

— der Tanzkunst. 8. Bresl. 811. Holäufer; (auch Barth in Leipz.) 10 gℛ

— — für Tanzlustige. Mannheim, Schwan u. Götz, 1804. 12°.
Fehlt in Max Oeser's Kat. der Mannheimer Drucke.

— für Tapezierer u. Decorateure. Vorhänge, Portièren u. Lambrequins. 35 (lith.) Taf. 16. Berlin 884. Claesen & Co. geb. n. 8. —

Brandis, J. Dietrich, und Göttling, Johann Friedrich August (Herausgeber): „Technologisches Taschenbuch für Künstler, Fabrikanten und Metallurgen auf das Jahr 1786", Göttingen 1786 (Joh. Christ. Dietrich). — Vorh.: Preuß. StB Berlin — Oo 540.

— für Theetrinker, od. d. Thee in naturhistor., culturl., merkant., medicin.-diätet. u. luxuriöser Hinsicht. Nach Berard. Hrsg. v. F. Marquis u. f. d. deutschen Geschmack zugerichtet u. mit e. Abhandl. üb. d. Paraguay- od. Yerba-Thee, ingl. e. Auszuge v. Siebolds Beschreib. d. Thees in Japan verm. u. durch Abbild. erläutert. 8. (11 1/2 B. u. 2 ill. u. 4 schw. Stnt.) Weimar 836, Voigt.

**Taschenbuch** fürs Theater. 1795
s. a. **Theater-Kalender. Mannheim.**

**Taschenbuch** fürs Theater. Mannheim 1795. Zum neuen Jahrhundert. Hamb. 1801. H: *Schmieder, Hnr. Gottlieb.* (schr)

— f. Theater auf 1796. Mit Kpf. 12. Manh., Kaufmann. 1 ℛ

*Taschenbuch* für's Theater, auf 1798 und 1799.
Hrsg. v. [Heinrich Gottlieb] Schmieder.
Mainz, Hamburg: Vollmer (1798).
*Dd, 3:598*
Vorh. u. d. T.: Rheinische Musen.
Fortges. u. d. T.: Neues Journal für Theater.

**Taschenbuch** für Theater. Darmstadt 1810. H: *Moll, J. A.* (Hdschr. Widmung) (Hdschr. Mitth. von Erich Mennbier, Wien)

*Taschenbuch* fürs Theater – zum neuen Jahrhundert.
[Hrsg.: Heinrich Gottlieb Schmieder.]
Hamburg: Buchhandlg d. Verlagsges.
1801.
*Ff, 1:47*

**Taschenbuch** vom K. K. priv. Theater in der Leopoldstadt. Wien 1814 [—40]. H (1816): *Ziegelhauser, Gottfried.* Red.: *Kachler.* H (1832): *Vogel, Joh. Nep.* (1833): *Fitzinger, Frz.* (1834—36): *Meisl, Carl & D. F. Reiberstorfer.* (1837—40): *Meisl, Carl & Aug. Schmidt.* (GGr VIII, 81 f.)

**Taschenbuch vom K. K. priv. Theater in der Leopoldstadt.**
1816. 1 Bl., 143 u. 3 S.
1817. 1 Bl., XII, 131 S.
1818. 1 Bl., XXX, 125 S.
1819. 3 Bl., XXIV, 128 S.
1820. 1 Bl., XXXVI, 156 S.
1821. 5 Bl., 216 S.
1822. 5 Bl., 268 S. u. 1 Bl.
1823. 5 Bl., 184 S.
1824. 1 Bl., VI S. 1 Bl. 247 S.
1825. 4 Bl., 182 S.
1826. 1 Bl., 225 S.
1827. 3 Bl., XIII, 206 S.
1828.
1829. 3 Bl., 251 S.
1830. 1 Bl., 256 S.
1831. 1 Bl., 216 S. u. 4 Bl.
1832—1840. Forts. s. u.: Thalia.
Wien. Goed. VIII, 81/82.

*Taschenbuch* vom K. K. priv. Theater in der Leopoldstadt. Mit Kupfern.
[Hrsg.: Gottfried Ziegelhauser.]
Wien: Geistinger in Komm.
Jg. 5. 1818. 6. 1819.
*ZA 567*

**Taschenbuch** für das Wiener Theater. Wien 1777. II: *Schelheim, Carl von.* (Ky) (MGT) »des Wiener Theaters« (GGr)

— f. das Wiener Theater. 16 Jahr, (v. K. v. Schelheim). 8. Wien 777. Trattner. 16 gl.

Taschenbuch für Theater=Freunde auf das Jahr 1800. Von Karl Albrecht. Berlin: Christian Gottfr. Schöne 1799. XII, 210 S., 1 Bl., 1 Titelkupf. 12°
[*Titelkupf. fehlt.*]

Theatralisches *Taschenbuch* zur geselligen Unterhaltung. [Nicht erm.]
Wien
Hrsg.: Joseph Raeckl, Soufleur.
1782.

Thüringisches Taschenbuch. 1816—1819
s. Taschenbuch, der Geschichte und Topographie Thüringens gewidmet.

— für den **Tiefbau**, hrsg. v. Th. Kamps u. E. Dreessen. 2. Jahrg. 1906. 2 Tle. (VIII, 272 S. m. Fig. u. Schreibkalender.) kl. 8. Berlin, Gebr. Borntraeger. Geb. in Leinw. u. geh. n. 4. 50

— für den Tiefbau, hrsg. v. E. Dreessen. 6. Jahrg. 1910. 2 Tle. (X, 136, 192 u. VII, 320 S. m. Fig. u. 1 Karte.) kl. 8. Berlin, Gebr. Borntraeger. Geb. u. geh. 5. —

—— für **Thierärzte**. 1865. Hrsg. von L. Forster. 16. (III und 319 S.) Wien, Braumüller. geb. *

—— für schweizerische **Thierärzte**. Zusammengestellt von J. Brauchli. 5.—7. Jahrg. 1886—1888. 16. (55, IV, 271; . . . .; 55, 83 S.) Weinfelden, (Gleditsch.) geb. à Jahrg. *

— für schweizerische Tierärzte. Zusammengestellt u. hrsg. vom Tierarzt J. Brauchli. 8. Jahrg. 1889. Weinfelden 89. (Schläpfer.) Geb. M. 4.—

**Taschenbuch** für Tierbesitzer. Zsgest. von e. Praktiker. Schweidnitz: L. Heege [1907]. (34 S.) 8° [Umschlagt. F.] [07. 16545

**Taschenbuch** für Tintenliebhaber, oder gründlicher Unterricht, aller Arten Tinten zu machen . . . Leipzig 1795. II: *Remler, Johann Chn Wilh.* (Ky) (MGT)

— f. Tintenliebhaber, od. gründl. Unterricht, alle Arten Tinte zu machen rc. (v. J. C. W. Remler). Leipz. 795. Schwickert. 10 gl. (Vergl. M. A. Andrä).

— f. Tirol u. Voralberg. 12. Insprucк, Fischer. 806.

Taschenbuch für muntre Tischgeseilschaften vorzüglich beim Dessert zu gebrauchen. 2. Bdchen enthält Räthseln, Sprüchwörter, Aufsätze in Stammbücher, Lieder und Gesundheiten. U. St. 1797. (O. m. T. Ein Büchlein für Freunden geselliger Zirkel. S. A.).

— f. muntere Tischgesellschaften, vorzügl. beim Dessert zu gebrauchen. 12. Potsd. 806. Horvath. 12 gl. Mit den Melodien zu den Liedern. 12. Ebd. 1 rf 6 gl. 2s Bdchen. (A. u. d. T.: Büchlein f. Freunde geselliger Zirkel). 12. Altona 797. Bechtold. 10 gl.

— — f. Tischler, Drechsler u. Arbeiter in Holz rc. gr. 8. Halberstadt, Vogler. 819.

Taschenbuch f. Tischler, Trechsler u. Holzarbeiter, od. Anweis., ihre gefertigten Arbeiten zu lackiren, zu poliren, zu beitzen u. ihnen Glanz rc. zu geben, (v. Telgmann). 8. Halberst. 820. (Brüggemann). 12 gl.

**Taschenbuch** ohne Titel auf das Jahr 1822 [1830 u. 32]. Leipz. 1822—32. II: *Hempel, Friedrich Ferdinand.* (GGr) (EE)

**Taschenbuch ohne Titel f. d. J. . . . . Hg.: F. F. Hempel.**
1822. XXVIII, 224 S. u. 1 Bl. M. 3 Kpf.
1830. IV, 242 S.
1832. 5 Bl., 231 S.
Jg. 1822 erschien auch unter dem Titel: Manuscript aus Odessa, da er in Preußen, Sachsen u. Oesterreich konfisziert u. verboten wurde.
Leipzig. cpl. V 12.— Goed. VIII, 105, 241.

— — ohne Titel für das Jahr 1822. (Hrsg. von Friedr. Ferd. Hempel.) Mit 3 Zeitblättern (emblemat. Kpfrn.). Leipzig: F. A. Brockhaus. 1822. (Auch mit d. Titel: „Manuscript aus Odessa. Miscellen der humoristischen Brüderschaft. 1. Bdchn.") Kl. 8°. (8 Mk. 50 Pfg., Expl. im grünen illustr. Orig.-Umschl., Rossberg, Lpz., 1910; 6 Mk., wie vorhin, H. Hugendubel, München, 1907.)

—— ohne Titel, auf d. J. 1830 u. 32. Leipzig, Brockhaus. [830. gr. 16. (15½ B.) 1 Thlr. 8 Gr., 32. gr. 12. (10 B.) 1 Thlr.]

— für Deutschlands Töchter. 12. Marb. 1799. Krieger. 6 gl.

— für Hessens Töchter, siehe Taschenbuch für Deutschl. Töchter.

— — für Tollhäusler; oder Märchen, tolle Streiche u. Possen aus den Legenden der Heiligen. Zur Erbauung für Legendenleser verfasset von einem Freunde der Wahrheit in Baiern. Ist in allen soliden Buchhandlungen zu haben. O. O. (Stadtamhof, Daisenberger) 1808. 8°. (2 Mk. 50 Pfg., Mindestgebot, R. Zinke's Dresdner März-Auction 1906, Nr. 1483.)
96 S. incl. Titel, auf dess. Rücks. Citat aus e. Rede Papst Clemens' XIV, u. 4 Bll. Verlags-Cat. (ohne Namen der Firma).

— f. Tollhäusler. Oder Mährchen, tolle Streiche u. Possen aus d. Legenden d. Heiligen. 8. Stadt am Hof 808. Daisenberger. (Centr.-Compt. in Leipz.) 8 gr.

**Taschenbuch, Topographisches,** für Ungarn auf das Jahr 1802. Ödenburg. H: *Bredeczky, Samuel.* (wrztg 1802, S. 1373) (BiblPort)

— —, zum Todtlachen (hrsg. von Peter Frdr. Ludw. Hoffmann). Hamburg 1834.
Anon.-Lex. IV. p. 154 (nach Schröder).

— zum Todtlachen. Hundert Anekdoten, humoristische Erzählungen ꝛc. aus dem Gebiete des Scherzes u. Witzes, der Satyre, Laune u. der ungeheuersten Heiterkeit. 16. Hamburg 845, G. Bödecker. 1/8 Thlr.

— — f. Touristen durch die böhm. Schweiz u. die angrenzenden Gebiete. Hrsg. vom Centralausschusse d. Geb. Ver. f. die böhm. Schweiz. 6. Aufl. 16. (70 S. m. 4 Karten.) Tetschen 892, (Henckel). ** 1 —

— für Touristen durch die böhmische Schweiz u. die angrenzenden Gebiete. Hrsg. v. dem Centralausschusse des Gebirgsvereines f. die böhm. Schweiz. Mit (farb.) Wegmarkierungskarte. 7. Aufl. 16. (53 S.) Tetschen 894. (O. Henckel.) n. 1. —

Taschenbuch für schweizerische Train-Soldaten. Vom h. Bundesrathe genehmigt den 25. Juli 1864. (Mit 2 Taf.) 16. Aarau 1864.

— für d. Trauer- u. Lustspiel. Melpomene u. Thalia I., s. Melpomene.

**Taschenbuch** für das Trauerspiel und Lustspiel. Berlin 1809. H: *Wolfart, Carl Christian.* (MGT)

J. B. Trommsdorffs **Taschenbuch** für Aerzte, Chemiker und Pharmazeutiker, auf das Jahr 1803—1804. Erfurt: Hennings 1803—1804. 8°
1803: S. 162—172, 1804: S. 25 ff handelt von den Rosenkreuzern.
*[Goué, A. S. v.: D. Ganze aller geheim. Ordens-Verbindungen. 1805 S. 330.]*

Dr. J[ohann] B[artholomäus] Trommsdorffs
*Taschenbuch* für Ärzte, Chemiker und
Pharmazeutiker . . .
Erfurt: Henning
1805.
*ZA 1588*

**Taschenbuch f. Tugendhafte, Aufgeklärte u. Wissbegierige a. d. J. . . . 1801. Küstrin.**

Ueberflüßiges *Taschenbuch* für das Jahr 1800. Hrsg v. Johann Georg Jacobi, dazu eine Vorrede v. Friedrich Heinrich Jacobi. [Mit Kupfern u. Notenbeil.]
Hamburg: Perthes
Anf. u. d. T.: Taschenbuch v. J. G. Jacobi . . . 1795 ff.
Forts. u. d. T.: Taschenbuch f. d. Jahr 1802.
*Ff, 1:268*

— überflüssiges, f. d. J. 1800 u. 1802, herausgegeb. v. J. G. Jacobi, m. K. 12. Hamb. Perthes. (à 1 Rthlr. 16 gr.)

— der Ubier auf d. J. 1799 u. 1800, herSgg. (v. F. F. Wallraf). Mit Kpf. 12. Köln 798, 99.

Taschenbuch der Ubier auf Achtzehnhundert. [Hrsg.: Ferdinand Franz Wallraf.] Mit Kupf. v. (A[braham] W[olfgang]) Küffner [richtig: Küfner], [Christian] Schule u. [Ernst Karl Gottlieb] Thelot[t].
Deutz, jenseits Köln: Haas [1799]. 10 Bl., 128, 192 S., 7 Kupfertaf., 6 Notenbl. 12°
*Darin u. a. Wallraf, F[erdinand Franz]: Agrippina die Gemahlinn des Claudius die Stifterinn Kölns.*

Taschenbuch für Uhrenbesitzer oder vollständiger und deutlicher Unterricht, wie man die Taschenuhren zu behandeln und was man bey dem Ankauf derselben zu beobachten hat. Nebst einer Geschichte dieser künstlichen Erfindung mit 8 Kupf. Hrsg. v. Jacob Auch . . .
Weimar: Selbstverl. 1806. XVI, 460 S., 1 Tab. [*Die Kupf. fehlen.*] 8°

— unentbehrliches, für Frauen, oder Anleit., die weibliche Schönheit zu erhalten ꝛc. 8. Berlin 823, Rücker.

— der Wiener Universität, herausgg. v. A. Phillebois, 1r—2dr Jahrg. 17..—1812. Wien (für 1804 u. 1805.) (Gerold). 1 Thlr. 8 gr.

— der k. k. Wiener Universität für d. Jahre 1841—1846. Herausgeg. von d. k. k. Universitäts-Pedellen-Amte. 12. Wien 841—46. (Beck.) à Jahrg. 1 Thlr.

**Taschenbuch, Unser,** oder Bemerkungen und Erfahrungen eines Hofmeisters und seiner Zöglinge durch einen grossen Theil des fränkischen Kreises nach Karlsbad und durch Baiern nach Linz. Erlangen 1791. V: *Füssel von Sichersreuth, Joh. Michael.* (Versuch einer Litteratur deutscher Reisebeschreibungen. Prag 1793. S. 119) (zibrt 1/2724) (BiblPort)

**Taschenbuch, Unterhaltendes. s. u.: Panorama (1801).**

Unterhaltendes **Taschenbuch**. [Hrsg. v. Friedrich Christian Schlenkert.] Mit Kupf. ([v. Johann Eleazar] Schenau, [gest. v.] C[hristian] F[riedrich] Stoelzel).
Leipzig: Sommer [1804]. 2 Bl., 344, 16 S., 4 Bl., 6 Kupfertaf. 12°
*Auch u. d. T.:* Panorama. Ein Taschenbuch auf das erste Jahr des neunzehnten Jahrhunderts.

— unterhaltendes. Mit Kpf. 12. Leipz. 804. Sommer. 20 gr. N. Ausg. auf das Jahr 1808. Mit Kpf. 12. Leipz., (W. Nauck). 1 Thlr.

— — unterhaltendes, auf d. Jahr 1808. N. Ausg. Mit Kupf. 12. Leipzig, Sommer. 820.

— unterhaltendes, auf das J. 1811. Mit K. 12. Leipz. Sommer.

— — dass. mit Scenen aus dem Leben d. Königin von Preußen. 16. Ebend. 816.

— — dass. s. a. Schlenkert, Fr.

— z. Unterhaltung, m. K. 12. Augsb. Bürglen.

— zur Unterhaltung, in einer Sammlung von guten Anekdoten u. witzigen Einfällen, aus dem Tagebuche eines lustigen alten Mannes. 8. Eisenach 837. Bärecke. 3/4 ℛ

— z. angenehmen u. nützl. Unterhaltung. 2 Bde. 8. Hamb. 786. Matthießen. 1 ℛ 12 ℊ

— zur Unterhalt. u. Aufheiterung. Mit 1 ill. Kpf. 12. Wien 812. Pichler. 16 ℊ

— zur belehr. Unterhaltung f. die Jugend auf 1797. Mit Kpf. 12. Bayreuth, Lübecks Erb. 16 ℊ illum. 1 ℛ 4 ℊ

**Taschenbuch** zur belehrenden Unterhaltung für Liebhaber der Pferde. 1—3. s. a. **Meßgeschenk** zur belehrenden Unterhaltung für Liebhaber der Pferde. 4—6.

*Taschenbuch* zur belehrenden Unterhaltung für Liebhaber der Pferde.
Hrsg. v. [Christian Ehrenfried] Seyffert von Tennecker. Mit illuminierten u. schwarzen Kupfern.
Leipzig: Seeger
Bdchn 1. 1801. 2. 1801.
Anf. u. d. T.: Meßgeschenk zur belehrenden Unterhaltung für Liebhaber der Pferde. 2. 1798 ff.
*Cc, 5:97c*

— z. geselligen Unterhaltung, s. a. K. Müchler.

**Taschenbuch z. geselligen Unterhaltung a. d. J. . . Hg.: K. Müchler.**
**1811. 132 S. M. Titelk. u. gest. Tit.**
**Berlin. Goed. VIII, 78, 143.**

*Taschenbuch* für gesellschaftliche Unterhaltung.
Mannheim
1795.

— zur gesellschaftl. Unterhaltung. Mit Kpf. 12. Manh. 795. Kaufmann. 1 ℛ

**Taschenbuch f. d. J. . . . . z. Unterhaltung auf d. Lande. Hg.: Frhr. E. A. v. Steigentesch.**
**1811. M. Kpf.**
**Wien.**

— zur lehrr. u. angenehmen Unterhaltung. Mit 12 Kpf. 12. Augsb., Bürglen. 16 ℊ

**Taschenbuch für magische Unterhaltung. Hg.: F. Molwitz.**
**1809 u. 1810. (Bd. 1 u. 2).**
**Schw.-Gmünd.**

— vaterländ., f. Freunde des Guten u. Schönen. Mit Kpf. u. Musik. 8. Kreuznach 805. (Leipz., Schmidt). 2 ℛ

Vaterländisches *Taschenbuch* für Freunde des Guten und Schönen zur Unterhaltung und Belehrung.
Frankfurt a. M.
Hrsg.: Ludwig Christian Kehr.
1805.

— vaterländ., f. Freunde des Guten u. Schönen, zur Unterhaltung u. Belehr. Mit Kpf. gr. 8. Frankf. a. M. 805. Jäger. 2 ℛ

**Taschenbuch, Vaterländ. historisches, auf alle Tage im Jahr . . . . s. u. Rambach, Fr. . . . .**

— venusisches, f. Damen, s. J. C. L. Paulmann.

*Taschenbuch* zur Verbreitung Geographischer Kenntnisse. Eine Übersicht d. Neuesten u. Wissenswürdigsten im Gebiete d. gesammten Länder- u. Völkerkunde.
Zugl. als fortlaufende Erg. zu Zimmermanns Taschenbuch der Reisen.
Mit Kupfern. Hrsg. v. Johann Gottfried Sommer.
Prag: Calve
Jg. 1 1823 – 25. 1847.
(*N. F.* Jg. 1.). 1848.
*Aa, 5:156*

**Taschenbuch** fürs Verdauungsgeschäft. Spashausen 1784. H: *Claudius, Georg Carl.* (MGT)

**Taschenbuch** für das Verdauungsgeschäft von 1785. Spashausen [Leipzig] 1785. V: *Claudius, Georg Carl.* (BrMm) (Ky) (Wr)

— f. die Verdauungsgeschäfte, (von G. K. Claudius). 8. Spashausen (Leipz.) 785. (Knobloch). 10 ℊ

— f. die Verehrer der schönen Literatur rc. Herausgg. von den geschätztesten Schriftstellern: Stampeel, Merkel, Kochlitz. 2 Bdchen. Mit 14 Kpf. 12. Frankf. a. M. 810 a. 814. Körner. 2 ℛ Hbg. Pr. 1 ℛ 8 ℊ

— für Vereins-Vorstände u. Vorstands-Mitglieder f. d. J. 1886. gr. 16. (221 S.) Berlin-Rixdorf, Bickhardt. geb. n. 1. 25

—— für d. gesell. Vergnügen. Eine Samml. witz. Parodien, launiger Gedichte u. kom. Burlesken rc. 12. (7⅙ B.) Wien 833, [Dorfmeister.]

— für das gesellige Vergnügen. Eine Sammlung witziger Parodien, launiger Gedichte u. komischer Burlesken rc. 12. Wien 833. Mausberger. (Leipzig, Hunger.) 5/12 ℛ

*Taschenbuch* zum geselligen Vergnügen.
[Begr.: Johann Ernst Friedrich Wilhelm Müller.] (1794–1814) hrsg. v. W[ilhelm] G[ottlieb] Becker. (1815–1832) hrsg. v. Friedrich Kind.
Leipzig: Voß [u. a.]
1791 (6. Aufl. 1797). 1792 (3. Aufl. 1800). 1793 (2. Aufl. 1797.) 1794. 1796–1800.
1801: (Neuer) Almanach und (Neues) Taschenbuch zu geselligen Vergnügen.
1803–1828. 1831. 1832.

*Weitere Titeländerungen:*
1794, 1796 u. d. T.: Taschenbuch und Almanach zum geselligen Vergnügen.
1798–1800 u. d. T.: Almanach und Taschenbuch zum geselligen Vergnügen
1815–1828 u. d. T.: W. G. Beckers Taschenbuch zum geselligen Vergnügen.
*Ff, 1:46*

Konkurrenzausgabe [ersch. trotz des von Friedrich Kind erwirkten Verbots weiterhin bei Gleditsch (sp. Voß) in Leipzig]
1820. 1822. 1824. 1827. 1828.
*Ff, 1:46*fin

**Taschenbuch** zum geselligen Vergnügen für 1791[—93]. Leipzig. II: *Müller, E.* (Lpz. Lit. Ztg. 1826, Sp. 828.) (GGr VIII, 42)

**Taschenbuch zum geselligen Vergnügen. (Forts. s. u.: Taschenbuch u. Almanach z. ges. Vergnügen. Hg.: W. G. Becker.**
**1791. M. 2 Kpf. u. 11 Musikb.**
**1792. M. 3 Kpf. u. Musikb.**
**1793. M. 6 Kpf., 1 Kte. u. Musikb.**
**Forts. s. u.: Taschenbuch u. Almanach z. gesell. Vergnügen.**
**Leipzig.** Goed. VIII, 42, 3 a.

Taschenbuch zum geselligen Vergnügen ... ([Hrsg.: Johann Ernst Friedrich Wilhelm Müller]; 1794—1814: W[ilhelm] G[ottlieb] Becker; 1815—1832: Friedrich Kind. [Mit Kupf. v.] D[aniel Nikolaus] Chodowiecki, D[aniel] Berger, Cl[emens] Kohl, [Johann Adolf] Darnst[a]edt [u. a.].)
Leipzig: Voß & Leo [u. a. 1793—1830.] 16°
[Bis 1801 u. 1810 Kupfert.]
1793—1797 [u. d. T.]: Taschenbuch und Almanach zum geselligen Vergnügen.
1801 [Nebent.]: Neuer Almanach und neues Taschenbuch zum geselligen Vergnügen.
1801—1802 [Nebent.]: Neues Taschenbuch zum geselligen Vergnügen.
1815—1828 [u. d. T.]: W. G. Becker's Taschenbuch zum geselligen Vergnügen.
*Konkurrenzausg. von Gleditsch seit 1819 s. Nr. 450*
[3/]1793: 16 Bl., XII, 205 S., 1 Bl., 1 Titelkupf., 5 Kupfertaf., 1 kol. Kt., 9 Notenbl., 13 Bl. Kupfertab. [*1 Kupfertaf. fehlt.*]
[4/]1794: 17 Bl., VI S., 3 Bl., 270 S., 2 Bl., 1 Titelkupf., 7 Kupfertaf., 2 kol. Kt., 14 S. Noten u. 12 Notenbl., 9 Bl. Kupfertab.
[5/]1795: 20 Bl., XIV S., 1 Bl., 264, 28 S., 6 Bl., 1 Titelkupf., 9 Kupfertaf., 1 kol. Kt., 17 S. Noten u. 11 Notenbl., 9 Bl. Kupfertab. [*2 Bl. Literar. Nachrichten vor Titelkupf. fehlen.*]
[6/]1796: 22 Bl., 294, 61 [vielm. 16] S., 8 Bl., 1 Titelkupf., 7 Kupfertaf., 18 S. Noten u. 8 Notenbl., 9 Bl. Kupfertab.
[7/]1797: 21 Bl., 338, 20 S., 11 Bl., 1 Titelkupf., 11 Kupfertaf., 1 kol. Kt., 18 S. Noten u. 10 Notenbl., 9 Bl. Kupfertab. [*10 Bl. d. Kalend. u. 2 Kupf. fehlen.*]
[8/]1798: 27 Bl., 352, 30 S., 1 Titelkupf., 12 Kupfertaf., 1 kol. Kt., 18 S. Noten u. 7 Notenbl. [*Fehlendes Titelbl. durch Fotokopie ergänzt; anscheinend fehlen 8 Bl. am Ende.*]
[9/]1799: 17 Bl., 10, 362, 8 S., 10 Bl., 1 Kupfertit., 11 Kupfertaf., 1 kol. Kt., 19 S. Noten u. 8 Notenbl., 1 Bl. Kupfertab. [*Davon fehlen 4 Landschaftskupf.*]
[10/]1800: 22 Bl., 396, 20 S., 12 Bl., 1 Titelkupf., 14 Kupfertaf., 39 S. Noten u. 8 Notenbl.
11/ 1801: 15 Bl., 356, 8 S., 20 Bl., 25 Kupfertaf., 35 S. Noten u. 8 Notenbl.
12/ 1802: 2 Bl., VI, 314, 6 S., 16 Bl., 11 Kupfertaf., 35 S. Noten u. 6 Notenbl.
13/ 1803: VIII S., 9 Bl., 336, 8 S., 5 Bl., 1 Titelkupf., 16 Kupfertaf., 39 S. Noten u. 7 Notenbl.
15/ 1805: VIII S., 9 Bl., 352 S., 8 Bl., 1 Titelkupf., 15 Kupfertaf., 32 S. Noten u. 8 Notenbl.
20/ 1810: XII, 372 S., 2 Bl., 1 Titelkupf., 22 Kupfertaf.
[28/]1818: XIV, 400 S., 1 Titelkupf., 16 Kupfertaf., 15 S. Noten.
[30/]1820: XX, 422 S., 1 Bl., 1 Titelkupf., 11 Kupfertaf., 12 Bl. Silh.-Alphab., 24 S. Noten u. Tanzfig.
[32/]1822: XII S., 1 Bl., 328 S., 3 Bl., 1 Titelkupf., 11 Kupfertaf., 23 S. Noten u. Tanzfig.
[36/]1826: XXXII, 468 S., 1 Titelkupf., 12 Kupfertaf., 25 S. Noten u. Tanzfig.
[37/]1827: XXVI, 424 S., 4 Bl., 1 Titelkupf., 12 Kupfertaf., 32 S. Noten u. Tanzfig.
[39/]1829: 10 Bl., 416 S., 1 Titelkupf., 8 Kupfertaf.
[40/]1830: 2 Bl., XX, 402 S., 1 Bl., 1 Titelkupf., 6 Kupfertaf.

Becker's W. G., Taschenbuch z. geselligen Vergnügen. Hg.: Fr. Kind.
1815. 2 Bl., VIII, 390 S. u. 4 Bl. M. 13 Kpf. u. 4 Bl. Tanzfig.
1816. 1 Bl., VIII, 392 S. u. 4 Bl. M. 13 Kpf. u. 4 Bl. Tanzfig.
1817. 1 Bl. VIII, 408, 32 S. u. 4 Bl. M. 13 Kpf. u 4 Bl. Tanzfig.
1818. XIV, 400, 15 S. u. 4 Bl. M. 13 Kpf. u. 4 Bl. Tanzfig.
1819. 1 Bl. XII, 412 S. u. 1 Bl. M. 13 Kpf. u. 3 Bl. Tanzfig.
1820. 1 Bl. XX, 422 S. 14 Bl. u. 24 S. M. 12 Kpf., 1 Silh.-Alphab., Mus. u. Tanzb.
1821. 1 Bl., XII, 434, 24 S. M. 18 Kpf. u. Musikb.
1822. 1 Bl. XII, 328, 23 S. u. 3 Bl. M. 12 Kpf., Tanzfig. u. Musikb.
1823. 1 Bl., XXVIII, 398, 45 u. 3 S., 16 S. u. 1 Bl. M. 14 Kpf. u. Musikb.
1824. 1 Bl., XXVI, 403, 31 S. M. 12 Kpf. u. Musikb.
1825. 1 Bl., XXX, 424, 31 S. M. 14 Kpf. u. Musikb.
1826. 2 Bl., XXXII, 468, 25 S. M. 14 Kpf. u. Musikb.
1827. 1 Bl., XXXVIII, 424, 32 S. u. 4 Bl. M. 14 Kpf. u. Musikb.
1828. 1 Bl., VI S., 1 Bl., 368 S. u. 4 Bl. M. 7 Kpf.
1829. 10 Bl., 416 S. M. 9 Kpf.
1830. 3 Bl., XX., 402 S. u. 1 Bl. M. 8 Kpf.
1831. 1 Bl., XVI, 367 (372) S. M. 7 Kpf.
1832. 1 Bl., XI, 372 S. M. 6 Kpf.
Leipzig u. Wien. Goed. VIII, 44—45, d, e.

— zum geselligen Vergnügen, m. K. u. Musik, herausg. v. Wilh. Gli. Becker. 1791. 92. 93. 94. 12. Leipz. Voß. (Gleditsch) (791. 16 gr. 792. 1 Rthlr. 4 gr. 793. 794. à 1 Rthlr. 8 gr.)

— — f. 1795. bis 1805. 12. Ebend. (à 1 Rthlr. 8 gr.)

— — f 1806. 7. 8. 9. 10. u. 11. 12. Ebend. (à 1 Rthlr. 16 gr.)

— — zum geselligen Vergnügen auf d. Jahre 1819—22. Herausgeg. von Fr. Kind. 12. Leipzig, Göschen. (819 bis 822. à 1 Thlr. 20 Gr. 822. 2 Thlr.)

— z. geselligen Vergnügen auf d. J. 1823—26. Mit Kpf. u. Musikteil. 16. Leipz., Gleditsch. à 2 Rthl. Herabgesetzter Pr. à 12 gr.

— dess. Jahrgg. 1827 u. 28. 16. Mit Kpfr. Leipz., Voß. à 1 Rthl. 16 gr.

— dass. herausgegeben v. Fr. Kind, f. d. J. 1823—28. Mit Kpf. 16. Leipz., Göschen. à 2 Rthl.

—— zum gesell. Vergnügen auf d. J. 1829. (39. od. neue Folge 9. Jahrg.) 16. (25½ B., 10 Kpfr. u. 1 B. Musikbeil.) Leipzig, Voß.
Jahrg. 1791—1814, hrsg. v. W. G. Becker, J. 1815—18 v. Fr. Kind, J. 1819—26 (1821—26 od. N. Folge 1—6. J.) v. A. Wendt u. Ferd. Philippi. Leipzig, [Brockhaus.] Zu hrbgs. Prsn. — J. 1827 u. 28. (od. N. Folge 7. u. 8. J.) Leipzig, Voß. à 1 Thlr. 16 Gr. — Mit dem J. 1819 verschwindet der Name des Begründers (W. G. Becker) vom Titel dieses Taschenbuches.

—— zum gesell. Vergnügen. Auf d. J. 1829—32. Hrsg. v. Fr. Kind; auf d. J. 1833, hrsg. v. .. (unbekannt.) 16. Leipzig, [Böhme.] [829. (27¼ B. u. 9 Kpfr.), 30. (26½ B. u. 7 Kpfr.), 31. (24¼ B. u. 7 Kpfr.), 32. (24 B. u. 6 Stahlst.) à 2 Thlr. 6 Gr., 33. (26 B. u. 2 Stahlst.) 2 Thlr.] 11 Thlr., hrbgs. Pr.
Jahrg. 1819—28, hrsg. v. Fr. Kind. Leipzig, Göschen. à 2 Thlr. Dieser Fortsetz. des „Taschenbuches z. ges. Verg." wurde nach Beendigung eines weitläufigen Prozesses zugestanden, den Namen des Begründers (W. G. Becker) auf dem Titel fortzuführen.

**TASCHENBUCH** zum geselligen Vergnügen für 1796. Mit 2 Tanztafeln nebst Erklärungs- und andern Kpfrn.
Bartholomäus p. 23.

**Taschenbuch** zum geselligen Vergnügen. Leipzig 1801. H: *Schink, Joh. Fch.* (Auct. Breslauer, Oct. 1910, Nr. 2558) (BiblPort)

**Taschenbuch** zum geselligen Vergnügen auf das Jahr... ([Hrsg. ab 1820: Amadeus Wendt, 1826 ff.: Ferdinand Philippi. Mit Kupf. v. Karl August] Schwerdgeburth, A[madeus] W[enzel] Böhm, Meno Haas [u. a.].)

Leipzig: Joh. Fr. Gleditsch; [bis 1823:] Wien: Carl Gerold (1827 ff.: Leipzig: Leop. Voß) 1819—1827. 16°

[Kupfert.]

*Trotz d. von Friedr. Kind erwirkten Verbotes erschienene Konkurrenzausg. zu Nr. 449*

*Mit zahlr. Erstdr. v. F. Rückert, E. T. A. Hoffmann, L. A. von Arnim, L. Tieck u. a.*

29/1819: VIII, 558 S., 1 Titelkupf., 11 Kupfertaf. davon 1 teilw. kol., 15 S. Noten.
1820: VIII, 576 S., 1 Bl., 1 Titelkupf., 11 Kupfertaf., 16 S. Noten.
(NF 2/)1822: V S., 1 Bl., 421 S., 1 Bl., 1 Titelkupf., 5 Kupfertaf., 8 S. Noten.
(NF 3/)1823: VI, 428 S., 7 Bl., 1 Kupfertit., 7 Kupfertaf., 16 S. u. 1 Bl. Noten.
(NF 5/)1825: IV, 380 S., 4 Bl., 1 Titelkupf., 10 Kupfertaf.
(NF 7/)1827: 2 Bl., 413 S., 1 Bl., 1 Titelkupf., 10 Kupfertaf., 16 S. Noten.

**Taschenbuch z. geselligen Vergnügen a. d. J. . . . .** Hg.: 1820/25 = A. Wendt, 1826/29 = Ferd. Philippi.
1819. 1 Bl. VIII, 558 S. 2 Bl. u. 15 S. M. gest. Tit., Kpf., Tanzfig. u. Musikb.
1820. 1 Bl. VIII, 576 S. 16 S. u. 1 Bl. M. gest. Tit., 11 Kpf., Tanzfig. u. Musikb.
1821. 1 Bl. X., 1 Bl., 448, 14 S. u. 5 Bl. M. gest. Tit., 10 Kpf. u. Musikb.
1822. V., 421 S. M. gest. Tit., 6 Kpf. u. Musikb.
1823. 2 Bl., VI. 428, 18 S. u. 7 Bl. M. gest. Tit., u. 8 Kpf. u. Musikb.
1824. 1 Bl. IV., 366 S. u. 5 Bl. M. Titelk., 9 Kpf. u. Musikb.
1825. IV, 380, 8 S. M. Titelk., 12 Kpf. u. Musikb.
1826. 1 Bl., 386, 84 S. u. 2 Bl. M. Titelk., gest. Tit., 10 Kpf. u 3 Rad. (Cruikshank).
1827. 3 Bl., 413, 16 S. u. 1 Bl. M. 12 Kpf. u. Mus.
1828. 4 Bl., 391. 16 S. M. 12 Kpf. u. 2 Musikb.
1829. 1 Bl., XII, 394, 16 S. M. Titelk., gest. Tit., 9 Kpf. u. 3 Musikb.
Leipzig u. Wien. Goed. VIII, 46—48 b.

**Taschenbuch z. geselligen Vergnügen. Auf d. J. . . . . M. Beiträgen v. W. Blumenhagen, L. Kruse, J. F. Castelli, H. Meynert, K. L. Kannegiesser, C. Morvell u. A.**
1833 3 Bl., 403 u. 5 S. M. gest. Tit. u. 2 Kpf.
Leipzig (Hartmann). Goed. VIII, 46, 3 E.

**Taschenbuch zum geselligen Vergnügen für Liebende.**
(1819).
Dresden. Goed. VIII, 100, 218. Hayn-G. VII, 596.

—f. geselliges Vergnügen; in neuen Familienspielen, scherzhaften Räthseln, Liedern ꝛc. .. Frtf. a. M. 804. Döring. 12 gr

—z. Vergnügen, Lieder u. Spiele. 8. Halle ... Dreyßig. 6 gr

— — für Verheiratete u. Unverheiratete auf das Jahr 1817, oder: wie findet man das Paradies der Ehe? Berlin, Hayn, 1818.
Wagenseil, Lit. Alman. I. Lpz. 1827. 8°. S. 185.

— für Verliebte ꝛc. s. a. Hauspostille f. Verliebte ꝛc.

**Taschenbuch für Verliebte.**
(1798). (1. einziger Jg.) Tit., 2 Bl. 300 S.
Dasselbe erschien u. d. Titel: **Hauspostille für Verliebte.**
o. O. (Leipzig). Hayn-G. VII, 593.

Taschenbuch für Verliebte, 1r Jahrgang, 8. (Leipzig) 798. (Meyer) brochirt. 1 Rtl.
Dasselbe Buch gebunden in Futterale, 1 Rtl. 10 sgl.
Auch unter dem Titel:
Hauspostille für Verliebte, 1r Theil.

—f. Verliebte. 8. Leipz. 802. (W. Rauck). 1 ß

— — für Verlobte und Alle, die im Begriff sind es zu werden.... (hrsg. von Carl Gutmann = Dietr. Anton Carl Rose). Potsdam 1802.
Anon.-Lex. IV. p. 153 (nach Kayser).

—f. Verlobte, u. Alle, die im Begriff sind es zu werden. Vom Verfass. des Spiegels. (Gutmann). 8. Potsd. (802). Vogler. 15 gr

—— für Verlobte, u. Alle, die im Begriff sind es zu werden, Für Deutschlands edle Söhne u. Töchter. Von d. Verf. d. „Spiegels" (†K. Gutmann). 8. (11½ B.) Potsdam 831, Vogler.

—od. Verzeichniß von medicin., botan., physikal., anatom. u. alchymist. Büchern. 8. Bresl. 787. W. G. Korn. 10 gr

— veterinärarztliches, s. a. Adam, Th.

— — siehe auch: Veterinär-Kalender.

—— veterinärärztliches. Hrsg. von Th. Adam. 1. und 2. Jahrg. 1861 und 1862. gr. 16. Würzburg, Stahel'sche Buchh. [1. Jahrg. (VII und 312 S.) 2. (IV und 344 S.)]
geb. à Jahrg. *
Durchschossen à Jahrg. *

—— veterinärärztliches. Hrsg. von Th. Adam. 1863—68. 3.—8. Jahrg. gr. 16. (à Jahrg. IV und 344 S.) Würzburg, Stahel'sche Buchh. geb. 3. Jahrg. * 18 Ngr.; 4.—8. Jahrg. à *
durchschossen 3. Jahrg. 28 Ngr.; 4.—8. Jahrg. à *

—— veterinärärztliches. Hrsg. von Th. Adam. 1869—1875. 9.—15. Jahrg. gr. 16. (IV, 368; IV, 340; IV, 354; IV, 384; IV, 389; IV, 414; IV, 414 S.) Würzburg, Stahel'sche Buchh. geb. 1869—1872. à * M. 2,10.; 1873—1875. à *
Durchschossen 1869—1872. à * M. 3.; 1873—1875. à *

—— veterinärärztliches. Hrsg. von Th. Adam. 1876—1880. 16.—20. Jahrg. gr. 16. (IV, 414; IV, 425; IV, 431; 431; IV, 447 S.) Prag, Mercy. geb. à Jahrg. *
durchschossen à Jahrg. *

—— veterinärärztliches. Hrsg. von Th. Adam. 1881—1885. 21.—25. Jahrg. gr. 16. (IV, 371; IV, 391; IV, 199, 206; IV, 199, 210; IV, 199, 215 S.) Würzburg, Stahel'sche Universitäts-Buchh. geb. in Leinw. à Jahrg. *
durchsch. à Jahrg. * M. 2,80.; geb. in Ldr. à *

Taschenbuch, veterinärärztliches. Hrsg. von Th. Adam. 1886—1888. 26.—28. Jahrg. gr. 16. (IV, 199, 219; . . . . . . VI, 199, 242 S.) Würzburg, Stahel'sche Universitäts-Buchh.
geb. in Leinw. à Jahrg. *
geb. in Leinw. und durchsch. à Jahrg. *
geb. in Leder à Jahrg. *

—— veterinärärztliches, f. d. J. 1890—1893. Bearb. v. Ph. J. Göring. 30.—33. Jahrg. Neue Folge, 1.—3. Jahrg. d. vormals Adam'schen Taschenbuchs. à Jahrg. 2 Tle. gr. 16. (à Jahrg. 300—350 S. u. 1 Schreibkalender.) Würzb., Stahel.
à Jahrg. geb. in Leinw. * 3 —; durchsch. * 3 50; in Ldr. * 3 80
durchsch. * 4 20
Der 2. Thl. allein u. d. T.: Veterinärpersonal-Verzeichniss d. Deutschen Reiches. Bearb. v. Ph. J. Göring. (98 S.) * — 80.

— veterinärärztliches. Bearb. v. Ph. J. Göring. 1894. 34. Jahrg. Neue Folge. 5. Jahrg. des vormals Adam'schen Taschenbuchs. 2 Thle. gr. 16. (VIII S., Schreibkalender, 287 u. 104 S.) Würzburg 893. Stahel. Geb. in Leinw. u. geh. n. 3. —; durchsch. n. 3. 50; in Ldr. u. geh. n. 3. 80; durchsch. n. 4. 20
Der 2. Thl. allein u. d. T.: Veterinärpersonal - Verzeichniss d. Deutschen Reiches. Bearb. v. Ph. J. Göring. (104 S.) n. 1. —

— dasselbe. 1895. 35. Jahrg. Neue Folge. 6. Jahrg. d. vormals Adam'schen Taschenbuchs. gr. 16. (VIII S., Schreibkalender u. 242 S.) Ebd. 894. Geb. in Leinw. n. 3. —; durchsch. n. 3. 50; in Ldr. n. 3. 80; durchsch. n. 4. 20

— d. deutsch. Vögelkunde, od. kurze Beschreib. aller Vögel Deutschlands, m. 77 illum. Kpf. von Meyer u. Wolf. 2 Thle. gr. 8. Frankf. Willmanns. 810.

— fur deutsche Volksschullehrer, auf das Jahr 1839. In vierteljahr. Heften herausg. von d. Schullehrern Phil. u. Karl Henkel. 1r Jahrg. 16—46 Hft. 12. Bacha 839, 40. Schmitt u. Müller. à 1/3 ℛ︁

— volkswirtschaftlich-statistisches, 1910. Bearb. v. Hugo Bonikowsky. (XIV, 205 S.) kl. 8. Kattowitz, Gebr. Böhm. Geb. in Leinw. 2. —

— vollständiges, sämmtlicher Formeln der Algebra, Geometrie, Stereometrie und Trigonometrie zum Zwecke selbstständ. Lösung mathemat. Aufgaben und Probleme, insbesond. für angeh. Offiziere und einjähr. Freiwillige von H. Bnfld. 8. (31 S.) Würzburg 868, Stahel'sche Buchh.

— vollständiges, f. Kunst- u. Lustfeuerwerker u. Liebhaber dieser Unterhaltung, zur Erhöhung u. Verschönerung ländl. Vergnügungen, besonders bei Volks- u. Familienfesten. Mit 27 Kpftaf. 8. Pesth 820. Hartleben. 1 ℛ︁ 14 gr. Hbg. Pr. 1 ℛ︁ illum. 2 ℛ︁ 12 gr.

— für ökonomisch-administrative Vormerkungen. 12. (63 S.) Troppau 895. Neutitschein, R. Hosch. — 85; geb. in Leinw. n. 1. —

Taschenbuch für ökonomisch - administrative Vormerkungen. 8. (63 S. mit Notizblättern.) Gebunden —.50
Troppau: Zenker 1895.

— auf d. J. 1910 f. Vorsteher, Sekretäre u. Mitglieder evangelischer Männer-, Jünglings- u. Jugend-Vereine, christl. Vereine junger Männer u. verwandter Vereiniggn., Stadtmissionare, Gemeindehelfer u. andere Reichgottesarbeiter. Hrsg. v. Heinr. Stuhrmann. 4. Jahrg. (192 S. m. 1 Taf.) kl. 8. Barmen, Westdeutscher Jünglingsbund. Geb. in Leinw. — 75
Erscheint nicht mehr.

Taschenbuch der Vorzeit a. d. J. . . . . Hg.: J. Fr. v. Rösch.
1805. M. 1 Kpf. u. 1 Taf.
Stuttgart.

*Taschenbuch* der Teutschen Vorzeit auf das Jahr . . . von Friedrich Ernst Carl Mereau. [Mit Kupfern v. Abraham Wolfgang Küffner.]
Nürnberg, Jena: Schneider u. Weigel
[Zugl.:] Almanach der teutschen Vorzeit.
1794.
8° *XVIII, 31a*

— des Waffenunterrichts der königl. baier. Infanterie. 1s Bdchn. 32. Amberg 827. Müller. (Leipz., Magaz. f. Ind.) 3 gr.

— des Waffenunterrichts für die k. Bayer. Infanterie. 4 Bdchn. 12. Regensburg 827 — ... Reitmayr. 1 ℛ︁

— des Waffen-Unterrichts der Königl. Bayer. Infanterie. 4 Bdchn. Mit 1 Steintafel. 16. Regensburg 837, 38. Reitmayr. 1 ℛ︁

Taschenbuch d. Waffen-Unterrichts d. Inf. T. 1—4. Mit Pl. München 1849. 1850.

— des Waffen-Unterrichts der Königl. Bayer. Infanterie. 4 Thle. gr. 16. (XXXII u. 519 S. m. 2 lith. Taf.) München 849. (Kaiser.) n. 24 ngr.

— des Waffen-Unterrichts der königl. bayer. Infanterie. 1. und 2. Thl. 2. Aufl. gr. 16. (XIII und 324 S. mit 1 Stnt.) München 859, Kaiser. [1. Thl. * 8 Ngr., 2. Thl. * 5 Ngr.]

— des Waffen-Unterrichts der Königl. Bayerischen Infanterie. 2 Thle. 2. Aufl. München 861. Kaiser. 16. (XIII, 324 S. u. 1 lith. Taf.) 1.: n. 8 ngr.; 2.: n. 5 ngr.

**Taschenbuch** deutscher Wandervereine . . . Trier 1894. V: *Dronke, Adolph.* (Berl)

— deutscher Wandervereine. Nach den Mitteilgn. der Mitglieder d. Verbandes deutscher Touristen-Vereine zusammengestellt v. dem Vorsitzenden d. Verbandes. 12. (VI, 198 S.) Trier 894. (F. Lintz.) n. 1. 50

— der Wasserheilkunde. 1. Bdchn. — A. u. d. T.: Dr. Jh. Sigm. Hahn's Unterricht von der Kraft u. Wirkung des frischen Wassers bei dessen innerl. u. äußerl. Gebrauche. In einem zweckmäß. Auszuge mit Zusätzen bearbeitet. gr. 12. Ansbach 841, Brügel. (Erlangen, F. Enke.) n. 6 1/4 ngr.

— dass. 2. Bdchn. — A. u. d. T.: Handbüchlein zur Erlernung u. Ausbreitung der Wasserheilkunde, mit Hinsicht auf die Schädlichkeit der Arzneien u. ihren Folgen. Mit 1 Abbild. gr. 12. Kempten 841, Dannheimer. 1/6 ℛ︁

— f. Webereien. Garn-Tabellen, nebst Auszügen aus den Gewerbe- u. Handels-Gesetzen. 2. verb. Aufl. 8. (32 S.) Leipzig (900). Spinner & Weber, Hausdorff & Co. n.n. — 75

— od. Wegweiser f. Groß-Glogau, z. Gebrauch für Fremde u. Einheimische (von v. Arend). 8. Bresl. 809. Barth. 20 gr.

**Taschenbuch** für schweizerische Wehrmänner. 1880. 4. Jahrg. 16. (206 S. m. 1 Holzschntaf., 4 Chromolith. u. 1 Lichtdr.) Frauenfeld, Huber in Comm. geb. n. 1. 60

— f. edle Weiber u. Mädchen, mit Beitrr. v. Posselt, Pfeffel, A. Lafontaine, Buri u. A.; hrsgg. v. Wilhelmine Müller geb. Maisch. 7 Jahrgg. mit 33 Kpf. Taschenform. Karlsr. 801—7. Müller. 4 ℛ︁

Taschenbuch auf das Jahr . . . für edle Weiber und Mädchen. Hrg.: W. Müller, geb. Maisch.
1801. M. Kpf.
1802. M. Kpf.
1803. M. Kpf.
1804. M. Kpf.
1805. M. Kpf.
1806. M. Kpf.
1807. M. Kpf.
Pforzheim—Carlsruhe. Hayn-G., VII, 594. Goed. VIII, 56, 28.

— — auf das Jahr 1803 für edle Weiber u. Mädchen, hrsg. v. Wilhelmine Müller, gebohrener Maisch. Mit Kpfrn. Pforzheim, Chrn. Frdr. Müller. 12⁰. Orig. Cart. m. Goldschn. Zahm.
Dr. Franz Schnitzer's Bibl. München 1902. Nr. 1371.

— f. edle Weiber u. Mädchen, herausgg. v. Wilhelmine Müller, f. 1806. 12. . . . 2e Aufl. (Stuttg., Sattler; a. Hoffmann). 16 gr

## Taschenbuch, Weidmann.

Leipz. 1802—4. H: *Seidel, Carl August Gottlieb.* (StAt)

Taschenbuch v. Weimar, Neujahr 1801, herausgg. v. F. K. L. v. Seckendorf. 12. Berl. 801. Gädicke. 1 ß — Dass. Ostern 1801. 12. Ebd. 1 ß

— f. Weimar, auf d. Jahr 1805; enthalt. die Feierlichkeiten in St. Petersburg u. Weimar bei Vermählung u. des Einzugs des Erbprinzen Karl Friedrich von Weimar u. Marie Pawlowna v. Rußland, (v. F. K. L. v. Seckendorf). Mit ill. u. schwarz. Kpf. 12. Weimar . . . Hoffmann. 2 ß

*Taschenbuch* für Weimar. Aufs Jahr 1805.
Die Feierlichkeiten in St. Petersburg u.
Weimar, bei Gelegenheit d. Vermählg u.
d. Einzugs . . . d. Erbprinzen Karl Friedrich
z. S. Weimar u. Eisenach etc. u. . . . d.
Frau Erbprinzessin Maria Pawlowna . . .
[Hrsg.: Franz Karl Leopold Frhr. von
Seckendorff-Aberdar.]
Mit ausgemalten u. schwarzen Kupfern.
(*Sign.*: Th J, 2:33b)
Weimar: Verl. d. . . . Hof- und
Stadtbuchdr.
*Ff*, 2:76a

— weimar., dram., s. a. Hell.

Weimarisches dramatisches *Taschenbuch*
für größere und kleinere Bühnen. Unter d.
Theilnahme v. Castelli, H. Clauren [d. i.
Karl Gottlieb Samuel Heun] . . .
Hrsg. v. Theodor Hell [d. i. Karl Gottlieb
Theodor Winkler].
Weimar: Hoffmann
Jg. 1. 1823. (Mit Claurens Portrait u. 5 kol.
Kupfern.)
[Mehr nicht ersch.]
*Ff*, 3c:25

— Weimarisches dramat., für größere u. kleinere Bühnen, herausg. von Th. Hell. 1r Jahrg. 1823. (Enth.: Der Bethlehemitische Kindermord, v. Geyer. -- Das Gasthaus zur goldnen Sonne, v. H. Clauren. — Die alten Spielkameraden, v. E. v. Houwald. — Ein Mann hilft den andern, v. Frau v. Weißenthurn). Mit H. Claurens Bildn. u. 3 ill. Kpf. 12. Weimar, Hoffmann. 1 ß 16 gr

— für das Weinfach m. Termin-Kalender. Beilage zum Weinblatt. Für d. J. 1909. (XVI, 40 S.) 16. Neustadt a/H., D. Meininger. —20

Taschenbuch für Weinkäufer, Weintrinker und Weinhändler für das Jahr 1800.
Berlin: Oehmigke 1800. VI, 202 S. -- 1*. Frei 100*
Dass. erschien auch u. d. T.: Der Weinkenner. 1800. -- s. Nr 160.

— f. Weintrinker, s. Weinkenner.

— der Weisheit, f. junge Freunde derselben. 1r Bd. 8. Leipz. 800. Rein. 12 gr

Taschenbuch d. Weisheit, für junge Freunde derselben.
1801. Erstes Bdchen.
Pretzsch. Goed. VIII, 58, 43.

—— für d. elegante Welt, auf d. J. 1834. — A. u. d. T.: Bilder aus d. Leben e. genialen Dichters uns. Zeit. Romant. bearb. v. Isidor. 8. (15 B. u. schön verzierter Titel mit Vign.) Magdeburg 833, [Berlin,] Rubach. Thlr.

— der allgemein. Weltgeschichte u. Geographie. 8. Berlin, Schöne. 801.

— der Welt- u. Lebensklugheit. 8. Leipz. 811. N. A. 820. (W. Nauck). 1 ß

— der Welt- und Lebensklugheit. Leipzig, Sommer. 811.

Taschenbuch, Wernigk's, für die Feldartillerie. Jg. 20. 1905 u. 24—30. Berlin 1911—1918

Westphälisches *Taschenbuch*. Hrsg. v.
Karl Gottlieb Horstig u. Christian Ulrich
Frhrn von Ulmenstein.
Minden: Körber
1801.
8⁰ *Zs* 7

— westphäl., ein Neujahrsgeschenk für gebildete Jünglinge u. Jungfrauen, herasgg. v. C. W. Spieker. 32. Halle 808. Waisenhaus-B. 18 gr s. auch M. K. Pothmann.

Taschenbuch, Westphälisches. Ein Neujahrsgeschenk für gebildete Jünglinge u. Jungfrauen. Hg.: C. W. Spieker.
1809. 214 S.
Halle u. Bln. Goed. VIII, 69, 120.

— westphälisches, fürs Volk. Auf das J. 1815, herausg. v. Pothmann. 8. Lemgo, Meyer. 815.

— für Wetter-Beobachter. Hrsg. v. Assmann. Für Stationen II. Ordng. gr. 16. (190 u. 31 S.) Magdeburg 884. Faber. geb. n. 2. —

— dasselbe. Für Stationen niederer Ordng. gr. 16. (118 u. 16 S.) Ebend. 884. geb. n. 1. 75

— Wiener, f. 1803. 1r Jahrg. enthalt.: histor.-malerische Reise durch Istrien u. Dalmatien; nach d. Französ. v. Cassas u. la Vallee. Mit 17 Kpf. 12. Wien, Degen. 1 ß 16 gr 2r Jahrg. f. 1804, enthalt. histor.-malerische Reise durch Syrien, Phönicien u. Nieder-Aegypten, nach d. Französ. v. Volney, Cassas u. du Theil. Mit 21 Kpf. 12. Ebd. 1 ß 16 gr 3r Jahrg. f. 1805, enthalt. die Fortsetzung d. Reise durch Syrien rc. Mit 21 Kpf. 12. Ebd. 1 ß 16 gr 4r Jahrg. für 1806 u. 1807, enth. histor.-mahler. Reise durch Neapel u. Sicilien, nach d. Französ. v. St. Non, Desprez, Robert u. Chastelet, nebst and. interessant. Aufsätzen. Mit 20 Kpf. 12. Ebd. 1 ß 16 gr 5r Jahrg. f. 1808, enth. Schilderung des ottomannischen Reichs nach Mouradgea d'Ohsson u. and. interess. Aufsätze. Mit Kpf. 12. Ebd. 1 ß 16 gr 6r Jahrg. f. 1809, enthalt. histor.-maler. Reise durch Griechenland nach Choiseul-Gouffier u. and. interessant. Aufsätzen. Mit 12 Kpf. 12. Ebd. 1 ß 16 gr

Wiener Taschenbuch für . . . ([Mit Kupf. v.] J[ohann] Blaschke [u.] J[osef] Gerstner.)
Wien: J. B. Degen [1803—1805]. 12°
[Kupfert.]
[1/]1803: 12 Bl., 186 S., 3 Bl., 1 Titelkupf., 16 Kupfertaf., 1 Pl., 18 Bl. Tab. in Kupf. m. Vign. [Darin d. Taf.:] „Historisch-malerische Reise durch Istrien und Dalmatien".
[3/]1805: 15 Bl., 155 S., 3 Bl., 1 Titelkupf., 18 Kupfertaf., 20 Bl. Tab. in Kupf. m. Vign. [Darin d. Taf.:] „Historisch-mahlerische Reise durch Syrien, Phönicien und Nieder-Aegypten".

— Wiener, f. Jünger Gabelsberger's auf d. J. 1890. Red. v. C. Weizmann. Hrsg. vom Gabelsberger-Stenografen-Centralvereine in Wien. 1. Jahrg. gr. 16. (III, 116 S. m. Abbildgn. u. 62 autogr. S.) Ebd. 890. n. 1. 20; geb. n. 1. 60

— Wiener, für Jünger Gabelsberger's auf das Jahr 1891. Redigirt von Carl Weizmann. II. Jahrg. 16. (62 S.) In Lnwd. geb. —.90
Wien: Perles.

— Wiener, f. Jünger Gabelsberger's auf d. J. 1892. III. Jahrg. gr. 16. (116 u. 62 autogr. S. m. Portr.) Ebd. 891. Geb. in Leinw. n. 1. 60

— Wiener musikalisches, 1910. Illustr. Kalender f. Musikstudierende u. Freunde der Tonkunst. Mit Aufsätzen v. Frz. Haböck, Ed. Seuffert, Frz. Schalk u. a. u. e. statist. Tl. v. Karl Bixner. (247 S. m. Taf.) 16. Wien, (H. Goldschmiedt). Geb. in Leinw. 2. —

— Wiener, zum Nutzen u. Vergnügen auf d. Jahr 1786, aus Meisner's Bianka Capello. gr. 12. Leipz., Graffé. 20 gr. — Dass. f. d. Jahr 1787 (v. Karl Escherich). 8. Wien 787. ...

Wiener Taschenbuch zum Nutzen und Vergnügen. 1794
s. Wiener Taschenkalender zum Nutzen und Vergnügen.

**Taschenbuch, Wiener,** für Soldaten und ihre Freunde. Wien u. Triest 1806. V: *Bach, G. M.* (KA I, 49)

— Wiener, f. Soldaten u. ihre Freunde. Mit 2 Kpfr. 12. Wien 806. Geistinger. (Gerold). 20 gr. Hbg. Pr. 12 gr.

— der westf. Wilhelms-Universität zu Münster i. Westf. 17. Ausg. Winter-Sem. 1910/11. (112 S. m. 1 Karte.) kl. 8. Münster, H. Schöningh. — 80; f. Studenten nn — 50

**Taschenbuch, Wissenschaftliches,** und unterhaltende Anekdoten von Gelehrten älterer und neuerer Zeit. . . . Bresl. 1823. H: *Bornmann, Joh. Gfr.* (MGT) (Ky)

**Taschenbuch** für Wundärzte. Leipz. [1804]. H: *Lara, Benj.* (Call)

— f. Wundärzte. 2 Bde. 8. Leipz. Sommer. 811.

— f. Wundärzte, aus d. Engl. 2 Bde. 8. Leip. Sommer. 816.

**Taschenbuch** für die deutschen Wundärzte, für 1783 [—90]. Altenburg. V [1785]: *Hausmann, Joh. Steph.* (Register): *Weiz (Waitz), Frdr. Aug.* (EngM) V (1789—90): *Weiz, F. A.* (Ky)

— f. die deutschen Wundärzte f. 1783—88, (1785 von J. St. Hausmann). f. 1789 u. 90 mit d. Hauptregister (von F. A. Waitz). Mit Kpf. 8. Altenb., Richter. (Hennings in Neisse). 3 Thlr 2 gr Für 1791—95, od. Fortsetzung, s. J. A. Waitz, medicin.-chirurg. Aufsätze.

**Taschenbuch** der Wunder und Seltenheiten in der Natur . . . Leipz. 1818. H: *Bergk, Johann Adam.* (NN) (Ky) (MGT)

— der Wunder u. Seltenheiten in d. Natur, der Kunst u. in d. Menschengeschichte, (v. J. A. Bergk). Mit 12 Kpf. 12. Leipz. 818. Baumgärtner. 1 Thlr 12 gr Hbg. Pr. 16 gr

Taschenbuch, Württembergisches, a. d. J. . . . . Für Freunde und Freundinnen des Vaterlandes. Hg.: Fr. Nast.
1806. 194 S. M. 1 Portr. u. 4 Ans.
Ludwigsburg. Goed. VIII, 64, 91.

— Würzburger akademisches. Hrsg. v. Ballhorn u. Cramer. IV. Winter-Sem. 1894/95. Mit Führer durch Würzburg u. seine Umgebg. 16. (XVI, 37 S.) Würzburg 894. Ballhorn & Cramer. n. — 75

— f. Zeichenlehrer, s.: Adler, C.

**Taschenbuch** für junge Zeichner auf 1801 . . . nach d. Engl. . . . Berlin 1801. H: *Lang, Frdr. Carl.* (MGT) (Ky)

— f. junge Zeichner auf 1801: nach d. Engl. the compleat drawing-book, (v. Karl Lang). Mit Kpf. 12. Berl., Maurers B. 1 Thlr 8 gr mit 4 ill. Landschaften. 1 Thlr 16 gr

— f. junge Zeichner u. Mahler zum Unterricht u. zur Uebung. Mit 20 schwarzen u. 4 illum. Kpf. 4. Quedlinb. 2e A. 811. Ernst. 1 Thlr

Taschenbuch mit Zeichnungen und Angaben über die Verwendung von Eisen im Hochbau. Hrsg. vom Stahlwerks-Verband A.-G. Düsseldorf 1910

— zum Zeitvertreib f. muntere Gesellschaften. 12. Marb. 800. Krieger. 4 gr

— für die Ziegel-Industrie, hrsg. von B. Buschmann. 1. Jahrg. 1903. 12. (XI, 246 S. m. 1 Bildnis.) Berlin, Gebr. Borntraeger. Geb. n.n. 4. 50

— für die Ziegel-Industrie, hrsg. v. B. Buschmann. 2. Jahrg. 1904. (XXXII, 256 S. m. Abbildgn. u. 1 Bildnistaf.) 12. Berlin, Gebr. Borntraeger. Geb. n.n. 4. 50

— für die Ziegel-Industrie, hrsg. v. B. Buschmann. 8. Jahrg. 1910. 2 Tle. (X, 192, 144 u. VI, 108 S. m. Fig., 2 Bildnissen u. 1 Karte.) kl. 8. Berlin, Gebr. Borntraeger. Geb. in Leinw. u. geh. 5. —

Zimmermanns Taschenbuch der Reisen. *Ergänzung*
s. Taschenbuch zur Verbreitung geographischer Kenntnisse. 1826—1844.

— für Civil-Aerzte, s. a. Medizinal-Kalender.

— für Civilärzte, s. a. Wittelshöfer, L.

— für Civilärzte. Herausg. von L. Wittelshöfer. 1. Jahrg. 1859. Wien. (Seidel.) 16. (102 S. u. 92 Notizbl.) n. 1 Thlr.

**Taschenbuch** für Zöglinge des Buchhandels. Carlsruhe 1834. H: *Hilsenberg, Ludw.* (Cb)

—— für Zöglinge d. Buchhandels. (Von Louis Hilsenberg.) gr. 12. (6 B.) Carlsruhe 834, Velten. 1 Thlr., hrbgf. Pr.

Taschenbuch f. Kgl.-Preuß. Zoll- u. Steuerbeamte, ingl. f. Kaufleute, Fabrikanten, Gewerbtreibende rc., enth., die Erhebungsrolle u. d. vollständ. Tarife d. äußern u. innern indirekten Steuern rc. Nebst den Zoll- u. Handels-Verträgen zwischen Preußen, Baiern, Würtemberg u. Hessen-Darmstadt. Von e. K. Preuß. Grenzzoll-Beamten. 8. (13½ B.) Berlin 830, Natorff u. Comp.

— für Zollbedienstete u. Zollpflichtige enthltd. in alphabetischer Ordnung alle Gegenstände des amtlichen Waarenverzeichnisses zum neuen Vereinszolltarif, mit Berücksichtigung der seit 1. Juli 1865 erfolgten Abänderungen rc. (Herсg. von J. Hunglinger.) Nürnberg 866. (J. L. Schmid's Verlag.) 8. (III, 267 S.) geb. 25 ngr.

— zoologisches, für Studirende. 2. Aufl. 8. (162 S.) Erlangen 878. Besold. geb. n. 3. —

—— zürcher, auf die J. 1858 und 1859. Hrsg. von Gerold Meyer v. Knonau und Salomon Vögelin. 1. Jahrg. 1—3. Aufl. und 2. Jahrg. br. 8. Zürich, Orell, Füßli und Comp. [1. Jahrg. (IX und 254 S. mit 4 Stnt. Abbild. in Tondr.) 2. Jahrg. (XV und 251 S. mit 2 Chromolithogr.) à Jahrg. * 1 Thlr. 10 Ngr.] *

Beide Jahrgänge zusammen sind jetzt zum Preise von * 1 Thlr. 20 Ngr. zu beziehen.

Jahrg. 1860 und 1861 sind nicht erschienen.

— Zürcher, auf das Jahr 1862. Herausg. von Sal. Vögelin. 3. Jahrg. Zürich, Orell, Füßli & Co. 16. (V, 222 S. u. 1. Lithogr.) n. 1 ℛ︀ 10 ngr.

— Zürcher, auf das J. 1878. Hrsg. von einer Gesellschaft zürcher. Geschichtsfreunde. Neue Folge. 1. Jahrg. Mit 2 Abbildungen. (1 Chromolith. u. 1 Holzschntaf.) 8. (VIII, 173 S.) Zürich, Orell, Füßli & Co. Verl. cart. n. 4. —

— dasselbe auf das J. 1879. 2. Jahrg. Mit 3 Abbildungen. (1 Steintaf., 1 Lichtdr. u. 1 Zinkotypie.) gr. 8. (VII, 324 S.) Ebend. n. 5. —

— dasselbe auf das J. 1880. Neue Folge: 3. Jahrg. Mit 2 (lith. u. 1 chromolith.) Abbildgn. 8. (V, 327 S.) Ebend. n. 5. —

— dasselbe auf das J. 1881. Neue Folge: 4. Jahrg. Mit 4 (1 lith. u. 3 eingedr.) Abbildgn. 8. (XVI, 312 S.) Ebend. 881. n. 5. —

**Taschenbuch,** Zürcher, auf das Jahr 1882. Herausgegeben von einer Gesellschaft zürcherischer Geschichtsfreunde. Neue Folge. Fünfter Jahrgang. In-8⁰, 337 S. mit 3. Abbildungen. Zürich, S. Höhr. 1882.

**Taschenbuch, Zürcher, auf das Jahr 1883, herausgegeben von einer Gesellschaft zürcherischer Geschichtsfreunde. Neue Folge: VI. Jahrgang. In-8⁰, 337 S. mit 2 Abbildungen. 1883, Zürich, S. Höhr.** br. 5 — geb. 6 —

— Zürcher, auf das Jahr 1884. Herausgeg. von einer Gesellschaft zürcher. Geschichtsfreunde. Neue Folge. 7. Jhrg. In-8, 272 S. u. 2 Abbildungen. Zürich, S. Höhr. 5 —

**Züricher Taschenbuch auf das Jahr 1885.** Herausgegeben von einer Gesellschaft zürcherischer Geschichtsfreunde. N. F. VIII. Jahrg. Mit 2 Abbildgn. In-8⁰, 327 S. Zürich, S. Höhr.

**Zürcher Taschenbuch auf das Jahr 1886. Herausgegeben von einer Gesellschaft zürcherischer Geschichtsfreunde. N. F. IX. Jahrg. Mit 3 Abb. Gr. in-8⁰, 331 S. Zürich, S. Höhr.** geb. 5 —

**Taschenbuch, Zürcher, auf das Jahr 1887. Herausgegeben von einer Gesellschaft zürcherischer Geschichtsfreunde. Neue Folge, zehnter Jahrgang. Mit einer Abbildung. Gr.-in-8⁰, 287 S. Zürich, S. Höhr.** 5 — geb. 6 —

— Zürcher, auf das Jahr 1888. Herausgegeben von einer Gesellschaft zürcherischer Geschichtsfreunde. Neue Folge, 11. Jahrg. Mit 2 Kunstbeilagen. Gr. in-8⁰, 264 S. Zürich, S. Höhr. 5 —, geb. 6 —

— — auf das Jahr 1889. 328 S., 2 Taf. Ebd.

**Taschenbuch,** Zürcher, auf das Jahr 1890. Hrsg. v. einer Gesellschaft zürcher. Geschichtsfreunde. N. F. 13. Jahrg. Mit 2 Taf. In-8⁰. 308 S. Zürich, S. Höhr, 1890. 5 —

Inhalt: Rittmeister Anton Ott, z. Schwert, und seine Gattin Dorothea Ott, geb. Rosenstock. Ein biogr. Denkmal aus dem Nachlasse von *S. Vögelin.* Die religiöse Erweckung der zehner und zwanziger Jahre unsers Jahrhunderts in der deutschen Schweiz, von *G. Finsler.* Die Briefe der Frau von Staël an Jakob Heinrich Meister, von *H. Breitinger.* David Hess u. Ulrich Hegner. Mittheilungen aus ihrem Briefwechsel in den J. 1812—39. Hrsg. von *F. O. Pestalozzi* (Schluss). Aus den Reisetagebüchern eines alten Zürchers. Vortrag von *O. Escher-Ott.* Die Hofpfalzgrafen in der Schweiz, von *F. von Jecklin.* Zürcher Chronik auf das Jahr 1888, von *K. G.* Beiträge und Materialien zur Geschichte von Stadt und Kanton Zürich.

— Zürcher, auf das Jahr 1891. Hrsg. von einer Gesellschaft zürcherischer Geschichtsfreunde. Neue Folge, 14. Jahrg. Mit Portr. u. 2 Illustr. In-8⁰. 309 S. Zürich, S. Höhr. 5 —

Inhalt: Aus Briefen an J. J. Horner (1773 bis 1831), mitgetheilt von *H. Blümner.* Kleine Schweizerreise im September 1816 von J. Martin Usteri, mitgetheilt von *F. O. P.* (Mit 2 Illustr.). Briefe aus den Jahren 1809—15 von Salomon Hirzel, mitgetheilt von *A. Bürkli.* Noch Einiges von und über den Apostel der Geniezeit Christof Kaufmann von Winterthur. Die älteste Züricher Zeitung, von *H. Bodmer.* Professor Dr. Heinrich Grob, von *O. Markwart.* (Mit Portr.). Zürcher Chronik auf das Jahr 1889, zusammengest. von *A. M.* Uebersicht der vom Oktober 1889 bis Oktober 1890 erschienenen Beiträge und Materialien zur Geschichte von Stadt und Kanton Zürich.

**Taschenbuch,** Zürcher, auf das Jahr 1892. Hrsg. von einer Gesellschaft zürcher. Geschichtsfreunde. Neue Folge. 15. Jahrg. Mit 3 Illustr. In-8⁰. I, 308 S. Zürich, S. Höhr. 5 —; Leinwd. 6 —
Inhalt: Ein pädagog. Sendschreiben vom Jahre 1775, mitgetheilt von *J. Keller*. Jost Grob, ein Lichtbild aus dem kirchlichen Leben der Schweiz im 17. Jahrh., von *J. Pfister*. Das ehemalige Chorherrenstift St. Martin auf dem Zürichberg, von *H. Zeller-Werdmüller* (mit Bild.). Bodmer's persönliche Anekdoten, hrsg. von *Th. Vetter*. Aus Hofrath Büel's Stammbüchern, mitgetheilt von *J. Bächtold*. Eine Schweizerreise aus dem Jahre 1773, nach einem unedirten Manuskript der Zürcher Stadtbibliothek, mitgetheilt von *O. Markwart* (mit Bild). Zürcher Chronik auf das Jahr 1890, zusammengestellt von *G. H.* Uebersicht der vom Oktober 1890 bis Oktober 1891 erschienenen Beiträge und Materialien zur Geschichte von Stadt und Kanton Zürich.

**Taschenbuch,** Zürcher, auf das Jahr 1893. Hrsg. von einer Gesellschaft zürcherischer Geschichtsfreunde. Neue Folge. 16. Jahrg. Mit 5 Abbild. In-8⁰. 311 S. Zürich, Höhr & Fäsi. Geb. 6 —
Inhalt: Die Schlosser-Lavater'sche Korrespondenz aus den Jahren 1771 u. 1772. Mitgeth. v. *J. Keller*. — Die Freien von Eschenbach, Schnabelburg u. Schwarzenberg. Von *H. Zeller-Werdmüller*. — Erinnerungen des Obersten Johannes Landolt von Zürich aus den J. 1807—1815. Hrsg. von *A. Maag*. — Bericht des Antistes Hess über seinen Antheil an den Vorgängen des 29. Januars 1798. Mitgeth. v. *O. Hunziker*. — Zürcher Chronik auf das J. 1891. Uebersicht der vom Octob. 1891 bis Octob. 1892 erschienenen Beiträge u. Materialien zur Geschichte von Stadt u. Kanton Zürich.

— Zürcher, auf das Jahr 1894. Herausgeg. von e. Gesellschaft zürcherischer Geschichtsfreunde. Neue Folge. 17. Jahrg. Mit Abbildg. In-8⁰. 310 S. Zürich, Füsi & Beer. 5 —

— Zürcher auf das Jahr 1895. Herausgegeben von einer Gesellschaft zürcherischer Geschichtsfreunde. Neue Folge: 18. Jahrg. M. Abbildg. In-8⁰. 286 S. Zürich, Fäsi & Beer. 5 — geb 6 —
Lebenserinnerungen von Prof. Dr. *Albert Mousson* (1805—1890) Mit Bild. Die Zürcher Bibel, geschichtliche Skizzen, von *E. Egli*. Die Kosten einer Pfäverser Badekur im Jahre 1803, von *E. Meyer-von Knonau*. Antistes Dr. Joh. Jakob Hess und Pfarrer Joh. Kasp. Lavater in ihren gegenseitigen Beziehungen, von Pfarrer *P. D. Hess*. Der ehemalige Silberschatz der engeren und weiteren Konstaffel in Zürich, von *W. Tobler-Meyer*. Mit Abbildung. Eine Studienreise eines zürcherischen Theologen in den Jahren 1727—1729. Das Nachtschreiberamt in Zürich, von Professor *G. Meyer-von Knonau*. Zusammenstellung der in den Jahren 1620—1819 in der Stadt und Landschaft Zürich gesammelten Liebesgaben, von *G. Girsberger*. Zürcher Chronik auf das Jahr 1893. Zusammengestellt von *H. v. G.* Übersicht der vom Oktober 1893 bis zum Oktober 1894 erschienenen Beiträge und Materialien zur Geschichte von Stadt und Kanton Zürich.

**Taschenbuch,** Zürcher, auf das Jahr 1896. Herausgegeben von einer Gesellschaft zürcherischer Geschichtsfreunde. Neue Folge: 19. Jahrg. Mit 1 Portr. u. 1 Kärtchen. In-8⁰. 281 S. Zürich, Fäsi & Beer. br. 5 —; gb. 6 —
Lebenserinnerungen an Prof Dr. *Albert Mousson*, 1805—90 (Schluss). Mit dem Portrait *Joh. Heinr. Landolts*. Meta Heusser, eine zürcherische Dichterin, von *L. Pestalozzi*. Des Johann Amos Komenius „Ueblicher Vernunfftschluss od. Schlussrede der gantzen Welt". Nach Akten des zürcherischen Staatsarchivs, dargest. von *Fr. Zollinger*. Die Juden Zürichs im Mittelalter, von *Emil Bär*. Zürich am Vorabend der Reformation, von *Emil Egli*. Aus den Reisetagebüchern eines alten Zürchers. Vide Zürcher Taschenbuch 1890. Mitgeteilt von *K. Escher-Hirzel*. Zwei Weihnachtsgedichte von Antistes *Heinrich Bullinger* (1504—75). Erlebnisse eines zürcherischen Offiziers aus der Schlacht bei Warburg (31. Juli 1760). Fragment einer Autobiographie Pestalozzi's (nach dem Originale der Zürcher Stadtbibliothek). Jakob Redingers Reise in das Türkische Heerläger, wie es ihm dort, und in der rukreise ergangen (1664). Nach dem Original im Staatsarchiv zu Zürich, veröffentlicht von *Fr. Zollinger*. Mit 1 Kärtchen des Donau- und Waaggebietes. *Hans Georg Nägeli* über Pestalozzi. Zürcher Chronik auf das Jahr 1894, zusammengestellt von *A. N.* Übersicht der vom Oktober 1894 bis Oktober 1895 erschienenen Beiträge und Materialien zur Geschichte von Stadt und Kanton Zürich.

**Taschenbuch,** Zürcher, auf das Jahr 1897. Herausgegeben von einer Gesellschaft zürcherischer Geschichtsfreunde. Neue Folge: 20. Jahrg. Mit 1 Taf. (Burg Marmels im Oberhalbstein) u. Textabb. In 8⁰. 259 S. Zürich, Fäsi & Beer. Brosch. 5 —; gebd. 6 —

— — auf das Jahr 1898. III, 207 S., 2 Taf. Ebd.

—, Zürcher, auf d. Jahr 1899. Hrsg. von einer Gesellschaft zürcher. Geschichtsfreunde. Neue Folge. 22. Jahrg. 8⁰. 325 S. Mit 3 Bildern. Zürich, Fäsi & Beer. 5 —

**Taschenbuch.** Zürcher auf das Jahr 1900. Herausgeg. v. e. Gesellschaft zürcherischer Geschichtsfreunde. Neue Folge. 23. Jahrg. In-8⁰. 311 S. Zürich, Fäsi & Beer. 5

Taschenbuch. Zürcher Taschenbuch auf das Jahr 1901. Hrg. von einer Gesellschaft zürcherischer Geschichtsfreunde. Neue Folge: Jahrg. 24. [Mit 6 Textbildern und 1 Porträttafel.] IV + 305 S. 8. Zürich, Fäsi & Beer, 1901. [fr. 5. — ]

Taschenbuch. Zürcher Taschenbuch auf das Jahr 1902. Hrg. von einer Gesellschaft zürcherischer Geschichtsfreunde. Neue Folge: Jahrg. 25. [Mit 2 Ansichts-Tafeln.] IV + 303 S. 8. Zürich, Fäsi & Beer, 1902. [br. fr. 5. —, geb. fr. 6. —]

Taschenbuch. Zürcher Taschenbuch auf das Jahr 1903. Hrg. von einer Gesellschaft zürcherischer Geschichtsfreunde. Neue Folge: Jahrg. 26. [Mit 3 Tafeln und 1 Illustration.] IV + 300 S. 8. Zürich, Fäsi & Beer, 1903. [br. fr. 5. —, geb. fr. 6. —]

**Taschenbuch.** Zürcher Taschenbuch auf das Jahr 1904. Hrg. von einer Gesellschaft zürcherischer Geschichtsfreunde. Neue Folge: Jahrg. 27. [Mit 3 Tafeln.] IV + 318 S. 8. Zürich, Fäsi & Beer, 1904. [fr. 5. —, geb. fr. 6. —]

Taschenbuch. Zürcher T' auf das Jahr 1905. Hrg. von einer Gesellschaft zürcherischer Geschichtsfreunde. Neue Folge: Jahrg. 28. [Mit Illustrationen und 6 Tafeln.] VI + 286 S. 8. Zürich, Fäsi & Beer, 1905. [fr. 5. —, geb. 6. —]

Taschenbuch. Zürcher T' auf das Jahr 1906. Hrg. von einer Gesellschaft zürcherischer Geschichtsfreunde. Neue Folge: Jahrg. 29. [Mit Illustrationen, 1 Plan und 1 Tafel.] IV + 292 S. 8. Zürich, Fäsi & Beer, 1906. [fr. 5. —, geb. 6. —]

**Taschenbuch.** Zürcher T' auf das Jahr 1907. Hrg. von einer Gesellschaft zürcherischer Geschichtsfreunde. Neue Folge: Jahrg. 30. [Mit Illustrationen und 2 Tafeln.] IV + 271 S. 8. Zürich, Fäsi & Beer, 1907. [fr. 5. —, geb. 6. —]

**Taschenbuch.** Zürcher T' auf das Jahr 1908. Hrg. von einer Gesellschaft zürcherischer Geschichtsfreunde. Neue Folge: Jahrg. 31. [Mit 1 Abbildung und 5 Tafeln.] IV + 300 S. 8. Zürich, Fäsi & Beer, 1908. [fr. 5. —, geb. 6. —]

Taschenbuch. Zürcher T' auf das Jahr 1909. Hrg. von einer Gesellschaft zürcherischer Geschichtsfreunde. Neue Folge: Jahrg. 32. [Mit 3 Tafeln.] IV + 300 S. 8. Zürich, Fäsi & Beer, 1909. [fr. 5. —, geb. 6. —]

Taschenbuch. Zürcher T' auf das Jahr 1910. Hrg. von einer Gesellschaft zürcherischer Geschichtsfreunde. Neue Folge: Jahrg. 33. [Mit Illustrationen und 1 Porträt-Tafel.] IV + 290 S. 8. Zürich, Beer & Co., 1910. [fr. 5. —, geb. 6. —]

Taschenbuch. Zürcher akademisches, für 1886–88. Nicht mehr erschienen.

**Taschenbuch,** Zürcher akademisches, f. 1886/87. Nach offiziellen Quellen bearb. v. Rudolphi & Klemm. gr. 16. (XII, 48 S.) Zürich, Rudolphi & Klemm. cart. n. 1.

— Zürcher akademisches, f. 1887/88. Nach offiziellen Quellen bearb. gr. 16. (XII, 64 S.) Zürich 888. Klemm. cart. n. 1. 20

— Züricher akademisches. Hrsg. unter Benützung amtl. Quellen u. handschriftl. Mitteilgn. v. E. Speidel. Winter-Sem. 1898/99. 12. (80 S.) Zürich 898. E. Speidel. n. — 50

**Taschenbuch-Apologie.** 1.—3. Bdchn. 16. Linz, Preßverein. à n. — 90

1. Taschenbuch-Apologie od. Begründung des kathol. Glaubens. Apologet. Katechismus der Religion f. jeden Gebildeten, vornehmlich zum Gebrauch der studier. Jugend. Von Kasimir Gennari. Aus dem Ital. übersetzt v. Joh. Gföllner. (204 S.) 903.
2. Die Gottheit Jesu Christi im Lichte der Vernunft. Volkstümlich zusammengestellt. Von Hieronymus N. Maria Miskowiec. (VIII, 148 S.) 906. — 90
3. Einwürfe gegen die hl. Beicht, widerlegt. Von Jak. Wagner. (173 S.) 903.

**Taschenbüchel** für junge Leute, zu Hause, auf Reisen . . . zu beautzen von Mercier; frey a. d. Franz. übers. . . . [Ravensburg] 1801. B: *Gradmann, Ulrich Christoph.* (MGT)

Taschenbücher der Handelscorrespondenz. Praktischer Cursus d. kaufmänn. Briefstyls in den wichtigsten neueren Sprachen. 3., 7. u. 8. Bd. 8. Lpz., C. A. Koch. * 6 50; geb. * 8 —

3. Booch-Arkossy, F. Die englische Handelscorrespondenz. 3. verb. Aufl. (XVI, 180 S.) 891. * 2 —; geb. * 2 50.
7. Lange, Ludw. Herm. Portugiesische Handelscorrespondenz. Lehrbuch d. modernen geschäftl. Briefstyls. (XI, 176 S.) 889. * 2 —; geb. * 2 50.
8. Gibes, M. Die polnische Handelscorrespondenz. (VII, 187 S.) 892. * 2 50; geb. * 3 —.

Bd 1—6 erschienen u. d. T.: Cursus, praktischer, d. kaufmännischen Briefstyls rc.

**Taschenbücher** der Handelskorrespondenz in 10 Sprachen. I. Abtlg. 2 Tle.; II. Abtlg. 2 Tle.; III. Abtlg. 1. Tl. u. X. Abtlg. 1. Tl. gr. 8. Leipzig, G. A. Gloeckner. n. 13. 50; geb. n. 16. —

I. Taschenbuch der Handelskorrespondenz in deutscher u. englischer Sprache. Versehen m. e. Anleitung zum leichten Erlernen des kaufmänn. Briefstils. In 2 Tln. Ursprünglich hrsg. von L. Simon, Chr. Vogel, H. P. Skelton u. W. C. Wrankmore. 18. Aufl. Durchgesehen u. verb. v. Chr. Vogel u. Leland Mason. 2 Tle. Englisch-Deutsch. (XII, 203 S.) — Deutsch-Englisch. (XII, 232 S.) 901. à n. 2. —; geb. à n. 2. 60

II. Taschenbuch der Handelskorrespondenz in deutscher u. französischer Sprache. In 2 Tln. Ursprünglich hrsg. v. J. Schanz, Fr. Courvoisier, P. H. Skelton, D. Kaltbrunner u. C. F. Dénervaud. Versehen m. e. Anleitg. zur leichtern Erlerng. des kaufmänn. Briefstils. 20. Aufl., erweitert u. verb. von Chr. Vogel. 2 Tle. Französisch-Deutsch u. Deutsch-Französisch. (VIII, 243 u. XII, 239 S.) 903. à n. 2. —; geb. à n. 2. 60

III. Taschenbuch der Handelskorrespondenz in italienischer u. deutscher Sprache. Von G. Locella. (In 2 Tln.) 1. Tl. Italienisch-Deutsch. 5. sorgfältig verb. u. verm. Aufl. (VIII, 196 S.) 903. n. 2. 50; geb. n. 3. —

X. Taschenbuch der Handelskorrespondenz in russischer u. deutscher Sprache, versehen m. e. Wörterbuch. Von Jul. Pfeiffer. (In 2 Tln.) Hrsg. unter Mitwirkung v. A. Markow u. S. Mandelkern. 1. Tl.: Russisch-Deutsch. 2. verb. u. verm. Aufl. (VIII, 198 S.) 903. n. 3. —; geb. n. 3. 60

**Taschenbücher** der Handelskorrespondenz in 10 Sprachen. I. Abtlg. 1. Tl., IV. Abtlg. 1. Tl. u. X. Abteilg. 2. Tl. 8. Leipzig, G. A. Gloeckner. n. 8. —; geb. n.n. 9. 70

I. 1. Taschenbuch der Handelskorrespondenz in deutscher u. englischer Sprache. Versehen m. e. Anleitg. zum leichten Erlernen des kaufmänn. Briefstils. (In 2 Tln.) 19. Aufl. Durchgesehen u. verb. v. Chr. Vogel u. Leland Mason. 1. Tl.: Englisch-Deutsch. (XII, 203 S.) 907. n. 2. —; geb. n. 2. 60

IV. 1. Dasselbe in spanischer u. deutscher Sprache. (In 2 Tln.) Ursprünglich hrsg. v. H. Robolsky u. Santo Domingo. 1. Tl. Spanisch-deutsch. 5. Aufl. Durchgesehen, erweitert u. verb. v. Chr. Vogel. (X, 241 S.) 905. n. 3. —; geb. n.n. 3. 50

X. 2. Taschenbuch der Handelskorrespondenz in deutscher u. russischer Sprache, versehen m. e. Wörterbuch. Von Jul. Pfeiffer. (In 2 Tln.) Hrsg. unter Mitwirkg. v. A. Markow u. S. Mandelkern. 2. Tl. Deutsch-russisch. 2. verb. u. verm. Aufl. (VIII, 202 S.) 905. n. 3. —; geb. n. 3. 60

**Taschenbücher** der Handelskorrespondenz in 10 Sprachen. I. u. II. Abtlg. à 2 Tle. gr. 8. Leipzig, G. A. Gloeckner. 8.—; geb. in Leinw. 10. 40

Vogel, Chr., Taschenbuch der Handelskorrespondenz in französischer u. deutscher Sprache. — Manuel de correspondance commerciale des langues française et allemande. 2 Tle. 22. Aufl., erweitert u. verb. Französisch-Deutsch u. Deutsch-Französisch. (VIII, 243 u. XII, 239 S.) 910. (II. Abtlg.) à 2.—; geb. in Leinw. à 2. 60

— u. Leland Mason, Taschenbuch der Handelskorrespondenz in englischer u. deutscher Sprache. — Manual of mercantile correspondence in two languages — English and German. Versehen m. e. Anleitg. zum leichten Erlernen des kaufmänn. Briefstils. 2 Tle. 20. Aufl., durchgesehen u. verb. Englisch-Deutsch u. Deutsch-Englisch. (XII, 203 u. XII, 232 S.) 910. (I. Abtlg.) à 2.—; geb. in Leinw. à 2. 60

**Taschenbücher,** illustrierte, f. die Jugend. Hrsg. von der Red. des Guten Kameraden. 1.—20. Bdchn. 12. Stuttgart, Union. Geb. in Leinw à n. 1. —

1. Berufswahl: Armee u. Marine. Mit 57 Abb. (128 S.) (899.)
2. Aquarium u. Terrarium. Von Herm. Lachmann. Mit 76 Abb. größtenteils nach Originalen des Verf. (128 S.) (899.)
3. Liebhaber-Photographie. Von G. Lehnert. Mit 67 Abb. (140 S.) (899.)
4. Der junge Elektrotechniker. 2. Aufl. Mit 152 Abb. (136 S.) (899.)
5. Kleine Sternkunde. Mit 73 Abbildgn. (128 S.) (899.)
6. Jugend-Theater. Mit 63 Abbildgn. (127 S.) (899.)
7. Der Schmetterlingssammler. Von Alex. Bau. Mit 98 Abbildgn., z. Tl. nach Originalen u. Orig.-Zeichngn. des Verf. (123 S.) (900.)
8. An der Hobel- u. Drehbank. Mit 121 Abbildgn. (128 S.) (900.)
9. Berufswahl: Die 4 Fakultäten. Mit 15 Abb. (127 S.) (900.)
10. Radfahren. Von G. Lehnert. Mit 69 Abb. (128 S.) (900.)
11. Der Briefmarken-Sammler. Von Hans Brendicke. Mit 168 Abbildgn. (131 S.) (900.)
12. Der junge Schiffbauer. Von Waap. Mit 29 Abbildgn. u. 10 Taf. (48 S.) (900.)

13. Lustige Rechenkunst. Von Aug. Schuster. 2. Aufl. Mit 40 Abbildgn. (128 S.) (901.)
14. Berufswahl. Das technische Studium. Von H. Bauer. Mit 16 Abbildgn. 2. Aufl. (138 S.) (901.)
15. Die Pflege d. Haustiere. Von Herm. Lachmann. Mit 9 Taf. u. 63 Abbildgn. im Text. 2. Aufl. (126 S.) (901.)
16. Das Zauberbuch. Von Alex. Helmbürger. Mit 66 Abbildgn. 2. Aufl. (128 S.) (901.)
17. Der Münzensammler. Von Hans Brendicke. Mit 83 Abbildgn. 2. Aufl. (130 S.) (901.)
18. Das Mikroskop. Von Sigm. Schertel. Mit 90 Abbildgn. 3. Aufl. (143 S.) (901.)
19. Lawn Tennis u. andere Spiele. Von Ph. Heineken. Mit 83 Abbildgn. (118 S.) 902.
20. Chemiker, der junge. Mit 78 Abbildgn. (142 S.) (902.)

— illustrierte, f. die Jugend. Hrsg. v. der Red. des Guten Kameraden. 21.—26. Bd. 12. Stuttgart, Union.] Geb. in Leinw. à n. 1. —
21. Berufswahl: Der Staatsdienst. Von Wilh. Dilloo. 3. Aufl. Mit 12 Abbildgn. (126 S.) (903.)
22. Der Käfersammler. Von Alex. Bau. Mit 188 nach der Natur gezeichneten u. photographisch aufgenommenen Abbildgn. 4. Aufl. (112 S.) (903.)
23. Zimmerturnen. Von Geo. Lehnert. Mit 105 Abbildgn. u. 263 Uebungsbeispielen. 2. Aufl. (144 S.) (903.)
24. Der junge Pappkünstler. Eine Anleitg. f. kleine u. große Knaben zur Herstellg. v. allerlei leichten u. nützl. Arbeiten aus Papier u. Pappe. Von Gust. Gast. Mit 115 Abbildgn. im Text. (135 S.) (904.)
25. Experimentierbuch, chemisches. Mit 42 Abbildgn. 2. Aufl. (138 S.) (905.)
26. Arbeiten aus Zigarrenkisten. Allerhand Winke u. Anreggn. f. fleiß. Hände. Von F. Moser. Mit 190 Abbildgn. 2. Aufl. (116 S.) (906.)

— illustrierte, f. die Jugend. Hrsg. v. der Red. des Guten Kameraden. 2. 4. 7. 8. 16. 19. 20. 24. 25. u. 27. bis 31. Bd. kl. 8. Stuttgart, Union. Geb. in Leinw. à 1. —
An der Hobel- u. Drehbank. 9.—11. Taus. (128 S. m. 121 Abb.) (910.) (8. Bd.)
Bau, Alex., der Schmetterlingssammler. Mit 98 Abbildgn., zum Tl. nach Originalen u. Orig.-Zeichngn. des Verf. 9. Aufl. (123 S.) (909.) (7. Bd.)
Chemiker, der junge. 12., neudurchgeseh. u. ergänzte Aufl. (142 S. m. 78 Abb.) (910.) (20. Bd.)
Elemente, galvanische, u. Akkumulatoren. Mit 56 Abbildgn. 1. u. 2. Aufl. (Je 127 S.) (909.) (29. Bd.)
Experimentierbuch, chemisches. Mit 42 Abbildgn. 8. Aufl. (138 S.) (909.) (25. Bd.)
Gast, Gust., der junge Pappkünstler. Eine Anleitg. f. kleine u. große Knaben zur Herstellung v. allerlei leichten u. nützl. Arbeiten aus Papier u. Pappe. 8. Aufl. (135 S. m. 115 Abb.) (910.) (24. Bd.)
— Häusliche Schnitzkunst. Eine Anleitg. zur selbständ. Herstellg. allerlei Schnitzwerks. Hrsg. v. der Red. des Guten Kameraden. Mit 100 Abbildgn. 2. Aufl. (139 S.) (907.) (27. Bd.)
Heimbürger, Alex., das Zauberbuch. Mit 66 Abbildgn. 10. Aufl. (128 S.) (909.) (16. Bd.)
Heineken, Th., Lawn Tennis u. andere Spiele. 8. Aufl. (118 S. m. 83 Abb.) (910.) (19. Bd.)
Lachmann, Herm., Aquarium u. Terrarium. Mit 10 Taf. u. 76 Abbildgn. im Text größtenteils nach Originalen des Verf. 17.—21. Taus. (126 S.) (910.) (2. Bd.)
Regel, Karl, der junge Physiker. Eine elementare Darlegg. der hauptsächlichsten physikal. Tatsachen u. ihre Anwendgn. (133 S. m. 70 Abb.) (910.) (30. Bd.)
Schnetzler, Eberh., der junge Elektrotechniker. Neu bearb. (38.—42. Taus.) (138 S. m. 144 Abb.) (910.) (4. Bd.)
Voigtländer-Tetzner, Walt., der Pflanzensammler. (132 S. m. 39 Abb.) (910.) (31. Bd.)
Wohlbold, H., der Mineraliensammler. Mit 71 Abbildgn. (132 S.) (908.) (28. Bd.)

Taschenbuch-Kalender für das J. 1875. 64. (4 S.) Harburg, Elkan. — 30

**Taschenbüchlein**; ein Geschenk für die Kinder der Landleute, welche rechtschaffene und glückliche Menschen werden wollen. O. O. 1802. V: *Rothamel, Conrad Friedrich.* (MGT) (Stri) (Ky)

**Taschenbüchlein**, anatomisches, zur Nachhilfe beim Studium nach Natur und Antike. Dresden 856. Arnold. gr. 8. (40 lith. S. mit Abbildgn.) nn. 7½ ngr.

**Taschenbüchlein** f. Bergsteiger [nebst Kalender]. (40 u. 40 S. m. Abbildgn.) 16. Bern 909. Stämpfli & Co. Kart. 1. 80

**Taschenbüchlein** für Dienstboten. Zürich 1772. V: *Lavater, Johann Kaspar.* (schstr S. 101)

Taschenbüchlein, dramatisches, für die Figurentheater der Kinder, s. F. Tietz.

Anonym: „Gemeinnütziges Taschenbüchlein für Handlung und Haus; oder neuester Rathgeber, mit Sicherheit zu rechnen", Breslau 1821 (Schöne).

Taschenbüchlein für fröhl. Gesellschafter ꝛc., hrsg. v. J. E. Grosser, s. a. Grosser.

— für fröhliche Gesellschafter und alle, die es werden wollen. Gesammelt u. herausgeg. von J. E. Größer. 2 Bdchn. Neue Ausg. 12. Breslau 834. Pelz. 1/2 ₰

**Taschenbüchlein**, Hamburgisches, für Fremde u. Einheimische. Enth.: die Eisenbahn-, Dampfschifffahrts- u. Omnibus-Linien; Fahrpreise; Droschken-, Jollen- u. Gepäcktransport-Taxe; Thorsperre; Postämter; Münzsorten; Theaterpreise u. s. w. Mit einem Grundrisse von Hamburg. (in 4.) 8. (16 S.) Hamburg 847, Berendsohn. n. 1/3 ₰

— f. Jagdfreunde. 1s Heft. A. u. d. T.: Die Feier des Hubertus-Festes am … Nov. 1829 v. Hubertus-Vereine zu Halberstadt. 16. Halberst. 830. Brüggemann. 12 gr

—— für Jagdfreunde. 1. Hft. — A. u. d. T.: Die Feier d. Hubertus-Festes am … Nov. 1829 vom Hubertus-Vereine zu Halberstadt. 16. (6¼ B.) Halberstadt 830. [Leipzig, Schreck.]

**Taschenbüchlein** z. neuen Jahre f. Jünglinge u. Mädchen. 8. Bern 795. Typ. Soc. 12 gr

Taschenbüchlein f. Kammerjungfern und Stubenmädchen a. d. J. . . . .
1781. M. 1 Kpf.
1782. M. 1 Kpf.
1783. M. 1 Kpf.
Wien. Hayn-G. VII, 599.

Taschenbüchlein für Kammerjungfern und Stubenmädchen auf das Jahr 1781, in 16⁰ mit Kallender (!) in Brüsslerleder 40 Kr. etc.
Ankündigung in der „Wiener Zeitung" 1781.

**TASCHENBÜCHLEIN** für Kammerjungfern und Stubenmädchen auf das Jahr 1782. Wien, bey Jos. Gerolden. 12⁰. Mit 1 Kupfer. (2 Mk. der Vorige, 1876.)
Magaz. d. Buch- u. Kunst-Handels. Jahrg. 1781. Lpz., gr. 8⁰., S. 449, hat „Taschenbüchel" u. „16⁰". — Kayser II. 1827. p. 562 hat: „1781—83". Ebd., Kurzbeck. 12⁰. (12 gr.)

**Taschenbüchlein**, kleines, f. meine jugendl. Freunde u. Freundinnen. 8. Hamb. 784. Matthießen. 3 gr

**Taschenbüchlein** f. sächsische Lehrer auf d. J. 1874. gr. 16. (46 S.) Leipzig, Bauer. n. — 50

—— münchener, auf das J. 1857. 21. Jahrg. 32. (80 S.) München 856, Franz. ** mit Kpfrn. *
Vgl.: Taschenkalender, münchener.

— Nassauisches, mit Notizen aus d. Landesgeschichte. 1800 bis 1802. 18. Hadamar, Gelehrten-Buchh. (à 2 gr) 6 gr

Taschenbüchlein, neues, z. Beförd. d. Freude d. gesell. Vergnügens rc. f. C. F. G. Langbein.

— neues unentbehrlich., für Weinkäufer u. Weintrinker, um d. Verfälschung zu entdecken rc. 8. Neuburg. (Joachim in Leipz.) 805.

— zum Nutzen, Vergnügen u. Unterhaltung. 12. Stuttg. 802. (Sonnewald). 5 gl

— poetisches, statt aller Musenalmanache. 3 Jahrgg. 8. Hamb. 780—82. Neuß. 12 gl

— politisches, od. Erzähll. u. Charakterzüge aus der alten u. neuen Geschichte zur Belebung eines freien u. kräftigen Gemeingeistes unter allen Ständen des deutschen Vaterlandes. (v. C. v. Salza). 8. Leipz. 832. Wolbrecht. 12 gl

**Taschenbüchlein** für liebe Reisende . . . O. O. 1790. V: *Lavater, Joh. Casp.* (Zuwachsverz. d. Bibliotheken in Zürich 1898 ff.)

Taschenbüchlein f. Schnellreisende auf Dampfschiffen u. Eisenbahnen rc. 1. Bdchn. — A. u. d. Ttln.: Livre et Atlas de Poche, ou petit guide pour les passagers des Bateaux-à-Vapeur et des Chemins-de-fer. 1. Vol. — Taschenbüchlein d. Dampfschifffahrt zwischen Rotterdam u. Basel. Mit einigen Seitenexcursionen. Mit Routen-Atlas (12 Bl.) gr. 12. (4½ B.) Heidelberg 838, [Engelmann'sche Vrlsh.]

**Taschenbüchlein** für Schnellreisende auf Dampfschiffen und Eisenbahnen rc. 2. Bdchn. Taschenbüchlein der Eisenbahn- und Schnellpost-Routen in Belgien und Rheinpreußen. — Livre et Atlas de Poche ou petit guide pour les passagers des bateaux a vapeur et des chemins de fer. 2. Vol. gr. 12. (Mit 11 col. Karten. Heidelberg 843, Engelmann. (Leipzig, Barth.) (à) ¾ ℛ

**Taschenbüchlein** für die Terziaren des hl. Franziskus. Bregenz 1903. V: *Tischler, Franz* (nicht: *Thaler, Kassian*). (margr)

**Taschenbüchlein** des guten Tones für evang. Bündler im Umgang mit Katholiken. Dai. 1900, kl. 8°, 10 Pf. (Heft 4.)

**Taschenbüchlein** für Weise. Basel 1789. V: *Lavater, Johann Kaspar.* (schstr S. 124)

—— des Witzes und Scherzes, der Schwänke, Späße, komischen und ergötzlichen Anecdoten, theils noch nicht veröffentlicht, theils wenig bekannt. Gesammelt von Hilarius. Nach dem Französ. bearb. von A. Weinholz. 32. (VI und 323 S.) Leipzig 852(53,) Haendel.

Taschencalender, s. Taschenkalender.

Taschencatechismus, s. Taschenkatechismus

Taschen-Commentar, s. Taschen-Kommentar

**Taschen-Commersbuch** s.: Taschen-Kommersbuch.

Taschen-Complimentirbuch,
s. Taschen-Komplimentierbuch

Taschencomponist, s. Taschenkomponist

**Taschen-Comptoirist, St. Petersburgischer,** oder kleines Lese- und Handbuch fürn täglichen Gebrauch ... St. Petersburg 1814. V: *Detenhoff, Johann Wilhelm.* (MGT) (Ky)

Taschencomptoirist, St. Petersburgischer, od. kleines Lese- u. Handbuch zum tägl. Gebrauch u. z. Nachschlagen rc. Von D.t....ff. (J. W. Detenhoff). 8. St. Petersb. 815. (Riga, Deubner). 1 ℛ 18 gl

Taschen-Concert, s. Taschen-Konzert

Taschen-Conversationslexicon,
s. Taschen-Konversationslexikon

**Taschen-Choralbuch**, vollständ. vierstimmiges, in 219 Chorälen, liturgischen Gesängen, Intonationen, Responsorien, zugleich auch als Choralbuch für Orgel, Pianoforte, Violine, so wie als Partitur für Posaunenchöre, nach Hiller, Becker, Schicht u. A., mit vollständ. Register, genauem Verzeichniß metrisch-gleicher Melodieen, so wie der Namen der Componisten. 12. Grimma 844, Verlags-Comptoir. n. 5/12 ℛ

**Taschen-Choralbuch**, vollständiges vierstimmiges, in 219 Chorälen, lithurg. Gesängen, Intonationen, Responsorien rc. nach Hiller, Becker, Schicht u. A., m. vollständ. Register rc. f. Schulen, Singchöre u. Freunde des Gesanges. 2. (Titel-) Aufl. gr. 12. (XXIV u. 156 S.) Grimma (844) 851, Verlags-Comptoir. 12 ngr

**Taschen-Choralbuch,** vollständiges vierstimmiges, in 219 Chorälen, liturgischen Gesängen, Intonationen, Responsorien, zugleich auch als Choralbuch für Orgel, Pianoforte, Violine, sowie als Partitur für Posaunenchöre, nach Hiller, Becker, Schicht u. A., mit vollständigem Register, genauem Verzeichniß metrisch-gleicher Melodieen, sowie den Namen der Componisten, für Schulen, Singchöre und Freunde des Gesanges. 2. umgearb. Aufl. Wurzen 853. Verlags-Comptoir. 12. (XXIV, 156 S.) 12½ ngr

Taschen-Choralbuch, vollständiges vierstimmiges, mit einfachen Zwischenspielen, liturg. Gesängen, Intonationen, Responsorien, zugleich auch als Choralbuch für Orgel, Pianoforte, Harmonium, sowie als Partitur für Posaunenchöre nach Hiller, Becker, Schicht u. A., mit vollständ. Register, genauem Verzeichniß metrisch-gleicher Melodieen, den Namen der Componisten, für angeh. Organisten, Gymnasien, Seminarien rc. 5. verm. und verb. Aufl. 8. (XXIII, 228 S.) Leipzig 870, Baensch. [Wöller.]

Taschen-Encyklopädie, od. allgem. Uebersicht d. Künste u. Wissenschaften, in e. Samml. v. gesonderten Abrissen, eine vollständ. Bibliothek f. den Liebhaber bildend. Von e. Gesellschaft Gelehrten u. Literatoren u. unter d. Leitung v. M. C. Bailly. 32. Leipzig 828, Indust.-Compt.

Enthält:

Archäologie. — Abriß d. gesammt. Archäologie f. Nichtgelehrte. A. d. Franz. d. Champollion-Figeac, v. M. Fritsch. (710 Seit., 4 Stnt. u. 2 Vign.) 1 Thlr. 6 Gr.

Astronomie. — Vollständ. Abriß d. Astronomie. Von C. Bailly. A. d. Franz. v. G. A. Jahn. 82. (406 Seit., 8 Kpfr. u. 1 Vign.) 18 Gr.

Botanik. — Vollständ. Abriß d. Botanik. Von J. P. Lamouroux. A. d. Franz. v. F. A. Wiese. 2 Bde. à 18 Gr. 1 Thlr. 12 Gr.
Bd. 1. Organographie u. Systemkunde. (402 Seit., 2 Kpfr. u. 1 Vign.)
= 2. Naturlehre der Pflanzen. (416 Seit., 1 Kpfrt. u. 1 Vign.)

Chemie. — A. d. Franz. d. J. J. Paupaille, v. C. G. Ch. Hartlaub. 2 Thle. à 16 Gr. 1 Thlr. 8 Gr.
Thl. 1. Die unorgan. Chemie. Eine Darstellung d. allgem. Grundsätze d. Chemie, u. Beschreib. d. einfachen u. zusammengesetzt. unorgan. Körper, nebst e. histor. Einleitung. (336 Seit., 2 Kpfr. u. 1 Vign.)
= 2. Die organ. Chemie. (370 S. u. 1 Vign.)

Geschichte d. Literatur. — Histor. Abriß d. alten u. neuen Literaturen. Vom Anbeginn bis zum Ende d. 18. Jahrh. A. d. Franz. d. Cam. Turles bearb. u. ergänzt. (303 Seit. u. 1 Vign.) 12 Gr.

Staatswirthschaft. — Grundriß d. Staatswirthschaft. Mit e. geschichtl. Einleitung, e. Lebensbeschreibung d. Staatswirthe, e. Katalog u. e. Verzeichniß d. Kunstausdrücke nebst ihrer Erklarung. Von Ad. Blanqui. Uebers. v. Ign. Heldmann. (358 Seit. u. 1 Vign.) 12 Gr.

**Taschenencyclopädie, Deutsche,** oder Handbibliothek des Wissenswürdigsten in Hinsicht auf Natur und Kunst . . . Altenburg 1816—20. H: *Hasse, Friedrich Chn August.* (ErschDL) (BrVV)

**Taschen-Encyklopädie,** deutsche, od. Handbibliothek d. Wissenswürdigsten in Hinsicht auf Natur u. Kunst, Staat u. Kirche, Wissenschaft u. Sitte. In alphabet. Ordnung. In 4 Theilen mit 50 Kpf. Herausgg. v. Fr. Chr. A. Haße. 12. Leipz. 816—20. Brockhaus. 8 ₰ 20 ℊ Hbg. Pr. 4 ₰

**Taschen-Encyclopädie der medizin. Wissenschaften,** s.a. Behr, A.

**Taschen-Encyclopädie** der medicin. Wissenschaften hrsg. von v. Behr u. Minding. II. Bdchn. A. u. d. T.: Taschenbuch d. Physiologie des Menschen v. Moritz Fränkel. 16. (VI u. 294 S.) Erlangen 847, Enke. n. 1 ₰

— dies. III. Bdchn. 2 Abthlgn. u. IV. Bdchn. 3 Abthlgn. A. u. d. T.: Systematisches Lehrbuch der gesammten Chirurgie enth. die chirurgischen Krankheiten, chirurg. Anatomie, äusserlich gebrauchten Arzneimittel, Operations-, Instrumenten-, Maschinen- u. Verbandlehre. In 2 Bdn. m. etwa 400 eingedr. Holzschn. Von Martell Frank. gr. 16. 1. Bdchn. 2 Abthlgn. (1271 S.) 2. Bdchn. 3 Abthlgn. (XL u. 1996 S.) Ebd. 849. 52. (1: n. 3 ₰ 14 ngr 2: n. 3 ₰) n. 6 ₰ 14 ngr (I—IV: n. 8 ₰ 29 ngr)

**Taschenetui;** kleine Romane u. Erzählungen. 18 Hft. 12. Prag 816. Krammer. 18 ℊ

**Taschenetui** kleiner Romane u. Erzählungen, zur Unterhaltung auf Reisen. 18 Vierteljahr. 12. Prag, Krammer. 816.

**Taschen-Fahrplan.** Uebersicht der Eisenbahn- u. Post-Fahrten Schlesiens u. der angrenzenden Länder. Nr. 1—5. Breslau 865—70. Maruschke & Berendt. 16. Jede Nr. (ca. 58 S. mit 1 lithogr. Eisenbahnkarte von Mittel-Europa in 4.) n.n. 2½ ngr

**Taschen-Fahrplan** Nr. 1—5. Uebersicht der Eisenbahn- und Post-Fahrten Schlesiens und der angrenzenden Länder. 32. (47 S. mit 1 lithogr. Eisenbahn-Karte von Mittel-Europa in qu. gr. 4.) Breslau 869,70, (Maruschke und Berendt.) à Nr.

**Taschenfahrplan.** Gültig vom 1. V. 1898. 16. (64 S.) Aachen. I. Schweitzer. — 15

— Winter-Saison 1898/99. Auszug aus d. offic. Fahrplänen. gr. 16. (36 S.) Linz, E. Mareis. n. — 20

**Taschen-Fahrplan.** Winter-Saison 1900/1901. Giltig ab 1. XII. 1900. Auszug aus den officiellen Fahrplänen. IX. Jahrg. Nr. 24. gr. 16. (42 S.) Linz, E. Mareis. n. — 20

— Eisenbahn- u. Personenpost für Baden, speciell bad. Oberland u. die Schweiz. Dampfschiffkurse auf dem Bodensee. Beilage z. „Alb-Bote". Winterdienst 1902/03. (Giltig vom 1. X. 1902 bis 1. V. 1903.) 12. (50 S. m. 1 Karte.) Waldshut, H. Zimmermann. — 10

— Eisenbahn- u. Personenpost f. Baden, speziell bad. Oberland u. die Schweiz. Dampfschiffkurse auf dem Bodensee. Beilage zum Alb-Boten. Winterdienst 1906/07. (Giltig vom 1. X 1906 bis 30. IV. 1907.) (58 S. m. 1 Karte) kl. 8. Waldshut, H. Zimmermann. — 10

**Taschen-Fahrplan.** Eisenbahn- u. Personenpost f. Baden, speziell bad. Oberland u. die Schweiz. Dampfschiffkurse auf dem Bodensee. Gratis-Beilage zum Albboten. Winterdienst 1910/11. Gültig vom 1. X. 1910—30. IV. 1911. (51 S. m. 1 eingebr. Karte.) kl. 8. Waldshut, H. Zimmermann. — 15

— Internationale Zugsverbindgn. von u. nach der Ostschweiz. 1. VI.—30. IX. Sommer-Saison 1903 (34 S. m. 1 Karte.) schmal gr. 8. Zürich, Art. Institut Orell Füssli. — 20

**Taschen-Fahrplan,** Aachener, m. Postengang. Winter 1894/95. Vom 1. Octbr. 1894 ab. Mit Notiz-Kalender. 32. (64 S.) Aachen, J. Schweitzer. — 15

— Aachener, m. Postengang. Sommer 1895. Vom 1. Mai 1895 ab. Mit Notiz-Kalender. 32. (59 S.) Aachen, I. Schweitzer. — 15

**Taschen-Fahrplan** für die österr. Alpenländer mit den Hauptanschlüssen der Nord- und Südbahn. Giltig ab 1. Juni 1901. Nach den officiellen Fahrplänen. X. Jahrgang. Nr. 26. Linz. [1901.] Mareis. 8°. 78 S. K —.20

**Taschen-Fahrplan** für die österr. Alpenländer mit den Hauptanschlüssen der Nord- und Südbahn. 11. Jahrg. Nr. 27. (78 S.) K —20
Linz: Mareis 1902.

— f. die österr. Alpenländer m. d. Hauptanschlüssen der Nord- u. Südbahn. Giltig ab 1. X. 1902. Nach den officiellen Fahrplänen. XII. Jahrg. Nr. 29. 12. (76 S.) Ebd. n. — 20
Erscheint nicht mehr.

**Taschenfahrplan** f. den Eisenbahn-Directions-Bezirk Altona, nebst Anschlussbahnen u. Dampfschiffs-Verbindungen. Sommerfahrplan 1890. II. Ausg., gültig vom 1. Aug. 1890. Hrsg. v. der königl. Eisenbahn-Direction zu Altona. 12. (127 S. m. 1 Karte.) Altona, (Mattig). n.n. — 25

— dasselbe. Winterfahrplan 1890/91. Gültig vom 1. Octbr. 1890. 16. (118 S. m. 1 Karte.) Ebd. n.n. — 25

— für den Eisenbahn-Direktions-Bez. Altona, nebst Anschlussbahnen u. Dampfschiffs-Verbindgn. Winterfahrplan 1894/95. Gültig vom 1. Octbr. 1894. Hrsg. v. der königl. Eisenbahn-Direktion zu Altona. 12. (143 S. m. 1 Karte.) Altona, (F. L. Mattig). n. — 25

— f. den Eisenbahn-Direktions-Bez. Altona, nebst Anschlussbahnen u. Dampfschiff-Verbindgn. Sommerfahrplan 1895. Gültig v. 1. Mai 1895. Hrsg. v. der kgl. Eisenbahn-Direktion zu Altona. 12. (IV, 155 S. m. 1 Karte.) Altona (F. L. Mattig). n. — 25

— Augsburger, nach amtlichen Quellen bearb. Winter-Fahrordng. 1902/03. Giltig vom 1. X. 1902 ab. Mit e. zweifarb. Eisenbahn- u. Touristen-Karte. 4. (32 S.) Augsburg, Gebr. Reichel. Gebrochen in gr. 16. — 15

**Taschen-Fahrplan, Augsburger,** nach amtlichen Quellen bearb. Winter-Fahrordng. 1904/05. Gültig bis 30. IV. 1905. Mit e. zweifarb. Eisenbahn- u. Touristen-Karte. (31 S.) kl. 8. Augsburg, Gebr. Reichel. — 15

— für Bayern, mit Einschluss der Würzburg-Mannheimer u. der Werra-Bahn, der Postanschlüsse etc. Nebst einem Auszuge aus Stahel's Notizzettel über Papiergeld, ein Verzeichniss der gangbaren u. werthlosen Cassenbillets, sowie der minderwerthen Gold- u. Silbermünzen. 1. Juni 1869. Würzburg 869. Stahel. gr. 16. (31 S.) n. 2 ngr

— Berliner. (Sommer 1895.) Fahrplanbuch d. Berliner Stadt- u. Ringbahn, sowie Vorortszüge. Gültig vom 1. Mai bis 30. Septbr. 1895. 12. (24 S. m. 1 Karte.) Berlin, P. Moeser. — 10

**Taschenfahrplan** f. den Bezirk der königl. Eisenbahn-Directionen zu Elberfeld. Ausg. vom 1. Jan. 1884. 12. (VI, 90 S. m. 1 Eisenbahnkarte.) Elberfeld 884. Bädeker. — 20

**Taschenfahrplan für den Bezirk der königl. Eisenbahn-Direction zu Elberfeld. 1888.** 12 Hefte. 12. (à Heft ca. 100 S. mit 1 Karte.) Elberfeld, Bädeker'sche Buchh. à Heft

— f. den Bezirk der königl. Eisenbahn-Direction zu Elberfeld. 1889. ca. 12 Hfte. 12. (Nr. 1: 112 S. m. 1 Karte.) Elberfeld, Bädeker. à Hft. — 20

— für den Bezirk der königl. Eisenbahn-Direction zu Elberfeld. Ausg. vom 1. Oktbr. 1893. 12. (136 S. m. 1 Karte.) Elberfeld, Baedeker. — 25

Taschenfahrplan. Taschen-Fahrplan für den Bodensee bis zum Rheinfall (**Umschlag:* Vom Bodensee bis zum Rheinfall. Taschen-Fahrplan). ([Mit einer] Schilderung der Uferorte des Bodensees nebst Umgebung.) Sommer 1901. Hrg. und den Besuchern gewidmet von dem Verband der Gasthofsbesitzer am Bodensee und Rhein. [Mit Vignetten und 1 Karte.] 102 S. 8. Selbstverlag (St. Gallen, Zollikofer).

— f. d. Direktionsbezirke Breslau, Kattowitz u. Posen nebst Anschlussstrecken. Hrsg. v. d. kgl. Eisenbahn-Direktion Breslau. Giltig v. 1. V. 1898 ab. gr. 16. (135 S. m. 1 Karte.) Breslau 898. W. G. Korn. n.n. — 10

— für die Direktionsbezirke Breslau, Kattowitz u. Posen nebst Anschlussstrecken. Hrsg. v. der königl. Eisenbahn-Direktion Breslau. Giltig vom 1. X. 1902 ab. gr. 16. (122 S. m. 1 Karte.) Breslau, W. G. Korn. n.n. — 10

— für die Direktionsbezirke Breslau, Kattowitz u. Posen nebst Anschlussstrecken. Hrsg. v. der königl. Eisenbahn-Direktion Breslau. Gültig vom 1. X. 1906 ab. (148 S. m. 1 Karte.) kl. 8. Breslau, W. G. Korn. n.n. — 15

— für die Direktionsbezz. Breslau, Kattowitz u. Posen nebst Anschlussstrecken. Hrsg. v. der königl. Eisenbahn-Direktion Breslau. Gültig vom 1. X. 1910 ab. (208 u. Ergänzungsbl. 8 S.) kl. 8. Breslau, W. G. Korn. — 20

— für Cleve u. den Niederrhein. Auf Veranlassg. des Gemeinnütz. Vereins der Stadt Cleve hrsg. Winter-Fahrplan 1907—1908. Gültig ab 1. X. (40 S.) kl. 8. Cleve, F. Char. — 15

— für Duisburg u. Umgegend. Gültig vom 1. X. 1904. (VI, 80 S.) 16. Duisburg, Schatz. — 20

— Duisburger, f. die Städte Duisburg, Oberhausen, Mülheim a. d. R., Ruhrort u. Meiderich. Gültig vom 1. V. bezw. v. 1. X. 1902 ab. 32. (à 64 S.) Duisburg, J. Ewich. à n. — 20; Stationenverzeichnis u. Fahrpreise dazu (19 S.) — 10

— Duisburger, f. die Städte Duisburg, Oberhausen, Mülheim a. d. R., Ruhrort u. Meiderich. Gültig vom 1. V. 1904 ab. (80 S.) 32. Duisburg, J. Ewich. — 20
Fortsetzg., s.: Taschen-Fahrplan f. den rhein.-westf. Industriebezirk.

— f. den Direktionsbez. Elberfeld. Hrsg. v. der kgl. Eisenbahn-Direktion zu Elberfeld. Ausg. v. 1. Mai 1895. 12. (135 S. m. 1 Tab. u. 1 Karte.) Elberfeld, Baedeker. — 25
Fortsetzg. u. d. T.:

— f. die Direktionsbezirke Elberfeld u. Essen. Zusammenstellg. d. Eisenbahn-Fahrpläne, sow. Post- u. Dampfschiff-Fahrten im niederrhein.-westfäl. Industriegebiete m. Anschlüssen nach allen Richtgn., f. den prakt. Gebrauch bearb. Hrsg. v. d. kgl. Eisenbahn-Direktion zu Elberfeld. Ausg. vom 1. V. 1898. 12. (192 S. m. 1 Karte.) Ebd. 898. — 30

— für die Direktionsbezirke Elberfeld u. Essen. Zusammenstellung der Eisenbahn- u. der Dampfschiff-Verbindgn. im niederrheinisch-westfäl. Industriegebiete, sowie der sämmtl. Strecken des Direktionsbez. Münster m. Anschlüssen nach allen Richtgn., f. den prakt. Gebrauch bearb. Hrsg. v. der königl. Eisenbahn-Direktion zu Elberfeld. Ausg. vom 1. V. 1902. 12. (224 S. m. 1 Karte.) Elberfeld, Baedeker. — 30

— für die Direktionsbezirke Elberfeld u. Essen, s. a. Taschenfahrplan der königl. Eisenbahndirektion Elberfeld f. das niederrheinisch-westfälische Industriegebiet.

— der königl. Eisenbahndirektion Elberfeld für das niederrheinisch-westfälische Industriegebiet. Zusammenstellung sämtl. Strecken der Eisenbahn-Direktionsbezz. Elberfeld, Essen u. Cöln, der angrenz. Eisenbahnstrecken, der wicht. Reiseverbindgn, sowie der Dampfschiff- u. Kleinbahnfahrten. Jahrg. 1906. 12 Nrn. (Nr. 1. 256, 16 u. 20 S. m. 2 Karten.) kl. 8. Elberfeld, A. Martini & Grüttefien. à — 30

— der kgl. Eisenbahndirektion Elberfeld f. das niederrheinisch-westfälische Industriegebiet. Zusammenstellung sämtlicher Strecken der Eisenbahn-Direktionsbezz. Elberfeld, Essen u. Cöln, der angrenz. Eisenbahnstrecken, der wicht. Reiseverbindgn., sowie der Dampfschiff- u. Kleinbahnfahrten. Jahrg. 1909. 12 Nrn. (à ca. 279, 16 u. 15 S. m. 2 Karten.) kl. 8. Elberfeld, A. Martini & Grüttefien. à — 30

**Taschen-Fahrplan der Eisenbahnen, Dampfschiffe und Omnibusse von und nach Dresden. Ausg. 1879.** 24. (16 S.) Dresden, Jaenicke.

Taschen-Fahrplan der mitteldeutschen Eisenbahnen mit einer Eisenbahn-Routenkarte nebst Reise-Notizen und Fremden-Führer von Leipzig und Dresden. 1861. Nr. 1—3. 1 Tab. in qu. gr. Fol. Leipzig, Spamer. à Nr. ** 2 Ngr. Thlr. **

—— der österreichischen Eisenbahnen und ihrer Anschlüsse an das Ausland. Mit einer Eisenbahn-Routenkarte (in eingedr. Holzschn.) und einem Fremdenführer von Wien, Prag, Pest, Graz, Triest, Venedig, Salzburg etc. Jahrg. 1861. Nr. 1—3. à 1 Bog. in Imp.-Fol. Wien, Dirnböck. à Nr. 3 Ngr.

**Taschen-Fahrplan** sämmtlicher sächsischen Eisenbahnen mit allen Anschlüssen u. der sächs.-böhm. Dampfschiffe. Doppelseitige Tab. qu. gr. Fol. Dresden 881. Jaenicke. — 10

—— sämmtlicher schweizerischer Eisenbahnen und Dampfschiffe. Winter-Saison 1883—84. 16. (64 S.) Bern, Haller-Goldschach.

— sämmtlicher schweiz. Eisenbahnen u. Dampfschiffe. Sommer-Saison 1884. 16. (64 S.) Bern 884. R. F. Haller-Goldschach. — 30

—— sämtlicher schweiz. Eisenbahnen und Dampfschiffe. Sommer-Saison 1887 und 1888. 12. (71; 72 S.) Bern, (Köhler'sche Buchh.) à Jahrg. **

Taschenfahrplan. Taschen-Fahrplan sämtlicher Schweizer. Eisenbahnen und Dampfschiffe. Jahrg. 25. — Indicateur de poche de tous les Chemins de fer et bateaux à vapeur suisses. 25e année. — Sommer-Saison 1901... Saison d'été. [Mit 1 Karte.] IV + 100 S. 8. Bern, Haller. fr. —. 35

Taschenfahrplan. Taschen-Fahrplan sämtlicher Schweizer. Eisenbahnen und Dampfschiffe. Jahrg. 25. — Indicateur de poche de tous les Chemins de fer et bateaux à vapeur suisses. 25e année. — Winter-Saison 1901/02... Saison d'hiver. [Mit 1 Karte.] IV + 98 S. Bern, Haller. fr. —. 35

Taschen-Fahrplan sämtlicher Schweizer. Eisenbahnen und Dampfschiffe. Jahrg. 26. — Indicateur de poche de tous les Chemins de fer et bateaux à vapeur suisses. 26e année. [*Je* mit 1 Karte.] 8. Bern, Haller.

Sommer-Saison 1902 ... Saison d'été. IV + 98 S. fr. —. 35
Winter-Saison 1902/03 ... Saison d'hiver. IV + 108 S. fr. —. 40

Taschen-Fahrplan sämtlicher Schweizer. Eisenbahnen und Dampfschiffe. Jahrg. 26. Sommer-Saison 1903 ... = Indicateur de poche de tous les Chemins de fer et bateaux à vapeur suisses. 26e année. Saison d'été. [Mit 1 Karte.] IV + 112 S. 8. Bern, Haller. fr. —. 40

Taschen-Fahrplan sämtlicher Schweizer. Eisenbahnen und Dampfschiffe. Jahrg. 27. Winter-Saison 1903/04 ... = Indicateur de poche de tous les Chemins de fer et bateaux à vapeur suisses. 27e année. Saison d'hiver. [Mit 1 Karte.] IV + 112 S. 8. Bern, Haller. fr. —. 40

**Taschenfahrplan** der schweiz. Eisenbahnen u. Dampfschiffe. Sommer-Saison 1883. In-16⁰. Bern, Haller-Goldschach. — 40

— sämmtl. Eisenbahnzüge in Tirol & Vorarlberg m. Angabe der Fahrpreise u. aller Anschlüsse an Baiern, Oesterreich, Italien u. die Schweiz, nebst d. Dampfschiff-, Post- u. Omnibus-Verbindgn. Gegründet von Max Glonner. Nach offiziellen Quellen bearb. von I. Vogl. Ausg. Nr. 72 u. 73. 1. VI. bezw. 1. X. 1902. gr. 8. (à 32 S.) Innsbruck, Wagner. Gebrochen in 16. à — 24

— sämtlicher Eisenbahnzüge in Tirol & Vorarlberg m. Angabe der Fahrpreise u. aller Anschlüsse an Deutschland, Oesterreich, Italien u. die Schweiz, nebst den Dampfschiff-, Post- u. Omnibus-Verbindgn. Gegründet v. Max Glonner. Nach offiziellen Quellen bearb. v. I. Vogl. Hinsichtlich der Fahrpläne v. d. k. k. Staatsbahndirektion Innsbruck revidiert. Z. 36493 ex 1906. Ausg. Nr. 85. Gültig vom 1. X. 1906. (32 S.) gr. 8. Innsbruck, Wagner. Gebrochen in 16. — 24

— sämtlicher Eisenbahn-Züge in Tirol u. Vorarlberg m. Angabe der Fahrpreise u. aller Anschlüsse an Deutschland, Österreich, Italien u. die Schweiz, nebst den Dampfschiff-, Post- u. Omnibus-Verbindgn. Gegründet v. Max Glonner. Nach offiziellen Quellen bearb. v. I. Vogl. Hinsichtlich der Eisenbahn- u. Schiff-Fahrpläne v. der k. k. Staatsbahndirektion Innsbruck revidiert, Z. 742/3. V. 1910. Ausg.-Nr. 96. Gültig vom 1. X. 1910. (40 S. m. 1 Karte.) gr. 8. Innsbruck, Wagner. Gebrochen in 16. — 30

—— Elsässer. Gültig vom 15. Oktbr. 1883 bis 31. Mai 1884. 64. (56 S.) Strassburg, Schultz und Comp. * *
—— dass. — Gültig vom 20. Mai bis 14. Oktbr. 1884. 64. (56 S.) Ebendas.

—— Elsässer. Gültig vom 1. Oktbr. 1885 ab. 32. (80 S.) Strassburg, Strassburger Druckerei und Verlagsanstalt, vorm. Schultz und Comp. *

—— für Elsass-Lothringen. 1886—1888. à Jahrg. 2 Hefte. 32. (à Heft 84—96 S.) Ebendas. à Heft *

— dasselbe. Sommer 1890. Gültig vom 1. Juni 1890 ab. Mit e. Karte. 32. (96 S.) Strassburg i/E., Strassburger Druckerei u. Verlagsanstalt. — 20

— für Elsass-Lothringen. Nr. 34. Winterdienst 1890—91. Gültig vom 1. Oktbr. 1890 ab. 32. (49 S.) Metz, (Deutsche Buchhandlg.). n. — 15

— für Elsass-Lothringen. Sommer 1894. Gültig vom 1. Mai 1894 ab. Mit 1 Karte. 32. (105 S.) Strassburg, Strassburger Druckerei u. Verlagsanstalt. n. — 20

— für Elsass-Lothringen. Sommer 1898. Gültig v. 1. VI. 1898 ab. M. 1 Karte. 32. (109 S.) Strassburg, Strassburger Druckerei u. Verlagsanstalt. n. — 20

**Taschen-Fahrplan für Elsass-Lothringen.** Sommer 1902 u. Winter 1902/03. Gültig vom 1. V. bezw. v. 1. X. 1902. Mit je 1 Karte. 32. (à 111 S.) Strassburg, Strassburger Druckerei u. Verlagsanstalt. à n. — 20

**Taschen-Fahrplan** für Elsass-Lothringen. Winter 1906/7. Gültig vom 1. X. 1906. Mit 1 Karte. (111 S.) 16. Strassburg, Strassburger Druckerei u. Verlagsanstalt. n. — 20

— für Elsass-Lothringen. Winter 1910/11. Gültig vom 1. X. 1910. Mit 1 Karte. (132 S.) 10,8><7 cm. Strassburg, Strassburger Druckerei u. Verlagsanstalt. — 20

— für den Eisenbahn-Direktions-Bez. Essen m. Anschlüssen nach allen Richtungen. Winter-Fahrplan 1902—1903. Gültig ab 1. X. 16. (122 S.) Essen, Fredebeul & Koenen. — 15

— für den Eisenbahn-Direktions-Bez. Essen m. Anschlüssen nach allen Richtungen. Winter-Fahrplan 1906/1907. Ausg. vom 1. X. (169 S.) 16. Essen, Fredebeul & Koenen. — 20

— dasselbe. Hrsg. v. der königl. Eisenbahn-Direktion Essen. Fortsetzg., s.: Taschenfahrplan f. den rheinisch-westfälischen Industriebezirk.

— für den Eisenbahn-Direktions-Bez. Essen m. Anschlüssen nach allen Richtungen. Winter-Fahrplan 1910/11. Gültig ab 1. X. (155 S. m. 1 Karte.) kl. 8. Essen (910). Fredebeul & Koenen. — 20

— zusammengestellt aus den Fahrplänen der Eisenbahn-Direktion Frankfurt, Mainz, Köln, Elberfeld, Essen, Cassel, Magdeburg, Darmstadt, Saarbrücken, Lothringens, der Pfalz u. Luxemburgs, m. e. Eisenbahnkarte, den Landpostverbindgn. in den Ober-Postdirektions-Bezz. Trier u. Coblenz, sowie dem Fahrplan der Trierer Strassenbahn. Sommer-Fahrplan. Gültig vom 1. V. bis 1. X. 1910. (83 u. VI S.) kl. 8. Trier, Paulinus-Druckerei. — 20

Königliche Eisenbahndirektion Halle a. Saale. **Taschen-Fahrplan.** [1.] Vom 1. Okt. 1906. Halle a. S.: Gebauer-Schwetschke 1906. 8° [J.] 1c6.19539 3

— für den rheinisch-westfälischen Industriebezirk. Gültig vom 1. V. 1905 ab. (96 S.) 16. Duisburg, J. Ewich. — 20
Fortsetzg., s.: Ewich.

— dasselbe. Hrsg. v. der kgl. Eisenbahndirektion Essen. Der Fahrplan enth. die sämtl. Strecken der Direktionsbezz. Essen, Elberfeld u. Cöln, die Hauptstrecken v. Münster u. den benachbarten Direktionsbezirken, wicht. Reise-Anschlüsse nach allen Richtungen, Klein- u. Strassenbahnen u. Dampfschiffahrten. Mit e. Sonderkarte des niederrheinisch-westfäl. Industriebezirks u. e. Karte v. Mittel-Europa. Ausg. f. Juli – Septbr. bezw. Oktbr. — Dezbr. 1905 u. Jan. – April 1906. (à 290 S.) kl. 8. Essen, G. D. Baedeker. à n. — 30

— für das rhein.-westf. Industriegebiet. Enth. die Direktionsbezirke Elberfeld u. Essen. Gültig v. 1. Jan. 1896. Nach amtl. Material bearb. 16. (XII, 72 S.) Bochum, A. Stumpf Nachf. — 20

Taschenfahrplan f. d. Jura. Sommer 1880. In-32°, 72 S. Biel, W. Gassmann. — 25

— Karlsruher, für den Sommerdienst 1887 und 1888. 12. (18 S.) Karlsruhe, Nemnich. à Jahrg. *

**Kerber's Taschenfahrplan.** Eisenbahn- und Dampfschifffahrt-Course für Salzburg, das Salzkammergut, Ober-Oesterreich und Tirol, umfassend das zwischen Wien—München—Verona—Klagenfurt gelegene Verkehrsgebiet. Mit einem Uebersichtskärtchen und einem Gebirgstouren-Verzeichnisse des Salzburger Gebietes. Sommer-Fahrordnung 1890. 24. (88 S.) —.18
Salzburg: Kerber.

**Kerber's Taschenfahrplan.** Eisenbahn-Karte für Salzburg, das Salzkammergut, Ober-Oesterreich und Tirol, umfassend das zwischen Wien—München—Verona—Klagenfurt gelegene Verkehrsgebiet. Winterfahrordnung 1890—91. 24. (68 S.) —.18
Salzburg: Kerber.

**Kerber's Taschen-Fahrplan.** Eisenbahn- und Dampfschifffahrts-Course für Salzburg, das Salzkammergut, Ober-Oesterreich und Tirol, umfassend das zwischen Wien—München—Verona—Klagenfurt gelegene Verkehrsgebiet. Mit einem Uebersichts-Kärtchen und einem Gebirgstouren-Verzeichnisse des Salzburger Gebietes. Sommer-Fahrordnung. 1891. 16. (87 S.) —.18
Salzburg: Kerber.

**Kerber's** Taschenfahrplan. Eisenbahn und Dampfschifffahrt-Course für Salzburg, das Salzkammergut, Oberösterreich und Tirol, umfassend das zwischen Wien—München—Verona—Klagenfurt gelegene Verkehrsgebiet Mit einem Uebersichtskärtchen und einem Gebirgstouren-Verzeichniss des Salzburger Gebietes. Sommerfahr-Ordnung 1892. Giltig ab 1. Juni. 24. (92 S.) —.20
Salzburg: Kerber.

**Kerber's** Taschenfahrplan. Eisenbahn-Curse für Salzburg, das Salzkammergut, Oberösterreich und Tirol, umfassend das zwischen Wien München—Verona Klagenfurt gelegene Verkehrsgebiet. Mit einem Uebersichtskärtchen. Winter-Fahrordnung 1892—93. 16 (67 S.) —.20
Salzburg: Kerber.

**Kerber's** Taschenfahrplan. Eisenbahn- und Dampfschiffahrts-Curse für Salzburg, das Salzkammergut, Oberösterreich und Tirol, umfassend das zwischen Wien, München, Verona—Klagenfurt gelegene Verkehrsgebiet. Mit einem Uebersichtskärtchen und einem Gebirgstouren-Verzeichnisse des Salzburger Gebietes. Sommer-Fahrordnung 1893. 16. (92 S.) —.20
Salzburg: Kerber.

**Kerber's** Taschenfahrplan. Eisenbahncurse für Salzburg, das Salzkammergut, Ober-Oesterreich und Tirol etc. Mit einem Uebersichtskärtchen. Winter-Fahrordnung. 16. (72 S.)
Salzburg: Kerber 1893.

**Kerber's** Taschenfahrplan. Gekürzte Frühjahrs-Ausgabe giltig vom 1. Mai 1895. 16. (34 S.)
Salzburg: Kerber.

**Kerber's** Taschen-Fahrplan. Eisenbahn- und Dampfschiff-Course für Salzburg, das Salzkammergut, Ober-Oesterreich und Tirol, umfassend das zwischen Wien—München-Ala—Klagenfurt gelegene Verkehrs-Gebiet. Mit einem Uebersichts-Kärtchen. Sommer-Fahr-Ordnung 1898. (Juni—September.) 16. (10 S.)
Salzburg: Kerber. —.20

Kerber's Taschen-Fahrplan. Eisenbahn- und Dampfschiff-Kurse für Salzburg, das Salzkammergut, Ober-Österreich und Tirol, umfassend das zwischen Wien — München — Ala — Klagenfurt gelegene Verkehrsgebiet. Mit einem Uebersichtskärtchen. 1899. Salzburg. 1899. Kerber. 16°. erscheint jährlich 2 mal à fl. —.20

**Kerber's Taschenfahrplan.** Eisenbahn- und Dampfschiffkurse für Salzburg, das Salzkammergut, Oberösterreich und Tirol. 8°. erscheint fünfmal jährlich à K —.40
Salzburg: Höllrigl 1904.

**Kerber's Taschenfahrplan.** Juni 1908 K —.40
Salzburg: Kerber.

**Kienrich's** Taschen-Fahrplan. Sommerfahr-Ordnung 1898, mit dem neuesten Führer von Graz. 2. Auflage. Taschen-Format. (318 S.) —.10
Graz: Kienreich.

**Kienreich's** Taschen-Fahrplan. Winter-Fahr-Ordnung 1898/99 mit dem neuesten Führer von Graz. 32. (286 S.) —.10
Graz: Kienreich.

**Kienreich's Taschenfahrplan.** Sommerfahrordnung 1904. 16°. (216 S.) K —.24
Graz: Kienreich.

Kienreich's Taschenfahrplan. Winterfahrordnung 1910 11. 8°. K —.30
Graz: Kienreich.

— (kleiner ostfriesischer). Gültig vom 1. X. 1910 ab. (57 S.) 9,4×5,9 cm. Aurich, D. Friemann. — 20

— für das Kohlenrevier unter besond. Berücksicht. der Stadt Dortmund. Gültig v. 1. V. 1900. 16. (20 S.) Dortmund, Gebr. Lensing. n. — 10

— Kölner. Winter 1897—98. Vom 1. X. bis 1. V. gr. 16. (39 S.) Köln, Kölner Verlags-Anstalt u. Druckerei. — 10

— der ostfriesischen Küstenbahn [gültig vom 15. Juni 1883 ab]. 2. Aufl. 32. (8 S.) Norden 883, Braams. n. — 10

Taschen-Fahrplan, Leipziger, der Eisenbahnen vom 15. Octbr. 1875. Droschken-, Packträger- u. Pferdeeisenbahn-Tarif. gr. Fol. Leipzig 875. Schloemp. — 15

—— dass. — vom 15. Oct. 1876. gr. Fol. Ebendas. *

— für die Gebiete: Mosel, Saar, Rhein, Nahe, Eifel, Hochwald, Luxemburg u. Elsass-Lothringen nebst Anschlüssen. Anh.: Die Land-Postverbindgn. m. den Haltestellen im Ober-Postdirektionsbez. Trier. Giltig ab 1. X. 1902. 16. (IV, 82 S.) Trier, F. Lintz. — 25

— für die Gebiete: Mosel, Saar, Rhein, Nahe, Eifel, Hochwald, Luxemburg, Elsass-Lothringen u. Pfalz, nebst Anschlüssen u. e. Eisenbahnkarte. Anh.: Die Land-Postverbindgn. m. den Haltestellen im Ober-postdirektionsbez. Trier. Gültig ab 1. X. 1906. (51 S.) kl. 8. Trier, F. Lintz. — 25

— für die Gebiete Mosel, Saar, Rhein, Nahe, Eifel, Hochwald, Luxemburg, Elsass-Lothringen u. Pfalz, nebst Anschlüssen u. 1 Eisenbahnkarte. Anh.: Die Land-Postverbindgn. im Ober-Postdirektionsbezirk u. die Strassenbahnen der Stadt Trier. Gültig ab 1. V. bezw. 1. X. 1910. (Je II, 64 S.) kl. 8. Trier, F. Lintz. à — 25

— nassauischer. (Sommerdienst.) 1. V. 1898. gr. 16. (28 S.) Limburg, Limburger Vereinsdruckerei. n. — 10

— nassauischer. (Winterdienst.) 1. X. 1902. gr. 16. (45 S.) Limburg, Limburger Vereinsdruckerei. n. — 10

— nassauischer. (Winterdienst.) 1. X. 1906. (61 S.) gr. 16. Limburg, Limburger Vereinsdruckerei. n. — 10

— nassauischer, m. Fahrpreis-Verzeichnis. Winterdienst. 1. X. 1909/10. (64 S. m. 1 Karte.) kl. 8. Limburg, Limburger Vereinsdruckerei. — 10

— der k. k. priv. böhmischen Nordbahn, der nordböhm. Industriebahn nebst den Anschlüssen der angrenz. in- u. ausländ. Linien. Sächs.-böhm. Dampfschiffahrt. Gültig vom 1. V. 1905. (32 S.) 16. Rumburg, H. Pfeifer. — 10

— ostfriesischer, im Sommer 1901. Gültig vom 1. V. bis Ende Septbr. 2. Ausg. 12. (32 S. m. 1 Karte.) Aurich, D. Friemann. n. — 20

— für Ostfriesland u. Umgebung m. Anschlüssen von u. nach Bremen, Hannover, Berlin, Hamburg, Cöln usw. Gültig vom 1. X. 1902 bis 30. IV. 1903. Mit Karte v. Ostfriesland. 5. Ausg. 12. (21 S.) Ebd. n. — 25

— für Ostfriesland u. Umgebung m. Anschlüssen von u. nach Bremen, Hannover, Berlin, Hamburg, Cöln, Holland usw. Gültig vom 1. X. 1905 bis 30. IV. 1906. Mit Karte v. Ostfriesland. 11. Ausg. (23 S.) kl. 8. Aurich, D. Friemann. n.n. — 25

— f. die Ostprovinzen, enth. sämmtl. Fahrpläne d. Eisenbahndirektionsbezz. Bromberg, Danzig, Königsberg, Stettin u. Posen nebst zugehör. Privat- u. Kleinbahnstrecken (siehe Karte). Zusammengest. nach amtl. Quellen. Winter-Fahrplan 1898/99. gr. 16. (62 S. m. 1 Karte.) Bromberg, Mittler. n. — 10
Früher u. d. T.:
Taschenfahrplan für die Provinzen Posen, Ost- u. Westpreußen ...

— für die Ostprovinzen, enth. sämmtl. Fahrpläne der Eisenbahndirektionsbezz. Bromberg, Danzig, Königsberg, Stettin u. Posen nebst zugehör. Privat- u. Kleinbahnstrecken. Zusammengestellt nach amtl. Quellen. Winter-Fahrplan 1902. gr. 16. (I, 94 S. m. 1 Karte.) Bromberg, Mittler. n. — 10

— für die Ostprovinzen, enth. sämtl. Fahrpläne der Eisenbahndirektionsbezz. Bromberg, Danzig, Königsberg, Stettin u. Posen nebst Anschlussstrecken u. den zugehör. Privat- u. Kleinbahnstrecken, sowie wicht. deutsche Reiseverbindgn. von u. nach Berlin. Zusammengest. nach amtl. Quellen. Sommer-Fahrpl. 1906. (I, 124 S. m. 1 Karte.) kl. 8. Bromberg, Mittler. n. — 10

— für die Ostprovinzen, enth. sämtl. Fahrpläne der Eisenbahndirektionsbezz. Bromberg, Danzig, Königsberg, Stettin u. Posen nebst Anschlussstrecken u. den zugehör. Privat- u. Kleinbahnstrecken, sowie regelmäss. Reiseverbindungen auf Landwegen. Zusammengestellt nach amtl. Quellen u. amtlich geprüft. Sommer-Fahrplan 1910. (132 S. m. 1 Karte.) kl. 8. Bromberg, Mittler. — 10

Taschen-Fahrplan für die Ost- u. Centralschweiz. Sommer-Saison 1894. Gültig vom 1. Juni bis 30. Septbr. 1894. 12. (65 S.) St. Gallen, Buchdr. Wirth (A.-G.). n. — 20

— ostthüringischer, f. das Sommerhalbjahr 1904, nebst e. Auszug aus der Eisenbahn-Verkehrsordng. sowie Portotarif, Kalender u. Notiztafel. (29 S.) kl. 8. Weida (Thomas). — 10
Erscheint nicht mehr.

— für sämtliche auf den Eisenbahnen Siebenbürgens verkehrenden Personen- u. Schnellzüge. Fahrordnung 1902. V. Jahrg. gr. 16. (33 S. m. 1 Skizze.) Hermannstadt, G. Meyer. n. — 40

— für sämtliche auf den Eisenbahnen Siebenbürgens verkehrenden Personen- u. Schnellzüge. Sommer-Fahr-Ordng. 1906. IX. Jahrg. (35 S. m. 1 Skizze.) 16. Hermannstadt, G. Meyer. n. — 40

Taschen-Fahrplan für sämtl. auf den Eisenbahnen Siebenbürgens verkehrenden Personen- u. Schnellzüge. Sommer-Fahrordnung 1910. XIII. Jahrg. (44 S. m. 1 eingedr. Skizze.) 16. Hermannstadt, G. Meyer. — 40

— f. d. Provinzen Posen, Ost- u. Westpreussen nebst Anschlussstrecken üb. Berlin, Breslau, Halle, Warschau etc. Zusammengestellt nach amtl. Quellen. Winter-Fahrplan 1896. 16. (38 S. m. 1 Karte.) Ebd. n. — 10

— m. Reise-Almanach f. den westdeutschen Grenzbezirk u. die angrenzenden bedeutenderen Strecken Belgiens, Hollands etc. Ein Führer durch Antwerpen. Mit Notizkalender. Sommer 1894. 16. (64 S.) Aachen, I. Schweitzer. — 15

— f. den gesammten Berliner Stadt-, Stadtring- u. Vorortverkehr. Hrsg. v. der königl. Eisenbahn-Direktion Berlin. Gültig vom 1. Oktbr. 1892. 16. (35 S.) Berlin, (E. Aschenfeldt). n. — 10

Taschenfahrplan. Taschen-Fahrplan für die Kantone Thurgau, St. Gallen und Zürich. Eisenbahn-, Post- und Dampfschiffverbindungen. Sommerkurs 1901. IV + 32 S. 8. Frauenfeld, Vereinsbuchdruckerei.

Taschenfahrplan. Taschen-Fahrplan für die Kantone Thurgau, St. Gallen und Zürich. Eisenbahn-, Post- und Dampfschiffverbindungen. Winterkurs 1901/2. II + 24 S. 8. Frauenfeld, Vereinsbuchdruckerei.

Taschen-Fahrplan für die Kantone Thurgau, St. Gallen und Zürich. Eisenbahn-, Post- und Dampfschiffverbindungen. Sommerkurs 1902. II + 23 S. 8. Frauenfeld, F. Müller.

Taschen-Fahrplan für die Kantone Thurgau, St. Gallen und Zürich. Eisenbahn-, Post- und Dampfschiffverbindungen. Winterkurs 1902/03. Gratisbeilage zum «Wächter» in Frauenfeld. II + 23 S. 8. Frauenfeld, F. Müller.

Taschen-Fahrplan für die Kantone Thurgau, St. Gallen und Zürich. Eisenbahn-, Post- und Dampfschiffverbindungen. Sommerkurs 1903. II + 24 S. 8. Frauenfeld, F. Müller.
Gratisbeilage zum «Wächter» in Frauenfeld.

— Thüringer. Sommer 1897, enth. sämtl. Thüringer u. angrenz. Bahnen. 12. (34 S. m. 1 Karte.) Hildburghausen, O. Petzoldt. n. — 10

— Thüringer. Enth. Werra-Bahn u. sämtl. anschließ. Bahnen. Sommer 1902. qu. 16. (28 S. m. 1 Karte.) Hildburghausen, Kesselring. n. — 25

— Thüringer. Enth. Werra-Bahn u. sämtl. anschließ. Bahnen. Winter 1906/07. (34 S. m. 1. Karte.) qu. 16. Hildburghausen, Kesselring. n. — 25

— vogtländisch-erzgebirgischer, nebst entsprechenden Fahrgelegenheits-Verbindgn. Sommerausg. 1891. Imp.-4. (2 S.) Reichenbach i/V., E. Müller. — 10

Taschen-Fahrplanbuch, Chemnitzer. Sommerhalbjahr 1879. 32. (48 S.) Chemnitz, Brunner.

Taschen-Fahrplanbuch, Chemnitzer. Winterhalbjahr 1879/80. 32. (60 S.) Chemnitz, Bülz. — 25

Resek's Taschenfahrpläne für Böhmen — Mähren — Schlesien. [Sommerausgabe 1906.] 8°. K —.40
Brünn: Winiker.

Resek's Taschenfahrpläne. Winterausgabe. 1906. Für Böhmen, Mähren und Schlesien K —.40
Brünn: Winiker.

Resek's Taschenfahrpläne. Winterausgabe 1907 für Böhmen-Mähren-Schlesien K —.40
Brünn: Winiker.

Taschen-Fahrtenplan. Abfahrt und Ankunft der Bahnzüge und Dampfschiffe in Luzern. Luzern, C. F. Prell. —. 15

Taschen-Felddienst-Ordnung. 16. (4 S.) Hannover 889. Helwing's Verl. n. — 10

Taschen-Felddienst-Ordnung. gr. 16. (4 S.) Eisenach 900. H. Jacobi. n. — 20

Taschen-Fremdwörterbuch z. Erklärung u. Rechtschreibung von mehr als 6000 fremden Wörtern. Vom Verf. des allgem. deutsch. Volkssecretairs. 32. Hamburg 845, Böddecker. n. 1/6 ₰
— 2. tausendfält. verb. u. verm. Aufl. Erklärung von mehr als 12000 fremden Wörtern. 32. Ebend. 846. n. 1/3 ₰

Taschen-Fremdwörterbuch zur Erklärung u. Rechtschreibung von mehr als 12000 fremden Wörtern. Ein unentbehrliches Nachschlagebuch f. Jung u. Alt von Verf. des allgem. Volkssecretärs. 1. Aufl. (292 S.) 845. * 5 Ngr. u. 2., 1000fältig verb. u. verm. Aufl. 32. (416 S.) Hamburg 846, Böddecker. *

Taschen-Fremd-Wörterbuch, militär., od.: Kurze u. faßl. Erklär. d. üblichsten in d. Militärsprache, im Land- u. Seekriege vorkomm. Fremdwörter, Kunstausdrücke, Redensarten u. Bezeichn., nebst d. techn. Benennungen aller Wissenschaften. gr. 12. (9 3/4 B.) Prag 840, Haase Söhne.

Taschen-Fremdwörterbuch, musikalisches, enth. eine kurze Erklärung von 1500 in der Musik vorkommenden und auf Musik Bezug habenden Kunstausdrücke. 32. Chemnitz 845. (Leipzig, Siegel u. Stoll.) 1/6 ₰

— neues musikalisches. Auszug aus dem musikal. Conversf.-Lexicon von A. Gathy. 32. Hamburg 844, Niemeyer. n. 1/6 ₰

Taschen-Fremdwörterbuch, neues vollständiges, zur Erklärung u. Verdeutschung der in der deutschen Sprache vorkommenden fremden Wörter u. Redensarten, nebst Angabe der Aussprache der Fremdwörter. 8. (200 S.) Waldshut 885. Zimmermann. cart. n. — 80

Taschen-Fremdwörterbuch, neuestes u. vollständ., in welchem 17000 fremde Wörter enthalten sind, die in d. Umgangssprache, Büchern, rc. vorkommen u. hier mit ihrer Rechtschreibung u. Aussprache verdeutscht erklärt werden. Correcte, rechtmäßige Origin.-Aufl. 8. (222 S.) Wien 847, Dorfmeister. (Leipzig, Hunger.) n. 12 ngr — 2. correcte, um mehr als 3000 Artikel verm. u. verb. rechtmäß. Orig.-Aufl. 16. (624 S.) Ebd. 849. — 3. correcte, um mehr als 3000 Artikel verm. u. verb. rechtmäß. Orig.-Aufl. gr. 16. (520 gespalt. S.) Ebd. 850. — 4. correcte, um mehr als 3000 Artikel verm. u. verb. rechtmäß. Orig.-Aufl. 16. (260 S.) Ebd. 852. n. 8 ngr

Taschen-Fremdwörterbuch, neuestes und vollständigstes, in welchem mehr als 20000 fremde Wörter enthalten sind, die in der Umgangssprache, Büchern, Zeitungen, amtlichen und gerichtlichen Geschäftsstyle rc. vorkommen, und hier mit ihrer Rechtschreibung und Aussprache verdeutscht erklärt werden. Ein unentbehrliches Handbüchlein für jedes Alter und alle Stände rc. 5—7., correcte, um mehr als 3000 Artikel verm. u. verb. rechtmäß. Orig.-Aufl. Wien 854—58. (Leipzig, Hunger.) 16. (512 Sp.) n. 8 ngr.

Taschen-Fremdwörterbuch, neuestes und vollständigstes, in welchem mehr als 20000 fremde Wörter enthalten sind, die in der Umgangssprache, Büchern, Zeitungen rc. vorkommen, und hier mit ihrer Rechtschreibung und Aussprache verdeutscht erklärt werden. Ein unentbehrliches Handbüchlein für jedes Alter und alle Stände rc. 6., correcte, um mehr als 3000 Artikel verm. und verb. rechtmäß. Orig.-Aufl. 16. (511 S.) Wien 855. (Leipzig, Hunger.) *

Taschen-Fremdwörterbuch, neuestes u. vollständigstes, in welchem mehr als 20000 fremde Wörter enthalten sind, die in der Umgangssprache, Büchern rc. vorkommen, u. hier mit ihrer Rechtschreibung u. Aussprache verdeutscht erklärt werden. Ein unentbehrliches Handbüchlein für jedes Alter u. alle Stände, besonders aber für Beamte, Studirende, Kaufleute rc. 9., correcte, um mehr als 3000 Artikel verm. u. verb. rechtmäßige Orig.-Aufl. Wien 860. (Leipzig, Hunger.) 16. (512 Sp.) n. 8 ngr.

Taschen-Fremdwörterbuch, neuestes und vollständigstes, in welchem mehr als 20000 fremde Wörter enthalten sind, die in der Umgangssprache, Büchern, Zeitungen rc. vorkommen und hier mit ihrer Rechtschreibung und Aussprache verdeutscht erklärt werden. 10., correcte, um mehr als 3000 Artikel verm. und verb. Orig.-Aufl. 16. (512 S.) Brandenburg 864, Müller.

**Taschen-Fremdwörterbuch**, neuestes u. vollständigstes, in welchem mehr als 20000 fremde Wörter enthalten sind, die in der Umgangssprache, Büchern, Zeitungen 2c. vorkommen 2c. Ein unentbehrl. Handbüchlein für jedes Alter u. alle Stände 2c. 11. Aufl. 1865. 7½ ngr, 12. Aufl. 1867. 8 ngr u. 13., correcte, um mehr als 1000 Artikel verm. u. verb. rechtmäß. Orig.-Ausg. Brünn 869. Karafiat. 16. (530 Sp.) 9 ngr; cart. 10 ngr

**Taschen-Fremdwörterbuch**, neuestes u. vollständigstes, in welchem mehr als 22,000 fremde Wörter enthalten sind, die in der Umgangssprache, Büchern, Zeitgn., ämtl. u. gerichtl. Geschäftsstyle 2c. vorkommen u. hier m. ihrer Rechtschreibg. u. Aussprache verdeutscht erklärt werden. Ein unentbehrl. Handbüchlein f. jedes Alter u. alle Stände, besonders aber f. Beamte, Studirende, Kaufleute, Fabriks- u. Gewerbsleute, Künstler, Zeitungsleser 2c. 2c. 14., correcte, um mehr als 1000 Artikel verm. u. verb. rechtmäß. Orig.-Aufl. gr. 16. (530 Sp.) Brünn 875. Karafiat. — 90; cart. 1. —; geb. n. 1. 40

**Taschen-Fremdwörterbuch**, neuestes u. vollständigstes, in welchem mehr als 22 000 fremde Wörter enthalten sind, die in der Umgangssprache, in Büchern, Zeitungen, ämtlichen u. gerichtlichen Geschäftsstyle 2c. vorkommen u. hier mit ihrer Rechtschreibung u. Aussprache verdeutscht erklärt werden. Ein unentbehrliches Handbüchlein für jedes Alter u. alle Stände, besonders aber für Beamte, Studirende, Kaufleute 2c. 15., correcte, viel verm. u. verb. rechtmäß. Orig.-Ausg. gr. 16. (530 Sp.) Brünn 877. Karafiat. — 90; cart. 1. —; geb. n. 1. 40

**Taschen-Fremdwörterbuch**, neuestes u. vollständigstes, in welchem mehr als 22,000 fremde Wörter enthalten sind, die in der Umgangssprache, in Büchern, Zeitgn., amtl. u. gerichtl. Geschäftsstile 2c. vorkommen u. hier m. Rechtschreibg., Aussprache, Abstammg. u. Geschlecht verdeutscht erklärt werden. 186. Tausend. 12. (VI, 542 Sp.) Brünn 885. F. Karafiat's Verl. — 90

— **vollständiges**, in welchem mehr als 12000 fremde Wörter enthalten sind, welche theils in der Umgangssprache, als auch in jedem Geschäftsstyle, Zeitungen u. Büchern vorkommen, mit ihrer Rechtschreibung u. Aussprache. Ein Nachschlagebuch für Jedermann. Mügeln 865. (Leipzig, Senf.) 16. (96 S.) 7½ ngr

**vollständiges**, in welchem mehr als 12000 fremde Wörter enthalten sind, welche theils in der Umgangssprache, als auch in jedem Geschäftsstyle, Zeitgn. u. Büchern vorkommen, m. ihrer Rechtschreibg. u. Aussprache. Ein Nachschlagebuch f. Jedermann. br. 16. (96 S.) Mügeln 871. (Leipzig, G. Senf.) — 75

**Taschen-Gebetbüchlein.** Kurze Morgen-, Abend-, Meß- 2c. u. andere Andachten aus kirchlich approbirten Werken für katholische Christen jedes Standes u. Alters zusammengestellt. Mit 1 Stahlst. Regensburg 864. Bößenecker. 12. (120 S.) 3 ngr

**Taschen-Gebetbüchlein.** Meß-Andacht, Vesper-, Beicht- u. Communion-Andacht etc. *Einsiedeln, Köln: Benziger & Co. [um 1902].* (157 S.) 8° [F.] [03. 14353

**Taschengefährte, der, f. Freunde der scherzenden Muse.** 12. Wien, Rehm. 810.

**Taschen-Gesangbuch** für Freunde des heiligen Gesanges, aus dem deutschen Liederreichthum gesammelt durch Ed. Anders. 12. Grünberg (842), Levysohn. n. 1/3 ℛ

**Taschengesellschafter** f. 1804; enth. prosaische u. poet. Aufsätze. Mit 7 Kpf. 12. Wien, Degen. 8 ℛ

**Taschen-Gesetzbuch** für Sachsen. I. Die Kirchenvorstands- und Synodal-Ordnung sammt Zubehör. 32. (46 S.) Dresden 868, Weiske. *

**Taschen-Gesetzsammlung.** Nr. 1—18. gr. 16. Berlin, C. Heymanns Verl. Kart. n. 34. 40

1. Das Einkommensteuer-Gesetz f. den preußischen Staat vom 24. Juni 1891, nebst dem Gesetze betr. die Erbschaftssteuer in der Fassg. d. Gesetzes vom 19. Mai 1891. Textausg. m. Anmerkgn. u. Sachregister v. Frz. Günsburg. (VI, 102 S.) 891. 1. —
2. Das Gewerbesteuergesetz f. den preußischen Staat vom 24. Juni 1891. Textausg. m. Anmerkgn. u. Sachregister v. Frz. Günsburg. (VI, 54 S.) 891. — 80
3. Die Rentengüter-Gesetze in Preußen vom 27. Juni 1890 u. 7. Juli 1891. Textausg. m. Anmerkgn. v. Andrejen. (X, 51 S.) 892. n. 1. —
4. Die Wegeordnung f. die Prov. Sachsen vom 11. Juli 1891. Erläutert von Osk. v. Arnstedt. (V, 103 S.) 892. n. 1. 60
5. Das Gesetz üb. das Telegraphenwesen d. Deutschen Reichs vom 6. Apr. 1892. Erläutert v. Geo. Maas. Mit Anh.: Telegraphen-Ordng. f. das Deutsche Reich vom 15. Juni 1891. (VIII, 56 S.) 892. n. 1. —
6. Das Reichsgesetz, betr. den Verkehr m. Wein, weinhaltigen u. weinähnlichen Getränken vom 20. Apr. 1892. Gemeinverständlich erläutert v. W. Zills. Mit Anh.: Gesetz, betr. den Verkehr m. Nahrungsmitteln, Genußmitteln u. Gebrauchsgegenständen vom 14. Mai 1879. (VI, 48 S.) 892. n. 1. —
7. Das Reichsgesetz, betr. die Gesellschaften m. beschränkter Haftung vom 20. Apr. 1892. Erläutert v. Ernst Neukamp. (XVI, 316 S.) 893. n. 4. —
8. Die Zwangsvollstreckung in Immobilien nach preußischem Recht. Gesetz vom 13. Juli 1883, m. Einleitg., Anmerkgn., Kostengesetz vom 18. Juli 1883, Kostentabellen, Bestimmgn. üb. die Anwaltsgebühren, Gebührentabellen, Ministerialverfüggn., amtl. Formularen u. Sachregister hrsg. v. E. Schwartz. (VIII, 323 S.) 893. n. 4. —
9. Die Wuchergesetze f. das Deutsche Reich. Erläutert v. Ernst Barre. (VI, 53 S.) 893. n. 1. —
10. Das Kommunalabgabengesetz vom 14. Juli 1893, nebst dem Gesetz wegen Aufhebung direkter Staatssteuern vom 14. Juli 1893. Erläutert v. Strutz. (VII, 261 S.) 893. n. 3. —
    2. Aufl. hiervon:
10. Das Kommunalabgabengesetz vom 14. Juli 1893, nebst Ausführungsanweisung u. Uebergangsbestimmgn. vom 10. Mai 1894. Erläutert v. Strutz. 2. Aufl. (X, 367 S.) 894. n. 3. —
11. Das Ergänzungssteuergesetz (Vermögenssteuer) vom 14. Juli 1893. Erläutert v. Strutz. (IV, 129 S.) 893. n. 1. 60; 2. Aufl. (XI, 362 S.) 894. n. 3. —
12. Das Patentgesetz vom 7. Apr. 1891, erläutert v. H. Robolski. (VII, 176 S.) 893. n. 2. —
13. Das Gesetz betr. den Schutz v. Gebrauchsmustern vom 1. Juni 1891, erläutert v. H. Robolski. (109 S.) 893. n. 1. —
14. Strafgesetzbuch f. das Deutsche Reich. Textausg. m. Anmerkgn. v. E. T. Rubo. 4., verb. Aufl. (VII, 270 S.) 893. n. 1. —
15. Das Gesetz über den Unterstützungswohnsitz vom 6. Juni 1870/12. März 1894. Unter Berücksicht. der f. Preußen erlassenen Ausführungsbestimmgn., erläutert v. Koppe. (V, 182 S.) 894. n. 2. —
16. Das Reichsstempelgesetz v. 27. Apr. 1894. Erläutert v. Landgraf. (III, 220 S.) 894. n. 2. 40
17. Das Reichsgesetz, betr. die Abzahlungsgeschäfte vom 16. Mai 1894, nebst der Begründung. Mit Anmerkgn. hrsg. v. Wilh. Hausmann. (XI, 126 S.) 894. n. 1. 60
18. Das Gesetz wegen Aufhebung direkter Staatssteuern vom 14. Juli 1893, nebst den zur Ausführg. desselben ergangenen Bestimmgn. Erläutert v. Strutz. 2. Aufl. (X, 262 S.) 894. n. 3.

**Taschen-Gesetzsammlung.** Nr. 1. 2. 10. 11 u. 19—41. 12. Berlin, C. Heymann's Verl. Kart. u. geb. n. 76. 40

Inhaltsübersicht in alphabetischer Ordnung:

Anschütz, Gerh., die Organisationsgesetze d. inn. Verwaltg. in Preußen. Zum akad. Gebrauch u. f. d. Praxis zusammengest. (XII, 657 S.) 898. (Nr. 35.) n. 4. —

Boehm, J., das Gesetz betr. d. Erbschaftssteuer v. 19/24. Mai 1891 in d. Fassg. d. Gesetzes v. 31. Juli 1895. (X, 224 S.) 896. (Nr. 27.) n. 2. 40

Boehm, J., das Stempelsteuergesetz v. 31. Juli 1895 m. d. Ausführungsanweisgn. v. 13. u. 29. Febr. 1896. 2. Aufl. Nebst Anh.: d. Erbschaftssteuergesetz u. d. Reichsstempelgesetz. (XIII, 356; 65 u. XXXVIII S.) 896. (Nr. 26.) n. 4. —
Die erste Auflage ohne d. Ausführungsanweisungen kostete n. 3. —.

Delius, das preuß. Vereins- u. Versammlungsrecht unt. Berücksicht. des Gesetzes v. 11. März 1850. 2., verb. u. verm. Aufl. (VIII, 111 S.) 896. (Nr. 28.) n. 2. —

Förster, A., die preuß. Gesetzgebg. üb. d. Vermögensverwaltg. in d. kathol. Kirchengemeinden u. Diözesen. Mit Anmerkgn. u. Sachregister. (VI, 260 S.) 895. (Nr. 21.) n. 2. —

Fuisting, B., das preuß. Einkommensteuergesetz v. 24. Juni 1891 nebst Ausführungsanweisgn. (XV, 580 S.) 896. (Nr. 1.) n. 6. —

— das preuß. Gewerbesteuergesetz vom 24. Juni 1891, nebst Ausführungsanweisg. v. 12. Apr. 1892 u. Zusatzbestimmgn. v. 5. März 1894. (XXVI, 332 S.) 895. (Nr. 2.) n. 5. —

Gesetzbuch, d. bürgerl., nebst dem Einführungsgesetze. Vom 18. VIII. 1896. Taschen-Ausg. m. Sachregister. (VIII, 624 S.) 897. (Nr. 34.) n. 2. —

Goetsch, P., d. Reichsgesetz üb. d. Auswanderungswesen vom 9. VI. 1897 nebst Ausführungsverordngn., unt. Benutzg. amtl. Quellen erläut. (VIII, 359 S.) 898. (Nr. 37.) n. 3. —

Hoffmann, F., d. Gewerbe-Ordnung m. d. ges. Ausführungsbestimmgn. f. d. Deutsche Reich u. Preußen. (XV, 787 S.) 898. (Nr. 36.) n. 4. —

Hoppe, R., die Strafprozeßordnung v. 1. II. 1877 u. d. Gerichtsverfassungsgesetz v. 27. I. 1877. (VIII, 476 S.) 897. (Nr. 32.) n. 4. —

Kautz, Geo., d. Verwaltungszwangsverfahren wegen Beitreibg. von Geldbeträgen. (XVIII, 384 S.) 896. (Nr. 29.) n. 5. —

Koehne, M., d. preuß. Gesetz v. 11. Mai 1842 üb. d. Zulässigkeit d. Rechtsweges in Beziehg. auf polizeil. Verfüggn. (III, 60 S.) 895. (Nr. 20.) n. 1. —

Nadbyl, preuß. Gerichtskostengesetz u. Gebührenordng. f. Notare v. 25. Juni 1895. (VII, 267 S.) 895. (Nr. 21.) n. 3. —

Nitze, E., d. preuß. Pfarrbesoldungsgesetze f. d. evang. u. kathol. Pfarrer v. 2. VII. 1898, nebst der Ausführungsanweisg. des evang. Oberkirchenraths v. 31. VIII. 1898. (VIII, 136 S.) 899. (Nr. 39.) n. 1. 20

Osterrieth, Alb., das Gesetz zur Bekämpfg. des unlauteren Wettbewerbes. V. 27. Mai 1896. (X, 122 S.) 896. (Nr. 30.) n. 1. 60

Pfafferoth, C., das Binnenschiffahrtsgesetz v. 15. Juni 1895. Textausg. m. Anmerkgn. (VIII, 144 S.) 895. (Nr. 22.) n. 2. —

— Das Flößerei-Gesetz vom 15. Juni 1895. Textausg. m. Anmerkgn. (IV, 47 S.) 895. (Nr. 23.) n. 1. —

— Die deutschen Gerichtskostengesetze in d. Fassg. v. 1898. Textausg. m. Anmerkgn. u. Kostentabellen. (VIII, 108 S.) 895. (Nr. 38.) n. 1. —

Rhenius, W., Gesetz zum Schutz d. Waarenbezeichngn. vom 12. V. 1894. Für die Praxis erläutert. (VII, 260 S.) 897. (Nr. 31.) n. 2. 60

Rohrscheidt, Kurt v., die Viehseuchengesetze f. das Deutsche Reich u. f. Preußen. (VII, 520 S.) 895. (Nr. 25.) n. 5. —

Seidenspinner, die Militärstrafgerichtsordnung nebst Einführungsgesetz u. d. Gesetze, betr. d. Dienstvergehen d. richterl. Militärjustizbeamten u. d. unfreiwill. Versetzg. derselben in e. and. Stelle od. in d. Ruhestand v. 1. XII. 1898. (VII, 344 S.) 899. (Nr. 41.) n. 3. —

Strutz, das Ergänzungssteuergesetz (Vermögenssteuer) vom 14. Juli 1893. 3., umgearb. Aufl. (XI, 436 S.) 895. (Nr. 11.) n. 3. 60

— D. Besteuerg. d. Gewerbebetriebes im Umherziehen, d. Wanderlagerbetriebes u. d. Eisenbahnen. Gesetze nebst Ausführungsbestimmgn. (VIII, 168 S.) 897. (Nr. 33.) n. 2. —

— Das Kommunalabgabengesetz vom 14. Juli 1893, nebst Ausführungsanweisg. u. Uebergangsbestimmgn. v. 10. Mai 1894. 3., umgearb. Aufl. (IX, 411 S.) 895. (Nr. 10.) n. 3. —

Wolff, Th., das Reichsgesetz üb. d. Zwangsversteigerg. u. die Zwangsverwaltg., nebst d. Einführungsgesetze v. 24. III. 1897. Mit Anmerkgn. (VII, 148 S.) 899. (Nr. 40.) n. 1. —

Zorn, Phpp., die Verfassungsurkunde des Deutschen Reichs. (VI, 214 S.) 895. (Nr. 19.) n. 2. —

**Taschen-Gesetzsammlung.** Nr. 7, 12, 14, 22, 24, 26, 29, 34, 36, 38, 39 u. 41—58. 12. Berlin, C. Heymann. Geb. in Leinw. n. 56. 10

Inhaltsübersicht in alphabetischer Ordnung:

Ausführungsgesetze, die preußischen, zum bürgerlichen Gesetzbuch u. seinen Nebengesetzen. Text-Ausg. m. ausführl. Sachregister. (VI, 228 S.) 899. (Nr. 45.) n. 1. 80

Boehm, J., u. Sontag, das Stempelsteuergesetz v. 31. VII. 1895. Erläutert v. B. u. S. 3. völlig umgearb. Aufl. (XII, 408 S.) 901. (Nr. 26.) n. 2. —

Crusen, G., u. G. Müller, das preußische Ausführungsgesetz zum bürgerl. Gesetzbuche vom 20. IX. 1899. Mit Anmerkgn. (VIII, 266 S.) 900 (Nr. 47.) n. 2. 50

Dove, Heinr., das Handelsgesetzbuch f. das Deutsche Reich. Erläutert v. D. (XII, 506 S.) 900. (Nr. 50.) n. 2. 50

Evert, Geo., die Dreiklassenwahl in den preußischen Stadt- u. Landgemeinden nach dem Gesetze v. 30. VI. 1900. Erläutert v. E. (V, 86 S.) 901. (Nr. 53.) n. 1. —

Freytag, P., Gesetz, betr. die Anstellung u. Versorgung der Kommunalbeamten vom 30. VII. 1899, nebst Ausführungsanweisg. v. 12. X. 1899. Erläutert von F. (VIII, 242 S.) 900. (Nr. 46.) n. 2. 50

Gerland, Otto, das Recht der Polizeiverordnungen in der preuß. Monarchie. Zum Gebrauche f. Polizei-Behörden u. Gerichte. 2. umgearb. Aufl. (VII, 106 S.) 901. (Nr. 55.) n. 1.—

Gesetzbuch, das bürgerliche, nebst d. Einführungsgesetze. Vom 18. VI. 1896. Taschen-Ausg. m. Sachregister. 2. Aufl. (VIII, 640 S.) 899. (Nr. 34.) Geb. n. 2. —

Hippel, v., das Fleischbeschaugesetz v. 3. VI. 1900 nebst Ausführungsbestimmungen. Textausg. m. Einleitg., Anmerkgn., Ergänzgn. u. Sachregister. (XI, 414 S.) 902. (Nr. 58.) n. 2.40

…mann, F., die Gewerbe-Ordnung m. den gesammt. Ausführungsbestimmungen f. das Deutsche Reich u. Preußen. Erläutert v. H. 3. Aufl. (XX, 1019 S.) 902. (Nr. 36.) n. 4.—; in 2 Tle. geb. n. 4. 50
2. Aufl. (XX, 1023 S.) 901. n. 4. —.

Hoffmann, F., Gewerbe-Unfallversicherungsgesetz, nebst Gesetz betr. die Abänderg. der Unfallversicherungsgesetze. Erläutert v. H. 2. Aufl. (XXIV, 368 S.) 901. (Nr. 44.) n. 2. —
1. Aufl. (XXIV, 324 S.) Ebd. 900. n. 2. —.

— Invalidenversicherungsgesetz vom 19. VII. 1899 nebst Ausführungsbestimmungen. Erläutert v. H. 2. Aufl. (XVIII, 312 u. 186 S.) 900. (Nr. 42.) n. 2. —
1. Aufl. (XVI, 252 S.) 899. n. 1. 60.

— Krankenversicherungsgesetz u. Gesetz üb. die eingeschriebenen Hilfskassen, nebst Ausführungsbestimmgn. (VII, 313 S.) 899. (Nr. 43.) n. 1. 60

— Unfallversicherungsgesetz für Land- u. Forstwirthschaft nebst Gesetz, betr. die Abänderung d. Unfallversicherungsgesetze. Erläutert v. H. (VIII, 404 S.) 902. (Nr. 57.) n. 2. —

Jacobi, O., die preußische Gesindeordnung vom 8. XI. 1810 u. ihre Ergänzungsgesetze. Auf der Grundlage des bürgerl. Gesetzbuchs erläutert. (IX, 300 S.) 900. (Nr. 49.) n. 2. —

Kade, Carl, Strafgesetzbuch f. das Deutsche Reich. Text-Ausg. m. Anmerkgn. (VIII, 214 S.) 901. (Nr. 14.) n. 1. —

Kappelmann, H., die Städteordnung f. die sechs östlichen Provinzen der preuß. Monarchie vom 30. V. 1853. Mit Erläutergn. f. den prakt. Gebrauch u. e. Anh.: Die Instruktion f. die Stadtmagisträte vom 25. V. 1835. (VIII, 252 S.) 901. (Nr. 54.) n. 2. —

Kautz, Geo., das Verwaltungszwangsverfahren wegen Beitreibung von Geldbeträgen. Erläutert v. K. 2. Aufl. (XII, 268 S.) 901. (Nr. 29.) n. 2. —

Neukamp, Ernst, das Reichsgesetz betr. die Gesellschaften m. beschränkter Haftung v. 20. IV. 1892 in der Fassung der Bekanntmachung v. 20. V. 1898. Erläutert v. N. 2. umgearb. Aufl. (XXIV, 268 S.) 901. (Nr. 7.) n. 2. —

Nitze, E., das Diensteinkommen der Geistlichen in der evangel. Landeskirche der älteren Provinzen, nach dem Gesetz v. 2. VII. 1898 u. dem Ausführungs-Material erläutert. 2. Aufl. (VII, 136 S.) 900. (Nr. 39.) n. 1. —

Pfafferoth, C., das Binnenschiffahrtsgesetz in der neuen Fassung vom 20. V. 1898. Textausg. m. Anmerkgn. 2. Aufl. (XII, 146 S.) (Nr. 22.) n. 2. —

— die deutschen Gerichtskostengesetze in der Fassung von 1898. Textausg. m. Anmerkgn. u. Kostentabellen. 2. Aufl. (VIII, 112 S.) 902. (Nr. 38.) n. 1. —

Robolski, H., das Patentgesetz vom 7. IV. 1901, erläutert. 2. Aufl. (VII, 208 S.) 901. (Nr. 12.) n. 2. —

Schultz, das Gesetz üb. die Beurkundung des Personenstandes u. die Eheschließung in der gültigen Fassung v. 1. I. 1900 ab. Erläutert v. Sch. (VIII, 116 S.) 900. (Nr. 48.) n. 1. 20

Schultze-Görlitz, R., u. H. Oberneck, die Angelegenheiten der freiwilligen Gerichtsbarkeit. Reichsgesetz v. 17./20. V. 1898. Preuß. Gesetz von 21. IX. 1899. Erläutert von Sch. u. O. (XXIII, 352 S.) 901. (Nr. 52.) n. 2. —

Schulz, Ed., preuß. Gerichtskostengesetz u. Gebührenordnung f. Notare. Erläutert v. Sch. Mit Tabellen. (XII, 333 S.) 900. (Nr. 24.) n. 2. —

Seidenspinner, die Militärstrafgerichtsordnung nebst dem Einführungsgesetz, den Nebengesetzen u. sämmtl. Ausführungsbestimmungen. 2. Aufl. (VIII, 413 S.) 900. (Nr. 41.) n. 3.—

Wolff, Th., die Konkursordnung nebst den Einführungsgesetzen, Nebengesetzen u. Ergänzungen. Mit Anmerkgn. (VIII, 218 S.) 900. (Nr. 51.) n. 1. 60

Zehnter, J. A., das Reichsgesetz üb. d. privaten Versicherungsunternehmungen, nebst d. reichs- u. landesrechtl. Ausführungsbestimmgn. u. den Versicherungs-Vorschriften der Schweiz u. v. Oesterreich. Erläutert v. Z. (XXIV, 324 S.) 902. (Nr. 56.) n. 2.—

**Taschen-Gesetzsammlung.** 1. 2. 6. 8. 13. 27. 28. 34. 36. 37. 42.—44. 46. 49. u. 58.—66. Bd. 12. Berlin, C. Heymann. Geb. in Leinw. n. 55. 30

Braun, Eduard, Reichsgesetz betr. den Verkehr m. Wein, weinhaltigen u. weinähnlichen Getränken vom 24. V. 1901, nebst den Vorschriften f. die chem. Untersuchg. des Weines sowie den sonst. deutschen u. den preuß. Ausführungsbestimmgn. Mit Einleitg. u. Erläutergn. (VIII, 160 S.) 905. (Bd. 6.) n. 2. —

Delius, das preuß. Vereins- u. Versammlungsrecht unter Berücksicht. des Gesetzes vom 11. III. 1850, der Befugnisse der Polizeibehörden u. der privatrechtl. Vorschriften der Reichsgesetze. Dargestellt u. erläutert. 3. verb. u. wesentlich verm. Aufl. (XII, 275 S.) 905. (Bd. 28.) n. 2. —

Ebner, A., die preuß. Jagdgesetze in ihrer gegenwärtigen Fassung. Anh.: Das Feld- u. Forstpolizeigesetz vom 1. IV. 1880 m. den Ausführungsbestimmgn. Mit Erläutergn. in Anmerkgn. (VII, 339 S.) 906. (Bd. 8.) n. 2. 40

Freytag, P., Gesetz, betr. die Anstellung u. Versorgung der Kommunalbeamten vom 30. VII. 1899, nebst Ausführungsanweisung vom 12. X. 1899. Erläutert v. F. 2., verm. u. verb. Aufl. (VIII, 275 S.) 905. (Bd. 46.) n. 2. 50

Fuisting, B., das preuß. Einkommensteuergesetz vom 24. VI. 1891 nebst Ausführungsanweisungen. Erläutert v. F. 2. Aufl., bearb. v. Strutz. (XV, 503 S.) 903. (Bd. 1.) n. 2. 40

— das preuß. Gewerbesteuergesetz vom 24. VI. 1891 nebst Ausführungsanweisungen. Erläutert v. F. 2. Aufl., bearb. v. Strutz. (XII, 394 S.) 904. (Bd. 2.) n. 2. —

Gebser, F., Kirchengemeinde- u. Synodal-Ordnung vom 10. IX. 1873 u. Generalsynodal-Ordnung vom 20. I. 1876. (XI, 516 S.) 906. (Bd. 64.) n. 3. —

— Verwaltungsordnung f. das kirchliche Vermögen in den östlichen Provinzen der preußischen Landeskirche. Erläutert. (VIII, 336 S.) 904. (Bd. 61.) n. 2. —

Gesetzbuch, das bürgerliche, nebst dem Einführungsgesetze. Vom 18. VIII. 1896. Taschen-Ausg. m. Sachregister. 3. Aufl. (VIII, 640 S.) 904. (Bd. 34.) n. 2. —

Goetsch, P., das Reichsgesetz üb. das Auswanderungswesen vom 9. VI. 1897 nebst Ausführungsverordnungen, unter Benutzg. amtl. Quellen erläutert. 2. verm. Aufl. (VIII, 462 S.) 907. (Bd. 37.) n. 4. —

Hermes, J., u. H. Fechner, Gesetz zur Verhütung v. Hochwassergefahren vom 16. VIII. 1905. Unter Benutzg. der amtl. Materialien erläutert. (IV, 92 S.) 906. (Bd. 65.) n. 1. —

Hippel, v., das Fleischbeschaugesetz vom 3. VI. 1900 nebst Ausführungsbestimmungen. Textausgabe m. Einleitg., Anmerkgn., Ergänzgn. u. Sachregister. 2. verm. Aufl. (XII, 460 S.) 903. (Bd. 58.) n. 2. 40

Hoffmann, F., die Gewerbe-Ordnung m. den gesamten Ausführungsbestimmungen f. das Deutsche Reich u. Preußen. Erläutert. 5. Aufl. (XX, 1155 S.) 906. (Bd. 36.) n. 4. —
4. Aufl. (XX, 1139 S.) 901. n. 4. —.

— Gewerbe-Unfallversicherungsgesetz nebst Gesetz, betr. die Abänderung d. Unfallversicherungsgesetze. Erläutert v. H. 3. Aufl. (XII, 464 S.) 906. (Bd. 44.) n. 3. —

— Invalidenversicherungsgesetz vom 19. VII. 1899 nebst Ausführungsbestimmungen. Erläutert v. H. 4. Aufl. (XII, 685 S.) 906. (Bd. 42.) n. 3. —
3. Aufl. (XII, 638 S.) 905. n. 3. —.

— Krankenversicherungsgesetz u. Gesetz üb. die eingeschriebenen Hilfskassen nebst Ausführungsbestimmungen. Erläutert v. H. 5. Aufl. (XXIV, 403 S.) 905. (Bd. 43.) n. 2. —
2. Aufl. (VII, 404 S.) — 3. u. 4. Aufl. (XXIV, 363 S.)

— Reichsgesetz betr. Kinderarbeit in gewerblichen Betrieben m. den Ausführungsbestimmungen des Reichs u. Preußens. Erläutert v. H. (VIII, 143 S.) 904 (Bd. 60.) n. 1. 60

Jacobi, O., die preußische Gesindeordnung vom 8. XI. 1810 u. ihre Ergänzungsgesetze. Auf der Grundlage des bürgerl. Gesetzbuchs erläutert. 2. Aufl. (XI, 308 S.) 906. (Bd. 49.) n. 2. —

Lochte, D., das Gesetz üb. Kleinbahnen u. Privatanschlußbahnen. Mit Anmerkgn. hrsg. (VIII, 199 S. m. 2 Taf.) 903. (Bd. 59.) n. 2. —

Markull, Wilh., die Gesetze betr. die Bekämpfung übertragbarer Krankheiten vom 30. VI. 1900 u. 28. VIII. 1905. Mit Erläutergn. f. den prakt. Gebrauch. (VIII, 286 S.) 906. (Bd. 66.) n. 2. 40

Meyeren, G. v., das Reichsgesetz betr. Kaufmannsgerichte vom 6. VII. 1904 m. den preuß. Ausführungsbestimmungen. Erläutert. (XX, 168 S.) 905. (Bd. 62.) n. 2. —

Petersen, M., Gesetz betr. die Gründung neuer Ansiedlungen in den Provinzen Ostpreußen, Westpreußen, Brandenburg, Pommern, Posen, Schlesien, Sachsen u. Westfalen, vom 10. VIII. 1904. Unter Benutzg. der amtl. Materialien erläutert. (VIII, 172 S.) 905. (Bd. 63.) n. 2. —

Robolski, H., das Gesetz betr. den Schutz v. Gebrauchsmustern vom 1. VI. 1891, erläutert. 2. Aufl. (IV, 114 S.) 905. (Bd. 13.) n. 1. 60

Wunsch, Frz., Erbschaftssteuergesetz vom 3. VI. 1906 nebst Ausführungsbestimmungen. Erläutert v. W. (XII, 263 S.) 907. (Bd. 27.) n. 2. —

**Taschen-Gesetzsammlung.** 1. 7. 8. 10.—12. 14. 15. 21. 24. 26. 28. 29. 35. 36. 38. 39. 43. 51. 54. 58. u. 66.—73. Bd. kl. 8. Berlin, C. Heymann. Geb. in Leinw. 89. 80

Anschütz, Gerh., die Organisationsgesetze der inneren Verwaltung in Preußen. Zum akadem. Gebrauch u. f. die Praxis zusammengestellt. 2. Aufl., unter Mitwirkg. des Verf. bearb. v. Frz. Dochow. (XVI, 692 S.) 908. (35. Bd.) Geb. 4. —

Apt, Max, Börsengesetz. Erläutert unter Mitarbeit v. H. Trumpler u. stellv. J. Weißbart. 5. verm. u. verb. Aufl. (XII, 406 S.) 909. (69. Bd.) Geb. 4. —
4. Aufl. (LVI, 324 S.) 908. Geb. 4.—.

Becker, J., die Gebühren der Rechtsanwälte im Reiche u. in Preußen. Deutsche Gebührenordgn. f. Rechtsanwälte u. preuß. Gesetz, enth. die landesgesetzl. Vorschriften üb. die Gebühren der Rechtsanwälte vom 21. III. 1910. Textausg. m. Anmerkgn., Tabellen u. Sachregister. (IV, 160 S.) 910. (73. Bd.) Geb. 2. —

Berggesetze, die preußischen, in der gegenwärtig geltenden Fassung. Textausg. m. verweis. Anmerkgn. (XI, 250 S.) 908. (68. Bd.) Geb. 2. —

Boehm, J., u. E. Sontag, das preußische Stempelsteuergesetz. 4., neubearb. Aufl. in der Fassung des Gesetzes vom 30. VI. 1909 v. Ernst Sontag. (XVI, 520 S. m. Fig.) 910. (26. Bd.) Geb. 3. -

Delius, deutsches Vereinsrecht u. Versammlungsrecht in privat- u. öffentlich-rechtlicher Beziehung unter besond. Berücksicht. des preußischen Rechts. Dargestellt u. erläutert. 4., verb. u. wesentlich verm. Aufl. (XIV, 604 S.) 908. (28. Bd.) Geb. 4. —

Ebner, A., die preußischen Jagdgesetze in ihrer gegenwärtigen Fassung. Mit Erläutergn. in Anmerkgn. 3.—5. unveränd. Aufl. (IV, 252 S.) 907. 08. (8. Bd.) Geb. 2. 40

Fleischbeschaugesetz, das, nebst den preuß. Ausführungsgesetzen sowie den f. das Deutsche Reich u. f. Preußen erlass. Ausführungsbestimmungen. Zusammengestellt bis Anfang 1909. Textausg. 14. verm. Aufl. (XXXI, 611 S.) 909. (58. Bd.) Geb. 4. —

Förster, A., die preußische Gesetzgebung üb. die Vermögensverwaltung in den katholischen Kirchengemeinden u. Diözesen. Mit Anmerkgn. u. Sachregister. 2., verm. u. verb. Aufl. (VIII, 396 S.) 907. (21. Bd.) Geb. 4. —

Fuisting, B., das preuß. Einkommensteuergesetz vom 24. VI. 1891 in der Fassung der Bekanntmachung vom 19. VI. 1906 nebst Ausführungsanweisung. Erläutert v. F. 4., völlig umgearb. Aufl. v. Strutz. (XXIV, 675 S.) 910. (1. Bd.) Geb. 4. —
3. Aufl. (XX, 551 S.) 907. Geb. 3.—.

Hoffmann, F., die Gewerbe-Ordnung m. allen Ausführungsbestimmungen f. das Deutsche Reich u. Preußen. 7.—10. Aufl. (XXIV, 1185 S.) 910. (36. Bd.) Geb. 5. —
6. Aufl. (XXIV, 1183 S.) 907. Geb. 4.—.

— Krankenversicherungsgesetz u. Gesetz üb. die eingeschriebenen Hilfskassen, nebst Ausführungsbestimmungen. Erläutert v. H. 6. Aufl. (XXIV, 428 S.) 908. (43. Bd.) Geb. 3. —

— Das Stellenvermittlergesetz vom 2. VI. 1910 m. allen preuß. Ausführungsbestimmungen. 3. u. 4. Aufl. der Vorschriften f. den Geschäftsbetrieb der Gesindevermieter u. Stellenvermittler. (VIII, 172 bezw. VIII, 176 S.) 910. (72. Bd.) Geb. 3. —

Kade, Carl, Strafgesetzbuch f. das Deutsche Reich. Text-Ausg. m. Anmerkgn. nebst einfachem Text der gebräuchlicheren Reichs- u. preuß. Strafgesetze. 2. verm. Aufl. (VIII, 531 S.) 908. (14. Bd.) Geb. 2. —

Kappelmann, H., die Städteordnung f. die sechs östlichen Provinzen der Preuß. Monarchie vom 30. V. 1853. Mit Erläutergn. f. den prakt. Gebrauch u. e. Anh.: Die Instruktion f. die Stadtmagisträte vom 25. V. 1835. 2. Aufl. (VII, 274 S.) 908. (54. Bd.) Geb. 2. —

Kautz, Geo., das Verwaltungszwangsverfahren wegen Beitreibung v. Geldbeträgen. Erläutert v. K. 3. Aufl. (XVI, 289 S.) 907. (29. Bd.) Geb. 2. 50

Koppe, U., das Gesetz üb. den Unterstützungswohnsitz vom 30. V. 1908. Unter Berücksicht. der f. Preußen erlassenen Ausführungsbestimmgn. erläutert. 2. umgearb. Aufl. (VIII, 220 S.) 909. (15. Bd.) Geb. 2. —

Kröner, W., das Gesetz üb. den Verkehr m. Kraftfahrzeugen vom 3. V. 1909, unter eingeh. Berücksicht. der Gesetzmaterialien erläutert. (VII, 112 S.) 909. (70. Bd.) Geb. 2. —

Loycke, E., Pfarrbesoldungsgesetz, Ruhegehaltsordnung u. Hinterbliebenenversorgung f. die evangelischen Geistlichen in Preußen. Nach den Beschlüssen der im Winter 1907/08 versammelt gewesenen obersten Synoden der preuß Landeskirchen. Mit Anmerkgn., Anh. u. Sachregister. (VIII, 469 S.) 908. (39. Bd.) Geb. 4. —

Markull, Wilh., die Gesetze betr. die Bekämpfung übertragbarer Krankheiten vom 30. VI. 1900 u. 28. VIII. 1905. Mit Erläutergn. f. den prakt. Gebrauch. 2., durchgeseh. u. verm. Aufl. (VIII, 340 S.) 909. (66. Bd.) Geb. 2. 40

Neukamp, Ernst, das Reichsgesetz betr. die Gesellschaften m. beschränkter Haftung vom 20. IV. 1892 in der Fassung der Bekanntmachung vom 20. V. 1898. Erläutert v. N. 3. u. 4. durchgearb. u. verm. Aufl. (XXVIII, 446 S.) 907. (7. Bd.) Geb. 4. —

Osterrieth, A., das Urheberrecht an Werken der bildenden Künste u. der Photographie. Gesetz vom 9. I. 1907. Erläutert v. O. (XII, 300 S.) 907. (67. Bd.) Geb. 3. —

Reichs-Kostengesetze, die. Deutsches Gerichtskostengesetz, Gebührenordng. f. Gerichtsvollzieher, Gebührenordnung f. Zeugen u. Sachverständige, Gebührenordng. f. Rechtsanwälte. In der Fassg. der Bekanntmachg. vom 20. V. 1898 u. der Novellen vom 1. VI. 1909 u. vom 22. V. 1910. Textausg. m. Anmerkgn., Tabellen u. Sachregister. 2. u. 3. Aufl. (IV, 216 S.) 909. 10. (38. Bd.) Geb. 2. —

Rhenius, W., Gesetz zum Schutz der Warenbezeichnungen vom 12. V. 1894. Erläutert v. Rh. 2. Aufl. (IV, 223 S.) 908. (51. Bd.) Geb. 2. 50

Robolski, H., das Patentgesetz vom 7. IV. 1891, erläutert. 3. Aufl. (VIII, 211 S.) 908. (12. Bd.) Geb. 2. —

Schlegelberger, Frz., das Gerichtsverfassungsgesetz nebst Einführungsgesetz in der vom 1. IV. 1910 ab gültigen Fassg. unter besond. Berücksicht. der preußischen Ausführungsbestimmungen u. der preußischen Justizverwaltung. (XII, 323 S.) 910. (71. Bd.) Geb. 4. —

Schulz, Ed., preußisches Gerichtskostengesetz u. Gebührenordng. f. Notare. Erläutert. 2. Aufl. (XII, 352 S.) 910. (24. Bd.) Geb. 3. —

Strutz, das Ergänzungssteuergesetz (Vermögenssteuer) vom 14. VII. 1893, erläutert. 4. völlig umgearb. Aufl. (XX, 615 S.) 909. (11. Bd.) Geb. 4. —

— Das Kommunalabgabengesetz vom 14. VII. 1893 nebst Ausführungsanweisung vom 10. V. 1894 u. Mustersteuerordngn. Erläutert v. St. 4. völlig umgearb. Aufl. (XV, 704 S.) 908. (10. Bd.) Geb. 4. —

Taschen-Grammatik, kleine italienisch-deutsch-französische, zum Selbst-Unterrichte. Praktische Anleitung für Reisende, Geschäfts- und Handelsleute, so wie für Jedermann, welcher sich diese drei Sprachen auf die schnellste und leichtfaßlichste Art vollkommen eigen machen will, nebst einem Anhang von Geschäfts-Correspondenzen. Ein sicherer Schlüssel um bei Conversationen verschiedener Zirkel so wie auf Reisen ein angenehmer Gesellschafter zu werden. Von F. A. G. 8. (77 S.) Wien 857(60). [Gerischet's Universitäts-Buchh.]

Taschen-Grammatik, kleine italienisch-deutsch-französische — zum Selbstunterrichte. Praktische Anleitung für Reisende, Geschäfts- und Handelsleute, so wie für Jedermann, welcher sich diese drei Sprachen auf die schnellste und leichtfaßlichste Art vollkommen eigen machen will, nebst einem Anhange von Geschäfts-Korrespondenzen. Ein sicherer Schlüssel, um bei Conversationen verschiedener Zirkel, so wie auf Reisen ein angenehmer Gesellschafter zu werden. Von F. A. G. Wien, 1857. Druck und Verlag von Leop. Grund. (76 S. 8.)

**Taschengratulant, Der,** Oder Alles in Allem. Wien 1800. V: *Perinet, Joachim.* (WBL 22/22) (BIBLPORT)

Taschengratulant, der, od. Alles in Allem, enthält Wünsche, Devisen, Denksprüche rc. ernsthaft u. launig, nebst Condolenzen bei Sterbefällen. 2 Bde. gr. 8. Leipz. Joachim. 815.

— f. Menschen von gutem Ton, s. a. Lätitia, 2s Heft.

Taschengratulant für Menschen v. guten Ton, auserles. Wünsche und Denksprüche an Neujahrs-, Namens- u. Geburtstagen bey Hochzeiten, Kindtaufen rc. 8. Leipzig, Joachim.

**Taschen=Gratulant,** der neueste elegante, f. Jung u. Alt in allen Gelegenheiten in deutscher u. franzöſ. Sprache. Nebst Gratulationsbriefen u. Stammbuchaufsätzen aus den besten Dichtern. 12. Wien ... 2e A. 820. 3e A. 827. 4e A. 832. Haas. 20 ℊ

Taschengratulant, der neueste, elegante, f. Jung u. Alt. 3e Aufl. Mit Vign. 12. Wien 826, Haas.

Taschen=Gratulant, der neueste elegante, f. Jung u. Alt, zu allen Gelegenheiten, in deutscher u. franz. Sprache; nebst Gratulationsbriefen u. Stammbuchaufsätzen aus d. besten Dichtern. 4., verm. Aufl. 12. (13½ B. u. Titvign.) Wien 832, Haas.

Taschen=Gratulant, der neueste, elegante, f. Jung u. Alt zu allen Gelegenheiten, in deutscher u. franz. Sprache. 5., verm. u. verb. Aufl. 12. (13½ B.) Wien 839, Haassche Buchh.

Taschengratulant, der vollständige — für alle Fälle und Stände. Eine Sammlung ausgewählter Gedichte an Verwandte, Pathen, Lehrer, Wohlthäter, Vormünder und Freunde zum Neujahrs-, Namens- und Geburtsfeste, ferner eine Auswahl von Akrostichen und Stammbuchaufsätzen in Beziehung auf Liebe, Freundschaft und Erinnerung, so wie zum nützlichen Gebrauche bei festlichen Gelegenheiten. Zweite, mit Gedichten und prosaischen Aufsätzen vermehrte Auflage. Neuhaus. 1855. Druck und Verlag von A. J. Landfraß. (1 Bl. 144 S. 24.)

Taschengratulant, der vollständige, für alle Fälle und Stände. Eine Sammlung ausgewählter Gedichte an Verwandte, Pathen, Lehrer rc. zum Neujahrs-, Namens- und Geburtsfeste rc. 3., mit Gedichten und prosaischen Glückwünschen und andern Aufsätzen verm. Aufl. 16. (VI und 140 S.) Neuhaus (857)66, Landfraß und Sohn. *

**Taschen=Handbuch** f. die Berliner Schornsteinfeger in Bezug auf ihren Gewerbebetrieb im Stadtkreis Berlin. [Aus: „Handb. f. Schornsteinfeger".] 2. Aufl. gr. 8. (II, 36 S. m. Fig.) Berlin 895. G. B. C. Rahn. Geb. n. — 50

**Taschen=Heyse,** der. Fremdwörterbuch. Ein Wörterbuch zur Verdeutschg. u. Erklärung der im Deutschen gebräuchl. Fremdwörter. Mit Bezeichng. der Aussprache u. Betong. 7., verm. u. verb. Aufl. Bearb. von A. Fischer. Neue Rechtschreibg. (240 S.) 16. Berlin (905). Neufeld & Henius. Geb. in Leinw. 1. 20

**Taschen=Heyse,** der. Fremdwörterbuch. Ein Wörterbuch zur Verdeutschg. u. Erklärg. der im Deutschen gebräuchl. Fremdwörter. Mit Bezeichng. der Aussprache u. Betong. 8., verm. u. verb. Aufl. Bearb. v. A. Fischer. Neue Rechtschreibg. (340 S.) 16. Berlin (907). Neufeld & Henius. Geb. in Leinw. 1. 20

Taschen-Hôtel-Adressbuch der besuchtesten Städte u. Bäder von Deutschland, Oesterreich u. Schweiz, sowie wichtigsten Städte der Erde. Auf Grund officieller Quellen bearbeitet von P. Münchhoff. Jhg. 1. (Berlin 1880.) Leipzig. 24.
Nicht mehr erschienen

**Taschen=Jahrbuch** für Einjährig=Freiwillige im deutschen Heere unter besond. Berücksicht. der bayerischen Armee. Dienstjahr 1906/07. II. Jahrg. (368 S. m. 2 Bildnissen u. 1 Tab.) kl. 8. München, Buchdruckerei u. Verlagsanst. C. Gerber. Geb. in Leinw. n. 2. 75

Taschenkalender

— s. a. Taschenbuch — Kalender — Almanach.

Taschenkalender, s.a. Arbeiter-Notiz-Kalender, Österreichischer für 1910 u. 11.

**Taschen-Kalender** auf das Jahr 1794. Hildesheim. Schlegel (Tuchtfeld). 8. 16 Bl. u. 76 S.
Kloss 120. — Auch unter dem Titel: Taschenbuch für Freimr. — Herausgegeben von P. J. Hillebrandt. Enthält ein Verzeichniss der mit der Loge Pforte z. Ewigkeit in Hildesheim verbundenen u. correspondirenden Logen und Beamten.

*Taschenkalender*. Hrsg. mit Genehmhaltung d. Kgl. Preuß. Akademie d. Wissenschaften.
Berlin
1798. 1811.

**Taschenkalender für das Jahr... 1813. Leipzig: Schreiber [1812.]**
1813: [1812.]

**Taschen-Kalender f. d. J.** . . . .
1817. M. 13 Kpf.
München.

**Taschen-Kalender f. d. J.** . . . .
1829. M. 6 kol. Kpf.
1833. M. 7 kol. Kpf.
1837. M. 7 kol. Kpf.
1839. M. 7 kol. Kpf.
1842. M. 7 kol. Kpf.
1843. M. 7 kol. Kpf.
1844. M. 7 kol. Kpf.
1845. M. 7 kol. Kpf.
1848. M. 7 kol. Kpf.
1850. M. 7 kol. Kpf.
1853. M. 7 kol. Kpf.
1855. M. 7 kol. Kpf.
S. a.: Etuis-Kalender mit Volkstrachten f. . . . . .
Augsburg.

Taschen-Kalender auf d. J. 1832, m. 6 Fabeln v. Lafontaine, deutsch u. franz., u. 12 dazu gehör. Kpfrn. 3" hoch u. 2" breit. (96 Seit. Text.) Berlin, (Dümmler.)

—— auf d. J. 1832. Mit (12) Kpfrn. 3" hoch u. 1¼" breit. (30 Seit. Text.) Berlin, (Dümmler.)

Taschen=Kalender auf das Jahr 1838, mit Gedichten u. 8 dazu gehörigen Kupfern. kl. 16. Berlin, (Enslin'sche Buchh.) In Futteral n. 5/12 ß — auf das Jahr 1840. Mit 8 Kpfrn. 32. Ebd. 839. Heymann. (Plahnsche Buchh.) n. 5/12 ß

— auf das Jahr 1841. Mit Gedichten u. 8 Kupf. 16. Berlin 840. (Heymann.) n. 1/8 ß — ders. für 1842, mit Gedichten u. 8 dazu gehörigen Kupfern. Herausgeg. von der Königl. Preuß. Kalender=Deputation. 32. Berlin 841. (Enslin'sche Buchh.) n. 5/12 ß

— ders. für 1843—1846, mit Gedichten u. (à) 8 Kupf. kl. 16. Berlin 842—45. (Plahn'sche B.) Enslin'sche B. baar à 1/3 ß

Taschen-Kalender auf das J. 1843, mit Gedichten. Hrsg. v. der kgl. preuß. Kalender-Deputation. 16. (3 B. u. 8 Kpfr.) Berlin, (Plahn'sche Buchh.) **

—— dass. auf das J. 1844, mit Gedichten. Hrsg. von der kgl. preuß. Kalender-Deputation. 32. (48 S. u. 8 Kpfr.) Berlin, (Enslin'sche Buchh. — Reimarus.) **

*Taschen-Kalender* auf das Jahr 1844 mit Gedichten u. 8 dazu gehörigen Kupfern (v. Auguste Hüssener).
[Berlin:] Kgl.-Preuß. Kalender-Deputation
*Ff, 4:67*

—— dass. auf das Jahr 1845. 32. (32 S. u. 8 Kpfr.) Berlin, Plahn'sche Buchh. *

—— dass. auf das J. 1845. 32. (18 S.) Berlin, Plahn'sche Bh. *

**Taschen-Kalender a. d. J. 1838, 1840 u. 1842, mit Gedichten. (à 48 Seit. u. 8 Kpfrt.) Berlin, (G. W. F. Müller's Verl.)** à * Thlr.

**Taschen-Kalender** auf d. J. 1848. 1851 — 1853. Jeder mit 8 Lith. 32. (1848: 50 S. 1851: XVI u. 32 S. 1852: XVI u. 32 S. 1853: XVI u. 32 S.) Berlin u. Frankfurt a. O., Trowitzsch & Sohn. à n. 1/3 ₰

— auf d. J. 1849. 32. (64 S.) Mannheim, Schwan & Götz. n. 2 ngr

— f. d. J. 1850—1853. 128. (In Kupferst. 1850: 32 Bl. 1851: 31 Bl. 1852: 32 Bl. 1853: 32 Bl.) Zittau, Schreibers Erben. à 1/12 ₰

—— für die J. 1853—57. (à Jahrg. ca. 32 Bl. in Kpfrst.) 128. Zittau 852—56. [Leipzig,] Schreiber's Erben. à Jahrg.

**Taschen-Kalender** auf das Jahr 1854—60. Leipzig, Schreiber's Erben. 128. (32 Bl. in Kpfrst.) Jeder Jahrg. 2½ ngr

**Taschen-Kalender** auf die Jahre 1861—66. Leipzig, Schreiber's Erben. 128. (32 lith. Bl.) Jeder Jahrg. 2½ ngr

**Taschen-Kalender** auf die Jahre 1867—71. Leipzig, Schreiber's Erben. 128. Jeder Jahrg. (32 lithogr. Blatt.) In Etui n.n. 2½ ngr

TASCHEN KALENDER auf das Jahr 1856. J. L. Fuchs n. d. Rathaus Basel. Farbiges Frontispiz, farb. Titel, 44 Bl. und 6 hübsche Chromolithographien. 24°. Dunkelblauer Or.-Lederbd. m. Gold- u. Blindpressung a. d. Deckeln, Goldschnitt (ein wenig berieben). Enth. Kalender u. Gedichte. 15.—

Taschen = Kalender für 1856. Prag. Druck von Fr. Rohlicek. Verlag von C. Senfft's Sohn. (6 Bgen. 24.)

Taschen = Kalender für das Schaltjahr 1856. Wien, bei Leopold Grund. (43 Bl. 32.)

—— für 1861. Mit 5 Stahlst., Schuber, Spiegel u. Pariser Einb. m Goldschn. 32. (64 S.) Wien. Lienhart. 60 kr.

—— mit 6 illum. Kupfern u. Spiegel. In goldgepr. Einb. m. Stahlschloß 32. (64 S.) Ebd. 1 fl. 24 kr.

—— mit Schuber, in gepr. Einb. m. gelbem Schnitt. 32. (64 S.) Ebd. 24 kr.

—— mit Spiegel u. Schuber in Pariser Einb. m. Goldschn. 32. (64 S.) Ebd. 40 kr.

—— auf das Jahr nach der Geburt Christi 1863. 32. (62 S.) Wien, Lienhart. cart. m. Schuber 24 kr.
geb. mit Spiegel, Goldschnitt u. Schuber 40 kr.
mit 5 Bildern ebenso geb 60 kr.
mit 5 color. Bildern geb. mit Spiegel u. Stahlschloß 1 fl 24 kr.

- 1865. Ebd. 1864. 62 S. 32°

- 1866. Ebd. 1865. 62 S. 32°

—— auf das Jahr nach der Geburt Jesu Christi 1867. Wien, Lienhart. In ord. Band mit Schuber 24 kr.

— Derselbe mit Spiegel in Schuber. Ebd. 40 kr.

— Derselbe mit 2 Kupfern und Spiegel in Schuber. Ebd. 60 kr.

— Derselbe mit 5 col. Kupfern und Spiegel. Ebd. Mit Stahlschloß. 1 fl. 24 kr.

— auf das Jahr nach der Geburt Jesu Christi 1868. Min.-Form. Wien, Lienhart. Geb. 24 kr. Mit Spiegel, Kupfer u. Stahlschloß 1 fl. 24 kr. Mit Spiegel, Kupfer, im Schuber 60 kr. Mit Spiegel ohne Kupfer, im Schuber 40 kr.

—— auf das Jahr nach der Geburt Jesu Christi 1869. 64. Mit 4 Photographien, Spiegel und Schließe. Elegant gebunden mit Goldschnitt u. Schuber. Wien, Lienhart. 1 fl. 24 kr.

Taschen-Kalender auf das Jahr nach der Geburt Jesu Christi 1870. 64. Wien, Lienhart. Mit Kupfer und Stahlschloß 1 fl. 24 kr. Mit Kupfer und Schuber 60 kr., ohne Kupfer u. Schuber 40 kr., in ordinärem Bande 24 kr.

**Taschen-Kalender** für das Jahr 1871. Mit 4 Photographien, Spiegel und Schließe. 64. Wien, Lienhart. Eleg. geb. mit Goldschnitt und Schuber. 1 fl. 24 kr.

— — Derselbe. Mit 4 Stahlstichen und Spiegel. Ebds. Eleg. geb. mit Goldschnitt und Schuber 60 kr.

— — Derselbe ohne Stahlstiche. Mit Spiegel. Ebds. Eleg. geb. mit Goldschnitt und Schuber. 40 kr.

— — Derselbe. Ebds. ordinär gebunden mit Schuber 24 kr.

**Taschen-Kalender f. d. Jahr 1882 in Chromodecke mit Bleistift 1 fl.**
**— — mit Kupfer in Schuber 50 kr.**
**— — ohne Kupfer in Schuber 40 kr.**
**— — in gewöhnl. Einbd. 30 kr.**
Wien: Lienhart.

**Taschenkalender** für das Jahr nach der Geburt Jesu Christi 1883. In Chromodecke mit Bleistift und Spiegel. fl. 1.
— — mit Kupfer in Schuber. 50 kr.
— — ohne Kupfer in Schuber. 40 kr.
— — in ordinärem Band. 30 kr.
Wien: Lienhart.

**Taschenkalender** f. das Schaltj. 1884. Wien, Ig. Linhart. In Chromodecke mit Bleistift u. Spiegel 1 fl., mit Kupfer in Schuber 50 kr., ohne Kupfer in Schuber 40 kr., in ordinärem Bande 30 kr.

**Taschen-Kalender** f. d. J. 1885. Wien, Ign Lienhart. In Chromodecke mit Bleistift u. Spiegel 1 fl., mit Kupfer in Schuber 50 kr., ohne Kupfer in Schuber 40 kr., in ordin. Bande 30 kr.

**Taschenkalender** f d J. 1886. Wien, Ignaz Lienbart. In Chromodecke m. Bleistift u. Spiegel 1 fl., m. Kupfer in Schuber 50 kr., ohne Kupfer in Schuber 40 kr., in ordinär. Bde. 30 kr.

— — für das Jahr nach der Geburt Jesu Christi 1887. Wien, Lienhart. In Chromodecke mit Bleistift u. Spiegel fl. 1.—.
— mit Kupfer in Schuber fl. —.50.
— ohne Kupfer in Schuber fl. —.40.
— in ordinärem Bande fl. —.30.

**Taschen-Kalender** für das Jahr nach d. Geburt Jesu Christi 1888. Wien, Lienhart. In Chromodecke mit Bleistift u. Spiegel. fl. 1.—.
— — Mit Kupfer in Schuber. Ebd. fl. —.50.
— — Ohne Kupfer in Schuber. Ebd. fl. —.40.
— — In ordinärem Bande. Ebd. fl. —.30.

**Taschen-Kalender** für das Jahr nach der Geburt Jesu Christi 1890. In Chromodecke mit Bleistift und Spiegel 1.—
— — mit Kupfer in Schuber —.50
— — ohne Kupfer in Schuber —.40
— — in ordinärem Bande —.30
Wien: Lienhart.

— für das J. 1891. 16. (64 S.) Wien, Lienhart. geb. n.n. — 50; eleg. geb. m. Goldschn. u. Spiegel n.n. — 70; m. 4 Kpfrn. n. — 90; in Chromodecke m. 4 Kpfrn. n. 2.—

**Taschen-Kalender** für das Jahr nach der Geburt Jesu Christi 1892. In Chromodecke mit Bleistift und Spiegel 1.—
— — mit Kupfer in Schuber —.50
— — ohne Kupfer in Schuber —.40
— — in ordinärem Bande —.30
Wien: Lienhart.

**Taschen-Kalender** für das Jahr nach der Geburt Jesu Christi 1893. In Chromodecke mit Bleistift und Spiegel 1.—
— — mit Kupfer in Schuber —.50
— — ohne Kupfer in Schuber —.40
— — in ordinärem Bande —.30
Wien: Lienhart.

**Taschen-Kalender** für das Jahr nach der Geburt Jesu Christi 1894. In Chromodecke mit Bleistift und Spiegel 1.—
— — mit Spiegel und Kupfer in Schuber —.50
— — mit Spiegel ohne Kupfer in Schuber —.40
— — ohne Spiegel in Schuber —.30
Wien: Lienhart.

**Taschen-Kalender** für das Jahr nach der Geburt Jesu Christi 1895. In Chromodecke mit Bleistift und Spiegel 1.—
— — mit Spiegel und Kupfer in Schuber —.50
— — mit Spiegel ohne Kupfer in Schuber —.40
— — ohne Spiegel in Schuber —.30
Wien: Lienhart.

**Taschen-Kalender** für das Jahr nach der Geburt Jesu Christi 1896. In Chromodecke mit Bleistift und Spiegel
— — mit Spiegel und Kupfer in Schuber
— — mit Spiegel ohne Kupfer in Schuber
— — ohne Spiegel in Schuber
Wien: Lienhart.

— f. d. J. 1896. 16. (64 S.) Wien, J. Lienhart. Geb. n.n. — 50

**Taschen-Kalender** für das Jahr nach der Geburt Jesu Christi 1897. In Chromodecke mit Bleistift und Spiegel 1.—
— — mit Spiegel und Kupfer in Schuber —.50
— — mit Spiegel ohne Kupfer in Schuber —.40
— — ohne Spiegel in Schuber —.30
Wien: Lienhart.

**Taschen-Kalender** für das Jahr nach der Geburt Jesu Christi 1898. In Chromodecke mit Bleistift und Spiegel 1.—
— — mit Spiegel und Kupfer in Schuber —.50
— — mit Spiegel ohne Kupfer in Schuber —.40
— — ohne Spiegel in Schuber —.30
Wien: Lienhart.

**Taschen-Kalender** für das Jahr nach der Geburt Jesu Christi 1899. In Chromodecke mit Bleistift und Spiegel 1.—
— — mit Spiegel und Kupfer in Schuber —.50
— — mit Spiegel ohne Kupfer in Schuber —.40
— — ohne Spiegel in Schuber —.30
Wien: Lienhart.

— — für das Gemeinjahr 1862. 32. Bozen, Eberle. 14 kr.

**Taschen-Kalender** für 1862. 32. (96 S.) Pest, Rest & Comp. 20 kr.

— — für 1862. Prag. Seufft. 25 kr.

—— für 1862. Nebst Tarif und Fahrplan der thüringer Eisenbahnen, sowie Zinsen-Berechnung zu 2—5% in Gulden- und Thaler-Währung. 16. (24 S.) Rudolstadt 861. (Leipzig, Wagner.)

— — für das Jahr 1862. 32. Wien, Gorischek. 14 kr.

—— für die J. 1864—68. 32. (à Jahrg. 64 S.) Wien, Gorischek's Universitäts-Buchh. à Jahrg. * 3 Ngr.; cart. * à Jahrg. cart. mit Goldschn. und in Futteral *

—— für die J. 1869—1872. 32. (à 64 S.) Wien, Gorischek's Universitäts-Buchh. à Jahrg. * 30 Pf.; Velinp. * cart. mit Goldschn. und in Futteral *

—— dass. — für die J. 1873—1875. 32. (à 64 S.) Ebendas. à Jahrg. ** 33 Pf.; in Satiné-Pap. * geb. mit Goldschn. und in Futteral *

Taschen-Kalender für 1863. Fl. 4. (1 Blatt auf 2 Seiten gedruckt.) Brünn, Winiker. 15 kr.

**Taschen-Kalender** für die J. 1866 und 1867. 16. (à Jahrg. 24 S.) Zürich, Orell, Füßli und Comp. à Jahrg.

**Taschen-Kalender** für 1872. 24 Stn. 16. Zürich, Orell, Füssli & Co. —. 25

**Taschen-Kalender** f. d. J. 1874. 24 Stn. 16. Zürich, Orell, Füssli & Co. —. 30

**Taschen-Kalender f. d. J. 1875.** Zür., Orell, Füssli & Co. br. 12. —. 30

**Taschenkalender** für 1872. 24 Stn. 16. Wädensweil, Rüegg. —. 20

—— für 1881—1885. 16. (à Jahrg. ca. 26 S.) Wädensweil, Rüegg zum Florhof. à Jahrg. *

—— für das J. 1867. 16. (187 S.) Hannover 866. (Celle, Schulze'sche Buchh.) geb. *

—— für die J. 1868—1875. Hrsg. von H. Reinecke. 1.—8. Jahrg. 32. (à 144 S.) Harburg, Elkan. geb. à Jahrg. *

Taschen-Kalender auf die J. 1875 und 1876. Hrsg. von H. Reinecke. 8. und 9. Jahrg. 32. (à 144 S.) Harburg, Elkan. geb. à Jahrg. *
Nicht weiter erschienen.

**Taschen-Kalender** für das Schaltjahr 1868. 1 Bl. 12. Prag, Mercy Verlag 12 kr.

— für 1869. Prag: Mercy 1868. 1 Bl. Fol.

Taschen-Kalender für 1870. 1 Blatt. Prag, Mercy. 14 kr.

— — pro 188[illegible]. Mit Stempelscala und Ziehungen aller österr.-ungar. Lotterie-Effecten. Prag, Mercy. Zweiseitig, unaufgezogen. fl. —.16

—— auf die J. 1869—1875. 128. (à 52 S. mit Holzschn.) Leipzig, Schreiber's Erben. à Jahrg. *

**Taschen-Kalender** f. 1871. 16. (128 S.) Hannover. (Celle), Schulze'sche Buchh. geb. n. 1. 20

Taschen-Kalender auf 1875. 32. (4 S.) Glogau 874, Flemming. *

— auf die J. 1876—1880. 64. (4 S.) Glogau, Flemming. à Jahrg.

Taschen-Kalender für 1881—1885. 64. (à Jahrg. 6 S.) Glogau, Flemming. à Jahrg.

— auf das J. 1875. 16. (32 S.) Straßburg [Lahr] 874, Schauenburg. *
geb. mit Goldschn. *

— für 1876 und 1877. 32. (à Jahrg. 31 S.) Lahr, Schauenburg. geb. mit Goldschn. à Jahrg. *

— dass. — für 1878 und 1879. 32. (à Jahrg. 31 S.) Lahr, Geiger. à Jahrg.
Mit weissem Pap. durchsch. à Jahrg.
geb. mit Goldschn. à Jahrg. *

— für 1880. 32. (31 S.) Lahr, Schauenburg. cart. u. mit Conceptpapier durchsch. — 20; mit weissem Papier durchsch. — 25; geb. mit Goldschn. n. — 40; mit Bilderumschlägen u. Goldschn. n. — 40; mit vergold. Bilderumschlägen u. Goldschn. — 60; mit Gold- oder Platinadecken. n. 1. 60

— für 1881—1885. 32. (à Jahrg. 50 S.) Lahr, Schauenburg. geb. mit Goldschn. à Jahrg.

— für das J. 1875. 32. (4 S.) Würzburg 874, Gebr. Scheiner. Dutzend

— für die J. 1876—1880. 1.—5. Jahrg. 64. (à Jahrg. 64 S.) Leipzig, Stauffer. geb. à Jahrg.

— für die J. 1881—1885. 6.—10. Jahrg. 64. (à Jahrg. 79 S.) Leipzig, Stauffer. geb. à Jahrg.

Taschen-Kalender für die J. 1886—1889. 11.—14. Jahrg. 64. (à Jahrg. 79 S.) Leipzig, Stauffer. geb. à Jahrg.

Taschen-Kalender f. d. J. 1891. 64. (79 S.) Leipzig, Stauffer. cart. — 25

Taschen-Kalender f. d. J. 1893. 18. Jahrg. 64. (79 S.) Lpz., Th. Stauffer. cart. in Leinw. — 25

Taschen-Kalender f. d. J. 1895. 20. Jahrg. 64. (79 S.) Leipzig, Th. Stauffer. In Leinw. kart. — 25

Taschen-Kalender f. d. J. 1899. 24. Jahrg. 64. (79 S.) Leipzig, Th. Stauffer. In Leinw. kart. — 25

Taschen-Kalender f. d. J. 1903. 28. Jahrg. 64. (79 S.) Leipzig, Th. Stauffer. In Leinw. kart. — 25

Taschen-Kalender f. d. J. 1907. 32. Jahrg. (79 S.) 32. Leipzig, Th. Stauffer. In Leinw. kart. n.n. — 25; in Ldr. m. Goldschn. — 75

— für d. J. 1911. 36. Jahrg. (79 S.) 8,3×5,9 cm. Leipzig, Th. Stauffer. Geb. in Leinw. nn — 25

— auf die J. 1876—1880. 12.—16. Jahrg. 16. (32 S.) Wien, Fromme. à Jahrg. *

— für die J. 1881—1885. 24. (à Jahrg. ca. VIII, 111 S.) Bern, Haller. geb. und durchsch. à Jahrg. * 1 40

— 1889. 64. (30 S.) Einsiedeln, Benziger & Co. Gebrochen, cart. u. in Futteral. n. — 20

— f. 1892. 128. (24 S.) [München.] Nürnberg, Th. Stroefer. Mit Goldschn. n. — 10

— für 1896. schmal 32. (42 S.) Nürnberg, Th. Stroefer. Geb. in Ldr. m. Goldschn. u. Klappe 1. —; Ausg. in qu. 64. (61 S.) Geb. in Ldr. — 60

**Taschen-Kalender** 1911. (62 S.) 16. Nürnberg, Th. Stroefer. — 40

— für d. J. 1911. (50 S.) 7,8×5 cm. Ebd. — 20

— für d. J. 1896. gr. 16. (12 S.) Wien, L. Weiss. n. — 25

Taschenkalender. Taschen-Kalender für das Jahr 1901. [104 +] 16 [+ 32 leere] S. 8. Bern, Emil Baumgart. [geb. fr. 1. 20]

Taschenkalender. Taschen-Kalender für das Jahr 1902. [104 +] 16 [+ 32 leere] S. 8. Bern, Emil Baumgart. [geb. fr. 1. 20]

Taschen-Kalender für das Jahr 1905. 104 + 16 [+ 32 *leere*] S. 8. Bern, Emil Baumgart. [geb. fr. 1. 20]

Taschen-Kalender für das Jahr 1906. [104 +] 16 [+ 32 leere] S. 8. Bern, Emil Baumgart. [geb. fr. 1. 20]

— f. kathol. Akademiker deutscher Zunge. I. Jahrg. 1892/93. Vorwort v. Herm. Grauert. Hrsg. v. Jul. Beck. 16. (230 S. m. Titelbild u. 2 Bildnissen.) Köln, Bachem. geb. * 1 50

— f. katholische Akademiker deutscher Zunge. II. Jahrg. 1893/94. Hrsg. v. Jul. Beck. 16. (215 S.) Würzburg, L. Woerl. Geb. in Leinw. n. 1. —

— akademischer, für 1883—1885. 1.—3. Jahrg. 64. (à Jahrg. ca. 70—80 S.) Leipzig, C. A. Koch's Verlagsh. à Jahrg. *

— akademischer, für 1886 und 1887. 64. (81; 83 S.) Leipzig, C. A. Koch's Verlag. à Jahrg. *

— dass. — für 1888 und 1889. 128. (90; 99 S.) Ebendas. à Jahrg.

— akademischer, f. 1891. 9. Jahrg. 64. (112 S.) Leipzig, C. A. Koch. — 60

Taschen-Kalender, akademischer, für 1893. 11. Jahrg. 64. (112 S.) Lpz., C. A. Koch. — 60

— akademischer, f. 1895. 13. Jahrg. 64. (122 S.) Leipzig. Dresden, C. A. Koch. — 60

— akademischer, f. 1897 15. Jahrg. 64. (125 S.) Dresden, C. A. Koch. — 75

— für den Alkoholgegner 1911. (45 S. u. Schreibkalender.) 16. Hamburg, Deutschlands Grossloge II. Geb. in Leinw. — 60

— allgemeiner, für die J. 1879 und 1880. (1. und 2. Jahrg.) 16. (à Jahrg. 200 S.) Esslingen, Langguth's Buchdruckerei. geb. in Halbleinw. à Jahrg. *
geb. in Leinw. à Jahrg. *

— allgemeiner für die J. 1881—1884. 16. (à Jahrg. ca. 200 S.) Esslingen, Langguth's Buchdruckerei.
geb. Jahrg. 1881 *
geb. Jahrg. 1882—1884 à *
Nicht weiter erschienen.

— allgemeiner, für 1881—1885. 16. (à Jahrg. ca. 20 S.) Stuttgart, Rupfer. geb. à Jahrg. *

— dass. — Für 1881—1885. (Kleine Ausg.) 32. (à Jahrg. ca. 60 S.) Ebendas. geb. in Leinw. à Jahrg. geb. mit Goldschn. à Jahrg. * 40 Pf.; in Ldr. à *

— allgemeiner, f. 1895. 32. (64 S.) Reutlingen, Fleischhauer & Spohn. Geb. in Leinw. m. Goldschn. — 75

— dasselbe, f. 1898. 16. (19 S.) Ebd. Geb. in Leinw. m. Goldschn. — 75

— allgemeiner, f. 1899. 32. (62 S.) Reutlingen, Fleischhauer & Spohn. Geb. in Leinw. m. Goldschn. — 60

— allgemeiner, f. 1903. gr. 16. (31 S.) Stuttgart, Fleischhauer & Spohn. n. — 10; geb. in Leinw. m. Goldschn. — 75

— dasselbe. Kleine Ausg. 16. (64 S.) Ebd. — 10; geb. in Leinw. m. Goldschn. — 60

— allgemeiner, f. 1907. (18 S.) 16. Stuttgart, Fleischhauer & Spohn. Geb. in Leinw. — 60

— allgemeiner, f. 1902. 16. (64 S.) Stuttgart, K. Daser. — 20; geb. — 25; in Leinw. m. Goldschn. — 40; kl. Ausg. (16 S.) Geb. — 30; in Leinw. m. Goldschn. — 40
Erscheint nicht mehr.

— allgemeiner württembergischer, für 1876—1880. 16. (à 16 S.) Reutlingen, Fleischhauer und Spohn. à Jahrg. * Kleine Ausg. mit Rothdr. 32. (à 32 S.) à Jahrg. *

— allgemeiner württembergischer, für 1881—1885. 16. (à Jahrg. 16 S.) Reutlingen, Fleischhauer und Spohn. à Jahrg. *
Kleinere Ausg. 32. (32 S.) à Jahrg. *
geb. in Leinw. mit Goldschn. à Jahrg.

— allgemeiner württembergischer, für 1886—1889. 16. (à Jahrg. 16 S.) Reutlingen, Fleischhauer und Spohn. à Jahrg. *

— dass. — 1886—1889 Kleinere Ausg. mit Rothdruck. 32. (à Jahrg. 32 S.) Ebendas. à Jahrg. *
geb. mit Goldschn. à Jahrg. *

— allgemeiner württembergischer, f. 1894. 16. (16 S.) Reutlingen, Fleischhauer & Spohn. 10

Taschen-Kalender für Schweizer Alpen-Clubisten für das Jahr 1904. Jahrg. 1. [Mit 1 Karte und illustriertem Umschlag.] [62 +] 208 [+ 32 leere] S. 8. Zürich, Steiger & Tschopp, 1904. [für Mitgl. des S. A. C. fr. 1. 50, für Nichtmitgl. 2. —]

Taschen-Kalender für Schweizer Alpen-Clubisten für das Jahr 1905. Jahrg. 2. [Mit 2 Karten.] IV + 281 + 7 [+ 34 leere] S. 8. Zürich, A. Tschopp, 1905. [geb. für Mitgl. des S. A. C. fr. 1. 50, für Nichtmitgl. 2. —]

Taschen-Kalender für Schweizer Alpen-Clubisten für das Jahr 1906. Jahrg. 3. [Mit 2 Karten auf 1 Tafel und illustriertem Umschlag.] 309 + 10 [+ 32 leere] S. 8. Zürich, A. Tschopp. [geb. für Mitgl. des S. A. C. fr. 1. 50, für Nichtmitgl. 2. —]
*Mit:* Nachtrag zum Taschenkal' für Sch' A'-C' 1906. 24 S.

Taschen-Kalender für Schweizer Alpen-Clubisten für das Jahr.... [Mit illustriertem Umschlag.] 8. Zürich, A. Tschopp. [geb. für Mitglieder des S. A. C. fr. 1. 50, für Nichtmitgl. 2. —]
... 1907. Jahrg. 4. [Mit 2 Karten auf 1 Tafel.] 299 + 7 [+ 32 leere] S.
... 1908. Jahrg. 5. [Mit 1 Karte. 2 Teile.] *Teil 1:* 189 + 12 [+ 88 leere] + 2 S. + *Teil 2:* S. 191—398.

— f. Amateur-Photographen. Hrsg. v. A. Miethe. 1890—1892. Mit Kunstbeilagen. 12. (à Jahrg. ca. 260 S.) Berl., R. Mückenberger. geb. à Jahrg. * 3 —

— f. Amateur-Photographen. Hrsg. v. A. Miethe. 1894. 5. Jahrg. gr. 16. (VIII, 215 S. m. Formularen u. 6 Abbildgn.) Berlin, R. Mückenberger. Geb. n. 3. —

— f. Amateur-Photographen. Hrsg. v. A. Miethe. 1895. 6. Jahrg. 12. (VIII, 216 S. m. Negativ-Register u. 6 Kunstbeilagen.) Berlin, R. Mückenberger. Geb. in Damastleinw. n. 3. —

— f. Amtsanwälte, Forstamtsanwälte, Schiedsmänner u. Waisenräthe in Preußen f. d. J. 1893. Hrsg. v. Karl Kurtz. 11. Jahrg. gr. 16. (VI S., Schreibkalender, 232 S. m. 1 Bildnis.) Berl., C. Heymann. geb. * 2 25
Frühere Jahrgge., s. Taschen-Kalender f. Schiedsmänner &c.

— f. Amtsanwälte, Forstamtsanwälte, Schiedsmänner u. Waisenräthe in Preußen auf d. J. 1894. Hrsg. v. Carl Kurtz. 12. Jahrg. gr. 16. (VI S., Schreibkalender u. 256 S.) Berlin, C. Heymanns Verl. Geb. in Leinw. n. 2. 25

— Arnsberger, auf das Gemeinj. 1874. 16. (40 S.) Werl, Stein. n. — 25

— Arnsberger, auf die J. 1875—1880. 16. (à Jahrg. 64 S. mit eingedr. Holzschn.) Werl, Stein'sche Buchh. à Jahrg.

— Arnsberger, auf die J. 1881—1885. 16. (à Jahrg. ca. 64 S. mit eingedr. Holzschn.) Werl, Stein'sche Buchh. à Jahrg.

— Arnsberger, für die J. 1886—1889. 16. (à Jahrg. 64 S. mit Illustr.) Werl, Stein. à Jahrg.

— Arnsberger, f. d. J. 1890—1893. 16. (à Jahrg. 64 S. m. Bildern.) Werl, Stein. à Jahrg. — 15
Auch u. d. T.: Arnsberger hinkender Bote.

— f. Aerzte. Hrsg. v. Lorenz. 1890—1893. 3.—6. Jahrg. gr. 16. (à Jahrg. ca. 120 S. u. Schreibkalender.) Berl., Berliner Lithogr. Institut. geb. à Jahrg. * 2 —

— f. Aerzte. Hrsg. v. Lorenz. 1895. VIII. Jahrg. gr. 16. (VIII S., Schreibkalender u. 189 S.) Berlin, Berliner Lith. Institut. Geb. in Leinw. m. 4 geh. Quartalshftn. n. 2. —

— für Aerzte. Hrsg. v. Lorenz. 1899. XII. Jahrg. 12. (VII, 174 S. u. Schreibkal.) Berlin, S. Rosenbaum. Geb. in Leinw. m. 4 geh. Quartalsheften n. 2. —

— für Aerzte. Hrsg. v. Paul Rosenberg. 1903. XVI. Jahrg. 12. (VII, 136 S. u. Schreibkalender.) Berlin, S. Rosenbaum. Geb. in Leinw. m. 4 geh. Quartalsheften n. 2. —
Die Jahrgge. XIII—XV sind v. Lorenz hrsg.

Taschen-Kalender für Aerzte u. Chirurgen. Herausgeg. von einem prakt. Arzte. I. Jahrg. 1846. 12. Berlin 845, Heymann. In Leder geb. n. 3/4 ₰ durchschossen n. 11/12 ₰

— f. Aerzte u. Chirurgen. Hrsg. v. e. prakt. Arzte. III—VIII. Jahrg. 1848—1853. 12. (III: 200 S. IV: 266 S. V: VI u. 304 S. VI: VI u. 309 S. VII: VI u. 309 S. VIII: VIII u. 320 S.) Berlin, C. Heymann. In Engl. Einb. à n. 3/4 ₰ durchschossen à n. 11/12 ₰

— fur Aerzte und Chirurgen. Herausg. von einem prakt. Arzte. 9—14. Jahrg. 1854—59. Berlin, C. Heymann. 16. Jeder Jahrg. n. 22½ ngr.

—— dass. — Hrsg. von einem prakt. Arzte. 14—17. Jahrg. 1859—62. gr. 16. Ebendas. [14. Jahrg. (IV und 308 S. mit lithogr. Portr. Johs. Müllers.) 15. (IV und 312 S. mit lithogr. Portr. von A. v. Gräfe.) 16. (IV und 311 S. mit lithogr. Portr. von R. Virchow.) 17. (IV und 308 S. mit lithogr. Portr. von du Bois-Reymond.)] geb. à Jahrg. * — mit Portr. in gr. 4. à Jahrg. * Durchschossen à Jahrg. * — mit Portr. à Jahrg. *

—— für Aerzte, Chirurgen und Zahnärzte. Hrsg. von einem prakt. Arzte. 18. und 19. Jahrg. 1863 und 1864. 12. [18. Jahrg. (IV und 327 S., mit Portr. des Prof. Dr. Oppolzer.) 19. Jahrg. (IV und 305 S., mit Portr. des Prof. Jos. Skoda.)] Berlin, C. Heymann's Verlag. geb. à Jahrg. * - Mit Portr. à Jahrg. * Durchschossen à Jahrg. * 27½ Ngr.; mit Portr. *

—— für Aerzte und Chirurgen pro 1858—61. Hrsg. von G. J. Agatz. 16. (à Jahrg. ca. VI und 316 S.) Würzburg, Stahel'sche Buchh. Jahrg. 1858. geb. Durchschossen Jahrg. 1859—61. à Jahrg. 18 Ngr., durchschossen à Jahrg.
Jahrg. 1861 wurde von Schmitt redigirt.

—— für Aerzte der schweizerischen Eidgenossenschaft 1864—68. 1.—5. Jahrg. gr. 16. (à Jahrg. 312—360 S.) Bern, Fiala. geb. à Jahrg. * Durchschossen à Jahrg. *

—— für Aerzte der schweizerischen Eidgenossenschaft. 1869—1875. 6.—12. Jahrg. 16. (VIII, 358; VII, 352; VII, 310; VII, 277, 42; VII, 328; VIII, 331, 51 S.) Bern, Fiala. geb. à Jahrg. *

—— für die Aerzte des Deutschen Reiches. Hrsg. von Lorenz. 1888 und 1889. 1. und 2. Jahrg. 16. (XVI, 96, 56; 211, 65 S.) Berlin, Berliner Lithogr. Institut. geb. à Jahrg. *

— für (die) Aerzte (des Deutschen Reichs). Begründet v. Lorenz. Hrsg. v. Paul Rosenberg. 1907. 20. Jahrg. (VII, 157 S. u. Schreibkalender.) kl. 8. Berlin, S. Rosenbaum.
Geb. in Leinw. m. 4 geh. Quartalsheften n. 2.—

— für (die) Aerzte (des Deutschen Reiches). Begründet v. Lorenz. Hrsg. v. Paul Rosenberg. 1911. 24. Jahrg. (VII, 196 S. u. Schreibkalender.) kl. 8. Berlin, S. Rosenbaum. Geb. in Leinw. m. 4 geh. Quartalsheften 2.—

—— für Aerzte, Wundärzte und Geburtshelfer im Königr. Hannover auf das J. 1858. Hrsg. von einem prakt. Arzte. gr. 16. (III und 272 S. mit 2 Tab.) Leipzig, Matthes. geb. excl. Stempel *

—— für Aerzte, Wundärzte und Geburtshelfer im Königr. Sachsen. 1858 und 1859. gr. 16. (III und 276 S. mit 2 Tab.; 312 S.) Leipzig, Matthes. geb. excl. Stempel à Jahrg. *

—— für Aerzte u. Wundärzte des Königr. Sachsen. Für die Jahre 1860 u. 61. 3. u. 4. Jahrg. Leipzig, Neumeister. (Hamm, Grote.) 16. Jeder Jahrg. n. 1 ℳ

— ärztlicher, 1907. Veröffentlichung Nr. 4 des Verbandes der Aerzte Deutschlands zur Wahrung ihrer wirtschaftl. Interessen. (191 u. 110 S. m. 1 Taf. u. Kalendarium in 4 Heften.) kl. 8. Leipzig-Co., Buchh. des Verbandes der Aerzte Deutschlands. n.n. 1. 50; m. 12 Mensinga-Monatsheften à 10 Bl. n.n. 1. 50; à 20 Bl. n.n. 2. —; m. Verzeichnis der Aerzte im Deutschen Reiche u. deutschen Aerzte im Auslande. (526 S.) 8. u. m. Vierteljahrsheften od. m. 12 Mensinga-Monatsheften à 10 Bl., geb. in Leinw. u. geh. n.n. 3. 50; dasselbe m. 12 Mensinga-Monatsheften à 20 Bl. n.n. 4. —; Aerzteverzeichnis allein geb. in Leinw. n.n. 3. —; einfache Ledertasche zum Taschenkalender n.n. 1. —; feine Ledertasche n.n. 2. 50; feine Ledertasche m. Instrumententasche, abwaschbar n.n. 4. —

— ärztlicher, 1911. 9. Jahrg. Veröffentlichung Nr. 5 des Verbandes der Ärzte Deutschlands zur Wahrg. ihrer wirtschaftl. Interessen. Mit Taschenbeiheft. (239 u. 133 S. m. Abbildgn. u. 1 Taf. u. Kalendarium in 4 Heften.) kl. 8. Leipzig, Buchh. des Verbandes der Ärzte Deutschlands. 1.50; m. 12 Mensinga-Monatsheften à 10 Bl. nn 1.50; zu je 20 Bl. nn 2.—; m. Verzeichnis der Ärzte im Deutschen Reiche u. deutschen Ärzte im Auslande u. m. Vierteljahrsheften, od. m. 12 Mensinga-Monatsheften à 10 Bl., geb. in Leinw. u. geh. nn 4.—; dasselbe m. 12 Mensinga-Monatsheften à 20 Bl. nn 4.50; Ärzteverzeichnis allein geb. in Leinw. nn 3.50; einfache Ledertasche zum Taschenkalender nn 1.—; feine Ledertasche nn 3.—; feine Ledertasche m. Instrumententasche, abwaschbar nn 4.50; nach Scheiding-Hof nn 3. —

—— ärztlicher, mit Tagesnotizbuch. Ein unentbehrl. Taschenbuch für prakt. Aerzte. 1. Jahrg. 1874. Hrsg. von Holzer. gr. 16. (120 S. mit dem Portr. des Geh.-R. Prof. v. Scanzoni in Photogr.) Wien, Perles. geb. mit Goldschn. *

—— dass. — Mit besond. Rücksicht auf Curorte und Badeärzte. 2. Jahrg. 1875. Hrsg. von Holzer. gr. 16. (VIII, 158 S. mit dem Portr. des Geh.-Ober-Med.-R. v. Langenbeck in Photogr.) Ebendas. geb. mit Goldschn. *

—— ärztlicher, mit Tagesnotizbuch. Ein unentbehrliches Taschenbuch für prakt. Aerzte, mit besond. Rücksicht auf Curorte und Badeärzte. 3. Jahrg. 1876. Hrsg. von Holzer. Mit dem (photogr.) Portr. des Reg.-R. Prof. Anton Jaksch Ritter v. Wartenhorst. 16. (VIII, 350 S.) Wien, Perles. geb. mit Goldschn. *

—— dass. — 4. Jahrg. 1877. Mit dem (photogr.) Portr. des Hofr. Prof. Dr. Heinr. v. Bamberger. 16. (VIII, 346 S.) Ebendas. geb. mit Goldschn. * geb. in Ldr. *

—— dass. — 5. Jahrg. 1878. Mit dem (photogr.) Portr. des Rathes Friedr. Korány. 16. (VIII, 154 und 189 S.) Ebendas. geb. in Leinw. * geb. in Ldr. *

—— dass. — Mit besond. Rücksicht auf Universitäten, Curorte und Badeärzte. 6. Jahrg. 1879. Hrsg. von Holzer. Mit dem (photogr.) Portr. des Ob.-Med.R. Dr. Virchow. 16. (VIII, 160 und 189 S.) Ebendas. geb. in Leinw. * geb. in Ldr. *

—— dass. — Mit besond. Rücksicht auf Universitäten, Badeärzte und Curorte. 7. Jahrg. 1880. Mit dem Portr. des Herrn Dr. Botkin, k. russ. Staatsrath etc. (in Lichtdr.). 16. (418 S.) Wien, Perles. geb. in Leinw. mit Goldschn. * geb. in Ldr. *

—— aerztlicher, mit Tagesnotizbuch. Ein unentbehrl. Taschenbuch für prakt. Aerzte mit besond. Rücksicht auf Universitäten, Badeärzte und Curorte. 8. Jahrg. 1881. Hrsg. von Holzer. Mit dem Portr. des Hrn. Prof. Dr. Schroeder in Berlin (in Lichtdr.). 16. (IV, 182, 189 S.) Wien, Perles. geb. in Leinw. mit Goldschn. * ℳ 3,20.; in Ldr. *

—— dass. — 9. Jahrg. 1882. Mit dem Portr. des Hrn. Geh.-R. Prof. Dr. Friedreich in Heidelberg (in Lichtdr.). 16. (IV, 215, 189 S.) Ebendas. geb. in Leinw. mit Goldschn. * geb. in Ldr. *

—— dass. — 10. Jahrg. 1883. Mit dem Portr. des Hrn. Hofr. Prof. Dr. Nothnagel in Wien (in Lichtdr.). 16. (VI, 183, 189 S.) Ebendas. geb. in Leinw. mit Goldschn. * geb. in Ldr. *

Taschen-Kalender, aerztlicher, mit Tagesnotizbuch. Ein unentbehrl. Taschenbuch für prakt. Aerzte mit besond. Rücksicht auf Universitäten, Badeärzte und Curorte. 11. Jahrg. 1884. Mit dem Portr. des Hrn. Geh. Hofr. Prof. Dr. Bernh. S. Schultze in Jena (in Lichtdr.). 16. (IV, 197, 190 S.) Wien, Perles. geb. mit Goldschn. *

—— ärztlicher, mit Tages-Notizbuch. Ein unentbehrl. Taschenbuch für prakt. Ärzte mit besond. Rücksicht auf Universitäten, Badeärzte und Curorte. 16. Jahrg. 1889. Hrsg. von Steinschneider. 16. (184, 189 S. mit 1 Portr.) Wien, Perles. geb. in Leinw. * ℳ 3.—.; in Leder *
13.—15. Jahrg., s. Holzer's ärztlicher Taschen-Kalender.

**Taschen-Kalender,** Aerztlicher, mit Tages-Notizbuch. Ein unentbehrl. Taschenbuch f. prakt. Aerzte mit besond. Rücksicht auf Universitäten, Badeärzte und Curorte. 17. Jahrgang. 1890. Herausg. v. Badearzt Dr. Steinschneider. 16. (180 S. und Tagebuch mit 1 Porträt.) Gb. in Leinwd. 1.60
Wien: Perles.

**Taschen-Kalender, Aerztlicher,** pro 1891, mit besonderer Berücksichtigung der Curorte und Badeärzte. Herausgegeben von Dr. Steinschneider, Badearzt in Franzensbad. Achtzehnter Jahrgang, mit Porträt des Geheimrath Prof. Dr. Kussmaul in Strassburg. 16. (192 S. mit Tagebuch.) Elegant gebunden in Leinwand 1.60
Wien: Perles.

**Taschenkalender, Aerztlicher,** pro 1892, mit besonderer Berücksichtigung der Curorte und Badeärzte. Herausgegeben von Dr. Steinschneider, Badearzt i. Franzensbad. XIX. Jahrgang. Mit Porträt. 16. (186 S. mit Tagebuch.) Eleg. geb. in Leinwand 1.60
Wien: Perles.

**Taschenkalender,** Aerztlicher, mit Tages-Notizbuch. XX. Jahrg. 1893. Herausgegeben von Dr. Steinschneider. Mit dem Porträt des Herrn geheimen Medicinalrathes Prof. Dr. von Bergmann in Berlin. 16. (188 S. mit Tagebuch.) In Leinwand geb. 1.60, in Leder geb. 2.—
Wien: Perles.

**Taschenkalender, Aerztlicher,** mit Tages-Notizbuch pro 1894. Ein unentbehrliches Taschenbuch für praktische Aerzte, mit besonderer Berücksichtigung der Curorte und Badeärzte. Herausg. von Dr. Steinschneider, Badearzt in Franzensbad. XXI. Jahrgang. Mit 2 Porträts. 16. (194 S. mit Tagebuch.) Eleg. geb in Leinwand 1.60
Wien: Perles.

**— ärztlicher, m. Tages-Notizbuch. Taschenbuch f. prakt. Aerzte, m. besond. Rücksicht auf Universitäten, Badeärzte u. Curorte. 22. Jahrg. 1895. Hrsg. v. Steinschneider. 16. (V, 188 S. u. Tagebuch m. 1 Bildnis.) Wien, M. Perles. Geb. in Leinw. n. 3. —; in Ldr. n. 4. —**

**Taschen-Kalender,** Aerztlicher, mit Tages-Notizbuch. XXIII. Jahrgang. 1896. Herausgegeben von Dr. Steinschneider. 16. (204 S.) In Lnwd. geb. 1.60, in Leder geb. 2.—
Wien: Perles.

**Taschenkalender,** Aerztlicher, pro 1897. Mit besonderer Berücksichtigung der Curorte und Badeärzte. Herausgegeben von D. Steinschneider, Badearzt in Franzensbad. Jahrgang XXIV. 16. (204 S. mit Tagebuch.) In Lnwd. geb. 1.60
Derselbe elegant geb. in Leder 2.—
Wien: Perles.

**Taschenkalender,** Aerztlicher, mit Tagesnotizbuch, Taschenbuch für praktische Aerzte, für 1898, mit besonderer Berücksichtigung der Universitäten, Badeärzte und Curorte. Herausgegeben von Dr. Steinschneider, Badearzt in Franzensbad. Jahrgang XXV. 16. (204 S. mit Tagebuch und 2 Porträts.) In Lnwd. geb. 1 60
Derselbe elegant geb. in Leder 2.—
Wien: Perles.

**— ärztlicher, m. Tages-Notizbuch.** Ein unentbehrl. Taschenbuch f. prakt. Aerzte m. bes. Rücksicht auf Universitäten, Badeärzte u. Curorte. 26. Jahrg. 1899. Hrsg. v. Steinschneider. 16. (V, 196 S. u. Tagebuch m. 2 Bildn.) Wien, M. Perles. Geb. in Leinw. n. 3.—; in Ldr. n. 4.—

Ärztlicher Taschenkalender mit Tages-Notizbuch. Ein unentbehrliches Taschenbuch für praktische Ärzte, mit besonderer Rücksicht auf Universitäten, Badeärzte und Curorte. XXVII. Jahrgang. 1900. Herausgegeben von Dr. Steinschneider. Mit den Bildnissen Sr. Excellenz des k. russischen Wirklichen Staatsrathes Prof. Dr. von Ott in St. Petersburg und des Herrn k. k. Hofrathes Prof. Dr. Přibram in Prag. Wien Perles. 16°. 206 S. mit Tagebuch. Geb. fl. 1.60

Aerztlicher Taschenkalender mit Tages-Notizbuch. Ein unentbehrliches Taschenbuch für praktische Aerzte, mit besonderer Rücksicht auf Universitäten, Badeärzte und Curorte. XXVIII. Jahrgang. 1901. Herausgegeben von Dr. Steinschneider. Mit den Bildnissen Sr. Excellenz des K. russischen wirklichen Staatsrathes Prof. Dr. Lebedew in St. Petersburg und des Herrn Professor Dr. Mendel in Berlin. Wien. Perles. 16°. 190 S. Geb. K 3.20

Ärztlicher Taschenkalender mit Tages-Notizbuch. Ein unentbehrliches Taschenbuch für praktische Ärzte, mit besonderer Rücksicht auf Universitäten, Badeärzte und Curorte. XXIX. Jahrgang. 1902. Herausgegeben von Dr. Steinschneider. Mit den Bildnissen des Herrn Professor Dr. Leopold Landau in Berlin und des Herrn Professor Dr. Alois Monti in Wien. Wien. Perles. 16°. 196 S. mit Tagebuch. Geb. K 3.20

**— ärztlicher, m. Tages-Notizbuch.** Ein unentbehrl. **Taschenbuch f. prakt. Aerzte,** m. besond. Rücksicht auf Universitäten, Badeärzte u. Curorte. 30. Jahrg. 1903. Hrsg. v. Steinschneider. gr. 16. (V, 186 S. u. Tagebuch m. 2 Bildnissen.) Wien, M. Perles. Geb. in Leinw. n. 3.—; in Ldr. n. 4.—

Ärztlicher Taschenkalender mit Tagesnotizbuch. 1904. 31. Jahrg. 8°. (200 S.) geb. K 3.20, in Leder K 4.—
Wien: Perles.

Ärztlicher Taschenkalender mit Tagesnotizbuch. 32. Jahrg. 1905. 16°. (200 S.) geb. K 3.20
Wien: Perles.

Ärztlicher Taschenkalender mit Tagesnotizbuch. 33. Jahrg. 1906. 8°. (208 S.) geb. K 3.20
Wien: Perles.

**— ärztlicher, m. Tages-Notizbuch.** Ein unentbehrl. Taschenbuch f. prakt. Aerzte, m. besond. Rücksicht auf Universitäten, Badeärzte u. Kurorte. 34. Jahrg. 1907. Hrsg. v. Steinschneider. (V, 181 S. u. Tagebuch m. 2 Bildnissen.) 16. Wien, M. Perles. Geb. in Leinw. n. 3.—

Ärztlicher Taschenkalender mit Tagesnotizbuch. 35. Jahrg. 1908. 8°. (200 S.) geb. K 3.20
Wien: Perles.

Ärztlicher Taschenkalender mit Tagesnotizbuch. 36. Jahrg. 1909. 8°. (208 S.) geb. K 3.20
Wien: Perles.

**Ärztlicher Taschenkalender** mit Tagesnotizbuch. 87. Jahrg. 1910. 8°. (206 S.) geb. K 3.20
Wien: Perles.

**Taschen-Kalender,** ärztlicher, m. Tages-Notizbuch. Ein unentbehrl. Taschenbuch f. prakt. Ärzte, m. besond. Rücksicht auf Universitäten, Badeärzte u. Kurorte. 38. Jahrg. 1911. Hrsg. v. Steinschneider. (VIII, 203 S. u. Tagebuch m. 2 Bildnissen.) 16. Wien, M. Perles. Geb. in Leinw. 3. —

— badischer landwirthschaftlicher, f. 1899. 12. Jahrg. Hrsg. v. Märklin. gr. 16. (230 S.) Karlsruhe, G. Braun'sche Hofbuchdr. u. Verl. Geb. in Leinw. n. 1. —

— badischer landwirthschaftlicher, f. 1903. 16. Jahrg. Hrsg. v. Märklin. 12. (257 S.) Karlsruhe, G. Braun'sche Hofbuchdr. Geb. in Leinw. n. 1. —

— badischer landwirtschaftlicher, f. 1907. 20. Jahrg. (IV, 275 S.) kl. 8. Karlsruhe, G. Braunsche Hofbuchdr. Geb. in Leinw. n. 1. —

— badischer landwirtschaftlicher, f. 1911. 24. Jahrg. (V, 288 S.) kl. 8. Karlsruhe, G. Braun'sche Hofbuchdr. Geb. in Leinw. 1. —

Taschenkalender, Baseler, f. d. Jahr 1820. Mit 12 ill. Kpf. geb. in Futteral. 12. Basel, Holdenecker ...

— bayerischer landwirtschaftlicher, f. 1902. Hrsg. v. Fr. Maier-Bode. 1. Jahrg. 12. (XVI, 153 S. m. 37 Abbildgn. u. 2 Portr.) Stuttgart, E. Ulmer. Geb. in Leinw. n. 1. 50
Fortsetzung s.: Taschen- u. Schreibkalender.

Taschen- und Schreibkalender

— — bayerischer landwirtschaftlicher, f. 1903. Hrsg. v. Fr. Maier-Bode. 2. Jahrg. 12. (XVI, 153 S. m. 16 Abbildgn. u. 2 Portr.) Ebd. Geb. in Leinw. 1. —
Vergl.: Taschenkalender, bayr. landwirtschaftlicher.

— — bayerischer landwirtschaftlicher, f. 1907. Hrsg. v. Fr. Maier-Bode. 6. Jahrg. (II, 172 S. m. 12 Abbildgn. u. 2 Bildnissen.) kl 8. Ebd. Geb. in Leinw. n. 1. —

— — bayerischer landwirtschaftlicher, f. 1911. Hrsg. v. Fr. Maier-Bode. 10. Jahrg. (II, 180 S. m. 12 Abb.) kl. 8. Ebd. Geb. in Leinw. p 1. —

— — Bayreuther, s.a. Taschenbuch, Bayreuther.

Taschen-Kalender, Bayreuther, f. d. J. 1885. Mit Ansicht u. Plan des Bayreuther Festspielhauses. Hrsg. vom Allgem. Richard Wagner-Verein. (Red.: *Ferd. Graf Spork* u. *Oskar Merz.*) München, Alfr. Schmid'sche Kunst- u. Musikalienhandlung. 12°. Orig.-Ppb.
Titelbild u. 100 S., 4 Ill. Anzeigen. Enth. u. a. Genealogie der Familie Richard Wagner's; R. Wagner's Lebensgang u. Schriften; die Bühnenfestspiele; Allg. R. Wagner-Verein; Wagner-Bibliographie etc. Unter der Vorrede: H. v. W. (Hans v. Wolzogen).

— für Beamte, s.a. Taschenkalender f. Verwaltungsbeamte.

—— für Beamte auf die J. 1880—1885. 1.—6. Jahrg. 16. (à Jahrg. ca. IV, 183, 225 S.) Berlin, C. Heymann's Verlag. geb. à Jahrg. *

—— für Beamte auf die J. 1886—1889. gr. 16. (IV, 184, 264; IV, 184, 256; IV, 186, 231; IV, 168, 249 S.) Berlin, C. Heymanns Verlag. geb. à Jahrg. *

—— f. Beamte auf d. J. 1890. 7. Jahrg. Nach amtlichen Quellen. gr. 16. (IV, 184, 238 S.) Berl., C. Heymann. geb. * 2 50
Erschien früher u. d. T.: Beamten-Kalender; folgende Jahrgge., s. Taschenkalender f. Verwaltungsbeamte.

**Taschen-Kalender** f. Beamte 1909. Hrsg. v. Fr. Schmigalla. 14. Jahrg. (II S., Schreibkalender u. 58 S.) kl. 8. Osnabrück, F. Schöningh. Geb. in Leinw. —. 60.

**Taschen-Kalender** f. Beamte 1910. Hrsg. v. F. Schmigalla. 15. Jahrg. (II S., Schreibkalender u. 68 S.) kl. 8. Osnabrück, F. Schöningh. Geb. —. 60.

— für Beamte 1911. Hrsg. v. Fr. Schmigalla. 16. Jahrg. (II S., Schreibkalender u. 74 S.) kl. 8. Osnabrück, (F. Schöningh). Geb. in Leinw. 1. —

— für deutsche Beamte, s.: Beamten-Kalender, deutscher.

— für Beamte der Militär-Verwaltung, s.a. Siekmann.

—— 1878—1880 für Beamte der Militair-Verwaltung. Hrsg. von H. Siekmann. 1.—3. Jahrg. 16. (XV, 328; XXIII, 396; XXXVI, 408 S.) Berlin, Bath. Jahrg. 1878 geb. * ℳ 3.; Jahrg. 1879 und 1880 geb. à *

—— für Beamte der Militär-Verwaltung. 1881—1885. Hrsg. von H. Siekmann. 4.—8. Jahrg. 16. (XXXV, 416; XXXVII, 432; ...; XL, 447; XL, 418 S.) Berlin, Bath. geb. à Jahrg. *

— 1888 f. Beamte der Militär-Verwaltung. Hrsg. von H. Siekmann. 11. Jahrg. 16. (XL, 506 S.) Berlin, Bath. n. 4. —; Abonnementspr. n. 2. 75

—— 1889—1892 f. Beamte der Militärverwaltung. Hrsg. v. H. Siekmann. 12.—15. Jahrg. gr. 16. (à Jahrg. ca. 500 S.) Berl., Bath. geb. in Ldr. à Jahrg. * 4 —

— 1894 f. Beamte der Militär-Verwaltung. Hrsg. v. H. Siekmann. 17. Jahrg. gr. 16. (XL, 506 S.) Berlin, A. Bath. Geb. in Ldr. n. 4. —

— 1898 f. Beamte der Militär-Verwaltung. Hrsg. v. H. Siekmann. 21. Jahrg. gr. 16. (XXXVIII. 595 S.) Berlin, A. Bath. Geb. in Ldr. n. 4. —

Taschenkalender für Beamte der Militär-Verwaltung. Hrsg. von H. Siekmann. Jg. 26, 28 ff. Berl. 1903. 1905 ff.

— 1903 f. Beamte der Militär-Verwaltung. Hrsg. v. H. Siekmann. 26. Jahrg. 2 Thle. gr. 16. (XLI, 385 u. VIII, 251 S.) Berlin, A. Bath. Geb. in Leinw. u. geh. n. 4. —

Taschenkalender, Benziger's. s. Benziger: Taschenkalender.

—— bergisch-märkischer, die Sonn- und Festtage der Evangelischen, Katholiken und Juden, Verzeichniß der Jahrmärkte in den Reg.-Bez. Düsseldorf, Köln, Coblenz rc. enth. Gültig für die J. 1869—1875. 16. (à 48 S.) Elberfeld, Lucas. à Jahrg.

Taschen-Kalender, Bergisch-Märkischer. Gültig für die J. 1876—1880. 16. (à 48 S.) Elberfeld, Lucas. à Jahrg.

— Berliner, auf 1854—59. Mit Gedichten u. 1 Stahlst. Berlin, Trowitzsch u. Sohn. 24. Jeder Jahrg. (à XVI, 32 S.) 15 ngr.

— Berliner, auf 1860. Mit Gedichten u. 1 Stahlst. Berlin, Trowitzsch & Sohn. 24. (XVI, 32 S.) 15 ngr.

— Berlinischer, f. das Jahr 1816—1833. Mit Kpf. 12. Berl. 815—832. (Dümmler). à Jahrg. 1 ₰ 20 gr (s. auch Kalender).

**Taschen-Kalender, Berlinischer, a. d. J.** . . . . Hg.: Kgl. **Preuss. Kalender-Deputation.**
1816. M. Titelk. u. 12 Kpf.
1817. M. Titelk. u. 12 Kpf.
1818. M. Titelk. u. 12 Kpf.
1819. M. Titelk. u. 12 Kpf.
1820. M. Titelk. u. 12 Kpf.
1821. M. Titelk. u. 12 Kpf.
1822. M. Titelk. u. 12 Kpf.
1823. M. Titelk. u. 12 Kpf.
1824. M. Titelk. u. 6 Kpf.
1825. M. Titelk. u. 12 Kpf.
1826. M. Titelk. u. 12 Kpf.
Berlin.

Berlinischer **Taschen-Kalender** auf 1824. 1839. 1844. Hrsg. von der Kon. Preuss. Kalender Deputation.
Mit Kupfern u. Stahlstichen. 8°.
*Erschienen 1816—1850. 1827 ff.: Berliner Kalender. 1845 ff. Berlin, Verlag von Carl Reimarus. 1849 ff. Verlag der Deckerschen Geheimen Ober-Hofbuchdruckerei.*

— für **Bierhändler f. d. J. 1902.** gr. 16. (VIII S., Schreibkalender u. 40 S.) Lübeck, Ch. Coleman. Geb. 1. —
**Erschien früher unter d. T.:**
Taschenkalender für Bierverleger u. Bierhändler.

— **für Bierhändler f. d. J. 1905.** (VIII S., Schreibkalender u. 46 S.) 16. Lübeck, Ch. Coleman. Geb. in Leinw. n. 1. —
**Fortsetzung u. d. T.:**
Taschenkalender für Bierverleger.

— **für Bierverleger f. d. J. 1906.** (VIII S., Schreibkalender u. 56 S.) 16. Ebd. Geb. in Leinw. n. 1. —

— f. Bierverleger f. d. J. 1910. (XXIX S., Schreibkalender u. 60 S.) 16. Lübeck, Ch. Coleman. Geb. in Leinw. 1. —

— **für Bierverleger u. Bierhändler f. d. J. 1900.** gr. 16. (IV S., Schreibkalender u. 86 S.) Ebd. Geb. in Leinw. n. 2. 50

—— für das deutsche Blecharbeiter-Gewerbe. 1880—1885. 1.—6. Jahrg. Bearb. von Rich. Just. gr. 16. (à Jahrg. ca. X, 128, 160 S. mit 1 chromolithogr. Eisenbahnkarte.) Aue. (Schneeberg, Goedsche'sche Buchh.) geb. à Jahrg. * 1 80

—— für das deutsche Blecharbeiter-Gewerbe 1886—1888. 7.—9. Jahrg. Bearb. von Rich. Just. gr. 16. (VIII, 122, 160; VII, 128, 166; VII, 128, 164 S. mit je 8 Taf., 1 Eisenbahnkarte und Illustr.) Aue. (Schneeberg, Goedsche'sche Buchh.) geb. à Jahrg. **
—— dass. — 1889. 10. Jahrg. gr. 16. (256 S. mit Illustr. und Beilagen.) (Ebendas.) geb. *

—— f. das deutsche Blecharbeiter-Gewerbe 1890—1893. 11.—14. Jahrg. Bearb. v. A. Blasberg. gr. 16. (à Jahrg. ca. 120 S., Schreibkalender u. Eisenbahnkarte.) Aue. (Schneeberg, Goedsche.) geb. u. geh. à Jahrg. ** 2 —

— **f. das deutsche Blecharbeiter-Gewerbe 1895. 16. Jahrg. gr. 16. (VII S., Schreibkalender u. 164 S. m. 1 Eisenbahnkarte, 1 Beilage, 14 S. m. Illustr. u. 1 Taf.)** Aue. (Schneeberg, B. F. Goedsche.) Geb. in Leinw. u. geh. n.n. 2. —

— für das deutsche Blecharbeiter-Gewerbe 1899. 20. Jahrg. 12. (VII S., Schreibkal. u. 164 S. m. 1 Tab., 1 Eisenbahnkarte, 1 Musterbog. u. 1 Beilage 14 S. m. Abb.) Aue. (Schneeberg, B. F. Goedsche.) Geb. in Leinw. u. geh. n.n. 2. —

— **für das deutsche Blecharbeiter-Gewerbe 1903. 24. Jahrg. 12.** (VII S., Schreibkalender u. 160 S. m. 1 Taf., 1 Eisenbahnkarte, 1 Musterbog. u. 1 Beilage 14 S. m. Abbildgn.) Aue. (Schneeberg, B. F. Goedsche.) Geb. in Leinw. u. geh. n.n. 2. —

— **für das deutsche Blecharbeiter-Gewerbe 1905. 26. Jahrg.** (VII S., Schreibkalender u. 160 S. m. 1 Taf., **1 Eisenbahnkarte,** 1 Musterbog. u. 2 Beilagen 36 u. **14** S. m. Abbildgn.) kl. 8. Aue. (Schneeberg, B. F. Goedsche.) Geb. in Leinw. u. geh. n.n. 2. —
**Fortsetzg., s.: Fach-Kalender** f. Blecharbeiter etc.

— für die Braunkohlen- u. Kaliindustrie f. d. J. 1909. Mit Schreibkalender, sowie ein Verzeichnis sämtl. Braunkohlen- u. Kaliwerke, e. Personalverzeichnis d. techn. u. kaufmänn. Direktoren u. Beamten, nebst e. Zusammenstellg. der in Frage komm. Bergpolizei-Verordngn. Hrsg. unter Mitwirkg. bewährter Fachleute. (VI S., Schreibkalender u. 179 S.) kl. 8. Stassfurt, W. Seegelken. Geb. in Leinw. 2. 50
Erscheint nicht mehr.

— **braunschweigischer,** f. d. J. 1903. 4. Jahrg. gr. 16. (226 S.) Braunschweig, H. Wollermann. Geb. in Leinw. n. 1. —

— **braunschweigischer,** f. d. J. 1906/1907. 7. Jahrg. (178 S. m. 1 Taf.) 16. Braunschweig, H. Wollermann. Geb. in Leinw. n. — 60

— Braunschweig-Lüneburg. **genealog., herausgg. v. Th. Beckmann.** Jahrgg. **1771—...** 16. Lüneburg. (**Vergl. Kalender,** Lauenburg.)

(F) **Brixener Taschen-Kalender** für das Gemein-Jahr 1901. Brixen. Weger. 16°. K —.15

— **Brixener,** f. d. J. 1903. 24. (64 S.) Brixen, A. Weger. — 15

(F) **Brixener Taschenkalender** für das Gemeinjahr 1905. 16°. K —.15
Brixen: Weger.

(F) **Brixener Taschenkalender** für das Jahr 1906. 16°.
Brixen: Weger.

**Brixener Taschenkalender** für das Schaltjahr 1908. 16°. K —.15
Brixen: Weger.

**Brixener Taschenkalender** für das Gemeinjahr 1909 K —.15
Brixen: Weger.

— Brixener, f. d. J. 1910. (64 S.) 10,3×6,7 cm. Brixen, A. Weger. — 15

**Taschenkalender.** Bündnerischer T' für das Jahr 1909. [Jahrg. 1. Mit 1 Illustration, 1 Tafel und 1 Karte.] IV + 164 [+ 24 leere] S. 8. Chur, Manatschal Ebner & Cie. [geb. fr. 2. 50 u. 3. —]

Taschenkalender. Bündnerischer T' für das Jahr 1910. [Jahrg. 2.] IV + 170 S. 8. Chur, Manatschal Ebner & Cie. [geb. fr. 2. — u. 2. 50]

— christlicher, f. d. Jugend. 1898. 12. (60 S. m. Abb.) Berlin, Verlag d. christl. Zeitschriftenvereins. — 10

— christlicher, f. Jung u. Alt. 1895. gr. 16. (142 S. m. Abb.) Bremen, Verl. d. Traktathauses. Geb. n. — 40

**Taschenkalender** für Damen. 1798—1799
s. **Taschenbuch** für Damen.

**Taschenkalender für Damen pro 1883.** Bern, Haller. In verschiedenen Einbänden. 1 20 bis 1 70

—— für die elegante Damenwelt für das J. 1889. 3. Jahrg. 16. (88 S. mit dem Portr. der Kronprinzessin Stephanie.) Graz, Leykam.

— — Für die eleg. Damenwelt pro 1894. 16. (96 S.) Geb. in Goldschnitt —.70
Graz: Leykam.

— deutsch-hannoverscher, für das J. 1882. Hrsg. von Fr. Grütter. 8. (200 S.) Hannover, Weichelt. n. — 50

—— zum Dienstgebrauche für das bayerische Aufschlag-Personal der vereinigten Zoll- und Aufschlagverwaltung auf das J. 1881. Mit verschiedenen, den pract. Dienst erleichternden Beilagen, bearb. von Frhrn. v. Reigersberg. 1. Jahrg. 12. (VIII, 354 S.) Ansbach 880, Brügel und Sohn. cart. * 2 40
Nicht weiter erschienen.

**Taschencalender, Düsseldorfscher.** Düsseldorf 1797. H: *Aschenberg, Johann Wilhelm.* (MGT)

Taschen-Calender, Düsseldorfer, f. d. J. . . . .
1797. M. 12 Kpf.
1800. M. 12 Kpf.
Düsseldorf.

— für den Einjährig-Freiwilligen der Infanterie. Hrsg. v. Nick. 2. Jahrg. 1905/06. Für das Dienstjahr vom 1. X. 1902 bis 30. IX. 1906. (213 S. m. Fig. u. 1 Bildnis.) kl. 8. Marburg, K. Cauer.
Erscheint nicht mehr. Geb. in Leinw. n. 1. 50

—— f. Eisenbahn-Betriebs- u. Verkehrs-Beamte im Deutschen Reich auf d. J. 1890 u. 1891. Von Carl Flister. 7. u. 8. Jahrg. Mit e. Eisenbahnkarte. 12. (289; III, 287 S.) Lpz., Fr. Pfau. geb. à Jahrg. * 1 50
Folgende Jahrgge., s. Flister, Carl.

— für Eisenbahn-Expeditions-Beamte im Deutschen Reich auf d. J. 1887. Von Carl Foerster [Flister]. 4. Jahrg. Mit 1 Uebersichtskarte der Eisenbahnen v. Mittel-Europa. gr. 16. (332 S.) Berlin, Siemenroth. geb. n. 1. 60

—— für Eisenbahn-Expeditions-Beamte im Deutschen Reich auf die J. 1886 und 1887. 3. und 4. Jahrg. Von Carl Foerster. gr. 16. (112, 269; 332 S. mit je 1 Uebersichtskarte der Eisenbahnen von Mittel-Europa.) Berlin, Siemenroth und Worms. geb. à Jahrg. *
5. und 6. Jahrg. u. d. T.:

—— für Eisenbahn-Stations- und Expeditions-Beamte im Deutschen Reich auf das J. 1888. 5. Jahrg. Von Carl Flister. Mit Beigabe: Wirthschafts-Buch für deutsche Eisenbahn-Beamtenfrauen. gr. 16. (341 S. mit 1 Uebersichtskarte der Eisenbahnen von Mittel-Europa und Beigabe 104 S.) Ebendas. geb. und geh. *
—— dass. — auf das J. 1889. 6. Jahrg. Von Carl Flister. gr. 16. (260 S. mit 1 Eisenbahnkarte.) Leipzig, Dr. R. Carl. geb. *

— für Eisenwarenhändler, Eisenwarenfabrikanten u. verwandte Gewerbetreibende f. d. J. 1903. XV. Jahrg. 12. (IX S., Schreibkalender u. 302 S. m. Abb.) Berlin, O. Elsner. Geb. in Leinw. n. 2.50; in Ldr. n. 3. —

— für Eisenwarenhändler, Eisenwarenfabrikanten u. verwandte Gewerbetreibende f. d. J. 1906. XVIII. Jahrg. (XI S., Schreibkalender u. 316 S. m. Abbildgn.) kl. 8. Berlin, O. Elsner. Geb. in Leinw. n. 2. 50; in Ldr. n. 3. —

— f. Eisenwarenhändler, Eisenwarenfabrikanten u. verwandte Gewerbetreibende f. d. J. 1911. XXIII. Jahrg. (XIX S., Schreibkalender u. 399 S. m. Abb.) kl. 8. Berlin, O. Elsner. Geb. in Leinw. 2.50; in Ldr. 3. —

**Taschen-Kalender,** Eleganter, pro 1890. II. Jahrgang —.20
Wien: Perles.

— eleganter, 1891. 64. (29 S.) Wien, Perles. Mit Goldschn. n. — 40

**Taschen-Kalender,** Eleganter, pro 1892. IV. Jahrg. —.20
Wien: Perles.

—— eleganter, 1893. 64. (29 S.) Wien, Perles. Mit Goldschn. * — 40

**Taschen-Kalender,** Eleganter, pro 1894. VI. Jahrgang —.20
Wien: Perles.

— eleganter, 1895. 64. (29 S.) Wien. M. Perles. Mit Silberschn. n. — 56

**Taschen-Kalender,** Eleganter, pro 1896. Jahrgang VIII —.28
Wien: Perles.

**Taschen-Kalender,** Eleganter, pro 1897. Jahrgang IX —.28
Wien: Perles.

— eleganter, 1899. 64. (31 S.) Wien, M. Perles. n. — 56

— eleganter, 1903. 64. (31 S.) Wien, M. Perles. Mit Goldschn. n. — 50

— eleganter, 1907. (31 S.) 32. Wien, M. Perles. Mit Goldschn. n. — 50

— eleganter, 1911. (31 S.) 6,8×4,8 cm. Wien, M. Perles. Mit Goldschn. — 60

— eleganter, f. d. J. 1898. 16. (96 S. m. 1 Bildn.) Graz, Leykam. Geb. in Leinw. m. Goldschn. 1. 40

— eleganter, f. d. J. 1903. gr. 16. (93 S. m. 1 Bildnis.) Graz, Leykam. Geb. in Leinw. m. Goldschn. 1.40

**Eleganter Taschenkalender** 1905. 16°. (93 S.) geb. K 1.40
Graz: Leykam.

**Eleganter Taschenkalender** 1910. 8°. (93 S.) geb. K 1.40
Graz: Leykam.

**Taschenkalender** z. Erheiterung f. 1815 u. 16. 15. Frankf. a. M., Döring. (à 3 ℛ) 6 ℛ

—— erster Prager, für die Interessen der Bierbrau- und Spiritus-Industrie sowie des Wein- und Hopfenhandels und der Gastnahrung für das J. 1874. 1. Jahrg. Unter Mitwirkung bewährter Fachmänner hrsg. von Joh. Procházka und Ferd. Scheba. 16. (283 S.) Prag 873, Dr. Grégr und Dattel. geb. **

—— Essen-Werdenscher, wie er seit länger als 100 Jahren erscheint, in welchem alle evangel. und kathol. Sonn- und Feiertage, die Festtage der Juden, ein richt. Verzeichniß aller Jahrmärkte in den Regierungsbezirken Düsseldorf und Arnsberg ꝛc., die sogenannten Messen der wichtigsten Handelsplätze, die Geburtstage der königl. preuß. Familie und der regierenden Fürsten Europa's, sowie einer Zinsenberechnungstabelle, das neue Maß und Gewicht und die Reichsmünze angegeben sind. Auf die J. 1868—1875. 16. (32 S.) Essen, Baedeker. à Jahrg. — 15
durchschossen * — 30

—— Essen-Werdenscher, wie er seit länger als 100 Jahren erscheint, in welchem alle evangel. und kathol. Sonn- und Feiertage, die Festtage der Juden, ein richt. Verzeichniß aller Jahrmärkte in den Regierungsbezirken Düsseldorf und Arnsberg ꝛc. angegeben sind. Auf die J. 1876—1880. 16. (à Jahrg. 34 S.) Essen, Bädeker. à Jahrg. 15 Pf.; durchsch. à Jahrg.

—— Essen-Werdenscher, wie er seit länger als 100 Jahren erscheint, in welchem alle evangel. und kathol. Sonn- und Feiertage, die Festtage der Juden, ein richt. Verzeichniß aller Jahrmärkte in den Regierungsbezirken Düsseldorf und Arnsberg ꝛc. angegeben sind. Auf die J. 1881—1885. 16. (à Jahrg. ca. 40 S.) Essen, Bädeker. à Jahrg.
durchsch. à Jahrg.

— Essen-Werdenscher, auf d. J. 1899. 16. (42 S. m. 1 Abbildg.) Essen, G. D. Baedeker. n. — 10;
durchsch. — 25

— Essen-Werdenscher, auf d. J. 1903. 16. (42 S. m. 1 Abbildg.) Essen, G. D. Baedeker. n. — 10;
durchsch., in Wachstuch-Umschlag n.n. — 25

— Essen-Werdenscher, auf das J. 1907. (40 S. m. 1 Abbildg.) 16. Essen, G. D. Baedeker. n. — 10;
durchsch., in Wachstuch-Umschlag n.n. — 25

— Essen-Werdenscher. Auf d. J. 1911. (44 S.) 16. Essen, G. D. Baedeker. — 10;
durchsch., in Wachstuch-Umschlag — 25

— für Fleischbeschauer. 2. Jahrg. 1902. Unter Mitwirkg. v. Schlegel u. Rhold. Froehner hrsg. v. A. Johne. gr. 16. (IX S., Schreibkalender u. 132 S. m. Abbildgn.) Berlin, P. Parey. Geb. in Leinw. n. 2. —

— für Fleischbeschauer u. Trichinenschauer. 7. Jahrg. 1907. Unter Mitwirkg. v. M. Schlegel u. R. Froehner hrsg. v. A. Johne. (X S., Schreibkalender, 164 S. m. Abbildgn. u. Beilage 32 S.) 8. Berlin, P. Parey.
Geb. in Leinw. n. 2. 25

— für Fleischbeschauer u. Trichinenschauer. 11. Jahrg. 1911. Unter Mitwirkg. v. M. Schlegel u. R. Froehner hrsg. v. A. Johne. (X S., Schreibkalender, 144 S. m. Abbildgn. u. Beilage 31 S.) 8. Berlin, P. Parey.
Geb. in Leinw. 2. 25

—— für den Forstwirth für die J. 1888 und 1889. 7. und 8. Jahrg. Hrsg. von Gust. Hempel. gr. 16. (VIII, 266; VIII, 274 S. mit je 1 Eisenbahnkarte. Ebendas.
geb. in Leinw. à Jahrg. *
In Leder-Brieftasche à Jahrg. *

—— f. den Forstwirth f. d. J. 1890—1893. 9.—12. Jahrg. Hrsg. v. Gust. Hempel. gr. 16. (à Jahrg. ca. 280 S. m. 1 Karte.) Ebd. à Jahrg. geb. in Leinw. * 3 —; in Ldr.-Brieftasche * 4 50

**Taschen-Kalender.** Für den Forstwirth für das Jahr 1894. 13. Jahrg. Mit 1 Eisenbahnkarte. Herausgeg. v. Prof Dr. Gust. Hempel. Gr.-16 (VIII, 308 S. mit Notizblättern.) Geb. in Lwd. 1.20, in Leder-Brieftasche 2.50

Wien: Perles.

— f. den Forstwirth f. d. J. 1895. 14. Jahrg. Hrsg. v. Gust. Hempel. gr. 16. (VIII, 291 S. m. 1 farb. Karte.) Ebd. Geb. in Leinw. n. 3. —;
in Ldr.-Brieftasche n. 5. —

**Taschen-Kalender.** Für den Forstwirth für das Jahr 1896. 15. Jahrg. Mit 1 Eisenbahnkarte. Herausg. von Prof. Dr. Gust. Hempel. Gr.-16. (VIII, 304 S., mit Notizblättern). In Lnwd. geb. 1.60, mit Lederbrieftasche 2.50

Wien: Perles.

**Taschen-Kalender.** Für den Forstwirth für das Jahr 1897. 16. Jahrg. Mit einer Eisenbahnkarte. Herausg. von Prof. Dr. Gust. Hempel. Gr.-16. (VIII, 304 S., mit Notizblättern.) In Lnwd. geb. 1.60
Derselbe mit Lederbrieftasche 2.50

Wien: Perles.

**Taschen-Kalender.** Für den Forstwirth für das Jahr 1898. 17. Jahrg. Mit einer Eisenbahnkarte. Herausg. von Prof. Dr. Gust. Hempel. Gr.-16. (VIII, 320 S., mit Notizblättern.) In Lnwd. geb. 1.60
Derselbe mit Lederbrieftasche 2.50

Wien: Perles.

— für d. Forstwirth f. d. J. 1899. 18. Jahrg. Hrsg. v. Gust. Hempel. gr. 16. (VIII, 279 S. m. 1 farb. Karte.) Wien, M. Perles. Geb. in Leinw. n. 3. —;
in Ldr.-Brieftasche n. 5. —

**Taschenkalender** für den Forstwirth für das Jahr 1900. XIX. Jahrgang. (Mit einer Eisenbahnkarte.) Herausgegeben von Gustav Hempel. Wien. [1899.] Perles. 16°. VIII, 336 S.
Geb. fl. 1.60

Mit Lederbrieftasche fl. 2.50.

Taschenkalender für den Forstwirt für das Jahr 1902. XXI. Jahrgang. (Mit einer Eisenbahnkarte.) Herausgegeben von Gustav Hempel Wien. Perles. 16°. VIII, 340 S. Geb. K 3.20

Mit Lederbrieftasche K 5 —

**Taschen-Kalender** für den Forstwirth f. d. J. 1903. 22. Jahrg. Hrsg. v. Gust. Hempel. 12. (VIII, 297 S. m. 1 farb. Karte.) Wien, M. Perles. Geb. in Leinw. n. 3. —;
in Ldr.-Brieftasche n. 5. —

**Hempel,** G., Taschenkalender für den Forstwirt 1904. 23. Jahrg. 8°. (328 S. mit einer Eisenbahnkarte)
geb. K 3.20, mit Lederbrieftasche K 5.—

Wien: Perles.

**Taschenkalender für den Forstwirt** für das Jahr 1905. 24. Jahrg. 16°. (336 S. mit 1 Karte)
geb. K 3.20, Brieftaschenausgabe K 5.—

Wien: Perles.

**Taschenkalender** für den Forstwirt für das Jahr 1906. 25. Jahrg. 8°. (VIII, 334 S.) geb. K 3.20, in Leder K 5.—

Wien: Perles.

— für den Forstwirt f. d. J. 1907. 26. Jahrg. Begründet v. G. Hempel. Fortgesetzt v. Jul. Marchet u. Frdr. Hempel. (VIII, 305 S. m. 1 farb. Karte.) kl. 8. Wien, M. Perles. Geb. in Leinw. n. 3. —;
in Ldr.-Brieftasche n. 5. —

**Taschenkalender** für den Forstwirt für das Jahr 1908. 27. Jahrg. 8°. (336 S.) geb. K 3.20, in Leder K 5.—

Wien: Perles.

**Taschenkalender** für den Forstwirt für das Jahr 1909. 28. Jahrg. 16°. (VIII, 326 S.) geb. K 3.20
Wien: Perles.

**Taschenkalender** für den Forstwirt für das Jahr 1910. 29. Jahrg. 8°. (VIII, 334 S.) geb. K 3.20
Wien: Perles.

— für den Forstwirt f. d. J. 1911. 30. Jahrg. Begründet v. G. Hempel. Fortgesetzt v. Jul. Marchet u. Frdr. Hempel. (VIII, 311 S. m. 1 farb. Karte.) kl. 8. Wien, M. Perles. Geb. in Leinw. 3.—; in Ldr. 5.—

—— für den österreichischen Forstwirth für die J. 1882—1885. 1.—4. Jahrg. [Mit 1 (lithogr.) Eisenbahnkarte.] Hrsg. und redig. von Gust. Hempel. gr. 16. (ca. 300 S.) Wien, Perles. geb. Jahrg. 1882 und 1883 à * geb. Jahrg. 1884 und 1885 à * ℳ 3,20.; in Ldr. à *

—— für den österreichischen Forstwirth für die J. 1886 und 1887. 5. und 6. Jahrg. Hrsg. von Gust. Hempel. gr. 16. (VIII, 273; VIII, 264 S. mit je 1 Eisenbahnkarte.) Wien, Perles. geb. in Leinw. à Jahrg. * geb. in Leder à Jahrg. *

— Frankfurter, f. die Jahre 1781—1821. Mit Kpf. 16. Frankf. a. M., Jäger. à Jahrg. 10 gr — Derselbe für 1823—27. unt. d. Tit.: Kleines Geschenk zum neuen Jahre. Mit Kpf. Ebd. à Jahrg. 12 gr

Taschen-Calender, Frankfurter, f. . . . .
1794. M. 2 Titelk., 6 Portr. u. 6 Kpf.
1802. M. Titelk., 1 Portr. u. 12 Kpf.
1803. M. gest. Tit., 1 Portr. u. 12 Kpf.
1808. M. Vign., Titelk. u. 12 Kpf.
1815. M. 10 Kpf.
1823. M. gest. Tit., Titelk. u. 8 Kpf.
Frankfurt/M.

— Frankfurter, f. gesellige Cirkel auf das J. 1812—16. mit K. 16. Frankf. am M. Jäger. (jed. Jahrg. 8 gr.) (in seidnem u. gemaltem Einband 18 gr.)

— für Frauen- u. Kinderärzte, s.: Kalender.

Fromme's Taschen-Kalender für die k. k. Landwehr für das Jahr 1899. 1. Jahrgang. Wien. Fromme. 16°. IV, 214 S. mit Notizblättern. Geb. fl. 1.20

Fromme's Taschenkalender für die k. k. Landwehr für das Jahr 1901. Bearbeitet von Kurt Wilckens. Wien. Fromme. 16°. VIII, 257 S. mit 1 Karte Geb. K 2.—

**Fromme's** Taschen-Kalender für die k. k. Landwehr für das Jahr 1902. 8°. (250 S.)
Wien: Fromme.

**Fromme's Taschenkalender** für die k. k. Landwehr für das Jahr 1904. 8°. (288 S.) geb. K 2.—
Wien: Fromme.

**Frommes Taschenkalender** für die k. k. Landwehr. Für das Jahr 1905. 16°. (300 S.) geb. K 2.—
Wien: Fromme.

**Frommes Taschenkalender** für die k. k. Landwehr für das Jahr 1906. 8°. (322 S.) geb. K 2.—
Wien: Fromme.

**Frommes Taschenkalender** für die k. k. Landwehr für das Jahr 1907. 8°. (341 S.) geb. * K 2.—
Wien: Fromme.

**Fromme's Taschenkalender** für die k. k. Landwehr für das Jahr 1908. 8°. (XX, 360 S.) geb. * K 2.—
Wien: Fromme.

**Fromme's Taschenkalender** für die k. k. Landwehr für das Jahr 1909. 8°. (XX, 372 S.) geb. K 2.—
Wien: Fromme.

—— Fromme's Wiener, für die J. 1882—1885. 18.—21. Jahrg. 16. (à Jahrg. 32 S.) Ebendas. à Jahrg. *

—— Fromme's Wiener, für die J. 1886—1889. 22.—25. Jahrg. 16. (32; 32; 35; 35 S.) Wien, Fromme. à Jahrg.
Als Lederbrieftasche geb.

—— Fromme's Wiener, für d. J. 1890—1893. 26.—29. Jahrg. 16. (à Jahrg. ca. 20 S.) Wien, Fromme. à Jahrg. * — 40
In Ldr.-Brieftaschen-Ausg. * 2 40

**Taschen-Kalender,** Fromme's Wiener, 1894. 30. Jahrg. Brosch. —.20
Derselbe. Leder-Brieftaschen-Ausgabe 1.20
Wien: Fromme.

— Fromme's Wiener, f. d. J. 1895. 31. Jahrg. 16. (34 S.) Wien, C. Fromme. n. — 40; Ldr.-Brieftaschenausg. n. 2. 40

**Taschen-Kalender,** Fromme's Wiener, pro 1896. 32. Jahrgang. Broschirt —.20
Derselbe. Leder-Brieftaschen-Ausgabe 1.20
Wien: Fromme.

**Taschen-Kalender,** Fromme's Wiener, f. 1897. Jahrgang 33. Broschirt —.20
Derselbe. Leder-Brieftaschen-Ausgabe * 1.20
Wien: Fromme.

— Fromme's Wiener, f. d. J. 1899. 35. Jahrg. 16. (34 S.) Wien, C. Fromme. Mit Goldschn. n. — 40; Ldr.-Brieftaschenausg. n. 2. 40

— Fromme's Wiener, f. d. J. 1901. 37. Jahrg. 16. (37 S.) Wien, C. Fromme. Mit Goldschn. n. — 30; Ldr.-Brieftaschenausg. n. 2.30
Fortsetzung s.: „Fromme".

— f. Fürsprecher, Notare u. Geschäftsagenten. 1895. 12. (VIII S., Schreibkalender u. 30 S.) Aarau, E. Wirz. Geb. in Leinw. n. 1. 60

— Gabelsberger stenographischer, pro 1888 u. 1889, verf. v. Max Müller. 12. (VII, 94 S. mit 1 Bild.) Wien, Perles. n. 1. —

— für Garten-Freunde. 16. (III, 292 S.) Leipzig 882. Leiner. geb. n. 2. —

— für den täglichen Gebrauch in geordneten Landwirthschaften auf das Jahr vom 1. Mai 1869 bis 30. April 1870. Begründet auf langjähr. Erfahrung. Im Anh. eine Anleitung zur Buchführung. Oldenburg, Stalling's Verl. gr. 16. (IV, 208 S. u. Anh. IV, 15 S.) geb. n. 20 ngr

—— f. Geflügelfreunde auf d. J. 1891 u. 1892. 2. u. 3. Jahrg. gr. 16. (à Jahrg. ca. 180 S. m. Abbildgn.) Lpz., Exped. d. allg. deutschen Geflügel-Zeitg. geb. à Jahrg. * 1 —; zusammen m. dem Taschenkalender f. Vogelfreunde in 1 Bd geb. à Jahrg. * 2 —
1. Jahrg., s. Geflügel-Markt-Kalender.

— für Geflügelzüchter. Hrsg. v. Verlag des „Deutschen Geflügelhofs". 1902. Bearb. unter Mitwirkg. bedeutender Züchter v. P. Hohmann u. E. Schmeisser. 4. Jahrg. 12. (IV, 240 S.) Forst, O. Koobs. Geb. in Leinw. n. — 75

— für Geflügelzüchter. Hrsg. vom Verlag des „deutschen Geflügelhofs" 1905. Bearb. unter Mitwirkg. bedeut. Züchter v. P. Hobmann u. Rud. Pohl. 7. Jahrg. (240 S.) kl. 8. Berlin, O. Koobs.
Geb. in Leinw. n.n. — 75
Fortsetg. s.: Geflügelzüchter-Kalender.

— für evangelisch-lutherische Geistliche im Königr. Sachsen 1911. Hrsg. v. der niedererzgebirg. Predigerkonferenz. (Schriftleiter: Dinter.) (IV, 228 S.) 16. Gautzsch bei Leipzig, Formularverlag Neufriedstein.
Geb. in Leinw. nn 1. 20

— für die evangel.-luther. Geistlichen im Königr. Sachsen 1901. Hrsg. v. der niedererzgebirg. Predigerkonferenz. 16. (IV, 205 S.) Leipzig. (Dresden, J. Naumann.) n.n. 1.—
Erscheint nicht mehr.

— f. die katholische Geistlichkeit Bayerns auf d. J. 1896. Bearb. v. Ludw. Heinr. Krick. 3. Jahrg. 12. (IV, 176 S. u. Schreibkalender.) Passau, R. Abt. Geb. in Leinw. n. 1. —
Früher u. d. Titel: Vademecum.

Taschenkalender für die katholische Geistlichkeit Oesterreichs auf das Jahr 1894. 2. Jahrgang. 16. (190 S., mit Notizblättern.) In Lnwd. geb. In Comm. —.75
Wien: Lechner.

— f. Gemeindebeamte auf das J. 1901. Hrsg. vom Central-Verbande der Gemeindebeamten Preussens. 2. Jahrg. 12. (514 S.) Berlin, R. Kühn.
Geb. in Leinw. 2. —

— f. Gemeindebeamte auf das J. 1902. Hrsg. vom Central-Verbande der Gemeindebeamten Preussens. 3. Jahrg. 12. Berlin, R. Kühn.
Geb. in Leinw. 2. —

— für Gemeindebeamte auf d. J. 1903. Hrsg. vom Central-Verbande der Gemeindebeamten Preußens. 4. Jahrg. 12. (475 S.) Berlin, R. Kühn. Geb. in Leinw. n. 2.—

— für Gemeindebeamte auf d. J. 1906. Hrsg. v. Zentral-Verbande der Gemeindebeamten Preußens. 7. Jhrg. 2 Tle. (436 u. 146 S.) kl. 8. Berlin (R. Kühn).
Geb. in Leinw. u. geh. n. 2. —

— f. preuß. Gemeinde-Beamte auf d. J. 1896. Unt. Mitwirkg. bew. Praktiker hrsg. v. d. Red. d. Deutschen Gemeinde-Zeitg. II. Jahrg. gr. 16. (VIII, 215 u. 462 S.) Berlin, P. Stankiewicz. Geb. in Leinw. n. 3. —

—— für Gemeinnützigkeit und Vereinswesen in Aarau pro 1881—1882. 16. (IV, 101 S.) Aarau, Sauerländer's Verlagsh. *
Nicht weiter erschienen.

Genealogischer Taschenkalender der Familie Holle von Wehdem. 1906. Als Ms gedr. Dortmund 1906: (Pierer, Altenburg). 18 S. 8°

**Taschenkalender** für Deutsche Gerichtsvollzieher. Bearb. von P[eter] Arens, Gerichtsvollzieher, Düsseldorf, u. and. Mitarb. [1.] 1906, T. 1. Berlin: R. Kühn 1906. 8° [F.] 07. 9133

— für deutsche Gerichtsvollzieher 1907. Hrsg. von P. Arens. (X, 397 S.) kl. 8. Berlin, R. Kühn.
Geb. in Leinw. n. 2. 25

— f. deutsche Gerichtsvollzieher 1911. Hrsg. v. P. Arens u. anderen Mitarbeitern. (XXIV, 448 u. 43 S.) kl. 8. Berlin, R. Kühn. Geb. in Leinw. 2. 25

**Taschen-Calender, Goettinger, vom Jahr** . . . . . . (Forts. u. d. Tit.: **Taschenbuch, Göttingisches** . . .)

1776. M. Titelk., gest. Titel, 2 Mode- u. 12 Monatskupfern.
1777. M. gest. Titel, 19 Mode- u. 12 Monatskupfern.
1778. M. gest. Titel, 2 Mode- u. 12 Monatskupfern (D. Chodowiecki) u. 14 Modekupfern. Engelmann 188 u. 195.
1779. M. gest. Titel, 2 Mode- u. 12 Monatskupfern (D. Chodowiecki) u. 5 Modekupfern. Engelmann 256 u. 258.
1780. M. gest. Titel, 9 Modekupfern (davon 2 D. Chodowiecki) u. 12 Monatskupfern (D. Chodowiecki). Engelmann 319 u. 321.
1781. M. gest. Titel, 6 Modekupfern (davon 2 D. Chodowiecki) u. 12 Monatskupfern (D. Chodowiecki) Engelmann 345, 358 a u. 359.
1782. M. gest. Titel, 6 Modekupfern (davon 2 D. Chodowiecki) u. 12 Modekupfern. (D. Chodowiecki). Engelmann 382 u. 400.
1783. M. gest. Titel, 16 Modekupfern u. 12 Monatskupfern (D. Chodowiecki). Engelmann 440.
1784. M. gest. Titel (Riepenhausen), 16 Modekupfern (Riepenhausen) u. 12 Monatskupfern (D. Chodowiecki). Engelmann 480.
1785. M. gest. Titel, 14 Modekupfern (Riepenhausen), 12 Monatskupfer (D. Chodowiecki) u. 8 Bl. (Hogarth del., Riepenhausen sc.) Engelmann 514.
1786. M. gest. Titel, 18 Modekupfern (Riepenhausen), 12 Monatskupfern (D. Chodowiecki) u. 12 Kupfer (Hogarth del., Riepenhausen sc.) Engelmann 539.
1787. M. gest. Titel, 22 Modekupfern (Riepenhausen), 12 Monatskupfern (D. Chodowiecki) u. 12 Kupfern (Hogath del., Riepenhausen sc.) Engelmann 568.
1788. M. Titelk., 12 Modek., 12 Monatsk. (Chodowiecki) u. 12 Kpf. (Hogarth del., Riepenhausen sc.) Engelmann 583.
1789. M. Titelk., 12 Modek. (Riepenhausen), 12 Monatsk. (Chodowiecki) u. 12 Kpf. (Hogarth del., Riepenhausen sc.) Engelmann 598.
1790. M. Titelk., 14 Modek., 12 Monatsk. (Chodowiecki) u. 12 Kpf. (Hogarth del., Riepenhausen sc.) Engelmann 613.
1791. M. Titelk., 12 Modek. (Riepenhausen), 12 Monatsk. (Chodowiecki), 7 Kpf., (Hogarth del., Riepenhausen sc.) u. 1 Tafel. Engelmann 630.
1792. M. Titelk., 12 Modek., 6 allegor. Monatsk. (Chodowiecki) u. 12 Kpf. (Hogarth del., Riepenhausen sc.) Engelmann 661.
1793. M. Titelk., 12 Modek., 6 allegor. Monatsk. (Chodowiecki) u. 11 Kpf. (Hogarth del., Riepenhausen sc.) Engelmann 686.
1794. M. Titelk., 12 Modek., 6 Monatsk. (Chodowiecki) u. 5 Kpf. (Hogarth del., Riepenhausen sc.) Engelmann 713.
1795. M. Titelvign., 12 Modek., 12 Monatsk. u. 5 Kpf. (nach Hogarth).
1796. M. Titelvign., 6 Modek., 12 Monatsk. u. 1 Kpf. (nach Hogarth).
1797. M. Titelvign., 6 Modek. u. 12 Monatsk.
1798. M. Titelvign., 6 Modek. u. 12 Monatsk.
1799. M. Titelvign., 6 Modek. u. 12 Monatsk.
1800. M. Titelvign., 6 Modek. u. 12 Monatsk.
1801. M. 7 Modek., 6 Monatsk. u. 9 weiteren Kpf.
1802. M. 4 Modek., 6 Monatsk. u. 6 weiteren Kpf.
1803. M. Titelk., 4 Bl. Kostümk. u. 12 Kpf.
1804. M. Titelk., 8 Modek. (4 kol.), 12 Ans. u. 5 weiteren Kpf.
1805. M. Titelk. (Göthes Porträt), 6 Modek. (2 kol.), 12 Ans., 1 Tafel u. 5 weiteren Kpf.
1806. M. Titelk. (Wielands Porträt), 4 Modek., 8 Ans. u. 4 weiteren Kpf.
1807. M. Titelk. (Winkelmanns Porträt), 4 Modek., 8 Ans. u. 8 weiteren Kpf.
1808. M. 2 Modek., 7 Ans. u. 7 weiteren Kupfern.
1809. M. Titelk., 12 Kpf. u. 6 Bl. Uniform.
1810. M. Titelk. u. 12 Kpf.
1811. M. Titelk. u. 14 Kpf. u. 2 Modek.
1812. M. Titelk., 2 Modek. u. 10 Kpf.
1813. M. 12 Kpf.

Göttingen.

Göttinger Taschen Calender vom Jahr ... ([1778—1799 hrsg. von Georg Christoph Lichtenberg.] Mit Kupf. v. D[aniel Nikolaus] Chodowiecki [u. a.])

(Göttingen:) Dieterich [1777—1806]. 16° (1801 ff.: 12°)
[Bis 1800 Kupfert.]
[Nebent.:] Taschenbuch zum Nutzen und Vergnügen.
1801 ff. [u. d. T.]: Göttingischer Taschen-Calender für das Jahr ...
[Nebent.:] Göttingisches Taschenbuch zum Nutzen und Vergnügen.
*Franz. Ausg. u. d. T.:* Almanac de Goettingue.

1778: [1777.] 28 Bl., 88, 98 S., 1 Bl., 28 Kupfertaf. [*Nur Monatskupf. 1. 2. 5—8 vorh., alle anderen Kupf. fehlen. — Fehlend. Titelkupf. u. Kupfertit. durch Fotokopien ergänzt.*]
1779: [1778.] 28 Bl., 72 S., 1 Bl., 136 S., 19 Kupfertaf.
1780: [1779.] 28 Bl., 70 S., 1 Bl., 156 S., 21 Kupfertaf. [*Sämtl. Kupf. fehlen; Kupfertit. durch Fotokopie ergänzt.*]
1781: [1780.] 8 Bl., 70 S., 1 Bl., 136 S., 18 Kupfertaf.
1782: [1781.] 8 Bl., 70 S., 1 Bl., 120 S., 12 Kalender-Vormerkbl., 20 Kupfertaf. [*Es fehlen d. letzt. 2 Bl. d. Kalendariums u. d. 1. d. Kal.-Vorm.-Bl.*]
1783: [1782.] 28 Bl., 72, 110 S., 28 Kupfertaf. [*Fehlend. Bl. D 3 durch Fotokopie ergänzt.*]
1785: [1784.] 27 Bl., 207 S., 34 Kupfertaf.
1786: [1785.] 41 Bl., 208 S., 38 Kupfertaf.
1787: [1786.] 28 Bl., 272 S., 46 Kupfertaf.
1788: [1787.] 28 Bl., 224 S., 36 Kupfertaf. [*Davon fehlen 19 Kupf. u. Bl. A 7; Fehlend. Kupfertit. u. Bl. B 7 durch Fotokopien ergänzt.*]
1791: [1790.] 28 Bl., 228 S., 2 Bl., 32 Kupfertaf. [*Davon fehlen 12 Modekupf. u. Bl. C 2—7.*]
1793: [1792.] 29 Bl., 210 S., 2 Bl., 29 Kupfertaf.
1794: [1793.] 228 S., 3 Bl., 23 Kupfertaf.
1795: [1794.] 29 Bl., 228 S., 1 Bl., 29 Kupfertaf.
1797: [1796.] 29 Bl., 227 S., 1 Bl., 18 Kupfertaf. [*Sämtl. Kupf. fehlen.*]
1800: [1799.] 36 Bl., 237 S., 3 Bl., 18 Kupfertaf.
1801: [1800.] 38 Bl., 245 S., 2 Bl., 1 Titelkupf., 21 Kupfertaf.
1802: [1801.] 38 Bl., 239 S., 2 Bl., 16 Kupfertaf.
1803: [1802.] 48 Bl., 239 S., 1 Bl., 1 Titelkupf., 16 Kupfertaf. [*Davon fehlen Titelkupf. u. Kupf. VI u. 1—3.*]
1804: [1803.] 274 S., 3 Bl., 1 Titelkupf., 25 Kupfertaf. davon 4 kol. [*Davon fehlen 6 Kupf.*]
1805: [1804.] 60, 180 S., 2 Bl., 1 Titelkupf., 23 Kupfertaf. davon 2 kol., 1 Tab. [*Davon fehlt 1 Kupf.*]
1806: [1805.] 60, 272 S., 2 Bl., 1 Titelkupf., 16 Kupfertaf., 1 Faks.
1807: [1806.] 60, 240 S., 2 Bl., 1 Titelkupf., 20 Kupfertaf. [*Davon fehlen 2 Kupf.*]

— **Göttingischer Taschen**= f. 1776–811. 16. Götting. Dieterich. (1776–800 à 16 gr. 801–803. à 1 Rthlr. 804–811. à 1 Rthlr. 16 gr.)

— — derselbe v. 1804–811. in Marroquin gebunden. Ebend. (à 2 Rthlr. 12 gr.)

— **Göttingischer Taschen**=, f. 1812 u. 13. Götting. Dieterich. (jeder Jahrg. 1 Rthlr. 8 gr.)

Taschen=Kalender, Gratzer — auf das Schaltjahr 1856. Druck von A. Leykam's Erben. Zu haben ebendaselbst. (31 Bl. 32.)

— — Gratzer, auf das Gemeinjahr 1862 32 Gratz. Leykam. 14 kr.

—— **Grazer**, auf die J. 1872—1875. 64. (à 64 S.) Graz, Verlag Leykam=Josefsthal.
à Jahrg. **
In Carton. **

—— **Grazer**, auf die J. 1876—1880. 24. (à Jahrg. 64 S.) Graz, Verlag Leykam=Josefsthal.
à Jahrg. **
cart. in Etui à Jahrg. ** 36 Pf.; geb. *

—— **Grazer**, auf die J. 1881—1885. 64. (à Jahrg. 64 S.) Graz, Verlagsh. „Leykam".
à Jahrg. **
In Pappbd. à Jahrg. **

—— **Grazer**, auf die J. 1886—1889. 64. (à Jahrg. 64 S.) Graz, Verlagsh. „Leykam".
à Jahrg. **
In Pappbd. à Jahrg. **

**Taschenkalender,** Grazer, auf das Gemeinjahr 1893. Br. m. Lapperl —.14
— — geb. in Schuber —.18
Graz: Leykam.

**Taschenkalender,** Grazer, auf das Gemeinjahr 1894. Br. m. Lapperl —.14
— — Geb. in Schuber —.18
Graz: Leykam.

**Taschenkalender,** Grazer, auf d. Gemeinjahr 1895. Br. m. Lapperl —.14
— — Geb. in Schuber —.18
Graz: Leykam.

**Taschenkalender,** Grazer, auf das Schaltjahr 1896. Br. m. Lapperl
— — Geb. in Schuber
Graz: Leykam.

**Taschenkalender,** Grazer, auf das Gemein-Jahr 1897. Br. m. Lapperl —.14
— — Geb. in Schuber —.19
Graz: Leykam.

— **Grazer**, auf d. J. 1898. 32. (64 S.) Graz, Leykam.
n.n. — 28; geb. in Schuber n.n. — 36

**Taschenkalender,** Grazer, auf das Gemein-Jahr 1899. Br. m. Lapperl —.14
— — Geb. in Schuber —.18
Graz: Leykam.

— **Grazer**, auf d. J. 1903. 32. (92 S.) Graz, Styria.
n.n. — 20; geb. in Schuber — 30

— **Grazer**, auf d. J. 1907. (64 S.) 32. Graz, Leykam.
n.n. — 20; geb. in Schuber — 30

— **Grazer**, f. d. J. 1911. (64 S.) 9,2×6 cm. Graz, Leykam. nn — 20; geb. in Schuber — 30

—— **Hamburgischer**, auf die J. 1876—1880. 32. (à Jahrg. 96 S. mit je 1 Chromolithogr.) Hamburg, Nestler und Melle.
geb. in Leinw. mit Goldschn. à Jahrg. *
geb. in Ldr. mit Goldschn. *

—— **hamburgischer**, auf die J. 1881—1885 (Damen=Kalender). 32. (à Jahrg. ca. 94 S.) Hamburg, Nestler und Melle.
geb. mit Goldschn. à Jahrg. *

—— 1893 zum Gebrauche bei Handhabung der **Arbeiterversicherungsgesetze** f. Behörden, Versicherungsanstalten, Berufsgenossenschaften u. s. w. Nach amtl. Quellen zusammengestellt u. hrsg. v. Götze. 5. Jahrg. 3 Thle. gr. 16. Berl., Liebel.
geb. Thl. 1—3 zusammen * 6 50

1. Kranken- u. Unfallversicherung. (XXXIX, 605 S.) * 4 60.
2. Invaliditäts- u. Altersversicherung. (XXXV, 171 S. * 2 —.
3. Ortsübliche Tagelöhne. (119 S.) * 2 —.
1. Jahrg. 1889. * 3 50; 2. Jahrg. 1890; * 4 50; 3. Jahrg. 1891. * 5 50; 4. Jahrg. 1892. * 6 25.

**Taschen-Kalender 1895** zum Gebrauche bei Handhabung der Arbeiterversicherungsgesetze f. Behörden, Versicherungsanstalten, Berufsgenossenschaften u. s. w. Nach amtl. Quellen zusammengestellt u. hrsg. v. E. Götze u. E. Wiedemann. 7. Jahrg. 3 Thle. gr. 16. Berlin, Liebel. Geb. in Leinw. Subskr.-Pr. n. 5. 50; Ladenpr. n. 7. —; Einzelpr. Subskr.-Pr. n. 6. 80; Ladenpr. n. 8.60

1. Kranken- u. Unfallversicherung. (XXXIX, 631 S.) Subskr.-Pr. n. 3. 50; Ladenpr. n. 4. 30
2. Invaliditäts- u. Altersversicherung. (XXXV, 200 S.) Subskr.-Pr. n. 1. 80; Ladenpr. n. 2. 30
3. Ortsübliche Tagelöhne etc. (131 S.) Subskr.-Pr. n. 1. 50; Ladenpr. n. 2. —

**Taschen-Kalender** 1899 zum Gebrauche bei Handhabg. d. Arbeiterversicherungsgesetze f. Behörden, Versicherungsanstalten, Berufsgenossenschaften u. s. w. Nach amtl. Quellen zusammengest u. hrsg. v. E. Götze u. P. Schindler. 11. Jahrg. 2 Thle. gr. 16. Berlin, Liebel. Geb. in Leinw. Subskr.-Pr. n. 6. —; Ladenpr. n. 7. 50

1. Unfallversicherg. (XXXIX, 685 S.) Subskr.-Pr. n. 3. 60; Ladenpr. n. 4. 50
2. Krankenversicherg., Invaliditäts- u. Altersversicherg. u. ortsübl. Tagelöhne etc. (XXXVII, 463 S.) Subskr.-Pr. n. 3. —; Ladenpr. n. 3. 70

**Taschen-Kalender** 1900 zum Gebrauche bei Handhabg. der Arbeiterversicherungsgesetze f. Behörden, Versicherungsanstalten, Berufsgenossenschaften u. s. w. Nach amtl. Quellen zusammengestellt u. hrsg. v. E. Götze u. P. Schindler. 12. Jahrg. 2 Thle. 12. Berlin, Liebel. Geb. in Leinw. Subskr.-Pr. n. 6. 50; Ladenpr. n. 8. 50

1. Unfallversicherung. (XXXIX, 589 S.) Einzelpr. n. 3. 80 bezw. n. 4. 70
2. Krankenversicherung, Invaliditäts- u. Altersversicherung u. ortsübliche Tagelöhne etc. (XXXVII, 570 S.) Einzelpr. n. 3. 50 bezw. n. 4. 60

— dasselbe. 1. u. 2. Nachtrag. 12. Ebd. n. 1. —

1. Verordnungen u. Bekanntmachungen zur Ausführung des Invalidenversicherungsgesetzes v. 13. VII. 1899. (Reichs-Gesetzblatt S. 463.) (36 S.) n. — 40
2. Anleitung, betr. den Kreis der nach dem Invalidenversicherungsgesetz vom 13. VII. 1899 (Reichs-Gesetzblatt S. 463) versicherten Personen. Vom 19. XII. 1899. (A. N. 1900. S. 277ff.) (62 S.) n. — 60

— dasselbe. 1901. 13. Jahrg. 2 Thle. 12. Ebd. Geb. in Leinw. Subskr.-Pr. n. 7. —; Ladenpr. n. 8. 50

1. Unfallversicherung. (XXXIX, 728 S.) Einzelpr. n. 4. 80 bezw. n. 5. 30
2. Invalidenversicherung, Krankenversicherung u. ortsübliche Tagelöhne etc. (XXXIX, 685 S.) Einzelpr. n. 4. — bezw. n. 5. —

— dasselbe. Nachtrag, enth.: Verordnungen u. Bekanntmachgn. zur Ausführg. der Unfallversicherungsgesetze vom 30. VI. 1900. 12. (58 S.) Ebd. n. n. — 50

— dasselbe 1902 u. 1903. 14. u. 15. Jahrg. à 2 Thle. 12. Ebd. Geb. in Leinw. Subskr.-Pr. à n. 7. —; Ladenpr. à n. 9. —; einzelne Thle. à n. 4. — bezw. à n. 5. —

1. Unfallversicherung. (XXXIX, 626 bezw. XXXIX, 639 S.)
2. Invalidenversicherung, Krankenversicherung u. ortsübliche Tagelöhne etc. (XXXIX, 723 bezw. XXXIX, 728 S.)

— zum Gebrauche bei Handhabung der Arbeiterversicherungsgesetze, Fortsetzg., s.: Jahrbuch der Arbeiterversicherung.

—— 1889 zum Gebrauche bei Handhabung der Unfall- und Krankenversicherungsgesetze für Behörden, Berufsgenossenschaften, Schiedsgerichte etc. Nach amtl. Quellen zusammengestellt und hrsg. von Buschmann und Götze. 1. Jahrg. gr. 16. (XXXIX, 520, 58 S.) Berlin, Liebel'sche Buchh. geb. *

— 1890 zum Gebrauche bei Handhabung der Unfall- u. Krankenversicherungsgesetze f. Behörden, Berufsgenossenschaften, Ärzte, Rechtsanwälte u. s. w. Nach amtl. Quellen zusammengestellt u. hrsg. von Buschmann u. Götze. 2. Jahrg. gr. 16. (XL, 598 u. 116 S.) Berlin, Liebel. geb. n. 5. —

—— für die deutschen Haus- und Landwirthe auf das J. 1861. Begründet und hrsg. von Will. Löbe. 3. Jahrg. 8. (CCXXXII und 128 S.) Leipzig, Volckmar. geb. * in Leder geb. * -

Ist auch in drei verschiedenen Ausgaben, für die sächsischen Haus- und Landwirthe. (Ebendas.), für die österreichischen Haus- und Landwirthe. (Wien, Tendler und Comp.), für die preußischen Haus- und Landwirthe. (Halle Schmidt's Verlag) zu gleichen Preisen erschienen.

Vgl.: Kalender für die deutschen Haus- und Landwirthe.

— für die deutschen Haus- u. Landwirthe auf die Jahre 1861 u. 62. Begründet u. herausg. von Will. Löbe. 3. u. 4. Jahrg. Leipzig, Volckmar. 8. (360 S.; 382 S.) Jeder Jahrg. n. 18 ngr.

— — auf die Jahre 1863—65. 5—7. Jahrg. Wittenberg (Leipzig), Reichenbach. 16. (386 S.; 385 S.; 389 S.) Jeder Jahrg. n. 18 ngr.

Auch in Ausgaben für die österreichischen, — preußischen, — sächsischen Haus- u. Landwirthe zu gleichem Preise.

—— für die deutschen Haus- und Landwirthe für die J. 1881—1885. Begründet und hrsg. von Will. Löbe. 23.—27. Jahrg. gr. 16. (à Jahrg. ca. 430 S.) Leipzig, Reichenbach'sche Buchh. geb. in Leinw. à Jahrg. * ℳ 2.; in Ldr. *

**Taschen-Kalender für die deutschen Haus- und Landwirthe für die J. 1886—1889. 28.—31. Jahrg. Begründet und hrsg. von Will. Löbe. gr. 16. (272, 158; 272, 153; 304, 145; 276, 145 S.) Leipzig, Reichenbach'sche Buchh. geb. in Leinw. à Jahrg. * geb. in Leder à Jahrg. ***

—— f. die deutschen Haus- u. Landwirthe auf d. J. 1890—1893. Von Will. Löbe. 32.—35. Jahrg. gr. 16. (à Jahrg. XXXII, 146 S. u. Schreibkalender.) Lpz., Reichenbach. à Jahrg. geb. in Leinw. * 2 —; in Ldr. * 2 50

Ausgaben f. österreichisch-ungarische, f. preußische u. f. sächsische Landwirthe zu gleichen Preisen.

— f. die deutschen Haus- u. Landwirthe auf d. J. 1895. Begründet v. Will. Löbe. 37. Jahrg. gr. 16. (XXXI S., Schreibkalender u. 146 S.) Leipzig, Reichenbach. Geb. in Leinw. n. 2. —; in Ldr. n. 2. 50

Ausgaben f. österreichische, f. preußische u. f. sächsische Landwirthe zu gleichen Preisen.

— f. d. deutschen Haus- u. Landwirthe auf d. J. 1899. Begründ. v. Will. Löbe. 41. Jahrg. gr. 16. (XXXII S., Schreibkalender u. 150 S.) Leipzig, Reichenbach. Geb. in Leinw. n. 2. —; in Ldr. n. 2. 50

Ausgaben f. österreichische, f. preußische u. f. sächsische Landwirthe zu gleichen Preisen.

— für die deutschen Haus- u. Landwirthe auf d. J. 1903. Begründet v. William Löwe. 45. Jahrg. gr. 16. (XXXII S., Schreibkalender u. 151 S.) Leipzig, Reichenbach. Geb. in Leinw. n. 2. —; in Ldr. n. 2. 50

Erscheint in Ausgaben f. österreichische, f. preußische u. sächsische Landwirthe zu gleichen Preisen.

— für die deutschen Haus- u. Landwirthe auf d. J. 1904. Begründet v. William Löbe. 46. Jhrg. (XXVII S., Schreibkalender u. 153 S.) gr. 16. Leipzig, Reichenbach. Geb. in Leinw. n. 2. —; in Ldr. n. 2. 50

Fortsetzg., s.: Löbe, Wilh., landw. Taschen-Kalender.

**Taschenkalender** für die österreichischen Haus- und Landwirthe auf das Jahr 1861. Unter Mitwirkung von Carl Fischer und Ferd. Buchaczek herausg. von Dr. William Löbe. 3. Jahrg. (192 S.) Wien, Exped. v. Löbe's landw. Kalender. In Leinw. geb. 1 fl. 20 kr. In Leder geb. 1 fl. 45 kr.

**Taschen-Kalender** für die österreichischen Haus- u. Landwirthe auf das Jahr 1862. Unter Mitwirkung von Karl Fischer u. Ferdinand Buchaczek herausg. von Dr. William Löbe. 4. Jahrg. 12. (244 u. 97 S.) Wien, Expedition — Tendler & Comp. (C. Fromme.) Lwdbd. 1 fl. 20 kr. Lederbd. 1 fl. 50 kr.

—— Derselbe auf das Jahr 1863. Unter Mitwirkung von Karl Fischer herausg. von Dr. William Löbe. 5. Jahrg. 8. (250 u. 97 S.) (Wittenberg.) Wien, Ebds. Lwdbd. 1 fl. 40 kr. Lederbd. 1 fl. 75 kr.

Taschen-Kalender für die österr. Haus- u. Landwirthe auf das Jahr 1864. Unter Mitwirkung von Karl Fischer herausg. von Dr. William Löbe. 6. Jahrg. 12. (250 u. 97 S.) Wien, Tendler & Comp. (G. Fromme.) Lwdbd. 1 fl. 40 kr.
Lederbd. 1 fl. 75 kr.

— — für die österr. Haus u. Landwirthe auf das Jahr 1865. Unter Mitwirkung von Karl Fischer herausg. von Dr. William Löbe. 7. Jahrg. 12. (250 u. 101 S.) Ebds. Lwdbd. 1 fl. 40 kr.

— 1866. 8. Jg. Ebd. 1865. 248, 102 S. 12°

—— für die österreichischen Haus- und Landwirthe auf die J. 1876—1878. Unter Mitwirkung von Karl Fischer hrsg. von Will. Löbe. 18.—20. Jahrg. gr. 16. (356; 428; 433 S.) Wien, Perles. geb. in Leinw. à Jahrg. *
geb. in Ldr. à Jahrg. *

Nicht weiter erschienen.

—— für die österreichisch-ungarischen Haus- und Landwirthe für die J. 1881—1885. Gegründet und hrsg. von Will. Löbe. 23.—27. Jahrg. gr. 16. (à Jahrg. ca. 375 S.) Ebendas. geb. in Leinw. à Jahrg. * ℳ 2.; in Ldr. *

—— für die österreichisch-ungarischen Haus- und Landwirthe für die J. 1886—1889. 28.—31. Jahrg. Gegründet und hrsg. von Will. Löbe. gr. 16. (à Jahrg. ca. 375 S.) Ebendas. geb. in Leinw. à Jahrg. *
geb. in Leder à Jahrg. *

—— für die preußischen Haus- und Landwirthe für die J. 1881—1885. Gegründet und hrsg. von Will. Löbe. 23.—27. Jahrg. gr. 16. (à Jahrg. ca. 420 S.) Ebendas. geb. in Leinw. à Jahrg. * ℳ 2.; in Ldr. *

—— für die preußischen Haus- und Landwirthe für die J. 1886—1889. 28.—31. Jahrg. Gegründet und hrsg. von Will. Löbe. gr. 16. (à Jahrg. ca. 430 S.) Ebendas. geb. in Leinw. à Jahrg. *
geb. in Leder à Jahrg. *

—— für die sächsischen Haus- und Landwirthe auf das J. 1862. Begründet und hrsg. von Will. Löbe. 4. Jahrg. gr. 16. (382 S.) Leipzig, Voldmar. in Leinw. geb. *
in Leder geb. * –

Ist auch wie das vorhergehende Werk in drei verschiedenen Ausgaben erschienen.

—— für die sächsischen Haus- und Landwirthe auf die J. 1863—68. Begründet und hrsg. von Will. Löbe. 5.—10. Jahrg. gr. 16. (à Jahrg. ca. 385—405 S.) Wittenberg [Leipzig], Reichenbach'sche Buchh. geb. à Jahrg. *
In Leder geb. à Jahrg. * -

Erschien a. u. d. T.: Für deutsche, — österreichische — und preußische Haus- und Landwirthe zu gleichen Preisen.

—— für die sächsischen Haus- und Landwirthe auf die J. 1869—1875. Begründet und hrsg. von Will. Löbe. 11.—17. Jahrg. gr. 16. (403; 399; 433; 433; 440; 474; 475 S., mit eingedr. Holzschn.) Leipzig, Reichenbach'sche Buchh. geb. 1869—1872 à * ℳ 1,80.; 1873—75 à *
geb. in Leder 1869—1872 à * ℳ 2.; 1873—75 à *

Erschien a. u. d. T.: Für deutsche — oesterreichische — und preußische Haus- und Landwirthe zu gleichen Preisen.

—— für die sächsischen Haus- und Landwirthe für die J. 1876—1880. Begründet und hrsg. von Will. Löbe. 18.—22. Jahrg. gr. 16. (432; 437; 412; 444; 448 S.) Leipzig, Reichenbach'sche Buchh.
geb. in Leinw. à Jahrg. * ℳ 2.; geb. in Ldr. *

—— für die sächsischen Haus- und Landwirthe für die J. 1881—1885. Begründet und hrsg. von Will. Löbe. 23.—27. Jahrg. gr. 16. (à Jahrg. ca. 451 S.) Ebendas.
geb. in Leinw. à Jahrg. *
geb. in Ldr. à Jahrg. *

—— für die sächsischen Haus- und Landwirthe für die J. 1886—1889. 28.—31. Jahrg. Gegründet und hrsg. von Will. Löbe. gr. 16. (à Jahrg. ca. 450 S.) Ebendas.
geb. in Leinw. à Jahrg. *
geb. in Leder à Jahrg. *

—— 1878 und 1879 für das Heer, hrsg. von W. Frhr. v. Fircks. 1. und 2. Jahrg. 16. (à Jahrg. 415 S.) Berlin, Bath.
à Jahrg. *

—— dass. — 3. Jahrg. Dienstjahr 1880. [1. Oktbr. 1879—30. Septbr. 1880.] gr. 16. (442 S.) Ebendas. geb. *

—— für das Heer. Hrsg. von Maj. W. Frhrn. v. Fircks. 4.—8. Jahrg. 1881—1885. 16. (446; 458; 459; 466; 473 S.) Berlin, Bath. geb. à Jahrg. *

—— für das Heer, mit Genehmigung des königl. Kriegsministeriums hrsg. von W. Frhrn. v. Fircks. 9.—12. Jahrg. 1886—1889. [Dienstjahre vom 1. Oktbr. 1885—30. Septbr. 1889.] 16. (462; 479; 480; 476 S.) Berlin, Bath.
geb. à Jahrg. *

—— f. das Heer, m. Genehmigg. d. königl. Kriegsministeriums hrsg. v. W. Frhr. v. Fircks. 13.—16. Jahrg. 1890—1893. [Dienstjahr vom 1. Oktbr.—30. Septbr.] 16. (à Jahrg. ca. 470 S.) Berl., Bath. geb. in Ldr. à Jahrg. * 4 —

— f. das Heer, m. Genehmigg. des königl. Kriegsministeriums hrsg. v. W. Frhr. v. Fircks. 18. Jahrg. 1895. [Dienstjahr vom 1. Oktbr. 1894—Septbr. 1895.] 16. (472 S.) Berlin, A. Bath. Geb. in Ldr. n. 4. —

— für d. Heer, begründ. von W. Frhr. v. Fircks, m. Genehmigg. d. königl. Kriegsministeriums hrsg. von Frhr. v. Gall. 22. Jahrg. 1899. (Dienstj. v. 1. X. 1898—30. IX. 1899.) 16. (601 S.) Berlin, A. Bath.
Geb. in Ldr. n. 4. —

— für das Heer, begründet von W. Frhr. v. Fircks, m. Genehmigg. des königl. Kriegsministeriums hrsg. von Frhr. v. Gall. 26. Jahrg. 1903. (Dienstj. vom 1. X. 1902—30. IX. 1903.) gr. 16. (632 S.) Berlin, A. Bath. Geb. in Ldr. n. 4. —

— für das Heer, begründet v. W. Frhr. v. Fircks, m. Genehmigung des königl. Kriegsministeriums hrsg. von Frhr. v. Gall. 30. Jahrg. 1907. (Dienstj. vom 1. X. 1906 bis 30. IX. 1907.) (637 S.) 16. Berlin, A. Bath.
Geb. in Ldr. n. 4. —

— für das Heer, begründet von W. Frhr. v. Fircks, m. Genehmigg. des königl. Kriegsministeriums hrsg. von Frhr. v. Gall. 34. Jahrg. 1911. (Dienstj. v. 1. X. 1910—30. IX. 1911.) (557 S.) 16. Berlin, A. Bath.
Geb. in Ldr. 4. —

**Taschencalender, Historisch-statistischer,** auf das Jahr 1791. Augsb. 1790. H: *Ritter, Joh. Ulr. von.* (KY 4/522) (Biblrort)

Taschenkalender und Kirchlich-Statistisches Jahrbuch für den Katholischen Klerus 1908. Redaktion: Dr. K[arl] A[ugust] Geiger, kgl. Lyzealprofessor. Jahrg. 30. VI + 221 [+ *zus.* 79] S. 8. Regensburg, Verlagsanstalt vorm. G. J. Manz ... A.-G., München-R'. [geb. M. 1.—]

*Darin S. 193—197:* (Specielle Statistik der Diözesen ...:) Schweiz, Republ. Eidgenossenschaft; *s. auch S. 139. 142.*

— u. kirchlich-statistisches **Jahrbuch** f. den kathol. Klerus deutscher Zunge. 1911. Red.: K. A. Geiger. 33. Jahrg. (V, 227 S.) 16. Regensburg, Verlagsanst. vorm. G. J. Manz. Geb. in Leinw. 1. —

— auf ein ganzes Jahrhundert. 12. Manh. ... Schwan u. G. 3 ℛ

Taschenkalender, Idealischer, für Damen a. d. J. . . . . 1800. M. Titelk. u. 12 Kpf. Wien. Goed. VI, 517.

— illustrierter, f. Bienenzucht, Obst- u. Gartenbau. 7. Jahrg. 1903. Hrsg. v. J. Elsäßer. gr. 16. (56 S. m. Schreibkalender.) Ludwigsburg, Ungeheuer & Ulmer. (Nur direkt.) In Leinw. kart. n. — 60

— illustrierter, f. Bienenzucht, Obst- u. Gartenbau. 11. Jahrg. 1907. Hrsg. v. J. Elsäßer. (64 S. m. Schreibkalender.) 16. Ludwigsburg, Ungeheuer & Ulmer. (Leipzig, Fritzsche & Schmidt.) Kart. n. — 60

— illustrierter, f. Bienenzucht, Obst- u. Gartenbau. 15. Jahrg. 1911. Hrsg. v. J. Elsäßer. (113 S.) 16. Ludwigsburg, Ungeheuer & Ulmer. (Stuttgart, E. Ulmer.) Geb. p — 40

— illustrierter landwirtschaftlicher, f. 1902. Hrsg. v. Fr. Maier-Bode. 1. Jahrg. 12. (II, 153 S. m. 37 Abbildgn.) Ebd. Geb. in Leinw. n. 1.50
Fortsetzung s.: Taschen- u. Schreibkalender.

— für d. Interessenten u. Organe d. österr. Arbeiterversicherung. Ein Hilfsbuch zur Handhabg. der Arbeiterversicherungsgesetze durch Beamte u. Versicherungstechniker, Aerzte u. Rechtsconsulenten, Vorstandsmitglieder, Delegirte u. sonst. Functionäre von Krankencassen aller Art, Unfallversicherungsanstalten, Bruderladen, Provisions- u. Pensions-Instituten. Ferner z. Gebrauche f. Arbeiter u. Unternehmer, polit. Behörden u. öffentl. Verwaltungsorgane (Gemeindeämter, Bezirks- u. Landesausschüsse), Gewerk- u. Fachvereine, Gehilfenausschüsse, Genossenschaften u. gewerbl. Corporationen überhaupt. Nach amtl. Quellen zusammengest. u. hrsg. v. Sigm. Kaff. 1. Jahrg. gr. 16. (232 S. m. Tagebuch.) Wien 898. Wiener Volksbuchh. Geb. in Leinw. n. 2 —

— für die Interessenten u. Organe der österr. Arbeiterversicherung. Ein Hilfsbuch zur Handhabg. der Arbeiterversicherungsgesetze durch Beamte u. Versicherungstechniker, Aerzte u. Rechtsconsulenten, Vorstandsmitglieder, Delegirte u. sonst. Functionäre von Krankencassen aller Art, Unfallversicherungsanstalten, Bruderladen, Provisions- u. Pensions-Instituten. Ferner z. Gebrauche f Arbeiter u. Unternehmer, polit. Behörden u. öffentl. Verwaltungsorgane (Gemeindeämter, Bezirks- u. Landesausschüsse), Gewerk- u. Fachvereine, Gehilfenausschüsse, Genossenschaften u. gewerbl. Corporationen überhaupt. Nach amtl. Quellen zusammengestellt u. hrsg. v. Sigm. Kaff. 2. Jahrg. gr. 16. (157 S. m. Tagebuch.) Wien 899. Wiener Volksbuchh. Geb. in Leinw. n. 2. —
Fortsetzg. s.: Jahrbuch.

— für Israeliten auf das J. 1866—67. Nebst der Stempel-Skala. Wien, Knöpflmacher & Söhne. 32. (69 S.) 2 ngr.

**Taschen-Kalender** für Israeliten auf das Jahr 1881—1882. Nebst der neuen Stempel-Scala. 12. (64 S.) geh. 12 kr.
Teschen: Feitzinger.

— für Israeliten auf das Jahr 1886—1887. nebst Stempel-Scalen u. einem vollst. Verzeichnisse der Jahrmärkte. 16⁰. (78 u. XVI S.) Brünn. Epstein. fl. —.12.

**Taschenkalender** für Israeliten auf das Jahr 1887–1888, nebst Stempelscalen und einem vollständigen Verzeichnisse der Jahrmärkte. Brünn: Epstein. 82 S. 24⁰

**Taschen-Kalender** für Israeliten auf das Jahr 1889—1890, nebst Stempel-Scalen und einem vollständigen Verzeichniß der Jahrmärkte. 32. (66 S.) * —.12
Brünn: Epstein.

— für Israeliten f. d. J. 1890—1891. 32. (65 S.) Brünn, Epstein & Co. n. — 25

**Taschenkalender** f. Israeliten auf d. Jahr 1892/93. Nebst einem Verzeichnisse der Jahrmärkte und neuen Stempelscalen. 24. (64 S.) —.12
Brünn: Epstein.

— f. Israeliten f. d. J. 1893—1894, nebst e. vollständ. Verzeichnisse der Jahrmärkte u. neuer Stempel-Scala. Anh.: Einheitlicher Lehrplan f. den israelit. Religions-Unterricht an den Volks-, Bürger- u. Mittelschulen in Mähren. 32. (66 u. VII S.) Brünn, B. Epstein & Co. n. — 24

**Taschen-Kalender** für Israeliten auf das Jahr 1897—1898, nebst einem vollständigen Verzeichnisse der Jahrmärkte und mit neuer Stempel-Scala. 24. (X u. 64 S.) —.12
Brünn: Epstein.

**Taschen-Kalender** für Israeliten auf d. J. 1898—1899, nebst e. vollst. Verzeichnisse d. Jahrmärkte u. neuer Stempel-Scala. Mit Anh.: Zur Jubiläumsfeier der 50jähr. Regierg. Sr. Maj. uns. Kaisers Franz Josef I. — Grünfeld, Max, das Judenthum u. uns. Jugend. 32. (64 u. XI S.) Brünn, B. Epstein & Co. n. — 24

—— für die studirende Jugend auf die J. 1879 und 1880. Hrsg. von O. Neman. 1. und 2. Jahrg. 16. (à Jahrg. 144 S.) Donauwörth, Buchh. des kathol. Erziehungsvereins. Jahrg. 1879 * 30 Pf.; Jahrg. 1880 **

Taschen-Kalender für die studierende Jugend auf die J. 1881—1884. Hrsg. von Notker Reimar. 3.—6. Jahrg. 16. (à Jahrg. ca. 144 S.) Donauwörth, Buchh. des kathol. Erziehungsvereins. geb. à Jahrg. **

—— dass. — auf das J. 1885. Redig. von Notker Reimar. 7. Jahrg. 16. (144 S.) Donauwörth, Auer. cart. **

—— für die studierende Jugend auf die J. 1886—1888. 8.—10. Jahrg. Redig. von Notker Reimar. 16. (144; 143; 159 S.) Donauwörth, Auer. cart à Jahrg. ** geb. à Jahrg. **

—— dass. — 10. Jahrg. Oktbr. 1888 bis Septbr. 1889. 16. (160 S.) Ebendas. cart. ** 40 Pf.; geb. **

—— f. die studierende Jugend. 12.—15. Jahrg. [1889—92.] 16. (à Jahrg. ca. 140 S. m. 1 Bildnis.) Donauwörth, Auer. geb. à Jahrg. ** — 40

— f. die studierende Jugend. Red. v. Frz. Vogt. 17. Jahrg. vom 1. Sept. 1894 bis 31. März 1895. 16. (144 S. m. Titelbild.) Donauwörth, L. Auer. Kart. n.n. — 40

— für d. studier. Jugend. Red. v. Frz. Vogt. 20. Jahrg. Vom I. IX. 1897 bis 31. III. 1899. 16. (144 S. m. Abb. u. 1 Bildn.) Donauwörth, L. Auer. Kart. n. — 40

— für die studierende Jugend. Red. v. L. Auer jun. 1903. 25. Jahrg. gr. 16. (144 S. m. Abbildgn.) Donauwörth, L. Auer. Geb. n. — 40

— für die studierende Jugend. Red. v. Ludw. Auer jun. 1907. 29. Jahrg. (144 S. m. Abbildgn.) 16. Donauwörth, L. Auer. Geb. n. — 40

— für die studierende Jugend. Red. v. Ludw. Auer jun. 1911. 33. Jahrg. (209 S.) 16. Donauwörth, L. Auer. Geb. in Leinw. — 60

— für hessische Justizbeamte, s.: Terminkalender.

**Taschencalender** auf das Jahr 1791. Für Kameralisten, Gutsbesitzer, Pächter und Forstwirthe. In Verbindung mit einigen Kammerrathen und Gutsbesitzern. Weissenfels. H: *Stumpf, Joh. Gg.* (KY 5/362) (BiblPort)

Taschen-Kalender f. Kanarienzüchter auf d. J. 1892. gr. 16. (IV, 68, 32 S. m. Abbildgn.) Lpz., Exped. der allg. deutschen Geflügel-Zeitg. geb. * — 75

— Casseler, zum Gebrauche f. Einheim. u. Fremde. 1896. 12. (VIII S., Schreibkal. u. 95 S. m. Theaterplan.) Cassel, Gebr. Gotthelft. n.n. — 50

— Casseler, 1903. 12. (VIII S., Schreibkalender u. 116 S. m. 1 Plan.) Cassel, Gebr. Gotthelft. Geb. n. — 50

— Casseler, 1905. (VIII S., Schreibkalender u. 119 S. m. 1 Plan.) kl. 8. Cassel, Gebr. Gotthelft. Geb. n. — 50

**Taschen- u. Haus-Kalender**, kathol., zur Belehrung u. Erbauung f. d. Bürger u. Landmann auf d. J. 1847. 16. (Mit 2 Stahlst.) Gleiwitz 846, Landsberger. n. 1/6 ℳ

Taschenkalender für Kaufleute. Hrg. vom Schweizerischen Kaufmännischen Verein. Redaktion: Casp[ar] Suter, Zürich. Jahrg. 1. 1902. [Mit 1 Tabelle.] 168 [+ 32 leere] S. 8. Zürich, Verlag des Schweizerischen Kaufmännischen Vereins. [geb. fr. 2. —]

Taschenkalender für Kaufleute. Hrg. vom Schweizerischen Kaufmännischen Verein. Jahrg. 2. 1903. [Mit 2 Tabellen und 1 Karte.] I + 184 [+ 48 leere] S. 8. Zürich, Verlag des Schweizerischen Kaufmännischen Vereins. [geb. fr. 2. —]

Taschenkalender für Kaufleute. Hrg. vom Schweizerischen Kaufmännischen Verein. Jahrg. 3. 1904. [Mit 2 Tabellen.] I + 160 [+ 64 leere] S. 8. Zürich, Verlag des Schweiz' Kaufm' Vereins. [geb. fr. 2.—]

Taschenkalender für Kaufleute. Hrg. vom Schweizerischen Kaufmännischen Verein. Jahrg. 4. 1905. [Mit 2 Tabellen.] I + 164 [+ 64 leere] S. 8. Zürich, Verlag des Schweiz' Kaufm' Vereins. [geb. fr. 2. —]

Taschenkalender für Kaufleute. Hrg. vom Schweizerischen Kaufmännischen Verein. Jahrg. 5, 1906. [Mit 1 Tabelle.] I + 176 [+ 64 leere] S. 8. Zürich, Verlag des Schweiz' Kaufm' Vereins. [geb. fr. 2. —]

Taschenkalender für Kaufleute. Hrg. vom Schweizerischen Kaufmännischen Verein. Jahrg. 6, 1907. [Mit 1 Tabelle.] I + 168 [+ 64 leere] S. 8. Zürich, Verlag des Schweiz' Kaufm' Vereins. [geb. fr. 2.—]

Taschenkalender für Kaufleute. Hrg. vom Schweizerischen Kaufmännischen Verein. Jahrg. 7—9. 1908—1910. [*je* Mit 1 Tabelle.] *je* I + 168 S. 8. Zürich, Verlag des Schweiz' Kaufm' Vereins. [geb. *je* fr. 2. —]

— für Kaufleute. Hrsg. v. schweizer. kaufmänn. Verein. 10. Jahrg. 1911. (148 S. m. 2 Tab.) kl. 8. Zürich (Sihlstr. 20), Schweizer. kaufmänn. Verein. Geb. in Leinw. 1.60; in Ldr. n 2. 30

Taschenkalender, kleiner, für 1804, m. K. 32. Stuttg. Löfflund.

**Taschenkalender, Kleiner, a. d. J. . . . .**
1810. M. 2 Kpf.
**Meissen.**

Taschen-Kalender, kleiner, für 1871. 32. (162 S.) Hannover. (Celle, Schulze'sche Buchh.) geb. mit Goldschn. *

**Taschenkalender, Kleiner Münchener, a. d. J. . . . . .** Verf. v. Alb. Bauer.
1824. M. 12 Kpf.
**München.**

— für d. kath. Klerus 1899. Red.: Conr. Eubel, O. M. C. 21. Jahrg. gr. 16. (IV, 196 S.) München, R. Abt. Geb. in Leinw. n. 1. —

— f. den katholischen Klerus. 1903. Red.: C. A. Geiger. 25. Jahrg. 12. (III, 200 S.) Regensburg, Verlagsanstalt vorm. G. J. Manz. Geb. in Leinw. n. 1. —
Die früheren Jahrgge. sind v. C. Eubel hrsg.

— für den katholischen Klerus. 1907. Red.: C. A. Geiger. 29. Jahrg. (III, 211 S.) kl. 8. Regensburg, Verlagsanstalt vorm. G. J. Manz. Geb. in Leinw. n. 1.—

— für den katholischen Klerus, Fortsetzg., s.: Taschenkalender u. kirchlich-statistisches Jahrbuch.

— für Konditorei u. Zuckerwarenfabrikation 1911. Unter Mitwirkg. des F. W. Eikmeier u. anderen Fachmännern hrsg. v. N. Besselich. (176 S.) kl. 8. Trier, N. Besselich. Geb. in Leinw. 1. —

— Konstanzer, auf d. J. Christi 1875. 32. (62 S.) Constanz, Fritz. - 20

—— der Photographischen Correspondenz für die J. 1883—1885. 1.—3. Jahrg. mit Verlagskatalog, Statuten der Photograph. Gesellschaft in Wien und Verzeichniss der photogr. Vereine in Europa und der Photographen in mehreren grösseren Städten. 16. (à Jahrg. ca. 90 S.) Wien, Verlag der Photogr. Correspondenz. à Jahrg. *

(F) **Künstners Taschenkalender** für jedermann. 1906. 3. Jahrg. 8°. (66 S.) geb. K 1.—
Böhmisch-Leipa: Künstner.

**Künstner's Taschenkalender** für jedermann für das Jahr 1908. 5. Jahrg. 8°. (62 S.) K 1.—, geb. K 1.60
Böhmisch-Leipa: Künstner.

—— für den Landwirth für die J. 1879 und 1880. 1. und 2. Jahrg. Hrsg. und redig. von Hugo H. Hitschmann. 16. (160, 180; 221 S. mit 1 lithogr. Eisenbahnkarte.) Wien, Perles. geb. in Leinw. à Jahrg. * ℳ 3,20.; geb. in Ldr. *

—— für den Landwirth für die J. 1881 und 1882. 3. und 4. Jahrg. à Jahrg. 2 Thle. [Mit 1 (lithogr.) Eisenbahnkarte.] Hrsg. und redig. von Hugo H. Hitschmann. gr. 16. (VI, 230; 187; V, 331; VIII, 227 S.) Wien, Perles.
geb. in Leinw. 3. Jahrg. * ℳ 3.; in Ldr. *
geb. in Leinw. 4. Jahrg. *

Taschen-Kalender für den Landwirth für die J. 1883 und 1884. [Mit 1 (lithogr.) Eisenbahnkarte.] Hrsg. und redig. von Hugo H. Hitschmann. à Jahrg. 2 Thle. gr. 16. (IV, 168; VIII, 431; IV, 410; VI, 502 S.) Ebendas.
geb. in Leinw. à Jahrg. *
geb. in Ldr. à Jahrg. *
1. Thl. allein geb. in Leinw. * ℳ 2,40.; in Ldr. *
2. Thl. (Vademecum für den Landwirth) allein geb. in Ldr. *

— f. den Landwirth f. das J. 1885. Herausg. u. redig. von Hugo H. Hitschmann, Herausgeber d. „Wiener landwirthsch. Zeitung". VII. Jahrg. 2 Bde. Ebds Taschenf. mit e. Eisenbahnkarte und Betriebsnotizbuch in Lwd. geb. 2 fl. 50 kr.

— für den Landwirth für die J. 1886—1889. 8.—11. Jahrg. Hrsg. und redig. von Hugo H. Hitschmann. [Mit je 1 Eisenbahnkarte.] Zugleich: Oesterreichischer landwirthschaftlicher Kalender, begründet und 1861—1882 hrsg. von A. E. Ritter v. Komers, fortgesetzt und 1883—1885 hrsg. von Jos. Ritter v. Bertel. 26.—29. Jahrg. à Jahrg. 2 Thle. (2. Thl.: Vademecum, kleine Ausg.) gr. 16. (1. Thl. 332; 367; 397; III, 208, 188 S.) Wien, Perles.
geb in Leinw. à Jahrg. *ℳ 7.20.; in Leder *
Mit 2. Thl., grosse Ausg. geb. in Leinw. à Jahrg. *
geb. in Leder à Jahrg. *
1. Thl. allein geb. in Leinw. à Jahrg. *
geb. in Leder à Jahrg. *
2. Thl., kleine Ausg. allein geb. in Leinw. à Jahrg. *
geb. in Leder à Jahrg. *
2. Thl., grosse Ausg. geb. à Jahrg. *
geb. in Leder à Jahrg. *

— f. den Landwirth f. d. J. 1890—1893. Hrsg. u. redig. v. Hugo H. Hitschmann. 12.—15. Jahrg. Zugleich: Oesterreichischer landwirthschaftl. Kalender. 30.—33. Jahrg. gr. 16. (à Jahrg. 220—240 S. m. Tagebuch.) Wien, Perles.
à Jahrg. geb. in Leinw. * 2 40; in Ldr. * 3 20
Als zweiter Theil hiezu:
Vademecum für den Landwirth, hrsg. v. Hugo H. Hitschmann. 9., verm. u. verb. Auflage. gr. 8. Ebd. geb. in Leinw. n. 15.—; in Ldr. n. 16.—
— dasselbe. 10., verm. u. verb. Aufl. gr. 16. Ebd. geb. in Leinw. n. 11.20; in Ldr. n. 12.—

**Hitschmann, Hugo H.,** Taschenkalender für den Landwirth für das Jahr 1894. XVI. Jahrgang. (Mit einer Eisenbahnkabrte.) Zugleich landwirthschaftl. Kalender XXXIV. Jahrg. 16. (88, 160 S u. Tagebuch.) In Leinenbd. 1.20, in Lederbd. 1.60
Wien: Perles.

**Taschen-Kalender** f. den Landwirth f. d. J. 1895. Hrsg. u. red. v. Hugo H. Hitschmann. 17. Jahrg. [Mit e. Eisenbahnkarte.] Zugleich: Oesterreichischer landwirthschaftl. Kalender, begründet u. 1861—1882 hrsg. von A. E. Ritter v. Komers, fortgesetzt u. 1883—1885 hrsg. von Jos. Ritter v. Bertel. 35. Jahrg. gr. 16. (III, 57, 127 S. u. Tagebuch.) Wien, M. Perles. Geb. in Leinw. n. 2. 40; in Ldr. n. 3.—

**Hitschmann, Hugo H.,** Taschenkalender für den Landwirth f. d. Jahr 1896 XVIII. Jahrg. (Mit einer Eisenbahnkarte.) Zugleich Oesterr. landwirthschaftlicher Kalender. XXXVI. Jahrgang 16. (80, 160 und Tagebuch.) Leinenband 1.20
— — In Lederband 1.60
Wien: Perles.

**Hitschmann, Hugo H.,** Taschenkalender für den Landwirth f. d. Jahr 1897. XIX. Jahrg. (Mit einer Eisenbahnkarte.) Zugleich Oesterreichischer landwirthschaftlicher Kalender. XXXVII. Jahrgang. 16. (78, 160 und Tagebuch.) Leinenband 1.20
— — In Lederband 1.60
Wien: Perles.

**Hitschmann, Hugo, H.,** Taschenkalender für den Landwirth für das Jahr 1898. XX. Bd. (Mit einer Eisenbahnkarte.) Zugleich österr. landwirthschaftlicher Kalender. 38. Jahrg. 16. (82, 160 S. mit Tagebuch.) Lnwdbd. 1.20 Lederband 1.60
Wien: Perles.

— f. den Landwirth f. d. J. 1899. Hrsg. u. red. v. Hugo H. Hitschmann. 21. Jahrg. [Mit e. Eisenbahnkarte.] Zugleich: Oesterr. landwirthschaftl. Kalender, begründ. u. 1861—1882 hrsg. v. A. E. Ritter v. Komers, fortgesetzt u. 1883—1885 hrsg. v. Jos. Ritter v. Bertel. 39. Jahrg. gr. 16. (III, 49. 160 S. u. Tagebuch.) Wien, M. Perles.
Geb. in Leinw. n. 2. 40; in Ldr. n. 3. 20

Taschenkalender für den Landwirth für das Jahr 1900. Herausgegeben und redigirt von Hugo H. Hitschmann. XXII. Jahrgang. (Mit einer Eisenbahnkarte.) Zugleich österreichischer landwirthschaftlicher Kalender, begründet und 1861—1882 herausgegeben von A. E. Ritter von Komers, fortgesetzt und 1883 bis 1885 herausgegeben von Joseph Ritter von Bertel XXXX. Jahrgang. Wien. [1899.] Perles. 16°. 88, 160 S. und Tagebuch.
Geb. fl. 1.20, in Leder fl. 1.60

Taschenkalender für den Landwirth für das Jahr 1901. Herausgegeben und redigirt von Hugo H. Hitschmann. XXIII. Jahrgang. (Mit einer Eisenbahnkarte.) Zugleich österreichischer landwirthschaftlicher Kalender, begründet und 1861—1882 herausgegeben von A. E. Ritter von Komers, fortgesetzt und 1883 bis 1885 herausgegeben von Joseph Ritter von Bertel XXXXI. Jahrgang. Wien. 1900. Perles 16°. 88, 160 S. und Tagebuch.
Geb. K 2.40, in Leder K 3.20

Taschenkalender für den Landwirt für das Jahr 1902. Herausgegeben und redigiert von Hugo H. Hitschmann. XXIV. Jahrgang. (Mit einer Eisenbahnkarte.) Zugleich österreichischer landwirtschaftlicher Kalender, begründet und 1861—1882 herausgegeben von A. E. Ritter von Komers, fortgesetzt und 1883 bis 1885 herausgegeben von Joseph Ritter von Bertel, XLII. Jahrgang. Wien. Perles. 16°. 88, 160 S. und Tagebuch.
Geb. K 2.40, in Leder K 3.20

— für den Landwirth f. d. J. 1903. (Einbd.: Hugo H. Hitschmann's Taschenkalender etc.) Hrsg. u. red. v. Hugo H. Hitschmann. 25. Jahrg. Zugleich: Oesterreichischer landwirtschaftl. Kalender, begründet u. 1861—1882 hrsg. von A. E. Ritter v. Komers, fortgesetzt u. 1883—1885 hrsg. von Jos. Ritter v. Bertel. 43. Jahrg. 12. (III, 56, 160 S. u. Tagebuch m. 1 farb. Karte.) Wien, M. Perles. Geb. in Leinw. n. 2. 40; in Ldr. n. 3. 20

**Hitschmanns Taschenkalender** für den Landwirt für das Jahr 1905. 27. Jahrg. 16°. (88, 160 S. mit 1 Karte)
geb. K 2.40, in Leder K 3.60
Wien: Perles.

**Hitschmann,** H., Taschenkalender für den Landwirt für das Jahr 1906. 28. Jahrg. 8°. (160 S. mit 1 Karte)
Wien: Perles.

— für den Landwirt f. d. J. 1907. (Einbd.: Hitschmann's Taschenkalender usw.) Begründet v. Hugo H. Hitschmann. Hrsg. u. red. von Rob. Hitschmann u. Hugo Hitschmann. 29. Jahrg. Zugleich: Oesterreich. landwirtschaftl. Kalender, begründet u. 1861—1882 hrsg. von A. E. Ritter v. Komers, fortgesetzt u. 1883 bis 1885 hrsg. von Jos. Ritter v. Bertel. 47. Jahrg. (III, 50, 160 S. u. Tagebuch m. 1 farb. Karte.) kl. 8. Wien, M. Perles. Geb. in Leinw. n. 2.40; in Ldr. n. 3.60

**Taschenkalender** für den Landwirt für das Jahr 1908. 16°. (160 S.) geb. K 2.40, in Leder geb. K 3.60
Wien: Perles.

**Taschenkalender** für den Landwirt für das Jahr 1909. 8°. (160 S.) geb. K 2.40, Leder geb. K 3.60
Wien: Perles.

**Hitschmann,** Taschenkalender für den Landwirt für das Jahr 1910. 8°. (160 S. u. 1 Tafel)
Wien: Perles.

**Taschen-Kalender** f. d. Landwirt f. d. J. 1911. (Einbd.: Hitschmann, Taschen-Kalender usw.) Begründet v. Hugo H. Hitschmann. Red. v. Rob. Hitschmann u. Hugo Hitschmann. 33. Jahrg. Zugleich: Oesterreichischer landwirtschaftl. Kalender, gegründet u. 1861—1882 hrsg. von A. E. Ritter v. Komers, fortgesetzt u. 1883—1885 hrsg. v. Jos. Ritter v. Bertel. 51. Jahrg. (III, 56. 160 S. u. Tagebuch m. 1 farb. Karte.) kl. 8. Wien, M. Perles. Geb. in Leinw. 2.40; in Ldr. n 3. 60

— des deutschen Landwirths f. d. J. 1902. XII. Jahrg. 12. (377 S.) Berlin, C. Sagawe. Geb. in Leinw. 1. 50; in Ldr. 2. —

— des deutschen Landwirths f. d. J. 1904. XIV. Jahrg. (351 S.) 12. Berlin, C. Sagawe. Geb. in Leinw. 1. 50; in Ldr. 2. —

—— landwirthschaftlicher, für das Großherzogth. Baden. 1. und 2. Jahrg. 1888 und 1889. Hrsg. von Märklin. gr. 16. (203, 48; 192, 60 S.) Karlsruhe, Braun'sche Hofbuchh. geb. à Jahrg. *

—— landwirthschaftlicher, f. das Großherzogth. Baden. 3.—6. Jahrg. 1890—1893. Hrsg. v. Märklin. gr. 16. (à Jahrg. ca. 250 S.) Karlsr., Braun. geb. à Jahrg. * 1 —

- landwirthschaftlicher, f. das Großherzogth. Baden. 8. Jahrg. 1895. Hrsg. v. Märklin. gr. 16. (214 S. u. Schreibkalender.) Karlsruhe, G. Braun. Geb. in Leinw. n. 1. —

— landwirtschaftlicher, für Elsaß-Lothringen 1907. (Hrsg.: Wolf.) (XVI S., Schreibkalender u. 259 S.) kl. 8. Ebd. Geb. in Leinw. n. 1. —

— landwirtschaftlicher, f. Elsaß-Lothringen 1911. (V, 300 S.) kl. 8. Karlsruhe, G. Braun'sche Hofbuchdr. Geb. in Leinw. 1. —

— landwirtschaftlicher, f.: Löbe, William.

—— landwirthschaftlicher, für Sachsen, Altenburg und Thüringen auf das J. 1886. 4. Jahrg. Nach langjähr. prakt. Erfahrungen zusammengestellt und hrsg. von Fr. Otto Heinichen. 12. (320 S.) Rochlitz, Pretzsch. geb. in Leinw. * geb. in Leder *

— landwirthschaftlicher, f. Sachsen, Altenburg u. Thüringen auf d. J. 1887. Nach langjähr. prakt. Erfahrgn. zusammengestellt u. hrsg. v. Fr. Otto Heinichen. 5. Jahrg. 12. (XXX, 54 u. 240 S.) Leipzig, Hilmar Bennewitz. n. 1. 50

—— landwirthschaftlicher, für Sachsen und S.-Altenburg auf das J. 1888. 6. Jahrg. Nach langjähr. prakt. Erfahrungen zusammengestellt und hrsg. von Fr. Otto Heinichen. 12. (XLVIII, 260 S.) Borna, Harschau. geb. *

— landwirthschaftlicher, f. Sachsen u. S.-Altenburg auf d. J. 1891. Nach langjähr. prakt. Erfahrgn. zusammengestellt u. hrsg. v. Fr. Otto Heinichen. 9. Jahrg. gr. 16. (309 S.) Borna, Jahnke. geb. n. 1. 50

—— landwirthschaftlicher, f. Sachsen u. die thüringischen Staaten auf d. J. 1892 u. 1893. Hrsg. v. Fr. Otto Heinichen. 10. u. 11. Jahrg. gr. 16. (à Jahrg. 60 S. u. Schreibkalender.) Lpz., Jahnke. geb. à Jahrg. * 1 50

Frühere Jahrgge. u. d.-T.: Landw. Kalender f. Sachsen u. S.-Altenburg.

**Taschen- u. Schreibkalender**, landwirtschaftlicher, f. 1903. Hrsg. v. Fr. Maier-Bode. 2. Jahrg. 12. (II, (153 S. m. 16 Abbildgn.) Stuttgart, E. Ulmer. Geb. in Leinw. n. 1. —

Vergl.: Taschenkalender, illustr. landwirtschaftlicher.

**Taschen- u. Schreibkalender**, landwirtschaftlicher, für 1907. Hrsg. v. Fr. Maier-Bode. 6. Jahrg. (II, 172 S. m. 12 Abbildgn.) kl. 8. Stuttgart, E. Ulmer. Geb. in Leinw. n. 1. —

**Taschen- u. Schreibkalender**, landwirtschaftlicher, f. 1911. Hrsg. v. Fr. Maier-Bode. 10. Jahrg. (II, 180 S. m. 12 Abb.) kl. 8. Stuttgart, E. Ulmer. Geb. in Leinw. p 1. —

— f. Lehrer, s. a. Spindler's Lehrerkalender.

—— für Lehrer. 1875—1880. 1.—6. Jahrg. Hrsg. vom bayer. Volksschullehrer-Verein. Bearb. von J. Böhm. 16. (à Jahrg. ca. 116 S.) München, Expedition des k. Central-Schulbücher-Verlag. geb. à Jahrg. **

—— für Lehrer. 1881—1885. 7.—11. Jahrg. Hrsg. von J. Böhm. 16. (à Jahrg. ca. 150—160 S. mit 2 Holzschn.-Portr.) München, Exped. des k. Zentral-Schulbücher-Verlags. geb. à Jahrg. **

Taschen-Kalender für Lehrer. 1886—1889. 13.—15. Jahrg. Bearb. von J. Böhm. 16. (170; 176 S. mit 2 Bildern; 160; 184 S. mit 1 Eisenbahnkarte.) München, Oldenbourg. geb. à Jahrg. **

—— f. Lehrer 1890—1893. 16.—19. Jahrg. Hrsg. vom bayer. Volksschullehrer-Verein. Bearb. v. J. Böhm. gr. 16. (à Jahrg. ca. 180 S. m. 1 Karte.) Münch., Oldenbourg. geb. à Jahrg. * — 90

— f. Lehrer. 1895. 21. Jahrg. Hrsg. v. bayer. Volksschullehrer-Verein. Bearb. v. J. Böhm. gr. 16. (184 S. m. 1 farb. Karte.) München, R. Oldenbourg, Abteilg. f. Schulbücher. Geb. in Leinw. n.n. — 90

— für Lehrer. 1899. 25. Jahrg. Hrsg. v. bayer. Volksschullehrer-Verein. Bearb. v. J. Böhm. Jubiläums-ausg. gr. 16. (216 S. m. 1 Bildnis u. 1 farb. Karte.) München, R. Oldenbourg. Geb. in Leinw. n.n. — 90

— für Lehrer. 1903. 29. Jahrg. Hrsg. vom bayer. Volksschullehrer-Verein. Bearb. von C. Böhm. 12. (182 S. m. 1 farb. Karte.) München, R. Oldenbourg. Geb. in Leinw. n.n. — 90

**Taschen-Kalender** für Lehrer. 1907. 33. Jahrg. Hrsg. vom bayr. Volksschullehrer-Verein. Bearb. v. Hans Sandner. (162 S.) kl. 8. München, R. Oldenbourg. Geb. in Leinw. n.n. — 85

— für Lehrer. 37. Jahrg. 1911. Hrsg. vom bayer. Volksschullehrer-Verein. Bearb. v. Hans Sandner. (190 S.) kl. 8. München, C. A. Seyfried & Co. Geb. in Leinw. nn — 85

— für deutsche Lehrer. 1903/4. 6. Jahrg. 12. (143 S.) Berlin, Hilfsverein f. deutsche Lehrer. Geb. in Leinw. — 75

— für deutsche Lehrer. 1904/05. 7. Jahrg. (158 S.) 12. Berlin, Hilfsverein f. deutsche Lehrer. Geb. in Leinw. — 75

— für deutsche Lehrer auf die Zeit vom 1. I. 1908 bis 31. III. 1909. 11. Jahrg. (128 S.) kl. 8. Berlin, Hilfsverein deutscher Lehrer. Geb. in Leinw. — 75

— für Lehrer höherer Schulen auf d. Schuljahr 1890—91. Hrsg. v. H. Spindler. IV. Jahrg., Michaelis-Ausg. Nebst e. Beilage, enth. Morgen-Gebete. gr. 16. (76 S., Schreibkalender, 13 u. Beilage 14 S.) Leipzig, Fock. geb. n. 1. 25

—— f. Lehrer höherer Schulen auf das Schulj. 1891—92. Hrsg. v. Heinr. Spindler. V. Jahrg., Oster-Ausg. gr. 16. (IV, XVI S., Schreibkalender, 88, 14 S.) [Lpz., Fock.] Zwickau, Marx. geb. u. geh. * 1 25
Erschien bis dahin 2 mal jährlich. — Forts., s. Spindler's Lehrerkalender.

— für die Lehrer sämtlicher höherer Schulen Deutschlands auf d. Schulj. 1887/1888. 1. Jahrg. gr. 16. (130 u. 90 S.) Zwickau, (Konegen). geb. n. 1. 20

—— für die Lehrer sämtlicher höherer Schulen auf das Schulj. 1888/1889. 2. Jahrg. Ausg. A.: Für evangelische Schulen. gr. 16. (IV, 96, 90 S.) Zwickau. (Leipzig, Fock.) geb. *

—— dass. — Ausg. B.: Für katholische Schulen. gr. 16. (IV, 96, 95 S.) Ebendas. geb. *

Leipziger *Taschenkalender* ... oder
Taschenbuch für Freunde und Freundinnen
des Schönen und Nützlichen besonders für
edle Gattinnen und Mütter und solche, die
es werden wollen.
Leipzig
Hrsg.: Friedrich Herrmann.
1800.

Leipziger **Taschenkalender** auf das ... Jahr ... oder Taschenbuch für Freunde und Freundinnen des Schönen und Nützlichen, besonders für edle Gattinnen und Mütter und solche die es werden wollen. ([Hrsg. v. Friedrich Herrmann. Mit Kupf. v.] G[ottlieb] Böttger sen. [u. Christian August] Günther.)
Leipzig: J. C. Hinrichs 1804. 16°
1804: 19 Bl., 192 S., 1 Titelkupf., 14 Kupfertaf. dayon 4 kol.

**Taschen-Kalender, Leipziger, f. 1903. 26. Jahrg. 64. (56 S.) Leipzig, W. Wigand's Buchdr. In Leinw. kart. — 25**
Bisher u. d. T.: Taschen-Almanach, Leipziger.

— **Leipziger, f. 1906. 29. Jahrg. (56 S.) 64. Leipzig, W. Wigand's Buchdr. In Leinw. kart. — 25**

**Taschenkalender, Leipziger, f. Liebhaber des Schönen u. Guten a. d. J. . . . . . Hg.: J. G. D. Schmiedtgen.**
**1801. M. gest. Tit. u. 5 Kpf.**
**1802. M. gest. Tit. u. 5 Kpf.**
**Leipzig. Goed. VIII, 57, 33.**

Leipziger **Taschenkalender** für Liebhaber des Schönen und Guten. Auf das Jahr ... v. J[ohann] G[ottfried] D[aniel] Schmiedtgen.
Leipzig: C. G. Weigel [1801]. 16°
[Kupfert.]
[Nebent.:] Leipziger Taschenbuch für Liebhaber des Schönen und Guten.
1801: 8 Bl., VII, 200 S., 6 Kupfertaf.

**Taschen-Kalender,** Leykam's, für das Jahr 1899. Mit Porträt Ihrer Majestät der Kaiserin. Eleg. gdb. in Goldschnitt —.70
Graz: Leykam.

— — Eleganter, für das Jahr 1893. 16 (95 S.) In Lwd. geb. mit Goldschnitt —.70
Graz: Leykam.

— — Leykam's eleganter, für das Jahr 1895. 16. (95 S.) Geb. in Goldschnitt —.70
Graz: Leykam.

— **für Lithographen,** Steindrucker, Karto- u. Chemigraphen, Zeichner u. verwandte Berufe. 1904. Hrsg. unter Mitwirkg. tücht. Fachleute v. Karl Kluth. (136 S. m. Abbildgn. u. 27 Taf.) 8. Karlsruhe. (Leipzig, G. Hedeler.) n. 1. —
Fortsetzg., s.: Jahrbuch f. das lithograph. Gewerbe.

—— luxemburger. 1859 und 1860. Mit einem Anhang vom Einsiedler des Grünen Waldes (Kleyr). 8. und 9. Jahrg. 32. (190, 180 S.) Luxemburg, Gebr. Heintze's Verlag. à Jahrg.

—— **medicinischer,** für die J. 1888 und 1889. Hrsg. von Jaenicke, Leppmann und Partsch. 16. (176, 184; VIII, 200, 199 S.; Beiheft 63 S.) Breslau, Preuss und Jünger. à Jahrg. *

—— medicinischer, f. d. J. 1890—1893. Hrsg. v. Jaenicke, Partsch, Leppmann. III.—VI. Jahrg. à 2 Tle. 16. (à Jahrg. 240—260 S. u. Schreibkalender.) Bresl., Preuss u. Jünger. à Jahrg. geb. in Leinw. u. geh. * 2 —; in Ldr. u. geh. * 2 50

— **medicinischer,** f. d. J. 1894. Hrsg. v. Jaenicke, Partsch, Leppmann. VII. Jahrg. Nebst Beiheft: Die Begutachtung v. Unfallverletzungen v. C. Partsch. 16. (VI S., Schreibkalender, 238 u. Beiheft 56 S.) Breslau, Preuss & Jünger. Geb. in Leinw. u. geh. n. 2. —; in Ldr. u. geh. n. 2. 50

— dasselbe f. d. J. 1895. VIII. Jahrg. 16. (VI S., Schreibkalender u. 220 S.) Ebd. Geb. in Leinw. n. 2. —; in Ldr. n. 2. 50

— medicinischer, f. d. J. 1899. Hrsg. v. Kionka, Partsch, Leppmann. XII. Jahrg. gr. 16. (VI S., Schreibkalender u. 262 S.) Breslau, Preuss & Jünger. Geb. in Leinw. Ausg. A, Schreibkalender in 4 Quartalsheften n. 2. —; in Ldr. n. 2. 50; Ausg. B, in 1 Leinw.-Bd. n. 2. —; in Ldr. n. 2. 50
Beim IX. Jahrg. war noch Jaenicke Mitherausgeber.

— **medicinischer,** f. d. J. 1903. Hrsg. v. Kionka, Partsch, A. Leppmann, F. Leppmann. XVI. Jahrg. gr. 16. (VII, 300 S. u. 12 Monatshefte) Berlin, Vogel & Kreienbrink. Geb. in Leinw. u. geh. n. 2. —

— **medizinischer.** Hrsg. v. Kionka, Partsch, A. Leppmann, F. Leppmann. 20. Jahrg. 1907. 2 Tle. (VII, 177; III, 248 u. 12 Monatshefte je 32 S.) kl. 8. Berlin, Vogel & Kreienbrink. Geb. in Ldr. u. geh. 3. —

— medizinischer. Hrsg. v. Kionka, Partsch, A. Leppmann, F. Leppmann. 21. Jahrg. 1908. 2 Tle. (VII, 178; III, 272 u. 12 Monatshefte je 32 S.) kl. 8. Berlin, Vogel & Kreienbrink. In Ldr.-Brieftasche u. geh. 3. —
Erscheint nicht mehr.

— medicinischer, f. die deutschen Ärzte in Russland, hrsg. v. C. Förster. 1889. 16. (IV, 212 u. 78 S.) Riga, Kymmel's Verl. geb. n. 4. —

— **medicinischer, f. praktische Aerzte,** s. a. Förster's, C., medicinischer Taschenkalender.

—— medicinischer, f. praktische Aerzte 1890—1892. Hrsg. v. C. Foerster. 2.—4. Jahrg. gr. 16. (à Jahrg. ca. 120 S. u. Schreibkalender.) Riga, Jonck u. Poliewsky. geb. à Jahrg. * 3 60

— **medizinischer,** f. prakt. Aerzte. 1906. Von Heinr. Bosse. (VI S., Schreibkalender u. 173 S.) kl. 8. Riga, Jonck & Poliewsky. Geb. in Leinw. n. 3. 60

— medicinischer, f. practische Aerzte. 1910. Von Heinr. Bosse. 22. Jahrg. (VI S., Schreibkalender u. 291 S.) kl. 8. Riga, Jonck & Poliewsky. Geb. in Leinw. 4. —; in Ldr. n 5. —

— **medizinischer,** f. Jedermann. 1906. Mit ärztl. Ratschlägen aus dem Büchlein „Wenn Arzthilfe fehlt" v. Stehr. (64 S.) qu. 32. München, Seitz & Schauer. — 15

**Taschenkalender** f. 1882, Mercy's. 16 kr.
Prag: Mercy.

**Taschenkalender**, Mercy's, pro 1883. 16 kr.
Prag: Mercy.

— Mercy's, pro 1885. Prag, H. Mercy. Zweiseitig gef. 16 kr.

— Mercy's, pro 1887. Prag, Mercy. fl. —.16.

—— für die Metall-Industrie pro 1880. Hrsg. von Carl Pataky. 1. Jahrg. qu. 16. (272 S.) Wien, Perles.
geb. in Leinw. * ℳ 3,20.; geb. in Ldr. *

— für die Metall-Industrie. 1881. Hrsg. v. Carl Pataky. 2. Jahrg. [m. vielfach verm. u. verb. Text]. 16. (VII, 271 S.) Wien, Pataky. geb. n. 2. 50

— dasselbe. 1882. Hrsg. von Carl Pataky. 3. Jahrg. [m. vielfach verm. u. verb. Text]. 16. (VI, 167 u. 130 S.) Ebend. geb. n. 3. —

—— dass. — 1883—1885. Hrsg. von Carl Pataky. 4.—6. Jahrg. [mit vielfach verm. und verb. Text]. 16. (à Jahrg. ca. VI, 167, 130 S.) Wien, Perles. geb. à Jahrg. *

**Taschen-Kalender für die Metall-Industrie** pro 1893. XIV. Jahrgang Herausgegeben von Karl Patacky. Herausgeber und Redacteur des „Metallarbeiters". 16. (176 S. mit Notizblättern.) Eleg. geb. in Leinwd. 1.30
Wien: Perles.

— für Militär-Anwärter auf d. J. 1911. 6. Jahrg. Hrsg. v. E. Freudenberg u. H. Görner. (285 S.) kl. 8. Dresden, W. Baensch. Geb. in Leinw. 1. 25

— für Mineralwasser-Fabrikanten, s.: Kalender.

**TASCHENKALENDER** der Englischen und Teutschen Moden für 1798. Frankfurt a. M., Behrendt. 12⁰.

**TASCHEN(-)KALENDER** der neuesten Französisch(-) und Englischen Moden auf das 1789. (—1792. 1794. 1795. 1797. 1802. 1810.) Jahr. Mit (fein gestoch.) color. Modekpfrn. Frankfurt am Mayn bey I. C. Berndt, Kupferstecher. 16⁰. (Bibl. Lipperheide no. 4471:)

*Taschenkalender* der neuesten Französisch und Englischen Moden für das Jahr 1790.
[Mit z. T. kol. Kupfern.]
Frankfurt a. M.: Berndt
*Ff*, 3b:2

— monistischer. 1911. (132 S.) 8. Berlin. München, Verlag des deutschen Monistenbundes.
Geb. in Leinw. 1. —

—— **münchener**, a. d. J. 1837. 32. (80 Seit., Graf Deroy's Bildn., 2 Bl. Pergament, Bleifeder u. Spiegel.) München, Franz. *

— **Münchener**, auf das Schalt-J. 1844. 32. (Mit 8 Abbild.) München 843, Franz. geb. u. in Futteral. baar 5/12 ℳ

—— **münchener**, auf die J. 1856 und 1857. (20. und 21. Jahrg.) 32. (à Jahrg. 80 S.) München 855—56, Franz. à Jahrg. **

Vgl.: Taschenbüchlein, münchener.

—— **münchener**, auf die J. 1858—62. 22—26. Jahrg. 32. (à Jahrg. 80 S.) München, Franz. à Jahrg. *
cart. und in Futteral à Jahrg. *

—— **Münchener**, auf die J. 1863—68. 27.—32. Jahrg. 32. (à Jahrg. 88 S.) München, Franz'sche Buchh. à Jahrg. *
cart. à Jahrg. *

—— **Münchener**, auf die J. 1869—1873. 33.—37. Jahrg. 32. (à ca. 80 S.) München, Franz'sche Buchh.
cart. à Jahrg. *

—— **Münchener**, auf die J. 1875—1880. 38.—43. Jahrg. 64. (à Jahrg. ca. 80 S.) München, Franz'sche Buchh. à Jahrg. * 12 Pf.; geh. * 20 Pf.; geb. **
Als Brieftasche à Jahrg.

—— **Münchener**, für die J. 1881—1885. 44.—48. Jahrg. 32. (à Jahrg. ca. 80 S.) München, Franz'sche Buchh.
à Jahrg. *
geb. in Leinw. à Jahrg. **
geb. in Ldr. als Brieftasche mit Spiegel à Jahrg. *

—— **Münchener**, für die J. 1886—1889. 49.—52. Jahrg. 32. (80; 52; 52; 52 S.) München, Franz' Verlag.
cart. à Jahrg. *
geb. in Leinw. à Jahrg. **
Als Brieftasche mit Spiegel geb. in Leder à Jahrg. *

—— **Münchener**, f. d. J. 1890—1893. 53.—56. Jahrg. 32. (à Jahrg. 64 S.) Münch., Franz' Verlag. à Jahrg. * — 12
geb. à * — 20 bis * 1 40

— **Münchener**, f. d. J. 1895. 58. Jahrg. 32. (64 S.) München, G. Franz' Verl. n. — 12; in Wachsleinw. brosch. n. — 20; geb. in Leinw. m. Spiegel n.n. — 90; in Ldr.-Tasche m. Spiegel n. 1. 40

— **Münchener**, f. d. J. 1899. 62. Jahrg. 32. (64 S.) München, G. Franz' Verl. n. — 12; in Wachsleinw. od. imit. Leinw. brosch. n. — 20; geb. in Leinw. m. u. ohne Spiegel n.n. — 90; in Ldr.-Tasche m. u. ohne Spiegel n. 1. 40

— **Münchener**, f. d. J. 1903. 66. Jahrg. 32. (64 S.) München, G. Franz' Verl. n. — 12; in Wachsleinw. od. Ldrpap. brosch. n. — 20; geb. in Ldr. m. Spiegel n. 1. 20

— **Münchener**, f. d. J. 1907. 70. Jahrg. (63 S.) 32. München, G. Franz' Verl. n. — 12; geh. n. — 20; geb. in Leinw. n. — 40; in Ldr. m. Spiegel n. 1. 20

— **Münchener**, f. d. J. 1911. 74. Jahrg. (63 S.) 9,4×6,6 cm. München, G. Franz' Verl. — 12; geh. — 20; geb. in Leinw. — 40; in Ldr. 1. 20

— für Musikfreunde auf d. J. 1885. 64. (32 S.) Leipzig, M. Hesse. geb. — 20

— für Muster-Zeichner. Hrsg. von Karl Koch. 1. Jahrg. 1898. 12. (72 S.) Darmstadt. Berlin, K. Koch-Krauss. Geb. in Leinw. n. 1. 60

**Taschenkalender (Taschenbuch) a. d. J. . . . . für Natur- u. Gartenfreunde.**
1795. M. Kpf.
1796. M. 16 Kpf.
1797. M. 15 Kpf.
1798. M. Kpf.
1799. M. 13 Kpf.
1800. M. 13 Kpf. u. Front.
1801. M. 13 Kpf.
1802. M. Kpf.
1803. M. Kpf.
1804. M. 11 Kpf.
1805. M. Kpf.
1806. M. Kpf.
Tübingen.

**Taschenkalender** auf das Jahr . . . für Natur= und Gartenfreunde. Mit . . . Kupf. ([v. Nikolaus Wilhelm Heideloff, David Gilly, Christian] Haldenwang, Franz [Ludwig] Catel, [Nikolaus] Thouret [u. a., gest. v. August Friedrich] Schöpflin, [A. L.] d'Argent, [Christian Friedrich Traugott] Dutenhofer [u. a.]).
Tübingen: J. G. Cotta [1795—1805]. 16°
[Nebent. u. 1805 nur u. d. T.:] Taschenbuch auf das Jahr . . . für Natur= und Gartenfreunde.

— für Nerven- u. Irren-Ärzte, s.a. Kurella, H.

— **für Nerven- u. Irren-Aerzte** 1903. Hrsg. von **Hans Kurolla.** 12. (132 S. m. Abbildgn. u. 12 Monatshefte à 32 S.) Berlin, Vogel & Kreienbrink.
Geb. in Loinw. n. 3. —
**Erschien f. 1901 u. 1902 u. d. T.: Taschenkalender f. Nerven-Aerzte.**

— **für Nerven- u. Irren-Aerzte** 1904. Hrsg. von **Hans Kurella.** (VII, 134 S. m. Abb. u. 12 Monatshefte je 32 S.) 12. Berlin, Vogel & Kreienbrink.
**Fortsetzung s.: Kurella, Hans.** Geb. in Ldr. n. 3. —

Neuer | Taschen-Kalender | Auf das Schaltjahr | Nach der gnadenreichen Geburt | Unsers HErrn und Heilands | JEsu Christi | 1792. | Zum Gebrauche des Herzogthums | Lützemburg, | Nebst einem Verzeichnis von Auf- und | Niedergang der Sonne . . . | [kl. Wappen] | Lützemburg, | In der Buchdruckerey des Franz Perl | sel. Erben, N°. 422. [1791] | Mit Erlaubniß der Oberen. |
71 ungez. Bl., mit Abb. von Münzen, kl-8° (105 × 65 mm).

Neuer | Taschen-Kalender | Auf das Jahr | Nach der gnadenreichen Geburt | Unsers HErrn und Heilands | JEsu Christi | 1794. | Zum Gebrauche des Herzogthums | Lützemburg, | Nebst einem Verzeichnis von Auf- und | Niedergang der Sonne . . . | [kl. Wappen] | Lützemburg, | In der Buchdruckerey des Franz Perl | sel. Erben, N°. 422. [1793] | Mit Erlaubniß der Oberen. |
69 ungez. Bl., mit Abb. von Münzen, kl-8° (105 × 65 mm).

—— **neuer, auf d. J. 1834. Mit Holzschn. 16. (4 B. u. 10 Bl. Schrbp.) Basel, Schneider.**

— neuer, (mit Bibelstellen) auf die Jahre 1840—1846. kl. 16. Basel 839—45, Schneider. à 3 *ngl*

— neuer f. d. J. 1852. 32. (XXVIII u. 36 S.) Basel, Schneider. 3 *ngl* — f. d. J. 1853. Mit Bibelstellen auf alle Tage d. Jahres. 20. Jahrg. 32. (XXVIII u. 36 S. m. Papier durchschossen.) Ebd. n. 8 *ngl*; m. Goldschn. n. 1/3 *rß*

— neuer, für das Jahr 1854—59. Mit Bibelstellen auf alle Tage des Jahres. 21—26. Jahrg. Basel, Schneider. 32. Jeder Jahrg. (à 64 S.) 3 *ngr.*

— neuer, für die Jahre 1860—64. Mit Bibelstellen auf alle Tage des Jahres. 27—31. Jahrg. Basel, Schneider. 32. Jeder Jahrg. (à 64 S.) 3 *ngr.*

— neuer, für die Jahre 1865—68. Mit Bibelstellen auf alle Tage des Jahres. 32—35. Jahrg. Basel, Schneider. 32. Jeder Jahrg. (64 S.) 3 *ngr.*

— neuer, f. d. J. 1911. (64 S.) 9,8×6,5 cm. Brixen (910). A. Weger. — 15

— neuer bayerischer, f. d. J. 1899. 35. Jahrg. 64. (64 S.) Schliersee, A. Finsterlin. n. — 07; geh. n. — 10; brosch. — 15; kart. od. geb. n. — 20; — 30; n. — 50; — 75 u. 1. 20

Taschen=Kalender, neuer (christlicher), auf die Jahre 1834—1840. 1r—7r Jahrg. kl. 16. Basel, Schneider. à 1/12 *rß*

— neuer (christlicher), auf d. J. 1842—1847. 32. Basel 841—46, Schneider. à 3 *ngl*

—— neuer (christlicher), für 1847. 32. (64 S.) Basel 846, Schneider.

**Taschen-Kalender, Neuer Frankfurter, a. d. J.** . . . . . .
**1794. M. gest. Tit. u. 12 Kpf.**
**Frankfurt/M.**

Neuer Frankfurter *Taschenkalender.*
Frankfurt a. M.
1796.

Neuer *Taschenkalender* für Geschäftsmänner und Reisende im Erfurter Gebiet.
Hrsg. v. Wilhelm Stieghan.
Erfurt: Siering
1795.
8° *Zs 43*

—— neuer Münchener, für die J. 1876—1880. 11.—15. Jahrg. 64. (à Jahrg. 64 S.) München, J. A. Finsterlin. à Jahrg. cart. oder geb. à Jahrg. 12 Pf. bis

—— neuer Münchener, für die J. 1881—1885. 17.—21. Jahrg. 64. (à Jahrg. 64 S.) München, J. A. Finsterlin. à Jahrg. geb. à Jahrg. von * 20 Pf. bis

—— neuer Münchener, für die J. 1886—1888. 22.—24. Jahrg. 64. (à Jahrg. 64 S.) München, J. A. Finsterlin. à Jahrg. 10 Pf.; geb. von * 20 Pf. bis

—— dass. — für das J. 1889. 25. Jahrg. 64. (64 S.) Ebendas. * 10 Pf.; auf Schreibpap. * geb. * 20 Pf. bis

—— Neuer Münchener, f. d. J. 1890—1893. 26.—29. Jahrg. 32. (à Jahrg. 64 S.) Münch., J. A. Finsterlin. à Jahrg. * — 10; Schreibpap. — 15; geb. * — 20; — 30; * — 50; — 75 u. 1 20

— **neuer Münchener**, f. d. J. 1895. 31. Jahrg. 32. (64 S.) Fischhausen=Schliersee, A. Finsterlin. n. — 10; geh. — 15; geb. n. — 20; — 30; — 50; — 75 u. 1.20

— neuer Münchener, f. d. J. 1896. 32. Jahrg. 32. (64 S.) Fischhausen=Schliersee, A. Finsterlin. n. — 10; geh. — 15; geb. n. — 20; — 30; n. — 50; — 75 u. 1.20

—— neuer Oldenburgischer, auf die J. 1862—68. 11.—17. Jahrg. 16. (à Jahrg. 48 S.) Oldenburg, Schulze'sche Buchh. à Jahrg.

—— neuer Oldenburgischer, auf die J. 1869—1875. 18.—24. Jahrg. 16. (à 48 S.) Oldenburg, Schulze'sche Buchh. à Jahrg.

—— neuer Oldenburgischer, auf die J. 1876—1880. 25.—29. Jahrg. 16. (à Jahrg. 48 S.) Oldenburg, Schulze'sche Hofbuchh. à Jahrg.

—— neuer oldenburgischer, auf die J. 1881—1885. 30.—34. Jahrg. 16. (à Jahrg. 48 S.) Oldenburg, Schulze'sche Hofbuchh. à Jahrg.

—— neuester Salzburger, auf das Jahr nach Christi Geburt 1862, welches ein gemeines Jahr ist und 365 Tage hat. 32. (31 S.) Salzburg, Mayrische Buchh. cart mit Schuber. 20 kr.

**Taschencalender, Neumodischer,** zum nützlichen Gebrauch der gesamten teutschen Nation. O. O. [17??].
H: *Schwan, Christian Friedrich.* (MGT)

**Taschenkalender, Neumodischer, auf ein ganzes Jahrhundert.**
**o. J. (ca. 1780).**
**Philadelphia.** **Hayn-G., VII, 599.**

**TASCHENKALENDER,** Neumodischer, auf ein ganzes Jahrhundert. Philadelphia, o. J. (vor 1785).
Weller, fing. Dr. Nachtr. — Rar!

—— mit militairstatistischen Notizen für die Officiere der königl. preuss. Armee. Bearb. von Oberst-Lieutn. H. Reinhard und Hauptm. G. v. Marées. 1. Jahrg. 1874. 2 Bde. 16. (400; 103 S.) Berlin, Schneider und Comp.
geb. und geh. *

Taschenkalender. Taschen- und Notiz-Kalender für das Jahr (*Umschlag: pro) 1901. 32 S. 8. St. Gallen, Fehr. [fr. —. 30]

Taschenkalender. Taschen- und Notiz-Kalender für das Jahr 1901 u. 1903. je 32 S. 8. St. Gallen, Fehr. [je fr. —. 30] P

Taschenkalender. Taschen- und Notiz-Kalender für das Jahr 1904. 32 S. 8. St. Gallen, Fehr. [fr. —. 30]

Taschenkalender. Taschen- und Notiz-Kalender für das Jahr 1905. 32 S. 8. St. Gallen, Fehr. [fr. —. 30]

Taschenkalender. Taschen- und Notiz-K' für das Jahr 1906. 32 S. 8. St. Gallen, Fehr. [fr. —. 30]

Taschenkalender. Taschen- und Notiz-K' für das Jahr 1907. 32 S. 8. St. Gallen, Fehr. [fr. —. 30]

Taschenkalender. Taschen- und Notiz-K' für das Jahr 1908 u. 1909. je 32 S. 8. St. Gallen, Fehr. [je fr. —. 30]

Taschenkalender. Taschen- und Notiz-K' für das Jahr (*Umschlag: pro) 1910. 32 S. 8. St. Gallen, Fehr. [fr. —. 30]

— Offenbacher. (A. u. d. T.: Blümchen auf d. Altare d. Freundschaft, zum Neujahrsangebinde gesammelt) f. die J. 1783—1824. 12. Offenb., Brede. (Oßwald in Heidelb.) 17 ₰ 3 gr.

Offenbacher *Taschenkalender*.
Offenbach
Hrsg.: Georg Döring.
1791. 1797.

Offenbacher Taschenkalender. 1803—1805
s. Kalender.

—— für Officiere. Mit militärstatist. Notizen. Bearb. von Oberst-Lieutn. a. D. H. Reinhard und Hauptm. a. D. A. Frhr. v. Fircks. 1875. 2. Jahrg. 2 Thle. 16. (430; 120 S.) Ebendas. 874. *

—— für Officiere. Mit militärstatist. Notizen. Bearb. von H. Reinhard und A. Frhr. v. Fircks. 1876. 3. Jahrg. 2 Thle. 16. (IV, 430 und IV, 122 S.) Berlin, Schneider und Comp. geb. und geh. *
1. Thl. allein geb. * ℳ 3.; 2. Thl. allein geb. *
Nicht weiter erschienen.

— für Offiziere, Sanitätsoffiziere u. obere Militärbeamte des Beurlaubtenstandes des deutschen Heeres f. d. J. 1900. gr. 16. (60 S.) Leipzig, M. Ruhl.
Geb. in Leinw. n. 1. —

Taschenkalender, Oekonomisch-Belletristischer des Nieder- u. Oberrheins f. d. IX. J. d. fränkischen Republik und das Jahr 1801 n. Chr. Geb.
(1801). M. 1 Karte.
Strassburg. Goed. VIII, 57, 34.

— ökonom.-belletristischer, d. Nieder- u. Oberrheins. 18. Straßb. 801. König. 9 gr.

— oldenburgischer, auf das Jahr 1883. 32. Jahrg. 16. (48 S.) Oldenburg, Schulze. — 10

— oldenburgischer, auf d. J. 1884. 33. Jahrg. 16. (48 S.) Oldenburg 883. Schulze. — 10

— österreichischer, s. a. Taschenbuch.

Taschenkalender, Oesterreichischer, f. d. J. . . . . .
1801. M. 13 Kpf.
Wien.

**Taschencalender, Oesterreichischer,** für das Jahr 1805. Wien. Mitarbeiter: *Richter, Joseph.* (Hans Viktor Pisk: Josef Richter. Diss. Wien 1927, S. 162)

— pädagogischer, s. a. Haese, Karl.

— pädagogischer, f. d. J. 1903 v. Jos. Schiffels. gr. 16. (IV, 173 S.) Trier, Loewenberg. Geb. in Leinw. n. — 70

— pädagogischer, f. d. J. 1907 v. Jos. Schiffels. (II, 114 u. XXV S.) kl. 8. Trier, Loewenberg.
Geb. in Leinw. — 70

— pädagogischer, f. d. J. 1910 v. Jos. Schiffels. (II, 96 u. XXX S.) 16. Trier, Loewenberg.
Geb. in Leinw. 1. —

Pfeifers Taschenkalender für das Jahr 1905. 16°. (160 S.)
Rumburg: Pfeifer. geb. K 1.50

Pfeifers Taschenkalender für das Jahr 1908. 16°. (160 S.)
Rumburg: Pfeifer. geb. K 1.50, in Leder K 1.60

Pfeifers Taschenkalender für das Jahr 1909. 8°. (160 S.)
Rumburg: Pfeifer. geb. K 1.50

Pfeifers Taschenkalender für das Jahr 1910. 16°. (160 S.)
Rumburg: Pfeifer. geb. K 1.50

Pfeifer's Taschenkalender für das Jahr 1911. 8°. (160 S.)
Rumburg: Pfeifer. K 1.50

Taschenkalender auf das . . . Jahr . . . für Pferdeliebhaber, Reuter, Pferdezüchter, Pferdärzte und Vorgesezte groser Marställe. Hrsg. v. F[ranz] M[aximilian] F[riedrich] Freiherrn Bouwinghausen von Wallmerode . . . ([Mit Kupf. v. A. L.] d'Argent, Meno Haas [u. a.].)
Stuttgart (1791): Akadem. Buchdr. (1792—1801: Tübingen: J. G. Cotta). 12°

1793 ff. [Nebent.]: Taschenbuch auf das Jahr . . . für Pferdeliebhaber, Reuter, Pferdezüchter, Pferdärzte und Vorgesezte groser Marställe.
1792: (1791.) 24 Bl., 64, 111 S., 1 Titelkupf., 15 Kupfertaf.
1793: (1792.) 26 Bl., 64, 112 S., 1 Titelkupf., 15 Kupfertaf.
1794: [1793.] 10 Bl., 84 S., 8 Bl., 106 S., 1 Bl., 1 Titelkupf., 15 Kupfertaf.
1795: [1794.] 10 Bl., 80 S., 8 Bl., 104 S., 2 Bl., 1 Titelkupf., 15 Kupfertaf.
1797: [1796.] 8 Bl., 80 S., 8 Bl., 96 S., 2 Bl., 13 Kupfertaf. [*1 Kupf. (Tit.-Kupf.?) fehlt wahrscheinl.*]
1798: [1797.] 8 Bl., 80 S., 8 Bl., 95 S., 4 Bl., 1 Titelkupf., 14 Kupfertaf.
1799: [1798.] 8 Bl., 80 S., 8 Bl., 96 S., 1 Bl., 1 Titelkupf., 14 Kupfertaf.
1801: [1800.] 8 Bl., 86 S., 8 Bl., 94 S. vorh. [*Rest fehlt*], 1 Titelkupf., 13 Kupfertaf.
1802: [1801.] 8 Bl., 86 S., 8 Bl., 95 S., 1 Titelkupf., 12 Kupfertaf.

—— für Pflanzen-Sammler, s. a. Fischer, Emil. Taschenbuch f. Pflanzensammler.

—— für Pflanzensammler. Ausg. A. mit 500 Pflanzen. 16. (IV, 112 S.) Leipzig 878, Leiner. *ℳ 1.; geb. ** Ausg. B. mit 800 Pflanzen. (IV, 166 S.) *ℳ 1,35.; geb. **

— für Pflanzensammler. Ausg. A. m. 500 Pflanzen. 16. (IV, 112 S.) Leipzig 880. Leiner. n. 1. —; geb. n.n. 1. 40; Ausg. B. m. 800 Pflanzen. (IV, 166 S.) n. 1 35; geb. n.n. 1. 75

Taschen-Kalender für Pflanzensammler. 2., verb. u. auf 1000 Pflanzen verm. Aufl. (IV, 212 S.) Leipzig 881. Leiner. geb. n.n. 1. 75

— für Pflanzen-Sammler. 3. Aufl 16. (IV, 228 S.) Leipzig 883. Leiner. geb. n. 2. —

—— für den deutschen Pharmaceuten auf die J. 1886—1888. 1.—3. Jahrg. Redig. von Otto Linde. 16. (à Jahrg. ca. 250 S.) Neudamm, Neumann. à Jahrg. *
Nicht weiter erschienen.

— pharmaceutischer, für die Jahre 1864 u. 65. Herausg. von Frz. Klinger. 1. u. 2. Jahrg. Wien, Tendler & Co. 16. (277; 286 S.) Jeder Jahrg. n. 28 ngr.

—— pharmaceutischer, für 1864—68. Hrsg. von Frz. Klinger. 1.—5. Jahrg. 16. (à Jahrg. 280—312 S.) Wien, Fromme. geb. à Jahrg. *

—— pharmaceutischer, für 1869—1872. Hrsg. von Frz. Klinger. 6.—9. Jahrg. 16. (à 282 S.) Wien, Fromme. geb. à Jahrg. *

Taschen-Kalender, pharmaceutischer, für die J. 1873—1880. 10.—17. Jahrg. 16. (à Jahrg. ca. 100—150 S.) Wien, Fromme. geb. à Jahrg. *

— (Einbd.: Kalender) für Post u. Telegraphie f. d. J. 1905 m. der Gratisbeilage: Verkleinerte vollständige Postverkehrskarte v. Bayern u. der Pfalz. 6. Jahrg. Bearb. v. Max Heindl. (316 S. m. 2 Bildnissen.) kl. 8. München, Verlagsanstalt M. Bickel. Geb. in Leinw. n. 1. —

— Prager, f. autonome Organe. Ein Rathgeber f. Gemeindevertretgn. u. Gemeindemitglieder überhaupt, f. das gewöhnl. Jahr 1875. Unter Mitwirkg. bewährter Fachmänner zusammengestellt u. hrsg. v. Joh. F. Procházka. 1. Jahrg. gr 16. (XX, 228 S.) Prag, (Grégr & Dattel.) geb. n. 2. —

—— praktischer, auf die J. 1884 und 1886. Hrsg. von Jos. van Gils. 16. (53, 64 S. mit eingedr. Illustr.) Aachen, Schweitzer. Jahrg. 1884 * Jahrg. 1886 *
Jahrg. 1885 ist nicht erschienen.

—— praktischer, auf das J. 1886. Hrsg. von Jos. Hubertus. 16. (58 S. mit Illustr.) Aachen, Schweitzer. cart.
Nicht weiter erschienen.

— praktischer, f. Jedermann. 16. (230 S.) Elberfeld, S. Lucas. Geb. in Leinw. n. 1. 20

— practischer, f. Jedermann auf das J. 1898. 16. (XVI, 226 S.) Elberfeld, S. Lucas. Geb. in Leinw. 1. 25

Taschen- und Notiz-Kalender, preussischer, auf das J. 1866. gr. 16. (284 S.) Erfurt 865, (Weingart.) * — geb. *

— f. Radfahrer Deutschlands u. Oesterreich-Ungarns f. d. J. 1895. Hrsg. v. Hanns Bohatta. 16. (VI, 161 S., Schreibkalender u. VII S.) Wien, L. Weiss. Geb. in Leinw. n. 2. 60

— für Radfahrer Deutschlands u. Oesterreich-Ungarns f. d. J. 1896. Hrsg. v. Hanns Bohatta. II. Jahrg. 16. (XXII, 102 S. u. Schreibkal.) Wien, L. Weiss. Geb. in Leinw. n. 1. 70

— 1899 f. Regierungs- u. Steuerbeamte. Hrsg. v. W. Deimel. (Früher hrsg. v. W. Barche.) 5. Jahrg. gr. 16. (IV S., Schreibkalender u. 331 S.) Hamm, E. Griebsch. Geb. Subskr.-Pr. n. 1. 75; Ladenpr. n. 2. —

— 1900 f. Regierungs- u. Steuerbeamte. Hrsg. v. W. Deimel. 6. Jahrg. gr. 16. (IX S., Schreibkalender u. 332 S.) Hamm, E. Griebsch. Geb. in Leinw. 2. —

— 1902 f. Regierungs- u. Steuerbeamte. Hrsg. v. W. Deimel. 8. Jahrg. gr. 16. Hamm, E. Griebsch. Geb. in Leinw. 2. —

— 1903 f. Regierungs-Steuerbeamte. Hrsg. v. W. Deimel. 9. Jahrg. gr. 16. (IX S., Schreibkalender u. 349 S.) Hamm, E. Griebsch. Geb. in Leinw. 2.—

— -Kalender 1905 f. Regierungs-Steuerbeamte. Hrsg v. W. Deimel. 11. Jahrg. (IV S., Schreibkalender u. 346 S.) 16. Hamm, Th. O. Weber. Geb. in Leinw. 2. —

— 1907 f. Regierungs-Steuerbeamte. Hrsg. von W. Deimel. 13. Jahrg. (IV S., Schreibkalender u. 368 S. m. 1 Karte.) 16. Hamm, Th. O. Weber. Geb. in Leinw. 2. —

— 1908 f. Regierungs-Steuerbeamte. Hrsg. v. W. Deimel. 14. Jahrg. (IV S., Schreibkalender u. 356 S. m. 1 Karte.) 16. Hamm, Th. O. Weber. Geb. in Leinw. 2.50

—— für den Rekrutenoffizier der Infanterie, Jäger u. Pioniere. 16. (VI, 152, 8, 32, 8 S.) Berl. 891, Eisenschmidt. geb. * 2 —

—— für die Reserve- u. Landwehroffiziere d. Deutschen Reiches für d. J. 1890. gr. 16. (201 S.) Berl., Pauli. geb. * 3 —
Nicht weiter erschienen.

—— rheinisch-westfälischer, s. a. Bote, rheinisch-westfälischer hinkender.

—— rheinisch-westfälischer, auf die J. 1883—1885. 16. (à Jahrg. 56 S. mit Illustr.) Düsseldorf, F. Bagel. à Jahrg.

—— rheinisch-westfälischer, auf die J. 1886—1889. 16. (à Jahrg. 56 S. mit Illustr.) Düsseldorf, F. Bagel. à Jahrg.

— rheinisch-westfälischer, auf d. J. 1891. 16. (56 S. m. Illustr.) Düsseldorf, F. Bagel. — 10

— rheinisch-westfälischer, auf d. J. 1895. 16. (56 S. m. Bildern.) Düsseldorf, A. Bagel. — 10

— rheinisch-westfälischer, auf d. J. 1899. 16. (56 S. m. Abb.) Düsseldorf, A. Bagel. — 10

— rheinisch-westfälischer, auf d. J. 1903. 16. (56 S. m. Abbildgn.) Düsseldorf, A. Bagel. — 10

— rheinisch-westfälischer, auf d. J. 1907. (56 S. m. Abbildgn.) 16. Düsseldorf, A. Bagel. — 10

— rheinisch-westfälischer. Für d. J. 1911. (56 S. m. Abb.) 16. Düsseldorf, A. Bagel. — 10

— für die Rheinschiffahrt 1907 (3. Jahrg.), hrsg. v. Schmitt u. Schnell, unter Mitwirkg. v. Appelius, Fuhst, van Hamel u. a. 2 Tle. (VII, 340 u. 50 S. m. 1 Taf. u. 2 Plänen.) kl. 8. Mainz, J. Diemer. Geb. in Leinw. u. geh. n. 2. —

— für die Rheinschiffahrt 1911. (7. Jahrg.), hrsg. v. Schmitt u. Schnell. (VII, 346 S. m. 1 Taf.) kl. 8. Mainz, J. Diemer. Geb. in Leinw. 2. —

Taschenkalender, Romantischer, für Damen a. d. J. . . . . Hrg. v. Verf. d. schwarzen Ritters.
1799. M. Titelk., 10 Kpf. u. 6 kol. Modek.
Wien.

**Taschencalender, Romantischer,** für Damen auf das Jahr 1799. Wien. V: *Gleich, Joseph Alois.* (wrztg 1798, S. 3869) (Bibl Port)

—— für das Herzogth. Sachsen-Altenburg und das Fürstenth. Reuß jüngere Linie für das J. 1884. (1. Jahrg.) Hrsg. von Geo. Herm. Jüngling. 64. (115 S.) Altenburg, Schnuphase'sche Hofbuchh. *
Nicht weiter erschienen.

**Taschencalender, St. Petersburger.** St. Petersburg 1808—18. H: *Schubert, Friedrich Theodor von.* (R-N)

—— St. Petersburger, für 1885. 16. (40 S.) St. Petersburg, Schmitzdorff. *
Nicht weiter erschienen.

**Taschencalender, Scherzhafter,** für Frauenzimmer. Liebestadt 1789. II: *Fendler, J. G. F.* (MGT) (wr)

— f. die Schiedsmänner u. deren Stellvertreter in Preußen, s. a. Taschen-Kalender f. Amtsanwälte &c.

—— für die Schiedsmänner und deren Stellvertreter in Preußen auf die J. 1884 und 1885. Mit verschiedenen die Kenntniß und Ausübung des Schiedsmannsamts förderl. Beilagen. 2. und 3. Jahrg. gr. 16. (à Jahrg. VI, 198, 94 S.) Berlin, C. Heymann's Verlag. geb. à Jahrg. *
1. Jahrg. u. d. T.: Terminkalender für die Schiedsmänner.

—— für die Schiedsmänner und deren Stellvertreter in Preußen auf die J. 1886 und 1887. 4. und 5. Jahrg. Mit verschiedenen der Kenntniß und Ausübung des Schiedsmannsamts förderl. Beilagen. gr. 16. (VI, 198, 100; VI, 198, 121 S.) Berlin, C. Heymanns Verlag. geb. à Jahrg. *

—— dass. — auf die J. 1888 und 1889. 6. und 7. Jahrg. Mit verschiedenen prakt. Beilagen. gr. 16. (VI, 194, 113; VII, 194, 116 S.) Ebendas. geb. à Jahrg. *

—— für die Schiedsmänner u. deren Stellvertreter in Preußen auf d. J. 1890—1892. 8.—10. Jahrg. gr. 16. (à Jahrg. ca. 120 S. u. Schreibkalender.) Berl., C. Heymann. geb. à Jahrg. * 2 25
11. Jahrg., s. Taschen-Kalender f. Amtsanwälte &c.

Taschen- und Schreib-Kalender auf die J. 1881—1885. 16. (à Jahrg. ca. VIII, 159 S.) Bern, Haller. geb. à Jahrg. *

Taschenkalender. Taschen- und Schreib-Kalender auf das Jahr 1901. (*zus.* 318 S.) 8. Bern, Emil Baumgart. [geb. fr. 1.30]

Taschenkalender. Taschen- und Schreib-Kalender auf das Jahr 1902. [140+] 28 [+32 leere] S. 8. Bern, Emil Baumgart. [geb. *von* fr. 1. — *bis* fr. 1.60]

Taschenkalender. Taschen- und Schreib-Kalender auf das Jahr 1903. [274+] 28 [+32 leere] S. 8. Bern, Emil Baumgart. [br. fr. —. 70, geb. fr. 1. — *bis* fr. 2. 80, geb. u. durchschossen fr. 1. 30 *bis* fr. 3. 20]

Taschenkalender. Taschen- und Schreib-Kalender auf das Schaltjahr 1904. [274+] 28 [+32 leere] S. 8. Bern, Emil Baumgart. [fr. —. 70, geb. 1. — *bis* 3. 20]

Taschenkalender. Taschen- und Schreib-K' auf das Jahr 1905. [274+] 28 [+32 leere] S. 8. Bern, Emil Baumgart. [fr. —. 70 *bis* 3. 20]

Taschenkalender. Taschen- und Schreib-K' auf das Jahr 1906. [140+] 28 [+32 leere] S. 8. Bern, Emil Baumgart. [fr. —. 70 *bis* 3. 20]

Taschenkalender. Taschen- und Schreib-K' auf das Jahr 1907. [140+] 28 [+32 leere] S. 8. Bern, Emil Baumgart, [1906]. [fr. —. 70 *bis* 3. 20]

Taschenkalender. Taschen- und Schreib-K' auf das Schaltjahr 1908. [140+] 28 [+32 leere] S. 8. Bern, Emil Baumgart. [fr. —. 70 *bis* 3. 20]

— für die Schüler der höheren Lehranstalten in den Franckeschen Stiftungen zu Halle a. S. 1902. (Oktbr. 1901 bis Dezbr. 1902.) gr. 16. (152 S.) Halle, Buchh. des Waisenhauses. Geb. in Leinw. n.n. — 50
Erscheint nicht mehr.

— für Schüler landwirtschaftlicher Schulen. 1903 bis 1904. Hrsg. von A. Conradi. (205 S.) gr. 16. Leipzig, H. Voigt. Geb. in Leinw. n.n. — 75
Erscheint nicht mehr.

— für stenographierende Schüler (System Gabelsberger) auf d. J. 1908. Unter Mitwirkg. verschiedener Kunstgenossen hrsg. v. Paul Strassner. 3. Jahrg. (274 S. m. 1 Bildnis.) kl. 8. Wolfenbüttel, Heckner. Geb. in Leinw. nn 1. 25

— f. Schulinspektoren, Direktoren, Rektoren, Schulvorsteher, Lehrer u. Lehrerinnen auf d. J. 1910. 12. Jahrg. (32 u. 32 S.) kl. 8. Berlin, Buchh. f. deutsche Lehrer. — 30

Taschen-Kalender für Schweizer Schützen für das Jahr.... 8. Zürich, A. Tschopp. [geb. fr. 1.50]
... 1907. Jahrg. 1. [Mit Abbildungen, 1 Porträt und 1 Tafel.] 235 [+ *zus.* 68] S.
... 1908. Jahrg. 2. [Mit Figuren, 1 Porträt und 2 Tafeln.] 296 [+ 48] S.

Taschen-Kalender für Schweizer Schützen für das Jahr 1909. Jahrg. 3. [Mit Figuren und 4 Tafeln.] 260 [+ *zus.* 60] S. 8. Zürich, A. Tschopp. [geb. fr. 1. 50]

— schweizerischer akademischer. Hrsg. v. R. Günther. 1. Jahrg. Studienj. 1887/88. gr. 16. (VII, 120 S.) St. Gallen, Kreutzmann. geb. n. 1. 60

Taschenkalender. Schweizerischer T'-K' für Geflügel- und Kaninchen-Züchter auf die Jahre.... [Illustriert.] 8. *je* [geb.] fr. 1.35
... 1905/1906. Jahrg. 3. und 4. 184 [+ 32 leere] + 8 S. Basel, H. Wismer, (1904).
... 1907/1908. Jahrg. 5. und 6. 188 [+ 16 leere] + 10 S. Muttenz b. Basel, H. Wismer, (1906).
*Forts. von:* Taschenkalender. Schw' T'-K' für Kaninchen-Züchter.

Taschenkalender. Schweizerischer T'-K' für Kaninchen-Züchter auf die Jahre 1903/1904. ([Hrg. von] H[enri] Wismer. Jahr[g.] 1 [und 2. Mit Illustrationen und 2 Tafeln].) 144 [+ 32 leere] + 16 S. 8. Verlag in Liestal ⟨Baselland⟩ — **Aufdruck:* Verlag in Basel, H. Wismer —, (1902). [geb.] fr. 1. 25
*Forts. s.* Taschenkalender Schw' T'-K' für Geflügel- und Kan'-Z'.

— schweizer., für den Weinbau und Weinhandel. 1. Jahrg. 1896. Bearb. von *L. Kanitz.* In-12°. XIII, 96 S. u. Schreibkalender. Zürich, Cæsar Schmidt. gbd. 2 50

**Taschenkalender**, schweizer., für den Weinbau u. Weinhandel. 2. Jahrg. 1897. Bearb. von *L. Kanitz.* Mit Anh.: Vollständiges Adressbuch der Weinhändler der Schweiz. In-12⁰. IX, 96 u. 83 S. Zürich, Cäsar Schmidt. Gebd. 3 50

**Taschenkalender**, Schweizer, f. d. Weinbau u. Weinhandel pro 1898. III. Jahrg. Jahrbuch f. Weinbauern, Weinhändler u. Gastwirte. Bearb. von *L. Kanitz.* In-8⁰. 300 S. Aarau, Emil Wirz, Verlag. 2 50

— schweiz., f. d. Weinbau u. Weinhandel. 4. Jahrg. 1899. Jahrbuch f. Weinbauer, Weinhändler u. Gastwirte. Bearb. v. L. Kanitz. 12. (VIII S, Schreibkal., 106 u. 17 S.) Aarau, E. Wirz. Geb. n. 2. 50

— schweiz., f. den Weinbau u. Weinhandel. 5. Jahrg. 1900. Jahrbuch f. Weinbauer, Weinhändler u. Gastwirte. Bearb. v. L. Kanitz. 12. (VIII S., Schreibkalender, 108 u. 17 S.) Aarau, E. Wirz. Geb. in Leinw. n. 2.50

—— für deutsche Spediteure auf das J. 1886. 1. Jahrg. Von Carl Foerster. gr. 16. (112, 269 S. mit 1 Uebersichtskarte der Eisenbahnen von Mittel-Europa.) Berlin, Siemenroth und Worms. geb. *

— für deutsche Spediteure auf d. J. 1887. Von Carl Foerster [Flister]. 2. Jahrg. 2 Thle. Mit 1 Uebersichtskarte der Eisenbahnen v. Mittel-Europa. gr. 16. u. 8. (332 u. 207 S.) Berlin, Siemenroth. geb. u. cart. n. 2. 50

—— dass. — auf das J. 1888. 3. Jahrg. Von Carl Flister. 2 Thle. gr. 16. und 8. (335; 208 S. mit 1 Uebersichtskarte der Eisenbahnen von Mittel-Europa.) Ebendas. geb. und geh. *

—— dass. — auf das J. 1889. 4. Jahrg. Von Carl Flister. 2 Thle. gr. 16. und 12. (240; 108 S. mit 1 grossen Eisenbahnkarte.) Leipzig, Dr. R. Carl. geb. und geh. *

—— für deutsche Spediteure auf d. J. 1890 u. 1891. Von Carl Flister. 5. u. 6. Jahrg. à 2 Tle. Mit e. Eisenbahnkarte. 12. (à Jahrg. (III, 259, 108 S.) Lpz., Fr. Pfau. geb. u. cart. à Jahrg. * 3 —
7. Jahrg., s. Flister, Carl.

— 1895 f. kgl. Steuerbeamte. Hrsg. v. W. Barche. gr. 16. (IV, XXVI, 166 u. 63 S.) Münster, Selbstverl. des Hrsg. (durch A. Russell). Geb. in Leinw. n. 2. 50

— dasselbe, Fortsetzung, s.: Taschenkalender für Regierungs- u. Steuerbeamte.

Taschenkalender der stenogr. Monatsschrift „Stift Heil" 1902. 16⁰. (64 S.) † K —.25
Prag: Neugebauer.

— der stenograph. Monatsschrift Stift Heil! 1903. 24. (64 S.) St. Joachimsthal. (Prag, G. Neugebauer.) n.n. — 25

Taschenkalender. Taschen-Kalender für Studierende der Universität Basel. 2. Ausg. Winter-Semester 1900/1901. Hrg. von der Buchdruckerei und Buchhandlung G. Krebs. IV + 40 [+ 8] S. 8. Basel, G. Krebs.

—— sulzbacher, auf das J. 1862. 1. Jahrg. 32. (64 S.) Sulzbach, v. Seidel'sche Buchh.

—— Sulzbacher, auf die J. 1863—68. 2.—7. Jahrg. 32. (à Jahrg. 64 S.) Sulzbach, v. Seidel'sche Buchh. à Jahrg. *

—— Sulzbacher, auf die J. 1868—1875. 7.—14. Jahrg. 32. (à 64 S. mit eingedr. Holzschn.) Sulzbach, v. Seidel. 1868—1874 à 1875

—— **Sulzbacher**, auf die J. 1876—1880. 15.—19. Jahrg. 32. (à Jahrg. 64 S. mit eingedr. Holzschn.) Sulzbach, v. Seidel'sche Buchh. à Jahrg.
geb. in Leinw. mit Goldschn. à Jahrg. *
geb. in Ldr. mit Goldschn. à Jahrg. *

—— Sulzbacher, auf die J. 1881—1885. 20.—24. Jahrg. 32. (à Jahrg. 64 S. mit Illustr.) Sulzbach, v. Seidel'sche Buchh. à Jahrg. * 20 Pf.; geb. in Leinw. mit Goldschn. *
geb. in Ldr. mit Goldschn. à Jahrg. *

—— Sulzbacher, auf die J. 1886—1889. 25.—28. Jahrg. 32. (à Jahrg. 64 S. mit Illustr.) Sulzbach, v. Seidel'sche Buchh. à Jahrg. 15 Pf.; broch. *
geb. in Sarsenet mit Goldschn. à Jahrg. *
geb. in Leder mit Goldschn. à Jahrg. *

—— Sulzbacher, auf die J. 1890—1893. 29.—32. Jahrg. 32. (à Jahrg. 64 S. m. Abbildgn.) Sulzbach, v. Seidel.
à Jahrg. — 15; brosch. * — 20; geb. in Leinw. m. Goldschn. * — 60
à Jahrg. geb. in Ldr. m. Goldschn. * 1 20

— Sulzbacher, auf d. J. 1895. 34. Jahrg. 32. (64 S.) Sulzbach, J. E. v. Seidel. — 15; broch. n. — 20; geb. in Leinw. m. Goldschn. n. — 60; in Ldr. m. Goldschn. u. Spiegel n. 1.20

— Sulzbacher, auf d. J. 1899. 38. Jahrg. 64. (64 S.) Sulzbach, J. E. v. Seidel. — 15; geh. n. — 20; geb. in Sarsenet m. Goldschn. n. — 60; in Ldr. m. Goldschn. u. Spiegel n. 1. 20

— **Sulzbacher**, auf d. J. 1903. 42. Jahrg. 64. (64 S.) Sulzbach, J. E. v. Seidel. — 15; geh. n. — 20; geb. in Sarsenet m. Goldschn. n. — 60; in Ldr. m. Goldschn. u. Spiegel n. 1.20

— **Sulzbacher**, auf d. J. 1907. 46. Jahrg. (64 S.) 32. Sulzbach, J. E. v. Seidel. — 15; geh. — 20; geb. in Sarsenet m. Goldschn. — 60; in Ldr. m. Goldschn. u. Spiegel 1. 20

— Sulzbacher, auf d. J. 1911. 50. Jahrg. (64 S.) 10,1×6,2 cm. Sulzbach, J. E. v. Seidel. — 15; geh. — 20; geb. in Sarsenet m. Goldschn. — 60; in Ldr. m. Goldschn. u. Spiegel 1. 20

**Taschenkalender, Symbolischer, a. d. J. . . . .**
**1796. (2. Jg.) M. 13 Kupfern (Ansichten) u. 12 Modek. Wien.**

**TASCHENKALENDER** mit SCENNEN (so!) aus Wiens neuesten Balleten (!) auf das Jahr 1796 für Freunde der Tanzkunst und Mimick (!). Mit Modekpf. Wien. Im Verlage bey Mathias Ludwig. 32⁰. (Bibl. Lipperheide no. 4491.) Sehr selten!

**Taschenkalender,** Tierärztlicher, für 1898. Hrsg. v. Albrecht u. Bürchner. V. Jahrg. 3 Tle. Straubing 1900. Attenkofer. In Leder geb. M. 4.—

— tierärztlicher, f. 1899. Bearb. u. hrsg. von M. Albrecht u. H. Bürchner. III. Jahrg. 3 Tle. gr. 16. (XI S., Schreibkalender in 4 Vierteljahrsheften u. 277, VII, 96 u. III, 172 S.) Straubing, C. Attenkofer. Geb. in Ldr. u. geh. n. 4. —

— tierärztlicher, f. 1903. Bearb. u. hrsg. von M. Albrecht u. H. Bürchner. VII. Jahrg. 3 Tle. 12. (XII, 322, 174 u. IV, 184 S. u. Schreibkalender in 4 Vierteljahrsheften.) Straubing, C. Attenkofer. Geb. in Ldr. u. geh. n. 4. —

— tierärztlicher, f. 1907. Bearb. u. hrsg. v. M. Albrecht u. H. Bürchner. 11. Jahrg. 3 Tle. (XII, 335 u. IV, 368 S. m. Schreibkalender in 4 Vierteljahrsheften.) kl. 8. München. (Straubing, C. Attenkofer.) Geb. in Ldr. u. geh. n.n. 4. —

— tierärztlicher, f. 1911. Bearb. u. hrsg. v. M. Albrecht u. H. Bürchner. 15. Jahrg. 3 Tle. (XIII, 359; IV, 281 u. VIII, 107 S. m. Schreibkalender in 4 Vierteljahrsheften.) kl. 8. München. Straubing, C. Attenkofer's Verl. Geb. in Ldr. u. geh. nn 4. —

**Taschencalender, Topographischer,** für Tirol und Vorarlberg auf das Jahr 1806. Innsbruck 1806. V: *Zoller, Franz Xaver.* (Margr Nr. 1511) (BiblPort)

Taschenkalender für die D. T., Braunschweig 1894—1900, 16°. 7 Bde.
Jg. 1—4: 1894—1897.
Jg. 5: 1898, hrsg. v. W. Funcke, K. Jungklaaß, C. Kregenow, H. Schröer.
Jg. 6—7: 1899—1900, hrsg. v. Berliner Turnrat.

— für die deutsche Turnerschaft f. d. J. 1894. Mit e. Portr. v. Th. Georgii u. e. (farb.) Karte der Kreise der deutschen Turnerschaft. gr. 16. (160 u. Riegenbüchlein 12 S.) Braunschweig, G. Westermann. Geb. in Leinw. n. 1. —

**Taschen-Kalender** für d. deutsche Turnerschaft f. d. J. 1898, hrsg. v. W. Funcke, K. Jungklaaß, C. Kregenow, H. Schröer. 5. Jahrg. M. 19 Abb., 1 Karte u. e. Beibuche. gr. 16. (IV, 168 u. 71 S.) Braunschweig, G. Westermann. Geb. u. geh. n. — 75

— dasselbe für d. J. 1899, hrsg. vom Berliner Turnrat. 6. Jahrg. M. 19 Abb., 1 Karte u. e. Beibuche. gr. 16. (IV, 168 u. 75 S.) Ebd. Geb. u. geh. n. — 75

— f. die deutsche Turnerschaft f. d. J. 1901, hrsg. v. Berliner Turnrat. 8. Jahrg. Mit 19 Abbildgn., 1 Karte u. 1 Beibuche. gr. 16. (IV, 176 u. 99 S.) Braunschweig, G. Westermann. Geb. u. geh. n. — 75

**Taschencalender** zur belehrenden Unterhaltung für die Jugend und ihre Freunde; auf das Jahr 1796. Bayreuth 1795. V: *Ellrodt, Theod. Christian.* (MGT)

*Taschenkalender* zur belehrenden Unterhaltung für die Jugend und ihre Freunde.
Bayreuth
Hrsg.: Theodor Christian Ellrodt.
1796. 1797.

**Taschenkalender z. belehrenden Unterhaltung f. d. Jugend u. ihre Freunde a. d. J. . . . . Hg.: Th. Chr. Ellrodt.**
**1798. M. Titelk. u. 4 kol. Kpf.**
**Bayreuth.**

Taschenkalender des Verbandes schweiz. Konsumvereine 1909. Jahrg. 1. Redaktion: Ulrich Meyer, Verbandssekretär. [Mit Illustrationen und 1 doppelten Karte.] 160 [+ 3 + 16 leere] S. 8. Basel, Verlag des Verb' schweiz. K'. [geb. fr. 1. —]

Taschenkalender des Verbandes schweiz. Konsumvereine 1910. Jahrg. 2. Redaktion: Ulrich Meyer, Verbandssekretär. [Mit Illustrationen und 1 Karte.] VIII + 176 S. 8. Basel, Verlag des Verb' schweiz. K'. [geb. fr. 1. —]

Taschen-Kalender für Verwaltungsbeamte auf d. J. 1891—1893. Hrsg. von A. Frhr. v. Fircks u. A. Petersilie. 8.—10. Jahrg. à 2 Thle. 1. u. 2. Aufl. gr. 16. (X, 321; VIII, 377; VIII, 279, 147 S., je 1 Schreibkalender u. 1 Bildnis.) Berl., C. Heymann. Jahrg. 1891 u. 92 geb. à * 2 50; 1893 geb. u. cart. in Leinw. * 3 —
Frühere Jahrge. u. d. T.: Taschenkalender f. Beamte.

— für Verwaltungsbeamte auf d. J. 1895. Hrsg. von A. Frhr. v. Fircks u. A. Petersilie. 12. Jahrg. 2 Thle. gr. 16. (VIII S., Schreibkalender, 296 u. IV, 154 S. m. 1 Bildnis.) Berlin, C. Heymanns Verl. Geb. in Leinw. u. geh. n. 3. —

— für Verwaltungsbeamte auf d. J. 1899. (Einband: Kalender.) Hrsg. von A. Frhr. v. Fircks u. A. Petersilie. 16. Jahrg. 2 Thle. gr. 16. (VII S., Schreibkal., 192 u. IV, 336 S. m. 1 Bildn.) Berlin, C. Heymann's Verl. Geb. in Leinw. n. 3. —

— f. Verwaltungsbeamte auf d. Jahr 1901. Hrsg. v. A. Petersilie. 18. Jahrg. 2 Thle. gr. 16. (VII S., Schreibkalender, 192 u. IV, 344 S. m. 1 Bildnis.) Berlin, C. Heymann's Verl. Geb. in Leinw. 3. —
Auf dem Einband: Kalender f. Verwalt.-Beamte.

— f. Verwaltungsbeamte auf d. Jahr 1801. Hrsg v. Petersilie. 19. Jahrg. 2 Thle. gr. 16. Berlin, C. Heymann's Verl. Geb. in Leinw. 3. —

— für Verwaltungsbeamte auf d. J. 1903. (Einband: Kalender.) Hrsg. von A. Petersilie. 20. Jahrg. 2 Thle. gr. 16. (VII S., Schreibkalender, 132 u. IV, 392 S. m. 1 Bildnis.) Berlin, C. Heymann. Geb. n. 3. —; Brieftaschen-Ausg. n. 4. —

**Taschenkalender** für Verwaltungsbeamte auf d. J. 1905. Hrsg. v. A. u. E. Petersilie. 22. Jahrg. 2 Tle. (VII, 125 u. IV, 415 S. m. 1 Bildnis u. Notizbuch.) kl. 8. Berlin, C. Heymann. In 2 Lnwnd.-Bdn. 3. —

**Taschenkalender** für Verwaltungsbeamte auf d. J. 1906. Hrsg. v. A. u. E. Petersilie. 23. Jahrg. 2 Tle. (168 u. 418 S. m. 1 Bildnis u. Notizbuch.) kl. 8. Berlin, C. Heymann. In 2 Lnwnd.-Bdn 3. —

— f. Verwaltungsbeamte auf d. J. 1907. (Einband: Kalender.) Hrsg. v. A. Petersilie u. E. Petersilie. 24. Jahrg. 2 Tle. (VII, 172 u. IV, 436 S. m. 1 Bildnis u. Notizbuch.) kl. 8. Berlin, C. Heymann. In 2 Leinw.-Bdn. n. 3. —

— für Verwaltungsbeamte auf d. J. 1908. Hrsg. v. A. u. E. Petersilie. 25. Jahrg. 2 Tle. (VII, 172 und IV, 436 S. m. 1 Bildnis u. Notizbuch.) kl. 8. Berlin, C. Heymann. In 2 Lnwnd.-Bdn. 3. —

**Taschen-Kalender** f. Verwaltungsbeamte auf d. J. 1909. Hrsg. v. A. u. E. Petersilie. 26. Jahrg. 2 Tle. (VII, 440 S. m. 1 Bildnis u. Notizbuch.) kl. 8. Berlin, C. Heymann. Geb. 3. —
— — auf d. J. 1910. 27. Jahrg. 2 Tle. (VIII, 200 u. IV, 444 S. m. 1 Bildnis u. Notizbuch.) Ebenda. Geb. 3. —

**Taschen-Kalender** für Verwaltungsbeamte auf d. J. 1911. (Einband: Kalender.) Hrsg. v. A. Petersilie u. E. Petersilie. 28. Jahrg. 2 Tle. (VI, 205 u. IV, 447 S. m. 1 Bildnis u. Notizbuch.) kl. 8. Berlin, C. Heymann. In 2 Leinw.-Bdn. 3. —

—— für Vogelfreunde auf d. J. 1891 u. 1892. Hrsg. von Max Bröse u. Friedr. Kloß. gr. 16. (IV, 192; IV, 136, 32 S.) Lpz., Exped. d. allg. deutschen Geflügel-Zeitg. geb. à Jahrg. * 1 — Zusammen m. dem Kalender f. Geflügelfreunde in 1 Bd. geb. * 2 —

— vollständiger immerwährender. 12. Frankf. am M. Döring.

—— für schweizerische Wehrmänner. 1877. Enth.: Die schweizer. Bundesverfassung im Auszug, die Eintheilung der schweizer. Armee und einer Menge militär., statist. und geschichtl. Notizen. Mit 1 (lithogr. und color.) Uebersichtskarte der Divisionskreise (in qu. gr. 4.). 2. Aufl. 16. (II, 96 S. mit 1 chromolithogr. Uebersicht der Kokarden.) Frauenfeld, Huber. * M 1.; geb. **

—— dass. — 1878. 2. Jahrg. 16. (159 S. mit 1 Stnt., 2 Chromolithogr. und 1 lithogr. und color. Karte.) (Ebendas.) geb. *

—— dass. — 1879. 3. Jahrg. gr. 16. (192 S. mit 1 Lichtdr., 4 Chromolithogr. und 1 chromolithogr. Karte.) (Ebendas.) geb. *

—— dass. — 1880. 4. Jahrg. 16. (206 S. mit 1 Holzschntaf., 4 Chromolithogr. und 1 Lichtdr.) (Ebendas.) geb. *

—— für schweizerische Wehrmänner 1881—1885. 5.—9. Jahrg. 16. (215 S. mit eingedr. Fig., 4 Chromolithogr., 1 Karte und 1 Stahlst.; 206 S. mit 4 Chromolithogr. und 2 Lichtdr.; 184 S. mit 2 Portr. in Stahlst. und Lichtdr.; 167 S. mit 4 Chromolithogr. und 1 Stahlst.; 184 S. mit 1 Portr. in Stahlst., 4 Chromolithogr. und 1 chromolithogr. Karte.) Frauenfeld, Huber. geb. à Jahrg. *

—— für schweizerische Wehrmänner. 1886—1889. 10.—13. Jahrg. 16. (à Jahrg. 160 S. mit je 1 Portr., 4 Chromolithogr. und 1 Karte.) Frauenfeld, Huber. geb. à Jahrg. *

—— dass. — Anhang, enthaltend Dienstkalender nebst Schultableau und Armee-Eintheilung pro 1888. Verzeichniss des eidgenöss. Instruktionspersonals und Uebersicht der im J. 1887 erschienenen Militär-Gesetze, -Verordnungen und -Reglemente. gr. 16. (64 S.) Ebendas. **

—— dass. — Anhang, enthaltend Dienstkalender, Schultableau und Armee-Einteilung pro 1889, nebst Uebersicht der im J. 1888 erschienenen Militair-Gesetze, Verordnungen und Reglemente. 16. (58 S.) Ebendas. **

—— für schweizerische Wehrmänner 1890—1892. 14.—16. Jahrg. 16. (à Jahrg. 160 S. m. 4 Farbendr.-Taf. u. 1 Lichtdr.-Bildnis.) Frauenfeld, Huber's Verlag. à Jahrg. geb. * 1 60

—— dass. — Anh., enth.: Dienstkalender, Schultableau u. Ordre de bataille pro 1889—1892, sowie Verzeichniss d. Instruktionspersonals. 16. (à Jahrg. ca. 60 S.) Ebd. Jahrg. 1889,90 à ** — 50; 1891,92 à ** — 60

Taschenkalender für schweizerische Wehrmänner. 1893. 17. Jahrg. In-16°. 164 S. u. Schreibkalender m. Bildnis, 2 Karten u. 4 farb. Taf. Frauenfeld, J. Huber's Verlag. Geb. in Lwd. 1 85

Taschenkalender f. schweizerische Wehrmänner 1893. Anh. enth.: Dienst-Kalender, Schultableau und Ordre de bataille pro 1893, sowie Verzeichnis des Instruktionspersonals. In-16°. 63 S. Frauenfeld, J. Huber's Verlag. — 60

Taschenkalender für schweizerische Wehrmänner. 1894. 18. Jahrg. In-16°. 164 S. u. Schreibkalender m. Bildnis, 2 Karten u. 4 farb. Taf. Frauenfeld, J. Huber's Verlag. Geb. in Lwd. 1 85

Taschenkalender für Schweizerische Wehrmänner. 1895. XIX. Jahrgang. In-16°. XVI, 144 S. Frauenfeld, J. Huber. Lwd. 1 85

Taschenkalender, für schweizer. Wehrmänner. 1896. 20. Jahrg. Mit dem Portr. des Oberst Wieland in Stahlstich u. 2 meist farb. Taf. In-16°. XVI, 148 S. u. Schreibkal. Frauenfeld, J. Huber. Leinw. 1 85

Taschenkalender für schweizerische Wehrmänner. 21. Jahrg. 1897. Mit 1 Bildnis, 4 farb. Taf. u. 2 farb. Karten. In-12°. XVI, 144 S. Frauenfeld, J. Hubers Verlag. Leinw. 1 85

Taschenkalender für schweizer. Wehrmänner 1898. Jg. 22. In-12°. 144 S. mit Tfln. u. Abb. Frauenfeld, J. Hubers Verlag. 1 85

Taschenkalender für schweizerische Wehrmänner. 1898. 22. Jg. Anhang. In-16°. Frauenfeld, J. Huber. — 75
*** Einteilung d. schweiz. Armee, nebst Verzeichn. Instruktionspersonals, Tableau der Militärschulen pro 1888 u. dienstl. Notizformular. 68 S.

— f. schweizer. Wehrmänner 1899. 23. Jahrg. gr. 16. (XVI, 144 S. m. Fig., 1 Bildn., 4 farb. Taf. u. 2 Karten.) Frauenfeld, J. Huber. Geb. in Leinw. n. 1. 60

Taschenkalender für schweizerische Wehrmänner. 1900. 24. Jahrg. Klein 8°. XVI, 152 S. m. Titelbild, Kokardentafeln u. Schieferpapier. Frauenfeld, J. Huber's Verlag. Geb. 1 85

Taschenkalender für Schweizerische Wehrmänner 1901. Jahrg. 25. [Mit 4 Tafeln und 1 Karte der Schweiz.] (zus. 221 S.) 8. Frauenfeld, J. Huber, 1901. [fr. 1. 85]

— f. schweizerische Wehrmänner 1902. 26. Jahrg. gr. 16. (XVI, 160 S. m. Fig., 1 Bildnis, 5 farb. Taf. u. 2 Karten.) Frauenfeld, Huber & Co. Geb. in Leinw. n. 1. 60

— dasselbe. Anh. gr. 16. Ebd. n.n. — 65
Einteilung der schweizerischen Armee nebst Verzeichnis des Instruktionspersonals, Tableau der Militär-Schulen pro 1902 u. dienstl. Notizformularien. (78 S.)

Taschenkalender für Schweizerische Wehrmänner 1903. Jahrg. 27. [Mit 4 Tafeln, Figuren im Text und 1 doppelten Karte.] (zus. 229 S.) 8. Frauenfeld, Huber & Co. [geb. fr. 2. —]

Taschenkalender für Schweizerische Wehrmänner 1904. Jahrg. 28. [Mit 4 Tafeln, Figuren im Text und 1 doppelten Karte.] (zus. 229 S.) 8. Frauenfeld, Huber & Co. [geb. fr. 2. —]

Taschenkalender für Schweizerische Wehrmänner 1905. Jahrg. 29. [Mit 4 Tafeln, Figuren im Text und 1 doppelten Karte.] (zus. 229 S.) 8. Frauenfeld, Huber & Co. [geb. fr. 2. —]

Taschenkalender für Schweizerische Wehrmänner 1906. Jahrg. 30. [Mit Figuren im Text, 4 Tafeln und 1 doppelten Karte.] (zus. 237 S.) 8. Frauenfeld, Huber & Co. [geb. fr. 2.—]

— dasselbe. Anh. 16. Ebd. n.n. — 65
Einteilung der schweizer. Armee, nebst Verzeichnis des Instruktionspersonals, Tableau der Militär-Schulen pro 1905 u. dienstlichen Notizformularien. (78 S.) 905.

Taschenkalender für Schweizerische Wehrmänner 1907. Jahrg. 31. [Mit Figuren im Text, 4 Tafeln und 1 doppelten Karte.] (zus. 237 S.) 8. Frauenfeld, Huber & Co. [geb. fr. 2.—]

Taschenkalender für Schweizerische Wehrmänner 1908. Jahrg. 32. [Mit Figuren im Text, 4 Tafeln und 1 doppelten Karte.] (zus. 237 S.) 8. Frauenfeld, Huber & Co. [geb. fr. 2. —]

Taschenkalender für Schweizerische Wehrmänner 1909. Jahrg. 33. [Mit Figuren im Text, 3 Tafeln und 1 doppelten Karte.] (zus. 249 S.) 8. Frauenfeld, Huber & Co. [geb. fr. 2. —]

Taschenkalender für Schweizerische Wehrmänner 1910. Jahrg. 34. [Mit Figuren, 3 Tafeln und 1 Karte.] III + XVI + 176 S. 8. Frauenfeld, Huber & Co. [geb. fr. 2. —]

— f. schweizerische Wehrmänner. Anh. Einteilung der schweizer. Armee nebst Verzeichnis des Instruktionspersonals u. Verzeichnis der Unterrichtskurse 1910. (54 S.) 16. Frauenfeld, Huber & Co. nn — 65

— dasselbe. Anh. Einteilung der schweizer. Armee nebst Verzeichnis des Instruktionspersonals u. Verzeichnis der Unterrichtskurse 1909. (50 S.) 16. Ebd. nn — 65

—— für Weinbau und Kellerwirthschaft für das J. 1885. 1. Jahrg. Hrsg. und redig. von Jos. Bersch. gr. 16. (III, 213, 188 S. mit 1 Eisenbahnkarte.) Wien, Perles. geb. *

—— für Weinbau und Kellerwirthschaft für die J. 1886—1888. 2.—4. Jahrg. Hrsg. und redig. von Jos. Bersch unter Mitwirkung von Rob. Schröer. gr. 16. (IV, 242, 188; IV, 245, 188; IV, 249, 189 S. mit je 1 Eisenbahnkarte.) Wien, Perles. geb. in Leinw. à Jahrg. * geb. in Leder à Jahrg. *

—— dass. — für das J. 1889. 5. Jahrg. Hrsg. und redig. von Jos. Bersch. gr. 16. (IV, 197, 189 S. mit 1 Eisenbahnkarte) Ebendas. geb. *

—— für Weinbau u. Kellerwirthschaft für d. J. 1890—1893. 6.—9. Jahrg. (Mit je 1 Eisenbahnkarte.) Hrsg. u. redig. v. Jos. Bersch. gr. 16. (à Jahrg. ca. 200 S. u. Tagebuch.) Wien, Perles. à Jahrg. geb. in Leinw. * 3 —; in Ldr. * 4 —

— für Weinbau u. Kellerwirthschaft f. d. J. 1894. 10. Jahrg. (Mit 1 Eisenbahnkarte) Hrsg. u. red. v. Jos. Bersch. gr. 16. (IV, 216 S. u. Tagebuch.) Wien, M. Perles. Geb. in Leinw. n. 3. —; in Ldr. n. 4. 40

**Taschen-Kalender für Weinbau und Kellerwirthschaft.** Universal-Nachschlagebuch für Weinproducenten u. Weinhändler, f. Hôteliers u. Gastwirthe. Herausgegeben von Prof. Dr. J. Bersch, Redacteur der „Oesterr. Weinzeitung, pro 1895. XI. Jahrg. 16. (240 S., mit Tagebuch.) Gebunden 1.60
Derselbe in Leder gebunden 2.20
Wien: Perles.

**Taschen-Kalender für Weinbau- und Kellerwirthschaft.** Herausgegeben von Prof. Dr. J. Bersch, Redacteur der „Oesterreichischen Weinzeitung“, pro 1896. XII. Jahrgang 16. (218 S. mit Tagebuch.) Gebunden 1.60
Wien: Perles.

**Taschen-Kalender für Weinbau- und Kellerwirthschaft.** Herausgegeben von Prof. Dr. J. Bersch, Redacteur der „Oesterreichischen Weinzeitung“, pro 1897. XIII. Jahrgang. 16. (244 S. mit Tagebuch.) Gebunden 1.60
Derselbe in Leder gebunden 2.20
Wien: Perles.

**Taschenkalender** für Weinbau- und Kellerwirthschaft. Herausgegeben von Prof. Dr. Bersch, Redacteur der allgemeinen Weinzeitung. Pro 1898. XIV. Jahrgg. 16. (148 S. mit Tagebuch.) In Lnwd. geb. 1.60
Derselbe in Leder geb. 2.20
Wien: Perles.

— für Weinbau u. Kellerwirthschaft für das J. 1899. 15. Jahrg. Hrsg. u. red. von Jos. Bersch. gr. 16. (IV, 229 S. u. Tagebuch m. Abb. u. 1 Eisenbahnkarte.) Wien, M. Perles. Geb. in Leinw. n. 3. —; in Ldr. n. 4. 40

Taschenkalender für Weinbau u. Kellerwirtschaft für das Jahr 1900. XVI. Jahrgang. (Mit einer Eisenbahnkarte.) Redigirt von Antonio dal Piaz. Wien. Perles. 16°. 244 S. mit Tagebuch. Geb. fl. 1.60, in Leder geb. fl. 2.20

Taschenkalender für Weinbau- und Kellerwirtschaft für das Jahr 1901. XVII. Jahrgang. (Mit einer Eisenbahnkarte.) Redigirt von Antonio dal Piaz. Wien. Perles. 8°. 242 S. Geb. K 3.20, in Leder K 4.40

Taschenkalender für Weinbau und Kellerwirtschaft für das Jahr 1902. XVIII. Jahrgang. (Mit einer Eisenbahnkarte.) Redigirt von Antonio dal Piaz. Wien. Perles. 16°. 212 S. mit Tagebuch Geb. K 3.20, in Leder geb. K 4.40

— für Weinbau u. Kellerwirtschaft f. d. J. 1903. 19. Jahrg. Red. v. Antonio dal Piaz. 12. (V, 178 S. u. Tagebuch m. 1 Eisenbahnkarte.) Wien, M. Perles. Geb. in Leinw. n. 3. —; in Ldr. n. 4. 40

**Taschenkalender** für Weinbau und Kellerwirtschaft für das Jahr 1904. 20. Jahrg. 8°. (208 S. mit einer Eisenbahnkarte) geb. K 3.20, in Leder K 4.40
Wien: Perles.

**Taschenkalender** für Weinbau und Kellerwirtschaft für das Jahr 1905. 21. Jahrg. 16°. (208 S. mit 1 Eisenbahnkarte) geb. K 3.20, in Leder geb. K 4.40
Wien: Perles.

**Taschenkalender** für Weinbau und Kellerwirtschaft für das Jahr 1906. 22. Jahrg. 8°. (214 S.)
Wien: Perles.

**Taschen-Kalender für Weinbau u. Kellerwirtschaft f. d. J. 1907. 23. Jahrg. Red. v. Antonio dal Piaz. (V, 190 S. u. Tagebuch m. 1 Eisenbahnkarte.) kl. 8. Wien, M. Perles. Geb. in Leinw. n. 3. —; in Ldr. n. 4. 40**

**Taschenkalender** für Weinbau und Kellerwirtschaft für das Jahr 1908. 24. Jahrg. 8°. (218 S.) geb. K 3.20
Wien: Perles.

Taschenkalender für Weinbau und Kellerwirtschaft für das Jahr 1909. 25. Jahrg. 8°. (220 S.) geb. K 3.20, geb. K 4.40
Wien: Perles.

Taschenkalender für Weinbau und Kellerwirtschaft für das Jahr 1910. 8°. (214 S.) geb. K 3.20, in Leder K 4.40
Wien: Perles

— f. Weinbau u. Kellerwirtschaft f. d. J. 1911. 27. Jahrg. Red. v. Antonio dal Piaz. (V, 184 S. u. Tagebuch m. 1 farb. Eisenbahnkarte.) kl. 8. Wien, M. Perles. Geb. in Leinw. 3.—; in Ldr. n 4. —

— westdeutscher, f. Architekten u. Ingenieure. Hrsg. vom Techn. Verein, Dortmund, Zweigverein des deutschen Techniker-Verbandes. Jahrg. 1905. (IV, 152 S.) kl. 8. Dortmund, R. Kessler. Geb. in Leinw. n. 1. —
Erscheint nicht mehr.

—— Wiener, für 1865—68. 1.—4. Jahrg. 16. (à Jahrg. 30—32 S.) Wien, Fromme. 1.—3. Jahrg. à 4. Jahrg. *
Vgl.: Schreib- und Taschen-Kalender.

—— Wiener, für 1869—1875. 5.—11. Jahrg. 16. (à 32 S.) Wien, Fromme. à Jahrg. *

—— Wiener, für die J. 1876—1880. 12.—16. Jahrg. 16. (à Jahrg. 32 S.) Wien, Fromme. geb. mit Goldschn. à Jahrg. *

—— Wiener, für das J. 1881. 17. Jahrg. 16. (32 S.) Wien, Fromme.

**Wiener Taschenkalender.** 19. Jahrg. brosch. 20 kr.
Wien: Fromme 1882.

Taschenkalender, Wiener, zum Nutzen u. Vergnügen a. d. J. . . . . . 1793. M. gest. Titel, 1 Portr. u. 12 Monatsk. Wien.

Wiener Taschenkalender zum Nutzen und Vergnügen auf das Jahr . . . (Mit Kupf. [von] Ch[ristian] Sambach, [gest. v.] Cl[emens] Kohl [u. a.].) Wien: J. B. Wallishaußer [1794]. 12°
[Kupfert.]
[Nebent.:] Wiener Taschenbuch zum Nutzen und Vergnügen . . .
1794: 14 Bl., 68 S., 1 Bl., 132 S., 1 Bl., 12 Kupfertaf.

**Taschencalender, Wienerischer,** auf das Jahr 1785. Mit allg. Kupfern der Regierungsgeschichte Kaiser Josephs II. Auf das Jahr 1786 mit 12 Kupfern aus H. Blumauers Aeneis. H: *Escherich, Carl.* (GGr VI/514c) (Provinc.-Nachr. 1784, S. 655) (Wrztg 1784, S. 2497; 1785, Nr. 5, S. 125) (BiblPort)

— für Wollen-Industrielle pro 1892. Hrsg. v. der Fachzeitschrift: Das Deutsche Wollen-Gewerbe. gr. 16. (Schreibkalender, II, 19 u. 28 S.) Grünberg i/Schl., F. Weiss Nachf. Verl. Kart. 1. —

— **Worpsweder.** Ein Merkbuch m. 12 Federzeichngn. v. Heinr. Vogeler. (Einschreibbuch m. Wandkalender.) gr. 16. Lübeck (903). Ludw. Möller. (Nur direkt.) Geb. in Ldr. m. Goldschn. n. 6. —

—— königl. württembergischer, für 1853 und 1854. 16. (à Jahrg. 32 S.) Reutlingen 852—53, Fleischhauer und Spohn. à Jahrg.
Ausg. in 32. (à Jahrg. 32 S.) à Jahrg.

—— dass. — für 1856. 32. (32 S.) Ebds. 855.

— württemberg. landwirtschaftlicher, f. 1902. Hrsg. v. Fr. Maier-Bode. 1. Jahrg. 12. (XVI, 153 S. m. 37 Abbildgn.) Ebd. Geb. in Leinw. n. 1.50
Fortsetzung s.: Taschen- u. Schreibkalender.

Taschen- und Schreibkalender

— — württembergischer landwirtschaftlicher, f. 1903. Hrsg. v. Fr. Maier-Bode. 2. Jahrg. 12. (XVI, 153 S. m. 16 Abbildgn.) Ebd. Geb. in Leinw. n. 1. —
Vergl.: Taschenkalender, württemb. landwirtschaftlicher.

— — württembergischer landwirtschaftlicher, f. 1907. Hrsg. v. Fr. Maier-Bode. 6. Jahrg. (II, 172 S. m. 12 Abbildgn.) kl. 8. Ebd. Geb. in Leinw. n. 1. —

— — württembergischer landwirtschaftlicher f. 1911. Hrsg. v. Fr. Maier-Bode. 10. Jahrg. (II, 180 S. m. 12 Abb.) kl. 8. Ebd. Geb. in Leinw. p 1. —

— **für Zahnärzte u. Spezialärzte f. Zahn- u. Mundkrankheiten 1902,** hrsg. v. A. Bünger. 1. Jahrg. schmal gr. 16. (IV S., Schreibkalender u. 73 S.) Burg, A. Hopfer. Geb. in Leinw. n. 2. —

— für Zuckerfabrikanten, s. a. Stammer.

—— für Zuckerfabrikanten auf das J. 1878. 1. Jahrg. Hrsg. von Karl Stammer. gr. 16. (VIII, 182 und 77 S.) Berlin, Wiegandt, Hempel und Parey. geb. *

—— dass. — auf das J. 1879. 2. Jahrg. gr. 16. (ca. 260 S.) Ebendas. *

—— dass. — 3. Jahrg. 1879/80. gr. 16. (192; 114 S.) Berlin, [Wiegandt, Hempel und Parey.] Parey. geb. *

— für Zuckerfabrikanten. 4. Jahrg. 1880/81. Hrsg. von Karl Stammer. 16. (132 S.) Berlin, Parey. geb. n. 3. —

—— dass. — 5.—8. Jahrg. 1881/82, 1882/83, 1883/84, 1884/85. Hrsg. von Karl Stammer. gr. 16. (à Jahrg. ca. 340 S.) Berlin, Parey. geb. à Jahrg. *

—— für Zuckerfabrikanten. 9.—12. Jahrg. für die Kampagne 1885/86, 1886/87, 1887/88, 1888/89. Hrsg. von Karl Stammer. gr. 16. (190, 146; . . . . . .; . . . . . .; 192, 148 S.) Berlin, Parey. geb. à Jahrg. *

—— für Zuckerfabrikanten. 13.—16. Jahrg. 1889/90—1892/93. Hrsg. von Karl Stammer. gr. 16. (à Jahrg. ca. 150 S. u. Schreibkalender.) Berl., Parey. à Jahrg. geb. in Ldr. * 4 —

Taschenkatechismus

**Taschencatechismus** für Privatlehrer. Stettin 1806. V: *Wölfl, G. G.* (Ky) (MGT)

Taschenkatechismus f. Privatlehrer. 8, Stettin, Kaffke. 806.

**Taschenkochbuch,** s. Kochbuch.

**Taschenkochbuch,** das allerneueste Frankfurter 2c. 8. Frankf. a. M. . . . Simon. 20 ℛ A. u. d. T.: Die kluge u. nützl. Köchin f. jede Haushaltung. 1r Thl. 8. Ebd. — 2e Ausg. 8. Leipz. 820. Baumgärtner. 20 ℛ

Taschen-Kommentar

**Taschen-Commentar** zur Pharmacopoea germanica ed. II. Enth.: 1. die in der neuen Pharmacopöe ausgefallenen Arzneikörper; 2. die neu aufgenommenen Arzneistoffe; 3. die veränderte Nomenclatur; 4. die Präparate u. zusammengesetzten Arzneistoffe, welche Veränderungen in der Bereitungsweise etc. erfahren haben, im Vergleich zur bisherigen Darstellung, sowie die wesentlichen Veränderungen bezügl. der Drogen; 5. die Veränderungen der specifischen Gewichte im Vergleich mit den seither vorgeschriebenen; 6. die Reagentien im Vergleich mit den bisherigen. 12. (28 S.) Bunzlau 882. Berlin, Springer in Comm. n.n. — 50; m. der Taschen-Pharmacopöe zusammen n.n. 1. —

**Taschen-Kommersbuch.** Eine Sammlung der schönsten Studenten-, Volks- u. Vaterlandslieder. schmal 8. (190 S.) Lahr 889. Schauenburg. cart. n. 1. —

Taschen-Kommersbuch. Eine Sammlg. der schönsten Studenten-, Volks- u. Vaterlandslieder. 1.—6. Aufl. schmal 12. (190 S.) Lahr 892, Schauenburg. cart. in Ledertuch * 1 —

**Taschen-Kommersbuch.** Eine Sammlung der schönsten Studenten-, Volks- u. Vaterlandslieder. 7. Aufl. schmal 12. (190 S.) Lahr 894. M. Schauenburg. Kart. in Ledertuch. n. 1. —

**Taschen-Kommersbuch.** E. Sammlg. d. schönsten Studenten-, Volks- u. Vaterlandslieder. 14. Aufl. schmal 12. (195 S.) Lahr 898. M. Schauenburg. Geb. in Wachstuch n. 1. —

**Taschen-Kommersbuch.** Eine Sammlg. der schönsten Studenten-, Volks- u. Vaterlandslieder. 15. u. 16. Aufl. schmal 12. (à 195 S.) Lahr 899. 901. M. Schauenburg. Geb. in Wachstuch n. 1. —

**Taschen-Kommersbuch.** 400 Lieder aus Schauenburgs allgemeinem deutschen Kommersbuch. 18. Aufl. Neue Bearbeitg. (244 S.) kl. 8. Lahr (906). M. Schauenburg. Geb. n. 1. —; m. Biernägeln n. 1. 30

**Taschen-Kommersbuch.** 400 Lieder aus Schauenburgs allgemeinem deutschen Kommersbuch. 19. Aufl. Neue Bearbeitg. (244 S.) kl. 8. Lahr (907). M. Schauenburg. Geb. p 1.—; m. Biernägeln 1. 30

**Taschen-Commersbuch** f. den deutschen Studenten. 16. (XIII, 304 S.) Warburg 875 Quick. geb. n. 1. —

Taschen-Komplimentierbuch

Taschen-Complimentirbuch, neuestes, s. Maitre de Plaisir.

Taschenkomponist

**Taschencomponist**, der, od. Anweis., in einigen Minuten Anglaisen, Walzer od. Ecossaisen f. das Fortepiano zu componiren, ohne eine Note schreiben zu könnnen u. ohne musikal. Kenntniß zu besitzen. 8. Leipz., Joachim. 1 ß 8 ℊ

Taschen-Konversationslexikon

Taschen-Conversations-Lexicon, od. encyklopäd. Handwörterbuch zum Behufe der Conversation u. Lecture für alle Stände. Herausgg. v. einer Gesellschaft Gelehrten. 1r—20r Bd. 16. Augsb. 828—33. Schlosser. à Bd. 9 ℊ

Taschen-Conversations-Lexicon, oder encyclopadisches Handwörterbuch zum Behufe der Conversation u. Lektüre für alle Stande. Herausg. von einer Gesellschaft Gelehrten. 15r—24r Bd. 16. Augsb. 832—35. Schlosser. Alle 24 Bdchn. n. $4^2/_3$ ß

— dass. 25r oder Supplement-Kupferband, enthalt. 50 Blätter. gr. 16. Ebd. $^3/_8$ ß

Taschen-Conversations-Lexicon, od. encyclopäd. Handwörterbuch zum Behufe d. Conversation u. Lecture f. alle Stände. Hrsg. von e. Gesellschaft Gelehrten. 36 Bde. 16. (576 B.) Augsburg 828—35, Schlosser. à 9 Gr.
Vgl. Handwörterbuch.

Taschen-Conversationslexikon, humorist.-satyrisches. Ein Pendant zu allen Encyclopädieen, Universal-, Conversations- u. andern Lexicis. Hrsg. von J. Günther. 2. Aufl. 12. (3½ B.) Eisenberg 844, Schöne'sche Buchh.

**Taschen-Conversationslexicon**, humorist.-satyrisches. Ein Pendant zu allen Encyclopädien, Universal-, Conversations- u. anderen Lexicis. Hrsg. von J. Günther. 3. Aufl. 24. (80 S.) Eisenberg 849, Schöne. 6 ngℊ

Taschen-Conversations-Lexikon, wohlfeilstes, od. allgem. deutsches encyklopäd. Handwörterbuch f. alle Stände. 24 Bde. 2. Aufl. gr. 16. (à 390 Seit.) Augsburg 837, Schlosser'sche Buchh.

—— dass. 25. Bd. od. Supplement-Kpfrbd. enth. in 50 Blatt eine Gallerie von 1000 Bildnissen d. berühmtesten Menschen aller Völker u. Zeiten. Nebst erklär. Text. 2. Aufl. gr. 16. Ebds. 837.

—— der neuesten Zeit u. Literatur. Ein Supplementwerk zu allen vorhand. Taschen-Conversations-Lexicis, aber auch e. selbstständ. Werk zur Kenntniß d. Gegenwart u. jüngsten Vergangenheit f. alle Stände. 1. Bd. 1. Hft. Abel bis Anwaltsgesellschaften. 16. (8 B.) Augsburg 833, Schlosser.

Taschen-Konzert

Taschen-Concert. 100 neue u. piquante Anecdoten aus der musikal. Welt. 1. u. 2. Hft. 16. (à 4 B.) Leipzig 844, 45, [Barth. Senff.].

**Taschen-Concert.** 100 neue u. piquante Anekdoten aus der musikal. Welt. 16. Leipzig 844, Expedition der Signale. ¼ ß 2. Hft. 845. ¼ ß

**Taschenkunstapparat**, e. Samml. magischer u. mechanischer Kunststücke zur Unterhaltung in frohen Gesellschaften. Mit Kpf. 12. Frankf. a. M. 802. Behrens. 12 ℊ Mit neuem Tit. 811, 827. u. 3 Kpf. 16. Ebd. 832. Döring. 12 ℊ

Taschenkunstapparat, einer Sammlung magischer und mechan. Kunststücke z. Unterhaltung in frohen Gesellschaften, mit K. 8. Frankf. am M. Gebhard u. K. 811.

Taschenkunst-Apparat, e. Samml. magischer u. mechanischer Kunststücke. Mit 2 Kupfrt. 12. Frankf. 827, Döring. (Streng.)

Taschenkunst-Apparat. Eine Samml. magischer Taschenkünste zur angenehmen Unterhaltung f. d. häusl. u. gesell. Vergnügen. 16. (8 B. u. 3 Kpfrt.) Frankfurt a. M. 832, Döring.

Taschenkünste, magische, eine Samml. leicht zu erlern. magischer u. mechanischer Kunststücke zur Beförderung des geselligen Vergnugens, m. K. 12. Frankf. Gebhardt u. K. 808. Rtolr.

Danziger **Taschen-Kursbuch**. [1.] Für d. Sommer 1904. Danzig: A. W. Kafemann (1904). 8° 05. 5674 10

Danziger **Taschen-Kursbuch** mit Eisenbahnkarte. 2. Aufl. [1.] Sommer 1904. Danzig: A. W. Kafemann (1904). quer-8° [Ant. u. F.] 05. 5675 10

Taschen-Kursbuch, neues, für Nord- und Mitteldeutschland. Mit Fahrpreisen, Saisonsbillets und Bestimmungen über Rundreisen etc. Nach amtl. Quellen bearb. Jahrg. 1885 und 1886. à Jahrg. 2 Hefte. [Sommer und Winter.] 16. (à Heft ca. 200 S. mit Eisenbahnkarte und Skizze der Stadt- und Ringbahn.) Berlin, Steinitz. *
Erscheint nicht mehr.

**Taschenlexicon** für Chirurgen . . . Leipzig 1807. V: *Lara*, *Benj*. (call)

Taschenlexicon für Chirurgen u. Wundärzte, enthalt. alles was bey vorkommend. Fällen zu wissen u. sich schnell Raths zu erholen nöthig ist. 2 Bde. 8. Leipzig, Sommer. 807.

Taschenlexikon f. Chirurgen u. Wundärzte; enthält alles, was bei vorkommenden Fällen zu wissen u. sich Raths zu erholen nöthig ist. 2 Bde. 8. Leipzig, Sommer. 816.

Taschenlexicon, geograph., e. Umriß d. Geographie d. ganzen Erde, nebst e. beinahe 15000 Namen enthalt. Verzeichniß aller Länder, Provinzen, Städte rc. mit möglichst genauer Hinweisung auf ihre geograph. u. polit. Lage rc. Für Zeitungsleser rc. 12. (12 B.) Meiningen 830, Keyßner. Thlr.

— Künstler- u. Handwerks-, gr. 8. Wien 795. Gerold. 20 ℊ

**Taschenlexikon**, Medizinisches, in 8 Sprachen (Deutsch, Englisch, Französisch, Italienisch, Japanisch, Russisch, Spanisch, Ungarisch). (Lexicon medicum.) Berlin 1909

**Taschenlexikon**, neues französ.-deutsches u. deutsch-französisches, nach dem Dictionnaire de deux nations, dem Dictionnaire de l'academie u. d. Taschenwörterbüchern v. .. Rabenhorst u. .. Cramer bearb. 2 Bde. 8. Leipz. 821. Sommer. (W. Nauck). 2 ß

**Taschenlexicon** der Französischen Sprache, insbesondere für Reisende. Bern 1803. V: *Heinzmann, Johann Georg.* (Ky) (MGT)

— der französ. Sprache, insbesondere für Reisende (von J. G. Heinzmann). 12. Bern 803. Typogr. Soc.

Taschenliederbuch

— s.a. Turnerliederbuch.

**Taschen-Liederbuch.** 67 der bekanntesten Kommerslieder f. gesell. u. patriot. Festlichkeiten, ausgewählt v. H. S. 4. verm. u. verb. Aufl. (66 S.) 16. Zwickau i/S. (Wilhelmstr. 13), C. A. Günther Nachf. n.n. — 10

—— das, e. Auswahl v. Liedern, die am liebsten gesungen werden. Mit den Melodien d. Lieder u. Guitarrebegleit. 1., u. 2., verb. Aufl. (à 8 B. u. 126 Musikbeil.) gr. 12. Passau 828, Ambrosi. à

Taschen-Liederbuch. 12. (15 B. u. Titvign.) Hamburg 830, Hoffmann u. Campe.

**Taschen-Liederbuch.** 32. (VIII u. 216 S.) Freiberg 850, Reimmann. n. 4 ngr

Taschen-Liederbuch. 32. (128 S.) Neu-Ruppin 852, Oehmigke und Riemschneider. *

**Taschen-Liederbuch.** Sammlung der neuesten und beliebtesten Lieder. 1. 6. verm. Aufl. Neu-Ruppin (856.) Oehmigke u. Riemschneider. 32. (128 S.) 3 ngr

Taschenliederbuch. Eine Auswahl der neuesten und bekanntesten Lieder. 2. und verm. Aufl. 16. (VIII und 208 S.) Heppenheim a. B. 863. (Worms, Nahke.)

**Taschenliederbuch.** Eine Auswahl der schönsten u. beliebtesten Vaterlands-, Soldaten-, Schützen- 2c. Lieder von Ben Emil. 11. Aufl. Marburg 867. Sipmann. 32. (128 S.) 1½ ngr

Taschen-Liederbuch. Eine ausgewählte Sammlung der beliebtesten und bekanntesten Lieder für alle Stände. 1. und 2. Heft. 3. Aufl. 32. (à 128 S.) Stuttgart 871, Rupfer. à Heft

Taschen-Liederbuch. Eine ausgewählte Sammlung der beliebtesten und bekanntesten Lieder für alle Stände. 4 Bdchn. 4. Aufl. und Neue verm. und umgearb. (5.) Aufl. 32. Stuttgart 878,81, Rupfer. [1.—3. Bdchn. (à 128 S. mit je 1 Titelbild.); 4. Bdchn. (178 S. mit 1 Titelbild.)] à Bdchn. 20 Pf. In 2 Halbbdn. cart. à * 50 Pf.; geb. in 1 Bd. *

**Taschen-Liederbuch.** Eine ausgewählte Sammlg. der beliebtesten deutschen Lieder u. Gesänge zur Erhöhg. gesell. Freude. 16. (127 S.) Köln 886. Büttmann. — 25

— 320 der beliebtesten Vaterlands-, Volks- u. Studentenlieder, nebst ein. Sologesängen, zumeist m. Melodie. 12. (XII, 283 S.) Freiburg i/B. 898. Herder. In Leinw. kart. n. 1. 50

Taschen-Liederbuch. Nr. 1—8. kl. 8. Berlin, H. Augustin. Jede Nr. — 10; kart. — 20

1. Walzertraum. 7777 der neuesten u. beliebtesten Schlager u. Modelieder zum Mitsingen. (177 S.) (908.)
2. Fürstlicher Humor. Orig.-Couplets u. kom. Vorträge der berühmtesten Humoristen: Alfr. Bender, Henry Bender, Paul Bendix u. a. (64 S.) (908.)
3. O alte Burschen-Herrlichkeit! 265 Kommers- u. Studenten-Lieder-Texte. (109 S.) (908.)
4. 7777 der neuesten u. beliebtesten Schlager u. Modelieder zum Mitsingen. (124 S.) (908.)
5. Im Frack od. Kostüm. Humoristische Orig.-Solo-Scenen der populärsten Komiker u. Humoristen. (61 S.) (909.)
6. Jeder soll u. muß lachen. Neueste Parodien wie Dicker, nu klettre rin ins Automobil, Leise, ganzleise, wir tanzen Ringelreihn u. viele Andere. (64 S.) (909.)
7. (126 S.) (909.) — 8. (125 S.) (909.)

— allerneuestes, f. das singende Deutschland. Eine Sammlung v. 148 der beliebtesten u. bekanntesten Vaterlands-, Volks-, Gesellschafts- 2c. Lieder. 32. (170 S.) Wesel 848, Bagel. 3 ngr

— allerneuestes, für fröhliche Leute. Eine Sammlung von 365 der bekanntesten und schönsten Volks-, Studenten-, Soldaten-, Opern- und Gesellschaftslieder. 1. u. 2. Aufl. Leipzig 856. Stoll in Comm. 32. (XII, 420 S.) 7 ngr

— allgemeines. gr. 16. (92 S.) Leipzig (899). A. Grunert. — 30

— allgemeines, für Deutschlands Sänger. Herausg. von G. Fröbel. 3e stark verm. Aufl. 16. Rudolstadt 835. Fröbel. (Leipzig, Engelmann.) n. ⅓ ₰ — Die Melodien dazu 1 ₰

**Taschen-Liederbuch,** allgemeines, für Deutschlands Sänger. Herausgeg. von G. Froebel. 4. stark verm. Aufl. 16. Rudolstadt 842; Leipzig, Böhme. n. ⅓ ₰

— allgemeines, für Stolze'sche Stenographen. Hrsg. von der Stenograph. Gesellschaft nach Stolze zu Berlin. 2., veränd. u. verm. Aufl. 16. (VI, 92 S., wovon 2 autogr.) Berlin 881. Expd. d. Centralblattes f. St. Stolze'sche Stenographie [A. Hohn] in Comm., SW., Gneisenau-Str. 18. n. — 50

— allgemeines, für das deutsche Volk. Eine Sammlung der bekanntesten und neuesten Liebes-, Soldaten-, Vaterlands-, Trink- 2c. Lieder. Hamburg (856.) Würger. 32. (416 S.) 7½ ngr

— allgemeines, f. Deutschlands sanglust. Volk, enth. mehr als 300 Liebes-, Soldaten-, Kriegs-, Vaterlands- 2c. Lieder. 16. (416 S.) Glückstadt 851, Würger & Eller. 6 ngr

— Berliner. Sammlung der bekanntesten u. beliebtesten Volkslieder. Mit Angabe der Tonarten. Berlin 866. Conrad. 32. (XVI, 392 S.) 8 ngr

**Taschen-Liederbuch,** bestes. Eine auserlesene Sammlung der bekanntesten u. schönsten deutschen Volkslieder mit Angabe ihrer Sangesweisen. 16. (192 S.) Dresden 888. E. Schneider's Buchhandlg. cart. — 40

— Deutsches. Eine Auswahl v. mehr als 200 der beliebtesten Vaterlands-, Volks-, Studentenlieder 2c. 32. (X u. 242 S.) Hoyerswerda 852, Erbe. n. ⅙ ₰

— deutsches. Eine Auswahl von mehr als 200 der beliebtesten Vaterlands-, Volks-, Studenten-, Jäger- 2c. Lieder. 2—4. Aufl. Hoyerswerda 854—57. Erbe. 32. (238 S.) n. 5 ngr

— deutsches. Eine Auswahl von mehr als 200 der beliebtesten Vaterlands-, Volks-, Studenten- 2c. Lieder. 5—7. Aufl. Hoyerswerda 859—63. Erbe. 16. (238 S.) n. 5 ngr

—— deutsches. Eine Auswahl von mehr als 200 der beliebtesten Vaterlands-, Volks-, Studenten- 2c. Lieder. 7. Aufl. 1863. und 8. Aufl. 16. (238 S.) Spremberg 865, Erbe's Buchh. *

— deutsches. Eine reichhaltige Sammlung der beliebtesten u. bekanntesten deutschen Volkslieder. 861. (264 S.) — 2. Aufl. Mülheim a. d. R. 863. Bagel. 16. (280 S.) 6 ngr.

Taschenliederbuch, deutsches. Eine reichhaltige Sammlung der beliebtesten u. bekanntesten deutschen Volkslieder. 3. u. 4. Aufl. Mülheim a. d. R. 865—67. Bagel. 16. (158 S. mit 1 Holzschntaf. u. mit vielen Bildern in eingedr. Holzschn.) cart. 4 ngr.; Größere Ausg. (254 S. mit 6 Holzschn.) cart. 6 ngr.

— — 6. Aufl. Ebend. 869. 16. (334 S.) 7½ ngr.

— deutsches. Eine reichhalt. Sammlg. der beliebtesten u. bekanntesten deutschen Volkslieder. 7. Aufl. 32. (111 S. m. eingedr. Holzschn. u. 1 Holzschntaf.) Mülheim a. d. R. 872. Bagel. — 25

— dasselbe. 7. Aufl. 32. (158 S. m. eingedr. Holzschn. u. 1 Holzschntaf.) Ebend. 872. — 40

— dasselbe. 7. Aufl. 32. (254 S. m. eingedr. Holzschn. u. 8 Holzschntaf.) Ebend. 872. — 60

— dasselbe. 8. Aufl. 16. (432 S. m. eingedr. Holzschn.) Ebend. 874. 1 —

Taschen-Liederbuch, deutsches. Eine reichhaltige Sammlung der beliebtesten u. bekanntesten deutschen Volkslieder. Mit vielen (Holzschn.-)Bildern. 12. Aufl. Ausg. Nr. 1. 16. (336 S.) Mülheim 878. Bagel. cart. — 75; Ausg. Nr. 2. (252 S.) cart. — 60; Ausg. Nr. 3. (158 S.) cart. — 40; Ausg. Nr. 4. (112 S.) — 25

— dasselbe. Mit Angabe der Dichter u. Komponisten. 11., verm. Aufl. 16. (432 S. m. Holzschn.) Ebend. 881. cart. 1. —

Taschen-Liederbuch, deutsches. (Einbandtitel: Deutscher Liederhort.) E. reichhalt. Sammlg. der neuesten u. beliebtesten Lieder f. alle Gesellschaftskreise. M. Angabe d. Dichter u. Komponisten. gr. 16. (239 S.) Mülheim a/R. 897. J. Bagel. In Wachstuch geb. — 75

— deutsches. E. reichhalt. Sammlg. der beliebtesten u. bekanntesten deutschen Volkslieder. Mit vielen Bildern. (Kleine Ausg.) 17. Aufl. 16. (160 S.) Ebd. 898. Kart. — 40; (größere Ausg.) 19. Aufl. (256 S.) Kart. — 60

Deutsches Taschen-Liederbuch. Eine reichhalt. Sammlung d. beliebtesten u. bekannesten deutschen Volkslieder. 18. Aufl. Mülheim a. d. Ruhr: J. Bagel [1898]. (112 S.) 8°
[Umschlagt.:] Illustr. Volks-Liederbuch.

Deutsches Taschen-Liederbuch. Eine reichhalt. Samml. d. neuesten u. beliebtesten Lieder f. alle Gesellschaftskreise. Mit Angabe d. Dichter u. Componisten. *Mulheim a. d. Ruhr: J. Bagel [1898].* (239 S.) 8° [F.] [ω. 27,4 6]

Deutsches Taschen-Liederbuch. Eine reichhaltige Sammlung d. beliebtesten u. bekanntesten deutschen Volkslieder. Mülheim a. d. Ruhr: J. Bagel [1905]. (128 S.) 8° [F.]
[Umschlagt.:] Die neuesten Lieder d. deutschen Volkes. [I.6. 4485]

—— deutsches. Eine Auswahl von 230 der beliebtesten Volks-, Turn-, Vaterlands- ꝛc. Lieder. 1. und 2. Aufl. 32. (X und 232 S.) Cottbus 862, Heine.

— — Eine Auswahl der beliebtesten Volks-, Turn-, Vaterlands- ꝛc. Lieder. (3. Aufl.?) Ebend. 863. 32. (XVI, 352 S.) 7½ ngr.

— deutsches. Eine Auswahl von 237 der beliebtesten Volks-, Turn-, Vaterlands- ꝛc. Lieder. 2. Aufl. Cottbus 870. Heine. 32. (XVI, 224 S.) 4 ngr.

— deutsches, enth. die beliebtesten Volks-, Vaterlands-, Turner-, Schützen-, Studenten-, Trink- u. Gesellschaftslieder. 16. (238 S.) Warburg 880. Schilp. n. — 75; kleinere Ausg. (174 S.) n. — 60

Taschen-Liederbuch, deutsches, mit den schönsten u. bekanntesten Volksliedern. 32. (384 u. 8 S.) Aachen (899). Cremer. Geb. in Leinw. n. — 75

— Dresdener akademisches. (92 S.) gr. 16. Dresden (903). E. Engelmann's Nachf. — 30

— für Freiberger geognostische Excursionen. 16. (78 S.) Freiberg 876. Engelhardt in Comm. n.n. — 75

— Freiburger. 325 der beliebtesten Vaterlands-, Volks- u. Studentenlieder, nebst einigen Sologesängen, zumeist m. Melodie. 2. u. 3., verb. Aufl. 12. (à XII, 287 S.) Freiburg i/B. (900. 902). Herder. In Leinw. kart. n. 1.50

— 1. Aufl. s. Taschenliederbuch. 1898.

— Freiburger. 325 der beliebtesten Vaterlands-, Volks- u. Studentenlieder, nebst einigen Sologesängen, zumeist m. Melodie. 5. Aufl. (XII, 287 S.) kl. 8. Freiburg i/B. (905). Herder. Geb. in Leinw. 1. 50

— Freiburger, 6. Aufl., s.: Zuschneid, Hugo.

Taschenliederbuch für Freimaurer. Eine Sammlung maur. Gesänge für 4 Männerstimmen. Herausgegeben von W. Franz, Capellmeister in Fürth. Nürnberg. Schmidt. 1861. kl. 8. IV. 92 S.

— f. Freunde des gesellschaftl. Gesanges. 16. Augsb. 827. (Lpz., Rein). 4 Gr. 2e verm. Aufl. 16. Augsb. 831. (v. Jenisch u. St.) 5 Gr.

—— für Freunde d. gesellschaftl. Gesanges. Eine Auswahl d. beliebtesten deutschen Gesänge nach bekannten Melodien. 2., verm. Aufl. (11 B.) 832. 5 Gr., 3., verm. A. (12 B.) 16. Augsburg 834, (v. Jenisch u. Stage'sche Buchh.)

Taschenliederbuch für Freunde des gesellschaftlichen Gesanges . . . 3. Aufl. Augsburg 1834. H: *Wirth, Joh. Chn.* (Ky)

— für Freunde des gesellschaftl. Gesanges. Eine Auswahl der beliebtesten deutschen Gesänge nach bekannten Melodien (von J. C. Wirth). 3e, stark verm. Aufl. 16. Augsburg 834. Wirth. (v. Jenisch u. Stage'sche Buchh.) 1/4 ℳ — 4e verm. Aufl. 16. Ebd. 840. n. 1/4 ℳ

— für Freunde des gesellschaftl. Gesanges. Eine Auswahl der beliebtesten Gesänge nach bekannten Melodien. 4. stark verm. Aufl. 16. Augsburg 841, Wirth. (v. Jenisch u. Stage'sche Buchh.) 1/4 ℳ

— für Gabelsberger-Stenographen, s.: Reuter's Bibliothek f. Gabelsberger-Stenographen.

— illustr., s. a. Volks-Liederbuch, deutsches.

—— illustrirtes. Eine reichhalt. Sammlung der beliebtesten und bekanntesten deutschen Volkslieder. Mit Angabe der Dichter und Componisten. 8. Aufl. 16. (432 S. mit eingedr. Holzschn.) Ebendas. 874. cart.

—— illustrirtes. Eine reichhaltige Sammlung der beliebtesten und bekanntesten deutschen Volkslieder. Mit Angabe der Dichter und Komponisten. 9. und 10. Aufl. 16. (432 S. mit eingedr. Holzschn. und Holzschntaf.) Mülheim 878, Bagel's Verlagsh. cart.

—— illustrirtes. Eine Sammlung der schönsten, beliebtesten und bekanntesten Volks-, Jäger-, Liebes-, Soldaten-, Studenten-, Trink-, Wander-, Opern- und Gesellschaftslieder. Mit Orig.-Illustr. (eingedr. Holzschn.) von A. v. Werner, Geo. Bleibtreu und Ludw. Burger. 16. (VII, 232 S.) Lahr 881, Schauenburg. cart.
Kleine Ausg. (IV, 84 S.) cart.

— illustriertes. Eine vollständige Sammlg. der schönsten u. beliebtesten Volks-, Vaterlands-, Jäger-, Soldaten-, Studenten-, Turner-, Wander-, Gesellschafts-, Trinklieder ꝛc. Mit vielen Bildern. Neueste Aufl. 16. (288 S.) Reutlingen 884. Enßlin & Laiblin. cart. — 90

Taschen-Liederbuch, illustrirtes. Eine reichhalt. Sammlg. der bekanntesten deutschen Volkslieder m. vielen Illustr. 16. (VI, 186 S.) Berlin 891. Gebr. Radetzki. Kart. — 50

Illustriertes Taschen-Liederbuch. Eine reichhalt. Sammlung d. beliebtesten u. bekanntesten deutschen Volkslieder. Mit vielen Bild. 20. verm. Aufl. Mülheim a.d. Ruhr: J. Bagel [um 1900]. (256 S.) 8° [F.] [04. 9317

Illustriertes Taschen-Liederbuch. Eine reichhalt. Sammlung d. beliebtesten deutschen Vaterlands- ... Lieder. 21. Aufl. Mülheim a. d. Ruhr: J. Bagel [um 1905]. (302 S.) 8° [F.] [06. 9318

— illustriertes deutsches. Eine reichhalt. Sammlg. der beliebtesten u. bekanntesten Volks-, Gesellschafts- u. Tafellieder. 12. Aufl. 16. (96 S.) Oberhausen 884. Spaarmann. cart. — 25

—— für Jung u. Alt, zur frohen Unterhaltung. Nach d. 4. Aufl. des „Lieder-Commersbuches“ v. A. Methfessel. 32. (192 Seit.) Hamburg 832, Schuberth u. Niemeyer.

—— für Jung u. Alt, z. frohen Unterhaltung. N. d. 4. Aufl. d. Lieder-Commersbuchs v. A. Methfessel. 2. u. 3., verm. u. verb. Aufl. 32. (à 224 Seit.) Hamburg 837, [Niemeyer.]

— für Jung und Alt, zur frohen Unterhaltung. Nach der 4n Aufl. des Lieder-Commersbuchs von A. Methfessel. 2e verm. u. verb. Aufl. 32. Hamburg u. Itzehoe 837. Niemeyer. 1/4 ₰
— 3e verm. Aufl. 839. 1/4 ₰

— für Jung u. Alt zur frohen Unterhaltung. Nach der 4. Aufl. des Lieder-Commersbuchs von A. Methfessel. 5. verm. u. verb. Aufl. 32. Hamburg 843, Niemeyer. 1/4 ₰

Taschen-Liederbuch für die Jünger des Gambrinus. Berlin 1890. H: *Horn, Johannes.* (Russell XVI, I, 1, S. 754)

— f. die Jünger d. Gambrinus. 16. (192 S.) Berlin 890. (Eisenschmidt & Schulze.) geb. n. 1. —

— kleines, f. gesellige Kreise. 16. (64 S.) Düsseldorf 886. F. Bagel. — 15

— kleines; f. gesellige Kreise u. f. Gesangvereine, Turner, Soldaten. 26.—30. Taus. 32. (64 S.) Frankfurt a/M. 894. Jaeger's Verl. — 15

— kleines, f. gesellige Kreise u. f. Gesangvereine, Turner, Soldaten. 31.—40. Taus. 24. (64 S.) Frankfurt a/M. 898. Jaeger's Verl. — 15

—— kleines, f. fröhliche Philister. 16. (32 S.) Rostock 889, Werther's Verlag. — 30

— [zugleich Notizbuch] f. deutsche Knaben u. Jünglinge. Zusammengestellt v. e. prakt. Schulmann. 8. (64 S.) Elberfeld 886. Faßbender. geb. in Halbleinw. n. — 80; in Leinw. n. 1. —

Taschenliederbuch. Koehler's Schweizerisches Taschenliederbuch enthaltend 75 der schönsten und bekanntesten Lieder für frohe Kreise. 68 S. 8. Basel, Koehler, 1902. [fr. —. 50]

Köhler's Taschenliederbuch für das deutsche Volk. Noten-Ausgabe. Für e. mittlere Singstimme gesetzt. Hrsg. v. Wilhelm Köhler. Bearb. v. Friedrich Blome. Minden i. W.: W. Köhler (1898). (2 Bl., 170 S.) 1 Bd 8°

Köhler's Taschen-Liederbuch für das deutsche Volk. Enth. 370 der beliebtesten Vaterlands-, Volks-, Studenten-, Trink-, Jäger-, Turner-, Liebes-, Post- u. Telegraphen-, Radfahrer-, Kegel-, Vereins-, humorist. Lieder. Jubiläums-Ausg. M. e. Jub.-Eingangslied v. F. Dahn. (100. Aufl.) . . . Minden i. W.: W. Köhler [1899]. (XIII S., 1 Bl., 224 S.) 1 Bd 8°

Köhler's Taschen-Liederbuch für das deutsche Volk. Enth. 370 d. beliebtesten Lieder, nebst e. Eingangslied von Felix Dahn. 600. Taus. *Minden: W. Köhler 1900.* (XIII, 223 S.) 8° [F.] [01. 3742 6

— für gesellige Kreise. 16. Graudenz 844. (Berlin, Oehmigke's Buchh.) n. 1/4 ₰

—— für deutsche Krieger. Gesammelt v. L. v. W. 12. (5 B. u. Titvign) Berlin 833, [Schroeder.]

— für katholische Lehrervereine. Eine Sammlg. der beliebtesten Volks-, Gesellschafts- u. Standeslieder. (XIV, 194 S.) kl. 8. Breslau (904). F. Goerlich. n.n. — 20; geb. n.n. — 30

— Marburger. 16. (41 S. m. 1 Abbildg.) Marburg i/H. 890. Ehrhardt. n.n. — 25

Marburger Taschenliederbuch. 10. Aufl. Marburg a. L.: O. Ehrhardt 1903. (92, VII S.) 8° [Umschlagt. F.] [03. 1463 4

— Marburger akademisches. (Neue [Titel-]Ausg.) (92 u. VII S.) 16. Marburg [905] 906/907. O. Ehrhardt. n. — 25

—— neues, s. a. Lieder, drei, um ein. Pfennig.

—— neues, s. a. Taschen-Bibliothek f. häusl. u. gesell. Leben.

—— neues, eine Auswahl v. 200 der bekanntesten u. beliebtesten Gesellschafts-, Commers-, Trink- u. Scherzliedern. Alphabet. geord. 1. u. 2. Aufl. (à 6 B.) 12. Meiningen 828, 29, Keyßner. à

—— neues, 1. Bdchn. 4., u. 2. Bdchn. 2. Ausg. 16. (23 B.) Meiningen 840, [Blum.] à

Taschenliederbuch neues, 1s Bdchn. 4e u. 2s Bdchn. 2e Ausg. 16. Meiningen 840. Keyßnersche Hofbuchh. à 1/6 ₰

Taschen-Liederbuch, neues. Enth. die besten Volks-, Turner-, Jäger- ꝛc. Lieder. 16. (112 S.) Mügeln 867. (Leipzig, Senf.)

—— neues. Enth. die besten Volks-, Turner-, Jäger-, Trink- und Gesellschaftslieder. 16. (112 S.) Mügeln 873. (Leipzig, Senf.)

— neues allgemeines. gr. 12. Mannheim ... Hoff. 1/4 ₰

—— neues allgem., e. Samml. ernster u. launiger, alter u. neuer, meistens bekannter Gesellschafts-, Trink-, Volks- u. a. Lieder. 12. (5 B.) Stuttgart (831). [Mannheim, Hoff.]

**TASCHENLIEDERBUCH**, Neues, Allgemeines. Mannheim, Hoff, o. J. (1839). Gr. 12°. (1/6 Rthl.)
Engelmann II. 1846.

— neues, für das singlustige Deutschland. Eine ausgewählte Sammlung der bekanntesten und beliebtesten Volks-, Vaterlands-, Freiheits- etc. Lieder. 7. Aufl. 16. (464 S.) Schwelm 869, Scherz. cart.

Taschen-Liederbuch, neues illustriertes. 16. (103 S. mit eingedr. Holzschn.) Oberhausen 882, Spaarmann. cart. — 25

— neuestes. 32. (128 S.) Frankfurt a. O. 850, Trowitzsch & Sohn. n. 2 ngr

— neuestes. Die beliebtesten neuen u. alten Lieder enthaltend. 32. (X u. 146 S. m. 1 Holzschn.) Erfurt 851, G. Gebhardi. 1/6 ₰

— neuestes. 32. (176 S.) Brandenburg 852. [Leipzig, Holtze.]

— neuestes. 32. (176 S.) Brandenburg 852, Müller. 1/6 ₰

— neuestes. Hrsg. von Edm. Wallner. 6., verm. Aufl. 32. (XVI und 408 S.) Erfurt 859, Bartholomäus.

— neuestes. Eine Sammlung der beliebtesten Volks-, Vaterlands-, Soldaten- und Jägerlieder etc. etc. 32. (126 S.) Speyer 860, Lang.

— neuestes. Eine ausgewählte Sammlung der beliebtesten, bekanntesten und schönsten Volkslieder. 2. Aufl. 16. (288 S.) Düsseldorf 865, Spaarmann. cart.

— neuestes. Eine ausgewählte Sammlung der bekanntesten und schönsten Volkslieder. 16. (192 S.) Ebendas. 882. cart.

— neuestes. 4. Aufl. Taucha 870. (Leipzig, Jünger.) 32. (160 S.) 2½ ngr.

— neuestes. Eine Auswahl ernster und heiterer Lieder nebst verschiedenen Couplets. 2. Aufl. 16. (96 S.) Chemnitz 871, Hager.

— neuestes. Eine ausgewählte Sammlung der beliebtesten, bekanntesten und schönsten Volkslieder. 10.—13. verm. Aufl. 32. (288 S.) Elberfeld 872—75, Püttmann. cart.

— dass. — Eine ausgewählte Sammlung der beliebtesten, bekanntesten und schönsten Volkslieder. 14. Aufl. 82. (288 S.) Köln, Püttmann. cart.

— neuestes. Eine ausgewählte Sammlg. der beliebtesten, bekanntesten u. schönsten Volkslieder. 15. Aufl. 16. (288 S.) Köln 885. Püttmann. cart. — 60; kleine Ausg. (192 S.) cart. — 40

— neuestes. Eine ausgewählte Sammlg. der beliebtesten, bekanntesten u. schönsten Volkslieder. 18. verm. u. verb. Aufl. 16. (288 S.) Köln (901). J. Püttmann. Kart. — 60

— neuestes. Ausgewählte Sammlung beliebtester Volkslieder. 32. (VIII, 128 S.) Orlamünde 878. Heyl. n. — 30

— neuestes. Eine ausgewählte Sammlung der bekanntesten u. schönsten Volks-Lieder, nebst Breitschädel's Turner- u. Feuerwehrliedern. 16. (223 S.) Elmshorn 882. Groth. — 60

— neuestes, enth.: 325 der auserwähltesten beliebtesten Vaterlands-, Volks-, Soldaten-, Jäger-, Liebes-, Turner- u. Gesellschaftslieder. Für alle Freunde d. Gesangs. Ster.-Ausg. 16. (288 S.) Reutlingen 883. Bardtenschlager. cart. — 75

— neuestes, enth. 255 der besten u. beliebtesten Vaterlands-, Volks-, Studenten-, Jäger-, Liebes-, Turner-, Schützen-, Soldaten-, Trink- u. Gesellschafts-Lieder. Nebst Angabe der Dichter u. Komponisten. 4., verm. Aufl. 16. (VIII, 268 S.) Leipzig 890. Oesterwitz Nachf. n. — 80

— neuestes. 32. (96 S.) Berne 892, B. Bessin. cart. — 25

— neuestes. Eine ausgewählte Sammlg. der bekanntesten u. schönsten Volkslieder. 27. Aufl. 16. (192 S.) Styrum 892. A. Spaarmann. Kart. — 40

Neuestes **Taschenliederbuch**. Eine Sammlung der beliebtesten Volkslieder &c. Berne (Oldenburg): B. Bessin [nach 1892] (156 S.) 8° [Umschlagt. F.] [08. 13875

— neuestes, enth. 255 der besten u. beliebtesten Vaterlands-, Volks-, Studenten-, Jäger-, Liebes-, Turner-, Schützen-, Soldaten-, Trink- u. Gesellschafts-Lieder. Nebst Angabe der Dichter u. Komponisten. 16. (VIII, 268 S.) Halberstadt 894. Ernst. — 60; kart. — 75

— neuestes, enth.: die auserwählt. u. beliebt. Vaterlands-, Volks-, Soldaten-, Jäger-, Liebes-, Turner- u. Gesellschafts-Lieder. Für alle Freunde des Gesangs. Ster.-Ausg. 16. (288 S.) Reutlingen (894). R. Bardtenschlager. Kart. n. — 75

— neuestes, enth. 265 d. besten u. beliebtesten Vaterlands-, Volks-, Studenten-, Jäger-, Liebes-, Turner-, Schützen-, Soldaten-, Trink- u. Gesellschafts-Lieder, nebst Angabe der Dichter u. Komponisten. 2., verm. u. verb. Aufl. gr. 16. (X, 284 S.) Leipzig 898. Ernst. — 60; kart. — 75

— neuestes, enth. 265 der besten u. beliebtesten Vaterlands-, Volks-, Studenten-, Jäger-, Liebes-, Turner-, Schützen-, Soldaten-, Trink- u. Gesellschafts-Lieder, nebst Angabe der Dichter u. Komponisten. 3. verm. u. verb. Aufl. gr. 16. (284 S.) Leipzig (900). Ernst. — 60; kart. — 75

— neuestes. Enth. 265 der besten u. beliebtesten Vaterlands-, Volks-, Studenten-, Jäger-, Liebes-, Turner-, Schützen-, Soldaten-, Trink- u. Gesellschafts-Lieder, nebst Angabe der Dichter u. Komponisten. 4. verm. u. verb. Aufl. (X, 284 S.) kl. 8. Leipzig (904). Ernst. — 60; geb. — 75

— patriotisches, f. Krieger- u. Militärvereine. Unter besond. Berücksicht. der bekanntesten Marsch- u. Soldatenlieder zusammengestellt vom Stedinger Kriegerverein zu Berne. gr. 16. (261 S.) Berne 892. B. Bessin. Kart. — 50

— für deutsche Sänger. Eine Auswahl von 500 der besten Volks-, Studenten-, Jäger etc. Lieder. Gesammelt von Fröhlich v. Fröhlichenstein. 14. verb. Aufl. Einbeck 868. Ehlers. 16. (168 S.) 9 ngr.

— f. Deutschlands fröhliche Sänger. Auswahl der beliebtesten u. gediegensten vierstimm. Freiheits- Vaterlands- Jäger- Wehrmanns- u. Gesellschaftslieder. 2. (Titel-) Ausg. 8. (VIII u. 144 S. m. Melodien.) Stuttgart 850, Ebner. 1/4 ₰

— des lustigen Sängers. Eine ausgewählte Samml. d. bekanntesten u. beliebtesten Volks-, Studenten-, Jäger-, Soldatenlieder etc. Hrsg. von einem Sängervereine. 16. (VI u. 130 S.) Creutzburg 847, Landsberger. 1/8 ₰

Taschenliederbuch für Deutschland's Soldaten u. Landwehrmänner. 2. verm. Aufl. Stuttgart 859. Beck. (Cammerer.) 32. (48 S.) 3 ngr.

— für Stolze'sche Stenographen. Hrsg. v. der Stenograph. Gesellschaft zu Berlin. 16. (III, 76 S. m. 2 lith. S.) Berlin 872. Scheller in Comm. n. — 75

— Thüringer. Hrsg. v. den Thüringerwald-Zweig-Vereinen Blankenburg, Rudolstadt u. Saalfeld. 2. verb. Aufl. (42 S.) 16. Rudolstadt (910). R. Keil's Nachf. — 20

— für das deutsche Volk. Enth.: 401 der beliebtesten alten u. neuen Volks- u. Studentenlieder. 2. verb. u. verm. Aufl. 32. Crefeld 846, Klein. 1/6 ℛ

—— für das deutsche Volk. Enth.: 413 der beliebtesten alten und neuen Volks- und Studentenlieder. 4., mit deutschen Freiheits- und Nationalliedern verm. Aufl. 32. (252 S.) Crefeld 848, Klein.

—— dass. — 6., verm. Aufl. Enth. 443 der beliebt. alten und neuen Volks-, Studenten-, Commers- und Freiheitslieder. 32. (338 S.) Ebds. 851(52.)

— für das deutsche Volk. Enthaltend eine Sammlung der beliebtesten alten und neuen Volks-, Studenten-, Commers-, Liebes- und andern Liedern. 7. Aufl. 853. — 8. bedeutend verm. Aufl. Crefeld 855. Klein. 32. (338 S.) 5 ngr.

— für das deutsche Volk. Enthaltend eine sehr große Auswahl der beliebtesten alten u. neuen Volks-, Studenten-, Commers-, Liebes- u. andere Lieder. 9., vielfach veränd. Aufl. Crefeld 859. Klein. 32. (336 S.) 5 ngr.

— für das deutsche Volk. Enthltd. die beliebtesten alten u neuen Volks-, Studenten-, Turner- ꝛc. u. andere Lieder. 11—13. verm. Aufl. Crefeld 865,70. Klein. 32. (336 S.) 5 ngr.

—— für das deutsche Volk. Enth. die beliebtesten alten und neuen Volks-, Studenten-, Commers-, Turner-, Liebes- und andere Lieder. 14. revid. und verm. Aufl. 16. (336 S.) Krefeld 876, Klein'sche Buchh. 65 Pf.; cart.

— f. das deutsche Volk. Enth. die beliebtesten alten u. neuen Volks-, Studenten-, Commers-, Turner-, Liebes- u. andere Lieder. 15., verm. Aufl. 16. (384 S.) Crefeld 889. Klein. cart. — 75

— für das deutsche Volk. Eine ausgewählte Samml. der beliebtesten u. bekanntesten Volks-, Studenten-, Jäger-, Soldaten-, Liebes-, Trink-, Wander- ꝛc. Lieder. 32. (304 S.) Plauen 847, Schröter. — 2. verm. u. verb. Aufl. 32. (XII u. 352 S.) Ebd. 849. — [Freut euch des Lebens.] 4. verm. u. verb. Aufl. 32. (XII u. 352 S.) Ebd. 850. — 5. verm. u. verb. Aufl. 32. (XII u. 352 S.) Ebd. 850. — 7. verm. u. verb. Aufl. 32. (XVI u. 358 S.) Ebd. 851. — 9. verm. u. verb. Aufl. 32. (XVI u. 358 S.) Ebd. 852. — 10. verm. u. verb. Aufl. 32. (XVI u. 358 S.) Ebd. 852. 1/4 ℛ

—— für das deutsche Volk. Eine ausgewählte Sammlung der beliebtesten und bekanntesten Volks-, Studenten-, Jägerlieder ꝛc. 11—14. Aufl. (XIV und 375 S.) 1853—55. und 17., verm. und verb. Aufl. 32. (XII und 392 S.) Plauen 856, Schröter.

—— für das deutsche Volk. Eine ausgewählte Sammlung der beliebtesten und bekanntesten Volks-, Studenten-, Jäger-, Soldaten- ꝛc. Lieder. 18—24., verm. und verb. Aufl. 32. (XII und 392 S.) Plauen 857—61, Schröter. 7½ Ngr.; geb. *

—— für das deutsche Volk. Eine ausgewählte Sammlung der beliebtesten und bekanntesten Volks-, Studenten-, Jäger- ꝛc. Lieder. 25.—32., verm. und verb. Aufl. 32. (XIII und 432 S.) Plauen 862—68, Schröter's Verlag. cart.

—— für das deutsche Volk. Eine ausgewählte Sammlung der beliebtesten und bekanntesten Volks-, Studenten-, Jäger-, Soldaten-, Liebes-, Trink-, Wander-, Opern- und Gesellschaftslieder. 33.—38. Aufl. 1868—74. 75 Pf., und 39. verm. und verb. Aufl. 16. (XIII, 479 S.) Plauen 875, Schröter. cart.

— dasselbe. Eine ausgewählte Sammlg. der beliebtesten u. bekanntesten Volks-, Studenten-, Jäger-, Soldaten-, Liebes-, Trink-, Wander-, Opern- u. Gesellschaftslieder. 40. verm. u. verb. Aufl. 16. (XIV, 479 S.) Plauen 876. Schröter. 1. —

—— dass. — Eine ausgewählte Sammlung der beliebtesten und bekanntesten Volks-, Studenten-, Jäger-, Soldaten-, Liebes-, Trink-, Wander-, Opern- und Gesellschaftslieder. 41.—43. verm. und verb. Aufl. 16. (XIV, 486 S.) [Plauen 878—81.] Ilmenau, Schröter's Verlag. cart.

—— für das deutsche Volk. Eine ausgewählte Sammlung der beliebtesten und bekanntesten Volks-, Studenten-, Jäger-, Soldaten-, Liebes-, Trink-, Turner-, Wander-, Opern- und Gesellschafts-Lieder. 45. und 46. verm. und verb. Aufl. 16. (XIV, 492 S.) Ilmenau 885,86, Schröter. cart. *

— für das deutsche Volk. Eine ausgewählte Sammlg. der beliebtesten u. bekanntesten Volks-, Studenten-, Jäger-, Soldaten-, Liebes-, Trink-, Turner-, Wander-, Opern- u. Gesellschafts-Lieder. 47., verm. u. verb. Aufl. 16. (XIV, 492 S.) Ilmenau 894. A. Schröter. Kart. n. 1. —; geb. in Leinw. n. 1. 50

— für das deutsche Volk. 16. (XII, 272 S.) Breslau 883. Goerlich. geb. — 75

— für deutsche Wehrmänner. Auswahl v. 65 der beliebtesten u. gediegensten 4stimmigen Lieder, gesammelt u. hrsg. vom Verleger. gr. 16. (VIII u. 144 S.) Stuttgart 848, Frz. Müller. 18 ngr.

— f. die deutschen Wehrmänner. Eine ausgewählte Sammlg. der beliebtesten Vaterlands-, Volks- u. Freiheitslieder. 16. (VIII u. 88 S.) Schw. Hall 848, Nitzschke. 4 ngr.

— wohlfeiles. Vaterlands-, Kriegs- u. Heldenlieder ꝛc. 5. Aufl. Halle 860. Schmidt's Verlag. 16. (2 Bl., 64 S.) n. 2 ngr.;
Ausg. mit Melodien (2 Bl., 92 S.) n. 3 ngr.

Taschen-Liederbüchlein, deutsches. Eine Sammlung der bekanntesten und vorzüglichsten deutschen Volkslieder. 16. (80 S.) Ilmenau 865, Banse.

Taschenliederbüchlein f. Lehrlings- u. Jünglings-Vereine. 12. (26 S.) Nürnberg-Glaishammer 893. (Nürnberg, J. Ph. Raw.) n.n. — 15

Taschenmerk-Kalender, deutschnationaler, (Zeitweiser), auf d. J. 1894. 16. (169 S. u. Schreibkalender m. 1 Bildnis.) Wien. (Leipzig, Literar. Anstalt A. Schulze.) Geb. in Leinw. n. 1. 20

Taschenmerk-Zeitweiser, Deutschvolklicher, für das Jahr 1896. (2009 seit dem ersten Auftreten der Germanen in der Weltgeschichte.) Herausgegeben und geleitet von K. M. Iro. 16. (134 S. mit Notizblättern.) In Comm. In Lnwdbd. * —.60
Wien: Amonesta.

Deutschvölkischer Taschenmerk-Zeitweiser auf das Jahr 1900. (2013 seit dem ersten Auftreten der Germanen in der Weltgeschichte). Herausgegeben und geleitet von Karl Iro. 6./13. Jahrgang. Wien. 8°. 206 S. mit Tagebuch und 2 Tafeln. Geb. fl. —.70, in Leder fl. 1.30

Taschen-Notizblock-Kalender pro 1888. II. Jahrg. Ebd. fl. —.60.
Wien: Perles.

Taschen-Notiz-Block-Kalender pro 1891. V. Jahrgang —.60
Wien: Perles.

Taschen - Notiz - Block - Kalender pro 1892. IV. Jahrg. —.60
Wien: Perles.

Taschen-Notiz-Blockkalender pro 1893. VII. Jahrgang —.60
Wien: Perles.

Taschen-Notiz-Block-Kalender f. d. Jahr 1894. VI. Jahrg. —.60
Wien: Perles.

Taschen - Notitzblock - Kalender pro 1895. VII. Jahrgang —.60
Wien: Perles.

Taschen - Notizblock - Kalender pro 1896. VIII. Jahrgang —.60
Wien: Perles.

Taschen-Notizbuch. 1902. gr. 16. (Schreibkalender u. 28 S. m. Abb. u. 1 Taf.) Leipzig-Neustadt, A. Henze. n.n. — 15

Taschen-Notizbuch. 1907. (Schreibkalender u. 42 S. m. 1 farb. Karte.) kl. 8. Leipzig-Neustadt, A. Henze. n. — 20

Taschen-Notizbuch 1909. (Schreibkalender u. 42 S.) 16. Leipzig-Neustadt, A. Henze. — 20

— für Imker auf d. J. 1904. Hrsg. v. der Red. der „Praxis der Bienenzucht". (110 S.) gr. 16. Berlin-Charlottenburg, E. Prager. n.n. — 50

Taschen-Notizbuch für Offiziere, s. Taschen-Notizenbuch ...

Taschen-Notizbuch (f. Polizeibeamte) 1909. (102 u. 22 S. m. Notizblättern.) kl. 8. Münster, J. Bredt. Geb. 1. —

— (für Polizeibeamte) 1911. (110 u. 30 S. m. Notizblättern.) kl. 8. Münster, J. Bredt. Geb. nn 1. —

Taschen-Notizbuch für Turner 1878/79. 16. (50 S.) Schwiebus, Bernhardt. geb. n. 1. 20

Taschen-Notizbuch f. Turner. Hrsg. vom Brieger Turn-Verein. 16. (37 S.) Brieg 886. (Bänder.) geb. — 90

Taschen-Notizenbuch für Officiere auf das J. 1864. Mit der Photographie Sr. Majestät des Kaisers, einem Notiz-Kalendarium, Formularien, Verzeichniß der Armeebehörden, Regimenter etc., Stempel-Scala und Pergamenttafel. 16. (36 S. und 36 Notizbl.) Wien 863, Bermann. geb. *

Taschen-Notiz-Kalender auf die J. 1860 und 1861. Ein Tage- und Notizbuch für Advokaten, Beamte und Reisende, sowie für den Geschäfts-, Privat- und Gewerbsmann. gr. 16. (IV und 215 S.; IV und 224 S.) Würzburg, Stahel'sche Buchh. geb. à Jahrg.
Durchschossen à Jahrg. *

Taschen-Notiz-Kalender auf die J. 1863—68. Ein Tage- und Notizbuch für Advokaten, Beamte und Reisende, sowie für den Geschäfts-, Privat- und Gewerbsmann. gr. 16. (à Jahrg. IV und 224 S.) Würzburg, Stahel'sche Buchh. geb. à Jahrg. 12 Ngr.; durchschossen à Jahrg. *

— auf die J. 1869—1875. Ein Tage- und Notizbuch für Advokaten, Beamte und Reisende, sowie für den Geschäfts-, Privat- und Gewerbemann. gr. 16. (à 180—240 S.) Würzburg, Stahel'sche Buchh. à Jahrg. *
Durchschossen *

Taschen-Notiz-Kalender auf die J. 1876—1880. Ein Tage- und Notizbuch für Advokaten, Beamte und Reisende, sowie für den Geschäfts-, Privat- und Gewerbemann. 16. (IV, 235; IV, 232; IV, 232; IV, 232; IV, 232 S.) Würzburg, Stahel'sche Buchh. geb. à Jahrg. **
geb. und durchsch. à Jahrg. *

— auf die J. 1881—1885. Ein Tage- und Notizbuch für Advokaten, Beamte und Reisende, sowie für den Geschäfts-, Privat- und Gewerbemann. gr. 16. (à Jahrg. ca. IV, 183, 44 S.) Würzburg, Stahel'sche Universitäts-Buchh.
geb. à Jahrg. *
durchsch. à Jahrg. *

— auf die J. 1886—1889. Ein Tage- und Notizbuch für Advocaten, Beamte und Reisende, sowie für den Geschäfts-, Privat- und Gewerbemann. gr. 16. (à Jahrg. IV, 183, 44 S.) Würzburg, Stahel'sche Universitäts-Buchh. geb. à Jahrg. * 1 —
durchsch. à Jahrg. * 1 40

— auf d. J. 1890. Ein Tage- u. Notizbuch f. Advokaten, Beamte u. Reisende, sowie f. den Geschäfts-, Privat- u. Gewerbemann. gr. 16. (IV, 183 u. 44 S.) Würzburg, Stahel. geb. n. 1. —; durchsch. n. 1. 40

Taschen-Notiz-Kalender für 1871. schmal 8. (108 S.) Hannover 871. (Celle, Schulze'sche Buchh.) geb. *

— für das J. 1876—1880. Mit humorist. Erzählungen, einer Zinsberechnungs-, sowie einer Besoldungs- und Liedlohns-Tabelle. 32. (78; 80; 78; 54 S. mit je 1 Holzschntaf.) Würzburg, Etlinger'sche Buchh. geb. mit Goldschn. à Jahrg. *

Taschen-Notiz-Kalender für die J. 1881—1885. Mit humorist. Erzählungen, einer Zinsberechnungs-, sowie einer Besoldungs- und Liedlohns-Tabelle. 64. (à Jahrg. 80 S.) Würzburg, Etlinger'sche Buchh. à Jahrg.
geb. mit Goldschn. à Jahrg. *

Taschen-Notiz-Kalender für die J. 1886—1889. Mit humorist. Erzählungen, einer Zinsberechnungs-, sowie einer Besoldungs- und Liedlohns-Tabelle. 64. (à Jahrg. 80 S.) Würzburg 885, Etlinger'sche Buchh. à Jahrg.
geb. à Jahrg. *

Taschen-Notiz-Kalender für d. J. 1890—1893. 64. (à Jahrg. 80 S.) Würzburg, Etlinger. à Jahrg. — 15; geb. * — 40

Taschen-Notizkalender f. 1906. (40 S.) 32. Stuttgart, Fleischhauer & Spohn.
Geb. in Leinw. u. durchsch. — 30; m. Goldschn. — 60

— für das Herzogt. Anhalt. 2.—5. Jahrg. 1886—1889. Mit 1 Eisenbahnkarte von Deutschland und 1 Specialkarte von Anhalt. gr. 16. (180; IV, 148; IV, 148, 32; IV, 148, 40 S.) Dessau, Baumann'sche Verlagsh. geb. à Jahrg. *

— für das Herzogt. Anhalt. 6.—9. Jahrg. 1890—1893. gr. 16. (à Jahrg. 148, 47 S. m. 2 Karten.) Dessau, Baumann.
à Jahrg. geb. * 1 —

Taschen-Notiz-Kalender f. das Herzogth. Anhalt. 11. Jahrg. 1895. Mit 1 Eisenbahnkarte v. Deutschland u. 1 Specialkarte v. Anhalt. gr. 16. (IV, 150 u. 55 S. m. Abbildgn.) Dessau, P. Baumann. Geb. in Leinw. n. 1. —

**Taschen-Notiz-Kalender** f. d. Herzogth. Anhalt. 14. Jahrg. 1898. M. 1 Eisenbahnkarte v. Deutschland u. 1 Specialkarte v. Anhalt. gr. 16. (IV, 248 S. m. Abb.) Dessau, Anhalt. Verlagsanstalt. Geb. in Leinw. n. 1. —

— baltischer. s.: Geuter.

— Bäuerles, f. die k. u. k. Armee. 1893. 9. Jahrg. 16. (IV, 212 u. VI S. m. Abbildgn.) Iglau, P. Bäuerle. Geb. in Leinw. n. 1. 80; in Brieftaschenform geb. in Leinw. m. farb. Karte v. Oesterreich-Ungarn n. 2. 20; in Ldr. n. 3. —

— Bäuerles, f. die k. k. Finanzwache. 1893. 9. Jahrg. Red. v. Adf. Ritter v. Strigl. 16. (IV, 200 S.) Iglau, P. Bäuerle. Geb. in Leinw. n. 1. 80; in Brieftaschenform geb. in Leinw. m. farb. Karte v. Oesterreich-Ungarn n. 2. 20; in Ldr. n. 3. —

**Taschen-Notiz-Kalender,** Bäuerles, f. die k. k. Gendarmerie u. Sicherheitswache. 1893. 9. Jahrg. 16. (IV, 196 S.) Iglau, P. Bäuerle. Geb. in Leinw. n. 1. 80; in Brieftaschenform geb. in Leinw. m. farb. Karte v. Oesterreich-Ungarn n. 2. 20; in Ldr. n. 3. —

— Bäuerles, f. Unterofficiere der k. u. k. Armee. 1893. 10. Jahrg. 16. (IV, 260 u. VI S. m. Abbildgn.) Ebd. Geb. in Leinw. n. 1. 80; in Brieftaschenform geb. in Leinw. m. farb. Karte v. Oesterreich-Ungarn n. 2. 20; in Ldr. n. 3. —

—— für das Herzogt. Braunschweig. 1888. 4. Jahrg. gr. 16. (IV, 148, 32 S. mit 1 Eisenbahnkarte von Deutschland und 1 Specialkarte von Braunschweig.) Braunschweig, Bruhn's Verlag. geb. *

—— für das Herzogt. Braunschweig. 5.—9. Jahrg. 1889—1893. gr. 16. (à Jahrg. ca. 200 S. m. 2 Karten.) Braunschw., Appelhans u. Pfenningstorff. à Jahrg. geb. * 1 —
Ausg. für Lehrer. (à Jahrg. ca. 215 S. m. 2 Karten.) * 1 —

— für das Herzogt. Braunschweig. 11. Jahrg. 1895. Mit 1 Eisenbahnkarte v. Deutschland u. e. Spezialkarte v. Braunschweig. 12. (150 u. 55 S.) Braunschweig, Appelhans & Pfenningstorff. Geb. in Leinw. n. 1. —

— für d. Herzogt. Braunschweig. (14. Jahrg.) 1898. M. 1 Eisenbahnkarte v. Deutschland u. e. Spezialkarte v. Braunschweig. gr. 16. (249 S. m. Abb.) Braunschweig, Appelhans & Co. Geb. in Leinw. n. 1. —

— dasselbe. Ausg. für Lehrer. gr. 16. (IV, 249 u. 18 S.) Ebd. Geb. in Leinw. n. 1. --

**Taschen-Notiz-Kalender** für Einigungs-Stenographen. Jg. 1. Berlin: F. Schrey (1905). 8° [08. 1485

—— für die freie und Hansestadt Lübeck. 1. Jahrg. 1889. gr. 16. (IV, 152 S. mit 1 Eisenbahnkarte von Deutschland.) Lübeck, Dittmer'sche Buchh. geb. *

— f. die freie u. Hansestadt Lübeck. 2. Jahrg. 1890. Mit e. Eisenbahnkarte v. Deutschland. gr. 16. (156 u. 47 S.) Lübeck, Dittmer. geb. n. 1. —

**Taschen-Notiz-Kalender u. Merkbuch** f. Einigungs-Stenographen f. d. J. 1910. Bearb. v. J. B. Klören. 6. Jahrg. (135 S.) kl. 8. Berlin, F. Schrey. — 30

**Taschen-Notizkalender** für deutsche Turner, 1910, 1911, Stuttgart. Kl.-8°. 2 Bde.

**Taschen-Notizkalender** f. deutsche Turner 1911. (64 S.) kl. 8. Stuttgart, P. Mähler. nn — 25

Taschen-Notiz-Kalenderchen f. 1873. 16. Zürich, Orell, Füssli & Cie. —. 25
Eleg. gbdn., mit Papier durchschossen 1. 30

**Taschen-Orientirungs-Schema** der Haupt- u. Residenzstadt Wien mit ihren Vorstadt-Bezirken, alten u. neuen Benennungen der Straßen u. Plätze u. 1 lith. Orientirungs-Plan (in gr. Fol.) nach den neuesten Aufnahmen. Wien 863. Typograph.-literar.-artistische Anstalt. 16. (66 S.) n. 12 ngr.

**Taschenpanorama** der d. u. ö. Alpen (Umschlag: Alpenvereins-Taschen-Panorama). Nr. 1—4. Lith. Mit Text auf der Rückseite. á 12×25,5 cm. München, J. Lindauer. à n. — 20

1. Rundschau v. der Ellmauer Haltspitze, nach der im Auftrage des d. u. ö. Alpenvereins erfolgten Aufnahme neugezeichnet. Von R. Reschreiter. 901.
2. Rundschau v. der Zugspitze, nach der im Auftrage des d. u. ö. Alpenvereins erfolgten Aufnahme neugezeichnet. Von R. Reschreiter. 901.
3. Rundschau v. Herzogstand. Aufgenommen u. gezeichnet v. R. Reschreiter. 901.
4. Rundschau vom Wallberg. Aufgenommen u. gezeichnet v. R. Reschreiter. 902.

**Taschenpanorama** der d. u. ö. Alpen. (Umschlag: Alpenvereins-Taschen-Panorama). Nr. 5—8. Lith. Mit Text auf der Rückseite. München, J. Lindauer. à n. — 20

5. Rundschau vom Speickboden. Nach der im Auftrage des D. u. Ö. A. V. erfolgten Aufnahme neugezeichnet. Von R. Reschreiter. 12,5×26,5 cm. 902.
6. Rundschau v. der Plose bei Brixen. Nach der im Auftrag des D. u. Ö. A. V. erfolgten Aufnahme neugezeichnet. Von R. Reschreiter. 13×27 cm. 904.
7. Rundschau vom Grossglockner 3797 m. Nach der Mühlbacherschen Aufnahme gezeichnet. Von R. Reschreiter. 29×28,5 cm. 905.
8. Rundschau vom Grossvenediger 3673 m. Nach der Mühlbacherschen Aufnahme gezeichnet. Von R. Reschreiter. 29×28,5 cm. 906.

**Taschenpanorama** der d. u. ö. Alpen. (Umschlag: Alpenvereins-Taschen-Panorama.) Nr. 9. Lith. Mit Text auf der Rückseite. München, J. Lindauer. — 20
Rundschau vom Brünnstein. Von Rud. Reschreiter. Nach dem Original v. I. Wischniowsky neugezeichnet. 27×28,5 cm. 907.

**Taschen-Panorama** des Rheines. Stahlstich. Nebst Rheinführer. [7. Aufl.] Leipzig 1888. V: *Lesimple, August.* (STBKöln I, 23)

**Taschen-Panorama** d. Rheines. Stahlst. qu. schmal gr. Fol. Nebst Rheinführer. 8. (68 S. m. 1 Bild.) Leipzig 888. Lesimple. geb. n. 3. —

**Taschenpferdearzt,** der Pariser, ein Noth- u. Hülfsbüchlein f. Equipagen, auf Verordn. des Wohlfahrtsausschusses zu Paris herausgg. rc. f. Pferdeliebhaber rc. 8. Leipz. 805. Joachim. 8 gr.

**Taschen-Pharmacopoe.** Ein Auszug aus der Pharmacopoea germanica enth. sämmtl. Bereitungsangaben der chem. u. pharmaceut. Präparate. Nebst Tab. üb. die specif. Gewichte der officinellen Flüssigkeiten zwischen 12 u. 25° C. 8. (23 S.) Bunzlau 873. (A. Appun.) n. 1. —

**Taschen-Pharmacopöe.** Auszug aus der Pharmacopoea germanica ed. II. Enth. die Bereitungsangaben der chem. u. pharmaceut. Präparate. Nebst Tabellen über 1. die Löslichkeit chem. Präparate im Wasser, Weingeist u. Aether; 2. die zwischen + 12 bis 25° eintret. Veränderungen des spec. Gewichts officineller Flüssigkeiten; 3. [als Extrabeilage zum Aufhängen am Receptirtisch:] Maximaldosen-Tabelle. 12. (22 S.) Bunzlau 882. Berlin, Springer in Comm. n.n. — 75; mit dem Taschen-Commentar zusammen n.n. 1. --

Taschen-Pharmakopoe. Auszug aus dem Arzneibuch für das Deutsche Reich. 3. Ausg. Enth. die Bereitungs-Angaben der chem. u. pharmazeut. Präparate. Nebst 2 Tabellen: 1. Uebersicht der zwischen + 12° u. 25° eintret. Verändergn. der bei den Revisionen der Apotheken festzustell. spezif. Gewichte von Flüssigkeiten. 2. Tabelle A., enth. die Höchstgaben oder Maximaldosen. gr. 16. (33 S.) Berl. 890, Springer. * — 50

Taschen-Pistole, humoristische, s. Brennecke.

Taschen-Pistole, humoristische, wider den bösen Feind der Langenweile. Zur Erbauung fideler Häuser losgeschossen von Brennecke (A. Hopf.) Mit sehr vielen Orig.-Ladungen beliebiger Humoristen und Humoristinnen. 16. (141 S.) Berlin 854, Faudel.

Taschen-Plan der Kgl. Haupt- u. Residenzstadt Breslau. (Mit alphab. Verz. d. Strassen ...) [Massst. ca 1:10,000.] 12. Aufl. Breslau: M. Tietzen [1899]; Lith. M. Lemberg Nachf. (1 Kartenbl. 41x47 cm.) 8° [kol.]
[Umschlagt.:] Neuester Taschen-Plan von Breslau.

Taschen-Plan von Dresden, mit Verzeichniss der öffentl. Gebäude, der Strassen und Plätze. Chromolithogr. gr. 4. [Leipzig 876, Douffet.] Hamburg, Berendsohn. — 30
Aus: Führer von Dresden, besonders abgedruckt.

Taschenplan der Stadt Graz. 1 : 12.000. 5. Aufl. 8°. (16 S.) K —.40
Graz: Styria 1909.

(Alexius) Kiessling's Taschen-Plan von Berlin. Grosse Ausg. das gesamte Weichbild umfassend (mit roten Verkehrslinien d. Strassenbahnen). Massst. 1:25.000. [Nebst] Verzeichnis d. Strassen ... *Berlin: A. Kiessling [1902]; Geogr. Anst. C. L. Keller.* (1 Kartenbl. 44×38 cm.) 8° [kol.] [03. 6[illegible]

(Alexius) Kiesslings Taschen-Plan von Berlin (mit roten Verkehrslinien d. Strassenbahnen u. vollst. Strassen-Verzeichnis mit Angabe d. Postbezirke). [Kleine Ausg.] Massst. 1 : 25.000. [Mit 1 Nebenkarte.] *Berlin: A. Kiessling [1902]; Geogr. Anst. C. L. Keller.* (1 Kartenbl. 39 × 30 cm, 32 S.) 8° [kol.] [03. 5568

Taschen-Plan von Leipzig mit Verzeichniss der öffentlichen Gebäude, der Strassen und Plätze. Chromolithogr. qu. 4. Leipzig 876, [Douffet.] C. Wilfferodt. (30 Pf.) — 40
Aus: Führer von Leipzig, besonders abgedruckt.

Taschen-Plan von Leipzig (mit lithogr. Plan der Umgegend auf der Rückseite). 4. revid. Aufl. Chromolithogr. gr. 4. Mit Verzeichniss der Strassen und Plätze. 8. (2 S.) Leipzig 885, Wilfferodt. * — 40

Taschenplan von Mailand. Nach officiellen Quellen. 1: 19,500. Neue verb. Aufl. Lithogr. gr. 4. St. Gallen 883, Scheitlin und Zollikofer. * — 80

Taschenplan der Stadt Mödling. M. 4. Unaufgezogen —.15
Mödling: Thomas 1898.

Taschen-Plan, neuester, der kgl. Haupt- u. Residenzstadt Breslau. Farbendruck. 37×47 cm. Mit Text auf dem Umschlag. Bresl. 891, Felder's Verlag. — 40

Neuester Taschen-Plan von Berlin und den nächsten Vororten. Massst. 1:25,000. M. e. Verz. d. Strassen, Plätze, öffentl. Gebäude u. Sehenswürdigkten etc. *Berlin: D. Reimer (1896).* (1 Bl., 34 S., 1 Ktnbl. [illegible]) 1 Bd 8. [97. 1013

[Umschlagt.:] Neuester Taschen-Plan von Breslau. M. alphabet. Verzeichniss d. Strassen, Plätze u. öffentl. Gebäude ... 9. verb. Aufl. *Breslau: J. Max 1895.* (1 Ktnbl. [illegible]) 1 Bd 8. [96. 4089

Neuester Taschenplan von Breslau und seiner Umgebung. (3. verm. u. verb. Aufl.) Schweidnitz: G. Brieger; Lith. C. Boy [1901]. (40 S., 1 Kartenbl. 52x55 cm.) 8° [kol.]
[Umschlagt.:] Plan von Breslau mit Führer.

Taschenplan der Stadt St. Gallen. In-8°. St. Gallen, Scheitlin und Zollikofer. 1879. — 60

Taschenpoet, der, od. d. Kunst selbst Neujahrwünsche zu machen. 8. Leipz. Gräff.

Taschenposttarif. Taschen-Posttarif für die Schweiz und das Ausland. Hrg. von der Schweizerischen Oberpostdirektion. Vom 15. Juli 1901. II + 45 S. 8. Bern, Körber. fr. —.40

Taschen-Posttarif für die Schweiz und das Ausland. Hrg. von der Schweizerischen Oberpostdirektion. Vom 1. Dezember 1903. II + 56 S. 8. Bern, Körber, (XI. [19]03). fr. —. 40

Taschen-Posttarif für die Schweiz und das Ausland. Hrg. von der Schweizerischen Oberpostdirektion. Vom 15. Februar 1906. IV + 63 S. 8. Bern, Hans Feuz, (II. [19]06). fr. —. 40

Taschen-Posttarif für die Schweiz und das Ausland. Hrg. von der Schweizerischen Oberpostdirektion. Vom 1. Oktober 1907. IV + 66 S. 8. Bern, Hans Feuz, (IX. [19]07). fr. —. 40

Taschen-Rangliste für das 1. Armeekorps nach dem Stande am 1. Okt. 1902. *Königsberg i. Pr.: H. Herrmann (1902).* (86 S.) 8° [F.] [02. [illegible] 10

Taschen-Rangliste des VI. Armeekorps. Stand am 18. IV. 1901. gr. 16. (60 S.) Berlin 901. (Breslau, Hirt's Sort.) Kart. n. 1. —

Taschen-Rangliste des VI. Armeekorps. Stand am 7. VI. 1907. (69 S.) 16. Berlin 907. (Breslau, Hirt's Sort.) Kart. 1. 20

Taschen-Rangliste des XI. Armee-Korps. 1903. Aufgest. durch d. Registratur d. General-Kommandos XI. Armeekorps. *Cassel: M. Siering i. Komm. 1903.* 8° [F.] [03. 8138 4

Taschen-Rangliste des XI. Armee-Korps. Stand am 27. I. 1904. Aufgestellt durch die Registratur des Generalkommandos XI. Armeekorps. (72 S.) 12. Cassel 904. (M. Siering.) Kart. n. — 80

— des XIII. Armee-Korps. Stand am 1. XI. 1910. (XV, 95 S.) kl. 8. Stuttgart 910. J. B. Metzler. Geb. 1. —

— der Behörden u. Truppentheile des XVI. Armee-Korps, des königl. sächsischen Fußartillerie-Regiments Nr. 12, der königl. bayerischen 8. Infanterie-Brigade u. des königl. bayerischen 2. Fußartillerie-Regiments (Stab, I. u. III. Bataillon). Hrsg. v. R. Freimark. 1. Jahrg. 1. u. 2. Hft. Stand am 1. IV. bezw. 1. X. 1902. 12. (à IV, 93 S.) Metz, P. Müller à n. — 80

— der nicht z. Gardekorps gehörigen Militärbehörden u. Institute der Garnison Berlin, nebst Verzeichnis der Geschäftszimmer u. Fernsprechanschlüsse sämtl. Militärbehörden usw. der Standorte Berlin, Charlottenburg, Gr. Lichterfelde, Jüterbog, Potsdam u. Spandau. Stand am 1. VI. 1909. (VI, 104 S.) 16. Berlin 909. E. S. Mittler & Sohn. Kart. — 80

Taschen-Räthselbuch, enth. 300 scherzhafte Räthselfragen nebst Auflösungen. 32. (40 S.) Mülheim am Rhein 851. (Cöln, Lengfeld.) n. 3 ngr

Taschenrechenmeister, der, oder neuer Faullenzer zur Berechnung der Preise von 1—1000 Stück. Ein Hilfsbuch für Jedermann. 32. (99 S.) Ulm 879. Gebr. Nübling. — 30

Taschenrechner, od. der sogenannte Faulenzer, mit einer Münztabelle. 8. Wien, Alo. Doll. 796.

— — ders. 8. Wien, Kaulfuß. 808.

Taschenrechner, österreich., enth. Reduktions-Tabellen, Interesse-, Disconto-, Rabatt-, Provisions- rc. Berechnung rc. 4 Grätz 815. Ferstl. 12 Kr

**Taschen-Relief** von Schneeberg — Raxalpe — Schneealpe. 1 : 100.000 K 3.50

Wien: Freytag & Berndt 1905.

**Taschen-Renn-Kalender f. Deutschland. Jahrg. 1836—41. gr. 12. Berlin, [Asher u. Comp.] (836. (5 B.) * 1⅙ Thlr., 37. (7⅔ B.), 38. (9½ B.), 39. (7¾ B.), 40. (8⅔ B.), 41. (9 B.) à * 1⅓ Thlr.]** *

Jahrg. 1836—38., hrsg. v. Henckel v. Donnersmark, 1841. v. C. H. Vogler.

**Taschen-Renn-Kalender** für Deutschland. Von C. H. Vogler. Jahrg. 1842. gr. 12. (9⅚ B.) Berlin, Asher u. Comp. *

Jahrg. 1836—41. Ebendas. * 7 Thlr. 25 Ngr.

**Taschen-Repetitorium** für Gymnasial- u. Realschüler, besonders als Examinanden, sowie für Einjährig-Freiwillige, Kaufleute, Gewerbtreibende u. alle Solche, welche in kürzester Zeit die wichtigeren Lehrfächer der Gymnasien u. Realschulen, sowie der höheren Töchterschulen u. anderer Lehranstalten wiederholen wollen. I. A. u. d. T.: Taschen-Repetitorium der lateinischen, französischen u. englischen Sprache mit Bedachtnahme auf die gangbarsten Grammatiken. Von Geo. Traut. gr. 16. (VIII, 126, 96 u. 72 S.) Darmstadt 878. Köhler's Verl. n. 1. 80; einzeln n. — 80; n. — 60 u. n. — 60

Anonym: „Taschenriscontro, oder kurze Anweisung, wie ein Jeder, der die Handlung betreibt, ohne Vorkenntniß der Buchhaltung seinen Vermögens- und Geschäftszustand controlliren kann", 2 Teile, Posen 1818, 1820 (Kühn). — 1. Teil, „auch als Leitfaden für Lehrer und Lernende der Handlungswissenschaft, namentlich des Buchhaltens, mit Nutzen zu gebrauchen"; 2. Teil a. u. d. T.: „Hülfstabellen oder Anweisung für Kaufleute . . . ".

**Taschen-Rossarzt,** Homöopath., ein unentbehrl. Hand- u. Hilfsbüchlein für diejenigen, welche die Krankheiten der Pferde leicht, sicher, einfach und wohlfeil heilen wollen. 8. Leipzig 07. Fort. M. 1.50

**Taschen-Roßarzt, homöopath., e. unentbehrl. Hand- u. Hülfsbüchl. f. Diejen., welche d. Krankheiten d. Pferde leicht, sicher, einfach u. wohlf. heilen wollen. 8. (8½ B.) Leipzig 837. [Quedlinburg, Ernst'sche Buchh.]**

**Taschen-Schachspiel, das, mit der Feldertafel u. 32 illum. Figuren. qu. 8. Dresd. 822. Friese. Auf Pappe u. in Etuis 12 gr.**

**Taschen-Schießvorschrift.** Auf Grund der Schießvorschrift vom 11. Novbr. 1889 umgearb. Aufl. 12. (4 S.) Berl. 890, Bath. ** — 10

Der **Taschenschmied** oder Taschenroßarzt
s. The gentleman's **Pocket-Farrier** [dt.]

**Taschenschmidt,** Der, oder Taschenrossarzt. Unterricht, wie man die Krankheiten der Pferde zu heilen, und was man bei deren Einkäufen zu beobachten hat etc. (von The Gentleman Pocket Farrier.) Aus dem Engl. neu bearbeitet und mit Zusätzen verm. von Ch. Ehrfr. S. v. Tennecker. (XI.) Mit 13 Kupfern. 12. (XII., s.: Tennecker.) Leipzig (794) 19. Baumgärtner. M. 1.—

Vornehmer Herren **Taschenschmidt** oder Taschenrossarzt. Unterricht, wie man seine Pferde unterwegs . . . zu behandeln u. was man bei deren Kauf zu beobachten hat. 6. nach d. engl. Orig. verb. Ausg. Mit 3 Kupfern. Leipzig 1795. 102 S.
— 8. Aufl. 1799. 78 S.

**Taschenschmidt**, der, oder Taschenroßarzt, Unterricht wie man die Krankheiten der Pferde zu heilen hat ꝛc. Aus d. Engl. mit Zusätzen von Tennecker. 11te Aufl. Mit 3 Kpf. 12. Leipzig, Baumgärtner. -

**Taschenschmidt vornehmer Herren, od. Taschen-Roßarzt, a. d. Engl. m. Zusätzen von S. v. Tennecker. 12. Leipzig, Baumgärtner. 810.** ·

**Taschen-Schreib-Kalender,** allgemeiner, f. 1907. (Einband: Schreib-Kalender.) (III S., Schreibkalender u. 18 S.) kl. 8. Stuttgart, Fleischhauer & Spohn. Geb. in Leinw. u. durchsch. — 90

Fortsetzg., s.: Geschäfts-Schreib-Kalender.

**Taschen-Schreib-Kalender** d. sächsischen Landwirts f. d. Wirtschaftsj. 1. Juli 1888/89. Hrsg. von K. v. Langsdorff. 12. (176 S.) Dresden, (G. Schönfeld's Verl.). geb. n.n. 2. —

**Taschen-Schreib-Kalender,** neuer Krakauer, auf das Jahr 1863. 32. (62 S.) Wien. Ueberreuter. cart. mit Schuber. 20 kr.

**Taschen-Schreib-Kalender,** neuer Krakauer, auf d. J. 1895. 32. (64 S.) Wien. (Leipzig, Literar. Anstalt A. Schulze.) n. — 40

**Taschen-Schreib-Kalender,** neuer Krakauer, auf d. J. 1897. 32. (64 S.) Wien. (Leipzig, Literar. Anstalt, A. Schulze.) n. — 40

**Taschen-Schreib-Kalender** f. Stadt u. Land auf d. J. 1893. 16. (219 S.) Jena, Neuenhahn. geb. * 1 —

**Taschen-Schreib-Kalender** für Stadt u. Land auf d. J. 1907. (221 S.) 16. Jena, G. Neuenhahn. Geb. in Leinw. n.n. 1. —

— f. Stadt u. Land auf d. J. 1911. (232 S.) 16. Jena, J. Neuenhahn. Geb. in Leinw. nn 1. —

**Taschenspiegel** für die Jugend. Von einem apostol. Missionair. 18. Einsiedeln 841, Gebr. Benziger. 2 ngl.

**Taschen-Spiegel** f. d. Jugend. Von einem apostol. Missionär. 2. verb. Aufl. 32. (96 S. m. 1 Lith.) Einsiedeln 851, Gebr. Benziger. 2 ngl.

**Taschenspiegel, Moralischer,** für Freymaurer und solche, die es nicht sind. Hof 1803. V: *Helfrecht, Johann Theodor Benjamin.* (Fiker)

**Taschenspiegel, moralischer, f. Freymaurer, u. f. die so es nicht sind. 2 Thle. 8. Hof, Grau. 803-6.**

TASCHENSPIELER. Bewundernswürdiger – od. d. geheimnisvolle Tausendkünstler. Gerold, Wien 1783.

**Taschenspieler,** der interessante, erheiternde und überraschende, oder Bosco's enthüllte Geheimnisse. Eine ausgewählte und reichhalt. Sammlung höchst wirkungsvoller und leicht ausführbarer Kunststücke aus dem Gebiete der natürl. Magie und Experimentirkust, sowie des Magnetismus und der Sympathie. Hrsg. von Carlo Bellachino. 1. und 2. Aufl. 8. (92 S.) [Elberfeld 873,76.] Köln, Püttmann.

**— der kleine, od. Anweis. zu gesellschaftl. Unterhaltt. in den neuesten Kartenkünsten, dem Becher- u. Würfelspiel, nebst den besten physikal. u. mathemat. Kunststücken. Mit 74 Holzschn. N. Ausg. Taschenform. Pesth 819. Hartleben. 12 gr.**

— der kleine. Eine reichhalt. Sammlung von leicht ausführbaren höchst interessanten und überraschenden Taschenspieler- und Karten-Kunststücken ꝛc. zur heitern Unterhaltung im gemüthlichen Kreise. Hrsg. von X. Hieronimus. 8. (VII und 72 S.) Mülheim a. d. R. 866, Bagel. *

**Taschenspieler, Der kleine.** Eine reichhaltige Sammlung von Taschenspieler- und Karten-Kunststücken. Mühlheim a. d. R. [1898]. H: *Frickelli, W.* (Berl)

**Taschenspieler,** der kleine. E. reichhalt. Sammlg. v. leicht ausführbaren, höchst interessanten u. überrasch. Taschenspieler- u. Karten-Kunststücken, Belustiggn. aus d. Chemie u. Arithmetik u. Scherzen zur heit. Unterhaltg. im gemütl. Kreise. (Von W. Frickelli.) 13. Aufl. 12. (VII, 71 S.) Mülheim a/R. 898. J. Bagel. n. — 50

**Taschenspieler** u. **Hexenmeister,** der kleine. Eine reiche Auswahl der überraschendsten u. ohne große Schwierigkeit auszuführenden Taschenspiel- u. Karten-Kunststücke. Kleine Ausgabe des „unübertroffenen Taschenspieler". 2. Aufl. 12. (XI, 96 S.) Dresden 882. Kaufmann's Verl. — 60

**Taschenspieler** u. **Hexenmeister,** der kleine. Eine reiche Auswahl der überraschendsten u. ohne große Schwierigkeit auszuführ. Taschenspiel- u. Karten-Kunststücke. Kleine Ausg. d. „unübertroffenen Taschenspieler". 2. Aufl. 12. (XI, 96 S.) Dresden 884. Kaufmann's Verl. — 60

Taschenspieler u. Magiker, d. kleine, siehe Kerndörfer, H. A.

— der neue, od. Anweis. in d. Geheimnissen der Taschenspielerkunst. Mit Kpf. 8. Philadelphia ... (Baumgärtner in Leipzig). 12 gr

Taschen-Spieler, s. Tausendkünstler und Taschen-Spieler.

Taschenspieler und Hexenmeister, der unübertroffene. Eine Auswahl von mehr als 320 der interessantesten und leichtesten Taschenspiel-, Karten- und Rechenkünste. 9.—13. Aufl. 32. (184 S. mit eingedr. Holzschn.) Dresden 871—74, Kaufmann.

— — der **unübertroffene.** Die beste u. reichste Auswahl der überraschendsten u. ohne große Schwierigkeiten auszuführenden Taschenspiel-, Karten- u. Rechen-Künste. 21. Aufl. 12. (XXVIII, 154 S.) Ebend. 882. n. 1. —

— — der unübertroffene. Die beste u. reichste Auswahl der überraschendsten u. ohne große Schwierigkeit auszuführ. Taschenspiel-, Karten- u. Rechen-Künste. 22. Aufl. 12. (XXVIII, 154 S.) Ebend. 884. n. 1. —

**Taschenspielerkunst,** das Ganze der, (v. Th. F. K. Arnold). 8. Altenb. 804.

**Taschenspieler-Vorstellung,** e., in Krähwinkel, s.: Theater-Repertoir, Wiener.

(Georg) Wilsdorf's **Taschen-Stammbuch-Bibliothek** der Deutschen Zuchtgebiete. Hrsg. von d. Deutschen Gesellschaft f. Züchtungskunde. Nach amtl. Quellen. H. 1. 3. Aufl. Prenzlau: Mieck (1910). 8° [12. 837]

**Taschen-Stenographen-Kalender.** H[ermann] Bebie's T'-St'-K' 1902. [Jahrg. 1.] 63 S. kl.-8. Wetzikon bei Zürich, ⟨H. Bebie⟩; Druck F. Bartels, Berlin. [fr. —. 30]
*Forts. s.* Der kleine Praktiker.

**Taschen-Tabelle** zur **Umwandlung** d. süddeutschen Geldes in Reichsmünze u. umgekehrt. 39. Aufl. 32. (24 S.) Stuttgart 875. Rübling. n. — 10

Taschen-Tabelle zur Umwandlung des süddeutschen Geldes in Reichsmünze und umgekehrt. 40.—99. Aufl. 32. (24 S.) Ulm 875—82. Gebr. Rübling. *

— zur **Werthbestimmung** d. Meters bei Umrechnung e. Elle in Meter. 64. (9 S.) Regensburg 876. Coppenrath. n. — 10

**Taschen-Tabellen** d. allgem. Weltgeschichte v. d. ältesten bis auf d. neueste Zeit. Nebst e. geograph.-statist. Uebersicht d. Grösse u. Einwohnerzahl aller Länder d. Erde u. ihrer Hauptstädte. (3., verb. Aufl.) qu. 16. (2 B.) Leipzig 840, Polet.

Vierstellige Logarithmische **Taschentafel.** *Berlin: Kgl. Preuss. Landesaufnahme, Trigon. Abth. 1897.* (1 dreiteil. Taf.) 8° [00. 13186

**Taschentafel,** 4stellige logarithmische. Hrsg. v. d. trigonometr. Abtheilg. d. kgl. preuss. Landesaufnahme. schmal gr. 8. (6 S.) Berlin 897. (E. S. Mittler & Sohn.) n.n. — 30

**Taschentagebuch** f. deutsche Fleisch- u. Trichinenbeschauer. Hrsg. v. Rich. Reißmüller m. Beiträgen v. Sandig. (36 S. u. Tagebuch) 8. Chemnitz (905). R. Reißmüller. Geb. n.n. 1. —

Taschen-Tagebuch für Reisende ꝛc., s. Pocket-Journal.

**Taschen-Termin-Kalender** f. d. J. 1903/4. (1. I. 1903—31. III. 1904.) 12. (70 S.) Bielefeld-Gadderbaum, W. Bertelsmann. Geb. n. — 35

**Taschen-Termin-Kalender** f. d. J. 1906/7. (1. I. 1906 bis 31. III. 1907.) (70 S.) kl. 8. Bielefeld-Gadderbaum, W. Bertelsmann. Geb. — 40

**Taschen-Termin-Kalender** 1911/12. (1. I. 1911—31. III. 1912.) (70 S.) kl. 8. Bielefeld-Gadderbaum, W. Bertelsmann. Geb. in Leinw. — 50

**Taschen-Verzeichniss** der bei der Stadtfernsprech-Einrichtung in Dresden u. Umgegend betheiligten Firmen. 12. (IV, 108 S.) Dresden 886. Teich. n. — 60

Taschen-Wörterbuch

— vergl. Pocket-Dictionary.

— allgem. mythologisches, od. die Götterlehren u. Sagen der Hellenen, Aegyptier, Römer, Phönicier, Perser, Indier, Chinesen, Finnen, Ehsten, Slawen, Germaner, Skandinavier u. anderer Völker. Zum Schul- u. Handgebrauch. ... Leipz. 828. Magaz. f. Ind. u. Litt. 1 ℔ 16 gr

**Taschenwörterbuch** zum Corpus juris civilis und anderen römischen Rechtsquellen. Mit e. Übersicht über Juristen, Leges u. Senatus Consulta nebst 2 Verwandtschaftstaf. Berlin: H. W. Müller 1907. (170 S.) 8° [J. u. Ant.] [07. 9034

**Taschen-Wörterbuch, deutsch-dänisch-norwegisch-schwedisches.** 2 Thle. 16. Leipzig 887, Fues' Verlag. geb. à Thl. ℳ 2.40.; 2 Thle. in Etui geb. in 1 Bd.

Inhalt:
Thl. 1. Mit Deutsch beginnend. (IV, 383 S.)
» 2. Mit Dänisch beginnend. (IV, 435 S.)

— **deutsch-dänisch-norwegisch-schwedisches.** 2 Thle. 16. Leipzig 887. Reisland. geb. à 2.40; 2 Bde. in Etui 4.50; in 1 Bd. 4. —
1. Mit Deutsch beginnend. (IV, 383 S.)
2. Mit Dänisch beginnend. (IV, 435 S.)

— **deutsch-engl.,** mit Stereotypen gedruckt, s. *Pocket-Dictionary.*

— **deutsch-englisches,** mit Stereotypen gedruckt. 12. Frankf. 827, Brönner.

—deutsch-französ., hauptsächl. solche Wörter u. Redensarten enthaltend, welche z. Französischsprechen höchst nöthig, in andern Wörterbüchern aber doch selten zu finden sind. 8. Leipz. 819. literar. Centr.-Compt. 1 ß

—— deutsch-franz. u. franz.-deutsches, s. Dictionnaire.

Taschen-Wörterbuch, deutsch-italienisch u. italien.-deutsches, ausgezogen von jenem d. Albertl. Neue Aufl. 2 Thle. gr. 12. Mailand 822. (Wien, Volke.)

## Taschenwörterbuch, Deutsch-lateinisches, der neuen Geographie . . . Leipz. 1822. V: *Ebert, A. Hermann.* (Ky) (MGT)

Taschenwörterbuch, deutsch-russisches, siehe a. Schmidt, J. A. E. v.

## Taschenwörterbuch, Deutsch-russisches. Wien 1813. V: *Rittig von Flammenstern, Andreas.* (WBL)

—— französisch-deutsches, und deutsch-französisches, s. Dictionnaire, petit.

— Französisch-Deutsches und Deutsch-Französisches, zum Gebrauche beider Nationen. 2 Abthlgn. 7—13. verm. :c. Aufl. A. u. d. T.: Petit Dictionnaire franç.-allemand et allemand français à l'usage des deux nations etc. Straßburg 853—56. Berger-Levrault. 18. (XI, 360; VII, 424 S.) 22½ ngr.

— französisch-deutsches und deutsch-französisches zum Gebrauche beider Nationen. — Petit dictionnaire français-allemand et allemand-français à l'usage des deux nations. — 2 Abtheilgn. 17. Aufl. 859. — 18. verm. u. verb. Aufl. Straßburg 860. Berger-Levrault. 18. (XVIII, 784 S.) 28 ngr.

Taschenwörterbuch, französisches. 2 Thle. in 1 Bd. 32. (358 S.) Brünn, Karafiat. 1867. 1 fl., geb. 1 fl. 40 kr.

Cupr, Dr. Franz. Griechisch-deutsch-böhmisches Taschenwörterbuch zunächst für Gymnasien, herausgegeben von — —. 2. Heft. 8. (S. 65—770). Prag, Druck und Verlag von Friedr. Rohlicek und Komp. 1854.

—— griechisch-deutsch-böhmisches. Nach den an Unter- und Obergymnasien gelesenen Auctoren eigens bearb. Neue wohlfeile Ausg. 16. (IV und 770 S.) Prag 858, [Kober.] Thlr.

—— griechisch-deutsch-böhmisches. Nach den an Unter- und Obergymnasien gelesenen Auctoren eigens bearb. Neue wohlf. (Titel-)Ausg. 12. (IV, 772 S.) Prag 881, Kober.

## Taschenwörterbuch, Italiänisch-deutsches und deutsch-italiänisches. Stuttgart 1793—94. V: *Faust.* (Hauptkat. d. Univ.-Bibl. Tübingen. K. S. 276.)

— italienisch-deutsches u. deutsch-italienisches, 2 Thle. gr. 12. Stuttg. Erhard. 793.

—italien.-deutsches u. deutsch-italienisches. 2 Thle. gr. 12. Stuttg. 793. N. A. 802. Sattler. 1 ß 8 g

— — italienisch-deutsches u. deutsch-italienisches. 2 Thle. in 1 Bde. 32. (5?? u. 414 S.) Ebd. 1864. 1 fl. (Einband in engl. Leinwand à netto 30 kr.)

—, italienisches. 2 Thle. in 1 Bd. 32. (414 S.) Ebds. 1867. 1 fl. 20 kr., geb. 1 fl. 60 kr.

Taschen-Wörterbuch, kleines medicinisches, s. a. Haus-Bibliothek, homöopathische.

Taschenwörterbuch, Kleines medicinisches, oder Erklärung von ca. 4000 in medicinischen Werken am häufigsten vorkommenden Fremdwörtern mit genauer Angabe der Aussprache. 5. Aufl. Leipzig 1898

—kleines span.-deutsches u. deutsch-spanisches. 16. Füneb. 808. 2e A. 809. (Wienbrack in Leipz.) 8 g s. auch Wörterbuch.

## Taschenwörterbuch, Compendioeses militär-politisches, für die Leser des österr. Beobachters, der Wiener Zeitung . . . Wien 1814. V: *Gräffer, Franz.* (Haydinger)

Cupr, Dr. Franz. —. Lateinisch-deutsch-böhmisches Taschenwörterbuch für Untergymnasien. Herausgegeben von — —. 2. Heft. 8. (S. 161—508). Prag, Druck und Verlag von Friedr. Rohlicek und Komp. 1853.

—— lateinisch-deutsch-böhmisches. Nach den an Unter- und Obergymnasien gelesenen Auctoren eigens bearb. Neue wohlfeile Ausg. 16. (507 S.) Prag 858, [Kober.]

*Taschenwörterbuch*, lateinisch-deutsches und deutsch-lateinisches, nach Scheller und Bauer. Mit Bröders Vorrede. Leipzig 801. 2 Thle. 12. 1 rthlr. 12 gr. Ausg. 5. Eb. 819. 2 Theile. 12. 1 rthlr. 12 gr.

—latein.-deutsches u. deutsch-latein., nach Scheller u. Bauer, f. Schulen u. zum Privatgebrauch. 12. Leipz. 809. 5e Aufl. 820. Andreä. 1 ß 12 g

— lateinisch-deutsches u. deutsch-lateinisches, nach Scheller's u. Bauer's größern Werken. 2 Thle. 4te Aufl. 12. Leipz. Bauer. 815.

Taschenwörterbuch, Lateinisch-Deutsches und Deutsch-Lateinisches, nach Schellers u. Bauers größern Werken hin u. wieder mit Zusätzen u. mehr als 600 neuen Wörtern vermehrt, vornämlich zum Gebrauch in Schulen. Mit e. Vorrede von C. G. Bröder. 6e Ausg. 2 Thle. 12. Leipzig 836. Andrä. 1 ß

—— lateinisch-deutsches u. deutsch-latein., nach Schellers u. Bauers größ. Werken hin u. wieder mit Zusätzen u. mehr als 600 neuen Wörtern verm., vornäml. z. Gebr. in Schulen. Mit e. Vorrede v. C. G. Bröder. 2 Thle. 6. Ausg. 12. (43½ B.) Leipzig 836, [Hunger.]

*Taschenwörterbuch*, lateinisch-deutsches, der neuern Geographie. Mit einer Vorrede von F. A. Ebert. Leipz. 821. 8.

—latein.-deutsches, der neuern Geographie. (Von A. H. Ebert). Mit e. Vorr. v. Fr. Ad. Ebert. 8. Leipz. 822. Steinacker. 21 g

— musikalisches. Erklärung aller in der Musik vorkommenden Kunstwörter. Steyr 857. Gilhofer. 32. (61 S.) 7 ngr.

—neues, deutsch-holländ. u. holländ.-deutsches, aus den neuesten u. besten Hülfsmitteln bearbeitet; od. nieuw neder duitsch-hoogduitsch en hoogd. neder d. Zakwoordenboek. 2 Deelen. 8. Amsterd. 805 u. 821. Sülpke. 2 ß 16 g

— neues englisch-deutsches u. deutsch-englisches. Nach den besten Hülfsmitteln bearb. von J. A. Diezmann, F. E. Feller u. J. H. Kaltschmidt. Stereotyp-Ausg. breit 8. Leipzig 846, Baumgärtner. 1½ ß

—— neues franz.-deutsch. u. deutsch-franz., (v. Th. Fr. Ehrmann), s. Dictionnaire de poche, nouv., etc.

Taschenwörterbuch, neues *französisch-deutsches* u. *deutsch-französisches*. 2 Thle. (in 1 Bde.). Paris, Ch. Fourant, o. J. (gedr. Strassburg). 16⁰. Orig.-Sisb.
I: 2 Bll. 436 S. II: 2 Bll., 559 S.

— neues französisch-deutsches etc. od. nouveau Dictionnaire de poche. II Vols. 5e Ed. Taschenformat. Strassb. 801. König. 1 ꝛf 8 gl

— neues. Französisch-deutsch u. deutsch-französisch. 14. neu durchges. u. verm. Aufl. 2 Abthlgn. Nach der letzten Ausgabe des Dictionnaire de l'Académie. — Nouveau dictionnaire de poche français-allemand et allemand-français. Ebend. 859. 12. (XLIII, 1601 S.) 2 ꝛf

—— neues holländ.-deutsches u. deutsch-holländ., e. Hülfsbuch f. Reisende u. Geschäftsleute. (Hrsg. v. J. Cramer. 2 Thle.) 8. Crefeld 831, 32, Funcke. [1. Holländ.-deutsch. (31⅛ B.), 2. Deutsch-holländisch. (24 B.)]

— neues italienisch-deutsches u. deutsch-italienisches. Nach den besten Hülfsmitteln bearb. von Jh. Aug. Diezmann u. Jac. Hnr. Kaltschmidt. (2 Thle. in 1 Bd.) Stereotyp-Ausg. Lex.-8. Leipzig 846, Baumgärtner's Buchh. 1 ꝛf 9 ngl

Taschen-Wörterbuch, neues, der dänischen und deutschen Sprache. Stereotyp-Ausg. — A. u. d. T.: Dansk-Tydsk og Tydsk-Dansk Lomme-Ordbog. Stereotyp-Udgave. 2 Thle. 16. Leipzig 841, Karl Tauchnitz. 1 ꝛf

Taschen-Wörterbuch, neues, der dänischen und deutschen Sprache. 2., verb. Ster.-Ausg. 2 Thle. (Dänisch-deutscher Thl. — Deutsch-dän. Thl.) A. u. d. T.: Ny Dansk-Tydsk og Tydsk-Dansk Lomme-Ordbog. 2., forbedrede Ster.-Udgave. 16. (X und 786 S.) Leipzig 854, C. Tauchnitz.

Taschenwörterbuch, neues, der dänischen u. deutschen Sprache. — Ny Tansk-Tydsk og Tydsk-Dansk Lomme Ordbog. — 2. verb. Ster.-Ausg. Neuer Abdr. gr. 16. (X, 786 S.) Leipzig 871. Holtze. 3. —

Taschenwörterbuch, neues, der dänischen und deutschen Sprache. 2. verb. Ster.-Ausg. Neuer Abdr. — Ny dansk-tydsk og tydsk-dansk lomme-ordbog. 16. (X, 786 S.) Leipzig 883, Holtze.

—— neues, der dänischen und deutschen Sprache. 2. verb. Ster.-Ausg. Neuer Abdr. — Ny Dansk-Tydsk og Tydsk-Dansk Lomme-Ordbog. 16. (X, 786 S.) Leipzig 888, Holtze.

Taschen-Wörterbuch, neues, der dänischen u. deutschen Sprache. 2. verb. Ster.-Ausg. Neuer Abdr. 12. (X, 786 S.) Lpz. 890, Holtze's Nachf. 3 50; geb. * 4 25

— neues, der dänischen u. deutschen Sprache. 2., verb. Ster.-Ausg. Neuer Abdr. 2 Thle. in 1 Bde. gr. 16. (VIII, 786 S.) Leipzig 893. O. Holtze's Nachf. 3. 50; geb. n. 4. 25

Taschen-Wörterbuch, neues, der dänischen u. deutschen Sprache. 2. verb. Ster.-Ausg. Neuer Abdr. 12. (IV, 784 S.) Leipzig 897. O. Holtze's Nachf. 3. 50; geb. in Halbfrz. n. 4. 25

—— neues, der deutschen, poln. u. franz. Sprache, s. Bandtke, G. S.

**Taschenwörterbuch, Neues,** der deutschen, polnischen und französischen Sprache. Breslau 1805—13. V: *Bandtke, Georg Samuel.* (GI) »1805« V: *Bandtke, Jos. Vinc.* (ErschDL)

— neues, der holländischen u. deutschen Sprache. Stereotyp-Ausg. — Nieuw Woordenboek der nederduitsche en hoogduitsche Talen in Zak-Formaat. 16. Leipzig 845, Karl Tauchnitz. 1 ꝛf

— neues, der holländischen u. deutschen Sprache. Karl Tauchnitz'sche Stereotyp-Ausg. Neuer Abdr. Leipzig 869. Holtze. 16. (763 S.) 1 ꝛf

— neues, der holländischen u. deutschen Sprache. — Nieuw woordenboek der nederduitsche en hoogduitsche talen. Karl Tauchnitz'sche Ster.-Ausg. Neuer Abdr. 16. (762 S.) Leipzig 872. Holtze. 3. —

Taschenwörterbuch, neues, der holländischen und deutschen Sprache. Karl Tauchnitz'sche Ster.-Ausg. Neuer Abdr. — Nieuw woordenboek der nederduitsche en hoogduitsche talen in zak-formaat. 16. (IV, 764 S.) Leipzig 881, Holtze.

— neues, der holländischen u. deutschen Sprache. Karl Tauchnitz'sche Ster.-Ausg. Neuer Abdr. 12. (V, 762 S.) Leipzig 890. Holtze. 3. 50

—— neues, der schwedischen und deutschen Sprache. Ster.-Ausg. Neuer Abdr. 16. (VI und 792 S.) Leipzig 866, Holtze.

— neues, der schwedischen u. deutschen Sprache. Ster.-Ausg. Neuer Abdr. Leipzig 870. Holtze. 16. (VI, 792 S.) 1 ꝛf

— neues, der schwedischen u. deutschen Sprache. Karl Tauchnitz'sche Ster.-Ausg. Neuer Abdr. 16. (IV, 792 S.) Leipzig 873. Holtze. 3. 50

Taschenwörterbuch, neues, der schwedischen und deutschen Sprache. Karl Tauchnitz'sche Ster.-Aufl. Neuer Abdr. 16. (IV, 762 S.) Leipzig 879, Holtze.

—— neues, der schwedischen und deutschen Sprache. Karl Tauchnitz'sche Ster.-Ausg. Neuer Abdr. — Nytt svenskt og tydskt handlexicon. 16. (VI, 792 S.) Leipzig 882, Holtze.

Taschen-Wörterbuch. Neues, der schwedischen und deutschen Sprache. Karl Tauchnitz'sche Stereotyp-Ausgabe. Neuer Abdruck. Leipzig 1885.

—— neues, der schwedischen und deutschen Sprache. Karl Tauchnitz'sche Ster.-Ausg. Neuer Abdruck. Auch u. d. T.: Nytt svenskt och tydskt Handlexikon. Karl Tauchnitz' Ster.-Upplaga. Nytt Aftryck. 16. (VI, 792 S.) Ebendas. 888.

—— neues, der schwedischen u. deutschen Sprache. 9. verb. u. verm. Ster.-Ausg. 2 Thle. in 1 Bd. 12. (VI, 343 u. 332 S.) Lpz. 890, Holtze's Nachf. 3 50; geb. * 4 25

— neues, der schwedischen u. deutschen Sprache. Neue verb. u. verm. Ster.-Ausg. 12. (VI, 343 u. 332 S.) Leipzig 897. O. Holtze's Nachf. 3.50; geb. in Halbfrz. n. 4.25

Taschen-Wörterbuch, neuestes deutsch-französisches. — Nouveau dictionnaire de poche français-allemand. — Stereotyp-Ausg. 2 Bde. 32. (VI und 745 S.) Wien 861, Dorfmeister. (Leipzig, Hunger.) * *

Taschen-Wörterbuch, neuestes deutsch-französisches. — Nouveau dictionnaire de poche français-allemand. — 2 Thle. 861. — Neueste Ausg. Wien 864. Geitler. 16. (IV, 745 S.) n. 20 ngr.

— neuestes deutsch-italienisches. — Nuovo dizionario italiano-tedesco. Electrotyp-Ausg. 2 Bde. Brandenburg 861. Müller. 32. (IV, 944 S.) ·25 ngr.; Schreibp. geb. 1 ꝛf

— neuestes deutsch-italienisches. — Nuovo dizionario italiano-tedesco. 2 Thle. Neueste Ausg. Ebend. 864. 16. (IV, 944 S.) n. 20 ngr.

Taschenwörterbuch, neuestes französisch-deutsches und deutsch-französisches. 2 Bde. 16. (752 S.) Wien, Dorfmeister. in Comm. 1 fl.
1860. In engl. Leinwandb. m. Goldtit. 1 fl. 50 kr.

— neuestes französisch-deutsches u. deutsch-französisches. — Nouveau dictionnaire de poche français-allemand et allemand-français. — 2 Bde. Frankfurt a. M. 864. L. St. Goar. 16. (IV, 745 S.) 20 ngr.

Taschen-Wörterbuch, neuestes französisch-deutsches und deutsch-französisches. — Nouveau dictionnaire de poche français-allemand et allemand-français. — 2 Thle. Neueste Ausg. 16. (IV und 743 S.) Wien 864, Geitler. — Brünn 868, Karafiat. 20 Ngr.; geb.

—— neuestes französisch-deutsches und deutsch-französisches. — Nouveau dictionnaire de poche français-allemand et allemand-français. Electrotyp-Ausg. 2 Thle. in 1 Bd. 16. (IV, 387; 358 S.) Brünn 875, Karafiat's Verlag. M. 2.; geb.

Taschenwörterbuch, neuestes italienisch-deutsches und deutsch-italienisches. 2 Bde. 16. (952 S.) Ebd. 1860. 1 fl. 10 kr.
In engl. Leinwandb. m. Goldtit. 1 fl. 60 kr.

— neuestes italienisch-deutsches u. deutsch-italienisches. — Nuovo dizionario portatile italiano-tedesco e tedesco-italiano. — 2 Bde. Frankfurt a. M. 864. L. St. Goar. 16. (IV, 944 S.) 22½ ngr.

—— neuestes italienisch-deutsches und deutsch-italienisches. — Nuovo dizionario italiano-tedesco e tedesco-italiano. — 2 Thle. Neueste Ausg. 16. (IV und 944 S.) Wien 864. Brünn 868, Karafiat. 24 Ngr.; geb.

— neuestes italienisch-deutsches u. deutsch-italienisches. Nuovo dizionario italiano-tedesco et tedesco-italiano. Electrotyp-Ausg. 2 Thle in 1 Bd. 16. (IV, 530 u. 414 S.) Brünn 875. Karafiat. 2. 40; geb. 3. 20

Taschenwörterbuch der neugriechischen Schrift- und Umgangssprache. Mit Angabe der Aussprache nach dem phonetischen System der Methode Toussaint-Langenscheidt. Berlin-Schöneberg
T. 1. Neugriechisch-Deutsch. Von J. K. Mitsotakis. 1905
T. 2. Deutsch-Neugriechisch. Von K. Dieterich. 1909
Beigeb.: Das deutsche Zeitwort. Schema der Konjugation und Wörterbuch der Zeitwörter. Verf. von Daniel Sanders. Rev. und bearb. von Julius Dumcke.
(Langenscheidt's Taschenwörterbücher)

Taschen-, Schul- u. Reise-Wörterbuch d. franzöſ. u. deutschen Sprache. 2 Thle. Stereotyp. Ausg. 16. Leipzig 823, Tauchnitz.

—— schwedisches, s. Handlexikon.

Taschenwörterbuch der deutschen Sprache 2c., s. Handwörterbuch d. deutschen Sprache.

Taschenwörterbuch der deutschen Sprache. Leipzig 1798. 12.
— , — Ebda 1807. 12.

Taschenwörterbuch der Deutschen Sprache ... Leipzig 1807. V: *Harnisch, Joh. Chn.* (AarK)

Methode Toussaint Langenscheidt. **Taschenwörterbuch** der deutschen Sprache. T. 1. Berlin-Schoneberg: Langenscheidt (1910). 8°
(Langenscheidts Taschenwörterbücher f. Reise, Lektüre, Konversation u. d. Schulgebrauch.) (10. 16080

Taschen-Wörterbuch der deutschen und ungarischen Sprache. Unter Mitwirkung Mehrerer von Josef Loos. 2. Theil. Deutsch-ungarisch. 1870. 16. (404 S.) Pest, Wilh. Lauffer. 1869. 1 fl.

— — der deutschen, ungarischen und slovakischen Sprache. Unter Mitwirkung Mehrerer von Josef Loos. 2. Theil. Deutsch-ungarisch-slovakisch. 1870. 16. (650 S.) Ebd. 1869. 2 fl. 40 kr.

— s. Tafel u. Küche. Enth. die bezügl. französ. u. deutschen Ausdrücke, sowie einige aus anderen Sprachen, vorkommend in den berühmten culinar. Werken v. Grimod de la Reynière u. Alexandre Dumas, sowie namentlich in den neueren Ausgaben d. Werkes: Das Menu von Ernst v. Malortie. 12. (96 S.) Hannover 889. Klindworth. geb. n. 1.—

Taschenwörterbuch, technisches, für Industrie und Handel in deutscher, französ. und engl. Sprache. 3 Thle. gr. 16. Wiesbaden 872, Bergmann. à Thl. * M. 2,70. *

—— technisches, für Industrie und Handel in deutscher, französ. und engl. Sprache. Bearb. nach dem von Rumpf, Mothes und Unverzagt herausgegebenen Wörterbuche, verm. durch kaufmänn. Ausdrücke und die Waaren-Benennungen der Zolltarife. 3 Thle. gr. 16. Wiesbaden 872, Kreidel's Verlag. à Thl. * M. 2,70. *

Inhalt:
Thl. 1. Deutsch-englisch-französisch. (VIII, 482 S.)
» 2. Englisch-deutsch-französisch. (VII, 407 S.)
» 3. Französisch-deutsch-englisch. (VII, 378 S.)
Vgl.: Pocket-Dictionary.

— der gesammten Thierheilkunde, enth. eine genaue Erklär. der vorzügl. in d. Thierarzneikunde gebräuchl. Kunstausdrücke 2c. Aus d. Engl. des J. White u. and. v. L. Cerutti. 12. Leipz. 821. Fr. Fleischer. 1 ₰ 8 gr. Schrbp. 1 ₰ 16 gr.

Taschenwörterbuch, vollständ. deutsch-franz. u. franz.-deutsch. mit e. Vorr. v. † M. A. Thibaut, s. Dictionnaire de poche, nouv., etc.

— Waidmännisches, für angehende Jäger u. Jagdliebhaber zur Begründ. u. Vorbereitung naturhistor. Kenntnisse. gr. 8. Lpz. 802. Leo. 1 ₰ 16 gr.

**Taschenwörterbücher** u. **Sprachführer**, praktische, hrsg. v. Otto Robert. I u. II. gr. 16. Ravensburg, O. Maier. Kart. à n. 1. 40
I. Französisches Konversations- u. Taschenwörterbuch. Nebst kurzgefaßter Sprachlehre. Von G. Brombin. (IV, 166 u. 80 S.) (902.)
II. Italienisches Konversations- u. Taschenwörterbuch. Nebst kurzgefaßter Sprachlehre. Von Giuseppe Brombin. (IV, 170 u. 81 S.) (902.)

**Taschenwörterbücher u. Sprachführer**, praktische, hrsg. v. Otto Robert. III. gr. 16. Ravensburg (903). O. Maier. Kart. n. 1. 40
Englisches Konversations- u. Taschenwörterbuch. Nebst kurzgef. Sprachlehre. Von W. F. Newcomen. (IV, 153 u. 78 S.)

**Musikalisches Taschenwörterbüchlein**, Italienisch-Böhmisch-Deutsch (Vlasko-česko-nemecké Názvosloví). 8. (8 S.) Prag, F. A. Urbánek. 10 kr.
1886.

Taschka, C.

— Schulvorschriften in Stufenfolgen für geübtere Kinder in Stadt- u. Landschulen 2c. 1s Hft. mit 88 deutschen u. 32 poln. Vorlegeblättern in deutscher u. engl. Currentschrift. 4. Bresl., Graß, B. u. C. 8 gr.

**Taschka, C.**, kalligraph. Vorschriften in Stufenfolgen, polnisch u. deutsch, z. Gebrauch in Volksschulen 2c. 2 Hefte. 4. Bresl., Graß, B. u. C. 20 gr.

**Taschkoff**, L. W. [aus Sistov (Bulgar.)]: Bulgarisches Gefängnisswesen ... Würzburg, kgl. Universitätsdr. v. H. Stürtz, 1892; 34 S. 8.
Würzburg, Jur. Fak., Inaug.-Diss. v. 1892

**Täschler**, [Jacob]. Was hab' ich Dir getan? Auszug eines Vortrages von Pfarrer T' in Basel. 〈Jahresbericht des Basler Tierschutzvereins für 1902.〉 [2 S.] 4. (Berlin, Deutscher Verlag, [1903].)
([Flugblätter, hrg. vom] Berliner Tierschutz-Verein....) Nr. 275.

**Täschler**, J[acob]. Wie willst du gesund werden? Ein Wort zur Aufklärung u. Warnung an unser Volk. II + 19 S. 8. Zürich, Komm. August Frick, 1904. [fr. —. 15]

**Täschler,** M. Beitrag zur Coleopteren-Fauna der Kantone St. Gallen und Appenzell. St. Gallen 1872. Mit Nachtrag von 1878.

**Taeschner,** d. Bekämpfg. d. Lungenschwindsucht u. d. Nutzlosigkeit sog. Lungenheilstätten. E. soziale Frage. gr. 8. (30 S.) Berlin 898. Berlinische Verlagsanstalt. — 75

**Taeschner,** die Not des Wohllebens u. der sicherste Weg zur Wiedorschaffung der Gesundheit. gr. 8. (43 S.) Berlin 899. Berlinische Verlagsanstalt. 1. 50

Recht muss Recht werden! Eine Appellation an d. deutschen Reichstag. (Nebst spannendem Kriminalfall.) (Von Dr. Taeschner in Kitzscher b. Borna.) *Berlin: Berlin. Verlagsanst. 1899 (1900).* (84 S.) 8° [c6. 1791

**Täschner,** A., Abriß der Arithmetik u. Algebra. 1. Thl. Die 7 algebr. Operationen u. die Gleichgn. ersten Grades. gr. 8. (61 S.) Breslau 874. Leuckart. geb. n. 1. —

**Täschner,** Alb., Verbrennungs-Kraftmaschinen, s.: Handwerker-Bibliothek. 4. Bd.

**Taeschner,** Alwin *(geb. Lauban 6. 12. 1840)*: Die allgemeinen Principien der Statik. (In historischer und kritischer Darstellung.) Breslau (1872). (39 S., 1 Taf.) 8°

Breslau, Phil. Diss. v. 12. Juli 1872

**Täschner,** Carl, der Einsiedler, oder: Der Mönch im Nonnenkloster. 2 Thle. Wermsdorf 856. (Grimma, Hering.) 8. (401 S.) n. 24 ngr.

**TASCHNER,** Carl, Der Einsiedler oder der Mönch im Nonnenkloster. 2 Thle. Wermsdorf. auf Kosten des Verf. 1856. 8°.

227 u. 174 Seiten — Zahmen Inhalts.

**Täschner,** Paul. Der Reitkunst hohe Schule. Mit 22 skizzierten Abbildgn. gr. 8. (VI, 70 S.) Lpz. 890, Alb. Berger. * 2 40 geb. * 3 —

**Täschner,** Paul, der Reitkunst hohe Schule. 2., verb. Ausg. m. 22 neuen, v. Frz. Schmidt gezeichneten Abbildgn. gr. 8. (VI, 76 S.) Zuckelhausen 892. (Leipzig, A. Lorentz.) Geb. in Leinw. n. 4. —

— Universum der Reit- u. Fahrkunst. Die „zum Patent angemeldeten" Erfindgn. auf dem Gebiete der Hippologie, Anführg. mehrerer, bisher meist unbekannter, großen Nutzen bring. Belehrgn. sowie die Enthüllg. wicht. Geheimnisse ꝛc. gr. 8. (X, 275 S. m. Abbildgn.) Ebd. 892. Geb. in Leinw. n. 6. —

**Täschner,** Paul, Universum der Reit- u. Fahrkunst. Die „zum Patent angemeldeten" Erfindungen auf d. Gebiete der Hippologie ꝛc. gr. 8. (X, 276 S. m. Abbildgn.) Zuckelhausen 892. Stuttgart, O. Gerschel. Geb. n. 6. —; erm. Pr. n. 3. —

[Armen.] Aknark me Ha' hnagrout'ean wra'. Ousoumnasirout'iun Ha'oṭ grćoutean arouestin greṭ' H. 'Akowbos W. Taśean, Mḫit' ouḫtê. . . . Wienna: Mḫit'arean tparan 1898. [Versuch über die armen. Palaeographie . . . von 'A. T. Wien: Mehitharisten Druckerei]. (11, 203 S.) 1 Bd 8. = Matenadaran Azga'in. [No] 28. [98. 1136

**Tashiro,** Akitaro, Augenarzt aus Nagoya (Japan): Ueber Bau und Pigmentierung der Aderhautsarkome. Mit 3 Taf. *Halle a. S. 1902: C. A. Kaemmerer & Co.* (59 S.) 8°

Halle, Med. Diss. v. 30. Juni 1902

Tasiro, M.v. (Hrsg.), s. Arbeiten aus d. kaiserl. Japan. Militärärztl. Lehranstalt.

**Tasker,** J. G., Haeckel's Lösung der Welträtsel. Autoris. Uebersetzg. aus dem Engl. v. Carl Herrmann. (47 S.) 8. Gross-Lichterfelde 904. C. Herrmann. n. — 60

**TASKINEN, K.**

Beiträge zur Kenntnis der Ermüdung des Muskels. Leipzig 1909. IV + 54 pg. nebst 2 Tafeln. 8:o. Diss. Hels.

**Taesler,** Clem., s.: Musenalmanach, Breslauer akademischer.

**Tasma,** a knight of the white feather, — the penance of Portia James, } s.: Library, the English.

**Tasma,** Uncle Piper of Piper's Hill, s.: Collection of English authors.

— Onkel Piper v. Pipersberg, s.: Daheim-Bibliothek.

Tassani, s. Tassoni

**Tassart,** J. F., Frédéric, prince royal de Prusse, tragédie en 5 actes et en vers. gr. 8. (124 S.) Hambourg 847, Herold. n. 24 ngr.

Tasshof [Schlagwort]

**Tasshof,** s.: Wiener Ausflugskarten.

Tassilo, Versp. von Fr. B. de la Motte Fouque. 2te Ausg. 8. Berl. Dunker u. H. 815.

**Tassin, D. Renat Prospère.**

Gelehrten-Geschichte der Congregation von St. Maur Benediktinerordens . . . A. d. Franz. Frankfurt u. Leipzig 1773—74. H: *Meusel, Joh. Georg.* (MGT) (ML) Ü: *Rudolph, Anton.* (BB) (Petz) (Winer)

**Tassin,** Renet. Prosp., gelehrte Geschichte der Congregation von St. Maur Benediktinerordens, worinnen man das Leben u. die Arbeiten der Schriftsteller antrifft, die sie seit ihrem Ursprung von 1678 bis auf gegenwärt. Zeit hervorgebracht ꝛc. Aus d. Französ. v. Ant. Rudolph übers., mit Vorrede u. Anmerkk. (von J. G. Meusel). 2 Bde. 8. Frankf. u. Leipz. 773 u. 774. (Stettin in Ulm). 3 ℔ 4 ℋ

**Tassius,** C., das ärztliche Hausbuch. Eine für Jedermann leicht verständl. u. faßl. Beschreibung der am häufigsten auftret. Krankheiten des Menschen, deren Entstehungsursachen u. des dabei zu beobacht. Verhaltens, unter Mitarbeiterschaft von Edgar Kurz, Liebaud, Ed. Jaffe u. anderen prakt. Aerzten u. Specialisten. 8. (XII, 280 S.) Frankfurt a/M. 879. (Leipzig, Gracklauer.) n. 1. 80

**Tassius,** Johann Philipp (Friedewald/Hess.) A.S. 1329/33

Dissertatio academica de eo quod laudandum est in scriptore vitae propriae.
Präs. Johann Adolph Hartmann.
Marburg (Müller) 21. IV. 1742. 12 S.

Gew.: Franz Ulrich Walther, Friedrich Huth, J.C. Storm. 34172

TASSIUS, Victor (Birstein): Indicationen und Erfahrungen über einige antiseptische Verbände, welche gegenwärtig in der Chirurgie zur Anwendung kommen.- München: Wolf 1884. 38 S. 17.7.1884 - Urk (Titel: De ligamentis antisepticis.); Chr 1884/85,19

Diss. Ingolst.-Landsh.-Mchn.

Tasso. Schausp. von Göthe. 8. Leipz. Göschen. 790.

Tasso. – Torquato Tasso.

— — Schauspiel von Göthe. Neue Auflage. 8. Leipzig, Göschen. 816.

Tasso, Torquato, in 5 Atti del Sgr. Göthe. Version. ital. di C. S. Fiorentino. 12. Zurigo, Orell et Comp. 821.

Tasso, Antonio, Blicke in die Zukunft aller Länder der Welt, oder denkwürd. Prophezeihungen über die Zukunft unserer ernsten Tage. Nach einem höchst seltenen, uralten latein. Mscr. 12. (27 S.) Reutlingen 854, Rupp und Baur.

Tasso, Torquato

— — Aminta. in-18. (Didot) (Leipz. Fr. Fleischer.) (papier fin, 10 Gr. papier vélin, 16 Gr. format in 12, papier vélin, 1 Thlr.)

Tasso, Torq., Aminta. 18. Leipz., (Ind.-Compt.) 16 gr

— il medesimo riveduto e corr. p. Antonini. 8. Leipz. 762. (Chr. Fr. Günther in Glogau). 6 gr

— il medesimo. 12. London 783. Pott in Lausanne, 20 gr

— Aminta, favola boschereccia. Ed. stereotyp. 18. Parigi 800. (Wien, Armbruster). 8 gr

— il medesimo. 8. Parigi 800. Tourneisen Sohn. 11 ₰

— il medesimo. 8. Zwickau 803. Schumann. 16 gr

— Aminta. Favola boschereccia. 8. Leipz. 808. (W. Nauck). 22 gr

— Aminta. Favola boschereccia. 8. Lips. Sommer. 808.

— Aminta, favola pastorale. Mit erklärendem Wortregister von J. H. Emmert. 8. Gießen 813. (Fr. Fleischer in Leipzig.) 2/3 ₰

— Aminta, mit e. erklär. Wortregister zum Selbstunterricht von J. H. Emmert. 8. Gießen 813. Tasché. 16 gr

Tasso, Torq., Aminta; italienisch u. deutsch. N. Ausg. v. E. Schaul. 8. Karlsruhe, Braun. 817.

Tasso, (T.,) Aminto, favola boschereccia. Mit Erläut. u. Wortregister von L. Lion. 8. Göttingen 824, Vandenhöck u. R.

— l'Aminta e l'Amor fugitivo. 12. Wien 826, Schrämbl.

Tasso, Torq., Aminta favola boschereccia. Mit Hinweisung auf Valentini's italien. Lehrer, u. auf d. Grammatiken v. G. W. Müller, Keil u. Fornasari, nebst krit., etymolog., mytholog. u. psycholog. Anmerkn. zum Schul- u. Privatgebr. hrsg. v. P. A. F. Possart. gr. 8. (8 B.) Leipzig 830, [Künzel.] 12 Gr., Vlno.

— Aminta, favola boschereccia. Mit Hinweisung auf Valentini italien. Lehrer, u. auf die Grammatiken von G. W. Müller, Keil u. Fornasari, nebst krit., etymolog., mytholog. u. psycholog. Anmerkk. zum Schul- u. Privatgebrauch hrsgg. v. P. A. F. Possart. gr. 8. Leipz. 830. Schumann. 12 gr

Tasso, Torq., Aminta Fabula pastoril, traducida al Castellano por D. Juan de Jauregui. Zum ersten Male in Deutschland herausgeg. u. mit einer literar-histor. Einleitung nebst grammat. Excursen versehen von L. Th. Herbst. gr. 8. Königsberg 843, Gebr. Bornträger. n. 5/6 ₰

Tasso, (Taso) Torquato (a), Aminta Fabula pastoril, traducida al Castellano por Juan de Jauregui. Zum ersten Male in Deutschland hrsg. u. mit einer literar-histor. Einleitung nebst grammat. Excursen versehen v. L. Th. Herbst. gr. 8. (9 B.) Königsberg 844, Gebr. Bornträger. *

Tasso, Torquato, Aminta, s. a. Bibliothek d. Gesamtlitteratur d. In- u. Auslandes.

[S.] Aminta. E. Schäfersp. v. Torquato Tasso. A. d. Ital. übs. v. Alfred Oehlke. *Halle a. d. S.: O. Hendel (1896).* (72 S., 1 Portr.) 1 Bd 8. = Bibliothek d. Gesamtlitteratur d. In- u. Auslandes. No 955. [97 ...]

— Amynt(as)

— Amyntas, Hirten-Gedichte. Aus den Italiänischen übersetzet von JOH. HEINR. KIRCHHOFF. Hannover: Helwing 1742.

Tasso, Torquato, Amyntas, Schäferspl., mit Kpf. 8. Berl. 766. (Horvath in Potsd.) 12 gr

— — Amintas, ein Schäferspiel. Aus d. Italiân. in gebund. Schreibart übersetzt. Mit erot. Kpfrn. Berlin, Joach. Pauli, 1766. Pp. 8⁰. (6 Mk. 50 Pfg. Gust. Fock, Lpz., 1911.) Selten! Nicht bei Goedeke, Kayser u. Holzmann.

— Amynt; ein Schäfergedicht, metrisch übers. v. F. G. Walter. 8. Berl. 794. Nauck. 8 gr

— Amynt; ein Hirtengedicht, übers. v. Ed. Schaul, nebst Originaltext. 8. Karlsr. 808. N. Ausg. 818. Braun. 16 gr

— Amynt, ein Hirtengedicht, übersetzt von Schaul, nebst Originaltext. 8. Carlsruhe, Macklot. 808.

— Amyntas, übers. v. H. L. v. Danford, s. a. Taschenbibl. d. ausl. Classiker. 203 Bdchn.

Tasso, Torq., Amyntas. Schäferspiel. Uebersetzt von H. L. v. Dauford. Mit 1 Kpf. 16. Zwickau 822. Gebr. Schumann. 8 gr bröch. 9 gr

Tasso, (Tasa) Torquato(a), Amyntas, Comedia Pasterska przelozona najezyk ojczysty przez nieznaiomego autora. Wydana z rekopismu przez Franc. K. Nowakowskiego. gr. 12. (5 B.) Berlinie 840, Behr.

— auserles. lyrische Gedichte, s. Bibliothek, ausgewählte, der Classiker des Auslandes, 31. 32. Bd.

— — s. Bibliothek italienischer Classiker.

— lyrische Gedichte. Uebersetzt v. Prof. Karl Förster. 2 Bdchen. Mit Kpf. 16. Zwickau 821. Gebr. Schumann. roh 16 gr broch. 18 gr

Tasso's, Ariosto's, Petrarca's u. Dante's Geist, oder Bruchstücke verschied. ihrer kräftigsten gelungensten Stellen u. Dichtungen. Als Chrestomathie f. Schulen v. A. de Valenti. gr. 8. Leipz. 823, Enobloch.

Tasso, Torquato, la Gerusalemma liberata, s. a. Biblioteca d'autori italiani.

**Tasso,** Torquato, la Gerusalemme liberata, s. a. Biblioteca italiana.

— dasselbe, hrsg. v. B. Herlet, s.: Klassiker-Bibliothek, italienische.

— la Gerusalemma, s. a. Raccolta.

— — ed. G. Valenti. v. Scuola italiana. Vol. 7. 8.

— il medesimo ed. G. Valenti. II Voll. 8. Berl., Reimer. 2 ₰ 12 gr

— la Gerusalemme liberata, edita da Ciangulo. II Parte. 12. Lips. 740.

— la Gerusalemme. IV Voll. 8. Manh. 783. Löffler. 1 ß 16 gl

— la Gerusalemme liberata. II Voll. 8. Parigi 785. (Levrault in Strassb.) 2 ß 10 gl

— — la medes. II Vol. 8. Aureliis, (ibid.)

— la Gerusalemme liberata, poëma eroico. 8. Dresd. 786. Walther. 1 ß

— la Gerusalemme liberata da K. L. Fernow. II Voll. gr. 12. Jena 810. 2e Aufl. 824. Frommann. 2 ß Velinp. 3 ß 16 gl Hbg. Pr. 1 ß Schrbp. 1 ß 12 gl

— — La Gerusalemma liberata. 2 Tomi. gr. 8. Milano. (Leipzig, Kummer in Comm.) 821.

— la Gerusalemme liberata. 1r u. 2r Bd. 12. Wien 826. Schrämbl. (à 9 gl) 18 gl

—— la Gérusalemmo liberata. Lex.-8. (7¼ B.) Berlino 835, Fincke.

— la Gerusalemme liberata. Herausg. von C. A. F. Mahn. Nach dem von dem Verfasser (seit 1829) entdeckten u. bearbeit. System, Sprachen auf eine leichtere, schnellere u. gründlichere Art zu erlernen. 1r Gesang. 8. Berlin 835. C. F. Plahn. n. 1 gl

—— la Gerusalemme liberata. Hrsg. v. C. A. F. Mahn. Nach dem v. d. Verf. (seit 1829) entdeckten u. bearb. System, Sprachen auf eine leichtere, schnellere u. gründl. Art zu erlernen. 1. Gesang. 8. (2½ B.) Berlin 835, [Herm. Schultze.] *

—— la Gerusalemme liberata. Mit Anmerkn. z. Schulgebr. v. Ludw. Herkules Daverio. gr. 8. (34½ B.) Zürich 838, Schulthess.

—— la Gerusalemme liberata. Ediz. crit., riveduta e corretta da Gio. Gasp. Orelli. gr. 8. (30 B.) Zurigo 838, Schulthess.

— befreites Jerusalem, siehe a. Bibliothek, ausgewählte, der Classiker des Auslandes, 58 u. 59. Bd.

Tasso's, T., befreites Jerusalem, s. a. Bibliothek, Cotta'sche, der Weltlitteratur.

—— dass. — übers. von Duttenhofer, s. Bibliothek, neue wohlfeile, der italien. Classiker. — Classiker des In- und Auslandes.

— befreytes Jerusalem, s. a. J. F. Koppe, s. auch J. C. F. Manso

—— befreites Jerusalem, s. a. Meisterwerke, der italiänischen Dichtkunst.

Tasso, Torquato. Das befreite Jerusalem, s. a. Meyer's Volksbücher.

— dasselbe, s. a. Universal-Bibliothek.

— — dass. übers. v. A. W. Hauswald. 2 Bde. gr. 8. Görlitz, Anton.

Schreibp.
Velinp.

**Tasso, T.** Das befreyte Jerusalem. Mit allerhöchstem Kaiserlichen . . . Privilegium. Mannheim 1781. Ü: *Heinse, Johann Jacob Wilhelm.* (Ky) (EE) (GGr) (JL) (AarK) (MGT) »Zürich 1782« (BrMm)

— das befreite Jerusalem, nebst d. Leben des Dichters; aus d. Italien. in Prosa übersetzt (v. W. Heinse). 4 Bde. 8. Manh. 781—83. Schwan u. G. (Löffler). 1 ß 16 gl Italienisch u. deutsch. 4 Thle. Ebd. 783. 3 ß — Dass. übers. v. W. Heinse. 2 Bde. 8. Zürich 782. Geßner. 20 gl (Nachdruck).

— befreites Jerusalem. 2 Thle. 8. Dessau 782. Gelehrt.-Buchh. 2 ß

— — dass. nebst d. Leben d. Dichters u. 4 K. übersetzt von W. Heinse m. ital. u. deutsch. Text. 8. Mannh. Schwan u. G. (a. Löffler.) 783.

dass. ganz deutsch
— — ital.

— Dass. aus d. Italien. v. J. B. Schaul. 2 Bde. Mit Kpf. 8. Stuttg. 790. Erhard. 1 ß 8 gl

**Tasso, T.** Das befreite Jerusalem, ein ep. Gedicht . . . Leipz. 1791. Ü: *Manso, Johann Caspar Friedrich.* (MGT) (Ky) (EE) (GGr) (JL)

— Dass. ein episches Gedicht in 20 Gesängen; nach d. Italien. (v. J. K. F. Manso). 1r Bd. 8. Leipz. 791. Dyck. 1 ß

— Dass. übers. v. J. D. Gries. 2 Thle. gr. 8. Jena 800. 2e A. 810, 11. 3e A. 819. 4e A. 824. Frommann. 2 ß 12 gl Weiß Druckp. 3 ß Velinp. 5 ß 16 gl

**Tasso, Torquato.** Befreytes Jerusalem: a. d. Ital. . . . Leipz. 1800. Ü: *Schindel und Dromsdorf, Carl Wilhelm Otto August von.* (MGT) (OL) (Ky)

— befreites Jerusalem; aus d. Italien. übers. (von K. W. O. A. Schindel). 8. Leipz. 800. (Hinrichs). 1 ß 20 gl 2r Thl. A. u. d. T.: Erläuternde Anmerkk. zu Tasso's Jerusalem v. K. W. O. A. v. Schindel. Mit 2 Kpf. u. Tab. Liegnitz 817. Kuhlmey. 2 ß 8 gl Schrbp. 2 ß 16 gl Velinp. 3 ß 8 gl

— — dass. a. d. Ital. m. Anmerk. u. e. vollst. Commentar. 8. Leipz. Linke. 801.

— Dass. übers. von A. W. Hauswald. 2 Bde. gr. 8. Leipz. u. (Görlitz). 802. Anton. 2 ß 12 gl Schrbp. 3 ß 4 gl Velinp. 7 ß Neue wohlf. Ausg. Mit 2 Kpf. gr. 8. Halle 824. Anton. 1 ß 12 gl Velinp. 7 ß 12 gl

— — dass. übersetzt v. J. D. Gries. 2 Thle. gr. 8. Jena, Frommann. 810.

Schreibp.
Velinp.

Tasso, Torquato, das befreite Jerusalem, übersetzt von J. D. Gries. 2 Thle. gr. 8. Jena, Frommann, 811.
Schreibp.
Velinp.

— das befreite Jerusalem. 9r Gesang. Aus d. Italien. metr. übersetzt von Ad. Fr. Follenius. 8. Frankf. a. M. 817. (Eichenberg). 6 gl

— — befreytes Jerusalem. Aus d. Ital. v. C. W. D. A. v. Schindel. 2r Theil.
Auch unter dem Titel:
Erläuternde Anmerkungen zu Torquato Tasso's befreyten Jerusalem. Mit 2 Kupf. u. Tab. Liegnitz, Kuhlmey. 817.
Schreibpap.
Velinpap.

— — befreytes Jerusalem. Uebers. von J. D. Gries. 2 Thle. 3te Aufl. gr. 8. Jena, Frommann. 819.
Schreibpap.
Velinpap.

—Dass. übers. v. K. Streckfuß. 2 Thle. 8. Leipz. 822. Brockhaus. No. I. deutsche Uebersetzung. 3 ₰ No. II. gr. 8. mit dem Originaltext gegenüber, auf ordin. Druckp. 3 ₰ 12 gl. No. III. eben so, auf fein. französ. Pap. 4 ₰ 8 gl. Hbg. Pr. 1 ₰ 12 gl.

— dass. Werk, übersetzt von A. W. Hauswald. 2 Bde. Neue wohlf. Ausg. Mit 2 Kpf. gr. 8. Halle 824, Anton. 1 Rthl. 12 gr. Vel.-Pap.

— befreites Jerusalem, übers. v. J. D. Gries. 4e rechtmäß. Aufl. von neuem durchgesehen. 2 Thle. gr. 8. Jena 824, Frommann. Auf Velinp. geglättet u. geb. 5 Rthl. 16 gr. Fein weiß Druckp. 4 Rthl. — Ordin. Druckp.

— das befreite Jerusalem. Neu übersetzt. 8 Bdchn. Mit Tasso's Bildn. 12. Münch. 827. Michaelis. 1 ₰ 12 gl (Jaquet). 1 ₰ (Vergl. Meisterwerke der italien. Dichter).

— das befreite Jerusalem. Großes pantomim. Ballet in 5 Aufz. von P. Samengo. Musik von W. R. Graf v. Gallenberg. gr. 8. Wien 828. Wallishausser. 2 gl

Tasso, Torquato, befreites Jerusalem, übers. v. Karl Streckfuß. 2 Bde. 2., verb. Aufl. gr. 12. (21 B.) Leipzig 835, Brockhaus. Thlr.

—— befreites Jerusalem, übers. v. J. D. Gries. 2 Thle. 5., rechtmäss. Aufl., von neuem durchges. gr. 12. (28½ B.) Jena 837, Frommann.
* 1⅓ Thlr., f. weiss. Drckp. * 2 Thlr., Vlnp. *

—— befreites Jerusalem. Im Versmaaße d. Urschrift übers. v. F. M. Duttenhofer. 1. Bdchn. 16. (19 B. u. 1 Stahlst.) Stuttgart 840, Hoffmann'sche Vrlsbuchh.

— befreites Jerusalem. Im Versmaße der Urschrift übersetzt von F. M. Duttenhofer. 2. unveränd. Ausg. Mit 1 Stahlst. 16. Pforzheim 842, auch 843, Dennig, Finck u. Co. (Stuttgart, Scheible, R. u. S.) 1 ₰

—— befreites Jerusalem. Im Versmaße der Urschrift übersetzt v. F. M. Duttenhofer. 2., unveränd. Ausg. 16. (35 B. u. 1 Stahlst.) Pforzheim 842. (Stuttgart, Rieger'sche Vrlgsb.)

—— befreites Jerusalem übersetzt v. J. D. Gries. 6. Aufl. 2 Thle. (42½ B.) 844. * 1 Thlr. u. 7. Aufl. 16. (31½ B. u. 1 Stahlst.) Leipzig 847, Weidmann'sche Buchh. In gepreßt. Lwdbd. mit Goldschn.

Tasso's, Torquato, befreites Jerusalem übers. v. J. D. Gries. 7. Aufl. (Miniatur-Ausg.) 16. (498 S. m. 1 Stahlst.) Leipzig 847, Weitmann. In Engl. Einbd. m. Goldschn. 1¼ ₰ — 8. Aufl. 2 Thle. 8. (VIII u. 677 S.) Ebd. 851. 1 ₰ — 8. Aufl. 2 Thle. (Taschenausg.) 16. (677 S.) Ebd. 851. n. ⅔ ₰

Tasso's, Torquato, befreites Jerusalem, übers. von J. D. Gries. 9. Aufl. 16. (498 S. mit 1 Stahlst.) 1854. 1 Thlr. 15 Ngr. und 10. Aufl. 2 Thle. 8. (677 S.) Berlin 855, Weidmannsche Buchh. *

Tasso's, Torquato, befreites Jerusalem übers. von J. D. Gries. 11. Aufl. Berlin 862. Weidmann. 16. (498 S. u. 1 Stahlst.) 1 ₰ 15 ngr.

— — Neu u. in reinen Reimen übers. von Frdr. Chrn. Jochem. 2 Thle. Gießen 862. Ricker. 16. (X, 492 S.) n. 1 ₰

Tasso's, Torquato, befreites Jerusalem übers. von J. D. Gries. 12. Aufl. 2 Thle. Berlin 865. Weidmann'sche Buchh. 8. (677 S.) n. 20 ngr.

——'s Befreites Jerusalem übers. von J. D. Gries. 13. Aufl. 2 Thle. 8. (254; 260 S.) Berlin 874, Weidmann'sche Buchh. *

Tasso's, Torquato, befreites Jerusalem in 2 Tln. Uebers. v. J. D. Gries. Mit e. biograph. Einleitg. v. Herm. Fleischer. 8. (256 u. 272 S. m. Bildnis.) Stuttgart 893. J. G. Cotta Nachf. In 1 Leinwbd. n. 2.—

— befreites Jerusalem, übersetzt von J. D. Gries. 14. Aufl. 2 Thle. 8. (254 u. 260 S.) Berlin 880. Weidmann. n. 2.—

—— osvobodený Jerusalém. Báseň hrdinská přeložená od V. Ziaka. 12. (374 S.) Brünn 853, Winiker's Buchh.

**Tasso, T.** Nächtliche Klagen der Liebe; ein 1794 in Ruinen zu Ferrara aufgefundenes Werk; a. d. Ital. ... Leipzig 1802. Ü: *Schindel und Dromsdorff, Carl Wilhelm Otto Aug. von.* (EE) (OL) (Ky) (MGT)

— nächtl. Klagen der Liebe im Kerker. Aus d. Italien. übers. mit Anmerk. u. d. Leben des Verfass. (v. K. W. D. A. v. Schindel). Mit 2 Kpf. 12. Leipz. 802. Andreä. 1 ₰ 8 gl

— nächtl. Klagen der Liebe im Kerker, m. K. 12. Leipz. Bauer. 802.

— Leben u. Charakteristik rc., s. F. A. Ebert.

— lettere familiari con annotatione istoriche e critiche di C. J. Jagemann. gr. 8. Leipz. u. Zwickau 803. Schumann. 1 ₰ 8 gl

— zehn Madrigale. Uebers. von Herm. Harrys. 12. (23 S.) Hannover 895. (Schmorl & v. Seefeld Nachf.) Kart. n. 1.—

— Nächte; aus d. Italien. frei übers. v. Th. v. Haupt. Mit 1 Kpf. 8. Darmst. 809. (Leske). 16 gl Schrbp. 1 ₰

— Dass. mit italienisch. Originaltext. 8. Ebd. 809. 1 ₰ 4 gl Schrbp. 1 ₰ 14 gl

— Prose, Otto dialoghi. 8maj. Aarau 808. Sauerländer. 1 ₰ 16 gl

— Rime scelte e rivedute da Lucio Hold. II Tom. cum fig. 8. Aarau 807. Sauerländer. Schrbp. 3 ₰ Velinp. 4 ₰

— Rime scelte; con stempa. 16. Zwickau 821. (Gebr. Schumann). 8 gl geh. 9 gl

Tasso, Torquato. Versuch einer poetischen Übersetzung des Tassoischen Heldengedichts genannt: Gottfried, oder das Befreyte Jerusalem, ausgearbeitet von Johann Friedrich Koppen. Leipzig, B. C. Breitkopf, 1744. 8°. *Titelkupfer von Bernigeroth (Tasso wird im Beisein von Homer und Vergil von Apollon gekrönt)*, 15 Bl. 600 S. Etwas bereib. Ld. d. Z.
Erstdruck dieser vollständigen Übersetzung.

Tasso's, T., Werke, s.: Collection Spemann.

Tassoni, Alessi., der geraubte Eimer, s. Bibliothek, ausgewählte, der Classiker des Auslandes, 14. Bd.

Taſſoni, Aleſſ., der geraubte Eimer. Ueberſ. von P. L. Kritz, ſ. Bibliothek italien. Claſſiker.

Taſſani, Alex., der geraubte Eimer, e. heroiſch=komiſches Gedicht, a. d. Engl. m. Anmerk. v. F. Schmidt. 8. Hamburg, Bohn. 781.

Taſſoni, Alex., der geraubte Eimer, ein heroiſch=kom. Gedicht; aus d. Italien. mit Anmerkk. v. Fr. Schmit. 8. Hamb. 781. (Campe). 1 ß 12 gr

— la Secchia rapita, poëma eroi-comico. 8. Dresd. 794. Walther. 1 ß 4 gr

Taſſo's Tod, Trauerſpiel in 5 Aufz. von W. Smets. 8. Coblenz, Hölſcher. 820.

Tast, Albert. Untersuchungen über Kreso-Sapoformal auf seine Brauchbarkeit als Desinfiziens, Desodorans, Antiparasitikum und Wundheilmittel. Diss. Vet.-Med. Bern. 28 S. 8. Hannover, Friedrich Culemann, 1910.

Arbeiten aus dem hygienischen Institut der Kgl. Tierärztlichen Hochschule zu Hannover.

Taste, s. Tastu

**Tastenfik, Klas,** eine Wochenschrift. Wien 1774. H: *Moll, Chn. Hieron.* (zenker 146, Nr. 155 »Leben und Thaten Klas Tastenfiks. Wien 1773«) ([Hch. Wolfgang Behrisch] Die Wiener Autoren. Pressburg 1784. S. 146) (Angek. WrDiar 1774, Nr. 22, Anhg.) (BiblPort)

Tastu, Sabine Casimire Amable

Taſtu, S. C. A., das mauriſche Armband, ſ. Blüthen der franzöſiſchen Romantik.

**Tastu,** Mme. Amable, éducation maternelle, simples leçons d'une mère à ses enfants. Avec 8 cartes (gravées et color. in Imp. 4.) un tableau des couleurs et beaucoup de gravures en bois. Lex. 8. (XII u. 363 S. m. 1 Stahlst.) Leipzig 851, Baumgartner. 3 ß

Tastu, A., il libro dei fanciulli, s. Voiart, E.

Tat

— die, ſ. a. Kulturtat, die.

That, die, Trauerſpiel in 5 Akten, von Thereſe v. Artner. Die Schuld von A. Müllner. 1r Theil. 2te verb. Aufl. 8. Peſth, Hartleben. 820.

**Tat,** die. Wege zu freiem Menschentum. Eine Monatsschrift; hrsg. v. Ernst Horneffer. I. u. II. Jahrg. April 1909—März 1910. à 12 Hefte. (XII, 735 S. m. 4 Taf. u. XII, 729 S. m. 2 Taf.) gr. 8. Leipzig, Verl. Die Tat. à Jahrg. 8.— ; geb. 11.—

• That, die edle. Schauſp. in 2 Akten, v. Ehrimfeld. 8. Wien, Rehm. 805.

**Tat, die rettende.** Zur Beleuchtg. der ungar. Krise, v. e. Veteranen der Politik. (19 S.) gr. 8. Wien 903. Szelinski & Co. —60

— u. Treue. Schauſp. v. Tillo. 8. Schwerin, Bödner. 792.

**That, Die, rühmet den Mann.** Predigt am 3. Advent Sonnt. Übers. O. O. 1740. V: *Hersleb, Ped.* (Bruun, Bibl. Danica I, 500.) (Collin, Anonymer. Kiobenh. 1869.)

Die schreckliche That | einer | teuflischen Mutter, | die ihr Kind lebendig begräbt, mit einem Holzbeil zerhackt und den | Schweinen als Nahrung vorwarf. | (*Text* und Fig.: *Frau mit erhobenem Messer,* 106 × 77).
Kol.: Druck der J. F. Rietsch'schen Buchdruckerei in Landshut.
o. J., 1 Bl. zweiseitig bedruckt, 303 × 203.
LBO Bänkelsängerlit. II, 74.

**Tatar,** der. Eine See=Expedition. 2 Erzählgn. gr. 16. (61 S.) Mühlheim 875. Bagel. n — 25

Tatarinoff, E[ugen]. Abseits vom Wege. (Streifereien in Toskana, Osterferien 1904.) Seinem getreuen Reisegefährten U[rs] J[oseph] Rudolf von E. T". Separatabdruck aus dem «Solothurner Tagblatt». Mai 1904. II + 20 S. 8. Solothurn, Zepfel.

Tatarinoff, [Eugen]. Die II. Ausgrabungscampagne an der Römischen Ansiedelung Wilburg bei Dulliken. Fund-Bericht von Prof. Dr. T". [Mit 2 Figuren.] Separatabdruck aus dem «Solothurner Tagblatt» [Jahrg. 44, N° 146, 1905 Juni 27]. 16 S. 8. Solothurn, Zepfel, 1905.

Tatarinoff, E[ugen]. Beim Bataillon 51 im Manöver 1905. Den Kameraden des Bataillons 51 gewidmet. (Separatabdruck aus dem «Solothurner Tagblatt» [Jahrg. 44, N° 216—232, 1905 September 17—Oktober 6. Illustriert].) 42 S. 8. Solothurn, Zepfel, 1905.

**Tatarinoff,** Eug., die Betheiligung Solothurns am Schwabenkriege bis zur Schlacht bei Dornach, 22. VII. 1499. Nebst 172 urkundl. Belegen u. 24 lith. Beilagen. Festschrift, verf. im Auftrage der hohen Regierg. des Kantons Solothurn zur IV. Säkularfeier der Schlacht bei Dornach. 4. (XII, 171 S.) Solothurn 899. A. Lüthy. n.n. 10.—; Einbd. n.n.n. 2.—

**Tatarinoff,** Eugen, aus Unterhallau (Kt. Schaffhausen): Die Entwicklung der Probstei Interlaken im XIII. Jahrhundert mit besonderer Berücksichtigung der Erwerbungen von Kirchenpatronaten. Schaffhausen J. Bachmann Dr. [Basel Georg (Cie Verl.)] 1892. 4 Bl., VI S., 1 Bl., 190 S., 3 Bl. 8°.
Zürich, Phil. Diss. I. S. v. März [16. Dec.] 1892.

T[atarinoff], E[ugen]. Ein schöner Fang. [S.A.] 8. [Solothurn 1897.]

Tatarinoff, Eugen. Ein Gang durch die historisch-antiquarische Abteilung des Museums der Stadt Solothurn. [Mit 3 Porträts und 1 Tafel.] 68 S. 4. Solothurn, Buch- und Kunstdruckerei Union, 1902.

**Tatarinoff,** E., s.: Glarean's Briefe an Johannes Aal.

Tatarinoff, E[ugen]. Die Kritik der XV Bundesgenossen. Ein Blick in die Werkstätte Meister (Johann) Eberlins von Günzburg. Progr. 8. Solothurn 1896.

— die Schlacht bei Dornach 1499, ſ. a. Verein für Verbreitung guter Schriften, Baſel. Nr. 42.

**Tatarinoff,** E. Die Schlacht bei Dornach, 1499. Mit 1 Pl. u. 1 Bld. Baſel 1899. 64 S.

**Tatarinoff**, Paul, Dr. Med. (aus Moskau): Ueber Methylguanidine verschiedenen Ursprungs. Münch. M. Rieger 1879. 30 S., 1 Bl. 8°. -- Ueber die Bedeutung des Glutins als Nahrungsstoff. Zür. Zürcher u. Furrer Dr. 1879. 14 S., 1 Bl. 8°.
Zürich, Phil. Diss. [v. 1. Aug. 1879].

**Tatarkiewicz, Wladyslaw**: Die Disposition der Aristotelischen Prinzipien. Marburg 1910: (Hof-Buchdr., Weimar). IV, 102 S. 8° ¶(Ersch. auch als: Philos. Arbeiten. Bd 4, H. 2.)
Marburg, Phil. Diss. v. 16. März 1910, Ref. Cohen, Natorp
[Geb. 3. April 86 Warschau; Wohnort: Marburg; Staatsangeh.: Rußland; Vorbildung: 5. Gymn. Warschau Reife O. 03; Studium: Warschau 3, Zürich 1, Berlin 3, Marburg 6 S.; Rig. 18. Dez. 09.] [U 10. 3396

**Tatarkiewicz, Wladyslaw, die Disposition der aristotelischen Prinzipien, s.a. Arbeiten, philosophische.** IV, 2.

Die Disposition der Aristotelischen Prinzipien von Wladyslaw Tatarkiewicz, Dr. Gießen: Töpelmann 1910. IV, 102 S. 8°
(Philosophische Arbeiten. Bd 4, H. 2.)

**Tataroff**, Dmitry: Zur vergleichenden Anatomie des Musculus cremaster externus. . . . Strassburg, Univ.-Buchdr. v. J. H. Ed. Heitz (Heitz & Mündel). 1888; 68 S. 8°
Strassburg, Med. Fak., Inaug.-Diss. v. 1888

**Tataroff**, Dimitry, die Dorpater Wasserbacterien. Diss. gr. 8. (77 S.) Jurjew (Dorpat) 891. (E. J. Karow.) n. 1. 60

**Tatarowicz, Zdzislaw** von: Ueber einige Chlorbromsubstitutionsproducte der Methanreihe. 1879. 18 S. 8°
Karlsruhe, Dipl.-Diss. v. 19. 7. 1879

**Tatarsky**, Abraham: Aus der Königlichen Medizinischen Klinik zu Breslau. Direktor: Geheimrat Prof. Dr. v. Strümpell. Experimentelle Untersuchungen über die Wirkung der Röntgenstrahlen auf tierisches Blut. Leipzig: J. A. Barth 1907. (39 S.) 8°
Breslau, Med. Fak., Ref. v. Strümpell, Diss. v. 12. Febr. 1907
[Geb. 31. Dez. 80 Bjelgorod, Gouv. Kursk in Rußland; Wohnort: Jousowka, Gouv. Jekaterinoslaw; Staatsangeh.: Rußland; Vorbildung: Gymn. Bachmuth Reife M. 00; Studium: Breslau 10 S.; Rig. 28. Jan. 07.]

**Tatartscheff**, Bojirad (Sterjo) A. [aus Resna, Macedonien]: Die Urogenitalstörungen bei Tabes dorsualis ... Berlin, Buchdr. v. G. Schade, *1892*; 31 S. 8.
Berlin, Med. Fak., Inaug.-Diss. v. 16. Juli 1892

**Tatartscheff**, Christo N. [aus Resna, Macedonien]: Beschäftigungsneurose ... Berlin, Buchdr. v. G. Schade, *1892*; 42 S., 1 Bl. 8.
Berlin, Med. Fak., Inaug.-Diss. v. 18. Juni 1892

TATE, GEORG. Ueber die unsymmetrische Dimethylbernsteinsäure und die Propyl- und Isopropylmalonsäure. Würzburg, 1880.

**Tate**, Thom., die Festigkeit eiserner Balken u. Träger. Nach d. Engl. v. M. M. Frhrn. v. Weber. Nebst 3 Anh., die besten Engl. Versuche zur Ermittelg. der vortheilhaftesten Form von eisernen Trägern enthaltend. Deutsch von Louis Galle. gr. 8. (XIV u. 194 S.) Dresden 851, Arnold. n. 1⅓ ₰

On the connection between the critical temperatures of gases and vapours and their absorption coefficients and the viscosity of the solvent medium. By W[ilhelm] Tate. Uppsala & Stockholm 1906: Almqvist & Wiksell; Berlin: R. Friedländer & Sohn. (9 S.) 8°
-- Meddelanden fråu K. Vetenskapsakad. Nobelinstitut. Bd 1, No 4.

**Tate, W., über e. einfachen Toluolregulator u. e. einfache Schüttelvorrichtung f. Thermostaten, s.: Lundén, Harald.**

**Tateish**, Sajiro, B. S., Ph. B., Japan: Japans internationale Handelsbeziehungen mit besonderer Berücksichtigung der Gegenwart. *Halle a. S. 1902: C. A. Kaemmerer & Co.* (98 S.) 8°
Halle, Phil. Diss. v. 1902

Taten

**Thaten, die, d. Kaisers Augustus** übers. v. Carl Willing. s.: **Bibliothek** d. Gesamtlitteratur d. In- u. Auslandes. (Monumentum Ancyranum.)

**—— die, Bogda Gesser Chan's, des Vertilgers d. Wurzel d. zehn Uebel in d. zehn Gegenden. Eine ostasiat. Heldensage, a. d. Mongolischen übers. v. I. J. Schmidt. gr. 8. (19 B.)** St. Petersburg 839. (Leipzig, Voss.) ••

**Thaten** und Charakterzüge berühmter österreichischer Feldherren. Wien 1808. V: *Kepner, Joh. Frdr.* (ADB 21, 414)

**Thaten** und Characterzüge berühmter österr. Feldherren. Wien 1808. V: *Pezzl, Joseph.* (Mitth. Dr. Ign. Schwarz-Wien.)

**Thaten u. Charakterzüge berühmt. Oestreich. Feldherren.** Mit 1 Portr. 3 Thle. 8. Wien 808. Degen. 20 gr.

**THATEN**, Dunkle, der civilisirten Menschheit mit providenziellen Lichtblicken, hrsg. von C. F. Grieb. 5 Bde. (Cplt.?) Mit Bildern. Stuttgart 1850. 12°. (Bd. 2—5: 4 Mk. 50 Pfg. A. Bielefeld, vor 1885.)

— **u. Ebenteuer**, lustige, des alten Klosterbruders Hannes v. Lehnin, gesammelt u. an's Licht gefördert aus Pater Petri Papieren v. Anno Domini 1569 durch K. L. 4. Aufl. 2 Bdchn. (III, 160 u. VIII, 144 S. m. Abbildgn.) 16. Bern. (Wien, E. Beyer.) n. 4. 50

**Thaten**, ernste. Von e. Christen. gr. 8. (18 S.) Berlin 894. Bibliograph. Bureau. — 80

**Thaten, Eugenii grosse und erstaunenswürdige,** des unvergleichlichen Helden-müthigen Prinzen biss zu Ende des Jahrs 1717 . . . Leipzig 1718. V: *Fassmann, Dav.* (Myl)

— **u. Fahrten**, die, des Ritters Hans v. Schweinichen, hrsg. v. Heinr. Conrad. 2 Tle. in 1 Bde. (VIII, 261 u. 335 S.) 8. München 910. G. Müller. 12.—; geb. 15.—; Luxusausg. 50.—

**Thaten** u. Feinheiten renomirt. Kraft- u. Kniffgenie's, (von Hagemeister u. Ldw. Tieck). 2 Thle. Mit Kupf. 8. Berl., (Reimer). 2 ₰ 4 gr.

**Thaten** und Feinheiten renomirter Kraft- und Kniffgenies. Berlin 1790—91. H: *Tieck, Johann Ludwig* (GGr) (EE) & *Joh. Gfr. Hagemeister.* (Ky) (MV 2): *Rambach, Friedrich Eberh.* (GGr V, 521; VI, 34)

**Thaten** und Feinheiten renomirter Kraft- und Kniffgenies, 2 Theile mit Kupf. 8. Berlin, 790. 92. Hamburg. 2 Rthl. 5 ggl.

**Thaten, Des Grossen Diener Gottes Francisci de Hieronymo . . . Wundersame,** Und Heil. Eyfer . . . Martyrers Cyri . . . Wienn 1738. V: *Maurisperg, Anton.* (Jes)

Grausamere Thaten, als die in dieser Beschreibung | dargestellten, sind noch nicht vorgekommen. | Vierfache | Mordthat, | verübt | in der baierischen Oberpfalz | von | Joseph Marchner senior und seinem | Sohne Xaver Marchner | an | ihren nächsten Verwandten. | Ein furchtbares Verbrechen, das an Grausam- | keit die entsetzlichsten Beispiele blutiger Un- | thaten übertrifft. | Beide Mörder wurden in Amberg in Baiern zum | Tode verurtheilt das Urtheil wurde am 10. Septem- | ber 1873 vom König von Baiern bestätigt und sind | auch beide Verbrecher hingerichtet worden. | Eigenthum von Louis Henneberg. | Druck von C. Schulze u. Co. in Schmiedeberg, Prov. Sachsen.
o. J., 8 S., 182 × 114.
LBO Bänkelsängerlit. II, 26.

grosse Thaten des Prinzen Eugen von Savoyen wider die Türcken in Ungarn 1717. 4. M. Pl. Wien 1717.

Die grossen Thaten Gottes in denen unerhörten Kriegen und wundervollen Siegen Friedrichs des Zweiten, Königs in Preussen bey dem Anfang des 1758ten Jahres betrachtet, von einem treuen Knechte Gottes und seines Königes. 4. 8 Bl. 55 Str.

Thaten. Die grossen, welche zu unsterblichem Ruhm Sr. kaiserlichen und katholischen Majestät der durchlauchtigste Held Eugenius Herzog von Savoyen und Piemont, wider den Erbfeind, christlichen Namens in dem Königreiche Ungarn anno 1717 vorsichtig unternommen und siegreich ausgeführt etc. (Mit 1 Portrait u. Plan.) 4. Nürnberg 1717.

Thaten, gute, u. edle Handlungen währen ewig. Eine Samml. moral. u. histor. Erzähln. 2 Bdchn. 8. Wien, Adolph. (Leipzig, Cnobloch.) [1. (10 B.) 829. 12 Gr., 2. (11 B.) 830. 14 Gr.]

Thaten. Taten Jesu in unseren Tagen. Skizzen und Bilder aus der Arbeit der inneren und äusseren Mission, gezeichnet von einer Reihe ihrer deutschen Vertreter und hrg. von P. Martin Hennig, Direktor des Rauhen Hauses. 4. Tausend. VIII + 343 S. 8. Hamburg, Agentur des Rauhen Hauses, (1905). [geb. M. 3. 50]
*Darin S. 60—66. 104–116. 326—337 Skizzen, schweizerische Arbeit betr.; s. auch S. 252/5. 260/4 etc.*

Taten Jesu in unseren Tagen. Skizzen u. Bilder aus der Arbeit der inneren u. äußeren Mission, gezeichnet v. e. Reihe ihrer deutschen Vertreter u. hrsg. v. Mart. Hennig. 7. u. 8. verm. Aufl. (V, 357 S.) gr. 8. Hamburg 906. Agentur des Rauhen Hauses. n. 3. —; geb. n. 3. 50; Geschenkausg., m. 2 Orig.-Titelbildern v. Rud. Schäfer, geb. in Leinw. n. 4. 50

Taten Jesu in unseren Tagen. Skizzen u. Bilder aus der Arbeit der inneren u. äußeren Mission, gezeichnet v. e. Reihe ihrer deutschen Vertreter u. hrsg. v. Mart. Hennig. Mit 2 Orig.-Titelbildern v. Rud. Schäfer. 10.—14. Tauf. (V, 357 S.) gr. 8. Hamburg 906. 07. Agentur des Rauhen Hauses. 3.—; geb. 3. 50; Geschenkausg., geb. in Leinw. 4. 50

Thaten Clemens d. IV. Ganganelli. 8. Cöln, Fabricius.

Kriegerische Thäten Napoleons oder Darstellung der vorzüglichsten Schlachten und Siege desselben. 8. Mit 1 Tableau der Schlachten. Leipzig 1808.

— die, der preußischen Landwehr. Eine Darstellg. d. Antells dieser Truppe an den Kriegen von 1813—15 u. 1870/71. Von e. früheren Wehrmanne. 8. (39 S.) Bielefeld 892. A. Helmich. n. — 50

Thaten und Meinungen des Herrn Piepmeyer, Abgeordneten zur constituirenden Nationalversammlung zu Frankfurt a. M., von A. v. B(oddien) und Adf. Schrödter. 6 Hefte. qu. gr. 4. (50 Bl. in Zinkdr.) Frankfurt a. M. 848—49, Jügel. à Heft ** 13¾ Ngr. **

Thaten, nächtliche. Auf Thatsachen beruhende Erzählungen aus den Nachtseiten der menschlichen Gesellschaft. Neu-Gersdorf 867,68. Trommer. 8. (381 S. mit 28 color. Steintaff.) 1 ℛ︎

**Thaten** und Phrasen. Leipzig 1871. V: *Weber, Max Maria Freih. von.* (ADB 41, 351)

Thaten u. Phrasen. Sammlung officieller u. officiöser Depeschen u. Nachrichten üb. den deutsch-französischen Krieg v. 1870—1871. Nebst e. Chronologie d. Krieges, dem Wortlaut d. Frankfurter Friedensvertrags, u. e. (chromolith.) Karte d. Kriegsschauplatzes m. der Demarcationslinie u. den Occupationsgebieten in Frankreich. (in 4.) 2. durchgesch. und verm. Aufl. gr. 8. (XVI, 344 S.) Leipzig 871. Weber. n. 3. —

—— ritterliche, Gottfr. von Berlichingen's, s. a. Berlichingen.

Thaten, ritterliche, Götz von Berlichingen's mit der eisernen Hand. Neuerlich aus den verglich. Handschriften gezogen u. lesbar gemacht von M. A. Gessert. 8. (9¾ B.) Pforzheim 843. [Stuttgart, Rieger'sche Vrlgsb.]

**Thaten, Die,** des grossen Romuli und der Sabiner Raub oder die von denen Römern entführte Sabinerinnen. Denen Magnificis . . . unsern Hochgeehrtesten Herren dediciren die von denen vor jetzo anwesenden. Wienerischen Hoch-Teutschen Kays. Hoff-Comoedianten . . . in einem Schauspiel. [Hamb. ? ca. 1725.] V: *Draghi, A.* (Antiq. Seidel, Wien, Anzeiger 5, 1922, Nr. 1024)

**Thaten** und Schicksale des jetzigen Bürgers Alexanders Ypsilanti, Nachkommen des letzten christlichen Kaisers Constantin . . . Leipzig 1797. V: *Heinse, Gottlob Heinrich.* (GGr) (MGT)

— u. wichtige Schicksale Ypsilanti, (v. Gb. H. Heinse). 8. Leipz. 797. Weygand. 1 ℛ︎ 8 gr

Schreckliche Thaten | des furchtbaren | Robertino, | der Anführer einer Räuber- | bande in Spanien | und | dessen jammervolles Ende. | Geschehen zu Anfang des Jahres 1867. Eigenthum von Carl Böttcher.
Kol.: Druck von Fr. Giese in Zerbst.
o. J., 4 Bl. n. n., 182 × 106.
LBO Bänkelsängerlit. II, 37.

Thaten, tapfere, jugendl. Helden, s. a. Jugendheim. 26.

Tapfere Thaten jugendlicher Helden. Gute Beispiele f. d. Jugend. *Cassel: J. G. Oncken [1900].* (105 S.) 8° [F.]
— Jugendheim. 26. [01. 4380 4

**Thaten, die, des Vertilgers der zehn Uebel in den zehn Gegenden, des verdienstvollen Helden Bogda Gesser Chan; eine mongol. Heldensage, nach ein. in Peking gedr. Exempl. aufs Neue abgedr. unt. d. Aufsicht I. J. Schmidt's. Hrsg. v. d. kais. Akad. d. Wissensch. gr. 4. (24¼ B. u. 1 lith. Schrifttaf.) St. Petersburg 836. (Leipzig, Voss.)** **

— volksfreundliche, statt leerer Worte od. Sociale Thätigkeit d. Kirche, s.: Volksaufklärung.

Thaten der Vorzeit. Erfurt 1803. V: *Kühne, Chn Frdr. Glob.* (Ky)

**Thaten der Vorzeit; e. Fortsetzung der Lafontain. Sagen aus d. Alterthum. 8. Erfurt u. Gotha 803. Hennings. 1 ₰ — 2r Bd. 8. Leipz., Joachim. 1 ₰**

**Thatenbuch, Bayerisches, ein Denkmal der Helden d. Vaterlandes. Von K. G*******r. gr. 8. (24 B.) Passau 830. [Augsburg, Kollmann.]**

Thatenbuch, Bayerisches. (1800—1816.) Ein Denkmal den Helden des Vaterlandes. Von *K. G*******r.* Passau, Pustet, 1830. 8°. Ppb. IV—380 S.

Thatenbuch, Bayerisches, von K. G . . . r. Regensburg 1830. V: *Gemminger, Carl.* (Ky)

**Thatenbuch d. bayer. Chevauxleger's. 8. (7 B.) Amberg 840, [Manz.]**

**Thatenbuch der bayerischen Chevauxlegers. 8. Amberg 841, Smith. n. 1/4 ₰ Velinp. n. 1/3 ₰**

Tatevin, C.

**Tatevin,** C., C. Sp. S., la langue tapïhïya, dite tupï ou ńeẽngatu, s. Schriften der Sprachenkommission der kaiserl. Akademie der Wissenschaften. II. Bd.

La Langue Tapïhïya dite Tupï ou Ńeẽngatu (Belle Langue). Grammaire, dictionnaire et textes. Par le P[ère] C. **Tatevin**, C. Sp. S. Vienne: Hölder en Comm. 1910. 307 S. 8°
(Kais. Akad. d. Wiss. Schriften d. Sprachenkommission. Bd 2.) [10. 11823

**Tatewossians,** Artem, a. Akulissi (Russ.-Armenien): Über die Identität oder Nichtidentität der Bacillen menschlicher und Rindertuberkulose. Rudolstadt 1906: F. Mitzlaff. (56 S.) 8°
Tübingen, Med. Fak., Ref. v. Baumgarten, Diss. v. 27. Febr. 1907
[Geb. 1. Jan. 79 Akulissi (Russisch-Armenien); Wohnort: Tübingen; Staatsangeh.: Rußland; Vorbildung: Realsch. Baku Reife O. 00; Studium Berlin 6, Tübingen 4 S.; Rig. 19. Febr. 07.]

Methode Rustin. Französische Selbstunterrichtsbriefe ... Hrsg. vom Rustinschen Lehrinstitut ... Bearb. von Oberl. Oskar **Tatge**. Lfg 1. *Potsdam & Leipzig: Bonness & Hachfeld [1902].* 4°(8°) [F.]
— Selbst-Unterrichts-Briefe. [12,] Lfg 1. [02. 10330

Tatham, Ch. H., Gravures des anciennes Cathedrales etc., s. Coney, J.

**Tatham, C. H., auserlesene Muster antiker Bau-Ornamente; gezeichnet nach den besten Originalen in Rom u. andern Gegenden Italiens in d. Jahren 1794—96. Mit Kpf. gr. Fol. Weimar 805. Ind.-Compt. 18 ₰ Velinp. 21 ₰**

Tatian, s. Bibliothek der ältesten deutschen Litteratur-Denkmäler.

**Tatian,** lateinisch u. altdeutsch m. Glossar v. Ed. Sievers, s.: Bibliothek der ältesten deutschen Litteraturdenkmäler.

**Tatiani** oratio ad Graecos, siehe: Corpus apologetarum christianorum.

**Tatiani** oratio ad Graecos, s.: Texte u. Untersuchungen zur Geschichte der altchristlichen Literatur.

—— Rede an die Griechen, s. Bibliothek der Kirchenväter.

Tatian's Rede an die Griechen, übers. u. eingel. v. A. Harnack. Pr. 1884. 54 S. 4°.

Tätigkeit

* **THATIGKEIT**; oder: Eduard Waller und Henriette, seine Schwester. (Zahmer Roman.) 2 Thle. Königsberg, bey Göbbels und Unzer 1806. Kl. 8°. (3 Mk. 50 Pfg., unbeschn., Max Jaeckel, Potsdam, 1908.)
1: VIII—180 S. 2: IV—168 S., 2 weiße Bll.

**Thätigkeit, oder Ed. Waller u. seine Schwester. 2 Thle. 8. Königsb. 806. R. A. 818. Unzer. 1 ₰**

**Thätigkeit,** die, d. preuß. Abgeordnetenhauses in der 16. Legislaturperiode (1886—1888). Im Auftrage der nationalliberalen Partei dargestellt. gr. 8. (IV, 144 S.) Berlin 888. (Puttkammer & Mühlbrecht.) n. 1.—

— **dasselbe,** in der 17. Legislaturperiode (1889). gr. 8. (XV, 112 S.) Ebd. 889. n. 1.—

— **dasselbe,** in der 17. Legislaturperiode. 2. Session. 1890. Im Auftrage der nationalliberalen Partei dargestellt. gr. 8. (III, 110 S.) Ebd. 890. n. —60

**Thätigkeit,** die, d. preußischen Abgeordnetenhauses in der 17. Legislaturperiode. III. Session. 1890/91. Im Auftrage der nationalliberalen Partei dargestellt. gr. 8. (182 S.) Berlin 891. Puttkammer & Mühlbrecht. n. 1.—

— **dasselbe.** 17. Legislaturperiode. IV. Session. 1892. gr. 8. (154 S.) Ebd. 892. n. 1.—

— **dasselbe.** 17. Legislaturperiode. V. Session. 1892/93. gr. 8. (166 S.) Ebd. 893. n. 1.—

— **dasselbe.** 18. Legislaturperiode. I. Session. 1894. gr. 8. (83 S.) Ebd. 894. n. 1.—
Auf dem Titel irrtümlich 19. Legislaturperiode gedruckt.

**Thätigkeit,** die, d. preußischen Abgeordnetenhauses in d. 18. Legislaturperiode. II. Session 1895. Hrsg. v. Centralbureau d. nationalliberalen Partei. gr. 8. (138 u. X S.) Berlin 895. Puttkammer & Mühlbrecht. n. 1.—

**Tätigkeit,** die, des preußischen Abgeordnetenhauses, Session 1907/08. (Landtagssession 1907/08. IV. Session der 20. Legislaturperiode. Tagung vom 26. XI. 1907 bis 9. IV. 1908.) (176 S.) gr. 8. Berlin (908). Buchh. der nationalliberalen Partei. 2.—
Fortsetzg., s.: Landtagssession.

Schweizerische Grossloge Alpina. Ihre **Tätigkeit** von 1900 bis 1905. Mit einem geschichtl. Vorw. Veröffentl. laut Beschluss des Verwaltungsrates. Bern 1905: Büchler & Co. 450 S. 8°
Recens: Bh. 49 (1906) S. 232.
cf. L. 28 (1905) S. 176 (P. Fischer); ML. 34 (1905—1906) S. 64 (O. Henckel); Z. 36 (1905 bis 1906) S. 64 (H. Glücksmann); Bbl. 20 (1906) S. 127—128 (G. Diercks); BBurInt. 4 (1906) S. 31—34, [dasselbe] (engl. Ausg.) S. 23—24; O. 31 (1906) S. 191—193 (K. Thiering); R. 33 (1906) S. 8 (G. Schauerhammer).

— die, der Antisemiten in der abgelaufenen Sitzungs-Periode d. Reichstages. gr. 4. (4 S.) Leipzig 890. Th. Fritsch. — 5

Thätigkeit. Die Tät' des Allgem. Jüdischen Arbeiterbundes in Litauen, Polen u. Russland («Bund») nach seinem 5. Parteitag. Bericht für den Internationalen Sozialistischen Kongress in Amsterdam. Hrg. von dem Allg. Jüdischen Arbeiterbunde in L', P' und R'. II + 31 S. 8. Genf, Impr. Israélite, August 1904. [fr. —. 50]

— der Armeeschiessschule in Bruck a. L. 1906. (86 S. m. Fig.) gr. 8. Wien 907. (L. W. Seidel & Sohn.) — 50
Sonderabdruck aus: „Streffleur's milit. Ztschr."

Thätigkeit, Die, der deutschen Artillerie in der Schlacht bei Loigny-Poupry am 2. December 1870. Aus: „Kriegsgeschichtliche Einzelschriften". Heft 7. — Berlin 1886.

Thätigkeit, die, der britisch-ausländ. Bibelgesellschaft, zur Verbreitung der heil. Schrift. 8. Hamb. 815. F. Perthes. 20 g.

— die bisherige, der physikalisch-technischen Reichsanstalt. Aus der dem Reichstage am 19. II. 1904 überreichten Denkschrift. Mit e. Verzeichnis der Veröffentlichgn. aus den J. 1901—1903. (26 S.) Lex.-8. Braunschweig 904. F. Vieweg & Sohn. n. 1. —

Die bisherige Thätigkeit der im Reg.-Bez. Oberbayern bestehenden Vereinssektionen für Waldpflege. München 1878. 8°. 8 S. Cart.

Thätigkeit der vier Divisionen im Reg.-Bez. Bromberg 1848. Beihft. z. „Milit.-Wochenblatt". — Berlin 1849.

Thätigkeit, die, der königl. bayerischen 3. Feld-Genie-Kompagnie während des Feldzuges 1870/71. Mit e. Übersichtskarte u. e. bildl. Darstellg. der Anfahrt zur Brückenstelle Remilly (Sedan). (Von Karl Müller.) [Aus: „Darstellgn. aus der bayer. Kriegs- u. Heeresgesch."] gr. 8. (IV, 64 S.) München 903. J. Lindauer. n. 1. —

Die Tätigkeit der sozialdemokratischen Fraktion in der Berliner Stadtverordneten-Versammlung. [3.] (1. Sept. 1905 bis 30. Sept. 1907.) Berlin: Vorwärts 1908. 8° [F.]
[1 u. 2 sind nicht in Buchform erschienen.] [08. 3690

Tätigkeit, die, der sozialdemokratischen Fraktion in der Berliner Stadtverordneten-Versammlung (1. IX. 1905 bis 30. IX. 1907). (35 S.) 8. Berlin 908. Buchh. Vorwärts. — 50
Fortsetzg., s.: Bericht üb. die Tätigkeit usw.

D. Tätigkeit d. Frauenvereine i. amerik. Kriege. (S.-A.) 1866.

Die 50jährige **Tätigkeit** des Kronstädter Männer-Gesangvereins 1859 bis 1909. (Kronstadt '09.) IX, 124 S. [Umschlagt.:] Festschrift d. Kronst. Männer-Gesangver. 1859—1909.

Thätigkeit. Gemeinnützige Tät' in Baselland. Den Teilnehmern an der Jahresversammlung der Schweizerischen gemeinnützigen Gesellschaft von 1906 in Liestal, sowie den Mitgliedern der Gem' Ges' von Baselland gewidmet. [Illustriert.] 127 S. 8. Liestal, Suter, Marti & Schäublin, 1906.

Die gemeinnützige **Thätigkeit** an ihren Sohn zum 23. Febr. 1859. [Altenburg 1859: Hofbuchdr.] 1 Bl. 8° [Kopftit.]
Lied ohne Noten.

Die Tätigkeit der engl. Genietruppen in Natal. (Berlin 1903.) 8°. — Beigedr.: Die Belagerung von Kimberley. Berlin 1903. 8°. (Mitteilungen des Ing. Komitees. 34.)

DIE TÄTIGKEIT DER JURISTISCHEN GESELLSCHAFT ZU BERLIN in den ersten fünfzig Jahren ihres Bestehens.[1]) Der Juristischen Gesellschaft zu Berlin gewidmet zur Feier ihres fünfzigjährigen Jubiläums am 19. Mai 1909 von ihrem bisherigen Vorsitzenden Dr. R. KOCH. gr. 8°.

Tätigkeit, die, des Landungskorps S. M. S. „Habicht" während des Herero-Aufstandes in Süd-West-Afrika, s. a. Marine-Rundschau. 1905. Beiheft 1.

Die Tätigkeit des Landungskorps S.M.S. 'Habicht' während des Herero-Aufstandes in Süd-West-Afrika. Januar/Februar 1904. Auf Grund amtl. Materials bearb. im Admiralstab d. Marine. Mit 6 Skizzen. Berlin: E. S. Mittler & Sohn 1905. (31 S.) 8° [F.]
= Marine-Rundschau. 1905, Beih. 1. [05. 17633

Thätigkeit, über die, der Kavallerie 1866. Berlin 1870. 8.

— die, der 5. Kavallerie-Division in den Tagen vom 10.—16. Aug. 1870, s.: Beiheft zum Militär-Wochenblatt.

Thätigkeit, die, der Kavallerie-Divisionen im Kriege. Nebst e. Anh.: Anleitung zum Bau v. Feldbrücken u. zur Wiederherstellg. zerstörter Brücken durch Mannschaften v. Kavallerie-Regimentern. Mit 4 Skizzen u. 2 Taf. Abbildgn. gr. 8. (VI, 203 S.) Berlin 884. Mittler & Sohn. n. 4. 50

— die, des Compagnie-Führers im Gefecht. Aus d. Praxis v. E. D. gr. 8. (12 S.) Mainz 895. Berlin, Militär-Verlagsanstalt. n. — 75

— die, der landwirtschaftlichen Körperschaften in Deutschland auf dem Gebiete des landwirtschaftlichen Bauwesens. (Verhandlungen der XXXVII. Plenarversammlg. des deutschen Landwirtschaftsrats 1909.) [Aus: „Archiv d. deut. Landwirtschaftsrats.] (S. 291—319.) Lex. 8. Berlin 909. P. Parey. nn — 75

Die Thätigkeit des Kieler Kreisverbandes der Genossenschaft freiwilliger Krankenpfleger im Kriege. Sommer 1890. Hamburg (1890.) 4° [Umschlagt.]
[Kopft.:] Mitteilung über die Thätigkeit des Kreisverbandes Kiel im Sommer 1890.

— die, des sächsischen Landtags. II. Kammer. Session 1893/94. 8. (32 S.) Leipzig 895. Buchdruckerei u. Verlagsanstalt d. Leipziger Volks-Zeitung. n. — 15

— die, der Marine während der Niederwerfung des Eingeborenen-Aufstandes in Ostafrika 1905/06, s.a. Marine-Rundschau. Beiheft.

Die **Tätigkeit** der Marine während der Niederwerfung des Eingeborenen-Aufstandes in Ostafrika 1905/06. Auf Grund amtl. Materials bearb. im Admiralstab d. Marine. Mit 2 Anlagen u. 5 Skizzen. Berlin: Mittler 1907. 54 S. 8° [Umschlagt.]
(Marine-Rundschau. Beih. ⟨Mai-Heft⟩ 1907.) A 12 7369

**Thätigkeit**, die parlamentarische, d. deutschen Reichstags u. der Landtage u. die Sozial-Demokratie. Nebst e. Anh., enth.: Winke f. die Agitation, Auszüge aus den deutschen Vereins- u. Versammlungsgesetzen, dem Strafgesetzbuch, dem Reichswahlgesetz, der Wahlgesetzordng. 16. (94 S.) Leipzig 873. Genossenschaftsbuchdr. — 30

**Thätigkeit** (Die parlamentar.) des deutschen Reichstags und der Landtage und die Socialdemokratie. 2. Aufl. 32°. Leipzig, Genoss.-Buchdr., 1873.

— die, der deutschen Pioniere in China 1900/01, s.a. Mitteilungen des Ingenieur-Komitees. 45.

Die Tätigkeit der deutschen Pioniere in China 1900/01. Berlin 1908. 8°. (Aus: Mitteilungen des Ing.-Komitees.)

Charlottenburg, Physikal.-techn. Reichs-Anstalt, Die Thätigkeit der Anstalt bis Ende 1890. [o. O. u. J.]

**Tätigkeit**, Die, der Physikalisch-Technischen Reichsanstalt. Berlin 1890 ff.

**Thätigkeit, die, des Reichsrathes** während der letzten Session. Besprochen u. durch statistische Tabellen erläutert von Karl Gr—ß. Gmunden 864. — Wien, Prandel & Ewald. gr. 8. (16 S. u. 2 Tab. in Fol.) n. 4 *ngr.*

— die, des deutschen Reichstags von 1890—1893. Mit e. Anh., enth.: Die wichtigsten Beschlüsse der Wahlprüfungs-Kommission, die f. die Agitation u. die Wahlen wesentlichsten Bestimmngn. des Strafgesetzes u. des Wahlgesetzes f. den Reichstag, nebst Wahlreglement. 16. (176 S.) Berlin 893. Buchh. d. „Vorwärts". n. — 20

**Thätigkeit, Die sociale,** in den Universitätsjahren, gewidmet den österreichischen katholischen Studenten aller Hochschulen. Rede; a. d. Franz. ... Freiburg 1892. V: *Montenach, Georg Freih. v.* (EB) Ü: *Liechtenstein, E. A. V. M.* (Cat. d. Stadtbibl. Zürich. Zürich 1864—97.)

— die sociale, in den Universitätsjahren, gewidmet den österreichischen katholischen Studenten aller Hochschulen. Eine Rede, aus dem Franz. übers. u. m. Anmerkgn. u. e. Schlussworte versehen v. E. A. V. M. L. gr. 8. (55 S.) Freiburg (Schweiz) 892. Universitätsbuchh. (P. Friesenhahn). n. — 60

Die sozialpolitische **Thätigkeit** des Verbandes Deutscher Handlungsgehülfen zu Leipzig in Form eines ABC. *Leipzig: Verband 1901.* (110 S.) 8° [F.]
— Denkschrift d. Verbandes Deutscher Handlungsgehülfen. 5. (oo. 6755) 10

Die sozialpolitische **Thätigkeit** des Leipziger Verbandes. (Unterz.: Deutschnat. Handlungsgehilfen-Verband.) *Hamburg: Verband [1899].* (1 Bl.) gr. 2° [Kopft. F.]
Aus: Deutsche Handels-Wacht. 1898. No 20.
— **Flugschrift** d. Deutschnat. Handlungsgehilfen-Verbandes. No 2. (oo. 11053

**Tätigkeit, Unsere,** auf dem Gebiete der Naturwissenschaft im letzten Jahrzehnt. Budapest 1877. V: *Szily, Koloman.* (Tübz 25, 1)

— die, der Unterrichtskommission der Gesellschaft deutscher Naturforscher u. Ärzte. Gesamtbericht, enth. die Vorverhandlgn. auf den Versammlgn. in Cassel u. Breslau sowie die seitens der Kommission den Versammlgn. in Meran, Stuttgart u. Dresden unterbreiteten Reformvorschläge. Im Auftrage der Kommission hrsg. v. A. Gutzmer. (XII, 322 S.) Lex. 8. Leipzig 908. B. G. Teubner. Geb. in Leinw. 7. —

— die, des sozialdemokratischen Verbandes im Abgeordnetenhause. XVIII—XX. Session. Hrsg. im Auftrage des Klubs der deutschen Sozialdemokraten im Abgeordnetenhause. 8. Wien, Wiener Volksbuchh. 2. —
XVIII. (17. VI. 1907 bis 5. II. 1909.) (72 S.) 909. 1. —
XIX. (10. III.—11. VII. 1909.) (31 S.) 909. — 50
XX. (20. X. 1909—6. VII. 1910.) (68 S.) 910. — 50

— die, d. Berliner Vereins f. Volksbäder. (Veröffentl. bei Gelegenheit d. Berliner Gewerbe-Ausstellg. 1896.) gr. 8. Berlin 896. J. Springer. n. 1. 20
I. Das Volksbad. Von O. Lassar. Techn. Erläutergn. f. d. Zeichngn. d. Volksbrausebades. Erklärgn. d. baul. Anlagen u. d. techn. Einrichtgn. II. Das Brausebad in d. Berliner Gemeindeschulen. Von Abraham. III. Bericht d. Schatzmeisters des Vereins Val. Weissbach. IV. Mitgliederverzeichniss d. Berliner Vereins f. Volksbäder. (72 S. m. 4 Taf.)

Die Taetigkeit des Vereins [der Industriellen Pommerns und der benachbarten Gebiete]
*[Wird fortges.]*
(Veröffentlichungen d. Ver. d. Industriellen Pommerns u. d. benachbarten Gebiete. Nr [illegible])

Ueber **Tätigkeit** u. Verwendung der Kavallerie im Feldzuge 1866 in Böhmen u. am Main. Berlin 1870. 93 S.

**Thätigkeit, Die,** der st. gallischen Volksregierung ... St. Gallen 1903. V: *Müller, Othmar.* (BBullschw 4, 1904)

— die, der preussischen Wasserbau-Verwaltung innerhalb der J. 1880—1890. [Aus: „Centralbl. d. Bauverwaltg."] gr. 8. (50 S.) Berlin 890. Ernst & Korn. n.n. 1. 30

Die Tätigkeit der Zentralstelle für Volkswohlfahrt im Jahre 1909/10. Denkschrift. Saarbrücken 1910.

Die **Taetigkeit** der Zentrumsfraktion des Preußischen Abgeordnetenhauses. [Hrsg. von Karl] (v. *Savigny*). [1911 ff.:] Hrsg. vom Sekretariat d. Landesausschuss. d. Zentrumspartei. In d. Sess. 1901 ff. Berlin 1903 ff. 8°

— die, der Zentrumsfraktion des preussischen Abgeordnetenhauses in den Sessionen 1904, 1905, 1906, 1907, 1908 u. 1910. (Hrsg. von v. Savigny.) 8. Berlin, Germania. p 10. 20
1904. 05. (169 S.) (908.) 2.70. — 1906. (VII, 82 S.) (908.) 1.50. — 1907. (IX, 104 S.) (910.) 1.50. — 1908. (VIII, 111 S.) (910.) 1.50.
1910. I. Tl. Mit besond. Berücksicht. der Wahlrechtsvorlage. Im Auftrage der Fraktion in Verbindg. m. mehreren Abgeordneten hrsg. vom Sekretariat des Landesausschusses der preuß. Zentrumspartei. (64 S.) 910. 1. 50
II. Tl. Im Auftrage der Fraktion in Verbindg. m. mehreren Abgeordneten hrsg. vom Sekretariat des Landesausschusses der preuß. Zentrumspartei. (125 S.) 910. 1. 50

**Thaetigkeitsbericht** der Allgemeinen Arbeitsnachweis-Anstalt Köln üb. d. [2.] ff. Geschäftsj. ⟨1. Juli 1895 bis 30. Juni 1896⟩ ff. [5. ff.] mit e. Anh. betr. d. Thätigkeit d. „Wohnungs-Nachweises f. Arbeiter u. kleine Angestellte" in derselben Zeit. o. O. u. J. 8°
[2.] 1895/96 — 9. 1902/03.
*[Fortges. u. d. Tit.:]*
Bericht über die Tätigkeit der Allgemeinen Arbeitsnachweis-Anstalt Cöln im 10. ff. Geschäftsj. ⟨1. Juli 1903 bis 30. Juni 1904⟩ ff. mit e. Anh. betr. d. Tätigkeit d. Wohnungs-Nachweises f. Arbeiter u. kleine Angestellte in derselben Zeit. o. O. [später] Köln o. J. 8°
10. 1903/04 — 16. 1909/10.

**Thätigkeitsbericht** d. städt. **Arbeitsvermittlungsamtes in Brünn. Für die Zeit vom 1. IV. bis Ende Decbr. 1901 erstattet vom Ausschusse des städt. Arbeitsvermittlungsamtes. gr. 8. (39 S. m. 9 Tab.) Brünn 902. (F. Irrgang.) n. — 50**

Naturforschende Gesellschaft Baselland (in Liestal). Thätigkeitsbericht. 1900 und 1901. II + 79 S. 8. Liestal, Gebr. Lüdin, 1902.

(Jahresberichte, Jahresrechnungen, *S. 17—72:* Wissenschaftliche Arbeiten, Mitgliederverzeichnis..., Statuten.)

**Thätigkeitsbericht** der Naturforschenden Gesellschaft Baselland.... 8. Liestal, Gebr. Lüdin.

[1.] Thät'... 1900 und 1901. [Mit 1 Figur.] II + 79 S. 1902.
(2.) Tät'... 1902 und 1903. [Mit Figuren und 3 Tafeln.] 120 S. 1904.

Thätigkeitsbericht. (3.) Tät' der Naturforschenden Gesellschaft Baselland, 1904—1906. [Mit 1 Figur und 5 Tafeln.] 143 S. 8. Liestal, Gebr. Lüdin. 1907.

(F) **Tätigkeitsbericht** über das 7. Bundesjahr des deutsch-österreichischen Bauernbundes. Gr.-8°. (8 S.) K —.20

Budweis: Verlagsanstalt "Moldavia" 1906.

(F) **Tätigkeitsbericht** über das 8. Bundesjahr des Deutsch-österreichischen Bauernbundes. Gr.-8°. (8 S.) K —.10

Budweis: Verlagsanstalt "Moldavia" 1907.

Tätigkeitsbericht - Forschungsrat für Ernährung, Landwirtschaft und Forsten. - Bad Godesberg 1959/60 ff.
Früher s.: Tätigkeitsber. d. Land- u. Forstwirtschaftl. Forschungsrates

Kantonale Gemeinnützige Gesellschaft von Baselland. Thätigkeits-Bericht pro 1900. 64 S. 8. Liestal, Suter & Cie., 1901.

Kantonale Gemeinnützige Gesellschaft von Baselland. (5.) Thätigkeits-Bericht pro 1901. II + 76 S. 8. Liestal, Gebr. Lüdin, 1902.

Kantonale Gemeinnützige Gesellschaft von Baselland. (6.) Tätigkeits-Bericht pro 1902. VIII + 56 S. 8. Liestal, Suter & Cie., 1903.

Oekonomische und gemeinnützige Gesellschaft des Kantons Bern. Thätigkeitsbericht pro 1900. II + 60 S. 4. Bern, K. J. Wyss, 1901.

Ökonomische und gemeinnützige Gesellschaft des Kantons Bern. Thätigkeitsbericht pro 1901. II + 54 S. 4. Bern, K. J. Wyss, 1902.

Ökonomische und gemeinnützige Gesellschaft des Kantons Bern. Tätigkeitsbericht pro 1902. II + 74 S. 4. Bern, K. J. Wyss, 1903.

**— der Gewerkschafts-Kommission Oesterreichs, Fortsetzg., s.a. Rechenschaftsbericht.**

**Thätigkeitsbericht d. Gewerkschafts-Kommission Oesterreichs f. 1894 bis 1896 u. Protokoll des II. österreichischen Gewerkschaftskongresses, abgeh. v. 25. bis 29. XII. 1896. Red. nach d. stenograph. Protokoll v. A. Hueber u. R. Preussler. (Zum Thl. auch in czech. Sprache.) gr. 8. (III, 105, 126 u. VIII S.) Wien 897. (Wiener Volksbuchh.) n. 2. 70**

Tätigkeitsbericht der Handwerkskammer zu Kassel. 1901-04. Kassel 1902-05

**Thätigkeitsbericht** der Handwerkskammer zu Cassel. [1.] Für 1901 u. 1902. Cassel 1902: Gebr. Gotthelft. 8° [J.] 1-6. 4

Thätigkeitsbericht des Steiermärk. Landesmuseumsvereins „Joanneum." 2-11. 4°
Graz 1885-94

Kulturgesellschaft des Bezirks Aarau. Thätigkeits-Bericht über die Jahre 1897—1901. Kassa-Bericht. — Mitglieder-Verzeichnis. Im Anhang: Die Koch- und Haushaltungskurse der Kulturgesellschaft des Bezirks Aarau. (Dargestellt von Rektor [Jacob] Suter in Aarau.) II + 14 + *Anhang* II + 24 S. 8. Aarau, H. R. Sauerländer & Co., 1902.

**Tätigkeitsbericht des Laboratoriums für technische Physik der Techn. Hochsch.** München. 1902—1922. München 1922

**Thätigkeitsbericht** der Loge „An Erwin's Dom" Or. Strassburg (Elsass) für die Zeit von ihrer Installation (12. Februar) bis zum Johannisfeste (19. Juni einschl.) 1882. (Leipzig, Druck v. Findel.) 1882. 8. 11 S.

**Tätigkeits-Bericht** der Teplitzer Museums-Gesellschaft (1900—06: d. Museumsges. Teplitz; 07 ff.: d. Museumsges. in Teplitz-Schönau) im Verwaltungsjahre 1899—1910. Teplitz '00—10. 4°

**Tätigkeitsbericht, II., des Pestalozzi-Vereines zur Förderung des Kinderschutzes u. der Jugendfürsorge, s.a. Rechtsschutz der Jugend. III.**

II. **Tätigkeitsbericht des Pestalozzivereines** zur Förderung des Kinderschutzes und der Jugendfürsorge. 1905. [Rechtsschutz der Jugend. 3.] Gr.-8°. (59 S.) † K 3.—

Wien: Fromme 1906.

Luzernischer Schutzaufsichts-Verein für entlassene Sträflinge und Zwangsarbeiter [Kantonal-Verein]. 3. Tätigkeits-Bericht... umfassend die Zeit vom 1. Oktober 1898 bis 30. September 1900. 79 S. 8. Luzern, J. Schill, 1901.

**— der deutschen Section des Landesculturrathes für die Markgrafsch. Mähren f. die J. 1898 u. 1899. gr. 8. (XIV, 596 S.) Brünn 900. (F. Irrgang.) n.n. 5. 60**

**Thätigkeitsbericht** der Loge Sokrates zur Standhaftigkeit im Jahre 5880 und meine Niederlegung des ersten Hammers als Meister v. St. in der Arbeitsloge vom 29. Januar 1881. Seinen Brüdern in Liebe und Dankbarkeit gewidmet von G. Ed. van der Heyden. Frankfurt a/M., Druck v. Werner & Winter. 1881. 8. Tit. 5 S.

Tätigkeitsbericht des Verbandes deutscher landwirtschaftlicher Genossenschaften in der Bukowina. Czernowitz: Selbstverl. d. Verbandes 1905/13. *(Erschienen für die Jahre 1904–1912.)*

**Thätigkeits-Bericht des naturwissenschaftlichen Vereines in Aussig f. die J. 1887—1893. gr. 8. (107 S.) Aussig 894. (A. Grohmann.) n. 2. —**

s. 1877 (in Bd. XXI): **Bericht, 1., des naturwissenschaftlichen Vereines in Aussig a. d. Elbe. — Über die J. 1878—1886 ist kein Bericht erschienen.**

**Tätigkeitsbericht des Vereines klassischer Philologen in Wien. Hrsg. zur Feier des 10jähr. Bestandes (1899—1909). (75 S.) gr. 8. Wien 909. (Gerold & Co.) 1. 60**

Tätigkeitsbericht des Vorstandes und des Ausschusses des Rheinisch-westfälischen Ausbreitungsverbandes der Deutschen Gewerkvereine. Jg. 1904. Düsseldorf, 1905. 72 S. mit 1 Tab.

TÄTIGKEITSBERICHT DER CENTRALSTELLE FÜR JUGENDFÜRSORGE IN BERLIN
für das Geschäftsjahr 1904. (Berlin. Buchdruckerei Gutenberg (Fr. Zillessen).) 8°.
für das Geschäftsjahr 1905/06. (ib. —.)

Tätigkeits(Jahres-)bericht der Pfälzischen Handwerkskammer. 1906-10.
Kaiserslautern 1907-11

**Verein Berliner Kaufleute und Industrieller. — TÄTIGKEITS-UEBERSICHT für das Jahr 1905, erstattet in der Generalversammlung am 4. April 1906 im Sitzungssaal des Vereins. (ib. —.) 4°.**

Verein Berliner Kaufleute und Industrieller. — TÄTIGKEITS-ÜBERSICHT für das Jahr 1906. Nebst einem Überblick über den wirtschaftlichen Verlauf des Berichtsjahres und die gegenwärtige Lage des Weltmarktes. (Berlin. Druck von Reinhold Kühn.) 8°.

Verein Berliner Kaufleute und Industrieller. — TÄTIGKEITS - ÜBERSICHT für das Jahr 1907. Zugleich Bericht über die Tätigkeit des Zentralausschusses Berliner kaufmännischer, gewerblicher und industrieller Vereine. Nebst einem Überblick über den wirtschaftlichen Verlauf des Berichtsjahres und die gegenwärtige Lage des Weltmarktes. (Berlin 1908. Druck von Reinhold Kühn.) 8°

Verein Berliner Kaufleute und Industrieller. — TÄTIGKEITS - ÜBERSICHT für das Jahr 1908. Zugleich Bericht über die Tätigkeit des Centralausschusses Berliner kaufmännischer, gewerblicher und industrieller Vereine. Nebst einem Uberblick über den wirtschaftlichen Verlauf des Berichtsjahres und die gegenwärtige Lage des Weltmarktes. (Hergestellt in der Offizin des Verlags für Fachliteratur, G. m. b. H., Berlin.)

Verein Berliner Kaufleute und Industrieller. — TÄTIGKEITS-ÜBERSICHT ... Zugleich Bericht über die Tätigkeit des Centralausschusses Berliner kaufmännischer, gewerblicher und industrieller Vereine und der Centralstelle für die Interessen des Berliner Fremdenverkehrs. Nebst einem Überblick über den wirtschaftlichen Verlauf des Berichtsjahres und die gegenwärtige Lage des Weltmarktes.
... für das Jahr 1909. (Berlin. Druck von G. Bernstein.) 8°.
... für das Jahr 1910. (ib. Otto Elsner.)
... für das Jahr 1911. (ib. Druck von G. Bernstein.)

*Tátika.* Eine ungarische Sage aus Alex. v. Kisfaludy Regèk a' Magyar Elö-Idöböl, od. Sagen aus der ungarischen Vorzeit, metrisch übersetzt v. G. v. Gaal. 12. Wien 820. Wallishauser. 12 Gr

*de Tatischeff*, J., Dictionnaire français et russe, composé sur la nouvelle édition de celui de l'Academie française et augmenté de Mots nouvell. créés. gr. 4. Moskau. (Leipz., Kummer). 16 ₰

Tatischtscheff, Testament, s.: Bibliothek, russische.

Татищевъ, В. Н., Духовная (Tatischtscheff, W. N., das Testament), s. Библiотека, русская.

*Tatius*, s. *Achillis.*

Tatra [Sachliches OW]

Die hohe Tatra. Im Masse 1:40.000. Quer-Folio. Farbendruck Ebdst. 80 kr.
Wien: K. k. milit.-geogr. Institut General-Depot R. Lechner's k. k. Hof- u. Universit.-Buchhdlg. 1881.

**Tatra, d. Hohe, s. a. Griebens Reisebücher.**

Die Hohe **Tatra.** Prakt. Führer, neu bearb. v. Dr. [Aug.] Otto. 2. Aufl., m. neuen Reisekt. *Berlin: A. Goldschmidt 1895.* (VIII, 143, 4 S., 2 Kt., 1 Taf.) 1 Bd 8.
= Reisebücher, Griebens. Bd 47. [96. 6690

Die Hohe **Tatra** (a. d. Umschl.: Special-Karte v. d. Hohen Tatra) auf Grundlage d. Oesterr. Gen. Stabs-Kt. bearb. v. W. Liebenow. Maasst. 1:100,000 *Berlin: A. Goldschmidt [1898].* (1 Ktnbl. 2°) 1 Bd 8.
(Griebens Reisebücher.) [98. 9704

Die Hohe **Tatra** nebst den wichtigsten Touren in den Westkarpaten. Prakt. Führer v. Dr. [Aug.] Otto. 3. Aufl., m. 5 neuen Kt. *Berlin: A. Goldschmidt 1898.* (VIII, 221 S., 2 Kt., 3 Pl.) 1 Bd 8.
= Reisebücher, Griebens. Bd 47. [98. 9839

Die Hohe **Tatra** nebst den wichtigsten Touren in den Westkarpathen von Dr. [August] Otto. 5., neu bearb. Aufl. Mit 5 Karten. *Berlin: A. Goldschmidt 1903.* (VIII, 245 S.) 8°
= Reiseführer, Griebens. Bd 47. [04. 3848

Die Hohe **Tatra** nebst den wichtigsten Touren in den Westkarparthen von Dr. [August] Otto. 6., neu bearb. Aufl. Mit 5 Karten. Berlin: A. Goldschmidt 1906–07. (VIII, 230, 4 S.) 8°
= **Reiseführer**, Griebens. Bd 47. [07. 8508

**Tatra, die hohe.** 7 Farbendr. u. 26 Holzschn. nach Aquarellen v. E. T. Compton. Text v. Paul Habel. Nebst e. dreifarb. Karte. (21 [7 farb.] Taf. m. 8 S. illustr. Text.) 44×33 cm. Leipzig (905). J. J. Weber. In Mappe 10. —

Tatra, Hohe [Schlagwort]

**Tatra, Hohe,** s.: Alpen.

**Tátra,** s.: Hohe Tátra.

**Tátrafüred - Schmecks** in der Hohen Tátra, climat. Curort, eisenhält. u. kohlensaures Quellengebiet, Kaltwasser- u. Krummholz-Badeort, sowie e. kurzgefasste Beschreibg. der Umgebg. Ein Führer f. Touristen. Mit 1 Situationsplan von Schmecks. (Ungarisch u. deutsch.) 8. (70 S.) Kaschau 887. (Maurer.) n. — 80

Tatra-Gebiet [Schlagwort]

**Tátra-Gebiet, s.: Alpen. Detailkarten.**

Tatsache

**Thatsache,** die, der lenkbaren Luftschiffahrt u. ihre Verwendung f. Militärzwecke v. A—Z. gr. 8. (15 S.) Leipzig 890. v. Biedermann. n. 1. —

**Thatsache** gegen Thatsache, s. Broschüren-Cyclus.

Tatsachen

**Thatsachen** und Ansichten über Hamburgs Contingent, Militairpflicht ... Hamb. 1831. V: *Buek, Frdr. Gg.* (schr)

— u. Ansichten über Hamburgisches Contingent, Militärpflicht u. Selbstvertretung. Von ein. Hamburger. 8. Hamb. 831. Hoffmann u. Campe. 4 Gr

**Thatsachen,** ernste. Offener Brief an Wen-er-packt, v. Jirmejahu dem Kleinen. 8. (62 S.) Leipzig 893. E. Rust. n. 1. —

**Thatsachen und Gedanken.** Den Söhnen der Wittwe zur Prüfung vorgelegt. o. O. [Selbstverl. des Verf.] 1813. 24 S. 8°
Kl. 579. Selten. Üb. Geist u. Entwicklung der Frmrei, Aufforderung, den im Bunde herrschenden Übeln zu steuern, Plan für eine in Süd-Russland zu gründende ideale Kolonie.

**Thatsachen** der Gegenwart, insbesondere Judenverfolgungen u. Excesse gegen Guts- u. Fabrikherren erklärt durch Thatsachen der Vergangenheit nebst einigen Vorschlägen zur Heilung socialer Uebel f. die Zukunft von einem „Kopfarbeiter". gr. 8. (36 S.) Berlin 848, Aschendorff in Comm. 4 ngl

**Die geologischen Thatsachen** und die biblische Schöpfungsgeschichte. Münster 1856. Programm.

Thatsachen, die hauptsächlichsten, der christlichen Kirchen- und Reformations-Geschichte von ihrem Anfange bis zur gegenwärtigen Zeit. Eine Zugabe zur bibl. Geschichte für protestant. Schulen und für den Privat- und Selbst-Unterricht. 8. (49 S. mit Dr. Martin Luthers Bildniß in Holzschn.) Nürnberg 868, Sichling.

—— dass. — 2. Aufl. 8. (49 S.) Erlangen 868, Deichert.

**Thatsachen,** 111, zu Gunsten d. fleischlosen Diät. M. Einleitg. u. Schlusswort. (Von Benno Buerdorff.) 1.—10. Taus. 16. (61 S.) Leipzig 897. K. Lentze. — 20

**Thatsachen,** merkwürd., aus Buonaparte's neuest. Geschichte, in Reime gesetzt durch Jh. And. Knittel. 8. Halle 815. Ruff. 10 gl.

Thatsachen. Einige Wichtige Thatsachen über Genf. [Illustrierter Führer.] [II + 16 S.) quer-8. Lyon-Paris-Mülhausen i/E, B. Arnaud, [1901].

**Thatsachen-Scherze** (Practical jokes), s.: Bibliothek der Gesammtlitteratur.

**Tatts,** Henr., Lexicon aegyptiaco-latinum etc., s. Lexicon.

**Tattam,** Hnr., s. Prophetarum minorum.

**v. Tättenbach,** Graf Hnr. Chr., († d. 3. Oct. 1821.) umständl. Beweis der ehel. Abstammung des Heinrich Christian Grafen v. Tattenbach, oder der ihm zustehenden Befugniß, mit seinem Vermögen nach Gefallen zu disponiren rc. München 821.

**Tatter,** W., Anleitung zur Obsttreiberei, s. a. Bibliothek für wissenschaftliche Gartencultur.

Tatter W.: Anleitung z. Obsttreiberei. Stuttg. 1879. 336 S. Fig.
(= Bibliothek f. wissenschaftliche Gartencultur. Bd. 4).

**Tatter,** W., Aprikosen nach Holländischer Methode zu treiben. Ein Versuch. Mit einer Temperatur-Tabelle (in 4.) u. 1 Kpfrtaf. (in Fol.). Berlin 854. Nauck'sche Buchhdlg. gr. 8. (12 S.) 6 ngr.

**Tatter,** W., die praktische Obst-Treiberei sowohl in Treibhäusern, Treibkästen u. Mistbeeten, wie auch in Talutmauern, bearb. für den praktischen Gärtner. Mit 46 in den Text gedr. Abbildgn. (Holzschn.) Hamburg 861. Kittler. gr. 8. (VI, 228 S.) n. 1 ₰ 15 ngr.

— das Wichtigste aus der Obsttreiberei, s.: Grundlehren des Gartenbaues.

**Taturinoff,** E., siehe: *Glarean's Briefe.*

**Tatzel,** üb. Blutarmut u. Bleichsucht. gr. 8. (10 S.) Nürnberg 891. Gross. n. — 40

**Tatzel,** die Psychotherapie (Hypnose). Ihre Handhabg. u. Bedeutg. f. den prakt. Arzt. gr. 8. (V, 80 S. m. 8 Abbildgn.) Neuwied 894. Heuser's Verl. n. 1. 80

**Tatzel,** die hypnotische Suggestion u. ihre Heilwirkungen. 8. (64 S.) Leipzig 899. J. A. Barth. n. 1. —

**Tatzel,** Robert [pr. Arzt. Aus Steinbach b. Mittelwalde Schlesien]: Beitrag zur Pathologie der Bursa pharyngea. . . . Freiburg i. B., Univ.-Buchdr. H. M. Poppen & Sohn, 1888; 24 S. + 2 Bl. 8°
Freiburg i. B., Med. Fak., Inaug.-Diss. v. 1888

**Taub,** Hans, a. Nürnberg: Beiträge zur Geschichte und Theorie des sicheren Geleits. Ein rechtshistorischer Versuch. Borna-Leipzig 1906: R. Noske. (VIII, 51 S.) 8° [J.]
Erlangen, Jur. Fak., Ref. Allfeld, Diss. v. 25. April 1906
[Geb. 29. Nov. 80 Nürnberg; Wohnort: München; Staatsangeb.: Bayern; Vorbildung: Gymn. Nürnberg Reife M. 99; Studium: München 8 S.; Rig. 7. März 06.]

**Taub,** Ludwig, a. Sensburg O.-Pr.: 1-Phenyl-4 isonitroso-5-triazolon und seine Spaltungsprodukte. Würzburg 1905: C. J. Becker. (46 S.) 8°
Tübingen, Naturw. Fak., Ref. Wislicenus, Diss. v. 2. Aug. 1905
[Geb. 6. Sept. 77 Staedtel, Schlesien; Wohnort: Sensburg, Ostpr.; Staatsangeb.: Preußen; Vorbildung: Pharmaz. Staatsprüfung mit 1 München 02; Studium: München 3, Tübingen 4 S.; Coll. 2. Aug. 05.]

Taub Simon: Beiträge zur Wasserausscheidung und Intumeszenzbildung bei Urticaceen (mit 1 Doppeltaf.) S. 119 [illegible]
Separatabdruck

**Taub,** Simon, Beiträge zur Wasserausscheidung u. Intumeszenzbildung bei Urticaceen. (26 S. m. 1 Taf.) gr. 8. Wien 910. A. Hölder. 1. 40
Sonderabdruck aus: „Sitzungsber. d. k. Akad. d. Wiss."

**Taubald,** G., s. a. Geschichtsrepetition.

**Taubald,** J., s. a. Geschichtsrepetition.

**Taubald,** J., Geschichtsrepetition. Nach dem Lehrplan der Bürgerschule zu Coburg bearb. 2. u. 3. Heft. Coburg 870. Sendelbach. gr. 8. (19 u. 16 S.) Jedes Heft n. 2 ngr.

**Taubald,** J., Geschichtsrepetition. 2. Thl. Nach dem Lehrplan der Bürgerschule zu Coburg bearb. 2. Aufl. 8. (19 S.) Coburg 871. Sendelbach. n. — 20

Täubchen, das, s. a. Erzählungen f. Kinder- u. Kinderfreunde, 2. Bdchn.

**Täubchen,** das. Das verlorene Kind. Zwei Erzählungen für Kinder u. Kinderfreunde. Von dem Verf. der Ostereier. kl. 8. Regensburg 845, Manz. 1/8 ₰

**Täubchen,** das. Das verlorne Kind. Zwei Erzählungen für Kinder u. Kinderfreunde. Von dem Verf. der Ostereier (Chrph. v. Schmid). Neue illustr. Orig.-Aufl. Mit 1 Stahlst. u. (eingedr.) Holzschn. Regensburg 864. Manz. 8. (100 S.) 7½ ngr.

**Täubchen,** das. — Das verlorene Kind. 2 Erzählungen für Kinder u. Kinderfreunde. Von dem Verf. der Ostereier. Neue illustr. Orig.-Aufl. [2. Abdr.] Mit Stahlst. u. feinen (eingedr.) Holzschn. Regensburg 869. Manz. gr. 8. (101 S.) 7½ ngr.

— das. Das verlorne Kind. Zwei Erzählungen für Kinder und Kinderfreunde. Von dem Verf. der Ostereier. 6. und 7. Orig.-Aufl. gr. 16. (125 S.) Regensburg 870,76, Manz.

Täubchen, das. Höchst interessante Ritter- u. Räubergeschichte der Vorzeit. Neuerzählt nach C. Schmidt von G. u. B. Ovm. 8. (71 S.) Urfahr-Linz 878. Kraußlich. — 20

Taube, der, s. a. Theater, das, des Auslandes.

Taube, der; Origin.-Lstspl. in 5 A. v. Frhrn. v. G. 8. Münster 778. Coppenrath. 4 ggr

Taube, die. Ein kleiner Bote für Kinder der Neuen Kirche. Hrsg. und redig. von Arth. O. Brickman. 1. Jahrg. Mai 1859 bis April 1860. 12 Nrn. (1/2 Bog.) gr. 8. Baltimore 859. (Philadelphia, Schäfer und Koradi.) *

Taube, die. Red. Johs. Boegehold. Jahrg. 1869. 52 Nrn. (Bgn.) Berlin (E. Beck.) 4. n. 1 Thlr 6 ngr.

— — Jahrg. 1870. 52 Nrn. (Bgn.) Leipzig, (Bredt.) 4. n.n. 1 Thlr

Taube, die. Red.: Johs. Boegehold. Jahrg. 1871 u. 1872 à 52 Nrn. (B.) 4. Leipzig, (Bredt.) à Jahrg. n.n. 3. —

— dasselbe. Jahrg. 1873—1875 à 52 Nrn. (B.) 4. Ebend. à Jahrg. n. 3. 75

Taube, die. Redact.: Johs. Boegehold. 7. Jahrg. 1875. 52 Nrn. (Bog.) gr. 4. Forst. (Leipzig, Bredt.) *

— dasselbe. Red.: Jul. Spiegel. 8. Jahrg. 1876. 52 Nrn. (B.) gr. 4. Forst. Ebend. n.n. 3. 50

Taube, die. Red.: Jul. Spiegel. 9—11. Jahrg. 1877—1879. à 52 Nrn. (B.) gr. 4. Forst. Neusalz, Krause. à Jahrg. n. 4. —

— die. Mit (chromolithogr.) Abbild. (in 4.) verschiedener Brieftauben-Racen. Ein Büchlein für jeden Taubenfreund. 8. (9 S.) Neu-Ulm 874, Helb's Sortiment.

Taube, die. Ein Bote der Liebe und Barmherzigkeit. Kleine Berliner Thierschutz-Zeitung. Hrsg. und redig. unter Mitwirkung des Neuen Berliner Thierschutzvereins von Br. Luise Schimmelpfennig v. d. Oye. Jahrg. 1884. 12 Nrn. (Bog.) gr. 8. Berlin, (Deutsche evangel. Buch- und Tractat-Gesellschaft.) *

Taube, die. Ein Bote der Liebe und Barmherzigkeit. Kleine Berliner Thierschutz-Zeitung. Hrsg. und redig. unter Mitwirkung vieler Thierfreunde von Br. Luise Schimmelpfennig v. der Oye. 2. Jahrg. 1885. 12 Nrn. (Bog.) gr. 8. Berlin, (Deutsche evangel. Buch- und Tractat-Gesellschaft.) *

— die. Eine Botin der Liebe und Barmherzigkeit. Berliner Thierschutz-Zeitung. Hrsg. und redig. unter Mitwirkung vieler Thierfreunde von Br. Luise Schimmelpfennig v. der Oye. 3.—5. Jahrg. 1886—1888. à Jahrg. 12 Nrn. (Bog.) gr. 8. (Ebendas.) à Jahrg. *

Taube, Die. Monatsblatt für evangelische Vereins- und Liebestätigkeit. Red.: J. Ninck. Jg 1. 1893. Königshof: Evangelische Gesellschaft. 8°

Taube, die. Monatsblatt f. evangel. Vereins- u. Liebesthätigkeit. Hrsg.: J. Ninck. 7.—10. Jahrg. Oktbr. 1899—Septbr. 1903. à 12 Nrn. gr. 8. (à ca 16 S. m. Abb.) Winterthur, Depot der ev. Gesellschaft. à Jahrg. n.n. 1. 50

Taube, die. Monatsblatt f. evangel. Vereins- u. Liebestätigkeit. Red.: Th. Zimmermann. 11.—14. Jahrg. Oktbr. 1903—Septbr. 1907. à 12 Nrn. (à 16 S. m. Abbildgn.) gr. 8. Zürich, Buchh. der ev. Gesellschaft. à Jhrg. n. 1. 50

Taube, die. Illustriertes Monatsheft f. evang. Vereins- u. Liebestätigkeit. Organ der evangel. Gesellschaft des Kantons Zürich. Red.: Th. Zimmermann, P. Geyser unter Mitwirkg. v. Huber, v. Wyß, Urner. 15.—18. Jahrg. Oktbr. 1907—Septbr. 1911. à 12 Nrn. (à ca. 20 S. m. Abbildgn.) gr. 8. Zürich, Buchh. der ev. Gesellschaft. à Jahrg. nn 1. 60

Taube, die einsame, rc., s. Bibliothek, amerikanische.

Taube. Gedächtnissworte, dem zu Danzig am 15. Dezbr. 1892 heimgegangenen Gen.-Superint. D. Taube an seinem Sarge in dankbarer Verehrg. gewidmet. gr. 8. (19 S.) Danzig 893. L. Saunier. n.n. — 25

v. Taube, Kreismarsch. ..., s. Entwurf e. Reglements.

Taube, ..., von der Fischjagd. 8. Schleswig, 775. (Hammerich in Altona). 6 ß

Taube, Arnold, Pastor coll.: Luthers Lehre über Freiheit und Ausrüstung des natürlichen Menschen bis zum Jahre 1525 auf ihre Folgerichtigkeit geprüft. Eine dogmat. Kritik. *Göttingen 1901: Dieterich.* (55 S.) 8°
Göttingen, Theol. Diss. v. [22. Aug.] 1901

Taube, Arnold, Sonntagsgedanken. Mit e. Vorwort v. Häring. (IV, 188 S.) 8. Göttingen 908. Vandenhoeck & Ruprecht. Geb. in Leinw. 2. 80

Taube, B. E. D. Frh. v. Das Exerzieren im Bataillon nebst der großen Parade. Mit Taf. Weimar 1842. 170 S.

v. Taube, B. E. D. Frhr., das Exerciren in Bataillon nebst der großen Parade. Ausführlich dargestellt u. durch Figuren erläutert. Nebst 32 Taf. gr. 8. Weimar 842, Voigt. 1 1/4 Thlr

Taube, C. F., Untersuchung melodischer Lehrsätze. 2 Thle. 8. Dresden, Heckel. 730.

Taube, Daniel Johann. s. Taube, Johann

Taube, E. A. Conspectus Juris scientiae Turcicae, oder Übersicht der Türkischen Rechtswissenschaft ... Hamb. u. Leipz. 1792. H: *Plant, Johann Traugott.* (Ky) (ML)

*Taube*, E. A., conspectus jurisscientiae turcicae, oder Uebersicht der türkischen Rechtswissenschaft. Mit e. Vorrede hrsgg. (v. Jo. Trgtt. Plant). 8. Leipz. 792. Heinsius. 6 gl

Taube, C. D., Strafgesetzbuch f. das deutsche Reich vom 1. Jan. 1872. Textausg. unter Berücksichtigg. der abgeänderten Fassg. d. ursprüngl. norddeutschen Strafgesetzbuchs m. ausführl. Wort- u. Sachregister. 16. (VII, 174 S.) Leipzig 871. Fues. geb. — 75

Taube, C. D., Strafgesetzbuch für das Deutsche Reich. Textausgabe mit ausführl. Wort- und Sachregister. Nach den neuen Ergänzungen und Abänderungen vervollständigt von C. B. Kurtz. 2.—4. Aufl. 16. (VII, 176 S.) Leipzig 874—76, Fues's Verlag. cart.

Taube, E. O., Strafgesetzbuch für das Deutsche Reich. Textausg. mit ausführl. Wort- und Sachregister. Nach den neuen Ergänzungen und Abänderungen vervollständigt von Alfr. Lehmann. 5. Aufl. 16. (VII, 176 S.) Leipzig 881, Fues's Verlag. cart.

**Taube, E. O., Wort- u. Sachregister zur allgemeinen Gerichtszeitung für das Königr. Sachsen, s. Gerichtszeitung.**

Taube, Eduard [Pseud.],
s.a O e r z e n , Leopold Karl Ludwig Graf von

Taube, Eduard: A r i s t o t e l e s de arte physiognomonica ad Alexandrum scriptor. 10 S. -- Gleiwitz. Progr. 1866

**TAUBE**, Eduard (i. e. *Leop. Karl Ludw.* Graf *v. Oerzen*). Aurora, oder der Triumph der Tugend. Dresden 1797 8⁰. (1/3 Rthl.)
„Verführungsgeschichte trotz des Titels". (R. Zinke's Dresdner Novbr.-Auct. 1905, no. 319.)

**Taube, Ed., (Leop. Karl Edw. Graf v. Oerzen), Aurora, od. der Triumph der Tugend. 8. Dresd. 797. (Rauck in Lpz.) 6 gr.**

**Taube**, Eduardus (*geb. Kindelsdorf in Schles. 1. 11. 1835*): Tractandorum scriptorum Graecorum physiognomonicorum praeparatio. Inest ineditum Aristotelis ad Alexandrum de physiognomonia e lib. ms. Paris. cum excerptis alibi repertis. Vratislaviae (1862). (52 S.) 4°
Breslau, Phil. Diss. v. 5. Apr. 1862

**Taube,** Elise, a. Finsterwalde (Lausitz), appr. Ärztin: Rückenmarksaffektionen im Gefolge von Schwangerschaft und Puerperium mit Einschluß der unter denselben Verhältnissen auftretenden Neuritis und Polyneuritis. Berlin 1905: Gebr. Unger. (65 S.) 8°
Berlin, Med. Fak., Ref. v. Leyden, Diss. v. 20. Apr. 1905
[Geb. 16. Juli 61 Finsterwalde, Lausitz; Heimatsort: Finsterwalde; Staatsangeh.: Preußen; Vorbildung: Luisen-Gymn. Berlin Reife O. 99; Studium: Berlin 5, Halle 4, Berlin 1 S.; Coll. 16. März 05; Approb. 16. Mai 04.]

**Taube,** Emil, kurze Auslegung der ersten fünfundzwanzig Psalmen als Versuch einer pract. Erklärung der Psalmen zur Anregung und Förderung der Schrifterkenntniß. Düsselthal 858. Rettungs-Anstalt. gr. 8. (2 Bl., 155 S.) 15 ngr.

**Taube, Em., kurze Auslegung der zweiten fünfundzwanzig Psalmen als Versuch einer practischen Erklärung der Psalmen zur Anregung u. Förderung der Schrifterkenntniß. Düsselthal 859. Rettungs-Anstalt. gr. 8. (172 S.) 15 ngr.**

—— kurze Auslegung der dritten 25 Psalmen als Versuch einer practischen Erklärung der Psalmen zur Anregung und Förderung der Schrifterkenntniß. gr. 8. (179 S.) Düsseldorf 860, Rettungs-Anstalt.

Taube, Emil, kurze Auslegung der vierten 25 Psalmen als Versuch einer prakt. Erklärung der Psalmen zur Anregung und Förderung der Schrifterkenntniß. gr. 8. (190 S.) Düsselthal 864, Rettungsanstalt.

Taube, Emil, kurze Auslegung der fünften fünfundzwanzig Psalmen als Versuch einer prakt. Erklärung der Psalmen zur Anregung und Förderung der Schrifterkenntniß. gr. 8. (219 S.) Düsselthal 868. (Barmen, Buchh. der evangel. Gesellschaft.) *

**Taube, Emil, kurze Auslegung der fünften fünfundzwanzig Psalmen als Versuch einer prakt. Erklärung der Psalmen zur Anregung u. Förderung der Schrifterkenntniß. Düsselthal 868.** (Barmen, Klein.) gr. 8. (219 S.) n. 20 ngr.

**— kurze Auslegung der letzten 25 Psalmen als Versuch einer prakt. Erklärung der Psalmen zur Anregung u. Förderung der Schrifterkenntniß. Ebend. 869. gr. 8. (152 S.)** n. 18 ngr.

Taube, Emil, praktische Auslegung der Psalmen, zur Anregung und Förderung der Schrifterkenntniß den Hirten wie der Heerde Christi dargeboten. 6 Hefte. gr. 8. Bromberg 880, Mittler'sche Buchh. [1. und 2. Heft. 2. neubearb. Aufl. (IV, 178; 190 S.); 3.—6. Heft. 2. (Titel-)Aufl. (179; 190; 219; 152 S.).] à Heft * ℳ 2. *
—— dass. — 6 Hefte. 3. Aufl. gr. 8. (146; 148; 148; 153; 174; 120 S.) Berlin 884, Gaertner's Verlag. à Heft * ℳ 1,80. *
geb. *

**Taube,** Emil, praktische Auslegung der Psalmen, zur Anregg. u. Förderg. der Schrifterkenntniß den Hirten wie der Heerde Christi dargeboten. 4., durchgeseh. Aufl. gr. 8. (VIII, 906 S.) Berlin 892. R. Gaertner. n. 10. —; geb. n.n. 12. —

**Taube,** Emil, prakt. Auslegung der Psalmen zur Anregg. u. Förderg. d. Schrifterkenntniß, d. Hirten wie d. Heerde Christi dargeboten. 5. [Titel-] Aufl. gr. 8. (VIII, 906 S.) Berlin (892) 897. R. Gaertner. n. 7. —

**Taube,** E., **Festpredigt** zum 300jährigen Kanzel-Jubiläum am Reformationsfeste den 4. Novbr. 1888 in St. Marien zu Elbing üb. Psalm 78, 2—7. gr. 8. (15 S.) Elbing 889. (Meissner.) n. — 30

**Taube, E., „Gottes Brünnlein hat Wassers die Fülle!" Predigten üb. freie Texte im Anschluß an das Kirchenjahr. gr. 8. (VIII, 492 S.) Hamburg 872. Agentur d. Rauh. Hauses.** n. 4. 50

— „Gottes Brünnlein hat Wassers die Fülle!" Predigten üb. freie Texte im Anschluß an das Kirchenjahr. 2. Aufl. gr. 8. (IV, 548 S.) Hamburg 883. Agentur d. Rauhen Hauses. n. 5. —

— e. Kirchenjahr in Predigten. Aus seinem Nachlaß hrsg. gr. 8. (VII, 404 S. m. Bildnis.) Ebd. 894. n. 5. —; Einbd. n.n. 1. 60

— ein Kirchenjahr in Predigten. Aus s. Nachlaß hrsg. 2. [Titel-] Aufl. gr. 8. (VII, 404 S. m. Bildn.) Ebd. (894) 897. n. 4. —

—— Passions- und Osterpredigten. gr. 8. (77 S.) Ebendas. 873.

— Predigt, s.: Reinicke.

Taube, Emil, Predigt zur Eröffnung der 1. westpreußischen Provinzial-Synode, gehalten am 9. Novbr. 1887 in der Ober-Pfarrkirche zu St. Marien in Danzig. gr. 8. (14 S.) Danzig 887, Saunier's Buchh. **

**Taube,** Emil, drei und vierzig Predigten über fortlaufende Texte des 1. Buches Mose vor der evangel. Gemeinde zu Unterbarmen gehalten. Breslau 858. Dülfer in Comm. gr. 8. (VIII, 336 S.) n. 1 Thlr. 10 ngr.

—— Predigten, über fortlaufende Texte des 1. Buches Mose gehalten. 2. verb. und verm. Aufl. gr. 8. (VIII, 384 S.) Berlin 888, Gaertner's Verlag. *
geb. **

— **Predigten** üb. fortlauf. Texte d. ersten Buches Mose. 3. [Titel-] Aufl. gr. 8. (VIII, 384 S.) Ebd. (888) 897. n. 3. —

— über die Temperamente u. ihren Einfluß auf die religiös-sittliche Entwickelung des Menschen. Eine Vorlesung. Barmen 860. Bertelsmann in Comm. gr. 8. (28 S.) n. 5 ngr.

— das Wort des Herrn an christliche Eheleute, Eltern u. Dienstboten. Dargelegt in 3 Predigten. Bromberg 867. (Carow.) 8. (40 S.) 6 ngr.

**Ernst Taube**

**De oculorum Inflammationibus. Goettingae (1783:) Dieterich. 22 S. 8°**

**Göttingen, Med. Diss. v. 6. Juni 1783**

**Taube, Erwin**: Beiträge zur Entwicklungsgeschichte der Euphausiden. Leipzig: W. Engelmann 1909. 42 S. 8° ¶(Aus: Zeitschr. f. wissensch. Zool. Bd 92, H. 3.)
München, Phil. Diss. v. 27. Juli 1908, Ref. Hertwig
[Geb. 18. Febr. 78 Riga; Wohnort: Riga; Staatsangeh.: Rußland; Vorbildung: Stadtgymn. Riga Reife Mai 99; Studium: Dorpat 10, Kiel 1, München 3 S.; Rig. 27. Juli 08.] [U 09. 3527

Taube, F. A., s. T a u b e , E. A.

TAUBE, Friedrich Wilhelm 1728 - 1778
Historische und Politische Abschilderung der Engländischen Manufacturen, Handlung, Schiffahrt und Colonien, nach ihrer jetzigen Einrichtung und Beschaffenheit, Theils aus eigener Erfahrung, theils aus zuverläßigen und glaubwürdigen, sowohl schriftlichen als mündlichen Nachrichten, im Grundrisse entworfen von Friedrich Wilhelm Taube ..., mit untermischten Nachrichten von dem Handelswesen anderer Länder.
Wien: Kraus. 1774. 7, 272 S. 8°.
Universitäts- und Stadtbibliothek Köln
2. Aufl. 1777-1778, s. Nr. 165. Vgl. Ausg. 1776, s. Nr. 118.

TAUBE, Friedrich Wilhelm von 1728 - 1778
Abschilderung der Engländischen Manufacturen, Handlung, Schiffahrt und Colonien, nach ihrer jetzigen Einrichtung und Beschaffenheit.
I. [- II.] Theil
Zweyte stark vermehrte und verbesserte Auflage.
Wien: Kraus. 1777 [- 1778]. 8°.
Universitätsbibliothek Tübingen
1. Aufl. 1774, s. Nr. 62. Vgl. Ausg. 1776, s. Nr. 118.

**Taube**, Friedrich Wilhelm v. Historische und geographische B e s c h r e i b u n g des Königreichs S l a v o n i e n und des Herzogthumes Syrmien. 8. Leipzig 1777.

— histor.-geograph. Beschreib. d. Königr. Slavonien u. d. Herzogth. Syrmien. 3 Thle. gr. 8. Wien 777. Kurzböck. (Heubner). 1 ß

**Taube, Fr. Wilh., Führer durch Merseburg m. geschichtlicher Einleitung.** (26 S. m. Abbildgn. u. 1 Plan.) 8. Merseburg (908). F. Pouch. — 50

TAUBE, Friedrich Wilhelm 1728 - 1778
Geschichte der Engländischen Handelschaft, Manufacturen, Colonien und Schiffahrth in den alten, mittlern und neuern Zeiten, bis auf das laufende Jahr 1776.
Im Grundrisse entworfen von Friedrich Wilhelm Taube ...
Mit einer zuverläßigen Nachricht von den wahren Ursachen des jetzigen Krieges in Nordamerika, und andern dergleichen Dingen
Leipzig: Kraus. 1776. 15,144 S. 8°.
Universitäts- und Stadtbibliothek Köln
Neue Aufl. Wien: Kraus, 1782 [Frankfurt-Leipziger Meßkatalog, Ostermesse 1782, S. 344] konnte nicht gefunden werden.
Vgl. Ausg. 1774 und 1777-1778,
Palmer.

**Taube,** Friedrich Wilhelm, aus Torgau: **Ludwig** der Aeltere als Markgraf von Brandenburg ⟨1323—1351⟩. Kap. 3. Bis zum Tode des Kaisers ⟨1333—1347⟩. *Berlin (1900): E. Ebering.* (40 S.) 8° ¶ [Erschien vollst. als H. 17 d. Historischen Studien.]
Berlin, Phil. Diss. v. 17. Febr. 1900

**Taube, Frdr. Wilh.,** Ludwig der Aeltere als Markgraf v. Brandenburg (1323 - 1351), s.a. S t u d i e n , historische.

Ludwig der Aeltere als Markgraf von Brandenburg ⟨1323–1351⟩. Von Dr. F r i e d r i c h W i l h e l m Taube. *Berlin: E. Ebering 1900.* (146 S.) 8°
= Studien, H i s t o r i s c h e. II. 18. [00. 4612

—s. J. J. S ch a tz l., Kern der Geographie.

— Thougths on the present state of our colonies in North America, on their Behaviour ta ther Mother Country, and on the true interest of the nation in regard of the colonies. 8. Lond. 766.

— Vertheidigung d. Hoheitsrechte d. Reichs-Veste u. Burg W u l f t e n. Fol. Wien, Kraus. 765.

Taube, Frdr. Wilh. v.: Vertheidigung derer Hoheitsrechte auf der Reichsfeste Wulften. Nebst genealogischen Nachrichten von dem Geschlechte der Freiherren v. Moltke. Wien 1766. 67. (2°.) 4°.

— Vertheidigung der ꝛc. Hoheitsrechte der Reichs-Veste u. Burg Wulften ꝛc. Mit 1 Karte. Fol. Wien 766 auch 767 u. neue Ausg. 768. Kraus. 5 ß

**Taube, G. v., nur e. Hundes Leben. Eine Geschichte v. Menschen u. Tieren.** (250 S.) 8. **München 910. Dr. R. Douglas.** **3.50; geb. 4.50**

**Taube,** Gotthold: Beitrag zur Theorie der Kugelfunctionen. Halle a/S. 1880: Plötz. 30 S. 8°
Halle-Wittenberg, Phil. Diss. v. 27. Juli 1880
Geb. Lebendorf bei Könnern (Saalkreis) 19. 12. 1853. V.

Kurze Geschichte des Dorfes Reichenbach, Kreis Pr. Holland, von H. Taube, Lehrer. *Pr. Holland 1903: H. Weberstädt.* (28 S.) 8° [F.] [03. 6334 10

Taube, Heinr., Beitrag zur Percussion des Magens. Inaugural-Dissertation. gr. 8. (80 S. mit 1 Taf.) Dorpat 887, (Karow.) *

**Taube, Heinrich** [**prakt. Arzt aus Geldern,** Rheinprovinz]: **Aus** d. K. **pharmakolog. Institut** d. Univ. **Greifswald.** Ein **Beitrag zur Wirkung der Aqua amygdalarum amararum** .... Greifswald. **Druck v. Julius Abel, 1888;** 38 S. 8°
Greifswald, Med. Fak., Inaug.-Diss. v. 9. März 1888

Taube, Helene Freifrau von, s. T a u b e von der Issen

Taube, Johann (Hrsg.), s. a. B e y t r ä g e zur N a t u r k u n d e des Herzogthums Zelle.

**Taube, Dn. Jh., († d. 8. Dec. 1799.) Beitrr. z. Naturkunde d. Herzogthums Zelle. 2 Stcke. gr. 8. Zelle 766. (Schulze). 16 ℊℊ Gellius.**

— commentatio epistolaris de collectione sua mineralogica. 4. Celle 765.

**Taube, Johann: Die Geschichte der Kriebel-Krankheit, besonders derjenigen, welche in den Jahren 1770 und 1771 in den Zellischen Gegenden gewütet hat. 920 S., gbd.**

**Göttingen: Dieterich 1782**

**JB 4.914**

**Taube,** Dan. Jo., praes. de **Haller,** De sanguinis ad cerebrum tendentis indole. 39 pp. Gott. 4°. *Haller*, Bibl. an. II, 119. (Plus aquae in carotide reperit, quam in sanguine arteriae cruralis.) 1 7 4 7

**Taube,** J., Nachr. v. d. Kriebelkrankh., welche im Herzth. Lüneburg 1770, 1771 grassirt u. wie solche geheilt worden. Zelle. 8°. 1771

Taube, Karl: D e n k s c h r i f t zum 25jähr. Bestehen d. Fa. Knoch & Kallmeyer ..., s. H e y m , Ferdinand.

**Taube,** Lebr. Ehreg., **Grund u. Umfang der Berggerichtsbarkeit u. des Berggerichtszwanges d. Berggerichte in d. königl. sächs. Landen. gr. 8. Freiberg 808. Craz u. G. 2 ß**

**Taube, Max**, die Entstehung der menschlichen Rachendiphtherie. Nach Beobachtgn. während der letzten Leipziger Diphtherie-Epidemie 1883—84. gr. 8. (67 S.) Leipzig 884. Reissner. n. 1. 50

**Taube, M.**, s.: Handbuch, enzyklopädisches, des Kinderschutzes u. der Jugendfürsorge.

Taube, Max, Handlungsgehilfen u. Socialdemokratie. 8⁰. Berlin, Verlagsanstalt u. Druckerei „Teutonia", 1911.

— der bunte Hans. Ein Bilderbuch zur Entwickelg. d. Farbensinnes f. Kinder von 1—5 Jahren. Gezeichnet v. Adf. Reinheimer. gr. 4. (10 color. Steintaf. auf Carton m. eingedr. Text.) Ebend. 883. geb. 4. —

[F.] Der Schutz der unehelichen Kinder in Leipzig. E. Einrichtg z. Fürsorge ohne Findelhäuser. Von Dr. med. **Max Taube**. *Leipzig: Veit & C. 1893.* (75 S.) 1 Bd 8. [98. 4630 Ue

**Taube** v. d. Issen, Otto Frh. v., Referendar in Hermsdorf u. K.: Gab und giebt es eine Nachfolge in den Besitz, und welchen Unterschied machte und macht es, ob der Besitz durch Nachfolge erlangt ist oder nicht? Weimar 1902: Hof-Buchdr. (X, 85 S.) 8⁰
Leipzig, Jur. Diss. v. 1902

**Taube, Otto Frh. v.**, Gedichte u. Szenen. (177 S.) kl. 8. Leipzig 908. Insel-Verlag. 3.50; kart. 4. 50

— Verse. (121 S.) 8. Leipzig 907. Modernes Verlagsbureau. 3. —

Verse von Otto Frh v. **Taube**. (Berlin-Leipzig: C. Wigand 1907.) (121 S.) 8° [08. 6110

**Taube, Rich.**, „Ehemals". Gedichte. (64 S.) 8. Strassburg 910. J. Singer. 1. 50

Festschrift zur Einweihung des neuen Rathhauses in Grossalmerode 1900. Mit 14 Abb. u. 1 Stadtpl. (Verf.: **Richard Taube**.) *Grossalmerode: H. Dittmar (1900).* (117 S.) 8° [Ant. u. F.] [00. 10067 4

**Taube, Thdr.** (Thdr. Herdlička), der Rechtschaffene. Volksstück in 4 Acten. 8. (91 S. m. Bildnis.) Wien 900. (A. W. Künast.) n. 1. 20

**Taube, Th.**, Miß Flora Welton, s.: Theater-Repertoir, Wiener.

**Taube, Wold.**, üb. hypochondrische Verrücktheit. gr. 8. (74 S.) Dorpat 886. (Karow.) n. 1. 20

Taube von der Issen, Friedrich Wilhelm von, s. Entwurf eines Reglements.

Taube von der Issen, Helene von

**Taube, Freifrau Helene v.**, s. a Keyserling, Graf Alex., aus den Tagebuchblättern.

Graf Alexander Keyserling. Ein Lebensbild aus s. Briefen u. Tagebüchern zsgest. von s. Tochter Freifrau Helene v. **Taube** v. der Issen. (Mit Port. u. Abb.) Bd 1. 2. Berlin: G. Reimer 1902. 2 Bde 8⁰

Taube von der Issen, Otto von, s. Taube

**Täubel, Chr. Gtlo.**, kleines Formatbuch, zum Gebr. f. Schriftsetzer. 8. Buchholz 786. 3 gr

— orthotypograph. Handbuch, od. Anleit. zur gründl. Kenntniß derjen. Theile der Buchdruckerkunst, welche allen Schriftstellern, Buchhändlern u. Correctoren unentbehrl. sind. Mit Kpf. 8. Halle 785. Neuer Titel. 8. Leipz. 788. Beer. 1 ℛ 12 gr (Gräffer.)

— prakt. typograph.-technolog. Handbuch der Buchdruckerkunst, f. Anfänger. 2 Thle. Mit Kpf. 8. Leipz. 791. Müller. (Joachim). 1 ℛ 16 gr

• **Täubel, G. C.**, neues theoretisch-prakt. Lehrbuch d. Buchdruckerkunst, nebst ausführl. Formatbuche, mit K. gr. 8. Wien, Binz. 810.

— vollständ. theoret.-prakt. Lehrbuch der Buchdruckerkunst, für angeh. Schriftsetzer u. Drucker ꝛc.; nebst Formularbuche. Mit Kpf. u. Tabb. 8. Wien 810. (Liebeskind in Leipz.) 2 ℛ 10 gr

— allgem. theoret.-prakt. Lexicon der Buchdruckerkunst u. Schriftgießerei ꝛc., f. Technologen, Bibliothekare, Buchhändler, Buchdrucker, Schriftgießer, Schriftsteller u. Correctoren. Mit viel. Kpf., Fig. u. Tabb. 2 Bde. gr. 4. Wien 805. (W. Rauck in Leipz.) 6 ℛ 16 gr Schrbp. 9 ℛ 8 gr Velinp. 12 ℛ 3r oder Ergänzungsband. 4. Wien 809. Gerold. 2 ℛ Schrbp. 2 ℛ 12 gr Hbg. Pr. 12 gr Schrbp. 16 gr Postpap. 20 gr

Anthologie der nachbiblischen, neuhebräischen Dichtung über 'Wein und Liebe' in deutschen Übertragungen hrsg. v. Rabb. Dr. S. A. **Taubeles**. Drohobycz: Selbstverl. 1897. (60 S.) 8⁰

**Taubeles, S. A.** [Rabbiner]: Saadia Gaon. . . . Halle a. S., Plötz'sche Buchdr. (R. Nietschmann), 1888; 35 + 1 S. 8°
Halle, Phil. Fak., Inaug.-Diss. v. [20. Okt.] 1888

Die *Tauben*, ihre Wartung, Pflege, Haltung u. Benutzung . . . Hamb. [1813]. 78 S.

**Tauben**, die, ihre Wartung, Pflege, Haltung, u. Benutzung. Ein Handbuch f. alle Taubenfreunde. 8. Hamburg, Vollmer. 814.

**Tauben**, die, ihre Wartung, Pflege, Haltung u. Benutzung. Neue Ausg. 8. Hamburg, Herold. 817.

**Taubenbuch, Nützliches und vollständiges**, oder genauer Unterricht von der Tauben Natur, Eigenschaften . . . Ulm 1790. V: *Moser, Christoph Ferdinand.* (Engoec) (Ml.) (Ky)

**Taubenbuch**, nützliches (!) u. vollständiges, od. genauer Unterricht von der Tauben Natur, Eigenschaften, Verpflegung, Nahrungsmitteln, Krankheiten, Nuzzen (sic), Schaden etc. Aus den besten ökonom. Schriften zusammengetr. u. mit vielen eigenen Bemerkungen bereichert. Mit 1 Kpftaf. (worauf 8 verschied. Tauben-Abb.). Ulm, Wohler, 1790. 8⁰. Ppb.
4 Bll., 300 S., 11 Bll. (incl. Kpftaf. auf 2 Bll.). — Nicht häufig.

**Tauben-Freund**, der, oder auf Erfahrung begründete Belehrung über das Ganze der Taubenzucht, namentlich die verschiedenen Arten u. Abarten, die Hegung, Haltung, Fütterung, Benutzung u. Züchtung der Tauben. 12. Nordhausen 846, Fürst. 1/3 ℛ

**Tauben-Freund**, der, od. auf Erfahrung gegründ. Belehrungen über das Ganze der Taubenzucht, namentlich die verschiedenen Arten und Abarten, die Hegung, Haltung, Fütterung, Benutzung u. Züchtung der Tauben, nebst Angabe der vorzüglichsten u. vieler bisher geheimgehaltenen Taubenbeizen zur Fesselung der Tauben an gewisse Schläge und die Mittel zur Heilung ihrer Krankheiten. 2. unveränderte (Titel-) Aufl. 12. (117 S.) Plauen (846) 850, Schröter. n. 1/3 ℛ

**Tauben-Freund**, der, oder auf Erfahrung begründete Belehrungen über das Ganze der Taubenzucht, namentlich die verschiedenen Arten u. Abarten, die Hegung, Haltung ꝛc. der Tauben, nebst Angabe der vorzüglichsten u. vieler bisher geheimgehaltenen Taubenbeizen zur Fesselung der Tauben an gewisse Schläge u. die Mittel zur Heilung ihrer Krankheiten. 3. Aufl. 860. — 4. durchges. u. verb. Aufl. Plauen 862. Schröter. 8. (96 S.) n. 10 ngr.

Tauben=Freund, der, oder auf Erfahrung begründete Belehrungen über das Ganze der Taubenzucht, namentlich die verschiedenen Arten und Abarten, die Hegung, Haltung, Fütterung, Benutzung und Züchtung der Tauben, nebst Angabe der vorzüglichsten und vieler bisher geheim gehaltenen Taubenbeizen zur Fesselung der Tauben an gewisse Schläge und die Mittel zur Heilung ihrer Krankheiten. 5. verb. Aufl. 8. (102 S.) Plauen 871, Schröter. *

Tauben=Freund, der, oder auf Erfahrung begründete Belehrungen über das Ganze der Taubenzucht, namentlich die verschiedenen Arten und Abarten, die Hegung, Haltung, Fütterung, Benutzung und Züchtung der Tauben, nebst Angabe der vorzüglichsten und vieler bisher geheimgehaltenen Taubenbeizen zur Fesselung der Tauben an gewisse Schläge und die Mittel zur Heilung ihrer Krankheiten. 6. und 7. verm. Aufl. 8. (102 S.) Plauen 876,78, Schröter's Verlag.

**Tauben=Freund**, der, oder auf Erfahrung gegründete Belehrung über das Ganze der Taubenzucht, namentlich die verschiedenen Arten u. Abarten, Nahrung, Fortpflanzung, Behandlung, Pflege, Nutzen u. Schaden, Züchtung, Feinde u. Krankheiten der Tauben. 8. Aufl., verb., theilweise umgearb. u. verm. von M. J. Schuster. 8. (123 S.) Plauen 881. Schröter. 1. —

**Tauben=Freund**, der, od. auf Erfahrung gegründete Belehrungen üb. das Ganze der Taubenzucht, namentlich die verschiedenen Arten u. Abarten, Nahrg. u. Fortpflanzg., Behandlg., Pflege, Nutzen u. Schaden, Züchtg., Feinde u. Krankheiten der Tauben. 9. Aufl. Verb., theilweise umgearb. u. verm. v. M. J. Schuster. 8. (123 S.) Ilmenau 883. Schröter. n. 1. —

Tauben-Freund, der. 10. Aufl., verb. u. verm. v. M. J. Schuster. 8. (123 S.) Ilmenau 888, Schröter. 1 —

—— dass. — Nebst einem kleinen Taubenlexikon als Anhang. 11. Aufl. 8. (116 S.) Ebd. 889. * 1 —; geb. * 1 50

Taubenheim, Christoph von (Thür.) U. S. Halle 1741/12

Thema inaugurale de iuris gentium laesione, Vom verletztem Völcker=Recht.
Präs. Johann Peter von Ludewig.
Halle (Grunert) 23. IX. 1741. 22 S. 34175

**v. *Taubenheim***, Baron Karl, la Cire alliée avec l'huile ou la peinture à l'huile cire, ed. Jos. Fratel. gr. 8. Manh. 769. Löffler. 16 gl.

Tauben=Post, die, s. Pigeon-post.

**Taubenpost** m. besond. Berücksicht. des Brieftaubensports. Wochenschrift f. Brieftauben=, Rassetaubenzüchter u. Taubenliebhaber=Vereine. Organ der Flugtauben=Vereine in Berlin. 4. Jahrg. 1900. 52 Nrn. gr. 4. (à ca. 8 S.) Forst, O. Koobs. n.n.n. 2. —
Nicht durch den Buchhandel zu beziehen.

**Taubenrassen**, die. Ein ausführl. Handbuch üb. Zucht, Haltg. u. Pflege der Tauben. (Zugleich Bd. II v. „Unser Hausgeflügel".) Mit 281 Textabbildgn., 16 farb. u. 66 schwarzen Bildertaf., zumeist nach photograph. Aufnahmen leb. Tiere. Bearb. v. A. Lavalle u. Max Lietze unter Mitwirkg. v. Bade, Herm. Becker, Becker u. a. 25 Lfgn. (XVI, 728 S.) gr. 8. Berlin (904. 905). F. Pfenningstorff. n. 12. 50; geb. n. 15. —

**Taubenrauch**, Just. Hnr., († d. 29. Aug. 1805.) Anleit. zum gerichtl. Verfahren bei d. in Kursachsen vermittelst Mandats vom 10. Nov. 1784 neu eingerichteten Versorgung d. Brandbeschädigten. 8. Leipz. 798. Andrä; a. Köhler. 8 gl.

**Taubenschießen**, das, in Ilidze (Bosnien). Gesammelte Urtheile üb. d. Taubenschießen, welches im Septbr. 1895 in Ilidze stattfand. Hrsg. v. Verbande österr. Thierschutz=Vereine. gr. 8. (35 S.) Wien 896. (A. Hölder.) n. — 24

TAUBENSCHUSS, Konrad: Studien zur Brutusbiographie des Plutarch. (Quellenkunde und Glaubwürdigkeitsfrage.) — 1910. 126 Bl. Diss. Graz, Univ.

Taubenspeck, Elisabeth, Unsere Ballspiele, Krefeld 1892, 8 S., 8°.

**Taubenspeck**, E.: Unsere Ballspiele. Krefeld 1892. 10 S. Krefeld, Städt. höh. Mädchenschule P 1892.

**Taubenspeck**, Elisab., engl. Gedichte, s.: Kirchner, Frdr.

**Tauben-Zeitung** und Organ der gesammten Haus=Federviehzucht, mit Inbegriff der Sangvögel. Herausg.: D. Korth und H. Korth. 1. Jahrg. April—Decbr. 1856. 39 Nrn. (à 1 Bgn. mit Holzschn. im Text.) Berlin, Janke in Comm. 4. n. 1 Thlr. 15 ngr.

— — 2. Jahrg. 1857. 52 Nrn. (à 1 Bgn. mit Holzschn. im Text.) Berlin, Janke in Comm. 4. n. 2 Thlr.
Fortsetzung unter dem Titel:

**Tauben= und Hühnerzeitung**. Organ der gesammten Haus=Federviehzucht, mit Inbegriff der Sangvögel. Herausg. von D. Korth und H. Korth. 3. Jahrg. 1858. 52 Nrn. (à 1 Bgn. m. Holzschn. im Text.) Berlin, Janke. 4. n. 2 Thlr.

**Tauben- und Hühnerzeitung**. Organ der gesammten Haus=Federviehzucht, mit Inbegriff der Sangvögel. Herausg. von D. Korth und H. Korth. 4. u. 5. Jahrg. 1859 u. 60. à 52 Nrn. (à 1 Bgn. mit Holzschn. u. Lithogr.) Berlin Voß in Comm. 4. Jeder Jahrg. n. 2 Thlr.

— — 6. u. 7. Jahrg. 1861 u. 62. 52 Nrn. (à 1 Bgn. mit Holzschn. u. Lithogr.) Berlin, H. Müller in Comm. 4. Jeder Jahrg. n. 2 Thlr.

**Taubenzucht**, die durch Erfahrung geprüfte, eine Anweis., schöne Tauben zu erziehen ꝛc. 8. Neuburg 805. (Joachim in Leipz.) 16 gl.

**Taubenzucht**, die, als Mittel zur Vermehrung u. Vergrößerung seiner Einnahmen, sowie überhaupt sich ein nicht unbedeutendes Einkommen zu sichern. Ein höchst nützliches Büchlein für große u. kleine Landwirthe, Landgeistliche ꝛc. Hrsg. vom Verfasser „Die Hühnerzucht". 8. (30 S.) Altona 878. Verlags=Bureau. — 75

Tauber [Sachliches OW]

Tauber, der, N. Aufl. s. Schmidt, der Tauber.

Tauber, der, od. d. prakt. Rathgeber b. Einkauf, Behandlung ꝛc. 8. Leipz. Bruder.

Tauber, der, u. die Täubin. 8. Leipz.

Tauber [Schlagwort]

**Tauber.** Karte vom Lauf der Tauber. 1:100,000. 12,5×77 cm. Farbdr. Würzburg 907. A. Herzer. — 75

Tauber — Lauf der — in Franken von ihrem Ursprung bis zu ihrem Einflusse in den Mayn, von C. F. Hammer 1805. Nürnberg, bey Homanns Erben. Gestochen von C. F. Loßner in Nürnberg. 1: 140,000. 1 Bl.

Tauber [Verfasser]

TAUBER, Alexander: De comparatione prophetismi Hebraeorum cum re mantica gentilium. — (1893) 76 S. 4° (Handschr.) Diss. 488
Diss. Wien, Univ.

Tauber, Alfred (Hrsg.), s. Zeitschrift, Österreichische, für öffentliche und private Versicherung.

Tauber, Dav., s. Tauber Johann David

**Tauber,** Ed., die Anaesthetica. Eine Monographie, mit besonderer Berücksichtigung von zwei neuen anästhetischen Mitteln. Kritisch u. experimentell bearb. gr. 8. (VI, 116 S.) Berlin 881. Hirschwald. n. 2. 80

**Tauber,** Ed., das Verhalten der aromatischen Verbindungen im thierischen Organismus mit besonderer Rücksicht auf die Oxydation. 8. (41 S.) Jena 878. Neuenhahn. n. 1. —

**Tauber,** Emil, am Kahlenberg. Drama in drei Akten. (94 S.) 8. Straßburg 906. J. Singer. n. 2. —

**Tauber,** Emil, die Weiberfeinde. Lustspiel in 5 Akten. (99 S.) 8. Strassburg 908. J. Singer. 1. 50

**Taubor,** Ernst, Referendar aus Berlin: Steht der Kauf in Bausch und Bogen durchweg unter den allgemeinen für den Kauf geltenden Sätzen? Nach d. gemeinen Rechte u. d. Bürgerl. Gesetzbuche zu beurteilen. *Dessau 1901: H. Franke.* (83 S.) 8°
Rostock, Jur. Diss. v. [22. März] 1901

**Tauber,** Frz., die Blumen-Sprache entwickelt in kleinen Erzählungen. Mit e. Titelbilde. 8. Passau 843, Pustet. 1/3 Thlr.

**Tauber,** Frz., die Blumen-Sprache entwickelt in kleinen Erzählungen. Neue (Titel-)Ausg. Passau (843.) 853. Pleuger. 16. (136 S. u. 1 Lithogr.) 5 ngr.

**Tauber,** Frz., Erinnerungen an Lindau u. den Bodensee als malerische, anheimelnde Blaufluth mit ihren Zauber-Geländen in einer Reihe Gedichte. Mit 1 (lith.) Ansicht von Lindau. München 863. (L. Finsterlin.) 16. (158 S.) n. 15 ngr.

— Fischer-Gedichte. 16. (Mit 1 Lithogr.) München 843. (Finsterlin.) n. 1/2 Thlr.

— vermischte Gedichte. München 856. (Finsterlin.) 16. (96 S. u. 1 Holzschn.) n. 12 ngr.

**Tauber,** Frz., das Glöcklein der Seecapelle od. Erzählungen zur Erbauung u. Belehrung d. Jugend. gr. 16. (64 S. m. 1 Lith.) München 851. (Leipzig, H. Fritzsche.) n. 1/3 Thlr.

— die Wunderthaten Jesu u. der Apostel, nebst andern durch unmittelbare göttliche Kraft gewirkten Wundern, in gereimten Versen erzählt. 16. (Mit 1 Lithogr.) Ebend. 845. n. 1/2 Thlr.

Tauber, Georg: Festrede zur Feier der hundertjährigen Wiederkehr von Schillers Todestage am deutschen Staatsgymnasium Prag-Neustadt, Stephansgasse am 9. Mai 1905 gehalten. 10 S. 8.
K. k. Staats-Gymn. mit deutscher Unterrichtssprache *Prag. Neustadt* Stephansgasse 1905.
**Progr.**

Tauber, Georg: Über die grundverschiedene dramatische Verwertung des Iphigenienstoffes durch Euripides und Goethe. 8 (S. 3—26). (Fortsetzung.) 8 (S. 3—22). (Schluss.) 8 (S. 3—13).
K. k. Neustädter deutsch. Staats-Ober-G. am Graben *Prag* 1896. 1897. 1898.
**Progr.**

Tauber, Gottfried

Tauber, G. f., († ...) Anweis., wie auch auswärtige Personen aus dem Optisch-Oculistischen Institute zu Leipzig mit Zuverlässigkeit solche Augengläser bekommen können &c. 8. Leipz. 816. (Barth). 3 gl. 3e Aufl. 8. Ebd. 2 gl.

**Gottfried Tauber**

**Anweisung für auswärtige Personen, wie dieselben aus dem optisch-oculistischen Institute zu Leipzig...mit Zuverlässigkeit...Augengläser bekommen können...durch Gottfried Tauber. 3.verm.Aufl. Leipzig: Barth 1821. 16,4 S. 8°**

**Tauber,** Gottfr., Anweisung für auswärtige Personen, wie dieselben aus dem Optisch-Oculistischen Institute zu Leipzig mit Zuverlässigkeit solche Augengläser bekommen können, durch welche sie nicht nur die Erhaltung, sondern auch selbst soviel Verbesserung ihrer Sehkraft zu erwarten berechtigt sind, als es die darauf Einfluß habenden Umstände gestatten. 12. Aufl. gr. 8. Leipzig 846. (Thomas.) 3 ngr.

Tauber, J., s. Täuber, Isidor

**Tauber,** J. N., statistisches Handbüchlein und populärer Wegweiser durch alle Länder der Erde. 1. Heft. 8. (72 S.) Wien 873, (Brüder Winter.) *

Tauber, J. S., s. Tauber, Josef Samuel

Abraham und die Antisemiten. Von Dr. Jacob Tauber, Rabb. Wien: M. Waizner & Sohn 1894. (8 S.) 8°
Aus: Neuzeit.

Tauber, J.: David Kimchi als Grammatiker. Leipzig 1867. 46 S.
Schul-/Univ.-Schrift

**Tauber,** Jac., Standpunkt und Leistung des R. David Kimchi als Grammatiker, mit Berücksichtigung seiner Vorgänger und Nachfolger. (Inaugural-Dissertation.) gr. 8. (46 S.) Breslau 867. (Wien, Herzfeld und Bauer.) *

Tauber, Johann (Schweidnitz) A. S. 1159/23

Disputatio medica inauguralis de lumbricis.
Leiden (Haak) 30. IV. 1714. 10 S.

Gew.: Abraham von Czettritz. 34180

Tauber, Johann Christoph (Plauen) A. S. 852/37

Dissertatio inauguralis juridica de jure prohibendi, quo civitates Saxonicae utuntur.
Präs. Ernst Tenzell.
Erfurt (Grosch) 3. X. 1729. 40 S. 34181

Tauber, Johann David (Plauen) A. S. 234/33

Dissertatio inauguralis juridica de jure circa furiosos obtinente.
Altdorf (Meyer) 11. IX. 1703. 38 S. 34182

Tauber, Johann Leonhard (Nürnberg) A. S. 380/13

Dissertatio inauguralis de licita in criminalibus prosopolepsia.
Altdorf (Hessel) 19. IV. 1752. 28 S.

Gew.: Stadt Nürnberg.
W. v.: Michael Adelbulner. 34183

**Tauber** Josef: Ziel und Wege des französischen Unterrichtes auf der Unter- und Mittelstufe der österreichischen Realschule. (20). Krems R. 98. **Progr.**

Tauber, Josef Samuel

**Tauber,** J. S., Gedichte. 8. (304 S.) Leipzig 847, Lorck. n. 1 ⅓ ℛ

**Tauber,** J. S., die letzten Juden. Verschollene Ghetto-Märchen. 2 Thle. Leipzig 853. Brockhaus. 8. (3 Bl., 327; 3 Bl., 288 S.) 3 ℛ.

Tauber, (J. S.), die letzten Juden. Verschollene Ghetto-Märchen. 2. Aufl. 2 Thle. 8. (VI und 615 S.) Leipzig 859, Brockhaus. *

**Tauber,** J. S., die Lust zu fabuliren. 2. Aufl. 8. (X, 185 S.) Leipzig 878. Brockhaus. n. 2. —; geb. n. 3. 50

**Tauber,** J. S., Quinten. Kleine Gedichte. Leipzig 864. Brockhaus. 8. (2 Bl., 160 S.) n. 20 ngr.

**Tauber, J. S., Quinten. Kleine Gedichte. 2. verm. Aufl. Leipzig 869. Brockhaus.** gr. 8. (VII, 207 S.) n. 20 ngr.

**Tauber,** J. S., d. Traum e. Leben. Die Raben, s.: **Universal-Bibliothek, jüdische.**

**Tauber,** M., Aïn Maïr. Novellen u. Commentare zu den Talmud-Traktaten Gilin, Chulin, Beza u. dem Traktat über ehegesetzliche Normen des Maimonides etc. (Hebräisch.) Fol. (336 u. 28 S.) Pressburg 890. (Wien, Lippe.) n. 6. —

Tauber Majer: Abhandlungen über Hygiene.
1906 PN 2094 Diss. Wien, Univ. 2894

**Tauber,** Siegm., Intimes, s.: Sammlung mod. Belletristik in- u. ausländ. Autoren, III, 7.

— Strandgut. Roman. 8. (138 S.) Dresden 897. E. Pierson. n. 2. —; geb. n. 3. —

**Tauber,** Thdr., pädagogische Gedanken. Eine Sammlg. pädagog. Aphorismen, Zitate, Sprüche u. Sprichwörter f. Herz u. Verstand, f. Lehrer u. Erzieher. (236 S.) 8. Reichenberg (910). P. Sollors Nachf. 3.—; geb. in Leinw. 3. 50

Tauber von Taubenfurt, Johann Freiherr

TAUBER von Taubenfurt [Freiherr Karl]: Unfälle von Menschenerziehung von Borgner [d. i. ...] Heubner, Wien 1781

TAUBER von Taubenfurt Freiherr Karl. Über eine Violine. Heubner, Wien 1781.

— Dass., s.a. V i o l i n e

Johann Frh. Tauber v. Taubenfurt. Über meine Violine. Mit e. Einl. versehen u. hrsg. von Richard Tauber. Wien: C. Anfried 1904. (110 S.) 8° [F.] [05. 6407 2

**Tauber v. Taubenfurt,** Joh. Frhr., über meine Violine. Sonitu quatit ungula campum. Mit e. Einleitg. versehen u. hrsg. v. Rich. Tauber. (116 S.) 8. Wien 905. A. L. Hasbach. n. 2. —; geb. in Leinw. n. 3. —

Tauber von Taubenfurt, Karl Freiherr

**Tauber v. Taubenfurt,** Frhr. K., s. a. Borgnes.

**Tauber v. Taubenfurt,** Frhr. Karl, (✝ d. 6. Jan. 1814.) Abhandl. von der hierarch. Gewalt der allgem. Kirche. 8. Wien 782. (Heubner). 6 gl

**v. Täuber, C.:** Abhandlung von der hierarchischen Gewalt d. heil. allg. Kirche. *Wien.* 782. 8.

— Regeln der Geschichte. 8. Wien 771. Trattner. 4 gl

— s. Tempel in Gnidus.

Tauber von Taubenfurt, Karl Freiherr: Über meine V i o l i n e, s. T a u b e r von Taubenfurt, Johann Freiherr

**Täuber, Benno:** Aus d. auswärt. Klinik d. Tierärztl. Hochsch. zu Dresden. Vorst.: Richter. Ueber die Wirkung der hauptsächlichen im Tuberkulin und in den zu den lokalen Tuberkulinreaktionen verwendeten Tuberkulinlösungen enthaltenen nichtspezifischen Bestandteile auf die Augen-Scheidenschleimhaut und äußere Haut des Rindes. Dresden 1910: Franke. 58 S. 8°
Leipzig, Veterinär-Med. Diss. v. 19. Juli 1910, Ref. Joest
[Geb. 11. Juni 84 Reinsberg i. S.; Wohnort: Dresden; Staatsangeh.: Sachsen; Vorbildung: Gymn. Freiberg Reife O. 05; Studium: Dresden Tierärztl. Hochsch. 7 S.; Coll. 30. Juli 10; Approb. 29. Mai 09.] [U 10. 3068

Täuber, C. v.: A b h a n d l u n g e n von der hierarchischen Gewalt der heiligen allgemeinen Kirche, s. T a u b e r von Taubenfurt, Karl von

Täuber, Carl, s. T ä u b e r, Karl

**Täuber,** Ch., nur e. bischen Liebe, s.: **Bergel,** J. H., d. Dame m. dem Hund.

**Täuber,** Charlotte, Koch-Buch, s.: **Davidis.**

Täuber, Conrad, s. T ä u b e r, Konrad

Täuber, E., s. T ä u b e r t, Ernst

**Täuber,** Ernst, u. Ragnar **Norman,** die Derivate d. Naphthalins, welche f. d. Technik Interesse besitzen. Übersichtl. zusammengest. Lex.-8. (VII, 219 S. m. Fig.) Berlin 896. R. Gaertner. Geb. in Leinw. n. 18. —

**Täuber,** Ernst *(geb. Dorfbach bei Waldenburg in Schles. 18.5.1861)*: Ueber die Einwirkung von Kaliumpermanganat auf Japancampher. Breslau 1882. (34 S.) 8° *[Im Buchhandel 1882 bei Köhler in Breslau.]*
Breslau, Phil. Diss. v. 22. Nov. 1882

**Täuber,** Ernst, üb. die Einwirkung v. Kaliumpermanganat auf Japancampher. gr. 8. (34 S.) Breslau 882. (Köhler.) n. 1. —

**Täuber, H., botanische Wandtafeln, s.: Warming, Eug.**

T ä u b e r, Herm. De usu parodiae apud Aristophanem. 41 S. 4°
Pforta, Progr. 1843

**Täuber**, Hugo, aus Niederböhmersdorf: B e i t r ä g e zur Morphologie der Stylommatophoren. St. Petersburg 1900: Buchdr. d. Kais. Akad. d. Wiss. (39 S.) 8°. (Aus: Annuaire du Musée Zool. de l'Acad. Imp. d. Sc. de St.-Pétersbourg, T. 5.)
Leipzig, Phil. Diss. v. [21. Juni] 1901

**Täuber,** Isid., die ersten Elemente d. latein. Sprache. Einfach u. faßl. dargest., u. durch 100 Uebersetzungs- u. Lesedübungen anschaul. gemacht, f. jene Schüler, welche sich auf d. latein. Schulen vorbereiten. gr. 8. (11 B.) Wien 835, [Tendler u. Comp.]

— Entwurf einer Geschichte der zeichnenden Künste im Erzherzogthume Oesterreich, von den ältesten Nachrichten über die Pflege derselben in diesem Lande bis auf die neuere Zeit. Nach den Quellen bearb. gr. 8. Wien 844, Tauer u. S. 5/6 ₰

—— de enuntiationibus ac periodis et latinis et germanicis, c. append. de descriptionibus oratoriis. In us. literar. studiosor. etc. 8. (10 B.) Viennae 839, [Tendler et Comp.]

—— Erzählungen, Skizzen u. Anekdoten aus d. Geschichte d. Erde u. ihrer Bewohner, aus d. Gebiete d. Völker- u. Menschenkunde. Eine angenehme Erholung u. belehr. Erheiterung, zunächst für d. gebild. Jugend. 1. u. 2. Bdchn. 16. (18 B.) Wien 838, [Dorfmeister.]

— Erzählungen, Skizzen u. Anekdoten aus der Geschichte der Erde u. ihrer Bewohner, aus dem Gebiete der Völker- u. Menschenkunde. Eine angenehme Erholung u. belehrende Erheiterung zunächst für die gebildete Jugend. 1s u. 2s Bdchn. 16. Wien 838. Mausberger; Leipzig, Hunger. 1/2 ₰

—— Ferienübungen u. Privatbeschäftigungen f. Studirende. Wörtlich nach d. Classikern d. gold. u. silbernen Zeitalters z. Wiederübersetzen in d. Ursprache, nach d. Regeln d. Grammatik geord., mit grammatikal. Anmerkn. u. angehängtem Urtexte. Für Schüler, welche d. 1. u. 2. Grammatikal-Klasse vollendet haben. (2 Abthln.) gr. 8. (12¼ B.) Wien 835, [Tendler u. Comp.]

—— üb. d. Gebrauch d. Participien u. d. Participial-Construction in d. latein. Sprache. 8. (5⅓ B.) Wien 840, [Dorfmeister.]

— über den Gebrauch der Participien und der Participial-Construction in der lateinischen Sprache. 8. Wien 840. Mausberg; Leipzig, (Hunger.) 1/3 ₰

—— Geist d. französ. Classiker d. 17. u. 18. Jahrh.; od. Auswahl d. Meisterwerke d. französ. Literatur in ihrem goldnen Zeitalter. Mit deutscher Worterklärung. 2 Bdchn. 12. Wien 836, [Tendler u. Comp.] à 6 Gr.

A. u. d. Titln.:

Bdchn. 1. Choix de Maximes et de Réflections morales du Duc de la Rochefoucauld. — Ausgewählte Maximen u. moral. Betrachtn. des Herzogs de la Rochefoucauld. (3½ B.)

" 2. L'Esprit des Esprits. Wahrheit u. Weisheit in Sätzen aus d. Lebensklugheit. Mit deutscher Worterklär. (3 B.)

Täuber, Isidor, die Gesetze als Grundlage der Wohlfahrt der Völker. Ein Volksbuch. Herausg. von dem Verein zur Verbreitung von Druckschriften für Volksbildung. Wien 855. (Brandel u. Meyer.) 8. (2 Bl., 101 S.) n. 4 ngr.

Täuber, Isidor, Huldigung. Neue Sammlung von Glückwünschen, Hochzeitsgedichten u. Sätzen aus der Lebensweisheit in Stammbücher, in deutscher, latein., italien. u. französ. Sprache. Mit 1 Stahlst. 8. Wien 842, Mausberger. (Leipzig, Hunger.) n. 2/3 ₰

Täuber, Isidor, Huldigung. Eine Sammlung von Glückwünschen zum neuen Jahre, zu Namens- und Geburtstagen an Alle, die uns lieb und theuer sind; Hochzeitsgedichte und Sätze aus der Lebensweisheit in Stammbücher, in Versen und in Prosa, in deutscher, lateinischer, italienischer und französischer Sprache. 8. (249 S. mit 1 Stahlst.) Wien 861, Leo's Verlags-Expedition. Thlr.

Täuber, Isid., der leicht faßliche Italiener. Anleitung die italien. Sprache mit oder ohne Lehrer auf eine leichte Art zu erlernen. Mit zahlreichen Gesprächen, Uebersetzungs- und Leseübungen, auch für Diejenigen, die keine weitern Vorkenntnisse besitzen. 2. Aufl. gr. 8. (212 S.) Wien 866, Leo. *

Täuber, Isidor, die Kunst, in allen Verhältnissen d. Lebens froh u. zufrieden zu seyn. Nach d. Grundsätzen d. berühmten Ant. Alfons de Sarasa. gr. 12. (8½ B.) Wien 833, Tendler.

—— der neue Lafoß. Vollständ. Anleit., d. französ. Sprache auf e. leichte Art ohne Hilfe e. Lehrers zu erlernen ꝛc. 2. u. 3., verb. u. verm. Aufl. gr. 12. (à 11⅔ B.) Wien 838, 42, [Dorfmeister.] à

— der neue Lafoß. Vollständige Anleitung, die französ. Sprache auf eine leichte Art ohne Hilfe eines Lehrers zu erlernen ꝛc. Re durchaus verb., mit den gebräuchl. Redensarten, mit freundschaftl. Gesprächen und mit den übersetzten Uebungsaufgaben vermehrte Aufl. gr. 12. Wien 838. Mausberger. (Leipzig, Hunger.) 1/2 ₰

— der neue Lafoß. Vollständige Anleitung, die französ. Sprache auf eine leichte Art ohne Hilfe eines Lehrers zu erlernen ꝛc. 3. verb. u. verm. Aufl. gr. 12. Wien 842, Mausberger. (Leipzig, Hunger.) 7/12 ₰

Täuber's, Isidor, der neue Lafoß. Vollständige Anleitung die französ. Sprache auf eine leichte Art ohne Hilfe eines Lehrers zu erlernen. Nach den besten Sprachlehren mit durchgehends erklärter Aussprache bearb. und durch viele Uebersetzungs- und Lese-Uebungen anschaulich gemacht. 5. wesentlich umgearb. und vielfach verm. Aufl. 8. (347 S.) Brünn 868, Karafiat's Verlag. geb.

— französisches Lesebuch. Nach neuer Methode ohne Hilfe eines Lehrers oder Wörterbuches französisch zu lernen. Neue Ausg. Ebend. 866. br. 8. (IV, 160 S.) n. 8 ngr.

—— Mädchenspiegel. Lebensbeschreibungen u. einzelne Züge aus dem Leben von Frauen u. Mädchen, die sich durch Tugenden, Künste u. Wissenschaften, Tapferkeit u. Heldenmuth ausgezeichnet haben. 8. (12½ B. u. 1 Stahlst.) Wien 843, Mausberger. (Leipzig, Hunger.) *

—— Passe-temps agréable. — Angenehmer Zeitvertreib. Eine Sammlung unterhalt. Lesestücke. Französisch mit deutschem Wörterbuche, namentlich für Diejenigen, welche sich ohne Lehrer im Französ. üben wollen. Neue Ausg. 16. (IV und 252 S.) Wien 866, Leo.

Täuber, Isidor, das Quälen d. Thiere, dessen Folgen u. Strafen. Eine Sammlung v. Erzählungen f. Jung u. Alt. 8. (XVIII u. 60 S.) Wien 850, Mayer & Co. 6 ngr.

— Skizzen aus der Natur-, Erd- und Menschenkunde. Leseblätter und Bildungsstoff für Geist und Herz, der Jugend geweiht. Wien 857. Pichler. (Leipzig, Liebeskind.) 12. (2 Bl., 143 S. u. 1 Holzschn.) 12 ngr.

— Studiosus Jovialis. Ad modum libri, eandem inscriptionem ostendentis, quem olim ad jocose et honeste discurrendum Odilo Schreger in gratiam et usum juvenum, aliorumque literatorum virorum honestae recreationis amantium, collegit, denuo compilavit etc. 12. Viennae 846, Doll. 2/3 ₰

— Uebungen über die Regierung der französ. Zeitwörter, nebst einer reichhaltigen Sammlung von Redensarten und Sprichwörtern ꝛc. 8. Wien 843, Pichler's Wwe. (Leipzig, Liebeskind.) 8¾ ngl

— Uebungen über die unregelmäß. Zeitwörter der französ. Sprache, ihre Beugung, ihre verschied. Bedeutungen u. die daraus entstehenden Redensarten. Größtentheils nach dem Dictionnaire de l'Académie in Beispielen bearbeitet, und französisch u. deutsch herausgegeben. gr. 12. Wien 843, Carl Doll. 5/12 ₰

Täuber, Isidor — Verfälschungen der Nahrungsstoffe und Arzneimittel, nebst einer volksthümlichen Gesundheitslehre. Zur Warnung und Belehrung für diejenigen, die um ihr Wohlbefinden und um ihr Leben besorgt sind. Herausgegeben von — —. Wien, 1857. Druck und Verlag von A. Pichlers Witwe & Sohn. (137 S. 8.)

—— Vorbereitungen für d. Leben. Zehn Sendschreiben u. e. Nachrede an Jünglinge u. Mädchen. gr. 12. (6 B.) Wien 834, Tendler.

— geograph. Vorschule, od. mathemat. u. phys. Beschreib. d. Erde, nebst e. Anh., welcher als Einleit. in d. polit. Erdbeschreibung dienet. Ein Buch zur Bildung für d. Jugend beyderley Geschlechts; e. Hülfsb. f. Studirende; e. Lehrb. f. Nichtstudirte. gr. 12. (10 B. u. 1 Stndr.) Wien 833, Tendler.

Täuber, Karl

Täuber, C[arl]. Aus den Tessiner Bergen. Mit 81 Illustrationen. VI + 191 S. 8. Zürich, Orell Füssli, [1907]. [fr. 3.50, geb. 4. —]

Täuber, Carl, aus Winterthur [Kt. Zürich]: I capostipiti dei manoscritti della Divina Commedia. ([Mit dem II. Titel:] I capostipiti ..., ricerche di Carlo Täuber. A spese dell' autore). Winterthur Sorelle Ziegler tipogr. 1889. 2 Bl., XI, 148 S. m. 2 Tab., 1 Bl. 8°
Zürich, Phil. Diss. I. S. [v. 17. Mai 1890].

**Täuber,** Carlo, i capostipiti dei manoscritti della divina commedia. gr. 8. (XI, 148 S.) Winterthur 889. (A. Hoster.) n. 4. —

**Täuber,** C., neue Gebirgsnamen-Forschungen (Stein, Schutt u. Geröll). (111 S.) 8. Zürich (907). Art. Institut Orell Füssli. 1.80

**Täuber,** C., die Gotthard-Befestigung. E. populäre Skizze. 12. (26 S.) Winterthur 894. A. Hoster. n. — 50

Täuber, C[arl]. Die Berner Hochalpen. [Mit Illustrationen, 2 Tafeln und 1 Panorama.] IV + 119 S. 8. Zürich, Polygraphisches Institut A.-G., 1906. [fr. 2. —]

Täuber, (Carl). Ortsnamen und Sprachwissenschaft. Ursprache und Begriffsentwicklung. Mit 1 Titelbild [Tafel]. 259 S. 8. Zürich, Orell Füssli, 1908. [fr. 6. —]

Täuber, C[arl]. Repertorium für die Jahrbücher (Band) 21—44 des S. A. C. Verfasst von Dr C. T'. ⟨Beilage zum Jahrbuch Bd. 45 des S. A. C.⟩ II + 126 S. 8. Bern, Exped. des Jahrbuches des S. A. C. Stämpfli & Cie., 1910.

— schweizerische Verkehrslehre. Mit zahlreichen Formularen. (222 S.) gr. 8. Zürich 907. Schulthess & Co. Geb. in Leinw. n. 4.20

— Schweizerische Verkehrslehre. Mit zahlr. Formularen. 2. verb. Aufl. (VIII, 232 S.) gr. 8. Zürich 910. Schulthess & Co. Geb. in Leinw. 3.20; in Segeltuch 4.20

Täuber, Konrad

Täuber, Konrad, Oberl. am Gymn. zu St. Elisabet in Breslau: Aus d. mineralog. Institut d. Universität Breslau. Krystallographisch-optische Untersuchungen organischer Verbindungen. Breslau (1898): Grass, Barth & Co. (30 S.) 8°
Breslau, Phil. Diss. v. 22. Dez. 1898

**Täuber,** R., Schulmeisters Geburtstag. Schwank in 1 Akt. gr. 8. (24 S.) Berlin (887). M. Böhm. 1. 50

**Taeuber,** Rud., unsere Grossbanken. Ein Lehr- u. Lesebuch f. Grosskaufleute, Industrielle, Bankiers, Beamte u. Studierende. Mit graph. Darstellgn. u. Abbildgn. v. Grossbanken, sowie e. (farb.) Bankenkarte v. Deutschland, enth. sämtl. deutsche Aktienbanken u. alle Reichsbank-Hauptstellen, -Stellen u. -Nebenstellen. (VI, 186 S.) gr. 8. Dresden 910. G. Kühtmann. 7.—; geb. in Leinw. 8. —

— Rechtsgeschäfte u. Rechte der Direktoren von Aktiengesellschaften, Kommanditgesellschaften auf Aktien u. Gesellschaften m. beschränkter Haftung. Ein Hand- u. Nachschlagebuch f. die Direktoren v. Aktiengesellschaften u. Gesellschaften m. b. H. (XIV, 334 S.) 8. Berlin (910). Verlag f. Börsen- u. Finanzliteratur. Geb. in Leinw. 8. —

**Taeuber,** R., Methode Taeuber. Einfache u. dopp. Buchführg. zum Schul- u. Selbst-Unterr. f. Kaufleute u. Gewerbetreib. Kleiner Lehrgang, nebst Formularen zu: Hauptbuch, Memorial, Cassabuch, Reine Cassa u. Inventarbuch. 4. (52 S.) Leipzig-Neustadt 895. (Leipzig, S. Schnurpfeil.) In Mappe n. 5. —

**Tauber-Bilder.** Würzburg 1872.
V: *Lommel, Gg.* (LaBb)

Tauberbischofsheim [Schlagwort]

**Tauberbischofsheim,** s.: **Deutschland.** Kürschner-Pelp.

Taubert, Croquis der Umgegend von Torgau. 1 : 50,000. Chromolithogr. Imp.-Fol. Berlin 880, Schropp'sche Hof-Landkartenh. *

Torgau. — Taubert, Croquis der Umgegend von Torgau. 1 : 50,000. Neue Ausg. 1888. Chromolithogr. Imp.-Fol. Berlin, Schropp'sche Hof-Landkartenh. *

**Taubert,** die sibirische Eisenbahn u. das russische Arbeitsfeld in Ostasien, s. a. Beiheft zum Militär-Wochenblatt. 1903. Hft. 5.

Die sibirische Eisenbahn und das russische Arbeitsfeld in Ostasien. Vortrag, geh. zu Berlin 1902 von **Taubert,** Oberlt. im Feldart.-Rgt No 22. Mit 1 Bl. Skizzen. *Berlin: E. S. Mittler & Sohn 1903.* (S. 201—213.) 8° [F.]
= Militär-Wochenblatt. 1903. Beiheft 5, [1.] [03. 9133

Taubert, A.

**Taubert,** strategisch-takt. Aufgaben, s.: Gizycki, H. v.

**Taubert,** der Gebrauch der Artillerie im Feldkriege, sowie beim Angriff u. bei der Vertheidigung der Festungen, belegt durch Beispiele aus der neuesten Kriegsgeschichte. Für Officiere aller Waffen. Mit 2 (lith.) Plänen (in qu. 4. u. qu. Fol.) Berlin 870. Mittler & Sohn. gr. 8. (VIII, 218 S.) n. 1 ₰ 10 ngr.

**Taubert,** Gefechtslehre der Feld-Artillerie, mit besond. Anwendung auf den takt. Gebrauch der Batterien eines Armeekorps. Für Offiziere aller Waffen. 8. (XVI und 197 S.) Berlin 855, Deckersche geheime Ober-Hofbuchdr.

**Taubert,** A. Grundzüge f. d. taktischen Gebrauch der reitenden Artillerie in ihrer Verbindung mit Kavallerie. Berlin 1845. **75 S.**

**Taubert,** A., Grundzüge für den taktischen Gebrauch der reitenden Artillerie in ihrer Verbindung mit Kavallerie. gr. 8. Berlin 845, Mittler. 1/2 ₰

Taubert, A., der Pessimismus und seine Gegner. gr. 8. (164 S.) Berlin 873, C. Duncker. *

**Taubert,** das Verhalten und die Verwendung der Feld-Artillerie bei Manövern u. im Gefecht. Nach den neuesten Bestimmungen systematisch zusammengestellt u. bearb. 2., umgearb. u. verm. Ausg. Berlin 864. Voß. 16. (VIII, 76 S.) 7½ ngr.

Examinatorium über das Bürgerliche Gesetzbuch für das Deutsche Reich. Von [Dorotheus Wilh.] Taubert, Landger. R. Abt. 1—3. Berlin: H. W. Müller 1899—1900. 3 Bde 8°
1. ⟨Allgem. Teil u. Recht d. Schuldverhältnisse.⟩ 1899.
2. ⟨Sachenrecht u. Familienrecht.⟩ 1900.
3. ⟨Erbrecht.⟩ 1900.

**Taubert,** Examinatorium üb. das bürgerliche Gesetzbuch f. das deutsche Reich. 3 Abtlgn. 12. Berlin, H. W. Müller n. 3.30
1. Allgemeiner Teil u. Recht der Schuldverhältnisse. (110 S.) 899. n. 1. —
2. Sachenrecht u. Familienrecht. (162 S.) 900. n. 1. 50
3. Erbrecht. (82 S.) 900. n. — 80

Taubert, Emil

**Taubert,** Emil, der Antiquar. 1—3. Aufl. 8. (233 S.) Berlin 882. Walther & Apolant. n. 2. —

**Taubert,** E., Babette, s.: Eckstein's Reisebibliothek.

— Brautgeschenk. Liedercyclus in 5 Kapiteln. 1. Aufl. 1866. u. 2., verm. Aufl. Berlin 867. Heinicke. 16. (V, 106 S.) cart. n. 20 *ngr.*

Taubert, Aem.: Goethii Elegiae Romanae latine reddidit. — 15 S. - Berlin Fr. W. G., Progr. 1872.

**Taubert,** Aemil. (geb. Berlin 23. 1. 1844): De animae humanae cognoscendi, sentiendi, cupiendi facultatibus. Berolini (1866). (77 S.) 8°
Berlin, Phil. Diss. v. 18. Mai 1866

**Taubert,** Aemil., de animae humanae cognoscendi, sentiendi, cupiendi facultatibus. Dissertatio inauguralis. Berlin 866. (Dümmler's Buchh.) gr. 8. (79 S.) n. 10 *ngr.*

— Frau u. Braut. Novelle. 8. (89 S.) Leipzig 890. Geo. Meyer's Verl. n. 1. —

**Taubert,** Emil, am Fuße d. Ortler. Die Kriegskameraden. Der Irre. Drei Novellen. 8. (372 S.) Berlin 875. Wahlen. n. 6. —

—— Gedichte. 16. (VIII und 218 S.) Berlin 865, Heinicke. *

— neue Gedichte. Berlin 867. Lüderitz' Verlag. 8. (VIII, 219 S.) n. 1 *℞*; geb. mit Goldschn. n. 1 *℞* 10 *ngr.*

— der Goldschmied zu Bagdad. Ein morgenländisches Märchen. — Am Kochelsee. Ein Elegieen-Cyclus. — Die Cicaden. Eine Geschichte in Terzinen. 8. (256 S.) Leipzig 880. A. Krüger. n. 3. 50; geb. n. 5. —

— der Goldschmied zu Bagdad. Ein morgenländ. Märchen. Am Kochelsee. Ein Elegieen-Cyclus. Die Cicaden. Eine Geschichte in Terzinen. 2. Aufl. 8. (256 S.) Ebend. 884. 2. 50

— Jugendparadies. Dichtungen für Jung u. Alt. Neu-Ruppin 869. Petrenz. 8. (VII. 96 S.) 15 *ngr.*

—— Juventas. Neue Dichtungen für Jung und Alt. 8. (100 S.) Berlin 875, Königsmann.

—— Langen und Bangen. Ein Novellencyklus. [Am Teufelssee. — Babette. — Verstoßen. — Des Kindes Schatten.] 8. (397 S.) Berlin 888, Eckstein Nachf. *
geb. *

— Laterna magica. Märchen u. Geschichten. 8. (293 S.) Gera 886. Th. Hofmann. n. 2. 40; geb. n. 3. 50

Der Vicomte von Letorières. Komische Oper in 3 Akten von Bogumil **Zepler.** Dichtung nach d. gleichnam. Bayard-Blum'schen Lustspiel von Emil Taubert. Textbuch. Berlin: Schlesinger [1899]. 84 S. 8° [11. 11051]

—— Marianne. Novelle. 8. (109 S.) Berlin 883, Walther und Apolant. *

— ein Mutterherz. Erzählung in Versen. 12. (76 S.) Ebend. 880. n. 1. —; geb. m. Goldschn. n. 2. —

—— die Niobide, s. Universal-Bibliothek Nr. 1375.

**Taubert,** E., Eleonore Prohaska. Schauspiel in 4 Akten. 8. (86 S.) Berlin 889. Walther & Apolant, Verl. n. 1. 50

— König Rother. 8. (195 S.) Berlin 883. Walther & Apolant. n. 3. —

— König Rother. 2. (Titel-)Aufl. 8. (IV, 195 S.) Ebd. 888. n. 3. —; geb. n.n. 4. 50

— d. Kindes Schatten, s.: Eckstein's Reisebibliothek.

**Taubert,** Emil, gesammelte Schriften. 1. Bd. 8. Weimar 885. A. Krüger. n. 3. —
Die Niobide. Fidelio. Die Zwillingsschwester. Drei Novellen. (269 S. m. Holzschn.-Portr.)

— Simson. Novelle. 8. (93 S.) Gera 886. Th. Hofmann. n. 1. 50

— Sphinx Atropos. Novelle. 8. (208 S.) Berlin 883. Walther & Apolant. n. 1. 50; Einbd. n.n. — 80

—— am Teufelssee, s. Eckstein's Reisebibliothek.

— der Torso. Eine Künstlergeschichte in Versen. 1—3. Aufl. 12. (140 S.) Leipzig 881. A. Krüger. n. 1. 60; geb. m. Goldschn. n. 2. 50

— verstoßen, s.: Eckstein's Reisebibliothek.

— Waffenklänge. Zeitgedichte. Berlin 870. Königsmann. 16. (IV, 64 S.) n. 5 *ngr.*

**Taubert,** Erich, a. Staßfurt: Beitrag zur Kenntnis polymorpher Körper. Blankenhain Thür. 1905: M. Schlimpers Nacht. (54 S.) 8° [F.]
Jena, Phil. Fak. Ref. Winkelmann, Diss. v. 27. Juli 1905
[Geb. 13. März 78 Staßfurt; Wohnort: Staßfurt; Staatsangeh.: Preußen; Vorbildung: Gymn. Bernburg Reife O. 97; Studium: Jena 12, Straßburg 1 S.; Rig. 1. Aug. 04.]

Festschrift zum sechzigjährigen Bestehen des Stern'schen Konservatoriums der Musik in Berlin ... 1910. Verf. von Ernst Eduard **Taubert.** (Berlin 1910: Rosenthal.) 11 Bl. 4° [10. 1249]

Kaiser Wilhelm-Lied. [Von] Julius Wolff. [Comp. v.] E[rnst] E[duard] **Taubert.** Berlin: Ries & Erler [1897]. 1 Bl. 4°

**Taubert,** Eugen Max [aus Grimma]: Der syntactische Gebrauch der Präpositionen in dem angelsächsischen Gedichte vom heiligen Andreas. '(E. Beitr. z. angelsächs. Grammatik.)' ... Leipzig, Druck v. M. Hoffmann, 1894; 52 S. 8.
Leipzig, Phil. Fak., Inaug.-Diss. v. [11. Aug.] 1894

**Taubert,** F., die Bauausführung u. der Betrieb v. Kleinbahnen unter besond. Berücksicht. der Spurweite v. 60 cm. Erfahrungen u. Rathschläge, gesammelt, aufgestellt u. den Herren Landwirthen zugeeignet. gr. 8. (58 S.) Berlin 894. E. S. Mittler & Sohn. n. 1. —

**Taubert,** der Krieg im Frieden. Eine Sammlung taktischer Aufgaben zum Zweck von Felddienstübungen der Infanterie, nebst einer kurzen Anleitung zum Konzipiren u. praktischen Lösen derartiger Aufgaben. Mit 2 Taf. in Steindr., umfassend Kroquis 1—11. gr. 8. (VIII, 53 S.) Berlin 880. Mittler & Sohn. n. 2. —

Taubert, Fr., offener Brief an Hrn. Professor Adolf Harnack in Sachen d. Apostolikums. In Übereinstimmung m. e. größeren Zahl Geistlichen. 8. (26 S.) Gütersloh 893. C. Bertelsmann. n. — 40

Taubert, Frz., Anleitung zum rationellen Betrieb der Nutztaubenzucht. Mit e. Titelbild u. 18 Abbildgn. im Text. gr. 8. (VI, 42 S.) Berlin 884. Parey. n. 1. —

— Handbuch d. Luft-Sport. Mit 42 Abbildgn. 8. (XV, 291 S.) Wien 883. Hartleben. geb. 5. 40

Taubert, Franz, praktischer Tierarzt in Eisleben: Untersuchungen über die Ursachen der Seiden- und Wollfederbildung bei Hühnern als Beitrag zur pathologischen Entstehung von Rasse-Merkmalen. ⟨Aus dem zootechnischen Institut der Universität Bern. Professor Duerst.⟩ Bonn 1910. 81 S. und drei Tafeln. 8⁰. [4. III. 10.]
Bern. Vet.-med. Diss. 1909/10

Taubert, Franz. Untersuchungen über die Ursachen der Seiden- und Wollfederbildung bei Hühnern als Beitrag zur pathologischen Entstehung von Rasse-Merkmalen. Aus dem zootechnischen Institut der Universität Bern.... Diss. Vet.-Med. Bern. Mit 5 Zeichnungen und 2 Photographien [auf 3 Tafeln]. 81 S. 8. Bonn, Heinrich Ludwig, 1910.

Taubert, Fritz [aus Torgau]: (Aus d. Univ.-Frauen-Klinik zu Berlin.) Beitrag zur Lehre von der künstlichen Frühgeburt. . . . Berlin, Buchdr. v. Goedecke & Gallinek, *1891*; 45 S., 1 Bl. 8⁰
Berlin, Med. Fak., Inaug.-Diss. v. 16. Mai 1891

Taubert, Fritz, Oberarzt an d. Prov.-Heilanst.: Aus d. Prov.-Heilanst. Lauenburg i. P. ⟨Dir.: Siemens⟩. Zur Lehre von den periodischen Psychosen, insbesondere Ausgang und Sektionsbefund. Kirchhain N.-L. (1900): Schmersow. 68 S. 8⁰
Jena, Med. Diss. v. 25. Sept. 1909, Ref. Binswanger
[Geb. 11. Febr. 75 Gotha; Wohnort: Lauenburg i. P.; Staatsangeh.: Sachsen-Koburg-Gotha; Vorbildung: Gymn. Gotha Reife O. 94; Studium: Phil. später Med. Heidelberg, Berlin, Marburg, Kiel, Leipzig; Coll. 8. Juli 09; Approb. 19. März 06.] [U 10. 2315

Taubert, Georg, wahre Christenschule. 8. Leipz. Junius. (Enobloch.) 737.

Taubert, Gottfried

— — Entwurf der Nutzbarkeit des TantzExercitii. Leipzig 1727. 8⁰. Karl

Taubert, Gfr., rechtschaffener Tanzmeister, mit Kupf. 4. Leipz. Junius. (Glebitsch.) 717.

TAUBERT, Gottfried, Tantzmeisters zu Leipzig, Rechtschaffener Tantzmeister, oder gründliche Erklärung der frantzösischen Tantz-Kunst, bestehend in drei Büchern, deren das Erste historice des Tantzens Ursprung, Fortgang, Verbesserung, unterschiedlichen Gebrauch, Zulässigkeit, vielfältigen Nutzen, vnd andere Eigenschafften mehr, untersuchet; Das Andere methodice der so wol galanten als theatralischen frantzösischen Tantz-Exercitii Grund-Sätze Ethice, Theoretice und Practice, das ist: was in dem Prosaischen Theile zu der äusserlichen Sitten-Lehre und gefällig-machenden Aufführung: was in dem Poëtischen Theile zu der theoretischen Wissenschafft und Betrachtung so wol der niedrigen Kammer- als hohen theatralischen Täntze: und was in Praxi so wohl zu der Regelmässigen Composition, und geschicklichen Execution, als gründlichen Information dieser beyden Haupt-Theile gehöret, deutlich zeiget: Anbei wird, nebst einer ausführlichen Apologie für die wahre Tantz-Kunst, der Haupt-Schlüssel zu der Choreographie, oder Kunst alle Täntze durch Characteres, Figuren, und allerhand Zeichen zu beschreiben, als welches ingeniöse Werck vormals durch Mrs. (so!) *Feüillet*, Tantzmeister in Paris, ediret, anitzo aber, nebst den Kupfferstichen, von dem Autore aus dem Frantzösischen in das Teutsche, und in diesem Format gebracht worden, zu finden seyn; Und das Dritte discursive derer Maitres, Scholares, Assemblées, Balls, Hochzeit-Täntze, und anderer Tantz-Compagnien Requisita, wie sie nemlich beschaffen seyn sollen, und unterweilen beschaffen sind, zulänglich erörtert. Endlich ist ein vollständiges Register aller eingebrachten Sachen beigefüget worden. Mit Titelkpfr., 75 choreograph. Figurentafeln u. Melodien. Leipzig 1717, bey Friedrich Lankischens Erben. 4⁰. (Bibl. Lipperheide no. 3068 m, wo 2 Tafeln = S. 599—600, fehlen.) 5 Bll. Titel u. Zuschrifft, 44 S. Vorrede, 1176 S. Text, 28 Bll. Register etc. (36 Mk., Prgt., vollständ. u. wohlerhalt. Expl., Rich. Bertling, Dresden, 1891; 33 Mk., Hpgt., Geiger & Jedele, Stuttgart, 1895.)

Ivone Joannes Stahlius [Stahl]: De Fonte remediorum diaetetico. [Resp.:] Jo. Godofred[us] Taubertus [Taubert]. Erfordiae (1739:) Hering. 19 S. 8⁰
Erfurt, Med. Diss. v. 21. Jan. 1739

Taubert, Marie, d. Buch unter dem Kissen, s.a. Bloch's, Ludw., Kinder-Theater.

Das Buch unter dem Kissen. Märchenspiel anlehnend an d. Märchen von Andersen: 'Der kleine Tuk' von Marie Taubert. *Berlin: E. Bloch [1897].* (27 S.) 8⁰ [F.]
= Kinder-Theater, Ludwig Blochs. No 47. [03. 3365

— d. Heilquelle, s.a. Bloch's, Ludw., Kinder-Theater.

Die Heilquelle. Märchenspiel von Marie Taubert. Berlin: E. Bloch (1896). (18 S.) 8⁰
= Kinder-Theater, Ludwig Blochs. No 37.

Taubert, Marie, Regenbogen. Erzählungen am traul. Kamin f. die Jugend im Alter von 12 bis 15 Jahren. 8. (III, 235 S. m. 1 Titelbild.) Berlin 892. G. Schuhr. Geb. in Leinw. n. 3. —

— Rübezahl, s.a. Bloch's, Ludw., Kinder-Theater.

Rübezahl. Märchenspiel in 2 Aufz. von Marie Taubert. Berlin: E. Bloch (1896). (28 S.) 8⁰
= Kinder-Theater, Ludwig Blochs. No 38.

Taubert, Marie, der Wichtel Weihnachtslohn, s.a. Bloch's, Ludw., Kinder-Theater.

Der Wichtel Weihnachtslohn. Märchenspiel in 2 Aufz. mit Benutzung eines Grimm'schen Märchens von Marie Taubert. *Berlin: E. Bloch (1901).* (26 S.) 8⁰ [F.]
= Kinder-Theater, Ludwig Blochs. No 88. [03. 3365

Taubert, Maria, das Weihnachtsmännlein, s.: Bloch's, Ludw., Kinder-Theater, Nr. 108.

Taubert, Otto, Aktuslieder, f. den Gesamt-Cötus des Torgauer Gymnasiums, 4stimmig gesetzt. (Mit e. geschichtl. Nachwort.) 1—3. gr. 8. (à 4 S.) Torgau 894. F. Jacob. à — 10
1. „Heil Dir im Siegerkranz." — 2. Gelübde: „Ich hab' mich ergeben." — 3. Deutsches Weihelied: „Stimmt an m. hellem, hohem Klang."

— Choräle f. den Gesamt-Cötus des Torgauer Gymnasiums zum Gebrauche bei den Morgenandachten u. Schulfeierlichkeiten, nach den Melodieen des Choralbuches f. die Prov. Sachsen v. J. 1886 u. m. Anlehng. an den bisher gebrauchten Hiller'schen Tonsatz bearb. 8. (20 S.) Ebd. 894. n.n. — 30

Taubert, Otto, Choräle f. d. Gesamt-Cötus d. Torgauer Gymnasiums zum Gebr. bei den Morgenandachten u. Schulfeierlichkeiten, nach den Melodieen des Choralbuches f. d. Prov. Sachsen v. J. 1886 u. m. Anlehng. an d. bisher gebrauchten Hiller'schen Tonsatz bearb. (Anh.: 6 patriot. Lieder.) 2. Aufl. 12. (33 S.) Torgau 895. F. Jacob. n. — 50

**Taubert,** Otto, Choräle f. den Gesamt-Cötus des Torgauer Gymnasiums zum Gebrauche bei den Morgenandachten u. Schulfeierlichkeiten, nach den Melodieen des Choralbuches f. die Prov. Sachsen v. J. 1886 u. m. Anlehng. an den bisher gebrauchten Hiller'schen Tonsatz bearb. (Anh.: 6 patriot. Lieder.) 3. Aufl. 12. (33 S.) Torgau 901. F. Jacob. Kart. n. — 50

Taubert, Otto „Daphne" das erste deutsche Operntextbuch. Ein Vortrag geh. im wissenschaftl. Verein zu Torgau am 10. März 1879. 32 S. Progr. *Torgau* 1879.

**Taubert,** Otto, „Daphne", das erste deutsche Operntextbuch. Ein Vortrag, gehalten im wissenschaftlichen Verein zu Torgau am 10. März 1879. gr. 4. (32 S.) Torgau 879. Jacob. n. 1. —

**Taubert,** Otto, Dichtungen. M.-Gladbach 859. (Münster, Theissing.) 8. (15 S.) n. 6 *ngr.*

**Taubert**: Geschichte der Pflege der Musik in Torgau vom Ausgange des 15. Jhrh. bis auf unsere Tage. 36 S. – Torgau, Progr. 1868

**Taubert,** Otto [Musikdir. Dr.]: Zweiter Nachtrag zur Geschichte der Pflege der Musik in Torgau. Das Datum der ersten deutschen Oper und Nachträge zur Schilderung der betreffenden festlichen Tage. — Zwei ehemalige Schüler des Torgauer Gymnasiums: Johann Gottlob Friedrich Wieck und Karl Friedrich Böhmert. (Forts. d. P.-Beil. 1868. 70. 79.) Torgau, Druck v. F. Lebinsky, 1890; S. 3—17; 4°
Torgau, G, OP 1890

**Taubert,** Otto. Geschichte der Pflege der Musik in Torgau. 2. Nachtrag: Das Datum der ersten deutschen Oper u. Nachträge zur Schilderung der betreff. festl. Tage. Zwei ehemalige Schüler d. Torgauer Gymnasiums: Joh. Glob. Friedr. Wieck und Karl Friedr. Böhmert. gr. 4. (15 S.) Torgau 890. Jacob. * — 50

Taubert, O.: Der Gymnasial-Singechor zu Torgau in seiner gegenwärtigen Verfassung nebst Nachträgen zur Geschichte der Pflege der Musik in Torgau. 20 S. – Torgau, Progr. 1870.

**Taubert,** Otto, der **Gymnasial-Singechor** zu Torgau in seiner gegenwärtigen Verfassung nebst Nachträgen zur Geschichte der Pflege der Musik in Torgau. Torgau 870. Jacob. 4. (20 S.) n. 5 *ngr.*

**Taubert,** Otto, die **Pflege** der Musik in Torgau vom Ausgange des 15. Jahrh. bis auf unsere Tage. Torgau 868. Jacob. gr. 4. (III, 36 S.) n. 10 *ngr.*

Taubert: Paul Schede (Melissus). Leben und Schriften. 22 S. – Torgau, Progr. 1864

— Paul Schede [Melissus]. Leben u. Schriften. Torgau 864. Jacob. gr. 4. (18 S.) n. 8 *ngr.*

Die Schlachtfelder von Metz gewidmet Sr. Maj. Kaiser Wilhelm II. von Otto **Taubert**, Major. Lfg 1. [Mehr nicht erschienen.] *Berlin: A. Duncker 1894.* (10 Bl.) quer-2° [Umschlagt. F.] [02. 804

**Taubert,** Otto, die Schlachtfelder v. Metz. 2. Lfg. qu. gr. Fol. (5 Lichtdr.-Taf., 3 Erläuterungstaf., 3 Kartentaf., Titelbl. u. II, 5 S. Text.) Berlin 901. A. Duncker. n. 12. —; Leinw.-Mappe f. das vollständ. Werk n.n. 6. —

**Taubert,** Otto ⟨geb. am 26 Juni 1833 in Naumburg a. S.⟩: De vita et scriptis Pauli Schedii Melissi ... Bonnae, typ. Carthausii (1859). 2 Bl., 35 S., 1 Bl. 8. ¶ In Komm. bei Theissing in Münster.
[Bonn], Phil. Fak., Diss. v. 25 Juni 1859

**Taubert,** Otto, de vita et scriptis Pauli Schedii Melissi. Dissert. histor. Bonnae 858. (Münster, Theissing.) gr. 8. (2 Bl., 35 S.) n. 15 *ngr.*

— de vita et scriptis Pauli Schedii Melissi. Dissertatio historica. gr. 8. (35 S.) Bonn 859. (Münster, Theissing'sche Buchh.) *

Taubert, Paul

**Taubert,** P., Leguminosae, s.: Engler, A., u. K. Prantl, die natürlichen Pflanzenfamilien.

**Taubert,** Paul [aus Berlin]: Monographie der Gattung Stylosanthes. . . . (Aus: Abhandl. d. Bot. Ver. f. Brandenb. XXXII.) Berlin, *Druck v. Mesch & Lichtenfeld,* 1889; 1 Bl. + 82 S. + 1 Bl. 8°
Berlin, Phil. Fak., Inaug.-Diss. v. 9. Nov. 1889

**Taubert,** P., Violaceae, s.: Reiche, K.

**Taubert,** Wilh., 10 Kinderlieder, f. 2- u. 3stimm. Kinderchor eingerichtet u. zum Gebrauche in Volks- u. Mittelschulen hrsg. v. Wilh. Trenkner. Op. 7. (Anh. zu jedem Schulliederbuche.) (20 S.) 8. Hannover 905. C. Meyer. n. — 20

**Taubert,** Wilh., die wichtigsten chron. Krankheiten, näml. Gicht u. Hämorrhoiden, in allen ihren Formen u. Symptomen, die als Podagra, Chiragra, Ischagra rc. erscheinen, od. neu verfaßtes System z. zweckmäß. Behandl. u. gründl. Heilung derselben. Auf d. Entdeckung neuer u. geprüftbewährter Heilmittel begründet. gr. 8. (10 B.) Temeswar 837. (Wien, Volke's Buchh.) *

**Taubert,** Wilh., zwanzig zwei- und dreistimmige Melodieen für den Schulgebrauch. [Nach dem „Liederbuch für Kinder zum Singen oder Spielen" eingerichtet.] gr. 8. (16 S.) Neu-Ruppin 868, Petrenz.

**Taubert,** Wilh., 20 zwei- u. dreistimm. Melodien für den Schulgebrauch. [Nach dem „Liederbuch für Kinder zum Singen u. Spielen" eingerichtet.] Neu-Ruppin. 870. Petrenz. gr. 8. (16 S.) 6 *ngr.*

**Täubert,** Ernst. Die Sulfosäuren der beiden Naphtylamine u. der beiden Naphtole. Übersichtlich zusammengestellt. hoch 4. (IV, 30 S.) Berl. 892, Gaertner. * 3 60

**Täubert,** Gust., ältester treuester Führer durch die sächsisch-böhmische Schweiz. M. kurzer Berücksicht. d. nächsten Umgebg. Dresdens u. e. Theiles des böhm. Mittelgebirges u. Erzgebirges. 25. Aufl., neubearb. v. H. Lüttich. (Kleine Ausg.) 12. (IV, 123 S. m. 1 Karte.) Dresden 895. Albanus.
In Leinw. kart. — 60; grosse Ausg. (XI, 180 S. m. Abb. u. 1 Karte.) In Leinw. kart. 1. 20

**Täubert,** Gust., ältester treuester Führer durch die sächsisch-böhmische Schweiz. M. kurzer Berücksicht. d. nächsten Umgebg. Dresdens u. e. Theiles des böhm. Mittelgebirges u. Erzgebirges. 26. Aufl. 12. (XI, 188 S. m. Abb. u. 1 farb. Karte.) Dresden 898. Albanus. Kart. n. 1. —

**Täubert,** Gust., ältester treuester Führer durch die sächsisch-böhmische Schweiz. Mit kurzer Berücksicht. der nächsten Umgebg. Dresdens u. e. Theiles d. böhm. Mittelgebirges u. Erzgebirges (Kipsdorf, Altenberg, Geising). 31. Aufl. 12. (XI, 200 S. m. Abbildgn. u. 1 farb. Karte.) Dresden (902). Albanus. Kart. n. 1. —

**Täubert,** Gust., ältester treuester Führer durch die sächsisch-böhmische Schweiz Mit kurzer Berücksicht. der nächsten Umgebg. Dresdens u. e. Teiles des böhm. Mittelgebirges u. Erzgebirges (Kipsdorf, Altenberg, Geising). Begründet v. T., ergänzt u. neu bearb. v. verschiedenen Kennern u. Freunden der sächs.-böhm. Schweiz. 33. Aufl. Mit vielen Abbildgn. u. Tourenkarten, sowie 1 Reisekarte durch die sächs.-böhm. Schweiz v. R. Mittelbach. (IV, 206 S.) kl. 8. Dresden 904. Albanus. Kart. n. 1. —

**Täubert's,** Gust., ältester treuester Führer durch die sächsisch-böhmische Schweiz. Mit kurzer Berücksicht. der nächsten Umgebg. Dresdens u. e. Teiles des böhm. Mittelgebirges u. Erzgebirges (Kipsdorf, Altenberg, Geising). Ergänzt u. neu bearb. v. Rich. Porzig. 38. Aufl. Mit vielen Abbildgn. u. Tourenkarten, sowie 1 (farb.) Reisekarte durch die sächsisch-böhm. Schweiz v. R. Mittelbach. (VIII, 182 S.) kl. 8. Dresden (910). Albanus. 1. —

—— ein treuer Führer durch die Sächsisch-Böhmische Schweiz bis Dittersbach, Mückenthürmchen, Teplitz, und Freiberg über Bienenmühle, Klostergrab. 19. Aufl., durchgesehen von O. Lehmann. 8. (X, 91 S. mit 1 Reisekarte durch die Sächs.-Böhm. Schweiz, 1 Tarif für die Schweizführer und Sommerfahrplan der Sächs.-Böhm. Dampfschifffahrt und Eisenbahn.) Ebendas. 887. *

—— dass. — 20. Aufl., durchgesehen von O. Lehmann. 8. (V, 82 S. mit 1 Reisekarte durch die sächs.-böhm. Schweiz, 1 Tarif für die Schweizführer und Sommerfahrplan der sächs.-böhm. Dampfschifffahrt und Eisenbahn.) Dresden 888, Albanus'sche Buchdr. cart. *
Mit Lingke's Führer durch Dresden cart. in 1 Bd. *

**Täubert,** G., e. treuer Führer durch die Sächsisch-Böhmische Schweiz bis Dittersbach, Mückenthürmchen, Teplitz u. Freiberg üb. Bienenmühle, Klostergrab. 22. Aufl., durchgesehen v. O. Lehmann. Mit 1 Reisekarte, e. Panorama vom grossen Winterberge aus [aufgenommen vom Frhr. v. Odeleben], Tarif f. die Schweizführer u. Sommerfahrplan der sächs.-böhm. Dampfschifffahrt u. Eisenbahn. 8. (IV, 102 S.) Dresden 890. Albanus. cart. 1. —; m. Lingke's Führer durch Dresden in 1 Bd. cart. n. 2. —

**Täubert,** Gust., e. treuer Führer durch die sächsisch-böhmische Schweiz. Mit kurzer Berücksicht. e. Theiles d. böhm. Mittelgebirges u. Erzgebirges üb. Freiberg-Bienenmühle nach Klostergrab - Ossegg u. der neuen Müglitzbahn bis Geising - Altenberg nebst Anschluss der Partien üb. das Mückenthürmchen nach Teplitz u. Aussig. 23. Aufl., neu bearb. v. A. Lingke. (Grosse Ausg.) 12. (VIII, 149 S. m. Abbildgn. u. 1 Karte.) Dresden 891. Albanus. Kart. n. 1. —; kleine Ausg. (92 S. m. 1 Karte) kart. n. — 50

**Täubert,** Jos. Calesanz, Heute noch die Verlobung, oder Morgen in ein Kloster. Lstspl. in 3 A. Wien 794. Trattner. 2 gl.

— wessen Weib sie war, dessen Weib wird sie bleiben, oder nicht jeder kennt die Seinigen; e. Lstspl. in 3 A. Wien 794. Trattner. 3 gl.

**Tauberth,** A. H., der Auferstehungsmorgen der Freiheit. Eine Predigt am 2. Ostertage (in Grummbach) gehalten. gr. 8. (15 S.) Freiberg 848, Reimmann. n. 1/12 ß

**Tauberth,** A. H., die Erzählungen aus der heiligen Geschichte in gebundener Form, besonders zum leichten Auswendiglernen für Kinder. 1. Thl. Vorchristliche Geschichten. Annaberg 854. Rudolph u. Dieterici. 8. (XII, 128 S. u. 1 lith. Taf.) 12 ngr.

Tauberth, Curt Emil, s. Tauberth, Kurt Emil

**Tauberth,** Johs., die Abbildung des ebenen Kreissystemes auf den Raum. Inaugural-Dissertation. gr. 8. (81 S.) Dresden 885. (Jena, Deistung's Buchh.) *

Tauberth, Kurt Emil

**Tauberth,** Curt Emil, die Abschaffung der Stolgebühren im Königr. Sachsen. 8. (39 S.) Grimma 851, Verlags-Compt. 1/4 ß

**Tauberth,** C. E., die Kirchenvorstands- u. Synodalordnung für die evangelisch-lutherische Kirche des Königr. Sachsen. Andeutungen über Stellung, Rechte u. Pflichten der Kirchenvorsteher nach dem Gesetz u. der Verordnung vom 30. März 1868 bearb. 1. u. 2. Aufl. Leipzig 868. Roßberg. 8. (16 S.) 1½ ngr.

**Tauberth,** Curt Emil, die christliche Lehre vom Gebete historisch-exegetisch bearb. gr. 8. (IV und 134 S.) Wurzen 855, Verlags-Comptoir. *

**Tauberthal-Bahn,** die. Eine Sammlg. der wichtigsten Bauobjecte zwischen Lauda u. Wertheim, enth. 31 Blätter nebst e. Beilage m. Erläutergn. u. Ueberschlägen Nach den Materialien der gr. Bauverwaltg. u. unter Leitg. ihres Lehrers F. Keller zusammengestellt, geordnet u. gezeichnet durch die Studirenden d. 3. [obern] Cursos der Ingenieurschule am gr. Polytechnicum zu Carlsruhe. qu. 4. (31 Steintaf. m. Text: Erläuterungen u. Ueberschläge. Bearb. v. Frz. Keller. gr. 8. (III, 84 S.) Carlsruhe 870. Veith. 21. —

Die *Täubin*. Od. die praktische Rathgeberin, so wohl sich, als auch ihre Jungen für allen Nachstellungen ... schädlicher Raubthiere zu sichern, u. allen bevorstehenden Gefahren ... zu entfliehen. Leipz. 1806. 64 S. P.

**Täubin,** die, oder prakt. Rathgeberin sowohl sich als auch ihre Jungen f. Nachstellungen u. Raubthieren zu sichern ꝛc. 8. Leipz. Müller. 806.

**Täubin,** die, oder prakt. Rathgeberin, sowohl sich als auch ihre Jungen für Nachstellungen u. Raubthieren zu sichern ꝛc. 8. Leipz. 806. Knobloch). 4 gl.

**Taubinger,** L., Blumen, } s. Paterno's, F., systematische Zeichnen-Schulen.

**Taubinger,** L., Kleine Blumenschule. 1.—10. Heft zu 6 Blatt. Wien, F. Paterno. 1863. à Heft 30 kr.

**Taubinger, L.,** } s. Paterno's, F., systematische
—— **Figuren,** } Zeichnen-Schulen.

**Taubinger** L. Figurenschule. Halbfol. Nr. 84—100. (Als Fortsetzung.) Wien, Fr. Paterno. 1861. pr. Blatt 40 kr.

**Taubinger.** Kleine Figuren-Schule. Heft 9—18. Schluss. Wien, Fr. Paterno. 1862. à Heft 6 Blatt 30 kr.

**Taubinger,** L., Kleine Figurenschule. 19.—24 Heft (Schluss). Wien, Ferd. Paterno. 1864. Pr. Heft à 6 Bl. 30 kr.

**Taubinger's** Figuren-Zeichenschule (Fortsetzung). Blatt 70—83 in gr. Folio. 24" h. 17" br. Wien, Fr. Paterno. 1860. à 40 kr.

Taubinger L. Ornamente. (24 Bl) klqu4° Wien

— Ornamente der italienischen Renaissance. (12 Bl) auf Pappe fol in Mappe. Wien

— Ornament-Entwürfe. (12 Bl) auf Pappe 4° in Mappe. Wien

Taubinger: Skizzen über den Zeichnungsunterricht in d. Real- u. Gewerbeschulen. 7 S. 8°–Wien UR.G., Progr. 1855

Taubitz, Joh., s. Taubitz, Joseph

Taubitz, Joseph

[F.] Briefsteller enthaltend Muster v. Scheinen, Zeugnissen, Bekanntmachgn, Briefen ... etc. v. Jos. Taubitz, Lehrer. Titelaufl. ... *Habelschwerdt: Franke 1895.* (VIII, 304 S.) 1 Bd 8. [96. 1324

**Taubitz, Jos.**, das goldene Buch der Gratulation. Eine reichhalt. Sammlg. v. Gelegenheitsgedichten f. Kinder, Erwachsene u. Vereine f. alle Verhältnisse. (IV, 232 S.) gr. 8. Bonn (906). A. Heidelmann. n. 1. 80

**Taubitz, Jos.**, 160 Gelegenheits-Gedichte zum Gebrauche bei verschiedenen Veranlassungen [als 2. durchaus umgearb. u. um 60 Gedichte verm. Aufl. der „poet. Blüthenknospen".] Habelschwerdt 870. (Franke.) 8. (VI, 124 S.) n. 7½ ngr.

**Taubitz, Joh.**, Handbuch zur Abfassung von Geschäfts-Aufsätzen, enthaltend Muster von Scheinen, Zeugnissen, Bekanntmachungen, Briefen, Verzeichnissen, Verträgen u. Kontrakten, Berichten, Eingaben, Klagen, Protokollen, Testamenten, Rechnungen rc. für Schule u. Leben. 8. (VIII, 304 S.) Habelschwerdt 882. Franke. cart. n. 1. 60

**Taubitz, J.**, poetischer Hausschatz für katholische Familien. (In ca. 10 Heften.) 1. Heft. 8. (XII und S. 1—52.) Neurode 857, Fischer.

**Taubitz, J.**, das Heiden-Kirchel. Eine histor. Erzählg. aus der Zeit der Einführg. d. Christenthums im Burgkreise Kladsko (Grafschaft Glatz) f. die reifere Jugend. u. das Volk gr. 8. (43 S.) Habelschwerdt 864. Franke. n. — 60

— Kreuzweg-Lied. 3. Aufl. 12. (8 S.) Ebd. 897. n. — 06

**Täublein, Girrendes,** das ist: Kurze Seufzer eines mit Gott verbundenen Herzens ... O. O. 1835. V: *Oncken, Johann Gerhard.* (schr)

**Täublein**, das, mit dem Oelzweige, od. der christl. Katholik. Eine Stimme zur Vereinigung aller christl. Kirchen. 8. Karlsr. 831. (Braun). 12 gr

**Täublein**, das, mit dem Oelzweig, od. der Christ u. die Priesterehe. 2. verb. u. verm. Aufl. 8. (15 S.) Rastatt 849, Hanemann. 1/12 rf

**Täubler**, Alex., Nieder m. den Fleischwucherern u. Brotverteuerern, s.a. Lichtstrahlen. Nr. 16.

(F) **Täubler**, A, Nieder mit den Fleischwucherern und Brotverteurern. Ein Wort zur Teuerung. [Lichtstrahlen. Nr. 16] 16°. (32 S.) Wien: Wiener Volksbuchh., 1907. * K —.10

**Täubler**, A, die Schule in Pfaffenklauen, s.a. Lichtstrahlen. 10.

**Täubler**, A, Die Schule in Pfaffenklauen. Eine Kritik der nied.-österr. Schulverderbungsgesetze m. Reden des Abg. Seitz. (30 S.) kl. 8. Wien '04, Wiener Volksbuchh. —. 10.
Lichtstrahlen. Nr. 10.

— Christlich-soziale Skandalwirtschaft, s.a. Lichtstrahlen. Nr. 18.

**Täubler, A.**, Christlich-soziale Skandalwirtschaft. (32 S.) 16. Wien, Wiener Volksbuchh. 1907 —. 10.
„Lichtstrahlen" Nr. 18.

**Täubler**, Eug., s.: Mitteilungen des Gesamtarchivs der deutschen Juden.

**Täubler**, Eugen, aus Gostyn ⟨Posen⟩: Die Parthernachrichten bei Josephus. *(Berlin 1904: E. Ebering.)* (65 S.) 8°
Berlin, Phil. Diss. v. 13. Aug. 1904

**Täubler, Eug.**, die Parthernachrichten bei Josephus. Diss. (65 S.) 8. Berlin 904. E. Ebering. n. 1. 80

Taubmann, Friedrich

**Taubmanniana**, s.a. Oertel, (E. F. Chr.)

TAUBMANIANA Oder Des Sinnreichen Poetens Fr. Taubmanns Nachdencklich[e]s Leben, Scharffsinnige Spruche, Kluge Hof- und schertzhaffte Studenten-Reden, wie auch Dessen Denckwürdige Gedichte, artige Begebenheiten, Und was dem allen gleichförmig. Frankfurt und Leipzig, J. W. Meyer, 1703. 12°. *Mit gestochenem Porträt T's.* 264 S. Neueres Hl.n.

G. III. 267, 32. H.-G. IX. 575. Erste Ausgabe dieser Anekdotensammlung, die bis 1746 in zahlreichen Drucken verbreitet wurde. Der Humanist Taubmann aus Wonsees bei Bayreuth (1565—1613), „eine E. T. A. Hoffmannsche Figur!" (H.-G.), war Universitätsprofessor für Poesie in Wittenberg und hatte gleichzeitig das Amt eines „kurtzweiligen Raths" bei den sächsischen Kurfürsten, weswegen man ihn zeitweis als Hofnarren eingestuft hat

**TAUBMANN** (F).-Taubmanniana Oder des ſinnreichen Poeten / Friedrich Taubmann Nachdenkliches Leben / Scharffſinnige Sprüch / Kluge Hof- und ſchertzhaffte Studenten-Reden / wie auch deſſen denkwürdige Gedichte / artige Begebenheiten / und was dem allem gleichförmig. Frankfurt und Leipzig / bey Johann Wilhelm Meyern / 1704. 12°. Mit Titelporträt. 288 S.

Goedeke III, 268, 32. Bekanntes ſeltenes Schwankbuch, mit und ohne Recht auf den Profeſſor und luſtigen Rat F. Taubmann bezogene ſkurrile Wendungen und Begebenheiten, die beſonders das Studentenleben der Zeit direkt vor dem 30jährigen Kriege ſpiegeln. Taubmann, einerſeits die letzte der Narrenfiguren à la Kahlenberger, Peter Leu, Klaus Narr und Eulenſpiegel ſelber, gehört andererſeits bereits zu den echten Barockgattung der komiſchen oder vertrackten Gelehrten, deren letzter der ſchon ins 19. Jahrhundert ragende Beireis iſt. Eine E. T. A. Hoffmannſche Figur! Taubmanniana gingen durch alle Stammbücher des 17. und 18. Jahrhunderts.

— — Daſſelbe 1707.

Taubmanniana Oder Des Sinnreichen Poetens Friederich Taubmanns Nachdenckliches Leben scharffsinnige Sprüche Kluge Hof- und schertzhaffte Studenten-Reden wie auch Dessen Denckwürdige Gedichte artige Begebenheiten Und was dem allen gleichförmig. Berlin, Bey Christoph Gottlieb Nicolai, 1737.

Taubmanniana Oder des Sinnreichen Poetens Friederich Taubmanns Nachdenckliches Leben Scharffsinnige Sprüche Kluge Hof- und schertzhaffte Studenten-Reden wie auch Dessen Denckwürdige Gedichte artige Begebenheiten ... Berlin, Bey Christoph Gottlieb Nicolai. 1746.

**Taubmann**, Hermann, pract. Arzt. Aus d. königl. Universitäts-Augenklinik zu Königsberg i. Pr. Ein Fall von Lymphosarcom der Lider mit epidermidaler Metaplasie des Conjunctivalepithels. *Königsberg i. Pr. 1899: H. Jaeger.* (27 S.) 8°
Königsberg, Med. Diss. v. 29. Juli 1899

**Taubmann, Hermann**, aus Moskau, Russland: Ueber Morbus Basedowii im Kindesalter. Basel 1907. 31 S. 8°.
Basel. Med. Diss. 1906/1907.

Taubmann, Hermann. Ueber Morbus Basedowii im Kindesalter. Diss. Med. Basel. 31 S. 8. Basel, J. Kohlhepp, 1907.

† **Taubmann, Jos. Alfr.** [Alfr. v. Schlitzenau], Märchen und Sagen aus Nordböhmen. Aus dem Volksmunde gesammelt. gr. 8. (VII, 86 S.) Reichenberg 887, Fritsche. *
geb. *

**Taubmann**, Judel, a. Wladislawow ⟨Gouv. Suwalki⟩ in Russisch-Polen: Icterus im Frühstadium der Syphilis. Berlin (1907): G. Schade. (30 S.) 8°
Berlin, Med. Fak., Ref. Kraus, Diss. v. 14. Aug. 1907
[Geb. 21. Aug. 79 Wladislawow, Rußland; Wohnort: Wladislawow; Staatsangeb.: Rußland; Vorbildung: Gymn. Suwalki Reife M. 99; Studium: Warschau 10, Berlin 6 S.; Rig. 10. Aug. 07.]

Eine deutsche Messe. Für 4 Solostimmen, gemischten u. Doppelchor, Knabenchor, Orchester u. Orgel über der heiligen Schrift entnommene Textworte, mit Benutzung einiger deutschen Kirchenlieder... komp. von Otto **Taubmann**. [Textbuch.] Leipzig: Breitkopf & Härtel [1899]. 8 S. 8°
(Breitkopf & Härtels Musikbücher. Abt. I. Nr 264.) (09. 8396

**Taubmanns Leben, Anekdoten, witzige Einfälle u. Sittensprüche, neu erzählt von Simon v. Cyrene.** Mit Kpf. 8. Leipz. 797. N. A. 816. (W. Nauck). 8 gl.

**Taubmann's Leben, Anecdoten u. witzige Einfälle.** 8. Leipz. Sommer. 816. 1/4 Rthlr.

**Taubner,** (Car. Ludov.) Armin. (geb. Klein-Mehssow bei Calau 4. 12. 1821): De encephalomalacia. Berolini (1844). (30 S.) 8°
Berlin, Med. Diss. v. 5. Okt. 1844

Taubner, Carl Ludwig Armin, s. Taubner, Armin

Taubner, Georg Christian (Neuhaus/Spreew.)
A. S. 1368/47

De vortice Tiffendorfiano. Präs. Jo. Heinrich Winkler. Leipzig (Breitkopf) 28. X. 1739. 48 S. 34186

**Taubner,** Herm. (geb. Luckau 23. 11. 1853): Ueber den Ersatz der animalischen Nahrung in belagerten Festungen. Berlin (1876). (31 S.) 8°
Berlin, Med. Diss. v. 8. März 1876

Taubner, Johann Karl Friedrich

Von der Hochzeitsfeyer bey den alten Griechen und Römern.... (von *Joh. Carl Friedr. Taubner*). Dresden 1794.
Anon.-Lex. IV. p. 346 (nach Meusel).

**Taubner, Jh. Karl Fr.,** Paradoxien aus dem Gebiete des protestant. Kirchenrechts u. der protestant. Kirchenlehren. 8. Berl. 818. Albanus. 18 gl.

**Taubner, J. C. F.: Paradoxien ans d. Gebiete d. protest. Kirchenrechts u. d. protest. Kirchenlehren.** *Berlin.* **Maurer. 818. 8. (18 Gr.)**

**— de praestantia amicitiae diss. gratulat. 8. Annab. 813.**

— Regeln der Lebensweisheit, aus dem Gesichtspunkte der Religion betrachtet ꝛc. 8. Leipz. 810. (Schönian in Elberf.) 21 gl.

— — Regeln der Lebensweisheit aus dem Gesichtspunkte der Religion betrachtet ꝛc. 8. Leipzig. 810. Ist Verl. von Büschler in Elberfeld.

Taubner, Karl Ludwig Armin, s. Taubner, Armin

**Taubner, Kurt,** Sprachwurzel — Bildungsgesetz u. harmonische Weltanschauung. (36 S.) 8. Berlin 905. W. H. Kühl. n. 1. 20

**Taubner, Otto, der Kaplan zu Burgstein.** Ora pro nobis! Ein Sang aus Vogtlands Vergangenheit, zur 500. Jährg. der Burgsteiner Kirchweihe den heimatsinn. Landsleuten zugeeignet. (31 S. m. Titelbild.) 8. Netzschkau 910. A. Stein. — 40

**Taubner,** Otto Armin. Rob. (geb. Kleinmehsow bei Calau 23. 8. 1818): De keratitide. Berolini (1840). (31 S.) 8°
Berlin, Med. Diss. v. 12. Sept. 1840

**Taubner**, T. C. Diss. de morbis generalioribus ex usitatissimis potulentis. 4° Hal. 1774

**Taubner, Woldem.,** Zwergkönig Hübig. Kinder-Festspiel. 8. Aufl. (30 S.) 8. Freiberg (904). H. Sander. — 25

— **der Jahreslauf.** Kinder-Festspiel. 3. Aufl. (30 S.) 8. Ebd. (904). — 25

**Taubner, Wold.,** e. **Weihnachtsmärchen.** Weihnachts-Festsp. f. Volksschulen. 8. (16 S.) Freiberg 896. H. Sander. n. — 20

— **ein Weihnachtsmärchen.** Weihnachtsfestspiel f. Volksschulen. 4. Aufl. (16 S.) 8. Ebd. (904). — 20

Taubold, J., Geschichtsrepetition, s. Heckenhayn, F. Th.

**Taubstumme, der; Lstspl. (von Ant. Chr. Hunnius). 8. Schwerin 791. (Andrä in Leipz.) 5 gl.**

Taubstumme, der. Lustsp. 8. Wismar, Bodner. 791.

TAUBSTUMME. Über –. Eine Einladungsschrift zur öffentlichen Prüfung der Taubstummen ... Seizer, Wien 1795. 1 vol. 12 S.

— der; od. d. Abbé de l'Epée. Histor. Drama in 5 A. von Bouilly, a. d. Franz. v. A. v. Kotzebue. 8. Leipz. Kummer. 800.

**Taubstummen-Courier.** Hrsg. u. Red.: J. Haas. 1. Jahrg. 1885. 12 Nrn. ($1^1/_2$ B.) 4. Wien 885. Administration. n. 4. —

Taubstummen-Courier. Herausg. u. Red. J. Haas und Bernh. Brik. II. Jahrg. 1886. 12 Nrn. 4°. Wien, Administration. fl. 2. –, halbjährlich fl. 1.—, Nummer apart fl. —.20

**Taubstummen-Erziehungsanstalt, die, in Frankfurt a. M.** Nach den Akten dargestellt. Frankfurt a. M. 862. (Küchler.) gr. 8. (32 S.) 6 *ngr.*

Taubstummenfreund, der. Hrsgbr.: J. Zurlinden. 2. und 3. Jahrg. 1869 und 1870. à Jahrg. 12 Nrn. (à ½ Bog.) 8. Bern, (Mann und Baeschlin.) à Jahrg. *

Taubstummenfreund, der. Redig. von Ed. Fürstenberg. 7. und 8. Jahrg. 1878 und 1879. à Jahrg. 24 Nrn. (à ¼—½ Bog.) gr. 4. Berlin, (Schleiermacher.) à Jahrg. *

**Taubstummenfreund,** der. Hrsg. v. Paul Fürstenberg. 19. Jahrg. 1890. 52 Nrn. (½ B.) gr. 4. Stralsund, (Meincke). n.n. 3. —

**Taubstummenfreund,** der. Hrsg. v. Paul Fürstenberg. 20.—23. Jahrg. 1891—1894. à 52 Nrn. (½ Bog.) gr. 4. Berlin (Stralsund, C. Meincke.) à Jahrg. n.n. 3. —

**Taubstummenfreund,** der. Im Auftr. d. Zentral-Vereins f. d. Wohl d. Taubstummen hrsg. v. Frau Anna Schenck geb. Fürstenberg. 24.—27. Jahrg. 1895—1898. à 48 Nrn. (à ca. 6 S.) gr. 4. Berlin. (Stralsund, C. Meincke.) à Jahrg. n.n. 3. —

**Taubstummenfreund,** der. Organ des Central-Vereins f. das Wohl der Taubstummen in Berlin u. des Central-Verbandes f. die Wohlfahrt u. die Interessen der Taubstummen Deutschlands, hrsg. u. red. v. Frau Anna Schenck geb. Fürstenberg. 28.—31. Jahrg. 1899—1902. à 24 Nrn. gr. 4. (à ca. 4 S.) Berlin. (Stralsund, C. Meincke.) à Jahrg. n.n. 3. —

**Taubstummenfreund, der.** Organ des Zentral-Vereins f. das Wohl der Taubstummen in Berlin u. des Zentral-Verbandes f. die Wohlfahrt u. die Interessen der Taubstummen Deutschlands, hrsg. u. red. v. Frau Anna Schenck geb. Fürstenberg. 34. Jahrg. 1905. 24 Nrn. (à ca. 4 S.) gr. 4. Berlin (Elisabethstr. 46a), Frau A. Schenck. n.n. 3. —

Der Taubstummenfreund. Eine Auswahl von Gedichten und Aufsätzen für und von Taubstummen und ihren Freunden. Hrsgg. von einem Taubstummen. Eigenthum v. A. Schönberger. Borna. 1879. 8°

**Taubstummen-Führer, der.** Kathol. Blätter zur Erbaug., Belehrg. u. Unterhaltg. f. erwachs. Taubstumme. Unter Mitwirkg. v. Taubstummen u. Freunden derselben. Hrsg. v. J. Huschens u. Paul Röntgen. 1. Jahrg. Novbr.—Dezbr. 1896. 4 Nrn. (Bog. m. Bild.) 8. Trier, Paulinus-Druckerei. n. — 40

— dasselbe. 2. u. 3. Jahrg. 1897—1898. à 24 Nrn. (Bog. m. Bild.) 8. Ebd. à Jahrg. n. 2. —
Kann auch halbjährlich bezogen werden.

**Taubstummen-Führer, der.** Kathol. Blätter zur Erbaug., Belehrg. u. Unterhaltg. f. erwachsene Taubstumme. Unter Mitwirkg. v. Taubstummen u. Freunden derselben hrsg. v. J. Huschens u. Paul Röntgen. 4. u. 5. Jahrg. 1899 u. 1900. à 24 Nrn. gr. 4. (à ca. 4 S. m. Abbildgn.) Trier, Paulinus-Druckerei. à Jahrg. n. 2. —

— dasselbe. 6. u. 7. Jahrg. 1901 u. 1902. à 24 Nrn. gr. 4. (à ca. 4 S. m. Abb.) Ebd. à Jahrg. n. 3. —

**Taubstummen-Führer, der.** Katholische Blätter zur Erbaug., Belehrg. u. Unterhaltg. f. erwachsene Taubstumme. Organ mehrerer kathol. Taubstummen-Vereine. Unter ständ. Mitwirkg. zahlreicher gebildeten Taubstummen, Anstalts-Direktoren u. -Lehrer hrsg. v. J. Huschens. 8—11. Jahrg. 1903—1906. à 24 Nrn. (IV, 110; IV, 102; IV, 192 u. IV, 192 S. m. Abbildgn.) gr. 4. Trier, Paulinus-Druckerei. à Jahrg. n. 3. —

**Taubstummen-Führer.** Katholische Blätter zur Erbaug., Belehrung u. Unterhaltg. f. erwachsene Taubstumme. Organ mehrerer kathol. Taubstummen-Vereine. Unter ständ. Mitwirkg. zahlreicher gebildeten Taubstummen, Anstalts-Direktoren u. -Lehrer hrsg. v. J. Huschens. 12.—15. Jahrg. 1907—1910. à 24 Nrn. (à Jahrg. 192 S.) Lex. 8. Trier, Paulinus-Druckerei. à Jahrg. 3. —

Taubstummen-Kalender, deutscher, für die J. 1887—1889. Hrsg. von F. W. Reuschert. 16. (IV, 244; V, 238 S. mit je 1 Karte; V, 302 S.) Langensalza, Beyer und Söhne. geb. à Jahrg. *

**Taubstummen-Kalender, deutscher,** auf d. J. 1909. Hrsg. v. Max Härdtner. (159 S. m. Abbildgn.) kl. 8. Leipzig-R. (H. Dude). Geb. in Leinw. 1. —

Taubstummenkalender. Schweizerischer T'-K' auf das Jahr 1909. Hrg. von Max Härdtner, Dunningen (Württemberg), unter Mitwirkung von Eugen Sutermeister.... [Jahrg. 1. Illustriert.] 159 [+22 leere] S. 8. Münchenbuchsee bei Bern, Verlag E' S', Druck von Staub & Co., Hamburg. [geb. fr. —. 80]

**Taubstummen-Post.** Hrsg.: Peter Atyimovits. Red.: Bernh. Brill. 1. Jahrg. Juli 1878 — Juni 1879. 12 Nrn. ($1^1/_2$ B. m. eingedr. Holzschn.) gr. 4. Budapest, (Tottoy & Co.). n. 6. —

**Taubstummenschule, Die,** zu Dresden . . . Dresden 1831. V: *Zahn, Franz Ludwig.* (Ky)

**Taubstummenschule, die, zu Dresden.** Ein Wort zum Besten der Taubstummen in Königr. Sachsen. (Vom Seminar-Dir. Zahn.) Mit 1 Steindr. gr. 8. Dresd. 831. (Walther). 8 gl.

**Taubstummen-Zeitung, schweizerische.** Red.: Eug. Sutermeister. 1.—4. Jahrg. 1907—1910. à 24 Nrn. (300, 288, 300 u. 198 S. m. Abbildgn.) gr. 8. Bern (Falkenplatz 16), E. Sutermeister. à Jahrg. 3. —
Von 1912 an Verlag d. Schweizer. Fürsorgevereins f. Taubstumme, Zentralbureau Bern.

**Taucher, der.** Romant. Oper in 2 Aufz. 8. Wien 824. Wallishausser. 6 gl.

**Taucher, der.** Frei nach Schiller besungen u. illustr. v. zwei lust. Studenten. gr. 8. (16 S.) Leipzig 894. Verlag der Akadem. Buchh. (W. Faber). n. 1. —

Taucher, Georg David (Berlin) A. S. 264/24

Dissertatio iuridica de iure custodiendi reditus vacantis beneficii. Präs. Justus Henning Boehmer. Halle (Grunert) 22. XII. 1742. 68 S.

Gew.: Georg Dittlof Fhr. von Arnim.
W. v.: L. G. v. Katt, August Stürtz, S. H. A. Fuchs.
34187

**Taucher,** Karl, aus Nürnberg, Rechtspraktikant am kgl. Amtsgericht zu Nürnberg: Die Pflicht zur Abtretung der Ersatzansprüche nach § 255 des B.G.-B. unter Berücksichtigung des gemeinen Rechtes. *Nürnberg 1904: G. Heydolph.* (64 S.) 8°
Erlangen, Jur. Diss. v. 26. Febr. 1904

Taucher, Konr., Handbuch der Galvanoplastik oder der elektrochemischen Metallüberziehung in allen ihren Anwendungsarten, mit besond. chem. Abhandlungen und Notizen über galvan. Vergolden, Versilbern, Vernickeln, Platinieren, Verkupfern, Vermessingen, Verstählen, Verzinnen, Bronzieren und Färben der verschiedensten Metalle rc. Neu bearb. nach dem heut. Standpunkt der Technik. 4. Aufl. des Roseleur-Kaselowsky'schen Handbuches. gr. 8. (VI, 288 S. mit 33 in den Text gedr. Holzschn.) Stuttgart 887, Rieger'sche Verlagsh. *
geb. *

**Taucher, Konr.,** Handbuch der Galvanoplastik od. der elektrochemischen Metallüberziehung in allen ihren Anwendungsarten. Mit e. ausführl. Abhandlg. üb. das Aluminium, seine Eigenschaften u. alle seine Anwendungsarten. Neu bearb. nach dem heut. Standpunkt der Technik. 6. Aufl. d. Roseleur-Kaselowsky'schen Handbuches. gr. 8. (XVI, 320 S. m. 29 Holzschn.) Stuttgart 893. Frankfurt a/M., Rieger Nachf. n. 5. —; geb. n. 6. —

**Taucher, Konr.,** Handbuch der Galvanoplastik od. der elektrochem. Metallüberziehg. in allen ihren Anwendungsarten. Mit e. ausführl. Abhandlg. üb. das Aluminium, seine Eigenschaften u. alle seine Anwendungsarten. Neu bearb. nach dem heut. Standpunkt der Technik. 6. Aufl. des Roseleur-Kaselowskyschen Handbuches. gr. 8. (XXIII, 349 S. m. 38 Holzschn. u. 1 Bildnis.) Frankfurt a/M. 900. H. Keller. n. 5. —; geb. n. 6. —

**Tauchert,** Christianus Ferdinandus: Exercitatio de clausula codicillari Halae [1825]: Schimmelpfennig. 23 S. 8° (4°)
Halle-Wittenberg, Jur. Diss. v. [1825]
Geb. [Merseburg 19. 1. 1801]

**Tauchert,** Fritz, approb. Tierarzt aus Pasewalk i. Pomm.: Aus d. chirurg. Veterinärklinik d. Universität Gießen. Das perforierende Brennen bei Spat. *Pasewalk 1903: H. Gnadig.* (32 S.) 8° [F.]
Gießen, Veterinär-med. Diss. v. 1903

**Tauchmann,** Karl, das kaiserl. Lustschloss Schönbrunn, s.a. Lichtbildervortrag Nr. 11.

Tauchmann, K.: Das kaiserliche Lustschloß Schönbrunn. [Lichtbildervortrag Nr. 11.] (14 S.) 8°
Wien: A. Pichler 1907.

(**Tauchnitz,** Frh. von:) Fünfzig Jahre der Verlagshandlung Bernhard Tauchnitz. 1837–1887. Leipzig: Selbstverl. 1887. 344 S. 8°

Tauchnitz, s. Students' Tauchnitz edition.

**Tauchnitz,** Osc., die Buchführung f. Architekten. Ein Lehrbuch in leichtfaßl. Darstellg., zum Selbstunterricht f. selbständ. Architekten bearb. 8. (102 S.) Leipzig (901). Eisenschmidt & Schulze. Geb. in Leinw. n. 1. 60

Tauchnitz, Theod., Archiv für deutsches Wechselrecht, s. Archiv.

Tauchnitz, Dr. Theodor, in Leipzig. Die politische Organisation und die Einheit Teutschlands. (Besonderer Abdruck aus den neuen Jahrbüchern für Geschichte und Politik von Friedrich Bülau, Jahrg. 1848, Bd. II., S. 78 ff.) Leipzig, J. G. F. Höhm, 1848. II, 8 S. 8°.

**Tauchnitz,** Thdr., s. Zeitschrift für Rechtspflege.

**Tauchnitz-Edition** s.: Collection of British authors.

—— Magazine, the. An English monthly miscellany for continental readers. 1. u. 2. Jahrg. August 1891 — Juli 1893. à Jahrg. 12 Nrn. gr. 8. (à Nr. 80 S.) Lpz., B. Tauchnitz. à Nr. • — 50

Taubel und zaudelhaftiger Spinnrocken. Zippelzerbst s. a. 4.

Tauer'sche Leihbibliothek. Verzeichniß der neu hinzugekommenen Werke. Neue Folge, dritte Abtheilung. 1853 und 1854. Wien. Gedr. bei Anton Pichlers Witwe & Sohn. (31 S. 8.) Hiezu noch ein Nachtrag vom Jahre 1854 und 1855. (20 S. 8.) Gedr. bei A. Pichlers Witwe & Sohn.

Tauer'sche Leihbibliothek. 1855. Verzeichniß der neu hinzugekommenen Werke. Neue Folge, vierte Abtheilung. Wien. Gedruckt bei A. Pichler's Witwe und Sohn. (8 S. 8.)

**Leihbibliothek, Tauersche — Verzeichniß der neu hinzugekommenen Werke. Neue Folge, 5. Abtheil. 1856. Wien. Gedr. bei A. Pichlers Witwe und Sohn. (34 S. 8.)**

**Tauer,** F. G., derr ohlde Mansfäller, s.: Giebelhausen, F.

Tauer, F. G., und F. Giebelhausen, derr ohle Mansfäller, s. Giebelhausen, F.

Tauer, F. G., Weihestunden. Auswahl christlicher Dichtungen. 8. (VIII und 140 S.) Halle 855, Anton.

Tauerlinsky, Hippolyt (Red.), s. Blätter des Vereins für Landeskunde von Niederösterreich.

Tauern [Sachliches OW]

**Tauern, Die.** Vortrag in den Sitzungen der Gesellschaft für salzburger Landeskunde . . . 1866. [Salzburg 1867]. V: *Prinzinger, August.* (EB)

Die Hohen **Tauern.** 2. Aufl. Maßst. 1 : 250.000.) [Nebst] Panorama von d. Schmittenhöhe. (Wien) A. Hartleben [1906]; Kartogr. Anst. G. Freytag & Berndt. (1 Kartenbl. 38×27 cm, 1 Bl.) 8° [Fußt. lith.] [kol.] [Umschlagt.:] Karte d. Hohen Tauern. 2. Aufl. [illegible] 14535

Tauern [Schlagwort

**Tauern,** s. a. Alpen. Ravenstein, Ludw.

**Tauern, Hohe,** s. a. Hohe Tauern.

**Tauern,** s. a. Salzkammergut.

Tauern, Karte der Hohen, entworfen und gezeichnet von Karl Edl. von Sonklar, k. k. Oberst. Wien, Beck'sche Univ.-Buchhandlung (Alfred Hölder). 1867. Carton. 2 fl.

Tauern [Verfasser]

**Tauern, Odo D[eodatus]:** Über das Auftreten des Kerrphänomens in Gläsern. Freiburg i. B.: Speyer & Kaerner 1909. 45 S. 8°
Freiburg i. B., Phil. Diss. v. 1909, Ref. Himstedt
[Geb. 14. Nov. 85 New York; Staatsangeh.: Preußen; Vorbildung: Humboldt-Gymn. Berlin Reife M. 03; Studium: Berlin 2, Kiel 1, Berlin 1, Freiburg i. B. 5 S.; Rig. 18. März 09.] [U 09. 1050

Tauernbahn [Sachliches OW]

**Tauernbahn,** die. Staatsbahnlinie Schwarzach-St. Veit—Spittal-Millstättersee. Hrsg. v. k. k. Eisenbahn-Ministerium Wien. (44 S. m. Abbild. u. 1 eingedr. Kartenskizze.) kl. 8. Wien (909). (R. Lechner's Sort.) — 20

Tauernbahn [Schlagwort]

**Tauernbahn.** Brunn's Karte: Die Tauernbahn, Karawanken- u. Wocheiner-Bahn m. direkter Fortsetzung nach Triest, westl. das Alpengebiet bis zur Brennerbahn. 1 : 600,000. 60×51 cm. Farbdr. München (909). O. Brunn. 1. 50

— Freytag's, Gust., Übersichtskarte der neuen Tauernbahn. 1 : 250,000. 34×28,5 cm. Farbdr. Wien (909). G. Freytag & Berndt. — 30

**Tauerschmidt,** J. C., von den Segnungen, welche der Geist Gottes durch das Christenth. über die Völker verbreitet hat. gr. 8. Leipz. 803. Göthe. 3 gr

**Tauet,** Himmel, den Gerechten. Adventsbüchlein zur Vorbereitg. auf das hohe Weihnachtsfest, besonders f. die letzten 8 Tage vor demselben. In neuer Bearbeitg. nach e. alten Büchlein „Die 7 O-Antiphonen". (Von e. Ordenspriester [Ludw. Soengen, S. J.]) (160 S. m. Abb. u. farb. Titelbild.) 16. M. Gladbach (906). B. Kühlen. — 40; geb. in Leinw. — 60

Tauf-, Confirmations- u. Abendmahls-Buch, s. Geistesblüthen.

**Tauf-Confirmations- und Abendmahls-Buch, Neues kleines,** Einbeck 1834. H: *Brose, Wilhelm Daniel.* (zu) (Ky)

Taufbüchlein, s. Schultze, J. Heinr.

Taufbüchlein zum Andenken an die heilige Taufe. gr. 16. Leipzig 879, Garte. geb. *

**Tauf-Büchlein,** zum Andenken an die heilige Taufe. gr. 16. (32 S. m. 1 Chromolith.) Leipzig 879. Krätzschmer Nachf. geb. m. Goldschn. n. 1. 20

Taufbüchlein. Das Berner T' von 1528. Nach dem einzig erhaltenen Exemplar der Berner Stadtbibliothek hrg. von Dr. Ad[olf] Fluri. [Mit Titelvignette.] 25 S. 8. Bern, Gedruckt bei Stämpfli & Cie., Komm. E. Baumgart, 1904. [fr. —. 80]

— u. Buch der Kindheit. Ein Weihegeschen' zum Tauf- oder Geburtstage. 16. (30 S. m. 2 Chromolith.) Leipzig 878. (Oehmigke.) geb. in Leinw. m. Goldschn. n. 1. —; in Ldr. n. 1. 30; in Seide n. 2. —

Tauf-Bundes-Erneuerung, die, junger Christen an heil. Stätte. Predigten, Einsegnungs-Reden u Confirmations-Handlungen; nebst e. Auswahl v. Confirmations-Liedern u. Denk-Sprüchen. 8. (30 B.) Stuttgart 831, Steinkopf. Thlr.

TAUFE. Verlobnisses-Wiederholung in Gestalt eines Gesprächs: In Gestalt eines Gebetes. Pest 1786. Gedr. mit Trattner'schen Schriften. 8 S. - 8°
- Dass. Pest 1787. Gedr. mit Landerischen Schriften. 8 S. - kl. 8°

— über die, e. freimüth. Untersuchung, veranlaßt durch Vorgänge des Zeitalters, (von Chr. F. Sintenis). 8. Leipz. 804. Gr. Fleischer. 1 ß

**Taufe, Die,** der Christen, ein ehrwürdiger Gebrauch und kein Gesetz Christi. Berl. u. Leipz. 1774. V: *Reiche, Carl Christoph.* (Winer)

Taufe, die, der Christen, ehrwürd. Gebrauch u. kein Gesetz Christl. gr. 8. Berl. 774. Decker. 8 gr

**Taufe, Die,** der Christen, doch ein Gesetz oder Verordnung Christi und kein ehrwürdiger Gebrauch. Frankfurt u. Leipzig [Breslau] 1774. V: *Hensel, Daniel Gottlieb.* (ML) »1775« (Ky)

— die, der Christen, doch ein Gesetz od. Verordnung Christi u. kein blos ehrwürd. Gebrauch, (v. Dn. Gf. Hensel). 8. (Bresl.) 775. W. G. Korn. 6 gr

— die, der Christen, ein herrl. Gnadenmittel. 8. Coburg 804. (Riemann). 8 gr

**Taufe,** geistige, in Sion. 16. (162 S.) Düsseldorf 881. Mischel. n. 1. 20; geb. n. 1. 60

**Taufe,** die heilige. Erklärung des 9. Artikels der Augsburger Confession. Dillenburg 853. Jacobi. 8. (32 S.) n. 4 ngr.

**Taufe,** die heilige, u. das heil. Abendmahl. Ein Wort zur Erinnerung an die Confirmation f. junge Christen. Von einem zürcher. Geistlichen. 8. (32 S. m. 2 Holzschn.) Schaffhausen 851, Schalch. n. 1/12 ß

**Taufe,** die heilige, als ein neutestamentliches Gnadengut des Volkes Gottes. Evangelisch-biblisch erklärt von einem Nicht-Theologen. Elberfeld 862. Hassel's Sortbdlg. in Comm. 12. (26 S.) n. 2 ngr.

**Taufe, die heilige, nach Schrift u. Tradition.** Aus dem Engl. übertr. durch Heinr. W. J. Thiersch. gr. 8. (VIII, 160 S.) Basel 875. Schneider. n. 2. 40

Taufe, die, am Jordan, aus d. 2ten Jahrh. d. christlichen Kirche. (v. Fr. Strauß.) 8. Elberfeld, Büschler. 821.

**Taufe, Die,** im Jordan. . . . Elberfeld 1822. V: *Strauss, Gerhard Friedrich Albrecht (Abraham).* (Winer) (Koner) (ADB)

Ueber die **Taufe** des Königs Harald Klacks und den Anfang der Predigt des Christenthums durch Anscharius. Schleswig. 1826. 8°.

**Taufe,** Krankenhülfe und Ehe, nach der Ordnung des Regensburger Diöcesan-Rituals ... Straubing 1810. V: *Gresböck, Sebast. Vinc.* (Ky)

— Krankenhülfe u. Ehe, nach der Ordnung des Regensburger Diöcesan-Rituals rc., (v. S. V. Gresböck). gr. 8. Straubing. 810. Heigl; (a. Wienbrack in Leipz.) 8 gr

**Taufe, Die Seligmachende,** als ein Bund eines guten Gewissens mit Gott ... O. O. 1733. V: *Titius, Zach.* (GGr)

— die, die Trauung u. das Begräbnis nach der neuen evangelischen Agende für das Herzogthum Anhalt. Ein Wort an die Gemeinden. gr. 8. (23 S.) Leipzig 882. Opetz. n. — 50

Die evangelischen **Taufen** und Trauungen in den Kreisen, Regierungs- bezw. Landdrostei-Bezirken und Provinzen des preussischen Staates während der Jahre 1876 1880. (Berlin. 1882.) Siehe in: Zeitschrift des Königlich Preussischen Statistischen Bureaus. Jg. 22.

**Taufer, Josef,** k. k. Bezirkstierarzt in Wal.-Meseritsch (Mähren): Aus dem Institute für Seuchenlehre der k. k. böhmischen Universität in Prag. Vorstand: Professor Dr. Theodor Kasparek. Beiträge zur Kenntnis der hämorrhagischen Septikämie der Haustiere auf Grund eigener Beobachtungen und Untersuchungen. [Mit 2 Tafeln.] Berlin 1904. 127 S 8°. Erschienen in den Fortschritten der Veterinär-Hygiene. Jg. 2, 1904. [23. X. 03.]
Bern. Vet.-med. Diss. 1904/1905

Taufer, Josef. Beiträge zur Kenntnis der haemorrhagischen Septikaemie der Haustiere auf Grund eigener Beobachtungen u. Untersuchungen. Diss. Vet.-Med. Bern. [Mit 2 Tafeln.] (Erschienen in den Fortschritten der Veterinär-Hygiene. Jg. [2,] 1904. Heft 6. u. 7.) *Kopftitel:* Aus dem Institute für Seuchenlehre der k. k. böhmischen Universität in Prag, Vorstand: Professor Dr. Theodor Kašparek. 127 S. 8. (Berlin, [L. Marcus, 1904].)

TAUFERER, FRANZ SALES: Rede auf die feyerliche Einweihung der Pfarrkirche zu Pinkafeld in Hungarn. Durch seine hochbischöfliche Gnaden den Hochwürdigsten, hoch- und wohlgebornen Herrn Herrn Johann Szily von Ober-Szopor, Bischofen zu Stein-am-anger . . . so vorgetragen H. H. Franz Sales Freiherr von Tauferer Lateranensischer Abbt und . . . des . . . Stiftes der Regul. Chorherrn des heil. Augustin Infulirter Propst in Vorau. Wien 1786: Schmidtische Schriften. 15, 1 S. - 170 mm

Taufers [Sachliches OW]

**Taufers** im Pusterthale. Führer ... Bruneck 1874. V: *Daimer, Josef.* (Margr)

Taufers [Schlagwort]

**Taufers.** Daimer, Jos., Umgebung v. Taufers im Pusterthale. 1 : 25,000. 38,5×50 cm. Farbdr. Wien 902. A. Hölder. n. — 60

**Tauffenberg**, M. Fr. Wilh. Chp. (Informator in Orientalibus zu Halberst.), formula juramenti Judaeorum od. der *Juden Eyd*, darinn die bisherige Art gegen die Christen zu schwören als falsch verworffen, u. dagegen eine andere Art gezeiget worden, dass ein Jude schuldig gegen die Christen eben so, wie gegen einen andern Juden zu schwören . . . ., nebst e. *Anhange* von unterschiedl. *Missbräuchen der Juden*, so sie gegen die Christen täglich . . . . ausüben . . . .: anjetzo mit e. *Zugabe* von dem greulichen *Wucher der Juden* vermehret. Giessen u. Franckfurt, gedr. u. verlegt bey Eberh. Heinr. Lammers. 1729. 4°. Cart.
56 S. — Selten!

**Tauffer**, Emil, Beiträge zur neuesten Geschichte d. Gefängnißwesens in den europäischen Staaten [1883—1884]. [Zur Orientirg. f. den internationalen Gefängnißkongreß.] gr. 8. (104 S.) Stuttgart 885. Enke. n. 3. —

**Tauffer**, Emil, s.: Beiträge zur Geschwulstlehre.

— die Erfolge d. progressiven Strafvollzuges u. der eigenen Staatsregie in der königl. kroatischen Landesstrafanstalt zu Lepoglava. gr. 8. (IX, 155 S.) Berlin 883. Puttkammer & Mühlbrecht. n. 5. —

**Tauffer**, Emil, der kroatische Strafgesetzentwurf im Vergleiche mit den Bestimmungen des neuen ungarischen Strafgesetzes u. des österreichischen Strafgesetzentwurfes. gr. 8. (86 S.) Wien 880. Manz. n. 1. 60

— gesammelte Wohlmeinungen über den kroatischen Strafgesetzentwurf, abgegeben von E. Brusa, Fr. O. v. Schwarze, J. Ružič, Em. Ullmann, vom Professoren-Collegium der juridischen Facultät der königlichen Universität zu Agram u. von mehreren anderen Fachgelehrten. [Sammt deutscher Uebersetzung des kroat. Gesetzentwurfes.] Besprochen. gr. 8. (XIII, 280 S.) Wien 882. Faesy. n. 6. —

**Tauffer**, Vilmos, s.: Abhandlungen aus dem Gebiete d. Geburtshilfe u. Gynaekologie.

**Täuffer**, Eugenie, Erzählungen. 8. (11½ B.) Neuhaldensleben 838, Eyraud.

Navigations - Charte der Donau, 6 Blatt vom Freyherrn von *Tauffrer*; gestochen von Mansfeld. Wien, bey Kurzbeck. 1789.

**Tauffest**, das, Ihrer herzogl. Durchlaucht der Prinzessin Auguste Luise Adelheid Caroline Ida zu Sachsen-Meiningen u. Hildburghausen. Erinnerungsblätter. gr. 8. Meiningen 843. (Keyssner'sche Hofbuchh.) n. 1/6 ℛ

**Tauffeste**, zwei, auf den Blauen Bergen in Indien. 8. (16 S.) Basel 889. Missionsbuchhandlg. n. — 10

**Tauffkirchen**, Karl Graf (k. Stadtrichter), Geschäftsgang u. Verfahren in Uebertretungssachen. (Sep.-Abdr.) Erlangen 1865. 8°. 25 S. Cart.

**Tauffkirchen**, Carl Graf, das bayerische Polizeistrafgesetz und seine Gegner. 2., verm. Aufl. Lex.-8. (51 S.) München 867, Literarisch-artistische Anstalt. *

Tauffkirchen-Englburg, Fanny Gräfin

**Tauffkirchen-Englburg**, Gräfin, die Schwärmerin. Erzählung. gr. 12. Leipzig 846, Brockhaus. 1 ℛ 12 ngl

**Tauffkirchen-Englburg**, Gräfin Fanny, geb. Freiin v. Seefried, die Schwestern v. Savoyen. 12. (VI u. 354 S.) Leipzig 847, Brockhaus. 1½ ℛ

**v. Tauffkirchen-Kleeberg**, Graf, Rede, gehalten in der öffentl. Sitzung am 25. Juli 1828, das Militär-Budget des Königr. Baiern für das J. 18 34/35 betreff. (Von den Schnellschreibern aufgenommen). gr. 8. Münch. 828. Finsterlin. 6 gl.

**Taufformular** mit vorangeschickter kurzer Anrede. [Riga 1807.] V: *Seltenreich, Carl Christian.* (MGT)

**Taufformular für die, die es gebrauchen wollen u. dürfen.** 4. Stendal ... Franzen u. Gr. 1 gl

**Taufgnade, herrliche, was sie in sich fasse, in 6 Hauptfragen.** 8. Rostock. 742.

**Taufkirch**, *Heinrich:* Überführung des Antipyrins in das β-Methylamidokrotonsäureanilid. E. Beitr. z. Konstitutionsfrage des Antipyrins ... Jena, Druck v. A. Kämpfe, 1893; 32 S., 1 Bl. 8.
Jena, Phil. Fak., Inaug.-Diss. v. 1893

**Taufkirchen, Graf Guido von,** oder Darstellung des zu Jena aufgehobenen Mosellaner-Ordens ... Weissenfels u. Leipzig 1799. V: *Laukhard, Friedrich Christian.* (MD) *Turin, Bhd.* (Erman u. Horn.)

**v. Taufkirchen**, Graf Guido, od. Darstell. des zu Jena aufgehob. Mosellaner- od. Amicistenordens, in histor., psycholog. u. rechtl. Hinsicht, zur Beherzigung für Staat u. Ordensbrüder. 8. Weißenf. 799. Böse. 1 ℛ 4 gl. Mit n. Titel. Jena 812. Voigt. 18 gl

**Taufliedcr.** 3. Aufl. gr. 8. (8 S.) Dresden 888. (Leipzig, Buchhandlg. d. Vereinshauses.) n.n. — 5

**Taufiieder.** 4. Aufl. 8. (8 S.) Dresden 895. Niederlage z. Verbreitg. christl. Schriften. — 05

Die nestorianische **Taufliturgie** ins Deutsche übers. u. unter Verwertung d. neusten hs. Funde hist.-krit. erforscht von Lic. Dr. G[ustav] Diettrich, Pfarrer zu Berlin. *Giessen: J. Ricker 1903.* (XXXI, 103 S.) 8° [03.6943

**Taufnamen, die, dargestellt nach alphabet. Ordnung u. erklärt durch Schrift u. Bild.** Zur Belehrung u. Anschauung in aufgestellten Vorbildern rc. Eine Bildungsschrift fur deutsche Knaben u. Madchen. Mit 24 illum. Abbildd. gr. 8. Nürnberg ... Renner u. Comp. 1½ ℛ

**Taufnamen, die, u. ihre Deutung.** 2., verb. Abdruck aus d. Buche: Stammbuchsaufsätze aus d. Werken d. vorzügl. Schriftsteller d. Welt. Mit e. Einleit. v. L. Kruse. 16. (2 B.) Hamburg 830, Herold.

**Taufnamen**, 500, ihre Deutung u. Namen-Auslegung nach ihrer Abstammung; nebst Geburtstags-Wünschen. 2. verm. Aufl. 12. Quedlinburg 844, Ernst. 1/6 ℛ

**Taufnamen**, 500, ihre Deutung u. Namen-Auslegung nach ihrer Abstammung. Ein nützliches Buch zur Auswahl schöner u. passend. Taufnamen; nebst Geburtstags-Wünschen. 2. verm. Aufl. 12. (48 S.) Quedlinburg 850, Ernst. 1/6 ℛ

**Taufrath**, Mich., kurze Nachrichten üb. die k. k. evangelisch-theologische Fakultät in Wien nebst Biographien ihrer ehemal. Directoren u. bisher. Professoren, sowie Verzeichniss aller bis jetzt an ihr immatrikulirten Studirenden. 2. verm. Aufl. Hrsg. zum 50 jährigen Jubiläum der Facultät. gr. 8. (52 S.) Wien 871. Braumüller. n. 1. 20

**Taufrede.** [Riga 1816.] V: *Berg, Carl Ernst.* (R-N)

**Taufrede,** bey welcher der Vater des Kindes wegen Amts- und Ortsveränderung nicht gegenwärtig seyn konnte. [Riga 1807.] V: *Seltenreich, Carl Christian.* (MGT)

**Taufrede** am 27. Jun. 1818 gehalten von dem Vater des Täuflings. [Riga 1817.] V: *Müthel, Chn Wilhelm.* (R-N)

Tauffchein, der, Lustspiel in 1 Akt, a. d. Franz. d. Picard v. A. W. Iffland. 8. Berlin, Braunes. 807. (Sommerbrodt.)

**Taufscheine,** 60 evangelische. Hrsg. v. e. evangel. Geistlichen. 4. Güstrow 887. Opitz & Co. n. 2. 50

Taufwunder, das. Dramatisirte Legende aus dem Leben d. Heiligen Odilia. In 3 Akten. kl. 8. (40 S.) Bonn 889, Hauptmann. * — 30

**Taugenichts,** der Kölner. Localposse m. Gesang in 3 Akten u. 6 Bildern. 8. (24 S.) Köln 878. Kreuder. n. — 40

Tauger, Georg
Die Einheit der Hiode.
[Lt. Phil. Dekanatsbuch, S. 138.]
Dr. phil. Giessen 16.9.1827.

Tauget der Freyherr Friedrich von der Trenck noch zur menschlichen Gesellschaft? Beantwortet von Frater Robustus, einem Franziskaner-Laienbruder. 1788. 8. (88 S.)

Taugl, Dr. Michael, Privatdocent an der Universität Wien. Die päpstlichen Kanzleiordnungen von 1200—1500. Gesammelt und herausgegeben. 8. Innsbruck 1894.

**Taugt** der Freyherr Friedrich von der Trenck noch zur menschlichen Gesellschaft? Ulm 1788. V: *Landthaler, Flavian.* (MGT)

**Tauler's, Johann,** Bekehrung. 12. (8 S.) Basel 895. Kober. Für 10 Stück n. — 32

Tauler's, Jh., Bekehrungsgeschichte, (v. K. M. Henning). 8. Dorpat 825.

Tauler, Joh., geistreiche Betrachtungen des Leidens Christi. 8. Hamb. (Lubeck in Bayreuth.) 738.

— Betrachtungen des Leidens u. Sterbens unf. H. Jesu Christi, s. Blosius, Ludw., Schriften, 3. Bdchen.

Tauler, Johs., Betrachtungen über das Leiden und Sterben unsers Herrn und Heilandes Jesu Christi. 8. (302 S.) Berlin 856, W. Schultze.

**Tauler,** Johs., die Ehre des Herrn ist ewig. Erbauliche Stellen. gr. 8. (224 S.) Hamburg 878. Agentur des Rauhen Hauses. n. 2. —; geb. n. 3. —

Thauleri, Johs., de vita et passione Jesu Christi exercitia, s. Bibliotheca, mystica.

**Tauler, Johannes.** Göttlicher Extract ... aus Joh. Tauleri Schriften gezogen. [Nürnberg] 1710. H: *Tennhardt, Joh.* (Hauptkat. d. Univ.-Bibl. Tübingen. G. S. 452.)

Tauler, Johannes, ausgewählte Fasten-Predigten. gr. 8. München 839. (Regensburg, Manz.) n. 5/12 ₰

**Tauler's,** Jh., ausgewählte Fastenpredigten. gr. 8. Regensburg 841, Manz. 1/3 ₰

**Tauler, J.** Helle leuchtender Hertzens- und Andachts-Spiegel. 1700. Amsterdam u. Frankfurt [Jena] 1713. H: *Kaim, P.* (Wr)

— hellleuchtender Herzens- u. Andachtsspiegel, m. K. 8. Jena, Schulze. 713.

—— von dem Leiden uns. Herrn Jesu Christi u. v. neun Felsen od. Ständen e. christl. Lebens. gr. 12. (2½ B.) Sulzbach 837, v. Seidelsche Buchh.

**Tauler,** Joh., s.: Lichtstrahlen aus den Schriften katholischer Mystiker.

— Lieder, s. Lieder u. Sprüche der Minnesänger.

Tauler, Jh., Medulla animae, oder von der Vervollkommenheit aller Tugenden u. sämmtl. Briefe derselben; nach e. latein. Ausg. des L. Surius. Nebst 10 Briefen gleichen Inhalts des heil. Johannes vom Kreuz. Uebersetzt u. bearb. von N. Casseder. gr. 8. Frkf. a. M. 822. Hermann. 1 ₰ 4 ₰ Hbg. Pr. 18 ₰

Tauler, Joh., Medulla animae, oder von der Vollkommenheit aller Tugenden u. sämmtliche Briefe desselben. Nach der latein. Ausg. des L. Surius. Nebst 10 Briefen gleichen Inhalts des heil. Johannes vom Kreuz. Uebers. u. bearb. v. Nikol. Casseder. 2. Aufl. gr. 8. (17¼ B.) Frankfurt a. M. 843, Kettembeil.

— medullae animae od. v. der Vollkommenheit aller Tugenden u. sämmtl. Briefe desselben. Nach der latein. Ausg. d. L. Surius. Nebst 10 Briefen gleichen Inhalts d. heil. Johannes vom Kreuz. Uebersetzt u. bearb. v. Nikol. Casseder. 2. Aufl. gr. 8. (VIII, 268 S.) Prag 872. Tempsky. n. 1. —

—— von der Nachfolge des armen Lebens Jesu Christi. Vollständ. neudeutsche Ausg. 24. (448 S.) Regensburg 855, Manz.

— Nachfolgung des armen Lebens Christi. Neu hrsgg. von N. Casseder. gr. 8. Frkf. a. M. 821. Hermann. 1 ₰ 2e verb. u. vollständ. Aufl. gr. 12. Ebd. 824. 16 ₰ Hbg. Pr. 12 ₰

**Tauler, Johannes.** Die Nachfolgung des armen Lebens Christi. Neu hsg. Frankfurt 1833. H: *Schlosser, Frdr.* (Th)

Tauler, Joh., Nachfolgung d. armen Lebens Christi. 8. (31 B.) Frankfurt a. M. 833, Andreä.

**Tauler's**, Joh., (✝ 1361), Nachfolgung des armen Lebens Christi. (Neue wohlfeile Titel-Ausg.) 8. (506 S.) Constanz (834) 850, Meck. 5/6 ℳ

— Predigten. Nach d. besten Ausg. u. im unveränd. Text in die jetzige Schriftsprache übertragen. 3 Bde. Lex.-8. Frkf. a. M. 826. Hermann. 3 ℳ

**Tauler's**, Joh., Predigten. Nach den besten Ausgaben in die jetzige Schriftsprache übertragen. 2. Aufl. Neue Bearbeitung der Ausg. von 1826 von Jul. Hamberger. 1—4. Liefg. Frankfurt a. M. 864. Hermann'sche Verlagshdlg. Lex.-8. (1 Thl.: X, 336 S.; 2. Thl.: S. 1—240.) Jede Liefg. 18 ngr

—— Predigten. Nach den besten Ausg. in die jetz. Schriftsprache übertragen von Jul. Hamberger. 2. neu bearb. Aufl. gr. 8. (XII, 844 S.) Ebendas. 872. *

Tauler, Joh. Ausgewählte Predigten, s. Predigt, die, der Kirche.

—— XV auserlesene Predigten nebst einzelnen Sätzen. Zur Erbauung f. unsere Zeit hrsg. v. K. L. Kannegießer. 16. (9 B.) Leipzig 845, Hentze.

— geistl. Predigten a. alle Sonn- u. Feyertage. 4. Halle, Waisenh. Buchhdl. 720.

— — dies. 4. Cöln. 720.

Tauler, J. Sämmtliche Predigten in unverändertem Texte ... übertragen ... Frankf. a. M. 1826. H: *Thomas* & *Kloss*. (Th)

—— Predigten auf alle Sonn- u. Festtage im Jahr. Zur Beförder. e. christl. Sinnes u. gottsel. Wandels nach d. Ausgaben v. Joh. Arndt u. Phil. Jac. Spener auf's Neue hrsg. v. Ed. Kuntze u. J. H. R. Biesenthal. 3 Thle. (4 Abthln.) gr. 8. (80½ B.) Berlin 841, 42. [Frankfurt a. M., Ant. Baer.] 4 Thlr., hrbgs. Pr. Blnp.

— Predigten auf alle Sonn- u. Festtage im Jahr. Zur Beförderung eines christl. Sinnes u. gottseligen Wandels nach den Ausgaben von Jh. Arndt u. Phil. Jac. Spener auf's Neue herausgeg. von Ed. Kuntze u. J. H. R. Biesenthal. 3 Thle. in 4 Abthl. (Mit Holzschnitt-Vignetten.) gr. 8. Berlin 841, Hirschwald. 4 ℳ

Tauler, (Johannes). Die Predigten Taulers aus der Engelberger und der Freiburger Handschrift, sowie aus (Karl) Schmidts Abschriften der ehemaligen Strassburger Handschriften, hrg. von Ferdinand Vetter. Mit drei Tafeln in Lichtdruck. IV + XVIII + 518 S. gr.-8. Berlin, Weidmann, 1910. (M. 18.—)
Deutsche Texte des Mittelalters, hrg. von der Königlich Preussischen Akademie der Wissenschaften. Band 11 ....

Tauler, J. Kleine geistliche Schriften ... Neu bearbeitet ... Würzburg 1840. H: *Körner*, *Phil. Max*. (Th)

— kleine geistliche Schriften. Enthaltend: Sendbriefe an seine geistl. Freunde u. Kinder; etliche Prophetien; neun Stände eines christl. Lebens, u. Vorbereitungen zu einer glückel. Sterbestunde. Neu bearbeitet nach d. Texte der Cölner Druck-Ausg. vom Jahre 1543. 8. Würzburg 840. Etlinger. ⅜ ℳ

—— kleine geistl. Schriften. Enth.: Sendbriefe an seine geistl. Freunde u. Kinder; etliche Prophetien; neun Stände e. christl. Lebens, u. Vorbereitn. zu e. glückel. Sterbestunde. Neu bearb. nach d. Texte d. cölner Druck-Ausg. v. J. 1543. 1. Aufl. u. 2. Ausg. 8. (à 7½ B.) Würzburg 840, 41. [Regensburg, Manz.] Thlr. à

Tauler, Johs., Sendbriefe an seine geistl. Freunde u. Kinder. gr. 12. (4⅓ B.) Passau 838, [Pustet'sche Buchh.]

— Sendbriefe an seine geistlichen Freunde u. Kinder. gr. 12. Paßau 838. Winkler. ⅓ ℳ

— Spiegel der Liebe, od. Weg zur Vollkommenheit. Dargestellt in geistreichen Betracht. üb. das Leiden Christi. Neu bearb. u. hrsgg. von J. B. Silbert. Mit 1 Kpf. gr. 12. Wien 824. (Leipz., Fr. Fleischer). 1 ℳ Postp. 1 ℳ 6 gr

**Tauler**, Johann, bearb. v. W. v. Langsdorff, s. Ewigkeitsfragen im Lichte großer Denker. 4.

Tauler, Johann[es]. Johann T. Ausgewählt und bearb. von ... W[ilhelm] von Langsdorff, Berlin. [Mit Porträt-Tafel.] 144 S. 8. Hamburg, Agentur des Rauhen Hauses, (1907). (cart. M. 1.90, Subscr. 1.70)
Ewigkeitsfragen im Lichte grosser Denker. Eine Sammlung von Auswahlbänden. Hrg. von Dr. phil. E[berhard] Dennert-Godesberg. Band 4....

Tauler, Johs., fromme Uebungen, s. Bibliothek, mystische.

**Tauler**, Jh., gesammelte Werke; nach Handschriften u. den besten Urausgaben kritisch bearb. u. hrsgg. von N. Casseder. 2 Thle. A. u. d. T.: 1r Thl. Nachfolgung des armen Lebens Christi. 2r Thl. Medulla animae, oder von der Vervollkommenheit aller Tugenden ꝛc. gr. 8. Luzern 824. Anich, 1 ℳ 8 gr

**Taulier**, Jules, die zwei kleinen Robinsone der Großen Chartreuse. Illustr. Ausg. m. Holzschn. v. E. Bayard u. H. Clerget. In's Deutsche übertr. v. Heinr. Flemmich. 8. (VI, 190 S.) Freiburg i/Br. 883. Herder. 1.80; geb. n. 2.50

**Taulier**, Jules, die zwei kleinen Robinsone d. großen Kartause. Aus dem Franz. übers. v. Heinr. Flemmich. 2., verb. Aufl. 8. (VIII, 168 S. m. Holzschn.) Freiburg i/B. 898. Herder. 1.80; geb. in Halbleinw. n. 2.—

IM Taumel der Wollust. Bekenntnisse eines unkeuschen Josefs. Roman in 2 Bänden von ****. (Berlin 1907.) (Privatdruck in 400 numer. Expl. der angebl. „Vereinigung deutscher u. österreich. Bibliophilen".) 8⁰. 288 S. (Br. Mk. 25— oder Kr. 30; in Lederbd. Mk. 30— od. Kr. 36—.) (30 Mk., Gelegenheitsexpl in eleg. Origldrbd., Adolf Weigel, 1910.) Vergriffen!
Besprochen (von Dr. vom [!] Semmering), in: Blätter f. Bibliophilen. Heft 2, März 1908, S. 103—104.
Händler-Reklame besagt sehr unverfroren: „Diese Jugendarbeit eines berühmten und gefeierten deutschen Romanciers (!!??) gibt eine derart komplette, derart drastisch plastische und realistische Veranschaulichung des „Erotisch Möglichen", wie sie wohl in keinem zweiten Werk dieses Genres zu finden ist. Das Buch stellt sich den bedeutendsten Eroticis der Weltliteratur durchaus ebenbürtig an die Seite."
Bildet auch Bd. V von Dokumente der Sittengeschichte der Menschheit. Hrsg. von Dr. Willy Heine.

**Taunay**, A., Landschaften f. Aquarellmalerei, s.: Universal-Malvorlagen. Nr. 73.

(Alfredo) V. de Taunay. Innocencia. Brasilian. Roman. (2. Aufl.) *Berlin: D. Dreyer & Co. [1903].* (200 S.) 8° [5.]
= [Bibliothek, Dreyer's, moderner Schriftsteller. Jg. 1, Bd 3.]

**Taunay**, Alfredo de, Innocencia. Brasilianischer Roman. Nach e. Übersetzg. v. Arno Philipp bearb. v. Carl Schüler. Mit Illustr. v. Max Tilke. (218 S.) 8. Berlin (905). D. Dreyer & Co. 2.—

Taunay, G. James [aus Bloemendaal]: Beitraege zur Kenntnis des p-Oxynitrochinolins und der p-Oxychinolinsulfonsäure ... Freiburg i. B., Buchdr. v. Chr. Ströcker, 1891; 46 S., 1 Bl. 8.
Freiburg i. B., Phil. Fak., Inaug.-Diss. v. 1891

18 Unterrichts-Briefe über Harmonie-, Formen- und Kompositionslehre zur Erlernung d. Komposition leichter Musik... verf. von Eugen v. **Taund**. Eingehend erkl. an zahlr. Beispielen... No 1–18. Hannover: L. Oertel (1905). (II, 247 S.) quer-8° u. 4° [07. 7331]

**Taund-Szyll,** v., Darstellung e. neuen Bug-[Positions-] lichter-Systemes zur Verhütung v. Zusammenstössen der Seeschiffe bei Nacht. Mit 14 Holzschn. gr. 8. (33 S.) Graz 885. (Pechel.) n. 1. —

Taunide, C. F. [C. Trog]. Krebs, genannt „der Klopfer", Schulhalter zu Blechhausen um d. J. 1770. gr. 8. Düsseld. 886. Frankf. a. M., Jaeger's Verlag. 1 50
S. auch: Trog, C.

**Taunide,** K., Luther-Sagen, Wittenberger Inschriften u. Wahrzeichen. 8. (V, 34 S.) Essen 883. Silbermann. — 60

Thomas Wolsey, Legate and Reformer. By Ethelred L. Taunton. London & New York: J. Lane 1902. (XX, 253 S.) 8°

Taunus [Sachliches OW]

**Taunus,** der. (Album.) (12 Taf.) qu. 16. Höchst (905). W. Graf Nachf. 2. —

Taunus, der, an den Lippequellen. Streifzüge in die alte Geschichte und Geographie Nordgermaniens an der Hand des Tacitus und Ptolomäus. (Von G. A. B. Schierenberg.) 8. (VIII und 208 S. mit 1 lithogr. Karte über die Gegend der Varusschlacht in Fol.) Lemgo 853, Meyersche Hofbuchh. *

**Taunus u. Rheinland.** Zeitschrift für Literatur, Kunst und geselliges Leben. Redigirt von L. Kalisch. 1844. 156 Numm. ($^1/_2$ Bog.) gr. 4. Mainz, Wirth. n. $2^2/_3$ ß

Taunus [Schlagwort]

**— s. a.: Automobilkarten. Streckenkarte.**

— s. a.: Hessen-Nassau. Roth.

**— s. a.: Oberhessen.**

**— s. a.: Radfahrerkarten.**

— s. a.: Radfahrerkarten. Mittelbach.

— s. a. Rheingau. Bodemer, J.

**— s. a.: Rheingaugebiet.**

**— s. a.: Wiesbaden.**

**Taunus.** Algermissen, Joh. Ludw., Taunuskarte u. die angrenzenden Gebiete (des Rheintales u. das Lahntal). Nach d. neuesten Quellen bearb. 1 : 240,000. 44,5×40 cm. Farbdr. Trier (905). H. Stephanus. n. 1. 20; auf Leinw. in Futteral n. 2. —

**Taunus.** Bodemer, J., Distanzen-Karte der Taunus-Höhe von Homburg bis Lorch, nebst angrenz. Gebiet d. linken Rheinufers. 1 : 150,000. 2. Aufl. Lith. qu. Fol. Wiesbaden 888. Moritz & Münzel. — 40

Taunus — Karte vom — und seinen Heilquellen, entworfen und gezeichnet von Dr. W. Streit, Major. Gest. von Leopold Müller in Berlin. Wiesbaden H. W. Ritter'sche Buchhandlung 1831. 1 : 180,000. 1 Bl.

**Taunus.** Karte der m. Farbenzeichen versehenen Wege im westl. Taunus. Hrsg. vom Wiesbadener Rhein- u. Taunus-Club. Entworfen v. F. C. Roth. 1 : 100,000. 33,5×39 cm. Farbendr. Wiesbaden 893. J. G. Birlenbach. Auf Leinw. n. 1. —

**Taunus.** Karte der m. Farbenzeichen verseh. Wege im westlichen Taunus. Hrsg. v. Wiesbadener Rhein- u. Taunus-Club. 1 : 100,000. 6., verm. u. verb. Aufl. 33,5 × 39 cm. Farbdr. Wiesbaden 897. (Moritz & Münzel.) Auf Leinw. n. 1. —

**Taunus.** Karte der m. Farbenzeichen versehenen Wege im westl. Taunus. Hrsg. vom Wiesbadener Rhein- u. Taunus-Club. 1 : 100,000. 8. verm. u. verb. Aufl. (8500 —10000.) 34×43 cm. Farbdr. Wiesbaden (900). Moritz & Münzel. Auf Leinw. 1. —

— Karte der m. Farbenzeichen versehenen Wege im westlichen Taunus. Hrsg. vom Wiesbadener Rhein- u. Taunus-Club. 1 : 100,000. 11. verm. u. verb. Aufl. (15—19,000.) 34×43 cm. Farbdr. Wiesbaden (905). (Moritz & Münzel.) Auf Leinw. n. 1. —

**Taunus.** Karte der m. Farbenzeichen versehenen Wege im westlichen Taunus u. Rheingaugebirge einschliesslich der Markierungen am Leniaberg, im Bingerwald, der Umgebung v. Eltville, Geisenheim, Lorch, Bacharach, Caub, Oberwesel, St. Goar, St. Goarshausen, Boppard, Braubach, Ems, Nassau u. Diez. Hrsg. vom Rhein- u. Taunus-Klub Wiesbaden (E.V.). 13. verm. u. verb. Aufl. (24500—29500.) 1 : 100,000. 50,5×61 cm. Farbdr. Wiesbaden 910. Moritz & Münzel. Auf Leinw. 1. 75

— Ravenstein's, Hans, Wege-Markierungskarte f. den Taunus, das Lahntal u. den südlichen Westerwald. 1 : 170,000. (Neue Ausg.) 44,5×56 cm. Farbdr. Frankfurt a/M. (910). L. Ravenstein. Auf Leinw. 1. 50

**Taunus.** Ravenstein, Ludw., topographische Karte vom östlichen Taunus (Main-Taunus). (Fortsetzung bis Nauheim auf der Rückseite. 33 × 20 cm.) 1 : 50,000. 2. Aufl. 72,5×61 cm. Farbendr. Frankfurt a/M. 891. L. Ravenstein. n.n. 5. —; auf Leinw. in Leinw.-Mappe n.n. 6. —

— Ravenstein, L., Touristenkarte vom Taunus mit Rhein- u. Lahnthal. 1 : 170,000. 2. Aufl. Chromolith. Imp.-Fol. Frankfurt a/M. 887. Ravenstein. n. 3. —; aufgezogen n. 4. —

— Ravenstein's, Ludw., Touristenkarte vom Taunus m. Rhein- u. Lahn-Thal f. Reise, Bureau u. Verkehr, m. allen Orten, Bahnen, Strassen, Flüssen u. politischen Abgrenzungen. Volks-Ausg. 1 : 170,000. 44,5×56 cm. Farbdr. Frankfurt a/M. (905). L. Ravenstein.

— Ravenstein, Ludw., topograph. Wander-Karte f. den östlichen Taunus. 1 : 50,000. 58,5×73,5 cm. Farbdr. Ebd. (907). Auf Leinw. 2. —

**Taunus.** Weber, Fr., Touristen-Karte der m. Farbenzeichen verseh. Wege im nördl. Taunus u. südöstl. Westerwald, hrsg. vom Taunusklub „Weilburg". 1 : 100,000. 38,5 × 43,5 cm. Farbendr. Weilburg 895. H. Diesterweg. Auf Leinw. n. 1. —

Taunus [Verfasser]

Taunus, M., s. Tamms, M.

**Taunus-Album.** Vues pittoresques de Höchst, Hofheim, Eppstein, Königstein, Falkenstein, Kronberg, Kronthal, Soden, Hombourg etc. Dessinées d'après nature et gravées à l'aqua-tinta par les plus habiles artistes. qu. 4. (20 Taf. u. 30 Bl. deutsch-französ. Text.) Francfort s. l. M. 839, Jugel.*

**Taunusbäder, Die,** Wiesbaden, Ems, Schlangenbad . . . Darmstadt 1844. V: *Günzer.* (EngG)

**Taunusbäder,** die, Wiesbaden, Ems, Schlangenbad, Schwalbach, Homburg, Kronthal, Soden, Weilbach u. ihre merkwürdigsten Umgebungen. Mit (36) Stahlstichen von Jh. Poppel u. A. qu. Lex.-8. Darmstadt 844, Lange. geb. u. in Futteral n. 2²/₃ ℛ

**Taunus-Bilder,** s. Schudt, G.

Taunus-Bilder in Geschichten, Sagen und Liedern aus dem Munde älterer und neuerer Dichter. Hrsg. von Geo. Schudt. 16. (IV und 203 S.) Homburg 859, Fraunholz.

**Taunusblätter.** Zeitung f. das Herzogth. Nassau. 1. Jahrg. 1848. April—Decbr. 39. Nrn. gr. 4. (B.) (Wiesbaden, Friedrich.) n. ⁷/₁₂ ℛ

**Taunus**-Eisenbahn. Karte mit Ansichten. Frankfurt 1840.

**Taunus-Eisenbahn-Almanach** für das Jahr 1844/45 und 1845/46. Ein Wegweiser für Reisende auf der Taunus-Eisenbahn, dem Rhein, Main u. aus den Städten Frankfurt, Mainz u. Wiesbaden. 16. (Mit (à) 1 Karte.) Wiesbaden 844, Kreidel. à n. ¹/₃ ℛ ohne Karte n. ¹/₄ ℛ die Karte apart n. ¹/₁₂ ℛ

—— dass. f. d. J. 1845/46. 16. (7⁷/₈ B. u. 1 Karte.) Ebds. 845.

**TAUNUSFÜHRER. Herausgegeben von dem Frankfurter Taunusclub.**
**No. I. Der obere Taunus. (Mit 1 Kartenskizze.) Frankfurt am Main. 1871. Geographische Anstalt von Ludwig Ravenstein. 8o.**

**Taunusführer.** Mit 1 Routenkarte. 2 Plänen u 1 Taf. Ansichten. Hrsg. vom Taunusklub in Frankfurt a/M. 8. (78 S.) Frankfurt a/M. 885. Ravenstein. cart. n. 2.—

**Taunusführer.** Mit e. Routenkarte, Plänen v. der Saalburg, Homburg, der Feste Königstein u. Kärtchen v. Königstein, sowie e. Tafel Taunus-Ansichten. Hrsg. vom Taunusclub in Frankfurt a/M. 12. (VII, 103 S.) Frankfurt a/M. 892. L. Ravenstein. Geb. n. 2.—

**Taunusführer,** m. e. Routenkarte, Plänen der Saalburg, Homburg, der Feste Königstein u. Kärtchen v. Königstein, sowie e. Tafel Taunus-Ansichten. Hrsg. vom Taunusclub in Frankfurt am Main. (3. Aufl.) 12. (137 u. VIII S.) Frankfurt a/M. 900. L. Ravenstein. Geb. in Leinw. n.n. 2.—

**Taunus-Führer.** Beschreibg. sämtl. Bahnlinien sowie d. schönsten Wandergn. im gesamt. Taunus, d. Rheintales v. Mainz bis Koblenz u. des Lahntales v. Giessen bis Lahnstein sowie deren Seitentäler, nebst Karten der Eisenbahnlinien, des Limes, der Umgegd. v. Braubach, Cronberg, Ems, Eppstein, Homburg, Königstein, Wiesbaden, des Feldbergs sowie des gesamt. Taunusgebietes, ferner Plänen v. Homburg, der Saalburg u. der Feste Königstein. 5. verm. u. verb. Aufl. Hrsg. v. Taunus-Klub e. V. in Frankfurt a. M. (286 S.) kl. 8. Frankfurt a/M. (909). L. Ravenstein. Geb. 2.—

**Taunus-Führer,** offizieller. Beschreibung sämtl. Bahnlinien sowie der schönsten Wandergn. im gesamten Taunus m. besond. Berücksicht. des Rheintales von Mainz bis Koblenz u. des Lahntales von Giessen bis Lahnstein, nebst e. Routenkarte, Plänen der Saalburg, v. Homburg, der Veste Königstein, sowie Karten der Umgegend v. Wiesbaden, Eppstein, Königstein, Homburg, vom Feldberg u. e. Eisenbahnkarte. Hrsg. vom Taunus-Klub in Frankfurt a/M. 4. Aufl. (XL, 174 S.) kl. 8. Frankfurt a/M. (905). L. Ravenstein. Geb. n.n. 2.—

v. Taur. Darstellung der kantonalen Gebäudeversicherungs-Anstalten in der Schweiz. Zürich 1861. weitergeführt in der Schweiz. Handelszeitung 1862–1886.

**Taur,** Frdr. v., der Staatshaushalt der schweizerischen Eidgenossenschaft im Decennium 1849—1858. Chur 860. Hitz. gr. 4. (XV, 175 S.) n. 2 ℛ 20 ngr

Taura [Schlagwort]

**Taura,** s.: **Geologische Karten. Spezialkarte. (Sachsen.)**

Taura [Verfasser]

**Taura,** Elfried v., s. Elfried v. Taura.

Taura, Elfried von [Pseud.]
s. Peters, August [Wirkl. Name]

**Taura,** Elfried v., erzgebirg. Erzählgn., s.: **Tannengrün.** 8. Bd.

Taura, Elfried von, Der Ring der Kaiserin. Roman. 2 Thle in 1 Bde. 16. (204 u. 219 S.) Wien, Markgraf. **1864** 1 fl. 80 kr.

— — Daßelbe. 2 Thle. s. Album, Bibliothek deutscher Originalromane.

Taura, Elfried v., der Ring der Kaiserin, s. Günther's deutsche Romanbibliothek.

Taura, Elfried von, Die [illegible]. [illegible] Roman. 3 Thle. in 1 Bde. 16. (338, 240 u. 242 S.) Wien, Markgraf. **1863** 2 fl. 70 kr.

— — Daßelbe.; s. Album. Bibliothek deutscher Originalromane.

Taura, E. v., Jawis v. Rosenberg, s.: Album v. Kober.

**Taurat,** W., die Zauberei der Basotho. [Aus: „Mission u. Pfarramt".] (20 S.) gr. 8. Berlin (910). Buchh. d. Berliner ev. Missionsgesellschaft. –25

Taureau blanc, trad. du syriaque. 8. Berlin, Voss. 774.

**Taurel,** C. Ed., Anleitung zur Erzielung kunstvoller Frauen-Handarbeiten. Preisgekrönte Abhandlung. Deutsche Bearbeitg. der 3. holländ. Aufl. v. Karl Maiß. Neue [Titel-]Ausg. (v. „Aesthetik der Frauen-Handarbeiten".) 8. (IV, 179 S.) Stuttgart (891). Hobbing & Büchle. Geb. in Leinw. n. 1.—

**Taurel**, C. Ed., die Aesthetik der Frauen-Handarbeiten. Preisgekrönte Abhandlung. Deutsche Bearbeitung der 3. holländ. Aufl. v. Karl Maiß. 8. (IV, 181 S. m. 22 Textabbildgn. u. 5 Taf.) Leipzig 891. Hobbing. geb. n. 2. —

**Taurellus**, N., atheismi et deismi injuste accusatus et defensus; ej. synopsis Aristotelis methaphysices. 4. Nrnbg. 734.

*Taurer H., Ritt. v. Gallenstein.*: Beiträge zur Flussmuschelfauna Kärntens. 48. Görz R. 84. Progr.

**Taurer R. v. Gallenstein** Joh.: Beiträge zur Kenntnis der römischen Glasindustrie nach Funden von Aquileja. (47). Görz R. 97. Progr.

**Taurer** R. v. Gallenstein Joh.: Studien aus der Najadenfauna des Isonzogebietes. (47). Görz R. 94. Progr.

**Taurica** iuri Russico a Catharina II. autocratrice bello et pace asserta, Poemation . . . Pestini 1787. V: *Pray, Georg.* (Jes) (Pk)

Taurien [Schlagwort]

Tauriens oder der Halbinsel Krim — Karte — und der westlichen Nogajischen Tartarey. Verfasst von J. F. Schmidt. Neu herausgegeben von Herrn F. A. Schrämbl. 1737. Wien zu finden im eigenen Verlage. 1 : 760,000. 1 Bl.

**Taurinius**, C. F., der Autor in der Klemme, s. Schicksale.

**Taurinius**, C. F., s. Schicksale u. Abentheuer aus d. Leben eines Buchdruckers.

Taurinius, C. F. Lesenswerthe Schicksale und Abenteuer aus dem Leben eines Buchdruckers.... Von ihm selbst beschrieben und mit erläuternden Noten versehen. Nebst einer Vorrede von einigen gelehrten Gönnern. Winterthur 1841. – *A. u. d. T.*: Der Autor in der Klemme oder Aufgesetzte Zwiebeltische für die Buchdruckerwelt und das leselustige Publikum.... Eine Auto-Biographie... verbunden mit poetischen Versuchen. von C. F. T. 8.

**Taurinius**, Zach., (auch Damberger; Jos. Schrödter) Beschreib. e. See- u. Landreisen nach Asien, Afrika u. Amerika, vorzügl. v. Holland u. England nach Batavia, Madras, Bengalen, Japan u. China, ingleichen vom Vorgebirge d. guten Hoffnung durch die Kafferei rc.; mit e. Vorr. u. Anmerkk. v. Jh. Jak. Ebert. 3 Thle. gr. 8. Leipz. 799—801. (Aue in Altona). 3 ℳ 8 ℊ

TAURINIUS, Zacharias angebl. 1758 -
Beschreibung einiger See- und Landreisen nach Asien, Afrika und Amerika, vorzüglich von Holland und England nach Batavia, Madras, Bengalen, Japan und China, ingleichen vom Vorgebirge der guten Hoffnung durch die Kafferey und die Wüste Sahara nach Ägypten von einem gebohrnen Ägyptier Zacharias Taurinius [alias Joseph Schroedter].
Mit einer Vorrede von Johann Jacob Ebert ...
Erster [- Zweyter] Theil.
Leipzig: Jacobäer. 1799 [- 1800]. 8°.
Staats- und Universitätsbibliothek Göttingen
Baginsky 1454. Palmer.
Johann Jakob Ebert, 1737-1805
Tatsächlicher Name ungewiß, möglicherweise Taurinius; in diesem Fall Joseph Schroedter als Pseudonym.

**Taurinius**, Lebensgeschichte u. Beschreibung d. Reisen, s. Leben.

— Lebensgeschichte u. Beschreib. der Reisen durch Asien, Afrika u. Amerika, nebst e. Vertheidigung gegen Ausfälle in verschied. Zeitungen rc. 2 Bde. Mit Kpf. gr. 8. Leipz. (804.) Joachim. 2 ℳ N. A. 807. Kobrtsch in Eger. 2 ℳ

Taurinus, Franz Ad.

Taurinus, (F. A.,) Geometriae prima elementa Recensuit et novas observationes adjecit. Cum tab. lithogr. 8 maj. Coloniae 826, Bachem.

— Theorie der Parallellinien. Mit e. Nachtr. u. 3 Steintaf. gr. 8. Cöln 825. Bachem. 16 ℊ

Taurinus, Johann Sebastian (Möckmühl) A. S. 1317/45

Methodus de maximis et minimis, disputatione academica breviter et perspicue proposita atque explicata. Präs. Johann Konrad Creiling.
Tübingen (Reis) VIII. 1701. 27 S. 34188

**Taurk**, E., Schule u. Haus. Ein Wort an die evangelische Gemeinde zu Reinerz bei Gelegenheit der 1. Prüfung der durch den Gust.-Ad.-Verein gestifteten Schule. 8. (16 S.) Glatz 847. (Breslau, Scholz.) 3 ℊ

Taurke, Fritz

**Taurke**, F., die Feld- u. Wirtschaftssysteme des Landbaues, deren Entstehung, Wesen u. Zweckmäßigkeit. Für den Unterricht an landwirtschaftl. Lehranstalten, sowie zur Selbstbelehrg. (V, 52 S.) gr. 8. Schivelbein 903. (F. Buchstein.) n. 1. —

**Taurke**, Fritz, die Fischzucht u. Fischhaltg. in Gewässern aller Art u. Größe, besonders in Teichen. Mit e. Kapitel üb. die Krebszucht u. e. Kapitel üb. die Krankheiten u. Feinde der Fische u. ihre Bekämpfg., nebst e. Tabelle zum Bestimmen der deutschen Süßwasserfische nach leicht erkennbaren äußeren Merkmalen. Nach dem jetz. Stand der Wissenschaft u. prakt. Erfahrung f. Fisch- u. Landwirte, sowie zum Unterricht an landwirtschaftl. Schulen. (XXIX, 271 S.) 8. Bautzen 908. E. Hübner. p 3.60; geb. in Leinw. 4. —

**Taurke**, Fritz, Assistent am chemischen Institut d. Universität: Ueber organische Siliciumverbindungen. Breslau 1905: H. Fleischmann. (76 S.) 8°
Breslau, Phil. Fak., Ref. Gadamer, Diss. v. 25. März 1905
[Geb. 30. Juli 80 Polsnitz, Kr. Waldenburg; Heimatsort: Polsnitz; Staatsangeh.: Preußen; Vorbildung: König Wilhelm-Gymn. Breslau Reife O. 99; Studium: Breslau 3, Göttingen 1, Breslau 7 S.; Rig. 23. März 05.]

**Taurke**, **Meta**, s.: Weiss, M.

**Taurunum** auspiciis Josephi II, Augusti recuperatum. Poemation... Pestini, 1789. V: *Pray, Georg.* (Jes) (Pk) (BrMm)

*Taurunum* auspiciis Josephi II. recuperatum, poëma a G. P. concinnatum. 4maj. Pesth 789. Weingand. 6 ℊ

Taus [Schlagwort]

**Taus**, s.: Europa. Liebenow.

**Tausch**, der, oder die Liebe macht nicht Jedermann zum Narren; Lstspl. 8. Wien, v. Mösle. 12 ℊ

**Tausch, Der,** der Brüder, oder das Schenie; eine Farce. Erfurt 1781. V: *Timme, Chn Frdr.* (BrMm) (Ky) (ML) (Mn)

— der, der Brüder, oder das Genie. Eine Farce (von Chr. Fr. Timme). 8. Erfurt 781. Keyser. 5 ℛ

Tausch und Kauf nach Entdeckung des maßgebenden Zahlmittels. Eine juristisch-nationalökonom. Studie. Zugleich eine Krisisfrage für Kaufleute und Geschäftsmänner. Hrsg. von Heinr. Contzen. gr. 8. (34 S.) Leipzig 866, J. C. Pönicke.

**TAUSCH**, Herr von, und die Verfasser der anonymen Briefe der Hofgesellschaft. Zürich, o. J. (1896). 8°. (1 Mk. Schaper, Hannover, 1904.)

Tausch, Herr v., u. d. Verfasser d. anonymen Briefe d. Hofgesellschaft v. *** (H. v. Langen-Allenstein [X=Strahl]). 8. (91 S.) Zürich 897. C. Schmidt. n. 1. 50

Tausch, Anton, s. Tausche

Tausch, B. Ein Rückblick auf den 9. Nov. 1870. Bamberg 1880. 16 S.

Tausch, Carl, s. Tausch, Karl

**Tausch, Edm.**, **moderne Innenkunst. 6 Lfgn. (80 Taf. m. III S. Text) 46×36 cm. Dresden (904. 905). G. Kühtmann. In Mappe n. 36. —**

**Tausch**, Edwin [aus Berlin]: Sebastian Franck von Donauwörth und seine Lehrer. E. Studie z. Gesch. d. Religionsphilosophie ... Halle a. S., Meyer [!] & Müller in Berlin, 1893; 4 Bl., 55 S. 8.
Halle, Phil. Fak., Inaug.-Diss. v. [30. Juni] 1893

**Tausch, Edwin, Sebastian Franck** v. Donauwörth u. seine **Lehrer. Eine Studie** zur Geschichte der Religionsphilosophie. Diss. gr. 8. (55 S.) Halle 893. Berlin, Mayer & Müller. n. 1. 50

Tausch, Emil, des guten Knaben Festgeschenk. Eine Reihe v. Erzähln., Mährchen, Gedichten, Charaden u. Räthseln. gr. 12. (8⁵⁄₆ B. u. 4 ill. Kpfr.) Nürnberg 839, Bauer u. Raspe.

**Tausch**, Franz: Zur Casuistik der vom Callus geheilter Fracturen sich entwickelnden Geschwülste. Halle a. S. 1881: Plötz. 40 S., 1 Taf. 8°
Halle-Wittenberg, Med. Diss. v. 22. Okt. 1881
Geb. Halle a. d. S. 10. 3. 1858. V.

Tausch, Frz. Borgia, († ...) christl. Erinnerungen über die sonntägl. Evangelia. 4 Jahrgg. gr. 8. Wien 765—73. Trattner. 4 ß 8 ℛ

TAUSCH, FRANCISCUS BORGIA: Lehre von der Schuldigkeit des Seelen-Eifers ... den 5. April 1743 in der gewöhnlichen Fasten-Predig von Franciscus Borgia Tausch ... vorgetragen. Tyrnau 1743: Druck. Acad. 16 S. - 4°

**Tausch**, Frid[ericus] Guilelmus Albertus: De tetano traumatico. Halis Saxonum (1855): Gebauer-Schwetschke. 30 S. 8°
Halle-Wittenberg, Med. Diss. v. 18. Aug. 1855
Geb. Berlin 15. 4. 1831. V.

**Tausch**, Hans, approb. Arzt aus Berlin: Die **Einwirkungen** des **Höhenklimas auf das Blut**: eine Betrachtung der von d. **Autoren angegebenen** Befunde u. darauf aufgebauten **Theorien**. *Leipzig 1901: B. Georgi.* (37 S.) 8°
Leipzig, Med. Diss. v. (12. Febr.) 1901

Tausch, (J. F.,) Hortus Canalius, s. Hortus.

Tausch, Jos., das Bergrecht des östreich. Kaiserstaates. Systemat. dargestellt u. erläut. 2 Thle. gr. 8. Klagenfurt 822. (Wien, Mörschner u. J.) 2 ß 12 ℛ

Tausch, Jos., das Bergrecht d. österr. Kaiserreiches. Systemat. dargest. u. erläut. 2., umgearb. u. verm. Aufl. gr. 8. (30½ B.) Wien 834, [v. Mösle sel. Wtwe. u. Braumüller.]

**Tausch, Jos., systemat. Darstellung des Wechselrechtes mit vorzügl. Hinsicht auf die Wechselordnungen des österreich. Kaiserstaates. Ein Versuch. gr. 8. Wien 843, Braumüller u. Seidel. 1⅓ ß**

**Tausch**, Josef. Handbuch des Bergrechtes in den k. k. österreichischen Staaten. Klgft., Leon, 1817. 406 S.

Tausch, Joseph: „Handbuch des Bergrechts in den k. k. österreich.-ungarisch-böhmischen und galizischen Staaten", Klagenfurt 1817; 2. Auflage Wien 1834 vorh.: Preuß. Oberbergamt Dortmund — E. h. 201.

— Rechtsfälle aus d. Civil- u. Criminal-Rechte. 1r Bd. 1s Hft. gr. 8. Wien 832. v. Mösle. 21 ℛ

Tausch, Jos., Rechtsfälle aus d. Civil- u. Criminal-Rechte. 1. Bd. 2. u. 3. Hft. gr. 8. Wien, [Braumüller u. Seidel.] [2. (16½ B.) 836. 1⅜ Thlr., 3. (15 B.) 837. 1¼ Thlr.]
1. Hft. Ebendas. 1832. 21 Gr.

Tausch, Karl

**Tausch**, Carl. Einleitung in die Philosophie. gr. 8. (XIII, 72 S.) Wien 892, Konegen. 1 50

**Tausch Karl: Die Lehren von der menschlichen Seele bei den griechischen Philosophen der vorsophistischen Zeit.**
II. 1881 PN 104 Diss. Wien Univ. 14

Tausch, Leopold

Tausch [v. Gloeckelsthurn], L. Über die Bivalvengattung Conchodus u. Conchodus Schwageri n. f. s. a. Abhandlungen der k. k. geolog. Reichsanstalt.

**Tausch v. Gloeckelsthurn**, Leop., üb. die Bivalvengattung Conchodus u. Conchodus Schwageri n. f. aus der obersten Trias der Nordalpen. [Abhandlungen der k. k. geolog. Reichsanstalt. 17. Bd. 1. Hft.] gr. 4. (8 S. m. 3 Taf. u. 2 Zinkotypien.) Wien 892. Geolog. Reichsanstalt. (R. Lechner's Sort.) n.n. 6. —

**Tausch** Leopold: Über einige Conchylien aus dem Tanganyika-See und dessen Verwandte (mit 2 Taf.). S. 90. I. 56 . . . . . . . . . . . . . . . . . . . . . .
Separatabdruck

**Tausch, Leop.**, über einige Conchylien aus dem Tanganyika-See und deren fossile Verwandte. Lex.-8. (15 S. mit 2 lithogr. Taf.) Wien 884, (Gerold's Sohn.) *
Aus: Sitzungsberichte der k. Akademie der Wissenschaften, besonders abgedruckt.

**Tausch, Leop.**, über die Fauna der nicht-marinen Ablagerungen der oberen Kreide des Csingerthales bei Ajka im Bakony [Veszprimer Comitat, Ungarn] und über einige Conchylien der Gosaumergel von Aigen bei Salzburg. Imp.-4. (32 S. mit 3 lithogr. Taf. und 3 Bl. Erklärungen.) Wien 886, (Hölder.) *
Aus: Abhandlungen der k. k. geologischen Reichsanstalt, besonders abgedruckt.

**Tausch v. Gloeckelsthurn**, Leop., Fauna des Csingerthales, — Fauna der „Grauen Kalke", } s.: Abhandlungen der k. k. geolog. Reichsanstalt. 12., 15. Bd.

— zur Kenntniss der Fauna der grauen Kalke der Südalpen, } s. a. Abhandlungen der k. k. geologischen Reichsanstalt.

— zur Kenntniss der Fauna der grauen Kalke. [Aus: „Abhandlgn. der k. k. geolog. Reichsanstalt".] gr. 4. (42 S. m. Abbildgn., 9 lith. Taf. u. 9 Bl. Erklärgn.) Wien 890. Hölder. n. 16. —

Tausch, M. D. v. Ueber Staats- und Nationalwohlstand, oder wie können Staatsschulden mit Erleichterung der Nation etc. in kürzester Zeit abgetragen werden, und wie können Erhöhung und Sicherung des Preises der Urproducte etc. erzielt werden? gr. 8⁰. München (Lindauer) 1827.

**Tausch**, M. D. v. Versuch einer allgem. Taktik für alle Waffen- u. Truppen-Gattungen. Mit Taf. München **1823**. **342 S.**

**v. Tausch, M. D.**, Versuch e. allgem. Taktik f. alle Waffen- u. Truppengattungen nach unveränderl. Grundsätzen, nebst deren besond. Anwendung auf Infanterie. Mit 2 Steintaf. gr. 8. Münch. 824. (Fleischmann). 1 ℛ 16 𝒢; bei (Lindauer). 1 ℛ

v. Tausch, M. D. Versuch einer allgemeinen Taktik für alle Waffen und Truppengattungen nach unveränderlichen Grundsätzen. 8. M. 2 Taf. München 1827.

*Tausch*, T. T., s. *Hortus* Canalius.

Tausch, Th. Peter Hinrich von (Lübeck) A. S. 19/29

Dissertatio inauguralis, de vera veri allodii indole ac natura.
Marburg (Müller) 23. VIII. 1736. 88 S.

W. v.: Gottlob Wilhelm Dinckler, Johann Anton Schmidt, J. C. Heppe, St. S. Wloemen.
34189

**Tausch**, Thdr., s. **Winkelhofer's**, Seb., Fest- u. Gelegenheitspredigten.

Tausch von Gloeckelsthurn, Leopold, s. Tausch

**Tausch- und Sammelbuch** für Briefmarken. 12. (58 S.) Leipzig 886, Heitmann. cart. in Leinw.
Vergriffen.

**Tausche**, Ant., der Schulgarten in landwirtschaftlicher Beziehung. Eine Artikelreihe m. bunten Winken f. Errichtg., Betrieb u. Nützg. insbesondere landwirtschaftl. Schulgärten. Lex.-8. (38 S.) Reichenberg 886. (Fritsche.) n. — 60

**Tausch**, Landtags-Abgeordn. Anton, der Schulgarten in landwirthschaftlicher Beziehung. Eine Artikel-Reihe mit bunten Winken für Errichtung, Betrieb und Nützung, insbesondere landwirthschaftlicher Schulgärten. (Als Sonderabdruck aus der „Freien Schulzeitung", Jahrg. 1885.) Herausg. zum Besten der Hilfscasse des deutschen Landeslehrer-Vereines in Böhmen. gr. 8⁰. (38 S.) Reichenberg, Fritsche. fl. —.30. **1886**.

**Tausche**, A., was für die Hebung des Obstbaues bejonders in Böhmen noth thut, s.: Sammlung gemeinnütziger Vorträge.

**Tauscheb**, Otto, Exlibrisradierungen. (10 farb. Taf. m. IV S. Text v. Rich. Braungart.) Lex. 8. München (910). Bischof & Hoefle. In Halbleinw.-Mappe 30. —

TAUSCHECK, Andreas (Gotteszell): De relatione medicinae ad civitatem et nonnulla de nova scabiei medendi methodo.- Monachii: Giesser 1834. 15 S.
16.8.1832 - Urk; F 60
Diss. Ingolst.-Landsh.-Mchn.

Die Erhebung und Beitreibung von Staats- und Gemeindesteuern. Handbuch z. prakt. Gebr. in d. Gemeinde- u. Steuerkassen d. preuß. Stadt- u. Landgemeinden. Hrsg. von A[rthur] **Tauschel**. Potsdam: A. Stein [1906]. (VIII, 118 S.) 8⁰ [5.] (08. 1849

**Tauscher**, A. M., der Parallelismus u. Antagonismus der zerstörenden u. schaffenden Naturkräfte in Absicht auf Entstehen u. Vergehen des Erdkörpers. 8. Dresden **820**. (Hentze in Bresl.) 10 𝒢

— Versuch, die Idee einer fortgesetzten Schöpfung aus regelmäßig wirkenden Naturkräften darzustellen. 8. Chemnitz 818. Kretschmar. 12 𝒢

Tauscher, Christian Friedrich (Glauchau) A. S. 1253/12

Disputatio inauguralis medica de temperamentis.
Präs. Justus Vesti.
Erfurt (Grosch) 24. II. 1712. 8 Bl.

W. v.: Präs., Christoph Wilhelm Vesti, Christian Steltzner.
34190

Tauscher, G. (Red.), s. Geflügel-Freund, Der.

*Hoffmann, Paul:* Die beiden Alchemisten. Festspiel zum 25 jährigen Frm.-Jubiläum der Brr. Paul Hoffmann und Otto Stünzner am 8. Jan. 1910. Von Herm. **Tauscher.** Als Ms. gedr. [Altenburg 1910: Pierer.] 8 S. 8⁰ [Kopftit.]
In Versen.

**Loge Archimedes z. d. 3 R[eissbretern] in Altenburg. Gesang bei der Trauerloge zum Gedächtnis des Br. E. G. Dietrich am 31. Okt. 1903. [Von Herm. Tauscher.]** [Altenburg 1903.] 2 Bl. 4⁰ [Kopftit.]
Ohne Noten: „Tiefe Trauer eint uns hier..."

*Hager, Otto:* Festlied zum sechzigjährigen Maurerjubiläum des geliebten Brs. Otto Hager am 31. Jan. 1902. [Von Herm. **Tauscher.**] [Altenburg 1902.] 1 Bl. 2⁰ [Kopftit.]
Ohne Noten: „Sechzig Jahr' hat treu gebaut..."

**Jubellied bei der 25jährigen Feier der Einweihung des neuen Kegelschubs der Loge Archimedes z. d. 3 R. in Altenburg am 24. Aug. 1904.** [Unterz.:] H[erm.] **T[auscher]**. [Altenburg 1904]: Fuchs. 1 Bl. 17,3×43,5 cm [Kopftit.]
Lied ohne Noten: „Wer noch nie mit Kegel schob..."

Maurerleben im Maurerliede. Freimaurerische Gesänge mit verbindenden Worten von Herm. **Tauscher.** Ms. f. Brr. Frmr. Altenburg 1892: Blücher. 19 S. 8⁰ [Umschlagtit.]
Recens: Bh. 35 (1892) S. 168 (C. Gotthold). Ohne Noten. Am Vorabend z. 150 jährigen Stiftungsfest der Loge, an dem auch Schwestern zugegen waren, vorgetragen.

**Tauscher, Herm.,** der Philosoph v. Rauda. Leben u. Streben des Autodidakten Friedrich Theil. Nach seinen eigenen Mitteilgn. veröffentlicht. gr. 8. (16 S.) Altenburg 901. O. Bonde. n. — 25

**Tauscher, Herm., der Philosoph v. Rauda. Leben u. Streben des Autodidakten Friedrich Theil. Zu seinem 70. Geburtstage nach persönl. Mitteilgn. veröffentl. 2. Aufl. (16 S. m. 1 Bildn.) gr. 8. Halle 904. Jena, H. W. Schmidt. n. — 50**

Tauscher, J., s. T a u s c h e r , Julius

**Tauscher, Jh. Traug. Lebr.,** s. **Herberger, Val., evangel. Herz-Postille.**

Tauscher, Joh. Traug. Leber., evangelische Herz-Postille, s. Herberger, V.

—— das ewige Leben in d. Erkenntniß Gottes u. Jesu Christi, neu geschenkt durch die Reformation. Eine Kirchenvisitations-Predigt üb. Joh. 17, 3. am Reformationsfeste d. 31. Oct. 1839 geh. Nebst e. Anh.: Zeugnisse v. Luther. gr. 8. (2¼ B.) Sorau 840. (Berlin, J. A. Wohlgemuth.)

—— Worte d. Ermahnung u. d. Gebets, bei Einweih. d. erneuerten Kirche zu Wellersdorf gesprochen 2c. Nebst e. Anh., d. ausführl. Beschreib. e. gewaltsamen Sturmwindes im J. 1745 enth. gr. 8. (2 B.) Sorau 838. (Berlin, J. A. Wohlgemuth.)

**Tauscher,** Julius Lic. Geschichte der Jahre 1815 bis 1871. Kurz zusammengefaßt. Gotha, F. A. Perthes **1886**. VIII 300 S. 8.

Tauscher, J., Geschichte der Jahre 1815 bis 1817. Kurz zusammengefaßt. gr. 8. (VIII, 300 S.) Gotha 886, F. A. Perthes. *
Die Ausgabe erfolgte in 4 Lfgn.

Tauscher, L.J.: Das confessionslose Gymnasium. Festrede am 12. Febr. 1869. 4 S. – Stargard, Progr. 1869.

Tauscher, J. Aus dem Kataloge der Stiftsbibliothek. 9 S. *Zeitz* 1881.
**Progr.**

Tauscher: Dissertatio de loco Act. XV, 28.29. 12 S. – Treptow a/R., Progr. 1859.

Tauscher, J. Von der Lutherfeier am 10. November 1883. S. 27–30. **Progr.** *Zeitz* 1884.

**Tauscher, J.,** der Mensch nach dem Bilde Gottes. Ein Beitrag zur Bildungsfrage der Zeit, im Anschluß an den Vortrag v. L. Wiese „üb. deutsche Bildungsfragen aus der Gegenwart." [Aus „Evangel. Kirchenzeitg."] gr. 8. (24 S.) Berlin 871. Trowitzsch & Sohn. n. — 50

Tauscher. Welche Aufgabe stellt der nationale Aufschwung des vergangenen Jahres der deutschen Jugendbildung. (Festrede.) Starg. 1867.
**Schul-/Univ.-Schrift**

Tauscher, L. J., s. T a u s c h e r , Julius

**Tauscher's, Max,** Warenpreis-Berechnungs- od. Kalkulations-Tabellen f. Fabrikanten, Gewerbetreibende, Groß- u. Kleinkaufleute jeder Art. Zugleich Umrechnungs-Tabelle deutschen Geldes in ausländ. Werte u. umgekehrt. 12. (VI, 50 S.) Leipzig (902). G. Weigel n. 1. 20; geb. n. 1. 50

**Tauscher, T. H.,** Leben des Johs. Chrysostomus, s. Sonntags-Bibliothek.

Tauscher, Traugott Julius: Theses theologicae. Berolini (1855) (2 Bl.) 4⁰
Berlin, Theol. Thes. v. 27. Jan. 1855

Tauschinski, Hippolyt

Tauschinski, H.: Der B e g r i f f . Eine philosophische Untersuchung. Wien 1865. 52 S.
Schul-/Univ.-Schrift

**Tauschinski, Hippolyt, der Begriff.** Eine philosoph. Untersuchung. gr. 8. (52 S.) Wien 865, Beck'sche Universitäts-Buchh. *

**Tauschinski,** Dr. Hippolyt, Die Botschaft der Wahrheit, der Freiheit und der Liebe. gr. 8. (97 S.) Wien, Dirnböck's B. (G. Draudt.) **1863**

—— **Codex Strahoviensis, s. Fontes rerum austriacarum.**

— und Pangerl Matthias: *Codex Strahoviensis.* Enthält den Bericht des sogenannten Ansbert über den Kreuzzug Kaiser Friedrichs I. und die Chroniken des Domherrn Vincentius von Prag und des Abtes Gerlach von Muhlhausen (mit 1 Taf.). Siebe F. I. 5. Band.

**Tauschinski** Hippolyt: Faviana und Wien. S. 38. 31 . . . . . . . . . . . . . . . . „
**Separatabdruck**

T a u s c h i n s k i , Hippolyt, Faviana und Wien. Lex.-8. (18 S.) Wien 861, (Gerold's Sohn.)
Aus: Sitzungsberichte der k. Akademie der Wissenschaften, Jahrg. 1861, besonders abgedruckt.

**Tauschinski,** Hippolyt, Faviana u. Wien. (Aus den Sitzungsber. der k. Akad. der Wissensch.) Wien 862. Gerold in Comm. gr. 8. (18 S.) 3 ngr.

Johannis-Festrede gehalten in der □ „Eintracht" im O∴ Neudörfl a. d. Leitha von Hippolyt **Tauschinski.** Wien: Schneeberger 1884. 15 S. 8⁰ [Umschlagtit.]
Üb. die Aufgabe des Frmrs; im Anh. eine Zeichnung üb. den notwendigen Einfluß der Frmrei in Österr.-Ungarn.

**Tauschinski, Dr H. Vide: Process gegen Dr. Tauschinski.**

Philatolisten-Verein Bern. 8.
Mitglieder-Verzeichnis pro 1903. 8 S. Bern, W. Wälchli.
Reglement über die Versicherungskasse. (1903 Februar 17.) 7 S.
Statuten. (1902 April 8.) II + 8 S. Bern, Obrecht & Käser, 1902.
Tausch-Reglement. (1902 Januar 1.) II + 7 S. Bern, Gottfr. Isoli, 1902.

**Tauscht** nicht schlechten für guten Versicherungs Schutz ein. Wien 1885.
V: *Luyck von Mathey, Joseph.* (EB)

**Tauscht** nicht schlechten Versicherungs-Schutz für Euren guten ein. Wien 1884. V: *Klein, Ignaz.* (EB)

Täuschung. Ein Sittengemälde in 5 A. v. F. Lindheimer. 8. Mannheim, Schwan. 798. Rthlr. Schreibp.

**Täuschung, Die,** eine Erzählung. [Weim. ca. 1822.] V: *Sydow, Wilhelmine Friederike Karoline von geb. von Criegern.* (schl)

Täuschung u. Enttäuschung, od.: **Warum hat d. Revolution vom Julius 1830 den Erwartungen d. franz. Nation nicht entsprochen?** A. d. Franz. gr. 8. (4 B.) Bern 832, [Jenni, Sohn.]

**Täuschung,** die katholische, oder der 19. interessante Lehrertag in einer Großstadt der deutschen Intelligenz. Ein kleiner Beitrag zur Geschichte des Liberalismus des 19. Jahrh. Von einem schlichten Schulmanne. Wien 870. (Mayer & Co.) gr. 8. (IV, 60 S.) n. 2 ngr.

Taeuschungen

Täuschungen. Novelle. Von der Verf. der Frauen, der Freunde usw. 1839

s.a. Knorring, Sophie Margareta von [Verf.]

Täuschungen. Novelle v. d. Verfin. d. Frauen, der Freunde rc. A. d. Schwed. übers. v. G. Eichel. 2 Thle. 8. (27½ B.) Leipzig 839, Kollmann.

Täuschungen der Vorwelt. Ein Beitr. zur Lebensweisheit. 8. Liegnitz 797. Siegert. 20 gr. Mit n. Titel. Leipz. 823. Hinrichs. 16 gr.

— der Vorwelt. 8. Liegnitz 797. jetzt Heymann in Berlin. 5/6 ₰

**Täuschungen ohne Wunder; ein Gemälde aus d. Zeiten der heiml. Gerichte.** 8. Leipz., Joachim. 1 ₰

**Tauschverkehrbuch** f. Postwertzeichensammler. gr. 4. (IV, 104 S.) Leipzig (900). (Verlag des Universal-Briefmarken-Album.) Geb. in Leinw. n.n. 2.30

**Tauschverkehrbuch** f. Postwertzeichensammler. (IV, 104 S.) gr. 4. Leipzig (903). Leipziger Export- u. Verlagsgesellschaft. Geb. in Leinw. n. 2.—

**Tauschverkehrbuch f. Postwertzeichensammler. Jetzt: Giessen, G. Schmidt. (Nur direkt.)**

**Tausend** Fuß über der Erde' oder das belagerte Berlin aus der Vogelperspective des Corwellichen Riesenballons. Aus der Luft gegriffene Briefe eines fliegenden Patrioten. Nr. 1. (Mit einem Holzschnitt auf dem Titelblatt.) Berlin, W. Fähndrich u. Comp. 1849. 8 S. 8.

**Tausend, Ein halbes,** kleiner Räthsel, kindleicht zu lösen. [Wien 184?] H: *Adami, Heinrich Joseph.* (WBL)

**Tausend und wieder Tausend** oder Tausend u. nimmer Tausend? Siehe die Zeichen der Zeit u. die Prophezeiung aus der heiligen Schrift u. der Offenbarung des heiligen Johannes über das Ende der Welt. Wien 861. Mechitharisten-Congreg.-Buchhdlg. in Comm. 8. (39 S.) n. 6 ngr.

**Tausend-Bilder-Bibel.** Die hl. Schrift Alten u. Neuen Testaments verdeutscht v. D. Mart. Luther. gr. 8. (VI S., A. T. 1143 S.; Apokryphen 146 S.; N. T. 416 S. u. Familienchronik 8 S.) Stuttgart (899. 900.) Deutsche Verlags-Anstalt. n. 16. —; geb. in Leinw. m. Goldschn. n. 21. —; in Ldr. m. Goldschn. n. 23.50; in 2 Bde. geb. n. 23. — bezw. n. 26. —; auf Kunstdr.-Pap. in 1 Kalbldr.-Bd. n. 30. —
Erschien auch in 40 Lfgn. à —40.

**Tausendjahrfeier** der Stadt Mödling. Mödling 1904. V: *Reder, Ludwig.* (EB)

„Der Tausendkünstler oder neue auserlesene Sammlung von erprobten haus- und landwirthschaftlichen Vortheilen und Verbesserungen", 2 Teile, Zwickau 1809, 1811 (Schumann).

— **der, od. neue auserlef. Samml. von erprobten haus- u. landwirthschaftl. Vortheilen u. Verbesserr. Ein nöthiges Handbuch f. alle, welche ihr Einkommen u. ihren Wohlstand vermehren wollen.** 2 Thle. 8. Zwickau ... 2e Aufl. 809—811. Gebr. Schumann. 1 ₰ 12 gr.

**Tausendkünstler,** der, enthalt. eine Auswahl leichter u. belustigender, chemischer u. mechan. Kunststücke zur gesellschaftl. Unterhaltung. 8. Bresl. 830. (Aderholz). 2 gr.

**Tausendkünstler, Der.** Eine Auswahl höchst überraschender ... Kunststücke aus der Magie in Karten, Zahlen ... Hamburg 1834. V: *Hoffmann, Peter Friedrich Ludwig.* (schr)

**Tausendkünstler,** der, enthaltend: eine Anzahl leichter u. belustigender, chemischer u. mechanischer Kunststücke zu gesellschaftl. Unterhaltung. 3. Ausgabe. 16. Magdeburg 842, Baensch. n. 1/12 ₰

**Tausendkünstler,** der. Eine reichhaltige Sammlung von leicht ausführbaren, höchst interessanten und überraschenden Taschenspieler- und Karten-Kunststücken, Belustigungen aus der Chemie und Arithmetik, Scherzen und Räthseln zu heiterer Unterhaltung im gemüthlichen Kreise. Herausg. von Wir. Coronati, Schüler des Philadelphia. Mülheim a. d. R. (858.) Bagel in Comm. 8. (XVI, 112 S.) 10 ngr.

**Tausendkünstler, Der.** Eine reichhaltige Sammlung von leicht ausführbaren ... Taschenspieler- und Karten-Kunststücken, Belustigungen aus der Chemie und Arithmetik und Scherzen ... [Mühlheim a. d. Ruhr [1898]. H: *Coronati, Wix.* (Berl. 1906 S. 118.) H: *Frickelli, W.* (Berl. 1900 S. 349)

**Tausendkünstler, Der allgemein nützliche.** Eine Sammlung geprüfter Künste. Hamb. 1837. V: *Hoffmann, Peter Friedrich Ludwig.* (schr)

— der belehrende u. unterhaltende. 8. Leipz. 797. Linke. 8 gr.

— der belustigende. Auszug aus dem „gemüthlichen Festleiter." 1. u. 2. Aufl. 8. (à 3⅛ B.) Crefeld 844, 45, Klein. à

**Tausendkünstler,** der belustigende. Auszug aus dem „gemüthlichen Festleiter". 3. umgearb. u. verm. Aufl. gr. 16. (52 S.) Crefeld 849, Klein. 4 ngr.

**Tausendkünstler, Der chemische,** oder famose Zauberer ... Leipzig 1849. V: *Schöpfer, Carl.* (Biblchem)

— d. geheimnißvolle, welcher zukünft. Dinge entdeckt und Wunderkuren mittheilet. 8. Frankf. 782.

— der magische, od. neue Gaukeltasche. Enthalt. neue magische, optische u. chem. Zauberkunststücke rc. Mit 1 Kpf. 8. Pesth 816. Müller.

Der medicinische *Tausendkünstler* od. Anweisung wie alle Arten v. Viehkrankheiten geschickt u. mit wenig Kosten zu heben sind. Frankf. u. Leipz. 1763. 296 S.

— d. medicinische, alle Krankheiten d. wohlfeile Mittel zu heilen. 8. Ulm, Stettin. 765.

Anonym: „Der ökonomische Tausendkünstler oder ökonomisches Handbuch", Ulm 1767 (Stettin).

Tausendkünstler, der spaßhafte, s. Miniatur-Bibliothek des Nützlichen und Angenehmen.

**Tausendkünstler u. Taschenspieler,** der alle Zeit fertige. Von Edw. Döbler II. 8. Hamburg 844, Hamburg-Altonaer Buchh. 1/8 ₰

Tausendkünstler- und Taschen-Spieler, der neueste. Eine Sammlung überraschender und leicht ausführbarer Kunststücke. 32. (X und 34 S.) Suhl 856, Gebhardi.

**Tausendkünstler u. Taschen-Spieler,** der neueste. Eine Sammlung überraschender u. leicht ausführbarer Kunststücke. 14. Aufl. Erfurt 863. C. Gebhardi. 32. (26 S.) 2½ ngr.

Der verbesserte ökonomische Tausendkünstler oder neues ökonomisches Handbuch, worinnen die wichtigsten Vortheile in allen Theilen der Landwirthschaft und Haushaltungskunst, sonderlich bey dem Feld-, Garten-, Wiesen-, Forst- und Waldbau, dem Weinbau, der Viehzucht und andern dahin gehörigen Wissenschaften beschrieben werden. Zum Besten der Land- und Hauswirthe zusammengetragen ... - Ulm 1767. 17 Bog., m. Reg.

— der, in der Westentasche. Enthaltend: eine Anzahl von mehr als 200 leicht zu bewerkstelligenden u. interessanten Kartenkünsten, physikalischen, chem., ökonom. Künsten, Scherzspielen u. Rechenkünsten rc. 16. (132 S.) Wien 847, Mausberger. (Leipzig, Hunger.) n. 6 ngr

Tausendkünstler, der, in der Westentasche. Enth. eine Anzahl von mehr als 200 leicht zu bewerkstelligenden und interessanten Kartenkünsten, physikal., chem., opt. rc. Künsten rc. Nach den vorzüglichsten Schriftstellern dieses Faches. 9. Aufl. 16. (168 S.) Brünn 867, Karaflat.

**Tausendkünstler,** der, in der Westentasche. Enthaltend eine Anzahl von mehr als 200 leicht zu bewerkstelligenden u. interessanten Kartenkünsten, physikalischen, chemischen, optischen u. ökonomischen Künsten, Scherzspielen u. Rechenkünsten, welche ohne große Vorbereitung u. ohne Kostenaufwand leicht ausgeführt werden können. Nach den vorzüglichsten Schriftstellern dieses Faches, als: Halle, Guyot, Poppe rc. bearb. 10. Aufl. 16. (158 S.) Brünn 880. Karafiat. — 40

**Tausendsasa, Der kleine.** Posse in drei Akten. Rudolstadt 1799. V: *Arnold, Ignaz Ferd. (Theod. Ferd. Cajetan).* (Ky)

Tausendsasa, der kleine. Posse in 3 A. (von Ign. Fd. Arnold). 8. Rudolst. 799. Hildebrandt in Arnst. 6 K

Tausendsasa, der kleine,. Posse. 8. Rudolstadt, Klüger. 799.

Tausendschön. Märchen für Knaben und Mädchen. Mit bunten Bildern (5 chromolithogr. Taf.). 8. (III, 224 S.) Mülheim a. d. R. 870, Bagel. geb.

**Tausendschön.** Märchen f. Knaben u. Mädchen. Mit (5) bunten (chromolith.) Bildern. 2. Aufl. 8. (240 S.) Mülheim 876. Bagel. 2. —

Tausendschön. Aus dem Ungarischen des Stefan Bársony. Mit Illustrationen. 8°. (133 S.) Budapest: G. Grimm 1886.

**Tausendschön.** Ausgewählte Erzählgn. f. jüngere Knaben u. Mädchen. 8. (72 S. m. farb. Titelbild.) Düsseldorf 894. A. Bagel. Kart. — 60

**Tausendschön, das Büchlein.** Berlin (855.) Winckelmann. 4. (20 lith. u. color. Taf. mit Text.) 22½ ngr.

Tausendschönchen. (26 Bilder auf 8 ill. Tafeln u. 7 Bl. Text mit Einfass.) gr. 8. Leipzig, (Herm. Fritzsche.) *

**Tausend u. eine Nacht,** s.: Bibliothek der Gesammtlitteratur.

Tausend, der, u. Einen Nacht, s. Nacht.

Tausent, Max: Über Disulfide mit benachbarten Doppelbindungen. Thiuramdisulfide, Phenylsulfurethansulfur. Freiburg i. B.: Speyer & Kaerner 1909. 46 S. 8°
Freiburg i. B., Phil. Diss. v. 1909, Ref. Gattermann
[Geb. 26. Nov. 82 Madrid; Wohnort: Frankfurt a. M.; Staatsangeh.: Preußen; Vorbildung: Klinger-Oberrealsch. Frankfurt a. M. Reife O. 03; Studium: Heidelberg 5, Berlin 3, Freiburg i. B. 4 S.; Rig. 7. Mai 09.]
[U 09. 1051

**Tausig,** Rede zum allerhöchsten Geburtsfeste Sr. Königl. Hoheit d. Großherzogs Friedrich. Geh. am 9. Septbr. 1877 in der Synagoge zu Offenburg. 8. (11 S.) Offenburg 876. (Trube.) n. — 75

Originalkompositionen und Bearbeitungen klassischer Werke für Pianoforte von Karl Tausig. Neue korrekte Ausg. unter Revision von Gustav Damm (Theodor Steingräber). Bd 1-3. Leipzig: Steingräber [1904]. 3 Bde 4°
1. Originalkompositionen. 2. Klass. Werke in Bearb. f. d. Konzertvortrag.

**Tausig, Paul,** die erste moderne Galerie Österreichs in Baden bei Wien, 1811. Eine Studie. Im Anh.: Neudruck des dazugehör. Gemälde-Kataloges. (XXIII, 30 S.) kl. 8. Wien 909. Gerold & Co. 1. —

— Vom Schreibtisch zur Gondel. Ein amorosiges Büchlein v. der Reise, ungebunden u. aufgeschnitten. Mit e. Umschlagzeichng. v. Hans Schließmann. (109 S.) kl. 8. Wien 909. C. Konegen. 1. —

Tausk, Auguste, vollstand. Anweisung zum Zuschneiden und Anfertigen aller Art von Damen-Kleidung nach dem Maße, für den Selbstunterricht nach einer neuen und leichtfaßlichen Methode entworfen, u. durch viele (34) Figurentafeln anschaulich dargestellt. gr. 8. Berlin 834. (Rauck.) n. 2 ₰

**Tausk, Vict.,** Paraphrase als Kommentar u. Kritik zu Gerhart Hauptmanns „Und Pippa tanzt". (46 S.) 8. Berlin 908. S. Cronbach. n. — 80

**Tauss, H.**, Das Hausiergewerbe in Krain. Schriften d. Vereins f. Sozialpol., Bd. 82. gr. 8⁰. Leipzig 1899.

**Taussig's illustrirter Wiener Hausfrauen-Kalender pro 1886—1889.** Hrsg. von der Redact. der Wiener Hausfrauen-Zeitung. 7.—10. Jahrg. 8. (XXXII, 116, 52; XXXII, 96, 52; XXXII, 99, 52; XXXII, 110, 52 S.) Wien, Perles. cart. à Jahrg. * ℳ 1.20.; geb. à Jahrg. *
Früher u. d. T.: Taussig's Wiener Hausfrauen-Kalender pro ...

**Taussig's Illustrirter Wiener Hausfrauen-Kalender pro 1890.** Herausgegeben von der Redaction der Wiener Hausfrauen-Zeitung. 11. Jahrgang. 8. (XXXII, 118 u. 52 S.) Cart. —.60, geb. 1.—
Wien: Perles 1889.

**Taussig's illustrirter Wiener Hausfrauen-Kalender pro 1890—1893.** Hrsg. v. der Redact. der Wiener Hausfrauen-Zeitg. 11.—14. Jahrg. 8. (à Jahrg. III, XXXII, 118, 52 S.) Wien, Perles. à Jahrg. cart. * 1 20; geb. * 2 —

**Taussig's Illustrirter Wiener Hausfrauen-Kalender pro 1894** Herausgegeben von der Redaction der Wiener Hausfrauen Zeitung. 14. Jahrgang. 8. (XXXII, 114 u. 52 S.) Cart. —.60, geb. 1.—
Wien: Perles

**Taussig's illustr. Wiener Hausfrauen-Kalender pro 1895.** Hrsg. v. der Red. der Wiener Hausfrauen-Zeitg. 16. Jahrg. 8. (VI, XXXII, 114 u. 52 S.) Wien, M. Perles. Kart. n. 1. 20; geb. n. 2. —

**Taussig's Illustrirter Wiener Hausfrauen-Kalender pro 1896.** Herausgegeben von der Redaction der „Wiener Hausfrauen-Zeitung". 17. Jahrgang. 1896. 8. (III, 115 S.) Cartonnirt —.60 In Leinwand geb. Wien: Perles 1895. 1.—

**Taussig's Illustrirter Wiener Hausfrauen-Kalender pro 1897.** Herausgegeben von der Redaction der „Wiener Hausfrauen-Zeitung". 18. Jahrgang. 1897. 8 (III, 114 S., mit Wäschezetteln.) Cartonnirt —.60, in Lnwd. geb. 1.—
Wien: Perles 1896.

**Taussig's Illustrirter Wiener Hausfrauen-Kalender pro 1898.** Herausgegeben von der Redaction der „Wiener Hausfrauen-Zeitung". 19. Jahrgang. 1898. 8. (115 S. mit Wäsche-Zetteln.) Cartonnirt. Wien: Perles 1897. 1.—

**Taussig's illustr. Wiener Hausfrauen-Kalender pro 1899.** Hrsg. v. d. Red. d. Wiener Hausfrauen-Zeitung. 20. Jahrg. 8. (III, XXXII, 115 u. 52 S.) Wien, M. Perles. Kart. n. 1. 20; geb. in Leinw. n. 2.

(F) **Taussig's Illustrirter Wiener Hausfrauen-Kalender pro 1900.** Herausgegeben von der Redaction der Wiener Hausfrauen-Zeitung. XXI. Jahrgang. Wien. Perles. 8⁰. 112 S. Cart. fl. —.60

059

(F) **Taussig's illustrirter Wiener Hausfrauen-Kalender pro 1901.** Herausgegeben von der Redaction der Wiener Hausfrauen-Zeitung. XXII Jahrgang. Wien. Perles. Gr.-8⁰. 118 S. Cart. K 1.20

(F) **Taussig's Illustrirter Wiener Hausfrauen-Kalender pro 1902.** Herausgegeben von der Redaction der Wiener Hausfrauenzeitung. XXIII. Jahrgang. Wien. Perles. 8⁰. 118 S. Cart. K 1.20

**Taussig's illustrierter Wiener Hausfrauen-Kalender pro 1903.** Hrsg. v. der Red. der Wiener Hausfrauen-Zeitg. 24. Jahrg. 8. (III, XXXII, 122 u. 64 S.) Wien, M. Perles. Kart. n. 1. 20; geb. in Leinw. n. 2. —

**Taussig's** illustrierter Wiener Hausfrauen-Kalender pro 1904. 25. Jahrg. Gr.-8⁰. (ill. 121 S.) Wien: Perles 1903.

(F) **Taussigs illustrierter Wiener Hausfrauenkalender** pro 1905. 26. Jahrg. 8⁰. (127 S.) Wien: Perles 1904. K 1.20

**Taussig's illustrierter Wiener Hausfrauen-Kalender pro 1907.** Hrsg. v. der Red. der Wiener Hausfrauen-Zeitg. 28. Jahrg. (III, XXXII, 121 u. 84 S.) 8. Wien, M. Perles. Kart. n. 1. 20; geb. in Leinw. n. 2. —

(F) **Taussigs illustrierter Wiener Hausfrauenkalender** pro 1908. 29. Jahrg. Gr.-8⁰. (ill. 134 S.) geb. K 1.20
Wien: Perles 1907.

(F) **Taussigs illustrierter Wiener Hausfrauenkalender** pro 1909. 30. Jahrg. Gr.-8⁰. (125 S.) K 1 20, geb. K 2.—
Wien: Perles 1908.

**Taussig's illustr. Wiener Hausfrauen-Kalender pro 1910.** Hrsg. v. d. Red. d. Wiener Hausfrauen-Zeitg. 31. Jahrg. (III, XXXII, 135 u. 64 S.) 8. Wien, M. Perles. Kart. 1.20; geb. in Leinw. 2.—

**Taussig's Wiener Hausfrauen-Kalender pro 1880.** Hrsg. von den Redact. der Wiener Hausfrauen-Zeitung. 1. Jahrg. 8. (77 S.) Wien, Perles. *

**Taussig's Wiener Hausfrauen-Kalender pr. 1882.** Herausg. v. d. Redaction d. Wr. Hausfrauen-Zeitung. 8. III. Jahrg. (72 S.) cart. 60 kr., geb. 1 fl. Wien: Perles 1881.

**Taussig's Wiener Hausfrauen-Kalender pro 1883.** Hrsg. von der Red. der Wiener Hausfrauen-Zeitung. 4. Jahrg. 8. (XXVI, 83 S.) Wien, Perles. cart. n. 1. 20 geb. n. 2. —

**Taussig's** Wiener Hausfrauen-Kalender pro 1884. Herausg. von d. Redaction d. Wiener Hausfrauenzeitung. 5 Jahrg. (88 S. mit Wäschezetteln.) Wien, Moritz Perles. Cart. 60 kr., geb. 1 fl.

**Taussig's Wiener Hausfrauen-Kalender pro 1885.** Herausg. v. der Redaction der Wiener Hausfrauenzeitung. 6. Jahrg. (94 S. mit Wäschezetteln.) Ebds. Cart. 60 kr., geb. 1 fl. 1884.
Fortges. u. d. T.: Taussig's illustrierter Hausfrauen-Kalender pro ...

**Taussig, A.**, die Versprechungen der „New York" u. der „Equitable". 8. (26 S.) Wien 885. (Edm. Schmid.) n. — 80

**Taussig, Alfr., Haushalt- u. Toilette-Seifen, Parfumerien u. ätherische Oele auf der Weltausstellung in Chicago, s: Bericht, officieller, der k. k. österr. Central-Commission f. die Weltausstellung in Chicago 1893.**

**Taussig, Eman.**, der Weihnachtsposten, s. a. Heidelmann's, A., Theaterbibliothek 147. Heft.

Der Weihnachtsposten. Singspiel in 1 Akt von Emanuel **Taussig**. Musik von Willi Lautenschläger. Bonn: A. Heidelmann [1905]. (13 S.) 8° [F.]
— **Theaterbibliothek**, A. Heidelmann's. H. 147. [06. 2691

Taussig Franz: Poetische Wertung der sozialen Frage bei Božena Němcová.
H. 1909 PN 2757 Diss. Wien, Univ. 2751

Taussig, Gabriel

**Taussig**, G., Venedig als Kurort. Eine Beleuchtung seiner klimatischen Verhältnisse in ihrem Einflusse auf die Gesundheit nebst Vorschriften zur Beobachtung bei einem längeren Aufenthalt u. einer Anleitung zum zweckmässigen Gebrauche der Seebäder. 2. (Titel-)Ausg. Triest (847.) 853. Münster. 8. (XII, 124 S.) 10 ngr.

**Taussig, G.**, Venedig als Kurort. Eine Beleuchtung seiner klimat. Verhältnisse in ihrem Einflusse auf die Gesundheit nebst Vorschriften zur Beobachtung bei einem längern Aufenthalt und einer Anleitung zum zweckmäss. Gebrauche der Seebäder. 2. (Titel-)Ausgabe. gr. 8. (XII und 124 S.) Triest 853, Münster.

**Taussig, G(abriel): Venedig von Seite seiner klimatischen Verhältnisse mit besonderer Berücksichtigung seines Einflusses auf Skropheln und Lungenkrankheiten. 124 S., gbd.**

**Venedig: Münster 1847**

JB 2.835

**Taussig, Manuel, u. Hans Trummer,** alles elektrisch! Orig.-Posse m. Gesang in 4 Akten. Musik von Alfr. Thienemann. gr. 8. (80 S.) Weissenburg 890. (München, Rubinverlag.) n. 1. —

**Taussig,** Otto, zur Hebg. d. Sittlichkeit, s.: Ollinger, Adf.

Taussig Paul Kamill: Über aromatische Oxamid- und Carbamidderivate. S. 113. IIb. 36
Separatabdruck

**Taussig, Rudolf [aus Kamenomost, Böhmen]: Ueber die technische Darstellung von Aetznatron und Chlor bei Anwendung von Quecksilber-Kathoden. (Fig.) Zürich 1903. 85 S. 8°. [15. XII. 03.]**
Zürich. Phil. Diss. II. 8. 1903/1904.

Taussig, Rudolf. Ueber die technische Darstellung von Aetznatron und Chlor bei Anwendung von Quecksilber-Kathoden. Diss. Phil. [II.] Univ. Zürich. [Mit Figuren.] 80 S. 8. Zürich, Jean Frank, 1903.

**Taussig,** S., das Pappatacifieber, s.: Doerr, R.

Taussig, Salomon

**Taussig,** S., Meleches Schlomo, entnommen aus den ältesten Handschriften der weltberühmten Staatsbibliothek zu München, nützlich für Talmudisten u. Bibliographen, edirt u. bearb. mit einem Commentar. 1. u. 2. Thl. gr. 4. Krotoschin 877. 79. (München, Th. Ackermann.) n. 14. 50
1. Verschiedene talmudische Abhandlungen u. Traktat Schekalim. (92 S.) n. 8. —
2. Traktat Chullin nach der Münchener Talmud-Handschrift nebst handschriftlichen Tosaphoth u. Scholien. (89 S.) n. 6. 50; geb. n. 8. —

**Taussig, Siegm.,** Behelf zur Lösung v. Aufgaben aus dem operativen Sanitätsdienste u. der Sanitätstaktik, s. a. Publikationen, militärärztliche. 63.

**Taussig, Siegm., u. Gust. Frühauf,** Behelf zur Lösung v. Aufgaben aus dem operativen Sanitätsdienste u. der Sanitätstaktik, s. a. Publikationen, militärärztliche. Nr. 86.

**Taussig,** S., Behelf zur Lösung von Aufgaben aus dem operativen Sanitätsdienste und der Sanitätstaktik [Militärärztliche Publicationen. Nr. 63.] 8°. (VIII, 112 S.) K 1.80, geb. K 2.40
Wien: Safař 1902.

**Taussig,** S. und **Frühauf,** G., Behelf zur Lösung von Aufgaben aus dem operativen Sanitätsdienste und der Sanitätstaktik. [Militärärztliche Publikationen. Nr. 63 und 86.] 8°. (VIII, 119 S.)
Wien: Šafář 1905. K 2.40, geb. K 3.

**Taussig,** S. und **Frühauf,** G., Berichtigungen und Nachträge für den Behelf zur Lösung von Aufgaben aus dem operativen Sanitätsdienste und der Sanitätstaktik. [Militärärztliche Publikationen Nr. 86.] 8°. (51 S.) Wien: Šafář 1905. K -.70

**Taussig,** Siegm., Ernährung u. Pflege des Kindes bis zum Ende d. 2. Lebensjahres sow. d. Verhütung s. Erkrankg. 12. (VIII, 156 S.) Wien 897. W. Braumüller. n. 1. —

— **Ernährung** u. Pflege des Kindes bis zum Ende des 2. Lebensjahres, sowie die Verhütung seiner Erkrankg. 3. u. 4. Taus. 12. (VIII, 156 S.) Wien (900). W. Braumüller. n. — 80

Taussig, Theodor [app. Arzt]: Enucleation, Exenteration und Neurektomia optico-ciliaris. ... München: Verl.-Anst. vorm. G. J. Manz 1891. 28 S. 8°
München, Med. Fak., Inaug.-Diss. v. 1891

**Tauste, Fr. de, arte boculario doctrina Christiana y catecismo de la lengue de Cumana, s. Obras, algunas, raras sobre la lengua cumanagota.**

Tauszky Rudolf. Über die durch Sarkomwucherung bedingten Veränderungen des Epithels (mit 2 Taf.). S. 73. III. 18
Separatabdruck

**Tauszky,** Rud., üb. die durch Sarcomwucherung bedingten Veränderungen d. Epithels. [Mit 2 (lith.) Taf. (in gr. 8. u. qu. gr. 4.)] [Aus: „Sitzungsber. d. k. Akad. d. Wiss."] Lex.-8. (11 S.) Wien 876. (Gerold's Sohn.) n. — 80

**Taut,** Tob., physica medica. 8. Lips. Junius. (Cnobloch.) 7½.

**Taut,** T., Physica medica perspicuo cuivis facultati addictis explicans corporum naturalium principia, affectiones, species et phaenomena, qualia ex posteriorum numero sunt meteora, temperamenta, sympathia, antipathia et magia naturalis. 662 pp. Lps. 4°. 1723.

**Taute,** G., Christkind im Walde, e. Weihnachtsspiel f. Kinder unter Mitwirkg. e. Erwachsenen, in 1 Akt. (19 S.) 8. Leipzig 907. X. Pflugmacher. — 30

— Schiller in Leipzig. Ein Kinder-Huldigungsspiel zum 150. Geburtstage des Dichters am 10. XI. 1909. (15 S.) 8. Leipzig (909). F. Brandstetter. — 20

**Taute,** G. F., pädagogisches Gutachten über die Verhandlungen der Berliner Conferenz für höh. Schulwesen vom April u. Mai 1849. gr. 8. (43 S.) Königsberg 849, Tag & Koch. n. 8 ngr.

**Taute,** G. F., Religionsphilosophie. Vom Standpunct d. Philosophie Herbart's. 1. Thl. Allgem. Religionsphilosophie. (2 Abthln.) gr. 8. (51 B.) Elbing 840, Levin.

**Taute,** G. F., Religionsphilosophie. Vom Standpunct der Philosophie Herbart's. 1. Thl. Neue (Titel-)Ausg. gr. 8. (XVI und 784 S.) Leipzig 852, Steinacker.

—— dass. — 2. Thl.: Philosophie des Christenthums. 1. Stück: Grundthatsachen der evangel. Geschichte. gr. 8. (XXXV und 388 S.) Ebds. 852.

—— dass. — 2. Thl.: Philosophie des Christenthums. 2. Stück: Kritische Erörterungen und Uebergänge zum Begriffsmäßigen. gr. 8. (IV und S. 389—588.) Ebds. 852.

— der Spinozismus als unendliches Revolutionsprincip u. sein Gegensatz. Eine zur Feier der Geburt Sr. M. d. Königs in der K. Deutschen Gesellschaft zu Königsberg in Preußen am 16. Octbr. 1848 gehaltene Rede. gr. 8. (48 S.) Königsberg 848, Tag & Koch. n. 8 ngl.

— die Wissenschaften u. die Universitäts-Studien den Zeitbewegungen gegenüber. Eine Rede zur Eröffnung seiner Vorlesungen f. d. Sommersemester 1848. gr. 8. (30 S.) Ebd. 848. 6 ngl.

Taute, Gustav: Die Naturbedingungen in ihrer Bedeutung für den Verkehr der Oberlausitz. Ein Beitrag zur Anthropogeographie Deutschlands. in: Mitteilungen des Vereins für Erdkunde zu Leipzig. 1895. S. 17—135. Leipzig 1896. 119 S., 1 Kt. 8°.

**Taute,** Gustav: Die Naturbedingungen in ihrer Bedeutung für den Verkehr der Oberlausitz. E. Beitr. z. Anthropogeographie Deutschlands. M. e. Karte ... Veröffentl. v. Verein f. Erdkunde zu Leipzig. [Aus d. Wiss. Mitth. d. Ver. f. Erdk. zu Leipzig.] Leipzig, Druck v. C. G. Naumann, 1896; 1 Bl., 115 S., 1 Kt. 8.
Leipzig, Phil. Fak., Inaug.-Diss. v. [19. Juni] 1896

Taute, Max, approb. Arzt aus Ulm a. D.: Über tödliche Blutungen im Gefolge der Tracheotomie. Tübingen 1903: H. Laupp jr. (19 S.) 8°. (Aus: Beiträge zur klinischen Chirurgie Bd 41, H. 1.)
Tübingen, Med. Diss. v. 1903

Die Kaltblütertuberkulose. Von Reg.R. Dr. A[ugust] **Weber** u. Dr. M[ax] **Taute**. Berlin: J. Springer 1905. (S. 110-144.) 4°(8°)
— **Tuberkulose-Arbeiten** aus d. Kais. Gesundheitsamte. H. 3, [2.] (05.1150)

Gebhard Leberecht v. Blücher, der Held der Befreiungskriege, als Freimaurer. Eine Skizze von Reinhold **Taute.** Ulm: Kerler 1882. 16 S. 8°
Auszug in: LgIsl. 9 (1881—1882) No 34, 35.
Holländ. Übers. in: MW. Ser. 4 Jg. 1 (1881) No 51, 52 [Schluss fehlte].
Recens: Bh. 24 (1881) S. 340; HL. 14 (1881) S. 1116; SL. 1 (1881) S. 214—216 (R. Maennel); Z. 11 (1881) S. 95—96 (M. Amster); ML. 10 (1881—1882) S. 48; FZ. 36 (1882) S. 14—15 (K. Pilz).
Tt. 920.

**Taute, Rhold.,** maurerische Bücherkunde. Ein Wegweiser durch die gesammte Literatur der Freimaurerei mit literarisch-krit. Notizen. Verzeichniss der Bibliothek der Loge Carl zu den 3 Ulmen in Ulm. gr. 8. (VIII, 268 S.) Leipzig 885, Findel. [Subscr.-Pr. ℳ 7.50.] * geb. *

**Maurerische Bücherkunde. Ein Wegweiser durch die Literatur der Freimaurerei mit literarisch-kritischen Notizen und zugleich ein Suppl. zu Kloss' Bibliographie von Reinhold Taute. Leipzig: Findel 1886. VIII, 268 S. 8°** [Nebentit.:] **Katalog d. Bibliothek d.** Loge Karl zu den 3 Ulmen in Ulm. [Umschlagtit.:] **Maurer. Bücherkunde.** Th. 2.
Recens: Bh. 28 (1885) S. 277—278; FZ. 39 (1885) S. 327; "Ulmer Tageblatt 1885, abgedr. in Al. 11 (1885) S. 239—240; BrL. 4 (1885—1886) S. 77; Al. 12 (1886) S. 94—96; BN. 10 (1886) S. 198; BZC. 15 (1886) S. 149—152 (K. Schulze), abgedr. in: Bh. 29 (1886) S. 349—350.
cf. Ch. d'U. 22 (1886) S. 210—211.
Enthält 2800 Nummern, darunter die Bibliothek J. G. Findels.

**Die deutsche Freimaurer-Bibliographie. Eine kritische Übersicht. Von Reinhold Taute. 23 S. 8° Aus: Mitth. V. d. F. 1896—1897, S. 86—108.**
Recens: L. 20 (1897) S. 32.
cf. Bbl. 11 (1897) S. 194—199 (E. Reinhold).
Übersicht d. seit 1776 veröff. frmr. Bibliogr. u. Bücherverzeichn. nebst krit. Bemerk.

**Taute, Rhold.,** die katholische Geistlichkeit u. die Freimaurerei, s.a. Bücherei f. Freimaurer. 23/24.

**Taute,** Rhold., d. katholische Geistlichkeit u. d. Freimaurerei. Ein kulturgeschichtl. Rückblick. 1. u. 2. Aufl. 8. (94 S.) Leipzig 895. J. G. Findel. n. 1. 60

Die katholische Geistlichkeit und die Freimaurerei. Ein kulturgeschichtl. Rückblick von Reinhold Taute. Mit e. Geleitsw. von Dr. D[iedrich] Bischoff. 3., erw. Aufl. Berlin: Wunder [1909]. 154 S. 8°
(Bücherei f. Freimaurer. 23. 24.)

**Geschichte des Vereins deutscher Freimaurer 1861—1894. Von Reinhold Taute und Rob. Fischer.** Hrsg. vom Verein deutscher Freimaurer. Leipzig 1895: Zechel. 72 S. 8°
Auszug abgedr. in: A. (NF.) 14 (1895) S. 81 bis 102.

Geschichtliches über den Verein deutscher Freimaurer. Von R[einhold] **Taute.** Leipzig 1908: Zechel. 29. S. 8°
Aus: MitthVdF. 1907—1908 S. 195—212.
cf. FZ. 61 (1907) S. 133—135 (R. Taute).

*Johnson:* Johnson und die strikte Observanz. Von Reinhold **Taute.** [Leipzig 1885: Zechel.] 43 S. 8° [Umschlagtit.]
Aus: A. (NF.) 4 (1885) S. 55—95.
cf. Bh. 28 (1885) S. 87, 163 (J. G. Findel).
Tt. 949.

Katalog der Bibliothek der Loge Karl zu den 3 Ulmen in Ulm von Reinhold **Taute.** Leipzig: Findel 1886. [Nebentit.] s. Taute, R.: Maurerische Bücherkunde.

— Der Wilhelmsbader Konvent u. der Zusammenbruch der strikten Observanz, s.a. Bücherei f. Freimaurer. 18/19.

Der Wilhelmsbader **Konvent** und der Zusammenbruch der Strikten Observanz. Nach Originalakten und zuverlässigen Quellen dargest. von Reinhold **Taute.** Berlin: Wunder [1909]. 135 S. 8°
(Bücherei f. Frmr. 18. 19.)
cf. Bk. 27 (1908—1909) No 100 (Ch. Hünerberg); DrL. 39 (1908—1909) S. 151 (G. v. Gersdorff); BrL. 26 (1908—1909) S. 55; HL. 42 (1908—1909) S. 157—158 (K. Wahlstedt); ML. 37 (1908—1909) S. 111—112 (F. Kneisner); V. 3 (1908—1909) S. 238—239 (W. H. Denier v. d. Gon); Z. 39 (1908 bis 1909) S. 187—188 (H. Glücksmann); Al. 35 (1909) S. 78 (H. Keller); Bh. 52 (1909) S. 7—8 (H. Wanner d. Ältere); Bbl. 23 (1909) S. 127—128 (G. Diercks); FZ. 63 (1909) S. 55—56 (R. Bachmann), 72 (L. Fenger); S. 16 (1909) S. 18 (F. Rackhorst); BstF. 18 (1909) S. 29—30 (A. Feld); H. 20 (1909) No 4 (W. Begemann); L. 32 (1909) S. 15—16 (P. Fischer); R. 36 (1909) S. 71 (G. Schauerhammer); ArSt. 6 (1909) S. 54 (H. Wanner d. Ält.).

Einige **Mitteilungen** über den Verein deutscher Freimaurer. [Von Reinhold **Taute.**] Leipzig 1909: Zechel. 20 S. 8° [Umschlagtit.]
cf. ML. 37 (1908—1909) S. 187 (J. Bluhm).
Enth. Mitteilungen üb. Bedeutung u. Zweck des Vereins, seine Satzungen u. statistische Zusammenstellungen.

**Ordens**- und Bundes-**Romane**. Ein Beitrag zur Bibliographie der Freimaurerei von Reinhold **Taute.** Frankfurt a. M.: Mahlau & Waldschmidt 1907. 142 S. 8°
Aus: Bh. 49 (1906) S. 100—102, 107—109, 118 bis 119, 125—126, 133—134, 140—141, 149, 181—182, 188—190, 196—198, 213—215, 228—230, 236—237, 345—246, 260—262, 268—270, 276—278, 284—286, 391—295, 301—303, 310—311, 317—318, 325—327, 333—335.
Ein Auszug erschien bereits in: HL. 38 (1904 bis 1905) S. 55—59, 122—123, 185—189.
Recens: BayrBbl. 7 (1906—1907) S. 292 (G. Niehrenheim); HL. 40 (1906—1907) S. 219 (K. Wahlstedt); Z. 37 (1906—1907) S. 460 (H. Glücksmann); Bbl. 21 (1907) S. 166 (G. Diercks); FZ. 61 (1907) S. 127 (B. Bachmann); L. 30 (1907) S. 96 (P. Fischer); O. 32 (1907) S. 181.
cf. R. 34 (1907) S. 96 (G. Schauerhammer); S. 14 (1907) S. 33 (F. Rackhorst).

**Organisation** und Grundgesetz der deutschen Grosslogen. Von Reinhold **Taute.** Leipzig: Findel 1900. 25 S. 8°
Aus: BayrBbl. 1 (1900—1901) S. 70—91.
Dän. Übers. von H. Kielland in: FT. 11 (1904) S. 26—27, 33—35, 41—44, 59—61.
Recens: Bh. 43 (1900) S. 368 (C. Gotthold); FZ. 54 (1900) S. 375—376; L. 23 (1900) S. 200; Z. 31 (1900—1901) S. 444.
cf. BayrBbl. 1 (1900—1901) S. 65—66 (Holzinger), 150 (G. Niehrenheim); BstF. 11 (1902) S. 137 (A. Feld).
Wesen u. Wirksamkeit der deutschen Grlogen, ihre histor. Entwicklung, ihre Richtung u. ihr Bestand.

**Uebersicht** der Einnahmen und Ausgaben des Vereins deutscher Freimaurer seit dessen Gründung bis zum Jahre 1893/94. [Von Reinhold **Taute.**] o. O. [1894.] 2 Bl. 8° [Kopftit.]

Der **Verein** deutscher Freimaurer. [Unterz.:] R[einhold] Taute. [Stuttgart 1906.] 4 S. 8° [Kopftit.]
Propagandaschrift.

**Taute**, Rud. Hnr., s. Beitrr. zur Ausbreitung des Lichts.

**Tautges**, Jean: Anthologie von Erzählungen, Fabeln, Parabeln, Mährchen, erzählenden Beschreibungen und Briefen mit fortlaufenden Worterklärungen versehen. Ein stilistisches Aufgaben-Magazin für den Lehrer, . . . Luxemburg: Heintzé 1867. XVI, 484 S. 12°

**Tautges**, Jean: Entwicklung grammatischer Begriffe oder: Das Wesentliche der Wort- und Satzlehre in besonderen Lehrverfahren durchgeführt. Luxemburg: Bück 1867. 8 S. 12°

**Tautges**, Jean. Gesetz-Projekt über den Primär-Unterricht mit einem Anhang. Luxemburg: Schroell 1868.

**Tautges**, Jean: Handbüchlein für Katecheten und Lehrer. Luxemburg 1867.

**Tautges**, Jean: Wider die Schullehrerkonkurse. Luxemburg: Heintzé 1868. 20 S. 8°

**Tautges**, Jean: Übersicht des Unterrichts des Katholizismus in ihrer Verbindung mit den biblischen Ereignissen, oder: Die Geschichte als beweisender und erläuternder Teil des Religionsunterrichtes. Luxemburg: Bück 1867.

**Tautphoeus**, Frhr. v., Geschichte des Füsilier-Regiments v. Gersdorff, s.: Dechend.

**Tautphoeus**, C. F. von, s. Tautphoeus, Karl Freiherr von

**Tautphöus**, Carl von, s. Tautphoeus, Karl Freiherr von

Tautphoeus, Friedrich Philipp von (Bad Mergentheim)
A. S. 105/21

Dissertatio inauguralis de potestate jus suum vi et armis persequendi in imperio haud permissa, vulgo Von der Selbst-Hülff ad illustrandos art. XVI. et art. XVII. j. p. o.
Präs. Johann Jakob Joseph Sündermahler.
Würzburg (Kleyer) 16. VIII. 1752. 147 S.

W. v.: Karlmann Rath. 34191

Tautphoeus, Jemima Baronesse von

Tautphoeus, (J., geb. Montgomery,) die Anfangsbuchstaben, s. Ausland, das belletristische.

Tautphoeus, Jemima B^nesse von
Die Anfangsbuchstaben. Aus dem Englischen. Von C. Buechele. Bdchn 1-6. 7-11.
Stuttgart: Franckh 1854. 8°

—— Cyrilla, s. Collection of british authors.

—— Cyrilla. Eine Erzählung. Aus dem Engl. von W. E. Drugulin. 4 Bde. 8. (1155 S.) Leipzig 854, Kollmann. à Bd. 20 Ngr.

—— dass. — s. Lese-Cabinet, neues belletristisches.

—— the initials, s. Collection of british authors.

Tautphoeus, ad odds, s. Collection of British authors.

Tautphoeus, Baroness, (J. geb. Montgomery), Quits, s. Collection of british authors.

— Quitt. Eine Novelle. Aus dem Engl. von Wilh. E. Drugulin. 4 Bde. Leipzig 858. Kollmann. 8. (243; 252; 224; 223 S.) 2 ℛ. 20 ngr.

**Tautphoeus, Jemima Baronin, Quitt.** Roman in 3 Bdn. Autoris. Übersetzg. aus dem Engl. 8. (III, 218; III, 835 u. III, 240 S.) Gotha 893. F. A. Perthes. n. 10. —

—— Uneins. Deutsche Orig.-Ausg. In 3 Bdn. 8. (IV und 569 S.) Leipzig 863, Wiedemann. [Hartknoch.]

—— Uneins, oder: Krieg im Krieg. Deutsche Orig.-Ausg. 8. (486 S.) Philadelphia 863, (Schäfer und Koradi.) geb. *

Tautphoeus, Karl Freiherr von

**Tautphöus,** Carl Frhr. v., über die Keimung der Samen bei verschiedener Beschaffenheit derselben. Inaugural-Dissertation. gr. 8. (76 S.) München 876. (Göttingen, Vandenhoeck & Ruprecht.) n. 1. 40

Tautropfen

Thautropfen. Die Kernstellen der heil. Schrift. Im wörtl. Abdr. 32. (70 S.) Neusalza [Leipzig] 862, Bornbrück.

**Thautropfen,** 12 (chromolithogr.) Karten (No 49—60) mit Sprüchen (auf farbigem Papier). In-12°. Basel, Schneider. 1882. 3 75

**Thautropfen.** Ziehkästchen. 32. (160 Bl.) Gernsbach 885. Christl. Kolportage-Verein. In Leinw.-Umschlag u. Futteral. n. — 80

**Thautropfen.** 16. (20 Chromolith. m. Text.) Basel 888. Spittler. cart. m. Goldschn. n. — 65

**Thautropfen.** 32. (320 Bl. m. Bibelsprüchen u. Versen.) Gernsbach 896. Baden-Baden, Christl. Kolportage-Verein. In Etui n. — 80

**Tautropfen und Abendglocken.** Zwei reichillustrirte Kartenbüchlein. Format 10/12 cm. Basel, C. F. Spittler. Gebd. mit Goldschn. 1888. à 80

— v. Berg u. Thal. (Von E. Kilian.) 12. (45 S.) Aarau 895. H. R. Sauerländer & Co. n. — 80

**Thautropfen** auf den Pilgerweg. Bibelsprüche auf alle Tage im Jahre m. Versen aus Alb. Knapps Liedern. 32. (373 S.) Ludwigsburg 874. Neubert. geb. m. Goldschn. n. 1. 50

—— dass. — Ein Gedenkbuch in Bibelsprüchen auf alle Tage im Jahre mit Versen aus Alb. Knapp's Liedern. 2. und 3. Aufl. (Pracht-Ausg.) gr. 16. (III, 366 S.) Ebendas. 874,76. geb. mit Goldschn. *

Thautropfen auf dem Pilgerweg. Bibelsprüche auf alle Tage im Jahre mit Versen aus Alb. Knapp's Liedern. 2. Aufl. 1874. * ℳ 1,50.; 3. Aufl. (Min.-Ausg.) 16. (V, 366 S.) Ludwigsburg 877, Neubert'sche Buchh. geb. mit Goldschn. *

Tautropfen auf dem Pilgerweg. Bibelsprüche auf alle Tage im Jahre mit Versen aus Alb. Knapps Liedern. 7.—9. Aufl. 16. (VII, 366 S.) Ludwigsburg 885—88, Neubert. geb. mit Goldschn. *

Tautropfen auf dem Pilgerweg. Bibelsprüche auf alle Tage im Jahre m. Versen aus A. Knapp's Liedern. 10. Aufl. 16. (VII, 366 S.) Ludwigsburg 892, Aigner. geb. m. Goldschn. * 2 —

**Tautropfen aus Gottes Wort f. Kranke u. Schwache.** Gesammelt v. e. Schwester des Diakonissenhauses zu Halle a. S. (407 S.) 8. Halle (905). E. Strien. Geb. in Leinw. n. 3. —

**Tauts,** Kurt, approb. Arzt aus Berlin: Aus d. Kgl. med. Universitäts-Poliklinik zu Berlin. Direktor: Geh. Med.-Rat Prof. Dr. Senator. Ueber Gaumensegellähmung. *Leipzig 1902: B. Georgi.* (26 S.) 8°
Leipzig, Med. Diss. v. (20. Nov.) 1902

**Tautz,** Kurt, General-Register, s.: Zentralblatt f. Bakteriologie.

**Tautz, R.,** unsere Post. Illustrierter Ratgeber f. den Post-, Telegramm- u. Fernsprech-Verkehr. Nach amtl. Bestimmgn. bearb. (67 S. m. Abbildgn.) gr. 8. Nimptsch 904. (Breslau, Priebatsch.) n. — 75

— der Verkehr m. der Post. Illustriertes Lehr- u. Uebungsbuch f. Volks-, Fach-, Fortbildungs- u. Gewerbeschulen, sowie zum Selbstunterricht. Nach amtl. Quellen bearb. (72 S.) gr. 8. Ebd. 904. n. — 75

Tauvel, Philib. Leben d. Paters Damian, Apostel der Aussätzigen v. Molokai, Ordenspriester der Picpusgesellschaft [hh. Herzen]. Aus dem Französ. von Pet. Gervasius Maag. 8. (XV, 239 S. m. 1 Bild.) Regensb. 892, Verlags-Anstalt. * 1 80

Tauwitz, Ed.

Tauwitz, E., deutsche Banner- und Schwertlieder, s. Banner- und Schwertlieder, deutsche.

**Tauwitz, Ed.,** zehn Lieder für Männerchor. Op. 126. 12. (III, 36 S.) Leipzig 880. Regensburg, Coppenrath. n. — 40

Tauwitz, Ed., deutsches Liederbuch für Männergesang. Mit Ehrenpreisen anerkannte Orig.-Compositionen, hrsg. von dem Comité zur Förderung deutschen Gesanges in Böhmen. Partitur. gr. 8. (XXVI und 263 S.) Prag 865, Calve'sche Universitäts-Buchh. *

—— dass. — Singstimmen. 4 Hefte. qu. gr. 16. (à XVIII und 210 S.) Ebendas. 865. à Heft * 16 Ngr. *

Tauwitz, Ed., 12 Soldatenlieder f. 4- u. 5stimmigen Männerchor gr. 8. (5 Stimmhefte wovon 4 à $1\frac{1}{8}$ B. u. 1 à $\frac{1}{2}$ B.) Breslau 846, Leuckart.

Tauxe, Elie. Lectures et récitations, précédées de quelques remarques sur la prononciation de la langue française, la pr' de la lettre e, les liaisons..., tirées des ouvrages de Quintilien, Samson, Legouvé..., Foucher etc. etc. IV + 39 p. 8. Hamburg, Lütcke & Wulff. [1901]. M. —. 50

Tavagnutti, Mario Sig. Katholisch-theologische Bücherkunde der letzten 50 Jahre. I—III u. V. Systematisch nach Materien geordnet u. m. e. Stich- u. Schlagwörter-, sowie e. Autoren-Index versehen. gr. 8. Wien 891, Verlag „Austria", (Doll). * 3 80

I. Hagiographia. Verzeichniss d. über Jesus Christus, die Jungfrau Maria, Heilige, Selige, Päpste u. sonst. ehrwürd. u. fromme Personen von 1830—1890 erschienenen Lebensbeschreibgn., Predigten, Andachtsbücher u. Legenden-Sammlgn. 2. Aufl. (149 S.) * 1 80.

II. Christologische Bibliographie. Verzeichniss der über den göttl. Heiland Jesus Christus von 1837—1890 erschienenen Werke, Predigten u. Andachtsbücher, m. besond. Berücksicht. der Herz-Jesu-Verehrung. (72 S.) * — 60.

III. Mariologische Bibliographie. Verzeichniss der wichtigsten üb. die allersel. Jungfrau u. Gottesmutter Maria von 1837—1890 erschienenen Werke, Predigten u. Andachtsbücher m. besond. Berücksicht. der Rosenkranz-Verehrung. (80 S.) * — 80.

V. Bibliotheca catholica societatis Jesu. Verzeichniss der wichtigsten über den Orden u. einzelne Mitglieder der Gesellschaft Jesu von 1830—1891, sowohl apologet., biograph. u. histor., als auch die pädagog. u. die Missionsthätigkeit umfass., von kathol. Seite erschienenen Werke, Predigten u. Andachtsbücher. (44 S.) * — 60.

IV. Thl., s. Kanzel, die.

Tavagnutti, M. S., die Kanzel, s. Höllerl, A.

Tavagnutti, M. S., die Kanzel. Ein nach 116 Materien systematisch geordnetes u. m. e. Autoren-, Stich- u. Schlagwort-Register verseh. Verzeichniss v. kathol. Predigten u. einschläg. Werken. II. Die Predigt-Literatur der J. 1862—1890 enth. 3., gänzlich umgearb. u. verm. Aufl. gr. 8. (VI, 95 S.) Wien 891. Verlag „Austria", Drescher & Co. n. 1. —
s.: Höllerl, A.

Tavannes, Paradis von

Tavannes, P. v., neue Einrichtung, wie man Sprachlehren brauchen kann, französisch zu lernen. 8. Kopenhagen, Hartwich. 765.

v. Tavannes, Paradis, essai sur l'art de s'ennoncer et d'écrire correctement la langue française, (mit e. deutschen Uebersetzung v. G. D. Lohde). 8. Berl. 757.

v. Tavannes, Paradis, Grammaire, nouveau système applicable à toutes sortes de méthodes etc. 8. Kopenh. 765. Proft. (Brummer). 12 ℛ

de Tavannes, Paradis, Naufrage, ou le royaume de la lune. Opera comique. 8. Kopenh. 763. Brummer. 6 ℛ

Tavares, Frz., der zuverläss. Hausarzt f. Gichtkranke rc., s. Alph. Leroi.

Tavares, Frz., der zuverlässige Hausarzt f. Gichtkranke rc., s. Le Roy.

*Tavares*, F., medicamentorum sylloge, propriae pharmacologiae exempla sistens etc. 8. Leyd. 789. (Pott in Lausanne). 1 ℳ

— de pharmacologia libellus acad. praelect. accommodatus. 8maj. Leyd. 787. (Pott in Lausanne). 1 ℳ

Tavares, Frz., zuverlässiger Rathgeber für Gichtkranke, s. A. Leroy.

**Tavares, Pedro Silva, Freie u. Unfreie. Roman.** (207 S.) 8. Berlin (903). D. Dreyer & Co. n. — 50

— die Sklavin. Roman. (207 S.) 8. Ebd. (903). 2. —; erm. Pr. n. — 50

(B) **Tavares,** P. S., d. Sklavin. 903. (KVL 34.) Jetzt: Berlin, B. Blaurock.

Tavares de Medeiros, J. J. Das Staatsrecht d. Königr. Portugal, s. Handbuch d. öffentlichen Rechts der Gegenwart.

Tavares de Medeiros JJ, das Staatsrecht des Königreichs Portugal. (Handbuch des öffentlichen Rechts von Marquardsen IV, 1. 9) Freiburg 1892

Tavaßstierna, Karl A., s. Amicis, Edmondo de. Starkmut.

**Tavaststjerna, Karl A.**, Gedichte. Ins Deutsche übertr. v. F. Tilgmann. (V, 106 S. m. Bildnis u. 1 Taf.) kl. 8. Helsingfors 905. Verlagsaktiengesellschaft Helios. Geb. n. 4. —

— der Impressionist, s.: Bibliothek der fremden Zungen.

**Tavaststjerna, Karl A.**, der kleine Karl, s. a. Bibliothek, skandinavische, Bd. 2.

[F.] Karl A. Tavaststjerna. Der kleine Karl. Roman e. Knaben. Autoris. Übs. v. Gustav Morgenstern. *Berlin: G. Bondi 1898.* (237 S.) 1 Bd 8.
= Bibliothek, Skandinavische. Bd 2. [97. 7760

**Tavaststjerna, Karl A.**, am Schluß der Flitterwochen. s.: Bibliothek der fremden Zungen.

— ein Sonderling, s.: Sammlung moderner Belletristik in- u. ausländ. Autoren, II, 5.

— ohne Worte, s.: Bibliothek der fremden Zungen.

Tavasy, Dr. L. Winke über Reform und Erweiterung der prot. evang. Schule zu Igló in Zipsen. Mit besonderer Rücksicht auf den k. k. Ministerial-Entwurf der Organisation der Gymnasien und Realschulen in Oesterreich. 8. (66 S.) Pesth, Trattner-Karolyi 1853.

**Tavčar,** Ivan. Slovenski Pravnik. Poduk o najpotrebniših zakonih. V Celovcu. St. Hermagoras-Druck., 1883. 632 S.

Taveau, Onésiph

**Taveau, O., die Krankheiten des Mundes, besond. der Zähne. Nebst Mitteln gegen d. übeln Geruch aus d. Munde. Nach d. Französ. v. Fr. Reinhard. 8. Ilmenau 827. Voigt. 10 ℊℊ**

Taveau, O., guter Rath f. Tabackraucher zur Erhaltung ihrer Zähne, nebst e. Darlegung mehr. Erfahrungen üb. den Einfluß d. Chlor-Kalks zur Beseitigung d. übelriechenden Athems. A. d. Franz. nebst e. Anh., der Vorsichtsregeln f. Tabacksraucher v. e. philosoph. deutschen Arzt enthält. 12. (3 B.) Leipzig 828, Baumgärtner.

**Onésiph Taveau**

[Conseils aux fumeurs sur la conservation de leurs dents. Deutsch:] Guter Rath [Rat] für Tabaksraucher zur Erhaltung ihrer Zähne, nebst e. Darlegung mehrerer Erfahrungen über den Einfluß des Chlor-Kalks zur Beseitigung des übelriechenden Athems. Von O[nésiph] Taveau. Aus d. Franz. übers. nebst e. Anh. der Vorsichtsregeln für Tabaksraucher von e. philosophischen deutschen Arzt enth. Leipzig: Baumgärtner 1828. XVIII,54 S. 8°

Tavel, A. v., über das Wesen d. Wälder, mit besond. Rücksicht auf d. Canton Bern. gr. 8. (2¼ B.) Bern 834, (Dalp.)

(T[avel], A[lbert] v[on].) Alexander von Tavel. Erinnerungen aus seinem Leben. [Mit Porträt-Tafel.] IV + 149 S. 8. Bern, Buchdr. des «Berner Tagblatt», 1902.

Tavel, Ernst

— u. Otto Lanz, üb. die Aetiologie der Peritonitis, s.: Mittheilungen aus Kliniken u. medicinischen Instituten der Schweiz.

Tavel, E. Über die Aetiologie der Strumitis. Ein Beitrag z. Lehre v. den haematogenen Infectionen. gr. 8. (XVI, 193 S. m. 8 Temperatur-Curven.) Basel 892, Sallmann. * 5 —

Tavel, [Ernest]. Behandlung der Varicen durch die Ligatur und die künstliche Thrombose. Separatabdruck aus dem Correspondenz-Blatt für Schweizer Aerzte, [Jahrg. 34,] 1904, Nr. 19. 6 S. 8. [Basel, Schweighauser.]

Tavel, E., contribution à l'étude du streptocoque, s.: Cérenville, de.

Tavel, E[rnest]. Durchwanderungs-Peritonitis. Separatabdruck aus dem Correspondenz-Blatt für Schweizer Aerzte, 1901, Nr. 20. 12 S. gr.-8. [Basel, Schweighauser.]

Tavel, E., Chirurgische Infektion u. deren Prophylaxe, s. a. Bibliothek, moderne ärztliche. Hft. 22/23.

Chirurgische Infektion und deren Prophylaxe. Von Prof. Dr. E[rnst] Tavel, Bern. Berlin: L. Simion Nf. 1905. (74 S.) 8°
↳ Bibliothek, Moderne ärztliche. H. 22/23. [05. 3789]

— Vorlesungen üb. chirurg. Infectionskrankheiten, s.: Kocher, Th.

Tavel, E., 6 Wochen in Marokko, s. a. Verhandlungen der deutschen Kolonial-Gesellschaft. 1900/1. III.

Tavel, E(rnest). Sechs Wochen in Marokko. Mit dreizehn Lichtbildern und einer Karte. Vortrag, gehalten in der Abteilung Berlin-Charlottenburg der Deutschen Kolonial-Gesellschaft (von) Professor Dr. E. Tavel [aus Bern]. II S. + S. 51—72. 8. Berlin, Dietrich Reimer, 1901. [M. 1.20]
Abteilung Berlin-Charlottenburg der Deutschen Kolonial-Gesellschaft. Verhandlungen 1900/01. Heft 3.

Tavel, Franz von

Tavel, F. v., Aronicum glaciale (Wulf.) Rchb. (Mitteilgn. aus d. botan. Museum d. eidgenöss. Politechnikums in Zürich, 2.) [Aus: „Berichte d. schweizer. botan. Gesellsch."] gr. 8. (14 S.) Bern 896. K. J. Wyss. n. — 60

von Tavel, Franz [aus Bern]: Beiträge zur Entwickelungsgeschichte der Pyrenomyceten .... (Sep.-Abdr. aus: Botanische Zeitung. Jahrg. XLIV.) *Leipzig, Druck v. Breitkopf & Härtel*, 1886; 16 S. u. 1 Taf. 4°.
Strassburg, Math.-Naturw. Fak., Inaug.-Diss. v. 1886.

Tavel, F. v., Bemerkungen üb. den Wirthwechsel der Rostpilze. [Aus: „Berichte d. schweiz. botan. Gesellsch."] gr. 8. (11 S.) Bern 893. K. J. Wyss. n. — 60

—— Die Hemiasci u. die Ascomyceten, s. Brefeld, Osc. Untersuchungen aus dem Gesammtgebiete der Mykologie.

Tavel, F. von. Vergleichende Morphologie der Pilze. gr. 8. (XI, 208 S. m. 90 Holzschn.) Jena 892, Fischer. * 6 —

[Tavel, Rudolf von.] Die Achtunddreissiger im Tessin. Erinnerungen aus der Okkupation im Herbst 1890. Nach den Aufzeichnungen und dem mündlichen Bericht verschiedener Offiziere zusammengestellt von einem Offizier des 13. Infanterie-regiments. ([Mit Umschlagszeichnung von] H[ans] B[eat] W[ieland].) 66 S. 8. Bern, Stalder & Sieber, 1900 (*Umschlag:* 1901). [fr. 1. —]

**v. Tavel,** *O. Fr.* Rudolf [aus Bern]: Die wichtigsten Aenderungen in der Lebenshaltung der schweizerischen Hochgebirgsbewohner im Laufe des XIX. Jahrhunderts. Eine wirthschaftspolit. Abh. m. 2 Beil. ... Bern, Buchdr. „Berner Tagblatt", 1891; 3 Bl., 138 S., 1 Bl., 2 Ktn; 8.
Heidelberg, Phil. Fak., Inaug.-Diss. v. [3. Juli] 1891

Tavel, R. v. Die wichtigsten Aenderungen in der Lebenshaltung der schweizerischen Hochgebirgsbewohner im Laufe des XIX. Jahrh. Eine wirthsch. Abhandlung mit 2 Karten. In-8°. 140 S. Bern, Buchdruckerei Berner Tagblatt. 1892.

— Major Davel. Trauerspiel in 5 Akten. Als Manuscript gedruckt. In-8°. 148 S. Bern, Buchdr. des „Berner Tagblatt." 1892. 3 —

Tavel, Rudolf von. Götti und Gotteli. Berndeutsche Novelle. Anschliessend an «Der Houpme Lombach». Buchschmuck von Gustav von Steiger. Umschlagzeichnung von Rudolf Münger. 332 S. 8. Bern, A. Francke, 1906. [fr. 4. —, geb. 5. —]
(Familie Landorfer. Band 3.)

Jä gäll, so geit's. E luschtigi Gschicht us truurigerZyt. Berndeutsche Novelle von Rudolf v. Tavel. Ill. von W. v. May. Bern: Schmid & Francke 1901. (208 S.) 8° [F.]
↳ [Tavel: Familie Landorfer. Bd 1.] [05. 13???]

Tavel, Rud. v., jä gäll, so geit's. E luschtigi Gschicht us truuriger Zyt. 2. Aufl. Buchschmuck von Gust. v. Steiger. Umschlagzeichng. v. Rud. Münger. 8. (214 S.) Bern 902. A. Francke. n. 2. 50; geb. n. 3. 50
1. Aufl. (208 S.) 901. n. 2. 40; geb. n. 3. 80.

Tavel, Rud. v., d'Frou Kätheli u. ihri Buebe. Des „Schtärn vo Buebebärg" 2. Tl. Berndeutsche Erzählg. Buchschmuck von Gust. v. Steiger. 2 Bde. 1. u. 2. Aufl. (264 u. 215 S.) kl. 8. Bern 910. A. Francke.
Geb. in Pappe 6. —

Tavel, Rud. v., Familie Landorfer. 3 Bde. Buchschmuck von Gust. v. Steiger. Umschlagzeichnung v. Rud. Münger. 8. Bern, A. Francke. n. 8. 90; geb. n. 11. 50
1. Jä gäll, so geit's! E luschtigi Gschicht us truuriger Zyt. 4. Aufl. (220 S.) 906. n. 2. 50; geb. n. 3. 50
2. Der Houpme Lombach. Berndeutsche Novelle. Anschließend an die Novelle „Jä gäll, so geit's". 3. Aufl. (320 S.) 906. n. 3. 20; geb. n. 4. —
3. Götti u. Gotteli. Berndeutsche Novelle. Anschließend an „Der Houpme Lombach". 1. u. 2. Aufl. (A 332 S.) 906. n. 3. 20; geb. n. 4. —

— Familie Landorfer. 1. Bd. Buchschmuck von Gust. v. Steiger. 8. Ebd. 2.50; geb. in Leinw. 3.50
1. Jä gäll, so geit's! E luschtigi Gschicht us truuriger Zyt. 5. Aufl. (220 S.) 911.

Der Houpme Lombach. Berndeutsche Novelle von Rudolf v. Tavel. Buchschmuck von Gustav v. Steiger. Umschlagzeichn. von Rudolf Münger. Bern: A. Francke 1903. (335 S.) 8° [F.]
↳ [Tavel: Familie Landorfer. Bd 2.] [05. 13???]

Tavel, Rud[olf] v[on]. Reiseerinnerungen aus dem sonnigen Süden. 8. Bern 1896.

**Tavel, Rudolf von.** Der Schtärn vo Buebebärg. E Gschicht us de trüebschte Tage vom alte Bärn (**Umschlag:* Berndeutsche Novelle). Buchschmuck von Gustav von Steiger. IV + 330 S. 8. Bern, A. Francke, 1907. [geb. fr. 5. —]

Rudolf v. **Tavel**. Der Schtärn vo Buebebärg. E Geschicht us de trüebschte Tage vom alte Bärn. Buchschmuck von Gustav v. Steiger. 2., unveränd. Aufl. Bern: A. Francke 1908. (IV, 330 S.) 8° [F.] 07. 18237

**Tavel, R. v.** Johannes Steiger oder: Der Gattin Vermächtniss. Schauspiel in 5 Akten. In-8°. 109 S. Bern, Buchdruckerei des Berner Tagblatt. 1893. 3 —

— der Twingherrenstreit. Schauspiel in 5 Akten. 8. (V, 150 S.) Bern (Zeughausgasse 14) 899. Buchdr. des Berner Tagblatt. 2. 50

v. Tavell. Bestand und Geist des eidgenössischen Kriegswesens, wie es sein sollte. 8. Bern 1821.

**Tavera, s.: Schmit Ritter v. Tavera.**

Taveres, Franz. s. Tavares

**Taverna, Gius., prime letture de' fanciulli. Coll' aggiunta di tre idillii. Edizione migliorata ed accresciuta di note e cogli accenti sopra le vocali onde regolarne la pronunzia. 8. (124 S.) Triest 863, Coen.** *

— **Lezioni morali a' giovanetti. 8. (99 S.) Triest 863, Coen.** *

**Taverne,** Hermann Johannes[!] [aus Leiden]. Ueber die hydrolytischen Spaltungsproducte und die Zusammensetzung des Convolvulins ... Heidelberg, Buchdr. v. C. Pfeffer, 1894; 43 S. 8.
Heidelberg, Naturw.-math. Fak., Inaug.-Diss. v. [23. Mai] 1894

**(Tavernier.)** 2. Denkschrift über die Expedition in der Krim u. die Kriegführung im Orient; gerichtet an die Regierung Napoleons III. von e. Generalstabsofficier. A. d. Frz. (47.) 8. Genf 1855. 0.90.

**(Tavernier.)** Die Kriegführung im Orient. Der Feldzug in der Krimm. Denkschrift, der Regierung Napoleon III. überreicht von e. hohen Offizier. A. d. Frz. (51.) 8. Berlin 1855. 0.60 — 2. Aufl. verm. m. der Erwiderung der Französ. Regierung im Moniteur. A. d. Frz. (III. 64.) 8. ib. 1855. 0.60.

Tavernier, Alcibiade

—, Tavernier's Blitzableiter gen. Anti-Jupiter, od. Tavernier's gewitterableitende Säule (Colonne anti-foudroyante d'Alcibiade). gr. 8. (2 B. u. 1 Abbild. gr. 4.) Leipzig 833, Baumgärtner.

Tavernier, A(lphonse): Kurze Abhandlung der chirurgischen Clinik. (Manuel de clinique chirurgicale... Dt.) 540 S., gbd.

Weimar: Landes-Industrie-Comptoir 1828

JB 3.081

Tavernier, Handbuch d. chirurg. Klinik. A. d. Französ. gr. 12. Weim. 827, Industr.-Cptr.

**Tavernier, Jean Baptiste.** Beobachtungen über das Serrail des Grossherrn ... a. d. Franz. Memmingen 1789. Ü: *Baur, Samuel.* (MGT) V (Vorrede): *Hermann, Joh. Glob.* (BGE)

§ — — *Joh. B. Taverniers,* weyl. Ritters u. Freyherrn *von Aubonne* in der Schweiz, Beobachtungen über das Serrail des Großherrn. Auf seiner sechsmaligen Reise nach der Türkey gesammelt. Nebst vielen eingestreuten Bemerkungen über die Sitten und Gewohnheiten der Türken. (Aus d. Französ. von Samuel Baur.) Memmingen, 1789. bey Andreas Seiler. 8°. (In München: H. turc. 136 oder It. sing. 1037.) (2 Mk. 50 Pfg. F. Waldau, 1909.)
XVI S. (Vorr. unterz. J. G. H., d. i. Joh. Georg Heinzmann) u. 159 S. — Das Anon.-Lex. IV, p. 158 hat unrichtig „Joh. Glo. Hermann" (statt Joh. Geo. Heinzmann). — Vgl. J. J. Gradmann, Das gelehrte Schwaben, S. 23.

Tavernier, Wilhelm, aus Friedrichshagen: Ueber R im Rolandslied. (T. 1.) Halle a. S. 1901: (E. Ebering, Berlin). (35 S.) 8°
(Erscheint vollst. als: Roman. Studien, H. 5. u. d. T.: Zur Vorgeschichte des altfranzösischen Rolandsliedes.).
Halle, Phil. Diss. v. 1901

**Tavernier, Wilh., zur Vorgeschichte des altfranzösischen Rolandsliedes (üb. R. im Rolandslied), s.a. Studien, romanische. 5. Hft.**

Zur Vorgeschichte des altfranzösischen Rolandsliedes ⟨Ueber R im Rolandslied⟩. Von Wilhelm **Tavernier**, Dr. phil. *Berlin: E. Ebering 1903.* (230 S.) 8°
Ein Teil erschien als Inaug.-Diss. Halle 1901.
= Studien, Romanische. H. 5. 03. 13233 2

**Tavola murale dei Monumenti preistorici e storici più antichi dell' Austria-Ungheria.** Pubblicata dall' I. R. Commissione Centrale pei Monumenti d'arte e storia in seguito a mandato dell' eccelso. I. R. Ministero dell' Culto e dell' Istruzione. Proposta e descritta dal dott. M. Much. Aquarello di Luigi Giovanni Fischer. Verlag von Ed. Hölzel in Wien. (Italienische Ausgabe der mit dem Min.-Erl. v. 19. August 1895, Z. 1052, Min.-Vdgsbl. 1895, S. 301, publicirten deutschen Wandtafel.)

**Tavole, nautiche, dell I. R. marina di guerra.** [Con deci Carte (chromolith. in qu. 4.)] Lex.-8. (XVIII, 272 S.) Vienna 871. (Pola, Schmidt.) n. 6. 70

**Tawakkul**, Darwēš, Ibn-i Bazzaz s. Ibn-i Bazzaz.

**Tawara**, S.: Die heutige Lehre v.d. pathologisch-anatomischen Grundlagen der Herzschwäche. s. Aschoff, Ludwig

**— das Reizleitungssystem des Säugetierherzens. Eine anatomisch-histolog. Studie üb. das Atrioventrikularbündel u. die Purkinjeschen Fäden. Mit e. Vorwort v. L. Aschoff. Mit 5 lith. u. 5 Lichtdr.-Taf. sowie 2 Abbildgn. im Text. (IX, 200 S. m. 3 Bl. Erklärgn.) gr. 8. Jena 906. G. Fischer.** n. 10. —

**TAWASTSTJERNA, Onni**

Ueber die subkutanen Rupturen des Magen-Darmkanals nach Bauchverletzungen. Helsingfors 1905. IV + 176 pg. 8:o.
**Diss. Hels.**

**Tawney,** Guy A.: Ueber die Wahrnehmung zweier Punkte mittelst des Tastsinnes, m. Rücks. auf d. Frage d. Uebg u. die Entstehg d. Vexirfehler ... M. 5 Fig. im Text. (Aus: Wundt, Philos. Stud., Bd XIII Heft 2.) Leipzig, W. Engelmann, 1897; 61 S. 8.
Leipzig, Phil. Fak., Inaug.-Diss. v. [15. Febr.] 1897

Tawrogi, Abraham J.

**Tawrogi, Abraham, der talmudische Tractat Derech Erez sutta nach Handschriften und seltenen Ausgaben, mit Parallelstellen und Varianten kritisch bearb., übers. und erläut. Inaugural-Dissertation. gr. 8. (52 S.) Königsberg i. Pr. 885, (Koch's Antiqu.)** **

Tawrogi, A. J., der talmudische Tractat Deroch Erez Sutta, nach Handschriften u. selt. Ausgaben m. Parallelstellen u. Varianten kritisch bearb., übers. u. erläut. gr. 8. (VII, 52 S.) Königsberg 895. (Frankfurt a/M., J. Kauffmann.) n. 1. 20

Tax oder Preis der Arzneyen, welche in der Wirtenb. Pharmacopoea beschrieben sind. Daselbst 1755.

Tax, (Augustus) Car. (Theoph.) (geb. Neuhaldensleben 7. 8. 1811): De septi narium restitutione. Berolini (1836). (43 S.) 4°
Berlin, Med. Diss. v. 12. März 1836

Taxa oder Chur-Cöllnische Gerichts-Ordnung. [Dat.:] 22. 12. 1718. Bonn: Müller 1718. fol.
— [Anderer Dr.] Bonn 1718. fol.

Taxa jurium curiae archi-episcopalis Coloniensis, et taxa jurium cancellariae aulicae Bonnensis. [Dat.:] Coloniae, 8. Jan. 1751/Bonn, den 25. Junii 1743. Coloniae: Steinhausen 1751.

— medicamentorum emend. p. Regno Hungariae etc. 8. Ofen 804. Typ. Soc. 8 gl

Taxa medicamentorum in Pharmacopoea Austriaco-provinciali. (Latein. u. dtsch.) Wien 1795.

Taxa medicamentorum in pharmacopoea austriaco-provinciali, oder Taxe der in der Oestreich. Provinzial-Pharmacopoe enthalt. Arzneien, für das J. 1809, sammt den Abänderungen 1810. 8. Salzb. 810. Oberer. 6 gl Für d. J. 1810. Linz, Haslinger. 12 gl Edit. III. contentorum etc. Lat. et german. 8. Ofen 812. Universitäts-B. 9 gl

— Medicamentorum in Pharmacopoeae Austriacae, editione IIIa Contentorum. Lat. et germ. 8. Ofen 822, Universitäts-B.

— pharmaceutica Bavarica. 8. Münch. 825. Lentner. 1 f

— pharmacopeiae Würtembergicae, latein. u. deutsch. Fol. Stuttg. 755. Erhard. 8 gl

— seu pretium medicamentor. tam simplicium quam compositorum juxta pharmacopoeam Danicam. 4maj. Kopenh. 806 Brummer. 1 ß

Taxa pretium simplicium
Taxa seu pretium tam simplicium quam compositorum juxta Pharmacopoeam Danicam. - Medicinal-Taxe, nach welcher die Apothecker in den Herzogthümern Schleswig und Holstein königlichen Antheils und den Grafschaften Oldenburg und Delmenhorst die in der Pharmacopoea Danica verzeichnete Simplicia und Composita verkaufen sollen... 72 S., gbd.

Francofurti et Lipsiae: 1786

JB 1.666

Taxation d. Arzneien, Arbeiten u. Gefässe d. Apotheker 1854. —.05

Kurzgefasste Taxation von dem auf den Lindauer und Nottfelder Parcelen vorräthigen Holze. Flensburg. o. J. Fol.

Taxation der Güter Marutendorf, Hohenschulen und Kleinnordsee. (Kiel. 1812.) Fol.

Anonym: „Ueber die Taxation und Veranschlagung der Güter, nach den neuesten und besten ökonomischen Grundsätzen; nebst dahin einschlagenden juristischen Anmerkungen, dergestalt vorgetragen, daß solche Generalprincipia überall anwendbar sind; nebst dazu gehörigen Anschlägen", Dresden 1788 (Walther).

Taxation, über die, u. Veranschlagung der Güter, nach den neuesten Grundsätzen dargestellt (von F. H. M. Kersten). 4. Dresd. 788. Walther 1 / 16 gl

Taxe der Apothekerwaaren f. die Herzogthümer Schleswig u. Holstein, nebst Anhang. 4. Kiel 811. Akadem. B. 20 gl

Taxe der Apothekerwaaren für die Herzogthümer Schleswig und Holstein. Kiel 1832. V: *Pfaff, Chph Hnr., Chn Rud. Wilh. Wiedemann* & *Georg Hnr. Ritter*. (call)

Taxe der Apothekerwaaren für d. Herzogth. Schleswig u. Holstein. (Mit Vorr. v. C. H. Pfaff. C. R. W. Wiedemann. C. H. Ritter.) gr. 8. (5 B.) Kiel 832, Universitäts-Buchh.

Taxe der Apothekerwaaren für die Herzogthümer Schleswig und Holstein. 1842. Kiel. 1842. 8°.

Taxe der Apothekerwaaren für die Herzogth. Schleswig und Holstein. 1847. gr. 8. (92 S.) Kiel 847, Akademische Buchh.

Taxe jener Arznei-Artikel, die in der neuen österreichischen Arznei-Taxe vom 1. Februar 1855 nicht enthalten sind, des Geschäftes halber aber in vielen Apotheken vorräthig gehalten werden müssen. Bestimmt bei der am 10. März 1857 abgehaltenen Olmützer Gremialversammlung. Olmütz, 1857. Dr. von Franz Slawik. (16 S. 8.)

Taxe der nach der neuesten österreichischen Pharmacopöe officinellen, sowie der vorzüglich noch gangbaren Arzneiartikel, nach der neuen österreich. Währung berechnet und zusammengestellt von der Redaction der österreich. Zeitschrift für Pharmacie. *Wien* 1858. *L. Mayer*. 73 S. 8°. Mit 1 Tab.

Taxe d. in d. österr. Provinzial-Pharmacopoe enthalt. Arzneyen. Wien 1811. Fol.

Taxe d. Arzneymittel, s. Pharmacopoea.

Taxe d. in d. umgearbeiteten österreichischen Provinz.-Pharmacopoe enth. Arzeneymittel f. das Jahr 1810. Linz, Haslinger. 810. Rthlr.

Taxe für Arzneimittel, welche in der Pharmacopoea hannoverana nicht aufgenommen sind. gr. 8. (15 S.) Hannover 852, Hahn'sche Hofbuchh.

Taxe für nichtofficinelle Arzneistoffe. von Hans Turinsky. Nach den neuesten Preislisten revidirt von Hans Gutt. Tabellen-Form Wien: Perles 1890. —.20

— für Aerzte u. Wundärzte in d. Hannöv. Landen. 4. Hannov. ... Hahn. 3 gl

Taxe für die Aerzte und Wundärzte in den churhannöverschen Landen. (Hannover 1800.) 7 S. 4°

**Taxe** für die Aerzte und Wundärzte der Herzogthümer Schleswig und Holstein, vom 1. Dec. 1820, nebst den spätern dieselbe erläuternden Verfügungen und einem Repertorium der übrigen erlassenen Verordnungen für Aerzte und Wundärzte. Kiel. 1841. 8°.

**Taxe** für die Briefpost im Herzogthum Holstein und zwischen den holsteinischen und fremden Postanstalten. Red. im Bureau für das Postwesen. 1852. Bei: Amtsblatt für das Schleswig-Holst.-Postwesen. Kiel. (1852.) Anlage zum 2ten Postamtsblatt pro 1852. 8°, in 4° gebunden.

**—— für die Briefpost im Herzogth. Holstein und zwischen den holstein. und fremden Postanstalten. Redig. im Bureau für das Postwesen. 1852. Lex.-8. (32 S.) Kiel 852, (Schwers'sche Buchh.)**

Taxe der nach §. 82 der Eichordnung vom 16. Juli 1869 zu erhebenden Eichgebühren in Ausführung von Art. 18. der Maaß- und Gewichts-Ordnung vom 17. Aug. 1868 erlassen von der Normal-Eichungs-Kommission des norddeutschen Bundes. gr. 8. (11 S.) Berlin 870, (Moeser.)

**Taxe vom 29. März 1844 der Gebühren oder Diäten u. Reisekosten der Sachverständigen, Taxatoren u. Dolmetscher, so wie der Versäumniß- oder Reisekosten der Zeugen u. Partheien, bei gerichtl. Geschäften, da, wo die Gebührentaxen vom 23. Aug. 1815 Gesetzeskraft haben; nebst eingeschalteten Tabellen u. beigefügten Formular-Entwürfen zur Berechnung derselben. Hrsg. von H. Schulte. Fol. (4 B.) Münster 844, Coppenrath'sche Bh.**

**Taxe** zum Handverkauf f. Apotheker. 16. (84 S.) Eichstätt 873. Krüll. n. 1. —; geb. u. m. Pap. durchschossen. n. 1. 50

**Taxe** für den Handverkauf der Apotheker in Baden. (Von F. X. Baur.) 4. (32 S.) Offenburg 858, (Braun.) *

**Taxe für die Medicinal-Personen vom 21. Juli 1815 mit den Declarationen und Zusatz-Bestimmungen bis zum J. 1862. gr. 8. (17 S.) Berlin 863, A. Hirschwald.** * ¹
Aus: Preussischer Medicinal-Kalender auf das J. 1863, besonders abgedruckt.

**TAXE für die Mitglieder des Vereins der freigewählten Kassenärzte, in der Fassung der von der Mitgliederversammlung vom 23. Mai 1902 gefassten Beschlüsse. (Berlin. Druck von H. S. Hermann.) (Ohne bes. Titelblatt.) 8°.**

— nach welcher in Gemäßheit der Verfügung des Königl. Sächs. Finanz-Ministeriums vom 16. April 1851 die Bezahlung der Erze aus den Sächs. Bergamtsrevieren bei der Generalschmelzadministration vom J. 1852 an zu erfolgen hat. gr. 4. (14 S.) Freiberg 851, Craz & Gerlach. 1/6 ℛ

**Taxe, die k. preuß., f. d. Medicinal-Personen. Nebst hinzugekom. Ergänzn. u. Erläutern. u. übersetzten Kunstausdrücken. Zum Gebr. f. Jedermann. gr. 12. (1 B.) Bonn 840, Habicht.** *

**Taxe**, wornach das Baumgeld respective bey der Klinke und dem Walkerdamm von dem Baumwärter daselbst künftig erhoben werden soll. Kiel den 2. Sept. 1768. (Kiel. 1768.) Fol., in 4° gebunden.

**Taxe**, wornach die Reisende, Fuhr-Leute etc. das Baumgeld bey Kopperpahl zu erlegen haben. Kiel, den 29. Septb. 1770. o. O. u. J. Fol., in 4° gebunden.

**—— württembergische, der thierärztl. Arzneimittel vom 26. Aug. 1848. (Anhang zur württemberg. Arzneitaxe.) gr. 8. (12 S.) (Stuttgart 848, Metzler'sche Buchh.)**

**Taxfeld-Karte** zur Bemessung der Entfernungen zwischen den Postämtern in Oesterreich-Ungarn nach Zonen und Tax-Meilen. Hrsg. vom Post-Cours-Bureau des k. k. Handels-Ministeriums. Wien. 1 Bl. f.

**Taxgesetz, das, s. a. Gesetze, österreichische. XII. Suppl.**

**Das Taxgesetz, das Patent über die Depositen-Verwahrungsgebühren, die Vorschriften über die Patentgebühren und über den Stempel von Spielkarten, Kalendern und Zeitschriften, sammt den dazu erflossenen Nachtrags-Verordnungen und Erläuterungen und den einschlägigen Erkenntnissen des Verwaltungsgerichtshofes. Wien. 1899. Manz. 8°. VIII, 120 S. fl. —.60, geb. fl. —.90**
**(F.) Manz'sche Taschenausgabe der österreichischen Gesetze. Supplement zum XII. Bd.**

Tax- und Stempelgesetz vom 8. Novbr. 1875 und Notariatsgebühren-Ordnung vom 30. Novbr. 1875, mit alphabet. Register und Tabellen zum prakt. Gebrauch bei Berechnung der Tax-, Stempel- und Notariats-Gebühren. gr. 8. (60 S.) Kempten 876, Kösel'sche Buchh. *
—— dass. — Nachtrag. gr. 8. (20 S.) Ebendas. 876. *

**Taxgrundlagen** für den internen, direkten und Transit-Güterverkehr [der] Schweizerische[n] **Bundesbahnen**. ⟨Gemäss Beschluss des Verwaltungsrates vom 18. Oktober 1901.⟩ Gültig vom 1. Mai 1903 an = **Bases** de taxes pour le transport des marchandises en service intérieur, direct et de transit [des] Chemins de fer fédéraux. ⟨D'après décision du Conseil d'administration du 18 octobre 1901.⟩ Valable à partir du 1er mai 1903. 30 S. gr.-8. Bern, Lack Aeschlimann & Jost, 1902.

„Neu revidirte allgemeine Taxgrundsätze der schlesischen Fürstenthums-Landschaften. Auf Grund der Verhandlungen des General-Landtags vom Jahre 1824". Breslau 1825 (Korn)

**Tax-Grundsätze, neu revidirte allgem., der schlesischen Fürstenthums-Landschaften. Auf den Grund der Verhandln. d. General-Landtages v. 1824. gr. 4. (7½ B.) Breslau 830, W. G. Korn.**

„Neu revidierte allgemeine Taxgrundsätze der Schlesischen Fürstenthums-Landschaften", Breslau 1825 (Korn), neue Auflage ebenda 1830; neue Auflage ebenda 1836.

Taxil, Leo. Bekenntnisse e. ehemaligen Freidenkers. Autoris. Uebersetzg. 8. (VII, 336 S.) Freiburg i. d. Schweiz 888. Paderb., Bonifacius-Druckerei. * 2 80

**Taxil**, Leo, Bekenntnisse eines ehemaligen Freidenkers. Autoris. Uebersetzg. 8. (VII, 336 S.) Freiburg i. d. Schweiz 888. Paderborn, Bonifacius-Druckerei. n. 2. 80

Bekenntnisse eines ehemaligen Freidenkers. Von Leo Taxil. Autor. Uebers. Freiburg in der Schweiz: Buchh. d. Werkes vom hl. Paulus 1888. VII, 336 S. 8°
TB. 415. Berührt auch die Frmrei.

°Vollständige Enthüllungen über die Freimaurerei von Leo Taxil. [T. 1—3.] Freiburg (Schweiz) 1886—1887: Buchdr. d. Werkes vom heiligen Paulus. 8°
[1.] Die Drei-Punkte-Brüder. Ausbreitung und Verzweigung, Organisation und Verfassung, Ritual, geheime Zeichen und Thätigkeit der Freimaurerei. Autor. Übers. aus d. Franz. Bd 1. 2. 1886—1887.
1. XIV, 421 S. 1886; 2. 580, VII S. 1887.
[2.] Der Kultus des grossen Weltbaumeisters.
[3.] Die Frmr-Schwestern.
Auszug aus Tl 1 in: Konstanzer Nachrichten.
Recens Tl 1: Stimmen aus Maria-Laach. 34 (1888) S. 229—234 (H. Gruber); Bh. 30 (1889) S. 21—22.
cf. FZ. 42 (1888) S. 137—140.
TB. 411.
*[Taxil: L.: D. Drei-Punkte-Brr. 1 (1886) Vorw.]*

— Der Meuchelmord in d. Freimaurerei. Einzig autoris. deutsche Uebersetzg. 12. (IV, 480 S.) Salzburg 891, Mittermüller. * 5 —

**Taxillude.** Von Ernst Jocosus. 8. (128 S.) Leipzig 902. J. G. Findel. n. 1. 50

Taximenes, Eleutherius [Pseud.], s.a. Koch, Johann

**Taximenes**, Eleuth., Gedanken v. nahen Heirathen. 4. Hannover. 734.

Taxis, Johann Baptista von, ein Staatsmann und Militair unter Philipp II. u. Philipp III., s. Rübsam, Jos.

**Taxis**, G. L., ABC- u. erstes Lesebuch, methodisch bearb. 8. Stuttg. 825. Steinkopf. 3 gr.

**Taxis**, Edw., Aufgaben zur Wiederholung u. Selbstbeschäftigung um die obern Schulklassen durch alle Lehrgegenstände in fortwährender, geistbildender Thätigkeit zu erhalten. 12. Wiesensteig 840, Schmid. (Leipzig, Stabler.) 1/4 ₰ 92 S.

**Taxklassen**, die, der Handelshölzer in den größten deutschen Forstverwaltungen. Nach amtl. Materiale zusammengestellt vom „Holzmarkt" — Bunzlau, Fachblatt f. Holzhandel u. Holzverwertg. (51 S.) gr. 8. Bunzlau 904. (G. Kreuschmer.) n. 2. —

TAXNER, VEREMUNDUS FRANCISCUS: Ueber den wohlthätigen Einfluß der römischen Päpste auf die Zustände Ungarns. In: Progr. d. Ben. Ob. gymn. Oedenb. 1856/57. S. 3-8

**Taxon**, Harry, u. sein Meister. 1. Bd. (96 S.) 8. Berlin (909). Verlagshaus f. Volksliteratur u. Kunst. — 20

Taxordnung

— allgem., f. das Salzburgische Pfleg-, Stadt-, Land- u. Berggerichte. Fol. Salzb. 785. Waisenhaus-B. (Duyle). 1 gr.

TAXORDNUNG. Allgemeine — in Streitsachen. Nach einen alphabetischen Auszug aus den . . . Taxgesezen von 1. Nov. 1781 und 5. April 1782. Leykam, Gratz o. J. 1 vol. 17 Bl.

**Taxordnung** f. Anwälte. Nach d. neuesten gesetzl. Bestimmungen. 8. (.. B.) Karlsruhe 839, Jul. Groos.

— für die Anwälte u. Notare d. App.-Ger.-Bez. Frankfurt a/M. gr. 8. (12 S.) Frankfurt a/M., 875. Baer & Co. n. — 80

**Taxordnung** f. die Anwälde u. Sachwalter im Königr. Westphalen, alphabet. geordnet. 4. Hannov. 813. Hahn. 8 gr.

**Tax-Ordnung** f. Anwälte in gerichtlichen, verwaltungsgerichtlichen, Verwaltungs- u. Polizeisachen nach den Verordngn. d. großherzoglichen Ministeriums d. großherzogl. Hauses, der Justiz u. d. Auswärtigen vom 20. Novbr. 1874 u. d. großherzogl. Ministeriums d. Innern vom 23. Novbr. 1874. [Gesetzes- u. Verordnungsblatt LIII. S. 557 ff.] gr. 8. (41 S.) Mannheim 875. Bensheimer. — 75

— dasselbe. Nachtrag. gr. 8. (20 S.) Ebend. 876. n. — 80

**Taxordnung** f. Aerzte u. Zahnärzte, sowie f. Thierärzte u. Hebammen, vom 24. V. 1898. 4. (16 S.) Weimar 898. (H. Böhlau's Nachf.) n. — 40

— der Gerichtskosten in Frankreich. gr. 8. Bremen, Müller. 811.

Ihrer Königl. Majest. in Pohlen, etc. als Chur-Fürstens zu Sachßen etc. **Tax-Ordnung** wornach hinfüro die Sportuln und Gerichts- auch Advocaten-Gebühren gefordert und bezahlet werden sollen. [Dat.:] Dreßden, den 10. Jan. 1724.

Der Röm. Kayserl. Majestät etc. **Tax-Ordnung** . . . wie es allhier zu Franckfurt bey vorstehendem Abzug Ihrer Kayserl. Majestät und Churfürstl. Hofstätten der Quartier-Bezahlung und Tax halber in allen und jeden solle gehalten werden. Franckfurt a. M. 1711.

— für das ärztliche Personal im Königr. Bayern. Taschen-Ausg. 8. (47 S.) Eichstätt 876. Krüll. n. — 60

— dasselbe. Amtliche Ausg. gr. 16. (47 S.) München 876. Grubert. n. — 60

**Taxordnung** f. das ärztliche Personal im Königr. Bayern. Amtliche Ausg. gr. 8. (24 S.) München 886. Grubert. n. — 60

Provisorische Tax-Ordnung f. d. Königr. Baiern. *München*, Giel. (6 Gr.)

„Revidirte Tax-Ordnung wornach männiglich in des Fürsten Christiani Marggraffens zu Brandenburg . . . . Burggraffens zu Nürnberg etc. Land, sonderlich aber etzlicher Handwercker vnd Taglöhner halber, . . . . sich zu richten", Hof 1644 (J. A. Mintzel) fol — Vorh.: Bibl. des German. Museums Nürnberg.

— Sportel- u. Stempelordnung f. das Großherzogth. Baden, nebst d. Anhang vom Juli 1808. gr. 8. Karlsr. 808. Müller. 12 gr. 2e verm. Aufl. 8. Ebd. 14 gr.

**Tax-, Sportel- und Stempelordnung**, die Großh. Badische, s. Szuhany.

**Tax-, Sportel- u. Stempelordnung**, die Großherzogl. Badische, vom J. 1807 in ihrer dermaligen Giltigkeit nebst den betreffenden Gesetzen, Verordnungen, Entscheidungen u. Erläuterungen hrsg. v. F. Szuhany. gr. 8. (VIII u. 132 S.) Karlsruhe 850, Müller. 1/2 ₰

**Tax-, Sportel- und Stempelordnung**, die großherzogl. badische, vom J. 1807 in ihrer dermal. Giltigkeit, nebst den betreffenden Gesetzen, Verordnungen, Entscheidungen und Erläuterungen hrsg. von F. Szuhany. 2., unveränd. Abdr. gr. 8. (VII und 132 S.) Karlsruhe 852, Müller'sche Hofbuchh.

— in Strafsachen f. die Anwälte der App.-Ger.-Bezirke Cassel, Celle, Frankfurt a/M., Kiel u. Wiesbaden nach der Verordng. vom 30. Aug. 1867 u. dem Gesetz vom 1. Mai 1875. gr. 8 (6 S.) Frankfurt a/M. 875. Baer & Co. — 50

**Taxpreise** der Magistral-Formeln 1872. qu. 4. (1 Bl.) Berlin 872. Gaertner. In Couvert. n. — 20

**Tax-Principien.** Zusammengestellt für gerichtliche Commissarien, Taxatoren u. Dorfgerichte. Stettin 859. Graßmann. gr. 8. (40 S.) n. 5 ngr.

— der Pommerschen Landschaft. Bestätigt mittelst Allerh. Cabinetsordre vom 9. Juni 1857. Stettin 859. (Cartellieri.) Fol. (24 S.) n. 20 ngr.

**Taxquadratkarte** [illegible] Berlin. 20 Bl. [illegible]

Taxreglement (Preisverzeichnis) über sämtliche Logis, Better, Bäder, Sauerwasser, auch über die Tische und Weine auf dem Kurorte bei Brückenau. Dat. Kurort nächst Brückenau, den 18. Mai 1789. Qu.-Fol. 18.—

Sehr interessanter und seltener Einblattdruck. Ausgestellt von der Hochfürstl. Fuldischen Hofrentkammer. Die Preise der „Weintax" sind handschriftlich eingesetzt.

**Tax-Resolvirungs-Tabellen.** Hrsg. von einem Finanz-Rechnungs-Revisor in Würzburg. 2. Aufl. Fol. (8 S.) Würzburg 878, Stahel'sche Buchh. *

Die 1. Aufl. erschien u. d. T.: Tabellen zu Art. 1—4 der Notariats-Gebühren-Ordnung.

**Taxrolle** d. Einregistrirungsgebühren f. das Großherzogthum Frankfurt. gr. 8. Frankf. 811. Eichenberg. 9 gr

**Taxverfahren,** das gerichtliche, dargestellt nach der allgemeinen Gerichtsordnung u. den dieselbe ergänzenden Bestimmungen. [Separatausg. der Beilage zum „Bürean-Blatt f. gerichtliche Beamte".] gr. 8. (37 S.) Berlin 890. A. Nauck & Co. n. — 60

**Taxvorschriften, die, der deutschen Hagelversicherungs-Gesellschaften. (Verhandlgn. d. XXXVII. Plenarversammlg. des deutschen Landwirtschaftsrats 1909.) (S. 133—145.) Lex. 8. Berlin 909. P. Parey.** nn — 75

Sonderabdr. aus: „Archiv d. deut. Landwirtschaftsrats".

**Taxweiler,** Richard, a. Berlin: Angelsächsische Urkundenbücher von kentischem Lokalcharakter. (Berlin: Mayer & Müller 1906.) (59 S.) 8°

Berlin, Phil. Fak., Ref. Brandl, Diss. v. 3. Nov. 1906

[Geb. 25. Juli 81 Berlin; Wohnort: Berlin; Staatsangeh.: Preußen; Vorbildung: Konigstädt. Realgymn. Berlin Reife O. 00; Studium: Berlin 10 S.; Rig. 11. Jan. 06.]

**Tax-, Stempel- und Depositenwesen,** das, in Bayern diesseits des Rheins. 1. Bdchn. 1—3. Liefg. München 855—57. Franz. 16. (S. 1—336.) Jede Liefg. 8 ngr

**Tax-, Stempel- u. Depositenwesen,** das, in Bayern diesseits des Rheins. 1. Bdchn. 4. Liefg. München 863. Franz. 16. (S. 337—448.) n. 8 ngr

**Tax-, Stempel- u. Depositenwesen, das,** in Bayern diesseits des Rheins. 5—6. Liefg. München 865—66. Franz'sche Buchh. 8. (LII, S. 449—895.) Jedes Hft. $7\frac{1}{2}$ ngr; compl. 1 ℛ $22\frac{1}{2}$ ngr

**Taeye, Ed. L. de, u. Jean de Bosschère, der Zeichenunterricht in Belgien. Deutsch v. Geo. Friese. (53 S. m. Abb.) Lex. 8. Hannover 907. Helwing.** 2.—

Sonderabdr. aus: „Jahrb. f. d. Zeichen- u. Kunstunterr."

**Tayenthal, Max v., die Gablonzer Industrie u. die Produktivgenossenschaft der Hohlperlenerzeuger im polit. Bez. Gablonz, s. a. Studien, Wiener staatswissenschaftliche. II. 2.**

**Tayenthal,** Max v.: Die *Gablonzer* Industrie und die Produktivgenossenschaft der Hohlperlenerzeuger im polit. Bez. Gablonz. Tübingen & Lpz. '00. III, 90 S. (Wiener Staatswiss. Studien. 2, 2.)

**Tayler,** C. B., die Parole. Ein Traktat für Soldaten. Eine wahre Geschichte. Verdeutscht von Wiebenfeld. 3. Aufl. (Ster.-Ausg.) Barmen 866. (Berlin, E. Beck.) 8. (31 S.) 1 ngr

**Tayler,** John James, christliche Betrachtungen über Glauben u. Pflicht. Nach dem Engl. übertr. von J. Bernhard. Nebst einer kurzen Biographie des Verf. Goth 869. Thienemann. 8. (VIII, 96 S.) n. 16 ngr

Eine Stimme | von der | Austria. | (Fig.: *Schiff im Sturm*, 65 × 49) | Zum Druck bearbeitet | von | Pastor Taylor in Philadelphia. | Neu-Erkerode | bei Braunschweig. | Druck der Anstalts-Buchdruckerei. | 325.

Kol.: Niedersächsische Gesellschaft zur Verbreitung christlicher | Erbauungsschriften. | Zu haben in Hamburg: Brennerstraße 51; in Berlin: | Auguststraße 81.

16 S., 164 × 100.

Priv.-Bes.

**Taylor's, Bayard,** Lebensbild, s.: Hansen-Taylor, M., u. H. E. Scudder.

Taylor, Oberst Meadows, Lebensbeschreibung, s. Kunhardt v. Schmidt, im ostindischen Dienste.

**Taylor,** outline analysis, deutsche Bearbeitg., s. Peters, Cl., kurzgef. Einleitg. in d. Bücher d. hl. Schrift.

Kurzgefasste Einleitung in die Bücher der Heiligen Schrift für Sonntagsschul-Lehrer und Bibelfreunde. – Deutsche Bearbeitg nach **Taylors** 'Outline Analysis' von Cl. Peters. H. 1. Hamburg: Verl. d. Traktat-Ges. 1896. 8°

= Sonntagsschul-Lehrer-Bibliothek. No 1.

Tayler, Mrs., des Christen Erdenwallen. Ein Andachtsb. f. Gebildete aller Confessionen. Deutsch (a. d. Engl.) v. E. L. Brauns. 12. ($10\frac{1}{2}$ B., 1 Stndr. u. gest. Ttl.) Braunschweig 829, [Horneyer.]

Taylor, des Christen Erdenwallen. Ein Andachtsbuch für Gebildete aller Confessionen. Deutsch von Ernst Ludw. Brauns. 12. ($10\frac{1}{2}$ B. u. Ttlkpfr.) Quedlinburg 846, Ernst'sche Bh. Thlr.

**Taylor,** der Fall Babylons, s.: Breitkopf & Härtel's Textbibliothek.

**Taylor, A[lbert] H[oyt]:** Über die Wechselstromvorgänge in der Aluminiumzelle. Leipzig: J. A. Barth 1909. 40 S. 8° ¶ (Aus: Annalen d. Physik. F. 4, Bd 30.)

Göttingen, Phil. Diss. v. 6. Nov. 1909, Ref. Simon

[Geb. 1. Jan. 79 Chicago; Wohnort: Chicago; Staatsangeh.: Vereinigte Staaten; Vorbildung: High School Evanston Reife 96; Studium: Evanston 7, Ann Arbor 2, Wisconsin 5, Göttingen 3 S.; Rig. 28. Juli 09.] [U 10. 1470

Taylor, Alfr. Swaine, die Gifte in gerichtlich medicinischer Beziehung. Nach der 2. Aufl. übers., mit Noten versehen, und mit Benutzung der 7. Aufl. der „gerichtlichen Medicin" von demselben Verf. hrsg. von R. Seydeler. 1. Bd. gr. 8. (1. Bd. 1. Abthl. 240 S.) Köln (861)62, Bollig's Buchh. *

**Taylor, Alfr. Swaine, die Gifte in gerichtlich medicinischer Beziehung. Nach der 2. Aufl. übers., mit Noten versehen, und mit Benutzung der 7. Aufl. der „gerichtlichen Medicin" von demselben Verf. hrsg. von R. Seydeler. Autoris. Ausg. 2. und 3. Bd. gr. 8. Cöln 863. [Würzburg, Stuber's Buchh.] [2. Bd. 1. Abthl. (192 S.) * 4 Thlr., 3. Bd. (III und 412 S.) * 1 Thlr.]** *

Ermässigter Preis, compl. *

1. Bd. Cöln 1862. * 3 Thlr.

**Taylor, Ann.** Winke für Jungfrauen und Frauen, über die Pflichten einer Gattin, einer Mutter . . . Leipzig 1819. Ü: *Michaelis, Christian Friedrich.* (Ky)

**Taylor,** Mistreß, Winke für Jungfrauen u. Frauen, über die Pflichten einer Gattin, einer Mutter u. der Vorsteherin einer Familie. Nach der 6n Ausg. übers. (v. Chr. F. Michaelis III.) Mit 1 Kpf. 8. Leipz. 819. Baumgärtner. 1 ℛ

TAYLOR, MISS [Anne or Jane?]. *Winke für Jungfrauen* und Frauen über die Pflichten einer Gattin, einer Mutter, und der Vorsteherin einer Familie. Von Mistreß Taylor, von Ongar . . . Nach der sechsten Ausgabe übersetzt. Mit einem Titelkupfer [F. Richter sc.]. Leipzig, Baumgärtnersche Buchhandlung, 1819. VIII, 214 S. 1 Bl. 8°. Braun-violetter Halbmaroquinbd. d. Z. mit reizender Rv. (Rücken leicht verblaßt). 12.—

Trotz einigen kl. Fl. gutes Ex. aus der Bibliothek Leuchtenberg.

**Taylor**, Arth. F., Untersuchung über das Verhalten der Bernsteinsäure zu Anilin u. Toluidin u. über die Nitrirung der Succinanilide u. Succintoluide u. verwandter Verbindungen. Inaugural-Dissertation. gr. 8. (38 S.) Göttingen 876. (Vandenhoeck & Ruprecht.) n. — 80

**Taylor**, Bayard, El-Dorado. Schilderungen einer Reise über Panama nach Californien u. des Aufenthalts daselbst, sowie der Zustände, der Eigenthümlichkeiten des Lebens, d. commerciellen Verkehrs, des Klimas etc. zu San Francisco, Monterey u. in den Golddistricten. Nebst Angaben üb. das jetzige bessere Verfahren bei der Goldgewinnung u. Erfahrungen u. Winken für Reisende u. Goldsucher, sowie mit einem anhangsweisen Bericht an den Staatssekr. des Innern der Verein. Staaten. Nach d. Engl. von Carl Hartmann. Mit 2 (lith.) Karten (in Fol. wovon 1 color.) u. 1 (lith.) Taf. m. Abbildgn. gr. 8. (VIII u. 176 S.) Weimar 851, Voigt. 1 Thlr.

— Erzählungen für wackere Knaben. 4. (85 S.) Berlin 879. Abenheim. geb. n. 4. —

**Taylor**, Bayard, Erzählungen für wackere Knaben. 4. Stuttgart 879. Berlin, Lüstenöder. geb. *

**Taylor**, Bayard, Erzählungen f. wackere Knaben. 2. Aufl. 4. (87 S. m. 2 Farbendr.) Berlin 890. Lüstenöder. geb. n. 3. —

**Taylor, Bayard, Erzählungen** f. wackere Knaben. 4. Aufl. 4. (87 S. m. 2 Farbdr.) Leipzig (899). **O. Drewitz Nachf.** Geb. in Leinw. 3. —

**Taylor**, Bayard, Erzählungen aus dem amerikanischen Leben. In's Deutsche übertr. v. Marie Hansen-Taylor. 2 Bde. 8. (181 u. 202 S.) Berlin 879. Paetel. n. 8. —

— Gedichte. Mit Bewilligung des Verf. übers. v. Karl Bleibtreu. Mit einem Einleitungsgedicht v. Henry Wadsworth Longfellow. gr. 16. (XVI, 230 S.) Berlin 879. Schleiermacher. n. 2. 80; geb m. Goldschn. n. 3. 75

— Gedichte. Mit Bewilligung des Verf. übers. von Karl Bleibtreu. Mit einem Einleitungsgedicht von Henry Wadsworth Longfellow. 2. Aufl. 16. (XVI, 230 S.) Berlin 880, Schleiermacher. *
geb. mit Goldschn. *

**Taylor**, Bayard, Geschichte von Deutschland. Aus dem Engl. übers. von Marie Hansen-Taylor. gr. 16. (VIII, 556 S. mit 8 histor. chromolithogr. Karten.) [Stuttgart 875, Auerbach.] Berlin, Abenheim'sche Verlagsh. (* ℳ 6.) *
geb. (* ℳ 7.) *

— Joseph u. sein Freund. Roman. Nach dem amerikan. Orig. frei bearb. v. C. Steinitz. Mit dem Bildniß des Verf. (in Holzschn.). 8. (264 S.) Berlin 878. Janke. n. 2. —

**Taylor**, Bayard, Kennett. Roman. Aus dem Engl. von Marie Hansen-Taylor. 2 Bde. Autoris. Uebersetzung. Ebend. 867. 8. (XXII, 621 S.) n. 2 Thlr.

**Taylor**, Bayard, Lars. Norwegisches Idyll. Deutsch von Margarethe Jacobi. 8. (110 S. mit Portr.) Stuttgart 887, Lutz. * ℳ 2.50.; geb. *

— Nordische Reise. Sommer- u. Winterbilder aus Schweden, Lappland und Norwegen. Autorisirte Ausg. Leipzig 858. Voigt u. Günther. 8. (VIII, 387 S.) n. 1 Thlr. 10 Ngr.

**Taylor**, Bayard, eine Reise nach Centralafrika oder Leben und Landschaften von Egypten bis zu den Negerstaaten am weißen Nil. Uebers. von Joh. Ziethen. Leipzig 855. Voigt u. Günther. 8. (XIV, 474 S.) n. 1 Thlr. 20 Ngr.

— Reisen in Griechenland nebst einem Ausflug nach Kreta. Aus dem Engl. von Marie Hansen-Taylor. Autoris. Ausg. 8. (VII und 270 S.) Leipzig (861)62, Voigt und Günther. *

— ausgewählte Schriften. 1. u. 2. Bd. 8. Leipzig 881. 82. Grieben. n. 6. 60
1. Die Dichtung in Bildern. Literarische Studien. (IV, 294 S.) n. 3. —
2. Goethe's Faust. 1. u. 2. Thl. Erläuterungen u. Bemerkgn. dazu. (VIII, 300 S.) n. 3. 60

— Hannah Thurston, die Emancipirte. Roman aus dem amerikanischen Leben. Deutsche vom Verf. autorisirte Ausg. 3 Bde. Hamburg 864. Hoffmann & Campe. 8. (792 S.) 3 Thlr.

**Taylor**, Bayard, eine Winterreise durch Lappland, s. Bergson's Eisenbahnbücher.

— eine Winterreise nach Lappland, s. Lorck's Eisenbahnbücher.

**Taylor**, Brook, Methodus incrementorum directa et inversa. Londini 1717. 4. (VI und 119 S.) Berlin 862, Friedländer und Sohn. *

**Taylor**, C. B., allgemeine Geschichte der Verein. Staaten von Amerika. Enthaltend den ganzen Zeitraum seit den Entdeckungen bis zu der jetzigen Zeit. Mit einer Beschreibung der westl. Staaten, ihres Bodens, ihrer Ansiedelungen, Zunahme an Bevölkerung u. s. w. Aus d. Engl. übers. von Wilh. Beschke. gr. 8. (659 S. m. eingedr. Holzschn.) Hartford 849. (Philadelphia, Schäfer & Koradi.) n. 2 Thlr.

Taylor, Charles: On Codex de-Rossi 184. *Berlin 1897.*
in: Studies, Semitic, in Memory of Alexander Kohut.

**Taylor**, Charl. Fayette, üb. die mechanische Behandlung der Erkrankung d. Hüftgelenkes. Nebst e. Anh. üb. die mechan. Behandlg. der Synovitis d. Kniegelenkes. Deutsche Uebersetzg. nach dem Original-Manuscript d. Verf. Mit 18 (eingedr.) Holzschn. gr. 8. (42 S.) Berlin 873. Hirschwald. n. 1. 50

**Taylor**, Chr. B. M. A., die Eisenstange u. ihr Ende. Eine wahre Geschichte. Aus dem Engl. übersetzt v. H. Hansen. 8. (63 S.) Kottbus 880. Gotthold-Exped. — 50

**Taylor**, Clifton O., a. Milwaukee, U. S. A.: Über das Verstehen von Worten und Sätzen. Leipzig: J. A. Barth 1905. (29 S.) 8°
Würzburg, Phil. Fak., Ref. Külpe, Diss. v. 17. Nov. 1905
[Geb. 10. Juni 74 Milwaukee; Wohnort: Chicago; Staatsangeh.: Vereinigte Staaten; Vorbildung: Mittelsch. Milwaukee Reife O. 95; Studium: Chicago 8, Würzburg 2 S.; Rig. 28. Juni 05.]

**Taylor**, David C., Reform der Stimmbildung. Eine rationelle Stimmbildungsmethode auf Grund e. exakt. Analyse sämtl. alten u. modernen Methoden. Autoris. Übersetzg. aus d. Engl. v. Frdr. B. Stubenvoll. (XVI, 320 S.) 8. Berlin 910. Schuster & Loeffler. 7.—; geb. b 8.—

**Taylor**, E., siehe: Knabe, der, mit dem Vogel.

**Taylor**, E., der Knabe und die Vögel, s. Knabe.

**Taylor**, Erving, Normal plates of the development of the rabbit, s.: Minot, Charles S.

**Taylor**, Franklin, die Elemente des Klavierspiels, s. Weber's, J. J., illustrirte Katechismen.

**Taylor**, Franklin, die Elemente des Klavierspiels. Aus dem Engl. übertr. v. Mathilde Stegmayer. 8. (VII, 129 S.) Leipzig 881. Weber. geb. n. 1. 60

**Taylor,** Franklin, die Elemente d. Klavierspiels. Deutsche Ausg. v. Mathilde Stegmayer. 2., verm. Aufl. 12. (151 S.) Leipzig 893. R. R. Weber. Geb. in Leinw. n. 2. —

**Taylor,** Frederick, Pferdehandel u. Pferdezucht in England. Erinnerungen eines Pferdehändlers. Aus dem Engl. Berlin 861. Bosselmann. (Wiegandt & Hempel.) 12. (IX, 202 S.) n. 25 ngr.

**Taylor,** Fred. W., die Betriebsleitung insbesond. der Werkstätten. Autoris. deutsche Ausg. d. Schrift: „Shop management". Von A. Wallichs. Mit 6 Fig. u. 2 Zahlentaf. (VII, 117 S.) gr. 8. Berlin 909. J. Springer. Geb. in Leinw. 5. —

— Über Dreharbeit u. Werkzeugstähle. Autoris. deutsche Ausg. der Schrift: „On the art of cutting metals". Von A. Wallichs. (XII, 231 S. m. 119 Fig. u. Tab.) gr. 8. Ebd. 908. Geb. in Leinw. 14. —

**Taylor,** George, s. a. Hausrath, Adf.

†Taylor, George [Adf. Hausrath.], Antinous. Histor. Roman aus der röm. Kaiserzeit. Mit dem (Stahlst.-)Bildniß des Antinous. 1.—5. Aufl. 8. (VIII, 375 S.) Leipzig 880—84, Hirzel. *M 6.; geb. **

**Taylor,** George, Antinous. Historischer Roman aus der röm. Kaiserzeit. Mit dem (Stahlst.-) Bildniß d. Antinous. 6. Aufl. 8. (VIII, 375 S.) Leipzig 886. Hirzel. n. 6. —; geb. n.n. 8. 50

**Taylor,** George (Ad. Hausrath), Antinous. Historischer Roman aus der röm. Kaiserzeit. Mit dem Bildnis des Antinous. 7. Aufl. (VIII, 375 S.) 8. Leipzig 908. S. Hirzel. 6.—; geb. 7. —

—— Elfriede. Eine Erzählung. 1. und 2. Aufl. 8. (371 S.) Ebendas. 885. *M 6 —.; geb. **

—— Jetta, s. a. Asher's Collection of English Authors.

—— Jetta. Histor. Roman aus der Zeit der Völkerwanderung. 1.—3. Aufl. 8. (525 S.) Ebendas. 884. * geb. *

—— Klytia. Histor. Roman aus dem 16. Jahrh. 1.—5. Aufl. 8. (401 S. mit 1 Titelkpfr.) Ebendas. 880—84. * geb. **

— dasselbe, s. a. Collection of German authors.

**Taylor,** George, Klytia. Historischer Roman aus dem 16. Jahrh. Mit e. Titelkpfr. 6. Aufl. 8. (401 S.) Leipzig 894. S. Hirzel. n. 6. —

— Klytia. Histor. Roman a. d. 16. Jahrh. 7. Aufl. (401 S. m. 1 Bildnis.) 8. Ebd. 909. 6.—; geb. 7. —

Taylor, Geraldine

**Taylor,** Mrs. Howard, s. a.: Guinneß, Geraldine.

Bildungsgang und Bekehrung e. Confucianisten [The culture and conversion of a Confucianist] von Mrs. (Geraldine) Howard **Taylor** ⟨geb. Geraldine Guinness⟩. Autor. Übers. aus d. Engl. von A. v. Z. *Gütersloh: C. Bertelsmann 1902.* (193 S.) 8° [F.]
= **Taylor**: Ein chines. Gelehrter [One of China's Scholars, deutsch]. Bd 1. [04. 16584 6

— ein chinesischer Gelehrter, Bildungsgang u. Bekehrg. e. Confucianisten. Autoris. Übersetzg. aus dem Engl. von A. v. Z. 8. (193 S. m. Abbildgn.) Gütersloh 902. C. Bertelsmann. n. 2. 40; geb. n. 3. —

**Taylor,** Mrs. Howard, ein chinesischer Gelehrter. 2. Bd. Pastor Hsi. Ein chines. Christ. Autoris. Uebersetzg. aus dem Engl. von A. v. Z. Mit Portr. u. 12 Abbildgn. (VIII, 295 S.) 8. Gütersloh 904. C. Bertelsmann. n. 3. 20; geb. n. 4. — (1 u. 2.: n. 5. 60; geb. n. 7. —)

Pastor Hsi. Ein chinesischer Christ [Pastor Hsi, of North China, one of China's Christians]. Von Mrs. [Geraldine] Howard **Taylor**. Autor. Übers. aus d. Engl. von A. v. Z. Mit Portr. u. 12 Abb. *Gütersloh: C. Bertelsmann 1904.* (VII, 295 S.) 8° [F.]
= **Taylor**: Ein chines. Gelehrter [One of China's Scholars, deutsch]. Bd 2. [04. 16585 6

**Taylor,** Henry, Philipp van Artevelde. Ein dramat. Gedicht in 5 Acten. Aus dem Engl. von Adf. Heimann. 8. (X u. 221 S.) Leipzig 848, Brockhaus. n. 1⅓ ß

— dass. Ein dramat. Gedicht in 2 Thln. Aus d. Engl. übers. v. Adph. Heimann. (2. Thl. A. u. d. T.:) Philipp van Artevelde's Tod. Ein Drama in 5 Acten. 8. (255 S.) Ebd. 852. n. 1⅓ ß

Taylor, Mrs Howard, s. Taylor, Geraldine

Taylor, Hudson, s. Taylor, James Hudson

**Taylor,** J., gothische Verzierungen der schönen alten, im 15ten Jahrh. erbauten Kirche zu Lavenham in Suffolk, auf 40 Blättern. gr. 4. Leipz. 820. Baumgärtner. 2 ß 12 gr.

**Taylor, J. J.** Religion, die Wurzel derselben in der menschlichen Natur ... Hamb. 1854. Ü: *Kämmerer, G. Hnr.* (Ky)

Taylor, J. J., Religion, die Wurzel derselben in der menschlichen Natur, und ihre Offenbarung in der heil. Schrift. Rede, gehalten in der Croß-Street Kirche der Unitarier zu Manchester. gr. 8. (16 S.) Hamburg 854, Nestler und Melle. *

Taylor, James Hudson, s.a. Hudson-Taylor, J.

**Taylor,** J. Hudson, Absonderung u. Dienst. Betrachtgn. üb. 4. Mose 6 u. 7. Uebers. v. C. F. 12. (84 S.) Frankfurt a/M. 898. J. Schergens. n. — 50; kart. — 75

(B) **Taylor,** J. H., Absonderung u. Dienst. 898. (KVL 30.) Jetzt: Frankfurt a. M., Verlag Orient.

Taylor, Hudson. Die China-Inland-Mission. Ein Evangelisationswerk nach apostol. Vorbild. Aus dem Französ. übers. v. K. J. Wetter. gr. 8. (100 S.) Bern 891, (Wyß). * 1 —

**Taylor,** J. Hudson, die China-Inland-Mission. Ein Evangelisationswerk nach apostol. Vorbild. Aus d. Franz. übers. v. K. J. Wetter. 2. Aufl. gr. 8. (104 S. m. Abb.) Barmen 898. Deutsche China-Allianz-Mission. 1. 20

— u. F. W. Bädeker, Missions-Vorträge. [Aus: „China-Bote, Monatsschrift d. deutschen China-Allianz-Mission".] 8. (96 S. m. 1 Abb. u. 1 farb. Taf.) Barmen 893. (Elberfeld, R. Faßbender.) n. — 40

Die blaue Schnur und andere Bibelstudien [A Ribband of Blue, and other Bible studies] von J[ames] Hudson-**Taylor**. ⟨Aus d. Engl. übers. von C(arl) P(olnick) u. S. R. Barmen: Deutsche China-Allianz-Mission [1905]. (143 S.) 8° [F.] [07. 17871

— Verbindung u. Gemeinschaft. Gedanken üb. das Hohelied (aus dem Engl. übers. v. C. P.) (Umschlag: Das Lied der Lieder.) 12. (128 S.) Ebd. (898). 1. 20; geb. in Leinw. 1. 80

Taylor, Jeremias, Betrachtung d. Zeit und Ewigkeit, übers. v. Tschirnhausen. 8. Breslau. 729.

— ductor dubitantium, od. Systema v. Gewissen u. Gewissenszweifeln. 4. Bremen, Saurmann. 736.

— wahrer Christen Leben u. Wandel n. d. Vorbild Jesu. 4. Bremen. 704.

— Weg d. Friedens u. d. Heiligkeit. 4. Ebend. 728.

Taylor, John

— Abhdl. v. d. Krankheiten d. unmittelbaren Werkzeuges d. Gesichts, a. d. Franz. 8. Berlin, Rüdiger. 735.

Taylor, Jh., neue Augenerhaltungskunst. 8. Frankf. 757. Stock. 5 gr.

Taylor, John: Kurzer Auszug, oder genaue Beschreibung von zweyhundert und zwey und vierzig Krankheiten, welchen das Auge und seine nahe liegende Theile unterworfen sind... (An exact Account of two hundred and forty-three different diseases, to which the eye and its coverings are exposed... Dt.) 108 S., gbd.

Frankfurt am Mayn: Stok & Schilling 1750

JB 4.204

Taylor, John: Kurzer Begrif einer anatomischen Abhandlung von den Gebrechen und Heilungs-Arten des menschlichen Auges, und dessen nahe liegenden Theilen... (An impartial Inquiry into the seat of the immediate organ of sight... Dt.) 12 S., gbd.

Frankfurt am Mayn: Stok & Schilling 1750

JB 4.204

**Taylor, John.** Entwurf der Schrift-Theologie. A. d. Engl. [Zürich] 1777. Ü: *Hess, Felix.* (Cat. d. Stadtbibl. Zürich. Zürich 1864—97.)

— Entwurf der Schrifttheologie; aus d. Engl., nebst e. Abhandl. v. J. J. Heß. 8. Zürich 781. Orell. 1 ₰ 4 gr

Taylor, John, neueste Erfahrungen in d. Ananas-Treiberei. Nebst e. Anh. üb. d. Gurkentreiberei in Ananasbeeten, um d. ganze Jahr hindurch frische Gurken zu haben. N. d. 3. Orig.-ausg. a. d. Engl. übers. 12. (3 B.) Nordhausen 841, Fürst.

**Taylor**, John, neueste Erfahr. in d. Ananas-Treiberei. Nebst e. Anh. üb. d. Gurkentreiberei in Ananasbeeten, um d. ganze Jahr hindurch frische Gurken z. haben. Nach d. 3. Aufl. aus d. Engl. 12. Nordhausen, 1841. 2. Aufl. 1842. (Leipzig, Hentze.) — 10

**Taylor, J.** Paraphrastische Erklärung des Briefs Pauli an die Römer; a. d. Engl. Zürich 1774. Ü: *Escher, Hnr.* (Ky)

— paraphrastische Erklär. des Briefs Pauli an die Römer; aus d. Engl. (v. H. Escher). 4. Zürich 774. Orell. 1 ₰

— schriftmäß. Erklärung d. heil. Abendmahls, z. allgem. Gebr. d. Christen, a. d. Engl. gr. 8. Leipz. Heinsius. (Gleditsch.) 769.

Taylor, Jh., schriftmäß. Erklär. des heil. Abendmahls, zum allgem. Gebrauch d. Christen; aus d. Engl. (v. Fel. Nüscheler). gr. 8. Lindau u. Chur 769. Leipz., (Brockhaus). 6 gr.

Taylor, Jo., Diss. v. d. Kunst der beständigen Wiederbringung des Gesichts u. vom Strabismus. Ital. Mayl. 8°. 1750.

John Taylor
1703-1772

Johann Taylors [Taylor: An Account of the mechanism of the globe of the eye. Deutsch:] Mechanismus oder Neue Abhandlung von der künstlichen Zusammensezung des menschlichen Auges und den besondern Nuzen desselben,... nebst seiner Art, dessen Krankheiten zu heilen,... ins Deutsche übers. Frankfurt a.M.: Stok & Schilling 1750. 374 S. 8°

[Sondert.:] Taylor: Kurzer Auszug, oder genaue Beschreibung von 242 Krankheiten, welchen das Auge u. seine nahe liegende Theile unterworfen sind.

Taylor, Joh., schriftmäß. Lehre v. d. Erbsünde. 3 Thle u. Anhang, a. dem Engl. gr. 8. Halle, Trampe. (Hahn in Hannov.) 769.

*Taylor*, Jh., nova nosographia ophthalmica, sive recensio affectuum oculi humani iconibus ad vivum expressis illustr. Fol. maj. Hamb. 766. (Andrä in Leipz.) 10 ₰

— Schlüssel zu den apostol. Schriften; aus d. Engl. 4. Zürich 774. Orell. 12 gr

— Schrifttheologie, a. d. Engl. nebst e. Abhandl. v. Heß. 8. Ebend. 781.

— Untersuchung der Lehre der heil. Schrift von der Versöhnung; aus d. Engl. 8. Frankf. a. M. 773. Eichenberg. 6 gr

**Taylor, Joseph.** Der Scheintod oder die Gefahr des frühen Begrabens . . . a. d. Engl. Leipzig 1820. Ü: *Becker, Gottfried Wilhelm.* (Ky)

Taylor, Jos., der Scheintod od. die Gefahr des frühen Begrabens u. der Beerdigung in Kirchen; nebst Nachr. üb. die Achtung, welche die Alten den Todten zollten, die ewig brennenden Lampen derselben, merkwürd. Gräber, die Art, wie Kirchhöfe unschädl. zu machen sind 2c.; aus d. Engl. (v. G. W. Becker). 8. Leipz. (820.) Baumgärtner. 16 gr (NB. Das unter Scheintod aufgeführte ist zu streichen.)

Taylor, Js., das Schiff; e. Darstellung d. Schiffs u. d. Schifffahrt v. deren Ursprung bis auf d. neueste Zeit, f. Kinder. N. d. Engl. 16. (10½ B. u. 20 Taf.) Weimar 832, Landes-Indust.-Compt.

**Taylor**, Karl, Gedichte. Mit Bewilligung des Verf. übers. v. Karl Bleibtreu. Mit einem Einleitungsgedicht v. Henry Wadsworth Longfellow. 2. Aufl. 16. (XVI, 230 S.) Berlin 880. Schleiermacher. n. 2. 80; geb. m. Goldschn. n. 3. 75

**Taylor, M., Tara, s. Collection of British authors.**

Taylor, Marie Hansen. Aus zwei Weltteilen. Stuttg, Lpz, 1905.

**Taylor**, Meadows, Tippo Saib, Sultan von Mysore. Aus dem Engl. von Fr. Steger. 3 Thle. 8. Braunschweig 843, Leibrock. 3¾ ₰

Taylor, Sam.

— s. J. G. Berthold, System.

Taylor, Sam., Coleridge u. Landon-Maclean, einige Dichtungen, s. Coleridge.

*Taylor*, Sam., systema generale stenographiae ad linguam latinam accomm. J. C. Danzer. 8maj. Pesth 802. Kilian. 18 gr

— Dass. aus d. Engl. u. Französ., angewendet auf die deutsche Sprache des Hrn. Th(eodor) P(eter) Bertin etc., von J. Cph. Danzer. Mit 15 Kpftaf. gr. 8. Wien 801. Beck. 2 ₰ Schrbp. 3 ₰

**Taylor,** Thom., die eleusinischen u. bacchischen Mysterien. (35 S.) Fol. Wien (903). Manz. — Leipzig, Expedition der Gnosis. n. — 85
Sonderabdruck aus: „Die Gnosis".

Taylor, Tom.

**Taylor,** T., the contested election, s.: Theatre, English.

— an unequal match, s.: Theatre, english.

**Taylor,** T., nine points of the law, s. Theatre, the modern English comic.

Taylor, Tom, to oblige Benson, s. Theatre, modern English comic.

**Taylor,** W., Englische Synonymen, s.: Zimmermann, W.

**Taylor,** W. C., Geschichte d. Mahomedanismus u. seiner Sekten, aus oriental. Quellen geschöpft. A. d. Engl. übertr. gr. 8. (17½ B.) Leipzig 837, Barth.

**TAYLOR,** William. Am Abgrund der Schande. Leipzig, Leipziger Verlag (um 1910). 8⁰.
Verb. d. Ldg. I Berlin 1011/11.

Grobianus in England. Nebst Neudr. d. ersten Übers. 'The Schoole of Slovenrie' (Friedrich Dedekind: Grobianus [engl.]) ⟨1605⟩ u. erster Herausgabe d. Schwankes 'Grobiana's Nuptials' (Verf.: Roger Shipman u. William Taylor) ⟨c. 1640⟩ aus Ms. 30. Bodl. Oxf. Von Ernst Rühl. *Berlin: Mayer & Müller 1904.* (VI, LXXXII, 191 S.) 8°
= Palaestra. 38.

— — Haremshouse. Ein Besuch auf der Plantage einer Sklavenhalterin in Virginia. Dresden, H. R. Dohrn, 1902. 8⁰.
Verb. d. Ldg. Wiesbaden 5 J. 1489/11.

**Taylor,** William, im Hause des Sklaven-Reverend. (85 S. m. Titelbild.) gr. 8. Leipzig (906). Leipziger Verlag. 2. —

**Taylor,** Will., im Hause d. Sklaven-Reverend. — Auf Hearneshouse. — Im Lande d. Souldrivers. — Quengueza. Jetzt: Preßburg, H. Hartleb.

— Auf Hearneshouse. Ein Besuch auf der Plantage der Sklavenhalterin in Virginia. Mit 2 Illustr.-Tafeln. Pressburg, Hartleb, o. J. (190*). 8⁰. Illustr. Umschl. 76 S. (Mk. 2—.)

**Taylor,** William, auf Hearneshouse. Ein Besuch auf der Plantage e. Sklavenhälterin in Virginia. gr. 8. (68 S. m. Titelbild.) Dresden 902. H. R. Dohrn. n. 2. —

— auf Hearneshouse. Ein Besuch auf der Plantage e. Sklavenhälterin in Virginia. 2. Aufl. (76 S.) gr. 8. Ebd. 903. n. 2. —

— im Lande der Souldrivers. Geschichten aus den Sklavenstaaten Nordamerikas. 1.—4. Bd. 8. Leipzig, Leipziger Verlag. à n. 2. —
1. Als Quarteronen verkauft. (81 S. m. Titelbild.) (905.)
2. Unter der Peitsche Donna Isabellas. (79 S. m. Titelbild.) (905.)
3. Am Abgrunde der Schande. (67 S. m. Titelbild.) (906.)
4. Sklavenliebe. (86 S. m. Titelbild.) (906.)

**Taylor,** William, im Lande der Souldrivers. Geschichten a. d. Sklavenstaaten Nordamerikas. 6. Bd. gr. 8. Leipzig, Leipziger Verlag. 2. —
6. Unter Maronnegern. (83 S. m. Titelbild.) (907.)

— Quengueza. Geschichte e. Sklaven aus der 2. Hälfte des 19. Jahrh. (268 S. m. Abb.) gr. 8. Ebd. 903. n. 5. —

— Quengueza. Die Geschichte eines Sklaven aus der zweiten Hälfte des 19. Jahrhunderts. Mit 30 Illustr. Ebd., o. J. (c. 1908). 8⁰. 300 S. (Mk. 5—.) (3 Mk. 75 Pfg. Max Harrwitz, Berlin, 1904.)
Zuerst gedr. Dresden 1903. (1 Kr. 80 H. Carl Greif, Wien, 1908.)
Sämmtlich confisciert anfangs 1912.

— Unter dem Sklavengesetz. Neue Geschichten aus d. Sklavenstaaten Nordamerikas. 1.—4. Bd. gr. 8. Ebd. à 2. —
1. Das Tagebuch d. Sklavenhalters. (81 S. m. Titelbild.) (907.)
2. Die Sklavinnen d. Indianerin. (82 S. m. Titelbild.) (908.)
3. In der Schule der Demut. (81 S. m. Titelbild.) (908.)
4. Die stolzen Herrinnen v. Western Port. (80 S. m. Titelbild.) (910.)

**Taylor-Weber,** Charles, d. Prozeß gegen Heinrich Thyssen-London wegen Bruch des Eheversprechens (Breach of promise). Ein Dokument der sittl. u. sozialen Zustände unserer Zeit. (48 S.) gr. 8. Wolfenbüttel (907). A. Stichtenoth Nachf. — 75

The Taymouth Castle Manuscript of Sir **Gilbert Hay's** „Buik of King Alexander the Conquerour. By Albert Herrmann. 4 (23 S.). Zwölfte städt. Rsch. (Höh. Bürgersch.) *Berlin* 1898
**Progr.**

Taysen, Adalbert von

**Taysen,** A. v., zur Beurtheilung des siebenjährigen Krieges. Mit 3 noch nicht veröffentlichten Aufsätzen Friedrichs d. Großen, 8 (eingedr.) Skizzen u. 2 Plänen (in Lichtdr.). gr. 8. (VI, 138 S.) Berlin 882. Mittler & Sohn. n. 3. 60

Taysen, Adb. von. Die äußere Erscheinung Friedrichs d. Großen u. der nächsten Angehörigen seines Hauses. Mit Bildnissen in Heliograv., Lichtdr. u. Holzschn. 4. (60 S.) Berl. 891, Mittler u. Sohn. cart. in Leinw. * 6 —

—— s. Klassiker, militärische.

**T(aysen), A. v.** Die Consequenzen der Verbesserungen des Infanterie-Gewehrs. Oldenburg 1858. 8⁰.

— Friedrichs d. Großen Lehren vom Kriege u. deren Bedeutung für den heutigen Truppenführer. Aus den militair. Schriften des Königs dargelegt. gr. 8. (V, 99 S.) Ebend. 877. n. 2. —

**von Taysen,** Friedrichs des Grossen Militärische Schriften erläutert und mit Anmerkungen versehen. Berlin 1882. 8.

— die militärische Thätigkeit Friedrichs d. Großen im Jahre 1780. Vortrag, geh. in der militär. Gesellschaft zu Berlin am 24. Jan. 1880. gr. 8. (38 S.) Ebend. 880. n. — 80

**Taysen**, A. v., die militärische Thätigkeit Friedrichs d. Großen während seines letzten Lebensjahres. Dem Andenken d. großen Königs bei der 100jähr. Wiederkehr seines Todestages gewidmet. Mit Titelbild (in Lichtdr.) u. 2 Plänen. (V, 135 S.) Berlin 886. Mittler & Sohn. n. 3. 50

— das militärische Testament Friedrichs d. Grossen. Hrsg. u. erläutert. gr. 8. (VIII, 46 S.) Ebend. 879. n. 2. —

Wanderungen auf dem Jenaer Schlachtfelde. Von Hauptm. [Friedrich] v. **Taysen** ⟨Jena⟩. Jena: G. Fischer 1906. (87 S.) 8° [F.] 1.6. 1,001

**Tanti**, oder die glückl. Insel, v. F. W. Zachariä. 8. Brschw. Waisenh. (Schulbchhdl.). 777.

**Tchadaïef**, Pierre, Oeuvres choisies publiées pour la première fois par le P. Gagarin. Paris et Leipzig 862. Franck. gr. 8. (209 S. mit Portr. in Stahlst.) n. 1 ℛ 15 ngr.

**Tchébychev**, (M.) P., sur l'intégration des différentielles qui contiennent une racine carrée d'un polynôme du troisième ou du quatrième degré. (Tiré des mémoires de l'académie imp. des sciences de St.-Pétersbourg.) gr. 4. (28 S.) St.-Pétersbourg 854. (Leipzig, Voss.) * *

**Tchébychef**, P., sur l'interpolation dans le cas d'un grand nombre de données fournies par les observations,
—— sur l'interpolation par la méthode des moindres carrés,
} s. Mémoires de l'académie imp. des sciences de St.-Pétersbourg.

**Tchébychew**, (M.) P., Mémoire sur les nombres premiers. Imp.-4. (17 S.) St.-Pétersbourg 850. (Leipzig, Voss.) * *
Aus: Mémoires des savants étrangers, Tome VII., besonders abgedruckt.

—— sur les questions de Minima qui se rattachent à la représentation approximative des fonctions. Imp.-4. (91 S.) St. Petersburg 858. Leipzig, Voss. * *
Aus: Mémoires de l'académie impériale des sciences de St.-Pétersbourg, besonders abgedruckt.

—— Théorie des mécanismes connus sous le nom de parallélogrammes. 1. Partie. (Extrait des Mémoires des savants étrangers, tom. VII.) gr. 4. (32 S.) St.-Pétersbourg 853. (Leipzig, Voss.) * *

**Tchépourine**, Th., sur le traitement de l'Hydrocèle simple. Thèse inaugurale. gr. 8. (77 S.) Bern 888. (Huber & Co.) n. 1. 50

Tchernychewsky, N. (G.)

— Haben wir es gelernt? (In russ. Sprache.) 8°. Berlin, H. Steinitz, 1904.

**Tchernyschewsky** (N.) Lessing (en russe) XXVIII 262 p. in-8. H. Georg, Genève et Bâle. 4. — 1876.

—— la lutte des parties en France en langue russe. 119 pp. en 8. Bâle et Genève. H. Georg. 1875. 2. —

— la monarchie de Juillet (russisch.) 2. Ed. gr. 8. Basel, Georg. 1876. 2. 50

—— le principe anthropologique en philosophie. (en russe.) Genève et Bâle, H. Georg. 1875. 2. 50

— Que faire? (russisch). 2. Ed. gr. 8. Basel, Georg. 1876. 6. 25

— Was thun? Erzählungen von neuen Menschen. Roman. Aus dem Russischen übertragen. 3 Thle. 8°. Leipzig, Brockhaus, 1883. 2. (Titel-)Aufl. 8°. Ebd. 1890.

**Tchihatchef**, F. v., Beitrag zur Kenntniss d. körnigen Kalkes v. Auerbach—Hochstädten an der Bergstrasse, s.: Abhandlungen der grossherzogl. hessischen geologischen Landesanstalt zu Darmstadt.

von **Tchihatchef**, F.: Der körnige Kalk von Auerbach-Hochstädten an der Bergstrasse (Hessen-Darmstadt.) . . . (Aus: Abhandl. d. grossh. Hess. geolog. Landesanstalt 1888.) Darmstadt, in Comm. bei A. Bergsträsser, 1888; 1 Bl. + 50 S. + 1 Bl. u. 1 Tab. + 3 Taf. 8°
Heidelberg, Phil. Fak., Inaug.-Diss. v. [23. Jun.] 1888

Tchihatchef(f), Peter von

**de Tchihatcheff**, Pierre, Coup d'oeil sur la constitution géologique des provinces méridionales du Royaume de Naples. Suivi de quelques notions sur Nice et ses environs. gr. in-8. (Mit 2 ill. Karten.) Berlin 842, Schropp u. Co. 2 ℛ

de Tchihatcheff, Pierre: Coup d'oeil sur la constitution géologique des provinces méridionales du Royaume de Naples. Suivi de quelques notions sur Nice et ses environs. Berlin 1842. 286 S., 2 Krt. 8°.

**Tchihatchef**, P. de, Kleinasien, s. a. Wissen, das, der Gegenwart. 63.

Tchihatchef, P. de, Klein-Asien. Mit 1 Karte u. 19 Abbildungen. 8°. (VIII, 188 S.) Prag, Tempsky. fl. —.60. 1887.

**Tchihatchef**, P. de, Spanien, Algerien u. Tunis. Briefe an Michel Chevalier. Deutsche, verb. u. stark verm. Ausg. Mit einer (chromolith.) Karte v. Algerien. gr. 8. (XX, 531 S.) Leipzig 882. Grieben. n. 10. —

**Tchihatcheff**, Pierre de, Voyage, s. Leonhard, C. C. v., Bericht.

**Tchiskozade**, Ali, aus Kanea: Die direkten Steuern der Türkei. Erlangen 1904: E. Th. Jacob. (58 S.) 8°
Erlangen, Phil. Fak., Ref. v. Eheberg, Diss. v. 25. Juli 1904
[Geb. 3. Aug. 76 Kanea; Staatsangeh.: Türkei; Vorbildung: Gymn. Iddadyje Kanea Reife 95; Studium: Heidelberg 3, Berlin 9, Erlangen 2 S.; Rig. 25. Juli 04.]

**Tchitchagoff**, Mémoires inédits. Campagnes de la Russie en 1812 contre la Turquie, l'Autriche et la France. gr. 8. (88 S.) Berlin 855, [Schneider.] *

Skizzen aus dem Leben des Russischen Soldaten von K. Tchorschewski [**Tchorżevskij**]. Autor. Uebers. aus d. Russischen von [Hans] Küster, Hauptm. *Berlin: Liebel [1897].* (156 S.) 8° [F.] 10. 1355

**Tchorzewski**, Cleotild., Opuscula postuma ed. Jac. Thdr. Struve. Lex.-8. (201 S.) Kasan 856(57). (Leipzig, Voss.) * *

**Tchorzewski**, Celotild. Valerian., de Politia, Timaeo, Critia, ultimo Platonico ternione, librorum de legibus praecipua ratione habita. (Dissertatio inauguralis.) 8maj. (190 S.) Kazani 847. (Rigae, Kymmel.) *

**Tchoubinof**, histoire de la Géorgie, s. Histoire.

**Tchoubinof**, J., les manuscrits arabes etc., s.: Collections scientifiques de l'institut des langues orientales du ministère des affaires étrangères.

**Tchoubinot**, Dav., Dictionnaire georgien-russe-français. gr. in-4. (96 B. u. 4 Tab.) St. Petersbourg 840. (Leipzig, Voss.) *

**Te-Deum, Das.** Eine Parabel. [Leipzig 1814.] V: *Justi, Carl Wilh.* (stri)

**Te Deum! (Herr Gott! Dich loben wir) oder der im Sinne u. mit den Worten der kathol. Kirche betende Christ.** Vom Verf. der Hosianna. gr. 12. (Mit 1 Stahlst.) Köln 843, Bachem. 3/4 ꝶ — 2. Aufl. 12. (Mit 1 Stahlst.) Ebend. 845. 3/4 ꝶ

**Te Deum,** gesungen am Feste der Rückkehr unsers . . . Herzogs Friedrich Wilhelm. Helmstädt 1813. V: *Bollmann, Georg Carl.* (Mitth. Dr. H. Bäsecke.)

Te Deum laudamus! Großes, katholisches, geistliches Lieder-Buch auf Grund katholischer Gesangbücher, Anthologien und literar. Denkmäler aus allen christl. Zeiträumen gesammelt, geordnet und versehen mit einer einleitenden, krit. Abhandlung über das kathol. kirchl. Lied überhaupt, und über das deutsche insbesondere von Wilh. Gärtner. 1. und 2. Bd. gr. 8. Wien, Gerold's Sohn. [1. (LXII und 464 S.) 854. 2 Thlr., 2. (XXII und 679 S.) 855. 2 Thlr. 20 Ngr.]

**Te deum laudamus!** Großes, katholisches, geistliches Lieder-Buch auf Grund katholischer Gesangbücher, Anthologie'n und literarischer Denkmäler aus allen christlichen Zeiträumen gesammelt. Von Wilh. Gärtner. 3. Bd. gr. 8. (VIII und 579 S.) Wien 857, Gerold's Sohn.
1. und 2. Bd. Ebendas. 1854.55. 4 Thlr. 20 Ngr.

**Te deum laudamus!** s. Gärtner.

**To Deum laudamus.** Kathol. Oesangbuch, approb. v. d. hochwürd. Ordinariaten Wien, Linz u. St. Pölton. 2., mehrf. umgeänd. Aufl. d. „Gesangbuch f. d. österr. Kirchonprovinz". Imp.-4. (IV, 117 S.) Leipzig (897). Broitkopf & Härtol. 5. —

Te Deum laudamus. Gesangbuch für die Diözese St. Pölten. Im Anschlusse an die Orgelbegleitung zweistimmig bearbeitet. Mit Approbation des hochwürdigsten bischöflichen Ordinariats St. Pölten Wien 1908. Schulbücherverlag. In englische Leinwand

**Te** deum laudamus für die Loge zu den 3 Pfeilen. 5814. [»Preis Ihm und Dank dem grossen.«] Von W. [Nürnberg 1814.] V: *Witschel* (?). (wolstieg I, 611)

**Te Deum,** von Brandenburgischen Patrioten zu singen. Halberstadt, den 30. April 1788. V: *Fischer, Gottlob Nathanael.* (Bresl 31, S. 39)

**Teacher, the.** Unterhaltungsblatt zum Zwecke des gründl. Erlernens der engl. Sprache. Unter Redact. von G. Heinrig. 1. Jahrg. 2 Bde. à Bd. 12 Hefte. gr. 8. (à Heft 48 S.) Leipzig 881, Reißner. à Heft * 50 Pf. *
Nicht weiter erschienen.

**Teacher,** the English, s.: Maitre, le, français.

The Teacher and Organist : vol 1 - 21, 1890 - June 1910
Roman Catholic monthly, published in English and German. The German section, 18 pages in each issue, paged continuously independent of English section, may be bound separately, has printed index, 2 pages, and is numbered as "Jahrgang." With vol. 17, this section is titled: Zeitschrift für Katholische Lehrer und Erzieher, with running title: The Teacher and Organist. The journal is the Official Organ of the Catholic Teachers' Society of the U.S. Published and edited by J. H. Loeffler & A. Maier [vol. 17 - 19], and probably printed by B. Herder of St. Louis.
St.Francis, WI

**Teaching and learning,** the, of foreign languages at home and in the countries where they are spoken, especially French and English. By a German advocate of utilitarian education. 8. (40 S.) Stuttgart 890. Metzler's Verl. n. — 80

**Teague,** Oscar, aus Montgomery, Alabama ⟨N.-Amer.⟩: Über den Pes calcaneus. *Berlin (1903): G. Schade.* (29 S.) 8°
Berlin, Med. Diss. v. 28. Juli 1903

Das **Teakholz.** [Tl] 1—3. M. 11 Abb., 2 Diagr. u. 1 Skizze im Text. Berlin 1907. 8°
1: Büsgen, M. D.: Eigenschaften u. Produktion d. Java-Teak oder Djati.
2: Hossens, C. C.: D. Teakholz in Siam.
3: Busse, Walter: Z. Teakanforstung in d. afrikan. Kolonien.

**Teale, T. Pridgin, M. A.,** Lebensgefahr im eigenen Hause. Ein illustrirter Führer zur Erkenng. gesundheitl. Mängel im Wohnhause. Nach der 4. Aufl. d. Originals übers. v. I. K. H. Prinzessin Christian v. Schleswig-Holstein, Prinzessin v. Grossbritannien u. Irland. Für deutsche Verhältnisse bearb. v. Heinr. Wansleben. Mit e. Vorrede v. F. Esmarch. gr. 8. (XXIII, 145 S. m. color. Fig.) Kiel 886. Lipsius & Tischer. geb. n. 8. —

**Teale, T. P.,** Lebensgefahr im eigenen Hause. Ein illustrirter Führer zur Erkenng. gesundheitl. Mängel im Wohnhause. Nach der 4. Aufl. d. Originals übers. von I. k. H. Prinzessin Christian v. Schleswig-Holstein, Prinzessin v. Grossbritannien u. Irland. Für deutsche Verhältnisse bearb. v. H. Wansleben. Mit e. Vorrede von F. v. Esmarch. 2. Aufl., der deutschen Uebersetzg. gr. 8. (XIII, 145 S. m. color. Fig.) Kiel 888. Lipsius & Tischer. geb. n. 8. —

**Teale, T. Pridgin,** on the use of diagram and rough drawing in the record of surgical cases. [Aus: „Festschrift f. Fr. v. Esmarch".] gr. 8. (6 S. m. 1 Taf.) Kiel 893. Lipsius & Tischer. n. — 60

**Teale,** Thom. Pridgin, Lehrbuch der Unterleibsbrüche f. prakt. Aerzte, Wundärzte u. Studirende. Nach d. Engl. v. H. Hölder. Mit 56 (eingedr.) Holzschn. (Medicinische Hausbibliothek. 2. Bd.) gr. 8. (XIV u. 240 S.) Stuttgart 848, J. B. Müller. 1 1/2 ꝶ

**Téallier, P. J. S.,** der Gebärmutter-Krebs, seine Ursachen, Kennzeichen u. Behandlung. Eine v. d. medicin. Gesellschaft zu Lyon gekr. Preisschr. A. d. Franz. übers. gr. 8. (11 1/4 B.) Quedlinburg 836, Basse.

—— dass. ins Deutsche übertr. v. E. Kretzschmar. gr. 8. (15 1/2 B.) Grimma 836, Verlags-Comptoir.

— dass. ins Deutsche frei ubertragen von Ed. Martiny. Mit 1 Abbild. gr. 8. Weimar 837. Voigt. 1 ꝶ

**Téallier,** P. F. S., über die Ursachen, Erkenntniß u. Behandlung des Gebärmutterkrebses. Eine von der medicin. Gesellschaft zu Lyon gekrönte Preisschrift. Ins Deutsche frei übertragen von Ed. Martiny. Mit 1 Abbild. 2. Ausg. gr. 8. Weimar 844, Voigt. 1 ꝶ

**Teatro,** classico. Commedie di Franc. d'Ambra — Bened. Varchi — Agnolo Firenzuola — Lorenz. de' Medici — Lionardo Salviati — Bern. Dovizi. hoch 4. (381 S.) Triest 859, Literarisch-artistische Anstalt.

**Teatro** classico italiano, antico et moderno, ovvero: Il Parnasso teatrale. Con Illustrazioni biografiche, istoriche, e critiche. Ediz. giusta i testi i più accreditati. Lex.-8. (49 1/2 B. u. 24 Portr. auf 1 Kpfrt.) Lipsia 829 (—32), E. Fleischer.
Vgl. Théâtre.

**Teatro** Espanol dato a Luz p. A. Norwich. II Tom. gr. 8. Amsterd. Hesse.
Schreibp.

**Teatro** Espanol, dato à luz por A. Norwich. II Tom. gr. 8. Bremen, Heyse. 811—12.
Schreibp.

Teatro español. s. Norwich, A.

Teatro Español. Colleccion escogida de las mejores comedias castellanas desde Cervantes hasta nuestros dias arreglada por C. Schütz. 1e—4e Lfrg. Mit Calderon's Bildniss. gr. 8. Bielefeld 840. Velhagen y Klasing. à n. 1/2 ℛ

Teatro Español. Colleccion escogida de las mejores comedias castellanas desde Cervantes hasta nuestros dias, arreglada por C. Schütz. (6 Lfgn.) gr. 8. (41 B., Calderon's Bildn. u. eleg. Ttl.) Bielefeld 840, Velhagen y Klasing.

Teatro español. Coleccion escogida de las mejores Comedias Castellanas desde Cervantes hasta nuestros dias, arreglada por D. C. Schütz. gr. 8. (Mit 1 Portr.) Bielefeld 846, Velhagen u. Klasing. 1 1/2 ℛ

Teatro Español, s. Theater, Spanisches.

Teatro español. I. El principe constante. Comedia de Don P. Calderon de la Barca. Mit deutschen Anmerkungen versehen von Bernh. Lehmann. 8. (XVI, 114 S.) Frankfurt a. M. 877, Sauerländer's Verlag.

Teatro español. II: La vida es sueño. Comedia de Don P. Calderon de la Barca. Mit deutschen Anmerkungen versehen von Bernh. Lehmann. 8. (XII, 130 S.) Frankfurt a. M. 880, Sauerländer's Verlag.
I. Ebendas. 1877. ℳ 1,50.

Teatro español anterior a Lope de Vega. Hamburgo 1832. H: *Böhl von Faber, Joh. Nic.* (EB)

—— español moderno. Coleccion de piezas dramaticas en prosa y verso, escojidas y anotadas para el estudio de la buena conversacion española por Fed. Booch-Arkossy. 1. Fasc.: „La Independencia", Comedia en cuarto actos por M. Breton de los Herreros. 2a edic. gr. 16. (118 S.) Leipzig 877, Hirt und Sohn. *
Fasc. 2—7. Ebendas. 1864—67. à * 50 Pf. 7 fasc. in 1 Bd. * ℳ 3.

Teatro moderno español, s. Coleccion de autores españoles.

Teatro italiano, ossia: raccolta di alcune commedie scelte fra i migliori autori moderni. No. 1—10. gr. 8. Berlino 838—40, libr. Schlesinger. Thlr. *

No. 1. Nota, A., il progettista, com. di 5 atti in prosa. (3 1/4 B.) * 6 Gr.
- 2. —— la pace domestica, com. di 3 atti. (2 1/2 B.) * 4 Gr.
- 3. —— la lusinghiera, com. di 3 atti. (4 B.) * 8 Gr.
- 4. Pellico, Silv., Francesca da Rimini, traged. in 5 atti. (.. B.) * 4 Gr.
- 5. Niccolini, G. B., Giovanni da Procida, traged. (3 1/2 B.) * 6 Gr.
- 6. Goldoni, un curioso accidente, com. di 3 atti. (3 B.) * 6 Gr.
- 7. Gozzi, C., i pitocchi fortunati, com. di 3 atti in prosa (3 3/4 B.) * 8 Gr.
- 8. Monti, Vinc., Aristodemo, traged. di 5 atti in versi. (3 1/2 B.) * 6 Gr.
- 9. Rossi, G. de, il calzolajo inglese in Roma, com. di 3 atti in prosa. (3 1/2 B.) * 6 Gr.
- 10. Niccolini, G. B., Rosmonda d'Inghilterra, traged. in 5 atti. (.. B.) * 6 Gr.

No. 1—5. bildet Tom. I. u. kostet nur * 1 Thlr.

—italiano, ossia: Raccolta di alcune commedie scelte fra i migliori moderni. Nro. 1—3. Inhalt: 1. Il Progettista, Commedia di Alb. Nota. n. 1/4 ℛ — 2. La pace domestica, Commedia di Nota. n. 1/6 ℛ — 3. La Lusinghiera, Commedia di Nota. gr. 8. Berlino 837. Schlesinger. n. 3/4 ℛ — Nro. 4. Francesca da Rimini, Tragedia di Silv. Pellico. gr. 8. Ebd. 838. n. 1/6 ℛ — Nro. 5. Giovanni da Procida, Tragedia di Giov. Battista Niccolini. gr 8. Ebd. 838 n. 1/4 ℛ — Nro. 6—8. 6. Un curioso accidente, commedia di Goldoni. n. 1/4 ℛ — 7. I pitocchi fortunati, commedia di Carlo Gozzi. n. 1/3 ℛ — 8. Aristodemo, tragedia di Vinc. Monti. n. 1/4 ℛ gr. 8. Ebd. 838. n. 5/6 ℛ (Nro. 1—6 sind jetzt als Tomo I. geb. zu n. 1 ℛ versandt) — Nro. 9. Il calzolajo Inglese in Roma, commedia di Gherardo de Rossi. gr. 8. Ebd. 839. 1/4 ℛ — Nro. 10. Rosmonda d'Inghilterra, trag. in V act, di Niccolini. Ebd. 840. 1/4 ℛ

Teatro italiano, ossia raccolta di alcune commedie scelte fra i migliori autori moderni. No. 11. Arnaldo da Brescia, tragedia in 5 atti, di Gio. Battista Niccolini. gr. 8. (9 1/2 B.) Berlin 844, libr. Schlesinger. *
No. 1—10. Ebendas. 1838—40. * 2 Thlr. 15 Ngr.

Teatro Italiano, ossia raccolta di alcune commedie scelte fra i migliori autori moderni. No. 10. Rosmonda d'Inghilterra. Tragedia di Gio. Battista Niccolini. gr. 8. Berlino 844, Schlesinger. n. 1/4 ℛ

Teatro italiano, ossia raccolta di alcune tragedie scelte fra i migliori autori moderni. Nr. 12. Filippo Strozzi tragedia in 5 atti di Gio. Batt. Niccolini. gr. 8. (104 S.) Berlin 848, Schlesinger'sche Buchh.
Nr. 1—11. Ebendas. 1838—44. * 3 Thlr.

Teatro italiano. Scelta di commedie italiane all' uso delle scuole e degli studiosi publicate per cura di Federigo Werder. Fasc. 1. u. 2. 16. Leipzig 875. Rossberg. à n. — 50
1. La locandiera. Commedia di Goldoni. (112 S.)
2. La fiera. Commedia in 5 atti di Alberto Nota. (92 S.)

—— italiano. Scelta di commedie italiane all' uso delle scuole e degli studiosi, pubblicate per cura di Federigo Werder. Fasc. 1. 12°. Lpz. 891, Rossberg. * — 60
Goldoni. La Locandiera. Commedia. 2. ed. (112 S.)

Teatro italiano. Scelta di commedie italiane all'uso delle scuole e degli studiosi, publicate per cura di Federigo Werder. Fasc. I. 12. Leipzig, Rossberg'sche Verlagsbuchh. n. — 60
Goldoni, Carlo, la Locandiera. Commedia in 3 atti. 3. ed. (112 S.) 899.
Fortsetzung, s.: Collezione di opere italiane.

—— italiano. Für den Unterricht im Italienischen hrsg. von G. Locella. 1.—4. Bdchn. gr. 16. Leipzig 879, Brockhaus. à Bdchn. *

Inhalt:
Bdchn. 1. Giacosa, Gius., Acquazzoni in montagna. Commedia. (63 S.)
„ 2. Gozzi, Carlo, Turandot, principessa chinese. Fiaba tragica. (96 S.)
„ 3. Fambri, Paolo, Il caporale di settimana. Commedia in tre atti. (98 S.)
„ 4. Gherardi del Testa, F., L'oro e l'orpello. Commedia in due atti. (57 S.)

—— italiano. Für den Unterricht im Italien. hrsg. von G. Locella. 5. und 6. Bdchn. 16. Leipzig 880, Brockhaus. à Bdchn. *

Inhalt:
Bdchn. 5. Bersezio, Vittorio, una bolla di sapone. Commedia in 3 atti. (76 S.)
„ 6. Carrera, Valentino, la quaderna di Nanni. Commedia in 3 atti. (70 S.)

Teatro italiano. Für den Unterricht im Italienischen hrsg. von G. Locella. 1., 4. u. 5. Bdchn. 2. Aufl. 12. Lpz., Brockhaus. à Bdchn. * — 60; * 1 80
1. Giacosa, Giuseppe. Acquazzoni in montagna. Commedia in due atti. (65 S.) 891.
4. Testa, T. Gherardi del. L'oro e l'orpello. Commedia in 2 atti. (57 S.) 889.
5. Bersezio, Vittorio. Una bolla di sapone. Commedia in 3 atti. (81 S.) 889.
2., 3. u. 6. Bdchn. Ebd. 1879,80. à * — 60.

— italiano moderno ad uso degli studiosi di quaesta lingua dato in luce dal Fabio Fabrucci. 8. (IV, 299 S.) Berlin 870. Herbig. n. 3. —

Teatro scelto italiano antico e moderno, Vol. 1—26. 12. Milano 822, (Landsh., Weber.)

Tebaldi, Augusto: Pensieri sull' amicizia. Vienna 1856. Tipografia dei P. P. Mechitaristi. (76 S. 8°)

Tebaſile, H., Frühlings-Blüthen. 16. (VII und 84 S.) Basel 867, (Riehm.) geb. mit Goldschn. *

Tebbe, Heinrich: Bemerkungen zum griechischen Unterricht in der Tertia und Sekunda. Warendorf, gedr. i. d. J. Schnell'schen Buchdr., 1889; S. 1—24; 4°
Warendorf, k. G Laurentianum, OP 1889 (346)

**Tebbe,** Heinrich: Hamerlings Dichtung „Der König von Sion“ und ihre geschichtliche Grundlage. Münster, Druck d. Aschendorffschen Buchdr., 1893; 1—20 S. 4.
Münster i W., k. Paulinisches G, P 1893 (360)

**Tebbe,** Heinrich: „Pädagogen“ und „Präceptoren“ am Gymnasium zu Münster. *Münster i. W. 1898: Aschendorff.* (105 127 S.) 8°
Münster i. W., k. Paulinisches G, Festschr. 1898

**Tebbenhoff,** C. A., Observationes in Thucydidis Bellum Peloponnesiacum. Diss. 1869. 61 S.

**Tebbitt, A.,** a list of German verbs, adjectivs and participles with their appropriate prepositions. An indispensable handbook for students of German. (Method Gaspey-Otto-Sauer.) (82 S.) gr. 8. Heidelberg 903. J. Groos. 1. —

Tebbitt, F.

**Tebbit, F.,** deutsch-englische Gespräche zur Erleichterung d. Verkehrs zwischen Arzt u. Patient. 9 Lfgn. 8. (73 S.) Heidelberg 892. 893. K. Groos. à n. — 40

— dasselbe. 2. Aufl. 8. (V, 84 S.) Ebd. 894. n. 1. 60

**Tebbitt, F.,** deutsch-englische Gespräche zur Erleichterung des Verkehrs zwischen Zahnarzt u. Patient. (26 S.) 8. Heidelberg 904. K. Groos Nachf. n. — 80

**Tebeldi, Albr.,** die Auflösung der staatlichen Einheit der Oestreich'schen Monarchie durch die National-Versammlung zu Frankfurt a. M. 8. (48 S.) Leipzig 848, Leiner. (Wien, Tendler & Co.) n. 6¼ ngr

**Tebeldi**, Albrecht: Das Eigenthum. Stuttgart, Hallberger 1848. 148 S. 8.

—— die Geldangelegenheiten Oestreichs. gr. 8. (XIV und 393 S.) Leipzig 847, Barth.

— die Slawen im Kaiserthume Oestreich. gr. 8. (84 S.) Wien 848, Tendler & Co. ⅜ ngr

**Jac. Auerbach. (Ein Erinnerungsblatt.) [Unterz.: Adolf Aloys] T[eblée. Leipzig 1887: Findel]. 2 Bl. 8° [Kopftit.]**
Abgedr. in: Bh. 30 (1887) S. 369—370; FZ. 41 (1887) S. 381.
cf. Allgem. Deutsche Biographie. 46 (1902) S. 84—85 (A. Brüll). 195.

Feier des 75jährigen Jubelfestes der Loge zur aufgehenden Morgenröthe im Or. Frankfurt am Main am 4. Nov. 1883. [Unterz.:] Adolf **Teblée.** Frankfurt a/M. [1883]: Kumpf & Reis. 38 S. 8°
Tt. 501. Bericht. Zeichnung von A. Teblée: Kurzgefasste Gesch. der Loge; Rede von F. Auerbach: Rückblick, Umblick, Ausblick. Nebst Verzeichn. der M. v. St. der Loge. 193. 358.

**Tebrich,** Paul, appr. Arzt a. Kamenz in Sachsen: Zur Kasuistik des halbseitigen Riesenwuchses. Leipzig 1904: B. Georgi. (60 S.) 8°
Leipzig, Med. Fak., Ref. Trendelenburg, Diss. v. 15. Nov. 1904
[Geb. 9. Febr. 79 Kamenz, Sachsen; Wohnort: Leisnig; Staatsangeh.: Sachsen; Vorbildung: Gymn. Lissa i. P. Reife O. 98; Studium: Leipzig 2, Berlin 3, Breslau 2, Leipzig 3 S.; Coll. 21. Nov. 04; Approb. 6. Juli 03.]

**Tebsima,** s.: Familienfreund.

**Tebsima** od. der Verbannte der Wüste. Autoris. Uebersetzg. aus dem Franz. d. E. B.*** Mit 3 Illustr. 8. (183 S.) Einsiedeln 884. Benziger & Co. 1. 60; geb. 2. 20

**Tebsima,** od. der Verbannte der Wüste. Uebersetz. a. d. Französ. d. E. B***. In-8°. Einsiedeln, Gebr. Benziger. 1893. br. 2 —

**Tecer,** Friedr. Aug., wie haben Volksschullehrer d. unfreundl. Verhältnisse zu benutzen, in welchen sie sich, hinsichtl. vieler Gemeindeglieder in unsern Tagen erblicken? gr. 8. (1¼ B.) Leipzig 836, Glück.

**Técère, B.,** de l'oxigène électrique et de l'emploi thérapeutique des eaux dites d'oxigène et d'ozone [Sauerstoff- u. Ozonsauerstoff-Wasser.] Rédigé d'après une publication allemande, tirée d'ouvrages spéciaux et de plusieurs discours prononcés par Lender devant l'association médicaleétiologique et la société thérapeutique de Berlin. gr. 8. (16 S.) Berlin 879. Heinr. Müller. — 25

TECHEL, Ernst (Kirch-Mulsow): Ein Fall von Bronchiectasie mit multiplen Hirnabscessen.- München: Wolf 1901. 31 S.
20.12.1901 - Chr 1901/02,24; Jv 1901/02,272 (Prom.-Datum: 1902)
Diss. Ingolst.-Landsh.-Mchn.

Die Bürgersprachen der Stadt Wismar. Von Friedrich **Techen.** Leipzig: Duncker & Humblot 1906. (XVI, 411 S.) 8°
= **Geschichtsquellen,** Hansische. N. F. Bd 3.

Die Chroniken des Klosters Ribnitz. Bearb. von Friedrich **Techen.** — Schwerin 1909: Bärensprung. 279 S. 8°
(Mecklenburgische Geschichtsquellen. 1.)

**Techen,** Frdr., s. a. Chroniken, die, d. Klosters Ribnitz.

— s.: Hanserecesse.

Techen, Friedrich [aus Wismar]: Die Lieder des Herrn Jacob von Warte .... Göttingen, Druck d. Dieterich'schen Univ.-Buchdr. W. Fr. Kaestner, 1886; 35 + 1 S. 8°.
Göttingen, Phil. Fak., Inaug.-Diss. v. 7. Jun. 1886.

**Techen,** Friedr., die Lieder des Herrn Jacob v. Warte. Inaugural-Dissertation. gr. 8. (35 S.) Göttingen 886, (Vandenhoeck und Ruprecht's Verlag.) *

Wismar im Mittelalter. Von Friedrich **Techen.** — Leipzig: Duncker & Humblot 1910. 69 S. 8°
(Pfingstblätter des Hansischen Geschichtsvereins. Bl. 6.)

Techen, Ludwig

**Techen, L.,** zwei Göttinger Machzorhandschriften, beschrieben. gr. 8. (79 S.) Göttingen 884. Dieterich's Verl. n. 3. —

**Techen,** *Ludwig* [Dr.]: Das Targum zu den Psalmen. Wismar, *Druck d. Dieterichschen Univ.-Buchdr. Göttingen,* 1896; 50 S. 8.
Wismar, Grosze Stadt-S (G u. R), OP 1896 (670)

Techen, L[udwig]: Das Targum zu den Psalmen. II. 59 S. 8.
Große Stadtschule — Gymn. u. Realschule — *Wismar* 1907 (825).
Progr.

**Techen, L.**, das Targum zu den Psalmen. I. u. II. Progr. (50 u. 59 S.) 8. Wismar 896. 907. (Leipzig, Buchh. G. Fock.) à 1.—

Der Scheintod Ein Mahnwort z. Vorsicht bei Benutzung d. Leichenhallen u. bei Beerdigung Verstorbener, insbesond. in Berlin u. anderen volkreichen Städten. Von R[udolf] **Techen**, Geh. Postrat a. D. (1.–5. Taus.) Berlin: K. Pickhardt 1905. (40 S.) 8° [05. 15631

**Techentin**, Carl (Hrsg.), s. Bandagisten-Kalender, Deutscher.

[S.] **Heinrich** von Stephan, General-Postmeister. E. Lebensbild v. Karl Techentin. M. 1 Bildn. *Leipzig: R. Voigtländer 1899.* (188 S., 1 Portr.) 1 Bd 8.
= Volksbücher, Biographische. No 61–66.

Über die marine Vegetation des Triester Golfes von Karl **Techet**. Mit 1 Taf. u. 5 Abb. Wien: A. Hölder 1906. (52 S.) 4°(8°)
= **Abhandlungen** d. k. k. zool.-bot. Gesellschaft in Wien. Bd 3, H. 3. [06. 5748

**Techmer, C.**, bei'm Herr Commissarius, s.: Liebhaber-Bühne, neue.

**Techmer, F.**, Beiträge zur Geschichte der französischen u. englischen Phonetik u. Phonographie. 1. Tl. [Aus: „Internat. Zeitschr. f. allg. Sprachwiss."] Lex.-8. (XI u. S. 339—373 u. S. 145—297 m. 4 Taf. u. 3 Fig.) Heilbronn 889. Ulm, Kerler. n. 6. —

**Techmer, F.** Phonetik. Zur vergleichenden Physiologie der Stimme und Sprache. Hab. Leipzig 1880. 115 S. u. 7 Tafeln. **Progr.**

**Techmer, F.**, Phonetik. Zur vergleichenden Physiologie der Stimme und Sprache. 2 Thle. Lex.-8. Leipzig 880, Engelmann.

Inhalt:

Thl. 1. Text und Anmerkungen. (X, 218 S.) *ℳ 10.
„ 2. Atlas mit 8 lithogr. Taf. und 188 (eingedr.) Holzschn., nebst einer Gesammtübersicht über das Gebiet der Phonetik. (VII, 112 S.) *ℳ 8.

**Techmer, F.**, zur Veranschaulichung der Lautbildung. Lex.-8. (32 S., nebst 1 lith. Wandtaf. in gr. Fol. m. Leinw.-Einfassg. u. Ringen.) Leipzig 885. Barth. n. 1. 60; Text ap. n. 1. —

**Technau,** Curt, approb. Arzt aus Elbing: **Beitrag** zur Kenntnis der Muskelgummata. *Greifswald 1902: H. Adler.* (25 S.) 8°
Greifswald, Med. Diss. v. 17. März 1902

Technik
v. Neue Zürcher-Zeitung, St. Galler Tagblatt.

„**Technik,** die". Organ f. gemeinverständl. Darstellg. sämmtl. Fortschritte d. Technik. Rundschau üb. d. techn. u. industr. Errungenschaften auf allen Gebieten: Chemie, Physik, Elektrotechnik u. s. w. Hrsg. v. A. Neuburger. 1. u. 2. Jahrg. 1897—1898. à 24 Hfte. (à ca 2 Bog. m. Abb.) hoch 4. Berlin, M. Krayn (Fischer's technolog. Verl.). à Jahrg. n. 8. —; einz. Hfte. n.n. — 50
Kann auch vierteljährlich bezogen werden.

„**Technik,** die". Organ f. gemeinverständl. Darstellg. sämmtl. Fortschritte der Technik. Rundschau über die techn. u. industriellen Errungenschaften auf allen Gebieten. Mit der Beilage: Die Automobilen-Industrie. Hrsg. v. A. Neuburger. 3. u. 4. Jahrg. 1899 u. 1900. à 24 Hfte. hoch 4. (à ca. 8 u. 8 S. m. Abb.) Berlin, M. Krayn. à Jahrg. n. 8. —
Fortsetzung, s.: Zeitschrift f. Automobilen-Industrie.

**Technik,** die, im Bereiche des Bez.-Vereins Rheingau. Festschrift z. 50. Hauptversammlg. des Vereins deutscher Ingenieure in Mainz u. Wiesbaden vom 14. bis 17. VI. 1909. Hrsg. v. Bez.-Verein Rheingau. (V, 234 S. m. Abb. u. 35 Taf.) Lex. 8. Mainz (909). (V. v. Zabern.) 7.50

Elektrochemische **Technik**. Stichwörter-Repertorium d. angewandten Elektrochemie, d. Elektrometallurgie u. Galvanotechnik. Hrsg. von Dr. Franz Peters, Privatd. [Jg. 1]–5. (In 51 H.) Westend-Berlin (H. 7 ff.: Gr.Lichterfelde-West): F. Peters 1902–06. 5 Bde 4°
[1.] 1902–03. u. s. f. bis 5. Okt.–Dez. 1906. [07. 16071

Technik in der Landwirtschaft
v. Bernische Blätter für Landwirthschaft, Wald- und Gartenbau.

Technik: Aus Technik und Leben
v. Schweizerische Metallarbeiter-Zeitung - Journal suisse des ouvriers sur métaux.

Die Technik im täglichen Leben. Bd 1. *Berlin: H. Steinitz 1902.* 8° [F.]

**Technik und Natur**
v. Die Ostschweiz.

— d. neuzeitl., d. Mühlen-Industrie in ihrer Gesammtheit. 2., verm. Aufl. gr. 8. (III, 18 S.) Prag 896. H. Jackob. Kart. n. — 80

— die neuzeitliche, der Thon-, Ziegel-, Cement-, Kalk-, Porzellan- u. Glas-Industrie u. ihre Bezugsquellen. (Die Keramik d. Neuzeit u. ihre Bezugsquellen.) 2., verm. Aufl. 12. (VI, 69 S.) Prag — Apolda 895. Ebd. n.n. 1. 30

— **u. Schule.** Beiträge zum gesamten Unterrichte an techn. Lehranstalten. In zwanglosen Heften hrsg. v. M. Girndt. I. Bd. 1. Heft. (64 S.) Lex.-8. Leipzig 906. B. G. Teubner. n. 1. 60

— **u. Schule.** Beiträge zum gesamten Unterrichte an techn. Lehranstalten. Unter Mitwirkung von Blume, Braune, Düsing u. a. m. hrsg. von M. Girndt. 1. Bd. 2.—5. Heft. (VII u. S. 65—336.) Lex. 8. Leipzig 907.08. B. G. Teubner. 7.20 (I. Bd. vollst. erm. Pr. 8.—)

Technik der kirchlichen Stickerei. (16 S.) Regensburg (1904)

**Technik,** therapeutische, für die ärztliche Praxis. Ein Handbuch f. Aerzte u. Studierende. Bearb. v. Czerny, Englisch, Eversbusch u. a. Hrsg. v. Jul. Schwalbe. 1. Halbbd. (VIII, 852 S. m. 290 Abbildgn.) Lex.-8. Leipzig 906. G. Thieme. n. 8. 80

— **therapeutische**, f. die ärztliche Praxis. Ein Handbuch f. Ärzte u. Studierende. Bearb. v. Czerny, Englisch, Eversbusch u. a. Hrsg. von Jul. Schwabe. 2. Halbbd. (VI u. S. 853—789 m. 169 Abb.) Lex. 8. Leipzig 907. G. Thieme. 11.20 (Vollst. 20.—; geb. in Halbfrz. n 23.—)

Therapeutische **Technik** für die ärztliche Praxis. Ein Handbuch f. Ärzte u. Studierende. Bearb. von ... Hrsg. von Prof. Dr. Julius Schwalbe. Mit 537 Abb. 2., verb. u. verm. Aufl. Leipzig: Thieme 1910. XVI, 979 S. 4° [10. 9033 2

TECHNIK UND WIRTSCHAFT. Monatsschrift des Vereines Deutscher Ingenieure. Redigiert u. herausgegeben von Dr. HERMANN BECK und D. MEYER.
Jahrg. 1—3. 1908—1910. Berlin. Selbstverlag des Vereines. In Kommission bei Julius Springer. 8°.

— u. **Wirtschaft.** Monatschrift des Vereins deutscher Ingenieure. Red. u. hrsg. v. Herm. Beck u. D. Meyer. Beiblatt zur Zeitschrift des Vereines deutscher Ingenieure. 1.—3. Jahrg. 1908—1910. à 12 Hefte. (VII, 528; VI, 576 u. VIII, 768 S. m. Fig.) gr. 8. Berlin, J. Springer. à Jahrg. 8. —

Technik und Wirtschaftlichkeit
v. Schweizerische Eisenbahn- und Handels-Zeitung.

Techniker, Der.

— Revue der Fortschritte in Gewerbe und Industrie. 1872. 73. fol Wien 1872. 73

**Techniker,** der. Revue der Fortschritte in Gewerbe u. Industrie. Red.: L. Fürstedler. Hrsg.: W. Sommerfeld. Jahrg. 1873. 52 Nrn. (B.) gr. 4. Wien 873. Gronemeyer in Comm. n. 14. —

Der Techniker: Jahrgang 1–18, no. 3, Nov. 1878–Mar. 1896.

Semi-monthly, Nov. 1878–Oct. 1886; monthly, Nov. 1886–Mar. 1896. Official organ of Deutsch-Amerikanischer Techniker-Verband. Sub-title: 1) Internationales Organ für die Fortschritte der Wissenschaften, Erfindungen, und Gewerbe, Nov. 1878–Oct. 1889; 2) Internationales Fachblatt für die Fortschritte der technischen Wissenschaften, Nov. 1889–Oct. 1893; 3) Internationales technisches Fachblatt. Place of publication varies: New York, Nov. 1878–Dec. 1894; Phila., Jan. 1895–Mar. 1896. Continued as The Technologist. Large quarto, each issue 16–24 pages; illustrated, including portraits, maps, plates, diagrams. Circulation: 1882, 5000; 1895, 5372. Edited & published by Paul Goepel, Nov. 1878—Oct. 1882; (edited by D. Petri Palmedo, 1880–91; by E. L. Heusner, May 1891–Nov. 1982; by Henry Schreiter, Dec. 1892–Mar. 1896. Published by Goepel & Raegener, Nov. 1882–Oct. 1889; by Techniker Publishing Co., Nov. 1889–Mar. 1896.
New York, NY

Techniker, der. Internationales Organ für die Fortschritte der Wissenschaft, Erfindungen und Gewerbe. Ausg. für Deutschland, Oesterreich und die Schweiz. Hrsgbr. und Redact.: Paul Goepel. 1. und 2. Jahrg. 1879 und 1880. à Jahrg. 24 Nrn. (à Nr. 1½ Bog. mit eingedr. Holzschn.) Imp.-4. New-York. (Stuttgart, Habermalz.) à Jahrg. *

—— der. Internationales Organ über die Fortschritte der Wissenschaft, Erfindungen und Gewerbe. Hrsgbr. und Redact.: Paul Goepel. 3.—7. Jahrg. 1880/81, 1881/82, 1882/83, 1883/84, 1884/85. à Jahrg. 24 Nrn. (à Nr. 2 Bog. mit eingedr. Holzschn.) gr. 4. New-York. (Berlin, Polytechn. Buchhandlung.) 3.—5. Jahrg. * 6. und 7. Jahrg. à

— dasselbe. 6—8. Jahrg. 1884—86. à 24 Nrn. (2 B. m. eingedr. Holzschn.) gr. 4. Ebend. à Jahrg. n. 12. —

**Techniker,** der. Internationales Organ über die Fortschritte der Wissenschaft, Erfindgn. u. Gewerbe. Hrsg. u. Red.: P. Goepel. 9. Jahrg. 1886/87. 24 Nrn. (2 B. m. eingedr. Holzschn.) gr. 4. New-York. (Berlin, Polytechn. Buchh.) n. 12. —

— dasselbe. Hrsg.: Goepel u. Raegener. 10. Jahrg. 1887/88. 24 Nrn. (2 B. m. eingedr. Holzschn.) gr. 4. Ebd. n. 12. —

— dasselbe. 11. u. 12. Jahrg. 1888/89, 1889/90. à 24 Nrn. (2 B. m. eingedr. Holzschn.) gr. 4. Ebd. à Jahrg. n. 8. —

Techniker, der. Internationales Fachblatt f. die Fortschritte der techn. Wissenschaften. Officielles Organ des deutsch-amerikan. Techniker-Verbandes. 12. u. 13. Jahrg. 1889/90 u. 1890/91 hrsg. von Goepel u. Raegener. à Jahrg. 24 Nrn. (à Nr. 2 Bog. m. Holzschnitten); u. 14. u. 15. Jahrg. Novbr. 1891—Oktbr. 1893. Redact.: E. L. Heusner. à Jahrg. 12 Nrn. (à Nr. 2 Bog. m. eingedr. Holzschnitten u. Beilagen.) gr. 4. New-York. (Berl., Polytechn. Buchh.) à Jahrg. * 8 —

— dasselbe. Red.: Heinr. Schreiter. 16. Jahrg. Novbr. 1893—Oktbr. 1894. 12 Nrn. (2 Bog. m. eingedr. Holzschn.) gr. 4. Ebd. n. 8. —

Techniker, der. Internat. techn. Fachblatt u. Organ d deutsch-amerik. Techniker-Verbandes. Hrsg.: Heinr Schreiter. Red.: Chas. H. Reuther. 17. u. 18. Jahrg 1895—1896. à 12 Nrn. (à ca. 12 S. m. Abb.) gr. 4. Philadelphia Pa. (Berlin, Polytechn. Buchh.) à Jahrg. n. 8. —

**Techniker,** der, in der Eisenbahn-Verwaltung. Eine Entgegnung auf die Schrift: „Die Reorganisation der Verwaltung und der Einrichtungen der Eisenbahnen". gr. 8. (19 S.) Berlin 876, Kortkampf. *

**Techniker,** der, des XX. Jahrh. Internationale Revue des techn. Fortschrittes. Red. v. Otto Bryk. Jahrg. 1900. 24 Hfte. hoch 4. (à ca. 12 S.) Wien, L. Weiss. n. 15. —

**Techniker,** der junge. Illustr. Anleitgn. zur Selbstherstellg. nützl. u. lehrreicher Apparate u. Geräte. 1.—8., 12. u. 13. Bd. kl. 8. Leipzig, R. Sattler. 2. 05
Geber, Axel, das Süßwasseraquarium. (20 S. m. 8 Abb.) (910.) (Bd. 12.) — 10
— Das Terrarium. (89 S. m. 6 Abb.) (910.) (Bd. 13.) — 10
Herold, Kurt, Akkumulatoren. (19 S. m. 15 Abbildgn.) 910. (Bd. 3.) — 15
— Funkeninduktor m. 4 Abbildgn. (19 S.) (909.) (Bd. 2.) — 20
— Photographenapparat (Taschenkamera) m. 11 Abb. (22 S.) (909.) (Bd. 4.) — 20
— Die Praxis der Photographie. (23 S. m. 8 Abbildgn.) (910.) (Bd. 5.) — 20
— Selbstherstellung e. Apparates zur drahtlosen Telegraphie. (33 S. m. 21 Abb.) (910.) (Bd. 1.) — 50
Kühne, Otto, Dynamomaschine. (24 S. m. 10 Abbildgn.) (910.) (Bd. 8.) — 20
— Haustelephon-Anlage. (29 S. m. 11 Abb.) (910.) (Bd. 7.) — 20
Zopf, A., Morse Telegraph. (17 S. m. 7 Abb.) (910.) (Bd. 6.) — 20
Bd. 9—11 sind noch nicht erschienen.

— die, Oesterreichs! Ein Beitrag zur Frage üb. die Stellung der Techniker! gr. 8. (24 S.) Wien 894. C. Kravani. n. — 40

**Techniker,** der praktische, der Neuzeit, auf allen Gebieten. Monatsschrift für Industrielle jeder Berufsart. Mit Illustr. Hrsg. und redig. von Thdr. Koller. 1. und 2. Jahrg. 1872 und 1873. à Jahrg. 12 Hefte. (à 3—4 Bog.) Lex.-8. Regensburg, Manz. à Heft 60 Pf.; à Jahrg.
Fortsetzung siehe: Erfindungen und Erfahrungen, neueste.

**Techniker-Jahrbuch,** deutsches. 3. Jahrg. Für d. J. 1906. Hrsg. v. T. Glatz. (213 S. m. 54 Fig.) kl. 8. Berlin, C. Malcomes. Geb. n. 1. 50

Der Deutsche Techniker-Verband. Sein Werden u. Schaffen. Hrsg. vom Verbands-Vorstande. *Berlin 1902: (Nauck).* (31 S.) 8°

Techniker-Verband, d. Deutsche. Sein Werden u Schaffen. (31 S 1 T) Berlin 1907

**Techniker-Zeitung,** allgemeine. Organ der Genossenschaft deutscher Techniker. Redact.: C. Weltzel. 1. Jahrg. 1878. 52 Nrn. (Bog. mit eingedr. Holzschn.) Fol. Leipzig, M. Schäfer. *
Nicht weiter erschienen.

**Techniker-Zeitung,** deutsche. Hrsg. vom deutschen Techniker-Verbande. Red.: H. Knütter u. E. Dalchow. 14. u. 15. Jahrg. 1897—1898. à 52 Nrn (à ca. 1 Bog. m. Fig. u. Taf.) gr. 4. Berlin, W. & S Loewenthal. à Jahrg. n. 8. —
Kann auch halbjährlich bezogen werden.

**Techniker-Zeitung,** deutsche. Hrsg. vom deutschen Techniker-Verbande. Red.: H. Knütter u. E. Dalchow. 16.—19. Jahrg. 1899—1902. à 52 Nrn. gr. 4. (à ca. 8 S. m. Fig.) Berlin (W. & S. Loewenthal). à Jahrg. n. 8. —

**Techniker-Zeitung,** deutsche. Wochenschrift f. alle techn. Berufsstände. Hrsg. vom deutschen Techniker-Verband. Red.: H. Knütter, E. Dalchow u. W. Koch. 20.—23. Jahrg. 1903—1906. à 52 Hefte. (1906. VIII, 632 S. m. Abbildgn.) gr. 4. Berlin (W. & S. Loewenthal). à Jhrg. n. 8.—

**Techniker-Zeitung,** deutsche. Wochenschrift f. alle techn. Berufsstände. Hrsg. vom deutschen Techniker-Verbande. Schriftleitg.: E. Rich. Schubert. 27. Jahrg. 1910. 52 Hefte. (1. Heft. 20 u. IV S. m. Abb.) 31×23 cm. Berlin (W. & S. Loewenthal). 10.—
Von 1911 an Verlag v. Degener & Co., Leipzig.

— schweizerische. Organ der Vereine ehemal. Schüler der Technika Winterthur, Burgdorf u. Biel. Red.: H. Baumgartner. 1. u. 2. Jahrg. 1904 u. 1905. 19 u. 26 Nrn. (308 u. 392 S. m. Abbildgn. u. Taf.) 4. Basel. (Leipzig, C. Beck.) à Jhrg. n. 10.—

— dasselbe. Organ des schweizer. Technikerverbandes. 3. Jahrg. 1906. 26 Nrn. (432 S. m. Abbildgn. u. Taf.) 4. Ebd. n. 10.—

— schweizerische. Organ d. schweizer. Technikerverbandes. Red.: H. Baumgartner. 4.—6. Jahrg. 1907—1909. à 26 Nrn. (VI, 440; VI, 480 u. VI, 448 S. m. Abbildgn.) 31×23 cm. Basel. (Leipzig, C. Beck.)
Nicht mehr im Buchhandel. à Jahrg. 8.—

Technisches von der Albulabahn: I. Die neuen Linien der Rhätischen Bahn. Von Oberingenieur F[riedrich] (C S ) Hennings.... Mit 12 Abbildungen [wovon 2 auf 1 Tafel]. II. Die gewölbten Brücken der Albulabahn. Bearb. von der Redaktion der Schweizerischen Bauzeitung. Mit 22 Abbildungen. (Revidierte Separatabdrucke aus der Schweizerischen Bauzeitung [Bd. 38, 1901 u. 43, 1904].) 40 S. 4. Zürich, Albert Raustein, 1904. [fr. 3.—]

Technolog, der. Zeitschrift für Fabrikanten, Apotheker, Gewerbetreibende, sowie für Land- und Hauswirthschaft. Zugleich Sprechsaal der Gewerbevereine Deutschlands und angrenzender Länder. Hrsg. von W. Artus und unter Mitwirkung von anderen Gelehrten und Praktikern. 1. Bd. 4 Hefte. gr. 8. (X, 364 S.) Jena 877,78, Mauke's Verlag. à Heft * ℳ 1,20. *

Technologie,

— oder die Gewinnung, Benutzung u. Verarbeitung der Naturprodukte, zunächst f. Bürgerschulen, dann auch für Künstler, Handwerker, Landwirthe ꝛc. 8. Freiberg 816. Graz u. G. 16 gr (Schlosser in Augsb.) 9 gr, 2e Aufl. 8. Dresd. 824. Arnold. 18 gr

**Technologie,** oder die Gewinnung, Benutzung u. Verarbeitung der Naturproducte, zunächst für Bürgerschulen, dann auch für Künstler, Handwerker, Landwirthe ꝛc. ꝛc. 3. dem jetz. Standpunkte der Wissenschaften angemessen umgeänd. u. reichhalt. ausgestattete Aufl. 8. Dresden 841, Arnold. 1/2 ℛ︀

**Technologie,** allgem., oder Abhandl. aller Künste u. Handwerker. 1r Bd. 8. Ollmütz 787. (Mayr in Salzb.) 16 gr

**Technologie, chemische,** in Einzeldarstellungen. Hrsg.: Ferd. Fischer. Spezielle chem. Technologie. gr. 8. Leipzig, O. Spamer.
Fischer, Ferd., Kraftgas, seine Herstellung u. Beurteilung. (VIII, 236 S. m. 188 Abb.) 911. 12.—; geb. in Leinw. 13.50

— chemische, der Neuzeit. Bearb. v. K. Arndt, A. Aufrecht, H. Becker u. a. Hrsg. v. Otto Dammer. (3 Bde. in 12—13 Lfgn.) 1.—5. Lfg. (1. Bd. XV, 852 S. und 2. Bd. S. 1—96 m. Abbildgn.) Lex. 8. Stuttgart 910. F. Enke. à 6.— (I. Bd. kplt. 27.—; geb. in Hfrz. n 29.—)

**Technologie** der Fette und Öle. Handbuch d. Gewinnung u. Verarbeitung d. Fette, Öle u. Wachsarten d. Pflanzen- u. Tierreichs. Unter Mitw. von ... hrsg. von Gustav Hefter, Dir. in Triest. Bd 1. Berlin: J. Springer 1906. 8° [07. 1679

Technologie der Handweberei. Ein Lehr- und Lernbehelf für Webeschulen, gewerbliche und höhere technische Schulen, sowie zum Selbstunterrichte für Webereibeflissene. Unter Mitwirkung von O. Fiedler herausgegeben von Heinrich Kinzer. Mit Unterstützung des hohen k. k. Ministeriums für Cultus und Unterricht. I. Theil: Die Schaftweberei. 3. verbesserte und vermehrte Auflage. Mit 221 in den Text gedruckten Originalfiguren. Wien. 1899. Graeser. Gr.-8°. IV, 107 S. fl. 1.—

— kleine, od. Beschreib. der Künste u. Handwerke, für die wißbegier. Jugend. Mit ill. Kpf. qu. 16. Nürnb. 819, a. 825. F. Campe. 2 ℛ︀

Technologie, kurzgefaßte, f. Schule gemeinnütz. Kenntnisse, 3. Abthl.

Technologie der Wärme. Feuerungsanlagen, Kamine, Oefen, Heizung u. Ventilation der Gebäude etc. Aus dem Italien. von M. Schröter. Jena 1878. 8

Technologist, The. Mittlgn d Dt-anischen Techniker-Verbandes (Natl Assoc of G-An Technologists). 4v. Wash, 1895-98.

The Technologist: vol. 1-23, no. 5, Feb. 1896 --May 1918

Bi-monthly, Feb. 1896--Aug. 1900; monthly, except June & Aug., Oct. 1900--Sept. 1903; monthly, Oct. 1903--May 1918; with slight variations. Published in English & German. Official organ of National Association of German American Technologists. Supersedes MITTEILUNGEN DES DEUTSCH-AMERIKANISCHEN TECHNIKER-VERBANDES, and this title is continued in the first five volumes, Feb. 1896--Aug. 1900; the title, THE TECHNOLOGIST, is first prefixed to that title with the issue of Oct. 1900. Place of publication varies: Washington, D.C., Feb. 1896--Oct. 1897; Phila., Dec. 1897--Aug. 1898; NYC, Oct. 1898--Sept. 1901; Phila., Oct. 1901--Sept. 1903; NYC, Oct. 1903--May 1918. Octavo, each issue 16--28 pages, illustrated with plates, portraits, maps, diagrams; title page & contents. Circulation: 1905, 900; 1913, 1000.
Edited by Paul Goepel, Feb. 1896?--Sept. 1901; by A. Schumann, Oct. 1901--Sept. 1903; by Paul Goepel, Oct. 1903--1912, by F. Obermüller, 1912--1913; by F. W. von Egloffstein, 1914--1918? Published by the National Association of German American Technologists.
New York, NY

**Techow,** s.: Entscheidungen des kgl. preußischen Oberverwaltungsgerichts.

Techow: Ein Wort zur Verständigung. 36 S. Rastenburg. Progr. 1858.

**Techow,** Alfr., s.: Jahrbuch d. Kaufmannsgerichts Berlin.

— s.: Yachtbau u. Yachtsegeln.

**Techow,** Alfr., Yachtsegeln, s.: Haentjens, Pet.

**Techow,** F., über die Rudhardt'sche Methode. (Programm der Ritterakad. zu Brandenburg.) gr. 4. Brandenburg 846, Müller. 1/4 ℛ︀

**Techow, Georg:** Zur Regeneration des Weichkörpers bei den Gastropoden. Marburg (Leipzig: W. Engelmann) 1910. 36 S., 4 Taf. 8° ¶ (Aus: Archiv f. Entwicklungsmechanik. Bd 31.)
Marburg, Phil. Diss. v. 13. Dez. 1910, Ref. Korschelt
[Geb. 8 Nov. 81 Berlin; Wohnort: Rostock; Staatsangeh.: Preußen; Vorbildung: Luisen-Gymn. Berlin bis O. 03, zahnärztl. Staatsprüf. Mai 06; Studium: Zahnheilk. Berlin 3, Rostock 4, Naturwiss. Marburg 9 S.; Rig. 16. Febr. 10.]
[U 11. 3500

**Techow,** Gustavus Fridericus Eduardus: De Aeschyli vita atque arte tragica.
Halle-Wittenberg, Phil. Diss. v. 24. Juli 1830
Geb. [Bromberg 16. 12. 1807]
Ms. fehlt.

Techow, Otto

**Techow,** O. [Landes-Bauinspektor]: Baubeschreibung des neuen Klassengebäudes und der zugehörigen Baulichkeiten. (And. Tit.: Nachrichten über das Progymn. zu Steglitz und über das neue Schulgebäude. Von . . . Techow u. . . . Lück.) *Steglitz, Druck v. G. Löper* (1890); S. 6—8, 3 Taf. 4°
Steglitz, PG, Festschr. 1890

**Techow**, Bau=Polizei=Ordnung I. f. die Städte u. II. f. das platte Land der Reg.=Bezirke Potsdam u. Frankfurt a/O. vom 26./1. u. 15./3. 1872 bezw. 18./2. u. 25./3. 1872, nebst den Polizei=Verordngn. I. betr. die baul. Anlage v. Theatern 2c., II. betr. die Wohngn. der Wanderarbeiter. Neuer Abdr. 16. (163 S.) Berlin 894. R. Eisenschmidt. Kart. n. 1. —

**Techow**, [Otto]: Bau-Polizei-Ordnung für die Städte und für das platte Land der Regierungs-Bezirke Potsdam und Frankfurt a./O. vom 26./1. u. 15./3. 1872 bezw. 18./2. u. 23./3. 1872 nebst Polizei-Verordnungen. Neuer Abdr. [Nebst] Nachtrag. Berlin: R. Eisenschmidt 1894. 2 Bde 8⁰
Nachtrag: Bau-Polizei-Ordnung f. d. Städte d. Reg.-Bez. Potsdam mit Ausnahme d. Städte Charlottenburg, Kopenick u. Teltow. Ausgegeben am 4. Dez. 1894.

**Techow**, Bau=Polizei=Ordnung I. f. die Städte u. II. f. das platte Land der Reg.=Bezz. Potsdam u. Frankfurt a/O. vom 1./12. 1894 u. 28./11. 1895 bezw. 18./2. u. 23./3. 1872, nebst den Polizei=Verordngn. I. betr. d. baul. Anlagen v. Theatern 2c. II. betr. d. Wohngn. der Wanderarbeiter. III. Grundsätze f. die Berechnung der Standfestigkeit v. Schornsteinen. Neuer Abdr. (126 S.) ß. 8. Berlin 908. R. Eisenschmidt. Kart. 1. —

Nachtrag zum Entwurf für den Erweiterungsbau des Viktoriastifts in Dahme vom Aug. 1907. [Unterz.:] **Techow.** [Dat.:] Berlin 1908. 3 Bl. 8⁰ [Kopftit.]
**Mit Grundriss u. Abb.** 25a. 103.

Das erste Schwesternhaus der Victoria-Stiftung [in Dahme. Von Otto **Techow.**] Berlin [1894]: Büxenstein. 20 S., 3 Taf. 8⁰
Entwurf u. Kostenanschlag. Mit 3 Abb., die perspektivische Ansicht von der Stadt her, sowie die Vorder- und Seiten-Ansicht darstellend. 25.

**Techow**, Walter [aus Ortelsburg]: Ueber die Derivate des Dimethylalloxans ... Berlin, C. Vogts Buchdr., 1894; 39 S. 8.
Berlin, Phil. Fak., Inaug.-Diss. v. 14. Juni 1894

Allgemeine Erdkunde. Ein Hilfsbuch f. d. Unterr. in Lehrerseminaren u. höh. Schulen. Bearb. von W. **Techter**, Seminarlehrer. Mit 64 Abb. Halle a. S.: H. Schroedel 1907. (VII, 230 S.) 8⁰ [Ö.] 108, 8333

Die Provinz Hessen-Nassau bearb. von W. **Techter**, Seminarlehrer. Mit 14 Abb., 2 geol. Profilen u. 1 Karte. (Ausg. A.) *Berlin & Stuttgart: W. Spemann 1901.* (VI, 104 S.) 8⁰ [Ö.]
— Landeskunde Preussens. H. 2. 101, 5403

**Techtermann** (Major d'artillerie). Notes sur le service des munitions. In-8⁰. Bern, J. Dalp. 1879

**Techtermann**, A., der Landsturm. Briefe e. Soldaten an die Jungen u. die Alten. Mit Erlaubniß des Verf. in's Deutsche übertr. v. C. Fäßler. gr. 8. (31 S.) St. Gallen 893. (J. J. Sonderegger.) n. — 50

— la poudre sans fumée et la tactique. Canevas d'une conférence, donnée aux officiers de Chaux-de-Fonds et de Neuchâtel. gr. 8. (32 S.) Bern 891. Schmid, Francke & Co. n. — 75

**Techtermann, Louis**, s.: Traité de drainage.

Techtermann, Max de. Inventaire du butin de Grandson rapporté par les soldats fribourgeois, publié et annoté par Max de T. E. 8. Fribourg 1891.

**Tecini, F.**, Monumentum parentale Th. Ioannis Episc. et Princ. Pataviensis etc. 8. maj. Salzb. Mayr. 796.

Teck [Schlagwort]

**Teck**, s.: Kirchheim-Teck.

**Teck**, Gräfin v., s. Adelheit.

**Teckener**, E[mil], Referendar a. Osnabrück: Das Aktienbezugsrecht. Göttingen 1905: Dieterich. (IV, 40 S.) 8⁰
Göttingen, Jur. Fak., Ref. Ehrenberg, Diss. v. 14. Juni 1905
[Geb. 9. Apr. 75 Osnabrück; Wohnort: Osnabrück; Staatsangeh.: Preußen; Vorbildung: Rats-Gymn. Osnabrück Reife O. 94; Studium: München 1, Göttingen 2, Berlin 2, Göttingen 1 S.; Rig. 17. Apr. 05.]

**Teckener**, Richard, a. Osnabrück: Aus der Kgl. Universitäts-Klinik zu Kiel. Zwei Fälle von Perityphlitis actinomycotica. Kiel 1905: H. Fiencke. (27 S.) 8⁰
Kiel, Med. Fak., Ref. Helferich, Diss. v. 13. Juni 1905
[Geb. 21. Aug. 80 Osnabrück; Wohnort: Osnabrück; Staatsangeh.: Preußen; Vorbildung: Realgymn. Osnabrück Reife O. 00; Studium: München 1, Leipzig 4, Berlin 2, Kiel 2 S.; Coll. 25. Mai 05; Approb. 13. Mai 05.]

**Tecker**, Rich., († d. 13. Nov. 1799.) s. Xyt. **Schier**, die Bischöfe.

**Tecklenborg**, Adolf, a. Münster i. Westf.: Aus d. geburtshülfl.-gynäkol. Klinik zu Gießen. Tuberkulose und Schwangerschaft. Gießen 1906: J. Weinert. (31 S.) 8⁰
Gießen, Med. Fak., Ref. Pfannenstiel, Diss. v. 11. Mai 1906
[Geb. 2. Nov. 78 Münster i. W.; Wohnort: Münster i. W.; Staatsangeh.: Preußen; Vorbildung: Gymn. Coesfeld Reife O. 01; Studium: Freiburg i. B. 1, München 1, Kiel 2, München 1, Berlin 2, Gießen 3 S.; Coll. 23. Febr. 06; Approb. 8. März 06.]

**Tecklenborg, H.**, über das Bemannen der Kriegsflotte. gr. 8. (47 S.) Bremen 866, Heyse. *

*Tecklenborg, H.* Über Bodmerei und Haveriegrosse. Darstellung und Beleuchtung älterer und neuerer Lehrsysteme und Gesetze. Bremen 1858.

**Tecklenborg, H.**, die Freiheit des Meeres. Verbesserungsvorschläge zum Staatsvertrage über das Seerecht in Kriegszeiten. Abgeschlossen am 16. April 1856 zu Paris. Den sämmtl. Betheiligten empfohlen. gr. 8. (41 S.) Bremen 870, Schünemann.

**Tecklenborg, H.**, Handbuch für Schiffs-Capitaine, enth. eine Zusammenstellung von Gesetzen aus Seerechten verschied. Völker wie solche in der Praxis namentlich bei Havarien, Ausrüstung des Schiffes, Annahme und Entlassung der Mannschaft, ferner bei Streitfragen in Betreff der Fracht und Ablieferung der Ladung am häufigsten vorkommen. 1. Aufl. (VIII und 92 S.) 1853. und 2., verb. und verm. Aufl. 8. (VIII und 107 S.) Bremen 856, Schünemann's Vrlgsh.

— Handbuch für Schiffs-Kapitäne, enthaltend eine Zusammenstellung von Gesetzen aus Seerechten verschiedener Völker, wie solche in der Praxis, namentlich bei Havarien, Ausrüstung des Schiffes, Annahme und Entlassung der Mannschaft, sowie bei Streitfragen in Betreff der Fracht und Ablieferung der Ladung vorkommen. 3. Aufl. Bremen 1863.

— unsere Handelsschifffahrt u. die Rechte u. Pflichten der Neutralen im jetzigen Kriege. Notizen zum Gebrauch für Kaufleute, Rheder u. Schiffscapitäne. Ebend. 870. gr. 8. (32 S.) n. 5 ngr.

— Handlexikon für Rheder, Versicherer und Schiffscapitaine. Nebst einem Anhange Bekanntmachungen, Leuchtfeuer, Hafenverordnungen 2c. betr., die vom 1. Juni 1849 bis 30. Juni 1856 der bremer Handelskammer amtlich mitgetheilt und durch dieselbe publicirt sind. gr. 8. (IV und 540 S.) Bremen 856, Schünemann's Vrlgsh.

—— Handlexikon für Rheder, Versicherer und Schiffscapitaine. Nebst einem Anh. Bekanntmachungen, Leuchtfeuer, Hafenverordnungen rc. betr., die vom 1. Octbr. 1858 bis Ende Juli 1863 der Bremer Handelskammer amtlich mitgetheilt und durch dieselbe publicirt sind. 2., verm. und verb. Aufl. gr. 8. (III und 587 S.) Bremen 863, Schünemann's Verlag.

— die Havarie grosse nach den Vorschriften des allgemeinen deutschen Handels-Gesetzbuches. Ebend. 870. gr. 8. (45 S.) n. 5 ngr.

—— Haus Seefahrt. Vorschläge zur zeitgemäß. Umgestaltung dieser Stiftung. gr. 8. (23 S.) Bremen 867, Heyse. *

— zur Seegerichtsfrage. Eine Denkschrift für Staatsmänner. Ebend. 869. 8. (87 S.) n. 12 ngr.

— allgemeine Seeversicherungs-Bedingungen 1867. Nach der von der Handelskammer in Hamburg veranstalteten Ausg. Mit einem Commentar, ausführl. Sachregister u. einer Auswahl der in richterl. Entscheidungen vorkomm. wichtigsten Rechtsgrundsätze für Assecuranzwesen. Bremen 868. Schünemann. gr. 8. (VIII, 138 S.) n. 15 ngr.

**Tecklenborg, H.**, die am 1. Januar 1875 in Kraft tretende Strandungs-Ordnung u. die im Reichstage beantragte Revision d. 9. Titels im 5. Buch d. allg. deutschen Handelsgesetzbuchs. Erläuterungen, Bemerkgn. u. Vorschläge. gr. 8. (39 S.) Bremen 874. Schünemann. — 75

H. Tecklenborg, Die am 1. Jan. 1875 in Kraft tretende Strandungs-Ordnung und die vom Reichstage beantragte Revision des 9. Tit. im 5. Buche des Allg. Deutsch. Handels-Gesetzbuchs. Bremen, 1875.

— **Strandungsordnungen**, wie sie sind u. wie sie sein sollten. Ein Handbüchlein zunächst f. unsere Gesetzgeber. 8. (120 S.) Kiel 873. v. Wechmar. n. 2. 50

Tecklenborg, H., **Strandungsordnungen, wie sie sind und wie sie sein sollten.** 8. Kiel 873. Leipzig, Licht und Meyer. 2 50

Tecklenborg, H., Strandungs-Ordnungen, wie sie sind und wie sie sein sollten. Ein Handbüchlein zunächst für unsere Gesetzgeber. Kiel 1874

— System des See-Versicherungswesens nach der Natur der Sache, so wie nach Bremer u. Hamburger Assecuranz-Bedingungen, dem deutschen Handelsgesetzbuch u. den vornehmsten ausländischen Gesetzen. Ebend. 862. gr. 8. (VII, 528 S.) 3 ₰

— der „**Vigilanten**“ Fall, s. o., Von der deutschen Kriegs-Marine.

**Tecklenborg, H.** Der „Vigilante“-Fall. Kiel 1873. 8°. (Von der Deutschen Kriegs-Marine. 1.)

— internationales **Wörterbuch** der Marine über alle im Verkehr vorkommenden technischen Ausdrücke. 1. Thl.: Aus Italien., Span., Portugies., Französ., Holländ., Dän., Schwed., Engl. in Deutsch. — 2. Thl.: Aus Deutsch in obige acht Sprachen. Bremen 870 Heyse. br. 8. (XV, 496 S.) n. 2 ₰ 20 ngr.; in engl. Einb. 2 ₰ 25 ngr.

Tecklenburg [Schlagwort]

**Tecklenburg**, s.: Münster, Reg.-Bez.

**Tecklenburg**, s.: Rheinprovinz, Liebenow, W.

**Tecklenburg, Kreis**, s.: Westfalen. Wegekarte.

Tecklenburg [Verfasser]

**Tecklenburg, Adf.**, gemeinverständliche Erörterungen üb. einige Teile des deutschen bürgerlichen Gesetzbuches, s.: Lieber.

Tecklenburg, Adolf, Die Fortbildung des Wahlverfahrens. 8°.
Aus: Zeitschrift f. d. gesamte Staatswissenschaft. Jg 65, H. 4. 1909.

**Tecklenburg, Adf.**, Code-Wörterbuch „**Imperial**“. 1600 Millionen künstl. Wörter v. 10 Buchstaben, die Zahlen 0,000,000,000 bis 1,599,999,999 bildend, in genauer Uebereinstimmung m. den Beschlüssen der internationalen Telegraphen-Konferenz in London im Juni/Juli 1903 u. m. den übl. Vorsichtsmassregeln gegen Verstümmelungen bearb. (In deutscher, engl., französ. u. span. Sprache.) qu. Lex.-8. Hamburg 906. L. Friederichsen & Co. 100. —

**Tecklenburg,** Adolf [Gerichts-Ref. zu Frankfurt a. M.]: Der Irrthum beim Gewohnheitsrecht ... Göttingen, Druck d. Univ.-Buchdr. v. W. F. Kästner, 1896; 33 S. 8.
Göttingen, Jur. Fak., Inaug.-Diss. v. [18. Dez.] 1896

**Tecklenburg, Adf.**, Code-Wörterbuch „**Never better**“ (Handelsmarke). 81 Millionen künstl. Wörter von 10 Buchstaben in genauer Uebereinstimmg. m. den Beschlüssen d. internat. Telegraphen-Konferenz in London im Juni/Juli 1903 u. m. besond. Vorsichtsmassregeln gegen Verstümmelgn. bearb. (In deutscher, engl., französ. u. span. Sprache.) (X, 24 S. m. 1 Tab.) qu. gr. 8. Hamburg 905. L. Friederichsen & Co. n.n. 60. —

Die Proportionalwahl als Rechtsidee. Mit e. Zusatz: Die Verbindung d. Proportionalwahl mit d. Dreiklassenwahlsystem im Hamburger Senatsantrag v. 10. Mai 1905. Von Dr. Adolf **Tecklenburg**, Wiesbaden. Wiesbaden: H. Staadt 1905. (53 S.) 8° [05. 11500

Wahlfreiheit und Proportional-Listenkonkurrenz. Ein Beitrag z. Frage d. passendsten Proportionalwahlsystems f. d. Wahl d. Beisitzer zu d. Kaufmanns- u. Gewerbegerichten. Von Adolf **Tecklenburg**, Ger.Ass. Wiesbaden: H. Staadt 1905. (34 S.) 8° [06. 1976 6

Lebzeitige Zuwendungen in ihrer Einwirkung auf die Erb- und Pflichtteilsberechnung nach d. B.G.B. dargest. auf Grundlage d. röm. u. german., d. gemeinen Rechts u. d. bedeutenderen Kodifikationen von Dr. Adolf **Tecklenburg**, Ger.Ass. *Marburg: N. G. Elwert 1904.* (XX, 215 S.) 8° [F.]

**Tecklenburg,** Arthur [app. Arzt aus Meseritz]: Über den Einfluss des Nervensystems auf die Resorption ... Jena, Univ.-Buchdr. G. Neuenhahn, 1894; 37 S. 8.
Jena, Med. Fak., Inaug.-Diss. v. [26. Mai] 1894

Tecklenburg, August

**Tecklenburg, Aug.**, **Bilder** aus der Geschichte unserer Heimatlande. Ein Ergänzungsheft für den Geschichtsunterricht in den Schulen der Prov. Hannover. 2., umgearb. u. erweit. Aufl. (VIII, 84 S.) 8. Hannover 908. C. Meyer. — 50

[F.] Die organische Eingliederung der Heimat- und Stammesgeschichte in die Reichsgeschichte. E. method. Anweisg. M. Stoffverteilgspl. u. Unterrichtsbeisp. ... bearb. v. Aug. **Tecklenburg**. *Hannover [&] Berlin: C. Meyer 1899.* (93 S., 1 Bl.) 1 Bd 8.
= Bibliothek, Pädagogische. Bd 22. [99. ...

**Tecklenburg**, August: Die organ. Eingliederung d. Heimat- u. Stammesgeschichte in d. Reichsgeschichte. 2. Aufl. 1909
s. **Tecklenburg**: Schule u. Heimat. [10. 9157 7

— s.: **Fleck's** Kriegsfahrt u. Gefangenschaft in Rußland 1812—1814.

[F.] Deutsche Geschichte ... bearb. v. H. Weigand und A. Tecklenburg. Ergänzungsheft für die Provinz Hannover bearb. v. Aug. **Tecklenburg**. *Hannover: C. Meyer 1896.* (48 S.) 1 Bd 8.
= **Weigand, Heinrich**, & Tecklenburg, A., Deutsche Geschichte. Ergänzungsheft (No 2). [97. 227 7

[F.] Deutsche Geschichte ... bearbeitet v. H. Weigand und A. Tecklenburg. Ergänzungsheft für die Rheinprovinz bearb. v. Johann Bongel. *Hannover: C. Meyer 1896.* (32 S.) 1 Bd 8.
= **Weigand, Heinrich**, & Tecklenburg, A.: Deutsche Geschichte. Ergänzungsheft (No 1). [99. 117 7

— **Deutsche Geschichte f. Schule u. Haus, s.: Weigand, Heinr.**

Deutsche Geschichte für evangelische Volksschulen. Nach d. Forderungen d. Gegenwart als Lern- u. Lesebuch f. d. Hand d. Schülers bearb. von Aug. **Tecklenburg**, Lehrer in Göttingen. Mit 1 Zeittaf. *Hannover, Berlin: C. Meyer 1901.* (VIII, 102 S.) 8° [F.] [01. 7112 7

Deutsche Geschichte für evangelische Volksschulen. Nach d. Forderungen d. Gegenwart bearb. von Aug. **Tecklenburg**, Lehrer in Göttingen. Ausg. f. d. Lehrer. Mit begründendem Vorw., 1 Zeittaf. u. e. Übersichts- u. Inhaltspläne nach Längs- u. Querschnitten. *Hannover, Berlin: C. Meyer 1901.* (XVI, 102 S.) 8° [F.] [01. 7111 7

— **Geschichte v. Göttingen u. Umgegend.** Zugl. heimatgeschichtl. Ergänzungsheft zur deutschen Geschichte v. H. Weigand u. A. Tecklenburg, sow. zur Geschichte der Prov. Hannover v. Aug. Tecklenburg. gr. 8. (87 S.) Hannover 897. C. Meyer. n. — 50

— **u. K. Dageförde, Geschichte der Prov. Hannover für Lehrer, Lehrerbildungs- u. andere Lehranstalten der Provinz, sowie f. Schul- u. Volksbibliotheken.** (XVI, 210 S.) 8. Hannover 906. C. Meyer. Geb. n. 2.—

**Tecklenburg, Aug., u. K. Dageförde, Geschichte der Prov. Hannover für Lehrer, Lehrerbildgs.- u. and. Lehranstalten d. Provinz, sowie f. Schul- u. Volksbibliotheken.** Mit e (farb.) Karte z. territor. Entwickelg. der Prov. Hannover 2. verb. Aufl. (XVI, 230 S.) 8. Hannover 909. C. Meyer Geb. 2.40

— **der erste selbständige Geschichtsunterricht auf heimatlicher Grundlage in Theorie u. Praxis. Typisch dargestellt in ausgeführten Lektionen u. in Lektionsentwürfen.** (XVI, 381 S.) gr. 8. Hannover 904. C. Meyer. n. 3. 50; geb. n. 4. —

Göttingen in seiner historischen Entwickelung. Grundlagen f. d. Verständnis d. heutigen Stadtbildes. Von August **Tecklenburg**. Göttingen: Kronbauer 1910. 19 S. 8° [Umschlagt.] [10. 8103 7

— **Die Hannoveraner, Braunschweiger u. Oldenburger im Kriege gegen Frankreich 1870—71. Ein Kriegs- u. Ehrenbuch des X. Armeekorps u. e. Volksbuch f. Niedersachsen u. Ostfriesland.** (XII, 318 S. m. Abbild.) gr. 8. Hannover 908. E. Geibel. 3.—; bessere Ausg. 4.—; geb. in Leinw. 5. —

**Tecklenburg, A.** Die Hannoveraner, Braunschweiger und Oldenburger im Kriege 1870—71. 2. Aufl. Hannover 1910. 8°. (1. Aufl. 1907.)

— s.: **Jahrbuch des Geschichtsvereins für Göttingen u. Umgebung.**

— **Lern- u. Lesebuch f. den Geschichts-Unterricht. 1. Tl. Deutsche Geschichte von der Urzeit bis zum Ende des 30jähr. Krieges.** Nach dem Grundlehrplan der Berliner Gemeindeschulen f. die Hand des Schülers bearb. (VIII, 94 S.) gr. 8. Ebd. 903. Kart. n. — 50

— **Lesebuch für ländliche Fortbildungsschulen, s.: Gehrig, Herm.**

Methodik des Geschichtsunterrichts. Von Aug. **Tecklenburg**, Lehrer. Leipzig & Berlin: B. G. Teubner 1905. (VI, 110 S.) 8° [F.]
= **Methodik** d. Volks- u. Mittelschulunterrichts. 1, 5. [05. 14348

— s.: **Protokolle üb. d. Sitzgn. d. Vereins f. die Geschichte Göttingens.**

Tecklenburg, August u. K. Dageförde

— — **Quellen-Lesebuch zur Geschichte der Provinz Hannover f. Lehrer, Lehrerbildgs.- u. and. Lehranstalten der Provinz, sowie f. Schul- u. Volksbibliotheken.** (VIII, 175 S.) 8. Ebd. 907. Geb. 1. 75

— **Deutscher Sagenschatz, s.: Sohnrey, Heinr., u. Kassebeer.**

[F.] Schulbrausebäder v. Aug. **Tecklenburg**. *Bonn, Berlin, Leipzig: (F. Soennecken [1898])* (26 S.) 8.
= **Sammlung** pädagogischer Vorträge. Bd XI. H. 5. [98. 8103

Schule und Heimat. Wegweiser z. Umgestaltung d. Unterrichts von d. Heimat aus. Unter besond. Berücks. d. Geschichtsunterrichts. Von Aug. **Tecklenburg**. Zugl. 2. Aufl. von d. Verf. Schrift: Die organ. Eingliederung d. Heimat- u. Stammesgeschichte in d. Reichsgeschichte. Hannover-List, Berlin: Meyer 1909. VII, 277 S. 8° [10. 9186 7

— **Schülerbuch f. den Geschichtsunterricht in Volks- u. Mittelschulen. Ein Lese-, Lern- u. Uebungsbuch. 1. Tl. Im Anschluß an des Verf. „Ersten selbständ. Geschichtsunterricht auf heimatl. Grundlage" bearb.** (VII, 62 S.) gr. 8. Hannover 904. C. Meyer. n. — 40

— **Aus der Siegfrieds- u. Nibelungen-Sage.** Der deutschen Jugend erzählt. 2. Aufl. [Aus: „Sohnrey u. Kassebeer's deutscher Sagenschatz, neu bearb. von Aug. Tecklenburg".] (IV, 24 S. m. Titelbild.) 8. Wiesbaden 910. E. Behrend. p — 20

— **Universität u. Volksschullehrer, s.: Brunotte, Karl, die Schulaufsicht.**

**Tecklenburg, Elisabeth v., Schloß Waldenrode.** Eine Erzählung nach dem Leben. gr. 8. (XII, 160 S.) Heidelberg 880. C. Winter. n. 2. 80

**Tecklenburg, Elise v., Jolitha.** Ein Lebensbild f. die reifere weibl. Jugend. 8. (88 S.) Erlangen 883. Deichert. n. 1. —; cart. n. 1. 20

**Tecklenburg,** Ferdinand, approb. Arzt aus Biebrich a. Rh.: Über akute gelbe **Leberatrophie** mit besonderer Berücksichtigung der Fälle von protrahierter Dauer. *Freiburg i. B. 1902: H. Epstein.* (67 S.) 8°
Freiburg i. B., Med. Diss. v. 1902

**Tecklenburg,** Otto v., Hülfsbüchlein f. das erweiterte Studium der italienischen Sprache, verglichen m. dem Deutschen u. die bezügliche Korrespondenz, enth. einige Hundert characterist. italien. Sätze, Redewendgn., Sprichwörter u. Worte, besonders üb. Handels-, Post-, telegraph. u. Eisenbahn-Verhältnisse, aber auch dem maritimen u. militär. Leben etc., nebst einigen Handelsbriefen im Anhang. 8. (IV, 68 S.) Berlin 885. (Polytechn. Buchh.) 1. —

Tecklenburg, Theodor

**Tecklenburg,** Th., Die Bohrtechnik in ihrer historischen Entwickelung bis zu ihrer gegenwärtigen Vervollkommnung und Bedeutung. Vortrag. Hannover, 1899. 15 S.

**Tecklenburg,** Th., Handbuch der Tiefbohrkunde. 1. Bd. Das engl., deutsche u. canad. Bohrsystem. Mit 34 Holzschn. u. 22 lith. Taf. Lex.-8. (VIII, 116 S.) Leipzig 886. Baumgärtner. n. 8. —

**Tecklenburg,** Th., Handbuch der Tiefbohrkunde. 2.—4. Bd. Lex.-8. Leipzig, Baumgärtner. n. 38. — (1—3.: n. 46. —)
2. Das Spülbohrsystem. Mit 65 Holzschn., 13 lith. u. 2 Lichtdruck-Taf. (VIII, 140 S.) 887. n. 10. —
3. Das Diamantbohrsystem. Mit 35 Textfig., 26 lith. u. 4 Lichtdr.-Taf. (VIII, 153 S.) 889. n. 14. —
4. Das Seilbohrsystem [Brunnenbohren]. Mit 21 Textfig., 26 lith. u. 4 Lichtdr.-Taf. (VIII, 141 S.) 890. n. 14. —

**Tecklenburg,** Th., Handbuch der Tiefbohrkunde. 5. Bd. Lex.-8. Leipzig 893. Baumgärtner. n. 16. — (1—5.: n. 62. —)
Das Horizontal- u. Geneigtbohren, das Erweitern u. Sichern der Bohrlochswände, die Fangarbeit, der Pumpbetrieb, das Tiefbohren m. electrischen u. sonstigen neueren deutschen, österreichischen, französischen, englischen, dänischen, schwedischen, amerikanischen u. chinesischen Apparaten. (XV, 213 S. m. 95 Fig., 30 lith. u. 5 Lichtdr.-Taf.)

**Tecklenburg,** Th., Handbuch der Tiefbohrkunde. 6. Bd. D. Schachtbohren. Lex.-8. (XIV, 237 S. m. Bildn., 51 Abb., 22 lith. u. 4 Lichtdr.-Taf.) Leipzig 896. Berlin, W. & S. Loewenthal. n. 16. — (I.—VI.: n. 78. —)

**Tecklenburg,** Th., Handbuch der Tiefbohrkunde. 1. Bd. Das engl., deutsche u. canad. Bohrsystem, sowie neuere Apparate u. ausgeführte Tiefbohrgn. 2., verb. u. stark verm. Aufl. Mit 87 Holzschn. u. 22 lith. Taf. Lex.-8. (X, 234 S.) Berlin 900. W. & S. Loewenthal. n. 14. —

Tecklenburg, Th: Handbuch der Tiefbohrkunde. 2. Aufl. Berlin
Bd 1. Das englische, deutsche und canadische Bohrsystem. 1900
Bd 2. Das Spülbohrsystem und besonders die Schnellschlagbohrmethode. (1906)

**Tecklenburg,** Th., Ueberſicht der geologiſchen Verhältniſſe der Prov. Starkenburg, insbeſondere der Umgebung von Darmſtadt. Vortrag, geh. im Localgewerbverein zu Darmſtadt. 8. (30 S.) Darmſtadt 879. Konghaus. — 60

Tecklenburg, Th: Der Wasserspül-Tiefbohrapparat der Actien-Gesellschaft Humboldt in Kalk bei Deutz a. Rh. für Tiefen bis zu 100 m. Berlin 1883

Teclu, Nicolai

Teclu, N.: Ueber die Bestimmung der Bindekraft des Leimes. 4 S. – Wien, H.-A., Progr.

*Teclu N.:* Der Kreisriss-Prüfer. 4. Wien H.-A. 89. Progr.

**Teclu,** Nic., Studien-Behelfe f. den Unterricht in der allgemeinen u. technischen Chemie. (V, 270 S.) gr. 8. Wien 905. (Leipzig, J. A. Barth.) n. 4. 20

—— Über den Unterricht der Chemie an der Wiener Handels-Akademie. 14. Wien H.-A. 88. Progr.

Teclu, Nicolae, chemische Untersuchung der Meteoriten von Goalpara in Assam [Indien]. [Ausgeführt im chem. Laboratorium der Handels-Akademie.] Lex.-8. (30 S.) Wien 870, (Gerold's Sohn.)
Aus: Sitzungsberichte der k. Akademie der Wissenschaften, besonders abgedruckt.

Tectander von Gabel, Georg

**Tectander's v. Gabel,** G., Reiſe nach Perſien. Neudruck der Ausg. vom J. 1610, beſorgt durch R. Wolkan. 12. (XXIV, 140 S.) Reichenberg 889. Fritſche. n. 1. 40

**Tecumſeh,** der Häuptling der Shawnees. Red.: F. Butſch, in Öſterreich-Ungarn: C. Hölzer. 1. Bd. (32 S.) gr. 8. Berlin (910). Verlagshaus f. Volksliteratur u. Kunſt. — 10

**Tęcza.** Zbiór poezyi. (Tecza. Eine Gedichtsammlung.) 16. (VIII und 254 S. mit 1 Portr. in Stahlst.) Leipzig 860, Brockhaus' Sortiment und Antiquarium. * 1 Thlr.; geb. *

**Tedeschi,** A. Grundliche u. auf mehrfachen Erfahrungen beruhende Anleitung zur Verfertigung u. Errichtung der Tholard'schen Blitz- u. Hagelableiter. Nach dem Italienischen. Prag 1825. 8.

— Anleit. zu Verf. d. Tholard'ſchen Blitzableiter ꝛc., ſ. a. Anleitung.

**Tedeſchi,** A., bewährte u. auf Erfahrung beruhende Anweiſungen u. Mittel, den Ertrag der Land- u. Hauswirthſchaften nach d. Verhältn. u. Bedürfn. der Zeit u. Umſtände bedeutend zu erhöhen. 3 Thle. gr. 8. Prag 825. (Kronberger u. W.) 3 ß 6 ℊ; bei Enders daſ. 2 ß

— die Bereitung künſtl. Mineralwäſſer oder Geſundbrunnen, nebſt e. gründl. u. gemeinverſtändl. Anweiſ., wie man ſich dieſelben ſelbſt ꝛc. verfertigen könne. 8. Grätz 830. (Weygand in Leipz.) 4 ℊ

— die vier Kunſtelemente, die Luft u. das Waſſer, ihre Eigenſchaften, Einwirkung auf ſämmtl. organ. Weſen u. die Gewerbe überhaupt; insbeſond. aber auf d. Landſchaft. 8. Grätz 829. (Weygand in Leipz.) 16 ℊ

— belehr. Unterhaltt. zur Kenntniß des Intereſſanteſten aus d. Gebiete d. Geſchichte d. Künſte, Wiſſenſchaften u. Erfindungen. 2 Thle. gr. 8. Prag 826. Enders. 2 ß

— was iſt beſſer, Feuersbrünſte zu löſchen od. ſie zu verhüten? Ein Verſuch über Feuer, Feuerlöſch- u. Feuerſchutzmittel, mit Angabe der bewährteſten Mittel ꝛc. gr. 8. Wien 824. Gerold. 12 ℊ

**Tedeschi,** A., Wie ist dem zunehmenden Unwerthe der Landwirthschaften abzuhelfen, und der Ertrag derselben zugleich auf eine den übrigen Gewerben wohlthätige Weise zu erhöhen? Ein Versuch. 8°. Grätz 1829. (Weygand in Leipzig.)

**Tedeschi,** M. J., u. S. D. **Luzzatto,** Hoil Mosche. Commentar zu den Büchern Daniel, Ezra, Nehemia u. Chronik. (Hebräisch.) gr. 8. (132 S.) Przemyśl 889. (Wien, Lippe.) n. 2. —

**Tedeschi,** Moise, abbecedario sillabario ed esercizio graduato di lettura ebraica. Operetta compilata ad uso delle scuole elementari israelitiche. Triest 868. Coen. 8. (IV, 59 S.) n. 6 *ngr.*

**Tedeschi,** Moises, thesaurus synonymorum linguae hebraicae, cum dissertatione de eorum vi quoad etymon atque usum in biblicis libris. gr. 8. (327 S.) Padova 880. (Wien, D. Loewy.) n. 3. 40

**Tedeschi,** Paolo, Storia dell' arti belle, s.: Collezione di opere italiane. III.

Tedeschi, Vitale

**Tedeschi,** V., commentari di pratica pediatrica. I—VI. gr. 8. Triest 889. Schimpff. n. 3. 20
I. La dentizione. (25 S.) n. — 60
II. Le ectopie del testicolo. III. Il meningocele spurio. (27 S. m. 1 Taf.) n. — 80
IV. La rachite. (24 S. m. 20 Tab.) n. — 70
V. Verminosi. VI. Asfissia dei neonati. Contributo al trattamento proposto dal Prof. Schultze. (21 S.) n. — 60

**Tedeschi,** V., über Resorcindisulfosäure. [Aus dem Universitäts-Laboratorium d. Prof. v. Barth. XXVIII.] [Aus: „Sitzungsber. d. k. Akad. d. Wiss."] Lex.-8. (6 S.) Wien 879. (Gerold's Sohn.) n. — 20

**Tedeschi,** Vitale, s.: Sammlung medicin. Essais f. gebild. Laien.

Tedesco, Katechismus des Proletariers. *(A. E.:)* London u. New-York, Verlag d. socialist. Lit.-Comptoirs. 1849. 16°. Cart.
16 S. — Selten!

**Tedesco, Angelo de, la cremazione dei cadaveri. Del colera-morbus nei suoi rapporti colla cremazione ed i sotteramenti dei morti alle Indie, in Egitto ed in Europa. Utili norme di sa lubrità publica. gr. 8. (98 S.) Triest 874. (Wien, Lechner's Verl.) n. 1. 60**

**Tedesco, Hermann:** Studien über den Ammoniaksodaprozeß. 1910. 77 S., 2 Taf. 8° ¶ Vgl. Zeitschrift f. angewandte Chemie. Jg. 24, 2. 1911.
Dresden, Dr.-Ing.-Diss. v. 22. 7. 1910

**Tedesko, Victor** [diplomierter Chemiker aus Wien (Oesterreich)]: Beiträge zur Kenntnis indoxylartiger Verbindungen. Wien 1900. 57 S. 8°.
Zürich. Phil. Diss. II. S. 1899/1900.

Tedsen, Julius: Der Lautstand der Föhringischen Mundart. Halle a. S. 1906: Waisenhaus. (48 S.) 8°
Kiel, Phil. Fak., Ref. Kauffmann, Diss. v. 8. Juni 1906

Teeg, Johann Chr. Benjamin, s. Augustinus, Aurelius: De Spiritu.

**Teeg, Jh. Chr. Benj., († d. 22. Aug. 1785.) zwei Predigten, welche bei Gelegenheit eines neuen göttl. Berufes in öffentl. Versamml. sind gehalten worden. 8. Glauchau 780.**

**Teege,** Hermann, aus Schackendorf (Holst.): Ueber die $\frac{p-1}{2}$-gliedrigen Gaussischen Perioden in der Lehre von der Kreisteilung und ihre Beziehungen zu anderen Teilen der höheren Arithmetik. *Kiel 1900: P. Peters.* (38 S.) 8°
Kiel, Phil. Diss. v. [10. März] 1900

Teelen, Adf., eine Beschreibung und Anleitung zur Selbstanfertigung eines verbesserten Hectographen [Vervielfältigungs-Apparat für Schreib- und Zeichensachen]. gr. 8. (II, 10 S.) Barmen 883, (Inderau.) 8

Teencke, Martin Heinrich (Stralsund) A. S. 1339/12

Examen argumentorum Platonis pro immortalitate animae humanae. Präs. Christian Ernst von Windheim. Göttingen (Schultz) 12. X. 1748. 27 S.

Gew.: Gerlach Adolph Fhr. von Münchhausen.
W. v.: Präs. 34196

**Teenstra, M. D., de Nederlandsche West-Indische eilanden in derzelver tegenwordigen toestand. 1ste en 2de stuck. Met 1 plaat, en 2 tab. gr. 8. Amsterdam 836. Sülpke. 2 2/3 ß**

**Teetz, F., Aufgaben aus deutschen epischen u. lyrischen Gedichten, entworfen u. zusammengestellt. 1.—6. Bdchn. gr. 8. Leipzig, W. Engelmann. Kart. n. 8. 60**

1. Aufgaben aus Schillers Balladen u. Romanzen. 1. Tl. Das Balladenjahr 1797. (XII, 171 S.) 899. n. 1. 20; kart. n. 1. 50
2. Dasselbe. 2. Tl. (XII, 260 S.) 900. n. 1. 80; kart. n. n. 2. 10
3. Das Lied v. der Glocke. (IX, 113 S.) 900. n. — 80; kart. n. 1. —
4. Aufgaben aus Uhlands Gedichten. 1. Tl. Aufgaben f. mittlere u. obere Klassen. (X, 170 S.) 901. n. 1. 40
5. Dasselbe. 2. Tl. Aufgaben f. mittlere u. untere Klassen. (VIII, 163 S.) 902. n. 1. 40
6. Dasselbe. 3. Tl. Aufgaben f. untere Klassen. (VII, 137 S.) 902. n. 1. 20

**Teetz, F., Aufgaben aus deutschen epischen u. lyrischen Gedichten. 1., 3. u. 7.—10. Bdchn. gr. 8. Leipzig, W. Engelmann. Kart. n. 7. 20**

1. 1. Tl. der „Aufgaben aus Schillers Balladen u. Romanzen". Das Balladenjahr 1797. 2., sehr verb. Aufl. (X, 195 S.) 906. n. 1. 60
3. Das Lied der Glocke. 3., verb. Aufl. (IX, 146 S.) 906. n. 1. —
7. Aufgaben aus Goethes Gedichten. 1. Tl. Heidenröslein, der König in Thule, Hans Sachsens poetische Sendung, der Fischer, Erlkönig, der Sänger. (VIII, 138 S.) 903. n. 1. 20
8. Dasselbe. 2. Tl. Zauberlehrling, Legende vom Hufeisen, Schatzgräber, Blümlein Wunderschön, Hochzeitlied, Johanna Sebus, die wandelnde Glocke, der getreue Eckart, Totentanz, Ballade vom vertriebenen u. zurückkehrenden Grafen, zusammenfassende Aufgaben. (VII, 142 S.) 903. n. 1. 20
9. Aufgaben aus Klopstocks Gedichten. (VI, 113 S.) 904. n. 1. —
10. Aufgaben aus Goethes Gedankenlyrik. (VII, 151 S.) 905. n. 1. 20

**Teetz, Ferd.,** Aufgaben aus deutschen epischen u. lyrischen Gedichten. 2. Bdchn. 2. Tl. der „Aufgaben aus Schillers Balladen u. Romanzen". 1.—3. Heft. 8. Leipzig, W. Engelmann. Kart. 3. 60

1. „Der Kampf m. dem Drachen". 2., sehr verb. Aufl. (VIII, 97 S.) 907. Kart. 1. 20
2. Aufgaben aus den Romanzen „Die Bürgschaft" u. „Hero u. Leander". 2., sehr verb. Aufl. (VIII, 84 S.) (907.) Kart. 1.—
3. „Der Graf v. Habsburg", „Der Alpenjäger". Zusammenfassende Aufgaben aus Schillers Balladen (Romanzen). 2., vielfach verb. Aufl. (VII, 133 S.) 907. Kart. 1. 40

— dasselbe. 3. Bdchn. Das Lied v. der Glocke. 4., verb. Aufl. (X, 159 S.) 8. Ebd. 909. Kart. 1. 40

— dasselbe. 11. Bdchn. Aufgaben aus den Dichtgn. der Freiheitskriege. Mit Erläutergn. 4 Hefte. 8. Ebd. Kart. 4. 60

1. Aufgaben aus E. M. Arndts Gedichten. (VIII, 119 S.) 908. Kart. 1. 20
2. Aufgaben aus Theodor Körners Gedichten. (VII, 92 S.) 908. Kart. 1. —
3. Aufgaben aus Max v. Schenkendorfs Gedichten. (VII, 114 S.) 908. Kart. 1. 20
4. Aufgaben aus Rückerts Gedichten u. zusammenfass. Aufgaben aus den Dichtungen u. der Zeit der Freiheitskriege. (VIII, 117 S.) 909. Kart. 1. 20

— Bad Oeynhausen, s.: Baehr, Paul.

**— Schillers Lied v. der Glocke. Uebersichtlich geordneter Text m. nebensteh. eingeh. Gliederg. u. e. bildl. Veranschaulichg. des Glockengusses. 2., verb. Aufl. (88 S.) 8. Ebd. 905. Kart. n. — 60**

**— s. a. Schiller's, Frdr. v., Lied v. der Glocke.**

**Teetz,** (*Louis Alexius*) *Ferdinand* [Dr.]: A. Beiträge zur rhythmopoiie des Sophokles. 1. Die kolometrie in den cantica der Antigone. B. Kritische Bemerkungen zu Soph. Ant. v. 1156—1157 und Caes. b. g. I, 8, 1 und b. g. IV, 17, 9. Bremerhaven, Nordsee-Zeitg '(Krah, Hoeck & C.)', 1893; 1 Bl., 91 S., 1 Bl. 8.
Bremerhaven, G. u. R, OP 1893 (725)

**Teetz,** F., die Kolometrie in den cantica der Antigone des Sophokles. gr. 8. (78 S.) Bremerhaven 893. J. Mocker. n. 1. 20

Teetz, Ferdinandus: De verborum compositorum apud Horatium structura Halis Saxonum 1883: Colbatzky. 62 S. 8°
Halle-Wittenberg, Phil. Diss. v. [13. Apr.] 1883
Geb. Prenzlau (Uckermark) 17. 7. 1860. V.

Teetzmann, Otto

Teetzmann De baptismo ad explicandum locum Matth. 28, 18—20. 34 S. . . . .
Magdeburg, Kl., Progr. 1845

Teetzmann, Otto: De natura religionis. Halis Saxonum (1838): Semmler, 36 S. 8°
Halle-Wittenberg, Phil. Diss. v. 10. Aug. 1838
Geb. Magdeburg [10.] 10. 1814. V.

**Teetzmann, W.,** Export u. Import in Theorie u. Praxis Einführung in die Technik des Export- u. Importgeschäfts, wie es v. Grosskaufleuten betrieben wird. Mit e. Schilderg. e. Geschäftsverbindung m. überseeischem Hause, unter besond. Berücksicht. des Kommissions- u. Konsignationsgeschäfts. Mit zahlr. Orig.-Dokumenten, Illustrat. u. e. Weltverkehrskarte. (Dr. Ludw. Huberti's moderne kaufmänn. Bibliothek.) (VIII, 122 S.) gr. 8. Leipzig (903). [Dr. L. Huberti.] Verlag d. mod. kaufmänn. Bibliothek. Geb. in Leinw. n. 2. 75

— das internationale Frachtwesen usw., s.: Barth, Hans.

— u. M. Harzmann, das Großhandelsgeschäft. Ausländischer Großhandel, s.: Großkaufmann, der deutsche.

**Tefila micol Aaschonoh,** kleines Gebetbuch für Israeliten. 32. Wien 841, v. Schmid u. Busch. 3 ngl

Tefila Hamincha Sphardim. 16. Wien 826, v. Schmid.

**Tefillat Jisrael.** Das Israelitische Gebetbuch nach dem Braunschweiger Ritus, bearb. u. übers. von L. Herzfeld. Braunschweig 855. J. H. Meyer. gr. 8. (VIII, 237 S.) n. 20 ngl.

Tefillat tōdā. [Hebräisches Dankgebet der Synagoge in Berlin für die Lebensrettung S. M. Friedrich Wilhelm's IV. bei dem Mordversuche Sefeloge's.] Berlin 1850.

Aus welchen Gründen ist die ungeteilte Unterrichtszeit erstrebenswert, u. welche Schritte sind z. Einführung derselben zu tun? (Vortrag, geh. zu Lüdenscheid 1903.) Von Wilhelm Tegeder, Lehrer in Herne. *Bielefeld: A. Helmich [1903]* (15 S.) 8° [Ŝ]
= Abhandlungen, Pädagogische. N. F. Bd 9, H. 6.

Tegel [Sachliches OW]

**Tegel** und seine Umgebung. Mit 1 Orientierungs-Karte sowie d. verschiedenen Fahrpl. (Tegel [1907]: W. Müller.) (26 S.) 8° [Umschlagt.]
[07. 10093

Tegel [Schlagwort]

**Tegel-Tegelort,** s.: Berlin.

**Tegel,** s.: Mark. — Wanderkarten.

**Tegel.** Kiessling's Special-Karte der Umgegend von Tegel. Mit Angabe der lohnendsten Touren. 1 : 40,000. 2. Aufl. Farbendr Berlin 888. Kiessling n. — 75

**Tegel.** Kiessling's Specialkarte der Umgegend von Tegel, umfassend das Terrain nördlich bis Nieder-Neuendorf, Heiligensee, Schulzendorf; Hermsdorf u. Lübars, östlich bis Rosenthal, Schönholz u. Reinickendorf, südlich bis Plötzensee u. Haselhorst, westlich bis Spandau u. Hackenfelde. 1 : 40,000. 3. Aufl. Juni 1894 berichtigt u. ergänzt. 26,5 × 32,5 cm. Farbendr. Berlin 894. A. Kiessling. — 75

— Straube's, Jul., neue Spezialkarte von Tegel — Jungfernheide. 1 : 60,000. 11 farbig. Fol. Berlin 887. Straube. n. — 50

— Straube, J., Spezialkarte v. Tegel, Spandau u. der Jungfernheide. [Aus: „S's., grosser Umgebg. v. Berlin u. Potsdam".] 1 : 60,000. 23,5 × 29,5 cm. Farbendr. Berlin 892. J. Straube. n. — 40

**Tegeler,** Ernst *Heinrich Hermann* [aus Bochum]: Aus d. patholog. Institut zu Greifswald. Ein Fall von Sarkom des Os sacrum ... Greifswald, Druck v. J. Abel, 1897; 32 S., 2 Taf. 8.
Greifswald, Med. Fak., Inaug.-Diss. v. 30. Apr. 1897

**Tegeler, K.,** die Mineralquellen zu Tatenhausen, s. Rud. Brandes.

**Tegeler, L.,** die Kriegsfahrten der Hamburger zu Wasser u. zu Lande von der Entstehung Hamburgs bis auf die Gegenwart. Mit Rücksicht auf die Geschichte der Wehrkraft u. Befestigg. unter Benutzg. der besten Quellen bearb. Mit ca. 20 Abbildgn. u. Plänen auf Taf., sowie vielen Illustr. im Text. 10 Hfte. gr. 8. (VI, 346 S.) Hamburg 894. Centralbuchh. v. Th. Nielsen. à — 50 (kplt. kart.: 5. —; geb. n. 5. 50)

**Tegeler, L.,** Kriegsfahrten der Hamburger zu Wasser u. zu Lande, 2. Aufl., s.: Kopal, Gust.

**Tegeler, L.,** wat ut en Scheper warden kann, s.: Cassmann, Ch.

**TEGELMAYER,** Gesang auf den Schuhmachermeister in Wien, der neulich seinem Weib mit dem Knieriem einen Schilling gab: Wiener hört ein Wunder an — Das ein Schuster hat getan etc. Wien 1783. 8°.
2 Bll. m. 6 Stroph. Rarl — Haydinger's Bibl. I. no. 1861.

**Tegelmeier, Heinr.,** analysis logico-typica psalterii Davidis et XII Prophetarum minorum. fol.

Tegener, [illegible]

Bestimmung einiger einfach zusammenhängenden, von Geraden und Ebenen begrenzten Minimaldoppelflächen. Von Gustav Tegengren. (Helsingfors: Soc. litt. Fenn. 1907.) (18 S.) 4°
= Acta Societatis scientiarum Fennicae. T. 31, No 8. [08. 12440

Tegernsee [Sachliches OW]

**Tegernsee,** s.: Woerl's Reisehandbücher.

**Tegernsee,** der, und seine Umgebung. Kurzgefaßte Anleitung zum Besuche dieses schönen, freundlichen Alpensee's, für Freunde des Gebirges, zunächst auch für die Gäste des Wildbades Kreuth. Mit 12 Stahlst. u. einem Preisverzeichnisse sammt den Satzungen der Molken- u. Badeanstalt Kreuth. München 853. Franz. 16. (2 Bl., 68 S.) n. 21 ngl.

Tegernsee [Schlagwort]

**Tegernsee,** s: Bayern. Karte.

**Tegernsee,** s.: Deutschland. Karte. (Abt. Bayern.)

**Tegernsee,** s.: München. Wenng, L. — Schliersee.

**Tegernsee.** Brunn's, Osc., Spezialkarte d. Tegernseer- u. Schlierseerberge m. weiterer Umgebung. 1:100,000. 40,5×54 cm. Farbdr. München (907). O. Brunn. 1.20

Tegernsee — Topographische Gebirgs- und Boden'arte von — und seinen Umgebungen, nach der Gegend gezeichnet und lithographirt von Joh. Hieronimus Stolz, K. B. Dessinateur im topographischen Bureau des Generalquartiermeister-Stabs. München 1821. 1 : 100,000. 1 Bl.

**Tegernsee** — Topographische Gebirgs- und Reise-Carte von — und seinen Umgebungen. Nach der Gegend entworfen, gezeichnet, lithographirt und mit einer Höhentabelle herausgegeben von J. Hieronymus Stolz, K. B. Dessinateur im topograph. Bureau des K. Generalquartiermeisterstabs. München 1823. 1 : 50,000. 1 Bl. nebst einem Höhen-Verzeichnifs.

**Tegernsee**, Otto von [Pseud.]
s. **Hartmann**, Otto. (10. 5913

**Tegetthoff.** Ein Fest- und Gedenkblatt an die Helden der Seeschlacht bei Lissa. Fol. (8 S. mit zahlreichen Illustrationen.) Wien: Goldschmidt 1886.

**Tegetthoff**, Admiral, und die österreichische Kriegsmarine. Von einem Fachmann. gr. 8. (39 S.) Meran 867, Pötzelberger. *

**Tegetthoff**, Vicealmiral Wilhelm von. Ein Lebensbild unseres grössten Seehelden. Illustrirtes Erinnerungsblatt an die Feier der Enthüllung des Tegetthoff-Denkmals in Wien 1886. Fol. (8 S. mit der Abbildung des Denkmals.) Ottakring. Fischer.

**Tegetthoff**, Albr. v., Compendium der Differenzial- u. Integralrechnung. Triest 869. Essmann. gr. 8. (XI, 380 S. mit eingedr. Holzschn.) n. 3 ß

**Tegetthoff**, Wenzel Franz v. — Du Barry's Mehl, Goldberger's Kette, William Lee's Steinsalz-Franzbranntwein und Ludwig's Säure haben mir geholfen; sind nicht zu verschmähen! 8. (32 pag.) Wien. Gedruckt bei A. Dorfmeister. 1853.

**Aus Wilhelm von Tegetthoff's Nachlass.** Herausg. von Adolf Beer. gr. 8. (371 S.) geh. 3 fl. 80 kr.
Wien: C.Gerold's Sohn 1882.

Tegetthoff, Wilhelm v., s. Aus Wilhelm v. Tegetthoff's Nachlass.

**Teggatz**, Paul *Ernst Eduard* [pr. Arzt aus Konitz (Westpr.)]: Über die in den Jahren 1885 bis 1895 in der Greifswalder medizinischen Klinik zur Beobachtung gelangten Fälle von Pleuritis m. bes. Berücks. d. Genese ... Greifswald, Druck v. J. Abel, 1897; 68 S. 8.
Greifswald, Med. Fak., Inaug.-Diss. v. 28. Apr. 1897

Tegge, *August* Abgrenzung und Verteilung der lateinischen Phraseologie nach den einzelnen Klassen des Gymnasiums. 4 (18 S.)
Progr. G. *Bunzlau* 1887 (168).

— Abgrenzung und Verteilung der lateinischen Stilistik nach den einzelnen Klassen des Gymnasiums. 4 (28 S.).
Progr. G. *Bunzlau* 1888 (169).

**Tegge**, Aug., Kompendium der griechischen u. römischen Altertümer. 2 Tle. gr. 8. Bielefeld, Velhagen & Klasing. Kart. n. 3. 20
1. Griechische Altertümer. (VI, 114 S. m. Abb.) 899. n. 1. 20
2. Römische Altertümer. (VI, 216 S. m. 50 Abb.) 901. n. 2. —

**Tegge**, A., die altsprachliche Orthoepie u. die Praxis, s.: **Bouterwek**, R.

Tegge, A., Quaest. de Dionysi Halicarnasensis usu praepositionum spec. 1. Diss. 1876. 38 S.

**Tegge**, lateinische Schulphraseologie. 1. u. 2. Hft. gr. 8. Berlin 889. 890. Weidmann. n. 1. 80
1. (VIII, 40 S.) n. — 60. — 2. (94 S.) n. 1. 20.

— lateinische Schulsynonymik. gr. 8. (IV, 88 S.) Ebd. 887. n. 1. —

Lateinische **Schulsynonymik** und Stilistik. Von Prof. Dr. Aug. **Tegge**. 2. verm. Aufl. *Berlin: Weidmann 1900.* (VII, 85 S.) 8° [F.] (00. 4640

**Tegge**, Aug[ust], Prof. Dr.: Ueber die **Staatsgewalten** der römischen Republik. (Für Gymnasien bearb.) *Bunzlau 1899: Kgl. Waisenhaus-Druckerei.* (S. 21—34.) 4° ¶ (Teil seines künftig erscheinenden Kompendiums d. griech. u. röm. Altertümer.)
Bunzlau, k. Waisen- u. Schul-A (G), OP 1899 (190)

**Tegge**, Aug[ust], Prof. Dr.: Die **Staatsgewalten** der römischen Republik. Für Gymnasien bearb. *Bunzlau 1900: C. A. Voigt.* (S. 1—14.) 4° ¶ Forts. d. P-Beil. 1899.
Bunzlau, k. Waisen- u. Schul-A (G), OP 1900 (193)

**Tegge**, Studien zur lateinischen Synonymik. Ein Beitrag zur Methodik d. Gymnasialunterrichts. gr. 8. (VIII, 439 S.) Berlin 886. Weidmann. n. 10. —

Tegge, A. Zur lateinischen Synonymik auf Gymnasien. 21 S. *Bunzlau* 1883.
Vgl. des Verf. Studien zur lat. Synonymik. Ein Beitrag zur Methodik des Gymnasialunterrichts. (VIII, 439 SS.) 8. Berlin 1886, Weidmann. 6 Mk.
Progr.

Teggo, August De vi ac notione dialecticae aristoteleae. 22 S.
Progr. *Treptow a. R.* 1877

Tegnér, Esaias. Sein Leben und Dichten, s. Peschier, Eugène.

**Tegnér's**, Esaias, Leben, gezeichn. v. Frz. Mich. Franzén. Nebst e. Einleit. zu seinem Frithjof. A. d. Schwed. v. Gtli. Mohnike. gr. 8. (3 B.) Leipzig 840, Cnobloch.

Tegnér, Esaias, der Sänger der Frithjofsage, s. Christensen, Jens.

**Tegnér** und Oehlenschläger am 23. u. 28. Junius 1829. Stralsund 1829. V: *Mohnike, Glieb Chn Frdr.* (Bruun, Bibl. Danica III, 1587.) (Collin, Anonymer. Kiobenh. 1869.)

Tegnér und Oehlenschläger am 23. u. 28. Junius 1829. (Gedichte, Schwed. u. Deutsch.) gr. 4. (5 B.) Stralsund 829, Trinius.

**Tegnér**, Esaias, die Abendmahlskinder, s.: Universal-Bibliothek.

**Tegnér**, Esaias, die Abendmahlskinder. (Confirmanden.) Idylle. Nach dem schwed. Originale u. in dessen Versmaaße übersetzt von G. Schilling. gr. 16. (Mit 1 Stahlst.) Stuttgart 845, Hallberger. n. 1/2 ß

— die Abendmahlskinder. [Confirmanden.] Idylle nach dem schwedischen Original u. in dessen Versmaaße übersetzt von G. Schilling. 2. (Titel-) Aufl. gr. 16. (63 S. m. 1 Stahlst.) Stuttgart (845) 848, Hallbergersche Verlagsbuchhandlung. 1/2 ß

— Abendmahlskinder, übers. v. Wollheim (da Fonseca). 16. (34 S.) Hamburg 851, Schuberth & Co. n. 1/6 ß; in Engl. Einb. m. Goldschn. 12 ngl

**Tegnér**, Esaias, die Abendmahlskinder. Gedicht aus dem Schwed. von G. Hilder. 16. (30 S.) Königsberg 865, Hübner und Matz. cart. mit Goldschn.

— die Abendmahlskinder. Aus dem Schwed. v. Edm. Zoller. Illustrirt v. Erwin Oehme. gr. 4. (36 S. m. 4 Lichtdr.) Leipzig 881. Titze. geb. m. Goldschnitt. 12. —

—— Abendmahlskinder. Aus dem Schwed. von Edm. Zoller. Illustr. von Erwin Oehme. 1. und 2. Aufl. gr. 4. (36 S. mit 4 Lichtdr.-Taf.) Leipzig 880,84, Titze.
geb. mit Goldschn.

—— und G. Chr. Fr. Mohnike, der Auerhahn. (Ein Gedicht in schwed. u. deutscher Sprache.) — Nebst e. „Geschichte d. Auerhahns," (v. Mohnike). 8. (8 B. u. 1 lith. Abbild.) Stralsund 828, Trinius.

(Tegnér, E(J)saias,) die Aufhebung od. Verlegung gewisser Festtage. Eine schwed. Reichstagsverhandlung. (Uebers. v. (G. Chr. Fr.) Mohnike.) 8. (2 B.) Stralsund 829, Trinius.

Tegnér, Esaias, Axel. Eine Romanze; aus d. Schwed. v. G. Chr. Fr. Mohnike. 8. Stuttg. 829. v. Cotta. 8 gl.

—— Axel. Romanze. Nach dem schwedischen Original u. in dessen Versmaaße übers. v. G. Schilling. (4¾ B. u. 1 Stahlst.) Stuttgart 846, Hallbergersche Vrlgsh.

— Axel. Romanze. Nach d. schwed. Original u. in dessen Versmaaße übers. von G. Schilling. 2. (Titel-) Aufl. br. 8. (VIII u. 68 S. m. 1 Stahlst.) Stuttgart (846) 851, Hallberger'sche Verlagshandlung. 21 ngr.

— Axel, übers. von Wollheim (da Fonseca). 16. (37 S.) Hamburg 851, Schuberth & Co. n. 1/6 ₰

Tegnér, Esaias, Axel. Aus dem Schwed. von Carl Esmarch. 16. (XII und 32 S.) Göttingen 856, Wigand.

Tegnér, Esaias, Axel. Ein romantisches Gedicht. Aus dem Schwedischen übers. u. mit Anmerkungen versehen von A. R. v. Schullern. Innsbruck 859. Wagner. 16. (40 S.) 9 ngr.

— Axel. Aus dem Schwed. von G. Hilber. Ebend. 861. 16. (38 S.) cart. mit Goldschn. 10 ngr.

Tegnér, Esaias, Axel. Romanze. Deutsch von Max Vogel. gr. 16. (50 S.) Leipzig 877, Schmidt und Günther. **
geb. *

—— Axel. Ein episches Gedicht. Aus dem Schwed. von Karl Esmarch. 2. verb. Aufl. 16. (VIII, 48 S.) Kassel 880, Wigand. geb. mit Goldschn. *

—— dass. — s. Universal-Bibliothek Nr. 747.

— die Bedeutung d. Studiums d. griech. Literatur unserer Zeit; aus dem Schwed. von G. Chr. F. Mohnike. 8. Stralſ. 827. Trinius. 9 gl.

— Dichter-Werke. Die Frithjofssage. — Axel. — Die Nachtmahlskinder. — Gedichte. Aus dem Schwed. von Edm. Lobedanz. Mit der Biographie u. dem Portr. Tegnér's in Stahl gest. von Weber. Neue (Titel-)Ausg. 1866. 1 ₰ u. 3. (Titel-)Ausg. Leipzig (862)68. Senf. gr. 8. (VIII, 290 S.) 15 ngr.

—— Dichtungen. Uebersetzt aus d. Schwed. v. Gottfr. v. Leinburg. 8. (9 B. u. T's. Bldn.) Frankfurt a. M. 846, Brönner. *

**Tegnér, Esaias.** Der Riese Finn. Lund 1829. Ü: *Mohnike, Glieb Chn Frdr.* (Grisebach, Weltlitteraturkat. Berl. 1898—1900. I, 173.) (Ky)

— der Riese Finn. (Ein Gedicht; aus d. Schwed. v. G. C. F. Mohnike.) 8. Lund 829. (Trinius in Stralſ.) 3 gl.

Tegnér, Esaias, Frithiofs Saga. (5e Upplagan.) Mit 25 Steindrücke. stor 8. Stockholm 831. (Bonnier.) n. 3½ ₰

—— Frithiof's Saga, a legend of the North. Transl. from the Orig. Swedish by G. S. Revised and illustr. with an introductory Letter, by the illustr. Author himself. With XVII Engravings, XII musical Accompaniments, and various other Addenda. gr. 8. (22 B.) Stockholm 839, Bonnier. *
Ausg. m. Goldschn. *

Böhmer, Jul., 26 Umrisse u. Illustrationen zur Frithjofs-Sage, entworfen u. gez. v. ꝛc. Lex.-8. Berlin 841, (Danz.)

— dass. 6e Aufl. 8. Ebd 840. Fritz u. Bagge. n. 1⅚ ₰

— dass. stor 12. Hamburg och Leipzig 840. Schuberth et C. n. 1 ₰ — dass. Schwedisch u. Deutsch. n. 2 ₰

— Frithiofs Saga. 2. revid. upplagan. Hamburg (854.) Schuberth u. Co. 16. (III, 156 S.) 15 ngr.;
mit Portrait geb. 1 ₰.

—— Frithiofs Saga. Utgifven af Gottfr. v. Leinburg. gr. 8. (144 S.) Frankfurt a. M. 872, Winter. *

—— dass. — Hrsg. von Gottfr. v. Leinburg. Mit einem Wörterbuch und kurzgefasster Grammatik von L. Silberstein. gr. 8. (144 S., Grammatik IV, 52 S., Wörterb. IV, 103 S.) Ebendas. 873. *

Tegnér, Esaias, Frithjofs-Sage, s. Bibliothek der Gesamt-Litteratur des In- und Auslandes.
—— dass. — s. Engelmann, E.

— — deutsch von Heinr. Viehoff, s. Bibliothek ausländischer Klassiker.

—— dass. — s. Classiker des In- und Auslandes.

— dasselbe. s.: Collection Spemann.

—— die Frithjofs-Sage. Uebers. v. A. E. Wollheim, s. Hand-Bibliothek ausländ. Classiker. —

— Frithjofs-Sage. Die Abendmahlskinder, s.: Klassiker-Ausgaben, illustr., Minerva.

— dasselbe. Die Abendmahlskinder, s.: Litteraturwerke des Vereins Minerva.

— dasselbe, s.: Meisterwerke unserer Dichter.

— dasselbe, s.: Meyer's Volksbücher.

— die Frithiofsage, s.: Miniaturbibliothek. 7 u. 8. Bd.

— dasselbe, s.: Schiff, J., stenographisches Lese-Cabinet.

—— dass. — s. Universal-Bibliothek. — Wörterbuch dazu, s. Silberstein, Leo.

— dasselbe u. Gedichte in Auswahl, s.: Volksbibliothek, Cotta'sche.

— — übersetzt von Amalie v. Helwig, s. Volksbibliothek, deutsche.

Tegnér, Esaias
Die Frithjofs Sage. Aus dem Schwedischen von Gottlieb Mohnike.
Leipzig: Knobloch 1826. 118 S. 8°

— Daſſ. aus d. Schwed. von L. Schley. 2 Abtheill. gr. 12. Upſala 826. (Löffler in Stralſ.) 1 ℛ

— die Frithiofs=Sage. Aus d. Schwed. v. G. C. Fr. Mohnike. gr. 8. Stralſund 826, Trinius.

— die Frithiofs=Sage. Aus d. Schwed. v. Amalie v. Helwig, geb. Freiin v. Imhoff. gr. 8. Stuttg. 826, v. Cotta. 1 Rthl. Schreibp.

—— die Frithjofs Sage. A. d. Schwed. v. G. (Chr. Fr.) Mohnike. 2. Aufl. gr. 8. (15½ B., 4 lith. Anſichten u. T's. Bildn.) Stralſund 831, Trinius. 1 Thlr. 12 Gr., f. Pap.

—— die Frithiofs-Sage. A. d. Schwed. übers. v. Amalie v. Helwig, geb. Freiin v. Imhoff. 2., unveränd. Ausg. gr. 8. (15 B.) Stuttgart 832, Cotta.

—— die Frithjofs-Sage. A. d. Schwed. v. Gtli. Mohnike. 3., verb. Aufl. gr. 8. (16 B.) Leipzig 836, Cnobloch.

—— Frithjofs=Sage. A. d. ſchwed. Orig. metr. überſ. v. Ernſt Janſen. 16. (8 B.) Hamburg 841, Berendſohn. •
Mit verziert. lith. Titel u. in verziert. farb. Umſchlag •
In gepreßt. Einband m. Goldſchnitt •

— Frithiof. Eine Sage nordiſcher Vorzeit. Aus d. Schwed. überſetzt von Lud. Schley. (2 Abthl. Neue Ausg.) gr. 12. Mitau 841, Reyher. ¾ ℛ

— Frithiofſage. Ueberſetzt von Jul. Minding. Mit 25 Stahlſtichen nach Zeichnungen von Achenbach u. Böhmer. Lex.=8. Berlin u. Stralſund 842, Cornelius. n. 2 ℛ

—— Friths)ffage. Ueberſetzt v. Jul. Minding. Mit Stahlſtichen nach Suchnungen v. Achenbach u. Böhmer. Lex.=8. (15 B. u. 25 Stahlſt.) Berlin 842, [Danz.] *

—— die Frithjofs=Sage. A. d. Schwed. v. Gtli. Mohnike. 16. (8 B.) Leipzig 842, Cnobloch.

—— die Frithjofs Sage. Aus dem Schwed. v. Glieb. Mohnike. 5., unveränd. Aufl. gr. 8. (17 B.) Leipzig 842, Cnobloch.

—— die Frithjofs-Sage. Aus dem Schwed. v. G. Berger. 16. (10½ B.) Stuttgart 843, [Rieger'ſche Vrlgsbuchh.]

— die Frithjofs=Sage. Aus dem Schwed. von G. Berger. 16. Stuttgart 843, Scheible, R. u. S. In Lederb. ½ ℛ

Tegnér, Eſaias, die Frithjofs-Sage. Aus dem Schwed. v. Glieb. Mohnike. 2. Aufl. der Taſchen-Ausg. gr. 16. (8 B.) Leipzig 844, Cnobloch. Thlr.

—— die Frithiofs-Sage. Aus dem Schwed. überſ. v. Amalie v. Helvig, geb. v. Imhoff. Unveränd. Abdruck. 16. (12½ B. u. 1 Stchlſt.) Stuttgart 844, Cotta'ſche Buchh. Eleg. geb. m. Goldſchn.

—— die Frithiofs Sage, aus dem Schwediſchen überſ. von A. E. Wollheim. 2., verb. Aufl. 32. (190 S.) Hamburg 845, Schuberth u. Comp. •

— die Frithiofs=Sage. Ueberſ. von F. v. Heinemann. Mit Illuſtrationen von F. W. Pfeiffer. In 4 Liefg. gr. Lex.=8. Braunſchweig 845, 46, J. H. Meyer. (à n. ⅔ ℛ) 2⅔ ℛ

Tegnér Esaias. *Frithiofsage*. Übersetzt von Julius Minding. Mit 8 [Umriß-]Stahlstichen nach Zeichnungen von Baron v. Kittlitz und Böhmer. 2. Aufl. Berlin, Stuhr [1846]. XVIII, 198 S. 8°. Hübscher Or.-Leinenband mit figürlicher Goldpressung in romant. Umrahmung. Goldschnitt. Hübsche Ausgabe. Einz. Fleckchen. 9.—

—— Frithiofssage. Herausg. v. Gottfr. v. Leinburg. Urschrift u. Uebertragung in Prosa. gr. 8. (24⅞ B. u. 1 Karte in 4.) Frankfurt a. M. 846, Brönner. •

—— Deutſch v. C. Hartmann. (Stereot.-Ausg.) 16. (7⅝ B. u. T's. Portr.) Leipzig 846, Schmaltz.

— die Frithjofs=Sage. Aus d. Schwed. v. Glieb. Mohnike. 3. Aufl. der Taſchen=Ausgabe. gr. 16. (IV u. 118 S.) Leipzig 847, Cnobloch. ⅜ ℛ

Tegnér, Eſaias, die Frithiofs=Sage, metriſch überſ. u. m. Anmerkungen verſehen. (Pracht=Ausg.) 3. verb. Aufl. m. (25) Stahlſt. gr. 8. (VIII u. 144 S.) Hamburg 851, Schuberth & Co. n. 2 ℛ; in Engl. Einb. m. Goldſchn. n. 3 ℛ

—— daſſ. — (Pracht-Ausg.) 3., verb. Aufl. gr. 8. (VIII und 144 S. mit 25 Stahlſt.) Ebdſ. 851(52.) *
Vgl.: Miniaturbibliothek ausländiſcher Claſſiker.

—— daſſ. — metriſch überſ. und mit Anmerkungen verſehen. 3., verb. Aufl., nebſt einer Lebensſkizze. 16. (VII und 211 S. mit dem Portr. des Dichters in Stahlſt.) Hamburg 851(52,) Schuberth und Comp.

— die Frithjofs=Sage. Aus d. Schwed. überſ. von Amalie v. Helwig geb. Freiin v. Imhoff. Unveränd. Abdr. 16. (XII u. 179 S. m. 1 Stahlſt.) Stuttgart 851, Cotta. In Engl. Einb. m. Goldſchn. 1⅔ ℛ

—— daſſ. — Aus dem Schwed. von Glieb. Mohnike. 7., unveränd. Octav-Aufl. gr. 8. (XLVI und 211 S.) Leipzig 853, Cnobloch.

—— daſſ. — Aus dem Schwed. überſ. von Amalie v. Helwig geb. v. Imhoff. Unveränd. Abdr. 16. (XII und 192 S. mit 1 Stahlſt.) Stuttgart 853, Cotta'ſche Buchh.

Tegnér, Esaias. Die Frithjof-Sage, aus dem Schwedischen übertragen von M. Ant. Niendorf. Berlin 1854. 8°.

— — Aus dem Schwed. von Gli. Mohnike. 5. Aufl. der Taſchen=Ausg. Leipzig 854. Cnobloch. 16. (IV, 118 S.) 11¼ ngr.

—— die Frithjofs-Sage. Aus dem Schwed. von G. Berger. 2., verb. Aufl. 32. (VIII und 160 S. mit 2 Titelbildern in Holzſchn.) Stuttgart 854, Rieger'ſche Vrlgsh.

Tegnér's, Eſaias, Frithiofs=Sage von Gfried. v. Leinburg. 16. (VIII und 387 S. mit dem in Stahl geſt. Bildniß des Dichters nach Qvarnſtröms Statue.) Leipzig 855, Arnoldiſche Buchh. Thlr. *

— — Ueberſ. von Gfried. v. Leinburg. Mit dem Bildniß des Dichters (in Stahlſt.) nach der Statue des ſchwediſchen Bildhauers Qvarnſtröm. 2. Aufl. 857. n. 2 ℛ — 3., neu durchgeſeh. Aufl. Leipzig 865. Arnold. 16. (VIII, 247 S. u. 1 Lithogr. in Farbendr.) 18 ngr.; geb. 27 ngr.

— — Aus dem Schwed. überſetzt von Amalie v. Helwig, geb. Freiin v. Imhoff. (Neuer) unveränd. Abdr. Stuttgart 858. Cotta. 16. (XII, 192 S. u. 1 Stahlſt.) 1 ℛ. 20 ngr.

— die Frithjofs=Sage. Aus dem Schwediſchen von G. Berger. 3. durchaus verb. Aufl. Mit (2) Titelbildern (in Holzſchn.). Stuttgart 859. Rieger. 16. (168 S.) 18 ngr.

—— daſſ. — Aus dem Schwed. von Glieb. Mohnike. 8. Aufl. gr. 16. (XVI und 238 S. mit 1 Stahlſt.) Leipzig 860. Cnobloch. geb.

—— die Frithiofs-Sage. Uebers. von F. v. Heinemann. 2. (Titel-)Aufl. gr. Lex.-8. (176 S. mit Titel in Holzschn. und mit Illustr. in eingedr. Holzschn. von F. W. Pfeiffer.) Braunschweig (846)62, J. H. Meyer. *

—— die Frithjofs-Sage. Aus dem Schwed. von Glieb. Mohnike. 6. Aufl. der Taschen-Ausg. 16. (IV und 144 S.) Leipzig 862, Cnobloch. cart.

Tegnér, Esaias, die Frithjofs-Sage. Mit den Abendmalskindern. Uebers. von Karl Simrock. (Miniat.-Ausg.) Stuttgart 863. Cotta. 16. (3 Bl., 204 S. u. 1 Stahlst.) 1 ₰ 12 ngr.

—— die Frithiofs-Sage. Uebers. von Gfried. v. Leinburg. 3., neu durchgeseh. Aufl. 8. (VIII und 247 S. mit 1 Chromolithogr. und mit dem Bildniß des Dichters in Stahlst. nach der Statue des schwed. Bildhauers Qvarnström.) Leipzig 865, Arnoldische Buchh. 18 Ngr.; geb. mit Goldschn.

Tegnér, Esaias, die Frithjofs-Sage. Aus dem Schwed. von G. Berger. 5., neu überarb. Aufl. 16. (168 S. mit 2 Titelbildern in Holzschn.) Stuttgart 866, Rieger'sche Verlagsb. geb. mit Goldschn.

—— die Frithjofs-Sage. Aus dem Schwed. von G. Berger. 6.—10. Aufl. Mit 2 Titelbildern (in Holzschn.), gezeichnet von Emilie Weisser. 16. (167 S.) Stuttgart 866—83, Rieger'sche Verlagsb. geb. mit Goldschn.

—— die Frithjofsage. In den Versmaßen des Urtertes übertragen und mit einleit. Bemerkungen versehen von L. Freytag. 16. (XXXIII und 176 S.) Bremen 867, Kühtmann und Comp. 18 Ngr.; geb. mit Goldschn.

— dasselbe. Mit den Abendmalskindern. Uebersetzt v. Karl Simrock. 2. Aufl. 16. (III, 204 S. m. e. Stahlst.) Stuttgart 868. Cotta. geb. m. Goldschn. 4. 20

— — Uebersetzt von Gfr. v. Leinburg. Mit dem Bildnisse des Dichters (in Stahlst.). 4. u. 5. Aufl. Berlin 869,70. allg. deutsche Verl. Anstalt. 8. (IV, 247 S. mit einer Chromolith.) in engl. Einb. mit Goldschn. n. 27 ngr.

—— dass. — Aus dem Schwed. von Glieb. Mohnike. 10.—12. Aufl. gr. 16. (XVI, 223 S. mit 1 Stahlst.) Leipzig 869—74, Cnobloch. [Halle, Gesenius.] geb. mit Goldschn.

—— dass. — Uebersetzt von Gfried. v. Leinburg. Mit Orig.-Zeichnungen von A. Malmström (in eingedr. Holzschn.). gr. 4. (132 S.) Berlin 870, Hofmann und Comp. * geb. (ℳ 15.)

Tegnér, Esaias, die Frithjofssage. Uebersetzt von Gfr. v. Leinburg. Von der k. schwed. Akademie gekrönte u. autoris. Uebersetzg. Mit dem Bildnisse d. Dichters (in Stahlst.) 6. Aufl. gr. 16. (VIII, 247 S.) Berlin 872. Leipzig, allgemeine deutsche Verlags-Anstalt. 1. 80; geb. m. Goldschn. n. 2. 70

Tegnér, Esaias, Frithiofssage. Schwedische Urschrift mit gegenüberstehender Uebertragung in Prosa, sowie mit erläut. Anmerkungen. Hrsg. von Gottfr. v. Leinburg. 2. durchaus umgearb. und verm. Aufl. Nebst kurzgefasster schwed. Grammatik und vollständ. Wörterbuch zur Frithiofssage von Leo Silberstein. 8. (XL, 279 S., Anmerkungen 139 S., Wörterbuch IV, 103 S., Grammatik IV, 52 S. mit 1 lithogr. Karte in 4.) Frankfurt a. M. 873, Winter. *

—— dass. — Uebersetzt von Gfried. v. Leinburg. Von der k. schwed. Akademie gekrönte autoris. Uebersetzung. 4.—8. Aufl. 8. (VIII, 247 S. mit dem Bildnisse des Dichters in Stahlst. und 1 Holzschntaf.) Berlin [Leipzig] 869—74, Allgem. deutsche Verlags-Anstalt. * geb. mit Goldschn. *

—— dass. — In den Versmaßen des Urtertes übertragen und mit einleitenden und erläut. Bemerkungen versehen von L. Freytag. 2. Aufl. 16. (XXXI, 180 S.) Bremen 874, Kühtmann und Comp. * geb. *

—— dass. — Uebersetzt von Gfried. v. Leinburg. Mit einem Titelbild in Holzschn.: Frithiofs Bautastein von Leo v. Leinburg. 9. durchgehends umgearb. Aufl. gr. 8. (VIII, 263 S.) *ℳ 2,25.; geb. *
Berlin: Allg.Dt.Verl.-Anst.1875.

—— dass. — Mit den Abendmahlskindern. Uebersetzt von Karl Simrock. 3. Aufl. 16. (III, 206 S. mit 1 Stahlst.) Stuttgart 875, Cotta'sche Buchh. * geb. *

—— dass. — Aus dem Schwed. von Glieb. Mohnike. 13. und 14. Aufl. (Min.-Ausg.) 16. (XVI, 223 S. mit 1 Stahlst.) Halle 876,77, Gesenius. geb. mit Goldschn. *

—— dass. — Im Versmaaß des Orig. aus dem Schwed. übertr. von Pauline Schanz. 8. (V, 156 S.) Dresden 879, Meinhold und Söhne. cart. *ℳ 2,50.; geb. *

—— dass. — 15. Aufl. Min.-Ausg. 16. (XVI, 223 S.) *ℳ 2,25.; geb. mit Goldschn.
Halle: Gesenius 1879.

— dasselbe. 16. Aufl. Volks-Ausg. 16. (XVI, 223 S.) Ebend. 879. geb. n. 1. 80

—— die Frithiofs-Sage. Aus dem Schwed. übers. von Amalie v. Hellwig, geb. Freiin v. Imhoff. Neue durchgeseh. Aufl. gr. 16. (XI, 198 S.) Stuttgart 879, Cotta'sche Buchh. *ℳ 2.; geb. *
Auf holländ. Büttenpap. geb. *

—— dass. — Aus dem Schwed. von Otto Nordenskjöld. Mit 12 Compositionen von Knut Ekwall in Lichtdr. und 50 Vignetten in Holzschn. gr. 4. (130 S.) München 880, [Bruckmann's Verlag.] Verlagsanstalt für Kunst und Wissenschaft.

— dasselbe. Aus dem Schwed. v. Glieb. Mohnike. 17. Aufl. Min.-Ausg. 16. (XVI, 223 S.) Halle 882. Gesenius. n. 2. 25; geb. m. Goldschn. n. 3. —

—— dass. — Uebers. von Gfr. v. Leinburg. Einzige sowohl durch die goldene Medaille der schwed. Akademie, als durch die große goldene Medaille „literis et artibus“ Sr. Maj. des Königs von Schweden und Norwegen belohnte deutsche Nachdichtung der Frithiofssage. Mit 1 Titelbild in Holzschn.: Frithiofs Bautastein von Leo v. Leinburg. 12. durchgehends umgearb. Aufl. (VIII,263 S.) 1882. *ℳ 2,25., geb. *ℳ 3,75.; 13. durchgehends umgearb. Aufl. gr. 8. (VI, 280 S.) Leipzig 883, [Leiner.] Dürselen. *ℳ 2,50.; geb. *
10. und 11. Aufl. Berlin, Allgemeine deutsche Verlagsanstalt.

—— dass. — Aus dem Schwed. von Glieb. Mohnike. Mit Illustr. von Ernst Roeber. 1. und 2. unveränd. Aufl. Fol. (85 S. mit eingedr. Holzschn. und 6 Lichtdr.-Taf.) Berlin 883, Grote'sche Verlagsb. geb. mit Goldschn. *

— dasselbe. Im Versmaß d. Originals aus dem Schwed. übertr. v. Pauline Schanz. 2. Aufl. 16. (VII, 172 S.) Frankfurt a/M. 883. Sauerländer. geb. n. 2. —

— die Frithjofssage. In den Versmaßen des Urtextes übertr. u. m. einleit. u. erläut. Bemerkungen versehen v. L. Freytag. 3. Aufl. 12. (XXXVI, 204 S.) Norden 883. Fischer Nachf. n. 3. —; geb. n. 4. —

— dasselbe. Mit den Abendmahlskindern. Uebers. v. Karl Simrock. 4. durchgeseh Aufl. 16. (208 S.) Stuttgart 883. Brettinger. n. 3. —; geb. m. Goldschn. n. 3. 50

— die Frithjofs-Sage. Aus dem Schwed. v. G. Berger. 10. Aufl. Mit 2 Titelbildern (in Holzschn.), gezeichnet v. Emilie Weisser. 16. (167 S.) Stuttgart 883. Rieger. geb. m. Goldschn. 2. 10

— dasselbe. Aus dem Schwed. v. Glieb. Mohnike. Mit Illustr. v. Ernst Roeber. 2. Aufl. Fol. (85 S. m. eingedr. Holzschn. u. 6 Lichtdr.-Taf.) Berlin 884. Grote. geb. m. Goldschn. n. 12. —

— dasselbe. Aus dem Schwed. v. Glieb. Mohnike. 19. Aufl. 12. (XVI, 224 S. m. 1 Stahlst.) Halle 885. Gesenius. geb. m. Goldschn. n. 3. —

— dasselbe. Uebers. von Gfr. v. Leinburg. Mit 1 Titelbild in Holzschn.: Frithjofs Bautastein von Leo v. Leinburg. 14., durchgehends umgearb. Aufl. (Feine Ausg.) gr. 8. (280 S.) Leipzig 885. Dürselen. geb. n. 10. —

Tegnér, Esaias, die Frithjofs-Sage. Aus dem Schwed. v. Glieb. Mohnike. 8. (IV, 103 S. m. Bild.) Halle 886. Hendel. geb. m. Goldschn. 1. 20

— die Frithjofs-Sage. Aus dem Schwed. v. G. Berger. 11. Aufl. Mit 2 Titelbildern, gez. v. Emilie Weisser. 16. (191 S.) Stuttgart 887. Rieger. geb. m. Goldschn. 2. 10

— dasselbe. Aus dem Schwed. v. G. Mohnike. 12. (158 S.) Leipzig 888. Fock. geb. m. Goldschn. n. 1. —

—— Frithjofs-Sage. Uebersetzg. v. G. Mohnike. 20. Aufl., neu bearb. v. P. J. Willatzen. 8. (176 S. m. 1 Lichtdr.) Halle 889, Gesenius. geb. m. Goldschn. * 2 50

— dasselbe. Aus d. Schwed. v. G. Mohnike. 21., rechtmäß. Aufl. Volks-Ausg. 12. (XVI, 223 S. m. 1 Stahlst.) Ebd. 889. geb. n. 1. 50; 22. Aufl. Min.-Ausg. (XVI, 224 S. m. 1 Lichtdr.) 890. geb. m. Goldschn. n. 3. —

Tegnér's, Esaias, Frithjofs-Sage. Aus dem Schwed. v. Glieb. Mohnike. Mit Illustr. v. Ernst Roeber. 4. unveränd. Aufl. Fol. (86 S. m. Holzschn. u. 6 Lichtdr.-Taf.) Berlin 890. G. Grote. Geb. in Leinw. m. Goldschn. n. 12. —

—— Die Frithjofs-Sage. Aus dem Schwed. v. Glieb. Mohnike. 12. (180 S.) Berl. 890, Pohlmann. geb. m. Goldschn. * 2 50

— dasselbe. Uebersetzung v. G. Mohnike. Cabinet-Ausg. 23. Aufl., neu bearb. v. P. J. Willatzen. 12. (196 S. m. 1 Titelbild.) Halle a/S. 891. H. Gesenius. Geb. in Leinw. m. Goldschn. n. 3. —

—— dass. — Übers. v. Heinr. Viehoff. 16. (111 S.) Lpz. 892, Versandt-Bureau (Fiedler). geb. m. Goldschn. * — 75

— dasselbe. Verdeutscht v. Fr. Ohnesorge. 8. (XIII, 184 S.) Leipzig 892. Th. Knaur. Geb. in Leinw. m. Goldschn. n. 4. —

— dasselbe. Übers. v. Glieb. Mohnicke. 16. (186 S.) Leipzig 893. W. Fiedler. Geb. m. Goldschn. n. 1. —

— dasselbe. Uebers. von Gfr. v. Leinburg. 15., durchgehends umgearb. Aufl. 8. (VIII, 300 S.) Leipzig 893. C. Jacobsen. Geb. in Leinw. n. 4. —

— dasselbe. Aus dem Schwed. v. Glieb. Mohnike. Mit Illustr. nach A. Malmström. (96 S.) Berlin 894. Literatur-Verein Minerva. n. — 75; geb. 1. 25

— dasselbe. gr. 16. (190 S.) Geb. m. Goldschn. Lpz.: Fiedler 1894. n. 1. 20

— dasselbe. Aus dem Schwed. v. Glieb. Mohnike. (Neue Aufl.) 12. (159 S.) Leipzig 894. G. Fock. Geb. in Leinw. m. Goldschn. 1. 20

— dasselbe. Uebers. v. Jens Christensen. Mit 12 Vollbildern (in Heliograv.) nach Knut Eckwall u. zahlreichen Vignetten. gr. 4. (118 S.) München (895). Verlagsanstalt F. Bruckmann. Geb. in Leinw. m. Goldschn. n. 20. —

Tegnér, Esaias, die Frithjofs-Sage. Im Versmaß d. Originals aus d. Schwed. übertr. v. Pauline Schanz. 3. Aufl. 12. (VII, 171 S. m. Titelbild.) Frankfurt a/M. 896. J. D. Sauerländer. Geb. in Leinw. n. 2. —

Tegnér, Esaias, die Frithjofs-Sage. Aus d. Schwed. v. Glieb. Mohnike. 24., rechtmäß. Aufl. Volks-Ausg. 12. (IV, 223 S. m. Titelbild.) Halle 896. H. Gesenius. Geb. in Leinw. n. 1. 50

[F.] Esaias **Tegnérs** Frithjofs-Sage. Uebs. v. Gottfried v. Leinburg [d. i. Otto Gottfr. v. Lütgendorff-Leinburg] ... 15., durchgehends umgearb. Aufl. *Halle: H. Gesenius [1897].* (4 Bl., 300 S.) 1 Bd 8. (98. 3033

— dasselbe. (Deutsch u. russisch.) Bearb., m. Anmerkgn. u. e. Wörterbuch versehen v. R. Grethmann. M. 5 Abb. 8. (XIV, 166 S.) Moskau 897. A. Deubner. 1. 25

— dasselbe. Aus d. Schwed. v. Glieb. Mohnike. Illustr. v. C. Klein. 8. (156 S. m. 6 Holzschnitttaf.) Ravensburg 897. Dorn. Geb. in Leinw. m. Goldschn. n. 5. 50

— dasselbe. Aus d. Schwed. v. Glieb. Mohnike. M. Illustr. v. Aug. Malmström. Fol. (78 S. m. 14 Holzschn. u. 14 Lichtdr.-Taf.) Berlin 898. G. Grote. Geb. in Leinw. m. Goldschn. n. 16. —

Tegner, Esaias: Frithjofs-Sage. Übers. von G[ottlieb] Mohnike. 25. Aufl. neu bearb. von P[eter] J[ohann] Willatzen. Halle: H. Gesenius 1898. (186 S.) 8°

Tegnér's, Esaias, Frithjofs-Sage. Übersetzg. v. G. Mohnike, neu bearb. v. P. J. Willatzen. 27. Aufl. 12. (186 S. m. Titelbild.) Halle (902). H. Gesenius. Geb. in Leinw. m. Goldschn. n. 3. —

— dasselbe. Aus dem Schwed. v. Glieb. Mohnike. Illustriert v. C. Klein. (211 S.) 12. Ravensburg (903). F. Alber. Geb. in Leinw. n. 2. 50

Die Frithjofs-Sage von Esaias **Tegnér**. Übers. von Heinrich Viehoff. In vereinfachter Deutscher Stenogr., System Stolze-Schrey. Berlin F. Schulze (1904). (103 S.) 8° [F.] [Text lith.]
= **Unterhaltungsblätter**, Schulzes Illustrierte, f. Stenographen. Jg. 3, [Beil.] (05 5677

— dasselbe. Uebers. v. Heinr. Viehoff. In vereinfachter deutscher Stenographie, System Stolze-Schrey. (104 S.) kl. 8. Berlin (905). Frz. Schulze. Geb. in Leinw. n. 1. 25

Tegnér's, Esaias, Frithjofs-Sage. Aus dem Schwed. v. Glieb. Mohnike. 28. rechtmäß. Aufl. Volks-Ausg. (IV, 220 S. m. Titelbild.) kl. 8. Halle (906). H. Gesenius. Geb. in Leinw. n. 1. 50

Tegnér's, Esaias, Frithjofs-Sage. Übers. v. Karl Simrock. Hrsg., verbessert u. m. e. Einleitg. versehen von Paul Kaiser. (178 S. m. Bildnis.) kl. 8. Leipzig (908). Hesse & Becker Verl. Geb. in Leinw. 1. —; in Geschenkbd. 1. 60

— dasselbe. Verdeutscht v. Fdr. Ohnesorge. (XV, 176 S.) 8. Leipzig 910. O. Leiner. 3.—; geb. 4.—

—— kleinere Gedichte in einer Auswahl. Aus dem Schwed. von Gust. Zeller. 16. (VIII und 358 S.) Stuttgart 862, Schweizerbart. *

— kleinere epische Gedichte. Uebers. von Gfr. v. Leinburg. Mit einem Titelbild von Leo v. Leinburg in Holzschn. gr. 8. (VII, 260 S.) Leipzig 879. Leiner. n. 2. 25; geb. n. 3. 75

— kleinere epische Gedichte. Uebers. von Gfr. v. Leinburg. 2., neu durchgeseh. u. m. den Dedicationen an G. v. Leopold u. M. Norberg verm. Aufl. Mit e. Titelbilde (in Holzschn.) von Leo v. Leinburg. (Feine Ausg.) gr. 8. (VII, 260 S.) Leipzig 885. Dürselen. geb. n. 10.—

— kleinere epische Gedichte. Deutsch v. P. J. Willatzen. 8. (185 S. m. 1 Stahlst.) Halle 889. Gesenius. geb. m. Goldschn. n. 2. 50

— lyrische Gedichte. Hrsg. zum 100jähr. Geburtstag d. Dichters u. übersetzt von Gfr. v. Leinburg. 2 Theile. Mit dem Portr. des Dichters in Stahlst. gr. 8. (IX, 258 u. VII, 215 S.) Ebend. 882. n. 5.—; geb. n. 6. 75

— lyrische Gedichte. Uebers. von Gfr. v. Leinburg. 2 Thle. Mit dem Bildniß d. Dichters in Stahlst. 2. Aufl. (Feine Ausg.) gr. 8. (VII, 258 S. u. V, 215 S.) Ebend. 885. In 1 Bd. geb. n. 15.—

— lyrische Gedichte. Uebers. von Gfr. v. Leinburg. 2 Thle. in 1 Bd. 3. (Titel-)Aufl. gr. 8. (258 u. VII, 215 S. m. 1 Bildnis.) Leipzig 893. C. Jacobsen. n. 5.—; geb. n. 6.50

—— sämmtl. Gedichte. A. d. Schwed. v. Gtli. Mohnike. 3 Thle. gr. 8. Leipzig 840, Cnobloch.

A. u. d. Ttln.:

Thl. 1., 2. Kleinere Gedichte. 2 Thle. (30½ B.) 2 Thlr. 12 Gr.
3. Die Frithjofs-Sage. 4., verb. Aufl. (16 B.) 1 Thlr.

— Gerda, s.: Bibliothek, Skandinavische. 3. Bdchn.

— an Leopolds Grabe. gr. 8. Stralſ. 830. Trinius. 3 ℛ

— vid Grafström och Atterboms Inträde i Svenska Akademien. .. Stockholm 840. Bonnier. ¼ nf

—— die Kirche u. Schule Schwedens in d. beiden letzten Jahrzehnden, mit besond. Bezieh. auf d. Stift Werjö. A. d. Schwed. v. Gtli. Mohnike. gr. 8. (12⅓ B.) Stralsund 837, Löfflersche Buchh.

Tegner, Esaias, die Konfirmanden, s.: Bömers, F. L., die heiligen Tage.

— die Confirmanden od. die Neugeweihten am Tische des Herrn; nach d. schwed. Original „Nattvards-Barnen" u. der dän. Uebersetzung „Confirmanderne" von Prof. Rahbek; deutsch von G. E. Klausen. gr. 8. Altona 822. 2e Aufl. 826. Hammerich. 6 ℛ

TEGNÉR, [ESAIAS], Die Confirmanden oder die Neugeweihten am Tische des Herrn. Nach dem schwedischen Original und der dänischen Uebersetzung von Rahbek deutsch von G[OTTL.] E[RNST] KLAUSEN. Altona. 1822. P. — 2. Aufl. Sm. St. 1827. P.

— Confirmanden. Aus dem Schwed. von Rud. Christiani. Lüneburg 857. Herold u. Wahlstab. 16. (46 S. u. 1 Holzschnitttaf.) 15 ngr.

— die Confirmanden od. die Nachtmahlskinder. Aus dem Schwed. v. Glieb. Mohnike. 5. Aufl. Mit e. Anh. v. Gedichten f. Confirmanden. 16. (120 S.) Halle 876. Gesenius. n. 1. 50; geb. m. Goldschn. n. 2. 50

Tegnér, Esaias, die Confirmanden od. die Abendmahlskinder. Aus dem Schwed. v. G. Mohnike. Anh.: Gedichte f. Confirmanden. 12. (47 S.) Leipzig 889. Fock. geb. m. Goldschn. n. 1.—

— die Kronenbraut. Deutsch von Hans Wachenhusen. 8. (47 S.) Hamburg 851, Berendsohn. 9 ngr

—— die Nachtmahlskinder, s. Bibliothek der Gesamt-Litteratur des In- und Auslandes Nr. 291.

— die Nachtmahlskinder. Aus d. Schwed. von O. Berg. 16. Königsb. 825, Unzer. 6 gr. Mit Goldschn. broch.

—— die Nachtmahlskinder. A. d. Schwed. v. Olof Berg. 2., verb. Aufl. 16. (4 B.) Königsberg 833, Unzer.

—— die Nachtmahlskinder. A. d. Schwed. v. Olof Berg. 3., verb. Aufl. gr. 16. (2½ B.) Königsberg 837, Unzer.

Tegnér, Esaias, die Nachtmahlskinder. A. d. Schwed. v. Gtli. Mohnike. 8. (2¼ B.) Leipzig 840, Cnobloch. Thlr.

— die Nachtmahlskinder. Aus dem Schwed. von Gli. Mohnike. 2. Aufl. 8. Leipzig 842, Cnobloch. ⅙ nf

— Nachtmahlskinder. Aus dem Schwed. von Gttfr. v. Leinburg. Lex.-8. Bonn 845, Henry u. Cohen. ¼ nf

— die Nachtmahlskinder. Aus d. Schwed. von Glieb. Mohnike. 3. Aufl. 8. (36 S.) Leipzig 848, Cnobloch. n. ⅙ nf

—— die Nachtmahlskinder. Aus dem Schwed. von Glieb. Mohnike. 4. Aufl. 16. (40 S.) Leipzig 866, Cnobloch. * geb. *

—— dass. — Uebertragen von L. Freytag. 16. (VI und 27 S.) Bremen 868, Kühtmann und Comp. * 6 Ngr.; geb. *

— Rede, gehalten im Lehrsaale d. Universität Lund am Jubelfeste der Reformation 1817; aus d. Schwed. übers. v. Karl Nord (K. Chr. L. Schöne). 8. Hamb. 819. Nestler u. M. 8 ℛ

**Tegnér, E.** Rede gehalten im Lehrsaale der Universität Lund . . . 1817. A. d. Schwed. . . . Hamb. 1819. H: *Schöne, Carl Christian Ludwig.* (MGT)

— Rede, in Bezug auf die Vermählung d. Kronprinzen v. Schweden u. Norwegen, Oscar u. der Kronprinzessin Josephine. 8. Lübeck 825. v. Rohden. 4 ℛ

— Reden; aus d. Schwed. v. G. Chr. Fr. Mohnike. 8. Stralſ. 828. Trinius. 1 nf Zugabe dazu, s. Aufhebung od. Verlegung der Festtage.

—— Reden. A. d. Schwed. v. (G. Chr. Fr.) Mohnike. 8. (19 B.) Stralsund 829, Trinius.

— Reden. Aus dem Schwed. übersetzt von T. Homberg. 8. Frankfurt a/M. 844, Brönner. n. 5/6 ₰ Velinp. n. 1 ₰

— zwei Reden; aus dem Schwed. von G. C. F. Mohnike. 8. Stralf. 827. Trinius. 9 gl

— zwei Reden. A. d. Schwed. v. G. Chr. Fr. Mohnike. 8. ... Stralsund 829, Trinius.

— die Saga von Fridthjof dem Starken; aus d. Isländ. v. G. Chr. Fr. Mohnike. Mit 1 Karte. gr. 8. Stralf. 830. Trinius. 15 gl

— neuere Schriften. Aus d. Schwed. übertr. v. B. A. Alten. 1. Hft. 8. (140 S.) Leipzig 851, Herm. Schultze. 1/2 ₰

— sechs Schulreden. A. d. Schwed. v. G. (Chr. Fr.) Mohnike. 8. (8½ B.) Stralsund 833, Löffler.

— sechs Schulreden. Aus dem Schwed. von Glieb Mohnike. 2. Aufl. 12. (V, 123 S.) Jena 882. Döbereiner. n. 1. 50

— Schwedensang. Epische u. lyr. Dichtgn., ausgew. u. verdeutscht v. Fr. Ohnesorge. 8. (IX, 369 S.) Leipzig 897. Th. Knaur. Geb. in Leinw. n. 2.—; in Halbleinw. n. 2. 50; in Halbfrz. n. 3. — u. n. 3. 50; in Halbjuchten, Halbkalbldr. od. Halbsaffian n. 4.—

**Tegnér**, Esaias, samlade Skrifter. 1—4. Bandet. gr. 8. (1: LXXXVI u. 242 S. 2—4: à 304 S.) Stockholm 847. 48, Fritze. (à n. 1 7/12 ₰) n. 6 1/3 ₰

— smärre samlade Dikter. 1sta Band et 2ra Upplagan. stor8. Stockholm 832. (Bonnier.) n. 2 1/3 ₰

**Tegner's**, Esaias, Werke. Auswahl in 7 Bdn. Uebers. u. hrsg. von Gottfr. v. Leinburg. 1—5. Lfg. gr. 8. (à 3 B.) Leipzig 882. Leiner. à n. — 60

— dasselbe. Auswahl in 7 Bdn. 6—23. (Schluß-)Lfg. 8. (à 3—4 B.) Ebend. 883—85. à n. — 50

Tegnér's, Esaias, Werke. Uebers. und hrsg. von Gfr. v. Leinburg. 4 Bde. 8. Leipzig. [Leiner.] Dürseler. à Bd. * ℳ 2,50. * geb. in 2 Leinwbde. à * ℳ 6,75. *

Inhalt:
Bd. 1. Frithjofs-Sage. 11. durchgehends umgearb. Aufl. (230 S. mit 1 Titelbild in Holzschn.) 884. Einzelpr. geb. * ℳ 4.
„ 2. Kleinere epische Gedichte. 2. neu durchges. Aufl. (IX, 260 S. mit 1 Titelbild in Holzschn.) 884. Einzelpr. geb. * ℳ 3,75.
Bd. 3. 4. Lyrische Gedichte. Hrsg. zum 100jähr. Geburtstag des Dichters und übers. von Gfr. v. Leinburg. Mit dem Portr. des Dichters in Stahlst. 1. und 2. Aufl. 2 Thle. (IX, 258; VII, 215 S.) 882, 84. Einzelpr. geb. * ℳ 6,75.

Tegnérs, Esaias, Werke. Übers. und hrsg. von Gfr. v. Leinburg. 4 Bde. 2. Aufl. (Feine Ausg.) gr. 8. (VI, 280; IX, 266; IX, 258; VII, 215 S. mit 3 Holzschn.-Taf. und 1 Portr. in Stahlst.) Leipzig 885, Dürselen. geb. *

— ausgewählte Werke, s. Lorck's, C. B., Hausbibliothek.

— ausgewählte Werke übers. von Wollheim (da Fonseca). 16. (VIII u. 282 S. m. 1 Stahlst.) Hamburg 851, Schuberth & Co. 1 1/3 ₰

— ausgewählte poetische Werke, s.: Bibliothek, Cotta'sche, der Weltlitteratur.

Tegnér's, Esaias, ausgewählte poetische Werke. Mit biograph. Einleitg. hrsg. v. Werner Söderhjelm. Aus dem Schwed. übertr. v. Jul. Minding u. Gust. Zeller. 2 Bde. (2. Bd. 2. Aufl.) 8. (192 u. 199 S. m. Bildnis.) Stuttgart 893. J. G. Cotta Nachf. In 1 Leinwbd. n. 2. —

— poetische Werke. Aus d. Schwed. von Ernst Theod. Mayerhoff. 1r Bd. 1s Heft. A. u. d. T.: Die Nachtmahlskinder und die Predigerweihe. 8. Berlin 835. Schultze. 1/4 ₰ jetzt n. 1/6 ₰

— ders. 1r Bd. 2s Heft. A. u. d. T.: Axel und Morgenpsalm eines Dichters. 8. Ebd. 835. 1/3 ₰ jetzt n. 1/6 ₰

— ders. 1r Bd. 3s Heft. A. u. d. T.: Die Frithjofssage. 8. Ebd. 835. 1 ₰ jetzt 2/3 ₰ (Der ganze 1e Bd. ungetrennt n. 1 1/3 ₰)

— ders. 2r Bd. A. u. d. T.: Kleinere Dichtungen. 8. Ebd. 837. 1 1/3 ₰

— dass. 2 Thle. in 1 Bde. Wohlfeile Ausg. 8. (36 1/4 B.) Ebds. 839.

— poetische Werke. Deutsch v. P. J. Willatzen. 1. Bd. u. 2. Bd. in 2 Abtlgn. 8. Halle 885. Gesenius. n. 7. 20; in 2 Bde. geb. à n. 5. —

I. Lyrische Gedichte. (XV, 436 S.) n. 3. 60
II. 1. Kleinere epische Gedichte. (180 S.) n. 1.
2. Frithjofs-Sage. Uebersetzung v. G. Mohnike, neu bearb. v. P. J. Willatzen. (176 S.) n. 1. 80

— worüber streitet man jetzt? Auszug aus e. Rede. gr. 8. (1½ B.) Hannover 832, Hahn.
Aus der „Hannov. Zeitung“ abgedruckt.

**Tegner**, H., über die Bedingungen eines Handelsverkehrs mit dem westlichen Sibirien, s.: Hage, C.

Tegner, Heinrich

Tegner, Heinr., das goldene Buch. Festgabe zur Unterhalt. u. Belehr. f. d. Jugend beyderley Geschlechts. gr. 12. (15 B. u. 12 Stnt.) Stuttgart 831, Schweizerbart. 1 Thlr. 8 Gr., ill. Vlnp.

Tegner, Hnr., das goldene Buch. Festgabe zur Unterhaltung u. Belehrung für die Jugend beiderlei Geschlechts. Mit 12 ausgemalten Bildern. (Wohlf. Ausg.) gr. 12. Stuttgart 838. Schweizerbart's Verlagsh. 1 ₰

— belehrend-unterhalt. Reisebeschreibungen f. d. Jugend. gr. 12. (7¼ B.) Ulm 835, Ebner.

— vierzehn Tage auf Reisen, od. Wanderungen an d. Bergstraße u. am Rhein. Für d. wanderlustige Jugend. 8. (24½ B. u. 50 ill. Kpfr.) Stuttgart 831, [Beck u. Fränkel.]

— vierzehn Tage auf Reisen, od. Wanderungen an der Bergstraße u. am Rhein. Für die wanderlustige Jugend. Mit 30 illum. Kpf. 8. Stuttg. 831. Löflund u. S. 3 ₰ 9 gl geh. in illum. Umschlag. 3 ₰ 12 gl

— vaterländische Wanderungen, oder Schilderung d. schönsten und merkwürdigsten Gegenden Deutschlands. Zur belehr. Unterhaltung für d. wanderlustige Jugend herausg. 1s Bdchn. Malerische Reise an die Ufer des Rheins. Mit 3 fein col. Kpfr. 8. Augsburg 834. v. Jenisch u. Stage. 1 1/3 ₰ schwarz 1 1/6 ₰ — dass. s. auch Jugend-Bibliothek, neueste. 9s Bdchn.

**v. Tegoborski**, L., über die Finanzen, den Staatscredit, die Staatsschuld, die finanziellen Hülfsquellen u. das Steuersystem Oesterreichs; nebst einigen Vergleichungen zwischen diesem Lande, Preußen u. Frankreich. Nach dem französ. Originale treu übers. von F. L. B.; zugleich aber mit wichtigen Berichtigungen u. Zusätzen von Seite des Verf. bereichert. 1. 2. Bd. gr. 8. (Mit 1 Tabelle.) Wien 845, Gerold's Verlagshandl. 4 ₰

— Uebersicht des österreich. Handels in dem eilfjähr. Zeitraume von 1831—1841, sowohl im Verkehre mit dem Auslande, als im Zwischen-Verkehre mit Ungarn u. Siebenbürgen; sammt einer vergleichenden Zusammenstellung mit dem Handels-Verkehre Frankreichs u. des deutschen Zollvereins. Als Anhang zu dem Werke: Ueber Oesterreichs Finanzen. Lex.-8. Ebend. 844. n. 1 ℳ

Tegoborsky, noch einige Worte über die orientalische Frage, s. Worte.

Tegow, Herm., die moderne Bildung und die christliche Kirche. Ein Sendschreiben an den Geheimen Kirchenrath Dr. Rothe in Heidelberg. 8. (88 S.) Hamburg 865, O. Meißner.

Tegtmeyer, Emilie

Tegtmeyer, E., die Blutsaat. Erzählg. aus der Reformationszeit. gr. 8. (VII, 331 S.) Jena 890. Costenoble. n. 5.—

Tegtmeyer, E., Helene, s. Reiselectüre.

Tegtmeyer, Emilie, die Kaiserbrüder. Historischer Roman. 4 Bde. Lübeck 862. Aßschenfeldt. 8. (XX, 1317 S.) 5 ℳ

Tegtmeyer, Emilie, Lebenskämpfe, s.: Familien-Bücherschatz.

— Lebenskämpfe. Erzählung. — Zwei in e. Nest. Heitere Erzählgn. aus Oberbayern. Von G. A. Horst. Mit 8 Orig.-Illustr. v. H. Nernst u. Osc. Schulz. gr. 8. (192 S.) Weimar 891. Schriftenvertriebsanstalt. n. 1. —

[F.] Lebenskämpfe. Erzählg v. Emilie Tegtmeyer. M. Bild. v. H. Nernst. *Weimar & Berlin: Schriftenvertriebsanst.; (Christl. Zeitschriftenver.) [1897].* (103 S., 4 Taf.) 1 Bd 8. [97. 6762

— der Schiffer von Sylt. Eine Perle am Wege. 2 Erzählungen. Mit einem (Holzschn.-)Bilde von Carl Röhling. 8. (143 S.) Bremen 880. Nordwestdeutscher Volksschriftenverl. cart. n. 1. —

Tegtmeyer, Emilie, die Tochter des Bürgermeisters. Eine Erzählg. aus der bremischen Vergangenheit. 8. (164 S.) Bremen 885. Schünemann. n. 2. 50

**Tegtmeyer,** Heinrich, appr. Arzt a. Heitlingen: Korsakowsche Psychose mit weitgehender Besserung der schweren polyneuritischen Erscheinungen. Berlin 1905: G. Reimer. (24 S.) 8°
Göttingen, Med. Fak., Ref. Weber, Cramer, Diss. v. 20 Juni 1905
[Geb. 20. Dez. 77 Heitlingen; Wohnort: Göttingen; Staatsangeh.: Preußen; Vorbildung: Kaiser Wilh.-Gymn. Hannover Reife O. 99; Studium: Göttingen 11 S.; Coll. 20. Juni 05; Approb. 3. April 05.]

**Tehnsen,** Werner, appr. Arzt a. Stralsund: Aus der medicinischen Universitäts-Klinik zu Rostock. (Direktor: Prof. Dr. Martius). Ueber den Wert der Lungenheilstätten im allgemeinen und die Zweckmäßigkeit und Berechtigung einer Heilstätte für Mecklenburg, an der Hand eines statistischen Materials der in den letzten 20 Jahren im Rostocker Universitätskrankenhaus zur Beobachtung gekommenen Fälle von Lungenschwindsucht. Rostock 1904: C. Hinstorff. (33 S.) 8°
Rostock, Med. Fak., Ref. Martius, Diss. v. 1. Okt. 1904
[Geb. 24. Aug. 79 Stralsund; Wohnort: Breslau; Staatsangeh.: Preußen; Vorbildung: Gymn. Stralsund Reife O. 99; Studium: München 5, Rostock 4 S.; Coll. 18. Dez. 03; Approb. 18. Dez. 03.]

Teja, Carmen, Bettler des Lebens, s.: Frauen-Bibliothek, moderne. Nr. 20.

Bettler des Lebens von Carmen Teja. Berlin & Leipzig: Frauen-Rundschau [1904]. (223 S.) 8° [F.] [05. 4224

Teja, Carmen, Bettler des Lebens. 2. [Titel-]Aufl. (224 S.) 8. Dresden [904]. 907. C. Reißner. 2. —

Teja, C., wir Herzlosen. Roman. 8. (203 S.) Leipzig (901). Berlin, H. Seemann Nachf. n. 3. —

— an d. Schwelle. 1 Akt. kl. 4. (38 S.) Ebd. 903. n. — 75

— Verse. 8. (85 S.) Ebd. (902). n. 2. 50

— „Wie der Peter am Kreuzweg". Roman. 8. (261 S.) Ebd. 903. n. 2. 50

Der Wille zum Glück. Drama in 3 Akten von C[armen] Teja. *Leipzig: H. Seemann Nachf. 1903.* (77 S.) 8° [04. 1688

**Teja, Heinz, die Maske herunter! Ein Beitrag zur Judenfrage in Deutschland. (60 S.) gr. 8. Berlin (S. W. 11 Luckenwalderstr. 15) 904. E. Hahn.** n. 1. —

Tejaner, Otto. Auf dem Rade von Genf nach Tunis, sowie Schweizer und italienische Reisebriefe. Reiseerlebnisse in humoristischer Fassung. [Mit Porträt-Tafel.] (2 Teile.) IV + 148 + 341 S. 8. Dresden, E. Pierson, 1906. (M. 3. —, [geb. 4. —])

Tejas, die Regales oder die königstreuen Cubaner, s.: Dilettantenbühne, katholische.

Aschenbrödel (Cenerentola). Musikal. Märchen in 3 Akten, frei nach d. bekannten Stoff von Ermanno Wolf-Ferrari. Deutsche Uebertr. von Julius Schweitzer. Textl. u. musikal. erl. von Hermann Teibler. *Leipzig: H. Seemann Nachf. [1902].* (56 S.) 8° [F.]
= Opernführer. No 95. [03. 611

Georges Bizet. Suite 'Roma'. Erl. von Hermann Teibler. Leipzig: H. Seemann Nachf. [1901]. (16 S.) 8°
= Musikführer. No 247.

Alexander Borodin. Erste Symphonie (Es dur). Erl. von Hermann **Teibler**. *Leipzig: H. Seemann Nachf. [1904].* (23 S.) 8° [F. u. Ant.]
[Umschlagt.:] A. Borodin. Symphonie in Es-dur erl. von Dr. Paul Sakolowski.
= **Musikführer,** Der. No 186. [04. 1194

Joseph Haydn. Symphonie in C-dur (Lemnit). Erl. von Hermann Teibler. *Leipzig: H. Seemann Nachf. [1901].* (14 S.) 8°
= Musikführer. No 215.

Joseph Haydn. Symphonie in C-dur. (L'ours). Erl. von Hermann **Teibler**. Leipzig: H. Seemann Nachf. [1901]. (13 S.) 8°
= Musikführer. No 234.

Joseph Haydn. Symphonie in G-dur (Militär-Symphonie). Erl. von Hermann Teibler. *Leipzig: H. Seemann Nachf. [1901].* (16 S.) 8°
= Musikführer. No 184.

Gustav Mahler. Symphonie No. 2 in C-moll (Mit Text). Erl. von Hermann Teibler. *Leipzig: H. Seemann Nachf. [1901].* (35 S.) 8°
= Musikführer. No 207.

— Mahlers Symphonien, s.: Meisterführer, der. (Istel, Edg.)

**Manon.** Oper in 4 Akten u. 6 Bildern. Text von Henri Meilhac u. Philipp Gille ... Musik von Jules Massenet ... Textlich u. musikal. erl. von Hermann **Teibler**. Leipzig: H. Seemann Nachf. [1904]. (34 S.) 8° [F.]
= **Opernführer.** No 105. [05. 9615

Jules Massenet. Scènes pittoresques. IV. Orchester-Suite. Erl. von Hermann Teibler. *Leipzig: H. Seemann Nachf. [1902].* (13 S.) 8°
= Musikführer. No 201. [02. 19945

**Teibler, Herm., s.: Musikführer, der.**

— s.: Opernführer.

Hugo Röhr. Ekkehard. Dramat. Dichtung nach d. gleichnam. Roman von Scheffel von W. Schulte vom Brühl f. Soli, gemischten Chor u. Orchester. Erl. von Hermann Teibler. *Leipzig: H. Seemann Nachf. [1901].* (36 S.) 8°
= Musikführer. No 212/13.

**Teibler, Herm.**, s.: Rundschau, neue musikalische.

Richard Strauss. Macbeth. Tondichtung f. grosses Orchester. Erl. von Hermann Teibler. *Leipzig: H. Seemann Nachf. [1902].* (15 S.) 8°
= Musikführer. No 210.

— s.: **Strauss', Richard, Symphonien u. Tondichtungen.**

Peter Tschaikowsky. 1812. Ouverture für grosses Orchester. op. 49. Erl. von Hermann Teibler. *Leipzig: H. Seemann Nachf. [1902].* (16 S.) 8°
= Musikführer. No 254. [02. 14911

Peter Tschaikowsky. Hamlet. Erl. von Hermann **Teibler**. Leipzig: H. Seemann Nachf. [1901]. (14 S.) 8°
= Musikführer. No 214.

Peter Tschaikowsky. Capriccio Italien. Für grosses Orchester. Erl. von Hermann Teibler. *Leipzig: H. Seemann Nachf. [1902].* (13 S.) 8°
= Musikführer. No 250. [02. 14587

Peter Tschaikowsky. Romeo und Julia. Quverture-Fantasie nach Shakespeare. Erl. von Hermann **Teibler**. Leipzig: H. Seemann Nachf. [1901]. (14 S.) 8°
= Musikführer. No 219.

Peter Tschaikowsky. Erste Suite, D moll, für grosses Orchester, Op. 43. Erl. von Hermann Teibler. *Leipzig: H. Seemann Nachf. [1902].* (19 S.) 8°
= Musikführer. No 264. [02. 14918

Peter Tschaikowsky. Vierte Symphonie, F moll für grosses Orchester. Op. 36. Erl. von Hermann Teibler. *Leipzig: H. Seemann Nachf. [1902].* (24 S.) 8°
= Musikführer. No 255. [02. 14916

Richard Wagner. Siegfried-Idyll f. kleines Orchester. Erl. von Hermann Teibler. *Leipzig: H. Seemann Nachf. [1901].* (13 S.) 8°
= Musikführer. No 19. [02. 12761

Ermanno Wolf-Ferrari. Das neue Leben (La vita nuova). Nach Worten von Dante Alighieri. Für Bariton- u. Sopransolo, Chor, Orchester, Orgel u. Pianoforte. Deutsch von Dr. M. Steinitzer. Textlich u. musikalisch erl. von Hermann Teibler. *Leipzig: H. Seemann Nachf. [1903].* (23 S.) 8° [F. u. Ant.]
= **Musikführer**. No 288. [03. 4443

Ueber'n großen **Teich**. Pietsch u. Krause auf d. Weltausstellung in St. Louis. Berlin: Lustige Blätter [1904]. (79 S.) 8° [F.]
= **Lustige Blätter-Bibliothek**. Bd 1. [c6 10916

**Teich**, unser Steigen u. Sinken in der Gesellschaft, das Proletariat u. die socialdemokratische Doctrin. Gera 894. Streitwolf. ca. — 50
Vom Verf. selbst vertrieben, kam nicht in den Handel u. ist vergriffen.

**Teich's Vereinstheater. Sammlung heiterer u. ernster Theaterstücke f. die Vereinsbühne. Nr. 1—30. 8. Leipzig, O. Teich.** à n. 1. —
Grubert, Otto, „Veni, vidi, vici!" (Ich kam, sah u. siegte!) Lustspiel in 1 Akt u. e. Vorspiel. (21 S.) (905.) (Nr. 12.)
Krantworst, Karl, die falsche Adresse. Schwank in 1 Akte. (25 S.) (906.) (Nr. 14.)
Peters jun., Paul, C. H. Bock Söhne. Lustspiel in 1 Akte. (20 S.) (906.) (Nr. 21.)
Philippi, Siegfr., der Herr Kommissionsrat. Schwank in 1 Akte. (31 S.) (905.) (Nr. 17.)
Renker, Fel., der Buttermann ist da! Militärischer Schwank in 1 Akte. (22 S.) (905.) (Nr. 13.)
— der Herr Disponent. Lustspiel in 1 Akte. (24 S.) (904.) (Nr. 3.)
— der Ehrenkreuzhof. Volksstück in 1 Akte. (30 S.) (905.) (Nr. 20.)
— Eifersucht macht blind. Schwank in 1 Akte. (18 S.) (904.) (Nr. 4.)
— Freigesprochen! Lustspiel in 1 Akte. (21 S.) (905.) (Nr. 19.)
— Gewitter-Regen. Militärisches Lustspiel in 1 Akte. (30 S.) (904.) (Nr. 1.)
— ein Glückspilz. Schwank in 1 Akte. (22 S.) (906.) (Nr. 29.)
— der Hochzeits-Frack. Schwank in 1 Akte. (18 S.) (906.) (Nr. 27.)
— auf der Hochzeitsreise. Lustspiel in 1 Akte. (27 S.) (904.) (Nr. 7.)
— hübsch nach der Reihe. Militärischer Schwank in 1 Akte. (22 S.) (906.) (Nr. 23.)
— der erste Junge. Lustspiel in 1 Akte. (20 S.) (904.) (Nr. 2.)
— der neue Präsident. Lustspiel in 1 Akte. (29 S.) (905.) (Nr. 18.)
— die Schlummerrolle! Schwank in 1 Akte. (23 S.) (905.) (Nr. 15.)
— ein idealer Schwiegersohn. Schwank in 1 Akte. (22 S.) (906.) (Nr. 30.)
— der Herr Stadtbaumeister. Schwank in 1 Akte. (27 S.) (905.) (Nr. 11.)
— der Herr Stadtschreiber. Schwank in 1 Akte. (22 S.) (906.) (Nr. 24.)
— Steinemanns Geschäftsreise. Lustspiel in 1 Akte. (26 S.) (905.) (Nr. 16.)
— über alles die Pflicht. Schauspiel in 1 Akte. (19 S.) (904.) (Nr. 10.)
— die Wahrheit üb. alles. Schwank in 1 Akte. (22 S.) (906.) (Nr. 22.)
— der Weiberfeind od. Amor siegt. Lustspiel in 1 Akte. (32 S.) (904.) (Nr. 8.)
— die neue Wirtschafterin. Schwank in 1 Akte. (19 S.) (906.) (Nr. 28.)
Sauer, Luise, der Jäger-Franz od. A Hoamkehr zur rechten Zeit. Oberbayrisches Volksstück m. Gesang in 1 Aufzuge. Musik v. Luise u. Geo. Sauer. (32 S.) (904.) (Nr. 9.)
— ein Tag auf der Alm. Singspiel in 1 Akte. Musik v. Geo. Sauer. (23 S.) (904.) (Nr. 5.)
— die schöne Ungarin. Lustspiel in 1 Akte. (23 S.) (906.) (Nr. 25.)
— Walpurgizauber. Singspiel in 1 Akte. Musik v. Luise u. Geo. Sauer. (26 S.) (904.) (Nr. 6.)
Schwätzer, J., Heiratsprojekte. Lustspiel in 1 Akte. (21 S.) (906.) (Nr. 26.)

**Teich's Vereinstheater. Sammlung heiterer u. ernster Theaterstücke f. die Vereinsbühne. Nr. 31—45. 8. Leipzig, O. Teich.** à 1. —
Heinz, Pet., Mars u. Amor. Militärischer Schwank in 1 Akte. (16 S.) (909.) (Nr. 40.)
Krätzer, Erich, die beiden Leonoren. Lustspiel in 1 Akte. (29 S.) (910.) (Nr. 44.)
Kropf, Jos., der Wildschütz. Oberbayerisches Volksstück m. Gesang. (20 S.) (907.) (Nr. 33.)
Lehnhard, Paul R., der Erbschlüssel od. Der düpierte Schwiegervater. (Schwank.) (23 S.) (907.) (Nr. 32.)
Mielke, Geo., u. Arth. Seidel jun., der rote Hannis od. Das Geheimnis des Schmugglers. Volksstück in 1 Akte. Musik v. Geo. Milke. op. 200. (21 S.) (910.) (Nr. 41.)
Renker, Fel., der Blaustrumpf. Lustspiel in 1 Akte. (26 S.) (910.) (Nr. 42.)
— Glückliche Erben. Schwank in 1 Akte. (19 S.) (909.) (Nr. 37.)
— Försters Rosel. Schauspiel in 1 Akte. (27 S.) (909.) (Nr. 39.)
— Das Geldmädel. Lustspiel in 1 Akte. (22 S.) (909.) (Nr. 38.)
— Das Glück im Forsthause. Lustspiel in 1 Akte. (23 S.) (907.) (Nr. 31.)
— Der Herr Attaché. Lustspiel in 1 Akte. (23 S.) (907.) (Nr. 35.)
— Die Herren Chambregarnisten. Lustspiel in 1 Akte. (24 S.) (907.) (Nr. 34.)
Rieß, Paul, in flagranti ertappt. Schwank in 1 Akte. (18 S.) (909.) (Nr. 36.)
Wegner, Frz., vom Himmel gefallen. Lustspiel in 1 Akte. (18 S.) (910.) (Nr. 43.)
Winkler, Fritz, der Vogelsteller. Schwank in 1 Akte. (22 S.) (910.) (Nr. 45.)

**Teich**, A., Erinnerungsblätter an das erste erzgebirgische Sängerfest in Meerane am 6. Juli 1862 gegeben von den Männergesang-Vereinen zu Chemnitz, Crimmitschau, Ernstthal 2c. Meerane 862. Geucke. gr. 8. (32 S.) n. 4 ngr.

**Teich, A.**, Noten-Karte. D.R.G.M. Nr. 433595. 61×68 cm. Hamburg (Quickbornstr. 53) (910). Selbstverlag. Auf Holz nn 7.—; auf Pappe nn 5.50

**Teich**, C. A., balt. Lepidopteren-Fauna, s.: **Arbeiten** d. Naturforscher-Vereins zu Riga. N. F. 6.

**Teich**, Chrn., Rathgeber f. Bureau u. Comptoir. gr. 8. (81 S.) Dresden 886. Teich. geb. n. 1. 50

**Teich**, Chrn., alphabetisches Verzeichniß aller auf Grund d. Reichs-Gesetzes vom 21. Oktbr. 1878 erlassenen Verfügungen gegen die Socialdemokratie bis 30. Juni 1879, nebst dem betr. Reichsgesetz, dem Verzeichniß der in den einzelnen Bundesstaaten für die Ausführung des Gesetzes zuständ. Behörden u. den von den Landespolizeibehörden dazu ergangenen Ausführungs-Bestimmungen. Systematisch zusammengestellt. 8. (110 S.) Lobenstein 879. Teich. n. 1. —

**Teich**, Friedr., Gedichte. 855. — 2. Ausg. Gera 856. Kanitz. 8. (112 S.) 15 ngr.

**Teich**, Frdr., Gedichte. 2. Bdchn. 8. (VII, 171 S.) Dresden 888. Albanus'sche Buchdr. (Chr. Teich). n. 2. —
(1. u. 2.: n. 3. 50)

**Teich, Hans,** Gerichtsreferendar: Die Staatsangehörigkeit im deutschen Auslieferungsrecht. Leipzig 1909: Hoffmann. XII, 129 S. 8°
Bonn, Jur. Diss. v. 29. Juli 1909, Ref. Bergbohm
[Geb. 24. Mai 83 Mülheim a. R.; Wohnort: Mülheim a. R.; Staatsangeh: Preußen; Vorbildung: Gymn. Mülheim a. R. Reife O. 02; Studium: Bonn 7 S.; Rig. 22. Mai 09.] [U 09. 322

**Teich,** Jh. Karl Aug., Anfangsgründe der latein. Sprache. 8. Leipz. 812. Schwickert. 8 gr

**Teich,** J. K. A., Unterricht in d. lat. Sprache f. Elementarschulen. 8. Merseburg, Böhme. 809.

**Teich,** Ludw., neuer Glaube od. Der natürl. Lebensplan als Gottesgesetz. Eine Andeutg. des Grundzuges m. Äußergn. reifer Erkenntnis. I. Tl.: Die Daseinsbedinggn. (III, 166 S.) gr. 8. Gera (909). Leipzig, O. Wigand. 3. —

**Teich, Mor.,** Einführung in den schriftl. Dienstverkehr des bei d. Truppe eingeteilten Militärarztes, s.: Publikationen, militärärztliche. 66.

**Teich,** Moriz, Doctor medicinae universitatis Vindobonensis, k. u. k. österr.ung. Regimentsarzt im 23. Divisionsartilleriereg. aus Kolloredow in Mähren (Oesterreich): Traumatische Iridodialysis. (Subluxation der Linse, Fuchs'sche Abhebung des Ciliarkörpers und der Aderhaut, Blutpigment unter der Linsenkapsel.) Ein Beitrag zur pathologischen Anatomie seltener Bulbusverletzungen. Wiesbaden: J. F. Bergmann 1905. (16 S.) 8° ¶[Aus: Archiv für Augenheilkunde.]
Würzburg, Med. Fak., Ref. Heß, Diss. v. 3. Aug. 1905
[Geb. 18. Juli 68 Kolloredow; Wohnort: Würzburg; Staatsangeh.: Österreich; Vorbildung: Ober-Gymn. Wien 2. Bez. Reife M. 86; Studium: Wien 10 S.; Rig. 27. Juli 05; Approb. 2. Juni 02 Wien.]

**Teichel,** J., Ausgleichungstabellen, mittelst welchen sich sehr leicht finden läßt, wie viel von einem jährl. Betrage, einer jeden Einnahme u. Ausgabe, in Geld od. Naturalien auf irgend einen gegebenen Abschnitt des Jahres ausfalle. gr. 4. Königsgrätz 813. (Calve in Prag). 2 fl 12 gr

Teichel, J. W.

— Epilepsie od. Fallsucht. Physiologisch u. chemisch erläutert auf Grundlage der Julius Hensel'schen Ernährungstheorien. gr. 8. (14 S. m. 1 Bildn.) Ebd. (902). n. — 40

**Teichel,** J. W., die lebenserhaltenden Mineralstoffe im Blute unserer Haustiere. (16 S.) gr. 8. Leipzig (903). O. Borggold. n. — 40

**Teichel, J. W.,** Tuberkulose u. Rotlauf unserer Haustiere. Physiologisch erläutert. 2. Aufl. (21 S.) gr. 8. Leipzig (906). O. Borggold. n. — 40

Teichel, J. W., Tuberkulose u. Rotlauf unserer Haustiere. Physiologisch erläutert. 3. Aufl. (32 S.) gr. 8. Leipzig (907). O. Borggold. — 40

**Teichel,** J. W., was ist Blutarmuth? Praktische Erläutergn. nach Julius Hensel's Ernährungstheorien. gr. 8. (16 S.) Leipzig 901. O. Borggold. n. — 40

Teichelmann, Gust., s.: Adressbuch bildender Künstler.

**Teichelmann,** G., Adressbuch bildender Künstler. 8. (VIII, 159 S.) München 890. Selbstverl. d. Verf. (Red. der „Kunst f. Alle"). n. 26. 50

Teicher, Friedrich

**Teicher,** Frdr., Abriß d. Geschichte des kgl. bayer. 11. Infanterie-Regiments „v. d. Tann" unt. bes. Berücksicht. d. Krieges 1870/71 u. der Gedenkfeier 1895. 2, neubearb. Aufl. 8. (VIII, 120 S. m. Abb.) Regensburg 897. H. Bauhof. n. — 80; kart. n. 1. —

**Teicher,** Frdr., Führer üb. das Schlachtfeld Ampfing-Mühldorf nebst Kraiburg u. Umgebung. Mit 1 Abbildg., 1 Skizze u. 1 Karte. 8. (39 S.) Mühldorf 892. (Leipzig, P. Stiehl.) n.n. — 60

**Teicher,** F. Führer über das Schlachtfeld Ampfing—Mühldorf nebst Kraiburg u. Umgebung. Mit Krt. u. Abb. 3. Aufl. Mühldorf 1894. 40 S.

— Das kgl. bayer. Kadetten-Korps. Personeller Teil. Nach dem Stande vom 1. Juli 1890. München 1890. 68 S.

**Teicher, Friedrich.** Das Königlich Bayrische Kadetten-Corps von der Gründung bis zur Gegenwart. München. Theodor Ackermann 1889. XII + 136 S. m. 28 Abb. 8°

Das Königlich Bayerische Kadetten-Corps von der Gründung bis zur Gegenwart. Von Friedrich **Teicher**. Mit 29 Abb. 2. verm. Aufl. *München: Th. Ackermann 1900.* (XII, 164 S.) 8° [F.] [00. 7064 7

— **General Kleber, s.: Beiträge zur Landes- u. Volkeskunde v. Elsass-Lothringen.**

**Teicher,** Friedr., über Kriegspoesie. Ein Beitrag zur Betrachtung des Krieges von der idealen Seite. gr. 8. (IV, 122 S. mit Portr. des Prinzregenten Luitpold.) München 887, Th. Ackermann's Verlag. *

**Teicher, Fr.** Die Leistungen und Auszeichnungen des k. bayr. Infant. Regiments „von der Tann" in dem ruhmvollen Kriege 1870—1871. (99) 8. Passau 1874.

**Teicher,** F. Die Leistungen und Auszeichnungen des k. bayer. 11. Inf.-Regts „Von der Tann" in dem ruhmreichen Kriege 1870/71. 2. Aufl. Passau 1875. 100 S.

**Teicher,** Frdr., Leitfaden f. den Unterricht d. Infanteristen u. Jägers der königl. bayerischen Armee. Mit 5 (eingedr.) Holzschn. 8. (III, 92 S.) Passau 875. (Eichstätt, Krüll.) n. — 60

**Teicher, F.** Die ideale Seite des Krieges. (Augsburg 1885.) 8°.

**Teicher,** Frdr., zum 16. Septbr. 1880. Festgabe f. die Zöglinge des königl. Kadetten-Corps zum 700jährigen Herrscher-Jubiläum des Hauses Wittolsbach. gr. 8. (97 S.) München 880. Th. Ackermann. n. 1. 50

— Johann Frhr. v. Werth, kaiserl. u. churbayerischer General der Cavalerie. gr. 8. (83 S.) Augsburg 877. Jaumann. n. 1. 50

**Teicher,** Heinrich [Rechtspraktikant in Pegnitz]: Der recursus ab abusu nach dem Rechte des Königreichs Bayern ... Erlangen, kgl. bayer. Hofbuchdr. v. A. Vollrath, 1896; 63 S. 8.
Erlangen, Jur. Fak., Inaug.-Diss. v. 1896

**Teicher,** Konrad, a. Lahm: Zur Kasuistik der habituellen Schulterluxationen. Über einen Fall dieser Luxationsart nach hinten. Erlangen 1906: Junge & Sohn. (19 S.) 8°
Erlangen, Med. Fak., Ref. Graser, Diss. v. 15. Mai 1906
[Geb. 1. Aug. 78 Lahm; Wohnort: Bamberg; Staatsangeh.: Bayern; Vorbildung: Gymn. Schweinfurt Reife 98; Studium: Freiburg i. B. 1, Erlangen 5, München 3 S.; Coll. 3. Juni 04; Approb. 31. Juli 03.]

Teicher, Theophil Christoph (Thurnau) A. S. 55/24

Dissertatio iuris ecclesiastici posterior de variis sacrilegii speciebus ex mente iuris canonici. Präs. Johann Samuel Friedrich Böhmer. Halle (Grunert) 22. II. 1727. 62 S.

W. v. · Karl August Böhmer, Erdmann Pezel, Johann Viktor Krause, A. S. Langenstrass, I. G. Maley, J. H. Schubarth. 34198

Teichert, Adolf

**Teichert, Adf.**, neue Gedichte. 8. (V, 175 S.) Dresden 898. E. Pierson. n. 2. —; geb. n. 3. —

**Teichert, Adf.**, f. Israel! Mahn-, Weck- u. Trostrufe. 8. (XII, 316 S.) München 895. Berlin, Schuster & Loeffler. 4. —; geb. 5. 50

**Teichert, Adf.**, Ormus u. Ahrimann. Nachklänge von der Harfe Firdusi's. Eine Sammlg. v. Balladen, Romanzen u. poet. Erzählungen. 1. Das Geschenk der Hölle. 12. (56 S.) Berlin 890. Breitkreuz. n. — 60; geb. n. 1. 25

Auf den Spuren des Genius. Eine Dichtung aus Italien u. d. Orient. Von Adolf **Teichert**. *Berlin: Harmonie. [1901].* (VI, 153 S.) 8° [F.] {01. 1150

Teichert, Hans, ein Fall von Fibroma molluscum. Diss. Würzburg 1887. Stahelsche Univ.-Buchh. 8°. 22 S.

Teichert, Julius

**Teichert, J.**, Flora v. Freienwalde an der Oder. Freienwalde a. d. O. 870. Fritze. 8. (VIII, 356 S.) n. 1 ₰ 5 ngr.

Teichert, Julius: Über eine Gruppe algebraischer Flächen vierten Grades. Freienwalde a./O. 1865. 16 S. 4°
Schul-Univ.-Schrift

Teichert, Jul.: Ueber einige algebraische Curven 4. Grades. 12 S. u. Taf. – Freienwalde a/O., Progr. 1872.

**Teichert, Jul.**, üb. einige algebraische Curven. 4. Grades. gr. 4. (12 S. m. 1 Steintaf.) Freienwalde 872. (Berlin, Calvary & Co.) n. 1. 50

Die Bakterien von Dr. Kurt **Teichert**. Mit 20 Ill. Berlin, Leipzig: H. Hillger [1905]. (85 S.) 8° [F.]
= **Volksbücher**, Hillgers illustrierte. Bd 40. {07. 10091

**Teichert, Kurt**, die Bakterien, s. Hillger's illustr. Volksbücher.

**Teichert, Kurt**, das Leben der Pflanze, s.: Hillger's, Herm., illustrierte Volksbücher.

Teichert, Kurt: Methoden zur Untersuchung von Milch und Molkereiprodukten. Mit 54 Abb. u. 27 Tab. Stuttgart: Enke 1909. 374 S. 8°
(Die chemische Analyse. Bd 8/9.)

— u. Mich. Eß, Probemelkungen v. Allgäuer Kühen. (Mitteilungen aus der milchwirtschaftl. Untersuchungsanstalt im Allgäu zu Memmingen.) (43 S.) gr. 8. Leipzig 908. M. Heinsius Nachf. 1. —

**Teichert, Curt** [I. Assistent an der Versuchsstation und Lehranstalt für Molkereiwesen zu Wreschen, Posen]: Bakteriologisch-chemische Studien über die Butter in der Provinz Posen mit besonderer Berücksichtigung der Tuberkelbazillen. (S.-A. aus d. Zeitschr. für Tiermedizin?) Jena 1904. 80 S. 8°. [22. VI. 04.]
Lausanne, Thèse sc. 1903/1904.

Teichert, Curt. Bakteriologisch-chemische Studien über die Butter in der Provinz Posen, mit besonderer Berücksichtigung der Tuberkelbazillen. Diss. Naturwiss. (= Sci.) Lausanne ... von K' T' ... [Sep.-Abdr. aus: Klinisches Jahrbuch.... Band 12.] VI + 80 S. 8. Jena, Gustav Fischer, 1904. [im Buchh. M. 2. 50]

Teichert, Oskar

Teichert, Osc., Geschichte der Ziergärten und der Ziergärtnerei in Deutschland während der Herrschaft des regelmässigen Gartenstyls. gr. 8. (VIII und 234 S.) Berlin 865, Wiegandt und Hempel. *

Teichert, Osk., der herzogliche Park zu Sagan. Ein Wegweiser für Fremde und eine Darstellung seiner Entstehung, Fortbildung und Erhaltung. Nebst einem (lithogr.) Plane des Parks (in Imp.-Fol.) vom Verf. gr. 8. (X und 55 S.) Sagan 858, [Crüsemann.] *

**Teichert, Osk.**, der herzogliche Park zu Sagan. Ein Wegweiser für Fremde u. eine Darstellung seiner Entstehung, Fortbildung u. Erhaltung. Nebst 1 (lith.) Plane des Parks (in gr. Fol.) vom Verf. Sagan 858. Julien. gr. 8. (X, 55 S.) n. 1 ₰. 10 ngr.

Teichert, Osk., d. herzogl. Park z. Sagan. Ein Wegweiser f. Fremde u. e. Darstell. seiner Entstehung. Fortbildung u. Erhaltung. Mit 1 Plane d. Parks. gr. 8. Sagan, 1858. 2. Ausg. 1860. (Crüsemann.) (1. 10) — 25

Teichert, Osk., die Veredelungskunst mit besond. Berücksicht. der Obstbaumzucht. Praktischer Leitfaden für Gärtner und Gartenfreunde, sowie für Forst- und Landwirthe. 8. (VI, 118 S. mit 38 in den Text gedr. Abbild. in Holzschn.) Berlin 869, Wiegandt, Hempel und Parey. *

**Teichert, Osk.**, gärtnerische Veredlungskunst mit besonderer Berücksicht. der Obstbaumzucht. 2. Aufl., durchgesehen u. hrsg. von H. Fintelmann. Mit 34 in den Text gedr. Holzschn. 8. (VI, 160 S.) Berlin 880. Parey. geb. n. 2. 50

Gärtnerische Veredelungskunst mit bes. Berücks. d. Obstbaumzucht von Oskar **Teichert**. 3. Aufl. neubearb. von A[xel] Fintelmann, Städt. Garteninsp. in Berlin. Mit 33 Textabb. *Berlin: P. Parey 1900.* (VI, 158 S.) 8° [F.]
= **Thaer-Bibliothek**. Bd 18. {00. 5931

**Teichert, Paul**, de fontibus Quintiliani rhetoricis. 8. (58 S.) Königsberg 884. (Beyer.) Diss. n. 1. 20

Teichert, Paul: Schottische Zustände unter Jakob IV. nach den Dichtungen von William Dunbar. 39 S. 8.
**Progr.** Gymn. Augustum der Stadt *Görlitz* 1903 (221).

TEICHL, Anton
Geschichte der Herrschaft Gratzen mit Zugrundelegung des Urbars vom Jahre 1553 von Anton Teichl. Gratzen. 1899. Selbstverlag. [In Comm. Calve. Prag.] Gr.-8°. 475 S. mit 1 Karte.

Teichl, Anton: Geschichte der Stadt Gratzen mit theilweiser Berücksichtigung der Herrschaft Gratzen. — Gratzen: Selbstverl. 1888. 351, XIV S. mit 1 Tab.

**Teichl Robert: Die altkatholische Kirche von Utrecht oder der sogenannte Jansenismus.**
**1906 PN 2028** Diss. Wien, Univ.

**Teichlein, A.**, ein Besuch auf Erden. Dramatische Skizze in 1 Akt zur Feier von Goethes hundertjähr. Geburtstag. [Als Manuscript gedr.] gr. 16. (46 S.) München 849, Kaiser. n. 4 ngr.

Teichlein, A., Louis Gallait und die Malerei in Deutschland. Eine Episode aus der modernen Kunstgeschichte. Nebst einer Abhandlung über den Begriff des Malerischen und das Wesen der Malerei. 8. (120 S.) München 853, Kaiser. *

TEICHLEIN, Maximilian (Grafenwörth): De oculi fungo medullari.- Monachii: Auer 1832. 15 S.
18.8.1831 - Urk: F 60
Diss. Ingolst.-Landsh.-Mchn.

TEICHLER, C. *Die Geschwister.* Eine Sammlung kleiner Erzählungen für Kinder von 7 bis 8 Jahren zur Erweckung eines moralischen Sinnes. Mit [8 statt] 9 illuminirten Bildern. Berlin, Winckelmann und Söhne [c. 1840?]. 2 Bll. 136 SS. Kl.-8°. Graugrüner, verzierter Orig.-Karton. 14.—
Nicht bei Brieger und Rümann. Die unsignierten Bilder in der Art Hosemanns. Etwas fleckig, 1 Bild fehlt. Name a. d. Titel. Einbd. benutzt, Rücken u. Ecken dch. Leinwand ergänzt.

**Teichler,** C., die Geschwister. Eine Sammlung kleiner Erzählungen f. Kinder von 7 bis 8 Jahren zur Erweckung eines moralischen Sinnes. Mit 9 (lith. u.) color. Bildern. gr. 16. (IV u. 136 S.) Berlin 849, Winckelmann & Söhne. 1/2 ₰

Teichler, Wilhelm

**Teichler,** Wlh., († d. 30. Juni 1810.) neue Entwürfe u. Dispositionen zu Leichenreden u. Abdankungen. 8. Lpzg. 808. 2e Aufl. Mit e. Nachtr. verm. v. G. Lange. 828. Serig. 18 gl.

**Teichler,** Wilh., neue Entwürfe u. Dispositionen zu Leichenpredigten u. Abdankungen. 8. Leipzig, Paul Vogel. 808.

**Teichler,** (W.,) neue Entwürfe u. Dispositionen zu Leichenpredigten u. Abdankungen. Mit e. Nachtr. vermehrt v. G. Lange. 2e Ausg. 8. Leipz. 825, P. Vogel.

**Teichler,** Wilh., neue Entwürfe u. Dispositionen zu Leichenpredigten u. Leichenreden, verb. u. verm. hrsg. v. Gtli. Lange. 3. Aufl. 8. (19½ B.) Leipzig 833, [Serig.]

— Reden u. Formulare z. Gebr. b. Taufen, Beichthandl. u. Trauungen. 8. Ebend. 808.

— Reden und Formulare zum Gebrauch bei Taufen, Beichthandlungen und Trauungen. 2e verb. u. verm. Ausg. von Glieb. Lange. 8. Leipzig 834. Serig. 1/2 ₰

**Teichman,** J. u. L. Gmelin, Versuch über die Wege, auf welchen Substanzen aus dem Magen und Darmkanal ins Blut gelangen, über die Verrichtung der Milz und die geheimen Harn-Wege. gr. 8. Heidelb., Mohr u. W. 819. — 16

**Teichmann,** die christliche Auferstehungsidee in ihrer biblischen Entwickelung, s.: Vorträge, wissenschaftliche, über religiöse Fragen.

**Teichmann,** siehe: Goethe in Berlin.

**Teichmann,** Predigt bei der 14. Hauptversammlung des Gust.-Adolfs-Vereins zu Bremen am 2. Septbr. 1856 gehalten. Bremen, Strack. gr. 8. (14 S.) nn. 2½ ngr.

Teichmann, A. von

Teichmann-Logischen, v., über die Anlage von Küstenbatterien, den artilleristischen Dienst in denselben und ihr Gefecht gegen Schiffe. 1. Aufl. 1864. 15 Ngr. und 2. (Titel-) Aufl. gr. 8. (80 S.) Berlin 867, Vossische Buchh.

**Teichmann,** A., aus den Thüringer Bergen. Eine Idylle. 8. (72 S.) Erfurt 878. Villaret. n. 1. —

**Teichmann,** A., Neuregelung des Einkommens der Geistlichen (im Herzogt. Braunschweig). Vortrag. gr. 8. (32 S.) Wolfenbüttel 900. J. Zwißler. n. — 25

**Teichmann,** A. v., Physik der Erde. Ein Handbuch für Lehrer und Schüler der höheren Bildungsanstalten, so wie für jeden Gebildeten faßlich dargestellt und nach den neuesten Quellen bearb. gr. 8. (VIII und 354 S. mit 9 Stnt. in qu. gr. 4., wovon 3 ill.) Berlin 854, G. Reimer.

**Teichmann,** A.: Repertorium des Deutschen Reichstages. Unter Leitung von Ludw. Bamberger bearb. 1. Leg.-Per. 1. Sess. 1871. [Mehr nicht ersch.] Berlin 1872.

(**Teichmann-Logischen,** A. v.) Sammlung von Skizzen zu den Vorträgen über Artillerie in der Kais. Marine-Akademie. (Kiel c. 1875.) 2°. (Lithogr.)

— die Sonntagsfeier. Vortrag. 8. (III, 56 S.) Wolfenbüttel: J. Zwißler 1899. n. — 50

**Teichmann,** A., s.: Strafgesetzgebung, die norwegische, des Jahres 1902.

**Teichmann,** A., s.: Strafprozessordnung, d. bulgar.

**Teichmann,** v., einige Vorschläge f. das Schießen aus Küsten-Geschützen, namentlich Regeln üb. das Richten gegen bewegl. Ziele u. e. Verfahren, Entferngn. zu messen. Mit 2 Taf. [Aus: „Archiv f. Artillerie- u. Ingenieur-Offiziere."] gr. 8. (31 S. m. 2 Steintaf. in qu. Fol.) Berlin 874. Mittler & Sohn. n. — 80

**Teichmann,** A., Zahlenbeispiel zur statischen Berechnung v. massiven Dreigelenkbrücken vermittelst Einflusslinien. Bearb. nach den Grundzügen des Hrn. Geh. Regierungsrates G. Barkhausen, Professor an der königl. techn. Hochschule zu Hannover. Mit 29 Abbildgn. auf 4 lith. Taf. (32 S.) gr. 8. Wiesbaden 904. C. W. Kreidel. n. 2. 40

Teichmann, Albert s. Amerbach. (Bonifacius. et Amerbach Basilius). Amerbachiorum epistolae ...

**Teichmann,** Alb., die Universität Basel in ihrer Entwicklung in den J. 1885—1895. Im Auftrag des Erziehungsdepartements des Kantons Basel-Stadt aus Anlass der schweizer. Landesausstellg. in Genf unter Mitwirkung der Anstaltsvorsteher zusammengestellt. (72 S.) Lex.-8. Basel 896. (Leipzig, C. Beck.) n. 2. 40

**Teichmann,** Alb., die Universität Basel in den 50 Jahren seit ihrer Reorganisation im J. 1835. Programm zur Rectoratsfeier u. zu dem m. ihr verbundenen Jubiläum der freiwill. akadem. Gesellschaft, im Auftrag e. e. Regenz unter Mitwirkung der Anstaltsvorsteher zusammengestellt. gr. 4. (120 S.) Basel 885. (Georg.) n. 2. 40

Teichmann, Albert: Bibliographie über den Vorentwurf zu einem Schweizerischen Strafgesetzbuch. Bern 1898: Stämpfli 64 S. 8°
Aus: Schweizer. Zeitschrift f. Strafrecht. Jg. 11. 1898. H. 3 u. 4.

**Teichmann,** Alb., étude sur l'affaire de Bauffremont, envisagée au point de vue des législations française et allemande. gr. 8. (71 S.) Basel 876. Meyri. n. 1. 60

Teichmann, [illegible]

**Teichmann,** Albert., de litis contestationis juris canonici indole. Dissertatio inauguralis. Berlin 867. (Puttkammer & Mühlbrecht.) gr. 8. (VIII, 95 S.) n. 10 ngr.

**Teichmann, Prof. Dr. Albert:** Eine Rede gegen die Bischöfe. Altnorwegische politische Streitschrift aus König Sverres Zeit, übersetzt nach der Ausgabe von Gustav Storm, Christiania 1885. Programm zur Rektoratsfeier der Universität Basel. Basel 1899. 48 S. 4°.
Basel, Univ.-Schr. 1899,1900.

**Teichmann,** Alb., s. a. Rede, e. gegen die Bischöfe.

**Teichmann, A.** Die Stellung der Freiheitsstrafe im zukünftigen schweizer. Strafgesetzbuch Hauptreferat geh. in Basel. Gr. in-8⁰. 20 S. Aarau, H. R. Sauerländer. 1891.

**Teichmann, Albert.** (Prof. Dr.) Ueber Wandelbarkeit oder Unwandelbarkeit des gesetzlichen ehelichen Güterrechts bei Wohnsitzwechsel. Programm zur Rectoratsfeier der Universität Basel. In-4⁰, 47 S. Basel, Fel. Schneider. 1879. 1 50

Rein sachlicher, naturwissenschaftlicher Beweis für das Dasein des Schöpfers des Weltalls. Von Bernhard **Teichmann**. Erfurt: Teichmann 1910. 28 S. 8° [10. 9643 3

**Für Künstler u. Kunstfreunde.** Die richtige Aussprache des Italienischen von Bernhard **Teichmann**. *Erfurt: H. Güther [1894].* (16 S.) 8° [Umschlagt.] [03. 11614

Teichmanns Prakt. Methode. Deutsch Sprechen und Denken. Von Bernhard **Teichmann**, Dolmetscher. Erfurt: H. Güther 1900. (259 S.) 8° [07. 8593 3

**Teichmann, Bernh.**, praktische Methode. Deutsch Sprechen u. Denken. (259 S. m. Bildnis.) kl. 8. Erfurt 906. B. Teichmann. Geb. in Leinw. 3. 75

— praktische Methode. Englisch. Eine sichere Anleitg. zum wirkl. Sprechen der engl. Sprache. 2., vervollkommnete Aufl. 8. (178 S.) Ebd. 893. n. 3. —; geb. in Leinw. n. 3. 75

**Teichmann,** Bernh., die Aussprache d. Englischen f. den Selbstunterricht. Eine sichere Anleitg. zum wirkl. Sprechen der engl. Sprache, e. Ergänzg. zur „prakt. Methode". 8. (42 S.) Erfurt 892. H. Güther. n. 1. – –

Englisch Sprechen und Denken. E. unentbehrl. Ergänzg zu jedem Lehrb. d. engl. Sprache. Von Bernhard **Teichmann**, Sprachlehrer ... *Erfurt: H. Güther [1898].* (151 S.) 1 Bd 8. [98. 11448

— dasselbe. Englisch Sprechen u. Denken. 14.—18. Taus. (212 S. m. Bildnis.) kl. 8. Ebd. 906. Geb. in Leinw. 3. 75

— dasselbe f. die französische Sprache. Eine unentbehrl. Ergänzg. zu jedem französ. Lehrbuche als sichere Anleitg. zum Sprechen u. zum freien Vortrage in französ. Sprache. 8. (177 S.) Ebd. 892. n. 3. —; geb. n. 3. 75

— dasselbe. Anh. Die Aussprache d. Französischen f. den Selbstunterricht. 8. (16 S.) Ebd. 892. n. n. — 50

**Teichmann's, Bernh.,** praktische Methode. Französisch. Eine sichere Anleitg. zum wirkl. Sprechen der franz. Sprache. 2. vervollkommnete Aufl. 8. (211 S.) Erfurt (900). H. Güther. n. 3. —; geb. n. 3. 75

— dasselbe. Französisch Sprechen u. Denken. 22. —26. Taus. (240 S. m. Bildnis.) kl. 8. Ebd. 907. Geb. in Leinw. 3. 75

Teichmanns Praktische **Methode**. Italienisch. Eine sichere Anleitung z. wirkl. Sprechen d. ital. Sprache von Bernhard **Teichmann**. *Erfurt: H. Güther [1894].* (208 S.) 8° [03. 11998

Englisch, Französisch, Italienisch, Spanisch, Deutsch. Teichmanns Praktische Methode. Italienisch Sprechen und Denken. Von Bernhard **Teichmann**. 4.—6. Taus. Erfurt: H. Güther 1904. (205 S.) 8° [05. 4549 3

— dasselbe. Spanisch Sprechen u. Denken. (180 S. m. Bildnis.) kl. 8. Ebd. 900. Geb. in Leinw. 3. 75

**Teichmann,** Bruno: **Aus dem Fraenckel'schen ⟨israelitischen⟩ Hospital zu Breslau. Beiträge zur chirurgischen Behandlung der Hämorrhoiden nach der Methode von Whitehead.** *Breslau 1898: W. Sternberg.* (34 S.) 8°
Leipzig, Med. Diss. v. 22. Febr. 1898

Teichmann, C., s.a. Teichmann, K.

Teichmann C, die französische Kugelspritze. Stuttgart 1870

**Teichmann,** C., üb. maligne Ovarialtumoren. Inaug.-Diss. gr. 8. (54 S.) Jena 887. (Neuenhahn.) n.n. 1. 20

(Aachen in Philipp Mouskets Reimchronik von Eduard **Teichmann**.) *Aachen: Cremer 1902.* (100 S.) 8°
Festschrift der Generalversammlung d. Gesammtvereins d. deutschen Geschichts- u. Altertumsvereine zu Düsseldorf 1902 dargebr. vom Aachener Geschichtsverein. [03. 15481

**Teichmann,** Eduard, Aachen in Philipp Mouskets Reimchronik, s.a. Festschrift, der Generalversammlung d. Gesamtvereins der deutschen Geschichts- u. Altertumsvereine dargebracht.

**Teichmann,** Ed., Beicht- u. Abendmahls-Büchlein. Stuttgart 862. Oetinger. 8. (IV, 92 S.) n. 5 ngr.

**Teichmann's,** Ed., Beicht- u. Abendmahls-Büchlein. Von neuem durchgesehen v. Jos. Knapp. 4. Aufl. gr. 16. (VIII, 116 S.) Stuttgart 893. Greiner & Pfeiffer. Geb. in Leinw. m. Goldschn. n. 1. 20

**Teichmann,** Ed., evangelisches Gebetbuch. Morgen- u. Abendgebete f. die Tage der Woche in zwölffacher Reihe. Mit Gebeten f. die festl. Tage d. Jahres u. besondere Verhältnisse u. Fälle d. äußern u. inneren Lebens. Auszug aus dem größeren Werk d. Verf.: Morgen- u. Abendsegen f. alle Tage d. Jahres. gr. 16. (XIV, 519 S.) Stuttgart 874. Schober. 1. 50; geb. n. 2. 20; geb. m. Goldschn. n. 2. 60

Teichmann, Ed., evangelisches Gebetbuch. Morgen- und Abendgebete für die Tage der Woche in zwölffacher Reihe. Mit Gebeten für die festl. Tage des Jahres und besond. Verhältnisse und Fälle des äußern und innern Lebens. 2. Aufl. 12. (XIV, 519 S.) Stuttgart 880, Schober. *
geb. in Leinw. * ℳ 2,20.; mit Goldschn. *
Aus: Morgen- und Abendsegen für alle Tage des Jahres, besonders abgedruckt.

**Teichmann,** Ed., evangelisches Gebetbuch. Morgen- u. Abendgebete f. d. Tage d. Woche in 12facher Reihe. M. Gebeten f. d. festl. Tage d. Jahres u. besond. Verhältnisse u. Fälle d. äuß. u. inn. Lebens. Auszug aus d. größ. Werk d. Verf.: Morgen- u. Abendsegen f. alle Tage d. Jahres. 3. Aufl. 8. (XIV, 504 S.) Cannstatt 896. Stuttgart, E. Geiger's Verl. Geb. in Leinw. n. 2. 40; m. Goldschn. n. 2. 80

Teichmann, Ed., die Marien des neuen Testaments. Zum Vorbild und zur Erbauung. br. 8. (VIII und 324 S. mit 1 Stahlst.) Stuttgart 853, Scheitlin's Vrlgsh.

—— die Marien des Neuen Testaments. Zum Vorbild und zur Erbauung. 2. (Titel-)Aufl. br. 8. (VIII und 324 S. mit 1 Stahlst.) Stuttgart 863, Schober. 1 Thlr. 10 Ngr.; geb. *

— Morgen- und Abendsegen auf alle Tage des Jahres, s.a. Morgen- und Abendsegen.

Teichmann, Ed., Morgen- und Abendsegen auf alle Tage des Jahres. Mit Rücksicht auf die Festzeiten und auf besondere Fälle des Lebens hrsg. 4. Aufl. 12 Lfgn. Lex.-8. (VII und 864 S. mit 1 Stahlst.) Stuttgart 861. 62, [Schober.] à Lfg. * 5 Ngr. *

— Morgen- und Abendsegen auf alle Tage des Jahres. Mit Rücksicht auf die Sonntage, Festzeiten u. auf besondere Fälle des Lebens herausg. Mit 1 Stahlst. 4. Aufl. Ebend. 863. Lex.-8. (VII, 864 S.) n. 1 *ℳ* 26 *ngr.*

— **Morgen- u. Abendsegen auf alle Tage d. Jahres. Mit Rücksicht auf die Festzeiten u. auf besondere Fälle d. Lebens. 5. durchaus umgearb. u. veränd. Aufl. gr. 8. (VIII, 874 S.) Ebend. 874.** 5. 70

—— Morgen- und Abendsegen auf alle Tage des Jahres. Mit Gebeten auf die Sonn- und Festtage und besondere Verhältnisse und Fälle des Lebens. 5. durchaus umgearb. und veränd. Aufl. In 12 Lfgn. gr. 8. (VIII, 874 S.) Ebendas. 875. à Lfg. 50 Pf. geb. *ℳ 7,10.; in Halbfrz. *

— Morgen- u. Abendsegen auf alle Tage des Jahres. Mit Gebeten auf die Sonn- u. Festtage u. besondere Verhältnisse u. Fälle des äußern u. innern Lebens. Mit einem Stahlst. 6. Aufl. gr. 8. (VIII, 874 S.) Ebend. 881. 5. 70; geb. in Leinw. od. Halbfrz. n. 6. 90

**Teichmann,** Eduard, Morgen- u. Abendsegen auf alle Tage des Jahres. Mit Gebeten auf die Sonn- u. Festtage u. besond. Verhältnisse u. Fälle des äußeren u. inneren Lebens. 7. Aufl. gr. 8. (VIII, 874 S. m. 1 Stahlst.) Stuttgart (902). E. Geiger. Geb. in Halbfrz. n. 6. —

Teichmann, Eduard (Hrsg.), s. Pfeil, Christoph Karl Ludw. v.: Christl. Hausschatz in geistl. Liedern.

Teichmann, Eduard Die Verbalflexion in William Langleys Buch von Peter dem Pflüger. 4 (LV S.). Progr. Rsch. mit Fachklass. *Aachen* 1887 (435)

**Teichmann's, Emil, Reiseführer f. Rad- u. Motorfahrer-Wegeblätter. Abtlg. I: Königr. Sachsen m. Anschlussstrecken nach den benachbarten Ländern. 1. Heft. (Blätter 1 bis m. 48 — Doppel-Nrn. — m. Uebersichtsnetz.) kl. 8. Leuteritz-Cossebaude bei Dresden 904. E. Teichmann.** 1. 20

Der Befruchtungsvorgang. Sein Wesen u. s. Bedeutung. Von Dr. Ernst **Teichmann**. Mit 7 Abb. u. 4 Doppeltaf. Leipzig: B. G. Teubner 1905. (VI, 102 S.) 8° [F.]
= Natur, Aus, u. Geisteswelt. Bdch. 70.

**Teichmann, Ernst, der Befruchtungsvorgang, s. a. Aus Natur- u. Geisteswelt.**

Teichmann, Ernst, Fortpflanzung u. Zeugung. 1.—12. Aufl. (100 S. m. Abbildgn.) 8. Stuttgart 907. Franckh. 1.—; geb. 2. —

Fortpflanzung und Zeugung von Dr. Ernst **Teichmann**. Mit zahlr. Abb. 10. Aufl. Stuttgart: Kosmos 1907. (96 S.) 8° [F.] 08. 17347

**Teichmann,** Ernst, aus Nienburg a. W.: Ueber **Furchung** befruchteter Seeigeleier ohne Beteiligung des Spermakerns. Mit 4 Taf. *Jena: G. Fischer 1902.* (31 S.) 8°
Würzburg, Phil. Diss. v. 1902

Teichmann, E. On Shakespeare's Hamlet. History of the old tale of Hamlet, on the old play of Hamlet and on the two editions of 1603 and 1604. Borna, Rg., 1880. 20 S. 4. Progr.

**— Kraft u. Leben in der Natur, s.: Schaum, Karl.**

— **vom Leben u. vom Tode. Ein Kapitel aus der Lebenskunde. 1.—6. Aufl. (à 112 S. m. 2 Abbildgn.) 8. Stuttgart (905. 906). Franckh.** n. 1. —; geb. n. 2. —

— **Vom Leben u. vom Tode. Ein Kapitel aus der Lebenskunde. 7.—11. Aufl. (112 S. m. 1 Doppeltaf.) 8. Ebd. (907. 08).** 1.—; geb. 2. —

Vom Leben und vom Tode. Ein Kapitel aus d. Lebenskunde von Dr. E[rnst] **Teichmann**. Mit 1 Doppeltaf. 11. Aufl. Stuttgart: Kosmos [1908]. (112 S.) 8° [F.] 08. 17348

— **Lebensprobleme. (Leben u. Tod. — Fortpflanzg. u. Zeugg. — Vererbung.) Mit zahlreichen Abbildgn. (XII, 114, 100 u. 95 S. m. 5 Taf.) 8. Ebd. (908). Geb. in Leinw. 3. 60**

Teichmann, *Ernst Gustav*: Merope im italienischen und französischen Drama. 4 (S. 3—27). Progr. Städt. Rg. *Borna* 1896

**Teichmann,** Ernestus [cand. theol.]: Theses theologicae ... ad licentiati in theologia evangelica honores impetrandos ... Bonnae, typ. C. Georgi, typogr. acad., *1896*; 2 Bl. 8.
Bonn, Ev.-theol. Fak., Thes. v. 28. Nov. 1896

— **Die Vererbung als erhaltende Macht im Flusse organischen Geschehens. 1.—13. Aufl. (95 S. m. Abbildgn. u. 4 z. Tl. farb. Taf.) 8. Ebd. (908—10).** 1.—; geb. 2. —

Die Vererbung als erhaltende Macht im Flusse organischen Geschehens. Von Dr. Ernst **Teichmann**. Mit Textabb. u. 4 Taf. 13. Aufl. Stuttgart: Kosmos (1908). (94 S.) 8° [F.] 08. 17349

**Teichmann,** Ernst, die paulinischen Vorstellungen v. Auferstehung u. Gericht u. ihre Beziehg. zur jüdischen Apokalyptik. gr. 8. (VIII, 125 S.) Freiburg i/B. 896. Tübingen, J. C. B. Mohr. n. 2. 50

**Teichmann, Erwin**: Die drei Einheiten im französischen Trauerspiel nach Racine. Leipzig 1909: Glausch. 104 S. 8°
Leipzig, Phil. Diss. v. 17. April 1909, Ref. Birch-Hirschfeld, Wülker
[Geb. 30. Sept. 83 Niedergräfenhain; Wohnort: Niedergräfenhain; Staatsangeh.: Sachsen; Vorbildung: Realgymn. Borna Reife O. 05; Studium: Leipzig 7 S.; Rig. 9. Febr. 09.] [U 09. 3070

**Teichmann,** F., der junge Mineralog. Darstellung d. Gesammtgebietes der Mineralogie nebst e. kurzen Geschichte d. Entstehg. u. Fortbildg. der Erde. Mit in den Text gedr. (Holzschn.-)Abbildgn. Für jugendl. Mineraliensammler bearb. 2. verm. u. verb. Aufl. gr. 16. (VII, 119 S.) Halle 876. Hendel. n. 1. —

**Teichmann,** F., der junge Mineralog. Darstellung des Gesammtgebietes der Mineralogie, nebst einer kurzen Geschichte der Entstehung u. Fortbildung der Erde. Mit in den Text gedr. Abbildungen. Für junge Mineraliensammler. 3., verm. u. verb. Aufl. 16. (VII, 106 S. mit eingedr. Holzschn. u. 1 Chromolith.) Halle 880. Hendel. cart. n. 1. —

**Teichmann,** F., der Mineralog. Darstellung d. Gesammtgebietes der Mineralogie. Mit in den Text gedr. Abbildgn. u. 1 color. Taf. Für jugendl. Mineraliensammler bearb. 4. Aufl. 12. (VIII, 106 S.) Halle 886. Hendel. geb. n. 1. —

**Teichmann,** F., der Mineralog. Darstellung d. Gesamtgebietes der Mineralogie. Mit in den Text gedr. Abbildgn. u. 1 color. Taf. Für jugendl. Mineraliensammler bearb. 5. Aufl. 12. (VIII, 106 S.) Halle 888. Hendel. geb. n. 1. —

**Teichmann,** F., die Welt der Steine, s. Schüler, der, der Natur.

Teichmann, Friedrich

Teichmann, Friedr., Anweisung zur Herstellung u. Unterhaltung d. feuersichern Lehmschindelbedachung, nebst Vergleich. mit d. Ziegel- u. Strohdache. Nach eigener Erfahrung. gr. 12. (4 B. u. 2 Kpfrt. 4.) Leipzig 833, Baumgärtner. Thlr.
Aus dess. „das Ganze d. Lehmschindelbedachung ꝛc." abgedruckt.

**Teichmann, (Fr.,)** die sichere u. einfache Durchwinterung d. Kartoffeln in Haufen. Für Landwirthe. 8. Leipzig 825, Engelmann.

—— Feuersnoth- u. Hülfs-Buch. Ueber Entstehung u. Beträchtlichkeit d. Feuersbrünste, Unterstützung d. Abgebraunten, Lösch- u. Rettungs-Anstalten, Verminderung d. Brandschäden u. Sicherstellung d. Gebäude. Nebst e. Anh. üb. Volksveredlung u. Wohlfahrt. gr. 8. (23 B. u. 1 Abbild.) Leipzig 831, Engelmann.

**Teichmann, Fr.,** Feuerordnung für kleine Städte u. Dörfer. Mit Anmerkungen und Zusätzen begleitet. 8. Leipzig 838. Engelmann. n. 1/6 ₰

—— das Ganze d. feuersichern Lehmschindelbedachung. Eine auf eigene Erfahrung gegründ. vollständ. Anweis. zu ihrer Herstellung, Unterhalt. u. Vergleichung mit d. Ziegel- u. Strohdache. Nebst diese Bedachung betreff. geschichtl. Beiträgen, Auszügen aus Schriften u. Vorschlägen zu ihrer weitern Verbreitung. gr. 8. (10½ B. u. 2 Kpfrt. 4.) Leipzig 833, Baumgärtner.

**Teichmann,** Friedrich, appr. Arzt a. Leobschütz i. Schl.: Die Hämaturie der Phthisiker. Leipzig (1906): A. Edelmann. (16 S.) 8°

Leipzig, Med. Fak., Ref. Curschmann, Diss. v. 30. Juli 1906

[Geb. 26. Febr. 82 Leobschütz; Wohnort: Charlottenburg; Staatsangeh.: Preußen; Vorbildung: Gymn. Leobschütz Reife O. 01; Studium: Freiburg i. B. 1, Breslau 1, Berlin 6, Freiburg i. B. 2 S.; Coll. 2. Aug. 06; Approb. 24. Juli 06.]

**Teichmann, Fr.** (Jh. Chr. Fr.). Ueber mehrere Kriegslasten in Beziehung auf die Betreibung der Landwirthschaft und einige Winke zur Erleichterung der Erstern und Begünstigung der Letztern. 8⁰. Leipzig, Engelmann, 1814.

—— **die Lehmzopfesse, ihre einfache Herstellung, Leichtigkeit, Wohlfeilheit, Haltbarkeit, Zweckmäßigkeit u. Feuersicherheit. 8. (5½ B.) Leipzig 839, Engelmann.** *

Teichmann, Friedrich, s. Mitteilungen aus d. Gebiete der Landwirthschaft.

—— die den Obstbäumen schädlichsten Raupenarten u. Mittel, ihren Verheerungen möglichst vorzubeugen. gr. 12. (2 B.) Leipzig 828, Engelmann.

Teichmann, Friedr. (Joh. Chr. Fr.), d. d. Obstbäumen schädlichsten Raupenarten u. Mittel, ihren Verheerungen möglichst vorzubeugen. gr. 12. Leipzig, 1829. Engelmann. - 5

Teichmann, F.: „Fünfundzwanzig Regeln für Dienende, nebst einem Anhang. Zum allgemeinen Besten", Leipzig 1821 (Gleditsch)

Vgl. Regeln, ...

— üb. Teichfischerei. Mit e. Vorrede v. Fr. Pohl. 8. Leipz. 812. Engelmann. 16 gr

— üb. Teichfischerei. 8. Ebend. 814.

—— die Teichfischerey. 8. (6½ B.) Leipzig 831, Baumgärtner.
Aus der „Allgem. Encyklopädie d. gesammt. Land- u. Hauswirthschaft, hrsg. v. Putsche" besond. abgedruckt.

**Teichmann,** Georg, prakt. Arzt: Aus d. chirurg. Klinik zu Breslau (Prof. Dr. v. Mikulicz-Radecki). Über Hallux varus. *Breslau 1902: Bresl. Genoss.-Buchdr.* (15 S.) 8° (Aus: Zeitschrift f. orthopäd. Chirurgie.

Breslau, Med. Diss. v. 19. März 1902

**Teichmann, Georgine,** wo willst du hin, was suchest du? Ein Wort an unsere weibl. Jugend. (16 S. m. Titelbild.) 8. Straßburg 903. Buchh. der ev. Gesellschaft n. — 25

**Teichmann,** G(ustavus) M(auritius): De strabismo per myotomiam sanando quaedam. Halae (1840): Ploetz. 25 S. 8⁰

Halle-Wittenberg, Med. Diss. v. 7. Nov. 1840

Geb. Pforta (Kr. Naumburg) 27. 9. 1817. V.

Komprimierte und verflüssigte Gase. Industr. Herstellung u. Eigenschaften der im Handel vorkommenden verdichteten Gase. Von Dr. H[ermann] **Teichmann.** Mit 38 Abb. Halle a. S.: W. Knapp 1908. (XII, 192 S.) 8°
= **Monographien** über chem.-techn. Fabrikationsmethoden. Bd 14.

TEICHMANN, HERMANN. Zur Kenntnis der Mono- und Dioxydiphenyle. (Bern) Stuttgart, 1894.

**Teichmann, H.** Zur Kenntnis der Mono- und Dioxydiphenyle. In-8⁰. 36 S. Bern. These. 1895.

Teichmann, Jo. Ernst (Bayreuth) **Altd. Thl. 15/29**

Analysis et vindiciae illustrium scripturae s. dictorum doctrinam de imagine dei et providentia continentium. Präs. Johann Wilhelm Baier. Altdorf (Kohles) 1. IV. 1716. S. 117 - 140.

Gew.: Kirchenbehörde von Brandenburg-Bayreuth. W. v.: Christoph Sonntag, Gustav Georg Zeltner, Präs. 34200

Teichmann, Jh. Geo., († 1816.) Urne, dem Andenken eines Vaters gewidmet. 8. Leipz. 795. Hilscher. 12 gr

Teichmann, Johann Valentin

**Teichmann,** J. V., zur Erinnerung an Carl August, Großherzog von Sachsen-Weimar. Ein Vortrag zur Feier seines 100jähr. Geburtsfestes in der Berlinischen Gesellschaft für Deutsche Sprache am 20. Aug. 1857 gehalten. Berlin 857. Decker. gr. 8. (30 S.) n. 10 ngr

**Teichmann,** Joh. Valent., zur Erinnerung an Schiller. Ein Vortrag zur Feier seines 100jährigen Geburtsfestes in der Berlinischen Gesellschaft für deutsche Sprache, am 20. Octbr. 1859 gehalten. Berlin 859. v. Decker. Lex.-8. (39 S.) n. 10 ngr

— literarischer Nachlaß herausg. von Frz. Dingelstedt. Stuttgart 863. Cotta. gr. 8. (XII, 466 S.) 2 ₰ 15 ngr

Teichmann, K., vgl. Teichmann, C.

Teichmann, K. Christentum im Leben. Vortrag, gehalten am 18. Febr. 1886 im Saale der polytechn. Gesellschaft zu Frankfurt a. M. gr. 8. (23 S.) Frankfurt a. M. 886, Neumann'sche Buchh. *

**Teichmann.** Die Fortbildung der kirchlichen Ordnungen in der evangelisch-lutherischen Gemeinde zu Frankfurt am Main. Zeitgemäße Vorschläge u. Wünsche. gr. 8. (17 S.) Frankf. a. M. 891, Alfr. Neumann. * — 30

— Konfirmandenbüchlein f. die Jugend evangelischer Gemeinden. 8. (III, 68 S.) Frankfurt a/M. 886. Diesterweg. cart. n. — 60

**Teichmann, C.,** Konfirmandenbüchlein f. d. Jugend evang. Gemeinden. 2., verb. Aufl. gr. 8. (III, 68 S.) Frankfurt a/M. 892. M. Diesterweg. Kart. n. — 60

**Teichmann, K.,** Konfirmandenbüchlein f. die Jugend evang. Gemeinden. 3. verb. Aufl. (IV, 73 S.) 8. Frankfurt a/M. 904. M. Diesterweg. Kart. n.n. — 50

— Lehrbuch der christlichen Religion. Für evangel. Lehrer- u. Lehrerinnen-Seminare, auch f. die Primen v. Gymnasien u. Realgymnasien u. zum Privatstudium. Mit e. (chromolith.) Welt-Missionskarte. gr. 8. (IV, 285 S.) Frankfurt a/M. 884. Rommel. n. 3. 60

— Neuordnung d. evang. Kirchenwesens in Frankfurt a. M. Zum Verständn. d. gegenwärtig stattfind. Verhandlgn. üb. e. neue kirchl. Ordng. u. e. neuen synodalen Zusammenschluß d. ges. evang. Kirchenwesens in Frankfurt a. M. u. Umgebg. gr. 8. (45 S.) Frankfurt a/M. 897. Kesselring n. 1. —

Teichmann, K., und H. Gross, vierstellige mathematische Tafeln. 8. (10 S.) Stuttgart 875, Lindemann. *

Teichmann, K., und H. Gross, vierstellige mathematische Tafeln. 8. Stuttgart 875, Wittwer's Verlag. *

Teichmann, K. und H. Gross, vierstellige mathematische Tafeln. 2. verm. Aufl. 8. (20 S.) Stuttgart 886, Wittwer's Verlag. *

**Teichmann,** K., u. H. Gross, vierstellige mathematische Tafeln. 3. unveränd. Aufl. (19 S.) 8. Stuttgart 906. K. Wittwer. n. — 60

**Teichmann,** C., Zeitpredigten zur Würdigung der Aufgaben d. Christenthums in der Gegenwart. 8. (VI, 178 S.) Frankfurt a/M. 872. Heyder & Zimmer. n. 2. 40

— s.: Zeitschrift f. praktische Theologie.

Teichmann, Kurt: Zur Localisation des Echinococcus im menschlichen Körper. Halle a. S. 1898: C. A. Kaemmerer & C. (51 S.) 8°
Halle, Med. Diss. v. 15. Juli 1898

**Teichmann,** L., der Schorschl u. seine Streiche. 25 heitere u. ernste Erzählgn. f. die Jugend. Illustriert v. Gg. Mühlberg. 8. (III, 146 S.) Nürnberg 903. F. Korn. Geb. in Leinw. n. 1. 20

Teichmann, L., der Schorschl u. seine Streiche. 25 heitere u. ernste Erzählgn. f. die Jugend. Illustriert v. Gg. Mühlberg. 2. Aufl. (3. u. 4. Tauf.) (VI, 149 S.) 8. Nürnberg 909. F. Korn. Geb. in Leinw. 1. 60

**Teichmann,** Lisbeth, Erlauschtes u. Erlebtes. (136 S.) 8. Leipzig 906. Modernes Verlagsbureau. n. 1. 80

Teichmann, Ludwig

Teichmann, L., Zur Lehre von den Ganglien. Inaugural-Dissertation. gr. 8. (28 S. mit 1 Kpfrt.) Göttingen 856, (Vandenhoeck und Ruprecht's Vrlgsh.) **

**Teichmann,** Ludw., das Saugadersystem vom anatomischen Standpunkte bearb. Mit 18 Kpfrtaf. Leipzig 861. Engelmann. gr. 4. (XII, 124 S.) n. 8 ₰

**Teichmann,** M., Marienberg, s.: Grohmann, Max, das Obererzgebirge.

**Teichmann,** Max: Mikroskopische Beiträge zur Lehre von der Fettresorption. '(Aus d. physiolog. Institut d. Univ. Breslau.)'... Breslau: Druck v. L. Freund 1891. 3 Bl., 43 S. 8°
Breslau, Med. Fak., Inaug.-Diss. v. 22. Dez. 1891

Das Blauengebiet mit besond. Berücks. von Müllheim, Badenweiler, Kandern. Bearb. von Otto **Teichmann**. Müllheim i. B.: Markgräfler Nachr. [um 1908]. 128 S. 8°
(Teichmann: Das Badner Land. [H. 4.]) A 12. 13092

**Teichmann,** Otto, das Elztal in Wort u. Bild. (48 S.) gr. 8. Emmendingen 904. (Druck- u. Verlags-Gesellschaft vorm. Dölter.) n. — 25

Das Elztal in Wort und Bild. Bearb. von Otto **Teichmann**. 2. Aufl. Emmendingen: Dr.- u. Verl.-Gesellsch. 1905. 50 S. 8°
(Teichmann: Das Badner Land. [H. 1.]) A 12. 13989

— Das Höllental u. Umgebung. 1. Allgemeines u. Geschichtliches üb. das Höllental. 2. Durch das Höllental. (Das Badner Land in Wort u. Bild.) (134 S. m. 60 Abbildgn.) gr. 8. Ebd. 907. — 50

Der Kaiserstuhl in Wort und Bild. Bearb. von Otto **Teichmann**. Emmendingen: Dr.- u. Verl.-Gesellsch. 1000. 58, 30 S. 8°
(Teichmann: Das Badner Land. [H. 2.]) A 12. 13990

[Das Badner Land in Wort und Bild.] Bearb. von Otto **Teichmann**. [H. 1.] Emmendingen: Dr.- u. Verl.-Gesellsch. 1905. 8° A 12. 13948

**Teichmann,** Otto, das Badner Land in Wort u. Bild. 5. Heft. gr. 8. Emmendingen 910. Druck- & Verlags-Gesellschaft vorm. Dölter. — 50
Das Gebiet des Hünersedels m. besond. Berücksicht. v. Emmendingen, Ettenheim, Herbolzheim, Kenzingen u. Lahr. 1. Allgemeines. 2. Rund um den Hünersedel. (80 S. m. Abbildgn.)

**Teichmann,** Paul, d. Buch d. göttl. Weisheit. 4. Augsburg, Wolf. 703.

**Teichmann, R., die Berechtigung der Vernichtung des kindlichen Lebens mit Rücksicht auf Geisteskrankheit der Mutter, s.: Krauss, Rhold.**

**Teichmann,** Richard: Die beiden hervorragendsten Gestaltungen der Oedipus Sage im klassischen Drama der Franzosen. Grünberg i. Schl., Löbner & C., 1894; 23 S. 4.
Grünberg i. Schl., Friedrich-Wilhelms-RG u. VS, OP 1894 (215)

**Teichmann,** Wilh., unsere elsässischen Volkslieder. Vortrag, im historisch-literar. Zweigverein des Vogesen-Club geh. am 8. XI. 1903. (32 S.) gr. 8. Strassburg 904. (J. H. E. Heitz.) — 60
Sonderabdruck aus: „Jahrb. f. Gesch., Sprache u. Lit. Elsass-Lothringens".

**Teichmann,** Wilhelm: Johannes Zschorn von Westhofen. Ein Beitrag zur elsässischen Literaturgeschichte des sechzehnten Jahrhunderts. Straßburg 1905: J. H. E. Heitz. (113 S.) 8°
Straßburg, Phil. Fak., Ref. Martin, Bresslau, Diss v. 29. Apr. 1905
[Geb. 30. Marz 65 Groß-Glogau i. Schl.; Wohnort: Jena; Staatsangeh.: Preußen; Vorbildung: Gymn. Buchsweiler Reife S. 83; Studium: Straßburg 10 S.; Rig. 25. Apr. 05.]

**Teichmann,** Wilh., Johannes Zschorn v. Westhofen. Ein Beitrag zur elsässischen Literaturgeschichte des 16. Jahrh. (III, 92 S. u. S. 93—113 in Autogr. m. 1 Taf.) gr. 8. Strassburg 905. J. H. E. Heitz. n. 2. 50

Teichmann-Logischen, A von, s. Teichmann, A. von

Teichmeier, Hermann Friedrich, s. Teichmeyer, Hermann Friedrich.

Teichmeyer, August Heinrich [Praes.], s. Lange, Chr. Gottfr.: De variis nutritionis causis atque modis.

Teichmeyer, August Heinrich Ludwig (Jena)
A.S. 1118/23 a

Dissertatio inauguralis medica sistens pleuritidem veram. Präs. Karl Friedrich Kaltschmied.
Jena (Tennemann) 12. X. 1752. 16 S.

W. v.: Präs., Johann Adam Reichart, G. F. Stuss (Opp.), C. F. Jampert (Opp.), J. B. H. Kellner (Opp.), Johann Jakob Rudloff, C. Creuzenach, Christian Friedrich Güpner, I. C. Beiniz, Hermann Friedrich Heineken. 34201

Teichmeyer, H. L.: De n e r v i s opticis in cadavere latis inventis ..., s. K a l t s c h m i e d , Karl Friedrich (Präs.)

Teichmeyer, Hermann [Praes.], s. T a n n e n b e r g e r , Johann Christoph: De elatere sanguinis.

Teichmeyer, Hermann Friedrich

**Medicinisch und chemische Abhandlung vom seignettischen Saltze . . . ins deutsche übersetzt . . . von Gottfried Heinrich Burghart. Breslau und Leipzig, 1749. 8vo.**

**Hermann Friedrich Teichmeyers [Teichmeyer: Institutiones medicinae legalis vel forensis. Deutsch:] Anweisung zur gerichtlichen Arzneygelahrheit worinnen die vornehmsten Materien so theils im bürgerlichen Leben vorfallen... abgehandelt werden. Nürnberg: Stein & Rasp 1752. 240 S. 8°**

Teichmeier, Herm. Fr., († ...) Anweis. zur gerichtl. Arzneygelahrtheit. 4. Nürnb. 769. Bauer u. R. 12 gl.

**Teichmeyer**, H. Fr., resp. Imman. **Eggert,** Diss. de apoplexia. 30 pp. Jen. 4°. 1728

**Teichmeyer,** H. Fr., resp. H. **Berlage,** De asthmate sanguineo. 30 pp. Jen. 4°. 1710

—, resp. Ch. de **Winterbach,** De cerebro, cogitationum instrumento. 3 l. Jen. 4°. 1729

Teichmeyer, Hermann Friedrich (Hann.-Münden)
A.S. 1163/13

Dissertatio inauguralis medica de cubebis.
Präs. Georg Wolffgang Wedel.
Jena (Krebs) VI. 1705. 40 S.

W. v.: Präs. 34202

Hermanni Friderici Teichmeyeri [Teichmeyer] Elementa anthropologiae, sive Theoria corporis humani, in qua omnium partium actiones, ex recentissimis inventis anatomicis, et rationibus tum physicis, tum chimicis... declarantur... cum...ind. Ienae: Bielckius 1719. 280 S. 8°

**Teichmeyer H. F.:** Elementa anthropologiae sive theoria corporis humani, in qva omnium partium actiones ... declarantur ... Ed. 2. auctior et emendatior. Ienae 1738. 286 S. 1 Tvl.

Teichmeier, Herm. Fr., elementa anthropologiae, sive theoria corporis humani, c. fig. 4. Ienae, Cröcker. 739.

— elementa philosophiae naturalis et experimentalis, c. fig. 4. Ienae, Bielke. 724.

— Erläuter. e. Werke d. Basilius Valentinus; aus d. Latein. v. G. F. Chr. Fuchs. 8. Jena 788. Cuno. 8 gl.

**Herm[annus] Frider[icus] Teichmeyerus [Teichmeyer] De Gangraena et sphacelo. [Resp.:] Christophorus Kene. Ienae (1743:) Ritter. 32 S. 8°**
**Jena, Med. Diss. v. 21. Sept. 1743**

Teichmeyer, Hermann Friedrich [Praes.], s. G r a f , Joh. Mich.: De hepatitide.

Teichmeyer, Hermann Friedrich [Praes.], s. H a l l e r , Johann Gottlob: De morsu canis non rabidi pernicioso.

**Teichmeyer,** H. F., resp. D. **Dextoris,** Diss. de incubo. 26 pp. Jen. 4°. 1740

**Hermanni Friderici Teichmeyeri [Teichmeyer] Institutiones chemiae dogmaticae et experimentalis in quibus chemicorum principia instrumenta, operationes et producta... traduntur... Jenae: Bielck 1729. 280 S. 8°**

— institutiones chemiae dogmaticae et experimentalis, cum fig. 4. Jena 752. Cröker. 16 gl.

Herm[anni] Frider[ici] Teichmeyeri [Teichmeyer] Institutiones chemiae dogmaticae et experimentalis in quibus chemicorum principia, instrumenta, operationes et producta... traduntur... 2.ed., em. Jenae: Schulz 1752. 280 S. 8°

**Hermanni Friderici Teichmeyeri [Teichmeyer] Institutiones materiae medicae sive Introitus apertus ad materiam medicam et methodum medendi in usum auditorum conscriptae. Acc. Pauli Hermanni [Hermann, 1646-1695] Lapis materiae medicae Lydius. A Christ[iane] Ludov[ico] Welschio [Welsch] antea ed. Ienae: Melchior 1737. 234,20 S. 8°**

— institutiones materiae medicae, sive introitus apertus ad materiam medicam et methodum medendi acced. P. Hermann. Lapis materia medica ludius a C. L. Welschio antea editus. 4. Ienae, Melchior. (Gabler.) 737.

TEICHMEYER, H. F.: Institt. medicinae legalis vel forensis. *Jen.* 722. u. öfter; deutsch, *Nürnb.* 752—769.

Hermanni Friderici Teichmeyeri [Teichmeyer] Institutiones medicinae legalis vel forensis in quibus praecipuae materiae civiles, criminales et consistoriales, secundum principia medicorum decidendae, ex recentissimis atque optimis eorum hypothesibus erutae, traduntur...cum ind. Ienae: Bielckius 1723. 256 S. 8°

**Herm[anni] Friderici Teichmeyeri [Teichmeyer], Institutiones medicinae legalis, vel forensis, in quibus praecipuae materiae civilis, criminales et consistoriales,... traduntur,... cum ind. Ed. 2., priori multo em. Jenae: Bielckius 1731. 256, 272 S. 8°**
**[Zwischent.:] (Teichmeyer:) Dissertationes et tractatus autoris ad medicinam forensem spectantes.**

**Herm[anni] Friderici Teichmeyeri [Teichmeyer] Institutiones medicinae legalis vel forensis, in quibus praecipuae materiae civiles, criminales et consistoriales,... traduntur,... cum ind. 4. Ed., priori multo em. Ienae: Schulz 1751. 256 S. 8°**

**Teichmeyer,** Herm. Fr., Institutiones medicinae legalis vel forensis, in quibus praecipuae materiae civiles, criminales et consistoriales, secundum principia medicorum decidendae, ex recentissimis atque optimis forum hypothesibus ervtae traduntur, in vsum auditorii sui cum indicibus editio quinta revisa, emendata atque aucta a Jo. Fr. *Faselio.* 262 pp. Jen. 1762. 4°.

Teichmeyer, Herm(ann) Friedric(h): Institutiones medicinae legalis vel forensis, in quibus praecipuae materiae civiles, criminales et consistoriales, secundum principia medicorum decidendae, ex recentissimis atque optimis eorum hypothesibus erutae traduntur, in usum auditorii sui... Editio quinta revisa, emendata et multis additamentis aucta a Johann Friedrich Fasel. 290 S., gbd.

Ienae: Croeker 1767

— institutiones medicinae pathologicae et practicae. 4. Ienae, Melchior. (Gahler.) 741.

Teichmeyer H. F.: Institutiones medicinae pathologicae et practicae ... Ienae 1741. 448 S.

Teichmeyer, H. Fr., Institutiones philosophiae naturalis experimentalis Jen. 4°.
1712

—, resp. A. Schlung, De lympha cerebri I. 3 l. Jen. 4°. 1728

Herm[annus] Frider[icus] Teichmeyerus [Teichmeyer] De Melancholia attonita raro litteratorum affectu. [Resp.:] Joh[annes] Iacobus Mullerus [Mueller, 1741]. Ienae (1741:) Ritter. 28 S. 8°

Jena, Med. Diss. v. Okt. 1741

Hermannus Frider[icus] Teichmeyerus [Teichmeyer]: De Morbo Hungarico sive febre castrensi. [Resp.:] Ioannes Sigismundus Kreysel. Ienae (1741:) Schill. 48 S. 8°

Jena, Med. Diss. v. 19. Juni 1741

Teichmeyer, H. Fr., resp. J. G. Haller, Diss. de morsu canis non rabidi pernicioso. 24 pp. Jen. 4°. 1736

Herm. Frid. Teichmeyer de rhythmis Basilii Valentini. Jen. 1733—34. 4. (Cfr. Schmieder Geschichte der Alchemie pag. 197—209.)

Herm[annus] Frider[icus] Teichmeyerus [Teichmeyer]: De calculi, vesicae exulceratae adhaerentis, Sectione et curatione felici. [Resp.:] Paulus Philippus Scheler. ([Jena] 1739.) 24 S. 8°

Jena, Med. Diss. v. 9. Mai 1739

Teichmeyer, H. Fr., resp. G. Höfer, De septo pellucido, animae domicilio. 3 l. Jen. 4°. 1729

Teichmeyer, H. F., resp. Scherff, Diss. de spasmo ventricu.. Jen. 4°. 1743

—, resp. H. Gieseler, De musculosa durae matris substantia. 8 pp. Jen. 4°. 1729

Teichmeyer, Hermann Friedrich [Praes.], s. Tolckemit, Sigismund: De antlia pneumatica.

—, resp. J. Eggert, De magna cerebri valvula l. 3 l. Jen. 4°. 1728

Herm[annus] Frider[icus] Teichmeyerus [Teichmeyer] De Vomitu gravidarum primis plerumque gestationis mensibus fiente. [Resp.:] Gottlob Ambros[ius] Christ[ophorus] Schelhasius. Ienae (1788:) Ritter. 42 [viellm. 24] S. 8°

Jena, Med. Diss. v. 29. März 1788

Teichmeyer, Hermann Friedrich [Praes.], s. Wittenburg, Nikolaus Wilhelm: De atrophia infantum rhachitica.

Teichmeyer, J., Blumen- u. Pflanzenlabyrinth, od. Erfind., auf e. beschränkten Platz e. immerblühenden Blumengarten anzulegen etc. 8. Leipz. 805. Joachim. 12 gr

Teichmeyer, J., Blumen- u. Pflanzenlabyrinth. Eine Erfind. auf e. sehr beschränkten Platz e. immerblühenden etc. Blumengarten, e. Pflanzenuhr u. e. Blumenbarometer anzulegen. 8. Leipzig. 1805. (1813) (Melzer.) — 15

Teichmüller, Bernhard: Die Bestechung nach dem Strafgesetzbuche für das deutsche Reich .... Berlin, Druck v. Julius Feiertag. 1887; 61 S. 8°
Göttingen, Jur. Fak., Inaug.-Diss. v. 17. Okt. 1887

Teichmüller, Bernh., die Bestechung nach dem Strafgesetzbuche für das deutsche Reich. Inaugural-Abhandlung. gr. 8. (64 S.) Berlin 887. (Göttingen, Vandenhoeck und Ruprecht's Verlag.) *

Pyrmont mit seinen Umgebungen. Gezeichnet und gestochen von C. Teichmüller u. W. Wagner. Gedruckt von Heyne. Verlag der Gebrüder Rocca in Göttingen. 1:10,000. 1 Bl.

Teichmüller, E., Abschiedspredigt üb. 2. Petri 1, Vers 19, geh. in der Schloß- u. Stadtkirche zu St. Marien in Dessau, am 16. Sonntag nach Trinitatis, 22. IX. 1901. gr. 8. (8 S.) Dessau (901). A. Haarth. n. — 30

Teichmüller, E., Ueber die Bedürfnisse des Arbeiterstandes und ihre Abhilfe. Ein freundl. Wort an die Arbeiter und auch an die Arbeitgeber. 8°. Bernburg (Schilling) 1870. (20 S.)

Teichmüller, E., Bilder aus den Kämpfen u. Opfern der schottischen Kirche. Ein Vortrag. (20 S.) gr. 8. Dessau 903. (A. Haarth.) n. — 30

Teichmüller, E., der Einfluß des Christenthums auf die Sklaverei im griechisch-römischen Alterthum. Ein Vortrag. gr. 8. (27 S.) Dessau 894. P. Baumann. n. — 60

Teichmüller, E., es ist ein köstlich Ding geduldig sein u. auf die Hülfe des Herrn hoffen. Predigt, in der Kapelle der Wartburg zur Eröffnung der deutschen evangelischen Kirchenconferenz in Eisenach am 27. Mai 1880 geh. gr. 8. (13 S.) Halle 880. Fricke's Verl. — 30

— Konfirmation der Prinzessin Antoinette Anna v. Anhalt in der Kirche zu Wörlitz am Freitag, den 23. V. 1902. gr. 8. (9 S.) Ebd. (902). — 30

— die evangelische Landeskirche im Herzogt. Anhalt während des letzten halben Jahrhunderts. (59 S.) gr. 8. Dessau 905. C. Dünnhaupt. n. 1. 50

Teichmüller, E., Luther als Reformator der Kirche, s.: Vorträge, öffentliche, zur Feier d. 400jähr. Geburtstages D. Martin Luthers geh.

— Phrasen oder Realitäten? Erwiderung auf die Veröffentlichung des von dem Lehrer Meißner auf der 4. Anhaltischen Lehrerversammlung gehaltenen Vortrags: Was uns fehlt? Ebend. 869. gr. 8. (16 S.) n. $2\frac{1}{2}$ ngr

Teichmüller, E., Predigt bei dem Eröffnungs-Gottesdienste der außerordentlichen Landessynode am Mittwoch nach dem Reformationsfeste, 8. Novbr. 1876, in der Schloß- u. Stadtkirche zu St. Marien in Dessau geh. gr. 8. (14 S.) Dessau 876. Heine. n. — 30

**Teichmüller, E.**, Predigt bei dem Trauergottesdienste zum Gedächtnis weil. Sr. Maj. des Kaisers Wilhelm, am 16. März 1888 in der Schloß- u. Stadtkirche zu St. Marien in Dessau geh. gr. 8. (15 S.) Dessau 888. Baumann. n. — 20

— **2 Predigten zum Sedan-Tage.** gr. 8. (28 S.) Ebend. 873. n. — 60

— **Traurede** bei der Vermählung Sr. Königl. Hoh. d. Durchlauchtigsten Erbgroßherzogs Adolf Friedrich von Mecklenburg-Strelitz mit Ihrer Hoh. der Durchlauchtigsten Prinzessin Elisabeth von Anhalt im herzoglichen Schlosse zu Dessau am 17. April 1877, u. Predigt im Gottesdienste zum Kirchgange des neuvermählten Hohen Paares in der Schloß- u. Stadtkirche zu St. Marien in Dessau am 18. April 1877. geh. gr. 8. (16 S.) Dessau 877. (Heine.) n. — 30

Religiöses Wissen. Vorurteile dagegen u. ihre Ursachen. Von D. theol. E. **Teichmüller.** Stuttgart: M. Kielmann 1906. (52 S.) 8° [F.]
= **Christentum** u. Zeitgeist. Ser. 1. H. 10. [08. 16233 II

Teichmüller, F[erdinand]: Ambire, -tio, -tiosus, -tiose, -tus betrachtet von F. T. (Umschlagtitel: Ambire, . . . -tiosus, -tus). S. 5 -28. 4.
**Progr.** Kgl. Gymn. *Wittstock* 1901 (95).

**Teichmüller, F., Ambire, — tio, — tiosus, — tiose, — tus.** Progr. 4. (S. 5—28.) Wittstock 901. (Leipzig, Buchh. G. Fock.) n. 1. 20

**Teichmüller, F., die Aufgabe der ästhetischen Würdigung der Horazischen Gedichte.** 4. (21 S.) Wittstock 874. Berlin, Calvary & Co. n. 1. 20

[F.] **Teichmüller,** *Ferdinand* [Prof. Dr.]: Direktor Professor Dr. *Richard* Grosser †. Nekrolog. *Wittstock, Druck v. O. Wessoly, 1895;* 18—20 S. 4.
Wittstock, k. G, OP 1895 (90)

[Ant. u. F.] **Teichmüller,** Ferdinand [Prof. Dr.]: Grundbegriff und Gebrauch von auctor und auctoritas. 1. Tl. Auctor. Wittstock, Druck v. O. Wessoly, 1897; 3—28 S., 1 kl. Bl. 4.
Wittstock, k. G, P 1897 (89)

**Teichmüller,** Ferdinand: **Grundbegriff** und Gebrauch von auctor und auctoritas. II. T. Auctoritas. *Wittstock 1898: O. Wessoly.* (1—36 S.) 4° ¶ [Fortsetzung d. P-Beilage 1897.]
Wittstock, k. G, P 1898 (90)

— **Grundbegriff u. Gebrauch v. auctor u. auctoritas.** 2 Tle. Progr. 4. (Lpz.: G.Fock) à n. 1. 20
1. Auctor. (28 S.) (898.) — 2. Auctoritas. (36 S.) (899.)

**Teichmüller, F., das Nichthorazische im Horaztext.** 1. Stück: Das Nichthorazische in den Epoden. (91 S.) gr. 8. Leipzig 908. Verlag f. Literatur, Kunst u. Musik. 3.—; geb. n 4.—

**Teichmüller, Ferd., Quaestiones Horatianae.** 4. (16 S.) Gnesen 865. (Berlin, Calvary und Comp.) *

— **Stertinius.** Versuch e. Sichtg. v. Horaz' Sat. II. 3. Nebst Corollarium. gr. 8. (III, 103 S.) Berlin 872. Weber. n. 2. —

**Teichmüller, G., Bauordnung f. das Herzogt. Anhalt nebst der Ausführungsordnung.** Nach der Fassung der Gesetze Nr. 1226 vom 19. VI. 1905 u. Nr. 1240 u. 1241 vom 21. V. 1906. Mit Erläutergn. 2. durchgeseh. Aufl. (VIII, 176 S.) kl. 8. Dessau (906). C. Dünnhaupt. Geb. in Leinw. n. 2. 50

**Teichmüller, G., Bauordnung f. das Herzogt. Anhalt nebst der Ausführungsverordnung.** Nach der Fassg. d. Gesetze Nr. 1226 vom 19. VI. 1905 u. Nr. 1240 u. 1241 vom 21. V. 1906. Mit Erläutergn. u. ausführl. Sachregister. 3., neu durchgeseh. Aufl. (VII, 176 S.) kl. 8. Dessau 908. Hofbuchdr. C. Dünnhaupt. Geb. in Leinw. 2. 50

Teichmüller, Gustav

**Teichmüller,** Gust., **Darwinismus** u. Philosophie. gr. 4. (VII, 89 S.) Dorpat 877. (Leipzig, K. F. Köhler.) n. 3. —

**Teichmüller,** G., die Einheit der Aristotelischen Eudämonie. (Aus den Mélanges gréco-romains.) St. Petersburg 859. (Berlin, Weber & Co.) gr. 8. (80 S.) n. 10 *ngr.*

— die Aristotelische Eintheilung der Verfassungsformen. (Abdr. aus dem Programm der St. Annenschule in St. Petersburg.) Ebend. 859. gr. 8. (30 S.) n. 6 *ngr.*

— **literarische Fehden** im vierten Jahrhundert vor Chr. [Chronologie der Platon. Dialoge der ersten Periode. Plato antwortet in den „Gesetzen" auf die Angriffe des Aristoteles. Der Panathenaikus d. Isokrates.] gr. 8. (XVI, 310 S.) Breslau 881. Koebner. n. 8. —

**Teichmüller,** Gust., literarische Fehden im 4. Jahrh. v. Chr. 2. Bd. Zu Platon's Schriften, Leben u. Lehre. Die Dialoge d. Simon. gr. 8. (XXVI, 390 S.) Breslau 884. Koebner. n. 10. — (1. u. 2.: n. 18. —)

**Teichmüller, Gust., Aristotelische Forschungen.** I. A. u. d. T.: **Beiträge zur Erklärung der Poëtik des Aristoteles.** gr. 8. (XV und 280 S.) Halle 867, Barthel. *

**Teichmüller,** Gust., Aristotelische Forschungen. I. u. II. Halle 868. Barthel. gr. 8. n. 4 *Thlr* 25 *ngr.*
I. Beiträge zur Erklärung der Poetik des Aristoteles. (XV, 280 S.) n. 1 *Thlr* 25 *ngr.*
II. Aristoteles' Philosophie der Kunst erklärt. (XVI, 464 S.) n. 3 *Thlr*

**Teichmüller, Gust., Aristotelische Forschungen. II. und III.** gr. 8. Halle, Barthel. *
Inhalt:
II. Aristoteles' Philosophie der Kunst erklärt. (XVI, 464 S.) 869. *M. 9.
III. Geschichte des Begriffs der Parusie. (XVI, 163 S.) 873. *M. 3,60.
I. Ebendas. 1867. *M. 5,50.

**Teichmüller,** Gust., die platonische Frage. Eine Streitschrift gegen Zeller. gr. 8. (XVI, 127 S.) Gotha 870. F. A. Perthes. n. 3. —

**Teichmüller, Gustav: Über die Frauenemancipation. — Dorpat: Mattiesen 1877. VIII, 95 S. 8°**

**Teichmüller,** Gust., über die **Frauenemancipation.** 8. (VIII, 95 S.) Dorpat 877. (Leipzig, K. F. Köhler.) n. 2. —

**Teichmüller,** G., neue Grundlegung der Psychologie u. Logik. Hrsg. v. J. Ohse. gr. 8. (XII, 348 S.) Breslau 889. Koebner. n. 8. 40

**T[eichmüller,** Gustavus]: • Aristotelis Nicomachea ab hodiernorum philosophorum reprehensionibus defenduntur. 82 S. 2° ·
Halle-Wittenberg, Phil. Diss. v. 28. Juli 1856
Geb. Braunschweig 19. 11. 1832. V.
Vom Verf. ersch. deutsch: Die aristotelische Eintheilung der Verfassungsformen. Petersburg (Berlin: Weber in Komm.) 1859. 30 S. 8° Aus: Petersburg, Annenschule, Progr.

— Pädagogisches. Zur Revision des Lehrplans unserer Gymnasien. gr. 8. (IV, 58 S.) Ebend. 881. n. 1. 50

— über die Reihenfolge der Platonischen Dialoge. gr. 8. (23 S.) Ebend. 879. n. — 60

— Religionsphilosophie. gr. 8. (XLVI, 558 S.) Ebend. 886. n. 14. —

Teichmüller, G., Studien zur Geschichte der Begriffe. gr. 8. Berlin 874. Frankfurt a. M., Baer und Comp. (* ℳ 14.) * 8 —

— Studien zur Geschichte der Begriffe. gr. 8. (IX, 667 S.) Berlin 874. Weidmann. n. 14. —

— neue Studien zur Geschichte der Begriffe. 3 Bde. gr. 8. Gotha, F. A. Perthes. *

Inhalt:
Bd. 1. Herakleitos. (XVI, 269 S.) 876. * ℳ 6.
» 2. Pseudohippokrates de diaeta. — Herakleitos als Theolog. — Aphorismen. (XIV, 298 S.) 878. * ℳ 6.
» 3. Die praktische Vernunft bei Aristoteles. (XVII, 453 S.) 879. * ℳ 9.

— über die Unsterblichkeit der Seele. gr. 8. (XII, 206 S.) Leipzig 874. Duncker & Humblot. n. 3. —

— über die Unsterblichkeit der Seele. 2. Aufl. gr. 8. (XVI, 244 S.) Leipzig 879. Duncker & Humblot. n. 4. 40

— die wirkliche u. die scheinbare Welt. Neue Grundlegung der Metaphysik. gr. 8. (XXXVI, 357 S.) Breslau 882. Koebner. n. 9. —

— über das Wesen der Liebe. gr. 8. (IX, 267 S.) Leipzig 879. Duncker & Humblot. n. 4. 80

Teichmüller, Joachim

Teichmüller, J., graphische Darstellungen u. Aufgaben aus der Theorie der Wechselströme. (30 Taf.) Lex.-8. Karlsruhe 908. (W. Jahraus.) In Mappe n. 2. 20

Die Erwärmung der elektrischen Leitungen. Von Prof. Dr. J[oachim] Teichmüller. Mit 52 Abb. Stuttgart: F. Enke 1905. (270 S.) 8° = Sammlung Elektrotechn. Vorträge. Bd 7, H. 1-7.

Teichmüller, J., die Erwärmung der elektrischen Leitungen. (XII, 272 S. m. Abbildgn.) Lex.-8. Stuttgart 905. F. Enke. n. 8. 40; geb. n. 9. 40
Sonderabdruck aus: „Sammlg. elektrotechn. Vorträge".

Teichmüller, J[oachim], Ing. Dr.: Die elektrischen Gleichstromleitungen mit Rücksicht auf ihre Elastizität. In Form eines Lehrbuches dargest. 1898. 245 S. 8° ¶ Vollst. u. d. T.: Die elektrischen Leitungen. T. 1. Stuttgart: Enke 1899.
Karlsruhe Te. H., Hab.-Schr. v. 28. 12. 1898

Teichmüller, J., Lehrgang der Schaltungsschemata elektrischer Starkstrom-Anlagen. Unter Mitwirkg. v. W. Fels hrsg. I. u. II. Bd. 33,5×22,5 cm. München, R. Oldenbourg. Geb. in Leinw. 22. —
I. Schaltungsschemata f. Gleichstromanlagen. (VII, 103 S. m. 25 lith. Taf.) 909. Geb. 10. —
II. Schaltungsschemata f. Wechselstromanlagen. (VIII, 102 S. m. 28 lith. Taf.) 911. Geb. 12. —

Teichmüller, J., die elektrischen Leitungen. E. Lehrbuch f. Studierende. (In 2 Tln.) 1. Tl. Wirkungsweise u. Berechng. d. elektr. Gleichstromleitgn. gr. 8. (XII, 314 S. m. 138 Abb.) Stuttgart 899. F. Enke. n. 10. —

Teichmüller, J., Sammlung v. Aufgaben zur Uebung im Entwerfen u. Berechnen elektrischer Leitungen. 2. Aufl. Fol. (34 Taf. m. 84 Bl. Text.) Leipzig 902, S. Hirzel. In Mappe n. 9. —

Teichmüller, Joachim: Theorie und Anwendung des Phasometers. *Berlin: J. Springer. München: R. Oldenbourg 1897.* (36 S.) 4° ¶ (Aus: Elektrotechnische Zeitschrift, 1897.)
Freiburg i. B., Phil. Diss. v. 1897

Teichmüller, W., Geschichte des herzoglich braunschweigischen Leibbataillons und seines Stammes, der Infanterie des Corps, mit welchem der höchstsel. Herzog Friedrich Wilhelm im Jahre 1809 den ruhmvollen Zug durch Deutschland ausführte. Braunschweig 858. Schwetschke. gr. 8. (X, 166 S.) 12 ngr.

Teichmüller, Wilhelm [app. Arzt]: Drei Fälle von Aneurysmen . . . Jena, Univ.-Buchdr. G. Neuenhahn, 1895; 58 S. 8.
Jena, Med. Fak., Inaug.-Diss. v. [7. Apr.] 1895

Teichner, Herbert: Über 1,2-Naphtochinon und Derivate desselben. 1906. 48 S. 8° ¶ Vgl. Berichte d. Deutschen Chem. Gesellschaft. Jg. 38. 1905.
München, Dr.-Ing.-Diss. v. 2. 5. 1906

Teichner Salomon: Das Raumproblem vom Standpunkte der Diskontinuität der Materie, dargestellt nach Gassendi, Lotze und Fechner.
H. 1892 PN 723 Diss. Wien, Univ.

Sr. Königl. Majestät in Preussen, und Churfürstl. Durchl. zu Brandenburg, etc. Teich- und Ufer-Ordnung in der Lebusischen Niederung an der Oder. [Dat.:] 23. Juni 1717. Berlin (1717).

Königliche Preußische Teich- und Ufer- auch Graben- und Wege-Ordnung in dem, auf beyden Seiten der Oder, zwischen Zellin und Oderberg belegenen . . . Nieder-Bruch. [Dat.:] Berlin d. 23. Jan. 1769. fol

Sorcker-Koegs [jetzt Sorgkoog] Teich-Ordnung (Gottorff, den 28. Martii Anno 1702). o. O. u. J. 4°

Teichverlegungsfrage. Zur Kleinbasler T'. Sammlung der Aktenstücke der Kleinbasler Teichkorporation von 1899—1904 veröffentlicht ([durch den] Wassermeister Aug[ust] Vuilleumier): zur Aufklärung des Standpunktes der Korporation, und zur Beleuchtung der Unterhandlungen mit dem Baudepartement; nebst einer Enquête über die sanitarischen Verhältnisse am Kleinbasler Teich vom Sommer 1903. [Mit 1 Tabelle.] IV + 123 + 15 S. 8. Basel, Franz Wittmer, 1904.

Teichverlegungsfrage. Die Kleinbasler T' vor dem Grossen Rat am 13. Juli 1905. Stenogramm der Verhandlungen. 67 S. 8. Basel, Franz Wittmer, 1905.

Teicke, Alfred: Reichssteuerbestrebungen unter Karl V. (bis zum Sturze des zweiten Nürnberger Reichsregiments). Leipzig 1910: Hoffmann. 131 S. 8°
Leipzig, Phil. Diss. v. 26. Juli 1910, Ref. Brandenburg, Seeliger

Teicke, Paul

Teicke, P., s. a. Betriebsverhältnisse der deutschen Landwirtschaft.

**Teicke, P., W. Ebersbach, E. Langenbeck,** Betriebsverhältnisse der deutschen Landwirtschaft, s.a.Arbeiten der deutschen Landwirtschafts-Gesellschaft. 118. Hft.

Lehrbuch der Botanik für landwirtschaftliche Lehranstalten. Von Dr. Paul **Teicke**. Mit 98 Textabb. u. dem v. Kais. Gesundheitsamt hrsg. Pilzmerkblatt. Berlin: P. Parey 1907. (VII, 136, 8 S.) 8° [F.]
= **Unterrichtsbücher**, Landwirtschaftliche. [60.] [08. 3319

**Teicke, Paul,** Liebeslust u. -Leid. Ein Tagebuch in Liedern. 8. (VII, 144 S.) Dresden 901. E. Pierson. n. 2. —; geb. n. 3. —

— Mineralogie u. Gesteinslehre f. landwirtschaftliche Lehranstalten. (Landwirtschaftliche Unterrichtsbücher.) (50 S. m. 23 Abb.) 8. Ebd. 909. Geb. in Leinw. 1. —

**Teicke,** Paul, a. Königsberg in Preußen: Die landwirtschaftlichen Verhältnisse der Zuckerrüben bauenden Teile der Provinz Hannover. Berlin 1905: Die Post. (95 S.) 8° [F.]
Gießen, Phil. Fak., Ref. Gisevius, Diss. v. 21. Nov. 1905
[Geb. 19. März 78 Königsberg i. Pr.; Wohnort: Hildesheim; Staatsangeh.: Preußen; Vorbildung: Kollegium Fridericianum Königsberg Reife O. 97; Studium: Königsberg 6 S.; Rig. 23. Febr. 05.]

**Teickner, F. W.,** Sagen vom Arnstein. Metrisch bearb. Hettstädt 862. (Schnee.) gr. 16. (117 S.) 7½ ngr.

**Tejessy, Wilh.,** Gesetz üb. den Dienstvertrag der Handlungsgehilfen u. anderer Dienstnehmer in ähnlicher Stellung (Handlungsgehilfen-Gesetz) m. Anh.: Gesetz, betr. die Dauer der Arbeitszeit u. den Ladenschluß in Handelsgewerben u. verwandten Geschäftsbetrieben. (33 S.) kl. 8. Brünn 910. C. Winiker. 1. —

**Tejessy, W.,** Textausgabe der neuen Gewerbe-Ordnung unter Berücksicht. der Novellen vom 18. VII. 1905, R.-G.-Bl. Nr. 125 u. vom 5. II. 1907, R.-G.-Bl. Nr. 26, m. erläut. Vorworte hrsg. 1. u. 2. Aufl. (Je IV, VI, 186 S.) kl. 8. Brünn, C. Winiker. 1907. Je 1. 80.

Teifel, Christian Friedrich (Bautzen) A. S. 152/27

Dissertatio iuridica de rerum haereditariarum usucapione. Präs. Johann Gottlieb Siegel.
Leipzig (Richter) 17. VII. 1736. 24 S.
34203

**Teifen, T. W.,** Adel u. Kirche in Oesterreich, s.a.Flugschriften, socialpolitische, Nr. 1.

**Teifen, T. W.,** Adel und Kirche in Oesterreich. (Socialpolit. Flugschriften Nr. 1.) Nach der Confiscation II. Aufl. 8. (14 S.) —.10
Wien: Wiener Volksbuchh.(Brand) 1897.

**Teifen, T. W.,** (Thdr. Wollschack), die Besitzenden u. die Besitzlosen in Oesterreich. (IV, 268 S.) 8. Wien 906. Wiener Volksbuchh. n. 2. 50

— die Christlich-Socialen u. ihr Programm. 8. (32 S.) Wien 898. Wiener Volksbuchh. n.n. — 10

**Teifen, T. W.,** das soziale Elend u. die besitzenden Klassen in Oesterreich. gr. 8. (IV, 180 S.) Wien 894. 1. Wiener Volksbuchh. n. 2. —; geb. in Leinw. n. 2. 70

**Teifen, C. W.** (Thdr. Wollschack), Religion od. Kirche?, s.: Flugschriften d. polit. Aufklärungsvereines. 1.

**Teifen, T. W.,** trau-schau-wem?, s.a.Lichtstrahlen. 2.

(F) Trau—Schau—Wem? Ein offenes Wort an alle denkenden Staatsbürger. Von C. W. Teifen. („Lichtstrahlen Nr. 2".) Wien. 1900. Volksbuchhandlung Brand. 16°. 32 S. K —.10

— wie die Zölle Brot u. Fleisch verteuern u. wer diesen Raub am Volke einsteckt, s.a.Lichtstrahlen. Nr. 9.

**Teifen,** T. W., Wie die Zölle Brot und Fleisch verteuern und wer diesen Raub am Volke einsteckt. [Lichtstrahlen Nr. 9.] 16°. (30 S.) K —.10
Wien: Wiener Volksbuchh.(Brand) 1903.

**Teige,** Aufgaben z. Zifferrechnen, s.: Stubba, A.

**Teige, Josef,** Beiträge zur Geschichte der Audientia litterarum contradictarum. I. Bd. Gr.-8. (92 u. XC S.) 1.50
Prag: Dominicus 1897.

**Teige, Jos.,** s.: Ghetto, das Prager.

**Teigelkampff, Luise, die Waldorfs. Eine unmoderne** Geschichte. (320 S.) 8. Köln (907). P. Neubner. 8.—; erm. Pr. 1.50; geb. n 2.50

Teike, Richard. Die Einwirkung von Lecithin, Muiracithin, Ovogal und Pepton auf den Bazillus vitulisepticus. Diss. Vet.-Med. Bern. 31 S. 8. Berlin-Schöneberg, Meisenbach Riffarth & Co., 1909.

**Teil,** der schriftliche, der Post- u. Telegraphen-Sekretär-Prüfung. Eine Sammlg. v. Dispositionen u. Ausarbeitungen der in den Sekretärprüfgn. den Assistenten gestellten schriftl. Aufgaben. Hrsg. vom Verbande deutscher Post- u. Telegraphen-Assistenten. gr. 8. (200 S.) Berlin 901. (R. F. Funcke.) n.n. 2. —

**du Teil,** s.a.Duteil.

— Manövres, s. Manövres.

**Teil,** du, nöth. Unterricht, den Gebr. d. Feldartillerie betreffend, f. Officiers v. allen Waffen, a. d. Franz. m. Anmerk. v. J. S. Malherbe, m. K. gr. 8. Dresden, Walther. 783.

**Teil-Katalog** der Alexander-Bibliothek Eisenach. Gruppe: Thüringisch-sächsische Geschichte. Eisenach 1910: Kahle. 30 S. 8°
Eisenach, Karl-Friedrich-G. OP 1910 (927) [S 10. 438

**Teilnahme** der II. Armee unter dem Ober-Kommando S. K. H. des Kronprinzen von Preußen am Feldzuge von 1866. Mit Pl. 1. Aufl. Berlin 1866. 115 S.
— 2. Aufl. 1866.

Die **Teilnahme** des Pommerschen (II.) Armee-Korps an dem Feldzuge von 1866. Von einem Augenzeugen. Stettin 1866. 59 S.

Die **Teilnahme** des 2. Batl. 1. Hanseat. Inf.-Regts Nr. 75 am Feldzuge 1870/71 gegen Frankreich. Hrsg. von einem Offiz. des Batl. Harburg 1871. 40 S.

[F.] Die **Teilnahme** des sächsischen **Heeres** am **Feldzuge** gegen Russland v. Febr. 1812 bis z. März 1813. Nach schriftl. u. mündl. Berichten bearb. v. O. B. *Dresden: Verl. d. Exped. d. 'Kamerad' [1898?].* (2 Bl., 58 S., 1 Kt.) 1 Bd 8. [98. 11137

**Teilnahme,** die, des sächsischen Heeres am Feldzuge gegen Rußland vom Febr. 1812 bis zum März 1813. Nach schriftl. u. mündl. Berichten bearb. v. O. B. gr. 8 (IV, 58 S. m. 1 Karte.) Dresden 898. Expedition u. Buchdr. d. Kamerad. n. — 80

— die, d. sächs. Heeres am Kriege 1870/71. Von einem Kampfgenossen. gr. 8. (106 S. m. Abb. u. 3 Karten.) Ebd. 893. n. 1. 10

Teilnahme am Verbrechen. Antrag u. Ermächtigung. Erfolghaftung. Notwehr u. Notstand. Retorsion. Tätige Reue. Schadensersatz. Selbstverletzung und Verletzung des Einwilligenden von Karl v. *Birkmeyer* [u. a.] Berlin 1908. 8⁰

(Vergl. Darstellung d. deutschen u. ausländ. Strafrechts. hrsg. von Karl v. *Birkmeyer* [u. a.]. Allg. Tl, Bd 2.)

Deutscher Veterinärrat. 10. Plenarversammlung zu Breslau. 8.—10. Juni 1906. **Teilnehmerliste** und Beschlüsse. o. O. u. J. 11 S. 4⁰

**[Teilnehmerliste** der Jahresversammlung des Vereins deutscher Freimaurer.]
**1910. 4 Bl. 4⁰; 1912. 8 S. 4⁰; 1913. 4 Bl. 8⁰; 1919. 2 Bl. 4⁰; 1920. 4 Bl. 4⁰; 1921. 8 S. 8⁰.**
**1. 430. 21.**

Betrifft die Teilung der Kieler Kirchengemeinde und die Bildung eines Parochialverbandes. [Nebst] Anlagen 1--4. (Kiel. 1906.) 8⁰ [Kopft.]

**Teilzahlungs-Praxis.** Einzige Zeitschrift f. die Interessen aller Handelsfirmen, die Waren auf Teilzahlg. verkaufen, besonders Kredithäuser, Möbel- u. Nähmaschinenhandlgn., sowie Reise-u. Versandtgeschäfte. Offizielles Organ des Verbandes der Kredithäuser Deutschlands u. verwandter Branchen. Sprechsaal f. die neuesten Rechts- u. Geschäftsunfälle aus d. Praxis. 4. Jahrg. 1910. 24 Nrn. (à ca. 12 S.) 31×23 cm. Charlottenburg, Maetzig & Co. 5.50

Tein, Maximilian von

**Tein,** M. v., der Abflussvorgang im Rhein unter der wechselnden Wasserlieferung des Stromgebietes u. die Vorherbestimmung der Rheinstände, s.: Ergebnisse der Untersuchung der Hochwasserverhältnisse im deutschen Rheingebiet. VIII.

**Tein, M. v., Begründung der Art der Darstellung f. den Verlauf der Hochwasserwellen. — Auftreten u. Verlauf der Hochwasser v. 1824, 1845, 1852, 1876 u. 1882/83, s.: Ergebnisse der Untersuchung der Hochwasserverhältnisse im deutschen Rheingebiet.**

Tein, Maximilian von: Beziehungen zwischen Niederschlag und Abfluss im Maingebiete. München 1901: F. Straub. (37 S.) 8⁰ (Aus: Jahresbericht d. Geogr. Ges. in München f. 1900/1. -- Auszug aus: 'Das Maingebiet' = Ergebnisse d. Untersuch. d. Hochwasserverhältn. im dt. Rheingebiete. H. 6.)
München, Phil. Diss. v. 1901

**Tein, M. v., s. a. Ergebnisse d. Untersuchungen der Hochwasserverhältnisse im deutschen Rheingebiet.**

[**Tein, M. von,**] Ergebnisse der Untersuchung der Hochwasserverhältnisse im deutschen Rheingebiet. Auf Veranlassung der Reichskommission zur Untersuchung der Stromverhältnisse des Rheins und seiner wichtigsten Nebenflüsse und auf Grund der von den Wasserbaubehörden der Rheingebietsstaaten gelieferten Aufzeichnungen bearb. und herausg. von dem Centralbureau für Meteorologie und Hydrographie im Grhzgth. Baden. Heft 1. 2. [Mit 11 Tafeln.] Berlin 1891. 4. . . . . . . . . . . . . . . . (D.)

Das Maingebiet. Bearb. von Dr. phil. Maximilian v. Tein, bayer. Bauamtmann. Mit 9 Taf. *(Berlin: Ernst & Sohn 1901.)* (145 S.) 2⁰
= Ergebnisse d. Untersuchung d. Hochwasserverhältnisse im Deutschen Rheingebiet. H. 6. [illegible]

**Tein, M. v., das Moselgebiet, s.: Ergebnisse der Untersuchung der Hochwasserverhältnisse im deutschen Rheingebiet. VII.**

Tein, Ulrich von

**v. Tein, Ulr.,** Koncordanz der Betreffe königl. Verordnn. vom J. 1799 bis 1818 in Kirchen-, Schul-, Pfarr- u. and. Gegenständen, hauptsächl. für jeden Geistlichen d. Pfarrkreises. 8. Freysing 818. 2e A. 819. ...

— die 7 Worte unsers am Kreuze sterbenden Erlösers. Eine Andacht in d. Charwoche f. gute Seelen. 12. Freysing 820.

**Teinach,** Luft, Lage, Bequemlichkeit u. Vortheile für die Gesundheit, die ein Aufenthalt bei diesem Brunnen gewähren kann, (v. J. G. Jahn). Mit Kpf. 8. Tübing. 789.

**Teinach und Zavelstein,** die Cur-Orte. (Abdr. aus der von dem Königl. statistisch-topographischen Bureau herausg. Beschreibung des Oberamts Calw.) Mit 1 (lith.) Ansicht der beiden Orte u. 1 (lith.) Karte (in Fol.). Stuttgart 860. Aue. gr. 8. (31 S.) n. 8 *ngr.*

**Teinach,** Wolf v., s.: Tainach.

Teindl, F. A.: „Rechtliche Abhandlung über die Wesenheit, Verletzung und Führung der Grundbücher, mit erläuternden Tabellen", Brünn 1817 (Gastl).

**Teindl,** F. A., rechtl. Abhandl. üb. die Wesenheit, Verlegung u. Führung der Grundbücher. 4. Brünn 817. Traßler.

**Teindl,** (J. U.,) die Unkrautpflanzen u. deren Vertilgungsart, als nothwend. Mittel z. Verbesserung des Ackerbaues u. Viehzucht. Nebst einer botanisch-ökonom. Beschreibung derselben. Praktisch dargestellt. gr. 8. Wien 826, Mörschner u. J.

**Teindl,** J. U., die Unkrautpflanzen u. deren Vertilgungsart, als nothwend. Mittel z. Verbesserung d. Ackerbaues u. d. Viehzucht. Nebst e. botan.-ökonom. Beschreib. derselben. Prakt. dargestellt. gr. 8. Wien 827. Mörschner u. J. 1 ß 6 ℛ

Teinitzer, Johann

TEINITZER, J.: Praktische Anleitung zur genauesten und leichtesten Vermessung und Berechnung aller sowohl liegenden als stehenden Rundhölzer, Vergleichung ihres Inhalts zu Feuerholz, Berechnung des periodischen Zuwachses, Abschätzung und Taxirung aller Holzstämme etc. - Neuhaus 1842. 238 S., 6 Tab., 3 Taf.

**Teinitzer,** Jh., prakt. Anleitung zur genauesten u. leichtesten Vermessung u. Berechnung aller sowohl liegender als auch stehender Rundhölzer, Vergleichung ihres Inhaltes zum Feuerholz, Berechnung des period. Zuwachses, Abschätzung u. Taxirung aller altersklassenweise vorkomm. geringen u. größeren Holzstämme, Erzielung eines größeren Waldertrages nebst Erziehung edlerer Gehölze u. zur Verfertigung der genauesten Dendrometer. Mit 6 vollständ. Hilfs-, Reductions-, Erfahrungs- u. Preistabellen. gr. 8. Neuhaus 842. (Prag, Calve'sche Buchh.) n. 3 ß

**Teinitzer, Johann.** Praktischer Unterricht zum Durchforsten der Wälder für Waldeigenthümer und Forstbeflissene überhaupt von —. 8. (IV, 51 S.) Neuhaus, Dr. von Alois Jos. Landfraß, 1853.

**Teint, Der elegante,** des Herrn Robert Heller Feuilletonisten der Hamb. Nachrichten. Hamburg 1854, V: *Roeding, Johann Friedrich Wilhelm.* (schr)

Teipel, Friedrich

**Teipel,** Friedr., praktische Anleitung zum Uebersetzen aus dem Deutschen ins Lateinische. 1. Thl. Aufgaben für Tertia und Secunda. Paderborn 855. Schöningh. 8. (XII, 340 S.) n. 24 *ngr.*

**Teipel,** Frdr., praktische Anleitung zum Übersetzen aus dem Deutschen in's Lateinische. 1. Thl. Aufgaben für Tertia u. Sekunda. 2. verb. Aufl. Paderborn 860. Schöningh. gr. 8. (XII, 348 S.) n. 24 *ngr.*

— praktische Anleitung zum Uebersetzen aus dem Deutschen ins Lateinische für die obersten Klassen des Gymnasiums. Zugleich Studien zur Geschichte der ersten christlichen Jahrhunderte. 2. Thl. 854. (VIII, 260 S.) — 2. verb. Aufl. Paderborn 857: Schöningh. gr. 8. (XII, 282 S.) n. 20 ngr.

Teipel: Aphorismen zur Geschichtsschreibung. 25 S. – Progr. Coesfeld 1854.

**Teipel, Frid.**, de peccati natura ejusque in mortiferum et non mortiferum dividendi ratione. 8maj. (158 S.) Coesfeldiae 847, Wittneven. *

**Teipel, Friedr.**, De scriptis Joannis Apostoli disputatio. Coesfeld, 1848, 4°, Gymnasialprogramm.

—— de scriptis Joannis apostoli. 4maj. (24 S.) Coesfeldiae 848, Wittneven.

Teipel Scriptores Graecos, Germanicos, Latinos a relativa, quae dicitur, verborum constructione saepe, neque iniuria semper discessisse, probatur. 21 S. . . Coesfeld, Progr. 1841

— offenes Sendschreiben an den Hrn. Prof. v. Hirscher in Freiburg. Eine Stimme aus Westfalen. gr. 8. (30 S.) Paderborn 849, Schöningh. 1/8 ℛ

— Sodalitäts-Predigten auf die Marienfeste. gr. 8. (144 S.) Ebd. 851. 1/2 ℛ

— Wittekind, Bruno, Egbert, oder Sieg des Kreuzes in Sachsen. Münster 860. Theissing. 8. (264 S.) 25 ngr.

**Teirich, E.**, Maschinen u. Werksvorrichtungen in der Thonwaaren-Industrie, — die Thonwaaren-Industrie, } s.: Ausstellungs-Bericht, officieller.

Teirich, Emil. Untersuchungen über die feuchten Zucker der Zucker-Raffinerien. (Tübingen) Zürich, 1866.

Teirich, Josef

**Teirich, Jos.**, s.: Berg- u. Hütten-Kalender, österreichisch-ungarischer.

Teirich, J. Der Braunkohlenbergbau des Teplitz-Brüxer Revieres. Wien, 1899. 18 S. mit 13 Taf.

Teirich, Josef (Hrsg.), s. Zeitschrift des Verbandes der Bergbau-Betriebsleiter.

Teirich, Valentin (Hrsg.), s. Blätter f. Kunstgewerbe. Wien 1872 ff.

Teirich V, Bronzen aus d. Zeit d. ital. Renaissance. (30 S 20 T 9 Det.) grfol Wien 1877

Die Dornenkrone. Ein Mysterium d. Glaubens. – Severine. Ein Mysterium d. Sinne. Zwei Novellen von Valentin **Teirich**. Korneuburg: Kühkopf 1910. 120 S. 8°
(Bibliothek moderner Dichter u. Denker. Bd 1.) [illegible]

**Teirich**, V.: Die Wiener Gewerbeschulen. 27 S. – Wien OR.W., Progr. 1868.

**Teirich, Valentin**, Cabinet (Kunstschrank). Im Auftrag S. Maj. des Kaisers Franz Josef I. entworfen. 4. Mit 14 Taf. Wien 874, v. Waldheim. *

**Teirich**, V.: Die Wiedner Com.-OR. im Weltausstellungs-Jahre 1873. I. Kurze Geschichte und bisherige Entwicklungsgang dieser Anstalt. II. Das Schulgebäude. III. Lehrkörper. IV. Lehrplan, Lehrmittelsammlungen u. s. w. 54 S. – 4° und 2 Taf. – Wien OR. Wd., Progr. 1873.

**Teirich, Doktor Valentin —. Die selbstständige Wiener Kommunal-Unterrealschule in der Vorstadt Gumpendorf. Zur Erinnerung an die Feier der am 18. Oktober 1854 stattgefundenen Einweihung und Eröffnung derselben veröffentlicht von — —. Mit einem Grundriß des Schulgebäudes. Wien. 1855. Gedr. bei L. Sommer. (IV, 24 S. u. 1 Taf. 8.)**

**Teirich**, Valent., Lehrbuch der Algebra. Zum Gebrauche für Ober-Realschulen und Gymnasien. gr. 8. (XIV und 514 S.) Wien 851(52,) Seidel. *

Teirich, Valent., Lehrbuch der Algebra. Zum Gebrauche für Oberrealschulen und Obergymnasien. 2., umgearb. und verb. Aufl. 2 Hälften. gr. 8. (1. Hälfte S. 1—192.) Wien 856(57), Seidel und Sohn. *

**Teirich, Valent.** Lehrbuch der Geometrie. Zum Gebrauche für k. k. Oberreal-Schulen und Obergymnasien mit 498 in den Text eingedruckten Holzschnitten. 2. u. 3 Liefer. 8. (XVI. S. 209 — 492. Schluß.) Wien, C. Gerold u. Sohn 1853 (775)

**Teirich**, Valent., Lehrbuch der Geometrie für die oberen Klassen der Mittelschulen. Mit 414 in den Text gedr. Holzschn. 2. umgearb. u. verm. Aufl. Wien 868. Gerold's Sohn. gr. 8. (IV, 423 S.) n. 2 ℛ

Teirich V, eingelegte Marmor-Ornamente des Mittelalters und der Renaissance. (8 S 25 T) grfol Wien 1875

**Teirich, Val.**, Ornamente aus der Blüthezeit italienischer Renaissance. (Intarsien.) Publikation des k. k. österr. Museums für Kunst u. Industrie. Wien 1873. 25 Tfln. Imp. Fol.

—— Ornamente aus der Blüthezeit italienischer Renaissance (Intarsien). Original-Aufnahmen. 1872. Hochfolio. 25 Blätter in Farbendruck mit erklärendem Texte. Wien 874, v. Waldheim.
1.—3. Lfg. apart à *ℳ 12.; 4.—5. Lfg. mit Text apart * Complet

**Teirich, Valentin**, Ornamente aus der Blüthezeit italienischer Renaissance [Intarsien]. Orig.-Aufnahmen. [Publication des k. k. österr. Museums für Kunst u. Industrie.] 25 (chromolith.) Taf. mit erklärendem Text. 5 Hfte. Imp.-Fol. (12 S.) Wien 876. Hölder. n. 50. —

— Rechenbuch für Unter-Realschulen. 1. Abthl. Für die erste Klasse der Unter-Realschule. Mit zahlreichen Uebungsaufgaben. Wien 869. Beck'sche Univ.-Buchh. gr. 8. (VI, 200 S.) n. 15 ngr.

**Teirich**, Valent., das praktische Rechnen. Ein Leitfaden zum Gebrauche an gewerblichen u. kaufmännischen Fortbildungsschulen, Bürgerschulen u. dgl., sowie auch zum Selbstunterricht geeignet. Mit zahlreichen Beispielen u. Uebungsaufgaben nebst einer Uebersicht der gangbarsten in- u. ausländ. Münzen, Maße u. Gewichte. Wien 869. Gerold's Sohn. 8. (IX, 221 S.) n. 18 ngr.

Teirich, Valentin: Die moderne Richtung in der Bronze- und Möbel-Industrie. Nach Wahrnehmungen auf der letzten Welt-Ausstellung. Wien: Beck'sche U.-B. (A. Hölder.) 1868. (125 S.) 8°

— Schulrechenbuch für die unteren Klassen der österreichischen Realschulen. Mit Zugrundelegung des neuen Realschul-Lehrplanes bearb. 1. Hälfte. Für die erste Klasse der Unter-Realschule. Mit zahlreichen Uebungsaufgaben. Ebend. 871. 8. (VI, 200 S.) n. 14 ngr.

—— dass. — Für die 2. Klasse der Unter-Realschule. Mit zahlreichen Uebungsaufgaben. (139 S.) Ebendas. 871. *

—— dass. — Für die 3. Klasse der Unter-Realschule. 8. (VIII, 184 S. und VIII Tabellen zur Zinseszinsenrechnung.) Ebendas. 872. *

—— dass. — Für die 4. Klasse der Unter-Realschule. Mit zahlr. Uebungsaufgaben. 8. (VIII, 252 S.) Ebendas. 873. *

—— Schulrechenbuch für die unteren Klassen der österreichischen Realschulen. Mit Zugrundelegung des neuen Realschul-Lehrplanes bearb. Für die erste Klasse der Unter-Realschule. Mit zahlreichen Uebungsaufgaben. 2. Aufl. 8. (VIII, 223 S.) Ebendas. 873. *

**Teirich,** Val., Schulrechenbuch f. die unteren Klassen der österreichischen Realschulen. Mit Zugrundelegg. d. neuen Realschul-Lehrplanes bearb. 2. Hälfte. Für die 2. Klasse der Unter-Realschule. Mit zahlreichen Uebungsaufgaben. 2. verb. u. erweit. Aufl. gr. 8. (S. 201—438.) Wien 876. Hölder. n. 1. 60 (1. u. 2.: n. 3. —)

— C.-OR. IV.: Geschichtlich statistische Skizze der Wiedner C.-OR. in Wien von ihrer Gründung 1855 bis zum heutigen Tage v. Dr. V. Teirich. 31. 1880.
**Progr.**

**Teirich,** V.: Über die erziehende Thätigkeit an Realschulen. 12 S.8°. - Wien UR.Gp., Progr. 1855.

**Teirich,** V.: Die Unterrichts-und Erziehungsgegenstände auf der Londoner Weltausstellung im J.1862. 56 S. - Wien OR. W., Progr. 1863.

**Teirich,** V.: Das Unterrichtswesen auf der ersten internationalen Jahres-ausstellung in London 1871. 20 S. 4°. - Wien OR.Wd., Progr. 1872.

Tejrowský, Pawel

______ pobožnost swato-postní, kterou dle církewních pramenůw uspořádal a ku wzdělání lidu katolického. S 15 dřewořytinami. Prag 863. Bellmann. 8. (VII, 174 S.)

**Teischlerin,** A., die Kunst, verschied. Sorten Konfekturen zu verfertigen. 8. Wien 802. (Wallishauser). 6 gr. (Centr.-Cpt. in Leipz.) 8 gr. 8. Wien 804. K. Haas. 4 gr.

Teischler, A., d. Kunst verschied. Sorten u. Konfekturen zu verfertigen. 8. Lpz. Joachim. 805.

TEISINGER, Heinrich
Behelf zum Studium unseres Heerwesens mit Aufgaben-Beispielen, dann tabellarischen, schematischen und graphischen Darstellungen von Heinrich Teisinger. Wien. 1901. Seidel & Sohn. Gr.-8°. IV, 137 S. K 3.—

**Teisinger, Heinr., zum Studium psychischer u. anderer Friktionen im Kriege. Hierzu 6 Skizzen u. e. Graphikon. (III, 112 S.) Lex.-8. Wien 905. L. W. Seidel & Sohn. n. 3. 60**

**— chronologische Uebersicht z. russisch-japanischen Krieg. Als Studienbehelf nach „Streffleurs Einzelschriften“ zusammengestellt. 1. Tl. (45 S.) Lex.-8. Ebd. 906. n. 1. 20**

**Teisler,** Emil: Über die ölförmige Säure welche neben fester αβ-Dichlorbuttersäure aus fester Krotonsäure und Chlor entsteht ... Leipzig, Druck v. Alexander Edelmann, Univ.-Buchdr., 1888; 21 + 1 S. 8°
Leipzig. Phil. Fak., Inaug.-Diss. v. 5. Febr. 1888

Teisler, Emil, über die ölförmige Säure welche neben fester αβ-Dichlorbuttersäure aus fester Krotonsäure und Chlor entsteht. Diss. Leipzig 1888, Gustav Fock. 8°. 21 S.

**Teissèdre-Montpellier, G., Pastellmalerei. Anleitung für Anfänger. Mit e. Anh.: Kurze Winke zur Darstellung der geläufigsten Objekte. 3 farb. Taf., das allmähl. Entstehen e. Pastellbildes darstellend. (126 S.) 8. Ravensburg (906). O. Maier. 1. 50; geb. 2. —**

**Teisserenc de Bort,** internationaler Wolken-Atlas, s.: Hildebrandsson, H.

Teisseyre, Lor., ein Beitrag zur Kenntniss der Cephalopodenfauna der Ornatenthone im Gouvernement Rjäsan [Russland]. Lex.-8. (91 S. mit 8 lithogr. Taf. und 2 eingedr. Holzschn.) Wien 883, (Gerold's Sohn.) *
Aus: Sitzungsberichte der k. Akademie der Wissenschaften, besonders abgedruckt.

**Teissier, Ant.** Leben Herzogs Ernst des Frommen von Sachsen A. d. Französ. 8. Quedlinburg 1783.

**Teissier, Ant.** Vie d'Ernest le Pieux, duc de Saxe. 12. — Berlin 1707. — 8. Halle 1741. — 12. ib. 1752.

**Teissier, Ant.** Vita di Ernesto Pio, duca di Saxonia. Traduzione da Jo. Balt. Groepler. 8. Halle 1756.

Teisterbant, Wilhelm v., s.a. Bilderdyck.

Teisterbant, Wilh. v., dict. Bilderdyk, Observationum et Emendationum lib. unus. 8. maj. Brschwg. Reichard. 805.

**v. *Teisterbant*, Wilh., (dict. Bilderdyck,) observationum et emendationum lib. unus. 8maj. Braunschw. 805. (Vieweg). 1 ß**

a TEISTERBANT (dict. BILDERDYK), Guil.: Observatt. et emendatt. lib. unus. *Brunsw.* 806.

**Teistler,** Herm., d. Parlamentarismus u. d. Arbeiterklasse, s. a. Bibliothek, sozialistische.

**Teistler,** H., Der Parlamentarismus und die Arbeiterklasse. 8°. Berlin 1892. („Socialistische Bibliothek“, No. 1.)

-- Statistik üb. d. Lohn- u. Arbeitsverhältnisse des Malergewerbes in Deutschland. **1896.** Hrsg. v. d. Vereinigg. d. Maler, Lackirer, Anstreicher u. verw. Berufsgen. Fol. (8 S.) Berlin 897. (Berlin-Friedrichshagen, Verlagshaus f. Volkslitteratur, C. Teistler & Co.) n. — 50

— s.: Tannenberg, Heinr.

**Teitelbaum,** W[ulf]: Ein Beitrag zur Kenntniss des Bell'schen Phänomens. Berlin: M. Günther 1899. (51 S.) 8°
Berlin, Med. Diss. v. 4. Aug. 1899

Teitge, Beschreibung d. asiat. Cholera, wie sie auf d. holländ.-ostind. Insel Java, in Asien gelegen, in Bezug auf Ursachen u. Zeichen vorkommt, nebst allgem. Behandl. gr. 8. (1 B.) Neuhaldensleben 831, Eyraud.

**Teitge,** Hans, aus Calbe a. d. S.: Die **Frage** nach dem Urheber der Zerstörung Magdeburgs 1631. *Halle a. S. 1904: E. Karras.* (32 S.) 8° ¶ [Erschien vollst. 1904 als: Hall. Abhandl. zur neueren Geschichte, H. 42.]
Halle, Phil. Diss. v. 1904

**Teitge, Hans,** die Frage nach dem Urheber der Zerstörg. Magdeburgs, s.: Abhandlungen, Hallesche, z. neueren Geschichte. 42.

**Teitge, Ludw.,** Lebens- u. Charakterbilder biblischer Personen des Alten u. Neuen Testaments. Zur Vorbereitg. auf den bibl. Geschichtsunterricht der Oberstufe. 2 Tle. 8. Potsdam 899. A. Stein. n. 4. 10; geb. in Leinw. n. 5. —
1. Altes Testament. (X, 129 S.) n. 1. 60; geb. n. 2. —
2. Neues Testament. (IV, 226 S.) n. 2. 50; geb. n. 3. —

**Teltge**, Ludw., zur Vorbereitung auf den Katechismusunterricht. Erläuterung des religiös-eth. Inhalts des kleinen Katechismus M. Luthers durch bibl. Geschichten. 2 Tle. gr. 8. Gütersloh, C. Bertelsmann. n. 4. 40; in 1 Bd. geb. n. 5. —
1. 1. u. 2. Hauptstück. (IV, 204 S.) 892. n. 2. 80
2. 3.—5. Hauptstück. (IV, 123 S.) 894. n. 1. 60

Teitheim, Johann Tobias (Hermstedt) A. S. 1164/3

Dissertatio inauguralis medica de aphthis.
Präs. Johann Adrian Slevogt.
Jena (Müller) 5. V. 1706. 40 S.

W. v.: Georg Wolffgang Wedel. 34204

Teitienne, J., Méthode d'écriture et de lecture. Faite suivant les principes professés au cours méthodologique de Metz. 3e et 4e édit. 8. (66 S.) Metz 876, Wwe. Alcan und Comp. cart. *
— dass. — 5e édit. 8. (66 S.) Metz 878, Even frères. cart. *

Teitienne, J., Méthode d'écriture et de lecture. Faite suivant les principes professés au cours méthodologique de Metz. 6e—8e édit. 8. (72 S.) Metz 879—83, Gebr. Even. cart. *

**Teitienne, J.**, méthode d'écriture et de lecture. Faite suivant les principes professés au cours méthodologique de Metz. 11. éd. 8. (90 S.) Metz 887. Even. cart. n.n. — 40

Teitz, Paul J. [aus Dirschau]: Ueber definitive Fixirung der Blattstellung durch die Torsionswirkung der Leitstränge . . . . Berlin, Buchdr. v. Ch. Tischendorfer, 1888; 31 + 1 S. u. 1 Taf. 8°
Berlin, Phil. Fak., Inaug.-Diss. v. 10. März 1888

**Teiwes, Karl, Aufgaben-Sammlung zur technischen Mechanik u. Festigkeitslehre, s.: Schwidtal, Albr.**

Bremsen an Fördermaschinen. Von Dipl.Ing. Karl **Teiwes**, Tarnowitz. Kattowitz: G. Siwinna [1906]. (34 S.) 8°
Aus: Kohle u. Erz. [07. 10406 2

— **Umsteuerung** e. Dampfmaschine mittelst Kulisse. (31 S. m. 24 Fig.) 8. Ebd. (905). n. 1. —
2 Sonderabdrucke aus: „Kohle u. Erz".

Teixeira, M. F. Gomes. Remarques sur l'emploi de la fonction ℘ (u) dans la théorie des fonctions elliptiques. gr. 8. (S. 182—184.) Prag 892, (Řivnáč). ** — 10
Aus: Sitzungsber. der k. böhm. Gesellsch. d. Wissensch., besonders abgedr.

**Teixeira de Mattos**, Frhr., die Buttermilch als Säuglingsnahrung. gr. 8. (61 S.) Berlin 901. S. Karger. n. 2. —
Sonderabdruck aus: „Jahrbuch für Kinderheilkunde".

T. E. K. A.-Jarlibro. Eldonita de la Tutmonda Esperanta Kuracista Asocio. Vol. 1. Kötzschenbroda-Dresden: Thalwitzer 1909. 8°
[10. 7058

**T.E.K.A.-Jarlibro** 1910. II. vol. Eldonita de la tutmonda esperanta kuracista asocio. (54 S. m. 1 Bildnis.) kl. 8. Kötzschenbroda-Dresden, H. F. A. Thalwitzer. — 80; geb. n 1. 20

Judenmord und Christenliebe. Ein Kraftwörtchen von **Te-Kio**. Berlin: E. Wertheim [1906]. (14 S.) 8°
[08. 1831

**Te-Kio, s.a. Judenmord u. Christenliebe.**

Teklu, Nicolai, s. Teclu, Nicolai.

**Tekton-Haus, Das,** auf der Bauausstellung Stuttgart 1908. Stuttgart 1908

**Lekturen** zur Kasseninstruktion (für Justizbehörden). gr. 8. (4 Bl.) Berlin 888. v. Decker. — 15

**Lekturen** u. **Nachträge** zur Wehr- u. Heer-Ordnung. 8. (10 Bl.) Berlin 886. Mittler & Sohn. n.n. — 10

— **zu dem Neuabdruck** d. Exerzir-Reglements (für die Infanterie) vom 1. März 1876. 12. (24 Bl.) Berlin 887. Mittler & Sohn. n.n. — 20

Fremde, Der, in Pest und der Pesther in der Vaterstadt . . . . . (von *Aug. Tekusch*). Pesth 1833.
Anon.-Lex. II. p. 122 (nach Kertbeny u. Petrik).

Tekusch, Johann Michael

***Tekusch***, **Jh.** Mch., (+ d. 8. Dec. 1813.) doctrina christiana velut institutio felicitatis consequendae. In usum juventutis. 8. Poson. 793. Ed. alt. 807. Ed. III. 818. Schwaiger. 5 fl.

**Tekusch, I. M.,** Doctrina Christiana August. Confessionis etc. 8. Pressburg, Schwaiger.

Tekusch, Johann Michael, s. Geschichte der evangel.-luther. Kirche in Ungarn.

**—Rede üb. die christl. Theilnahme an den Angelegenheiten des Vaterlandes. 8. Brünn 809.**

—syntaxis linguae latinae, cum prosodia et periodologia. In usum scholarum. 8. Pressb. 801. Ed. alt. 807. Schwaiger. 9 fl.

— s. Werner, J.: Predigten.

Telandrinus [Pseud.], s. a. Rost, Johann Leonhard

TELANDRINUS. — Die Leipziger Land-Kutsche. Worinnen Moralische, Politische und auch lustige Discourse geführet werden. Nebst Beygefügten curieusen Liebes-Geschichten. . . . Von *Telandrino*. Mit TKpf. Bresslau u. Leipzig 1725. 8°.
224 SS. Zahm. — Von Goedeke unter *Joh. Leonh. Rost's* (= *Meletaon* ps.) Romanen aufgeführt.

TELBISZ, JOHANN. Beiträge zur Kenntniss der Sebacinsäure. (Bern) Budapest, 1884.

**Telbisz, J.**, üb. Zuckerrübenbau-Versuche u. Zuckorfabrikation in den Comitaten Temes u. Torontál. Gesammelte Zeitungs-Artikel aus den J. 1887, 1888 u. 1889. 16. (48 S.) Temesvar 889. Ramel. — 75

**Telch, Karl** (Carol.), introductio generalis in scripturam sacram. (XVI, 462 S. m. 1 Bildnis.) gr. 8. Regensburg 908. F. Pustet. 4.50; geb. in Leinw. 5. 50

— s.: Stolz, Albin, Bilder zur christkatholischen Glaubens- u. Sittenlehre.

Telecki, s. Teleki.

Telefon ..., s. Telephon ...

**Telefunken.** [Hrsg. von der Gesellschaft für drahtlose Telegraphie.] (Berlin 1910).
Darin:
1. Origin of the Telefunken System.
2. The Technical Development of the Telefunken System up to 1908.
3. The new »Singing Quenched Sparks« Telefunken System.
4. Chief Advantages of the new Telefunken System.
5. Stations Erected.
6. Distribution of the Telefunken System.
7. Records of the new Telefunken System.

[Telefunken-] Gesellschaft für drahtlose Telegraphie m. b. H. System ‚Telefunken', Berlin. — (Berlin 1904.) 44 S. 4°

Telefus, in 12 Büchern; a. d. Franz. . . . Leipzig 1784. V: *Huber, Ludwig Ferdinand.* (GGr) (Ky) (MGT)

Telefus in zwölf Büchern, aus dem Franz. 8. Leipzig, 784. Crusius. 23 sgl.

Telegraf ..., s. Telegraph ...

**Telegramm**, das. Organ für Telegraphenwesen. Eigenthümer und verantwortlicher Redacteur: L. J. Wolschitz. I. Jahrg. 1867. 24 Nrn. 4. (à 1 Bg.) Wien, Geitler. 4 fl. Für die Provinz 4 fl. 60 kr.

Telegramm, das. Organ für Telegrafenwesen. 1.—3. Jahrg. 1869—1871. à Jahrg. 36 Nrn. 4. Wien, Geitler. à Jahrg. *

*Telegramm des Lehrkörpers an den englischen Philosophen Herbert Spencer zu seinem 80. Geburtstage und dessen Antwortschreiben.* 8 (S. 13).
K.K. Staats. Oberrsch. Teschen 1900
Progr.

**Telegramm-Adressenbuch für das Deutsche Reich.** (Adressbuch f. abgekürzte Telegramm-Adressen.) Hrsg. m. Genehmigung des Reichs-Postamtes, der General-Direktionen der kgl. bayr. Posten u. Telegraphen u. der General-Direktion der kgl. württ. Posten u. Telegraphen. 3. Ausg. (III, IV, 36, IX, 847 S.) Lex.-8. Berlin (906). Bartel, Standke & Co.
Geb. in Leinw. n. 10.—

**Telegramm-Kürzer** f. den Verkehr v. Missions-Gesellschaften m. ihren Sendboten. 4. (16 S.) Berlin 899. Buchh. der Berliner ev. Missionsgesellschaft. n. 1.—

Telegraph, der, redig. v. F. Philippi, s. Bürgerzeitung.

—der, (e. period. Schrift). 8. Berl. 800.

Telegraph, Der, (eine politische Zeitung). Berlin 1806—8. H: *Lange, Carl Julius (= Alex. Davidsson [?]).* (Ky) (MGT)

—der, (e. polit. Zeitung; hrsgg. von K. Jul. Lange). 4. Berl. 806—8. . . . 18—76 Stck. Späthen. 7 Rl

—— der, österreich. Conversationsblatt f. Kunst, Literatur, gesell. Leben, Theater, Tagesbegebenheiten, Industrie u. Fabrikwesen. Hrsg. u. redig. v. W. Lembert. 1. u. 2. Jahrg. 1836 u. 37. à 156 Nrn. (½ Bog.) gr. 4. Wien, [Tendler u. Comp.] à J. *

—— der, wiener Conversationsblatt f. Kunst, Literatur, gesell. Leben, Theater, Tagesbegebenheiten u. Industrie. Hrsgeb. u. Redact.: W. Lembert. 1838. 156 Nrn. (½ Bog.) gr. 4. Wien, [Tendler u. Comp.] *
Vgl. Telegraph, Der Wiener.

—— der, redig. v. Ed. Beurmann. (Neueste Folge.) 1. u. 2. Bd. (Juli — Dec. 1837.) gr. 8. (à 26¼ B.) Frankfurt a. M., (Küchler.) à * 1½ Thlr.
Vgl. Telegraph zur Kunde d. Heimath u. Fremde.

Telegraph. – Der Telegraph. –
Frankfurt/Oder. – 1839 – 30.(?)VI.1848.
Vorh. u.d.T.: Frankfurter Telegraph.
Fortges. u.d.T.: Frankfurter Zeitung.

Telegraph. – Der Telegraph. –
Erfurt. – 17.VI.1848 – 24.XI.(?)1848.

Telegraph. – Der Telegraph. –
Frankfurt/Oder. – 1.(?)X.1848 – 1849.
Vorh. u.d.T.: Frankfurter Zeitung.

**Telegraph, der.** Illustrirte Monatsschrift für das gemüthliche Deutschland. Hrsg.: Herm. Grimm. 1 u. 2. Bd. 12 Lfgn. gr. 4. (à 2 Bog. m. eingedr. Chemityp. u. 1 Stahlst.) Dresden 851. 52, Grimm & Co. (à Lfg. 3 ngl) 2 Rf 12 ngl

Telegraph, der. Illustrirte Monatsschrift für das gemüthliche Deutschland. Hrsgbr.: Herm. Grimm. 3. Bd. 12 Lfgn. (à 2 Bog. mit eingedr. Chemityp. und 1—2 Bildern in Stahlst. und Stnt.) gr. 4. Dresden 853, Grimm. à Lfg. * 2½ Ngr. *
1. und 2. Bd. Ebendas. 1851. 2 Thlr. 12 Ngr.

**Telegraph, Redakteur: Adolf Bäuerle. Druck und Verlag von Josef Stöckholzer v. Hirschfeld. Erscheint täglich (außer Montags.) kl. Fol. 3spaltig, mit Illustrationen. 1857.**
Vorh.unt.d.T.:Wiener Telegraph.

**Telegraf.** X. Jahrg. Verantw. Red. *Adolf Bäuerle.* Druck u. Verl. v. *Friedr. Förster.*
Erscheint in **Wien**, tägl. **Montag ausgenommen, 1 Bog.** in Fol., 3-spalt. Prän.-Pr. ¼-jähr. **1 fl.; pr. Post 2 fl. Einzelne** Blätt. **1 kr.**

Telegraf. Illustrirte Familienblätter. 1. und 2. Bd. 1860 und 1861. Eigenthümer und Herausgeber L. Landsteiner. à Jahrg. 52 Nrn. 4. Wien, Selbstverlag. à Jahrg.

—— Illustrirte wiener Chronik. 1861. December. 1. und 2. Heft. 4. (à Heft 36 S. und 12 S. Anzeiger.) Wien, Typographisch-literarisch-artistische Anstalt. à Heft 5 Ngr.

Telegraf. Illustrirte Wiener Chronik. 1862. Jänner—April. 8 Hefte. (Nicht weiter erschienen.) 4. (à 48 u. 8 S. Anzeiger) Wien, typ. lit. art. Anstalt. à 25 kr

Telegraph: Der Telegraph
⑤ 1886—1887 ⑧ Bern ⑬ BGSZ. 973

**—— der allgem., f. d. deutsche Gesetzkunde. Neue Folge d. Archivs f. d. neueste Gesetzgeb. aller deutschen Staaten. Ein fortlauf. Repertor. d. wichtigsten deutschen Staatsverträge, Gesetze u. Verordnn., mit krit. Beleuchtn. u. Vorschlägen zu legislat. Verbessern., im Vereine mit vielen Gelehrten hrsg. v. Alex. Müller. 1. Jahrg. 1840. 12 Hfte. gr. 8. Heilbronn, C. Drechsler.** *
Vgl. Archiv f. d. Gesetzgebung.

**Telegraph**, der allgemeine, für die deutsche Gesetzkunde. Neue Folge des Archivs für die neueste Gesetzgebung aller deutschen Staaten. Herausgeg. von Alex. Müller. 1. Bd. 7. Heft. gr. 8. Rudolstadt 842; Leipzig, Böhme. ⅔ Rf

— allgemeiner deutscher, für Anzeigen von mehr als localem Interesse und Correspondenzblatt für Kapital, Talent und Arbeit. In Verbindung mit L. Gall und andern Fachmännern herausg. von E. A. Sonnewald. 1. u. 2. Jahrg. 1857 u. 58. à 52 Nrn. (à 1—2 Bgn.). Stuttgart, Sonnewald. gr. 4. Jeder Jahrg. n. 1 Rf. 18 ngr

**Telegraph**, allgemeiner deutscher, für Anzeigen von mehr als localem Interesse u. Correspondenzblatt für Kapital, Talent u. Arbeit. Gegründet von Ludw. Gall u. in Verbindung mit anderen Fachmännern herausg. von With. Uhland. 3—8. Jahrg. 1859—64. à 52 Nrn. (à 1—2 Bgn.) Stuttgart, Sonnewald. Fol. Jeder Jahrg. n. 1 Rf 18 ngr

Telegraph, allgemeiner deutscher, für Anzeigen von mehr als localem Interesse, und Correspondenzblatt für Kapital, Talent und Arbeit. In Verbindung mit Ludw. Gall und andern Fachmännern hrsg. von C. A. Sonnewald. 6. Jahrg. 1862. 52 Nrn. (à 1—2 Bog.) Fol. Stuttgart, Sonnewald. *

—— dass. — Gegründet von Ludw. Gall und in Verbindung mit andern Fachmännern hrsg. von Karl Müller. 7. Jahrg. 1863. 52 Nrn. (à 1—2 Bog.) Fol. Ebendas. *

—— dass. — Gegründet von Ludw. Gall und in Verbindung mit anderen Fachmännern hrsg. von Wilh. Uhland. 8. Jahrg. 1864. 52 Nrn. (à 1—2 Bog.) Fol. Ebendas. — Köln, Ahn'sche Verlagsh. *

Telegraph, der, von Berlin. Eine Zeitschrift für Unterhaltung, Mode, Lokalität und Theater. Herausg. von R. v. Rädern (Adalbert v. Berge). 1r Jahrg 1837. 52 Numm. Mit 52 illum. Modekpfrn. u. Meubleszeichn. gr. 4. Berlin 837. Natorff u. Comp. n. 5 1/3 ℛ — 2r Jahrg. 1840. Mit 52 ill. Modekpfr. gr. 4. Ebd., Recht. n. 2 ℛ

Bielitzer Telegraph. E. Mariot, Redakteur. K. Probaska Druck und Verlag. 4. 2spaltig. Wöchentlich 4mal.

Telegraph (Der deutsch-americanische). Mittheilungen über die Nothwendigkeit der directen telegraphischen Verbindung mit Amerika und die Wichtigkeit derselben in Bezug auf den deutschen Handel. 8°. Aachen 1870.

Deutscher Telegraph March 1885 – June 1886
Weekly. Editor: Sawle & Snartt. Mainly a translation of the English Welland Telegraph
Welland, Ont.

**Telegraph, Der,** für Deutschland. O. O. [1794]. V: *Buschendorf, Carl Frdr.* (Kat. d. stat. Bureaus. Dresden 1890.)

— für Deutschland. Eine Zeitschrift. Jahrg. 1838—1840. (Redigirt von K. Gutzkow.) à 208 Numm. gr. 8. Hamburg, Hoffmann u. Campe. 1r u. 2r J. à n. 6 ℛ 3r J. n. 8 ℛ
Jg.1837 s.: Telegraph, Frankfurter.

—— für Deutschland. Eine Zeitschr. Jahrg. 1838—42. (Redig. v. Karl Gutzkow.) à 208 Nrn. (1/2 Bog.) gr. 8. Hamburg, Hoffmann u. Campe. [838. u. 39. à * 6 Thlr., 40—42. à * 8 Thlr.] *

Telegraph f. Deutschland. Eine Zeitschrift. Jahrg. 1843—47. (od. 17—21. Jahrg.) à 208 Nrn. (1/2 Bog.) gr. 4. Hamburg, Hoffmann u. Campe. à J. *
Jahrg. 1843 redig. v. Carl Gutzkow, 1844, 45 redig. v. Geo. Schirges, 1846, 47 redig. v. Jul. Campe.

—— für Deutschland. Redig. von Geo. Schirges und Feod. Wehl. 11. Jahrg. 1848. 52 Nrn. (à 2 Bog.) gr. 8. Hamburg, Hoffmann und Campe. *

Nautischer Telegraph, einfacher, für die freie hanseatische Seeschifffahrt. In vier Theilen. Zur Beförderung des Code of Signals' von Capt. Fr. Marryat und zur Verbreitung desselben unter dem deutschen seefahrenden Publikum. Von einem Seefahrer. Mit einem Anhange und einer colorirten Tafel. Bremen 1843.

— einfacher nautischer, für die freie hanseatische Seeschifffahrt. In 4 Thln. Von einem Seefahrer. Mit einem Anhange u. 1 Taf. gr. 8. Bremen 843. (Geisler.) n. 5/6 ℛ

—— der Eisenbahn- und Dampfschifffahrten in der Schweiz. Nach officiellen Quellen bearb. Mit Kärtchen (in Holzschn.) Nr. 1—25. (à 32—40 S.) gr. 16. St. Gallen 859—61, Scheitlin und Zollikofer. à Nr. 3 Ngr.

—— der Eisenbahn- und Dampfschifffahrten in der Schweiz. Nach officiellen Quellen bearb. Nr. 26—29. (à ca. 60 S. mit Kärtchen in Holzschn.) gr. 16. St. Gallen 862, Scheitlin und Zollikofer. à Nr.

**Telegraph,** der elektro-magnetische. Ein Repetitorium für die im Bezirke der k. k. Post- u. Telegraphen-Direction unter der Enns abgehaltenen Lehrcurse. gr. 8. Wien 886. Hof- u. Staatsdruckerei. n. 6. —
I. Die Grundlehren. Bearb. v. Alfr. Calgary.
II. Batterien, Apparat- u. Schaltungslehre. Bearb. v. Joh. N. Teufelhart. (IX, 177 u. 176 S. m. eingedr. Fig.)

—— frankfurter, Blätter f. Leben, Kunst u. Wissenschaft. Redig. v. W. Speyer. 1. Jahrg. 1837. 156 Nrn. (1/3 Bog.) gr. 4. Frankfurt a. M. [Leipzig, Gebhardt u. Reisland.] *
Forts. unt. d. T.: Telegraph für Deutschland.

Telegraph. – Frankfurter Telegraph. –
Frankfurt a.d.Oder. – 2.1.1837–1839.
Fortges. u.d.T.: Der Telegraph.

Telegraph, der, im Gebrauche d. Publikums. Ein Rathgeber f. Telegraphirende. Unter Benutzg. der amtl. Materialien hrsg. v. e. prakt. Telegraphen-Beamten. 8. (XII, 175 S.) Münster 872. Aschendorff. n. 2. —

Telegraph: Der Telegraph aus Graubünden
(2) Der Telegraph für Graubünden (seit 1814) (3) Churer Zeitung (IV) (4) Churer Zeitung (V) (5) 1806—1816 (6) 4° (7) wöchentlich 2× (8) Chur: Bernhard Otto († Juli 1816), A. T. Otto (10) Bernhard Otto (11) Bernhard Otto, A. T. Otto (13) BGSZ 1891 (15) Ch. K; Be: L (unvollständig)

Gratzer Telegraf Allgemeines Anzeigeblatt für Handel und Gewerbe. I. Jahrgang. Verantwortl. Redakteur und Eigenthümer Karl Mühlfeith. Aus der C. Tanzer'schen Buchdruckerei. 4. 2- und 3spaltig. Täglich. Graz 1855.

Gratzer Telegraf. Allg. Anzeigebl. für Handel und Gewerbe. IV. Jahrg. Verantwortl. Redakteur, Herausg. und Verl. *Carl Mühlfeith.* Druck von *C. Tanzer.*
Erscheint in **Gratz**, täglich mit Ausnahme der auf Sonn- und Feiertage folgenden Tage, 1 Bog. in gr. 4°. 3-spalt. Prän.-Pr. 1/4-jähr. 1 fl. 30 kr.; pr. Post 2 fl. 30 kr. Inserate: Die 4-spaltige Petitzeile 2 kr., bei Wiederh. 1 kr.

—— zur Kunde d. Heimath u. Fremde. Hrsg. v. Ed. Beurmann. 1. Bd. gr. 8. (39 B.) Frankfurt a. M. 837, Expedition. *

— dass. (Neueste Folge.) 1r Bd. (Juli — September 1837.) gr. 8. Ebd. 837. (Kuchler.) n. 1 1/2 ℛ — 2r Bd. (Oktober — Dezember 1837.) gr. 8. Ebd. 838. (Ebd.) n. 1 1/2 ℛ
Vgl. Telegraph, Der.

Leavenworth Telegraph: 1872 – 1874
Daily, morning except Monday. For weekly edition, see Wöchentlicher Leavenworth Telegraph. For tri-weekly edition, see Leavenworth Telegraph. Circulation: 1872, 250; 1874, 480. Edited & published by F. Braunhold & Co., 1872; by Telegraph Publishing Co., 1873–74.
Leavenworth, KS

Telegraph, leipziger. 1. Jahrg. Febr. — Decbr. 1855. 47 Nrn. (à 1—2 Bog.) Fol. Leipzig, Ph. Reclam jun. *–

TELEGRAPH, Neuer, Heft 1. Germanien 1805.
Weller, fing. Dr. — Selten!

Telegraph, neuer, 1s Hft. 8. Germanien 806. 16 ℛ

—— norbalbingischer, hamburg. Abendblätter. Redact.: Theod. Friedr. Schrader, gen. Ludolph Schleier. 1. Jahrg. 1838. 156 Nrn. (1/3 Bog.) gr. 4. Hamburg, (Berendsohn.) *

— Nordischer. 1. Jahrg. 1848. Oktober—December. 13 Nrn. (2. Jahrg.) 1849. 52 Nrn. Imp. 4. (1½—2 Bog.) — Eine Wochenschrift für Politik, Geschichte, Literatur u. Kunst Dänemarks, Norwegens, Schwedens, Hollands u. Belgiens. Red.: F. A. Leo. (3.) Jahrg. 1850. 52 Nrn. Imp. 4. (à 1½—2 Bog.) Leipzig, Lorck. 1848: 1½ ß 1849 u. 1850: à 6 ß

Philadelphia'er Telegraph und Deutsches Wochenblatt : Band 1–2, Jan. 8, 1831–1833?
Semi-weekly. Edited & published by Alexander A. Blumer, Jan. 8–Dec. 21, 1831, by Henry Flory, Dec. 1831–1833. Followed by Zeitlauf of Augustus Gräter, which was soon bought up by Wesselhoft. Subscription held by Harmony Society, 1832.
Philadelphia, PA

— für Post- u. Dampfschiff-Verbindungen in Deutschland u. den angrenzenden Ländern. Ein monatl. Bericht über den neuesten Dienst der Posten, Eisenbahnen u. Dampfschiffe nach den jeweil. Veränderungen berichtigt. Hrsg. von U. Hendschel. 1847. Nr. 3—7. Imp. 4. (à 3½ Bog.) Frankfurt a. M., Jügel in Comm. n. 1 ß 12 ngl; einzelne Nrn. à n. ⅓ ß

—— der rheinische. Belletristische Zeitschrift, redig. u. hrsg. von Ed. Reis. 8. u. 9. Jahrg. 1846 u. 1847. à 104 Nrn. (½ B.) gr. hoch 4. Mainz 846, (Faber'sche Buchh.) à *
1—7. Jahrg.?

—— der rheinische. Belletristische Zeitschrift, redig. von Ed. Reis und J. N. Schuster. (10.) Jahrg. 1848. 104 Nrn. (½ Bog.) gr. 4. Mainz, (Faber.) *
Jahrg. 1846 und 1847. Ebendas. à Jahrg. * 4 Thlr.

Telegraph. – Süddeutscher Telegraph. – München. – 20.IX.1868 – 16.III.1875.
Vorh. u.d.T.: Neueste Depeschen.

Täglicher Telegraph : Nov. 1845–1874.
Weekly, Nov. 1845–Apr. 1853; daily, May 1853–1874 [morning except Sunday & Monday 1870?–1874, morning & evening editions, 1861?–1865?].
Whig, 1845–60 [the Philadelphia Demokrat, June 21, 1848, gives as its "Tendenz": "just indien"]; strongly Republican, 1860–74. Title varies: Buffalo Telegraph, 1845–Apr. 1853 (slight variations). For weekly edition, see Wöchentlicher Buffalo Telegraph. For Sunday edition, see Buffalo Gazette. For Sunday edition, see Sonntags Zeitung. Circulation: 1870, 3500 (est.); 1874, 1440.
Edited by Adolphus Hofmann, Nov. 1845–?; by Louis Eckers, by Christian Esselen, by Heinrich Karl Julius Vortriede; by Julius Hoffmann. Published by Henry B. Miller & Philipp Heinrich Bender, May 1853–1857, by Henry B. Miller, Nov. 1845–?; by Philipp Heinrich Bender, 1857–?; by Friedrich Geib.
Buffalo, NY

Telegraph and Tribune (Indpls). Sängerfest d N-anischen Sängerbundes, 17.-21. Juni 1908. Indpls. Indianapolis, 1908.

Telegraph und Tribune. Jahrgang 1–53, no. 130, Aug. 2, 1865–June 1, 1918.
Daily: morning, except Sunday, 1865–1907, evening, except Sunday 1907–18. Republican, 1865–70; Independent, 1871, Republican, 1872–75, Independent for Tilden, 1876–79, Independent Democratic, 1881–1907, Independent, 1908–18.
Title varies: Täglicher Telegraph, 1865–June 1907. Absorbed Indiana Telegraph. For weekly edition, see Indiana Volksblatt und Wöchentlicher Telegraph.
For Sunday edition, see 1) Sonntagsblatt des Täglichen Telegraph; 2) Spottvogel. Circulation: 1870, 1000 (est.), 1890, 1700, 1895, 2640; 1905, 5400, 1910, 10,796, 1915, 10,825. Edited by C. Jakob Metzger, 1865–67, by Damp von der Hoehl, Nov. 25, 1867–July 1868; by Carl Beyschlag, Nov. 3, 1868–Jan. 1870, by Dr. Adolph Seidensticker, 1869–82; by R. Goebel, Sept. 6, 1870–June 1872; by Harry Thudium, 1882–?
Published by C. J. Metzger, 1865–Aug. 1867, Telegraph Compagnie, Aug. 1867–1868; by Gutenberg Compagnie, 1868–1918.
Indianapolis, IN

Der Westliche Telegraph : Dec. 1812–1816. Somerset, PA
Weekly. Published in English and in German editions. Edited & published by Friedrich Goeb.

— der Wiener, Conversationsblatt für Kunst, Literatur, geselliges Leben, Theater, Tagesbegebenheiten und Industrie. Herausgeber u. Redacteur: W. Lembert. 1838. 156 Numm. gr. 4. Wien, Tendler. n. 4 ß
Vgl. Telegraph, Der.

**Telegraph, Wiener,** aller Neuigkeiten. Wien 1. Juli 1853—59. Red.: *Bäuerle, Adolph Johann.* (GGr IX, 84)

Telegraph, Wiener —. Redakteur A. Bäuerle. Herausgeber C. Ziegler. Schnellpressendruck von Keck und Pierer. Fol. 2spaltig. Täglich excl. Montag. 3 fl. und 3 fl. 40 kr. vierteljährig.
Wien 1854.

Wiener Telegraf. (7. Jahrgang.) Verantwortlicher Redakteur: Adolf Bäuerle. Druck und Verlag von Jos. Stöckholzer v. Hirschfeld. Fol. 2- und 3spaltig. Täglich, mit Ausnahme des Montags. 1 und 2 fl. vierteljährig.
Wien 1855.

Wiener Telegraph. (VIII. Jahrg.) Verantwortl. Redakteur: Adolph Bäuerle. Druck und Verlag von Josef Stöckholzer v. Hirschfeld. Fol. 3spaltig. Erscheint täglich, Montag ausgenommen.
Wien 1856.
Forts. s.: Telegraph.

Wöchentlicher Telegraph : 1880
Weekly edition of Kansas Telegraph. In the Dec. 24, 1880 issue of the daily, Editor H. von Langen states that he has sent out two gratis weekly papers as trial copies.
Atchinson, KS

**Telegraf und finanzielle Zeitung. Allgemeiner authent. Verloosungs-Anzeiger sämmtlicher in- und ausländ. Loose, verloosbarer Obligationen, Actien, Prioritäten, Pfandbriefe. Zeitschrift für Börsen-, Handels-, Bank-, Eisenbahn- und Assecuranz-Angelegenheiten. 7.—11. Jahrg. 1880—1884. à Jahrg. 24—36 Nrn. (à Nr. 1 Bog.) gr. 4. Budapest, Administration. à Jahrg. ****

Telegraphe: Feb. 10, 1795–May 3, 1796. Carlisle, PA
Weekly.

Telegraphe, le petit. Indicateur des chemins-de-fer et des bateaux à vapeur en Suisse. gr. 16. (32 S. mit 1 lithogr. Karte.) Luzern 860, Straube. *

**Telegraphen,** die elektrischen. Gemeinfaßliche Erläuterungen über die Principien u. Apparate der neueren Telegraphie. Mit 21 Abbildgn. in (eingedr.) Holzschn. gr. 8. (63 S.) Stuttgart 852, Kneller. 6 ngl

**Telegraphen, die kleinen, e. mechan. Vorrichtung z. Gedankenmittheilung ohne Wort u. Schrift. Nebst Anleit. z. Gebr. desselben. gr. 8. Wien 836, Müller.**

**Telegraphenassistent,** der. Vorbereitung zur Ablegung der Telegraphenassistentenprüfung. Methode Rustin. Selbst-Unterrichts-Briefe, in Verbindg. m. eingeh. Fernunterricht. Hrsg. vom Rustinschen Lehrinstitut f. brieflichen Unterricht. Bearb. v. Gust. Behrendt, Max Baumann, Bayer u. v. a. 1.—109. Lfg. (3648 S. m. Abbildgn.) Lex.-8. Potsdam (903—906). Bonneß & Hachfeld.
Subskr.-Pr. à n. — 90; Einzelpr. à n. 1. 25

**Telegraphenbauordnung.** Lex.-8. (879 S. m. Abbildgn.) Berlin 902. R. v. Decker. Geb. in Leinw. n. 2. —; mit Berichtigungen Nr. 1—82. n. 2. 60

Telegraphenbauordnung. [Nebst] Anhang: Anweisung z. Aufstellung u. Unterhaltung von Primärbatterien. Berlin 1902–05: Reichsdr. 2 Bde 4°(8°) [F.] [05. 957

**Telegraphenbauordnung.** Berichtigungen Nr. 83—353. Lex. 8. Berlin (R. v. Decker). — 85
83—209. (34 Bl. u. 16 S. m. Abb.) — 40
210—353. (41 Bl. u. 7 S. m. Abb.) (910.) nn — 45
Hauptwerk m. Ber. 1—82. Ebd. 902. 2. 60

Alphabetisches Sachregister zur **Telegraphenbauordnung.** Zsgest. von Vollschwitz, Ober-Postprakt. Cassel: G. Dufayel 1904. (64 S.) 8°

**Telegraphen-Bauordnung** f. das Reichs-Telegraphen-Gebiet. 1. u. 2. Abth. gr. 8. Berlin 876. Decker. n. 2. 40
1. Vorbereitungs-Arbeiten. (VII, 132 S. m. eingedr., zum Thl. color. Holzschn.) n. — 80
2. Ausführungs-Arbeiten. Mit 21 lith. Fig.-Taf. (in qu. gr. 4.) (V, 157 S.) n. 1. 60

**Telegraphen-Bauordnung** für das Reichs-Telegraphen-Gebiet. [1. Abth. Vorbereitungs-Arbeiten. — 2. Abth. Ausführungs-Arbeiten. Mit 21 lith. Fig.-Taf.] gr. 8. (VII, 130 u. V, 157 S.) Berlin 877. (v. Decker.) n.n. 2. 50

Telegraphen-Betriebs-Ordnung für die deutschen Reichs-Telegraphen-Anstalten. Berlin 1876. 4°.

**Telegraphengesetz**, s. v. Gareis, C., deutsche Reichsgesetze in Einzel-Abdrucken.

Telegraphengesetz vom 6.4.92. (Gareis, Reichsgesetze 154) Giessen 1892

**Telegraphen-Handbuch**, s. Post- und Telegraphen-Handbuch.

Telegraphen-Instruktion für die Eisenbahnämter der k. k. Staats-Eisenbahnen. Prag, 1856, Druck von Karl Bellmann. (43 S. 8. Mit 3 lithogr. Tafeln.)

**Telegrafen-Kalender** für das J. 1866. Hrsg. von A. Kästner und U. v. Alvensleben. 8. (132 S. mit 1 Holzschntaf. in 4.) Wien, Gorischek's Universitäts-Buchh. *

—— dass. — für die J. 1867 und 1868. Hrsg. von denselben. 2. und 3. Jahrg. 8. (IV und 112 S., 120 S., mit eingedr. Holzschn.) Wien, Fromme. à Jahrg. *

**Telegraphen-Kalender** für das J. 1869—1875. Hrsg. von Adalb. Kästner. 4.—10. Jahrg. 8. (à ca. 90—160 S.) Wien, Fromme. à Jahrg. *

**Telegraphen-Kalender** für die J. 1876—1880. Hrsg. von Adb. Kästner. 11.—15. Jahrg. 8. (à Jahrg. ca. 174 S.) Wien, Fromme. à Jahrg. *

**Telegraphen-Kalender** für die J. 1881—1885. Hrsg. von Adb. Kästner. 16.—20. Jahrg. 8. (à Jahrg. ca. 150 S. mit eingedr. Fig.) Wien, Fromme. à Jahrg.

Telegraphenkarte [Sachliches OW]

Norddeutschen Bundes — Telegraphenkarte des —. Gez. vom technischen Bureau der General-Telegraphen-Direction. Berlin 1868. 16 Bl.

**Telegraphen- und Eisenbahn-Karte** von Oesterreich-Ungarn nebst den Post- und Dampfschiff-Verbindungen und einer Erdkarte zur Uebersicht des Schnellverkehrs. Fol. Teschen 874, Prochaska. In Carton * 1 60

**Telegraphenkarte von Europa.** Bearb. nach den neuesten Special-Telegraphenkarten sämmtlicher Staaten Europas. Berlin 1858. 1 Bl. Typendruck.

**Telegraphen-Karte von Europa.** Nach Mittheilungen der Königlich Preussischen Telegraphen-Direction. 1:866 666 Berlin 1865, 1866 und 1867. Je 9 Bl. f.

Telegraphenkarte von Mittel-Europa bearb. im Cours-Bureau des Kgl. General-Postamts ... Berlin, Decker, 1855. Fol. Lith. . . . . . . . . . . . . . . . . . . . (0.)

**Telegraphen-Karte, neueste, Deutschlands u. der angrenzenden Länder.** Nebst (15 S.) das Telegraphenwesen in allen Beziehungen erläut. Text (in 8.) Für Beamte der Telegraphenbüreaus, sowie für Geschäftsleute u. Behörden. Fol. Lith. Halle 852, Schmidt. n. 6 ngr

**Telegraphenkarte** von Württemberg. Mit Angabe der Aufseherbezirke. 1876 und 1878. Chromolithogr. Imp.-Fol. Stuttgart, Wittwer.

**Telegraphenkarte** von Württemberg mit Angabe der Aufseherbezirke. 1886. Hrsg. von der königl. württemberg. Generaldirection der Posten und Telegraphen. Lithogr. und color. gr. Fol. Stuttgart 886, Wittwer's Verlag. 1 50

Telegraphenkarte von Württemberg. In Mappe. fol Stuttgart 1891

Telegraphenkarte von Württemberg in Mappe. 4° Stuttgart 1906

Telegraphenkarte [Schlagwort]

**Telegraphenkarte.** Carte des communications télégraphiques du régime extra-européen, dressée d'après des documents officiels par le bureau international administrations télégraphiques. Dessinée et gravée par C. v. Hoven. 4 Blatt je 45,5×74,5 cm. Farbdr. Bern 902. Bureau international des administrations télégraphiques. n. 3. —

**Telegraphenkarte.** Jannasch, R., Telegraphenkarte f. den Weltverkehr. Nach den neuesten Quellen bearb. 1 : 47,000,000. 53,5×58,5 cm. Farbdr. Berlin 901. (Leipzig, R. Friese.) n. 1. —

**Telegraphenlinien**, die, des Deutsch-Österreichischen Telegraphen-Vereins. Fol. Lith. u color. Berlin 851. (Schropp & Co.) n. 1/6 ₰

**Telegraphen-Meßordnung.** Anweisung zum Messen oberird. u. unterird. Telegraphenleitgn., sowie zur Ortsbestimmg., Aufsuchg. u. Beseitigg. v. Fehlern in unterird. Telegraphenleitgn. gr. 8. (155 S. m. Fig. u. 3 Taf.) Berlin 893. (R. v. Decker.) n. 2. —

**Telegraphenmeßordnung.** Berlin 1909: Reichsdr.; [v. Decker]. 142 S. 4°(8°) [10. 13644

Telegraphen-Netz, der Oesterr. Monarchie. Herausgegeben von der Direction der k. k. Staats-Telegraphen. Richtig gestellt bis Ende Februar 1868. Folio. Wien: Artaria & Comp. in Commission 1868.

Telegraphen-Netz der Oesterreich-ungarischen Monarchie. Herausgegeben v. d. k. k. Telegraphen-Direction 1871. (Erscheint im Mai jedes Jahres in neuer Ausgabe.) Wien, Artaria & Comp. in Comm. Folio 1 fl. 50 kr. — Dieselbe in 4 Blätter mit deutschem u. ungarischem Text. Ebds. 6 fl.

Telegraphenordnung. –

— **Handelsministerialverordnung v. 18. IV. 1905, erlassen auf Grund der Allerhöchsten Entschließung vom 10. IV. 1905 u. kundgemacht in dem am 26. IV. 1905 ausgegebenen XXVI. Stücke des Reichsgesetzblattes unter Nr. 64.)** (13 S.) Lex.-8. Wien 905. (Hof- u. Staatsdruckerei.) n. — 16

Telegraphen-Ordnung für die Correspondenz auf den Linien des Telegraphen-Vereins nebst den den innern Verkehr auf den Linien des norddeutschen Telegraphen-Gebietes und der innerhalb desselben gelegenen Eisenbahnen betr. zusätzlichen Bestimmungen. 8. (19 S.) Berlin 868, v. Decker'sche Geh. Ober-Hofbuchdr.

**Telegraphen-Ordnung** für die Correspondenz auf den Telegraphen-Linien des norddeutschen Bundes nebst den die Correspondenz auf den Eisenbahn-Telegraphen u. den Linien des deutsch-österreich. Telegraphen-Vereins ꝛc. betr. zusätzlichen Bestimmungen. Berlin 867. v. Decker. gr. 8. (15 S.) 1½ ngr

— für die Correspondenz im deutsch-österreichischen Telegraphen-Verein, [Beilage zu dem Telegraphen-Vereins-Vertrage, d. d. Schwerin den 30. September 1865] nebst den den inneren Verkehr auf den preuß. Linien betr. zusätzlichen Bestimmungen. Ebend. 865. gr. 8. (16 S.) 2½ ngr

**Telegraphen-Ordnung** f. das deutsche Reich. Juni 1872. gr. 8. (20 S.) Berlin 872. v. Decker. — 25

Telegraphen-Ordnung für das Deutsche Reich. Vom 21. Juni 1872. Nebst Verordnung vom 24. Jan. 1876, betr. Abänderungen und Ergänzungen derselben. 8. (31 S.) Berlin 876, v. Decker's Verlag.

**Telegraphenordnung** für das Deutsche Reich vom 13. Aug. 1880. gr. 8. (19 S.) Berlin 880. v. Decker. — 25
— dasselbe. 8. (27 S.) Berlin 880. C. Heymann's Verl. — 30

**Telegraphen-Ordnung** f. das Deutsche Reich vom 13. Aug. 1880. Mit Abänderg. vom 11. Juni 1886. 8. (26 S.) Berlin 886. v. Decker. — 30

— dasselbe. In der vom 1. Juli 1886 ab gelt. Fassg. 2. Aufl. gr. 8. (30 S.) Berlin 886. C. Heymann's Verl. n. — 40

**Telegraphenordnung** f. das Deutsche Reich vom 15. Juni 1891. gr. 8. (24 S.) Berlin 891. R. v. Decker. — 30

—— dass. — Nebst Zusammenstellg. der f. den Vergleich m. den bisher. Bestimmgn. in Betracht komm. anderweiten Festsetzgn. 4. (34 S.) Neustrelitz 892, (Jacoby). * — 40

**Telegraphenordnung** f. d. Deutsche Reich vom 9. VI. 1897. gr. 4. (21 S.) Berlin 897. (R. v. Decker.) — 40

— dasselbe. 12. (III, 39 S.) Berlin 897. C. Heymann's Verl. n. — 50

**Telegraphenordnung** f. das Deutsche Reich vom 16. VI. 1904. (23 S.) Lex.-8. Berlin (904). (R. v. Decker.) n. — 40

— u. **Telegraphentarif.** Amtliche Ausg. vom 1. VII. 1905. (200 S.) gr. 8. n. 1. —
Wien: Hof-u.Staatsdruckerei 1905.

**Telegraphensekretär, der.** Vorbereitung zur Ablegung der Telegraphensekretärprüfg. Methode Rustin. Selbst-Unterrichts-Briefe. Hrsg. vom Rustinschen Lehrinstitut in Verbindg. m. eingeh. Fernunterricht. Bearb. v. Gust. Behrendt, Max Baumann, Bayer u. v. a. 1.—105. Lfg. (3504 S. m. Abbildgn.) Lex.-8. Potsdam (903—906). Bonneß & Hachfeld. Subskr.-Pr. à n. — 90; Einzelpr. à n. 1. 25.

**Telegraphensekretär, der.** Vorbereitung zur Ablegg. der Telegraphensekretärprüfg. Methode Rustin. Selbst-Unterrichts-Briefe in Verbindg. m. eingeh. Fernunterricht. Hrsg. vom Rustinschen Lehrinstitut. Bearb. v. Gust. Behrendt, Max Baumann, Frz. Bußler u. v. a. 106.—124. Lfg. (630 S. m. Abb.) Lex. 8. Potsdam (907. 08). Bonneß & Hachfeld. Subskr.-Pr. à — 90; Einzelpr. à 1.25

Telegraphen-Tarif. Hrsg. vom k. k. Handelsministerium. Giltig vom 1. Juli 1891. gr. 8. (108 S.) Wien 891, (Hof- u. Staatsdruckerei). * — 40

**Telegraphen-Tarif.** Hrsg. vom k. k. Handelsministerium. Stand am 1. Jänner 1893. gr. 8. (116 S.) Wien, (Hof- u. Staatsdruckerei). n. — 50

**Telegraphentarif.** II. Theil. Herausgegeben vom k. k. Handelsministerium. Stand am 1. Januar 1896. Gr.-8. (104 S.) —.25
Wien: Hof-u.Staatsdruck.1896.

**Telegraphen-Tarif.** (Für den gebräuchlichsten Beförderungsweg.) No. 9. Stand vom 15. Juli 1897. Placat-Format, unaufgez. gefalzt —.05
Wien: Hof-u.Staatsdruckerei.

**Telegraphen-Tarif.** 2 Thle. Hrsg. v. k. k. Handelsministerium. Stand am 1. I. 1898. gr. 8. (à 115 S.) Wien 898. (Hof- u. Staatsdruckerei.) n. 1. —

**Telegraphen-Tarif.** Placatform. Nr. 10. Juli 1898 Ebda.

Telegraphen-Tarif. (Für den gebräuchlichsten Beförderungsweg.) Nr. 13. [Wien. 1900. Hof- und Staatsdruckerei.] 56 × 71 *cm.* K —.10

Telegraphen-Tarif. 2. Theil. Herausgegeben vom k. k. Handelsministerium. Stand am 1. Jänner 1900. Wien. 1900. Hof- und Staatsdruckerei. Gr.-8°. 146 S. K —.50

Telegraphen-Tarif. (Für den gebräuchlichsten Beförderungsweg.) Nr. 14. [Wien. 1901. Hof- und Staatsdruckerei.] 70 × 57 *cm.* K —.10

**Telegraphen-Tarif.** (Für den gebräuchlichsten Beförderungsweg.) Nr. 15. 56 × 71 *cm* Ebda.1902. K —.10

**Telegraphen-Tarif.** Hrsg. vom k. k. Handelsministerium. Giltig vom 1. VII. 1904. (168 S.) Lex.-8. Wien 904. (Hof- u. Staatsdruckerei.) n. — 50

**Telegraphen-Tarif.** Hrsg. v. k. k. Handelsministerium. Giltig v. 1. VII. 1909. (III, 165 S.) Lex. 8. Wien 909. (Hof- u. Staatsdruckerei.) 1. —

**Telegraphen-Tarif,** der neue, f. das Deutsche Reich u. das Ausland. Gültig vom 1. Juli 1886 an. Tabelle. gr. 4. Düsseldorf 886. F. Bagel. — 20

Telegraphen-Tarif für Oesterreich. Giltig vom 1. April 1880. Nach ämtl. Quellen zusammengestellt. 8. (V, 52 S.) Prag 880, Mercy. *

**Telegraphen-Tarif** für Oesterreich mit Einbeziehung des bestehenden Telegraphen-Reglements. Unter Berücksichtigung der neuesten Aenderungen nach amtlichen Quellen zusammengestellt 3. Aufl. Herbst 1882. 8. (III, 52 S.) Prag 882. Mercy. n. — 80

Telegraphen-Tarif von Wien. Vollständiges Verzeichniss aller bis jetzt in Europa eröffneten Stationen mit Angabe der mit 1. April 1858 geänderten Preise. Nebst einem Anhange enthaltend die bedeutenderen Stationen Nord-Amerikas. Herausgegeben von *Leopold Kastner.* Druck u. Verl. der Mechitharisten-Congr.-Buchdr. Erscheint in **Wien**, in zwanglosen Heften, 8°. Preis pr. Heft 20 kr. Die Pränumeranten auf den Dampfer erhalten diesen Tarif gratis.

Telegrafen-Tarife. Praktische Zusammenstellung der Depeschentaxen von 2—120 Worten für sämmtl. Länder inner- und ausserhalb Europa's, sammt einem Rechnungs-Behelf für höhere Wort-Zahlen und allen nöthigen telegraf. Bestimmungen. Nach officiellen Quellen bearb. von G. J. Kanzler. Jahrg. 1881. 2 Hefte. 16. (à Heft ca. 105 S.) Wien, v. Waldheim. *
Nicht weiter erschienen.

**Telegraphen-Tarife** von den Telegraphen-Stationen Auerbach, Eibenstock, Falkenstein, Lengenfeld, Schneeberg und Schönheide nach den ca. 12000 Telegraphen-Stationen der Erde. Als Nachweis zu richtiger Anwendung von Telegraphen-Freimarken, sowie für Depeschen-Verkehr überhaupt zusammengestellt. 16. (31 S.) Reichenbach 869, Haun und Sohn.

— — von den Telegraphen-Stationen Greiz, Mylau, Netzschkau, Reichenbach i. V. u. Weida. Ebend. 869. 16. (32 S.) 4 ngr.

— — von den Telegraphen-Stationen Plauen, Oelsnitz u. Treuen. Ebend. 869. 16. (32 S.) 4 ngr.

**Telegraphen- und Fernsprech-Technik** in Einzeldarstellungen. Hrsg. von Th. Karras. Braunschweig
Nr 1. Kraatz, A: Maschinen-Telegraphen. 1906
Nr 2. Arendt, O: Die elektrische Wellentelegraphie. 1907
Nr 3. Dreisbach, H: Die Telegraphen-Meßkunde. 1908
Nr 4. Karrass, Th: Geschichte der Telegraphie. T. 1. 1909
Nr 5. Hersen, C., und R. Hartz: Die Fernsprechtechnik der Gegenwart (ohne die Selbstanschluß-Systeme). 1910
Nr 6. Berger, K: Das gleichzeitige Telegraphieren und Fernsprechen und das Mehrfachfernsprechen. 1910
Nr 7. Breisig, F: Theoretische Telegraphie. 1910
Nr 8. Winnig, K: Die Grundlagen der Bautechnik für oberirdische Telegraphenlinien. 1910
Nr 9. Knopf, G: Die Stromversorgung der Telegraphen- und Fernsprechanstalten. 1910

**Telegraphen- u. Fernsprech-Technik** in Einzeldarstellungen. Unter Mitwirkg. anderer Fachmänner hrsg. von v. Th. Karrass. I. gr. 8. Braunschweig, F. Vieweg & Sohn. n. 5. —; geb. in Leinw. n. 5. 80
Maschinen-Telegraphen. Von A. Kraatz. Mit 168 eingedr. Abbildgn. (X, 136 S.) 906.

**Telegraphen- u. Fernsprech-Technik** in Einzeldarstellungen. Unter Mitwirkg. anderer Fachmänner hrsg. v. Th. Karrass. II.—IX. Bd. gr. 8. Braunschweig, F. Vieweg & Sohn. 115.—; geb. 126.—
Arendt, O., die elektrische Wellentelegraphie. Einführung in die Theorie u. Praxis. Mit 139 Abb. im Text u. auf 1 Taf. (IX, 170 S.) 907. (II. Bd.) 6. —; geb. in Leinw. 7. —
Berger, K., das gleichzeitige Telegraphieren u. das Mehrfachfernsprechen. (VIII, 116 S. m. 111 Abb.) 910. (VI. Bd.) 5.—; geb. 6. —
Breisig, F., theoretische Telegraphie. 7. (Schluss-)Lfg. (XV, 432 S. m. 216 Abb.) 910. (VIII. Bd.) 17.50; geb. 19. —
Dreisbach, H., die Telegraphen-Messkunde. Mit 146 Abb. im Text u. 1 Fig.-Taf. (XI, 172 S.) 908. (III. Bd.) 6.—; geb. in Leinw. 7. —
Hersen, C., u. R. Hartz, die Fernsprechtechnik der Gegenwart (ohne die Selbstanschluss-Systeme). Mit 671 Abb. im Text u. auf 1 Taf. (XXI, 686 S.) 909. 10. (V. Bd.) 30.—; geb. in Leinw. 32.—; auch in 11 Lfgn. à 2. 50
Karrass, Th., Geschichte der Telegraphie. Mit der photograph. Nachbildg. e. eigenhänd. Briefes v. Morse sowie m. 618 Abb. im Text u. auf 7 Taf. (XII, 702 S.) 909. (IV. Bd.) 28.—; geb. 30. —
Knopf, G., die Stromversorgung der Telegraphen- u. Fernsprechanstalten. (XIV, 241 S. m. 210 Abb. u. 4 Taf.) 910. (IX. Bd.) 10.—; geb. 11. —
Winnig, K., die Grundlagen der Bautechnik f. oberirdische Telegraphenlinien. Mit 261 Abb. im Text u. auf 5 Ausschlagtaf. 5 Lfg. (X, 316 S.) 910. (VIII. Bd.) 12.50; geb. 14. —

**Telegraphen-Vertrag**, internationaler [abgeschlossen zu St. Petersburg am 10./22. Juli 1875), nebst Ausführungs-Uebereinkunft u. Tarif-Tabellen f. den internationalen Telegraphen-Verkehr [Berliner Revision vom 17. September 1885]. gr. 4. (131 S.) Berlin 886. (v. Decker.) n.n. 1. 50

**Telegraphen-Vertrag**, internationaler (abgeschlossen zu St. Petersburg am 10./22. Juni 1875), nebst Ausführungs-Uebereinkunft u. Tarif-Tabellen f. d. internat. Telegraphen-Verkehr (Budapester Revision v. 22. Juli 1896). 4. (IV, 166 S.) Berlin 896. (R. v. Decker.) n.n. 2. —

[F.] Internationaler **Telegraphen-Vertrag** (abgeschl. zu St. Petersburg am 10./22. Juli 1875)' nebst Ausführgs-Uebereinkunft u. Tarif-Tab. f. d. internat. Telegraphen-Verkehr (Budapester Revis. v. 22. Juli 1896)'. *(Berlin: Reichsdr. 1896/97.)* (IV, 166 S.) 1 Bd 4. (97. 865

**Telegraphenvertrag**, internationaler (abgeschlossen zu St. Petersburg am 10./22. VII. 1875) nebst Ausführungs-Uebereinkunft f. den internationalen Telegraphenverkehr (Londoner Revision v. 10. VII. 1903). (128 S.) Lex.-8. Berlin 904. R. v. Decker. n. 1. 20

Internationaler **Telegraphenvertrag** (abgeschlossen zu St. Petersburg am 10./22. Juli 1875) nebst Ausführungs-Übereinkunft f. d. internat. Telegraphenverkehr. (Lissaboner Revision v. 11. Juni 1908.) [Berlin 1908: Reichsdr.] 144 S. 4° (09. 10190

**Telegraphenvertrag**, internationaler, (abgeschlossen zu St. Petersburg am 10./22. VII. 1875) nebst Ausführungs-Übereinkunft f. den internationalen Telegraphenverkehr (Lissaboner Revision vom 11. VI. 1908). (114 S.) Lex. 8. Berlin 909. R. v. Decker. 2. —

**Telegraphen-Vertrag**, internationaler, [abgeschlossen zu St. Petersburg am 10./22. Juli 1875] u. Reglement f. den internationalen Dienst, nebst Taxtabellen. [Pariser Revision vom 21. Juni 1890.] hoch 4. (VII, 115 S.) Wien 891, (Hof- u. Staatsdruckerei). * — 60

**Telegraphen-Vertrag**, Internationaler (abgeschlossen zu St. Petersburg am 10./22. Juli 1875) und Reglement für den internationalen Dienst nebst Taxtabellen. (Budapester Revision von 1896.) Lex.-8. (VII, 129 S.) —.30
Wien: Hof-u.Staatsdruck. 1897.

— dasselbe u. Reglement f. den internation. Dienst nebst Taxtabellen. (Londoner Revision v. 1903.) (VII, 165 S.) Lex.-8. Wien 904. (Hof- u. Staatsdruckerei.) n. 1. —

**Telegraphenvertrag**, internationaler, (abgeschlossen zu St. Petersburg an 10./22. VII. 1875) u. Reglement f. den internationalen Dienst. (Lissaboner Revision v. 1908.) Hrsg. vom k. k. Handelsministerium. (IX, 110 S.) Lex.-8. Wien, Hof- u. Staatsdruckerei 1909. 1. —

Telegraphen-Vertrag von Paris, der, des 17. Mai 1865. 4° Berlin

Das **Telegraphenwege-Gesetz** vom 18. Dezember 1899. Erl. von [Friedrich] v. Rohr, Reg.R. zu Münster i. W. *Berlin: Siemenroth & Troschel 1900.* (VI, 165 S.) 8° [F.] (00. 4914

Telegraphenwege-Gesetz v. 18.12.1899. (Gareis, Reichsges. 286) Giessen 1900

**Telegraphenwege-Gesetz** v. 18. XII. 1899, nebst den vom Reichskanzler erlassenen Ausführungsbestimmgn. v. 26. I. 1900 u. den Erläutergn. u. Ausführungsanweisgn. des Reichs-Postamts. Amtl. Ausg. 8. (66 S. m. Abbildgn.) Berlin 900. J. Guttentag. Geb. in Leinw. n. 1. —

**Telegraphenwege-Gesetz** vom 18. Dezember 1899 mit den Ausführungsbestimmungen vom 26. Januar 1900. *Berlin: C. Heymann 1900.* (16 S.) 8° [G.] (00. 12,88

Das schweizerische Telegraphenwesen von 1852—1869. Separat-Abdruck aus der allgem. Beschreibung u. Statistik der Schweiz. 16 S. gr.-8.

Telegraphenwesen. Das Telegraphen- & Telephonwesen in der Schweiz von 1852 bis 1902. Festschrift auf das fünfzigjährige Jubiläum der schweizerischen Telegraphen-Verwaltung. Hrg. von der Schweizerischen Telegraphen-Direktion. [Mit 3 Tabellen.] IV + 206 S. 8. Bern, Neukomm & Zimmermann, 1902.

**Telegraphenzentrale, die k. k.**, in Wien. Hrsg. vom k. k. Handelsministerium, Wien: 1907. (IV, 125 S. m. Abb. u. 28 Taf.) 31,5×23 cm.
Wien: Hof-u.Staatsdruck.(1908).

**Telegraphic code**, private, of... for special use with ..., in business per Atlantic cables. qu. gr. 4. (175 S.) Bremen, (Tannen). pro 2 Explre. n.n. 250. —

Telegraphie, die, s.: Miniatur-Bibliothek.

Telegraphie, über, u. üb. Einricht. e. telegraph. Correspondenz zwischen Hamburg u. Curhaven. gr. 8. Hamburg, Bohn. 798.

Telegraphie, über, und Einr. e. telegr. Corresp. zwischen Hamburg u. Curhaven. gr. 8. Hamb. 798. Jetzt Verl. von Hoffmann u. Campe

Elektrische Telegraphie. System einer Telegraphenlinie mit Zwischenstationen, bei welcher bloss auf den Endstationen Linienbatterien aufgestellt sind.

Die elektrische Telegraphie. Stuttg. 1852.

Die elektrische **Telegraphie** im engeren Sinne. Hälfte 1. 2 [nebst] Erg. Berlin: J. Springer (2 u. Erg.: Halle a. S.: W. Knapp) 1887–94. 3 Bde 8°
1 = Henneberg, O., Dr. O[tto] Frölich u. Dr. [Karl] E[duard] Zetzsche: Die Erfordernisse z. Telegraphiren. 1887.
2 = Betrieb, Der, u. d. Schaltungen d. elektr. Telegraphen. Unter Mitw. von einigen Fachmännern bearb. von Prof. Dr. A[dolf] Tobler, [Zürich], u. Zetzsche. 1891.
2, Erg = Zetzsche: Amerikan. Schaltungen f. d. mehrfache Telegraphie. Nach Ch. Thom and W. H. Jones: Telegraphic connections ... frei bearb. 1894.
= **Handbuch** d. elektr. Telegraphie. Bd 3. [08. 9834

Methode Rustin. **Telegraphie** und Fernsprechwesen von e. höheren Telegraphenbeamten. Lfg 1. Potsdam & Leipzig: Bonneß & Hachfeld [um 1900]. 4°(8°) [18.]
= **Selbst-Unterrichts-Briefe**. [18.] [08. 320

Télégraphie. La télégraphie sans fil. Son état actuel et ses chances d'avenir. D'après les essais transatlantiques de Marconi. ⟨Tirage spécial d'une série d'articles parus dans la Revue de l'Electricité [11e année, 1902].⟩ 65 p. 8. Berne, Office Polytechnique d'Edition et de Publicité, 1902. [fr. 1. —]

Die norddeutsche Telegraphie im Kriege. Berlin 1870. 4°. (Lithogr.)

**TELEGRAPHIE** aus Hymens Reiche. Darstellend ein Telegramm, beginnend: „Liebe Mutter!" unterzeichnet: „Bertha". O. O. u. J.
Verboten vom L.-G. Wien. 1879. § 516.

**Telegraphisten-Kalender,** internation. — Almanach télégraphique international. — International handbook for telegraphists. 1906. (Hrsg. v.) Geo. Evans u. Otto Cantzler. (325 S.) kl. 8. Gartz a. d. O., K. Fiebelkorn.
Erscheint nicht mehr. Geb. in Leinw. n.n. 4. 50

Telegraphos

*Τηλεγραφος ἡ Ελληνικος Ειδησεις διὰ τα Ἀνατολικὰ μέρη πολιτική, φιλολογική τε και ἐμπορική ἐφημερίς.* Redig. von Dr. Alexandrides. Wien, Zwecks Wwe. à Jahrg.

**TELEKE**, Heinr. Conr., Dorfbilder, mitgetheilt aus dem Nachlasse eines erfahrenen Landpfarrers. Berlin, Rücker, 1834. 8°. (1 Rthl.)
Engelmann, 2. Aufl., Lpz. 1837. S. 435.

Teleki, Andor: Die richtige Auswahl der amerikanischen Unterlagsreben [Aufsätze,] übers. und gesammelt. Fünfkirchen: Teleki 1902. 102 S. -- 121

Teleki, Andor, Hilfsbuch f. Weinbesitzer u. Weinhändler, s.: Hellenthal, K. A.

— Die Rekonstruktion der Weingärten m. Rücksicht auf die richtige Auswahl der amerikanischen Unterlagsreben. 2., vollständig umgearb. u. bedeutend erweit. Aufl. (VII, 200 S. m. 23 Abb.) gr. 8. Wien 907. A. Hartleben. 4.—; geb. n 5. —

Teleki, Graf. Franz — Gedichte des — —. Pest, 1857. Gedr. bei Josef Gyurian. (179 S. 8.)

Teleki, Franz, die Spiegelscheibe. Ein neues catoptrisches Instrument zur Messung terrestrischer Winkel and Bestimmung der Sonnenhöhen. Erfunden im Jahr 1812. Mit 1 Kupf. 8. Wien, Gerold.

**Teleki, Gräfin Iska, s.: Szikra.**

Teleki's, Graf Ladislaus, letzte Arbeit. Bruchstück einer Rede, die am 13. Mai 1861 im Unterhause zu Pest gehalten werden sollte. 8. (22 S.) Pest 861, Lampel.

**Teleki,** Graf Ladisl., üb. die Einrichtung e. gelehrten Gesellsch. in Ungarn. 8. Pesth 810.

**Teleki,** Graf Ladislaus, die Russische Intervention, nebst diplomat. Aktenstücken. Orig.-Ausg. für Deutschland. 8. (63 S.) Hamburg 849, Hoffmann & Campe. 1/4 ß

**Teleki,** Paul Graf, Atlas zur Geschichte der Kartographie der japanischen Inseln. Nebst dem holländ. Journal der Reise Mathys Quasts u. A. J. Tasmans zur Entdeckg. der Goldinseln im Osten v. Japan i. d. J. 1639 n. dessen deutscher Übersetzg. (20 Karten m. XII, 184 S. illustr. Text.) 60,5×44 cm. Budapest 909. Leipzig, K. W. Hiersemann. Geb. in Halbfrz. 220.—

Teleki's, Graf Samuel, Forschungsreise in Ost-Aequatorial-Afrika, s. Höhnel, Ludw. v. Zum Rudolph-See u. Stephanie-See.

Teleki von Szék, Graf Dominik

**Teleki,** Graf Dominik, Reise durch Ungarn u. einige angränz. Länder; aus d. Ungar. von L. v. Nemeth. Mit Kart. gr. 8. Pesth u. Leipz. 803. Hartleben. 1 ß 20 X

**Teleki** v. Szék, Dominik, Reichsgraf. Reisen durch Ungarn und einige angränzende Länder. Aus dem Ungrischen übersetzt durch Ladislaus v. Németh, Prof. am evangel. Gymnasium zu Raab.
8. Pesth 1805.

*Teleki* de Szék, Comit. Sam., s. *Bibliotheca* S. Com. **Teleki.**
Vgl. Szeck.

**Teleky,** Ludw., s.: Arbeiten, Wiener, aus dem Gebiete der sozialen Medizin.

Die Phosphornekrose. Ihre Verbreitung in Österreich u. deren Ursachen. Bericht erstattet d. internat. Vereinigung f. gesetzl. Arbeiterschutz von Dr. Med. Ludwig **Teleky**. Wien: F. Deuticke 1907. (V, 182 S.) 8°
= **Schriften** d. österr. Gesellsch. f. Arbeiterschutz. H. 12. [07. 10381

**Telemach,** oder das Eyland der Zauberinn Circe, ein Singspiel von zwey Abhandlungen ... in die Teutsche Mundart gesetzt von Jac. Ant. Edler von Ghelen. (Musik von Gluck.) Wien, Ghelen, o. J. [1765]. 4°. V: *Coltellini, Marco.* Vgl. XIV. Versteig.-Kat. v. Ign. Schwarz, Wien, 1. Teil (1926), Nr. 271. (DARP)

*Telemach.* Ein *musikalisches Schauspiel*, so auf gnädigsten Befehl Sr. Churfl. Durchl. *Carl Theodor*, ...., im *neuen Opera-Haus* zur Faschingszeit im Jahre 1780. aufgeführt worden. Aus dem Italien. übers. von *A. G. v. T. Z. S.* (*Ant. Graf v. Törring zu Seefeld*). Die Dichtkunst ist von Herrn Grafen *Serimann*. Die Musik von dem Herrn *Paul Grua*, Sr. Churfl. Durchleucht Capellmeister. (Nur Text, deutsch u. italien.) München, gedr. bey Frz. Jos. Thuille. Kl. 8°. (3 Bll. ausgebess. u. etw. fleckig.) Hübscher Ppb.
143 S. — Nicht häufig!

— Singsp. in 2 Aufz. von Hofmeister. 8. Passau, Ambrosi. 800.

Telemach. Ein großes heroisches Singsp. in 2 Aufz. Nach Hofmeisters Musik neu bearbeitet. 8. Passau. (Salzb. Mayr.) 800.

**Telemach.** Großes heroisches Singspl. in 3 A. 8. Passau 800. (Salzb., Mayr). 8 Kr

— der, travestirt von Perinet in 3 Aufz. 8. Wien, Wallishäußer. 805.

— auf der Insel der Calypso. Ballet in 3 A. 8. Wien 807. Wallishausser. 2 Kr

**Telemach** und Nausikaa. Zürich 1777. V: *Bodmer, Joh. Jac.* (JL) (GGr) (Cat. d. Stadtbibl. Zürich. Zürich 1864—97.)

Telemach, der neue, od. d. Reisen u. Begebenh. d. Grafen v. ***, a. d. Franz. 8. Bresl. 745.

— Prinz v. Ithaka. Oper, ganz neu bearb. 8. Weimar, Hoffmann. 797.

**Telemach.** Prinz von Ithaka; eine heroisch-komische Oper in zwei Aufzügen . . . Weimar 1797. V: *Vulpius, Christian August.* (Ky) (MGT) (BrMm)

— — — 1r Thl. Posse v. Hensler in 2 Aufz. 8. Wien, Wallishäußer. (Schaumburg.) 802.

— — — 2r Thl. Posse v. Hensler in 2 Aufz. 8. Ebend. 805.

—'s Begebenheiten auf der Insel d. Calypso. Tragödie. 8. Liegnitz, Siegert. 740.

Telemachs, Sohn des Ulysses, wunderbare Begebenheiten, ein Heldengedicht in vier und zwanzig Büchern, aus dem Franz. des Fenelon aufs neue übersetzt und mit Anmerkungen begleitet, mit Kupf. 8. Nürnberg, 788. Monath. 1 Rthl.

**Telemachus** Ulyssis filius, seu exercitatio ethica moralis . . . Aug. Vind. 1764. V: *Fénelon, Franç. de Salignac de La Motte.* (Cat. d. Stadtbibl. Zürich. Zürich 1864—97.)

Telemachus [Pseud.], s. Pyl, Christoph

**TELEMACOMANIE.** Poetisch-prosaisches Quodlibet von Gereimt- u. Ungereimtheiten, concipirt im Jahr der Winde von *Reimarus, Aeronauta* u. *Dichtler*, dem Aeoliden. („Quos ego!" etc. Virg. Aen.) Hierzu als Dreingabe, eine Dosis Nasenweisheit, dispensirt vom Homöopathen *Naso-Nasica.* („Similia similibus curantur.") Leipzig 1837, in Commiss. bei B. G. Teubner. 8°. (8 Kr. Halm & Goldmann, Wien, 1907.)

Selten! — 327 S. (incl. 4 Bll. Vorst.), 1 Bl. Nachschrift, 1 leeres Bl.

Telemann, Geo. Mich., († d. 4. März 1831.) Beitr. zur Kirchenmusik, bestehend in e. Anzahl geistl. Chöre, wie auch für die Orgel eingerichteter Choräle u. Fugen. Fol. Königsb. 785.

— Fortsetzung einiger Anmerkk. zur Königsberg. latein. Grammatik. 8. Riga 781. (35 S.)

— Regeln der deutschen Orthographie, aus fremden u. eigenen Bemerkungen. 8. Riga 779. Hartknoch in Leipz. 6 Kr

— Samml. alter u. neuer Kirchenmelodien für das seit dem J. 1810 in der evangel.-luther. u. reformirten Kirchen zu Riga u. in Livland eingeführte neue Gesangbuch, mit Harmonie verbunden. gr. 4. Riga 812.

— Unterr. im Generalbaßspielen auf der Orgel od. sonst e. Clavier-Instrumente. 4. Hamb. 773.

— üb. die Wahl der Melodie eines Kirchenliedes, nebst e. Anh. Beilage zu sm. Choralbuche. 8. Riga 821. (14 S.)

**Telemann,** Walter, Volontär-Assistent: Aus d. Kgl. mediz. Univ.-Poliklinik Königsberg i. Pr. Über die Konfiguration des Oesophagus in Beziehung zu physiologischen und pathologischen Zuständen desselben. Berlin: S. Karger 1906. (43 S.) 8° ¶(Aus: Archiv f. Verdauungskrankheiten Bd 12.)

Königsberg, Med. Fak., Ref. Lichtheim, Diss. v. 15. Nov. 1906

[Geb. 8. Febr. 82 Königsberg i. Pr.; Wohnort: Königsberg; Staatsangeh.: Preußen; Vorbildung: Gymn. Königsberg Reife O. 00; Studium: Königsberg 8, Halle 1 S.; Coll. 25. Juli 06; Approb. 5. Juni 05.]

Télémaque, les aventures de, par François de Salignac de la Motte de Fénelon, avec fig. 12. Paris. (Sommer à Lpz.)

— — le m. (p. François) 12. Paris. (Hinrichs à Lpz.)

Télémaque, les avantures de, par Fénelon. 2 Vol. 18. Edition stéréotype. Paris, Didot. (Leipsic, Fr. Fleischer.)

— — le m. av. remarq. p. M. Plat. 8. Frcf. Brönner. 732.

— — le m. av. fig. gr. 12. Basle, Schweighäuser. 773.

— — le m. 12. Venice. (Thurneysen, Basle.) 777.

— — le même. II Vol. 12. Cassel, Tourneysen. 791.

— — le m. mit Anm. u. K. 8. Wien, Tendler. 795.

— — le m. av. fig. 12. Bern, Soc. Typogr. 804.

Télémaque, les aventures de, par François de Salignac de la Motte de Fénelon. 8. Bresl. Korn d. ält. 804.

— — le m. m. deutsch. Anm. v. Ehrenreich, v. rm. v. Köhler. 8. Ulm, Wohler. 805.

Télémaque, les aventures. III Vol. 12. Vienne, Rehm. 805. (à 12 gr.)

— — le m. 8. Halle, Waisenh. 808.

— — le m. avec un vocab. franç. allem. etc. 8. Coln, Rommerskirchen. 808.

— — le m. sans vocab. 8. ibid. 808.

— — le m. 8. Hannov. Hahn. 810.

— — le m. av. une explic. franç.-danoise des mots les plus diffic. 8. Copenh. Brummer. 810.

— le même. Nouv. Edition. 8. Halle, Waisenh. 821.

— — le m. franç. allem. 8. Bregenz. Brentano.

— — le m. m. deutsch. Uebers. v. Jac. Schultes. gr. 8. Ulm, Wohler. 771.
m. Kupf.

— — le m. franç. et allem. av. fig. gr. 8. Ulm, Wagner. 772.

— — le m. franç. et lat. 8. Ulm, Wohler. 755.

— — in deutsche Verse gebracht, m. Anm. v. Neukirch. 3 Thle. m. K. Fol. Ansbach, Haueisen. 734–39.

— — dass. 3 Thle. m. K. gr. 8. Ebend. 739.

— — dass. 3 Thle. m. K. gr. 8. Nrnb. Stein. 767.

— — in e. Heldeuged. m. Anm. v. Faramond. 2 Thle. m. K. 8. Ebend. 788.

— — ders. ins Deutsche übers. m. K. 8. Nrnb. Monath. 805.

— — neu verdeutscht, m. Portrait d. Verfass. 8. Wien, Doll. 807.

— — ins Engl. übers. 8. Jena, Akad. Buchhdl. 796.

— — ins Engl. übers. 2 Bde. 18. Wien, Sammer. 796.

— — Engl. 2 Bde. 8. Copenh. Brummer. 797.

— — ins Engl. übers. v. J. Hawkesworth. 12. Paris. (Hinrichs in Lpz.) 804.

— — ins Ital. übers. v. Moretti. 8. Jena. 726.

— — ders. Ital. übers. v. Ehrenreich. 8. Stuttg. Erhard. 747.

— — ins Ital. übers. v. J. Toscana. 2 Bde. 8. Frankfurt, Varrentrapp. 759.

— — ders. ins Ital. übers. v. Deschnero. 8. Wittenb. Kühne. 775.

— — ders. ins Ital. übers. gr. 12. Basel, Schweighäuser. 792.

— — ins Ital. übers. v. F. B. Pagani rc. 8. Wien, Doll. (Tourneisen in Cassel.) 807.

— — ital. u. deutsch. 2 Thle. gr. 8. Basel, Schweighäußer. 772.
Schreibp.

— — ital. m. deutscher Uebers. 2 Bde. 8. Wien, Doll. 807.

— — in lat. Verse übers. 2 Bde. m. K. gr. 8. Berlin, Voß. 743.

— — ins Lat. übers. v. Greg. Trautwein. 8. Frankf. 744.

— — — dass. 8. Ulm. Wohler. 749.

— — — dass. 8. Stuttgart, Löflund. 758.

— — ders. ins Lat. übers. m. Sinceriischen Noten. 8. Stuttg. Erhard. 788.

— — ins Lat. übers. v. Gr. Trautwein. 8. Wien, Doll. 807.

— — lat. m. d. deutsch. Uebers. rc. 2 Bde. Ebend. 807.

— — ders. ins Span. übers. 12. Lpz. Sommer. 804.

— — ins Span. übers. Paris. (Hinrichs in Lpz.) 804.

Télémaque moderne, s. Jussieu, Laur. de.

Télémaque, petit, ou abrégé des aventures de Télémaque, fils d'Ulysse, d'après l'ouvrage de Fénélon. Dédié à la jeunesse et publié par un Instituteur. Nouv. Edit. rev. et corrigée par J. Emmert. 8. (9½ B.) Tübingen 828, Osiander.
Vgl. Fénélon.

**Teleny.** Privtadruck. Aus d. Englischen von Dr. John Stahl. (Venus Errata Bd. II.) 190*. V: *Wilde, Oscar* (?). (BGE VII³, 602)

**Teleorama,** I. Eine optische Unterhaltung, aus 8 ausgeschnitt. Landschaften bestehend, wovon eine hinter der andern zwischen zwei Papierstreifen von 2½ Schuh Länge angebracht ist, die sich sämmtl. zusammenlegen lassen, u. beim Auseinanderziehen, auf eine überraschende Art, in einer sehr tiefen Perspective eine Menge Figuren darstellen, die entweder in einer ländl. Gegend od. in e. schönen Garten, verschiedenartig beschäftigt erscheinen. Taschenform. Wien ... Müller. Im Etui. 1 ₰ 8 gr. — II. Eine ähnl. Unterhaltung. Ebd. 1 ₰ 8 gr. — III. Eine ähnl. Unterhaltung, das Innere einer goth. Kirche darstellend. Ebd. 20 gr.

Telephon,

— **das,** oder der Wurstredner. Humoreske in 2 Acten. 16. (24 S.) Paderborn 878. Bonifacius-Druckerei. — 30

„Telephon", das, od. der „Wurstredner". Humoreske in 2 Akten. 2. Aufl. gr. 16. (24 S.) Paderb. 892, Bonifacius-Druckerei. — 30

Das Telephon : 1881? – 1883?

Literary weekly. Large quarto, each 8 pages. Edited & published by George Stein. New York, NY

Telephon : 1886? – 1899?

Sunday publication of MILWAUKEE SEEBOTE. Circulation: 1890, 4700; 1898, 8856. Milwaukee, WI

**Telephon, das.** Sächsisches illustr. Familienblatt. Red.: Hans v. Helden. 2. Jahrg. 1903. 52 Nrn. (à ca. 16 S.) gr. 4. Leipzig, C. Oberlaender. 4.80
Erscheint nicht mehr. Firma erloschen.

**Telephon, Das,** der Phonograph und das Mikrophon; drei akustische Erfindungen . . . Leipzig 1873. V: *Gretschel, Heinr.* (Zuwachsverz. d. Bibl. Zürich 1898 ff. 8.)

**Telephon,** das, der Phonograph u. das Mikrophon. 3 akust. Erfindungen der neuesten Zeit. [Aus: „Jahrbuch der Erfindungen".] Mit 19 Holzschn. im Text. 8. (44 S.) Leipzig 878. Quandt & Händel. n. 1. —

**Telephon,** das, das Mikrophon und der Phonograph. (Aus „Jahrbuch der Erfindungen".) 2. umgearb. und wesentlich verm. Aufl. gr. 8⁰. IV, *139* S. mit 70 eingedr. Holzschn. Leipzig. Quandt & Händel. 1883. M. 2.25

**TELEPHON** für Verliebte. O. O. u. J.
Verboten vom K.-G. Leitmeritz, 10. Mai 1889. § 516.

Telephonabonnentenverzeichnis. Bernisches T'-A'-V' mit Moment-Register. ([1.] Ausgabe, Oktober 1906.) Herausgeber: Handels- & Industrie-Verlag A.-G. Bern.... IV + 98 S. 8. (Bern, Dürrenmatt.) (fr. 1. —)

Telephonabonnentenverzeichnis. Bernisches T'-A'-V' mit Moment-Register. [2. Ausgabe.] Herausgeber: Buchdruckerei N. Dürrennatt-Egger in Bern.... IV + 68 S. 8. [1907.] [fr. —.50]

Telephonabonnentenverzeichnis. Bernisches T'-A'-V' mit Moment-Register.... Herausgeber: Buchdruckerei N. Dürrenmatt-Egger in Bern. 8. [fr. —.50]
[3. Ausg.] IV + 68 S. [1908.] — [4. Ausg.] 1909. Nachträge nach offiziellen Angaben bis 15. Jan. 1909. IV + 80 S. — [5. Ausg.] 1910. Nachgeführt bis Anfang März 1910. IV + 98 S.

**Telephon-Adressbuch f. Bayern. Telephon-Teilnehmer-Verzeichnis, nach Berufsarten, Branchen u. s. w. geordnet von J. B. v. Seyffertitz. gr. 8. (296 u. VII S.) München (902). (Ch. Kaiser.) Geb. in Leinw. n. 2. 50**

Telephonadressbuch. Telephon- und Handels-A' für das Deutsche Reich, Böhmen und die wichtigsten Handelsplätze Belgiens, Hollands und der Schweiz. Jahrg. 1901. Von Victor Franz Zimmermann.... [Mit] Portrait... [Tafel]. VIII + 2048 (+ *zus.* 412) S. gr.-8. Hamburg, Victor Franz Zimmermann. [geb. M. 12. —]

**Telephon- u. Handels-Adressbuch** f. das Deutsche Reich, die Haupt- u. Residenzstadt Wien u. die wichtigsten Handelsplätze Belgiens, Hollands u. der Schweiz. Jahrg. 1902 v. Vict. Frz. Zimmermann. gr. 8. (IV, 2187 u. 228 S.) Hamburg 902. (Verlagsanstalt u. Druckerei.) Geb. in Leinw. n. 12. —

**Telephon- u. Handels-Adressbuch f. das Deutsche Reich, Fortsetzung, s.: Zimmermann, Vict. Frz., Telefon- u. Handels-Adressbuch.**

**Telefon-Adressbuch für die gesamte Lausitz u. die Städte Radeberg (Sachsen) u Reichenberg (Böhmen). Hrsg. m. Genehmigung der Oberpostdirektionen Liegnitz, Frankfurt a. O., Dresden u. des k. k. Post- u. Telegraphenamts I in Reichenberg, nach amtl. Material. (84 S.) gr. 8. Weisswasser (906). E. Hampel. n. 1. 20**

— österreichisches. I. Thl.: **Fachregister.** Zusammengestellt auf Grund der v. den Telephon-Abonnenten ausgesprochenen Wünsche. II. Thl.: Alphabetisches Verzeichniss. Zusammengestellt auf Grund der amtl. Verzeichnisse u. der dazu erschienenen Nachträge. Apr. 1894. gr. 8. (XVI, 109 u. 285 S.) Wien 894. Volkswirtschaftl. Verlag, A. Dorn. Geb. n. 4. —

**Telephon-Adressbuch** f. das Deutsche Reich. 9. Ausg. 1893. gr. 8. (XXV, 356 u. 905 S.) Berlin, Verlag d. Telephon-Adressbuch, Mor. Warschauer. Geb. in Leinw. n. 8. —

**Telephon-Adressbuch** f. das Deutsche Reich. 2 Thle. in 1 Bde. 14. Ausg. 1898. gr. 8. Berlin, Verlag d. Telephon-Adressbuchs. Geb. in Leinw. n. 12. —
I. Branchen-Register. Zusammengest. auf Grund der v. d. betheiligten Fernsprech-Angeschlossenen gemachten Angaben.
II. Alphabet. Namens-Ordng. Zusammengest. auf Grund d amtl. Verzeichnisse u. der bisher zu denselben erschien. Nachträge. Das Verzeichniss der Reihenfolge der Städte befindet sich vor Beginn d. Branchentheils. (XL, 259 u, 1008 S.)

— f. d. Deutsche Reich. 2 Thle. i. 1 Bde. 18. Ausg. 1902. gr. 8. Berlin, Mor. Warschauer. Geb. in Leinw. n. 12. —
I. Branchen-Register. Zusammengestellt auf Grund der v. den betheiligten Fernsprech-Angeschlossenen gemachten Angaben. — II. Alphabetische Namens-Ordnung. Zusammengestellt auf Grund der amtl. Verzeichnisse u. der bisher zu denselben erschienenen Nachträge. (92, 311 u. 1758 S.)

— f. das Deutsche Reich. 2 Tle. in 1 Bde. 21. Ausg.: 1905. gr. 8. Berlin, Mor. Warschauer. Geb. in Leinw. 18. —
I. Branchen-Register. Zusammengestellt auf Grund der v. den beteiligten Fernsprech-Angeschlossenen gemachten Angaben.
II. Alphabetische Namens-Ordnung. Zusammengestellt auf Grund der amtl. Verzeichnisse u. der bisher zu denselben erschienenen Nachträge. (14, 367, 88 u. 2418 S.)

**Telephon-Adressbuch** f. das Deutsche Reich. 3 Tle. in 1. Bde. 26. Ausg.: 1910. Lex. 8. Berlin, Mor. Warschauer. Geb. in Leinw. 20. —
I. Branchen-Register. Zusammengestellt auf Grund der v. den beteiligten Fernsprech-Angeschlossenen gemachten Angaben. — II. Alphabetische Namens-Ordng. Zusammengestellt auf Grund der amtl. Verzeichnisse u. der bisher zu denselben erschienenen Nachträge. — III. Das an Deutschland angrenz. Ausland. (12, 223, 104, 2176 u. 272 S.)

Telephon-Adressbuch, Schweizerisches, enthaltend die sämtlichen Inhaber von Telephon-Anschlüssen der Schweiz, alphabetisch nach Orten geordnet. 1147 S. Basel u. Leipzig: Theophil Weber. 1900.

Telephonadressbuch. Schweizerisches Telephon-Adressbuch hrg. von Theophil Weber. 2. Ausg. — Almanach d'Adresses téléphoniques Suisse par Theophile Weber. 2e Ed. IV + 1059 + 88 S. 8. Basel, Theophil Weber, 1901. [geb. fr. 6. —]

Telephonadressbuch. Schweizerisches Telephon-Adressbuch hrg. von Theophil Weber. 3. Ausg. — Almanach d'Adresses téléphoniques Suisse par Theophile Weber. 3e Ed. IV + 1011 S. 8. Basel, Theophil Weber, 1902. [geb. fr. 6. —]

Telephonadressbuch. Schweizerisches Telephon-Adressbuch 1902/3. Separat-Ausgabe des Taxen-Verzeichniss für Gespräche im In- und Auslande. II + 132 [+ 16 leere] S. 8. Basel, Theophil Weber. fr. 1. —

**Telephon-Adressbuch** f. Süd- u. West-Deutschland. Ausg. 1890/91. gr. 8. (X, 169 u. 282 S.) Hannover 890. Thdr. Schulze's Buchhandlg. geb. n.n. 5. 50

Telephonie, die, und ihre Anwendung. (Samml. wiss. u krit. Schriften 9) Berlin 1878

**Telephonnetz, Das Wiener,** der Wiener Privat-Telegraphen-Gesellschaft. Mahnruf eines Actionärs . . . Wien 1891. V: *Frankenstein, Carl.* (EB)

**Telephon-Netz,** Das Wiener, der Wiener Privat-Telegraphen-Gesellschaft. Mahnruf eines Actionärs aus Anlass der jüngst beschlossenen Capitals-Vermehrung. Gr.-8. (16 S.) In Comm. —.10
Wien: R.Löwit 1891.

Telephonzeiger. Zürcher T'-Z'. (*Jahrg. 1:* Praktisches für jeden Geschäftsmann unentbehrliches Nachschlagebuch.) Jahrg. 1 ... *u.* 2.... Die Städte Zürich und Winterthur umfassend. 8.
Jahrg. 1. 1908.... (XIV + *zus.* 197 S. + *Anzeigen.*) Zürich, Pressbureau Richard Frei. (fr. 2. —)
Jahrg 2: 1909/1910 (Richtig gestellt auf 15. Oktober 1909).... Bearb. von Richard Frei. VIII + 230 + 319 S. + *Anzeigen.* (Zürich,) Pressbureau R' Frei & Co. [fr. 3. —]

**Telefchoff,** Heimwärts!, f.: Pilgergrüße Nr. 9.

Télescope

— de Zoroastre; ou clef de la grande Cabale divinatoire des Mages, avec fig. gr. 8. Leipz. 769. Sommer. (W. Nauck). 1 ℛ

**Telesdes,** Schüler des Aristoteles, und Macion, Hofjunker des Alexanders. O. O. 1779. V: *Neumann, Carl Gustav Friedrich.* (ML)

Telesforo de Trueba y Cosio, Gomez Arias, od.: die Mauren der Alpujarren. Ein histor. Roman. A. d. Engl. frei übers. v. † G. Sellen. 3 Bdchn. 8. (... B.) Leipzig 829, [Krappe.]

—— der Kastilianer. A. d. Engl. v. *r. (G. W. Becker.) 3 Thle. 8. (47½ B.) Leipzig 829, Wienbrack.

**Telesforo de Trueba y Cosio, Don, Life of Hernan Cortes. The annotations, the Dictionary, and the correction of the press by John Sporschil. 8. (21¼ B.) Leipsic 837, Ph. Reclam jun.**

**Telescop**, das, oder Fernrohr zur Betrachtung der ausländ. Thierwelt, nebst Anh. von einigen ägypt. Mythen. Mit 23 ill. Kpft. gr. 8. Berl. 822. Flittner. (Sander). 3 ß 6 gr

Der Deutsche Teleskop: Oct. 1846 - ?
Edited by Nehemiah Altman. Dayton, OH

**Teleskop des Zoroaster**, s. Wunder-Schauplatz der geh. Wissenschaften.

— des Zoroasters, od. Schlüssel zur großen wahrsagenden Kabbala der Magier; aus d. Französ. Mit Kpf. 8. Leipz. 797. Rein. 16 gr

Teleskopgasbehalter, Freistehender schmiedeeiserner – von 10000 kbm Inhalt mit schmiedeis Bassin (Patent Intze) auf der städt. Gasanstalt zu Charlottenburg i. J. 1886 erbaut von der Berlin-Anhalt. Maschinenbau-Aktien-Gesellschaft in Moabit. (S.-A. a. d. „Zeitschrift des Vereines deutscher Ingenieure", Bd. XXXI.) Berlin 1887. 4.

Telesus, in 12 Büchern; aus d. Französ. (v. L. F. Huber). 8. Leipz. 784. (W. Vogel). 18 gr

**Teleszky**, St., Entwurf d. ungarischen Erbrechts, verfaßt u. auf Grund der im Justizministerium gepflogenen Berathungen umgearb. Im Auftrage d. kgl. ungar. Justizministeriums übers. v. Th. Kern. 2 Lfgn. gr. 8. (XX, 142 S.) Budapest 887. Lógrády. n. 2. —

**Teletis** reliquiae, edidit, prolegomena scripsit O. Hense. gr. 8. (CXII, 96 S.) Freiburg i/Br. 889. J. C. B. Mohr. n. 5. 60

**Teletis** reliquiae. Recognovit, prolegomena scripsit Otto Hense. Ed. II. (CXXIV, 107 S.) gr. 8. Tübingen 909. J. C. B. Mohr. 7. —

**Teletow**, Iwan, a. Astrachan: Katalytische Reaktionsgeschwindigkeit in heterogenen Systemen. Vergleich der Zersetzung des Wasserstoffsuperoxyds an Platinblechen mit der Colloidkatalyse. Heidelberg 1900: K. Rössler. (82 S.) 8°

Heidelberg, Naturw.-math. Fak., Ref. Curtius, Diss. v. 24. Nov. 1906

[Geb. 17. Nov. (a. St.) 78 Astrachan; Wohnort: Riga; Staatsangeh.: Rußland; Vorbildung: Realsch. Petersburg Reife O. 96; Studium: T.H. Riga 14, Leipzig 1, Heidelberg 4 S.; Rig. 17. Juli 06.]

**Telfs** und seine Umgebung. Herausgegeben von der Sektion Telfs des deutschen und österreichischen Alpenvereins. Kufstein 1886. V: *Daum, Karl.* (margr)

**Telfs** und seine Umgebung ... Innsbruck 1901. V: *Pöschl, Josef.* (margr)

**Telfy, Joa. Bapt., Corpus juris attici. Graece et latine. E fontibus composuit, commentario indicibusque instruxit. Lex.-8. 8 Fasc. (XVI und 664 S.) Pest 868, Lauffer's Verlag. ***

**Télfy**, J. B., meine Erlebnisse in Athen. 8. (143 S.) Budapest 890. Lauffer. n. 1. 60

**Télfy**, Joa. B., opuscula graeca, quae primum in Graecorum Ephemeridibus scripsit, nunc autem sollemniter celebrato seculari restaurati regiae scientiarum universitatis ungaricae festo collecta ed. J. B. T. Lex.-8. (X, 116 S.) Budapest 880. (Lampel.) n. 2. 80

—— Sententiae scriptorum graecorum. Γνῶμαι ἑλληνικῶν συγγραφέων. 16. (VIII und 219 S.) Pest 864, Lampel. * geb. *

Télfy, Joh., Studien über die Alt- und Neugriechen und über die Lautgeschichte der griechischen Buchstaben. gr. 8. (VIII und 130 S.) Leipzig 853, C. H. Reclam sen. Thlr.

**Télfy, J. B., Athens dreißig Tyrannen.** Roman 8. (279 S.) **Budapest. 871. Lauffer.** n. 3. 60

**Télfy**, Iwán, Chronologie u. Topographie der griechischen Aussprache. Nach dem Zeugnisse der Inschriften. 8. (VIII, 86 S.) Leipzig 893. W. Friedrich. n. 2. —

Télfy Zima, Ignazio — **Deutsches Lesebuch ossia** primi esercizi di Lettura per l' uso della gioventù italiana di — —. Como, 1856. Coi tipi di Giuseppe Hedaelli. Presso Carlo e Felice Ostinelli di C. A. (228 S. 8.)

**Telge**, Felix (Hrsg.), s. Zeitung, Illustr. landwirthschaftliche.

Telge, J.: Ill. Katalog über landwirtschaftliche Maschinen und Geräte. Oldenburg (1894)

Telgmann, ..., (Hoftischler in Gandersheim,) († 181..) s. Taschenbuch f. Tischler.

**Telgmann, H., das bürgerliche Gesetzbuch**, s.: Wolf, B.

Telgmann, J., und W. Krause, die Nerven-Varietäten, s. Krause, W.

Telgmann, Johannes: Wirkung der Eintragung in das Handelsregister und der Veröffentlichung aus demselben. Hannover 1903. H. Höltje. (47 S.) 8°
Göttingen, Jur. Diss. v. [20. Okt.] 1903

**Telgmann**, Johs., Wirkung der Eintragung in das Handelsregister u. der Veröffentlichung aus demselben. Diss. (47 S.) gr. 8. Hannover 903. (Göttingen, Vandenhoeck & Ruprecht.) n. 1. 20

Telgmann, Rudolf Friedrich

**Telgmann, Rud. Fried., v. d. Ahnenzahl, der. Ursprung, wie auch vormaligen u. heutigen Nutzen. 4. Hannov. Helwing. 733.**

TELGMANN, Rud. F.: Einleit. zu der Geschichte d. Röm. Rechts, m. krit., hist., polit. u. rechtl. Anmerkk., herausg. v. H. G. SCHEIDEMANTEL. 2 Thle. (*Salzwedel* 730.) *Lpz.*, Weidmann. 780. 8. (2 Thl. 4 Gr.)

Telgmann, Rudolph Friedrich (Duingen) A. S. 836/31

Dissertatio iuridica de frustranea cadaveris inspectione in homicidio.
Präs. Polycarp Leyser.
Helmstedt (Hess) 24. XI. 1723. 27 S.

Gew.: Andreas von Bernstorff. 34205

Telgmann, Rudolph Friedrich (Duingen) A. S. 330/45

Dissertatio iuridica de frustranea cadaveris inspectione in homicidio (dass die Besichtigung bey geschehenen Mord vergebens sey).
Präs. Polykarp Leyser. Rec.
o. O. 1731. 29 S.

Diss. Helmstedt 24. XI. 1723. 34206

**Telgmann**, Rud. Frid.: Commentatio juris feudalis de genuina significatione vasalli ejusque jure exinde fluenti. Von der eigentlichen Bedeutung des Lehn-Mannes und dem daraus fließenden Rechte und Gerechtigkeit. Brunsvigae et Lipsiae 1728.

— de genuina significatione vasalli ejusque jure. 4. Brschw. Runge. 728.

Telln's Wahnsinn u. ates Leben u. d. Sturz vom Felsen um Mitternacht, nebst and. romant. Gemälden z. Unterhaltung v. H. A. Langbein. 8. Lpz. Joachim.

**Telke**, Car. Julius (geb. Thorn 1810). De jodii effectibus atque usu. Berolini (1837). (38 S.) 8°
Berlin, Med. Diss. v. 26. Juni 1837

Tell [Sachliches OW]

**Tell.** Große romant. Oper, s.: Mobe's Opern-Text-Bibliothek.

Tell, heroisch-romant. Oper in 4 Akten, nach Jouy u. Bis frei bearb. v. † Th. Hell. Musik v. Rossini. gr. 8. (4 B.) Mainz 830, Schott's Söhne.

**Tell.** Schweizerische Unteroffiziers- und Schützenzeitung. 1880. 52 Nrn. In-4°. Bern, Lang & Cie. Per Jahr 4 50

**Tell.** Schweizerische Unteroffiziers- und Schützenzeitung. VIII. Jahrgang, 1881. 12 Nrn. in-4°. Bern, Lang & Cie. Pro Jahr v. 1. Oct.

**TELL**, Auguste. 2 Thle. Leipzig, Köhler, 1804. 8°. (1½ Rthl.)

**Tell, Guillaume,** Fable Danoise. [Berne] 1760. V: *Freudenberger, Uriel.* H: *Haller, Gottlieb Emanuel von.* (ML) (Adel)

— Guillaume, ou la Suisse libre p. Florian. 8. Leipzig. (Thurneysen in Paris et Cölln.) 801.

— — le même. 8. Lpz. Gerh. Fleischer. 801.

— — le même, franç. et allem. par Weinziorl. 8. München. Lentner. 804.

**Tell: Le Guillaume Tell**
① et Tribune suisse (no. 4. du 3. 4. 1852) ③ La Tribune suisse ⑤ 28. 3. 1852—18. 5. 1852 (?) ⑥ in-2° ⑦ 6× par semaine ⑧ Berne: Benoît Vogel ⑩ B. Vogel ⑪ B. Vogel ⑫ radical ⑬ BGSZ: 973 ⑭ Be: S ⑮ Annoncé déjà pour l'année 1852 (v. «L'Helvétie fédérale» no. 260 du 31. 10. 1849 et «Le Guillaume Tell» du 18. 5. 1852).

**Tell**, Wilhelm, s. Engelhorn's, J., illustrirte Volksbücher.

**Tell**, Wilh., s. Florian.

**Tell**, Wilhelm, siehe: Guckkastenmann, der. — Kinder theater. 1. Hft. — Volksbücher. Nr. 3.

**Tell, Wilhelm,** frei geschriftstehlert v. Heimlich u. Stillvergnügt, s.: Karnevals-Bühne Nr. 11.

**Tell**, Wilh., s. Spyl.

Tell. Der Wilhelm Tell. Ein Dähnisches Mährgen. 1760 s. a. [Freudenberger, Uriel].

— ein dän. Mährchen, nebst der Vertheidigung. 8. Zürich 760. Orell. 4 gl

**Tell, W.,** oder der gefährliche Schuss. [Schauspiel.] [Zürich] 1775. V: *Bodmer, Johann Jacob.* (Ky) (ML) (GGr) (Cat. d. Stadtbibl. Zürich. Zürich 1864—97.)

— ein Trspl. (v. Jos. Ign. Zimmermann). 8. Basel 777. Schweighäuser. 5 gl

Tell, Wilhelm, Trauersp. von Zimmermann. 8. Basel, Schweighäuser. 779.

— Wilhelm, Schweizerisches Nationalschausp. v. Ambühl. 8. Zürich, Orell, F. u. Comp. 792.

Tell, Wilhelm, nach Florian, v. Verf. d. Fündlinge. 8. Dresden, Arnold. 803.
Rchlr.
Holl. Pap.
Velinpap.

— Wilhelm, Schausp. in Jamben, v. Veit Weber (L. Wächter). gr. 8. Berlin, Maurer. 804.
Schweizerp.
Velinp.

— — dass. a. d. Franz. des Florian, v. Weinziert, m. K. 8. München, Lentner. 804.

— Wilhelm, Trauersp. v. Fr. Schiller. 12. Tübing. Cotta. 804.
mit 1 K.
Postp. ohne K.
in kl. 8. Postp.
Druckp.

— — dasselbe mit 3 K.

**Tell, Wilhelm.** Großes pantomim. Ballet in 4 A. 8. Wien 810. Wallishausser. 2 gl

Tell, Wilhelm, Trauerspiel von Fr. v. Schiller. 3te Aufl. gr. 8. Tübingen, Cotta. 817.

**Tell: Wilhelm Tell**
① Tägliche Schnellpost von Zürich (7.—13. 2. und 20.—24. 3. 1839); Tägliches Abendblatt von Zürich (14. 2.—19. 3. 1839) ⑤ 7. 2. 1839—24. 3. 1839 (?) ⑥ 2° ⑦ Tagblatt ⑧ Zürich: R. Meyer'sche Buchdruckerei ⑨ Frauen-Zeitung. Unterhaltungsblatt des Wilhelm Tell - Erste (Zweite, Dritte ...) Gabe (= 3. Seite); Zürcherisches Intelligenzblatt - Allgemeines Anzeige- und Berichtblatt des Wilhelm Tell (= 4. Seite) ⑩ J. H. Meyer (Zottelmeyer) ⑪ J. H. Meyer ⑫ radikal ⑭ Zh: Z.

**Tell, Wilhelm.** Schauspiel in 4 Akten, nach Schiller, frei bearb. zur Aufführung für Kinder u. auf Puppen-Theatern. 16. Hamburg 844, Hamburg-Altonaer Buchh. 1/8 ℛ

**Tell, W.,** Schauspiel in vier Akten, nach Schiller frei bearbeitet zur Aufführung für Kinder und auf Puppentheatern. Hamburg [18??]. V: *Constantin.* (GGr)

**Tell, Wilhelm.** Urner Volkskalender für die J. 1879—1885. 1.—7. Jahrg. 4. (à Jahrg. ca. 37 S.) Altdorf 883. (Bern, Jenni's Buchh.) à Jahrg. *

**Wilhelm Tell.** Urner Volkskalender für 1883. 5. Jahrg. In-8°, 48 S. Altdorf, Gebrüder Gisler. — 35

**Tell, Wilhelm,** u. die Anfänge der schweizerischen Eidgenossenschaft. 8. (64 S. m. eingedr. Holzschn.) Reutlingen 875. Enßlin & Laiblin. — 20

Tell, Wlh.; der Schütze, Geschichte der Schweiz vom J. 1307; ein Geschenk f. die gebild. Jugend 2c. Mit 12 ill. Kpf. 12. Bamb. 810. Lachmüller. 12 ℊ

Tell, Wilhelm, der Schütze, Geschichte d. Schweiz vom J. 1307, ein Geschenk f. die gebildete Jugend, mit 12 K. 12. Bamb. Lachmüller. 812.

**Tell, Wilhelm,** der Tausendkünstler oder der travestirte Tell. Ein heroisch-komisch-historisch-lyrisch-poetisches Schauspiel mit Gesang, Tanz und Spectakel in drey Acten. Wien. V: *Niemann, A. C.* (?). (EB)

— der Tausendkünstler à la Blumauer. Mit ill. Kpf. 8. Altenb. 805. Petersen. 21 ℊ

**Tell, W.,** und Gesslers Tod, zwei kleine Schauspiele. Zürich 1775. V: *Bodmer, Joh. Jac.* (JL)

Tell, Wilhelm [Schlagwort]

**Tell, Wilhelm.** Rein, B., Karte zu Schillers Tell. 1 : 50,000. 63 × 93 cm. Farbdr. Mit Text. gr. 4. (4 S. m. 1 eingedr. Karte.) Gotha 897. F. A. Perthes. n. 3. —

**Tell, Wilhelm.** Rein, B., Karte zu Schillers Tell. 1 zu 50,000. 2. Aufl. 63×93 cm. Farbdr. Mit Text. (4 S. m. 1 Kartenskizze.) Lex. 8. Gotha (906). F. A. Perthes. 3. —

— **Vogt, E.,** Schul-Wandkarte zu Schillers Wilhelm Tell. 1 : 45,000. 2., verb. Aufl. 2 Blatt à 82 × 50,5 cm. Farbdr. Breslau 897. E. Morgenstern, Verl. n. 4. —; auf Leinw. m. Stäben n. 6. 50

**Tell, Wilhelm. Vogt, E., Schul-Wandkarte zu Schillers Wilhelm Tell. 3. verb. Aufl. 2 Blatt à 80,5 × 50 cm. Farbdr. Breslau (902). E. Morgenstern, Verl. n. 4. —; auf Leinw. m. Stäben nn. 6. 50**

— Vogt, E., Schul-Wandkarte zu Schillers Wilhelm Tell. 1 : 45,000. 4., verb. Aufl. 2 Blatt à 82,5×51 cm. Farbdr. Breslau (908). E. Morgenstern Verl. 4.—; auf Leinw. m. Stäben n 6.50

Tell [Verfasser]

**Tell, Martin:** Ist der Wechsel ein Legitimationspapier? Berlin 1909: Wechselmann. 35 S. 8°
Heidelberg, Jur. Diss. v. 16. Febr. 1900, Ref. Heinsheimer
[Geb. 21. Nov. 83 Berlin; Wohnort: Fürstenwalde a. Sp.; Staatsangeh.: Preußen; Vorbildung: Sophien-Gymn. Berlin Reife M. 03; Studium: Berlin 1, München 2, Berlin 3 S.; Rig. 7. Aug. 07.] [U 09. 1922

**Tell, Thdr.,** die Mietskaserne. Der Geburtstag. 2 Humoresken. Illustriert v. Steph. Krotowski. (96 S.) 8. Dresden 906. E. Pierson. n. 1. 50; geb. n. 2. 50

Tell, Wilhelm: „Die Juden dürfen und können in christlichen Ländern keine bürgerliche Gleichstellung erlangen", Altona 1835. — Vorh.: Com. Bibl. Hamburg.

**Tell, W.,** die Juden dürfen u. können in christl. Ländern keine bürgerl. Gleichstellung erlangen. 2. Aufl. gr. 8. (1 B.) Wismar 835, Schmidt u. v. Cossel's Rathsbuchh. (Leipzig, Brockhaus.)

**Tell, Wilh.,** lateinisches Lesebuch f. Sexta u. Quinta im Anschlusse an die Grammatik v. Ellendt-Seyffert. 8. (VI, 242 S.) Berlin 871. Weidmann. n. 1. 50

**Tell, Wilh.,** lateinisches Lesebuch für Sexta u. Quinta im Anschluss an die Grammatik von Ellendt-Seyffert. 2. Aufl. gr. 8. (VII, 248 S.) Berlin 877. Weidmann. n. 1. 60

Tell, Wilh., lateinisches Lesebuch für Sexta und Quinta im Anschluss an die Grammatik von Ellendt-Seyffert. 3. Aufl. gr. 8. (V, 261 S.) Berlin 882, Weidmann'sche Buchh. *

**Tell,** Wilh., lateinisches Lesebuch f. Sexta u. Quinta im Anschluss an die Grammatik v. Ellendt-Seyffert. 4., umgearb. Aufl., besorgt v. Karl Jahr. gr. 8. (IV, 288 S.) Berlin 890. Weidmann. n. 2. —

**Tell:** Hyperidis orationis funebris quae supersunt. 14 S. – Nordhausen, Progr. 1861

Tell, Wilh. Rede zur Feier des 400jährigen Gedenktages der Geburt Dr. M. Luthers. 8 S. **Progr.** G. *Nordhausen* 1884.

Tell-Poussin, Gme.

**Tell-Poussin, öffentl. Bauwerke in d. Vereinigten Staaten v. Amerika. A. d. Franz. übertr. v. H. F. Lehritter. 2. Thl. — A. u. d. T.: Amerikan. Eisenbahnen: Geschichtliches ihrer Ausführung; Baukosten, Ertrag, Verwaltung u. Gesetzgebung ders. Nebst Beschreib. u. Zeichn. e. Stephenson'schen Eisenbahn-Dampfwagens, dann e. Uebersicht der bis Ende 1835 in d. Vereinigten Staaten ausgeführten, begonn. u. project. Eisenbahnen. gr. 8. (26 3/4 B., 1 Karte, 2 Stat. auf 1 Bl. u. 34 eingedr. Holzschn.) Regensburg 837, Pustet. Thlr.**

**Der 1. Bd. ist (1842) noch nicht erschienen.**

Tell City Anzeiger: Jg 1–46, No 39, Sept. 1, 1866–April 23, 1912.
Republican paper; supported Hayes. Only newspaper published in Tell City, 1866–73, 1877–87. Circulation: 1870, 600; 1880, 900; 1890, 760; 1900, 1250; 1910, 1000. Edited & published by G. F. Bott & M. Schmidt, 1866–71; by G. F. Bott, 1872–1909; by Otto E. Bott, 1910–12.
Tell City, IN

Tell City Beobachter: 1865—? Tell City, IN
Weekly.

Tell City Post: 1887. Tell City, IN
Only 2 issues printed by a man named Swint.

Tell City Volksblatt: 1865—? Tell City, IN
Weekly.

**Telle:** Über Einrichtung und Zweck des Turnunterrichts an Schulen. Potsdam 1862. 14 S. Potsdam, Städt. Realschule P 1862.

**Telle, Ed.,** biblische Alterthümer. Ein Handbuch für christliche Religionslehrer. 8. Berlin 843, L. Oehmigke. 1 ℛ

**Telle,** Hans, Korps-Stabsapotheker beim XIX. (2. K. S.) Armee-Korps, geprüfter Nahrungsmittelchemiker a. Langburkersdorf i. Sa.; Beiträge zur chemischen Kenntnis der Kamala und zur Konstitution des Rottlerins. Weida i. Thür. 1906: Thomas & Hubert. (35 S.) 8°
Leipzig, Phil. Fak., Ref. Beckmann, Hantzsch, Diss. v. 28. Juli 1906
[Geb. 1. Juli 75 Langburkersdorf; Wohnort: Leipzig-Gohlis; Staatsangeh.: Sachsen; Vorbildung: approb. Apotheker Juni 99 u. staatl. gepr. Nahrungsmittelchemiker; Studium: Leipzig 4, Rostock 2, Leipzig 9 S.; Rig. 3./17. Juli 06.]

**Telle,** Carl, die Assassinen. Ballet in 3 Acten. Musik von J. Forster. 8. (16 S.) Wien 883, [Wallishausser'sche Buchh.] Klinast. *

—— s.a. Assassinen, die. Ballet in drei Acten.

**Telle,** Carl, An d. Beresina. Ballet in 2 Act. (7 Tableaux). Nach d. Italien.: „Carlo il Quastatore" v. J. Rota). Musik v. P. Giorza. 8. (9 Taf.) Wien, Wallishausser'sche Buchh. (A. W. Kunast). 1883,

Telle, Carl, s.a. An der Beresina. (Erklär. Text.)

—— s. Spielmann, der. (Erklär. Text.)

— der Vater der Debütantin. Komisches Ballet in 3 Bildern. Nach dem gleichnam. Schwanke bearb. Musik v. A. M. Willner. 8. (16 S.) Ebend. 884. n. — 40

—— s.a. Vater, der, der Debütantin. (Erklär. Text.)

**Tellegen, Bern. Domin. Hub.,** disputatio juris gentium inaugur. de jure in mare, imprimis proximum. 8maj. (79 S.) Groningae 847. (Leer, Prätorius und Seyde.) *—

**Tell el-mutesellim.** Bericht üb. die 1903 bis 1905 m. Unterstützg. Sr. Maj. des deutschen Kaisers u. der deutschen Orient-Gesellschaft vom deutschen Verein z. Erforschung Palästinas veranstalteten Ausgrabgn I. Bd. Fundbericht. Erstattet v. G. Schumacher. Hrsg. vom geschäftsführ. Ausschuss unter verantwortl. Red. v. C. Steuernagel. Text- u. Tafelbd. (XV, 192 S. m. Abb. u. 1 farb. Taf. u. IV S. m. 50 Taf.) 32,5×25 cm. Leipzig 908. [R. Haupt.] J. C. Hinrichs' Verl. Text geh., Taf. in Leinw.-Mappe nn 40. —

**Tell El-Mutesellim.** Bericht über die 1903 bis 1905 mit Unterstützung d. deutschen Kaisers u. d. Deutschen Orient-Gesellsch. v. Deutschen Ver. z. Erforschung Palästinas veranst. Ausgrabungen. (Vorr.: Prof. E[mil] Kautzsch.) Bd 1. Leipzig 1908: R. Haupt in Komm. 2°(4°) [08. 7038

**Tellemann,** Ernst, Regierungsassessor in Kempen (Rheinland): Die historische Entwicklung des Begriffs „Landeskirche" in Deutschland, insbesondere in Brandenburg-Preußen und die den „Landeskirchen" in den dem Evangelischen Oberkirchenrat unterstehenden Landesteilen gewährten Privilegien und auferlegten Beschränkungen. Borna-Leipzig 1908: R. Noske. (IX, 84 S.) 8° [F.]
Leipzig, Jur. Fak., Diss. v. 13. Febr. 1908
[Geb. 10. Mai 76 Schkölen, Kr. Weißenfels a. S.; Wohnort: Kempen; Staatsangeh.: Preußen; Vorbildung: Gymn. Eisenberg (S.-A.) Reife O. 98; Studium: Jena 1, Leipzig 1, Kiel 1, Leipzig 1, Halle 3 S.; Rig. 17. Mai 02.]

Tellemann, Friedr. Aug.: Revisions-Ausführungen in Sachen des Oberlandesgerichts-Chefpräsidenten Frh. v. Gärtner. Revidenten, wider 1) den Curator im erbschaftl. Liquidations-Prozesse des verstorbenen Justiz-Commissarius Vietsch, . . . Criminalrath Werner zu Ratibor, und 2) die verw. Hof- und Criminal-Räthin Vietsch, geb. Conrad, Revisen. Naumburg 1826.

Tellemann, Friedr. Aug.: Revisions-Rechts-Ausführungen in Sachen der verw. Frau Kammerherrin v. Einsiedel, jetzt ihres Erben, des Lieutenants Baron v. Hünerbein auf Harkerode, Wiederklägers u. Revidenten, wider die Frau Majorin Gräfin v. Solms, Wiederbeklagte u. Revisin. Naumburg 1832.

**Tellemann,** Clara v., Gedichte. 12. (VII, 68 S.) Dresden-Blasewitz 900. R. v. Grumbkow. Mit Goldschn. 1. 60; geb. m. Goldschn. n. 2. 25

Eine Indienreise von Cl(ara) v. **Tellemann**. Mit 19 Ill. *Berlin: H. Walther 1900.* (152 S.) 8° [F.] [00. 8344

Dormition. Oratorium in 5 Abt. f. gemischten Chor, Soli u. Orchester. Von A. u. B. **Tellen**. 1. Auferstehung Christi. 2. Himmelfahrt d. Herrn. 3. Sendung d. hl. Geistes. 4. Entschlafen d. Gottesmutter (Dormition). 5. Krönung d. Gottesmutter im Himmel. (Text-Buch.) (Essen-Ruhr: Fredebeul & Koenen 1902.) (16 S.) 8° [F.] [07. 918

Tellenbach, Fritz. Der römische Dialekt nach den Sonetten von G(iuseppe) G(ioacchino) Belli. Diss. Phil. I. Univ. Zürich. 85 S. 8. Zürich, Gebr. Leemann & Co., 1909.

Tellenbach, Leo

Tellenbach, Maj., das preußische Bataillons-Exerziren. Für das unmittelbare prakt. Bedürfniß dargestellt und durch Zeichnungen erläut. unter besond. Berücksicht. des Neuabdrucks des Exerzier-Reglements für Infanterie vom 3. August 1870. gr. 8. (VIII, 81 S. mit 11 Taf. in Stndr. in qu. Fol.) Berlin 872, v. Decker'sche Geh. Ober-Hofbuchdr. *

—— dass. — Für das unmittelbare Bedürfniß dargestellt und durch Zeichnungen erläutert. 2. Aufl. unter besond. Berücksicht. der Allerhöchsten Kabinets-Ordre vom 19. März 1873, mit einem Anh.: Die Ausbildung des Bataillons zur Vorstellung. gr. 8. (XI, 172 S. mit 70 in den Text eingedr. Fig.) Ebendas. 874. *

Tellenbach, [Leo], das preußische Bataillons-Exerziren. Für das unmittelbare prakt. Bedürfniß dargestellt und durch Zeichnungen erläutert. 3. Aufl., unter besond. Berücksicht. des Neuabdrucks des Exerzir-Reglements für die Infanterie vom 1. März 1876, mit einem Anhang: Die Ausbildung des Bataillons zur Vorstellung. gr. 8. (XII, 183 S. mit 70 in den Text eingedr. Holzschn.-Fig.) Berlin 876, v. Decker's Verlag. *

— die Errichtung e. Tirailleur-Schule u. ihre Bedeutung f. die Erforschung d. Campagnefeuers sowie f. die Entwickelg der Infanterie-Taktik. gr. 8. (VIII, 105 S.) Ebend. 872. 2. 25

— Grundzüge zu e. Exerzir-Reglement f. die Infanterie nach den Anforderungen der Neuzeit. gr. 8. (VIII, 120 S.) Ebend. 875. 2. 25

Tellenbach, Leo: Über die preußische Infanterie 1869. Berlin 1870. 64 S.
(Vgl. hierzu: Bronsart v. Schellendorff, Paul.)

— Intelligenz u. Moral als Grundlagen moderner Truppen-Ausbildung u. moderner Truppen-Führung. Drei Vorträge. gr. 8. (63 S.) Ebend. 871. 1. 50

Tellenbach. Intelligenz u. Moral als Grundlagen moderner Truppenausbildung u. moderner Truppenführung. Berlin 1871. 63 S.
Über das zerstreute Gefecht einer Kompagnie.
Über den militärischen Wert der Rechtschaffenheit.
Über die allgemeine Aufgabe der Truppenführung.

— über die Kunst im feindlichen Feuer m. möglichst geringen Verlusten zu operiren. Eine Denkschrift. gr. 8. (16 S.) Ebend. 871. n. — 40

Tellenbach, Leo, über die Mittel, die Wirksamkeit des Infanterie-Feuers zu steigern. Mit einer Tab. u. 11 (eingedr.) Holzschn. gr. 8. (VIII, 56 S.) Berlin 878. Dümmler's Verl. n. 2. —

Tellenbach, Leo, das Schießen der Infanterie. Leitfaden bei der Ausbildung zum Scheibenschießen. Ausg. für Offiziere. 16. (VIII, 102 S.) Berlin 877. v. Decker. cart. n. 1. 20

— dasselbe. Ausg. für Unteroffiziere. 16. (IV, 56 S. mit 1 Steintaf.) Ebend. 877. cart. n. — 75

(Tellenbach.) Die Schiessvorschriften der europäischen Mächte. Vergleichende Studie unter besonderer Berücksichtigung der neuen französischen Schiessvorschrift. Als Fortsetzung des Buches „Das Schiessen der Infanterie bearbeitet vom Verfasser des Schiessen der Infanterie“ Mit 4 Abbild. und zahlreichen Tabellen. 8. Leipzig 1896.

— die Taktik d. preußischen Exercier-Reglements f. die Infanterie od. das Gefecht der Infanterie nach den reglementar. Vorschriften. Mit besond. Berücksicht. der Cabinets-Ordre vom 19. Mai 1873 f. die Praxis dargestellt u. erläutert. gr. 8. (VII, 118 S.) Berlin 874. v. Decker. 2. 25

Tellenbach. Die Taktik des preuß. Ex.-Rgl. f. d. Inf. 2. Aufl. Berlin 1874. 118 S.

—— die Taktik und die Ausbildungs-Methode des preußischen Exerzir-Reglements für die Infanterie oder die maßgebenden Vorschriften über Verwendung und Ausbildung der Infanterie nach den Anforderungen des heutigen Gefechts. Für die Praxis dargestellt und erläutert. 2 Thle. gr. 8. Ebendas. 876.
Inhalt:
Thl. 1. Die Taktik oder das Gefecht der Infanterie nach den reglementar. Vorschriften. Unter Berücksicht. des Neuabdrucks des Exerzir-Reglements vom 1. März 1876. 2. Aufl. (XII, 119 S.) ℳ 2,25.
" 2. Die Ausbildungs-Methode des preußischen Exerzir-Reglements für die Infanterie oder das Exerziren der Infanterie als unmittelbare Vorbereitung für die krieger. Verwendung. Unter Berücksicht. der Abänderungen des Exerzir-Reglements vom 8. Juli 1875. (XI, 238 S.) ℳ 3,60.

Teller, Ed. Pädagogisches Album. Gedanken üb. Erziehg. u. Unterricht in Aphorismen f. Lehrer u. Eltern. In poet. Gewande. 2. durchgeseh. u. stark verm. Aufl. 12. (IV, 127 S.) Naumb. 891, M. Schmidt. * 1 25; geb. * 1 75

Teller, Ed., kleines Lehrer-Album. Pädagogische Sentenzen u. Aphorismen in poet. Gewande. Aus Mußestunden. 16. (80 S.) Bernburg 885. (Bacmeister.) n. — 80

Teller, Ed., Physik in Bildern. Die physikal., meteorolog. u. wichtigsten chemischen Erscheinungen des täglichen Lebens in begrenzten Kreisen. Handbuch für Lehrer an niederen u. höheren Schulen, sowie bild. u. unterhalt. Lesebuch für die strebsame reifere Jugend u. für jeden Naturfreund. In leicht verständl. Darstellung u. mit Berücksichtigung des Selbstexperimentirens. 2 Thle. Mit 331 Text-Abbildungen u. 1 Titelbilde (in Tondr.). gr. 8. (VIII, 250 u. IV, 267 S.) Leipzig 878. Spamer. n. 6. —

Teller, Ed., Wegweiser durch die drei Reiche der Natur für Lehrende und Lernende. Das Wissenswerthe aus der Naturgeschichte mit Zusammenstellung der Naturkörper und der Naturerscheinungen zu Naturbildern, sowie mit einer Systematik der Naturreiche. Hand- und Hülfsbuch beim Unterricht in der Naturgeschichte an Seminarien und Präparandenanstalten an Mittel-, Bürger- und Volksschulen, sowie an Fortbildungsanstalten und zum Selbstunterricht. 2 Thle. gr. 8. Leipzig 875, Spamer. *
Inhalt:
Thl. 1. Naturbilder aus der Heimat und der Fremde. (XII, S. 1—208 mit 170 eingedr. Text-Abbild. in Holzschn.) *ℳ 2,50.
" 2. Das Pflanzen-, Thier- und Mineralreich, der Mensch im Haushalt der Natur. (XIII—XX, S. 209—492 mit 190 eingedr. Text-Abbild. in Holzschn.) *ℳ 3.

— Wegweiser durch die drei Reiche der Natur für Lehrende u. Lernende. Das Wissenswerthe aus der Naturgeschichte, mit Zusammenstellung der Naturkörper u. der Naturerscheinungen zu Naturbildern, sowie mit einer Systematik der Naturreiche. Hand- u. Hülfsbuch beim Unterricht in der Naturgeschichte an Seminarien u. Präparandenanstalten, an Mittel-, Bürger- u. Volksschulen, sowie an Fortbildungsanstalten u. zum Selbstunterricht. 2., durch ein Register verm. Ausg. 2 Thle. gr. 8. Ebend. 877. n. 5. 50; in 1 Bd. geb. n. 6. 50
1. Naturbilder aus d. Heimat u. der Fremde. Mit 170 Text-Abbildungen u. 1 Titelbilde (in Tondr.). (XII, 208 S.) n. 2. 50
2. Pflanzen-, Thier- u. Mineralreich; der Mensch im Haushalt der Natur. Mit 190 Text-Abbildungen. (XIII—XX u. S. 209—498.) n. 3. —

Teller, Ernst, approb. Arzt aus Königshayn, Kr. Görlitz, O.-L.: Aus d. kgl. chir. Universitäts-Klinik zu Kiel. Beitrag zur Kenntnis der mechanischen Hergänge bei der Entstehung der Frakturen des Schädeldaches. *Kiel 1903: C. H. Jebens.* (30 S.) 8°
Kiel, Med. Diss. v. [21. Apr.] 1903

Teller, Friedrich

Teller, Frdr., der geologische Bau der Insel Euboea. [Mit 3 (lith.) Taf. u. 2 Skizzen im Text.] [Aus: „Denkschr. d. k. Akad. d. Wiss.“] Imp.-4. (54 S.) Wien 878. Gerold's Sohn in Comm. n. 4. —

Teller, F., Beiträge zur Stratigraphie Central-Asiens. s.: Suess. E.

— geologische Beobachtungen auf der Insel Chios. Mit einer geolog. Karte in Farbendr. u. einer Skizze im Text (Holzschn.). [Aus: „Denkschr. d. k. Akad. d. Wiss.“] Imp.-4. (17 S.) Ebend. 880. n. 2. 40

— geologische Beschreibung des südöstlichen Thessalien. [Mit 7 Skizzen im Text.] [Aus: „Denkschr. d. k. Akad. d. Wiss.“] Imp.-4. (28 S.) Ebend. 879. n. 1. 60

Teller, F., s.: Führer f. die Exkursionen in Oesterreich.

— Geologie des Karawankentunnels (mit 3 Taf. und 20 Textfiguren) 1932. 4° ..., 13.—
Separatabdruck

Geologische Karte der östlichen Ausläufer der Karnischen und Julischen Alpen '(Ostkarawanken u. Steiner Alpen)'. Aufgen. im Auftr. d. k. k. geolog. Reichsanst. in d. J. 1885—91 v. Friedrich Teller. Topogr. Grundl.: Specialkt. d. österr.-ungar. Monarchie 1:75.000, Zone 19, 20, Col. XI, XII. [Nebst] Erläutergn. *Wien: Geolog. Reichsanst.; in Comm. b. R. Lechner 1895.* 1 Bl. quer-gr. 2. 1 Bd 8.
Karte. (1 Kmbl. [illegible]) Erläutergn. (1 Bl., 262 S.) [97. 4675

— über neue Rudisten aus der böhmischen Kreideformation. [Mit 3 (lith.) Taf. u. einer Skizze im Text.] [Aus: „Sitzungsber. der k. Akad. d. Wiss.“] Lex.-8. (16 S.) Ebend. 877. n.n. — 90

**Teller,** Frdr., üb. den Schädel e. fossilen Dipnoërs Ceratodus Sturii nov. spec. aus den Schichten der oberen Trias der Nordalpen. [Aus: „Abhandlgn. d. k. k. geolog. Reichsanstalt".] Imp.-4. (40 S. m. 4 lith. Taf., 8 Zinkogr. im Text u. 4 Bl. Erklärgn.) Wien 891. (R. Lechner's Sort.) n. 10. —

**Teller, Friedr.** Ueber den Schädel e. fossilen Dipnoërs, Certatodus Sturii Nov. Spec., s.a. Abhandlungen der k. k. geologischen Reichsanstalt 15. Bd.

— s.: Studien, geologische, in den Küstenländern des griechischen Archipels.

— Überblick über die geologischen Verhältnisse eines Theiles der ägäischen Küstenländer. s.: Bittner. A.

**Teller,** G., Hier ist Immanuel. Predigt über Jesaias 8, 9—11 am allgemeinen Dank- u. Friedensfeste den 11. November 1866 in der Kirche U. L. Frauen gehalten. Burg 866. Hopfer. gr. 8. (16 S.) n.n. 2½ ngr.

**Teller,** G., die Kirche U. L. Frauen in Burg. Denkschrift. gr. 8. (52 S.) Burg 877. Hopfer. n. 1. —

— ein Volk Gottes in schwerer Bedrängniß. Kriegspredigt über Psalm 3 den 27. Juni 1866 in der Kirche zu U. L. Frauen gehalten. Ebend. 866. gr. 8. (14 S.) n.n. 2½ ngr.

**Teller, Gust., die Schaufenster-Dekoration f. Kolonialwaren-Handlungen u. verwandte Geschäftszweige. Praktische Anleitg. u. Vorlagen zur wirkungsvollen Ausstattg. der Schaufenster. Mit 5 Schriftenvorlagen im Text u. 32 Vollbildern in Autotypie. (VII, 48 S.)** gr. 8. Leipzig 909. Jüstel & Göttel. 4. 50

**Teller,** Gust., die moderne Schaufenster-Dekoration. Prakt. Regeln f. angeh. Dekorateure. In Gedichtform verf. (34 S. mit Abbildgn.) gr. 8. Rostock (905) (Leipzig, Fritzsche & Schmidt.) n. 1. 50

Teller, Heinrich Gottlob

— de triplici descensu Spiritus S. dissertatiuncula. 8. Leipzig 763.

**Teller,** Hnr. Glo., († d. 10. Juni 1808.) moral. Einfälle bei dem menschl. Alter. 8. Leipz. 765.

Teller, Heinrich Gottlob (Leipzig) A. S. 1371/1

De eo, an fieri possit, ut sublato pontificis imperio reconcilientur dissidentes in religione Christiani contra Iustinum Febronium dissertatio.
Präs. Karl Friedrich Bahrdt.
Leipzig (Langenheim) 14. XII. 1763. 28 S.

Gew.: Romanus Teller (Bruder). 34207

— Etwas an ein gelehrtes Publikum u. an Hrn. Rath R. Z. Becker in Gotha. 8. Zittau 794.

— abgenöthigte Rechtfertigung gegen Herrn Rath Becker. 8. Hirschberg 794.

— über die ehel. Verbindung. 8. Leipz. 765.

Teller, Johann Friedrich

**Teller,** J. F., Vernunft- u. schriftmäßige Abhandl. üb. d. Selbstmord. 102 S. Lpz. 12°.

1776

— vernunft- u. schriftmäß. Abhandl. üb. d. Selbstmord. 8. Ebend. (Linke.) 776.

— vernunft- u. schriftmäßige Abhandl. üb. den Selbstmord. 8. Leipz. 776. Schneider. 4 gr.

**Teller,** Joh. Fr., Anekdoten f. Prediger u. Priester zur Unterhaltung. 6 Bde. gr. 8. Leipz. Schneider. (Linke.) 774–85. (I. II. à 9 gr. III. 18 gr. IV. V. 1 Rthlr. VI. 18 gr.)

**Teller,** Jh. Fr., († d. 5. Jan. 1816.) Anekdoten für Prediger u. Priester zur Unterhaltung. 6 Bde. gr. 8. Leipz. 777—85. Schneider. 3 ℛ 6 gr.

— von der geistl. Auferstehung; e. Predigt. gr. 8. Leipz. 772. Langenheim. 3 gr.

— moral. Beilage zu seinen Predigten. 8. Leipz. 768.

— daß die Lehre von der Vaterliebe Gottes die Grundlehre der christl. Religion sey, aber nicht seyn könne, eine bescheidene Kritik der Cannabich'schen Predigt ꝛc. gr. 8. Zeitz 801. Webel. 5 gr.

— Entwurf zu einigen Vorbereitungspredigten. 8. Leipz. 773.

— epistola ad F. V. Reinhard, munere, meritis ac fama illustrissimum, de finibus gratiae in jure aggratiandi. 8. Leipz. 800. Rein. 4 gr.

— gemeinnütz. paraphrast. Erklär. der sonn- u. festtägl. evangel. Texte. gr. 8. Leipz. 779. (Brockhaus). 2 ℛ 4 gr.

— gemeinnütz. paraphrastische Erklärung d. sonn- u. festtägl. evangel. Texte. gr. 8. Leipzig, Heinsius. (Gleditsch.) 779.

**Teller,** Jh. Fr., Erklär. aller Sonn- u. Festtagsevangelien nach der paraphrast. Geschichte der drei letzten Lebensjahre Jesu, des J. G. Heß mit der Harmonie der vier Evangelisten u. e. Anmerkk. gr. 8. Leipz. 799. N. A. 800. Linke. 1 ℛ 4 gr.

— Etwas zu meiner Kritik u. zu meines Bruders Schreiben an Boysen. 8. Leipz. 766.

— Gedanken über den letzten Krieg. 8. Leipz. 758.

— K. F. Bahrdts berücht. Glaubensbekenntniß aus alter Bekanntschaft von Wort zu Wort berichtigt, als Anh. zum 3ten Bande der Anekdoten. gr. 8. Leipz. 780. Schneider. 4 gr.

— von der wahren Güte der Schauspiele für beide Partheien; e. Predigt. 8. Leipz. 776. Schneider. 3 gr.

— vier Casualpredigten. 8. Leipz. 767. Langenheim. 6 gr.

— abgenöthigte Kritik über seines Bruders Lehrbuch des christl. Glaubens. 8. Leipz. 764. (Brockhaus). 7 gr.

— abgenöthigte Kritik üb. s. Bruders Lehrbuch d. christlichen Glaubens. 8. Lpz. Heinsius. (Gleditsch.) 764.

— Cryptopelagianismus, Beilage zu Feddersens Nachr. von gutgesinnten Menschen, nebst Anh. von gutgesinnten Bösewichtern. 8. Leipz. 782. Schneider. 6 gr.

— die Kunst zu predigen rc. 8. Leipz. 771. 2e Ausg. unt. d. T.: Theorie der christl. Beredtsamkeit. gr. 8. Ebd. 774. (Aue in Altona). 12 gl.

— Predigten. 2 Thle. 8. Leipz. 770—74. Langenheim. 20 gl.

Teller, Joh. Friedr. Auf den Todesfall Sr. Hochwohlgeboren Herrn François Noë de Crousaz. 8. s. l. 1769.

Teller, J. F., vom Wiederkommen, Wiedersehen und Erscheinen der Unsrigen nach dem Tode. Meine Ueberzeugung nach Crusius'schen Grundsätzen. Zeitz 806. 8.

— vom Wiederkommen, Wiedersehen u. Erscheinen der Unserigen nach dem Todte, meine Ueberzeugung nach Crusius Grundsätzen. 8. Zeitz ... 2e A. 806. Webel. 12 gl.

Teller, M., Bad Reinerz. Geschichtlich, topographisch, naturhistorisch u. medicinisch geschildert. Prag 869. Hunger. gr. 8. (IV, 247 S.) n. 28 ngr.

Teller, M., Bad Reinerz. Geschichtlich, topographisch, naturhistorisch und medicinisch geschildert. gr. 8. (IV, 247 S.) Prag 869, Satow. [Kosmack und Neugebauer.] *

Teller, M., die Wöchnerin. Eine Sammlung diätetischer Verhaltungsregeln für Frauen während der Zeit des Wochenbettes. Nach den vorzügl. Hilfsquellen bearbeitet. 8. Prag 842. (Leipzig, C. L. Fritzsche.) 3/8 ℔

Teller, Peter A.

Abriß der Geschichte des Zweibrücker Gymnasiums. Erste Abtheilung, von 1559 bis 1730. Von Peter Teller. 1845. Ebend. S. 3—11.
Progr. Zweibrücken.

Ueber die Hauptmittel der sittlich-religiösen Bildung in Gelehrtenschulen oder Gymnasien, von P. A. Teller, G. P. — 1834. Ebend. — S. 3—13.
Progr. Speier.

Teller, Richard, prakt. Arzt aus Cottbus: Aus d. pathol. Institut zu Greifswald. **Beiträge** zur Kenntnis der Retroperitonealtumoren. *Greifswald 1904: H. Adler.* (38 S.) 8°
Greifswald, Med. Diss. v. 27. Juli 1904

Teller, Romanus, schrift- u. vernunftmäß. Betrachtungen üb. auserles. Materien d. christl. Glaubens u. Sittenlehre, n. Anleit. d. Evang. d. ganze Jahr vorgetr. 4. Leipz. Martini. 738.

— d. stärksten Bewegungsgründe, d. Jesus d. wahre Messias sey. 8. Leipz. Crull. 748.

Teller, Roman [Praes.], s. Beyer, Joh. Gottlob:
De mora creditoris.

Teller, R., constantia fidei confessores decens. Lips. 1739. 4.

— dissertationum sacrarum ad caussas hermeneuticas spectantium decas, praef. auct. de accurat. in exegesi sacra. 4. Lips. Klaubart. 740.

— epistola super veteri philosophia rei publicae gerendae disciplina. 8. Lips. Breitkopf. 751.

*Teller*, Romanus, (Sohn,) († d. 26. April 1779.) epistola super veteri philosophia reipublicae gerendae disciplina. 8maj. Leipz. 751. (Brockhaus). 4 gl.

— Erklärung d. 1sten Epist. Johannis in 200 Predigten. 4. Ebend. (Hahnsche B. Hdl.) 725.

— Diss. de exceptione non numeratae pecuniae. 4. Leipzig 773.

— Freunde 6 unerkannter Sünden, als Feinde d. Kreuzes Christi, in 6 Passions-Predigten. 8. Lpz. Crull. 746.

Teller, Romanus, s. Hollaz, D.: Examen. ...

— institutiones homileticae. 8. Lips. Gleditsch. 748.

— d. Kraft d. Leidens Jesu, in d. Gebete d. Herrn an 6 Fastensonntagen u. am Charfreytage vorgest. 8. Leipz. Weidmann. 737.

— bibl. Kreuz- u. Trostbüchlein. 8. Leipz. Junius. (Enobloch.) 713.

— christl. Lebenspflichten, auch bibl. Kreuz- u. Trostbüchlein, als d. 2te u. 3te Thl. zu Sebers bibl. Lustgärtlein. 8. Leipz. Martini. 713.

Teller, Romanus (Leipzig) A. S. 121/22

De legibus Romanorum sumtuariis exercitatio I.
Präs. Friedrich Platner.
Leipzig (Breitkopf) 15. IX. 1751.

Gew.: Christian Friedrich Boerner. 34209

— heil. Lutherthum in 2 Reformations-Predigten. 12. Ebend. 712.

— Mißbrauch d. göttl. Worts zur fleischl. Sicherheit. 12. Ebend.

— Diss. de mora creditoris. 4. Leipz. 765.

— Diss. de postliminio. 4. Leipz. 758.

Teller, Romanus A. S. 98/29

Dissertatio inauguralis de reconventione veteri et hodierna.
Leipzig (Breitkopf) 26. IV. 1759. 32 S.
34210

Teller, Romanus, (Vater,) († d. 5. April 1750.) ausgesuchte heil. Reden, in denen die merkwürd. Denksprüche u. Sprüchwörter unserer Zeiten bei Gelegenheit der gewöhnl. sonn- u. festtägl. Evangelien vernunft- u. schriftmäßig erklärt u. geprüft, auch andere Materialien abgehandelt werden rc. 4. Leipz. 751. (Unzer in Königsb.) 1 ℔

— ausges. heil. Reden üb. d. Evangel. od. Erklär. d. merkwürd. Sprüche u. d. Evangel. 4. Leipz. (Unzer in Königsb.) 757.

— 3 geistl. Reden, v. d. Liebe zu Gott, d. Nächsten u. zu d. Geschöpfen. 8. Ebend. 748.

— 4 geistl. Reden b. Gelegenh. e. göttl. Berufs z. Amte Gottes. 8. Merseburg. 734.

Teller, Roman [Praes.], s. Rohrberg, Matthäus:
De deteriore foeminarum conditione in matrimonio contrahendo.

— d. Ruhm d. Christen, v. Kreuze Christi. 8. Leipz. Crull. 747.

— Samml. moralischer Predigten. 4. Leipzig, Weidmann. 748.

Teller, Romanus, neue Samml. geistl. Reden, welche n. Veranlass. d. ordentl. Evangelien auf alle Sonn- u. Festtage gehalten. 4. Lpz. Martini. 741.

— 3te Samml. geistl. Reden, welche z. Erklär. wicht. Wahrheiten uns. heil. Religion an d. Sonn- u. Festtagen gehalten worden. 4. Leipz. Weidmann. 744. Rthlr.

— Samml. heil. Reden üb. wicht. Wahrheiten d. christl. Religion. 8. Lpz. Hilscher. (Compt. f. Lit.) 756.

— Samml. moral. Reden. 8. Leipz. Weidmann. 736.

Teller, Roman [Praes.], s. Schade, Ernst Gottlob: De exceptione nonnumeratae pecuniae.

— d. unendl. Strafen d. Ewigkeit. 8. Ebend. 747.

Teller, Roman., die unendlichen Straffen der Ewigkeit in 4 geistlichen Reden vorgestellet. Leipz. 748. 8.

— unendliche Strafen der Ewigkeit in IV geistlichen Reden. Leipz. 749. gr. 8.

— 3 Stücke d. christl. Klugheit in 5 Predigten. 8. Frankf. u. Leipz. 735.

— groß. Unterschied zwischen d. Gerechten u. Gottlosen, ab. d. Sonn. u. Festtagsevangelien. 4. Lpz. Martini. 720.

— Untersuch. göttl. Wahrheiten d. christl. Glaubenslehre. 8. Merseburg. 735.

Teller, Rudolf, a. Prag: Richard Wagners Anschauung vom Wesen der Musik. Prag 1905: Heller & Stransky. (47 S.) 8° ¶(Kap. I u. II d. eingereichten Arbeit.)
München, Phil. Fak., Ref. Sandberger, Diss. v. 31. März 1905
[Geb. 7. März 80 Prag; Vorbildung: Neustädter-(Graben)-Gymn. Prag Reife Juli 98; Studium: Prag, Leipzig, München zus. 11 S.; Rig. 26. Nov. 02.]

Teller, Salomon Friedrich Romanus (Wurzen)
A. S. 565/24

Varii effectus remissarum tutelae rationum exercitatio iuridica. Präs. Christian Gottlob Einert. Leipzig (Langenheim) 22. VIII. 1771. 12 S.

W. v.: Präs. 34211

Teller, Wilhelm Abraham

Teller, Wilh. Abr., († d. 9. Dec. 1804.) Abschiedspredigt in Helmstädt, nebst 7 andern; herausgg. v. K. H. Frömmichen. gr. 8. Helmst. 763. (Schulbuchh. in Braunschw.) 8 gr

— Anleit. zur Religion überhaupt u. zur allgem. des Christenthums. 2 Stcke. 8. Berl. 792. 2e A. 793. Mylius. 8 gr

Teller, Wilhelm Abraham, s. Antithesen.

— Antwort, die für des ungenannten Verf. über sein Wörterbuch an ihm abgedruckten Schreibens bestimmt war. gr. 8. Berl. 773. Mylius. 3 gr

— Antwort auf das Sendschreiben einiger Hausväter jüdischer Religion an mich. gr. 8. Berl. 799. 2e A. 799. 3e A. 801. Mylius. 6 gr

— auctarium interpretationum ad Schultensii versionem Proverbiorum Salomonis. 8. Halle 769.

— üb. die Aufklärung der Feldbauern. 8. Berl. 804. Unger. 6 gr

— Auszüge a. d. Sonn- u. Festtagspredigten. 8. Berlin, Bosse. 772.

— s. Bahrdt, K. F.: Moral.

— sehr ernsthafte Beherzigungen für Hrn. Superint. Démarés in Dessau. 8. Berl. 787. Mylius. 3 gr

— Beitr. zur neusten jüdischen Geschichte, f. Christen u. Juden gleich wichtig. gr. 8. Berl. 788. Mylius. 14 gr

— Beitrr. zu Hahnzog's Abhandl. über die Aufklärung der Bauern. 8. Berl. 804.

— Beitrr. zur christl. Rechtschaffenheit, in 64 Kanzelvorträgen. 8. Helmst. 768. Waisenhausbuchh. 20 gr

— s. Belling: Anweis. ..

— Beurtheilung der Cramer'schen Uebersetzung der Psalmen. 8. Leipz. 760. (Hahn). 16 gr

Muthmaßliche Bewegungsgründe des Herrn Grafen zu Stollberg, Friedrich Leopold, zum Uebergang in die römische Kirche v. einem Freunde der Wahrheit und des Guten [d. i.: Wilhelm Abraham Teller]. Leipzig. 1801. 8°

— muthmaßl. Bewegungsgründe des Hrn. Grafen zu Stolberg, Friedrich Leopold, zum Uebergang in die röm. Kirche rc. 8. Leipz. 801. Gr. Fleischer. 10 gr

— s. Burnet, T.: De fide et officiis.

— s. Correspondance particul. entre W. A. Teller...

Teller, Wilhelm Abraham, Vollständige // Darstellung // und // Beurtheilung // der // deutschen Sprache // in // Luthers Bibelübersetzung // von // D. Wilhelm Abraham Teller. // Erster Theil. // Berlin, // bey August Mylius, 1794. - 3 Blatt (nicht paginiert) Titelblatt, Widmung und Vorwort. - 297 S.

2. Band:
Vollständige // Darstellung // und // Beurtheilung // der // deutschen Sprache // in // Luthers Bibelübersetzung // auch // besonders des Gebrauchs sinnverwandter Wörter // von // D. Wilhelm Abraham Teller. // Zweyter und letzter Theil. // Berlin, // bey August Mylius, 1795. - 3 Blatt (nicht paginiert) Titelblatt und Widmung. - 328 S.

— Denkschrift auf den Staatsminister von Wöllner. gr. 8. Berl. 802. Unger. 2 gr

— eclaircissemens sur la nouvelle exégèse, pour servir de réponse aux lettres qui lui ont été addr. par J. A. de Lüc. 8. Berl. 801. (Köchly). 8 gr

— Eclaircissemens sur la nouvelle Exégèse, p. servir de réponse, ou lettres qui lui out été addr. p. I. A. de Lüc. 8. Berlin, Lagarde. 801.

— elogium Jo. Chr. Hebenstreitii. 4. Helmst. 762.

— kurzer Entwurf von der ganzen Pflicht e. Predigers bei dem Vortrage der Religion. 8. Leipz. 763.

*Teller,* Wlh. Albr., epistola ad B. Kennicotum de critica conjecturali in libros Ebraicos V. T. 8maj. Helmst. 765.

— epistola ad virum magnificum Dr. F. V. Reinhardum. 8. Leipz. 801.

Teller, Wilh. Abr.: Wohlgemeinte Erinnerungen an ausgemachte aber doch leicht zu vergessende Wahrheiten auf Veranlassung des Königl. Edicts die Religionsverfassung in den Preußischen Staaten betr. Berlin 1788.

— wohlgemeinte Erinnerungen an alte leicht zu vergess. Wahrheiten, besond. f. d. Publikum in d. preuß. Staaten auf Veranlass. d. Edicts v. 9. July 1788. 8. Berlin, Mylius. 789.

— s. Festpredigten, Neue.

— fides dogmatis de resurrect. carnis per quatuor priora secula. Enarratio historico-critica. II Ptes. 8. Halae, Hemmerde et S. 766.

— fides dogmatis de resurrect. carnis per quatuor priora secula. Enarratio historico-critica. II Pts. 8. Halle 766. 767. Schwetschke u. S. 18 gl (P. II. Et. s. t.: reliquiae actorum seculi III. et IV. etc.)

Teller, Wilh. Abrah., Friedenspredigt am 23. May 1779. Berlin: Rottmann 8°

— Gedächtnißpredigt auf Ambrosi. gr. 8. Berl. 796. Mylius. 3 gl

— Gedächtnißpredigt auf Friedrich Wilhelm II. gr. 8. Berl. 798. Mylius. 2 gl

— Gedächtnißpredigt auf J. J. Spalding. 8. Berl. 805. Mylius. 4 gl

— u. Löffler, 4 Gelegenheitspredigten. 8. Frankf. 784. Akad. Buchh. 4 gl

— s. Gesangbuch f. die Preuß. Lande.

— Geschichte von der Einäscherung e. der ansehnl. Städte des Alterthums, angewandt auf den Brand in Zehdenick. 8. Berl. 801. Mylius. 4 gl

— kurze wahrhafte Geschichte d. ältesten deutschen Kirchengesänge, besond. Dr. M. Luthers. 8. Berl. 781.

— s. Glörfeld: Predigten.

— homilet. Handbuch, s. F. W. Wolfrath.

— Introductionspredigt: wie eine Gemeine ihren Prediger als einen wohlmeinenden Freund betrachten soll. gr. 8. Berl. 803. Mylius. 4 gl

— Introductionsrede rc., nebst J. C. Janis Antrittspredigt. 8. Stendal 791. Franzen u. Gr. 5 gl

— s. Justinus.

— s. Kennicot, B.: Diss.

— s. Lebensbeschreibung W. Penn.

— Lehrbuch d. christl. Glaubens. 8. Halle, Hemmerde u. S. 764.

— Lehrbuch des christl. Glaubens. 8. Halle 764. Schwetschke u. S. 21 gl

— neues Magazin f. Prediger, s. Magazin.

— s. Moses und Christus.

— notae critic. et exegeticae in Gen. XLIX. Deut. XXXIII. Exod. XV. Jud. V. c. var. lect. interpret. multorum alior. locor. V. T., excursib. tribus et IV indic. 8. Halle 766. Schwetschke u. S. 8 gl

— opuscula varii argumenti. 8. Frkf. a. d. O. 780. Strauss. (Weigel in Leipz.; a. Sander in Berl.) 20 gl

Teller, W. A., Opuscula varii argumenti. 8. Francof. a. O. 780. Jetzt Flittner.

Teller, W. A., pars actorum inter asiaticas et reliquas ecclesias super controverso sacrorum paschatis tempore; ex Eusebii commentariis graece et latine. Helmst. 1767. 4.
Vgl. Eusebius.

— s. Pensions-Anstalten.

— praeterita in IV Hymnos Davidicos II. XVI. CIV. CXXI. 8. maj. Lips. Schwickert. 773.

— praeterita in IV Hymnos Davidicos II. XVI. CIV. CXXI. 8maj. Leipz. 774. Schwickert. 3 gl

— Predigt am Feste aller Zeugen u. Märtyrer der Wahrheit. gr. 8. Jena 801. Frommann. 3 gl

Teller, Wilhelm Abraham, Predigt zum Gedächtnis des Höchstseligen Friedrich des Zweyten gehalten in der Kirche zu St. Petri am 10. Sept 1786. Berlin 1786. 8. gedruckt bey George Jacob Decker, Königl Hofbuchdr.
— Dasselbe, Aufl. 2. ib. eod.

— Predigt bei d. Introduction d. Predigers Koblank. gr. 8. Berl. ... Unger. 2 gl

— Predigt bei der Introduction Zöllners zum Probst in Berlin. gr. 8. Berl. 789. Mylius. 3 gl

— 3 Predigten bey Einführung d. Gesangbuchs. gr. 8. Berlin, Hesse. (Unger.) 781.

— Predigten üb. die häusl. Frömmigkeit. gr. 8. Berl. 772. 3e Aufl. 792. (Reimer). 21 gl

— Predigten üb. die häusl. Frömmigkeit. gr. 8. Berlin, Lange. 792.

— Predigten u. Reden, bei besond. Veranlassungen gehalt., nebst e. sogenannt. Homilien. 2 Thle. gr. 8. Berl. 787. (Friedrich in Libau); (a. Rein in Leipz.) 1 ₰ 16 gl

— 2 Predigten, bei besond. Gelegenheiten gehalten. gr. 8. Leipz. 760. Fritsch. 3 gl

— u. J. A. de Lüc, Privatcorrespondenz, s. Privatcorrespondenz.

— s. Reden protestant. Gottesgelehrten.

W. Abr. Teller: d. Relig. d. Vollkommnern. *Berl.*, Mylius. 792. gr8° 8 gl

— die Religion der Vollkommnern, als Beilage zu seinem Wörterbuch. gr. 8. Berl. 793. Mylius. 8 gl

— reliquiae actorum saeculi III. et IV. de resurrectione carnis, s. oben: *Fides* dogmatis, P. II.

— reliquiae actorum saeculi III et IV. de resurrectione carnis. 8. Halae, Hemmerde. 768.

— Sallustius, vide Sallustius.

— erste Samml. einiger Predigten. gr. 8. Helmst. 769. Kühnlin. 20 gr.

— Samml. einiger Gebete zum Gebr. beim öffentl. Gottesdienst. 8. Berl. 793. Mylius. 3 gr.

– s. Samml. von Gesängen zum Lobe Gottes.

— Samml. von Predigten. gr. 8. Helmstädt, Kühnlin. 776.

– s. Schmidt, Jh.: Anmerkungen....

— Schreiben an Boysen, das herausgegeb. Lehrbuch betreff.; e. Beilage zu den theolog. Briefen. 8. Quedlinb. 765.

— über die neuere Schriftauslegung, in Antwort auf die an ihn gerichtete Antwort des J. A. de Luc. 8. Berl. 801. Mylius. 12 gr.

– s. Schultens, Alb.: Versio integra...

— Sonn- u. Festtags-Predigten durchs ganze Jahr, über die Abschnitte aus der Lebensbeschreib. Jesu Christi. 2 Bde. gr. 8. Berl. 785. Hesse. 2 ℛ

— die älteste Theodicee, od. Erklär. der 3 ersten Kapitel im ersten Buche d. vor-Mosaischen Geschichte. 8. Jena 803. Frommann. 10 gr.

*Teller*, Wlh. Albr., topice scripturae. II Part. 4. Leipz. 761, 762. Weygand. 6 gr.

– s. Turretin: Scripturae.

— Uebersetzung des Segens Jacobs u. Mosis, ingleich. des Lieds der Israeliten u. der Debora, mit beigefügt. prakt. Anmerkk. 8. Halle 766. Schwetschke u. S. 8 gr.

— Valentinian d. I., od. Gespräche eines Monarchen mit seinem Thronfolger über die Religionsfreiheit der Unterthanen. 8. Brandenb. 777. (Anonym). 2e verm. Aufl. Berl. 791. Mylius. 8 gr.

Teller, Wilhelm Abraham: „Valentinian 1, oder Unterredungen eines Monarchen mit seinem Thronfolger über die Religionsfreiheit der Unterthanen", 2. Auflage, Berlin 1791.

— Verdienste J. A. Ernesti's um die Theologie u. Religion; e. Beitr. zur theolog. Litteraturgeschichte der neuern Zeit. gr. 8. Berl. 783. Mylius. 4 gr. — Zusätze hierzu von Jh. Sal. Semler. gr. 8. Halle 783. Gebauer. 12 gr.

— Versuch e. Psalmenübersetzung u. gemein. Erläuter. an 4 Hauptpsalmen gemacht u. Kennern zur Prüfung vorgelegt. gr. 8. Leipz. 773. Schwickert. 4 gr.

— Wörterbuch des N. Testaments zur Erklär. der christl. Lehre. 8. Berl. 772. 2e A. mit Zusätz. 773. 3e verm. A. 780. 4e A. gr. 8. 785. 5e verb. A. 792. 6e A. 805. Mylius. 8 gr. Zusätze zur 1n u. 2n Aufl. des Wörterbuchs. 8. Ebd. 773. 4 gr.

— d. Zeichen der Zeit, angewandt auf öffentl. christl. Religionslehrer bei Wechsel des Jahrh. 8. Jena 800. Frommann. 10 gr.

Tellerianismus, od. die Kunst, Ketzer zu machen, an den Verf. des Cryptopelagianismus (Jh. Fr. Teller) gerichtet. 8. Leipz. 783. (Barth). 4 gr.

Tellering. Westdeutscher Zeitungssammer. Düsseldorf, Schaub (W. H. Scheller) 1850. 44 S. 8.

**Tellering**, Edward, a new french grammar or the study of the french language made popular colloquially. 8. (VII, 585 S.) Frankfurt a/M. 880. Jügel's Verl. geb. 5. —; key (III, 195 S.) geb. 2. 70

**Tellering**, *Max Alfons* Paul [aus Köln a. Rh.]: Aus d. medizin. Klinik zu Bonn. Beitrag zur mikroskopischen Untersuchung des Magenschleims beim Menschen .. Bonn, Druck v. E. Heydorn, 1894; 27 S. 8.
Bonn, Med. Fak., Inaug.-Diss. v. [17.] Febr. 1894

**Tellet**, s. e., Roy Tellet.

Tellet [Roy Tellet], s. Collection of British authors.

**Tellet, Roy**, Liebes-Rebellen. Roman. Autoris. Übersetzg. aus dem Engl. v. Lise Landau. 2. Aufl. 8. (242 S.) Berlin (900). Vita. n. 3. —

Pastor and prelate. A story of clerical life. By 'Roy Tellet'. Copyright ed. In 2 vol. Vol. 1. 2. Leipzig: Tauchnitz 1892. 8°
(Collection of British authors. Tauchnitz Ed. Vol. 2850/1.) [st. 7914]

**Tellez, Eleonore, Königin v. Portugal; eine wahre Geschichte aus d. 13n Jahrhund. 2 Thle. 8. Wien 794. Schaumburg u. C. 1 ℛ 12 gr.**

Eleonora Tellez, Koniginn von Portugall. Eine wahre Geschichte aus dem vierzehenten (sic!) Jahrhunderte. 2 Thle. Mit 2 schönen TKpfrn. u. 7 Vign. (nach V. Kininger von Cl. Kohl gestoch.). Wien, bey Jos. Stahel und Comp. 1794. 8°. Sauberer Druck.
Tit. u. 292 fortl. gez. S. (Th. 2 beginnt mit S. 155.) Ziemlich freie Hofgeschichte.
— — Dasselbe. 2. Auflage. Mit 2 Kpfrn. (wie ob.). Ebd., bei Schaumburg et Comp., o. J. (c. 1800). 8°. 292 S.

**Tellez, Gabriel**, s. a. Molina, Tirso de.

**TIRSO DE MOLINA** (d. i. *Gabriel Tellez*, geb. um 1586, † 1648). Der grüne Gil. Eine Komödie in 3 Aufzügen frei aus d. Spanischen bearb. und mit Einleitung versehen von Richard Zoozmann. Dresden, Hugo Angermann (190*).
Kabinettstücke der Weltliteratur. Bd. III.

Tellez, Fray Gabriel (Tirso de Molina), Don Juan, der Verführer v. Sevilla u. d. steinerne Gast, s.: Universal-Bibliothek.

Dingelstad, H. Verzweiflung führt zur Verdammung. Religiöses Schauspiel von Tirso de Molina (Fray Gabriel Tellez). Vechta, G., 1878. 30 S. 4. Progr.

**Tell-Gespenst, Das entlarfte,** oder Entdeckung und Zergliederung des neuen Tells . . . O. O. 1712. V: *Hardmeyer, Joh. Casp.* (Cat. d. Stadtbibl. Zürich. Zürich 1864—97.)

Tellheim, Bruno [Pseud.], s. a. Blanck, Carl

Tellheim, B., Silhouetten. Gedichte. 8. (90 S.) Budapest 888. Grimm. n. 1. —; geb. m. Goldschn. n. 2. —

**Tellheim, Bruno.** Tutti frutti. Gedichte. In-8°, 96 S. Zürich, Verlags-Magazin (J. Schabelitz). 1 50 1886.

Tellheim, Carl. Er ist mondsüchtig, s. Universal-Bibliothek Nr. 2879 [Wittmann, C. F.].

**Tellheim, Oswald, Jugend-Literatur. Ein Versuch in Skizze.** (104 S.) kl. 8. Leipzig 905. E. Kempe. 1. 20

Der | Doppelmörder | Kordt Tellkamp | aus Ottensen. | (Vignette: *fliegende Fama*, 30 × 44) | welcher seine Zuhälterin Martha Catha- | rina Christine Möller, geb. Nissen, | nebst dem mit dieser Person außer der | Ehe erzeugten Kinde in grausamer | Weise getödtet hat. | Eigenthum von F. Ahrend.
Kol.: Druck von C. H. Schulze in Gräfenheinichen.
o. J., 4 Bl. n. n., 173 × 105.
LBO Bänkelsängerlit. II, 47.

Tellkampf: 2 Gedenktafeln. (Hölty u. A. W. v. Schlegel) Hannover 1863.
Schul-/Univ.-Schrift

Tellkampf, Adolf

Tellkampf, A. Anfangsgr. d. chem. Naturlehre für d. Schulunterr. 70 S. 8.
Progr. Hamm 1831

Tellkampf, Ad., Anfangsgründe d. chem. Naturlehre. Für d. Schulunterr. bearb. gr. 8. (4½ B.) Hamm 831, Schulz.

Tellkampf, A. Die Aufgabe der höheren Bürgerschule überhaupt. Hannover, H. B., 1860. Progr.

Tellkampf, Adolf: Über die Behandlung der Kegelschnitte im geometrischen Schulunterrichte. Hannover 1865. 22 S.
Schul-/Univ.-Schrift

**Tellkampf**, Ad., die höhere Bürgerschule in Hannover geschildert nach zehnjährigem Bestehen. gr. 8. Hannover 845, Helwing'sche Hofb. n. ⅓ Thlr.

**Tellkampf**, A., die höhere Bürgerschule in Hannover, geschildert auf Veranlassung der Feier ihres 25jährigen Bestehens am 9. Octbr. 1860. Hannover 860. (Helwing.) gr. 8. (VIII, 136 S.) n. 15 ngr.

**Darstellung der mathematischen Geographie mit bes. Rücksicht auf geographische Ortsbestimmung. Von Adolph Tellkampf. Hannover: Hahn 1824. VIII, 160 S. 8°**

—— die Franzosen in Deutschland. Historische Bilder. 1. Aufl. 1860. 1 Thlr. und 2. Aufl. gr. 8. (VIII und 358 S.) Hannover 861, C. Rümpler.

Tellkampf, Adf., die Franzosen in Deutschland. Histor. Bilder. 3. Aufl. gr. 8. (VIII und 358 S.) Hannover 864, Rümpler.

Adolphus Tellkampf: Historiae criticae variarum opinionum, quae circa corporum formam fluidam aut firmam hucusque in lucem prodiere, Adumbratio. Gottingae 1821: Dieterich. 42 S. 4°
Göttingen, Phil. Preisschr. v. 4. Juni 1821

**Tellkampf**, A.. Irmgard. Ein Gedicht in zwölf Gesängen. 16. (210 S.) Hannover 850, Rümpler. 1 Thlr. — 2. Aufl. 16. (225 S.) Ebd. 851. In Engl. Einb. m. Goldschn. 1½ Thlr.

**Tellkampf**, Adph., Irmgard. Ein Gedicht in zwölf Gesängen. 3. Aufl. Hannover 856. Rümpler. 16. (225 S. u. 1 Lithogr.) 22½ ngr.

— physikalische Studien. Eine Reihe naturwissenschaftlicher Abhandlungen. Hannover 854. Rümpler. gr. 8. (VII, 151 S.) n. 20 ngr.

—— die Verhältnisse der Bevölkerung u. der Lebensdauer im Königr. Hannover. Ein Beitrag zur Statistik Deutschlands. gr. 4. (22¼ B. u. 3 Stnt.) Hannover 846, Helwing'sche Hofbh. *

**Vorschule der Mathematik. Von Adolph Tellkampf. Berlin: Rücker 1829. XVI, 386 S. 8°**

—— Vorschule der Mathematik. 1. Aufl. (25½ B. u. 8 Kpfrt. gr. 4.) 829., 2., verb. u. verm. A. (28 B. u. 9 Kpfrt. gr. 4.) gr. 8. Berlin 835, [Rücker u. Püchler.]

— **Vorschule der Mathematik.** 3. Aufl. Mit 9 Kupfertaf. gr. 8. Berlin 842, Rücker u. Püchler. 1⅔ Thlr.

**Tellkampf.** Adolph, Vorschule der Mathematik. 4. Aufl. Mit 9 Kupfertaf. (in qu. 4.) gr. 8. (XVI u. 446 S.) Berlin 847, Rücker & Püchler. 1⅔ Thlr.

— Vorschule der Mathematik. 5. Aufl. Mit 9 Kpfrtaf. (in 4.) Berlin 856. Rücker u. Püchler. gr. 8. (XVI, 440 S.) 1 Thlr. 20 ngr.

Tellkampf, A. Zur Würdigung u. näheren Bestimmung d. math. Unterr. 19 S.
Progr. Hamm 1837

Tellkampf, Hermann

Tellkampf, Herm., Beiträge zur Gewölbtheorie. Frei bearb. nach Carvallo. Mit einem Vorworte von M. Rühlmann. gr. 8. (VI und 106 S. mit 2 lithogr. Figurentaf. in Fol.) Hannover 854(55,) Helwingsche Hofbuchh. *

Tellkampf, H., Grundzüge der höheren Mathematik nebst Anwendungen derselben auf die Mechanik für Techniker dargestellt. gr. 8. (XI und 147 S. mit eingedr. Holzschn.) Hannover 862, Rümpler. *

— die Theorie der Hängebrücken, mit besonderer Rücksicht auf deren Anwendung bearb. Mit 2 lith. Taf. (in Fol.) Hannover 856. Helwing. gr. 8. (VI, 120 S.) n. 25 ngr.

Tellkampf, Johann Ludwig (Louis)

Tellkampf, J. L., über Arbeiter-Verhältnisse und Erwerbs-Genossenschaften in England und Nordamerika. gr. 8. (V, 46 S.) Halle 870, Buchh. des Waisenhauses. *
Aus: Der Arbeiterfreund, besonders abgedruckt.

**Tellkampf**, J. L., Beiträge zur Nationalökonomie u. Handelspolitik. 2 Hfte. gr. 8. (XII u. 208 S.) Leipzig 851. 53, Weber. (1: n. ½ Thlr. 2: n. ⅔ Thlr.) n. 1⅙ Thlr.

Tellkampf, J. L., Beiträge zur Nationalökonomie und Handelspolitik. 2. Heft. gr. 8. (IV und S. 85—208.) Leipzig 853, Weber. *
1. Heft. Ebendas. 1851. * 15 Ngr.

**Tellkampf**, J. Louis, über die Besserungsgefängnisse in Nordamerika u. England. Nach eigenen Beobachtungen in den Jahren 1838 bis 1843. Nebst Bemerkungen über den Gesundheitszustand der Sträflinge in den obigen Anstalten von Thdr. Tellkampf. Mit 4 Plänen. gr. 8. (Mit 1 Tabelle.) Berlin 844, Rücker u. Püchler. 2 Thlr.

**Tellkampf,** J[ohann] L[udwig]: Betrachtungen über die Handelspolitik des Zollvereins und die Revision des Zolltarifs. Leipzig 1851. (52 S.) 8° [F.] *[Wiederabgedr. in d. Verf.: „Beiträge z. Nationalökonomie u. Handelspolitik." II. 1. 1851]*

Breslau, Phil. Fak., Antr.-Progr. als ord. Prof. v. 3. Juli 1851

**Tellkampf, J. L., der norddeutsche Bund u. die Verfassung des deutschen Reiches.** 1. u. 2. Abdr. Berlin 866. Springer's Verlag. Lex.-8. (31 S.) 6 ngr.

Tellkampf, J. L., Die künftige deutsche Bundesversammlung zu Frankfurt. o. O. u. J. 2 S. gr. fol.

Tellkampf, Johann Ludwig: „Ueber die neuere Entwickelung des Bankwesens in Deutschland mit Hinweis auf dessen Vorbilder in England, Schottland und Nordamerika und auf die französische Société Générale de Crédit Mobilier", 1., 2. und 3. Auflage Breslau 1856. — Vorh.: (1. Aufl.) Com. Bibl. Hamburg, (2. Aufl.) Bücherei der Industrie- und Handelskammer Leipzig (3. Aufl.) Bibl. des Kammergerichts Berlin — Oe. 670ᵃ.

**Tellkampf,** J. L., über die neuere Entwickelung des Bankwesens in Deutschland mit Hinweis auf dessen Vorbilder in England, Schottland und Nordamerika, und auf die französische Société générale de Crédit mobilier. 1—4. Aufl. Breslau 856, 57. Aland. gr. 8. (93 S.) n. 12 ngr.

Tellkampf, J. L., über die neuere Entwickelung des Bankwesens in Deutschland mit Hinweis auf dessen Vorbilder in England, Schottland und Nordamerika und auf die französische Société générale de Crédit mobilier. 4. Aufl. gr. 8. (93 S.) Breslau 857, [Morgenstern.] *

**Tellkampf, J. L., Erforderniß voller Metallbedeckung der Banknoten.** gr. 8. (41 S.) Berlin 873. Springer's Verl. n. 1. —

— **essays on law reform, commercial policy, banks, penitentiaries etc. in Great-Britain a. the United States of America. 2. ed. gr. 8. (XL, 323 S.) Berlin 875. Puttkammer & Mühlbrecht.** n. 2. —

— **die Prinzipien des Geld- u. Bankwesens.** Ebend. 867. gr. 8. (XII, 221 S.) 1 Thlr 7½ ngr.

Tellkampf. Joh. Ludw.: Selbstverwaltung und Reform der Gemeinde- und Kreis-Ordnungen in Preussen and Selfgovernment in England und Nordamerika. Berlin: Springer 1872 [1871].

— **Selbstverwaltung u. Reform der Gemeinde- u. Kreis-Ordnungen in Preussen u. Selfgoverment in England u. Nordamerika. gr. 8. (IV, 161 S.) Berlin 872. Springer's Verl.** n. 2. 40

**Tellkampf, J. L., üb. Verbesserung d. Rechtszustandes in d. deutschen Staaten. gr. 8. (6⅛ B.) Berlin 835, [Rücker u. Püchler.]**

— **Vorschläge zur Verbesserung d. Actien-Gesellschaftswesens. gr. 8. (46 S.) Ebend. 876.**

**Tellkampf,** Thdr., s. Tellkampf, J. L., über die Besserungsgefängnisse in Nordamerika.

Tellow, ..., (Karl Fr. Cramer), s. **Klopstock in Fragmenten.**

Tellow [Pseud.], s.a. Kosegarten, Ludwig

**Tellow, (Ldw. Theob. Kosegarten), Ewalds Rosenmonde, beschrieben von ihm selbst. 8. Berl. 791. Himburg. (W. Rauck in Leipz.) 20 gr.**

Tellow, ... (Ldw. Theob. Kosegarten), Ewalds Rosenmonde, von ihm selbst beschrieben. 8. Berl. 795. Reimer. 20 gr.

Tellurien u. Lunarien in 6 Grössen v. Erdkugeln (zu 2½", 3½", 4½", 6", 8" u. 12.") in deutscher, böhm., engl. und russischer Sprache. Prag: Jos. Felkl. 1860.

Tellurium. –

— Nach Angabe des Professors v Reusch gefertigt von P Spindler. Stuttgart 1887

Die Entstehung der Chromosomen. Evolution oder Epigenese? Von Dr. Kálmán v. **Tellyesniczky**, Prof. Mit 22 Fig. Berlin, Wien: Urban & Schwarzenberg 1907. (VI, 47 S.) 8° [07. 17483]

**Telm,** Wanda, d. prakt. Hausfrau Buch d. Hausmittel. E. Sammelbuch empfehlenswerther Notizen f. d. Haushalt. 1. Hft. 8. (76 S.) Langensalza 898. Wendt & Klauwell. n. — 50

**Telm, Wanda, der praktischen Hausfrau Buch der Hausmittel. Ein Sammelbuch empfehlenswerter Notizen f. den Haushalt. 2. Hft. 8. (80 S.) Langensalza 899. Wendt & Klauwell.** n. — 50

**Telmann,** Frz., s.: Metelmann, Diedr.

**Telmann, Fritz,** die guten Christen. Schauspiel in 1 Akt. 4. (40 S.) Leipzig 902. Berlin, H. Seemann Nachf. n. — 75

— die Litteraten. Ein Kulturbild aus Oesterreich in 1 Akt. 4. (38 S.) Ebd. 902. n. — 75

**Telmann, Fritz, Messenhauser. Drama in 5 Akten. Mit e. Geleitwort v. Aug. Sauer. (VI, 121 S.) 8. Wien 904. (M. Perles.)** n. 3. —

— der Sekundararzt. Schauspiel in 1 Akt. 4. (34 S.) Ebd. 902. n. — 75

Telmann, Fritz (Red.), s. Volks-Bühne, Freie.

Telmann, Konrad [Pseud.], s.a. Zitelmann, Konrad.

**Telmann,** Konr., frische Blätter. Novellen. [2. Folge.] 2 Bde. 8. (VII, 302; 278 S.) [Bremen 880, Kühtmann und Comp.] Norden, Fischer Nachf. *

Telmann, Conr. Aus vergilbten Blättern. Roman. 8. (358 S.) Berl. 891, Janke. * 5 —

**Telmann,** Konr., Bohémiens. Roman. 8. (386 S.) Berlin 895. G. Grote. Kart. n. 5. —; geb. n. 6. —

— auf der Sireneninsel Capri. Roman aus dem Leben. 8. (337 S.) Köln 889. P. J. Tonger. n. 2. —; geb. n. 3. —

**Telmann, K., Komteß Clémence. Novelle. 8. (168 S.) Minden 887. Bruns.** n. 2. 40

**Telmann,** Konr., schwerer Diebstahl, s.: Wallner's allgemeine Schaubühne.

— Dissonanzen u. Akkorde. Novellen. 2 Bde. 8. (260 u. 256 S.) Ebd. 888. n. 6. —

— unter den Dolomiten. Roman. 2 Thle. in 1 Bd. 8. (208 u. 250 S.) Dresden 893. E. Reißner. n. 7. —; geb. n. 8. —

— unter den Dolomiten. Roman. 2 Thle. in 1 Bd. 5. Aufl. 8. (194 u. 235 S.) Dresden 898. E. Reißner. n. 7. —; geb. n. 8. —

Telmann, Konr., unter den Dolomiten. Roman. (2 Bde. in 1 Bd.) 6. u. 7. Aufl. 8. (à 194 u. 235 S.) Dresden 902. E. Reißner. n. 7. —; geb. n. 8. —

Telmann, Konr., unter den Dolomiten. Roman. 11. Aufl. 2 Tle. in 1 Bd. (194 u. 237 S.) 8. Dresden 906. E. Reißner. n. 5. —; geb. n. 6. —
9. Aufl. (194 u. 235 S.) 903 n. 7. —; geb. n. 8. —.

— Unter den Dolomiten. Roman. 13. Aufl. (2 Tle. in 1 Bde.) (194 u. 237 S.) 8. Ebd. 907. 5. —

— Dramen. gr. 8. (III, 359 S.) Ebd. 901. n. 5. —; geb. n. 6. —

Telmann, Konr., in der Einsamkeit. Liederkranz. 16. (103 S. m. e. Chromolith.) Leipzig 876. Wölfert. geb. m. Goldschn. n. 2. 40

— das Ende vom Lied. Roman. 8. (274 S.) Ebd. 898. n. 3. 50: geb. n. 4. 50

— an der Engelsbucht. Roman. gr. 8. (344 S.) Ebd. 901. n. 5. —: geb. n. 6. —

— dunkle Existenzen. Roman. 4 Bde. 8. (VII, 260; 225, 306 u. 328 S.) Leipzig 886. Reißner. n. 14 —; in 2 Bde. geb. n. 16. —

[F.] Flitterwochen. Erzählg v. Konrad Telmann [d. i. Konrad Zitelmann]. 2. Aufl. *Berlin: R. Eckstein Nachf. [1896].* (64 S.) 1 Bd 8. = 50 Pfennig-Bibliothek, Ecksteins. No 23. (97. 4977

— Flitterwochen, s. A. Eckstein's 50 Pfennig-Bibliothek.

Flitterwochen. Es fiel ein Reif. Erzählungen von Konrad Telmann [d. i. Zitelmann]. Mülheim a. d. Ruhr: J. Bagel [1904]. (98 S.) 8° [F.] (06. 1977

— aus der Fremde. Gedichte. 8. (VIII, 308 S.) Ebd. 889. n. 3. —; geb. n. 4. 25

— im Frühroth. Roman. 3 Bde. 8. (274, 398 u. 375 S.) Breslau 880. Schottländer. n. 16. —

— Gerichtet, s.: Collection Spemann.

Telmann, Konrad (d. i. Konrad Zitelmann). Gerichtet. (Vorr.: Johannes Proelss.) Stuttgart, Berlin, Leipzig: Union [1900]. (216 S.) 8°
= Romane, Moderne, aller Nationen. 6.

— Capreser Geschichten. 1. Tl. Die schwarze Hexe. Der lahme Checco, s.: Büchersammlung, allgemeine, lebender Schriftsteller.

— sizilianische Geschichten. 2 Bde. 8. (VII, 318 u. 312 S.) Ebd. 889. à n. 2. 50

—— s. Giesebrecht, Ludw., Gedichte.

— zwischen den Gletschern. Roman. 8. (338 S. m. d. Totenmaske d. Verf.) Berlin 897. C. A. Schwager. n. 5. 50

Zwischen den Gletschern. Roman von Konrad Telmann [d. i. Zitelmann]. *Berlin: F. Wesemann [1897].* (338 S.) 8° [F.] (97. 4928

— in Glück u. Leid. Novellen. [7. Folge.] 2 Bde. 8. (349 u. 380 S.) Leipzig 885. Bergmann. n. 8. —

— verfehltes Glück. Novelle. 8. (126 S.) Augsburg 887. Gebr. Reichel. n. 2. —; geb. in Leinw. m. Goldschnitt n. 3. —; ermäß. Preis 1. 50; geb. 2. —

Telmann, Konrad [d. i. Konrad Zitelmann]. Mit der Glückskappe. Recht. Das Recht des Schwächeren. Novellen. Mit Ill. von Martin Ränike. Berlin, Eisenach, Leipzig: H. Hillger [1900]. (128 S.) 8°
= Bücherschatz, Kürschner's. No 180.

— mit der Glückskappe. Recht. Das Recht des Schwächeren, s. a. Kürschner's, Jos., Bücherschatz.

Gottbegnadet. Roman von Konrad Telmann [d. i. Konrad Zitelmann]. Dresden & Leipzig: Reißner 1897. 329 S. 8° (10. 6594

— Götter u. Götzen. Roman. 3 Bde. 8. (V, 390, 385 u. 524 S.) Leipzig 884. Reißner. n. 15. —

Telmann, Konr., Hagar, s.: Unterwegs u. Daheim.

— auf der Haide. 16. (130 S.) Leipzig 875. A. Krüger's Sep.-Cto. n. 1. 80; geb. m. Goldschn. n. 3. —

— Meraner Herbsttage. Poetische Skizzen. 8. (VI, 42 S.) Leipzig 876. Theile. n. 1. 20

Telmann, Konrad [d. i Zitelmann]: Unter römischem Himmel. Roman. Bd 1. 2. Dresden & Leipzig: C. Reissner 1896. 8°

— unt. römischem Himmel. Roman. 2 Tle. in 1 Bde. gr. 8. (223 u. 232 S.) Dresden 897. C. Reißner. n. 7. —; geb. n. 8. —

— unter römischem Himmel. Roman. 2. Aufl. gr. 8. (447 S.) Dresden 902. C. Reißner. n. 6. —; geb. n. 7. —

— im Hochland. Novellen. [5. Folge.] 8. (281 S.) Dresden 884. Steffens. 4. 50

— in d. Hochzeitsnacht, s.: Unterwegs u. Daheim.

— nach Jahr u. Tag. Novelle. 12. (128 S.) Berlin 890. Alb. Goldschmidt. n. — 50

— moderne Ideale. Roman. 3 Bde. 8. (194, 228 u. 147 S.) Leipzig 886. Reißner. n. 9. —

— u. Hermione v. Preuschen, von „Ihm" u. „Ihr"! Bilder aus dem Leben. 8. (III, 253 S.) Berlin 900. C. Duncker. n. 3. —

— im Klementenhof. Roman. 2 Bde. 8. (177 u. 186 S.) Leipzig 888. Reißner. n. 6. —

— Lebensfeste, s.: Eckstein's Miniaturbibliothek.

Lebensfeste. Studien von Konrad Telmann [d. i. Konrad Zitelmann]. Leipzig: Müller-Mann [1900]. 160 S. 8° (10. 5697

— Lebensfragmente. Novellen. [4. Folge.] 8. (273 S.) Breslau 884. Schottländer. n. 5. —; geb. n. 6. —

— Lichter u. Schatten. Novellen. [3. Folge.] 1. u. 2. Bd. 8. Hannover, Weichelt. n. 4. —
1. (211 S.) 883. n. 1. 50. — 2. (304 S.) 885. n. 2. 50

Lucrecia. Novelle von Konrad **Telmann** [d. i. Zitelmann]. Dresden & Leipzig: C. Reissner 1896. (246 S.) 8° [06. 14809 9

— Fromme Lügen, s.: Eckstein's illustrirte Romanbibliothek, Bd. 9.

[F.] Mann und Frau. Erzählg v. Konrad Telmann [Zitelmann]. *Berlin: Concordia 1896.* (2 Bl., 130 S.) 1 Bd 8. [97. 731

— Margarete. Novelle. 16. (171 S.) Leipzig 875. A. Krüger's Sep.-Cto. n. 2. —; geb. m. Goldschn. n. 3. —

Am Kap Martin. Roman von Konrad Telmann [d. i. Zitelmann]. *Dresden & Leipzig: E. Pierson (1893).* (252 S.) 8° [F.] [03. 7338

Am Ligurischen Meer. Drei Riviera-Geschichten von Konrad Telmann [d. i. Zitelmann]. *Dresden & Leipzig: E. Pierson (1893).* (334 S.) 8° [F.] [03. 7339

(B) — Am Ligurischen Meer. — Am Kap Martin. — Im Nebenschatten. — Weibl. Waffen. (KVL 28.) Jetzt: Berlin, Verlag Berlin-Wien.

— Meereswellen. Gedichte. gr. 16. (280 S.) Glarus 884. J. Vogel. 2. —

— Menschenschicksale. Novellen. [8. Folge.] 2 Bde. 8. (304 u. 263 S.) Minden 885. Bruns. n. 6. —

[F.] Aus Mitleid. Roman v. Konrad Telman [d. i. Zitelmann]... *Berlin: O. Janke [1897].* (2 Bl., 275 S.)
(Collection Otto Janke.) [97. 1560

[Umschlagt.:] [F.] Sein Nebenbuhler. Novelle v. Konrad Telmann [d. i. Konrad Zitelmann.] M. d. Bildn. d. Dichters. *Lübeck: Novellenbibl. [1896].* (27 S., 1 Portr.) 1 Bd 8.
= Bibliothek kleiner Novellen u. Erzählgn von Dichtern u. Schriftstellern d. Gegenwart. No 34. [96. 5649

— Sein Nebenbuhler u. andere Erzählungen, s.: Hesse's, Max, Volksbücherei.

— Ninfa, s.: Boy-Ed, Ida.

Telmann, Konrad: Novellen aus dem Süden, s. Telmann: Schwarze Zöpfe ... 1904.

Telmann, K., In Pommern. 2 Bde. gr. 8. Leipzig 875. Gera, Griesbach's Verlag. 9 —

— in Pommern. Novellen. 2 Bde. gr. 8. (272 u. 273 S.) Leipzig 875. Grunow. 9. —

—— Quer durch's Leben. Bilder u. Geschichten. 1. u. 2. Thl. 8. (255; 252 S.) Ebd. 890. à Thl. * 3 —; * 6 —

— im Nebenschatten. Novellen. 8. (367 S.) Dresden 891. E. Pierson. n. 3. —; geb. n. 4. —

—— in Reichenhall, s. Universal-Bibliothek Nr. 1449.

— Ruggiero, der Brigant, s.: Erzähler, norddeutsche.

— Schattenpflanzen. Novellen. 8. (III, 349 S.) Dresden 894. C. Reißner. n. 4. —; geb. n. 5. —

Schattenpflanzen. Novellen von Konrad **Telmann** [d. i. Zitelmann]. 2. Ausg. Dresden & Leipzig: C. Reissner 1898. (349 S.) 8° [F.] [06. 15039 9

— am Scheidewege. Novelle. 12. (107 S.) Berlin 889. Alb. Goldschmidt. n. — 50

— Schiefmund, s.: Haus- u. Reisebibliothek, deutsche.

— Schiefmund. Dorfgeschichte. 8. (144 S.) Berlin 897. F. Gnadenfeld & Co. 1. —

— Schlussnote. Novelle. Illustr. v. Willy Werner. 1.—3. Taus. gr. 16. (125 S.) Berlin 897. Leipzig, G. Müller-Mann. n. 1. —

— auf eigener Scholle. Roman. 2 Bde. 8. (237 u. 216 S.) Dresden 894. C. Reißner. n. 7. —; in 1 Bd. geb. n. 8.

— Sonnenblicke. Arabesken. gr. 16. (139 S.) Heidelberg 875. Weiß. n. 2. —; geb. n. 3. —

Spähne. Bilder u. Geschichten von Konrad **Telmann** [d. i. Zitelmann]. Leipzig: K. Reissner 1893. (256 S.) 8° [F.] [06. 15060 9

— Sphinx u. andere Novellen. 6. Folge. 2 Bde. 8. (254 u. 295 S.) Freiburg i/Br. 887. Kiepert. n. 8. —

— das Spiel ist aus! Roman. 3 Bde. 8. (179, 301 u. 168 S.) Leipzig 884. Reißner. n. 9. —

— das Spiel ist aus! Roman. 2. Aufl. gr. 8. (VII, 524 S.) Dresden 898. C. Reißner. n. 5. —; geb. n. 6. —

— das Spiel ist aus! Roman. 3. Aufl. (VII, 524 S.) 8. Dresden 905. C. Reißner. n. 5. —; geb. n. 6. —

—— Vom Stamm der Ikariden. Roman. 4 Bde. gr. 8. (III, 241; 311; 315; 279 S.) Lpz. 891. Reißner. * 15 —; geb. * 18 —

—— Unter'm Strohdach. Roman. 3 Bde. 8. (VI, 292; 203; 272 S.) Lpz. 892. Reißner. * 10 —; geb. * 13 —

— Sühne, s.: Haus- u. Reisebibliothek, deutsche.

— Sühne. Novelle. 8. (159 S.) Berlin 897. J. Gnadenfeld & Co. 1. —

Dunkle Tiefen. Geschichten von Konrad **Telmann** [d. i. Konrad Zitelmann]. München: Rupprecht 1895. 360 S. 8° [10. ...

Tod den Hüten! Eine sizilische Geschichte von Konrad **Telmann** [d. i. Zitelmann]. Dresden & Leipzig: C. Reissner 1898. (426 S.) 8° [F.] [06. 14810 9

— Tod u. Leben. Roman. (271 S.) gr. 8. Ebd. 903. n. 3. —; geb. n. 4. —

— Trinacria. Sizilische Geschichten. 8. (374 S.) Stuttgart 895. J. G. Cotta Nachf. n. 4. —; geb. in Leinw. n. 5. —

— Unheilbar, s.: Reclam's Unterhaltungs-Bibliothek.

— unheilbar, s.: Universal-Bibliothek.

— Vae victis! Roman. 8. (III, 428 S.) Minden 886. Bruns. n. 4. —

— Vaterrechte. Roman. 8. (230 S.) Dresden 899. C. Reissner. n. 3. —; geb. n. 4. —

**Telmann, Konr.**, Visionen, s.: Eckstein's Miniaturbibl.

— von jenseits des Grabes. Lebenslieder e. Todten. schmal 8. (VIII, 179 S. m. Bildnis.) Dresden 897. C. Reissner. n. 3. —

— Vox populi. Roman. 2 Tle. in 1 Bd. gr. 8. (188 u. 190 S.) Dresden 897. E. Reißner. n. 6. —; geb. n. 7. —

— weibliche Waffen. Roman. 8. (264 S.) Dresden 889. Pierson. n. 3. —

— weibliche Waffen. 4. Aufl. 8. (264 S.) Dresden 894. E. Pierson. n. 3. —; geb. n. 4. —

— der Wahn ist kurz. In d. Ruinen, s.: Kürschner's Bücherschatz.

— was ist Wahrheit? Roman. 2 Tle. in 1 Bd. 8. (253 u. 233 S.) Dresden 900. E. Reißner. n. 6. —; geb. n. 7. —

— was ist Wahrheit? Roman. 2 Tle. in 1 Bd. 2. Aufl. (258 u. 233 S.) 8. Ebd. 903. n. 5. —; geb. n. 6. —

— vom Wegrand. Novellistische Skizzen. 8. (III, 243 S.) Leipzig 886. Mutze. n. 3. —; geb. n. 4. —

— wer that's? Roman. 8. (269 S.) Berlin 898. Concordia, Deutsche Verlags-Anstalt. n. 4. —; geb. n.n. 5. 50

Wer tat's? Roman von Konrad **Telmann** [d. i. Konrad Zitelmann]. Berlin: Buchverl. fürs Deutsche Haus 1909. 288 S. 8°
(Die Bücher d. Deutschen Hauses. Bd 88.) [1c. 12333

**Telmann, Konr., ausgewählte Werke.** 8 Bde. 8. Dresden, E. Reißner. Subskr.-Pr. à 4. —; geb. à 5. —
1. Unter den Dolomiten. Roman. 2 Tle. in 1 Bde. 14. Aufl.
2. (VIII, 194 u. 237 S.) 908.
Unter römischem Himmel. Roman. 2. Aufl. (447 S.) 908.
3. Das Spiel ist aus! Roman. 3. Aufl. (VII, 524 S.) 908.
4. Auf eigener Scholle. Roman. 2. Aufl. (409 S.) 908.
5. Tod den Hilten! Eine sizil. Geschichte. 2. Aufl. (387 S.) 908.
6. Was ist Wahrheit? Roman. 2. Aufl. (233 S.) 908.
7. Von jenseits des Grabes. Lebensbilder eines Toten. (V, 359 S.) 908.
8. Ausgewählte Novellen. (VII, 337 S.) 908.

— wo liegt d. Schuld? E. Wort zur Umsturz-Vorlage. 8. (46 S.) Berlin 895. Deutscher Autoren-Verlag. n. — 60

**Telmann**, Konr., Wo liegt die Schuld? Ein Wort zur Umsturz-Vorlage. 8°. Berlin, Deutsche Schriftsteller-Genossenschaft, 1895.

[F.] Schwarze Zöpfe. Erzählgn v. Konrad Telmann [d. i. Konrad Zitelmann]. 2. Aufl. *Berlin: R. Eckstein Nachf. [1896?].* (140 S., 1 Bl.) 1 Bd 8.
= Reisebibliothek, Ecksteins. No 165. [97. 4973

— schwarze Zöpfe, s.a. Eckstein's Reise-Bibliothek.

— schwarze Zöpfe. Erzählungen. 6. bis 10. Tausf. 8. (127 S.) Berlin (901). Mülheim, J. Bagel. — 30

Schwarze Zöpfe. Im Süden. Erzählungen von Konrad **Telmann** [d. i. Zitelmann]. Mülheim a. d. Ruhr: J. Bagel [1904]. (101 S.) 8° [F.] [06. 2319

— schwarze Zöpfe. Im Süden. Erzählungen. — Flitterwochen. Es fiel ein Reif. Erzählungen. (Umschlag: Novellen aus dem Süden.) (101 u. 98 S.) 8. Mülheim a/R., J. Bagel. [1904] — 60

Telnart, E., die Kunst den Boden auf Feldern, Wiesen u. in Gärten fruchtbar zu machen, seine Tragbarkeit u. Ergiebigkeit zu erhöhen u. zu vermehren. Eine gekr Preisschr. Nebst e. neu erfund. Aufbewahrungsart d. Getreides ohne Silos, v. A. Delacroix. A. d. Franz. übers. u. durch einige eigene Zugaben verm. v. G. H. Haumann. gr. 8. (19 B.) Ilmenau 830, [Weimar,] Voigt.

**Telonarcha, Chr. Zach.**, (J. G. Hamann), Prolegomena üb. die neueste Auslegung der ältesten Urkunde des menschl. Geschlechts; in zwei Antwortschreiben an Apollonium Philosophum. 4. o. O. 774.

**Telones, F.**, ein einziger Mann. Psycholog. Studie über den Ehebruch der Frauen in den höh. Ständen. (69 S.) 8. Berlin (905). Verlag der „Frauen-Rundschau" n. — 75

Telonius, Christian Gottfried

Das hohe Geburthsfest[!] des Durchlauchtigsten Herrn Herzogs Ernst Ludwig, regierenden Herzog von Sachsen [-] Gotha und Altenburg, besinget die Loge zum goldnen Apfel [in Dresden] durch [Joh. Christian] L[ange]. Die Musik ist von T., Mitglied der Loge zum drey Rosen [in Hamburg, d. i. Christian Gottfr. **Telonius**?] comp. o. O. 1778. 2 Bl. 8°
Hymne mit Noten: „Auf, Brüder, auf, singt Wettgesang . . ."

[Lied.] An einen neu aufgenommenen Bruder. Denen Brrn [Joh. Simon] Nagant, [Friedr. Ludw.] Schröder, [Joh. Phil.] Beckmann ergebenst zugeeignet. [Melodie von Christian Gottfr. **Telonius.**] Hamburg: 1788. 2 Bl. 8°
Ohne Noten: „Edler, tritt in unsre Mitte . . ."
193.

Lieder am Tage der Todesfeyer der Brr Franz Heinr. Aug. v. Sudthausen, Joh. Hinr. Dettenhoff, und Chr. Gottfr. Telonius. Gesungen von Brüdern, die sie liebten. Hamburg, den 14ten April 1802. [Unterz.: Hieron. Joh. Bernh.] S[use?]. [Melodie von Christian Gottfr. **Telonius.**] [Hamburg 1802]: Meyn. 4 Bl. 4° [Umschlagtit.]
1 Lied ohne, — 2 Lieder mit Noten. 193.

**Teloo,** Leo, a. Winnekendonk ⟨Rhld.⟩: Aus d. Freiburger Univ.-Augenklinik. Dir. Prof. Dr. Axenfeld. Beitrag zur solitären Tuberkulose der Chorioidea. Krefeld 1905: Gebr. Reinartz. (39 S.) 8°
Freiburg i. B., Med. Fak., Ref. Axenfeld, Diss. v. 1905
[Geb. 14. Sept. 79 Winnekendonk: Wohnort: Freiburg; Staatsangeh.: Preußen; Vorbildung: Gymn. Krefeld Reife O. 00; Studium: Freiburg 1, Marburg 1, Kiel 2, München 1, Berlin 1, Freiburg 3 S.; Coll. 24. Febr. 05; Approb. 14. Febr. 05.]

**Tels, Hartog Hymann, de jure publico usque ad Ulr. Huberum. Et Dissert. philos. jur. inaug. de meritis Ulr. Huberi in jus publ. univers. Dissert. histor.-liter. (II Pt.) 8maj. (15½ B.) Lugduni Bat. 838, Hazenberg jun. (Lipsiae, T. O. Weigel; libr. Weidmann.)** *

**Telschow, R.**, die heutige Ausbildung der deutschen Zahnärzte. Vorschläge zur Gründg. e. neuen einheitl. Standes. gr. 8. (16 S.) Berlin 889. Bohne. n. — 50

**Telschow, R.**, zur Entstehung der Cholera u. e. Rat zur Verhütung derselben. gr. 8. (14 S.) Berlin 893. (F. Stahn.) n. — 50

**Telschow, R.**, der gesammte Geschäftsverkehr m. der Reichsbank. Ein Handbuch zur Orientirg., unter Benutzung amtlichen Materials zusammengestellt u. bearb. 3. Aufl. Mit Anh.: Nachträge u. Verändergn. bis 1. Juli 1889. gr. 8. (VI, 253 S.) Berlin u. Dresden 889. Dieckmann. geb. n. 4. —

Telschow, R., Der gesammte Geschäftsverkehr m. d. Reichsbank. Ein Handbuch zur Orientirg. f. das Publikum, insbesonders f. die m. der Bank im Verkehr steh. Personen, Firmen, Institute u. Behörden, unter Benutzg. amtl. Materials zusammengestellt u. bearb. 5. Aufl. Bearb. v. A. Schacht. gr. 8. (VI, 231 S.) Lpz. 891, Dürr'sche Buchh. geb. * 4 —

1.—4. Aufl. Berl. u. Dresd. 1889, Dieckmann. * 4 —.

**Telschow, R.**, der gesammte Geschäftsverkehr m. der Reichsbank. Ein Handbuch zur Orientirg. f. das Publikum, insbesonders f. die m. der Bank im Verkehr steh. Personen, Firmen, Institute u. Behörden, unter Benutzg. amtl. Materials zusammengestellt u. bearb. 6. Aufl. Bearb. v. A. Schacht. gr. 8. (VI, 231 S.) Leipzig 893. Dürr'sche Buchh. Geb. in Leinw. n.n. 4. —

**Telschow, R.**, d. gesamte Geschäftsverkehr m. d. Reichsbank. Ein Handbuch zur Orientierg. f. das Publikum, insbes. f. die m. der Bank im Verkehr steh. Personen, Firmen, Institute u. Behörden, unt. Benutzg. amtl. Materials zusammengest. u. bearb. 8. Aufl. Bearb. v. C. Letzel. gr. 8. (VIII, 258 S.) Leipzig 899. G. A. Glöckner. Geb. in Leinw. n. 4. —

**Telschow, R.**, der gesamte Geschäftsverkehr m. der Reichsbank. Ein Handbuch zur Orientierg. für das Publikum, insbesondere f. die m. der Bank im Verkehr steh. Personen, Firmen, Institute u. Behörden, unter Benutzung amtl. Materials zusammengestellt u. bearb. 9. Aufl. Bearb. v. C. Letzel. gr. 8. (VIII, 270 S.) Leipzig 900. G. A. Gloeckner. Geb. in Leinw. n. 4. —

**Telschow, R.**, der gesamte Geschäftsverkehr m. der Reichsbank. Ein Handbuch zur Orientierg für das Publikum, insbesondere f. die m. der Bank im Verkehr steh. Personen, Firmen, Institute u. Behörden, unter Benutzg. amtl. Materials zusammengestellt u. bearb. 10. Aufl. Bearb. v. C. Letzel. (IV, 301 S.) 8. Leipzig 905. G. A. Gloeckner. Geb. in Leinw. n. 4. —

**Telschow, R.**, Pressluft contra Electricität f. zahnärztl., zahntechn. u. and. gewerbl. Zwecke. gr. 8. (14 S.) Berlin 891. R. F. Funcke. — 50

**Telschow, R.**, Reductions-Tabelle, s.: Trenkhorst, F.

—— Die wahre Ursache der Zahncaries u. deren Heilung, sowie die Inaugural-Dissertation d. Hrn. Prof. L. Warnekros zur Erlangung der medicin. Doctorwürde an der Berliner königl. Universität. gr. 8. (18 S.) Berl. 892, (Funcke u. Naeter). * — 50

Telschow, R.: Die praktische Verwendung des Aluminiums zum Zahnersatz. Berlin 1895

—— Die Werthlosigkeit d. amerikanischen Titels „Doctor of Dental Surgery" als Doctortitel nach unsern Begriffen. gr. 8. (31 S.) Ebd. 892. * — 50

**Telschow, Wilh.**, Gedichte. Leipzig 859. Veit & Co. 8. (XII, 148 S.) 15 ngr.

**Telschow, Wlh.**, vollständ. Handbuch der kaufmännischen Rechenkunst, durch praktische Uebungsbeispiele erläutert; ein Leitfaden für Lehrer u. Schüler derselben, so wie besonders für Kaufleute und Rechnungsbeamte. 1. Thl. Von den 4 Species u. der Proportionsrechnung. gr. 8. Stettin 844, Weiß. n. $1^1/_2$ ₰

— dass. 2. Thl. 2 Liefg. Die höheren kaufmänn. Rechnungsarten, u. Auflös. zum 1. 2. Thl. (A. u. d. T.: 3. Thl.) gr. 8. Ebend. 846. (à) n. $1^1/_2$ ₰ Ladenpr. (à) n. 2 ₰

**Telschow, Wilh.**, vollständiges Handbuch der kaufmännischen Rechenkunst, durch prakt. Uebungsbeispiele erläutert; ein Leitfaden für Lehrer u. Schüler derselben, so wie besonders für Kaufleute u. Rechnungsbeamte. 2 Thle. 2. verm. u. verb. Aufl. gr. 8. 1. Von den 4 Species u. der Proportionsrechnung. (XVI u. 379 S.) 2. Von den höheren kaufmännischen Rechnungsarten. (VIII u. 544 S.) Stettin 850, Weiß. (à n. 2 ₰) n. 4 ₰

**Telschow, Wilh.**, kaufmännisches Handbuch oder das Rechnen des Kaufmanns unter Darlegung alles dessen, was den Handel und die Geld- und Verkehrs-Verhältnisse überhaupt angeht, mit mehr denn 2000 vollständig ausgerechneten Uebungsbeispielen. 3. Aufl. gr. 8. (1. Thl.: Von den 4 Species und der Proportionsrechnung XX und 296 S. und 2. Thl. VIII und 452 S. und Auflösungen 151 S.) Stettin 856, Graßmann's Verlag.

— kaufmännisches Handbuch oder das Rechnen des Kaufmanns unter Darlegung aller damit in Verbindung stehenden Geld- u. Verkehrsverhältnisse. 2 Thle. Mit Rücksicht auf das neue preußische allgemeine Landesgewicht umgearb. u. mit vergleichenden Gewichtstabellen versehen. 4. Aufl. Stettin 861. Graßmann. gr. 8. (XXIV, 928 S.) 3 ₰

— das Hohelied Salomonis als Oratorium mit einem erklärenden Anhange. Ebend. 856. 8. (96 S.) 15 ngr.

—— Polterabendschwänke mit den nöthigen Varianten, um die darin vorkommenden Charaktere auch einzeln benutzen zu können, und einem Geburtstagsfestspiele. gr. 8. (VIII und 194 S. mit 4 Musikbeilagen in 4.) Stettin 856, Graßmann's Verlag. *

— praktische Rechen-Aufgaben zum Gebrauch f. Schulen; aus dem vollständ. Handbuch der Rechenkunst. 1. Thl. u. 2. Thl. 3 Hfte. 8. 1. Thl. Von den 4 Species u. der Proportionsrechnung. Enthaltend 1400 Aufgaben. 2. Thl. 1. Von der Münz-, Procent-, Zins- u. Zinseszins-Rechnung. (IV u. 32 S.) 2. Vom Waarenhandel. (30 S.) 3. Von der Wechselcoursrechnung, Wechselreduction, Wechselarbitrage, Fondscoursrechnung u. Gesellschaftsrechnung. (44 S.) Ebd. 849. 50. (I: 3 ngr. II, 1—3: à 3 ngr.) 12 ngr.

—— Auflösungen dazu. 1. Thl. und 2. Thl. (1—3. Heft.) gr. 8. (65 S.) Ebds. 849—50. à Heft * 5 Ngr. *

—— kaufmännisch-praktische Rechen-Aufgaben-Sammlung, enth.: 2185 stufenweise geordnete Aufgaben nebst ihren Auflösungen und den dazu erforderl. Münz-Maß- und Gewichts-Angaben rc. und den gegenwärt. Wechsel- und Fonds-Cours-notirungen aller wichtigen Handelsplätze mit den dazu nöthigen Erklärungen. gr. 8. (VIII und 201 S.) Stettin 854, (Saunier.) **

— kaufmännisch-praktische Rechen-Aufgaben-Sammlung, enthltd.: 2185 stufenweise geordnete Aufgaben nebst ihren Auflösungen u. den dazu erforderlichen Münz-, Maaß- und Gewichts-Angaben, verschiedenen Hülfstafeln u. Uebersichten, Waarencalculationen rc. und den gegenwärtigen Wechsel- und Fonds-Coursnotirungen aller wichtigen Handelsplätze mit den dazu nöthigen Erklärungen. Ebend. (854.) 857. (IV, 32, 30, 30, 44, 16, 15, 18, 16 S.) n. 15 ngr.

**Telschow,** Wilh., kaufmännisch-praktische **Rechen-Aufgaben-Sammlung**, enthaltend 2185 stufenweise geordnete Aufgaben nebst ihren Auflösungen und den dazu erforderlichen Münz-, Maaß- und Gewichts-Angaben, verschiedene Hülfstafeln und Uebersichten. Waarencalculationen ꝛc. und den gegenwärtigen Wechsel- und Fonds-Coursnotirungen aller wichtigen Handelsplätze mit den dazu nöthigen Erklärungen. gr. 8. (202 S.) Stettin 857, Graßmann's Verlag. Thlr. *

Den Inhalt bilden die 1849 und 1850 erschienenen Praktischen Rechen-Aufgaben, 4 Hefte, nebst Auflösungen.

—— **Theorie** und Praxis der kaufmännischen Buchführung. Ein Comptoir-Handbuch zum Selbstunterricht für angehende Kaufleute und Geschäftsmänner, wie zum Gebrauch für Handels- und Gewerbschulen. gr. 8. (X und 430 S.) Leipzig 861,62, Gumprecht. *

Die Alt-Niederländischen Seerechte. Hrsg. von Dr. A[lbartus] **Telting**. Haag: M. Nijhoff 1907. (XVI, 45 S.) 4°(8°) [08. 361 3

**Telting,** A., s.a.: **Seerechte**, die altniederländischen.

**Telto,** G., des Bettlers Gabe. Erzähl aus d. schwäb. Bauernkriege. 8. (11½ B.) Nordhausen 829, Fürst.

—— Phantasiegebilde. — Cölestine. Eine Erzähl. 8. (14 B.) Nordhausen 829, Fürst.

—— Schneeglöckchen. 8. (17 B.) Magdeburg 828, Creutz.

— Cölestine; eine Erzählung. 8. Nordhaus. 829. Fürst. 1 ꝼ

**Teltow**, zum 30. Juli. Ein letztes Wort an die Wähler in allen Gauen. Inhalt: I. Die vaterlandsfeindlichen Parteien. II. Falk u. die Fortschrittspartei mit besonderer Rücksicht auf Berlin. gr. 8. (39 S.) Berlin 878. Puttkammer & Mühlbrecht. n. — 80

Teltow [Schlagwort]

**Teltow,** s.: **Berlin**. Kiessling.

**Teltow,** s.: **Deutschland**. Kürschner-Pelp.

— s. a.: **Mark**. — **Potsdam**, Reg.-Bez.

— s. a.: **Preussen**. Messtischblätter.

**Teltow.** **Döring**, K., Handkarte vom Kreise Teltow für den Schulgebrauch. 1:150,000. 41×35,5 cm. Farbdr. Berlin (903). Fussinger. n. — 20

**Teltow,** Kreis. **Döring**, K., Handkarte vom Kreise Teltow. Für den Schulgebrauch gez. 2. verb. Aufl. 1:150,000. 40,5×35cm. Farbdr. Berlin (909). Fussinger. — 25

**Teltow.** **Müller**, Gust., Karte d. Kreises Teltow, zugleich Wanderkarte der Gegend südlich v. Berlin, umfassend ca. 60 □Meilen. 1 : 125,000. Nach den Generalstabskarten u. eigenen Aufnahmen bearb. Farbendr. gr. Fol. Mit Ortsverzeichniss. 8. (8 S.) Berlin 890. Peters. n. 2. 50

— **Müller**, Gust., Karte des Kreises Teltow, zugleich Wanderkarte der Gegend südlich v. Berlin umfassend ca. 60 □Meilen. Nach d. Generalstabskarte u. eigenen Aufnahmen bearb. 1 : 125,000. (Neue Ausg.) 51×46,5 cm. Farbdr. Nebst Ortsverzeichnis. (8 S.) 8 Berlin (904). (Stettin, H Peters.) 3. —

— **Silva-Karte** des Kreises Teltow. (Enth. das Gebiet des Kreises Teltow u. den nördl. Tl. des Kreises Jüterbog-Luckenwalde, insbesondere die Orte: Berlin, Spandau, Wilmersdorf, Gr.-Lichterfelde, Trebbin, Luckenwalde, Jüterbog, Rixdorf, Mittenwalde, Zossen, Cöpenick, Erkner, Kgs.-Wusterhausen, Teupitz, Wend.-Buchholz sowie e. geschichtl. Geleitwort v. E. Friedel, e. Ortsregister m. Angabe der zugehör. Amtsgerichte, der Kataster- u. Standesämter u. e. Verzeichnis öffentl. Einrichtgn., Behörden u. Anstalten.) 1 : 100,000. 64,5×54 cm. Farbdr. (6 farbig.) (31 S.) 8. Berlin (910). Verlag f. heimatl. Kultur W. Holz. — 75

Pharus-Führer **Teltow-Kanal** mit 2 grossen Pharus-Plänen u. 1 Wasserkarte. Nach amtl. Mitteilungen u. unter Mitw. d. Kanalverwaltung hrsg. vom Pharus-Verlag, Berlin. (Berlin: Pharus-Verl. 1907.) (63 S., 3 Kartenbl.) 4°

[Darin:] W[ilhelm] Sievers: Der Teltowkanal.

Pharus-Pläne [u. d. T.:] Pharus-Plan Teltow-Kanal. (Urheber: Dr. Cornelius Loewe.) Östl. [&] westl. Hälfte. Maßst. 1 : 17,500.

Wasserkarte z. Pharus-Führer Teltow-Kanal. Maßst. 1 : 455,600. [07. 13818

Teltscher, Elkan Über das Wesen der Anna Perenna und der Dido. (Im Anschlufs an Ovid. fast. III 523—695.) 16 S. 8. **Progr.** *Mitterburg* 1877.

**Teltscher,** Friedrich, a. Wien: Ueber die Einwirkung von Aether und Aluminiumchlorid auf m-Toluidin. Heidelberg 1906: K. Rössler. (31 S.) 8°

Heidelberg, Naturw.-math. Fak., Ref. Curtius, Diss. v. 15. Juli 1906

[Geb. 25. April 83 Wien; Wohnort: Frankfurt a. M.; Staatsangeh.: Österreich; Vorbildung: Staatsoberrealsch. 1 Wien Reife Juli 00; Studium: Heidelberg 11 S.; Rig. 16. April 06.]

**Teltz,** O., s.: **Handbuch**, grosses, der Philatelie.

**Tembersky,** Stanisl., Annales 1647—1656, s.: **Scriptores** rerum polonicarum.

**Temenau,** Ludw., Marienthal. 12. (116 S.) Teschen 882. Schroeder. n. 3. —

Temesvár [Sachliches OW]

Temeswar (Belagerung von 1716). Augsburg zu finden bey Gabriel Bodenehr, Kupferstechern. Ohne M. 1 Bl.

**Temesvár** im Jahre 1849. Während der Belagerung geschrieben. Wien 1850. V: *Ambrózy, Gg Baron von.* (Pk) (KU)

**Temesvár** im Jahre 1849. Während der Belagerung geschrieben. gr. 8. (91 S.) Wien 850, Greß in Comm. n. 14 ngl

Temeswar eine in Ober Ungarn an dem Fluss Temes, u. um und um im Morast liegende auch ohnvergleichlich befestigte Stadt seit 1718 in den Grossmächtigsten Schutz Kayser Carl des VI widergebracht. Herausgegeben von M. Seutter etc. zu Augsb. O. M. 1 : 5,000 circa. 1 Bl.

Temesvár [Schlagwort]

**Temesvar,** Die Umgebungen von, im Maasstb. v. 1 – 28 800 (1″ = 400°) in 4 Blättern auf Stein gravirt. Wien, k. k. milit. geogr. Institut. (Debit für Wien und das Ausland bei Artaria & Comp., für Lemberg bei J. Milikowsky, für Krakau bei D. E. Friedlein, für Pest in der Geibel'schen Buchhandlung, für Prag bei F. Ehrlich.) 1866.

Temesváry, Rudolf

**Temesváry,** Rud., üb. die Anwendung der Elektrizität bei Frauenkrankheiten, s.: **Zeit- u. Streitfragen**, klinische. IV, 7-8.

**Temesváry, Rud.**, Volksbräuche u. Aberglauben in der Geburtshilfe u. der Pflege des Neugeborenen in Ungarn. Ethnographische Studien. gr. 8. (VIII, 148 S. m. 16 Abbildgn.) Leipzig 900. Th. Grieben. n. 2. 80; geb. in Leinw. n. 3. 60

**Temesváry, Rud.**, der Zusammenhang zwischen den weiblichen Brüsten u. Genitalien. Nach dem Engl. des „Journal of obstetr. and gynaecol. of the British empire" (Juni 1903) deutsch von Freudenberg. (16 S.) gr. 8. Leipzig 906. B. Konegen. n. 1. — Sonderabdruck aus: „Der Frauen-Arzt".

**Temistocle, Il,** dramma . . . Salisburgo [1740]. V: *Metastasio, Pietro v.* (Hr)

**Temkin, Selman** (Sinowy): Zur Frage über die Verletzungen des Milchbrustganges (Ductus thoracicus) und die Fälle von Chylothorax und Ascites chylosa im Zusammenhang mit den anatomischen und experimentellen Angaben über das Chylusgefäßsystem. Berlin 1909: G. Schade. 39 S. 8°
Berlin, Med. Diss. v. 13. Aug. 1909, Ref. Bier
[Geb. 16. Nov. 69 Elisabethgrad; Wohnort: Elisabethgrad; Staatsangeh.: Rußland; Vorbildung: Gymn. Cherson Reife M. 87; Studium: Moskau u. Petersburg 10, Berlin 7 S.; Rig. 11. Aug. 09.] [U 09. 118

*Temler*, Alexius Fr., Diss. inaug. med. de uteri putrescentia. 8. Dorpat 826. (57 S.)

**Temler, Carl Heinr. Ant.**, Lehrbuch d. ebenen u. körperl. Trigonometrie. Mit e. Vorr. v. Jak. Friedr. Fries. gr. 8. (20 B., 1 Beil. auf 3½ B. u. 2 Kpfrt.) Jena 838, Hochhausen.

**Temlich, C. C.**, Gilbert und Zadlue, ein Gedicht. 8. Wien, Gräffer. 785.

**Temlich, C. Ch. K.**, kurze Abhdl. d. Anfangsgründe der Fechtkunst. 8. Halle, Autor. 776.

**Temlich, Karl**, s. 1) Robinson, der Oestreichische, 2) Teufel, der, auf Reisen.

**Temmâm, Abu, Hamâsa**, s. Hamâsa.

Temme, A. J., s. Temme, Josef (Anton).

**Temme, C. H.**, und C. Zeller, Referat über land- und forstwirthschaftliche Rohproducte ꝛc., s. Bericht der Beurtheilungs-Commission bei der Industrie-Ausstellung zu München.

**Temme, E. R.**, Geheimschriften f. Liebende. (14 S. mit 1 Abbildg.) kl. 8. Leipzig 906. A. F. Schlöffel. — 25

**Temme, E. R.**, Geheimschriften f. Liebende. 2. Aufl. (12 S.) kl. 8. Leipzig (908). A. F. Schlöffel. — 25

[F.] Reise nach Palästina. Reiseeindrücke aus d. Schweiz, Italien, Aegypten, d. asiat. u. europ. Türkei. Von Friedrich **Temme**. M. 19 Ill. *Bonn: P. Hauptmann 1897.* (V S., 1 Bl., 199 S.) 1 Bd 8. [97. 7563

Reise nach Palästina. Reiseeindrücke aus d. Schweiz, Italien, Aegypten, d. asiat. u. europ. Türkei. Von Friedrich **Temme**. 2. verb. u. verm. Aufl. Mit 19 Ill. *Bonn: P. Hauptmann 1903.* (VII, 200 S.) 8° [F.]

Der Kampf gegen den Alkoholismus in Nordhausen. Eine Festschrift z. 400jähr. Bestehen d. Nordhäuser Kornbranntweinindustrie, 1507–1907. Von Gustav **Temme**, Lehrer. (Nordhausen): Selbstverl. (1907). (34 S.) 8° [F.] [07. 16547

**Temme, Gust.**, der Kampf gegen den Alkoholismus in Nordhausen. Eine Festschrift zum 400jähr. Bestehen der Nordhäuser Kornbranntweinindustrie. 1507—1907. (34 S.) 8. Nordhausen (907). (C. Haacke.) nn — 10

Die Säuglingssterblichkeit in Nordhausen. Ein Beitrag zu ihrer Bekämpfung. Von Gustav **Temme**, Volksschullehrer. (Mit e. Vor- u. Nachwort von Dr. med. [Walter] Kollosser.) [Nordhausen]: Selbstverl. [1906]. (22 S.) 8° [F.] [07. 3064

**Temme, Gust.**, die Säuglingssterblichkeit in Nordhausen. Ein Beitrag zu ihrer Bekämpfg. (Mit e. Vor- u. Nachwort v. Kollosser.) (22 S.) gr. 8. Nordhausen 906. (G. Wimmer.) n. — 30

Schafft frohe Jugend! Eine Einführung in d. Arbeit d. Nordhäuser Jugendfürsorge. Von Gustav **Temme**, Lehrer. Nordhausen: C. Haacke [1908]. (26 S.) 8° [F.] [08. 17745

Die sozialen Ursachen der Säuglingssterblichkeit von Gustav **Temme**. 1. bis 3. Taus. Berlin-Schöneberg: Hilfe 1908. (95 S.) 8° [F.] [08. 1159

**Temme, Gust.**, die sozialen Ursachen der Säuglingssterblichkeit. 1.—3. Taus. (90 S.) 8. Berlin-Schöneberg 909. Fortschritt. Buchverlag der Hilfe. Geb. in Leinw. (urspr. Pr. 1. —)

Die Wohnungsfrage in Nordhausen. (Ein Beitrag zu ihrer Lösung.) Von Gustav **Temme**. Nordhausen: Selbstverl. [1908]. 32 S. 8° [09. 1778

**Temme,** Gustav, Die Wohnungsfrage in Nordhausen. Ein Beitrag zu ihrer Lösung. 8°. Nordhausen, C. Haacke, 1909.

Temme, Jodocus Donatus Hubertus

**Temme, J. D. H.**, Abel. Roman in 3 Abtheilgn. 2 Bde. Glogau 860. Flemming. 8. (6 Bl., 419 S.) 2 ₰

**Temme, J. D. H.**, im Amthause zu Sinningen. Roman. 2 Bde. 8. (189 u. 200 S.) Leipzig 876. Dürr'sche Buchh. 7. 50

**Temme, J. D. H.**, Anleitung zur Civilprozeß-Praxis. gr. 8. (VIII und 203 S.) Schaffhausen 855, Hurter'sche Buchh. -

— in der Ballus. Kriminalgeschichte. 8. (177 S. Ebend. 874. n. 3. 75

—— Bankrott. Roman. 2 Bde. gr. 8. (III, 264; III, 238 S.) Berlin 871, Hausfreund-Expedition. [Posen, Merzbach.] *

**Temme, J. D. L.**, rechtliche Bedenken über die Verlegung u. Vertagung der Preuß. National-Versammlung. gr. 8. (15 S.) Berlin 848, Stargardt. 2 ngr

— Rechtliches Bedenken über die Verlegung und Vertagung der preußischen Nationalversammlung. Berlin, Stargardt 1848. 15 S. 8.

**Temme, J. D. H.**, Beiträge zum preußischen Strafrechte. gr. 8. (9¾ B.) Berlin 842, Rücker u. Püchler.

—— kritische Bemerkungen zu dem Entwurf eines Strafgesetzbuches für den Canton Bern. gr. 8. (47 S.) Zürich 853, Meyer und Zeller's Verlag.

**Temme, J. D. H.**, kurze Bemerkungen üb. d. gem. deutschen u. d. preuß. Prozeß. gr. 8. (8½ B.) Leipzig 840, Kollmann.

—— Decrete üb. d. gutsherrl. u. bäuerl. Verhältnisse ꝛc., s. Sammlung.

— der verfolgte Dieb, s.: Volksbibliothek d. Lahrer Hinkenden Boten.

-Der Domherr. Hist. Roman. Bd 1 - 4.
Leipzig: Günther 1867. 8°
(Album. Bibliothek dt. Original-Romane. Jg. 22, Bd 5 - 8.)

— der Domherr, s. Album. Bibliothek deutscher Orig.-Romane.

— der schwarze Domino. Kriminal-Roman. (239 S.) 8. Ebd. 1. 50

— die Erbgrafen. Roman. 4 Bde. Leipzig 869. E. J. Günther. 8. (176, 198, 197 u. 162 S.) n. 2 ℛ 20 ngr.

Temme, J. D. H., ein Erbprinz. Roman. 2 Bde. 8. (210 u. 202 S.) Leipzig 878. Dürr'sche Buchh. 7. 50

Temme, Jodocus Donatus Hubertus. Erinnerungen. Herausgegeben von Stephan Born. Mit Temmes Bildniß. Leipzig, E. Keil 1883. XVI 528 S. 8.

— Erzählungen. 1—6. Bd. Leipzig 868. Dürr'sche Buchh. 8. (VIII, 1672 S.) Jeder Bd. 1 ℛ 7½ ngr.

[Ant. u. F.] Es schmerzt nicht. Kriminal-Roman v. J[odocus] D[onatus] H[ubertus] Temme. 1—10. Taus. *Berlin: F. Wesemann [1896?].* (2 Bl., 156 S.) 1 Bd 8.
= Collection Wesemann. No 1. [97. 1540

— die Freiherren von Falkenburg, s. Eisenbahn-Unterhaltungen.

**STAHL**, H. (d. i. *Jodocus Donatus Hubertus Temme*), Die geheimnißvolle Familie. Eine Novelle. Leipzig, Kollmann, 1834. 8⁰. 13½ Bog. (1 Rthlr.)
Weller, Lex. Ps. p. 536.

— der Festungs-Commandant, s. Eisenbahn-Unterhaltungen.

Temme, J. D. H., im Franziskanerthurm. Erzählung. 8. (162 S.) Leipzig 874. Dürr'sche Buchh. n. 3. 75

— die Frau des Rebellen. Roman. Leipzig 870. Dürr'sche Buchh. 2 Bde. 8. (III, 178 u. III, 191 S.) 2 ℛ

Temme, Jodocus Donatus Hubertus: Zwei schöne Frauen, s. Eisenbahnunterhaltungen.

— der Freiherr auf Ullosen, s.: Gestalten, interessante.

— die Generalin. Roman. 4 Bde. 8. (244, 243, 228 u. 230 S.) Leipzig 877. Vorstell & Reimarus. n. 12. —

-Die Generalin. Roman. Bd 1-4.
Leipzig: Günther 1877. 8°

—— gleich und ungleich. Roman. 3 Bde. 8. (148; 143; 165 S.) Breslau 881, Schottländer.

— gleich u. ungleich. Roman. 2. Aufl. (425 S.) 8. Breslau 904. Berlin, S. Schottlaenders schles. Verlagsanstalt. n. 3. —; geb. 4. —

— Glossen zum Strafgesetzbuche für die Preußischen Staaten. Breslau 853. (Berlin,) Schletter. gr. 8. (333 S.) n. 2 ℛ.

— ein Gottvertrauen, s. Bibliothek von Eisenbahn-Novellen.

— ein Gottvertrauen. Criminalgeschichte. Volks-Ausg. gr. 16. (108 S.) Berlin 877. Goldschmidt. n. — 50

— der tolle Graf, s. Eisenbahn-Unterhaltungen.

— Grundzüge eines deutschen Strafverfahrens. gr. 8. (VIII u. 182 S.) Arnsberg 850, Grote. 1 ℛ 3 ngr

-Die Familie Hachenburg. Novelle. Von Hermann Stahl [d.i. Jodokus Deodatus Hubertus Temme].
Leipzig: Kollmann 1828. 206 S. 8°

— aus grauer Haide. Criminal-Geschichte. 2 Bde. 8. (198 u. 174 S.) Berlin 875. Wedekind & Schwieger. 7. —

Temme, Jodocus Donatus Hubertus: Zur linken Hand, s. Bibliothek, für Haus und Reise.

Temme, J. D. H., zur linken Hand. 12. (89 S.) Berlin 884. Goldschmidt. n. — 50

—— Handbuch d. preuß. Criminalrechts. gr. 8. (27¼ B.) Leipzig 837, Kollmann.

Temme, J. D. H., Handbuch d. preuß. Civilrechts. 2 Thle. gr. 8. Leipzig, Kollmann. [1. (22¼ B.) 832. 1 Thlr. 12 Gr., 2. (9¼ B.) 835. 12 Gr.]
Der 2. Thl. enth.: Das Preuß. Privatrecht.

**Temme, J. D. H.: Handbuch des Preussischen Civilrechts. Leipzig 1832.**
**— Handbuch des Preussischen Privatrechts, als zweiter Theil des Handbuchs des Preußischen Civilrechts. 1835.**
**— 2. Ausg. [u. d. Tit.:] Lehrbuch des Preußischen Civilrechts. Bd 1. 2. 1846.**

— die Harfenistin. Eine Kriminalgeschichte. (96 S.) 8. Neuweißensee (906). E. Bartels. 1. —

— der alte Hauptmann, s. Hauptmann, der alte.

— die Heimath. Ein Schweizer Roman. 3 Bde. Leipzig 868. Dürr'sche Buchh. 8. (IX, 1086 S.) 5 ℛ

— Der gute Herr, s. Bibliothek, für Haus und Reise.

— der gute Herr. Eine Criminalgeschichte. gr. 16. (110 S.) Ebend. 879. n. — 50

—— das goldene Herz. Criminalgeschichte. 8. (157 S.) Leipzig 874, Thiele und Freese.

Temme, J. D. H., des Arztes Hilfe. Kriminal-Roman. (96 S.) 8. Neuweißensee, E. Bartels. 1. —

— eine Hyäne in Menschengestalt. Kriminal-Roman. — Ein Theologe als sechsfacher Mörder. — Ein Mörder aus Vaterliebe. (96 S.) 8. Ebd. 1. —

—— nach Jahren, s. Bibliothek für Haus und Reise.

—— nach Jahren. Criminal-Geschichte. 8. (168 S.) Ebendas. 881. *

-Die Ideale. Roman. Von Hermann Stahl [d.i. Jodokus Deodatus Hubertus Temme].
Leipzig: Kollmann 1829. 318 S. 8°

— Anna Jogszis, s. Jogszis, Anna.

— Wildschütz Klostermann. Kriminal-Roman. — Die Macht der Liebe. — Der falsche Diamant. (96 S.) kl. 8. Ebd. 1.—

—— Commentar üb. d. wichtigeren Paragraphen d. preuß. Criminalordnung. Zunächst f. preuß. Inquirenten. 8. (10½ B.) Berlin 838, Jonas' Vrlsbuchh.

Temme, J. D. H., Criminal-Bibliothek. Merkwürdige Criminalprozesse aller Nationen. 1.—20. Lfg. hoch 4. (960 S. mit Illustr. in Holzschn.) Hamburg 867,68, Vereinsbuchh. à Lfg. * 5 Ngr. *

— — 21—28. Liefg. [Der Neuen Folge 1—8. Liefg.] Ebend. 869,70. hoch 4. (S. 1—240.) Jede Liefg. n. 5 ngr.

—— s. a. Criminal-Bibliothek.

Temme, J. D. H., deutsche Criminalgeschichten. 1—4. Bdchn. Leipzig 858, 59. Magazin für Literatur. 8. (VIII, 220; 2 Bl., 140; VIII, 202; 2 Bl., 164 S.) Jedes Bdchn. n. 12 ngr.

— Criminal-Novellen. 10 Bde. Berlin 860—64. Behrend. 16. Jeder Bd. n. 10 ngr.
1. Bd.: Der Dieb u. sein Kind. Berliner Criminal-Geschichte. 860. — 2. Aufl. 864. (140 S.)
2. 3. Bd.: Der Gefangene der Stadtvoigtei. Berliner Criminal-Geschichte. 2 Abthlgn. (270 S.)
4. Bd.: Eine Verhaftung. Criminal-Geschichte. — Sühnung. Criminal-Geschichte. (101 S.)
5. Bd.: Die Mühle am schwarzen Moor. Erzählung. (111 S.)
6. Bd.: Eine Kirchmeßnacht. (120 S.)
7. Bd.: Der tolle Graf. 1—3. Aufl. (117 S.)
8. Bd.: Der Festungs-Commandant. Eine Festungs-Geschichte. (151 S.)
9. Bd.: Damen auf Reisen. Criminal-Geschichte. 1. u. 2. Aufl. (173 S.)
10. Bd.: Die Klosterruine. Criminal-Geschichte. (125 S.)

—— Criminal-Novellen. 8.—10. Bd. gr. 16. Berlin 862,63, Behrend. à Bd. * 10 Ngr. *

Inhalt:
Bd. 8. Der Festungs-Commandant. Eine Festungs-Geschichte. (151 S.)
„ 9. Damen auf Reisen. Criminal-Geschichte. (191 S.)
„ 10. Die Klosterruine. Criminal-Geschichte. (125 S.)
1.—7. Bd. Ebendas. 1860—62. * 2 Thlr. 10 Ngr. — Vgl. auch: Eisenbahn-Unterhaltungen.

—— Criminal-Novellen. 3 Bde. 8. (235; 237; 226 S.) Berlin 873, Wedekind und Schwieger.

Inhalt:
In der Brautnacht. — Das Herz im Recht. — Ein Ammeritter. — Vater Canisius. — Im Fährhause. — Alter Saamen, junges Reis. — Die Liebe im Kloster. — Wer war der Mörder.

Temme, J. D. H., Criminal-Novellen. 3 Bde. 8. (182, 188 u. 190 S.) Berlin 888. Norddeutsches Verlags-Institut, Jolowicz. à 1.50

—— dass. — Neue Folge. gr. 8. (188 S.) Ebendas. 888. *

—— dass. — Dritte Sammlung. gr. 8. (180 S.) Ebendas. 888. *

Temme, J. D. H., Criminal-Novellen. 3 Sammlgn. Neue (Titel-)Aufl. 8. Berlin 893. [G. Pohlmann.] H. Steinitz' Verl. à 1.50
I. II. 3. Aufl. (182 u. 188 S.) — III. 4. Aufl. (192 S.)

Temme, J. D. H., Criminal-Novellen. 1.—3. Sammlung. (4. [Titel-]Aufl.) 8. (182, 188 u. 192 S.) Berlin (888) 895. H. Steinitz. à n. 1.50

Criminal-Novellen. Von J[odocus] D[onatus] H[ubertus] Temme. Samml. [1]–3. *Berlin: H. Steinitz [1903].* 3 Bde 8° [F.]
2. Neue Folge. (7. Aufl.)
— [Kriminal-Bibliothek, Neue. 6–8.] (o) 10c.06

— gesammelte Criminal-Novellen. Illustrirte, wohlf. Volksausgabe. Löbau 868,70. Walde. hoch 4. (128 S. mit 7 color. Steintaff.) 1 ℛ 25 ngr.

—— Gesammelte Criminal-Novellen. Illustrirte wohlfeile Volksausg. 22 Lfgn. hoch 4. (352 S. mit 20 color. Stnt.) Löbau 869,70, Walde. à Lfg. 25 Pf.

— Critik des Entwurfs des Strafgesetzbuchs für die Preuß. Staaten. 1. u. 2. Thl. gr. 8. Berlin 843, Rücker u. Püchler. 3½ ℛ

Temme, Jodocus Donatus Hubertus. Zur Kritik des Entwurfs des Strafgesetzbuchs für die preußischen Staaten. Berlin, C. Heymann 1848. 158 S. 8.

— Im rothen Krug, } s. Eisenbahn-Unterhaltungen.

Temme, J. D. H. u. Noerner, G. A.: Der Prozeß Lafarge beleuchtet nach Preußischem Strafrechte. Berlin 1841.

Temme, J. D. H., u. G. A. Noerner, der Prozeß Lafarge, beleuchtet nach Preußischem Strafrechte. 2. Aufl. gr. 8. Berlin 841, Alex. Duncker. 1⅙ ℛ

— der Herr Landrath. Erzählung. 8. (229 S.) Berlin 881. Goldschmidt. 8.—

— Lehrbuch d. gemeinen deutschen Strafrechts. gr. 8. (XVI, 395 S.) Stuttgart 876. Enke. n. 8.—

—— Lehrbuch des preußischen Strafrechts. gr. 8. (XVI und 1104 S.) Berlin 853, [Guttentag.] *

— Lehrbuch des Preußischen Strafrechts. Berlin 853. Trautwein'sche Buchhdlg. gr. 8. (XVI, 1104 S.) n. 4 ℛ 20 ngr.

—— Lehrbuch des schweizerischen Strafrechts nach den Strafgesetzbüchern der Schweiz. gr. 8. (XV und 684 S.) Aarau 855, Sauerländer's Verlag. *

— Lehrbuch des Preuß. Civilrechts. 1. 2. Bd. 2. völlig umgearb. Aufl. gr. 8. Leipzig 846, Kollmann. 4½ ℛ

Temme, J. D. H., die Lehre vom strafbaren Betruge nach Preuß. Rechte. gr. 8. Berlin 841, Rücker u. Püchler. ⅞ ℛ

—— die Lehre vom Diebstahl nach preuß. Rechte. Mit e. Anh., enth. d. Bestrafung d. Diebstahls nach d. Praxis d. kgl. Criminal-Gerichts d. Residenz Berlin. gr. 8. (28¼ B.) Berlin 840, Rücker u. Püchler.

—— die Lehre von d. Tödtung, nach preuß. Rechte. gr. 8. (16 B.) Leipzig 839, Kollmann.

— Liebe und Leidenschaft. Kriminal-Roman. (96 S.) 8. Ebd. 1.—

— Schloß Lohburg. Roman. 2 Bde. 8. (178 u. 176 S.) Berlin 874. Wedekind & Schwieger. 7.50

— die schwarze Mare, s. Mare, die schwarze.

—— ein Maskenball, s. Eisenbahn-Unterhaltungen.

— an der Memel. Roman. 2 Bde. gr. 8. (206 u. 217 S.) Berlin 872. Posen, Merzbach. 7. —

— bis Mitternacht. 8. (109 S.) Ebend. 882. n. — 50

[S.] Bis Mitternacht. Von J[odocus] D[onatus] H[ubertus] Temme. 3. Aufl. Berlin: A. Goldschmidt 1898. (109 S.) 1 Bd 8.
= Bibliothek, Goldschmidts, f. Haus u. Reise. Bd 58. 98. 9166

— bis Mitternacht, s. a. Goldschmidt's Bibliothek f. Haus u. Reise.

— Pfeifenhannes, s. Eisenbahn-Unterhaltungen.

— der Pole od.: Ein geheimnisvoller Mord. Kriminal-Roman, neubearb. nach dem Original. (96 S.) 8. Ebd. 1. —

— der Pole. Criminalgeschichte. 8. (157 S.) Leipzig 872. Dürr'sche Buchh. 3. 75

— Berliner Polizei- u. Criminalgeschichten, s. Polizei- u. Criminalgeschichten.

— die Präsidentin. Kriminalgeschichte. 8. (240 S.) Ebend. 877. 3. 75

—— der Quälgeist auf dem Weißenstein. Roman. gr. 8. (212 S.) Berlin 872, Hausfreund-Expedition. [Posen, Merzbach.]

— das Recht auf Erden. Roman. 2 Bde. 8. (III, 187 u. III, 241 S.) Leipzig 871. Dürr'sche Buchh. 7. 50

Temme, Jodocus Deodatus Hubertus: Ueber die Rechtmäßigkeit der Einberufung von Stellvertretern nach Brandenburg. Berlin, Stargardt 1848. 16 S. 8.

— allerlei Reisegesellschaft. Novelle. 8. (200 S.) Ebend. 875. 3. 75

—— zwei Revolutionsgeschichten, s. Singer.

Temme, J. D. H.: Sammlung der Königl. Westphälischen, Großherzoglich Bergischen und Kaiserlich Französischen Decrete über die gutsherrlichen und bäuerlichen Verhältnisse, die Lehen, Zehnten, Dienste und Abgaben. Berlin 1841.

Temme, Jodocus Donatus Hubertus, s.a. Sammlung d. Kgl. Westfälischen, ... Decrete über d. gutsherrlichen ... Verhältnisse ...

—— Schwarzort. Orig.-Roman. 3 Bde. 8. (IX und 837 S.) Berlin 863, Gerschel's Verlagsh.

— Schwurgericht u. Schöffengericht. Ein Flugblatt an das deutsche Volk. gr. 8. (16 S.) Berlin 874. Wedekind & Schwieger. — 60

— die Preuß. Strafanstalten. Besond. Abdruck aus der Criminalistischen Zeitung für die Preuß. Staaten. gr. 8. Berlin 841. (Holb.) n. 1/2 Thlr.

—— der Studentenmord in Zürich. Criminalgeschichte. 8. (III, 224 S.) Leipzig 872, Dürr'sche Buchh.

—— dunkle Thaten. Neue gesammelte Criminal-Novellen und Erzählungen. Illustr. wohlfeile Volksausg. 1.—4. Lfg. hoch 4. (S. 1—56 mit 4 color. Stnt.) Löbau 869,70, Walde. à Lfg.

—— dunkle Thaten. Neue gesammelte Criminal-Novellen und Erzählungen. Illustr. wohlfeile Volksausg. 5.—17. (Schluß-)Lfg. hoch 4. (1. Bd. S. 57—126; 2. Bd. 136 S.) Löbau 870, Walde. 5.—16. Lfg. à 25 Pf.; 17. Lfg. 10 Pf.; compl. 1.—4. Lfg. Ebendas. 1869,70. à 25 Pf.

—— ein verlorner Thron, s. Gestalten, interessante.

— die Tochter des Pfarrers. Erzählung. 8. (222 S.) Ebend. 879. 3. —

—— die Tochter des Pfarrers. Erzählung. 8. (222 S.) Ebendas. 881. *

— die Tochter d. Pfarrers. Erzählung. (2. Aufl.) 8. (123 S.) Ebend. 885. n. — 50

— die Universitätsfreunde. Roman in 4 Bdn. 8. (205, 206, 225 u. 234 S.) Leipzig 873. Tharandt. 15. —

— ein Vampyr im Priestergewande. Kriminal-Roman. (96 S.) 8. Ebd. 1. —

—— die Verbrecher, s. Verbrecher, die.

— Verkuppelt, } s. Eisenbahn-Unterhaltungen.

— Verkuppelt! Roman. (96 S.) 8. Ebd. 2. —

— ein Verlobungsfest, s.: Bibliothek f. Haus u. Reise.

— ein Verlobungsfest. Kriminalgeschichte. 12. (107 S.) Ebend. 885. n. — 50

— ein Verworfener. Roman. 2 Bde. gr. 8. (214 u. 195 S.) Berlin 871. Posen, Merzbach. 7. —

—— die Volkssagen d. Altmark. Mit e. Anh. v. Sagen aus d. übrigen Marken u. aus d. Magdeburgischen. gr. 8. (10 B.) Berlin 839, Nicolaische Buchh.

— die Volkssagen Ostpreußens 2c., s. W. J. A. v. Tettau.

— die Volkssagen von Pommern und Rügen. gr. 8. Berlin 840. Nicolai. 1 2/3 Thlr.

— das Preuß. Vormundschaftsrecht. gr. 8. (X u. 260 S.) Berlin 847, C. H. Schroeder. 1 1/4 Thlr.

— die Weddinger, s. Bibliothek, für Haus und Reise.

— die Weddinger. Criminal-Novelle 12. (101 S.) Ebend. 884. n. — 50

—— dunkle Wege. Schilderungen aus der Wirklichkeit. gr. 8. (VII und 287 S.) Berlin (861)62, Gerschel.

—— dunkle Wege. Schilderungen aus der Wirklichkeit. 3 Bde. gr. 8. [1. Bd. 2. Aufl. (288 S.) 2. Bd. (292 S.) 3. Bd. (VII und 276 S.)] Berlin 862,63, Gerschel's Verlagsh. à Bd. 1 Thlr. 15 Ngr.

— Schloß Wolkenstein, s. Wolkenstein, Schloß.

— siehe: Zeitbilder, neue deutsche.

— s.:
Zeitschrift für deutsches Strafverfahren. — Zeitung, criminalistische.

—— zum Tode verurtheilt, s. Eisenbahn-Unterhaltungen.

Temme, Johann August (Braunschweig) A. S. 601/29

Ius bonae fidei possessoris circa fructus e re aliena perceptos. Präs. Albert Philipp Frick. Helmstedt (Schnorr) 11. XI. 1769. 34 S.

Gew.: Heinrich Bernhard von Schliestedt, Georg Septimus Andreas von Praun. 34214

Temme, Josef

Temme, A. J., planimetrische Aufgaben für Gymnasialschüler. Gesammelt und mit Andeutungen versehen. gr. 8. (64 S.) Münster 867, Aschendorff'sche Buchh. *

Temme, A. J., planimetrische Aufgaben. Gesammelt und mit Andeutungen für Construction und Rechnung versehen. 2. Aufl. gr. 8. (63 S.) Münster 870, Aschendorff'sche Buchh.

Temme: Einige Bemerkungen über die Behandlung der unbestimmten Gleichungen des ersten Grades. 15 S. – Rheine, Progr. 1865

TEMME, Josef (Delbrück): Ueber einen ungewöhnlichen Fall von multipler Ostitis. Mit 1 Taf. – München: Wolf 1882. 24 S.
22.6.1882 – Urk (Titel: De casu quodam ostitidis multiplicis singulari.); Chr 1881/82,8
Diss. Ingolst.-Lnadsh.-Mchn.

Temme, Festrede, geh. im Gymnasium zu Warendorf am 27. I. 1902. gr. 8. (15 S.) Warendorf (902). (J. Schnell.) n. — 25

Temme, *Josef Anton* Grundlehren der analytischen Planimetrie. 8 (43 S., 4 Taf.). Progr. Kgl. G. Laurentianum *Warendorf* 1894 (366).

Temme, J., Grundlehren der analytischen Planimetrie. 8. (43 S.) Warendorf 894. J. Schnell. n. — 60

Temme, Josef (Anton): De inventione proprietatibusque trium curvarum mech. 1853. 4°
Diss. Münster.

Temme, A. J., Katechismus der Physik. 8. (V, 200 S.) Paderborn 876. F. Schöningh. n. 1. 20

Temme, J., Leitfaden der Algebra für Gymnasien u. andere Lehranstalten. Arnsberg 863. v. Schilgen. gr. 8. (VI, 92 S.) n. 10 ngr.

— Leitfaden der Algebra f. Gymnasien. 2. verb. Aufl. gr. 8. (III, 87 S.) Ebend. 875. n. 1. —

Temme, Josef: De principiis physices. Rheine. 1863.
Schul-/Univ.-Schrift

Temme, Jos. Rede gehalten am diesjährigen Geburtsfeste Sr. Maj. unseres Kaisers und Königs. 9 S. Progr. *Warendorf* 1879.

—— System der Geometrie für Gymnasien und andere Lehranstalten. 2 Thle. gr. 8. Arnsberg 862, v. Schilgen.
Inhalt:
Thl. 1. Planimetrie. (89 S. mit eingedr. Holzschn.) 10 Ngr.
" 2. Stereometrie und ebene Trigonometrie. (76 S. mit eingedr. Holzschn.) 9 Ngr.

— System der Geometrie f. Gymnasien u. andere Lehranstalten. 1. u. 2. Thl. 2. Aufl. 8. Ebend. 871. 76. à n. 1. —
1. Planimetrie (VI, 104 S. m. eingedr. Holzschn.)
2. Ebene Trigonometrie u. Stereometrie. (104 S. m. eingedr. Holzschn.)

Temme: Zur Theorie des Foucalt'schen Pendelversuchs. 1 S. – Rheine, Progr. 1867.

Temme: Der mathematische Unterricht in seiner Beziehung zur philosophischen Propädeutik. – Arnsberg, Progr. 1860.

Temme, Paul, a. Hamburg: Über das Glyoxal. Kiel 1907: Lüdtke & Martens. (32 S.) 8°
Kiel, Phil. Fak., Ref. Harries, Diss. v. 4. Febr. 1907
[Geb. 19. März 81 Hamburg; Wohnort: Altona; Staatsangeh.: Hamburg; Vorbildung: Oberrealsch. vor d. Holstentore Hamburg Reife M. 01; Studium: München T.H. 1, Univ. 3, Kiel 5 S.; Rig. 26. Jan. 07.]

Temme, Rich., über den Betrag des Diebstahls. Eine strafrechtliche Abhandlung. Erlangen 867. Enke's Verlag. gr. 8. (IV, 110 S.) n. 15 ngr.

Temme, (Anton) Rich. (Hubert) (geb. Berlin 16. 7. 1843): Observationes quaedam de pretio rei furtivae rite constituendo. Berolini (1866). (58 S.) 8°
Berlin, Jur. Diss. v. 7. Juli 1866

— Observationes quaedam de pretio rei furtivae rite constituendo. Dissertatio inauguralis. Berlin 866. (Calvary & Co.) gr. 8. (60 S.) n. 10 ngr.

Temmel, Jg. G., Burgei's Weihnachten, s.: Theater-Bibliothek, alpine.

Temmel, Oberstlieutenant Josef, Commandant des Pionnier-Bataillons Nr. 12. Behelf zum Studium der Feld-Befestigung für Corps-Officiersschulen. (Mit 9 Plänen.) 8. Krakau 1898.

Temmel, J. Handbuch für den Genie- und Pionnier-Offizier. Militärischer Teil. Wien 1889. 8°.

Temmel, M., Kinder d. Dorf's. Roman. 2 Bde. 8. (244 u. 208 S.) Chemnitz 893. B. Richter. n. 6. —; geb. in 1 Bd. n. 6. —

Temmen, Heinr., tractatus novus et absolutus de litium expensis. 4. Cöln. 720.

Temmich, Christian (Belgern) A. S. 138/25

Disputatio inauguralis de sacramento Zenoniano ad 1. IX. c. unde vi. Präs. Kaspar Heinrich Horn. Ed. 2. Wittenberg (Gerdes) 1719. 52 S.

Diss. 19. XII. 1701. 34215

Temmich, Konstantin (Belgern) A. S. 769/28

Disputatio inauguralis juridica de desertoribus civitatum eorumque poena. Präs. Kaspar Heinrich Horn. Wittenberg (Gerdes) X. 1708. 64 S. 34216

Temmik, Aloysius, Philosophia vera, theologiae et medicinae ministra, In theatrum mundi dijudicanda. 724 pp. Colon. 1706. 16°.

Temminck, Konrad J.

— et H. Schlegel, animalia vertebrata, s.: v. Siebold, Ph. C., Fauna Japonica.

**Temminck**, C. J., coup-d'oeil général sur les possessions Neerlandaises dans l'Inde Archipélagique. Tome I. gr. in 8. Leide 846. (Leipzig, Fr. Fleischer.) n. 3 ₰

**Temminck**, C. J., Coup-d'oeil général sur les possessions Néerlandaises dans l'Inde Archipélagique. Tome II. gr. 8. (VIII und 471 S.) Leide 847. (Leipzig, Fr. Fleischer.) *

— le même. — Tome III. gr. 8. (VIII und 418 S. und I. Bd. S. 353—379.) Leide 850. (Dusseldorf), Arnz und Comp. *
Tome I. 1846. (Leipzig, Fr. Fleischer.) * 3 Thlr.

**Temminck**, C. J., esquisses zoologiques sur la côte de Guiné. I. partie, les Mammifères. Leiden 853. Brill. gr. 8. (XVI, 256 S.) n. 1 ₰. 26 ngr.

Temminck, Konrad J.: Fauna Japonica, s. Siebold, Ph.Fr.v.

*Temminck*, C. J., Histoire naturelle générale des Pigeons et des Gallinaces. III Vols. gr. 8. Amsterd. 813—15. Sepp u. S. (Leipz., Fr. Fleischer). 5 ₰

**Temminck, J. C., Histoire naturelle des oiseaux d'Europe etc., s. Histoire.**

— Manuel d'Ornithologie ou tableau systématique des oiseaux qui se trouvent en Europe. gr. 8. Amsterd. 815. Sepp u. S. (Fr. Fleischer in Leipz.) 3 ₰ 4 gr

**Temminck**, C. J., Monographies de Mammalogie, ou description de quelques genres de Mammifères, dont les espèces ont été observées dans les différens Musées de l'Europe. Vol. II. Livr. II—IV. Mit Steintaf. Roy.-4. Leide 838—40. van der Hoek. (Leipzig, Weidmann.) Livr. II. n. 5⅓ ₰ Livr. III 5⅔ ₰ Livr. IV. n. 3⁵/₁₂ ₰

**Temming,** Ernst [Dr. phil.]: Beitrag zur Darstellung und Kritik der moralischen Bildungslehre Kant's ... Braunschweig, Druck v. F. Vieweg & Sohn, 1892; 55 S. 8.
Jena, Phil. Fak., Inaug.-Diss. v. 1892

**Temming**, Ernst. Beitrag zur Darstellung u. Kritik der moral. Bildungslehre Kant's. Diss. gr. 8. (55 S.) Braunschw. 892. (Lpz., Fock.) * 1 —

— Goethes Bildungsideal, s.: Sammlung pädagogischer Vorträge.

**Temming, E[rnst]**: Der Geschichtsunterricht und die Erziehung der Schülerinnen zur Selbsttätigkeit. Greifswald: Wolfram 1910. S. 27—34. 8°
Greifswald, Kaiserin-Auguste-Viktoria-S u. h. Lehrerinnen-Sm OP 1910 [109] [S 10.439

— Evangelische Glaubens- u. Sittenlehre, s.: Fischer, E.

Volksschulerziehung und ethischer Sozialismus. Von Dr. Ernst Temming, Rektor in Gronau i. W. *Bielefeld: A. Helmich [1896].* (27 S.) 8. = Sammlung pädagogischer Vorträge. Bd IX. H. 6. [97. 1535

**Temming**, Ernst, wie erzieht u. bildet die höh. Mädchenschule unsere Töchter?, s.a. Sammlung pädagogischer Vorträge. XVII, 2.

**Temming,** Ernst: Wie erzieht und bildet die höhere Mädchenschule unsere Töchter? Ein Beitrag. — Minden i. W.: Marowsky [1907]. 47 S. 8° (Sammlung pädagog. Vorträge. Bd 17, H. 2.)

**Temming, Thdr., mein Brautgeschenk. Gebete u. Unterweisgn. f. die kathol. Braut, Gattin u. Mutter. Mit e. Vorwort d. Kanzelredners Bonaventura, O. P.** (624 S. m. 1 Stahlst.) 11,9×7,9 cm. Kevelaer (910). Butzon & Bercker. Geb. in Leinw. 2. —

Aus der Klinik. Ein Warnruf an deutsche Männer bezüglich sexueller Lebensfragen. Von Theodor **Temming**. 2., verm. Aufl. Kevelaer: Butzon & Bercker 1910. 123 S. 8°

— Neues Leben. Erwägungen u. Gebete. (164 S. m. Abb. u. farb. Titelbild.) 16. M. Gladbach (906). B. Kühlen. Geb. in Leinw. — 50

**Temmink, Christoph, die Fortschritte der Orthopädie in Deutschland seit der Mitte des vorigen Jahrhunderts. Kurzer geschichtl. Ueberblick. (25 S.) 8. Münster 904. (Konstanz, E. Ackermann.)** n. — 75

Die Fortschritte der Orthopädie in Deutschland seit der Mitte des vorigen Jahrhunderts. Kurzer geschichtl. Ueberblick von Christoph **Temmink**. Münster i. W. 1904: Der Westfale. (25 S.) 8° [04. 6678 2

**Temmink,** Christophorus (geb. Greven in Westf. 20. 2. 1827): De corporis et animi nexu. Berolini (1854). (30 S.) 8°
Berlin, Med. Diss. v. 30. Dez. 1854

**Temmink,** Ch., aus meiner orthopädischen Praxis. Ein Beitrag zur Heilg. krüppelhafter Gebrechen. Mit 21 lith. Taf. gr. 8. (VIII, 63, 47 u. 47 S.) Münster 888. Aschendorff. n. 6. —

[5.] Was ist Orthopädie? und Wer ist e. Orthopäde? v. Dr. med. Christoph **Temmink** ... zu Münster i. W. ... *Münster: Regensberg 1896.* (25 S.) 1 Bd 8. [97. 869

**Temml,** Joseph. Herm. (geb. Ratibor 1792): De sudore Anglico. Berolini (1820). (46 S.) 8°
Berlin, Med. Diss. v. 28. Apr. 1820

Josephus Herrmannus Temml: De Sudore anglico. Berolini (1820:) Brüschcke. 46 S. 8°
Berlin, Med. Diss. v. 23. Apr. 1820

Tempe, Blüthen deutscher Dichter, herausgegeben von F. Loos, m. 12 col. Landsch. 12. Leipz. Gleditsch.

Tempe, anecdota sacra, varia virorum doctiss. opuscula inedita continens ed. I. D. Winkler. 8. Quedl. Reussner. 759.

Tempe von F. J. [d. i. Friedrich Jacobs]. Bd 1. 2. Leipzig: Göschen 1803.
**1:** Vi 7856. **12:** A. gr. C. 61. **300:** BE 5 S 65. **2. 3. 4. 5. 7. 10. 11.**
5.2899

Tempe von F. Jacobi [Friedrich Jacobs]. Th. 1–3. Wien & Prag: Haas 1804. **2. 11.**
5.2900

**Tempe helvetica**
① Dissertationes atque Observationes theologicas, philologicas, criticas, historicas, exhibens (6. Bd. 3. u. 4. Teil nur: exhib.) ⑤ 1735—1743 ⑥ 8° ⑦ vorgesehen als Vierteljahrsschrift, doch erschienen: 1735 2 Hefte, 1736 4 Hefte, 1737 2 Hefte, 1738 3 Hefte, 1739 4 Hefte, 1740 4 Hefte, 1741 1 Heft, 1742 3 Hefte, 1743 1 Heft In 6 Bänden zu je 4 Teilen ⑧ Zürich: Heidegger & Co. (Officina Heideggeriana) ⑪ Johann Georg Altmann und Joh. Jakob Breitinger ⑫ literarisch ⑬ BGSZ: 99. 506. 546 ⑭ Zh: Z; Lu: Z ⑮ Die einzelnen Bände sind durchpaginiert.

**Tempe** Helvetica, dissertationes atque observationes theologicas ... exhibens. Tiguri 1735—36. 2. ed. 1737—42. II: *Altmann, Johann Georg* (BrMm) (Cat. d. Stadtbibl. Zürich. Zürich 1864—97) & *Joh. Jac. Breitinger.* (AarK)

— Helvetica, dissert. atque observat. theologicas, philologicas, criticas, historicas exhibens. VI Tmi. seu XXIV Sectiones. 8. maj. Zürich, Orell. 736-42.

**Tempe** Regiae Mariae Theresiae Augustae carmine adumbrata . . . Viennae Austriae 1744. V: *Jagerhuber*, *Ignaz.* (JES)

Tempel [Sachliches OW]

**Tempel** der häuslichen Andacht. Ein kathol. Erbauungsbuch auf alle Tage des Jahrs. Nach dem Französ. von Geo. Karl Reindl. 6.—25. (letzte) Liefg. Mit 18 Stahlstichen u. Vignetten. gr. Lex.-8. Regensburg 840, 41, Manz. cpl. 4 ₰ — dass. Werk ord. Ausg. Mit 1 Stahlst. gr. 8. Ebend. 841. 1 ₰

**Tempel der häuslichen Andacht.** Ein kathol. Erbauungsbuch auf alle Tage des Jahres. Nach dem Französ. v. Geo. Karl Reindl. 2. verb. Aufl. Mit 12 Stahlst. nach den Meisterwerken der k. Pinakothek zu München. 15 Hfte. gr. 8. (XXVIII, 780 S.) Regensburg 875. Manz. à — 60

Tempel der häuslichen Andacht. Ein kathol. Erbauungsbuch auf alle Tage des Jahres. Nach dem Französ. von Geo. Karl Reindl. 2. verb. Aufl. Mit 12 Stahlst. nach den Meisterwerken in der k. Pinakothek zu München. 15 Hefte. gr. 8. (XXVIII, 780 S.) Regensburg 876, Manz. à Heft 60 Pf.

**Tempel** häuslicher u. öffentlicher Andacht. Ein Gebet- u. Erbauungsbuch für katholische Christen. 2. Aufl. Sigmaringen 870. Tappen. gr. 16. (X, 369 S. mit 1 Stahlst.) 12½ ngr.

Tempel Aeskulaps, der, oder was ist des größten Opfers werth, Drama von A. v. Meyer. gr. 8. (Prag, Widtmann.) 820.

Tempel des Herrn, christl., der häusl. Andacht geweiht. Nachtr. zu den Stunden der Andacht. 3e verb. Aufl. Mit d. Bildn. Christi. 8. Dinkelsbühl 826. Walther. (Nürnb., Menath u. K.; Leipz., Centr.-Compt.) 22 gr.

— Dass. f. Katholiken. Ebd. 826. Ebd. 1 ₰

**Tempel, Der,** der wahren Dichtkunst. Ein Gedicht in reimfreyen Versen . . . Halle 1737. V: *Pyra*, *Immanuel.* H: *Lange*, *Samuel Gotthold.* (Waniek, Pyra. Leipzig 1882. S. 39.) (GGr) (Verz. d. v. Meusebachschen Bibl. Berl. 1855. S. 103.)

Tempel, der, der Ehre. Ein Gesellschaftsspiel; als Beitr. geselliger Freuden. Mit 1 großen u. 33 kleinen Kpft. .. Leipz. ... (W. Nauck). 16 gr.

G. G. F. Tempel der Ehren u. Unsterblichkeit, worin die Siege u. Friedens-Stiftung Friedrichs II. des Grossen, Königes in Preussen — — — vorgestellet werden, nebst Briefen, den Dresdner Frieden betreffende; u. einer Verzeichnung der — — — Illuminationen, welche Magdeburg u. a. 1746 angezündet haben. (Nebst Register.) Magdeburg 4.

— der, zur Erbauung für alle Christen; herausg. v. F. Ludw. Würkert. 1r u. 2r Jahrg. 1834 u. 1835. à 104 Numm. gr. 4. Dresden u. Leipzig, Arnold. à 2 ₰

**Tempel, Der,** der Freyheit; eine tragische Scene unsres Zeitalters. Basel 1796. V: *Hahn*, *Chn Wilhelm.* (KY) (MGT)

Tempel, der, der Freiheit, eine tragische Geschichte unseres Zeitalters, 2 Theile, 8. Basel, 796. Flick. 25 sgl.

Tempel, der, d. Freyheit; e. tragische Scene unsers Zeitalters, v. C. W. H. 8. Basel, Flick. 796.

— der Freiheit; e. tragische Scene unsers Zeitalters, (von Chr. W. Hahn). 8. Bern 796. Typ. Soc. 20 gr.

**Tempel,** der geistliche, oder der Weg der Rettung aus geistlicher u. leiblicher Noth u. aus den Gefahren unsrer Zeit, dargelegt von der Gemeinde zu Kirschenhardthof. Stuttgart 859. (Schaber.) gr. 8. (66 S.) n. 6 ngr.

**Tempel, Der,** der Gerechtigkeit. Aurich u. Leipzig 1758. Berlin 1777. V: *Derschau*, *Christoph Friedrich von.* (KY) (MI.) (Rotermund, Gel. Hannover. Bremen 1823.)

— der Gerechtigkeit, (von Chr Fr. v. Derschau). 8. Aurich u. Leipz. 758. ... 10 gr — Dass. mit e. 2n Thle verm. gr. 8. Berl. 777. Rottmann. 1 ₰ 8 gr

Tempel, der, des Glücks. Eine allegorisch-moralisch. unterhaltendes Gesellschaftsspiel f. die Jugend. Nürnberg, Zeh. 812. — 6

**Tempel, Der,** der Glückseligkeit. Mannh. 1764. V: *Jacobi*, *Joh. Georg.* (GGr)

**Tempel, Der,** zu Gnid. (Prosa-Dichtung in 7 Gesängen) (nach Charles Secondat Baron de la Brede et Montesquieu). Franckfurt u. Leipzig [Karlsruhe?] 1748. Karlsruhe 1759. Berlin [Wien] 1759. V: *Götz*, *Johann Nicolaus.* (BGE VII³, 603/4)

**Tempel, Der,** zu Gnidus. Von dem Verf. der persianischen Briefe. In gebundener Rede übers. von Joh. Frdr. Cammer. Hamb. u. Leipzig 1751. Göttingen 1753. V: *Montesquieu*, *Charles Secondat Baron von.* (BGE VII³, 604)

**Tempel, Der,** von Gnidus in gebundener Rede übersetzt. Göttingen 1753. V: *Grasset*, *Fr.* Ü: *Cammerer*, *Joh. Frdr.* (GGr)

— der, zu Gnidus, aus dem Franz. m. Kupf. 8. Berlin. (Wien, Tendler.) 759.

**Tempel, Der,** in Gnidus; aus dem Französischen übersetzt. Wien 1770. V: *Montesquieu, Charles de Secondat Baron de la Brede et de.* Ü: *Tauber, Joh. Nep. Freih.* (BGE VII³/604) (KY 5/409) (WBL 43/125) (BiblPort) S. Tempel der Liebe.

— der, in Gnidus, in 4 Gesängen; aus d. Französ. (des Montesquiou) übersetzt (von H. L. Wagner). gr. 12. Wien 770. Trattner. 4 gr

— zu Gnidos, a. d. Frz. d. Montesquieu, übers. v. Merkel. 8. Weimar, Hoffmann. 804.
Velinp.

**Tempel Gottes,** der, oder Ich und mein Haus Wir wollen dem Herrn dienen. Erhebung zu Gott in Gebeten und Betrachtungen. Herausg. von mehreren Gelehrten. Dresden (853.) Lohse. (Schönfeld.) 8. (578 S. u. 1 Lithogr.) n. 1 Thlr.

—— freier Gottesverehrung. Erhabene Betrachtn. d. Dichter u. Denker üb. Gott, Natur u. Menschenleben. 8. (14½ B.) Eisleben 837. [Berlin, Hermes.] 18 Gr., sauber geb.

Tempel der Heiligen Gottes. Vollständiges Gebet- und Andachtsbuch für kathol. Christen. Von einem Pfarrer der Erzdiöcese Cöln. 16. (VIII und 472 S. mit 3 Stahlst.) M.-Gladbach 862, Riffarth.

—— der Heiligen Gottes. Vollständiges Andachts- und Gebetbuch für kathol. Christen. Aus den Schriften der Heiligen: Augustinus, Alphons v. Liguori, Bernhard rc. Von einem Priester der Diözese Freiburg. 16. (528 S. mit 1 eingedr. Holzschn. und 4 Stahlst.) Einsiedeln 871, Gebr. Benziger.

**Tempel** der Heiligen Gottes. Vollständiges Andachts- u. Gebetbuch f. kathol. Christen. Aus den Schriften der Heiligen: Augustinus, Alphons v. Liguori, Bernard, Bonaventura, Chrysostomus, Ephräm, Frz. v. Sales, Gertrudis, Mechthildis, Theresia u. anderer heil. u. gottsel. Personen, sowie aus dem röm. Missale u. Vesperale. Von e. Priester der Diöcese Freiburg. Ausg. Nr. 2. 24. (479 S. m. 1 Stahlst.) Einsiedeln 884. Benziger & Co. 1. —

— dasselbe. Ausg. Nr. 3. 16. (479 S. m. 1 Stahlst. u. farb. Titel.) Ebend. 884. 1. —

Tempel, der, d. Herrn. Ein Gebetbuch f. kathol. Christen. Mit 52 Holzschn. 8. Würzb. 826, Stahel. (Leipz, Centr.-Comptoir.)

**Tempel,** der, zu Jerusalem zu Christi Zeit. Aus der Vogelschau, mit Erläuterung. gr. 8. (4 S. m. eingedr. Tondr.-Bild.) Berlin 877. (Beck.) n. — 50

**Tempel, Der,** der Liebe; ein Gedicht in zwölf Büchern. Hamburg 1758. V: *Dusch, Johann Jacob.* (ML) »1757« (JL) (Rotermund, Gel. Hannover. Bremen 1823.)

**Tempel** der Liebe und Freundschaft; Auswahl von 480 der vorzüglichsten Aufsätze für Stammbücher. Nordhausen 1818. H: *Rassmann, Christian Friedrich.* (MGT)(KY)

— der Liebe u. Freundschaft. Auswahl von 480 der vorzüglichst. Aufsätze f. Stammbücher, (v. Chr. Fr. Raßmann). 8. Nordh. 818. Cappach. 9 gr 2e verb. A. 8. Leipz. 824. Lauffer. 6 gr

**Tempel, Der,** der Liebe zu Gnidus und des Herrn von Voltaire der Tempel des guten Geschmacks und der Freundschaft. A. d. Franz. übersetzt. Gotha 1750. V: *Montesquieu, Charles de Secondat Baron de la Brede et de.* Ü: *Tauber von Taubenfurt, Carl.* (BGE VII³/604) (BiblPort) S. a. Tempel, Der, in Gnidus.

— der Liebe zu Gnidus, eines Ungenannten, (von v. Tauber). 8. Gotha 750. Mevius. 4 gr

**Tempel,** der, Mariens. Katholisches Gebet- u. Andachtsbuch f. Verehrer der allerseligsten Jungfrau Maria. 4. Aufl. des Gebetbuches: „Heilige Opfer des Herzen." Mit 1 Titelkpfr. u. vielen Vignetten. 16. (398 S.) Passau 850, Elsäßer & Waldbauer. — 5. Aufl. 16. (398 S.) Ebd. 851. ¼ Thlr

—— der, Mariens, geheiligt durch fromme Gebete und durch den Mund der Heiligen. Andachtsbüchlein für fromme Verehrer der allerseligsten Jungfrau Maria. 5., umgearb. Aufl. 16. (400 S. mit 1 Stnt.) Passau 852, Elsäßer und Waldbauer.

—— Mariens, der, geheiliget durch fromme Gebete und durch den Mund der Heiligen. Andachtsbüchlein für fromme Verehrer der allerseligsten Jungfrau Maria. 10. Aufl. 12. (384 S. mit 3 Stahlst.) Salzburg 861, Pustet.

**Tempel, Marianischer,** ... Augspurg 1749. V: *Ansalone, Pietro.* Ü: *Genzinger, Franz Xav.* (JES)

**TEMPEL** der Musen und Grazien. Ein Taschenbuch zur Bildung und Unterhaltung f. 1796. Mit Kpfrn., Musik u. Tanzfiguren. Mannheim, im neuen Kunstverlag. 16°. (1 Mk. 50 Pfg., schönes Expl. im illustr. Orig.-Cartonbd. m. Goldschn., G. Priewe, Heringsdorf, c. 1895; jetzt theurer!)

S. 199–214: Ueber das Tanzen. — Fehlt in Max Oeser's Kat. Mannheimer Drucke. Mannheim 1905.

— der Musen u. Grazien, auf 1796. Mit Kpf. 18. Manh., Kaufmann. 1 Thlr — Für 1797. Mit Kpf. 18. Manh., (W. Nauck in Leipz.) 1 Thlr 8 gr

— — f. 1797. m. K. 18. Mannheim. (Sommer in Leipzig.)

— der, des Nachruhms, od. Samml. kurz verfaßter Lebensgeschichten großer, ausgezeichn. Militärpersonen, Staatsminister rc. 2 Thle. gr. 8. Wien, Schaumburg. 797. (1r 1 Rthlr. 12 gr.

— der, d. Natur rc., s. Darwin.

—— der Natur zur Erkenntniß u. Verehrung Gottes. Ein Lesebuch f. Haus u. Schule. 8. (..B.) München 838, Lentner.

— d. Natur und Kunst, s. C. A. Hirschmann.

— der Neue. Blätter zur Besprechung der kirchl. Verhältnisse Deutschlands. Für alle Confessionen. 1. Heft. 1. Die Leipziger Petition um eine freiere Verfassung für die evangel. Kirche. 2. Bausteine zu einer freieren Verfassung für die evangel. Kirche. 3. Ronge, Schneidemühl u. beider Verhältniß zur evangel. Kirche. gr. 8. Leipzig 845, Brauns. n. ¼ Thlr

**Tempel, Der,** der Schande oder das schwarze Buch der Schreibsler. Ein Gedicht mit Anmerkungen. Prag 1782. V: *Lihnie, Gotthard.* (BGE VII³/605) (A. G. Przedak, Gesch. des deutschen Zeitungswesens in Böhmen, S. 84) (GGR VI/732, Nr. 30) (Hartung S. 22) (BiblPort)

**TEMPEL,** Der, der Schande oder Das schwarze Buch der Schreibsler ein Gedicht mit Anmerkungen .... Mit TVign. Prag, bey Joh. Thom. Höchenberger. 1782. 8⁰. 56 S.
W. v. Maltzahn p. 447 no. 1077; Goedeke VI, 732, 30.

Tempel --- , Des Todes // Tempel /// Von // XII. Ehren-Pforten // In so viel // Abdanckungen // aufgerichtet. // Gedruckt /// ANNO 17o5. - 4 Blatt (nicht paginiert) Titelblatt, Widmung und Vorrede. - 2oo S.

Inhalt:
Seite ( 1) : Auf + Fräulein Sophie Charlotte von Bielken (Alten-Stettin).
" ( 11) : Auf + Veit Ludwig von Seckendorf, Christian Thomae. (29. Dezember 1692).
" ( 31) : Auf + Samuel von Pufendorf, Moritz Heinrich von Wedell. (7. November 1694).
" ( 43) : Auf + Johann Karl von der Lancken, August Friedrich von Sydow,(2o. Juli 17o1)
" ( 59) : Auf + Anonymum, Christian Hofmann von Hofmannswaldau, (19. Juli 1646).
" ( 73) : H. C. von Beneckendorff, Rede auf drei Kinder.
" ( 85) : Auf + Christian Hofmann von Hofmannswaldau, Daniel Kaspar von Lohenstein. (3o. April 1679).
" (111) : Auf + Bernd Ludwig von Rammin, August Friedrich von Sydow.
" (125) : Auf + Anna Elisabeth von Klinckowström, und Karl Bernhard von Klinckowström, Christoph Adam Fabricius.
" (138) : Auf + Dr. Nicolaus Andreas Pompeji, August Friedrich von Sydow. (28. Dezember 17o2).
" (149) : Auf + Dr. Christian Behrisch, Johann Riemer.
" (169) : Auf + Elisabeth Schreinerin, geb. Siberin, Paul Bose.
" (183) : Mehrere Gedichte, darunter: Benjamin Neukirchs Gedancken über Der Gottseligen Preußischen Königin Sophie Charlotte Ableben, 17o5.

— des Trostes u. der Freude, der leidenden Tugend aufgeschlossen von Jesus Christus, (v. G. M. Kipp). 8. Heidelb. 790.

**Tempel** des Trostes und der Freude der leidenden Tugend . . . Heidelberg 1790. V: *Kipp, Gg Melchior.* (KY) (MGT)

— der, d. Tugend, ein unterhalt. Spiel f. die Jugend. 8. Sulzbach, Seidel.

**Tempel** der Unsterblichen oder Analogien und Apologien grosser Männer . . . Frankf. [Münster] 1777. V: *Behrisch, Henrich Wolfgang.* (Behrisch, Wiener Autoren. 1784.)

— der Unsterblichen, od. Analogien u. Apologien großer Männer. 3 Thle. gr. 8. Frankf. 777. Perrenon in Münst. 1 ℛ 4 g.

— der Unsterblichkeit, s. Wohlfarth, J. F. Th.

Der **Tempel** des Vorurtheils und des Aberglaubens; oder Erholungsstunden eines Illuminaten. [Halle: Hendel] 1794. VI, 7—120 S. 8⁰
**Kl. 3272. 2 Abhandlungen: 1. Nur in höchster Tätigkeit aller höhern Geisteskräfte liegt das erhabenste Glück; 2. Üb. Vernichtung. 23. KB.**

— der Weisheit u. Tugend. Eine Fabellese f. die Jugend, von Gleim, Gellert, Göcking rc.; hrsgg. v. P. Richter. Mit 48 illum. bildl. Darstellungen. 8. Leipz. 825. Lauffer. 15 g. Mit braunen Kpf. 10 g.

**Tempel, Ein,** der Wissenschaft. Nürnberg 1876. V: *Leist, Friedrich.* (BMarsch 411)

**Tempel, Der,** der Wissenschaften. Mannh. 1764. V: *Jacobi, Joh. Georg.* (JL)

**Tempel zur Zeit Christi.** (Nach Schick.) 1 Bl. in Lichtdr. m. Text 40,3×58,5 cm. Liegnitz 903. Beuthen (Ob.-Schl.), A. Eberhardt's Verl. n. 2.50; 60×76 cm. n. 5.—; Farbdr. 90×140 cm. auf Leinw. n. 15.—

Tempel [Verfasser]

**Tempel, M.,** s. Rübel, Karl Fr. Gli., Worte der Erbauung u. des Trostes.

**Tempel,** die Stellung d. Biene unter d. Tieren, s.: König.

**Tempel,** Georg: Fichtes Stellung zur Kunst. *Metz 1901: Buchdr. d. 'Messin'.* (VIII, 143 S.) 8°
Strassburg, Phil. Diss. v. 1901

**Tempel,** Hans, aus Baiersdorf, K. Reallehrer in Ingolstadt: Die Einführung elliptischer Koordinaten bei den Spezialfällen der Komplexe zweiten Grades. *München 1904: F. Straub.* (118 S.) 8°
München, Phil. Diss. v. 1904

Tempel, J. C., meine Rechtfertigung in Beziehung auf die Zeitereignisse d. 9. Sept. 1830 u. 17. April 1831. 1e Abtheil. 8. Dresd. 831. (Arnold). 4 g.

Tempel, Johann Heinrich

Declamation gesprochen bei dem Silicernium der Loge Carl zum Lindenberg [in Frankfurt a. M.] für den Br∴ M. Leykam. Verf. von [Joh. Heinr.] **Tempel.** [Frankfurt a. M. 1868.] 7 S. 8⁰
140.

**Text der Gesänge bei der am 26. Mai 1878 stattfindenden Affiliationsfeier der □ Carl zum Lindenberg in den eklektischen Bund. [Frankfurt a. M. 1878.] 2 Bl. 8⁰ [Kopftit.]**
Lied von A. Mauss, Kantate von H. Neeb (Text von Tempel). 138.

Worte gesprochen am Grabe des dahingeschiedenen Br. M. Leykam. [Unterz.:] [Joh. Heinr.] Tempel. [Frankfurt a. M. 1868: Köbig.] 6 S. 8° [Kopftit.]
Beigefügt ein Gedicht von Boltz. 140.

Tempel, Carolus Henr(icus) Aug(ustus): De doloribus in partu deficientibus. Halae (1843): Semmler. 35 S. 8°
Halle-Wittenberg, Med. Diss. v. 21. Okt. 1843
Geb. Oderwitz (Sachsen) 14. 10. 1821. V.

**Tempel, Clara,** ein Kampf um die Wahrheit od.: Die glorreiche Rückkehr der Waldenser. (III, 85 S. m. Titelbild.) 8. Cassel (905), J. G. Oncken Nachf. Geb. n. 1. —

Tempel, Max

— Seltener Fall v. Kryptorchismus beim Schwein. S.-A. Jena 98. Fischer.

**Tempel, M.,** die Fleischbeschau- u. Schlachtvieh-Versicherungsgesetze u. Verordnungen im Königr. Sachsen. Zum Gebrauche f. Tierärzte, Fleischbeschauer, Trichinenschauer, Nahrungsmittel-Chemiker, Ortsbehörden, Steuerbehörden, Orts- u. Bezirks-Schätzungsausschüsse der staatl. Schlachtvieh-Versicherg., sowie f. Landwirte u. Fleischer zusammengestellt. 2., stark verm. Aufl. (XV, 490 S.) 8. Leipzig 903. Berlin, R. C. Schmidt & Co. Geb. in Leinw. n. 4. 60

(B) **Tempel, M.,** d. Fleischbeschau- u. Schlachtviehversi.-Gesetze. 903. (KVL 34.) Jetzt: Hannover, M. & H. Schaper.

**Tempel, M.,** die gesetzlichen Grundlagen für die Fleischbeschau u. staatliche Schlachtviehversicherung im Königr. Sachsen. Zum Gebrauche f. Verwaltungsbeamte, Gemeindevorstände, Tierärzte, Landwirte u. Fleischbeschauer zusammengestellt. 8. (XII, 214 S.) Dresden 900. Leipzig, G. Schönfeld. Geb. in Leinw. n. 2. —

**Tempel,** *Ludwig* Max [Amtstierarzt in Leipzig]: Vergleichend anatomisch-physiologische Untersuchungen über die Drüsen der Zwischenklauenhaut der Paarzeher ... M. 12 Taf. Leipzig-R., Druck v. O. Schmidt, 1896; 67 S., 12 Taf. 8.
Leipzig, Phil. Fak., Inaug.-Diss. v. [28. Apr.] 1896

**Tempel, Max,** Unzuträglichkeiten beim Transport von Schlachttieren und Geflügel sowie Massregeln zu deren Beseitigung. Dresden 92. Verlag des Dresdner Vereins zum Schutze der Tiere.

— Die reichsrechtlichen Vorschriften üb. die Schlachtvieh- u. Fleischbeschau in Deutschland nebst preußischem Ausführungsgesetz v. 28. VI. 1902. Zum Gebrauche f. Tierärzte, Fleischbeschauer, Nahrungsmittel-Chemiker, Untersuchungsämter f. Auslandfleisch, Zollstellen, Landratsämter, Kommunalverwaltgn., Ortsbehörden, Polizeiverwaltgn., sowie f. Landwirte u. Fleischer zusammengestellt. (IX, 303 S.) kl. 8. Leipzig 903. Hannover, M. & H. Schaper. Geb. in Leinw. 2. 40

TEMPEL, Richard: Über traumatische Darmrupturen ohne Verletzung der Bauchdecken.- München, Bamberg: Handels-Druckerei 1898. 33 S.
14.12.1897 - Chr 1897/98,19; Jv 1897/98,220 (Prom.-Datum: 1898)
**Diss. Ingolst.-Landsh.-Mchn.**

**Tempel, Walter,** bacc. jur., Referendar: Wesen und Voraussetzungen des Gläubigerverzuges nach dem Bürgerlichen Gesetzbuche. Leipzig: Wigand 1910. 128 S. 8°
Leipzig, Jur. Diss. v. 5. Juli 1910
[Geb. 23. April 82 Sorau; Wohnort: Dresden; Staatsangeh.: Sachsen; Vorbildung: Gymn. Sorau Reife O. 01; Studium: Lausanne 1, Leipzig 8 S.; Rig. 21. Juli 05.] [U 10. 2904

Tempel, Wilhelm

**Tempel, Wilh.,** üb. Nebelflecken. Nach Beobachtgn., angestellt in den J. 1876—1879 m. dem Refractor v. Amici auf der königl. Sternwarte zu Arcetri bei Florenz. [Mit 2 Taf.] gr. 4. (29 S.) Prag 885. (Calve.) n. 3. —

**Tempel, Wilh.,** über Nebelflecken. Nach Beobachtungen, angestellt in den J. 1876—1879 mit dem Refractor von Amici auf der königl. Sternwarte zu Arcetri bei Florenz. gr. 4. (29 S. mit 2 Taf.) Prag 885, (Tempsky.) *
Aus: Abhandlungen der k. böhm. Gesellschaft der Wissenschaften, besonders abgedruckt.

Tempelburg [Schlagwort]

**Tempelburg,** s.: Europa. Liebenow.

**Tempel-Gesänge** zur Secular-Feier [!] der allgemeinen altschottischen Loge zu den drei Weltkugeln im Or. zu Berlin am 30ten Nov. 1842. [Berlin 1842.] 2 Bl. 8° [Umschlagtit.]
3 Lieder ohne Noten. 23. 25.

**Tempelherr, Der.** Leipzig 1804. V: *Lindau, Wilhelm Adolph.* (MGT) (NN) (EE) (Ky)

**Tempelherr,** der, (von W. A. Lindau). 2 Bde. 8. Leipz. 804. Rein. 1 ℳ 8 𝔊

**Tempelherren,** die; ein dramat. Gedicht in 5 Aufz., s. Jh. v. Kalchberg,

— die,. Dramat. Gedicht in 5 Handl. von Kalchberg. 8. Grätz, Ferstl.

**Tempelherren, Die.** Ein dramatisches Gedicht in fünf Aufzügen. O. O. [Grätz] 1788. Zweyte Auflage. Grätz 1790. V: *Kalchberg, Joh. Nepomuk von.* »Ein dramatisches Gedicht in fünf Handlungen. O. O. u. J.« (Bespr. Allg. Europ. Journal 1795, Bd. 6, S. 189/190) Ein Trauerspiel in fünf Aufzügen. Nach einem dramatischen Gedichte fürs Theater bearbeitet. Mannheim 1796. V: *Kalchberg, Joh. Nep. von.* B: *Kaffka, Joh. Chph.* (GGr V/344, Nr. 183/4) (Kl) (Biblrort) (wolfstieg II, 906)

**Tempelherren,** die. Trspl. in 5 A. 8. Manh. 791. (Leipz., Hinrichs). 12 𝔊

**Tempelherren, Die.** Ein Trauerspiel in fünf Aufzügen. Mannh. 1795. V: *Schmieder, Heinrich Glieb.* (schr) (GGr)

**Tempelherren, Die,** ein Trauerspiel in fünf Aufzügen. Mannheim 1796. V: *Kahlert*, *Carl Friedrich* [?] (GGr) oder *Kaffka (Engelmann)*, *Johann Christoph* [?] (R-N) (MGT) oder *Kalchberg*, *Johann Edl. von* [?]. (SJL)

Tempelherren, die,. Trauersp. 8. Mannh. (Hinrichs in Leipzig.) 796.

— die,. Trauersp. in 5 A. nach Raynouard, in Jamben v. K. Fr. Cramer. 8. Leipzig, Voß. 806.

— die,. Trauersp. nach Raynouard, von Störer. 8. Strasburg, König. 806.

— s. auch Raynouard.

Tempelherren, die. Ein Trauersp. in 5 Aufz. 8. Jena, Voigt. 812.

**Tempelherren,** die. Große Oper in fünf Akten u. sieben Bildern v. J. Adenis, A. Sylvestre u. L. Bonnemère. Deutsch v. F. Gumbert. Musik v. H. Litolff. [Vollständiges Libretto.] 8. (48 S.) Braunschweig 887. Henry Litolff's Verlag. n. 1. —

Tempelhof [Schlagwort]

**Tempelhof,** s.: Berlin. Straube. Jul

Tempelhof [Verfasser]

Tempelhof, Georg Friedrich von, s. T e m p e l h o f f , Georg Friedrich von.

**Tempelhof,** H(ermann): Aus d. Augenklinik zu Jena. Weiterer Beitrag zur Kenntnis der subkonjunktivalen Bulbusrupturen. *Jena 1903: A. Kämpfe.* (63 S.) 8°
Jena, Med. Diss. v. (7. Aug.) 1903

**Tempelhof,** Hugo v., Barowski, e. Freund d. Volkes u. der Sohn d. Verfluchten. Historisch-romant. Erzählg. 60 Lfgn. gr. 8. (2 Thle. à 960 S.) Leipzig 883. Bergmann. à — 10

Tempelhof, Hugo v., Borowski. Ein Freund des Volkes und der Sohn des Verfluchten. Historisch-romant. Erzählung. 60 Lfgn. oder 2 Thle. gr. 8. (à Thl. 960 S.) Leipzig 883, Bergmann. à Lfg. 10 Pf.

Tempelhof, Hugo v., die Braut im Kerker oder die Gefährten der Nacht. Eine historische Erzählung aus der ersten Theilung Polens. 20 Lfgn. 8. Berlin 868, Neye's Verlagsh. à Lfg. 30 Pf.

—— der Fürst des Goldes oder die Kinder der Arbeit. Ein Lebensbild aus der Gegenwart. 20 Lfgn. 8. Ebendas. 869. à Lfg. 40 Pf.

—— der Heimathlose oder die Rache der Geächteten. Eine historische Erzählung aus der Zeit der letzten ungarischen Revolution. 20 Lfgn. 8. Ebendas. 869. à Lfg. 30 Pf.

—— das Kloster zu St. Marino oder die Irre von Fellenberg. Eine historische Erzählung aus der neuesten Geschichte der Schweiz. 20 Lfgn. 8. Ebendas. 868. à Lfg. 30 Pf.

—— Krone und Herz oder die Tochter des Schleichhandlers. Eine historische Erzählung aus der Regierung Karl XII. von Schweden. 20 Lfgn. 8. Ebendas. 868. à Lfg. 30 Pf.

—— der Landesverräther oder die Raben der Wiener Hofburg. Eine Erzählung aus dem Feldzuge von 1866. 20 Lfgn. 8. Ebendas. 868. à Lfg. 30 Pf.

—— die schöne Mexikanerin oder eines Kaisers Dornenkrone. Historische Erzählung aus der neuesten Geschichte von Mexiko. 22 Lfgn. 8. Ebendas. 869. à Lfg. 30 Pf.

Tempelhoff, Georg Friedrich von

**Anfangs-Gründe der Analysis endlicher Grössen zum Gebrauch der Kgl. Preuss. Artillerie von G[eorg] F[riedrich von] Tempelhoff. Berlin: Wever 1769. 668 S. 8°**

v. Tempelhoff, Geo. Fr., († d. 13. Juli 1807.) Anfangsgründe der Analysis endl. Größen. gr. 8. Berl. 770. (Sander; a. Reimer). 1 ß 12 gr

Anfangsgründe der Analysis des Unendlichen, erster Theil, welcher die Differentialrechnung enthält, zum Gebrauche der K. Pr. Artillerie entworfen, von *Ge. Fried. Tempelhof.* Berlin und Stralsund, Lange, gr. 8. 622 S. 9 Kupf. 1770.

Tempelhoff, G. F. von, Analysis des Unendlichen. 1r Thl. mit K. gr. 8. Berlin. 770. Jetzt Verlag von Reimer.

— vollständ. Anleit. zur Algebra. gr. 8. Berl. ... N. A. 773. Wever. (Sander). 1 ß 12 gr

**Tempelhoff,** Georg Friedrich von, s. d' A n t o n i : Grundsätze der Artillerie.

Tempelhoff, v. Artillerie-Wissenschaft z. Gebrauche jedes Offiz., der sich mit dieser Waffe bekannt zu machen wünscht. Hrsg. von v. Gaugreben. Mit Kpf. Zerbst 1808. 216 S.

— Artilleriewissenschaft, zum Gebr. jeden Officiers, der sich mit dieser Waffe bekannt zu machen wünscht; hrsgg. von v. ... Gaugreben. Mit 15 Kpft. 8. Zerbst 809. Füchsel. 2 ß 12 gr
2e unveränd. Ausg. gr. 8. Ebd. 831. Kummer. 1 ß 16 gr

Tempelhof, (Geo. Friedr.) v., Artillerie-Wissenschaft zum Gebr. jedes Offiziers, der sich mit dieser Waffe bekannt zu machen wünscht. Hrsg. von v. Gaugreben. 2., unveränd. Ausg. gr. 8. (14 B. u. 15 Kpfrt. gr. 4.) Zerbst 831, Kummer.

— genaue Berechnung d. Sonnen-Finsternisse u. Bedeckung der Fixsterne vom Monde. Mit 4 Kpftaf. 8. Berl. 771. Wever. (Sander). 6 gr

– s. B i b l i o t h e k , Militär.

**Tempelhof.** Le bombardier prussien ou le mouvement des projectiles en supposant la résistance de l'air proportionelle au quarré des vitesses. Berlin 1781.

— le Bombardier Prussien. gr. 8. Berl. 781. (Sommerbrodt). 16 gr

— le Bombardier prussien. gr. 8. Berlin, Unger. 781.

– s. C l a i r a u t : Algebra.

– s. G e d a n k e n üb. d. Temperatur.

— Geometrie für Soldaten u. die es nicht sind. Mit 30 Kpftaf. 8. Berl. 790. (Herbig). 1 ß 8 gr

Tempelhoff, G. F. v. Geschichte des 7jährigen Krieges. s. Lloyd, H. E.

— Geschichte des siebenjährigen Krieges in Deutschland. 6 Theile. gr. 4. Ebend. 794. Jetzt: Reimer.

Tempelhoff, v. Die Kriegskunst durch Beispiele erläutert. Hrsg. von v. Gaugreben. Mit Kpf. Zerbst 1808. 268 S.

— die Kriegskunst durch Beispiele erläutert; hrsgg. von v. ... Gaugreben. Mit 4 Kpftaf. 8. Zerbst 809. Füchsel. 1 ℛ 8 ℊ 2e unveränd. Ausg. 831. Kummer. 1 ℛ 6 ℊ

—— die Kriegskunst durch Beispiele erläutert Hrsg. von v. Gaugreben. 2., unveränd. Ausg. gr. 8. (16 B. u. 4 Kpfrt. qu. Fol. u. 4.) Zerbst 831, Kummer.

— Versuch üb. den Gebrauch der Artillerie ꝛc., s. Versuch.

Tempelhoff, H. v., s.: Heinz, T. v.

Tempelius, Car. Fr., Receptas consuetudines temere non abrogandas sed lenta tandem festinatione esse deponendas probare studet. 10 pp. Viteb. 4°. *Doering*, I, 51.

1789

Tempelkunst. Archiv der Richard Wagner-Gesellschaft f. die gesamte dramat. Kunst u. Kultur der german. Welt. I, 1. Berlin-Charlottenburg, Tempelkunst-Verlag. — 30

Prolegomena e. freien Akademie f. die redenden Künste u. e. pangermanischen Nationaltheaters. Denkschrift. Von Curt L. Walter. 1. künstler. Tl. (VI, 34 S.) 904.

Tempelritter, der, ein histor. Roman. 2 Bde. 8. (46¼ B.) Leipzig 833, [Böhme.]

Der Tempelritter. Ein histor. Roman. Bd. 1. 2. Leipzig: Hartmann 1833. 8°
1. XVI, 352 S.; 2. 370 S.
cf. L. 28 (1864) S. 29.
Kl. 4002. TB. 259. 283.

Tempelruine von Corinth, mit Palikaren, welche gemachte Beute auf Kameelen durch gefangene Araber fortbringen lassen. Im Hintergrunde der Parnassus. Nach C. v. Heydeck sauber auf Stein gezeichnet v. Fr. Hohe. Gedruckt unter der Direction von J. Selb. (Das Original befindet sich in der Samml. des kön. schwed. u. norweg. Consuls Hrn. Wagner in Berlin.) Imp.-Fol. Münch. 832. (Literar.-Artist. Anstalt.) 2 ℛ 12 ℊ

Die Freimaurer. Von P[ierre] Tempels. Mit Ermächtigung des Verf. übers. von Karl Nies. Darmstadt: Bergsträsser 1888. 63 S. 8°
Recens: Bh. 31 (1888) S. 202—203, 209—210 (J. G. Findel); Bbl. 2 (1888) S. 310—312; FZ. 42 (1888) S. 215—216 (K. Pilz), 233 bis 235 (K. Nies); L. 11 (1888) S. 104 (B. Cramer); SL. 8 (1888) S. 205—206; BrL. 6 (1888—1889) S. 7—8. 23. 25.

**Tempelschatz** der Grossen Loge Kaiser Friedrich zur Bundestreue [in Berlin]. Berlin 1894. H: *Schauer, Gustav.* (wolfstieg II, 587)

Tempelschatz der Großen Loge Kaiser Friedrich zur Bundestreue. I—III. 8. Berlin 894, A. Unger. n. 1. 80.
I. Den Lehrlingen. (32 S.) n. 50. — II. Den Gesellen. (32 S.) n. — 50. — III. Den Meistern. (31 S.) n. — 80.

Tempeltei, vgl. Tempeltey.

Tempeltei, C., malerische Ansichten von Kirchen, Burgen u. Schlössern. Zum Nachzeichnen. qu. 8. Berl. 829. Lüderitz. 16 ℊ

— malerische Schweizerhäuschen. 2 Hefte à 12 Blatt. Berl. 183.. Lüderitz. 1 ℛ 8 ℊ

— Unterricht im Landschaftzeichnen f. Schulen. kl. 4. Berl. 826. Lüderitz. 18 ℊ

Tempeltei, Jul., der Landschafter, eine Reihefolge v. Vorlegeblättern vom Umriss bis z. vollend. Ausführ. 1—6. Hft. qu. gr. 4. (à 6 lith. Bl. u. 1 Bl. Text.) Berlin 839, 40, (Heymann.) *

Tempeltey, Eduard

— Theodor Storm's Dichtungen. Ein Vortrag. Kiel 867. Schwers'sche Buchh. gr. 8. (45 S.) 9 ngr.

[F.] Herzog Ernst von Koburg und das Jahr 1860. Von Eduard Tempeltey. *Berlin: H. Paetel 1898.* (72 S.) 1 Bd 8. [98. 9194]

Tempeltey, Ed., Ernst II. Herzog v. Sachsen-Coburg-Gotha. Vortrag, geh. am Geburtstage J. H. d. Frau Herzogin-Wittwe 6. XII. 1897 im Kunst- u. Gewerbe-Verein zu Coburg. 8. (24 S.) Coburg 898. H. Bonsack. n. — 50

Tempeltey, Eduard, s.: Freytag, Gust., u. Herzog Ernst v. Coburg im Briefwechsel.

Tempeltey, (Car. Ern.) Eduard, (geb. Berlin 13. 12. 1832): De Godofredo ab Ensmingen ejusque quae feruntur operibus historicis. Berolini (1860). (80 S.) 8°
Berlin, Phil. Diss. v. 20. Dez. 1860

Tempeltey, Ed., de Godofredo ab Ensmingen ejusque quae feruntur operibus historicis. gr. 8. (IV und 79 S.) Leipzig 861, Grunow. *

Tempeltey, Ed., Klytämnestra. Tragödie. Berlin 857. Schroeder. 16. (150 S.) n. 20 ngr.

—— Mariengarn. Ein Liederkranz. 1. Aufl. 1860. und 2. Aufl. 16. (96 S.) Leipzig 861, Grunow. * 16 Ngr.; geb. *

Tempeltey, Ed., Mariengarn. Ein Liederkranz. 4. Aufl. 1865. * 16 Ngr. und 5. Aufl. 16. (79 S.) Leipzig 866, Grunow. cart. *

Tempeltey, Ed., Friedrich Rückert. Festrede zur Enthüllung des Rückert-Denkmals in Neuses am 28. Octbr. 1869. gr. 8. (10 S.) Coburg 869, Riemann. *

—— hie Welf — hie Waiblingen! Vaterländisches Drama. 1. Aufl. 1859. und 2. Aufl. 16. (196 S.) Leipzig 861, Grunow. 27 Ngr.; geb.

Tempeltey, J., Berlin und Potsdam. Ein Miniatur-Album in 20 (lith.) Original-Ansichten. Rechtmässige Original-Ausg. Berlin (854.) Schroeder. 16. 1 ℛ. 20 ngr.

— der Harz. Ein Miniatur-Album in 12 (lith.) Original-Ansichten. Rechtmässige Orig.-Ausg. Ebend. (854.) 16. 1 ℛ.

— **Miniatur-Album** von Potsdam in 8 (lith.) Original-Ansichten. Rechtmässige Orig.-Ausg. Ebend. (854.) 16. 20 ngr.

— der **Unterricht** im Landschaftszeichnen. Vorlegeblätter für Schulen, angehende Künstler u. Dilettanten. 1. u. 2. Heft. (à 16 lith. Bl.) Berlin (854.) (Feundt u. Co.) gr. 4. 1.: n. 20 ngr.; 2.: n. 22½ ngr.

Vgl.Tempeltei.

**Tempelurkunden** aus Telloh. Hrsg. von George Reisner. Mit Wörter-u. Namensverz. *Berlin: W. Spemann 1901.* (XVIII, 58 S., 155 Facs.) 2°(4°)

— Kgl. Museen zu Berlin. Mittheilungen aus d. Orientalischen Sammlungen. H. 16. [01. 7314

**Temper**, C. G., C. G. Klinckhardt's Reise nach Nordamerika u. dess. erste Ansiedelung daselbst, aus Briefen v. dems. gezogen. 8. (5 B.) Leipzig 833, Andrä.

**Temper, Walter,** Assessor: Die Zwangsvollstreckungsstrafen der Reichszivilprozeßordnung. Borna-Leipzig 1909: Noske. 29 S. 8°

Leipzig, Jur. Diss. v. 27. Febr. 1909

[Geb. 3. Sept. 77 Chemnitz; Wohnort: Dresden; Staatsangeh.: Sachsen; Vorbildung: Gymn. Schneeberg Reife O. 97; Studium: Lausanne 1, München 1, Leipzig 1, Berlin 1, Leipzig 4 S.; Rig. 6. Febr. 02.] [U 09. 2704

**Tempera.** Die verschied. Tempera-Arten u. ihre Zubereitg., s.: Flugblätter, technische, der deutschen Maler-Zeitung die Mappe.

**Temperament,** über das, Jesu Christi, (v. J. J. H. Bücking). gr. 8. Stendal 793. Franzen u. Gr. 2 gr.

**Temperamente, Die.** Lustspiel. Hamburg 1777. V: *Lawätz, Heinrich Wilhelm.* (Ky) (GGr) (Kordes, Schlesw.-holst. u. eutin. Schriftst. Schleswig 1797.)

**Temperamente,** die,. Lustsp. 8. Hamb. Herold. 777.

**Temperamente,** die vier, Originallustsp. in 3 Aufz. v. F. W. Ziegler. 8. Dresden, Arnold. 821.

[F.] Die vier **Temperamente** der Menschen. M. Beispielen aus d. Leben christl. u. weltl. berühmter Männer, nach d. Licht- u. Schattenseiten. *Emden: A. Gerhard 1898.* (48 S.) 1 Bd 8. [98. 696 Go

Temperaturkarten [Schlagwort]

**Temperaturkarten.** Temperaturkarte von Deutschland, s.: Deutschland Andresen.

**Temperaturkarten.** Polis, P., Temperaturkarte der Rheinprovinz. Auf Grund 20jähr. Beobachtgn. 1881 bis 1900. Hrsg. v. meteorolog. Observatorium Aachen. 1 : 175,000. 2 Blatt je 84,5×107,5 cm. Farbdr. Essen (906). G. D. Baedeker. n. 20.—; auf Leinw. m. Stäben n. 28.—; erläut. Text. (20 S. m. 11 Abbildgn. u. 4 Tab.) Lex.-8. n. 1.—

**Temperaturcurven** f. Aerzte, Diakonissen u. Krankenpfleger. 1 Blatt. qu. Fol. Leipzig 890. A. Lorentz. n. — 20

**Temperatur-Curven** f. Aerzte, Naturforscher u. s. w. qu. 4. (6 Steintaf.) Würzburg 874. Stahel. — 40

**Temperatur-Curven** für Aerzte, Naturforscher etc. (8 Stücke kleinen u. 6 Stücke grossen Formats.) 2. Aufl. Fol. (2 Steintaf.) Würzburg 883. Stahel. — 40

**Temperatur-Curven,** Würzburger, f. Aerzte, Naturforscher etc. Ausg. B. gr. 8. (9 Taf.) Würzburg 883. Stahel. n. — 40

**Temperatur-Tabellen** u. **Tages-Berichte** f. Hebammen. 56 Bl. f. 56 Wöchnerinnen, jedes Blatt reicht vom 1. bis zum 10. Tage. qu. gr. 8. Berlin (902). E. Staude. n.n. — 60

**Temperaturzettel** f. Hebammen. (64 perforierte Bl.) kl. 8. Berlin (904), J. Springer. nn. — 50

**Temperenzsache, Die.** Ein Gespräch zur Aufklärung ... [Bern 1889]. V: *Haller, Jac.* (BSchwLk V 9 j)

[Kopft.:] [F.] Die **Temperenzsache.** E. Gespräch z. Aufklärg. Von e. Landgeistlichen d. deutschen Schweiz. *[o. O. u. J.]* (28 S.) 1 Bd 8. [98 ...

**Temperli,** Heinrich. Über eine spezielle Kurve dritten Grades. Diss. Phil. [II.] Univ. Zürich. [Mit Figuren und 2 Tafeln.] VIII + 47 S. 8. Trogen, O. Kübler, 1909.

**Tempesta,** J., Preußens Verdienste um Kaiser u. Reich. Historische Darstellung zur Würdigung seiner Ansprüche in der Oberhauptsfrage. gr. 8. (80 S.) Regensburg 849, Manz. ⅓ rf

**Tempesta,** J., Preußens Verdienste um Kaiser u. Reich. Historische Darstellung. 2. Ausg. Regensburg 859. Manz. gr. 8. (80 S.) 7½ ngr.

**Tempio d'onore di Classici d'Europa. — Temple à la gloire des Classiques de l'Europe.— Temple to the glory of classical authors of Europe. Hrsg. v. Wilhelmine Halberstadt. 1835. à 12 Hfte. 8. Cassel, Luckhardt'sche Buchh.** à •

Vgl. Ehrentempel.

Temple [Sachliches OW]

*Temple* d'amitié. gr. 8. Leipz. ... Andrä. 3 gr.

**Temple,** der Riß, Geschichte, von einem Frauenzimmer verfaßt, aus dem Engl. 8. Leipzig, 778. Schwickert. 20 gl.

—de la mode. gr. 12. Lausanne 789. (Mainz, Kupferberg). 12 gr.

**Le Temple** spirituel, ou Sermon sur les paroles de Saint Paul, dans son épitre aux Ephésiens. [Berlin] 1764. 44 S. 8°

Üb. die Bedeutung des Tabernakels u. Tempels u. üb. das Erbauen eines Tempels Gottes im Geiste. 23.

Temple [Verfasser]

**Temple,** ..., moral. u. histor. Denkwürdigk.; aus d. Engl. gr. 8. Halle 780. Gebauer. 1 rf

**Temple,** C. H. v., Anleitung zum prakt. Reiten, zur Pferdekenntniß u. zum Umgange mit Pferden. 12. (7½ B.) Leipzig 846, (Klinkhardt.) *

Temple, Edm. Henry, theoretisch-praktisches Lehrbuch der englischen Sprache, enthaltend: A. Grammatik nebst Aussprache. B. Uebung zum Uebersetzen aus dem Deutschen in's Englische. C. Die gebräuchlichsten Vokabeln. D. Englische Leseübungen mit deutscher Interlinear-Uebersetzung. gr. 16. (283 S.) München 850. (Leipzig, H. Fritzsche.) n. 2/3 ℔

Temple, Rich., prakt. Arzneikunst f. angeh. Aerzte; aus d. Engl. mit Anmerkk. von Chr. Fr. Michaelis II. gr. 8. Leipz. 794. Fr. Fleischer. 1 ℔ 4 ℊ

Temple, R., prakt. Arzneykunst f. angehende Aerzte, a. d. Engl. m. Anmerk von C. F. Michaelis. gr. 8. [illegible] Benj. Fleischer. 797.

**Temple,** Rudolf: Bilder aus Galizien. Zur teilweisen Kenntnis des Landes und seiner Bewohner. Pest: Selbstverl. 1871.

**Temple,** Rudolf: Die Huzulen, ein Gebirgsvolk im Osten der österreichischen Monarchie. Pest: Selbstverl. 1866.

Temple, William, Biographie, s. H. Luden kl. Aufsätze ꝛc.

Temple, William, von der Gesundheit u. vom langen Leben; aus dem Engl. mit Anmerkk. u. Beilagen. gr. 8. Leipz. 787. (W. Rauck). 12 ℊ

— von der Gesundheit und vom langen Leben, a. d. Engl. m. Anmerk. und Beylagen. gr. 8. Leipzig, Sommer. 787.

Templemann, s. F. L. Norden, Beschreib. s. Reise durch Aegypten ꝛc.

Templer, der, und die Jüdin. Große romant. Oper in drei Acten. Nach Walt. Scott's Roman „Ivanhoe" frei bearb. von Wilh. Aug. Wohlbrück. Musik von Heinr. Marschner. Text der Gesänge für das k. k. Hofoperntheater in Wien. 8. (38 S.) Wien, Klinast. **

Templer, Bernhard

**Templer,** Bernh., Grammatik d. hebräischen Sprache, s.: Manassewitsch, B.

**Templer,** Bernh., d. Unsterblichkeitslehre (Psychologie, Messianologie u. Eschatologie) bei d. jüd. Philosophen d. Mittelalters. Nebst Einleitg. üb. d. Unsterblichkeitsglauben in Bibel u. Talmud u. Anh. gr. 8. (79 S.) Wien 895. M. Breitenstein. n. 2.50

**Templer, B.** Die Unsterblichkeitslehre der jüdischen Philosophen des Mittelalters bis auf Maimonides in ihrem Verhältnis zu Bibel u. Talmud. In-8°. 79 S. Bern. These. 1896.

Die **Templerregel** [La règle du Temple]. Aus d. Altfranz. übers. u. mit erl. Anm. vers. von K[arl] Körner. Jena: P. Doebereiner 1902. (VII, 198, XX S.) 8°

**Templeton,** H. S., Anleitung zur Oel-Malerei. Autoris. Uebersetzg. aus dem Engl. v. O. Straßner. 8. (VII, 52 S.) Stuttgart 893. P. Neff. n. 1.20

**Templeton,** H. S., Anleitung z. Öl-Malerei. Autoris. Übersetzg. aus d. Engl. v. O. Straßner. 2. Aufl. (VII, 51 S.) 8. Eßlingen 908. P. Neff. 1.20

**Templeton,** Horace, diary and notes, s.: Collection of British authors. Vol. 149.

— Gossip, siehe: Bibliothek, Europäische, 624—626. Bd.

**Templeton**, William

Templeton, des Mühlen- und Maschinenbauers hilfreicher Begleiter. Deutsch von K Hartmann. Weimar 1853

Templeton, (Wm.), des Mühlen- und Maschinenbauers hülfreicher Begleiter enth.: Die Decimalbruchrechnung. Quadrat- und Cubikwurzel-Tafeln. Wichtige Sätze aus der Geometrie ꝛc. Nebst einer Reihe von Tabellen über specif. Gewichte, Dichtigkeiten, das Gewicht verschieden geformter Metalle, Reductionen der Maße, Gewichte, Thermometerscalen ꝛc. Nach der 9., von Maynard hrsg. Aufl. von „Millwright's and Engineers Pocket-Companian", deutsch bearb. von Carl Hartmann. 12. (VIII und 299 S. mit 3 Stnt. in Querfol.) Weimar 855, Voigt.
Vgl.: Hartmann, C.

—— Taschenbuch für praktische Mechaniker. 2., verm. und verb. Aufl. Bearb. von A. Kussin und A. Regensburger. 12. (VII und 191 S. mit eingedr. Holzschn. und 1 Stnt. in qu. 4.) Brünn 855, Winiker's Buchh. *

Templeton's Taschenbuch für praktische Mechaniker. 3. verm. und verb. Aufl., bearb. von A. Kussin und A. Regensburger. 8. (191 S. mit 43 Fig. und 1 Taf.) Brünn 872, Winiker.

—— dass. — 4. gänzlich umgearb. und stark verm. Aufl. von Frz. Kreuter und Jos. Otto. 8. (XII, 633 S. mit 430 in den Text gedr. Orig.-Holzschn. und vielen Tab.) Ebendas. 882. *

**Templeton's** Taschenbuch f. praktische Mechaniker v. F. Kreuter u. J. Otto. Mit 430 in den Text godr. Orig.-Holzschn. u. vielen Tabellen. 5. (Titel-)Aufl. 8. (XIV, 633 S.) Brünn 888. Winikor. n. 5.—

Templeton, William, Taschenbuch für Mühlen- u. Maschinenbauer, enthalt.: Decimalbruchrechnung, Tafeln von Quadrat- u. Kubikwurzeln, angewandte Geometrie, Ausmessung ꝛc. Nebst einem Anhange, enthaltend: Umfang, Quadrat, Kubus u. Flächeninhalt von Kreisen, Kugeln ꝛc. Nach der 5. verm. u. verb. Aufl. aus dem Engl. übersetzt. Nebst einer Anleitung zum Gebrauch des Schiebmassstabes ꝛc. Mit (eingedr.) Holzschn. u. (4) lithogr. Taf. 12. (Mit 2 Mass- u. Gewichtstab.) Brünn 845, Winiker. 1 ℔

Templiers, les,. Tragédie en 5 Actes p. Raynouard. 8. Braunschw. Pluchart. 806.

Templiers, les, Trag. en 5 Actes, par M. Raynouard. gr. 8. Rudolst. Hofbuchh. 811.

— — le même. nouv. Edit. 8. Brunsv. Pluchart. 813.-

**Templin** [Sachliches OW]

**Templin,** die Perle der Uckermark. Kurzer Abriss d. Gesch. d. Stadt u. Führer durch Templin u. Umgebung. Von O. S. *Templin: G. Kortes 1899.* (36 S.) 8° [Umschlagt. J.] [01. 4072 2

**Templin,** die Perle der Uckermark. Kurzer Abriss d. Gesch. d. Stadt u. Führer durch Templin u. Umgebung. [Von O. S.] 2. Aufl. *Templin: G. Kortes 1901.* (40 S.) 8° [J.] [1 2. 1009 11

**Templin** [Schlagwort]

**Templin, s.: Deutschland. Kürschner-Pelp.**

**Templin, s.:** Geologische Karten (Preussen).

**Templin, s.:** Mark. — Potsdam. — Wanderkarten.

**Templum** aulicum Societatis Jesu seu Divi Aegidii urbis Graecensis patroni basilica . . . Graecii [1733]. V: *Hellmayr, Anton.* (Jes)

**Templum** Honoris S. Philosopho Aloysio symbolis et elogiis adornatum. Graecii 1727. V: *Piringer, Andreas.* (Jes)

**Templum** honoris a . . . Hartmanno et Otthone . . . comitibus de Kirchberg, erectum . . . Augustae Vind. 1702. V: *Heuchlinger, Meinr.* (Heyd)

**Templum** honoris Themidi Sacrae in anno sacro reseratum . . . Bambergae [1750]. V: *Bickel, Johann.* (Jes)

**Tempora mutantur!** Glossarium zum Schulgesetzentwurf v. Christianus Democritus. Den preuß. Volksvertretern gewidmet. 8. (51 S.) [Düsseld. 892, F. Bagel.] Frankf. a. M., Jaeger's Verlag. * 1 —

Pr. Regiom. de tempore schismatis eccles. Judaeos inter et Samaritanos oborti. 1828. 4.

**Temps'** Fahrtenbuch für Radfahrer durch den Gau 1 (Hamburg) des deutschen Radfahrer-Bundes in. Anschluss an die benachbarten Gaue. Nebst e. Fahrtenkarte. 16. (22 S.) Hamburg 888. Temps. n. — 50

**Temps**, G., die Leitung u. Organisation v. Stenographen-Vereinen. E. aus d. Praxis hervorgegang. Wegweiser f. die Vereinsvorstände aller Systeme. gr. 8. (49 S.) Frankfurt a/M. 896. (Jaeger's Sort.) n. 1. —

**Tempski**, Bruno von: V e r o r d n u n g e n für die Diözese Ermland. Nach d. Inhalte geordnet u. hrsg. Braunsberg: Ermländ. Zeitungs- u. Verl. Dr. 1910. XVI, 445 S. 8°

**Tempski,** Heinrich von: Die Religionsvergehen. Eine systematische Darstellung auf Grund der §§ 166 und 167 St.G.B. Berlin 1908: W. Pilz. (106 S.) 8°
Heidelberg, Jur. Fak., Ref. v. Lilienthal, Diss. v. 1908
[Geb. 1. Juli 78 Soboncz; Wohnort: Soboncz; Staatsangeh.: Preußen; Vorbildung: Gymn. Braunsberg, Berent, Culm Reife M. 00; Studium: Berlin 1, München 2, Berlin 1, Bonn 1, Heidelberg 1, Bonn 1 S.; Rig. 23. Juli 07.]

**Tempski**, Ignaz von: Über D a r m o b s t r u c t i o n durch Gallensteine. . . . Greifswald: Druck v. Julius Abel 1889. 33 S. u. 1 Taf. 8°
Greifswald, Med. Fak., Inaug.-Diss. v. 25. Febr. 1889

**Tempski,** Paul von, Referendar: Die Einwirkung gesetzlicher Verbote auf vorher begründete Vertragspflichten. Breslau 1908: Buchdr. d. Schles. Volkszeitung. (65 S.) 8° [F.]
Breslau, Jur. Fak., Ref. Meyer-Schott, Diss. v. 9. April 1908
[Geb. 8. Juli 81 Schlochau; Wohnort: Elbing; Staatsangeh.: Preußen; Vorbildung: Gymn. Braunsberg Reife O. 03; Studium: Berlin 1, Breslau 7 S.; Rig. 20. Dez. 07.]

**Tempsky, Elsb. v.,** „Mädchen!" Ein Wort f. unsere Zeit. (30 S.) 8. Breslau (908). Ev. Buchh. p — 35

**Tempsky**, Elsbeth von: ‘ M ä d c h e n ! ’ Ein Wort f. unsere Zeit. Breslau: Kauffmann [1908]. 30 S. 8°

Das Gastgeschenk und andere Erzählungen von Eugen v. **Tempsky**. Mülheim a. d. Ruhr: J. Bagel [1904]. (112 S.) 8° [F.] [06. 2301

— dasselbe. Gerstäcker, Frdr.: Irrfahrten. Humoristische Erzählg. (112 u. 120 S.) 8. Ebd. (904). — 60

**Tempsky, Eug. v.,** ein guter Rat, s. a. Stavenow, B., u. Eug. Mochow, das Gespenst im Küraß.

Ein guter Rat. Novelle von Eugen v. **Tempsky**. Ein amerikanisches Duell. Novellette von Karl v. Prenzlau. Mülheim a. d. Ruhr: J. Bagel [1902]. (111 S.) 8° [F.] [06. 2300

Des Bruders Weib. Ein Roman aus d. Jahrhundertwende von Eugen v. **Tempsky**. Ill. von Th. Volz. (In 2 Bdn.) Bd 1. 2. Berlin, Leipzig, Wien: Vobach (1907). 8°
(Vobachs Illustrierte Roman-Bibliothek. Ser. 4, Bd 6. 7.) [10. 13316

**Tempsky, Eug.,** des Bruders Weib, s. a. Vobach's illustr. Roman-Bibliothek. IV, 6. 7.

**Tempsky, F.,** u. C. Hennig, s.: Compendium, statist.-topograph., der neuen Eintheilung des Königr. Böhmen.

**Tempsky, F.** —. Karte des Königreiches Böhmen nach der Eintheilung vom Jahre 1854 auf Grundlage offizieller Daten, herausgegeben von . . . . Prag, Verlag der J. G. Calve'schen Buchhandlung, C Hennigs L. 1 Bl. 24 Z. h., 31½ Z. br. ohne Einzeichnung der Gebirge und ohne Gradeintheilung. In der linken unteren Ecke sind 13 Tabellen der Eintheilung mit Angabe des Flächenraumes in Quadratmeilen in ganzen Zahlen und einer Decimalstelle. In der rechten oberen Ecke die Zeichenerklärung und in der unteren ein Plan des Polizei-Rayon der Hauptstadt Prag im vergrößerten Maßstab und vollständiger Terrainzeichnung nebst einem Verzeichnisse die Erklärung der mit Nummern bezeichneten öffentlichen Gebäude enthaltend, Benennung der Polizei-Bezirke, Zeichenerklärung zum Plane und sonstigen Anmerkungen. 1855.

**Tempsky, F.** Karte des Königreiches Böhmen nach der Eintheilung vom Jahre 1854 auf Grundlage officieller Daten herausgegeben. 2. Aufl. *Prag* 1857. Verl. v. *F. Tempsky.* 1 Blatt. H. 1' 11¼" Br. 2' 6²/₁" Massst. 6/10 Wien. Zoll. = 1 deutschen Meile.

Verlags-Katalog von F. Tempski in Prag. Vormals J. G. Calve'sche Verlagsbuchhandlung. Bis November 1856. Prag, 1856. Dr. von Rath. Gerzabek. (60 S. 8.).

**Tempus** omnia revelat. Berlin 1851. V: *Lipke, W.* (CBH)

**Tempus** omnia revelat. Lex. 8. (16 S.) Berlin 851, Schneider & Co. ⅛ ₰

**Tempus, Quadragesimae,** acceptabile . . . Monachii 1781. V: *Seccard, Louis.* (Jes)

**Temringer, Peter,** oder: die Sage vom Schloss Staufenberg im Durbachthale. Baden-Baden 1863. H: *Eckert.* (BMarsch 970)

Temska [Schlagwort]

**Temska,** s. **Serbien.**

Nonne, Die geitzige und zugleich verliebte, oder Liebes-Geschichte des Grafen von Clare und der Marggräfin von Nerville. Aus d. Frantzös. (der Mme. *de Tenain*) von Cosmophilo. O. O. (Kopenhagen, Lossius) 1734. 8°. 6 Bll., 111 S. Rar! (6 Mk. Oswald Weigel, Lpz., 1904.)
M. M. V. 1734. D 4 b.

**Tenax,** B. P. [B. Prössel], die Steingut- u. Porzellanfabrikation als höchste Stufen der keramischen Industrie. Nach den neuesten Erfahrungen in diesen beiden Zweigen, unter besonderer Berücksichtigung der praktischen Gesichtspunkte bearb. Mit 41 in den Text eingedr. (Holzschn.-)Abbildungen. gr. 8. (VIII, 237 S.) Leipzig 879. Gebhardt. n. 7. —

**Tenax,** Just., der christliche Staat. Apologetik e. freidenk. Christen. gr. 8. (37 S.) Berlin 894. Schultze & Velhagen. n. — 60

**Tenback, Benedikt, das innerliche Gebet. Ein Unterrichtsbuch f. Priester, Ordensleute u. Alle, welche ein innerl., vollkommenes Leben führen wollen, m. ausführl. Betrachtgn. erläutert. 8. (XVI, 559 S.) Mainz 876. Kirchheim. 4. 20**

**Tenback,** Bened., ein Tag für Gott u. die Seele. Ein Betrachtungsbüchlein über Ursprung, Ziel u. Ende des Menschen. gr. 16. (VIII, 131 S.) Mainz 877. Kirchheim. — 90

**Tenbaum,** Eduard [prakt. Arzt, Assistenzarzt der Reserve, aus Borghorst i. W.]: **Ein Fall von Carcinoma scirrhosum der Speiseröhre nebst Betrachtungen über den Scirrhus** . . . . Münster, Aschendorff'sche Buchdr., 1888; 91 S. (falsch pag.) 8°
Würzburg, Med. Fak., Inaug.-Diss. v. 1888

[Umschlagt.:] **Tenbaum,** Ernst [pr. Arzt aus Borghorst i. W.]: Ueber Kalkausscheidung durch den Harn bei Diabetes . . . Marburg, 1896; 1 Bl., 5—29 S., 1 Bl. 8.
Marburg, Med. Fak., Inaug.-Diss. v. 31. Aug. 1896

**Tenbieg,** Herm., Referendar, aus Büderich ‹Kreis Moers›, Rheinl.: **Das Pfändungs-Pfandrecht** in seiner materiell rechtlichen Bedeutung. *Rheydt 1898: Th. Buresch.* (69 S.) 8°
Erlangen, Jur. Diss. v. 20. Juni 1898

**Tenbieg, Thdr., der Registraturdienst in den Landgemeinden. Prakt. Anleitg. zur leichteren Handhabg. des Registraturdienstes sowie zur Anlegg. e. einfach., übersichtl. Registratur. (49 S.) gr. 8. Düsseldorf 904. L. Schwann. Kart. n. 1. 80**

ten Brink, B. Ueber die Aufgabe der Litteraturgeschichte. Univ. Strafsburg 1891. 28 S.

Ten Brink, B. Der Prolog zu den Canterbury Tales. Versuch einer kritischen Ausgabe. Univ. Marburg 1871. 29 S. 4.

**Ten Brink,** Bernardvs ‹geb. am 12 Jan. 1841 in Amsterdam›: Conjectanea in historiam rei metricae Francogallicae . . . Bonnae, typ. C. Georgi 1865. 2 Bl., 41 S., 1 Bl. 8.
Bonn, Phil. Fak., Diss. v. 4 Aug. 1865

**Ten Brink,** Bernh., Geschichte der englischen Litteratur. 2. Aufl. Hrsg. von Alois *Brandl.* Bd 1. 2. Strassburg 1893. 1899. 8°. *[1. Aufl. 1877.]*
1: Bis z. Wiclifs Auftreten. 1899.
2: Bis z. Reformation. 1893.

Shakspere. 5 Vorlesungen aus d. Nachlaß von **Bernhard ten Brink.** Mit d. Bildn. d. Verf., rad. von W. Krauskopf. (Hrsg.: Edward Schröder.) (2. unveränd. Aufl.) *Straßburg: K. J. Trübner 1893 (1894).* (VI, 159 S.) 8° [F.] [03. 9306 9

Ten Brink, Harro, Der schnell perfekte und elegante Schlittschuhläufer, m. Abb., Harburg a. Elbe, 66 S., 4 Taf., 16°.

**Ten Brink,** H.: Der schnell perfekte und elegante Schlittschuhläufer. Harburg 1880. 66 S.

Ten Brink, Jan, s.a. Brink, Jan ten

Ten Brink, Jan
Ostindische Damen und Herren. Roman. Frei nach dem Holländ. von Karl Senden. Berlin 1868.
In: Roman-Magazin des Auslandes. Nr 1-3.4-6.

Ten Brink, Jan
s. Glaser, Adolf: Der Schwiegersohn der Frau von Roggeveen. 1876.

**ten Brink,** K[arl] B. M.: **Über die Bedingungen der Entstehung peritonealer Adhäsionen durch Brandschorfe.** *Stuttgart 1898: Union Deutsche Verlagsges.* (26 S.) 8°
Freiburg i. B., Med. Diss. v. 1898

**ten Cate,** Bernard Fredrik, approb. Arzt aus Steenwyk ‹Holland›: **Beiträge** zur gichtischen Diathese. *Göttingen 1899: Dieterich.* (28 S.) 8°
Göttingen, Med. Diss. v. [17. Nov.] 1899

Tench, Warkin, Briefe aus Frankreich vom Novbr. 1794 bis May 1795; aus d. Engl. 8. Hildburgh. 797. (Leipz., Gr. Fleischer). 14 gr.

— Nachr. von der Expedition nach Botany-Bay; aus d. Engl. 8. Frankf. a. M. 789. Fleischer. 8 gr.

— Reise nach Botany Bay, s. a. Geschichte der See- u. Landreisen. 6r Bd. 2e Abtheil.

— Reise nach Botany-Bay, Neuholland und Neusüd-Wales, nach dem Englischen des la Peyrouse. 8. Petersburg, Logan. 792.

**Tench,** Watki: Beschreibung einer Reise nach der Botany Bay in Neuholland. (Aus dem Englischen: A narrative of the expedition to Botany Bay. London 1789, übersetzt von M. C. Sprengel.)
in: Beiträge zur Völker- und Länderkunde. Th. 13. S. 113--214. Leipzig 1790. 8°.

**Tencin,** Mad. de, mémoires du comte de Comminge. Le siège de Calais. Nouvelle éd. 12. (260 S.) Berlin 890. Neufeld & Henius. n. 1. 20

Tenckhoff, Alb., westfälische Geschichten. 1. Bdchn. gr. 16. (III und 270 S.) Paderborn 867, Schöningh.

Tenckhoff, Alb., westfälische Geschichten. 2. Bdchn. gr. 16. (III, 291 S.) Paderborn 869, Schöningh.
1. Bdchn. Ebendas. 1867. ℳ 1,50.

**Tenckhoff,** Alb., die Heldeschenke, s.: Volksschriften, Münchener.

— der heilige Norbert, Erzbischof von Magdeburg u. Stifter des Prämonstratenser Ordens. Ein Lebensbild aus dem 12. Jahrh. für die reifere Jugend nach den Quellen erzählt. Münster 865. Theissing'sche Buchh. 8. (168 S.) 12 ngr.

Tenckhoff, Albert [Oberl. Dr.]: Zum zoologischen Unterrichte. Paderborn, Junfermannsche Buchdr., 1889; S. 3—23; 4°
Paderborn, k. G Theodorianum, OP 1889 (341)

**Tenckhoff,** Franz, Dr. phil., Oberlehrer (am Königl. Gymn. u. Docent d. Kirchengeschichte an d. Bischöfl. theol. Fak. zu Paderborn): Papst Alexander IV. Paderborn 1907: F. Schöningh. (XII, 337 S.) 8°
Münster, Theol. Fak., Ref. Pieper, Diss. v. 31. Jan. 1907
[Geb. 16. Aug. 65 Paderborn; Wohnort: Paderborn; Staatsangeh.: Preußen; Vorbildung: Gymn. Paderborn Reife O. 83; Studium: Bonn 1, Tübingen 2, Münster 4 S.; Rig. 31. Jan. 07.]

**Tenckhoff**, Frz., Papst Alexander IV. (XIII, 337 S.) gr. 8. Paderborn 907. F. Schöningh. 6. 60

**Tenckhoff**, Franz, Dr., Hilfsl.: Die Paderborner Bischöfe von Hathumar bis Rethar (806 oder 807 bis 1009). Eine biogr. Studie. *Paderborn 1900: Junfermann.* (47 S.) 8° [F.]
Paderborn, k. G Theodorianum, OP 1900 (386)

**Tenckhoff**, Franz: Der Kampf der Hohenstaufen um die Mark Ancona und das Herzogtum Spoleto von der zweiten Exkommunikation Friedrichs II. bis zum Tode Konradins. E. Beitr. z. Gesch. d. Verhältnisses zwischen Papsttum u. Kaisertum im Mittelalter ... [Erschien vollst. 1893 im gl. Verl.] Paderborn, Druck v. F. Schöningh, 1893; 38 S., 2 Bl. 8.
Münster, Phil. Fak., Inaug.-Diss. v. [24. Juni] 1893

**Tenckhoff**, Frz., der Kampf der Hohenstaufen um die Mark Ancona u. das Herzogt. Spoleto von der 2. Exkommunikation Friedrichs II. bis zum Tode Konradins. Ein Beitrag zur Geschichte des Verhältnisses zwischen Papsttum u. Kaisertum im Mittelalter. gr. 8. (108 S.) Paderborn 893. F. Schöningh. n. 1. 80

**Tenckhoff**, Josef [pr. Arzt aus Warendorf]: Ein Beitrag zur Frage der Schädlichkeit consanguiner Ehen. . . . Freiburg i. B., Buchdr. v. Chr. Ströcker, 1890; 30 S. 8°
Freiburg i. B., Med. Fak., Inaug.-Diss. v. 1890

Tendal, Gottlob Bernhard (Wernigerode) A. S. 135/4

Exercitatio iuridica sistens sicilimenta de interrogationibus in iure earumque defectu in foris Germanicis.
Präs. Johann Philipp Carrach.
Halle (Grunert) 30. IX. 1751. 36 S.

Gew.: Christian Ernst Gf. Stolbarg, Heinrich Ernst Gf. Stolberg.
W. v.: Präs. 34217

Maleische Verba en Nomina verbalia door Dr. H. J. E. Tendeloo. *Leiden: E. J. Brill 1895.* (VII, 177 S.) 1 Bd 8.

**Tendeloo**, N. Ph., Studien üb. die Ursachen der Lungenkrankh. 2 Tle. gr. 8. Wiesbaden, J. F. Bergmann. n. 12.60
1. (physiolog.) Tl. (XI, 118 S. m. 8 Fig.) 901. n. 3. 60
2. (patholog.) Tl. (XII u. S. 119—480 m. 1 Fig.) 902. n. 9. —

**Tendenz**, die katharistische, der neueren Zeit mit besonderer Beziehung auf den Baptismus. Ein Vortrag gehalten auf der Berliner Pastoralconferenz in der Trinitatiswoche 1861. (Abdr. aus der Evangel. Kirchenzeitung.) Berlin 861. Rauh. gr. 8. (16 S.) n. 2½ ngr.

**Tendenz, Die,** und der wahre Standpunkt der Freimaurerei den neuesten Angriffen gegenüber. Eine Rede . . . Breslau 1854. V: *Lichhorn, Carl Ldw.* (SJL)

**Tendenz** auf curulischem Stuhl. Zwei gelegentliche Unterhaltungen mit Berufsgenossen im königl. preuß. Staats- u. im Reichsdienste über Statistik u. Beamten-Verhältnisse. Von einem Beamten. gr. 8. (36 S.) Grünberg i/Schl. 882. Weiß' Nachf. Berl. in Comm. n. — 60

**Tendenzen** der Freimaurerei. [Freiburg i. B. ca 1870: Poppen.] 2 Bl. 4° [Kopftit.]
Aufklärungsartikel in 7 §§

**Tendenzen**, die, d. Liberalismus u. die conservative Presse. gr. 8. (14 S.) Wien 892. Leßt & Schwidernoch. n. — 30

**Tendenzprocess** (Der politische) gegen Gottschalk, Annecke und Esser. 8°. Köln (Lengefeld) 1849.

**Tenderich**, Heinrich *Franz* [aus Hervest]: Aus d. patholog. Institut d. Kgl. Univ. Greifswald. Untersuchungen über die Structur des normalen und des pathologisch veränderten Knorpels ... Greifswald, Druck v. J. Abel, 1892; 48 S., 1 Taf. 8.
Greifswald, Med. Fak., Inaug.-Diss. v. 2. Apr. 1892

Tendering, Friedrich (Wilhelm Alexander), s. Tendering, Fritz

**Tendering**, *Fritz* [Dir. Dr.]: Antrittsrede (Umschlagt.: Rede bei Eröffnung der Anstalt) *über seine Auffassung von den Aufgaben seines Amtes.* Elberfeld, gedr. bei A. Martini & Grüttefien, 1894; 6—11 S. 4.
Elberfeld, R in d. Nordstadt, P 1894 (499)

**Tendering**, *Fritz* [Dir. Dr.]: *Bericht über die Eröffnung der Anstalt.* Elberfeld, gedr. bei A. Martini & Grüttefien, 1894; 23—25 S. 4.
Elberfeld, R in d. Nordstadt, P 1894 (499)

—: [Bericht über die Feier des 75jährigen Bestehens der Anstalt.] S. 3—7. 4. **Progr.** Realgymn. des Johanneums *Hamburg* 1910 (1001).

**Tendering**, F[riedrich]: Molières „Femmes Savantes" im Unterricht der Prima. *Hamburg 1898: M. Baumann.* (18 S.) 4°
Hamburg, RG d. Johanneums, P 1898 (773)

— **Molières „femmes savantes"** im Unterricht d. Prima. Progr. gr. 4. (18 S.) Hamburg 898. (Herold.) n. 2. —

**Tendering, Fritz, la France littéraire, s.: Herrig, L.**

Tendering, F. Das poitevinische Katharinenleben und die übrigen südwestlichen Denkmäler. 29 S. 8. **Progr.** Rg. *Barmen* 1885.

**Tendering**, Fritz (geb. am 26 Nov. 1855 in Rees): Laut- und Formenlehre des poitevinischen Katharinenlebens . . . Braunschweig, Druck v. G. Westermann 1882. 56 S. 8. ¶ Sonderabdr aus d. Arch. f. d. Stud. d. neueren Spr. u. Litt. LXVII 1882 S. 269 ff.
Bonn, Phil. Fak., Diss. v. 9 Juni 1882

**Tendering**, F., kurzgefaßtes Lehrbuch der englischen Sprache. gr. 8. (IV, 120 S.) Berlin 889. Gaertner. n. 1. 20; geb. n. 1. 50

**Tendering**, Fritz. Kurzgefaßtes Lehrbuch der englischen Sprache. 2. verm. Aufl. gr. 8. (IV, 138 S.) Berl. 892, Gaertner. * 1 40; geb. * 1 70
1. Aufl. (120 S.) Ebd. 1889. * 1 20.

**Tendering**, Fritz, kurzgefaßtes Lehrbuch der englischen Sprache. 4. Aufl. gr. 8. (VIII, 136 S.) Berlin 894. R. Gaertner. n. 1. 40; geb. in Leinw. n.n. 1. 70

[F.] Kurzgefasstes Lehrbuch der Englischen Sprache v. Prof. Dr. Fritz Tendering, Dir. . . . zu Hamburg. 5. Aufl. *Berlin: R. Gaertner 1896.* (IV, 139 S.) 1 Bd 8. [97. 1336

**Tendering**, Fritz, kurzgef. Lehrbuch der englischen Sprache. 6. Aufl. (Unveränd. Abdr. d. 5. Aufl.) gr. 8. (IV, 140 S.) Berlin 898. R. Gaertner. n. 1. 40; geb. in Leinw. n.n. 1. 70

Lehrbuch der Englischen Sprache von Prof. Dr. Fritz Tendering, Dir. zu Hamburg. Ausg. B. Neue Bearb. d. Kurzgefassten Lehrbuches. Berlin: R. Gaertner 1900. (VIII, 189 S.) 8°

— dasselbe. Ausg. C. Erweiterte Bearbeitg. des kurzgefaßten Lehrbuches. gr. 8. (VIII, 269 S.) Ebd. 900. n. 2. 60; geb. in Leinw. n.n. 3. —

**Tendering, Fritz,** Lehrbuch der englischen Sprache. Ausg. A. 7. Aufl. des kurzgefaßten Lehrbuches. gr. 8. (IV, 140 S.) Berlin 901. [R. Gaertner.] Weidmann. n. 1.40; geb. in Leinw. n.n. 1.70

— dasselbe. Ausg. B. Neue Bearbeitung des kurzgefaßten Lehrbuches. 2. Aufl. gr. 8. (VIII, 190 S.) Ebd. 901. n. 1.80; geb. in Leinw. n.n. 2.20

— Lehrbuch der englischen Sprache. Ausg. A. 8. Aufl. des kurzgefaßten Lehrbuches. In neuer Rechtschreibg. (IV, 140 S.) 8. Berlin 903. Weidmann. Geb. in Leinw. n. 1.70

— dasselbe. Ausg. B. Neue Bearbeitung des kurzgefaßten Lehrbuches. 4. Aufl. (V, 190 S.) 8. Ebd. 906. Geb. n. 2.20

**Tendering, Fritz,** Lehrbuch d. englischen Sprache. Ausg. A. 9. Aufl. des kurzgefaßten Lehrbuches. (IV, 140 S.) 8. Berlin 907. Weidmann. Geb. 1.70

— dasselbe. Ausg. B. Neue Bearbeitg. d. kurzgefaßten Lehrbuches. 5. Aufl. (VIII, 190 S.) 8. Ebd. 909. Geb. 2.20

**Tendering,** Fritz, die Schlacht bei Spichern am 6. Aug. 1870. Vortrag. 8. (32 S.) Saarbrücken 883. (Klingebeil.) n. — 70

— die Schlacht bei Spichern am 6. Aug. 1870. Vortrag, geh. im histor. Verein zu Saarbrücken am 22. Novbr. 1882. 2. Aufl., nebst 1 Karte d. Schlachtfeldes m. den Stellgn. der Truppen in Farbendr. 8. (32 S.) Saarbrücken 890. Klingebeil. n. — 80

Tendering, F[ritz]: [Der] Umzug [in das neue Haus] nach der Armgartstraße. S. 4—15 des Berichtes. 4.
Progr. Realgymn. des Johanneums *Hamburg* 1906 (908).

**Tendering,** Herm. (geb. Krefeld 1826). De funiculi umbilicalis prolapsu. Berolini (1850). (35 S.) 8°
Berlin, Med. Diss. v. 16. März 1850

Johann Karl Tendering

De Castratione in homine instituenda. Gottingae (1815:) Baier. 36 S. 8
Göttingen, Med. Diss. v. 9. Sept. 1815

*Tendering*, J. C., de castratione in homine instituenda. 4. Götting. 815. Brose. 4 ℊ

**Tendering, Karl,** approb. Arzt aus Rees (Rheinprovinz): Ein kasuistischer Beitrag zur Lehre von der Hornhaut-Sklerose. *Erlangen 1898: F. Junge.* (37 S.) 8°
Erlangen, Med. Diss. v. 6. März 1803

Tenderingh, Hermann Theodor (Wesel) A. S. 310/49

Dissertatio philologico-juridica, continens de Appio Claudio Centemmano, ad l. 2. $. 36. ff. de o. j. observationes. Präs. Heinrich Theodor Pagenstecher.
In: Pagenstecher: Dissertationum trias ... Lemgo (Meyer) 1739. S. 57-76.

Diss. Duisburg 17. II. 1738. 34218

**Tendlau, A. M.,** Fellmeiers Abende. Mährchen und Geschichtchen aus grauer Vorzeit. Frankfurt a. M. 856. Literarische Anstalt. 16. (XI, 200 S.) 1 ℳ.

**Tendlau,** Abraham, Sprichwörter und Redensarten deutsch-jüdischer Vorzeit. Als Beitrag zur Volks-, Sprach- und Sprichwörter-Kunde. Aufgezeichnet aus dem Munde des Volkes und nach Wort und Sinn erläutert. gr. 8. (XII und 426 S.) Frankfurt a. M. 860, Keller.

**Tendlau, Abr. M.,** das Buch der Sagen u. Legenden jüdischer Vorzeit. Nach den Quellen bearb. nebst Anmerkungen u. Erläuterungen. 1. Aufl. (16³/₄ B.) 842. 1 Thlr. 10 Ngr. u. 2., verm. Aufl. 8. (22¹/₄ B.) Stuttgart 845. [Frankfurt a. M., Jos. Baer.] 1 Thlr. 3³/₄ Ngr., hrbgef. Pr.

**Tendlau, Abrah. M.,** das Buch der Sagen u. Legenden jüdischer Vorzeit. Nach den Quellen bearb. nebst Anmerkgn. u. Erläutergn. 3. verm. Aufl. gr. 16. (XII, 382 S.) Frankfurt a/M. 873. Kauffmann. n. 3.50

**Tendlau,** Abr. Mos., Rede bei Einweihung der Synagoge in Wiesbaden am 24. Febr. 1826. 8. Wiesb., Schellenberg. 6 ℊ

— Worte der Andacht, gesprochen am Pascha-Feste u. als Anfang einer zeitgemäßen Confirmation in der Synagoge zu Wiesbaden (den 21. April 1832). 8. Wiesb. 832. Schellenberg. 2 ℊ

**Tendlau,** Alb., שערי שמים Pforten des Himmels. Ein Buch zur häuslichen Andacht für Israeliten; besonders den Frauen in Israel gewidmet. 8. Frankfurt 834. (Hermann.) n. 1 ℳ

**Tendlau,** Alb. Mos., שערי שמים — Pforten d. Himmels. Ein Buch zur häusl. Andacht f. Israeliten; besond. den Frauen in Israel gewidmet. 8. (20¹/₄ B.) Frankfurt a. M. 834, (Kettembeil.)

— Worte der Andacht, gesprochen am Pascha-Feste u. als Anfang e. zeitgemäßen Confirmation in d. Synagoge zu Wiesbaden (d. 21. April 1832). 8. (1¹/₂ B.) Wiesbaden, Schellenberg.

**Tendlau,** Berthold: Kommt den flüchtigen Bestandteilen des Thees eine gröbere Wirkung auf den Menschen zu? *Würzburg 1897: P. Scheiner.* (42 S.) 8°
Würzburg, Med. Diss. v. 1897

Tendler, Reichsgesetze für das Kaisertum Österreich. II. Heft. 16° Wien 1849

Kurze Mitteilungen aus der Geschichte der Mennoniten-Gemeinden in Ostfriesland im allgemeinen und der Norder Gemeinde im besond. bis zum J. 1707. Verf. von Jan ten Doornkaat Koolman, Senator. Norden 1903: D. Soltau. (VI, 67 S.) 8° 107. 1531

**Tendret, L.** La table au pays de Brillat-Savarin. In-8°. 283 p Genève, Bâle, Lyon, H. Georg. 1892. 3 50; Pour l'Étranger Mk. 3 50

**Ten Dyck.** Französische Wortkunde auf Grund der Lautgesetze. Köln, kath. G. an Aposteln, 1886. 34 S. 4. **Progr.**

**Tenebrae** nubesque, quibus ab annis jam tribus coelum Bonnense ... obscuratum fuit ... S. l. 1790. V: *Bruninck, Gosw. Jos. v.* (Jes) (MGT)

Tenelli, M [Pseud.]
s.a. Millenet, Johann Heinrich [Wirkl. Name]

**Tenelli,** M., (Jh. H. Millenet). Abentheuer des Grafen v. Heyden. 8. Berl. 819. Rücker. 18 ℊ

**Tenelli,** M., die Atheisten, s. a. Bibliothek, Europ., 95 u. 96. Bd.

**Tenelli,** die Atheisten. 1. Thl. 8. Grimma 846, Verlags Compt. n. 1/2 ℳ

— s. Beaumarchais, Auswahl.

GV144
20

† Tenelli, M., (Joh. Heinr. Millenet,) jährliche Beiträge f. d. deutsche Bühne. 8. (16½ B.) Gotha 837, Wenige. Thlr.
Inh.: Die Marschallin von Ancre. Trag. Zeitgemälde in 5 Abthln. Frei n. A. de Vigny. — Die Damen unter sich. Lustsp. in 1 Act n. Dupati. — Rückwirkungen, od.: Wer regiert? Lustsp. in 2 Act. A. d. Franz.

—— Baron Duvernay. Roman a. d. Leben. 2 Thle. 8. (24¾ B.) Leipzig 839, [Hunger.]

— s. Eduard, von d. Verfass. der Ourika.

— meines Oheims Flausrock; eine Samml. von Erzählungen. 8. Leipz. 824. Kollmann. 1 ℛ

— s. V. Hugo, Marie Tudor.

— Johanniswürmchen. 8. Frankf. a. d. O. 819. Hoffmann. 1 ℛ

Tenelli, M., (Jh. H. Millenet,) die Laren; Unterhaltungsschrift. 2 Bde. 8. Berl. 818. Rücker. 2 ℛ

Tenelli, M., die Mönche, s. Bloch's, E., Volkstheater.

Tenelli, M., die Mönche, s.: Universal-Bibliothek.

Tenelli, M., (Jh. Hnr. Millenet), Thalia, Beitrag für deutsche Bühnen. 8. Berl. 819. Rücker. 20 gl

Tenelli, M., der Verstorbene, s.: Bloch's, E., Theater-Gartenlaube.

**Tenenbaum,** J., s.: Patentgesetze, sämtliche, des In- u. Auslandes.

— Warenzeichenbuch der Spirituosen- u. Weinbranche, s.: Le Bret, Louis.

Teneri, ..., Camera obscura. Eine poetische Bilderreihe d. durch Mad. Schröder-Devrient auf hiesiger Bühne dargestellten Charactere. .. Breslau 835. Friedlander. ¼ ℛ

Tenerife geologisch topographisch dargestellt. Ein Beitrag zur Kenntniss vulkanischer Gebirge von K[arl] v[on] Fritsch, G[eorg] Hartung und W[ilhelm] Reiss. Eine Karte und sechs Tafeln mit Durchschnitten und Skizzen nebst erläuterndem Text. fol. Winterthur 1867.

**Teneromo,** J., s.: Gespräche m. Tolstoj.

**Tenge,** Sammlung der im Herzogt. Oldenburg geltenden Gesetze usw., s.: Immen.

**Tenge,** O., die Alterthümer u. Kunstdenkmäler d. Jeverlandes, s.: Bericht üb. die Thätigkeit d. Oldenburger Landesvereins f. Alterthumskunde.

Tenge, O., Der Jeversche Deichband. Geschichte und Beschreibung der Deiche, Uferwerke und Siele im dritten Oldenburgischen Deichbande und im Königl. Preuß. westlichen Jadegebiet. 8. Mit 18 Karten in Steindr., in Fol. (XVI, 277 S.) Oldenburg 884, (Gerh. Stalling.) *

**Tenge, O., der Jeversche Deichband.** Geschichte u. Beschreibg. d. Deiche, Uferwerke u. Siele im dritten oldenburg. Deichbande u. im königl. preuß. westl. Jadegebiet. 2. [Titel-] Aufl. M. 18 Karten in Steindr. (in gr. Lex. 8) u. e. Nachtrag m. e. Ergänzungs-Bildtaf. in Steindr. gr. 8. (XVI, 277 u. 22 S.) Oldenburg (884) 898. G. Stalling's Verl. n. 5. —; Nachtrag einz. n. — 50

**Tenge,** O., die Deiche u. Uferwerke im 2. Bezirk des 2. oldenburgischen Deichbandes, mit geschichtlichen Nachrichten bis auf die heutige Zeit u. einem Anhang, enthaltend die technischen Resultate. Mit 13 Karten u. 5 Fig.-Taf. in Steindr. gr. 8. (VI, 76 u. Anh. XXXVI S.) Oldenburg 878. Schulze. n. 4. —

*Tenge,* R., die gestörte Ludwigs-Feier in München. (Dresden u. Leipzig, L. Friese, 1886.) Gr. 4°. Blau Hlsrsb.
In: Universum. Illustr. Zeitschr. f. d. Deutsche Familie. Bd. II. Heft 9. S. 397–405. Dieselbe Nr. bringt ein schönes Hlzsch. Portr. d. Königs Ludwig II., u. 1 doppelblatter. Hlzsch.: Durchfahrt d. Königs durch den Hofgarten (in München), nach e. Originalzeichnung von P. X. Messerschmidt.

**Tenger's Adress- u. Handbuch f. das Papier- u. Buchgewerbe in Oesterreich-Ungarn u. den Balkanstaaten, umfassend Papier-, Buch- u. Schreibwarenhandel, Papiererzeugg., Buch- u. Steindruckerei, Buchbinderei, Kartonnagen-Erzeugg. sowie verwandte Fächer 1905 bis 06.** (XIX, 476 S.) gr. 8. Wien (III/2, Salmgasse 23) (905). Ign. Tenger. Geb. in Leinw. n.n. 16. —

**Tenger's Adress- u. Handbuch f. das Papier- u. Buchgewerbe in Österreich-Ungarn u. den Balkanstaaten,** umfassend Papier- u. Schreibwarenhandel, Papier- u. Papierwaren-Erzeugg., Buchhandel, Buch- u. Steindruckerei, Buchbinderei, Kartonnagen-Erzeugung, Schreibmaschinen- u. Büroeinrichtg. 1910—11. (XIX, 564 S. m. z. Tl. farb. Beilagen.) gr. 8. Wien, I. Tenger. Geb. in Leinw. 14. —

Tenger, Mariam, der Amuletmann. Siebenbürgischer Roman. 2 Bde. 8. (243; 224 S.) Stuttgart 879, [Hallberger.] Deutsche Verlags-Anstalt. * ℳ 6.; geb. *

**Tenger,** Mariam, der Amuletmann. Siebenbürgischer Roman. 2. Aufl. 2 Bde. 8. (243 u. 224 S.) Stuttgart 881. Deutsche Verlags-Anstalt. n. 6. —

**Tenger, Mariam, Bischof u. König.** Historische Novelle aus Friedrichs d. Großen Zeit. 8. (222 S.) Berlin 875. Wedekind & Schwieger. 3. 50

—— der letzte Capy, s. Bachem's Novellen-Sammlung.

— der letzte Capy, s.: Gestalten, interessante.

**Tenger,** Mariam, Anna Dalfy. 3 Thle. Berlin 862. Janke. gr. 16. (506 S.) n. 2 ℛ

—— Tischler Feldmann. Roman. 8. (IV, 292 S.) Berlin 882, F. Luckhardt. * 5 —

**Tenger,** Mariam, das Fest auf Arpadvar. Roman. 2 Thle. Berlin 870. Hausfreund-Exped. 8. (VII, 237 u. 255 S.) n. 2 ℛ 15 ngr.

— die Frau aus dem Veilchenhause. Roman. 8. (278 S.) Köln 889. Bachem. 3. —; geb. m. Goldschn. n. 4. 25

**Tenger,** M., Beethoven's unsterbliche Geliebte nach persönlichen Erinnerungen. 2. Aufl. 12. (72 S.) Bonn 890. Neußer. n. 1. 20

**Tenger,** Mariam, Beethoven's unsterbliche Geliebte, nach persönl. Erinnergn. 2., wesentlich verm. Aufl. 12. (72 S.) Bonn 890. Neußer. n. 1. 20; geb. n. 2. —
Die 1. Aufl. erschien anonym.

**Tenger, Mariam, Beethoven's** unsterbliche Geliebte, nach persönl. Erinnergn. 3. Aufl., durchgesehen von Elisab. v. Hagen. (VII, 75 S. m. 3 Vollbildern.) 8. Bonn 903. F. Cohen. n. 1. 80

—— der Glöckner von St. Dietze, s. Bachem's Novellen-Sammlung.

— Sophie v. Hohem. Aus den Papieren der Frau v. Br . . sen. 2 Bde. 8. (205 u. 279 S.) Berlin 875. Wedekind & Schwieger. 7. —

— Honképel, s.: Gestalten, interessante.

— drei Cassetten. Roman. 4 Bde. 8. (241, 282, 342 u. 339 S.) Prag 874. Verl. d. Bohemia. 15. —

— der Koppenteufel. Eine Geschichte aus Maria Theresia's Zeit. 8. (181 S.) Berlin 875. Wedekind & Schwieger. 3. —

— Hann Kuljevich, s.: Bachem's Roman-Sammlung.

— die Lotosblume. Roman. 3 Bde. 8. (IV, 233; 231 u. 304 S.) Berlin 894. F. Luckhardt. n. 12. —

**Tenger**, Mariam, d. Lotosblume. Roman. 2. (Umschlag-) Aufl. 8 Bde. 8. (III, 223, 231 u. 304 S.) Leipzig (894) 896. F. Luckhardt. n. 7. 50; geb. 9. —

— die Papiere d. Kaplans. Roman. 2 Bde. 8. (228 u. 198 S.) Ebend. 876. 7. —

— Esther Zivatar, s.: Gestalten, interessante.

**Tengler, Frz.**, Construction d. conjugierten Durchmesser, resp. Achsen e. Kegelschnittes, d. e. gegebenen polar reciprok ist. Progr. gr. 8. (12 S.) Klagenfurt 897. (F. v. Kleinmayr.) n. 1. —

Tengler Wilhelm: Friedrich Wilhelm Neumann. Sein Leben und seine Werke.
H. 1910 PN 3080 Diss. Innsbruck, Univ. 381

**Tengoborski**, L. v., über die goldführenden Lagerstätten Californiens und Australiens in ihren möglichen Folgen für Gewinnung und Anhäufung der edlen Metalle, Münzwesen, Staatswirthschaft, Finanzwesen, Metallwerth, Geldumlauf, Course und Welthandel. Aus dem Französ. mit Anmerkungen und Zusätzen von Carl Hartmann. Weimar 853. Voigt. gr. 8. (X, 156 S.) 25 ngr.

**Tenhaeff**, Friedrich, aus Wesel: **Beiträge zur Kenntnis des Phellandrens.** *Hildesheim 1903: A. Lax.* (76 S.) 8°
Göttingen, Phil. Diss. v. [19. Nov.] 1903

**Tenhaeff, Frdr.**, Beiträge zur Kenntnis des Phellandrens. Diss. (76 S.) gr. 8. Hildesheim 903. (Göttingen, Vandenhoeck & Ruprecht.) n. 1. 60

**Ten Hermsen, (Theodor)**: Denkschrift zur Feier des fünfzigjährigen Bestehens des königlichen katholischen Gymnasiums an der Apostelkirche zu Cöln. Am 3. und 4. August 1910. ⟨Aus d. Nachlasse hrsg.⟩. Cöln (1910): Brocker. 68 S. 4°
Cöln, k. kath. G an Aposteln P 1910 (614) [S 10. 440

Tenhoff, Ferd. (geb. Krefeld 10. 10. 1837). Das Kehlkopfgeschwür beim Typhus. Berlin (1868). (31 S.) 8°
Berlin, Med. Diss. v. 16. Mai 1868

Allgemeiner Knappschaftsverein zu Bochum. Geschichte des ehemaligen freiadligen Rittergutes 'Beringhausen' bei Meschede. Verf.: Dr. [August] **Tenholt**, Reg.- u. Med. R. a. D. (Bochum 1909: Stumpf.) 71, 15 S. 8°

**Tenholt**, s.a. Gesundheitswesen, das, im Bereiche des allgem. Knappschafts-Vereins zu Bochum.

[T.] Das Gesundheitswesen im Bereiche des Allgemeinen Knappschafts-Vereins zu Bochum. M. Tab., 2 Taf. u. 1 Kt. General-Bericht d. Knappschafts-Oberarztes Regiergs- u. Medizinalr. a. D. Dr. [August] Tenholt. *Bochum: A. Stumpf 1897.* (2 Bl., 126 S., 8 Tab., 2 Taf., 1 Sk., 1 Erl.-Bl.) 1 Bd 8. [98. 5477

**Tenholt**, s.a. Gesundheitswesen, das öffentliche, im Reg.-Bez. Arnsberg.

Tenholt. Das öffentliche Gesundheitswesen im Reg.-Bez. Arnsberg während der J. 1886, 1887 u. 1888. 3. Gesammtbericht. gr. 8. (184 S.) Arnsberg 891, Becker. * 4 —
1. Bericht v. Schönfeld 1884; 2. Bericht v. Katerbau 1888. Ebd. à * 4 —.

**Tenholt, A.**, die Untersuchung auf Anchylostomiasis m. besond. Berücksichtg. der wurmbehafteten Bergleute. 2., verm. Aufl. (6 S. m. 2 Taf. u. 1 Bl. Erklärgn.) gr. 8. Bochum 904. W. Stumpf. n. 1. —

— **über die Wurmkrankheit der Bergleute (Anchylostomiasis), s. a. Klinik, Berliner.**

Ueber die Wurmkrankheit der Bergleute ⟨Anchilostomiasis⟩. Von Med.R. Dr. A[ugust] **Tenholt** in Bochum. Berlin: Fischer 1906. (22 S.) 8°
= **Klinik**, Berliner. H. 213. [06. 3194

**ten Hompel, Adolf**: Das furtum usus und die Nothwendigkeit seiner Bestrafung. *Göttingen 1897: Dieterich.* (35 S.) 8°
Göttingen, Jur. Diss. v. [18. Nov.] 1897

Uditore Heiner und der Antimodernisteneid. Aphorismen u. Eröffnungen zu Dr. Franz Heiners Schrift über d. Massregeln Pius X. unter Berücks. e. briefl. Äusserung Hermann Schells. Von Dr. jur. [Adolf] **Ten Hompel**. (Münster ⟨Westf.⟩: Coppenrath 1910.) 31 S. 8°
(Grenzfragen. H. 1.) [11. 4098 B

**Ten Hompel**, A[dolf], H. *Hellraeth* und J[os]. *Plassmann* Indexbewegung und Kulturgesellschaft. E. hist. Darstell. Auf Grund d. Akten hrsg. Bonn 1908. 8°.

Der Verständigungszweck im Recht. Ein Versuch z. Aufdeckung rechtspsycholog. Grundlinien ... von Dr. Adolf **ten Hompel**, Ger.-Ass. Berlin: F. Vahlen 1908. (XV, 217 S.) 8° [08. 564

**Ten Hompel**, Max, a. Bocholt i. W.: Die juristische Natur des **Miteigentums** ⟨§ 1008 BGB.⟩. Borna-Leipzig 1906: R. Noske. (VII, 61 S.) 8°
Leipzig, Jur. Fak., Diss. v. 2. Aug. 1906
[Geb. 28. Febr. 82 Bocholt i. W.; Wohnort: Bocholt; Staatsangeh.: Preußen; Vorbildung: Gymn. Recklinghausen Reife O. 01; Studium: Freiburg i. B. 2, Marburg 1, Berlin 1, Münster 2 S.; Rig. 4. Aug. 04.]

**Tenjerd**, Gerd, Hermann Ahlers. Eine plattdeutsche Erzählg. 16. (105 S.) Bremen 881. H. Haake. 1. —

**Teniers' des Jüngeren, Dav.**, Biographie u. Charakteristik. s.: Wurzbach. A. v.

**Teniers'**, Alfr., gesammelte Dichtungen. Nach dessen Tode hrsg. u. m. e. Lebensbild versehen v. Gust. Andr. Ressel. [Mit dem Bildnis d. Dichters.] 1. Bd. 8. (XXIV, 171 S.) Hamburg 891. Verlagsanstalt u. Druckerei, A.-G. n. 4. —

**Teniers'**, Alfr., gesammelte Dichtungen. Nach dessen Tode hrsg. u. m. e. Lebensbild vers. v. Gust. Andr. Ressel. 2., verm. Aufl. 8. (XXIV, 316 S. m. Bildn.) Dresden 895. E. Pierson. n. 4. — ; geb. in Damast m. Goldschn. n. 5. —

**Teniers**, Alfr., (Sigm. A. Herzl.) Petöfi. Ein Lebensbild. Wien 866. Last. 16. (58 S.) n. 10 ngr.

Teniers, David

**Tenier der Jüngere, Meisterbilder, s.a. Weicher's Kunstbücher.**

Die Meisterbilder von [David] Teniers dem Jüngeren (1610–1690). Eine Auswahl von 60 Reprod. nach Hanfstaenglschen Orig.-Aufnahmen. Berlin & Leipzig: Weicher 1909. 67 S. 8°
(Weichers Kunstbücher. Nr 6.) (10. 17649

**Teniers der Jüngere, Dav., die Versuchung des hl. Antonius, s.: Meisterbilder fürs deutsche Haus.**

**Teniers, G., la fille du galérion ou la malédiction du testament falsifié. 2 vols. 2. éd. gr. 4. (741 S.) Zürich 879. Dancker.** n. 12. —

**— les mystères de Venise ou Marino Marinelli le batard du Doge. Nouveau récit historique. 3. éd. 4 parties en 2 vols. gr. 8. (1129 S.) Ebend. 877.** n. 10. 60

[Kopft.:] Statistisches Amt der Stadt Dortmund. Bericht über das Ergebniss einer Rundfrage bei 40 deutschen Städten, betr. Volksbibliotheken und Lesehallen. (Vf.: Dr. [Gust.] Tenius.) (Anhang: Ueber die Nothwendigkeit öffentl. Bücher- u. Lesehallen u. ihre Organisation. Von Dr. Ernst Schultze.) (Dortmund 1899.) (23 S.) 1 Bd 4⁰. (2⁰)

Tenius, Gustav [aus Stettin]: Bestimmung einer speziellen Minimalfläche ... Marburg: Druck v. August Grimpe in Hannover 1888. 38 S., 1 Bl. 8⁰
Marburg, Phil. Fak., Inaug.-Diss. v. [7. Mai] 1888

Tenius, Gustav, Bestimmung einer speciellen Minimalfläche. Diss. Marburg 1888, N. G. Elwertsche Univ.-Buchh. 8⁰. 38 S.

Die Bevölkerungsbewegung in Dortmund i. J. 1896. M. e. Uebersichtsplan der Stadtbezirke. Bearb. v. Dr. [Gust.] Tenius. *Dortmund: Dr. v. W. Crüwell 1898.* (66 S., 1 Pl.) 1 Bd 8.
= **Mittheilungen** d. Statist. Amtes d. Stadt Dortmund. H. 1. (98. 7648

Tenius, Gustav: Öffentliche Bibliotheken und Lesehallen. 8°
Aus: Statist. Jahrbuch deutscher Städte. Jg. 11. 1903. (03. 14741 2

Öffentliche Bibliotheken und Lesehallen im Jahre 1901 oder 1902 von Dr. Gustav Tenius. (Breslau: W. G. Korn [1904].) (S. 278–311.) 8°
Aus: Statist. Jahrbuch deutscher Städte. Jg. 12. (03. 155 2

**Tenius, Gust., die Gast- u. Schankwirtschaften in den deutschen Gemeinden m. mehr als 15000 Einwohnern, s. Mitteilungen d. statist. Amtes d. Stadt Dortmund. 3.**

Die Gast- und Schankwirtschaften in den deutschen Gemeinden mit mehr als 15 000 Einwohnern nach d. Stande v. Nov. 1898, auf Grund amtl. Angaben d. zuständ. Behörden. Bearb. von Dr. Gustav Tenius. Dortmund 1899: C. L. Krüger (109 S.) 4⁰ (8⁰)
(Mitteilungen d. Statist. Amtes d. Stadt Dortmund. H. 3.)

Geschichte des Feuerlöschwesens der Stadt Dortmund. Aktenmässig dargest. von Dr. Gustav Tenius. Jub.-Festschr. z. 25jähr. Bestehen d. Freiwill. Bürger-Feuerwehr zu Dortmund. Dortmund 1901: W. Crüwell. (164 S.) 8⁰

Die in Dortmund gewerblich beschäftigten Schulkinder nach e. Aufnahme v. 28. Febr. 1898. Bearb. v. Dr. [Gust.] Tenius. *Dortmund: Dr. v. W. Crüwell 1898.* (18 S.) 1 Bd 8.
= **Mittheilungen** d. Statist. Amtes d. Stadt Dortmund. H. 2. (98. 7649

Statist. Amt d. Stadt Dortmund. Zusammenstellung der Zahl der Gemeindewähler in der Stadt Dortmund und ihrer Steuerleistungen für die Zeit vom Jahre 1881 bis zum Jahre 1898. (Verf.: Dr. [Gustav] Tenius.) Dortmund (1899): W. Crüwell. (8 S.) 4⁰

**Ten Kate, J. J. L., Thomas Chatterton. Een Gedicht. gr. 8. (Mit Titelkupf.) Utrecht 842, Kemink en Zoon.** n. 1 ₰

**Tenne u. Calderón, die Mineralfundstätten der Iberischen Halbinsel. gr. 8. (XII, 348 u. III. S.) Berlin 902. A. Asher & Co.** n. 10.—

**Tenne, Anna, Pflanzen in Sage u. Geschichte in Abhandlungen u. Gedichten. (248 S.) 8. Neustadt a. Rübenberge (910). W. Sicius.** Geb. in Leinw. 3. 50

Die Mineralfundstätten der Iberischen Halbinsel von † Prof. Dr. [August] Tenne, Berlin, u. Prof. Dr. (Salvador) Calderón, Madrid. (Hrsg.: [Prof.] C[arl] Klein, Berlin.) Berlin: A. Asher & Co. 1902. (XII, 348, III S.) 8⁰

**Tenne, C. A., krystallographische Untersuchung einiger organischer Verbindungen. Mit 1 (lith.) Taf. Inaugural-Dissertation. gr. 8. (28 S.) Göttingen 878. (Vandenhoeck & Ruprecht.)** n. — 80

**Tenne, J. Fr., Charakter und Leben Abels, s. Leben.**

Tenneberg, E. O., Die Scharfrichterstochter zu Erfurt. Ein Seitenstück zur Pfarrerstochter zu Taubenhain. 2 Bde. Weimar, o. J. (ca. 1845). Kl. 8⁰. 160 u. 152 S. (1 Mk. 40 Pfg., geles. Expl., Frdr. Klüber, München, 1904.)

Tenneberg, F. O.

— — Landgraf Albrecht der Unartige. Eine Rittergeschichte. 2 Thle. Ebd., o. J. (c. 1850). 8⁰. (1 Mk., etwas fleckig, der Vorige.)

— — Geisterbuch. Sammlung interessanter Erzählungen aus der Geisterwelt. Ebd. 1870. 8⁰. (1 Mk. 50 Pfg. Franz Teubner, Bonn, c. 1895.)

— — Die Höllen-Brüder. Ein höchst interessanter Seeräuber-Roman. 2 Thle. Ebd., o. J. (c. 1850). 8⁰. (1 Mk., etwas fleckig, der Vorige.)

— — Hans v. Hopfgarten oder Acht und Liebe. Eine Ritter- und Geistergeschichte aus der Zeit des Faustrechts. 2 Bde. Ebd., o. J. (c. 1840). 8⁰. (1 Mk. 25 Pfg. der Vorige.)

— — Kuno, der wilde Jäger des Ettersberges. 2. Auflage. 2 Bde. Ebd., o. J. (c. 1840). 8⁰. (1 Mk. M. Hauptvogel, Gotha, 1909.)

Tenneberg, F O
Die blutende Nonne oder die Erscheinung auf dem Schlosse zu Greifenstein. Th. 1.2.
Weimar: Schmidt (um 1810). 8⁰

**TENNEBERG**, F. O., Die blutende Nonne oder die Erscheinung auf dem Schlosse zu Greifenstein. 2 Thle. Weimar. E. O. Schmidt, o. J. (ca. 1835). 8⁰. 136 u. 126 S.

— — Der verfluchte Thurm. Ein auf Wahrheit begründeter Räuber-Roman. 4 Thle. Ebd., o. J. (c. 1849). 8⁰. (1 Mk. 50 Pfg., etwas fleckig, der Vorige.)

Tenneberg, O., Liebesgeheimnisse und Intriguen des Kaisers Napoleon und seiner vier Brüder. 2 Thle. Weimar 1851. 12⁰. (1/3 Rthl. Scheible, vor 1875; jetzt theurer!) Selten!

**Tenneberg, Osk., die Liebesgeheimnisse u. Intriguen Kaiser Napoleons u. seiner Familie. Nach geschichtl. Dokumenten bearb. (122 S.) kl. 8. Leipzig (910). W. Heichen.** 1. —

Tennecker, Christian Ehrenfried Seiffert von,
s.a. Seiffert von Tennecker

– s.a. Trichter, Valentin.

**Tennecker,** [Christian Ehrenfried] S[eyfert] v.: Anleitung zu der Einrichtung einer Feld- und Hausapotheke für Oekonomen, Thierärzte, Cur- u. Fahnenschmiede ... Leipzig 1820. VI, 114 S.

— Anleit. zu der Einrichtung einer Feld- u. Hausapotheke für Oekonomen, Thierärzte, Cur- u. Fahnenschmiede rc. gr. 8. Leipz. 820. (Müller). 14 Gr

**Tennecker, Chr. Ehrenfr. Seyfert v.,** Anleitung zu der Einrichtung einer Feld- u. Hausapotheke für Ökonomen, Tierärzte, Kur- u. Fahnenschmiede, nebst einer dazu gehörigen Anweisg. von der Anwendg. u. Wirkg. dieser Mittel u. einem Verzeichnis d. nötigsten Instrumente, Verbandstücke, Zwangsmittel und sonstigen Gerätschaften. gr. 8. Leipzig 21. Müller. M. 1.75

– (Hrsg.), s. Archiv für Pferdekenntniß ...

— Archiv f. Pferdezucht, s. Archiv.

— Das Artillerie- u. Armee-Fuhrwesen in seinem ganzen Umfange, sowohl im Frieden wie im Kriege. Leipzig 1826. 256 S.

v. Tennecker, Ritter Chr. Ehrfr. Seyfert, das Artillerie- u. Armee-Fuhrwesen in seinem ganzen Umfange, sowohl im Frieden als im Kriege. gr. 8. Leipz. 826. Brockhaus. 1 Rthlr 4 Gr

Tennecker, (Chr. Ehrenfr.) Seyfert v., †(Valent. Trichter,) Bemerkungen u Zusätze zu Waldingers Therapie, od. prakt. Heilverfahren bei d. gewöhnl. innerl. Pferdekrankheiten, auf vieljähr. Erfahrung gegründet. gr. 8. (23¼ B.) Marburg 828. [Cassel, Krieger's Vrlsh.]
Vgl. Waldinger, H.

**Tennecker,** [Christian Ehrenfried] S[eyfert] v.: Beobachtungen und Erfahrungen über die Erkenntniss und Heilung der jetzt unter den Pferden herrschenden Drusse. Dresden 1819. 16 S.
— 2., mit e. Anh. vers. Aufl. Leipzig 1820. 32 S.

— Beobachtt. u. Erfahrr. über die Erkenntniß u. Heilung der jetzt unter den Pferden herrschenden Druse. 8. Dresd. 819. 2e verb. Aufl. 8. Leipz. 820. Müller. 6 Gr

— Beobachtgn. u. Erfahrgn. über die Erkenntnis u. Heilung der im Herbst 1822 unter den Pferden herrschenden u. noch fortdauernden chronischen Lungen- u. Leberentzündg. gr. 8. Leipzig 21. (Weimar, Voigt.) M. —.75

Tennecker, [Christian Ehrenfried] Seyfert v.: Beobachtungen und Erfahrungen über die Erkenntniss und Cur der Darmentzündung bei Pferden. Prag 1820. 44 S.

— Beobacht. u. Erfahr. üb. Erkenntnis u. Kur d. Darmentzündg. bei Pferden. Für Pferdeärzte, Kur- u. Fahnenschmiede. 8. Prag 20. Calve. M. —.50

— Beobachtt. u. Erfahrr. üb. die Erkenntniß u. Kur der Kolik bei den Pferden. 8. Altenb. 827. Liter.-Compt. 6 Gr

**Tennecker,** [Christian Ehrenfried] S[eyfert] v.: Beobachtungen und Erfahrungen über die Erkenntniss, Ursachen, Verlauf und Cur der Kolik bei Pferden. Altenburg 1827. IV, 51 S.
Aus: Archiv für Stallmeister. 1827.

**Tennecker,** [Christian Ehrenfried] S[eyfert] v.: Praktische Beobachtungen und Erfahrungen über die Erkenntniss und Heilung der ... chronischen Lungen- und Leberentzündung. Ilmenau 1823. 52 S.

— prakt. Beobachtt. u. Erfahrr. über die Erkenntniß u. Heilung d. im Herbst 1822 u. noch jetzt fortdauernden chronisch. Lungen- u. Leberentzündung. gr. 8. Ilmenau 823, Voigt.

– Beschreib. der leichtesten u. einfachsten Art des Englisirens, s.a. Tennecker: Taschenbuch ..., 3. Jahrg.

**Tennecker,** [Christian Ehrenfried] Seyfert v.: Beschreibung der einfachsten und leichtesten Art des Englisirens ... Mit 8 Kupfern. Leipzig 1803. XX, 171 S.

— — Beschreibung der einfachsten und leichtesten Art des Englisierens etc. Mit 8 Kpfrn. Tübingen 03. Cotta. M. 4.50

**Tennecker, Chr. Ehrenfr. Seyfert v.,** 3. Bd. für 1803. Mit 8 Kpfrn. — A. u. d. T.: Beschreibung der einfachsten u. leichtesten Art des Englisierens, nach welcher diese Operation auch für Laien und Unerfahrene ohne praktische Anweisung ausführbar wird. 8. Leipzig 03. Seeger. M. 4.50

— Bruchstücke zur Kenntniß von Pferden, 2 Hefte, s.a. Bruchstücke.

— Bruchstücke zur Kenntnis von Pferden, vorzügl. d. Krankhtn. u. Kurarten betr. 2 Tle. N. Aufl. 8. Freiberg (794.) 798. Craz & Gerlach. M. 1.15

**Tennecker S. v.:** Bruchstücke üb. Kenntnisse v. Pferden, welche vorzüglich die Krankheiten dieser Thiere betreffen. Herausg. v. einem Husarenofficier. H. 1-2 (1 Vol.). Freyberg u. Annaberg 1794. (242) S.
— — Neue verb. Aufl. (m. lidt anden Tit.). H. 1-2 (1 Vol.). Sst. 1798. (244) S.
(Forf.• Navn først i Neue Aufl. H. 2).

v. Tennecker, Seiffert, Bruchstücke aus d. Vorträgen über die Kenntniß des Pferdes, dessen Fütterung, Abwartung u. Behandlung. 12. Weimar 835. Voigt. 1 Rthlr

– (Übers.), s. Clater, Francis: Der Hauspferdearzt ...

**Tennecker,** [Christian Ehrenfried] S[eyfert] v.: Denkwürdigkeiten meiner Zeit in Beziehung auf Pferdezucht, Pferdekenntniss, Pferdehandel, Pferdearzney und Reitkunst. München 1828. 134 S.

— Denkwürdigkk. meiner Zeit, in Beziehung auf Pferdezucht, Pferdekenntniß, Pferdehandel, Pferdearznei- u. Reitkunst. 8. Münch. 828. J. Lindauer. 20 Gr

Tennecker, (Chrstn. Ehrenfr.) Seyfert v., Erinnerungen aus meinem Leben. Zum Theil Studienbilder f. Cavallerieoffiziere rc. u. jeden Kenner u. Freund d. Pferde. 1—3. Bd. 8. (54 B.) Altona 838, 39, Hammerich.

— der Fahnenschmidt im Kriege, oder Unterricht üb. die Heilung der Wunden, die den Pferden durch Waffen zugefügt werden. Mit 1 Kpf. 8. Leipz. 797. Seeger. 6 gr.

**Tennecker,** [Christian Ehrenfried] Seyfert v.: Der Fahnenschmid im Kriege, oder Unterricht über die Heilung der Wunden, die den Pferden durch Waffen zugefügt werden. Mannheim u. Leipzig 1798. VI, 68 S.

—— die Fertigung d. Sättel u. Geschirre, d. Satteln, Packen u. Beschirren u. d. Erkenntniß u. Heilung d. Sattel- u. Geschirrdrücke. Ein Lehrbuch für Officiere u. Unterofficiere der Reiterei ꝛc. 8. (15½ B.) Ulm 840, Stettin'sche Vrlsbuchh.

— das Ganze d. Thierheilkunde ꝛc., s. Rohlwes.

— s. Geheimnisse, Enthüllte, aller Handelsvortheile der Pferdehändler ...

Tennecker, S. v., die Geheimnisse der Pferdehändler, ihre Handelsvorteile und Verschönerungskünste. 5. Aufl. 8. (VIII, 203 S.) Weimar 886, B. F. Voigt.

— Geschichte eines Racenpferdes, von seiner Geburt an bis zu seinem Tode. Mit Kpf. Fol. Leipz. 803. Magaz. f. Ind. 4 Thlr. illum. 6 Thlr.

— Geschichte eines Rassenpferdes von seiner Geburt an bis zu seinem Tode. Mit Kpfrn. Fol. Leipzig 05. Hunger. M. 12.—, illustr. M. 18.—

**Tennecker,** [Christian Ehrenfried] Seyfert v.: Handbuch der praktischen Heilmittellehre. Bd 1. 2. Leipzig 1799—1800.
1. Äusserl. Krankheiten.
2. Innerl. Krankheiten.
— 2. Aufl. Bd 1. 2. 1824—25.

Tennecker S. v.: Handbuch d. praktischen Heilmittellehre z. Gebrauche f. angehende Pferdeärzte u. Freunde d. Rossarzneikunde. 2 Bd. Leipz. 1799-1800. (502). S.
— — 2. ganz umgearb. ... Aufl. Bd. 2. Sst. 1825. 542 S.

— Handbuch der prakt. Heilmittellehre, zum Gebr. für angeh. Pferdeärzte u. Freunde der Roßarzneikunde. 2 Bde. gr. 8. Leipz. 799—801. Seeger. (1r Bd., äußerl. Krankheiten. 12 gr., 2r Bd., innerl. Krankheiten. 1 Thlr. 12 gr.) 2 Thlr. 2e A. 2 Bde. gr. 8. Ebd. 824. Glück. 4 Thlr. 3e wohlf. Ausg. 830. 3 Thlr.

— Handbuch d. prakt. Heilmittel- u. Heilungslehre. 3e Aufl. 2 Bde. gr. 8. Leipzig 799—801 jetzt Bade in Berlin. ...

—— Handbuch der prakt. Heilmittel- u. Heilungslehre, zum Gebr. f. angeh. Pferdeärzte u. Freunde d. Roßarzneikunde. 2 Bde. 3., wohlf. Ausg. gr. 8. (68½ B.) Leipzig 830, Glück.

— Handbuch der niedern u. höhern Reitkunst. 1r Bd. 1e—3e Abtheil. gr. 8. Leipz. 805—24. Dürr. 4 Thlr. 18 gr. (A. u. d. T.: Handbuch d. niedern Reitkunst. 2 Bde. 2r Bd. A. u. d. T.: Lehrbuch der Stall- u. Futterordnung.)

v. Tennecker, S., s. Handbuch der gesammt. Thierheilkunde.

— d. Hausthiere, s. Hausthiere.

— die sicherste u. einfachste Heilmethode d. Pferdekrankheiten ꝛc. 1s Hft. 8. Dresd. 815. N. A. 8. Leipz. 816. (Wienbrack). 4 gr.

— Die sicherste u. einfachste Heilmethode d. gewöhnlichsten Pferde-Krankheiten ... H. 1. Leipz. 1816. 35 S. P.

Tennecker, S. von, die sicherste u. einfachste Heilmethode d. Pferdekrankheiten ꝛc. 1s Heft. 8. Leipzig, Gräff. 816.

— s. Hoffmann, Karl: Praktische Rossheilkunde ...

—— Jahrbuch für Pferdezucht ꝛc., s. Jahrbuch.

— Instruktion f. die Quartiermacher, s. Instruktionen für angeh. Cavalleristen.

— s. Instructionen für angehende Cavalleristen.

— Journal der prakt. Roßarznei- u. Reitkunst. 1s u. 2s Hft. 8. Leipz. 800. (Wienbrack). 20 gr.

— thierärztl. Krankheitsgeschichten, od. Beitr. für die specielle Therapie u. Chirurgie d. Thierarzneikunst. 1s Bdchen. gr. 8. Altenb. 823. Liter.-Compt. 9 gr.

Tennecker, Chr. Ehrenfr. Seyfert v., Tierärztliche Krankheitsgeschichten, oder Beiträge für die spezielle Therapie und Chirurgie der Tierarzneikunst. 1. Bdchn. gr. 8. Altenburg 23. Pierer. M. 1.15

LEBENSBESCHREIBUNG der Mecklenburgischen Stute Amanda, von ihr selbst erzählt .... (Vf.: *Christian Ehrenfried Tennecker.*) 1804. (In Rostock, Landesbibl.)
Anon.-Lex. III. p. 26 hat „Aman I." (!) (nach Engelmann)
— — Dasselbe. 2. Aufl. Leipzig 1831.

(——) Lebensbeschreibung der Mecklenburg. Stute Amante, von ihr selbst erzählt u. hrsg. v. † Valentin Trichter. 2 Bdchn. 2., verb. Aufl. 8. (18 B. u. 2 Kpfr.) Leipzig 831, Liesbeskind.

— Lebensgeschichte der Mecklenburg. Stute Amante, s. a. Trichter, Valentin.

— Lebensgeschichte d. meklenburger Stute Amante. 1s u. 2s Bändchen, m. Kupfern. Ebendaselbst. 804. (1s 1 Rthlr. 2s 18 gr.)

**Tennecker,** [Christian Ehrenfried] S[eyfert] v.: Lehrbuch über die Erkenntniss und Cur der Sattel- und Geschirrdrücke. Altenburg 1823. LX, 176 S.
(Tennecker: Pferdeärztl. Praxis. Bd 1.)

— Lehrb. d. Erkenntnis d. Pferdealt. Ilmenau 24. (Voigt, Weimar.) M. 1.25

Tennecker, S. von: Lehrbuch der pferdeärztlichen Geburtshülfe und Heilung der gewöhnlichsten Krankheiten der Mutterstuten und Fohlen für Gestütsleiter, Pferdeärzte, Cur- und Fahnenschmiede, Landwirthe und jeden Pferde-Eigenthümer. 295 S., gbd.

Prag: Tempsky (Calve) 1820

JB 5.910

**Tennecker,** [Christian Ehrenfried] Seyfert v.: Lehrbuch der Gestütswissenschaft für Stallmeister, Gestütsmeister u. a. Thl 1. 2. Prag 1820.
1. Allgemeine Gestütswissenschaft.
2. Spezielle Gestütswissenschaft.

— Lehrbuch der Gestütswissenschaft f. Stallmeister, Gestütmeister rc. 2 Thle. gr. 8. Prag 820. Calve. 2 ₰ 6 gr

**Tennecker,** [Christian Ehrenfried] S[eyfert] v.: Lehrbuch des Pferdehandels und der Rosstäuscherkünste. Hannover 1822. VIII, 302 S.

— 2. Aufl. [u. d. Tit.:] Der Pferdehandel mit allen seinen Geheimnissen, Handelsvortheilen und Pferde-Verschönerungs-Künsten. 1829. VIII, 302 S.

— 5. Aufl. [u. d. Tit.:] Die Geheimnisse der Pferdehändler, ihre Handelsvortheile und Verschönerungskünste. Weimar 1886. VIII, 203 S.

— Lehrbuch des Pferdehandels u. der Roßtäuscherkünste. gr. 8. Hannov. 822. Hahn. 1 ₰ 6 gr 2e Aufl. unt. d. Tit.: der Pferdehandel mit allen seinen Geheimnissen, Handelsvortheilen u. Pferdeverschönerungskünsten. gr. 8. Ebd. 829. 1 ₰

**Tennecker,** [Christian Ehrenfried] S[eyfert] v.: Lehrbuch der äussern, allgemeinen Pferdekenntniss. Altenburg 1825. IV, 359 S.

— Lehrbuch der Aeußern, allgemeinen Pferdekenntniß. gr. 8. Altenb. 825, Liter.-Cptr.

—— Lehrbuch d. speciellen Pferdekenntniß, od. Noten u. Bemerkungen zu A. C. Havemanns „Beurtheilung d. äußern Pferdes." gr. 8. (22 B.) Marburg 828. [Cassel, Krieger's Vrlgh.]

**Tennecker,** [Christian Ehrenfried] S[eyfert] v.: Practisches Lehrbuch der Erkenntniss des Pferdealters, nebst Enthüllung der Handelsvortheile d. Pferdehändler, ... Ilmenau 1823. 116 S.

— prakt. Lehrbuch der Erkenntniß des Pferdealters; nebst Enthüllung der Handelsvortheile d. Pferdehändler, dasselbe scheinbar zu erhöhen od. zu verjüngen. gr. 8. Ilmenau 824. Voigt. 10 gr

— prakt. Lehrbuch der Hufbeschlagungskunst u. der Erkenntniß u. Heilung der Hufkrankheiten. 1r Thl. gr. 8. Altenb. 821. Literatur-Compt. 15 gr

**Tennecker,** [Christian Ehrenfried] Seyfert v.: Lehrbuch der Stallordnung für Cavallerie-, Artillerie- und Train-Offiziere ... Leipzig 1824. 580 S.
(Tennecker, Seyfert v.: Handbuch d. niedern u. höhern Reitkunst. Bd 1, Abth. 3.)

— Lehrbuch der Veterinär-Chirurgie oder Wundarzneikunst, zu Vorless. u. zur Selbstbelehrung. 1r u. 2r Thl. gr. 8. Prag 819 u. 20. Calve. 4 ₰ 3r Bd. s. Tennecker, pferdeärztl. Praxis, 2r Bd.

**Tennecker,** [Christian Ehrenfried] Seyfert v.: Lehrbuch der Veterinair-Wundarzneykunst zu Vorlesungen und auch zur Selbstbelehrung ... Thl 1. 2. Prag 1820.
1. Allgemeine Veterinair-Chirurgie.
2. Specielle Veterinair-Chirurgie.

— s. Loiset, B.: Bemerkungen ... zu Hünersdorf's Anleitung Pferde abzurichten.

—— der Marstall, s. Marstall.

**Tennecker,** S. v. Memoiren über d. Dienst d. Artillerie- u. Militair-Fuhrwesens, sowie die Fuhrwesens-Wirtschaft überhaupt. T. 1. Mit Kpf. Freyberg 1811. 214 S.

— Memoiren üb. den Dienst des Artillerie- u. Militär-Fuhrwesens, so wie der Fuhrwesens-Wirthschaft überhaupt, für Ober- u. Unter-Officiere des Artillerie-Trains, des Commissariats u. des sämmtl. Armee-Fuhrwesens. 1r Thl. Mit 1 Kpf. 8. Freiberg 811. Craz u. G. 1 ₰

**Tennecker,** Seyffert v.: Messgeschenk zur belehrenden Unterhaltung für Liebhaber der Pferde. Bdch. [1]—5. Mit illum. u. schwarzen Kupfern. Leipzig 1798—1801.
Bdch. 4. 5. [u. d. Tit.:] Tennecker: Taschenbuch zur belehrenden Unterhaltung. Bdch 1. 2. 1801.

— Meßgeschenk zur belehr. Unterhaltung f. Liebhaber der Pferde u. der Reitkunst. 3 Thle. 12. Leipz. 798, 99. Seger. 4 ₰ 12 gr

**Tennecker,** [Christian Ehrenfried] S[eyfert] v.: Die sicherste und zuverlässigste Methode, stallböse und widerspenstige Pferde ... an den Hufbeschlag und an den Zug zu gewöhnen. Leipzig 1820. 70 S.

— die sicherste u. zuverlässigste Methode, stallböse u. widerspenstige Pferde in der möglichst kürzesten Zeit, mit Sicherheit u. Gefahrlosigkeit an den Hufbeschlag u. an den Zug zu gewöhnen. gr. 8. Leipz. 820. Müller. 10 gr

**Tennecker,** [Christian Ehrenfried] S[eyfert] v.: Der Militair- und Civil-Pferdearzt, Cur- und Beschlagsschmidt, in all seinen Dienstgeschäften und Dienstverhältnissen. Leipzig 1820. IV, 288 S.
— 2. Aufl. 1826. IV, 288 S.

— der Militär- u. Civilpferdearzt, Cur- u. Beschlagschmidt in allen seinen Dienstgeschäften u. Dienstverhältnissen. gr. 8. Leipz. 820. 2e A. 826. Baumgärtner. 1 ₰ 8 gr

— s. Mosel, Ludwig von der: Archiv für thierärztliche Erfahrungen.

**Tennecker S. v.:** Naturlehre d. Pferdes ... Münch. 1827. 476 S.

— Naturlehre des Pferdes für alle diejenigen, welche den Organismus dieser Thieres genau kennen lernen wollen. 8. Münch. 827, Lindauer.

— das Pferd in seinen Verrichtungen, ein Lesebuch zur lehrreichen Unterhaltung f. Knaben. 16 Hft. Mit 6 ill. Kpf. gr. 8. Leipz. 802. Seeger. 1 ℛ 12 ℊ

—— der Pferdehandel mit allen seinen Geheimnissen, Handelsvortheilen u. Pferde-Verschönerungs-Künsten. Nach d. Handlungs-Maximen d. vormal. Kgl. Preuß. Stallmeisters u. Pferdehändlers Hrn. Krell. 2., verm. u. verb. Aufl. gr. 8. (19½ B.) Hannover 829, Hahn.
Die 1. Aufl. hatte den Ttl.: Lehrbuch d. Pferdehandels u. d. Roßtäuscherkünste.

— pferdeärztl. Praxis. 1r Bd. A. u. d. T.: Lehrbuch über die Erkenntniß u. Cur der Sattel- u. Geschirrdrucke. Mit 1 Kpf. gr. 8. Altenb. 822. Literatur-Compt. 1 ℛ 6 ℊ 2r Bd. (A. u. d. T.: Lehrbuch üb. die Erkenntniß u. Heilung besonderer Verletzungen u. Verwundungen bei den Pferden, oder Lehrb. d. speciellen Veterinär-Chirurgie. 3r Bd.) gr. 8. Altenb. 823. Liter.-Compt. 2 ℛ 12 ℊ

Tennecker S. v.: Die Reitschule. Leipz. 1821. 68 S.
— — 3. Aufl. Sst. 1832. 72 S.

— die Reitschule, od. gründl. Anweis. zur Reitkunst für diejen., welche, ohne prakt. Unterricht auf der Bahn erhalten zu haben, dennoch in kurzer Zeit u. sicher reiten lernen wollen. gr. 8. Leipz. 821. 2e Aufl. (nur neuer Titel) 823. 3e A. 832. Müller. 9 ℊ

—— die Reitschule, od. kurzer, doch gründl. Unterricht im Reiten, Satteln, Zäumen u. dem Umgang mit Pferden überhaupt, in sofern es für Geschäftsmänner, berittene Communal-Gardisten u. Liebhaber der Pferde u. der Reitkunst nöthig ist. 3. Aufl. gr. 8. (4¼ B.) Leipzig 832, Müller.

– s. Rohlwes, Johann Nikolaus: Das Ganze der Tierheilkunde ...

— Rossarzt od. Handb. üb. die Erkenntnis u. Kur der gewöhnlichsten Pferdekrankh. 3 Bde. in 6 Tln. gr. 8. Stuttgart 02—04. Cotta. kompl. M. 18.-
1. Bd., in 2 Abteilungen. Ebd. (02.) 28. M. 9.-
  1. Abteilung. A. u. d. T.: Handbuch über die Erkenntnis und Kur der gewöhnlichsten Huflähmungen. M. 4.50
  2. Abteilung. A. u. d. T.: Handbuch üb. d. Erkenntnis u. Kur der gewöhnlichsten Schenkellähmungen u. der Knochenbrüche. M. 4.50
2. Bd., in 3 Abteilungen. 04. M. 4.50
  1. Abteilung. A. u. d. T.: Handbuch üb. d. Erkenntnis und Kur der gewöhnlichsten Krankheiten der Augen. M. 1.10
  2. Abteilung. A. u. d. T.: Handbuch üb. d. Erkenntnis und Kur der Druse und ihre gewöhnlichsten Folgen. M. 1.10
  3. Abteilung. A. u. d. T.: Handb. üb. d. Erkenntnis u. Kur d. gewöhnlichsten zufälligen Krankheiten der Pferde. M. 2.25

**Tennecker, [Christian Ehrenfried] S[eyfert] v.: Rossarzt oder Handbuch über die Erkenntniss und Kur der gewöhnlichsten Pferdekrankheiten. Bd 1. 2. Tübingen 1803—04.**
1, Thl 1. Gewöhnl. Huflähmungen. 1, Thl 2. Rheumat. Huflähmungen. 1, Thl 3. Zufällige Lähmungen.
2, Thl 1. Gewöhnl. Krankheiten d. Augen. 2, Thl 2. D. Druse u. ihre gewöhnl. Folgen. 2, Thl 3. Gewöhnlichste zufällige Krankheiten.

—— der Roßarzt, od. Handbuch üb. d. Erkenntniß u. Kur d. gewöhnlichsten Pferdekrankheiten. 1. Bd. (2 Thle.) — A. u. d. Ttln.: Handbuch üb. d. Erkenntniß u. Kur d. gewöhnl. Huflähmungen. 1 Thlr. 12 Gr. — Handbuch der Schenkellähmungen, Hautausschläge u. Knochenbrüche. 20 Gr. 2., ganz umgearb. Aufl. gr. 8. (48½ B.) Stuttgart 828, Cotta.
2. Bd (3 Thle.) Ebendas. 1804. 1 Thlr. 12 Gr. — Der 3. (letzte) Bd. fehlt im Buchhandel.

— der prakt. Roßarzt, od. Handbuch üb. die Erkenntniß u. Cur der gewöhnlich. Pferdekrankheiten. 2 Bde à 3 Thle. gr. 8. Stuttg. 802—804. v. Cotta. 3 ℛ 4 ℊ 2e umgearb. Aufl. 1r Bd. 2 Thle. Auch unt. d. Titeln: 1) Handbuch über die Erkenntniß u. Kur der gewöhnl. Huflähmungen; 2) Handb. der Schenkellähmungen, Hautausschläge u. Knochenbrüche. gr. 8. Ebd. 824, 28. 2 ℛ 8 ℊ

– Schemata zu Fourage- u. Brodfassungen, s. Instruktionen für angeh. Cavalleristen.

– s. Sind, Johann Baptist von: Sicher und geschwind heilender Pferdearzt ...

— Hippologisches Taschenbuch für Pferdekenner, s. K. F. v. Schelcher, u. andere d. Titel so: K. F. v. Sch. u. S. v. Tennecker, Hippolog. Taschenbuch f. d. J. 1817—19.

— neues Taschenbuch f. Pferdeliebhaber von Val. Trichter, s. Taschenbuch.

— Taschenbuch zur belehr. Unterhaltung f. Pferdeliebhaber. 1r u. 2r Bd. Mit 7 illum. u. schw. Kpf. 8. Leipz. 801 u. 802. Seeger. 3 ℛ 3r Bd. für 1803. Mit 8 Kpf. (A. u. d. T.: Beschreib. der einfachsten u. leichtesten Art des Englisirens, nach welcher diese Operation auch für Laien u. Unerfahrne ohne prakt. Anweis. ausführbar wird. Mit 8 Kpf.) 8. Ebd. 803. 1 ℛ 12 ℊ

– Der Taschenschmidt od. Taschenroßarzt, s.a. Pocket-Farrier

— D. Taschenschmied od. Taschenrossarzt. E. kurzer, doch gründl. Unterricht üb. die Erkenntnis, Ursach. u. Heilg. d. gewöhnl. Lähmungen, Verletzungen u. Krankh. der Pferde. (XII.) 12. Ebd. (794.) 27. Baumgärtner. M. 1.-

— der Taschenschmidt oder Taschenroßarzt. Ein kurzer, doch gründl. Unterricht üb. die Erkenntniß, Ursachen u. Heilung der gewöhnl. Lähmungen, Verletzungen u. Krankheiten d. Pferde. 12e ganz umgearb. Aufl. 12. Leipz. 826, Baumgärtner. — 8

— Thierarzt, der allgem., od. Mittheil., Berathungen u. Verhandll. über Gegenstände der Viehzucht u. Thierarzneikunst. Eine Zeitschrift. 16 Hft. gr. 8. Leipz. 820. Seeger. 12 ℊ

— Schäfer Thomas aus Bunzlau etc., siehe: Thomas.

Unterhaltungen f. angehende Cavallerie-Officiere ... Herausg. v. S. v. Tennecker. H. 1-2 (fortløb. pag., 1 Vol.). Freyberg 1797-98.
(T. udgav senere 1798-99 Messgeschenk, 1800 Journal, 1801-03 Taschenbuch, 1803-04 Zeitung).

— Unterhaltungen f. angeh. Cavallerieofficiere. 2 Hfte. 8. Freiberg 798. Graz u. G. 9 ℊ

— gründl. Unterricht in der Zäumung, Beschirrung u. Bespannung der Wagenpferde, so wie in dem Fahren mit 2, 4 u. 6 Pferden, nebst e. Anh. üb. das Einfahren junger Pferde. gr. 8. Leipz. 821. Müller. 16 ℊ 2e Aufl. (nur neuer Titel) 824. Ebd. 12 ℊ

**Tennecker, [Christian Ehrenfried] S[eyffert] v.: Gründlicher Unterricht in der Zäumung, Beschirrung und Bespannung der Wagenpferde, sowie in dem Fahren mit 2, 4 u. 6 Pferden, nebst e. Anh. über d. Einfahren junger Pferde ... 2. Ausg. Leipzig 1824. IV, 138 S.**

– (Vorr.), s. Unterricht für kursächs. Cavallerie-Unteroffiziere ...

**Tennecker, [Christian Ehrenfried] S[eyfert] v.: Unterricht in der thierärztlichen Klinik oder Anweisung zur Ausübung der thierärztlichen Praxis. Leipzig 1821. VIII, 72 S.**

v. Tennecker, Ritter Chr. Ehrfr. Seyfert, Unterricht in der thierärztl. Klinik, oder Anweis. zur Ausübung der thierärztl. Praxis. gr. 8. Leipz. 821. Müller, 12 gr.

Tennecker S. v.: Praktischer Unterricht f. Oekonomen üb. Erkenntniss u. Heilung d. Klauenseuche bei den Schafen. Prag 1821. 81 S.

— prakt. Unterricht für Oekonomen über die Erkenntniß u. Heilung der Klauenseuche bei den Schafen. 8. Prag 821. Calve. 12 gr.

– s. Unterricht im Satteln und Packen.

— Unterricht im Satteln u. Packen. — Unterricht in der Stallordnung, f. Instruktionen f. angeh. Cavalleristen, u. setze hinzu: (v. S. v. Tennecker).

– s. Unterricht in der Stallordnung.

v. Tennecker, S., f. Valentins Begebenheiten.

Tennecker S. v.: Vorschläge zu einem zweckmässigen Unterrichte d. Cur- u. Fahnenschmiede ... Leipz. 1816. 31 S. P.

— Vorschläge zu einem zweckmäßigen Unterricht d. Cur- u. Fahnenschmiede. 8. Leipz. Gräff. 816.

— Vorschläge zu einem zweckmäß. Unterricht der Cur- u. Fahnenschmiede. 8. Leipz. 816. (Wienbrack). 4 gr.

– s. Weidenkeller, Jh. Jak.: Wochenblatt der Viehzucht ...

– s. Winckler, A. F.: Studien für Pferdezeichner ...

— Wissenschaften für Pferdeliebhaber. (II.) Mit 24 Abbildungen. gr. 4. Ebd. 31. Franke. M. 9.-

—— Wissenschaften für Pferdeliebhaber. 2., ganz umgearb. Aufl. gr. 4. (38½ B. u. 24 Abbild.) Leipzig 831, (Franke'sche Brls.-Expedit.) 6 Thlr. 18 Gr., hrbgs. Pr.

v. Tennecker, Seiffert, Wissenschaften für Pferdeliebhaber. 2e ganz umgearb. Aufl. Mit 24 Kpfrn. 4. Leipzig 832. (Melzer.) 3 rt

Tennecker, [Christian Ehrenfried] Seyffert v.: Vereinigte Wissenschaften der Pferdezucht für Liebhaber der Pferde und der Reitkunst. Bd 1, H. 1–4 Mit illumin. und schwarzen Kupfern. Mannheim, Leipzig 1797. 546 S. — 2. umgearb. Aufl. [u. d. Tit.:] Wissenschaften für Pferdeliebhaber. Mit 24 Abb. Leipzig 1831. XXXI, 268 S.

— vereinigte Wissenschaften der Pferdezucht, für Liebhaber der Pferde u. der Reitkunst. 1r Bd. 1s—4s Hft. u. 2r Bd. 1s u. 2s Hft. Mit ill. u. schwarz. Kpf. 8. Manh. u. Leipz. 797—799. Seeger. 8 rt 2e ganz umgearb. A. Mit 24 Abbildd. gr. 4. Ebd. 831. Liebeskind. 6 rt 18 gr

— Zeitung für die Pferdezucht, Pferdehandel, Pferdekenntniß, Roßarznei- u. Reitkunst. 1r Bd. 4 Hfte. Mit Kpf. gr. 8. Leipz. 803. Seeger. 2 rt 16 gr 2r—4r Bd. à 4 Hfte. gr. 8. Tübing. 803, 4. v. Cotta. (à Bd. 2 rt) 6 rt

Tennemann, Wilhelm Gottlieb

Tennemann, Wilh. Gottl., Bemerk. üb. die sogenannte große Ethik d. Aristoteles. gr. 8. Erfurt. Beyer und M. 798.

Tennemann, Wlh. Gli., († d. 1. Oct. 1819.) Bemerkk. über die sogen. große Ethik des Aristoteles. gr. 8. Erfurt 803. (Otto). 3 gr

– s. Degerando, Jos. Mar.: Vergleichende Geschichte der Systeme der Philosophie.

**Tennemann, Wilhelm Gottlieb.** Geschichte der Philosophie. Leipzig 1798-1819. V (Bd. 11): *Wendt, Amad.* (Ky)

— Geschichte der Philosophie. 1r — 11r Bd. (11r Bd. von A. Wendt). gr. 8. Leipz. 798—819. Barth. 20 rt 8 gr 1r Bd. 2e Aufl.; hrsgg. v. A. Wendt. A. u. d. T.: Gesch. der griech. Philosophie bis auf Sokrates. gr. 8. Ebd. 829. 2 rt 18 gr

Tennemann, Wilh. Gtli., Geschichte der Philosophie. (2. Aufl.) mit berichtigenden, beurtheil. u. ergänz. Anmerkn. u. Zusätzen hrsg. v. A. Wendt. 1. Bd. — A. u. d. T.: Geschichte d. griech. Philosophie bis auf Sokrates, nebst e. allgem. Einleitung in d. Gesch. d. Philosophie. gr. 8. (41¼ B.) Leipzig 829, Barth. Thlr.
2—11. Bd. Ebendas. 1799—1819. 18 Thlr. 16 Gr.

— Grundriß der Gesch. der Philosophie für den akadem. Unterricht. gr. 8. Leipz. 812. 2e A. 816. 3e verm. u. verb. Aufl. hrsgg. v. A. Wendt. gr. 8. Ebd. 820. 4e A. 824. 5e A. 829. Barth. 1 rt 18 gr

—— Grundriss d. Geschichte d. Philosophie, für d. akadem. Unterr. 5., verm. u. verb. Aufl. od. 8. Bearbeitung v. A. Wendt. gr. 8. (39 B.) Leipzig 829, Barth.

— Handbuch der Geschichte der Philosophie. Leipz. 798-820. 11 Bände. (12 Theile.) 8. 20 rthl. 8 gr. (I. 1 rthl. 12 gr. II. 1 rthl. 12 gr. III. 1 rthl. 8 gr. IV. 1 rthl. 8 gr. V. 1 rth. 8 gr. VI. 1 rthl. 16 gr. VII. 1 rthl. 8 gr. VIII. 1. 1 rthl. 16 gr. VIII. 2. 2 rthl. IX. 2 rthl. 8 gr. X. 2 rthl. 8 gr. XI. 2 rthl.)

– s. Hume, David: Untersuchungen über den menschlichen Verstand.

W. Gli. **Tennemann's** Lehren u. Meinungen d. Sokratiker üb. Unsterblichkeit. *Jena*, akad. B. 791. 8° 1 rt 8 gr

— Lehren u. Meinungen der Sokratiker über Unsterblichkeit. 8. Jena 791. (Hennings in Neisse). 1 rt 8 gr

– s. Loke, Joh.: Versuch vom menschlichen Verstande.

— System der Platon. Philosophie. 4 Bde. gr. 8. Leipz. 792—795. Barth. 3 rt 6 gr

**Tennenbaum, J.**, liturg. Gesänge f. Synagoge, Schule u. Haus. 1. Abtlg. Für Freitagabend u. Sabbat. (32 S.) 8. Stuttgart (908). J. B. Metzler. p — 60

**Tennenbaum, Sophie**, aus Warschau: Zur Stereochemie der Zimmtsäurereihe. Zürich 1910. 65 S. 8°. [27. VIII. 10.]
Zürich. Univ. Phil. Diss. II. S. 1909/10.

Tennenbaum, Sophie. Zur Stereochemie der Zimmtsäurereihe. Diss. Phil. [II.]Univ. Zürich. 65 S. 8. Zürich, Aktien-Buchdr., 1910.

**Tennent,** James Emerson, das Christenthum in Ceylon; dessen Einführung u. Fortschritt unter den Portugiesen, Holländern, den brit. u. amerikan. Missionen; nebst einer geschichtlichen Uebersicht üb. den brahman. u. buddhist. Aberglauben. Uebers. von J. Th. Zenker. Mit (7) Kpfrn. gr. 8. (VI u. 170 S.) Leipzig 851, Dyk. 1 ₰ 27 ngl.

**Tennent,** James Emerson, das Christenthum in Ceylon; dessen Einführung und Fortschritt unter den Portugiesen, Holländern, den britischen und amerikanischen Missionen: nebst einer geschichtlichen Uebersicht über den brahmanischen und buddhistischen Aberglauben. Uebers. von J. Th. Zenker. Neue wohlf., mit einer Einleitung von K. Graul verm. (Titel-)Ausg. Mit (7) Kpfrn. Leipzig 854. Dyk. gr. 8. (VI, 3 Bl., 170 S.) n. 1 ₰.

**Tenner, Tafeln zur Berechnung der Coordinaten ohne Logarithmen, s. Reissig.**

Tenner, A. Die Fabrication von Calciumcarbid und das Acetylen und seine Verwendbarkeit. Schöneberg-Berlin, 1896.

**Tenner, Adf., und Adph. Kussmaul,** Untersuchungen über **Ursprung** und Wesen der fallsuchtartigen Zuckungen, s. Kussmaul, Adph.

Tenner, Armin, **Amerika. Der heutige Standpunkt der Kultur in den Vereinigten Staaten. Monographieen aus der Feder hervorragender deutsch-amerikan. Schriftsteller, gesammelt und hrsg. Dazu als Anhang:** Tenner's deutsch-amerikan. Vademecum oder kurzgefasste Erläuterungen amerikan. Eigenthümlichkeiten in Sprache und Leben. gr. 8. (XII, 484 S.; Anhang 116 S. mit 1 Taf.) Berlin 884, Stuhr'sche Buchh. * 8 —

Tenner, Armin, **Amerika.** Der heutige Standpunkt der Kultur in den Vereinigten Staaten. Monographieen aus der Feder hervorrag. deutsch amerikan. Schriftsteller, gesammelt und hrsg. von A. T. Dazu als Anhang: Tenner's deutsch-amerikan. Vademecum. Kurzgefasste Erläuterungen amerikan. Eigenthümlichkeiten in Sprache und Leben. 2. (Titel-) Aufl. gr. 8. (XII, 484 und Anh. 166 S. mit 1 Taf.) Berlin 886, S. Gerstmann's Verlag. *

Tenner, Armin. Cincinnati: Sonst und Jetzt. Cincinnati, 1878. UK

--Cinci sonst u jetzt, eine Gesch Cincis u seiner verdienstvollen Bürger dter Zunge mit biog Sk u Portrait Illustrationen. Cinci, 1878.

— deutsch-amerikanisches Vademecum od. kurzgefasste Erläutergn. amerikan. Eigenthümlichkeiten in Sprache u. Leben. Alphabetisch geordnet. Ein Hand- u. Nachschlagebuch f. Jedermann. gr. 8. (III, 116 S.) Ebend. 884. n. 2. 50

**Tenner, C. A.** Vorschlag zur Bildung eines allgemeinen Schweizerischen Hülfsfonds mittelst einer staatlichen Lotterie, als erfolgreichem Kampfmittel gegen fremde Lotterieen. In-8⁰. VIII, 68 S. Zürich, Verlagsmagazin. — 70
1893.

**Tenner,** Ernst, Festreden, geh. an vaterländischen Gedenktagen, zu Turner- u. Sängerfesten. gr. 8. (112 S.) Jena 891. Mauke. n. 1. 20

**Tenner,** Ernst, die Fortbildung d. Lehrers im Amte, ihre Hindernisse u. deren Ueberwindung. Vortrag, geh. am 2. Oktbr. 1890 auf der 10. Thüringer Lehrerversammlg. zu Koburg. [Aus: „Lehrerzeitg. f. Thüringen u. Mitteldeutschland".] gr. 8. (20 S.) Jena 891. Mauke. n.n. — 30

— vom Jünglinge zum Manne. Gedichte. 8. (119 S.) Salzungen 890. Ebd. n. 1. —

**Tenner,** Fritz, a. Mühlhausen i. Th.: François le Metel de Boisrobert als Dramatiker und Nachahmer des spanischen Dramas. I. Die Tragikomödien. Schkeuditz-Leipzig 1907: M. Wachsmuth. (X, 178 S.) 8°

Leipzig, Phil. Fak., Ref. Birch-Hirschfeld u. Wülker, Diss. v. 13. April 1907

[Geb. 31. Juli 83 Mühlhausen i. Th.; Wohnort: Schkeuditz; Staatsangeh.: Preußen; Vorbildung: König-Albert-Gymn. Leipzig Reife O. 02; Studium: Tübingen 1, Leipzig 6, Paris 1, Leipzig 1 S.; Rig. 30. Okt. 06.]

Tenner, G. W. Bemerkungen über die Eintheilung der logischen Urtheile. 12 S.
Merseburg, Progr. 1847

Tenner, G. W. Einige Bemerkungen üb. d. Gleichung $ax^2 \pm 1 = y^2$. 10 S.
Merseburg, Progr. 1841

**Tenner,** G. W., Sammlung von Aufgaben aus der Elementarmathematik, besonders für Gymnasien. Mit einer Einleitung für die Schüler und e. Anhange, enthaltend Münz-, Maaß- und Gewichts-Tafeln, u. einige Sätze aus Euklides nebst Erklärung der Terminologie desselben. Mit 5 (6) Steintaf. gr. 8. Leipzig 833. Cnobloch. 1 1/2 ₰

**Tenner,** H., die neuesten Erfindd. u. Verbesserr., in Betreff der Metall-Compositionen, Amalgamationen u. Legirungen. Oder gründl. Anweis., alle Arten von Metallgemischen u. Verzierungs-Metallen ꝛc. anzufertigen u. zu gebrauchen. Nebst Belehrungen, enthalt. Anweis. zur Scheidung der Metalle, Messing zu verdichten ꝛc. Mit 11 Taf. Abbildd. 8. Quedlinb. 831. Basse. 1 ₰

**Tenner,** H. R., s.: Vorträge, apologetische.

**Tenner,** Heinr., Leitfaden zur Ertheilung des Fechtunterrichtes an k. u. k. Militär-Erziehungs- u. Bildungs-Anstalten, hrsg. m. Bewilligg. des k. u. k. R. K. M. laut Erlass Abth. 6 Nr. 738 v. 28. III. 1902. gr. 8. (86 S.) Wiener-Neustadt 902. (Wien, L. W. Seidel & Sohn.) n. 3.—

**Tenner,** Heinr., Leitfaden zur Erteilung des Fechtunterrichtes an k. u. k. Militär-Erziehungs- u. Bildungs-Anstalten. Hrsg. m. Bewilligung des k. u. k. Reichs-Kriegs-Ministeriums laut Erlass Abth. 6., Nr. 738 v. 28. III. 1902. 2. verb. Aufl. (86 S.) gr. 8. Trencsén 904. (Wien, L. W. Seidel & Sohn.) n. 3. —

Tenner, J., die neuesten Erfindungen u. Verbesserungen in Betreff d. Metall-Compositionen, Amalgamationen u. Legirungen. Nebst Belehrn., enth.: Anweisung zur Scheidung d. Metalle; Messing zu verdichten; üb. Knallsilber u. seine Anwendung; neue Zündhütchen ꝛc. 8. (10 B. u. 1 Taf. Abbild.) Quedlinburg 831, Basse.

**Tenner,** Joh., Handbuch der Metall-Legirungen. Eine gründliche Anweisung, alle Arten von Metallgemischen, als: gold- u. silberähnliche Legirungen, Platina-Legirungen, Neusilber oder Weißkupfer ꝛc. darzustellen. Für Metallarbeiter aller Art, sowie für Mechaniker u. Maschinenbauer insbesondere. 2., verb. Aufl. Quedlinburg 860. Basse. gr. 8. (VIII, 134 S.) 25 ngr.

**Tenner, Jh. Geo., († d. 26. Dec. 1811.) Anleit. mit dephlogisirter Salzsäure zu jeder Jahreszeit vollkommen weiß, geschwind, sicher u. wohlfeil zu bleichen ꝛc. Mit 9 Kupftaf. 8. Leipz. 793. 2e A. 794. 3e A. Mit 12 Kpf. gr. 8. Ebd. 800. Boß. 2 ₰**

Tenner, Jo. Gttl., De organi olfactus differentia. 24 pp. Lps. 8°.
1777.

Tenner, Karl, kurze Beschreibung e. Planimeters od. allgem. Inhaltsmessers zum Gebr. bei Landesvermessungen u. f. prakt. Geometer, nebst e. Anweis., wie auf e. leichte Weise e. sehr einfache Rechenmaschine verfertigt werden kann. 8. (1½ B. u. 3 Kpfrt. Fol.) Darmstadt 828, Leske.

TENNER, KARL. Ueber die Einwirkung von Zink und Bromäthyl auf Bibrombernsteinsäureäthylester, sowie die Einwirkung von Ammoniak auf Bibrombernsteinsäure und deren Aethylester. Freiburg im Breisgau, 1882.

—— Construction e. neuen Sparofens, erfunden v. Fr. Rößler. Nebst vergleich. Beobachtn. üb. dess. Heizkraft. 8. (1 B. u. 3 Stnt.) Darmstadt 829, (Leske.)

-- s. Reissig: Tafeln zur Berechnung der Coordinaten ...

Das heilige Abendmahl des Herrn, von B.·. K[arl] Christian] **Tenner,** vorgetragen in d.·. g.·. u.·. v.·. L.·. Ludewig zur Eintracht, im O.·. z.·. Mainz, am St. Joh. Feste, den 4ten T. d. ten M. 5819. Mainz [1819]: v. Zabern. 4 Bl. 4⁰ [Umschlagtit.]
**Gedicht: „Der Tag, an dem des grossen Meisters Leiden . . .“**

Tenner, Karl Chr., Denkmal der Liebe. Dem in den ewigen Osten eingegangenen fürstl. Brüderpaare ꝛc. Ludwig d. Ersten Großherzog v. Hessen, u. Christian Ludwig Landgrafen zu Hessen, d. 23. Mai 5830 in der Trauer-Feier der ger. : u. vollk. : ☐ Joh. : d. : Evang. : z. : Eintracht im O. : zu Darmstadt eingerichtet. gr. 8. (Darmst., R. Weiß).

Denkmal der Liebe. Dem in den ewigen Osten eingegangenen fürstlichen Brüderpaare, dem Allerdurchlauchtigsten und Hochw. Ordens-Jubilar und ersten Protector aller Landeslogen, Ludewig dem Ersten, Grossherzog von Hessen und bei Rhein, und dem Durchlauchtigsten und Hochw. Ordens-Jubilar Christian Ludwig, Landgrafen zu Hessen, den 23. Mai 5830 in der Trauer-Feier der ger.·. u. vollk.·. ☐ Joh.·. d.·. Evang.·. z.·. Eintracht im O.·. zu Darmstadt errichtet von Karl Christian **Tenner.** [Darmstadt 1830: Weiss.] 9 S. 8⁰
Kl. 1471, Tt. 2201. Gedicht.

Das Gebet des Herrn. Von K[arl] C[hristian] **Tenner.** [Darmstadt]: 1827. 2 Bl. 8⁰ [Umschlagtit.]
**In Versen: „Vater! Allmächtiger!“**

Tenner, Karl Chrn., Gedichte. Darmstadt 870. Zernin. gr. 16. (VIII, 216 S.) n. 24 ngr; geb. n. 1 ℛ 6 ngr

— die Hütte am See, s. Jahrbuch deutscher Bühnenspiele.

Tenner, Karl Chr., Liebe um Liebe; e. lyrisches Spiel. 8. Darmstadt 827.

Tenner, K. C., Rom spricht auf's Neu'! (Gedicht.) 8. (8 S.) Gießen 847, Ricker. 2 ngr

Tafellied von K[arl] C[hristian] **Tenner.** [Darmstadt] o. J. 2 Bl. 4⁰ [Umschlagtit.]
**Ohne Noten: „Winkt uns nach der Arbeit das trauliche Mahl . . .“**

**Tafellied zu Ehren der Schwestern. Allen g. u. v. ☐. ☐ in reinster Bruderliebe gewidmet,** von K[arl] C[hristian] **Tenner. Sommer-Johannis-Fest.** Darmstadt: 1820. 2 Bl. 8⁰ [Umschlagtit.]
**Ohne Noten: „Die Frauen sind der Schöpfung Meisterstück, . . .“** 142.

**Tenner,** Theodor, aus Darmstadt: Über phosphorhaltige Derivate des 1-Phenyl-3-Methyl-5-Chlorpyrazols. *Rostock 1904: C. Boldt.* (52 S.) 8°
Rostock, Phil. Diss. v. [28. Nov.] 1903

Tenner, W. Symbolae mathematicae. (Behandelt außer mehreren geometr. Problemen die aequatio generalis [4 n + 2] tac partis peripheriae circuli. 8 S.

Merseburg, Progr. 1835

Tenner, W. Ueber die Verbindung der Wissenschaften überhaupt mit besond. Rücksicht auf d. Schulen, und über die Naturwissenschaften als Gegenstand des Schulunterr., bes. auf Gymn. 24 S.
Progr. Merseburg 1829

Tennesberg (Lieut. Frhr. v. Liechtenstern), Th., der Preuß. Staat, sein Land, Volk u. Organismus. Zunächst ein Compendium für Freunde des Vaterlandes, insbesond. für Gymnasien, Divisions-, Real- u. Handels-Schulen. 8. Magdeburg 842, Baensch. ¼ ℛ

**Tenneson,** s.: **Musée, le, de l'Hôpital Saint-Louis.**

Tennessee Post: Apr. ? 1873 – 1876?
Democratic weekly; supported Tilden. Circulation: 1875, 1200 (est.). Edited by Frederick Jaensch, & published by Heinrich Trauernicht, 1873–75; edited & published by Heinrich Trauernicht, 1875–76.
Nashville, TN

Tennessee Staatszeitung: Mar. 17, 1866 – 1869.
Independent weekly. For daily edition, see TENNESSEE TÄGLICHE STAATSZEITUNG. Circulation: 1869, 1200. Established by the State Emigrants' Bureau; edited & published by J. Ruhm, 1866–69.
Nashville, TN

Tennessee Tägliche Staatszeitung: Mar. 17, 1866 – ?
Daily, except Monday. Independent, but published largely in interests of immigration. Jg. I, 1: Sonnabend [daily, except Monday; Herausgegeben von der "Tennessee Staatszeitungs-Gesellschaft," a joint stock company].
Nashville, TN

Warnung
— — an alle Menschen (von *Johann Tennhard*). O. O. 1713.
Anon.-Lex. IV. p. 374 (nach Mylius). — Rarl

Tennhard, Joh., Worte Gottes und letzte Warnungs- u. Erbarmungsstimme an alle Menschen. 8. 711.

Tennhardt's Joh., Lebenserforschung nach dem Gebete d. Herrn. 16. (23 S.) Basel 871. Spittler. n. — 10

Tennhardt, Johs., drei Rufe Gottes an sein Volk Israel. Aus seinen Schriften entnommen v. Ludw. Chandani. gr. 12. (1 B.) Tübingen 839, Zu-Guttenberg, Vrlsb.

— dass. 1r Bd. 2e Lfrg. A. u. d. T.: Elilytha. Oder Halle der Gottesgelehrten. Ein Sammelwerk in Bezug auf Entsprechungskunde und Geistigen Scharfsinn, Weissagung u. Herniederkunft des Neuen Jerusalems, ächte Christenlehre nach dessen Aufschlüssen, Leben mit Gott hier auf Erden u. lichten Einblick in die Ewigkeit. 2e Gabe. gr. 8. Ebd. 838. 7/12 ℛ — 3e u. 4e Lfrg. od. 2r Bd. (womit das Werk sich schließt). gr. 8. Ebd. 838. 1 ℛ — Zusammen 2 5/12 ℛ

—— Schriften aus Gott, s. a. Hofaker, L., Elilytha, 2. Gabe.

Tennhardt's, (Bürger in Nürnberg) Johannes, Schriften aus Gott. Nunmehr, da ihre Zeit sich erfüllt, unter Dolmetschung der göttlichen Wahrzeichen darinn wortgetreu wieder ausgegeben von Ludw. Hofaker. (1r Bd.) 1e Lfrg. gr. 8. Tübingen 837. Zu-Guttenberg. 5/6 ℛ (Auf dem Umschlage steht: Einmal gelesen, tröstlich: Neunmal gelesen, köstlich.

Tennhardt, Johs., Schriften aus Gott. Nunmehr, da ihre Zeit sich erfüllt, unter Dolmetschg. d. göttl. Wahrzeichen darinn wortgetreu wieder ausgegeben. 1. Bd. 8. (482 S.) Grüningen 894. (J. Wirz.) Kart. 1. –

Tennhardt, Johs., kurze u. gründliche Unterweisung vom innern Worte Gottes, s.: Sammlung neutheosophischer Schriften.

Tennhard's, Johs., Unterweisung vom innern Worte Gottes. In Frag' u. Antwort gestellt 1711. 8. (16 S.) Stuttgart 900. Holland & Josenhans. n. — 20

—— Vater Unser. Od.: Wie's den Herrn jetzt um sein Gebet bedünkt. Für Brüder u. Schwestern, die noch wachen. gr. 8. (1 1/4 B.) Tübingen 837, Zu-Guttenberg, Brlsh.

—— Worte Gottes; od. Tractätlein an den sogenannten geistl. Stand. gr. 8. (4 1/2 B.) Tübingen 837, Zu-Guttenberg, Brlsh.

Tennhart, Johann

TENNHART, J.
Drei erbauliche Briefe des seligen Johann Tennharts, die Er bald nach seiner bekehrung und erleuchtung an seine Anverwandte in Sachsen geschrieben hat . . . [O. O. und Dr.] Gedruckt im Jahr Christi 1730. 1 Bl. 50 S.

**Tennhart, Johann.** Drey erbauliche Briefe, die er . . . an seine Anverwandte in Sachsen geschrieben hat . . . O. O. 1730. H: *Eisler, Tobias.* (will)

**Tennigkeit,** Else, Weltkinder u. Gotteskinder. Ostpreuss. Bauernleben, Erlebnisse u. Erinnergn. (26 S.) 8. Leipzig 909. Modernes Verlagsbureau. nn — 50

Weltkinder und Gotteskinder. Ostpreuss. Bauernleben. Erlebnisse u. Erinnerungen von Else **Tennigkeit**. Berlin-Leipzig: C. Wigand 1909. 26 S. 8°

Tennison, Thom., comment. theologico-historica de apparitionibus Dei in V. et N. Test. symbolicis. 8. Hannover. Richter. 740.

**Tennisspiel,** das, dargestellt nach seinen in Deutschland zur allgemeinen Gültigkeit gelangten Regeln, Bestimmgn. u. Bezeichngn. Mit 2 Spielplänen u. 1 Schläger v. e. erfahrenen Spieler. Neue Ster.-Ausg. 8. (32 S.) Reutlingen (902). Enßlin & Laiblin. — 25

Tennisspiel-Verdeutschungen. [Fing. T.] Braunschweig [um 1900]: J. H. Meyer. (1 Bl.) 2° [F.] 1-s 1904 3

*Ten-Növer*, Jh. Hnr., Dissertationes publicae varii argumenti ad eloquentiam sacram, studiorum rationem ac jurisprudentiam naturalem spectantes. 8maj. Lingen 777.

**Tennyson, Alfred Lord.** A memoir, s.: Collection of British authors.

Tennyson, Alfred: Enoch Arden.

— dasselbe, s. a. Authors, English.

— dasselbe, s. a. Bibliothek Gabelsberger.

— dasselbe, s. a. Bibliothek der Gesamt-Litteratur d. In- u. Auslandes.

—— dass. — In Arends'scher Stenographie, s. a. Bibliothek deutscher und ausländischer Klassiker.

**Tennyson's, Lord Alfr.**, Enoch Arden, s. a. Elezevier-Ausgaben, illustr., Bd. 10.

— dasselbe, s. a. Hausbibliothek, kleine, f. die Jugend.

— dasselbe, s. a. Hesse's, Max, Volksbücherei.

**Tennyson's,** Lord Alfr., Enoch Arden, s. a. Klassiker-Ausgaben, illustr., Minerva.

— dasselbe, s. a. Universal-Bibliothek.

—— Enoch Arden. Aus dem Engl. von Rob. Schellwien. 16. (47 S.) Quedlinburg 867, Huch. geb. mit Goldschn. *

**Tennyson,** Alfr., Enoch Arden. Aus dem Engl. Uebers. von Rob. Waldmüller. (Ed. Duboc.) 2—4. Aufl. Hamburg 868,70. Grüning. 32. (43 S.) cart. n. 12 ngr.; geb. mit Goldschn. n. 15 ngr.

— — Ein Gedicht. Uebers. von F. W. Weber. Leipzig 869. J. Naumann. gr. 16. (III, 42 S.) 10 ngr.; geb. mit Goldschn. 15 ngr.

Tennyson, Alfr., Enoch Arden. Aus dem Engl. Uebersetzt von Rob. Waldmüller [Edouard Duboc]. Autorisirte Ausg. 3.—6. Aufl. 1869—73. * *M.* 1,20; 7. Aufl. 1875. *M.* 1., und 8. Aufl. 16. (57 S.) Hamburg 876, Grüning. geb. mit Goldschn.

—— Enoch Arden. — Godiva. Aus dem Engl. übertragen von H. A. Feldmann. 1. Aufl. 1870, und 2. Aufl. 16. (45 S.) Hamburg 872, Grüning. geb. mit Goldschn. *

Tennyson, Alfred

Enoch Arden. Erzählung. Ins Deutsche übertr. von Karl Hessel.
Leipzig: Reclam jun. (um 1872). 34 S. 8°

—— dass. — Deutsch von Alfr. Strodtmann, illustr. von Paul Thumann. gr. 4. (71 S. mit eingedr. Holzschn. und Holzschntaf.) Berlin 876, Grote'sche Verlagsh. geb. mit Goldschn. *

—— dass. — Aus dem Engl. übersetzt von Rob. Waldmüller. [Edouard Duboc.] Autoris. Ausg. 9.—18. Aufl. gr. 16. (57 S.) Hamburg 876—79, Grüning. geb.
geb. mit Goldschn. und Portr.
Volks-Ausg. (57 S.)

—— dass. — übersetzt von F. W. Weber. 2. Aufl. gr. 16. (47 S.) Leipzig 878, J. Naumann. geb. mit Goldschn. *

Tennyson, Alfr., Enoch Arden. Aus dem Engl. übertr. von H. A. Feldmann. 3. neu nachgeseh. Aufl. 16. (41 S. mit Portr. in Holzschn.) Hamburg 880, Grüning. geb. mit Goldschn.

—— dass. — Aus dem Engl. übers. von Rob. Waldmüller [Edouard Duboc]. Autoris. Ausg. 19. Aufl. 16. (57 S.) Hamburg 880, Grüning. geb. mit Goldschn. 1 50

—— Enoch Arden. Deutsch von Carl Eichholz. 1. und 2. Aufl. 12. (56 S.) Hamburg 881, Gräbener. geb. * — 80
Feine Ausg. geb. * 2 —

—— dass. — Deutsch von Adf. Strodtmann, illustrirt von Paul Thumann. 2. und 3. verb. Aufl. gr. 4. (71 S. mit Holzschn.) Berlin 881,83, Grote'sche Verlagsh. geb. mit Goldschn. * 10 —

—— dass. — Mit (Holzschn.-)Portr. Tennyson's. Autoris. Ausg. 20., 22. und 23. Aufl. 16. (61 S.) Ebendas. 881—83.
geb. mit Goldschn. 1 50
geb. in Prachtbd. 2 —

—— dass. — Mit (Holzschn.-)Portr. Tennyson's. 4. und 5. autoris. Volks.-Ausg. [21. und 24. Aufl.] gr. 16. (61 S.) Ebendas. 881,83. geb. * — 60

—— dass. — 25. Aufl. Autoris. Ausg. Illustrirt von Conr. Ermisch, Holzschn. von Th. Burckhardt. 16. (56 S.) Ebendas. 884. geb. mit Goldschn. 2 —

—— Enoch Arden. Aus dem Engl. übers. v. Rob. Waldmüller [Ed. Duboc]. 31., 32. u. 34. Aufl. Autoris. Ausg. Illustr. v. Conr. Ermisch. 12. (64 S.) Hamb. 890,92, Grüning. geb. m. Goldschn. 1 50

—— dass. — 33. Aufl. [8. Volksausg.] Autoris. Ausg. 12. (56 S.) Ebd. 891. geb. * — 60

—— Enoch Arden, illustr. v. Paul Thumann. 5. Aufl. gr. 4. (71 S. m. Text- u. 6 Vollbildern.) Berl. 891, Grote. geb. m. Goldschn. * 10 —

— dasselbe u. andere Dichtungen. Übers. v. Adf. Strodtmann. 16. (164 S.) Leipzig 892. W. Fiedler. Geb. m. Goldschn. n. — 90

— dasselbe. Aus dem Engl. übers. v. Rob. Waldmüller (Ed. Duboc). 34. u. 35. Aufl. Autoris. Ausg. Illustr. v. Conr. Ermisch. 12. (64 S.) Hamburg 892. 893. H. Grüning. Geb. in Leinw. m. Goldschn. 1. 50;
in Liebhaber-Einbd. 2. —

— dasselbe. Übers. v. Max Mendheim. 16. (47 S.) Leipzig 893. W. Fiedler. Geb. m. Goldschn. n. 1. —

— dasselbe. Aus d. Engl. übertr. v. H. A. Feldmann. 5. Aufl. 12. (47 S. m. Bildn.) Leipzig 895. G. Fock, Verl. Geb. in Leinw. n. — 60;
fein geb. m. Goldschn. n. 1. —

Lord [Alfred] Tennyson's Enoch Arden. Im Versmass d. Orig. übers. von Dr. Adalbert Schroeter. Ill. von Hugo Flintzer. *Leipzig: H. Seemann Nachf. (1895).* (72 S.) 8°
(Illustrierte Elzevir-Ausgaben.) [03. 5180]

— dasselbe. Aus dem Engl. übers. v. Rob. Waldmüller (Ed. Duboc). 36. Aufl. Autor. Ausg. 12. (63 S. m. Abb.) Hamburg 896. Dresden, H. Henkler.
Geb. in Leinw. m. Goldschn. n. 1. 50

— dasselbe. 39. Aufl. 9. Volksausg. 12. (52 S.) Ebd. 896. Geb. n. — 60

— dasselbe. Uebers. v. Max Mendheim. Illustr. v. Walth. Kupfer. gr. 4. (54 S.) Leipzig 896. W. Fiedler.
Geb. in Damast m. Goldschn. 6. —

— dasselbe. Ein Gedicht, übers. v. F. W. Weber. 3. Aufl. 12. (47 S.) Paderborn 896. F. Schöningh. n. 1.50; geb. n. 2.—

— dasselbe. 40. Aufl. Autoris. Ausg. 12. (60 S. m. 4 Holzschn.) Dresden 897. H. Henkler.
Geb. in Halbleinw. 2. —; in Ldr. m. Goldschn. n. 3. —; in Celluloid m. Goldschn. n. 3. — ; in Moiré-Seide n. 3. —;
in Atlas n. 3. —

— dasselbe. Uebers. v. Max Mendheim. Illustr. v. Walth. Kupfer. gr. 8. (48 S. m. Bildn.) Leipzig 898. Verl. d. Literaturwerke „Minerva". Geb. in Leinw. 1. 50

Tennyson, Alfr., Enoch Arden. Aus dem Engl. übertr. v. H. A. Feldmann. 6. Aufl. 12. (47 S. m. Bildnis.) Leipzig (900). G. Fock Verl. Geb. in Leinw. m. Goldschn. n. 1. —

Enoch Arden von Alfred Tennyson. *Berlin: Correspondenzblatt (1901).* (67 S.) 8° [F.] [Text stenogr.]
= Gabelsberger, Bibliothek. Bd 1. [02. 617]

— dasselbe, illustr. von Paul Thumann. Diamant-Ausg. 4. Aufl. 16. (69 S.) Berlin 901. G. Grote.
Geb. in Leinw. m. Goldschn. n. 2. 50

— dasselbe. 6., verb. Aufl. gr. 4. (71 S.) Ebd. 901.
Geb. in Leinw. m. Goldschn. n. 6. —

— dasselbe in vereinfachter deutscher Stenographie System Stolze-Schrey. 12. (64 S.) Berlin (901). Frz. Schulze. Geb. in Leinw. n. — 75

Enoch Arden. Von Alfred Tennyson. In vereinf. deutscher Stenogr., System Stolze-Schrey. *Berlin: F. Schulze (1901).* (64 S.) 8° [Text stenogr.]
= Unterhaltungsblätter, Illustrierte Stenographische. Jg 26, Beil. [03. 1784]

Tennyson, Alfr., Enoch Arden. Deutsch v. Walt. Prausnitz. 12. (45 S.) Halle (901). H. Gesenius.
Geb. in Leinw. m. Goldschn. n. 1. 50

Enoch Arden von Alfred Tennyson. Deutsch von Walter Prausnitz. 2. Aufl. Halle a. S.: H. Gesenius [1902.] (45 S.) 8°

— dasselbe. Deutsch v. Carl Eichholz. 5. Aufl. 8. (56 S.) Hamburg (902). Verlagsanstalt u. Druckerei.
Geb. in Leinw. m. Goldschn. n. 2. —

A[lfred] Tennysons Enoch Arden. Übers. von F[riedrich] W[ilhelm] Weber. 4. Aufl. Paderborn: F. Schöningh [1906]. (48 S.) 8° [F.] [07. 7544]

Tennyson's, A., Enoch Arden. Ubers. v. F. W. Weber. 4. Aufl. (48 S.) kl. 8. Paderborn (908). F. Schöningh.
Geb. in Leinw. m. Goldschn. 1. 60

—— Enoch Arden u. andere Dichtgn. Übers. v. Adf. Strodtmann. 16. (164 S.) Lpz. 892, Versandt-Bureau (Fiedler). geb. m. G. * — 90

—— Enoch Arden and Aylmer's Field, s. Library, English.

– Enoch Arden

— dasselbe, Morte d'Arthur, The Lady of Shalott, The gardener's daughter, The lotoseaters, hrsg. v. Ernst Regel, s.: Authors, English, Friedberg & Mode.

— Enoch Arden and lyrical poems, hrsg. von Ernst Doblin, s.a. Authors, English.

Enoch Arden and lyrical poems by Alfred Tennyson. Mit Anm. [= Anhang] z. Schulgebr. hrsg. von Ernst Doblin, Dir. in Iserlohn. [Nebst] Wörterbuch. *Bielefeld & Leipzig: Velhagen & Klasing 1903.* 3 Bde 8° = Sammlung, Velhagen & Klasings, franz. u. engl. Schulausgaben. English authors. Lfg 87 B. [03. 13501]

**Tennyson, A. Lord, Enoch Arden and other poems, s.a. Authors, English for the use of schools.**

—— dass. — s.a. **Hausbibliothek**, kleine, für die Jugend.

—— Enoch Arden and other poems, s.a. Rauch's English Readings.

— dasselbe. 5. autoris. Volks-Ausg. [24. Aufl.] 12. (61 S.) Ebend. 883. geb. n. — 60

— dasselbe, illustrirt v. Paul Thumann. 3. Aufl. gr. 4. (71 S.) Berlin 883. Grote. geb. m. Goldschn. n. 10. —

—— dass. — Aus dem Engl. übers. von Rob. Waldmüller [Ed. Duboc]. 26. Aufl. Autoris. Ausg. Illustr. von Conr. Ermisch, Holzschn. von Th. Burckhardt. 12. (56 S.) Hamburg 885, Grüning. geb. ℳ 1.50.; geb. mit Goldschn. 2 —

—— Enoch Arden and other poems. Students' Tauchnitz edition. Mit deutschen Erklärungen von Alb. Hamann. gr. 8. (VIII, 111 S.) Leipzig 886, B. Tauchnitz. * cart. *

—— dass. — 27.—30. Aufl. Autoris. Ausg. Illustrirt von Conr. Ermisch, Holzschn. von Th. Burckhardt. 12. (56 S.) Ebendas. 886,88. geb. mit Goldschn. 1 50

—— dass. — Deutsch von Carl Eichholz. 3. Aufl. 12. (55 S.) Hamburg 887, [J. F. Richter] Verlagsanstalt und Druckerei. geb. * 80 Pf.; geb. mit Goldschn. * 2 —

—— dass. — 27. Aufl. [6. Volksaufl.] Autoris. Ausg. 12. (56 S.) Ebendas. 887. geb. * — 60

—— Enoch Arden and other poems. Students' Tauchnitz edition. Wörterbuch dazu, bearb. v. Alb. Hamann. gr. 8. (24 S.) Lpz. 890, B. Tauchnitz. * — 20

— dasselbe. Feine Ausg. 32. Aufl. Illustr. v. Conr. Ermisch, Holzschn. v. Th. Burckhardt. 12. (64 S.) Ebd. 890. geb. m. Goldschn. 1. 50; in Liebhaberbd. m. Goldschn. 2. —

— dasselbe. Aus dem Engl. übers. v. Rob. Waldmüller [Ed. Duboc]. 33. Aufl. [8. Volksausg.] Autoris. Ausg. 12. (56 S.) Hamburg 891. Grüning. geb. n. — 60

— Balladen u. lyrische Gedichte. Übertr. von Sophie v. Harbou. 12. (VIII, 208 S.) Charlottenburg 894. O. Brandner. Geb. in Leinw. m. Goldschn. 4. 50

— Becket; the cup; the falcon, s.: Collection of British authors.

— Bilder u. Gestalten. Illustriert v. Walt. Paget u. Herb. Dickses. qu. gr. 8. (12 S. m. 6 farb. Abbildgn.) München 890. Stroefer. Mit Goldschn. n. 1. 50

—— ausgewählte Dichtungen, s.a. Bibliothek ausländischer Klassiker.

Tennyson, Lord, ausgewählte Dichtungen, s.a. Meyer's Volksbücher.

— ausgewählte Dichtungen. Metrisch übertragen von H. A. Feldmann. Mit einem Vorworte von Eman. Geibel. Hamburg 870. Grüning. 16. (89 S.) In engl. Einb. mit Goldschn. n. 22½ ngr.

— Aylmers Feld

— dasselbe, s.a. Bibliothek der Gesamtlitteratur des In- u. Auslandes.

— — s.a. Bibliothek ausländischer Klassiker.

— Aylmers Feld. Aus dem Engl. übertragen von H. A. Feldmann. Mit einem Vorworte von Eman. Geibel. 1. u. 2. Aufl. Ebend. 870. 16. (44 S.) In engl. Einb. mit Goldschn. 15 ngr.

— Aylmers Feld. Deutsch v. Herm. Griebenow. 12. (49 S.) Halle 893. H. Gesenius. Geb. in Leinw. m. Goldschn. n. 1. 50

—— Aylmer's Field. Ein Gedicht. Uebersetzt von F. W. Weber. gr. 16. (III, 40 S.) Leipzig 869, J. Naumann. geb. mit Goldschn. (ℳ 1,50.)

— Aylmer's Field. Ein Gedicht, übers. v. F. W. Weber. 2. Aufl. 12. (40 S.) Paderborn 896. F. Schöningh. n. 1. 50; geb. n. 2. —

— Freundes-Klage. Nach Alfr. Tennyson's „in memoriam" frei übertragen von Rob. Waldmüller-Duboc. Hamburg 870. Grüning. 16. (160 S.) In engl. Einb. mit Goldschn. n. 1 ₰

— Freundes-Klage. Nach Alfr. Tennyson's in memoriam, frei übertragen v. Rob. Waldmüller-Duboc. 2. Aufl. 16. (160 S.) Ebend. 871. geb. m. Goldschn. 3. —

—— Freundes-Klage. Nach In Memoriam frei übertragen von Rob. Waldmüller-Duboc. 3. und 4. Aufl. 16. (160 S.) Hamburg 878,79, Grüning. geb. mit Goldschn.

— Freundes-Klage. Nach In Memoriam frei übertr. v. Rob. Waldmüller-Duboc. 5. Aufl. gr. 16. (160 S.) Dresden 896. H. Hentler. Geb. in Leinw. m. Goldschn. n. 3. —

Tennyson, Alfr., Gedichte. Uebers. von W. Hertzberg. 16. (IX und 369 S.) Dessau 853, Gebr. Katz.

— ausgewählte Gedichte, s.a. Sammlung englischer Schriftsteller.

— ausgewählte Gedichte. Im Versmaaß d. Orig. übertragen v. M. Rugard. gr. 16. (V, 126 S.) Elbing. 872. Neumann-Hartmann's Verl. n. 2. —; cart. 2. 50; geb. m. Goldschn. n. 3. —

— Harald. Ein Drama. Deutsch von Albr. Graf Wickenburg. [Vom Dichter ausschließlich autorisirte Uebersetzung.] 12. (IV, 137 S.) Hamburg 879. Grüning. 2. —; geb. 3. —

—— Harald. Ein Drama. Deutsch von Albr. Wickenburg. [Vom Dichter ausschließlich autoris. Uebersetzung.] 12. (IV, 137 S.) Hamburg 880, Grüning. ℳ 2.; geb. 3 —

—— **Harold, s. Collection of British Authors.**

— idylls of the king, hrsg. v. Alb. Hamann, s.: Hamann's, Alb., Schulausgaben, Nr. 1.

— idylls of tho king Euid, s.: Rauch's English readings.

—— Königsidyllen, s.a.Universal-Bibliothek Nr. 1817 und 1818.

— Königs-Idyllen. Uebers. von Werner Scholz. Berlin 867. G. Reimer. 16. (III, 223 S.) 25 ngr.

—— Königsidyllen. Deutsch von H. A. Feldmann. 1. Aufl. 1871, und 2. Aufl. gr. 16. (VIII, 277 S.) Hamburg 871, Grüning. geb. mit Goldschn. *

— Königsidylle. Deutsch v. H. A. Feldmann. 2. Aufl. 16. (VIII, 277 S.) Hamburg 872. Grüning. geb. m. Goldschn. n. 4. 50

— Königs-Idyllen. Deutsch v. H. A. Feldmann. 3. Aufl. gr. 16. (VIII, 277 S.) Dresden 896. H. Henkler. Geb. in Leinw. m. Goldschn. n. 4. 50

— Locksley Hall. A. d. Engl. übers. v. F. Freiligrath. — Locksley Hall nach sechzig Jahren. Aus dem Engl. v. J. Feis. 12. (59 S.) Hamburg 888. Grüning. geb. m. Goldschn. 1. 50

— Locksley Hall sechzig Jahre später. Autoris. Übersetzg. v. K. B. Esmarch. 8. (32 S.) Gotha 888. F. A. Perthes. n. — 60

— Locksley Hall sixty years after etc., s.: Collection of British authors.

— the Lord of Burleigh. Dora, s.: Authors, modern English, Vol. III.

— Queen Mary, s.: Collection of brit. authors.

— Maud. Ein Gedicht, übers. v. F. W. Weber. 3., verb. Aufl. gr. 16. (109 S.) Paderborn 891. F. Schöningh. n. 1. 50; geb. n. 2. 50

— Maud. Ein Gedicht, übers. v. F. W. Weber. 3. Aufl. 12. (109 S.) Ebd. 900. n. 1.50; geb. n. 2.50

-- In Memoriam. Aus dem Engl. nach der 5. Aufl. Braunschweig 854. Vieweg. 16. (XVII, 159 S.) n. 25 ngr.

— in memoriam. „Zum Gedächtniß". Aus dem Engl. übersetzt von Agnes v. Bohlen. 8. (184 S.) Berlin 874. Bornträger. n. 3. —; geb. m. Goldschn. n. 4. —

— In Memoriam. Aus d. Engl. übers. v. Jak. Feis. 8. (XXIV, 176 S.) Straßburg 899. J. H. E. Heitz. Geb. in Lwdr. n. 3. —

— a selection of his works, s.: Collection of british a. american standard authors.

Alfred Tennysons ausgewählte dramatische Werke. In deutscher Nachbildung u. mit e. Geleitwort von Johannes Friedemann. Inh.: Der Becher. Der Falke. Berlin: Thormann & Goetsch [1905]. (100 S.) 8° [S.] [05. 15634

Tennyson, Alfr., poetical Works, s. Collection of British Authors.

— Poetical works, erklärt v. Bruno Herlet, s.: Perthes' Schulausgaben engl. u. französ. Schriftsteller.

Alfred Tennyson. A memoir by his son (Hallam Tennyson). Copyright ed.W. portr. In 4 vols. Vol. 1–4. Leipzig: B. Tauchnitz 1899. 4 Bde 8°.
1. (296 S.) 2. (295 S.) 3. (288 S.) 4. (303 S.)
= Collection of British Authors. Tauchnitz ed. Vol. 3339–42.

Ten Oever, Andreas Ewe: Über die Chronische Vergrösserung des Uteruskörpers. *Haarlem: P. van Cittert Zonen 1898.* (48 S.) 8°
Freiburg i. B., Med. Diss. v. 1898

Tenon, J., einige Mittel zur Verlängerung des Lebens im höhern Alter. Deutsch herausgg. v. L. Lebrecht. 8. Mainz 818. Kupferberg. 2 ℛ

Tenore, Mich., Sylloge plantarum vascularium florae Neapolitanae hucusque detectarum. 8maj. Neapoli 831. (Viennae, Volke.) n. 6⅔ rℓ

Ténot, Eug., Paris im December 1851. Historische Studie über den Staatsstreich. Deutsch von Arn. Ruge. Einzig rechtmässige Uebertragung. Leipzig 869. C. F. Winter. gr. 8. (VIII, 240 S.) n. 1 rℓ

Tens, L. du,
— Untersuchungen über den Ursprung der Entdeckungen, die den Neuen zugeschrieben werden. A. d. Franz. des H. L. du Tens. Leipz. 772. 8. 20 gr.

Ten Sande, Andries, Tierarzt in Gouda (Holland): Tuberkelbazillen und Typhusbazillen im Kefir. Utrecht. VI + 50 S. 8°. [2. II. 06.]
Bern. Vet.-med. Diss. 1905/1906.

Ten Sande, Andries. Tuberkelbazillen und Typhusbazillen im Kefir. Diss. Vet.-Med. Bern. (... zum Drucke genehmigt ... 2. Februar 1906.) VIII + 49 S. 8. Utrecht, J. Van Druten, [1906].

Tensas, M., Aufzeichnungen eines Sumpfarztes in Louisiana, s. Bibliothek, amerikanische.

Tenschert, Robertus Maximilianus *(geb. Herrmannsdorf bei Jauer 5. 10. 1830)*: De paralysi. Vratislaviae (1855). (30 S.) 8°
Breslau. Med. Diss. v. 11. Aug. 1855

Teuscherz, J. S., Tarif-Buch. Eine systemat. Zusammenstellung der die königl. bayer. Staatseisenbahn-Linien berührenden Güter-, Leichen-, Fahrzeuge- und Vieh-Tarife mit besond. Berücksicht. der hierfür gültigen transport- und tarifreglementären Bestimmungen, sowie der in den einzelnen Verkehren zu Ausnahme-Frachtsätzen zu befördernden Artikel. gr. 8. (224 S.) München 886, (Lindauer'sche Buchh.) ** 3 —

Tenst, W., Johannis- u. Stachelbeerwein u. die Bereitung der übrigen Beerenweine, s.a. Landmanns, des, Winterabende.

Tensi, W., Johannis- u. Stachelbeerwein u. die Bereitung der übrigen Beerenweine, nebst e. prakt. Anleitg. zur Kultur der Johannis- u. Stachelbeeren. 12. (VI, 96 S. m. 9 Abbildgn.) Stuttgart 892. E. Ulmer. Kart. n. 1. —

— dasselbe, s. a. Landmanns, des, Winterabende.

Tensi, W.: Johannis- und Stachelbeerwein und die Bereitung der übrigen Beerenweine nebst einer praktischen Anleitung zur Kultur der Johannis- und Stachelbeeren. Mit 9 Abb. Stuttgart: Ulmer 1892. VI, 96 S. (Des Landmanns Winterabende. Bdch. 49.) -- 24°

Tentamen catalogi universi numorum Dyrrhach. et Apolloniatum ... Tüb. 1791. H: *Tux, Carl Sigm.* (Gi)

**Tentamen, Novum,** unionis amore boni publici susceptum. Ratisbonae 1784. V: *Pongrácz, Anton.* (pk)

**Tentamen, Novum,** unionis amore boni publici susceptum. Ratisbonae 1784. V: *Pongracz, Anton.* (pk 3/120) (széchenyi 4/561) V: *Pongracz, Balthasar.*

Das **Tentamen** physicum. Anleitg z. Studium d. Anatomie, Physiologie, Physik, Chemie, Zoologie, Botanik. Hrsg. v. Dr. Carl Peter. Tl 1. *Berlin: S. Calvary & C. [1897].* 8. [97. 5948

**Tentamen** publicum ex historia universali quod ... e praelectionibus G. A. B. subierunt Paur Antonius ... Vindobonae 1818. V: *Belnay, Georg Alois von.* (GGr VII, 71)

**Tentamen, De ulceribus virgae,** historico-chirurgicum. Halae 1790. V: *Sprengel, Curt.* (MGT)

**Tentamina** prima de statu litterario et eruditis. Qui in Palatinatu electorali per tria fere secula floruerunt ... Heidelbergae 1761. V: *Flad, Philipp Wilhelm Ludwig.* (ZP)

**Tentamina, Tria,** ad illustrandas leges XII tabularum. Viennae 1754. V: *Locella, Alois Emerich Freih. v.* (ADB) (WBL)

**Tenter,** Heinr., Hilfsbuch f. den evangelischen Religionsunterricht an höheren Lehranstalten, s.: Marx, Herm.

**Tenthoff,** Heinrich [approb. Arzt aus Hofstede (Westfalen)]: Casuistischer Beitrag zu den Pigmentbildungen in den Geweben des menschlichen Körpers ... Würzburg: Druck v. F. X. Bucher 1886. 27 S. 8° Würzburg, Med. Fak., Inaug.-Diss. v. 1886.

Tenthoff, Heinrich, casuistischer Beitrag zu den Pigmentbildungen in den Geweben des menschlichen Körpers. Diss. Würzburg 1886, Stahelsche Univ.-Buchh. 8°. 27 S.

**Tentler,** Paul: Die juristische Konstruktion der Versteigerung unter Berücksichtigung des § 156 des Bürgerlichen Gesetzbuchs für das Deutsche Reich. *(Berlin [1897]: W. Pilz.)* (34 S.) 8° Erlangen, Jur. Diss. v. [18. Mai] 1896

**Tentler,** Paul, die jurist. Konstruktion der Versteigerung unt. Berücksicht. d. § 156 d. bürgerl. Gesetzbuchs f. d. Deutsche Reich. gr. 8. (34 S.) Berlin 898, Struppe & Winckler. n. 1.—

**Tentler,** Paul, das Recht der Agenten nach deutschem Handelsrecht, s.: Albrecht, Carl.

**Tentor** Matthäus: Der čakavische Dialekt der Stadt Cres (Cherso).
1907 PN 2324 Diss. Wien, Univ. 2725

*Tentscher*, Ign., († ...) institutiones polemicae. II Ptes. 8. Prag 761.

Tentzel, Andreas, s.a. Tenzel

Andreas Tentzel

[Teils. Deutsch] Andreae Tenzelii [Tentzel] Medicinisch-philosophisch-und sympatnetische Schrifften [Schriften], so da bestehen in desselben Medicina diastatica, oder In die Ferne würckenden Artzney-Kunst. Dann in 74 Geheimnüssen, magnetisch- u. sympathetischer Curen vieler Kranckheiten. Wie auch darbey seine Scripta gemina de amore & odio. ... hrsg. von P.C. Leipzig & Hof: Strauß 1725. 286 S. 8°

Tentzel, Joh. Friedrich (Hrsg.), s. Freymäurers, Des bedächtlichen, Stück 1–19.

Tentzel, Wilhelm Ernst

**Tenzel,** Wilh. Er., histor. Bericht vom Anfange und ersten Fortgange der Reformation Luthers rc. herausgegeben von E. S. Cyprian. 2 Theile. 8. Leipzig, Weidmann. 717—18. (I. 8 gr. II, 1 Rthlr.)

TENTZEL, WILHELM ERNST. Historischer Bericht vom Anfang und ersten Fortgang der Reformation Lutheri, Zur Erläuterung des Hn. v. Seckendorff Historie des Lutherthums, mit grossem Fleiß erstattet, und nunmehr in diesem andern Evangelischen Jubel-Jahr, Nebst einer besondern Vorrede, auch nützlichen ... Uhrkunden ... mitgetheilet von D. ERNST SALOMON CYPRIAN. Der dritte Druck. Leipzig, Gleditsch & Weidmann, 1718. 8°. *Mit 2 (gleichen) gestochenen Portraits Luthers in ganzer Figur.* 39 Bl. 531 S. 1 S. 22 Bl.; 16 Bl. 512 S.; 24 Bl. 720 S. 13 Bl.; 128 S. 4 Bl. Etwas benutzter und unbedeutend beschäd. Pgtbd. d. Z.

Curieuse Bibliothek, Oder Fortsetzung der Monatlichen Unterredung einiger guter Freunde, Von allerhand Büchern und andern annehmlichen Geschichten, Allen Liebhabern der Curiositäten zur Ergötzlichkeit und Nachsinnen heraus gegeben, Durch Wilhelm Ernst Tentzeln, Königl. Poln. und Churfürstl. Sächs. Rath und Historiographum in Dreszden. Des dritten Repositorii erstes (-XI und XII) Fach, 1706. Franckfurt und Leipzig, Bey Philipp Willhelm Stock.

Tentzel, W. E., Discours von Erfindung der Buchdruckerkunst Goth. 700. 12.

— miscellanea ecclesiastica sive hist. literaria. 4. Lps. 708.

Tentzel, Wilhelm Ernst: „Saxonia numismatica oder Medaillen-Cabinet von Gedächtniss-Müntzen und Schau-Pfennigen, welche die Chur- und Fürsten zu Sachsen Albertinischer Haupt-Linie prägen und verfertigen lassen", 4 Teile in 1 Bande, Frankfurt a. M. und Leipzig 1705 bis 1711. — Vorh.: Bibl. des Oberlandesgerichts Celle — Tc. 556.

— Saxonia numismatica lineae Ernestinae et Albertinae, od. sächs. Medaillenkabinet von Gedächtnißmünzen u. Schaupfenningen d. Chur- und Fürsten zu Sachsen, Albert. und Ernest. Linie, m. Kpf. 8 Thle. 4. Frankfurt u. Lpz. 714.

Tenzel, W. E. Supplementa reliqua historiae Gothanae, c. annot. ed. E. S. Cyprianus. 4. Jenae 1716.

Tenzel, W. E. Supplementum historiae Gothanae primum et secundum. 2 v. 4. Jenae 1701.

Tentzel, W. E., Typus geneal. Beichlingicae plenioris. Jenae 1702. 4.

(*Tentzel*, Wilh. Ernst, 1659—1707) *Historicæ vindiciæ, pro Hermanni Conringii censura in diploma fundationis fictitium, quod Lindaviense ad D. Virginem Coenobium* primum Imperatori Ludovici, Lothario filio, post Ludovico seniori, Regi Germaniæ, nuperrime Imperatori Ludovici Pio, trina variatione, adscripsit. *Oppositæ sic vocatæ justæ Defensioni*, ab ipso Coenobio, in favorem prædicti diplomatis, anno MDCXCI (1691) .... evulgatæ (ut supra). (Ornament.) Lindaugiæ, typis Hechtianis. MDCC. (1700.) Fol. Pgmtb.
Tit., 4 Bll. Vorr., 355 S. (à 2 Col.), 11 Bll. doppelter Index u. Err., nebst 3 Anhängen (Urkunden), 113 num. S. Mit 1 facsimilirten Schriften-Taf., Abbildgn. von Monogrammen u. Siegeln, sowie 1 Kpf. (Vgl. Huch, Literatur der Diplomatik, 195, no. 10.)

**Tenz,** Oskar, a. Freiburg i. Br.: Über singuläre Asymptotenkurven. Freiburg im Breisgau 1908: C. A. Wagner. (35 S.) 8°
Gießen, Phil. Fak., Ref. Netto, Diss. v. 2. März 1908
[Geb. 10. Nov. 83 Freiburg i. B.; Wohnort: Freiburg i. B.; Staatsangeh.: Baden; Vorbildung: Oberrealsch. Freiburg Reife M. 02, Ergänzungsprüfung Realgymn. Mannheim Juli 02; Studium: Freiburg i. B. 3, München 1, Heidelberg 3, Göttingen 1, Gießen 2 S.; Rig. 2. Nov. 07.]

**Tenzel.** De impensis. 8°. s. l. 1717.

Tenzel, Andreas, s.a. Tentzel

**Tenzel, Andr., chymisch = spagyrische Arzneykunst. 8. Frkft. 736.**

**Tenzel, A.,** Med.-philos. u. sympathetische Schrifften, so da bestehen in desselben Medicina diastatica (herausgeg. zu Jehna 1629 u. zu Erfurt 1661) od. in die Ferne würkenden Artzney-Kunst. Dann in einer und siebentzig Geheimnißen, magnetisch- und sympathetischer Curen vieler Krankheiten. Wie auch darbey seine Scripta gemina de amore et odio. Nebst noch einem kurtzen Unterricht, auf was Art da Thiere, Pflantzen und Ertze zur natürlichen Magie zu brauchen u. anzuwenden. Zusammen herausgeg. v. P. C. 286 S. Lpz. u. Hof. 12°. 2. Aufl. 336 S. Lpz. u. Hof. 1753.
1725.

**Tenzel,** Andr., Med.-Philos. u. Sympathetische Schriften, so da bestehen in desselben Medicina diastatica, od. in die Ferne würkenden Arzney-Kunst, dann in besonderen Geheimnissen magnetisch- u. sympathetischer Curen vieler Krankheiten. Wie auch darbey seine Scripta Gemina de amore et odio. Nebst noch einem kurzen Unterricht, auf was Art die Thiere, Pflanzen u. Erze zur natürlichen Magie zu brauchen u. anzuwenden. Zusammen herausgegeben von P. C. 336 pp. Lps. et Hof. 16°.
*Haller*, Bibl. med. pr. II, 478.

**1753**

**Tenzel, Andr., medicin., philosoph. u. sympathet. Schriften. 8. Hof 753. Bierling. (Grau). 5 ℛ**

**Tenzel,** Chr.: Entdeckte Goldgrube in der Accise, d. i. Kurtzer, jedoch gründlicher Bericht von der Accise, daß dieselbe nicht allein die allerreichste, sondern auch Politeste, billigste, u. nützlichste, ja eine ganz nöthige Collecte, u. also Zwiefacher Ehren werth sey. Von Christiano Teutophilo (d. i. Chr. Tenzel). Zerbst 1685. 4° (161 S.) 5. Aufl. Magdeb. u. Leipzig 1719. 4°

**Tenzel,** Ernst [Praes.], s. Alberti, Christian: De restitutione arrhae et sponsalitiae largitatis morte sponsi vel sponsae interveniente.

**Tenzel,** Ernst [Praes.], s. Albinus, Johann Heinrich: De eo, quod justum est circa promissa nobilium, vernac. Von der Cavalier-Parole.

**Tenzel,** Ernst [Praes.], s. Assam, Pet. Chn.: De renunciationibus jurium innoxiis et invalidis.

**Tenzel,** Ernst [Praes.], s. Bahn, Joh. Sebastian: De convenientia et disconvenientia probationis et demonstrationis.

**Tenzel,** Ernst [Praes.], s. Bezold, Ernst Christian: De ista theoretica et practica quaestione: utrum sententia judicis injusta debitori per illam absoluto plenam praestare valeat liberationem?

**Tenzel,** Ernst [Praes.], s. Brückner, Hieronymus Friedrich: De legum cognitione oeconomo utili et necessaria.

**Tenzel,** Ernst [Praes.], s. Christiani, Johann Gottlieb: De inspectione cadaverum judiciali.

**Tenzel,** Ernst [Praes.], s. Critzmann, Johann Georg: De probationibus et diversis probandi modis.

**Tenzel,** Ernst [Praes.], s. Denner, Friedrich: De convenientia et disconvenientia juris Saxonici et juris Magdeburgici in processu executivo.

**Tenzel,** Ernst [Praes.], s. Drobisch, Johann David: De mendacii effectu in jure.

**Tenzel,** Ernst [Praes.], s. Eckstein, Johann Gottlieb: De legitima judicis recusatione.

**Tenzel,** Ernst [Praes.], s. Ermel, August Christ.: De beneficio competentiae.

**Tenzel,** Ernst [Praes.], s. Essenberger, Johann Christian: De processu desertionis in foro Saxonico.

**Tenzel,** Ernst [Praes.], s. Graff, Johann Gottlob: De poena criminis imperfecti, seu conatus in criminibus.

**Tenzel,** Ernst [Praes.], s. Gründler, Friedrich Elias: De condemnatione in expensas litium.

**Tenzel,** Ernst [Praes.], s. Gruner, Christian Friedrich: Probationem et reprobationem bonorum censiticorum, vulgo Zinß= oder Erb=Zinß=Gütter.

**Tenzel,** Ernst [Praes.], s. Guden, Anton Franz von: De jure principis circa delicta eorumque poenas.

**Tenzel,** Ernst [Praes.], s. Guisius, Johann Gottfried: De parentum consensus per magistratum circa liberorum sponsalia suppletione.

**Tenzel,** Ernst [Praes.], s. Hacken, Samuel Christian: De poenis defunctorum voluntatem non adimplentium.

**Tenzel,** Ernst [Praes.], s. Hartung, Joh. Zacharias: De jure mercatorum singulari.

**Tenzel,** Ernst [Praes.], s. Helmert, Joh. Adolph: De eo quod justum est circa blasphemiam.

**Tenzel,** Ernst [Praes.], s. Herold, Daniel Andreas: De eo quod justum est circa alterum tantum usurarum.

**Tenzel,** Ernst [Praes.], s. Herzog, Ernst Gotthelff: De eo quod justum est circa jus hereditarium Zittaviense.

**Tenzel,** Ernst [Praes.], s. Heüs, Pancratius: De mutatione ultimae voluntatis.

**Tenzel,** Ernst [Praes.], s. Horst, Johann Jacob: De legitimo praedii rustici possessore Saxonico.

**Tenzel,** Ernst [Praes.], s. Hübener, Karl August: De honorariis.

**Tenzel,** Ernst [Praes.], s. Kirsten, Joh. Ehrenfried: De restricta liberorum dispositione in pecunia lustrica.

**Tenzel**, Ernst [Praes.], s. K l a u b a r t, Christian Wilh.: De decreto distributionis in concursibus creditorum nonnullibi recepto.

**Tenzel**, Ernst [Praes.], s. K o e h l e r, Heinr. Gottlob: De inspectione oculari.

**Tenzel**, Ernst [Praes.], s. K ö n i g, Johann Christoph: De vidua defuncti mariti debita suscipiente, an gaudeat beneficio Scti Vellej. et auth si qua mulier?

**Tenzel**, Ernst [Praes.], s. L a m p e, Joh. Christ.: De cura maritali.

**Tenzel**, Ernst [Praes.], s. L a u r e n t i u s, Jo. Friedr.: De differentiis juris civilis et saxonici circa materiam ultimarum voluntatum.

**Tenzel**, Ernst [Praes.], s. L o e b e r, Chr. Wilh.: De laesione in contractu.

**Tenzel**, Ernst [Praes.], s. M e r t e n s, Johann Peter: De famoso rescripto imperatorio L. 2. C. de Rescind. Vend.

**Tenzel**, Ernst [Praes.], s. M ü l l e r, Johann Adam: De advocati justo circa causam injustam patrocinio.

**Tenzel**, Ernst [Praes.], s. N e u b e r, Augustin: De necessaria legum civilium universalitate, et in ea adhibenda aequitate.

**Tenzel**, Ernst [Praes.], s. O c k e l, Achat: De jure rescindendi transactionem.

**Tenzel**, Ernst [Praes.], s. P a u l i t z, Georg Heinrich: De eo, quod potiss. secundum Ll. imp. et Sax. elect. circa conciones justum est.

**Tenzel**, Ernst [Praes.], s. P e z o l d, Ernst Christian: De ista theoretica et practica quaestione: utrum sententia judicis injusta debitori per illam absoluto plenam praestare valeat liberationem?

**Tenzel**, Ernst [Praes.], s. P f l i c k, Johann Gottlieb: Spiritum rationis jacturam crediti tutoris, uno pluribusue sibi junctis firmantem. patria lingua: Vom verursacheten Verlust der Schuld-Forderung eines neben einem oder mehr Vormünderen verordneten Vormundes.

**Tenzel**, Ernst [Praes.], s. P i e r e r, Johann Friedrich: De arbitrio circa poenas.

Tenzel, E., De probatione et reprobatione bonorum censiticorum, Zins- und Erbgüther. 8⁰. Lipsiae 1712.

**Tenzel**, Ernst [Praes.], s. R i e d e, Johann Nikolaus: De majorum in integrum restitutione.

**Tenzel**, Ernst [Praes.], s. R o s e, Johann Friedrich: De effectu inimicitiarum capitalium in jure.

**Tenzel**, Ernst [Praes.], s. S a u l, Gottfried: De dispositione ultimarum voluntatum ad pias causas.

**Tenzel**, Ernst [Praes.], s. S c h e f f e r, Georg Samuel: De stigmatibus in facie, Von Brandmalen im Angesicht.

**Tenzel**, Ernst [Praes.], s. S c h m i d, Johann Heinrich: De injuria novercarum activa et passiva.

**Tenzel**, Ernst [Praes.], s. T a u b e r, Johann Christoph: De jure prohibendi, quo civitates Saxonicae utuntur.

**Tenzel**, Ernst [Praes.], s. T e n z e l l, Ernst Immanuel: De hypotheca tacita, quatenus libros studiosorum afficit.

**Tenzel**, Ernst [Praes.], s. T e n z e l l, Wilhelm Heinrich: De judicio possessorio ordinario et summario.

**Tenzel**, Ernst [Praes.], s. U t t e r m a n n, Johann Karl: De eo quod justum est, circa donationes a principe in filios familias maxime collatas.

**Tenzel**, Ernst [Praes.], s. W e r n e r, Johann Friedrich: De tortura testium vernac. Peinlich Zeugen=Verhör, ubi simul larvam injustitiae huic carnificinae a doctoribus tributam detraxit.

**Tenzel**, Ernst [Praes.], s. W o l f f, Christian Gottlieb: De jure protimeseos, simultaneе investitis post literas reversales de libera feudum alienandi facultate datas competente.

**Tenzel**, Ernst [Praes.], s. Z e n n e r, Georg Amandus: De usucapionibus et praescriptionibus.

**Tenzel**, Ernst [Praes.], s. Z e u n i g, Johann Gottfried: De praecepto judiciali de non solvendo in genere, et in specie, an illud cursum usurarum sistat? secundum tenorem nov. decis. electoral. 27.

**Tenzel**, Ernst [Praes.], s. Z i m m e r m a n n, Johann Christian: Dissertatio inauguralis juridica, sistens decadem quaestionum juridicarum theoretico-practicarum.

**Tenzel**, Ernst [Praes.], s. Z i m m e r m a n n, Otto Johann Gottlieb: De minorum restitutionis in integrum primo capite, seu de aetate infirma.

**Tenzel, F. J. De domaniis principum alienabilibus. 8⁰. Erford. 1728.**

**Tenzel**, Franz Bernhard Richard

**Tenzel, (F. B. R.,) ökonom.=polit. Arithmetik, z. Gebrauch öffentl. Vorlesungen. Mit 6 Figuren=Tafeln. 8. Kempten 822, Dannheimer. Rthlr.**

**Tenzel**, Frz. Bernh. Rich., Beschreib. e. besond. Pflanzenkrankheit. 8. Kempten, 1819. Erlangen, 1821. (Frankfurt, Heyder u. Z.) — 2½

**Tenzel, Frz. Bhrd. Rich., († d. 17. April 1820.) Lehrbuch der ökonom.=polit. Arithmetik, zum Gebr. öffentl. Vorlesungen. Mit 6 Figuren=Tafeln. 8. Kempt. 822. 2e A. 829. Dannheimer. 12 gr (Nach sm. Tode.)**

Tenzel (F. B. A.). Nomenclator systematicus in L. **Plukenetii** Phytographiam. Erlangae, 1820. 8°.

**— Nomenclator Systemat. in Leon. Plukenetti Phytographiam. 4. Erlang. 821. Heyder. 12 gr**

Tenzel, Frz. Bhrd. Rich., Preisfrage: Wie kann in Deutschland die Zunftverfassung am zweckmässigsten modificirt werden, um zu bewirken, daß die Vortheile derselben erhalten werden, die Nachteile aber möglichst vermindert werden. gr. 8⁰. Landshut, Weber in München, 1817.

Tenzel (F. B.). Sammlung verschiedener Merkmale, welche Seeleute am adriatischen und mittelländischen Meere von dem bevorstehenden Wetter haben. Innsbruck 1820. 8.

— Samml. verschied. Merkmale, welche Seeleute am adriat. u. mittelländ. Meere von dem bevorstehend. Wetter haben, nebst Beobachtt. der Neigung der Magnetnadel auf e. Seereise im J. 1807. gr. 8. Erlang. 821. Heyder. 2 gr.

Tenzel, Franz Jos. Bernh., s. Tenzel, Franz Bernhard Richard

Tenzel, Joh. Friedrich, beider Rechte Doktor.
Ursachen, die mich nötigen, von den Lutheranern über einige ihrer Meinungen in Glaubenspunkten Rede u. Antwort zu fordern u., falls sie mir nicht Genugthuung thun, mich mit der kath. Kirche desfalls zu vereinigen. Denselben zur Beantwortung, mir aber zur Prüfung vorgestellt von Joh. Friedr. Tenzel, J. U. D. 1761, 60 S. (ohne Druckort). — Räß X, 227—48.

Tenzel, J. F., Ursachen v. d. Lutheranern über ihre Meinungen. 2 Stck. 8. Erfurt, Straube. 761.

Tenzel, Wilhelm Ernst, s. Tentzel

Tenzell, Ernst, s.a. Tenzel

Tenzell, Ernst [Praes.], s. Denner, Friedrich: De convenientia et disconvenientia juris Saxonici et juris Magdeburgici in processu executivo.

Tenzell, Ernst (Präs.), s. Horst, Johann Jacob: De legitimo praedii rustici possessore Saxonico.

Tenzell, Ernst (Präs.), s. Hübener, Carl August: De honorariis.

Tenzell, Ernst Immanuel [Praes.], s. Hase, Johann Friedrich: De domaniis principum inalienabilibus.

Tenzell, Ernst Immanuel (Erfurt) A. S. 835/21

Dissertatio iuridica de hypotheca tacita, quatenus libros studiosorum afficit. Präs. Ernst Tenzell (Vater).
Erfurt (Jungnicol) 6. V. 1721. 28 S.

Gew.: Präs. 34223

Tenzell, Wilhelm Heinrich (Magdeburg) A. S. 751/4

Dissertatio inauguralis juridica, de judicio possessorio ordinario et summario. Präs. Ernst Tenzel.
Erfurt (Müller) 29. V. 1705. 40 S. 34224

Tenzler, Mor., und Karl Engelhardt, 3⅓procentige Zinsberechnungs-Tabelle für die Landes-Sparkassen des Fürstenthums Reuss j. L. qu. 4. (41 S.) Schleiz 884, (Lämmel.) geb. ** 3 —

Teodolitos, instrumentos astronómicos y brújulas del Instituto matemático mecánico de F. W. Breithaupt & Sohn en Cassel, Alemania. Con su descripción, teoría, uso y medios de arreglarlos y corrigirlos. Nueva ed. aumentada y corregida p. Francisco Reynoso, Guanajuato, y Guillermo Breithaupt, Cassel. *(Itzehoe: Impr. de G. J. Pfingsten) 1896.* (v, 68 S.) 1 Bd 4. [98. 7879

Teodorescu, Jon: Der Getreidehandel in Rumänien. Mit Rücksicht auf seine gegenwärtige und zukünftige Organisation. Tübingen 1910: Laupp. VI, 103 S. 8°
Tübingen, Staatswiss. Diss. v. 15. März 1910, Ref. Fuchs
(Nur in beschränkter Anzahl für den Austausch)
[Geb. 5. Febr. 80 Craiova; Wohnort: Craiova; Staatsangeh.: Rumänien; Vorbildung: Oberrealsch. Craiova Reife 01; Studium: Leipzig Handelshochsch. 4. Univ. 2. Tübingen 1 S.; Rig. 24. Febr. 10.] [U 10. 4236

Teodorowicz, Jos., das „Vater unser" der Kultur. (24 S.) kl. 8 Wien 905. St. Norbertus. — 10
Sonderabdruck aus: „Vaterland".

Teofrasta Charaktery obyczajowe, Epikteta rekoksiag i Cebesa obraz zycia ludzkiego przełożył z Greckiego na jezyk Polski C. C. Mrongowius. 8. (8 B.) Danzig 845, Anhuth. *

Teophilus, d. heil., Schrift an Antolykus, s.: Bibliothek der Kirchenväter.

Tepe, G. Bernard., institutiones theologicae in usum scholarum. Vol. I. gr. 8. Paris 894. P. Lethielleux. n. 4. 80
Tractatus de vera religione, de ecclesia Christi, de verbo Dei scripto et tradito. (636 S.)

Tepe, G. Bernardo, S. J., institutiones theologicae in usum scholarum. Vol. II—IV. (Finis.) gr. 8. Paris, P. Lethielleux. à n. 4. 80
II. Tractatus de deo uno, de deo trino, de deo creatore. (672 S.) 895.
III. Tractatus de gratia, de virtutibus theologicis, de verbo incarnato. (780 S.) 896.
IV. Tractatus de sacramentis in genere et in specie de novissimis. (823 S.) 896.

Tepe, Geo., über die Freiheit und Unfreiheit des menschlichen Wollens. Ein Leitfaden für Selbstdenker. gr. 8. (53 S.) Bremen 861, Heyse's Verlag. *

—— die praktischen Ideen. Nach Herbart. gr. 8. (55 S.) Leer 861, Bock's Buchh.

— Schiller u. die praktischen Ideen. 2. Anhang zu „Die praktischen Ideen nach Herbart. Emden 863. Haynel. gr. 8. (39 S.) n. 8 ngr.

Tepe, Geo. Friedr., ethische Abhandlungen. gr. 8. (IV, 91 S.) Cöthen 888, O. Schulze's Verlag. * 1 80

Tepe, Hermann: Die Fürsorgepflicht des Prinzipals gegenüber dem Handlungsgehilfen unt. Berücks. d. neuesten Entwickl. [In Maschinenschrift.] 74 S. 4°(2°). — [Auszug nicht gedruckt.]
Göttingen, R.- u. staatswiss. Diss. v. 4. Nov. 1920 [1921], Ref. Müller-Erzbach
[Geb. 17. Nov. 93 Hannover; Wohnort: Hannover; Staatsangeh.: Preußen; Vorbildung: Leibnizsch. Hannover Reife 12; Studium: Leipzig 2, Freiburg 1, Göttingen 3 S.; Rig. 5. Mai 20.] [U 21. 547

Tepe, Leo [Wirkl. Name], s.a. Heemstede, L. van [Pseud.]

Tepe van Heemstede, Leo, s. a.: Heemstede, Leo van.

Tepe van Heemstede, Leo, s.: Dichterstimmen d. Gegenwart.

Simon von Montfort. Drama in 5 Aufz. von L. v. Heemstede [d. i. Leo Tepe]. Paderborn: Junfermann [1907]. (154 S.) 8° [F.] [08. 5634

Catharina von Siena. Drama in 5 Aufz. von L. v. Heemstede [d. i. Leo Tepe]. Paderborn: Junfermann 1908. (118 S.) 8° [F.] [08. 13164

Tepel, Florenz (geb. Steele im Rheinl. (31. 10. 1842)): Beitrag zur pathologischen Anatomie der congenitalen Syphilis. Berlin (1874). (35 S.) 8°
Berlin, Med. Diss. v. 11. Aug. 1874

**Tepel**, Frdr., die rechtliche Natur der Militärconventionen im deutschen Reiche u. ihr Einfluss auf die Einheitlichkeit d. Reichsheeres. Diss. gr. 8. (IV, 64 S.) Hannover 891. (Göttingen, Vandenhoeck & Ruprecht.) n. 1. 40

**Tepelmann**, Friedrich [Referendar am K. Landger. zu Hannover]: Die rechtliche Natur der Militärconventionen im deutschen Reiche und ihr Einfluss auf die Einheitlichkeit des Reichsheeres. ... Hannover, Druck v. C. Küster, 1891; 2 Bl., 64 S. 8°
Göttingen, Jur. Fak., Inaug.-Diss. v. [18. März] 1891

**Tepelmann**, R., Rosennamen-Dolmetscher. Ein Führer durch den Irrgarten der fremden Rosennamen, enth. die bericht. Schreibg., genaue Aussprache u. die Übersetzung bezw. Erklärg. von üb. 2400 fremden Rosennamen. 8. (IV, 77 S.) Ratzeburg 890. Frankfurt a/M., Jaeger's Verl. n.n. — 80

**Tepfer**, Max [app. Arzt aus Öls]: Heilung eines complicirten Schädelbruches durch Trepanation und Deckung des Knochendefectes nach modificirter König'scher Methode ... München, Buchdr. v. M. Ernst, 1892; 19 S. 8.
München, Med. Fak., Inaug.-Diss. v. [10. März] 1892

**Tephila.** Preßburg, 1856. Vormals Schmid'sche Buchdruckerei. Wien. Verlag von J. Knöpflmachers Buchhandlung. (168 Bl. 8.)

**Tephilath** adath Joschurun. Vollständiges Gebetbuch f. alle Tage d. Jahres m. deutscher Bezeichng. der Gebetstücke, geordnet nach den Gebetbüchern v. W. Wessely u. Letteris. 8. (342 S.) Prag 884. Brandeis. geb. n.n. — 90

**Tephilath Israel** oder Gebete der Israeliten. Hebräischer Text allein mit vielen Verbesserungen u. Zugaben, wie z. B. Jozeros learba Parschios. gr. 8. Prag 841, Verlags-Expedit. von Haase Söhne. n. 9 ngl Velin- od. Schreibp. n. 14 ngl Prachtausg. n. 24 ngl

— dass. Text mit deutscher Uebersetzung (in jüdisch-deutscher Schrift) von Wolfg. Wessely. gr. 8. Ebend. 841. n. 14 ngl Velinp. n. 2/3 ß Schreibp. n. 18 ngl Prachtausg. n. 27 ngl

— dass. Text mit gegenüberstehender deutscher Uebersetzung von Wolfg. Wessely. gr. 8. Ebend. 844. n. 18 ngl Velinp. n. 28 ngl Prachtausg. n. 1 1/6 ß

— oder (Derech Hachajim-Sidur) Gebete mit den betreffenden Ritualvorschriften u. rabbinischen Satzungen von Rabbi Jacob Lissa, Text allein. gr. 8. Ebend. 841. n. 1 ß 2 ngl Velinp. n. 1 ß 24 ngl Prachtausg. n. 2 ß 4 ngl

— oder Gebetordnung der Israeliten. Text allein. 32. Ebend. 841. n. 4 ngl Velinp. n. 7 ngl Prachtausg. n. 9 ngl

— — mit Derech hachajim. (Neue Ausg.) Prag 855. Haase. gr. 8. (272 S. hebr. Text.) n. 1 ß. 8 ngr.

Tephillath Israel. סדר תפלת ישראל. 2. Aufl. 32. (384 S.) Prag 857, Haase Söhne. *

— Israel. Gebete f. sämmtl. Wochentage u. Sabbate. 5. Aufl. 32. (414 S.) Ebend. 883. geb. m. Goldschn. n — 50

**Tephilath** Israel. (Vollständiges Gebetbuch in hebr. Sprache.) 8. Aufl. 32. (413 S.) Prag 891. J. B. Brandeis. Geb. in Leinw. m. Goldschn. n. — 50

**Teping**, Heinrich, aus Lutten i. Oldbg.: Die Entwickelung der Landwirtschaft im oldenburgischen Münsterland während der letzten vier Jahrzehnte. *Vechta 1903: Vechtaer Druckerei u. Verlag.* (47 S.) 8° [J.]
Gießen, Phil. Diss. v. 1903

**Tepl, Die Prämonstratenser-Abtei.** Würzburg u. Wien 1883. V: *Karlik, Hugo Joh.* (Goovaerts, Écrivains de l'ordre de Prémontré. I. Bruxelles 1899. S. 433, Nr. 8.)

**Tepling**, Georg: (Aus der geburtshilflich-gynäkologischen Universitäts-Klinik der Charité.) Über puerperale Osteomalacie. Kasuistischer Beitrag. *Berlin (1898): W. Röver.* (44 S.) 8°
Berlin, Med. Diss. v. 29. Apr. 1898

**Tepling**, Matthias, Arzt a. Spandau: Über Hysterie im Kindesalter. Rostock 1907: Adlers Erben. (41 S.) 8°
Rostock, Med. Fak., Ref. Schuchardt, Diss. v. 14. Sept. 1907
[Geb. 11. Juni 82 Spandau; Wohnort: Spandau; Staatsangeh.: Preußen; Vorbildung: Gymn. Spandau Reife O. 00; Studium: Berlin 9, Rostock 3 S.; Coll. 12. Juli 06; Approb. 31. Aug. 07.]

Teplitz [Sachliches OW]

**Teplitz** (Bessarabien), s. Weiß, H.

**Teplitz.** Haupt-Ansicht im feinsten engl. Stahlstich mit sauber (lith. u.) kol. Situations-Plan u. kurzgefaßten histor., statist.-topograph. u. medizin. Notizen v. Thdr. Ludw. Richter. qu. Fol. (7 S.) Karlsbad 849, Gebr. Franieck. n. 1 ß

**Teplitz** im Jahre 1830, 1831, 1832 oder Almanach für die Teplitzer Kurgäste ... Prag 1831—33. II: *Eichler, Andreas Chrysogon* (nicht *Gustav*). (GGr)

**Teplitz** vor dreihundert Jahren oder der böhmische Dichter Thomas Mitis und seine Idylle über Teplitz ... Prag 1836. V: *Millauer, Maximilian* [?]. (GGr VI, 736)

**Teplitz** u. die benachbarten Curorte, s. Beiträge zur Balneologie.

Töplitz [Teplitz] ,seine Quellen und Umgebungen. Ein Taschenbuch für Fremde... Nebst e. Abb. der Gegend und des verfallenen Schlosses bey Graupen. Neue verb. u. verm. Aufl. Pirna: Friese [1808]. VI,82 S. 8°

— u. Schönau. (Plan.) qu. Fol. Lith. u. color. Carlsbad 849, Gebr. Franieck. n. 1/3 ß

**Teplitz** mit seinen Umgebungen auf Befehl des K. K. Oesterr. General-Quartiermeisterstabs aufgenommen nach der Natur. Gestochen von A. Withalm u. C. Stein. Herausgegeben im Jahre 1832. 1:28,800. 1 Bl.

Teplitz [Schlagwort]

**Teplitz**, s.a. Erzgebirge, Stelzig, H.

**Teplitz.** Loos, C., Plan v. Teplitz u. seiner Umgebung. Chromolith. qu. gr. Fol. Wien 886. Anger. n. — 80

Teplitz, Plan von, u. seine Umgebung, gezeichnet u. lithograph. v. Carl Loos. Wien: Gilbert Anger 1885.

Teplitz [Verfasser]

Teplitz, M. B. von [Pseud.], s.a. Bauer, Max

Teplitz, M. B. v., gekrönte Messalinen. Geschichtliche Studien. 2. Aufl. 8. (V, 173 S. m. 5 Bildnissen.) Berlin (902). Iris-Verlag. n. 3.—

Gekrönte Messalinen. Geschichtliche Studien von M. B. v. Teplitz. 2. Aufl. *Berlin: Iris-Verl. [1903].* (173 S.) 8° [F.] [03. 4156

Teplitz-Schönau [Sachliches OW]

Bad Teplitz-Schönau und Umgebung. Prakt. Führer f. Reisende. Ratgeber f. Kurgäste. 12. Aufl., neu bearb. von Stadtsekr. Dr. J. Scheider. Mit 3 Karten. Berlin: A. Goldschmidt 1907–08. (IV, 111 S.) 8°
= Reiseführer, Griebens. Bd 44. [07. 13603

**Teplitz-Schönau, der Curort, in Böhmen.** Hrsg. v. Stadtrathe zu Teplitz-Schönau. Analyse u. einleit. Bericht v. Liebreich. 8. (45 S. m. 1 Taf.) Teplitz 898. (A. Becker.) n. —40; engl. Ausg. (44 S. m. 1 Taf.) n. —50; französ. Ausg. (47 S. m. 1 Taf.) n. —50

Teplitz-Schönau mit Umgebungen. Wegweiser f. Reisende. Ratgeber f. Kurgäste. M. 2 neuen Kt. 10. Aufl. *Berlin: A. Goldschmidt 1896.* (IV, 96, 4 S., 1 Pl., 1 Kt.) 1 Bd 8.
= Reisebücher, Griebens. Bd 44. [96. 6691

Teplitz-Schönau und Umgebungen. Prakt. Führer f. Reisende. Ratgeber f. Kurgäste. 11., neu bearb. Aufl. Mit 3 Karten. *Berlin: A. Goldschmidt 1901.* (IV, 92 S.) 8°
= Reisebücher, Griebens. Bd 44. [04. 3846

**Teplitz-Schönau** und Umgebungen. Prakt. Führer f. Reisende. Ratgeber f. Kurgäste. 11., neu bearb. Aufl. Bln '01. IV, 92 S. (Griebens Reisebücher. 44.)
— 12. Aufl. neu bearb. v. J. Scheider. '07—08. IV, 111 S.

Teplitz-Schönau [Schlagwort]

**Teplitz-Schönau,** s.a. Woerl's Reisehandbücher.

**Teplitz-Schönau.** Plan, neuester, der Badestadt Teplitz-Schönau. Farbendr. 26×39,5 cm. Mit Text am Rande. Teplitz 892. A. Becker. n. —60

Teplotz, Stephan

Teplotz, St., Ethica christiana. Tom. I. (Fasc. 1.) Introductionem et arctologiam puram cont. 8 maj. (11¾ B.) Pragae 831, Haase Söhne. 10 Gr., Schrbp. 12 Gr., Vlnp. — 16

**Teplotz, Steph.,** de christianae philosophiae vi ad societatis humanae sospitatem tuendam. Oratio academica. 8maj. (50 S.) Viennae 850, Braumüller. *

Teplow, M. N., die Schwingungsknoten-Theorie der chemischen Verbindungen. [Aus dem Russ. übers. von L. Jawein.] 1. und 2. Lfg. Lex.-8. St. Petersburg. (Leipzig, Voss' Sortiment.) [1. Lfg. (S. 1—72 mit eingedr. Fig. und 1 Taf.) 885. *M 2.—; 2. Lfg. (IV, S. 73—136 mit eingedr. Fig. und 1 Taf.) 886. *M 3.—] * 5 —

**Teply, J.,** Unterr. von der Anzucht, Veredlung, Wartung u. Pflege der Obstbäume. 8. Prag 822. (Krauß; auch Haase, Söhne). 4 gr

Teply, J., Unterricht v. d. Anzucht, Veredlung, Wartung u. Pflege d. Obstbäume, z. Gebrauche f. d. Landmann u. d. Volksschulen. 8. Prag, 1823. (Haase Söhne.) — 5

Teply, (J.,) Unterr. v. d. Anzucht, Veredlung, Wartung u. Pflege d. Obstbäume. 8. Prag 823. (Krauß.)

Teply Johann: Einfluß der Gesichte Philanders von Sittewald auf die Dichtung Tiecks und Ueberblick über das Verhältnis Tiecks zur Literatur des 17. Jahrhunderts überhaupt.
II. 1899 PN 1187 Diss. Wien, Univ. 88

Lebensbeschreibung des heil. Anton Maria Zaccaria, Stifter d. Barnabiten. Nach d. Italien. des Barnabiten Al[essandro] M. Teppa. *Fulda: Actiendr. in Comm. 1900.* (227 S.) 8° [F.] [01. 999 4

**Teppa, Al. M.,** O. Barn., Lebensbeschreibung des hl. Anton Maria Zaccaria, Stifters der Barnabiten. Nach dem Ital. gr. 8. (VII, 227 S.) Fulda 900. (Fuldaer Actiendruckerei.) n. 2.20

**Tepper, Friedrich,** Duell-Regeln für Officiere und Nachschlagebuch in Ehrenangelegenheiten. 12. (27 S.) Wien: Seidel 1898. —.50

[F.] K[urt] v. Tepper-Laski. Actuelles vom Rennsport. *Berlin: P. Parey 1896.* (2 Bl., 42 S.) 1 Bd 8. [96. 4090

— Rennreiten. Prakt. Winke f. Rennreiter u. Manager. 8. (IX, 166 S. m. 1 Bildn. u. 16 Taf.) Ebd. 897. Geb. in Leinw. n. 7.—

Rennreiten. Prakt. Winke f. Rennreiter u. Manager von K[urt] v. Tepper-Laski. 2., verb. Aufl. Mit 28 Taf. *Berlin: P. Parey 1903.* (X, 184 S.) 8° [03. [illegible]

**Tepper-Laski, K. v.,** Rennreiten. Praktische Winke f. Rennreiter u. Manager. 2., verb. Aufl. (X, 184 S. m. 28 Taf.) 8. Berlin 905. P. Parey. Geb. in Leinw. n. 6.—

**Teppiche, altorientalische.** Im Anschluss an das in den J. 1892 bis 1896 vom k. k. Handelsmuseum in Wien veröffentlichte Werk: Oriental. Teppiche, hrsg. vom k. k. österr. Museum f. Kunst u. Industrie in Wien. (In 4 Lfgn.) 1. Lfg. (6 farb. Taf. m. 3 Bl. Text.) 68×50 cm. Leipzig 906. K. W. Hiersemann. Subskr.-Pr. n.n. 85.—; engl. u. französ. Ausg. je n.n. 85.—

**Teppiche, altorientalische.** Im Anschluss an das in den J. 1892 bis 1896 vom k. k. Handelsmuseum in Wien veröffentlichte Werk: Orientalische Teppiche, hrsg. vom k. k. österreich. Museum f. Kunst u. Industrie in Wien. 25 Taf. in farb. Kombinationsdr., m. e. Vorwort des Hrsgs. A. v. Scala, Einleitg. v. Wilh. Bode, Text v. Frdr. Sarre. 2.–4. Lfg. (19 z. Tl. farb. Taf. m. XVI S. Text.) 67,5×51,5 cm. Leipzig 907. 08. K. W. Hiersemann. Subskr.-Pr. à nn 85.—; engl. u. französ. Ausg. à nn 85.—
(Vollständig in Mappe, erh. Pr.: 400.—)

**Teppiche, die, des Orients u. der unreelle Handel damit.** gr. 8. (11 S.) Stuttgart 900. G. Geiger. —25

**Teppiche, orientalische.** Mit Unterstützg. d. k. k. Handelsministeriums u. d. k. k. Ministeriums f. Cultus u. Unterricht hrsg. vom k. k. österr. Handelsmuseum. (In 10 Lfgn.) 1.—6. Lfg. (à 15 Taf. m. je ca. 4 S. Text.) gr. Fol. Wien 892. 893. Verlag d. österr. Handelsmuseum. Subskr.-Pr. f. d. vollständ. Werk n.n.n. 400 Kronen ö. W.
Nicht im Buchhandel, nur direct vom Handelsmuseum zu beziehen.

— u. **Stickereien,** orientalische, s.: Sonderpublikation der Zierform.

**Teppich-Erzeugung** im Orient. Monographien v. Sir George Birdwood, Wilh. Bode, C. Purdon Clarke, M. Gerspach, Sidney J. A. Churchill, Vincent J. Robinson, J. M. Stoeckel. Hrsg. vom k. k. österr. Handelsmuseum. Mit 4 Lichtdr.-Taf. u. 30 Abbildgn. im Texte. Lex.-8. (III, 205 S.) Wien 895. Verl. des österr. Handelsmuseum. n. 10. —

Teppich-Muster, altnorwegische. Hrsg. v. der Direction d. Kunstindustrie-Museums zu Christiania. Mit norweg., deutschem u. engl. Text v. H. Grosch. Fol. (9 farb. Taf. m. 4 S. Text.) Berl. 889, Asher u. Comp. In Mappe * 24 —

**Teppich- u. Möbelstoff-Zeitung**, deutsche, m. Berücksicht. v. Portierenstoff-, Jute-, Gardinen-, Läuferstoff-, Linoleum-, Farben- u. s. w. Fabrikation u. Handel. Hrsg. in Gemeinsch. m. anerkannt tücht. u. in d. betheiligten Kreisen anges. Fachmännern u. Schriftstellern. Schriftleiter: Carl Koch. 1. Jahrg. Juli—Decbr. 1895. 12 Nrn. (Bog.) gr. 4. Darmstadt. Berlin, K. Koch-Krauß. Postfrei n. 4. —

— dasselbe. 2. Jahrg. 1896. 24 Nrn. (à ca. 2 Bog. m. Abb.) gr. 4. Ebd. Postfrei n. 8. —

— dasselbe. 3. u. 4. Jahrg. 1897—1898. à 24 Nrn. (à ca. 12 S.) gr. 4. Ebd. à Jahrg. n. 8. —
Kann auch halbjährlich bezogen werden.

**Teppich- u. Möbelstoff-Zeitung**, deutsche. Gardinen, Läuferstoffe, Linoleum-Wachstuch, Cocos-Manilla, Decken. Officielles Organ des „Verband der Teppich-, Linoleum- und Möbelstoff-Händler Deutschlands". Schriftleitung: Karl Koch. 5. u. 6. Jahrg. 1899 u. 1900. à 24 Hfte. gr. 4. (II, 318 u. IV, 396 S. m. Abb.) Berlin, K. Koch-Krauss. à Jahrg. n. 10. —

— — dasselbe. Illustr. kunstgewerbl. Fachzeitg. f. textile u. dekorative Ausstattg. der Wohnräume. Offizielles Organ des „Verband der Teppich-, Linoleum- u. Möbelstoff-Händler Deutschlands". Schriftleitung: Karl Koch. 7. u. 8. Jahrg. 1901 u. 1902. à 24 Hfte. gr. 4. (IV, 416 u. IV, 364 S.) Ebd. à Jahrg. n. 10. —

**Teppich- u. Möbelstoff-Zeitung**, deutsche. Fachblatt f. Teppich-, Linoleum-, Möbelstoff-, Gardinen- usw. Fabrikation u. Handel. Offizielles Organ des „Verband der Teppich-, Linoleum- u. Möbelstoff-Händler Deutschlands" usw. Hrsg.: Karl Koch. 9.—12. Jahrg. 1903—1906. à 24 Hefte. (360, 388, 392 u. 452 S. m. Abbildgn.) gr. 4. Berlin, K. Koch-Krauss. à Jhrg. n. 10. —

**Teppich- u. Möbelstoff-Zeitung**, deutsche. Illustrierte Zeitschrift f. „Textile u. Wohnungs-Dekoration". Fachorgan f. Teppich-, Linoleum-, Möbelstoff-, Gardinen- u. s. w. Fabrikation u. Handel. Offizielles Organ des „Verband der Teppich-, Linoleum- u. Möbelstoff-Händler Deutschlands" E. V. usw. Hrsg.: Karl Koch. 13.—16. Jahrg. 1907—1910. à 24 Hefte. (IV, 408; IV, 444; IV, 408 u. IV, 552 S. m. Abb.) 31×23,5 cm. Berlin, Verlagsanstalt K. Koch & Co. à Jahrg. 10. —

**Teppner**, Frdr., Duell-Regeln f. Officiere u. Nachschlagebuch in Ehrenangelegenheiten. gr. 16. (27 S.) Graz 898. (Wien, L. W. Seidel & Sohn.) n. 1. —

Japanische Dramen **Terakoya** und Asagao übertr. von Prof. Dr. Karl Florenz. 2. Aufl. *Leipzig: C. F. Amelang; Tokyo: T. Hasegawa [1901].* (Getr. Pag.) 8°
[ol. 12556

**Téram**, A., die Petroleuse, s.: Laicus, Ph.

**Terani**, A., eines Kindes Phantasie u. Leben. Märchen u. Jugend-Erinnerungen für Zwölfjährige. 8. (VI, 198 S.) Freiburg i/Br. 880. Herder. 1. 80

— Schwiegermütter u. Schwiegertöchter. Praktische Winke in belletristischer Form. 8. (108 S.) Mainz 879. Kirchheim. 1. 20

**Teranus**, B. E., s. a.: Zapp, Arth.

— Hurraschreier. Ein Zeitroman. (382 S.) 8. Dresden 908. C. Reißner. 4.—; geb. 5. —
125*

**Teranus**, B. E., der letzte Krieg. Ein Zukunftsbild. 1.—3. Taus. (275 S.) 8. Berlin (907). Verlag Continent. 3.50; geb. 4. 50

Terbeck, Joseph. Geordnetes Verzeichniss der Abhandlungen, welche in den Schulschriften sämmtlicher an dem Programmentausche Theil nehmenden Lehranstalten vom Jahre 1864—1868 erschienen sind. Münster, Druck und Papier von Friedrich Regensberg. 1868. Programm des Gymnasiums zu Rheine. **Progr.**

**ter Beek**, Cornelius: Die allgemeine Therapie des Galen. (Schluss von Buch 1.) *Berlin (1898): G. Schade.* (29 S.) 8°
Berlin, Med. Diss. v. 5. Aug. 1898

**Terberg**, Hugo, Verse. 8. (143 S.) Großenhain 897. Baumert & Ronge. n. 2. —; geb. n. 3. —

**Terbille**, Aug., Kaiser Wilhelm II. Ein Lebensbild. gr. 8. (27 S. m. 1 Bildnis.) Paderborn 891. F. Schöningh. n. — 60

**Terborch's**, Gerh., Biographie u. Charakteristik, s.: Lemcke, C.

**Ter Borch**, Gerard, eine Dame m. ihrer Magd, s.: Blätter, bunte, aus aller Welt.

**Terborch**, Gerard, das Konzert, s.: Meisterbilder fürs deutsche Haus.

— Die Lautenspielerin, s.: Blätter, bunte, aus aller Welt.

Terborg, T. E. Blätter u. Blüten v. Wegesrand. . . Volks-Ausgabe Illustriert. Milwaukee, 1898.

**Ter-Brugge, van den Bogaerde, A. J. L. de, Essai sur l'importance du commerce, de la navigation et d'industrie, dans les provinces formant le royaume des Pays-Bas, depuis les temps les plus reculés jusqu'en 1830, 3 Vols. roy.-8. (48 B.) La Haye 845, Noordendorp. Thlr. ***

**Terbrüggen**, H., Begleitwort, s.: Kindes, des, Heimat.

Führer durch Tecklenburg und Umgegend. Hrsg. von Lehrer H. Terbrüggen. (Tecklenburg): Howe [um 1908]. 28 S. 8°

Terbrüggen, Heinrich (Hrsg.), s. Elternhaus und Schule.

**Terbrüggen**, Heinr., ein junges Kleeblatt. 3 Erzählungen. (III, 107 S.) 8. Dresden 905. E. Pierson. n. 1. 50; geb. n. 2. 50

— Die gesellschaftliche Stellung des Lehrers, s. a. Abhandlungen, pädagogische. XIV, 7.

Die gesellschaftliche Stellung des Lehrers. (Vortrag zu Ohligs) von H[einrich] **Terbrüggen**, Lehrer. Bielefeld: Helmich [1910]. 16 S. 8° [Umschlagt.]
(Pädagogische Abhandlungen. N. F. Bd 14, H. 7.)

**Terbrüggen**, W[ilhelm], prakt. Arzt: Über die eitrigen Mittelohrentzündungen im Kindesalter. *Giessen 1902: v. Münchow.* (27 S.) 8°
Giessen, Med. Diss. v. 1902

**Terbrüggen, W.**, welches Interesse hat die Schule an der Erhaltung des Schulvorstandes?, s.a. Schulvorstand od. nicht?

Terbrüggen, W[ilhelm]: Welches Interesse hat d. Schule an d. Erhaltg d. Schulvorstandes? *Berlin [1896].*
in: Schulvorstand oder nicht? [96. 1951]

**Terbrüggen**, Wilh., Zweck u. Nutzen e. Volksbibliothek u. ihre Entwicklung in Hamm. (11 S.) 8. Hamm (910). (Dietrich.) — 30

Terburg, Ernst Wilhelm (Schlesien) Altd. Phs. 38/43

Dissertatio philosophica de controversia utrum dentur actiones per se honestae ac turpes logomachiis annumeranda. Präs. Jo. Christoph Fronmüller. Altdorf (Meyer) 5. III. 1733. 32 S. 34225

**Terburg**, Frdr. (Frhr. v. Hindenburg), die Amerikanerin u. andere Novellen. (VII, 248 S.) 8. Berlin 904. C. Freund. n. 3. —

**Terburg**, Frdr., Erinett. Eine Erzählg. 8. (VII, 218 S.) Berlin 901. E. Goldschmidt. n. 3.—

**Terburg**, Frdr., Erinett. Erzählung. (Umschlag: 3. Aufl.) (VII, 228 S.) 8. Berlin 909. C. Freund. 2. —

— **Wolfgang u. Beate.** Eine röm. Erzählg. (104 S.) 8. Ebd. 903. n. 2. —

**Terburgh** Jun., Johannes Theodorus [Arts, Off. van Gez. 2de Kl. O. I. L. geb. zu Leiden]: Ueber Leber- und Nierencysten ... Leiden, Blankenberg & C., 1891; 144 S. 8.
Freiburg i. B., Med. Fak., Inaug.-Diss. v. 1891

Terburgh jun., Johs. Thdr., üb. Leber- u. Nierencysten. Diss. gr. 8. (144 S.) Leiden 891. Blankenberg & Co. n. 3. —

**Terciario**, el, franciscano. Pequeño manual de instrucción y piedad. 3. ed. (X, 339 S. m. Titelbild.) 16. Freiburg i/B. (910). Herder. 1.12; geb. in Kunstldr. 1.60

(Tercier, J[ules].) La paroisse catholique de Neuchâtel. Son origine et son développement. Au profit de l'église. [Illustré.] 22 p. 8. Fribourg, Impr. de l'Œuvre de Saint-Paul, 1903. [fr. —. 50]

**Tercy**, Madame, neue Kinderwelt, oder moralische Erzählungen für brave Kinder. Aus d. Franz. Mit (5 illum.) Kpfrn. 16. Ulm 834. Ebner. 11 ...

**Terebelský**, Heinr., vollständiges Lehrbuch der böhmischen Sprache für Deutsche. Verbunden mit prakt. Beispielen, Lesestücken und Gesprächen, mit besond. Hinblick auf militär. Ausdrücke. Bearb. nach den vorzüglichsten Quellen. 8. (VI und 288 S.) Wien 853, Wenedikt.

**Terebelský**, Heinr., vollständiges Lehrbuch der böhmischen Sprache für Deutsche. Verbunden mit prakt. Beispielen, Lesestücken u. Gesprächen, mit besond. Hinblick auf militärische Ausdrücke. Bearb. nach den vorzüglichsten Quellen. Wien 854. Wenedikt. 8. (VI, 288 S.) 1 ...

**Terebelský**, H., vollständiges Lehrbuch der böhmischen Sprache für Deutsche. 2. Aufl. 8. Wien 872. Brünn, Karafiat's Verlag. 1 20

**Terebelský's**, H., vollständiges Lehrbuch der böhmischen Sprache f. Deutsche. Verbunden m. prakt. Beispielen, Lesestücken u. Gesprächen, zum Schul- u. Privatunterricht. Nach d. Verf. Tode bearb. v. Zdenko Kříž. 2. gänzlich umgearb. Aufl. 8. (IV, 204 S.) Wien 872. Wenedikt. 1. 80

**Terebelský's**, H., vollständiges Lehrbuch der čechischen Sprache f. Deutsche. Verbunden m. prakt. Beispielen, Lesestücken, Gesprächen u. reichhalt. Wortsammlg. zum Schul- u. Privatunterricht. Nach d. Verf. Tode bearb. v. Zdenko Kříž. 5., umgearb. Aufl. gr. 16. (287 S.) Wien 893. (Leipzig, Literar. Anstalt A. Schulze.) n. 2. —

—— **neueste unfehlbare Methode zur schnellsten Erlernung der polnischen Sprache.** Mit einem Anhange von Aufgaben, Leseübungen, Sprichwörtern etc. Nach den besten Quellen bearb. A. u. d. T.: Der schnell lehrende Pole. Gründliche und leichtfaßl. Anleitung, die poln. Sprache theoretisch und praktisch in 15 eingetheilten Lectionen ohne Lehrer gut zu lesen, zu schreiben und zu sprechen. 16. (108 S.) Wien 852, Wenedikt. Thlr.

**Terechow**, M. v., Waaren-Zoll-Wörterbuch in deutscher u. russischer Sprache zum Zoll-Tarif d. russischen Kaiserreichs f. den europäischen Handel. Mit Bezeichng. der §§. d. Tarifs, Zollgebühr u. der nöthigen Art der Quantitäts Angabe. Die Befugnisse der russ. Zollanstalten in Betreff der Waaren-Abfertigg. und Abfertigungs-Verfahren bei Waaren-Eingang. Beilage: 1) Reglement f. Passagier-Güter. 2) Lagerungs-Geld-Tarif. gr. 8. (VI, 321 S.) Leipzig 871. Wagner. n. 5. —

**Tereg**, J., die neueren Antipyretica, s.a. Vorträge, thiermedizinische.

Tereg J.: Die neueren Antipyretica. Halle 1890. 40 S.
(Thiermed. Vorträge. Bd. 1 H. 11/12). 327

**Tereg**, J., Die neueren Antipyretica. S.-A. Mit Abbildgn. (40 S.) Leipzig 90. Felix. M. 1.50

Tereg, J., Beschreibung eines Herzphantoms aus Gummi, s. Archiv für Anatomie und Physiologie, Suppl.-Bd. zur physiolog. Abthl.

Tereg, J[osef]

—— Tierärztliches Arzneibuch, s. Arnold, Carl.

**Tereg**, J., Grundriss der Elektrotherapie für Tierärzte. gr. 8. (VII, 222 S. m. 93 Abbildgn.) Berlin 902. P. Parey. Geb. in Leinw. n. 7. —

— die Lehre v. der thierischen Wärme. Auf Grundlage der mechan. Wärmetheorie, unter Berücksicht. patholog. Verhältnisse bearb. [Aus: „Handb. d. vergleich. Histologie u. Physiologie d. Haussäugethiere, hrsg. v. Ellenberger".] gr. 8. (VII, 172 S.) Berlin 890. Parey. n. 5. —

**Tereg**, J., Sammlung von Dienstvorschriften für Roßärzte, einschließlich der zutreffenden generellen Bestimmungen. Im Anschluß an Karl v. Helldorf's „Dienstvorschriften der königl. preuß. Armee" bearb. gr. 8. (XIV, 272 S.) Berlin 882, Bath. * 4 50

**Tereg**, J., Toxikologie, s.: Arnold, C., tierärztliches Arzneibuch.

**Terenda**, Gottfr., die weiße Frau. Drama in 3 Akten. (104 S.) 8. Leipzig 903. M. Maeber. n. 2. —

Terentianus Maurus

**Terentianus, M.**, de litteris, de syllabis et de metris, s. a. Grammatici latini.

Terentiani Mauri de litteris syllabis et metris liber, rec. Car. Lachmannus. 8. (7½ B.) Berolini 836, G. Reimer.

Terentiani Mauri de litteris syllabis et metris liber, recens. Car. Lachmannus. 8. Berolini 838. Reimer. ½ ₰

*Terentianus* Maurus de litteris, syllabis, pedibus et metris e recens. et cum notis Laur. Santenii. Opus Santenii morte interruptum absolvit Da. Jak. van Lennep. 4maj. Trajecti ad Rhen. 825. (Leipz., Fr. Fleischer). 6 ₰ 16 gr

Terentius, s. Boettger, Otto.
Stahl, Justus.

**Terentius**, s. a. Lorenz-Terentius.

**Terentius, Lorenz (Fel. Lorenz), die gerettete Moral u. andere Satiren. Illustriert von Paul Haase. 4. Aufl. (45 S.) gr. 8. Berlin (905). Harmonie. n. 1.60**

Terentius Afer, Publius

— Adelphi. Cum interpretatione Donati et Calphurnii et commentario perpetuo. In us. stud. juventutis edid. Arn. H. Westerhovius. Acc. varr. lect. exempl. Bentleji, notatio metrica, selecta Ruhnkenii notatio. Edit. cur. Gf. Stallbaum. 8. Leipz. 830. Hartmann. 12 gr

— Adelphoe. Ed. R. Klotz. 8maj. Ibid. 839. ⅚ ₰

— **Adelphoe.** Principia critica secutus ab usitatis diversa recensuit Mich. Gitlbauer. Cum specimine editionis quadricoloris. gr. 8. (XIV, 32 S.) Wien 896. Verl.-Buchh. „Austria", F. Doll. n. 1.20

**Terenti, P., Andria**, s. a. Bibliotheca latina minor.

— Andria. 12. Basel. (Turneisen fil. Paris.)

— Andria, z. Lehrbuche f. Schauspieldichter, Schauspielliebhaber, mit Donats Commentar übersetzt. 8. Petersburg, (Böhme in Leipz.) 782.

— Andria, zum Lehrbuche f. Schauspieldichter, Schauspielliebhaber, mit Donats Commentar übersetzt. 8. St. Petersb. 782. (Knobloch in Leipz.) 8 gr

Terentius, Publ., Andria, ex recensione R. Bentleji. Addita lectionis varietates ex duobus codicib. Manuscr. excerpta in usum scholar. cur. et animadv. adj. G. W. A. Fickenscher. 8. maj. Altenburg, Rink. (Hinrichs, Lps.) 799.

— *Andria.* Addita lect. var. curav. et anim. adjecit G. W. A. Fikenscher. Altenb. 801. 8. 8 gr. Ed. sec. Lips. 809. 8. 8 gr.
— — Mit Einleitung u. ausführlichem Commentar von Perlet. Ronneb. (Leipz. u. Zwick.) 805. 8. 1 rthlr. 12 gr.

— Andria, edid. cur. Gf. Stallbaum. 8. Leipz. 830. Hartmann. 20 gr

— Andria. Cum scholiis Aeli Donati et Eugraphi commentariis ed. Reinh. Klotz. 8maj. Ibid. 838. ⅔ ₰

**Terentii Afri, P.**, Andria Adelphique ex editione Westerhoviana. Accedunt notae Anglicae. Cura C. K. Dillaway. 12. (186 S.) Philadelphia (839), Schäfer & Koradi. n. ⅚ ₰

Terentii Afri, P., Andria Adelphique ex editione Westerhoviana. Accedunt notae anglicae. Cura C. K. Dillaway. 12. (186 S.) Philadelphia 851, [Schäfer und Koradi.] *

**Terenti Afri, P., Andria, erklärt v. Carl Meissner. gr. 8. (IV, 124 S.) Bernburg 876. Schmelzer. n. 2. —**

—— die Brüder, s. a. Theater-Bibliothek, classische.

— die Brüder; metrisch verdeutscht, mit philolog.-moral. Anmerk. v. Benj. Fr. Schmieder. 8. Halle 791. Hendel. 12 gr

— die Brüder; e. Lustspiel, nach Terenz, (von F. H. v. Einsiedel). Mit 4 Kpf. 8. Leipz. 802. Göschen. 1 ₰

—— die Brüder des, übersetzt v. Friedr. Jacob. 4. (4¼ B.) Lübeck 842, v. Rohden'sche Buchh. **

Terenz, die Brüder, lateinisch und deutsch mit neuen Lesarten aus dem Codex Bembinus von C. G. Geppert. gr. 8. (IV und 139 S.) Berlin 867, Calvary und Comp. *

— les Comédies, avec la traduction et les remarques de Madame Dacier, av. fig. III Vol. gr. 12. Göttingen, Vandenhök et R. 732.

— comédies, par Mad. Dacier. Avec des notes franç. et allemandes. 8. Leipz. 751. ... 8. ibid. 759. Ed. IV. 764. Ed. V. 769.

— Comédies, les, p. M. Sörgel. 8. Lemgo, Meyer. 772.

Terentius, Publ., Comédies, traduction nouv. p. le Monnier. II Vol. Dresd. Walther. 777. Rthlr.

— les Comédies, p. Madame Dacier, avec des Notes franç. auxquelles on en a ajouté d'allemandes pour ce qui concerne les Proverbes, Gallicismes, Idiotismes et autres Phrases les plus difficiles, p. F. I. Tholosan. 8. Lpz. Junius. (Cnobloch.) 781.

— commedie tradotte in versi sciolti da Nicolo Fortiguerri col comment. tedesco. 8. Leipz. 772. Fritsch. (Hahn). 14 gr

— — Comoediae a C. A. Rossio, vide Classicorum Latinorum Vol. 8 — 10.

**Terentii, Afri, Publii, Comoediae recens. Bothe, s. Poetae** scenici latinorum.

— comoediae, recens. notasque suas et Gab. Faerni adjec. R. Bentlejus. 4. Amsterdam 727. Ed. alt. (ed. Chr. Dn. Beck). 8maj. Leipz. 791. Schwickert. 2 ₰

*Terentii* Afri, P., comoediae recte tandem captui juventutis accommodate etc., nach Art des E. Sincerus und Licht gegeben. 8. Augsb. 754.

— comoediae recte tandem captui juventutis accommodatae, od. Erklär. des Terenz, nebst deutschen Summarien d. Kapitel u. doppelten Registern, durch Em. Sincerus. 8. Frkf. a. M. 762. Brönner. 20 gr

— — Ex rec. Lindenbrogii cum ejusdem observatt. atque Donati, Eugraphii, et Calphurnii commentariis cum Bentleii et Faernii lectt. et conjecturis, quibus suas adspersit J. C. Zeunius. Lips. (Regiom.) 774. 2 Tom. 8. 3 rthlr. Ib. 787. 2 Tom. 8. 3 rthlr.

—comoediae. 12. Nürnb. 778.

— — Cum selectis variis lectt. et perpet. adnotat. et notitia literaria. Cura Exteri. Bipont. 779. 80. 2 Vol. 8. 1 rthl. 2 gr. Ib. 786. 2 Tom. 8. 1 rthlr. 10 gr.

— — Ex rec. Lindenbrogii cum var. lectt. cod. Jen. et aliquot edd. antiq. notisq varior. accurante J. G. Lenz. Jen. 780. 6 Part. 2 Vol. 8. 1 rthl. 8 gr. Ib. 785. 2 Tom. 8. 1 rthl. 8 gr.

— Comoediae, notis et indicibus illustratae. II Vol. 8. maj. Biponti. (Treuttel et W., Strasb.) 780.

Terentii, *Comoediae*.
— — Latin et franç. Trad. avec des notes par Mad. Dacier. Avec figg. Paris 688. 3 Vol. 12. Oft wiederholt, in Paris, Rotterdam u. Amsterdam; z. B. Amst. 754. 3 Vol. 12. 2 rthlr. 12 gr. Hamb. 782. 3 Vol. 8.

—comoediae ex recens. Lindenbrogii, c. lect. variant. et not. select. varior. a Jh. Geo. Lenz. 8. Jena 785. Cröker. 1 ℔ 8 ℊ

— Comoediae, recens. notasq. suas et Gab. Faerni adi. R. Bentlejus. 8. maj. Amsterdam. (Schwickert, Lipsiae.) 791.

**Terentius Afer, P.** Comoediae, recensuit notasque suas . . . addidit Rich. Bentley: ed. 2a . . . Lipsiae 1791. H: *Reiz, Friedrich Wolfgang.* (Gi) (ErschDL) H: *Beck, Chn Dan.* (Ky)

— — Rec. perpetuamque adnotat. et latinitatis indicem adjecit B. F. Schmieder. Hal. 794. 8. 1 rthlr. 4 gr. Ed. sec. emend. Ib. 819. 8. 1 rthlr. 12 gr.

— Comoediae, novae Ed. Specimen propos. C. A. Böttger. 8. maj. Lipsiae, Crusius. (F. C. W. Vogel.) 795.

**Terentius Afer, Publius.** Comoediae ad fidem optimarum editionum recens. Basil. et Argent. 1797. H: *Brunck, Richard Franz Philipp.* (ErschDL) (Gi)

—comoediae ex recens. Zeunii. 8. Nürnb. 804. Riegel u. W. 8 ℊ

—comoediae, in usum elegantiorum hominum ed. F. H. Bothe, c. fig. 8maj. Berl. 806. (Reimer). 1 ℔ 16 ℊ Französ. Velinp. 2 ℔ 12 ℊ Schweiz. Velinp. 3 ℔ 8 ℊ

— Comoediae, in usum elegantiorum hominum ed. F. H. Bothe, c. fig. 8. maj. Berlin, Unger. 806.
frz. Velinp.
schweiz. Velinp.

— — Ad fidem cod. Halens., cum variis lectt., et scholiis ex eodem cod. et Ruhnkenii dictata in Terentium adjecit P. J. Bruns. Hal. 811. 2 Tom. 8. 2 rthlr. 8 gr.

—comoediae ad optimorum librorum fidem accurate editae. 16. Leipz. 812. Tauchnitz. 12 ℊ

— — Ad optimas edd. Lips. 813. 12. 12 gr. Ib. 819. 12.
— — Ex rec. Rich. Bentleii. Berol. 819. 12.

—comoediae. Ad editionem R. Bentleji diligentissime expressae. Edit. stereotypa. 16. Leipz. 819, a. 826. Tauchnitz. 10 ℊ Hbg. Pr. 6 ℊ Fein P. 16 ℊ

**Terentius Afer, P.** Comoediae. Ex Recensione Richardi Bentleji. . . . Berolini 1820. H: *Schmidt, Friedrich Wilhelm Valentin.* (Hitzig)

—comoediae, e rec. Rich. Bentleji. Ictus per accentus acutos expressi sunt, discentium commodo. 16. Berl. 820. Maurers B. 16 ℊ

Terentii Comoediae. In usum scholar. Edit. nov. Halae 821. 8. 8 gr.

—comoediae ad codices MSS. et optimas editiones recognovit, varietate lectionis, commentario perpetuo et indice verborum instruxit Fr. Chr. Glo. Perlet. 8maj. Leipz. 821. Hahn. 3 ℔ Ed. nov. 8maj. 827. ibid. 3 ℔

— comoediae. Recens. F. H. Bothe. 8. Halberst. 822. (Weinedel in Lpz.) 20 ℊ (A. u. d. T.: Poëtarum scen. lat. Vol. IV.)

Terentii, (P.,) Comoediae ex recens. Bentleii ictibus versuum notatis diligentiss. expressae. Nova edit. stereotypa. 16. Lips. 826, Tauchnitz. 10 gr. Velinp.

—comoediae, ad fidem optim. editt. recognovit, accentibus rhytmicis Bentleji invento et notis vel ad intelligendum vel ad emendandum instruxit Th. Fr. Godfr. Reinhardt. 8. Leipz. 827. Teubner. 14 ℊ Engl. P. 21 ℊ

—comoediae ex recens. Franç. Ritteri. — Et. s. titulo: Andria. Acced. annotatio critica et exegetica. 8maj. Berl. 833. (832.) Nicolai. 10 ℊ

—Comoediae. Ed. Car. Guil. Elberling. Inhalt: Adelphi. Andria. Hecyra. Heauton Timorumenos. Eunuchus. Phormio. (geh. à 1/6 ℔) 8. Havniae 832—34. Gyldendal. 3/4 ℔

Terentii Afri, Publ., Comoediae. III. edit., siglisq. metricis et annotat. max. partem crit. instr. Frid. Heinr. Bothe. II Ti. 12maj. (12½ B.) Manhemii 837, 38, Loeffler.

—— Comoediae, c. scholiis Aeli Donati et Eugraphi commentar. ed. Reinh. Klotz. II Vol. 8maj. Lipsiae, Schwickert. à 3 Thlr.
Vol. I. Andria. Eunuchus. Heautontimorumenos. (39¼ B.) 838.
Hieraus besonders abgedruckt:
Andria. Cum schol. Aeli Donati et Eugraphi comment. ed. R. Klotz. (13¼ B.) 838. 16 Gr.
Eunuchus. Cum scholiis etc. (14½ B.) 838. 16 Gr.
Heautontimorumenos. Cum Eugraphi comment. ed. R. Klotz. (6 B.) 838. 8 Ggr.
- II. Adelphoe. Hecyra. Phormio. (41¼ B.) 840.
Hieraus besonders abgedruckt:
Adelphoe. Cum scholiis Aeli Donati et Eugraphi comment. ed. R. Klotz. (12 B.) 839. 15 Gr.
Hecyra. Cum scholiis etc. (10¾ B.) 839. 12 Gr.
Phormio. Cum scholiis etc. (10½ B.) 839. 12 Gr.

— comoediae, ad libror. vetustissimorum lect. et rhythmicae antiquae praecepta accurate editae, ictibus versuum notatis. Nova edit. stereot., cur. C. H. Weise. 16. Leipzig 841, K. Tauchnitz. ¼ ℔ fein Pap. ⅜ ℔

—— Comoediae, recensuit notasque suas et Gabr. Faerni addidit Rich. Bentleius. Editionem collatis prioribus omnibus repetendam curavit, Reizii et Hermanni Dissertationes praemisit, commentariorum Indices addidit Ev. Vollbehr. Lex.-8. (37½ B.) Kiel 846, [v. Maack's Verl.]

Terentii Afer, P., comoediae. Editio stereot. curante Th. Vallaurio. 12maj. (223 S.) Augustae Taurin. 855. (Lipsiae, Gerhard.) *

**Terenti,** Publii, comoediae. Recens. Alfr. Fleckeisen. Lipsiae 857. Teubner. 8. (XXVIII, 343 S.) 9 ngr; Velinp. 15 ngr.

—— dass. — Edidit et apparatu critico instruxit Francisc. Umpfenbach. gr. 8. (LXXXIX, 510 S.) Berlin 870, Weidmann'sche Buchh. *

—— dass. — ad librorum vetustissimorum lectionem et rhythmicae antiquae praecepta accurate editae ictibus versuum notatis. Nova editio ster. curante C. H. Weise. 16. (IV, 364 S.) Leipzig 870, Holtze. (75 Pf.)

Terenti, P., Comoediae. Recensuit Alfr. Fleckeisen. 8. (XXVIII, 343 S.) Leipzig 874, Teubner.

Terenti Afri, P., Comoediae, rec. Carolus Dziatzko. Edit. ster. gr. 8. (XL, 296 S.) Leipzig 884, B. Tauchnitz.

**Terentii Afri,** P., comoediae ad librorum vetustissimorum lectionem et rhytmicae antiquae praecepta accurate editae ictibus versuum notatis. Nova ed. ster. Curante C. H. Weise. 16. (IV, 364 S.) Leipzig 893. O. Holtze's Nachf. — 90

P. Terenti Afri Comoediae. Iterum recensuit Alfredus Fleckeisen. *Lipsiae: B. G. Teubner 1898.* (IX, 311 S.) 1 Bd 8. (Bibliotheca script. Graec. et Rom. Teubneriana.) [illegible]

**Terentius Afer,** P., Comoediae. Iterum recensuit Alfr. Fleckeisen. 8. (IX, 311 S.) Leipzig 898. B. G. Teubner. 2.10; die 6 Stücke einzeln à — 45
1. Andria. (50 S.) — 2. Hauton Timorumenos. (S. 51—103.)
3. Eunuchus. (S. 105—159.) — 4. Phormio. (S. 161—213.)
5. Hecyra. (S. 215—258.) — 6. Adelphoe. (S. 259—306.)

**Terenti Afri,** P., comoediae recognovit brevique adnotione critica instruxit Rob. Yelverton Tyrrell. (XIV, 287 S.) 8. Oxford (902). Clarendon Press. n.n. 3.—

P[ubli] Terenti Afri Comoediae. Iterum rec. Alfredus Fleckeisen. Ed. ster. Lipsiae: Teubner 1910. IX, 311 S. 8°
(Bibliotheca scriptorum Graec. et Rom. Teubneriana.)

— Comoediae sex.

—— id. — rec. F. H. Bothe, s. Poetae scen. Latinor.

— — idem liber ad modum Minellii. 12. Francofurti, Herrmann. -

— Comoediae sex, c. not. Em. Sinceri germanic. 8. Frcft. Brönner. 702. -

— — id. lib. c. not. ad modum Minellii. 12. Lps. Weidmann. 755. -

— Comoediae sex, curante Millero. 8. Berlin, Haude. 740. -

— — idem liber ad optim. ed. emendat. c. not. I. Minellii et Indice. 8. Copenhagen, Pelt. (Schubothe.) 771. -

— Comoediae sex, ex recens. Lindenbrog. c. ejusd. Mscpt. lect. et observ. atque Aelii Donati Eugraphii et Calpurnii comment. integris his access. Bentleji et Faerni lect. omnes Item Westerhovii in scholiast. lect. ac conject. quibus ad suas adscripts. I. C. Zeune c. Indice. II Tmi. 8. maj. Königsberg, Hartung. (Unzer.) 774.

— comoediae sex, ex recens. Fr. Lindenbrogii c. ejusd. Mss. lect. et observat. atque Aelii Donati, Eugraphii et Calpurnii commentat. integris. His access. Bentleji et Faerni lectt. ac conject. omnes sed in compend. redactae. Item Westerhovii in scholiastas lectt. ac conjecturae, quibus et suas adspersit Jh. Karl Zeune, c. Indice. II Tomi. 8maj. Leipz. 774. (Centr.-Compt.; a. Unzer in Königsb.) 3 ₰

**Terentius Afer, P.** Comoediae sex, notis et indicibus latinis illustratae. Biponti 1779—80. H: *Croll, Gg Chn.* (Ky)

— comoediae VI, notis et indicibus latin. illustratae (cur. G. C. Croll). II Voll. 8maj. Bipont. 779—780, auch 786. (Treuttel u. W. in Strassb.) 1 ₰ 2 gl

— Comoediae sex, sec. ed. Westerhovianam c. not. vet. scholiast. Westerhovii et alior. select. opera et studio Gudmundi Magnaei Islandi, qui et multa de suo adjecit. Adj. Index verborum et phrasium copiosus. II Tmi. 8. Copenh. Faber. (Schubothe.) 788. Schreibp. [illegible]

— comoediae sex, secundum edit. Westerhovianam cum notis veter. scholiastar., Westerhovii et alior. selectis, opera et studio Gudmundi Magnaei Islandi, qui et multa de suo adjecit. Acced. Index verborum et phrasium copiosus. II Tom. 8. Kopenh. 788. (Schubothe). 3 ₰ Schrbp. 4 ₰; (a. Gyldendal das.) 3 ₰ 16 gl

— Comoediae VI. novissime et accurate editiones recognitae. II Vol. 8. Mannheim, Acad. Bchhdl. (Löffler.) 788. (à 6 gr.) Postp.

— Comoediae VI. 4. maj. Birmingham, König. 791.

— comoediae sex, recens. perpetuamque adnot. et latinitat. indicem adjec. Benj. Fr. Schmieder. 8maj. Halle 794. Schwetschke u. S. 1 ₰ 4 gl Schrbp. 1 ₰ 8 gl Ed altera, adj. B. F. Schmieder et Fr. Schmieder. 8maj. ibid. 819. 1 ₰ 12 gl

— comoediae sex. Ex recens. societatis Bipontinae cumque ejusdem notis, partim integris, partim in gratiam tironum immutatis et auctis, ed. E. Budaei. II Tom. 8. Debrecini 795. (Eggenberger in Pesth). 1 ₰ 6 gl

— comoediae VI, ad fid. opt. editt. recensitae, (c. R. F. Ph. Brunk). 4maj. Basel 797. (Decker). 13 ₰ (Strassb., Treuttel u. W.) 16 ₰

— — idem liber. 4. maj. Basel. (Turneisen fil. Paris. et. Levrault, Strasb.) 797.

— comoed. tres; Andriam, Heautontimor. et Phormionem in usum scholar. ed. Matth. Ratje. 8. Kopenh. 801.

*Terentii* Afri, P., comoediae VI, ad opt. edit. coll. juvenumque instr. accommod., stud. et cura J. J. Bellermann. 8. Erfurt 803. Müller. (Keyser). 12 gl

— comoediae sex, sine notis. 8. Halle 804. Ed. nov. 816. u. 821. Waisenhaus-B. 8 gl

— — id. lib. ex recens. Zeunii. 8. Norimb. Riegel et W. 804.

— — id. lib. ad optimas editiones collatae juvenumque instruct. accommod. stud. et cura I. I. Bellermann. 8. Erfurt, Müller. (Keyser.) 805.

— comoediae VI. 12. Rotterd. 805. (Leipz., Breitkopf u. H.) 16 gℓ

— comoediae VI. Textum ad fidem cod. Halensis antiquissimi criticis non cogniti recensuit, variam edit. lect. annotavit, scholia a vulgatis diversa ex eodem cod. descripsit, et cel. Ruhnkenii dictata in Terentium necdum edita adj. P. J. Bruns. II Tom. 8maj. Halle 810. Renger. 2 ℛ 8 gℓ Schrbp. 2 ℛ 16 gℓ

Terentius, Pub. A., Comoediae VI. Textum ad fidem cod. Halensis antiquissimi criticis non cogniti recensuit, variam edit. lect. annotavit. scholia a vulgatis diversa ex eodem. cod. descripsit, et cel. Ruhnkenii dictata in Terentium necdum edita adjecit P. J. Bruns. II Tom. 8maj. Halae, Renger. 811.

— — id. lib. ad optimorum librorum fidem accuratae editae. 12. Lips. Tauchnitz. 813.

— — Comoediae VI. Adnotationem perpetuam adj. B. F. Schmieder et Fr. Schmieder. Edit. alt. auctior. 8maj. Halle. Hemmerde et S. 819.

Terentii, P., Comoediae sex. Ed. nova. 8. Halle, Waisenh.-Buchhdl. 821.

— id. lib. E. recens. R. Bentleii. Ictus per accentus acutos expressi sunt discentium commodo. 12. Berl. 822, Maurers. B.

— id. lib. ed. Fr. Chr. G. Perlet. Ed. nova. gr. 8. Leipz. 822, Hahn.

— comoediae sex. Edit. ad scholar. us. accomm. atque commentat. de metris Terent. ornata. Cur. H. L. J. Billerbeck. 8. Hannov. 826. Hahn. 9 gℓ

— id. lib., ad fidem optimarum editionum recognovit, accentibus rhytmicis Bentleii invento et notis vel ad intelligendum vel ad emendandum instruxit Th. Fr. Godfr. Reinhardt. 8. Leipz. 827, Teubner. 14 gr. Engl. P.

Terentii Afri, Publ., Comoediae sex, cum interpret. Donati et Calphurnii, et commentar. perpetuo. In us. stud. juvent. edid. Arn. Henr. Westerhovius. Access. variae lect. exempli Bentleiani, notatio metrica, selecta Ruhnkenii annotatio. Edi cur. G. Stallbaum. VI Vol. 8maj. Lipsiae, [Böhme.] 4 Thlr. 16 Gr., Schrbp.
Vol. I. Andria. (16 B.) 830. 20 Gr., Schrbp. 1 Thlr. 8 Gr.
- II. Eunuchus. (15 B.) 830. 20 Gr., Schrbp. 1 Thlr. 8 Gr.
- III. HeautonTimorumenos. (11½ B.) 830. 16 Gr., Schrbp. 1 Thlr.
- IV. Adelphi. (13½ B.) 830. 12 Gr., Schrbp. 16 Gr.
- V. Hecyra. (11½ B.) 830. 12 Gr., Schrbp. 16 Gr.
- VI. Phormio. (25 B.) 831. 1 Thlr. 8 Gr., Schrbp. 2 Thlr.

— comoediae VI, cum interpret. Donati et Calphurnii, et commentario perpetuo. In usum stud. juvent. edid. Arn. Henr. Westerhovius. Access. variae lect. exempli Bentleiani, notatio metrica, selecta Ruhnkenii annotatio. Edid. cur. G. Stallbaum. VI Ptes. 8maj. Leipz. 830, 31. Hartmann. 4 ℛ 16 gℓ Schrbp. 7 ℛ (NB. s. auch unten: *Adelphi — Andria — Eunuchus — Hecyra — Heautontimorumenos — Phormio.*)

—— id. — edid. Car. Guil. Elberling. 8. (17½ B.) Havniae 832—34, Gyldendal.
Adelphi. Andria. Hecyra. Heauton Timorumenos. Eunuchus. Phormio, einzeln à 4 Gr.

—— id. — ex rec. Franc. Ritteri. — E. s. t.: Andria. Acced. annotatio crit. et exegetica. 8maj. (6 B.) Berolini 833, Nicolai.

Terentii, Afri, Publii, Comoediae sex. Ad. Mss., qui adhuc collati sunt, omnium et edd. vett. fidem recens. Donati Scholiis passim emend., Eugraphii Calphurnii, Lindenburgii, Dacieriae, Westerhovii, Ruhnkenii, Boettigeri Commentariis integris, Mureti, Glareani, Goveani, Laur. Vallae, Palmerii, Scaligerii. Casauboni, Lipsii, Schrevelii, Camerarii, Fabri, Salmasii, Victorii, Parei, Bipontinorum, Roosii, Perleti, Schmiderii ceter. tam veterum quam recent. adnotat. excerptis interpretatus est suumque ubique adjecit commentarium Car. Guernh. Reinhold. Pars I. Eunuchus. Vol. I. Contextus cum Commentariis Sect. I. Titulus, Prologus et actus I. — Vol. II. Addenda critica Sect. I. 8maj. Pasewalciae 838. Freyberg. ½ ℛ

— Comoediae sex. Ed. Car. Guernh. Reinhold. Pars I. Eunuchus. Vol. I. Contextus cum Commentariis. Sect. II. Actus I. finis et totus actus II. — Vol. II. Addenda critica Sect. II. 8maj. Pasewalciae 839. Freyberg. ½ ℛ

Terentii, Afri, Publ., Comoediae VI. Edid. Car. Guernh. Reinhold. Pars I. Eunuchus. Vol. I. Contextus cum comment. crit. Sect. I—IV. et Vol II. Addenda crit. Sect. I—IV. 8maj. (50½ B.) Pasewalciae 838—43, Koehler.

—— Comoediae sex. Ad. Mscr. qui adhuc collati sunt, omnium et ed. vett. fid. rec. Donati scholiis passim emend., Eugraphii, Calphurnii, Lindenburgii, Dacieriae, Westerhovii, Ruhnkenii, Boettigeri commentariis integris, Mureti, Glareani, Goveani, Laur. Vallae, Palmerii, Scaligerii, Casauboni, Lipsii, Schrevelii, Camerarii, Fabri, Salmasii, Victorii, Parei, Bipontinorum, Roosii, Perleti, Schmiderii ceter. tam veterum quam recent. adnotat. excerptis interpretatus est suumque ubique adjecit commentarium Car. Guernh. Reinhold. Ps. I. Eunuchus. Vol. I. Contextus c. commentariis. Sect. I. et II. Titulus, Prologus et actus I. — Vol. II. Addenda crit. Sect. I. et II. 8maj. (21 B.) Pasewalciae 838, 39. [Köhler.]

Terentii Afri, Publii, comoediae VI. Edid. Car. Guernh. Reinhold. Pars I. Eunuchus. Vol. I. Contextus cum comment. crit. Sect. IV. et Pars I. Vol. II. Addenda crit. Sect. IV. 8maj. Pasewalciae 842, Koehler. ½ ℛ (Pars I. Vol. I. II: 2 ℛ)

—— id. liber Pars IV. (2 Hfte.) 8maj. (9¼ u. 7½ B.) Ibid. 843.

— ethico-historicus, vel flores latinitatis, c. notis Elasii. 8. Frankf. 750. (Krauss in Wien). 1 ℛ

—— Eunuch, s. Universal-Bibliothek Nr. 1868.

— — Des Publius Terentius Afer Eunuch und Phornico metrisch übersetzt und mit Einleitungen und kurzen Anmerkungen versehen von G. G. S. Köpke. Mit 1 Kupfer. Posen und Leipzig 1805. 8°.
Graesse VI, 64. Mit Kupfer von Schubart, gestochen von Stoelzel.

— Eunuch u. Phormio; metrisch übers. u. mit Einleit. u. Anmerkk. versehen v. G. G. S. Köpke. Mit 1 Kpf. gr. 8. Posen 805. Kühn; (a. Centr.-Compt. in Leipz.) 1 ℛ 12 gℓ

— der Eunuch. Lustspiel in 3 Aufzügen. Deutsch v. F. W. Gravenhorst. 8. (X u. 170 S.) Hamburg 852, Hoffmann & Campe. ⅔ ℛ

—— Eunuchus, s. a. Straumer.

— Eunuchus. Edid. cur. Gf. Stallbaum. 8. Leipz. 830. Hartmann. 20 gℓ

— Eunuchus. Cum scholiis Aeli Donati et Eugraphi commentariis ed. Reinh. Klotz. 8maj. Ibid. 838. ⅔ ℛ

— Heautontimorumenos; e. Lustspiel, mit Andeutt. zur häusl. Vorbereit. der Schüler, v. Ed. Ph. Renninger. gr. 8. Riga 809. Meinshausen. 18 gℓ

—Heautontimorumenos. Ed. cur. Gf. Stallbaum. 8. Leipz. 830. Hartmann. 16 Ngr

— Heautontimorumenos. Cum Eugraphi commentariis ed. Reinh. Klotz. 8maj. Ibid 838. 1/3 Thlr

—— Hauton Timorumenos. Erklaert von Wilh. Wagner. gr. 8. (82 S.) Berlin 872, Ebeling und Plahn. [Teubner.]

—Hecyra. Edid. cur. Gf. Stallbaum. 8. Leipz. 830. Hartmann. 12 Ngr

— Hecyra. Ed. R. Klotz. 8maj. Ibid. 839. 1/2 Thlr

— ausführl. Commentar üb. die Andria, nebst Text und Einleit. in d. ganzen Terenz, oder Versuch einer vollst. Erklärungsmethode f. d. mittlern Klassen gelehrter Schulen und z. Selbststudium f. Anfänger, v. Fr. Ch. Perlet. 8. Zwickau, Schumann. 805.

– Komödien.

— Uebers. v. J. Herbst, s.: Bibliothek, Langenscheidt'sche.

—— Komödien, übers. v. Th. Benfey, s. Dichter, röm.

– Komödien im Versmaaß d. Urschrift übersetzt von Theod. Benfey. 16—96 Bdchn. 16. Stuttg. 837. Metzler. (à 1/4 Thlr) 2 1/4 Thlr

— Comödien, erklärt v. A. Spengel. 1. Bdchn. Andria. gr. 8. (XXXIV, 158 S.) Berlin 875. Weidmann. 1. 80

**Terentius**, P., die Comödien, erklärt von A. Spengel. 2. Bdchn.: Adelphoe. gr. 8. (XVI, 131 S.) Berlin 879. Weidmann. 1. 50 (1. u. 2.: n. 3. 30)

— dasselbe. 7. u. 8. Lfg. 2. Aufl. 8. Berlin 888. 890. Langenscheidt. à n. — 35

**Terentius**, P., Komödien. Erklärt v. A. Spengel. 1. Bdchn. Andria. 2. Aufl. gr. 8. (XXXIV, 168 S.) Berlin 888. Weidmann. 1. 80

— Komödien. Erklärt v. A. Spengel 2. Bdchn.: Adelphoe. 2. Aufl. (221 S.) 8. Berlin 905. Weidmann. n. 2. 20

—— ausgewählte Komoedien, zur Einführung in die Lectüre der altlatein. Lustspiele erklärt von Carl Dziatzko. 1. Bdchn.: Phormio. gr. 8. (IV, 108 S.) Leipzig 874, Teubner.

— ausgewählte Komödien, zur Einführung in die Lektüre der altlateinischen Lustspiele erklärt von Carl Dziatzko. 2. Bdchn.: Adelphoe. gr. 8. (114 S.) Leipzig 881. Teubner. 1. 50 (1. u. 2.: 2. 70)

—— ausgewählte Komödien, zur Einführung in die Lektüre der altlatein. Lustspiele, erklärt von Karl Dziatzko. 1. Bdchn.: Phormio. 2. veränd. Aufl. gr. 8. (IV, 141 S.) Leipzig 885, Teubner.

— ausgewählte Komödien. Zur Einführg. in die Lektüre der altlatein. Lustspiele erklärt v. Karl Dziatzko. 2. Bdchn.: Adelphoe. 2. veränd. Aufl., bearb. v. Rob. Kauer. (VI, 210 S.) gr. 8. Leipzig 903. B. G. Teubner. n. 2. 40; geb. n. 2. 90

— ausgew. Komödien, zur Einführg. in die Lektüre der altlatein. Lustspiele erklärt v. Karl Dziatzko. 1. Bdchn.: Phormio. 3., veränd. Aufl., bearb. v. Edm. Hauler. gr. 8. (X, 227 S.) Ebd. 898. 2. 40

Terentius', d. Publius, Lustspiele, s.a. Bibliothek, Langenscheidt'sche.

– s.a. Bibliothek der Übersetzungen sämtlicher griechischer und römischer Klassiker.

—— Lustspiele. Deutsch von J. Herbst, s. Sammlung, neueste, ausgewählter griech. und röm. Classiker.

—— Lustspiele, s.a. Uebersetzungsbibliothek d. griech. u. röm. Klassiker, III. Abthl.

— Lustspiele, ital. u. deutsch. 12. Leipz. 749.

— — mit d. wicht. Anmerk. der Frau Dacier u. mit eigen. Anmerk. v. J. S. Patzke, m. K. 8. Halle, Hemmerde u. Schw. 753.

— — neu verdeutsch v. J. G. C. Neide. 2 Thle. 8. Leipz. Schwickert. 784–87.

— — metrisch verdeutscht, m. Anmerk. v. Schmieder. 6 Thle. 8. Halle, Hendel. 790–93. (1r u. 2r à 12 gr. 3r 10 gr. 4r 5r à 12 gr. 6r 10 gr.)

— — übers. u. commentirt von J. F. Roos. 2 Thle. gr. 8. Gießen, Heyer. 794–96. (I. 1 Rthlr. II. 1 Rthlr. 4 gr.)

— Lustspiele; übersetzt u. commentirt von J. F. Roos. 2 Thle. gr. 8. Gießen 794—98. Heyer. 2 Thlr

**TERENTIUS.** Lustspiele. Aus dem Lateinischen übersetzt von M. Christian Victor Kindervater. 2 Theile. Jena und Leipzig, bei Friedrich Frommann, 1799. 8°.
Graesse VI, 64.

—Lustspiele; a. d. Latein. v. Chr. B. Kindervater. 2 Thle. gr. 8. Jena 799, 800. Frommann. 2 Thlr 8 Ngr Velinp. 4 Thlr 8 Ngr

— — Übers. v. Hr. v. Einsiedel. Lpz. 806. 2Thl. 8 2rthl. 12gr. Auch unter d. Titel: *Bibliothek der komisch. Dichter Roms.*

**Terentius Afer, P.** Lustspiele in freier metrischer Übersetzung. Leipzig 1806. Ü: *Einsiedel, Frdr. Hildebr. v.* (GGr) (Gi) (Ky) (ErschDL) (Ebert)

—Lustspiele; übers. (v. Fr. Hildebr. v. Einsiedel). 2 Thle. 8. Leipz. 806. Göschen. 2 Thlr 12 Ngr

Terenzens *Lustspiele.* Übersetzt von J. L. Schlüter. Münst. 815. Theil I. 8. 20 gr. Eb. 818. Theil I. 8. 16 gr. (Enthält *Andria* u. *Eunuchus.*)

— — Lustspiele, das Mädchen von Andros und der Eunuch, verdeutscht von J. C. Schlüter. N. A. 8. Münster, jetzt Theissing. 818.

—Lustspiele; aus d. Latein. übers. u. mit Anmerkk. begl. v. A. Wolper. 3 Bde. Mit 1 Titelkupf. 16. Prenzlau 827—828. Ragoczy. 18 Ngr

—— Lustspiele übersetzt v. Friedr. Jacob. gr. 8. (24 1/8 B.) Berlin 845, G. Reimer.

**Terentius**, Publ., Lustspiele. Deutsch in den Versmaßen der Urschrift von J. J. C. Donner. 2 Bde. Leipzig 864. C. F. Winter. gr. 8. (VI, 614 S.) n. 3 Thlr

—— Lustspiele. Deutsch von Johs. Herbst. 5.—7. Lfg. 2. Aufl. 8. (3. Bdchn. 91 S.; 4. Bdchn. S. 1—48.) Berlin 885, Langenscheidt'sche Verlagsh. à Lfg. *

— Lustspiele. Deutsch v. Johs. Herbst. 3., 4., 9. bis 12. Lfg. 8. Berlin, Langenscheidt. à n. — 35
3. 4. Der Kastrat (Eunuchus). 2. Aufl. (105 S.) 892.
9. 10. Der Selbstpeiniger (Heautontimorumenos). (104 S.) 891.
11. 12. Die Schwiegermutter (Hecyra). 2. Aufl. (72 S.) 892.

**Terentius, des Publius, Lustspiele.** Deutsch v. Johs. Herbst. 5. u. 6. Lfg. 3. Aufl. 8. (3. Bd. S. 1—91.) Berlin 899. Langenscheidt. à n. — 35

— Lustspiele. Deutsch von Johs. Herbst. 7. u. 9. Lfg. 8. Aufl. (4. Bd. S. 1—48 u. 5. Bd. S. 1—48.) kl. 8. Berlin-Schöneberg 906. Langenscheidt's Verl. à n. — 35

**Terentius, des Publius, Lustspiele.** Deutsch v. Johs. Herbst. 3.—6. 8. u. 10.—12. Lfg. 8. Aufl. (2. Bd. S. 1—105; 3. Bd. S. 1—91; 4. Bd. S. 49—104; 5. Bd. S. 49—104 u. 6. Bd. S. 1—72.) kl. 8. Berlin-Schöneberg (908—10). Langenscheidt's Verl. à Lfg. — 35

Ausgesuchte Lustspiele aus Terenz abgekürzt, von J. H. A. Schulze, nebst erklärenden Anmerkungen von Schulze und Heusinger. Braunschw. 790. 2 Theile. 8. 1 rthlr. 6 gr.

— ausgewählte Lustspiele, s. a. Volks-Bibliothek, deutsche, der griechischen u. römischen Classiker.

— ausgewählte Lustspiele übersetzt von Benfey, s. a. Classiker des Alterthums.

—— ausgewählte Lustspiele, im Versmaß der Urschrift übers. von Thdr. Benfey. gr. 16. (279 S.) Stuttgart 854, Metzler'sche Buchh. [Verlags-Conto.]

— das Mädchen v. Andros. Die Brüder, s.: Komödien, römische.

— das Mädchen von Andros. 8. Nürnb. 781.

— das Mädchen von Andros; e. Lustspiel, metrisch verdeutscht u. mit philolog. u. moral. Anmerkk. begleitet von Benj. Fr. Schmieder. gr. 8. Halle 790. Hendel. 12 gr

— das Mädchen von Andros. Schauspiel in 5 Akten. Aus d. Latein. metrisch übersetzt mit Vorrede u. kurzen Anmerkk. von F. C. G. Perlet. gr. 8. Eisenach 825, Bärecke.

Terentius Afer, P. Das Mädchen von Andros, in den Versmassen des Originals übersetzt . . . Berlin 1826. Ü: *Mendelssohn-Bartholdy, Felix.* (BrMm) (GGr)

— das Mädchen von Andros; e. Komödie, in den Versmaaßen des Originals, übers. v. F****. Mit Einleit. u. Anmerkk. hrsgg. v. K. W. L. Heyse. Angehängt ist die 9e Satyre des Horatius, übers. von d. Herausgeber. 4. Berl. 826. Dümmler. 18 gr

— Das Mädchen von Andros. Uebersetzt v. F. Jacob. Pr. 1844. 25 S. 4°.

—— Phormio, s. a. Universal-Bibliothek Nr. 1869.

— Phormio; e. Lustspiel in 5 Akten, metr. verdeutscht mit Anmerkk. v. Benj. Fr. Schmieder. 8. Halle 792. Hendel. 12 gr

— Phormio. Edid. cur. Gf. Stallbaum. 8. Leipz. 830. Hartmann. 12 gr

— Phormio. Ed. R. Klotz. 8maj Ibid. 839. 1/2 rthlr

—— der Phormio. Uebersetzt v. Friedr. Jacob. 4. (4 1/2 B.) Lübeck 842, Aschenfeldt. **.

— Schauspiele, im Versmaß der Urschrift übers. von Thdr. Benfey. Vollständig in 9 Bändchen. 16. Stuttgart ..., Metzler. à 1/4 rthlr

ausgesuchte Schauspiele, v. Jh. Hnr. Aug. Schulz. 8. Braunschw. 790. Schulbuchh. 12 gr Anmerkk. v. Schulz u. Heusinger. 18 gr (s. auch Encyklopädie der latein. Klassiker, 2r Thl. 1r Bd.)

— Die Schwiegermama. Uebers v. F. Jacob. Pr. 1845. 21 S. 4°.

— die Schwiegermutter; e. Lustspiel des T., metrisch verdeutscht v. Benj. Fr. Schmieder. gr. 8. Halle 793. Hendel. 10 gr

— Der Selbstquäler, s.: Komödien, römische.

— der sich selbst strafende; e. Lustspiel des T., metr. verdeutscht mit Anmerkk. von Benj. Fr. Schmieder. gr. 8. Halle 790. Hendel. 12 gr

**Terentius** Afer, P., metrisch verdeutscht, mit Anmerkk. v. B. F. Schmieder. 6 Thle. 8. Halle 790—93. Hendel. 2 rthlr 20 gr

[Publius] **Terentius** [Afer]. Codex Ambrosianus H. 75 inf. phototypice editus. Praefatus est Ericus Bethe. Accedunt 91 imagines ex aliis Terenti codicibus et libris impressis nunc primum collectae et editae. *Lugduni Bat.: A. W. Sijthoff 1903.* (71, LIX S., 120 Bl. Taf.) 2°
= Codices Graeci et Latini photographice depicti. T. 8. [03. 5??]

— Codex Ambrosianus H. 75 inf., praefatus est Ericus Bethe, s. a. Codices graeci et latini photographice depicti. VIII.

— Terenz, neu verdeutscht von J. G. Eph. Neide. 2 Thle. 8. Leipz. 784—87. Schwickert. 1 rthlr 8 gr

— Terenz; verdeutscht v. J. C. Schlüter. 1r Thl. A. u. d. T.: Terenz, Lustspiele: das Mädchen von Andros u. der Eunuch. 8. Münster 815. Waldeck. 20 gr Mit neuem Titel: Lustspiele: das Mädchen von Andros u. der Eunuch; verdeutscht von J. C. Schlüter. 8. Münst. 818. Theissing. 16 gr

— die Verschnittenen, metr. verdeutscht u. mit philolog. u. moral. Anmerkk. begl. von Benj. Fr. Schmieder. 8. Halle 790. Hendel. 12 gr

— Versuch e. ausführl. Commentars üb. die Andria, f. Gymnasien und Schulen, v. G. W. A. Fickenscher. 8. Altenburg, Schnuphase. 801.

P. Terentius' Werke, übersetzt von Theodor Benfey. 2 Bde. Stuttgart 1837. 8°.

Terentius Varro, Marcus

**Terentii Varronis, M., Locus de urbe Roma.** Varronianis accedunt Q. Ennii Apologus Aesopiscus et reliquiae Euhemeri versibus quadratis. 8. (IV und 26 S.) Utrecht 855, C. v. d. Post, jr.

**Terentii Varronis,** M., Eumenidum reliquiae. Recens. et adnot. Theoph. Roeper. Partic. I. Gedani 858. Weber. gr. 4. (24 S.) n. 10 ngr

**Terenti Varronis,** M., Eumenidum reliquiae. Recensuit et adnotavit Theoph. Roeper. Partic. II. et III. Danzig 861, 62. Weber. gr. 4. (40 S.; 42 S.) Jedes Heft n. 15 ngr

— **Rerum rusticarum libri tres**, s. **Catonis**, M. P., de agri cultura liber.

**Terentz**, C. Rotatorien der Umgebung Basels. In-8°. 54 S. Mit 3 Taf. Basel (Georg & Co.). (1892). 2 50

**Teresa v. Jesus**, das Buch der Klostergründungen nach der reformirten Carmeliter-Regel. Nach der neuesten Orig.-Ausg. des Don Vicente de la Fuente aus dem Span. übers. von Ida Gräfin Hahn-Hahn. gr. 8. (XXXII, 412 S.) Mainz 868, Kirchheim.
Vgl. Theresia.

**Teresa v. Jesus.** Leben der heiligen Teresa v. Jesus von ihr selbst geschrieben. Nach der neuesten Orig.-Ausg. des Prof. Don Vicente de la Fuente aus dem Span. übers. von Ida Gräfin Hahn-Hahn. gr. 8. (LVI und 463 S. mit dem Bildn. der Heiligen in Stahlst.) Mainz 867, Kirchheim.
Vgl.: Theresia.

Leben der hl. Theresa von Jesus von ihr selbst geschrieben. [Vida de Santa **Teresa** de Jesus, deutsch.] Nach d. neuest. Orig.Ausg. d. Don Vicente de La Fuente, Prof., aus d. Span. übers. (Übers.: Ida Gräfin Hahn-Hahn.) Regensburg: Habbel [1905]. 8°
(Hahn-Hahn: Gesammelte Werke Bd 43 u. 44.) A 12. 12481

**Tereschkowitsch, A[ron].** aus Moskau: Beitrag zur Transplantation der Schilddrüse. (Experimentelle Studie.) ⟨Aus der Basler chirurgischen Universitäts-Klinik. Direktor: Prof. Wilms.⟩ Basel 1909. 28 S. 8°.
Basel Med Diss 1908/09

**Tereschkowitsch, A[ron].** Beitrag zur Transplantation der Schilddrüse. ⟨Experimentelle Studie.⟩ Diss. Med. Basel. *Kopftitel:* Aus der Basler Chirurgischen Universitäts-Klinik... . 28 S. 8. Basel, Brin & Cie., 1909.

**Tereschtschenko,** Gr., haben vasomotorische Lähmungen Aenderungen der Durchlässigkeit der Gefässwand u. Störungen der histologischen Structur d. Blutgefässendothels zur Folge? Diss. gr. 8. (31 S.) Jurjew (Dorpat) 892. (E. J. Karow.) n. 1. —

**Teresien-Jahr** od. geistliche Lesungen zur Beförderung der christlichen Vollkommenheit f. alle Tage d. Jahres. Entnommen den Schriften der heil. Teresia. Hrsg. von Fr. Bruno a S. Teresia. 2. Aufl. 12. (IX, 451 S. m. 1 Stahlst.) Graz 890. Styria. n. 1. 80

**Teresien-Jahr,** od. geistl. Lesgn. zur Beförderg. d. christl. Vollkommenheit f. alle Tage d. Jahres. Entnommen d. Schriften d. hl. Teresia. Hrsg. v. Bruno a S. Teresia, O. Carm. 3., verm. u. verb. Aufl. 12. (XII, 459 S. m. 1 Stahlst.) Graz 898. Styria. n. 1. 80

**Teresius, Maria,** O. Carm., geistliche Himmelsleiter, s.: **Leitner, Jak.**

**Teresius a sancta Maria.** Marienlieder, dreistimmig komponiert. 2. Heft: Partitur und Stimmen. qu. 16. Regensburg 884, Seiling. [Partitur, zugleich 3. Stimme. (VII, 99 S.) *M 1,20.; 1. und 2. Stimme. (IX, 84 S.) * 80 Pf.] *

**Teresius a. s. M.,** O. Carm., Marien-Lieder, dreistimmig komponiert. 1. Abtlg. Lied No. 1—58. III. Stimme. 5. Aufl. (VIII, 123 S.) qu. 16. Düsseldorf (906). L. Schwann. n. 1. 60

**Tereszkiewicz,** Artur (Rich. Georg) (geb. Graudenz 14. 3. 1859): Die häufigsten Ursachen der Epilepsie. Berlin (1882). (30 S.) 8°
Berlin, Med. Diss. v. 17. Okt. 1882

**Térey,** elmélet és szemlélödés. Propyla eumok' birálataúl. gr. 8. Pesten 843, Geibel. n. 1/3 ₰

**von Térey,** Gabriel: Cardinal Albrecht von Brandenburg und das Halle'sche Heiligthumsbuch von 1520. Eine kunsthistor. Studie ... Strassburg, Univ.-Buchdr. v. J. H. E. Heitz, 1892; IX S., 2 Bl., 113 S. 8.
Strassburg, Phil. Fak., Inaug.-Diss. v. 1892

NB! Auch vollständig vorhanden – mit 7 Taff. = 50464 = Kst. 105

**Térey,** Gabriel v., Cardinal Albrecht v. Brandenburg u. das Hallo'sche Heiligthumsbuch v. 1520. Eine kunsthistor. Studie. gr. 8. (XII, 113 S. m. 7 Lichtdr.-Taf. u. 1 Bl. Erklärg.) Strassburg i/E. 892. J. H. E. Heitz. n. 5. —

— Albrecht Dürer's venetianischer Aufenthalt 1494—1495. gr. 4. (30 S. m. 7 Lichtdr. auf 2 Taf.) Strassburg i/E. 892. J. H. E. Heitz. n. 3. —

**Térey, Gabr. v.,** s.: **Baldung, Hans,** gen. Grien, Gemälde.

— s.: Baldung gen. Grien, Hans, Handzeichnungen.

**von Térey,** Gabriel [Dr. phil.]: Handzeichnungen des Hans Baldung gen. Grien ... Strassburg, Univ.-Buchdr. v. J. H. E. Heitz, *1894*; 3 Bl., 53 S. 8.
Freiburg i. B., Phil. Fak., Hab.-Schr. v. 1895

— **Tableaux anciens du musée des beaux-arts de Budapest.** (VIII, 219 S. m. 1 Grundriss u. 98 Taf.) 8. Budapest 906. (G. Katz.) n. 4. 50

— Verzeichniss der Gemälde des Hans Baldung gen. Grien, s.: Studien zur deutschen Kunstgeschichte.

**Térey,** Gabr. v., Verzeichniss der Kupferstich-Sammlg. alter u. moderner Meister u. der Handzeichnungen moderner Künstler im Museum der bildenden Künste Budapest. (V, 290 S.) 8. Budapest 910. (Leipzig, K. W. Hiersemann.) 10. —

**Térfy,** Heinr., Verfahren bei Todesfällen im k. u. k. Heere, m. besond. Berücksicht. der plötzlichen unnatürlichen u. gewaltsamen Todesfälle. Auf Grund der bezügl. Vorschriften bearb. u. m. Mustern versehen. (VII, 237 S.) 8. Miskolcz 909. (Wien, L. W. Seidel & Sohn.) 4. —

**Tergast,** die heidnischen Alterthümer Ostfrieslands. Im Auftrage der Gesellschaft für bildende Kunst u. vaterländische Alterthümer in Emden hrsg. Mit 8 (lith.) Taf. Abbildungen. gr. 8. (44 S.) Emden 879. Haynel. n. 2. —

**Tergast,** die Münzen Ostfrieslands. 1. Thl. Bis 1466. Mit Abbildgn. Lex.-8. (XII, 160 S.) Emden 883. Haynel. n. 4. 50

**Tergast,** Ursache u. Verhütung des Bleiangriffes durch d. Wasser d. städt. Wasserleitg. in Emden, s.: **Schriften,** kleine, der naturforsch. Gesellschaft in Emden. XIX.

**Tergis,** Guillaume de, des in Europa und Afrika verliebten Franzosen, Geschichte, m. K. 8. Frkf. u. Lpz. 758.

**Ter-Gregorlantz,** Grigor Kasparian, üb. Hemialbumosurie. gr. 8. (31 S.) Dorpat 883. (Schnakenburg.) n. 1. —

**Ter Haar,** Franc., C. Ss. R., in litteras encyclicas s. congregationis episcoporum et regularium super sacra praedicatione, datas jussu Leonis XIII p. m., commentarius, e S. Francisco Salesio et S. Alphonso de Ligorio depromptus. gr. 8. (X, 64 S.) Paderborn 896. F. Schöningh. n. 1. —

**Das** Decret des Papstes Innocenz' XI. über den Probabilismus. Beitrag z. Gesch. d. Probabilismus u. z. Rechtfertigung d. kath. Moral gegen Döllinger-Reusch, Harnack, Herrmann u. Hoensbroech. Von Franz **Tor Haar**, aus d. Redemptoristenorden. *Paderborn: F. Schöningh 1904.* (XII, 204 S.) 8° [04 5265 3

Terhalle, Herm., des Kriegers Heimkehr. Romantisches Schauspiel in 4 Abthlgn. mit Gesang. (Den Bühnen gegenüber Mscr.) 12. (IV und 68 S.) Münster 862, (Coppenrath'sche Buchh.) *

**Terhaerst,** Rud., Denkschrift aus Anlaß der Eröffnung des neuen Gaswerks in Nürnberg. (VI, IV, 162 S. m. Abb., Taf., Tab. u. 3 Plänen.) Lex. 8. Nürnberg 906. (München, R. Oldenbourg.) nn 20.—; erm. Pr. nn 10. —

Denkschrift aus Anlass der Eröffnung des neuen Gaswerks in Nurnberg. Von Rudolf **Terhaerst**, Gaswerksdir. Nürnberg: Stadtmagistrat 1906. (VI, IV, 162 S.) 4° [F.] [06. 8494 5

**Terheggen,** Aloys, aus Viersen (Rheinl.): Ueber einige Derivate des para- und meta-Amidochinolins. *Rostock 1901: C. Hinstorff.* (38 S.) 8°
Rostock, Phil. Diss. v. [12. Jan.] 1901

Terherdi, I. v. [Pseud.], s.a. Baumann, Jakob

Terherdi, J. v., die Amerikaner. Ein Studentenstreich in 5 Aufzügen. 2. Aufl. 12. (59 S.) Speyer 893. Jaeger. n. — 60

**Terherdi,** J. v. (Jak. Baumann), die Amerikaner. Ein Studentenstreich in 5 Aufzgn. 3. Aufl. 12. (60 S.) Speyer 898. Jäger. — 60

— d. kurierte Geizhals. Schausp. in 5 Aufzgn. 12. (55 S.) Kaiserslautern 891. (Ebd.) n. — 50

**Terherdi,** J. v. (Jak. Baumann), der Räuber Kneißl od.: Der geplagte Redakteur. Posse in 1 Aufzug. 12. (16 S.) Speyer 901. Jäger. — 30

— nur keinen Krieg. Erlebnisse aus d. deutsch-französ. Krieg 1870/71. Dargest. in 5 Aufzgn. gr. 16. (64 S.) Speyer 898. Jäger. — 60

— die Reblaus. Lustspiel in 3 Aufzügen. 12. (58 S.) Ebd. 902. — 60

— Romanus u. Germanus od. die ersten Spuren des Christentums am Rhein. Dramat. Festspiel in 5 Aufzügen. 12. (68 S.) Ebd. 900. — 75

**Terherdi,** J. v. (Jak. Baumann), wie die Schauspieler wieder Studenten werden. Lustspiel in 5 Aufzügen. (60 S.) kl. 8. Speyer 905. Jäger. n. — 60

— wie Studenten Schauspieler werden. Lustsp. in 5 Aufzügen. 12. (59 S.) Ebd. 897. n. — 60

— wie Studenten Schauspieler werden. Lustspiel in 5 Aufzügen. 2. Aufl. (56 S.) kl. 8. Ebd. 905. n. — 60

Terke, Moriz

**Terke,** Mor., der Engel von Laxenburg. Vaterländischer Roman in 3 Thln. Wien 861. Mayer & Co. 12. (2 Bl., 521 S.) 2 ₰

Terke, Mor., der Engel von Laxenburg. Vaterländischer Roman in 3 Thln. 2. (Titel-)Ausg. gr. 12. (521 S.) Wien (861) 65, Mayer und Comp.

**Térkép a magyar országgyülési képviselöválasztások eredményeröl.** 1905 Wien: G. Freytag & Berndt 1905. * K 1.–

**Terklau,** Mathias, der Geist des kathol. Cultus. Eine Darstellung der kirchl. Orte, Geräthe, Handlungen u. Zeiten in ihrem Bezuge auf die kathol. Lehre. 12. Wien 845, Braumüller u. Seidel. 1/2 ₰

**Terklau,** Math., der Geist des kathol. Kultus. Eine Darstellung der kirchlichen Personen, Orte, Geräthe, Handlungen u. Zeiten in ihrem Bezuge auf die kathol. Lehre. Für die kathol. Jugend u. für alle gebildeten Christen. 2. umgearb., verm. u. verb. Aufl. 8. (VIII u. 259 S.) Wien 850, Braumüller. — 3. verb. Aufl. 8. (VIII u. 264 S.) Ebd. 852. 1/2 ₰

**Terklau,** Math., der Geist des katholischen Kultus. Eine Darstellung der kirchlichen Personen, Orte, Geräthe, Handlungen und Zeiten in ihrem Bezuge auf die katholische Lehre. Für die kathol. Jugend und für alle gebildeten Christen. 4. verb. Aufl. Wien 853. Braumüller. 8. (VII, 212 S.) 15 ngr.

Terklau, Math., der Geist des katholischen Kultus. Eine Darstellung der kirchl. Personen, Orte, Geräthe, Handlungen und Zeiten in ihrem Bezuge auf die kathol. Lehre. Für die kathol. Jugend und für alle gebildeten Christen. 6., verb. Aufl. gr. 8. (IV und 212 S.) Wien 857, Greß's Verlag. *

Terklau, Math., der Geist des katholischen Kultus. Eine Darstellung der kirchl. Personen, Orte, Geräthe, Handlungen und Zeiten in ihrem Bezuge auf die kathol. Lehre. Für die kathol. Jugend und für alle gebildeten Christen. 8., neu durchgeseh. und verb. Aufl. gr. 8. (VI und 203 S.) Wien 868, Gerold's Sohn. *

Terklau, Math., der Geist des katholischen Kultus. Eine Darstellung der kirchl. Personen, Orte, Geräthe, Handlungen und Zeiten in ihrem Bezuge auf die kathol. Lehre. Für die kathol. Jugend und für alle gebildeten Christen. 9. Aufl. 1871. * M 1,50., und 10. Aufl. 8. (IV, 192 S.) Wien 875, Gerold's Sohn. *

—— der heil. Kreuzweg, s. Kreuzweg.

Terklau, Mathias —. Zeit und Ewigkeit. Ein Erbauungsbuch für katholische Christen. Von — —. 2. Auflage. (recte 4.) Wien. 1855. Gedruckt bei A Pichler's Witwe u. Sohn. (444 S., 2 Blätter u. 1 Bild. 8.)

**Terks,** F., Bau u. Leben des menschlichen Körpers. Mit 63 Abbildgn. nach der Natur, darunter 9 Taf. in mehrfarb. Druck. 7. Aufl. (IV, 67 S.) 8. Leipzig 908. (J. Klinkhardt.) Kart. 1. —

Terks, F., Leitfaden für Botanik und Zoologie in 4 Kursen. 4 Hefte. Mit (eingedr. Holzschn.-) Abbild. [die zoolog. aus „Brehms Tierleben"]. gr. 8. Leipzig 880, Bibliograph. Institut. [1. Heft. (40 S.) * 60 Pf.; 2. Heft. (72 S.) * 80 Pf.; 3. und 4. Heft. (120; 112 S.) à * M 1.] cart. *

Terks, Leitfaden für Botanik und Zoologie in 4 Kursen. gr. 8. Leipzig 880, Klinkhardt. cart. * 3 40

**Terks**, F., Leitfaden f. Botanik u. Zoologie in 4 Kursen. gr. 8. Leipzig 890. Klinkhardt. cart. n. 3. 40
1. 5., verb. Aufl. (IV, 44 S. m. 39 Abbildgn.) n. — 60
2. 5., verb. Aufl. (VI, 74 S. m. 45 Abbildgn.) n. — 80
3. 5., verb. Aufl. (IV, 120 S. m. 96 Abbildgn.) n. 1. —
4. 3., verb. Aufl. (IV, 127 S. m. 145 Abbildgn.) n. 1. —

**Terks**, F., Leitfaden der Botanik u. Zoologie in 4 Kursen. gr. 8. Leipzig, J. Klinkhardt. Kart. n. 3. 40
1. 6., verb. Aufl. (IV, 44 S. m. 39 Abbildgn.) 892. n. — 60. — 2. 6., verb. Aufl. (VI, 74 S. m. 45 Abbildgn.) 892. n. — 80. — 3. 6., verb. Aufl. (IV, 120 S. m. 96 Abbildgn.) 893. n. 1. —. — 4. 5., verb. Aufl. (IV, 127 S. m. 145 Abbildgn.) 894. n. 1. —.

**Terks**, F., Leitfaden f. Botanik u. Zoologie in 4 Kursen. gr. 8. Leipzig, J. Klinkhardt. Kart. n. 3. 40
1. 7. Aufl. (IV, 60 S. m. 30 Abb.) 895. n. — 60
2. 7. Aufl. (VI, 75 S. m. 45 Abb.) 895. n. — 80
3. 7., verb. Aufl. (IV, 120 S. m. 96 Abb.) 895. n. 1. —
4. 6., verb. Aufl. (IV, 134 S. m. 175 Abb.) 898. n. 1. —

**Terks**, F., Leitfaden f. Botanik u. Zoologie in 4 Kursen. 1. u. 2. Kurs. gr. 8. Leipzig 902. J. Klinkhardt. Kart. n. 1. 40
I. 9., nach den f. Deutschland, Oesterreich u. die Schweiz gült. Regeln umgearb. Aufl. (IV, 50 S. m 30 Abb.) 902. n. — 60
II. 10. Aufl. (IV, 75 S. m. 45 Abb.) 903. n. — 80

— Leitfaden für Naturgeschichte. Nach den amtl. Bestimmgn. über das höhere Mädchenschulwesen Preußens in 4 Kursen bearb. 8. Ebd. Kart. n. 3. 40
1. Mit 28 Abbildgn. 8. Aufl. (IV, 48 S.) 899. n. — 60
2. Mit 54 Abbildgn. 8. Aufl. (IV, 72 S.) 899. n. — 80
3. Mit 93 Abbildgn. 9. Aufl. (IV, 107 S.) 900. n. 1. —
4. Mit 145 Abbildgn. Darunter 8 Taf. m. zweifarb. Druck. 7. Aufl. (IV, 120 S.) 900. n. 1. —

— Leitfaden f. Naturgeschichte. Nach den amtl. Bestimmgn. üb. das höh. Mädchenschulwesen Preußens in 4 Kursen bearb. 1.—3. Kurs. gr. 8. Ebd. Kart. n. 2. 40
I. 10. Aufl. (IV, 48 S. m. 28 Abb.) 903. n. — 60
II. 9. Aufl. (IV, 72 S. m. 54 Abbildgn.) 903. n. — 80
III. 10. Aufl. (IV, 107 S. m. 93 Abbildgn.) 905. n. 1. —

— Leitfaden f. Naturgeschichte. Nach den amtl. Bestimmgn. üb. das höh. Mädchenschulwesen Preußens in 4 Kursen bearb. I. II. u. IV. Kurs. 8. Leipzig, J. Klinkhardt. Kart. 2. 40
I. Mit 28 Abb. 11. Aufl. (IV, 48 S.) 909. Kart. — 60
II. Mit 54 Abb. 10. Aufl. (IV, 72 S.) 909. Kart. — 80
IV. Mit 145 Abb., darunter 8 Taf. in zweifarb. Druck. 8. Aufl. (IV, 120 S.) 906. Kart. 1. —

—— Leitfaden für den Unterricht über Bau und Leben des menschlichen Körpers. gr. 8. (62 S. mit 64 Abbild. nach der Natur, darunter 8 Taf. in zweifarb. Druck.) Ebendas. 880. cart. *

— Leitfaden für den Unterricht über Bau u. Leben des menschlichen Körpers. Mit 64 Abbildgn. nach der Natur, darunter 8 Taf. in zweifarb. Druck. gr. 8. (62 S.) Ebend. 881. cart. n. 1. —

— Leitfaden f. den Unterricht über Bau u. Leben des menschlichen Körpers. Mit 64 Abbildgn. nach der Natur, darunter 8 Taf. in 2farb. Druck. 3. Aufl. gr. 8. (IV, 64 S.) Ebd. 890. cart. n. 1. —

— Leitfaden f. den Unterricht üb. Bau u. Leben des menschlichen Körpers. Mit 64 Abbildgn. nach der Natur, darunter 8 Taf. in 2farb. Druck. 5., verb. Aufl. gr. 8. (IV, 64 S.) Ebd. 894. Kart. n. 1. —

**Terks**, F., Leitfaden f. den Unterricht üb. Bau u. Leben des menschlichen Körpers. Mit 68 Abbildgn. nach der Natur, darunter 9 Taf. in mehrfarb. Druck. 6. verb. Aufl. gr. 8. (IV, 67 S.) Leipzig 901. J. Klinkhardt. Kart n. 1. —

— naturgeschichtliche Randbemerkungen in alphabetischer Reihenfolge. gr. 8. (VI, 82 S.) Ebd. 894. n. 1. —

— naturgeschichtl. Randbemerkungen in alphabet. Reihenfolge. 2. [Titel-] Ausg. gr. 8. (VI, 82 S.) Ebd. (894) 898. n. — 60

Kulle, J. ter, Q. Horatii Flacci libri I sat. I., eiusque interpretatio familiaris. Di 1842. 85 S. 1.

**Terlago**, Caroline Gräfin, Gedichte. 8. (174 S.) Wien 875. Gerold's Sohn in Comm. n. 4. —

**Terlago-Terlago**, Gräfin Caroline, Gedichte. 8. (VI, 116 S.) Gera 885. Schulbuchh. 1. —

**v. Terlago**, Vinz. Graf, die Glaubenslehre der heil. kathol. Kirche. Zum Gebrauche bei akadem. Vorlesungen, sowie zum Selbstunterrichte für gebildete Christen bearb. 2 Bde. gr. 8. (1: VIII u. 352 S. 2: 235 S.) Schaffhausen 852, Hurter. (1: 27 ngr 2: 18 ngr) 1½ ₰

**Terlago**, V. G., katholische Kanzelvorträge auf die Sonntage nach Pfingsten. Innsbruck 869. F. Rauch. gr. 8. (III, 196 S.) 18 ngr

**Terlago**, V. G., die Sakramente der heiligen katholischen Kirche. Zum Gebrauche bei akademischen Vorlesungen, sowie zum Selbstunterrichte für gebildete Christen bearb. Schaffhausen 853. Hurter. gr. 8. (IV, 412 S.) 1 ₰.

—— das Sühnopfer des Erlösers. Sieben Predigten zur Erbauung während der heil. Fastenzeit. br. 8. (VII und 95 S.) Leipzig 854(55,) Löschke.

*Terlikowski F.:* Die olynthischen Reden. 35. Lemberg Frz. Jos. 81. Progr.

**Terlinden, Johannes.** Skizze e. Seminarlehrer-Lebens, veröffentlicht zu seinem 50jähr. Amtsjubiläum. [Aus: „Rhein. Schulmann".] gr. 8. (16 S.) Neuwied 885. Heuser's Verl. n. — 30

Terlinden, H. Auf der Bären-Jagd. Eine wahre Geschichte. 1.—3. Aufl. 8. (16 S.) Duisburg 891, Ewich. * — 20
Vgl.: Katholische Flugschriften Nr. 30: Toleranz der Kalvinisten.

**Terlinden**, H., f. den Evangelischen Bund, s.: Fricke, G. A.

— der Hauptverein der evangelischen Gustav-Adolf-Stiftung in der Rheinprovinz in den ersten 50 Jahren seines Bestehens, s.: Für die Feste u. Freunde des Gustav-Adolf-Vereins.

**Terlinden**, H., richtet nicht! Predigt üb. Röm. 2. 1—11, am 30. Jan. 1881 in der Marienkirche zu Duisburg geh. gr. 8. (15 S.) Duisburg 881. Ewich. n. — 20

—— der reiche Schotte, ein neuer Beitrag zu der alten Frage: „Was ist Wahrheit?" 1.—10. Aufl. 8. (39 S.) Duisburg 886,87, (Ewich.) * — 25

— die Taufe d. Konvertiten, s.: Für die Feste u. Freunde d. Gustav-Adolf-Vereins.

— Luther's Tod. Ein Schutz- u. Trutzwort wider seine Verlästerer. 8. (40 S.) Ebd. 887. n. — 25

— was ist's mit der Lehre vom Fegfeuer? [Aus: „Rheinisch-Westfäl. Gustav-Adolfs-Blatt".] 8. (43 S.) Duisburg 890. Ewich. n. — 25

Terlinden, Johannes

Terlinden, J., Handbuch des Rechenunterrichts in Volksschulen 1. Thl.: Das Rechnen im Zahlenkreise von 2 bis 100. Neuwied 869. Heuser. 8. (IV, 56 S. mit 1 Steintaf.) cart. 7½ ngr.

Terlinden, J., Handbuch d. Rechenunterrichts in Volksschulen. 2. Thl. 8. (X, 194 S.) Neuwied 877. Heuser. geb. n. 2. 50 (1. u. 2.: n. 3. 50)

Terlinden, J., Handbuch des Rechenunterrichts in Volksschulen. 1. Tl.: Das Rechnen im Zahlenkreise von 1 bis 100. 3., umgearb. u. verm. Aufl. 8. (70 S. m. 1 Steintaf.) Neuwied 881. Heuser's Verl. geb. — 75

Terlinden, J., Handbuch d. Rechenunterrichts in Volksschulen. 2. Tl. 2. Aufl. 8. (X, 194 S.) Neuwied 883. Heuser's Verl. geb n. 2. 50

Terlinden, J., Kopfrechenaufgaben, Decimalbrüche, Ausziehung der Quadrat- und Kubikwurzeln für Seminarien und Bürgerschulen. 8. (IV und 55 S.) Neuwied 865, Heuser's Verlag. cart. *

—— Kopfrechenaufgaben, Decimalbrüche, Ausziehung der Quadrat- und Kubikwurzeln für Seminarien und Bürgerschulen. 2. Aufl., verm. durch Aufgaben über das metr. Maß und Gewicht. 8. (IV, 59 S.) Ebendas. 869. geb. *

Terlinden's Raumlehre für mehrklassige Volksschulen, Mittelschulen u. höhere Mädchenschulen. Neubearb. von A. Sulzbacher, unter Mitwirkg. von O. Pfundt u. P. Reinemann. 4. Aufl. 8. (51 S. m. 2 Taf.) Neuwied 902. Heuser's Verl. Kart. n. — 80

— Rechenbuch für Volksschulen. 1. u. 2. Aufl. Ebend. 867,68. 8. (IX, 163 S.) geb. n.n. 9 ngr.

—— Rechenbuch für Volksschulen. 3. Aufl. Mit Rücksicht auf die am 1. Jan. 1872 in Kraft tret. vom Reichstage des norddeutschen Bundes beschlossene neue Maß- und Gewichtsordnung eingerichtet. 8. (IX, 164 S.) Ebendas. 869. geb. **

—— dass. — Nach der neuen Maß- und Gewichtsordnung für den norddeutschen Bund umgearb. und verm. 8.—14. Aufl. 8. (X, 181 S. mit 1 Stnt.) Ebendas. 871—72. geb. *

—— dass. — Nach der neuen Maß-, Gewichts- und Münzordnung für das deutsche Reich umgearb. und sehr verm. 15.—17. Aufl. 8. (VIII, 176 S.) Ebendas. 873,74. geb. *

—— Rechenbuch für Volksschulen. Nach der neuen Maß-, Gewichts- und Münzordnung für das deutsche Reich umgearb. und sehr verm. 18.—26. Aufl. 8. (VIII, 176 S. mit 1 Stnt.) Ebendas. 875,76. geb. * 1 —
Antworten (23 S.) — 10

— dasselbe, Auflösungen, s.: Sterzenbach, K.

—— dass. — für Volksschulen, Mittelschulen, höhere Töchterschulen ɪc. Nach der neuen Maß-, Gewichts- und Münzordnung und den neuesten darauf bezügl. gesetzl. Bestimmungen für das deutsche Reich umgearb. 27.—31. Aufl. 8. (VIII, 176 S. mit 1 Stnt.) Ebendas. 877,78. geb. * 1 —

—— Rechenbuch für Volksschulen, Mittelschulen, höhere Töchterschulen ɪc. Nach der neuen Maß-, Gewichts- und Münzordnung und den neuesten darauf bezügl. gesetzl. Bestimmungen für das deutsche Reich, sowie nach neuer Orthographie umgearb. 32.—40. Aufl. 8. (VIII, 176 S. mit 1 Stnt.) Ebendas. 879—82. geb. *

—— dass. — Antworten. (Neue verm. Aufl.) 8. (31 S.) Ebendas. 881. *

Terlinden, Johannes, Rechenbuch für Volksschulen, Mittelschulen, höhere Töchterschulen ɪc. Nach der neuen Maß-, Gewichts- und Münzordnung und den neuesten darauf bezügl. gesetzl. Bestimmungen für das deutsche Reich, sowie nach neuer Orthographie umgearb. 48.—50. Aufl. 8. (VIII, 176 S. mit 1 Stnt.] Neuwied 885, Heuser's Verlag. geb. * 1 —

— dasselbe. Ausg. B in 4 Hftn. Neu bearb. v. L. Kauer u. A. Sulzbacher. Ebend. 886. n. 1. 47
1. (57 S.) n. — 32. — 2. (68 S.) n. — 35. — 3. 4. (à 72 S.) à n. — 40

Terlinden's Rechenbuch f. Volksschulen. Ausg. B. [In 4 Hftn.] Neu bearb. v. L. Kauer u. A. Sulzbacher. 2.—4. Hft. 8. Neuwied, Heuser's Verl. n. 1. 15
2. 55., der neuen Bearbeitg. 5. Aufl. (68 S.) 887. n. — 35
3. 58., der neuen Bearbeitg. 8. Aufl. (73 S.) 888. n. — 40
4. 53., der neuen Bearbeitg. 3. Aufl. (80 S.) 887. n. — 40

— dasselbe. Antworten. 8. (40 S.) Ebd. 887. n. — 30

Terlinden's, [Joh.], Rechenbuch f. ein- bis dreiklassige Volksschulen. 4 Hefte. Neu bearb. v. L. Kauer u. A. Sulzbacher. 8. Neuwied 890—92, Heuser's Verlag. [1. Heft. 67. (der neuen Bearbtg. 17.) Aufl. (56 S.) * — 32; 2. Heft. 67. (17.) Aufl. (68 S.) * — 35; 3. Heft. 63. (13.) Aufl. (73 S.) * — 40; 4. Heft. 58. (8.) Aufl. (80 S.) * — 40.] * 1 47

Terlinden's Rechenbuch f. 1- bis 3klassige Volksschulen. 4 Hfte. Neu bearb. v. L. Kauer u. A. Sulzbacher. 8. Neuwied, Heuser's Verl. n. 1. 47
1. 72., der neuen Bearbeitg. 22. Aufl. (56 S.) 894. n. — 32
2. 72., der neuen Bearbeitg. 22. Aufl. (68 S.) 894. n. — 35
3. 68., der neuen Bearbeitg. 18. Aufl. (80 S.) 894. n. — 40
4. 62., der neuen Bearbeitg. 12. Aufl. (80 S.) 893. n. — 40

— dasselbe. Antworten. 3., verb. Aufl. 8. (41 S.) Ebd. 893. n. — 40

— Rechenbuch f. ein- bis dreiklassige Volksschulen. In 4 Hftn. v. L. Kauer u. A. Sulzbacher. Neu bearb. unt. Mitwirkg. v. O. Pfundt u. P. Reinemann. gr. 8. Ebd. Kart n. 2. 15
1. Der Zahlenkreis bis 1000. Rechnen m. einfach benannten Zahlen. Der Zahlenkreis bis zur Million u. Vorbereitg. der Bruchrechng. (83 S.) 900. n. — 50
2. Rechnen m. zweifach benannten Zahlen. Vorbereitung der Bruchrechng. (2. Kreis.) Vermischte Aufgaben. Schlußrechnung. (58 S.) 900. n. — 45
3. Die bürgerl. Rechnungsarten. Sachrechnen. Algebraische Aufgaben. Raumrechnung. (108 S. m. 1 Fig.) 901. n. — 60
4. Die bürgerl. Rechnungsarten. Sachrechnen. Algebr. Aufgaben. Raumrechnung. Quadrat- u. Kubikwurzel (112 S.) 901. n. — 60

Terlinden, J., Rechenfibel für die Beschäftigung der Schüler in den Zahlenkreisen 1 bis 10, 1 bis 20 u. 1 bis 100. 8. (III, 66 S.) Neuwied 881. Heuser's Verl. n. — 40; geb. n. — 50

—— Vorschule zur Geometrie für Lehrer, Seminaristen und Aspiranten. 8. (III und 24 S. mit 1 Stnt.) Neuwied 868, Heuser's Verlag. cart.

— Vorschule zur Geometrie f. Lehrer, Seminaristen u. Aspiranten. 2. Aufl. 8. (24 S. m. 1 Steintaf.) Ebend. 874. n. — 30

— Vorschule zur Geometrie zum Gebrauche beim Unterricht in der Raumlehre in Volksschulen, Mittelschulen, höheren Töchterschulen u. Präparandenanstalten. 3., umgearb. u. sehr verm. Aufl. 8. (37 S. m. 2 Steintaf.) Ebend. 878. geb. n. — 50

Terlinden, Reinh. Fr.

— prakt. Anleit. zur Registratur-, Expedit.-, Kanzlei- u. Sportelkassenwissenschaft. gr. 8. Halle 795. 2e Aufl. 804. Renger. 1 ℛ 8 ℊ

— prakt. Anleit. z. Registratur-, Expedit.-, Canzley- u. Sportelkassenwissenschaft f. Gerichtsactuarien bey d. Untergerichten, n. d. Vorschr. d. allgem. Gerichtsordn. für d. preuß. Staaten. gr. 8. Halle. Renger. 795 Heymann

— prakt. Anleitung zur Registratur-, Expedition, Canzlei- und Sportelkassenwissenschaft. Neue Aufl. gr. 8. Ebd. 795. jetzt Ebd. 1/3 ℛ

— Anleit. z. preuß. Stadt- u. Bürgerrecht. gr. 8. Ebend. 797. Heymann

Terlinden, Reinh. Fr., Anleit. zum Preuß. Stadt- u. Bürgerrecht. gr. 8. Halle 797. Renger. 16 ℊ

TERLINDEN, Reinh. Fr.: Anleitung zum Preuss. Stadt- u. Bürgerrecht. *Halle*, Renger. (795.) 804. gr. 8. (1 Thl. 8 Gr.)

— systemat. Darstell. der Rechtslehre von Gütergemeinschaft unter Eheleuten ꝛc. gr. 8. Münster 810. Waldeck. 1 ℛ 12 ℊ

Terlinden, Reinh. Fried.: Entwurf der Rechtslehre von der Gemeinschaft der Güter unter Eheleuten in dem Herzogthum Cleve und der Grafschaft Mark, nach Anleitung der Churfürstl.-Brandenburgischen Constitution vom 4. Nov. 1686. Lemgo 1782.

— Entwurf der Rechtslehre von der Gemeinschaft der Güter unter Eheleuten. 8. Lemgo 782. Meyer. 4 ℊ

— theoret. prakt. Erläuter. der französ. Criminalproceßordnung ꝛc. gr. 8. Elberf. 813. Büschler. 2 ℛ Neue unveränd. Aufl. gr. 8. Ebd. 824. Schönian. 1 ℛ 8 ℊ

Terlinden, (R. F.,) theoret.-prakt. Erläuterung d. französ. Criminal-Prozeßordnung üb. d. gerichtl. Polizei- u. d. gerichtl. Verfahren b. Polizei-Gerichte u. b. Korrektions-Tribunäle, mit erläut. Formularen. Wohlfeile Ausg. gr. 8. Elberfeld 824, Schönian.

– Grundsätze des Judenrechts. Halle: Heymann 1804. gr. 8°

— Grundsätze des Judenrechts, nach d. Gesetzen für die Preuß. Staaten. gr. 8. Halle 804. Renger. 1 ℛ 4 ℊ

– Grundsätze des allgemeinen Preuß. Lehnrechts. Halle: Heymann 1796. gr. 8°

— Grundsätze des allgem. Preuß. Lehnrechts. gr. 8. Halle 796. Renger. 18 ℊ

TERLINDEN, K. F.: Grundsätze des deutschen Stadt- u. Bürgerrechts. *Halle*, 797.

TERLINDEN, Rh. F.: Grundsätze des Preuss. Stadt- u. Bürgerrechts. *Halle*, Renger. B. 797. gr. 8. (16 Gr.)

— Rede bei d. Stiftungsfeier der Westphäl. patriot. Societät zur Beförder. des Seidenbaues. gr. 8. Cleve 793.

— Theorie u. Praxis des gerichtl. Verfahrens in Civilsachen, nach Anleit. der französ. Proceßordnung u. der neuest. französ. Gesetze, nebst beigefügt. Abweichungen des Entwurfs der bürgerl. Proceßordnung f. das Königr. Westphalen. 1r Thl. Die Theorie. 2r Thl. Die Praktik oder Formulare enthaltend. gr. 8. Halle 809. Renger. 2 ℛ 16 ℊ

— Theorie der gerichtl. Civilpraxis, nach Anleit. d. allgem. Gerichtsordnung für die Preuß. Staaten. 2 Thle. gr. 8. Halle 797—804. Schwetschke u. S. 3 ℛ 16 ℊ

Terlinden, Reinh. Fr., Versuch e. prakt. Anleit. zum Decretiren u. Expediren, nach den Grundsätzen des Corpus juris Fridericiani. 2 Thle. gr. 8. Halle 786, 88. N. Aufl. 805. Renger. 4 ℛ

TERLINDEN, Rhd. F.: Vers. e. prakt. Anleit. z. Decretiren u. Expediren, für angeh. Decernenten u. Gerichtsactuarien b. d. Untergerichten, nach d. Grundsätzen d. allgem. Gerichtsordn. f. d. Preuss. Staaten u. d. neuen Preuss. Gesetze, nebst beigef. Formularen. *Halle*, Renger. B. (786—88.) 804. 2 Thle. gr. 8. (4 Thl.)

Terlinden, Reinh. Fr., Versuch einer prakt. Anleitung zum Decretiren u. Expediren, für angehende Decernenten u. Gerichtsaktuarien bei den Untergerichten. 2 Bde. Neue Aufl. gr. 8. Halle 805. jetzt Heymann in Berlin. 1 ℛ

— Versuch e. Vorbereitung zu der heutigen positiv. in Deutschland übl. gem. Rechtsgelehrsamkeit, f. angeh. Rechtsgelehrte. gr. 8. Münst. 787. (Coppenrath); (a. W. Nauck in Leipz.) 1 ℛ 8 ℊ

— Versuch ein. Vorbereit. zu d. heut. posit. in Deutschland übl. gem. Rechtsgelahrheit für angeh. Rechtsgelehrte. gr. 8. Münster, Perrenon. (Coppenrath.) (auch Sommer in Leipz.) 787.

TERLINDEN, Rhd. F.: Vorbereit. z. jurist. Civilpraxi in d. preuss. Staaten, als Einleit. z. Studio d. allgem. Gerichtsordn. f. d. preuss. Staaten. *Halle*, Hemmerde u. Schwetschke. 796. gr. 8. (18 Gr.)

Terlitza Hans: Rom im Lied.
H. 1910 PN 3023 Diss. Wien, Univ. 371

Terlitza, Vict.: Grillparzer's „Ahnfrau" und die Schicksalsidee. 37. Bielitz R. 83.
Progr.

Terlitza, W., Kubisz, J., und Pacula, A., Książka do czytania dla austryackich szkół ludowych pospolitych. Część I. Elementarz. Wydanie poprawione. Wien, k. k. Schulbücher-Verlag, 1897. (Min.-Erl. v. 4. November 1896, Z. 27045.) Geb. —.25

Ter Meer, Gustav: Selbsttätig wirkende Schleudermaschine zur Trocknung der Rückstände städtischer Kanalisationswässer. Diss. Hannover 1910

Termeer, Hans, a. Rotthausen, Referendar am Kgl. Amtsgericht zu Cöln: Die Verträge zu Gunsten Dritter von Todeswegen (mit Ausschluss der Erbverträge). Bonn a. Rh. 1907: S. Foppen. (63 S.) 8°
Erlangen, Jur. Fak., Ref. Siber, Diss. v. 27. Juli 1907
[Geb. 28. Juli 75 Rotthausen b. Essen; Wohnort: Cöln; Staatsangeh.: Preußen; Vorbildung: Gymn. Coesfeld Reife O. 01; Studium: Bonn 6, Berlin 1 S.; Rig. 26. Juni 07.]

Ter-Mekërttschian, Karapet, s.: Irenaeus, gegen die Häretiker.

— s.: Irenäus, des hl., Schrift zum Erweise der apostolischen Verkündigung.

— s.: Timotheus Alurus' „Widerlegung" der auf der Synode zu Chalcedon festgesetzten Lehre.

**Ter-Mikaëlian, Nerses**, das armenische Hymnarium. Studien zu seiner geschichtl. Entwicklg. (IV, 110 S.) gr. 8. Leipzig 905. J. C. Hinrichs' Verl. n. 4. 50

**Ter-Mikelian**, Aršak: Die Armenische Kirche in ihren Beziehungen zur byzantinischen '(vom IV. bis zum XIII. Jahrhundert)' ... I. Th. [Erschien vollst. 1892.] Jena, G. Neuenhahn Univ.-Buchdr., 1892; 41 S. 8.
Jena, Phil. Fak., Inaug.-Diss. v. 1892

Ter-Mikelian, Aršak. Die armenische Kirche in ihren Beziehungen zur byzantinischen (vom IV. bis zum XIII. Jahrh.) gr. 8. (121 S.) Lpz. 892, Fock. * 2 —

Prof. Dr. F. N. Finck und seine Kritik über 'Das armenische Hymnarium'. Von Archimandrit Nerses Ter-Mikaëlian (Nersēs Tēr-Mikhajēlean). Edschmiatsin 1908: Klosterdr. (32 S.) 4°(8°)

**Ter-Minassiantz**, Erwand, Archidiakonus aus Etschmiadsin: Die Beziehungen der armenischen Kirche zu den syrischen bis zum Ende des 6. Jahrhunderts. *Leipzig 1904: A. Pries.* (59 S.) 8°
Leipzig, Phil. Diss. v. 1904

— s.: Irenaeus, gegen die Häretiker.

**Ter-Minassiantz**, Erwand, s.: Irenäus, des hl., Schrift zum Erweise der apostolischen Verkündigung.

**Ter-Minassiantz, Erwand, die armenische Kirche in ihren Beziehungen zu den syrischen Kirchen bis z. Ende des 13. Jahrh., s.a. Texte u. Untersuchungen zur Geschichte der altchristlichen Literatur. N. F. XI. 4.**

Die armenische Kirche in ihren Beziehungen zu den syrischen Kirchen bis zum Ende des 13. Jahrhunderts nach d. armen. u. syr. Quellen bearb. von Dr. Erwand Ter-Minassiantz. Archidiakonus aus Etschmiadsin. *Leipzig: J. C. Hinrichs 1904.* (XII, 212 S.) 8°
= Texte u. Untersuchungen z. Geschichte d. altchristl. Literatur. 26, 4. (N. F. 11, 4.)

— s.: Timotheus Alurus' Widerlegung der auf der Synode zu Chalcedon festgesetzten Lehre.

Der Terminhandel. Eine kritische Untersuchung über seine Berechtigung und Bedeutung. Hamburg 1892.

Terminhandel, der. Eine krit. Untersuchg. üb. seine Berechtigg. u. Bedeutg. 2. Aufl. gr. 8. (31 S.) Hamb. 892, Actien-Gesellschaft „Neue Börsen-Halle". * — 50
Aus: Hamburg. Börsen-Halle, besonders abgedruckt.

(F) **Das Terminhandelsgesetz** vom 4. Jänner 1903, R.-G.-Bl. Nr. 10. [Handausgabe österr. Gesetze. Bd. 1.] 8°. (55 S.) K 1.— Wien: Szelinski & Co. 1903.

**Termin-Kalender auf das gemeine Jahr 1854 für Seelsorger, Beamte, Advokaten, Notare, Richter, Kaufleute und Geschäftsmänner überhaupt. Zehnter Jahrgang. kl. 8 11½ Bog. Leitmeritz. Karl Wilh. Medau.**

**Termin-Kalender für das Jahr 1857. Ein unentbehrliches Vormerkbuch für Beamte aller Behörden, Advokaten, Gemeindevorsteher und Notare. Groß-Becskerek. Druck und Verlag von Franz Paul Pleitz. (4. 16 Bogen.)**

— für das J. 1861. Hrsg. von Frz. Paul Pleitz. 4. Groß-Becskerek. — 16

— für das Gemeinj. 1874. gr. 16. (200 S.) Wesel, Bagel. geb. n. 1. 75

Termin-Kalender für die J. 1875—1880. gr. 16. (à ca. 192 S.) [Wesel.] Düsseldorf, Bagel's Verlag. geb. à Jahrg. * 1 50
geb. und durchschossen à Jahrg. * 2 50
geb. in Leder als Brieftasche à Jahrg. * 2 80

Termin-Kalender für die J. 1881—1885. gr. 16. (à Jahrg. ca. 220 S.) Düsseldorf, F. Bagel. geb. in Leinw. à Jahrg. *
geb. und mit Pap. durchsch. à Jahrg. *
geb. in Ldr. als Brieftasche à Jahrg. *

Termin-Kalender für die J. 1886—1889. gr. 16. (216; 216; 208; 208 S.) Düsseldorf, F. Bagel.
geb. in Leinw. à Jahrg. * 1 50
geb. und mit Pap. durchsch. à Jahrg. * 2 50
geb. in Leder als Brieftasche à Jahrg. * 2 80

Termin-Kalender f. d. J. 1890—1893. gr. 16. (à Jahrg. VI S., Schreibkal. u. 32 S. m. 1 Eisenbahnkarte.) Düsseld., F. Bagel. à Jahrg. geb. in Leinw. * 1 50; durchsch. * 2 50
In Ldr. als Brieftasche * 2 80

**Termin-Kalender** f. d. J. 1895. gr. 16. (VI S., Schreibkalender u. 32 S. m. 1 Eisenbahnkarte.) Düsseldorf, A. Bagel. Geb. in Leinw. n. 1. 50; u. durchsch. n. 2. 50; in Ldr. als Brieftasche n. 2. 80

**Termin-Kalender** f. d. J. 1899. gr. 16. (VII S., Schreibkal. u. 32 S. m. 1 Eisenbahnkarte.) Düsseldorf, A. Bagel. Geb. in Leinw. n. 1. 50; u. durchsch. n. 2. 50; in Ldr. als Brieftasche n. 2. 80

**Termin-Kalender** f. d. J. 1903. gr. 16. (VII S., Schreibkalender u. 32 S. m. 1 Eisenbahnkarte.) Düsseldorf, A. Bagel. Geb. in Leinw. n. 1. 50; u. durchsch. n. 2. 50; in Ldr. als Brieftasche n. 2. 80

**Termin-Kalender** f. d. J. 1907. (VII S., Schreibkalender u. 32 S. m. 1 Eisenbahnkarte.) kl. 8. Düsseldorf, A. Bagel. Geb. in Leinw. n. 1. 50; u. durchsch. n. 2. 50; in Ldr. als Brieftasche n. 2. 80

**Termin-Kalender** f. d. J. 1910. (VII S., Schreibkalender u. 32 S. m. 1 Karte.) kl. 8. Düsseldorf, A. Bagel. Geb. in Leinw. 1,50; u. durchsch. 2.50; in Ldr. als Brieftasche 3. 50

—— auf das J. 1879. Ausg. für die freien Hansestädte, das Großherzogth. Oldenburg und die Prov. Schleswig-Holstein mit Lauenburg. Hrsg. von Ant. Ewald Rottmann. 16. (VII, 128 S.) Bremen, [Kühtmann und Comp.] Fischer. * 3 —

—— dass. — Ausg. für die Prov. Hannover, Westfalen und Hohenzollern, das Großherzogth. Mecklenburg-Schwerin, die Fürstenthümer Lippe-Detmold, Schaumburg-Lippe und Waldeck-Pyrmont. 16. (XI, 468 S.) Ebendas. geb. * 3 —

Termin-Kalender auf die J. 1858—61. Für Beamte und Geschäfts-Leute. gr. 4. (à Jahrg. ca. 56 S.) Sulzbach, v. Seidel'sche Buchh. à Jahrg. — 7½

**Termin-Kalender** auf das Jahr 1864. Für Beamte u. Geschäftsleute. Sulzbach, v. Seidel'sche Buchh. gr. 4. (56 S.) 7½ ngr.

—— auf das gemeine J. 1874. Für Beamte und Geschäfts-Leute. gr. 4. (54 S.) Sulzbach, v. Seidel. — 60

—— dass. — auf das gemeine J. 1875. gr. 4. (54 S.) Ebendas. — 75

—— auf die J. 1876—1880. Für Beamte und Geschäftsleute. gr. 4. (à ca. 56 S.) Sulzbach, v. Seidel'sche Buchh. à Jahrg. * — 60

—— für Beamte und Geschäfts-Leute auf die J. 1881—1885. 27.—31. Jahrg. 4. (à Jahrg. 56 S. mit 1 Holzschntaf. und 1 lithogr. Karte.) Sulzbach, v. Seidel'sche Buchh. à Jahrg. *

—— auf die J. 1886—1889. Für Beamte und Geschäfts-Leute. 32.—35. Jahrg. 4. (à Jahrg. 56 S.) Sulzbach, v. Seidel'sche Buchh. à Jahrg. * — 60

—— auf d. J. 1890—1893. Für Beamte u. Geschäfts-Leute. 36.—39. Jahrg. gr. 4. (à Jahrg. 56 S.) Sulzbach, v. Seidel. à Jahrg. * — 60

— auf d. J. 1895. Für Beamte u. Geschäfts-Leute. 41. Jahrg. gr. 4. (56 S.) Sulzbach, J. E. v. Seidel. n. — 60

— auf d. J. 1899. Für Beamte u. Geschäfts-Leute. 45. Jahrg. gr. 4. (56 S.) Sulzbach, J. E. v. Seidel. n. — 60

— auf d. J. 1903. Für Beamte u. Geschäfts-Leute. 49. Jahrg. gr. 4. (56 S.) Sulzbach, J. E. v. Seidel. n. — 60

— auf d. J. 1907. Für Beamte u. Geschäftsleute. 53. Jahrg. (56 S.) gr. 4. Sulzbach, J. E. v. Seidel. — 60

— auf d. J. 1911. Für Beamte u. Geschäfts-Leute. 57. Jahrg. (56 S.) Lex.8. Sulzbach, J. E. v. Seidel. — 60

— f. Beamte d. kaiserl. Reichspost- u. Telegraphen-Verwaltung, s.: Hüner, R.

— f. bayerische Eisenbahnbeamte. 1891. Hrsg. v. H. Schmid. 16. (48 S.) Nürnberg, Soldan's Sort. n. — 60

— für das k. bayer. Finanzdienstpersonal auf das gemeine J. 1877. Mit verschiedenen, den prakt. Dienst erleicht. Beilagen von Lor. Knobling. 1. Jahrg. 8. (232 S.) Würzburg, Staudinger. geb. n. 2. —

— für das bayer. Finanzdienstpersonal auf das gemeine Jahr 1878. Mit verschiedenen, den prakt. Dienst erleichternden Beilagen, von Lor. Knobling. 2. Jahrg. gr. 16. (244 S.) Würzburg, Staudinger. geb. n. 2. —

— f. Gerichtsvollzieher, s.: Meyer.

—— für deutsche Gerichtsvollzieher auf das J. 1887 und 1888. Mit vielen den prakt. Dienst erleichternden Beilagen hrsg. von Heinr. Walter. 1. und 2. Jahrg. gr. 16. (VIII, 223, 228; VIII, 192, 290 S.) Berlin, Siemenroth und Worms. geb. à Jahrg. * 2 50

—— dass. — für 1889. 3. Jahrg. gr. 16. (VIII, 192, 253 S.) Ebendas. geb. * 3 —

Termin- und Geschäfts-Kalender f. d. J. 1839. 8. (10½ B. u. 1 Tab.) Wesel, Bagel.

Termin- u. Geschäfts-Kalender für das Gemeinjahr 1847. 8. Wesel 846, Bagel. n. ⅓ ₰

Termin- u. Geschäfts-Kalender f. d. J. 1848 u. 1849. gr. 16. (à 176 S.) Wesel, Bagel. à n. ⅓ ₰ — In Engl. Einb. à n. 7/12 ₰, durchschossen à n. 5/6 ₰, m. Goldschn. n. 1 ₰

Termin- und Geschäfts-Kalender für das J. 1865. 1. Jahrg. 16. (IV und 205 S.) Dorpat, Gläser's Verlag. cart. *

—— —— auf das J. 1867. 8. (303 S.) Hannover. (Celle, Schulze'sche Buchh.) geb. * 19 Ngr.; durchschossen * — Zeitrechnung apart und durchschossen. (192 S.) *

Termin- u. Geschäfts-Kalender auf d. J. 1871. gr. 8. (303 S.) Hannover, (Celle, Schulze'sche Buchh.) geb. n. 2. —

Termin- und Geschäfts-Kalender für Bezirksämter, unmittelbare Magistrate, Gemeindebehörden ꝛc. für die J. 1881—1885. Von Wilh. Stadelmann. Fol. (à Jahrg. ca. IV, 56 S.) Bamberg, Buchner'sche Buchh. à Jahrg. *

Termin- und Geschäfts-Kalender für Bezirksämter, unmittelbare Magistrate, Gemeindebehörden ꝛc. für die J. 1886—1889. Fol. (à Jahrg. ca. 100 S.) Bamberg, Buchner'sche Buchh. à Jahrg. *

Termins- u. Geschäftskalender f. Bezirksämter, unmittelbare Magistrate, Gemeindebehörden ꝛc. f. d. J. 1890. Fol. (IV, 101 S.) Bamberg, Buchner. n. 2. 50

Termins- u. Geschäftskalender f. Bezirksämter, unmittelbare Magistrate, Gemeindebehörden ꝛc. f. d. J. 1892. Fol. (107 S. m. 1 Wandkalender.) Bamberg, C. C. Buchner Verl. n. 2. 50

Termin- und Geschäfts-Kalender

— — für Bürgermeister, Stiftungspfleger u. Standesbeamte. 1881. Praktisch bearb. von einem Verwaltungsbeamten. 4. (136 S.) Ansbach, Brügel & Sohn. n. — 80

Terminkalender

— f. d. bayer. Juristen, s.: Stahl, bezw. Schweitzer.

Termin-Kalender f. den hessischen Juristen pro 1904, bearb. u. zusammengestellt v. Meisel. (VI S., Schreibkalender u. 258 S.) 12. Mainz, J. Diemer.

—— für die Justizbeamten, Advocat-Anwalte und Notare Elsaß und Lothringens auf das J. 1873. Mit verschiedenen den prakt. Dienst erleicht. Beilagen. Nach amtl. Quellen. 12. (IV, 340 S.) Ebendas. geb. * 2 75

Terminkalender (Einbd.: Taschenkalender) f. hessische Justizbeamte pro 1905. Hrsg. unter Benutzg. amtl. Quellen v. Mitgliedern des Richtervereins. 2. Jahrg. (VIII S., Schreibkalender u. 214 S.) kl. 8. Mainz, J. Diemer. Geb. in Leinw. 2. —

— für hessische Justizbeamte pro 1907. Mit e. Verzeichnis der höheren u. mittleren Justizbeamten, der Gerichtsassessoren u. Referendare in Hessen u. e. Zusammenstellg. üb. die Gehalte der Richter u. Staatsanwälte in den deutschen Bundesstaaten u. den Reichslanden, nach amtl. Quellen bearb. 4. Jahrg. (VII S., Schreibkalender u. 146 S. m. 1 Tab.) 16. Mainz, J. Diemer. Geb. in Leinw. n. 2. —

— für hessische Justizbeamte 1911. Mit Dienstalterslisten der höh. u. mittleren Justizbeamten, der Gerichtsassessoren u. Referendare in Hessen, nach amtl. Quellen bearb. 8. Jahrg. (VI S., Schreibkalender u. 180 S.) 16. Mainz, J. Diemer. Geb. in Leinw. 2. —

—— für die Justizbeamten in Preußen, Mecklenburg, den Thüringischen Staaten, Braunschweig, Waldeck, Lippe und den Hansestädten auf das Schaltj. 1880. Nach amtl. Quellen. Mit verschiedenen den prakt. Dienst erleichternden Beilagen. 42. Jahrg. gr. 16. (IV, 183, 176 S.) Ebendas. geb. à Jahrg. * 2 75
geb. und durchschossen à Jahrg. * 3 25

—— für die Justizbeamten in Preußen, Mecklenburg, den Thüringischen Staaten, Braunschweig, Waldeck, Lippe und den Hansestädten auf die J. 1881—1885. Nach amtl. Quellen. Mit verschiedenen den prakt. Dienst erleichternden Beilagen. 43.—47. Jahrg. 16. (IV, 183, 268; IV, 183, 248; IV, 183, 256; IV, 183, 264; IV, 183, 270 S.) Berlin, C. Heymann's Verlag. geb. à Jahrg. *
geb. und durchsch. à Jahrg. *

—— für die Justizbeamten in Preußen, Mecklenburg, den Thüringischen Staaten, Braunschweig, Waldeck, Lippe und den Hansestädten auf die J. 1886—1889. Nach amtl. Quellen. Mit verschiedenen den prakt. Dienst erleichternden Beilagen. 48.—51. Jahrg. 16. (IV, 183, 279; IV, 183, 280; IV, 168, 276; IV, 168, 276 S.) Berlin, C. Heymanns Verlag.
geb. à Jahrg. * ℳ 3.—.; durchsch. à Jahrg. * 3 50

—— für die Justizbeamten in Preußen, Mecklenburg, den Thüringischen Staaten, Braunschweig, Waldeck, Lippe u. den Hansastädten auf d. J. 1890—1893. 52.—55. Jahrg. gr. 16. (à Jahrg. ca. 280 S. u. Schreibkal.) Berl., C. Heymann. geb. * 3 —; durchsch. * 3 50

— für die Justizbeamten in Preußen, Mecklenburg, den Thüringischen Staaten, Braunschweig, Waldeck, Lippe u. den Hansastädten auf d. J. 1895. Nach amtl. Quellen. Mit e. Beilage-Hft.: Dienstalter u. Laufbahn der Richter u. Staatsanwälte in Preußen. Auf Grund der amtl. Veröffentlichgn. zusammengestellt v. Wilh. Meyer. Geschlossen im Septbr. 1894. 57. Jahrg. 1. u. 2. Aufl. gr. 16. (VI S., Schreibkalender, 288 u. Beilagehft. IV, 154 S.) Berlin, C. Heymanns Verl. Geb. in Leinw u. geh. n. 3. —; durchsch. n. 3. 50

— f. d. Justizbeamten in Preußen, Mecklenburg, den Thüring. Staaten, Braunschweig, Waldeck, Lippe u. d. Hansastädten auf d. J. 1899. Nach amtl. Quellen. Geschlossen im Septbr. 1898. 61. Jahrg. gr. 16. (VIII S., Schreibkal. u. 304 S.) Berlin, C. Heymann's Verl.
Geb. in Leinw. n. 3. — ; durchsch. n. 3. 50

**Terminkalender** f. d. Justizbeamten in Preussen, Mecklenburg, den Thüring. Staaten, Braunschweig, Waldeck, Lippe u. den Hansastädten auf d. J. 1901. Nach amtl. Quellen. Geschlossen im Septbr. 1900. 63. Jahrg. gr. 16. (VIII, Schreibkalender u. 316 S.) Berlin, C. Heymann's Verl.
Geb. in Leinw. u. geh. 3. — ; durchsch. 3. 50.

— für die Justizbeamten in Preußen, Mecklenburg, den Thüringischen Staaten, Braunschweig, Waldeck, Lippe u. den Hansastädten auf d. J. 1903. Nach amtl. Quellen. Geschlossen im Oktbr. 1902. 65. Jahrg. gr. 16. (X S., Schreibkalender u. 320 S.) Berlin, C. Heymann.
Geb. in Leinw. n. 3. —; durchsch. n. 3. 50

— für die Justizbeamten in Preussen, Mecklenburg, den Thüringischen Staaten, Braunschweig, Waldeck, Lippe u. d. Hansastädten auf d. J. 1905. Nach amtl. Quellen. Geschlossen im Oktbr. 1904. 67. Jahrg (X S.) Schreibkalender u. 338 S.) kl. 8. Berlin, C Heymann. Geb. in Leinw. 3. —; durchsch. 3. 50.

— für die Justizbeamten in Preussen, Mecklenburg, den Thüringischen Staaten, Braunschweig, Waldeck, Lippe u. d. Hansastädten auf d. J. 1906. Nach amtl. Quellen. Geschlossen im Oktbr. 1905. 68. Jahrg. (X S., Schreibkalender u. 338 S.) kl. 8. Berlin, C. Heymann. Geb. in Leinw. 3. —; durchsch. 3. 50.

— für die Justizbeamten in Preußen, Mecklenburg, den Thüringischen Staaten, Braunschweig, Waldeck, Lippe u. den Hansastädten auf d. J. 1907. Nach amtl. Quellen. Geschlossen im Oktbr. 1906. 69. Jahrg. (VI S., Schreibkalender u. 348 S.) kl. 8. Berlin, C. Heymann.
Geb. in Leinw. n. 3. —

— für die Justizbeamten in Preussen, Mecklenburg, den Thüringischen Staaten, Braunschweig, Waldeck, Lippe u. d. Hansastädten auf d. J. 1908. Nach amtl. Quellen. Geschlossen im Oktbr. 1907. 70. Jahrg. (VI. S., Schreibkalender u. 352 S.) kl. 8. Berlin, C. Heymann. Geb. in Leinw. 3. —

— für die Justizbeamten in Preußen, Mecklenburg, den Thüringischen Staaten, Braunschweig, Waldeck, Lippe u. den Hansastädten auf d. J. 1909. Nach amtl. Quellen. Geschlossen im Oktbr. 1908. 71. Jahrg. (IV S., Schreibkalender u. 355 S.) kl. 8. Berlin, C. Heymann.
Erscheint nicht mehr. Geb. in Leinw. 3. —

**Termin-Kalender** f. d. preuss. Justizbeamten in d. Provinzen Preussen, Posen, Schlesien, Pommern, Brandenburg Sachsen u. Westphalen auf das J. 1839—42. od. 1—4. Jahrg gr. 12. Berlin, Heymann. [839. (..B., 1 Karte u. Tab.), 40 (17¾ B., 1 Karte u. 2 Tab.), 41. (12 B., 1 Karte u. 2 Tab.) 42. (13¼ B., 1 Karte u. 3 Tab.) à * ¾ Thlr.]

**Termin-Kalender** f. die preuss. Justizbeamten auf d. J. 1843—47. 5—9. Jahrg. 12. Berlin, Heymann. [5. (13 B., 2 Tab. u. 1 Karte.) 6. (13 B. u. 1 Karte.) 7. (11⅚ B., 1 Karte u. 2 Tab.) 8. (13½ B. u. 1 Karte.) 9. (12¾ B., 2 Tab. u. 1 Karte.) à * 22½ Ngr.] * 3
1—4. Jahrg. 1839—42. Ebendas. * 3 Thlr.

**Termin-Kalender** für die preuss. Justizbeamten auf d. J. 1848—52. nebst verschied. den prakt. Dienst erleichternden Beilagen. 10—14. Jahrg. gr. 16. Berlin, C. Heymann. [10. (6½ Bog. und 7⅓ Bog., 1 Charte und Tab.) 11. (160 und 166 S. mit 1 Charte.) 12. (160 und 205 S. mit 1 Charte.) 13. (160 und 170 S., 1 Charte und 1 Tab.) 14. (155 und 86 S. mit 1 Tab.)] à Jahrg. * -

**Termin-Kalender** f. die Preuss. Justizbeamten auf d. J. 1848—1853. 10—15. Jahrg. gr. 16. 1848. Nebst e. (lith. u. col.) Karte (in 4.) von dem Departement des O.-L.-Gerichts zu Marienwerder, u. verschied. statist. Uebersichten etc. etc. Mit Genehmigung Sr. Exc. des Hrn. Justiz-Ministers Uhden. 10. Jahrg. (104 S. Schreibpap. u. 120 S. m. 2 Tabellen.) 1849. Nebst einer Karte v. d. Departement d. Oberlandesgerichts zu Magdeburg, u. verschied. aus amtl. Quellen entnommenen, die Preuss. Justiz-Verfassg. u. Verwaltg., sowie das Justiz-Beamten-Personal betreff. statist. Uebersichten u. Nachrichten. 11. Jahrg. (106 S. Schreibpap. u. 166 S.) 1850. Nebst e. (lith. u. color.) Karte v. dem Departement d. Appellations-Gerichts zu Ratibor, u. verschiedenen aus amtl. Quellen entnommenen, die Preuss. Justiz-Verfassg. u. Verwaltg., sowie das Justiz-Beamten-Personal betreff. statist. Uebersichten u. Nachrichten. 12. Jahrg. (160 S. Schreibpap. u. 205 S.) auf d. J. 1851. Nebst e. (lith. u. color.) Karte v. dem Departement d. Appellationsgerichts zu Coslin, u. verschied., aus amtlichen Quellen entnommenen, die Preuss. Justiz-Verfassung u. Verwaltung, sowie das Justiz-Beamten-Personal betreff. statist. Uebersichten u. Nachrichten. 13. Jahrg. (160 S. Schreibpap. u. 170 S. m. 1 Tab. in qu. gr. 8.) auf d. Schaltjahr 1852, nebst verschied. den prakt. Dienst erleichternden Beilagen. 14. Jahrg. (155 S. Schreibpap. u. 86 S. m. 1 Tab. in qu. gr. 8.) auf d. J. 1853. Nebst verschied. den prakt. Dienst erleichternden Beilagen. 15. Jahrg. (158 S. Schreibpap. u. 116 S. m. 1 Tab. in qu. 4.) Berlin, C. Heymann. In Engl. Einbd. à n. 3/1 ℛ; durchschossen à n. 11/12 ℛ

**Termin-Kalender** für die preuss. Justizbeamten auf die J. 1853—57. Nebst verschied. den prakt. Dienst erleichternden Beilagen. 15—19. Jahrg. à Jahrg. mit 1 Tab. in qu. 4. gr. 16. Berlin, C. Heymann. [15. Jahrg. (158 und 116 S.) 16. (158 und 118 S.) 17. (158, IV und 166 S.) 18. (158, IV und 205 S.) 19. (158, IV und 213 S.) 852—56.] à Jahrg. * -
Durchschossen à Jahrg. * -

—— für die preussischen Justizbeamten auf die J. 1858—62. Nebst verschiedenen den praktischen Dienst erleichternden Beilagen, mit 1 (lithogr.) Karte (in qu. 4.), enthaltend die geograph. Uebersicht der gegenwärtigen Geltung des allgemeinen Landrechts und der Partikularrechte etc. 20—24. Jahrg. 12. Berlin, C. Heymann's Verlag. [1858. (156 S. Schreibp. und IV und 201 S. mit 1 Tab. in qu. 4.) 1859. (156 S. Schreibp. und IV und 210 S. mit 1 Tab. in qu. 4.) 1860. (IV und 361 S. mit 1 Tab. in qu. 4.) 1861. (IV und 328 S. mit 1 Tab. in qu. gr. 4.) 1862. (IV und 375 S. mit 1 Tab. in qu. gr. 4.)] geb. à Jahrg. * -
Durchschossen à Jahrg. * -

—— für die preussischen Justizbeamten auf die J. 1863—68. Nebst verschied. den prakt. Dienst erleichternden Beilagen. 25.—30. Jahrg. 12. [1863. (IV und 356 S.) 1864. (IV und 356 S. mit 1 Tab. in qu. Fol.) 1865. (IV und 383 S. mit 1 Tab. in qu. Fol.) 1866. (IV und 375 S. mit 1 Tab. in qu. Fol.) 1867. (IV und 388 S. mit 1 Tab. in qu. Fol.) 1868. (IV und 364 S.)] Berlin, C. Heymann's Verlag. geb. à Jahrg. * -
Durchschossen à Jahrg. * -

—— für die preussischen Justizbeamten auf die J. 1869—1872. Mit verschied. den prakt. Dienst erleicht. Beilagen und einer vom Staatsanwalt Anders entworfenen Uebersichts-Karte des gegenwärtig in Preussen gelt. Privat- und Civilprozess-Rechtes (in Fol.). 31.—34. Jahrg. 12. (III, 306; IV, 375; IV, 382; VIII, 355 S.) Berlin, C. Heymann's Verlag. geb. à Jahrg. * 2 25
Durchschossen * * 2 75

—— dass. — auf die J. 1873—1875. Mit verschiedenen den prakt. Dienst erleichternden Beilagen. 35.—37. Jahrg. 12. (IV, 400; CLXXXIII, 203; XCIV, 239 S.) Ebendas. geb. à Jahrg. * 2 75
Durchschossen * 3 25

—— für die preußischen Justizbeamten auf die J. 1876—1879. Mit verschiedenen den prakt. Dienst erleichternden Beilagen. 38.—41. Jahrg. gr. 16. (CLXXXVIII, 262; 443; IV, 183, 286; 183, 286 S.) Berlin, C. Heymann's Verlag. geb. à Jahrg. * 2 75
geb. und durchschossen à Jahrg. * 3 25

**Termin-Kalender** für Justiz- und Verwaltungsbeamte in Elsaß-Lothringen für die J. 1883—1885. Nach amtl. Quellen. (1.—3. Jahrg.) gr. 16. (IV, 322; IV, 272; IV, 204, 68 S.) Straßburg, Schultz und Comp. geb. à Jahrg. *

—— für Justiz- und Verwaltungs-Beamte in Elsaß-Lothringen auf die J. 1886—1889. Nach amtl. Quellen. gr. 16. (IV, 204, 72; IV, 204, 73; IV, 205, 73; IV, 204, 74 S.) Straßburg, Straßburger Druckerei und Verlags-Anstalt. geb. à Jahrg. * 2 50

—— für Justiz- u. Verwaltungs-Beamte in Elsaß-Lothringen auf d. J. 1890—1893. gr. 16. (à Jahrg. IV, 204 u. ca. 80 S.) Straßb. i. E., Straßburger Druckerei u. Verlagsanstalt. à Jahrg. geb. * 2 50

— für Justiz- u. Verwaltungs-Beamte in Elsaß-Lothringen auf d. J. 1895. Nach amtl. Quellen. gr. 16. (IV, 204 u. 87 S.) Straßburg, Straßburger Druckerei u. Verlagsanstalt. Geb. in Leinw. n. 2. 50

— für Justiz- u. Verwaltungs-Beamte in Elsaß-Lothringen auf d. J. 1899. Nach amtl. Quellen. 12. (IV, 204 u. 98 S.) Straßburg, Straßburger Druckerei u. Verlagsanstalt. Geb. in Leinw. n. 2. 50

**Terminkalender** f. Justiz- u. Verwaltungs-Beamte in Elsass-Lothringen a. d. J. 1900. Nach amtl. Quellen. 12. (IV, 204 u. 99 S.) Strassburg, Strassb. Druckerei u. Verlagsanstalt. Geb. in Leinw. 2. 50.

**Termin-Kalender** f. Justiz- u. Verwaltungs-Beamte in Elsass-Lothringen auf d. J. 1902. 12. (IV, 204 u. 101 S.) Strassburg, Strassburger Druckerei u. Verlagsanstalt. Geb. in Leinw. 2. 50.

— für Justiz- u. Verwaltungs-Beamte in Elsaß-Lothringen auf d. J. 1903. Nach amtl. Quellen. 12. (IV, 204 u. 114 S.) Straßburg, Straßburger Druckerei u. Verlagsanstalt. Geb. in Leinw. n. 2. 50

**Terminkalender** f. Justiz- u. Verwaltungs-Beamte in Elsass-Lothringen auf d. J. 1905. Nach amtl. Quellen. (IV, 206 u. 118 S.) kl. 8. Strassburg, Strassburger Druckerei u. Verlagsanstalt. Geb. in Leinw. 2. 50.

**Terminkalender** f. Justiz- u. Verwaltungs-Beamte in Elsass-Lothringen auf d. J. 1906. Nach amtl. Quellen. (IV, 206 u. 118 S.) kl. 8. Strassburg, Strassburger Druckerei u. Verlagsanstalt. Geb. in Leinw. 2. 50.

**Termin-Kalender** f. Justiz- u. Verwaltungs-Beamte in Elsaß-Lothringen auf d. J. 1907. Nach amtl. Quellen. (IV, 206 u. 123 S.) kl. 8. Straßburg, Straßburger Druckerei Verlagsanstalt. Geb. in Leinw. n. 2. 50

— f. Justiz- u. Verwaltungs-Beamte in Elsass-Lothringen auf d. J. 1908. Nach amtl. Quellen. (IV, 207 u. 128 S.) kl. 8. Strassburg, Strassburger Druckerei u. Verlagsanstalt. Geb. in Leinw. 2. 50.

**Termin-Kalender** f. Justiz- u. Verwaltungs-Beamte in Elsass-Lothringen auf d. J. 1909. Nach amtl. Quellen. (IV, 206 u. 134 S.) kl. 8. Strassburg, Strassburger Druckerei u. Verlagsanstalt. Geb. 2. 50.

**Termin-Kalender** f. Justiz- u. Verwaltungs-Beamte im Elsaß-Lothringen auf d. J. 1910. Nach amtl. Quellen. (IV, 206 u. 186 S.) kl. 8. Straßburg, Straßburger Druckerei u. Verlagsanstalt. Geb. in Leinw. 2. 50

—— für die Justiz- und Verwaltungs-Beamten der Rheinprovinz für die J. 1869—1872. 16. (336; 294; 297; 290 S.) Köln, Rommerskirchen. geb. à Jahrg. * 2 25

—— dass. — für das J. 1873. 12. (290 S.) Ebendas. geb. * 2 50
Durchschossen * 3 —

—— dass. — der Rheinprovinz und die Justiz-Beamten von Elsaß-Lothringen für das J. 1875. gr. 16. (297 S.) Ebendas. geb. * 2 50
Durchschossen * 3 —

—— zum Gebrauche für die Justiz- und Verwaltungs-Beamten der Rheinprovinz und die Justiz-Beamten von Elsaß-Lothringen für die J. 1876—1880. gr. 16. (IV, 319; IV, 319; 190, 133; 323; IV, 187, 126 S.) Köln, Rommerskirchen's Buchh. geb. à Jahrg. * 2 50
geb. und durchschossen à Jahrg. * 3 —

—— zum Gebrauche für die Justiz- und Verwaltungs-Beamten der Rheinprovinz und die Justiz-Beamten von Elsaß-Lothringen für die J. 1881—1884. gr. 16. (IV, 186, 159; IV, 192, 161; IV, 192, 145; IV, 192, 146 S.) Köln, Rommerskirchen's Buchh. geb. à Jahrg. *
geb. und durchsch. à Jahrg. *

—— zum Gebrauche für die Justiz- und Verwaltungs-Beamten der Rheinprovinz für die J. 1885—1889. gr. 16. (à Jahrg. IV, 192, 146 S.) Köln, Rommerskirchen. geb. à Jahrg. * ℳ 2.50.; durchsch. à Jahrg. * 3 —

**Termin-Kalender** zum Gebrauche f. die Justiz- u. Verwaltungs-Beamten der Rheinprovinz für d. J. 1890—1892. 16. (à Jahrg. ca. 350 S.) Köln, Rommerskirchen.
Erscheint nicht mehr. à Jahrg. geb. * 2 50; durchsch. * 3 —

— für Landgemeindebehörden, Bürgermeister u. Gemeindebeamte Bayerns f. d. J. 1908, bearb. v. Leonh. Rimrod. (228 S. m. 1 Bildnis.) kl. 8. Nürnberg, C. Koch. Geb. in Leinw. 1. 25
Fortsetzg., s.: Koch's Termin-Kalender.

**Termin- u. Notiz-Kalender** auf d. J. 1877. Zum Gebrauch der Beamten der allgemeinen Verwaltg. d. Innern. Unter Benutzg. officieller Quellen bearb. 8. Jahrg. gr. 16. (344 S.) Berlin, F. Schulze's Verl. geb. n. 2. 50; durchschossen n. 3. —

**Termin- u. Notiz-Kalender** für preußische Verwaltungsbeamte auf d. J. 1899. Red. im Bureau des Ministeriums d. Innern. 30. Jahrg. gr. 16. (III S., Schreibkal., 149 u. 211 S.) Potsdam, A. Stein. Geb. in Leinw. n. 2. 50; durchsch. n. 3. —
Bisher u. d. T.: Termin- u. Notiz-Kalender, preuß.

**Termin- u. Notiz-Kalender** für Preussische Verwaltungsbeamte auf d. J. 1901. Red. im Bureau des Ministeriums des Innern. 32. Jahrg. gr. 16. (II, Schreibkalender, 140 u. 196 S.) Potsdam, A. Stein. Geb. in Leinw. 2. 50; durchsch. 3. —

Auf d. Einband: Termin-Kalender f. Preuss. Verw.-Beamte.

**Termin- u. Notiz-Kalender** f. preussische Verwaltungsbeamte auf d. J. 1902. Red. im Bureau des Ministeriums des Innern. 33. Jahrg. 12. (IV S., Schreibkalender, 140 u. 195 S.) Potsdam, A. Stein. Geb. in Leinw. 2. 50; durchsch. 3. —

**Termin- u. Notiz-Kalender** f. preußische Verwaltungsbeamte auf d. J. 1903. Red. im Bureau des Ministeriums des Innern. 34. Jahrg. 12. (IV S., Schreibkalender, 162 u. 196 S.) Potsdam, A. Stein. Geb. in Leinw. n. 2.50; durchsch. n. 3. —

**Termin- u Notiz-Kalender** f. preussische Verwaltungsbeamte auf d. J. 1905. Red. im Bureau des Ministeriums des Innern. 36. Jahrg. 12. Potsdam, A. Stein. Geb. in Leinw. 3. —; durchsch. 3. 50.

**Termin- u. Notiz-Kalender** f. preußische Verwaltungsbeamte auf d. J. 1907. Red. im Bureau des Ministeriums des Innern. 38. Jahrg. (IV S., Schreibkalender, 237 u. 229 S.) kl. 8. Potsdam, A. Stein. Geb. in Leinw. n. 3. — ; durchsch. n. 3. 50

**Termin- u. Notiz-Kalender** (Einbd.: Termin-Kalender) f. preußische Verwaltungsbeamte auf d. J. 1911. Red. im Bureau des Ministeriums d. Innern. 42. Jahrg. (IV S., Schreibkalender, 224 u. 240 S.) kl. 8. Potsdam, A. Stein. Geb. in Leinw. 3.—; durchsch. 3. 50

**Termin- und Notiz-Kalender** für die preuss. Verwaltungsbeamten etc. 1—7. Jahrg. 1846—52. 12. und 8. Berlin, C. Heymann. à Jahrg. * -

**Termin- u. Notiz-Kalender** f. die Preuss. Verwaltungsbeamten. Nebst einem Nachschlagebuche f. den tägl. Geschäftsgebrauch. 2—4. Jahrg. 1847—1849. 12. (1847: 5⅚ B., 1 Tab. u. 78 Bl. Schreibpap. 1849: 160 S. Schreibpap. u. 160 S. Text m. 1 Tab.) Berlin, Heymann. — f. Verwaltungs-Beamte, Landtags-Abgeordnete, Geistliche, Geschworne, Auktions-Kommissarien u. Geschäftsmänner jeder Art. Nebst einem Nachschlagebuche f. den tägl. Geschäftsgebrauch. 5. Jahrg. 1850. 8. (IV u. 268 S.) Ebd.

—— für die Post- und Telegraphen-Beamten des deutschen Reiches auf die J. 1871—1873. Hrsg. von Krieg. 1.—3. Jahrg. gr. 16. (172—190 S.) Suhl, Hiersche. geb. à Jahrg. * 1 50

—— **preußischer, für die J. 1853—56.** Zum Gebrauch für Justiz- und Verwaltungsbeamte. 12. Berlin, Deckersche geheime Ober-Hofbuchdr. [1. (IV und 243 S.) ** 15 Ngr., 2. (IV und 171 S.) 3. (IV und 308 S.) 4. (IV und 314 S.) 852—55. à Jahrg. * 20 Ngr.] *
Durchschossen à Jahrg. *

— **preußischer, für das J. 1854—59.** 2—7. Jahrg. Zum Gebrauch für Justiz- u. Verwaltungsbeamte. Berlin, Decker. 16. Jeder Jahrg. n. 22½ ngr.;
mit Papier durchsch. n. 27½ ngr.

—— preußischer, für die J. 1858—62. 6—10. Jahrg. Zum Gebrauch für Justiz- und Verwaltungsbeamte. 16. Berlin, Decker'sche geheime Ober-Hofbuchdruckerei. [1858. (IV und 336 S.) 1859. (IV und 412 S.) 1860. (IV und 414 S.) 1861. (IV und 429 S.) 1862. (IV und 429 S.)] geb. à Jahrg. * -
Durchschossen à Jahrg. * -

— **preußischer, für die Jahre 1860—64.** 8—12. Jahrg. Zum Gebrauch für Justiz- u. Verwaltungsbeamte. 16. Berlin, v. Decker. 16. Jeder Jahrg. n. 22½ ngr.;
mit Papier durchsch. n. 27½ ngr.

— **preußischer, für die Jahre 1865—70.** 13—18. Jahrg. Zum Gebrauch für Justiz- u. Verwaltungsbeamte. Berlin, v. Decker. 16. Jeder Jahrg. (ca. 320—440 S.) geb. n. 22½ ngr.; durchschossen n. 27½ ngr.

—— preußischer, für die J. 1869—1875. 17.—23. Jahrg. Zum Gebrauch für Justizbeamte. 16. (IV, 397; IV, 393; IV, 390; III, 362; III, 400; III, 415; III, 421 S.) Berlin, v. Decker'sche Geh. Ober-Hofbuchdr. 1869—1873. geb. à ** 2 25
1874 und 1875. à ** 2 75
Durchschossen 1869—1873. à ** 2 75
1874 und 1875. à ** 3 25

—— **preußischer, für die J. 1876—1880.** 24.—28. Jahrg. Zum Gebrauch für Justizbeamte. gr. 16. (IV, 425; 156, 277; IV, 156, 285; 180, 285; 269 S.) Berlin, v. Decker's Verlag. geb. à Jahrg. * 2 75
geb. und durchschossen à Jahrg. * 3 25

—— **preußischer, für das J. 1881.** Redig. im Büreau des Justiz-Ministeriums. 29. Jahrg. Zum Gebrauch für Justizbeamte. gr. 16. (IV, 152, 280 S.) Berlin, v. Decker's Verlag. geb. *M 3.; geb. und durchsch. *

—— dass. — für die J. 1882—1885. Redig. im Büreau des Justizministeriums. 30.—33. Jahrg. Mit 1 (chromolithogr.) Karte. Zum Gebrauch für Justizbeamte. gr. 16. (IV, 448, 235; 469; IV, 152, 328; IV, 152, 334 S.) Ebendas. geb. à Jahrg. *M 3.; geb. und durchsch. *

—— preußischer, für das J. 1886. 34. Jahrg. Redig. im Büreau des Justizministeriums. Zum Gebrauch für Justizbeamte. gr. 16. (IV, 152, 342 S. mit 1 lithogr. und color. Karte des Oberlandesger.-Bez. Cöln.) Berlin, v. Decker's Verlag. geb. *M 3.—.; durchsch. * 3 50

—— dass. — für das J. 1887. 35. Jahrg. Redig. im Büreau des Justizministeriums. Zum Gebrauch für Justizbeamte. gr. 16. (VIII, 160, 342 S. mit 1 lithogr. und color. Karte des Oberlandesger.-Bez. Frankfurt a. M.) Ebendas. geb. * 3 —
durchsch. * 3 50

—— dass. — für das J. 1888. 36. Jahrg. Redig. im Büreau des Justizministeriums. Zum Gebrauch für Justizbeamte. gr. 16. (VIII, 148, 369 S. mit 1 lithogr. und color. Karte des Oberlandesger.-Bez. Hamm.) Ebendas. geb. *M 3.—.; durchsch. * 3 50

—— dass. — für das J. 1889. 37. Jahrg. Redig. im Büreau des Justizministeriums. Zum Gebrauch für Justizbeamte. gr. 16. (VIII, 148, 372 S. mit 1 lithogr. und color. Karte des Oberlandesger.-Bez. Kiel.) Ebendas. geb. *M 3.—.; durchsch. * 3 50

—— **preußischer, f. d. J. 1890—1893.** Redact. im Bureau d. Justizministeriums. 38.—41. Jahrg. Zum Gebrauch f. Justizbeamte. gr. 16. (à Jahrg. ca. 400 S., Schreibkal. u. 1 Karte.) Berl., v. Decker. Jahrg. 1890—92. geb. à * 3 —; 1893. * 3 50; durchsch. * 4 —

— **preußischer, f. d. J. 1895.** Red. im Bureau des Justizministeriums. 43. Jahrg. Zum Gebrauch f. Justizbeamte. gr. 16. (VIII S., Schreibkalender u. 420 S. m. 1 farb. Karte.) Berlin, R. v. Decker. Geb. in Leinw. n. 3. 50; durchsch. n. 4. —

— **preußischer, für d. J. 1899.** Red. im Bureau des Justizministeriums. 47. Jahrg. M. e. Karte d. Oberlandesgerichtsbez. Köln. Zum Gebrauch f. Justizbeamte. 2 Tle. 12. (X S., Schreibkal., 187 u. 381 S.) Berlin, R. v. Decker. Geb. in Leinw. u. Halbleinw. n. 3. 50; durchsch. n. 4. —

— preussischer, f. d. J. 1901. Red. im Bureau des Justizministeriums. 49. Jahrg. Zum Gebrauch f. Justizbeamte. 2 Teile. 12. (VIII, Schreibkalender, 198 S. u. 423 S.) Berlin, R. v. Decker. Geb. in Leinw. 3. 50; durchsch. 4. —

— **preußischer, f. d. J. 1903.** Red. im Bureau des Justizministeriums. 51. Jahrg. Mit e. Karte des Oberlandesgerichtsbez. Königsberg i. Pr. Zum Gebrauch f. Justizbeamte. 2 Tle. 12. (XI S., Schreibkalender, 204 u. 448 S.) Berlin, R. v. Decker. Geb. in Leinw. u. Halbleinw. n. 3.50; durchsch. n. 4. —

— preussischer, f. d. J. 1906. Bearb. im Bureau des Justizministeriums. 54. Jahrg. Mit e Karte des Oberlandesgerichtsbez. Posen u. e. Nachweiser f. Berlin u. Umgebg., umfassend die Gemeinde-, Gerichts- u. Postbezirke sowie e. (farb.) Karte der Bezirke der Landgerichte I, II u. III zu Berlin. Zum Gebrauch f. Justizbeamte. 3 Tle. (XII S., Schreibkalender, 222, 498 u. 103 S.) kl. 8. Berlin, R. v. Decker. Geb. in Leinw. u. geh. 3. 75.; durchsch. 4. 25.

— preußischer, f. d. J. 1907. Bearb. im Bureau des Justizministeriums. 55. Jahrg. Mit e. Karte des Oberlandesgerichtsbez. Stettin u. e. Nachweiser f. Berlin u. Umgebg., umfassend die Gemeinde-, Gerichts- u. Postbezirke. Zum Gebrauch f. Justizbeamte. 3 Tle. (XII S., Schreibkalender, 237, 513 u. 117 S. m. 1 farb. Karte.) kl. 8. Berlin, R. v. Decker. Geb. in Leinw. u. geh. n.n. 3. 50

— preussischer, f. d. J. 1908. Bearb. im Bureau des Justizministeriums. 56. Jahrg. Mit e. Karte des Kammergerichtsbez. u. e. Nachweiser f. Berlin u. Umgebg. nach Gemeinde-, Gerichts- u. Posteinteilg. Zum Gebrauch f. Justizbeamte. 3 Tle. (XII S., Schreibkalender, 241, 529 u. 118 S. m. 1 farb. Karte.) kl. 8. Berlin, R. v. Decker. Geb. in Leinw. u. geh. 3. 75.

— preussischer f. d. J. 1909. Bearb. im Bureau des Justizministeriums. 57. Jahrg. Mit einer Karte d. Oberlandesgerichtsbez. Breslau. Zum Gebrauch f. Justizbeamte. 3 Tle. (XII S., Schreibkalender 282, 548, 118 S. m. 1 farb. Karte.) kl. 8. Berlin, R. v. Decker. Geb. in Leinw. u. geh. 3. 75.

— preussischer, f. d. J. 1910. Bearb. im Bureau d. Justizministeriums. 58. Jahrg. M. 1 Karte d. Oberlandesgerichtsbez. Cassel. Z. Gebrauch f. Justizbeamte. 2 Tle. (XII S., Schreibkal., 288 u. 567 S.) kl. 8. Berlin, R. v. Decker. Geb. 3. 75; durchsch. 4. 25.

— preußischer (Einbd.: f. preußische Justizbeamte), f. d. J. 1911. Bearb. im Bureau des Justizministeriums. 59. Jahrg. Mit 1 Karte des Oberlandesgerichtsbez. Celle. Zum Gebrauch f. Justizbeamte. 2 Tle. (XIII S., Schreibkalender, 301, 592 u. 54 S.) kl. 8. Berlin, R. v. Decker. Geb. in Leinw. 3.75; durchsch. n 4. 25

Termin- und Notiz-Kalender, preußischer, auf die J. 1870—1875. Zum Gebrauch der Beamten der allgemeinen Verwaltung und der Verwaltung des Innern. Unter Benützung officieller Quellen bearb. 1.—6. Jahrg. gr. 16. (VI, 281; VI, 288; CLXXXII, 112; CLXXXII, 115; CLXXXIV, 117; CLXXXIV, 136 S.) Berlin, F. Schulze's Verlag.
1870—1872. geb. à *M. 2,25.; 1873—1875. à * 2 50
Durchschossen 1870—1872. à *M. 2,75.; 1873—1875. à * 3 —

Termin- und Notiz-Kalender, preußischer, auf die J. 1876—1880. Zum Gebrauch der Beamten der allgemeinen Verwaltung des Innern. Unter Benutzung officieller Quellen bearb. 7.—11. Jahrg. gr. 16. (CLXXXII, 160; 344; VI, 184, 172; 190, 158; VI, 187, 172 S.) Berlin, F. Schulze's Verlag. geb. à Jahrg. * 2 50
geb. und durchschossen à Jahrg. * 3 —

Termin- und Notiz-Kalender, preußischer, auf die J. 1881—1885. Zum Gebrauch der Beamten der allgemeinen Verwaltung und der Verwaltung des Innern. Unter Benutzung officieller Quellen von Beamten des Ministeriums des Innern bearb. 12.—16. Jahrg. 16. (374; 342; VI, 363; VI, 187, 171; IV, 186, 168 S.) Berlin, F. Schulze's Verlag.
geb. à Jahrg. *M. 2,50.; geb. und durchsch. *

Termin- und Notiz-Kalender, preußischer, auf die J. 1886—1889. 17.—20. Jahrg. Zum Gebrauch der Beamten der allgemeinen Verwaltung und der Verwaltung des Innern. Unter Benutzung officieller Quellen von Beamten des Ministeriums des Innern bearb. 16. (VIII, 186, 174; VI, 186, 176; VIII, 187, 176; VIII, 187, 185 S.) Berlin, F. Schulze's Verlag.
geb. à Jahrg. *M. 2.50.; durchsch. à Jahrg. *

Termin- u. Notiz-Kalender, preußischer, auf d. J. 1890—1893. Zum Gebrauch der Beamten der allgemeinen Verwaltg. u. der Verwaltg. d. Innern. Red. im Bureau d. Ministeriums d. Innern. 21.—24. Jahrg. gr. 16. (à Jahrg. 220—270 S. u. Schreibkal.) Berl., Friedr. Schulze's Verlag. à Jahrg. geb. * 2 50; durchsch. * 3 —

Termin- u. Notiz-Kalender, preußischer, auf d. J. 1895. Zum Gebrauch der Beamten der allgemeinen Verwaltg. u. der Verwaltg. des Innern. Red. im Bureau des Ministeriums des Innern. 26. Jahrg. gr. 16. (IV S., Schreibkalender u. 290 S.) Berlin, Frdr. Schulze's Verl. Geb. in Leinw. n. 2. 50; durchsch. n. 3.—

Termin- und Notiz-Kalender, preussischer, für Polizei- und Verwaltungs-Beamte. Hrsg. von H. Dennstedt. I. Jahrg. 1857. 8. (CLXXXIV und 169 S.) Berlin 856, C. Heymann. **
Durchschossen *

—— für die preussischen Rechts-Anwalte und Notare auf die J. 1860—62. Nebst verschiedenen den praktischen Dienst erleichternden Beilagen und 1 (lithogr.) Karte (in qu. 4.), enthaltend die geograph. Uebersicht der gegenwärtigen Geltung des allgemeinen Landrechts und der Partikularrechte etc. 1—3. Jahrg. 12. Berlin, C. Heymann's Verlag. [1860. (IV und 359 S. mit 1 Tab. in qu. 4.) 1861. (IV und 332 S. mit 1 Tab. in qu. gr. 4.) 1862. (IV und 340 S. mit 1 Tab. in qu. gr. 4.)] geb. à Jahrg. *
Durchschossen à Jahrg. *

—— für die Preussischen Rechts-Anwalte und Notare auf die J. 1863—68. Nebst verschied. den prakt. Dienst erleichternden Beilagen. 4.—9. Jahrg. 12. [1863. (IV und 350 S.) 1864. (IV und 267 S. mit 1 Tab. in qu. Fol.) 1865. (IV und 303 S. mit 1 Tab. in qu. Fol.) 1866. (IV und 328 S. mit 1 Tab. in qu. Fol.) 1867. (IV und 344 S. mit 1 Tab. in qu. Fol.) 1868. (IV und 300 S.)] Berlin, C. Heymann's Verlag. geb. à Jahrg. * —
Durchschossen à Jahrg. * —

—— für die preussischen Rechts-Anwalte und Notare auf die J. 1869—1872. Mit verschied. den prakt. Dienst erleichternden Beilagen und einer von dem königl. Staatsanwalt Anders entworfenen Uebersichts-Karte des gegenwärtig in Preussen geltenden Privat- und Civilprozess-Rechtes (in Fol.). 10.—13. Jahrg. 12. (III, 302; IV, 304; IV, 324; VIII, 311 S.) Berlin, C. Heymann's Verlag.
geb. à Jahrg. *M. 2,25.; durchschossen * 2 75

—— für Rechts-Anwalte und Notare auf die J. 1873—1875. Mit verschiedenen den prakt. Dienst erleicht. Beilagen. 14.—16. Jahrg. 12. (XVI, 376; CLXXXIII, 115; XCIV, 180 S.) Ebendas. geb. à Jahrg. * 2 75
Durchschossen * 3 25

Termin-Kalender für Rechts-Anwalte und Notare auf die J. 1876—1879. Mit verschiedenen den prakt. Dienst erleichternden Beilagen. 17.—20. Jahrg. gr. 16. (CLXXXVIII, 207; 392; XCVI, 240; 185, 238 S.) Berlin, C. Heymann's Verlag. geb. à Jahrg. * 2 75
geb. und durchschossen à Jahrg. * 3 25

—— für die deutschen Rechtsanwalte, Notare und Gerichtsvollzieher auf das Schaltj. 1880. Hrsg. unter Mitwirkung des Vereins deutscher Anwalte. Mit verschiedenen den prakt. Dienst erleichternden Beilagen. 21. Jahrg. gr. 16. (VI, 183; 314 S.) Ebendas. geb. *M. 2,75.; geb. und durchschossen * 3 25

—— für die deutschen Rechtsanwälte, Notare und Gerichtsvollzieher auf die J. 1881—1885. Hrsg. unter Mitwirkung des Vereins deutscher Anwälte. Mit verschiedenen den prakt. Dienst erleichternden Beilagen. 22.—26. Jahrg. 16. (V, 183, 300; V, 183, 302; VI, 192, 280; VI, 192, 291; VI, 176, 294 S.) Berlin, C. Heymann's Verlag. geb. à Jahrg. *
geb. und durchsch. à Jahrg. *

—— für die deutschen Rechtsanwälte, Notare und Gerichtsvollzieher auf die J. 1886 und 1887. 27. und 28. Jahrg. Hrsg. unter Mitwirkung des Vereins deutscher Anwälte. 16. (IV, 176, 245; IV, 176, 246 S.) Berlin, C. Heymanns Verlag.
geb. à Jahrg. *M. 3.60.; durchsch. à Jahrg. * 4 —

Termin-Kalender für die deutschen Rechtsanwälte und Notare auf das J. 1888. 29. Jahrg. Hrsg. vom Schriftführeramt des deutschen Anwaltvereins. 16. (IV, 176, 248 S.) Berlin, C. Heymanns Verlag. geb. *
durchsch. *

—— dass. — auf das J. 1889. 30. Jahrg. Neue Folge. 4. Jahrg. Hrsg. vom Schriftführeramt des deutschen Anwaltvereins. 16. (IV, 176, 248 S.) Ebendas. geb. *ℳ 3.—.; durchsch. *

—— für deutsche Rechtsanwälte u. Notare auf d. J. 1890—1893. Hrsg. vom Schriftführeramt d. deutschen Anwaltvereins. 31.—34. Jahrg. Neue Folge. 5.—8. Jahrg. gr. 16. (à Jahrg. ca. 300 S. u. Schreibkal.) Berl. C. Heymann. à Jahrg. geb. u. geh. * 3 60; durchsch. * 4 —

— für deutsche Rechtsanwälte u. Notare auf d. J. 1895. Hrsg. vom Schriftführeramt des deutschen Anwaltvereins. Geschlossen Anfang Septbr. 1894. 36. Jahrg. Neue Folge. 10. Jahrg. gr. 16. (III, 44 S., Schreibkalender u. 268 S.) Berlin, C. Heimanns Verl. Geb. in Leinw. n. 3. 40; durchsch. n. 4. —

— f. deutsche Rechtsanwälte u. Notare auf d. J. 1899. Hrsg. v. Schriftführeramt des deutschen Anwaltvereins. Geschlossen Ende Septbr. 1898. 40. Jahrg. Neue Folge. 14. Jahrg. gr. 16. (III, 52 S., Schreibkal. u. 282 S.) Berlin, C. Heymann's Verl. Geb. in Leinw. n. 3. 60; durchsch. n. 4. —

— f. deutsche Rechtsanwälte u. Notare auf d. J. 1901. Hrsg. v. Schriftführeramt des deutschen Anwaltvereins. Geschlossen Ende Septbr. 1900. 42. Jahrg. Neue Folge. 16. Jahrg. gr. 16. (III, 50 S., Schreibkalender u. 284 S.) Berlin, C. Heymann's Verl. Geb. in Leinw. 3. 60; durchsch. 4. —

— für deutsche Rechtsanwälte u. Notare auf d. J. 1903. Hrsg. vom Schriftführeramt des deutschen Anwaltvereins. Geschlossen Mitte Oktbr. 1902. 44. Jahrg. Neue Folge 18. Jahrg. gr. 16. (V, 60 S., Schreibkalender u. 288 S.) Berlin, C. Heymann. Geb. in Leinw. n. 3. 60; durchsch. n. 4. —

— für deutsche Rechtsanwälte u. Notare auf d. J. 1905. Hrsg. vom Schriftführeramt des deutsch. Anwaltvereins. Geschlossen Mitte Oktbr. 1904. 46. Jahrg. Neue Folge. 20. Jahrg (III, 64 S., Schreibkalender, 207 u. 204 S.) kl. 8. Potsdam, A. Stein. Geb. in Leinw. 3. 60; durchsch. 4. —

— für deutsche Rechtsanwälte u. Notare auf d. J 1906. Hrsg. vom Schriftführeramt des deutsch. Anwaltvereins. Geschlossen Ende September 1905. 47. Jahrg. Neue Folge. 21. Jahrg. (III, 68 S., Schreibkalender u. 295 S.) kl. 8. Berlin, C. Heymann. Geb. in Leinw. 3. 60; durchsch. 4. —

— für deutsche Rechtsanwälte u. Notare auf d. J. 1907. Hrsg. vom Schriftführeramte des deutschen Anwaltvereins. Geschlossen Ende Septbr. 1906. 48. Jahrg. Neue Folge. 22. Jahrg. (III, 72 S., Schreibkalender u. 312 S.) kl. 8. Berlin, C. Heymann. Geb. in Leinw. n. 3. 60; durchsch. n. 4. —

— für deutsche Rechtsanwälte u. Notare auf d. J. 1908. Hrsg. vom Schriftführeramt des deutsch. Anwaltvereins. Geschlossen Ende September 1907. 49. Jahrg. Neue Folge. 23. Jahrg. (III, 76 S., Schreibkalender u. 308 S.) kl. 8. Berlin, C. Heymann. Geb. in Leinw. 3. 60; durchsch. 4. —

— f. deutsche Rechtsanwälte u. Notare auf d. J. 1909. Hrsg. v. Schriftführeramt d. deutsch. Anwaltvereins. Geschlossen Ende Sept. 1908. 50. Jahrg. Neue Folge 24. Jahrg. (III, LXXXIV S., Schreibkal. u. 303 S.) kl. 8. Berlin, C. Heymann. Geb. 3. 60; durchsch. 4. —

— — auf d. J. 1910. Geschlossen Ende Sept. 1909. 51. Jahrg. Neue Folge 25. Jahrg. (III, XXXII S., Schreibkal. u. 315 S.) Ebenda. Geb. 3. 60; durchsch. 4. —

— für deutsche Rechtsanwälte u. Notare auf d. J. 1911. Hrsg. vom Schriftführeramte d. deutschen Anwaltsvereins. Geschlossen Ende Septbr. 1910. 52. Jahrg. Neue Folge. 26. Jahrg. (III. XXXII S., Schreibkalender u. 320 S.) kl. 8. Berlin, C. Heymann. Geb. in Leinw. 3.60; durchsch. 4. —

TERMIN-KALENDER FÜR DEUTSCHE RECHTSANWÄLTE UND NOTARE . . .
Herausgegeben vom Schriftführeramt(e) des deutschen Anwaltvereins.

auf das Jahr 1887. Geschlossen Anfang September 1886. Jahrg. 28. Neue Folge Jahrg. 2. Berlin: Carl Heymanns Verlag. 8°.

auf das Jahr 1888. Geschlossen Anfang September 1887. Jahrg. 29. Neue Folge Jahrg. 3. ib. —

auf das Jahr 1889. Geschlossen Ende August 1888. Jahrg. 30. Neue Folge Jahrg. 4. ib. —

auf das Jahr 1890. Geschlossen Ende August 1889. Jahrg. 31. Neue Folge Jahrg. 5. ib. —

auf das Jahr 1891. Geschlossen Ende August 1890. Jahrg. 32. Neue Folge Jahrg. 6. ib. —

auf das Jahr 1892. Geschlossen Ende August 1891. Jahrg. 33. Neue Folge Jahrg. 7. ib. —

auf das Jahr 1893. Geschlossen Ende August 1892. Jahrg. 34. Neue Folge Jahrg. 8. ib. —

auf das Jahr 1894. Geschlossen Ende August 1893. Jahrg. 35. Neue Folge Jahrg. 9. ib. —

auf das Jahr 1895. Geschlossen Ende August 1894. Jahrg. 36. Neue Folge Jahrg. 10. ib. —

auf das Jahr 1896. Geschlossen Anfang September 1895. Jahrg. 37. Neue Folge Jahrg. 11. ib. —

auf das Jahr 1897. Geschlossen Anfang September 1896. Jahrg. 38. Neue Folge Jahrg. 12. ib. —

auf das Jahr 1898. Geschlossen Anfang September 1897. Jahrg. 39. Neue Folge Jahrg. 13. ib. —

auf das Jahr 1899. Geschlossen Ende September 1898. Jahrg. 40. Neue Folge Jahrg. 14. ib. —

auf das Jahr 1900. Geschlossen Ende September 1899. Jahrg. 41. Neue Folge Jahrg. 15. ib. —

auf das Jahr 1901. Geschlossen Ende September 1900. Jahrg. 42. Neue Folge Jahrg. 16. ib. —

auf das Jahr 1902. Geschlossen Anfang Oktober 1901. Jahrg. 43. Neue Folge Jahrg. 17. ib. —

auf das Jahr 1903. Geschlossen Mitte Oktober 1902. Jahrg. 44. Neue Folge Jahrg. 18. ib. —

auf das Jahr 1904. Geschlossen Mitte Oktober 1903. Jahrg. 45. Neue Folge Jahrg. 19. ib. —

auf das Jahr 1905. Geschlossen Mitte Oktober 1904. Jahrg. 46. Neue Folge Jahrg. 20. ib. —

auf das Jahr 1906. Geschlossen Ende September 1905. Jahrg. 47. Neue Folge Jahrg. 21. ib. —

auf das Jahr 1907. Geschlossen Ende September 1906. Jahrg. 48. Neue Folge Jahrg. 22. ib. —

auf das Jahr 1908. Geschlossen Ende September 1907. Jahrg. 49. Neue Folge Jahrg. 23. ib. —

auf das Jahr 1909. Geschlossen Ende September 1908. Jahrg. 50. Neue Folge Jahrg. 24. ib. —

auf das Jahr 1910. Geschlossen Ende September 1909. Jahrg. 51. Neue Folge Jahrg. 25. ib. —

auf das Jahr 1911. Geschlossen Ende September 1910. Jahrg. 52. Neue Folge Jahrg. 26. ib. —

auf das Jahr 1912. Geschlossen Ende Oktober 1911. Jahrg. 53. Neue Folge Jahrg. 27. ib. —

auf das Jahr 1913. Geschlossen Ende September 1912. Jahrg. 54. Neue Folge Jahrg. 28. ib. —

auf das Jahr 1914. Geschlossen Ende September 1913. Jahrg. 55. Neue Folge Jahrg. 29. ib. —

—— s. Reichs-Termin-Kalender.

**Termin- u. Reproductions-Kalender** m. eingedr. Daten. Für d. J. 1902. gr. Fol. (112 S.) Halberstadt, H. Meyer. Geb. 2. —; durchsch. 3. 50.

**Termin- u. Reproductions-Kalender** m. eingedr. Daten. Für d. J. 1903. gr. Fol. (62 S.) Halberstadt, H. Meyer. Geb. 2. —; durchsch. n. 3. 50

**Termin- u. Reproductions-Kalender** mit eingedr. Daten. Für d. Jahr 1905. (112 S.) Halberstadt, H. Meyer. Geb. 2. —; durchsch. 3. 50.

**Termin- u. Reproductions-Kalender** mit eingedr. Daten. Für d. J. 1906. (112 S.) Halberstadt, H. Meyer. Geb. 2. —; durchsch. 3. 50.

**Termin- u. Reproduktions-Kalender** (des Rechtsanwalts) m. eingedr. Daten. Für d. J. 1907. (112 S.) gr. Fol. Halberstadt, H. Meyer. Geh. n.n. 2. —; durchsch. n.n. 3. 50

**Termin- u. Reproductions-Kalender** (des Rechtsanwalts) mit eingedr. Daten. Für d. J. 1908. (112 S.) Halberstadt, H. Meyer Geb. 2. —; durchsch. 3. 50.

**Termin- u. Reproductions-Kalender** (des Rechtsanwalts) mit eingedr. Daten. Für d. J. 1909. (112 S.) 4. Halberstadt, H. Meyer. Geb. 2. —; durchsch. 3. 50.

**Termin- u. Reproduktions-Kalender** (des Rechtsanwalts) m. eingedr. Daten. Für d. J. 1911. (112 S.) 42><27 cm. Halberstadt, H. Meyer. Geb. in Halbleinw. nn 2.—; durchsch. nn 3. 50

—— für die Schiedsmänner und deren Stellvertreter in Preußen auf das J. 1883. Mit verschiedenen die Kenntniß und Ausübung des Schiedsmannsamts förderlichen Beilagen. 1. Jahrg. gr. 16. (VI, 280 S.) Ebendas. geb. * Fortsetzung bildet: Taschenkalender für die Schiedsmänner.

Termin- und Schreib-Kalender, s. Schreib- und Termin-Kalender.

Termin-, Tagebuch- und Hülfs-Kalender für Geometer und Assistenten der Meßkunde auf die J. 1863—65. Hrsg. von H. Hölscher. 8. [1863. (VIII und 306 S. mit eingedr. Holzschn.) 1864. (IX und 353 S. mit 125 in den Text gedr. Holzschn.) 1865. (408 S. mit 128 in den Text gedr. Holzschn.) Berlin, Huber. geb. à Jahrg. *

**Termin- u. Taschen-Kalender** für Gemeinde-Vorstände, Gutsvorsteher u. Standesbeamte im Königr. Sachsen auf d. J. 1907. (VIII, 209 S.) kl. 8. Flöha, A. Peitz & Sohn. Geb. in Leinw. n.n. 1.25.

**Termin- u. Taschen-Kalender** f. Gemeindevorstände, Gutsvorsteher u. Standesbeamte im Königr. Sachsen auf d. J. 1909. 6. Jahrg. (VIII, 204 S.) kl. 8. Flöha, A. Peitz & Sohn. Geb. in Leinw. nn 1. 25

— **u. Taschenkalender** f. Standesbeamte, Gemeindevorstände u. Gutsvorsteher im Königr. Sachsen auf d. J. 1905. (IV, 156 S.) kl. 8. Flöha, A. Peitz & Sohn. Geb. in Leinw. 1. 25

— für Verwaltungs- u. Justiz-Beamte d. Grossherzogth. Baden auf d. J. 1875. Mit Verzeichnissen, zusammengestellt unter Benützg. amtl. Quellen. Geschlossen am 1. Octbr. 1874. 1. Thl. gr. 16. (220 S.) Mannheim, Bensheimer. geb. n. 2. —

—— für Verwaltungs- und Justiz-Beamte des Grossherzogth. Baden auf das Schaltj. 1876. Mit Verzeichnissen, zusammengestellt unter Benützung amtl. Quellen. Geschlossen am 1. Octbr. 1875. gr. 16. (XVI, 210 S.) Mannheim, Bensheimer. geb. * 2 —

—— dass. — auf das J. 1877. Geschlossen am 1. Octbr. 1876. gr. 16. (XXVIII, 192, 52 S.) Ebendas. geb. * 2 —

—— dass. — auf das J. 1878. Geschlossen am 1. Septbr. 1877. gr. 16. (XXVIII, 186, 63 S.) Ebendas. geb. * 2 —
Ausgaben für Elsass-Lothringen, das Grossherzogth. Hessen, die Pfalz und Württemberg sind zu gleichem Preise erschienen. Nicht weiter erschienen.

— dasselbe, d. Reichslandes Elsass-Lothringen auf d. J. 1875. Mit Verzeichnissen, zusammengestellt unter Benützg. amtl. Quellen. 2 Thle. gr. 16. (1. Thl. XVI, 232 S.) Ebend. geb. n. 2. —

— dasselbe f. Elsass-Lothringen auf d. Schaltj. 1876. Mit Verzeichnissen, zusammengestellt unter Benützg. amtl. Quellen. Geschlossen am 1. Octbr. 1875. 2 Thle. gr. 16. u. 8. (IV, 238 u. 64 S.) Ebend. geb. u. geh. n. 2. —

— dasselbe f. das Grossherzogth. Hessen auf d. Schaltj. 1876. Mit Verzeichnissen, zusammengestellt unter Benützg. amtl. Quellen. Geschlossen am 1. Octbr. 1875. 2 Thle. gr. 16. u. 8. (VI, 219 u. 64 S.) Ebend. geb. u. geh. n. 2. —

— dasselbe f. die Pfalz auf d. Schaltj. 1876. Mit Verzeichnissen, zusammengestellt unter Benützg. amtlicher Quellen. Geschlossen am 1. Octbr. 1875. 2 Thle. gr. 16. u. 8. (VI, 216 u. 64 S.) Ebend. geb. u. geh. n. 2. —

— dasselbe d. Königr. Württemberg auf d. J. 1875. Mit Verzeichnissen, zusammengestellt unter Benützg. amtl. Quellen. 2 Thle. gr. 16. (1. Thl. XVI, 209 S.) Ebend. geb. n. 2. —

— dasselbe f. das Königr. Württemberg auf d. Schaltj. 1876. Mit Verzeichnissen, zusammengestellt unter Benützg. amtl. Quellen. Geschlossen am 1. Octbr. 1875. 2 Thle. gr. 16. u. 8. (216 u. 64 S.) Mannheim, Bensheimer. geb. u geh. n. 2. —

— f. Verwaltungs-Beamte, Mitglieder d. Kammern, d. Gemeinde- u. Gewerberaths, Geschworene u. Auktions-Kommissarien. Nebst nützl. u. wichtigen Beilagen. 6. Jahrg. 1851. 8. (CLX u. 44 S. m. 1 Tab. in 4.) Ebd. — f. Verwaltungs-Beamte, Mitglieder d. Kammern, d. Gemeinde- u. Gewerberaths, Geschworne u. Auctions-Commissarien. Nebst nützl. u. wichtigen Beilagen. 7. Jahrg. 1852. 8. (150 S.) Ebd. à 3/4 ₰; durchschossen à n. 11/12 ₰

—— für Verwaltungs- und Polizei-Beamte, Amts-Anwälte und Standes-Beamte auf die J. 1880—1884 von Otto Bock. 1.—5. Jahrg. gr. 16. (à Jahrg. ca. IV, 184, 346 S.) Düsseldorf, Schwann'sche Verlagsb. geb. à Jahrg. *

—— dass. — 6. Jahrg. 1885. gr. 16. (ca. 500 S.) Emmerich, Romen'sche Buchh. *

**Termin-Kalender** für Preussische Verwaltungsbeamte auf das Jahr 1907. Redigiert im Bureau des Ministeriums. (232 S.) kl. 8. Potsdam, A. Stein's Verlag. Geb. in Leinw. 3. —

Termin- und Geschäfts-Notizbuch, hannoversches, für das J. 1862. Hrsg. von Louis Pockwitz. gr. 8. (XVI und 340 S.) Stade 861, Pockwitz. geb. Thlr. * *
Durchschossen * *

**Termin- u. Geschäfts-Notizbuch**, hannoversches, für die Jahre 1863—71. Hersg. von Louis Pockwitz. Stade, Pockwitz. gr. 8. Jeder Jahrg. (ca. XVI, 350 S.) 1863—1867. geb. Jeder Jahrg. n.n. 16 ngr; durchschossen n.n. 19 ngr
1868. geb. n.n. 17½ ngr; durchschossen n.n. 21 ngr
1869—71. geb. Jeder Jahrg. n. 20 ngr; durchschossen n.n. 25 ngr

Termin- und Geschäfts-Notizbuch, hannoversches, auf die J. 1869—1875. Hrsg. von Louis Pockwitz. 8. (à Jahrg. ca. XVI, 340 S.) Stade, Pockwitz. 1869—1872. geb. à * 2 —
1873—1875. geb. à * 2 25
Durchschossen 1869—1872. à *ℳ 2,50.; 1873—1875. à * 2 75

—— und Geschäfts-Notizbuch auf die J. 1876—1878. Hrsg. von Louis Pockwitz. 8. (à ca. XVI, 314 S.) Stade, Pockwitz. geb. à Jahrg. * 2 25
durchschossen à Jahrg. * 2 75

—— —— hannoversches, auf die J. 1879 und 1880. Hrsg. von Louis Pockwitz. 8. (XVI, 291; XVI, 355 S.) Ebendas. à Jahrg. * 2 —
geb. à Jahrg. *ℳ 2,25.; durchschossen à * 2 75

Termin- und Geschäfts-Notizbuch, hannoversches, auf die J. 1881—1885. Unter Mitwirkung von Gerichtsbeamten hrsg. von Louis Pockwitz. 8. (à Jahrg. ca. XVI, 357 S.) Stade, Pockwitz. geb. à Jahrg. *

Termin- und Geschäfts-Notizbuch, hannoversches, auf die J. 1886—1889. Unter Mitwirkung von Gerichtsbeamten hrsg. von Louis Pockwitz. 8. (XVI, 208, 170; XVI, 397; XVI, 383; XVI, 208, 174 S.) Stade, Pockwitz. à Jahrg. *
geb. à Jahrg. *ℳ 2.25.; durchsch. à Jahrg. * *

Termin- u. Geschäfts-Notizbuch, hannoversches, auf d. J. 1890—1893. Unter Mitwirkg. v. Gerichtsbeamten hrsg. v. Louis Pockwitz. 8. (à Jahrg. ca. 180 S. u. Schreibkal.) Stade, Pockwitz. à Jahrg. * 2 —; geb. * 2 25; durchsch. ** 2 75

**Termin- u. Geschäfts-Notizbuch**, hannoversches, auf d. J. 1894. Unter Mitwirkg. v. Gerichtsbeamten hrsg. v. Louis Pockwitz. 8. (XVI S., Schreibkalender u. 180 S.) Stade, A. Pockwitz. n. 2. —; geb. n. 2. 25; u. durchsch. n.n. 2. 75

**Termin- u. Geschäfts-Notizbuch**, hannoversches, auf d. J. 1899. Unter Mitwirkg. v. Gerichtsbeamten hrsg. v. Louis Pockwitz. 8. (VIII S., Schreibkal. u. II, 217 S.) Stade, A. Pockwitz. n. 2. —; geb. n. 2. 25; u. durchsch. n.n. 2. 75

**Termin- u. Geschäfts-Notizbuch**, hannoversches, auf d. J. 1902. Hrsg. v. L. Pockwitz. 8. (VIII S., Schreibkalender u. 232 S.) Stade, A. Pockwitz. 2. 25; geb. 2. 50; u. durchsch. 3. —

**Termin- u. Geschäfts-Notizbuch**, hannoversches, auf d. J. 1903. Unter Mitwirkg. v. Gerichtsbeamten hrsg. von Louis Pockwitz. 8. (VIII S., Schreibkalender u. 232 S.) Stade, A. Pockwitz. n.n. 2.25; geb. n. 2. 50; u. durchsch. n.n. 3. —

— u. Geschäfts Notizbuch, hannoversches, auf d. J. 1905. Unter Mitwirkg. v. Gerichtsbeamten hrsg. v. L. Pockwitz. (VIII S., Schreibkalender u. 236 S.) 8. Stade, A. Pockwitz. 2. 25; geb. in Leinw. 2. 50; durchsch. 3. —

— u. Geschäfts Notizbuch, hannoversches, auf d. J. 1906. Unter Mitwirkg. v. Gerichtsbeamten hrsg. v. L. Pockwitz. (VIII S., Schreibkalender u. 240 S.) 8. Stade, A. Pockwitz. 2. 25; geb. in Leinw. 2. 50; durchsch. 3.

**Termin- u. Geschäfts-Notizbuch**, hannoversches, auf d. J. 1907. Unter Mitwirkg. v. Gerichtsbeamten hrsg. v. Louis Pockwitz. (VIII S., Schreibkalender u. 240 S.) 8. Stade A. Pockwitz. n.n 2. 25; geb. in Leinw. 2. 50; u. durchsch. n. 3. —

**Terminkalender** u. Geschäfts-Notizbuch, hannoversches, auf d. J. 1908. Unter Mitwirkg. v. Gerichtsbeamten hrsg. v. L. Pockwitz. (VIII S., Schreibkalender u. 240 S.) 8. Stade, A. Pockwitz. 2. 25; geb. in Leinw. 2. 50; durchsch. 3. —

**Termin- u. Geschäfts-Notizbuch**, hannoversches, auf d. J. 1909. Unter Mitwirkg. v. Gerichtsbeamten hrsg. v. L. Pockwitz. (VIII S., Schreibkal. u. 240 S.) 8. Stade, A. Pockwitz. 2. 25; geb. 2 50; durchsch. 3. —
— — auf d. J. 1910. (VIII S., Schreibkal. u. 250 S.) Ebenda. 2. 25; geb. 2. 50; durchsch. 3. —

**Termin- u. Geschäfts-Notizbuch**, hannoversches, auf d. J. 1911. Unter Mitwirkg. v. Gerichtsbeamten hrsg. v. Louis Pockwitz. (VIII S., Schreibkalender u. 256 S.) 8. Stade, A. Pockwitz. nn 2.25; geb. in Leinw. nn 2.50; u. durchsch. nn 3. —

**Terminologie** zur Bezeichnung aller in der Militärgeographie des Königreichs Bayern vorkommenden Kunstwörter. Mit Grund- u. Perspektiv-Zeichn. (Lithogr.) München 1819. 73 S. 4°

Terminologie zur Bezeichnung aller in der Militär-Geographie des Königreichs Baiern vorkommenden Kunstwörter mit Benutzung der Terrainlehren und Instructionen eines Muller, Schels, Demian, Gomez u. a. m. Durch Grund- und Perspectiv-Zeichnungen nach der Natur erläutert. Entworfen und verfertigt von den im königl. baierischen militärisch topographischen Bureau commandirten Officieren. (Lithographiert.) (Donation Liechtenstein.) Fol. (München) 1819.

Terminologie des Buchhandels nebst Anhang über die im Buchhandel vorkommenden Abbreviaturen. gr. 8. (71 S. mit Lithogr. Titel.) Grimma 857. [Leipzig,] Werl. * *

**Terminologie**, deutsch-böhmische juridische, zusammengestellt v. einigen Mitgliedern d. k. k. böhm. Oberlandesgerichtes. 8. (379 S.) Prag 887. (Rytka.) n.n. 2. —

Terminologie für die Handlung, oder Samml. aller bei der Handlung vorkommend. Wörter, Sachen, Münzen, Maaße, Courszettel ꝛc., in alphabet. Ordnung. 8. Leipz. 792. (Brockhaus). 1 ℔

Terminologie f. die Handlung, od. Samml. aller bey d. Handlung vorkomm. Wörter, Sachen, Münzen, Maaße, Courszettel ꝛc. in alphabet. Ordnung. 8. Leipz. Heinsius. (Gleditsch) 792. 1 —

**Terminologie, Insektologische,** oder Grundbegriff der Insektenlehre ... Leipzig 1789. V: *Schmiedlein, Gfr. Bened.* (EBHN)

**Terminologie,** juridische, nach den neuen Processgesetzen ausgewählt durch D. M. (In deutscher, italien. u. kroat. Sprache.) 8. (III, 147 S.) Zara 900. Internat. Buchh. H. v. Schönfeld. n. 2. —

Terminologie, Juridisch-politische — für die slavischen Sprachen Oesterreichs. Von der Kommission für slavische juridisch-politische Terminologie. (Deutsch-kroatische, serbische und slavonische Separat-Ausgabe. 8. (XVI. 694 S.) Wien, k. k. Hof- und Staatsdruckerei, 1853.

**Terminologie** u. Wortregister des Kriegswesens. (Russisch-Deutsch.) Leipzig 1879. 16 S.

Termins- und Geschäfts**kalender** für Bezirksämter, s. Termin-Kalender ...

**Termins-Kalender**, des Schiedsmanns. Fol. (60 S.) Berlin 879. C. Heymann's Verl. cart. n.n. 1. 60

**Ter-Mkrttchian,** Karapet [Archidiak. v. Edschmiatzin]: Die griechischen Quellen über die Paulikianer ... [Erschien vollst. 1893 u. d. T.: Die Paulikianer im byzant. Kaiserreiche ...] Leipzig, *Druck v. Hartmann & Wolf*, 1893; IV, 40 S. 8.
Leipzig, Phil. Fak., Inaug.-Diss. v. [22. Sept.] 1893

**Termo, M. B., Schlüssel zur Botanik nach Linné's System in Klassen u. Ordnn. Für Gymnasien u. z. Selbstunterr. entworfen. gr. 12. (6 B. u. 1 lith. Tabl.) Leipzig 837, [Brandstetter.] $^2/_3$ Thlr., col. Thlr.**

Termo, M B, Schlüssel zur Botanik nach Linné's System in Klassen und Ordnungen. Für Gymnasien u. zum Selbstunterricht entworfen. Nebst bildlicher Uebersicht aller Klassen und Ordnungen auf einem Tableau. gr. 12. Leipzig u. Baltimore, Md. 837. Scheid u. Comp. (Einhorn.) $^2/_3$ ℔ color. 1 ℔

Termo, R., Skizzen aus d. Leben e. Seemannes. 1. Aufl. (13¼ B.) 832., 2. A. (13¾ B. u. 1 ill. Abbild.) 8. Meißen 835, Klinkicht u. Sohn. à

**Termont, E. v.**, ꝛc., s. Erzählungen, katholische.

**Ter-Mowsesjanz**, Parsadan, das armenische Bauernhaus. Ein Beitrag zur Culturgeschichte der Armenier. [Aus: „Mittheilgn. d. anthropolog. Gesellsch. in Wien“.] gr. 4. (48 S. m. 55 Illustr.) Wien 892. (A. Hölder.) n. 5. —

**Ter-Mowsisjans, Johannes** (Melik Nubarjanz), appr. Arzt: Ueber die Enteroptose. Freiburg i. B. 1908: Kuttruff. 36 S. 8°
Freiburg i. B., Med. Diss. v. 1908, Ref. Krönig
[Geb. 1./14. Juni 83 Schikahoch (Kaukasus); Wohnort: Tiflis; Staatsangeh.: Rußland; Vorbildung: Gymn. Moskau Reife O. 03; Studium: Moskau 4, Bern 1, Leipzig 2, Freiburg i. B. 4 S.; Rig. 2. Juli 08.] [U 09. 984

**Ternájgó**, Ludwig: Über eine neue Darstellungsweise der γ-Pyridinkarbonsäure und über einige Derivate derselben. S. 109. IIb. 355.
Separatabdruck

**Ternaud**, Willi, Tschi-Fu-King, d. Verräter v. Korea, s. a. Indianer- u. Volksbibliothek.

Tschi-Fu-King. Der Verräter von Korea. Eine Erzählung aus d. Befreiungskampfe d. Koreaner von Willi **Ternaud**. *Berlin: A. Weichert [1901].* (30 S.) 8° [F.]
— **Indianer**- u. Volksbibliothek. 328. [03. 44-73

**Ternaux**. Historia reipublicae Massiliensium 4 Gottingae 1826.

v. **Ternaux**, das beste Mittel gegen zu niedrige Getreidepreise, in einer Darstell. an die Societät der Aufmunterung; nebst den Protocollen üb. die zu Saint-Ouen bei Paris angestellten Versuche zur Aufbewahrung des Getreides in einem Silo; aus d. Französ. Mit 1 Kpf. gr. 8. Leipz. 822. Industrie-Compt. 12 gr

**Ternaux-Compans**, H., Amerika, seine Entdeckung u. seine Vorzeit. Nach Originalmemoiren u. Berichten. Deutsch v. L. v. Alvensleben. 2 Bde. 8. Meißen 839, Goedsche. à 1⅓ Thlr.
A. u. d. Titln.:
Bd. 1. Grausamkeiten d. Eroberer Mexicos. Reisen, Abenteuer u. Schiffbrüche d. Don Alvar Nunez Cabeça de Vaca. (1540. 1. Abschnitt.) (16 B.)
„ 2. Reisen, Abenteuer u. Schiffbrüche d. Don Alvar Nunez Cabeça de Vaca. (1540. 2. Abschn.) — Bericht üb. d. Reise Cybolas, unternommen im J. 1540. Worin von allen Volkerschaften die Rede ist, welche jene Länder bewohnen, so wie von ihren Sitten u. Gebräuchen. Von Pedro de Castaneda de Magera. (14½ B.)

—— Bibliothèque américaine, ou catalogue des ouvrages relatifs à l'Amérique qui ont paru depuis sa découverte jusqu'à l'an 1700. gr. in-8. (12½ B.) Paris 837. (Leipsic, Brockhaus et Avenarius.) •

**Terne, Die,** oder Künstlerglück. Nachspiel in einem Akt. Berlin 1803. V: *Rambach, Friedrich Eberhard.* (Ky)

**Terne**, die, oder Künstlerglück. Nachspl. in 1 A. (v. Fr. Eb. Rambach). 8. Berl. 803. Schüppel. 4 gr

**Terne**, C. H., Form u. Farbe, ihre hohe Bedeutung f. d. Industrie. gr. 4. (6⅓ B. u. 4 Stnt.) Chemnitz 839. [Leipzig, O. A. Schulz.]

**Terne**, C. H., traité de correspondance commerciale, s.: Degranges, Edm.

**Terne**, Gabr., wahre Christenschule v. Stande d. Unschuld, Sünde, Wiedergeburt u. d. Todes. 8. Leipzig, Junius. 721. — 12

— wohl informirter Dorfschulmeister und Kinderlehrer. 8. Leipzig, Junius. (Enobloch) 745. — 5

— Klugheit u. Vorsichtigkeit eines Pastoris substituti. 8. Ebend. 726. — 4

— studiosus theologiae, od. deutl. Unterricht für denselben. 5 Thle. 8. Ebend. 736–40. 1 6

— Sylloge programmatum a viris praeclaris conscripta. 8. ibid. 720. — 14

**Terne**, Heinr., u. Otto Lämmel, d. Muster-Zeichner. 1. Jahrg. 3 Hfte. u. 2. Jahrg. 1. u. 2. Hft. Imp.-4. (à H. 13 Stnt.) Chemnitz 842. [Schneeberg, Goedsche'sche Bh.] à Hft. •

— dass. 2. Jahrg. 1. 2. Heft. Mit 26 Steintaf. Ebend. 843. pro 4 Hfte. n. 4 ß

**Terne**, Joh. Geo.

— Kern u. Stern d. hohen Liedes Salomonis. 8. Leipz. Martini. (Dyk) 732. — 4

**Terne**, Joh. Geo., Saft u. Kraft d. Propheten Hosea. 2 Stck. 8. Jena, Gollner. 740. — 6

**Terner**, Adolf: Die Propinationsfrage in der Bukowina. Czernowitz: Buchowiecki 1869.

**Terner**, Emil, a. Saarbrücken: Die Wortbildung im deutschen Sprichwort. Gelsenkirchen 1908: Stück & Lohde. (VII, 46 S.) 8° [J.]
Gießen, Phil. Fak., Ref. Behaghel, Diss. v. 16. März 1908
[Geb. 22. Jan. 77 Saarbrücken; Wohnort: Gelsenkirchen; Staatsangeh.: Preußen, Vorbildung: Gymn. Dillenburg Reife M. 98; Studium: Berlin 2, Gießen 7 S. Rig. 21. Juli 06.]

**Ternes**, Wilh., der Galanterie-Schlosser. 175 Orig.-Entwürfe, enth. Flurgitter u. Wandarme m. Laternen, Bogengitter, Schellenzüge, Photographie- u. Spiegelrahmen, Toilettenspiegel, Wand-, Hand- u. Kronleuchter, Hängelampen, Rauchtischchen, Aschbecher, Schreibzeuge, Album-, Uhr- u. Blumenständer, Blumentische, Ofenschirme, Ziermäntel f. Gasöfen, Kamingitter, Portièrenarme, Thürschildchen, kirchl. Gegenstände, als: Altar-, Wand-, Stand- u. Kronleuchter, Leuchterbänke, Sakristeiglöckchen, Tabernakel, Wandkreuze. Mit genauen Preisberechngn. sowie Mass- u. Gewichtsangaben f. d. grösseren Gegenstände. Fol. (65 Taf. m. VII S. Text.) Düsseldorf 899. F. Wolfrum. In Mappe n. 18.—

— Kunstschmiedewerk im neuen modernen Styl. Eine Sammlg. v. Orig.-Entwürfen, enth. Thürfüllgn., Frontgitter, Thore, Oberlicht-, Fenster-, Kellerfenster-, Keller-, Brüstungs- u. Balkongitter, Firmenschilder, Wandarme f. elektr. Licht, Fahnenhalter, Zieranker, Firstgitter, Wetterfahnen, Treppen-, Aufzug- u. Grabgitter, Grabkreuze, Kandelaber, Laternen etc. Mit genauen Preis- u. Gewichtsberechngn. 100 Taf. hoch 4. Nebst Text. (36 S.) Düsseldorf 899. F. Wolfrum.
In Mappe n. 15.—; auch in 5 Lfgn. à n. 3.—

Kunstschmiedewerk im neuen modernen Styl. Eine Sammlung von Orig.-Entwürfen enth. Thürfüllungen, Frontgitter ... Mit genauen Preis- u. Gewichtsberechnungen. Hrsg. von Wilhelm **Ternes**. 100 Taf. (In 5 Lfgn.) Düsseldorf: F. Wolfrum [1899–1900]. (18 Bl., 100 Taf.) 4°

Kunstschmiedewerk im neuen modernen Styl. Eine Sammlung von Orig.-Entwürfen ... Mit genauen Preis- u. Gewichtsberechnungen. Hrsg. von Wilhelm **Ternes**. 100 Taf. [Nebst] Preis- u. Gewichtsberechnungen. Düsseldorf: W. Wolfrum [1900.] 2 Bde 4°

**Ternes**, Wilh., das Schlosser-Taschenbuch. Ein Vorlagenwerk, enth. Entwürfe v. einfachen Schmiedearbeiten verschiedenster Art. I. Serie: Grabgitter, Grabkreuze, Grablaternen, Familiengrüfte, Friedhofstore, Einfriedigungsgitter etc. etc. 100 Taf. m. 233 Motiven. Mit genauen Mass- u. Gewichtsangaben sowie Preisberechngn. (39 S.) 8. Düsseldorf (907). F. Wolfrum.
In Mappe 6. 50

Charlotte **Ternetz**. Morphologie und Anatomie der Azorella Selago Hook. fil. Mit 1 Taf. Leipzig: A. Felix 1902. (20 S.) 4°
(Zeitung, Botanische. Jg. 60. Abth. 1, H. 1.)

**Ternetz, Charlotte** [aus Basel]: Protoplasmabewegung und Fruchtkörperbildung bei Ascophanus carneus Pers. Leipzig 1900. 42 S. 1 Taf. 8°. (S.-A. aus Jahrbuch für wissenschaftliche Botanik. Bd. 35.)
Zürich. Phil. Diss. 11. 8. 1900/1901.

**Ternieden, H.**, sonnige Blumen. Gedichte. (174 S.) 8. Leipzig 908. Modernes Verlagsbureau. 3.—

Sonnige Blumen. Gedichte. Von H. Ternieden. Berlin-Leipzig: C. Wigand 1908. 174 S. 8°

**Ternite, W.**, Maria's Krönung rc., s. A. W. v. Schlegel.

**Ternite, W.**, Wandgemälde aus Pompeji u. Herculanum. Mit e. erläut. Text v. C. O. Müller. (1. Hft.) gr. Imp.-Fol. (9 lith. Taf., incl. 2 in Farbendr. u. 5 B. Text.) Berlin 839, D. Reimer. * 7 Thlr. 8 Gr., Pracht-Ausg.

**Ternite, W.**, Wandgemälde aus Pompeji u. Herculanum. Mit einem erläut. Text von C. O. Müller. 1s Heft. Tafel 1—8. Imp.-Fol. Berlin 840. Reimer. n. 7⅓ ₰ — Pracht-Ausg. 2 Frb'or. — 2e Lfrg. (8 Bl.) Ebd. 840. n. 7⅓ ₰

**Ternite, W.**, Wandgemälde aus Pompeji u. Herculanum. Mit einem erläut. Text von C. O. Müller. 2. u. 3. Heft. Imp.-Fol. (16 Steindrucktaf. mit Text.) Berlin 844, Reimer. n. 15 ₰ (1.—3. n. 22⅓ ₰)

**Terno, Der,** oder das Lottoglück. Ein Lustspiel in einem Aufzuge. Wien 1775. V: *Gebler, Tobias Philipp Freih. von.* (WBL 5/119) (GGr IV/143, Nr. 15/IIh) (Biblport)

**Terno**, der 10. 21. 37. Lstspl. 8. Köln 786. Imhof. 3 g(

— Secco, oder der gedemüthigte Stolz; Singspl. in 2 Akten. 8. Frankf., Gebhardt u. K. 6 g(

**Terno, E.**, Normal-Schreibschule nach d. v. d. kgl. Regierg. bestimmten Alphabet auf Grundlage d. Scharff'schen Lehrgangs entworfen. (Deutsch.) 1.—4. Hft. gr. 8. (à 24 S.) Flensburg 898. Huwald. à n.n. — 15

**Terno, E.**, Normal-Schreibschule nach dem v. der königl. Regierung bestimmt. Alphabet auf Grundlage des Scharff'schen Lehrgangs entworfen. 5.—12. Hft. gr. 8. (à 24 S.) Flensburg (899). Huwald. à n. — 15
5. 6. Deutsch. — 7—12. Lateinisch.

— die amtlichen Schriftformen f. d. Schulen Schleswig-Holsteins. 4 Wandtaf. à 59×71 cm. Ebd. 898. n. 3. —; aufgez. n. 7. —

Terno, E. Norddeutschlands Vögel. Taf. 1. 2 Blatt. Farbendr. 47,5 × 67 cm. [Schleswig 891.] Kassel, Fischer. [* 4 —] * 2 —
Auf Leinw. m. Stäben. [* 6 —] * * 4 -

Fünfundzwanzig Jahre. Erinnerungsblätter aus der Geschichte des Husaren-Regiments Kaiser Franz Joseph von Oesterreich, König von Ungarn (Schleswig-Holsteinisches) Nr. 16. Dem Regimente zu seinem 25j. Jubiläum gewidmet v. Emil Terno. Schleswig. 1891. 8°.

—— 25 Jahre. Erinnerungsblätter aus der Geschichte d. Husaren-Regiments Kaiser Franz Joseph v. Österreich, König v. Ungarn [Schleswig-Holsteinisches] Nr. 16. Dem Regiment zu seinem 25jähr. Jubiläum gewidmet. gr. 8. (114 S. m. 1 Lichtdr.-Taf.) Schleswig 891, (Detleffen). * 1 50

**Terno, Emil**, die Nixe. Eine dramat. Dichtg. in 4 Akten. (58 S.) kl. 8. Schleswig 910. J. Bergas Verl. 1. —

**Ternstedt, John**, Wunder der Gnade. Lebensbild e. Dulderin im HErrn, s.: Bücher zu Licht u. Leben. I.

**Terofal's, Xav.**, Lieder. 1. u. 2. Bdchn. (Schlierseer Bauerntheater.) 32. München 894. Brakl's Rubinverlag. à n. — 20
1. (Schlierseer Bauerntheater.) (32 S. m. 2 Bildnissen.)
2. (32 S. m. Bildnis.)

**Teröberst, A.**, Anleitung zur leichten Erlernung der Gabelsberger'schen Stenographie. 8. (V, 105 S.) Elberfeld 887. Faßbender. n.n. 1. 60

**Teröverst, Aloys**, methodisch geordnete Uebungen in der Stenographie nach Gabelsbergers System. Für den Unterricht und zur Selbstfortbildung. 1. und 2. Aufl. gr. 8. (64 S.) Mittelwalde 882,83, (Hoffmann.) *

—— methodisch geordnete Uebungen in der Stenographie nach Gabelsbergers System. Für den Unterricht und zur Selbstfortbildung. 5. umgearb. und 6. und 7. Aufl. gr. 8. (64 S.) Mittelwalde i. Schl. 886—88, Hoffmann. *

— methodisch geordnete Uebungen in der Stenographie nach Gabelsberger's System. 8., verb. Aufl. gr. 8. (64 S.) Mittelwalde 889. Hoffmann. n. — 50

Teröverst, Aloys. Methodisch geordnete Uebungen in der Stenographie nach Gabelsbergers System. 9. u. 10. Aufl. gr. 8. (56 S.) Mittelwalde 890,92, Hoffmann. * — 50

**Teröverst, Aloys**, methodisch geordnete Uebungen in der Stenographie nach Gabelsbergers System. Für den Unterricht u. zur Selbstfortbildg. 11., verb. Aufl. gr. 8. (56 S.) Mittelwalde i/Schl. 893. R. Hoffmann. n. — 60

Ripae Cimbricae seu urbis Ripensis in Cimbria sitae descriptio ex antiquis monumentis, bullis, diplomatibus eruta et variis iconibus aeri incisis et suis locis insertis illustrata per Petrum Terpager. Flensburgi. 1736. 4° k.

**Terpagerus, Pet.**, ripae cimbricae seu urbis ripensis in Cimbria sitae descriptio. 4. Flensb. Korte. 736. Rthlr. 1 8

**Terpen, E.**, der Diamant. Ein Spiel der Phantasie. Neue wohlf. (Titel-) Ausg. 8. (302 S.) Hamburg (840) 850, Meißner. n. ⅔ ₰

**Terpen, E.**, (Verfasserin des „Diamanten" u. s. f.,) Heinrich der Sachsen-Held. Ein erzählendes Gedicht. 1. Thl. gr. 8. Hamburg 846, Meißner. n. 1⅓ ₰

—— Skizzen nach dem Leben. 2 Bde.: Der Officier. — Der Student. — Die Sängerin. — Der Maler. 8. (35¾ B.) Leipzig 836, Focke.

Terpigoriew, A. N. [Atawa]. Verlumpung der Bauern u. d. Adels in Rußland, s. Samson-Himmelstjerna, H. v.

**Ter-Poghossian, Aschot**, aus Van (Türk. Armenien): Ueber die Störungen des Herzens beim Morbus Basedowii. Basel 1910. 28 S. 8°.
Basel. Med. Diss. 1909/10.

Ter-Poghossian, Aschot. Ueber die Störungen des Herzens beim Morbus Basedowii. Diss. Med. Basel. 28 S. 8. Basel, J. Kohlhepp, 1910.

**Ter-Poghossian, Awetik**: Beiträge zur Kenntnis der Exkretionsorgane der Isopoden. Mit 27 Abb. im Text. Leipzig 1909: (Karras, Halle a. S.). 50 S. 8° ¶(Aus: Zeitschr. f. Naturwissenschaften. Bd 81, H. 1/3.)
Leipzig, Phil. Diss. v. 17. Mai 1909, Ref. Chun, Pfeffer
[Geb. 3. Jan. 80 Wardablur; Wohnort: Wardablur; Staatsangeh.: Rußland; Vorbildung: Etschmiadsiuische Akad. bis Juni 01; Studium: Marburg 1, Leipzig 7 S.; Rig. 11. Febr. 08.] [U 09. 3071

**Terpsichore, oder pantomim. Theater. 8. Wien, Schalbacher.** 4 ℛ

**TERPSICHORE**, ein ALMANACH für junge Damen auf das Jahr 1799. Mit color. Modekpf. WIEN, bey Joseph Grämmer . . . 12⁰. (Bibl. Lipperheide no. 4502.)

**TERPSICHORE.** Von *J. e. v. Z.* Mit 13 Kupfern (grösstentheils Masken-Costüme). Wien 1800. 8⁰. (2 Mk. 50 Pfg., Orig.-Carton, Isaak St. Goar, Frf. a. M., 1896.)

**TERPSICHORE**: ein Taschenbuch für 1817. Mit vielen Kpfrn. Wien, J. Grämmer. 16⁰. (2 Mk. 70 Pfg., Expl. in Seidencarton, J. Taussig, Prag, 1904.)

Terpsichore. **Taschenbuch d. neuesten gesellsch. Tänze, wie man . . . erlernen kann.**
**(1824). M. 17 lith. Fig.-Tfln.**
**Würzburg.**

**TERPSICHORE.** Neuer Ball- u. Masken-Almanach f. Freunde des geselligen Vergnügens u. der heitern Conversation, von Carl v. Frankenstein. Mit 7 artist. Beilagen (7 Tonbildern, darstellend Gesellschafts-Masken: Fingerhut; Wach- od. Schilderhaus; Marchande des modes-Hütte od. Bude; große Baßgeige; Rauchfang; großes Faß; Getreide-Garbe) u. 12 Alpen-Quadrillen nebst Musik von Ed. Eichler (steiermärk.-ständ. Lehrer d. Tanzkunst). Gratz, Ludewig's Verlag, o. J. (c. 1840). Breit-kl. 8⁰. (7 Mk. 50 Pfg., grüner Orig.-Cart. m. Goldschn., Adolf Weigel, c. 1905.)
XIV-192 S. (lat. Lett.), 8 Bll. Musik u. Tourentaf. — Selten!

**Terpsichore. Neuer Ball- u. Masken-Almanach f. Freunde des gesell. Vergnügens u. der heitern Conversation von K. v. Falkenstein. Mit 7 artist. Beilagen. 12. Grätz 840. (Leipzig, Hunger.) n. 2 ℛ**

**Terpsichore. Erstes belletristisches Damen-Journal. Eigenthümerin und Redaktrice: Clementine Schmid, verehelichte Kölgen. Druck von A. Dorfmeister. 8 Wochentlich dreimal. 5 und 8 fl. jährlich.**
Wien 1855.

Des Neu-entdeckten Jungfer-Anatomici entdeckte Fehler und Schwachheiten, Welche er in seiner herausgegebenen Jungfer-Anatomie ohne Maass gesetzet, In einen (!) Examen und Warnung ihn (!) deutlich vorgestellet, Von der Muse Terpsichore. Gedruckt im Jahr, Da ein jeder seine Fehler und Schwachheiten erkandte und änderte. (17**.) 4⁰. 6 Bll. (In Berlin: B. Diez. 4⁰ 2643, no. 12.)

**Terpsichoriden.** Leipz. 1789. V: *Grohmann*, *Johann Gottfried.* (MGT) »1790« (Ky)

**Terpsichoriden, (von Jh. Gf. Grohmann). 8. Leipz. 790. Beer. 12 ℛ**

**Terpsichoriden. 8. Leipz. Beer. (Graffé in Weißenf.)** 790.

Terpstra, J., **Antiquitas Homerica, s. Antiquitas.**

**Terpstra, J.**, De sodalitii Pythagorei origine, conditione et consilio. **Diss.** 1: 147 S.

*Terpstra*, **W.**, s. *Ovidii*, Nasonis **P.**, Heroides.

**Terpstra, W.**, Oratio de optima cum Graecam tum Latinam linguam docendi ratic Gel 1817. 26 S.

**Terquem**, L., die Beschneidung in patholog., überhaupt wissenschaftl. Bedeutung, mit der Auseinandersetzung eines neuen Verfahrens in Bezug der Ausübung des zweiten Actes der Operation. Uebersetzt u. mit Anmerk. herausgeg. von Ldw. Heymann. Mit 2 Taf. Abbild. gr. 8. Magdeburg 843, Baensch. 3/8 ℛ

**Terra** Australis incognita posteritati relicta vestigiis IX. . . . monstratis. Helmstadii 1741. V: *Hardt*, *Hermann von der.* (BrMm)

**Terra incognita.** Notizen über Ungarn. Herausg. von Jos. v. Droß u. einigen Patrioten. 2. Aufl. Leipzig 860. O. Wigand. gr. 8. (259 S.) 1 ℛ

**Terra Mariana** 1186—1888. Reproductionen des v. den röm. **Katholiken hies.** Provinzen Sr. Heil. Leo XIII. zum **Jubiläum 1888** dargebrachten Albums. 4 Lfgn. **(72 Taf.** m. je 1 Bl. u. IV u. III S. Text.) hoch 4. **Riga (903. 904).** F. Deutsch. In Mappe à n.n. 17. 50

*Terra*, Comite, analecta metaphysica, rudimenta vis assimilationis et nosodynamices. (ed. Chr. Fr. Daniel). 8maj. Halle 788. Curt. (Laue in Berl.) 8 ℛ (NB. Ist auch unter *Analecta* aufgeführt, aber dort zu streichen).

**Terra, de, s.: Schoultz v. Ascheraden, Max Frhr.**

**Terra, Maximilian de,** aus Frankfurt a. O.: Aus dem anthropologischen Institut der Universität Zürich: Beiträge zu einer Odontographie der Menschenrassen. Illustr. Parchim i. M. 1905. 302 S. 8⁰. [21. II. 05.]
Zürich. Phil. Diss. II. S. 1904/1905.

Terra, Maximilian de. Beiträge zu einer Odontographie der Menschenrassen. Diss. Phil. [II.] Univ. Zürich. [Illustriert.] *Kopftitel:* Aus dem Anthropologischen Institut der Universität Zürich. IV + 302 S. gr.-8. Parchim i. M., H. Freise, 1905.

**Terra, Max.** de, Beiträge zu e. Odontographie der **Menschenrassen. Diss.** (IV, 302 S. m. Abb.) **Lex.-8. Parchim 905. (Berlin, Berlin. Verlagsanstalt.)** n. 8. —

Alkohol u. Verkehrssicherheit. Ein Vortrag von Otto de **Terra**, Eisenbahndir. a. D. Marburg a. L. 1906: H. Bauer. (26 S.) 8° [F.] [c6. 9336 **4**

Alkohol und Verkehrssicherheit. Ein Vortrag von Otto de **Terra**, Eisenbahndir. a. D. 3.–5. Taus. Marburg a. L. 1906: H. Bauer. (26 S.) 8° [Umschlagt. F.] [07. 7680 **4**

**Terra, Otto de, Alkohol u. Verkehrssicherheit. Ein Vortrag. 4.—5. Tausd. (26 S.) kl. 8. Berlin 906. Mäßigkeits-Verlag.** n. — 20

Alkohol und Verkehrswesen. Vortrag vom Eisenbahndir. [Otto] de Terra. 2. Aufl. Mit e. Anh.: Die Wirkung geringer Alkoholmengen auf d. Gehirntätigkeit. Spolp i. P.: H. Hildebrandt 1904. (15 S.) 8⁰

Alkohol und Verkehrswesen von OTTO DE TERRA, Eisenbahndirektor a. D. 4. umgearbeitete und erweiterte Auflage. (11. bis 15. Tausend.) Berlin 1906. Mässigkeits-Verlag des Deutschen Vereins gegen den Missbrauch geistiger Getränke. 8°.

— Alkohol u. Verkehrswesen. 4. umgearb. u. erweit. Aufl. (11.—15. Tauf.) (53 S.) 8. Ebd. 906. n. — 60

An alle deutschen Eisenbahner. ⟨Beamte u. Arbeiter.⟩ (Verf.: [Otto] de Terra, Eisenb.Dir.) *(Guben [1902]: A. Koenig.)* (2 Bl.) 4° [Kopft. J.]

Terra, Otto de, soziale Verkehrspolitik. gr. 8. (III, 44 S.) Berlin 895. C. Heymann's Verl. n. — 80

**Terra,** Otto de, im Zeichen des Verkehrs. Kritische Streifzüge u. Reformgedanken. gr. 8. (V, 227 S.) Berlin 899. Vita. n. 3. —

Terra, Paul de. Konversationsbuch für die zahnärztliche Praxis. Eine Sammlung von Kunstausdrücken und Redensarten in deutscher, englischer, französischer und italienischer Sprache von Dr. P' de T', Zahnarzt in Zürich = Manual of Conversation for the dental profession.... — *A. u. d. T.:* Manuel de Conversation pour la profession dentaire ... = Manuale di Conversazione per la professione dentistica.... XXIV + 274 S. 8. Stuttgart = St' = St' = Stoccarda, Ferdinand Enke, 1908. [M. 7. —]

**Terra,** Paul de, Repetitorium der Zahnheilkunde. Zugleich e. Examinatorium üb. sämtl. Hilfswissenschaften f. die zahnärztl. Staatsprüfg., in Fragen u. Antworten geordnet. gr. 8. (XV, 516 S.) Stuttgart 894. F. Enke. n. 9. —

Terra, Paul de. Repetitorium der Zahnheilkunde. Zugleich ein Examinatorium über sämtliche Hilfswissenschaften für die zahnärztliche Staatsprüfung. In Fragen und Antworten geordnet von Dr. P' de T', Zahnarzt in Zürich. 2. bedeutend vermehrte Aufl. XVI + 632 S. gr.-8. Stuttgart, Ferdinand Enke, 1908. [M. 12. —, geb. 13. 40]

Terra, Robert de: s. Adreßbuch des ländlichen Grundbesitzes in der Prov. Brandenburg.

— Adressbuch d. Privat-Gartenbaues in Deutschland. 1. Ausg. gr. 8. (160 S.) Berlin-Schöneberg 893. R. de Terra. Kart. n. 6. —

Terra's, R. de, Adressbuch des Privat-Gartenbaues in Deutschland. 2. Aufl. f. 1895—96. Steglitz-Berlin 1895. gr. 8.

**Terra's,** Rob. de, Adressbuch des Privat-Gartenbaues in Deutschland. 3., sehr verm. u. verb. Aufl. f. 1897—1898. gr. 8. (III, 325 S.) Berlin (w. 30, Grunewaldstr. 10) 897. R. de Terra. Kart. n. 9. —

— u. C. Schorsch, s. Gartenbau-Adressbuch, Allgemeines.

Terra's, Rob. de, internationales Gartenbau-Adressbuch. gr. 8. (VIII, 415, 32 S.) Berl.-Schoeneb. 892, R. de Terra. cart. 15 —

— internationales Gartenbau-Adressbuch. Unter freundl. Mitwirkg. v. üb. 300 Handelsgärtnern bearb. u. hrsg. gr. 8. (VIII, 415 u. Nachtrag 32 S.) Ebd. 892. Kart. 15. —

— internat. Gartenbau-Adressbuch. III. Aufl. 1896/97. 2 Thle. in 1 Bd. gr. 8. (288, 267, 4 u. 12 S.) Ebd. 896. Kart. n. 15. —; I. Thl. Deutsches Handelsgärtner-Adressbuch, allein (IV, 288 S.) n. 4. —; II. Thl. (Ausland) allein (267 u. 12 S.) n. 12. —

— dasselbe. IV. Aufl. 1898/1899. 1. Thl.: Deutsches Handelsgärtner-Adressbuch f. 1898/1899. gr. 8. (IV, 302 S.) Berlin 898. W. Issleib. Kart. n. 5. —

**Terra's,** Rob. de, internationales Gartenbau-Adressbuch. IV. Aufl. II. Thl.: Ausland. gr. 8. (282 S.) Berlin 899. W. Issleib. Kart. n. 12. —; (kplt. n. 17. —)

— dasselbe. V. Aufl. 2 Thle. gr. 8. Ebd. Kart. n. 18.50
1. Deutsches Handelsgärtner-Adressbuch f. 1900—1901. (IV, 300 S.) n. 6. —
2. (Ausland.) 1901—1902. (IV, 309 S.) n. 12. 50

— dasselbe. VI. Aufl. 1902—1903. 1. Thl.: Deutsches Handelsgärtner-Adressbuch f. 1902—1903. gr. 8. (III, 278 S.) Ebd. Kart. n. 6. —

— deutsches Handelsgärtner-Adressbuch f. 1894—1895. (Zugleich I. Thl. d. internationalen Gartenbau-Adressbuchs.) Unter freundl. Mitwirkg. mehrerer Tausend Handelsgärtner bearb. u. hrsg. gr. 8. (IV, XII, 252 S.) Ebd. 894. Kart. n. 4. —

— s.: **Lehmann's internat. Handels-Gärtner-Adressbuch.**

Terra Sancta, sive Palaestina exhibens non solum regna vetera Juda et Israel in suas XII. Tribus distincta etc. noviter adornata opera et Studio Tobiae Conradi Lotter Geogr. Aug. Vindel. 1759. 1 : 700,000. 1 Bl.

**Terrabugio,** Amelia: Die katholische Jungfrau [La giovinetta cattolica; 1899]. Prakt. Ratschläge. Autoris. Übers. aus d. Italien. v. Antonie Walter. — Paderborn: Bonifacius-Dr. 1903. VIII. 182 S. 8°

Die katholische Jungfrau (La giovinetta cattolica). Prakt. Ratschläge von Amelia Terrabugio. Autor. Übers. aus d. Ital. von Antonie Walter. Stifsdame, Geseke-Keppel. (Vorr.: Viktor Cathrein, S. J.) Paderborn: Bonifacius-Dr. 1904. (VIII, 182 S.) 8°

**Terracotten,** griechische, aus Tanagra u. Ephesos im Berliner Museum. gr. 4. (32 Lichtdr.-Taf. m. 12 S. Text.) Berlin 878. Wasmuth. n. 40. —

Terrail, s.: Ponson du Terrail.

Das **Terrain**. Zeitschrift f. Parzellierung u. Bebauung. Spezialorgan f. Terrain- u. Baugesellschaften ... sowie f. alle am Terrainerwerb interessierten Privatkreise. [Jg. 1], No 1. Berlin: (E. Nitter) 1906. 4°

Das Terrain der **Danewerk-Stellung.** 1 : 80000. Hamburg. o. J. Farbendr. 1. Bl. Quer-Fol., 22.5/51 cm. Dazu ein Blatt Text, Fol.: Das Terrain und die alten Befestigungslinien des Danewerk. Hamburg. (1864.)

Terrain der **Düppel-Alsen-Stellung.** 1 : 40000. Hamburg. o. J. Farbendr. 1 Bl. 4°. 38/50 cm. Aufgez. a. Papier. Dazu ein Blatt in Fol. mit Erläuterungen von Oberst a. D. B .... (Hamburg.) Anfang März 1864.

**Terrain im Bereich der Kanonen der Festung und Forts von Metz [incl. Schlachtfeld vom 14. Aug. 1870]. 1 : 80,000. Fol. Berlin 870, Schropp'sche Landkartenh.** *

**Terrain-Aufnahmen vom Königr. Bayern in Horizontal-Curven, bearb. im topograph. Bureau des königl. bayer. Generalstabes.** 1 : 25,000. Bl. 344—346, 368—371, 393, 394, 396, 419. Photolithogr. Imp.-Fol. München 880, (Literarisch-artist. Anstalt.) à Bl. ** 1 5

Inhalt:

344. Windsbach. — 345. Abenberg. — 346. Roth. — 368. Gunzenhausen. — 369. Spalt. — 370. Georgensgmünd. — 371. Heideck. — 393. Windsfeld. — 394. Weissenburg. — 396. Thalmässing. — 419. Neudorf.

**Terraindarstellung.** Metz 1873. V: *Rüdgisch, Rob. v.* (Ky)

**Terraindarstellung** (von v. Rüdgisch). gr. 8. (67 S.) Metz 873. deutsche Buchh. n. 1. 60

Terrain-Karte der Düppeler Höhen u. Schanzen. fol. Erfurt 1864. 0.20.

(C.) Wild's **Terrain**- und Touristen**karte** der Umgegend von Baden-Baden. (Maßst. 1:25,000. 5. Aufl. [Mit 3 Nebenkarten.] Baden-Baden: C. Wild [1906]; Lith. E. Gaebler, Leipzig-N.) (1 Kartenbl. 59×63 cm.) [kol.]

Terrainkur- und Touristen-Karte der Umgegend von Baden-Baden. 1 : 25,000. Baden-Baden 887, Wild. * 1 50 Aufgezogen * 2 —

**Terrain-Lehre** und à la vue Aufnahme . . . Pressburg 1860. V: *Kuhn, Eduard.* (Ky) (KA)

**Terrain-Lehre** u. à la vue Aufnahme. Mit vielen Xylographien, Tab. u. Plänen. (Von E. Kuhn.) Preßburg 860. (Harms.) gr. 8. (IV, 124 S. u. 4 lith. Taf. in 4.) nn. 1 ₰ 6 ngr.

Terrain-Lehre und à la vue Aufnahme mit vielen Xylographien. Tabellen und Plänen. 8. (120 S.) Pressburg, Schwaiger. 1 fl. 80 kr. [1861]

— u. **Felddienst** bearb. f. Unteroffiziere u. Unteroffiziersaspiranten u. Einjährig-Freiwillige v. e kgl. bayer. Infanterie-Offizier. 16. (46 S. m. eingedr. Holzschn. u. 1 Holzschn.-Taf. in gr. 8.) Eichstädt 873. Krüll. n. — 25

**Terrain-Lehre** in Fragen u. Antworten u. Anleitg. f. d. Gebrauch des Rocksandić'schen Distanzmessers f. Unteroffiziere u. Unteroffiziers-Bildungsschüler d. k. u. k. gemeins. Heeres, d. k. k. u. k. Landwehr. Zusammengest. v. E. R. 12. (34 S. m. Abb.) Budapest 895. C. Grill. n.n. — 30

**Terrain-Lehre** in Fragen u. Antworten u. Anleitung f. den Gebrauch des Rocksandić'schen Distanzmessers f. Unteroffiziere u. Unteroffiziers-Bildungsschüler. Zusammengestellt v. E. R. gr. 16. (34 S. m. Fig.) Budapest 902. C. Grill. n.n. — 30

**Terrain-Lehre** für Officiere aller Waffen. Zum Selbststudium, sowie zum Gebrauche f. Militair-Schulen. Bearb. v. E. v. A. Mit eingedr. Holzschn. gr. 8. (75 S.) Halle 847, Hendel. 1/2 ₰

**Terrainlehre**, die, u. das Rekognosziren, in katechet. Form vorgetragen Teutschlands Unteroffizieren aller Waffen. Mit 2 Steindrucktaf. 16. Straubing 845, Schorner. 1/8 ₰

**Terrainlehre**, die, Terraindarstellung u. das militairische Aufnehmen. Mit Berücksichtigung der genet. Skizze des Lehrstoffs für den Unterricht in diesen Gegenständen auf den königl. Kriegsschulen. 2., ganz umgearb. Aufl. Potsdam 868. Riegel. gr. 8. (III, 192 S. mit eingedr. Holzschn.) n. 25 ngr.

**Terrainlehre**, die, Terraindarstellung u. das militairische Aufnehmen. Mit Berücksicht. der f. den Unterricht auf den königl. Kriegsschulen herausgegebenen „genetischen Skizze rc." sowie der neuesten Bestimmungn. des königl. Generalstabes bearb. 3. sehr verb. Aufl. gr. 8. (IV, 244 S. m. eingedr. Holzschn.) Potsdam 872. Stein.

—— dass. — Mit Berücksicht. der für den Unterricht auf den königl. Kriegsschulen herausgegebenen „genet. Skizze rc.", sowie der neuesten Bestimmungen des königl. Generalstabes bearb. 3. sehr verb. Aufl. gr. 8. (IV, 244 S. mit eingedr. Holzschn.) Potsdam 873, Stein's Verlag. * 3 —

**Terrainlehre**, die, Terraindarstellung und das militairische Aufnehmen. Mit Berücksicht. der für den Unterricht auf den königl. Kriegsschulen herausgegebenen „genetischen Skizze rc.", sowie der neuesten Bestimmungen des königl. Generalstabes bearb. 4. sehr verb. Aufl. gr. 8. (VIII, 280 S. mit 102 eingedr. Fig. in Holzst.) Potsdam 876, Stein's Verlag. * 4 —

Terrainlehre, Die, Terraindarstellung und das militärische Aufnehmen. Mit Berücksichtigung der genetischen Skizze des Lehrstoffs für den Unterricht in diesen Gegenständen auf den königlichen Kriegsschulen. 2. ganz umgearb. Auflage. 8. Potsdam 1868.

— — Terraindarstellung und das militärische Aufnehmen. Mit Berücksichtigung der für den Unterricht auf den königl. Kriegsschulen herausgegebenen „genetischen Skizze etc.", sowie der neuesten Bestimmungen des königl. Generalstabes bearbeitet. 3. sehr verbess. Auflage. 8. Potsdam 1873.

— — Mit 102 Figuren in Holzstich. 4. sehr verbess. Auflage. (Vom königl. preussischen Major [später Oberst a. D.] Kossmann.) 8. Potsdam 1876.

— — Mit über 100 Figuren. 5. sehr verbess. Auflage. gr. 8. Potsdam 1880.

— — Mit mehr als 100 Figuren in Holzstich. 6. Auflage. gr. 8. Potsdam 1891.

— die, zum Gebrauche f. Unterofficiers- und Vorbereitungs-Schulen, dann zum Selbststudium f. Einjährig-Freiwillige u. Unterofficiere. Fasslich bearb. von v. F. Mit 93 (eingedr.) Fig. (in Holzschn.) gr. 8. (VIII, 44 S.) Prag 873. Mercy. n. 1. 20

Terrain- und Eisenbahn-Specialkarte der k. k. priv. Kronprinz Rudolfsbahn, sammt in- und ausländ. Anschlussbahnen. 1 : 576,000. 3 Bl. [Ausgeführt im k. k. militärgeograf. Institut nach Scheda's Generalkarte Bl. 7, 8 und 12.] Lithogr. qu. gr. Fol. Wien 881, Perles. * 2 —

**Plastische** Terrainzeichnung für alle Stände, insbes. für Militärs. Mit 1 Pl. Wien 1841. 45 S.

Terrain-Zeitung. Zeitschrift f. d. Erschließung, Verwertung u. Bebauung von Terrains. Zentralblatt f. d. An- u. Verkauf von Parzellen, Villen, etc. Hrsg. Max Barth u. Albert Renné. Jg. 1. Berlin: Berliner Union 1907(-08). 4°

**Terrain-Zeitung.** Offizielles Organ des Verbandes der deutschen Terrain-Interessenten. Zeitschrift f. die Erschliessg., Verwertg. u. Bebaug. v. Terrains. Zentralblatt f. den An- u. Verkauf v. Parzellen, Villen etc. Hrsg.: Max Barth u. Max Fraenkel. Verantwortlich: Max Diefke u. Arth. Klein. 1. u. 2. Jahrg. Juli 1907—Juni 1909. à 24 Nrn. (à ca. 24 S.) Lex. 8. Berlin, Berliner Union. à Jahrg. 16. —
Erscheint nicht mehr.

**Terrakotten, die antiken.** Im Auftrage des archäolog. Instituts des Deutschen Reichs hrsg. v. Rhard. Kekule v. Stradonitz. 3. Bd. 2. Tle. Fol. Stuttgart 903. W. Spemann. Geb. n.n. 80. —
Die Typen der figürlichen Terrakotten. Von Frz. Winter. 2 Tle. (12, CXXX, 272 u. 480 S. m. Abbildgn.) 903. Bd. 1 u. 2 u. d. T.: Kekulé, Rh., d. antiken Terrakotten. Ebd. 880. 884. n.n. 140. —.

**Terrakotten, Ausgewählte griechische,** im Antiquarium der Königlichen Museen zu Berlin . . . Berlin 1903. V: *Pernice, Erich.* (Vorrede): *Kekulé von Stradonitz, Reinhard.* (Berl)

— ausgewählte griechische, im Antiquarium der königl. Museen zu Berlin. Hrsg. v. der Generalverwaltg. (37 Taf. m. 28 S. illustr. Text.) Fol. Berlin 903. G. Reimer. Geb. in Leinw. n. 30. —

Terrakotten, Griechische ..., s. Terracotten ...

**Terrakotti, M., u. B. Gypsfigurl-Kaufi** (Mart. Böhm), Cavalleria Rusticana. Bodega Marca Italia. (Sizilianische Ehren-Bürger u. -Bäuerinnen aus d. Mark.) Große Oper in 1 Aufzuge. Musik v. Waskannsie. 12. (17 S.) Berlin (895). M. Böhm. 1.50

**Terramare, Geo.,** Brutus. Ein dramat. Gedicht. (76 S.) 8. Wien 906. C. W. Stern. n. 2. —

**Terramare,** Geo., Goldafra. Dramatisches Gedicht in 8 Akten. (109 S.) 8. Leipzig 910. Xenien-Verlag. 2. —

**TERRAMARE,** Georg, Der Liebesgral. (Altfranzös. phantast. Roman in 5 Büchern.) 1.9.1.3. München und Leipzig bei Georg Müller. 8°. Lat. Lett. (Kr. 6,60.) Roth. Srsbd. m. Goldpresg.
Zahm. — 312 S. (incl. Doppeltit. u. 2 Bll. Gedicht als Einleitg.), 1 Bl. mit: Gedr. von Mänicke u. Jahn in Rudolstadt. Es wurden 50 Expll. auf van Gelder Bütten abgezog.

— Die Stadt der Verheißung u. anderes. (V, 90 S.) kl. 8. Wien 908. C. Konegen. Geb. 1. 70

**Terränzeichnung,** die plastische, für alle Stände, insbesondere für Militärs. Mit 1 Plane. gr. 8. Wien 841. (Braumüller u. Seidel.) 5/12 ß

**Terrarium,** das, oder Thier- u. Pflanzenleben im Zimmer. Anleitung zur Herstellung u. Rathschläge über die Pflege desselben. Mit 1 (lith. u.) color. Titelbilde, 6 (lith. u.) color. Taf. Abbildgn. u. zahlreichen in den Text gedr. Holzschn. Leipzig 860. Dyk. 8. (VIII, 80 S.) n. 20 ngr.

**Terras,** Jo. Just., De valetudine sexus elegantioris a coma calamistrata. 36 pp. Vitemb. 4°.

1749

**Terrasse, Die Brühl'sche.** Humoreske ... Dresden. V: *Lichtenberger, H. J.* (Kat. E. Pierson's Verlag in Dresden 1901. S. 136.) (Ky)

**Terrasse,** die Brühl'sche. Humoreske v. H. J. L(ichtenberger.) 8. (42 S.) Dresden 884. (Pierson.) n. 1. —

Gesangstexte aus 'Der Congress von Sevilla' ⟨Monsieur de La Palisse⟩. Operette in 3 Akten von R[obert] de Flers u. G[ustave] A[rmand] de Caillavet. Musik von Claude **Terrasse.** Berlin: F. Bloch [1906]. 39 S. 8° II. 4195

Der Kongreß von Sevilla. ⟨Monsieur de La Palisse.⟩ Operette in 3 Akten von R[obert] de Flers u. G[ust.] A[rmand] de Caillavet. Musik von Claude **Terrasse.** [Textbuch.] Berlin: (F. Bloch) 1906. 97 S. 8° II. 4196

**Terrassier,** der, oder die Kunst Terrassen u. andere abgedachte Erdwände mit Erde, Rasen u. trockenen Mauerwerke zu bekleiden. gr. 4. Berl. 803. Oddike,

**Terrassierer, Der,** oder die Kunst Terrassen und andere abgedachte Erdwände ... zu bekleiden. Weimar 1803. V: *Meinert, Frdr.* (Ky) (EngOec) (EngMt)

Der *Terrassierer* od. die Kunst, Terrassen u. andere abgedachte Erdwände mit Erde, Rasen u. mit trockenem Mauerwerke zu bekleiden ... Weimar 1803. 88 S. 3 Tvl. (1 kol.). 4°.

**Terrassirer,** der, oder die Kunst, Terrassen u. andere abgedachte Erdwände mit Erde, Rasen u. trocknem Mauerwerke zu bekleiden, (v. Fr. Meinert). Mit 3 Kpf. gr. 4. Weimar 803. (Henning in Greiz). 1 ß

**Abriss der wahren Helden-Tugend oder Lebens-Geschichte des Sethos, Königes in Egypten, ans geheimen Urkunden des alten Egypten-Landes gezogen und nach der frantz. Uebers. eines griech. Orig. [von Jean Terrasson] verteutschet von C[hristoph] G[ottlieb] W[endt]. Th. 1—3. Hamburg: Wierings 1732—1737. 8°**
1. 1732. 294 S. 1 Kpfr. [Titel in Farbendr.]; 2. 1736. 319 S.; 3. 1737. 12, 366 S.
Kl. 3944, TB. 14.

**Terrasson,** J., s. Geschichte des Königs Sethos.

**Geschichte des egyptischen Königs Sethos. Aus d. Franz. [des Jean Terrasson] übers. von Matthias Claudius. Th. 1. 2. Breslau: Löwe 1777—1778. 8° [Kupfertit.]**
1. 1777. 464 S.; 2. 1778. 494 S.

[Dasselbe.] Geschichte Sethos Königs in Egypten. Uebers. von Matthias Claudius. Neue Ausg. Leipzig: Sommer 1784.

[Dasselbe.] Th. 1. 2. Ebendas. [Leipzig: Nauck?] 1794. 8°
1. 464 S. 2. 494 S.
cf. f. Th. 1. Frmr.-Bibliothek. 1 (1778) S. 127 bis 137; 2. Aufl. 1782 S. 127—137; 3. Aufl. 1792 S. 127—137.
Kl. 3945, TB. 27. 1777—1778 in 23; 1794 in 281.

**Terrasson, Jean.** Philosophie nach ihrem allgemeinen Einflusse auf alle Gegenstände des Geistes und der Sitten, a. d. Franz. ... Leipz. 1756. Ü: *Gottsched, Luise Adelg. Vict. geb. Kulmus.* (JL) (ML) (Ky)

**Terrasson,** Abt, Philosophie nach ihrem Einfluß auf alle Gegenstände des Geistes u. der Sitten; aus d. Französ. (von Louise Gottsched). 8. Leipz. 756. Breitkopf u. H. 7 gl

— Dass. aus d. Französ. 8. Berl. 761. Rüdiger. 10 gl

— sämmtl. Predigten; aus d. Französ. 3 Thle. 8. Grätz 780. Tusch. 2 ß 16 gl

[Terrasson, Matthieu.] Reponse de Madame la Duchesse Doüairière de Lesdiguières et des autres descendans d'Anthoinette d'Orléans, Fille ainée de Leonor d'Orléans ..., Prince Souverain de Neüchâtel & Vallengin .... Au Mémoire De S. A. S. M. le Prince de Conty sur sa Prétention à ladite Souveraineté .... ([Suivi de:] Protestations Faites par Madame de Lesdiguieres & par M. le Comte de Matignon, lües à l'Audiance de Messieurs des Trois Etats de Neufchâtel le premier Octobre 1707.) fol. *s.l.* [1707].

**Terray**, Abbé. – s. Denkwürdigkeiten des Gen.Finanz-Controlleurs Abbé Terray.

**Terray, Joseph Marie.** Denkwürdigkeiten, die sein Leben, die Verwaltung seines Amts . . . enthalten . . . Berlin 1781—82. Ü: *Kluge, Johann Daniel.* (ML) (MGT) (Ky)

***Terray,*** **Abbé ..., mémoires, avec une rélation de l'émeute arrivée à Paris en 1775 et suivie de XVI lettres d'un actionnaire de la compagnie des Indes. gr. 12. Basel 776. Imhof. 20 kr**

**Terre, Jean de la, Magnetismus d. Sünde. Berliner Lebensbilder. 12. (90 S.) Berlin 897. W. Jßleib. n. 1.50**

**Das Terre Haute Banner** : Aug. 20, 1870 – 1886.
Tri-weekly; but daily, evening except Sunday, in 1882. Republican; supported Hayes. For weekly edition, see Terre Haute Wöchentliches Banner. For Sunday edition, see Sonntag-Morgen. Circulation: 1871, 700; 1880, 850. Absorbed Das T. H. Volksblatt. Edited & published by Adolph Fabricius, 1870 – 74; by Hirschberg & Lustig, 1875; edited by Hermann Hensel, & published by Deutsche Press Association, 1876; edited & published by P. Gfroerer, 1877 – 85; by Banner Printing Co., 1886.
Terre Haute, IN

**Die Terre Haute Bürger-Zeitung** : 1865 – 1870?
Republican weekly. Circulation: 1870, 1000 (est.). Edited & published by C. F. Wittenberg & C. Gerstenhauer, 1865 – 69; by Adolph Fabricius, 1870.
Terre Haute, IN

**Terre Haute Deutsche Zeitung** : 1859? – 1862. Terre Haute, IN
Weekly. Edited & published by Dr. J. Keller.

**Terre Haute Journal** : 1881 – 1917?
Tri-weekly, 1881 – June 1889; weekly, June 17, 1889 – 1896; daily, evening except Sunday, 1896 – 1913; weekly, 1914 – 17. Republican, 1888 – 96; Independent, 1897 – 1917. For weekly edition, see Wöchentliches Terre Haute Journal. For Sunday edition, see Literarisches Sonntagsblatt. Circulation: 1890, 925; 1900, 990; 1910, 900; 1915, 1100. Edited & published by J. L. Wolff, 1881? – 95; by G. W. Biegler & J. C. Kolsen, 1896 – 97; by Journal Publishing Co., 1898 – 1917.
Terre Haute, IN

**Wöchentliches Terre Haute Journal** : 1881? – 1909?
Weekly edition of Terre Haute Journal. Circulation: 1890, 600; 1900, 1400; 1905, 2075.
Terre Haute, IN

**Das Terre Haute Volksblatt** : 1869 – ? Terre Haute, IN
Weekly. United with Das Terre Haute Banner.

**Terre Haute Wöchentliches Banner** : Nov. 1870 – 1886.
Weekly edition of Das Terre Haute Banner. Circulation: 1872, 800; 1880, 900.
Terre Haute, IN

**Terrel des Chênes, M.,** Représentation des uniformes de toutes les troupes qui sont été casernées à Hambourg, de l'année 1806 à l'année 1815. Reproduction de l'album dit: „Manuscrit du Bourgeois de Hambourg". Avec préface de M. Margeraud. Fol. (IV, III m. 158 farb. Taf.) Paris 902. Leipzig, K. W. Hiersemann. In Hbleinw.-Mappe n. 140. —

**Terrenus, Beiträge zur Reform der Medicinal-Verfassung u. Bemerkungen zu den Berliner ärztl. Conferenz-Protokollen. gr. 8. (76 S.) Köln 850, F. C. Eisen in Comm. n. ½ ℛ**

**— Deutsches Medicinal-Organ in Beiträgen zur öffentl. Gesundheitspflege. Zum gemeinnütz. Gebrauch bearb. gr. 8. (127 S.) Köln 848, Eisen in Comm. n. 5/6 ℛ**

**Terres, Ernst:** Synthesen von 1-2-Diamidoanthrachinon, Anthrachinonazinen und Indanthren. — Über Nitramine aus α-Amidoanthrachinon und 1-5-Diamidoanthrachinon. 1910. 42 S. 4° ¶ **Vgl. betr. T. 1: Berichte d. Deutschen Chem. Gesellschaft. Jg. 46. 1913.** S. 1634 ff.
Karlsruhe, Dr.-Ing.-Diss. v. 17. 12. 1909

Die Chirurgie des Auges und seiner Adnexe [Chirurgie de l'oeuil et de ses annexes] von Dr. Felix **Terrien**. In's Deutsche übertr. von Dr. Eugen Kauffmann, Cannstatt. Mit 311 Fig. München: E. Reinhardt 1906. (486 S.) 4°(8°) 06 11179

**Terrier, Fel., u. E. Reymond, Chirurgie des Herzens u. des Herzbeutels. Übers. v. Gust. Beck u. m. Anmerkgn. u. Ergänzgn. versehen v. Edm. Lardy. gr. 8. (VIII, 184 S. m. 79 Abbildgn.) St. Petersburg 901. K. L. Ricker. n. 4. 80**

Die Syphilis des Auges und seiner Annexe [Syphilis de l'oeil et de ses annexes]. Von Dr. Felix **Terrien**, Paris. In's Deutsche übertr. von Dr. B[ernhard] Kayser, Augenarzt in Stuttgart. München: E. Reinhardt 1905. (320 S.) 8° 05 14441

**Terrien,** J.-B., S. Thomae Aquinatis O. P. doctrina sincera de unione hypostatica verbi dei cum humanitate amplissime declarata. 8. (216 S.) Paris 894. P. Lethielleux. n. 2. 80

**Terrien, J.-B., S. J., S. Thomae Aquinatis O. P. doctrina sincera de unione hypostatica verbi Dei cum humanitate amplissime declarata. gr. 8. (216 S.) Paris 896. P. Lethielleux. n. 2. 80**

Terrier, Fel., s. Terrien

**Terrier, L., Galilei, s.a. Vorträge, öffentliche, geh. in der Schweiz.**

Terrier, Léonce. (Galileo) Galilei. Vortrag, gehalten... zu Neuchâtel. 8. Basel 1878.
Oeffentliche Vorträge gehalten in der Schweiz. Band 4. Heft 12

**Terrier, T., u. Fournier,** ein Englisches Gesetz, s.: Bühnen-Repertoir, No. 151.

Terrisse, André. Ueber die Einwirkung der Naphtalsäure auf Resorcin (Naphtalfluorescein, Naphtaleosin). Würzburg, 1883.

**Territet, s.a. Wanderbilder, europäische.**

Territet. Von zwei schweizerischen Alpinisten. Mit 12 Illustrationen von L[ouis] Dünki [wovon 4 Tafeln] und einer Karte. (Europäische Wanderbilder. № 170.) 8. Zürich ([18]89).

Territet. Par deux alpinistes suisses. Avec 12 Illustrations par L[ouis] Dünki [dont 4 planches] et une carte. 8. Zurich ([18]89).
*Ed. A.* (L'Europe illustrée. № 122.)
*Ed. B. Sans la carte.*

Territet. By two Swiss Mountaineers. With 12 Illustrations by L[ouis] Dünki [4 Plates] and a Map. (Illustrated Europe. № 116.) 8 Zurich ([18]89).

**Territet** Von zwei schweizerischen Alpinisten. Mit 12 Illustrationen von L. Dünki und einer Karte. (Europäische Wanderbilder. No. 170.) Zürich [1890]. 35 S. 8°.

**Territoire, le, de la confédération allemande du Nord.** Etude géographique traduite du moniteur prussien. Berlin 868. v. Decker. gr. 8. (24 S.) 2½ *ngr.*

**Territorial-Eintheilung**, die, des ehemal. französ. Departements vom Donnersberg. ... Speier ... Kolb. 2 gr

**Territorial- und Jurisdictions-Gerechtsame, Vertheidigte**, der K. freyen Reichsstadt Dinkelsbühl über ihre sämtlichen Unterthanen und Güter auf dem Land ... Dinkelsbühl 1755. V: *Busch, Andr. Gotth.* (Holz)

**Territorien**, die alten, d. Elsaß nach d. Stande v. 1. Jan. 1648, | s. a. Mittheilungen, statist., aus Elsaß-Lothringen.

[F.] Die alten Territorien des Elsass nach d. Stande v. 1. Jan. 1648. M. Ortsverz. u. 2 Kt.-Beil. *Strassburg: M. DuMont-Schauberg 1896.* (VII, 186 S., 1 Bl., 2 Kt.) 1 Bd 8.
= Mittheilungen, Statistische, üb. Elsass-Lothringen. H. 27. (96. 153)

**Territorien**, die alten, des Bez. Lothringen nach dem Stande vom 1. I. 1648, s. a. Mittheilungen, statistische, üb. Elsaß-Lothringen. 30. Heft.

[F.] Die alten Territorien des Bezirkes Lothringen '(m. Einschl. der z. Oberrhein. Kreise gehörigen Gebiete im Bezirke Unter-Elsass)' nach dem Stande v. 1. Januar 1648. Th. 1. *Strassburg: M. Du Mont-Schauberg 1898.* (XIII, 309 S., 1 Pl.) 1 Bd 4.(8.)
= Mittheilungen, Statistische, üb. Elsass-Lothringen. H. 28. (98 8919)

Die alten Territorien des Bezirkes Lothringen (mit Einschluß der z. Oberrhein. Kreise gehörigen Gebiete im Bezirke Unter-Elsaß) nach d. Stande v. 1. Jan. 1648. Th. 1. 2. Straßburg: Du Mont-Schauberg 1898–1909. 8°
1. 1898. 2. Mit Ortsverzeichnis. u. 1. Kt. 1909.
(Statist. Mittheilungen über Elsaß-Lothr. H. 28. 30.)

Sozialdemokratischer Terrorismus. Krit. Betrachtung nebst e. Auswahl gerichtl. abgeurteilter Terrorismusfälle. Berlin: Teutonia 1909. 48 S. 8°

**Terroristen-Prozess**, der neueste. (In russ. Sprache.) (36 S.) gr. 8. Stuttgart 904. [J. H. W. Dietz Nachf.] Paris, A. Schulz. n. 1. —
Sonderabdruck aus: „Osswoboschdenje".

**Terrorius**, Thdr., Drei-Gesang zu N. Becker's Rheinlied. gr. 8. Leipzig 841. (Schreck.) n. 1/6 Thlr

**Terry**, Benjamin Stites [aus St. Paul, Minnesota]: The Homestead Law agitation ... (Einl. u. Cap. I u. II eines gröss. Werkes.) *Göttingen, Druck d. Dieterich'schen Univ.-Buchdr.*, 1892; 43 S. 8.
Freiburg i. B., Phil. Fak., Inaug.-Diss. v. 1892

**Ter-Saakiantz, Haik,** aus Eriwan (Kaukasus, (Rußland): Die akuten Ileusfälle an der chirurgischen Klinik in Zürich in den Jahren 1898—1909. ⟨Aus der chirurgischen Klinik in Zürich. (Direktor: Prof. Krönlein.)⟩ Zürich, A. Schereschewsky, 1911. 20 S. 8°. [21. VIII. 11.]
Zürich. Univ. Med. Diss. 1910 11.

de **Tersac**, siehe: de Castre de Tersac.

**Tersan**, des Grafen von, Begebenheiten, eine größtentheils wahre Geschichte, aus dem Franz. 8. Liegnitz, 790. Siegert. 20 sgl.

**Ter-Sarkissjan, Leon** [aus Baku (Kaukasus)]: Zur Kenntnis des m-Tolylhydroxylamins und β-Phenylhydroxylamins. Zürich 1899. 100 S. 8°.
Basel. Phil. Diss. 1899/1900.

**Tersch**, Ed. Lesebuch f. Priester, welche m. Andacht u. Frucht das Breviergebet persolviren u. die heil. Messe lesen wollen. 1. Bd. Aperi Psalterum. Ordo missae. (Neue Titel-Ausg.) gr. 8. (IV, 944 S.) Bresl. 891, Müller u. Seiffert. * 7 50

TERSCH, Eduard: Observationes circa tractanda tria priora capita geneseos. — (1849) 74 S. 4° (Handschr.) Diss. 74
Diss. Wien, Univ.

**Tersch**, Frdr. Ritter v., s.: Chronik der Stadt Mähr.-Schönberg.

**Tersch**, Jos., Anleitung zur Anwendung der §§ 1 u. 2 der Gebühren-Novelle vom 31. März 1890, R. G. Bl. Nr. 53. Im Auftrage d. k. k. Finanzministeriums verf. gr. 8. (V, 83 S.) Wien 890. Hof- u. Staatsdruckerei. n. — 50

Terschak E, kunstgewerbliche Entwürfe. (8 T) 4° |VS| München

**Terschak, Emil**, illustrierter Führer durch Ampezzo. (Mit Übersichtskarte v. Ampezzo.) Text u. Bilder v. T. (46 S.) 8. Cortina (907). (Klagenfurt, J. Heyn.) nnn 1.80

**Terschak, Emil**, illustr. Führer durch d. Grödener Dolomiten. 8. (IV, 76 S. m. 5 Karten.) Berlin (Wilhelmstr. 29) 896. Fischer & Dr. Bröckelmann. n. 6. —

— illustr. Führer durch d. Rosengartengruppe. 8. (VIII, 70 S. m. 1 Karte.) Ebd. 897. n. 5. —

**Terschak, Emil**, die Photographie im Hochgebirg. Praktische Winke in Wort u. Bild. Mit 32 Textbildern, Vignetten u. Taf. gr. 8. (83 S.) Berlin 900. G. Schmidt. Geb. in Leinw. n. 3. —

Terschak, Emil. Die Photographie im Hochgebirg. Praktische Winke in Wort und Bild. 2. durchgesehene Aufl. Mit 43 Bildern und Vignetten [wovon 21 Tafeln] nach Aufnahmen des Verfassers. 62 + *Anzeigen* XXIII S. 8. Berlin, Gustav Schmidt, 1905. [M. 2.50]

**Terscheck**, J. G., Verzeichniß d. Staudengewächse im akadem.-botan. Garten in Dresden, welche im Tausch u. Kauf zu erhalten sind. gr. 8. Dresd. 824. (Arnold). 6 gr

Terschelling [Schlagwort]

**Terschelling**, s.: Europa. Liebenow.

**Terschtigel**, Mauiche Chaim. Kommit du mir jau, kümm ich dir ä jau! Offener Brief an den Deputirten von Bodelschwingh, was da gewesen ist Minister vorm März. (Mit einem Holzschnitt.) Berlin, A. Hofmann u. Comp. 1849. 6 S. 4.

— Waih! was hat die Kille vor nen Zoff!! Merkwürdige Briefe aus nun über Berlin von Schmul Manasse, Abgeordneter von Groß Posemuckel an sein Waib Esterleben daheim. 1. Brief. (Mit einem Holzschnitt). Berlin, L. Schlesinger (1849). 8 S. 4.

**Terson**, d. Grafen von, Begebenheiten, größtentheils eine wahre Geschichte, a. d. Franz. 8. Liegnitz, Siegert. 790. — 16

**Terson**, das Ende der alten u. das Aufleben e. neuen Welt. Streifzüge durch rationalist. Gebiete. N. d. Franz. gr. 8. (22¼ B.) Weimar 838, Voigt.

Terssen, E., gezogene Geschütze. Abhandlung über das Gesetz zwischen dem Drall der Züge und dem Kaliber gezogener Röhre. (Aus dem Französ. übers. und mit Genehmigung des Verf. hrsg.) 8. (IV und 19 S.) Berlin 861, Vossische Buchh. *

**Tersteegen, Gerhardt**, s. a. Geschichten u. Bilder für's deutsche Volk, Nr. 31—33.

[F.] Gerhard **Tersteegen.** E. Gedenkblatt zu seinem 200. Geburtstage. *Kaiserswerth: Diakonissen-Anst. [1897].* (32 S.) 8.
= **Geschichten** u. Bilder fürs deutsche Volk. No 31/33. 196. 3149

**Tersteegen, Gerhard,** der gottselige Bandweber. 12. (28 S.) Zürich 881. Höhr in Comm. n. — 20

**Tersteegen's, Gerhard, Leben.** Hrsg. v. der Wupperthaler Tractat-Gesellschaft. 8. (40 S.) Barmen 874. Wiemann. n. — 20

Tersteegen, Gerhard

— unpartheiischer Abriß christl. Grundwahrheiten. Von Freunden des Verfassers dem Druck übergeben. 2. unveränd. Aufl. gr. 12. Essen 842, Bädeker. 5/6 ᴛʜ

— unpartheiischer Abriß christl. Grundwahrheiten in Fragen u. Antworten. 8. Duisb. . . . Bädeker in Essen. 20 gr

**Tersteegen's,** Gerh., Ansichten über das heil. Abendmahl, nach seinen eigenen wörtlichen, größtentl. noch ungedruckten Aussprüchen über dasselbe. gr. 12. Essen 841, Bädeker. 1/12 ᴛʜ

**Tersteegen,** Gf., kurze Anweis. für kleine Kinder. 16. Essen 813. Bädecker. 6 gr

**Tersteegen,** Gerh., s.: **Armelle, die gute.**

— nachgelassene Aufsätze u. Abhandlungen, zum erstenmal dem Druck übergeben. Nebst: Einweihungsfeier des am 6. April 1838 zu Mülheim an der Ruhr ihm gesetzten Denkmals. gr. 12. (Mit 1 lith. Abb. des Denkmals.) Ebend. 842. 1/3 ᴛʜ

Auswahl aus G. T's Schriften, nebst dem Leben desselben von G. Rapp. Essen, Bädeker, 1841. 8°. VI, 613 num., 3 unnum. S. Lithogr. verzierter blauer OPbd.

— s. Bernieres - Louvigny, Jean de: Verborgenes Leben mit Christo ...

**Tersteegen,** Gerh., **Beweis,** daß nach der reifen u. freien Einsicht e. Gotteskindes die Abendmahlsfeier in der äußeren Kirche gottgefällig u. v. Nutzen u. Segen sein kann. 12. (16 S.) Elberfeld (902). (Buchh. d. ev. Gesellschaft.) n. — 10

Tersteegen's geistlicher Blumengarten, in Denksprüchen zu allgemeinem Gebrauch. 10. Aufl. qu. 64. (124 Bl.) Basel 891, Jaeger u. Kober. * — 25; in Futteral * — 60

— geistl. Blumengärtlein, in gereimt. Sprüchen, Betrachtt., Liedern u. ihren Melodien, nebst der Frommen Lotterie. 12. Duisb. . . . Bädecker in Essen. 18 gr 13e A. 12. Elberf. . . . Hassel. Velinp. 1 ᴛʜ

— Geistliches Blumen-Gärtlein Inniger Seelen; Oder kurtze Schluß-Reimen, Betrachtungen und Lieder. Über allerhand Wahrheiten des Inwendigen Christenthums; Zur Erweckung, Stärckung und Erquickung in dem Verborgenen Leben Mit Christo in Gott: Nebst der Frommen Lotterie. Fünfte und vermehrte Edition. Auf Kosten guter Freunde. Solingen, J. Schmitz, Buchbinder, 1751. Kl. 8°. *Allegorisches Frontispiz (Garten mit Christus und der Seele) gestochen von V. A. Rolffsen,* 6 Bl. 486 S. 3 Bl.

Geistliches Blumen-Gärtlein Inniger Seelen; Oder kurze Schlusz-Reimen, Betrachtungen und Lieder über allerhand Wahrheiten des Inwendigen Christenthums ... Nebst der Frommen Lotterie ... Germantown, gedruckt und zu finden bey Christoph Saur, 1773.

Geistliches Blumen Gärtlein Inniger Seelen; Oder kurze Schlusz-Reimen, Betrachtungen und Lieder ... Nebst der Frommen Lotterie ... Germantaun: Gedruckt und zu finden bey Michael Billmeyer, 1800

— Geistliches Blumengärtlein inniger Seelen; oder: Kurze Schlußreime, Betrachtungen und Lieder ... nebst der Frommen Lotterie. Zwölfte Auflage. Frankfurt & Leipzig, Roßhof, 1818. 12°. *Allegor. gestoch. Frontispiz,* 8 Bl. 568 S. 6 Bl. 11 S. *mit zahlreichen Melodien.* HLd. d. Z. auf Bünden mit Rsch.
G. III. 317, 124, 1.

— geistliches Blumengärtlein inniger Seelen; oder: Kurze Schlußreime, Betrachtungen u. Lieder über allerhand Wahrheiten des inwendigen Christenthums, zur Erweckung, Stärkung u. Erquickung in dem verborg. Leben mit Christo in Gott. Nebst der Frommen Lotterie. 14. Original-Aufl. (Mit Titelkupf.) gr. 12. Ebend. 841. 3/4 ᴛʜ

— Geistliches Blumengärtlein inniger Seelen; oder: Kurze Schlußreimen, Betrachtungen und Lieder uber allerhand Wahrheiten des inwendigen Christenthums . . . nebst der Frommen Lotterie und mehreren Anhängen. — [Teil II:] Unpartheiischer Abriß christlicher Grundwahrheiten. — 2 Bände in 1. Stuttgart, Rieger'sche Buchhandlung, 1844. Kl. 8°. 551 und 351 S. Leicht berieben es HLd. d. Z.

Diese Werke Tersteegens erschienen mit dem Übertitel: „Des gottseligen Arbeiters im Weinberge des Herrn: Gerhard Tersteegen's . . . gesammelte Schriften" Bd. I & II (es folgten noch weitere 6 Bde.). Der wichtige erste Band enthält alle Lieder T's und alle die von Angelus Silesius beeinflußten „Schlußreimen", und stellt einen recht getreuen Nachdruck der wohl vollständigsten Ausgabe des „Blumengärtleins" von 1757 dar. Die „Grundwahrheiten", die den 2. Band füllen, wurden erst nach des Dichters Tode aus seinem Nachlaß herausgegeben.

**Tersteegen's,** Gerh., geistliches Blumen-Gärtlein und der Frommen Lotterie. Nach Vergleichung mit älteren Ausg. u. Handschriften des Verf. nebst Anmerkungen herausg. von G. Kerlen. 15. Orig.-Ausg. Essen 855. Bädeker. 12. (XXIV, 436 S.) n. 18 ngr

— geistliches Blumengärtlein inniger Seelen, nebst der Frommen Lotterie nach der Ausg. letzter Hand berichtigt und mit einigen Zusätzen vermehrt, sammt dem Lebenslauf des sel. Verf. Stereot.-Ausg. Stuttgart (856.) J. F. Steinkopf. 16. (XXIV, 482 S.) n. 8 ngr; Velinp. geb. n. 25 ngr

**Terstegen's, Gerh.,** geistliches Blumengärtlein inniger Seelen, nebst der Frommen Lotterie, nach der Ausg. letzter Hand bericht. u. mit einigen Zusätzen verm., sammt dem Lebenslauf des sel. Verf. Ster.-Ausg. 4. Abdr. Stuttgart 868. J. F. Steinkopf. 16. (XXIV, 488 S.) n. 8 ngr

Terstegen's, Gerh., geistliches Blumengärtlein inniger Seelen nebst der Frommen Lotterie, nach der Ausg. letzter Hand berichtigt und mit einigen Zusätzen verm., sammt dem Lebenslauf des sel. Verf. Ster.-Ausg. 5. und 6. Abdr. gr. 16. (XXIV, 482 S.) Stuttgart 878,79, Steinkopf. * 1 —
Velin-Ausg. geb. mit Goldschn. * 2 80

**Terstegen's, Gerh.,** geistliches Blumengärtlein inniger Seelen, nebst der Frommen Lotterie, nach der Ausgabe letzter Hand berichtigt u. m. einigen Zusätzen verm., sammt dem Lebenslauf d. sel. Verf. Ster.-Ausg. 7. Abdr. 12. (XXIV, 482 S.) Stuttgart 884. J. F. Steinkopf. n. 1. —; Velin-Ausg. geb. m. Goldschn. n. 3. —

— geistliches Blumengärtlein inniger Seelen, nebst der Frommen Lotterie, nach der Ausgabe letzter Hand berichtigt u. m. einigen Zusätzen vermehrt, sammt dem Lebenslauf d. sel. Verf. Ster.-Ausg. 12. (XXIV, 482 S.) Stuttgart 890. J. F. Steinkopf. n. 1. —; geb. in Halbleinw. n. 1. 50; in Leinw. n. 1. 80; Velin-Ausg. geb. m. Goldschn. n. 3. —

— geistiges Blumengärtlein inn. Seelen, nebst der Frommen Lotterie, nach d. Ausg. letzter Hand bericht. u. m. ein. Zusätzen verm., sammt d. Lebenslauf d. sel. Verf. Ster.-Ausg. 12. (XXIV, 482 S.) Stuttgart 898. J. F. Steinkopf. n. 1. —; geb. in Leinw. n. 1. 60; Velin-Ausg., eleg. geb. in Leinw. m. Goldschn. n. 2. 80

**Terstegen's, Gerh., geistliches Blumengärtlein inniger Seelen, nebst der Frommen Lotterie, nach der Ausg. letzter Hand berichtigt u. mit einigen Zusätzen verm., sammt dem Lebenslauf des sel. Verf. Ster.-Ausgabe. (9. Abdr.) (XXIV, 482 S.) kl. 8. Stuttgart (905). J. F. Steinkopf. n. 1. —; geb. in Leinw. n. 1. 60; feine Ausg., geb. in Leinw. m. Goldschn. n. 2. 80**

— **Bouquet spirituel,** offert aux âmes religieuses. Trad. et imité de l'Allemand. 12. Strasbg. 841, Ve. Levrault. 1/8 ᴛʜ

Tersteegen's Briefe in Auswahl. Nebst e. Lebensbeschreibg. d. sel. Verf. u. e. Vorwort v. J. Ziegler. 8. (XL, 328 S.) Basel 889. Spittler. n. 2. 20

— Briefe an Freunde in Holland, s. F. W. Krug, poet. Erstlinge.

Tersteegen, Gf., geistl. Briefe. Mit des Verfassers Lebensbeschreib. 2 Bde. 8. Duisb. ... Bädeker in Essen. 3 ₰ 4 gl.

TERSTEEGEN, G. Geistliche und Erbauliche Briefe über das Inwendige Leben und wahre Wesen des Christenthums von weyland Gerhard Tersteegen. Samt dessen Lebens-Beschreibung. Zweiter Band, III. u. IV. Theil [in 1 Bande]. Solingen, P. D. Schmitz, Druck: Mulheim am Rhein, J. A. Schottler, 1775. 120, 494 S. 1 leeres Bl.; 431 (1) S. HLd. d. Z. mit Papierschild.

— geistl. u. erbaul. Briefe üb. das inwendige Leben u. wahre Wesen des Christenthums. 4 Thle. 2e Aufl. 8. Elberf. 798. Hassel. 3 ₰

—— gottesfürchtige u. erbauende Briefe üb. verschied. Gegenstände, die das innere Leben od. d. fortwähr. Ausübung d. Christenthums betreffen. A. d. Holländ. übers. 8. (16½ B.) Essen 836, Bädeker.

— Geistliche Brosamen, Von des Herrn Tisch gefallen, Von guten Freunden aufgelesen, und hungrigen Hertzen mitgetheilt: Bestehend in einer Sammlung verschiedener Erweckung Reden, weyland von Gerhard Tersteegen zu Mulheim an der Ruhr gehalten. 2. Auflage. 4 Theile in 2 Bdn. Solingen, P. D. Schmitz, 1752/53. 8°. 328, 360, 147, 440 S. Hübsches HLd. d. Z. mit zweifarbigen Rsch. u. Rv.

Geistliche Brosamen, von des Herrn Tisch gefallen, Von guten Freunden aufgelesen, und hungrigen Herzen Mitgetheilet: Bestehend in einer Sammlung verschiedener Erweckungsreden, weiland von Gerhard Tersteegen zu Mülheim an der Ruhr gehalten. Erste americanische Auflage. Erster Band. I.(-II) Theil. Reading gedruckt und zu haben bey Johann Ritter und Companie. 1807.

— geistlicher Brosamen, von des Herrn Tisch gefallen, in einer Samml. verschied. Erweckungsreden. 2 Bde. 8. Duisb. 6e Aufl. ... Bädeker in Essen. 2 ₰ 16 gl 4 Thle. 5e u. 6e Aufl. 8. Elberf. 825—27. Büschler; (a. Hassel). 2 ₰ 16 gl

— tägliche Brosamen. Aus des Verf. „Geistl. Brosamen" ausgewählt u. m. e. Schlußreim aus seinen Liedern u. Spruchsammlgn. versehen von Wilh. Rotscheidt. Mit e. Vorwort v. Herm. Krafft. gr. 8. (372 S. m. 1. Taf.) Neukirchen (901). Buchh. des Erziehungsvereins. Geb. in Leinw. n. 3. —

— Dichtungen, in Auswahl u. Bearbeitg. zur Feier s. 200. Geburtstages. — 25. XI. 1897 — hrsg. v. E. W. Schimmelbusch. 3 Thle. 12. Düsseldorf 897. C. Schaffnit. Geb. n. 3. 40; m. Goldschn. n. 4. 60

1. Erbauliche Schlußreime. Nebst ergänz. Schriftwechsel hrsg. (175 S.) n. 1. 20; m. Goldschn. n. 1. 50
2. Betrachtgn. (144 S.) n. 1. —; m. Goldschn. n. 1. 40
3. Geistl. Lieder. (167 S.) n. 1. 20; m. Goldschn. n. 1. 60

—— Dieß ist der Frommen Lotterie, Wobei man kann verlieren nie; Das Nichts darin ist all so groß, Als wenn dir fiel das beste Loos. Mit verschied. Reimen aufs neue verm. u. durchhin mit bibl. Sprüchen bekräftiget. (7. Aufl.) 24. (8 B.) Essen 840, Bädeker.

Tersteegen, Gerh., dies ist der Frommen Lotterie, worin man kann verlieren nie, das Nichts darin ist all so groß, als wenn dir fiel das beste Los. Neuer Abdr. (192 S.) 16,1×7,8 cm. Gotha (908). Missionsbuchh. P. Ott. Kart. 1.—; geb. n 1.30

— Erbauliches u. Beschauliches. Ausgewählt u. herausgeg. von Aug. Gebauer. 16. Stuttgart 845, Cast. n. 5/6 ₰ s. auch: Haus=Bibliothek, christl.

Tersteegen, Gerh., Erbauliches u. Beschauliches. Ausgewählt u. hrsg. v. Aug. Gebauer. 2. (Titel=) Aufl. gr. 16. (VIII u. 536 S.) Stuttgart (845) 851, Cast. 12 ngr

Gerhard Tersteegen's Erklärung vom Glauben, von der Rechtfertigung, von dem Wesen und Nutzen der wahren Gottseligkeit, und Bericht von der Mystik ... Gmünd, 1827. In der F.W. G. Stahl'schen Buchhandlung.

— Gebete. Für christliche Freunde herausg. von G. Kerlen. 2. verm. Aufl. Mülheim 853. Nieten'sche Buchhdlg. 16. (XIV, 130 S.) n. 10 ngr

— vom christlichen Gebrauch der Lieder u. des Singens. Neuer Abdr. 12. (16 S.) Mülheim 881. Buchh. des evangel. Vereinshauses. n. — 8

Tersteegens, Gerh., Gedanken üb. die religiösen Ansichten Friedrichs d. Großen u. den rationalist. Zeitgeist überhaupt. gr. 8. (16 S.) Elberfeld 873. (Barmen, Klein.) — 30

— Gedanken über die Werke des Philosophen von Sanssouci. Mit Einleitung und Bemerkungen, besonders über Friedrich des Großen Glaubensansichten, herausg. von Gerh. Kerlen. Ebend. 853. gr. 8. (96 S.) n. 15 ngr

— Gesangbüchlein aus s. Liedern, s.: Gründler, Ad., Gerhard Tersteegen.

s. Gottseligkeit, Von der wahren.

(Tersteegen, G.,) von d. wahren Gottseligkeit, s. Von ꝛc.

— Gott geheiligtes Harfenspiel d. Kinder Zion. 7e Aufl. 8. Elberf. 804. Hassel. 1 ₰

— Harfenspiel der Kinder Zions, eine Samml. erbaul. Lieder. 8. Duisb. u. Essen ... Bädeker. 21 gl

— s. v. Kempen, Bücher v. d. Nachfolge Christi.

— d. kleine Kempis. .. Essen 182., Bädeker. 4 gl

— d. kleine Kempis, od. kurze Sprüche u. Gebete aus dessen Werken ꝛc. Mit 1 Titelkpf. 11e Aufl. 16. Elberf. 182.. Hassel. 6 gl

— der kleine Kempis, oder kurze Sprüche u. Gebetlein, aus den meistens unbekannten Werklein d. Thomas v. Kempen, zusammengetragen zur Erbauung der Kleinen. 13. Original=Aufl. 16. (215 S.) Essen 850, Bädeker. n. 3 ngr

—— der kleine Kempis, oder kurze Sprüche und Gebetlein, aus den meistens unbekannten Werklein des Thomas v. Kempen, zusammengetragen zur Erbauung der Kleinen. 13. Orig.=Aufl. 16. (215 S.) Essen 852, Bädeker. *

— der kleine Kempis oder kurze Sprüche u. Gebetlein aus den meistens unbekannten Werklein des Thomas a Kempis, zusammengetragen zur Erbauung der Kleinen. Nach der 6. Orig.=Aufl. Basel 866. Spittler. 16. (215 S.) n. 6 ngr

Terstegen, Gerh., biblische Kernsprüche mit passenden Liederversen, zur Stärkung u. Ermunterung gläubiger Christen für den täglichen Gebrauch in 80 Blättern. Neue Ausg. Reutlingen 859. Kurtz. 64. n. 4 ngr; feine Ausg. n. 8 ngr

—die Kraft d. Liebe Christi. 8. Münch. 815. Lentner. 3 gr

— die Kraft der Liebe Christi. Eine Rede üb. die Worte Pauli: „Die Liebe Christi dringet also?“ 3e Aufl. 8. Basel 825. Spittler. 2½ gr

– s. Lamothe -Guion, J. M. B. von: Geisterhebende Beschäftigungen ...

Tersteegen, Gerhardt. Das Leben mit Christo in Gott. Zwei Worte der Ermahnung von G' T' ⟨1697—1769⟩. 1. Aufl. 12 S. 8. Ascona, Carl von Schmidtz, 1905. [fr. —. 30]

Tersteegen, Gerhardt. Das Leben mit Christo in Gott. Zwei Worte der Ermahnung von G' T' ⟨1697—1769⟩. 2. [Titel-] Aufl. 12 S. 8. Ascona, Carl von Schmidtz, 1905. [fr. —. 30]

Tersteegen, G., Leben heiliger Seelen. Auszug. Basel 1811. Pb. 8. 2. 50

**Tersteegen, Gerhard.** Leben heiliger Seelen. Auszug aus [dessen] Lebensbeschreibung heiliger Seelen. 2. Auflage. München 1815. H: *Gossner, Joh.* (schmal) (Th)

— das verborgene Leben m. Christo in Gott, s.: Bernieres Louvigni, Joh. v.

—Lebensbeschreib. heil. Seelen rc. 3 Bde. 4. Elberf. 784. (Hassel). 3 ℛ Duisb. . . . Bädeker in Essen. 4 ℛ

Tersteegen, G. Auserlesene Lebensbeschreibungen Heiliger Seelen In welchen nebst derselben merkwürdigen aussern Lebens-Historie hauptsächlich angemerket werden die innere Führungen Gottes . . . Dritte Edition. 3 Bde. Essen, Z. Bädeker, 1784/85. 4°.

— auserles. Lebensbeschreibungen heil. Seelen, ein Auszug, nebst dessen kurzem Lebensabriß. 1. Bd. 8. (III, 32; 63, 31, 39, 40, 14 u. 48 S.) Dinglingen (897). (Frankfurt a/M., F. Schergens.) Geb. in Leinw. n. 1. 80

—die heil. Liebe Gottes u. die unheil. Naturliebe, mit schönen Kpf. u. .. Sinnbild. 8. Duisb. u. Essen, Bädeker. 20 gr

—die heil. Liebe Gottes u. die unheil. Naturliebe, nach ihren verschied. Wirkungen rc. Aus d. Französ. d. Mad. M. de la Mothe Guion, mit Betracht. aus ihren sämmtl. Schriften erläutert. 8. Elberf. 787. Hassel. 1 ℛ

— geistliche Lieder. Hrsg. v. Wilh. Nelle. Textausg. 8. (VIII, 214 S.) Gütersloh 897. C. Bertelsmann. n. 1. 20; geb. n. 1. 80

**Tersteegen**, Gerh., geistliche Lieder. M. e. Lebensgeschichte d. Dichters u. s. Dichtg. v. Wilh. Nelle. 8. (X, 443 S.) Gütersloh 897. C. Bertelsmann. n. 5. —; geb. n. 6. —

— geistliche Lieder und Dichtungen mit Auswahl, in überarbeiteter Form und mit biograph. und erläuternden Zugaben herausg. von Carl Barthel. Bielefeld 853. Velhagen u. Klasing. 8. (XII, 100 S.) 7½ ngr

— Lieder u. Sprüche. Ausgew. u. hrsg. v. C. Werckshagen. 8. (VII, 196 S.) Berlin-Carlshorst 897. H. Friedrich. Geb. in Leinw. m. Goldschn. n. 3. —

— der Frommen Lotterie. Neuer Abdr. qu. 16. (II, 380 S.) Ebend. 881. geb. 1. 20; m. Goldschn. 1 80

—der Frommen Lotterie, in Reimen üb. Schriftsprüche, (aus d. Blumengärtlein besonders abgedr.) 8. Duisb. 6e Aufl. . . . Bädeker in Essen. 8 gr

—kleine Perlenschnur. 8. Essen . . . Bädeker. 12 gr

— T[er] St[eegen], G. Kleine Perlenschnur Für die Kleinen nur; Hie und da zerstreut gefunden, Jetzt beisammen hier gebunden, von G. T. St. Zwote Auflage, Spelldorf bei Mülheim an der Rhur, bei Bernh. Roßhof und Comp. . . . 1806. 12°. 6 Bl. 480 S.

— kleine Perlenschnur, für die kleinen nur, hie u. da zerstreut gefunden, jetzt beisammen hier gebunden. 4e Aufl. 16. Elberf. 827. Hassel. 10 gr

— kleine Perlenschnur. 5. Aufl. 1—6. Hft. 8. Ebend. 882. à — 25 (cplt. geb. 2. 25)
1. Evangelische Perle. (48 S.)
2. Albertus magnus: Vom Anhangen von Gott. (S. 49—96.)
3. Stücke aus Tauler. (S. 97—148.)
4. Die erleuchtete Einfalt. (S. 149—204.)
5. 6. Das Leben im Geist. I. II. (VIII u. S. 205—268.)

—neue Perlenschnur f. innere Christen. Ein Auszug aus der größeren Schrift mit gleichem Titel. 8. Basel 825. Spittler. 4 gr

— d. Rechtfertigung durch d. Glauben. gr. 8. (16 S.) Witten 897. Buchh. d. Stadtmission. — 15

— Schriften, s. Auswahl.

— gesammelte Schriften. 1. Bd., enthält: Geistl. Blumengärtlein. gr. 16. Stuttgart 844, L. F. Rieger'sche Buchh.; Becher. ½ ℛ

— ders. 2. Bd., enthält: Abriß christlicher Grundwahrheiten. gr. 16. Ebend. 844. ½ ℛ

— ders. 3.—6. Bd.: Geistliche Brosamen. 4 Thle. gr. 16. Ebend. 844, 45. (à ½ ℛ) 2 ℛ

— ders. 7. 8. Bd.: Geistliche u. erbauliche Briefe. 2 Thle. Ebend. 846. à ½ ℛ

— goldene Sternlein. 5. Aufl. 16. (79 S.) Stuttgart 898. Buchh. d. Ev. Gesellschaft. — 25

— die wahre Theologie d. Sohnes Gottes. (Ein nachgelass. Manuscript). 8. Essen 821. Bädeker. 10 gr

— die wahre Theologie des Sohnes Gottes. (Ein nachgelaß. Manuscript.) 8. Essen 822, Bädeker.

— Tropfen zur Gesundheitspflege des neuen Menschen. Statt des Vorwortes mit einer Gebrauchsanweisung versehen von Christlieb Jul. Heinersdorff. 16. (VI, 66 S.) Köln 880. (Schergens.) geb. m. Goldschn. n. — 75

— Tropfen zur Gesundheitspflege d. neuen Menschen. Statt d. Vorwortes m. e. Gebrauchsanweisg. versehen v. Christlieb Jul. Heinersdorff. 2. verb. Aufl. 32. (VIII, 64 S.) Bonn 886. Schergens. geb. n. — 60

**Tersteegen, Gerhard.** Tropfen zur Gesundheitspflege des neuen Menschen . . . 3. Aufl. Frankf. a. M. 1897. H: *Asenfeld, Carl.* (Berl)

[T.] Tropfen zur Gesundheitspflege des neuen Menschen v. Gerh. Tersteegen. Statt d. Vorworts m. e. Gebrauchs-Anweisg vers. v. Christlieb Julius Heinersdorff, weil. ev. Pfarrer zu Moltheinen in Ostpreussen. 3. Aufl. (hrsg. v. Karl Asenfeld, Pfarrer in Bonn.) *Frankfurt a. M.: J. Schergens 1897.* (VIII, 64 S.) 1 Bd 8. [97. 8404

— Tropfen zur Gesundheitspflege des neuen Menschen. Statt des Vorworts m. e. Gebrauchsanweisg. versehen v. Christlieb Jul. Heinersdorff. 4. Aufl. (VIII, 64 S.) 32. Bonn 904. J. Schergens. n. — 30

— — kurze Unterweisung für kleine Kinder. Ebendas. (in Comm.)

— T[ER] ST[EEGEN], G. Weg der Wahrheit, Die da ist Nach der Gottseligkeit; Bestehend Aus Zwölf Bey verschiedenen Gelegenheiten Aufgesetzten Stücken und Tractätlein, Nebst zwey Zugaben ... zusammen herausgegeben. 4. vermehrte Edition. Solingen, Joh. Schmitz, 1768. Kl. 8°. 6 Bl., 600 S. Dunkelbraunes gleichzeitiges Lederbändchen mit Goldbordüre auf den Deckeln, rotem R-ch. u. Rv. (etwas abgenützt, Rücken leicht berieben).

Weg der Wahrheit, die da ist nach der Gottseligkeit; bestehend aus Zwölf bey verschiedenen Gelegenheiten aufgesetzten Stücken und Tractätlein, Nebst einer Zugabe ... Von Gerhard Tersteegen. (Sechste, und die erste Amerikanische Auflage.) Lancaster: Gedruckt bey Johann Albrecht, in der Prinz-Strasse. (1801.)

— Weg der Wahrheit, die da ist nach der Gottseligkeit. 6e Aufl. 12. Essen 803. (Bädeker). 1 ß (a. Hassel in Elberf.) 20 ℊ

(——) Weg der Wahrheit, die da ist nach d. Gottseligkeit; besteh. aus zwölf bei verschied. Gelegenheiten aufgesetzt. Stücken u. Tractätlein, nebst zwei Zugaben. Vormals einzeln gedruckt, jetzt aber zusammen hrsg. v. G. T(er) St(eegen). 7., verb. Aufl. gr. 12. (17½ B.) Essen 834, Bädeker.

— Weg der Wahrheit. Abhandlungen religiösen Inhalts zur Belehrung u. Erbauung für Christen aller Confessionen. Aufs neue herSg. von Gerh. Kerlen. Köln 865. Roemke & Co. gr. 16. (XIV, 449 S.) n. 16 ngr; geb. n. 20 ngr; geb. mit Goldschn. n. 25 ngr

— Weg d. Wahrheit. Zur Belehrung u. Erbauung f. Christen aller Konfessionen. 9., durchgesch. Aufl. 8. (VII, 254 S.) Basel 895. Kober. n. 1. 20; geb. in Leinw. n. 2.--

Tersteegen, Gerhard. Weg der Wahrheit. Zur Belehrung und Erbauung für Christen aller Konfessionen. 10. durchgesehene Aufl. ([Mit] Vorwort [von] Johannes Biegler.: VIII + 254 S. 8. Basel, Kober, 1903. [fr. 1.50, geb. fr. 2.50]

— Weg der Wahrheit, die da ist nach der Gottseligkeit; bestehend aus zwölf bei verschiedenen Gelegenheiten aufgesetzten Stücken u. Traktätlein, nebst zwei Zugaben. Nach der letzten vom Verf. besorgten (4.) Aufl. (484 S.) kl. 8. Stuttgart 905. J. F. Steinkopf. n. 1. 80; geb. in Leinw. n. 2. 40

— von d. verschied. Wohnungen der Seligen im Himmel, s. Wohnungen.

Tersteegen, Gf., s. Tersteegen, Gerhard

Tersteegen, Hermann [aus Capellen bei Crefeld]: Zur Kenntnis der Alkylketone des Naphtalin. . . . Freiburg i. B., Buchdr. v. Chr. Ströcker, 1891: 67 S., 1 Bl. 8°
Freiburg i. B., Phil. Fak., Inaug.-Diss. v. 1891

Terstenjak, v.: Trstenjak.

Terstesse, Hermannus (geb. am 19 Nov. 1819 auf Stesse in Westf.) De funiculi umbilicalis circumvolutione et de rariori quodam spontaneae amputationis intrauterinae casu ... Bonnae, form. C. et F. Krüger (1848). 31 S., 1 Taf. 8.
Bonn, Med. Fak., Diss. v. 3 Jan. 1848

Terstyánszky, Aug., Geschichte der Länder des österreichischen Kaiserstaates. Vom Beginne der eigenthüml. Geschichte eines jeden Landes bis zu seiner gemeinschaftl. mit jener des Kaiserreiches. gr. 8. (VI und 307 S.) Wien 863, (F. Klemm.) *

Terstyánszky, Aug., Militär-Geographie von Italien. In 2 Thln. gr. 8. (XXVIII und 433 S.) Lemberg 861. (Wien, F. Klemm.) *

Terstyánszky, Aug., das strategische Verhältniß des serbisch-bosnischen und bulgarischen Kriegsschauplatzes gegenüber dem österreichisch-ungarischen Staate. Nach den besten Quellen bearb. gr. 8. (93 S.) Teschen 874, Prochaska. * 2 —

Terstyánszky, August, Oberstlieut. im 37. Inft.-Reg. Vorlesungen aus dem Gebiete der Kriegskunst und der Kriegswissenschaften, erläutert durch kriegsgeschichtliche Beispiele. 1. Die Grundsätze des Krieges im Allgemeinen und jene des grossen Krieges insbesondere. 2. Der kleine Krieg. 3. Das Terrain; sein Einfluss auf die Kriegführung und die durch ihn entstandenen entscheidenden Punkte. 4. Das Heer und seine Eigenschaften. 5. Geschichte und Wesen der Infanterie. 6. Geschichte und Wesen der Cavallerie. 7. Geschichte und Wesen der Artillerie. 8. Die Wirkungen der drei Waffengattungen im Kriege. 9. und 10. Die Kriegskunst oder die Kunst der Kriegführung. A. Die Grundsätze der Taktik. B. Die Grundsätze der Strategie. C. Der Feldherr oder Führer. Der Generalstab. 11. Die Lehre von den Operationen. 12. Die Lehre von den Märschen. Avant-Arriergarden. 13. Die Lehre von den Stellungen, der Lager. Die Vorposten. 14. Gefechte und Schlachten. 15. Die Grundsätze des Angriffes. 16. Die Grundsätze der Vertheidigung. 17. Die Oekonomie der Kräfte. 18. Die Lehre von den Festungen. (1 Bd.) 8. Olmütz 1867.

Terſthánszky, Aug., Vorlesungen aus dem Gebiete der Kriegskunst u. der Kriegswissenschaften, erläutert durch kriegsgeschichtliche Beispiele. Olmütz 867. (Hölzel.) gr. 8. (VI, 836 S. mit eingedr. Holzschn.) n. 2 ₰ 12 ngr

Tersztyański, Daniel (Hrsg.), s. Anzeigen, Allergnädigst privilegierte, aus den sämmtlichen Kaiserlich-Königlichen Erbländern.

Tersztyánszky de Nádas, K. Gefechtsausbildung der Kav. Mit Skz. Wien 1907. 69 S.

Tersztyánszky de Nádas, Karl, Kavallerieverwendung in Oberitalien. (29 S.) Lex. 8. Wien 908. C. Konegen. 1.20
Sonderabdruck aus: „Kavallerist. Monatshefte".

Tertch, H., Kristalltrachten des Zinnsteines. [Besonders abgedruckt a. d. LXXXIV. Bd. d. Denkschriften d. mathem.-naturw. Klasse d. kais. Akad. d. Wiss.] 4°. (ill. 61 S. mit 3 Tafeln.) † Wien: Hölder 1909. K 7.—

Terterianz, Artasches: Aus d. Univ.-Poliklin. f. orthopäd. Chir. Dir.: Joachimsthal. Metatarsus varus congenitus im Zusammenhang mit Trichterbrust. (Berlin 1910: Blanke.) 33 S. 8°
Berlin, Med. Diss. v. 15. Juli 1910, Ref. Hildebrand
[Geb. 15. Dez. 85 Myri-Schen; Wohnort: Myri-Schen; Staatsangeh.: Rußland; Vorbildung: Gymn. Baku Reife 05; Studium: Leipzig 3, Freiburg i. B. 2, Heidelberg 1, Berlin 5 S.; Rig. 15. Juli 10.] [U 10. 106

Terterjanz, Michael, aus Mirischen in Armenien: Die obere Trigeminuswurzel. Mit 1 Fig.-Taf. *Berlin 1899.* (34 S.) 8°
(Aus: Archiv f. mikrosk. Anatomie u. Entwicklungsgeschichte, Bd 53.)
Berlin, Phil. Diss. v. 28. Jan. 1899

Terterjanz, Michael, Dr. phil., aus Mirischen i. Armenien: Xeroderma pigmentosum (Kaposi) bei zwei verwandten Familien. *Berlin (1902): G. Schade.* (48 S.) 8°
Berlin, Med. Diss. v. 31. Juli 1902

Tertius, s.: Konfirmanden, den, auf der Berufsweg.

**Tertius Gaudens,** offener Brief nebst angefügtem Promemoria an Hrn. Prof. Martin v. Nathusius ꝛc., — offener Brief an Herrn Pfarrer Thümmel im Remscheid, } s.: **Streitschriften, freundschaftliche.**

Tertius Gaudens, s. Streitschriften, freundschaftliche.

Tertl-Spiel, das. 24. (70 S.) Regensburg 855, Pustet.

**Tertl-Spiel,** das. Regensburg 855. Pustet. 24. (79 S.) 6 ngr.

Tertnik, *Johann*: Katalog der Lehrer-Bibliothek. Entsprechend dem hohen Erlasse des k. k. Ministeriums für Cultus und Unterricht vom 30. December 1896, Z. 26.362, zusammengestellt von J. T. 8 (S. 7—49). **Progr.**

— und Holzer, *Josef*: Katalog der Lehrer-Bibliothek. (Fortsetzung.) 8 (S. 51—70). (Schluss.) 8 (S. 71—114). **Progr.** K. k. Staats-G. *Marburg* 1898. 1899. 1900.

**Tertnik,** J[ohann], Jos[ef] Holzer u. Josef Schorn: Katalog der Lehrer-Bibliothek (des k. k. Staats-Gymnasiums in Marburg). [1—4.] (Marbg 1898—1911.) Marburg, Staats-G., Jahresb. 1898. 99. 1900. 11.

TERTNIK, Johannes: Seneca tragicus num in pangendis versibus asclepiadeis „Accuratissime" Horatium secutus esse recte dicatur. — 1883. 115 S. **Diss.** Graz, Univ.

TERTNIK, Karl: Bevölkerungs- und Siedlungsverhältnisse im steirischen Oberennstale. — 1895. 83 Bl. Diss. Graz, Univ.

**Tertsch, Herm., Kristalltrachten des Zinnsteines.** (61 S. m. 28 Fig., 3 Taf. u. 3 Bl. Erklärgn.) 31,5×25 cm. Wien 908. A. Hölder. 7. —
Sonderabdr. aus: „Denkschr. d. k. Akad. d. Wiss."

Tertsch, Hermann: Kristalltrachten des Zinnsteines (mit 3 Taf. und 28 Textfiguren). D 84. 563. Separatabdruck

Tertsch L.: Zur Geschichte des deutschen Communal-U. G. zu Gaya. (7). Gaya 98. **Progr.**

Tertsch, L.: Georg Rodolf Weckherlin. Ein Beitrag zur deutschen Literaturgesch. 9. Gaya 88. Progr.

Tertullianus, Quintus Septimius Florens

**Tertulliani,** Q. S. F., de anima liber, s. Bibliotheca patrum ecclesiasticorum.

— apologeticum, s.: Patrum, sanctorum, opuscula selecta.

**Tertulliani,** Qu. Septimii Florentis, apologeticum et ad nationes libri duo ex fide optimorum codicum manuscriptorum aut primum aut denuo collatorum cum adnotatione perpetua et indicibus ed. Franc. Oehler. gr. 8. (XII u. 454 S.) Halae Saxonum 849, Anton. n. 2 ₰

Tertulliani, Q. Sept. Florent., Apologeticum. In usum scholarum edidit atque scriptionum varietatem, epistolas Plinii ad Traianum et Traiani ad Plinium de christianis agentes, etiam apologetici Tertull. fragmentum e codice Fuldensi depromptum addidit Joh. Kayser. 8. (V und 138 S.) Paderborn 865, Junfermann'sche Buchh.

— Apologeticus adversus gentes. Cum lect. variet. edid. J. Ign. Ritter. 8maj. Elberf. 828. Büschler; (auch Schönian). 12 gr

—— Apologeticus adversus gentes. Cum lect. variet. edid. J. Ign. Ritter. 8maj. (10 B.) Elberfeldae 828. [Lipsiae, Crayen.]

— üb. die Auferstehung des Fleisches. Ein Wort für scharfsinnige Beurtheiler des apostol. Glaubensbekenntnisses. Mitgetheilt v. J. R. Müller. 8. (14 S.) Magdeburg 847, Falckenberg & Co. 1½ ngr

Tertullian, Q. Sept. Flor., **de Baptismate et poenitentia.** 4. Salzb. Mayr. 755.

**Tertullianus,** Q. Sept. Florens, s.: Bibliotheca sanctorum patrum series III.

— Adversus Marcionem; adversus Valentinianos, s.: Bibliotheca sanctorum patrum series III.

**Tertulliani,** Qu. Sept. Flor., Opera, s. Bibliotheca patrum eccles. Vol. 4—7.

**Tertulliani,** Qu. S. F., opera, s. a. Corpus scriptorum ecclesiasticorum latinorum.

— Opera, recens. I. S. Semler. 6 Vol. c. Indice. 8. Hal. Hendel. 769-76.

*Tertulliani,* Q. Sept. Flor., Opera, recens. Jh. Sam. Semler. VI Voll. c. indice. 8. Halle 770—76. Hendel. 3 ₰ 6 gr. Typis recusum. VI Voll. 8. ibid. 824—29. 4 ₰ 8 gr

— — Cura Oberthür. Wirceb. 780. 2 Vol. 8. 2 rthl. 12 gr.

— Opera, lect. variet. colleg. et praef. est F. Oberthür. II Tom. 8maj. Würzb. 784. Stahel. 2 ₰ 12 gr

Tertulliani, Q. Sept. Flor., Opera. Rec. Jo. Sal. Semler. VI Vol. (Neue, unveränd. Ausg. v. 1770—76.) 8. (194⅓ B.) Halae 824—29, Hendel. [I—V. à 16 Gr., VI. 1 Thlr.] Thlr.

**Tertullianus, Q. S. F.** Opera omnia. Wirceburgi 1780—81. H: *Oberthür, Franz.* (Ebert) (BrMm) (Th)

— opera omnia. Ad fidem optimorum librorum recens. Fr. Oehler. Editio minor cum indicibus et adnotatione critica. Lipsiae 854. T. O. Weigel. gr. 8. (CCXV, 1208 S.) n. 8 ₰.

Tertulliani, Q. Septimii Florentis, quae supersunt omnia. Edidit Franc. Oehler. 3 Tomi. 8maj. Lipsiae 853, T. O. Weigel. *

Inhalt:
Tom. 1. Libri apologetici et qui ad ritus et mores christianorum pertinent. (XXIV und 987 S.) 853.
- 2. Libri polemici et dogmatici. (III, 804 und Index CCXIII S.) 854.
- 3. Dissertationes. (III und 729 S.) 853.

—— id. — Editio minor cum indicibus et adnotatione critica. 8maj. (XLVIII und 1423 S.) Lipsiae 854, T. O. Weigel. *

— De paenitentia. De pudicitia, s.: Sammlung ausgewählter kirchen- u. dogmengeschichtlicher Quellenschriften. II, 2.

— De praescriptione haereticorum, de testimonio animae; de baptismo; de poenitentia; de oratione, de pudicitia, s.: Bibliotheca sanctorum patrum series III.

— liber de praescriptione Haereticorum, s.: Florilegium patristicum. IV.

— De praescriptione haereticorum, s.: Sammlung ausgewählter kirchen- u. dogmengeschichtl. Quellenschriften. II, 3.

— liber de praescriptionibus adversus haereticos, s. a. Patrum, sanctorum, opuscula selecta.

— liber de praescriptionibus adversus Haereticos, ed. Corb. Thomas. 8. Salzb. 752.

**Tertulliani**, Q. Sept. Flor., libri de praescriptionibus adversus Haereticos; de Baptismo; de Poenitentia; de Oratione. Edit. nova. 8maj. Ingolstadii 834. (Landishutae, Manz; Monachii, Franz.) n. 7/12 ℳ

—— libri de praescriptionibus adversus Haereticos; de Baptismo; de Poenitentia; de Oratione. Edit. nova. 8 maj. (9 B.) Ingolstadii 834. (Ratisbonae, Manz.)
Vgl. Sancta Vincentii Commonitorium.

— Adversus Praxean, s.a. Sammlung ausgewählter kirchen- u. dogmengeschichtlicher Quellenschriften. II, 8.

[Quintus Septimius Florens] **Tertullian** adversus Praxean hrsg. von Dr. E[mil] Kroymann. Tübingen: J. C. B. Mohr 1907. (XXIV, 88 S.) 8°
— **Sammlung** ausgewählter kirchen- u. dogmengeschichtl. Quellenschriften. Reihe 2, II. 8. 07. 6786

— apologetici recensio nova, s.: Florilegium patristicum. VI.

— De resurrectione carnis, s. Bibliotheca patrum ecclesiast.

— Schriften, s. Bibliothek der Kirchenväter.

**Tertullian's** ausgewählte Schriften, s.: Bibliothek der Kirchenväter.

—— sämmtl. Schriften, übers. u. bearb. v. Frz. Ant. v. Besnard. 2 Bde. gr. 8. Augsburg, Kollmann'sche Buchh. [1. (22¼ B.) 837. 1 Thlr., 2. (25 B.) 838. 1⅙ Thlr.]

— sämtliche Schriften. Aus dem Lat. übers. von Karl Ad. Heinr. Kellner. 2 Bde. gr. 8. (VII, 505 u. 559 S.) Köln 882. Du Mont-Schauberg. n. 16. —

**Tertulliani**, Q. Septimi Florentis, libellus de spectaculis. Ad codicem Agobardinum denuo collatum rec., adnotationes criticas novas addidit Ernestus Klussmann. gr. 8. (47 u. 15 S.) Rudolphopoli 876. Leipzig, Teubner in Comm. n. 1. 60

**Tertullianus** praedicans, s. Vivien.

**Tertullian's** neues Testament, s. Roensch, Herm.

— Verjährungsrechte d. Kirche gegen d. Ketzer. gr. 8. Wien 797. Camesina. 8 𝒦

— Vertheidigung der christl. Sache gegen die Heiden; aus dem Latein. mit Anmerkk. v. J. F. Kleuker. 8. Frankf. a. M. 797. Hermann. 1 ℳ 4 𝒦 Hbg. Pr. 14 𝒦

**Terville**, des Fräuleins von, Geschichte, aus dem Franz. der Frau von Puisieux, 2 Theile, gr. 8. Münster, 769. Platvoet. 1 Rthl. 20 sgl.

**Terville**, d. Fräuleins von, Geschichte, a. d. Franz. d. Puissieur. 2 Thle. gr. 8. Münster, Perrenon. 770. 71.

**Terville**, Mariane von, eine Erzählung, aus dem Franz. 8. Eisenach, 778. Krumbhaar. 3 sal.

**Terville, Mariane.** Eine Erzählung. Leipz. 1798. V: *Thon, Eleonore geb. Roedern.* (Ky) (MGT)

— Mariane von, eine Erzählung. 8. Leipz. Hinrichs. 798.

**Tervoort**, Johann Arnold (Emmerich) A. S. 626/11

Dissertatio inauguralis juridica de unione prolium statutaria episcopatus Wirceburgensis et ducatus Franconiae. Präs. Johann Adam Ickstatt. Würzburg (Engmann) 16. IX. 1734. 56 S.
34229

**Terwelp**, Anton, appr. Arzt a. Wissel (Rheinprovinz): Aus der Universitäts-Augenklinik zu Gießen. Klinischer Beitrag zur Lehre von den markhaltigen Nervenfasern in der Netzhaut. Gießen 1905: v. Münchow. (19 S.) 8°
Gießen, Med. Fak., Ref. Vossius, Diss. v. 9. Juni 1905
[Geb. 17. Juni 78 Wissel; Wohnort: Wissel; Staatsangeh.: Preußen; Vorbildung: Gymn. Emmerich Reife O. 00; Studium: Marburg 4, Kiel 1, Berlin 2, Gießen 3; Coll. 31. Jan. 05; Approb. 24. Jan. 05.]

**Terwelp**, G., De Agesilai, qui Xenophontis nomine fertur, auctore. Diss. 1878. 68 S.

Terwelp, Gerhard Andernach zur Zeit des dreifsigjährigen Krieges. 4 (S. 3—11). **Progr.** Prg. *Andernach* 1887 (392

— Beiträge zur Geschichte der Stadt Andernach: a) Kaiser Valentinians Grab zu Andernach b) Vier Ablafsbriefe. 4 (S. 3—13, 2 Taf.). **Progr.** Prg. *Andernach* 1888 (395.

**Terwelp**, Gerardus, Prof. Dr.: Joannis Wilmii Chronicon Rerum Kempensium. E Wilmii autographo ed. (T. 1.) *Kempen (Rhein) (1901): A. Wefers.* (LV S.) 8°
Kempen (Rhein), k. G Thomaeum, OP 1901 (485)

**Terwelp**, Gerardus, Prof. Dr.: Joannis Wilmii Chronicon Rerum Kempensium. E Wilmii autographo ed. (T. 3 [!] vielm. 2.) *Kempen (Rhein) (1903): A. Wefers.* (XXXII S.) 8° ¶ [Forts. d. P-Beil. 1901.]
Kempen, k. G Thomaeum, P 1903 (513)

**Terwelp**, Gerardus, Prof. Dr.: Joannis Wilmii Chronicon Rerum Kempensium. E Wilmii autographo ed. (T. 3.) Kempen 1906: A. Wefers. (S. XXXV—LXIV.) 8° ¶ (Forts. d. P-Beil. 1901, 03.)
Kempen (Rhein), k. G P 1906 (555)

**Terwelp**, Gerhard: Geschichte des Gymnasium Thomaeum zu Kempen (Rh.). 1. Th. *Kempen (Rhein) (1898): A. Wefers.* (LIV S.) 8°
Kempen (Rhein), k. G Thomæum, OP 1898 (470)

**Terwelp**, Gerhard, Prof. Dr.: Geschichte des Gymnasium Thomaeum zu Kempen (Rh.). Th. 2. *Kempen (Rh.) (1899): A. Wefers.* (S. LV—CXXXIX.) 8° ¶ [Forts. d. P-Beil. 1898.]
Kempen (Rhein), k. G Thomaeum, OP 1899 (470)

**Terwelp**, Gerhard, Prof. Dr.: Geschichte des Gymnasium Thomaeum zu Kempen (Rh.) Th. 3 (Beilagen). *Kempen (Rh.) (1900): A. Wefers.* (S. CXXXXI—CLXXVI.) 8° ¶ [Forts. d. P-Beil. 1898 u. 99.]
Kempen (Rh.), k. G Thomaeum, OP 1900 (477)

Terwelp, Gerh. Geschichte des Klosters U. L. Fr. zum heil. Thomas bei Andernach. 2 Teile. 23, 31 SS. **Progr.** *Andernach* 1881. 1883.

**Terwelp**, Gerardus [Prof. Dr.]: Joannis Wilmii De pastoratu Kempensi liber. Edidit. Kempen '(Rhein)', A. Wefers'sche Druckerei, *1897*; LXXXV S. 8.
Kempen '(Rhein)', k. G Thomæum, OP 1897 (464)

**Terwelp**, Gerh., die Reden u. Briefe der Apostel m. Einschluß der Apokalypse in deutscher Nachbildung u. Erläuterung. (V, 429 S.) 8. Bonn 903. P. Hanstein. n. 3. —; geb. in Leinw. n. 3. 60

**Terwelp,** Johann, aus Wissel: **Beiträge zur Elektrochemie der Molybdate.** *Berlin (1903): E. Ebering.* (33 S.) 8°
Berlin, Phil. Diss. v. 18. Febr. 1903

TERWEY, Heinrich (Rheine): De pneumatosi abdominis.- Dorstenae: Schwerholz 1814. 25 S.
1813 - Kal 1814
**Diss.** Ingolst.-Landsh.-Mchn.

Terwiel, Johs. Rousseaus Ansichten über die geistige Entwicklung des Kindes und die heutige Kinderpsychologie. Münster i. Westf. [1908]. 8°.
Münster, Phil. Diss. v. [1908].

**Terwin, Johs., Wanderungen e. Menschen am Berge der Erkenntnis. Philosophische Skizzen. (127 S.) gr. 8. Zürich (905). Art. Institut Orell Füssli. n. 3. —**

***Terzago*, (Nic. Episcop. Narniens.), instruct. practica de fideli Sacram. poenit. etc. II Ptes. 8. Pressb. ... Belnay. 1 ß 4 gr**

**Terzenheim, Kurt v. (P. v. Salvisberg), s.: Spaziergänge, kosmopolitische.**

**Terzky, Jul., Journal f. Anekdoten. 16 Heft. 8. Erfurt ... Müller. (Weygand in Leipz.) 16 gr**

**TERZKY,** Julius, Journal für Anekdoten, witzige Einfälle, kurze Erzählungen und Gedichte. Erfurt 1811. 8°.
Wildmoser's (München) Leihbibl.-Cat., no. 8084.

**v. Terzky, Karl Aug., der Zeitkrüppel. Ein Wiener-Roman von dem Verf. des Tony u. der Adalay. 2 Bde. 8. Zürich 846, Meyer u. Zeller. 2 ß 26 ngr**

Tesalio, | der Unglückssohn, | Mann dreier Weiber und Seeräuber, | und | dessen fluchwürdiges Leben und Ende. | Nebst einem dazu verfaßten Liede. | *(Text).*
Kol.: Druck von F. R. Thiele in Nordhausen.
o. J., 8 S., 178 × 106.
LBO Bänkelsängerlit. I, 26.

Tesař, J.: Die Transformation des Projections-Centrums. 8 S. 8°. u. 2 T. – Brünn, Öff. OR. (Auspitz), Progr. 1872.

**Tesař,** Jos., kinematische Bestimmung der Contour einer windschiefen Schraubenfläche. [Mit 1 (lith.) Taf.] [Aus: „Sitzungsber. d. k. Akad. d. Wiss."] Lex.-8. (12 S.) Wien 882. (Gerold's Sohn.) n. — 60

– Kinematische Bestimmung der Kontur einer windschiefen Schraubenfläche (mit 1 Taf.). S. 86. II. 377.
Separatabdruck

**Tesař, J., die Contourevolute axialer Schraubenflächen. [Mit 1 Taf.] [Aus: „Sitzungsber. d. k. Akad. d. Wiss."] Lex.-8. (16 S.) Wien 886. (Tempsky.) n.n. — 70**

– Die Konturevolute axialer Schraubenflächen (mit 1 Taf.) S. 94. II. 181.
Separatabdruck

**Tesař,** Jos., **üb. e. Paar unicursaler Degenerirungscurven 3. Ordnung d. Normalenproblems u. das Normalenproblem e. confocalen Kegelschnittschaar. [Aus: „Sitzungsber. d. k. Akad. d. Wiss."] Lex.-8. (21 S. m. 1 Taf.) Wien 892. (F. Tempsky.) n. 1. —**

– Über ein Paar unikursaler Degenerierungskurven dritter Ordnung des Normalenproblems und das Normalenproblem einer konfokalen Kegelschnittschar (mit 1 Taf.). S. 101. IIa. 1248.
Separatabdruck

**— synthetische Untersuchung der „gemischten Kegelschnittschaar S. (3 l, 1 p) mit einem imaginären Tangentenpaar". [Mit 1 (lith.) Taf.] [Aus: „Sitzungsber. d. k. Akad. d. Wiss."] Lex.-8. (34 S.) Ebend. 881. n. 1. 20**

– Synthetische Untersuchung der „gemischten Kegelschnittschar S (3 *l*, 1p) mit einem imaginären Tangentenpaar" (mit 1 Taf.). S. 84. II. 194.
Separatabdruck

**— der orthogonal-axonometrische Verkürzungskreis. Mit 1 (lith.) Taf. [Aus: „Sitzungsber. d. k. Akad. d. Wiss."] Lex.-8. (26 S.) Ebend. 880. n. — 80**

Tesař, Josef: Der orthogonal-axonometrische Verkürzungskreis (mit 1 Taf.). S. 81. II. 453.
Separatabdruck

**Tesař** Ludwig. Beispiele aus der Mechanik. 35 und 2 Fig. Taf. Proßnitz R. 04.
**Progr.**

**Tesař, Ludw., Elemente der Differential- u. Integralrechnung. Hilfsbuch f. den mathemat. Unterricht zum Gebrauche an höh. Lehranstalten. (VIII, 128 S. m. 83 Fig.) gr. 8. Leipzig 906. B. G. Teubner. Geb. n. 2. 20**

**Tesař, Ludw., Katalog über die Literatur des Feuerwehrwesens von 1750 bis 1879 [Ende]. 8. (24 S.) Brünn 880. Rohrer. n. — 40**

**Tesar,** Ludw., **die Mechanik. Eine Einführg. m. e. metaphys. Nachwort. (XIV, 220 S. m. 111 Fig.) gr. 8. Leipzig 909. B. G. Teubner. 8.20; geb. 4. —**

**Tesař, Ottok., die symptomatische Bedeutung des verbrecherischen Verhaltens, s.a. Abhandlungen des kriminalistischen Seminars an der Universität Berlin. V, 3.**

Die symptomatische Bedeutung des verbrecherischen Verhaltens. Ein Beitrag z. Wertungslehre im Strafrecht. Von Dr. Ottokar **Tesař.** Berlin: J. Guttentag 1907. (XIV, 276 S.) 8°
= **Abhandlungen** d. kriminalist. Seminars an d. Univ. Berlin. N. F. Bd 5, H. 3.
[07. 12789

**Tesar,** W. Kritik des Krieges 1870—1871. Mit Skz. Lemberg 1873. 239 S.

**Tesch, Alb., Friedrich Ludwig Jahn, der deutsche Turnvater, s.a. Jugend- u. Volksbibliothek, deutsche.**

Tesch, Albert, Friedrich Ludwig Jahn, Stuttgart 1907, 144 S., 8°.

**— Alfred Krupp, s.a. Männer des Erfolgs.**

Alfred Krupp. Von Albert Tesch. — Stuttgart: Ulshöfer 1910. 136 S. 8° (Männer d. Erfolgs. 4.)

Tesch, [Albert]: Nachtrag VI (1904) und VII (1905). VIII (1906). IX (1907). X (1908). XI (1909) [zum Katalog der Schülerbibliothek]. S. 23—24. 4. S. 23—25. 4. S. 24—25. 4. S. 25—28. 4. S. 25 bis 28. 4.
Ober-Realschule u. Real-Gymn. mit Vorschule der Stadt *Cöln*
**Progr.** 1905 (597). 1906 (623). 1907 (631). 1908 (661). 1909 (685).

[J.] **Tesch,** Albert *Rudolf Karl* [aus Spandau]: **Setzt der Prophet Amos autoritatives Gesetz voraus? ... Berlin, Druck v. G. Meyer, 1895; 62 S., 1 Bl. 8.**
Leipzig, Phil. Fak., Inaug.-Diss. v. [8. Juli] 1895

**Tesch, E., telephonische Indiscretionen, s.: Unterhaltungsbücher, neue, f. Stenographen. Nr. 10.**

Deutsch. Vollst. deutsche Grammatik nebst Stillehre u. ausführl. Kapitel über d. neue Rechtschreibung. Für jedermann von E. W. A. Tesch. Berlin: Selbstverl.; Liebel in Komm. [1903]. (94 S.) 8°

**Tesch, E. W. A., Deutsch. Vollst. deutsche Grammatik nebst Stillehre u. ausführl. Kapitel üb. die neue Rechtschreibg. Für jedermann. 2. verb. u. erweit. Aufl. 4.—6. Tausf. (VI, 165 S.) gr. 8. Berlin (905). (Liebel.) n. 1. —**

Deutsch. Vollständ. deutsche Grammatik nebst Stillehre u. ausführl. Kapitel über d. neue Rechtschreibung. Für jedermann von E. W. A. **Tesch.** 2. verb. u. erw. Aufl. Berlin: Selbstverl. [1905]. (165 S.) 8° [F.] [06. 6377

**Tesch, J. J., die Heteropoden der Siboga-Expedition. (Siboga-Expeditie LI.) (III, 112 S. m. 14 Taf. u. 14 Bl. Erklärgn.) 4. Leiden 906. Buchh. u. Druckerei vorm. E. J. Brill. n.n. 15. —**

Tesch, Johs., die Fachprüfung I. Klasse der mittleren Beamten der Staatseisenbahnen. 1. Bd. gr. 8. Leipzig 901. Luckhardt's Buchh. f. Verkehrswesen. n. 5. —; geb. n.n. 6. —

Katechismus f. die Vorbereitung zur Fachprüfung I. Klasse der mittleren Beamten der Staatseisenbahnen. Nach den amtl. Prüfungsbestimmgn. bearb. 4. Aufl. (X, 328 S.)

**Tesch, Johs. Katechismen.** Nebst einem besondern Theile f. das Rechnen u. die Vorbereitg. zur schriftl. Prüfung. Nach den amtl. Prüfungs-Bestimmgn. bearb. 8. Berl., Siemenroth u. Worms. * 9 —

Katechismus f. die Prüfungen zum Bahnwärter d. Staats-Eisenbahnen. 2. verm. Aufl. (VIII, 104 S.) 891. cart. * 1 —.

Katechismus f. die Prüfungen zum Bremser u. Schaffner der Staats-Eisenbahnen. 3. verm. Aufl. (VIII, 150 S.) 892. geb. * 2 —.

Katechismus f. die Prüfungen zum Packmeister u. Zugführer-Anwärter der Staats-Eisenbahnen. 2. verm. Aufl. (VII, 206 S.) 892. geb. * 2 50.

Katechismus f. die mündliche Prüfung zum Telegraphisten der Staats-Eisenbahnen. (VI, 179 S.) 890. cart. * 2 50.

Katechismus f. die Prüfungen zum Weichensteller der Staats-Eisenbahnen, sowie f. solche Bahnwärter, welche elektr. Sprechapparate auf Hülfstelegraphen-Stationen zu bedienen haben. 2. verm. Aufl. (VI, 82 S. m. 3 Abbildgn.) 891. cart. * 1 —.

Tesch, Johs., Katechismus f. Bremser- u. Schaffner-Aspiranten. Für die Prüfgn. zum Bremser u. Schaffner nach den vom Bundesrath f. das Deutsche Reich erlassenen Bestimmgn. üb. die Befähigg. v. Bahnpolizeibeamten u. Locomotivführern bearb. 8. (VIII, 102 S.) Berlin 886. Siemenroth. geb. n. 1. 50

— Katechismus f. Packmeister- u. Zugführer-Aspiranten. Für die Prüfgn. zum Packmeister u. Zugführer nach den vom Bundesrath f. das Deutsche Reich erlassenen Bestimmgn. üb. die Befähigg. v. Bahnpolizeibeamten u. Locomotivführern bearb. 8. (VIII, 99 S.) Ebend. 886. geb. n. 1. 40

Katechismus für die Prüfung zum Eisenbahnassistenten. Nach d. amtl. Prüfungsbestimmungen bearb. von Johannes **Tesch**. 9. Aufl. Mündl. Prüfung, Bd 1. Berlin: K. W. Mecklenburg 1907. 8° [F.] [08. 7537

— Katechismus f. die Prüfung zum Lademeister der Staats-Eisenbahnen. 8. (VII, 147 S.) Ebend. 886. geb. n. 2. —

— dasselbe f. die Prüfungen zum Lademeister der Staats-Eisenbahnen. Nebst e. besonderen Theile f. die Vorbereitg. zur schriftl. Prüfg. Nach den amtl. Prüfungs-Bestimmgn. bearb. 2., verm. Aufl. gr. 8. (VIII, 244 S.) Berlin 893. Siemenroth & Worms. n. 3. 50; kart. n. 4. —

Tesch, Johs., Katechismus f. die Prüfung zum Lademeister der Staatseisenbahnen, nebst e. besonderen Teile f. die Vorbereitg. zur schriftl. Prüfg. Nach den amtl. Prüfungsbestimmgn. bearb. 3. Aufl. gr. 8. (VIII, 296 S.) Leipzig 902. Luckhardt's Buchh. f. Verkehrswesen. n. 4. 50; kart. n. 5. 50

— dasselbe f. die mündliche Prüfung zum Telegraphisten der Staats-Eisenbahnen, nebst e. besonderen Teile f. die Vorbereitung zur schriftlichen Prüfung. 8. (VI, 179 S.) Ebd. 890. cart. n. 2. 50

Katechismus für die Prüfung zum Schirrmann, nebst e. besond. T. f. d. Vorbereitung z. schriftl. Prüfung, nach d. amtl. Prüfungsbestimmungen bearb. von Johannes **Tesch**. Mit 43 Textabb. 5. Aufl. Berlin: K. W. Mecklenburg 1907. (VII, 208 S.) 8° [F.] [08. 7538

— dasselbe f. die Prüfung zum Telegraphisten der Staats-Eisenbahnen, nebst e. besonderen Theile f. die Vorbereitg. zur schriftl. Prüfg. 2. Aufl. 8. (VI, 179 S. m. 40 z. Thl. farb. Abbildgn.) Ebd. 894. Geb. in Leinw. n. 2. 50

— **Katechismus f. d. Prüfg. z. Telegraphisten der Staatseisenbahnen, nebst e. bes. Theile f. d. Vorbereitg. zur schriftl. Prüfung. 3. Aufl. 8. (VIII, 191 S. m. 40 z. Thl. farb. Abb.) Ebd. 896. Geb. in Leinw. n. 2. 50**

Katechismus für die Prüfung zum Telegraphisten der Staatseisenbahnen nebst e. bes. Theile f. d. Vorbereitung z. schriftl. Prüfung. Bearb. von Johannes **Tesch**. Mit Abb. 4. Aufl. *Berlin: Siemenroth & Troschel 1900.* (VIII, 209 S.) 8° [F.] [01. 8039

Katechismus für die Prüfung zum Wagenmeister, nebst e. besond. T. f. d. Vorbereitung z. schriftl. Prüfung, nach d. amtl. Prüfungsbestimmungen bearb. von Johannes **Tesch**. Mit 43 Textabb. u. 6 Taf. 5. Aufl. Berlin: K. W. Mecklenburg 1908. (VII, 200 S.) 8° [F.] [08. 7539

— Katechismus für die Prüfung zum Weichensteller 1. Klasse, 5. Aufl., s. Tesch: Katechismus für die Prüfungen ...

— **Katechismus** f. die Prüfung zum Zugführer, nebst e. besond. Teile f. die Vorbereitung zur schriftl. Prüfg. Nach den amtl. Prüfungsbestimmgn. bearb. 7. Aufl. (VI, 262 S.) kl. 8. Ebd. 908. In Leinw. kart. 3. 50

Tesch, J., Katechismus f. die Prüfungen zum Bahnhofs- u. Werkstätten-Nachtwächter u. Portier. Nach den amtl. Prüfungs-Bestimmgn. bearb. 8. (VIII, 72 S.) Berlin 887. Siemenroth & Worms. cart. n. 1. —

—— und Casp. Comes, Katechismus für die Prüfungen zum Bahnmeister der Staats-Eisenbahnen. Unter Berücksicht. der neuesten bezügl. Bestimmungen bearb. gr. 8. (VIII, 386 S. mit 14 lithogr. Taf.) Ebendas. 886. *ℳ 7.50.; geb. *

— u. Casp. Comes, Katechismus für die Prüfungen zum Bahnmeister der Staatseisenbahnen. Unter Berücksicht. der neuesten bezügl. Bestimmgn. bearb. 2. Aufl. gr. 8. (IX, 226 S. m. 14 Taf.) Ebd. 899. n. 8. —; geb. in Leinw. n.n. 9. —

Tesch, Johs., Katechismus f. die Prüfungen zum Bahnsteigschaffner u. Pförtner, nebst e. besond. Teil f. die Vorbereitg. zur schriftl. Prüfg. Mit 42 zum Tl. farb. Abbildgn. 2. Aufl. (VII, 219 S.) 8. Berlin-Zehlendorf (906). Berlin, K. W. Mecklenburg. In Leinw. kart. n.n. 2. 50

Tesch, Johs., Katechismus f. d. Prüfgn. z. Bahnsteigschaffner u. Portier d. Staatseisenbahnen. Nebst e. bes. Theil f. d. Vorbereitg. zur schriftl. Prüfg. M. 42 z. Theil farb. Abb. 8. (VI, 245 S.) Berlin 897. Siemenroth & Troschel. Geb. in Leinw. n. 2. 50

— Katechismus f. die Prüfungen zum Bahnwärter der Staats-Eisenbahnen. Unter Berücksicht. der neuesten bezügl. Bestimmgn. bearb. 8. (VII, 74 S.) Ebend. 887. cart. n. 1. —

Tesch, Johs., Katechismus f. die Prüfungen zum Bahnwärter der Staats-Eisenbahnen. Nebst e. besonderen Theile f. die Vorbereitg. zur schriftl. Prüfg. Nach den amtl. Prüfungs-Bestimmgn. bearb. 3. Aufl. 8. (VI, 104 S.) Berlin 894. Siemenroth & Worms. Kart. n. 1. —

— Katechismus f. die Prüfungen zum Bahnwärter der Staatseisenbahnen. Nebst e. besond. Theile für die Vorbereitg. zur schriftl. Prüfg. Nach den amtl. Prüfungsbestimmgn. bearb. 4. Aufl. 12. (VI, 117 S. m. 2 Taf.) Berlin 899. [Siemenroth & Troschel.] Leipzig, Luckhardt's Buchh. f. Verkehrswesen. Kart. n. 1. 25

— dasselbe zum Bahnwärter, nebst e. besond. Teile f. die Vorbereitg. zur schriftl. Prüfg., nach den amtl. Prüfungsbestimmgn. bearb. 5. Aufl. (VI, 122 S. m. 2 Steindruck-Taf.) 8. Berlin (906). K. W. Mecklenburg. In Leinw. kart. n.n. 1. 25

Katechismus für die Prüfungen zum Bahnwärter, nebst e. besond. T. f. d. Vorbereitung z. schriftl. Prüfung, nach d. amtl. Prüfungsbestimmungen bearb. von Johannes **Tesch**. Mit 2 Steindrucktaf. 5. Aufl. Berlin-Zehlendorf: J. Tesch; [Berlin: F. Siemenroth in Komm. 1906]. (VI, 122 S.) 8° [F.] (06. 4979

— dasselbe für die Prüfungen zum Bremser u. Schaffner der Staats-Eisenbahnen. Nebst e. besonderen Teile f. das Rechnen u. die Vorbereitg. zur schriftl. Prüfg. Nach den amtl. Prüfungs-Bestimmgn. bearb. 2., verm. Aufl. 8. (VIII, 140 S.) Berlin 890. Siemenroth & Worms. geb. n. 2. —

— dasselbe f. die Prüfungen zum Bremser u. Schaffner der Staats-Eisenbahnen. Nebst e. besonderen Theile f. die Vorbereitg. zur schriftl. Prüfg. Nach den amtl. Prüfungs-Bestimmgn. bearb. 4. Aufl. 8. (VI, 150 S.) Ebd. 894. In Leinw. kart. n. 2. —

— Katechismus f. d. Prüfgn. z. Bremser, Wagenwärter u. Schaffner d. Staatseisenbahnen, nebst e. bes. Theile f. d. Vorbereitg. zur schriftl. Prüfung. Nach den amtl. Prüfungsbestimmgn. bearb. 6. Aufl. 8. (VII, 283 S. m. Fig.) Ebd. 898. Geb. in Leinw. n. 3. —

— Katechismus f. die Prüfungen zum Bremser, Wagenwärter u. Schaffner der Staatseisenbahnen, nebst e. besonderen Theile f. die Vorbereitg. zur schriftl. Prüfung. Nach den amtl. Prüfungsbestimmgn. bearb. 6. Aufl. 8. (VII, 292 S. m. Fig.) Ebd. 901. In Leinw. kart. n. 3. —

[F.] Katechismus für die Prüfungen zum Bureauassistenten und Eisenbahnsekretär der Staatseisenbahnen. Nach d. amtl. Prüfgsbestimmgn (a. d. Umschl.: Unt. Berücks. d. neuesten bezügl. Bestimmgn) bearb. v. Johannes **Tesch**. 3. gänzl. neu bearb. Aufl. Bd 1. 2. *Berlin: Siemenroth & Troschel (2: & Worms) 1895. 96.* 2 Bde 8.
1. 1896. (XIII, 378 S.) 2. 1895. (IV, 317 S.)
— **Tesch**, J.: Die Prüfung z. Bureauassist. u. Eisenbahnsekr. d. Staatseisenbahnen. Th. 1. (96. 6050

— Katechismus für die Prüfungen zum Lademeister der Staats-Eisenbahnen. 2. Aufl., s. Tesch: Katechismus für die Prüfung ...

—— und Ernst Holzbecher, Katechismus für die Prüfungen zum Lokomotivheizer, Dampfkesselheizer und Lokomotivführer der Staats-Eisenbahnen. 1. Aufl. (VIII, 229 S. mit 4 Taf.) 886; 2. verm. Aufl. 8. (VIII, 236 S. mit 4 Taf.) Ebendas. 887. geb. *

— u. E. Holzbecher, Katechismus f. die Prüfungen zum Lokomotivheizer, Maschinenwärter u. Lokomotivführer der Staats-Eisenbahnen. 3., verm. Aufl. 8. (VIII, 345 S. m. 7 Taf.) Ebd. 890. geb. n. 4. 50

—— u. Ernst Holzbecher. Katechismus f. die Prüfungen zum Lokomotivheizer, Maschinenwärter u. Lokomotivführer der Staats-Eisenbahnen. 4. verm. Aufl. 8. (VIII, 349 S. m. 7 Taf.) Ebd. 891. geb. in Leinw. * 4 50
3. Aufl. Ebd. 1890.

— u. Ernst Holzbecher, Katechismus f. die Prüfungen zum Lokomotivheizer, Maschinenwärter u. Lokomotivführer der Staats-Eisenbahnen. Mit 7 Taf. 5. Aufl. 8. (VIII, 370 S.) Ebd. 893. Geb. in Leinw. n. 4. 50

Tesch, Johs., u. Ernst Holzbecher, Katechismus f. d. Prüfgn. zum Lokomotivheizer, Maschinenwärter u. Lokomotivführer d. Staatseisenbahnen. M. 12 Taf. 6. Aufl. 8. (VIII, 409 S.) Berlin 897. Siemenroth & Troschel. Geb. in Leinw. n. 5. 50

Katechismus für die Prüfungen zum Lokomotivheizer, Maschinenwärter und Lokomotivführer der Staatseisenbahnen. Bearb. von Johannes Tesch u. Ernst Holzbecher. Mit 12 Taf. 7. Aufl. Berlin: Siemenroth & Troschel 1899. (VIII, 420 S.) 8°

— u. Ernst Holzbecher, Katechismus f. die Prüfungen zum Lokomotivheizer, Maschinenwärter u. Lokomotivführer d. Staatseisenbahnen. Mit 12 Taf. 8. Aufl. 8. (VIII, 430 S.) Ebd. 901. Geb. in Leinw. n. 5. 50

— u. Ernst Holzbecher, Katechismus f. die Prüfungen zum Lokomotivheizer, Maschinenwärter u. Lokomotivführer. 10. Aufl. (VIII, 430 S. m. Abbildgn. u. 13 Taf.) 8. Ebd. (906). Geb. in Leinw. n.n. 5. 50

— u. Ernst Holzbecher, Katechismus f. die Prüfungen z. Maschinenwärter, Lokomotivheizer u. Lokomotivführer. 11. Aufl. (VIII, 485 S. m. 43 z. Tl. farb. Abb. u. 13 Taf.) 8. Berlin 908. K. W. Mecklenburg. Geb. in Leinw. 6. —

Tesch, Joh., Katechismus f. die Prüfungen zum Packmeister u. Zugführer-Anwärter der Staats-Eisenbahnen. Nebst e. besonderen Theile f. die Vorbereitg. zur schriftl. Prüfg. Nach den amtl. Prüfungs-Bestimmgn. bearb. 3. Aufl. 8. (VI, 206 S.) Berlin 894. Siemenroth & Worms. Geb. in Leinw. n. 2. 50

— Katechismus f. d. Prüfgn. z. Packmeister- u. Zugführeranwärter d. Staatseisenbahnen. Nebst e. bes. Theile f. d. Vorbereitg. zur schriftl. Prüfg. Nach den amtl. Prüfungsbestimmungen bearb. 4. Aufl. 8. (VI, 224 S.) Ebd. 897. Geb. in Leinw. n. 2. 50

— Katechismus für die Prüfungen zum Packmeister u. Zugführeranwärter der Staatseisenbahnen. Nebst e. besonderen Teile f. die Vorbereitg. zur schriftl. Prüfung. Nach den amtl. Prüfungsbestimmgn. bearb. 5. Aufl. 8. (VII, 267 S.) Berlin 901. Leipzig, Luckhardt's Buchh. f. Verkehrswesen. Geb. in Leinw. n. 3. —

Katechismus für die Prüfungen zum Packmeister u. Zugführeranwärter der Staatseisenbahnen. Nebst e. bes. Theile f. d. Vorbereitung z. schriftl. Prüfung. Nach d. amtl. Prüfgsbestimm. bearb. von Johannes **Tesch**. 5. Aufl. *Berlin: A. Troschel 1901.* (VI, 267 S.) 8° [F.] (01. 8038

Tesch, J., Katechismus f. die Prüfungen zum Rangirmeister u. Wagenmeister. Nach den amtl. Prüfungsbestimmungen bearb. 8. (VIII, 163 S.) Berlin 887. Siemenroth & Worms. geb. n. 2. 25

— dasselbe f. die Prüfungen zum Rangirmeister u. Wagenmeister der Staats-Eisenbahnen. Nebst e. besonderen Theile f. die Vorbereitg. zur schriftl. Prüfg. der Wagenmeister. Nach den amtl. Prüfungs-Bestimmgn. bearb. 2. Aufl. 8. (X, 251 S.) Ebd. 895. Geb. in Leinw. n. 3. —

— Katechismus f. die Prüfungen zum Rangirmeister u. Wagenmeister der Staatseisenbahnen. Nebst e. besonderen Theile f. die Vorbereitg. zur schriftl. Prüfg. der Wagenmeister. Nach den amtl. Prüfungsbestimmgn. bearb. Mit 40 zum Theil farb. Textabbildgn. u. 3 Steindr.-Taf. 3. Aufl. 8. (VIII, 277 S.) Ebd. 899. In Leinw. kart. n. 3. 50

Tesch, Johs., Katechismus f. die Prüfungen zum Rangiermeister u. Wagenmeister der Staatseisenbahnen, nebst e. besond. Teile f. die Vorbereitg. zur schriftl. Prüfg. der Wagenmeister. Nach den amtl. Prüfungsbestimmgn. bearb. Mit 40 zum Teil farb. Textabbildgn. u. 8 Taf. 4. Aufl. (VIII, 305 S.) 8. Berlin (-Grunewald) 904. Leipzig, Luckhardt's Buchh. f. Verkehrswesen. Geb. in Leinw. n. 4. 50

— dasselbe zum Schaffner u. Wagenwärter der Staatseisenbahnen, nebst e. besond. Teile f. die Vorbereitg. zur schriftl. Prüfung, nach den amtl. Prüfungsbestimmgn. bearb. 7. Aufl. (VII, 276 S.) kl. 8. Berlin (905). K. W. Mecklenburg. In Leinw. kart. n.n. 3. —

Katechismus für die Prüfungen zum Schaffner und Wagenwärter der Staatseisenbahnen nebst e. besond. T. f. d. Vorbereitung z. schriftl. Prüfung nach d. amtl. Prüfungsbestimmungen bearb. von Johannes **Tesch**. 7. Aufl. Berlin-Zehlendorf: J. Tesch; [Berlin: F. Siemenroth in Komm. 1906]. (VII, 276 S.) 8° [F.] [06. 4981

— **Katechismus** f. d. Prüfgn. z. Stationsassistenten, Stationsvorsteher u. Güterexpedienten der Staatseisenbahnen. Nach d. amtl. Prüfungsbestimmgn. bearb. 5., verm. Aufl. 4 Bde. gr. 8. Ebd. 895. n. 6. 60; kart. n.n. 8. 25; in 1 Bd. n. 6. 60; geb. in Leinw. n. 7. 60
1. (III, 128 S.) n. 1. 80; kart. n.n. 2. 25
2. (III, 95 S.) n. 1. 20; kart. n. 1. 60
3. (III, 206 S.) n. 2. 40; kart. n. 2. 80
4. (III, 92 S.) n. 1. 20; kart. n. 1. 60

[F.] Katechismus für die Prüfungen zum Stationsassistenten, Stationsvorsteher und Güterexpedienten der Staatseisenbahnen. Nach d. amtl. Prüfgsbestimmgn bearb. v. Johannes **Tesch**. 6. verm. Aufl. Bd 1 4. *Berlin: Siemenroth & Troschel 1898.* 4 Bde 8.
1. (2 Bl., 128 S.) 2. (2 Bl., 95 S.) 3. (2 Bl., 206 S.) 4. (2 Bl., 92 S.) [98. 460]

— **Katechismus** f. die Prüfungen zum Subaltern-Beamten I. u. II. Klasse d. inneren Dienstes u. zum technischen Eisenbahn-Sekretär der Staats-Eisenbahnen. Unter Berücksicht. der neuesten bezügl. Bestimmgn. bearb. gr. 8. (XII, 567 S.) Ebend. 885. n. 9. —; geb. n. 10. 25

— **Katechismus** f. die Prüfungen zum Telegraphisten, Stations-Assistenten, Stations-Vorsteher u. Güter-Expedienten der Staats-Eisenbahnen. Unter Berücksicht. der neuesten bezügl. Bestimmgn. bearb. gr. 8. (VIII, 383 S.) Ebend. 885. n. 6. —; geb. n. 7. —

Katechismus für die Prüfungen zum Weichensteller sowie f. solche Bahnwärter, welche elektr. Sprechapparate auf Hilfstelegraphenstationen zu bedienen haben, nebst e. besond. T. f. d. Vorbereitung z. schriftl. Prüfung. Nach d. amtl. Prüfungs-Bestimmungen bearb. von Johannes **Tesch**. Mit 3 Steindrucktaf. 6. Aufl. Berlin-Zehlendorf: J. Tesch; [Berlin: F. Siemenroth in Komm. 1906]. (VI, 124 S.) 8° [F.] [06. 4980

— dasselbe f. die Prüfungen z. Weichensteller 1. Klasse der Staats-Eisenbahnen. Nebst e. besonderen Theile f. die Vorbereitg. zur schriftl. Prüfg. Nach den amtl. Prüfungs-Bestimmgn. bearb. gr. 8. (VI, 292 S.) Ebd. 893. n. 4. —; kart. n. 4. 50

— **Katechismus** f. d. Prüfungen z. Weichensteller 1. Klasse d. Staatseisenbahnen. Nebst e. besond. Theile f. d. Vorbereitg. zur schriftl. Prüfg. Nach den amtl. Prüfungs-Bestimmgn. bearb. 2. Aufl. gr. 8. (VIII, 307 S.) Ebd. 898. n. 4. —; geb. in Leinw. n.n. 5. —

— **Katechismus** für die Prüfungen zum Weichensteller 1. Klasse der Staatseisenbahnen, nebst e. besond. Theile f. die Vorbereitg. zur schriftl. Prüfg. Nach den amtl. Prüfungs-Bestimmgn. bearb. 8. Aufl. gr. 8. (VIII, 327 S.) Ebd. 901. n. 4. —; geb. n.n. 5. —

Katechismus für die Prüfungen zum Weichensteller erster Klasse, nebst e. besond. T. f. d. Vorbereitung z. schriftl. Prüfung. Nach d. amtl. Prüfungs-Bestimmungen bearb. von Johannes **Tesch**. 4. Aufl. Berlin-Zehlendorf: J. Tesch; [Berlin: F. Siemenroth in Komm. 1906]. (VII, 442 S.) 8° [F.] [06. 4983

— **Katechismus** f. die Prüfung zum Weichensteller 1. Klasse, nebst e. besond. Teile f. die Vorbereitg. zur schriftl. Prüfung. Nach den amtl. Prüfungsbestimmgn. bearb. 5. Aufl. (VII, 463 S.) kl. 8. Ebd. 908. In Leinw. kart. 5. —

—— **Katechismus** für die Prüfungen zum Weichensteller der Staatseisenbahnen. Nach den vom Bundesrath für das Deutsche Reich erlassenen Bestimmungen über die Befähigung der Bahnpolizeibeamten und Lokomotivführer, sowie unter Berücksichtigung des Reglements über die Prüfung der nicht im Stations-, Expeditions- oder Bureau-Dienst beschäftigten mittleren und niederen Staats-Eisenbahn-Beamten bearb. 8. (VII, 49 S. mit 3 Abbild.) Ebendas. 887. cart. *

— dasselbe f. die Prüfungen zum Weichensteller der Staats-Eisenbahnen, sowie f. solche Bahnwärter, welche elektr. Sprechapparate auf Hülfstelegraphen-Stationen zu bedienen haben. Nebst e. besonderen Theile f. die Vorbereitg. zur schriftl. Prüfg. Nach den amtl. Prüfungs-Bestimmgn. bearb. 3. Aufl. 8. (VI, 82 S. m. 3 Abbildgn.) Ebd. 894. Kart. n. 1. —

— **Katechismus** f. d. Prüfgn. z. Weichensteller der Staatseisenbahnen, sow. f. solche Bahnwärter, welche elektr. Sprechapparate auf Hülfstelegraphenstationen zu bedienen haben, nebst e. besond. Theile f. d. Vorbereitg. zur schriftl. Prüfg. Nach d. amtl. Prüfungs-Bestimmgn. bearb. 4. Aufl. 8. (VI, 97 S. m. 3 Taf.) Ebd. 898. Kart. n. 1. 25

Katechismus für die Prüfungen zum Weichensteller der Staatseisenbahnen sowie f. solche Bahnwärter, welche elektr. Sprechapparate auf Hülfstelegraphenstationen zu bedienen haben, nebst e. bes. Theile f. d. Vorbereitung z. schriftl. Prüfung. Nach d. amtl. Prüfgsbestimm. bearb. von Johannes **Tesch**. Mit 3 Steindrucktaf. 5. Aufl. *Berlin: A. Troschel 1901.* (VI, 109 S.) 8° [F.] [01. 8040

— dasselbe zum Zugführer der Staatseisenbahnen, nebst e. besond. Teile f. die Vorbereitg. zur schriftl. Prüfg., nach den amtl. Prüfungsbestimmgn. bearb. 6. Aufl. (VI, 259 S.) kl. 8. Ebd. (905). In Leinw. kart. n.n. 3. —

Katechismus für die Prüfungen zum Zugführer der Staatseisenbahnen, nebst e. besond. T. f. d. Vorbereitung z. schriftl. Prüfung nach d. amtl. Prüfungsbestimmungen bearb. von Johannes **Tesch**. 6. Aufl. Berlin-Zehlendorf: J. Tesch; [Berlin: F. Siemenroth in Komm. 1906]. (VI, 259 S.) 8° [F.] [06. 4984

— **Katechismus** der Verfassung u. Verwaltung des preußischen Staates u. des deutschen Reiches. [Aus: „Katechismus f. die Vorbereitg. zur Fachprüfg. I. Klasse der mittleren Beamten der Staatseisenbahnen".] gr. 8. (68 S.) Ebd. 901. n. 1. —

— **Katechismus** f. die Vorbereitung zur Fachprüfung I. Klasse bei den Staatseisenbahnen, nach den amtl. Prüfungsbestimmgn. bearb. 2 Bde. 5. Aufl. (IX, 410 u. IV, 463 S. m. Fig.) 8. Ebd. 907. In Leinw. kart. 10. —

— **Katechismus** für die Vorbereitung zur Prüfung zum Eisenbahnassistenten der Staatseisenbahnen, zugleich II. Tl. zum Katechismus f. die Vorbereitg. zur Fachprüfg. I. Klasse der mittleren Beamten der Staatseisenbahnen. Nach den amtl. Prüfungsbestimmgn. bearb. 7. Aufl. gr. 8. (VII, 602 S.) Ebd. 901. n. 8. —; geb. n. 9. —

— **Katechismus** f. die Vorbereitung zur Prüfung zum Eisenbahnassistenten der Staatseisenbahnen, zugleich II. Tl. zum Katechismus f. die Vorbereitung zur Fachprüfung I. Klasse der mittleren Beamten der Staatseisenbahnen. Nach den amtl. Prüfungsbestimmgn. bearb. 8. Aufl. (VIII, 622 S.) 8. Leipzig 905. Luckhardt's Buchh. f. Verkehrswesen. n. 9. —; geb. n. 10. —

**Tesch, Johs.**, **Katechismus** f. die Vorbereitung zur Prüfg. zum Eisenbahnassistenten, nach den amtl. Prüfungsbestimmgn. bearb. 2 Bde. 9. Aufl. (VII, 410 u. IV, 463 S. m. Fig.) 8. Berlin 907. K. W. Mecklenburg. In Leinw. kart. 10. —

— die Laufbahn der deutschen Kolonialbeamten, ihre Pflichten u. Rechte. Mit Genehmigg. des auswärt. Amtes unter Benutzg. amtl. Quellen bearb. gr. 8. (XII, 231 S.) Berlin 902. O. Salle. n. 3. 40; geb. n. 4. —

— die Laufbahn der deutschen Kolonialbeamten, ihre Pflichten u. Rechte. Mit Genehmigg. des Auswärtigen Amtes unter Benutzg. amtl. Quellen bearb. 2., verm. Aufl. (XII, 315 S.) 8. Berlin 905. O. Salle. n. 4. 50; geb. n. 5. —

Die Laufbahn der deutschen Kolonialbeamten, ihre Pflichten u. Rechte ... unter Benutzung amtl. Quellen bearb. von Johannes Tesch. 4. verm. Aufl. Berlin: Salle 1909. XII, 376 S. 8⁰

— Die Laufbahn der deutschen Kolonialbeamten, ihre Pflichten u. Rechte. Mit Genehmigg. des Hrn. Staatssekretärs des Reichs-Kolonialamts unter Benutzg. amtl. Quellen bearb. 5., verm. Aufl. (XVI, 488 S.) 8. Berlin 910. O. Salle. 7. —
3. Aufl. (XIV, 354 S.) 908. 5.—; geb. 5.60. — 4. Aufl. (XII, 376 S.) 909. 5.50; geb. 6.—.

Tesch, Johs., Organisation der Staats-Eisenbahn-Verwaltung. Mit ergänz. Anmerkgn. 8. (III, 53 S.) Berlin 886. Siemenroth. cart. n. — 80

—— die Prüfung zum Betriebs-Sekretair und Eisenbahn-Sekretair der Staats-Eisenbahnen. 2 Thle. gr. 8. Ebendas. 888. *

Inhalt:

Thl. 1. Katechismus für die Prüfungen zum Betriebs-Sekretair und Eisenbahn-Sekretair der Staats-Eisenbahnen. Mit Berücksicht. der neuesten bezügl. Bestimmungen. 2. umgearb. und verm. Aufl. (X, 624 S.) *ℳ 9.—.
„ 2. Die schriftliche Prüfung zum Betriebs-Sekretair und Eisenbahn-Sekretair der Staats-Eisenbahnen. Zugleich ein Hülfsbuch für jeden Eisenbahn-Verwaltungsbeamten. (VIII, 396 S.) *ℳ 6.—.

— d. Prüfung z. Bureauassistenten u. Eisenbahnsekretär d. Staatseisenbahnen. 1. Thl. 2 Bde. 3., gänzl. neu bearb. Aufl. gr. 8. Ebd. à n. 4. 50; kart. à n. 5. —; (1. Thl. kplt., 2 Thle in 1 Bd.: n. 9. —; geb. in Halbfrz. n.n. 11. —)
Katechismus f. d. Prüfungen. Nach d. amtl. Prüfungsbestimmgn. bearb. (XIV, 378 u. IV, 317 S.) 896 u. 95.

— dasselbe. 2. Thl. 2. Aufl. gr. 8. Ebd. n. 5. —; geb. in Leinw. n.n. 6. —
Die schriftl. Prüfg. d. Eisenbahnsekretäre d. Staatseisenbahnen. Zugleich e. Hülfsbuch f. jeden Eisenbahn-Verwaltungsbeamten. (VIII. 306 S.) 897.

— die Prüfung zum Eisenbahnassistenten. Nach den amtl. Prüfungsbestimmgn. bearb. 2. Tl. Die schriftl. Prüfg. 6. Aufl. (VIII, 169 S.) kl. 8. Berlin-Zehlendorf (906) Berlin, R. W. Mecklenburg. Kart. n.n. 2. 25

— die schriftliche Prüfung zum Eisenbahnassistenten der Staatseisenbahnen. Nach den amtl. Prüfungsbestimmgn. bearb. 5. Aufl. gr. 8. (VI, 126 S.) Berlin 901. Leipzig, Lückhardt's Buchh. f. Verkehrswesen. n. 2. —; kart. n. 2.80

Die schriftliche Prüfung zum Eisenbahnassistenten der Staatseisenbahnen. Nach d. amtl. Prüfungsbestimm. bearb. von Johannes Tesch. 5. Aufl. *Berlin: A. Troschel 1901.* (VI, 126 S.) 8° [F.] [01. 7751

— die Prüfung zum Stations-Assistenten, Stations-Vorsteher u. Güter-Expedienten der Staats-Eisenbahnen. 2 Tle. gr. 8. Ebd. n. 10. —; geb. n. 11. 80
1. Katechismus f. die Prüfungen. Unter Berücksicht. der neuesten bezügl. Bestimmungen bearb. 2., umgearb. Aufl. (IX, 463 S.) 888. n. 6. —; geb. n. 7. —
2. Die schriftl. Prüfg. Zugleich e. Hülfsbuch f. jeden Eisenbahn-Stations- u. Expeditionsbeamten. (X, 265 S.) 889. n. 4. —; geb. n. 4. 80

—— die Prüfung zum Stations-Assistenten, Stations-Vorsteher und Güter-Expedienten der Staats-Eisenbahnen. Unter Berücksicht. der neuesten bezügl. Bestimmungen bearb. 2 Thle. gr. 8. Ebendas. *ℳ 10.—.; geb. *

Inhalt:

Thl. 1. Mündliche Prüfung. 2. verm. Aufl. (X, 436 S.) 888. *ℳ 6.—.; geb. *ℳ 7.—.
„ 2. Schriftliche Prüfung. Zugleich ein Hülfsbuch für jeden Eisenbahn-Stations- und Expeditionsbeamten. (XII, 265 S.) 889. *ℳ 4.—.; geb. *ℳ 4.80.

—— Die Prüfung zum Stations-Assistenten, Stations-Vorsteher u. Güter-Expedienten der Staats-Eisenbahnen. 2 Tle. gr. 8. Ebd. * 10 —; geb. * 12 —
1. Katechismus. Unter Berücksicht. der neuesten bezügl. Bestimmgn. bearb. 3. verm. Aufl. (X, 454 S.) 891. * 6 —; geb. * 7 —.
2. Die schriftl. Prüfung. Zugleich e. Hülfsbuch f. jeden Eisenbahn-Stations- u. Expeditionsbeamten. 2. Aufl. (X, 252 S.) * 4 —; geb. * 5 —.

— die Prüfung zum Stations-Assistenten, Stations-Vorsteher u. Güter-Expedienten der Staats-Eisenbahnen. 2 Thle. gr. 8. Ebd. 893. n. 10. —; geb. in Leinw. n. 12. —
1. Katechismus f. die Prüfgn. Nach den amtl. Prüfungs-Bestimmgn. bearb. 4., verm. Aufl. (X, 518 S.) n. 6. —; geb. n. 7. —
2. Die schriftl. Prüfg. Zugleich e. Hülfsbuch f. jeden Eisenbahn-Stations- u. Expeditionsbeamten. 3. Aufl. (X, 268 S.) n. 4. —; geb. n. 5. —

— die Prüfg. z. Stationsassistenten, Stationsvorsteher u. Güterexpedienten d. Staatseisenbahnen. 1. u. 2. Tl. gr. 8. Ebd. n. 11. —; geb. in Leinw. n.n. 13. —
1. A. u. d. T.: Katechismus f. d. Prüfgn. z. Stationsassistenten, Stationsvorsteher u. Güterexpedienten d. Staatseisenbahnen. Nach d. amtl. Prüfungsbestimmgn. bearb. 6., verm. Aufl. (IX, 128; III, 95; III, 206 u. III, 92 S.) 898. n. 7. —; geb. in Leinw. n.n. 8. —
2. D. schriftl. Prüfg. Zugleich e. Hülfsbuch f. jeden Eisenbahn-Stations- u. Expeditionsbeamten. 4. Aufl. (X, 283 S.) 897. n. 4. —; geb. in Leinw. n.n. 5. —

— die Prüfung zum Subalternbeamten I. u. II. Klasse des inneren Dienstes der Staats-Eisenbahnen. 2 Tle. gr. 8. Ebd. 888. n. 15. —
1. Katechismus für die Prüfungen. Unter Berücksicht. der neuesten bezügl. Bestimmgn. bearb. 2., durchges. Aufl. (X, 624 S.) n. 9. —
2. Die schriftliche Prüfung. Zugleich e. Hülfsbuch für jeden Eisenbahn-Verwaltungsbeamten. gr. 8. (VIII, 396 S.) n. 6. —

Die Woltaten für die Hinterbliebenen von Angehörigen der Kaiserlichen Schutztruppen. Mit Genehm. d. Auswärt. Amtes unter Benützung amtl. Quellen nach d. gesetzl. u. sonstigen Bestimmungen bearb. von Johannes **Tesch**. Berlin-Zehlendorf: J. Tesch; [F. Siemenroth in Komm.] 1906. (48 S.) 8° [F.] [06. 4985

TESCH, JOANNES JOSEPHUS: Liber clausus. Das verschlossene Buch. Das ist All-Jährlich-schuldigste verpflichte Lob- und Ehren-Rede, von dem Allerheiligst unermessenen, und unergründlichen Geheimnuß der Drey-einigen GOttheit, Welches der erschöpffte Eyfer, mit Geleithe des wahrens wegen endlosen Ziel / des ewigen Anfangs, mit nichten aus vermessenen Kühnheit zu erforschen, sondern vielmehr in gröster Demüthigung, in tieffester Anbettung mehr zu verehrendt, als zu begreifen erwiesen wird. An dem hohen Titular-Fest / Der Allerheiligsten Dreyfaltigkeit, Da Eine Hoch-loebliche Englische Ertz-Bruderschafft ihre Würdens-Wahl bestättiget, und erneuret, in eigner Closter-Kirchen zu Groß-Comorn in Nieder-Ungarn. Anno 1741. den 28. Majl Joannes Josephus Tesch, Grammatices Studiosus vorgetragen. Raab 1741: Gregori Johann Streibig. 6 f. - 200 mm

**Tesch**, Ludwig *Friedr. Wilh.* [aus Pommern]: Zur Entstehungsgeschichte des Evangelienbuches von Otfrid. Erster Teil. . . . Greifswald, Druck v. F. W. Kunike, *1890;* 2 Bl., 64 S. 8⁰
Greifswald, Phil. Fak., Inaug.-Diss. v. 24. Okt. 1890

**Tesch**, P., der niederländische Boden u. die Ablagerungen des Rheines u. der Maas aus der jüngeren Tertiär- u. der älteren Diluvialzeit, s.a. Mitteilungen der staatlichen Bohrverwaltung in den Niederlanden. I.

Der niederländische Boden und die Ablagerungen des Rheines und der Maas aus der jüngeren Tertiär- und der älteren Diluvialzeit. Von Dr. ing. P. **Tesch**, Bezirksgeologe. (Amsterdam) 1908: ('t Kasteel van Aemstel; Freiberg i. S.: Craz & Gerlach in Komm.). 74 S. 4°
(Mitteilungen d. staatl. Bohrverwaltung in d. Niederlanden. Nr 1.) [10. 14279 7

— F. Steinweller, F. Polack, Deutsch, f.: Vorbereitungen u. Entwürfe aus dem gesamten Unterrichtsgebiete der deutschen Volksschule.

Tesch, P., patriotische Dichtungen zur Schulfeier an den Kaisertagen. Zusammengestellt u. hrsg. 8. (III, 64 S.) Neuwied 890. Heuser's Verl. n. — 50

Tesch, P., patriotische Dichtungen zur Schulfeier an den Kaisertagen. Zusammengestellt u. hrsg. 2. Aufl. (IV, 74 S.) gr. 8. Neuwied 904. L. Heuser Wwe. & Co. n. — 60

— Entwürfe zur methodischen Behandlg. deutscher Sprachstücke in der Volksschule. Im Anschluß an die Lesebücher v. Gabriel & Supprian u. Engelien & Fechner bearb. 1. Reihe. gr. 8. (IV, 102 S.) Ebd. 887. 1. 50

— dasselbe. 2. Reihe. [Schluß.] gr. 8. (IV u. S. 103—204.) Ebd. 888. 1. 50

Tesch, P., Entwürfe zur methodischen Behandlung deutscher Sprachstücke. 2., verb. Aufl. gr. 8. (VIII, 204 S.) Neuwied 894. Heuser's Verl. 3. —

— deutsche Fibel. Für den Unterricht im Sprechen, Lesen u. Schreiben im 1. Schulj. bearb. 2. Aufl. 8. (72 S. m. farb. Abbildgn.) Hilchenbach 895. Bielefeld, Velhagen & Klasing. Geb. n. — 40

Tesch, P., deutsche Fibel. F. d. Unterr. im Sprechen, Lesen u. Schreiben im 1. Schulj. bearb. 11. Aufl. 8. (II, 70 S. m. farb. Abb.) Bielefeld 898. Velhagen & Klasing. Geb. n. — 40

Tesch, P., deutsche Fibel. Für den Unterricht im Sprechen, Lesen u. Schreiben im 1. Schulj. bearb. 41. Aufl. gr. 8. (II, 73 S. m. farb. Abb.) Bielefeld 902. Velhagen & Klasing. Geb. n. — 45

— deutsche Fibel. Für den Unterricht im Sprechen, Lesen u. Schreiben im 1. Schulj. bearb. Stammdingwortmethode m. Vorkursus u. phonet. Aufbau. 151.—170. Taus. (II, 73 S. m. z. Tl. farb. Abbildgn.) 8. Bielefeld 905. Velhagen & Klasing. Geb. — 45

Tesch, P., deutsche Fibel. Für den Unterricht im Sprechen, Lesen u. Schreiben im 1. Schulj. bearb. Stammdingwortmethode m. Vorkursus u. phonet. Aufbau. 171.—200. Taus. (II, 73 S. m. z. Tl. farb. Abb.) 8. Bielefeld 907. Velhagen & Klasing. Geb. — 45

— Geschichte der Methoden d. ersten Leseunterrichts, nebst e. Anh.: Lesemaschinen. Für den Gebrauch in Seminarien bearb. gr. 8. (IV, 83 S. m. Abbildgn.) Neuwied 891. Heuser's Verl. 1. 50

— Geschichte der Methoden des ersten Leseunterrichts nebst e. Anh.: Lesemaschinen. 2., durchgeseh. Aufl. (IV, 85 S.) 8. Ebd. 910. 1. 50

— deutsche Grammatik. Für Präparanden, Seminaristen u. Lehrer. 1. Tl.: Wortformen-, Wortbildungs- u. Satzlehre. 3. Aufl. (IX, 270 S.) gr. 8. Halle 906. H. Schroedel. n. 2. 70; geb. n. 3. 20

— Deutsche Grammatik. [Sprachgeschichte u. Sprachlehre.] Für Präparanden, Seminaristen u. Lehrer. 2. Tl.: Lautlehre, Sprachgeschichte, Bedeutungswandel. 3. Aufl. (VIII, 172 S.) gr. 8. Halle 909. H. Schroedel. 2. —

— Handbuch der Methodik aller Unterrichtsgegenstände der Volksschule. In Gemeinschaft m. W. Quehl, G. Schulze, H. Lewin u. a. bearb. u. hrsg. Mit 1 Schrifttaf. gr. 8. (X, 664 S.) Ebd. 901. n. 6. —; geb. in Halbfrz. n. 8. —

— Joh. Friedrich Herbart, s. a. Klassiker, die pädagogischen. 12. Bd.

Joh. Friedrich Herbart. Sein Leben, s. Philosophie u. s. pädag. Schriften. Von P. Tesch, Sem. Oberl., Herford. T. 1. Halle a. S.: H. Schroedel 1903. 8°
(Klassiker, Die pädagogischen. Bd 12.)

— die Lehre vom Gebrauch der großen Anfangsbuchstaben in den Anweisungen f. die neuhochdeutsche Rechtschreibung. Eine Quellenstudie. gr. 8. (III, 109 S.) Ebd. 890. n. 1. 60

— Chr. Fr. Bunse, F. Roßbach, deutsches Lesebuch f. westdeutsche Mittelschulen in 4 Tln. Auf Grund der Bestimmgn. üb. die Neuordng. des Mittelschulwesens in Preußen vom 3. II. 1910 bearb. 1. Tl. Klasse 8 u. 7. (XIII, 301 S. m. Abb.) gr. 8. Ebd. 911. Geb. in Leinw. 2. —

— deutsches Lesebuch f. die Unterstufe. Im Anschluß an die Fibel bearb. 2. Aufl. gr. 8. (96 S.) Hilchenbach 895. Bielefeld, Velhagen & Klasing. Geb. n. — 50

— deutsches Lesebuch f. d. Unterstufe. Im Anschluß an d. Fibel bearb. 3. Aufl. gr. 8. (112 S.) Ebd. 897. Geb. n. — 50

— deutsches Lesebuch f. die Unterstufe. Im Anschluß an die Fibel bearb. 4. Aufl. gr. 8. (112 S.) Ebd. 899. Geb. n. — 50

— deutsches Lesebuch f. die Unterstufe. Im Anschluß an die Fibel bearb. 6. Aufl. (112 S.) 8. Bielefeld 905. Velhagen & Klasing. Geb. — 50

— Deutsches Lesebuch f. die Unterstufe. Im Anschluß an die Fibel bearb. 8. Aufl. (112 S.) 8. Bielefeld 907. Velhagen & Klasing. Geb. — 50

—— 58 Lieder, zur Einübg. in ein- u. mehrklass. Volksschulen v. der königl. Regierg. zu Düsseldorf durch Verfügg. vom 13. April 1887 bestimmt. 11. [Ster.-]Aufl. (Enth. die v. der königl. Regierg. „vorgenommenen Textrevisionen".) 8. (48 S.) Bresl. 891, F. Hirt. ** — 15
10. Aufl. Ebd. 1891.

— 58 Lieder, zur Einübung in 1- u. mehrklass. Volksschulen v. d. kgl. Regierung zu Düsseldorf durch Verfügung v. 13. IV. 1887 bestimmt u. verm. durch e. Anh. v. 12 weit. Liedern zur Auswahl. 19. Ster.-Aufl. 8. (II, 56 S.) Breslau 898. F. Hirt. n.n. — 15

58 Lieder zur Einübung in ein- und mehrklassigen Volksschulen von der Kgl. Reg. zu Düsseldorf durch Verfügung v. 13. April 1887 bestimmt und vermehrt durch e. Anh. von 12 weiteren Liedern z. Auswahl. Hrsg. von P. Tesch, Kgl. Sem.Oberl. 21. Ster.Aufl. *Breslau: F. Hirt 1900.* (55 S.) 8° [Umschlagt. F.] [01. 4396 2

— 58 Lieder, zur Einübung in 1- u. mehrklass. Volksschulen v. der königl. Regierg. zu Düsseldorf durch Verfügung vom 13. IV. 1887 bestimmt u. verm. durch e. Anh. v. 12 weiteren Liedern zur Auswahl. 23. Ster.-Aufl. 8. (II, 56 S.) Breslau 902. F. Hirt. n.n. — 15

58 Lieder zur Einübung in ein- und mehrklassigen Volksschulen von d. Kgl. Regierung zu Düsseldorf . . . bestimmt u. verm. durch e. Anh. von 12 weiteren Liedern z. Auswahl. Hrsg. von P. Tesch. 24. Ster.Aufl. Breslau: F. Hirt 1903. (55 S.) 8° [Umschlagt. F.] [07. 16551 2

— 58 Lieder, zur Einübg. in 1- u. mehrklass. Volksschulen v. der königl. Regierg. zu Düsseldorf durch Verfügg. vom 13. IV. 1887 bestimmt u. verm. durch e. Anh. v. 12 weiteren Liedern zur Auswahl. 28. Ster.-Aufl. (56 S.) 8. Breslau 907. F. Hirt. n.n. — 15

58 Lieder zur Einübung in ein- u. mehrklassigen Volksschulen von d. Kgl. Regierung zu Düsseldorf durch Verfügung v. 13. April 1887 bestimmt u. verm. durch e. Anh. von 12 weiteren Liedern z. Auswahl. Hrsg. von P. Tesch, Sem.Dir. 29. Ster.Aufl. Breslau: F. Hirt 1907. (55 S.) 8° [Umschlagt. F.] [08. 7039 2

— 58 Lieder, zur Einführg. in 1- u. mehrklass. Volksschulen v. der kgl. Regierg. zu Düsseldorf durch Verfügg. vom 13. IV. 1887 bestimmt u. vermehrt durch e. Anh. v. 12 weiteren Liedern zur Auswahl. 32. Ster.-Aufl. (56 S.) 8. Breslau 910. F. Hirt. nn — 15

Tesch, P., die Normalwortmethode u. ihre Behandlung in der Volksschule, s.: Sammlung pädagogischer Aufsätze.

Tesch, P., die Normalwortmethode u. ihre Behandlung in der Volksschule. 2. Aufl. gr. 8. (IV, 95 S.) Danzig 884. Axt. n. 1. 50

Sang an Ägir. Dichtg v. . . . Wilhelm II. Erl. v. P. Tesch. Berlin-Leipzig-Neuwied: Heuser [o.J.] (20 S.) 1 Bd 8°
(Schule, Aus der, für d. Schule. H. 63.)

— Sang an Ägir. Dichtg. v. S. M. d. deutschen Kaiser, König v. Preussen Wilhelm II. Erläut. v. T. gr. 8. (20 S.) Neuwied 895. Heuser's Verl. n.n. — 50

— deutsche Sprachgeschichte u. Sprachlehre. Für Präparanden, Seminaristen u. Lehrer. gr. 8. (XVI, 404 S.) Halle 901. H. Schroedel. n. 3. 50; geb. n.n. 4. —

Tesch, P., deutsche Sprachgeschichte u. Sprachlehre. Für Präparanden, Seminaristen u. Lehrer. 2 Tle. gr. 8. Halle 902. H. Schroedel. n. 4. —; geb. n.n. 4.80
1. Rechtschreibung, Wort-, Wortbildungs- u. Satzlehre. 2., durchgeseh. Aufl. (XII, 272 S.) n. 2. 70; geb. n.n. 3. 20
2. Lautlehre, Mundarten, Sprachgeschichte u. Bedeutungswandel. 2., umgearb. Aufl. (XII, 144 S.) n.n. 1. 30; geb. n.n. 1. 60

— Sprachlehre rc., s.: Genau, A.

— der deutsche Sprachunterricht im 1. Schuljahre. Eine belehr. u. ausüb. (theoretisch-prakt.) Anweisg. f. Seminaristen u. Lehrer. gr. 8. (IV, 119 S. m. 1 Taf.) Hilchenbach 895. Bielefeld, Velhagen & Klasing. Geb. in Leinw. n. 2. —

— Der deutsche Sprachunterricht im 1. Schulj. Ein theoretisch-prakt. Anweisung f. Seminaristen u. Lehrer. 2., durchgeseh. Aufl. (VII, 114 S.) gr. 8. Bielefeld 909. Velhagen & Klasing. Geb. 2. —

— Ursprung u. Entwickelung der Sprache. Vortrag, geh. im „Wissenschaftl. Verein" zu Rheydt, am 28. Jan. 1881. gr. 8. (39 S.) Neuwied 881. Heuser's Verl. — 60

[5.] Vorbereitungen und Entwürfe zur methodischen Behandlung deutscher Lesestücke. Von P. Tesch, Kgl. Seminarlehrer in Hilchenbach. Oberstufe. 3. Aufl. Lfg 1—4. *Neuwied a. Rh. [&] Leipzig: Heuser 1897. 8.* 98 493

— Vorbereitungen u. Entwürfe zur Behandlg. deutscher Lesestücke. Poet. u. prosaische Lesestücke, in Gruppen zusammengest. u. methodisch bearb. 1. Tl.: Oberstufe. 3. Aufl. gr. 8. (VIII, 308 S.) Neuwied 898. Heuser's Verl. 3. 50
Erschien auch in 5 Lfgn. à — 75.

— Vorbereitungen u. Entwürfe zur Behandlg. deutscher Lesestücke. Poetische u. prosaische Lesestücke, in Gruppen zusammengestellt u. methodisch bearb. Mittelstufe. Mit e. Anh.: „Dichter der Nation". 3. Aufl. gr. 8. (VIII, 260 S.) Neuwied 901. [Heuser's Verl.] Bielefeld, Velhagen & Klasing. 3. —; geb. n. 4 —
Auch desselb. Verfassers „Geschichte d. Methoden d. ersten Leseunterrichts" ging in obigen Verlag über.

— dasselbe. Oberstufe. 4., verm. Aufl. gr. 8. (VIII, 350 S.) Ebd. 902. n. 3. 50; geb. n. 4. 50

— Vorbereitungen u. Entwürfe zur Behandlg. deutscher Lesestücke. Poetische u. prosaische Lesestücke, in Gruppen zusammengestellt u. methodisch bearb. Mittelstufe. Mit e. Anh.: „Die Dichter der Nation". 4., verm. Aufl. (XII, 298 S. m. Abbildgn.) gr. 8. Bielefeld 906. Velhagen & Klasing. n. 3. 20

Tesche, Walter, theoret.-prakt. Anweisung zum Dreischachspiel. Nebst einem zu diesem neuen Spiele gehörigen Dreischachbrett. 8. (11 B. u. 2 Taf.) Wien 843, [Pfautsch u. Voß.]

Tesche, Walter, Bilder aus Schlesien. In Novellen gefaßt. 1. Thl. Die Rose von der Pzerwa. gr. 12. Leipzig 847, Brockhaus. 1 ℛ 12 ngr

— s. Cornelia. Taschenbuch für deutsche Frauen.

Tesche, Walter, Erzählungen aus dem Bergischen. 1. u. 2. Thl. 8. 1. Die Kohlentreiber. (237 S.) 2. Die Ausgestoßene. (231 S.) Pesth 847, Heckenast. n. 2 ℛ 12 ngr

Tesche, W., die Laudemien-Frage. Insbesond.: Darf Ablösungskapital bei Berechnung d. Laudemien abgezogen werden? und: Ist vom Ausgebinge Laudemium zu entrichten? gr. 8. (1¾ B.) Breslau 841, Schulz u. Comp. •

— die Majorats-Urkunde. Novelle. 8. (131 S.) Breslau 848, Kern. ⅔ ℛ

— eine Rentenspekulation. Novelle. 8. (135 S.) Breslau 850, Graß, Barth & Co. Verl. ¾ ℛ

— Schilderungen aus Holland, s.: Lese-Zirkel. 6 u. 7. Bd.

Tesche, Walter, die Fürstin Ursini. Der General Lindener. Historische Novellen. Leipzig 857. Gräfe. 8. (231 S.) 1 ℛ. 7½ ngr.

— Walowna. Novelle. 8. (181 S.) Breslau 847. Kern. ⅚ ℛ

TESCHEDIK Sam[uel]. Statistische Betrachtungen über d. gegenwärtigen Zustand d. Landwesens in Ungarn. [Preßburg] 1787.

Teschedik, Sam., († d. 27. Dec. 1820.) an das ungarische, besonders protestant. Publikum detaillirte Erklär. d. Ursachen des Entstehens u. Einschlafens des ökonom. Industrial-Instituts zu Szarwasch. 8. o. O. (Pesth) 798. Eggenberger. 3 ℋ

— der Landmann in Ungarn, was er ist u. was er sein könnte; nebst e. Plane von einem regulirten Dorfe. 8. Preßb. 784. 20 ℋ Ohne des Verf. Namen unt. d. T.: ökonom.-physikal.-statist. Bemerkk. üb. den gegenwärt. Zustand des Landwesens in Ungarn rc. 8. o. O. (Preßb.) 787. Mahler. 12 ℋ

— Nachr. von d. Anbau u. d. Benutzung des Luzerner Klee's. 8. o. O. u. Jahrz.

Teschedik, Sam., neuer Wiesen-Rectifications-Plan. 8. Ofen 802. Typograph. Soc. 4 ℋ

Teschemacher, le diabète (Diabetes mellitus) et son traitement (d'après 1700 cas observés et traités par l'auteur). Traduit de l'allemand par Maret. (60 S.) gr. 8. Metz 903. P. Müller. n. 1. 40

Teschemacher, Emil, Referendar: Ein Beitrag zur rechtlichen Betrachtung des Abrechnungsverkehrs bei den Abrechnungsstellen der Reichsbank. Stuttgart: Union 1910. VIII, 73 S. 8° ¶ (Aus: Zeitschrift f. d. ges. Handelsrecht. Bd 67.)
Freiburg i. B., Rechts- u. staatsw. Diss. v. 1910, Ref. Rosin
[Geb. 1. Dez. 83 Werden a. R.; Wohnort: Werden; Staatsangeh.: Preußen; Vorbildung: Gymn. Essen Reife O. 02; Studium: Freiburg i. B. 3, Leipzig 1, München 1, Bonn 3 S.; Coll. 6. Juni 10.] [U 11. 1052

**Teschemacher,** Hans Georg, a. Charlottenburg: Das Recht der Unterrichtsanstalten in der juristischen Literatur des alten deutschen Reichs. Heidelberg 1907: J. Hörning. (55 S.) 8°
Heidelberg, Jur. Fak., Ref. Jellinek, Diss. v. 1907
[Geb. 6. Jan. 84 Lodz (Rußland); Wohnort: Charlottenburg; Staatsangeh.: Preußen; Vorbildung: Friedrichs-Werdersches Gymn. Reife O. 02; Studium: Berlin 5, Marburg 2, Heidelberg 1 S.; Rig. 7. Aug. 07.]

**Teschemacher,** Phil. Adolph. (geb. Mayen 27. 3. 1843): De cholera asiatica. Berolini (1867). (32 S.) 8°
Berlin, Med. Diss. v. 2. Aug. 1867

Teschen [Schlagwort]

**Teschen.** Uebersichtskarte der Stadtgemeinde Teschen. 1 : 5760. 40,5 × 46 cm. Farbdr. Teschen 897. K. Prochaska's Sort. n.n. 2. 50

Teschen [Verfasser]

**Teschen,** A. R., die Verhütung der Empfängnis, s.: Gesundheitswacht. 1. Bd.

**Teschen,** W., Schnupftabak, s.: Universal-Bibliothek.

**Teschen,** Wilh., Diätetik des Körpers u. d. Geistes. Ein Ratgeber f. die Familie, insbesondere f. junge Eheleute. 8. (VIII, 177 S.) Bamberg 894. C. C. Buchner, Verl. 2. 50; geb. n. 3. 50

**Teschendorf,** A. v., das gold'ne Buch vom Sool- u. Moorbad Oldesloe in launigen Versen. 12. (72 S.) Lübeck (900). (Oldesloe, L. H. Meyer.) n. — 60

— zur Jahrhundertwende. Des deutschen Volkes Bitte an seinen Kaiser. 8. (15 S.) Hamburg 900. Ebd. n. — 25

— das Rad in Reimen od. Alles was v. seinem Rad Jedermann zu wissen hat. 1.—10. Taus. 12. (139 S.) Kiel 900. Lipsius & Tischer. n. 1. —

**Teschendorf,** Emil [pr. Arzt]: Ein Fall von multiplen Papillomen des Larynx und der Trachea ... Königsberg i. Pr., Druck v. R. Kemmesies, 1893; 27 S., 2 Bl. 8.
Königsberg, Med. Fak., Inaug.-Diss. v. 1. Nov. 1893

**Teschendorf,** Emil, e. Fall v. multiplen Papillomen des Larynx u. der Trachea. Diss. gr. 8. (27 S.) Königsberg 893. (W. Koch.) n. — 80

Teschendorf J. warum sind Elternabende abzuhalten und wie sind sie zweckmässig zu gestalten? (58 S) Dresden 1894

**Teschendorff,** J. A. Gust., Nicodemus, die Entwickelung d. Glaubens an Jesus Christus durch d. lebend. Anschauen seiner Herrlichkeit. Ein Gemälde aus d. Zeit d. Herrn. gr. 8. (18 B.) Berlin 835, Schlesinger'sche Buchh. Thlr.

**Teschendorff,** J. A. Gust., Nicodemus, die Entwicklung d. Glaubens an Jesus Christus durch das lebend. Anschauen seiner Herrlichkeit. Ein Gemälde aus der Zeit d. Herrn. 3. Aufl. gr. 8. (XV, 208 S.) Berlin 872. Schlesinger's Buchh. 3. —

**Teschendorff,** J. A. Gust., Nicodemus, die Entwickelung des Glaubens an Jesus Christus durch das lebend. Anschauen seiner Herrlichkeit. Ein Gemälde aus der Zeit des Herrn. 2. und 3. Aufl. gr. 8. (XV, 208 S.) Berlin 873, Schlesinger's Buchh. [Friedberg und Mode.]

**Teschendorff,** J. A. Gust., Wanderung u. Heimkehr. Eine Dichtung. 8. (8¾ B.) Stettin 837, Nicolaische Buchh.

**Teschendorff,** Toni, Kreuzstich-Muster f. Leinenstickerei. 1. u. 2. Hft. Imp.-4. (à 10 Chromolith.) Berlin, Wasmuth. n. 17. 50
1. 879. n. 7. 50
2. 883. n. 10. —

**Teschendorff,** Toni, Musterblätter f. Holzmalerei. Mit 34 dem prakt. Gebrauche entlehnten Gegenständen, in natürl. Grösse gezeichnet. (11 [1 farb.] Taf. m. III S. Text.) 49,5×33,5 cm. Berlin 881. E. Wasmuth. In Mappe 10. —

**Teschenmacher,** Wern., annales Cliviae, Iuliae, Montium etc. fol. Francf. Nicolai. 721.

Mertyn Lutherussa žywéńe a statki. Sserbskemu ludoju na 10. Novembeŕe 1883 pódaŕone wót J. FR. TEŠCHNAŔA. Hudane wót dolnołužyskego wótrě da Maschize Sserbskeje. Schischcžane pla G. Wenzela we Wórejzach. 1883. 8°.

**Teschner,** Auguste, s. Austin, Arthur. — Begleiter der Bibel.

**Teschner,** Auguste, Grundsätze d. Mädchen-Erziehung, f. Mütter u. Erzieherinnen. gr. 8. (10½ B.) Breslau 829, (Aderholz.)

**Teschner,** Auguste, Lebensbriefe. Mit einer Vorrede von W. F. Besser. 2. Thle. Leipzig 866,67. J. Naumann. gr. 8. (XII, 395 S., IV, 464 S.) Jeder Thl. 1 Thlr 15 ngr.; geb. 2 Thlr

**Teschner,** Auguste, 111 Original-Muster zum Blondiren, Tambouriren, Sticken und zu Etrurischen Arbeiten, im neuesten Geschmack, unter Angabe der richtigen Schnitte gezeichnet. 2r Jahrg. 1834. (11 Steintaf.) qu. gr. Fol. Halle 833. (Buchh. des Waisenhauses.) n. 1⅓ Thlr — Der 1e Jahrg. 1832, kostet Ebd. n. 1⅙ Thlr

— 55 Original-Muster z. Blondiren, Tambouriren u. Sticken, im neuesten Geschmack, unter Angabe der richtigen Schnitte, größtentheils nach der Natur gezeichn. Neujahrsgabe f. 1830. qu. Fol. (10 lithogr. Blätt.) Bresl. 829, Aderholz. auf weiß Pap. 1 Thlr grünes Pap. 1 Thlr 4 Sgr

**Teschner,** Hugo: Das Leinöl mit bes. Berücks. seiner hämolytischen und baktericiden Eigenschaften. Hildesheim 1910. 49 S.
Giessen, Vet.-med. Diss. v. 1910.

**Teschner,** Karl, s. a.: Cornelius, Bodo.

**Teschner,** Karl, die Ermordung der Herzogin v. Praslin u. sonstige Verbrechen, s.: Kriminal-Prozesse aller Zeiten. 12. Bd.

**Teschner,** Karl, freireligiös od. christlich?, s.: Volksschriften zur Umwandlung der Geister.

— das rettende Geld, s.: Weber's moderne Bibliothek. Nr. 60.

Teschner, Karl (Hrsg.) s. Heimath, Die.

— Humoresken, s.: Zastrow, Karl, e. Schwank im Dachstübchen.

— immer lustig, s.: König, Ewald Aug.

— die Junker v. Landstein, s. a. Kürschner's Bücherschatz.

Die Junker von Landstein. Roman v. Karl Teschner. M. Ill. v. W. Roegge. Berlin, Eisenach, Leipzig: H. Hillger [1898]. (128 S.) 1 Bd 8°
(Bücherschatz, Kürschners. No 99.)

**Teschner, Karl,** das Landwehr-Jubiläum. Berlin 863. Verlags-Comptoir. gr. 8. (14 S. mit Holzschn.) 1½ ngr.

**Teschner, C.,** siehe: Lieder der freien Gemeinde.

**Teschner, Karl,** Rafael, s.a. Kürschner's, Jos., Bücherschatz.

Rafael. Roman von Karl Teschner. Mit Ill. von A. v. Schrötter. Berlin, Eisenach, Leipzig: H. Hillger [1899]. (128 S.) 8°
(Bücherschatz, Kürschners. No 137.)

— der Fall Rostin. Der Justizmord v. Toulouse, s.: Kriminal-Prozesse aller Zeiten. 4. Bd.

— ein Schwank im Dachstübchen u. andere Humoresken, s.: Zastrow, Karl, K. v. Prenzlau u. A., Ernstes u. Heiteres aus der Theaterwelt.

— Ungleiche Seelen, s.a. Kürschner's Bücherschatz.

Ungleiche Seelen. Roman von Carl Teschner. Mit Ill. von L. Berwald. Berlin, Leipzig: Hillger [1910]. 96 S. 8°
(Kürschners Bücherschatz. Nr 723.) 10. 14666

Tafelspruch den Schwestern zum Logen-Stiftungsfeste 1855 gewidmet. Ein Erinnerungsblättchen von C[arl] T[eschner?]. [Gera 1855.] 2 Bl. 8° [Kopftit.]
Gedicht: „Da droben, wo des Himmels Kuppel blaut, . . ."

Teschner, Max

**Teschner, M.,** 7½ Prozent Rabatt. Handtabelle zur Berechng. des Skontos f. Bibliotheken m. e. Vermehrungsetat von mindestens 10000 Mk. (2 S. auf Karton.) 33,5 ×24,5 cm. Charlottenburg (907). (H. Golde.) 1. —

7½ Prozent Rabatt. Handtabelle z. Berechnung d. Skontos f. Bibliotheken mit e. Vermehrungsetat von mindestens 10000 Mk. Zsgest. von M[ax] Teschner. Charlottenburg: M. Teschner [1907]. (1 Taf.) 4° [Kopft. F.]
07. 6785

**Tesdorpf, A.** Abriß der Geschichte der kaiserl. deutschen Marine, s. Eisenschmidt's Büchersammlung f. Unteroffiziere u. Mannschaften der Armee u. Marine.

**Tesdorpf, A.,** norddeutscher Binnenfischerei-Rathgeber f. Jedermann. Illustrirte Beschreibg. der Süsswasserfische Norddeutschlands, Fischbrütg., Teichwirthschaft, Fischereigeräthe, sowie Beitrag zur volkswirtschaftl. Bedeutg. der Fischzuchtfrage. Zur Förderg. der Fischzucht f. den Laien zusammengestellt. gr. 8. (VI, 186 S.) Kiel 888. Lipsius & Tischer. geb. n. 5. —

**Tesdorpf, A.,** Ernstes u. Heiteres aus bewegten Lebenserinnerungen e. älteren Seeoffiziers. Kulturbilder älterer Marine-Zeiten. Das Einst u. Jetzt. (259 S.) gr. 8. Neustrelitz 906. (Hamburg, Eckardt & Meßtorff.) n. 2. 80; geb. in Leinw. n. 3. 50

— Geschichte der kaiserl. deutschen Kriegsmarine in Denkwürdigkeiten v. allgemeinem Interesse. gr. 8. (VII, 379 S. m. 2 autotyp. Bildnissen.) Ebd. 889. n. 4. —; geb. n. n. 5. —

— Gewinnung, Verarbeitung u. Handel d. Bernsteins in Preussen von der Ordenszeit bis zur Gegenwart, s.: Studien, staatswissenschaftliche.

— das f. die deutsche Marine unter Kaiser Wilhelm II. bedeutungsvolle Jahr 1889. Die ostafrikan. Ereignisse,
— dasselbe. Das Gefecht bei Apia u. die Schiffskatastrophe v. Apia-Samoa-Inseln,
s.: Eisenschmidt's Büchersammlung.

— zum entscheidenden Kampf um die Militär-Pensionsgesetz-Novelle. Offener, letzter Apell an die beteiligten Regierungsfaktoren, Bundesrat u. Volksvertretg. (14 S.) gr. 8. Neustrelitz 903. Barnewitz' Verl. n. — 50

**Tesdorpf,** Adf., Gutachten üb. den Schulchan aruch, s.: Gildemeister, J.

**Tesdorpf, J.,** kleines Handbuch d. Renten- u. Lebensversicherungs-Rechnungen. gr. 8. (V, 90 S.) Leipzig 895. Jüstel & Göttel. n. 2. —

Tesdorpf, Johann Matthaeus (Lübeck) A. S. 572/28

Dissertatio inauguralis de eo quod iustum est circa incertitudinem pretii in emtione venditione.
Göttingen (Dieterich) 1. IX. 1773. 24 S.

Gew.: Stadt Lübeck. 34231

Tesdorpf, L.: Kataloge über wissenschaftliche Präcisionsinstrumente. Stuttgart 1904.

Tesdorpf, L.: Universal-Indikator mit kühlliegender Außenfeder. Stuttgart 1904.

**Tesdorpf,** Louise, s. Strand, Gabriele.

Einbürgerung des Muffelwildes (Mouflons) auf dem europäischen Festlande. Von Oscar L. Tesdorpf. Hamburg: Selbstverl. 1910. 68 S. 4° 10. 15111

Mittheilungen über das **Tesdorpf**'sche Geschlecht (v. Oscar L. Tesdorpf. Hamburg. 1887.) 8°

**Tesdorpf,** Osc. L., aus Urgroßmütterchens Tagebuch. Eine Erzählg. aus dem J. 1806. 12. (83 S.) Hamburg 893. (H. Seippel.) Geb. n. 2. —

— hamburgische Wappen u. Genealogien, s.: Meyer, Ed. Lorenz.

**Tesdorpf, Paul,** Beiträge zur Würdigung Charles Perrault's u. seiner Märchen. (86 S.) 8. Stuttgart 910. W. Kohlhammer. 2. —

Henriette Keller-Jordan. Nachruf von Dr. Paul Tesdorpf. Nebst 3 Vollbild. Stuttgart: Kohlhammer 1909. 27 S. 8°

TESDORPF, Paul H. (Lübeck): Beschreibung und Erklärungsversuch einer mit "amniotischen Bändern" behafteten menschlichen Missbildung. Mit 2 Fig.-Taf.- München: Wolf 1885. 52 S.
7.8.1885 - Urk (Titel: De monstro humano.); Chr 1883/84,13
Diss. Ingolst.-Landsh.-Mchn.

Tesdorpf, Pt. Hnr., († d. 7. Juli 1778.) Versuch einer Beschreib. des allerschönsten u. beinah allerkleinsten Vogels, der unter d. Namen Colibri bekannt ist. 4. Lübeck 754. . . . 4 gr

Tesdorpf, W., Gewinnung, Verarbeitung und Handel des Bernsteins in Preussen von der Ordenszeit bis zur Gegenwart, s. Studien, staatswissenschaftliche.

Tesdorpf, W., der Römerzug Ludwigs d. Baiern 1327—1330. gr. 8. (84 S.) Königsberg 885. (Koch & Reimer.) n. 1. 20

Tesdorpf, W., s. Versammlungen, Hundert, der Königsberger geographischen Gesellschaft 1881–1898.

Tesdorpf, W., d. Wiederherstellung d. Marienburg. Vortrag, geh. in d. kgl. deutschen Gesellschaft zu Königsberg i. Pr. am 28. Febr. 1895. M. e. Anh.: Zusammenstellung der Litteratur üb. d. Marienburg. gr. 8. (36 S.) Königsberg 895. W. Koch. n. —60

Tesdorpf, Wilhelm: Die Angliederung einer zweiklassigen 'Frauenschule' an die Städt. Höhere Mädchenschule zu Hildesheim. Hildesheim 1909: Gerstenberg. S. 3—5. 8°
Hildesheim, st. HT P 1909 [141] [S 09. 467

Tesdorpf, Wilh., Bilderatlas zur Einführung in die Kunstgeschichte. 76 Taf. (S.) m. 324 Abb. in Schwarz- u. Farbendr. (Mit IV S. Text.) 33×24,5 cm. Eßlingen 909. P. Neff. Kart. 3.—; geb. in Leinw. 4.—

Tesdorpf, *Wilhelm* [Dr., Oberl.]: John von Collas ein preussischer Ingenieur und Baumeister des 18. Jahrhunderts und seine Zeichnungen von Schlössern des Deutschen Ordens im Samlande. E. Beitr. z. Baugesch. d. Prov. Ostpreussen. M. 10 Taf. in Autotyp. Königsberg i. Pr., in Komm. bei W. Koch, 1892; 74 S., 1 Tab., 2 Bl., 10 Taf. 8.
Königsberg i. Pr., Luisen-S, OP 1892

Tesdorpf, W., John v. Collas, e. preussischer Ingenieur u. Baumeister d. 18. Jahrh., u. seine Zeichnungen v. Schlössern d. deutschen Ordens im Samlande. Ein Beitrag zur Baugeschichte der Provinz Ostpreussen. gr. 8. (78 S. m. 1 Tab. u. 10 autotyp. Taf.) Königsberg i/Pr. 892. (W. Koch.) n. 2. —

Tesdorpf, Wilhelm: Festschrift zur Feier des 50jährigen Bestehens der Städtischen Höheren Töchterschule zu Hildesheim 1858—1908. Hildesheim 1908: Gerstenberg. 165 S. 8°
Hildesheim, st. HT P 1908 [141] [S 08. 479

Tesdorpf, [Wilhelm]: Gedächtniszahlen für den Geschichtsunterricht. [Nebst] Einige wichtige Zahlen für den erdkundlichen Unterricht. Danzig 1910: Kafemann. S. 1—6. 4°
Danzig, Viktoria-S, st. HM m. Lehrerinnen-Sm OP 1910 [59]
[S 10. 441

Tesdorpf, Wilh., Gedichte z. Auswendiglernen, s.: Leimbach, Karl.

— Leitfaden f. den kunstgeschichtlichen Unterricht in der höh. Mädchenschule. (83 S.) 8. Ebd. 909. Kart. 1.—

— deutsches Lesebuch f. höh. Mädchenschulen, s.: Pilmer.

Tesdorpf, Wilhelm, Direktor Dr.: Die kunstgeschichtliche Lichtbildersammlung der Städtischen Höheren Töchterschule zu Hildesheim. Hildesheim 1905: Gerstenberg. (S. 1—38.) 8° [F.]
Hildesheim, st. HT P 1905 [131]

(Tesdorph, Ad.), Ideen über die augenblicklichen Zustände Deutschlands, und die Maßregeln, welche sein Wohl am besten befördern dürften. Dem deutschen Parlament gewidmet von einem Hamburger Kaufmann. Hamburg 1848. 15 S. 8°.

*Tesdorph*, Jo. Matth., Diss. inaug. jur. de eo quod justum est circa incertitudinem pretii in emtione et venditione. 4. Götting. 773. Dieterich. 2 gr

Tešica [Sachliches OW]

Tešica, Zone 32 col. 25. [Specialkarte von Serbien.] 1 : 75.000. 55 × 39 *cm* Wien: Lechner (Müller) 1902.

Tesica [Schlagwort]

Tešica, s.: Serbien.

Teske, Dr. ..., Geschichte der Stadt Stargard. gr. 8. Stargard 843. Hendeß. 1 ℳ

Teske, Andreas Hermann (Bergzow) U.S. Halle 1713/4

Dissertatio prior de ortu animae humanae a deo, non per essentialem emanationem, sed per creationem, ... Petro Poiret opposita. Präs. Joachim Lange. Halle (Henckel) 10. XI. 1713. 24 S.
34232

Teske, C., das Wappen derer v. Bassewitz. 9 (farb.) Taf. Orig.-Zeichngn. in verschiedenen Stilarten. 4. (7 S. Text.) Neustrelitz 890. (Güstrow, Opitz & Co.) In Mappe. n.n. 24. —

— die Wappen der Großherzogthümer Mecklenburg, ihrer Städte u. Flecken. Mit 55 Orig.-Wappenzeichngn. u. 414 Siegel-Beschreibgn. gr. 4. (VIII, 87 S. m. 8 farb. Taf.) Görlitz 885. C. A. Starke. Kart. n. 20. —

— die Wappen des großherzogl. Hauses Mecklenburg in geschichtlicher Entwickelung. Im Allerh. Auftrage Sr. königl. Hoh. des Großherzogs Friedrich Franz v. Mecklenburg-Schwerin bearb. u. gezeichnet. gr. 4. (XI, 94 S. m. Abbildgn., 4 Stammtafel-Tab., 23 farb. u. 9 photogr. Wappentaf.) Güstrow 893. Opitz & Co. In Leinw.-Mappe. n.n. 60. —; in Saffianleder-Mappe n.n. 90. —

Teske, C., das mecklenburgische Wappen v. Lucas Cranach d. Ä., die Bücherzeichen (ex libris) des Herzogs Ulrich zu Mecklenburg u. Anderes. hoch 4. (12 S. m. 22 Abbildgn.) Berlin 894. J. A. Stargardt. n. 6. —

— das Wappen derer v. Oertzen. 9 (farb.) Taf. Orig.-Zeichngn. in verschiedenen Stilarten. 4. (7 S. Text.) Ebd. 890. In Mappe. n.n. 24. —

Teske, G. Ch. Ueb. zweckmäßige Einricht. von Parallel-Klassen an Gymn. 18 S.
Progr. Stargard 1837

Teske, G. Ch. Ueber eine Stelle in Sophokl. Ajax (vs. 172 ff.). 7 S.
Stargard, Progr. 1829

Teske, Gottl. Chrst. Das erste Auftreten Bischof Ottos in Pommern. Eine Untersuchung zur Vorgeschichte Stargards. 16 S.
Stargard, Progr. 1842

Johann Gottfried Teske

Io[annes] Godofredus Teske: De Igne ex chalybis silicisque collisione nascenti, Von dem gewöhnlichen Feuer-Schlagen, so vermittelst des Stahls und Steines geschicht. [Resp.:] Georg[ius] Christoph[orus] Casseburg. Regiomonti (1729): Reusner. 22 S. 8°

Königsberg, Phil. Diss. v. 22. Febr. 1729

— Diss. de phialis vitreis ab illabente minimo silice dissilientibus. 4. Königsb. 751,

**Teske, Jh. Gf.,** († d. 25. Mai 1772.) Versuch im Kuriren d. Zahnschmerzen mittelst magnet. Stahls. 8. Königsb. 765. Hartung. 2 gr

**Teske,** Jo. Gttf., Neue Versuche in Curirung der Zahnschmerzen vermittelst eines magnetischen Stahls. Königsb. 8°. *Haller*, Bibl. chir. II, 512.

1765

**Teske, R[ichard]:** Beiträge zur Pflege des Kunstsinnes am Gymnasium. (Erfurt 1908: Bartholomäus.) 46 S. 4°
Erfurt, k. G OP 1908 (307) [S 08. 480

**Tesko, Wilh. — Ein gefährlicher Mensch. Komisches Charakterbild mit Gesang in 3 Akten vom — —. Als Manuskript gedruckt. Musik vom Kapellmeister Franz v. Suppé. Wien, 1857. Dr. von M. Lell. (49 S. 6.)**

Tesla, Nik., Experimente m. Strömen hoher Wechselzahl u. Frequenz, s.: Fodor, Etienne de.

**Tesla's, Nikola,** Untersuchungen üb. Mehrphasenströme u. üb. Wechselströme hoher Spanng. u. Frequenz. M. bes. Berücksicht. s. Arbeiten auf d. Gebieten d. Mehrphasenstrommotoren u. d. Hochspannungsbeleuchtg. zusammengest. v. Thom. Commerford Martin. Autor. deutsche Ausg. v. H. Maser. gr. 8. (X, 508 S. m. Bildn. u. 313 Abb.) Halle 895. W. Knapp. n. 15. —

**de Tesmar,** Henr. (geb. Trzebiatkow in Pomm. 22. 2. 1826): De intestinorum ulceribus. Berolini (1858). (30 S.) 8°
Berlin, Med. Diss. v. 14. Okt. 1858

**Tesmer,** Gottlieb [aus Burgdorf (Hannover)]: Zur Geschichte der Lehre von den Fortpflanzungsarten im Tierreiche. . . . Leipzig, Druck v. Gressner & Schramm, 1889; 47 + 1 S. 8°
Leipzig, Phil. Fak., Inaug.-Diss. v. 13. Sept. 1889

**Tesmer,** Hermann [aus Wittenberge]: Ueber die Einwirkung von Phenylcyanat auf Polyhydroxylverbindungen . . . . Berlin, Buchdr. v. Gustav Schade (Otto Francke), 1886; 39 S. 8°.
Freiburg i. B., Phil. Fak., Inaug.-Diss. v. 1886.

Tesmer, Hermann, über die Einwirkung von Phenylcyanat auf Polyhydroxylverbindungen. Diss. Freiburg i. B. 1886, Fr. Wagnersche Univ.-Buchh. 8°. 39 S.

**Tesnière,** A., C. ss. R., Handbuch d. Anbetg. d. heiligsten Altarssakramentes. Uebers. v. e. Priester d. Diözese St. Gallen. 2 Tle. 3. Aufl. 8. Feldkirch 896. Lindau, J. Lutz. n. 4. —;
Leinw.-Einbde. in 2 od. 1 Bd. geb. n.n.n. — 90
1. (224 S.) n. 1. 50; Einbd. n.n.n. — 40
2. (359 u. IV S.) n. 2. 50; Einbd. n.n.n. — 50

**Tesnière, A., C. Ss. R., Handbuch der Anbetg. des heiligsten Altarssakramentes. Uebers. von e. Priester der Diözese St. Gallen. 2 Bde. 4. Aufl. gr. 8. (183, 340 u. IV S.) Lindau 899. J. Lutz. n. 2. 60; in 1 Leinw.-Bd. n. 3. 20**

**Těsnopis český.** Sestaven komisí Pražského spolku stenografů. Prag 864. Lehmann in Comm. gr. 8. (VIII, 104 S.) n. 20 ngr.

— — dle soustavy Gabelsbergerovy sestavený od sboru sedmi členů Pražského spolku stenografů. Ebend. 863. 8. (79 S.) n. 16 ngr.

**Tesoro** dei fanciulletti. Avviamento alla lettura con 8 tav. lit. Triest 862. Coen. qu. 8. (47 S.) cart. n. 20 ngr.

**Tesoro** lirico. Scelta di poesie italiane. 32. (159 S.) Leipzig 877. Lenz. — 75; geb. n. 1. 25

Tesoro lirico. Scelta di poesie italiane. 2a ediz. 64. (161 S.) Leipzig 883, Lenz. 75 Pf.; geb. * 1 25

**Tesoro** della Prosa Italiana dai primi tempi della lingua fino ai di nostri novamente ordinato da Eug. Albèri. Volume unico. Ediz. II. Lex.-8. Firenze 841. (München, Franz.) n. 7 1/3 ψ

***Tessaneck*, Frz., commentarius in sacram scripturam. 4. Prag 774.**

— elementa philosophiae moralis. 8. Ollmütz 764.

— institutiones physicae. II Ptes. 8. Ollmütz 767, 68.

**Tessanek, Jh.,** († d. 22. Juni 1788.) Beantwortung der in der allgem. deutschen Bibliothek enthaltenen Beurtheil. seiner Methoden, die Theile der Zahlen zu suchen, wie auch seiner Betracht. üb. die doppelte Regel Falsi. 8. Prag 777.

— comment. in Is. Newtoni principia mathematica philosophiae naturalis, Sect. I—V. exposita c. fig. 8. Prag 769. 5 thlr 20 gr

Tessaneck, I., comment. in Is. Newtoni principia mathematica philosophiae naturalis. cum fig. II Tmi. 4. Prag. 780.

— Miscellanea mathematica. 8. Prag 764 u. 769.

— s. Isaak Newton, philosophiae natur. etc.

— Pertractatio elementorum calculi integralis. 8. Prag 771.

— Pertractio quorundam modorum quaestiones geometricas resolvendi. 8. Prag 770.

— sectiones conoidum. 8. Prag 764.

**Tessaradekas** [Τεσσαραδεκας], s. Kirchenbibliothek, allgemeine.

Tessari, Lodovico: Elementa chymiae in aphorismos digesta. Edidit, correxit, auxit, illustravit Fr(anz) X(aver August) von Wasserberg. 216 S., gbd., 3 Tab.

Vindobonae: Bader 1775

JB 283

Sonate (C-Dur) von Carlo Tessarini (1690–1762). Bearb. von A(lfr.) Moflat. (Berlin: N. Simrock 1899.) (10 S.) 4°
(Meisterschule d. alten Zeit. No 11.)

**Tesse, Theodore S.** [aus Lausanne]: Dampfspannkraftsmessungen an Abkömmlingen des Benzols und über die Bedeutung solcher Messungen für die Lehre von den Siedepunktsregelmässigkeiten. Basel 1896. 109 S. 8°. 2 Tafeln.
Basel. Phil. Diss. 1896/97.

**Tesselschade. Jaarboekje voor 1840. (Bijeenverzameld door E. J. Potgieter. Met Vignet en 6 Platen, op staal gegraveerd.) 16. Amsterdam 840. Frijlink. (Leipzig, T. O. Weigel.) n. 3 5/6 ♯**

**Rede über den Verlust des [Br.] J. F. Zöllner gehalten vom B. [Joh. Jak.] de Tessen in der am 29. Dec. 1804 gefeierten Trauerloge am Or. des bekränzten Cubus zu Gnesen. Posen [1804]: Decker & Co. 10 S. 4⁰ [Umschlagtit.]**

**Tessen-Węsierski,** Frz. v., der Autoritätsbegriff in den Hauptphasen seiner historischen Entwicklung. VII, 143 S.) gr. 8. Paderborn 907. F. Schöningh. 2, 80

**de Tessen-Węsierski,** Franciscus [lic. s. theol.]: De tribus episcopis Slesvicensium a sede condita primis ... Paderbornae, F. Schoeningh, 1895; 2 Bl., 50 S. 8.
Breslau, Kath.-theol. Fak., Hab.-Schr. v. 1895

**Tessen-Węsierski, Frz. de, de tribus episcopis slesvicensium a sede condita primis.** gr. 8. (50 S.) Paderborn 895. F. Schöningh. n. — 80

**Tessen-Węsierski, Frz. v.,** die Grundlagen d. Wunderbegriffes nach Thomas v. Aquin, s.a. Jahrbuch f. Philosophie etc. 5. Erg.-Hft.

**Tessen-Wesierski, Franz von,** Die Grundlagen des Wunderbegriffes nach Thomas von Aquin. Paderborn, F. Schöningh, 1899, gr. 8°, 142 S., 3 Mk.
Ergänzungsheft 5 zum „Jahrb. f. Philos. u. spekul. Theol.". Ebendas. Recens. v. Schanz, Theol. Quartalschr. 1901, S. 129—31.

**Tessenberg,** Leo, die Rheda v. Rothenhof. Roman aus der Gegenwart. gr. 8. (565 S.) Stuttgart 893. Strecker & Moser. n. 5. —

**Tessendorf, Herr,** u. die deutsche Social-Demokratie. Socialisten-Prozeß, verhandelt am 16. u. 18. März vor dem Stadtgericht zu Berlin. Nach stenographischer Aufnahme. 8. (72 S.) Berlin 876. Allg. deutsche Associations-Buchdruckerei. n. — 40

**Tessendorf** (Herr) und die deutsche Socialdemokratie. Socialisten-Process, verhandelt am 16. und 18. März vor dem Stadtgericht zu Berlin. Nach stenogr. Aufnahme. kl.-8⁰. Berlin, H. Rackow, 1875.

**Tessenow,** Heinr., der Wohnhausbau. Mit 21 Abb. im Text u. 45 teils farb. Taf. (IV, 32 S.) 31×24,5 cm. München (909). G. D. W. Callwey. In Leinw.-Mappe 15.—; geb. 16. —

— Zimmermanns-Arbeiten. (40 Taf. u. Text 16 S. m. 9 Abb.) 32×23 cm. Ebd. (910). In Halbleinw.-Mappe 15. —

**Tessié du Motay,** über die comprimirte Luft, s. Andraud.

**Tessien, H.,** Zur Fauna der Nieder-Elbe. Verzeichniß der bisher um Altona und Hamburg gefundenen Schmetterlinge. Mit Angabe der Fundorte und sonstigen Bemerkungen. 4. (IV und 20 S.) Hamburg 855, G. W. Niemeyer. *

—— und B. Endrulat, Zur Fauna der Nieder-Elbe, s. Endrulat.

Tessier s.a. Tissière.

**Tessier, ...,** Abbild. u. Beschreib. e. ökonom. Maschine um Kartoffeln, Rüben u. dergl. klein zu schneiden u. ein gesundes Viehfutter daraus zu bereiten; aus d. Französ. Mit 1 Kpf. 4. Leipz. 803. Gr. Fleischer. 8 gr.

*Tessier, ...,* Vie d'Ernest le pieux, Duc de Saxe. N.'Ed. revuë, corrigée et augm. 12. Halle 779. Waisenhaus-B. 2 gr.

(Bibliothek Tessier.) **Katalog** eines grossen Theils der Bibliotheken des verstorbenen Cavaliere **Andrea Tessier** und des Marchese de *** Versteigerung ... 1900. *München: J. Rosenthal (1900).* (120 S.) 8° [... 464]

**Tessier, Henri Alexandre.**
Bemerkungen über Hofwyl auf einer Reise 1800; a. d. Franz. ... Görlitz 1812. Ü: *Stölzer, Christian August von.* (Ky) (MGT)

— **Bemerkk. üb. Hofwyl auf einer Reise 1800. Aus d. Französ. (v. Chr. A. Stölzer). 8. Görlitz 812.**

Tessier, [Henri Alexandre]: Über die Schaafzucht insbesondere über die Race der Merinos ... Ins Deutsche übertr. mit Anm. u. Zusätzen von W. Witte. Mit 6 Kupfertaf. Berlin 1811. XVIII, 242 S.

— **üb. die Schafzucht, besond. üb. die Race der Merinos. Ins Deutsche übertragen mit Anmerkk. u. Zusätzen von W. Witte. Mit 6 Kpft. gr. 8. Berl. 811. Dümmler. 1 ℳ 18 gr.**

Tessin [Sachliches OW]

**Tessin, Der Kanton;** ein Beitrag zur Erklärung der dortigen Verhältnisse; ... Zürich 1890. V: *Müller-Allemand, Hnr.* (Zuwachsverz. d. Bibl. Zürich 1898 ff. 8.)

**Tessin,** der Kanton. Ein Beitrag zur Erklärg. der dort. Verhältnisse. Von e. Deutschschweizer. gr. 8. (13 S.) Zürich 890. C. Schmidt. n. — 40

**Tessin, Puschlav und Brüs im Verband mit den lombardischen Diöcesen Mailand und Como,** die Bestrebungen um Lostrennung von denselben u. deren Anschluss an ein schweizerisches Bisthum. Ein Beitrag zur Beleuchtung der Trennungsfrage. St. Gallen 861. Scheitlin & Zollikofer. gr. 8. (159 S.) n. 18 *ngr.*

Tessin und die graubündner'schen Gemeinden Puschlav und Brüs ... St. Gallen 1860 s.a. [Hungerbühler, Johann Matthias].

**Tessin** und die graubündner'schen Gemeinden Puschlav und Brüs im Verband mit den lombardischen Diöcesen Mailand und Como. St. Gallen 1860. V: *Hungerbühler, Johann Matthias.* (zuwzür 1912)

**Tessin** und die graubündnerischen Gemeinden Puschlav und Brüs im Verband mit den lombardischen Diöcesen Mailand und Como ... St. Gallen 1860. V: *Hungerbühler, Mathias.* (AarK)

Tessin [Schlagwort]

**Tessin,** s.a. Deutschland. Kürschner-Pelp.

**Tessin,** s.a. Wallis.

**Tessin.** Ziegler, J. M., Karte des Cantons Tessin. 1 : 150,000. (In deutscher u. italien. Sprache.) Neue Ausg. 1894. 67×50 cm. Kpfrst. u. kolor. Zürich 894. J. Meier. Auf Leinw. n. 4. 20

**Tessin. Ziegler, J. M., Karte des Kantons Tessin. Neue rev. Aufl. 1 : 150,000. 66,5×50 cm. Farbdr. Zürich 906. Geograph. Institut v. J. Meier. n. 3. —;**

Tessin [Verfasser]

Tessin, Reden im schwedischen Seraphinen-Ordens-Capitel gehalten. 8. Lübeck. (Gleditsch in Leipz.) 780. — 4

**Tessin,** Georg: Über Eibildung und Entwicklung der Rotatorien .... (Sep.-Abdr. aus: Zeitschrift f. wiss. Zoologie. Bd. XLIV.) Leipzig, Wilhelm Engelmann, 1886; 32 S. 8°.
Rostock, Phil. Fak., Inaug.-Diss. v. 2. März 1886.

[TESSIN, CARL GUSTAF GRAF VON]. Briefe an einen jungen Prinzen von einem alten Manne. Aus dem Schwedischen übersetzet. Leipzig, B. Chr. Breitkopf, 1754. 8°. — Vortitel: Eines jungen Herrn Antworten auf eines alten Mannes Briefe im 1753sten Jahre. Aus dem Schwedischen übersetzet. — 1 Bl. X, (2), 400 S. *Mit einer Illustration im Text.* Beriebener und ladierter Ld. d. Z.

**Tessin, Carl Gustaf grefve.**
Lettere scritte al principe reale di Suezia ... Trad. ... Berna 1759. Ü: *Tscharner, Beatus.* (BrMm)

TESSIN, Wilhelm v.: Anleitung zur praktischen Geometrie für untere Forstbediente, Jäger und Feldmesser, die sich selbst belehren wollen. - Tübingen 1818. XII, 127 S., 80 Fig.

— Anleit. zur prakt. Geometrie f. untere Forstbediente, Jäger u. Feldmesser, die sich selbst belehren wollen. Mit 20 Figuren. 8. Tübing. 818. Osiander. 12 gr

TESSIN, Wilhelm v.: Forststatistik von Würtemberg. - Tübingen 1823. XII, 431 S., 1 geognost. Forst-Charte v. Würtemberg

v. Tessin, (W.,) Forststatistik v. Württemberg. Mit 1 Charte. gr. 8. Tüb. 823. (Osiander.)

v. Tessin, W.. Forststatistik von Würtemberg. **Mit 1 Karte.** gr. 8. Tübing. 825. (Osiander). 2 ℛ 6 gr

**Tessin-**Bützow, G., Rotatorien der Umgegend v. Rostock. [Aus: „Archiv d. Freunde d. Naturg. in Mecklbg."] gr. 8. (42 S. m. 2 Doppel-Taf.) Güstrow 890. (Opitz & Co.) n. 1. 50

TESSLER, Josef: De dono linguarum in ecclesia primaeva. — (1841) 110 S. 4° (Handschr.) Diss. 54
Diss. Wien, Univ.

Tessmann, *Ernst* Alfred [aus Elbing]: Aelfrics altenglische B e a r b e i t u n g der Interrogationes Sigewulfi presbyteri in Genesin des Alcuin. ... Berlin: Druck v. G. Bernstein 1891. 38 S., 2 Bl. 8°
Berlin, Phil. Fak., Inaug.-Diss. v. 26. Jun. 1891.

**Tessmann,** Günth., neue u. seltene Schmetterlinge aus der Umgegend v. Stavenhagen. gr. 8. (S. 127—187.) Güstrow (902). Opitz & Co. n. — 80
**Sonderabdruck aus: „Archiv d. Ver. d. Freunde d. Naturgeschichte in Mecklenburg".**

**Tessmann, Günth., Verzeichnis der bei Lübeck gefangenen Schmetterlinge. Neue u. seltene Schmetterlinge aus der Umgegend von Stavenhagen. (S. 127—187.) gr. 8. Lübeck 903. Lübcke & Nöhring. n. 1. 50**
**Sonderabdruck aus: „Archiv d. Ver. d. Freunde d. Naturgesch. in Meckl."**

**Tessmann,** Max, Zahnarzt: **Beiträge** zur Entwicklungsgeschichte der Cirripedien. Mit 2 Taf. *Berlin [1904]: A. W. Hayn's Erben.* (37 S.) 8°
Leipzig, Phil. Diss. v. 1904

**Tessmar,** C. H., Gebührenordnung für Rechtsanwälte vom 7. Juli 1879. Mit Anmerkungen, enth. den Wortlaut aller angezogenen gesetzl. Vorschriften, u. Tabellen, sowie Sachregister hrsg. 8. (V, 72 S.) Berlin 879. v. Decker. cart. n. 1. —

**—— Gerichtskostengesetz vom 18. Juni 1878. Zum Gebrauche für die Gerichte und Gerichtsschreibereien, mit Anmerkungen, enth. den Wortlaut der angezogenen gesetzl. Vorschriften, mit vollständ. Tabellen und einem Sachregister hrsg. 8. (III, 104 S.) Ebendas. 879. cart. ***

**Tessmar,** Carolus Herrm(annus)[!]: De cardialgia. Halae (1839): Ploetz. 22 S. 8°
Halle-Wittenberg, Med. Diss. v. 18. März 1839
Geb. Anklam (Pomm.) 25. 11. 1815. V.

**Tessmar,** (Carl Hugo) (geb. Koslin 19. 8. 1821): De eclampsia gravidarum, parturientium, puerperarum. Berolini (1847). (31 S.) 8°
Berlin, Med. Diss. v. 24. Apr. 1847

**Tessmer's** Nachrichten. Zeitschrift f. Anknüpfg. neuer Geschäftsverbindgn. im In- u. Auslande. 2. Jahrg. 1902. 52 Nrn. hoch 4. (à ca. 8 S.) Berlin, R. Tessmer. n. 20. —
**Vergl.: Firmen, neue.**

**Tessmer's Nachrichten.** Zeitschrift f. Anknüpfg. neuer Geschäftsverbindgn. im In- u. Auslande. 3. Jahrg. 1903. 52 Nrn. (à ca. 8 S.) Fol. Berlin, R. Tessmer. 30. —
**Erscheinen nicht mehr.**

12 neue Missionslieder. Von [Friedrich Wilhelm August] **Teßmer,** Pastor in Gützlaffshagen. Bevorw. von Superint. [Hermann] Petrich in Gartz. Berlin: Ev. Missionsgesellch. in Komm. [1908]. (12 S.) 8° [F.] (08.6398

[F.] Anweisung zur Kassen- u. Buchführung für die den Haupt-Zoll- u. Haupt-Steuerämtern untergeordneten Hebestellen vom 3. Febr. 1880. Unt. Benutzg amtl. Quellen im Selbstv. hrsg. v. [Robert] **Tessmer,** Kgl. Zoll-Rendant ... *Greifswald: Buchdr. C. Sell 1898.* (V, 197 S.) 1 Bd 8.
(98 7631 (...)

**Teßmer,** Anweisg. zur Kassen- u. Buchführung f. die d. Haupt-Zoll- u. Haupt-Steuerämtern untergeordn. Hebestellen v. 3. II. 1880. Unt. Benutzg. amtl. Quellen hrsg. gr. 8. (V, 197 S.) Greifswald 898. (Harburg, G. Elkan.) n.n. 2. 50; geb. n.n 2. 80

**Teßmer,** R., s.: Dienst-Kalender der Zoll- u. Steuer-Beamten.

F o r m u l a r b u c h f. die Zoll- u. Steuerbeamten der sämmtlichen Bundesstaaten des deutschen Reiches, sowie des Grossh. Luxemburg u. d. deutschen Kolonien in Afrika. Jg. 1899. E. Sammlg v. 122 Mustern üb. Fragen aus d. Gebiete d. indirekten Steuern ... Unter gütiger Mitw. hervorrag. Steuerbeamten bearb. v. [Robert] Tessmer. Greifswald: Dr. v. H. Adler 1899. (VIII, 179 S.) 1 Bd 8°

— d. deutsche **Reichsgesetz** v. **24. Juni 1887,** betr. d. Besteuerg. d. **Branntweins** m. d. Ausführungsvorschriften d. Bundesraths, sow. d. f. d. abgeänd. Gesetz v. Bedeutg. geblieb. Verfüggn. d. kgl. preuß. Finanz-Ministeriums. Unt. Benutzung amtl. Quellen hrsg. gr. 8. (143 S.) Greifswald 895. L. Lehmann. n. 2. —; geb. n. 2. 50

**— dasselbe, m. f. Abänderg. v. 16. VI. 1895, nebst d. Ausführungsvorschriften d. Bundesraths u. d. f. d. abgeänd Gesetz v. Bedeutg. geblieb. Verfüggn. d. kgl. preuß. Finanz-Ministeriums. Unt. Benutzg. amtl. Quellen hrsg. 2., bedeut. verm. u. verb. Aufl. gr. 8. (308 S.) Greifswald 898. J. Abel. n. 2. 75; geb. in Leinw. n. 3. 50**

— die deutschen Reichsgesetze betr. die Besteuerung des Branntweins vom 24. VI. 1887 u. vom 8. VII. 1868 u. betr. die Steuerfreiheit des Branntweins zu gewerbl. Zwecken vom 19. VII. 1879 m. den vom 1. X. 1900 ab gültigen Ausführungsbestimmgn. Nach amtl. Quellen zum Gebrauche f. Beamte u. Gewerbetreibende hrsg. 3. Aufl. 12. (V, 334 S.) Greifswald 901. J. Abel.
Geb. in Leinw. n. 3. 20; durchsch. n. 4. 50

Teßmer, d. preußische Stempelsteuergesetz v. 31. Juli 1895. Text-Ausg. m. ausführl. Erläutergn., Tabellen zur Berechng. der prozentualen Stempelabgaben u. e. Sachreg. Nach amtl. Quellen bearb. 8. (IV, 235 S.) Ebd. 896. Kart. n. 2. —

— dasselbe. Anh., enth.: Entscheidgn. des Reichsgerichts, Ministerialerlasse u. Winke aus d. Praxis. 8. (63 S.) Ebd. 897. n. — 50

Die Zollabfertigung im Hafen. Eine übersichtl. Zusammenstellung d. sämmtl., in Geltung befindl. Vorschriften f. d. Zollabfertigungsdienst im Hafen. Nach amtl. Quellen von [Robert] Tessmor, Zollrendant zu Greifswald. *Greifswald 1901: H. Adler.* (VIII, 135 S.) 8° [T.] [ol. 7316]

— die Zollabfertigung im Hafen. Eine übersichtl. Zusammenstellung der sämmtl., in Geltung befindl. Vorschriften f. den Zollabfertigungsdienst im Hafen. Nach amtl. Quellen zum Gebrauche f. Beamte u. Gewerbetreibende hrsg. 12. (VIII, 134 S.) Greifswald 901. (L. Bamberg.) n. 1. 50

— die Zoll- u. Steuer-Kredite. Nach amtl. Quellen zum Gebrauche für Beamte, Kaufleute u. die Handelsschulen bearb. (95 u. 27 S.) 8. Berlin 904. Imperium. n. 1. —; geb. n. 1. 40

— der deutsche Zolltarif vom 25. XII. 1902 m. den auf den Handelsverträgen des Deutschen Reichs m. Belgien, Italien, Oesterreich-Ungarn, Rumänien, Rußland, der Schweiz, Serbien u. dem vereinigten Königreiche v. Großbritannien u. Irland sowie den brit. Kolonien u. auswärt. Besitzgn. m. Ausnahme v. Kanada beruhenden Bestimmungen. Nach amtl. Quellen bearb. (124 S.) kl. 8. Oranienburg (906). W. Möller. Geb. in Leinw. n. 1. —

— Zolltarifgesetz vom 25. XII. 1902, nebst dem zugehörigen Zolltarif u. den vom Bundesrate festgestellten Tarasätzen u. e. alphabetischen Verzeichnis der im Zolltarif aufgeführten Waren. 2. Aufl. Nach amtl. Quellen bearb. zum Gebrauch f. Beamte u. Kaufleute. (IV, 255 S.) kl. 8. Ebd. (906). n. — 75; geb. n. 1. —

— Zolltarifgesetz v. 25. XII. 1902, nebst dem zugehörigen Zolltarif u. den vom Bundesrate festgestellten Tarasätzen u. e. alphabet. Verzeichnis der im Zolltarif aufgeführten Waren. 8. Aufl. Nach amtl. Quellen bearb. zum Gebrauch f. Beamte u. Kaufleute. (IV, 255 S.) kl. 8. Oranienburg (907). W. Möller. 1.—; geb. 1.50

Teßnow, H.: Ill. Katalog landwirthschaftlicher und gewerblicher Geräthe. Berlin (1898?)

Testa, A. G., s. Testa, Ant. Jos.

Testa, (Antonio) Giuseppe: Bemerkungen über die periodischen Veränderungen und Erscheinungen im kranken und gesunden Zustande des menschlichen Körpers. (De vitalibus periodis aegrotantium et sanorum seu elementa dynamicae animalis. Dt.) Eine freye Uibersetzung aus dem Lateinischen. 408 S., gbd.

Leipzig: Weygand 1790

JB 2.291

Testa, Ant. Jos., Bemerkk. üb. die Veränderr. u. Erscheinungen im kranken u. gesunden Zustande des menschl. Körpers. gr. 8. Leipz. 790. Weygand. 1 Thlr. 8 Gr. (Trattner in Wien). 14 Gr.

— üb. die Krankheiten des Herzens. Ein Auszug aus d. Italien., mit Anmerkk. v. Kurt Sprengel. 1r Theil, welcher die 3 ersten Bände d. Urschrift umfaßt. gr. 8. Halle 813. Gebauer. 2 Thlr. 6 Gr.

Testa, Gherardi del

Testa, s. a. Gherardi del Testa.

Testa, G. del, il vero blasone, s. Biblioteca italiana.

—— le conscienze elastiche, s. Biblioteca moderna italiana.

Testa, Gherardi del, Gold u. Flittergold, s.: Dilettantenbühne, katholische.

Testa, T. Gherhardi del. L'oro e l'orpello, s. Teatro italiano.
Vgl.: Gherhardi del Testa.

Testa, Sylva, der Freiherr v. Erbach. Roman. 8. (187 S.) Riga 894. L. Hoerschelmann. n. 2. —

Testa, Sylva, d. Freiherr v. Erbach. Roman. 8. (187 S.) Riga 894. [Hoerschelmann.] Jonck & Poliewsky. n. 2.—; geb. n. 3. —

Testacea microscopica aliaque minuta ex generibus Argonauta et Nautilus ad naturam delineata et descripta a L. Fichtel et P. C. Moll. cum 24 Tab. aeri incis. 4. maj. Vien. Camesina. 803. 2 8
c. fig. collorat. 3 16
Holl. Pap. coll. 10 —

Testamaint, il nouf, da nos Segner Jesu Christ. Tradiit in Rumansch d'Engadina bassa. 8. Chur, Grubenmann. 5 [illegible]

Testamaint, il nouv., tradut nel dialect romauntsch d'Engiadina ota tres J. Menni. Chur 861. (Grubenmann.) gr. 8. (V, 471 S.) n. 1 Thlr. 18 ngr.

TESTAMENT, Das. (Humoristische, stellenweise derbe Erzählung.) Magdeburg, o. J. (17..). 12°. (1 Mk. 20 Pfg. Lehmann & Lutz, 1884.)
Fehlt Kayser unt. Romanen.

— das, e. Satyre. 8. Magdeb. Hechtel. 766. — 3

Testament, Das, eine Satyre. O. O. 1769. V: *Campe, Joach. Hnr.* (MGT)

Testament, das, od. Abschied eines sterbenden Vaters von seinen Kindern, s. a. Abschied.

— od. Abschied e. sterbenden Vaters v. s. Kindern, a. d. Franz. 8. Breslau, Korn d. ält. 773. — 14

Testament, das,. Lustsp. v. Schröder. 8. Leipz. Barth. 786.

— — dasselbe. 8. München, Strobl. 786.

Testament, das, v. Aug. Lafontaine. 3 Thle. 8. Halle, Renger. 810.
Schreibp.
stark Schreibp.
Velinpap.

**Testament, das,** Lustsp. in 3 Act. v. d. Verf. d. Trauersp. „Zumala-Carregui od. d. Tod d. Helden" (Friedr. Seybold.) gr. 12. (5½ B.) Stuttgart 836, [Scheible, Rieger u. Sattler.]

**Testament, das,** od. die gestohlene Uhr. Charakterstück in 6 Akten. Nach e. ältern Stück bearb. f. Institute u. Gesellen-Vereine v. J. M. 8. (50 S.) Regensburg 886. (Amberg, Habbel.) n. — 80

— das, od. die gestohlene Uhr. Charakterstück in 6 Akten. Nach e. ältern Stück bearb. für Institute u. Gesellen-Vereine v. J. M. 8. (50 S.) Regensburg 888. (Paderborn, Esser.) n. — 80

**Testament,** das, od. d. gestohlene Uhr, s. a. Theater, kleines.

Das **Testament** oder die gestohlene Uhr. Charakterstück in 6 Aufz. Nach e. älteren Stücke bearb. von J. M. 2. Aufl. *Paderborn: B. Kleine 1897.* (54 S.) 8° [F.]
= Theater, Kleines. 200 [... 1512]

**Testament und Abschrift** der 12 Patriarchen rc., s. Kreuzer-Bücher.

— altdeutsches neues. Nach dem Codex Teplensis u. der ersten gedruckten deutschen Bibel. Zum prakt. Gebrauche überarb. nach der vom Hl. Stuhle approbirten deutschen Uebersetzg. v. Allioli. 16. (IV, 955 S.) Augsburg 1887. Literar. Institut v. Dr. M. Huttler. n. 6. —

Testament. – Das Alte Testament/Altes Testament.

— die Schriften d. alten Testam. neu übers. v. J. C. W. Augusti u. W. M. L. de Wette, s. Biblia, Heidelberg.

— das Alte, hebräisch, s.: Books, the sacred, of the Old Testament.

— — die Schriften des Alten. s. Brentano.

Testament, das alte, von Karrer, s. P. J. Karrers Handbibel 1r

— Schrift die heil., des alt. Testam., übers. v. J. A. Theiner, s. Mose, die 5 Bücher.

—— altes, bearb. v. G. E. Fischer, s. Prediger-Bibel.

—— altes, bearb. von J. F. Th. Wohlfarth, s. Prediger-Bibel.
Vgl.: Stahlstiche.

—— das alte. Hrsg. v. Otto v. Gerlach, s. Schrift, die heil.

— d. histor. Bücher d. alt. Testam. im 13n Jahrhund. in Reime entworfen, s. Gf. Schütze.

—— das alte, s. a. Testamentum, vetus.

— Uebersetzung d. alten Testam. mit Anmerkk. f. Ungelehrte v. J. D. Michaelis. 13 Thle. 4. Götting. 769—83. (1r—4r u. 6r Thl. 2e Aufl. 773—82.) Vandenhöck u. R. 19 ℛ 10 ℊ Schrbp. 22 ℛ

— Dass. ohne Anmerkk. 2 Bde. 4. Götting. 789. Vandenhöck u. R. 5 ℛ

— Uebersetzung des A. T. mit Anmerkungen für Ungelehrte, v. J. D. Michaelis. Gött. 1772-83. 13 Bde. 4.

— das alte, aus d. Hebräischen mit Anmerkk. für allerlei Leser v. Jh. Chr. Fr. Schulz. 1r Bd. Die Schriften Mose. gr. 8. Leipz. 773. Weygand. 21 ℊ

— Uebersetz. u. Erläuter. des Alt. Testam. von J. H. D. Moldenhauer. 10 Bde. gr. 4. Quedlinb. 774—87. (W. Vogel in Leipz.) 21 ℛ 16 ℊ Hbg. Pr. 10 ℛ (Einzeln: 1r Bd. 1s u. 2s Buch Mose. 774. alt. Preis 2 ℛ 8 ℊ 2r Bd. 1s—5s Buch Mose. 775. alt. Pr. 2 ℛ 3r Bd. Josua, Richter, Ruth u. Samuel. 774. alt. Pr. 2 ℛ 16 ℊ 4r Bd. Könige, Chronik, Esra Nehemia u. Esther. 776. alt. Pr. 2 ℛ 16 ℊ 5r Bd. Hiob. 777. alt. Pr. 1 ℛ 6 ℊ 6r Bd. Salomo 778. alt. Pr. 1 ℛ 12 ℊ 7r Bd. Psalmen. 777. alt. Pr. 2 ℛ 8r Bd. Jesaias. 780. alt. Pr. 2 ℛ 6 ℊ 9r Bd. Jeremias u. Ezechiel. 784. alt. Pr. 2 ℛ 12 ℊ 10r Bd. Daniel u. die 12 kl. Propheten. 787. alt. Pr. 2 ℛ 12 ℊ)

— die heil. Schrift des alten, 1r Thl. von D. v. Brentano. 2r—4n Thls 3r Bd. fortges. v. Th. A. Dereser. gr. 8. Frkf. a. M. 796—810. Varrentrapp. 14 ℛ 13 ℊ 1r—4r Thl. 1r—3r Bd. neu bearb. v. Th. A. Dereser. gr. 8. Ebd. 801—827. 14 ℛ 10 ℊ 4r Thl. 4r Bd. fortgesetzt v. J. M. Aug. Scholz. gr. 8. Ebd. 833. (832.) 2 ℛ 3 ℊ Alle 4 Thle in 13 Bden. 25 ℛ 3 ℊ (Einzeln: I. 1. 2. Das 1e—4e Buch Mosis enthalt. 2e v. Dereser besorgte Ausg. 820 u. 828. 4 ℛ 8 ℊ I. 3. Das 5e Buch Mosis, 2e v. Scholz besorgte Ausg. 832. 1 ℛ II. 1. Die Bücher Josua, Richter, Ruth u. Samuelis, 2e v. Dereser besorgte Ausg. 827. 2 ℛ 16 ℊ II. 2. Die Bücher d. Könige, d. Chronik, Esra u. Nehemia, 2e v. Dereser besorgte Ausg. 827. 2 ℛ 21 ℊ II. 3. Die Bücher Tobias, Judith, Esther u. Hiob. 2e v. Scholz besorgte Ausg. 833. 2 ℛ 20 ℊ II. 4. Die Bücher der Makkabäer, neu bearbeit. von Scholz, 833. 1 ℛ 16 ℊ III. 1. Die Psalmen, 2e von Dereser besorgte Ausg. 815. 1 ℛ 16 ℊ III. 2. Die Schriften Salomonis, d. Sprüchwörter, d. Prediger, d. hohe Lied, d. Buch d. Weisheit u. Jesus Sirach, 2e v. Dereser besorgte Ausg. 825. 2 ℛ 8 ℊ IV. 1. Jesaias, von Dems. 808. 1 ℛ 2 ℊ IV. 2. Der Prophet Jeremias, die Klagelieder u. d. Prophet Baruch, von Dems. 809. 1 ℛ 4 ℊ IV. 3. Ezechiel u. Daniel, von Dems. 810. 1 ℛ 9 ℊ IV. 4. Die 12 kl. Propheten, bearb. v. Scholz. 833. 2 ℛ 3 ℊ)

— Schrift, die heil., nach dem masorischen Text übers. v. Mendelsohn, Friedländer rc. gr. 8. Berl. 816. Nicolai. 1 ℛ (s. auch Mose, die 5 Bücher).

— Dass., von D. Leander van Eß. 1r Thl. gr. 8. Nürnb. 819. Tyruff. Velinp. mit 26 illum. Kpf. 6 ℛ 16 ℊ Mit schwarz. Kpf. 5 ℛ 20 ℊ Schreibp. mit illum. Kpf. 5 ℛ Mit schw. 4 ℛ 6 ℊ Bloßes Kupferwerk ill. 3 ℛ 8 ℊ eben so, schwarz 2 ℛ 12 ℊ

— das alte, nach Luthers Uebersetzung, mit Stereotypen gedruckt. 12. Leipz. 820. Tauchnitz. Velinp. 1 ℛ 12 ℊ ordin. Ausg. 16 ℊ

— die heil. Schriften des alten, mit beigesetzten Abweichungen der latein. Vulgata u. erklär. Sachparallelstellen, übersetzt u. hrsgg. v. L. van Eß. 1r Thl. Die Psalmen, das Buch Hiob u. die Sprüche Salomonis rc. Mit steh. Schrift. gr. 8. Sulzb. 822. v. Seidel. 18 ℊ Schrbp. 1 ℛ 16 ℊ Velinp. 3 ℛ Das Buch Hiob u. die Sprüche Salomonis rc. apart. 12. Ebd. 827. 12 ℊ Die Psalmen apart. 16. Ebd. 827. 5 ℊ

— die heil. Schrift des alt. Test. in ihrem geschichtl. Zusammenhange mit belehr. Anwendungen v. K. Hanl, u. bildl. Darstell. durch Kupfer nach J. Führig u. L. Friese. 2e verm. Aufl. 26 Hfte. gr. 8. Leipz. 828. (Engelmann). Mit schw. Kpf. 6 ℛ 12 ℊ ill. Kpf. 8 ℛ 16 ℊ

—— das alte, nach der deutschen Uebersetzung Dr. M. Luther's. Mit Erklärungen, Einleitungen, Aufsätzen u. Registern. Zum Gebrauch f. alle Freunde des göttl. Worts, insonderheit für Lehrer in Kirchen u. Schulen bearb. v. Friedr. Gust. Lisco. 2 Bde. hoch 4. (199½ B.) Berlin 843, 44. Müller's Verl. *

— das Alte, nach Dr. Martin Luther. Mit Einleitungen, berichtigter Uebersetzung u. erklär. Anmerkungen. Für Freunde des göttl. Worts, mit besond. Rücksicht auf Lehrer in Kirchen u. Schulen. 1. Bd. Das erste Buch Mose, ausgelegt von Fr. Wlh. Jul. Schröder. 1.—4. Liefg. gr. 8. Berlin 844, 45, Wohlgemuth. à n. 5/12 ₰

Testament, das Alte. Von der Schöpfung bis zum Tode Josephs. 32 kleine Geschichten für kleinere Kinder. Mit Bibelsprüchen und kurzen Gebeten. 16. (60 S.) Grimma 865 Heun. cart. 4½ Ngr.; feine Ausg. *

Die hl. Schriften des Alten Testamentes nach katholischen Principien übersetzt und erklärt von einem Verein befreundeter Fachgenossen. Münster, 1871 ff.

Breiteneicher, Michael. Das Alte Testament, für das kathol. Volk bearbeitet. München, Verlag des kath. Büchervereins, 1873—1874, 8°, 2 Bde, 570 u. 548 S. Preis?

[Umschlagt.:] [F.] Die Heilige Schrift des Alten Testaments [Testamentum Vetus] in Verbindg m. Prof. (Friedr.) Baethgen in Berlin, Prof. (Herm.) Guthe in Leipzig, Prof. (Adolf) Kamphausen in Bonn, Prof. (Rudolf) Kittel in Breslau, Prof. (Karl) Marti in Bern, Prof. (Wilh.) Rothstein in Halle, Prof. (Rudolf) Rüetschi in Bern, Prof. (Victor) Ryssel in Zürich, Prof. (Karl) Siegfried in Jena, Prof. (Albert) Socin in Leipzig übs. u. hrsg. v. E(mil) Kautzsch, Prof. ... in Halle. 2., mehrf. bericht. Ausg. *Freiburg i. B. & Leipzig: J. C. B. Mohr 1896.* 1 Bd 4.(8.)
[Sondert.: 1.] ... Text. (IV, 1012 S.)
[2.] ... Beilagen. M. 1 Kt. v. Palästina. (XV, 219 S., 1 Kt.) [98. 694

Testament, Altes. [deutsch.] Die poetischen und prophetischen Bücher des Alten Testaments. Uebersetzungen in den Versmassen der Urschrift. [Band] 3.... Das Buch Jeremia. Uebersetzt von D. Bernhard Duhm, o. Professor ... zu Basel. XXXIV + 153 S. 8. Tübingen und Leipzig, J. C. B. Mohr, 1903. [M. 2. —, geb. M. 2. 80]

(Testament, Altes. [deutsch.] Die poetischen und prophetischen Bücher des Alten Testaments. Uebersetzungen in den Versmassen der Urschrift. 3 [Bände]. [Neue, Titel-Ausgabe.]) 8. Tübingen, J. C. B. Mohr, 1907.
([Band] 1) *u. d. T.:* Das Buch Hiob. In den Versmassen der Urschrift übersetzt von D. Bernhard Duhm, o. Professor ... zu Basel. XX + 71 S. ⟨1897⟩ 1907. [M. —.80]
([Band] 2) *u. d. T.:* Die Psalmen. In den V' der U' ü' von D. Bernhard Duhm.... XXVIII + 224 S. ⟨1899.⟩ 1907. [M. 1.60]
([Band] 3) *u. d. T.:* Das Buch Jeremia. In den V' der U' übersetzt von D. Bernhard Duhm.... XXXIV + 153 S. ⟨1903⟩ 1907. [M. 1.60]

Die Heilige Schrift des Alten Testaments [Testamentum vetus] in Verbindung mit ... übers. u. hrsg. von E[mil] Kautzsch, Prof., Halle. 3. völlig neugearb., m. Einl. u. Erkl. zu d. einzelnen Büchern vers. Aufl. Bd 1. 2. (In 25 Lfgen.) Tübingen: Mohr 19(09–) 10. 4° (8°)
1. Mose bis Ezechiel. 19(08–) 09. 2. Hosea bis Chronik. Beil. 19(09–)10.

(Testament, Altes. [deutsch.] Die poetischen und prophetischen Bücher des Alten Testaments. Uebersetzungen in den Versmassen der Urschrift. [Band] 4:) Die Zwölf Propheten. In den V' der U' übersetzt von D. Bernhard Duhm.... XL + 143 S. 8. Tübingen, J. C. B. Mohr, 1910. [M. 1.60, geb. 2.40]

Die Schriften des Alten Testaments in Auswahl [Testamentum vetus, Ausz.] neu übers. u. f. d. Gegenwart erkl. von Hugo Gressmann [u. a.]. Lfg 1. Göttingen: Vandenhoeck & Ruprecht 1909. 4° (8°)

Die Schriften des Alten Testaments in Auswahl [Testamentum vetus, deutsch, Ausz.] neu übers. u. f. d. Gegenwart erkl. von Hugo Greßmann, Hermann Gunkel, M. Haller, Hans Schmidt, W. Stärk u. Paul Volz. Abt. 2, Bd 1. Göttingen: Vandenhoeck & Ruprecht 1910. 8° [10. 16373

—— das alte, in einem getreuen Auszuge nach d. Uebersetzung von Joh. Frz. Allioli, hrsg. von Jos. Rauchenbichler, s. a. Bücher, die, der heil. Schrift.

— das Alte, in einem getreuen Auszuge nach der vom apostol. Stuhle approb. Uebersetzung des Hrn. Jh. Frz. Allioli, besonders zum Gebrauche für die reifere Jugend u. das gemeine Volk herausgeg. von Jos. Rauchenbichler. 8. Landshut 843, v. Vogel'sche Buchh. 7/12 ₰

—— das Alte, im Auszuge für Schule u. Haus. Nach Luthers Uebersetzung hrsg. v. W. Kritz. 8. (27½ B.) Leipzig 830, Tauchnitz.

**Testament, Das alte, in seiner hohen Bedeutung als Vorbild des Neuen. Coblenz 1863. V: *Reinhard*. (Ky)**

Das Alte Testament in seiner hohen Bedeutung als Vorbild d. Neuen. Koblenz, Hergt, 1863, 8°, 1,50 Mk.
Obige Schrift hat sich zur Aufgabe gesetzt, die Kenntnis und Verehrung der hl. Schriften durch eine reichliche, aber kurze Darlegung d. vorbildl. Geheimnisse d. A. B., zugleich auch durch einzelne größere Ausführungen, z. B. eine Verteidigung Davids gegen die Angriffe der sogen. Wissenschaft, zu fördern. Wenn sie auch an erster Stelle d. Bedürfnisse gebildeter Laien im Auge hat, so möchte ein bischöfl. Censor sie doch vorzugsweise in den Händen aller Pfarrgeistlichen sehen.

Biblische Geschichten. Das Alte Testament in 45 Bildern. *Berlin: Schriftenvertriebsanst. [1899].* (94 S.) 8° [F.] [01. 9308

**Testament, Das alte, und das Christenthum. Giessen 1862. V: *Curtmann, Wilh. Jac. Gg.* (zu)**

Testament, das alte, und das Christenthum. Gießen 862. Ricker. gr. 8. (53 S.) 6 ngr.

Testament. – Das Alte und Neue Testament/Altes und Neues Testament.

—— die heil. Schriften des Alten und Neuen, m. bibl. Kupfern. s. Ewald, J. L., bibl. Erzählungen.

— das alte u. neue, a. d. Hebr. s. J. C. F. Schulz.

Die hl. Schriften des Alten und Neuen Testamentes, bestehend aus 200 in Kupfer gestochenen Abbildungen nach den besten Meistern. Mit begleitendem Texte. Freiburg, Herder, 8°, 938 S., 27 Mk., die Abbildungen allein 9 Mk.

—Schrift, die heil., des alten u. neuen Testaments, in Kpf. abgebildet u. der christl. Jugend z. nützl. Erbauung. 32. Nürnb., Schneider u. W. 16 gr

Altes und Neues Testament in 19 Bänden mit Kupfern. Graz, 1804—1814.
Wohl Nachdruck einer ältern Ausgabe.

Die hl. Schrift des Alten u. Neuen Testamentes nach dem Originaltexte übersetzt u. erklärt von Thaddäus Anton Dereser. Frankfurt, Varrentrapp, 1815—1828, 8°, 16 Bde, 2. Aufl.
Eine 3. Aufl. des N. Test. hatte Dereser schon 1799 besorgt. Das A. T. führt den Specialtitel: Heil. Schrift des A. T. übers. von Brentano, neu bearb. von Th. Ant. Dereser. 13 Bde, 2. von dem neuen Bearbeiter verbess. Ausgabe. Einer letzten durchgreifenden Revision wurde das ganze Werk von Scholz unterzogen:

Die hl. Schrift des Alten u. Neuen Testamentes nach dem Originaltext übersetzt u. erklärt von J. A. M. Scholz u. Th. A. Dereser. Ebendas., 1828—1837, gr. 8°, 17 Bde, 430 Bogen, (96, ermäß.) 30 Mk.
A. T. 13 Bde, teilweise noch in der Bearbeitung von Dereser; N. T. 4 Bde, ganz von Scholz. (Tüb.) Theol. Quartalschr. 1828, S. 641—668. (Mainzer) Katholik 1837, Bd. 65, S. 94—99; 1838, Bd. 68, S. 71.

Testament, die heil. Schriften des Alt. u. N. Testam., in Luthers Uebersetzung, nach d. Grundtexte durchgesehen v. C. Chr. Fr. Kraus. gr. 8. Stuttg. 830. (Löflund u. S.) 2 ₰

**Die heiligen Schriften des Alten und Neuen Testamentes**, übersetzt und mit erklärenden Sachparallelen versehen von Dr. Leander van Eß. Gleichförmige vollständige Ausgabe für Katholiken. Sulzbach, von Seidel, 1839—1840, gr. 8°, 3 Teile. Neue Stereotyp-Ausg. 1877.
Beide Testamente erschienen lange vorher getrennt, 1805 das Neue, viel später, 1822—1836, das Alte. Die spätern Ausgaben des Neuen Testam. u. d. T.:

**Die heiligen Schriften des Alten und Neuen Testaments.** Nach der Vulgata mit steter Vergleichung des Grundtextes übersetzt und erläutert von Valentin Loch u. Wilhelm Reischl. Regensburg, Manz, jetzt Verl.-Anst., 1885, Lex.-8°, 4 Bde in 3 Teilen (L und 991 S.; XL u. 835 S.; XV u. 517 S.; XXVII u. 530 S.), 3. Aufl., 22 Mk.
—— Dasselbe. Illustrierte Prachtausgabe. Mit mehr als 900 Illustrationen. Ebendaselbst, 1883—1885, 4°, 84 Lfrgen à 50 Pf.

Textbibel des Alten und Neuen Testaments [**Biblia**], in Verbind. mit zahlr. Fachgelehrten hrsg. von Dr. E(mil) Kautzsch, Prof. in Halle a. S. Das Neue Testament in d. Übers. von Dr. C[arl] Weizsäcker in Tübingen. (Ausg. A mit d. Apokryphen d. Alten Testaments.) *Freiburg i. B., Leipzig & Tübingen: J. C. B. Mohr 1899.* (Getr. Pag.) 8° [F.] [01. 7545]

**Textbibel** des Alten und Neuen Testaments [**Biblia**], in Verbind. mit zahlr. Fachgelehrten hrsg. von D. E[mil] Kautzsch. Das Neue Testament in d. Übers. von Carl Weizsäcker. 2. Ausg. der 1. Aufl. Tübingen: J. C. B. Mohr 1904. (Getr. Pag.) 8° [F.]
[Umschlagt.:] ... Ausgabe A. Altes Testament mit d. Apokryphen d. Alten Testaments u. Neues Testament. [05. 601 7]

**— d. Alte, in Wort u. Bild, s. a. Schrift, d. hl., in Bildern.**

**Testament, das alte, in Wort und Bild.** Lex.-8. (40 S. mit 18 Chromolithogr.) Basel 876, Spittler. cart. *

**Die hl. Schrift des Alten Testamentes** in ihrem geschichtlichen Zusammenhange, mit belehrenden Anwendungen von C. Hanl u. bildlichen Darstellungen durch Kupfer nach J. Führich und L. Friese. Prag, Pachmayer, 1828, gr 8°, 3 Bde oder 26 Hefte, 2. Aufl. Ausgabe mit illumin. Kupfern 26 Mk., mit schwarzen Kupfern 19,50 Mk. Jesus der Weltheiland oder die hl. Evangelien in bildlichen Darstellungen ... nebst erklärendem Text von C. Hanl. Wien, Mausberger, 1826, 3 Bde oder 24 Hefte, gr. 8°.

Testament, Altes, s. Testament, Das Alte.

***Testament*** **l'Ancien, exposé et éclairci par demandes et par réponses par Polier de St. Germain. II Vols. 8. Lausanne 764—66. Pott. 6 ℔ 16 ℛ**

**Testament, das, des heiligen Bonifacius.** Mit kirchl. Approbation. 8. (64 S.) Paderborn 872, (Junfermann'sche Buchh.) *
Aus Bonifacius-Broschüre Nr. 9. besonders abgedruckt.

**Das Testament des hl. Bonifatius** und kath. Kirche oder deutsche Nationalkirche? Paderborn, Bonif.-Druckerei, 64 S., kl. 8°, 30 Pf.

**Testament, Das im Process Samuel Freiherr von Bruckenthalsche,** nebst den darüber gefällten Rechtssprüchen. [Hermannstadt o. J.] V: *Schreiber, Simon.* (WBL 31/277) (BIBLPORT)

—— **czara.** Fragment dramatyczny z trylogii politycznéj. 16. (64 S.) Berlin 863, (Behr's Buchh.) *

Das doppelte Testament. ! (Fig.: *Heilige Schrift*, 39 × 45) '
Hamburg. | Druck von Ackermann & Wulff.
Kol.: Herausgegeben von dem Hamburger Traktat-Verein. No. 59.
o. J., 16 S., 160 × 100.
Priv.-Bes.

**— u. Erbschaft.** Prakt. Darstellg. d. Nachlaßwesens nach d. in Sachsen gelt. Bestimmgn. unt. Berücksicht. d. Erbschaftssteuer. Von e. sächs. Juristen. gr. 8. (60 S.) Dresden 896. Breslau, Hönsch & Tiesler. n. 1. —

**— u. Erbschaft.** Praktische Darstellung des Nachlaßwesens nach den v. 1. I. 1900 an gelt. Bestimmgn. der Reichsgesetze unter Berücksicht. der Erbschaftssteuer. Von e. prakt. Juristen. 2. Aufl. gr. 8. (III, 56 S.) Dresden 900. E. H. Meyer. n. 1. —

**Testament, das, des hl. Vaters Franziskus.** (16 S.) 16. Mainz (905). (Kirchheim & Co.) n.n. — 15

**Testament** des Michael Salomon Freyhan. Breslau 1827. H & V (Vorw.): *Friedenthal, Marcus Beer.* (Nowack, Schles. Schriftst.-Lex. Bresl. 1836—43. III, 32.)

—— **das, Friedrich Wilhelm III. u. d. Thronreden Friedrich Wilhelm IV. bei d. Huldigung zu Königsberg u. Berlin. — Sechs Staats-Urkunden f. d. preuß. Volk. Angefügt d. beiden Eröffnungsreden d. Staatsministers v. Rochow u. d. Huldigungseid. gr. 8. (1 B.) Berlin 840, Eichler.**
**In Golddruck m. Golddr.-Umschl.**

**— König Friedrichs II vom 8n Januar 1769. 8. Wien, Alo. Doll. 792. — 4**

— das, nach d. B. G. B. Berlin 899.

Das **Testament** nach dem Bürgerlichen Gesetzbuch. Anh.: Text-Abdr. aus d. BGB. *Berlin: Pass & Garleb [1900].* (36 S.) 8° [F.]
= Recht, Unser neues. II. 15. [01. 4019]

**— des neuen Glaubens. (Von Frdr. Karl.) (VII, 476 S.) 12. Bamberg (903). Handels-Druckerei u. Verlagsh. n. 3. —; auf Büttenpap. m. Goldschn. n. 6. —**

**Testament, ein handelspolitisches, s. a. Worte.**

**Testament, Ein handelspolitisches. ...** Berlin 1846. V: *Arnim, Alexander Heinrich von.* (CBH)

**Testament, das, des in den Himmel fahrenden Heilandes** u. der allersel. Jungfrau. Aus dem Franz. v. P. Macherl. 2. Aufl. (XVI, 176 S.) 16. Graz 910. Styria. — 70

**Testament, Das heilige,** Jesu Christi am Kreuze, in 6 Fastenpredigten. Brixen 1874. V: *Bautraxler, Gerard.* (Mitth. d. Verlagsbuchh.)

**— das heilige.** Jesu Christi am Kreuze in 6 Fastenpredigten. Von e. Priester der Diöcese St. Pölten. gr. 8. (51 S.) Brixen 874. Theolog. Verlags-Anstalt. n. — 80

**Testament, Das,** Johannis, qui in pectus domini recubuit ... Ein Gespräch. Braunschweig 1777. V: *Lessing, Gotth. Ephr.* (Syst. Verz. d. Less.-Litt. Wolfenb. 1889.)

**— des chines. Kaisers Kanghi; aus d. Französ. 8. Götting. 803. Schröder. 3 ℛ**

Testament. Das T. Gottfried Keller's, nach einem Stenogramm Schlussverhandlung vor Bezirksgericht Zurich I ..., am 19. November 1891 .... ([Hrg. von] F[riedrich Erhard] Scheuchzer. Beilage zur „Züricher Post".) 8. (Bülach 1892.)

**Testament, Das kleine alte,** oder Auszug desselben, nach seinem gemeinnützigen Inhalt . . . Quedlinb. 1779. V: *Trinius, Johann Anton.* (ML) (Ky)

— das kleine alte, od. Auszug desselben, nach seinem gemeinnütz. Inhalt, (v. J. A. Trinius). 8. Quedlinb. 779. Ernst. 21 gr

— des Königs. 1 Blatt auf farbigem Papier mit Einfassung in Gold- u. Silberdruck. 1/2 gr. Fol. Berlin 840. Th. Enslin. n. 1 1/3 ß

— das lateinische Neue, in Afrika zur Zeit Cyprians, hrsg. von Hans Frhr. v. Soden, s. a. Texte u. Untersuchungen zur Geschichte der altchristlichen Literatur. III. 3.

Das lateinische Neue Testament [Testamentum Novum] in Afrika zur Zeit Cyprians. Nach Bibelhandschriften u. Väterzeugnissen mit Unterstützung d. Kgl. Preuss. Hist. Instituts hrsg. von Hans Frh. v. Soden. Leipzig: Hinrichs 1909. X, 663 S. 8°
(Texte u. Untersuchungen z. Geschichte d. altchristl. Literatur. Bd 33= Reihe 3, Bd 3.)

Testament, das, des Pabstes Leo XII., nebst d. Lehrsätzen d. Pabstes u. einigen Specialien zur Beleuchtung d. Kosten d. kathol. Cultus in Sachsen, insonderheit in Dresden. 4. ... Dresden 831, (Arnold.)

**Testament, Tante Lisbeth's neunzehntes.** Fortsetzung von »Axel«. A. d. Schwed. von C. Eichel. Leipz. 1843. V: *Knorring, Gräfin von.* (EE)

Testament, das, der unbefleckten Jungfrau u. Mutter Gottes Maria. Verf. v. e. Klosterfrau der ewigen Anbetung. O. S. F. C. zu Mainz. 16. (64 S.) Dülmen 888. Laumann. — 30

— das, der unbefleckten Jungfrau u. Mutter Gottes Maria. Von e. Mitgliede der ewigen Anbetg. 2., erweit. Aufl. (71 S.) 16. Dülmen 904. A. Laumann. n. — 30

MEIN Testament soll seyn am End Jesus, Maria, Joseph. Oedenburg o. J.: Jos. Ant. Sieß. - 110 mm

**Testament, Des Kaisers Napoleons politisches.** Nebst einem Verzeichnisse der Vermächtnisse, welche er hinterlassen hat. A. d. Engl. Leipz. 1822. 2. Aufl. 1824. V: *Bergk, Johann Adam.* (VN) (MGT) (Ky)

Testament. – Das Neue Testament/Neues Testament.

—— dass. — Separatausgaben, s. Apostelgeschichte. — Briefe, die katholischen. — Briefe, die, Pauli. — Evangelien Marci und Lucae. — Evangelium Johannis, Matthaei. — Offenbarung Johannis. — Pastoralbriefe.

— — — s. a. Auslegung, s. Auszug, s. K. Fr. Bahrdt, s. Brentano, s. Krapf, s. J. D. Michaelis, s. Mutschelle, s. Rullmann, s. Sillig, s. Starke, s. Stolz, s. Zeltner.

— dasselbe, s. a. Biblia.

— die Bücher des neuen, v. J. Chr. W. Augusti u. W. M. L. de Wette, s. Biblia, Heidelberg.

— die heil. Schrift des neuen, nach der deutschen Uebersetz. Dr. M. Luthers, u. mit Erläuterr. u. Nutzanwendungen begleitet. In Verbindung mit einigen evangel. Geistlichen herhgg. vom Dekan Chr. Ph. Brandt, s. Biblia, Sulzbach.

(——) —— das neue, v. Dinter, s. Dinter, G. F., Schullehrer-Bibel.

— das neue, im Auszuge, s. Evangelienbuch.

—— das Neue, von Heinr. Aug. Wilh. Meyer, s. Kommentar, kritisch-exegetischer.

— Dass. nach d. Vulgata, s. Krach.

— neues, bearbeitet von Glo. Euseb. Fischer, s. Prediger-Bibel.

—— neues, bearb. v. J. F. Th. Wohlfarth, s. Prediger-Bibel. — Schrift, die heil.
Vgl.: Bibel. — Bücher. — Schrift u. Schriften, die heil. rc. — Stahlstiche.

—— Handconcordanz zum griech. neuen, s. Schmoller.

— dass., herausg. durch Otto v. Gerlach, s. Schrift, die Heilige.

— — — v. K. u. L. van Eß, s. Schriften.

— übers. v. J. H. Kistemaker, s.: Schriften, die heiligen.

— die sämmtl. Schriften des neuen, nach Griesbachs Ausg., s. J. J. Stolz.

—— das neue, s. a. Testamentum, novum.

— dasselbe, s. a. Textbibel des Alten u. Neuen Testaments.

—— das neue, s. a. Uebersetzung, neue, des zweiten Theiles der Heiligen Schrift genannt Neues Testament.

— dasselbe, übers. in die Sprache der Gegenwart v. Curt Stage, s.: Universal-Bibliothek.

— das neue, von Dr. Leander van Eß. gr. 8. grober Druck auf fein Schweiz.-Velinp. mit 36 illum. Kupfr. 7 Rthl. — Dass. auf dergl. Papier mit schwarzen Kpf. 5 Rthl. 12 gr. Dass. auf Schreibp. mit illum. Kupf. 6 Rthl. 6 gr. Dass. auf dergl. Pap. mit schwarz. Kupf. 4 Rthl. 18 gr. Dass. bloßes Kupferwerk, illum. 36 Tafeln. 4 Rthl. 18 gr. Dass. eben so, schwarz. 3 —

— das neue, mit Anmerkk. v. Ign. Weitenauer. 2 Bde. gr. 8. Augsb. ... (Kranzfelder). 2 ß

— das neue, unsers Herrn u. Heilandes Jesu Christi, verdeutscht v. Mart. Luther. Deutsch u. Französ. 8. Basel ... Schweighäuser. 1 ß 4 gr

— Dass. blos deutsch. 8. Ebd. 817. 8 gr

— — — nach Lutheri Uebersetz. m. Bornagii Vorrede. 8. Breslau, Korn. 760.

— das neue, unsers Herrn Jesu Christi. 4. Erfurt ... (Compt. f. Litt. in Leipz.) 16 gr

— — — 4. Erfurt. (Compt. f. Litt. in Leipz.) — 16

— die Schriften des neuen, katholische. 8. Frkf. a. M. ... Brönner. 9 gr.

— das neue, unsers Herrn Jesu Christi. Stereotyp.-Ausg. gr. 8. Frankf. a. M. ... Brönner. 8 gr. Velinp. 12 gr. in 8. Mit Cicero Schrift. 10 gr. Velinp. 12 gr. — Dass. mit Psalter u. Sirach. Mit Petit-Schrift. 8. Ebd. 822. 8 gr. Velinpap. mit Nonpareille-Schrift. 21 gr. (Vergl. Biblia, Frankf.)

— — — nebst Psalter, von K. H. v. Canstein. gr. 8. Halle, Bibelanstalt. — 8
in 12. — 4
in 12. m. größ. Schr. — 5
in 12. m. größ. Schr. weiß rc. — 8

— das neue, in böhm. Sprache, mit Psalter u. Sirach. 8. Halle ... Bibel-Anstalt. 8 gr.

— das neue, N. Aufl. mit stehenbleibenden Lettern. gr. 8. Hannov. ... Hahn. 4 gr.

Testament, das Neue; nebst den Psalmen, nach Luthers Uebersetzung. Mit Stereotypen gedr. 8. Kiel ... Bünsow. 7 gr.

— das Neue, unseres Herrn u. Heilandes Jesu Christi, nach d. deutsch. Uebersetzung Dr. M. Luthers. Stereotypenausg. mit Nomparallleschrift. gr. 12. Leipz., Barth. 4 gr. Fein P. 12 gr. — 8. Mit Petit Schrift 5 gr. Fein Pap. 18 gr., mit Corpus Schr. 8 gr. Velinp. 1 —

— — das Neue, nach Luthers Uebers. Stereotyp. Ausg. 12. Leipzig, Tauchnitz. Velinpap. — 18

— das neue, unseres Herrn und Heilandes Jesu Christi. Nach der deutschen Uebersetzung Dr. Martin Luthers. Revid. Ausg. Leipzig, Teubner.

| | | | |
|---|---|---|---|
| Ausg. A. [Petitschrift.] 8. (312 S.) | * | — | 50 |
| Ausg. B. [Corpusschrift.] gr. 8. (312 S.) | ** | — | 75 |
| Velinpapier | * | 1 | 20 |
| Ausg. C. [Nonpareilleschrift. Taschenformat.] 16. (299 S.) | * | 1 | — |
| geb. mit Goldschn. | * | 2 | — |
| Ausg. D. Mit Psalmen. [Perlschr. Miniaturf.] 32. (703 S.) | * | — | 60 |
| geb. mit Goldschn. | * | 1 | 60 |

— — — verd. v. Luthern. 8. Nürnb. Endter. — 6

— — — dass. m. d. Psalmen Davids. 12. Ebend. — 4

— das neue, von Leand. van Eß. gr. 8. Nürnb., Tyroff. grober Druck Schweiz.-Velinp. Mit 36 illum. Kpf. 6 Thlr. Mit schwarz. Kpf. 4 Thlr. 18 gr. Schrbp. mit illum. Kpf. 5 Thlr. 8 gr. Mit schwarzen Kpf. 4 Thlr. Bloßes Kupferwerk 38 ill. Tafeln 2 Thlr. 16 gr. Schwarz 1 Thlr. 8 gr. (s. auch Darstellungen, bildliche, aus d. N. Testamente).

— das neue, unsers Herrn u. Heilandes Jesu Christi, verdeutscht von M. Luther. gr. 8. Reutlingen ... Fischer. grober Druck. 8 gr. kl. Druck, kl. 8. Ebd. 6 gr.

Das Neue Testament unsers Herrn und Heilandes Jesu Christi, verdeutscht v. Martin Luthern. (Stereotyp-Ausgabe.) Schleswig. o. J. 8°.

— unsers Herrn Jesu Christi. 8. Sondershaus. ... (W. Nauck in Leipz.) 4 gr. Engl. Pap. 8 gr.

— — — 8. Sondershausen. (Sommer in Leipz.) — 4

— das neue, mit vielen Erklärr. u. Erläuterr. v. L. Schuhkrafft. gr. 8. Stuttg. ... Verf. 5 gr.

— d. heil. Schriften d. Neuen, übersetzt u. mit zugefügten Parallelstellen u. grundtextl. Abweichungen neu revidirt, 18e Aufl. 8., mit steh. Petitschrift. Sulzb., v. Seidel. 8 gr. Schreib-Pap. 16 gr., Velinp. 1 Rthl. 8 gr. In gr. 8. 10e Aufl., mit größ. Schrift 12 gr., Schreibp. 20 gr. Velinp. 1 Rthl. 20 gr. In gr. 8. 15e Aufl., mit großer Schr. 16 gr. Schreibp. 1 Rthl. 8 gr. Velinp. 2 —

— dass. übers. v. L. v. Eß. 6e Aufl. in 12. Ebd. 9 gr. Schreib-Pap. 12 gr. Velinp. — 16

— — — m. e. Aufmunterung zu tägl. Lesung, Betracht. u. Anwend. ein. Stücks a. d. N. Test. gr. 8. Tübingen, Fues. -

(–) DAS NEUE TESTAMENT Unsers HErrn und Heylandes Jesu Christi Nach der Ubersetzung deß seeligen Herrn D. Martin Luthers: Mit ausführlichen Summarien, Richtigen Concordanzien, Nöthigen Auslegungen der schwehresten Stellen, aus gedachten D. Lutheri Rand-Glossen, Und anderer bewährter Lehrer Anmerckungen, genommen; Nicht weniger Mit Schrifft- und Capitel-mässigen Nutzanwendungen, Zur Lehre, zur Straffe, zur Züchtigung in der Gerechtigkeit, behörig: Reichlich versehen, und Nach den besten Exemplarien Von vielen eingeschlichenen Fehlern sorgfältig corrigirt und gebessert. GOtt zu Ehren, und seiner Kirche zur verhoffenden Erbauung. Mit Fürstl. Gnade und Freyheit. – Stuttgart: Rößlin 1704. 1008, 72 S.

Hrsg.: Joh. Reinhard Hedinger

– Das Neue Testament von Joh. Reinhard Hedinger, der H. Schrifft D., Consistorial-Rath und Hoff-Predigern. GOtt zu Ehren, und seiner Kirche zur verhoffenden Erbauung. Zweyte Aufl., darinn die Vorreden über jedes Buch nicht allein, sondern auch die Nutzanwendungen über jedes Capitel mit gröberer Schrifft, als vorher sich befinden. – Bremen: Saurmann 1707. 736, 365, 110 S.

– - Bremen 1710.

– - Dritte Ausfertigung, mit grösseren Typen, weitläuftigern Vorreden, und sonsten noch viel verbessert, wie in dem Vorbericht zu ersehen. Mit Königl. Poln. und Churfl. Sächsischen allergnädigstem Special-Privilegio. - Bremen: Saurmann 1711. 992 S.

– DAS NEUE TESTAMENT. – Bremen 1719.

– – Vierdte Ausfertigung, mit grösseren Typen, weitläufftigern Vorreden, und sonsten noch viel verbessert, wie in dem Vorbericht zu ersehen. – Rudolstadt: Im Verlag Philipp Gottfried Saurmanns, Buchhändlers in Bremen. 1724. 992 S.

– – Tübingen 1725.

– – Zweyte Aufl. - Tübingen: auf Praenumeration gedrukt von Hiob Franken 1728. 1174 S.

– – Basel 1863.

– - Das Neue Testament unsers HErrn und Heilandes Jesu Christi. Mit ausführlichen Kapitelüberschriften, vielen Parallelstellen. Luthers Randglossen, Auslegung vieler Stellen und Kapitel-Nutzanwendung. Bd 1. 2. - Basel: Spittler 1864. *(nur in einem Prospekt des Verlages Spittler ermittelt.)*

— das neue. 8. Basel, Thurneisen. 709. — 4

Neue Testament, das. Ietzo nach den gebräuchlichsten 4 hochdeutschen Uebersetzungen nebst der Holländischen, dem Christlich-Deutschen Leser zu Dienst zum Druck befordert. Wobey noch mit angehänget sind einige zur Erläuterung des N. T. dienliche Apocryphische Bücher. Wandesbeck bey Hamburg. 1710. 4. (I K. B.s Ex. er tilskrevet: »Liber prohibitus et rarissimus«).

Neue Testament, das, nach der Verdeutschung Dr. Mart. Luthers. Auf Kosten christlicher Freunde gedruckt durch HERM. HEINR. HOLLEN. U. St. 1711. (M. Tvl.).

— — — uns. Herrn u. Heilandes Jesu Christi. gr. 4. Zürich, Orell. 711. — 16

**Testament, Neues,** mit Anmerkungen. Leipzig 1718. Ü: *Grammlich, Johann Andreas.* (Myl)

— — — mit P. Quesnels Anmerkungen 4. Leipz. 718. 3 12

— — — d. Luthern verdeutscht. 8. Hannover, Helwing. 721. — 4

— — — m. Summarien rc. v. Hedinger. gr. 8. Bremen, Saurmann. 724. 1 16

— — — u. Psalter, deutsch u. Litthauisch, ausgefertigt von J. J. Quandt. 8. Königsb. Hartung. 729. –

— — — nach dem Grundtexte von Reitz. 8. Büdingen. 730. — 8

— — — unsers Herrn u. Heiland. Jesu. 8. Dresd. Walther. 730. — 6

— — — n. d. Sinn des Grundtextes übers. v. T. Philaletha. 1r Th. enth. Matthäus, Markus, Lukas. 8. Büdingen. 733.

DAS NEUE TESTAMENT nach dem Buchstaben und buchstäblichen Verstand des Grund-Textes übersezt durch Timotheum Philadelphum [d.i. Johann Kayser]. Bd 1. 2. (T. 1–4). o.O. 1735–1736. 956, 486, 546 S.

— — — Dresdner. 8. Dresden. 745. — 5

Testament, das neue, Lemgoer, 8. 745. Rthlr. — 4

— — — deutsch u. franz., wie es von Luther u. d. Genfischen Theologen übers. worden, mit Summarien üb. alle Cap. u. Regist. 8. Berlin, Voß. 746. — 16

Testament, das neue, Versuch u. Uebers. v. L. v. Zinzendorf. 8. Büdingen. 746. Rthlr. — 12

— das neue, nach Chr. Aug. Heumann's Uebersetzung. 2 Thle. 8. Hannov. 748. 2e A. 750. Helwing. 1 ß

— — — übersetzt von Heumann. 8. Hannover, Helwing. 750. 1 —

— das neue mit rothgedruckt. Machtsprüchen. gr. 8. Quedlinb. 750. Ernst. 8 gl

— das neue, unsers Herrn u. Heilandes Jesu Christi, verdeutscht v. Mart. Luther. Mit des Kapitels kurzen Summarien u. e. Vorrede von E. G. Woltersdorf. 8. Bresl. 752. W. G. Korn. 12 gl

— Versuch einer mit Schrift u. Vernunft übereinstimmend. Uebersetz. d. N. Testaments, mit nützl. Anmerkk. gr. 8. Hannov. 753. Helwing. 1 ß 12 gl

DAS NEUE TESTAMENT zum Wachsthum in der Gnade und der Erkänntniß des Herrn Jesu Christi nach dem revidirten Grundtext übersetzt und mit dienlichen Anmerkungen begleitet von D. Johann Albrecht Bengel [hrsg. von Philipp David Burk]. – Stuttgart: Metzler 1753. XLVI, 1016 S.

– Zweyte Auflage mit neuer Vorrede [hrsg. von Philipp David Burk]. – Stuttgart 1769.

– Stuttgart: Metzler 1781. 776 S.

— das neue, mit Erklär. v. G. Bulffer. 5 Thle. 8. Augsb. 760–773. M. Rieger. 2 ß 12 gl

— das neue, nach Luthers Uebersetz. mit Bornagii Vorrede. 8. Bresl. 760. (Korn). 8 gl

— das neue, in Fragen u. Antworten, nebst kurzen Erklärr. ; aus d. Französ. durch Polier übers. u. mit Anmerkk. begleit. v. F. G. Resewitz. 3 Bde. 8. Quedlinb. 760–64. Biesterfeld. (Ernst). 2 ß 8 gl

Das Neue Testament. Ubersetzt u. mit erklärenden Anmerkungen herausgegeben von Bischof von Thun. Wien, Tendler, 1762, 4°.
Die 4 Evv. u. d. Apostelgesch. Der Tod des Verf. hinderte die Vollendung der Arbeit.

— das neue, od. Gebetsübung, mit Gebeten von Steinmetz. 8. Berl. 765. Realschulbuchh. 9 gl

**Testament, Das neue,** unsers Herrn Jesu Christi. Von neuem übersetzt und mit einigen Anmerkungen . . . begleitet. Berlin 1765. Ü: *Damm, Christian Tobias.* (Ky) »1764« (Winer)

— das neue, unsers Herrn Jesu Christi. Von neuem übersetzt u. mit einigen Anmerkk. f. sorgfältige Leser begleitet (von Chr. Tob. Damm). 3 Thle. 4. Berl. 765. Wever. 10 ß

**Testament, Das Neue.** Mit Osterwalds Summarien, Betrachtungen und Anmerkungen. Aus dem Französischen übersetzt. Zürich 1766. Ü: *Lavater, Johann Kaspar.* (schstr S. 87)

— das neue, mit Anmerkk. hersgg. (v. Karl Fr. Hartmann I.) u. Chr. Gli. Kraft. 8. Tübing. 767.

Das Neue Testament, oder (Übersetzung und) Erklärung der Evangelien von Gervasius Bulfer. Augsburg, Rieger, 1769, 8°. (1. Aufl. 1760–1773.)

— das neue, nach d. Uebersetzung Lutheri, als e. Auszug aus den zur Auslegung gehör. Arbeiten des sel. Bengel's, v. Dn. Chr. G. Michaelis. 4. Leipz. 769. Kummer. 2 ß 8 gl Schreibp. 3 ß 8 gl

DAS NEUE TESTAMENT nach der Uebersetzung Lutheri mit gehörigen Orts bemerkter genauerer Berichtigung der Uebersetzung nach dem Grundtext, und eingeschalteten Erklärungen, ALS EIN AUSZUG DER ZUR AUSLEGUNG GEHÖRIGEN ARBEITEN des seligen D. Bengels über das Neue Testament und mit einer Vorrede Herrn Christian August Crusius . . . hrsg. von Daniel Christian Gottlieb Michaelis, Pfarrern zu Lichtentanne, Zwickauischer Inspektion. – Leipzig: Saalbach 1769. XXXII, 776 S.

— das neue, unsers Herrn Jesu Christi, mit Bengels Summarien. 8. Tübing. 769. (Osiander). 12 gl

Das neue Testament unsers HErrn und Heylandes Jesu Christi, nach der teutschen Uebersetzung D. Martin Luthers. Mit des sel. Hrn. D. Bengels Summarien und andern zum nächsten Wortverstand dienlichen Hülfsmitteln, samt dem Lebenslauf Jesu und einem noch nie herausgekommenen Abriß der Apostel-Geschichte nach denen beliebten Hillerschen Gedächtniß-Reimen. *(4 ungez. Bl.)* – Tübingen: Sigmund 1769. 467 S.

— — — mit Bengels Summarien. 8. Tüb. Heerbrand. 769. — 12

Kleine katholische Hausbibel des Neuen Testamentes oder biblisches Handbuch mit Carrières' Erläuterungen. Frankfurt, Vandllren, 1772, 8°, 2 Teile.

— das neue, in einer erklär. Uebersetz. v. S. Grynäus. 4 Bde. 8. Basel 774, 75.

— das neue, in einer erklär. Uebersetz. v. S. Grynäus. 4 Bde. 8. Basel 774, 75.

—das neue, aus d. Hebräischen mit Anmerkk. f. allerlei Leser, v. Jh. Cph. Fr. Schulz. 1r Bd. Die 4 Evangelisten. gr. 8. Leipz. 774. Weygand. 21 𝒳

—das neue, mit einem genauen Inhalte, Anmerkk. u. Gebete versehen, von J. D. Nikolai. 2 Thle. gr. 8. Bremen 775—779. Förster. 4 ℛ

Das Neue Testament unsers Herrn Jesu Christi mit Anmerkungen. Aus dem Französ. (des Oratorianers Ludwig Carrières) übersetzt von Markus Antonius Wittola. Wien, 1775—1776, 8°. 2. Aufl., 19 Bg., 3 Bde.
Die Übersetzung ist schlecht, die Anmerkungen sehr dürftig. Vgl. Schwarz, a. a. O. S. 190.

—das neue, Luthers Uebersetzung unbeschadet, zum tägl. Gebrauche unstudirter Christen aller Art, durchaus verständlich aufs neue übersetzt von Jh. Gf. Sillig. Matthäus, Markus, Lukas u. Johannes. 8. Leipz. 778—84. Hilscher, 12 𝒳 Die Apostelgeschichte. 8. Ebd. 783. 5 𝒳 2r Thl. welcher sich mit d. Briefe an die Römer anfängt. 8. Ebd. 786.

—unsers Herrn Jesu Christi, verdeutscht durch Luther, mit Summarien, Betrachtt. rc. hrsgg. v. Stähelin. 8. Basel 780. Thurneisen. 1 ℛ

— — — nach d. Grundtexte übers. m. erbaul. Anmerkungen v. J. A. Bengel. gr. 8. Stuttg. Metzler. 781. 1 4

—neues, übersetzt mit beigefügten Erklärr. dunkler u. schwerer Stellen, v. G. G. F. Seiler. 2 Thle. gr. 8. Erlang. 782. 2e Aufl. 822. Bibel-Anst. 3 ℛ

—das neue, mit Summarien, Betrachtt. u. Bemerkk. von J. S. Osterwald. gr. 8. Zürich 782. Geßner. 1 ℛ

—die heil. Schrift des neuen, übers. von Cph. Fischer. gr. 8. Prag 784. Widtmann. 1 ℛ

— — — nach d. deutschen Uebers. Luthers m. Bericht. u. Erläut. 1r Bd. 8. Altona, Iversen. (Gleditsch in Leipz.) 786. — 12

—Schriften des neuen, paraphrastisch erklärt u. mit kurzen erbaul. Anwendd. zum Vorlesen in d. Betstunden u. sonst beim öffentl. u. Privatgottesdienst bearb. (von Jh. Gto. Hase). 3 Thle. gr. 8. Altenb. 786—90. (Hennings in Neisse). 4 ℛ 12 𝒳

—Dass. nebst Psalter, Sirach, Sprüche Salomonis, d. Büchlein Tobiä rc. 8. Bayreuth 786. Lübeck. 8 𝒳

**Testament, Das neue,** nach der deutschen Übersetzung D. Martin Luthers, mit Berichtigungen . . . Lübeck 1786. H: *Ukert, Georg Heinrich Albrecht.* (Kordes, Schlesw.-holst. u. eutin. Schriftst. Schleswig 1797.) (Ky) (MGT)

—Dass. nach der deutschen Uebersetzung Luthers, mit Berichtigungen u. Erläuterr. f. Ungelehrte, (von G. H. A. Ukert). 1r Bd. 8. Lübeck 786. (Brockhaus in Leipz.) 12 𝒳

—Dass. übersetzt u. so erklärt, daß ein jeder Ungelehrte es verstehen kann, von Jh. H. D. Moldenhauer, 2 Bde. gr. 8. Quedlinb. 787, 88. Ernst. 3 ℛ

Das Neue Testament unsers Herrn Jesu Christi nach der uralten gemeinen von der kath. Kirche bewährten Übersetzung deutsch herausgegeben. Wien, Hartl, 1787, 8°.

— — — nach der uralten, gemeinen, von der kathol. Kirche bewährten Uebersetzung. 8. Wien, Kaulfuß. 787. — 16

— — — unsers Herrn Jesu Christi, mit erläut. Anmerk. 8. Wien, Hartl. 788. — 18

—das neue, aus d. Französ. des Carieres, s.a. Carieres.

— — — a. d. Franz. von Carieres. 8. Wien, Trachsler. 788. 1 18

— — — uns. H. und Heilandes Jesu Chr. verdeutscht durch Luthern mit Summarien u. Gebeten v. Joh. Fr. Burg. 8. Breslau, Korn d. ält. 789. — 8

Die heil. Schrift des Neuen Testamentes nach der Vulgata und den Grundsprachen, mit Anmerkungen von J. G. Krach. Freiburg, Herder, 1789, 8°, 2 Teile, 1166 S., 2,75 Mk.

Die hl. Schrift des Neuen Testamentes aus der Grundsprache u. der Vulgata übersetzt und mit nötigen und nützlichen Anmerkungen begleitet für Nichtgelehrte von Bertulph Weyl. Mainz, Alef, 1789, 8°, 11 Bg., Bd. I. (Evv. u. Apostelg.)
Mehr nicht herausgekommen. Wird von Schwarz, a. a. O. S. 192 sehr gerühmt.

Die hl. Schrift des Neuen Testamentes. Erster Teil: Die 4 Evangelien u. die Apostelgeschichte. Zweiter Teil: Die Briefe der Apostel u. die hohe Offenbarung an Johannes. München, Strobl, 1789—90, 8°, 2 Bde.
Der ungenannte Herausgeber dieser Übersetzung ist Sebastian Mutschelle. Vgl. Schwarz, a. a. O. S. 187—188.

—die heil. Schrift des neuen, übers. v. Pl. Mutschelle, 2 Thle. gr. 8. Münch. 789, 90. Strobl. (Fleischmann). 1 ℛ 20 𝒳

Testament, Uebersetzung des neuen, v. Jh. Dav. Michaelis. 2 Thle. 4. Götting. 790. Vandenhöck u. R. 2 ℛ 4 𝒳 Anmerkk. f. Ungelehrte rc. Vollendet von Th. Chr. Tychsen. 4 Thle. 4. Götting 799—92. Vandenhöck u. R. 7 ℛ 8 𝒳

—das neue, od. die heil. Bücher der Christen, neu übers., mit einer durchaus anwendbaren Erklär. v. J. O. Thieß. 4 Bde. gr. 8. Hamb. u. Gera 790—800. (1r u. 2r Bd. 2e A. 794, 95.) Heinsius. (I. Matthäus. 1 ℛ 12 𝒳 II. 1. Markus. 12 𝒳 II. 2. Lucas. 1 ℛ III. Johannes. 1 ℛ 6 𝒳 IV. Apostelgeschichte. 1 ℛ 18 𝒳) 6 ℛ Schrbp. 7 ℛ

—die heil. Schrift des neuen, herausgg. v. D. v. Brentano. 1r u. 2r Thl. 1r u. 2r Bd. gr. 8. Kempt. 790, 91. 2e verb. A. 3 Bde. Mit Kpf. gr. 8. Frankf. a. M. 794. 3e A. Ebd. 799. Varrentrapp. 4 ℛ 12 𝒳

—die heil. Schriften des neuen Bundes, übers. u. mit Anmerkk. versehen v. G. W. Rullmann. 3 Bde. gr. 8. Lemgo 790—91. Meyer. 2 ℛ

**Testament, Das neue,** oder die neuesten Belehrungen Gottes durch Jesum und seine Apostel, verdeutscht . . . Frankf. 1791. Ü: *Bahrdt, Carl Frdr.* (Ky)

—die heil. Schrift des neuen Test., übers. nach der Vulgata, nebst einem alphabet. Register. gr. 8. Manh. 791. Löffler. 16 𝒳 Schrbp. 1 ℛ 2 𝒳

—das neue, unsers Herrn Jesu Christi, nach der deutschen Uebersetzung M. Luthers. 8. Basel 792. Flick (Neukirch) Bibeldruck 8 𝒳 grober Druck. 8. Ebd. 795. 8 𝒳

—das neue, Jesu des Gesalbten, nach der in der kathol. Kirche angenommenen latein. Uebersetzung, neu verdeutscht. 3 Thle. Mit Kpf. 8. Wien 792. Alberti. (Bresl., W. G. Korn). 1 ß 12 gr

— — — nach d. angenommenen katholischen Lateinischen Uebersetzung, mit Kupfern. 5 Theile. 8. Wien, Alberti. 793.

—Dass. Marburger. 8. Frankf. a. M. 794. Brönner. 6 gr

— — — od. die heiligen Bücher d. Christen neu übers. mit e. durchaus anwendbar. Erklär. v. J. O. Thieß. 4 Bde. gr. 8. Gera, Heinsius. 794–800. (I. Matthäus 1 Rthlr. 12 gr. II. 1. Markus 12 gr. II. 2. Lukas 1 Rthlr. III. Johannes 1 Rthlr. 6 gr. IV. Apostelgesch. 1 Rthlr. 18 gr.) 6 —
Schreibp. (I. 1 Rthlr. 18 gr. II. 1. 2. 1 Rthlr. 18 gr. III. 1 Rthlr. 12 gr. IV. 2 Rthlr.) 7 —

Neue Testament, das, neu übersezt mit einer durchaus anwendbaren Erklärung von Joh. Otto Thiesz. 1. Bd. 2. Ausg. 1794. 2. Bd. 1 Abth. 2. Ausg. 1795. 2 Bd. 2. Abth. 1795. 3. Bd. 1794. Lpz. und Gera. (M. 3 Titelkobbere).

—die heil. Schrift des neuen Bundes, mit vollständ. erklär. Anmerkk. v. Bonifaz. B. M. Schnappinger. 3 Thle. gr. 8. Manh. 797, 98, 99. 2e verb. Aufl. 4 Bde. gr. 8. Ebd. 808. 3e Aufl. 817. Löffler. 5 ß 8 gr (3e Aufl. Nachdruck. 4 Bde. Grätz 817.)

—nach richtigen Lesarten der besten Handschriften übersetzt, z. Gebrauch in Bürger- u. Landschulen u. z. Vorlesen in Familien, abgekürzt mit erläut. Anmerkk. v. J. C. Vollbeding. 8. Berl. 800. Braun. (Joachim in Leipz.) 16 gr

Das Neue Testament für Katholiken auf dem Lande. Mit Holzschnitten. Übersetzt von Hieronymus Emser. Köln, Matthieux, 1802, 8°.

Übersetzung und Auslegung des Neuen Testamentes nach seinem buchstäblichen und moralischen Inhalte zum Gebrauche der Prediger und Neligionslehrer von Karl Schwarzel. Ulm, Stettin, 1802–1805, gr. 8°, 6 Bde.
Schwarz, a. a. O. S. 196–197. Hurter, Nomencl. litt. III, 583, nota I.: Neque arrisit catholicis, quod sprota traditione liberiorem sequeretur interpretandi rationem, neque gratiam invenit apud protestantes.

—das neue, mit erklär. Anmerkk. z. Gebrauch der Religionslehrer u. d. Prediger, übers. v. L. Babor. 3 Thle. gr. 8. Wien 805. (Armbruster). 1 ß 4 gr (auch Gräffer das.) 1 ß 1 gr N. A. 824. Mörschner u. J. 1 ß 8 gr

— — — mit erklärend. Anmerk. z. Gebr. der Religionslehrer u. der Prediger, übers. v. J. Babor. 3 Thle. gr. 8. Wien, Degen. 805. 1 4

Übersetzung des Neuen Testamentes mit erklärenden Anmerkungen zum Gebrauche für Religionslehrer und Prediger herausgegeben von Joh. Babor. Wien, Mayer, 1805, gr. 8°. 3 Bde, 3 Mk.

— — — übersetzt mit beygefügt. Erklär. dunkler u. schwerer Stellen v. G. F. Seiler. 2 Thle. gr. 8. Erlangen, Bibelanstalt. 806.

— — — erklärt u. angewend. z. Beförd. d. häusl. Andacht u. z. Vorles. beym Gottesdienste. 1s Bdchn. 8. Zwickau, Schumann. 806. — 12

—neues, unsers Herrn u. Heilandes Jesu Christi nach d. Uebersetzung M. Luthers, mit erklär. Anmerkk. gr. 8. Heidelb. 807. Braun. 12 gr

—das neue, unsers Herrn Jesu Christi, nebst Psalter, Sprüche Salomonis ꝛc. z. Schulgebrauch verdeutscht durch Luther. 8. Marb. 808. N. A. 810. Krieger. 4 gr

Die hl. Schrift des Neuen Testamentes nach der Vulgata übersetzt von Georg Michael Wittmann. Nürnberg, 1808.

Die hl. Schriften des Neuen Testamentes. Mit besonderer Auszeichnung der Evangelien, Episteln und Lektionen ... welche in der hl. Messe das Jahr hindurch gelesen werden, übersetzt von Michael Rumpler. Neue Auflage mit Vorrede von Matthias Rumpler. Salzburg, Duyle, 1808, gr. 8°, 3,75 Mk.

— — — uns. H. u. H. Jesu Chr. übers. von M. Luther m. kurz. Anz. d. Inh. e. jed. Kap. viel. Anmerk. u. Parallelen. 24. Tübing. Fues. 808. — 6

—die Bibel des neuen, od. die ehrwürd. Urkunden der christl. Religion, als ächte u. einzige Quelle derselben. Uebersetzt u. mit Anmerkk. versehen v. J. W. F. Hetzel. gr. 8. Dorpat u. Leipz. 809. Kummer. 1 ß 18 gr

—die heil. Bücher d. neuen Test. unsers Herrn Jesus Christus. Nach d. Vatican. Ausg. (von M. Wittmann). 8. Regensb. 809. 23e verb. Aufl. Mit 1 Kpf. 8. Regensb. 826. (Krüll in Landsh.) 8 gr

— — — nach Luthers Uebersetzung, mit Summarien ꝛc. 8. Frankf. Brönner. 810. — 7

— — — dass. nebst Psalter. 8. Ebend. 808. — 6

—Dass. nach Luthers Uebersetz., mit neuen Summarien z. Gebrauch f. Schulen. 8. Frankf. a. M. 811. Brönner. 7 gr — Dass. nebst Psalter. 8. Ebd. 808. 6 gr

—Bibel, die neutestamentliche, unpartheiisch übersetzt mit Anmerkk, v. C. F. Preiß. 2 Thle, mit Anh. gr. 8. Leipz. 811. Barth. 3 ß

— das neue, Jesu Christi, nach Luthers Uebersetzung mit neuen Summarien ꝛc. Neue Aufl. 8. Frankf. Brönner. 812.

— — dass. Neue Aufl. Ebend. 816.

**Testament, Das Neue,** Unsers Herrn und Heilandes Jesu Christi nach der Vulgata. München 1812—15. H: *Gossner, Johann.* (Th)

Das Neue Testament unsers Herrn und Heilandes Jesu Christi nach der Vulgata übersetzt von Johannes Goßner. München, Pösenbacher, 1812 oder 1815, gr. 8°.

—das neue, unsers Herrn u. Heilandes Jesu Christi. 8. Heidelb. 813. Weber. 8 gr Schreibp. 12 gr

Testament, die heil. Schrift des neuen, übers. u. mit paraphrast. Erklärr. u. Anmerkk. von Dom. v. Brentano. 4 Bde. Mit Titelkpf. gr. 8. Grätz 814. (K. Haas in Wien). 4 ß (Nachdruck).

Die heil. Schrift oder die Handbibel des Neuen Testamentes zur Erbauung eines jeden Christen von demselben. Ebendas., 1815, 8°, 2 Bände.

— das neue, unsers Herrn u. Heilandes Jesu Christi. Mit 1 Kpf. gr. 8. Münch. 816. 2e A. 819. 24e nach der Vulgata revidirte Aufl. 829. Giel. (Barth in Leipz.) 10 gGr. Pracht-Ausg. Ebd. 816. 1 Thlr. 8 gGr. in Taschenformat. Mit Kpf. 816. 2e A. 829. 12 gGr.

**Testament**, das neue, nach d. Uebersetzung Mart. Luthers. (Ausg. der königl. sächs. Bibelgesellschaft.) gr. 8. Oschatz 816. (Dresd., Walther). 7 gGr.

— — das Neue. 8. Basel, Schweighäuser. 817. — 8

— die heil. Schrift des neuen, übers. v. Karl van Eß. 6e verm. Aufl. 12. Inspr. 817. Wagner, 9 gGr.

— — die Schriften des neuen, theils im Auszuge, theils vollständig. Zunächst für Schulen v. J. W. Henneberg. 1r Th. mit 1 Karte v. Palästina. 8. Gotha, Steudel. 818. — 16

— das neue, nach Luthers Uebersetzung. gr. 8. Cöslin 818. Hendeß. 15 gGr.

— — Neues, das, unsers Herrn und Heilandes Jesu Christi, nach der deutschen Uebersetzung Dr. Martin Luthers. 8. Breslau, Graß, Barth u. C. (Leipzig, Barth.) 819. — 8

— d. Bücher d. Neuen, nach d. Vatikan. Ausg. 22e Aufl. 8. Regensb. 819, (Kräll in L.) — 8

— Dass. nach Mart. Luthers Uebersetzung. Stereotyp.-Ausg. 8. Berl. 820. Amelang. 5 gGr. in gr. 8. Ebd. Druckpap. 12 gGr. Postp. 16 gGr.

— — nach der deutschen Uebersetzung M. Luthers, mit jeden Capitals neuen Summarien, auserlesenen richtigen Schriftstellen und beygefügtem Register der sonn- u. festtäglichen Evangelien und Episteln, mit Stereotypen gedruckte Ausgabe. gr. 8. Frankfurt a. M., Brönner. 820. Velinpap. 1 —

— — zum Gebrauch für Schulen ꝛc. N. A. 8. Ebendas. 818. — 8

— — dasselbe nebst Psalter u. Sirach. N. A. Ebend. 817. — 6

— — nach d. deutsch. Uebers. v. M. Luther. Neue Aufl. 8. Marburg, Krieger. 820. — 4

— — neues, übers. v. Carl u. L. van Eß. 8te Aufl. 8. Sulzbach, Seidel. 820. — 12

— — dasselbe gröbere Schrift — 16

— — 2te Aufl. 12. mit kleinerer Schrift. — 9

— — 11te Aufl. kleinere Schrift. — 8

— — dasselbe mit Kupf. 1s — 8s Heft, jedes von 2 Bogen u. 2 Kupf. gr. 8. Ebend. Das Heft auf Velinpap. mit ill. Kupf. à 9 Gr. 3 —
Schreibpap. mit schwarzen Kupf. à 6 Gr. 2 —

— — mit beygefügten Erklärungen dunkler und schwerer Stellen v. G. F. Seiler. 2 Theile. 2te Aufl. gr. 8. Erlangen, Heyder. 821. 3 —

— die Schriften des neuen, übers. u. mit beigefügten Erklärungen dunkler u. schwerer Stellen v. G. F. Seiler. 2 Thle. 2e Aufl. gr. 8. Erl. 822, Bibelanst. 3 —

— das neue, unsers Herrn Jesu Christi. Stereotyp.-Ausg. gr. 8. Frankf. a. M. . . . Brönner. 8 gGr. Velinp. 12 gGr. in 8. Mit Cicero Schrift. 10 gGr. Velinp. 12 gGr. — Dass. mit Psalter u. Sirach. Mit Petit-Schrift. 8. Ebd. 822. 8 gGr. Velinpap. mit Nonpareille-Schrift. 21 gGr. (Vergl. Biblia, Frankf.).

— d. heil. Bücher des Neuen. Ins deutsche übers. v. J. M. Saller. 2 Thle. Deutsch u. Latein. gr. 8. Grätz 822, Ferstl. 2 Rthl. 16 gr. Schreibp. 4 —

— dass. blos Deutsch. gr. 8. Ebd. 822, Ebd. 1 Rthl. 8 gr. Schreibpap. 2 —

— das neue, mit Luthers Vorrede u. eines jeden Kapitels kurzen Summarien u. Abtheill., sammt Anzeigung, wo sich eine jede Epistel u. Evangelium anfängt. N. Aufl. 8. Nürnb. 822. Endter. 6 gGr.

— das neue, unsers Herrn u. Heilandes Jesu Christi, nebst den Psalmen; übers. von Dr. M. Luther. Mit Diamantschrift stereotypirt u. mit 1 Vign. 12. Leipz. 824, Tauchnitz. — 16

— das Neue, verdeutscht von M. Luther. 24. Tübingen 824, Fues.

Die hl. Schriften des Neuen Testamentes übersetzt von demselben, ohne Anmerkungen, zum Gebrauche für Kirche und Schule. Ebendas., 1825, 4. Aufl. 1844, Miniatur-Ausg. 1853. Stereotypiert.

— die heil. Schrift des neuen Bundes, ausgelegt, erläutert u. entwickelt. Ein Andachtsbuch f. häusl. Erbauung u. e. Handbuch f. Prediger u. Schullehrer, (v. W. M. L. de Wette). 1r Thl. (das Evangel. Johannis). 2r Thl. (das Evangelium von Matthäus, Markus u. Lukas). gr. 8. Berl. 825 u. 28. Reimer. 2 Thlr. 16 gGr. Engl. Druckp. 3 Thlr. 12 gGr.

**Testament, Das neue,** unsers Herrn und Heilandes Jesu Christi. Dr. M. Luthers Übersetzung, nach dem Grundtext berichtigte Ausgabe. 5. Abd. Frankfurt a. M. 1825. H: *Meyer, Johann Friedrich von.* (Ky)

— das neue, unsers Herrn u. Heilandes Jesu Christi. Dr. M. Luthers Uebersetzung nach d. Grundtext berichtigte Ausg. (v. J. F. v. Meyer). Mit stehend. Buchstaben. 5r Abdr. gr. 8. Frankf. a. M. 825. 6r Abdr. 827. Reinherz. 9 gGr.

— das neue, unsers Herrn u. Heilandes Jesu Christi u. der Psalter des Königs u. Propheten David, verdeutscht von Dr. Mart. Luther. gr. 8. Halle 825. Cansteinsche Bibel-Anstalt. 12 gGr. in 12. Ebd. 6 gGr.

— das neue, unsers Herrn u. Heilandes Jesu Christi. Uebers. v. J. Goßner. Neue revid. Ausg. Mit Stereotypen gedruckt. 8. Leipz. 825. Tauchnitz. 9 gGr. Velinp. 1 Thlr.

— die heil. Schrift des neuen Test., z. Gebrauch der Schulen d. Großherzogth. Baden. Mit Titelkpf. Neue prioil. Original-Ausg. 8. Manh. 825. Schwan u. G. 18 gGr.

— die heil. Schriften des neuen, übers. v. J. H. Kistemaker. 8. Münst. 825. Theißing. 12 gGr. Velinp. 20 gGr.

— Schriften d. heil., des neuen, 1r — 4r Bd. — A. u. d. T.: die heil. Evangelien. Uebersetzt u. erklärt von J. H. Kistemaker. 4 Bde. 2e Ausg. 8. Münster 826, Theißlng. 4 Rthl. Schreibp. 5 —

— dieselb. 5r Bd. — A. u. d. T.: Geschichte d. Apostel, mit Anmerkk. v. J. H. Kistemaker. 8. Münst. 825, Theißing. 1 Rthl. 8 gr. Schreibp. 1 16

— dies. 6r u. 7r Bd. — A. u. d. T.: Sendschreiben d. Apostel. Uebers. u. erklärt v. J. H. Kistemaker. 1r u. 2r Bd. Mit d. Bildn. d. Herausg. 8. Münst. 825, Theißing. 3 Rthl. 12 gr. Schreibp 4 8

— das neue, unsers Herrn u. Heilandes Jesu Christi. Nach der Londoner Ausg. v. 1823. Stereotyp.-Ausg. 18. Leipz. 826. Tauchnitz. 12 gr. Velinp. 18 gr.

— die heil. Bücher d. neuen Test. unsers Herrn Jesus Christus. Nach d. Vatican. Ausg. (von M. Wittmann). 8. Regensb. 809. 23e verb. Aufl. Mit 1 Kpf. 8. Regensb. 826. (Krüll in Landsh.) 8 gr.

— dass. nach Dr. M. Luthers Uebersetzung nach den Grundtext berichtigt (v. J. F. v. Meyer.) 6r Abdruck. gr. 8. Frankf. 827, Hermann.

— — unsers HErrn u. Heilandes Jesu Christi, verteutscht v. M. Luther. Mit stehender (Cicero-) Schrift. gr. 8. (29 B.) Sulzbach 827, v. Seidel. 6 Gr., f. Realp. 7 Gr., Schrbp. 8 Gr., Postp. 11 Gr., Vlnp.

— — dass. 2. Aufl. Mit steh. (Corpus-) Schrift. gr. 8. (20½ B.) Ebds. 831. 4 Gr., f. Realp. 6 Gr., Schrbp. 7 Gr., Postp. 8 Gr., Vlnp.

— — dass. 3. Aufl. Mit steh. (Nonpar.-) Schrift. 8. (19 B.) Ebds. 829. 3 Gr., Schrbp. 4½ Gr., Postp. 6 Gr., Vlnp.

— die heil. Schrift des neuen, übersetzt, erklärt u. mit histor.-krit. Einleitungen zu den einzelnen Büchern erläutert v. Jh. Mart. August. Scholz. 4 Bde. gr. 8. Frankf. a. M. 828—830. Varrentrapp. 6 Rthl. 20 gr. (1r Bd. A. u. d. T.: Die vier Evangelien. 828. 2 Rthl. 10 gr. 2r Bd. A. u. d. T.; Die Apostelgeschichte u. die kathol. Briefe. 830. 1 Rthl. 10 gr. 3r Bd. A. u. d. T.: Die 14 Briefe d. heil. Apostel Paulus. 829. 2 Rthl. 8 gr. 4r Bd. A. u. d. T.: Die Apokalypse d. heil. Johannes des Apostels u. Evangelisten. 828. 16 gr.)

— — unsers Herrn u. Heilandes Jesu Christi. Nach M. Luthers Uebersetz. Mit Stereotypen gedruckt. 18. (616 Seit.) Straßburg 828, (Treuttel u. Würtz.)

—— Testament, das neue, griechisch, nach d. besten Hülfsmitteln krit. revid., mit e. neuen deutschen Uebersetz. v. Heinr. Aug. Wilh. Meyer. 1. Thl., den griech. Text u. d. deutsche Uebersetzung enthalt. 2 Abthln. gr. 8. (91 B.) Göttingen 829, Vandenhoeck u. Ruprecht. Thlr.

— die heil. Schriften des neuen, übers. v. K. u. Leand. van Eß. gr. 8. 13e (nach d. 10n in kl. 8. revidirte) Aufl. mit etwas größerer stehender (Garmond- od. Corpus-) Schrift. Sulzb. 829. v. Seidel. 12 gr. Schrbp. 20 gr. Velinp. 1 Rthl. 20 gr. 14e A. in gr. 8. Mit (Corpus-)Schrift 831. 12 gr. Schrbp. 20 gr. Velinp. 1 Rthl. 20 gr. — Dies. in gr. 8. 20e (nach d. 10n in kl. 8. revid.) Aufl. mit großer (grober Cicero-) Schrift 830. 16 gr. Schreibp. 1 Rthl. 8 gr. Velinp. 2 Rthl. — Dies. in 8. 24e Aufl. 830. Mit stehend. Petitschrift, mit 13 Approbationen. 8 gr. Schreibp. 16 gr. Velinp. 1 Rthl. 8 gr. — Dies. in kl. 12. 9e (nach d. 10n in kl. 8. revidirte) Ausg. Mit grober (Cicero-) Schrift 830. 9 gr. Schrbp. 12 gr. Velinp. 16 gr. 10e A. 831. dieselb. Preise.

— die heil. Schriften des neuen, bearb. zur Beförder. ihrer segensreichen Benutzung. Das Evangelium St. Matthäi. 1s—4s Heft. gr. 8. Zürich 829—31. (Orell). 1 Rthl. 8 gr.

— das neue, unsers Herrn u. Heilandes Jesu Christi, verdeutscht v. Mart. Luther. gr. 8. Hof 830. Grau. 7 gr. Weiß Pap. 9 gr.

— — unsers Herrn u. Heilandes Jesu Christi. 2. Aufl. 12. (24 B. Petit-Schrift.) München 830, Giel.

— — unsers Herrn u. Heilandes Jesu Christi. 25., nach d. Vulgata revid. u. verb. Aufl. Mit steh. Schrift. gr. 8. (27 B.) München 830, (Jaquet.)

Vgl. Bibel. — Bücher. — Schrift u. Schriften, d. heil.

**Testament**, das neue, verdeutscht durch D. Mart. Luther, mit kurzen Summarien. N. Aufl. 8. Nürnb. 830. Endter. 8 gr.

**Testament, Das neue,** unsers Herrn und Heilandes Jesu Christi. Neu übersetzt . . . Zwickau 1830. Ü: *Jacobi, von*, *Zierold*, *Chn Traugott Lasch*, *Haas*, *Temper* & *Frdr. August Adolph Näbe*. H: *Richter*, *R.* (Ky)

— das neue, unsers Herrn u. Heilandes Jesu Christi. Neu übers. von einigen Theologen Augsburg. Confession. Als Denkmal des Jubeljahres 1830, (v. . . . v. Jacobi, ... Zierold, ... Lasch, ... Haas, ... Temper, Fr. Aug. Ad. Näbe u. d. Herausg. R. Richter). 8. Zwickau 830. Richter. Subscr.-Pr. 12 gr.

— — unsers Herrn u. Heilandes Jesu Christi, nach d. deutschen Uebersetz. Mart. Luthers. Mit Stereotypen gedruckt auf Kosten d. Edinburger Bibel-Gesellschaft. 16. (34¼ B.) Hamburg (831,) 34, Nestler u. Melle.

— das neue, unsers Herrn u. Heilandes Jesu Christi, nach der deutschen Uebersetzung D. M. Luthers. 3e Aufl. 8. Sulzbach 831. v. Seidel. Mit stehend. Nonpareille-Schrift. Druckpap. 6 gr. Schreibp. 7 gr. Postp. 9 gr. Velinp. 15 gr. — Dass. mit stehend. Corpusschrift. 2e Aufl. gr. 8. Ebd. 831. Druckp. 6 gr. kleines Realpap. 9 gr. Med. Schreibp. 10 gr. Postp. 12 gr. Velinp. 1 Rthl. — Dass. mit grober Ciceroschrift. 2e A. gr. 8. Ebd. 827. Druckp. 9 gr. f. kl. Realp. 11 gr. Med. Schreibp. 12 gr. Postp. 16 gr. Velinp. 1 Rthl. 8 gr.

Neue Testament, das, übersetzt mit kurzen Erläuterungen und einem historischen Register von ERNST GOTTFR. AD. BÖCKEL. Altona. 1832.

— — übers. mit kurzen Erläutern. u. e. histor. Register v. E. G. Ad. Böckel. gr. 8. (27½ B.) Altona 832 Hammerich.

Testamentum, novum. — Testament, das neue, griech. etc. Krit. revid. v. H. A. W. Meyer. 2. Thl. 1—3. Abthl. — A. u. d. T.: Krit. exeget. Kommentar üb. d. neue Testament. 1—3. Abthl. gr. 8. Ebds.

Abthl. 1. Krit. exeget. Handbuch üb. d. Evangelien d. Matthäus, Markus u. Lukas. (27 B.) 832. 1 Thlr. 12 Gr.
- 2. Krit. exeget. Handbuch üb. d. Evangelium d. Johannes. (20 B.) 834. 1 Thlr. 4 Gr.
- 3. Krit. exeget. Handbuch üb. d. Apostelgeschichte. (22¾ B. u. 1 Tab. qu. ½ gr. Fol.) 835. 1 Thlr. 8 Gr.

— — unsers Herrn u. Heilandes Jesu Christi, nebst den Psalmen; übers. v. Mart. Luther. Mit Diamantschrift stereotyp. (Diamanttestament. — Neue, wohlf. Ausg.) 16. (21½ B. u. Titvign.) Leipzig (832), Tauchnitz.

— — unsers HErrn u. Heilandes JEsu Christi, verdeutscht v. Mart. Luther. gr. 8. (30 B. grober Druck.) Reutlingen 832, Fischer.

— — dass. 8. (36 B. kl. Druck.) Ebds. 832.

— — nach dem Grundtexte, nebst d. buchstäbl. u. geheimen Erklärung d. Berlenburger Bibel. Neue, vollständ. u. getreue Aufl. 1. Thl. (1. Lfg.) gr. 4. (25 B.) Stuttgart 832, Henne. (?)

— dass. Mit Anmerkungen, Einleitungen, einer Harmonie der vier Evangelien, einem Aufsatz über Palästina und seine Bewohner, einer Zeittafel über die Apostelgeschichte, und einem ausführl. Sachregister versehen. Zum Gebrauch f. alle Freunde des göttlichen Wortes, insonderheit für Lehrer in Kirchen und Schulen, bearbeitet von Friedr. Gust. Lisco. 2 Thle. oder 10 Lfrgg. Lex.=8. Berlin 833, 34. Enslin'sche Buchh. $2\frac{1}{2}$ ℛ — Fein Papier $4\frac{1}{6}$ ℛ

— dass. 2 Thle. 2e verb. u. verm. Aufl. Lex.=8. Ebd. n. $2\frac{1}{2}$ ℛ — 3e Aufl. in 1 Bde. gr. Lex.=8. Ebd. 839, 40. $2\frac{2}{3}$ ℛ — Velinp. $3\frac{2}{3}$ ℛ

— dass. gr. 8. Bayreuth 834. Grau. baar 5 gl

— — nach d. deutschen Uebersetz. Mart. Luthers. Mit Erklärungen, Einleitungen, e. Harmonie d. vier Evangelien, e. Aufsatz üb. Palästina u. seine Bewohner, e. Zeittafel üb. d. Apostelgeschichte u. mehr. Registern versehen. Zum Gebrauch für alle Freunde d. göttl. Wortes, insonderheit f. Lehrer in Kirchen u. Schulen bearb. v. Friedr. Gust. Lisko. 2 Thle. (od. 10 Lfgn.) 1. Aufl. (61 B.) 834., 2., verm. u. verb. A. (... B.) Lex.=8. Berlin 835, Enslin'sche Buchh. à

— das neue, Griechisch, nach den besten Hülfsmitteln kritisch revidirt, mit einer neuen Deutschen Uebersetzung und einem krit. u. exeget. Kommentar von Heinr. Aug. Wilh. Meyer. 2r Thl. 2e Abthl. A. u. d. T.: Kritisch exegetischer Kommentar über das neue Testament. 2e Abthl. — Kritisch exeget. Handbuch über das Evangelium des Johannes. gr. 8. Göttingen 834. Vandenhöck u. Ruprecht. $1\frac{1}{6}$ ℛ — 2r Thl. 3e Abthl. A. u. d. T.: Kritisch exegetischer Kommentar über das neue Testament. 3e Abthl. — Kritisch exeget. Handbuch über die Apostelgeschichte. gr. 8. Ebd. 835. $1\frac{1}{3}$ ℛ — 2r Thl. 4e—6e Abthl. A. u. d. T.: Kritisch exegetischer Kommentar über das Neue Testament. 4e—6e Abthl. — Kritisch exeget. Handbuch über den Römerbrief. — Kritisch exeget. Handbuch über den 1n u. 2n Brief an die Korinther. gr. 8. Ebd. 836—40. $3\frac{1}{4}$ ℛ

**Testament**, das Neue, unsers Herrn u. Heilandes Jesu Christi, nach der deutschen Uebersetzung Dr. Martin Luthers. Mit Stereotypen gedruckt auf Kosten der Edinburger Bibel-Gesellschaft. 16. Hamburg 834. Nestler u. Melle. Geb. in gepreßt. Deckeln. n. $\frac{1}{4}$ ℛ — dass. 837. (Leipzig, Barth.) n. $\frac{1}{4}$ ℛ

(——) **Testament**, das neue, griechisch u. deutsch, z. Handgebr. f. Prediger u. Candidaten d. Predigtamts. Der Text der knappschen Recension dess. mit d. lutherischen Uebersetz., nebst Angabe d. Sonn- u. Festtags-Perikopen u. d. Parallelstellen in d. Evangelien nach d. Synopsis von de Wette u. Lücke. (6 Lfgn.) gr. 8. (49 B.) Berlin 835—37, Nauck'sche Buchh. à $\frac{1}{8}$ Thlr.

— dass. gr. 8. Aarau 836. Christen. n. $\frac{1}{4}$ ℛ geb. n. $\frac{3}{8}$ ℛ

— das Neue, unsers Herrn u. Heilandes Jesu Christi, nach M. Luthers Uebersetzung. 5e Aufl. 8. Breslau 836, Graß, Barth u. Comp. $\frac{1}{4}$ ℛ

(——) —— das neue, griechisch, nach d. besten Hülfsmitteln krit. revid. mit e. neuen deutschen Uebersetz. u. e. krit. u. exeget. Kommentar v. Heinr. Aug. Wilh. Meyer. 2. Thl. 4—7. Abthl. A. u. d. T.: Kritisch exeget. Kommentar üb. d. neue Testament. 4—7. Abthl. gr. 8. Göttingen, Vandenhoeck u. Ruprecht.

Abthl. 4. Krit. exeget. Handbuch üb. d. Römerbrief. (22 B.) 836. 1 Thlr. 6 Gr.
- 5. Krit. exeget. Handbuch üb. d. ersten Brief an d. Korinther. (19 B.) 839. 1 Thlr.
- 6. Krit. exeget. Handbuch üb. d. zweiten Brief an d. Korinther. ($18\frac{3}{4}$ B.) 840. 1 Thlr.
- 7. Krit. exeget. Handbuch üb. d. Brief an d. Galater. ($14\frac{1}{4}$ B.) 841. 18 Gr.

1. Thl. u. 2. Thl. 1—3. Abthl. Ebendas. 1829—35. 7 Thlr.

(——) —— das neue, uns. Herrn u. Heilandes Jesu Christi. Nach Mart. Luthers Uebersetz. (Neue Aufl.) Mit Stereot. gedr. 18. (616 Seit.) Straßburg 836, (Treuttel u. Würtz.)

(——) —— das neue, uns. Herrn u. Heilandes Jesu Christi, nach d. deutschen Uebersetz. Mart. Luthers. 16. ($34\frac{1}{2}$ B.) Hamburg 837. (Leipzig, Barth.) In gepreßt. Leder-Einbd. *

**Die hl. Schrift des Neuen Testamentes.** Übersetzt und mit erklärenden Anmerkungen versehen von einem Pfarrer der Diöcese Trier. Koblenz, Hergt, 1837, gr. 8°. 30 Bg., 3 Mk.

(——) —— das neue, übers. u. mit kurzen Anmerkn. vers. v. Joh. Karl Wilh. Alt. 4 Abthln. gr. 8. Leipzig 837, Klinkhardt. Zusamm. genomm. nur A. u. d. Titn.:

Abthl. 1. Die Evangelien d. Matthäus, Markus u. Lukas. (11 B.) 837. 18 Gr.
- 2. Das Evangelium d. Johannes u. d. Apostelgeschichte. ($8\frac{3}{4}$ B.) 837. 12 Gr.
- 3. Die Briefe d. Apostels Paulus. (14 B.) 838. 18 Gr.
- 4. Der Brief an d. Hebräer, d. kathol. Briefe u. d. Apokalypse. ($13\frac{1}{4}$ B.) 839. 18 Gr.

(——) —— das neue, uns. Herrn u. Heilandes Jesu Christi, nebst d. Psalmen Davids, verdeutscht v. Mart. Luther. 1—3. Aufl. gr. 8. (à $60\frac{1}{2}$ B. gröbste Schrift.) Barmen 838—42, Steinhaus. * $1\frac{1}{6}$ Thlr., Vlnp.

(——)(—— das neue, in russischer Sprache unt. d. Tit.) Господа Нашего Iисуса Христа Новый Завѣтъ. Изданіе точно сдѣланное по законному изданію россійскимъ библейнымъ обществомъ въ Санктъ-Петербургѣ въ 1823мъ году напечатанному. gr. 8. (39 B.) Leipzig 838, Karl Tauchnitz.

Vgl. Bibel. — Bücher. — Schrift. — u. Schriften, die heil., ꝛc.

(——) —— das neue, nach d. deutschen Uebersetz. Mart. Luthers. Mit Erklärn., Einleitn., ein. Harmonie d. vier Evangelien, ein. vollständ. Geographie v. Palästina, ein. Zeittafel üb. d. Apostelgesch., Stammtafel d. herodian. Familie, u. ein. ausführl. Sach- u. Spruchregister, so wie ein. Aufsatze üb. d. Entwickelung d. Reiches Gottes auf Erden versehn. Zum Gebr. f. alle Freunde d. göttl. Wortes, insonderheit f. Lehrer in Kirchen u. Schulen, bearb. v. Friedr. Gust. Lisco. 3. Aufl. gr. Lex.=8. (.. B.) 839, 40., 4., verm. u. verb. A. Schmal gr. 4. ($41\frac{1}{2}$ B.) Berlin 842, [G. W. F. Müller's Verl.] à *

— dass., mit jeden Capitels neuen Summarien und auserlesenen richtigen Schriftstellen. Aus Cicero Schrift. 8. Frankfurt a. M. 839. Brönner. $\frac{3}{8}$ ℛ

— dass. Stereotyp-Ausg. 12. Hannover 839. Hahn. $\frac{1}{4}$ ℛ — dass. in gr. 8. Ebd. 838. n. $\frac{3}{8}$ ℛ — dass. Petitschrift. 12. Ebd. 839. n. $\frac{1}{3}$ ℛ geb. n. $\frac{1}{2}$ ℛ

— dass. (Stereotypirt von W. Hasper.) 18. Carlsruhe 839. Creuzbauer'sche Buchh. n $\frac{1}{3}$ ℛ

(——) —— das neue, uns. Herrn u. Heilandes Jesu Christi. Nach Mart. Luthers Uebersetz. 18. (600 Seit.) Carlsruhe 839, [Nöldeke.] *

Господа Нашего Iисуса Христа Новый Завѣтъ. изданіе точно сдѣланное по законному изданію россійскимъ библейнымъ обществомъ въ Санктъ-Петербургѣ въ 1823мъ году напечатанному. (Das neue Testament in russischer Sprache.) gr. 8. Leipzig 839. K. Tauchnitz. $1\frac{1}{3}$ ℛ

— dass. 4e Aufl. 16. Basel 840. Schneider. n. $\frac{1}{3}$ ℛ — Fein Velinp. n. $\frac{5}{12}$ ℛ — Extrafein Velinp. n. $\frac{7}{12}$ ℛ

— dass. mit Psalmen. 12e Stereotyp-Ausg. 18. Frankfurt a. M. 840 Brönner. n. 17 gl — Ohne Psalmen n. 13 gl

—— das neue, nach d. deutsch. Uebersetzung Dr. M. Luthers. 8. ($34\frac{1}{4}$ B.) Hamburg 840. (Berlin, Grobe.) geb. in Callico * -

—— dass. und: Die Psalmen Davids. 8. ($42\frac{3}{4}$ B.) Ebds. 840. In Callico geb. * -

— dass. Nach der letzten Ausgabe von 1545. Jubel-Ausg. 1840. gr. Lex.-8. Leipzig 840. (G. Wigand. Vorzügl. Velinp. In Engl. Einband n. $2^{2}/_{3}$ ℛ

(——) —— das neue, deutsch durch Mart. Luther. N. d. letzt. Ausg. v. 1545. (Jubel-Ausg. 1840.) gr. Lex.-8. ($19^{1}/_{2}$ B.) Leipzig 840, [Wöller.] * $2^{2}/_{3}$ Thlr., (neue Ausg.) *

(——) —— das neue, uns. Herrn u. Heilandes Jesu Christi. Der Psalter. Verdeutscht v. Mart. Luther. Festausgabe. gr. 4. ($71^{1}/_{4}$ B., ein Widmungsblatt nach Fellner u. Gnauth, 1 Ttlkpfr., 1 Vign., 2 Facsim., 13 groß. aus d. Hand gemalt. Initialbuchstaben u. 2 Schlußverzierungen in Golddruck.) Stuttgart 840, S. G. Liesching.

Ausg. Nr. I. 4 Thlr.
" " 2. In engl. Leinwand geb. 5 Thlr.
Ausg. Nr. III a. In Saffianleder. 5 Thlr. 15 Gr.
" " III b. In Saffianleder m. gem. Widmungsbl. u. reicher Einbandvergold. 6 Thlr.
" " IV. In ächten Maroquinbd. 6 Thlr. 10 Gr.
" " V. In ächten Maroquinbd. m. Goldlinienverzierung. 7 Thlr. 15 Ngr.
" " VI. In Sammt geb., m. Silber-Ornamenten u. Silberschloß, d. Widmungsbl. gemalt. 15 Thlr. 15 Ngr.

(——) —— das neue, uns. Herrn u. Heilandes Jesu Christi, n. d. Uebersetz. Mart. Luther's. Fest-Ausg. z. Sekularfeier d. Erfindung d. Buchdruckerkunst im J. 1840. Aus Nonpar.-Schrift stereot. 16. (35 B. u. Ttlbild.) Stuttgart 840, Metzler'sche Buchh. * 1 Thlr., cart. * $1^{1}/_{6}$ Thlr., geb. mit Goldschn. u. Goldverzier. * $1^{2}/_{3}$ Thlr., geb. in Pergament mit Platinaschnitt u. in Futteral Thlr. *

**Testament**, das Neue, Griechisch, nach den besten Hülfsmitteln kritisch revidirt, mit einer neuen Deutschen Uebersetzung und einem kritisch. und exeget. Kommentar von Hnr. Aug. Wlh. Meyer. 2. Thl. — 7. Abtheil. — A. u. d. T.: Kritisch exeget. Kommentar über das Neue Testament. 7. Abthl. — Kritisch exeget. Handbuch über den Brief an die Galater. gr. 8. Göttingen 841, Vandenhoeck u. Ruprecht. $^{3}/_{4}$ ℛ (1–II. 7: 11 ℛ) — 8. Abthl. Brief an die Epheser. gr. 8. Ebend. 843. $^{11}/_{12}$ ℛ — 2. Thl. den Kommentar enth. 1. Abthl. 1. Hälfte. Das Evangelium des Matthäus. 2. verb. und verm. Aufl. gr. 8. Ebend. 844. $1^{5}/_{12}$ ℛ 1. Abth. 2. Hälfte. Die Evangelien des Markus und Lukas. 2. verb. u. verm. Aufl. gr. 8. Ebend. 846. $1^{1}/_{3}$ ℛ

(——) —— das neue, uns. Herrn u. Heilandes Jesu Christi. Nach Mart. Luthers Uebersetz. Nach d. hallischen Ausg. gr. 8. ($16^{1}/_{2}$ B.) Grimma 841, Verlags-Comptoir. *

— das neue, unsers Herrn und Heilandes Jesu Christi, verdeutscht von M. Luther. Petit-(Stereotyp-)Ausg. gr. 8. Karlsruhe 841, Groos. n. $^{1}/_{4}$ ℛ

— das Neue, unsers Herrn und Heilandes Jesu Christi von Jos. Frz. Allioli. Aus der vom apostolischen Stuhle approb. größeren Ausgabe mit dem Texte ohne Noten besonders abgedruckt. 2. Aufl. gr. 12. Landshut 841, v. Vogel'sche Verlagsbuchh. $^{5}/_{12}$ ℛ — 2. Aufl. mit 17 Kupfern. kl. 8. Ebend. 842. $^{7}/_{8}$ ℛ

— das neue, unsers Herrn und Heilandes Jesu Christi nach Dr. M. Luther's Uebersetzung. Stereot.-Ausg. gr. 8. Leipzig 841, K. Tauchnitz. n. $^{1}/_{4}$ ℛ — dass. nach der London. Ausg. 18. Ebend. 844. Mit Petitschr. n. $^{1}/_{3}$ ℛ Velinp. Cart. n. $^{1}/_{2}$ ℛ Mit Psalmen n. 13 ngl

(——) —— das neue, uns. Herrn u. Heilandes Jesu Christi, nach d. deutschen Uebersetz. Mart. Luthers. N. d. hallischen Ausg. 8. (24 B.) St. Gallen 841, (Scheitlin u. Zollikofer.) *

(——) —— das neue, uns. Herrn u. Heilandes Jesus Christus. Revid. Ausg. 16. ($37^{1}/_{2}$ B.) St. Gallen 841, (Scheitlin u. Zollikofer.) *

— das neue, unsers Herrn und Heilandes Jesu Christi, nach der deutschen Uebersetzung Dr. Martin Luthers. Mit Petitschrift. 16. (Taschenformat.) Sulzbach 841, v. Seidel. $^{1}/_{3}$ ℛ

— dass. mit stehender Corpusschrift, 4. Aufl. gr. 8. Ebend. 842. Druckp. $6^{1}/_{4}$ ngl, fein klein Realp. $^{1}/_{4}$ ℛ, Median Schreibp. $8^{3}/_{4}$ ngl, Postpap. $^{3}/_{8}$ ℛ, Velinp. $^{2}/_{3}$ ℛ

— das Neue, unseres Herrn und Heilandes Jesu Christi, verdeutscht von Dr. Martin Luther. 3. Aufl. (Nebst: Die Psalmen Davids. Nach Dr. Martin Luther's deutscher Uebersetzung. — Gröbster Druck.) Lex.-8. Barmen 842, Steinhaus. n. $1^{1}/_{6}$ ℛ — Velinp. $1^{1}/_{2}$ ℛ

**Testament**, das neue, unseres Herrn u. Heilandes Jesu Christi, nach Dr. M. Luthers Uebersetzung. Mit Perlschrift stereotypirt. 32. (606 S.) Elberfeld 842, Hassel. Thlr. *
In gepreßt. Einbd. u. m. Goldschn. *

—— das neue, unsers Herrn u. Heilandes Jesu Christi nebst den Psalmen, verdeutscht von Dr. M. Luther. 12. ($23^{2}/_{3}$ B.) Linz 842, Eurich u. Sohn. * -

—— das neue, unseres Herrn u. Heilandes Jesu Christi, verdeutscht von Dr. M. Luther. 2. Aufl. 8. ($19^{1}/_{2}$ B. u. 1 Stahlst.) Magdeburg 842, Baensch. * -

—— das neue, unsers Herrn u. Heilandes Jesu Christi. 8. (32 B.) Basel 843, Bahnmaier's Buchh. * 10 Ngr. Mit Vign. * $12^{1}/_{2}$ Ngr., fein Pap. * $12^{1}/_{2}$ Ngr., m. Vign. *

— das Neue, nach der deutschen Uebersetzung Dr. M. Luthers. Mit Erklärungen, Einleitungen, einer Harmonie der 4 Evangelien, einer Zeittafel über die Apostelgeschichte ꝛc. bearbeitet von Fr. Gust. Lisco. 4. verm. u. verb. Aufl. 2. unveränd. Abdruck. hoch 4. Berlin 843, Müller. n. $2^{2}/_{3}$ ℛ

—— das neue, unsers Herrn u. Heilandes Jesu Christi. Mit Psalmen. Nach d. deutsch. Uebersetz. Dr. M. Luthers. Stereot.-Ausg. 18. ($20^{2}/_{3}$ B.) Frankfurt a. M. 843, Brönner. *

—— das neue, griechisch nach den besten Hülfsmitteln kritisch revid. mit deutscher Uebersetzung u. krit. u. exeget. Commentar von Heinr. Aug. Wilh. Meyer. 2. Thl., den Commentar enthaltend. 8. Abthl. u. 9. Abthl. 1. Hälfte. gr. 8. Göttingen, Vandenhoeck u. Ruprecht.

Abthl. 8. Brief an die Epheser. (18 B.) 843. $27^{1}/_{2}$ Ngr.
9. Brief an die Philipper. 1. Hlfte. (10 B.) 847. 15 Ngr.
1. Thl. u. 2. Thl. 1–7. Abthl. Ebendas. 1829–41. 11 Thlr.

**Testament**, das neue, griechisch nach den besten Hülfsmitteln kritisch revid. etc. 2. Thl. den Commentar enthaltend. 1. Abtheil. 1. Hlfte. Das Evangelium des Matthäus. 2., verb. u. verm. Aufl. gr. 8. (32 B.) Ebds. 844. Thlr. 1

—— dass. 2. Thl. 1. Abthl. 2. Hlfte. Die Evangelien des Markus u. Lukas. 2., verb. u. verm. Aufl. ($31^{1}/_{2}$ B.) Ebds. 846.

—— das neue. Nach der Uebersetzung Dr. M. Luthers. 16. (533 S.) Hamburg 843. (Berlin, Grobe.) * .

—— dass. — Mit den Psalmen Davids. 16. (533 und 126 S.) Ebds. 843. * .

— das Neue, in polnischer Sprache. Nowy Pana Naszego Jezusa Chrystusa Testament przez X. Jakuba Wuyka. 16. Leipzig 843, K. Tauchnitz. n. $^{1}/_{2}$ ℛ

—— das neue. Deutsch durch Dr. M. Luther. Nach der letzten Ausgabe v. 1545. 12 Lfgn. gr. Lex.-8. ($15^{3}/_{4}$ B. u. 12 Stahlst.) Leipzig 844, Hartung. *

— das Neue, unsers Herrn u. Heilandes Jesu Christi. Deutsch durch Dr. Martin Luther. Leipziger Jubelausgabe. Nach der letzten Ausgabe von 1545. Revidirt vom Hofrath Dr. Gersdorf u. K. A. Espe. Neue Original-Stereot.-Aufl. gr. 8. (Mit 6 Stahlst.) Leipzig 844, Wöller. n. 1 ℛ — 3. Stereot.-Ausg. 6 Liefg. gr. 8. Ebend. 845, 46. $^{3}/_{4}$ ℛ

—— das neue. Leipziger Jubelausg. Nach der letzten Ausg. Dr. M. Luthers (1545) revidirt v. Gersdorf u. K. A. Espe. 2. Stereot.-Aufl. (22 B. u. 6 Stahlst.) 844. * 1 Thlr. u. 3. Orig.-Stereot.-Aufl. (Ausg. Nr. 1.) 6 Lfgn. gr. 8. (22¾ B. u. 6 Stahlst.) Leipzig 845, Wöller. à * 3¾ Ngr. * –

—— das neue, unsers Herrn u. Heilandes Jesu Christi. 32. (810 S.) Schaffhausen 844. (Zürich, Hanke.) In Leinwdbd. * 22½ Ngr., mit Goldschn. * 25 Ngr., in Ldbd. * 25 Ngr., in Saffianbd. *

Die hl. Schriften des Neuen Testamentes. Herausgegeben von dem Verfasser des „Tag des Herrn" und des „Christl. Familientempel". Mit 100 Kupfern. Augsburg, Schlosser, 1845, gr. 8°, 12¾ Bg., 6,50 Mk.

—— das neue unsers Herrn u. Heilandes Jesu Christi. Nach der deutschen Uebersetzung Dr. M. Luthers. Mit ausführl. Einleitungen, Erklärungen u. Auslegungen von Teichler. Prachtausg. mit 30 ill. Kunstbl. u. 3 Stnt. 1. Lfg. gr. 8. (2 B. u. 1 ill. Stnt.) Berlin 845, Liebmann.

—— das neue, unsers Herrn u. Heilandes Jesu Christi nach der deutschen Uebersetzung Dr. M. Luthers. Mit jeden Capitels neuen Summarien u. auserlesenen richtigen Schriftstellen. Zum Gebrauch der Schulen. 6. Stereotyp-Ausg. 8. (41 B.) Frankfurt a. M. 845, Brönner. *

—— das neue, unsers Herrn u. Heilandes Jesu Christi, verdeutscht v. Dr. M. Luther. 16. (19½ B. u. 6 Stahlst.) Leipzig 845. Phil. Reclam jun. * 15 Ngr., ohne Stahlst. *

—— das neue, unsers Herrn u. Heilandes Jesu Christi verdeutscht v. Dr. M. Luther. 16. (19½ B.) Leipzig 845, Bernh. Tauchnitz. * 7½ Ngr., m. 6 Stahlst. *

—— das neue, nach der Uebersetzung Dr. M. Luthers. Mit kurzen in den Text eingeschobenen Erläuterungen, Einleitungen u. Inhaltsangaben von Ludw. Albertus. 1—4. Lfg. gr. 8. (16¾ B.) Stolberg 845, Kleinecke. à L. *

—— das neue, unsers Herrn u. Heilandes Jesu Christi, nach d. deutschen Uebersetzung Dr. M. Luthers. Stereot.-Ausg. gr. 8. (36½ B.) Frankfurt a. M. 846, Brönner. *

—— das neue, unsers Herrn u. Heilandes Jesu Christi, nach d. deutschen Uebersetzung Dr. M. Luthers. 32. (480 S.) Frankfurt a. M. 846, Brönner. In schw. Einbd. m. Silberdruck *

— das Neue, für vernünftige Christen aus dem Grundtexte neu verteutschet und mit geschichtlich begründeten Einleitungen versehen von Prediger J. G. Fr. Irmler. (In circa 8 Heften.) 1.—3. Heft. 8. Leipzig 846, (Thomas.) à n. ⅓ ℛ

—— das neue, nach d. Uebersetzung Dr. M. Luthers, u. mit Auslegung nach der Regel St. Pauli: 1. Cor. 14, 3. Hrsg. v. A. Franz. 1. Bd. 1—6. Hft. gr. 8. (38 B.) Magdeburg 846, 47, Falckenberg u. Comp. à 10 Ngr.

—— das neue, verdeutscht durch Dr. M. Luther u. mit kurzen Einleitungen u. erbaul. Anmerkgn. u. Gebeten hrsg. v. Heinr. Stähelin. 5., neu durchges. Aufl., besorgt v. Joh. Heinr. Schieß. Lex.-8. (61½ B. u. 1 Stahlst.) St. Gallen 846, Scheitlin u. Zollikofer. *

—— das neue, unsers Herrn u. Heilandes Jesu Christi, nach d. Uebersetzung Dr. M. Luthers. 2. Aufl. d. Fest-Ausg. zur 4. Säcularfeier d. Erfindung der Buchdruckerkunst. Aus Nonpareille-Schrift stereotypirt. 16. (35 B.) Stuttgart 846, Metzler'sche Buchh. * 15 Ngr., in Leinwd. geb. ** 22 Ngr., in Leinw. geb. m. Goldschn. ** 25 Ngr., in Saffian geb. mit Goldschn. **

— dass., verdeutscht v. Mart. Luther. Mit Berichtigungen u. kurzen Erklärgn. nach v. Meyer. gr. 16. (667 S.) Berlin 847, Brandis. — 2. (Titel-) Aufl. gr. 16. (667 S.) Ebd. (847) 850. ½ ℛ, geb. n. ⅔ ℛ, geb. m. Goldschn. baar 1 ℛ

— (dass. In das Serbische übersetzt von Wuk Steph. Karadschitsch.) Нобя завјет господа нашега Исуса Христа превео Вук Стеф. Караџић. Беч. gr. 8. (XVIII u. 607 S.) (Berlin 847, G. Reimer.) n. 2⅔ ℛ

— das Neue, unseres Herrn u. Heilandes Jesu Christi, nach der deutschen Uebersetzung M. Luthers. Lex. 8. (196 S.) Berlin 847. G. W. F. Müller. n. ½ ℛ

—— das neue. 32. (600 S.) Cöln. Elberfeld 847, Hassel. In Lederbd. mit Goldschn. * .

— dass. Mit Auslegung hrsg. von A. Franz. 1. Bd. 3—6. Hft. gr. 8. (S. 193—594.) Magdeburg 847, Falckenberg & Co. à ⅓ ℛ

— das neue. 8. (328 S.) Stade 847. (Hamburg, Niemeyer.) n. 8 Ngr

—— dass. — (Abgedr. aus der Pracht-Kirchen- und Familien-Bibel.) Fol. (310 S.) Elberfeld 848. [Iserlohn,] Bädeker. *

—— dass. — (Ster.-Ausg.) 32. (VI und 568 S.) Ebdf. 848. In engl. Einb. mit Goldschn. * .

Testament, das neue, griechisch nach den besten Hülfsmitteln kritisch revidirt, mit einer neuen deutschen Uebersetzung und einem krit. und exeget. Kommentar von Heinr. Aug. Wilh. Meyer. 2. Thl., den Kommentar enth., 9. Abthl. 2. Hälfte und 10 — 12. Abthl. gr. 8. Göttingen, Vandenhoeck und Ruprecht. Thlr.

Inhalt:

Abthl. 9. 2. Hälfte. Brief an die Kolosser und an Philemon. (X und 190 S.) 848. 20 Ngr.

- 10. Kritisch exeget. Handbuch über die Briefe an die Thessalonicher von Geo. Conr. Gottl. Lünemann. (X und 234 S.) 850. 22½ Ngr.

- 11. Kritisch exegetisches Handbuch über die Briefe an Timotheus und Titus von Joh. Ed. Huther. (X und 309 S.) 850. 1 Thlr.

- 12. Kritisch exegetisches Handbuch über den 1. Brief des Petrus, den Brief des Judas und den 2. Brief des Petrus von Joh. Ed. Huther. (X und 342 S.) 852. 1 Thlr. 5 Ngr.

1. Thl. und 2. Thl. 1—9. Abthl. 1. Hälfte. Ebendas. 1829—47. 13 Thlr. 20 Ngr.

—— dass. — 2. Thl., den Kommentar enth. 5. und 6. Abthl. Erster und zweiter Brief an die Korinther. 2., verb. und verm. Aufl. gr. 8. Ebds. [1. Br. (XVI und 364 S.) 849. 1 Thlr. 7½ Ngr., 2. Br. (VIII und 308 S.) 850. 1 Thlr. 5 Ngr.]

—— dass. — 2. Thl., den Kommentar enthaltend. 7. Abthl. der Brief an die Galater. 2., verb. und verm. Aufl. gr. 8. (X und 246 S.) Ebds. 851.

—— dass. — 2. Thl., den Kommentar enthaltend. 2. Abthl. das Evangelium des Johannes. 2., völlig umgearb. Aufl. gr. 8. (XIII und 465 S.) Ebds. 852.

— dass. nach der deutschen Uebersetzg. Mart. Luthers. 32. (IV u. 476 S.) Frankfurt a. M. 849, Brönner. n. 8 Ngr

— das Neue, unsers Herrn u. Heilandes Jesu Christi, nach der deutschen Uebersetzung Mart. Luthers. Mit den Psalmen. 16. (646 S.) Cöln 849. (Elberfeld, Hassel.) In Leder geb. m. Goldschn. n. ⅝ ℛ

—— dass. — Nebst den Psalmen Davids. 32. (620 S.) Ebdf. 849. In Leder geb. mit Goldschn. * —

— das Neue, unsers Herrn u. Heilandes Jesu Christi v. Jos. Frz. Allioli. 3. Aufl. 8. (604 S.) Landshut 849, Vogel. 5/12 ℛ Mit 1 Stahlst. in Engl. Einb. m. Goldschn. n. 1 ℛ

— dass. A. u. d. T.: The new Testament of our Lord and Saviour Jesus Christ translated out of the original Greek; and with the former translations diligently compared and revised. 8. (670 S.) New York 849. (Philadelphia, Schäfer & Koradi.) n. 1 ℛ

— dass. Mit den Psalmen Davids. 32. (970 u. 159 S.) Barmen 850, Steinhaus. geb. in Leder m. Goldschn. n. 12 ngr; fein Pap. n. 17 ngr

—— dass. — Mit Berichtigungen und kurzen Erklärungen nach v. Meyer. 1. Ausg. 1847. und 2. (Titel-)Aufl. gr. 16. (667 S.) Berlin 850, Brandis Verlag.
Vgl: Schriften, die heiligen.

— dass. Mit jeden Capitels neuen Summarien u. auserlesenen richtigen Schriftstellen. Zum Gebrauch der Schulen sorgfältig ausgefertigt. 7. m. Ster. gedr. Ausg. 8. (652 S.) Frankfurt a. M. 850, Brönner. n. 1/3 ℛ

— das neue. 32. (534 S.) Leipzig 850, Hirschfeld. 6 ngr; in Engl. Einb. m. Futteral 1/3 ℛ; in Lederbd. m. Goldschn. u. Futteral 18 ngr

— das Neue, unsers Herrn u. Heilandes Jesu Christi. 32. (472 S.) New-York 850. (Philadelphia, Schäfer & Koradi.) n. 1/2 ℛ

— das Neue, unsers Herrn u. Heilandes Jesu Christi nach der deutschen Uebersetzg. v. Mart. Luther. Mit Holzschn. nach Zeichngn. der ersten Künstler Deutschlands. gr. 4. (372 S.) Stuttgart 850, Bibelanstalt der Cotta'schen B. 3 ℛ 6 ngr

— das Neue, unseres Herrn u. Heilandes Jesu Christi, nach der deutschen Uebersetzg. Mart. Luthers. 22. Ster.-Aufl. gr. 8. (312 S.) Berlin 851, Decker. 1/4 ℛ

**Testament**, das Neue, deutsch durch Mart. Luther. Imp.-Fol. (110 B. m. 6 Holzschntaf.) Berlin 851, Decker. Lederbd. m. Krampen u. Beschlägen. baar n. n. 291 2/3 ℛ.

**Testament**, das Neue, unsers Herrn u. Heilandes Jesu Christi. 8. (384 S.) Berlin 851, Decker. In Lederbd. m. Goldschn. baar n. n. 5/6 ℛ

— dass. Mit den Psalmen. Nach der deutschen Uebersetzung Mart. Luthers. Ster.-Ausg. 32. (669 S.) Berlin 851, Decker. baar n. 1/6 ℛ; fein Pap. in Leder geb. m. Goldschn. baar n. 2/3 ℛ

— das neue, aus d. Griech. übers. von Karl v. d. Heydt. 8. (XII u. 635 S.) Elberfeld 852, Hassel. n. 2/3 ℛ

**Testament**, das Neue, Griechisch nach den besten Hülfsmitteln kritisch revidirt, m. einer neuen Deutschen Uebersetzg. u. einem krit. u. exeget. Kommentar v. Heinr. Aug. Wilh. Meyer 2. Thl., den Kommentar enth. 2. Abth. das Evangelium des Johannes. 2. völlig umgearb. Aufl. gr. 8. (XIV u. 465 S.) Göttingen 852, Vandenhoeck & Ruprecht. 1 3/4 ℛ — 2. Thl. den Kommentar enth. 5. Abth.: Erster Brief an die Korinther. 2. verb. u. verm. Aufl. gr. 8. (XVI u. 364 S.) Ebd. 849. 1 1/4 ℛ — 2. Thl., den Kommentar enthalt. 6. Abth.: Zweiter Brief an die Korinther. 2. verb. u. verm. Aufl. gr. 8. (VIII u. 308 S.) Ebd. 849. 1 1/4 ℛ — 2. Thl., den Kommentar enth. 7. Abth. den Brief an die Galater. 2. verb. u. verm. Aufl. gr. 8. (X u. 246 S.) Ebd. 851. 7/8 ℛ — 2. Thl. den Kommentar enth. 9. Abth. 2 Hälften. gr. 8. 1. Hälfte: Brief an die Philipper. (XIV u. 145 S.) 2. Hälfte: Brief an die Kolosser u. an Philemon. (X u. 190 S.) Ebd. 847.48. (1: 2/3 ℛ 2: 1/2 ℛ) 1 1/6 ℛ — 2. Thl. den Kommentar enth. 10. Abth. A. u. d. T.: Kritisch exeget. Handbuch üb. die Briefe an die Thessalonicher v. Geo. Conr. Gottl. Lünemann. gr. 8. (X u. 234 S.) Göttingen 850, Vandenhoeck & Ruprecht. 3/4 ℛ — 2. Thl., den Kommentar enth. 11. Abth. A. u. d. T.: Kritisch exeget. Handbuch üb. die Briefe an Timotheus u. Titus v. Joh. Ed. Huther. gr. 8. (X u. 309 S.) Ebd. 1 ℛ — 2. Thl. den Kommentar enth. 12. Abth. A. u. d. T.: Kritisch exeget. Handbuch üb. den 1. Brief des Petrus, den Brief des Judas u. den 2. Brief des Petrus v. Joh. Ed. Huther. gr. 8. (X u. 342 S.) Ebd. 852. 1 1/6 ℛ (I. II, 1—12.: 17 1/2 ℛ; II, 1—12. [Kommentar]: 14 2/3 ℛ)

— das neue, unsers Herrn u. Heilandes Jesu Christi, nach der Uebersetzg. Mart. Luther's. [Ster.-Pracht-Ausg.] Mit 7 Stahlst. u. vielen in den Text eingedr. Abbildgn. (in Holzschn.) Lex. 8. (IV u. 310 S.) Leipzig 852, Baumgärtner. 1 ℛ

— das Neue, unsers Herrn u. Heilandes Jesu Christi nach M. Luthers Uebersetzg. Ster.-Ausg. 32. (IV u. 607 S.) Leipzig 852, C. Tauchnitz. 8 ngr; m. den Psalmen (145 S.) 1/3 ℛ

—— das neue, unsers Herrn und Heilandes Jesu Christi, nach Luthers Uebersetzung. gr. 16. (III und 532 S.) Aarau 853, Christen.

— — griechisch nach den besten Hülfsmitteln kritisch revid. mit einer neuen deutschen Uebersetzung und einem kritischen u. exegetischen Kommentar von Heinr. Aug. Wilh. Meyer. II. Thl., den Kommentar enthaltend. A. u. d. T.: Kritisch-exeget. Kommentar über das Neue Testament von H. A. W. Meyer. Göttingen, Vandenhoeck u. Ruprecht. gr. 8.

1. Abth. 1. Hälfte: Kritisch exegetisches Handbuch über das Evangelium des Matthäus. 3. verb. u. verm. Aufl. 853. (XII, 499 S.) 1 ℛ. 15 ngr — 4. verb. etc. Aufl. 858. (XIV, 561 S.) 1 ℛ. 20 ngr

1. Abth. 2. Hälfte: Kritisch exeget. Handbuch über die Evang. des Markus und Lukas. 3. verb. u. verm. Aufl. 855. (X, 518 S.) 1 ℛ. 20 ngr

2. Abth. Kritisch exeget. Handbuch über das Evangelium Johannes. 3. verb. u. verm. Aufl. 856. (X, 526 S.) 2 ℛ.

3. Abth. Kritisch exegetisches Handbuch über die Apostelgeschichte. 2. verb. u. verm. Aufl. 854. (XI, 471 S. u. 1 Tab. in Fol.) 1 ℛ. 20 ngr

4. Abth. Kritisch exegetisches Handbuch über den Römerbrief. 2. verb. u. verm. Aufl. 854. (XII, 449 S.) 1 ℛ. 15 ngr

5. Abth. Kritisch exegetisches Handbuch über den 1. Brief an die Korinther. 855. (VIII, 386 S.) 1 ℛ. 12 ngr

6. Abth. Kritisch exeget. Handbuch über den 2. Brief an die Korinther. 2. verb. u. verm. Aufl. 856. (VIII, 312 S.) 1 ℛ. 6 ngr

7. Abth. Kritisch exeget. Handbuch über den Brief an die Galater. 3. verb. u. verm. Aufl. 857. (X, 257 S.) 1 ℛ.

8. Abth. Kritisch exegetisches Handbuch über den Brief an die Epheser. 2. verb. u. verm. Aufl. 853. (X, 271 S.) 1 ℛ.

13. Abth. Kritisch exeget. Handbuch über d. Hebräerbrief von Gli. Lünemann. 856. (VIII, 380 S.) 1 ℛ. 12 ngr

14. Abth. Kritisch exeget. Handbuch über die Briefe des Johannes von Joh. Ed. Huther. 855. (X, 255 S.) 27 1/2 ngr

15. Abth. Kritisch exeget. Handbuch über den Brief des Jakobus von Joh. Ed. Huther. 858. (VIII, 208 S.) 22 1/2 ngr

— — und die Psalmen, verdeutscht von Dr. M. Luther. Revidirte Ausgabe. Mit 9 Stahlst. Leipzig 853. Teubner. gr. 8. (308, 74 S.) n. 1 ℛ. 10 ngr

— — verdeutscht von Dr. Mart. Luther. Revidirte Ausgabe. (Herausg. von W. Hopf.) 2. Abdruck. Leipzig 853. Teubner. (312 S.)
Ausg. A. mit Petit in 8. nn. 5 ngr; Velinp. n. 8 ngr
= B. mit Corpus in gr. 8. nn. 7 1/2 ngr; Velinp. n. 16 ngr

**Testament**, das neue, griechisch und deutsch. Stuttgart 853. S. G. Liesching in Comm. gr. 8. (IV, 652 S.) nn. 25 ngr

— — und der Psalter, verdeutscht von Dr. M. Luther. Revidirte Ausg. Leipzig 854. Teubner. 16. (295, 72 S. u. 1 Stahlst.) n. 10 ngr

—— dass. — Griechisch nach den besten Hülfsmitteln kritisch revidirt mit einer neuen deutschen Uebersetzung und einem krit. und exeget. Kommentar von Heinr. Aug. Wilh. Meyer. 2. Thl., den Kommentar enthaltend. 13. und 14. Abthl. gr. 8. Göttingen, Vandenhoeck und Ruprecht's Vrlgsh.

Inhalt:

Abthl. 13. Kritisch exegetisches Handbuch über den Hebräerbrief von Glieb. Lünemann. (VIII und 380 S.) 855. 1 Thlr. 12 Ngr.

- 14. Kritisch exegetisches Handbuch über die drei Briefe des Johannes von Joh. Ed. Huther. (X und 255 S.) 854(55.) 27½ Ngr.

1. Thl. und 2. Thl. 1—12. Abthl. Ebendas. 1829—52. 17 Thlr. 7½ Ngr.

—— dass. — 2. Thl., den Kommentar enthaltend. 1. Abthl. 1. Hälfte. 3., verb. und verm. Aufl. A. u. d. T.: Kritisch exegetisches Handbuch über das Evangelium des Matthäus. 3., verb. und verm. Aufl. gr. 8. (XII und 499 S.) Ebds. 853.

—— dass. — 2. Thl., den Kommentar enthaltend. 1. Abthl. 2. Hälfte. 3., verb. und verm. Aufl. A. u. d. T.: Kritisch exegetisches Handbuch über die Evangelien des Markus und Lukas. 3., verb. und verm. Aufl. gr. 8. (X und 518 S.) Ebds. 855.

—— dass. — 2. Thl., den Kommentar enthaltend. 2. Abthl. 3., verb. und verm. Aufl. A. u. d. T.: Kritisch exegetisches Handbuch über das Evangelium des Johannes von Heinr. Aug. Wilh. Meyer. 3., verb. und verb. Aufl. gr. 8. (X und 526 S.) Ebds. 856.

—— dass. — 2. Thl., den Kommentar enthaltend. 3. Abthl. die Apostelgeschichte. 2., verb. und verm. Aufl. A. u. d. T.: Kritisch exegetisches Handbuch über die Apostelgeschichte. 2., verb. und verm. Aufl. gr. 8. (XI und 471 S.) Ebds. 854.

—— dass. — 2. Thl., den Kommentar enthaltend. 4. Abthl. der Brief an die Römer. 2., verb. und verm. Aufl. A. u. d. T.: Kritisch exegetisches Handbuch über den Römerbrief. 2., verb. und verm. Aufl. gr. 8. (XII und 449 S.) Ebds. 854.

—— dass. — 2. Thl., den Kommentar enthaltend. 5. Abthl. 3., verb. und verm. Aufl. A. u. d. T.: Kritisch-exegetisches Handbuch über den ersten Brief an die Korinther von Heinr. Aug. Wilh. Meyer. 3., verb. und verm. Aufl. gr. 8. (VIII und 386 S.) Ebds. 856.

—— dass. — 2. Thl., den Kommentar enthaltend. 6. Abthl. 3., verb. und verm. Aufl. A. u. d. T.: Kritisch exegetisches Handbuch über den zweiten Brief an die Korinther von Heinr. Aug. Wilh. Meyer. 3., verb. und verm. Aufl. gr. 8. (VIII und 312 S.) Göttingen 856, Vandenhoeck und Ruprecht's Vrlgsh. Thlr.

**Testament**, das neue, griechisch nach den besten Hülfsmitteln kritisch revidirt, mit einer neuen deutschen Uebersetzung und einem krit. und exeget. Kommentar von Heinr. Aug. Wilh. Meyer. 2. Thl., den Kommentar enthaltend. 8. Abthl. der Brief an die Epheser. 2., verb. und verm. Aufl. A. u. d. T.: Kritisch exegetisches Handbuch über den Brief an die Epheser. 2., verb. und verm. Aufl. gr. 8. (X und 271 S.) Ebds. 853.

— — von Jos. Frz. Allioli. Aus der vom apostol. Stuhle approb. größeren Ausg. mit Hinweglassung der Noten abgedr. 4. Aufl. Landshut (855.) (München.) v. Vogel. 8 (590 S. u. Verzeichn. d. Episteln u. Evang. 14 S.) n. 12 ngr.; feine Ausg. n. 1 ₰.

—— das neue. Deutsch von Dr. Mart. Luther. Nach den Originalausgg. revid. und beantwortet von Const. Tischendorf. 16. (XXVI und 930 S.) Leipzig 855, Mendelssohn. *

—— dass. — Nach Dr. M. Luthers Uebersetzung. 32. (II, 491 und: Die Psalmen David's 118 S.) Leipzig 855, Ph. Reclam jun. **

—— das neue, unsers Herrn und Heilandes Jesu Christi, verdeutscht von Dr. Mart. Luther. Revid. Ausg. 32. (566 S.) Leipzig 856, Teubner. *

—— dass. — und der Psalter verdeutscht von Dr. Mart. Luther. Revid. Ausg. 32. (704 S.) Ebds. 856. *

—— das Neue, unseres Herrn und Heilandes Jesu Christi. Nebst angehängtem Psalter. Nach der deutschen Uebersetzung Dr. Mart. Luthers. 32. (IV und 785 S. mit 6 Stahlst.) Reutlingen 857, Fleischhauer und Spohn. 9 Ngr.; geb. und in Futteral in Leder geb. und in Futteral

—— das Neue, unsers Herrn Jesu Christi, verdeutschet durch Dr. Mart. Luther mit dessen Vorreden und Randglossen, sowie mit den Summarien M. Viti Dieterichs, nebst den Vorreden und Schlußgebeten Francisci Vierlings. Neu aufgelegt. gr. Lex.-8. (XX und 604 S.) St. Louis, Mo. 857. (Philadelphia, Schäfer und Koradi.) geb. *

—— das Neue, unsers Herrn und Heilandes Jesu Christi nach der deutschen Uebersetzung Dr. Mart. Luthers. Ster.-Ausg. der preuß. Haupt-Bibelgesellschaft. 24. Aufl. * 4½ Ngr. und 25. Aufl. 8. (312 S.) Berlin 858, Decker'sche geheime Ober-Hofbuchdruckerei. weiß Pap. * Blnp. *

—— dass. — gr. 16. (812 S. mit 1 Holzschn.) Ebendas. 858. ** weiß Pap. ** 3¾ Ngr.; Blnp. **

—— dass. — Ausg. in gr. 4. (884 S. mit 1 Holzschnt.) Ebendas. 859. ** 12½ Ngr.; weiß Pap. ** Blnp. ** Prachtausg. **

**Testament, das neue,** — unseres Herrn und Heilandes Jesu Christi, nach der deutschen Uebersetzung Dr. Martin Luthers. *Pest* 1858. *G. Heckenast.* Druck v. *Trowitzsch & S.* in Berlin. 447 S., 8°. Mit Anhang: Die Psalmen David's nach D. Mart. Luthers Uebers. 112 S. 15 kr.

—— das Neue, unsers Herrn und Heilandes Jesu Christi, nach der Uebersetzung Dr. Mart. Luthers. Nebst einer vollständ. Anweisung der Episteln und Evangelien aller Sonn- und Festtage durchs ganze Jahr. 12. (420 S.) Philadelphia 858, (Schäfer und Koradi.) geb. *

— — griechisch nach den besten Hulfsmitteln kritisch revid. mit einer neuen Deutschen Uebersetzung u. einem krit. u. exeget. Kommentar von Heinr. Aug. Wilh. Meyer. II. Thl., den Kommentar enthaltend. A. u. d. T.: Kritisch-exegetischer Kommentar uber das Neue Testament etc. Gottingen 859—64. Vandenhoeck & Ruprecht. gr. 8.

1. Abth. 1. Halfte: Kritisch-exegetisches Handbuch uber das Evangelium des Matthaus von H. A. W. Meyer. 5., verb. u. verm. Aufl. 864. (VIII, 623 S.) 2 ₰

2. Halfte: Kritisch-exegetisches Handbuch uber die Evangelien des Markus u. Lukas von H. A. W. Meyer. 4., verb. etc. Aufl. 860. (VIII, 590 S.) 2 ₰

2. Abth.: Kritisch-exegetisches Handbuch über das Evangelium des Johannes von H. A. W. Meyer. 4. verb. etc. Aufl. 862. (VI, 586 S.) 2 ₰

3. Abth.: Kritisch-exegetisches Handbuch über die Apostelgeschichte, von H. A. W. Meyer. 3. verb. etc. Aufl. 861. (VIII, 520 S. u. 1 Tab. in Fol.) 1 ₰ 27 ngr.

4. Abth.: Kritisch-exegetisches Handbuch über den Brief des Paulus an die Römer von H. A. W. Meyer. 3., verb. etc. Aufl. 859. (VIII, 527 S.) 1 ₰ 18 ngr.

5. Abth.: Kritisch-exegetisches Handbuch über den 1. Brief an die Korinther von H. A. W. Meyer. 4. verb. etc. Aufl. 861. (VIII, 419 S.) 1 ₰ 15 ngr.

6. Abth.: Kritisch-exegetisches Handbuch über den 2. Brief an die Korinther von H. A. W. Meyer. 4. verb. etc. Aufl. 862. (VI, 337 S.) 1 ₰ 6 ngr.

7. Abth.: Kritisch-exegetisches Handbuch über den Brief an die Galater von H. A. W. Meyer. 4. verb. etc. Aufl. 862. (VIII, 288 S.) 1 ₰

8. Abth.: Kritisch-exegetisches Handbuch über den Brief an die Epheser von H. A. W. Meyer. 3. verm. etc. Aufl. 859. (287 S.) 1 ₰

9. Abth.: Kritisch-exegetisches Handbuch über die Briefe an die Philipper, Kolosser u. an Philemon von H. A. W. Meyer. 2., verb. etc. Aufl. 859. (VI, 343 S.) 1 Thlr. 6 ngr.
10. Abth.: Kritisch-exegetisches Handbuch über die Briefe an die Thessalonicher von Glieb. Lünemann. 2. verb. etc. Aufl. 859. (VI, 237 S.) 22½ ngr.
11. Abth.: Kritisch-exegetisches Handbuch über die Briefe an Timotheus u. Titus von Joh. Ed. Huther. 2. verb. etc. Aufl. 859. (VIII, 306 S.) 1 Thlr.
12. Abth.: Kritisch-exegetisches Handbuch über den 1. Brief des Petrus, den Brief des Judas u. den 2. Brief des Petrus von Joh. Ed. Huther. 2. verb. etc. Aufl. 859. (VIII, 332 S.) 1 Thlr. 6 ngr.
13. Abth.: Kritisch-exegetisches Handbuch über den Hebraerbrief von Glieb. Lünemann. 2. verb. etc. Aufl. 861. (V, 436 S.) 1 Thlr. 15 ngr.
14. Abth.: Kritisch-exegetisches Handbuch über die drei Briefe des Johannes von Joh. Ed. Huther. 2. verb. etc. Aufl. 861. (VIII, 284 S.) 1 Thlr.
15. Abth.: Kritisch-exegetisches Handbuch über den Brief des Jakobus von Joh. Ed. Huther. 2., verb. etc. Aufl. 863. (VIII, 218 S.) 24 ngr.
16. Abth.: Kritisch-exegetisches Handbuch über die Offenbarung Johannis von Frdr. Düsterdieck. 859. (X, 578 S.) 2 Thlr.

**Testament, das Neue, deutsch durch Dr. Mart. Luther. 5. Ster.-Abdr. des aufs Neue mit der Ausg. letzter Hand vom J. 1645 verglichenen Textes. Prachtausg. mit 6 Kpfrst. nach Entwürfen, Zeichnungen und Bildern von neueren deutschen Künstlern. 5 Lfgn. Lex.-8. (V und 247 S. mit 6 Kpfrst.) Leipzig 859. 60. [Altona, G. Mayer's Verlag.] à Lfg. * 10 Ngr. Thlr. ***

— — oder die Bücher des neuen Bundes, aus dem Griech. übersetzt von Frdr. Rengsdorff. Hamburg 860. Oncken in Comm. 8. (V, 322 S.) n. 22½ ngr.

**Testament**, das Neue, deutsch durch Dr. Martin Luther. 5. Stereot.-Abdr. des aufs Neue mit der Ausgabe letzter Hand vom Jahre 1545 verglichenen Textes. Prachtausg. mit 6 Kpfrst nach Entwürfen, Zeichnungen u. Bildern von neueren deutschen Künstlern. Leipzig 860. G. Mayer. (Altona, Haendcke & Lehmkuhl.) Lex.-8. (V, 247 S.) n. 1 Thlr. 20 ngr.

— — unseres Herrn und Heilandes Jesu Christi nach der deutschen Uebersetzung von Mart. Luther. Mit Photographien nach Zeichnungen der ersten Künstler Deutschlands. Stuttgart 860. Bibel-Anstalt. 8. (485 S.) n. 4 Thlr. 10 ngr.

— — mit kurzen Einleitungen und erbaulichen Anmerkungen und Gebeten herausg. von Heinr. Stähelin. Neu durchgesehene Aufl. Basel 863. Bahnmaier. Lex.-8. (977 S.) n. 1 Thlr. 10 ngr.

— — aus dem Griechischen übersetzt von Karl v. der Heydt. 2. umgearb. Ausg. Elberfeld 864. Friderichs. 8. (VII, 635 S.) n. 20 ngr.

**Testament**, das Neue. Erste Lieferungsausgabe. (In 56 Liefgn.) 1—9. Liefg. Göttingen 864. Vandenhoeck & Ruprecht. gr. 8. (XXVIII, 1129 S.) Jede Liefg. n. 10 ngr.

—— dass. — Nach der deutschen Uebersetzung des Dr. Mart. Luther und nach Einklang der vier Evangelien geordnet von W. v. D. 8. (122 S.) Charlottenburg 865. (Berlin, Beck.) *

**Das Neue Testament unsers Herrn Jesus Christus.** Nach der Vulgata übersetzt und erklärt von B. Weinhart. Mit einem Stahlstich. Freiburg, Herder, 1865, gr. 8°. XXXV u. 784 S., 3,20 Mk.

—— das neue, unsers Herrn und Heilandes Jesu Christi. Nach der Uebersetzung Dr. Mart. Luthers. Mit kurzem Inhalt eines jeden Capitels und vollständ. Anweisung gleicher Schriftstellen, wie auch aller Sonn- und festtäg. Episteln und Evangelien. 8. (504 S. mit 12 Holzschntaf.) Philadelphia 865, Schäfer und Koradi. geb.

—— dass. — Nebst den Psalmen David's. Nach der deutschen Uebersetzung Dr. Mart. Luther's. Ster.-Ausg. gr. 16. (667 S. mit 1 Holzschntaf.) Berlin 866, v. Decker'sche geheime Ober-Hofbuchdruckerei. * 8 Ngr.; Velinp. *
In Leder geb. mit Goldschn. und in Futteral. *

—— das neue, in der Nama-Sprache hrsg. von J. G. Krönlein. gr. 8. (III und 418 S.) Berlin 866, Hertz. geb. *

—— dass. — nach der deutschen Uebersetzung Dr. Mart. Luthers. Revidirte Ausg. gr. 8. (VIII und 312 S.) Halle 867, v. Canstein'sche Bibel-Anstalt.

—— dass. — Nach dem überlief. Grundtexte übers. von Chrn. Carl Josias Bunsen. Hrsg. von Heinr. Jul. Holtzmann. (Aus Bunsens Bibelwerk.) 8. (IX und 356 S.) Leipzig 868, Brockhaus. 15 Ngr.; in Leinen geb.
In Leder geb. mit Goldschn.

**Die hl. Schriften des Neuen Testamentes.** Nach der Vulg. übersetzt und herausgegeben von W. Reischl. Ebendas., 1869, 16°, IV und 192 S., 1,20 Mk. (Bloße deutsche Textausgabe.)
1. Aufl. des Gesamtwerkes 1851—1867 (1. Aufl. d. N. Test. 1854—1866); 2. Aufl. 1867—1870.

—— dass. — Dr. Martin Luthers Uebersetzung berichtigt durch v. Meyer und Stier. 16. (III, 512 und Psalmen 131 S.) Bielefeld 869, Velhagen und Klasing. geb. *

—— dass. — aus dem Griech. übersetzt von Karl v. der Heydt. 3. umgearb. Ausg. gr. 8. (VIII, 647 S.) Elberfeld 869, (Lucas.) *

**Die hl. Schriften des Neuen Testamentes.** Nach der Vulgata mit steter Vergleichung des Grundtextes übersetzt u. erläutert von Wilh. Reischl. Ebendas., 1870. Lex.-8°. 1215 S. 2. Aufl., 7,60 Mk.

— — Nebst den Psalmen David's. Nach der deutschen Uebersetzung Dr. Mart. Luther's. Ster.-Ausg. Berlin 870. v. Decker. gr. 16. (667 S. mit 1 Holzschntaff.) n. 7 ngr.; Velinp. n. 20 ngr.;
In Leder geb. mit Goldschn. u. in Futteral. n. 2 Thlr. 20 ngr.

—— dass. — Uebersetzt von Dr. Martin Luther. 1. deutsche stenogr. Ausg. Uebertragen und autogr. von Heinr. Krieg. gr. 16. (331 S.) Dresden 870, G. Dietze. *
geb. mit Goldschn. **

—— dass. — nach der deutschen Uebersetzung Dr. Martin Luthers. Mit jedes Capitels kurzen Summarien und nöthigsten Parallelen. 32. (550 und Psalmen 130 S.) Halle 870, Buchh. des Waisenhauses. * 40 Pf.; geb. *
In Leder geb. mit Goldschn. *

— **das neue, unseres Herrn u. Heilandes Jesu Christi verdeutscht v. Dr. Martin Luther. Galvanotyp-Ausg. 5. Aufl. gr. 8. (1063 S.) Barmen 872. Wiemann. n. 4. —; geb. n. 5. 25; geb. m. Goldschn. n. 6. 75**

—— das neue, unseres Herrn und Heilandes Jesu Christi verdeutscht von Dr. Martin Luther. Galvanotyp-Ausg. 5. Aufl. gr. 8. (1063 S.) Barmen 873, Wiemann. * M. 4.; geb. *
geb. mit Goldschn. *

— **dasselbe, nebst den Psalmen übersetzt v. Dr. Martin Luther. 7. Aufl. 16. (528 S.) Ebend. 873. n. 1. —; geb. n. 1. 70; geb. m. Goldschn. n. 2. —**

**Das Neue Testament** übersetzt und erklärt von P. Ibar. Münster, Mitsdörffer, 1873—1874, 8° (in 5 Teilen).
1. Teil: Ev. nach Matth. IV u. 171 S., 1,50 Mk.
2. Teil: Ev. nach Mark. u. Luk. 184 S., 1,50 Mk.
3. Teil: Ev. nach Joh. u. Apostelg. 261 S., 2,25 Mk.
4. Teil: Briefe an die Römer, Korinther u. Galater. 219 S., 1,80 Mk.
Mehr nicht erschienen. Der Kommentar wurde vorzugsweise für Kandidaten der Theologie geschrieben. Er bietet in prägnanter Kürze alles Nötige und Wichtige, ist in durchaus wissenschaftlicher Form gehalten und von kirchl. Geiste durchweht. — Der pseudonyme Verfasser ist Professor August Rohling in Münster, jetzt in Prag. Die Pseudonymität des Autors ist der Verbreitung des Buches nicht gerade förderlich gewesen.

—— dass. — verdeutscht von Dr. Martin Luther. Revid. Ausg. Leipzig 873, Teubner. Ausg. A. Petitschrift. 8. (312 S.) *
Ausg. B. Corpusschrift. gr. 8. (312 S.) *
Velinpapier *
Ausg. C. Nonpareilleschrift. 16. (299 S.) *
geb. mit Goldschn. *
Ausg. D. Perlschrift. Mit Psalmen. 32. (703 S.) *
geb. mit Goldschn. *

**Testament, das neue,** v. Jos. Frz. Allioli. 16. (VIII, 464 S.) Regensburg 874. Pustet. n. — 75

—— dass. — unseres Herrn und Heilands Jesu Christi, nach der deutschen Uebersetzung Dr. Martin Luthers. Revid. Ausg. 80.—50. Aufl. (Ausg. in Nonpareille-Schrift.) 16. (552 S. und Psalmen 130 S.) Halle 875—79, v. Canstein'sche Bibel-Anstalt. 32 Pf.; geb. in Callco *
Ausg. auf Schreibpap. *
geb. in Calico mit Goldschn. *

— dasselbe. Uebers. v. Carl Weizsäcker. Ausg. Nr. 1. gr. 8. (VIII, 328 S.) Tübingen 875. Laupp. n. 3. 60; Ausg. Nr. 2 auf Velinpap. n. 4. 60

Testament, das neue. Uebers. von Carl Weizsäcker. gr. 8. Tübingen 875. Freiburg i. Br., Mohr. * 3 —
Ausg. auf Velinpap. * 4 60

— das neue, aus dem griech. übers. von Karl v. der Heydt. 4., umgearb. Ausg. 8. (VII, 639 S.) Elberfeld 878. Bädeker. n. 2. —

—— das Neue, aus dem Urtext übersetzt von J. N. Darby. 4. neu durchgeseh. Aufl. 8. (XXII, 476 S.) Elberfeld 878, (Schmitz.) *

**Testament, das Neue,** unseres Herrn u. Heilands Jesu Christi, nach der deutschen Uebersetzung Dr. Martin Luthers. Rev. Ausg. 49. Aufl. (Ausg. in Nonpareille-Schrift.) 16. (552 u. Psalmen 130 S.) Halle 878. v. Canstein'sche Bibel-Anstalt. n. — 32;
Ausg. auf Schreibpap. n. — 68

— das Neue, vom Standpunkte der Urgemeinde ganz neu aufgefaßt, wortgetreu übers. u. m. Anmerkungen versehen von L. Reinhardt. 8. (VIII, 439 S.) Lahr 878. Schauenburg. n. 2. 20

Das Neue Testament unsers Herrn Jesus Christus. Neue nach dem Vatikanischen Texte und der Übersetzung des gottseligen Bischofs Mich. Wittmann sorgfältig revidierte Aufl. mit stehender Schrift Sulzbach, von Seidel, 1878, 16°, 21 Bg., 75 Pf.

**Testament, das Neue.** (Griechisch.) Nach den ältesten Handschriften. Frei nach Tischendorf bearbeitet von Prof. Dr. C. J. Riggenbach und Antistes Prof. Dr. J. Stockmeyer. In-16°, 688 S. Basel, C. F. Spittler. 1880. 2 50

**Testament, das Neue** (Griechisch.) Bearbeitet von Prof. Dr. C. J. Riggenbach und Antistes Prof. Dr. J. Stockmeyer. Mit dem Psalter und den in der griechischen Kirche eingeführten Perikopen. In-16°. Basel, C. F. Spittler. 3 —
1880.

—— dass. — griechisch nach Tischendorfs letzter Recension und deutsch nach dem revidirten Luthertext mit Angabe abweichender Lesarten beider Texte und ausgewählten Parallelstellen, hrsg. von Osk. v. Gebhardt. 1. und 2. Ster.-Ausg. gr. 8. (XVIII, 913 S.) Leipzig 881,84, B. Tauchnitz.

— das Neue, unsers Herrn u. Heilandes Jesu Christi. Nach der in Zürich kirchlich eingeführten Uebersetzg. aufs Neue m. Sorgfalt durchgesehen. 16. (624 S.) Zürich 881. Dépôt der evang. Gesellschaft. geb. in Leinw. n. — 65; in Ldr. m. Goldschn. n. 2. —; Ausg. m. Psalmen (624 u. 152 S.) geb. in Leinw. n. 1. —; in Ldr. m. Goldschn. n. 2. 40

— das Neue, übersetzt von Carl Weizsäcker. 2., neu bearb. Aufl. 8. (XII, 466 S.) Freiburg i/Br. 882. Mohr. n. 5. —

—— das Neue. Aus dem Griech. in's Hebräische übers. von Frz. Delitzsch. 4. Aufl. Hrsg. von der brit. und ausländ. Bibel-Gesellschaft. 16. (III, 471 S.) Leipzig 882, (J. Naumann.) geb. *

— das Neue, griechisch nach Tischendorfs letzter Recension u. deutsch nach dem revidirten Luthertext m. Angabe abweichender Lesarten beider Texte u. ausgewählten Parallelstellen, hrsg. von Osk. v. Gebhardt. 2. Ster.-Ausg. gr. 8. (XVIIII, 913 S.) Leipzig 884. B. Tauchnitz. 5. —

Das Neue Testament übersetzt und mit kurzen Anmerkungen erläutert. Ebendas., 1885, 8°, 10. Aufl., 966 S., 3,60 Mk.

— dasselbe, verdeutscht v. Mart. Luther. Nebst den Psalmen Davids. Galvanotyp-Ausg. 7. Aufl. gr. 8. (856 u. 208 S.) Barmen 885. Wiemann. 3. 50; geb. n. 5. —;
m. Goldschn. n. 6. —

— das Neue, ins Hebräische übers. v. Frz. Delitzsch. Hrsg. v. der Brit. u. Ausländ. Bibelgesellschaft. gr. 8. (III, 483 S.) Leipzig 885. (J. Naumann.) geb. n. 2. —; Ausg. in 12., 6. Aufl. (III, 471 S.) n. — 70

— dasselbe, griechisch, m. kurzem Commentar nach W. M. L. de Wette. 1. Bd. 1. Hälfte, enth. die 3 ersten Evangelien. gr. 8. (357 S.) Halle 886. Anton. n. 7. 20

— dasselbe. 2. Tl., enth. die Briefe u. die Apokalypse. Lex.-8. (VI, 762 S.) Ebend. 885. n. 15. —
Der 1. Tl. 2. Hälfte erscheint später.

— das Neue, griechisch, m. kurzem Commentar nach W. M. L. de Wette. 1. Tl. 2. Hälfte, enth. das 4. Evangelium u. die Apostelgeschichte. Lex.-8. (VI u. S. 358—618.) Halle 887. Anton. n. 5. 80 (cplt.: n. 28. —)

— das Neue, aus dem Griech. übers. v. Watterich. 8. (VIII, 820 S.) Baden-Baden 887. Weber. n. 3. 50; geb. n. 4. 50; m. Goldschn. n. 5. —

— das Neue, übers. von C. Weizsäcker. 3. u. 4., neu bearb. Aufl. 4 Lfgn. 8. (XII, 471 S.) Freiburg i/Br. 888. J. C. B. Mohr. à n. 1. — (cplt. m. Einbanddecke: n. 4. —)

— das Neue, unseres Herrn u. Heilandes Jesu Christi, verdeutscht v. Martin Luther. Mit den Psalmen David's. Galvanotyp-Ausg. 8. Aufl. m. grobem Druck. gr. 8. (856 u. 208 S.) Barmen 890. Wiemann. n. 4. —; geb. in Leinw. n. 5. —; m. Goldschn. n. 6. —; in Ldr. m. Goldschn. n. 9. —; m. reicher Goldpressg. n. 10. —

— dasselbe, übers. v. Carl Weizsäcker. 5., neu bearb. Aufl. 12. (VIII, 471 S.) Freiburg i/B. 892. J. C. B. Mohr. Geb. in Leinw. n. 3. 60

— dasselbe. 6. u. 7., verb. Aufl. Subskr.-Ausg. 3 Lfgn. 8. (VIII, 471 S.) Ebd. 894. Mit Leinw.-Decke Subskr.-Pr. n. 3. —; (kplt. geb.: n. 3. 50; feine Ausg. geb. n. 5. 50)

**Testament**, das **Neue**, unsers Herrn u. Heilandes Jesu Christi, nach der deutschen Übersetzg. Mart. Luthers. Im Auftrage der deutschen evangel. Kirchenkonferenz durchgeseh. Ausg. 1. Abdr. (In großer Petitschrift.) 12. (VII, 460 u. Psalmen 111 S. m. 1 Stahlst.) Halle a/S. 892. v. Canstein'sche Bibelanstalt. n.n. — 65; geb. n.n. 1. 25; n.n. 1. 75; n.n. 4. 50; n.n. 6. 50; u. n.n. 7. —

— dasselbe. (In Korpusschrift.) Gewöhnliche Ausg. gr. 8. (VII, 560 u. Psalter 135 S. Ebd. 893. n.n. — 65; geb. in Kaliko n.n 1. 25; in Ldr. n.n. 1. 75; feine Ausg. n.n. 1. —; geb. in Halbfrz. n. 2. 40; in Kaliko m. Goldschn. n. 2. 75; in Bocksaffian m. Goldschn. n. 6. —; m. Hohlgoldschn. n.n. 6. 50; in deutschen Saffian m. Goldschn. n.n. 7. 50; in Olivenholz m. Hohlgoldschn. u. Schließe n.n. 14. 50

— dasselbe. (Ausg. in Nonpareilleschrift.) Gewöhnliche Ausg. gr. 16. (VII, 494 u. Psalter 116 S.) Ebd. 893. n. — 40; geb. in Kaliko n. — 80; in Ldr. n.n. 1. —; feine Ausg. n.n. — 65; geb. in Kaliko n.n. 1. 25; m. Goldschn. n. 1. 80; in Bocksaffian m. Goldschn. n. 4. —; in ostind. Saffian m. Hohlgoldschn. n. 5. —; in deutschen Saffian m. Hohlgoldschn. n. 6. —; in Olivenholz m. Hohlgoldschn. u. Schließe n.n. 10. —

— dasselbe u. die Psalmen. Nach der deutschen Übersetzung Mart. Luthers. Durchgesehen im Auftrag der deutschen evangel. Kirchenkonferenz. Lex.-8. (298, 6 u. 72 S.) Stuttgart 892. Württemberg. Bibelanstalt. Geb. in Ldrtuch. n. 1. 20; in Ldr. n. 1. 70; m. Goldschn. n. 2. 30

— dasselbe. gr. 8. (298, 6 u. 72 S.) Ebd. 892. Geb. in Ldrtuch. n. 1. —; in Ldr. n. 1. 50; m. Goldschn. n. 2. —

— dass. — 32. (567, 133 S. m. 4 farb. Karten.) Ebd. 892. geb. in Ldr.-Leinw. * — 55; in Ldr. * 1 10 Mit Goldschn. * 1 40; in feineren Einbdn. bis * 4 70

**Testament, das Neue, u. die Psalmen.** 16. (567 u. 133 S. m. 5 farb. Karten.) Stuttgart 892. Württemberg. Bibelanstalt. Geb. in Ldr.-Leinw. n. — 55; in Ldr. n. 1. 10; m. Goldschn. n. 1. 40; in feineren Einbdn. bis n. 6. —

— dasselbe. (In grobem Druck.) gr. 8. (670 u. 165 S. m. 4 farb. Kartentaf.) Ebd. 894. Geb. in Ldrtuch. n.n. 2. —

— dasselbe. (In grobem Druck.) (Ohne Psalter.) 4. (406 u. 10 S.) Ebd. 894. Geb. in Ldrtuch. n.n. 1. 80

— dasselbe, nebst den Psalmen. Nach dem Grundtext rev. Uebersetzg. 8. (IV, 494 u. 122 S.) Frauenfeld 893. J. Huber's Verl. n. 2. —; geb. in Halbldr. n. 2. 40; in Ldr. m. Goldschn. n. 5. —

— dasselbe. Nach Mart. Luthers Übersetzg. Mit 15 Vollbildern in Lichtdr. v. Heinr. Hofmann. gr. Lex.-8. (III, 255 S.) Leipzig 893. J. C. Hinrichs' Verl. Geb. in Leinw. m. Goldschn. n. 15. —; in Saffianldr. m. Goldschn. n.n. 25. —

[F.] Das Neue Testament [**Testamentum** novum] unsers Herrn und Heilandes Jesu Christi nach d. deutschen Uebersetzg Dr. Martin Luthers. (Umschlagt.: Das Neue Testament u. die Psalmen mit altem Luthertext.) *Cottbus: Gotthold-Expedition 1891.* (621 S.) 1 Bd 8. [96. 1159

Das Neue **Testament** [Testamentum Novum] übers. von Carl Weizsäcker. 6. u. 7. verb. Aufl. Freiburg i. B. & Leipzig: J. C. B. Mohr 1894. (VI, 471 S.) 8°

— dasselbe (nebst den Psalmen), nach der Übersetzung Mart. Luthers. (Abdr. des im Auftrage der deutschen evangel. Kirchenkonferenz durchgeseh. Textes. Hrsg. v. der Hamburg-Altonaer Bibelgesellschaft.) Lex.-8. (V, 564 u. 137 S.) Hamburg 894. (L. Gräfe & Sillem.) n. 6. —; in 4. auf stärkerem Pap. n. 20. —

— dasselbe. Mit Bildern der Meister christl. Kunst. Hrsg. v. Rud. Pfleiderer. [Aus: „Illustr. Hausbibel".] (In 26 Hftn.) 1. Hft. Fol. (S. 1—12.) Stuttgart 894. Süddeutsches Verlags-Institut. — 50

— dasselbe. — Die Psalmen David's. Ster.-Ausg. der preuß. Haupt-Bibelgesellschaft. (Groß-Oktav-Ausg.) (312 S. u. S. 557—628 m. Titelbild u. 2 farb. Karten.) gr. 8. Berlin 895. Preuß. Haupt-Bibel-Gesellschaft. Geb. n.n. 1. —; n.n. 1. 05 u. n.n. 1. 25

— dasselbe. (Klein-Folio-Ausg.) (312 u. 72 S. m. Titelbild.) 4. Ebd. 870. Geb. n.n. 2. — u. n.n. 3. —

— dasselbe. Durchgesehen nach dem v. der deutschen evangel. Kirchenkonferenz genehmigten Text. Halbsedez-Ausg. (518 u. 124 S. m. 2 farb. Karten.) 16. Ebd. 904. Geb. von n.n. — 35 bis n.n. 4. 25

— dasselbe. Sedez-Ausg. (384 u. 92 S.) 12. Ebd. 904. n.n. — 12; geb. n.n. — 18; m. 2 farb. Karten geb. von n.n. — 30 bis n.n. 15. —

— dasselbe. Ster.-Ausg. der preuß. Haupt-Bibelgesellschaft. (Groß-Oktav-Ausg.) (312 S. u. S. 557—628 m. Titelbild u. 2 farb. Karten.) gr. 8. Ebd. 902. Geb. von n.n. 1. — bis n.n. 3. 25

— dasselbe. (Klein-Folio-Ausg.) (312 u. 72 S. m. Titelbild.) 4. Ebd. 899. Geb. n.n. 2. —; n.n. 3. — u. n.n. 5. 50

— dasselbe, nebst den Psalmen David's, nach der deutschen Uebersetzg. D. Martin Luthers. Durchgesehen nach dem v. der deutschen evangel. Kirchenkonferenz genehmigten Text. Duodez-Ausg. (II, 484 u. 114 S. m. Titelbildern u. 2 farb. Karten.) 12. Ebd. 904. Geb. von n.n. — 75 bis n.n. 19. —

— dasselbe, nebst dem Psalter nach der deutschen Uebersetzung D. Martin Luthers. Durchgesehen nach dem von der deutschen evangel. Kirchenkonferenz genehmigten Text. Illustrierte Ausg. m. 100 Bildern nach Schnorr v. Carolsfeld. (440 u. 92 S. m. 2 farb. Karten.) 12. Ebd. 905. Geb. in Leinw. n.n. — 65 u. n.n. 1. —; in Ldr. n.n. 1. 50; m. Goldschn. n.n. 2. —

[F.] Die Heilige Schrift. Zweiter Teil genannt Das Neue Testament [**Testamentum** novum]. A. d. Urtext übs. Taschen-Ausg. (2. Aufl.) *Elberfeld: R. Brockhaus 1895.* (3 Bl., 444 S.) 1 Bd 8. [96. 193

[F.] Das Neue Testament [**Testamentum** Novum] unsers Herrn und Heilandes Jesu Christi, nach d. deutschen Übs. D. Martin Luthers Neu revid. v. Veerhoff, Pastor em. *Goldberg i. Schl.: Selbstv. d. Vf. (Buchdr. d. Schreiberhau-Diesdorfer Rettgsanstalten, Diesdorf) 1896.* (VI S., 1 Bl., 300 S.) 1 Bd 8. [96. 7633

— dasselbe, unsers Herrn u. Heilandes Jesu Christi. Nach D. Martin Luthers Uebersetzg. M. 15 Vollbildern in Lichtdr. v. Heinr. Hofmann. 2. Aufl. 4. (III, 255 S.) Leipzig 896. J. C. Hinrichs' Verl. Geb. in Leinw. m. Goldschn. n. 15. —; in Ldr. m. Goldschn. n. 25. —

Das Neue Testament [**Testamentum** Novum]. Handausg. von D. Bernhard Weiss. Bd 1–3. (Leipzig: J. C. Hinrichs 1896–1902.) 3 Bde 8°

1 = Die vier Evangelien. 1900.

2 = Die paulinischen [Paulus apostolus] Briefe. 1896.

3 = Die Apostelgeschichte, Kath. Briefe, Apokalypse. 2. Aufl. 1902.

[07. 3505 B

— dasselbe nach d. deutschen Uebersetzg. D. Mart. Luthers. Durchges. im Auftr. d. deutschen evang. Kirchenkonferenz. Mit erklärend. Anmerkgn. v. Paul Langbein u. a. evang. Geistlichen u. m. d. besten bildl. Darstellgn. d. bedeutendsten Künstler. Fol. (472 u. Familienchronik 8 S.) Reutlingen 896. Enßlin & Laiblin. Geb. in Halbfrz. 9. —; m. Goldschn. n. 10. 50

— dasselbe, übers. v. Carl Weizsäcker. 8., verb. Aufl. 12. (VIII, 471 S.) Freiburg i/B. 897. Tübingen, J. C. B. Mohr. Geb. in Leinw. n. 3. 50; in Ldr. n. 5. 50

— dasselbe. Durchges. im Auftr. d. deutschen evang. Kirchenkonferenz. Kleine Taschenausg. (m. Psalmen). 16. (516 u. 123 S. m. 5 farb. Karten.) Stuttgart 897. Württ. Bibelanstalt. Geb. in Ledertuch n.n. — 40

— dasselbe. Neue Taschenausg. (ohne Psalmen). gr. 16. (309 S.) Ebd. 897. n.n. — 10; m. d. Psalmen (309 u. 72 S.) n.n. — 12; kart. n.n. — 15; geb. in Ledertuch, m. 5 farb. Karten, n.n. — 40

— dasselbe. (M. d. Psalmen.) Kleinquartausg. (334 u. 80 S. m. 8 farb. Kartenseiten.) Ebd. 898. Geb. in Kaliko n.n. 1. 60

— d. Neue, nach d. deutschen Uebersetzg. D. Mart. Luthers. Durchgeseh. Ausg. M. 97 Bildern u. Karten. (Hrsg. v. Nik. Müller u. Imman. Benzinger.) hoch 4. (XIV, 209 S.) Berlin 899. H. Grund. Geb. in Leinw. n. 3. —; eleg. geb. m. Goldschn. n. 5. —

**Testament, das Neue**, nach der deutschen Übersetzung D. Mart. Luthers. Durchgeseh. Ausg. Mit 97 Bildern u. Karten. (Hrsg. v. Nik. Müller u. Imman. Benzinger. 4. Aufl. hoch 4. (XIV, 209 S.) Berlin 899. [H. Grund.] Leipzig, Deutsche Bibelgesellschaft. Geb. n. 3. —; eleg. geb. m. Goldschn. n. 5 —

— dasselbe unseres Herrn u. Heilandes Jesu Christi nach der deutschen Uebersetzg. D. M. Luthers. Nach den Beschlüssen der deutschen evangel. Kirchenkonferenz berichtigter Text. Mit 79 Abb. (auf 56 Taf.) nach Raffael, Tizian, Paolo Veronese, Rubens, Albr. Dürer u. 25 anderen Meistern. Hrsg. v. Herm. L. Strack u. Jul. Kurth. 1. u. 2. Aufl. hoch 4. (à VIII, 216 S.) Berlin 899. [H. Grund.] Leipzig, Deutsche Bibelgesellschaft. n. 3. —; eleg. geb. m. Goldschn. n. 5. —

— dasselbe, unseres Herrn Jesus Christus. Nach der Vulgata übers. u. erklärt v. Bened. Weinhart. 2. verb. Aufl. gr. 8. (XXXIX, 604 S. m. 1 Stahlst.) Freiburg i/B. (899). Herder. n. 5. —; geb. in Halbfrz. n. 7. 50

**Testament, das Neue**, unseres Herrn Jesus Christus. Nach der Vulgata übertr., m. Einleitgn. u. kurzen Erläutergn. versehen von Beda Grundl, O. S. B. 2 Tle. gr. 16. Augsburg 900. Literar. Institut v. Dr. M. Huttler. n.n. 1. 50; geb. in Leinw. n n. 2. 50

1. Die hl. Evangelien. (IV, 579 S.) — 2. Apostelgeschichte. Apostelbriefe. Offenbarung. (IV u. S. 581—1232.)

Das Neue Testament unseres Herrn und Heilandes Jesu Christi nach der deutschen Uebers. D. Martin Luthers. Nach d. Beschl. d. Deutschen ev. Kirchenkonferenz bericht. Text. Mit 79 Abb. nach Raffael ... Hrsg. von Prof. D. Dr. Hermann L[eberecht] Strack u. Dr. Julius Kurth. 3. Aufl. *Berlin: H. Grund 1900.* (VIII, 216 S.) 4° [F.] [00. 10068

— dasselbe, unseres Herrn u. Heilandes Jesu Christi, verdeutscht von D. Mart. Luther. Durchgeseh. Ausg. m. dem v. d. deutschen evangel. Kirchenkonferenz genehmigten Text. Mit e. Anh., enth. die 3 ersten Kapitel des 1. Buchs u. das 19. u. 20. Kapitel des 2. Buchs Mose, den Psalter, das Buch Jesus Sirach 2c. 12. (II, 600 u. VIII S. m. Titelbild.) Königsberg 900. Hartung. n. 1. —

— dasselbe, übers. von Carl Weizsäcker. 9., verb. Aufl. 12. (VIII, 458 S.) Tübingen 900. J. C. B. Mohr. n. 2. 40; geb. in Leinw. n.n. 3. —; in Ldr. n.n. 4. 80

— dasselbe, nach der deutschen Übersetzg. D. Mart. Luthers. Nebst den Psalmen Davids. Durchgeseh. Ausg. m. dem von der deutschen evangel. Kirchenkonferenz genehmigten Text. 12. (516 u. 23 S. m. 4 farb. Karten.) Berlin 901. Britische u. ausländ. Bibelgesellschaft. Geb. in Ldr. m. Goldschn. n.n. 1. 60

— dasselbe. gr. 8. (485 u. 118 S.) Ebd. 899. Geb. in Glanzleinw. n.n. 1. —

— dasselbe, in der Duala-Sprache (Kamerun). Male ma penya ma sango asu na musunger' asu Yesu Kristo. Neu übers. nach dem Griech. v. Eug. Schuler. 12. (716 S. m. 5 Karten.) Stuttgart 901. Priv. württ. Bibelanstalt. Geb. in Leinw. n.n. 1. —

Testament [Neues]. Das Neue Testament unseres Herrn und Heilandes Jesu Christi. Nach der berichtigten deutschen Uebersetzung Dr. Martin Luthers, mit kurzen Einleitungen, erbaulichen Betrachtungen und Gebeten hrg. von Heinrich Stähelin.... 7. Aufl., Durchgesehen von Dr. G[ottfried] v. Fellenberg, Pfarrer.... [Mit 3 Tafeln.] VIII + 1316 S. Bern, K. J. Wyss, 1902. [geb. fr. 10. —]

Die Heilige Schrift. Zweiter Teil, genannt Das Neue Testament [Testamentum Novum]. Aus d. Urtext übers. Taschen-Ausg. ⟨3. Aufl.⟩ *Elberfeld: R. Brockhaus 1902.* (460 S.) 8° [F.] [04. 4670

Das Neue Testament. Handausg. von D. Bernhard Weiss. Bd 1–3. *(Leipzig: J. C. Hinrichs 1902).* 3 Bde 8°
1 = Die vier Evangelien
2 = Die paulinischen Briefe u. d. Hebräerbrief. 2. Aufl.
3 = Die Apostelgeschichte, Kath. Briefe, Apocalypse. 2. Aufl.

Das Neue Testament [Testamentum Novum]. Handausg. von D. Bernhard Weiss. 2. Aufl. Bd 1–3. (Leipzig: J. C. Hinrichs 1902–05.) 3 Bde 8°
1 = Die vier Evangelien. 1905.
2 = Die paulinischen [Paulus apostolus] Briefe u. d. Hebräerbrief. 1902.
3 = Die Apostelgeschichte, Kath. Briefe, Apocalypse. 1902. [07. 9329 II

— dasselbe, nach der deutschen Uebersetzung D. Martin Luthers. Mit Schnorr v. Carolsfelds Bildern. (224 S. u. 40 S. Abbildgn.) gr. 8. Berlin 903. H. Hillger. Geb. in Halbleinw. n. 2. —; in Leinw. m. Goldschn. n. 3. —

**Testament, das Neue**, unseres Herrn Jesus Christus. Die Psalmen nach der deutschen Uebersetzung D. Martin Luthers. Durchgesehen im Auftrage der deutschen evang. Kirchenkonferenz. Neue Taschenausg. 5. Aufl. (309 u. 74 S.) gr. 16. Stuttgart 903. Priv. württ. Bibelanstalt. In Leinw. kart. n.n. — 10

Das Neue Testament [Testamentum Novum] übers. von Carl Weizsäcker. 9. Aufl. Ster.-Ausg. (Vorr.: A. Bilfinger.) Tübingen & Leipzig: J. C. B. Mohr 1903. (VI, 458 S.) 8° [F.] [03. 3678 8

— dasselbe. Nach der Vulgata übertr., m. Einleitgn. u. kurzen Erläutergn. versehen v. Beda Grundl, O. S. B., 2 Tle. 2. Aufl. (Mit 3 Karten.) gr. 16. Augsburg 904. Literar. Institut v. Dr. M. Huttler. In 1 Bd. geh. n.n. — 95; in 1 Leinw.-Bd. n. 1. 30 u. n. 1. 60; in 1 Ldr.-Bd. n. 2. —; Karten einzeln n. — 15

1. Die vier hl. Evangelien u. die Apostelgeschichte. (VIII, 495 S.) n.n. — 65; geb. in Leinw. n. — 90 u. n.n. 1. 10; in Ldr. n.n. 1. 60
2. Die Apostelbriefe u. die geheime Offenbarung. (VIII u. S. 497—840. n.n. — 50; geb. in Leinw. n. — 75 u. n. — 90; in Ldr. n.n. 1. 40

— dasselbe. Nach den Beschlüssen der deutschen evangel. Kirchenkonferenz bericht. Text. Mit 79 Abbildgn. (auf 56 Taf.) nach Raffael, Tizian, Paolo Veronese, Rubens, Albr. Dürer u. 25 anderen Meistern. Hrsg. v. Herm. L. Strack u. Jul. Kurth. 14. Aufl. (VIII, 217 S.) 8. Leipzig 904. Deutsche Bibelgesellschaft. Geb. in Leinw. 3. —; erh. Pr. 3.50; Prachtausg. m. Goldschn. 5. —

Das Neue Testament [**Testamentum** Novum] unsers Herrn und Heilandes Jesu Christi nach d. deutschen Übers. D. Martin Luthers. Durchgesehen nach dem von d. Deutschen ev. Kirchenkonferenz genehmigten Text. Halbsedez-Ausg. Berlin: Preuß. Haupt-Bibelgesellsch. 1904. (518, 124 S.) 8° [F.] [05. 8226

Das Neue Testament [**Testamentum** Novum] unsers Herrn und Heilandes Jesu Christi, nach d. deutschen Übers. D. Martin Luthers. Durchgesehen nach dem von d. Deutschen ev. Kirchenkonferenz genehmigten Text. Mitteloktav-Ausg. Berlin: Preuß. Haupt-Bibelgesellschaft 1904. (Getr. Pag.) 8° [F.] [05. 8227

**— dasselbe. Nach den Beschlüssen der deutschen evangel. Kirchenkonferenz bericht. Text. Hundert-Bilder-Testament. Neue illustr. Ausg. m. Bildern von Jul. Schnorr v. Carolsfeld, G. Jäger, Fr. Overbeck, A. Rethel. L. Richter. (II, 512 u. 112 S. m. 4 Karten.) kl. 8. Konstanz (904). Zürich, Christl. Buch- u. Kunstverlag C. Hirsch. Geb. in Leinw. n. — 60; m. Goldtitel n. 1. —; m. Goldschn. n. 1. 50; in Ldr. m. Goldschn. n. 2. —**

— dasselbe. Nach den Beschlüssen der deutschen evangel. Kirchenkonferenz bericht. Text. Mit 79 Abbildgn. (auf 56 Taf.) nach Raffael, Tizian, Paolo Veronese, Rubens, Albr. Dürer u. 25 anderen Meistern. Hrsg. v. Herm. L. Strack u. Jul. Kurth. 14. Aufl. (VIII, 217 S.) 8. Leipzig 904. Deutsche Bibelgesellschaft. Geb. in Leinw. 3.—; erh. Pr. 3.50; Prachtausg. m. Goldschn. 5. —

Das Neue Testament [**Testamentum** Novum] unsers Herrn u. Heilandes Jesu Christi nebst d. Psalter nach d. deutschen Übers. D. Martin Luthers. Durchges. nach dem von d. Deutschen ev. Kirchenkonferenz genehm. Text. Ill. Ausg. mit 100 Bild. nach Schnorr v. Carolsfeld. Berlin: Preuß. Haupt-Bibelgesellsch. 1905. (440, 92 S.) 8° [F.] [06. 1070

**— dasselbe, übers. u. m. Anmerkgn. begleitet von Heinr. Wiese. Mit Parallelstellen v. Eberh. Nestle u. e. Zeittafel v. Thdr. Zahn. (VII, 642 S. m. 2 farb. Karten.) kl. 8. Berlin 905. M. Warneck. Geb. n. 3. —; in Ldr. n. 4. 50**

Die Schriften des Neuen Testaments [**Testamentum** Novum] neu übers. u. f. d. Gegenwart erkl. von Prof. D. O[tto] Baumgarten [u. a.]. Bd 1. 2. (In 11 Lfgen.) Göttingen: Vandenhoeck & Ruprecht 19(05–)07. 2 Bde 4° (8°)
1. Die 3 älteren Evangelien. Die Apostelgeschichte. 19(05–)06
2. Die Briefe. Die johanneischen Schriften. 19(05–)07
Register bearb. von Hermann Zurhellen. 1907 [07. 8139

**— dasselbe. Im Auftrage der deutschen evangel. Kirchenkonferenz durchgesch. Ausg. 4. Abdr. (In Korpusschrift.) (VII, 560 u. 135 S.) 8. Halle 905. v. Canstein'sche Bibelanstalt. n.n. — 60; geb. von n.n. 1. 25 bis n.n. 18. 75**

**— dasselbe. 4. Abdr. (In Nonpareilleschrift.) (VII, 494 u. 116 S.) kl. 8. Ebd. 902. n.n. — 30; geb. von n.n. — 70 bis n.n. 10. —**

**— dasselbe. (In Petitschrift.) (VII, 516 u. 123 S.) kl. 8. Ebd. 902. n.n. — 50; geb. von n.n. 1. — bis n.n. 6. 75**

— dasselbe. — Die Psalmen Davids nach Mart. Luthers Uebersetzung. (476 u. 116 S.) kl. 8. Elberfeld 906. 05. Bergische Bibelgesellschaft. Geb. von nn — 50 bis nn 1. 80

— dasselbe. — Die Psalmen nach der deutschen Übersetzung Mart. Luthers. Durchgesehen im Auftrage der deutschen evangel. Kirchenkonferenz. (361 u. 88 S.) 16. Ebd. 906. Geb. von nn — 10 bis nn 2. —

**— dasselbe, unseres Herrn Jesus Christus. Uebers. u. erklärt v. Augustin Arndt, S. J. Taschenausg. (X, 620 S. m. Titelbild u. 2 farb. Karten.) 16. Regensburg 906. F. Pustet. n. — 80; geb. in Leinw. n. 1. 20**

**— das Neue, übers. v. Carl Weizsäcker. 9. Aufl. (Neue) Ster.-Ausg. (VIII, 458 S.) kl. 8. Tübingen 906. J. C. B. Mohr. n. 1. 50; geb. in Leinw. n. 2. —; in Ldr. n. 3. —**

**— dasselbe. (Großoktavausg.) Nach der 9. Aufl. (IV, 288 S.) gr. 8. Ebd. 903. n. 1. 50; geb. in Leinw. n. 2. —; in Ldr. n. 3. —**

— dasselbe nach der deutschen Übersetzung. Mart. Luthers. — Der Psalter. Durchgesehen nach dem v. der deutschen evangel. Kirchenkonferenz genehmigten Text. Neue Oktavausg. (Ciceroschrift.) (524 u. 123 S. m. Titelbild u. 2 farb. Karten.) gr. 8. Berlin 907. Preuß. Hauptbibelgesellschaft. Geb. in Leinw. nn 1.25; m. Goldkreuz nn 1.35; u. Goldschn. nn 2.—; in Ldr. nn 3.—; m. Goldschn. nn 3. 75

Die Schriften des Neuen Testaments [**Testamentum** Novum] neu übers. u. f. d. Gegenw. erklärt von Otto Baumgarten [u. a.]. Hrsg. von (Prof.) Johannes Weiß (in Marburg). 2., verb. u. verm. Aufl. Bd 1. Göttingen: Vandenhoeck & Ruprecht 1907. 8° [F.] [07. 2314

Das Neue Testament [**Testamentum** Novum] unseres Herrn und Heilandes Jesu Christi nach d. deutschen Übers. D. Martin Luthers. Heilsberg 1907: Buchdr. d. 'Ermländ. Diasporaboten' [aufgestempelt: Königsberg i. Pr.: Ev. Buchh.]. (760 S.) 8° [F.]
[Beigedr.:] Die Psalmen [Psalmi] nach d. deutschen Übers. D. Martin Luthers. Heilsberg Ostpr. 1906. (184 S.) [07. 13521 10

— dasselbe. Mit 80 bibl. Bildern von Jul. Schnorr v. Carolsfeld. (II, 352 u. 78 S. m. 8 Karten.) gr. 8. Konstanz (907). Christl. Buch- u. Kunstverlag C. Hirsch. Geb. in Leinw. 2.—; m. Goldschn. 3.—; in Ldr. m. Goldschn. 4. —

Das Neue Testament [**Testamentum** Novum] nach D. Martin Luthers bericht. Übers. mit fortlaufender Erl. versehen von D. Bernhard Weiß. 2., verb. Aufl. Hälfte 1. 2. Leipzig: J. C. Hinrichs 1907. 2 Bde 8° [F.]
1. Kurze Entstehungsgeschichte d. N. T. Evangelien. Apostelgeschichte.
2. Apostol. Briefe. Offenbarung Johannis. [06. 14536

— das Neue, übers. in die Sprache der Gegenwart v. Curt Stage. Große Ausg. (584 S.) 8. Leipzig 907. Ph. Reclam jun. 3.—; geb. in Leinw. 4.—; in Ldr. m. Goldschn. 6. —

— das Neue, in religiösen Betrachtungen f. das moderne Bedürfnis. Hrsg. v. Glob. Mayer. 1.—11. 16.—26. 31.—41. 46. 47. 49. u. 50. Heft. gr. 8. Gütersloh, C. Bertelsmann. Subskr.-Pr. à Heft 1.—; Einzelpr. à Heft 1. 20

Aye, die Apostelgeschichte. (VIII, 317 S.) 908. (Heft 16—19 [5. Bd.].) Subskr.-Pr. 4.—; geb. 4.60; Einzelpr. 4.80; geb. 5. 40

Bochmer, Jul., der Hebräer- u. Judasbrief. (VI, 181 S.) 908. (Heft 46. 47 [14. Bd.].) Subskr.-Pr. 2.—; geb. 2.60; Einzelpr. 2.40; geb. 3. —

— Das Lukasevangelium. (VIII, 327 S.) 909. (Heft 8—11 [3. Bd.].) Subskr.-Pr. 4.—; geb. 4.60; Einzelpr. 4.80; geb. 5. 40

Busch, Wilh., die Offenbarung des Johannes in religiösen Betrachtungen f. das moderne Bedürfnis. (IV, 156 S.) 910. (Heft 49. 50.)

Dunkmann, K., die Briefe Pauli an die Philipper u. Kolosser. (VIII u. 310 S.) 910. (Heft 31—34 [9. Bd.].) Subskr.-Pr. 4.—; geb. 4.60; Einzelpr. 4.80; geb. 5. 40

Mayer, Glob., die Korintherbriefe. I. (VIII, 331 S.) 908. (Heft 23—26 [7. Bd.].) Subskr.-Pr. 4.—; geb. 4.60; Einzelpr. 4.80; geb. 5. 40

— Das Markusevangelium. (VIII, 207 S.) 908. (Heft 6. 7 [2. Bd.].) Subskr.-Pr. 2.—; geb. 2.60; Einzelpr. 2. 40; geb. 3. —

— Das Matthäusevangelium. Schluß. (XII, 407 S.) 908. (Heft 1—5 [1. Bd.].) Subskr.-Pr. 5.—; geb. 5.60; Einzelpr. 6.—; geb. 6. 60

— Die Pastoralbriefe m. religiösen Betrachtungen f. das moderne Bedürfnis. Die Briefe Timotheus u. Titus. (VIII, 190 S.) 910. (Heft 38—40 [11. Bd.].) Subskr.-Pr. 3.—; geb. 3.60; Einzelpr. 3.60; geb. 4. 20

— Der Philemonbrief u. die Petrusbriefe. Phil. 1, 1—1. Petr. 2, 14. (S. 1—80.) 910. (Heft 41.)

— Der Römerbrief. (VII, 182 S.) 908. (Heft 20—22 [6. Bd.].) Subskr.-Pr. 3.—; geb. 3.60; Einzelpr. 3.60; geb. 4. 20

— Die Thessalonicherbriefe. 1. Thessalonicher 5, 27 bis Schluß. (VIII, 284 S.) 908. (Heft 35—37 [10. Bd.].) Subskr.-Pr. 3.—; geb. 3.60; Einzelpr. 3.60; geb. 4. 20

— dasselbe. — Die Psalmen Davids nach der deutschen Übersetzung D. Martin Luthers. Im Auftrage d. deutschen evangel. Kirchenkonferenz durchgeseh. Ausg. (Petitschrift.) 6. Abdr. (VII, 516 u. 123 S.) kl. 8. Halle 908. v. Canstein'sche Bibelanstalt. nn — 50; geb. von nn 1.— bis nn 8. —

— dasselbe. Im Auftrage der deutschen evangel. Kirchenkonferenz durchgeseh. Ausg. Nebst Psalter. 5. Abdr. (In Nonpareilschrift.) (VII, 494 u. 116 S.) kl. 8. Ebd. 907. nn — 30; geb. von nn — 70 bis nn 12. —

— dasselbe. (Korpusschrift.) 6. Abdr. (VII, 560 u. 135 S.) 8. Ebd. 910. nn — 60; geb. von nn 1.25 bis nn 15. —

— das Neue, unseres Herrn u. Heilandes Jesu Christi. — Das Buch der Psalmen. Aus der Vulgata übers. von Jos. Frz. v. Allioli. Wortgetreuer Abdr. des vom apostol. Stuhle approbierten Textes. (508 u. 127 S. m. 12 Farbdr.) 16. Stuttgart 908. (Privileg. württ. Bibelanstalt). Kart. nn — 30; geb. in Leinw. nn — 40; m. Goldschn. nn 1.—; in Ldr. nn 1. 50

— das Neue. Übers. v. Herm. Menge. Mit Buchschmuck v. Frz. Stassen. (VI S. u. 716 Sp.) Lex. 8. Braunschweig (909). E. Appelhans & Co. Geb. in Leinw. 5.—; auch in 10 Lfgn. zu — 40

— dasselbe. Mit 40 Vollbildern u. Buchschmuck v. Frz. Stassen. (VI S. u. 716 Sp.) Lex. 8. Ebd. (909). Geb. in Leinw. 15.—; auch in Lfgn. zu 1. 25

**Testament**, das Neue, in Luthers Übersetzung, nach dem Grundtexte berichtigt u. verbessert v. Bernh. Weiß. Taschenausg. m. Parallel- u. Belegstellen. (IV, 383 S.) 8. Leipzig 909. J. C. Hinrichs' Verl. 1.50; geb. in Leinw. 2.—; m. Goldbdr. 2. 40

— das Neue, verdeutscht v. Rud. Böhmer. (VII u. S. 9—209. 208 u. 208a—d u. 209—304.) Lex. 8. Stuttgart 909. 10. M. Kielmann. 5.25; geb. in Leinw. 6. —

— dasselbe. Neue Taschenausg. m. (12) farb. Bildern nach Schnorr v. Carolsfeld. — Die Psalmen nach der deutschen Übersetzung D. Martin Luthers. Neue Taschenausg. Durchgesehen im Auftrag der deutschen evangel. Kirchenkonferenz. (309 u. 74 S.) 16. Stuttgart 909. Priv. württ. Bibelanstalt. Kart nn — 25; geb. von nn — 40 bis nn 2. —

— dasselbe. Durchgesehen im Auftrag der deutschen evangel. Kirchenkonferenz. Miniaturausg. (63 S. m. 5 [farb.] Karten.) 16. Ebd. 910. Geb. in Ldr. nn 1.— u. 1.50; in Saffian m. Goldschn. nn 2. —

— das Neue, unseres Herrn Jesus Christus. Nach der Vulgata übertr., m. Einleitgn. u. kurzen Erläutergn. versehen v. Beda Grundl, O. S. B. 4. u. 5. unveränd. Aufl. (XVI, 832 S. m. Titelbild u. 3 farb. Karten.) 16. Augsburg 910. Literar. Institut v. Dr. M. Huttler. Geb. in Leinw. 1. —

— das Neue, vom Standpunkte der Urgemeinde ganz neu aufgefaßt, wortgetreu übers.; m. Einleitg. u. Anmerkgn. versehen v. L. Reinhardt, V. D. M. 2. verb. Aufl. (XVI, 411 S.) kl. 8. München 910. E. Reinhardt. 1.60; geb. in Leinw. 2. —

— das Neue, unseres Herrn Jesus Christus. Übers. u. erklärt v. Augustin Arndt, S. J. (Neue Ausg.) (VI, 760 u. 13 S. m. 2 farb. Karten.) 8. Regensburg 910. F. Pustet. 1.60; geb. in Leinw. 2. 40

Das Neue Testament [**Testamentum** novum] verdeutscht von Rudolf Böhmer, Stadtpfarrer. Stuttgart: Kielmann 1910. 370 S. 8° (10 3520

— dasselbe. (Studien-Testament.) — Die Psalmen nach der deutschen Übersetzung D. Mart. Luthers. — Durchgesehen im Auftrag der deutschen evangel. Kirchenkonferenz. (Halbseitig bedr.) Taschen-Ausg. auf Schreibpapier. (III, 590, 146 u. 4 S. m. 8 farb. Karten.) kl. 8. Stuttgart 910. Priv. württ. Bibelanstalt. Geb. in Leinw. nn 2.—; in Ldr. nn 3.—; in Saffian m. Schutzklappen nn 5. —

— das Neue, unseres Herrn Jesus Christus. Übers. u. erklärt v. Augustin Arndt, S. J. (Neue Ausg.) (VI, 760 u. 13 S. m. 2 farb. Karten.) 8. Regensburg 910. F. Pustet. 1.60; geb. in Leinw. 2. 40

Testament, Neues, s. Testament, Das Neue.

— neuestes, testirt im Namen Gottes d. heil. Geistes v. Clément. Allgemeiner, die Grundprinzipien enthaltender, für sich ein abgeschlossenes Ganze bildender Theil. hoch 4. (XII u. 187 S.) Stuttgart 852, Bach. n. 2²/₃ ₰

—— the new, s. Collection of British Authors.

— the new, of our Lord and Saviour Jesus Christ newly transl. out of the original greek and with the former translations diligently compared and revised. 8. Leipzig. 746. — 10

**Testament, the New**, of our Lord and Saviour Jesus Christ. Translated from the original Greek into the tsaute and fante language called Tschi (Chwee) by J. G. Christaller. In-8vo, 632 p. Basel, Missionsbuchhandlung. bound 5 — 1879.

— the new, in the colloquial of the Hakka dialect. By some missionaries of the Basel evangel. missionary society. gr. 8. (178 S.) Basel 883. Missionsbuchh. geb. n. 2. —

— the New, of our Lord and Saviour Jesus Christ. Translated from the original Greek into the Akra or Gã language by J. Zimmermann. New ed., revised. 8. (III, 592 S.) Basel 889. (Missionsbuchh.) Geb. n. 4. —

— the New, in the colloquial of the Hakka dialect. The gospel of Matthew. By some missionaries of the Basel evangel. missionary society. 3rd. ed. gr. 8. (101 S.) Basel 896. Missionsbuchh. Geb. n. 1. –

— dat Nie, vun unsen HErrn un HEiland JEsus Christus nach de plattdüütsche Öwersettung vun Joh. Bugenhagen. gr. 8. (VI, 440 u. Psalmen 108 S.) Kropp 885. Buchh. „Eben-Ezer“. n. 3. —

**Testament,** ilg nief, da niess Senger Jesu Christ. 8. Chur, Grubenmann. (Oberländer romanisch.) 5/6 ₰

Da Njoe Testament vo wi Masra en Helpiman Jesus Kristus. Bautzen 1846.

Testament. – Le Nouveau Testament.

— — — de N. S. Jesus Christ. 8. Francf. Jäger. — 9

— le nouveau de notre Seigneur Jesus Christ. gr. 8. Leips. J. B. G Fleischer.

— — — 8. Zürich, Gessner. — 12

— — — 12. Berlin. 750.

— — — av. des remarques par Quesnel. IV Tomi. 12. à la Haye. 735 5 12

— — — avec des notes littérales p. de Beausobre et Lenfant, avec des cartes géograph. II Vol. 4. Basel. 736. 4 8

— — — franç. et allemand. 8. Berlin. 742.

— — — p. Beausobre et Lenfant, franç.-allem. gr. 8. Berl. Rottmann. 746. — 16

Nouveau Testament, le, c'est à dire la nouvelle alliance de Nôtre Seigneur Jésus-Christ. Le tout reveu sur les originaux et retouché dans le langage par DAV. MARTIN. Altona et Flensb. 1750. (jf. B. D. I. 47].

— le nouveau, trad. en franç. p. les Pasteurs de Génève. 8. Altona u. Flensb. 751. (Cnobloch in Leipz.); (a. Aue in Altona). 12 gl

— — — trad. en franç. p. les Pasteurs de Genève. 8. Altona et Flensb. Korte. (Böhme, et Jacobäer à Leips.) 751.

— le nouveau. 8. Zürich 758. Gessner. 12 gl

— — — trad. en franç. sur l'Original grec. 12. Halle, Waisenhaus. Buchhdl. 761. — 8

— le nouveau. 8. Bern 798 Typ. Soc. 12 gl

— le nouveau, de notre Seigneur Jesus Christ. 12. Berl. 802. (Fr. Fleischer in Leipz.) 12 gl

— le nouveau, trad. en franc. sur l'original par de Beausobre et L'enfant. 8. Ulm 805. Stettin. 6 gl Pap. de poste gr. 8. 12 gl Pap. de poste av. 76 planch. gr. 8. 1 ₰ 4 gl

— le nouveau de notre Seigneur Jesu-Christ. gr. 8. Basel 817. Thurneisen. 6 gl

— le nouveau, de notre Seign. Jesu Christ; revu sur les originaux p. M. Luther, avec les passages paralleles. Ed. stereotyp. gr. 8. Strassb., Treuttel u. W. 2 ₰ in 18. 22 gl Velinp. 1 ₰ 20 gl

— le Nouveau, de Notre-Seigneur Jésus-Christ. Version de Edmond Stapfer. Nouvelle éd., revue et corrigée, publiée par la Mission de Ste-Chrischona près Bâle. 16. (IV, 796 S.) Basel 894. Jaeger & Kober. Geb. in Ldr. n.n. 1. 60

— Novi Testament (Polnisch). Lipska 1832. 8.

The sacred books of the Old Testament [Testamentum vetus]. A crit. ed. of the Hebrew text ... under the editorial direction of Paul Haupt, Prof. ... Johns Hopkins Univ., Baltimore. P. 1. 3. 6. 8. 11. 14. 17. 18. 20. Leipzig: J. C. Hinrichs 1893–96. 4°

**Testament, Das,** des Onkels. Schauspiel in drei Akten. Wien 1808. V: *Römer, Georg Christian.* (MGT) (GGr)

Testament, das, des Onkels. Schspl. in 3 A. 8. Wien 808. Wallishausser. 8 gl

—— pädagogisches, eines königl. Kreisschulinspektors. Hrsg. von den Hinterbliebenen. gr. 8. (IV, 53 S.) Wittenberg 886, Herrosé Verlag. *

— das, Peter des Großen. Von Junius. gr. 8. (32 S.) München 878. Lindauer. n. — 50

— politique de l'année 1796. 8. Hamb. Fauche. 796. — 16

Testament politique du Cardinal Alberoni, trad. de l'Ital. 12. Leipz. 753. — 16

— — du Maréch. Duc de Bellisle. 8. Francf. Esslinger. 762. — 10

**Testament** politique du Maréchal, Duc de Belle Isle ... S. l. 1763. V: *Maubert, Heinrich.* (ML)

— — de Charles Duc de Lorraine et de Bar, déposé entre des mains de l'empereur Leop. à Presb. etc. 8. Breslau, G. Korn. 760. — 8

Testament politique de l'empereur Joseph II., Roi des Romains. (2 Bde.) 8. Vienne 1791.

— politique de l'Empereur Joseph II. II Vols. gr. 12. Wien 791. (Landsh., Storno). 1 ₰ 16 gl

**Testament** politique du Chevalier Walpole ... S. l. 1767. V: *Maubert, Heinrich.* MV: *Chevrier* [?]. (ML)

— das politische, Peter des Großen und das Manifest Kaiser Alexander II. von Rußland. Zwei Actenstücke mit einer Einleitung. (Zur Beurtheilung der gegenwärtigen Situation.) Pesth 855. Lampel. gr. 8. (9 S.) n. 3 ngr.

**Testament, Politisches,** Herzog Carls von Lothringen. [A. d. Franz.] Stadt am Hof [Breslau] 1760. V: *Carrach, Johann Philipp von.* (Wr)

Testament, politisches, d. Herzog Carl z. Lothringen u. Bar. 4. Breslau, W. G. Korn. 760. — 16

— politisches, Peter des Großen. Berlin 854. Klaehr. gr. 8. (7 S.) 2½ ngr.

— politisches, des Herrn v. V(oltaire). 8. Frankf. a. M. 771. Varrentrapp. 3 gl — Dass. Französ. 8. Genf 772. (Frankf. a. M., Varrentrapp). 4 gl

**Testament, Das religiöse,** eines alten Bauern. Grüningen 1904. V: *Ringger, Alb.* (Zuwachsverz. d. Bibl. Zürich 1898 ff. 8.)

Testament der Frau Emma Siegrist-Fischer (in Schaffhausen) dd. 30. Dezember 1905. ([Mit] Bescheinigung, 1906 Juni 5 Oktober 1.) II + 8 S. fol. Schaffhausen, H. Meier & Cie., 1906.

Testament — das — des Johann Epora vom 27. April 1853, nebst den in den Curatoren-Sitzungen vom 16. und 30. März 1856 und 15. März 1857 beschlossenen Vollzugs-Vorschriften. Neuhaus. Dr. von Alois Lantfraß 1857. (50 S. 8.)

Testament, Ungedrucktes und unterdrucktes merkwürdiges, Friedrich Wilhelms des Grossen Churfürstens zu Brandenburg vom 20. Merz 1688. Aus einer Archival-Abschrift. Mit historischen Anmerkungen erläutert und einem Prolog über deutsche fürstl. Testamente. Nebst einem Anhang von den letzten Lebens-Tagen dieses grossen Fürsten. (Aus: „Moser patriotisches Archiv für Deutschland" IX. Th.) (Leipzig und Mannheim 1788.)

Das | verlorene Testament | oder | Der wilde Junker von Dernburg. | Dem deutschen Volke erzählt | von | Wenzel Tabor. | *(Vignette mit Reihennummer 69)* | Oberhausen u. Leipzig. | Verlag von Ad. Spaarmann.
Kol.: Spaarmann'sche Buchdruckerei | (Bauer & Witzler). o. J., 48 S., 160 × 115, kol. U.-Fig.: *Er küßte sie auf den rothen Mund und wußte nun, daß | sie sein Lieb war, seine theure Braut*, 133 × 96.
Priv.-Bes.

**Testament, Das,** des deutschen Volksboten. Ein Buch für Bürger, Bauern, und andere, die es lesen wollen. Offenbach 1833. V: *Schulz, Wilhelm Friedrich.* Hessische Biographien, hgbn. von Herman Haupt. Darmstadt 1918. I, 412)

Testamentariă, nedreptatea — **Commediă in cinci acte, tradusă d' in linba Italiana pe linba romană de Petru Lupulov. Viena, 1856. Cu tipariulu Mechitharistiloru. (63 S. 8.) (Das unrechtmäßige Testament. Ein Lustspiel in 5 Akten. Aus dem Italienischen ins Romänische übersetzt von Petrus Lupulov. Wien, 1856. Mechitharisten-Buchdr.)**

**Testamente,** üb., oder welche Einrichtungen hat ein Hausvater oder haben Eheleute zu treffen, um bei ihrem Tode Alles geordnet zu hinterlassen u. das Einschreiten des Gerichts zu vermeiden? Ein zuverlässiger Rathgeber für Diejenigen, welche sich über Erbschafts-Angelegenheiten u. über die Abfassung von Testamenten belehren wollen. 8. (48 S.) Berlin 851, Gerhard (jetzt: Grobe). 1/4 ℛ

Testamente, Nye, og Psalmerne. 32. (628 S.) Hamburg 862, J. G. Oncken. geb. *

**Testamente,** üb. olograph. u. mystische. Eine Deduktionsschrift in d. Rechtssache des Testamentserben der verstorb. Freyfrau von Barkhaus-Wiesenhütten, geb. v. Veltheim, gegen die Intestaterben derselben, (v. K. v. Grolmann). gr. 8. Gießen 814. Heyer. 1 ℛ

— die, der zwölf Patriarchen, der Söhne Jakobs, u. die Geschichte der Aseneth, der Frau Josephs. Aus alten verborgenen Schriften in's Deutsche übertr. v. Rich. Akibon. 12. (VIII u. 141 S.) Kassel 850, Raabé & Co. 1/2 ℛ

**—über, u. letzte Willensverordnungen. 2 Thle. 8. Stuttg. 805. Steinkopf. 16 gr**

**Testamentmacher, Sicherer und geschwinder,** oder Abhandlung von Testamenten mit Beispielen. Ulm 1772. V: *Luz, Carl.* (Ky)

Testamentmacher, sicherer u. geschwinder, od. Abhandl. v. Testamenten mit Beyspielen. 8. Ulm, Wohler. 772. — 5

**Testamento,** el Nuevo, en griego y español. Texto griego conforme á la 3. ed. crítica de Federico Brandscheid. Versión española por Juan José de la Torre, S. J. (XXXIV, 753 S.) kl. 8. Freiburg i/B. 909. Herder. 8.—; geb. in Leinw. 9. —

**Testamento, nuevo, de nuestro Señor Jesucristo par uso de las personas piadosas. Traducido al castellano por Fél. Torres Amat y brevemente anotado por Emilio Román Torio. Con un apéndice donde fácilmente podrá verse la epístola y el evangelio que corresponden á cada uno de los días del año.** Precedido de una carta-prólogo del excmo. señor obispo de Palencia. (XII, 838 S. m. Titelbild.) 12. Freiburg i/B. 903. Herder. Geb. in Leinw. n. 3. 20

**Testamento,** Nuevo, de nuestro Señor Jesucristo **para uso de las personas piadosas. Traducido al castellano por D. Félix Torres Amat** y brevemente anotado por Emilio Román Torio. Con un apéndice donde puede verse la epístola y el evangelio que corresponden á cada uno de los días del año. 2. ed. rev. (XVI, 838 S. m. Titelbild.) kl. 8. Freiburg i/B. (910). Herder. 2.60; geb. in Leinw. 3.20; in Ldr. m. Goldschn. 5. —

Testamento, il nuovo, di Giesu Christo nostro Signore, dell Originale greco fedelmente vulgarizzato da G. G. Cliechio. 8. Altenburg, Richter. (Academ. Buchhdl. in Jena.) 743. — 16

— — — da G. D. Müller. 8. Leipz. F. C. W. Vogel. 744. — 12

— — (nuovo) del Sigr. nostro Gesù Christo secondo Volgata, tradotto in Lingua Italiana e con annotazioni dichiarato dall' Mss. Ant. Martini. Vol. I — VII. 8. gr. Ibid. 819 et 820. (Viennae, Volke.) Rthlr. 10 —

Testamento (vecchio) secondo la Volgata tradotto in Lingua Italiana e con annotazioni dichiarato dall Mss. Ant. Martini. 22 Vol. in 8. gr. Torino. 818 et 819. (Viennae, Volke.) 26 —

**Testamentstaxe, Nürnberger.** [Weimar 1785.] V: *Häslein, Johann Heinrich.* (will) (ML)

Testamentum Novum [polygl.]

—— id. — **triglottum graece latine germanice; graecum textum addito lectionum variarum delectu recensuit, latinum Hieronymi notata Clementina lectione ex auctoritate codd. restituit, germanicum ad pristinam Lutheranae editionis veritatem revocavit Aenoth. Frid. Const. Tischendorf.** qu. 4. (XLII und 930 S.) Lipsiae 854, [Mendelssohn.] Thlr. *

— — tetraglotton. Archetypum graecum cum versionibus vulgata latina, germanica Lutheri et anglica authentica in usum manualem edendum curaverunt C. G. G. Theile et R. Stier. 855. — Editio II. Bielefeld 858. Velhagen u. Klasing. Lex.-8. (VIII, 1060 S.) n. 3 ℛ.

—— novum, triglottum graece, latine, germanice. Graecum textum addito lectionum variarum delectu recensuit, latinum Hieronymi notata Clementina lectione ex auctoritate codicum restituit, germanicum ad pristinam Lutheranae editionis veritatem revocavit Aenoth. Frid. Const. Tischendorf. Editio II. cum tab. (lithogr.) triplici terrae sanctae. qu. 4. (XLVIII und 930 S.) Leipzig 865, Mendelssohn. *

Testamentum Novum [griech.]

— ead. ex vers. aethiop. interpretat. T. J. Evangel. cont. edid. Bode. 4. Braunschw. . . . Meyer. 8 gr

— id. lib. graece, ad fidem optim libror. recens. Joh. Aug. Tittmann. 8. Leipz., Tauchnitz. 18 gr. Fein Pap. 1 Rthl. in 16. 14 gr. fein Pap. — 20

— novum graecum, ex recens. Th. Bezae. 12. Zürich ... Orell. 20 ℊ

— — graece et latine, Desid. Erasmo Roterodam. interprete, cum summariis, concordant. et explic. difficilior. vocabul. etc. 8. Francof. ad M. (Weidmann, Leipz.) 700.

— — graecum, accurate revisum I. H. Majo. 12. Giesen. 705. — 20

— — — Cura Lamb. Bosii. Francof. 709. 2 P. (1 Vol.) 4.

— — graecum bilingue i. e. c. vers. neo-graeca: cum praef. A. H. Franke. 12. Halae, Waisenh. Buchhdl. 710. — 21

— — graecum, cum paraphras. et annot. H. Hammondi, suisq. animadv. illustr. I. Clericus. fol. Francof. Fritsch. 714. 6 —

— — ηκαινη διαθηκη, access. lib. Apocryphi: ita ut exhibeantur lib. Biblici Graeco idiomate scripti, omnes ad fidem probat. cod. emend. express. c. praef. E. S. Cypriani. 12. Gothae. (Dieterich, Gött.) 715. — 16

— — griechisch u. deutsch herausg. v. Wilisch. 8. Chemnitz, Stößel. 717.

— — graece et latine Seb. Schmidii, recens. C. F. Wilisch. 8. Chemnitz, Stosel. 717. 1 8

*Novum Testamentum.*
— — Cum lectt. variis notis et prolegomenis J. Millii. Oxon. 707. f. Denuo rec. et locuplet. Lud. Kusterus. Amst. 710. f. Ib. et Lips. 723. f. 8 rthlr. Ib. 746. f.

— — graecum, c. lect. variant. Msct. exemplarium in eisdem not. acced. loca script. parallela et proleg. stud. I. Millii, novis acces. locuplet L. Küster. fol. Lips. 723.

— graecum, ad optimas quasque editiones collatum et excusum, adjectis nonnullis variantibus lectionibus et notis nec non harmonia Evangeliorum et chronotaxi Actuum apostolicorum, c. Chr. Reineccii. 8. Leipz. 725, 733, 753 u. 783. Breitkopf u. H. 8 ℊ

— — graecum germanice illustratum, od. d. griech. neue Testament m. deutschen Not. herausg. von Chr. Neudecker. 3 Thle. m. Landcharten. 8. Halle, Renger. 730-32.

— — — Studio Chr. Reineccii. Lips. 730. 8. 1 rthl. 12 gr. Ib. 757. 8. 1 rthlr. 16 gr.

— — — Ed. J. J. Breitinger. Tigur. 730-42. 4 Tom. (2 Vol.) 4. 8 rthlr.

— — graecum observat. philologicis, crit. et exeget. illustr. Ch. Stock. 8. maj. Ienae, Bielke. 731.

— — graecum cum apparatu critico accurante I. A. Bengel. 4. Tübing. Cotta. 734. 4 —

— — graecum, c. Pritii. 24. Lips. Gleditsch. 735.

— — graecum Leusdenii, cura Rechenberg. 24. Lipsiae, Heinsius. (Gleditsch.) 736. — 12

— — graecum; c. not. theolog. ac. philolog. Ch. S. Georgii. 8. Vitteberg. (F. C. W. Vogel, Lips.) 736. 1 8

— — graecum, cum versione Latina Ben. Ariae Montani et not. C. S. Georgii. 8. Lipsiae, Crusius. (F. C. W. Vogel.) 737. 1 20

— — graecum, ita adornat., ut Textus probat. ed. medullam margo var. lect. in suas class. distrib. locorumq. paralell. delect. exhibeat cur. Aud. Buttigio. 8. Lips. Weidmann. 737. — 12

— — griechisch u. deutsch v. Leusden. 12. Lübben. (Voß in Berlin.) 737. — 16

— — Ex rec. J. A. Bengelii. Stuttg. 738. 8. Ib. 790. 8. 1 rthlr. 12 gr.

**Testamentum Novum Graecum** cum intercalari textu Latino ad litteram reddito edidit Ludovicus Debiel. Wien, Kaliwoda, 1740, 8°; 1743—1747, 8°, 4 Bde.

— — graece et latine, vulgat. edit. et germanice cura Ch. Reineccii. fol. Lips. 748.

— Novum Testamentum. Siehe a Wetstein.

— novum graecum. II Tom. ed. Wetsten. Fol. Amsterd. 751. (Haas d. Sohn in Basel). 18 ℔

— — graecum, cum variant. lect. Accedit index et Lexidion graeco-latinum c. P. Goldhagen. 8. Francof. Varrentrapp et W. 753. 1 8
Screibp. 1 16
gr. Schreibp. 2 —

— graecum, cum variant. lect.; accedit Index et Lexidion graeco-latinum c. H. Goldhagen. 8. Mainz 753. ... 1 ℔ 8 ℊ Schreibp. 1 ℔ 16 ℊ gr. Schreibpap. 2 ℔ Vergl. H. *Goldhagen.*

— novum graecum ed. Cypriani. 12. Gotha 754. ... 16 ℊ

— novum graecum. Mit der deutschen Version. 12maj. Halle ... N. A. 756. Waisenhaus-B. 10 ℊ Hbg. Pr. 6 ℊ

— — — Curante Kirchner. Hal. 759-62. 5 Tom. 8. 2 rthl.

— novum graecum c. vers. latina Ariae Montani, auct. Jh. Leusden. 12. Berl. 761 a. 774. Voss. 12 ℊ

— — graecum ad exemplar Mastrichtianum fide excusum. 12. maj. Halae, Waisenh. Buchhdl. 762.

— novum graecum, ed. J. A. Bengel. 4. Tübing. 763. denuo recogn., c. tab. crit. et novo spicilegio lectionum var. aucta ab E. Bengel. 8. Tübing. 790. (Osiander). 1 ℔ 12 ℊ

— — Cura Chr. Schöttgenii. Vratisl. 767. 8. Ib. 782. 8. 16 gr.

— — graecum, c. summariis var. etc. ed. Pritius. 12. Stockholm. Gleditsch. 767.

— — graecum, ed. Leusden. 12. Berlin, Voss. 774. — 12

— — Cum var. lectt. ed. Griesbach. Hal. 774. 77. 2 Tom. 8. 2 rthlr. 12 gr. Ed. 2. multo emendatior et locupletior. Ib. 796. 806. 2 Vol. 8. 6 rthlr.

— libri historici N. T. graece ed. Jh. Jak. Griesbach. I. I. et II. (Pars I. A. u. d. T.: Synopsis Evangelior. Matthaei, Marci et Lucae). 8. Halle 774—76. N. Aufl. unt. d. T.: Novum Testamentum Graece, text. ad fidem Cod. Vers. et Patrum emendavit, et lect. var. adj. J. J. Griesbach. II Voll. 8maj. Halle 775. (Vol. I. Ed. II. 796. Ed. III. c. Dav. Schulz. 827. 3 ℛ 12 gr. Vol. II. Ed. II. 806. 3 ℛ) Berl., Laue. 6 ℛ 12 gr.

— novum graece perpetua annotatione illustr. J. P. Koppe. Vol. I—IV. 8maj. Götting. 778—83. Dieterich. — Vol. III. P. I. II. compl. Acta Apostolorum. Ed. II. cur. J. Heinrichs. 8maj. ibid. 809, 12. 2 ℛ 16 gr. Vol. IV. Complect. Epistolam Pauli ad Romanos. Ed. IIa, cur. C. F. Ammon. 806. 1 ℛ 16 gr. Ed. III. c. Ammon. 824. 1 ℛ 16 gr. Vol. V. Part. I. Et. s. tit.: Epistolae Pauli ad Corinthios graece, perpet. annotat. illustr. a D. J. Pott. Part. I. 826. 1 ℛ 16 gr. Vol. VI. (od. Vol. I. der 1n Aufl.) Epistolae Pauli ad Galatas, Ephesios, Thessalonicenses ed. J. B. Koppe. Ed. II. cur. Th. Chr. Tychsen. 8maj. ibid. 791. 1 ℛ 8 gr. Ed. III. emend. et auct. c. T. C. Tychsen. 8maj. ibid. 823. 1 ℛ 8 gr. Vol. VII. P. I. complect. Epistolas Pauli ad Timotheum, Titum et Philemonem cont. J. H. Heinrichs. 798. 16 gr. Ed. II. 828. 1 ℛ 4 gr. Vol. VII. P. II. comp. epist. Pauli ad Philippenses et Colossenses, cont. J. H. Heinrichs. 803. 20 gr. Ed. II. 826. 20 gr. Vol. VIII. comp. epist. Pauli ad Hebraeos cont. J. H. Heinrichs. 792. 16 gr. Ed. II. 823. 1 ℛ Vol. IX. compl. Epistolas catholicas Fasc. I. exhib. epist. Jacobi, cont. D. J. Pott. 799. 18 gr. Ed. II. … Ed. III. 816. 1 ℛ 8 gr. Vol. IX. compl. epist catholicas Fasc. II. exhib. utramq. epist. Petri, cont. D. J. Pott. Ed. II. 810. 1 ℛ 6 gr. Vol. X. P. I. et II. compl. Apocalypsin P. I. II. cont. J. H. Heinrichs. 818, 21. 2 ℛ 20 gr. Zusammen 15 ℛ 6 gr.

— — graecum evangel. IV. harmonia graeca et reliqui N. T. libri, acta apostolica et apocalypsis I. C. cur. Stephani. 8. Giesen, Krieger. 780. 1 8

— Novum Testamentum, graece et latine, ed. Ch. F. Matthaei. Riga 1780—88. 6 Bde. 8.

— novi, XII Tomis distinct. graece et lat. cum animadvers. crit. adj. Chr. Fr. Matthäi. P. I—XII. 8maj. Riga 781—788. Hartknoch in Leipz. 12 ℛ Schrbp. 14 ℛ (NB. Jeder Theil ist auch einzeln zu haben).

— — graeco c. Syllabo C. Reineccii. 8. Lips. Breitkopf. 783.

Novum Testamentum ad codicem Vindobonensem Graece expressum. Varietatem lectionis ex codd. bibliothecae palatinae Vindobonensis addidit Franc. Carol. Alter. Wien, Trattner, 1786—1787, 8°. 2 Bde.

Testamentum novum ad Codicem Vindobonensem graece expressum variet. lect. add. C. Alter. II Vol. 8. maj. Vien. Trattner. (Tendler.) 787. Rthlr. 4 16

— — Ed. G. F. Hetzel. Hal. 788. T. I. P. I. 8. 2 rthl. 12 gr.

— — graecum ed. I. A. Bengel, denuo recognita, cum tab. crit. et novo spicilegio lectionum var. aucta ab E. Bengel. 8. Tübing. Heerbrand. 790. 1 12

— novum graecum, ed. J. A. Bengel. 4. Tübing. 763. denuo recogn., c. tab. crit. et novo spicilegio lectionum var. aucta ab E. Bengel. 8. Tübing. 790. (Osiander). 1 ℛ 12 gr.

Testamentum novum graece perpetua anotatione illustr. a I. B. Koppe. Vol. VI. Epistolae Pauli ad Galatas, Ephesios, Thessalonicenses, c. Th. Ch. Tychsen. 8. maj. Gott. Dieterich. 791. Rthlr. 1 8

— — id. lib. Vol. VII. P. I. complect. Epistolas Pauli ad Timotheum, Titum et Philemonem cont. I. H. Heinrichs. 8. maj. ibid. 798. — 16

— — id. lib. Vol. VII. P. II. comp. epist. Pauli ad Philippenses et Colossenses, cont. I. H. Heinrichs. 8. maj. ibid. 803. — 20

— — id. lib. Vol. VIII. comp. epist. Pauli ad Hebraeos, cont. I. H. Heinrichs. 8. maj. ibid. 792. — 16

— — id. lib. Vol. IX. comp. Epist. catholicas fasc. I. exhib. epist. Iacobi, cont. D. I. Pott. 8. maj. ibid. 799. — 18

— — Vol. IX. compl. epist. catholicas fasc. II. exhib. utramq. epist. Petri, cont. D. I. Pott. 8. maj. ibid. 810. 1 6

— graecum in sectiones divisit, interpunct. accurate posuit et disposit. logicam adj. Ch. Schöttgen, c. fig. 8. Bresl. 795. J. F. Korn. 18 gr.

— — graece, Textum ad fidem codicum, versionum et patrum recens. et lect. variet. adjecit I. I. Griesbach. II Tomi. 8. maj. Hal. Curt. 795 - 805. (I. 2 Rthlr. 6 gr. II. 3 Rthlr.) 5 6

— Novum Testamentum graece, ed. J. J. Griesbach. Halae 1796—1806. 2 vol. 8.

— graece, recognovit atque insignior. lectionum variet. et argument. not. subjunxit G. C. Knapp. 8. Halle 797. Waisenhaus-B. 20 gr. 8maj. Weiss Pap. 1 ℛ 8 gr. 8maj. Schrbp. 1 ℛ 12 gr. (Edit. altera, auct. atque emendat. 8. ibid. 813. 1 ℛ in 8maj. 1 ℛ 12 gr. Schrbp. 2 ℛ Ed. III. ed. J. S. Vater. 8. ibid. 824. 1 ℛ in 8maj. 1 ℛ 12 gr. Schrbp. 2 ℛ Ed. IV. II Tmi. 8. ibid. 829. 1 ℛ

— — Graece. Ad codd. rec. C. F. Matthaei. Witteb. et Ronneb. 803 - 6. 3 Tom. 8. 6 rthlr. 12 gr.

— graece; ad omnes codices. adhib. patrum graecorum lectionibus et doctorum virorum libellis criticis, iterum recensuit, primum quoque nunc lectiones ecclesiasticas ex usu ecclesiae graecae designavit et criticis interpositis animadvers. ed. C. F. de Matthäi. III Tom. 8maj. Wittenb. 803—6. Autor. (Serig in Lpz.) 6 ℛ Hbg. Pr. 3 ℛ Schrbp. 8 ℛ Hbg. Pr. 4 ℛ (Schumann in Zwickau). 4 ℛ

*Testamentum* novum graecum, edit. accurata. 8. Duisb. 804. Bädeker in Essen. 9 gr.

— — graeco ad omnes codices adhib. patrum graecorum lectionibus et doctorum virorum libellis criticis, iterum recensuit, primum quoque nunc lectiones ecclesiasticas ex usu ecclesiae graecae designavit et criticis interpositis animadv. ed. C. F. de Matthaei. III Tmi. 8. maj. Vittenberg. Autor. (auch Grau in Hof.) 804 - 6.

*Testamentum* novum graece e recens. Griesbach, nova versione latina illustratum, indice brevi praecipuaque lect. et interpret. diversitate instructum, in usum maxime gymnas. et academ. ed. auct. H. A. Schott. 8. Lpz. 805. 1 ℛ 12 gr. Ed. altera 811. 2 ℛ in 4. 4 ℛ Edit. III. emend. 8maj. Leipz. 825. (Barth). 2 ℛ Weiss Pap. 2 ℛ 6 gr. Schrbp. 2 ℛ 15 gr. Velinp. 4 ℛ

— graece ex recens. J. J. Griesbach. II Voll. 8maj. Leipz. 805. Ed. nova 825. Göschen. 1 ℛ 4 gr. Prachtausgabe auf Velinpap. IV Voll. 4maj. ibid. 804—7. 60 ℛ

— novum graecum, recens. et applicat. J. C. G. Praedicow. 8maj. Wittenb. 806. editor. … ℛ

Novum testamentum perpetua adnotatione illustratum a J. B. Koppe (aliisque). Die bis jetzt erschienenen Theile sind:
Vol. III. P. I. II. Acta Apostolorum. Ed. J. H. Heinrichs. Götting. 809. 12. (P. I. 1 rthl. 4 gr. II. 1 rthl. 12 gr.)
Vol. IV. Epistola Pauli ad Romanos. Ed. altera novis observatt. et excurss. auxit C. F. Ammon. Gött. 806. 8. 1 rthl. 16 gr.
Vol. VI. Epist. ad Galatas, Thessalonicenses et Ephesios. Ed. Koppe. Götting. 778. 8. Ed. altera auct. et emend. cura Tychsen. Götting. 791. 8.
Vol. VII. P. I. Epist. ad Timotheum, Titum et Philemonem. Ed. Heinrichs. Götting. 798. 8. 16 gr.
— P. II. Epist. ad Philippos et Colossenses. Ed. Heinrichs. Götting. 803. 8. 20 gr.
Vol. VIII. Epist. ad Hebraeos. Ed. Heinrichs. Gött. 792. 8.
Vol. IX. Epistolae catholicae. Ed. Pott. Götting. 786-90. 2 Vol. 8. 1 rthlr. 4 gr.
— P. I. Epistola Jacobi. Götting. 786. 8. Ib. 799. 8. 18 gr. Ib. auct. 816. 8. 1 rthlr. 8 gr.
— P. II. Utraque epistola Petri. Götting. 790. 8. Ib. 810. 8. 1 rthlr. 6 gr.
Vol. X. P. I. Joannis Apocalypsis C. I-XII. Ed. J. H. Heinrichs. Götting. 818. 8. 1 rthlr. 10 gr.

* Testamentum, novum graece, perpetua annotatione illustratum edit. Koppianae. Vol. III. P. II. complectens Acta Apostolorum; continuavit J. H. Heinrichs. 8maj. Gotting. Dieterich. 810.

— — graece e recens. Griesbach, nova versione latina illustratum, indice brevi praecipue lect. et interpret. diversitas instructum, in usum maxime gymnasiarum et academiarum ed. auct. H. A. Schott. 8. Lips. Märker. 811.

— — graece, ad codd. Masquenses etc. notavit primum quoque nunc lect. ecclesiast. ex usu ecclesiae graecae designavit ac Synaxaria evangel. et praxapostoli addidit et criticis interpositis animadversionibus edidit C. F. de Matthaei. III Tomi. 8. Lips. Baumgärtner. (in Comm.) 812. (Tom. I. 2 Rthlr. 12 gr. Tom. II. 1 Rthlr. 8 gr. Tom. III. 2 Rthlr. 16 gr.)

— — id. graece. Recognovit atque insigniores lectionum varietates et argumentorum notationes subjunxit G. C. Knappius. II Tom. Edit. altera, auctior atque emendatior. 8. Halae, Waisenhausbuchh. 813.

— — id. lib. gr. 8. Schreibp.

— — novum graeco, perpetua annotatione illustratum Editionis Koppianae. Vol. IX. P. I. exhibens epistolam Jacobi contin. D. J. Pott. Editio tertia auctior et emendatior. 8maj. Göttingen, Dieterich. 816. 1 8

— — id. Vol. X. P. I. complectens Apocalypsin T. I. cont. J. H. Heinrichs. 8maj. Ebend. 818. 1 8

— — id. Vol. X. Pars II. complectens Apocalypsin cap. XIII. — fin. continuavit Joan. Henr. Heinrichs. 8. Ibid. 821. 1 12
etiam sub titulo:
Apocalypsis graeco. Perpet. annotat. illustr. a J. H. Heinrichs. Partic. Poster.

— novum graecum. II Ptes. gr. 8. Upsala 817. (Lpz., Brockhaus). 1 ℛ

— id. lib. graec. Sect. II. gr. 8. Upsal. 817, Zeipel et Palmblad (Reimer in Berl.) 1 4

— — Graece, ad fidem optim. libr. rec. J. A. H. Tittmannus. Lips. 819. 12. 18 gr.

— — novum graece. Ad fidem optimorum librorum, rec. Jo. Aug. H. Tittmannus. Editio stereotypa. 12. Lipsiae, Tauchnitz. 820. — 18

*Novum* Testamentum. Graec. et lat. cum vulgata interpret. lat. Tubing. 820. 2 Tom. 8. 2 rthl. 14 gr.

— novum Ἡ καινὴ διαθήκη. II Sect. 8maj. Upsala 820. (Berl., Reimer). 1 ℛ 3 𝔤

— graeco-latinum vulgata interpretatione latina edit. Clementis VIII. Graeco textui ad editionem complutensem diligentiss. expresso e regione opposita P. A. Gratz. II Tom. 8maj. Tübing. 821. Fues; (a. Barth in Leipz.) Weiss Druckp. 2 ℛ 14 𝔤 Velinp. 3 ℛ 15 𝔤 Ed. nova. II Tmi. 8maj. Mainz 827. Kupferberg. 2 ℛ 16 𝔤

Testamentum, novum graece, perpetua anotat. illustr. editionis Koppianae. Vol. VIII. complectens epistolam Pauli ad Hebraeos; cont. I. H. Heinrichs. Edit. II. auct. et emend. 8 maj. Gottingae 822, Dieterich. 1 —

— id. lib. graece. Perpetua adnotat. illustr. a J. B. Koppe. Vol. III. p. 2. Et. s. t.: Acta epistolorum graece. Ed. II. p. 2. 827. 1 Rthl. 12 gr. Vol. IV. Complect. Epistolam Pauli ad Romanos. Edit. IIIa, cur C. F. Ammon. 1 Rthl. 16 gr. gr. 4. Götting. 823, Dietrich. 3 4

— id. lib. Vol. VI. complect epist. Pauli ad Gallatos, Ephesius, Thesalonicencis. Editas III. ement. et auct. cur. T. C. Tychsen. 8 maj. Gottingae 823, Dieterich. 1 8

— id. lib. graecum Griesbachii et Knappii denuo recogn. delectu variet. lect. testimoniis confirmatarum, adnotat. cum critica tum exegetica et indicibus historico et geograph., vocum graecar. infrequentior., et subsidior. criticor. exegeticor. instruxit J. S. Vater. 8. Halae 824, Gebauer. 1 Rthl. — in 8 maj. 2 —

— id. lib. graece. Recogn. atque insigniores lect. variet. et argument. notationes subiunxit G. Ch. Knappius. 2 Tomi. Editio III. 8. Halis 824, Waysenhausbuchh. 1 Rthl. — In gr. 8. 1 Rthl. 12 gr. Schreib-P. 2 —

— id. lib. graece. II Tmi. 8. Basel 825. Schweighäuser; (a. Cnobloch in Leipz.) 1 ℛ 8 𝔤

— novum, graece. Textui ante Griesbachium vulgo recepto add. lectionum variantium earum praecipuae quae a Griesbachio potiores censentur delectus. 8maj. Basel 825. Zürich, Hanke. Velinp. 18 𝔤

— id. lib. graece. Ex recens J. J. Griesbachii, cum selecta lect. variet. II Partes. Edit. nova non tamen mutata. 8 maj. Lips. 825, Göschen. 1 4

— id. lib., graece sec. Edit. probatiss. nova versione latine illustr., indice brevi precipuae diversit. lectionum et interpretat. instrux. In us. max. juvent. litterar. sacrar. stud. edit. auct. H. A. Schott. Edit. III. emend. 8 maj. Lips. 825, Märker. 2 Rthl. Weiss P. 2 Rthl. 8 gr. Schreibp. 2 Rthl. 16 gr. Velinp. 6 —

— id. lib. Vol. V. Partic. I. — Etiam s. titulo: Epistolae Pauli ad Corinthios graece Perpet. annot. illustr. a D. J. Pott. Part. I. 8 maj. Gottingae 826, Dieterich. 1 16

— id. lib. Vol. VII. Partic. II. Contin. Dr. J. H. Heinrichs. Et. s. titulo: Pauli epistolae ad Philippenses et Colossenses. Edit. II. emend. 8 maj. Gottingae 826, Dieterich. Rthlr. — 20

— id. lib. graece. Text. ad fidem cod. vers. et patrum recens. et lect. variet. adj. J. J Griesbach. Vol. I. Edit. III. emend. et auctam cur. D. Schulz. gr. 8. Berlin 827, Laue. 3 12

— novum, graece ad opt. libr. fidem edid. et in us. scholar. brevibus notis instrux. J. E. R. Kaeuffer. Fasc. I. Evangelium Matthaei. Accessit, in plagula lapidi impressa, descriptio Palaestinae. 12maj. Leipz. 827. Teubner. 12 𝔤 Engl. Pap. 18 𝔤

**Novum Testamentum Graece et Latine** exhibens textum Graecum ad exemplar Complutense expressum cum Vulgata interpretatione Latina editionis Clementis VIII. Edidit et loca parallela uberiora selectamque lectionis varietatem subministravit Pet. Aloys. Gratz. Mainz, Kupferberg, 1827, gr. 8°, 2 Bde, 32 u. 36 Bg., 2. Aufl., 4,50 Mk.
1. Aufl. Tübingen, Fues, 1821. Neue Titelausgabe 1851. Die Ausgabe enthält den ganz unveränderten Komplutenſertext, wie er ſeit 1514 nie wieder gedruckt worden war. Vgl. (Tübinger) Theol. Quartalſchr. 1822, S. 505—516.

**Novum Testamentum Graece et Latine** expressum ad binas editiones a Leone X. adprobatas, Complut. scilicet et Erasmi Roterod. Additae sunt aliar. novissim. recens. variantes lectiones Graecae una cum Vulgata Latina, edition. Clementin. ad exemplar ex typograph. apostol. Vatican. Romae 1592 correctis corrig. ex indic. correct. ibidem editis. necnon cum additis lection. ex Vaticanis edit. Latinis de annis 1590, 1592, 1593, 1598 variantibus adpositisque locis parallelis. Studio et cura Leandri van Ess. Tübingen, Fues, 1827, 8°, 48 Bg., 6 Mk.
van Eß lieferte, wie aus dem Titel ſeiner Ausgabe erſichtlich, einen aus Komplutenſer u. Erasmus gemiſchten Text.

— id. lib. graece et latine. Studio et cura L. van Ess. 8maj. Tübing. 827. Fues; (u. Kummer in Leipz.) 2 ß

— graece. Sec. edit. probatiss. expressum cum Ariae Montani interpretatione latina. Cur. C. Chr. de Leutsch. 8. Leipz. 828. Serig 1 ß Velinp. 1 ß 12 ℊ

—— id. — Recogn. atque insignioris lect. variet. et argumentor. notationes subjunxit G. Chr. Knappius. II Ti. Edit. IV. 8. (53½ B.) Halae 829, Orphanotrophei.

Novum Testamentum, graece. Textum ad fidem testium critic. lect. familias subjectit, e graec. cod. Mss. qui in Europae et Asiae bibl. reperiuntur fere omnibus, c. versionib. antiquis etc. cur. J. A. M. Scholz. II Vol. 8. maj. Lipsiae 1830—35, Fr. Fleischer.

**Novum Testamentum Graece.** Textum ad fidem testium criticorum recensuit, lectionum familias subiecit, e Graecis codd. mss., qui in Europae et Asiae bibliothecis reperiuntur fere omnibus, e versionibus antiquis, conciliis, ss. patribus et scriptoribus ecclesiasticis quibuscunque vel primo vel iterum collatis copias criticas addidit atque conditionem horum testium crit. histor. textus Novi Test. in prolegomenis fusius exposuit. praet. Synaxaria codd. K M 262, 274 typis exscribenda curavit J. Mart. Aug. Scholz. Leipzig, Fleiſcher, 1830—1836, gr. 4°, 2 Bde
Bd. I: 4 Evangelien. 1830, 80 Bg., 21 Mk.
Bd. II: Apoſtelgeſch., Briefe, Apokalypſe. 1836, 68 Bg., 16,50 Mk.

— Testamentum cur. J. M. A. Scholz. Lpzg. 1830—37. 2 vol. 4.

—— id. — Ex rec. Car. Lachmanni. Edit. stereotypa. 12maj. (21 B.) Berolini 831, Reimer.

—— id. — editionis receptae cum lectionibus variant. cod. mss., edit. aliar., versionum et patrum nec non commentario pleniore ex scriptoribus veteribus hebraeis, graecis et latinis historiam et vim verbor. illustrante opera et studio Jo. Jac. Wetstenii. Tom. I. Cont. quatuor Evangelia. Edit. II. aucta et emend. cur. Jo. Ant. Lotze. 4maj. (37 B.) Rotterdami 831. (Lipsiae, Weigel; Weidmann.)

— graecum novum editionis receptae, cum lectionibus variant, Codicum Mss., editionum aliarum, versionum et patrum nec non commentario pleniore ex scriptoribus veteribus hebraeis, graecis et latinis historiam et vim verborum illustrante; opera et studio Jh. Jac. Wetstenii. Tm. I. Cont. quatuor Evangelia. Ed. II. auct. et emend. cur. Jh. Anth. Lotze. 4maj. Rotterd. 831. (Leipz., Weigel; auch Weidmann). Velinp. 8 ß

—— id. — perpetua annotat. illustr. Edit. Koppianae. Vol. III. P. 1. et Vol. VII. P. 1. Perpet. annotat. illustr. a Jo. H. Heinrichs. Edit. II. auct. et emend. 8maj. Gottingae, Dieterich. [III. 1. (... B.) 832. 1 Thlr. 8 Gr., VII. 1. (17½ B.) 828. 1 Thlr. 4 Gr.]
Vol. III. P. 2., IV., V. 1., VI., VII. 2., VIII., IX. 1. 2., X. 1. 2. Ebendas. 1809—27. 13 Thlr. 10 Gr. — Vol. I., II., V. 2. 3. neue Aufl. werden noch erwartet.

—— id. — graece et latine. Ex rec. Knappiana adjectis variis Griesbachii et Lachmanni lectionibus edid. Ad. Goeschen. Praefatus est Fr. Luecke. 8maj. (42½ B. u. 1 B. Tab. gr. 4.) Lipsiae 832, Weidmann.

— novum, graece. Ad optimorum librorum fidem recens. Rector Ant. Jaumann. Cum selecta lectionum varietate. 8maj. Münch. 832. J. Lindauer. 1 ß

**Novum Testamentum Graece.** Ad optimorum librorum fidem recensuit Anton Jaumann. Cum selecta lectionum varietate. München, Lindauer, 1836, 8°, 31½ Bg., 2 Aufl., 1,75 Mk.
1. Aufl. 1832. Schließt ſich faſt ausſchließlich an die Tittmanniſche Rekognition des Knappiſchen Textes (Leipzig, Tauchnitz, 1820 u. ö., 16°; 1824 u. ö., 8°) an und hat bloß den griech. Text.

— novum, graece, secundum edit. probatiss. expressum, nova versione latina illustratum, praecipuae lectt. et interpretatt. diversitatis indice instructum. Auctore Henr. Aug. Schott. Edit. IV. novis curis adorn. 8maj. Lipsiae 836. Barth. 2⅜ ß

— novum, graece. Textum ad fidem testium criticorum recensuit, lectionum familias subjecit etc. etc. curavit J. Mart. Aug. Scholz. Vol. II. Actus Apostolorum, Epistolas, Apocalypsin complectens. 4maj. Lipsiae 836. Fr. Fleischer. 5½ ß Schreibp 7 ß Velinp. 8 ß

Testamentum novum graece. Ex rec. C. Lachmanni. Berolini 1837.

—— id. — Secund. edit. probatiss. express., nova versione lat. illustratum, praecipuae lection. et interpretation. diversitatis indice instructum. Auctore Henr. Aug. Schott. Edit. IV. novis curis adornata. 8maj. (55⅓ B.) Lipsiae 839, Barth.

Διαθήκη, ἡ καινή, Novum Testamentum graece, ad II. edit. Knappii expressum. Cum Ariae Montani interpretatione latina. Edit. II. 8. Lipsiae 839. libr. Serig. ¾ ß

—— id. — Recogn. atque insignioris lection. varietatis et argumentor. notationes subiunxit Geo. Chrstn. Knappius. II Ti. Edit. V. 8. (53¼ B.) Halis Sax. 840, libr. Orphanotrophei. *
Ausg. auf Vln.-Schrbp. 4. (106¼ B.) *

Testamentum, novum, graece. Post Ioh. Aug. Henr. Tittmannum, ad fid. optimor. libror. secundis curis recognovit lectionumq. varietatem notavit Aug. Hahn. Edit. stereot. 8maj. (43½ B.) Lipsiae 840, Car. Tauchnitz.

—— id. — Textum ad fid. antiquor. testium rec. brevem apparat. critic. una c. variis lection. Elzeviriorum, Knappii, Scholzii, Lachmanni subjunxit, argumenta et locos parallelos indicavit, commentationem isagogicam notatis propriis lection. ed. Stephanicae tertiae atque Millianae, Matthaeianae, Griesbachianae praemisit Aenoth. Frid. Const. Tischendorf. (47½ B.) Lipsiae 841, [Koehler'sche Vrlsh.] Thlr. *

—— novum, graece. Ex rec. Aug. Hahnii denuo editum. Edit. stereot. 16. (30½ B.) Lipsiae 841, Car. Tauchnitz. 14 Gr., geleimt. Vlnp.

— Graece. Ex recogn. Knappii emendatius edidit argumentorumque notationes locos parallelos annotat. crit. et indices adjecit Car. God. Guil. Theile. Editio stereot. 16. Lipsiae 841, 42, (Ed. IIa.) 16. 843. (Ed. IIIa.) 16. 844, B. Tauchnitz jun. ⅔ ß

—— novum, graece. Ad antiquos testes recensuit lectiones que variantes Elzeviriorum Stephani Griesbachii notavit Constant. Tischendorf. 12maj. (27⅙ B.) Parisiis 842, Didot Fratres. *

—— **novum graece et latine.** In antiquis testibus textum versionis Vulgatae latinae indagavit, lectionesque variantes Stephani et Griesbachii notavit V. S. venerabili Jager in consilium adhibito Constant. Tischendorf. (Editio DDAffre Archiepiscopo Parisiensi dicata.) gr. Lex.-8. (29¼ B.) Parisiis 842, Didot Fratres. *

—— **novum, graece et latine.** Car. Lachmannus recensuit, Phil. Buttmannus Ph. F. graecae lectionis auctoritates apposuit. Tom. I. 8maj. (48½ B.) Berolini 842, Reimer.

—— **novum graece.** Ex recogn. Knappii emendatius edidit argumentorumque notationes locos paralleios annotat. crit. et indices adjecit Car. God. Guil. Theile. Edit. stereot. 16. (39 B.) Lipsiae 844, Bern. Tauchnitz jun.

—— **novum graece,** ad fidem codicis principis Vaticani ed. Ed. de Muralto. (Editio min.) 16. (30¾ B.) Hamburgi 846, Meissner. *

— **novum, Graece et Latine.** Textum Graecum recogn. et vulgatam Latinam Clementis VIII. jussu editam addidit Franc. X. Reithmayr. gr. 8. (VIII u. 756 S.) Monachii 847. (Ratisbonae, Manz.) n. 1⅓ ß

**Novum Testamentum Graece et Latine.** Textum Graecum recognovit et Vulgatam Latinam Clementis VII. iusse editam addidit Franc. Xav. Reithmayr. München, Verlag d. kath. Bücher-vereins, 1847, gr. 8°. 4 Mk.

Auch Kommiss. Verlag von Manz, jetzt Verl.-Anst. zu Regensburg. Folgt vorwiegend Lachmann u. der der Vulgata konformirten Pariser Ausgabe Tischendorfs von 1842, jedoch unter mannigfacher Bekundung einer selbständigen Rekognition.

— **novum, Graece,** ad fid. codicis principis Vatic. ed., integram varietatem aetatis apost., versionis II vel III saec., codd. Alexandrinorum IV vel V, Graeco-Latinor. VI—VIII s. denuo examinatam et XI codd. Orientalium IV—XV s. nec non Slavonicor. XI—XIII s. nunc primum collatam antiquissimum tamquam commentarium cum locis V. T. e codd. Vatic. allatis et c. lexidio grammat. adjecit Ed. de Muralto. (Editio major.) 16. (CXVI u. 718 S. m. 1 lith. Taf.) Hamburg 848, Meissner. n. 2⅔ ß; Schrbp. n. 3⅓ ß

—— id. — **Fasc. II.,** praefationem, varietatem lectionis et antiquissimum novi Testamenti commentarium continens. 16. (CXV und 231 S. mit 1 Stnt.) Hamburg 848, J. A. Meissner. *
(Fasc. I.) Ibid. 1846. * 1 Thlr.

— **novum, Graece.** Ad antiquos testes recens. apparatum crit multis modis auctum et correctum apposuit commentationem isagogicam praemisit Const. Tischendorf. Editio Lipsiensis II. 2 partes. 8. (XCXIV u. 768 S.) Lipsiae 848. 49, Winter. n. 2⅔ ß

**Testamentum, novum, graece et latine.** Car. Lachmannus recensuit Phil. Buttmannus Ph. f. graecae lectionis auctoritates apposuit. Tom. II. 8maj. (XXVII und 701 S.) Berolini 850, G. Reimer.
Tom. I. Ibid. 1842. 4 Thlr.

— **novum, Graece.** [*Η καινὴ Διαθήκη.*] Resensuit Const. Tischendorf. Editio stereot. gr. 8. (XX u. 412 S.) Lipsiae 850, B. Tauchnitz. 27 ngr.

—— **utrumque novum graece, vetus hebraice.** Ediderunt Const. Tischendorf et Guil. Theile. Editio stereot. 8maj. (XXXVIII und 1648 S.) Ibid. 850. *

— **novum, Graece.** [*Η καινὴ Διαθήκη.*] Ex recognitione Knappii emendatius ed. argumentorumque notationes locos parallelos annotationem criticam et indices adjecit Car. Godofr. Guil. Theile. Editio ster. III. emendatior. 16. (XXII u. 615 S.) Lipsiae 850, B. Tauchnitz. — Ed. ster. IV. 16. (XXII u. 615 S.) Ebd. 852. ⅔ ß (Ed. II. s.: *Διαθήκη.*)

**Testamentum,** novum, ad exemplar Millianum, cum emendationibus et lectionibus Griesbachii, praecipuis vocibus ellipticis, thematibus omnium vocum difficiliorum, atque locis scripturae parallelis. Studio et labore Guil. Greenfield. Hanc editionem primam Americanam, summa cura recensuit, atque mendis quam plurimis expurgavit, Jos. P. Engles. 32. (852 S. m. 2 lith. Karten.) Philadelphia 850. (Schafer & Koradi.) In Engl. Einb. n. 1⅔ ß

—— **novum, graece et latine** exhibens textum graecum ad exemplar Complutense expressum cum vulgata interpretatione latina editionis Clementis VIII. Edidit et loca parallela uberiora selectamque lectionis varietatem subministravit Petr. Al. Gratz. Editio nova. II Tomi. 8maj. (1047 S.) Moguntiae 851, Kupferberg. Thlr.

—— **novum, graece.** Ex recognitione Knappii emendatius ed. argumentorumque notationes, locos parallelos, annotationem criticam et indices adjecit Car. Godofr. Guil. Theile. Edit. III. 1850. et Editio ster. IV. 16. (XXII und 615 S.) Lipsiae 852, B. Tauchnitz.
Editio I et II., s. Διαθήκη.

— **novum, Graece et Germanice.** Textum Graecum et vernaculum versionis Lutheri recognovit et argumentis locis parallelis appendicibus nec non librorum et historiae conspectu instruxit Car. Godofr. Guil. Theile. Editio stereot. 8. (XXVI u. 922 S.) Lipsiae 852, B. Tauchnitz. 1¼ ß; geb. 1¾ ß

— **novum, Graece et Latine** exhibens textum Graecum ad exemplar Complutense expressum cum vulgata interpretatione Latina editionis Clementis VIII. Edidit et loca parallela uberiora selectamque lectionis varietatem subministravit Petr. Al. Gratz. Editio nova. II tomi. gr. 8. (1047 S.) Moguntiae (827) 852, Kupferberg. 1½ ß

— — **graece.** Ex recogn. Knappii emendatius edidit argumentorumque notationes locos parallelos annotationem crit. et indices adjecit C. Gfr. Guil. Theile. Edit. stereot. V. 854. — Edit. VI. 856. — Edit. VII. Lipsiae 858. B. Tauchnitz. 16. (XXIII, 615 S.) 20 ngr.

— — **graece et latine.** Textus latinus ex vulgata versione Sixti V. P. M. jussu recognita et Clementis VIII. P. M. auctoritate edita repetitus. Edit. stereot. a S. R. Consistorio catholico per regnum Saxoniae approbata. Lipsiae 854. B. Tauchnitz. 8. (2 Bl., 983 S.) 1 ß. 7½ ngr.

— — **graece.** Recens. inque usum academicum omni modo instruxit Const. Tischendorf. Editio academica ex triglottis. 855. — Editio II. correcta. Lipsiae 857. Mendelssohn. 32. (LXII, 930 S.) n. 20 ngr.

—— id. — **graece.** Ad antiquos testes denuo recensuit, apparatum criticum omni studio perfectum apposuit, commentationem isagogicam praetexuit Const. Tischendorf. Editio VII. Fasc. 1 et 2. 8maj. (S. 1—256.) Lipsiae 855, A. Winter. à Fasc. * 20 Ngr. *

—— **novum, graece.** Ex recognitione Knappii emendatius ed. argumentorumque notationes locos parallelos annotationem criticam et indices adjecit Car. Godofr. Guil. Theile. Editio ster. V. 1854. et Editio VI. 16. (XXII und 615 S.) Lipsiae 856, B. Tauchnitz.

— — **graece** ad fidem potissimum cod. Vaticani B recensuit, varias lectiones cod. B, textus recepti, editionum Griesbachii Lachmanni Tischendorfii integras adjecit Phil. Buttmann. Lipsiae 856. Teubner. 8. (VIII, 543 S.) 18 ngr.; Velinp. 27 ngr.

—— **Novum, graece.** Recensuit inque usum academicum omni modo instruxit Const. Tischendorf. Editio academica ex triglottis stereot. secundum correcta. 16. (LXII und 930 S.) Leipzig 857, Mendelssohn. * 20 Ngr.; geb. * geb. in Leder *

—— Novum, graece. Ad antiquos testes denuo recensuit, apparatum criticum omni studio perfectum apposuit, commentationem isagogicam praetexuit Const. Tischendorf. Edit. VII. Fasc. 8—13. (Schluss.) gr. 8. Leipzig 857—59, A. Winter. [1. Thl. (CCLXXX und S. 257—696.) 2. (681 S.)] *
Fasc. 1 und 2. Ebendas. 1855. * 1 Thlr. 10 Ngr.

—— Novum, graece et latine. Graecum textum addito lectionum variarum delectu recensuit latinum Hieronymi notata Clementina lectione ex auctoritate codicum restituit Constant. Tischendorf. Ex triglottis. qu. 8. (XCIX und 931 Sp.) Leipzig 858, Mendelssohn. *

— — graece et latine. Graecum textum addito lectionum variarum delectu recensuit latinum Hieronymi notata Clementina lectione ex auctoritate codicum restituit Const. Tischendorf. Ex triglottis. Lipsiae 858. Mendelssohn. 4. (2 Bl., LXVIII Sp., 930 S.) n. 1 ℛ. 10 *ngr.*

—— Novum, graece. Ex recognitione Knappii emendatius edidit argumentorumque notationes locos parallelos annotationem criticam et indices adjecit Car. Godofr. Guil. Theile. Editio ster. VII. 16. (XXII und 615 S.) Leipzig 858, B. Tauchnitz. *

—— Novum, graecum. Ad exemplar Rob. Stephani accuratissime editum cura P. Wilson. Edit. ster. gr. 12. (369 S.) Philadelphia 858, (Schäfer und Koradi.) geb. *

—— Novum, cum versione latina Ariae Montani, in quo tum selecti versiculi 1900, quibus omnes novi testamenti voces continentur, asteriscis notantur; tum omnes et singulae voces, semel vel saepius occurentes, peculiari nota distinguuntur. Auctore Joh. Leusden. gr. 12. (755 S.) Philadelphia 858, (Schäfer und Koradi.) geb. *

— — graece. Ad antiquos testes denuo recensuit, apparatum criticum omni studio perfectum apposuit, commentationem isagogicam praetexuit Const. Tischendorf. Editio VII. Lipsiae 859. A. Winter. gr. 8. (1. Abth.: CCLXXX, 696 S.; 2. Abth.: 681 S.) n. 9 ℛ. 10 *ngr.*

— — graece. Ad antiquos testes denuo recensuit cumque apparatu critico et prolegomenis ed. Aenoth. Ferd. Const. Tischendorf. Editio VII. critica minor. Ebend. 859. 8. (CXLII, 895 S.) n. 2 ℛ. 20 *ngr.*

— — ad fidem codicis Vaticani ediderunt A. Kuenen et C. G. Cobet. Leiden 860. Brill. 8. (CXXVIII, 686 S.) n. 3 ℛ

— graece. Ad fidem potissimum codicis Vaticani B recensuit, varias lectiones codicis B, textus recepti, editionum Griesbachii, Lachmanni, Tischendorfii integras adjecit Phil. Buttmann. Editio II. et emendata. Leipzig 860. Teubner. 8. (VIII, 548 S.) 18 *ngr.*; Velinp. 1 ℛ

— — graece, ex antiquissimo cod. Alexandrino a C. G. Woide olim descriptum: ad fidem ipsius cod. denuo accuratius edid. B. H. Cowper. London 860. Williams & Norgate. gr. 8. (XL, 504 S.) n. 4 ℛ

**Testamentum novum**, graece. Recensuit inque usum academicum omni modo instruxit Const. Tischendorf. Editio academica ex triglottis stereot. III. 861. — Edit. stereot. IV. prolegomenis emendatis auctisque cum tab. duplici (lith.) terrae sanctae (in 4.). Leipzig 864. Mendelssohn. 16. (LXXV, 930 S.) n. 20 *ngr.*

Testamentum, Novum, graece. Post Lachmannum et Tischendorfium ad fidem optimorum librorum denuo diligenter recognovit lectionumque varietatem notavit Aug. Hahn. Edit. ster. gr. 8. (XLVII und 688 S.) Leipzig 861, K. Tauchnitz.

—— Novum, graece e codice Vaticano ed. Valent. Loch. 8. (XVI und 404 S.) Regensburg (861)62, Manz. * —

—— Novum. Textum graecum ex codice Vaticano, latinum ex vulgatae editionis exemplaribus romanis correctum ed. Valent. Loch. 8. (XXII und 806 S.) Regensburg (861)62, Manz. *

— — graece. Ad fidem codicis Vaticani recensuit Phil. Buttmann. Berlin 862. v. Decker. Lex.-8. (V, 524 S.) 1 ℛ 15 *ngr.*; Ausg. in 4. Velinp. 4 ℛ 15 *ngr.*

— — graece. Recensuit Constant. Tischendorf. Editio stereot. II. prolegomenis renovatis textuque denuo correcto. Leipzig 862. B. Tauchnitz. gr. 8. (XXVI, 412 S.) 27 *ngr.* Schreibpap. in Lex.-8. geb. 2 ℛ 22½ *ngr.*

— — graece et latine. Textus latinus ex vulgata versione Sixti V. p. m. jussu recognita et Clementis VIII. p. m. auctoritate edita repetitus. Editio II. stereot. recognita. Leipzig 862. B. Tauchnitz. 8. (983 S.) 1 ℛ

— — graece e codice Vaticano edid. Valent. Loch. Regensburg 862. Manz. 8. (XVI, 404 S.) n. 25½ *ngr.*

**Novum Testamentum.** Textum Graecum ex codice Vaticano, Latinum ex Vulgatae editionis exemplaribus Romanis correctum edidit Valent. Loch. Regensburg, Manz, jetzt Verl.-Anst., 1862. 8°, XXII u. 806 S., 3,80 Mk.

— — Sinaiticum sive Novum Testamentum cum epistula Barnabae et fragmentis Pastoris. Ex codice Sinaitico auspiciis Alexandri II. omnium Russiarum imperatoris ex tenebris protracto orbique litterarum tradito accurate descripsit Aenoth. Frid. Constant. Tischendorf. Leipzig 863. Brockhaus. gr. 4. (LXXXII, 296 S. u. 1 lith. Taf. in Fol.) n. 6 ℛ

Testamentum, novum graece. Ad antiquissimos testes denuo recensuit, apparatum criticum omni studio perfectum apposuit commentationem Isagogicam praetexuit Const. Tischendorf. Editio VIII. 1.—5. Lfg. gr. 8. (S. 1—800.) Leipzig 864—68, Giesecke und Devrient. [1. Lfg. * 18 Ngr., 2., 3. und 5. Lfg. à * 1 Thlr., 4. Lfg. * 1 Thlr. 12 Ngr.] *

— — graece et germanice. Graecum textum notatis variis lectionibus recensuit, germanicum Lutheri ad pristinam veritatem revocavit Const. Tischendorf. Ex triglottis. Cum tab. duplici (lith.) terrae sanctae (in 4.). 2 Voll. Leipzig 864. Mendelssohn. 16. (CI, 1860 S.) n. 1 ℛ 10 *ngr.*

— — graece. Ad antiquissimos testes denuo recensuit, apparatum criticum omni studio perfectum apposuit, commentationem isagogicam praetexuit Const. Tischendorf. Editio VIII. Fasc. 1. Leipzig 864. A. Winter. gr. 8. (S. 1—96.) n. 18 *ngr.*

— — Ex Sinaitico codice omnium antiquissimo Vaticana itemque Elzeviriana lectione notata ed. Aenoth. Frid. Const. Tischendorf. Cum tab. (lithogr. in 4.). Leipzig 865. Brockhaus. gr. 8. (LXXXIX, 617 S.) n. 4 ℛ

— — Ad antiquissimos testes denuo recensuit, apparatum criticum omni studio perfectum apposuit commentationem isagogicam praetexuit Const. Tischendorf. Editio VIII. 2.—7. Liefg. Leipzig 865—70. Giesecke & Devrient. gr. 8. (1. Bd. S. 7—800. u. 2. Bd. S. 1—320.) [2., 3. u. 5. Liefg. à n. 1 ℛ, 4. Liefg. n. 1 ℛ 12 *ngr.*, 6. Liefg. n. 1 ℛ 4 *ngr.*, 7. Liefg. n. 2 ℛ] n. 7 ℛ 16 *ngr.*

— — Edidit Car. God. Guil. Theile. Edit ster. VIII. Accedit appendix Tischendorfii de codice Sinaitico. Leipzig 865. B. Tauchnitz. 16. (XXII, 742 S.) 22½ *ngr.*

— — ad fidem potissimum codicis Vaticani B recensuit, varias lectiones codicis B, textus recepti, editionum Griesbachii, Lachmanni, Tischendorfii integras adjecit Phil. Buttmann. Editio III. et emendata Leipzig 865. Teubner. 8. (VIII, 548 S.) 18 *ngr.*

—— novum, graece. Ex recensione Aug. Hahnii denuo editum. Editio ster. C. Tauchnitiana nova impressio. 16. (VI und 481 S.) Leipzig 867, Bredt.

—— novum, Vaticanum. Post Angeli Maji aliorumque imperfectos labores ex ipso codice edidit Aenoth. Frid. Const. Tischendorf. gr. 4. (L und 284 S. mit 1 Stnt.) Leipzig 867, Giesecke und Devrient. *

—— Recensuit inque usum academicum omni modo instruxit Const. Tischendorf. Editio academica ex triglottis ster. V. et VI. prolegomenis emendatis auctisque. Cum tab. duplici (lith.) terrae sanctae (in 4). Leipzig 867,69. Mendelssohn. 16. (LXXVI, 930 S.) n. 20 ngr.; In Leinen geb. n. 1 ₰; in Leder geb. mit Goldschn. n.n. 1 ₰ 5 ngr.

Testamentum, novum, graece. Recensuit inque usum academicum omni modo instruxit Constant. Tischendorf. Editio academica ex triglottis ster. VI. prolegomenis emendatis auctisque. Cum tabula (lithogr.) duplici terrae sanctae (in qu. 4.). 16. (LXXVI, 930 S.) Leipzig 869, Mendelssohn. *

—— novum, graece. Edidit Car. God. Guillel. Theile. Editio ster. IX. Accedit appendix Tischendorfii de codice Sinaitico. 16. (XXII, 743 S.) Leipzig 869, B. Tauchnitz.

—— dass. — Edit. academ. VII, 1873, et VIII., ad ed. VIII. criticam majorem conformata. Cum (chromolithogr.) tab. duplici terrae sanctae (in qu. 8.). gr. 16. (LXXII, 930 S.) Ebendas. 875. *ℳ 2.; geb. in Leinwd. * geb. in Leder mit Goldschn. **

—— dass. — Ad antiquissimos testes denuo recensuit apparatum criticum omni studio perfectum apposuit commentationem isagogicam praetexuit Const. de Tischendorf. Editio VIII critica major. 6.—11. Lfg. gr. 8. Leipzig 870—72, Giesecke und Devrient. [Hinrichs' Verlag.] [6. Lfg. (1. Bd. XX, S. 801—968 Schluss.) *ℳ 3,40.; 7. Lfg. (2. Bd. S. 1—320.) *ℳ 6.; 8.—10. Lfg. (S. 321—800.) à Lfg. *ℳ 3.; 11. Lfg. (S. 801—1044.) *ℳ 4,80.] *
1.—5. Lfg. Ebendas. 1864—68. *ℳ 15.

— idem liber. Ad antiquissimos testes denuo recensuit, appartum criticum omni studio perfectum apposuit, commentationem isagogicam praetexuit Const. Tischendorf. Ed. VIII critica major. 8—11. Lfg. gr. 8. (2. Bd. S. 321—1044.) Leipzig 871—74. Hinrichs' Verl. n. 13. — (2 Bde. cplt.: n. 38. —)

Testamentum, novum, graece. Ad antiquissimos testes denuo rec. Const. Tischendorf. 2 vol. gr. 8. Leipzig 872, Hinrichs'sche Buchh. * 38 —

—— dass. — Ad antiquissimos testes denuo recensuit delectuque critico ac prolegomenis instruxit Const. de Tischendorf. Editio critica minor ex VIII. majore desumpta. 1. Hälfte. 8. (608 S.) Ebendas. 872. [Leipzig, Hinrichs' Verlag.] *
Schreibpap. *

—— novum, graece. Theilii editionem recognovit perpetuaque collatione textus et Tregellesiani et Tischendorfiani ante et post inventum Sinaiticum editi locupletavit Osc. de Gebhardt. Edit. ster. X—XII. gr. 16. (XXVI, 646 S.) Leipzig 872—78, B. Tauchnitz.

—— dass. — Rec. Const. de Tischendorf. Edit. IV—VI, stereotypa, ad textum editionis VIII. majoris conformata et nunc denuo recognita. gr. 8. (XXX, 437 S.) Ebendas. 878,79.

— idem liber. Ad editionem suam VIII. criticam majorem conformavit, lectionibusque Sinaiticis et Vaticanis item Elzevirianis instruxit Const. de Tischendorf. gr. 8. (XXXII, 419 S.) Leipzig 873. Brockhaus. n. 4. —

— idem liber. Recensuit Constant. de Tischendorf. Ed. 3. ster. Ad editionem VIII. criticam majorem conformata. gr. 8. (XXX, 437 S.) Leipzig 873. B. Tauchnitz. 2. 70

—— novum, graece et latine. Textus latinus ex vulgata versione Sixti V. P. M. jussu recognita et Clementis VIII. p. m. auctoritate edita repetitus. Ed. ster. V. 8. (983 S.) Leipzig 874, B. Tauchnitz.

Testamentum, novum, graece ad fidem potissimum codicis Vaticani B recensuit, varias lectiones codicis B, textus recepti, editionum Griesbachii, Lachmanni, Tischendorfii integras adiecit Philippus Buttmann. Edit. III et emendata. 8. (VIII, 548 S.) Leipzig 874, Teubner.

**Testamentum**, novum, graece. Theilii editionem recogn. perpetuaque collatione textus et Tregellesiani et Tischendorfiani ante et post inventum sinaiticum editi locupletavit Osc. de Gebhardt. Ed. ster. XI. 16. (XXVI, 646 S.) Leipzig 875. B. Tauchnitz. 2. 25

— idem liber. Rec. inque usum academicum omni modo instruxit Const. de Tischendorf Ed. academica IX., ad ed. VIII. criticam maiorem conformata. Cum (lith. u. color.) tab. duplici terrae sanctae. (in qu. 8.) 16. (LXXII, 930 S.) Leipzig 876. Hinrich's Verl. n. 2. —; geb. in Leinw. n. 3. —; in Ldr. m. Goldschn. n.n. 3. 50

— novum, extra canonem receptum. Ed. commentarium criticum et adnotationes addidit, librorum deperditorum fragmenta collegit et disposuit Adolphus Hilgenfeld. Ed. II. gr. 8. (XLIX; 135; XIV, 81; XXIII, 176 u. 123 S.) Leipzig 876. T. O. Weigel. n. 18. 20

—— dass. — Ad antiquissimos testes denuo recensuit delectuque critico ac prolegomenis instruxit Const. de Tischendorf. Edit. critica minor ex VIII. majore desumpta. 2. Hälfte. 8. (IV, S. 609—1056.) Leipzig 877, Hinrichs'sche Buchh. * compl. *
1. Hälfte. Ebendas. 1872. *ℳ 5,50.

—— dass. — Recensuit inque usum academicum omni modo instruxit Const. de Tischendorf. Edit. academica IX et X, ad edit. VIII criticam maiorem conformata. Cum (lithogr. und color.) tab. duplici terrae sanctae (in qu. 8.). 16. (LXXII, 930 S.) Leipzig 878, Mendelssohn. *
geb. in Leinw. *
geb. in Leder mit Goldschn. **

— novum, graece. Theilii editionem recognovit perpetuaque collatione textus et Tregellesiani et Tischendorfiani ante et post inventum Sinaiticum editi locupletavit Osc. de Gebhardt. Ed. ster. XII. gr. 16. (XXVI, 646 S.) Leipzig 878. B. Tauchnitz. 2. 25

— dasselbe. Ex rec. Aug. Hahnii denuo editum. Ed. ster. C. Tauchnitiana. Nova impressio. 16. (VI, 481 S.) Leipzig 879. Bredt. 1. 75

Testamentum, novum, graece. Recensuit inque usum academicum omni modo instruxit Const. de Tischendorf. Edit. academica stereot. XI—XIV. Ad edit. VIII. criticam majorem conformata. Cum tabula duplici terrae sanctae. 16. (LXXII, 930 S.) Leipzig 880—84, Mendelssohn. *
geb. in Leinw. *
geb. in Ldr. mit Goldschn. **

**Testamentum**, novum, graece et latine. Textus latinus ex Vulgata versione Sixti V. p. m. jussu recognita et Clementis VIII. p. m. auctoritate edita repetitus. Ed. ster. VI. 12. (983 S.) Leipzig 880. B. Tauchnitz. 3. —

—— dass. — Rec. Const. de Tischendorf. Edit. ster. VII—IX. majorem compluribus locis emendatam conformata. gr. 8. (XXX, 437 S.) Leipzig 880—84, B. Tauchnitz.

—— dass. — Recensionis Tischendorfianae ultimae textum cum Tregellesiano et Westcottio-Hortiano contulit et brevi adnotatione critica additisque locis parallelis illustravit Osc. de Gebhardt. Edit. ster. I et II. gr. 8. (XII, 492 S.) Leipzig 881,84, B. Tauchnitz. ℳ 3.; geb. *

— dasselbe, recensionis Tischendorfianae ultimae textum cum Tregellesiano et Westcottio-Hortiano contulit et brevi adnotatione critica additisque locis parallelis illustravit Osc. de Gebhardt. Ed. ster. gr. 8. (XII. 492 S.) Ebend. 881. 3. —

— novum, graece et germanice. Das Neue Testament griechisch nach Tischendorfs letzter Recension u. deutsch nach dem revidirten Luthertext mit Angabe abweichender Lesarbeiten beider Texte u. ausgewählten Parallelstellen, hrsg. von Osk. v. Gebhardt. Ster.-Ausg. gr. 8. (XVIII, 914 S.) Leipzig 881. B. Tauchnitz. 6. —; geb. in Leinw. 6. —; in Ldr. m. Goldschn. 9. —

— dasselbe. Rec. Const. de Tischendorf. Ed. stereotypa VIII ad ed. VIII. majorem compluribus locis emendatam conformata. gr. 8. (XXX, 437 S.) Leipzig 882. B. Tauchnitz. 2. 70

—— dass. — Theilii editionem recognovit perpetuaque collatione textus et Tregellesiani et Tischendorfiani ante et post inventum Sinaiticum editi locupletavit Osc. de Gebhardt. Edit. ster. XIII. 16. (XXVI, 646 S.) Ebendas. 883.

— dasselbe. Rec. inque usum academicum omni modo instruxit Const. de Tischendorf. Editio academica XIII, ad ed. VIII. criticam majorem conformata. Cum tabula duplici (lith.) terrae sanctae. 16. (LXXII, 930 S.) Leipzig 883. Mendelssohn. n. 2. —; geb. in Leinw. n. 3. —; in Ldr. m. Goldschn. n. 3. 50

—— dass. — Ad antiquissimos testes denuo rec., apparatum criticum apposuit Constantinus Tischendorf. Edit. VIII. critica major. Vol. III. pars 1: Prolegomena, scripsit Casparus Renatus Gregory, additis curis † Ezrae Abbot. gr. 8. (VI, 440 S.) Leipzig 884, Hinrichs'sche Buchh. *
Vol. I et II. Leipzig 1872. [Giesecke und Devrient.] Hinrichs'sche Buchh. *M 38.

— dasselbe, graece et latine. Textus latinus ex vulgata versione Sixti V. P. M. jussu recognita et Clementis VIII. P. M. auctoritate edita repetitus. Ed. ster. VII. 8. (983 S.) Leipzig 884. B. Tauchnitz. 3. —

—— novum, graece et latine. Graecum textum addito lectionum variarum delectu rec., latinum Hieronymi notata Clementina lectione ex auctoritate codicum restituit Constant. de Tischendorf. Edit. II. cum tabula duplici terrae sanctae. 2. voll. (LXXII, XXXVII, 1860 S.) Leipzig 885, Mendelssohn. *
geb. in Leinw. *M 6.—; geb. in Leder mit Goldschn. **

— dasselbe. Rec. inque usum academicum omni modo instruxit Const. de Tischendorf. Ed. academica XV. ad ed. VIII. criticam maiorem conformata. Cum tabula duplici terrae sanctae. 16. (LXXII, 930 S) Leipzig 886. Mendelssohn. n. 2. —; geb. in Leinw. n. 3. —; in Ldr. m. Goldschn. n. 3. 50

**Testamentum**, novum, graece. Rec. Const. de Tischendorf. Ed. ster. X. ad ed. VIII. majorem compluribus locis emendatam conformata. gr. 8. (XXX. 437 S.) Leipzig 886. B. Tauchnitz. 2. 70

— dasselbe. Theilii editionem recognovit perpetuaque collatione textus et Tregellesiani et Tischendorfiani ante et post inventum sinaiticum editi locupletavit Osc. de Gebhardt. Ed. ster. XIV. 16. (XXVI, 646 S.) Ebend. 885. 2. 25

—— dass. — Recensionis Tischendorfianae ultimae textum cum Tregellesiano et Westcottio-Hortiano contulit et brevi adnotatione critica additisque locis parallelis illustravit Osc. de Gebhardt. Edit. ster. III et IV. gr. 8. (XII, 492 S.) Leipzig 886,88, B. Tauchnitz. M 3.—; geb. *

— novum, graece. Rec. inque usum academicum omni modo instruxit Const. de Tischendorf. Ed. academica XVI. ad ed. VIII. criticam maiorem conformata. Cum tabula duplici terrae sanctae. 16. (LXXII, 930 S.) Leipzig 887. Mendelssohn. n. 2. —; geb. in Leinw. n. 3. —; in Ldr. m. Goldschn. n. 3. 50

—— dass. — Textus latinus ex vulgata versione Sixti V. P. M. jussu recognita et Clementis VIII. P. M. auctori edita repetitus. Ed. ster. VIII. 12. (983 S.) Leipzig 887, B. Tauchnitz.

—— dass. — ex ultima Tischendorfii recensione ed Osc. de Gebhardt. Ed. ster. minor. gr. 16. (VIII, 624 S.) Ebendas. 887. *M 2.—; geb.

**Testamentum**, novum, graece. Recensionis Tischendorfianae ultimae textum cum Tregellesiano et Westcottio-Hortiano contulit et brevi adnotatione critica additisque locis parallelis illustravit O. de Gebhardt. Ed. ster. IV. gr. 8. (XII, 492 S.) Leipzig 888. B. Tauchnitz. 3.—; geb. n. 4.—

—— dass. — Recensuit Constantinus de Tischendorf. Ed. ster. XI. et XII., ad ed. VIII. majorem compluribus locis emendatam conformata. gr. 8. (XXX, 437 S.) Ebd. 889,91. 2 70

—— dass. — Für den Schulgebrauch erklärt v. Fr. Zelle. 1., 4. u. 5. Tl. gr. 8. Lpz., Teubner. 5 10
1. Das Evangelium d. Matthäus m. Ergänzungsstellen aus Lukas u. Johannes. (VIII, 146 S. m. 1 Karte.) 889. 1 80.
4. Das Evangelium d. Johannes v. B. Wohlfahrt. (VI, 107 S.) 891. 1 50.
5. Die Apostelgeschichte v. B. Wohlfahrt. Mit e. Karte. (VIII, 139 S.) 892. 1 80.
2. u. 3. Tl. sind noch nicht erschienen.

—— dass. — ad antiquissimos testes denno rec., apparatum criticum apposuit Constantinus Tischendorf. Ed. VIII. critica major. Vol. III. Prolegomena, scripsit Casparus Renatus Gregory, additis curis † Ezrae Abbot. Pars II. (IV, S. 441—800.) gr. 8. Lpz. 890, Hinrichs' Verlag. * 8 50
Vol. I. II. III. 1. Ebd. 1872—84. * 48 —.

—— novum, graece et germanice. Das Neue Testament, griechisch nach Tischendorfs letzter Recension u. deutsch nach dem revidirten Luthertext, m. Angabe abweich. Lesarten beider Texte u. ausgewählten Parallelstellen hrsg. von Osk. v. Gebhardt. 3. Ster.-Ausg. gr. 8. (XVIII, 914 S.) Lpz. 890, B. Tauchnitz. 5 —; geb. 6 —

**Testamentum**, novum, graece et latine. Textus latinus ex vulgata versione Sixti V. p. m. jussu recognita et Clementis VIII. p. m. auctoritate edita repetitus. Ed. stereotypa IX. 12. (983 S.) Leipzig 890. B. Tauchnitz. 3. —

—— dass. — Theilii editionem recognovit perpetuaque collatione textus et Tregellesiani et Tischendorfiani ante et post inventum sinaiticum editi locupletavit Osc. de Gebhardt. Ed. ster. XV. 16. (XXVI, 646 S.) Ebd. 890. 2 25

—— dass. — Recensionis Tischendorfianae ultimae textum cum Tregellesiano et Westcottio-Hortiano contulit et brevi adnotatione critica additisque locis parallelis illustravit Osc. de Gebhardt. Ed. ster. V. gr. 8. (XII, 492 S.) Lpz. 891, B. Tauchnitz. * 3 —
geb. * 4 —

—— dass. — Ex ultima Tischendorfii recensione ed. Osc. de Gebhardt. Ed. ster. minor secundis curis emendata. gr. 16. (VIII, 624 S.) Ebd. 891. * 2 —; geb. * 2 50

— novum, graece. Für den Schulgebrauch hrsg. v. Fr. Zelle. IV. V. gr. 8. Leipzig, B. G. Teubner. 3. 30 (I, IV u. V.: 5. 10)
IV. Das Evangelium d. Johannes v. B. Wohlfahrt. (VI, 107 S.) 891. 1. 50
V. Die Apostelgeschichte v. B. Wohlfahrt. Mit e. Karte. (VIII, 139 S.) 892. n. 1. 80

Testamentum, novum, graece. Rec. inque usum academicum omni modo instruxit Constant. de Tischendorf. Ed. academica XVII. et XVIII. ad ed. VIII. criticam maiorem conformata. Cum tabula duplici terrae sanctae. 16. (LXXII, 930 S.) Lpz. 892, Mendelssohn. * 2 —; geb. in Leinw. * 3 —; in Ldr. m. Goldschn. * 3 50

**Novum Testamentum Graece et Latine.** Textum Graecum recensuit, Latinum ex Vulgata versione Clementina adiunxit, breves capitulorum inscriptiones et locos parallelos addidit Fridericus Brandscheid. Freiburg, Herder, 1893, 4°, VI u. 487 S., 5 Mk.

— novum, graece et latine. Textus latinus ex vulgata versione Sixti V. P. M. jussu recognita et Clementis VIII P. M. auctoritate edita repetitus. Ed. ster. X 12. (988 S.) Leipzig 898. B. Tauchnitz. 3. —

— novum, graece. Rec. Const. de Tischendorf. Ed. ster. XIII. ad ed. VIII. maiorem compluribus locis emendatum conformata. gr. 8. (XXX, 487 S.) Ebd. 898. 2. 70

— dasselbe. Ed. ster. VI. gr. 8. (XII, 492 S.) Ebd. 894. 3. — ; geb. in Leinw. n. 4. —

— novum, graece, ad antiquissimos testes denuo recensuit, apparatum criticum apposuit Const. Tischendorf. Ed. VIII. critica maior. Vol. III. Prolegomena scripsit Casp. Renatus Gregory additis curis Ezrae Abbot. Pars ultima. gr. 8. (XII u. S. 801—1428.) Leipzig 894. J. C. Hinrichs' Verl. n. 13. 50; auf Schreibpap. m. breiten Rändern n. 17. 50 (Vol. III. kplt.: n. 32. —; auf Schreibpap. n. 42. —; 3 voll. kplt.: n. 70. —; auf Schreibpap. n. 90. —)

Novum testamentum, graecae et latinae von M. Hetzenauer. I. Band. Evangelium. 8. (LXIV, 338 S.) 1.60
Innsbruck: Wagner 1896.

Novum Testamentum Graece. Recensionis Tischendorfianae ultimae textum cum Tregellesiano et Westcottio-Hortiano contulit et brevi adnot. crit. additisque locis parallelis ill. Oscar de Gebhardt. Ed. ster. 7. Lipsiae: B. Tauchnitz 1896. (XII, 492 S.) 8°

— novi graeci, supplementum. Editionibus de-Gebhardt-Tischendorfianis accommodavit Eberh. Nestle. Insunt: Codicis Cantabrigiensis collatio; Evangeliorum deperditorum fragmenta; Dicta Salvatoris agrapha; Alia. gr. 8. (96 S.) Leipzig 896. B. Tauchnitz. — 75

— novum, graece et germanice. Das neue Testament griech. nach Tischendorf's letzter Recension u. deutsch nach d. rev. Luthertext m. Angabe abweich. Lesarten beider Texte u. ausgew. Parallelstellen, hrsg. von Osk. v. Gebhardt. 4. Ster.-Ausg. gr. 8. (XVIII, 457 S.) Leipzig 896. B. Tauchnitz. 6. —; geb. in Leinw. 6. —

— dasselbe. Ad fidem testium vetustissimorum recognovit, nec non variantes lectiones ex editionibus Elzeviriana et Tischendorfiana subjunxit Fr. Schjøtt. gr. 8. (XI, 562 S.) Kopenhagen 897. G. E. C. Gad. n. 9. —

**Testamentum,** novum, graece. Praesertim in usum studiosorum recognovit et brevibus annotationibus instruxit J. M. S. Baljon. Vol. I., continens evangelia Matthaei, Marci, Lucae et Joannis. gr. 8. (XXIII, 320 S.) Groningen 898. J. B. Wolters. n. 5. —

**Testamentum,** novum, graece. Praesertim in usum studiosorum recognovit et brevibus annotationibus instruxit J. M. S. Baljon. Vol. II. gr. 8. (S. 321—731.) Groningen 898. J. B. Wolters. n. 6. 50; (kplt. n. 11. 50; geb. in Leinw. n. 13. —)

**Testamentum** novum vulgatae editionis. Graecum textum diligentissime recognovit, latinum accuratissime descripsit, utrumque annotationibus criticis illustravit ac demonstravit P. T. Michael Hetzenauer O. C. Tomus alter. Apostolicum. 8. (XII, 403 S.) 1.80
Innsbruck: Wagner 1898.

**Testamentum,** novum, graece. Recensuit Const. de Tischendorf. Ed. ster. XV. ad ed. VIII. majorem compluribus locis emendatam conformata. gr. 8. (XXX, 437 S.) Leipzig 898 B. Tauchnitz. 2. 70

— dasselbe, ex ultima Tischendorfii recensione ed. Osc. de Gebhardt. Ed. ster. minor quartum emissa. gr. 16. (VIII, 624 S.) Ebd. 898. n. 2. —; geb. in Leinw. 2. 50

— novum, graece et latine. Textus latinus ex vulgata versione Sixti V. p. m. jussu recognita et Clementis VIII. p. m. auctoritate edita repetitus. Ed. ster. XII. 12. (983 S.) Leipzig 898. B. Tauchnitz. 3. —

— dasselbe, cum apparatu critico ex editionibus et libris manu scriptis collecto. (Ed. E. Nestle.) 12. (III, 660 S. m. 5 farb. Karten.) Stuttgart 898. Württ. Bibelanstalt. n.n. — 70; geb. in Lederleinw. n.n. 1. —; in Chagrinldr. n.n. 1. 80; m. Goldschn. n.n. 2. 50

**Testamentum, Novum,** Graece et Germanice . . . Stuttg. 1898. H: *Nestle, Eberhard.* (Ky)

— dasselbe. D. Neue Testament griechisch u. deutsch. D. griech. Text mit abweich. Lesarten aus Handschriften u. Ausgaben, d. deutsche nach der durchgeseh. Ausgabe von Luthers Uebersetzg., verglichen mit Luthers letzter Ausgabe v. 1545. (Hrsg. v. E. Nestle.) 12. (IV, 656 u. 663 S. m. 5 farb. Karten.) Stuttgart 898. Württ. Bibelanstalt. n.n. 1. 20; geb. in Lederleinw. n.n. 1. 60; in Chagrinldr. n.n. 2. 50; m. Goldschn. n.n. 3. 20

— dasselbe. Recensuit inque usum academicum omni modo instruxit Constant. de Tischendorf. Ed. academica XX. Ad. ed. VIII. criticam maiorem conformata. Cum tabula duplici terrae sanctae. 16. (LXXII, 930 S.) Leipzig 899. H. Mendelssohn. n. 2. —; geb. in Leinw. n. 3. —; in Ldr. m. Goldschn. n.n. 3 50

**Testamentum, novum, graece et latine.** Textus latinus ex vulgata versione Sixti V. p. m. jussu recognita et Clementis VIII. p. m. auctoritate edita repetitus. Ed. ster. XIII. 12. (983 S.) Leipzig 900. B. Tauchnitz. 3. —

— dasselbe. Theilii editionem recognovit perpetuaque collatione textus et Tregellesiani et Tischendorfiani ante et post inventum sinaiticum editi locupletavit Osc. de Gebhardt. Ed. ster. XVI. gr. 16. (XXVI, 646 S.) Leipzig 900. B. Tauchnitz. 2. 25

— dasselbe. Recensionis Tischendorfianae ultimae textum cum Tregellesiano et Westcottio-Hortiano contulit et brevi adnotatione critica additisque locis parallelis illustravit Osc. de Gebhardt. Ed. ster. VIII. gr. 8. (XII, 492 S.) Ebd. 901. 3. —; geb. in Leinw. n. 4. —

— dasselbe. Textum graecum recensuit, latinum ex Vulgata versione Clementina adiunxit, breves capitulorum inscriptiones et locos parallelos uberiores addidit Frider. Brandscheid. Ed. critica altera, emendatior. Pars I et II. 12. Freiburg i/B. 901. Herder. n. 5. —; geb. in Leinw. n. 7. —; in 1 Bd. geb. in Halbfrz. n. 6. 60; griech. Text einzeln. (XII, 779 S.) n. 3. 50; geb. in Leinw. n. 4. 40; latein. Text einzeln. (XXIV, 700 S.) n. 3. 20; geb. in Leinw. n. 4. —
I. Evangelia. (XXIV, 652 S.) n. 2. 40; geb. n. 3. 40
II. Apostolicum. (VI, 803 S.) n. 2. 60; geb. n. 3. 60

— dasselbe. Cum apparatu critico ex editionibus et libris manu scriptis collecto, curavit Eberh. Nestle. Ed. III recognita. 12. (XI, 657 S. m. 5 farb. Karten.) Stuttgart 901. Württ. Bibelanstalt. n.n. — 80; geb. in Lederleinw. n.n. 1. 20; in Chagrinldr. n.n. 2. 40; m. Goldschn. n n. 3. —

— dasselbe. Ed. III recognita. (Ausg. auf Schreibpap. m. breitem Rand.) gr. 8. (XI, 664 S. m. 8 farb. Karten.) Ebd. 901. Geb. in Halbfrz. n.n. 3. 50

— novum, graece et germanice. Das Neue Testament griechisch u. deutsch. Hrsg. v. Eberh. Nestle. Der griech. Text m. abweich. Lesarten aus Handschriften u. Ausgaben, der deutsche nach der durchgesehenen Ausgabe v. Luthers Übersetzg., verglichen m. Luthers letzter Ausgabe v. 1545. 2., neu bearb. Aufl. 12. (XV S., 657 Doppelſ. u. VII S. m. 5 farb. Karten.) Stuttgart 901. Württ. Bibelanstalt. n.n. 1. 40; geb. in Leinw. n.n. 2. —; in Chagrinldr. n n. 3. 20; m. Goldschn. n.n. 4. 20; in 2 Leinw.-Bdn. n.n. 2. 50

Testamentum, novum, graece et latine. Textus latinus ex vulgata versione Sixti V. p. m. jussu recognita et Clementis VIII. p. m. auctoritate edita repetitus. Ed. ster. XIV. (983 S.) 12. Leipzig 903. B. Tauchnitz. 3. —

Testamentum, Novum, graece. Diligentissime recognovit Mich. Hetzenauer, O. C. (Studium biblicum Novi testamenti catholicum. Libri critici.) Ed. altera emendatior. (XVI, 368 S.) 8. Innsbruck 904. Wagner. n. 3. 50

Novum testamentum graece cum apparatu critico ex editionibus et libris manu scriptis collecto curavit Eberhard Nestle. 5. Ed. recogn. Stuttgart: Privil. Württ. Bibelanst. 1904. (XI, 660 S.) 8° [08. 12379 3

— dasselbe. Textum graecum recensuit, latinum ex Vulgata versione Clementina adiunxit, breves capitulorum inscriptiones et locos parallelos uberiores addidit Frider. Brandscheid. III. ed. critica recognita. Pars I: Evangelia. (XXIV, 652 S.) kl. 8. Freiburg i/B. 906. Herder. n. 2. 40; geb. in Leinw. n. 3. 40

— dasselbe. Utrumque textum cum apparatu critico ex editionibus et libris manu scriptis collecto imprimendum curavit Eberh. Nestle. (XXX S., 657 Doppels. u. S. 658—665 m. 5 farb. Karten.) kl. 8. Stuttgart 906. Priv. württ. Bibelanstalt. Geb. in Leinw. n.n. 3. —; auf dünnem Pap., in Ldr. n.n. 4. 50

Testamentum, novum, graece et latine. Textum graecum recensuit, latinum ex Vulgata versione Clementina adiunxit, breves capitulorum inscriptiones et locos parallelos uberiores addidit Frider. Brandscheid. 3. ed. critica recognita. Pars altera: Apostolicum. (VIII, 803 S.) kl. 8. Freiburg i/B. 907. Herder. 2.60; geb. in Ldr. 3. 60

— dasselbe. Textus latinus ex vulgata versione Sixti V. p. m. jussu recognita et Clementis VIII. p. m. auctoritate edita repetitus. Ed. ster. XV. (983 S.) kl. 8. Leipzig 907. B. Tauchnitz. 3.—; geb. in Leinw. 4. —

Novum Testamentum Graece ad fidem potissimum codicis Vaticani B rec. ... Philippus Buttmann. 5. ed.ster. Lipsiae: Teubner 1910. VII, 548 S. 8°
(Bibliotheca scriptorum Graec. et Rom. Teubneriana.)

Novum Testamentum Graece et Latine. Utrumque textum cum apparatu crit. ex editionibus et libris ms. collecto imprimendum cur. Eberhard Nestle. Ed. 3. recogn. Stuttgart: Priv. Württemb. Bibelanst. 1910. XXXIII S., 657 Doppel-S., S. 658–665. 8°

Testamentum Novum [deutsch]

Das Evangelium Christi [Testamentum Novum, deutsch]. Mit einigen erl. Anm. von Prof. Dr. Carl Hilty. (Bestimmungsgemäß nach Prof. Hiltys Tode hrsg. von A. R.) Leipzig: Hinrichs; Frauenfeld: Huber 1910. XV, 316 S. 8° [10. 13976

Testamentum Novum [kopt.]

Testamentum, novum, Copticum. Ex Mss. Bodleianis descripsit, cum Vaticanis et Parisiensibus contulit, et in latinum sermonem convertit Dav. Wilkins. 4. Oxonii. 715. (Lips., Fr. Fleischer.) 8 12

— novum, coptice edidit M. G. Schwartze. Pars I. Quatuor Evangelia complectens. Et. s. tit.: Quatuor Evangelia in dialecto linguae copticae memphitica perscripta ad codd. Mss. copticorum in Regia bibliotheca Berolinensi adservatorum nec non libri a Wilkinsio emissi fidem edidit, emendavit, adnotationibus criticis et grammaticis variantibus lectionibus expositis atque textu coptico cum graeco comparato instruxit. Partis I. Vol. 1. Evangelia Matthaei et Marci continens. 4 maj. Leipzig 846, Barth. 3 ℛ

— novum, Coptice. Edid. M. G. Schwartze. Pars I. Quatuor evangelia in dialecto linguae Copticae Memphitica perscripta ad codd. ms. Copticorum in regia biblioth. Berolinensi adservator. nec non libri a Wilkinsio emissi fidem edid., emendav., adnotationibus criticis et grammaticis, variantibus lectionibus expositis atque textu Coptico cum Graeco comparato instrux. etc. Partis I. vol. II. Evangelia Lucae et Joannis continens. gr. 4. (VIII u. 274 S.) Lipsiae 847, Barth. n. 3 ℛ 9 ngℛ; (I, 1. 2.: n. 6 ℛ 9 ngℛ)

Testamentum Novum [lat.]

Clericus, Joh.
— N. T. ex vers. Vulgata, cum paraparasi Hammondi. Frankf. 1714. 2 vol. fol.

— novum latinum Castellionis c. Gesner. 8. Gotha 752. ... 8 gℛ

— — Domini nostri Iesu Christi ex versione Aethiopici interpretis in biblis polyglottis Anglicanis editum ex Aethiopica lingua in Latinam transtulit Christophorus Augustus Bodius. Tomus I. II. Brunsvigae 1753.

— — latinum Castellionis c. Gesner. 8. Gotha. 754. — 8
in 12. 747. — 10

— — latinum ex Seb. Castellionis interpret. 8. Lipsiae, Breitkopf et H. 760. — 8

**Testamentum.** Testamenti novi Pars I. seu historica, complectens historiam Dominicam ... Würzburg 1765. H: *Kilber, Heinrich.* (Ky)

— *Testamenti* novi, Pars I. seu historica, complectens historiam Dominicam ex concordia evangeliorum concinnatam et apostolicam ex actibus apostolorum descriptam (H. Kilber). 8 maj. Würzb. 765. Stahel. 8 gℛ

— novum latinum cur. S. Castellio. 8. Halle ... Ed. Nova 776. Waisenhaus-B. 8 gr

— — latine reddidit, duce Castellione, et varior. notis illustr. L. Sahl. II Vol. 8. maj. Francof. Varrentrapp et W. 780. 2 16
Schreibp. 5 12

**Testamentum, Novum,** ad exemplar Vaticanum accurrate revisum. Monachi 1788. H: *Sailer, Johann Michael.* (Gl) (Th) (schmal)

— novum Jesu Christi ad Exempl. Vatican. accurate revisum ed. et praef. est J. M. Sailer. II Pts. 12. Münch. 788. Strobl. (Fleischmann). 1 rthl 8 gr

— novum; libri omnes vetere latinitate, ab H. G. Reichard. II Ptes. 8maj. Leipz. 799. (W. Vogel). 2 rthl

— — Iesu Christi ad Exemplar Vaticanum accurate revisum. II Tomi. 12. Ratisb. (Heigl, Straubing.) 805. — 18

— novum Jesu Christi ad Exempl. Vatican. accurate revisum (Emmer. Salomon). II Tom. 12. Regensb. 805. (Krüll in Landsh.) 12 gr

**Novum Jesu Christi Testamentum** ad exemplar Vaticanum accurate revisum. Edid. Emmer. Salomon. Regensburg, Rotermundt, 1805, 4°.
Neue Aufl. beider Testam. (vgl. oben) 1826, 2 Bde.

Testamentum novum vulgatae editionis juxta exemplar ex typ. Apost. Vatic. Rom. 1592. correctis corrigendis — edid. L. van Ess. Tubing, 821. 8. 14 gr.

**Testamentum Novum Vulgatae editionis** iuxta exemplar ex typographia Vaticana, Romae 1592, correctis corrigendis ex indicibus correctoriis Romae editis in usum Bibliorum Vaticanorum Latinorum annis 1590, 1592, 1593 et 1598, necnon substratis lectionibus ex Vatican. illis Bibliis Latinis de anno 1590, 1592, 1593 et 1598 inter sese variantibus additisque locis parallelis ed. Dr. Leand. van Ess. Tübingen, Fues, 1822, gr. 8°.

— novum, vulgata edit. juxta exemplar Vaticanum. 12maj. Sulzb. 829. v. Seidel. 16 gr

— nova versione latina donatum ad optimas recensiones expressum selectis variis lectionibus perpetuoque singul. libror. argumento instructum (addita III. Pauli ad Corinthios epistola) edid. Frider. Aug. Ad. Naebe. 8. (61½ B.) Lipsiae 831, Koehler. 1 Thlr., Vlnp.

**Testamentum Novum Vulgatae editionis.** Indicem pericoparum Dominicarum et festorum necnon concordantiam parvam adiecit J. A. Rotermundt. Regensburg (Passau, Ambrosi; Landshut, Manz in Komm.), 1834, gr. 12°, 19½ Bg.

— novum, Vulgatae editionis. Indicem Pericoparum Dom. et Fest. nec non Concordantiam parvam etc. adjecit J. A. Rotermundt. 12maj. Ratisbonae 834. (Passau, Ambrosi; Regensburg, Manz.) ½ rthl

— novum, Vulgatae editionis juxta text. Clementis VIII. Romanum ex Typogr. Apost. Vatic. A. 1592 accurate expressum. Cum variantibus in margine lectionibus antiquiss. et praestantiss. cod. olim Monasterii Montis Amiatae in Etruria, nunc Biblioth. Florent. Laurent. Mediceae saec. VI. p. Chr. scripti. Praemissa est comment. de cod. Amiatino et versione lat. Vulgata. Edente Ferd. Florente Fleck. 12maj. (20 B. u. 1 Stnt.) Lipsiae 840, Car. Tauchnitz.

— novum, (latine,) Domini nostri Jesu Christi. Interprete Thdr. Beza. 8. (III und 291 S.) Philadelphia 848, (Schäfer et Koradi.) *

— id. — latine, interprete Hieronymo, ed. C. Tischendorf, s. a. Codex Amiatinus.

— novum, Latine interprete Hieronymo. Ex celeberrimo cod. Amiatino omnium et antiquissimo et praestantissimo nunc primum ed. Const. Tischendorf. Cum pia memoria Gregorii XVI. Accedit tabula lapidi incisa. hoch 4. (XLVI u. 421 S.) Lipsiae 850, Avenarius & Mendelssohn. n. 6 rthl; Pracht-Ausg. n. 8 rthl

— id. — ad exemplar Millianum, cum emendationibus et lectionibus Griesbachii, praecipuis vocibus ellipticis, thematibus omnium vocum difficiliorum, atque locis scripturae parallelis. Studio et labore Guil. Greenfield. Hanc editionem primam americanam summa cura recensuit, atque mendis quam plurimis expurgavit Jos. P. Engles. 32. (852 S. mit 2 lithogr. Karten.) Philadelphia 850, (Schäfer et Koradi.) *

**Testamentum, novum** Jesu Christi, vulgatae editionis juxta exemplar Vaticanum. Editio diligenter curata. Taurini 851. (Brixen, Weger.) 32. (659 S.) n. 19 ngr

**Testamentum Novum** Dñi n. Jesu Chr. Vulgatae editionis iuxta exemplar Vaticanum a 1592, cui index accessit epistolarum et evangeliorum, quae Dominicis et aliis festis diebus leguntur. Sequitur tabula geographica. Regensburg, Montag und Weiß, 1856, 32°, IV u. 567 S., 1,20 Mk.

— Novum, latine ex vulgatae editionis exemplaribus et correctoriis romanis ed. Valent. Loch. 8. (VIII und 404 S.) Regensburg (861)62, Manz. *

— novum, vulgatae editionis Sixti V. et Clementis VIII. pontt. maxx. jussu recognitum atque editum. 8. (VIII und 619 S.) Romae 861. (Leipzig, Brockhaus' Sortiment und Antiquarium.) *

— — vulgatae editionis Sixti V. et Clementis VIII. pont. maxx. jussu recognitum atque editum. Rom 861. (Leipzig, Gerhard.) 8. (VIII, 619 S.) n. 1 rthl 23½ ngr

— novum, juxta Vulgatae editionis exemplaria et correctoria romana auctoritate summi pontificis Pii IX. Edidit Valent. Loch. Editio II. gr. 16. (VIII und 458 S.) Regensburg 863, Manz. *

— — latine. Textum Hieronymi notata Clementina lectione ex auctoritate antiquissimorum codicum restituit Const. Tischendorf. Ex triglottis. Cum tab. duplici (lith.) terrae sanctae (in 4.). Leipzig 864. Mendelssohn. 16. (XLIII, 930 S.) n. 20 ngr

— novum, vulgatae editionis. Sixti V. p. m. jussu recognitum et Clementis VIII. auctoritate editum. Nova editio cum indicibus. gr. 16. (IV und 466 S.) Berlin 865, F. Schneider. [Weber.]

— novum, vulgatae editionis Sixti V. et Clementis VIII. pontt. maxx. jussu recognitum. Münster 865. (Theissing'sche Buchh.) 8. (VIII, 515 S.) n.n. 26 ngr

**Testamentum Novum Vulgatae editionis** Sixti V et Clementis VIII PP. MM. iussu recognitum. Editum secundum exemplar Romae impressum cura R. P. Vercellone. Freiburg, Herder, 1867, 12°, XX u. 516 S., 2,60 Mk.
Recens. Katholik, Jahrg. 48, Bd. 1, Heft 3.

Testamentum, novum, vulgatae editionis Sixti V. et Clementis VIII. pontt. maxx. jussu recognitum. Editum secundum exemplar Romae impressum cura R. P. Car. Vercellone anno 1861. gr. 16. (VIII und 527 S.) Freiburg im Br. 868, Herder'sche Verlagsh. *

—— novum, Jesu Christi, vulgatae editionis juxta exemplar vaticanum. Editio ster. 64. (XX, 409 S. mit: De imitatione Christi libri quatuor et vita Thomae a Kempis. Ed. ster. (XII, 131 S.) Tournay 870, Casterman.

Testamentum, novum, vulgatae editionis, Sixti V et Clementis VIII pontt. maxx. jussu recognitum atque editum. Secundum exemplar Romae a. 1861, typis s. congreg. de propaganda fide impressum. — Das Neue Testament nach der deutschen Uebersetzung des Codex Teplensis aus der Mitte des XIV. u. den gedruckten deutschen Bibeln des XV. Jahrh. (1. Bdchn.) Sanctum Jesu Christi evangelium secundum Matthaeum. (Lateinisch u. deutsch.) 16. (VI, 265 S.) Augsburg 880. Literar. Institut von Dr. M. Huttler. n. 1. 50; geb. n.n. 2. —; m. Goldpressung n.n. 2. 25

— dasselbe. (2. Bdchn.) Sanctum Jesu Christi evangelium secundum Marcum. (Lateinisch u. deutsch.) 16. (163 S.) Ebend. 882. n. 1. —; geb. n.n. 1. 50; mit Goldpressung n.n. 1. 75

— novum, vulgatae editionis. Graecum textum diligentissime recognovit, latinum accuratissime descripsit, utrumque annotationibus criticis illustravit ac demonstravit Mich. Hetzenauer, O. C. 2 Tomi. 8. Innsbruck, Wagner. n. 6. 80
I. Evangelium. (LXIV, 339 S.) 896. n. 3. 80
II. Apostolicum. (XII S., 354 Doppels. u. S. 355—403.) 898. n. 3. 60

— novum, Vulgatae editionis. Ex Vaticanis editionibus earumque correctorio critice Mich. Hetzenauer O. C. (Studium biblicum novi testamenti catholicum. Libri critici.) 8. (VIII, 656 S.) Innsbruck 899. Wagner. n. 3. —

— novum, juxta Vulgatae editionis exemplaria et correctoria romana auctoritate summi pontificis Pii IX. ed. Valent. Loch. Ed. IV. 12. (VIII, 607 S.) Regensburg (902). Verlagsanstalt vorm. G. J. Manz. n. 1. 60; geb. n. 2. 40

— novum, latine. Textum vaticanum cum apparatu critico ex editionibus et libris manu scriptis collecto imprimendum curavit Eberh. Nestle. (XX, 657 S. m. 5 farb. Karten.) kl. 8. Ebd. 906. Geb. in Leinw. n.n. 2. —; auf dünnem Pap. in Ldr. n.n. 3. 50

Testamentum Novum [lett.]

Muhsu Kunga un Pestitaja Jefus Kristus Jaunâ Deriba. [Novum Testamentum, lettisch.] Leipzigâ: Britanijas un Ahrsemes Bihbeles Beedriba 1907. 550, 133 S. 8°
[Beigedr.:] Dahwida Dseesmu Grahmata [Psalmi, lettisch] 1907. [10. 1177

Testamentum Novum [malaiisch]

— novum, Malaice, cura et sumtibus societatis, quae bibliis per omnes gentes pervulgandis operam dat, emendatius editum. 4maj. Harlem 820. (Leipz., Weigel). 4 ₰

Testamentum Novum [syr.]

— — syriacum, cum punctis, vocalibus et versione latina Matthaei, ed. A. Gutbier. 8. Lips. Barth. a 8

Testamenti, Novi, Versio Syriaca Philoxeniana, cum interpretatione et annotationibus J. White. 4. Oxonii. (Lips., Fr. Fleischer.) 35 —

— — Domini nostri Jesu Christi, Syriace. Cum versione Latina ... Accesserunt in fine notationes variantis lectionis ... collectae a Martino Trostio. Cothenis Anhaltinorum 1621. 4°.
— — Dasselbe. Sulzbaci 1681.
— — Dasselbe. Norimbergae 1712.

— — Syriace. 12. Nürnb. 715. — 6

— novum Syriacum, cum punctis, vocalibus et versione latina Matthaei, edit. A. Gutbier. 8. Lipz. 761. Barth. 2 ₰ 8 g̃

— — syriace, cum observat. tab. etc. illustr. a I. G. C. Adler. 4. maj. Copenhagen, Proft. 789. 5 18

— domini nostri Jesu Christi, nunc primum (syriace) edidit, latine reddidit et illustravit Ignat. Ephraem II Rahmani. hoch 4. (LII, 231 S.) Mainz 899. F. Kirchheim. n.n. 25. —; geb. in Leinw. n.n. 28. —

Testamentum Porcelli edidit M. Haupt. Pr. 1860. 9 S. 4°.

Testamentum Vetus, s.a. Biblia Hebraica.

— vetus, vide Breitinger.

– s.a. Testament, Das Alte.

Testamentum Vetus [hebr.]

Debiel, Ludovicus, Testamentum Vetus Hebraicum cum intercalari textu Latino ad litteram reddito. Wien, Trattner, 1743—1747. 8°, 4 Bde.

— utrumque novum Graece, vetus Hebraice. Ediderunt Const. Tischendorf et Guil. Theile. Editio stereot. gr. 8. (XXXVIII u. 1648 S.) Lipsiae 850, Bernh. Tauchnitz. n. 3 ₰ 6 ngr

[Hebr.] 'Eśrim we-arba'â sifrê haḳ ḳôdeš [Testamentum Vetus] medujjâḳim hêṭeb ... mêêt David Ginsburg. Ḥeleḳ 1. 2. ... *London: (Carl Fromme, Printer, Vienna) 654 l. p. ḳ 1894.* [Die 24 heiligen Schriften, hrsg. von D. Ginsburg. Th. 1. 2. ...] 8. [96. 9747

[Hebr.] Miqrā qodeš [Testamentum Vetus], kōlēl k"d kitbē qōdeš meduijaq 'al pi ham-mesorā ūmetugam aškenāzit 'a[l] j[edē] Jehuda Philipson, Saul Jisḥaq Qaempf ū-Binjamin Zeēb Landau. Ḥeleq 1. 2. *Berlin: F. Dümmler 1901 (1889).* 2 Bde. 8°
[Nebent.:] [Hebr.]: Miqrā qodeš. [Ꝺ.] Die heilige Schrift. Der Urtext. Die deutsche Uebers., mit Zugrundelegung d. Philippson'schen Bibelwerkes, rev. von [Ludwig] Philippson, (Benjamin [Wolf]) Landau und (Saul Isaak) Kaempf
1. Hamišša ḥumšē torā wehan-nebiim hā-rišonim. [Nebent.:] Die 5 Bücher Moses u. d. früheren Propheten
2. Han-nebiim hā-aḥaronim wehak-ketubim [Nebent.:] Die späteren Propheten u. d. Hagiographen. [2. 9°13 II

[Hebr. u. Ant.] Tōrā nebi'im ū-ketūbim. Biblia hebraica [Testamentum vetus] ad optimas editiones imprimis Everardi van der Hooght accurate recensa et expressa. Curavit argumentique notationem et indices nec non clavem masorethicam addidit Car. Godofr. Guilielmus Theile. 9. ed. ster. Lipsiae 1902: Tauchnitz. XVII, 1236 S. 8°

Libri veteris testamenti [Testamentum vetus]. Ope artis crit. et metricae in formam originalem redacti et adiuvante facultate theol. Vindob. ed. a D[re] P. Nivardo Schloegl, O. Cist., aliisque. [1.] Vindobonae: Mayer 1902. 4°

[Hebr. u. Ꝺ.] Tōrā Nebiim ū-Ketūbim [Testamentum vetus]. Die Heilige Schrift. Ausg. f. Schule u. Haus. Nach d. masoret. Text neu übers. u. erkl. nebst e. Einl. u. e. Teil d. Apokryphen von Dr. S[imon] Bernfeld. T. 1. 2. *Berlin: S. Calvary & Co. 1903.* 2 Bde 8° [03. 1003

[Hebr. u. Ant.] Tōrā nebiim ū-ketūbim. Biblia Hebraica [Testamentum vetus]. Adjuvantibus professoribus ... ed. Rud. Kittel. P. 1. 2. Lipsiae: J. C. Hinrichs 1905–06. 2 Bde 8° [06. 10074

[Hebr. u. Ant.] Tōrā nebi'im ū-ketūbim. Biblia Hebraica [Testamentum Vetus]. Adjuvantibus professoribus ... ed. Rud. Kittel. Ed. 2. emendatior ster. Lipsiae: Hinrichs 1909. XVI, 1320 S. 8°

Testamentum Vetus [äthiop.]

—— **veteris aethiopicum. Tomus II., sive libri Regum, Paralipomenon, Esdrae, Esther. 2 Partes. Ad librorum manu scriptorum fidem edidit et apparatu critico instruxit Aug. Dillmann. 4. (IV und 96 S., 59 S.) Leipzig 861, Brockhaus' Sortiment und Antiquarium.** *

Ist eine Fortsetzung des im Verlage von F. C. W. Vogel in Leipzig erschienenen 1. Bds. der Aethiopischen Bibel von Dillmann.

Testamentum Vetus [Esperanto]

El la Biblio [**Testamentum** vetus, Ausz., Esperanto]. Elektitaj ĉapitroj de la Psalmaro, Sentencoj de Salomono kaj Predikanto tradukitaj el la originalo de Dro L[udovico] L[azaro] Zamenhof [Samenhof]. Berlin: Möller & Borel [1910]. 43 S. 8°
(Esperanta Biblioteko Internacia. Nr 6.) 10. 15792

Testamentum Vetus [griech.]

— **vetus, graece. Codex Sarravianus-Colbertinus, praefatus est Henr. Omont, s.: Codices graeci et latini photographice descripti.**

— dasselbe, graece, s.a. **Lagarde, P. de.**

— Testamentum vetus secundum LXX ed. J. J. Breitinger. 4 vol. Zürich 1730. 4. P

*Testamentum* **vetus, graece, ex vers. LXX interpretum etc. Chr. Reineccius. 8. Leipz. 730. Ed. nov. 757. Breitkopf u. H. 1 Rthlr. 16 gr.**

**Testamentum** Vetus ex versione graeca LXX interpretum ad exemplar Vaticanum Romae editum . . . Halis 1758—66. II: *Kirchner, Johann Georg.* (Ky)

— **vet. ex vers. gr. LXX interpretum ad exemplar Vaticanum Romae editum ex optimis codd. expressum. Access. libri apocryphi. (Ed. Jh. Geo. Kirchner). V Tom. 12. Halle 758—66. Waisenhaus-B. 2 Rthlr.**

— — Vetus, graecum cum Variis Lectionibus. Editionem a Roberto Holmes continuavit Jac. Parsons. 2 Tomi. Fol. maj. Oxonii. 816 et 818. (Lips., Fr. Fleischer.) 56 —

**Testamentum, vetus, graec. Ex versione septuag. interpret., c. libr. Apocryphis, juxta exemplar Vaticanum Romae editum, et Anglicanum Londini excusum. Accuratissime ad fid. optimor. cod., emendat. quam unquam antea expressum. III Ti. 8maj. (128½ B.) Venetiis 822, 23. (Berolini, Bethge.** *

**Testamentum, vetus, graece juxta Septuag. interpretes ex auctorit. Sixti V. edit. juxta exemplar originale vatican. Romae editum 1587 quoad textum accuratiss. et ad amussim requsum cura et stupio L. van Ess. Edit. stereotypa. 8 maj. Lips. 824, Tauchnitz. Franz. Schreibp. 3 Rthl. 12 gr. Weiss Druckp. Rthlr. 2 16**

**Testamentum Vetus Graecum** iuxta LXX interpretes ex auctoritate Sixti Quinti P. M. editum, iuxta exemplar originale Vaticanum Romae editum 1587 quoad textum accuratissime et ad amussim recusum cura et studio Leandri van Ess. Leipzig, Tauchnitz, 1835, 8°, Stereotyp-Ausg., 8 Mk.
Zuerst Leipzig, 1824.

—— **vetus graec. juxta septuag. interpretes, et auctoritate Sixti Quinti Pontif. Max. edit. juxta exemplar originale Vaticanum. Nunc denuo recogn., accuratiss. express., ad normam Vulgatae versiculis distinctum, c. lat. translat. animadversionibus, et complementis et aliis manuscriptis. Cura et stud. J. N. Jager. Lex.-8. (46¼ B. u. Titlvign.) Parisiis 839, Didot fratres.** *

— **vetus, Graece juxta LXX interpretes. Ἡ παλαιὰ διαθήκη κατὰ τοὺς ἑβδομήκοντα. Textum Vaticanum Romanum emendatius edidit, argumenta et locos novi testamenti parallelos notavit, omnem lectionis varietatem codicum vetustissimorum Alexandrini, Ephraemi Syri, Friderico-Augustani subjunxit, commentationem isagogicam praetexuit Const. Tischendorf. II tomi. (LX u. 1272 S.) Lipsiae 850, Brockhaus. n. 4 Rthlr.**

— **vetus graece juxta LXX interpretes. Textum Vaticanum Romanum emendatius edidit, argumenta et locos Novi Testamenti parallelos notavit, omnem lectionis varietatem codd. vetustissimorum Alexandrini, Ephraemi Syri, Friderico-Augustani subjunxit, prolegomenis et epilegomenis instruxit Const. Tischendorf. Editio altera correctior et auctior. II tomi. Lipsiae 855. Brockhaus. gr. 8. (XCIV, 682; 2 Bl., 618 S.) n. 4 Rthlr.**

— **vetus, graece secundum septuaginta interpretes ex auctoritate Sixti V. Pontificis Max. editum ad exemplar Vaticanum accuratissime expressum cura et studio Leander van Ess. Editio stereot. novis curis correcta et indice locorum Novi Testamenti parallelorum aucta. Lipsiae 855. K. Tauchnitz. gr. 8. (X, 1027 S.) 2 Rthlr. 20 ngr.**

—— **vetus, graece juxta LXX interpretes. Textum Vaticanum romanum emendatius ed., argumenta et locos Novi Testamenti parallelos notavit, omnem lectionis varietatem codd. vetustissimorum Alexandrini, Ephraemi Syri, Friderico-Augustani subjunxit, prolegomenis et epilegomenis instruxit (Lbg. F.) Const. Tischendorf. Editio altera correctior et auctior. 2 Tomi. 8maj. (XCIV und 1300 S.) Lipsiae 856, Brockhaus.** *

— **Vetus, graece juxta LXX interpretes. Textum Vaticanum romanum emendatius edidit, argumenta et locos Novi Testamenti parallelos notavit, omnem lectionis varietatem codicum vetustissimorum Alexandrini, Ephraemi Syri, Friderico-Augustani subjunxit, prolegomenis et epilegomenis instruxit Const. Tischendorf. Editio III., ratione etiam habita thesauri Sinaitici nuper inventi et editionis Maianae codicis Vaticani. II Tomi. Leipzig 860. Brockhaus. gr. 8. (CVI, 1300 S.) n. 4 Rthlr.; Velinp. n. 6 Rthlr.**

**Testamentum Vetus Graece** iuxta LXX interpretes. Textum e codice Vaticano edidit, lacunas supplevit e codice Alexandrino et ex bibliis polyglottis Valentinus Loch. Regensburg, Manz, jetzt Verl.-Anstalt, 1866, Lex.-8°, XV u. 911 S., 8,60 Mk.

—— **Vetus, graece secundum septuaginta interpretes ex auctoritate Sixti V. P. M. editum ad exemplar Vaticanum accuratissime expressum cura et studio Leand. van Ess. Edit. ster. C. Tauchnitii; nova impressio. gr. 8. (X, 1027 S.) Leipzig 868, Bredt.**

— — graece, juxta LXX interpretes edid. Constant. Tischendorf. Editio IV. 2 voll. Leipzig 869. Brockhaus. gr. 8. (CXII, 682 u. 616 S.) n. 4 Rthlr.

— vetus, graece juxta LXX interpretes Textum Vaticanum Romanum emendatius ed., argumento et locos novi testamenti parallelos notavit, omnem lectionis varietatem codicum vetustissimorum Alexandrini, Ephraemi Syri, Friderico-Augustani subjunxit, prolegomenis uberrimis instruxit Const. de Tischendorf. Ed. V. Prolegomenis recognitis adjecta est Franc. Delitzschii ad Paulum de Lagarde epistula. 2 Tomi. gr. 8. (CXXII, 684 u. 616 S.) Leipzig 875. Brockhaus. n. 12. —; geb. n. 15. —

— vetus, graece, secundum septuaginta interpretes ex auctoritate Sixti V. pontificis maximi editum, ad exemplar Vaticanum accuratissime expressum cura et studio D. Leander van Ess. Ed. ster. Caroli Tauchnitii, novis curis correcta et indice locorum novi testamenti parallelorum aucta. Nova impressio. gr. 8. (X, 1027 S.) Leipzig 879. Bredt. 8. —

— dasselbe, juxta LXX interpretes. Textum vaticanum romanum emendatius ed., argumenta et locos novi testamenti parallelos notavit, omnem lectionis varietatem codicum vetustissimorum Alexandrini, Ephraemi Syri, Friederico Augustani subjunxit, prolegomenis uberrimis instruxit Const. de Tischendorf. Ed. VI. Prolegomena recognovit, collationem codicis vaticani et Sinaitici adjecit Eberardus Nestle. 2 tomi. gr. 8. (LXXXI, 684 u. 803 S.) Leipzig 880. Brockhaus. n. 15. —; geb. n. 18. —

— vetus, graece iuxta LXX interpretes. Textum ex codice vaticano ed., lacunas supplevit ex codice Alexandrino et ex bibliis polyglottis Valentinus Loch. Ed. II. seculum tertium decreti a Papa Sixto V. de publicandis bibliis iuxta LXX interpretes dati d. VIII. Octobr. 1586 celebrans. gr. 8. (XVI, 944 S.) Regensburg 886. Verlags-Anstalt. n. 5. —

—— vetus, graecum juxta LXX interpretes ex auctoritate Sixti V. Pont. Max. editum. Juxta exemplar originale vaticanum Romae editum 1587 quoad textum accuratissime et ad amussim recusum cura et studio Leandri van Ess. Edit. ster. Caroli Tauchnitii novis curis correcta et aucta. gr. 8. (34, 1027 S.) Leipzig 887, E. Bredt.

—— vetus, graece juxta LXX interpretes. Textum vaticanum romanum emendatius edidit, argumenta et locos novi testamenti parallelos notavit, omnem lectionis varietatem codicum vetustissimorum Alexandrini, Ephraemi Syri, Friderico-Augustani subjunxit, prolegomenis uberrimis instruxit Const. de Tischendorf. Edit. VII. Prolegomena recognovit, supplementum auxit Eberardus Nestle. 2 tomi. gr. 8. (81, 684; 616 und Suppl. 10, 203 S.) Leipzig 887, Brockhaus. * geb. *

—— dass. — Supplement allein, s. Nestle, Eberardus.

Testamentum Vetus [lat.]

— — idem. IV Tomi. 12. Landsh. Krüll. 806. 1 12

Testamentum vetus, edit. vulgata. IV Tomi. 12. Ratisb. (Heigl, Straubing.) 806. Velinp. Rthlr. 2 —

— edit. vulgata. IV Tom. 12. Ratisb. 806. (Landh., Krüll). 1 ß 12 gr

Vetus Testamentum Vulgatae editionis ad exemplar Vaticanum accurate revisum ab Emm. Salomon. Regensburg, Rußwurm, 1806, 4°.
Die 2. Ausg. 1826,

Testamentum Vetus [serbo-kroat.]

Testamenti, veteris, prophetarum interpretatio istro-croatica saeculi XVI. Adiuvante academiae litterarum caesareae Vindobonensis liberalitate. Ed. V. Jagić. Lex.-8. (VII, 316 S.) Wien 897. A. Holzhausen. — Berlin, Weidmann. n. 10. —

Teste, Alph., Bekenntnisse eines Magnetiseurs, s. Familien-Bibliothek, illustrirte.

Testeid, der. Historischer Roman aus der Zeit Karls II. von England. Von Cordelia. Münster 862. Theissing. 8. (269 S.) 22½ ngr.

Testelini, Heinrich und Tortebat, Heinrich. Anmerkungen der fürtrefflichsten Mahler unserer Zeit über die Mahlerey- und Zeichen-Kunst. Leipzig. 4°.

Tester, Christian

Tester, C., Elemente der Buchstabenrechnung, od. Vorbereitung auf d. Studium der Algebra u. Geometrie. gr. 8. Zürich 816. Geßner. 6 gr

Tester, (C.,) Elemente d. Buchstabenrechnung, od. Vorbereitung auf das Studium d. Algebra u. Geometrie. gr. 8. Zürich 826, Geßner. Rthlr.

Tester, Chrstn., Leitfaden zum zweckmäß. Verfahren beim Rechnungs-Unterr. in d. Bündner'schen Volksschulen. gr. 12. (9¼ B.) Chur 832. (Zürich, Schultheß.)

Tester, Christian: Die Lungenseuche des Rindviehes. Chur 1848.

Tester, Ch[ristian]. Ins Reich — Normannenfahrt — Vom Hochgebirg. VIII + 360 S. 8. Zürich (und) Leipzig, Th. Schröter, 1901. [br. fr. 5. —, geb. fr. 6. 50]

Tester, Ch[ristian]. Schlappina. Bilder vom Hochgebirg. 2. Aufl. 128 S. 8. Zürich (und Leipzig), Th. Schröter, 1903. [br. fr. 1. 25, geb. fr. 2. 50]

**Testimonia** Auctorum de Merkelio das ist Paradies Gärtlein für Garlieb Merkel. Kölln [Hamburg] 1806. V: *Varnhagen von Ense, Carl August* (GGr VI, 178) & *Wilhelm Neumann*[?]. (BrMm) (Wr) (Koberstein, Litt.-Gesch. IV⁵, 872, 103.) (Steig, Arnim u. Brentano. S. 184, 357.)

*Testimonia* Auctorum de Merkelio, d. i., Paradiesgärtlein für Garlieb Merkel. 8. Hamb. 806. Schmidt; (auch Zirges in Leipz.) 16 gr

Testimonia minora de quinto bello sacro, e chronicis occidentalibus excerpsit et ed. Rhold. Röhricht. [Publications de la société de l'orient latin, série historique, III.] gr. 8. (LXXIV, 381 S.) Genève 882. (Leipzig, Harrassowitz.) n. 12. —

TESTIS, Hilarius (ps.), Tollheit, Thorheit, Trubsal. Bilder aus unserer Zeit. Hamburg, Herold'sche Buchh., 1836 12°.

Die Elektrizität als Antriebskraft für Zeitmessinstrumente. Von Friedrich Testorf. Mit 164 Abb. Halle a. S.: Knapp 1910. X, 205 S. 8°
(Fachbibliothek f. Uhrmacher. Bd 2.) [11. 3885

Testragen, Predigten nach d. Geschmack der 3 ersten Jahrhunderte der Christenheit. 8. Frankf. a. M. 772. Brönner. 8 gr

Testut, Léo, s.: Monatsschrift, internationale, f. Anatomie u. Physiologie.

Testut, Osc., die Internationale. Ihr Wesen und ihre Bestrebungen. 9 Lfgn. gr. 8. (VIII, 451 S.) Leipzig 872, Frohberg. à Lfg. * 50 Pf. *

Testuz, Aug. Nyon, voir: „L'Europe illustrée“ N° 11.

— Nyon and its environs, s. a. Europe, illustrated.

Testuz, Aug[uste]. Nyon and its Environs. With 22 Illustrations [6 Plates] by Louis Mennet and J[ohann] Weber and a Map. (Illustrated Europe. N° 11.) 8. Zurich, (Paris.) London [1881].

Testuz, A., Nyon et ses environs, s. a. l'Europe illustrée.

Testuz, Aug[uste]. Nyon et ses environs. Avec une carte, 20 gravures [dont 6 planches] et vignettes par L[ouis] Mennet, J[ohann] Weber et J[ules] Gachet (*Umschlag*: Avec 22 Gravures par L. M. et J. W. et une carte). 2me éd., revue. (L'Europe illustrée. N° 11.) 8. Zurich ([18]86).

Testuz, Aug. Nyon am Genfersee. Siehe „Europäische Wanderbilder" N° 12.

— Nyon u. seine Umgebungen, s.a. Wanderbilder, europäische.

Testuz, Aug[uste]. Nyon und seine Umgebungen (°*Umschlag*: Nyon am Genfer-See). Mit 22 Illustrationen [wovon 6 Tafeln] von L[ouis] Mennet und J[ohann] Weber und 1 Karte. (Europäische Wanderbilder. N° 12.) 8. Zürich [1880].

**Tetanusheilserum, Das,** und seine Anwendung auf tetanuskranke Menschen. Leipz. 1892. V: *Behring, Emil, Jos. Rother & Casper.* (Berl)

Das **Tetanusheilserum** und seine Anwendung auf tetanuskranke Menschen. Leipzig 1892. 122 S.
(Inh.: 1. Behring, [Emil v.]: D. Tetanusheilserum u. d. Bestimmung seines Heilwertes. — 2. Behring, [Emil v.]: Über d. Verschiedenheit d. Blutserumtherapie von anderen Heilmethoden u. über d. Verwendung d. Tetanusheilverfahrens z. Behandlung d. Wundstarrkrampfs beim Menschen. — 3. Rotter, [Josef]: E. mit Tetanusheilserum behandelter Fall von Wundstarrkrampf nebst kritischen Bemerkungen über d. Blutserumtherapie. — 4. Behring, [Emil v.] u. Casper: Über Heilwirkungen d. Tetanusheilserums bei tetanuskranken Schafen u. Pferden.)

Tête de Mort: La Tête de Mort
① Journal communiste, anarchiste et révolutionnaire ⑤ no-spécimen 28 (?) 7. 1885, daté: an 1er de la révolution sociale Décadi 25 thermidor ⑥ in-4° ⑧ St-Imier (dans une imprimerie volante) ⑪ N. Engelmann ⑫ communiste ⑬ BGSZ 972 ⑭ Be. I. ⑮ Imprimé sur papier rouge. A la tête du journal cliché d'une tête de mort

**Tetelbach**, M. J., das goldene Kleinod, s. Denkmale, katechetische.

Tetens, Johann Nikolas, s. Schlegtendal, Walther.

**Tetens**, Alfr., vom Schiffsjungen zum Wasserschout. Erinnerungen aus dem Leben T.'s. Nach seinen Aufzeichnungen verf. von S. Steinberg. 1. und 2. Aufl. gr. 8. (IX, 392 S. mit Portr. und 10 Illustr. von C. Schildt.) Hamburg 889, Niemeyer Nachf. *ℳ 6.—; geb. * 7 50

**Tetens**, Fr.: Über Bremens Bedeutung als Handelsplatz. Bremen 1904. 8° *[Umschlagtit.]*

**Tetens**, Fritz: Cession und Einkassierungsvollmacht. Kiel 1898: H. Fiencke. (40 S.) 8°
Erlangen, Jur. Diss. v. 11. Dez. 1897

Tetens, Johann Nikolaus

— Abhandl. von d. Beweisen des Daseins Gottes. 8. Wismar 761. Bödner. 3 gl

[Tetens, Joh. Nic.], Betrachtungen über die gegenseitigen Befugnisse der kriegführenden Mächte und der Neutralen auf der See. Kiel. 1802. (jf. B. D. I. 609).

* J. *Nicol. Tetens* Diff. de Caussa caerulei Coeli Coloris. Resp. *Nic. Bredino.* Rostoch. 4 Bog.
1760.

— considérations sur les droits réciproques des puissances belligérantes et des puiss. neutres sur mer. 8. Kopenh. 805. Brummer. 18 gl

— Einleit. z. Berechnung der Leibrenten u. Anwartschaften, die vom Leben u. Tode einer od. mehrerer Personen abhängen, mit Tabellen z. prakt. Gebrauch. 2 Thle. gr. 8. Leipz. 785, 786. Weidmann. 6 ℔

* Einleitung zur Berechnung der Leibrenten und Anwartschaften, die vom Leben und Tode einer oder mehrerer Personen abhangen, mit Tabellen zum practischen Gebrauch von *Joh. Nicol. Tetens* Profess. der Philos. und Mathemat. zu Kiel. Erster Theil. Leipzig bey Weidmanns Erben und Reich. 8. 604 S. 1786.
* —— Zweyter Theil, Versuche über einige bey Versorgungsanstalten erhebliche Puncte bey *Joh. Nicol. Tetens* Prof. der Philos. und Mathem. zu Kiel. Leipzig bey Weidmanns Erben und Reich. 8. 302 S. nebst einer Kupfertaf. 1786.

**Tetens**, Johann Nicolaus, Phil. Dr. Gedanken über einige Ursachen, warum in der Metaphysik nur wenige ausgemachte Wahrheiten sind. Als eine Einladungs-Schrift zu seinen den 13. October auf der neuen Bützowschen Academie anzufangenden Vorlesungen entworfen. 8. Bützow und Wismar 1760.

— über den jetzigen dänischen Geldcours und der Münzveränderung in d. Herzogth. Schleswig u. Holstein, 8. Kiel. 788.

– (Übers.), s. Kraft, Jens: Praelectiones mechanicae ...

– s. Lehrsatz, D. polynom.. d. wichtigsten Theorien ...

– (Übers.), s. Lous, Christian Karl: Versuche und Vorschläge ...

**Tetens**, Jh. Nikl., Nachricht von dem Zustande der allgemeinen Wittwenkasse zu Kopenhagen. Mit Bemerkungen über Versicherungsanstalten auf Lebens- und Sterbefälle, und der Art, sie zu prüfen. 8°. Kopenhagen 1803. (Brummer; a. Bonnier.)

Nachricht von dem Zustande der allgemeinen Wittwen-Casse zu Copenhagen am Schluss des Jahres 1797, mit einigen Bemerkungen über Versicherungs-Anstalten auf Lebens- und Sterbefälle, und die Art sie zu prüffen, v. Johann Nikolaus **Tetens**. Copenhagen. 1803. 8°.

– s.a. Philosophie, Über die allgemeine speculative.

(J. N. **Tetens**) üb. d. allgem. speculat. Philosophie. *Bützow*, Bödner. 775. 8° 4 gl

* Commentatio de principio minimi, Auctore *Joanne Nicolao Tetens* Phys. Prof. P. O. in acad. Frider. Buezzoviensi. Buezzovii et Wismariae. Apud Jo. Andr. Bergerum et Jac. Boednerum. 4. 45 S. m. 1 Kupft.
1769.

**Tetens**, Joh. Nic.: Reisen in die Marschländer an der Nordsee zu Beobachtung des Deichbaus. In Briefen. Bd. 1. Mit Kupfern. Leipzig 1788. XVI, 441 S. 8°.

— Reisen in die Marschländer an der Nordsee zur Beobacht. des Deichbaues, in Briefen. Mit 5 Kpf. gr. 8. Leipz. 788. Weidmann. 1 ℔ 12 gl

— üb. die Sicherung seiner Person bei einem Gewitter. 8. Bützow 774.

– s. Struve, J.: Kurze Erläuterung. – Dess. Über das Risiko.

– s. Ursprung, Über den, der Sprache und der Schrift.

**Tetens,** Jh. Nikl., († d. 19. Aug. 1807.) üb. die letzten Veränderr. mit der Bank u. d. Geldwesen in Dänemark. gr. 8. Kopenh. 793. (Bonnier; a. Brummer). 12 gl

**J. N. Tetens: philosoph. Versuche üb. d. menschl. Natur u. ihre Entwickel.** *Lpz.,* **Weidmann. B. 772. 2 Bde. 8° 3 ß 16 gl**

— philosoph. Versuche üb. die menschl. Natur u. ihre Entwickelung. 2 Bde. gr. 8. Leipz. 777. Weidmann. 3 ß 16 gl

*Tetens, J. N.* Versuche über einige bei Versorgungs-Anstalten erheblichen Punkte. 8. *Kiel.* **1786**

**Tetens,** Otto, u. Frz. **Linke,** das Klima v. Samoa, s.: Abhandlungen der königl. Gesellschaft der Wissenschaften zu Göttingen. Mathemat.-physik. Klasse VII, 4 (Ergebnisse d. Samoa-Observator. IV).

— — Die meteorologischen Registrierungen der J. 1902—1906 des Samoa-Observatoriums, s.: Abhandlungen der kgl. Gesellschaft der Wissenschaften zu Göttingen. Mathem.-physik. Kl. VII, 2.

**Tetens,** Otto *Peter Harens:* Untersuchung über den Gang der Hauptuhr der Bothkamper Sternwarte ... (Aus: Bothkamper Beobachtgn, Heft IV.) Leipzig, W. Engelmann, 1892; 35 S., 1 Bl. 4.
Kiel, Phil. Fak., Inaug.-Diss. v. [14. Dez.] 1892

Tetens, Theodor [app. Arzt aus Tetenbüll]: Aus d. patholog. Institut zu Kiel. Ein Beitrag zur Lehre von den Oesofagus-Divertikeln. ... Kiel: Druck v. Schmidt & Klaunig 1888. 36 S., 2 Bl. 8°
Kiel, Med. Fak., Inaug.-Diss. v. 17. Nov. 1888

**Tetens,** Th., e. Beitrag zur Lehre v. den Oesofagus-Divertikeln. Inaug.-Diss. gr. 8. (36 S.) Kiel 888. (Lipsius & Tischer.) n. 1.20

Teterrimi, atta hodierni Somnia Belli, A. P. G. C. P. 8. Vien. Gerold. 759. — 5

Teterow [Schlagwort]

Teterow, s.: Deutschland. Kürschner-Pelp.

J. N. Teters, Anleitung zur Berechnung der Leibrenten u. Anwartschaften. Leipz. 1785.

**Tetétleni,** Armin, s.: Zeitschrift f. ungar. öffentl. u. Privatrecht.

**Tetmajer,** Kasimir, der Todesengel. Roman in 2 Büchern. Aus dem Poln. übers. v. S. Horowitz. 3. Aufl. 8. (375 S.) Stuttgart 899. Deutsche Verlagsanstalt. n. 3.—; geb. n.n. 4.—

Tetmajer, Ludwig

—— s. Baumaterialien, die, der Schweiz an der Landesausstellung 1883.

**Tetmajer,** L., die Baumechanik. Auf Grundlage der Erfahrg. bearb. II. Thl.: Die angewandte Elasticitäts- u. Festigkeitslehre. 1. Hälfte. Mit 205 Holzschn. u. 5 lith. Taf. gr. 8. (XV, 283 S.) Zürich 889. Zürcher & Furrer. n. 12.—

Tetmajer, L.: Ein Beitrag zur Flusseisenfrage. 1890.

Tetmajer, L.: Bericht über die Abänderungsvorschläge der Nomenklatur ... für die Lieferung und Prüfung hydraulischer Bindemittel. Zürich 1887.

Tetmajer, L.: Bericht über Methoden und Resultate der Prüfung von Draht u. Drahtseilen. Zürich 1890.

– Bericht üb. den Neubau, die Einrichtung u. die Betriebsverhältnisse des schweizer. Festigkeitsinstitutes, s.a. Mittheilungen der Anstalt zur Prüfung v. Baumaterialien am eidgenöss. Polytechnikum in Zürich.

**Tetmajer, L.** Bericht über den Neubau, die Einrichtung u. die Betriebsverhältnisse des Schweiz. Festigkeitsinstitut. Mit 12 Lichtdr. In-8°. 127 S. Zürich-Oberstrass, E. Speidel. 1893 4 —
*** Mittheilungen der Anstalt zur Prüfung von Baumaterialien am Eidgen. Polytechnikum in Zürich.

– Bericht üb. d. Neubau. d. Einrichtg. u. d. Betriebsverhältnisse d. schweizer. Materialprüfungs-Anstalt, s. Mitteilungen d. Materialprüfungs-Anstalt am schweizer. Polytechnikum in Zürich.

Tetmajer, L.: Bericht der Subkommission Nr. 12 ... über Ermittlung der Volumenbeständigkeit hydraulischer Bindemittel. Zürich 1889.

Tetmajer, L.: Bericht über die Untersuchung der Erzeugnisse der Eisenwerke der Herren de Wendel u. Comp. Zürich 1890.

Tetmajer, L.: Bericht über die vergleichende Werthbestimmung einer Reihe deutscher Normalprofile in Fluss- und Schweisseisen. Zürich 1885.

Tetmajer, Ludw.: Schmiedeeiserne Dächer. Ein Beitrag zur Bauconstructionslehre. Zürich 1880. 8° (Als Manuscript autogr.)

Tetmajer, L.: Denkschrift über die definitive Errichtung einer eidg. Anstalt für Prüfung von Baumaterialien. Bern 1889. 4°

Tetmajer, L[udwig] v[on]. Die angewandte Elastizitäts- und Festigkeits-Lehre. Auf Grund der Erfahrung bearbeitet. 2., vollständig umgearbeitete Aufl. Mit 274 Abbildungen im Texte und 10 Tafeln. XVI + 565 S. 8. Leipzig und Wien, Franz Deuticke, 1904. [M. 16. —]

**Tetmajer, L. v., die angewandte Elastizitäts- u. Festigkeitslehre. Auf Grundlage der Erfahrung bearb. 3., umgearb. Aufl. (XVI, 618 S. m. 294 Abbildgn. u. 11 Taf.) gr. 8. Wien 905. F. Deuticke. n. 16. —; geb. n. 17. 60**
2. Aufl. (XV, 565 S. m. 274 Abbildgn. u. 10 Taf.) 904.

**Tetmajer, L., die Gesetze der Knickungs- u. der zusammengesetzten Druckfestigkeit der techn. wichtigsten Baustoffe, s.a. Mitteilungen der Materialprüfungs-Anstalt am schweizer. Polytechnikum in Zürich. VIII.**

Tetmajer, L[udwig]. Die Gesetze der Knickungs- und der zusammengesetzten Druckfestigkeit der technisch wichtigsten Baustoffe. Bearb. von Prof. L. Tetmajer, Direktor der Materialprüfungs-Anstalt. 2. vervollständigte Aufl. ([Mit] 20 Textfiguren und 6 Tafeln.) 220 + I S. 8. Zürich, Selbstverlag der Anstalt (Komm. E. Speidel), Druck von A. Markwalder, 1901. (M. 8. —)
Mitteilungen der Materialprüfungs-Anstalt am schweiz. Polytechnikum in Zürich. Heft 8.

Tetmajer, L[udwig] v[on]. Die Gesetze der Knickungs- und der zusammengesetzten Druckfestigkeit der technisch wichtigsten Baustoffe. Bearb. von L. v. Tetmajer.... 3. vervollständigte Aufl. Mit 19 Abbildungen im Texte und 6 Tafeln. VIII + 211 S. 8. Leipzig und Wien, Franz Deuticke, 1903. [M. 8. —]

**Tetmajer,** Ludw., die äussern u. innern **Kräfte** an statisch bestimmten Brücken- u. Dachstuhl-Constructionen. Mit 85 in den Text gedr. Holzschn. u. 8 (lith.) Taf. (in gr. 4.) gr. 8. (VIII, 205 S.) Zürich 875. Meyer & Zeller. n. 9. —

**Tetmajer,** L., über Culmann's bleibende Leistungen. Ein Vortrag, geh. in der naturforsch. Gesellschaft in Zürich. gr. 8. (23 S.) Hottingen-Zürich 882. (Zürich, Meyer & Zeller.) n. 1. —

— Methoden u. Resultate d. Prüfg. d. schweiz. Bauhölzer, s.a. Mitteilungen d. Materialprüfungs-Anstalt am schweizer. Polytechnikum in Zürich.

TETMAJER, L.: Methoden und Resultate der Prüfung der schweizerischen Bauhölzer. - Zürich 1884. 52 S. - (Mitt. d. Anst. z. Prüfung v. Baumaterialien a. eidgen. Polytechn. i. Zürich H. 2) - 2. Aufl. ebd 1896. 122 S., m. Tab.

— Methoden u. Resultate der Prüfung künstlicher u. natürl. Bausteine, s.: Mitteilungen der Materialprüfungs-Anstalt am schweizer. Polytechnikum in Zürich. I.

Methoden u. Resultate der Prüfung der hydraulischen Bindemittel, s. Mittheilungen der Anstalt zur Prüfung v. Baumaterialien am eidgenöss. Polytechnikum in Zürich.

Methoden u. Resultate d. Prüfung der Festigkeitsverhältnisse d. Eisens u. anderer Metalle.
s.a. Mittheilungen der Anstalt zur Prüfung v. Baumaterialien am eidgenöss. Polytechnikum in Zürich.

**Tettmajer, L.,** Methoden und Resultate der Prüfung der Festigkeits-Verhältnisse des Eisens und anderer Metalle. (Mittheilungen der Anstalt zur Prüfung von Baumaterialien am eidgenössischen Polytechnikum in Zürich. 4. Heft.) Gr.-8. (303 S., Register und sechzehn Tafeln.) In Comm. * 6.—
Wien: C. Helf's Sortiments-Buchhandl. 1891.

— Methoden u. Resultate der Untersuchung des Aluminiums u. seiner Abkömmlinge, s.: Mitteilungen der Materialprüfungs-Anstalt am schweiz. Polytechnikum in Zürich. IX.

Tetmajer, L., s. Mittheilungen der Anstalt zur Prüfung von Baumaterialien am eidgenössischen Polytechnikum in Zürich.

**Tetmajer, L.,** siehe: *Mitteilungen der Materialprüfungsanstalt.*

**Tetmajer, L.,** siehe: *Mittheilungen zur Prüf. von Baumaterialien.*

Tetmajer, L.: Die Nobel'schen Nitroglycerin-Präparate. Zürich 1882.

Tetmajer, L.: Einheitliche Nomenclatur und Classification von Bau- und Constructionsmaterialien. 1. 2. Zürich 1883. Thl. 1 auch franz.

— **Normen** f. e. einheitl. Benennung, Klassifikation u. Prüfg. d. hydraul. Bindemittel. Angenommen u. hrsg. durch d. schweizer. Ingenieur- u. Architekten-Verein u. d. Verein schweiz. Kalk- u. Cement-Fabrikanten. 3. Aufl. gr. 8. (19 S.) Zürich 893. (E. Speidel.) n. 1. —

—— **Normen** für eine einheitliche Nomenclatur, Classification und Prüfung der Bau- und Constructionsmaterialien. Hydraulische Bindemittel. Hrsg. durch den schweiz. Ingenieur- und Architecten-Verein. gr. 8. (15 S.) Zürich 883, (Schmidt.) *

—— dass. — Eisen und Stahl. Im Princip angenommen und hrsg. durch den schweiz. Ingenieur- und Architecten-Verein. gr. 8. (14 S.) (Ebendas.) 884. *

—— **Règles** normales pour une classification uniforme, la nomenclature et l'épreuve des matériaux de construction. Fer et acier. Adoptés en principe et publiés par la Société suisse des ingénieurs et architectes. gr. 8. (50 S. mit eingedr. Fig. und 1 Stnt.) (Ebendas.) 883. *

— Resultate spezieller Untersuchungen auf dem Gebiete der hydraulischen Bindemittel, s. Mittheilungen der Anstalt zur Prüfung v. Baumaterialien am eidgenöss. Polytechnikum in Zürich.

— **Resultate** spezieller Untersuchgn. auf d. Gebiete d. hydraul. Bindemittel, s.: Mitteilungen d. Materialprüfungs-Anstalt am schweizer. Polytechnikum in Zürich.

Tetmajer, L.: Der Schlackenzement. 1887.

— **Theorie** u. Gebrauch d. logarithmischen Rechenschiebers. [Aus: „Culmann's graph. Statik m. Beispielen erläutert".] Mit 16 in den Text gedr. Holzschn. u. 1 (lith.) Taf. (in gr. 4.) gr. 8. (VII, 66 S.) Ebend. 875. n. 2. 40

— **üb. das Verhalten der Thomasstahlsohienen im Betriebe.** gr. 8. (88 S.) Zürioh 894. E. Speidel. n. 2. 50

Tetmajer, L. Werthbestimmung einer Reihe deutscher Normalprofile in Fluss- und Schweisseisen. Zürich. 1885.

**Tetralogia** dramatum Graecorum: Aeschyli, Agamemnon, Sophoclis Oedipus Rex . . . Halis 1787. H: *Wolf, Friedrich August.* (Ky) (ErschDL)

*Tetralogia* dramatum Graecorum: Aeschyli, Agamemnon, Sophoclis Oedipus Rex, Euripidis Phönissae, Aristophanis concionatrices. In usum lect. (ed. Fr. A. Wolf). 8. Halle 787. Waisenhaus-B. 16 gr

Tetralogie tragischer Meisterwerke d. alten u. Neueren, zusammengestellt, aus d. Ursprachen, neu übersetzt u. erläut. v. L. Petz. gr. 8. Kaschau 824, Wigand.

Tetsch, Karl Ludw., († d. 11. April 1771.) kurländ. Kirchengeschichte, von d. Zustande dieser Provinzial-Kirche bis z. Ableben Gotthards, Herzogs zu Kurland, nebst der gegenwärt. äußerl. kirchl. Verfassung dieses Herzogthums. 3 Thle. gr. 8. Riga 767—70. Hartknoch in Leipz. 2 ℛ 6 gr

**Tetschen** [Sachliches OW]

**Tetschen** an der Elbe. Verfasst im Auftrage des Stadtrathes vom Stadtsecretär Ludwig Käs. Gr.-8. (34 S.) —.30
Wien: Hof- u. Staatsdruckerei 1897.

Tetschen [Schlagwort]

**Tetschen-Bodenbach, s.: Sächsische Schweiz.**

**Tetschen - Bodenbach** u. Umgebung, s.: Woerl's Reisehandbücher.

Tetschke: Einleitung zu Shakespeare's Julius Caesar. 22 S.–Stralsund, Progr. 1855

**Tetschke, J.F.G. De Crissa s. Cirrha commentationis** partic. Stralsund, Progr. 1834 20 S.

**Tetschke**, Wlh., s. Streng, Phil., d'Ormieux, v., Tagebuch während des Feldzuges in Afghanistan.

Kurze Übersicht über die Entwickelung der philosophischen Ideen in Japan v. Dr. Inouye **Tetsusiro**, Prof. ... zu Tōkyō. A. d. Franz. übs. v. Dr. August Gramatzky. *Berlin: Gedr. i. d. Reichsdr.;* (A. d. Umschl. übergekl: *P. Lehmann) 1897.* (25 S.) 1 Bl 4.(8.) [97. 79…

**Tetsusirō,** Inoyé, kurze Uebersicht üb. d. Entwickelg. d. philosophischen Ideen in Japan. Aus d. Franz. übers. v. Aug. Gramatzky. gr. 8. (25 S.) Berlin 897. (P. Lehmann.) n. — 80

Tettau, [Eberhard] Frh. von

**Tettau,** E. Frh. v. Russische Anschauungen vom Zukunftskrieg u. die Kriegsbereitschaft der russ. Armee. Berlin 1893. 18 S.

**Tettau,** Frhr. v., die russische Armee in Einzelschriften. 1. Thl. Taktik u. Reglements. Hft. 1—4, 4a u. 5—8. gr. 8. Berlin, Liebel. n. 18. —; erm. Pr. n.n. 14. 50

1. Das Gefecht der russischen Infanterie. Auf Grund des Exerzier-Reglements vom J. 1897 bearb. Mit Abbildgn. im Text. (VIII, 91 S.) 899. n. 2. —
2. Die Kavallerie-Reglements vom J. 1896. Von der Einzelausbildg. bis zur Ausbildg. des Regiments (m. e. Anh. üb. die Ausbildgn. der Kasaken.) Mit 40 Abbildgn. im Text. (X, 105 S.) 899. n. 2. —
3. Die Kavallerie-Reglements vom J. 1896. a) Gefecht in grösseren Kavallerie-Verbänden. b) Gefecht zu Fuss. c) Vorschrift f. das Uebersetzen üb. Wasserläufe. d) Anspannen v. Kavalleriepferden an Geschütze. e) Kavallerie-Signale (m. Noten). Mit 27 Abbildgn. im Text. (VIII, 97 S.) 899. n. 2. — (2 u. 3 zusammen n. 3. —)
4. Felddienst u. Gefecht aller Waffen. Nach der russ. Felddienstordng. d. J. 1901 (Entwurf). Neu bearb. v. Hofrichter. 2., vollständ. umgearb. Aufl. (VII, 95 S. m. Abbildgn.) 902. n. 2. —
   1. Aufl. Der Felddienst nach den Verordnungen v. J. 1898. (VI, 128 S. m. Abb.) 899. n. 2. —.

4a. Vergleich der deutschen Felddienst-Ordnung v. J. 1900 m. dem französischen Règlement sur le service des armées en campagne u. der russischen Nasstawlênije dljapalewoi sslůshby. (Vorschrift f. den Felddienst.) Mit 4 Skizzen. (V, 168 S.) 900. n. 3. —
5. Kampfmittel u. Gefecht der Feldartillerie. Mit 10 Abbildgn. im Text. (VI, 67 S.) 899. n. 1. 50
6. Ausbildung der Infanterie unter besond. Berücksicht. der Schiessvorschrift vom J. 1899. Mit 19 Abbildgn. im Text. (VI, 130 S.) 899. n. 2. —
7. Ausbildung der Kavallerie. Mit Abbildgn. im Text u. in den Anlagen. (V, 121 S.) 900. n. 2. —
8. Ausbildung u. Gefecht der Kasaken. Auf Grund der Kasaken-Reglements vom J. 1899. Mit 15 Abbildgn. (IX, 69 S.) 900. n. 1. 50

**Tettau,** Frhr. v., die russische Armee in Einzelschriften. II. Thl. gr. 8. Berlin, Liebel. 7. 50
Ergänzung u. Organisation der russischen Armee in Krieg u. Frieden. (XI, 336 S. m. 2 Tab.) 902.

— Ausbildung und Gefecht der Kosaken. Auf Grund des Kosaken-Reglements vom Jahre 1899. Aus: „Tettau. Die russische Armee in Einzelschriften." 8. Heft. Berlin 1900.

**Tettau.** Ausbildung der (russischen) Infanterie unter besonderer Berücksichtigung der Schiessvorschrift vom Jahre 1899. Aus: „Tettau. Die russische Armee in Einzelschriften." 6. Heft. Berlin 1899.

**Tettau.** Ausbildung der (russischen) Kavallerie. Aus: „Tettau. Die russische Armee in Einzelschriften." 7. Heft. Berlin 1900.

**Tettau, [Eberhard] Frh. v.** Die neue Bekleidung und Ausrustung der russischen Kavallerie ... Beilage: zu „Die russische Kavallerie in Krieg und Frieden" ... Leipzig, Zuckschwerdt & Co. ... 1897.
Vortit., IV S., 1 Bl., 28 S. m. 14 Abb. 8°.

**Tettau,** Frhr. v., die neue Bekleidung u. Ausrüstg. d. russischen Kavallerie (m. Abb.). Beilage zu „Die russ. Kavallerie in Krieg u. Frieden". gr. 8. (28 S.) Leipzig 897. Zuckschwerdt & Co. n. 1. 20

**Tettau,** Frhr. v., Beschreibung des russischen Drei-Linien-Gewehrs. Seine Verwendg. u. Leistungsfähigkeit. Auf Grund der russ. Schießvorschrift vom J. 1893 bearb. gr. 8. (32 S.) Hannover 893. [Helwing's Verl.] Leipzig, Zuckschwerdt & Möschke. n. — 50

**Tettau,** Frhr. v., Beschreibung d. russischen Gewehrs System Berdan No. 2. Nach russ. Quellen bearb. Mit 1 Taf. 8. (23 S.) Hannover 889. Helwing's Verl. n. — 80

— Beschreibung d. russischen Gewehrs System Berdan No. 2. Nach russ. Quellen bearb. Mit 1 Taf. 2. (Titel-)Ausg. 8. (23 S.) Ebd. 891. n. — 80

**Tettau, E. Frhr v.** Das russ. Drei-Linien-Gewehr und seine Schußleistungen. 2. Aufl. Hannover 1894. 8°. (1. Aufl. 1893.)

— das russische Drei-Linien-Gewehr u. seine Schußleistungen. 2., vollständig umgearb. Aufl. m. Zeichngn. im Text u. 1 Zeichentaf. gr. 8. (VI, 48 S.) Ebd. 894. n. 1. 25

— der Felddienst in der russischen Armee. 1. Das russ. Felddienstreglement im Vergleich zu der deutschen Felddienstordng. u. dem „règlement sur le service des armées en campagne". 2. Die Jagdkommandos. gr. 8. (IV, 114 S.) Berlin 893. Liebel. n. 2. —

**Tettau.** Der Felddienst nach den Verordnungen vom Jahre 1898. Mit Abbildungen im Text. (Aus: „Tettau. Die russische Armee in Einzelschriften." Theil 1. Heft 4.) Berlin 1899.

— zwei Monate Gast im russischen Heere, s. a. Beiheft zum Militär-Wochenblatt. 1904. Hft. 1. 2.

Zwei Monate Gast im rußischen Heere. (Juli–Sept. 1903.) Vortrag geh. zu Berlin 1903 von [Eberhard] Frh. v. **Tettau**, Major im großen Generalstabe. (Mit 1 Kartenskizze.) *Berlin: E. S. Mittler & Sohn [1904].* (S. 35–79.) 8° [F.]
= Militär-Wochenblatt. 1904, Beih. 1/2, [2] [04. 744

**Tettau**: Das Gefecht der russischen Infanterie. Auf Grund des Exerzir-Reglements vom Jahre 1897 bearbeitet. Mit Abbildungen im Text. (Aus: „Tettau. Die russische Armee in Einzelschriften." Theil I. Heft 1.) Berlin 1899.

Die Jagdkommandos in der russischen Armee. Organisation u. Ausbildung. Berichtigter SA. aus Felddienst d. russ. Armee (1893) von [Eberhard] Frh. v. **Tettau**, Hauptm. Zugl. als Erg. zu: Die russ. Armee in Einzelschriften, Th. 1, H. 6. Berlin: Liebel 1901. (47 S.) 8°

**Tettau**: Kampfmittel und Gefecht der Feldartillerie. (Aus:) „Tettau. Die russische Armee in Einzelschriften." 1. Th. 5. Heft. Berlin 1899.

—— Die Kasaken-Heere. Militärisch-statist. Beschreibg. Nach russ. Quellen bearb. Mit 1 Stammtaf. der Kasaken-Heere u. 1 Skizze der Kasakenländer. gr. 8. (VIII, 284 S.) Berl. 892, Liebel. * 6 —; geb. * 7 —

— die russische Kavallerie in Krieg u. Frieden. Unt. bes. Berücksicht. der Kavallerie-Reglements v. J. 1896. gr. 8. (VIII, 170 S. m. Fig.) Ebd. 897. n. 3. —

— Die Kavallerie-Reglements vom Jahre 1896. Von der Einzelausbildung bis zur Ausbildung des Regiments (mit einem Anhange über die Ausbildung der Kasaken). Mit 40 Abbildungen im Text. (Aus: „Tettau. Die russische Armee in Einzelschriften." Theil I. Heft 2.) Berlin 1899.

— Die Kavallerie-Reglements vom Jahre 1896. *a.*) Gefecht in grösseren Kavallerie-Verbänden. *b.*) Gefecht zu Fuss. *c.*) Vorschrift für das Uebersetzen von Wasserläufe. *d.*) Anspannen von Kavallerie-Pferden an Geschütze. *e.*) Kavallerie-Signale (mit Noten). Mit 27 Abbildungen im Text. (Aus: „Tettau. Die russische Armee in Einzelschriften." Theil I. Heft 3.) Berlin 1899.

Tettau, Frhr. v., s.: Krieg, der russisch-japanische.

Tettau, Frhr. v., achtzehn Monate mit Rußlands Heeren in der Mandschurei. 1. Bd.: Von Beginn des Krieges bis zum Rückzug nach Mukden. Mit zahlreichen Abbildgn. nach eigenen photograph. Aufnahmen im Text u. 8 Kartenskizzen in Steindr. (VIII, 400 S.) Lex.-8. Berlin 907. E. S. Mittler & Sohn. n. 8. 50; geb. n. 10. —

— 18 Monate m. Rußlands Heeren in der Mandschurei. 2. (Schluß-)Bd.: Nach Liaoyan bis zum Friedensschluß. Mit zahlreichen Abbildgn. nach eigenen photograph. Aufnahmen im Text u. 8 Kartenskizzen in Steindr. (XI, 483 S.) Lex. 8. Berlin 908. E. S. Mittler & Sohn. 1. Bd. Ebd. 8.50; geb. 10.— 11.50; geb. 13. —

Tettau, E. Frh. v. Achtzehn Monate mit Rußlands Heeren in der Mandschurei. 2. Aufl. Bd 1. 2. Berlin 1907. 1908.
Bd 1. Von Beginn des Krieges bis zum Rückzug nach Mukden.
Bd 2. Von Liaoyan bis zum Friedensschluß.

Achtzehn Monate mit Rußlands Heeren in der Mandschurei. Von F[rh]. [Eberhard] v. Tettau, Major. Mit zahlr. Abb. u. Kartenskizzen. Bd 1. 2. Berlin: E. S. Mittler & Sohn 1907–08. 2 Bde 8° [F.]
1. Von Beginn d. Krieges bis z. Rückzug nach Mukden. 2. Aufl. 1907.
2. Nach Liaoyan bis z. Friedensschluß. 3. Aufl. 1908. [08. 3692]

Achtzehn Monate mit Russlands Heeren in der Mandschurei. Von F[rh]. [Eberhard] v. Tettau, Major. Mit zahlr. Abb. u. Kartenskizzen. 3. Aufl. Bd 1. 2. Berlin: E. S. Mittler & Sohn 1907–08. 2 Bde 8° [F.]
1. Von Beginn d. Krieges bis z. Rückzug nach Mukden. 1907.
2. Nach Liaoyan bis z. Friedensschluss. 1908. [08. 4279 4]

[F.] Der Patrouillendienst im Felde, unter bes. Berücks. russ. Verhältn. Zsgest. v. Frhr. [Eberhard] v. T(ettau), Prem.-Lieut. M. Abb. im Text. *Berlin: Liebel 1895.* (20 S.) 1 Bd 8. [96. 390]

Der Patrouillendienst im Felde unter bes. Berücks. russischer Verhältnisse. Zsgest. von [Eberhard] F[rh] v. T[ettau], Major. Mit 7 Taf. u. Abb., 2., auf Grund d. neuen Dienstvorschriften umgearb. u. vervollständigte Aufl. Berlin: Liebel 1903. (32 S.) 8° [F.] [03. 1484]

— Schanzvorschrift f. die russischen Truppen. Im Vergleich zu der deutschen „Feldpionier-Vorschrift" u. der französ. „instruction pratique sur les travaux de champ de bataille". gr. 8. (50 S. m. 2 Fig.-Taf.) Hannover 892. [Helwing's Verl.] Leipzig, Zuckschwerdt & Möschke. n. 1. —

— s. a. Schießvorschrift, die russische.

— die russische Schießvorschrift vom J. 1893 f. das Drei-Linien-Gewehr. gr. 8. (IV, 87 S.) Ebd. 894. n. 1. 60

Tettau, Frhr v. Die russ. Schießvorschrift vom Jahre 1896. Leipzig 1897. 8°.

— russischer Sprachführer f. den deutschen Offizier. 12. (VI, 100 S.) Ebd. 890. cart. n. 1. —

— russischer Sprachführer f. den deutschen Offizier. 2., vollst. umgearb. u. erweit. Aufl. 12. (X, 160 S. m. 1 Skizze.) Leipzig 898. Zuckschwerdt & Co. n. 2. —

Tettau. Vergleich der deutschen Felddienst-Ordnung vom Jahre 1900 mit dem französischen Règlement sur le service des armées au campagne und der russischen Nasstawlénije dlja palewoi sslusbby. (Vorschrift für den Felddienst.) Mit 4 Skizzen. „Tettau. Die russische Armee in Einzelschriften." I. Th. Heft 4 a. Berlin 1900.

— s. Vorgeschichte und Geschichte des russisch-japanischen Krieges bis zum 20. Juli 1904.

— Zeichenschlüssel zum Lesen russischer Karten. Zum Gebrauch f. Offiziere, Unteroffiziere u. Patrouillenführer. 12. (14 S. m. 1 Steintaf.) Ebd. 894. n. — 40

— Zeichenschlüssel zum Lesen russischer Karten. Zum Gebrauch f. Offiziere, Unteroffiziere u. Patrouillenführer. 2., verm. Aufl. (16 S. m. 2 Taf.) 12. Leipzig 904. Berlin, Zuckschwerdt & Co. n.n. — 50

Tettau, H. v., Reisebilder aus Frankreich und Spanien, s. Grieben's Reise-Bibliothek.

Tettau, H. C. F. v., Jahrbuch zum Gebr. häusl. Andacht u. zur Erheb. d. Herzens, od. kurze Betrachtungen u. Gebete zur Beförderung e. echt christl. Lebens. 8. (8½ B.) Eschwege 828, Hoffmann.

v. Tettau, H. C. F., Jahrbuch z. Gebrauche häusl. Andacht, u. zur Erhebung des Herzens, od. kurze Betrachtt. u. Gebete z. Beförder. eines echt christl. Lebens. 8. Eschwege 828. (Weygand in Leipz.) 12 gr, geb. 20 gr

Tettau, Katarina Frein v., Lieder. (78 S.) kl. 8. Berlin (904). Verlag Continent. n. 1. 50; geb. n. 2. 50

Tettau, Wilh. Frhr., Eisenbauten, s.: Meyer, Alfr. Ghold.

Tettau, Wilhelm Joh. Alb. von

Tettau, W. J. A. Frhr. v., Beiträge zur Kunstgeschichte v. Erfurt. [Aus: „Mittheilgn. d. Ver. f. d. Geschichte u. Alterthumskunde v. Erfurt".] gr. 8. (47 S.) Erfurt 889. (Villaret.) n. — 60

Tettau, W. Frh. v., Beiträge zu den Regesten der Grafen von Gleichen. Erf. Mitthlgn. Erfurt 1869. 2. Abthlg. Daselbst 1881. 8. Auch S.-A.

Tettau, Wilh. Joh. Alb., Beiträge zu den Regesten der Grafen v. Gleichen. 2. Abth. [1301—1631]. [Aus: „Mittheilgn. d. Vereins f. d. Geschichte v. Erfurt".] gr. 8. (121 S.) Erfurt 881. Villaret in Comm. n. 1. 20
Die 1. Abth. ist nicht in Sep.-Abdr. erschienen.

Tettau, W. J. A. Frhr. v., Beiträge zu einer vergleichenden Topographie und Statistik von Erfurt, s. Jahrbücher der kgl. Akademie gemeinnütziger Wissenschaften zu Erfurt.

— üb. d. Grafen Don Frances v. Viamonte handschriftliche Chronik v. Spanien von 1516 bis 1528. Vortrag. [Aus: „Jahrbb. d. k. Akad. gemeinn. Wiss. zu Erfurt".] gr. 8. (52 S.) Erfurt 890. Villaret. n. — 60

— dasselbe, s.: Jahrbücher der königl. Akademie gemeinnütziger Wissenschaften zu Erfurt.

— geschichtliche Darstellung d. Gebietes der Stadt Erfurt u. der Besitzungen der dortigen Stiftungen, s.: Jahrbücher der königl. Akademie gemeinnütziger Wissenschaften zu Erfurt.

**Tettau**, W. J. A. v., über die epischen Dichtungen der finnischen Völker, besonders die Kalewala. Ein Vortrag. br. 8. (163 S.) Erfurt 873. Villaret. n. 2. —

—— Die Stadt Erfurt u. der Erfurter Landkreis, s. Darstellung, beschreibende, der älteren Bau- u. Kunstdenkmäler d. Prov. Sachsen.

— Erfurt in seiner Vergangenheit u. Gegenwart. Historisch-topographisch-statist. Führer durch die Stadt. 2., umgearb. Aufl. Mit einer photograph. Ansicht des neuen Rathhauses u. 1 (chromolith.) Stadtplane (in gr. Fol.). 8. (127 S.) Ebend. 880. geb. n.n. 3. —

—— Erfurt in seiner Vergangenheit und Gegenwart. Historisch-topographisch-statist. Führer durch die Stadt. 2. umgearb. Aufl. Mit 1 photograph. Ansicht des neuen Rathhauses und 1 (chromolithogr.) Stadtplane (in gr. Fol.) 8. (342 S.) Ebendas.) 880. geb. **
Die 1. Aufl. erschien anonym.

**Tettau**, W. J. A. v., Erinnerungen an Italien. Aus einem Tagebuche. Erfurt 858. Villaret. 8. (IV, 192 S.) n. 24 ngr.

—— s. Erlebnisse eines deutschen Landsknechts.

— urkundliche Geschichte der Tettau'schen Familie in den Zweigen Tettau u. Kinsky. gr. 8. (I, 508 S. m. 27 genealog. Tab. u. 1 Steintaf.) Berlin 878. Stargardt in Comm. n. 12. —

— Nachträge u. Berichtigungen zur urkundlichen Geschichte der Tettau'schen Familie. gr. 8. (213 S. m. 8 Tab.) Berlin 889. (Stargardt.) n. 6. —
(Hauptwerk u. Nachträge: n. 18. —)

**Tettau**, W. J. A. Erhr. v., der Meister u. die Kosten des Gusses der grossen Domglocke zu Erfurt. Vortrag gehalten im Verein für die Geschichte u. Alterthumskunde von Erfurt am 26. Juli 1865. [Aus „Mittheilungen des Vereins für die Geschichte von Erfurt."] Erfurt 866. Villaret. gr. 8. (47 S. mit 2 Steindrtaff. in Tondr.) n. 10 ngr.

— über die Quellen, die ursprüngliche Gestalt u. die allmählige Umbildung der Erzählung von der Doppelehe eines Grafen von Gleichen. Ein krit. Versuch. [Aus „Mittheilungen des Vereins für die Geschichte von Erfurt."] Ebend. 867. gr. 8. (146 S.) n. 20 ngr.

—— die Reduction von Erfurt und die ihr vorausgegangenen Wirren (1647—1665). Nach meist handschriftl. und amtl. Quellen dargestellt. Ein Vortrag in der k. Academie gemeinnütz. Wissenschaften zu Erfurt. Mit einem Urkundenbuch. gr. 8. (342 S. mit 1 lithogr. Plan in Fol.) Erfurt 863, Villaret. *
Aus: Jahrbücher der k. Academie gemeinnütziger Wissenschaften zu Erfurt, besonders abgedruckt.

**v. Tettau**, Wilh. Jh. Alb., topograph.-statist. Uebersicht des Reg.-Bezirks Liegnitz. Im Auftrage der Königl. Regierung bearb. 2. Abth. A. u. d. T.: Ortschafts-Verzeichniß des Reg.-Bez. Liegnitz. gr. 4. Liegnitz 846, Gerschel. n. 2/3 ℞
(Die 1. Abtheilung ist noch nicht erschienen.)

— Erfurts Unterwerfung unter die Mainzische Landeshoheit, s.: Neujahrsblätter.

—— über das staatsrechtliche Verhältniss von Erfurt zum Erzstift Mainz. Ein Vortrag gehalten in der öffentl. Sitzung der Akademie gemeinnütziger Wissenschaften zu Erfurt den 16. Oktbr. 1859. gr. 8. (140 S.) Erfurt 860, Villaret. *
Aus: Jahrbücher der k. Akademie gemeinnütziger Wissenschaften zu Erfurt, besonders abgedruckt.

**Tettau**, W. J. A. v., u. J. D. H. Temme, die Volkssagen Ostpreußens, Litthauens u. Westpreußens. gr. 8. (19 3/4 B.) Berlin 837, Nicolaische Buchh.

Tettelbach, Johann Gottfried (Rammenau) A. S. 1202/23

Dissertatio inauguralis botanico-medica, de ordinandis rectius virgis aureis, genuinis aeque ac spuriis, usuque officinalium medico, singulariter excerpto. Präs. Johann Christoph Lischwiz.
Leipzig (Langenheim) 28. XII. 1731. 80 S.

W. v.: Präs. 34236

**Tettelbach**, M., Hülfsblätter z. Studium der Botanik, herausgg. v. T. u. J. Seidel. 1e—4e Liefer. Mit Kpf. gr. 8. Dresd. 821—25. (Leipz., Barth). 1 ℞ 3 ℊ illum. 3 ℞ 8 ℊ Velinp. illum. 9 ℞ 8 ℊ

**Tettenbach, Graf von,** oder die Jesuiten des 17. Jahrhunderts. Leipzig 1847. V: *Damitz, Carl von.* (Ky)

**v. Tettenbach, Graf**, oder die Jesuiten des 17. Jahrh. (Neue Ausg. von: „Emmerich v. Töckely. Von K. v. Damitz.") 3 Thle. 8. (825 S.) Leipzig 847, Krappe. 3 ℞

**Tettenborn, Albrecht**, Referendar: Prinzip und Richtungen der Kriegsmittelverbote des Landkriegsrechtes. Bonn: Georgi 1909. 63 S. 8°
Würzburg, Jur. Diss. v. 26. Nov. 1909, Ref. Meurer
[Geb. 7. April 83 Kassel; Wohnort: Ehrenbreitstein; Staatsangeh.: Preußen; Vorbildung: Gymn. Kassel Reife O. 00; Studium: Freiburg i. B. 3, Bonn 3 S.; Rig. 20. Okt. 09.] [U 10. 4334

Tettenborn, Christoph Gabriel (Quedlinburg) A. S. 1183/5

Dissertatio inauguralis medica de febribus intermittentibus et cognoscendis et curandis.
Halle (Hilliger) V. 1726. 24 S. 34237

Tettenborn, Paul. Über die Einwirkung von Bromkönigswasser und Königswasser auf Salicylsäure. Diss. Phil. (= Sci.) Lausanne. 64 S. 8. Potsdam, A. W. Hayn's Erben, 1904.

**Tettenhamer**, Eugen [app. Arzt]: Ueber das Vorkommen offener Schlundspalten bei einem menschlichen Embryo ... München, J. F. Lehmann, 1892; 34 S., 1 Taf. 8.
München, Med. Fak., Inaug.-Diss. v. [17. Dez.] 1891

Tettenhamer, Eug. Über das Vorkommen offener Schlundspalten bei e. menschl. Embryo, s. a. Abhandlungen, Münchener medicin.

**Tettenhaumer**, E. Über das Vorkommen offener Schlundspalten beim menschlichen Embryo. In-8°. 34 S. München, J. F. Lehmann (Depot für die Schweiz: E. Speidel in Oberstrass Zürich). 1 35
*** Münchner medicinische Abhandlungen. Heft 28.
1892.

**Tettinek**, Jh. Er., die Armenversorgung in Oesterreich, oder Zusammenstellung sämmtl. das Armenwesen betreff. Gesetze u. Verordnungen. 8. Salzburg 846, Mayr. 2/3 ℞

**Tettinek**, Joh. Ernest, die Armen-Versorgung in Oesterreich, od. Zusammenstellung sämmtl. das Armenwesen betreff. Gesetze u. Verordnungen. 8. (VI u. 199 S.) Salzburg 847, Mayr. 2/3 ℞

— Das Domizil oder Heimathsrecht hinsichtlich der Armenversorgung. 8°. Salzburg 1844.

Tettmajer, L., s. Tetmajer

Tettnang [Schlagwort]

**Tettnang**, s.: Geognostische Karten (Württemberg).

• Têtu, Monsieur, ou la cranomanie; Comédie folie en 1 Acte, p. M. Delubosse. gr. 8. Rudolstadt, Hofbuchh. 809.

Tetuan [Schlagwort]

Tetuan — Plan der Schlacht von — etc. [Span. Spr.] 20,000. Madrid 1860. 1 Bl.

**Tetzel u. s. Ablaßkasten**, s.: Volksaufklärung.

Eugen Tetzel. Elementarstudien der Gewichtstechnik und Rollung beim Klavierspiel. Leipzig [usw.]: Breitkopf & Härtel (1909). 9 S. 4°
(Tetzel: Das Problem d. modernen Klaviertechnik. Erg.)

**Tetzel, Eug.**, neuer Lehrgang des Klavierspiels, erläutert durch e. Abhandlg. über die leit. Grundsätze in Form e. Broschüre. (70 S. u. 16 S. in 12.) gr. 4. Berlin (903). Tempelhof, Eisoldt & Rohkrämer. 3. —; Broschüre allein (16 S.) — 30

Neuer Lehrgang des Klavierspiels erl. durch e. Abhandlung über d. leitenden Grundsätze in Form e. Broschure von Eugen Tetzel. [Nebst] Begleitbroschure. *Berlin: Eisoldt & Rohkrämer (1903).* 1 Bd 4°, 1 Bd 8° [04. 391]

**Tetzel, Eug.**, allgemeine Musiklehre u. Theorie des Klavierspiels. gr. 8. (48 S.) Berlin 902. O. Jonasson-Eckermann. 1. 50

**Tetzel, Eug.**, das Problem der modernen Klaviertechnik, verf. unter Beratg. v. Xaver Scharwenka. (XIV, 99 S.) gr. 8. Nebst Elementarstudien der Gewichtstechnik u. Rollung beim Klavierspiel. Praktische Ergänzg. zu desselben Verf. Werk „Das Problem der modernen Klaviertechnik". (9 S.) 31,5×23,5 cm. Leipzig 909. Breitkopf & Härtel. 4.—; geb. u. geh. n 5.—; Elementarstudien allein 1. —

Das Problem der modernen Klaviertechnik verf. von Eugen Tetzel unter Beratung von Xaver Scharwenka. [Nebst] Prakt. Ergänzung. Leipzig: Breitkopf & Härtel 1909. 1 Bd 8°, 1 Bd 4°
Erg. [u. d. T.:] Tetzel: Elementarstudien d. Gewichtstechnik u. Rollung beim Klavierspiel.

**Tetzel, Johannes**, der Ablaßkrämer. Ein Seitenstück zu der Reliquienverehrung u. dem heil. Rock zu Trier. gr. 8. Leipzig 845, Orthaus. 3 ngl

**Tetzel, Karl**, richtet nicht! Eine Erzählg. f. die reifere Jugend u. das Volk. gr. 8. (IV, 114 S.) Braunschweig 902. E. Appelhans & Co. n. 1. —; kart. n. 1. 20

**Tetzel, Karl**, verirrt u. heimgefunden. Transatlantische Erzählg. zur Unterhaltg. u. Belehrg. f. das Volk. (192 S. m. 8 Farbdr.) 8. Konstanz (903). Zürich, Christl. Buch- u. Kunstverlag C. Hirsch. Geb. n. 1. —

**Tetzer, A. W.**, Christi Bergpredigt nach der Angabe des Evang. Matthäus, Cap. 5, 6, 7, erklärt u. im Zusammenhange als ein Ganzes zur Erbauung f. Erwachsene dargestellt. 8. (32 S.) Weißenfels 851, Sueß. 3 ngl

**Tetzer, M.**, s.: Grünfeld, J., Compendium d. Augenheilkunde.

**Tetzer's, Mart.**, Compendium der Augenheilkunde nach systematischen Vorträgen. Hrsg. v. J. Grünfeld. Mit 3 lih. Taf. 2. verm. v. O. Bergmeister umgearb. Aufl. gr. 8. (X, 507 S.) Wien 873. Graeser. n. 10. 80

**Tetzer, Max**, Compendium der Augenheilkunde. Nach den systemat. Vorträgen hrsg. von J. Grünfeld. Mit 3 lith. Taf. 3., verb. Aufl. gr. 8. (X, 468 S.) Wien 878. Perles. n. 10. 80

**Tetzlaff, A.**, im Orient, s.: Hager, O.

Die Shakespeare-Bacon-Frage. In ihrer histor. Entwickelg bis z. heutigen Stande popul.-wissenschaftl. dargest. v. A. Tetzlaff. Hrsg. v. student. Shakespeare-Ver. zu Halle a. S. (Halle a. S.: Commv. v. F. Starke; Buchdr. C. Colbatzky [1896].) (40 S.) 1 Bd 8°

**Tetzlaff, A.**, die Shakespeare-Bacon-Frage. In ihrer histor. Entwickelg. bis z. heut. Stande populärwissenschaftlich dargestellt. Hrsg. v. student. Shakespeare-Verein zu Halle a/S. gr. 8. (40 S.) Halle 896. (F. Starke.) n. 1. —

Tetzlaff, Arthur, aus Prenzlau: Die Kindergestalten bei den englischen Dramatikern vor Shakespeare und bei Shakespeare selbst. Halle a. S. 1898: Herrcke & Lebeling in Stettin. (72 S.) 8°
Halle, Phil. Diss. v. 1898

Tetzlaff, Gotthard: Die Holzreste von Leubingen. Ein Beitrag zur Kenntnis der deutschen Laubhölzer mit besonderer Berücksichtigung der fossilen. Halle 1881: (Pasenow in Stettin). 45 S. 8°
Halle-Wittenberg, Phil. Diss. v. [4. Aug.] 1881
Geb. Stettin 5. 3. 1857. V.

Tetzlaff, *Gotthard Lebrecht Adolf*: Darstellung der atomistischen Hypothese nach den modernen Theorien der Chemie. 4 (16 S.)
**Progr.** G. *Stralsund* 1886 (132)

Tetzlaff, Johann Christian (Treptow) U. S. Halle 1724/2

Dissertatio iuridica de inutilitate postionum cum iuramento dandorum et respondendorum.
Präs. Simon Peter Gasser.
Halle (Grunert) 28. VI. 1724. 55 S.

Gew.: Kaspar Otto von Massow.
W. v.: Präs. 34240

**Tetzlaff, Max. Jos.**, de Antiochi III. magni Syriae regis rebus gestis ad regnum Syriae reficiendum usque ad illa tempora, quibus cum Romanis congressus est. Dissertatio. gr. 8. (43 S.) Münster 874. Coppenrath. n. 1. —

**Tetzlaff, Osk.**, die langfristigen Anleiheschulden der preussischen Landkreise am Schlusse des Rechnungsj. 1903. (42 S.) 32×23,5 cm. Berlin 908. Verlag des k. statist. Landesamts. 1. 20
Sonderabdruck aus: „Ztschr. d. kgl. preuss. statist. Landesamts".

Die Ergebnisse der Grundstücks- und Wohnungsaufnahmen im Jahre 1900 in Berlin und den Nachbargemeinden, die seit 1900 in Berlin alljährlich leerstehenden Wohnungen u. entstandenen Neubauten. (Verf.: Dr. [Oskar] Tetzlaff.) *Berlin: P. Stankiewicz 1904.* (85 S.) 4°
= Statistik, Berliner, hrsg. v. Statist. Amt d. Stadt Berlin. H. 2. [04. 1518]

— Finanzstatistik der preußischen Landkreise f. d. Rechnungsj. 1903, s. a. Statistik, preußische.

Finanzstatistik der preußischen Landkreise für das Rechnungsjahr 1903. Im amtl. Auftr. bearb. von Dr. Oskar Tetzlaff. T. 1. 2. 3a. d. Berlin: Kgl. Statist. Landesamt 1908. 6 Bde. 4° [S.]
= Statistik, Preußische. 205. [08. 13170 3]

— Finanzstatistik der preußischen Provinzial-(Bezirks- usw.) Verbände f. das Rechnungsj. 1903, s. a. Statistik, preußische.

Finanzstatistik der preußischen Provinzial-(Bezirks- usw.) Verbände für das Rechnungsjahr 1903. Im amtl. Auftrage bearb. von Dr. Oskar Tetzlaff. Berlin: Statist. Landesamt 1909. XCIV, 107 S. 4°
(Preußische Statistik. 215.)

— Die Schulden der preußischen Städte u. der mehr als 10000 Einwohner zählenden preußischen Landgemeinden nach dem Stande vom 31. III. 1906, s.a. Statistik, preußische.

Die Schulden der preußischen Städte und der mehr als 10,000 Einwohner zählenden preußischen Landgemeinden nach d. Stande vom 31. März 1906. Im amtl. Auftr. bearb. von Dr. Oskar Tetzlaff. T. 1. 2. Berlin: Kgl. Statist. Landesamt 1909. 4°
1. Einleitung.
2. Tab. 1. Die ... im Rechnungsjahr 1905 erhobenen direkten Gemeindesteuern ... 2. Das Vermögen u. die Schulden ...
(Preußische Statistik. 217.)

**Tetzlaff,** Oskar, aus Prenzlau: Das kommunale Steuerwesen der Stadt Halle a. S. *Berlin 1902: J. Belling.* (130 S.) 8°
Erlangen, Phil. Diss. v. 2. Dez. 1901

**Tetzlaff,** Willy [aus Wernigerode a. Harz]: Über die Einwirkung von aromatischen Senfölen auf Phenoläther bei Gegenwart von Aluminiumchlorid ... Heidelberg, Univ.-Buchdr. v. J. Hörning, 1894; 36 S., 1 Bl. 8.
Heidelberg, Naturw.-math. Fak., Inaug.-Diss. v. [27 Okt.] 1893

**Tetzlaff, Willy,** üb. die Einwirkung v. aromatischen Senfölen auf Phenoläther bei Gegenwart v. Aluminiumchlorid. Diss. gr. 8. (36 S.) Heidelberg 894. (J. Hörning.) n. — 80

**Tetzner,** Franz [aus Werdau]: Die wissenschaftliche Bildung des „juncherren" in der Blütezeit des Rittertums. (Insbesondere nach den höfischen Dichtern dargestellt.) (Ein Beitrag zur Geschichte der mittelalterlichen Pädagogik in Deutschland. . . . (Aus: Der praktische Schulmann, Bd. 38.) Leipzig, Druck v. C. Grumbach (Joh. Curitz) (1889); 25 S. + 1 Bl. 8°
Leipzig, Phil. Fak., Inaug.-Diss. v. 27. Jun. 1889

**Tetzner,** *Franz* [Dr.]: Die Bildungsbestrebungen im Frankenreiche vor Karl dem Grossen. Leipzig, Druck v. C. G. Naumann, *1894;* 1 Bl., 11 S. 4.
Leipzig, I. st. R, OP 1894 (570)

— u. H. Tetzner. Dainos, s. Universal-Bibliothek.

**Tetzner, F.,** die Dampfkessel. Ein Lehr- u. Handbuch f. Studierende techn. Hochschulen, Schüler höherer Maschinenbauschulen u. Techniken, sowie f. Ingenieure u. Techniker. gr. 8. (X, 222 S. m. 95 Fig. u. 34 lith. Taf.) Berlin 902. J. Springer. Geb. in Leinw. n. 8. —

**Tetzner, F.,** die Dampfkessel. Ein Lehr- u. Handbuch f. Studierende techn. Hochschulen, Schüler höherer Maschinenbauschulen u. Techniken, sowie f. Ingenieure u. Techniker. 2., verb. Aufl. (X, 250 S. m. 134 Fig. u. 88 lith. Taf.) gr. 8. Berlin 905. J. Springer. Geb. in Leinw. n. 8. —

**Tetzner, F.,** die Dampfkessel. Lehr- u. Handbuch f. Studierende techn. Hochschulen, Schüler höherer Maschinenbauschulen u. Techniken, sowie f. Ingenieure u. Techniker. 4., verb. Aufl. (XII, 294 S. m. 162 Fig. u. 45 lith. Taf.) gr. 8. Berlin 910. J. Springer. Geb. in Leinw. 8. —
3. Aufl. (XII, 260 S. m. 149 Fig. u. 38 Taf.) 907.

**Tetzner, F.,** unsere Dichter in Wort u. Bild. 4. Bd. (Weltpoesie.) gr. 8. (370 S. m. 15 Bildnis-Taf.) Leipzig 894. R. Claußner. 3. —; geb. m. Goldschn. n. 4. — (1—4.: 10. —; geb. n. 14. —)
s.: Claußner, R.

**Tetzner, F.,** unsere Dichter in Wort u. Bild. 5. u. 6. Bd. gr. 8. Leipzig, R. Claußner. n. 6. 90 (1.—6.: n. 16. 90)
5. (188 S. m. Bildn.) 895. n. 3. 50
6. (188 S. m. Bildn.) 896. n. 3. 40

— Geschichte der deutschen Bildung u. Jugenderziehg. v. d. Urzeit bis zur Errichtung v. Stadtschulen. gr. 8. (XVI, 404 S. m. 14 Abb.) Gütersloh 897. C. Bertelsmann. n. 5. 50; geb. n.n. 6. 50

— deutsche Geschichte in Liedern deutscher Dichter, s.: Universal-Bibliothek.

— Namenbuch, s.: Universal-Bibliothek.

— Schlick. Neue Gedichte u. Schilderqn. 12. (64 S. m. Bildnis.) Leipzig 893. R. Claußner. n. 1. 50; geb. n. 2. 50

**Tetzner, Frz.,** die Slawen in Deutschland. Beiträge zur Volkskunde der Preussen, Litauer u. Letten, der Masuren u. Philipponen, der Tschechen, Mährer und Sorben, Polaben u. Slowinzen, Kaschuben u. Polen. Mit 215 Abbildgn., Karten u. Plänen, Sprachproben u. 15 Melodien. gr. 8. (XX, 518 S.) Braunschweig 902. F. Vieweg & Sohn. n. 16. —

— die Slowinzen u. Lebakaschuben, s.a. Beiträge zur Volks- u. Völkerkunde. 8. Bd.

Die Slowinzen und Lebakaschuben. Land u. Leute, Haus u. Hof, Sitten u. Gebräuche, Sprache u. Litteratur im östl. Hinterpommern. Mit 1 Sprachkarte u. 3 Taf. Abb. Von Dr. F[ranz] Tetzner. Berlin: E. Felber 1899. (VIII, 272 S.) 8°
(Beiträge z. Volks- u. Völkerkunde. Bd 8.)

— Spielmanns-Weisen. Ein Liederstrauß zeitgenöss. Dichter. 16. (200 S. m. 1 Bildnis.) Ebd. 893. 2. 25, geb. 3. —

— Deutsches Sprichwörterbuch, s. Universal-Bibliothek.

— mathematisch-technische Tabellen, s.: Kühne, H.

— Wörterbuch sinnverwandter Ausdrücke, s. Universal-Bibliothek.

— deutsches Wörterbuch, s.a. Universal-Bibliothek.

Tetzner, Franz, Deutsches Wörterbuch. Leipzig o. J. [1894.] 24.
Ist: Univ.-Bibliothek 3165—3170. . . . . . . . . . . . . . . . . . . . . . . . . . . (D.)

— Wörterverzeichnis zur deutschen Rechtschreibung, s.: Universal-Bibliothek.

Tetzner, F[riedrich], aus Wernigerode a. H.: Ueber die Salzsäure-Additionsprodukte der Alkyliden-Desoxybenzoine. Heidelberg 1902: J. Hörning. (45 S.) 8°
Heidelberg, Naturw.-math. Diss. v. 1902

**Tetzner, H.,** Anstands-Codex. Die unentbehrlichsten Vorschriften üb. den guten Ton zu Hause u. in der Gesellschaft. 16. (15 S.) Leipzig 893. R. Claußner. n. — 25

Langensalza. — Tetzner, Rich., Plan von Langensalza. Chromolithogr. qu. gr. 4. Langensalza 887, Wendt und Klauwell. — 25

**Tetzner,** *Robert* [Dr.]: Der Gebrauch des Infinitivs in Xenophons Anabasis. Doberan, Druck v. H. Rehse & Co., 1891; 26 S. 4°
Doberan, groszh. G. Friderico-Francisceum, OP 1891 (641)

Tetzner, Rob.: Peter Lindenberg und seine Rostocker-Chronik. Rostock 1878.

**Tetzner,** Rudolf, approb. Arzt aus Zwickau i. S.: Zur Casuistik der traumatischen Jackson'schen Epilepsie mit Schädellückenbildung nach einfacher Schädelfraktur im Kindesalter. *Leipzig 1904: B. Georgi.* (32 S.) 8°
Leipzig, Med. Diss. v. (8. Juli) 1904

Tetzner, Theodor, s.a. Tetzner, Theodor Chr.

**Tetzner,** Thdr., neues Bilderbuch mit unterhaltenden Erzählungen. Mit 11 Abbild. 8. Magdeb. 845, Baensch. 1/4 Thlr.

— Erdkunde für Bürgerschulen, Seminarien u. zum Selbstunterricht. 8. Leipzig 843, Eisenach. 1 1/2 Thlr.

—— allgemeine Geschichte in Verbindung mit Geographie. Leitfaden für Bürgerschulen. 8. (12 1/4 B.) Langensalza 846, Tetzner.

**Tetzner's,** Thdr., Lehrbuch der Geographie zum Gebrauch für Schulen, Seminarien, sowie zum Selbstunterricht. 2. neu bearb. Aufl. Herausg. von Frdr. Wilh. Looff. 1. u. 2. Liefg. Leipzig 863, 64. Werner. gr. 8. (S. 1—640 m. Holzschn.) Jede Liefg. 25 ngr.

Tetzner's, Thdr., Lehr- und Handbuch der Geographie zum Gebrauch für Schulen, Seminarien, sowie zum Selbstunterricht. 2., nach den besten Quellen neu bearb. Aufl. Hrsg. von Friedr. Wilh. Looff. 5 Lfgn. gr. 8. (X und 1426 S. mit 41 eingedr. Holzschn.) Leipzig 863—66, Werner. [1.—3. Lfg. à 25 Ngr., 4. Lfg. 27 Ngr., 5. Lfg. 15 Ngr.]

—— dass. — Mit einem Nachtrag, die neuesten staatl. und statist. Veränderungen enth. gr. 8. (X und 1468 S. mit eingedr. Holzschn.) Ebendas 868. [Fr. Voigt's Buchh.]
Ermäßigter Preis
geb. * 1 Thlr. 10 Ngr.; geb. in Halbfrzbd. *

Tetzner, Theodor: • De Novi Testamenti Miraculis. 48 S. 8° (4°)
Halle-Wittenberg, Phil. Diss. v. 10. Nov. 1817
Geb. [Frankenhausen am Kyffhäuser 15. 11. 1792].

— Phantasus. Almanach auf das Jahr 1843. 16. Langensalza 842, Schulbuchh. des Thüring. Lehrervereins. 1/3 Thlr.

— Preußen. Geschichte seines Volkes u. seiner Fürsten von der frühesten bis auf die neueste Zeit. In 20 Heften. gr. 16. Mit 21 Stahlst. Leipzig 843—45, Naumburg. (à n. 1/6 Thlr.) 3 Bde. cart. n. 3 1/3 Thlr.

**Tetzner,** Thdr., Preußen. Geschichte seines Volkes u. seiner Fürsten ꝛc. 2. Sterot.-Ausg. Mit Gratis-Prämie. In 20 Liefg. 16. Leipzig 845, 46, Naumburg. à n. 1/6 Thlr. — dass. (Volksausg.) in 3 Bden. Mit 3 Stahlst. 16. Ebend. 1/2 Thlr.

— das Soldatenkind. Erzählung. Mit 8 (lith. u.) color. Abbildgn. (Abdr. aus der Vierteljahrsschrift: „Die Welt.") Langensalza 858. Schulbuchhandlung. 8. (119 S.) 15 ngr.

**Tetzner,** Thdr., das Soldatenkind. Erzählung. 3. Aufl. Abgedr. aus der Vierteljahrsschrift: „Die Welt." Langensalza 862. Greßler. 8. (122 S.) 9 ngr.

—— gewöhnliche Wahrheiten in ungewöhnlichem Gewande. Kleine Aufsätze pädag. Inhalts. 12. (3 B.) Langensalza 845, Tetzner.

— s. Welt, die, unterhalt. u. belehr. Vierteljahrsschrift.

**Tetzner,** Thdr. Chr., die Abende auf d. Herrmannstein. Sagen u. Erzähll. f. die Jugend. Mit 4 Kpf. 8. Magdeb. 821. Rubach. 1 Thlr.

— Andeut. aus d. Geschichte d. Mittelalters. 8. Mühlhausen 827. Heinrichshofen. 1 1/2 gGr.

— Andeutungen aus d. Geschichte alter Völker. 8. Mühlhausen 825. Heinrichshofen. 3 gGr.

— das Buch der Mährchen u. Fabeln, zur angenehmen u. lehrreichen Unterhaltung für die Jugend. Mit 4 illum. Steindr. Quedlenb. (830.) Basse. 1 Thlr. 4 gGr.

—— allgem. Geschichte f. Bürgerschulen. Seminarien u. Selbstunterr. 3 Bdchn. 8. (48 1/2 B.) Leipzig 831, Dürr.

**Tetzner,** Thdr. Chr., allgemeine Geschichte für Bürgerschulen, Seminarien und Selbstunterricht. 2 Bde. 2e verm. u. verb. Aufl. 8. Leipzig 837. Dürr. 5/6 Thlr.

**Tetzner,** Thdr., allgemeine Geschichte für Bürgerschulen, Seminarien und Selbstunterricht. 1. Bd. Alte u. mittlere Geschichte. — 2. Bd. Geschichte der neuern Zeit. 4. verb. und bis zur neuesten Zeit fortgeführte Aufl. Leipzig 853. Dürr'sche Buchhdlg. 8. (X, 404; IV, 411 S.) n. 1 Thlr. 10 ngr.

— allgemeine Geschichte in Tabellen. Nach seinem größern Lehrbuche. gr. 4. Leipzig 838. Dürr. 1/2 Thlr.

— Geschichte der Hellenen. Ein Handbuch für höhere Schulanstalten u. f. den Selbstunterricht. gr. 8. Brandenb. 824. Wiesike. 16 gGr.

— Geschichte der Römer. Ein Handbuch für höhere Schulanstalten u. d. Selbstunterricht. gr. 8. Brandenb. 824. Wiesike. 20 gGr.

**Tetzner,** Theod., Geschichte der Zigeuner; ihre Herkunft, Natur u. Art. Für gebild. Leser dargestellt. gr. 8. (9 1/2 B.) Weimar 835, Voigt. Thlr.

— Katechismus der Voltigirkunst. Ein Anhang zu Klatte's Reiterkatechismus. Mit 1 Kpf. 8. Leipz. 827. Baumgärtner. 9 gGr.

Tetzner, Theodor, Katechismus der Voltigierkunst, E. Anh. zu Klattes Reiterkatechismus, m. Abb., Leipzig 1828, 90 S., 8°.

**Tetzner,** Th., Leitfaden f. den Unterr. in d. allgem. Geschichte, besond. in Bürgerschulen. Nach d. größeren Lehrbuche. 8. (14 B.) Leipzig 832, Dürr. Thlr.

**Tetzner,** Thdr., Leitfaden für den Unterricht in der allgemeinen Geschichte, besonders in Bürgerschulen. Nach dem größern Lehrbuche. 3. verm. Aufl. 8. (VIII u. 229 S.) Leipzig 852, Dürr. 1/6 Thlr.

— Leitfaden für den Unterricht in der allgemeinen Geschichte, besonders in Bürgerschulen. Nach seinem größeren Lehrbuche bearb. 4. bis zum Frieden von Villafranca [1859] fortgeführte Aufl. Leipzig 860. Dürr'sche Buchhdlg. 8. (IV, 232 S.) 6 ngr.

— Lesebuch f. Bürgerschulen. 8. Magdeb. 823. Rubach. 8 gGr.

— Dass. unter d. T.: Lehrreiche u. angenehme Unterhaltungen f. Knaben u. Mädchen. Mit 8 illum. Kpf. 8. Magdeb. 823. Rubach. 22 gGr.

— Lesebuch f. Mittel- u. Ober-Klassen höherer Bürgerschulen u. Gymnasien. A. u. d. T.: Ausgewählte prosaische u. poet. Lesestücke ꝛc. 8. Nordhaus. 827. (Dörffling in Leipz.) 10 gGr.

— Lesebuch f. Mittel- u. Obere Classen höherer Bürgerschulen u. Gymnasien. A. u. d. T.: Ausgewählte prosaische u. protestant. Lesestücke ꝛc. 8. Nordhausen 827, (Landgraf.)

— Lesebuch für Mittel- u. Oberklassen höherer Bürgerschulen u. für Unterklassen der Gymnasien. — A. u. d. T.: Ausgewählte prosaische und poetische Lesestücke, in zweckmäßiger Stufenfolge geordnet. 2. Aufl. 8. Ebend. 842. 1/2 ß

— die Schule der sieben Weisen, ein Büchlein f. die Jugend. 8. Nordh. 822. (Dörffling Leipz.) 12 gr Hbg. Pr. 6 gr

— die Schule der sieben Weisen; ein Büchlein f. die Jugend. 8. Nordhausen 822, Landgraf.

— Schwimmer-Katechismus f. diejenigen, welche d. Schwimmen lehren u. lernen wollen. 8. Leip.. 826. Baumgärtner. 12 gr

Tetzner, Theodor, Schwimmer-Katechismus für die, welche das Schwimmen lehren oder lernen wollen, Leipzig 1827, VIII u. 100 S., 8°.

— lehrreiche u. angenehme Unterhaltungen f. Kinder u. Mädchen. s. dess. Lesebuch 2r Thl.

**Tetzner**, Dr. Th. Neue Voltigier-Schule oder vollständige Anweisung zum Voltigieren. Ein Lehrbuch für Kavalleristen, überhaupt für Reiter u. für alle Freunde der Gymnastik. Mit Hlzschn. Nordhausen 1822. 148 S.

— neue Voltigir-Schule od. vollständ. Anweis. z. Voltigiren. Mit 2 Steindr. 8. Nordhaus. 822. (Dörffling in Leipz.) 14 gr Hbg. Pr. 6 gr

— neue Voltigir-Schule od. vollständ. Anweisung zum Voltigiren. Mit 2 Holzschn. 8. Nordhaus. 822, Landgraf.

— der Weg z. Leben; 5 erbaul. Betrachtt. f. gute Christen. 8. Nordhaus. 822.

**Tetzner**, Thdr. Chr., Zeitgeist u. Stock. Zwei Schulreden. 8. Langensalza 827. (Dörffling in Leipz.) 2 gr

— Zeitgeist u. Stock. Zwei Schulreden. 8. Nordhausen 827, (Landgraf.)

Tetzner, Wilhelm

— Handbuch d. Naturbeschreib. z. Schul- u. Privatunterricht prakt. bearb. gr. 8. Hannov. 826. Hahn. 20 gr

**Tetzner**, Dr. Wlh., kurzer Leitfaden f. d. Unterricht in d. Geographie. 8. Hannov. 823. (Helwing). 6 gr

Teubel, Heinrich

Teubel, H.: Schützen-Predigt vom Vogelschießen. Leipzig, 1714.

Teubeler, Johann Christoph

**Teubeler**, Jh. Cph., (+ d. 9. Oct. 1805.) Diss. inaug. med. chir. de vulneribus cerebri non semper lethalibus. (Praes. Andr. Elia Büchner). 4. Halle 750 (80 S.)

Teubeler, J. Ch. (Resp.): De vulneribus cerebri..., s.a. B u e c h n e r, Andr. El. (Praes.)

**Teuber**, Anna Barbara, vermischte Gedichte. 8. Brandenb. Wohlfeld. 738.

Teuber, August [Wirkl. Name], s.a. B r a c h t, Theodor [Pseud.]

**Teuber**, Aug., s.: Aeneis, kleine.

Teuber, [August]: [Ansprache bei der Trauerfeier für den ehemaligen Direktor der Anstalt Geh. Oberschulrat Dr. Albert von Bamberg, gestorben am 24. Jan. 1910 zu Gotha.] S. 10—11. 4.
**Progr.** Wilhelms-Gymn. *Eberswalde* 1910 (83).

**Teuber**, (August), Dir, Prof. Dr.: Antrittsrede. Eberswalde 1904: C. Müller. (S. 23—28.) 4°
Eberswalde, Wilhelms-G P 1904 (77)

Teuber, Aug. De auctoritate commentorum in Terentium quae sub Aelii Donati nomine circumferuntur. 22 S. *Eberswalde* 1881
**Progr.**

**Teuber**, A[ugust]: •De commentariis Aelii Donati in Terentii fabulas capita IV. 42 S. 4° (2°)
Halle-Wittenberg, Phil. Diss. v. 20. Dez. 1874
Geb. [Zanow (Kr. Schlawe, Pomm.) 8. 9. 1850]
Vom Verf. ersch.: De auctoritate commentorum in Terentium, quae sub Aelii Donati nomine circumferuntur. Eberswalde 1881: Müller. 22 S. 4° Wilh.-G. u. Höh. Bürgerschule, Progr.
Verf. erlebte die nachträgliche Diplomerneuerung 1926 als Geheimer Regierungsrat. Professor. Gymnasialdirektor a. D. in Eberswalde.

— **Eberswalde u. d. Hohenzollern. Rede, zur Feier d. Geburtstages Sr. Maj. d. Kaisers u. Königs geh. in der Aula des Wilhelmsgymnasiums am 27. I. 1898. gr. 8. (36 S. m. 1 Ansicht u. 1 Plan.) Eberswalde 898.** J. Courtois. n. — 80

Ernstes und Heiteres aus dem Kriegsjahre 1870/71. Erlebnisse e. Hundertsiebeners namentlich während d. Belagerung von Paris. Jung u. alt erzählt von Theodor B r a c h t (August **Teuber**). 3. Aufl. Halle: Waisenhaus 1907. (216 S.) 8° [J.] 07. 8374 3

Teuber, August, Turner-Gustel, Original-Couplet m. Tanz u. turnerischen Übungen, Mühlhausen i. Thür., 3 2 S., 4°.

**Teuber**, Chr. And., de utilitate linguae Anglicanae in expl. s. script. ex Evangel. vernaculae vers. c. angelicana e fontibus collatis demonstrata. 8. Lips. (Helwing, Hannover.) 731.

— — idem liber ex epistolicis. 8. ibid. 733.

**Teuber**, E.: Die Wahrheit als Prinzip im Unterrichte auf katholischen Gymnasien. 23 S. Neiße, Progr. 1857.

**Teuber**, (Antonius) Emanuel (*geb. Glatz 1. 11. 1816*): De Mauri Servii Honorati grammatici vita et commentariis. Part. I. Vratislaviae (1843). (59 S.) 8°
Breslau, Phil. Diss. v. 9. Sept. 1843

**Teuber**, Emerich (Hrsg.), s. T e u b e r, Oskar: Unter dem Doppeladler.

**Teuber, Georg**: Beiträge zur Geschichte der Eroberung Britanniens durch die Römer. T. 1—3. Breslau: Trewendt & Granier 1908. 34 S. 8° •(Ersch. vollst. als: Breslauer Studien z. Geschichte. Bd 3. 1909.)
Breslau, Phil. Diss. v. 17. Dez. 1908, Ref. Cichorius
[Geb. 4. März 81 Schweidnitz; Wohnort: Schweidnitz; Staatsangeh.: Preußen; Vorbildung: Gymn. Schweidnitz Reife O. [illegible]; Studium: Breslau 6, München 1, Freiburg i. B. 1 S.; Rig. 15. Juli 08.] [illegible]

**Teuber**, Georg: B e i t r ä g e zur Geschichte der Eroberung Britanniens durch die Römer. Breslau: Trewendt & Grainier 1909. 88 S. 8°
(Breslauer Studien z. Geschichte. H. 3.)

**Teuber**, J. M., Unterricht zur Drehkunst, m. K. 4. Regensburg. 756.

**Teuber**, Joh. [illegible] De [illegible] Berolini [illegible]
Berlin, Med. Diss. v. [illegible] Jan. 185[illegible]

Teuber, Johannes Jacobus (Resp.): De jejunii voto et usu medico... s. A l b e r t i, Michael (Praes.)

Teuber, Karl

**Teuber, K.**, 100 Gelegenheits-Gedichte für Schule u. Haus. 8. Neisse 845. Hennings. n. 8 *ngl*

**Teuber, Karl**, patriotische Lieder zur Feier der Großthaten unseres 30tägigen Feldzuges von 1866. Für Schule und Volk hrsg. Mit einem Vorwort von Rich. Baron. 3., verm. Aufl. 8. (16 S.) Patschkau 867. Posen, Leitgeber. * *

**Teuber, Carl, u. Margarethe Reich**, erstes National-Kochbuch in prakt. unterricht. Gesprächen zwischen Koch, Köchin u. den ihrer Belehrung übergeb. Kunstbeflissenen, od.: Alle Tage was Neues in d. Küche u. was Gutes auf d. Tafel. Hrsg. nach 25jähr. Erfahr. 2., durchaus bericht., viel verbess. u. verm. Aufl. gr. 8. (28 B.) Wien 838, Grund. (Leipzig, Fr. Fleischer.)*

**Teuber, Carl**, der poetische Rathgeber f. Schule u. Haus. Enth. eine große Auswahl v. Gedichten zum Jahreswechsel, Geburts- u. Namensfesten u. verschiedenen Feierlichkeiten, sowie Polterabend- u. Hochzeitsgedichte. 3. umgearb. Aufl. 8. (108 S.) Neiße 876. Huch. n. — 60

**Teuber,** Karl, prakt. Arzt: Aus d. Kgl. Chirurg. Klinik zu Breslau. Über Sehnennähte. *Breslau 1902: Bresl. Genoss.-Buchdr.* (51 S.) 8°
Breslau, Med. Diss. v. 19. Juli 1902

— deutsche Vaterlands-Lieder zur Feier der glorreichen Heldenthaten d. deutsch-französ. Krieges v. 1870/71 f. unser Volk u. seine Schulen. 8. (16 S.) Patschkau 871. Mondro. n.n. — 13

Teuber, Karl Felix De lacunis Himerii in orationibus integris a Duebnero editore notatis. 4 (S. 3—12)
**Progr.** Kgl. König-Wilhelms-G. *Breslau* 1895 (181).

**Teuber,** Carl *(geb. Patschkau in Schles. 25. 7. 1856)*: Quaestiones Himerianae. Vratislaviae: G. Koebner 1882. (46 S.) 8°
*[Buchausg. ebenda]*
Breslau, Phil. Diss. v. 18. März 1882

**Teuber, Carl Oscar**, Ulrich v. Hutten. Ein dramat. Gemälde deutscher Vergangenheit in 5 Aufzügen. 8. (166 S.) Prag 873. Calve. n. 3. —

**Teuber, Oscar**. Feldmarschall Erzherzog Albrecht. Ein Lebensbild. Mit einem farbigen Porträt und drei Textbildern. Gr.-8. (75 S.) Wien: Seidel & S. 1895.

**Teuber, Osc., Erzherzog Albrecht-Album.** Zur Feier der Enthüllg. des Denkmals weil. des Feldmarschall E.-H. Albrecht. Artistische Leitg. v. Heinr. Rauchinger. Fol. (8 S. Text u. 16 S. Abbildgn.) Wien 899. M. Perles. n. 2. —; Luxusausg. 6. —; in Prachtbd. n. 10. —

Teuber, Oscar, s. Erzherzog A l b r e c h t - A l b u m

TEUBER, Oscar
Altösterreichisch! Ein Mahnwort von Oscar Teuber. Wien. 1900. Seidel & Sohn. Gr.-8°. 29 S. K —.60

Teuber, Oscar (Mitarb.). s. A r m e e . Die österreichische. von 1700-1867.

**Teuber, Osc., d. österr. Armee von 1700—1867,** s. a. **Ottenfeld, Rud. v.**

Die oesterreichische Armee von 1700 bis 1867. Ill. von Rudolf v. Ottenfeld. Text von Oscar **Teuber** (Lfg 17 ff.: u. Major Anton Dolleczek; Lfg 22: u. Alfred Frh. v. Koudelka). (In 25 Lfgen) *Wien: E. Berté & Cie & S. Czeiger 1895[–1903]*. (865 S., 102 Taf.) 2° [04. 470

**Teuber, Oskar & Rudolf Ottenfeld.** Die österreichische Armee von 1700 bis 1867. Illustriert von Rudolf von Ottenfeld. Text von Oskar Teuber. Wien. Emil Berté 1895 [–1904]
2 Bde. mit 867 S., VIII S. m. 303 Abb., 102 farb. Taf. 2°

(F) Unter dem Doppeladler. Ein österreichisches Lesebuch für Volk und Heer. Von Oscar T e u b e r. Vollendet und herausgegeben von Emerich T e u b e r. Mit Beiträgen von Albrecht Graf Wickenburg. Illustrirt von Josef Hendel. Wien. 1901. Seidel & Sohn. Gr.-8°. IX, 215 S. mit 10 Tafeln K 4.—

**Teuber, Osc.**, Ehrentage Oesterreichs. Blätter aus dem Ruhmeskranze d. österreichisch-ungar. Heeres. gr. 8. (VII, 408 S.) Wien 892. L. W. Seidel & Sohn. n. 5. —

**— Ehrentage Oesterreichs.** Blätter aus d. Ruhmeskranze d. österr.-ungar. Heeres. 2., durchgesch. u. verm. Aufl. gr. 8. (X, 402 S.) Wien 896. L. W. Seidel & Sohn. n. 5. —; geb. in Leinw. n. 6. —

— die Fräulein v. Hernals. Ein Blick auf das k. u. k. Officiers-Töchter-Institut zu Hernals in der Vergangenheit u. Gegenwart. gr. 8. (24 S.) Ebd. 891. n. 1. 20

**Teuber, Osc.**, Geschichte d. Prager Theaters. Von den Anfängen d. Schauspielwesens bis auf die neueste Zeit. 1. Thl. Von den Keimen d. Theaterwesens in Prag bis zur Gründg. d. gräfl. Nostitz'schen Theaters, d. späteren deutschen Landestheaters. gr. 8. (XVI, 376 S.) Prag 883. Haase. n. 5. —

**Teuber, Oscar**, Geschichte des Prager Theaters. Von den Anfängen d. Schauspielwesens bis auf die Neuzeit. II. Thl. 1771—1817. Prag, A. Haase. 2 fl. 50 kr. 1885.

— Geschichte d. Prager Theaters. Von den Anfängen d. Schauspielwesens bis auf die neueste Zeit. 2. u. 3. Thl. gr. 8. Prag, A. Haase. n. 13. — (kplt.: n. 18. —)
2. Von der Brunian-Bergopzoom'schen Bühnen-Reform bis zum Tode Liebich's, d. größten Prager Bühnenleiters [1771—1816]. (XII, 476 S.) 885. n. 5. —
3. Vom Tode Liebich's, d. größten Prager Bühnenleiters, bis auf unsere Tage [1817—1887]. (XXIII, 881 S.) 888. n. 8. —

— flotte Geschichten aus der uniformirten Welt. Illustr. v. K. Elleder. 8. (VII, 149 S.) Ebd. 890. n. 2. 40

— flotte Geschichten aus der uniformirten Welt. Illustr. v. Karl Elleder. 8. (VII, 149 S.) Wien 891. L. W. Seidel & Sohn. n. 2. 40

**Teuber, Osc.**, grüß' Dich! Neue Skizzen aus dem militär. Jugendleben. 8. (VIII, 206 S.) Wien 884. Seidel & Sohn. n. 2. —

Das K. K. Hofburgtheater seit seiner Begründung. Von Oscar **Teuber** (2,2: von Alexander v. Weilen). (Halbbd. 1. 2, Th. 1. 2.) Wien: Gesellsch. f. vervielfält. Kunst 1896–(1906). 3 Bde 2° [Bildert.]
**— Theater,** Die, Wiens. Bd 2. Halbbd 1. 2, Th. 1. 2.

Das K. K. Hofburgtheater seit seiner Begründung. Von Oscar Teuber. Halbbd. 1. *Wien: Ges. f. vervielf. Kunst 1897.* 2.
= Theater, Die, Wiens. Bd 2. Halbbd 1. 97. 5949

**Teuber, O.**, immer fesch! Neue Skizzen aus der militär. Jugend. 8. (161 S.) Wien 888. Seidel & Sohn. n. 2. —

— immer jung! Neue Skizzen u. Geschichten aus der Soldaten-Welt. Illustr. v. Mor. Ledeli. 8. (X, 159 S.) Ebd. 894. n. 2. 40

**Teuber, Osc.**, aus dem militärischen Jugendleben. 1. u. 2. Bd. 3. Aufl. 12. Jena 882. Costenoble. à n. 1. 20
1. Im Cadeteninstitut. (XI, 168 S.)
2. Tschau. Lose Skizzen aus der Militär-Akademie. (XV, 168 S.)

Teuber, Oscar, und Dr. Franz Schöchtner, Unser Kaiserlied. Eine Denkschrift zum Centennarium der Volkshymne. Gr.-8. (77 S.) —.80
Wien: Seidel & S.1897.

— im Kreuzgang. Skizzen u. Geschichten aus der Klosterwelt. 8. (VII, 184 S.) Dresden 892. E. Pierson. n. 2. —

Historische Legionen Habsburgs. Von Oskar **Teuber**. Mit 16 Orig.-Abb. von Rudolf v. Ottenfeld. Prag, Wien: F. Tempsky; Leipzig: G. Freytag 1896. (IV, 392 S.) 8° (c6. 9318

— alte Orden in neuer Zeit. Ein Beitrag zur Geschichte d. kathol. Ordenswesens. gr. 8. (24 S.) Wien 888. L. W. Seidel & Sohn. n. — 60

— **Resurrexit!** Neue Geschichten u. Skizzen aus der Klosterwelt. 8. (IX, 267 S.) Wien 895. Literar. Gesellschaft. n. 4. 20; geb. n. 5. —

— **Fräulein Rittmeister u. and. Soldaten-Geschichten.** Illustr. v. Felician Frhrn. v. Myrbach. 8. (V, 167 S.) Wien 898. L. W. Seidel & Sohn. n. 3. —

Teuber, Oscar, Auf Oesterreich-Ungarns Ruhmesbahn. Blätter aus dem Ehrenkranze des k. u. k. Heeres. Gr.-8. (VII. 390 S.) 2.—
Wien: Seidel & Sohn 1893.

Feldzeugmeister Wilhelm Herzog von Württemberg. Ein Lebensbild. Im Auftrage seiner gewesenen Generalstabs-Chefs bearbeitet von Oscar Teuber. Mit 1 Porträt. Wien. 1899. Seidel & Sohn. 4°. 325 S. fl. 5.—

— Offene Worte f. die österreichisch-ungarische Armee. Abfertigung der Broschüre: „Offene Worte üb. die österr.-ungar. Armee in ihrem Verhältniß zum Deutschen Reichsheere". 1. u. 2. Aufl. gr. 8. (18, VIII S.) Wien 891, Seidel u. Sohn. * — 60
Vgl.: Worte, offene.

Teuber, Samuel Chr.

— Ehre d. ehrwürd. Predigerordens, bestehend in e. ordentl. göttl. Beruf. 4. Ebend. 713.

— pia orthodoxa et concors harmonia satisfactionis Christi. 4. Halae, Renger, 715.

Teuber, Sam. Chr., schriftmäßiger Catechismus methodicos. 8. Halberstadt. 715.

Teuber, Valentin: Die Entwicklung der Weihnachtsspiele seit den ältesten Zeiten bis zum XVI. Jahrhundert. 8 (S. 3—32). (Fortsetzung.) 8 (S. 3—22).
**Progr.** Communal-Oberg. *Komotau* 1898. 1899.

Teuber, Valentin: Die mittelalterlichen Gedichte von der Judith in ihrem Verhältnisse zu einander untersucht. S. 3—19. 8.
**Progr.** Kommunal-Ober-Gymn. *Komotau* 1907.
I. Das Spielmannsgedicht von der Judith und die Bibel im allgemeinen. II. Das Spielmannsgedicht von der Judith in seinem Verhältnis zum geistlichen Gedicht, der sogenannten jüngeren Judith. III. Das deutsche Gedicht von der Judith und das lateinische Gedicht: Versus de Judith et Holoferne.

Teuber, Valentin: Mittelhochdeutsche Predigten. Herausgegeben und mit Anmerkungen versehen von V. T. 1 Bl., 44 S. 8.
**Progr** Communal-Obergymn. *Komotau* 1901.

**Teuber**, Valentin (A.): Das Verhältnis der „Angänge" zu Hugo von St. Victor sowie seiner übrigen Quellen.
Phil. Diss., Prag 1896/97.

Teubern, Frhr. v. Die Entscheidung. Patriotisches Festspiel zur Feier d. Geburtstages Sr. Maj. d. Königs. 8. (24 S.) Lpz. 891, Wallmann. * — 30

**Teubern**, Ernst August Ludwig von: De lineis spiralibus specimen, s. Hausmann, Friedrich Karl.

**v. Teubern, Er. Aug. Ldw., hundert Vierversler, ein Nachtr. zu Castelli's vierversigen Fabeln. 16. Neust. a. d. O. 823. Wagner. 12 gr**

**Teubern**, Hans Ernst von

**Teubern, v., Betracht. u. Gesänge f. Christen. 8. Züllichau. (Frommann in Jena.) 787.**

– s. Betrachtungen, Tägl., e. Christen.

**Teubern**, Hans Ernst von, s. Bossuet: Trauerreden.

**DUBOIS** und Gioconda (sic!), eine corsische Erzählung (von *Hans Ernst v. Teubern*, 1738—1801). Mit Titelvign. (Geyser inv. et fec.). Leipzig u. Züllichau, bey der Waysenhaus- u. Frommannischen Handlung. 1766. 8°. Zahm. (Im British Museum.)
Name des Verfassers in Koch's Compendium II. p. 299. Anon.-Lex. I. p. 419 (nach Meusel u. Kayser). — Zuerst erwähnt im M. M. V. 1767 (I), S. 878.

– s. Engel, D. am Grabe.

– s. Gedanken am Morgen.

**GRÜNBERG.** Ein Roman .... (von *Hans Ernst v. Teubern*). Leipzig 1807.
Anon.-Lex. II. p. 240 (nach Goedeke).

– s. Jaucourt: Leibnitz Leben.

– s. Lehrmeister.

Louise, oder die Macht der weiblichen Tugend, eine Erzählung (von *Hans Ernst v. Teubern*). Mit Titelvign. Leipzig, bey Weidmanns Erben und Reich. 1768. Kl. 8°. Zahm.
O. M. V. 1768, S. 949; Bibl. J. J. Schwabii II; Anon.-Lex. III. p. 87 (nach Kläbe, Neuestes Gelehrtes Dresden. Lpz. 1796).
— — Dasselbe. Neue Auflage. Ebd. 1774. Kl. 8°. 99 S.
Koch's Compend. II. p. 299.

– s. Plutarch. Der britt.

**v. Teubern, Hans Er., († d. 30. Jan. 1801.) Schreiben üb. ein Gemälde des Hrn. Prof. Schenau 8. Dresd. 786.**

**v. Teubern, H. E., s. Sedaine, der Philosoph.**

**TEUBERN,** Hans Ernst. Das Strumpfband. Leipzig 1767. 8°.
Nicolais Allg. dtsche. Bibl. VI, 258. Einer Nonne werden ein paar Strumpfbänder entwendet, gehen durch viele Hände, kehren zu ihrer Besitzerin zurück und erzählen ihre Schicksale und Erlebnisse. Das Motiv scheint aus dem »Sofa« von Crébillon entnommen zu sein.

– s. Young, Ed.: Gedanken.

**Teubern, Oswald. a, ad legem ultimam codicis: De pactis pignor. et de lege commissoria in pignoribus rescindenda. VIII. 35. Dissert. inaug. 4maj. (4½ B.) Lipsiae 836, (T. O. Weigel.)** •

**Teubern**, Th. v., Erhaltg. d. Frauenschönheit u. Jugendfrische. 8. (III, 97 S.) Dresden 896. Weinböhla, E. Krug's Verlag. Kart. n. 2. 50; geb. 3. —

**Teubert,** Alfred, approb. Arzt aus Wohlau i. Schl.: **Über die bösartigen Geschwülste der Samenblasen unter Mitteilung eines neuen Falles von primärem Samenblasenkrebs.**
*Greifswald 1903: J. Abel.* (26 S.) 8°
Greifswald, Med. Diss. v. 27. Juni 1903

Der zukünftige Binnenschiffahrtsbetrieb auf den durchgehenden Hauptwasserstrassen der Verbandsländer. Von [O.] **Teubert**, Geh. Baurat a. D. Mit 1 Abb. Berlin-Grunewald: A. Troschel 1906. (32 S.) 8° = Deutsch-Österr.-Ungar. Verband f. Binnenschiffahrt. **Verbands-Schriften**. N. F. No 36. [07. 4693

**Teubert,** die Verbesserung der Schiffbarkeit unserer Ströme durch Regulirung. [Aus: „Centralbl. d. Bauverwaltg.“] gr. 8. (56 S. m. 12 Abbildgn.) Berlin 894. W. Ernst & Sohn. n. 1. 60

**Teubner, des Kindes Kunst in Schule u. Haus.** Für Handfertigkeit u. Phantasiebildg. 2. Titelaufl. (37 Taf. m. 41 u. 5 S. Text.) Lex. 8. Leipzig [907] (908). Dieterich. In Mappe 3. 60

**Teubner,** Wegweiser nach neuen Bahnen des Zeichenunterrichts an den allgemein bildenden Schulen m. besond. Berücksicht. der zwei- u. vierklassigen Volksschulen. I. Tl.: das phantasiemäß. u. das gedächtnismäß. Zeichnen. Text — 11 (farb.) Stoff- u. 2 (farb.) Probetaf. — (Lehrgänge im II. Tle.) (20 S.) Lex.-8. Oschatz (906). (B. Krasemann's Nachf.) In Mappe n.n. 3. 60

— **Wegweiser** nach neuen Bahnen des Zeichenunterrichts an den allgemein bildenden Schulen m. besond. Berücksicht. der zwei- u. vierklass. Volksschulen. 2. Tl.: das Zeichnen unter fortgesetzter Naturbeobachtg. Text. — 19 Stoff- u. Probetaf. — Lehrgänge. (16 S.) Lex. 8. Oschatz (907). B. Krasemann Nachf. 4.—; in Mappe n 4.50 (Vollst.: In Mappe 7. 50)

Teubner, Adolf

**Teubner,** Adf., Album v. Leitmeritz m. erläuterndem Text. 10 Vignetten u. 10 Vollbildern nach eigenen Aufnahmen. qu. gr. 8. (27 S.) Leitmeritz 894. (F. Martin.) Geb. in Leinw. n. 6. —

**Teubner,** Aug., neue u. vollständ. deutsche **Kochkunst** f. vornehme u. mittlere Haushaltungen, besond. in Sachsen, Preußen u. Westphalen, auf alle Monate u. Tage im Jahre etc. 4 Bde. Mit 12 Kpf. 8. Leipz. 810. 2e mit e. Register verm. Aufl. 813. Hinrichs. 3 ℔ Hbg. Pr. 2 ℔ Schrbp. 3 ℔ 16 ß (A. u. d. T.: Taschenbuch der Kochkunst).

Auslieferungskatalog des Verlages B. G. **Teubner** in Leipzig und Theodor Hofmann (Mitglied d. Deutschen Verlager-Vereins). Nur für Buchhändler bestimmt. Ausgegeben im März 1908. Leipzig & Berlin: Teubner 1908. VIII, 300 S. 8°

**Teubner's, B. G., Handbücher f. Handel u. Gewerbe.** Hrsg. v. van der Borght, Schumacher u. Stegemann. gr. 8. Leipzig, B. G. Teubner.
Die Eisenindustrie. Von Osk. Simmersbach. (X, 322 S. m. Abbildgn.) 906. 7. 20; geb. in Leinw. 8. —

**Teubner's,** B. G., Handbücher f. Handel u. Gewerbe. Hrsg. v. van der Borght, Schumacher u. Stegemann. gr. 8. Leipzig, B. G. Teubner.
Haberstroh, H., E. Görts, E. Weidlich u. R. Stegemann, Anlage v. Fabriken. Mit 274 Abb. u. Plänen im Text u. 6 Taf. (XIII, 528 S.) 907. 12.—; geb. in Leinw. 12. 80
Müller, Gust., die chemische Industrie. Unter Mitwirkg. v. Fritz Bennigson. (VIII, 488 S.) 909. 11.20; geb. 12. —
Passow, Rich., die Bilanzen der privaten Unternehmungen. Mit besond. Berücksicht. der Aktiengesellschaften m. beschränkter Haftg., Genossenschaften u. Gewerkschaften, der Bank-, Versicherungs- u. Eisenbahn-Unternehmungen. (XII, 355 S.) 910. 8.40; geb. in Leinw. 9. —
Rinkel, R., Einführung in die Elektrotechnik. Physikal. Grundlagen u. techn. Ausführungen. Mit 445 Abbildgn. im Text. (VI, 464 S.) 908. 11.20; geb. in Leinw. 12. —

**Teubner's** Sammlung deutscher Dicht- u. Schriftwerke f. höhere Töchterschulen, unter Mitwirkg. v. Staedler, Hamann, Wetzel, Hofmeister u. Baumann hrsg. v. G. Bornhak. 1.—26. Bdchn. 12. Leipzig, B. G. Teubner. Geb. n. 20. 40
1. Das Nibelungenlied. Übers. u. bearb. v. G. Bornhak. (X, 106 S.) 891. n. — 80
2. Das Gudrunlied. Übers. u. bearb. v. G. Bornhak. (VIII, 122 S.) 891. n. — 80
3. Parzival von Wolfram v. Eschenbach. Übers. u. bearb. v. G. Bornhak. (X, 94 S.) 891. n. — 80
4. Walther's v. der Vogelweide Gedichte in Auswahl. Bearb. u. übers. v. G. Bornhak. (XVI, 55 S.) 891. — 60
5. Hans Sachs' Lieder u. Gedichte in Auswahl. Hrsg. u. bearb. v. K. Staedler. (XII, 114 S.) 891. n. — 80
6. Luthers Schriften u. Dichtungen in Auswahl. Hrsg. u. bearb. v. K. Staedler. (X, 109 S.) 891. n. — 80
7. Klopstock's Messias u. Oden in Auswahl. Hrsg. u. bearb. v. K. Staedler. (XVI, 111 S.) 892. n. — 80
8. Minna v. Barnhelm od. das Soldatenglück. Ein Lustspiel in 5 Aufzügen v. G. E. Lessing, hrsg. v. Alb. Hamann. (XIX, 101 S.) 891. n. 80
9. Nathan der Weise. Ein dramat. Gedicht v. G. E. Lessing, hrsg. v. Alb. Hamann. (XXVI, 144 S.) 891. n. — 80
10. Der Cid. Nach span. Romanzen besungen durch Joh. Gfr. v. Herder. Hrsg. v. Alb. Hamann. (XV, 136 S.) 891. n. — 80
11. Schiller's Jungfrau v. Orleans. Hrsg. u. bearb. v. Baumann. (XXXI, 123 S.) 891. n. — 80
12. Homer's Odyssee. Im Auszuge nach der Übersetzg. v. J. H. Voß, bearb. v. E. Wetzel. (VI, 133 S.) 891. n. — 80
13. Schiller's Maria Stuart. Hrsg. u. bearb. v. Baumann. (XXI, 136 S.) 891. n. — 80
14. Wilhelm Tell. Schauspiel in 5 Aufzügen von Fr. v. Schiller, bearb. v. Baumann. (VIII, 114 S.) 892. n. — 80
15. Goethes Hermann u. Dorothea. Hrsg. u. bearb. v. Gust. Hofmeister. (XIV, 68 S.) * — 60. 1891
16. Schiller, Friedr. v. Wallenstein. Ein dramat. Gedicht. Bearb. v. Baumann. 1. Tl.: Wallensteins Lager. — Die Piccolomini. (XVII, S. 1—136.) * — 80. — 2. Tl.: Wallensteins Tod. (VIII, u. S. 137—274.) * — 80. 1892.
17. Goethe. Götz v. Berlichingen. Hrsg. u. bearb. von Gust. Hofmeister. (XIX, 112 S.) * — 80. 1892.
18. —— Iphigenie auf Tauris. Hrsg. u. bearb. von Gust. Hofmeister. (X, 67 S.) * — 80. 1891.
19. —— Torquato Tasso. Hrsg. u. bearb. von Gust. Hofmeister. (XIII, 104 S.) * — 80. 1892.
20. Homer's Ilias. Im Auszuge nach der Übersetzg. v. J. H. Voß, bearb. v. E. Wetzel. (XII, 127 S.) 891. n. — 80
21. Antigone v. Sophokles. Übers. u. bearb. v. G. Bornhak. (XIV, 58 S.) 891. 60
22. Prinz Friedrich v. Homburg. Ein Schauspiel von Heinr. v. Kleist. Bearb. v. G. Bornhak. (XVIII, 82 S.) 892. n. — 80
23. Die bezauberte Rose. Romantische Erzählg. in 3 Gesängen v. Ernst Schulze. Hrsg. u. bearb. v. G. Bornhak. (X, 60 S.) 892. — 60
24. Der arme Heinrich von Hartmann v. Aue. Übers. u. bearb. v. G. Bornhak. (IX, 47 S.) 892. — 60
25. Volkslieder d. 14., 15. u. 16. Jahrh. in Auswahl. Übers. u. bearb. v. G. Bornhak. (VIII, 98 S.) 892. n. — 80
26. Julius Cäsar. Trauerspiel in 5 Akten v. William Shakespeare. Übers. von Aug. Wilh. v. Schlegel, hrsg. v. Alb. Hamann. (XX, 85 S.) 894. n. — 60

**Teubner's** Sammlung deutscher Dicht- u. Schriftwerke f. höh. Töchterschulen, unt. Mitwirkg. v. Baumann, Hamann, Hofmeister etc. hrsg. v. G. Bornhak. 1., 12. u. 27. Bdchn. 12. Leipzig, B. G. Teubner. Kart. in Leinw. n. 2. 60
1. Das Nibelungenlied. Uebersetzt u. bearb. v. G. Bornhak. 2., verb. Aufl. 5. bis 8. Taus. (X, 106 S.) 896. n. — 80
12. Homer's Odyssee. Im Auszuge nach d. Uebersetzung von J. H. Voß, bearb. v. E. Wetzel. 5.—8 Taus. (IX, 133 S.) 895. n. — 80
27. Aus meinem Leben. Dichtg. u. Wahrheit von W. v. Goethe Ausgew. u. hrsg. v. Gust. Hofmeister. (201 S.) 895. n. 1. —

**Teubner's, B. G.,** Sammlung deutscher Dicht- u. Schriftwerke f. höhere Töchterschulen, unter Mitwirkung von Staedler, Hamann, Hofmeister etc. hrsg. v. G. Bornhak. 8., 11., 12., 14., 27. u. 28. Bdchn. 12. Leipzig, B. G. Teubner. In Leinw. kart. n. 5. —
8. Minna v. Barnhelm od. das Soldatenglück. Ein Lustspiel in 5 Aufzügen. Von G. E. Lessing. Hrsg. v. Alb. Hamann. 2. Aufl. (XIX, 101 S.) (900.) n. — 80
11. Jungfrau v. Orleans. Von Frdr. v. Schiller. Hrsg. u. bearb. v. Baumann. 2. Aufl. (XXXI, 123 S.) (900.) n. — 80
12. Homers Odyssee. Im Auszuge nach der Übersetzg. v. J. H. Voß, bearb. v. E. Wetzel. 4., unveränd. Aufl. (X, 133 S.) 899. n. — 60
14. Wilhelm Tell. Schauspiel in 5 Aufzügen. Von Fr. v. Schiller. Bearb. v. Baumann. 2. Aufl. (XXVI, 114 S.) (900.) n. — 80
27. Aus meinem Leben. Dichtung u. Wahrheit. Von W. v. Goethe. Ausgewählt u. hrsg. v. Gust. Hofmeister. 3. Aufl. (201 S.) 900. n. 1. —
28. Die Makkabäer. Trauerspiel in 5 Akten. Von Otto Ludwig. Hrsg. u. bearb. v. Rob. Petsch. (XIV, 95 S.) (902.) n. — 80

— Sammlung deutscher Dicht- u. Schriftwerke f. höhere Mädchenschulen, unter Mitwrkg. v. Staedtler, Hamann, Hofmeister u. a. hrsg. v. G. Bornhak. 2. 3. 12. 14. 15. 27. u. 29. Bdchn. 12. Leipzig, B. G. Teubner. In Leinw. kart. n. 5. 60

Goethe's Hermann u. Dorothea. Hrsg. u. bearb. von Gust. Hofmeister. 3. Aufl. 7.—9. Taus. (XV, 68 S.) (904.) (15. Bdchn.) n. — 60

— aus meinem Leben. Dichtung u. Wahrheit. Ausgewählt u. hrsg. v. Gust. Hofmeister. 4. Aufl. (204 S.) (904.) (27. Bdchn.) n. 1. —

Grillparzer, Frz., Sappho. Trauerspiel in 5 Aufzügen. Hrsg. u. bearb. v. Herm. Jantzen. (XV, 88 S.) (903.) (29. Bdchn.) n. — 80

Gudrunlied, das. Uebers. u. bearb. v. G. Bornhak. 3., verb. Aufl. (VIII, 122 S.) (903.) (2. Bdchn.) n. — 80

Homer's Odyssee. Nach der Uebersetzg. v. J. H. Voß im Auszuge bearb. v. E. Wetzel. 6., unveränd. Aufl. (X, 133 S.) (906.) (12. Bdchn.) n. — 80

Schiller, Fr. v., Wilhelm Tell. Schauspiel in 5 Aufzügen. Bearb. von Baumann. 3. Aufl. (XXVI, 114 S.) (905.) (14. Bdchn.) n. — 80

Wolfram v. Eschenbach, Parzival. Uebers. u. bearb. von G. Bornhak. 2. Aufl. (X, 94 S.) (903.) (3. Bdchn.) n. — 80

— Sammlung deutscher Dicht- u. Schriftwerke f. höhere Mädchenschulen, unter Mitwirkg. v. Staedler, Hamann, Hofmeister u. a. hrsg. v. G. Bornhak. 1.—3., 8., 13., 15., 20. u. 27. Bdchn. kl. 8. Ebd. In Leinw. kart. 6. 40

Goethe, W. v., aus meinem Leben. Dichtung u. Wahrheit. Ausgewählt u. hrsg. v. Gust. Hofmeister. 5. Aufl. (204 S.) (907.) (27. Bdchn.) 1. —

— Hermann u. Dorothea. Hrsg. u. bearb. v. Gust. Hofmeister. 4. Aufl. (XV, 68 S.) (910.) (15. Bdchn.) — 60

Gudrunlied, das. Übers. u. bearb. v. G. Bornhak. 4., verb. Aufl. (VIII, 122 S.) (909.) (2. Bdchn.) — 80

Homer's Ilias. Im Auszuge nach der Übersetzg. v. J. H. Voß. Bearb. v. Baumann. 2. Aufl. (X, 127 S.) (910.) (20. Bdchn.) — 80

Lessing, G. E., Minna v. Barnhelm od. das Soldatenglück. Ein Lustspiel in 5 Aufzügen, hrsg. v. Alb. Hamann. 3. Aufl. (XIX, 101 S.) (907.) (8. Bdchn.) — 80

Nibelungenlied, das. Übers. u. bearb. v. G. Bornhak. 5., verb. Aufl. (X, 106 S.) (908.) (1. Bdchn.) — 80

Schiller's Maria Stuart. Hrsg. u. bearb. v. Baumann. 2. Aufl. (XXI, 136 S.) (907.) (13. Bdchn.) — 80

Wolfram v. Eschenbach, Parzival. Übers. u. bearb. v. G. Bornhak. 3. Aufl. (X, 94 S.) (910.) (3. Bdchn.) — 80

— Sammlung v. Lehrbüchern auf dem Gebiete der mathematischen Wissenschaften mit Einschluss ihrer Anwendungen. gr. 8. II. u. III. Bd., IV. u. V. Bd. à 2 Tle., VI.—VIII. Bd. IX. Bd. 1. Tl. u. X. Bd. 1. Tl. Leipzig, B. G. Teubner. Geb. in Leinw. u. geh. n. 140. —

II. Vorlesungen üb. das Pfaff'sche Problem u. die Theorie der partiellen Differentialgleichungen 1. Ordnung. Von Ed. v. Weber. (XI, 622 S.) 900. Geb. in Leinw. n. 24. —

III. Die Determinanten. Eine Darstellg. ihrer Theorie u. Anwendgn. m. Rücksicht auf die neueren Forschgn. Von Ernesto Pascal. Berechtigte deutsche Ausg. von Herm. Leitzmann. (XVI, 266 S.) 900. Geb. in Leinw. n. 10. —

IV. 1. Theoretische Arithmetik. Von Otto Stolz u. J. A. Gmeiner. 1. Abth. Allgemeines. Die Lehre v. den rationalen Zahlen. 2. umgearb. Aufl. der Abschnitte I—IV des 1. Theiles der Vorlesgn. üb. allgemeine Arithmetik von O. Stolz. Mit 6 Fig. im Text. (IV, 98 S.) 901. n. 2. 40; geb. n. 3. —

2. Dasselbe. 2. Abth. Die Lehren v. den reellen u. v. den complexen Zahlen. 2. umgearb. Aufl. der Abschnitte V—VIII, X, XI des 1. u. I, II, V des 2. Theiles der Vorlesgn. üb. allgemeine Arithmetik v. O. Stolz. Mit 19 Fig. im Text. (XI u. S. 99—402.) 902. n. 7. 20; geb. in Leinw. n. 8. —; (vollständig in 1 Bd. geb. n. 10. 60)

V. 1. Spezielle algebraische und transcendente ebene Kurven. Theorie u. Geschichte. Von Gino Loria. Autoris., nach dem italien. Mskr. bearb. deutsche Ausg. v. Fritz Schütte. 1. Hälfte. Mit 122 Fig. auf 13 lith. Taf. (416 S.) 902. n. 16. —

2. Dasselbe. 2. Hälfte. Mit 52 Fig. auf 4 lith. Taf. (XXI u. S. 417—744.) 902. n. 10. —; (1 u. 2 in 1 Leinw.-Bd. n. 28. —)

VI. Linear groups with an exposition of the Galois Field theory. By Leonard Eugene Dickson. (X, 312 S.) 901. Geb. in Leinw. n. 12. —

VII. Lehrbuch der Combinatorik. Von Eug. Netto. (VIII, 260 S.) 901. Geb. in Leinw. n. 9. —

VIII. Lehrbuch der geometrischen Optik. Von A. Gleichen. Mit 251 Fig. im Text. (XIV, 511 S.) 902. Geb. in Leinw. n. 20. —

IX. 1. Wahrscheinlichkeitsrechnung und ihre Anwendung auf Fehlerausgleichung, Statistik u. Lebensversicherung. Von Eman. Czuber. 1. Hälfte. (S. 1—301.) 902. n. 12. —

X. 1. Niedere Zahlentheorie. Von Paul Bachmann. 1. Tl. (X, 402 S.) 902.

Teubner's, B. G., Sammlung von Lehrbüchern auf dem Gebiete der mathematischen Wissenschaften m. Einschluss ihrer Anwendungen. IX. Bd. 2. Abtlg., XI.—XIII. Bd., XIV. Bd. 2 Abtlgn., XV.—XIX. Bd., XX. Bd. 1. Abtlg. u. XXII.—XXIV. Bd. gr. 8. Leipzig, B. G. Teubner. Geb. in Leinw. u. geh. n. 173. 80

Blaschke, Ernst, Vorlesungen üb. mathematische Statistik (die Lehre v. den statistischen Maasszahlen). Mit 17 Textfig. u. 5 Taf. (VIII, 268 S.) 906. (XXIII. Bd.) Geb. n. 7. 40

Bruns, Heinr., Wahrscheinlichkeitsrechnung u. Kollektivmasslehre. (VIII, 310 u. 18 S.) 906. (XVII. Bd.) n. 7. 80; geb. n. 8. 40

Czuber, Eman., Wahrscheinlichkeitsrechnung u. ihre Anwendung auf Fehlerausgleichung, Statistik u. Lebensversicherung. 2. Hälfte. (XV u. S. 305—594.) 903. (IX. Bd. 2. Abtlg.) n. 12. — (Vollst. in 1 Bd. geb.: n. 24. —

Fischer, Otto, theoretische Grundlagen f. e. Mechanik der lebenden Körper. Mit speziellen Anwendgn. auf den Menschen sowie auf einige Bewegungsvorgänge an Maschinen. In möglichst elementarer u. anschaul. Weise dargestellt. Mit 67 in den Text gedr. Fig. u. 4 Taf. (X, 372 S.) 906. (XXII. Bd.) Geb. n. 14. —

Krazer, Adf., Lehrbuch der Thetafunktionen. Mit 10 Textfig. (XXIV, 509 S.) 903. (XII. Bd.) Geb. n. 24. —

Love, A. E. H., M. A., Lehrbuch der Elastizität. Autoris. deutsche Ausg., unter Mitwirkg. des Verf. besorgt v. Aloys Timpe. Mit 75 Abbildgn. im Text. (XVI, 664 S.) 907. (XXIV. Bd.) Geb. n. 16. —

Osgood, W. F., Lehrbuch d. Funktionentheorie. (In 2 Bdn.) I. Bd. 1. Hälfte. (306 S. m. Fig.) 906. (XX. Bd. 1. Abtlg.) n. 7. —

Pockels, F., Lehrbuch der Kristalloptik. Mit 168 Fig. im Text u. 6 Doppeltaf. (X, 520 S.) 905. (XIX. Bd.) Geb. n. 16. —

Seliwanoff, Demetr., Lehrbuch der Differenzenrechnung. (VI, 92 S.) 904. (XIII. Bd.) Geb. n. 4. —

Staude, Otto, analytische Geometrie des Punktes, der geraden Linie u. der Ebene. Ein Handbuch zu den Vorlesgn. u. Uebgn. über analyt. Geometrie. Mit 837 Fig. im Text. (VIII, 448 S.) 905. (XVI. Bd.) Geb. n. 14. —

Stolz, Otto, u. J. Ant. Gmeiner, Einleitung in die Funktionentheorie. 2., umgearb. u. verm. Aufl. der v. den Verff. in der „Theoret. Arithmetik" nicht berücksichtigten Abschnitte der „Vorlesgn. über allgemeine Arithmetik" von O. Stolz. (In 2 Abtlgn.) 1. Abtlg. Mit 10 Fig. im Text. (VI, 242 S.) 904. (XIV. Bd. 1. Abtlg.) Geb. n. 6. —

— — dasselbe. 2. Abtlg. Mit 11 Fig. im Text. (VIII u. S. 243 bis 598.) 905. (XIV. Bd. 2. Abtlg.) Geb. n. 9. —

Wallentin, Ign., Einleitung in die theoretische Elektrizitätslehre. Mit 81 in den Text gedr. Fig. (X, 444 S.) 904. (XV. Bd.) Geb. n. 12. —

Webster, Arth. Gordon, A. B., The dynamics of particles, and of rigid, elastic, and fluid bodies, being lectures on mathematical physics. (XII, 588 S. m. Fig.) 904. (XI. Bd.) Geb. n. 14. —

Wilczynski, E. J., projective differential geometry of curves and ruled surfaces. (VIII, 298 S.) 906. (XVIII. Bd.) Geb. n. 10. —

— Sammlung von Lehrbüchern auf dem Gebiete der mathemat. Wissenschaften m. Einschluss ihrer Anwendungen. Bd. I. V, 1; IX, 1 u. 2; X, 2; XX, 1; XXI. XXV, 1; XXVI. XXVII, 1—4; XXVIII, 1; XXIX. XXX, 1; XXXII, 1 u. XXXIV. gr. 8. Ebd. Geb. in Leinw. 289. 40

Bachmann, Paul, niedere Zahlentheorie. 2. Tl. Additive Zahlentheorie. (X, 480 S. m. Fig.) 910. (X. Bd. 2. Abtlg.) 16. —; geb. 17. — (Vollst.: 29. —; geb. 31. —)

Bryan, G. H., Thermodynamics. An introductory treatise dealing mainly with first principles and their direct applications. (XIV, 204 S. m. Fig.) 907. (XXI. Bd.) Geb. 7. —

Czuber, Eman., Wahrscheinlichkeitsrechnung u. ihre Anwendung auf Fehlerausgleichung, Statistik u. Lebensversicherg. 1. Bd. Wahrscheinlichkeitstheorie. Fehlerausgleichg., Kollektivmasslehre. Mit 18 Fig. im Text. 2., sorgfältig durchgeseh. u. erweit. Aufl. (X, 410 S.) 908. (IX. Bd. 1. Abtlg.) Geb. 12. —

— dasselbe. 2. Bd. Mathemat. Statistik. Mathematische Grundlagen der Lebensversicherg. 2., sorgfält. durchgeseh. u. erweit. Aufl. (X, 470 S. m. 34 Fig.) 910. (IX. Bd. 2. Abtlg.) Geb. 14. —

Dingeldey, Frdr., Sammlung v. Aufgaben zur Anwendung der Differential- u. Integralrechnung. Mit 99 Fig. im Text. (V, 202 S.) 910. (XXXII. Bd. 1. Abtlg.) Geb. 6. —

Lamb, Horace, Lehrbuch d. Hydrodynamik. Deutsche autoris. Ausg. (nach der 3. engl. Aufl.), besorgt v. Johs. Friedel. Mit 79 Fig. im Text. (XIV, 788 S.) 907. (XXVI. Bd.) Geb. 20. —

Lilienthal, R. v., Vorlesungen üb. Differentialgeometrie. 1. Bd.: Kurventheorie. Mit 28 Fig. im Texte. (VI, 368 S.) 908. (XXVIII. Bd. 1. Abtlg.) Geb. 12. —

Lorentz, H. A., the theory of electrons and its applications to the phenomena of light and radiant heat. A course of lectures delivered in Columbia University, New York, in march and april 1906. (IV, 332 S.) 909. (XXIX. Bd.) 8. —; geb. 9. —

Loria, Gino, spezielle algebraische u. transzendente ebene Kurven. Theorie u. Geschichte. Autoris. nach dem italien. Mskr. bearb. deutsche Ausg. von Fritz Schütte. 2. Aufl. 1. Bd. Die algebraischen Kurven.

Mit 142 Fig. auf 14 lith. Taf. (XVIII, 488 S.) 910. (V. Bd. 1. Abtlg.) 16.50; geb. 18. —
Loria, Gino, Vorlesungen üb. darstellende Geometrie. Autoris., nach dem italien. Mskr. bearb. deutsche Ausg. von Fritz Schütte. 1. Tl.: Die Darstellungsmethoden. Mit 163 Fig. im Texte. (IX, 219 S.) 907. (XXV. Bd. 1. Abteilg.) Geb. 6. 80
Osgood, W. F., Lehrbuch der Funktionentheorie. I. Bd., 2. Hälfte. (XII u. S. 307—642 m. Fig.) 907. (XX. Bd. 1. Abtlg.) 7.60 (1. Bd. vollständig 14.60; geb. 15.60)
Staude, Otto, analytische Geometrie des Punktepaares, des Kegelschnittes u. der Fläche zweiter Ordnung. 2 Teilbde. (X, IV, 1000 S. m. 228 Fig.) 910. (XXX. Bd. 1. Abtlg.) 36.—; geb. 40. —

Sturm, Rud., die Lehre v. den geometrischen Verwandtschaften. 1. Bd. Die Verwandtschaften zwischen Gebilden erster Stufe. (XII, 415 S.) 908. (XXVII. Bd. 1. Abtlg.) Geb. 16. —
— dasselbe. 2. Bd. Die eindeut. linearen Verwandtschaften zwischen Gebilden zweiter Stufe. (VIII, 346 S.) 908. (XXVII. Bd. 2. Abtlg.) Geb. 16. —
— dasselbe. 3. Bd. Die eindeut. linearen Verwandtschaften zwischen Gebilden dritter Stufe. (VIII, 574 S.) 909. (XXVII. Bd. 3. Abtlg.) Geb. 20. —

— dasselbe. 4. Bd. Die nicht linearen u. die mehrdeut. Verwandtschaften zweiter u. dritter Stufe. (X, 486 S.) 909. (XXVII. Bd. 4. Abtlg.) Geb. 20. —
Timerding, H. E., Geometrie der Kräfte. Mit 27 Textfig. (XII, 381 S.) 908. (I. Bd.) Geb. 16. —
Voigt, Woldem., Lehrbuch der Kristallphysik (m. Ausschluss der Kristalloptik). (XXIV, 964 S. m. 213 Fig. u. 1 Taf.) 910. (XXXIV. Bd.) 30.—; geb. 32. —

**— school texts. Standard English authors. General editors: F. Doerr, H. P. Junker, M. Walter. I u. II. 8. Ebd.** Geb. n. 2. 20

1. **Shakespeare, Julius Caesar. With the assistance of H. P. Junker ed. by Frederic W. Moorman, B. A. Text and notes. (IV, 91 u. II, 66 S. m. Bildnis.) 905. n. 1. —; Text geb. n. 1. 20**
2. **Moorman, Frederic W., B. A., An introduction to Shakespeare. With a frontispiece and 3 full page illustr. (IV, 32 S.) 906.** Geb. n. 1. —

**Teubner's, B. G., school texts.** Standard English authors. General editors: F. Doerr, H. P. Junker, M. Walter. 3. 8. Leipzig 908. B. G. Teubner. 1.—; geb. u. geh. 1. 20

Shakespeare, Macbeth. Ed. by assistant Frederic W. Moormann, B. A. With the assistance of H. P. Junker. Text. With a frontispiece and a map of Scotland. Notes. (IV, 87 u. 70 S.)

SchulKatalog. Schulk' B. G. Teubner, (Verlag in) Leipzig (und. Berlin. Ausgabe A (Gesamt-Ausgabe für höhere Lehranstalten). Ostern 1907. Mit einer Abhandlung: Friedrich Paulsen: Das moderne Bildungswesen. ... [Mit Inhaltsangaben und Besprechungen. Illustriert.] IV + XVI( + *zus.* 582 + *Anhang* 8 S. 8.

**Teubner's, B. G., kleine Sprachbücher. II u. III. 8. Ebd.** Geb. in Leinw. à n. 2. —

II. **English lessons.** Kurze prakt. Anleitg. zum raschen u. sicheren Erlernen der engl. Sprache f. den mündl. u. schriftl. freien Gebrauch. Von Osc. Thiergen. Mit 3 Ansichten u. 1 Plane v. London sowie 1 Münztaf. (VI, 229 S.) 900.

III. **Lezioni italiane.** Kurze prakt. Anleitg. zum raschen u. sicheren Erlernen der italien. Sprache f. den mündl. u. schriftl. freien Gebrauch. Von A. Scanferlato. (IV, 220 S. m. 1 farb. Karte.) 899.

I ist noch nicht erschienen.

**— kleine Sprachbücher. I. II. III., 2 Tle. IV. u. V. 8. Ebd.** Geb. in Leinw. n. 14. —

I. **Leçon de français.** Kurze prakt. Anleitg. zum raschen u. sicheren Erlernen der französ. Sprache f. den mündl. u. schriftl. freien Gebrauch. Von Otto Boerner. Mit e. Karte v. Frankreich, e. Plane v. Paris u. e. französ. Münztaf. (VIII, 256 S.) 904. n. 2. 40

II. **English lessons.** Kurze prakt. Anleitg. zum raschen u. sich. Erlernen der engl. Sprache f. den mündl. u. schriftl. freien Gebrauch. Von Osc. Thiergen. Mit 3 Ansichten u. 1 Plane v. London sowie 1 Münztaf. 2. Aufl. (IV, 229 S.) 904. n. 2. 40

III, 1. **Lezioni italiane.** Von A. Scanferlato. 1. parte. Kurze prakt. Anleitg. zum raschen u. sicheren Erlernen der italien. Sprache f. den mündl. u. schriftl. freien Gebrauch. 3. verb. Aufl. Mit 1 Karte v. Italien. (VIII, 254 S.) 906. n. 2. 40

2. Dasselbe. 2. parte. Kurze prakt. Anleitg. zur Vervollkommng. in der italien. Sprache f. den mündl. u. schriftl. freien Gebrauch. (IV, 116 u. 38 S.) 904. Geb. u. geh. n. 2. —; erhöht. Pr. n. 2. 40

IV. **Lecciones castellanas.** Kurze prakt. Anleitg. zum raschen u. sicheren Erlernen der span. Sprache f. den mündl. u. schriftl. freien Gebrauch. Von Heinr. Runge. Mit Ansichten v. Madrid, Barcelona, Cordova u. Buenos-Aires. (VI, 181 S.) 904. n. 2. 40

V. **Deutsch f. Ausländer. Das Notwendigste a. d. deutschen Sprachlehre m. prakt. Beispielen, Lese- u. Gesprächsübgn. Von A. L. Becker. Mit Ansichten v. Berlin, Dresden, Köln u. Nürnberg. (IV, 132 S.) 904.** n. 2. —

**— kleine Sprachbücher. I. u. II. u. III. 2 Tle. kl. 8. Ebd.** Geb. in Leinw. à 2. 40

Boerner, Otto, leçons de français. Kurze prakt. Anleitg. zum raschen u. sicheren Erlernen der französ. Sprache f. den mündl. u. schriftl. freien Gebrauch. 2. Aufl. Mit 1 (farb.) Karte v. Frankreich, 1 (farb.) Plane v. Paris u. 1 (farb.) französ. Münztaf. (VIII, 256 S.) 910. Geb. in Leinw. 2. 40

Scanferlato, A., lezioni italiane. 1. parte. Kurze prakt. Anleitg. zum raschen u. sicheren Erlernen d. italien. Sprache f. den mündl. u. schriftl. freien Gebrauch. 4. verb. Aufl. Mit 1 Karte v. Italien. (VIII, 262 S.) 909. (III, 1. Tl.) Geb. in Leinw. 2. 40

— dasselbe. 2. parte. Kurze prakt. Anleitg. zur Vervollkommnung in der italien. Sprache. Mit e. grammat. Beiheft. 2. Aufl. (IV, 147 u. 48 S.) 909. (III, 2. Tl.) Geb. u. geh. 2. 40

Thiergen, Osk., English lessons. Kurze prakt. Anleitung zum raschen Erlernen der engl. Sprache. Mit 3 Ansichten u. 1 Plane v. London, 2 Textkärtchen, sowie 1 Münztafel. 3. Aufl. (VII, 251 S.) 909. (II.) Geb. in Leinw. 2. 40

Teubner, B. G., in Leipzig. Verlags-Katalog 1824—1875. Geschlossen am 1. October 1875. Leipzig.

Verlagsverzeichnis B. G. Teubner, Leipzig [&] Berlin. Klass. Altertumswissenschaft. Allg. Sprachwissenschaft. Neuere Geschichte, Sprache u. Literatur. Philosophie. Religionswissenschaft. Länder- u. Völkerkunde. Volkswirtschaftslehre. Rechts- u. Staatswissenschaften. Universitäts- u. Unterrichtswesen. Ausgegeben im Herbst 1907. (Leipzig & Berlin: B. G. Teubner 1907.) (168, 108, 32 S.) 8° [Umschlagt.] [08. 1435]

100. Ausg. Verzeichnis des Verlags von B. G. Teubner in Leipzig auf dem Gebiete der Mathematik, der Technischen und Naturwissenschaften nebst Grenzgebieten. Mit e. Gedenktagebuch f. Mathematiker u. Bild. nisd. Begründers der Firma. Im Anh.: Unterhaltungsliteratur. (Leipzig: B. G. Teubner) 1904. (XLVII, 2[illegible] S.) 8° [illegible] 2

B. G. Teubner's Verlag auf d. Gebiete der Mathematik, Naturwissenschaften, Technik, nebst Grenzwissenschaften. 101. Ausg. Mit e. Gedenktagebuche f. Mathematiker u. d. Bildnissen von G. Galilei [u. a.] sowie e. Anh. Unterhaltungslit. enth. Abgeschl. im April 1908. Leipzig & Berlin: B. G. Teubner (1908). (CXXXI, 392, 92 S.) 8° [08. 10408]

Teubner, Bernh.

Tafellied zum 40jährigen Maurer-Jubelfest der gel.·. BBr.·. Heinr. Zeiss und Paul Schnetter. Loge Carl zum Lindenberg, Frankfurt a. M. 17. Nov. 1894. [Unterz.: Bernh.] **Teubner.** [Frankfurt a. M. 1894.] 1 Bl. 2° [Kopftit.]
Ohne Noten: „Willkommen Brüder all' . . .“
140.

Teubner, David Friedrich (Hayna/Delitzsch)
$4^{o}$ Misc. $180^{k}$/15

De injusta querela quod tempus malum sit dissertatio philosophica. Präs. Johann Heinrich Behr. Leipzig (Titius) 21. VI. 1727. 32 S.

Gew.: Kirchenbehörde von M. Brandenburg.
34242

**Teubner,** Emil [aus Weissenfels a. S.]: Der Feldzug Wilhelms von Oranien gegen den Herzog von Alba im Herbst 1568 ... (Erscheint vollst. als Heft 28 d. Halleschen Abh. z. neueren Gesch.) Halle a. S., Druck v. E. Karras, 1892; 2 Bl., 32 S., 1 Bl. 8.
Halle, Phil. Fak., Inaug.-Diss. v. [6. Febr.] 1892

**Teubner**, Emil, der Feldzug Wilhelms v. Oranien gegen den Herzog v. Alba im Herbst d. J. 1568, s.: Abhandlungen, Halle'sche, zur neueren Geschichte.

Franz **Teubner** in Düsseldorf. Gauner-Litteratur, aeltere Juridica, Jurist. Curiosa. Räuber-, Diebs- u. Mordgeschichten. Merkwürd. Rechtsfälle ... (Düsseldorf: F. Teubner[1899].) (52 S.) 8°
(Antiquariats-Catalog No 74.)

**Teubner, Friedr. Aug., theoret.-prakt. Anweisung z. Koch- u. Backkunst, sowohl d. feinern als gewöhnlichen, f. angehende Köche u. Köchinnen u. für Hausfrauen; gegen 1100 Vorschriften, zu Bereitungen aller Art, enth. Nebst e. Anh. f. ländl. Conditorey, auch Früchte einzumachen, Bereitung von Gefrornem, geistigen Getränken** rc. **in 103 Anweisn. 8. (22¼ B.) Leipzig 836, Baumgärtners Buchh.**

Teubner, (F. A.,) nützl. u. prakt. Buch f. die Küche und Haushaltung, oder guter Rath f. Haushaltungen des Mittelstandes, alle Arten Speisen rc. zu bereiten. 8. Leipz. 822, Hartmann.

— nützl. u. prakt. Buch f. die Küche u. Haus, od. guter Rath f. Haushaltungen des Mittelstandes, alle Arten Speisen rc. zu bereiten. 8. Leipz. 822. (Lehnhold). 1 ß

— nützliches u. prakt. Buch für Küche u. Haushaltung rc. 2e wohlf. Ausg. 8. Leipzig 839. Lehnhold. ½ ß

**An die deutschen Brüder Freimaurer in Amerika. [Unterz.:] Gust. Fincke, G. B. Teubner. [Dat.:] New York: 1851. 4 S. 8° [Kopftit.]**
**Aufforderung zur Subscription für eine „Sammlung von deutschen Frmr-Liedern". 3.**

Teubner, Gottlieb Augustin (Breslau) A. S. 801/9

Dissertatio inauguralis de differentia bonorum receptitiorum a propriis, eorumque natura et effectu. Präs. Gebhard Christian Bastineller.
Wittenberg (Gerdes) VIII. 1720. 58 S.

W. v.: Johann Jänichen, Christoph Friedrich Ayrmann, F. A. Leyser. 34243

Teubner, Gottlob Ferdinand (Breslau) A. S. 843/44

Dissertatio iuridica de iure aedificandi in suo Von dem Recht auf dem Seinigen zu bauen. Präs. Georg Heinrich Linck.
Altdorf (Kohles) VI. 1723. 32 S.

Gew.: Georg Teubner (Vater). 34244

Teubner, Gustav

**BURZELBÄUME** meines Satyrs. (Stellenw. freie Darstellungen von *Gustav Teubner*.) 2 Bde. Berlin (Erfurt, Hennings) 1811. 8°. (1⅓ Rthl.) 270 + 255 S. (2 Mk. 50 Pfg. H. W. Kühl, c. 1883.)
Anon.-Lex. I. p. 291 irrig „1810" (nach Goedeke, und dieser nach Kayser).

**GALLOPADEN** und Bockssprünge auf dem Steckenpferde meiner Laune. Ein komischer Roman. Vom Verfasser des silbernen Kalbes u. s. w. *(Gustav Teubner)*. 2 Thle. Erfurt, Hennings, 1804. Kl. 8°. (½ Rthl. Scheible, 1868; jetzt theurer!)
Tit., 270 u. 255 Seiten. Freien Inhalts. — Kotzebue gewidmet.

Teubner, G., s. a. Gott Wetzels Zuchtruthe.

Teubner, G., s. a. Gott Wetzel's Zuchtruthe.

**KALB**, Das silberne, eine Zugabe zum goldnen (des Grafen v. Bentzel-Sternau, von *Gustav Teubner*). 4 Thle. Mit Titelvign. Erfurt und Gotha, Hennings, 1803—4. 8°.
Goedeke V, 472, 10, 1. — Stellenw. etwas frei.

Vgl. Kalb, ...

**KUH**, Die silberne. Vom Verfasser des silbernen Kalbes (von *Gustav Teubner*). 3 Thle. Erfurt und Gotha, Hennings, 1805. 8°.
Goedeke V, 472, 10, 4. — Einiges etwas frei.

Vgl. Kuh, ...

**LEIDEN** des jungen Motz. Vom Verfasser des silbernen Kalbes *(Gustav Teubner)*. 3 Thle. Erfurt und Gotha, Hennings, 1805. 8°. (10 Mk. 50 Pfg., unbeschn. Expl., Edm. Meyer, Berlin, 1908.)
Anon.-Lex. III. p. 43 hat „Georg (?) Teubner" und „1804 bis 5" (nach Meusel, Scriba, Kayser).

Vgl. Leiden...

**MAR-HANNA**, oder die Pilgerinnen aus Yemen. Eine heilige Kunde aus dem Buche der Menschheit vom Verfasser der Amida *(Gustav Teubner)*. Erfurt, bei Friedr. Aug. Knick, 1806. 8°. (1⅓ Rthl.)
283 S. Einiges etwas frei. — Anon.-Lex. III. p. 114 (nach Goedeke).

**PAPIERE** aus Pharao's Brieftasche in dem rothen Meere (von *Gustav Teubner*). 4 Bdchn. Berlin u. Leipzig (Erfurt, Hennings) 1810. Kl. 8°. (10 Mk. Edm. Meyer, Berlin, 1911.)
Auch Weller, fing. Druckorte, hat die Jahrzahl „1810". Eine Art historisch-romant. Romans, voll phantastischen Unsinns und in einem unglaublich trivialen und ermüdenden Style geschrieben. — Tit., 386, 319, *** (Bdchn. 3 lag nicht vor), und 188 Seiten.

**SCHWAN**, Der silberne, Antipode des Titan. Seitenstück zum Jahr (s. d.) in Arkadien (von *Gustav Teubner*). 2 Thle. Erfurt und Gotha 1805. 8°.
Goedeke V, 472, 10, 5.

— — Dasselbe. 2 Thle. London (ebd.) 1806. 8°.
Weller, fing. Dr.

**Weib**, Das Unglückliche. Ein Gemälde aus der jetzigen Welt (von *Gustav Teubner*). 2 Bde. Berlin (Erfurt u. Gotha, Hennings) 1805. 8°. (1⅔ Rthl.) (2 Mk. Scheible, vor 1885.)

**Teubner, Hans, die ersten 50 Jahre der Berliner Feuerwehr. Im amtl. Auftrage unter Benutzg. amtl. Materials bearb., m. Skizzen von H. v. d. Schulenburg. gr. 8. (VIII, 174 S.) Berlin 901. M. Pasch. n. 1. 50; bessere Ausg. n. 3. —**

Die ersten 50 Jahre der Berliner Feuerwehr. Im amtl. Auftr. unter Benutzung amtl. Materials bearb. von Hans **Teubner**, Kgl. Brandmeister, mit Skizzen von H. v. d. Schulenburg. [Nebst] Nachtrag. Berlin: Pasch 1901 (Nachtrag: Berlin 1911: Loewenthal). 8°
Nachtrag [u. d. T.:] Die Berliner Feuerwehr 1901–1911. [11. 5699

**Teubner, Jo. C., resp. Jo. H. Behr,** De superstitione Hier. *Cardani* in rebus naturalibus. 44 pp. Lps. 4°. 1725

Eine Woche in Paris. Übersichtl. Führer durch Paris mit koloriertem Pharusplan. Von L. **Teubner**. Berlin: G. Stilke 1907. (67 S.) 8° [07. 7343

**Teubner, L., eine Woche in Paris. Übersichtl. Führer durch Paris m. kolor. Pharusplan. 4. u. 5. veränd. Aufl. (93 S. m. eingedr. Kartenskizzen.) kl. 8. Berlin 909. G. Stilke. Kart. 1.50**

Teubner, Rudolf, Das Fahnenschwenken, E. Festsp., beschrieb. u. auf 16 Taf. in farbigen Bildern dargest., Hof, 8 S., 16 Taf., Quer-8°. 1892.

**Teubner**, Rud., das Fahnenschwenken. Ein Festspiel, beschrieben u. auf 16 Taf. in farb. Bildern dargestellt. qu. 8. (8 S.) Hof 893. R. Lion. n. 3. —

**Teubner, R., s.: Gesellschafts-Uebungen, 53. am Bock etc.**

**Teucher, Alfred,** Oberl.: Die geophysikalischen Anschauungen Descartes'. Niederlößnitz-Dresden 1908: Adam. 85 S. 8°
Leipzig, Phil. Diss. v. 28. Nov. 1908, Ref. Partsch, M. Heinze
[Geb. 25. Aug. 79 Döbeln; Wohnort: Dresden; Staatsangeh.: Sachsen; Vorbildung: Realgymn. Döbeln Reife O. 98; Studium: Leipzig 9 S.; Rig. 28. Juli 08.] [U 09. 3072

Teucher, Emil. Lehrgang der Darstellenden Geometrie für die Schüler des obern Gymnasiums in Biel. [2 Hefte.]
[Heft 1: Text.] (Gymnasium in Biel — Beilage zum Jahresbericht pro 1907/08.) 44 S. 8. Biel, Ad. Moser, 1908.
[Heft 2:] Figurenheft. II S. + 10 Tafeln. quer-4, *zus.-gefaltet* 8. [Biel, Ad. M', 1908.]

Teucher, Fritz

**Teucher, Fr.,** Anwendg. d. Rollerschen Stenographie auf d. französ. Sprache. gr. 8. (III u. 20 z. Tl. autogr. S.) Berlin 894. (Leipzig, J. H. Robolsky.) n. 1. —

Anwendung der Roller'schen Stenographie auf die Französische Sprache, aufgest. v. Fr. Teucher. M. 16 stenogr. Taf. ... *Berlin: H. Roller 1894.* (2 Bl., 20 S.) 1 Bd 8. [Text lith.] [98. 6963

**Teucher, Fritz, die Logik bei Stolze-Schrey, s.: Wettschreiben, e., zwischen Roller u. Stolze-Schrey.**

**Teucher, G.,** Erläuterung der Bestimmungen über die Disciplinargewalt in der königl. Sächs. Armee, nebst tabellar. Uebersichten der verschiedenen Disciplinarstrafen, ihres Geltungsverhältnisses und ihrer Vollstreckung. Dresden 856. Höckner. 8. (VIII, 61 S. u. 2 Tab. in Fol.) n. 10 ngr.

Teucher, Gotthard Friedrich (Dresden) A. S. 625/26

Dissertatio iuris civilis de causa doli in transactione. Präs. Christian Heinrich Breuning. Leipzig (Langenheim) 27. VIII. 1755. 15 S.
34246

**Teucher, H., s.: Uebersichten der aus dem deutschen Reichsgebiete erfolgten Verweisungen v. Ausländern.**

Teucher, Ludwig Heinrich, s. Anacreon: Carmina et Fragmenta ...

– s. Antonini, Abbe: Italien.-deutsches Wörterbuch.

– s. Antoninus Liberalis.

– s. Apollonius Discolus

– s. Appianus, Alex.: Hist.

– s. Barth, Fr. Gli.: Span. Grammatik.

Teucher, Ludwig Heinrich, s. Bion: Idyllia. 1793.

– s. Burmann, Pt.: Antiquitatum...

– s. Comenius: Janua— Vorhof u. la excellente puerta.

Teucher, Ludwig Heinrich, s. Conon.

***Teucher*, Ldw. Hnr., († d. 3. Dec. 1812.) école du monde objectif ou représentation succincte de divers objets de la nature et de l'art, ouvrage trad. de l'Allemand et du Latin et Français, Italien, Anglois et Espagnol. 4. Leipz. 792. Schwickert. 20 gr**

– s. Eustachius Antecessor: De intervallis. –– de Ismeniae.

– s. Heraclitus et Anonymus: De incredibilibus.

– s. Homerocentra.

Teucher, L. H., Prosodiae Graecae accentus inclinatio. *Ἐπίμετρον* partis I. Diss. 1782. 82 S. 4°. 1.20

Teucher, L. H., Facilis institutio ad latinos auctores legendos atque etiam ad latine loquendum et scribendum. Lips. 790. 8.

**—facilis institutio ad latinos autores legendos et ad latine loquendum et scribendum. 8. Leipz. 792. (List in Berl.) 4 gr**

– s. Monde nouveau.

– s. Musaeus: Carm. de Herone et Leandro.

– s. Musäus: Gedichte von Hero u. Leander.

– s. Orbis pictus.

Teucher, Ludwig Heinrich, s. Philo Byz.

– s. Psellus, M.: Synopsis legum ...

**—raccolta di vari conti e storietti da ridere. 16. Leipz. 811. (W. Nauck). 4 gr**
Vgl. Raccolta...

**— kurze latein. Sätze üb. allerlei Gegenstände, nebst einer port. Weltbeschreib. z. Behufe d. latein. Sprachkenntniß. 8. Leipz. 792. (W. Nauck). 4 gr**

– s. Schlözer, A. L. v.: Praep. ad Historiam.

– s. Sulzer, J. G.: Brevis notitia.

**—Tables sur les verbes irreguliers français et italiens. 4. Leipz. 791. Schönemann. 6 gr**

– s. Tryphiodorus: Carmen.

**—kurze Uebersicht der meisten in der Welt u. besond. im gemeinen Leben vorkomm. Dinge z. Uebersetzen in das Latein. 8. Leipz. 793. Schwickert. 10 gr**

– s. Wieland: Musarion.

– s. Xenophon: Memorabilia.

**Teucher, Osc.,** Eintagsfliegen. Ein paar ernste u. heit're Gedichte. gr. 16. (88 S. m. Bildnis.) Dresden 901. Oschatz, H. Hackarath. n. 1. —

**Teucher, Sam.,** Diss. de remediis antepilepticis fossilibus. Lps. 4°.
1708

**Teucher, W. S.,** Reise in die Seebäder bei Triest u. Venedig u. in das Wildbad Gastein. Ein Reisetagebuch für Kurgäste u. Vergnügungsreisende. kl. 8. Grimma 846, Verl.-C. $2/3$ ₰

Teucher, Wilhem Sigismund [Praes.], s. Bauer, Heinrich Gottfried: De jure vindicantium praeclusorum exercitatio.

**Teucher**, G. S., De libertis sepulcorum Custodibus ad legem II dig. de in jus vocando exercitatio. Diss. 1808. 80 S. 4°. 1.—

— Diss. I. II. de natura et formis interpretationis et hermenentices civilis observationes 4. Leipz. 804.

Teucher, Wilh. Sigism.: Der Schuldthurmsprocess im Königr. Sachsen. Ein Beitrag z. d. Lehre von d. im Königr. Sachsen geltenden summarischen Verfahrungsarten bei bürgerl. Rechtsstreitigkeiten. *Leipzig*, Hinrichs. 822. gr. 8. (1 Thl. 4 Gr.)

Teuchert, Emil

— u. Herm. **Sobe**, Lesebuch f. Musiker-Fachklassen in Fach- u. Fortbildungsschulen. (VIII, 376 S.) gr. 8. Dresden (909). O. & R. Becker. Geb. 2.50

**Teuchert**, Emil, u. Erh. Walt. **Haupt**, Musik-Instrumentenlehre in Wort u. Bild. Zusammengestellt, bearb. u. hrsg. in 3 Tln. 1. Tl. Saiteninstrumente. Mit 24 Abb., 1 Klaviatur- u. 1 Vergleichungs-Tabelle der Streichinstrumente. (IX, 108 S.) gr. 8. Leipzig 910. Breitkopf & Härtel. 2.—; geb. n 2.50

**Teuchert**, Hermann, a. Loppow, Kr. Landsberg a. W.: Laut- und Flexionslehre der neumärkischen Mundart. T. 1: Einleitung und Vokalismus. (Halle a. S. 1907: Waisenhaus.) (57 S.) 8° ¶(Soll vollst. in d. Zeitschr. f. deutsche Mundarten erscheinen.)
Berlin, Phil. Fak., Ref. Roethe, Diss. v. 9. März 1907
[Geb. 3. März 80 Loppow, Kr. Landsberg a. W.; Wohnort: Bonn; Staatsangeh.: Preußen; Vorbildung: Joachimsth. Gymn. Berlin Reife O. 01; Studium: Straßburg 1, Berlin 9 S.; Rig. 23. Juli 06.]

**Teuchert**, Herm., Lehrbuch zum Selbst-Unterricht im Buchführen, theoretisch u. praktisch dargestellt, nebst einem Anh. über Wechselkunde u. über das Diskontieren von Wechseln, speziell für Gewerbtreibende, sowie zum Gebrauch in Handwerker- u. Fortbildungsschulen bearb. gr. 8. (VIII, 79 S.) Berlin 881. Moeser. cart. n. 1. 50

— Waren-Geschäfts-Texte zur einfachen u. doppelt-italienischen Buchführung, verbunden mit Commissions-, Conto à meta- u. Participations-Geschäften unter Berücksichtigung des Societät-Verhältnisses, zum Gebrauch in Handels- u. Fortbildungsschulen bearb. gr. 8. (17 S.) Ebend. 882. n. — 50

**Teuchert**, C[arolus] R[einholdus]: • De acido succinaminico. 54 S., 1 Taf 4° (2°)
Halle-Wittenberg, Phil. Diss. v. 1. Dez. 1864
Geb. [Naumburg a. d. S. 18. 4. 1842]
Von S. 8 ab in deutscher Sprache. Ersch. ohne die lat. Einleitg (S. 1—8 des Ms.) u. ohne die S. 43—53 des Ms. deutsch u. d. T.: Ueber die Succinaminsäure. In: Annalen der Chemie u. Pharmacie. Bd 134. Leipz. u. Heidelberg 1864. S. 136—164, Taf. 1 und fast gleichlautend in: Zeitschrift f. d. ges. Naturwissenschaften. Bd 26. Berlin 1865. S. 7—30, 1 Taf. [fehlt].

**Teudelinde.** Dem Grafen Friedrich Leopold zu Stolberg gewidmet. Hamburg 1780. V: *Halem, Gerhard Anton von.* (BGE VII³, 607)

**Teudeloff,** Alfred, aus Osmünde: Über die **Einwirkung** von Monochloracetal auf die Monoalkyläther der zweiwertigen Phenole. *Rostock 1900: C. Boldt.* (39 S.) 8°
Rostock, Phil. Diss. v. [28. Febr.] 1900

Teudeloff, Hugo

**Teudeloff**, H., Ergebnisse aus dem Unterricht in der deutschen Grammatik. In drei Stufen für die Hand der Schüler in Volksschulen bearb. 8. (19 S.) Langensalza 880, Beyer und Söhne. *

**Teudeloff**, H., Ergebnisse aus dem Unterricht in der deutschen Grammatik. In 3 Stufen für die Hand der Schüler in Volksschulen bearb. 2. Aufl. Mit einem Anh.: Das Wichtigste aus der neuen Rechtschreibung, soweit dieselbe von der bisherigen Schreibweise abweicht. 8. (20 S.) Langensalza 880. Beyer & Söhne. n. — 20

**Teudeloff**, H., Ergebnisse aus dem Unterricht in der deutschen Grammatik. In 3 Stufen f. die Hand der Schüler in Volksschulen bearb. 4., verb. Aufl. 8. (20 S.) Langensalza 888. Beyer & Söhne. n. — 20

Ergebnisse aus dem Unterricht in der deutschen Grammatik. In 3 Stufen für d. Hand d. Schüler in Volksschulen bearb. von Hugo **Teudeloff**, Pfarrer. 6. Aufl. *Langensalza: H. Beyer & Söhne 1901.* (20 S.) 8° [F.] [01. 1093

— deutsche Sprachlehre f. mehrklassige Schulen. In 3 Stufen bearb. 8. Quedlinburg 888. Vieweg. n. — 65
1. (24 S.) n. — 15. — 2. (80 S.) n. — 25. — 3. (72 S.) n. — 25.

—— Stoff für den Unterricht in der deutschen Grammatik. In drei Stufen für einfache Schulverhältnisse und im Anschluß an des Verf. „Ergebnisse" bearb. 2. sehr verm. und verb. Aufl. gr. 8. (VII, 88 S.) Langensalza 887, Beyer und Söhne. *

— Stoff f. den Unterricht in der deutschen Grammatik. In 3 Stufen f. einfache Schulverhältnisse u. im Anschluß an d. Verf. „Ergebnisse" bearb. 3. Aufl. gr. 8. (VII, 100 S.) Langensalza 890. Beyer & Söhne. cart. n. — 80

— Stoff für den Unterricht in der deutschen Grammatik. In 3 Stufen f. einfache Schulverhältnisse u. im Anschluß an des Verf. „Ergebnisse" bearb. 4. Aufl. gr. 8. (VII, 107 S.) Ebd. 901. Kart. n. — 80

Teudt, Heinrich

Die Ablassung der Patentunterlagen und ihr Einfluss auf den Schutzumfang. Ein Handbuch f. Nachsucher u. Inhaber Deutscher Reichspatente. Von Dr. Heinrich **Teudt**. Mit zahlr. Beispielen u. Ausz. aus d. einschläg. Entscheidungen. Berlin: J. Springer 1908. (X, 156 S.) 8° [08. 3635

**Teudt,** Heinrich, aus Bückeburg: Über die **Änderung** der spezifischen Wärmen wässeriger Salzlösungen mit der Temperatur. *Erlangen 1900: F. Junge.* (32 S.) 8°
Erlangen, Phil. Diss. v. 28. Febr. 1900

**Teudt**, H., Wann gelten technische Neuerungen als patentfähig? Ein Hilfsbuch f. die Beurteilg. der Patentfähigkeit. Mit zahlreichen Beispielen u. Auszügen aus den einschläg. Entscheidgn. u. 17 Fig. (VII, 106 S.) 8. Berlin, J. Springer. 1910. 3. —; geb. in Leinw. 3. 80.

**Teudt**, W., nationale Ansiedelg. u. Wohnungsreform, s.: Latscha, J.

**Teudt**, W., kleine Gaben aus Gottes Wort f. solche, die es ernst meinen. (II, 77 S.) kl. 8. Frankfurt a/M. 908. (R. Ecklin.) nn — 50

'Im Interesse der Wissenschaft!' Haeckels 'Fälschungen' u. die 40 Zoologen etc. Die wichtigsten Dokumente z. Fall Brass-Haeckel nebst Erl. u. Ergebnis von W. **Teudt**. Godesberg: Naturwiss. Verl. d. Keplerbundes 1909. 104 S. 8°
(Schriften d. Keplerbundes. H. 3) [10. 3463 B

**Teudt**, W., „Im Interesse der Wissenschaft". Haeckels „Fälschgn." u. die 46 Zoologen etc., s. a. Schriften des Keplerbundes. 3. Heft.

Teudt, Wilhelm: 50 Jahre Innerer Mission in Frankfurt, s. Kayser, Konrad.

**Teuer erkauft**, s. a. Jugendheim. Nr. 29.

**Teuer erkauft.** Aus dem Engl. gr. 16. (80 S. m. 2 Bildern.) Hamburg 898. J. G. Oncken Nachf. — 15

**Teuerdank**, s.: Dichter, deutsche, des 16. Jahrh.

**Teuerdank.** Fahrten u. Träume deutscher Maler. Zwanglose Bilderfolgen leb. Künstler. 1.—24. Folge. gr. 4. Berlin. Düsseldorf, Fischer & Franke.
Einzelpr. n. 52. 50; Subskr.-Pr. f. 12 Hfte. à 1. 50

Inhaltsübersicht in alphabetischer Ordnung:

Barlösius, Geo., eine Bilderchronik der Städte Berlin u. Cölln an der Spree. (10 Bl.) (902.) (13. Folge.) n. 2.50
Hass, F., Schubert-Lieder. 10 Zeichngn. (10 Bl.) (902.) (23. Folge.) n. 2.—
— Sonnen-Märchen. 10 Zeichnungen. (10 Bl.) (902.) (15. Folge.) n. 2.—
Heise, Hans, Erwachen. 10 Zeichnungen. (10 Bl.) (901.) (9. Folge.) n. 2.—
Hirzel, Herm., Rügen. 10 Bilder. (10 Blatt.) 902. (17. Folge.) n. 2.50
— Stimmungen. (10 Bl.) (901.) (2. Folge.) n. 2.—
Horst-Schulze, Einsamkeit. 12 Zeichngn. (12 Bl.) (901.) (6. Folge.) n. 2.50
Jahn, Geo., Meeresstrand. (10 Bl.) (902.) (14. Folge.) n. 2,50
Koch, Rud., die blaue Blume, e. Sage in Bildern v. K. (10 Bl.) (902.) (19. Folge.) n. 2.—
Kolb, Alois, vom Weibe. Aus Dichtg. u. Leben. 10 Zeichngn. (10 Bl.) (902.) (21. Folge.) n. 2.—
Kulthan, Erich, Erinnerungen u. Träume der Kindheit. 12 Zeichngn. (12 Bl.) (902.) (12. Folge.) n. 2.50
Liebermann, Ernst, Alt-München. 12 Zeichngn. (12 Bl.) (901.) (5. Folge.) n. 2.50
— aus deutscher Märchenwelt. 10 Zeichngn. (10 Bl.) (901.) (10. Folge.) n. 2.—
— die Poesie der Landstraße. 10 Zeichnungen. (10 Bl.) 902. (18. Folge.) n. 2.—
— allerlei Wetter. 10 Zeichngn. (10 Bl.) (901.) (1. Folge.) n. 2.—
Müller-Münster, Frz., Roß u. Reiter in Sage u. Legende. 10 Zeichngn. (10 Bl.) (902.) (20. Folge.) n. 2.—
— Stürmen u. Drängen. 10 Zeichnungen. (10 Bl.) (901.) (3. Folge.) n. 2.—
Stassen, Frz., Faust. 12 Zeichngn. zum II. Tle. (12 Bl.) (902.) (22. Folge.) n. 2.50
— Götter. 10 Zeichngn. (10 Bl.) (901.) (4. Folge.) n. 2.50
Stroedel, G. A., Waldweben. 10 Bilder. (10 Bl.) (901.) (8. Folge.) n. 2.—
Stumpf, Wilh., Waldgeister. Zeichnungen. (10 Bl.) (902.) (16. Folge.) n. 2.—
Volkmann, Hans v., Eifel-Bilder. 10 Zeichngn. (10 Bl.) (901.) (7. Folge) n. 2.—
Wenig, Bernh., Berchtesgaden. 10 Zeichnungen. (10 Bl.) (903.) (24. Folge.) n. 2.—
Würtenberger, Ernst, alemannische Bildnisse. 10 Zeichnungen. (10 Bl.) (902.) (11. Folge.) n. 2.50

**Teuerdank.** Fahrten u. Träume deutscher Maler. 25. bis 30. Folge. gr. 4. Berlin, Fischer & Franke. n. 14. —
Bek-gran, Herm., die deutsche Frau, e. Bilderreihe. (10 Bl.) (903.) (30. Folge.) n. 2.—
Braune, Hugo L., Dietrich v. Bern, seine Heldentaten u. Abenteuer, sein Glück u. Tod. 12 Zeichngn. (12 Bl.) (903.) (28. Folge.) n. 2.50
Hirzel, Herm., leuchtende Tage. Neue Folge der Stimmgn. Dem Andenken seines verstorbenen Freundes Ludw. Jacobowski gewidmet. (12 Bl.) (903.) (25. Folge.) n. 2.50
Kolb, Alois, Sonne u. Erde. 12 Zeichngn. (12 Bl.) (903.) (26. Folge.) n. 2.50
Stumpf, Wilh., Ekkehard. 10 Zeichnungen zu Victor v. Scheffel's Ekkehard. (10 Bl.) (903.) (29. Folge.) n. 2.—
Würtenberger, Ernst, Bildnisse deutscher Dichter u. Musiker. 10 Zeichngn. (10 Bl.) (903.) (27. Folge.) n. 2.50
Fortsetzg., s.: Steinzeichnungen deutscher Maler.

Ⓑ **Teuerdank.** Fahrten u. Träume deutscher Maler. 1—30. (KBL 32. 34.) Jetzt: Stuttgart-Canstatt, A. W. Franke.

Teufel [Sachliches OW]

**Teufel, Der,** ein Neujahrsgeschenk oder Prüfung des Glaubens an höllische Geister ... München 1810. V: *Sambuga, Joseph Anton Frz Martin.* (MGT)

— der, ein Neujahrsgeschenk, od. Prüfung des Glaubens an höllische Geister nach Pt. Hartmanns Lehren. 8. ... 810. (Giel in Münch.) 6 gr.

**Teufel,** der, oder abschließliche Darlegung der biblischen Lehre vom Teufel. Berlin (858.) Springer'sche Sorthdlg. in Comm. gr. 8. (15 S.) n. 2½ ngr.

**Teufel, der.** Humoristische Zeitschrift. Red.: Joh. Mayer. 1. Jahrg. Juli 1885—Juni 1886. 52 Nrn. (2 B. m. Illustr.) Fol. Leipzig, Dürselen. n. 8. —; Volksausg. à Nr. — 10

— der, im Aktenstübchen. Lustsp. in 1 Akt. 8. Altenburg, Petersen. 806.

**Teufel Alkohol.** (16 S.) gr. 8. Leipzig 904. (L. Naumann.) n. — 20

**Teufel, Alle.** Keine Wahrheit! oder!! Botany-Bay. [Erfurt] 1803. V: *Schiede, H. C.* (wr)

**Teufel,** Alle, keine Wahrheit. Vom Verf. d. privatisirenden Fursten. 2 Thle. 8. Erfurt 803. Hennings. 1 Thlr 16 gr

Der Arme Teufel: Jahrgang 1–16, no 822, Dec 6, 1884–Sept 6, 1900 Detroit, MI
Weekly.

Der arme Teufel. Detroit: Robert Reitzel, 1884-1900. Reitzel was a leading German-American poet.

Der arme Teufel. Hrsg.: Albert Weidner. Jg 1–3. Friedrichshagen: A. Weidner 10(02)–04. 3 Bde 4° [F.] [45. 7047]

**Teufel, Der,** unter den Bauern, der Herr sage was er wolle. O. O. 1777. V: *Hegelmaier, Tobias Gottfried.* (Nova Eccles. Friburgensis Bibliotheca 1773—1785, Bd. 5, S. 338) (biblPort)

**Teufel,** der, in Berlin. Red.: A. Hopf. 1. Jahrg. 1848. Juni—Decbr. 60 Nrn. gr. 4. (½ B. m. eingedr. Holzschn.) Berlin, Hirschfeld. 1¾ Thlr — Einzelne Nrn. 1 ngr

**TEUFEL,** Der blonde.
W. A. Gabriel, Berlin, c. 1898, ohne nähere Angabe.

**Teufel,** der Danziger, im Jahre 1829. Ein ernstes Buch zum Lachen. 16 Buch. 8. Danzig 829. Gwert. 4 gr

**Teufel,** der dumme. Die Katastrophe der Zentrumspolitik. (32 S.) 8. Nürnberg 909. Fränk. Verlagsanstalt u. Buchdruckerei. — 20

Vom dummen Teufel. Allerlei Teufelsschwänke, mit Bildern von Georg Barlösius. *Berlin: Fischer & Franke [1900].* (20 S.) 8° [Umschlagt. F.] [01. 1421]
= Jungbrunnen. 14.

**Teufel,** der, in allen Ecken; od. die Verwandlungen. Lustsp. 8. Prag, Widtmann. 769.

Der Teuffel ein Einsiedler, oder Begebenheiten des aus der Hölle verbannten Astaroths. 2 Thle. Halberst. 741. 8.

— der, ein Einsiedler, od. Begebenheiten des aus der Hölle verbanneten Astaroths. 2 Thle. 8. Lemgo, Meyer. 757.

**Teufel, Der,** ein Einsiedler, oder Begebenheiten des aus der Hölle verbannten Astaroths. Lemgo 1777. V: *Lambert de Saumery, Pierre.* (Litbl. f. germ. u. rom. Philol. 1912, 108) (Zeitschr. f. Büch. N. F. 15, 1923, S. 124) (BGE VII², 607)

TEUFEL, Der, in der Franziskanerkutte oder Geschichte des Pater Tempelfuchs. Hüte dich: Vor dem Vorderteil eines Weibes, vor dem Hinterteil des Maulesels, vor dem Kopfe des Stiers, u. vor dem Mönch auf allen Seiten. Sprichwort der Spanier. Madrid (Leipzig, Crusius) 1786. 8°. 70 S. (½ Rthl. Scheible, vor 1875; 8 Mk. 50 Pfg. H. Streisand, Berlin, 1908.)
Weller, fing. Dr. I. p. 132. — Selten!

— der, in der Franziskanerkutte, oder Gesch. d. Pater Tempelfuchs. gr. 8. Madrit. (F. C. W. Vogel in Lpz.) 786.

**Teufel, Der,** An Herrn G., Kunstrichter der Leipziger Schaubühne. Utopien [Dresden] 1755. V: *Rost, Johann Christoph.* (Wahl, Rost. Leipzig 1902. S. 77.)

— der Gaßnersche, unter den Handgriffen eines Geistlichen v. Rober. 8. Eisenach 777. Wittekind. 4 gr.

**Teufel, Der gemüthliche,** oder Die Geschichte vom Bauer und von der Bäuerin, in 1 A. (aufgeführt 20. Dzbr. 1851). V: *Nestroy, Johann.* Vgl. N.s Werke, hg. v. Rommel 1 (1908) S. XCI. (DARP)

— der, Gott sei bei uns! 8. Altenb. 799. Schnupphase. 8 gr.

Teufel, der, als Haberfeldmeister. Ein Neujahrsbillet an die Haberfeldtreiber. Von einem Philipper. gr. 8. (16 S.) München 865, Lentner'sche Buchh.

— Asmodi Hinkebein u. sein Befreyer in England; e. Fortsetzung d. lahm. Teufels, v. le Sage, nach d. Engl. 2 Bde. 8. Berlin, Felisch. (Gräff in Lpz.) 792. 93. (à 20 gr.)

**Teufel, Asmodi Hinkebein,** und seine Befreier in England. Nach dem Englischen. Berlin 1793. V: *Mylius, Wilh. Christhelf Siegmund.* (GGr IV/I/603, Nr. 64/25) (Baer 737/1846)

— der hinkende, s. Paris, oder hundert u. ein Schriftsteller.

— der hinkende, v. le Sage; e. kom. Roman. 8. Hamburg, Brandt. 764.

— der hinkende, ein komischer Roman des Herrn le Sage, aus dem Franz. in 2 Theilen mit 1 Kupf. 8. Frankfurt, 777. Brönner. 13 ggl.

— — derselbe neu übersetzt v. Heß, m. K. 8. Wien, A. Doll. 802.

Der Hinkende Teufel Nov. 1. 1855 ? Porto Alegre
Twice a month. Sub-title: Humoristisch Satyrisches Blatt

**Teufel, Der hinkende,** in Hamburg. Aus den Papieren eines Verstorbenen. Leipz. 1840. V: *Schoppe, Amalie Emma Sophie Catharina von.* (GGr IX, 419)

Teufel, der hinkende, in Hamburg, s. Schoppe, A.

Teufel, der hinkende, in Hamburg. Aus den Papieren eines Verstorbenen. 2 Thle. gr. 12. Leipzig 840. Taubert. 2⅔ Thlr.

TEUFEL, Der hinkende, in Hamburg. Aus den Papieren eines Verstorbenen. 2 Tle. Leipzig 1840. 8°. 223 u. 277 S. (6 Mk. H. Streisand, Berlin, 1908; 6 Mk. E. Geibel, Hannover, 1909.)

— der, ein Hydraulikus. Lustsp. v. Albrecht. 8. Leipz. Liebeskind. 796.

TEUFEL, Der, ist los, ein Mischmasch von Satire, Moral und andern Kleinigkeiten, welche Niemanden (!) als dem Leser gefallen dürfen. (Kl. Ornam. u. Leiste.) O. O. (München) 1783. 8°. (3 Mk. 50 Pfg., unbeschn., Frdr. Klüber, München, 1904.) Rar!

Teufel (Der) ist los, ein Mischmasch von Satire, Moral .... O. O. (Wien?) 1783. 8°.
Nr. 9: So denkt der Pöbel in Salzburg. Eine Probe zur Ueberzeugung. (Auf die dortige Schaubühne bezügl., mit Abdr. eines Theaterzettels, S. 117—122.) — Rar!

— der, ist los, ein Mischmasch von Satyren, Moral u. andern Kleinigkeiten &c. 8. Münch. 783. Grätz. (J. Lindauer). 9 gr.

— auf dem Kirchenchor. Ein musikal. Lebensbild aus der Gegenwart in 3 Akten. Von „Catus." Graz 870. Moser. 8. (15 S.) 2½ ngr.

— der, im Kleider-Kasten od. Der geprellte Freier, s.: Gabelsberger-Bibliothek, 29. Bd.

**Teufel, Der,** an den Kunstrichter der Leipziger Schaubühne. [Altenau 1753?] V: *Rost, Joh. Chph.* (Waniek, Gottsched. Leipzig 1897. S. 628.) (wr) (Wahl, Rost. Leipz. 1902. S. 75.)

— d. lahme. a. d. Frz. d. Hrn. le Sage, übers. v. Seyfried. 2 Thle. 8. Freyberg, Craz u. G. 789.

— der lahme, oder Querzüge durch Rabiosus Kreuzzüge. 8. Leipz. 796. (P. F. Vogel). 7 gr.

— vom, im Leben, s. Frauenlob.

**Teufel, Der,** im Leibe. (Le diable au corps.) Zum ersten Male ins Deutsche übertragen von G. Cordesmühl. O. O. [Wien] 1906. V: *Nerciat, Andréa de de.* (BGE V³, 362/3)

TEUFEL, Der, und sein Liebchen oder der Student v. Antwerpen. Tragikomische Geschichte vom Dr. *A. M. Z.*, hrsg. v. Aug. Leibrock. Leipzig 1831. 8°. (2 Mk. Isaak St. Goar, Frf. a. M., 1909.)

Teufel, der, u. sein Liebchen, od. der Student v. Antwerpen. Tragikom. Geschichte v. A. M. Z. Hrsg. v. A. Leibrock, s. a. Leibrock.

—man muß dem, nicht zu viel aufbürden. 8. Bremen 776. Cramer. (Hilscher in Dresd.) 1 ℛ

Der Neue Hinkende Teufel: no 1, 1856–1859
Annual Almanac. Cover title: Deutscher Volkskalender. Subtitle: Deutscher Volkskalender für die Provinz Sao Pedro do Rio Grande do Sul. Printed by Druckerei von Carl Jansen & Comp. Published by Theobald Jager & Co., as successor to the Deutscher Kalender established in 1855.
Followed by Deutscher Volkskalender.
Porto Alegre

**Teufel, Der,** in seiner Ohnmacht. Ein Fragment . . . Erlangen 1790. V: *Oertel, Eucharius Ferdinand Christian.* (Ky) (Fiker) (MGT)

Der Teufel in seiner Ohnmacht. Ein Fragment von einem Antidiabolitus. Erl. 790. 8.

—der, in seiner Ohnmacht. (Von E. F. Chr. Oertel). 8. Erlang. 790. Palm. 4 gr

Teufel, der, in Paris, s. a. Europa, das belletrist.

**TEUFEL,** Der, in Paris. Sitten und Gebräuche, Charactere, und Portraits der Einwohner von Paris, vollständiges Gemälde ihres häuslichen, öffentlichen, politischen, künstlerischen, literarischen, industriellen Lebens etc. etc. Von Balzac, Cormenin, Alexander Dumas, L. Gozlan, J. Janin, Alphons Karr, G. Sand, Eugen Sue und Andern. Deutsch von Friedrich Wilhelm Bruckbräu. 4 Thle. Augsburg, 1844. v. Jenisch und Stage'sche Buchhandlung. 8⁰. (2⅔ Rthl.) 244, 271, 226 u. 210 S. (9 Mk. Bernh. Liebisch. Lpz., 1907; sehr schönes Expl.) Complet selten!

Orig.: Le Diable à Paris et les Parisiens. Moeurs et coutumes, caractères et portraits des habitants de Paris. Texte par G. Sand, P. J. Stahl, L. Gozlan, P. Pascal, F. Soulié et a. Illustrations p. Gavarni et vignettes p. Bertall. 2 pts. Paris, Hetzel, 1845–46. Gr. in-8⁰. (25 Mk. Südd. Antiqu., München, 1910: Demi-veau. Très-bel expl.) (Ed. I. 1844?)

— — Dasselbe. Deutsch von F. W. B. (Friedr. Wilh. Bruckbräu). 4 Thle. Ebd. 1845. 8⁰. (12 Kr. Halm & Goldmann, Wien, 1904.)

**Teufel, Der,** an den Herrn Professor. O. O. 1754. V: *Rost, Johann Christoph.* (Wahl, Rost. Leipzig 1902. S. 77.)

**TEUFEL,** Der, auf Reisen, ein (stellenw. freier satyr.) Roman von *T. K. A.* (d. i. *Karl Temlich*). 2 Thle. Frankfurth (!) und Leipzig (Salzburg, Mayr), 1789. Kl. 8⁰. Tit. u. 164 S.; 172 S. (incl. Tit.). (Im British Museum.)
Anon.-Lex. IV. p. 163 (nach Goedeke, Meusel, Kayser).

— der, auf Reisen, ein komisch-satyrischer Roman, 2 Theile, 8. Salzburg, 789. Mayrs. 1 Rtbl.

Teufel, der reisende, Jahrg. 1828. 40 Numm. gr. 4. Münch., (J. Lindauer). 2 ℛ Jahrg. 1829. 52 Numm. gr. 4. Ebd. 2 ℛ 16 gr 3r, 4r u. 5r Jahrg. 1830—32. Redigirt v. (Fr. Negle). (J. Lindauer; a. Jaquet). 3r J. 2 ℛ 16 gr 4r J. 1 ℛ 16 gr 5r J. 1 ℛ 3 gr
Forts.unt.d.T.:Der Hofnarr. Mü.1834f.

**Teufel, Der reisende.** München 1828—32. H: *Negle, Frdr.* (ErschDL)

— der rothe, im Salon oder Bosco in allen Gesellschaften. Eine Sammlung der neuesten und interessantesten Belustigungen aus dem Gebiete der natürlichen Magie, nebst einer vollständigen Anleitung zum Becherspiel, einer großen Anzahl von Kartenkunststücken und einer Auswahl der unterhaltendsten Gesellschaftsspiele. Mit 144 in den Text gedr. Illustr. (Holzschn.) Weimar 858. Voigt. 8. (XVI, 265 S. u. 1 Holzschnitttaf.) 1 ℛ. 5 ngr.

— der rothe, im Salon oder Bosco in allen Gesellschaften. Eine Sammlung der neuesten u. interessantesten Belustigungen aus dem Gebiete der natürl. Magie, nebst einer vollständ. Anleitung zum Becherspiel, einer großen Anzahl von Kartenkunststücken u. einer reichen Auswahl der unterhaltendsten Gesellschaftsspiele. 2. u. 3. Aufl. Weimar 866,70. B. F. Voigt. 8. (XVI, 265 S. mit 144 in den Text eingedr. Illustr. in Holzschn. u. 1 Holzschn.-taf.) 1 ℛ

—— der rothe, im Salon oder Bosko in allen Gesellschaften. Eine Sammlung der neuesten und interessantesten Belustigungen aus dem Gebiete der natürl. Magie, nebst einer vollständ. Anleitung zum Becherspiel, einer großen Anzahl von Kartenkunststücken und einer reichen Auswahl der unterhaltendsten Gesellschaftsspiele. 3. Aufl. 1872, und 4. Aufl. gr. 8. (241 S. mit 144 in den Text eingedr. Holzschn.) Weimar 874, B. F. Voigt.

Teufel, der rote, im Salon oder Bosco in allen Gesellschaften. Eine Sammlung der neuesten u. interessantesten Belustigungen aus dem Gebiete der natürlichen Magie, nebst einer vollständigen Anleitung zum Becherspiel, einer großen Anzahl von Kartenkunststücken u. einer reichen Auswahl der unterhaltendsten Gesellschaftsspiele. 5. Aufl. Mit 144 in den Text eingedr. Holzschn. gr. 8. (XVI, 241 S.) Weimar 882. B. F. Voigt. 3. —

Teuffel, Die Sieben, Welche . . . . die heutige Dienst-Mägde beherrschen . . . . durch *P. M.* . . . . 1731, s. *Menagius*, Philemon.

Teufel, der, als Tänzer. Eine Warnungstafel für Aeltern, die erwachsene Töchter haben. 8. Hamb. 815, Berendsohn. 1/8 ℛ

**Teufel, Der verliebte,** und Ollivier, ein prosaisch-komisches Gedicht. A. d. Französ. Leipzig 1791. V: *Cazotte, Jacques.* Ü: *Schatz, Georg.* (Weigel-Leipzig, Kryptadia. Nr. 2, S. 5.)

— der verliebte, und Olivier ein prosaisch-komisches Gedicht, in zwölf Gesängen, aus dem Franz. in 2 Theilen, 8. Leipzig, 791. Dyck. 1 Rthl. 15 sgl.

Teufel, der wahrsagende, oder seltsame Begebenheiten des Herrn von Kinglin. Neue Ausg. 8. Leipzig, Sommer. 820.

**Teufel, Der,** in Wien. Eine nächtliche Fantasie von Salzmann. Wien 1783. V: *Kautenstrauch, Johann.* (BGE VIII³, 496) (Brü) (Der grundgescheute Antiquarius, Jahrg. I. Heft 1 [Februar 1920], S. 36ff.) (Hdschr. Mitth. von Gustav Gugitz, Wien)

—der, in Wien, e. nächtl. Phantasie (v. Salzmann). 2 Stücke. 8. Wien 783. Hartmann. 10 gr

Teufel. Der — in Wien. Satyrische Wochenschrift. Verlag und Druck von J. Ludwig und A. Zang. Erscheint in Wochenheften. 8. 1857.

Teufel in Wien, der — Satyrische Wochenschrift. III. Jahrg. Eigenth. und verantw. Red. *A. Varry.* Druck und Verl. von *J. B. Wallishausser.*
Erscheint in **Wien**, wöchentlich 1 Bogen in 4⁰. mit einer „Feuilleton-Beilage" ½ Bogen 2-spalt. Prän.-Pr. ¼-jähr. 47 kr.; pr. Post 1 fl. Einzelne Nummern 4 kr.

**Teufel, Der,** in Wien vor den Linien in merkwürdigen Gegenden. Wien 1783. V: *Sauermann*. (EB)

— der, neuerer Zeit; aus d. Französ. 8. Berl. 771. Haude u. Sp. 8 gr

— der, neuer. Zeiten; e. Gesch. a. d. Franz. 8. Berl. Haude. 771.

— — ders. 8. Cleve, Bärstecher. 771.

Teufel [Verfasser]

**Teufel,** Bruno, appr. Arzt a. Schramberg: Aus d. Prosektur d. städt. Krankenhauses München r. d. I. (Prosektor: Privatd. Dr. Oberndorfer.) Beitrag zur Lehre des Psammo-Carcinoms nebst Mitteilung eines Falles von Psammo-Carcinom der Niere. München 1908: Kastner & Callwey. (32 S.) 8°

München, Med. Fak., Ref. v. Bollinger, Diss. v. 22. Juni 1908

[Geb. 12. April 81 Schramberg in Württemberg; Wohnort: Schramberg; Staatsangeh.: Württemberg; Vorbildung: Gymn. Rottweil a. N. Reife Aug. 01; Studium: Tübingen 5, München 5 S.; Coll. 22. Juni 08; Approb. 30. April 08.]

**Teufel, Francisc.,** de Catulli Tibulli Propertii vocibus singularibus. Dissertatio inauguralis 8. (57 S.) Freiburg i. Br. 872. (Berlin. Calvary & Co.) n. 1. 20

**Teufel,** Georg [app. Arzt]: Ueber einen Fall von multiplen Missbildungen mit besonderer Berücksichtigung der congenitalen Hüftluxation und deren operativen Behandlung. . . . Strassburg, Univ.-Buchdr. v. J. H. Ed. Heitz (Heitz & Mündel), 1888; 56 S. 8°

Strassburg, Med. Fak., Inaug.-Diss. v. 1888

**Teufel,** Hugo, appr. Arzt a. Tuttlingen (Württemberg): Aus der chirurgischen Universitätsklinik zu Kiel. Zwei Fälle von schwerer Verletzung des Fußes. Ein Beitrag zur Lehre von der Amputation im Bereiche der Epiphyse bei mangelnder Haut zur Stumpfbedeckung (Transplantation nach Thiersch und gestielter Hautlappen). Kiel 1905: L. Handorff. (24 S.) 8°

Kiel, Med. Fak., Ref. Helferich, Diss. v. 22. Dez. 1905

[Geb. 14. Nov. 77 Wildingen, Württemberg; Wohnort: Tuttlingen; Staatsangeh.: Württemberg; Vorbildung: Gymn. Rottweil Reife M. 96; Studium: Tübingen 4, Straßburg 1, Kiel 5 S.; Coll. 10. Nov. 05; Approb. 30. Dez. 02.]

**Teufel, Jos.,** wir zogen zur Mutter der Gnaden! Bilder u. Erinnergn. aus e. Lourdespilgerfahrt. (III, 134 S.) 8. Tübingen 908. (Rottenburg, W. Bader.) 1. 20

**Teufel,** Max, approb. Arzt aus Obernau: Ueber einen Fall von Sarcom des kleinen Netzes mit Perforation der Aorta abdominalis. *Tübingen: F. Pietzcker 1901.* (21 S.) 8°

Tübingen, Med. Diss. v. 1901

Teufel, Wilhelm Julius

**Teufel,** W. J: Fabrik chirurgischer und orthopädischer Artikel. Stuttgart . . (1901 ?)

Teufel, Wilh. Jul.: Preislisten über chirurgische und orthopädische Artikel. 1904 ff. Stuttgart

TEUFEL, Wunibald: Sechsunddreissig Ovariotomien aus der Münchener chirurgischen Klinik.- München: Kastner & Lossen 1901. 26 S.
25.2.1901 - Chr 1900/01,19; Jv 1900/01,246
Diss.Ingolst.-Landsh.-Mchn.

**TEUFELCHEN,** Das rothe (Auch tit.: Ballhauspflanzen oder das rothe Teufelchen. Sittenbild.) Altona, (Prinz), o. J. (1872). 8°. (1/4 Rthl. Ed. Fischhaber, vor 1875; jetzt höher!)

Vom selben Vf.: „Tinglingling" und „Zilara". — Sämmtlich vergriffen!

**TEUFFELEY** Und Zauberey, Die Neueste Alamodische. . . . Leipzig 1708. 8°.

**Teufeleien.** Sammlung v. Gedichten meist humorist. Inhalts v. e. Teufel aus Teufelshausen. 12. (IV, 59 S.) Halberstadt (882). Leipzig, C. Bange. n. — 50

**Teufeleien.** Aus der Pariser Verbrecherwelt. Von Santanelli. 8. (III, 272 S.) Leipzig 886. Unflad. n. 3. —

**Teufeleien** in der Ehe. O. O. 1822. V: *Müller, Hnr. (Aug.)*. (Imecourt) (Vgl. GGr VI, 402)

**TEUFELEIEN,** Erotische. 12 Reproduktionen nach Zeichnungen französischer Meister. Text von Anatole S. Gedruckt in Leipzig 1910. Gr. 8°. 16 S.

Die Reproduktionen nach Le Poitevin.

Teufeleyen von Heidelberg bis Weimar und Thüringen, von Fr. Wildehold. 8. Leipzig, Rein. 818.

**Teufeleien** des achtzehenten Jahrhunderts . . . Leipz. 1778. V: *Köster, Heinrich Martin Gottfried*. (Adel) (MGT) (Stri) (Ky) (BrMm) (HS)

— des 18n Jahrhunderts, (v. H. M. G. Köster). 8. Leipz. 778, 779. Schneider. (Linke). 6 gr

**Teufeleien, Die,** des 18. Jahrhunderts. 2 Stücke. Leipzig 1779. V: *Köster, Herm. Mart. Gottfr.* (BGE VII[3], 609) (BiblPort)

— der, des 18n Jahrhunderts letzter Akt, (v. Chr. Wlh. Kindleben). 2 Stcke. 8. Leipz. 778. Anh. dazu (von demselben) wider Prof. Köster. 8. Ebd. 781.

**Teufeleien,** Möncherеien und Miscellanen aus Wien. Preßb. 1784. V: *Hoffmann, Leopold Alois*. (Mitth. Dr. Ign. Schwarz-Wien.)

**Teufeleien,** Möncherеien u. Miscellaneen aus Wien. 2 Stcke. 8. Preßb. 784. Löwe. 8 gr

— u. Teufelsbannereien. Eine Randglosse zu Rautenbergischen Texten u. Harnis'schen Thesen von Simplicius Hobel. Mit e. Vorr. v. J. M. Götze. 8. Lübeck 825. v. Rohden. 6 gr

Teufelhart, Johann Nepomuk

**Teufelhart,** J. N., Batterien, Apparat- u. Schaltungslehre, s.: **Telegraph,** der elektro-magnetische.

**Teufelhart,** J. N., Der Fingersatz beim Hughes-Apparat. Hughes-Schule. 8°. Wien 1870.

**Teufelhart,** J. N., der Fingersatz beim Hughes-Apparate. [Hughes-Schule.] 2. Aufl., red. v. A. E. Granfeld. gr. 8. (64 S.) Wien 889. Hartleben. geb. n. 2. —

— der elektromagnetische **Telegraph,** s.: **Calgary,** A.

**Teufels,** des, Kirche, oder wie die aufgeklärte Presse arbeitet, s. **Broschüren-Cyclus** für das aufgeklärte Deutschland.

Teufels, des, Lustschloß. Zauber-Oper in 3 Akten von Kotzebue. 8. Leipz. Kummer.

Teufels Netz, des. Hrsg. v. K. A. Barack, s. Bibliothek d. litterarischen Vereins in Stuttgart. Bd. 70.

Teufels, des, Reise durch einen Theil des Protestantismus. Aufzeichnungen einer hochgestellten Person. gr. 8. (362 S.) Leipzig 847, Jurany.

**Teufelsaustreibung**, e., durch e. deutschen Bischof. [Aus: „Rhein. Correspondenz".] gr. 8. (12 S.) Köln 897. C. Roemke & Co. n. — 20

Teufel-Austreibung, eine, zu Wemding, s. Am Ausgange des 19. Jahrh.

— die Wemdinger. Nach authent. Angaben. Nebst stenograph. Bericht der Verhandlg. vor dem kgl. Landgerichte Cöln. 8. (27 S.) Regensburg 892. Verlagsbureau. n. — 10

Gassner's Teufelsaustreibungen. Betracht. des unpartheiischen Arztes üb. *Lavater's* Gründe zur Untersuchung der *Gassner'*schen Kuren. Salzb. 8°. 1775.

**Teufelsbeschwörung**, e., zu Ende d. 19. Jahrh. Pater Aurelian u. der vom Teufel besessene, zehnjähr. Michael Zick in Wemding. [Entworfen v. e. Augenzeugen.] 8. (14 S. m. 1 Bild.) München 892. (Ph. Hoepfner.) — 10

**Teufelsbeschwörung, Die,** zu Weinding. Bamberg [ca. 1900]. V: *Heigl, Ferdinand.* (EB)

— die, zu Wemding. gr. 8. (4 S. m. Bildern.) Bamberg 892. Handelsdruckerei u. Verlagsh. — 25

**Teufelsbeschwörung**, die, zu Wemding. (2. [Umschlag-]Aufl.) 16. (11 S.) Bamberg (901). Handelsdruckerei u. Verlagsh. — 20

**Teufelsbeschwörungen**, Geisterbannereien, Weihungen und Zaubereien der Kapuziner, die, oder Darstellung des himmelschreienden Unsinns und Aberglaubens, die diese heil. Väter im 19. Jahrhundert zum Hohn alles gesunden Menschenverstandes und um ihre Beutel zu füllen, mit dem Volke treiben. Aus dem latein. Benedictionale gezogen u. übersetzt von F. Ammann, gew. Kapuziner. 8. Bern 841, Jenni, Sohn. 1/6 ℛ

**Teufelselixire!** Bilder-Witz u. Witz-Bilder aus dem Album eines lachenden Teufels, gesammelt von Mephistopheles dem 99sten und herausg. von Satanas Brennecke Diavolino. Mit vielen Karrikaturen, Illustrationen ꝛc. (Holzschn. im Text.) Berlin (855.) Faubel. 8. (131 S.) n. 7½ ngr.

**Teufelsfang, Der,** in Gotha. Novelle. (ca. 1829.) V: *Fleischhauer, Johann Heinrich.* (Heindl, Gallerie 1859, 1, 135) (Zeitschr. f. Büch. N. F. 15, 1923, S. 124)

Teufelshäuschen, das, ein kom. Roman von G. Schilling. (der sämmtl. Schriften 50r Bd.) 8. Dresden, Arnold. 819.

Teufels-Hörner [Schlagwort]

**Teufels-Hörner.** s.: **Bayern Positionskarte.**

**Teufelskralle,** die. Eine düstere Erzählg. v. Ernst l. Jetzt. Zur Geschichte der „Blutopfer". gr. 8. (36 S.) Leipzig 884. G. Wolf. n. — 50

Teufelsmühle [Sachliches OW]

**Teufelsmühle, Die,** eine Volkssage. [Anhalt 1798.] V: *Gottschalk, Casp. Frdr.* (StAt)

**Teufelsmühle, Die,** am Wienerberg. Ein österr. Volksmärchen mit Gesang in vier Aufzügen nach einer Sage der Vorzeit . . . Für die marinellische Schaubühne bearb. . . . Wien 1801. 1807. V: *Huber, Leopold.* (GGr V, 336) B: *Hensler (Henseler), Carl Frdr.* (GGr V, 328)

Teufelsmühle, die, am Wienerberge. Volksmährchen in 4 Aufz. 8. Wien, Wallishäußer. 801.

**Teufelsmühle**, die, am Wienerberge oder Käsperle Larifari's wildromant. Abenteuer. Höchst unterhalt. Ritter- u. Geistergeschichte aus dem 13. Jahrh. Ganz neu bearb. Stuttgart 867. Fischhaber. 8. (71 S.) 3 ngr.

**Teufelsmühle, Die,** am Wienerberge. Oesterreichisches Volksmärchen mit Gesang in 3 Acten. Für Kindertheater bearbeitet frei nach C. F. Hensler. Wien [1901]. V: *Molitor, Caroline von.* (EB)

**Teufelsmühle, Die,** am Wienerberge. Österreichisches Volksmärchen mit Gesang in drei Acten. Für Kindertheater bearbeitet frei nach C. F. Hensler. Wien [1901]. V: *Molitor, Therese von.* (EB)

Teufelsmühle [Schlagwort]

**Teufelsmühle.** Naeher, J., Panorama v. der Teufelsmühle bei Herrenalb im württembergischen Schwarzwald. Hrsg. v. dem württemberg. Schwarzwaldverein Neuenburg. 2 autogr. Blatt. qu. Fol. Heidelberg 893. (Stuttgart, H. Lindemann.) n.n. — 50

Teufelsmüller [Pseud.], s. Müller, Josef

**TEUFELSPILLEN,** Geisselhiebe u. kosmopolitische Hobelspäne, vom Höllen-Provisor *X.* 4 Hefte (=6 Dosis, sol). Berlin 1845–46. 8°. (6 Mk. Max Harrwitz, Berlin, 1891.)
Interess. satyrische Wahrheiten. — Selten!

**Teufelspillen,** Geißelhiebe und kosmopolit. Hobelspäne vom Höllen-Provisor X. 1.—10. Dosis. 8. Berlin 845—47, Schartmann. à n. 1/12 ℛ

— dass. Vollständig. 2. Aufl. 8. Ebend. 846. 21 ngl

**Teufelspillen**, Geißelhiebe u. kosmopolit. Hobelspäne vom Höllen-Provisor X. 11—13. Dosis. 8. (S. 161—208.) Berlin 850, Schartmann. 6 ngl — (1—13. Dosis.) Vermehrte Ausg. 8. (VIII u. 208 S.) Ebd. 850. ¾ ₰

**Teufelspredigt.** Nr. 1—3. gr. 8. Harzburg (R. Stolle). à n. — 25

1. Teufelspredigt zur Walpurgisfeier am 30. IV./1. V. 1903. Von Heinr. Heinemann. (4 S.) (903.)
2. Standrede d. des Teufels Großmutter zur Walpurgisfeier am 30. IV./1. V. 1904. Von Anna Weißer. (4 S.) (904.)
3. Teufelspredigt zur Walpurgisfeier am 30. IV./1. V. 1904. Von e. Braunschweiger. (4 S.) (904.)

**Teufelsproben, Die 7,** eine ehrwürdige Legende für Katholiken und Protestanten ... Berlin 1794. V: *Zschokke, Johann Heinrich Dan.* (EE) (Ky) (BrMm)

**Teufelsproben, Die sieben.** ... Berlin 1794. Zschokke's Verfasserschaft zweifelhaft. (GGr X, 113, 162, 1) (Zeitsch. f. Büch. N.F. 15, 1923, S. 124)

Teufelsproben, die sieben, eine ehrwürdige Legende für Katholiken und Protestanten, aus der alten Handschrift eines franz. Klosters, 8. Stettin, 794. Kaffke. 18 sgl.

**Teufelsproben,** die sieben, (v. H. Zschokke). 8. Stettin 794. (Nicolai in Berl.) 14 gl

**Teufelsspuk** in Spaniens Klöstern, s. Kreuzgänge, Die, der öden Karthause von San Innigo.

**TEUFELSSPUCK** in Spaniens Klöstern. Berlin u. Leipzig (Erfurt, Hennings) 1811. 8⁰. (2½ Mk., Leihbiblexpl., Koebner, Breslau, jetzt theurer!)
Einiges etwas frei. 2 Bll. u. 274 SS.

**Teufelsstein, Der,** in Mödlingen. Romant.-komisches Volksmährchen mit Gesang in drei Aufz. Wien 1801. 1803. V: *Hensler (Henseler), Carl Frdr.* (GGr)

Teufelsstein in Modlingen. Volksmährchen in 3 A. 8. Wien 803. Wallishausser. 6 gl

Teufelsthurm, der, bey Linz. Oper in 3 Aufz. 8. Ebendaselbst. 804.

**Teufelsthurm, Der,** bei Linz. Komische Zauberoper in drei A. Wien 1804. V: *Huber, Leopold.* (GGr)

Teufelsvölkchen, üb. das, Alt u. Neu ans Licht gestellt durch Inhumanus. gr. 8. Frankf. 815. Körner. 6 gl

Die Teufelscitation. Eine Anecdote ohne Zusatz — nur mit Anmerkungen. o. O. u. J. 8.

Teufer, Antrittspredigt, s. Kunze.

**Teufer**, Joannes: De Homero in apophthegmatis usurpato ... Lipsiae, typ. O. Brandstetteri, 1890. 2 Bl., 47, 1 S. 8⁰
Leipzig, Phil. Fak., Inaug.-Diss. v. 2. Apr. 1890

**Teuffel** [Sachliches OW], s. Teufel.

**Teuffel**, C. (Mutmaßl. Verf.): Der in seiner Andacht lächerliche ... Eulenspiegel, s. Theophilus, Christian

Teuffel, Christoph Wilhelm (Nürnberg) A.S. 17/28

Dissertatio inauguralis juridica de jurisdictione communitatis sive in res universitatis, Die Dorf- oder Gemeind-Herrschafft und Gemeind-Recht. Altdorf (Meyer) 28. III. 1719. 64 S.

W. v.: Johann Georg Fichtner, Georg Christoph Erlabeck, Ambrosius Scheumäder, Friedrich Pfund (opp.), Andreas Bartholomaeus Schmidt (Opp.), Johann Karl Düstau, Johann Ernst Blumröder, Franz Bernhard Pantzer (Opp.). 34250

Teuffel, Christoph Wilhelm (Nürnberg) A.S. 850/3

Dissertatio inauguralis juridica de jurisdictione communitatis sive in res universitatis, die Dorf= oder Gemeind=Herrschafft und Gemeind=Recht. Rec. Altdorf (Kohles) 1734. 59 S.

Diss. 28. III. 1719. 34251

TEUFFEL, Ernst (Stuttgart): Ein Beitrag zur Lehre von der künstlichen Frühgeburt.- Tübingen: Laupp 1896. 45 S., 1 Bl.
16.7.1896 - Chr 1896/97,18; Jv 1896/97,240
**Diss. Ingolst.-Landsh.-Mchn.**

**Teuffel, Erwin,** Gerichtsassessor: Schutzmittel des Gläubigers, wenn eine Gefährdung der hypothekarischen Sicherheit zu besorgen ist (nach Reichsrecht). Stuttgart 1910: Kohlhammer. VIII, 90 S. 8⁰ ¶ (Ersch. auch als Buch ebd.)
Heidelberg, Jur. Diss. v. 24. Juli 1910, Ref. Endemann
[Geb. 9. Juni 79 Stuttgart; Wohnort: Berlin; Staatsangeh.: Württemberg u. Preußen; Vorbildung: Gymn. Schw.-Hall Reife M. 01; Studium: Berlin 8, Heidelberg 1 S.; Rig. 13. Mai 10.] [U 10. 2032

Teuffel, Sigmund Lebensabriſs von Wilhelm Sigmund Teuffel. Ein Beitrag zur Geschichte des philologischen Studiums in Württemberg. (Umschlagtitel: Wilhelm Sigmund Teuffel. Ein Lebensabriſs.) 4 (47 S.).
**Progr.** G. *Tübingen* 1889 (563).

**Teuffel, S., W. S. Teuffel. Ein Lebensabriss. gr. 4. (47 S.) Tübingen 889. (Fues.) n. 2. —**

**Teuffel,** *Sigmund* [Prof. Dr.]: Verzeichnis der Bücher *der Schülerbibliothek.* Tübingen, Buchdr. v. H. Laupp jr, 1896; 13—16 S. 4.
Tübingen, k. G, P 1896 (605)

**Teuffel**, Sigmund Jakob, s. Girard, J.: Beschreibung der ... Pferdekrankheit.

**Teuffel,** Sigm. Jak., Magazin f. theoret. u. prakt. Thierarzneikunde u. thierärztl. Polizei. 1r Bd. 3 Hefte. Mit Abbildd. gr. 8. Karlsr. 811—13. Braun. 1 ₰ 12 gl

**Teuffel,** Wilhelm Siegmund (Bearb.), s. Aristophanes: Die Wolken.

**Teuffel,** W.S. (Bearb.), s. Aeschylus: Perser.

**Teuffel, Wilh. Sigm., über Cicero's Charakter und Schriften. gr. 4. (IV und 48 S.) Tübingen 863, (Fues'sche Sortimentsb.) ***

**Teuffel,** Wlh. Sigm., Charakteristik des Horaz. Ein Beitrag zur Literaturgeschichte. gr. 8. Leipz. 842, O. Wigand. n. ⅔ ₰

Teuffel, Wilh. Sigm., Geschichte der römischen Literatur. In 3 Lfgn. gr. 8. Leipzig, Teubner. [1. Lfg. (S. 1—176.) 868. *ℳ 2,40.; 2. Lfg. (S. 177—416.) 869. *ℳ 2,80.; 3. Lfg. 1. Hälfte. (S. 417—640.) 869. *ℳ 2,80.; 3. Lfg. 2. Hälfte. Schluss. (XVI, S. 641—1052.) 870. *ℳ 4.] *

—— dass. — 2. Aufl. 3 Lfgn. (XVI, 1164 S.) 871,72. (à Lfg. *ℳ 4.) *ℳ 13., und 3. Aufl. gr. 8. (XVI, 1216 S.) Ebendas. 875. *

Teuffel, W. S., Geschichte der römischen Literatur. 4. Aufl., bearb. von L. Schwabe. 3 Lfgn. gr. 8. Leipzig, Teubner. [1. und 2. Lfg. (S. 1—800.) 881. à *ℳ 4,40.; 3. Lfg. (XVI, S. 801—1238.) 882. *ℳ 5,20.] *

Teuffel's, W. S., Geschichte der römischen Literatur. Neu bearb. v. Ludw. Schwabe. 5. Aufl. 2 Bde. gr. 8. Leipzig 890. Teubner. n. 14. 40
1. (XIV u. S. 1—648.) n. 7. 20. — 2. (VIII u. S. 649—1346.) n. 7. 20.

Teuffel's, W. S., Geschichte der römischen Literatur. 6. Aufl. Unter Mitwirkung von Erich Klostermann, Rud. Leonhard u. Paul Wessner neu bearb. v. Wilh. Kroll u. Frz. Skutsch. 2. Bd. Die Literatur von 31 v. Chr. bis 96 n. Chr. (VI, 348 S.) 8. Leipzig 910. B. G. Teubner. 6.—; geb. in Leinw. 7. —

Teuffel, W. S., Horaz. Eine literarhistorische Uebersicht. 1841. 52 S.

— Horaz. — Eine literar.-histor. Uebersicht. gr. 8. Tübingen 843. Fues. n. 8¾ ngl

—— über Horaz. gr. 4. (38 S.) Tübingen 868, (Fues'sche Sortimentsh.) *

Teuffel, Wilhelm Sigmund: De Juliano imp. Christianorum contemptore. Tub. 1844. 8°

— Kritisch-Exegetisches. Nachträge zu dessen „Studien u. Charakteristiken" Leipzig 1871. gr. 4. (64 S.) Tübingen 878. (Fues.) n. 2. — (Hauptwerk u. Nachträge: n. 12. —)

— die horazische Lyrik u. deren Kritik. Mit Excursen. gr. 4. (22 S.) Tübingen 876. (Fues.) n. — 75

Teuffel, Wilhelm Sigmund, s. Persius: Satiren.

Teuffel, Präparation zu Platons Apologie u. Kriton. gr. 8. (20 S.) Leipzig 898. B. G. Teubner. n. — 40

Präparation zu Platons Apologie und Kriton von Prof. Dr. [Wilhelm Sigmund] Teuffel. 2. Aufl. bearb. von Prof. Dr. H[ermann] Ludwig. Leipzig & Berlin: B. G. Teubner 1905. (21 S.) 8° [Umschlagt. F.]
(Schülerpräparationen zu lat. u. griech. Schriftstellern.) [05. 1083]

Teuffel, Wilh. Sigm., über des Aeschylos Promethie und Orestie. gr. 4. (35 S.) Tübingen 861, (Fues'sche Sortimentsbuchh.) * -

—— s. Real-Encyclopädie der class. Alterthumskunde.

—— über Sallustius und Tacitus. gr. 4. (47 S.) Ebendas. 868. *

Teuffel, Wilh. Sigm., Caecilius Statius, Pacuvius, Attius, Afranius, als Probe einer Bearb. d. röm. Literaturgeschichte. Tübingen 858. (Fues' Sorthdlg.) gr. 4. (2 Bl., 43 S.) n. 15 ngr

— lateinische Stilübungen. Aus dem Nachlasse hrsg. v. S. Teuffel. gr. 8. (VII, 139 S.) Freiburg i/Br. 887. J. C. B. Mohr. n. 3. 60

Teuffel, Wilh. Sigm., lateinische Stilübungen. Aus dem Nachlasse hrsg. v. Sigm. Teuffel. 2. Aufl. Bearb. v. C. John. (VIII, 147 S.) gr. 8. Tübingen 903. J. C. B. Mohr. n. 3. 60; geb. n. 4. 60

— Studien u. Charakteristiken zur griechischen u. römischeu sowie zur deutschen Literaturgeschichte. gr. 8. (VIII. 519 S.) Leipzig 871. Teubner. n. 10. —

— Studien u. Charakteristiken zur griechischen u. römischen Litteraturgeschichte. 2., veränd. Aufl. Mit e. Lebensabrisse d. Verf. gr. 8. (XXVI, 592 S.) Leipzig 889. Teubner. n. 12. —

— Uebersicht der platonischen Literatur. 4. (43 S.) Tübingen 874. Fues. n. 1. 60

Teuffel, W. S. Zur Vergleichung antiker und moderner Lyrik. Univ. Tübingen 1866. 33 S. 4. Progr.

Teuffel von Pirckensee, Wolfgang Leonhard
A. S. 725/20a

Dissertatio juridica de delictis dormientium.
Präs. Johann Bernhard Friese.
Jena (Werther) IV. 1701. 12 Bl.

W. v. : Präs. 34252

Teuffenbach zu Tiefenbach u. Massswegg, Albin Reichsfrhr. v., kurzer Abriss der Geschichte der gefürsteten Grafsch. Görz u. Gradisca bis zu deren Vereinigung m. dem Hause Habsburg im J. 1500. gr. 8. (60 S.) Innsbruck 900. Wagner. n. — 80

Teuffenbach zu Tiefenbach und Massswegg, Albin Reichsfreiherr v. Vaterländisches Ehrenbuch. (1. Th.) Geschichtliche Denkwürdigkeiten aus allen Ländern der österreichisch-ungarischen Monarchie. (2.) Poetischer Th. Geschichtliche Denkwürdigkeiten aus allen Ländern und Ständen der österreichisch-ungarischen Monarchie in Gedichten. (2 Bde.) 8. Wien und Teschen 1877, Salzburg 1879.

Teuffenbach, Albin Reichsfrhr. v., vaterländisches Ehrenbuch. Geschichtliche Denkwürdigkeiten aus allen Ländern der österreichisch-ungar. Monarchie. Lex.-8. (XVI, 994 S.) Teschen 877. Prochaska. n. 7. 20; geb. n 9. 60

—— dass. — 2. und 3. Aufl. Billige Volks-Ausg. 18 Lfgn. gr. 8. (XVI, 994 S.) Ebendas. 877. à Lfg. 30 Pf. geb. *

— dasselbe. Poetischer Thl. Geschichtliche Denkwürdigkeiten aus allen Ländern u. Ständen der österreichisch-ungar. Monarchie in Gedichten. Volks-Ausg. gr. 8. (X, 1052 S.) Salzburg 879. Dieter. n. 5. 50; geb. n. 8. 40; Pracht-Ausg. Lex.-8. n. 7. 60; geb. n. 10. 80

Teuffenbach, Vaterländ. Ehrenbuch. Stenogr. Ausgabe und 2., mit 27 Regentenportr. verm. Aufl. Wien, Verlags-Expedit v. Gabelsberger-Biblioth. 1 fl. 20 kr., Pracht-Ausg. 1 fl 70 kr. 1884.

Teuffenbach, A. Frhr. v., vaterländisches Ehrenbuch, s. a. Bibliothek, Gabelsberger stenographische.

— vaterländisches Ehrenbuch. Poetischer Thl. Geschichtliche Denkwürdigkeiten aus allen Ländern u. Ständen der österreich-ungar. Monarchie in Gedichten. 2. [Titel-] Ausg. gr. 8. (X, 1052 S.) Salzburg [879] 898. H. Dieter. n. 3. 60; Ausg. in großem Format n. 5. 60

**Teuffenbach zu Tiefenbach u. Maßweg,** Albin Reichsfrhr. von. Neues illustriertes vaterländisches Ehrenbuch. Geschichtl. Denkwürdigkeiten u. Lebensbeschreibgn. berühmter Persönlichkeiten aus allen Ländern u. Ständen der österr.-ungar. Monarchie von der Gründg. der Ostmark bis zur Feier der 40jähr. Regierung unseres Kaisers Franz Josef I. 2 Thle. gr. 8. (904; 834 S.) Teschen 890—93, Prochaska. * 23 40; geb. * 35 —

— Neues illustrirtes vaterländisches Ehrenbuch. Geschichtliche Denkwürdigkeiten und Lebensbeschreibungen berühmter Persönlichkeiten aus allen Ländern und Ständen der österr. ungar. Monarchie von der Gründung der Ostmark bis zur Feier der 40jährigen Regierung unseres Kaisers Franz Josef I. (2 Bde.) 8. Wien und Teschen 1891.

— **sunto storico della contea principesca di Gorizia e Gradisca** fino alla sua unione con la casa d'Absburgo nell' anno 1500. Tradotto da Ant. Carrara. gr. 8. (1, 56 S.) Innsbruck 900. Wagner. n. — 80

Teuffer, Ferdinand: Unpartheyische Ansichten zur Rechtfertigung des trefflichen Kirchenlehrers Claus Harms gegen allerley Blendwerk des Teufels, der da das Gute zu verderben droht. Tondern. 1819. (Kiel: Hesse) 8°

TEUFFER, F[ERD.], Hear him oder Mülleriana, das heiszt Juristische Kaiserschnitte, aus Haarbeuteln und Correspondenzblättern. Eine Vorrede zum Kieler Correspondenzblatt ad vocem N. 97 u. 98. Dec. 1832. Schleswig. 1832. P. [1833]

**Teulon,** Rachel, Dr. Feodora. Dialog-Roman. (II, 330 S.) 8. Leipzig (909). B. Elischer Nachf. 4.—; geb. in Leinw. 5. —

— prakt. Anweis. zum Katechisiren. 8. Plauen 797. (Joachim in Leipz.) 8 gr.

Teumer, Chr. Fr.

— Anweis. z. Katechisiren. 8. Plauen. (Haller in Gera.) 797.

**Teumer,** C. F., Anweisung zum Katechisiren f. Schullehrer. 8. Leipz. Joachim. 815.

**Teumer,** Chr. Fr., († 1810.) Beitr. zur Geschichte der natürl. Elementarmethode, besonders bei d. Lesenlehren &c. vorzügl. in Hinsicht auf Pestalozzi, Olivier, Stephani, Wolke u. Pöhlmann. 8. Leipz. 804. Breitkopf u. H. 18 gr.

— moral.-religiöse Unterhaltt. f. denkende Christen; e. Quartalschaft. 16 Quartal. 8. Gera 800.

**Teumer,** Fr. Mor., u. Charles **de Bowens,** prakt. Rath für Auswanderer nach Nordamerika, od. Mittel, in Amerika mehr als 100 Acker Land, u. außerdem noch Wohn- u. Wirthschaftsgebäude, Vieh, Schiff u. Geschirr, sowie Lebensunterhalt auf ein Jahr, durch eine Actie von 5 Thlr. u. angewendeten Fleiß mit Ablauf v. 10 Jahren „eigenthümlich" zu erwerben; nebst Statuten zur Begründung eines Actienvereins zur Bildung „einer deutsch-sächs.-amerikan. Colonie in Nordamerika." 8. (32 S.) Leipzig 819. Spamer. n. 1/6 ℛ

Teumin, Sara. Topographisch-anthropometrische Untersuchungen über die Proportionsverhältnisse des weiblichen Körpers. Diss. Med. Univ. Zürich. *Kopftitel:* Aus dem Anthropologischen Laboratorium der Universität Zürich. — [Mit 2 Figuren.] II + 54 S. 4. Braunschweig, Friedrich Vieweg & Sohn, 1901.

**Teunissen,** W. G., d. **Triangulation v. Java,** s.: Oudemans, J. A. C.

**Teupel, A., die Praxis des Maschinenschreibens,** s.: Conrad, P.

**Teupel, A.,** Vorübgn. zur Praxis des Maschinenschreibens, s.: Conrad, P.

Teupitz [Schlagwort]

**Teupitz,** s.: Mark. — Wanderkarten.

**Teupitz,** s.: Preussen. Messtischblätter.

**Teupser,** Karl, Aufgaben f. schriftliches Rechnen. I. u. II. Tl. Übungsheft f. die Hand der Kinder im Anschluß an des Verf. „Methodische Lehrgänge" des elementaren Rechenunterrichts. gr. 8. Leipzig, A. Hahn. à n. — 25
1. Im Zahlenraum 1—100. (32 S.) 901.
2. Im Zahlenraum 1—1000. (40 S.) 902.

**Teupser,** Karl, s.: Erinnerungsblätter an die Konfirmation.

**Teupser,** Karl, kommt, laßt uns unsern Kindern leben! Beiträge zu d. Aufgaben d. Erziehungsvereine u. Versuche zu deren Verwirklichg. Im Auftrage d. Schrebervereins d. Ostvorstadt zu Leipzig hrsg. gr. 8. (32 S.) Leipzig 898. (E. Wunderlich.) — 30

— methodische Lehrgänge des elementaren Rechenunterrichtes. Vorstufe. Der Zahlenraum 1 bis 10. (35 S.) gr. 8. Leipzig 906. A. Hahn. n. — 60; geb. n. — 80

— methodische Lehrgänge des elementaren Rechenunterrichtes. I. u. II. Tl. gr. 8. Ebd. à n. 1.20; geb. n. 1.50
I. Der Zahlenraum 1—100. (80 S.) 901.
II. Der Zahlenraum 1—1000. (78 S.) 902.

— dasselbe. III.—V. Tl. gr. 8. Ebd. n. 5.10; geb. n. 6.20
III. Der höhere Zahlenraum. Die Grundrechngn. m. ungleichbenannten Zahlen. (118 S.) 903. n. 1.50; geb. n. 1.80
IV. Die Dezimal-, Bruch- u. Schlußrechng. (132 S.) 904. n. 1.60; geb. n. 2. —
V. Das bürgerl. Rechnen. (176 S.) 905. n. 2.—; geb. n. 2.40

— Wegweiser zur Bildung heimatlicher Rechenaufgaben. gr. 8. (156 S.) Ebd. 899. n. 1.80; geb. in Leinw. n. 2.20

**Teupser, Karl, Wegweiser zur Bildung heimatlicher Rechenaufgaben.** 2., verm. u. verb. Aufl. (164 S.) gr. 8. Leipzig 907. A. Hahn. 2.—; geb. 2.50

Teusch, Jakob. Zur Geschichte der schwäbischen und elsässischen Reichs-Landvogteien im dreizehnten Jahrhundert. Erster Teil. 4 (17 S.). **Progr.** Kath. G. an Aposteln *Köln* 1890 (423).

**Teusch,** Jakob [Dr.]: Zur Geschichte der schwäbischen und elsässischen Reichs-Landvogteien im dreizehnten Jahrhundert. Tl 2. [Schluss d. P-Beil. 1890.] Köln, gedr. bei J. P. Bachem, 1893; 3, 17 S. 4.
Köln, k. kath. G an Aposteln, P 1893 (431)

**Teusch,** Jakob ⟨geb. am 18 Apr. 1855 in Prüm⟩: Die Reichs-Landvogteien in Schwaben und im Elsass zu Ausgang des 13 Jahrhunderts ... Bonn, Univ.-Buchdr. v. C. Georgi 1880. 61 S., 1 Bl. 8.
¶ Erschien zugleich selbständig bei Habicht in Bonn.
Bonn, Phil. Fak., Diss. v. 5 März 1880

**Teusch,** Theodorus *Henricus Gustavus* [Luneburgensis]: De sortitione iudicum apud Athenienses ... Gottingae, Dieterich '(L. Horstmann)', 1894; 65 S. 8.
Göttingen, Phil. Fak., Inaug.-Diss. v. [13. Nov.] 1894

**Teusch,** Thdr., **de sortitione iudicum apud Athenienses.** Diss. gr. 8. (64 S.) Göttingen 894. Leipzig, Dieterich's Verl. n. 1.50

**Teuscher**, Arnold, turntechnische Aufzeichnungen, verf., dem VI. ordentl. Gauturntage d. Waldenburger Gebirgsturngaues (II. Turnkreis) zu Dittersbach am 27. März 1892 vorgetragen u. in dessen Auftrage veröffentlicht. 8. (34 S.) Wüstegiersdorf 892. M. Jacob. n. — 50

Teuscher, Arnold, Festschrift zum 50jähr. Bestehen des Männerturnvereins Wüstegiersdorf (D. T.) E. V., Wüstegiersdorf 1910, 68 S., Kl.-8°.

**Teuscher**, Chr. Fr. Gf., s. Teuscher, Friedrich.

**Teuscher**, F. A., Die deutschen Eisenbahnen. Mit Stahlstichen und Karten. Leipzig 1847. 8. . . . . . . . . . . . (D.)

**Teuscher**, F. A., das ewig denkwürdige Jahr 1845, in Betreff seiner großen Naturerscheinungen, Unglücksfälle u. Verheerungen 2c. Mit 4 Lith. 8. Leipzig 845, (Drobisch.) n. 3 ngr

— dass. Die verhängnißvolle Nacht vom 12. zum 13. August zu Leipzig. Nebst Anhang. 3. verm. u. verb. Aufl. 2. Heft. 8. Mit 4 Lithogr. u. 2 lith. Taf. Ebend. 845. n. 1/4 Thlr

**Teuscher**, F. A., die schönsten Parthien der sächsischen Schweiz. Mit erläut. Text. 16. (6 S. und 12 gest. Ans.) Leipzig 850, (Joachim's Separat-Conto.)

— Ronge und der heil. Rock oder die Bewegungen der kathol. Kirche vom 18. Aug. 1844 bis heute. Mit 4 Lithogr. 2. Aufl. 8. Ebend. 845. n. 1/6 Thlr

Teuscher, (Chr.) Friedrich (Gf.)

**Teuscher, Friedr.**, Gorgias Beredsamkeit und Improvisation, s. Gorgias.

**Teuscher**, Frdr., Handbuch d. evang. Kirchenrechts im Großherzogth. Sachsen-Weimar-Eisenach, m. steter Berücksichtigung der gesetzlichen Vorschriften über das evang. Volksschulwesen. gr. 8. (XXVI u. 581 S. m. einem Anhange in gr. Fol. enth. 14 Bl. Schemata u. Tab. u. 1 lith. Taf.) Neustadt a. d. O. 848, Wagner. n. 2 Thlr

**Teuscher**, Fr., s. Hoë von Hoënegg, Handbüchlein wider das Papstthum.

**Teuscher**, Chr. Fr. Gf., (Dr. u. Diakonus,) Saladdin, romant. Gedicht in 4 Gesängen. Mit 4 Kpf. (Preisgedicht aus der Urania 1819 besonders abgedr.) 12. Lpz. 819. Brockhaus. 1 Thlr 12 gr

— geograph.-histor. Uebersicht aller Ländertheilungen in dem Hause Sachsen Ernestin. Linie. (9 Kart. mit erläut. Texte). Imp.-Fol. Weim. 825. Geograph. Inst. 12 gr

— Zusammenstell. der kirchl. Gesetze in d. Großherzogth. Sachsen-Weimar diesseitigen Oberconsistorial-Bereichs. 8. Neust. a. d. O. 826. Wagner. 12 gr

**Teuscher**, G., das auf Erfahrung begründ. Elementarbuch z. Erleichter. des Lesenlernens. 8. Dresd. u. Leipz. 1e u. 2e A. 828. Arnold. Schreibp. 4 gr

Teuscher, G., das auf Erfahrungen begründ. Elementar-Buch zur Erleichterung d. Lesenlernens. 2., ganz umgearb. Aufl. (3 1/2 B.) 828. 4 Gr., 3., verb. A. (4 B. u. 1 Bl. Vorschriften.) Dresden 835, Arnold.

**Teuscher**, G., das auf Erfahrungen begründete Elementar-Buch zur Erleichterung des Lesenlernens. 4. verb. Aufl. 8. Dresden u. Leipzig 842, Arnoldische Buchh. 1/6 Thlr

**Teuscher**, G., das auf Erfahrungen begründete Elementar-Buch zur Erleichterung des Lesenlernens. 6. Aufl. 8. (64 S.) Leipzig 849, Arnold. n. 1/6 Thlr — 7. verm. u. verb. Aufl. 8. (67 S.) Ebd. 851. n. 4 ngr

Teuscher, G., das auf Erfahrungen begründete Elementar-Buch zur Erleichterung des Lesenlernens. 8., verm. und verb. Aufl. 8. (68 S.) Leipzig 854, Arnoldische Buchh. *

**Teuscher**, G., das auf Erfahrungen begründete Elementar-Buch zur Erleichterung des Lesenlernens. 8. verm. Aufl. 854. — 9. verb. Aufl. Leipzig 858. Arnold. 8. (68 S.) n. 4 ngr

Teuscher, G., das auf Erfahrungen begründete Elementar-Buch zur Erleichterung des Lesenlernens. 10. verb. Aufl. Leipzig 860. Arnold. 8. (63 S.) n. 4 ngr

**Teuscher**, G., das auf Erfahrungen begründete Elementar-Buch zur Erleichterung des Lesenlernens. 11., verb. Aufl. Leipzig 865. Arnoldische Buchh. 8. (63 S.) n. 4 ngr

Teuscher, G., das auf Erfahrungen begründete Elementar-Buch zur Erleichterung des Lesenlernens. 13. verb. Aufl. 8. (64 S.) Leipzig 873, Arnoldische Buchh. *

—— mein Verfahren beim Lesenlehren, besond. in Bezug auf meine Wandfibel, in 25 Taf. (2 B. 8. u. 25 B. auf Schrbp. Fol.) Dresden 828, Arnold. 1 Thlr. 6 Gr., (N. Ttl. 835,)

**Teuscher**, Heinrich [pr. Arzt]: Beiträge zur Desinfection mit Wasserdampf. . . . (Aus: Zeitschr. f. Hygiene. 1890.) Leipzig, Veit & Co., 1890; 40 S. 8°

Jena, Med. Fak., Inaug.-Diss. v. [17. Nov.] 1890

**Teuscher**, Heinr., aus d. Seelenleben d. Kindes. Vortrag, geh. bei Gelegenheit d. Ausstellg. v. Erzeugnissen f. Kinderpflege, Ernährg. u. Erziehg. in Dresden Sommer 1895. [Aus: „Für Haus u. Schule".] gr. 8. (20 S.) Dresden 895. A. Köhler. — 50

**Teuscher**, Jak., Briefe über West-Canada, das Runner-Unwesen und die Deutsche Gesellschaft in New-York. Nebst e. Anh. über die Östlichen Townships in Unter-Canada und die Passage-Büreaus in Europa und Amerika. Ein Wegweiser für Auswanderer. Preston 854. (Basel, Schabelitz.) 16. (2 Bl., 176 S. u. 2 lith. Karten in Fol.) 16 ngr

**Teuscher**, Marie, der Jugend Gartenbuch. Zu deren Freude u. Belehrg. Mit prakt. Unterweisg. in Obstbau, Gemüsezucht, Blumenpflege, Pflanzen- u. Insektenkunde verf. Erweitert u. m. 207 Bildern geschmückt von Heinr. Frhr. v. Schilling. gr. 8. (VIII, 184 S.) Frankfurt a/O. 902. Trowitzsch & Sohn. Geb. in Leinw. n. 3. —

Teuscher, O., eine eheliche Anleihe, s. Universal-Bibliothek Nr. 2217.

**Teuscher**, Paul: Ueber Degeneration am normalen peripheren Nerven. . . . (Aus: Arch. f. Mikroskop. Anat. Bd. 36.) Bonn, Verl. v. M. Cohen & Sohn, 1890; 27 S. 8°

Jena, Med. Fak., Inaug.-Diss. v. [18. Dez.] 1890

Teuscher, W.: Katalog der Lehrerbibliothek, s. Merten, J.

**Teuscher, W.**, die Lötschbergbahn. Neues verbess. Projekt Thun-Brig, nebst Anh.: Krit. Vergleichg. m. d. Gegenprojekt Thun-Simmenthal-Simplon (sogen. Wildstrubelbahn). gr. 8. (VII, 174 S. m. 1 Karte u. 1 Profil.) Bern 898. (Schmid & Francke.) n. 5. —

**Teuscher**, W., die Lötschbergbahn u. ihre Bedeutung f. die Stadt Bern. Vortrag. Mit 2 Karten. gr. 8. (38 S.) Bern 899. Neukomm & Zimmermann. n. — 60

**Teuscher,** W., die Lötschbergbahn in ihrer Bedeutung f. den internationalen Verkehr u. f. das Zustandekommen d. Simplon. gr. 8. (107 S.) Bern 893. Schmid, Francke & Co. n. 1. 50

**Teuscher,** W., e. Lötschbergbahn als Zufahrtslinie zum Simplon u. direkte Verbindung Berns m. Wallis mittelst Durchstichs d. Lötschbergs. 1. Thl.: Das Tracé. Mit 2 Karten u. 1 Längenprofil. gr. 8. (195 S.) Bern 889. Büchler. n. 5. —

Teut [Sachliches OW]

**Teut.** Jahrbuch der Junggermanischen Gesellschaft herausg. von Fr. J. Kruger. 1. Jahrg. 1859. 4 Hefte (à 10 Bgn.). Hamburg. (Leipzig, Hübner.) gr. 8. 3 ₰

— Monatschrift der Allgemeinen Germanischen Gesellschaft herausg. von Fr. J. Krüger. 2. Jahrg. 1860. 12 Hefte (à 4 Bgn.). Nürnberg. (Leipzig, Hübner.) gr. 8. n. 4 ₰

**Teut.** Politischer Sprecher der Teutoburger Partei. 1. Jahrg. Juni — Dezbr. 1893. Nr. 1—31 (à ca. 2 Bog.) Fol. Leipzig, C. Aitfalck. n. 5. 50

— dasselbe. 2. Jahrg. 1894. Nr. 32—83 (à ca. 2 Bog.) Fol. Ebd. n. 9. —

— Zeitschrift der Geheimwissenschaften u. der grundleg. Denkkunst. (Esoterik u. fundamentale Hermeneutik.) Hrsg. v. Rud. Falb. I. Jahrg. 1894. 24 Nrn. (½ Bog.) gr. 8. Berlin W, Lutherstr. 45, Exped. n. 12. —

Teut [Verfasser]

**Teut,** Moiseles. Epos in 5 Gesängen. Illustr. vom Verf. (2. Aufl.) gr. 8. (65 S.) Wien 894. K. Lesk n. 2. 40

**Teut,** Schmule. Lustige Reiseabenteuer in 4 Gesängen. (70 S. m. Abb.) gr. 8. Wien (905). (F. Schalk.) n. 2. —

Deutschland und das Slawenthum. Glossen von **Teut** II. Lissa i. P.: F. Ebbecke 1906. (48 S.) 8° [F.] [05. 13637

**Teut II.,** s. Deutschland u. das Slaventum.

Die polnische Versöhnungskomödie. Von **Teut** II. Lissa i. P.: F. Ebbecke [1908]. (43 S.) 8° [F.] [08. 12310

**Teut II.,** s. Versöhnungskomödie, die polnische.

**Teut,** H., Auskunftgeber f. Beamte. 2. Aufl. gr. 16. (192 S.) Fuhlsbüttel 898. (Leipzig, Luckhardt's Buchh. f. Verkehrswesen.) Kart. n. 1. 50

— Handbuch f. Postverwalter. Ein Hülfsbuch bei Verwaltg. e. Postamts III. 2. Aufl. 12. (186 S.) Ebd. 898. Kart. n. 1. 50

— Handbuch für Postverwalter. Ein Hilfsbuch bei Verwaltg. e. Postamts III. 4. Aufl. (282 S.) kl. 8. Bergedorf 907. (Leipzig, H. Adler.) Geb. in Leinw. nn 2. 20

**Teut,** H., Handbuch f. Postamtsvorsteher. Ein Hilfsbuch f. Postamtsvorsteher u. deren Vertreter, f. Kassen- u. Kanzleibeamte sowie f. Stellenvorsteher bei d. kaiserl. Postämtern. 5. Aufl. (339 S.) kl. 8. Barby 911. (Leipzig, H. Adler.) Geb. in Leinw. nn 2. 50

— der technische Telegraphendienst bei den vereinigten Post- u. Telegraphenanstalten. 16. (167 S. m. Abbildgn.) Ebd. 898. Kart. n. 2. 40

— Wirtschaftsbuch f. Beamte. (189 S.) 8. Ebd. (907). nn 2. 20

**Teut,** Heinr., Krut. Rimels van plattdütsch Sprak un Art. 12. (IV, 124 S.) Leipzig 895. G. Fock, Verlag. n. 1. 20; geb. in Leinw. m. Goldschn. 2. —

Teut, Herrm., Blätter zur Gegenwart, s. Blätter, ꝛc.

**Teuta,** Schau- u. Festspiel in 4 Aufzügen v. Teutsthums-ehr. 8. (73 S.) Leipzig 883. (Mutze.) n. 1. —

Teute, Otto: Das alte Ostfalenland. Eine agrarhistor.-statist. Studie. Leipzig 1910: Hoffmann. 394 S., 8 Taf. 8°
Erlangen, Phil. Diss. v. 17. Dez. 1910, Ref. v. Eheberg, Beckmann

Teutenberg, Ad[olf]. Über Pfarrer [Hermann] Kutters Christentum und Sozialismus Auf Grund seiner Schrift: «Wir Pfarrer». 〈Laiengedanken eines Apostaten.〉 1. und 2. Tausend. 172 S. 8. Zürich, Orell Füssli, 1907. (fr. 2. 40)

**Teutenberg,** Adf., s.: Freilicht-Bühne, die.

**Teuthold,** Adalgar, das Buch von der Freiheit. gr. 8. (IV u. 155 S.) Frankfurt a. M. 851, Auffarth. — 2. Abdr. gr. 8. (IV u. 155 S.) Ebd. 851. n. 24 ngr

KÜKER, Lob der Tonkunst, ein Gedicht. Eine Cantate zum Schlusse des Rendsburgischen Koncerts, in Musik gesetzt von Balth. Chr. Teuthorn. U. St. o. A. 4. (1 Blad).

Teuthorn, Geo. Fr., († d. 21. Jan. 1817.) ausführl. Geschichte der Hessen. 11 Thle. 8. Berleb. u. Biedenkopf 770 —780. (Lanz in Weilb.); (a. Hermann in Frkf. a. M.) 5 ₰

Teuthorn, Hnr. Er., († d. 5. Jan. 1783.) abgenöthigter Beweis, daß die Lehrer der evangel. Kirchen u. Schulen, besond. in Hessen, keine Mitbrüder des Dr. Bahrdts in Gießen weder sind, noch jemals sein können 8. Marb. 772. Krieger. 4 gr

Teuthorn, Hnr. Er., s. Briefe eines reisenden Juden über d. Zustand d. Religionswesens ...

**Teuthorn,** Karl Georg Immanuel, aus Leipzig: Das sächsische Gesetz über Ablösungen und Gemeinheitsteilungen vom 17. März 1832 in seiner Entstehung und in seinen Folgen, besonders in Betreff der auf Grund des Gesetzes vorgenommenen Gemeinheitsteilungen. *Leipzig 1901: Frankenstein & Wagner.* (80 S.) 8° [F.]
Leipzig, Phil. Diss. v. 1904

Teutobald [Pseud.], s. a. Schulze, Friedrich August

Teutobald, (Fr. Laun), die stille Jungfrau, e. wunder- u. geheimnißvolle Geschichte. 2 Thle. 8. Dresd. 804. 2e A. 808. Arnold. 1 ₰ 18 gr

Teutoburg, Zeitschrift f. Geschichte, Läuterung u. Fortbildung d. deutschen Sprache, (von Jos. Scherer I. u. Fr. Schlichtegroll). 2 Hfte. gr. 8. Münch. 815. Lindauer. 1 ₰ 4 gr

**Teutoburg.** Zeitschrift für die Geschichte, Läuterung und Fortbildung unserer Sprache. München 1815. H: *Scherer, Joseph* (MGT) & *Frdr. Schlichtegroll.* (Ky)

Teutoburg, Zeitschrift für Geschichte, Läuterung und Fortbildung der deutschen Sprache. Heft 1—4. München 1815. gr. 8.

Teutoburger Wald [Schlagwort]

**Teutoburger Wald**, s.: Hannover, Prov.

**Teutoburger Wald**, s.: Hannover. Wandkarte.

**Teutoburger Wald**, s.: Hannover, Umgeg. — Radfahrerkarten.

**Teutoburger Wald**, s. a.: Herford. — Wesergebiet.

**Teutoburger Wald.** Linder, R., Touristen-Karte vom Teutoburger Wald. 1 : 60,000. Lith. qu. Fol. Mit Text. 12. (8 S.) Berlin 889. Schropp. n. — 80

**Teutoburger Wald.** Wald, der Teutoburger. Wanderkarte durch das Gebiet v. Ibbenbüren-Osnabrück-Bielefeld-Detmold-Altenbeken. Hrsg. vom Teutoburger Gebirgs-Verband. 9.—14. Taus. 1 : 100,000. 21×113,5 cm. Farbdr. Mit Text an der Seite. Nebst Wegweiser. Unter Mitwirkg. der Mitglieder der Kartenkommission hrsg. v. K. Hoyer. (46 S.) 8. Osnabrück (910). Rackhorst. — 50

**Teutomannus**, s.: Jesus, der Baumeister von Nazareth.

**Teutomar**, ..., (Hnr. Eph. Büttner,) Fränkische Blätter. 2 Hfte. (Ansbach) 795.

[F.] Die Umsturzgefahr. Ihre Ursachen u. d. Mittel ihrer Abwendg allgemeinverst. dargest. v. Otto Teutomar. *Berlin: O. Seehagen 1897.* (184 S.) 1 Bd 8. [97. 5950

**Teutomar**, Otto, die Umsturzgefahr. Ihre Ursachen u. die Mittel ihrer Abwendg. allgemeinverständl. dargest. 2., wesentl. verm. Aufl. 8. (208 S.) Berlin 898. O. Seehagen. n. 2. 50

**Teutona.** Eine geordnete Auswahl vorzüglicher Gedanken . . . Leipz. 1812. H: *Fränkel, Maimon & Gustav (Ghold) Salomon.* (schr)

Teutona. Eine geordnete Auswahl vorzügl. Gedanken aus den besten original-deutschen Schriften, zunächst f. gebildete Söhne u. Töchter. Hrsg. v. M. Fredau u. G. Salberg. 3., verm. u. verb. Aufl. 4 Thle. 8. (109⅝ B. u. 4 Kpfr.) Leipzig 840, Herm. Fritsche.
Vgl.Teutonia.

Der Teutone: Apr. 9, 1844 – Oct. 1853.
Democratic semi-weekly. Sub-title: Zeitschrift für Literatur, Handel und Gewerbe. Edited by Johann Andreas Wagener, & published by J. B. Nixon, 1844 – 53. See Kapp, Loher, Korner; the Philadelphia Demokrat, June 21, 1848 lists it as Democratic. Excellently edited and of great cultural influence. In 1853 changed to Deutsche Zeitung.
Charleston, SC

Teutonia.—

— e. Zeitschrift; hrsgg. v. Fr. Karl Jul. Schütz. 4. Berl. 804. (Erschien blos Januar.)

— e. polit. Zeitung 1r Jahrg. (A. u. d. T.: Früchte geretteter Preßfreiheit.) u. 2r Jahrg. 1813—21. 4. Sondersh., Voigt in Ilmenau. (1813—15 à Jahrg. 2 ₰ 16 gr, 1816—21 à 3 ₰) 26 ₰

— Zeitschrift f. die Bewohner Deutschlands. 1r Bd. in 8 Hften. gr. 8. Leipz. 814. Joachim. 1 ₰ 16 gr

**Teutonia**, od. Auswahl d. vorzügl. Stellen aus den Originalwerken deutsch. Schriftst. f. gebild. Söhne u. Töchter, herausg. v. M. Fredau u. G. Salberg, mit 1 K. 8. 2 Thle. 8. Leipz. Leo. 815 u. 16.
Vgl.Teutona.

Teutonia. Eine geordnete Auswahl vorzügl. Gedanken aus d. besten original-deutschen Schriften, herausgeg. v. M. Fredau, u. G. Salberg. 4 Thle. 3e Aufl. Mit Kpfrn. u. Vign. 8. Leipz. 824, Leo. 5 Rthl. 8 gr. Wellin. P.

**Teutonia**; e. ausgewählte Samml. vaterländ. Lieder u. Gedichte vermischten Inhalts. 1r Bd. in 3 Heften. 8. Bremen 817. Schünemann. 1 ₰

**Teutonia.** Eine rheinisch-westfälische Zeitschrift. Aachen 1822. H: *Linde, Peter Adolph.* (GGr)

**Teutonia.** Ein Taschen-Liederbuch zur Erheiterung des Gemüths. Eine Auswahl von 262 der beliebtesten Lieder von jeder Gattung, so wie auch der aus Opern u. Vaudevillen. Fröhlichen Leuten gewidmet u. zusammengetragen von einem Bruder Studio. Alphabetisch geordnet. 12. Vacha 839. Schmitt u. Muller. ⅓ ₰

— Literar.-krit. Blätter f. den deutschen Männergesang, red. von Jul. Otto u. Jul. Schladebach. 1—3. Jahrg. 1847—1849. à 26 Nrn. gr. 8. (Bog.) Schleusingen, Glaser. à Jahrg. n. 1⅓ ₰

—— Literarisch-kritische Blätter für den deutschen Männergesang, redig. von Jul. Otto und Jul. Schladebach. 3. und 4. Jahrg. 1848 und 1849. à Jahrg. 26 Nrn. (Bog.) gr. 8. Schleusingen 848, Glaser. à Jahrg. *
1. und 2. Jahrg. 1846 und 1847. Ebendas. à Jahrg. * 1 Thlr. 10 Ngr.

**Teutonia.** Auswahl von alten u. neuen Vaterlandsliedern f. den vierstimm. Männergesang. Hrsg. v. F. A. Schulz. 1. Hft. qu. gr. 8. (15 lith. S.) Braunschweig 849, Wehrt. n. $^1/_{24}$ ₰

Teutonia. Museum für deutsche Vaterlandskunde, für Geschichte, Geographie, Statistik, Topographie, Wissenschaft, Kunst, Handel und Industrie aller deutschen Länder, sowie für Gesundheitspflege der Deutschen. Ein für jeden Deutschen brauchbares vaterländ. Werk. Bearb. und hrsg. von Hugo v. Bose, nebst J. C. F. Hering und Paul Kadner. 1. und 2. Lfg. Lex.-8. (IV und S. 1—148.) Freiberg 852, Frotscher und Wolf. à Lfg. * 10 Ngr. *

Teutonia. Eine Liedersammlung für Jünglinge und Männer insbesond. für Turner. Zusammengestellt von Carl Schenck. 32. (XIV und 210 S.) Stuttgart 857, Sonnewald'sche Buchh. *

Teutonia: 1892? – 1905?
Independent weekly. Place of publication varies: Rochester, Minn., 1902 – 04. Circulation: 1900, 750. Edited & published by Herman Risch, 1895 – 1905.
Red Wing, MN

Teutonia: 1893? – 1898?
Republican weekly. Circulation: 1896, 400. Edited & published by E. W. Peters.
Bayonne, NJ

Teutonia: 1893? – 1918?
Independent weekly. Circulation: 1900, 1100; 1910, *1008*; 1915 – 18, 1000. Edited by H. A. Buettner, 1893? – 1910, by J. Schnell, 1911 – 18; published by Teutonia Publishing Co., 1893 – 1918.
Mt. Olive, IL

**Teutonia.** Arbeiten zur german. Philologie, hrsg. v. Wilh. Uhl. 1. Hft. gr. 8. Königsberg 902. Gräfe & Unzer, Buchh. n. 2. —
Das Spiel v. den sieben Farben. Von Walth. Kloth. (XII, 92 S.)

**Teutonia.** Arbeiten zur german. Philologie, hrsg. v. Wilh. Uhl. 2.—4. u. 6. Heft. gr. 8. Leipzig, E. Avenarius. n. 34. 50

2. Das Pferd im arischen Altertum. Von Jul. v. Negelein. (XXXVII, 178 S.) Königsberg 903. n. 7. 50
3. Moses Mendelssohn u. die deutsche Aesthetik. Von Ludw. Goldstein. (VIII, 240 S.) Königsberg 904. n. 5. —; geb. n. 6. —
4. Die deutschen Weltgerichtsspiele des Mittelalters u. der Reformationszeit. Eine literarhistor. Untersuchg. Nebst dem Abdruck des Luzerner „Antichrist" von 1549. Von Karl Reuschel. (XIII, 356 S. m. 1 Taf.) 906. n. 12. —
6. Tristan. Von Gottfried v. Straßburg. Hrsg. v. Karl Marold. 1. Tl. Text. Mit 2 Taf. (LXVI, 282 S.) 906. n. 10. —

Hft. 1 jetzt Ebd. 902. n. 2. —; Hft. 5 erscheint später.

**Teutonia.** Arbeiten zur german. Philologie, hrsg. v. Wilh. Uhl. 5., 7. Heft; 7. Heft. Suppl. 8.—12., 14. u. 16. Heft. gr. 8. Leipzig, E. Avenarius. 45. —

Abeling, Thdr., das Nibelungenlied u. seine Literatur. Eine Bibliographie u. vier Abhandlgn. (VII, 258 S.) 907. (7. Heft.) 8. —

— dasselbe. Suppl. (XX, 76 S.) 909. (7. Heft. Suppl.) 3. —; (vollst.: 10.—)

Blümml, Emil Karl, zwei Leipziger Liederhandschriften des 17. Jahrh. Als Beitrag zur Kenntnis des deutschen Volks- u. Studentenliedes hrsg. 1. Die Liederhandschrift d. Studenten Clodius (1669). — 2. Die Liederhandschrift dreier unbekannter Leipziger Studenten (1683/95.) (XXIII, 117 S.) 910. (10. Heft.) 3. 50

Haakh, Elisab., die Naturbetrachtung bei d. mittelhochdeutschen Lyrikern. (VII, 88 S.) 908. (9. Heft.) 2. —

Kelemina, Jac., Untersuchgn. zur Tristansage. (IX, 82 S.) 910. (16. Heft.) 3. —

Mittelmann, Fritz, Albert Emil Brachvogel u. seine Dramen. (XVIII, 209 S. m. 1 Bildnis, 1 Taf. u. 1 Fksm.) 910. (14. Heft.) 5. —

Pestalozzi, Rud., syntaktische Beiträge. I. Systematik der Syntax seit Ries. II. Die Casus in Johannes Keßlers Sabbata. (VII, 80 S.) 909. (12. Heft.) 3. —

Schißel v. Fleschenberg, Otm., das Adjektiv als Epitheton im Liebesliede des 12. Jahrh. (XV, 144 S.) 908. (11. Heft.) 3. 50

Senger, Joach. Henry, der bildliche Ausdruck in den Werken Heinrich v. Kleists. (V, 68 S.) 909. (8. Heft.) 2. —

Uhl, Wilh., Winiliod. (VIII, 427 S.) 908. (5. Heft.) 12. —

Heft 13 u. 15 sind noch nicht erschienen. Heft 1—4 u. 6. Ebd. 902. 06. 36. 50

— Handbuch der german. Filologie. Hrsg. von Alfr. v. Salten, bearb. v. Rob. Douffet. 3. Heft. Lex. 8. Leipzig 907. [Teutonia-Verlag.] Leipziger Verlags- und Kommissionsbuchh. 8. 60

Deutsche Wortforschung u. Wortkunde. (IX, 215 S.)

Teutonia : 1907-1918

Semi-monthly, 1907-14; monthly, 1915-18. Organ of the Orden der Hermanns-Söhne. Circulation: 1910, 2500 (est.); 1915, 2500. Edited & published by Teutonia Publishing Association, 1907-18.

Holyoke, MA

Teutonia Faschingsnummer : 1904?-?

Herausgegeben von einigen Haarstarren. Dated: Altona, Feb. 14, 1904. Altona former name for part of Blumenau.

Blumenau

Quincyer Teutonia : Nov. 1885-1886.

Republican daily. For weekly edition, see Wöchentliche Quincyer Teutonia. Edited by Heinrich Bornmann, & published by an "Aktiengesellschaft".

Quincy, IL

Wöchentliche Quincyer Teutonia : 1885-1886. Quincy, IL

Weekly edition of Quincyer Teutonia.

**Teutonicus,** s.: Gajus Teutonicus.

**Teutonicus,** s.: Herrgott, der, v. Egidys Gnaden.

Die Deutsche Kolonialpolitik in Theorie und Praxis von Teutonicus. *Berlin: Gose & Tetzlaff 1900.* (32 S.) 8° [F.]

**Teutonicus,** s. d. Kolonialpolitik, die deutsche.

Teutonicus, Expertus Casparus, Kräfftiger Neue-Jahrs-Wundsch: Denen Am Mayn- und Rhein-Strohm Jetziger Zeit Sämptlichen Kinder-Koch- und Dienst-Mägden Auff das Jahr 1686. Aus getreuen Hertzen Wohlmeinend geschäncket, und verehret, Von mir *Experto Casparo Teutonico*, d. Heil. Röm. Reichs immatriculirten Notario Verifico. Mägdeburg am Rhein, Druckts Melchior Wahrheit. MDCLXXXVI (1686). 12⁰. (In Berlin: an Yu 7981.)

— — — — Dasselbe. Auf das Jahr 1750 mitgetheilet. O. O. 12⁰.

4 Bogen mit eingedruckten Kupfern (Vignetten im Texte). Cat. Meissner III. p. 220.

* — —. — — Dasselbe. Auf das Jahr 1752 .... verehret, von mir *Experto Casparo Teutonico* .... Ibid. 8⁰. (In Berlin: Yz 1936.)

— — Schau-Platz, Eigentlicher, der heut zu Tag in Teutschland sich befindenden Treuloser (!) Kinder- Koch- ..... Mägden, Wie sich jede In ihren Verrichtungen darstelle und erzeige. Den Frauen zu rechter Aufsicht, Als auch den Mägden selbst zum Spiegel, Vormahls von *E. C. T.* (Experto Casparo Teutonico) zum Dritten. Nun aber Wegen immer mehr überhand nehmenden Lastern und vielen Nachfragen, Zum Vierdtenmal im Druck vorgestellt, und mit vielen wahrhafften Exempeln vermehrt Durch einen guten Patronen Tugend-liebender Weibs-Personen.. Franckfurt u. Leipzig (Schwabach, Enderes) 1732. 8⁰. (In Breslau, Stadtbibl.: 8⁰ W 1731, no. 7.) Sehr rar!

Viel Derberotisches enthaltend. 56 S. (incl. Titel u. 2 Bll. Vorrede).

**Teutonicus,** Theodoricus, s.: Optik, meteorolog.

**Teutophilus,** Christianus. Entdeckte Goldgrube in der Accise, d. i. kurzer, jedoch gründlicher Bericht von der Accise, dass dieselbe die allerreichste, politeste, billigste, ja eine ganz nöthige Collecte, und also zwiefacher Ehren werth sei, ...... allen Obrigkeiten zu grossen Aufnahmen und Populirung ihres Landes, denen Staats- und Cammerbedienten zur Verminderung ihrer Geldsorge und denen Unterthanen zur Erleichterung ihrer Last vorgestellet. Zerbst 1685, ferner Zerbst 1685. Leipzig 1701, 1709, 1719. (Verfasser: Steuerrath Tenzel.)

**Teutophil,** Ch., entdeckte Goldgrube in d. Accise, in einer gründl. Beschreibung derselben. 4. Magdeb. 719.

Teutsch (Insp. in Buchsweiler), vgl. Antwort, offene, auf die öffentlichen Anklagen.

**Teutsch,** Albert [Rechtsanw. in Nürnberg]: Rechtliche Natur und Inhalt des Markenrechts nach dem Reichsgesetze vom 30. November 1874 nebst e. Kritik unter Berücks. d. Entwurfes e. Gesetzes z. Schutze d. Warenbezeichngn v. J. 1893 ... Nürnberg, F. Haffner's Buchdr., 1893; 79 S., 1 Bl. 8.

Erlangen, Jur. Fak., Inaug.-Diss. v. 1893

**Teutsch,** Arthur, aus Venningen, Rechtspraktikant am kgl. Bezirks-Amt Landau: Die **Ministerverantwortlichkeit in Bayern.** *Edenkoben 1903: H. Mietens.* (56 S.) 8°

Erlangen, Jur. Diss. v. 19. Juni 1903

[Bildert.:] Strassburger Bilder aus den vierziger Jahren. Von D. Chr. Teutsch. Ill. v. D. Krencker. *(Strassburg: J. H. E. Heitz) 1897.* (170 S., 1 Bl.) 1 Bd 8.

Teutsch, D. Chr., die Sonntagsfrage. In drei Gesprächen erörtert. gr. 16. (V, 136 S.) Zürich 868, Staub. *

**Teutsch,** Fr., Samuel v. Brukenthal, s.: Szalt, M.

Teutsch, Franz

**Teutsch,** Frz., der Jerusalempilger. Reisetagebuch e. Pilgers v. J. 1897. Hrsg. v. T. 12. (94 S.) Ravensburg 898. Dorn. n.n — 35

Teutsch, Friedrich

**Teutsch, Fr.**, von dem Arbeitsfeld der evangel. Kirche A. B. in Siebenbürgen. Vortrag, geh. bei der 55. Hauptversammlg. des evangel. Vereins der Gustav-Adolf-Stiftg. in Cassel. gr. 8. (28 S.) Hermannstadt 902. (W. Krafft.) n.n. — 43

Teutsch, Friedrich: Die Art der Ansiedelung der Siebenbürger Sachsen. Stuttgart 1895. 22 S. 1 Krt.
= Forschungen zur deutschen Landes- und Volkskunde. Bd. 9. Heft 1. S. 1—22. 8°.

Teutsch, Friedrich (Hrsg.), s. Bilder aus d. vaterländischen Geschichte.

— Bilder aus d. vaterländischen Geschichte. Unter Mitwirkg. v. R. Briebrecher, W. Schiller, A. Schuller, Fr. Schuller, A. Schullerus, O. Wittstock hrsg. gr. 8. (VIII, 344 S.) Hermannstadt 895. W. Krafft. n. 2. 40; geb. in Halbleinw. n.n. 3. 40; in Halbfrz. n.n. 4. 20

— Bilder aus der vaterländischen Geschichte. Unter Mitwirkg. v. R. Briebrecher, E. Neugeboren, A. Scheiner, W. Schiller, Fr. Schuller, G. A. Schuller, A. Schullerus, Osk. Wittstock hrsg. 2. Bd. gr. 8. (VII, 516 S.) Ebd. 899. n. 5.10; geb. in Halbleinw. n.n. 5.95; in Halbfrz. n.n. 6.80
1. Bd. Ebd. 895. n. 2.40; geb. n.n. 3.40 u. n.n. 4.20.

**Teutsch, Frdr.**, Bilder aus der vaterländischen Geschichte. Unter Mitwirkg. von R. Briebrecher, Emil Neugeboren, W. Schiller, Fr. Schuller, G. A. Schuller, A. Schullerus, O. Wittstock hrsg. 2. Aufl. (VIII, 898 S.) gr. 8. Hermannstadt 909. W. Krafft. 5. 50

| | |
|---|---|
| Teutsch, Fr., zur Geschichte des deutschen Buchhandels in Siebenbürgen,<br>— zur Geschichte der Straßburger Buchdrucker, | s. Publikationen des Börsen-Vereins der deutschen Buchhändler. |

Teutsch, Friedrich: Geschichte der Siebenbürger Sachsen, s. Teutsch, Georg Daniel.

**Teutsch, Fr.**, der Sachsengraf Albert Huet. Vortrag geh. im großen Hörsaal d. ev. Gymnasiums in Hermannstadt am 19. Dezbr. 1874. 8. (31 S.) Hermannstadt 875. Michaelis. n. — 50

Teutsch, Fr[iedrich]: Stille Jahre 1805—1830. *Hermannstadt 1896.*
in: Jahre, Hundert, sächsischer Kämpfe. Zehn Vortr. (96. 5683

— Leitfaden der allgem. Geschichte, s.: Loserth, J.

(F) Rede bei der Beerdigung des Curators der ev. Landeskirche A. B. Albert Arz v. Straussenburg am 18. Februar 1901 von D. Fr. Teutsch. Der Ertrag ist als „Albert Arz v. Straussenburg-Stiftung" für die Luther-Stiftung der ev. Landeskirche A. B. bestimmt. Hermannstadt. 1901. Krafft. 14 S. K —.20

(F) Rede bei der Trauerfeier anlässlich der Beerdigung Heinrich Wittstocks, gehalten in der evang. Kirche in Heltau am 31. März 1901 von Dr. Fr. Teutsch. Der Ertrag ist für die „Heinrich Wittstock-Stiftung" in Heltau bestimmt. Hermannstadt. 1901. Krafft. 8°. 14 S. K —.80

Teutsch, Fr[iedrich]: Die Sachsen im Jahre 1848/49. *Hermannstadt 1896.*
in: Jahre, Hundert, sächsischer Kämpfe. Zehn Vortr. (96. 5683

**Teutsch, Friedr.** Die siebenbürgisch-sächsischen Schulordnungen, s. Monumenta Germaniae paedagogica.

— Bischof Georg Daniel Teutsch. Hrsg. vom Ausschuße des Vereins f. siebenbürg. Landeskunde. gr. 8. (71 S. m. Bildnis.) Hermannstadt 894. W. Krafft. n. — 80

— Georg Daniel Teutsch. Geschichte seines Lebens. (V, 626 S. m. 2 Bildnissen.) gr. 8. Hermannstadt 909. W. Krafft. 8.50; geb. n 10. —

Teutsch, Friedrich (Hrsg.), s. Teutsch, Georg Daniel: Predigten u. Reden.

**Teutsch, Fr.**: Um- u. Vorschau. *Hermannstadt 1896.*
in: Jahre, Hundert, sächsischer Kämpfe. Zehn Vortr. (96. 5683

— die kirchlichen Verhältnisse Siebenbürgens. (64 S.) gr. 8. Halle 906. E. Strien. n. 1. —
Sonderabdruck aus: „Deutsch-evangel. Blätter".

Teutsch, Georg Daniel

**Teutsch, G.D.**, Abriß der Geschichte Siebenbürgens, s. Binder, Geo., Uebersicht der gesammt. Erdkunde.

**Teutsch**, G.D.: Über die Aufgabe der Realschule. Rede. — Schässburg, Progr. 1861.

**Teutsch** G. D.: Beiträge zur Geschichte Siebenbürgens unter König Ludwig I. 1342 bis 1382. Ar. 5. 321 . . . . . . . . . . . . . . . . ngr.
Separatabdruck

**Teutsch, G. D.**, zur Geschichte der Pfarrerswahlen in der evangelischen Landeskirche in Siebenbürgen. Hermannstadt 862. Steinhaußen. 8. (27 S.) 4 ngr.

**Teutsch, G. D.** — Geschichte der Siebenbürger Sachsen für das sächsische Volk. Eine vom Vereine für siebenbürgische Landeskunde gekrönte Preisschrift von — —. 1. Heft. kl. 8. (96 S.) Kronstadt. Druck und Verlag von Johann Gött. 1852.

**Teutsch, G. D.** Geschichte der Siebenbürger Sachsen für das sächsische Volk. Von — —. 4tes Heft. Kronstadt, 1856. Druck und Verlag von Johann Gött. (S. 391—528. 8.)

Teutsch, G. D., Geschichte der siebenbürger Sachsen für das sächsische Volk. Eine vom Vereine für siebenbürg. Landeskunde gekrönte Preisschrift. 1—4. Heft. gr. 16. (S. 1—528.) Kronstadt 852. 53, Németh. à Heft * 6 Ngr. *

**Teutsch, G. D.**, *Dir. d. evang. Gymn. in Schässburg etc.* Geschichte der Siebenbürger Sachsen für das sächsische Volk. Eine vom Verein für siebenbürgische Landeskunde gekrönte Preisschrift. *Kronstadt* 1858. Druck und Verl. v. *J. Gött.* V. u. VI. Heft (Schluss.) S. 531—807. 12°.
Zeiträume: 1629—1657, 1583—1699.

Teutsch, G. D., Geschichte der siebenbürger Sachsen für das sächsische Volk. Eine vom Verein für siebenbürg Landeskunde gekrönte Preisschrift. 5. und 6. (letztes) Heft. gr. 16. (S. 529—807.) Kronstadt 858, (Haberl und Hedwig) à Heft * 7 ½ Ngr. *
1—4. Heft. (Ebendas.) * 24 Ngr.

**Teutsch**, G. D., Geschichte der Siebenbürger Sachsen für das sächsische Volk. Eine vom Verein für siebenbürg. Landeskunde gekrönte Preisschrift. Kronstadt (852—58.) (Németh.) 16. (807 S.) n. 1 ₰. 15 ngr.

**Teutsch, G. D.**, Geschichte der Siebenbürger Sachsen f. das sächsische Volk. 2. Aufl. 2 Bde. gr. 8. (IV, 341 u. IV, 417 S.) Leipzig 874. Hirzel. n. 8. —

(F) Geschichte der Siebenbürger Sachsen für das sächsische Volk. I. Bd. Von den ältesten Zeiten bis 1699 von G. D. Teutsch. 3. Auflage. Hermannstadt. 1899. Krafft. Gr.-8°. XI, 523 S. fl. 3.20, geb. fl. 3.70, in Halbfrzbd. fl. 4.40

Teutsch, G[eorg] D[aniel]: Geschichte der Siebenbürger Sachsen für das sächsische Volk. (2. 3: Von Friedrich Teutsch.) Hrsg. v. Friedrich Teutsch. Bd 1–3. Hermannstadt: Krafft 1899–1910. 8°

1. Von den ältesten Zeiten bis 1699. 3. Aufl. 1899.
2. 1700–1815. Von d. Kuruzzenkriegen bis z. Zeit d. Regulationen. 1907.
3. 1816–1868. Von d. Zeit d. Regulationen bis z. Einführung d. Dualismus. 1910.

Teutsch, G. D., s. a. Geschichte der siebenbürger Sachsen.

—— drei Predigten. Gehalten in der evangel. Pfarrkirche A. B. in Agnetheln. Ein Gedenkblatt der Gemeinde. gr. 8. (24 S.) Hermannstadt 868, (Michaelis.) **

Teutsch, Geo. Dan., Predigten u. Reden. Hrsg. v. Frdr. Teutsch. gr. 8. (VIII, 304 S.) Leipzig 894. Breitkopf & Härtel. n. 6. —; geb. n. 7. 20

Teutsch, G. D. — Rechtsquellen der evangelischen Landeskirche A. B. in Siebenbürgen. Von — — (Aus dem vierten Hefte des vierten Jahrganges der Hornyánszky'schen „Protestantischen Jahrbücher für Oesterreich." (Pest, 1857) besonders abgedruckt. Pest, 1857. Gedruckt bei Landerer und Heckenast. (23 S. 8.)

—— Rede zur Feier des 100jährigen Geburtstages Friedrich Schillers an dem evangel. Gymnasium zu Schäßburg in Siebenbürgen den 10. Nov. 1859. 8. (17 S.) Kronstadt 860. Gött.

Teutsch: Drei Schulreden, gehalten zur Eröffnung der öffentlichen Jahresprüfungen.

1. Was das Gedeihen einer Lehranstalt an die Lehrer fordere. Geh. am 15.Juli 1853.
2. Was das Gedeihen einer Lehranstalt an Geist und Richtung der Zeit fordere. Am 24.7.1854.
3. Was das Gedeihen einer Lehranstalt an das Elternhaus fordere. Am 9.7.1857.

Schässburg, Progr. 1861.

Teutsch, Dr. G. D., Die Stimme der evangelischen Stiftung des Gustav-Adolf-Vereines an dieses Geschlecht. Predigt, gehalten am 5. August 1868 bei der Versammlung des siebenbürgischen Hauptvereins der Gustav-Adolf-Stiftung in Bistritz. gr. 8. (9 S.) Hermannstadt, Michaelis. 1869 10 kr.

Teutsch, G. D., die Synodalverhandlungen der evang. Landeskirche A. B. in Siebenbürgen im Reformationsjahrhundert, s.: Urkundenbuch der evangelischen Landeskirche A. B. in Siebenbürgen.

—— Urkundenbuch zur Geschichte Siebenbürgens, s. Fontes rerum austriacarum. II, 15.

Teutsch, G. D., *Dir. d. evang. Gymn. in Schässburg etc. etc.* Das Zehentrecht der evangelischen Landeskirche A. B. in Siebenbürgen. Eine rechtsgeschichtliche Abhandlung. *Schässburg*, 1858. In Comm. bei *C. J. Habersang. Wien.* Druck v. *J. B. Wallishausser.* 298 S., 3 Bl., 8°. 2 fl.
Von S. 117 an beginnt das »Urkundenbuch«, enthaltend 66 Stück Urkunden.

—— unsere Zuversicht auf die Zukunft unserer Kirche. Festpredigt zu seiner feierl. Einführung in Amt und Würde gehalten in der evangel. Pfarrkirche in Hermannstadt am 12. Novbr. 1868. gr. 8. (11 S.) Ebendas. 868. **

Teutsch, Heinrich

Teutsch, Heinr., der brave Student. Ein nützl. Hilfsbüchlein, besonders f. sog. spätere „Studienberufe". 6 Hfte. gr. 8. Ravensburg 899. München (H. Kitz). n. 7. 50; Einzelpr. n. 8. 10
1. (XIV, 32 S.) n. 1. 60. — 2. 3. (S. 33—80.) n. 1. 35. 4. (40 S.) n. 1. 35. — 5. (S. 41—79.) n. 1. 60. 6. (S. 81—135 m. 1 Tab.) n. 2. 20.

Teutsch, Johann, Beiträge zur klimatologischen und statistischen Kenntniss der Stadt Schässburg. (Progr.-Abhandl.) Hermannstadt 1867.

Teutsch: Beiträge zur statistischen Kenntnis d. Stadt Schässburg. S. 38–80. Schluss 36 S. 8° - Schässburg, Progr. 1867, 1868.

Teutsch, Joh. Der absolute Genetiv bei Homer. 13 S. 8. *Rudolfswert* 1882. Progr.

Teutsch, Joh., die Not der evangelischen Kirche u. das Rettungswerk d. Gustav-Adolf-Vereines. Predigt über Psalm 50, 14, 15, geh. in der evang. Kirche A. B. in Hermannstadt am 19. Aug. 1884 bei Gelegenheit d. Festgottesdienstes der siebenbürg. Hauptversammlg. d. Gustav-Adolf-Vereines. gr. 8. (7 S.) Hermannstadt 884. (Schäßburg, Herrmann.) n. — 30

Teutsch Julius, Dr.: Die spätneolithischen Ansiedlungen mit bemalter Keramik am oberen Laufe des Altflusses. (Mit 1 Kartenskizze und 184 Textfiguren) siehe I. Abt. Mitteilungen der prähistorischen Komm., I. Band, Nr. 6
Separatabdruck

Teutsch, Michael

— u. Joan Popea, Lehrbuch d. rumänischen Sprache z. Schul- u. Selbstunterricht. 8. (IV, 251 S.) Kronstadt 897. H. Zeidner. Geb. n. 2. —

Teutsch, Mich., Rechenbuch, s.: Hiemesch, Karl Heinr.

**Teutsch**, Robert, Rechtsanwalt a. München: Der Ausschluß von Mitgliedern aus dem nicht rechtsfähigen Verein. München 1907: Th. Michl. (IX, 64 S.) 8° [J.]
Erlangen, Jur. Fak., Ref. Oertmann, Diss. v. 10. Okt. 1907
[Geb. 27. Aug. 78 Venningen (Rheinpfalz); Wohnort: München; Staatsangeh.: Bayern; Vorbildung: Gymn. Landau Reife Juli 97; Studium: Straßburg 2, München 6 S.; Rig. 29. Juni 07.]

Teutsch, Traugott, Georg Hecht. Historischer Roman aus der Vergangenheit der Siebenbürger Sachsen. gr. 8. (663 S.) Hermannstadt 893. W. Krafft. n. 8. —; geb. n.n. 10. —

Teutsch, Tr., Johannes Honterus. Drama in 3 Aufzügen. 12. (201 S. m. 1 Bildn.) Ebd. 898. n. 1. 80; geb. in Leinw. n. 2. 40

Teutsch, T., Sachs v. Harteneck. Ein Trauerspiel in 5 Aufzügen. gr. 16. (201 S.) Kronstadt 874. Frank & Dreßnandt. n. 2. —

Teutsch, Traug., Schwarzburg. Historische Erzählung aus dem Siebenbürger Sachsenlande. 19 Lfgn. 8. (616 S.) Kronstadt 881. 82. Dreßnandt. à n. — 40 (cplt. geb. n. 9. — )

Teutsch, Traug., 2 Stadtgeschichten u. 2 Dorfgeschichten. Erzählgn. aus d. Eigenleben d. Siebenbürger Sachsen. (V, 374 S.) 8. Kronstadt 908. (H. Zeidner.) Geb. 5. —

Teutsch-Lerchenfeld, Bernhard

Deutschland zur See. Kurzer Überblick über d. Entwickelung u. d. heutigen Stand d. deutschen Kriegsflotte in Wort u. Bild dargest. ... von Bernhard **Teutsch**-Lerchenfeld. [Text. Taf.] Leipzig: Wiest 1010. 4°(8°) (Taf.: quer-2°) [II. 99] 2

**Teutsch-Lerchenfeld, Bernh.,** Deutschland zur See in Wort u. Bild, dargestellt unter Mitwirkg. namhafter Fachleute u. hervorrag. Künstler. (Neue Ausg.) (24 S. m. 33 farb. Taf.) Nebst: Zerlegbares Modell e. modernen Kriegsschiffes v. Christoph Volkert. (12 S. Text.) 38,5 × 52 cm. Leipzig 904. E. Wiest Nachf.
In Leinw.=Mappe 28. —

**Teutsch-Lerchenfeld, Bernh.,** Deutschland zur See in Wort u. Bild, dargestellt unter Mitwirkg. namhafter Fachleute u. hervorrag. Künstler. (Volks-Ausg.) 4. Aufl. 16.—20. Taus. (32 farb. Taf.) 41×53,5 cm. Nebst Text. (75 S.) Lex.8. Leipzig 909. E. Wiest Nchf. In Mappe u. kart. 20.—; (Pracht-Ausg.) Mit e. zerlegb. Modell e. Kriegsschiffes (u. 10 S. illustr. Text). In Leinw.-Mappe u. kart. 32.—

**Teutsch-Lerchenfeld, Bernh.,** Deutschlands Wehr zu Lande u. zur See. Populäres Handbuch f. alle militär. Angelegenheiten, e. authent. Zusammenstellung aller Waffengattungen des deutschen Heeres u. der deutschen Marine. Unter Mitwirkg. namhafter Fachleute hrsg. Mit zahlr. Illustr., farb. Taf. u. e. Prachtmappe, enth.: die deutschen Schlachtschiffe u. Kreuzer, sowie das zerlegbare Modell e. modernen Kriegsschiffes v. Chrph. Volkert. (Imp. Fol. [III, 15 S. Text m. 21 farb. Taf.]) Lex.=8. (VI, 833 u. XLII S.) Leipzig 900. (E. Wiest Nachf.)
Geb. in Leinw. u. in Leinw.=Mappe 45. —

— **Deutschlands Wehr** zu Lande u. zur See. Populäres Handbuch f. alle militär. Angelegenheiten, e. authent. Zusammenstellg. aller Waffengattgn. des deutschen Heeres u. der deutschen Marine. Unter Mitwirkg. namhafter Fachleute hrsg. Mit zahlr. Abbildgn. u. farb. Taf. 2. Aufl. (VI, 834 u. XLII S.) Lex.=8. Ebd. 906.
Geb. in Leinw. 18. —

**Teutsche,** der, s. **Deutsche.**

**Teutscher,** Franz Heinr. (geb. Mohrin 12.6.1815): De gastritide et acuta et chronica. Berolini (1838). (36 S.) 8°
Berlin, Med. Diss. v. 5. Mai 1838

**Teutscher,** (Alexander Gust.) (geb. Mohrin in d. Neum. 18.5.1850): Beitrag zur Statistik der Augenkrankheiten und Augenoperationen. Berlin (1878). (30 S.) 8°
Berlin, Med. Diss. v. 15. Aug. 1878

Teutscher, Johann Christian (Leipzig) A. S. 1280/2

Theses medicae inaugurales, de usu et abusu amuletorum Von Brauch und Missbrauch der Anhängsel wider die Kranckheiten.
Präs. Johann Friedrich de Pre.
Erfurt (Grosch) 8. VI. 1720. 38 S.

W. v.: Präs. 34256

Teutscher, Johann Gotthard (Leipzig) A. S. 1196/7

Medicus mendax. Dissertatio medica.
Präs. Michael Ernst Ettmüller.
Leipzig (Titius) 20. XII. 1709. 28 S.
34257

**Teutscher,** Jo. Gh., et Jo. Chn. **Fischer,** diss. phys. de Philtris. Lips. 711. 4.

Teutscher, Johann Gotthard (Leipzig) A. S. 841/11

Dissertatio inauguralis medica, sistens skiagraphian physiologiae verae medicae. Präs. Georg Ernst Stahl.
Halle (Henckel) VI. 1711. 28 S. 34258

Teutscher, Johann Gottlieb (Leipzig) A. S. 1280/12

Dissertatio inauguralis medica, de eo quod morbi chronici plerumque a parentibus jure haereditario sint congeniti, vel in juventute acquisiti.
Erfurt (Grosch) 12. IX. 1720. 32 S.
34259

**Teutscher**, Johann Michael [Praes.], s. Feustel, Christian Johann: De statu servorum secundum jus naturae licito.

**Teutscher,** Maria Antonia, s. **Fanny,** od. d. Wiedervereinigung.

**Teutschland,** s. **Deutschland.**

Das alte und mitlere **Teutschland** vor, unter und nach den Carolingern. Von M. J. G. N. J. V. C. Braunschweig 1740. 8. . . . . . . . . . . .

C. F. v. d. H. Das durch innerliche Kriege bedrängte Teutschland, von deren ersten Ursprung hergeleitet, und historisch beschrieben, auch mit dazu gehörigen Land-Karten und Plans erläutert (Bd. I.) 1. –7. Theil. 1756 –1762. (Bd. II.) Amerikanische Urquelle derer innerlichen Kriege des bedrängten Teutschlands, nach denen wahrhaftesten Umständen und mit der genauesten Unpartheylichkeit nebst allen zur Erläuterung einschlagenden Nachrichten des Verhältnisses der Englisch- und Französischen Handlung historisch verfasst. (Mit Karten und Plänen.) (2 Bde.) (Donation Liechtenstein.)
4 Augsburg 1759, 1760 –1763

Teutschland in geographisch statistischer Beziehung, seit den letzten tausend Jahren 8. Leipzig 1814.

—— geognost.=geologisch dargestellt u. mit Charten u. Durchschnittszeichn. erläutert. Eine Zeitschr. in freien Heften hrsg. v. Ch. Keferstein. 5. Bd. 2. u. 3. Hft., 6. u. 7. Bd. nebst d. 5—11. Stck. d. geognost.=geolog. Zeitung. gr. 8. Weimar, Landes=Indust.=Compt. [5. 2. (23¼ B.) 2 Thlr. 18 Gr., 3. (17½ B.) 2 Thlr. 6 Gr., 6. 1. (15 B.) 828. 3 Thlr., 2. (19½ B.) 829. 3 Thlr., 3. (26 B.) 830. 2 Thlr. 21 Gr., 7. 1. (14¼ B.) 1 Thlr. 6 Gr., 2. (19½ B.) 831. 2 Thlr.]
1–5. Bd. 1. Hft. Ebendas. 1821–27. 24 Thlr. 12 Gr. — 1–7. Bd. od. 20 Hfte. vollständ., hrbgs. Pr. 10 Thlr., einzelne Hfte. zur Hälfte d. Ladenpreises.

Anonym: „Teutschland und die Donau-Mündungen. Ein Beitrag zur Beleuchtung der äußeren Verhältnisse des Vaterlandes und der europäischen Civilisation. Von einem Officier", Siegen und Wiesbaden 1844. — Vorh.: Com. Bibl. Hamburg.

**Teutschland** u. die Donau=Mündungen. Ein Beitrag zur Beleuchtung der äußeren Verhältnisse des Vaterlandes u. der europäischen Civilisation. Von einem Offizier. gr. 8. (5 B.) Siegen 845. [Wiesbaden, Friedrich'sche Vrlgsh.]

**Teutschland** und die Donau=Mündungen. Ein Beitrag zur Beleuchtung der äußeren Verhältnisse des Vaterlandes und der europ. Civilisation. Von einem Offizier. 2. unveränd. (Titel=)Ausg. Wiesbaden (845.) 854. Friedrich. 8. (78 S.)
7½ ngr.

Das geöfnete **Teutschland** Worinnen Durch 10 Haupt-Reisen / vermittelst einer zierlichen und wohlgefasten Reise-Carten / die gewöhnlichste Post-Wege und Meilen ... gezeiget Als auch die accurate Post- und Boten-Carten der vornehmsten Städte Europæ Denen Reisenden ... zu Nutz ... vor Augen gestellet werden. Hamburg, Bey Benjamin Schillern / Buchhändlern ... 1700.
184 S., 7 Bl., 120 S. (von denen S. 35—38 fehlen) m. 2 Holzschn. 8°.

**Teutschland,** das constitutionelle, ein Wort der Zeit an d. teutsche Volk, zur Abwehr fremden Uebermuths. Von e. südteutschen Constitutionellen. 8. (1⅓ B.) Darmstadt 831, Leske.
Aus „Beiträge zur Erörterung vaterländ. Angelegenheiten" besond. abgedruckt."

Anonym: „Teutschland im neuen Testament", o. O. und J. — Vorhanden: Preuß. Staaatsbibliothek Berlin.

Teutschland und die Teutschen. Wie es war, wie es ist — wie sie waren, wie sie sind. Eine zeitgemäße Betrachtung mit Beziehung auf Sprache und Gemeinsinn für jeden Teutschen. Augsburg, K. Kollmann, 1848. 58 S. 8°.

**Teutschlaender, Otto Richard,** med. pract. aus Bukarest, gewesener Assistent am patholog. Institut Zürich, derzeit Assistent für pathologisch-anatomische Untersuchungen im Asyl Wil (St. Gallen): Aus dem patholog.-anatom. Institut der Universität Zürich (Dir.: Prof. Dr. Paul Ernst) und dem histolog. Laboratorium des kantonalen Asyls Wil. Wie breitet sich die Genitaltuberkulose aus? („Aszension" und „Deszension".) Zürich 1906. 102 S. 8°. S.-A. a. d. Beitr. z. Klinik d. Tuberkulose, Bd. 5. Würzburg. [10. IV. 06.]
Zürich. Med. Diss. 1905/1906.

Teutschländer, Willibald Stefan

Ueber die Aufgabe der Loge und der Logenbrüder. Vortrag, gehalten in der [⊡] „Zur Brüderlichkeit" [in Bukarest] am 9. (21.) Febr. 1883 von Br.·. W[illib.] St. **Teutschländer.** Bukarest 1883: Thiel & Weiss. 8 Bl. 8°
Abgedr. in: HL. 16 (1883) S. 1272–1278, 1280 bis 1282; Bh. 26 (1883) S. 297–299.
Tt. 2203. Bildung des Verstandes, Herzens u. Charakters ist die Aufgabe der Loge. 430.

**Teutschlaender, Wilibald Stef.** Geschichte d. evangelischen Gemeinden in Rumänien m. besond. Berücksicht. des Deutschtums. Ein Beitrag zur Kulturgeschichte Rumäniens. gr. 8. (XXIII, 243 S.) Bukarest 891. (Lpz., Kessler.) * 4 —

**Teutschländer, Willib. Stef.,** Geschichte der evangelischen Kirchen-Gemeinde Augsb. Conf. in Bukarest, nebst einer einleitenden Uebersicht über frühere Einwanderungen u. Niederlassungen fremder Volks- u. Glaubensgenossen in den Donaufürstenthümern. Bukarest 869. (Weiß.) 8. (VIII, 234 S. mit 1 Holzschntaf.) n. 1 ℛ 20 ngr.

**Teutschländer,** Willibald Stefan, Geschichte der evangelischen Kirchengemeinde Augsburger Confession in Bukarest, nebst einer einleitenden Uebersicht über frühere Einwanderungen und Niederlassungen fremder Volks- und Glaubensgenossen in den Donaufürstenthümern. Mit der Abbildung der Bukarester evangelisch-lutherischen Kirche. gr. 8 (VIII, 141 u. 92 S. Beilage.) Wien, Karl Helf, Verlag, in Comm. 2 fl. (Nur baar.) 1870.

**Teutschländer,** W. St.: Zur Geschichte des Turnens im Siebenbürger Sachsenlande. Kronstadt 1864. 24 S. Kronstadt, Evg. Gymn. P 1864.

**Teutschländer,** Willibald St., Geschichte des Turnens im Siebenbürger Sachsenlande, Kronstadt 1865, 47 S., Gr.-8°.

**Teutschlaender,** W. St., Michael der Tapfere, ein Zeit- u. Charakterbild aus der Geschichte Rumäniens. 8. (255 S.) Wien 879. Graeser. n. 4. 40

Tafel zur Einweihung der vollk.·. u. ger.·. St. Joh. □ „Zur Brüderlichkeit" im Or. Bucarest, 12. Oct. 1889 von W[illib.] **Teutschlaender.** Als Ms. gedr. Bukarest 1889: Göbl. 15 S. 8°
Abgedr. in: Bh. 32 (1889) S. 401–403.
Beantw. d. Fragen: „Hat die Frmrei eine Existenzberechtigung" und „unter welcher Voraussetzung u. Bedingung kann davon im Frmrbunde die Rede sein?" 358a.

Toast, ausgebracht von Willibald **Teutschlaender** auf die Schwestern beim Fest-Mahle der Johannisfeier in der [⊡] „Zur Brüderlichkeit" Or.·. Bukarest. Bukarest 1882: Thiel & Weiss. 6 Bl. 8°
Tt. 2202. In Versen: „Was ist's, dass uns're Brust so froh bewegt, . . ." 430.

Welche Mittel sind zu ergreifen, um unsere Brüder zu fleissigem Besuch ihrer Arbeiten zu veranlassen? Von Willib. St. **Teutschländer.** Bukarest 1884.
*[A. (NF.) 4 1885 S. 257.]*

Teutschlands Vergangenheit u. Zukunft, s. Münch, E. (H. J.)
Vgl. Deutschland.

**Teutschlands** Vertheidigung gegen den äußeren Feind u. das sie befördernde System der Eisenbahnen. Von einem Officier. gr. 8. (9¾ B. u. 1 Taf. Abbild.) Stuttgart 842, Cotta'sche Bh.

**Teutschmann, R.,** Lehrzeit u. Leben. Gedichte. 12. (VII, 199 S.) Hamburg 888. (Verlagsanstalt u. Druckerei, A.-G.) n. 2.—; geb. n. 3.—

Teuwin Jakob: Tobias Philipp Freiherr von Gebler. Leben und Werke.
II. 1903 PN 1618 Diss. Wien, Univ.

**Teuwsen,** Adolf: Giovanni da Serravalle und sein Dantekommentar. Borna-Leipzig 1905: R. Noske. (64 S.) 8°
Freiburg i. B., Phil. Fak., Ref. Finke, Diss. v. 30. Nov. 1905
[Geb. 28. Sept. 79 Oberkassel; Wohnort: Freiburg i. B.; Staatsangeh.: Preußen; Vorbildung: Gymn. Dusseldorf Reife O. 99; Studium: Halle 2, Heidelberg 2, Freiburg i. B. 6 S.; Rig. 26. Nov. 04.]

**Teuwsen, Eug.,** Fährten u. Spuren. Eine Anleitg. zum Spüren u. Ansprechen f. Jäger u. Jagdliebhaber. Mit Abbildgn. nach der Natur gezeichnet v. Carl Schulze. gr. 8. (VIII, 182 S.) Neudamm (901). J. Neumann. Kart. n. 6.—

Tevenar, Johann Wilhelm von

v. Tevenar, Jh. Wlh., († d. 6. Dec. 1797.) Anmerkk. üb. die Kunst zu referiren. 8. Magdeb. u. Leipz. 772. Verbess. von J. Fr. Jury. gr. 8. Ebd. 806. (Lauffer in Leipz.) 8 gr.

v. Tevenar, (J. W.): Anmerkk. üb. d. Kunst, a. Gerichtsacten zu referiren. *Magdeb.*, Scheidhauer. 772. n. A. v. J.. F.. Jury. *Eb.* 806. 8. (8 Gr.)

v. Tevenar, (J. W.): Theorie d. Beweise im Civilprocesse. *Magdeburg*, (Scheidhauer. 780.) n. Ausg. m. Zuss. u. Anmerkk. v. J.. F.. Jury. *Eb.*, Hessenland. 805. gr. 8. (1 Thl.)

— Theorie der Beweise im Civilproceß. Magdeb. 780. N. Aufl. Mit Anmerkk. v. J. Fr. Jury. gr. 8. Ebd. 805. (Lauffer in Leipz.) 1 ℛ

**Tevenar, v.,** Theorie d. Beweise im Civilprozeß, mit Anmerk. v. Fr. Jury. gr. 8. Magdeb. Hessenland. (v. Schütz.) 805.

v. Tevenar, J. W.: Versuch über die Rechtsgelahrth. *Magdeb.*, Hessenland. (777.) 801. gr. 8. (2 Thl.)

v. Tevenar, Jh. Wlh., Versuch üb. die Rechtsgelahrtheit. gr. 8. Magdeb. 777. 2e Aufl. 801. (Lauffer in Leipz.) 2 ₰

**Teves,** Wilhelm, Referendar: Die Voraussetzungen der Anfechtung wegen Drohung. Frankfurt a. M. 1905: G. Grandpierre, Idstein. (62 S.) 8°
Heidelberg, Jur. Fak., Ref. Bekker, Diss. v. 4. Dez. 1905
[Geb. 14. Mai 80 Bochum; Wohnort: Bochum; Staatsangeb.: Preußen; Vorbildung: Gymn. Arnsberg Reife O. 01; Studium: Würzburg 1, Bonn 5 S.; Rig. 19. Dez. 04.]

Tevfîq, Mehmed, s.a. Tewfik, Mehemed.

**Tevfiq,** Mehmed, ein Jahr in Konstantinopel, hrsg. von Thdr. Menzel, s.: Bibliothek, türkische.

**Tevrat** ja'ni Mûsa pejġambere vahj tarîkile nâzilolan Šarî'atu'llâhin kitabydyr. [Wien 1877.] Ü: *Schauffler, W. G.* (KatDMG)

**Tewaag, F.,** Erzählungen, Märchen, Sagen u. Mundarten aus Hessen. Gesammelt u. hrsg. 8. (III, 96 S.) Marburg 888. Elwert's Verl. n. — 50

**Tewaag, Fritz,** Referendar: Staatsanwaltschaft in Privatklagesachen. Dortmund: Crüwell 1910. 52 S. 8°
Leipzig, Jur. Diss. v. 21. Juli 1910
[Geb. 24. Jan. 85 Dortmund; Wohnort: Dortmund; Staatsangeb.: Preußen; Vorbildung: Gymn. Dortmund Reife O. 03; Studium: Bonn 3, Berlin 1, Münster 2 S.; Rig. 14. Juli 06.] [U 10. 2905

Tewaag, Johann Daniel

**Tewaag, Jh. Dn.,** († d. 21. Mai 1823.) Amtserleichterungen für Prediger, od. Fortsetz. der Predigerunterstützung in kurzen Predigten u. Predigtentwürfen. 1r Thl. 8. Leipz. 803. (Meyer in Lemgo). 1 ₰

— Arbeiten für Prediger auf gewöhnl. u. besond. Fälle, in Casualvorträgen üb. Sonn- u. Festtags-Evangelien u. Episteln. gr. 8. Lemgo 803. Meyer. 1 ₰ 9 g̸

— Beobachtt. u. Erfahrr. zur Beförder. e. frohen u. vergnügten Lebens. 2 Samml. 8. Leipz. 797. 2e A. 805. Rein. 18 g̸

— Beobachtungen u. Erfahrungen z. Beförd. e. frohen u. vergnügten Lebens. 2 Samml. 8. Leipz. Rein. 800.

— auserles. Fabeln aus d. besten französ. Dichtern, mit beigefügt. deutscher Uebersetzung, zur angenehm. u. nützl. Lectüre f. d. französ. lernende Jugend von reif. Alter. 8. Leipz. 802. Rein. 14 g̸

— Gebetbuch für Christen in Krankheiten u. beim Tode ꝛc. 8. Leipz. 800. Rein. 16 g̸ 2e Aufl. 8. Lemgo 803. 3e A. 806. Meyer. 12 g̸

— kurze u. leichte Kanzelvorträge zur Amtserleichterung f. Prediger. 1r Thl. gr. 8. Duisb. 791. Helwing. (Bädeker in Essen). 1 ₰

— Lebens- u. Thatengeschichte zweier Thebaner, des Epaminondas u. des Pelopidas; aus griech. u. latein. Autoren zusammengetragen. 8. o. O. (Leipz.) 800. Rein. 9 g̸

— Predigerunterstützung, siehe Predigerunterstützung.

— Religionsunterricht f. Kinder, welche eingesegnet werden sollen. 8. Dortm. 819.

Tewaag, Johann Daniel, s. Verächter, Für, u. Freunde der Offenbarung.

— Wahrheiten für ein braves Volk, siehe Wahrheiten.

— Widerlegung neuer Spöttereien üb. die Religion u. Bibel. f. Freigeister u. Religionsfreunde. 8. Bochum u. Frankf. a. M. 790. (Leipz., Rein). 1 ₰

— Widerlegung neuer Spöttereyen über d. Religion und Bibel für Freygeister u. Religionsfreunde. 8. Leipz. Rein. 800.

— s. Winke zum vernünft. Verhalten ...

Teweles, Ferdinand —. Erklärung. (Zu Oesterreichs und Baierns Krondiamanten.) 8. (8 S.) Wien. Druck von M. Lell. 1854.

Teweles, Ferdinand —. Erklärung der simbolografisch-historischen Tableau Oesterreichs und Bayerns Krondiamanten zur Verherrlichung der Verlobungsfeier Sr. apost. Majestät des Kaisers Franz Josef I. von Oesterreich, mit Ihrer königl. Hoheit der durchlauchtigsten Prinzessin Elisabeth, Herzogin in Baiern. Originalzeichnung und Komposition von — —. 8. (8 S.) Wien. Gedruckt bei den Edl. von Ghelen'schen Erben. 1855.

**Teweles, Heinr.,** die Armen. Kleine Romane. 8. (251 S.) Leipzig 885. Reißner. n. 3. —

(F) Ein Beitrag zur Göthe-Feier in Prag von Heinrich Teweles. Prag. 1899. Haase. 8°. 36 S. fl. — 60

**Teweles, Heinr.,** Demetrius, s.: Hebbel, Frdr.

**Teweles, Heinr., Prager Dichterbuch.** 8. (VII, 252 S.) Prag 894. F. Ehrlich. Geb. n. 3. —

**Teweles, Heinr.** Der 100. Geburtstag. Festspiel z. Grillparzer-Feier. 8. (20 S.) Prag 891, Dominicus. * — 80

— die Gesellschafterin, s.: Universal-Bibliothek.

**Teweles, Heinr.,** Harzreise u. andere Fahrten. (120 S.) 11. 8. Prag 904. H. Mercy Sohn. (Nur dir.) n. 1. —

— der Kampf um die Sprache. Linguistische Plaudereien. 8. (III, 138 S.) Ebend. 884. n. 2. —

— mein Papa, s.: Universal-Bibliothek.

— Presse u. Staat. Eine Untersuchg. 8. (37 S.) Prag 886. (Wien, Bensinger.) n. — 60

**Teweles, H.,** der Ring d. Polykrates, s.: Universal-Bibliothek.

Das Romanschiff. Heitere Liebesgeschichten. Von Heinrich **Teweles.** Berlin: Concordia (1910). 180 S. 8° [10. 13977

**Teweles, Heinr.,** die Schauspielerin. Schauspiel in 4 Acten. 8. (86 S.) Prag 881. Dominicus. n. 1. 60

Tewes, Arnold: Ueber das V e r h a l t e n einiger Diazoamidoverbindungen. Göttingen 1899: Dieterich. (69 S.) 8°
Göttingen, Phil. Diss. v. [24. Apr.] 1899

Tewes, August

**Tewes, A.**, die Pflichten u. Befugnisse des Geschworenen auf Grund des Gesetzes vom 9. März 1869, betr. die Einführung von Schwurgerichten für die durch den Inhalt einer Druckschrift verübten Verbrechen u. Vergehen. Vortrag, gehalten in der Versammlung des katholisch-conservativen Vereines am 13. Decbr. 1869. Graz 870. (Moser.) gr. 8. (30 S.) 3 ngr.

**Tewes, A.**, Schule, Universität, Akademie. Aus dem Cyklus der Vorträge d. Collegium publicum „de rebus academicis". gr. 8. (87 S.) Graz 887. Leuschner & Lubensky. n. 1. —

**Tewes, Aug.**, System des Erbrechts nach heutigem Römischen Recht. Zum academischen Gebrauch. Leipzig 863. Breitkopf & Härtel. gr. 8. (XVIII, 822 S.) 4 ₰

Tewes, Aug., System des Erbrechts nach heutigem Römischen Recht. Zum academ. Gebrauch. 2 Abthlgn. gr. 8. Leipzig 863,64, Breitkopf und Härtel. [1. Abthl. (X und 310 S.) 1 Thlr. 15 Ngr., 2. Abthl. (VIII und 512 S.) 2 Thlr. 15 Ngr.]

Tewes, Frdr. (Hrsg.), s. A n z e i g e r . Numismatischer. Jge. 30-33.

Tewes, Frdr. (Hrsg.), s. A n z e i g e r . Numismatisch-sphragistischer.

**Tewes, Frdr.**, s.: Aus Goethes Lebenskreise.

**Tewes, Frdr.**, Gedichte. 8. (VIII, 64 S.) Hannover 896. Schmorl & v. Seefeld Nachf. Geb. in Leinw. n. 2.40

— neue Gedichte. (VIII, 94 S.) 8. Hannover 904. Leipzig, O. Tobies. Geb. in Leinw. n. 2. 50

— s.: Goethe's, Joh. Wolfg. v., Faust am Hofe des Kaisers.

**Tewes**, Frdr., der alte Jacob u. sein Sohn Eide, oder „Ehrlich währt am längsten." Eine Erzählung für's Christenvolk. 8. (74 S.) Celle 847, Schulze. n. 1/6 ₰

— Leitfaden zum Betrachten. 8. (20 S.) Paderborn 847, Schöningh. n. 2 ngr

— das Nothwendigste aus der deutschen Grammatik zum Handgebrauch f. die Schüler in Volks- u. Fortbildungs-Schulen insonderheit zum Andenken f. seine früheren Fortbildungsschüler zusammengestellt. 8. (20 S.) Verden 851, Tressan. 1½ ngr

Tewes, Friedrich: Die S t e i n g r ä b e r der Provinz Hannover. E. Einführg in ihre Kunde u. in d. hauptsächlichsten Arten u. Formen. M. 24 A.., 21 Grundrissen u. 1 Ktnsk. Hannover: Selbst.: (Hofbuchdr. Gebr. Jänecke) 1898. (1 Bl., VIII, 64 S., 24 Taf.) quer-8°

— die Steingräber der Prov. Hannover. Eine Einführg. in ihre Kunde u. in die hauptsächlichsten Arten u. Formen. Mit 24 Abbildgn., 21 Grundrissen u. 1 Kartenskizze. qu. gr. 4. (VIII, 64 S.) Hannover (Haarstr. 4) 899. Selbstverlag. Kart. n. 20. —

**Tewes, Friedrich.** Unsere Vorzeit. Ein Beitrag zur Urgeschichte und Altertumskunde Niedersachsens ... Hannover. Schmorl & von Seefeld 1888
Tit., 2 Bl., 50 S. m. 140 Abb. 8°.

**Tewes, Herm.**, geometr. Aufgaben f. mündliches u. schriftliches Rechnen. Für die Hand der Schüler hrsg. (32 S.) gr. 8. Leipzig 910. H. Bredt. — 30

— dasselbe. Lösungsheft. Mit Anh.: Die Quadratzahlen aller geraden Wurzeln von 1—999. (13 S.) gr. 8. Ebd. 910. — 20

— dasselbe. Bearb. u. nach d. Lehrplan f. die Volksschulen Leipzigs geordnet. (80 S.) gr. 8, Ebd. 908. — 30

**Tewes, Herm.**, die Behandlung deutscher Lesestücke. Ausgeführte Lektionen zum Gebrauch in Volks- u. Bürgerschulen. gr. 8. (154 S.) Leipzig 894. Siegismund & Volkening. n. 1. 80

**Tewes**, Herm. Erläuterungen zu: 1. Schmidt-Krantz, technologische Tafeln, 2. Lehmann-Leutemann, Völkertypen, 3. Goering-Schmidt, ausländische Kulturpflanzen. gr. 8. (56 S.) Lpz. 890, Leipz. Schulbilder-Verlag von F. E. Wachsmuth. * — 45
Vgl.: Krantz, Felix, u. Emil Schmidt. Technologische Taf. — Lehmann, Ad. Ethnograph. Bilder. — Göring-Schmidt. Ausländische Kulturpflanzen.

— die wichtigsten ausländischen Kulturpflanzen. Material zu naturgeschichtl. Unterredgn. auf der Oberstufe mehrklass. Volks- u. Bürgerschulen. Zugleich e. Erläuterg. zu Göring-Schmidt: Ausländische Kulturpflanzen. 2., verm. Aufl. gr. 8. (85 S. m. 7 Abbildgn.) Leipzig 894. Leipziger Schulbilderverlag, F. E. Wachsmuth. n. — 80

— Völkertypen. Material zu geograph. Unterredgn. auf der Oberstufe mehrklass. Volks- u. Bürgerschulen. Zugleich e. Erläuterg. zu Lehmann-Leutemann's Völkertypen. 2., verm. Aufl. gr. 8. (30 S. m. 6 Abbildgn.) Ebd. 894. n. — 40

**Tewes, Herm.**, Völkertypen. (Erläutergn. zu den Tafeln: Japaner, Beduinen, die Menschenrassen.) (32 S. m. 3 Abb.) gr. 8. Leipzig 906. F. E. Wachsmuth. — 40

**Tewes**, Herm., d. drei Wünsche od. D. Arme u. d. Reiche, s.: Festspiele f. d. Jugend, 6. Reihe, 1. Hft.

**Tewes, Wilhelm:** Der Tarifvertrag und der Dienstvertrag der Privatbeamten. Essen-Ruhr 1909: Fredebeul & Koenen. 98 S. 8°
Erlangen, Phil. Diss. v. 28. Dez. 1909, Ref. v. Eheberg
[Geb. 16. Sept. 78 Koblenz; Wohnort: Essen a. R.; Staatsangeh.: Preußen; Vorbildung: Gymn. Hadamar Reife O. 99; Studium: Fulda Philos.-theol. Lehranst. 2, München 1, Münster 3, Breslau 1 S.; Rig. 22. Nov. 09.] [U 10. 905

**Tewes, W.**, der Tarifvertrag u. Dienstvertrag der Privatbeamten. (98 S.) gr. 8. Essen (910). Fredebeul & Koenen. 1. —

**Tewfik, Hacki**, türkisch-deutsches Wörterbuch. (XVI, 388 S.) 8. Leipzig 907. O. Holtze's Nachf. 12.—; geb. in Halbfrz. n 13. 25

Tewfik, Mehemed, s.a. T e v f î q , Mehmed.

**Tewfik**, Mehemed, die Schwänke d. Naßr-ed-din u. Buadem, s.: Universal-Bibliothek.

**Tewildt,** Friedrich, Arzt aus Cöln-Ehrenfeld: Ueber den Einfluß körperlicher Bewegungen auf die Pulszahl beim Gesunden. *Bonn: E. Strauß 1903.* (46 S.) 8° ¶ Aus: Archiv f. d. gesammte Physiologie, Bd 98.
Bonn, Med. Diss. v. 8. Juli 1903

[Aethiop.] [Ja] Towoderos [König v. Abessinien] Tarik. Ba Berlin endanngan abnat asätamiw Eno Litman. *(Princeton: Univ. library; Leipzig: O. Harrassowitz:) 1902.* 8°
[Nebent.:] The Chronicle of King Theodore of Abyssinia. Ed. from the Berlin ms. with transl. and notes by Enno Littmann. P. 1

Tews, Johannes

Die Aufgaben der Bildungsvereine. Von J[ohannes] Tews. Vortrag auf d. Hauptversammlung d. Verbandes Mittelrhein d. Gesellsch. f. Verbreitung von Volksbildung 1905 in Nidda. Berlin: Gesellsch. f. Verbreitung von Volksbildung 1906. (24 S.) 8° [F.]

**Tews, J., die Bedeutung der Volksbildung f. die sittliche Entwickelung unseres Volkes. Vortrag, geh. im Posener Lehrerverein. 8. (41 S.) Berlin (901). (Th. Fröhlich.) — 25**

Die Bedeutung der Volksbildung für die sittliche Entwickelung unseres Volkes. Von J[ohannes] Tews. Vortrag geh. im Posener Lehrerver. *Berlin [1901]: W. & S. Loewenthal.* (41 S.) 8°

**Tews, Johs., freiwillige Bildungsarbeit in Deutschland. Die Gesellschaft f. Verbreitg. v. Volksbildg. u. ihre Wirksamkeit in den 25 Jahren ihres Bestehens. 1871—1896. Im Auftr. d. Zentralausschusses d. Gesellschaft dargest. gr. 8. (47 S.) Berlin (NW., Lübeckerstrasse 6) 896. Gesellschaft f. Verbreitg. v. Volksbildung. — 60**

Die freiwilligen Bildungsbestrebungen und der Volksschullehrer. Vortrag auf d. Provinziallehrertag 1900 in Prenzlau von J[ohannes] Tews. Nach e. nachträgl. Niederschr. d. Vortragenden. *Liegnitz (1900): C. Seyffarth.* (16 S.) 8° [F.]

**— die freiwilligen Bildungsbestrebungen u. der Volksschullehrer. Vortrag auf dem 29. brandenburg. Provinziallehrertag am 3. X. 1900 in Prenzlau. Nach e. nachträgl. Niederschrift des Vortragenden. gr. 8. (16 S.) Liegnitz (901). (Berlin, Th. Fröhlich.) — 25**

Die gemeinsame Elementarschule. Von J[oh.] Tews, Lehrer zu Berlin ... *Bielefeld: A. Helmich [1896].* (19 S.) 8.
= Sammlung pädagogischer Vorträge. Bd VIII. H. 9.

**Tews, Johs., Elternabende (Pädagogische Abende, Schulabende), s.: Magazin, pädagogisches.**

Die Entwickelung des preussischen Volksschulwesens in dem Jahrzehnt 1886/96 v. J[oh.] Tews. *Bonn, Berlin, Leipzig: F. Soennecken [1898].* (32 S.) 8.
= Sammlung pädagogischer Vorträge. Bd XI. H. 10.

**— Ergebnisse der preussischen Volksschulstatistik vom J. 1891, s.: Sammlung pädagogischer Vorträge.**

Moderne Erziehung in Haus und Schule. Vorträge in d. Humboldt-Akad. zu Berlin. Von J[ohannes] Tews. Leipzig: B. G. Teubner 1907. (IV, 131 S.) 8° [F.]
= Natur, Aus, u. Geisteswelt. Bdch. 159.

Moderne Erziehung in Haus und Schule. Vorträge von J[ohannes] Tews. 2. Aufl. Leipzig: Teubner 1910. VI, 136 S. 8°
(Aus Natur u. Geisteswelt. Bdch. 159.)

**Tews, Johs., moderne Erziehung in Haus u. Schule, s. Aus Natur u. Geisteswelt.**

**— Handbuch f. volkstümliche Leseanstalten. Theoretisch-prakt. Anleitg. zur Begründg. u. Verwaltg. v. Volksbibliotheken u. Lesehallen in Stadt u. Land. (XII, 144 S. m. Abbildgn. u. 6 Beilagen.) gr. 8. Berlin 904. L. Simion Nf. n. 3. —**

**— Haus u. Welt, s.: Ernst, A.**

Kinderarbeit. Von J[oh.] Tews. *Langensalza: H. Beyer & Söhne 1896.* (13 S.) 1 Bd 8.
= Magazin, Pädagogisches. H. 73.

Konfession, Schulbildung und Erwerbsthätigkeit. Von J[ohannes] Tews. *Langensalza: H. Beyer & Söhne 1901.* (19 S.) 8°
= Magazin, Pädagogisches. H. 173.

Berliner Lehrer. Von J[ohannes] Tews. Berlin & Leipzig: H. Seemann Nachf. [1906]. (79 S.) 8° [F.]
= Großstadt-Dokumente. Bd 20.

Tews, J[oh]., Berliner Lehrer. Berlin u. Leipzig [1907]. 8°.
(Grossstadt-Dokumente, hrsg. von Hans Ostwald. Bd 20.)

**— Ein soziales Lehrerbesoldungssystem, s. Broschüren zur Schulpolitik. Nr. 2.**

Tews, Joh[s], Ein soziales Lehrerbesoldungssystem. Vortr. (Leipzig u. Berlin 1908). 8°.
(Broschüren z. Schulpolitik. Nr 2.)

Der Lehrermangel nach seinen Ursachen u. Wirkungen. Vortrag auf d. deutschen Lehrerversammlung in Dortmund 1908 von J[ohannes] Tews. Im Auftr. d. Deutschen Lehrerversammlung hrsg. v. Geschäftsführenden Ausschuss ... Berlin: Loewenthal in Komm. (1908). 32 S. 8° [Umschlagt.]

**Tews, J., der 8. deutsche Lehrertag u. seine Gegner. Hrsg. vom Ortsausschusse des 8. deutschen Lehrertages. gr. 8. (III, 72 S.) Leipzig 890. (Klinkhardt.) n. — 75**

Tews, J[ohannes] : Der Achte deutsche Lehrertag und seine Gegner. Hrgg. vom Ortsausschusse des 8. Lehrertages. 2. Aufl. Leipzig 1890. 8°

Tews, J[ohannes] : Volkstümliche Leseanstalten. Leitfaden z. Begründung u. Verwaltung von Volksbibliotheken u. Lesehallen in Stadt u. Land. Hrsg. v. Centralver. f. d. Wohl d. arbeitenden Klassen. Berlin: L. Simion Nf. 1904. (VI, 57 S.) 8°

—— Deutsches Lesebuch für Mädchenschulen, s. Ernst, A.

—— desgl. — f. städtische u. gewerbl. Fortbildungsschulen, s. Ernst, A.

— Litteraturkunde f. d. reif. Jugend, s.: Ernst, A.

**Tews, Johannes: Moderne Mädchenerziehung. Ein Vortrag. — Langensalza: Beyer 1892. 24 S. 8° (Pädagog. Magazin. H. 4.)**

Moderne Mädchenerziehung. E. Vortr. v. Johannes Tews. 2. Aufl. *Langensalza: H. Beyer & Söhne 1897.* (27 S.) 1 Bd 8.
= Magazin, Pädagogisches. H. 4.

**Tews, J[ohannes]: Die Mutter im Arbeiterhause. Eine sozialpädag. Skizze. — Langensalza: Beyer 1893. 14 S. 8° (Pädag. Magazin. H. 33.)**

**— die Mutter im Arbeiterhause, s.: Magazin, pädagogisches.**

Tews, Johs.: Sozialdemokratische Pädagogik. (Pädagogisches Magazin H. 9.) 3. verb. Aufl. Langensalza: Beyer & S. 1904. [1. Aufl. 1892.]

—— —— s. Magazin, pädagogische.

Sozialpädagogische Reformen. Von J[ohannes] Tews. *Langensalza: H. Beyer & Söhne 1900.* (22 S.) 8°
= Magazin, Pädagogisches. H. 140.

—— Der preußische Schulgesetzentwurf im Lichte der deutschen Unterrichtsgesetzgebung. Im Auftrage d. geschäftsführ. Ausschusses d. deutschen Lehrervereins bearb. gr. 8. (56 S.) Lpz. 892, Klinkhardt. * — 75

Schulkämpfe der Gegenwart. Vorträge z. Kampf um d. Volksschule in Preußen, geh. in d. Humboldt-Akad. in Berlin von J[ohannes] Tews. Leipzig: B. G. Teubner 1906. (IV, 158 S.) 8° [F.]
— Natur, Aus, u. Geisteswelt. Bdch. 111. [07. 9033

— Schulkämpfe der Gegenwart, s. Aus Natur u. Geisteswelt.

Schulkompromiss. Konfessionelle Schule. Simultanschule. Ein Aufruf an alle bildungsfreundl. Kreise unseres Volkes von J[ohannes] Tews. Hrsg. v. Wahlverein d. Liberalen. Berlin-Schöneberg: Hilfe 1904. 48 S. 8° [04. 1301 7

— Schulkompromiß, konfessionelle Schule, Simultanschule. Ein Aufruf an alle bildungsfreundl. Kreise unseres Volkes. 2. vervollständ. Aufl. 4.—5. Tauf. Hrsg. vom Wahlverein der Liberalen. (60 S.) gr. 8. Berlin-Schöneberg 904. Verlag der „Hilfe". n. — 80

Die preußische Schulvorlage. Eine Abwehr von J[ohannes] Tews. Hrsg. v. Wahlverein d. Liberalen. Berlin-Schöneberg: Hilfe 1906. (48 S.) 8° [F.] [06. 992 11

— deutsches Sprachbuch, s.: Pretzel, C. L. A.

— deutsche Sprachschule, s.: Baron, M.

— soziale Streiflichter, s.: Magazin, pädagogisches.

Der Unterrichtsstoff der Volksschule. E. Beitr. z. Volksschulreform v. J[ohannes] Tews, Lehrer ... in Berlin. *Bonn, Berlin, Leipzig: F. Soennecken [1897].* (33 S.) 8.
— Sammlung pädagogischer Vorträge. Bd X. H. 7. [97. 595

— Volksbibliotheken, s.: Magazin, pädagogisches.

Volksbildung und wirtschaftliche Entwickelung. Die Bedeutg e. gesteigerten Volksbildg f. d. wirtschaftl. Entwickelg unseres Volkes. Von J[ohannes] Tews. *Bonn, Berlin, Leipzig: F. Soennecken [1899]* (34 S.) 1 Bd 8.
— Sammlung pädagogischer Vorträge. Bd XII. H. 1. 2. [99. 850

Tews, Johs. Die deutsche Volksschule. (Berlin 1907.) 8°.
[illegible]

Die deutsche Volksschule von Johannes Tews. Mit 19 Vollbild. Berlin: Marquardt & Co. [1908]. (120 S.) 8°
— Kultur, Die. Bd 17 u 18. [08. 2092

— die preußische Volksschule, ihr gegenwärtiger Stand u. ihre jüngste Entwickelung, s.: Sammlung pädagogischer Vorträge.

— der preussische Volksschullehrerstand, s.: Sammlung pädagogischer Vorträge.

Das Volksschulwesen in den grossen Städten Deutschlands. Von J[ohannes] Tews. *Langensalza: H. Beyer & Söhne 1897.* (21 S.) 1 Bd 8.
— Magazin, Pädagogisches. H. 87. [97. 4329

— Wer wird die Volksschule befreien? s.: Sammlung pädagogischer Vorträge. XVIII, 1.

Wie gründet und leitet man ländliche Volksbibliotheken? Von J[ohannes] Tews, Generalsekr. 8. Ausg. *Berlin 1902: (W. S. Loewenthal).* (50 S.) 8° [Umschlagt. F.] [03. 1864

Wie gründet und leitet man ländliche Volksbibliotheken. Von J[ohannes] Tews. 9. Aufl. *Berlin: Ges. f. Verbreitung v. Volksbildung 1903.* (50 S.) 8° [Umschlagt. F.] [03. 6944 4

— wie gründet u. leitet man ländliche Volksbibliotheken, Ersatz, s.: Gründet Volksbibliotheken.

Tex, Corn. Anne den, Encyclopaedia jurisprudentiae. 8maj. (35¾ B.) Amstelodami 839, Müller. *

Tex, Corn. Anne den, de vi musices ad excolendum hominem e sententia Platonis Disputatio. 8maj. Traj. ad Rhenum 817. (Leipz., Weidmann).

Texado, Fernando, u. s. Freunde, a. d. Frz. des Montjoie, übers. v. Milius. 4 Bde. m. 4 K. 8. Berlin, Hamburg. 803. (Rietmer.)

Texas, s. Taschen-Bibliothek der Reise-, Zeit- u. Lebensbilder.

Texas. Ein Handbuch für deutsche Auswanderer. Mit besond. Rücksicht auf diejenigen, welche ihre Ueberfahrt u. Ansiedelung durch Hilfe des Vereins zum Schutze deutscher Einwanderer in Texas bewirken wollen. 1. Aufl. (9½ B.) 845. u. 2., verm. Aufl. gr. 8. (10¼ B. u. 1 Karte.) Bremen 846, Geißler. à *

—— der Freistaat. Geographisch-statistisch-naturhistor. u. mit Rücksicht auf Auswanderer beschrieben v. e. transatlantischen Reisenden. Mit 1 Karte von Texas. 1. Lfg. 12. (5 B.) Clausthal 840, Schweigersche Buchh.

Texas, der nordamerikan. Freistaat. Ein Führer u. Rathgeber f. Solche, die dahin auswandern wollen rc. Mit 1 (lith.) Kärtchen (in gr. 4.) gr. 8. (73 S.) Heilbronn 847, Drechsler. n. ⅓ *

Texas, der nordamerikan. Freistaat. Ein Führer und Rathgeber für Solche, die dahin auswandern wollen rc. gr. 8. (73 S. mit 1 lithogr. Kärtchen in gr. 4.) Heilbronn 847. [Stuttgart, Lubrecht und Comp.] *

Texas, die Heimath d. Einwanderers. Hrsg. auf Verordng. der Legislatur d. Staates Texas durch das Einwanderungs-Büreau. gr. 8. (56 S.) Austin 873. (Philadelphia, Schäfer & Koradi.) n. 1. —

Deutsch-Texanische Einwandgs-Gesell. Texas Voran! Handbuch v Texas. Ed: Moritz Tiling. Houston, 1907.

Texas Vorwärts : Jhrgang 1–31, no. 42, Oct. 26, 1883–Sept. 4, 1914?
Independent weekly. Circulation: 1890, 4400; 1900, 6100; 1910, 4600. Edited & published by Julius Schutze, Oct. 26, 1883–?; edited by Julius Schutze, 1883–Apr. 1904; by Eduard Schutze, Apr. 1904–1909?; by C. F. Rumpel, 1910?–1914; published by German Publishing Co., 1883–1914.
Austin, TX

Texas Anzeiger : June 23, 1892–1903?
Weekly. Absorbed Texas Deutsche Zeitung, Nov. 1894. Title varies: Deutsche Zeitung und Anzeiger, Nov. 1894–1903. Merged with Texas Deutsche Zeitung. Circulation: 1895, 1000; 1900, 4500. Edited & published by Moritz Philipp Georg Tiling, 1892–1903.
Houston, TX

Texas Banner : 1904–1909?
Independent weekly. Subtitle: Unabhängige Zeitung für das texanische Deutschtum. Published with each issue a "Beilage," 4 pages. Edited by Dr. Arthur Rocias, & published by Texas Banner Publishing Co., 1904–09.
San Antonio, TX

Der Texas Demokrat : Nov. 1859?–1866?
Weekly. Southern in sympathy. Title varies: Texas Vorwärts, 1859–Apr. 1863. Followed by Die Texas Post (Galveston). Place of publication varies: Victoria, Tex., Nov. 1859–May 1863; Houston, May 1863–1866. Edited & published by Friedrich & Oscar Dietzel, 1859–66. Associate editor: Peter Molling, Sept. 29, 1865–Jan. 12, 1866. Continued throughout War between the States. During this time it was published on various colored papers, sometimes like tissue paper, and from Dec. 11, 1863–April 15, 1864 on reverse of wallpaper.
Houston, TX

Texas Deutsche Zeitung : Jan. 1873–1917.
Democratic weekly; evidently tri-weekly edition published in 1875. Alternate issues published as Beilage der Texas Deutschen Zeitung, 1910–15. Merged with Texas Anzeiger, Nov. 1894, in 1896, re-established by August Haxthausen, who purchased the Texas Anzeiger, 1903. Title varies: Deutsche Zeitung und Anzeiger. For weekly edition, see Wochenblatt der Texas Deutschen Zeitung. Circulation: 1875, 1044; 1880, 1128; 1890, 1750; 1900, 1575; 1910, 2750; 1915, 3100. Edited & published by Hugo Lehmann & Fischer, 1873; by Hugo Lehmann, 1874–84; by Marcell von Haxthausen, 1884; by Mrs. Isabella von Haxthausen, 1884–Nov. 1894; by August Haxthausen, 1897–1906; edited by F. A. Dieckert, & published by August Haxthausen, 1907–14; edited & published by August Haxthausen, 1915–17.
Houston, TX

**Wöchentliche Texas Deutsche Zeitung** : 1881? – 1882? Houston, TX

Weekly edition of TEXAS DEUTSCHE ZEITUNG.

**Texas Herold** : Jahrgang 1 – 51, no. 27, Dec. 19, 1895 – July 16, 1942.

Weekly. Independent, 1897 – 1911; Democratic, 1912 – 23; Independent, 1923 – 42. Absorbed WACO POST. Title varies: TAYLOR HEROLD, Dec. 1895 – July 1937.
Circulation: 1900, 920; 1920, 800; 1920, 825; 1930, 1200 (est.); 1940, 2400.
Edited & published by Albert A. Bogen, Dec. 1895 – Jan. 3, 1914; by C. F. Wollbrück & Alfred Pehlke, Jan. 10, 1914 – 1925; by Alfred Pehlke & Philipp Brehm, 1925; by Alfred Pehlke & Hans Ackermann, 1925 – 38; edited by Max Hermann Keilbar, & published by Hans Ackermann & Max Hermann Keilbar, 1938 – 42.
Taylor, TX

**Texas Jack**, der berühmteste Indianerkämpfer. 1—46. Bd. (à 32 S., Bd. 13 m. 1 Karte.) gr. 8. Berlin (906). Verlagshaus f. Volkslitteratur u. Kunst. à — 10

**Texas Jack**, der berühmteste Indianerkämpfer. 47.—157. Bd. (à 32 S.) gr. 8. Berlin (907—09). Verlagshaus f. Volkslitteratur u. Kunst. à Bd. — 10

**Texas Jack**, der berühmteste Indianerkämpfer Amerikas. 1–215. (Berlin: Verlagshaus f. Volkslit. u. Kunst 1906–10.) 8° [10. 14787

**Die Texas Post** : Oct. 1869 – 1902.

Weekly, 1869 – 71; daily, morning except Sunday, 1872 – 73; tri-weekly, 1874; daily, evening except Sunday, 1875 – 85; weekly, 1886 – 1902. Democratic, 1869 – 74; Independent, 1875 – 79; Democratic, 1880 – 82; Independent, 1883 – 95; Republican, 1896 – 1901; Democratic, 1902. For weekly edition, see WÖCHENTLICHE TEXAS POST. For Sunday edition, see SONNTAGSBLATT DER TEXAS POST. Title varies: DIE TÄGLICHE TEXAS POST, DIE TÄGLICHE UND WÖCHENTLICHE TEXAS POST, June 14 – July 12, 1877, WOCHENBLATT DER TEXAS POST, etc. because of a destructive fire in the plant, Summer 1877, the issue of June 8, 1877 gives an account of the fire, and states that some type was saved, and a quantity of old type that had been stored was also used, and a joint paper was therefore possible. The issue of Sept. 12, 1900 bears title: TEXAS POST-OPERA GLASS. Follows DER TEXAS DEMOKRAT (Dallas, Tex.). Place of publication varies: Galveston, 1869 – 71; Houston, 1872?; Galveston, 1873? – Oct. 1887; Dallas, Oct. 1887 – 1888?; Galveston, 1888? – 1902. Publication in Austin has also been reported. Edited & published by Oscar & Edwin [later called Henry] Dietzel, 1869 – Jan. 8, 1871; edited by Friedrich Dietzel, Jan. 15 – Aug. 1871; published by O. & H. Dietzel, Jan. 15 – 22, 1871; by O. & H. Dietzel & Julius Schutze, Jan. 29 – Aug. 1871; edited & published by Gebrüder Dietzel [Oscar & Edwin [Henry] & Co. [the Company consisted of the Dietzels and Robert Hanschke], Sept. 1871 – May 1876; by Gebrüder Dietzel, May 1876 – 1891; by A. J. Rosenthal, 1895 – 96; edited by A. J. Rosenthal, & published by Island City Publishing Co., 1897 – 1900; edited & published by Hugo Lehmann, 1901 – 02.
Galveston, TX

**Sonntagsblatt der Texas Post** : 1870? – 1895?

Sunday edition of DIE TEXAS POST. It is likely that the DIE TEXAS POST published an edition for Sunday, but note that the issues seen are numbered as Jahrgang I. Circulation: 1880, 2000; 1890, 2500
Galveston, TX

**Texas Post** : 1897? – 1900? Austin, TX

Populist weekly. Circulation: 1897, 3200. Published by Texas Post Publishing Co.

**Wöchentliche Texas Post** : 1870? – 1885?

Weekly edition of DIE TEXAS POST. Title varies: WOCHENBLATT DER TEXAS POST, also as DIE TEXAS POST: WÖCHENTLICHE AUSGABE. Circulation: 1875, 1420; 1880, 3018; 1885, 9250.
Galveston, TX

**Texas Staats-Bulletin** : 1874 – 1877?

Weekly; supported Tilden. Circulation: 1876, 1500. „Verstimmt demokratisch." Edited by C. von Boeckmann, & published by C. von Boeckmann & Son, 1874 – 77.
Austin, TX

**Texas Staats-Zeitung** : Apr. 1856 – 1861? Edited & published by Friedrich Heinrich Oswald and Theodor Oswald, 1856 – 58; by Gustav Schleicher & R. Dresel, 1858 – 60; by R. Finck & Theo. Hertzberg [Finck soon departed], 1860 – 61; by H. Pollmar, 1861.
San Antonio, TX

**Texas Staatszeitung** : Dec. 1868 – ? Houston, TX

**Die Texas Staats-Zeitung** : 1873 – 1877?

Republican tri-weekly. For weekly edition, see DIE WÖCHENTLICHE STAATS-ZEITUNG. Circulation: 1873, 400 (est.). Edited by Hugo Heffler, & published by German Publishing Co., 1873 – 77.
Austin, TX

**Texas Staats-Zeitung** : Oct. 1, 1884 – 1887?

Independent weekly. Edited by Carl Schutze, & published by Texas Staats-Zeitung Publishing Co., 1884 – 87.
Brenham, TX

**Texas Staats-Zeitung** : 1889? – 1918?

Democratic weekly. Circulation: 1910, 3800 (est.). Edited by Edgar Schramm, 1889 – 1902?; by Albert Hohrath, 1902 – 1918; published by Texas Staats-Zeitung Publishing Co., 1889 – 1918.
San Antonio, TX

**Die Wöchentliche Texas Staats-Zeitung** : 1873 – ? Austin, TX

Weekly edition of TEXAS STAATS-ZEITUNG. Circulation: 1873, 620 (est.).

**Texas Stern** : Apr. 1877 – ? Austin, TX

Weekly.

**Texas Stern** : 1892 – ? Austin, TX

Organ of Deutsche Methodistenkirche, South.

**Texas Volksblatt** : May 21, 1869 – 1872?

Republican weekly. Place of publication varies: Galveston, 1869? Circulation: 1870, 500 (est.). Edited & published by Gustav Duvernoy & C. A. Büchner, 1869 – 72.
Houston, TX

**Texas Volksblatt** : Jan. 27, 1877 – Jan. 4, 1889.

Weekly. Rowell & Ayer report that the paper was Independent Republican, but Etzler describes editor Stork as rather radical in his views. For daily edition, see TÄGLICHE TEXAS VOLKSBLATT. Circulation: 1880, 780; 1888, 2100. Edited by Eugene B. Stork, & published by Volksblatt Publishing Co., Jan. 27 – Feb.? 1877; edited & published by Eugene B. Stork, Feb. 21 – ? 1877; published by Keller, Grossmann & Co., & edited by Henry Keller, Feb.? – Dec. 1877; edited & published by Charles F. Altermann & Aaron Suhler, Dec. 1877 – Jan. 4, 1889.
Dallas, TX

**Tägliches Texas Volksblatt** : 1887? – 1888? Dalles, TX

Daily edition of TEXAS VOLKSBLATT.

**Texas Volksbote** : Jahrgang 1 – 46, no. 45, Sept.? 1874 – June 28, 1918.

Weekly. Republican, 1880 – 91; Independent, 1892 – 1918; supported Hayes in 1876. Sub-title: Deutsch-Amerikanisches Wochenblatt. Circulation: 1875, 920; 1880, 800; 1890, 1620; 1900, 1850; 1910, 1800; 1915, 1800. Edited & published by Henry (or, Heinrich) Muller, 1874 – Aug. 1895; edited by F. von Loeten (with H. Kanter as assistant, later editor briefly), Aug. 1895 – 1903?; by C. Klaerner, 1903 – May 1907; by Henry Meyer, May 1907 – 1916?; by Theo. Buehring, 1916 – 18. Other editors have been noted: Philipp Neumann & E. von Gasewald were assistant editors with Henry Muller, Sr.; P. B. Mollenke, editor about 1880; Max Müller. Published by H. Muller & Co., Aug. 1895 – June 1909; by Texas Volksbote Publishing Co., June 1909 – 1918.
Brenham, TX

**Texas Volksfreund** : 1904? – 1916?

Weekly. Circulation: 1914, 780; 1915, 960 (est.). Edited by C. Theuer, & published by B. F. Johnson, 1904 – 07; edited & published by C. Theuer, 1906 – 16.
Schulenberg, TX

**Texas Volkszeitung** : 1877 – 1881?

Democratic. Weekly, 1877 – 79; semi-weekly, 1880 – 81. Circulation: 1880, 600. Edited & published by C. A. Büchner & Co., 1877 – 81.
Austin, TX

**Texier**, du Gouvernement de la République Romaine. III Vol. 8. Hambourg, Fauche. (a. Levrault, Strasb.) 795.

— — le même. III Vol. 12. Lond. (Tourneison, Cassel.) 796.

**Texier**, Claude

**Texier**, Claud., Predigten auf die Festtage der seligsten Jungfrau Maria. 8. Augsb. 783. Doll. (Landsh., Krüll). 8 ℔

**Texiers**, Claudius, Predigten auf die Festtage der seligsten Jungfrau Maria. A. d. Franz. übers. Neu bearb. v. Chrn. Oberndorfer. gr. 12. (IV u. 168 S.) Augsburg 848, Schmid. 3/8 ℔

**Texier's**, Claud., sämmtliche Predigten. Uebersetzt und hrsg. von mehreren Freunden gedieg. und zeitgemäß. kathol. Kanzelberedtsamkeit. 10 Bde. gr. 8. Regensburg, Coppenrath. à Bd. ℳ 3,60.

Inhalt:

Bd. 1. Predigten für alle Sonntage des Jahres. 1. Thl.: Advent bis Pfingsten. (XXVIII, 407 S.) 871.
" 2. —— dass. — 2. Thl. Pfingsten und die Sonntage nach Pfingsten. (XVI, 383 S.) 871.
" 3. Predigten auf die Feste Christi des Herrn und der allerseligsten Jungfrau. (XVI, 368 S.) 872.
" 4. 5. Lobreden auf die Feste der Heiligen. 2 Thle. (VIII, 323; VIII, 339 S.) 874.
" 6. Der dreifache Fluch der Sünde. Predigten für die heil. Adventszeit. (XI, 335 S.) 874.
" 7. 8. Predigten über die heilige Fastenzeit. 2 Thle. (VIII, 328; VIII, 292 S.) 875.
" 9. Predigten über verschiedene Veranlassungen. (VIII, 292 S.) 875.
" 10. Vorträge zum Gebrauche bei den heiligen Exercitien. Mit einleit. Bemerkung über die Kunst zu betrachten von Fugger. (XL, 240 S.) 872.

Tepier, J. P., Reise durch Spanien u. Portugal u. von da nach England; hrsgg. v. Edw. Koch. 1e Abtheil. 8. Hamm 825. Wundermann. 16 gl

Text,

— der älteste, des Oberammergauer Passionsspieles. Ao. Do. 1662. Nach der Handschrift im Archiv des Hauses Guido Lang hrsg. (Herausgabe u. Einleitg. besorgte Geo. Queri, Fksm.-Reproduktionen nach Albr. Dürer u. Albr. Altdorfer.) (XLVII, 171 S. m. Abbildgn.) 8. Oberammergau 910. G. Lang sel. Erben. Geb. 8. —

Text zu den Chören u. Gebeten der Liturgie zum Hauptgottesdienste an Sonn- u. Festtagen. 8. (3¼ B.) Quedlinburg 830, Basse.
Aus der „Agende f. d. evangel. Kirche in d. Kgl. Preuß. Landen rc." besond. abgedruckt.

**Text** der Gesänge bei der am 26. Mai 1878 stattfindenden Affiliationsfeier der □ Carl zum Lindenberg in den eklektischen Bund. [Frankfurt a. M. 1878.] 2 Bl. 8⁰ [Kopftit.]
Lied von A. Mauss, Kantate von H. Neeb (Text von Tempel). 138.

**Text** der Gesänge zur Einweihung des neugebauten Tempels der Loge Archimedes z. sächs. Bunde im Or. Schneeberg den 14. Sept. 5884. Eibenstock [1884]: Hannebohn. 4 Bl. 8⁰ [Umschlagtit.]
7 Liedertexte von O. Marbach, F. A. Köhler, J. J. Ihlée, E. Rittershaus, G. Bleibtreu u. a. 8.

Text der Gesänge am Jubelfeste... Herrn Alt-Antistes Dr. G[eorg] Gessner in der Grossmünsterkirche [zu Zürich] am 21. Oktober 1841. 8. Zürich 1841.

Eidgenössisches Schützenfest Luzern. Text der Gesänge und Prologe für den Sempacher-Abend 8. Juli veranstaltet von der Gesellschaft zu Safran, unter Mitwirkung der Männerchöre und des Unteroffiziersverein Luzern.... Mit zwei Beigaben: 1. Abbildung der Schlacht; 2. Schlussgruppe des Festspieles. 1386—1886. IV + 8 S. 8. Luzern, Räber & Cie., 1901. fr. —.40

**Text** der Gewerbeordnung für das Deutsche Reich nach Maßgabe der durch die Reichsgesetze vom 2. März 1874, 8. Apr. 1876, 17. Juli 1878, 23. Juli 1879, 15. Juli 1880 u. 18. Juli 1881 getroffenen Aenderungen. Mit einem, von einem prakt. Juristen verf. Sachregister. gr. 8. (86 S.) Augsburg 881. Schmid's Verl. — 90

— des allgemeinen deutschen Handelsgesetzbuches [m. Ausschluß des Seehandels] u. des Einführungsgesetzes zu demselben für das Königr. Bayern, nach Maßgabe der hiezu ergangenen abänd. Gesetze m. e. letztere enth. Anh. Von einem prakt. Juristen zusammengestellt. gr. 8. (IV. 156 S.) Ebend. 882. n. 1. 60

**Text, the Hebrew, of the book of Ecclesiasticus, edited by Israel Lévi, s.: Study-series, Semitic. III.**

**Text** des Augsburgischen Intoleranten mit den Noten eines toleranten Oesterreichers. Wien 1782. H: *Wittola, Marx Anton.* (ML)

**Text und Karten** über die Produktion, Consumtion und Cirkulation des Roheisens und des schmiedbaren Eisens in Preussen während des Jahres 1878. Berlin, 1880.
**dgl.** für Roheisen und schmiedbares Eisen im Jahre 1880. Berlin, 1882.

— katechet., in Versen, od. Religionsunterricht in zwei Liedern, nebst Beweissprüchen der heil. Schrift. 8. Leipz. 767. Heinsius. (Brockhaus). 4 gl

Text, katechetischer, in Versen oder Religionsunterricht in 2 Liedern, nebst Beweissprüchen d. H. Schr. 8. Leipz. Heinsius. (Gleditsch.) 767.

**Text** zur Kirchen-Musik am Charfreitage (in Kiel). o. O. u. J. 4⁰

**Text** der gekrönten Composition: „Maria Stuart, lyrisches Monodrama mit Chören", aufgeführt zur Geburtsfeier Sr. Majestät des Königs am 3. August 1836 in öffentlicher Sitzung der Königlichen Akademie der Künste. Berlin. 4⁰.

**Text** zur Musik auf das Erndefest . . . Bayr. 1772. V: *Lang, Lorenz Johann Jacob.* (Fiker)

**Text** zur Musik bei der Prüfung im Soldanischen Schreib- und Rechnungs-Institute, denen Herren Mitgliedern zur Danksagung gesungen von zwölf Frei-Schülern. [Frankfurt a. M.] 1804. V: *Soldan, Johann Friedrich.* (StBFrankf I, 237)

**TEXT** ohne Noten für junge Weiber. O. O. 1782. 8⁰. 15 S.
Haydinger's Bibl. I. 2. (Wien 1876). — Selten!

**Text** zu der musikalischen Passionsandacht, welche . . . alljährig am grünen Donnerstage . . . zu Lauban in der Kreuzkirche gehalten wird. Lauban [17??]. V: *Kirchhof, Johann Gottfried.* (OL)

**Text** des Oberammergauer Passions-Spiels. Historisch-kritische Ausg., umfassend den Urtext v. Ottm. Weiss m. Proben der gesamten älteren Textentwicklg. u. vollem Variantenapparat f. die Umformg. durch J. A. Daisenberger. Erstdr. der Ottm. Weisschen Fassg. Jubiläumsausg. 1910. Mit Notenbeilagen, Porträts, 2 Fksms. Besorgt von Otto Mausser. (XX, 313 S.) 8. Diessen, J. C. Huber. 1. —

**Text** zu der Sammlung kleiner Kupfer und Vignetten aus dem Verlage von Voss und Komp. Leipzig 1794—95. V: *Andreae, Paul Christoph Gottlob.* (MGT)

— zu der Hansteinischen Todtenfeier, d. 23. März 1821. gr. 8. Berl. 821. Mittler. 2 gl

**Text zur Trauer-Musik für die Gedächtniss-Feier verewigter Brüder-Freymaurer, am 10ten Jan. 1821. Gehalten von der Hochw Prov.-Loge v. Niedersachsen zu Hamburg.** [Hamburg 1821]: Appel. **4 Bl.** 8⁰ [Umschlagtit.]
7 Lieder.

**Text** zur Trauermusik in der Gr. Nat.-Mutter-Loge zu den drei Weltkugeln. [Berlin] o. J. 2 Bl. 8⁰ [Umschlagtit.]
Für Solo u. Chor: „Bey der Brüder Urne füllet…“ 281.

— zu Vorschriften; **e. Hülfsmittel zur Erleichterung im Schön- u. Rechtschreiben, besond. f.** Bürger- u. Volks**schulen,** (v. B. Gleim). Mit **e.** Anweis. des Gebrauchs. 2e Aufl. 8. Leipz. 823. Weygand. 8 gr.

— des Weihnachts-Oratorium, nach Worten der heil. Schrift für Soli u. gemischten Chor, zur Aufführung mit lebenden Bildern, componirt von Heinr. Fidelis Müller. gr. 8 (8 S.) Fulda 881. Maier. n. — 10

**Textausgabe** d. **Gerichtsorganisationsgesetzes**, der neuen Geschäftsordng., d. Uebergangsbestimmgn., d. Bestimmgn. f. d. Geschäftsbehandlg. bei den Staatsanwaltschaften u. d. Gewerbegerichtsgesetzes. Mit e. Register. 8. (VII, 546 S.) Wien 897. Manz. n. 3. 40; geb. n. 4. —

**Text-Ausgabe** d. kleinen lutherischen Katechismus. [Aus: „Kirchl. Amtsbl. f. den Bezirk d. königl. Landes-Konsistor. in Hannover“.] 8. (14 S.) Hannover 890. C. Meyer. n. — 10

**Textausgaben deutscher Reichsgesetze. Nr. 1—9. 16. u. 8. Dessau 891. [R. Kahle.] Frankfurt a/M., Jaeger's Verl. Kart.** n. 6. 80

1. Strafgesetzbuch f. das Deutsche Reich, nebst dem Wucher-Gesetz vom 24. Mai 1880. 12. (Titel-)Aufl. 16. (IV, 154 S.) — 60
2. Allgemeines deutsches Handelsgesetzbuch. 9. (Titel-)Aufl. 16. (191 S.) — 80
3. — dasselbe m. Seerecht, Einführungs- u. Ergänzungs-Gesetzen. 4. (Titel-)Aufl. 16. (IX, 549 S.) 1. 80
4. Gewerbe-Ordnung f. das Deutsche Reich in ihrer heutigen Fassung, unter Berücksicht. aller bisher ergangener Novellen. Nebst den Einführungsgesetzen. Mit alphabet. Sachregister. 10. (Titel-)Aufl. 16. (IV. 161 S.) — 80
5. Gesetz, betr. die Kommandit-Gesellschaften auf Aktien u. die Aktien-Gesellschaften. Vom 18. Juli 1884. 4. (Titel-)Aufl. 16. (95 S.) — 50
6. Gesetz, betr. die Krankenversicherung der Arbeiter im Deutschen Reich. 6. (Titel-)Aufl. Mit Gesetz vom 28. Mai 1885. 16. (55 u. VIII S.) — 30
7. Unfall-Versicherungs-Gesetz f. das Deutsche Reich vom 6. Juli 1884. 2. (Titel-)Aufl. 16. (VII, 91 S.) n. — 40
8. Gebühren-Ordnung f. Rechtsanwälte. Gesetz vom 7. Juli 1879. Mit Inhaltsverzeichniß u. vollständ. Sachregister. 3. (Titel-) Aufl. 8. (40 S.) — 60
9. Deutsche Gebühren-Ordnung f. Gerichtsvollzieher, unter Berücksicht. der neuesten Aendergn. vom 29. Juni 1881, m. Tabellen-Anh. versehen. Hrsg. v. Carl Thdr. Schweizer. 2. (Titel-)Aufl. 8. (33 S.) n. 1. —

s.: Jaeger's Sammlung deutscher Reichsgesetze.

—— preußischer Reichsgesetze. Nr. 1. Das Einkommensteuer-Gesetz vom 24. Juni 1891. 12. Aufl. [24. Taus.] (84 S.) 16. Dessau 891, Kahle. — 30

**Textausgaben** französischer und englischer Schriftsteller für den Schulgebrauch, hrsg. von Osk. Schmager. 1.—21. Bd. Dresd.. G. Kühtmann.

1. Voltaire. Histoire de Charles XII, roi de Suède. In gekürzter Fassg. hrsg. von Paul Gröbedinkel. 8. (84 S.) 889. geb. * — 60; Wörterbuch (38 S.) * — 25.
2. Girardin, Mme. Émil de. La joie fait peur. Comédie en un acte, en prose. Hrsg. von Ghold. Willenberg. 8. (48 S.) 889. geb. * — 40.
3. Daudet, Alphonse. Ausgewählte Erzählungen. Hrsg. von K. Sachs. 8. (79 S.) 889. geb. * — 60.
4. Shakespeare. Julius Caesar. Für d. Schulgebrauch hrsg. von Ludw. Proescholdt. 8. (84 S.) 889. geb. * — 60.
5. Michaud, Joseph François. Les croisades de Frédéric Barberousse et de Richard Coeur-de-Lion. In gekürzter Fassg. hrsg. von Frz. Hummel. 8. (84 S.) 889. geb. * — 60; Wörterbuch (13 S.) ** — 15.
6. Regel, Ernst. Auswahl englischer Gedichte. 8. (VI, 64 S.) 889. geb. * — 70; Anmerkungen f. den Lehrer (10 S.) gratis.
7. Scott, Sir Walt. Tales of a grandfather. Ausgewählt von O. Schulze. 12. (IV, 71 S.) * — 70; geb. * — 90; Wörterbuch (44 S.) ** — 25. 1891.
8. Dickens, Charles. Sketches by „Boz“. In Auswahl hrsg. v. C. Th. Lion. 12. (VIII, 79 S.) 891. * — 60; geb. * — 80; Anmerkungen für den Lehrer. (16 S.) unberechnet.
9. Macaulay, Th. B. Ranke's history of the popes. Hrsg. v. Ad. Hemme. 12. (XV, 64 S.) 891. * — 60; geb. * — 80.
10. Day, Mr. Thom. Selections from the history of Sandford and Merton. With an account of the author. Hrsg. von W. Bertram. 12. (XIII, 56 S.) 891. * — 50; geb. * — 70; Wörterbuch dazu (38 S.) ** — 25.
11. Souvestre, Emile. Le Chevrier de Lorraine. Hrsg. von G. Erzgraeber. 12. (IX, 80 S.) 891. * — 60; geb. * — 80; Anmerkgn. f. den Lehrer (17 S.) kostenlos.
12. Celebrated men of England and Scotland. Hrsg. von O. Schulze. 12. (IV, 84 S.) 891. * — 60; geb. * — 80.
13. Auswahl aus Byron: Childe Harold (III and IV), Prisoner of Chillon, Mazeppa. Hrsg. v. J. Hengesbach. 12. (VIII, 116 S.) 891. * — 80; geb. * 1 —.

1.—6. Bd. erschienen als Einzel-Ausgaben bei Schlutter in Gera, und wurden 1891 in die obige Sammlung aufgenommen.

13. Auswahl aus Byron: Childe Harold (III and IV), Prisoner of Chillon, Mazeppa. Hrsg. v. J. Hengesbach. (VIII, 116 S.) 892. n. — 80; geb. n. 1. —
14. Poésies françaises, recueillies à l'usage des écoles allemandes par Jos. Vict. Sarrazin. (VIII, 122 S.) 893. Geb. n. 1. —; Wörterbuch (36 S.) n. — 30
15. Guerre de la succession d'Espagne par Voltaire. Hrsg. v. G. Strien. (X, 110 S.) 893. Geb. n. 1. —
16. Le siège de Paris. Impressions et souvenirs par Francisque Sarcey. In gekürzter Fassg. hrsg. v. J. Hengesbach. (VI, 129 S. m. 1 Plan.) 893. Geb. n. 1. —; Wörterbuch (25 S.) n. — 25
17. Argyle's and Monmouth's attempts on Scotland and England in 1685. By Th. B. Macaulay. In gekürzter Fassg. hrsg. v. Osk. Schmager. (IX, 93 S. m. 1 Karte.) 893. Geb. n. 1. —; Wörterbuch (48 S.) n. — 30
18. Vie d'Oberlin. Bearb. nach F. Bernard u. D. E. Stöber v. H. Bretschneider. (VI, 60 S.) 893. Geb. n. — 80; Wörterbuch (39 S.) n. — 30
19. Histoire d' Attila par Amédée Thierry. In gekürzter Fassg. f. den Schulgebrauch hrsg. v. Haellingk. (V, 83 S.) 894. Geb. n. — 80; Wörterbuch (47 S.) n. — 35
20. Social history of England by L. Creighton. Hrsg. v. C. Klöpper. (XVI, 124 S.) 894. Geb. n. 1. —
21. Expédition de Bonaparte en Égypte par Thiers. Hrsg. v. Johs. Leitritz. (VIII, 104 S.) 894. Geb. n. 1. —; Wörterbuch (42 S.) n. — 30

1—6 s. a.: Voltaire, Charles XII. — Girardin, Mme. E. de, la joie fait peur. — Daudet, A., ausgew. Erzählgn. — Shakespeare, Julius Caesar. — Michaud, J. F., les croisades de Frédéric Barberousse. — Regel, E., Auswahl.

— dasselbe. Wörterbuch zum 4. Bd. 12. Ebd. 893. n. — 20
Julius Caesar by Shakespeare, hrsg. v. Ludw. Proescholdt. Bearb. v. Herm. Woltmann. (19 S.) 893.

— dasselbe. Kommentar zum 14. Bd. 12. Ebd. 893. n. 1. —
Kommentar zu Poésies francaises recueillies à l'usage des écoles allemandes par Jos. Vict. Sarrazin. Für die Hand des Lehrers. (89 S.) n. 1. —

**Textausgaben franz. u. englischer Schriftsteller** f. d. Schulgebrauch, hrsg. unt. Red. v. Osc. Schmager. 1., 14. u. 22.—32. Bd. 12. Dresden, G. Kühtmann. Geb. in Leinw. n. 16. 30

1. Histoire de Charles XII, roi de Suède. Par Voltaire. In gekürzter Fassg. hrsg. v. Paul Gröbedinkel. 2. Aufl. (IV, 110 S.) 896. n. — 80; Wörterbuch. 8. (36 S.) n.n. — 25
14. Poésies françaises recueillies à l'usage des écoles allemandes. Par Jos. Vict. Sarrazin. 2. Aufl. (VIII, 122 S.) 897. n. 1. —
22. Sketches of English culture aus: A history of English culture from the earliest known periods to the modern times. By Thom. Wright. Zum Schulgebrauch ausgewählt v. C. Klöpper. (XIV, 69 S.) 894. n. — 80; Kommentar dazu (48 S.) n. — 60
23. Histoire de trois ouvriers français: Palissy—Jacquard—Richard-Lenoir. Ausgewählt u. bearb. v. F. J. Wershoven. (VI, 109 S.) 895. n. 1. —; Wörterbuch dazu (59 S.) n. — 40
24. Contes choisis d'auteurs suisses. 1. partie. Combe, les bonnes gens du Croset. Trolliet, dans la montagne. Hrsg. v. K. Sachs. (IV, 136 S.) 895. n. 1. —; Wörterbuch (25 S.) n.n. — 25

25. dasselbe. 2. partie. Combe, Le secret d'Hercule. Cérésole, Les deux coqs. Chatelain, Les lunettes de mon grand-père. Combe, Le Vara. Hrsg. v. K. Sachs. (IV, 108 S.) 895. n. 1.—; Wörterbuch (22 S.) n. —20
26. The beauties of nature and The wonders of the world we live in by Sir John Lubbock. In gekürzter Fassg. zum Schulgebrauch hrsg. v. G. Opitz. (IV, 116 S.) 895. n. 1.—; Wörterbuch (44 S.) n.n. —30
27. The United States of America. Geograph. u. kulturgeschichtl. Charakterbilder üb. d. Verein. Staaten. Ausgew. u. bearb. von F. J. Wershoven. Mit 21 Abb. u. 1 Karte. (VI, 183 S.) 895. n. 1.40
28. La France. Lectures géographiques Ausgew. u. bearb. v. F. J. Wershoven. Mit 45 Abb., 1 Plan v. Paris u. 1 Karte. (VII, 198 S.) 895. n. 2.—
29. England and the English. By F. J. Wershoven. Ausgew. u. bearb. Mit 32 Illustr., 1 Plan u. 1 Umgebungskarte v. London. (IV, 224 S.) 897. n. 2.—
30. The expansion of England. Two courses of lectures. By J. R. Seeley. In gekürzter Fassg. zum Schulgebrauch hrsg. v. G. Opitz. (IV, 183 S.) 897. n. 1.40
31. L'éloquence française depuis la révolution jusqu'à nos jours. Französ. Reden. Für den Schulgebrauch hrsg. v. F. J. Wershoven. (VII, 135, Anmergkn. 27 u. Wörterbuch 29 S.) 897. n. 1.40
32. British eloquence. Englische Reden (1775—1893.) Von F. J. Wershoven. Hrsg. u. erklärt. (V, 134, Anmerkgn. 36 u. Wörterbuch 64 S.) 898. n. 1.50

**Textausgaben** französischer u. englischer Schriftsteller f. den Schulgebrauch, hrsg. unter Red. v. Osc. Schmager. Wörterbuch zu Bd. 28. 12. Dresden, G. Kühtmann. n.n. —35
La France. Von F. J. Wershoven. (62 S.) 898.

**Textausgaben** französischer u. englischer Schriftsteller f. den Schulgebrauch, hrsg. unter Red. v. Osc. Schmager. 12. u. 33.—35. Bd. 12. Dresden, G. Kühtmann. Geb. in Leinw. u. geh. n. 4.60
12. Celebrated men of England and Scotland. Von O. Schulze. 2. Aufl. (IV, 84 S.) 896. n. —80
33. Modern inventors. Biographieen neuerer Erfinder. Für den Schulgebrauch m. Anmerkgn. u. Wörterbuch hrsg. Von F. J. Wershoven. (IV, 94, 17 u. 49 S.) 899. n. 1.20
34. La guerre franco-allemande 1870—71. Nach Chuquet, Rousset, Corréard, d'Hérisson, Achard, Monod u. A. für den Schulgebrauch m. Anmerkgn. u. e. Wörterbuch hrsg. Von F. J. Wershoven. Mit 3 Karten. (IV, 101, 57 u. 16 S.) 899. n. 1.40
35. Contes de noël. Für den Schulgebrauch m. Anmerkgn. u. Wörterbuch hrsg. Von F. J. Wershoven. (III, 94, 10 u. 48 S.) 901. n. 1.20

**Textausgaben** französischer u. englischer Schriftsteller f. den Schulgebrauch, hrsg. unter Red. v. Osc. Schmager. 30. Bd. Wörterbuch. 16. Dresden, G. Kühtmann. n.n. —25
The expansion of England. By J. R. Seeley. Two courses of lectures. In gekürzter Fassg. zum Schulgebrauch hrsg. v. G. Opitz. (32 S.) 902. n.n. —25; Anmerkgn. (44 S.) f. den Lehrer kostenlos.

**Textausgaben** französischer u. englischer Schriftsteller f. den Schulgebrauch. (Hrsg. unter Red. v. Osc. Schmager.) 2, 5, 12, 16, 29. u. 36.—39. Bd. kl. 8. Dresden, G. Kühtmann. Geb. u. geh. 10.20
Explorers, modern. Livingstone. Parry. Ross. Franklin. Nansen. Saussure. Tyndall. Whymper. Zum Schulgebrauch hrsg. u. erklärt v. F. J. Wershoven. Mit 3 Abb. (III, 121 u. 27 S.) 907. (Bd. 36.) Geb. in Leinw. u. geh. 1.20
Girardin, Mme. Émile de, la joie fait peur. Comédie en 1 act, en prose. Hrsg. v. Ghold. Willenberg. 2., verb. Aufl. (IV, 65 S.) 910. (Bd. 2.) Geb. —60; Wörterbuch. (19 S.) —20
Halifax, John, gentleman. In Auszügen nebst e. Wörterbuch zum Schulgebrauch hrsg. v. A. W. Sturm. (152 u. 38 S. u. 1 Bl.) 909. (Bd. 38.) Geb. u. geh. 1.40
Hugo, Vict., morceaux choisis. Poésie et prose. Ausgewählt u. erklärt v. F. J. Wershoven. (XV, 139 u. 29 S. m. Bildnis.) 907. (Bd. 37.) Geb. u. geh. 1.20
Michaud, Jos.-Franç., les croisades de Frédéric Barberousse et de Richard Coeur-de-Lion. In gekürzter Fassg. hrsg. v. Frz. Hummel. 2. Aufl. (IV, 109 S.) 908. (Bd. 5.) Geb. —80; Wörterverzeichnis. (13 S.) 8. —15
Musset, Alfr. de, pages choisies. Poésie-prose-théâtre. Ausgewählt u. erklärt v. F. J. Wershoven. (X, 103 u. 18 S. m. Bildnis.) 909. (Bd. 39.) Geb. u. geh. 1.20
Sarcey, Francisque, le siège de Paris. Impressions et souvenirs. In gekürzter Fassg. hrsg. v. J. Hengesbach. Mit Karte v. Paris u. Umgebg. 2. Aufl. (VI, 129 S.) 907. (Bd. 16.) Geb. 1.—; Wörterbuch. (25 S.) nn —25
Schulze, O., celebrated men of England and Scotland. 3. Aufl. (IV, 84 S.) 908. (Bd. 12.) Geb. —80; Wörterbuch. (56 S.) 907. nn —35
Wershoven, F. J., England and the English. Ausgewählt u. bearb. Mit 43 Illustr., 1 Plan u. 1 Umgebungskarte v. London. 2. verb. u. verm. Aufl. (IV, 235 S.) 907. (Bd. 29.) Geb. 2.—

**Textbibel** des Alten u. Neuen Testaments, in Verbindg. m. zahlr. Fachgelehrten hrsg. von E. Kautzsch. Das Neue Testament in d. Übersetzg. v. C. Weizsäcker. (Ausg. A m. den Apokryphen des Alten Testaments.) gr. 8. (VIII, 1139; IV, 212 u. IV, 288 S.) Freiburg i/B. 899. Tübingen, J. C. B. Mohr. n. 10.50; geb. n. 12.—

— dasselbe. (Ausg. B ohne die Apokryphen des Alten Testaments.) gr. 8. (VIII, 1139 u. IV, 288 S.) Ebd. 899. n. 9.—; geb. n. 10.50

— dasselbe. (Ausg. C Altes Testament m. den Apokryphen des Alten Testaments.) gr. 8. (VIII, 1139; IV, 212 u. u. 6 S.) Tübingen 900. J. C. B. Mohr. n. 8.80; geb. n.n. 10.20

— dasselbe. (Ausg. D Altes Testament ohne die Apokryphen des Alten Testaments.) gr. 8. (VIII, 1139 u. 6 S.) Ebd. 900. n. 7.60; geb. n.n. 9.—

**Textbibel** des Alten u. Neuen Testaments, in Verbindg. m. zahlreichen Fachgelehrten hrsg. v. E. Kautzsch. Das Neue Testament in der Uebersetzg. v. Carl Weizsäcker. 2. Aufl. (9—16. Tauf.) (Ausg. A. Altes Testament m. den Apokryphen u. Neues Testament.) (VIII, 1139; IV, 212 u. IV, 288 S.) gr. 8. Tübingen 906. J. C. B. Mohr. 5.—; geb. in Leinw. n. 6.—

**Textbibliothek,** altdeutsche, hrsg. von H. Paul. Nr. 1—4. 8. Halle 882. Niemeyer. n. 5.60
1. Die Gedichte Walthers v. der Vogelweide. Hrsg. v. Herm. Paul. (IV, 199 S.) n. 1.80
2. Die Werke Hartmanns v. Aue. IV. Gregorius. Hrsg. von Herm. Paul. (XIV, 103 S.) n. 1.—
3. Dasselbe. V. Der arme Heinrich. Hrsg. von Herm. Paul. (VII, 40 S.) n. —40
4. Heliand. Hrsg. von Otto Behaghel. (XVI, 225 S.) n. 2.40

**Textbibliothek,** altdeutsche, hrsg. v. H. Paul. Nr. 5—7. 8. Halle, Niemeyer. n. 5.50
5. Kudrun. Hrsg. v. B. Symons. (VII, 306 S.) 883. n. 2.80
6. König Rother. Hrsg. von K. v. Bahder. (162 S.) 884. n. 1.50
7. Reinhart Fuchs. Hrsg. v. Karl Reissenberger. (IV, 111 S.) 886. n. 1.20

**Textbibliothek,** altdeutsche, hrsg. von H. Paul. Nr. 8—10. 8. Halle, Niemeyer. n. 6.80 (1—9.: n. 17.90)
8. Reinke de vos. Hrsg. v. F. Prien. Mit 2 Holzschn. (LXXIV, 273 S.) 887. n. 4.—
9. König Tirol, Winsbeke u. Winsbekin. Hrsg. v. A. Leitzmann. (IV, 60 S.) 888. n. —80
10. Kleinere deutsche Gedichte d. XI. u. XII. Jahrh. Hrsg. v. Alb. Waag. (XLI, 167 S.) 890. n. 2.—

**Textbibliothek,** altdeutsche, hrsg. v. H. Paul. Nr. 1. 8. Halle 895. M. Niemeyer. n. 2.—
Die Gedichte Walthers v. der Vogelweide. Hrsg. v. H. Paul. 2. Aufl. (IV, 201 S.)

**Textbibliothek,** altdeutsche, hrsg. von H. Paul. Nr. 2, 11 u. 12. 8. Halle, M. Niemeyer. n. 4.40
2. Hartmann's v. Aue Werke. IV. Gregorius. Hrsg. v. Herm. Paul. 2. Aufl. (XXIII, 103 S.) 900. n. 1.20
11. Wernher der Gartenaere, Meier Helmbrecht, hrsg. v. Frdr. Panzer. (XVII, 64 S.) 902. n. —60
12. Wolfram v. Eschenbach, hrsg. v. Alb. Leitzmann. 1. Hft. Parzival buch I bis IV. (XX, 263 S.) 902. n. 2.40

**Textbibliothek, altdeutsche,** hrsg. v. H. Paul. Nr. 1. 3. 4. 11 u. 13—16. 8. Halle, M. Niemeyer. n. 14. 40
Hartmann's v. Aue Werke. V. Der arme Heinrich. Hrsg. v. Herm. Paul. 8. Aufl. (VIII, 40 S.) 904. (Nr. 3.) n. — 40
Heliand u. Genesis. Hrsg. v. Otto Behaghel. Der Heliandausg. 2. Aufl. (XXXII, 279 S.) 903. (Nr. 4.) n. 3. —
Walther's v. der Vogelweide Gedichte. Hrsg. v. Herm Paul. 3. Aufl. (IV, 209 S.) 905. (Nr. 1.) n. 2. —
Wernher der Gartenaere, Meier Helmbrecht, hrsg. v. Frdr. Panzer. 2 Aufl. (XVIII, 76 S.) 906. (Nr. 11.) n. 1. —
Wolfram v. Eschenbach, hrsg. v. Alb. Leitzmann. 2. heft: Parzival buch VII bis XI. (XI, 194 S.) 903. (Nr. 13.) n. 2. —
— dasselbe. 3. heft: Parzival buch XII bis XVI. (XII, 192 S.) 903. (Nr. 14.) n. 2. —
— dasselbe. 4. heft: Willehalm buch I bis V. (XV, 210 S.) 905. (Hft. 15.) n. 2. —
— dasselbe. 5. heft: Willehalm buch VI bis IX; Titurel; lieder. (XV, 188 S.) 906. (Hft. 16.) n. 2. —

Textbibliothek, altdeutsche, hrsg. v. H. Paul. Nr. 7. 8. Halle 908. M. Niemeyer. 1. 40
7. Reinhart Fuchs. Hrsg. v. Karl Reissenberger. 2. Aufl. (III, 115 S.)

**Textbibliothek, altenglische.** Hrsg. v. Johs. Hoops. 9—11. 8. Heidelberg, C. Winter, Verl. n. 7. —
9. Villiers, George, second Duke of Buckingham, The Rehearsal. First acted 7. XII. 1671, published 1672. Mit Einleitg. hrsg. v. Fel. Lindner. (IV, 111 S.) 904. n. 2. —
10. Garth's „Dispensary". Kritische Ausg. m. Einleitg. u. Anmerkgn. v. Wilh. Jos. Leicht. (VIII, 175 S.) 905. n. 2. 40
11. Longfellow's Evangeline. Kritische Ausg. m. Einleitg., Untersuchgn. üb. die Geschichte des engl. Hexameters u. Anmerkgn. v. Ernst Sieper. (VII, 177 S.) 905. n. 2. 60
Bd. 1—8 jetzt Ebd. 898—902. n. 17. 40.

—— altnordische. Hrsg. von E. Mogk. Nr. 1 und 2. 8. Halle: Niemeyer.
Inhalt:
Nr. 1. Gunnlaugssaga Ormstungu. Mit einleitung und glossar hrsg. von E. Mogk. (XX, 57 S.) 886. *ℳ 1.60.
» 2. Eddalieder. Altnordische gedichte mythologischen und heroischen inhalts, hrsg. von Finnur Jónsson. I. Gedichte mytholog. inhalts. (XIV, 138 S.) 888. *ℳ 3.—.
Fortsetzung u. d. T.:
Texte, Altnordische.

**Textbibliothek, englische.** Hrsg. v. Johs. Hoops. 1. u. 2. Bd. 8. Weimar 898. Berlin, E. Felber. n. 4. 60
1. The prisoner of Chillon. By Lord Byron. Krit. Text m. Einleitg. u. Anmerkgn., hrsg. v. Eug. Kölbing. (XXIV, 97 S.) n. 1. 60
2. Gay's, John, Singspiele. Mit Einleitg. u. Anmerkgn. Neu hrsg. v. Greg. Sarrazin. (XXXII, 209 S.) n. 3. —

— englische. Hrsg. v. Johs. Hoops. 3.—8. Bd. 8. Berlin, E. Felber. n. 12. 80
3. Keats' Hyperion. Mit Einleitg. hrsg. v. Johs. Hoops. (III, 103 S.) 899. n. 1. 60
4. Fielding's Tom Thumb. Mit Einleitg. hrsg. v. Fel. Lindner. (VIII, 111 S.) 899. n. 1. 60
5. Shelley's Epipsychidion u. Adonais. Mit Einleitg. u. Anmerkgn. hrsg. v. Rich. Ackermann. (XXXVIII, 76 S.) 900. n. 1. 60
6. Shakespeare's tempest, nach der Folio v. 1623 m. den Varianten der andern Folios u. e. Einleitg. hrsg. v. Albr. Wagner. (XXV, 108 S.) 900. n. 2.—
7. The pardoner's prologue and tale. By Geoffrey Chaucer. A critical ed. by John Koch. (LXXII, 164 S.) 902. n. 3. —
8. Die älteste mittelenglische Version der Assumptio Mariae. Von Emil Hackauf. (III, XXXIII, 100 S.) 902. n. 3. —

— **englische.** Hrsg. v. Johs. Hoops. 12. 8. Ebd. 3. —; geb. in Leinw. n. 3. 60
12. Burns', Rob., poems, selected and ed. with notes by T. F. Henderson. (XXXV, 171 S.) 906.

— englische. Hrsg. v. Johs. Hoops. 13. u. 14. 8. Heidelberg, C. Winter, Verl. nn 4. 10
Shakespeare's Othello, in Paralleldruck nach der ersten Quarto u. ersten Folio m. den Lesarten der zweiten Quarto u. e. Einleitg. hrsg. v. M. M. Arnold Schröer. (XVI, 212 S.) 909. (14. Bd.) nn 1. 70
Shelley, Percy B., Prometheus unbound. A lyrical drama in 4 acts. Erste krit. Textausg. m. Einleitg. u. Kommentar v. Rich. Ackermann. (XLIV, 132 S.) 908. (13. Bd.) 2.40; geb. in Leinw. n 3. —

— **zum Musikführer.** Nr. 1—26 u. 30. Leipzig. Berlin, H. Seemann Nachf. à — 10
1. Matthäus-Passion. Von Joh Seb. Bach. (27 S.) Frankfurt a. M. 895.
2. Johannes-Passion. Von Joh. Seb. Bach. (16 S.) Frankfurt a. M. 895.
3. Cäcilien-Ode. Von G. F. Händel. (5 S.) Frankfurt a. M. 895.
4. Der Messias. Von G. F. Händel. (11 S.) Frankfurt a. M. 895.
5. Samson. Von G. F. Händel. (14 S.) Frankfurt a. M. 895.
6. Jahreszeiten. Von Jos. Haydn. (18 S.) Frankfurt a. M. 895.
7. Die Schöpfung. Von Jos. Haydn. (12 S.) Frankfurt a. M. 895.
8. Elias. Von Fel. Mendelssohn. (14 S.) Frankfurt a. M. 895.
9. Paulus. Von Fel. Mendelssohn. (12 S.) Frankfurt a. M. 895.
10. Messe (Missa solemnis) m. deutscher Übersetzung. (6 S.) Frankfurt a. M. 895.
11. Requiem (m. deutscher Übersetzung). (10 S.) Frankfurt a. M. 895.
12. Scenen aus Goethe's Faust. Von R. Schumann. (26 S.) Frankfurt a. M. 895.
13. Der Rose Pilgerfahrt. Von Rob. Schumann. (19 S.) Frankfurt a. M. 895.
14. Judas Maccabäus. Von G. F. Händel. (16 S.) Frankfurt a. M. 895.
15—18. Auf neutralem Boden. Oper in 1 Akte. Dichtung v. Frz. Koppel-Ellfeld. Musik v. Carl Grammann. (32 S.) (900.)
19—22. König Drosselbart. Eine Märchenoper in 3 Akten. Dichtung v. Axel Delmar. Musik v. Gust. Kulenkampff. (31 S.) (901.)
23—26. Nårodal. Oper in 1 Aufzug. Von Otto Dorn. (29 S.) (901.)
30. Freudenhymnus, der, in der 9. Symphonie (op. 125) von Ludwig van Beethoven nach Strophen aus Friedrich v. Schiller's „Lied an die Freude". (7 S.) (902.)
Fortsetzung u. d. T.:

— **zum Musik- u. Opern-Führer.** Nr. 28, 29 u. 33. 8. Ebd. à n. — 20
28. 29. Das Alexanderfest od. die Macht der Tonkunst. Ode v. John Dryden. In Musik gesetzt v. Geo. Fr. Händel. Neubearbeitung des Textes v. Arth. Smolian. (12 S.) (902.)
33. Loreley (Finale u. Chöre der unvollendeten Oper). Von Fel. Mendelssohn-Bartholdy. Op. 98. (15 S.) (902.)

— **zum Musik- u. Opernführer.** Nr. 23—26 u. 50—54. 8. Berlin, [H. Seemann Nachf.] Schlesinger'sche Buchh. à n. — 10
23—26. Nårodal. Oper in 1 Aufzug. Von Otto Dorn. Textbuch. (20 S.) Leipzig (904).
50—53. Zenobia. Oper in 3 Akten. Von Louis Adolphe Coerne. Textdichtung v. Osk. Stein. Für die Bühne bearb. vom Dramaturg C. Crome-Schwiening. Musik v. C. (Scenische Einrichtg. vom Komponisten.) (33 S.) Leipzig (904).
54. die Opferfeuer. Ein Legendenstück. Von Karl Gjellerup. Musik v. Gerh. Schjelderup. (10 S.) Leipzig (904).
Auch die übrigen Nrn., sowie die Textbibl. z. Musikführer sind jetzt Verlag v. Schlesinger.

**Textbuch** zu Th. Schreibers Kulturhistorischem Bilderatlas des klassischen Alterthums. Leipzig 1888. V: *Bernhardi, Curt.* (EB)

Textbuch zu Seemann's kunsthistorischen Bilderbogen, s. a. Bilderbogen, kunsthistorische.

**Textbuch** zu Seemann's Kunsthistorischen Bilderbogen. Leipzig 1879. V: *Springer, Anton.* (Mitth. M. Grolig.)

— zu Seemann's kunsthistorischen Bilderbogen. Nebst alphabet. Verzeichniss der Künstlernamen u. einem Orts-Register. 4 Hfte. gr. 8. Leipzig 879. Seemann à n. — 60; cplt. geb. n. 3. 40

— dasselbe. Suppl. A. u. d. T.: Geschichte der Kunst im XIX. Jahrh. [Zu Nr. 247—318.] 8. (VIII, 162 S.) Ebend. 880. n. 1. —

Textbuch für das Männergesang = Konzert der Meißener Liedertafel auf der Schützeninsel in Prag. 1856. Druck der k. k. Hofbuchdruckerei von Gottlieb Haase Söhne. (56 S. 8.)

Textbuch zu beliebigen Opern. 1. u. 2. Thl. Stereot.-Ausg. 16. Berlin 845, Veit u. Comp. à n. 1/2 ℳ

— zu beliebten Oratorien. Ster.-Ausg. 16. Ebd. 845. n. 1/4 ℛ

**Textbuch** für das Passions-Spiel in Oberammergau, s.: Versöhnungsopfer, das große.

Textbuch zum Oberammergauer Passions-Spiel für 1871. 16. (32 S.) München 871, Ehegartner.

**Text-** und **Programmbuch** zum Heidelberger Musik-Fest, 24.–26. Okt. 1903. Mit e. Einl. u. Beiträgen von Philipp Wolfrum, sowie mit Beiträgen von ... Mit Plänen, Ansichten u. Noten-Beigaben. *Heidelberg: K. Pfeiffer (1903).* (79 S.) 8° [04 830

**Text-Buch** von 100 in Volks-Schulen sehr gebräuchlichen Volksliedern. (Von Herm. Landsberg.) gr. 8. (36 S.) Landsberg 900. Volger & Klein. n. — 25

**Textbüchlein** der Lieder u. Chöre, vorgetragen an der Eröffnungsfeier d. Saalbaus nebst Verzeichniss der Comitémitglieder. Klein in-8°, 20 S. Aarau, Sauerländer. 1884 — 20

**Textbüchlein**, liturgisches, zum Hauptgottesdienste in der evangel.-luther. Kirche der Prov. Schleswig-Holstein. Mit Genehmigg. des königl. Konsistoriums hrsg. vom Provinzialverein zur Pflege kirchl. Musik. 2 Ausgaben. gr. 8. Flensburg 894. A. Westphalen. à — 15
A. Für Gemeinden m. selbständigem Kirchenchor. (28 S.)
B. Für Gemeinden ohne selbständigen Kirchenchor. (32 S.)

Textbüchlein schweizerischer Sängervereine. 8. (6¾ B.) Zürich 835, (Siegfried.)

Textbüchlein zu Karl Pichler's Volksweisen deutscher Kirchenlieder. 16. (48 S.) Wien 852, Gerold. 3 ngr

Altchristliche **Texte** bearb. von C(arl) Schmidt u. W(ilhelm) Schubart. Mit 2 Lichtdr.Taf. Berlin: Weidmann 1910. 140 S. 4°(8°)
(Berliner Klassikertexte. H. 6.) [10. 16968

**Texte, alt- u. mittelenglische.** Hrsg. v. L. Morsbach u. F. Holthausen. 3. Bd. 2 Tle. u. 4. Bd. 8. Heidelberg, C. Winter, Verl. n. 7. —; geb. in Leinw. n. 8. 80
3. I. Beowulf, nebst dem Finnsburg-Bruchstück. Mit Einleitg., Glossar u. Anmerkgn. hrsg. v. F. Holthausen. I. Tl.: Texte u. Namenverzeichnis. (VII, 112 S.) (905.) n. 2. 20; geb. n. 2. 80
II. Dasselbe. II. Tl.: Einleitung, Glossar u. Anmerkungen. (XX u. S. 113—272.) 906. n. 2. 80; geb. n. 3. 20
4. Cynewulf's Elene. Mit Einleitg., Glossar, Anmerkgn. u. der latein. Quelle hrsg. v. F. Holthausen. (XVI, 99 S.) 905. n. 2. —; geb. n. 2. 60
Bd. 1 u. 2 u. d. T.: Texts, old and middle English. Ebd. 901. n. 3. 60; geb. n. 4. 80.

— alt- u. mittelenglische. Hrsg. v. L. Morsbach u. F. Holthausen. Bd. I, III 1 u. 2 u. 4. 8. Heidelberg, Carl Winter. 9. 30
Beowulf, nebst dem Finnsburg-Bruchstück. Mit Einleitg., Glossar u. Anmerkgn. hrsg. v. F. Holthausen. II. Tl.: Einleitung, Glossar u. Anmerkgn. 2. verb. Aufl. (XXXI, 170 S. m. 2 Taf.) 909. (Bd. 3. II. Tl.) 2.80; geb. 3.20
— nebst den kleineren Denkmälern der Heldensage. Mit Einleitg., Glossar u. Anmerkgn. hrsg. v. F. Holthausen. 1. Tl.: Texte u. Namenverzeichnis. 2. verb. Aufl. (XV, 128 S. m. 2 Taf.) 909. (Bd. 3. I. Tl.) 2.10; geb. in Leinw. 2. 80
Cynewulf's Elene. Mit Einleitg., Glossar, Anmerkgn. u. der latein. Quelle hrsg. v. F. Holthausen. 2. verb. Aufl. (XVI, 102 S. m. 1 Taf.) 910. (Bd. 4.) 2. —
Havolok. Mit Einleitg., Glossar u. Anmerkgn. hrsg. v. F. Holthausen. 2. verm. u. verb. Aufl. (XVI, 133 S. m. 1 Taf.) 910. (Bd. 1.) 2. 40

**Texte, altnordische,** hrsg. v. E. Mogk. Nr. 3. 8. Halle 889. Niemeyer. n. 2. — (1—3.: n. 6. 60)
Eddalieder. Altnordische gedichte mythologischen u. heroischen Inhalts, hrsg. v. Finnur Jónsson. II. Gedichte der heldensage. (VIII, 139 S.)
Nr. 1 u. 2 s.: Textbibliothek, Altnordische.

— altnordische, hrsg. v. E. Mogk. I. 8. Halle, M. Niemeyer. 1. 60
Gunnlaugs saga Ormstungu. Mit Einleitg. u. Glossar hrsg. v. E. Mogk. 2. verb. Aufl. (XXV, 66 S.) 908.

Altnordische **Texte** hrsg. von E[ugen] Mogk. (2. Aufl.) 1. Halle a. S.: M. Niemeyer 1908. 8°
[Umschlagt.:] Altnord. Textbibliothek. [08. 11614 3

**Texte u. Bilder,** altorientalische, zum Alten Testamente, in Verbindg. m. Arth. Ungnad u. Herm. Ranke hrsg. v. Hugo Gressmann. 2 Bde. (XIV, 253 u. XII, 140 S.) Lex. 8. Tübingen 909. J. C. B. Mohr. à 7.20; in 1 Bd. geb. 17. —

Altsemitische **Texte**. Hrsg. u. erkl. von Mark Lidzbarski. H. 1. Giessen: A. Töpelmann 1907. 8° [07. 6787

**Texte,** ausgewählte poetische, des Alten Testamentes in metrischer u. strophischer Gliederung, zum Gebrauch in Vorlesgn. u. Seminarübgn. u. zum Selbststudium. 1. u. 2. Heft. gr. 8. Leipzig, J. C. Hinrichs' Verl. à 1. —
Amos. Nahum. Habakuk. Hrsg. v. W. Staerk. (IX, 25 S.) 908. (2. Heft.)
Jesaias, Dichtungen. Hrsg. v. W. Staerk. (IX, 34 S.) 907. (1. Heft.)

— babylonisch-assyrische, übers. v. Carl Bezold, s.: Texte, kleine, f. theologische Vorlesungen u. Uebungen. 7.

Texte, babylonische, s. Strassmaier, J. N.

**Texte,** Methodisch bearbeitete, zu den vom k. u. k. militär geograph. Institute in Wien herausgegebenen Schulwandkarten u. Handkarten von Dr. K. Schober. Landeskunde von Niederösterreich. Von G. Rusch. Mit 7 Holzschnitten, einer Karte und 2 Kartenskizzen. 8. (135 S.) Cart. 1,80
Wien: R. Lechner 1895.

**Texte, Biblische,** zu Casualpredigten und Reden ... Chur 1840. V: *Franz.* (Winer)

Texte, biblische, zu Casualpredigten und Reden. Nebst einer vollständigen und geordneten Sammlung biblischer Denksprüche f. Confirmanden. gr. 8. Chur 840. Grubenmann. 3/4 ℛ

**Texte** der bei dem zur Nachfeier des Allerh. Geburtsfestes Sr. k. k. Apost. Majestät des Kaisers Franz Joseph I., am 4. September 1853 abgehaltenen Sängerfeste in Haag vorgetragenen allgemeinen Chöre. 8. (10 S.) Linz. Druck von J. Wimmer. 1853.

— u. **Fragmente,** christlich-palästinisch-aramäische, nebst e. Abhandlung über den Wert der palästinischen Septuaginta. Mit e. Wörterverzeichnis u. 4 Schrifttaf. Hrsg. v. Hugo Duensing. (X, 160 S.) gr. 8. Göttingen 906 Vandenhoeck & Ruprecht. n. 8. —

Demotische und griechische **Texte** auf Mumientäfelchen in der Sammlung der Papyrus Erzherzog Rainer von Dr. N. Reich. Leipzig: E. Avenarius 1908. (88 S.) 4°
— **Studien** z. Palaeographie u. Papyruskunde. 7. [08. 15974

Deutsche **Texte** des Mittelalters hrsg. von d. Kgl. Preuß. Akad. d. Wiss. (Hrsg.: [Gustav] Roethe.) Bd 1. *Berlin: Weidmann 1904.* 8° [04. 15553

— **deutsche, des Mittelalters, hrsg. v. der königl. preuss. Akademie der Wissenschaften. I—VII. Bd. Lex.-8. Berlin, Weidmann.** n. 54. 40

**Erzählungen, Fabeln u. Lehrgedichte, kleinere mittelhochdeutsche. I. Die Melker Handschrift, hrsg. v. Alb. Leitzmann. Mit 1 Taf. in Lichtdr. (XIV, 55 S.) 904. (Bd. IV.)** n. 2. 40

**Friedrich v. Schwaben, aus der Stuttgarter Handschrift hrsg. v. Max Herm. Jellinek. Mit 1 Taf. in Lichtdr. (XXII, 127 S.) 904. (Bd. I.)** n. 4. 40

**Heinrich's v. Neustadt ‚Apollonius v. Tyrland' nach der Gothaer Handschrift, ‚Gottes Zukunft' u. ‚Visio Philiberti' nach der Heidelberger Handschrift hrsg. v. S. Singer. Mit 3 Taf. in Lichtdr. (XIII, 534 S.) 906. (Bd. VII.)** n. 15.—

**Johann's v. Würzburg Wilhelm v. Oesterreich, aus der Gothaer Handschrift hrsg. v. Ernst Regel. Mit 2 Taf. in Lichtdr. (XXII, 334 S.) 906. (Bd. III.)** n. 10. —

**Rudolf's v. Ems Willehalm v. Orlens, hrsg. aus dem Wasserburger Codex der fürstl. Fürstenberg. Hofbibliothek Donaueschingen v. Vict. Junk. Mit 3 Taf. in Lichtdr. (XLIII, 277 S.) 905. (Bd. II.)** n. 10. —

**Stagel, Elsbet, das Leben der Schwestern zu Töss, samt der Vorrede v. Johannes Meier u. dem Leben der Prinzessin Elisabet v. Ungarn. Hrsg. v. Ferd. Vetter. Mit 2 Taf. in Lichtdr. u. e. Nachbildg. der Platte des Fürstengrabes v. Töss. (XXVI, 133 S.) 906. (Bd. VI.)** n. 5. —

**Volks- u. Gesellschaftslieder des XV. u. XVI. Jahrh. I. Die Lieder der Heidelberger Handschrift Pal. 343, hrsg. v. Arth. Kopp. Mit 1 Taf. in Lichtdr. (XVIII, 254 S.) 905. (Bd. V.)** n. 7. 60

— **deutsche, des Mittelalters, hrsg. v. der königl. preuss. Akademie der Wissenschaften. VIII.—X. u. XII.—XVIII. Bd. Lex. 8. Berlin, Weidmann.** 84. 40

Alexander, der grosse, aus der Wernigeroder Handschrift hrsg. v. Gust. Guth. Mit 2 Taf. in Lichtdr. (XII, 102 S.) 908. (Bd. XIII.) 4. —

Dichtungen des deutschen Ordens I. Die Apokalypse Heinrichs v. Hesler, aus der Danziger Handschrift hrsg. v. Karl Helm. Mit 2 Taf. in Lichtdr. (XX, 415 S.) 907. (Bd. VIII.) 12. —

— dasselbe. II. Tilos v. Kulm Gedicht Von sieben Ingesigeln, aus der Königsberger Handschrift hrsg. v. Karl Kochendörffer. Mit 1 Taf. in Lichtdr. (XII, 110 S.) 907. (Bd. IX.) 3. 60

Erzählungen, Fabeln u. Lehrgedichte, kleinere mittelhochdeutsche. II. Die Wolfenbüttler Handschrift. 2. 4. Aug. 2°. (die sogenannte Wolfenbüttler Priamelhandschrift), hrsg. v. Karl Euling. Mit 1 Taf. in Lichtdr. (XVIII, 243 S.) 908. (Bd. XIV.) 9. —

— dasselbe. III. Die Heidelberger Handschrift cod. Pal. germ. 341, hrsg. v. Gust. Rosenhagen. (XLI, 251 S. m. 2 Lichtdr.-Taf.) 909. (Bd. XVII.) 10. 60

Folz, Hans, Meisterlieder aus der Münchener Orig.-Handschrift u. der Weimarer Handschrift Q. 566 m. Ergänzgn. aus anderen Quellen hrsg. v. Aug. L. Mayer. Mit 2 Taf. in Lichtdr. (XXII, 438 S.) 908. (Bd. XII.) 16. 60

Gundacker's v. Judenburg Christi Hort, aus der Wiener Handschrift hrsg. v. J. Jaksche. (XVIII, 92 S. m. 1 Lichtdr.-Taf.) 910. (Bd. XVIII.) 4. —

Lilie, die, e. mittelfränkische Dichtung in Reimprosa, u. andere geistl. Gedichte aus der Wiesbadener Handschrift, hrsg. v. Paul Wüst. (XXX, 91 S. m. 1 Lichtdr.-Taf.) 909. (Bd. XV.) 4. 60

Prediger, der sogenannte St. Georgener, aus der Freiburger u. der Karlsruher Handschrift hrsg. v. Karl Rieder. Mit 2 Taf. in Lichtdr. (XXIV, 283 S.) 908. (Bd. X.) 15. —

Regel, die hl., f. e. vollkommenes Leben, e. Cisterziensierarbeit des XIII. Jahrh., aus der Handschrift Additional 9048 des British Museum hrsg. v. Rob. Priebsch. Mit 1 Taf. in Lichtdr. (XXII, 104 S.) 909. (Bd. XVI.) 5. —

Bd. I—VII. Ebd. 904—06. 54.40. — Bd. XI ist noch nicht erschienen.

— **die evangelischen u. epistolischen, auf alle Sonntage u. Festtage des Kirchenjahres nebst e. Sammlung v. Gebeten, f. d. Gesangbuch f. die evangel.-luther. Gemeinden des Herzogt. Oldenburg.**

**Texte**, die evangelischen u. epistolischen, auf alle Sonntage u. Festtage d. Kirchenjahres nebst e. Sammlg. v. Gebeten zu dem Gesangbuch f. die ev.-luth. Gemeinden d. Herzogth. Oldenburg. 2. Aufl. gr. 8. (128 S.) Oldenburg 871. Stalling's Verl. n. — 20

— die evangelischen u. epistolischen, auf alle Sonntage u. Festtage d. Kirchenjahrs, nebst e. Sammlg. v. Gebeten zu dem Gesangbuch f. die ev.-luth. Gemeinden d. Herzogt. Oldenburg. 12. Aufl. 8. (128 S.) Oldenburg 889. Stalling's Verl. n. — 16

**Texte** zur Fest-Loge bei der Einweihung des neuen Logenhauses der 5 vereinigten Logen zu Hamburg am Sonnabend, den 7. Febr. 1891. Hamburg [1891]: Rademacher. 2 Bl. 8° [Umschlagtit.]

Choral u. Lied. 193.

**Texte** zu der Festloge der vereinigten 5 Hamburger Logen zum 150sten Geburtstage von Friedr. Ludw. Schröder am Sonnabend, 3. Nov. 1894. [Hamburg 1894.] 2 Bl. 8° [Umschlagtit.]

2 Lieder. 193.

**Texte** zur Fest-Tafel-Loge bei der Einweihung des neuen Logenhauses der 5 vereinigten Logen zu Hamburg am Sonnabend, den 7. Febr. 1891. Hamburg [1891]: Rademacher. 2 Bl. 8° [Umschlagtit.]

3 Lieder. 193. 358 a.

— u. **Forschungen** zur Geschichte d. Erziehung u. d. Unterrichts in d. Ländern deutscher Zunge. Im Auftr. der Gesellschaft für deutsche Erziehungs- u. Schulgeschichte hrsg. v. Karl Kehrbach. I. gr. 8. Berlin 897. J. Harrwitz Nachf. n. 2. —

**Die latein. Schülergespräche der Humanisten. Auszüge m. Einleitgn., Anmerkgn. u. Namen- u. Sachregister. Von A. Börner. Quellen f. d. Schul- u. Universitätsgeschichte d. 15. u. 16. Jahrh. 1. Tl. Vom Manuale scholarium bis Hegendorffinus c. 1480—1520. (VII, 112 S.)**

— u. **Forschungen** zur Geschichte der Erziehung u. des Unterrichts in den Ländern deutscher Zunge. Im Auftrage der Gesellschaft f. deutsche Erziehungs- u. Schulgeschichte hrsg. v. Karl Kehrbach. I. 2. Tl. u. II—IV. gr. 8. Berlin, J. Harrwitz Nachf. n. 8. —

**I. 2. Die lateinischen Schülergespräche der Humanisten. Auszüge m. Einleitgn., Anmerkgn. u. Namen- u. Sachregister. Quellen f. die Schul- u. Universitätsgeschichte des 15. u. 16. Jahrh. Von A. Bömer. 2. Tl. Von Barlandus bis Corderius 1524—1564. (IV u. S. 113—236.) 899.** n. 2. —

**II. Die Reform der Domschule zu Münster im J. 1500. Zur Erinnerung an das 400jährige Bestehen der Anstalt als humanist. Gymnasium Ostern 1900. Von Dietr. Reichling. (86 S.) 900.** n. 1. 50

**III. Die Anfänge der Universität Frankfurt a. O. u. die Entwicklung des wissenschaftlichen Lebens an der Hochschule (1506—1540). Von Gust. Bauch. (VII, 179 S.) 900.** n. 2. 50

**IV. Beiträge zur Geschichte der Erziehung u. des Unterrichts in Bayern. Hrsg. v. der Gruppe Bayern der Gesellschaft f. deutsche Erziehungs- u. Schulgeschichte. 1. Hft. — Ueber Vorbildung u. Prüfung der Lehrer an den bayerischen Mittelschulen seit 1773. Von Eug. Brand. — Die Ausbildung der Aufsicht über die Volksschule in Bayern im Uebergange vom 18. zum 19. Jahrh. Von Jos. Gebele. (IX, 141 S.) 901.** n. 2. —

**Texte u. Forschungen zur Geschichte der Erziehung u. des Unterrichts in den Ländern deutscher Zunge. Im Auftrage der Gesellschaft f. deutsche Erziehungs- u.** Schulgeschichte hrsg. von Karl Kehrbach. V. gr. 8. Berlin 901. A. Hofmann & Co. n. 2. —

**Beiträge zur Geschichte der Erziehung u. des Unterrichts in Bayern. Hrsg. v. der Gruppe Bayern der Gesellschaft f. deutsche Erziehgs.- u. Schulgeschichte. 2. Hft.: Helgenmooser, Jos., Pfarrer Bartholomäus Bucher, e. Schulmann des Chiemgaues aus dem Anfange des 19. Jahrh. — Thalhofer, Fr. X., zur Geschichte des Volksschulwesens in Dillingen vom Ende des 16. bis zum Ende des 18. Jahrh. — Flemisch, M., die pädagogischen Strömungen des 19. Jahrh. in den pädagogischen Programmen des königl. Wilhelmsgymnasiums in München. (VIII, 159 S.)**

Bd. I—IV jetzt Ebd. 899—901. n. 10. —. Fortsetzung s.: **Mitteilungen der Gesellschaft für deutsche Erziehungs- u. Schulgeschichte, Beihefte.**

*Humanitas z. freien Burg:* Loge „Humanitas zur freien Burg" in Freiburg i. B. Texte der Allgemeinen Gesänge. [Freiburg i. B.] o. J. [Epstein.] 14 S. 8⁰. [Umschlagtit.] 21.

**Texte** zu den Gesängen:beim Feste der Lichteinbringung im neuen Hause der ▭ z[ur] r[oten] E[rde] i. O. Herford am 29. Sept. 1907. Herford [1907]: Quentin & Sellwig. 2 Bl. 8⁰ [Umschlagtit.]
Hymne gedichtet von A. Brand, Kantate gedichtet von Paul, beide komp. von Roeder. 3.

**Texte** zu den Gesängen bei der Säcular-Feier der St. Johannis-Loge „Zum Flammenden Stern" am 5. März 1870. Berlin 1870: Ihring & Haberlandt. 2 Bl. 8⁰ [Umschlagtit.]
Tt. 2622. Festkantate von E. Grell komp., Schlusschor, von Symanski gedichtet, von A. Neithardt komp. 65.

Griechische und koptische **Texte** theologischen Inhalts. Hrsg. von Dr. Carl Wessely. I. Leipzig: Avenarius 1909. 2⁰
(Studien z. Palaeographie u. Papyruskunde. 9.)

Griechische **Texte** zur Topographie Ägyptens. Von Dr. Carl Wessely. Hrsg. m. e. Unterstützung d. Kais. Akad. d. Wiss. in Wien. Leipzig: Avenarius 1910. 183 S. 4⁰
(Studien z. Palaeographie u. Papyruskunde. 10.) [10. 16064

**Texte** zur ersten u. zweiten Haupt-Aufführung für das einundzwanzigste Preuß. Provinzial-Sängerfest zu Königsberg i. Pr. am 5. u. 6. Juli 1903. *(Königsberg i. Pr. 1903: L. Krause & Ewerlien.)* (45 S.) 8⁰ [δ.]
[Umschlagt.:] Textbuch f. d. Aufführungen d. 21. Preuß. Prov.-Sängerfestes ..
[03. 10367] 10

—— 100, aus dem Liederbuche für die städtischen Schulen zu Chemnitz. Im Auftrage des pädagog. Vereins zu Chemnitz hrsg. 5. Aufl. 8. (32 S.) Chemnitz 872, (Brunner'sche Buchh.) *

**Texte**, hundert, aus dem Liederbuche für die städtischen Schulen zu Chemnitz. Im Auftrage des pädagog. Vereins zu Chemnitz hrsg. 6.—9. Aufl. 8. (32 S.) Chemnitz 876, Verlag des Pädagog. Vereins.

— 150, aus dem Liederbuche f. Volksschulen. Hrsg. vom pädagog. Vereine zu Chemnitz. 14. Aufl. 8. (32 S.) Chemnitz 890. J. C. F. Pickenhahn & Sohn. n.n. — 15

**Texte**, 150, aus d. Liederbuche f. Volksschulen. Hrsg. v. pädagog. Vereine zu Chemnitz. 15. Aufl. 8. (32 S.) Chemnitz 897. J. C. F. Pickenhahn & Sohn. — 15

— 150, aus dem Chemnitzer Liederbuche. Hrsg. vom pädagog. Vereine zu Chemnitz. 18. Aufl. (32 S.) 8. Chemnitz 905. J. C. F. Pickenhahn & Sohn. — 15

**Texte** zum Johannisfeste der 5 vereinigten Logen am Sonnabend, den 24. Juni 1882. [Hamburg 1882: Altschwager.] 1 Bl. 8⁰ [Kopftit.]
1 Choral u. 2 Quartette.

**Texte** zu den Johannis-Festgesängen 1839 für die Loge Harpokrates. [Magdeburg 1839.] 2 Bl. 8⁰ [Kopftit.]
4 Texte. 3.

**Texte** zur Johannisfest-Loge der 5 vereinigten Logen am Freitag, den 24. Juni 1892. [Hamburg 1892.] 1 Bl. 8⁰ [Kopftit.]
1 Choral, 1 Quartett u. 1 Arie. 193.

**Texte** zur Johannisfest-Loge der 5 vereinigten Logen am Montag, den 24. Juni 1889. Hamburg [1889]: Altschwager. 2 Bl. 8⁰ [Umschlagtit.]
1 Choral u. 2 Quartette. 193.

—— irische, mit Wörterbuch. Hrsg. von Ernst Windisch. [1. Serie.] gr. 8. (XV, 886 S.) Leipzig 880, Hirzel. *

—— dass. — mit Uebersetzungen und Wörterbuch hrsg. von Wh. Stokes und E. Windisch. 2. Serie. 1. und 2. Heft. gr. 8. Ebendas. [1. Heft. (IV, 216 S.) 884. *ℳ 5.—.; 2. Heft. (IV, 256 S.) 887. *ℳ 6.—.] *

**Texte,** irische, m. Uebersetzungen u. Wörterbuch. Hrsg. v. Wh. Stokes u. E. Windisch. 3. Serie, 1. Hft. gr. 8. (III, 288 S.) Leipzig 891. S. Hirzel. n. 8. — (I—III, 1.: n. 43. —)
s. Stokes, Wh., u. E. Windisch.

— irische, m. Übersetzgn. u. Wörterbuch. Hrsg. v. Wh. Stokes u. E. Windisch. 3. Serie. 2. Hft. gr. 8. (III u. S. 285—596.) Leipzig 897. S. Hirzel. n. 10. — (I—III, 2.: n. 53. —)

**Texte,** irische, m. Übersetzungen u. Wörterbuch. Hrsg. v. Wh. Stokes u. E. Windisch. IV. Serie. 1. Hft. gr. 8. (XIV, 438 S.) Leipzig 900. S. Hirzel. n. 12. —
I.–III. Serie. Ebd. 880—897. n. 53. —.

**Texte,** irische. Mit Übersetzgn. u. Wörterbuch. Hrsg. v. Wh. Stokes u. E. Windisch. IV. Serie. 2. Heft. gr. 8. Leipzig, S. Hirzel. 18. —
2. In cath catharda. The civil war of the romans. An Irish version of Lucan's Pharsalia, ed. and translated by Whitley Stokes. (IX, 581 S.) 18. —

**Texte** zur Jubel-Fest-Loge zur 150-jährigen Stiftungsfeier der Loge Absalom und zur 100-jährigen Stiftungsfeier der Loge Ferdinand zum Felsen in Hamburg am Dienstag, den 6. Dec. 1887 im grossen Saale des „Convent-Gartens". [Hamburg 1887: Altschwager.] 4 Bl. 8⁰ [Umschlagtit.] 23.

**Texte** zur Jubelfest-Tafel-Loge am Dienstag, den 6. Dec. 1887 zur 150-jährigen Stiftungsfeier der Loge Absalom und zur 100-jährigen Stiftungsfeier der Loge Ferdinand zum Felsen zu Hamburg im grossen Saale des Co[n]ventgartens. [Hamburg 1887: Altschwager.] 2 Bl. 8⁰ [Umschlagtit.]
3 Liedertoaste. 23.

Kleine Texte zum Alexanderroman. Commonitorium Palladii, Briefwechsel zwischen Alexander und Dindimus, Brief Alexanders über die Wunder Indiens nach d. Bamberger Hs. hrsg. von Friedrich Pfister. Heidelberg: Winter 1910. XII, 41 S. 8°
(Sammlung vulgärlateinischer Texte. H. 4.) (10. 13629

Kleine Texte für theologische Vorlesungen und Übungen. Hrsg. von Hans Lietzmann. [1.] *Bonn: A. Marcus & E. Weber 1902.* 8°

— kleine, f. theologische Vorlesungen u. Uebungen. Hrsg. v. Hans Lietzmann. 5.—18. 8. Bonn, A. Marcus & E. Weber. n. 5. 20
Amos, der Prophet. Hebräisch u. griechisch hrsg. v. Joh. Meinhold u. Hans Lietzmann. (32 S.) 905. (Nr 15. 16.) n. 1.—
Apocrypha. II. Evangelien. Hrsg. v. Erich Klostermann. (18 S.) 904. (Nr. 8.) n. — 40
— dasselbe. III. Agrapha, neue Oxyrhynchuslogia. Hrsg. v. Erich Klostermann. (20 S.) 904. (Nr. 11.) n. — 40
— dasselbe. IV. Die apogryphen Briefe des Paulus an die Laodicener u. Korinther. Hrsg. v. Adf. Harnack. (23 S.) 905. (Nr. 12.) n. — 40
Didache, die. Mit krit. Apparat hrsg. v. Hans Lietzmann. (16 S.) 903. (Nr. 6.) n. — 30
Himmelfahrt, die, des Mose. Hrsg. v. Carl Clemen. (16 S.) 904. (Nr. 10.) n. — 30
Papyri, griechische. Ausgewählt u. erklärt v. Hans Lietzmann. (16 S.) 905. (Nr. 14.) n. — 40
Predigten, ausgewählte. II. Fünf Festpredigten Augustins in gereimter Prosa. Hrsg. v. Hans Lietzmann. (16 S.) 905. (Nr. 13.) n. — 30
Ptolemaeus, Brief an die Flora. Hrsg. v. Adf. Harnack. (10 S.) 904. (Nr. 9.) n. — 30
Symbole der alten Kirche. Ausgewählt v. Hans Lietzmann. (32 S.) 906. (Nr. 17. 18.) n. — 80
Texte, babylonisch-assyrische. Uebers. von Carl Bezold. I. Die Schöpfungslegende. (20 S.) 904. (Nr. 7.) n. — 30
— liturgische. I. Zur Geschichte der oriental. Taufe u. Messe im II. u. IV. Jahrh. Ausgewählt von Hans Lietzmann. (16 S.) 903. (Nr. 5.) n. — 30
1.—4. erschienen ohne Sammeltitel.

Liturgische Texte. 2. Aufl. 1. Bonn: Marcus & Weber 1900. 8°
(Kleine Texte f. theol. Vorlesungen u. Übungen 5.)

— kleine, f. theologische u. philologische Vorlesungen u. Übungen. Hrsg. v. Hans Lietzmann. 1. 3. 8. 14. u. 19.—65. 8. Bonn, A. Marcus & E. Weber. 35. 60
Apocrypha. I. Reste des Petrusevangeliums, der Petrusapokalypse u. des Kerygma Petri. Hrsg. v. Erich Klostermann. 2. Aufl. (16 S.) 908. (Nr. 3.) — 30
— II. Evangelien. Hrsg. v. Erich Klostermann. 2. Aufl. (21 S.) 910. (Nr. 8.) — 40
Diehl, Ernst, altlateinische Inschriften, ausgewählt. (64 S.) 909. (Nr. 38—40.) 1. 80
Eckhart's Meister, Buch der göttlichen Tröstung u. Von dem edlen Menschen. (Liber benedictus.) Hrsg. v. Philipp Strauch. (51 S.) 910. (Nr. 55.) 1. 20
Evangelienfragmente, zwei neue. Hrsg. u. erklärt v. Henry Barclay Swete. (15 S.) 908. (Nr. 31.) — 40
Fasti consulares imperii romani von 30 v. Chr.—565 n. Chr. Mit Kaiserliste u. Anh. Bearb. v. Willy Liebenam. (128 S.) 909. (Nr. 41—43.) 3.—; geb. n 3. 40
Fluchtafeln, antike. Ausgewählt u. erklärt v. Rich. Wünsch. (28 S.) 907. (Nr. 20.) — 60
Fragment, das muratorische, u. die monarchianischen Prologe zu den Evangelien. Hrsg. v. Hans Lietzmann. 2. Aufl. (16 S.) 908. (Nr. 1.) — 30
Gebete, altjüdische liturgische. Ausgewählt u. m. Einleitgn. hrsg. v. W. Staerk. (32 S.) 910. (Nr. 58.) 1. —
Gedichte, kleinere geistliche, des XII. Jahrh. Hrsg. v. Alb. Lietzmann. (30 S.) 910. (Nr. 54.) — 80
Goethe's erste Weimarer Gedichtsammlung m. Varianten. Hrsg. v. Alb. Lietzmann. (35 S.) 910. (Nr. 63.) — 80; geb. 1. 20
Inschriften, altitalische. Ausgewählt v. Herm. Jacobsohn. (32 S.) 910. (Nr. 57.) — 80
— lateinische christliche, m. e. Anh. jüd. Inschriften. Ausgewählt u. erklärt v. Ernst Diehl. (48 S.) 908. (Nr. 26—28.) 1. 20
— vulgärlateinische. Hrsg. v. Ernst Diehl. (176 S.) 910. (Nr. 62.) 4.50; geb. 5. —
Kastenordnung, die Wittenberger u. Leisniger. 1522. 1523. Hrsg. v. Hans Lietzmann. (24 S.) 907. (Nr. 21.) — 60
Kirchenpoesie, frühbyzantin. I. Anonyme Hymnen des V.—VI. Jahrh. Ediert v. Paul Maas. (32 S.) 910. (Nr. 52. 53.) — 80
Luther's, Mart., geistliche Lieder. Hrsg. v. Alb. Leitzmann. (31 S.) 907. (Nr. 24. 25.) — 60
Menandri reliquiae nuper repertae. Ed. Siegfr. Sudhaus. (65 S.) 909. (Nr. 44. 46.) 1. 80
Mišnatraktat, der, Berakhoth, in vokalisiertem Text m. sprachlichen u. sachlichen Bemerkungen v. W. Staerk. (18 S.) 910. (Nr. 59.) — 60
Papyri, griechische. Ausgewählt u. erklärt v. Hans Lietzmann. 2. Aufl. (32 S.) 910. (Nr. 14.) — 80
Poesie, lateinische altkirchliche. Ausgewählt v. Hans Lietzmann. (64 S.) 910. (Nr. 47—49.) 1. 50
Res gestae divi Augusti. Hrsg. u. erklärt v. Ernst Diehl. (39 S.) 908. (Nr. 29. 30.) 1. 20
Salomo's Oden. Aus dem Syr. übers., m. Anmerkgn. v. A. Ungnad u. W. Staerk. (40 S.) 910. (Nr. 64.) — 80
Staerk, W., die jüdisch-aramaeischen Papyri v. Assuan, sprachlich u. sachlich erklärt. (39 S.) 907. (Nr. 22. 23.)
Supplementum lyricum. Neue Bruchstücke v. Archilochus, Alcaeus, Sappho, Corinna, Pindar. Ausgewählt u. erklärt v. Ernst Diehl. 2. Aufl. (44 S.) 910. (Nr. 33. 34.) 1. 20
1. Aufl. (35 S.) 908. 1.—.
Texte, liturgische. II. Ordo missae secundum missale romanum. Hrsg v. Hans Lietzmann. (23 S.) 906. (Nr. 19.) — 40
— dasselbe. III. Baumstark, Ant., die konstantinopolitanische Messliturgie vor dem IX. Jahrh. Übersichtliche Zusammenstellg. des wichtigsten Quellenmaterials. (18 S.) 909. (Nr. 35.) — 40
— dasselbe. IV. Luther's, Mart., v. Ordnung, Gottesdiensts, Taufbüchlein, formula missae et communionis. 1523. Hrsg. v. Hans Lietzmann. (24 S.) 909. (Nr. 36.) — 60
— dasselbe. V. Luther's, Mart., deutsche Messe. 1526. Hrsg. v. Hans Lietzmann. (16 S.) 909. (Nr. 37.) — 40
— dasselbe. VI. Die Klementinische Liturgie aus den Constitutiones apostolorum VIII nebst Anhängen. Hrsg. v. Hans Lietzmann. (32 S.) 910. (Nr. 61.) — 80
Urkunden zur Geschichte des Bauernkrieges u. der Wiedertäufer. Hrsg. v. H. Böhmer. (35 S.) 910. (Nr. 50. 51.) — 80
— aramaeische, zur Geschichte des Judentums im VI. u. V. Jahrh. v. Chr. Sprachlich u. sachlich erklärt v. W. Staerk. (16 S.) 908. (Nr. 32.) — 60
Wandinschriften pompejanische, u. Verwandtes. Ausgewählt v. Ernst Diehl. (60 S.) 910. (Nr. 56.) 1. 80
Young's, Edward, Gedanken üb. die Orig.-Werke in einem Schreiben an Samuel Richardson. Übers. v. H. E. v. Teubern. Hrsg. v. Kurt Jahn. (46 S.) 910. (Nr. 60.) 1. 20
Ziebarth, Erich, aus der antiken Schule. Sammlung griech. Texte auf Papyrus, Holztafeln, Ostraka. Ausgewählt u. erklärt. (23 S.) 910. (Nr. 65.) — 60

Literarische Texte des mittleren Reiches hrsg. von Adolf Erman. 1. Leipzig: J. C. Hinrichs 1908. 2°
— Papyrus, Hieratische, aus d. Kgl. Museen zu Berlin. Bd 4.

— liturgische. I. Zur Geschichte der oriental. Taufe u. Messe im II. u. IV. Jahrh., hrsg. v. Hans Lietzmann, s.: Texte, kleine, f. theologische Vorlesungen u. Uebungen. 5.

— liturgische, hrsg. v. Hans Lietzmann, s.: Texte, kleine, f. theologische Vorlesungen u. Übungen.

Texte zur Music, welche ... in der Barfüsser- und S. Catharinen-Kirche musicalisch sollen aufgeführt werden durch Georg Philipp Telemann. Franckfurt 1716—17. V: *Neumeister, Erdmann.* (stbFrankf I, 14)

Texte, die neuen, erklärt u. mit Winken zu fruchtbar. Betracht. üb. dieselben begleitet f. Prediger, Schullehrer 2c. 16 Hft. 8. Leipz. 810. Bauer. 4 ℛ

Texte officiel de la constitution fédérale Suisse et des XXV constitutions cantonales en vigueur. 2. Édition. gr. 8. (483 S. mit Anhang 14 S.) Freiburg in der Schweiz 857. (Leipzig, Gerhard.) *

Texte, rhätoromanische, hrsg. v. Jak. Ulrich. I. u. II. 8. Halle 883. Niemeyer. n. 7. 60
I. Vier Nidwaldische Texte. (VII, 195 S.) n. 3. 60
II. Bifrun's Uebersetzung d. Neuen Testaments (Vorworte, Ev. Matthaei, Ev. Marci). (VII, 199 S.) n. 4.

Texte d. heil. Schrift zu Predigten an allen Sonn- u. Festtagen d. Kirchenjahres im Königr. Sachsen. (Jahrg.) 1834 u. 35. 8. ... Dresden (Leipzig, Fr. Fleischer.) à 3.

— der heiligen Schrift zu Predigten an allen Sonn- u. Festtagen des Kirchenjahrs im Königr. Sachsen. Jahrg. 1834—1837. 8. Leipzig, Fr. Fleischer. à 1/12 ℛ — dies. v. J. 1838 u. 1839. Ebd. à 1/8 ℛ

Texte, Tibetische, übersetzt und erläutert von Emil Schlagintweit. Aus den BMA. IV. Inschrift aus dem Kloster Hemis, in Ladak. München 1864.

— u. **Untersuchungen** zur Geschichte der altchristlichen Literatur von Osc. Gebhardt u. Adf. Harnack. 1. Bd. 3. u. 4. Hft. gr. 8. Leipzig 883. Hinrichs' Verl. n. 13. 50 (1. Bd. cplt.: n. 22. 50)
III. 1. Die Altercatio Simonis Judaei et Theophili Christiani, nebst Untersuchgn. üb. die antijüd. Polemik in der alten Kirche. Von Adf. Harnack. (III, 136 S.) — 2. Die Acta Archelai u. das Diatessaron Tatians. Von Adf. Harnack. (S. 137—153.) — 3. Zur handschriftlichen Ueberlieferung der griechischen Apologeten. 1. Der Arethascodex, Paris. Gr. 451. Von Osc. v. Gebhardt. (S. 154—196.) n. 6. —
IV. 1. Die Evangelien d. Matthäus u. d. Marcus aus dem Codex purpureus Rossanensis, hrsg. von Osc. v. Gebhardt. (LIV, 96 S.) — 2. Der angebliche Evangeliencommentar d. Theophilus v. Antiochien, v. Adf. Harnack. (S. 97—176.) n. 7. 50

— — dasselbe. 2. Bd. 1—2. Hft. gr. 8. Ebend. n. 22. 50
1. 2. Lehre der zwölf Apostel, nebst Untersuchgn. zur ältesten Geschichte der Kirchenverfassg. u. d. Kirchenrechts v. Adf. Harnack. Nebst e. Anh.: Ein übersehenes Fragment der Διδαχή, in alter lateinischer Übersetzung mitgetheilt von Osc. v. Gebhardt. (Text 70 u. Prolegomena 294 S.) 884. n. 10. —

—— und Untersuchungen zur Geschichte der altchristlichen Literatur von Osc. v. Gebhardt und Adf. Harnack. II. Bd. 3.—5. Heft. gr. 8. Leipzig 886, Hinrichs'sche Buchh., Verlag. *
Inhalt:
Heft 3. Vischer, Eberh., die Offenbarung Johannis, eine jüdische Apokalypse in christlicher Bearbeitung. Mit einem Nachwort von Adf. Harnack. (137 S.) *ℳ 5.—.
» 4. Jahn, Alb., des hl. Eustathius, Erzbischofs von Antiochien, Beurtheilung des Origenes betr. die Auffassung der Wahrsagerin 1. Kön. [Sam.] 28 und die diesbezügliche Homilie des Origenes, aus der Münchener Handschr. 331 ergänzt und verb., mit krit. und exeget. Anmerkungen. (XXVII, 75 S.) *ℳ 3.50. Einzelpr. *ℳ 4.50.
» 5. Harnack, Adf., die Quelle der sogenannten apostolischen Kirchenordnung, nebst einer Untersuchung über den Ursprung des Lectorats und der anderen niederen Weihen. (106 S.) *ℳ 4.—.
I. und II. Bd. 1. und 2. Heft, s. a. Gebhardt, Osc. v., und Adf. Harnack.

— u. **Untersuchungen** zur Geschichte der altchristl. Literatur von O. v. Gebhardt u. A. Harnack. 3. Bd. 4 Hfte. gr. 8. Leipzig, Hinrichs' Verl. n. 26. —
1. 2. Leontius v. Byzanz u. die gleichnamigen Schriftsteller d. griechischen Kirche v. F. Loofs. 1. Buch: Das Leben u. die polem. Werke d. Leontius v. Byzanz. (VIII, 317 S.) 887. n. 10. —
3. 4. Aphrahat's, d. persischen Weisen Homilien. Aus dem Syr. übers. v. G. Bert. (LII, 431 S.) — Die Akten d. Karpus, d. Papylus u. der Agathonike, e. Urkunde aus der Zeit Marc Aurel's, untersucht v. A. Harnack. (S. 433—466.) 888. n. 16. —

—— dass. — 4. Bd. 1. Heft: Tatiani orati ad Graecos, rec. Ed. Schwartz. gr. 8. (X, 105 S.) Ebendas. 888. *

— u. **Untersuchungen** zur Geschichte der altchristlichen Literatur, hrsg. von Osc. v. Gebhardt u. Adf. Harnack. 4. Bd. 2. u. 3. Hft. gr. 8. Leipzig, J. C. Hinrichs' Verl. n. 6. 60
2. Athenagorae libellus pro christianis, oratio de resurrectione cadaverum. Recensuit Ed. Schwartz. (XXXII, 143 S.) 891. n. 3. 60
3. Die Apologie des Aristides. Recension u. Rekonstruktion des Textes v. Edgar Hennecke. Die griech. Apologeten: 3. Hft. (XX, 63 S.) 893. n. 3. —

—— dass. — 5. Bd. 4 Hefte. gr. 8. Ebendas.
Inhalt:
Heft 1. Harnack, Adf., der pseudocyprianische Tractat de aleatoribus, die älteste lateinische christliche Schrift. Ein Werk des röm. Bischofs Victor I. [saec. II.] (V, 135 S.) 888. *ℳ 4.50.
» 2. Noeldechen, E., die Abfassungszeit der Schriften Tertullians. — Boor, C. de, neue Fragmente des Papias, Hegesippus und Pierius in bisher unbekannten Excerpten aus der Kirchengeschichte des Phillipus Sidetes. (184 S.) 888. *ℳ 6.—.
» 3. Handmann, Rud., das Hebräer-Evangelium. Ein Beitrag zur Geschichte und Kritik des hebr. Matthäus. (III, 142 S.) 888. *ℳ 4.50.
Heft 4. Resch, Alfr., Agrapha, aussercanonische Evangelienfragmente, in möglichster Vollständigkeit zusammengestellt und untersucht. Anhang: Das Evangelienfragment von Fajjum von Adf. Harnack. (XII, 520 S.) 889. *ℳ 17.—.

—— dass. — 6. Bd. 4 Hefte. gr. 8. Ebd. * 26 50
1. Koetschau, Paul. Die Textüberlieferung der Bücher d. Origenes gegen Celsus in den Handschriften dieses Werkes u. der Philokalia. Prolegomena zu e. krit. Ausgabe. (VII, 157 S. m. 1 Stammbaum.) 889. * 5 50.
2. Werner, Johs. Der Paulinismus d. Irenaeus. Ein kirchen- u. dogmengeschichtl. Untersuchg. üb. das Verhältnis d. Irenaeus zu d. Paulinischen Briefsammlg. u. Theologie. (VI, 218 S.) 889. * 7 —.
3. Staehelin, Hans. Die gnostischen Quellen Hippolyts in seiner Hauptschrift gegen die Häretiker. — Harnack, Adf. Sieben neue Bruchstücke der Syllogismen d. Apelles. — Die Gwynn'schen Cajus- u. Hippolytus-Fragmente. Zwei Abhandlgn. (III, 133 S.) 890. * 4 50.
4. Achelis, Hans. Die ältesten Quellen d. orientalischen Kirchenrechtes. 1. Buch: Die Canones Hippolyti. (VIII, 295 S.) 891. * 9 50.

—— dass. — 7. Bd. 4 Hefte. gr. 8. Ebd. * 27 50
1. Weiss, Bernh. Johannes-Apokalypse. Textkritische Untersuchungen u. Textherstellung. (VI, 225 S.) 891. * 7 —.
2. Harnack, Adf. Ueber das gnostische Buch Pistis-Sophia. Brod und Wasser: die eucharist. Elemente bei Justin. Zwei Untersuchungen. (IV, 144 S.) 891. * 4 50.
3. 4. Dräseke, Johs. Apollinarios v. Laodicea. Sein Leben u. seine Schriften. Nebst e. Anh.: Apollinarii Laodiceni quae supersunt dogmatica. (III, XIV, 493 S.) 892. * 16 —.

—— dass. — 8. Bd. 4 Hefte. gr. 8. Ebd. * 34 50
1. 2. Gnostische Schriften in koptischer Sprache aus dem Codex Brucianus, hrsg., übers. u. bearb. von Carl Schmidt. Gedruckt m. Unterstützung des königl. preuss. Kultusministeriums u. der königl. preuss. Akademie der Wissenschaften zu Berlin. (XII, 692 S.) 892. * 22 —.
3. Weiss, Bernh. Die katholischen Briefe. Textkritische Untersuchungen u. Textherstellg. (VI, 230 S.) 892. * 7 50.
4. Harnack, Adf. Die griech. Uebersetzung d. Apologeticus Tertullian's. — Medicinisches aus d. ältesten Kirchengeschichte. (III, 152 S.) 892. * 5 —.

— — dasselbe. 9. Bd. 4 Hfte. gr. 8. Ebd. n. 20. 50
1. Untersuchungen üb. die edessenische Chronik. Mit dem syr. Text u. e. Übersetzg. hrsg. v. Ludw. Hallier. (VI, 170 S.) Die Apologie d. Aristides. Aus dem Syr. übers. u. m. Beiträgen zur Textvergleichg. u. Anmerkgn. hrsg. v. Rich. Raabe. (IV, 97 S.) 892. n. 8. 50
2. Bruchstücke d. Evangeliums u. der Apokalpyse d. Petrus v. Adf. Harnack. (III, 78 S.) 893. n. 2. —; 2., verb. Aufl. (VIII, 98 S.) 893. n. 2.
3. 4. Die Apostelgeschichte. Textkritische Untersuchgn. u. Textherstellg. v. Bernh. Weiss. (III, III, 113 S.) 893. n. 10. —

— — dasselbe. 10. Bd. 1. u. 2. Hft. gr. 8. Ebd. n. 19. 50
1. Aussercanonische Paralleltexte zu den Evangelien. 1. Textkritische u. quellenkrit. Grundleggn. Von Alfr. Resch. (VII, 160 S.) 892. n. 5. —
2. Aussercanonische Paralleltexte zu den Evangelien. 2. Hft. Paralleltexte zu Matthäus u. Marcus. Gesammelt u. untersucht v. Alfr. Resch. (VIII, 456 S.) 894. n. 14. 50

— u. **Untersuchungen zur Geschichte d. altchristl. Literatur**, hrsg. v. Osc. v. Gebhardt u. Adf. Harnack. X. Bd. 3.—5. Hft. gr. 8. Leipzig, J. C. Hinrichs' Verl. n. 40. 40 (X. Bd. kplt. in 3 Tln. n. 60. —)
3. Aussercanon. Paralleltexte zu d. Evangelien. Gesammelt u. untersucht v. Alfr. Resch. 3. Hft. Paralleltexte zu Lucas. (XII, 847 S.) 895. n. 27. —
4. Dasselbe. 4. Hft. Paralleltexte zu Johannes. (IV, 224 S.) 896. n. 7. —
5. Dasselbe. 5. Hft. Das Kindheitsevangelium nach Lucas u. Matthaeus. Unt. Herbeiziehg. der aussercanon. Paralleltexte quellenkritisch untersucht. (IV, 336 S.) 896. n. 6. 50

— — dasselbe. 11. Bd. 4 Hfte. gr. 8. Ebd. n. 17. —
1. Das Kerygma Petri, kritisch untersucht von Ernst v. Dobschütz. (VII, 162 S.) 893. n. 5. —
2. Acta SS. Nerei et Achillei. Text u. Untersuchg. v. Hans Achelis. (IV, 70 S.) 893. n. 3. —
3. Das Indulgenz-Edict des römischen Bischofs Kallist, kritisch untersucht u. reconstruiert v. Ernst Rolffs. (VIII, 138 S.) 893. n. 4. 50
4. Textkritische Studien zum Neuen Testament v. Wilh. Bousset. (III, VII, 144 S.) 894. n. 4. 50

— — dasselbe. 12. Bd. 1.—3. Hft. gr. 8. Ebd. n. 15. 50
1. Der Chronograph aus dem 10. Jahre Antonins v. Adf. Schlatter. Zur Überlieferungsgeschichte der altchristlichen Litteratur v. Adf. Harnack. (V, 94 u. 32 S.) 894. n. 4.
2. Tertullian's Gegen die Juden, auf Einheit, Echtheit, Entstehung geprüft v. E. Noeldechen. (IV, 92 S.) Die Predigt u. das Brieffragment des Aristides, auf ihre Echtheit untersucht v. Paul Pape. (34 S.) 894. n. 4. —
3. Ignatius v. Antiochien als Christ u. Theologe. Eine dogmengeschichtl. Untersuchg. von Ed. Frhrn. v. der Goltz. Griechische Excerpte aus Homilien des Origenes v. Erich Klostermann. (IX, 206 u. 12 S.) 894. n. 7. 50

**Texte u. Untersuchungen z. Geschichte d. altchristl. Literatur**, hrsg. v. Osc. v. Gebhardt u. Adf. Harnack. XII. Bd. 4. Hft. gr. 8. Ebd. 895. n. 6. 50 (XII. Bd. kplt.: n. 22. —)
Urkunden aus dem antimontanistischen Kampfe des Abendlandes. Eine quellenkrit. Untersuchg. v. Ernst Rolffs. — Zur Abercius-Inschrift v. Adf. Harnack. (IV, VII, 167 u. 28 S.)

— — dasselbe. XIII. Bd. 4 Hfte. gr. 8. Ebd. 895. n. 14. 50
1. Eine bisher nicht erkannte Schrift d. Papstes Sixtus II. v. J. 257/8, z. Petrusapokalypse, Patristisches zu Luc. 16, 19. 3 Abhandlgn. v. Adf. Harnack. (VI, 78 S.) Eine bisher unbekannte Version d. ersten Teiles der „Apostellehre", gefunden u. besprochen v. L. E. Iselin, übers. v. A. Heusler. (30 S.) n. 3. 50
2. Ψαλμοὶ Σολομῶντος. Die Psalmen Salomo's, z. ersten Male m. Benutzg. der Athoshandschriften u. des Codex Casanatensis hrsg. v. Osc. v. Gebhardt. (VII, 151 S.) n. 5. —
3. Die griech. Uebersetzg. der viri inlustres d. Hieronymus v. Geo. Wentzel. (63 S.) n. 2. —
4. Das Edict des Antoninus Pius v. Adf. Harnack. Eine bisher nicht erkannte Schrift Novatian's vom J. 249/50 [„Cyprian", de laude martyrii] v. Adf. Harnack. (64 u. 58 S.) n. 4. —

— — dasselbe. XIV. Bd. 4 Hfte. gr. 8. Ebd. 896. n. 26. —
1. Hieronymus, liber de viris inlustribus. Gennadius, liber de viris inlustribus. Hrsg. v. Ernest Cushing Richardson. (LXXII, 112 S.) — Der sogen. Sophronius, hrsg. v. Osc. v. Gebhardt. (XXXIV, 62 S.) n. 9. —
2. Die Sprüche Jesu, die in d. kanon. Evangelien nicht überliefert sind. Eine krit. Bearbeitg. des v. Alfr. Resch gesammelten Materials v. James Hardy Ropes. (III, VII, 176 S.) n. 5. 50
3. Textkritik d. paulin. Briefe v. Bernh. Weiss. (V, 161 S.) n. 5. 60
4. Die palästin. Märtyrer d. Eusebius v. Cäsarea, ihre ausführl. Fassg. u. deren Verhältnis zur kürzeren. Von Bruno Violet. (VIII, 178 S.) n. 6. —

— — dasselbe. XV. Bd. 4 Hfte. gr. 8. Ebd. n. 19. 50 (I. Serie, 15 Bde. kplt. Ermäss.-Pr. n. 300. —)
1. Monarchianische Prologe zu d. 4 Evangelien. Ein Beitrag zur Geschichte d. Kanons v. Pet. Corssen. (V, 138 S.) 896. n. 4. 50
2. Der Process u. die Acta S. Apollonii. Von E. Thdr. Klette. (IV, 136 S.) 897. n. 4. 50
3. Julian v. Eclanum, s. Leben u. s. Lehre. Ein Beitrag zur Geschichte des Pelagianismus. Von Alb. Bruckner. — Ueber den dritten Johannesbrief. Von Adf. Harnack. (III, VIII, X, 180 u. 27 S.) 897. n. 7. —
4. Zur Frage nach d. Ursprung d. Gnostizismus. E. religionsgeschichtl. Versuch. Von Wilh. Anz. (IV, 112 S.) 897. n. 3. 50

— — dasselbe. Archiv f. die v. d. Commission der kgl. preuss. Akademie d. Wissenschaften unternommene Ausgabe d. älteren christl. Schriftsteller, hrsg. v. Osc. v. Gebhardt u. Adf. Harnack. Neue Folge. 1. Bd., 4 Hfte. Der ganzen Reihe XVI. gr. 8. Ebd. 897. n. 26. —
1. Die sacra parallela des Johannes Damascenus. Von Karl Holl. (XIV, 392 S.) n. 12. —
2. Studien zu d. Kommentaren Hippolyt's z. Buche Daniel u. Hohen Liede. Von G. Nathanael Bonwetsch. (86 S.) n. 3. —
3. Die Ueberlieferung der Jeremiahomilien d. Origenes. Von E. Klostermann. (III, V, 116 S.) n. 3. 50
4. Hippolytstudien. Von Hans Achelis. (VI, 233 S.) n. 7. 50

— — dasselbe. 2. Bd. Hft. 1, 2, 3a, 3b u. 4. Der ganzen Reihe XVII. gr. 8. Ebd. n. 22. —
1. Der Codex D in der Apostelgeschichte. Textkritische Untersuchg. Von Bernh. Weiss. (IV, 112 S.) 897. n. 3. 50
2. Iovinianus. D. Fragmente s. Schriften, d. Quellen zu s. Geschichte, s. Leben u. s. Lehre, zusammengest., erläut. u. im Zusammenhange dargest. Von Wilh. Haller. (VII, 159 S.) 897. n. 5. 50
3a. Die Apokalypse des Elias, e. unbekannte Apokalypse u. Bruchstücke d. Sophonias-Apokalypse. Koptische Texte, Uebersetzg., Glossar. Von Geo. Steindorff. (VIII, 190 S. m. 1 Doppeltaf. in Lichtdr.) 898. n. 6. 50
3b. Altchristl. liturg. Stücke aus d. Kirche Aegyptens, nebst e. dogmat. Brief des Bischofs Serapion v. Thmuis. Von Geo. Wobbermin. — Zur Ueberlieferung des Philostorgios. Von Ludw. Jeep. (36 u. 33 S.) 899. n. 2. —
4. E. textkrit. Arbeit d. 10. bezw. 6. Jahrh. Hrsg. nach e. Kodex des Athosklosters Lawra. Von Ed. Frhr. v. der Goltz. Mit e. Doppeltaf. in Lichtdr. (V, 116 S.) 899. n. 4. 50

**Texte u. Untersuchungen z. Geschichte d. altchristl. Literatur.** Archiv f. die v. d. Commission d. kgl. preuss. Akademie d. Wissenschaften unternommene Ausgabe der älteren christl. Schriftsteller. Hrsg. von Osc. v. Gebhardt u. Adf. Harnack. Neue Folge. 3. Bd. 1. u. 2. Hft. Der ganzen Reihe XVIII, 1/2. gr. 8. Leipzig, J. C. Hinrichs' Verl. n. 20. —
Christusbilder. Untersuchungen zur christl. Legende. Von Ernst v. Dobschütz. 1. Hälfte. Darstellg. u. Belege. (VIII, II, 294 u. 335 S.) 899.

**— u. Untersuchungen zur Geschichte der altchristlichen Literatur.** Archiv f. die v. der Kirchenväter-Commission der kgl. preuss. Akademie der Wissenschaften unternommene Ausg. der älteren christlichen Schriftsteller. Hrsg. von Osc. v. Gebhardt u. Adf. Harnack. Neue Folge. III. Bd. 3. u. 4. Hft. Der ganzen Reihe XVIII, 3/4. gr. 8. Leipzig, J. C. Hinrichs' Verl. n. 12. —; (3. Bd. kplt. n. 32. —)
Christusbilder. Untersuchungen zur christl. Legende. Von Ernst v. Dobschütz. II. Hälfte. Beilagen. (S. IX—XII u. 357 S.) 899. n. 12. —

— — dasselbe. Neue Folge. IV. Bd. 4 Hfte. Der ganzen Reihe XIX, 1—4. gr. 8. Ebd. 899. n. 29. —
1. Die Todestage der Apostel Paulus u. Petrus u. ihre römischen Denkmäler. Kritische Untersuchgn. Von C. Erbes. — Der Ketzer-Katalog des Bischofs Maruta v. Maipherkat. Von Adf. Harnack. — Der alte Anfang u. die ursprüngliche Form v. Cyprian's Schrift Ad Donatum. Von K. G. Goetz. (IV, 133, 17 u. 16 S.) n. 5. 50
2. Textkritik der vier Evangelien. Von Bernh. Weiss. (V, 246 S.) n. 8. —
3. Das sogenannte Religionsgespräch am Hof der Sasaniden. Von Ed. Bratke. — Drei wenig beachtete Cyprianische Schriften u. die „Acta Pauli". Von Adf. Harnack. (VI, 305 u. 34 S.) n. 10. 50
4. Athanasiana. Litterar- u. dogmengeschichtliche Untersuchgn. Von Alfr. Stülcken. (III, VIII, 150 S.) n. 5. —

— — dasselbe. V. Bd. 4 Hfte. Der ganzen Reihe XX, 1—4. gr. 8. Ebd. n. 25. —
1. Der erste Clemensbrief, untersucht u. hrsg. Von Rud. Knopf. (IV, 194 S.) 899. n. 6. —
2. Fragmente vornicänischer Kirchenväter, aus den sacra parallela hrsg. Von Karl Holl. (XXXIX, 241 S.) 899. n. 9. —
3. Die Pfaff'schen Irenäus-Fragmente als Fälschungen Pfaffs nachgewiesen. Miscellen zu den apostol. Vätern, den Acta Pauli, Apelles, dem murator. Fragment, den pseudocyprian. Schriften u. Claudianus Mamertus. Von Adf. Harnack. (III, 148 S.) 900. n. 5. —
4. Plotins Stellung zum Gnosticismus u. kirchlichen Christentum. Von Carl Schmidt. — Fragmente e. Schrift des Märtyrerbischofs Petrus v. Alexandrien. Von Carl Schmidt. — Zur handschriftlichen Überlieferung des Clemens Alexandrinus. Von Otto Stählin. (X, 90, 50 u. 8 S.) 901. n. 5. —

— — dasselbe. Neue Folge. VI. Bd. 4 Hfte. Der ganzen Reihe XXI, 1—4. gr. 8. Ebd. n. 34. 50
1. Titus v. Bostra. Studien zu dessen Lukas-Homilien. Von Jos. Sickenberger. (VIII, 267 S.) 901. n. 8. 50
2. Eusebius, des, Kirchengeschichte. Aus dem Syr. übers. v. Eberh. Nestle. (X, 296 S.) 901. n. 9. 50
3. Ein Martyrologium der christlichen Gemeinde zu Rom am Anfang des V. Jahrh. Quellenstudien zur Geschichte der röm. Märtyrer. Von Aug. Urbain. (VI, 266 S.) 901. n. 8. 50
4. Diodor v. Tarsus. Vier pseudojustin. Schriften als Eigentum Diodors nachgewiesen. Von Adf. Harnack. (III, 251 S.) 901. n. 8. —

**Texte u. Untersuchungen** zur Geschichte der altchristlichen Literatur. Archiv f. die v. der Kirchenväter-Commission der kgl. preuss. Akademie der Wissenschaften unternommene Ausg. d. älteren christlichen Schriftsteller. Hrsg. von Osc. v. Gebhardt u. Adf. Harnack. Neue Folge. VII. Bd. 4 Hfte. Der ganzen Reihe XXII, 1—4. gr. 8. Leipzig, J. C. Hinrichs' Verl. n. 28. 50

1. Das Buch Henoch. Äthiopischer Text. Von Joh. Flemming. (XVI, 172 S.) 902. n. 11.—
2. Passio s. Theclae virginis. Die lateinischen Übersetzgn. der Acta Pauli et Theclae, nebst Fragmenten, Auszügen u. Beilagen hrsg. von Osc. v. Gebhardt. (CXVIII, 188 S.) 902. n. 9. 50
3. Eusebius' Kirchengeschichte, Buch VI u. VII. Aus dem Armen. übers. v. Erwin Preuschen. (XXII, 109 S.) 902. n. 4. —
4. Die Lukaskatene des Niketas v. Herakleia, untersucht. Von Jos. Sickenberger. (VIII, 118 S.) 902. n. 4. —

— — dasselbe. Neue Folge. VIII. Bd. 1. u. 2. Hft. Der ganzen Reihe XXIII, 1. u. 2. gr. 8. Ebd. n. 8. —

1. Komposition u. Entstehungszeit der Oracula Sibyllina. Von Johs. Geffcken. (IV, 78 S.) 902. n. 2. 50
2. Über verlorene Briefe u. Actenstücke, die sich aus der cyprianischen Briefsammlung ermitteln lassen. Von Adf. Harnack. — Eusebius Schrift *περὶ τῶν τοπικῶν ὀνομάτων τῶν ἐν τῇ θείᾳ γραφῇ*. Von Erich Klostermann. — Hippolyts Kommentar zum Hohenlied, auf Grund v. N. Marrs Ausg. des grusin. Textes hrsg. v. G. Nathanael Bonwetsch. (45, 28 u. 108 S.) 902. n. 5. 50

— u. **Untersuchungen** zur Geschichte der altchristlichen Literatur. Archiv für die von der Kirchenväter-Commission der königl. preuss. Akademie der Wissenschaften unternommene Ausgabe der älteren christl. Schriftsteller. Hrsg. von Osc. v. Gebhardt u. Adf. Harnack. Neue Folge. VIII. Bd. 3. u. 4. Heft. Der ganzen Reihe XXIII, 3. u. 4. gr. 8. Leipzig, J. C. Hinrichs' Verl. n. 10. 50; (VIII. Bd vollst. n. 18 50)

3. Studien zu Eusebs Theophanie. Von Hugo Gressmann. (XI, 154 u. 69 S.) 903. n. 8. —
4. Das Johannes-Evangelium nach der Paraphrase des Nonnus Panopolitanus. Mit e. ausführl. krit. Apparat hrsg. Von R. Janssen. (IV, 80 S.) 903. n. 2. 50

— — dasselbe. Neue Folge. IX. Bd. 4 Hefte. Der ganzen Reihe XXIV, 1.-4. gr. 8. Ebd. n. 18. 30

1. Die alten Petrusakten im Zusammenhang der apokryphen Apostellitteratur, nebst e. neuentdeckten Fragment, untersucht. Von Carl Schmidt. (VIII, 176 S.) 903. n. 6. —
2. Die Echtheit des zweiten Thessalonicherbriefs, untersucht. Von W. Wrede. (VIII, 116 S.) 903. n. 4. —
3. Der pseudocyprianische Traktat De singularitate clericorum, e. Werk des donatistischen Bischofs Macrobius in Rom. — Die Hypotyposen des Theognost. — Der gefälschte Brief des Bischofs Theonas an den Oberkammerherrn Lucian. Von Adf Harnack. (118 S.) 903. n. 3. 50
4. Der sogenannte Praedestinatus. Ein Beitrag zur Geschichte des Pelagianismus. Von Hans v. Schubert. (III, 147 S.) 903. n. 4. 80

— — dasselbe. Neue Folge. X. Bd. 4 Hefte. Der ganzen Reihe XXV, 1.—4. gr. 8. Ebd. n. 43. —

1. Schenûte v. Atripe u. die Entstehung des national-ägyptischen Christentums. Von Johs. Leipoldt. (X, 214 S.) 903. n. 7. —
2. Quellen, die ältesten, des orientalischen Kirchenrechts. 2. Buch. Die syr. Didaskalia. Uebers. u. erklärt v. Hans Achelis u. Johs. Flemming. (VIII, 388 S.) 904. n. 12. 50 (1 u. 2.: n. 22. —)
3. Die Cyprianische Briefsammlung. Geschichte ihrer Entstehung u. Ueberlieferung. Von Hans Frhr. v. Soden. (VIII, 268 S. m. 3 Tab.) 904. n. 10. 50
4. Die Pseudoklementinen. Homilien u. Rekognitionen. Eine quellenkrit. Untersuchg. Von Hans Waitz. (VIII, 396 S.) 904. n. 13. —

**Texte u. Untersuchungen** zur Geschichte der altchristlichen Literatur. Archiv f. die v. der Kirchenväter-Commission der königl. preuss. Akademie der Wissenschaften unternommene Ausgabe der älteren christl. Schriftsteller. Hrsg. von Osc. v. Gebhardt u. Adf. Harnack. Neue Folge. XI. Bd. 4 Hefte. Der ganzen Reihe XXVI, 1.—4. gr. 8. Leipzig, J. C. Hinrichs' Verl. n. 22. 70

1a. Drei georgisch erhaltene Schriften. Hrsg. v. G. Nath. Bonwetsch. Der Segen Jakobs, der Segen Moses, die Erzählg. v. David u. Goliath. Von Hippolytus. (XVI, 98 S.) 904. n. 3 50

1b. Saïdische Auszüge aus dem 8. Buche der apostolischen Konstitutionen. Von Johs. Leipoldt. (61 S.) 904. n. 2. —

2. Koptische Akten zum ephesinischen Konzil vom J. 431. Uebersetzung u. Untersuchungen. Von Wilh. Kraatz. (VII, 220 S.) 904. n. 7. —
3. Die handschriftl. Ueberlieferg. der Zacharias- u Johannes-Apokryphen. — Ueber die Bibliotheken der Meteorischen u. Ossa-Olympischen Klöster. Von A. Berendts. (III, 84 S.) 904. n. 2. 70
4. Die armenische Kirche in ihren Beziehungen zu den syrischen Kirchen bis zum Ende des 13. Jahrh. Nach den armen. u. syr. Quellen bearb. Von Erwand Ter-Minassiantz. (XII, 212 S.) 904. n. 7. 50

— — dasselbe. Neue Folge. XII. Bd. Der ganzen Reihe XXVII. gr. 8. Ebd. 20. —; geb. in Halbfrz. n. 22. 50; Einzelpr. geb. n.n. 23. —

Der Paulinismus u. die Logia Jesu in ihrem gegenseitigen Verhältnis untersucht. Von Alfr. Resch. (VIII, 656 S.) 904.

— dasselbe. Neue Folge. XIII. Bd. 4 Hefte. Der ganzen Reihe XXVIII, 1.—4. gr. 8. Ebd. n. 16. 50

1. Die Geschichte der dogmatischen Florilegien v. V—VIII. Jahrh. Von Thdr. Schermann. (VI, 104 S.) 904 n. 3 50
2. Beiträge zur Textkritik v. Origines' Johannescommentar. Von Paul Koetschau. — Analecta zur ältesten Geschichte des Christentums in Rom. Von Adf. Harnack. — Ueber des Didymus v. Alexandrien in epistolas canonicas enarratio. Von Erich Klostermann. (VI, 76, 9 u. 8 S.) 905. n. 3. —
3. Das Aposteldekret nach seiner ausserkanonischen Textgestalt untersucht. Von Ghold. Resch. (V, 179 S.) 905. n. 5. 50
4. Der Vorwurf des Atheismus in den drei ersten Jahrhunderten. Von Adf. Harnack. — Das Martyrium des hl. Abo v. Tiflis. Von Karl Schultze. — Die Frau im römischen Christenprocess. Ein Beitrag zur Verfolgungsgeschichte der christl. Kirche im röm. Staat. Von Frdr. Augar. (16, 41 u. 82 S.) 905. n. 4. 50

— — dasselbe. Neue Folge. XIV. Bd. 4 Hefte. Der ganzen Reihe XXIX, 1.—4. gr. 8. Ebd. n. 23. —

1. Die Chronik des Hippolytos im Matritensis Graecus 121. Von Adf. Bauer. Nebst e. Abhandlg. über den Stadiasmus Maris Magni von Otto Cuntz. Mit 1 Abbildg. im Text u. 5 Taf. (VI, 288 S.) 905. n. 8. 50

2a. *Λόγος σωτηρίας πρὸς τὴν παρθένον* (de virginitate), e. echte Schrift des Athanasius. Von Eduard Frhr. v. der Goltz. (IV, 144 S.) 905. n. 5. —

2b. Tischgebete u. Abendmahlsgebete in der altchristl. u. in d. griechischen Kirche. Von Eduard Frhr. v. der Goltz. (67 S.) 905. n. 2. —

3. Didymus, der Blinde v. Alexandria. Von Johs. Leipoldt. (III, 148 S.) 905. n. 5. —
4. Die Zeugnisse vom Christentum im slavischen „De bello Judaico" des Josephus. Von A. Berendts. (79 u. III S.) 906. n. 2. 50

— — dasselbe. Neue Folge. XV. Bd. 4 Hefte. Der ganzen Reihe XXX, 1—4. gr. 8. Ebd. n. 25. —; (II. Reihe [Bd. XVI—XXX] vollständ. 384. —; in 16 Halbfrzbdn. n. 424. —)

1.2. Die Briefe des Libanius. Zeitlich geordnet. Von Otto Seeck. (V, 496 S.) 906. n. 15. —

3.4. Agrapha. Aussercanonische Schriftfragmente. Gesammelt u. untersucht u. in 2. völlig neubearb. durch alttestamentl. Agrapha verm. Aufl. hrsg. Von Alfr. Resch. Mit 5 Registern. (XVI, 426 S.) 906. n. 10. —; geb. n. 11. —

— — dasselbe. Hrsg. v. Adf. Harnack u. Carl Schmidt. III. Reihe. I. Bd. 1. Heft. Der ganzen Reihe XXXI, 1. gr. 8. Ebd. n. 6. —

Irenäus, des hl., Schrift zum Erweise der apostolischen Verkündigg. *Εἰς ἐπίδειξιν τοῦ ἀποστολικοῦ κηρύγματος.* In armen. Version entdeckt, hrsg. u. ins Deutsche übers. v. Karapet Ter-Mĕkĕrttschian u. Erwand Ter-Minassiantz. Mit e. Nachwort m. Anmerkgn. v. Adf. Harnack. (VIII, 69 u. 68 S.) 907.

— u. **Untersuchungen** zur Geschichte der altchristlichen Literatur. Archiv f. die v. der Kirchenväter-Commission der kgl. preuss. Akademie der Wissenschaften unternommene Ausg. der älteren christl. Schriftsteller. Hrsg. v. Adf. Harnack u. Carl Schmidt. III. Reihe. I. Bd. 2.—4. Heft. (Der ganzen Reihe XXXI, 2—4.) gr. 8. Leipzig, J. C. Hinrichs' Verl. 22.— (I. Bd. kplt. 28. —)

2. Die unter Hippolyts Namen überlieferte Schrift „Über den Glauben", nach e. Übersetzg. der georgischen Version hrsg. Von G. Nathan Bonwetsch. — Vincenz v. Lerin u. Gennadius. Von Hugo Koch. — Virgines Christi. Von Hugo Koch. (112 S.) 907. 3. 50
3. Propheten- u. Apostellegenden nebst Jüngerkatalogen des Dorotheus u. verwandter Texte. Von Thdr. Schermann. (VII, 368 S.) 907. 11. 50
4. Zu den Schriften des Makarios v. Magnesia. Von Geo. Schalkhausser. (V, 218 S.) 907. 7. —

— — dasselbe. II. Bd. 4 Hefte. (Der ganzen Reihe XXXII.) gr. 8. Ebd. 32. 50
1. Clemensbrief, der erste, in altkoptischer Übersetzg. Untersucht u. hrsg. v. Carl Schmidt. Mit Lichtdr.-Fksm. der Handschrift. (III, 160 S. m. 1 Taf.) 908. 9. —
2a. Zur Textgeschichte der Civitas Dei Augustins seit dem Entstehen der ersten Drucke. Von Bernh. Dombart. (IV, 56 S.) 908. 2. —
2b. La tradition manuscrite de Sozomène et la tripartite de Théodore le Lecteur. Von Jos. Bidez. (IV, 96 S.) 908. 4. —
3. Die Quellen der synoptischen Überlieferung. Von Bernh. Weiss. (IV, 256 S.) 908. 8. 50
4. Das Leben des hl. Symeon Stylites. In Gemeinschaft m. den Mitgliedern des kirchenhistor. Seminars der Universität Jena bearb. Von Hans Lietzmann. Mit e. deutschen Übersetzg. der syr. Lebensbeschreibg. u. der Briefe v. Heinr. Hilgenfeld. (III, VIII, 257 S.) 908. 9. —

— — dasselbe. III. Bd. (Der ganzen Reihe XXXIII.) 8. Ebd. 21.—; geb. in Halbfrz. n 24.—
Testament, das lateinische Neue, in Afrika zur Zeit Cyprians. Nach Bibelhandschriften u. Väterzeugnissen mit Unterstützg. des kgl. preuss. histor. Instituts hrsg. von Hans Frhr. v. Soden. (X, 663 S.) 909.

— — dasselbe. IV. Bd. 4 Hefte. (Der ganzen Reihe XXXIV.) gr. 8. Ebd. 17. —
1. Pseudo-Cyprianus de XII abusisis saeculi. Von Siegm. Hellmann. — Fragmente der Homilien des Cyrill v. Alexandrien zum Lukasevangelium. Von Jos. Sickenberger. (IV, 108 S.) 909. 3. 50
2a. Die Evangelienzitate des Origines. Von Ernst Hautsch. (IV, 169 S.) 909. 5. 50
2b. Griechische Zauberpapyri u. das Gemeinde- u. Dankgebet im I. Klemensbriefe. Von Thdr. Schermann. (VI, 64 S.) 909. 2. —
3. Die Briefe des Sextus Julius Africanus an Aristides u. Origines, hrsg. Von Walth. Reichardt. (IV, 84 S.) 909. 3. —
4. Zur bardesanischen Gnosis. Literarische u. dogmengeschichtl. Untersuchgn. Von Fel. Haase. (III, III, 98 S.) 910. 3. —

**Texte u. Untersuchungen zur Geschichte d. altchristlichen Literatur. Archiv f. die v. der Kirchenväter-Commission der kgl. preuss. Akademie der Wissenschaften unternommene Ausg. der älteren christl. Schriftsteller. Hrsg. v. Adf. Harnack u. Carl Schmidt. III. Reihe. V. Bd. 4 Hefte. Der ganzen Reihe. XXX 8. Leipzig, J. C. Hinrichs' Verl.**
1. Cyprian u. der römische Primat. Eine kirchen- u. dogmengeschichtl. Studie. Von Hugo Koch. (IV, 174 S.) 910. 5. 50
2. Irenaeus gegen die Häretiker. Ἔλεγχος καὶ ἀνατροπὴ τῆς ψευδωνύμου γνώσεως. Buch IV u. V. In armen. Version entdeckt v. Karapet Ter-Mĕkĕrttschian. Hrsg. v. Erwand Ter-Minassiantz. (VIII, 264 S.) 910. 10. —
3. Der Hebräerbrief in zeitgeschichtlicher Beleuchtung. Von Bernh. Weiss. (110 S.) 910. 3. 50
4. Psalmbuch, e. jüdisch-christliches, aus dem 1. Jahrh. [The odes . . . of Salomon, now first published from the Syriac version by J. Rendel Harris, 1909.] Aus d. Syr. übers. v. Johs. Flemming. Bearb. u. hrsg. v. Adf. Harnack. (VII, 134 u. III S.) 910. 4.50; geb. 5. 50

— — dasselbe. VI. Bd., Heft 1a u. b u. 2. (Der ganzen Reihe XXXVI, 1a u. b u. 2.) 8. Ebd. 8. 50
1a. Die Harmonistik im Evangelientext des Codex Cantabrigiensis. Ein Beitrag zur neutestamentl. Textkritik. Von Heinr. Jos. Vogels. (IV, 119 S.) 910. 4. —
1b. Der liturgische Papyrus v. Dêr-Balyzeh. Eine Abendmahlsliturgie des Ostermorgens. Von Thdr. Schermann. (VI, 45 S.) 910. 1. 50
2. Die handschriftliche Überlieferung des Epiphanius (Ancoratus u. Panarion.) Von Karl Holl. (IV, 98 S.) 910. 3. —
Der Preis der I. Serie beträgt jetzt 500.—, der II. Ser. 384. —.

Texte und Untersuchungen

— — **zur altgermanischen Religionsgeschichte, hrsg. v. Fr. Kauffmann. Texte. 1. Bd. gr. 4. Strassburg, K. J. Trübner.** n. 16. —
**Aus der Schule des Wulfila. Auxenti Dorostorensis epistula de fide vita et obitu Wulfilae. Im Zusammenhang der Dissertatio Maximini contra Ambrosium hrsg. von Frdr. Kauffmann. Mit 1 Schrifttaf. in Heliograv. (LXV, 135 S.) 899.**

— — **zur altgermanischen Religionsgeschichte, hrsg. v. Frdr. Kauffmann. Texte. 2. Bd. gr. 4. Strassburg 903. K. J. Trübner.** n. 9. —
**Die Bruchstücke der Skeireins, hrsg. u. erklärt. Von Ernst Dietrich. Mit 1 Schrifttaf. in Kupferätzg. (LXXVIII, 36 S.)**

— — **dasselbe. Untersuchungen. 1. Bd. gr. 8. Ebd.** n. 9. —
**Balder. Mythus u. Sage nach ihren dichter. u. religiösen Elementen untersucht. Von Frdr. Kauffmann. (XI, 308 S.) 902.**

Zwei griechische Texte über die hl. Theophano, die Gemahlin Kaisers Leo VI. Hrsg. v. Eduard Kurtz. St.-Pétersbourg: Acad. d. Sc. 1898. (1 Bl., XI, 75 S.) 4°
= Mémoires de l'Académie Imp. d. sciences de St.-Pétersbourg. Sér. VIII. Cl. histor.-philol. Vol. III. No 2.

**Textil.** Tages-Zeitung f. die gesamte Textil-Industrie. Tägliche Ergänzungs-Ausg. zur Zeitschrift f. Textil-Industrie. Red.: A. Buntrock. 3. Jahrg. 1910. ca. 300 Nrn. (à ca. 4 S.) 48,5×34,5 cm. Berlin, Verlag f. Textil-Industrie. 10. —

**Textil-Arbeiter: Der Textil-Arbeiter**
① Motto: Vereinigt seid Ihr Nichts - Vereint seid Ihr alles - Organ des Allgemeinen Schweizerischen Textil-Arbeiter-Verbandes. Zur Wahrung der Interessen aller in der Textilbranche beschäftigten Arbeiter und Arbeiterinnen, der Spinner, Weber, Handsticker, Schifflisticker, Wirker, Flechter, Färber, Drucker, Bleicher, Appretierer etc. und der Hilfsarbeiter (17. 8. 1904—24. 12. 1915). Organ des Schweizerischen Textil-Arbeiter-Verbandes (Fabrik-Arbeiter-Verbandes) (7. 1. 1916—24. 12. 1936); Organ des Schweizerischen Textil- und Fabrikarbeiterverbandes (2. 1. 1937 cont.) ② Der Textil- und Fabrikarbeiter (2. 1. 1937—24. 12. 1940); Der Textiler (9. 1. 1941—28. 3. 1946); Textil Chemie Papier Industrie Arbeiter (4. 4. 1946 cont.) ③ Ostschweizerische Industriezeitung ④ Der Heimarbeiter (SG) (Abspaltung Anfang Januar 1916) ⑤ 17. 8. 1904 (cont.) (nach einer anderen, späteren Angabe ist die erste Nummer vom 31. 8. 1904) ⑥ 2° (17. 8. 1904—24. 12. 1915, 10. 1. 1920—24. 12. 1940, 8. 1. 1942 cont.) 4° (7. 1. 1916—27. 12. 1919, 9. 1. 1941—24. 12. 1941) ⑦ alle 14 Tage (17. 8. 1904—29. 12. 1909, 20. 8. 1915—24. 12. 1915, 6. 6. 1940—24. 12. 1940). Wochenblatt (13. 1. 1910—13. 8. 1915, 7. 1. 1916—30. 5. 1940, 9. 1. 1941 cont.) ⑧ Rheineck: A. Indermauer (17. 8. 1904—21. 11. 1906); Zürich: Conzett & Cie. (19. 12. 1906—6. 10. 1910); Bern: Unionsdruckerei (13. 10. 1910—29. 12. 1928); Zürich: Genossenschaftsdruckerei (3. 1. 1929 cont.) ⑨ Die Arbeit (1938). Stimme der Arbeit (1939 cont.); Ouvrier de l'Industrie Textile Chimie Papier - STFV - FOTF - Journal officiel de la fédération suisse des ouvriers du textile et de fabrique (18. 6. 1926—24. 4. 1947; 2°; red. Albert Heyer) ⑩ Appenzeller Weber-Verband, Schweizerischer Handsticker-Verband und Schifflisticker-Verband (17. 8. 1904—28. 2. 1906), Schweizerischer Textilarbeiter-Verband (14. 3. 1906—24. 12. 1936), Schweizerischer Textilarbeiter-Verband (Fabrik-Arbeiter-Verband) (7. 1. 1916—24. 12. 1936), Schweizerischer Textil- und Fabrikarbeiterverband (2. 1. 1937 cont.) ⑪ Pfarrer H. Eugster, Hundwil (17. 8. 1906—15. 5. 1913), Redaktionskommission des Schweizerischen Textilarbeiter-Verbandes, St. Gallen (22. 5. 1913—24. 12. 1915), J. Wirz, Basel (7. 1. 1916—11. 1. 1918), Zentralvorstand Zürich (18. 1. 1918—8. 3. 1918), E. Moser, Thalwil (15. 3. 1918—25. 4. 1919), E. Marti, Zürich (28. 6. 1918—25. 4. 1929), Giacomo Wolf, Zürich (2. 5. 1929—24. 4. 1947), Leo Loew (4. 4. 1946—24. 4. 1947), Albert Heyer (4. 4. 1946—31. 3. 1949), Erwin A. Lang (1. 5. 1947 cont.) ⑫ sozialdemokratisch ⑬ BGSZ: 944 (p. 265) Im neuen Kleide. »Der Textilarbeiter« v. 7. 1. 1916; Der größere Textilarbeiter. »Der Textilarbeiter« v. 10. 1. 1920; Die gewerkschaftliche Presse der Textilarbeiter. »Der Textilarbeiter« v. 29. 12. 1928 ⑭ Be: L (1904 cont.); Bs: WA (1919 cont.); Zh: SSA (1905 cont.).

**Textil-Exporteur, der.** Special-Nummer der Leipziger Monatschrift f. Textil-Industrie. Gewidmet dem Welthandel der Textil-Industrie. Unter Mitwirkg. v. Max Diezmann hrsg. von Thdr. Martin. (2.—4.) Jahrg. 1900—1902. à 4 Nrn. Fol. (à ca. 60 S. m. Abbildgn.) Leipzig, Verlag der Leipz. Monatschrift f. Textil-Industrie. à Jahrg. n. 6. —;
f. Abonnenten der Monatschrift unentgeltlich.

**Textil-Exporteur, der. Special-Nummer der Leipziger Monatschrift f. Textil-Industrie. Gewidmet dem Welthandel der Textil-Industrie. Unter Mitwirkg. v. Max Diezmann hrsg. v. Thdr. Martin. Jahrg. 1903 u. 1904. à 4 Nrn. (à ca. 36 S. m. Abbildgn.) Fol. Leipzig, Verlag der Leipz. Monatschrift f. Textil-Industrie. à Jhrg. n. 6. —;
f. Abonnenten der Monatschrift unentgeltlich.**
**Erscheint nicht mehr.**

**Textil-Freund, der.** Organ für die techn. u. wirthschaftlichen Interessen der gesammten Textil-Industrie. Hrsg. von Herm. Grothe. 1. Jahrg. 1880. 52 Nrn. (2 B. m. Illustr.) Fol. Berlin, Burmester & Stempell. n. 10. —

**Textil (-Gewerkschafter): Der christliche Textil-, Bekleidungs-, Leder-, Papier-, Chemie-Gewerkschafter**
v. Gewerkschafter.

Textil-Industrie, s.: Sammlung Göschen.

Textil-Industrie, die, s. u. Zeitschrift, allgemeine, f. Textil-Industrie.

Textil-Industrie, die. Erstes deutsch-österreichisch-ungar. Organ f. die Woll-, Baumwoll-, Seiden- u. Leinen-Industrie, f. Spinnerei, Weberei, Druckerei, Färberei, Bleicherei u. Appretur. Hrsg.: Gust. Pappenheim. Red.: Vict. Spurny. Nebst: Oesterreichisches Handels-Journal. Jahrg. 1885 u. 1886. à 52 Nrn. (à 2—2½ B.) Fol. Wien, (Perles). à Jahrg. n.n. 18.—; ohne Handels-Journal n.n. 12.—

Textil-Industrie, die. Erstes deutsch-österreichisch-ungar. Organ f. die Woll-, Baumwoll-, Seiden- u. Leinen-Industrie, f. Spinnerei, Weberei, Druckerei, Färberei, Bleicherei u. Appretur. Hrsg.: G. Pappenheim. Red.: R. Nerradt. Nebst: Oesterreichisches Handels-Journal. Jahrg. 1887. 52 Nrn. (à 2—2½ B.) Fol. Wien, (Perles). n.n. 18.—

— dasselbe. Hrsg.: G. Pappenheim. Red.: R. Mikisch. Jahrg. 1888. 52 Nrn. (B.) Fol. Ebd. n.n. 12.—

— die. Halbmonatsschrift f. die gesamte Baumwoll-, Schafwoll-, Leinen-, Seiden-, Samt- u. Jute-Industrie. Red.: H. Degener. 13. Jahrg. 1910. 24 Nrn. (à ca. 16 S.) 31,5×23,5 cm. Leipzig [Techn. Verlags-Gesellschaft]. M. v. Criegern. 10.—

Textil-Industrie, d. deutsche, im Besitze v. Aktien-Gesellschaften u. Kommandit-Gesellschaften auf Aktien. [Aus: „Handbuch d. deutschen Aktien-Gesellschaften".] gr. 8. (XIV, 115 S.) Leipzig 897. Verlag f. Börsen- u. Finanzliteratur. Geb. in Leinw. n. 3.—

Textil-Industrie, die deutsche, im Besitze v. Aktiengesellschaften. Statistisches Jahrbuch über die Vermögensverhältnisse u. Geschäftsergebnisse derselben im Betriebsj. 1901/1902. 6. vollständig umgearb. Aufl. VI. Jahrg. gr. 8. (XI, 188 S.) Leipzig 902. Verlag f. Börsen- u. Finanzliteratur. Geb. n. 5.—

Textil-Industrie, die deutsche, im Besitze v. Aktien-Gesellschaften. Statistisches Jahrbuch über die Vermögensverhältnisse u. Geschäftsergebnisse derselben im Betriebj. 1905/1906. 10. vollständig umgearb. Aufl. X. Jahrg. (XII, 212 S.) Lex.-8. Berlin 906. Verlag f. Börsen- u. Finanzliteratur. Geb. in Leinw. n. 5.—

— die deutsche, im Besitz v. Aktien-Gesellschaften. Statistisches Jahrbuch üb. die Vermögensverhältnisse u. Geschäftsergebnisse derselben im Betriebsj. 1909/1910. 14. vollständig umgearb. Aufl. XIV. Jahrg. (XII, 247 S.) gr. 8. Berlin 911. Verlag f. Börsen- u. Finanzliteratur. Geb. in Leinw. 6.—

— die sächsische, u. ihre Bedeutung. [Columbische Welt-Ausstellg. Chicago 1893.] Anh.: Verzeichniss der ausstell. sächs. Textil-Industriellen. 8. (77 S.) Leipzig 893. Th. Martin's Textilverlag. n. 1.—

Textil-Kalender

— f. d. J. 1902. Ein Jahrbuch f. Kaufleute u. Industrielle der Baumwollbranche. Begründet v. W. H. Uhland. 23. Jahrg. (Einbd.: Kalender f. die Textil-Industrie.) 12. (IV, 212 S. m. Fig. u. Schreibkalender.) Dresden, G. Kühtmann. Geb. in Leinw. n. 3.—; in Brieftaschenldibd. n. 5.—
Fortsetzg. s.: Kalender f. die Baumwoll-Industrie.

Textil-Kalender 1903. Hrsg. v. der Red. der Textil-Zeitg. 2. Jahrg. 12. (VI, 174 S. u. Notiz-Kalender m. 128 Abbildgn.) Berlin, W. & S. Loewenthal. Geb. in Leinw. n. 1.50

Textil-Kalender, 1907. Hrsg. v. der Red. der Textil-Zeitg., Berlin. 6. Jahrg. (VII, 335 S. u. Notiz-Kalender m. Abbildgn.) kl. 8. Berlin, W. & S. Loewenthal. Geb. in Leinw. 1.50; in Ldr. 2.—

Textil-Kalender 1911. Hrsg. v. Red. Max Köhler. 10. Jahrg. (VII, 400 S. u. Notiz-Kalender m. 241 Abb.) kl. 8. Berlin, W. & S. Loewenthal. Geb. in Leinw. 1.50

Textil-Kalender, Österreichisch-ungarischer (später auch unt. d. T.: Textil-Kalender bezw.: Österreichischer Textil-Kalender)

Textil-Kalender, österreichisch-ungarischer. Taschenbuch für Spinnerei, Weberei, Wirkerei, Färberei, Bleicherei, Appretur, Druckerei etc. Hrsg. von der Redact. von Pappenheim's „Textil-Industrie". 1.—4. Jahrg. 1886—1889. gr. 16. (V, 179, 130; VI, 171, 130; 171; 171 S.) Wien, Perles. geb. in Leinw. à Jahrg. *M 3.—; geb. in Leder *

Textilkalender, Oesterreichisch-ungarischer. Taschenbuch für Spinnerei, Weberei, Wirkerei, Färberei, Bleicherei, Appretur, Druckerei ꝛc. Hrsg. von d. Redaction von Pappenheim's „Textil-Industrie". 5. Jahrg. 1890. Taschenformat. (174 S. mit Notizbl.) 1.60, in Leder 2.20
Wien: M.Perles.

Textil-Kalender, österreichisch-ungarischer. Taschenbuch f. Spinnerei, Weberei, Wirkerei, Färberei, Bleicherei, Appretur, Druckerei etc. Hrsg. v. G. Pappenheim. 6. Jahrg. 1891. gr. 16. (170 S. u. Schreibkalender m. Abbildgn.) Wien, Perles. geb. in Leinw. n. 3.—; in Ldr. n. 4.—

Textilkalender, Oesterreichisch-ungarischer. Taschenbuch für Spinnerei, Weberei, Wirkerei, Färberei, Bleicherei, Appretur, Drukkerei etc. Herausgegeben von der Redaction von Pappenheim's „Textil-Industrie". Siebenter Jahrgang. 1892. Taschenf. (170 S. mit Notizblättern) 1.60, in Leder 2.20
Wien: M.Perles.

Textil-Kalender, österreichisch-ungarischer. Taschenbuch f. Spinnerei, Weberei, Wirkerei, Färberei, Bleicherei, Appretur, Druckerei etc. Hrsg. v. Pappenheim's Zeitungsverlag. 8. Jahrg. 1893. gr. 16. (IV, 171 S. u. Schreibkalender m. Abbildgn.) Wien, M. Perles. Geb. in Leinw. n. 3.—

Textil-Kalender, Oesterreichisch-ungarischer, Taschenbuch f. Spinnerei, Weberei, Wirkerei, Färberei, Bleicherei, Appretur, Druckerei etc. Herausgegeben von Pappenheim's Zeitungsverlag. XI. Jahrg. 1896. 16. (192 S. mit Tagebuch.) In Lwd. geb. 1.60
Wien: M.Perles.

Textil-Kalender, Oesterreichisch-ungarischer, Taschenbuch f. Spinnerei, Weberei, Wirkerei, Färberei, Bleicherei, Appretur, Druckerei etc. Herausgegeben von Pappenheim's Zeitungsverlag. XII. Jahrg. 1897. 16. (194 S., mit Tagebuch.) In Lwd. geb. 1.60
Wien: M.Perles.

**Textil-Kalender,** Oesterreichisch-ungarischer, Taschenbuch für Spinnerei, Weberei, Wirkerei, Färberei, Bleicherei, Appretur, Druckerei etc. Herausgegeben von Pappenheim's Zeitungs-Verlag. XIII. Jahrgang. 1898. 16. (194 S. u. Notizblätter.) In Lnwd. geb. 1.60
Wien: M.Perles.

**Textil-Kalender,** österreichisch-ungarischer. Taschenbuch f. Spinnerei, Weberei, Wirkerei, Färberei, Bleicherei, Appretur, Druckerei etc. Hrsg. v. Pappenheim's Zeitungsverlag. 14. Jahrg. 1899. 12. (IV, 187 S. m. Abb.) Wien, M. Perles.
Geb. in Leinw. n. 3. —

Textil-Kalender. Taschenbuch für Spinnerei, Weberei, Wirkerei, Färberei, Bleicherei, Appretur, Druckerei etc. XV. Jahrgang. 1900. Wien. Perles. 8°. IV, 233 S. Geb. K 3.20

Textil-Kalender. Taschenbuch für Spinnerei, Weberei, Wirkerei, Färberei, Bleicherei, Appretur, Druckerei etc. XVI. Jahrgang. 1901. Wien. Perles. 8°. IV, 233 S. Geb. K 3.20

— (österreichischer). Taschenbuch für Spinnerei, Weberei, Wirkerei, Färberei, Bleicherei, Appretur, Druckerei etc. 18. Jahrg. 1903. 12. (276 S. m. Abb.) Wien, M. Perles. Geb. in Leinw. n. 3. — ; in Ldr. n. 4.40

Österreichischer Textilkalender. Taschenbuch für Spinnerei, Weberei, Wirkerei, Färberei, Bleicherei, Appretur, Druckerei etc. 19. Jahrg. 1904. 16°. (276 S.) geb. K 3.20
Wien: M.Perles.

Textilkalender. Taschenbuch für Spinnerei, Weberei etc. 20. Jahrg. 1905 16°. (355 S.) geb. K 3.20
Ebda.

— (österreichischer.) Taschenbuch für Spinnerei, Weberei, Wirkerei, Färberei, Bleicherei, Appretur, Druckerei etc. 22. Jahrg. 1907. (XII, 424 S. m. Fig.) kl. 8. Wien, M. Perles. Geb. in Leinw. n. 3. —; in Ldr. n. 4.40

Textilkalender. Taschenbuch für Spinnerei, Weberei, Wirkerei, Färberei etc. XXV. Jahrg. 1910. 8°. (448 S.) geb. K 3.20, in Leder K 4.40
Ebda.

— (österreichischer). Taschenbuch f. Spinnerei, Weberei, Wirkerei, Färberei, Bleicherei, Appretur, Druckerei etc. 26. Jahrg. 1911. (IX, 16, 456 S. m. Fig. u. Schreibkalender.) kl. 8. Wien, M. Perles.
Geb. in Leinw. 3. —

**Textilkunst,** moderne. Monatshefte für die gesamte Textilindustrie. Hrsg. von Osc. Haebler. 1. Jahrg. 1904/1905. 12 Hefte. (à 6 farb. Taf.) 4. Plauen, C. H. Stoll. n. 36. — ; einzelne Hefte 4. —
Fortsetzg., s.: Flächenkunst, moderne.

Die Textil-Literatur 1890–1910. Verzeichnis d. wichtigeren Erscheinungen der letzten 20 Jahre, abgeschlossen im Jan. 1910. Leipzig: Schulze & Co. 1910. 43 S. 8° [10. 3395

**Textil-Sammlung** J. Spengel, München-Warthof. Auktion in München in der Galerie Helbing, Wagmüllerstrasse 15 am Dienstag den 4., Mittwoch den 5. u. Donnerstag den 6. VI. 1907 unter Leitg. d. Hugo Helbing in München. (VI, 38 S. m. 56 Abb.) 42,5×32 cm. München 907. H. Helbing. 1. —

— dasselbe. Katalog der Textil-Sammlg. J. Spengel, München-Warthof. Bearb. v. W. M. Schmid. (XII, 38 S. m. 56 Abb. u. 26 Taf.) 42,5×32 cm. Ebd. 907. 5. — ; Luxusausg., geb. 12. —

Die Textil-Woche. Fachblatt d. gesamten Bekleidungs- u. Textil-Industrie. Chefred.: Dr. Leon Zeitlin. [Jg. 1,] No 1. Berlin; Hirschberg 1909. 2°

**Textil-Zeitung,** die. Illustrierte Zeitung f. die Gesammt-Interessen der Wollen-, Baumwollen-, Seiden-, Flachs-, Hanf-, Jute- etc. Industrie u. der bezügl. Geschäfts-Branchen. Red.: F. Eisermann. 1. Jahrg. 1891. 52 Nrn. (à ca. $1^1/_2$ Bog.) gr. 4. Berlin, Exped. der Textilzeitung. n. 12. —

— die (vormals hrsg. in Berlin). Allgemeine Zeitschrift f. Textil-Industrie. Fachblatt f. die Wollen-, Baumwollen-, Seiden-, Leinen-, Hanf- u. Jute-Industrie, sowie f. den Textil-Maschinenbau; insbesondere f. Spinnerei, Weberei, Wirkerei, Stickerei, Färberei, Druckerei, Bleicherei, Appretur, Garn- u. Manufacturwaaren-Handel, Confection etc. Hrsg. v. der Red. der „Leipziger Monatsschrift f. Textil-Industrie“. Chef.-Red.: Thdr. Martin. 2. Jahrg. 1892. 52 Nrn. ($1^1/_4$ Bog. m. Abbildgn.) gr. 4. Leipzig, Expedition der Leipziger Monatsschrift f. Textil-Industrie. n. 12. —
Erscheint vom 1. Apr. 1892 an unter diesem Titel.
s.: Zeitschrift, allgemeine, f. Textil-Industrie

**Textil-Zeitung Berlin.** Centralorgan f. d. Gesammt-Interessen d. Wollen-, Baumwollen-, Seiden-, Leinen-, Hanf- u. Jute-Industrie, sow. f. d. Textil-Maschinenbau. Red.: Fr. Schulze. Jahrg. 1895 u. 1896. à 52 Nrn. (à ca. 10 S. m. Abb.) Fol. Berlin, W. & S. Loewenthal. à Jahrg. n. 14. —

— dasselbe. Centralblatt f. d. ges. Textil-Industrie. Offic. Organ d. norddeutschen Textil-Berufs-Genossenschaft. Offic. Publicationsorgan f. d. Fachschulen d. Textil-Industrie. Red.: Frdr. Schnürdreher. Jahrg 1897 u. 1898. à 52 Nrn. (à ca. 20 S. m. Abb.) Fol Ebd. à Jahrg. n. 14. —
Kann auch vierteljährlich bezogen werden.

**Textil-Zeitung** Berlin. Centralblatt f. die gesammte Textil-Industrie. Officielles Organ der norddeutschen Textil-Berufs-Genossenschaft. Officielles Publicationsorgan f. die Fachschulen der Textil-Industrie. Red.: Hugo Goetze. Jahrg. 1899—1902. à 52 Nrn. Fol. (à ca. 20 S. m. Abbildgn.) Berlin, W. & S. Loewenthal. à Jahrg. n. 14. —
Jahrg. 1899 ist von Frdr. Schnürdreher redigiert.

**Textil-Zeitung** Berlin. Centralblatt f. die gesammte Textil-Industrie. Officielles Organ der norddeutschen Textil-Berufs-Genossenschaft. Officielles Publikationsorgan f. die Fachschulen der Textil-Industrie. Red.: Hugo Goetze. 34.—37. Jahrg. 1903—1906. à 52 Nrn. (à ca. 24 S. m. Abbildgn.) Fol. Berlin, W. & S. Loewenthal. à Jhrg. n. 14. —

**Textil-Zeitung** Berlin. Centralblatt f. die gesamte Textil-Industrie. Aeltestes Fachblatt der Branche. Offizielles Organ der norddeutschen Textil-Berufs-Genossenschaft. Offizielles Publikationsorgan f. die Fachschulen der Textil-Industrie. Red.: Max Köhler. 38.—41. Jahrg. 1907—1910. à 52 Nrn. (1208, 1100, 1274 u. 1260 S. m. Abb.) 33,5×26,5 cm. Berlin, Laubsch & Everth. à Jahrg. 14. —

Textil- und Färberei-Zeitung. Wochenschrift f. d. Baumwoll-, Woll- u. Seiden-Industrie ... Hrsg. von Dr. A[rthur] Buntrock u. ... vom Verein d. Deutschen Textilveredlungsindustrie unter Red. s. Geschäftsführers Dr. S[iegfried] Tschierschky. Jg. 1. Braunschweig: Vieweg 1903. 4° [11. 3978

**Textil- u. Färberei-Zeitung.** Wochenschrift für die Baumwoll-, Leinen-, Jute-, Woll- u. Seiden-Industrie, Spinnerei, Weberei, Wirkerei, Tuchfabrikation, Färberei, Bleicherei, Appretur. Hrsg. v. A. Buntrock u. O. Johannsen, u. im wirtschaftl. Tl. vom Verein der deutschen Textilveredlungsindustrie unter Red. seines Geschäftsführers S. Tschierschky. Organ des deutschen Färber-Verbandes. 2.—4. Jahrg. 1904—1906. à 52 Hfte. (1112, 1046 u. 840 S. m. Abbildgn. u. Stoffproben.) hoch 4. Berlin, Verlag für Textil-Industrie. à Jhrg. n. 10. —
Erschien bis Juli 1905 noch in Braunschweig.

**Textil- u. Färberei-Zeitung.** Wochenschrift f. d. Baumwoll-, Leinen-, Jute-, Woll- u. Seiden-Industrie, Färberei, Bleicherei, Appretur- u. Tuchfabrikation. Hrsg. u. red. v. A. Buntrock. 5.—8. Jahrg. 1910. à 52 Hefte. (à ca. 16 S. m. Abb.) Lex. 8. Berlin, Verlag f. Textil & Industrie. à Jahrg. 10. —

**Text-Not**, keine, mehr! od. neues deutsches Liederbuch. Mit Melodie-Angaben f. Schule u. Haus zusammengestellt v. Cöthener Lehrern. 16. (68 S.) Cöthen 890. Schettler's Erben Verl. n. — 30

Der Apfelbaum. Eine Erzählung f. Kinder von A. **Textor**. Hamburg: Agentur d. Rauhen Hauses 1901. (63 S.) 8° [J.]
= [Jugendschriften, Neue. 4.] [08. 7300

Ⓑ **Textor, A.**, d. Apfelbaum. 911. (KBL 32.) Jetzt: Beihel b. Bielefeld, Verlagshdlg. d. Anstalt Bethel.

Textor, Adolf (geb. Stettin ... 1847). De hermeniae Aristoteleae capitibus I–XI. Berolini (1870). (70 S.) 8°
Berlin, Phil. Diss. v. 5. Febr. 1870.

Textor, Adf., de hermeniae Aristoteleae capitibus I—XI. Dissertatio inauguralis. 8. (70 S.) Berlin 870, Calvary und Comp.) *

Textor, Adolf. Zur dramatischen Technik des Aristophanes. 31 S. 38 S. **Progr.** Wi. G. *Stettin* 1884. 1885.

Textor, August [d. i. Gotthold August Weber]

**Textor, A.**, (Gtthld. Aug. Weber), romant. Bilder der Vorzeit in bunter Reihe. 1r Bd. 8. Chemn. 825. Starke. 1 ₰ 12 gl

† **Textor, A.**, (Gtho. Aug. Weber,) histor. Bildersaal d. sächs. Geschichte, für alle Tage im Jahre. 1—3. Bd. Januar—Juni. (à Bd. 6 Hfte. u. 6 Ttlbild.) 8. Meißen 834, 35, Klinkicht u. Sohn. à B.

**Textor, A.**, historischer Bildersaal d. Sächsischen Geschichte. Für alle Tage im Jahre. 6 Bde. à 6 Hefte. Mit Titelbildern. Meißen 834–36. Klinckicht u. Sohn. (à 1 ₰) n. 6 ₰

† **Textor, A.**, (Gtho. Aug. Weber,) histor. Bildersaal d. sächs. Geschichte f. alle Tage im Jahre. 4—6. Bd. Monat Juli — December. (à Bd. 6 Hfte. u. 6 Stnt.) 8. Meißen 836, 37, Klinkicht u. Sohn. à *
1—3. Bd. Ebendas. 1834, 35. à * 1 Thlr.

—— Denkwürdigkeiten aus d. großen Panorama d. Welt u. d. Menschenlebens, auf jeden Tag d. Jahres. Ein Lesebuch f. alle Stände. 12 Bde. Januar—Decbr. 8. Meißen 830–34, Klinkicht u. Sohn. [1—4. Bd. à 5 Hfte. u. 5 Stnt., 5—12. Bd. à 4 Hfte. u. 4 Stnt. à H. 4 Gr.]

— Herrmann von der Ettersburg. Eine Rittergeschichte a. d. 13. u. 14. Jahrhundert, auf wahre Geschichte gegründet. 2 Bdchn. 8. Chemnitz 825, Starke.

Textor, August
Herrmann von der Ettersburg. Eine Rittergeschichte aus dem 13. und 14. Jh., auf wahre Geschichte gegründet. Von August Textor [d.i. Gotthold August Weber]. Th. 1.2. Chemnitz: Starke 1826. 8°

— Kinderspiele für alle Jahreszeiten. Mit illum. Kpf. 8. Leipz. 820. Magaz. f. Ind. 1 ₰ 16 gl

—— Kinderspiele f. alle Jahreszeiten. Wohlf. Ausg. 8. (15 B. u. 1 Kpfrt.) Leipzig 840, Hunger.

— Sagen des Erzgebirges, s. C. Chr. W. Dietrich.

Textor, A. Der Vernichtungszug des kaiserl. Feldherrn Holke durch das sächsische Erzgebirge i. J. 1632. Zwickau 1829. 120 S.

—— der Vernichtungszug d. kaiserl. Feldherrn Holke durch d. sächs. Erzgebirge im J. 1632. 12. (5 B.) Zwickau 829. (Leipzig, Magazin f. Industr.)

— der Zug ins heilige Land. Ein romant.-hist. Gemälde aus d. 12. Jahrh. 8. Meißen 827, Klinkicht. (Leipz., Mittler.)

**Textor, Bernh.**, Kern u. Saft d. Hl. Bibel, d. i. kurze u. ohne alles Disputiren u. Zanken einfält. Betrachtg. d. vornehmsten u. tröstl. drei Hauptstücke im Werke uns. Heils. Aufs neue hrsg. v. W. Cuno. gr. 8. (IV. 93 S.) Amsterdam 892. Scheffer & Co. n. 1. 25

Textor, Cajetan von, s. Textor, Kajetan von.

Textor, Carl, s. Textor, Karl.

Textor, Friedrich Ludwig

— der entlarvte Aberglaube, s. Aberglaube

**Textor, Fr. Ldw.**, prakt. Beitr. zur Casualhomiletik. 1r Thl. 8. Gießen 808. (Ferber). 8 gl

**Textor, Fr. L.**, Beyträge z. Casualhomiletik. 1r Thl. 8. Gießen, Müller. 808.

— s. Charakteristik d. jetzt lebenden etc. Theologen.

— Excursionen in das Gebiet der Pastoral- u. prakt. Casual-Methodik u. Liturgik. gr. 8. Marb. 809. Krieger. 12 gl

— Ideen über Fortdauer u. Auferstehung. 8. Zütphen 794. Thieme.

LEBEN, Abentheuer und Heldentod Paul Roderichs des Democraten. Eine Geschichte aus dem gegenwärtigen Kriege von seinem aristocratischen Vetter beschrieben (verfaßt von *Friedr. Ludw. Textor*). Mit Titelkpf. u. Titelvign. Frankfurt u. Leipzig, in der neuen Buchhandlung. 1794. 8°. (4 Mk. Baer & Co., 1883.)
Vgl. Leben, ...

**Textor, F. L.**, Predigten für gebildete Bürger und Landleute üb. lehrreiche Sonn- und Festtags-Evangelien. 8. Gießen 807. (Leipzig, Fr. Fleischer.) $1\frac{1}{3}$ ₰

— Predigten f. gebild. Bürger u. Landleute über lehrr. Sonn- u. Festtags-Evangelien. 8. Wetzlar (Gießen) 807. Tasché. 1 ₰ 8 gl

— der Stadt- u. Landprediger bei ungewöhnlich. Trauerfällen. gr. 8. Gießen 807. Krieger. 18 gl

**Textor, Fr. Ldw.**, Vermächtniß an Theone, in moral. Bruchstücken üb. wichtige Gegenstände unserer Ruhe. 8. Frkf. a. M. 799. Körner. 16 gl

**Textor, Fr. Ldw., s.**
**Wallfahrten des Cand. Hieronymus.**

Textor, Georg

Textor, G., einige Stoßseufzer bei Anlaß der Schweizerischen Landesausstellung in Zürich. gr. 8. (16 S.) Zürich 883, (Schröter.)
Nicht weiter erschienen.

Textor, Gustav Adolf

**Textor, G. A.**, über die neuesten Bestrebungen zur Vereinigung der evangelisch-lutherischen u. evangelisch-reformirten Kirche in Preußen. gr. 8. Stettin 844, Weiß. n. 1/6 ₰

**Textor, (G. A.)**, üb. die Hauptfragen wegen Umgestaltung des Volksschulwesens in Preußen, welche im J. 1848 in Wort u. Schrift öffentlich besprochen worden sind. [Besond. Abdruck zu dem Monatsblatt f. Pommerns Volksschullehrer. Jahrg. 1849.] gr. 8. (28 S.) Stettin 849, Weiß. 3 ngr

**Textor, Gust. Adph.**, Predigten über die Episteln, nach der in Pommern gebräuchl. Ordnung gehalten zu Cammin. 1. Aufl. 1853. und 2. Aufl. gr. 8. (XX und 528 S.) Stettin 856, Weiß. **

**Textor**, Gust. Adph., Predigten über die Episteln, nach der in Pommern gebräuchlichen Ordnung gehalten zu Cammin. 853. — 2. Aufl. Stettin 857. Weiß. gr. 8. (XX, 528 S.) 1 ₰. 15 ngr.

**Textor,** H., Dienst-Vorschriften für den äusseren Betriebsdienst auf den englischen Eisenbahnen. Aus dem Engl. übers. 8. (VI, 137 S.) Berlin 882. Springer. cart. n. 2. 60

Textor, J., nassauische Chronik, Leben u. Thaten dies. Prinzen. 4. Wetzlar. 742.

Textor, I. R., Epistolae. 12. Breslau, Korn der ältere. 753.

Textor, Johann Christoph von

— Beschreib. des Verfahrens bei der trigonometr.-topograph. Vermessung von Ost- u. West-Preußen; nebst Bemerkk. üb. die Vermessung ganzen Länder. Mit 1 Karte. gr. 8. Berl. 810. (Reimer). 1 ₰ 12 gr

**v. Textor, Jh. Cph.**, († im Febr. 1812.) kurze Darstell. der höhern Analysis, od. Funktionenlehre nach ihrem gegenwärt. Zustande rc. gr. 8. Berl. 809. Reimer. 1 ₰ 8 gr

**v. Textor.** Topographisch-Militairische Karte vom vormaligen Neu-Ostpreussen, oder dem jetzigen nördlichen Theile des Herzogthums Warschau nebst dem Russischen District. Berlin 1808. 17 Bl. c. K. v.

Textor, Johann Justus (Frankfurt/M.) A. S. 385/1

Dissertatio inauguralis iuridica de caussis et sententiis quae secundum statuta et privilegia illustris reipublicae Moeno-Francofurtensis appellationem non admittunt ad illustrationem t. XLIII. p. i. ref. Francof.
Altdorf (Meyer) 7. V. 1761. 96 S.

W. v.: Wilhelm Friedrich Link, Wolfgang Albert Spis, Gustav Philipp Vogel, Georg Christoph Albert Spis (Opp.), Johann Georg Schlosser (Opp.), Johann Friedrich Bauder (Opp.), Daniel Lochner, Georg Jakob Roth. 34262

Textor, Johann Nikolaus (Schwäb.-Hall) A. S. 1281b/9

Dissertatio inauguralis medica de principio vitali.
Präs. Johann Adolph Wedel.
Jena (Ritter) II. 1721. 28 S.

Gew.: Stadt Schwäb.-Hall. 34263

**Vernunft- und erfahrungs- mäßiger Versuch, wie die gifftig- ansteckende Vieh- Seuchen unter dem Horn -Vieh und Pferdten wohl erkannt, praeserviret u. curiret werden können, nebst e. kurtzen Abhandlung von Pferds- u. anderen Vieh- Kranckheiten;... von Johann Nicolaus Textor. Carls-Ruh: Maschenbauer 1739. 350 S. 8**

**Textor J. N.**: Vernunft- u. erfahrungsmässiger Bericht wie die giftig ansteckende Vieh-Seuchen unter dem Hornvieh u. Pferdten wohl erkannt, präservirt u. curiret werden können. Nebst einer kurzen Abhandl. v. Pferdts- u. anderen Vieh-Krankheiten .... Neue Aufl. Frankf. u. Leipz. 1764. 504 S.

Textor, Jh. Nik., († ...) vernunft- u. erfahrungsmäßiger Bericht, wie die giftig ansteckenden Viehseuchen unter d. Hornvieh u. Pferden erkannt u. curirt werden können. 8. Frankf. u. Leipz. 764. Metzler. 14 gr

**Textor, Joh. Nik.,** Vernunft- u. erfahrungsmässiger Versuch, wie die giftig-ansteckenden Viehseuchen unt. dem Hornvieh u. den Pferden wohl erkannt, präservirt und kuriert werden können. Frankfurt 767. Metzler. M. 1.75

Textor, Johann Wolfgang (Frankfurt/M.) A. S. 196/53

Collegii feudalis ad B. Strykii examen juris feud. cap. XVII. disput. VII. de speciali juris feudalis altero renovationem feudi et laudemii praestationem nunc tractante. Präs. Heinrich Hildebrand.
Altdorf (Kohles) 19. VIII. 1715. 12 S.
34265

Textor, Johann Wolfgang (Frankfurt/M.)
Altd. Jur. 48/21

Collegii disputatorii quo institutionum imperialium paraphrasis paratitlaris ... exercitium quartum continens lib. IV. tit. XII. XIII. XIV. et XV. ...
Präs. Felix Spitz.
Altdorf (Meyer) IV. 1716. S. 711 - 728.
34266

Textor, Johann Wolfgang (Frankfurt/M.) A. S. 321/9

Familia Theodosii magni cum probationibus.
Präs. Johann David Koeler.
Altdorf (Meyer) 9. II. 1715. 4 Bl.
34264

Textor, Johann Wolfgang (Frankfurt/M.) A. S. 215/36

Dissertatio inauguralis iuris publici, de feudis imperii propriis non oblatis annumerandis.
Altdorf (Kohles) 17. VI. 1717. 36 S.

W. v.: Lorenz Heister. 34267

Textor, I. Wg., de jure publico statuum imperii. 8. Tüb. 722.

— ius publicum caesareum sacrae Caesar. ius supremum. 4. Francf. lung. (Hermann, Brönner.) 721. — 20

**Textor,** Johann Wolfgang [Praes.], s. Maudérode, Johann Thomas von: De possessorio jurisdictionali.

**Textor,** Johann Wolfgang [Praes.], s. Neukirch, Burchard: Theses Desumtae ex Materia de successionibus regum et principum, familiarumque illustrium.

Textor, Johann Wolfgang [Praes.], s. Offerhauß, Franz Heinrich: De executione contra tertium, nostris: In welchen Fällen eine Auspfändung wider den dritten Mann, denen Rechten nach, geschehen kan.

Textor, Johann Wolfgang (Frankfurt/M.) G. B. 476

Dissertatio inauguralis de iurata specificatione loco inventarii exhibita. Präs. Karl Friedrich Walch. Jena (Goepferdt) 11. VIII. 1790. 34 S.

Gew.: Stadt Frankfurt/M.
W. v.: Präs. 34268

Textor, Kajetan (von)

**Textor, chirurgische Bilder zur Instrumenten- und Operationslehre, s. Feigel, J. Th. A.**

Textor, Kajetan (von) (Übers.):

s.: Boyer, (Alexis): Abhandlung über die chirurgischen Krankheiten und über die dabey angezeigten Operationen. (Traité des maladies chirurgicales... Dt.) Bd 1, 3, 5-11. Würzburg: 1818 - 1827

Textor, neuer Chiron, s. Chiron.

**Textor, Caj., Grundsätze zur Lehre d. chirurg. Operationen, die mit bewaffn. Hand unternommen werden. In 2 Bdn. 1—4. Lfg. gr. 8. (29 B., 7 lith. Fig. u. T's. Portr., Stahlst.) Würzburg 834, 35, Stahel. à L.**

Textor, Kajetan (von): Grundzüge zur Lehre der chirurgischen Operationen, welche mit bewaffneter Hand unternommen werden. 447 S., gbd., Abb.

Würzburg: Stahel 1835

TEXTOR, Kaietan (Schwaben): Ueber die Lungenschwindsucht. Eine pathologisch-therapeutische Abhandlung.- Landshut: Thomann (1808). 72 S., 4 81.
Juni 1808 - Mai 1809
**Diss.** Ingolst.-Landsh.-Mchn.

Ueber die Ursache des Nichtauffindens der Harnblasensteine nach gemachter Operation der Lithotomie. ... Von Kaietan [von] Textor. Würzburg (1816:) Nitribitt. 37 S. 8°

Textor, Kajetan, über Wiedererzeugung der Knochen nach Resektionen beim Menschen. Nebst e. tabellar. Uebersicht aller Resektionen, welche seit 1821 im K. Juliusspitale zu Würzburg gemacht worden sind. 2. Aufl. gr. 8. (2 B. u. 1 Stnt.) Würzburg 843. [Leipzig, Rein'sche Buchh.]

**Textor, Kajetan, über Wiedererzeugung der Knochen nach Resektionen beim Menschen. Nebst e. tabellar. Uebersicht aller Resektionen, welche seit 1821 im Königl. Juliusspitale zu Würzburg gemacht worden sind. 2. Aufl. Mit 1 Steindr. gr. 8. Würzburg 843, Voigt u. Mocker. 1/2 ₰**

**Textor,** Carl [app. Arzt aus Giessen]: Aus d. patholog. Institut zu Giessen. Ein Fall von Lungengangrän im Anschluss an ein Tractionsdivertikel der Speiseröhre ... Giessen, grossh. Hof- u. Univ.-Dr. C. v. Münchow, 1894; 25 S. 8.
Giessen, Med. Fak., Inaug.-Diss. v. 1894

**Textor, Karl, Versuch über das Vorkommen der Harnsteine in Ostfranken. gr. 4. Würzburg 843, (Voigt u. Mocker.) n. 2/3 ₰**

Textor, Ludw. Vindobonismen. S. 1—52. **Progr.** G. *Giessen 1885.

Textor, Ludw., zur Wiedereröffnung des Hoftheaters in Darmstadt am 7. März 1872. Ein Gedenkblatt für Kunstfreunde. gr. 8. (8 S.) Darmstadt 872, Schorkopf. *

**Textor, M., Gedichte. 8. (VIII, 130 S.) Darmstadt 890. Waitz. n. 2. —; geb. n. 3. 50**

[F.] Unsere Stiefmutter. '(M. Titelb.)' [Verfasserin: **M. Textor.**] Bevorw. v. Generalsuperint. [Ernst] Textor in Magdeburg. *Halle a. S.: R. Mühlmann 1895.* (2 Bl., 123 S., 1 Portr.) 1 Bd 8.

**Textor, Max, Referendar:** Die rechtlichen Folgen des Leistungsverzuges. Nach gemeinem Rechte und dem Rechte des Bürgerlichen Gesetzbuchs für das Deutsche Reich. Greifswald 1905: J. Abel. (48 S.) 8°
Greifswald, Jur. Fak., Ref. Pescatore, Diss. v. 4. Okt. 1905
[Geb. 14. April 77 Pollnow; Wohnort: Stettin; Staatsangeh.: Preußen; Vorbildung: Gymn. Dramburg Reife M. 99; Studium: Berlin 2, Freiburg i. B. 2, Greifswald 4 S.; Rig. 5. Dez. 04.]

Der **Weg** zur sofortigen Gründung einer selbständigen Existenz. Gleichzeitig enth. Vorschläge u. Fingerzeige z. Erhöhung d. Einkommens durch Nebenerwerb dargest. von **Maximius Textor**. *Charlottenburg: H. Dalm [1901].* (36 S.) 8° [F.] [01. 6367

**Textor, Maximus, der Weg zur sofortigen Gründung e. selbständigen Existenz (ohne Fachbildung u. ohne od. mit geringem Capital). Gleichzeitig enth. Vorschläge u. Fingerzeige (für Männer u. Frauen) zur Erhöhg. des Einkommens durch Nebenerwerb (ohne Behinderung im Beruf, nach den Mitteln u. Anfordergn. der Jetztzeit). 8. (36 S.) Charlottenburg (901). H. Dalm. 1. —**

Textor, S., concionnator extraordinarius, Lob- Ehren- u. Lehrpredigten. 6 Thle. Fol. Augsb. 718.

— honigfliessendes Wunderjahr, oder tugendvolles auf alle Tage eingerichtetes Leben Bernhardi. 8. Bamberg. 736.

Textor, Wolfgang Heinrich (Stuttgart) A. S. 243/12

Dissertatio juridica inauguralis, de revocatione juramenti delati. Präs. Ferdinand Harpprecht. Tübingen (Reis) VI. 1705. 68 S. 34271

**Textplan f. Kindergottesdienste auf die J. 1891—1895, im Anschluß an den Elberfelder Textplan dargeboten v. d. Red. d. „Kindergottesdienst". gr. 8. (4 S.) Bremen 892. J. Morgenbesser. n.n. — 5**

**Textplan, 1908—1911 f. die Kindergottesdienste in Deutschland. (7 S.) 8. Bremen 907. J. Morgenbesser. — 05**

[F.] **Textplan** für die deutsche Sonntagsschule '(Kindergottesdienst)' auf die Jahre 1895 - 1899. *Berlin: Deutsche Sonntagsschulbuchhandlg 1895.* (8 S.) 1 Bd 8. [96. 93

**— f. deutsche Sonntagsschulen (Kindergottesdienste) auf d. J. 1899—1903. gr. 8. (8 S.) Berlin 899. Deutsche Sonntagsschul-Buchh. n. — 10**

**— f. Sonntags-Schulen auf d. J. 1902—1904. Hrsg. im Auftrag des Sonntagsschul-Komite des Kantons Zürich. 8. (26 S.) Zürich 901. (Depot der ev. Gesellsch.) n. — 20**

**Textplan für Sonntags-Schulen auf die J. 1905—1908. Hrsg. vom Sonntagsschulkomitee des Kantons Zürich. (IV, 18 S.) kl. 8. Zürich (Buchh. der ev. Gesellschaft). n. — 20**

[Umschlagt.:] [F.] **Textplan** für Sonntags-Schulen und Kindergottesdienste auf d. J. 1895 — 1899. 'Die nachstehende Textauswahl ist durch e. Kommission der erfahrensten Sonntagsschulleiter aus Elberfeld, Berlin u. Bremen festgestellt worden.' *Elberfeld: Elberfelder Erziehgs-Ver. 1895.* (8 S.) 1 Bd 8. [96. 10378 Bo

**— f. Sonntags-Schulen u. Kindergottesdienste auf d. J. 1895 - 1899. (7. Aufl.) gr. 8. (8 S.) Elberfeld 895 Buchh. des Erziehungs-Vereins. n. — 1(**

Textplan f. Sonntags-Schulen u. Kindergottesdienste auf die J. 1899—1903. 8. (8 S.) Elberfeld 899. Buchh. des Erziehungs-Vereins. n. — 10

Textplan für Sonntags-Schulen und Kindergottesdienste auf die Jahre 1903—1907. Elberfeld: Erzieh.-Ver. 1903. (8 S.) 8° [F.] 05. 4872 5

— dasselbe, u. Kindergottesdienste auf die J. 1903—1907. 3. Aufl. (8 S.) 8. Elberfeld (905). Buchh. des Erziehungs-Vereins. n. — 15

— für Sonntags-Schulen u. Kindergottesdienste auf die J. 1907—1911. (8 S.) 8. Elberfeld (907). Buchh. des Erziehungs-Vereins. — 15

Astrological-Astronomical Texts. Copied fr. the orig. tablets in the Brit. Mus. a. autographed by James A. Craig, ... Leipzig: J. C. Hinrichs 1899. (VIII S., 1 Bl., 94 gez. Bl. Facs.) 4° = Bibliothek, Assyriologische. [Bd] 14.

Texts, old and middle English. Edited by L. Morsbach and F. Holthausen. Vol. I and II. gr. 8. Heidelberg, C. Winter. n. 3. 60; geb. in Leinw. n. 4. 80
I. Havelok. Edited by F. Holthausen. (XII, 101 S.) 901. n. 2. 40; geb. n. 3. —
II. Emare, ed. by A. B. Gough. (XI, 39 S.) 901. n. 1. 20; geb. n. 1. 60

Texts, old and middle English, Fortsetzg., s.: Texte, alt- u. mittelenglische.

Textus hebraici emendationes quibus in vetere testamento Neerlandice vertendo usi sunt. A. Kuenen, J. Hooykaas, W. H. Kosters, H. Oort, ed. H. Oort. gr. 8. (IV, 160 S.) Leiden 900. Buchh. u. Druckerei vorm. E. J. Brill. n.n. 5. —

Teymann, Ed., Lehrbuch der fachwissenschaftl. Bekleidungskunst zum Selbstunterricht. 2., verm. u. verb. Aufl. Lex.-8. (95 S. m. 15 Taf.) Leipzig 894. (C. F. Tiefenthal.) n. 2. 50; geb. 3. —

Teyschl, Sebastian

Teyschl, Seb., u. Heinr. Zoff. Das Metalldrucken. Ein Vorlagen- u. Studienwerk für gewerbl. Lehranstalten u. für die Praxis. Textheft. gr. 8. (44 S.) Vorlagenwerk. qu. gr. Fol. (16 lithogr. Taf.) Wien 892, Hartleben. * 7 20

Teyssier, der industrielle Musterzeichner oder die Kunst nach einer allgemeinen classischen Methode geradlinige und diagonale industrielle Muster zu erfinden. Deutsche Orig.-Ausg. 1. Aufl. 1857. * 1 Thlr. 10 Ngr. und 2. Ster.-Aufl. gr. 4. (20 S. mit 2 Stnt.) Leipzig 858, Arnoldische Buchh. *

Teyssière, H. F., die französisch-deutsche Handelssprache oder belehrende Unterhaltungen über verschied. Zweige des Handels und der Gewerbe, als: kaufmänn. Briefe, Buchführung, Geld- und Produktenmarkt rc. Zum Gebrauch beim mündl. und schriftl. Handelsverkehr. La conversation mercantile en français et en allemand. 8. (X und 238 S.) Berlin (861)62, C. Heymann's Verlag. Thlr.

**Teytaud, Frédéric.** Abhandlung über den Tripper und die Krankheiten der Urinwege; a. d. Franz. . . . Liegnitz 1801. Ü: *Hintze, August Heimbert.* (Ky)

Teytaud, Fr., Abhandl. üb. den Tripper u. die Krankheiten der Urinwege; aus d. Französ. mit Anmerkk. u. Zusätzen (v. A. H. Hinze). gr. 8. Liegnitz 801. Siegert. 10 gr (Serig in Leipz.) 12 gr

Tezel's, Ablaßkasten, der die Glaubensreformation erzeugte; an seinem Standort zu Jüterbogk beschrieben. gr. 8. Berl. 182.. Mittler. 4 gr

Tezner, Friedrich

Ausgleichsrecht und Ausgleichspolitik. Ein Appell an d. Parlament d. allgem. gleichen Wahlrechts. Von Univ.-Prof. Dr. Friedrich Tezner. Wien: Manz 1907. (V, 177 S.) 8° 07. 4327

Tezner, Frdr., politische Bildung u. Patriotismus. E unterrichtspolitische Studie. gr. 8. (74 S.) Wien 897 Manz. n. 1. 2(

Tezner, Frdr., Gesetz vom 15. XI. 1867 üb. das Vereinsrecht, Gesetz vom 15. XI. 1867 üb. das Versammlungsrecht, nebst den zu denselben ergangenen Verordnungen, Erlässen u. Entscheidgn. 12. (VIII, 128 S.) Wien 891. Manz. n. 1. 20

— die Gesetze üb. das Vereinsrecht, vom 26. Novbr. 1852, R. G. Bl. Nr. 253, u. vom 15. Novbr. 1867, R. G. Bl. Nr. 134. Das Gesetz üb. das Versammlungsrecht, vom 15. Novbr. 1867, R. G. Bl. Nr. 135, nebst den zu diesen Gesetzen ergangenen Erlässen u. Entscheidgn. hrsg. 2., verm. Aufl. 12. (V, 158 S.) Ebd. 894. n. 1. 60

Tezner, Frdr., die Gesetze üb. das Vereinsrecht vom 26. XI. 1852, R. G. B. Nr. 253, u. vom 15. XI. 1867, R. G. B. Nr. 134. — Das Gesetz üb. das Versammlungsrecht v. 15. XI. 1867, R. G. B. Nr. 135, nebst den zu diesen Gesetzen ergangenen Regulativen, Verordnungen, Erlässen u. Entscheidgn. hrsg. 3., erheblich verm. Aufl. 12. (V, 300 S.) Wien 901. Manz. n. 2. 40; geb. n. 3. —

Die Gesetze über das Vereinsrecht vom 26. Nov. 1852, RGBl. Nr. 253, u. vom 15. Nov. 1867, RGBl. Nr. 134. Das Gesetz über das Versammlungsrecht v. 15. Nov. 1867, RGBl. Nr. 135, nebst den zu diesen Gesetzen ergangenen Regulativen, Verordnungen, Erlässen u. Entscheidungen hrsg. von Dr. Friedrich Tezner, Prof., Wien. 4. Aufl. Wien: Manz 1907. (VIII, 335 S.) 8° [F.] 07. 6788
= Gesetz-Ausgabe, Manzsche. Separatausg. 7.

[F.] Handbuch des österreichischen Administrativverfahrens v. Dr. Friedrich Tezner, Privatdoc. an d. k. k. Univ. Wien. *Wien: Manz 1896.* (XV, 535 S.) 1 Bd 8. 96 5466

Der österreichische Kaisertitel, das ungarische Staatsrecht und die ungarische Publicistik. Von Dr. Friedrich Tezner. Wien. 1899. Hölder. Gr.-8°. 234 S. fl. 2.50

Tezner, F., zur Lehre von dem freien Ermessen der Verwaltungsbehörden als Grund der Unzuständigkeit der Verwaltungsgerichte. [Aus: „Allg. österr. Gerichtszeitg."] gr. 8. (123 S.) Wien 888. Manz. n. 2. 40

— Österreichisches Staatsrecht in Einzeldarstellungen f. den praktischen Gebrauch. Der Kaiser. (VII, 343 S.) gr. 8. Wien 909. Manz. 6.—; geb. n 7. 20

Tezner, Frdr., die Successions- u. Verwandtenrechte des Prinzen Alexander v. Oldenburg, genannt Graf v. Welsburg, auf Grund des derzeit. oldenburg. Staats- u. Hausrechts. Ein Beitrag zum modernen Fürstenrecht. (128 S.) gr. 8. Berlin 905. C. Heymann. n. 2. —

Technik und Geist des ständisch-monarchischen Staatsrechts. Von Friedrich Tezner. *Leipzig: Duncker & Humblot 1901.* (IX, 102 S.) 8° = Forschungen, Staats- u. socialwissenschaftliche. Bd 19, H. 3. 01. 7759

Tezner, F., Die deutschen Theorieen der Verwaltungsrechtspflege. Eine kritisch-orientir. Studie. [Aus: „Verwaltungsarchiv".] gr. 8. (VII, 311 S.) Berlin, C. Heymann. 1901 6. —

Über Verwaltungsrechtspflege mit Hinblick auf das neue sächsische Verwaltungsgerichtsgesetz. Vortrag geh. 1901 von Dr. Friedrich Tezner, Prof. an d. Wiener Univ. (In erw. Form hrsg.) *Dresden: v. Zahn & Jaensch 1901.* (49 S.) 8° [F.]
= Jahrbuch d. Gehe-Stiftung zu Dresden. Bd 7, H. 1.

— üb. Verwaltungsrechtspflege m. Hinblick auf das neue sächsische Verwaltungsgerichtsgesetz. Vortrag, geh. in der Gehe-Stiftg. zu Dresden am 19. I. 1901. (In erweiterter Form hrsg.) gr. 8. (49 S.) Dresden 901. v. Zahn & Jaensch. n. 1.—
Sonderabdruck aus: „Jahrbuch der Gehe-Stiftung".

— d. landesfürstliche Verwaltungsrechtspflege in Österreich vom Ausgang d. 15. bis zum Ausgang d. 18. Jahrh. I. Hft. gr. 8. (214 S.) Wien 898. A. Hölder. n. 3.—

— die landesfürstliche Verwaltungsrechtspflege in Österreich v. Ausgang d. 15. bis zum Ausgang d. 18. Jahrh. 2. Hft. gr. 8. (179 S.) Wien 902. A. Hölder. n. 3.—

— die Wandlungen der österreichisch-ungarischen Reichsidee. Ihr Inhalt u. ihre polit. Notwendigkeit. (XII, 156 S.) gr. 8. Wien 905. Manz. n. 2. 60

**Th., Sara.** Eine Erzählung; a. d. Franz. Leipzig 1767. V: *Walz, Hnr. Carl & Glieb Walz.* (ML) (MGT) (GGr)

**Thaa,** Geo. Ritter v., Anleitung zum Gebrauche d logarithm. Rechenschiebers f. d. Zwecke d. Technikers 8. (59 S. m. Fig.) Wien 897. (Hof- u. Staatsdruckerei. n. — 80

**Thaa,** Geo. Ritter v., das Dampfkesselwesen in Österreich, s. a. Gesetzausgabe, Manz'sche.

**Thaa,** Geo. Ritter v., das Dampfkesselwesen in Oesterreich. Sammlung der auf diesen Gegenstand bezügl. Gesetze, Verordngn. u. Normal-Erlässe. Mit e. Einleitg., e. chronolog. u. Sachregister. Mit Genehmigg. d. k. k. Handelsministeriums u. m. Benützg. der amtl. Quellen hrsg. 16. (IV, 192 S.) Wien 891. Manz. n. 2.—

— das Dampfkesselwesen in Oesterreich. Sammlg. d auf diesen Gegenstand bezügl. Gesetze, Verordnungen u. Normal-Erlässe. Mit e. ergänzten chronolog. u. vollst. Sachregister üb. alle einschläg. Anordnungen. Mit Genehmigg. d. k. k. Handelsministeriums u. m. Benützg. d. amtl. Quellen hrsg. Suppl. 12. (III u. S. 199—305.) Wien 896. Manz. n. 1. 60
(Hauptwerk u. Suppl.: n. 3. 60)

— dasselbe. M. e. Einleitg., e. chronolog. u. Sachregister. M. Genehmigg. d. k. k. Handelsministeriums u. m. Benutzung d. amtl. Quellen hrsg. 2. Aufl., d. bis Mai 1897 vorgeleg. Stoff umfass. 12. (IV, 286 S.) Ebd. 897. n. 3. 60; geb. n. 4. 20

Thaa, G. R. v.: Das Dampfkesselwesen in Österreich. Sammlung der auf diesen Gegenstand bezüglichen Gesetze, Verordnungen und Normalerlässe. 3. Aufl. [Manz'sche Gesetzausgabe, Nr 48.] 8°. (VI, 472 S. mit 2 Tafeln)
Wien: Manz 1908.

**Thaa,** Geo. Ritter v., das Hausirwesen in Oesterreich. Mit Benutzg. der amtl. Quellen dargestellt. gr. 8. (VII, 136 S.) Wien 884. Manz. n. 2. 40

**Thaa,** Geo. Ritter v., das Maß- u. Gewichtswesen u. der Aichdienst in Österreich, s.: Taschenausgabe, Manz'sche, der österreich. Gesetze. 13.

**Thaa,** G. R. v., s.: Sammlung der f. die oesterreichischen Universitäten gilt. Gesetze u. Verordngn.

**Thaa,** G. R. v., Supplement III zu dem Werke: Das Maß- und Gewichtswesen und der Eichdienst in Österreich. 8° (239 S.) K 6.80, geb. K 7.80
Wien: Manz'sche k. u. k. Hof-Verlags- u. Univ.-Buchhdlg. 1905.

— Kopenhagen mit der Umgegend; besonders zum Nutzen der Fremden u. als Anleit. für sie beschrieben. Mit 4 Kpf. u. 2 Karten. 12. Kopenh. 828. (Brummer). 2 ₰

**Thaarup,** Friedr., Kopenhagen mit d. Umgegend; besond. zum Nutzen d. Fremden u. als Anleit. für sie beschrieben. M. 2 Karten, gr. 4. u. 4 Kpfr. 1. Aufl. (16 B.) 828., 2—4. A. (à 17 B.) 12. Kopenhagen 834, 35, Philipsen. à

**Thaarup,** Fr., Kopenhagen mit der Umgegend; besonders zum Nutzen der Fremden und als Anleitung für sie beschrieben. 3e verb. Ausg. Mit 2 Karten u. 4 Kpfrn. 12. Kopenhagen 834. (Philipsen.) n. 2 ₰ — 4e (mit Bemerkk. u. Zusätzen) verb. Ausg. Mit 2 Karten u. 4 Kpfrn. 12. Ebd. 835. (Leipzig, Hinrichs.) n. 2 ₰

**Thaarup,** Fr., Versuch e. Statistik der dän. Monarchie; aus d. Dän. mit vielen Veränderr. u. Verbesserr. der Verfass. 2 Bde. gr. 8. Kopenh. 795—97. (Brummer). 3 ₰ 10 gr

**Thaarup, Thomas.** Das Erndtefest. Ein Singspiel in einem Aufzuge. A. d. Dän. ... Altona 1795. Ü: *Frölich, F. H. W.* (GGr) (BrMm)

**Thabor-Bote.** Hrsg. u. Red.: L. Katterfeld. 1. Jahrg. 1906. 12 Nrn. (à ca. 6 S.) Lex.-8. Mitau (F. Besthorn).
Vergl.: Bote aus dem Mitauer Diakonissenhause. n.n. 2. —

**Thabor-Bote.** Organ f. kirchl. Gemeindepflege u. christl. Liebesthätigkeit in den balt. Provinzen u. im Innern Rußlands. Hrsg. u. Red.: L. Katterfeld. 2. Jahrg. (Neue Folge.) 1907. 12 Nrn. (à ca. 6 S.) Lex. 8. Mitau (F. Besthorn). nn 2. —
Erscheint nicht mehr.

Thackeray, Anna Isabella

**Thackeray,** Miss, Miss Angel,
— a book of Sibyls,
**Thackeray,** Miss, Da capo and other tales,
— Mrs. Dymond,
} s.: Collection of british authors.

**Thackeray,** Miß, Elisabeth. Deutsch von A. v. Wetzsch. Autoris. Ausg. 8. (222 S.) Leipzig 864, Wiedemann. [Hartknoch.]

— five old friends,
— from an island,
— old Kensington,
— Bluebeard's keys and other stories.
— Fulham Lawn and other tales,
— Madame de Sévigné; from a stage box; Miss Williamson's divagations,
— out of the world,
} s.: Collection of British authors.

**Thackeray,** William Macpeace, the Kickleburys abroad, siehe: Collection of British authors. Vol. 197.

Thackeray, W. M., the adventures of Philip, s. Collection of British authors.

— Aufzeichnungen v. Cornhill nach Groß-Cairo, s. a. Bibliothek, Europäische, 408 u. 409. Bd.

Thackeray, William Makepeace

Aufzeichnungen von Cornhill nach Groß-Cairo. Aus dem Engl. von O. L. Heubner. Th. 1.2.
Grimma, Leipzig: Verlags-Comptoir 1851. 8°

— Briefe an e. amerikanische Familie, s.: Haus, das braune.

Thackeray, W. M., Catherine, — Denis Duval, s. Collection of British Authors.

— komische Erzählungen, s. a.: Bibliothek, Europäische, 354. 355. 571. 628 u. 629. Bd.

Thackeray, William Makepeace

Komische Erzählungen. Bd 1.2.
Grimma, Leipzig: Verlags-Comptoir 1851. 8°

— Henry Esmond, s.: Ausland, das belletristische, 1065—1069 u. 1885—1892. Bdchn. — Bibliothek, Europäische, 851—854. Bd. — Lese-Cabinet, belletrist., 706—714. Lfg.

— Three English families at the beginning of the 19 century. (From „Vanity fair".) Für den Schulgebrauch hrsg. v. Joh. Ellinger. (159 S. m. Bildnis u. 1 farb. Plan.) 8. Leipzig 910. G. Freytag. — Wien, F. Tempsky. Geb. 1. 50

Thackeray, W. M., George II. and George III., s.: Rauch's English readings.

Thackeray, W. M., die vier George, s. Bibliothek, europäische. — s. Universal-Bibliothek Nr. 2030.

The four Georges, s. Collection of British Authors.

— Geschichte des Henry Esmond, s. a. Ausland, das belletristische. — Bibliothek, europäische. — Collection Hartleben. — Lese-Cabinet, belletristisches.

Thackeray, William Makepeace

Geschichte Henry Esmond's, Esq., Obristen in Diensten Ihrer Majestät der Königin Anna. Verfasst von ihm selbst, und herausgegeben von William Makepeace Thackeray. Deutsch von Chr. Fr. Grieb. Bd 1.2.
Stuttgart: Franckh 1853. 8°

Collection Hartleben. XIII. Band. Inh.: William Makepeace Thackeray, Die Geschichte Heinrich Esmond's. Geschrieben von ihm selbst. 8. (190 S.) In Lwd. geb. Wien: Hartleben 1892.

— die Geschichte von Arthur Pendennis, s.: Ausland, das belletristische, 1540—1558. Bdchn. — Bibliothek, Europäische, 222. 246. 271. 288. 330 u. 413—416. Bd. — Novellen-Bibliothek, 2. 4. 6. 8. 10. 12. 14. 18 u. 20. Bd.

— die Geschichte von Sam. Titmarsh, s. a. Ausland, das belletristische. — Bibliothek, europäische.

Thackeray, William Makepeace

Die Geschichte von Samuel Titmarsh und dem großen Hoggarty'schen Diamant. Bdchn 1-3.
Stuttgart: Franckh 1850. 8°

— Die Geschichte des Samuel Titmarsch u. des großen Hoggarty-Diamanten, s. a. Bücher, die, des deutschen Hauses.

Die Geschichte des Samuel Titmarsh und des großen Hoggarty-Diamanten. Von W(illiam) M(ak[e]peace) Thackeray. Ill. von Artur Scheiner. (Vorr.: Wilhelm Mießner.) Berlin-Leipzig: Buchverl. fürs Deutsche Haus 1908. (303 S.) 8° [F.]
= Bücher, Die, d. Deutschen Hauses. Reihe 1. Bd 7. 08. 5769

Das braune Haus. W[illiam] M[akepeace] Thackeray's Briefe an eine amerikanische Familie [Letters to an American family]. Deutsche autor. Ausg. von Cecilie Mettenius mit Vorw. von Arthur Bonus. München: C. H. Beck [1906]. (XXXI, 194 S.) 8° [F.] 07. 12790 11

— the history of Henry Esmond, s.: Collection of British authors. Vol. 145. 146.

— the history of Pendennis, s.: Collection of British authors. Vol. 167—169.

— the history of Samuel Titmarsh; the book of snobs, siehe: Collection of the British authors. Vol. 171.

Thackeray, W. M., England's Humoristen. Uebers. von A. v. Müller. Hamburg 854. Nestler u. Melle. 12. (V, 319 S.) n. 24 ngr.

— the English humourists, s. Collection of British authors.

— der Jahrmarkt des Lebens, s. a. Ausland, das belletristische. — Bibliothek, europäische.

Thackeray, W. M., d. Jahrmarkt des Lebens, s. a. Bibliothek d. Gesamtlitteratur.

Thackeray, W. M., d. Jahrmarkt d. Lebens, s. a. Meyer's Volksbücher.

— der Jahrmarkt des Lebens, s. a. Universal-Bibliothek Nr. 1471—1478. — Welt, die belletristische.

Thackeray, William Makepeace

Der Jahrmarkt des Lebens. Roman. Aus dem Engl. von Chr. Fr. Grieb. Bdchn 1-4.5-8.9-13.14-19.
Stuttgart: Franckh 1851. 8°

[F.] Der Jahrmarkt des Lebens. E. Roman ohne Helden v. William Makepeace Thackeray. M. d. Bilde d. Vfs. 4 Tle in 2 Bdn ... Deutsch v. Fr[iederike] Dobbert. Bd 1. 2. Halle a. S.: O. Hendel [1898]. 2 Bde 8.
1. (7 S., 1 Bl., 398 S., 1 Portr.) 2. (IV S., 401—863 S.)
— Bibliothek d. Gesamtlitteratur d. In- u. Auslandes. No 1138—1148.
98. 8978

Thackeray, W. M., lectures on the English humourists of the 18. century, s.: Materialien f. das neuenglische Seminar.

Thackeray, W. M., — Lovel the widower, s. Collection of british authors.

— Lowel der Wittwer, s. Bibliothek, europäische.

— der Markt des Lebens, s.: Welt, die belletristische.

— Memoiren eines engl. Livreebedienten, s. a. Bibliothek, Europäische, 418. Bd.

— Memoiren eines englischen Livreebedienten. Aus dem Engl. von L. Willmore. 8. (IV, 159 S.) München 881, [Bibliographisch-artist. Institut.] Unflad. *
geb. *

— Miscellanies, s. Collection of british authors.

— die Newcomes, s. Ausland, das belletristische. — Bibliothek, europäische. — Collection of British authors.

Thackeray, William Makepeace

Pendennis. Uebers. von Leonhard Tafel. Bdchn 1-5. 6-10. 11-15. 16-19.
Stuttgart: Franckh 1851. 8°

— e. Pessimist als Dichter, s.: Conrad, H.

— Rebecca u. Rowena. Ein Roman auf einen Roman. Mit 8 Illustr. v. Rich. Doyle (in Holzschn.) 8. (VIII u. 159 S.) Leipzig 852, Weber. n. 1 ⅓ ₰

— Rose u. Ring od. die Geschichte v. den beiden Prinzen Giglio u. Bulbo, s. a. Lebensbücher der Jugend.

Thackeray, W[illiam] M[akepeace]. Rose und Ring oder die Geschichte von den beiden Prinzen Giglio und Bulbo. Ein Märchenspiel für grosse und kleine Kinder. Illustriert vom Verfasser. Ins Deutsche übertragen von N[ina] J[ohanna] Scheu ⟨Zürich⟩. VIII + 141 S. 8. Braunschweig, George Westermann, [1910]. (geb. M. 2.50)
Lebensbücher der Jugend. Hrg. von Dr. Friedrich Düsel. Band 3.

—— Rose und Ring, s. a. Titmarsh.

Thackeray, W. M., } s. Collection of British Authors.
—— Roundabout Papers, }

Thackeray, W. M., a. selection from the „english humorists," „miscellanies" a. „roundabout-papers". s.: Collection of british a. american standard authors.

— Selections. Für den Schulgebrauch hrsg. v. Rich. Ackermann. Mit 1 Titelbilde, 3 Abb. im Texte u. 1 farb. Karte v. Irland. (157 S.) 8. Leipzig 910. G. Freytag — Wien, F. Tempsky. Geb. 1. 60

Thackeray, William M., Becky Sharp, hrsg. v. E. Merhaut, s.: Schulbibliothek, französische u. englische, C 39.

—— the Irish Sketch-Book, } s. Collection of British Authors.
—— the Paris Sketch-Book, }

— die Snobs, s.: Bibliothek, Europäische, 476 u. 477. Bd.

— das Snobsbuch, s.: Universal-Bibliothek.

— Samuel Titmarsh, s. a.: Ausland, das belletristische, 1098—1100. Bdchn. — Bibliothek, Europäische, 220 u. 221. Bd.

— Samuel Titmarsh and the great Hoggarty Diamond. Students' Tauchnitz edition. Mit deutschen Erklärgn. v. George Boyle. gr. 8. (VIII, 184 S.) Leipzig 886. B. Tauchnitz. n. 1. 20; cart. n. 1. 30

Thackeray, William M., s. Trollope, Anthony.

— Vanity fair, siehe: Collection of the British authors. Vol. 157—159.

— the Virginians, s. Collection of British authors.

— die Virginier, s. Bibliothek, europäische.

— The Waterloo campaign. Selected chapters from vanity fair. Mit Wort- u. Sacherklärgn. nebst biograph. Einleitg. hrsg. v. Rich. Ackermann. (VI, 91 u. 23 S.) kl. 8. Nürnberg (908). C. Koch. Kart. u. geh. 1. —

Thackeray's, W. M., Werke, s. Collection Spemann.

Thackeray, des William M., gesammelte Werke. Zum ersten Male vollständig ins Deutsche übertr. v. Heinr. Conrad. 1.—4. Bd 8. München, G. Müller. Subskr.-Pr. à 4. —; geb. à 5.50; Luxusausg. geb. à 16.—; Einzelpr. à 4.50; geb. à 6. —
1. Feine Gesellschaft. (XXXII, 356 S. m. Bildnis.) 909.
2—4. Der Jahrmarkt der Eitelkeit. 3 Bde. (449, 429 u. 384 S.) 909.

— the Yellowplush Papers, Major Gahagan, and the fatal boots. 8. (382 S.) Leipzig 886. Gressner & Schramm. geb. n. 3. —

Thackrah, James Robert [aus Halifax, England]: Über ein Condonsationsprodukt der Krotonsäure ... Leipzig-Reudnitz, Druck v. M. Hoffmann, 1891; 19 S., 2 Bl. 8°
Leipzig, Phil. Fak., Inaug.-Diss. v. [18. Jun.] 1891

Thaddädel, der 30jährige A. B. C. Schütz. Posse in 3 Aufz. v. Hensler. 8. Wien, Wallishauser. 799. Rthlr.

*Thaddäus* a S. Adamo, s. a. Th. Adm. Dereser.

Thaddaeus a S. Adamo (T. A. Dereser), d. Versuchungsgesch. Chr. erläutert u. von Widersprüchen gerettet. Bonn 1789; rec. 1794. 4.

Thaddaeus a s. Adamo (A. Dereser), De victu Joannis Baptistae in deserto commorantis. Commentatio scripturistica in Matth. 3, 4. Frankfurt, 1785, 38 S., 4°.
Recens. Litt. d. kath. Deutschl., Bd. III (1788), S. 544—545.

Aus dem Leben des Pastor Thaddäus. Eine Erinnerung an d. Zeit d. Eroberung Magdeburgs im J. 1631. *Barmen: H. Klein [1904].* (24 S.) 8° [F.]
— Dämmerstunde, Für die. Reihe 4. [6.] [04. 11535

Thaddäus: Der acht und sechzigste Psalm exurgat deus etc. aus d. Hebr. übers. u. erkl. u. mit Disputirsätzen über etliche histor. Bücher des alten Testaments vertheidigt. [Resp.:] Cassius Gareis. Bonn (1788).

Thaddaeus, Jan., De veterum Germanorum aviditate libendi ad Taciti Germaniam c. IV. 22. 23. excursus. Lipsiae 1751. — Viennae 1772. 8.
[Verf. nach Schweiger, v. Khautz.]
vgl. Thaddeus

Thaddéeff, Konstantin: Cölestin von Giershagen bei Stadtberge, s. Arzruni, Andreas

Thadden, Hildegard v., s. a. Mellin, H.

Thadden, Hildegard von. Der römische Brunnen. ⟨Zur Erinnerung an Conrad Ferdinand Meyer.⟩ [A.] 8. (Bremen und Leipzig 1900.)

Thadden, W. v., Instruktion über den Schützendienst für Unteroffiziere und Gemeine der Infanterie nebst einem Auszuge aus der Terrainlehre katechetisch bearb. Posen 853. (Berlin,) Scherk. 12. (2 Bl., 56 S.) n. 4 ngr.

Thadden-Trieglaff, Ad. v. Ein Lebensbild, s. a. Reuß, Eleonore, Fürstin.

Thadden-Trieglaff, Adolf v. Ein Lebensbild. (47 S.) 8. Elberfeld 897. Luther. Bücherverein. n. — 30

Thadden-Trieglaff, (Adolf) v. Der Schacher mit Rittergütern. Vorgetragen in der General-Versammlung der pommerschen ökonomischen Gesellschaft am 10. Mai d. Js. zu Cöslin. Cöslin 1842. 15 S. 8.

Thaden, Friedrich von

**Thaden**, Fr. v., allgem. Untersuchungen üb. d. Begriff d. röm. Interdictenbesitzes u. dess. Klassification im Rechtssysteme. gr. 8. (7 B.) Hamburg 833, [Perthes-Besser u. Mauke.]

**Thaden**, Geo. Edw., vom Rheumatismus u. der Gicht; eine akadem. Probeschrift. gr. 8. Erlang. 805. Schubert. (Heyder). 6 gr.

*Thaden*, Gerhrd. Fr., novae sellae aegrotantium adjuncta capsa pro pede fracto pendula descript., cum tabb. aen. 8maj. Erlang. 798. (Heyder). 8 gr.

Thaden, Gerh. Fr., novae sellae aegrotantium adjuncta capsa pro pede fracto pendula descript. c. tab. aen. 8.maj. Erlang. Schubart. (Breuning.) 798.

**Thaden**, Johs., Abschiedsworte an meine Heimatgemeinde, gesprochen am Taufstein der Kirche zu Oldorf im Großherzogt. Oldenburg am 29. Jan. 1893. 8. (VIII, 24 S.) Heidelberg 893. J. Hörning. n. — 20

— e. Blick hinter die Kulissen der oldenburgischen Landeskirche, der historische Hintergrund meiner gerichtlichen Fehde m. dem großh. oldenburgischen Oberkirchenrat. gr. 8. (VII, 137 S.) Ebd. 893. n. 1. —

**Thaden**, Ludw., Antonie. Roman. 8. (255 S.) Stuttgart 892. Deutsche Verlags-Anstalt. n. 3. —

**Thaden, Ludw., Antonie. Roman. (Neue [Titel-] Ausg.) 8. (255 S.) Stuttgart (892) 897. Deutsche Verlags-Anstalt. n. 1. —; geb. n. 1. 25**

Thaden, Ludw., eine Frau von Adel. Roman. 2 Thle. 8. (148; 265 S.) Berlin 875, [Wedekind und Schwieger.] Neufeld.

**Thaden**, L., e. Leidenschaft. — Sein Traum. — Ein Ferientag. Drei Novellen. 8. (314 S.) Stuttgart 888. Deutsche Verlags-Anstalt. n. 4. 50

— Eine Leidenschaft. Sein Traum. Ein Ferientag. Drei Novellen. (Neue Titel-Ausg.) 8. (314 S.) Ebd. 892. * 1 —; geb. * 1 25

— In der Sommerfrische u. andere Geschichten. Illustriert von F. Lipps. 8. (104 S.) Stuttg. 892, Krabbe. * 1 —

*Thaddeus*, Jan., de aviditate bibendi veterum Germanorum. 8. Wien 772. Jahn. 4 gr.

vgl. Thaddaeus

Thaddeus, Ioh., conciliatorium biblicum. 12. Copenhag. Wenzel. 717.

Der Bau der Friedrichskirche zu Uelvesbüll, ein Denkstein am Wege einer kleinen Gemeinde des Herzogthums Schleswigs, errichtet v. Ude Thaden. Tönning. 1854. 8°

**Thafnilde, ein Trauerspiel in fünf Aufzügen. Cassel 1768. V: *Casparson, Wilhelm Johann Christian Gustav.* (HS)**

**Thai-Kih-Thu**, d. Tscheu-Tsi Tafel d. Urprinzipes m. Tschu-Hi's Commentare. Nach dem Hoh-Pih-Sing-Li chinesisch m. mandschuischer u. deutscher Uebersetzg. Einleitg. u. Anmerkgn. hrsg. von Geo. v. der Gabelentz. Promotionsschrift. gr. 8. (VII, 88 S.) Dresden 876. v. Zahn in Comm. n. 6. —

**Thaisz, Ludw. v., kritische Bestimmung der Nützlichkeit od. Schädlichkeit der pflanzenfressenden Vögel. (Deutsch u. ungarisch.) hoch 4. (36 S.) Budapest 899. (Berlin, R. Friedländer & Sohn.) n. 1. 50**
**Sonderabdruck aus: „Aquila“.**

**Thakmene u. Kizimieka, oder die geprüfte Heldenliebe. 8. Wien 761. Krauß. 2 K**

**Thal, Wilhelm; ein Gemälde menschl. Leidenschaften. N. A. 8. Leipz. 809. (Nauck). 14 K**

* Thal, Wilhelm, ein Gemälde menschl. Leidenschaften. Neue Aufl. 8. Leipz. Sommer. 809.

**Thal**, Alfred, Referendar in Breslau: Der Rechtsbegriff des Pfandrechts an Forderungen nach römischem, gemeinem und deutschem bürgerlichen Recht. Breslau: M. & H. Marcus 1905. (VI, 84 S.) 8° ¶ (Ersch. vollst. als H. 15 der Studien zur Erläuterung des Bürgerlichen Rechts u. d. T.: Die Vereinigung von Recht u. Verbindlichkeit beim Pfandrecht an Forderungen.)
Breslau, Jur. Fak., Ref. Leonhard, Diss. v. 25. Febr. 1905
[Geb. 29. Sept. 78 Breslau; Heimatsort: Breslau; Staatsangeh.: Preußen; Vorbildung: Gymn. St. Maria-Magdal. Breslau Reife O. 98; Studium: Breslau 2, Freiburg i. B. 1, Breslau 3 S.; Rig. 20 Juli 04.]

**Thal, Alfr., die Vereinigung von Recht u. Verbindlichkeit beim Pfandrecht an Forderungen, s. a. Studien zur Erläuterung des bürgerlichen Rechts. 15. Hft.**

Die Vereinigung von Recht und Verbindlichkeit beim Pfandrecht an Forderungen von Alfred **Thal**. Breslau: M. & H. Marcus 1905. (VIII, 186 S.) 8°
= Studien z. Erläuterung d. bürgerl. Rechts. H. 15. (05 1168: 6

**Thal**, Antonie, Novellen. Innsbruck 853. Witting. 12. (2 Bl., 272 S.) n. 16 ngr.

**Thal**, Carl von, s. Thal, Karl von

Thal, **Eman., Serbiens Neuzeit, in geschichtl., polit., topograph., statist. u. culturhistor. Hinsicht dargestellt. (Mit 1 Stunden-Anzeiger d. namhafteren Orte Serbiens, lith. in gr. 4.) gr. 12. (8½ B.) Wien 840, [Tendler u. Comp.]**

Thal, Ferd., Dresden u. die sächs. Schweiz. Ein Taschenbuch f. Reisende. 2 Abthlgn. in 1 Bde. 16. (19¾ B.) Dresden 846, [Grimm u. Comp.] 18 Ngr. Mit 2 Kärtchen *

— neuester kurzgefaßter u. doch vollständiger Führer durch Dresden u. seine Umgebungen. Nebst genauer Angabe aller in dieser Residenz befindlichen Sammlungen f. Wissenschaft u. Kunst. 16. (9½ B.) Dresden 845, [Grimm u. Comp.] * 10 Ngr.; mit Plan 14 Ngr.; mit 20 Stahlst. 18 Ngr.; mit 20 Stahlst. u. Plan

**Thal, Ferd., neuester kurzgefaßter u. doch vollständiger Wegweiser durch die sächsische Schweiz. 2. verb. u. gänzlich umgearbeitete Aufl. Mit (6) Stahlst. u. einer (lith.) Uebersicht der sächs. Schweiz aus der Vogelschau (in qu. 8.) 16. (XVIII u. 110 S.) Dresden 851, Grimm & Co. n. 12 ngr**

**Thal**, Ferd., neuester kurzgefaßter und doch vollständiger Wegweiser durch die sächsische Schweiz. 3. verb. rc. Aufl. Mit 8 Stahlst. u. einer Uebersicht der sächs. Schweiz aus der Vogelschau. Dresden (855.) Grimm. 16. (XVIII, 110 S.) n. 8 ngr.

— neuester Wegweiser durch die sächs. Schweiz. Nebst e. Anhange: Anleitung zu e. Abstecher nach der Oberlausitz. 16. (10 B.) Dresden 846, [Grimm u. Comp.] * 10 Ngr.; mit Stahlstichen * 20 Ngr.; ohne Stahlst. m. Kärtchen * 14 Ngr.; mit Stahlstichen u. Kärtchen *

**Thal, Fr., Bagatellen. 8. Gera 788. Beckmann. 18 gr.**

**Thal, Friedr., Beatrix von Burgund. Schauspiel. (Den Bühnen gegenüber Mscr.) Zeitz 865. (Huch.) 16. (160 S.) 15 ngr.**

Thal, Fritz, Verhaftet, s. Eisenbahn-Unterhaltungen.

Thal Gustav: Die Libussa- und Wlastasage in ihren Quellen und deutschen Bearbeitungen.
II. 1902 PN 1505 Diss Wien Univ. 114

Thal Dr. Gustav Adolf: H n ö v k o v s k ý s komisches Epos „Děvín". Seine Bearbeitungen und deren Verhältnis zur deutschen Literatur. 18. Neutitschein R. 04.
Progr.

Thal, Hans, Maria. Melodramatisches Liederspiel in 3 Akten. Musik v. Adf. Jensen. 8. (47 S.) Leipzig (901). A. Foerster. n. — 50

Thal, Heinrich, Freiheit oder Knechtschaft? D. Ruhrkampf: Die Lebensfrage d. dtschn. Arbeitnehmer, Hamburg, 10 S., 8°.

Thal, Heinrich, prakt. Tierarzt in Landau (Rheinpfalz): Studien über die Dunkelfärbung bei Haustieren. (Aus dem zootechnischen Institute der Universität Bern. Vorstand: Prof. Duerst.) Landau, G. H. Fix, 1910. 48 S. 8°. [13. V. 10.]
Bern, Vet.-Med. Diss. 1910,11

Thal, Heinrich, Sterbendes Volk? E. Kampfschrift geg. d. dtsche. Not f. d. dtsche. Recht, Hamburg, 8°.

Thal, Joh. Andreas (Resp.): De C i r c u m s p e c t i o n e haeresiologica, s. B a u m g a r t e n, Siegm. Jakob

Thal, Jul., Hänsel u. Gretel. Märchenkomödie m. Gesang u. Tanz in 3 Acten, 7 Bildern. Frei nach d. Grimm'schen Märchen. (Textbuch.) gr. 16. (45 S.) Wien (900). (A. W. Künast.) n. — 60

v. Thal, Karl, der B u n d mit dem Schwarzen. Romantische Ritter-, Räuber- u. Geistergeschichte. Mit 1 Abbild. 8. Nordhausen 839. Fürst. 1 1/8 ₰

Thal, Karl v., der Bund mit dem Schwarzen. Romant. Ritter-, Räuber- u. Geistergesch. 8. (13 B. u. 1 Abbild.) Nordhausen 839. [Leipzig, Literar. Museum.]
1 Thlr. 3 Gr., hrbgs. Pr. *

v. Thal, Karl, das E h e w e i b des Ritters Jehu von Teufel. Historisch romantische Rittergeschichte. Mit lith. Abbild. kl. 8. Nordhausen 842. Fürst. 7/8 ₰

Thal, Carl v., das Eheweib des Ritters Jehu von Teufel. Histor.-romantische Rittergeschichte. 8. (12½ B. m. lith. Abbild.) Nordhausen 842. [Leipzig, Literarisches Museum.]

Thal, Karl [aus Wien]: Ueber die Einwirkung von salpetriger Säure auf substituierte Acetessigester ... Heidelberg, Univ.-Buchdr. v. J. Hörning, 1892; 37 S. 8.
Heidelberg, Naturw.-math. Fak., Inaug.-Diss. v. [20. Juli] 1892

Thal, Karl, üb. die Einwirkg. v. salpetriger Säure auf substituierte Acetessigester. Diss. gr. 8. (37 S.) Heidelberg 892. (J. Hörning.) n. 1. —

v. Thal, Karl, die E n t h a u p t u n g des alten Ritter Weissenwolff, oder: Bürgertrotz und Ritterrache. Romantische Rittergeschichte. 2 Bde. 8. Nordhausen 839. Fürst. 2 ₰

— die Enthauptung d. alten Ritter Weissenwolff, od.: Bürgertrotz u. Ritterrache. Romant. Rittergesch. 2 Bde. 8. (26 B.) Nordhausen 839. [Leipzig, Literar. Museum.]
2 Thlr., hrbgs. Pr. *

Thal, Carl v., der wilde E z e l i n o, oder: Des Kaisers Statthalter. Histor.-romantische Darstellung aus dem 13. Jahrhundert. 8. (13 B. u. 1 Stnt.) Nordhausen 842. [Leipzig, Literar. Museum.] Thlr.

Thal, K von

Gaston von Luxburg, der freche Dirnenräuber oder Die rächende Vehme in den Ruinen der Todtenburg bei Kassel. 3. verb. Aufl. - Das Gespenst des alten Ritters. Romantische Erzählung. 2. Aufl.
Leipzig: Lit Museum 1866. 136. 138 S. 8°

— das Gespenst d. alten Ritters. Romant. Ritter- u. Geistergesch. 8. (12½ B.) Nordhausen 840. [Leipzig, Literar. Museum.] 1 Thlr., hrbgs. Pr. *

Thal, K. v., das Gespenst des alten Ritters. Romantische Erzählung. 2. Aufl. Leipzig 866. Literarisches Museum. gr. 16. (140 S.) 10 ngr.

Thal, Karl v., Gotsche u. d. Greif d. Riesengebirges, od.: Der Kampf um die Herzogstochter. Romant. Geschichte d. Vorzeit. 8. (13 B.) Nordhausen 839. [Leipzig, Literar. Museum.]
1 Thlr., hrbgs. Pr. Thlr. *

— die H u n d e von Kunring. Histor.-romant. Rittergesch. d. 13. Jahrh. 8. (14 B.) Nordhausen 841. [Leipzig, Literar. Museum.] 1 Thlr., hrbgs. Pr. *

v. Thal, Karl, L i n k und Klunk, oder: die blutigen Nachopfer im Kloster Marieburghausen. Histor.-romant. Gemälde aus dem Mittelalter. Mit 1 Lithogr. 8. Nordhausen 843, Fürst. 7/8 ₰

— die M o r d m ü h l e. Romant. Räubergemälde. 8. (13 B.) Nordhausen 840. [Leipzig, Literar. Museum.]
1 Thlr., hrbgs. Pr. *

— die verführten O p f e r. Romantische Sage der Vorzeit. 8. (12 B.) Nordhausen 843. [Leipzig, Literar. Museum.]

— die R a b e n d. schwarzen Waldes. Histor.-romant. Räubergesch. 2 Thle. 8. (24 B. u. 1 Stnt.) Nordhausen 841. [Leipzig, Literar. Museum.] 2 Thlr. 2 Gr., hrbgs. Pr. *

— der alte R a u s c h e b a r t u. d. gleißende Wolf v. Wunnenstein. Histor.-romant. Rittergesch. d. 14. Jahrh. 2 Thle. 8. (26 B. u. 1 Stnt.) Nordhausen 839. [Leipzig, Literar. Museum.] 2 Thlr. 3 Gr., hrbgs. Pr. *

— die tanzenden S c h ä d e l am Rabensteine. Schaurige Sage aus den Ritterzeiten. 8. (13 B. u. 1 Stnt.) Nordhausen 839. [Leipzig, Literar. Museum.] 1 Thlr. 3 Gr., hrbgs. Pr. *

— der S o h n des Predigers oder: der Raubhorst im Spessart. Romant. Räubergemälde. 2 Bde. 8. (24 B. m. Abbildg.) Nordhausen 845. [Leipzig, Literar. Museum.]

— der T o d d. Raubritters, od.: Die Zerstörung d. Ebersburg. Romant. Rittergesch. 8. (12 B.) Nordhausen 838. [Leipzig, Literar. Museum.] 1 Thlr., hrbgs. Pr. *

— der W i l d g r a f, od.: Die beiden Manteuffel. Romant. Rittergesch. 8. (12½ B. u. 1 Stnt.) Nordhausen 839. [Leipzig, Literar. Museum.] 1 Thlr., hrbgs. Pr. *

— der W i r t h zum Rappen. Schauerl. Räubergemälde. 8. (13 B. u. 1 Stnt.) Nordhausen 840. [Leipzig, Literar. Museum.]
1 Thlr., hrbgs. Pr. *

Thal, M., e. Beitrag zur Chirurgie der Hüft- u. Kniegelenktuberculose, nebst e. Umschau in der einschläg. Literatur. Inaug.-Diss. gr. 8. (159 S.) Dorpat 890. (Karow.) n. 2. 40

Thal, M., deutsche Sprachschule, s.: B a r o n, M.

Thal, Max, das Christentum u. die moderne Frauenbewegung. I. Bibel u. Frauenfrage. II. Christliche Ehe u. Ehe der Zukunft. (27 S.) gr. 8. Breslau 904. [Koebner.] Stettin, H. Peters. n. — 60

Thal, Max, sexuelle Moral. Ein Versuch der Lösg. des Problems d. geschlechtl., insbes. der sogenannten „doppelten Moral". (III, 82 S.) gr. 8. Breslau 904. Koebner. n. 1. —

— Mutterrecht, Frauenfrage u. Weltanschauung. (XIV, 170 S.) gr. 8. Breslau 903. Berlin, J. Singer & Co. n. 2. 50; geb. n. 3. 50

— Schamgefühl u. gemeinsames Studium der Geschlechter. (26 S.) 8. Berlin (904). Verlag der Frauen-Rundschau. n. — 30

Thal, Rich., erneute Untersuchungen über Zusammensetzung und Spaltungsproducte des Ericolins und über seine Verbreitung in der Familie der Ericaceen, nebst einem Anhang über die Leditannsäure, die Callutannsäure und das Pinipikrin. Inaugural-Dissertation. gr. 8. (47 S.) St. Petersburg 883. (Dorpat, Karow.) *

Thal, Wilhelm [Pseud.], s. Lilienthal, Wilhelm

Thal, Wilh. (Wilh. Lilienthal), ihr Ausgehetag. Solo-Posse. 12. (6 S.) Berlin (895). M. Böhm. 1. —

Thal, Wilh. (Wilh. Lilienthal), eine Bombenkur, s.: Blik, Paul.

Thal, Wilhelm (Übers.), s. Eilersgaard, Charlotte: Eine moderne Heilige. Die Wehrlosen.

— ein sehr toller Einfall. Posse in 1 Akt. 2. Aufl. 8. (16 S.) Ebd. (895). 1. 50

Thal, Wilh., Gardinenpredigt. Plauderei in 1 Act. 12. (10 S.) Berlin 894. M. Böhm. 1. —

Thal, Wilhelm, e. Gemälde menschl. Leidenschaften. 8. Dresden, Richter. (Sommer in Lpz.) 794.

— ein Genie. Solo-Posse. 2. Aufl. 8. (8 S.) Ebd. (894). 1. —

— der Halsband-Prozeß der Königin Marie Antoinette. Cartouche, der berüchtigte Räuber, s.: Kriminal-Prozesse aller Zeiten.

— lustige Handwerker. Posse m. Gesang in 1 Akt. 12. (19 S.) Ebd. (895). 1. 50

— ich versichere Sie! Schwank in 1 Akt. 12. (13 S.) Ebd. (894). 1. 50

— Klatschrosen. Großer gemüthl. Kaffeeklatsch in 1 Act. 12. (16 S.) Ebd. 894. 1. 50

— Marmorbilder. Große, 6 Serien enth. Gallerie dieser beliebten Gattung „leb. Bilder", m. verbind. Texten resp. Gesängen, sowie m. genauester Anleitg. zum Stellen der Bilder u. Gruppen. (1. Das deutsche Lied. 2. Studentenleben. 3. Deutsche Dichtung. 4 Das Sängerfest. 5. Biblische Gestalten. 6. Biblische Geschichten, m. Lachgas beleuchtet.) 12. (31 S.) Ebd. 893. 1. 50

— tüchtiger Mensch! Posse in 1 Akt. 12. (11 S.) Ebd. (895). 1. —

— noch e. Täßchen gefällig?, } s.: Böhm, Mart.

Thal, Wilh. (Wilh. Lilienthal), s.: Novellen, chinesische.

— Pantomimen. Mimodramen u. pantomim. Komödien f. Liebhaber-Theater u. Gesellschaftsbühnen. (1. Die Heimkehr. 2. Der Zigeuner. 3. Das Versprechen hinter'm Herd. 4. Die Entführung.) 12. (27 S.) Ebd. 893. 1. 50

— s.: Paris, das lachende.

— s.: Roman, der, eines Konträrsexuellen.

— Schatten-Theater. Große Reihe übermüthig-lust. Schattenspiel-Komödien m. genauer Anleitg. der Darstellg. (1. Der Bleistift. 2. Die Zahnathletin. 3. Ritter Toggenburg. 4. Faust. 5. Die Bürgschaft.) 12. (30 S.) Ebd. 893. 1. 50

— d. Schuster v. Kalau. Solo-Posse m. Gesang. Musik v. Walt. Jerichow. 12. (8 S.) Ebd. (895). 1. —

— ein Stündchen in d. Kaserne, od.: Soldaten-Liebe u. -Kabale. Posse in 1 Akt. 4. Aufl. 12. (20 S.) Ebd. (894). 1. 50

Thal, Wilh., Berlins Theater u. die „Freien Bühnen". Ein Rückblick. 8. (32 S.) Hagen i/W. 890. Risel & Co. n. — 30

— höhere Töchter. Schwank in 1 Akt. 12. (13 S.) Berlin (894). M. Böhm. 1. —

— von der Hochzeitsreise zurück. Genrebild z. Polterabend in 1 Act. 12. (12 S.) Ebd. (895). 1. 50

— welche von Beiden?, } s.: Böhm, Mart.

— wenn man sich mausert. Schwank in 1 Akt. 12. (8 S.) Ebd. (895). 1. 50

— wer die Wahl hat! Solo-Lustspiel (f. 1 Dame). 12. (7 S.) Ebd. (895). 1. —

Thalacker's Adressbuch f. den deutschen Gartenbau 1910. (79 u. 437 S.) kl. 8. Leipzig, B. Thalacker. Geb. in Leinw. 2.50; m. Thalackers Kalender f. den deutschen Gartenbau zusammengezogen: 3. —

Thalacker's Adressbuch u. Kalender 1902 (f. den deutschen Gartenbau). 12. (XII, 288 S.) Leipzig-Gohlis, Bernh. Thalacker (durch Thalacker & Schöffer, Leipzig, Inselstr. 12). Geb. in Leinw. n. 4. —

Thalacker's Adressbuch u. Kalender 1905 (f. den deutschen Gartenbau). (104 S., Schreibkalender u. 347 S. m. 1 Karte.) kl. 8. Leipzig-Gohlis, Bernh. Thalacker (durch Thalacker & Schöffer, Leipzig, Inselstr. 12.) Geb. in Leinw. 2. 50

— Kalender f. den deutschen Gartenbau 1910. Hrsg. v. Otto Thalacker. (102 S. u. Schreibkalender.) kl. 8. Ebd. Geb. in Leinw. 1.—; m. Thalackers Adressbuch f. den deutschen Gartenbau zusammengezogen: 3. —

Thal-Anzeiger, s. Tal-Anzeiger

Thalasso, Adolphe, die orientalischen Maler der Türkei. Mit 25 Mattkunstdr.-Bildern, 23 Orig.-Reproduktionen, 2 Vierfarbentaf., 1 Gravure u. 7 Porträtvignetten. (79 S.) 31×25 cm. Berlin-Halensee (910). O. Beckmann. 6.—; geb. in Leinw. 8. —

Die orientalischen Maler der Türkei. Von Adolphe **Thalasso**. Mit 25 Mattkunstdruckbild., 23 Orig.Reprod. ... Berlin: Internat. Verlagsanst. f. Kunst u. Lit. [1910]. 79 S. 4°
(Kunst d. Gegenwart. Samml. moderner Künstlermonographien. Sonderbd.)
[11. 7066

**Thalau, Marie, Frauenleben.** Führungen. Orig.-Erzählgn. 12. (190 S.) Paderborn 888. Junfermann. n. 1. 80
geb. n. 2. 70

**Thalau, M., aus Herz u. Heimat.** 8. (VII, 155 S.) Paderborn 898. F. Schöningh. n. 1. 60; geb. in Leinw. n. 2. 60

**Thalau, M., verlitt'ne Tage.** 19 Novellen. (III, 201 S.) 8. Heiligenstadt (905). F. W. Cordier. n. 2. —; geb. n. 2. 60

**Thalau, M., Warum?** Novelle. 8. (256 S.) Paderborn (899). F. Schöningh. n. 2. 40; geb. n. 3. 40

Warum? Novelle von M[arie] **Thalau**. Paderborn: F. Schöningh [1900]. (256 S.) 8°

Thalberg A[illegible]: Über Propion[illegible] S. 167 Hb 18[illegible]
Separatabdruck

**Thalberg**, C., s. Thalberg, Karl

**Thalberg, Baron F. v.,** der perfecte Kartenspieler oder pract. Anleitung zur leichten Erlernung von 86 Kartenspielen wie Boston, Skat, Whist rc. Nebst Belehrung über die Kunstgriffe falscher Spieler bei den verschiedenen Kartenspielen u. einem Anh. enthltd. Roulette u. Trente et Quarante. Berlin 867. Mode's Verlag. 8. (IV, 219 S. mit eingedr. Holzschn.) 20 ngr.

**Thalberg, Baron F. v.,** der perfecte Kartenspieler oder Anleitung zur leichten Erlernung von 86 Kartenspielen, wie Boston, Skat, Whist, L'Hombre rc. rc. Nebst den Kunstgriffen falscher Spieler und einem Anhang enth. Roulette und Trente und Quarante. 2.—6. Aufl. 8. (223 S.) Berlin 870—78, Mode's Verlag.

**Thalberg, Baron F. v.,** der perfecte Kartenspieler oder pract. Anleitung zur leichten Erlernung von 86 Kartenspielen wie Boston, Skat, Whist, L'Hombre, Préférence, Sechsundsechzig rc. Nebst Belehrung über die Handgriffe falscher Spieler bei den verschiedenen Kartenspielen und einem Anhang, enth.: Roulette und Trente et Quarante. 7. verb. Aufl. 8. (IV, 221 S.) Berlin 887, Mode's Verlag.

**Thalberg, Baron F. v.,** der perfecte Kartenspieler od. pract. Anleitg. zur leichten Erlerng. v. 86 Kartenspielen, wie Boston, Skat, Whist rc. Nebst Belehrg. üb. d. Kunstgriffe falscher Spieler bei d. verschied. Kartenspielen u. e. Anh., enth. Roulette u. Trente et Quarante. 10., verb. Aufl. 8. (IV, 223 S.) Berlin 896. S. Mode's Verl. 2. —

**Thalberg, Baron F. v.,** der perfecte Kartenspieler od. prakt. Anleitg. zur leichten Erlerng. v. 86 Kartenspielen, wie Boston, Skat, Whist rc. Nebst Belehrg. üb. die Kunstgriffe falscher Spieler bei den verschiedenen Kartenspielen u. e. Anh., enth. Roulette u. Trente et Quarante. 12. Aufl. (IV, 223 S.) 8. Berlin (905). S. Mode. n. 2. —

**Thalberg, Jacob**, aus Büttenhardt, Kt. Schaffhausen: Die Adoption im heutigen deutschen Rechte unter besonderer Berücksichtigung des geltenden Schweizerischen Rechts und des Entwurfs zum Schweizerischen Civilgesetzbuch. Zürich **1906**. 257 S. 8°. [28. II. 07.]
Zürich Jur. Diss. 1906 1907

**Thalberg, Jac., die Adoption im heutigen deutschen Rechte. Unter besond. Berücksicht. d. gelt. schweizer. Rechtes u. des Entwurfs zum schweizer. Civilgesetzbuch.** (257 S.) 8. Zürich 907. A. Müller's Verl. 3. —

**Thalberg, Jacob.** Die Adoption im heutigen Deutschen Rechte, unter besonderer Berücksichtigung des geltenden Schweizerischen Rechts und des Entwurfs zum Schw' Civilgesetzbuch. Diss. Staatsw. Univ. Zürich. 257 S. 8. Zürich (Druck v. J. Wirz, Grüningen) 1906.

Thalberg, Karl

**Thalberg, C.,** der Bienenfreund. Ein Handb. f. Freunde d. Bienenzucht. 8. (4¼ B.) Leipzig 831, Glück.

**Thalberg, C.,** der Bienenfreund. 8. Leipzig 831. jetzt Bade in Berlin.

**Thalberg, Carl,** der Bienenfreund oder nützliche Belehrungen über Bienenzucht, — Bienenstöcke, — Bienenkönig, — Bienenschwärme, — Krankheiten der Bienen, — Raubbienen, — Bienen-Feinde rc. nebst Th. Nutt's Lüftungs-Bienenzucht. Für Freunde der Bienenzucht. 1. Aufl. (4¾ B.) 845. 5 Ngr. u. 2., verm. Aufl. 8. (4½ B.) Quedlinburg 846, Ernst'sche Bh.

**Thalberg**, C. (Herausgeber): „Der ökonomische Volksfreund; Monatsschrift für Oekonomen und Viehzucht treibende Personen", **Leipzig** 1831.

**Thalberg**, Johannes. Zur pathologischen Anatomie des Netzhautglioms und Aderhautsarcoms. Diss. Dorpat. 8°. 95 pp. mit drei lithographirten Tafeln. 1874.

**Thalberg, Michael** [von Büttenhardt (Kt. Schaffhausen)]: Der Dienstvertrag nach schweiz. Obligationenrecht. Zürich 1899. 181 S. 8°.
Zürich. Jur. Diss. 1898/99.

**Thalberg, Mich., der Dienstvertrag nach schweizerischem Obligationenrecht.** gr. 8. (181 S) Zürich 899. Art. Institut Orell Füssli. n. 3. —

Thalberg Oskar Dr.: Hofheimers künstl. Persönlichkeit.
1908 PN 2558 Diss. Wien, Univ. 2143

199

Thalberg, W. (Übers.):

s.: Witt, Christian: Ueber die Eigentümlichkeit des Klima's der Wallachei und Moldau und die sogenannte wallachische Seuche unter der zweiten russischen Armee während des letzten türkischen Krieges. Aus dem Russischen. Leipzig u.Dorpat: 1844

JB 5.149

**Thalbitzer, K. H.,** 4 Abhandll. über Industrie, Manufakturen. Handlung u. Reichthum rc. 8. Kopenh. 785. Prost. 6 ß

Glückstadt im Jahre 1836. Unter Conferenzrath Schumachers Direction aufgenommen und gez. v. Capitain W. von **Thalbitzer**. 1:4 000. o. O. u. J. Lithogr. 1 Bl. Imp.-Fol., 61,7/57,8 cm.

Karte von der Stadt Kiel mit nächster Umgebung im Maassstabe 1:5 000, gemessen, gez. und hrgg. v. [W. von] **Thalbitzer**. 1853. o. O. Lithogr. 1 Bl. Imp.-Fol., 75,5/63,5 cm (beschn.). Aufgez. a. Leinen.

Thalbote: 1906—1907| Fresno, CA
Weekly. Edited & published by Edwin L. Bahnert.

v. Thalburg, Ernst; e. Geschichte, (von C. Edw. Schreiber). 2 Thle. 8. Frankf. 788. (Mayr in Salzb.) 16 gl

Thalburg, C., Klein-Zaches, s. Bloch's, E., Kinder-Schaubühne.

Thalburg, C. u. G. Saufileben, Orpheus auf der Oberwelt, s. Bloch's, E., Dilettanten-Bühne.

Thale [Sachliches OW]

Thale, „die Perle des Harzes", Sommerfrische u. klimatischer Luftkurort, m. Soolquelle Hubertusbad. (30 S. m. Abbildgn. u. 1 farb. Plan.) 12. Thale a/H. 903. (Gemeinde-Vorstand.) n. 1.—

Thale, 'die Perle des Harzes,' Sommerfrische und klimatischer Kurort mit Soolquelle Hubertusbad. *(Thale a. H.: F. Grupe & Sohn [1903].)* (30 S.) 8° [03. 13505

Thale [Schlagwort]

-- s.a. Harz. Bomsdorff, O. v.

— s. a.: Harz. Reliefkarte.

Thale. Bomsdorff, O. v., Touristenkarte v. Thale u. Blankenburg m. Umgebung. 1 : 75,000. Lith. u. color. qu. Fol. Magdeburg 890. Rathke. n. — 50

Thale. Dathe, Edm., Touristen-Karte v. Thale u. Umgebung. Promenaden-Plan vom Bahnhofspark aus nach d. Bodethale, Treseburg, Altenbraak, Hexentanzplatz, Wolfsburg, Rosstrappe, Lindenberg, Georgshöhe, Lauenburg, Suderode, Gernrode, Stubenberg etc. Bearb. u. zusammengest. nach amtl. Material u. örtl. Ermittelgn. 1 : 30,000. 33 × 58,5 cm. Photolith. u. kolor. M. Text am Fusse. Thale i/H. (Suderode 896. O. Zechel.) — 30; auf Leinw. n. — 75

Thale. Plan von Thale nebst Umgebung. 2. Aufl. 32,5×42 cm. Farbdr. Thale a. Harz (907). Verkehrsbureau. (Nur direkt.) — 50

– Thale u. das Bodetal. (Karte vom gesamten Bodetal.) 18×81 cm. Autogr. Ebd. (907). — 80

Thale [Verfasser]

Thale, Adalb. vom, der Freischütz, s. Novellen aus der Theaterwelt.

v. Thale, (Adalb.,) Geburtstagsspiele u. andere kleine dram. Dichtungen für Familienkreise. 1s — 4s Bdchen., klein 8. Berlin 821 — 27, Mittler. 1s B. 12 gr. 2s B. 16 gr. 3s B. 12 gr. 4s B. 12 gr.

v. Thale, Adalbert, (Karl v. Decker), freie Handzeichnungen nach d. Natur. 2 Bdchn. (2s B. Das Mädchen v. Lobi. — Der Landprediger im Bad. — Rosinchens zweite Ehe. — Der Flieder-Strauß. 8. Berl. 820 u. 827. Mittler. 2 ₰ 20 gl

vom Thale, Adalbert, guten Morgen, Vielliebchen, s. Jahrbuch deutscher Bühnenspiele von Gubitz. 18r Jahrg.

Thale, A. v., auf Posten, od.: Guten Morgen, Vielliebchen, s.: Theater-Album, militärisches.

†Thale, Adalbert vom, (Carl v. Decker,) Margot Stofflet. Ein histor.-romant. Gemälde aus d. Vendeekriege. In 4 Akt. für d. Bühne bearb. 8. (11 B.) Berlin 828, Mittler.

Thale, Hans vom, „Tischchen deck dich" od.: Wie werden d. Wünsche d. Hausfrauen, Restaurateure, Gartenbesitzer, Institute u. Krankenhäuser, Vegetarier u. Fleischesser, Temperenzler, Obst- u. Delikatessen-Geschäfte erfüllt. E. zeitgemäße Besprechg. gr. 8. (17 S. m. 2 Abb.) Schopfheim 898. (G. Uehlin.) — 20

Thale, K. v., d. Aushebung od. Drei Helden, s.: Theater-Album, militär.

Thaleisenbahn, s. Taleisenbahn

Thalemann, Christian Wilhelm

— Oratio de difficultatibus veri theologi personam tuendi. 4. Leipz. 774.

*Thalemann*, Chr. Wlh., († d. 16. März 1778.) Diss. qua nubem super arca foederis Judaicum commentum videri, defenditur. 4. Leipz. 752. 2e Ausg. unt. d. T.: Tractatus de nube — iterum editus, cum vindiciis. Acced. Commentatio de auctoritate Philonis et Josephi in historia rituum. 8. Leipz. 771. Schwickert. 10 gl

Thalemann, Christian Wilhelm A. S. 658b/14

De eruditione Paulli apostoli Iudaica non Graeca dissertatio.
Leipzig (Langenheim) 20. IX. 1769. 54 S.

Gew.: Stadt Leipzig. 34273

Thalemann, C. W., Jes. Chr. eodem quo patrem modo colendum atque adorandum esse. Lips. 1776. 4.

— s. Iustinus, Martyr., apologiae etc.

— Diss. de sensu veri et falsi in interpretatione librorum sacrorum. 4. ... 775.

— versio latina evangeliorum Matthaei, Lucae et Iohannis, itemq. act. apostol. ed. D. C. Tittmann. 8. maj. Berl. Hesse. (Müller.) 781.

— Prolusio de vitiis e studio res divinas ingenio humano accommodandi. 4. Leipz. 775.

Thalemann, Frz. Mor., Schule des kirchlichen Orgelspiels auf elementarer Grundlage. Für den Gruppenunterricht zunächst in d. evangelisch-luther. Lehrerseminaren bearb. u. hrsg. (80 S.) 34×27,5 cm. Meissen (907). H. W. Schlimpert. 3.—; geb. n 3.50

[F.] Des Altars Säulen. E. Dichtg v. Richard Thalen. *(Berlin: L. Simion [1895].)* (2 Bl., 30 S.) 1 Bd 8. [96. 1160

Thalén, Rob., Untersuchungen von Eisenerzfeldern durch magnetische Messungen. Aus Jern-Kontorets Annaler 1879 bearb. von B. Turley. Mit einer lith. Taf. gr. 8. (III, 85 S.) Leipzig 879. Felix. n. 3. 60

Thaler ..., s. Taler ...

Thaler, Muster-Schreibhefte, s.: Lubitz.

[Thaler,] P. Albuin. P. Theodos Florintöni Ord. Cap., Generalvikar von Chur, Stifter der Kongregation vom hl. Kreuze in Menzingen und Ingenbohl. Ein Lebensbild von P. Albuin O. C. [Mit Illustrationen und 2 Tafeln.] VIII + 100 S. 8. Brixen, Verlag der Pressvereins-Buchh., 1908. [M. —. 60]

[Thaler,] P. Albuin. Das Gnadenbild U. L. F. von St. Maria, jetzt in der Stifts-Pfarrkirche zu Münster im Münstertale. Von P. Albuin.... 57 S. 8. Brixen, A. Weger, 1904. [fr. —. 30]

[Thaler,] P. Albuin. Die Gnadenmutter U. L. Frau von St. Maria in der Stiftspfarrkirche zu Münster im Münstertale (Schweiz). Von P. Albuin.... 92 S. 8. ([Münster i. M.,] Im Selbstverlage;) Mar. Vereinsbuchdr., Innsbruck, 1909. [fr. —. 70]

[Thaler,] P. Albuin. Jesus l'ami dels infants e sia chara Mamma. Cudesch d'oraziuns, dedichà als infants da Müstair. Da P. Albuin.... IV+72 p. 8. Enipunt, Uniun Mariana, 1909. [fr. —. 60]

-[Thaler, P. Albuin.] L'infant pietùs in sias oraziuns. Dedichà als infants da Müstair. 68 p. 8. Innsbruck, Fel. Rauch, 1901. [fr. —. 30]

Thaler, P. Albuin s. Istoria biblica. Immensee 1909.

[Thaler, P. Albuin.] Kompass für die Reformationsgeschichte Graubündens. 36 S. gr.-8. Innsbruck, Druck der Kinderfreund-Anstalt, 1910.

[Thaler,] P. Albuin. Maria von Trost oder Marianische Gürtelbruderschaft der heiligen Monika, des heil' Augustin und des heil' Nikolaus von Tolentin. Unterrichts- und Gebetbüchlein zum Gebrauche für die Mitglieder dieser Erzbruderschaft. Von P. Albuin.... [Mit 1 Illustration.] VIII + 73 S. 8. Innsbruck, Vereinsbuchh., 1906. [Kr. —. 24]

**Thaler,** Alexander, approb. Arzt aus Lemgo: Zur **Casuistik** der Abrisse der Sehne des Biceps femoris vom Capitulum fibulae. *Leipzig 1904: B. Georgi.* (60 S.) 8°
Leipzig, Med. Diss. v. (5. Mai) 1904

Thaler, Anna Antonie v., ein seltsames Verhältniß. Roman. 2 Bde. 8. (230; 291 S.) Hamburg 873, Richter. *

THALER, Bernardus: De Pentateuchi antiquitate — (1903) 171 S. 4° (Handschr.) Diss. 848
Diss. Wien, Univ.

Thaler, Carl von, s. Thaler, Karl von

Thaler, Cassian, s. Thaler, Kassian

**Thaler, Christine, Kochbuch f. Unerfahrene.** qu gr. 8. (XII, 184 S.) Wien 892. A. Hartleben. Geb. in Leinw. n. 3. 60

**Thaler, Christine, eine Mutter f. viele.** Brief an die Verfasserin v. „Eine f. Viele". gr. 8. (36 S.) Leipzig 902. Berlin, H. Seemann Nachf. n. 1. —

Thaler, D. Karl von, s. Thaler, Karl von

**Thaler,** Frz. Xav., zur Leichenverbrennungs-Frage. Zeitgemäße Besprechung aller einschlägigen Gesichtspunkte u. Verhältnisse. Ein Mahnruf an Alle. gr. 8. (39 S.) München 878. Weinreich. n. 1. —

**Thaler,** Fritz, aus Dortmund: Die diffuse **Reflexion** des Lichtes an matten Oberflächen. *Voorde 1903: O. Krohn.* (50 S.) 8°
Kiel, Phil. Diss. v. [21. Febr.] 1903

**Thaler, Jos., Geschichte Tirols von der Urzeit bis auf unsere Tage.** Nach histor. Quellen bearb. für Freunde der Geschichte und des Vaterlandes. 3 Thle. gr. 8. Innsbruck, Wagner'sche Buchh. à Thl. 18 Ngr.

Inhalt:

Thl. 1. Alte Geschichte. Von der ersten Bevölkerung Tirols bis zur Gründung der gefürsteten Grafschaft. (XI und 147 S.) 854.

" 2. Mittlere Geschichte. Von der Gründung der gefürsteten Grafschaft Tirol bis zum Tode Kaiser Karl's VI. (S. 149—305.) 85[illegible]

" 3. Neue Geschichte. Vom Tode Kaiser Karl's VI. bis auf unsere Zeit. (IV und S. 307—480.) 855.

**Thaler,** Joseph, Rechtspraktikant aus Würzburg: Der **Konkurs** des Versicherungsvereins auf Gegenseitigkeit. *München: J. Schweitzer (1902).* (57 S.) 8°
Würzburg, Jur. Diss. v. 1902

Thaler, Jos., *Pfarrer zu Kuens in Tirol.* Die Portale im Schlosse Tirol. Aeltere Erklärungen derselben, nebst der neuesten des hochw. Hrn. Pfarr. zu Kuens J. Thaler. *Innsbruck* 1858. *Felic. Rauch.* 8 S., 8°. Mit 1 Hefte Abbild.
Die Abbildungen sind: 1. Eingang zum Rittersaal im Schlosse Tirol, 2. Portal an der Kapelle im Schloss T. Nach der Natur und auf Stein gez. von C. Redlich, gedr. in der lith. Anst. v. C. Redlich in Innsbruck. 11″ hoch, 8½″ breit. Der Text ist aus den tirol. Monatblättern abgedruckt.

**Thaler,** Julius [cand. med. aus München]: Die Behandlung der Bubonen mit benzoesaurem Quecksilber nach Dr. Welander aus Stockholm ... München, J. F. Lehmann, 1894; 28 S. 8.
München, Med. Fak., Inaug.-Diss. v. 1894

Karl v. **Thaler**, Cousine Klara. Berlin: Romanwelt 1897. (S. 73–88.) 8° [F.]
— **Geschichten**, Kurze. 1, 7, [2.] [illegible]

**Thaler, Carl v., s.: Schriftstellerhaus.**

**Thaler, Karl v.,** Sturmvögel. Ein Sonettenkranz. Mannheim 860. Löffler. (Segnitz.) 16. (35 S.) n. 9 ngr.

Thaler, D. Karl v., Aus alten Tagen. Gedichte. 16. (VII, 180 S.) Ebendas. 869. *

**Thaler, Karl v., aus alten Tagen. Gedichte.** Hamburg 870. J. F. Richter. 16. (VII, 180 S.) n. 15 ngr.

**Thaler,** Kassian, O. Cap., Ablaß-Kalender f. die Mitglieder des 3. Ordens des hl. Franziskus. (Nach den neuesten, v. der hl. Ablaßkongregation approbierten Ablaß-Summarien.) 4. u. 5. Aufl. (32.—36. Tausd.) (29 S.) 16. Bregenz 907. J. N. Teutsch. — 15

**Thaler, Cassian,** O. C., Aufnahme- u. Lehrbüchlein f. die Mitglieder des 3. Ordens des hl. Franciscus. 2., verm. Aufl. 12. (96 S. m. 1 Farbdr.) Bregenz 900. J. N. Teutsch. n. — 24

**Thaler, Cassian,** O. C., Aufnahms- u. Lehrbüchlein f. d. Mitglieder d. 3. Ordens d. hl. Franciscus. Im Auftr. d. Vorstehg. d. nordtirol. Kapuziner-Provinz hrsg. gr. 16. (72 S. m. 1 Farbdr.) Bregenz 898. J. N. Teutsch. n. — 30

— Exercitien- u. Gebetbuch f. alle Christgläubigen. [Aus: „Lehr- u. Gebetbuch f. die Mitglieder des dritten Ordens".] Ausg. m. großem Drucke. 12. (780 S. m. Titelbild in Stahlst.) Ebd. 900. Geb. in Leinw. n. 1.80; in Halbldr. n. 2. 20; in Chagrinldr. n. 4. —

— prakt. Handbuch f. d. Seelsorgspriester zur Leitg. d. 3. Ordens des hl. Franciscus f. die Weltleute, nebst 91 Skizzen f. d. Ordenspredigten. Im Auftr. d. Vorstehg. d. nordtirol. Kapuziner-Provinz hrsg. 12. (XVI, 688 S.) Ebd. 898. n. 4. 50

— praktisches Handbuch f. Seelsorgepriester zur Leitung des 3. Ordens des hl. Franciscus, m. 100 Skizzen für die Ordenspredigten. 3. verm. Aufl. 8. (XVI, 599 S.) Ebd. 900. n. 4. 70; geb. n. 5. 50
2. Aufl. (XVI, 625 S.) 899. n. 3. 80.

— Lehr- u. Gebetbuch f. d. Mitglieder d. 3. Ordens d. hl. Franciscus. Im Auftr. d. Vorstehg. d. nordtirol. Kapuziner-Ordensprovinz hrsg. 16. (756 S. m. 1 Farbdruck.) Ebd. 898. Geb. in Leinw. n. 1. 60

— Lehr- u. Gebetbuch für die Mitglieder des dritten Ordens des hl. Franciscus. Im Auftrage der Vorstehg. der nordtirol. Kapuziner-Ordensprovinz hrsg. 2. Aufl. gr. 16. (760 S. m. farb. Titelbild.) Ebd. 899.
Geb. in Leinw. n. 1. 60

— dasselbe. 4., verm. u. verb. Aufl. Ausg. m. großem Drucke. 12. (864 S. m. farb. Titelbild.) Ebd. 900.
Geb. in Leinw. n. 2. —; in Halbldr. n. 2. 70; in Chagrinldr. n. 4. —

Thaler, Kassian, O. Cap., Lehr- u. Gebetbuch für die Mitglieder des dritten Ordens des hl. Franziskus. 6., verm. Aufl. (752 S. m. 1 Farbdr.) 16. Bregenz (905). J. N. Teutsch.
Geb. in Leinw. n. 1. 60

— dasselbe. (Ausg. in Grobdr.) 8., verm. Aufl. (773 S. m. 1 Farbdr.) kl. 8. Ebd. 905. Geb. in Leinw. n. 2. —

— Lehr- u. Gebetbuch f. die Tertiaren d. hl. Franziskus. Verf. v. Frz. Ser. Tischler. 10. verm. Aufl. 260.—285. Taus. Grobdr.-Ausg. (792 S. m. farb. Titelbild.) kl. 8. Ebd. (910). Geb. in Leinw. 2.— ; in Halbldr. 2.40; in Ldr. 3. 80

— Liederbuch f. die Ordensversammlungen der Tertiaren. (64 S.) kl. 8. Ebd. 906. n. — 40; Orgelbegleitung dazu. (47 S.) qu. 8. n. 2. —

Thaler, P. K., Orgelbegleitung zur neuen Liedersammlung für die Drittordenskonferenzen. Qu.-Gr.-8°. (46 S.) K 2.40
Bregenz: Taitsch 1906.

— Taschenbüchlein f. die Tertiaren des hl. Franziskus. [Aus: „Th., Lehr- u. Gebetbuch".] (417 S. m. 1 Farbdruck.) 16. Ebd. 903. Geb. in Ldr. n.n. 1. 25

— Zeremoniale. Ablaß-Kalender u. neue Liedertexte für den Altardienst bei den Drittordens-Versammlgn. (VIII, 120 S.) kl. 8. Ebd. 906. Geb. in Leinw. n. 1. 40

— Ceremoniale des dritten Ordens des hl. Franciscus, sammt e. Auswahl v. Gebeten u. Liedern f. die Ordensandachten. [Aus: „Praktisches Handbuch".] 12. (105 S.) Ebd. 900. Geb. in Leinw. n. 1. 40

**Thaler,** Konrad, Arzt a. Erlangen: Aus der inneren Abteilung des Allgemeinen Krankenhauses St. Georg, Hamburg. ⟨Direktor Dr. Deneke.⟩ Über Gonokokken im Blut bei septischer gonorrhoischer Endocarditis. Rostock 1906: Adlers Erben. (27 S.) 8°
Rostock, Med. Fak., Ref. Martius, Diss. v. 20. Febr. 1907
[Geb. 11. März 77 Erlangen; Wohnort: Hamburg; Staatsangeh.: Bayern; Vorbildung: Gymn. Erlangen Reife M. 96; Studium: Erlangen 5, Berlin 1, Kiel 1, Erlangen 3 S.; Coll. 8 Nov. 06; Approb. 10 Marz 04.]

Thaler, Konstantin Joseph (Schlesien) A. S. 1368/12

De delectu ingeniorum Pytharorico dissertatio historico-philosophica. Präs. Karl Andreas Belius. Leipzig (Schnibes) 5. IX. 1742. 21 S.
34274

Thaler, Lenel, Verse. 2. Aufl. 12. (117 S.) Leipzig 886, [G. Wolf.] G. Lewien. *ℳ 2.—.; geb. *

**Thaler,** Max [aus Freising]: Ein Fall von Echinococcus multilocularis hepatis ... München, Druck d. Akad. Buchdr. v. F. Straub, 1892; 32 S. 8.
München. Med. Fak., Inaug.-Diss. v. 1892

**Thaler,** Otto, approb. Arzt aus Salzungen: Über die in der Heidelberger Chirurgischen Klinik des Geh. R. Czerny 1889—1899 behandelten Fälle von Carcinoma penis. *Salzungen 1901: A. Scheermesser.* (31 S.) 8°
Heidelberg, Med. Diss. v. 1901

Stammliste des Eisenbahn-Regiments Nr. 3. Im Auftr. d. Regts bearb. von [Reinhard] **Thaler,** Hauptm. Berlin: E. S. Mittler & Sohn 1907. (161, XIII S.) 8° [F.]
[08. 8338

Thaler, Rich., die Müllerei. Ein Handbuch des Mühlenbetriebes. Umfassend: Die Rohmaterialien, Maschinen u. Geräthe der Flach-, Halbhoch- u. Hochmüllerei, sowie die Anlage u. Einrichtg. moderner Mühlenetablissements u. der Rollgerstefabriken. Zeitgemäß dargestellt. 8. (XIV, 443 S. m. 17 Taf. [167 Abbildgn.]) Wien 894. A. Hartleben. n. 6. —; geb. n. 6. 80

Thaler R, die Müllerei. Handbuch des Mühlenbetriebs. (Bibliothek, Chemisch-technische 210) Wien 1894

Thäler, s. T ä l e r

Thalerkabinett, s. T a l e r k a b i n e t t

Thalfeld, Ed., die Ueberfüllung der Schulklassen in Preußen u. ihre scheinbare Beseitigg. durch unvollkommene Schuleinrichtgn. Auch e. Beitrag zur Leidensgeschichte d. Volksschule. [Aus: „Evang. Schulbl."] gr. 8. (61 S.) Gütersloh 895. C. Bertelsmann. n. — 80

**THALHAMMER,** Albert: Über Symmetrie in den Komödien des T. Maccius Plautus. — 1906. 123 Bl. Diss. Graz, Univ.

Thalhaus, Frz., die neue Antigone oder die Geächteten. Historische Erzählung aus den Zeiten Konradins von Schwaben. Nach Loyau-d'Amboise bearb. 4. Aufl. 8. (278 S.) Aachen 882, Cremer'sche Buchh.
3. Aufl. vgl. : Loyau-d'Amboise.

Thalhaus, Frz., Markgräfin Mathilde von Canossa. Historische Erzählung, in freier Bearbeitung nach Antonio Bresciani. Aachen 860. Cremer. 12. (3 Bl., 578 S.)
1 ℛ 10 ngr

Thalhaus, Frz., eine alte Jungfer. Erzählung. — Verlust u. Gewinn. Erzählung nach Mathilde Bourdon. Aachen 866. Cremer'sche Buchh. 8. (184 S.) 15 ngr.

—— Religion und Welt. Erzählungen nach Frau Tarbe des Sablons und andern kathol. Schriftstellern frei bearb. gr. 12. (377 S.) Aachen 859, Cremer'sche Buchh.

—— der verborgene Schatz. Erzählung. Nach Alfr. des Essarts. 8. (119 S.) Aachen 866, Cremer'sche Buchh.

—— Serapia. Erzählung aus dem zweiten christl. Jahrh. Nach Abbé France frei bearb. gr. 12. (303 S.) Aachen 861, Cremer'sche Buchh.

v. Thalheim, Adelheid, Vom Verf. der Ostereier, siehe: v. Schmidt, Chrph.

Thalheim, C a r l und Henriette von, s. T h a l h e i m , Karl und ...

— Friedr., u. Heinr. Burgau, od. d. Sieg d. edlern Liebe. 2 Thle. 8. Elberf. Büschler. 805.

— Friedrich, u. Heinr. Burgau, od. der Sieg der edlern Liebe. 8. Elberf. 805. (Schönian). 1 ℛ 8 ℊ

**Thalheim** eine romantische Geschichte, aus den Papieren der letzten Aebtissin zu Marienzell . . . Erfurt 1806. V: *Vulpius, Chn August.* (Ky) (EE) (MGT)

Thalheim, Graf, e. romant. Geschichte, (v. C. A. Vulpius). 8. Erfurt 806. Müller. (Leipz., Weygand). 1 ₰ 8 gl

— Julianens v., Gesch. 8. Bresl. Korn d. ält. 781.

Thalheim, Karl

**THALHEIM**, Carl und Henriette von. Eine Familiengeschichte. Altenburg, Richter, 1781. 8°. (⅓ Rthl.)
Goedeke IV, 222, 75; fehlt Kayser p. 123. — Selten!

Thalheim, Carl, u. Henriette von; e. Familiengesch. 8. Altenb. Richter. (Akad. Bchhdl. in Jena.) 781.

Thalheim, Louise; e. Bildungsgeschichte, f. Gbr. W. Spieker

**Thalheim, Louise,** eine Bildungsgeschichte für gute Töchter. Leipz. 1808. V: *Spieker, Christian Wilhelm.* (MGT) »oder das Hausmütterchen. Leipz. 1807« (Ky)

**THALHEIM**, Ludwig, und Heinrich Purgau, oder der Sieg der edlern Liebe. 2 Thle. Elberfeld, Büschler, 1805. 8°. (1⅓ Rthl.) Rar!

**Thalheim,** der Menschen- und Vaterlandsfreund. Leipzig 1815. V: *Brückner, Johann Jacob.* (Ky)

Thalheim, der Menschen- u. Vaterlandsfreund. Seitenstück zu Theodor, oder Cultur u. Humanität. 2 Bde. 8. Leipz. Joachim. 815.

**THALHEIM** von Regensburg. Eine Sage aus dem dreyzehnten Jahrhundert. 3 Thle. Mit 3 reizenden Titelvignetten (nach Chodowiecki von Cl. Kohl). Wien, 1791—92, bei Joseph Stahel. 8°. 254, 240 u. 208 S.
Einiges frei. Selten! — Max Perl's Berliner Febr.-Auct. 1907, no. 948.

**Thalheim**, die wahren Verdienste Luthers um die Volksschule, s.: Vorträge u. Abhandlungen, pädagogische.

Thalheim, Carl Franz Leopold,
s. Thalheim, Karl Franz Leopold

Thalheim, D. L., s. Thalheim, Theodor

**Thalheim, Fel.,** die Kostenanschläge od. das Veranschlagen von Hochbauten, s.: Stade, Frz., die Schule des Bautechnikers.

Thalheim, Friedrich

Thalheim, Fr., der Abt zu Mosbach, oder: Ritterschwert und Henkerbeil. Romantische Kloster- u. Rittergeschichte der Vorzeit. 8. Nordhausen 840. Fürst. $1^{1}/_{12}$ ₰

**Thalheim, Friedr.,** der Abt zu Mosbach, od.: Ritterschwert u. Henkerbeil. Romant. Kloster- u. Rittergesch. d. Vorzeit. 8. (14½ B.) Nordhausen 840. [Leipzig, Literar. Museum.] 1 Thlr. 2 Gr., hrbgs. Pr.*

**Thalheim, F.,** Hannes Birkhahn und Ritter Gerhard von Scharfenstein oder: Die blutige That in der Scharfensteiner Mordhalle. 8. Nordhausen 843, Fürst. ¾ ₰

Thalheim, F., Hannes Birkhahn u. Ritter Gerhard v. Scharfenstein oder die blutige That in der Scharfensteiner Mordhalle. 8. (13 B.) Nordhausen 843. [Leipzig, Literar. Museum.] —

—— Lukas Dorn u. Adelheid v. Steinberg, oder: Der Sohn des Lauenburgers. Romantisches Rittergemälde. 8. (14 B.) Nordhausen 842. [Leipzig, Literar. Museum.]

**THALHEIM**, Friedr. (ps.), Der Erzbischof von Köln und Herrmann von Grein, der kühne Löwenbändiger, oder der blutige Aufstand zu Köln. Ritter-, Kloster- u. Räubergeschichte. Nordhausen, Fürst 1838. 8°. 14¼ Bogen.
A. G. Schmidt, Gallerie etc.

—— der Erzbischof von Köln u. Herrmann v. Grein, d. kühne Löwenbändiger, od.: Der blutige Aufstand zu Köln. Ritter-, Kloster- u. Räubergesch. 8. (14¼ B.) Nordhausen 838. [Leipzig, Literar. Museum.] 1 Thlr. 2 Gr., hrbgs. Pr. *

—— der schwarze Fabian, od.: Ritter Dietrich v. Strauchhelm u. seine Genossen. Eine schauervolle Gesch. a. d. Ritterzeiten. 8. (12½ B.) Nordhausen 839. [Leipzig, Literar. Museum.] 1 Thlr., hrbgs. Pr. *

— — Der Ketzermacher. 1846.

—— der Ketzermeister, oder: Heinrich v. Reiffenberg u. Agnes v. Bickenbach. Histor.-romant. Rittergeschichte. 8. (12½ B.) Nordhausen 846. [Leipzig, Literar. Museum.]

Thalheim, F

Der treue Knappe am Kreuz oder: Der blutige Gang zur St. Johanniskapelle. Rittergeschichte aus der grauen Vorzeit.
Nordhausen: Fürst 1841. 214 S. 8°

—— der treue Knappe am Kreuz, od.: Der blutige Gang zur St. Johanniskapelle. Rittergesch. a. d. grauen Vorzeit. 8. (13⅓ B.) Nordhausen 841. [Leipzig, Literar. Museum.] 1 Thlr., hrbgs. Pr. *

—— die wilden Ritter von Stiege, od.: Die Blutschuld u. d. Gründung d. Klosters zu Ilfeld. Romant. Rittergesch. 8. (12½ B.) Nordhausen 839. [Leipzig, Literar. Museum.] 1 Thlr., hrbgs. Pr.*

—— die Todtenschenke, od.: Der Führer der schwarzen Rotte. Histor.-romant. Räubergesch. 8. (14 B.) Nordhausen 839. [Leipzig, Literar. Museum.] 1 Thlr., hrbgs. Pr.

— — Die Todtenschenke. 2. Ausgabe. 1866. (Ed. I. 184*?)
Die 4 letzten Titel ohne Orts- u. Formatsangabe in Weller's Lex. Ps. p. 555.

**Thalheim**, Friedr., die Todtenschenke oder der Führer der schwarzen Rotte. Historisch-romantisches Gemälde aus der ersten Hälfte des dreißigjährigen Krieges. 2. Aufl. Leipzig 866. Literarisches Museum. gr. 16. (164 S.) 10 ngr.

**Thalheim**, Fritz [app. Arzt aus Nassiedel (Oberschlesien)]: Über septische Infection neugeborener Kinder. . . . Würzburg, Becker's Univ.-Buchdr., 1890; 31 + 1 S. 8°
Würzburg, Med. Fak., Inaug.-Diss. v. 1890

**Thalheim, Gustav**: Die Eiweisskörper der glatten Muskeln. Göttingen 1908: Kaestner. 28 S. 8°
Göttingen, Med. Diss. v. 16. Juni 1909, Ref. Runge
[Geb. 17. Sept. 83 Norderney; Wohnort: Göttingen; Staatsangeh.: Preußen; Vorbildung: Gymn. Verden Reife O. 03; Studium: Erlangen 2, Kiel 1, Rostock 3, Freiburg i. B. 1, Göttingen 3 S.; Coll. 25. Juni 08; Approb. 10. Juni 09.] [U 09. 1325

**Thalheim**, H., aus dem Künstlerleben, s.: Volks- u. Jugend-Bibliothek.

Thalheim, Hans [app. Arzt, Esens in Ostfriesl.]: Über habituelle Tachycardie ... Leipzig: Druck v. A. Edelmann 1893. 32 S., 1 Bl. 8°
Leipzig, Med. Fak., Inaug.-Diss. v. 6. Dez. 1893

**Thalheim,** J., Hochsee-Torpedoboot m. Dampfbetrieb, s.: Wie baue ich mir selbst?

Thalheim, J., ein Mörder aus Dankbarkeit, s. Zeitvertreib.

**Thalheim,** J. F. E., Missions-Gesangbuch. Zum Gebrauche an Missionsfesten u. in Missionsstunden. 2. Aufl. Leer 862. Meyer in Comm. 16. (160 S.) n. 5 ngr.

Thalheim, Karl Franz Leopold

Thalheim, Car. Franc. Leopo. (geb. Fraustadt 31. 10. 1797): De chorea St. Viti. (Berolini 1823.) (51 [vielmehr 52] S.) 8°
Berlin, Med. Diss. v. 1. Juli 1823

**Thalheim,** Louise, Büchlein Bimbam. Illustr. v. L. Th. 4. (20 color. Steintaf. m. eingedr. Text.) Berlin 885. Plahn. geb. 2. 50

**Thalheim,** Luise, Büchlein Bim-Bam. Alte, liebe Kinderreime. Mit 24 neuen Bildern v. Meta Voigt u. Marie Hohneck. 4. (16 S. m. Abbildgn. u. 8 farb. Taf.) Stuttgart (899.) Loewe. Geb. n. 2.—; unzerreißbar (12 S. m. z. Tl. farb. Abbildgn., auf Pappe.) n. 2. —

Thalheim, Louise, Deutschland, Deutschland über Alles, s. Jugendbibliothek, neue illustrirte.

**Thalheim,** Louise, das Büchlein Dideldumdei. Berlin 869. Plahn. 4. (19 color. Steintaff.) cart. 25 ngr.

—— Erinnerungen eines Kaninchens, s. Jugendbibliothek, neue illustr.

— aus der Jugendzeit. Zwei Erzählgn. f. heranwachs. Mädchen. Mit 2 Illustr. (Steintaf.) gr. 16. (245 S.) Breslau 874. Trewendt. geb. 4. 50

**Thalheim,** Louise, der Kindermund. Berlin 863. Plahn. 4. (20 color. Lithogr. m. Text.) 25 ngr.

—— s. Kinderscherz für's Kinderherz.

— Kinderscherz für's Kinderherz. Mit 24 Bildern in Holz geschn. von Hugo Bürkner. Glogau 867. Flemming. hoch 4. (60 S. mit eingedr. Holzschn.) cart. 1 ₰

— — Neue Folge u. 3. Sammlung. Alte u. neue Geschichten gesammelt von Adele Gräfin v. Bredow-Goerne. Mit (je) 25 Bildern in (eingedr.) Holzschn. ausgeführt von Heinr. Bürkner u. Klitzsch & Rochlitzer. Ebend. 867,68. 4. Jede Sammlung (III, 64 S.) cart. 1 ₰

Thalheim, Louise, Kinderscherz für's Kinderherz. Mit 24 Bildern (in eingedr. Holzschn.), in Holz geschn. von Hugo Bürkner. I. 2. Aufl. hoch 4. (54 S.) Glegau 874, Flemming. cart.

Thalheim, Luise, Kinderscherz für's Kinderherz. Mit 24 Bildern, in Holz geschnitten von Hugo Bürkner. I. 3. Aufl. gr. 8. (54 S.) Glogau 881, Flemming. geb.
I. Ebendas. 1877. geb. ℳ 3.

—— dass. — Mit 24 (eingedr.) Bildern, in Holz geschn. von Hugo Bürkner. III. 2. Aufl. gr. 8. (62 S.) Ebendas. 882. geb.

Thalheim, Louise, das Büchlein Kunterbunt. 4. (20 ill. Stnt. mit Text.) Berlin 866, Plahn'sche Buchh. cart.

Thalheim, Luise, das Büchlein Kunterbunt. 4. (20 color. Stnt. mit eingedr. Text.) Berlin 883, Plahn'sche Buchh. geb.

Thalheim, Louise, Liederborn. 23 Kinderlieder. 4. (23 ill. Stnt. mit Text und lithogr. und ill. Titel.) Breslau 860, E. Trewendt.

Thalheim, Louise, Maientage des Lebens. br. 8. Breslau 871. Hamburg, Rudolphi. geb.

— Maientage des Lebens. Drei Erzählungen. Mit 4 Illustrationen von der Verf. (in Chromolith.) Breslau 871. Trewendt. br. 8. (151 S.) geb. 1 ₰

**Thalheim,** Louise, das Büchlein Stillvergnügt. gr. 4. (24 Chromolith.) Berlin 874. Plahn. geb. 6. —

**Thalheim,** Louise, das Büchlein Stillvergnügt. 2. Aufl. gr. 4. (24 color. Steintaf. m. eingedr. Texte.) Berlin 881. Plahn. geb. 4. 60

—— Tageszeiten. 8. Leipzig 874. Gera, Griesbach's Verlag. geb.

— Tageszeiten. 3 Novellen f. erwachsene junge Mädchen. 8. (223 S. m. 1 Holzschntaf.) Leipzig 874. Hirt & Sohn. n. 2. 25; geb. n. 3. 60

**Thalheim,** Ludovicus: De oculi mechanismo imprimis vi obiectis se accomodandi [!]. Halis (1842): Hendel. 32 S. 8°
Halle-Wittenberg, Med. Diss. v. 12. Okt. 1842
Geb. Oels 13. 9. 1819. V.

Thalheim, Michael Gottlieb (Breslau) A. S. 1206/26

Dissertatio inauguralis medica de mechanica moriendi necessitate. Präs. Michael Alberti.
Halle (Hendel) IX. 1735. 28 S. 34276

W. v.: Johann Ephraim Schencke.

Thalheim, *Theodor*: De Dinarchi codicibus commentatio. 4 (13 S.). Progr. König-Wilhelms-G. *Breslau* 1886 (164)

**Thalheim,** Th., Lehrbuch der griechischen Rechtsalterthümer, s.: Hermann, K. F., Lehrbuch der griechischen Antiquititen.

Thalheim, Theodor: Zu Lykurgos und Lysias. 4 (18 S.). Progr. Kgl. G. *Hirschberg i. Schl.* 1900
I. Der Rhythmus bei Lykurgos II. Kritische Bemerkungen zu Lysias

Thalheim [Dir.]: Quaestiones Demosthenicae. Schneidemühl, Druck v. G. Eichstädt, 1889; S. 1—13; 4°
Schneidemühl, k. G, OP 1889 (154)

[Umschlagt.:] **Thalheim,** *Theodor* [Dir.]: Zu den griechischen Rechtsaltertümern. Schneidemühl, Druck v. G. Eichstädt, *1892*; 3—14 S. 4.
Schneidemühl, k. G, OP 1892 (163)

[Umschlagt.:] [J.] **Thalheim,** *Theodor* [Dir.]: Zu den griechischen Rechtsalterthümern u. [Forts. d. P-Beil. Schneidemühl 1892.] Hirschberg, Druck v. Geisler & Ike, 1894; 3—18 S. 4.
Hirschberg, k. G, OP 1894 (188)

Thalheim, Theod. Die Rede für Polystratos. [Lysias XX.] 40 S. Progr. El. G. *Breslau* 1876.

**Thalheim,** Theodor, Dir.: 1. Der Rhythmus bei Lykurgos. 2. Kritische Bemerkungen zu Lysias. (Umschlagt.: Zu Lykurgos und Lysias.) *Hirschberg 1900: Tageblatt-Buchdr.* (S. 3—18.) 4°
Hirschberg i. Schl., k. G, OP 1900 (200)

**Thalheimer,** August: Beitrag zur Kenntnis der Pronomina personalia und possessiva der Sprachen Mikronesiens. Stuttgart 1908: J. B. Metzler. (97 S.) 8° [Umschlagt.]
Straßburg, Phil. Fak., Ref. Gerland-Hübschmann, Diss. v. 4. März 1907
[Geb. 18. März 84 Affaltrach (Oberamt Weinsberg, Württemberg); Wohnort: Kannstatt; Staatsangeh.: Württemberg; Vorbildung: Realgymn. Stuttgart Reife M. 02; Studium: München 2, Oxford 1, London 1, Berlin 3, Straßburg 3 S.]

**Thalheimer, A.,** Beitrag zur Kenntnis der Pronomina personalia u. possessiva der Sprachen Mikronesiens. (96 S. m. 1 Fig.) gr. 8. Stuttgart 908. J. B. Metzler. 2.20

**Thalheimer,** Marc., moralischer Leitstern auf der Bahn d. Lebens. Eine Samml. von auserles. Erzähln., Parabeln, Mährchen ꝛc. sittl. u. religiös-erbaul. Inhalts aus d. hebrä. Literatur. gr. 8. (10¼ B.) Prag 835. (Leipzig, Barth.) **

**Thalherr,** Baron, Fremdenführer v. Cilli u. Umgebung u. Wegweiser nach den Sulzbacher Alpen. m. besond. Berücksicht. der nahen Curorte Neuhaus, Sauerbrunn, Tüffer u. Römerbad. 16. (103 S.) Cilli 875. Drexel. n. 2. —

Thalhofer, s. Schlichtegroll, Nath.!

**Thalhofer,** Franz Xaver, Dr. theol.: Entwicklung des katholischen Katechismus in Deutschland von Canisius bis Deharbe. Historisch-kritisch dargelegt. Freiburg i. B.: Herder 1899. (VI, 246 S.) 8°
München, Theol. Diss. v. 1898

**Thalhofer,** Frz. Xav., Entwicklung des katholischen Katechismus in Deutschland von Canisius bis Deharbe. Histor.-kritisch dargelegt. gr. 8. (VI, 246 S.) Freiburg i/B. 899. Herder. n. 3. —

**Thalhofer,** Frz. Xav., s.: Festgabe, Alois Knöpfler zur Vollendung des 60. Lebensjahres gewidmet.

**Thalhofer,** Fr. X., Führer durch die Stadt Donauwörth, deren Geschichte u. Umgebung. (64 S. m. Abbildgn.) gr. 8. Donauwörth 904. L. Auer. n. 1. —

— Reine Gedanken! Belehrungen u. Unterredgn. f. die Jugend üb. Mutterschaft, Vaterschaft u. Keuschheit, s.: Zeitfragen, pädagogische.

— zur Geschichte des Volksschulwesens in Dillingen vom Ende des 16. bis zum Ende des 18. Jahrh., s. a. Texte u. Forschungen zur Geschichte der Erziehung u. des Unterrichts. V.

Zur Geschichte des Volksschulwesens in Dillingen a. D. vom Ende d. 16 bis zum Ende d. 18. Jahrhunderts. Von F[ranz] X[aver] Thalhofer, Pfarrer in Donauwörth. *(Berlin: J. Harrwitz Nachf. 1901.)* (S. 61–91.) 8°
= Beiträge z. Geschichte d. Erziehung u. d. Unterrichts in Bayern. 2. [2.]
= Texte u. Forschungen z. Geschichte d. Erziehung u. d. Unterrichts in d. Ländern deutscher Zunge. 5. [2.] [04. 393]

(F) **Thalhofer,** F. X., Vom göttlichen Heiland. Bilder aus dem Leben Jesu. 4°. (ill. 68 S.) geb. K 5.—
Wien: Verlag der Leo-Gesellschaft 1907.

**Thalhofer,** Franz Xaver, Dr. theol. a. Dillingen: Die sexuelle Pädagogik bei den Philanthropen. Kempten 1907: J. Kösel. (51 S.) 8°
Jena, Phil. Fak., Ref. Rein, Diss. v. 11. Juni 1907
[Geb. 10. Sept. 67 Dillingen; Wohnort: München; Staatsangeh.: Bayern; Vorbildung: Gymn. Dillingen Reife M. 86; Studium: Würzburg 2, Freiburg i. B. 2, Tübingen 1, München 3 S.; Rig. 25. Febr. 07.]

— Die sexuelle Pädagogik bei den Philanthropen. (VI, 127 S.) gr. 8. Kempten 907. J. Kösel. 1.80

— Der St. Marien-Ludwig-Ferdinand-Verein 1857–1907. 50 Jahre sozialer Tätigkeit f. die Jugend. Eine Gedenkschrift. (78 S. m. 27 Abb.) gr. 8. München 907. C. A. Seyfried & Co. Kart. 2. —

Thalhofer, Valentin (Hrsg.), s. Aphraates, Rabulas: Ausgewählte Schriften der syrischen Kirchenväter.

**Thalhofer,** Valent., Beiträge zu einer Geschichte des Aftermysticismus und insbesondere des Irvingianismus im Bisthum Augsburg. Zugleich eine Antwort an Hrn. J. E. Georg Lutz, Pfarrer in Oberroth. Regensburg 857. Manz. gr. 8. (128 S.) 12 ngr.

**Thalhofer, Valent.,** Bibel und biblische Wissenschaften in ihrem Verhältnis zur kath. Kirche. Dillingen, 1850, 8°, 14 S., Programm.

—— s. Bibliothek der Kirchenväter.

— Erklärung der Psalmen, mit besonderer Rücksicht auf deren liturgischen Gebrauch im Brevier, Missale, Pontificale und Rituale, nebst einem Anh., enthltd. die Erklärung der im Brevier vorkommenden alttestamentlichen Cantica. Regensburg 857. Manz. gr. 8. (VIII, 740 S.) n. 2 ₰. 20 ngr.

—— Erklärung der Psalmen, mit besond. Rücksicht auf deren liturg. Gebrauch im röm. Brevier, Missale, Pontificale und Rituale, nebst einem Anhange, enthaltend die Erklärung der im Brevier vorkommenden alttestamentl. Cantica. 1. Aufl. 1857. * 2 Thlr. 20 Ngr. und 2., verm. und verb. Aufl. gr. 8. (XLVII und 810 S.) Regensburg 860, Manz. *

**Thalhofer, Val.,** Erklärung der Psalmen, mit besond. Rücksicht auf deren liturg. Gebrauch im röm. Brevier, Missale, Pontificale und Rituale, nebst einem Anh., enth.: die Erklärung der im röm. Brevier vorkommenden alttestamentl. Cantica. 3., verm. und verb. Aufl. gr. 8. (XII, 853 S.) Regensburg 871, Manz. *

**Thalhofer,** Valentin, Erklärung der Psalmen, mit besonderer Rücksicht auf deren liturgischen Gebrauch im römischen Brevier, Missale, Pontificale u. Rituale, nebst einem Anhang, enthaltend die Erklärung der im römischen Brevier vorkommenden alt- u. neutestamentlichen Cantica. 4., verm. u. verb. Aufl. gr. 8. (IV, 884 S.) Regensburg 880. Manz. n 9. 60

Thalhofer, Val. Erklärung der Psalmen m. besonderer Rücksicht auf deren liturg. Gebrauch im römischen Brevier, Missale, Pontificale u. Rituale, nebst e. Anh., enth. die Erklärung der im röm. Brevier vorkomm. alt- u. neutestamentl. Cantica. 5. verm. u. verb. Aufl. gr. 8. (VIII, 895 S.) Regensb. 889, Verlags-Anstalt. * 9 60

**Thalhofer's, Val.,** Erklärung der Psalmen u. d. im röm. Brevier vorkomm. bibl. Cantica, m. bes. Rücksicht auf deren liturg. Gebrauch. 6., verm. u. verb. Aufl., hrsg. v. Pet. Schmalzl. Lex.-8. (VII, 968 S.) Regensburg 895. Verlagsanstalt vorm. G. J. Manz. n. 10. —; geb. in Halbfrz. n.n. 11. 60

**Thalhofer's,** Valent., Erklärung der Psalmen u. der im römischen Brevier vorkommenden biblischen Cantica, m. besond. Rücksicht auf deren liturg. Gebrauch. 7., verb. Aufl., hrsg. von Pet. Schmalzl. (XV, 879 S.) gr. 8. Regensburg 904. Verlagsanstalt vorm. G. J. Manz. n. 10. —; geb. in Halbfrz. n. 11. 60

**Thalhofer,** Val., Handbuch der katholischen Liturgik, bearb. v. Adb. Ebner, s.: Bibliothek, theologische.

— In Sachen des schwäbischen Irvingianismus; eine Antwort an Hrn. Pfarrer Joh. Evang. Georg Lutz. Dilingen 856. Kränzle. gr. 8. (42 S.) 5 ngr.

— laßt uns Gott danken f. unsere Priesterfreuden u. Priesterleiden. Predigt bei der Feier d. 25jähr. Priesterjubiläums der Augsburger Diöcesanen geh. zu Oberdorf am 5. Aug. 1873. gr. 8. (15 S.) Kempten 873. Kösel. — 30

— die hl. Messe u. das Priesterthum der katholischen Kirche, in 25 Predigten dargestellt. Hrsg. v. Andr. Schmid. gr. 8. (VII, 416 S.) Kempten 893. J. Kösel. 4. —

Thalhofer, Valent., das Opfer des alten u. des neuen Bundes, mit besonderer Rücksicht auf den Hebräerbrief u. die katholische Meßopferlehre exegetisch-dogmatisch gewürdigt. Regensburg 870. Manz. gr. 8. (XII, 278 S.) n. 1 ℛ 10 ngr.

Thalhofer, Valent., die unblutigen Opfer des mosaischen Cultes: ihre Liturgie, ihre symbol.-typische u. dogmat. Bedeutung. Eine im J. 1847 v. d. theol. Facultät zu München gekrönte Preisschrift. gr. 8. (X u. 319 S.) Regensburg 848, Manz. 1⅓ ℛ

Die Opferlehre des Hebräerbriefes und die katholische Lehre vom hl. Meßopfer. Eine dogmatisch exegetische Abhandlung von Dr. Val. Thalhofer, P. der Theol. — 1855. Ebend. — S. 3—30.
Progr. Dillingen

— die Opferlehre des Hebräerbriefes und die kathol. Lehre vom hl. Meßopfer. Eine dogmat.-exeget. Abhandlung. Dilingen 855. Friedrich. (Blättermann.) gr. 4. (30 S.) n. 6 ngr.

Thalhofer, Val., Predigt über das gnadenvolle Fortleben Christi in seiner Kirche auf Erden, gehalten in der kathol. Stadtpfarrkirche zu Kempten am 10. Mai 1877, dem 1100. Jahrestag der Einweihung des von der Kaiserin Hildegard erbauten Münsters und Stiftes in Kempten. gr. 8. (14 S.) Kempten 877, Kösel'sche Buchh. *

— Predigt über die versöhnende Kraft des heiligen Meßopfers. Gehalten bei der Primiz-Feier des hochw. Hrn. Geo. Brückl in der Domkirche zu Freising am 4. Juli 1880. gr. 8. (16 S.) Freising 881. (Datterer.) n. — 40

Thalia = Oesterreichische Ausgabe von: Cornelia, Taschenbuch f. deutsche Frauen (s. d.) Verlag: M. Perles, Wien.

Thalia, 1s Hft. Mit Kpf. 8. Manh. 796. Kaufmann. 12 g.

Thalia, ein Abendblatt f. d. Freunde d. dramat. Muse, herausg. von Castelli. Jahrg. 1811. in 12 Heften, mit Costümes. gr. 4. Wien, Geistinger. (Leipzig, Weygand.) 811.
ohne Costümes

— ein Abendblatt f. die Freunde d. dramat. Muse; hrsgg. von Castelli u. J. Erichson. In 12 Hftn, Juli bis Dec. 1810, u. Jahrgg. 1811—14. Mit Costümes. gr. 4. Wien, Geistinger. à Jahrg. 16 ℛ ohne Costümes à Jahrg. 8 ℛ (Von 1812 an auch u. d. T.: neue Thalia).

Thalia. Taschenbuch a. d. J. 1814—42. 1—29. Jahrg. v. Joh. Nep. Vogl. 16. (à ca. 20—22 B., 4—5 Kpfrn. u. Stahlst. u. Musikbeiln.) Wien, (Dirnböck.) Thlr. à

Thalia. Taschenbuch auf die Jahre 1843—47. 30—34. Jahrg. Hrsg. v. Joh. Nep. Vogl. Wien, (Dirnböck.) [30. (21½ B., 5 Stahlst. u. 1 Musikbeil.) 31. (22⅞ B., 5 Stahlst. u. 1 Musikbeil.) 32. (22½ B., 5 Stahlst. u. 1 Musikbeil.) 33. (23 B., 5 Stahlst. u. 1 Musikbeil.) 34. (23⅜ B., 5 Stahlst. u. 1 Musikbeil.)] à J. * 1 Thlr. 15 Ngr., mit Goldschn. *
1—29. Jahrg. 1814—42. Ebendas. à * 1 Thlr. 15 Ngr.

Thalia. Taschenbuch für 1848—52. Hrsg. von Joh. Nep. Vogl. 35—39. Jahrg. à Jahrg. mit 6 Stahlst. 8. Wien, (Dirnböck.) [35. (XX und 372 S.) 36. (XIX und 346 S.) 37. (XVI und 360 S.) 38. (XVI und 388 S.) 39. (XVI und 328 S.)] à Jahrg. *

Thalia. Taschenbuch für 1853—57. Hrsg. von Joh. Nep Vogl. 40—44. Jahrg. à Jahrg. mit 6 Stahlst. 8. Wien (Dirnböck.) [40. (XIX und 330 S.) 41. (XX und 320 S. 42—44.. (à Jahrg. XVI und 320 S.) 852—56.] à Jahrg.
Vgl. 11. Bd. 2. Abthl. S. 351.

Thalia. Taschenbuch für 1854—58. Herausg. von Joh. Nep. Vogl. 41—45. Jahrg. Wien, Dirnböck in Comm. 16. Jeder Jahrg. (à XVI, 320 S. u. 6 Stahlst.) n. 1 ℛ 24 ngr.

— — für 1859. Redig. von F. Steinbach. 46. Jahrg. Mit 6 Stahlst. Wien, Dirnböck in Comm. 16. (VIII, 328 S.) 2 ℛ.; Prachtausg. 3 ℛ.

Thalia. Taschenbuch für 1860—65. Von Frdr. Steinebach. 47—52. Jahrg. Wien, Dirnböck in Comm. 16. Jeder Jahrg. (à 20 Bgn. u. 6 Stahlst.) n. 2 ℛ; Pracht-Ausg. n. 3 ℛ

Thalia. Taschenbuch für 1866 u. 67. Redig. von Friedr. Steinebach. 53. u. 54. Jahrg. Jeder Jahrg. mit 6 Stahlst. Wien, (Dirnböck's Buchh.) 8. Jeder Jahrg. (XX, 316—336 S.) cart. mit Goldschn. u. in Futteral n. 2 ℛ; Prachtausg. in Seide geb. n. 3 ℛ 6 ngr.

— — für 1868. Neue Folge. 1. Jahrg. Ebend. 8. (VIII, 240 S. mit 4 Kpfrn.) cart. mit Goldschn. u. Futteral 1 ℛ 10 ngr.

**Thalia.** Sammlung neuer Schauspiele. Augsburg 1815. II: *Bonafont, Carl Philipp.* (Ky)

Thalia. Sammlung neuer Schauspiele, (von K. Ph. Bonafont). 2 Bde, enth.: 1) Aurelia, oder Triumpf d. Tugend. 2) Die Brunnengäste. 3) Betrug für Betrug. 4) Dina-Nathan. 5) Die Heuchlerin. 6) Das Duell, oder Sieg d. Liebe. 8. Augsb. 815.

— Beyträge für die deutsche Schaubühne von K. Stein. (Enthält: der Frühlings-Abend, Schauspiel in 4 Aufz. — der goldene Löwe, Lustsp. in 4 Aufz. — Garrick, dramat. Gemälde in 1 Akt.) 8. Berlin, Schüppel. 818. Rthlr.

Thalia, Beytrag für deutsche Bühnen von M. Tenelli. 8. Berlin, Rücker. 819.

*Thalia.* Taschenbuch plastischer, dramatischer u. lyrischer Darstellgn f. d. Jahr 1823, dem geselligen Vergnügen im häusl. Kreise gewidmet u. hrsg v. Sophie May [d. i. Sophie Friderike Elise Meyer, auch Sophie Friderike Elisabeth Mayer]. [Mit Kupfern u. Noten.] Berlin: Trautwein

— Taschenbuch plastischer, dramat. u. lyrischer Darstellungen, f. d. J. 1823, hrsgg. v. Soph. May. Mit Steindr. u. Musikbeil. N. A. 12. Berl. 824. Trautwein. 20 g.

Thalia. Blüthen aus deutschen Dichtergärten. Eine Auswahl ernster u. scherzhafter Dichtungen zum freien mündl. Vortrage u. z. Unterhalt. in gesellschaftl. Cirkeln gebild. Stände. I—III. Abthl. (Stereot.-Ausg.) gr. 16. Leipzig 835, R. Hartmann. à L.
Abthl. I. Ernste Dichtungen. 1. Bd. 1. Lfg. (4 B.)
- II. Scherzhafte Dichtungen. 1. Bd. 1. Lfg. (4 B.)
- III. A. u. d. T.: Spiele d. Komus u. Momus. Eine Samml. d. vorzügl. Anekdoten z. Unterhalt. in gesellschaftl. Cirkeln gebild. Stände. 1. Bd. 1. Lfg. (4 B.)

Thalia. Blüthen aus deutschen Dichtergärten. Eine Auswahl ernster u. scherzhafter Dichtungen zum freien mündlichen Vortrage u. z. Unterhaltung in gesellschaftl. Cirkeln gebild. Stände. 1e Abthl.: Ernste Dichtungen. 1r Bd. 1e Lfrg. (Stereotyp-Ausg.) gr. 16. Leipzig 835. Klinckhardt. Prän.-Pr. 1/6 ℛ

— dass. 2e Abthl.: Scherzhafte Dichtungen. 1r Bd. 1e Lfrg. gr. 16. Ebd. 835. n. 1/6 ℛ

— dass. 3e Abthl. A. u. d. T.: Spiele des Komus und Momus. Eine Sammlung der vorzügl. Anekdoten zur Unterhaltung in gesellschaftl. Cirkeln gebild. Stände. 1r Bd. 1e Lfrg. gr. 12. Ebd. 835. n. 1/6 ℛ

— norddeutsche Theater-Zeitung, Kunst- u. schönwissenschaftl. Unterhaltungs-Blatt. Redig. u. verlegt v. Carl Töpfer. 1—7. Jahrg. 1836—42. à 104 Nrn. (½ Bog.) Mit lith. u. literar. Beiln. gr. 4. Hamburg, (Herold'sche Buchh.; Nestler u. Melle.) à J. *

Jahrg. 1842 erlitt durch den Brand von Hamburg im Mai bemerkten Jahres eine Unterbrechung, und wurde auch später nicht fortgesetzt.

**Thalia.** Nr. 1—4. 8. Mühlhausen i. Th., G. Danner's Verl. à n. 2. —

1. Des Deutschen Kaiserreichs Entstehen. Patriotisches Festspiel m. leb. Bildern u. Gesang v. Alb. Ritter. (48 S.) 892.
2. Zeit ist Geld. Radfahrer-Posse m. Gesang in 2 Akten v. Alb. Ritter. (41 S.) 893.
3. Verkannte Künstler od. Einbrecher in der Sommerfrische. Posse m. Gesang in 1 Akt v. Detlof v. Winterfeldt. (34 S.) 893.
4. Das Bomben-Attentat. Lustspiel m. Gesang in 2 Akten v. H. Honeck. (39 S.) 894.

**Thalia.** Nr. 5—19 u. 21—45. 8. Mühlhausen i/Th., G. Danner. à n. 2. —

Inhaltsübersicht in alphabetischer Ordnung:

Baumann, Alex., das Versprechen hinterm Herd. Singspiel aus d. österreich. Alpen, m. e. Nachspiel: Der Freiherr als Wildschütz. Für d. Aufführg. eingericht. v. Demetr. Schrutz. Musikarrangement v. Wilh. Wolff. (48 S.) 898. (Nr. 45.)
Bindewald, Geo., aus großer Zeit. Patriotisches Festsp. in 5 Aufzgn. nebst Prolog. (47 S.) 896. (Nr. 17.)
Borret, E., auf der Festung. Lustsp. in 1 Aufzug. (29 S.) 897. (Nr. 32.)
Grünau, Hans v., der Schnurrbart. Lustsp. in 1 Aufzug. (27 S.) Berlin 894. (Nr. 6.)
Herold, Karl, auf d. Alm da giebts ka Sünd. Lustsp. in 1 Akt. (32 S.) 897. (Nr. 31.)
Hertwig, Rob., ein neuer Romeo. Schwank in 1 Akt. (47 S.) 896. (Nr. 12.)
— Herr u. Frau Schweppermann. Schwank in 1 Akt. (40 S.) 898. (Nr. 8.)
Kaiser, Geo., Reden ist Silber, Schweigen ist Gold. Scherz in 1 Akt. (16 S.) 898. (Nr. 41.)
Koninski-Weiß, M., zum wohlthät. Zweck. Schwank in 1 Akt. (30 S.) 898. (Nr. 44.)
Kyle, Hans tom, zum Ziele od. auch e. Distanzritt. Lustsp. in 1 Akt. (19 S.) 895. (Nr. 5.)
Lehnhard, Paul R., Flitterwochen. Lustsp. in 1 Akt. (22 S.) 897. (Nr. 24.)
— Hocus-Pocus. Lustsp. in 1 Akt. (38 S.) 898. (Nr. 43.)
— der wilde Jäger. Lustsp. in 1 Akt. (28 S.) 896. (Nr. 16.)
— in tausend Aengsten. Schwank in 1 Akt. (27 S.) 896. (Nr. 13.)
— in Uniform. Lustsp. in 1 Akt. (27 S.) 896. (Nr. 9.)
— ein Kaiserwort. Patriot. Festsp. in 1 Akt. 3. Aufl. (24 S.) 896. (Nr. 7.)
— ihre erste Liebe. Lustsp. in 1 Akt. (24 S.) 898. (Nr. 38.)
— das alte Lied. Singspiel in 1 Akt. Musik v. Carl Mengewein. (28 S.) 898. (Nr. 35.)
— der alte Papa. Lustsp. in 1 Akt. (30 S.) 897. (Nr. 30.)
— seine Aurelia. Schwank in 1 Akt. (23 S.) 896. (Nr. 11.)
— zweimal verheiratet. Lustsp. in 1 Akt. (27 S.) 896. (Nr. 15.)
Meo Breo, Coeur-Aß! Lustsp. in 1 Aufzug. (24 S.) 897. (Nr. 28.)
— ein Glücksfall od.: All Heil. Schwank in 1 Aufzug. (29 S.) 897. (Nr. 29.)
Philippi, Siegfr., d. Dritte. Schwank in 1 Akt. Nach dem Engl. (37 S.) 898. (Nr. 39.)
Reimesch, Frdr., gegen d. Herrschaft d. Männer. Singsp. in 1 Aufzug. (19 S.) 898. (Nr. 42.)
Schrutz, Demetrius, d. Löwentöter. Lustsp. in 1 Aufzug. Frei nach d. Ital. (47 S.) 897. (Nr. 21.)
— der Märchenprinz. Lustsp. in 1 Aufzug. Frei nach d. Franz. (39 S.) 897. (Nr. 26.)
— ein bekehrter Othello. Schwank in 1 Akt. Nach d. Franz. (58 S.) 898. (Nr. 36.)
Schulz, Herm., a tempo! od.: Wer Andern eine Grube gräbt . . . Lustsp. in 1 Akt. (Nach e. Stoff v. H. Häfker.) (24 S.) 897. (Nr. 25.)
— Damenwahl. Lustsp. in 1 Aufzug. (26 S.) 898. (Nr. 37.)
— hinter d. Jubiläumskulissen. Ein Silberhochzeitsschwank in 1 Akt. (16 S.) 896. (Nr. 19.)
— der Herr Lieutenant kommt! Schwank in 1 Akt. (27 S.) 898. (Nr. 40.)
— ein Vorurteil. Lustsp. in 1 Akt. (24 S.) 897. (Nr. 22.)
Strahl, A. C., „J'y pense!“ Lustsp. in 1 Aufzug. (30 S.) 897. (Nr. 33.)
— Sekt. Schwank in 1 Akt. (50 S.) 897. (Nr. 34.)
Szomaházy, Steph., die Mausefalle. Lustsp. in 1 Aufzug. Deutsch v. C. Langsch. (39 S.) 897. (Nr. 23.)
Trendles, Otto, der Deserteur, od.: d. Urtheil uns. Kaisers. Patriotisches Charakterbild in 2 Akten. (28 S.) Apenrade 894. (Nr. 18.)
Wilde, Rich., der neue Lehrer. Schwank in 1 Aufzug. (36 S.) 897. (Nr. 27.)
Witlof, E., sie hat Kopfschmerzen. Lustsp. in 1 Akt. (39 S.) 896. (Nr. 14.)
Wubitz, H. v. d., wie Mädchen lieben. Schwank in 1 Akt. (16 S.) 896. (Nr. 10.)

Nr. 20 erschien nur u. d. Einzeltitel: Lehnhard, Paul R., nach 25 Jahren. 895.

**Thalia.** Nr. 11 u. 46—98. Mühlhausen i/Th., G. Danner. à n. 2. —

Inhaltsübersicht in alphabetischer Ordnung:

Bauermeister, Max, er lügt! Lustspiel in 1 Akt. (23 S.) (901.) (Nr. 74.)
— die Stimme des Herzens. Orig.-Lustspiel in 1 Akt. (24 S.) (900.) (Nr. 66.)
Belly, G., Bädeker. Schwank m. Gesang in 1 Akt. Musik arrangiert v. A. Conradi. (30 S.) (901.) (Nr. 82.)
— u. P. Henrion, hohe Gäste od. Excellenz u. Elefant. Schwank in 1 Akt. (37 S.) (901.) (Nr. 84.)
Das bin ich! Orig.-Lustspiel in 1 Akt. Von W. E. M. (E. A. Paul.) (48 S.) (901.) (Nr. 83.)
Eirich, O. F., taub muß er sein. Schwank in 1 Akt nach dem Franz. des J. Moinaux. (35 S.) (900.) (Nr. 68.)
Eysell-Kilburger, E. (Frau Vict. Blüthgen), meine Frau hintergeht mich Schwank in 1 Akt. (32 S.) (901). (Nr. 86.)
— im Sonnenschein. Lustspiel in 1 Akt. (27 S.) (902.) (Nr. 93.)
Günther, A., in Hemdsärmeln. Schwank in 1 Aufzug. (32 S.) (902.) (Nr. 95.)
— ein passionierter Raucher. Schwank in 1 Aufzug. (39 S.) (902.) (Nr. 96.)
Hirthe, E., der Hausschlüssel oder Kalt gestellt. Lustspiel in 1 Akt. (31 S.) (900.) (Nr. 57.)
— der erste Tote. Schwank in 1 Akt. (24 S.) (900.) (Nr. 70.)
— eine Ueberraschung m. Hindernissen. Schwank in 1 Akt. (32 S.) (901.) (Nr. 71.)
Jonas, Rob., Gift. Lustspiel in 1 Akt. (36 S.) (900.) (Nr. 55.)
— Wer? Orig.-Lustspiel in 1 Akt. (39 S.) (900.) (Nr. 61.)
Kaiser, Geo., „Mein Ideal“. Schwank in 1 Akt. (32 S.) (899.) (Nr. 54.)
Kistner, A., eine eroberte Schwiegermutter. Schwank in 1 Akt. (36 S.) (901.) (Nr. 79.)
Kläger, Heinr., der Ehrenpokal od. die Deputation. Posse in 1 Akt. (30 S.) (900.) (Nr. 56.)
— Tante Mollig od. Das Verbrechen des Rittmeisters. Schwank in 1 Akt. (28 S.) (900.) (Nr. 63.)
Koch, Otto, Ausgekniffen! Lustspiel in 1 Aufzuge. (36 S.) (901.) (Nr. 87.)
Koninski-Weiß, M., verbotene Früchte. Schwank in 1 Akt. (40 S.) (902.) (Nr. 92.)
— Pariser Geschichten. Lustspiel in 1 Akt. (31 S.) (900.) (Nr. 59.)
Krieger, Thdr., Sie hat geraucht! Schwank in 1 Akt. (28 S.) (901.) (Nr. 72.)
Lehnhard, Paul R., das Küssen. Lustspiel in 1 Akt. (36 S.) (899.) (Nr. 49.)
— die Liebe im Kontor. Posse m. Gesang in e. Akt. Musik v. Max Schmidt. (33 S.) (899.) (Nr. 47.)
— der große Schatz. Singspiel in 1 Akt. Musik v. Frz. Thdr. Cursch-Bühren. Op. 106. (40 S.) (902.) (Nr. 98.)
— das Universalmittel. Schwank in e. Akt. (34 S.) (899.) (Nr. 53.)
— der Wohlthätigkeitsball. Lustspiel in 1 Akt. (35 S.) (899.) (Nr. 50.)
Marck, Ludw., der Bund der Landwirtinnen. Lustspiel in e. Akt. (44 S.) (899.) (Nr. 46.)
Moser, Gust. v., die Gouvernante. Lustspiel in 1 Akt. (45 S.) (901.) (Nr. 81.)
— u. Paul R. Lehnhard, Frau Ella. Lustspiel in 1 Akt. (40 S.) (902.) (Nr. 91.)
— — im Riesengebirge. Schwank m. Gesang in 1 Akt. Musik v. Paul Lincke (40 S.) (902.) (Nr. 97.)
— — der Schäferhund. Lustspiel in 1 Akt. (38 S.) (902.) (Nr. 90.)
Müller, Hans, wenn man seine Töchter verborgt! Lustspiel in 1 Akt. (37 S.) (901.) (Nr. 78.)
Nesmüller, Jos. Ferd., die wilde Toni. Liederspiel in 1 Akt. (40 S.) (901.) (Nr. 88.)
Pflaume, M. B. R., ein Liebesmahl. Lustspiel in 1 Akt. (31 S.) (901.) (Nr. 73.)
Philippi, Sgfr., Sein Abenteuer. Schwank in e. Akt. (40 S.) (899.) (Nr. 52.)
— Gott sei Dank, der Tisch ist gedeckt. Schwank in 1 Akt, frei nach dem Franz. (27 S.) (901.) (Nr. 85.)
Salingré, H., alles f. meine Tochter. Posse in 1 Akt. (29 S.) (901.) (Nr. 76.)
— ein ruhiger Mieter. Schwank m. Gesang in 1 Akt. (20 S.) (901.) (Nr. 75.)
Sauer, F. A., ein Toiletten-Geheimnis oder Du bist blaß, Luise? Lustspiel in 1 Akt. 2. Aufl. (39 S.) (900.) (Nr. 60.)
Schrutz, Demetr., wenn Frauen weinen. Lustspiel in 1 Aufzug. Nach dem Franz. (47 S.) (900.) (Nr. 67.)
— ich lade den Major ein! Lustspiel in 1 Aufzug. Nach dem Franz. (40 S.) (900.) (Nr. 65.)
— eine Tasse Thee. Lustspiel in 1 Akt. Nach d. Franz. (37 S.) (900.) (Nr. 62.)
Silesius, F., Sie weint. Lustspiel in 1 Akt (nach M. Bauermeister.) (32 S.) (900.) (Nr. 69.)
Trendles, Otto, der Deserteur od.: Das Urteil unseres Kaisers. Patriotisches Charakterbild in 2 Akten. 2. Aufl. (45 S.) 899. (Nr. 18.)
Treptow, Leon, Schelmenstreiche od. „Fix — fertig — abgemacht!“ Lustspiel in 1 Akt. (60 S.) (900.) (Nr. 64.)
Trützschler, Hub. v., der Luftschiffer. Lustspiel in 1 Aufzug. (48 S.) (902.) (Nr. 89.)
— Sie kennt ihren Vater. Schwank in 1 Akt. (56 S.) (900.) (Nr. 58.)
— die Stiefmutter. Schwank in e. Aufzug. (40 S.) (899.) (Nr. 48.)
Wexel, C., auf dem Posten. Lustspiel in 1 Akt. (45 S.) (901.) (Nr. 77.)
Wiesen, B., Logierbesuch. Lustspiel in e. Akt. (30 S.) 899. (Nr. 51.)
Wilken, H., u. G. Kadelburg, Migräne. Lustspiel in 1 Akt. (26 S.) (901.) (Nr. 80.)
Winterfeldt, Detlof v., ein mächtig Blühen. Schwank in 1 Akt. (32 S.) (902.) (Nr. 94.)

**Thalia.** Nr. 99—131. 8. Mühlhausen i/Th., G. Danner. à n. 2. —

Belly, G., Monsieur Herkules. Posse in 1 Akt, neubearb. von G. v. Moser. (32 S.) (906.) (Nr. 128.)
Bliß, Paul, Noblesse oblige. Lustspiel in 1 Akt. (36 S.) (903.) (Nr. 99.)
Braune, Edm., Schwiegerpapachen. Schwank in 1 Akt. (40 S.) (905.) (Nr. 121.)
Elz, Alex. er ist nicht eifersüchtig. Lustspiel in 1 Akt. Neu bearb. v. Gust. v. Moser. (40 S.) (902.) (Nr. 101.)
Focke, Heinr., des Herrn Referendars Antrittsvisite. Schwank in 1 Akt. (32 S.) (906.) (Nr. 124.)
Hoppe, Herm., der erste Ball. Lustspiel in 1 Akt. (40 S.) (905.) (Nr. 120.)
Klemm, Johanna, Nelly's Notizbuch. Schwank in 1 Aufzug. (24 S.) (903.) (Nr. 105.)
Koninski-Weiß, M., die Denkmalsenthüllung. Schwank in 1 Akt. (32 S.) (904.) (Nr. 109.)
— im Druck erschienen. Schwank in 1 Akt. (36 S.) (903.) (Nr. 104.)
— der Jubelgreis. Lustspiel in 1 Akt. (40 S.) (903.) (Nr. 102.)
Kreßner, Adf., der Nechte. Lustspiel in 1 Aufzuge. (24 S.) (905.) (Nr. 119.)
Lehnhard, Paul R., die Lieb' im Gebirg'. Liederspiel in 1 Akt. Musik v. Max Schmidt. (36 S.) (906.) (Nr. 130.)
— das neue Mädchen. Lustspiel in 1 Akt. (32 S.) (905.) (Nr. 117.)
— eine unruhige Nacht od. Silberne Hochzeit. Schwank in 1 Akt. (32 S.) (906.) (Nr. 125.)
— Onkel Angstmaier. Lustspiel in 1 Akt. (36 S.) (904.) (Nr. 114.)
Meinhold, Paul, der Tanzhusar. Lustspiel in 1 Akt. (40 S.) (906.) (Nr. 126.)
Mengewein, C., Liebe u. Glück. Heiteres Singspiel in 1 Akt. op. 81. (38 S.) 904. (Nr. 107.)
Minra, F. v., die neue Oper. Schwank in 1 Akt. (36 S.) (904.) (Nr. 113.)
Moser, Gust. v., u. Paul R. Lehnhard, die Heiratsfalle. Lustspiel in 1 Akt. (32 S.) (903.) (Nr. 103.)
— — das Kind. Lustspiel in 1 Akt. (40 S.) (904.) (Nr. 112.)
— — klug wie die Schlangen! Lustspiel in 1 Akt. (32 S.) (904.) (Nr. 110.)
— — der Laubfrosch. Lustspiel in 1 Akt. (31 S.) (904.) (Nr. 108.)
— — der Parlamentarier. Lustspiel in 1 Akt. (32 S.) (903.) (Nr. 100.)
Müller v. Königswinter, Wolfg., sie hat ihr Herz entdeckt. Lustspiel in 1 Akt. Für die Bühne eingerichtet v. Demetr. Schrutz. (40 S.) (905.) (Nr. 118.)
Philippi, Siegfr., die Kraniche des Ibykus. Schwank in 1 Akt. (40 S.) (904.) (Nr. 111.)
— der Weiberfresser. Lustspiel in 1 Akt. (48 S.) (906.) (Nr. 129.)
Rahnheld, P., Oh, du heiliger Ehestand! Lustspiel in 1 Akt. (36 S.) (906.) (Nr. 127.)
Renker, Fel., ein häuslicher Streit. Schwank in 1 Akt. (21 S.) (906.) (Nr. 131.)
Sauer, Luise, die schwarze Afra. Oberbayerisches Volksstück m. Gesang in 2 Abtign. Musik v. Geo. Sauer. (30 S.) (904.) (Nr. 115.)
— Stadt u. Land paßt net z'jamm'! Oberbayerisches Singspiel in 1 Akt. Musik v. Geo. Sauer. (24 S.) (905.) (Nr. 116.)
Schrutz, Demetr., das Dorfgretel. Liederspiel in 1 Akt nach e. älteren Stoffe. Musik v. Otto Waldmeister. (24 S.) (903.) (Nr. 106.)
Stahl, Geo. C., Hutfieber. Schwank in 1 Akt. (40 S.) (906.) (Nr. 128.)
Wilhelmi, Alex., einer muß heiraten! Orig.-Lustspiel in 1 Akt. (40 S.) (906.) (Nr. 122.)

**Thalia.** Nr. 132—155. 8. Mühlhausen i/Th., G. Danner. à 2. —

Elth, Paul, eine tolle Nacht. Schwank in 1 Akt. (31 S.) (909.) (Nr. 148.)
— Wer zuletzt lacht ...! Lustspiel in 1 Akt. (38 S.) (907.) (Nr. 138.)
Floto, Wilh., das Sonntagsräuschchen. Lustspiel in 1 Akt. Neu bearb. v. L. Bernhard. (48 S.) (909.) (Nr. 144.)
Friese, Hans, der falsche Anton, Posse in 1 Akt. (32 S.) (907.) (Nr. 137.)
Laufs, A., der geprellte Alte. Schwank in 1 Akt. (40 S.) (910.) (Nr. 150.)
— Ihr Sommergast. Schwank in 1 Akt. (52 S.) (908.) (Nr. 142.)
Lehnhard, Paul R., die Bettelprinzessin. Liederspiel in 1 Akt. Musik v. Hugo Neumeister, op. 76. (36 S.) (909.) (Nr. 147.)
— Auf Brautschau. Lustspiel in 1 Akt. (30 S.) (907.) (Nr. 133.)
— Der erste Hochzeitstag. Ehestandskomödie in 1 Akt. (32 S.) (907.) (Nr. 134.)
— Die Kochfrau. Schwank in 1 Akt. (31 S.) (910.) Nr. 154.)
— Die beste Medizin! Lustspiel in 1 Akt. (31 S.) (908.) (Nr. 140.)
Linzer, Fritz, ein Freundschaftsdienst. Lustspiel in 1 Akt. (32 S.) (909.) (Nr. 145.)
Martin, Philipp, der Husarenritt. Schwank in 1 Akt. (40 S.) 910.) (Nr. 155.)
— Marineblau. Schwank in 1 Akt. (40 S.) (910.) (Nr. 152.)
— Reinecke Fuchs. Lustspiel in 1 Akt. (40 S.) (908.) (Nr. 139.)
Meinhold, Paul, der Amateur-Photograph. Schwank in 1 Akt. (36 S.) (907.) (Nr. 136.)
— Das männliche Dienstmädchen. Schwank in 1 Akt. (24 S.) 909.) (Nr. 146.)
Philippi, Siegfr., schweres Geschütz. Lustspiel in 1 Akt. (36 S.) 908.) (Nr. 141.)
— Das Heiratskamel. Liederspiel in 1 Akt. Musik v. Hugo Neumeister. op. 103. (40 S.) (910.) (Nr. 153.)
— Der Nobelprinz. Lustspiel in 1 Akt. (36 S.) (909.) (Nr. 149.)
— Weidmannsheil. Schwank in 1 Akt. (40 S.) (910.) (Nr. 151.)
Renker, Fel., die Liebesprobe. Lustspiel in 1 Akt. (24 S.) 907.) (Nr. 135.)
Wietfeldt, H., getreue Nachbarn. Lustspiel in 1 Akt. (40 S. m. 2 Abbildgn.) (909.) (Nr. 143.)
Winterfeld-Warnow, E. v., der verkannte Raubmörder. Lustspiel in 1 Akt. (29 S.) (907.) (Nr. 132.)

— Organ des Verbandes dramat. Vereine Sachsens, Fortsetzg., s.: Bühnen-Rundschau.

**Thalia.** Organ des Verbandes dram. Vereine Sachsens. Red.: Rob. Peitz. 12. u. 13. Jahrg. 1904 u. 1905. à 12 Nrn. (à ca. 4 S.) 4. Flöha, A. Peitz & Sohn. à Nr. — 20

**Thalia, deutsche.** Haupt-Organ für die Interessen der gesammten deutschen Schauspielkunst. Hrsgbr. und Redact.: Alwin Vormeng. 1. Jahrg. 1886. 24 Nrn. (Bog.) gr. 4. Berlin, (Ißleib.) *
Nicht weiter erschienen.

Thalia. Deutsche Thalia. Jahrbuch für das gesammte Bühnenwesen. Hrg. von Dr. F[riedrich] Arnold Mayer in Wien. Band 1. XII + 553 S. 8. Wien und Leipzig, Wilhelm Braumüller, 1902. [geb. M. 12. —]

*Darin:* II. Das Theater der Gegenwart: 1. Kritischer Jahresbericht über deutsche Bühnen ... 1900/01 ...; *S. 141—143:* Bern. Von ... Dr. Oskar F[ranz] Walzel, *S. 315—317:* Zürich und Basel. Von Dr. Hans Trog, *weitere Beiträge von* Dr. Heinrich Welti, Berlin, *und* Dr. Emil Sulger-Gebing, München. — *s. auch S. 524—553:* V. Die Literatur des Theaters im Jahre 1901.

**Thalia für die deutsche Jugend.** Neues Theaterrepertoir zur Aufführung von Kindern u. auf Puppentheatern, bearb. u. herausg. von Constantin u. A. 3. Aufl. Hamburg 863. Richter. 16. (3 Bl., 384 S.) 1 ₰ 7½ ngr.

Thalia für die deutsche Jugend. Theater-Repertoir für Kindertheater zum Selbstaufführen und zur Aufführung auf Puppen-Theatern. 2. Bd. 5.—7. Heft. 16. Hamburg 869, Richter. à Heft *

Inhalt:
Heft 5. Lade, F., Binsenmichel. Märchen mit Gesang in 4 Aufzügen. (32 S.)
" 6. Der Silbergroschen. Schauspiel in 3 Aufzügen.
" 7. Das Haus Gruit von Steen oder Die silberne Hochzeitsfeier. Schauspiel in 5 Acten.

**Thalia** legitima sive de tempore, loco, et personis, religiose jucundum convivium constituentibus ... Claudiopoli 1752. V: *Ipach, Franz Xaver.* (Jes)

**Thalia** lucubrans. S. l. et a. V: *Closius, Sam.* (Nent)

Thalia, Neue — Fortsetzung von „Thalia", bzw. österreichische Ausgabe von: Cornelia, Taschenbuch f. deutsche Frauen. (s. d.) Verlag: M. Perles, Wien.

— neue, ein Abendblatt den Freunden d. dramat. Kunst und d. schönen Literatur überhaupt gewidmet, von Joh. Erichson. Jahrg. 1812—14. jeder Jahrg. in 12 Heften, mit Costümes. gr. 4. Ebend. (der Jahrg. 16 Rthlr.) ohne Costüm. (à 8 Rthlr.)

(9.) Thalia, neue. Taschenbuch für 1870. Ausgabe der Cornelia für Oesterreich. Mit 7 Stahlstichen. 12. (XVI u. 311 S.) Wien, Perles. Eleg. geb. mit Goldschnitt 1869 3 fl. 50 kr.

(10.) Thalia, neue. Taschenbuch für 1871. Mit Erzählungen von T. A. Dempwolff, Frater Hilarius rc. Mit 7 Stahlstichen. 12. (303 S.) Wien, Perles. eleg. geb. 3 fl. 50 kr. Pracht-Ausgabe in Seide 5 fl. 1870

—— neue. Taschenbuch für 1874. Ausg. der Cornelia für Oesterreich. 16. (303 S. mit 7 Stahlst.) Wien, Perles. cart. mit Goldschn. *

Thalia, neue. Taschenbuch für Damen für 1875—1880. gr. 16. (à ca. XVI, 300 S. mit Stahlst.) Wien, Perles.
cart. mit Goldschn. à Jahrg. *
geb. in Seide à Jahrg. *

—— neue süddeutsche, eine Samml. auserles. Gesänge u. Volkslieder f. Frohgesinnte. gr. 12. (19½ B.) Reutlingen 837, Enßlin u. Laiblin.

— norddeutsche, enthalt. eine Samml. der auserlesenst. Gesänge deutscher Dichter. Zur Beförder. wahren Frohsinns in Cirkeln der Freundschaft u. Vertraulichkeit. Taschenform. Osnabrück 814. Crone. 2 ₰ 2r Abdr. unt. d. T.: Thalia, süddeutsche, enthalt. eine Samml. der auserlesenst. Gesänge deutscher Dichter. 2r Abdr. 8. Reutling. 819. (Leipz., Hartmann). 1 ₰ 4 gr

—— norddeutsche. Taschenbuch f. Freunde des Theaters auf das J. 1846. Mit Beiträgen von C. v. Holtei, F. Wehl, R. Bürkner, F. W. Markull u. dem Hrsggeber Carl F. Ottmann. 8. (15 B.) Danzig 845, Bertling. *

— Rheinische, enthalt. e. Samml. der auserles. Gesänge deutscher Dichter, zur Beförder. des Frohsinns rc. 12. Cöln u. Bonn, 4e Aufl. Compt. f. Litt. (Leipz., Centr.-Cpt.) 1 ₰ 8 gr

Thalia, Rheinische, enthalt. e. Samml. d. auserles. Gesänge deutscher Dichter, zur Beförderung wahren Frohsinns in Zirkeln d. Freundschaft u. Vertraulichkeit. 4., verm. u. verb. Aufl. gr. 12. (22½ B.) Köln 829, [Bruère.]

— u. Sphinx, oder Samml. dramatisch. Sprüchwörter, ein Geschenk für antihypochondr. Gesellschaften. 8. Leipz. Leo. 795.

Thalia, süddeutsche, enthaltend eine Sammlung der auserlesensten Gesänge deutscher Dichter. 2r Abdruck. 8. Reutlingen. (Leipzig, Hartmann.) 819. Rthlr.
Auch unter dem Titel:
Norddeutsche Thalia.

Thalias Opfer. Vorspiel. 8. Ulm 760. (Augsb., v. Jenisch u. St.) 2 gr

Thalias Opfer. Vorspiel. 8. Ulm, (Stage in Augsb.) 776.

**Thalie** et Melpomene française ou Recueil periodique de pièces de théâtre nouvelles . . . Rudolst. 1808. H: *Chezy, Wilhelmine Christine (Helmina) v. geb. v. Klencke.* (schl)

*Thalie* et Melpomene française, ou recueil périodique de pièces de Théâtre nouvelles etc. Avec des notes et des explications necessaires pour les etrangers. Tom. I—X. gr. 8. Rudolst. 808—13. Hofbuchh. 10 ₰

— la petite, ou morceaux quintessenciés des plus belles pièces de Molière etc. à l'étude du franç. 8. Berl. Sander. 780.

Thalie, la petite; ou Morceaux de Molière etc. 8. Berlin, Wever. 780.

**Thalich**, Wilh., eine Reise in d. Orient. 2. [Titel-] Aufl. gr. 8. (285 S.) Dresden (896) 897. E. Pierson. n. 3. —

Thalkirchen b. München [Schlagwort]

**Thalkirchen** b/München, s.: Woerl's Reisehandbücher.

**Thaller**, M., katholisches Lehr- und Gebetbuch für das Landvolk. Mit 1 Stahlst. Augsburg 862. Kollmann. 12. (322 S.) n. 10 ngr.

Thaller, Rudolf

— Beiträge zur Kenntnis der atmosphärischen Elektrizität. 50. Luftelektrische Beobachtungen am Gmundenersee und in Grünau (Almtal, Oberösterreich) im Sommer 1912 (mit 2 Textfiguren). S. 122. IIa. 1817 . . . . . . . . . . . . . . . . . .
Separatabdruck

— Bestimmung der Konstante von Ra *D* (mit 1 Textfigur). S. 123. IIa. 157 . . . .
Separatabdruck

**Thaller** Rudolf: Über das Radium *E* (mit 7 Textfiguren). S. 121. IIa. 1611 . . . . . .
Separatabdruck

Irene Abendroth. Ein Fragment ihrer Künstlerlaufbahn. Mit 56 Photogr. d. Künstlerin. (Verf.: Thomas **Thaller**.) Dresden: Pierson 1904. VIII, 95 S. 4° (8°)

Thallhofer, Karl

**Thalhofer**, Carl, u. Mich. Isnardi, theoret.-prakt. Anleitung z. Fechtkunst à la contrepointe. Nebst e. Anleit. z. Vertheidig. mit d. Säbel od. Degen gegen d. Bajonnetisten. gr. 8. (7¼ B. u. 59 Stnt., gr. Lex.-8.) Wien 838, (Heubner's Verl.) *

Thallichtenberg [Schlagwort]

**Thallichtenberg**, s.: Preussen. Messtischblätter.

**Thallmayer**, Rud. A., Österreichs Alpwirtschaft, s.a. Archiv f. Landwirtschaft. 43.

Österreichs Alpenwirtschaft. Von Prof. Rudolf A. **Thallmayer**. Wien: Selbstverl. R. & H. Hitschmann; C. Gerold's Sohn in Komm. 1907. (XII, 256 S.) 8° [F.]
= **Archiv** f. Landwirtschaft. 43. [07. 17970]

— s.a. Studienreise, die 3. alpwirtschaftliche, steirischer Landwirte in die Schweiz.

Thallmayer, Rudolf A. Die dritte alpwirtschaftliche Studienreise steirischer Landwirte in die Schweiz 1906. Im Auftrage des steiermärkischen Landes-Ausschusses hrg. von Professor Dr. R. A. Th. ..., mit Beiträgen von: Dr. F[riedrich] G[ottlieb] Stebler, Zürich, F(ritz) Reber [Murzelen bei] Bern, [Erwin] Thommen, Waldenburg, Dr. P[aul] Schuppli, Admont, Dr. Rudolf Graf von Meran, Judenburg, Schweizer alpwirtschaftlicher Verein, Ing. [Caspar] Schuler, St. Gallen, [Heinrich] Jenny, Liedertswyl. Mit 33 Abbildungen. VI + 152 S. gr.-8. Bruck a. d. Mur, Komm. Hermann Surezek, 1907. [M. 3. —]

**Thallmayr**, Max, approb. Arzt aus Landshut: **Zur Casuistik der** Hypophysis-Tumoren. *Erlangen 1901: A. Vollrath.* (15 S.) 8°
Erlangen, Med. Diss. v. 25. Nov. 1896

**Thallner**, Otto, über Einleitung u. Namenbezeichnung des Eisens, s.a. Sammlung berg- u. hüttenmännischer Abhandlungen. 7. Heft.

Über Einteilung und Namenbezeichnung des Eisens. Von Otto **Thallner**. Bismarckhütte OS. Kattowitz: Gebr. Böhm 1907. (47 S.) 8°
Aus: Berg- u. Hüttenmänn. Rundschau.
= **Sammlung** Berg- u. Hüttenmännischer Abhandlungen. H. 7. [07. 4643]

**Thallner**, Otto, Konstruktionsstahl. Ein prakt. Handbuch üb. die Festigkeits-Eigenschaften v. Stahl u. Eisen. Auf Grund prakt. Erfahrgn. bearb. zum Gebrauch in Werkstätten, f. Hüttenleute, Ingenieure, Abnahmebeamte usw. (IX, 298 S. m. Abbildgn.) gr. 8. Freiberg 904. Craz & Gerlach. n. 8. —; geb. n. 9. —

— Elektrometallurgische Prozesse, ihr Einfluss auf die Entwicklung der quantitativen Richtung des Elektroschmelzprozesses u. auf die physikalische Beschaffenheit v. Stahl u. Eisen. Vortrag, geh. im oberschles. Bez.-Verein deutscher Chemiker. (34 S.) 8. Kattowitz (909). Phönix-Verlag. 1. —
Sonderabdruck aus: „Kohle u. Erz.".

**Thallner,** Otto, **Werkzeugstahl.** Kurzgef. Handbuch üb. Werkzeugstahl im Allgem., d. Behandlung desselben bei d. Arbeiten des Schmiedens, Glühens, Härtens u. s. w. u. d. Einrichtgn. dazu. Für Eisenhüttenleute, Fabrikanten u. Werkmeister gemeinverständlich bearb. gr. 8. (X, 162 S. m. 68 Abb.) Freiberg 898. Craz & Gerlach. n. 4. —

— **Werkzeugstahl.** Kurzgefasstes Handbuch über Werkzeugstahl im Allgemeinen, die Behandlg. desselben bei den Arbeiten des Schmiedens, Glühens, Härtens usw. u. die Einrichtgn. dazu. Für Eisenhüttenleute, Fabrikanten u. Werkmeister gemeinververständlich bearb. 2. Aufl. (X, 163 S. m. 68 Abbildgn.) gr. 8. Ebd. 904. n. 4. —; geb. n. 4. 80

**Thallóczy,** Ludw. v., Bruchstücke aus d. Geschichte der nordwestl. Balkanländer. [Aus: „Wissenschaftl. Mittheilgn. aus Bosnien u. d. Hercegovina", 3. Bd.] Lex.-8. (75 S. m. 8 Abb. u. 1 Taf.) Wien 895. (C. Gerold's Sohn.) n. 2. 40

Thallóczy, Ludwig v., Dr. Die Geschichte der Grafen von Blagay. Mit 2 Stammtaf., 14 Siegel- und Wappenabbildungen. gr. 8. Wien 1898.

**Thallóczy,** Ludw. v., Geschichte e. merkwürdigen Fälschung, s.: Hörmann, Const.

— Herzog Hervoja u. sein Wappen. [Aus: „Wissenschaftl. Mittheilgn. aus Bosnien u. d. Hercegovina" 2. Bd.] Lex.-8. (18 S. m. 6 Abbildgn.) Wien 894. (C. Gerold's Sohn.) n. 1. —

**Thallóczy,** Ludw. v., wie u. wann wurde Hervoja Grossvojvode v. Bosnien?, s. Mitteilungen, wissenschaftliche, aus Bosnien u. der Hercegovina. VI.

THALLÓCZY, Ludwig von.
Wie und wann wurde Hervoja Grossvojvode von Bosnien? Von Dr. Ludwig von Thallóczy. Mit einer Tafel. (Separat-Abdruck aus Wissenschaftliche Mittheilungen aus Bosnien und der Hercegovina. VI. Bd. 1899.) Wien. 1899. In Comm. Gerold's Sohn. Lex.-8°. 8 S. fl. —.30

Thallwitz [Schlagwort]

**Thallwitz,** s.: Sachsen. Karte. Messtischblätter.

Thallwitz [Verfasser]

**Thallwitz, E.,** De Horatio Graecorum imitatore spec. I. Diss. 1874. 51 S. 7.50

Thallwitz, Emil, Bei den Lützowern, Dramat. Szene a. d. Befreiungskriegen, Döbeln 1895, 18 S., 8°.

Thallwitz, Emil, Wies Gigerl ein Turner wurde, Dramat. Scherz in 1 Akt, Döbeln, 16 S., 8°.

**Thallwitz,** J., Decapoden-Studien, insbesondere basirt auf A. B. Meyer's Sammlgn. im ostind. Archipel, nebst e. Aufzählg. der Decapoden u. Stomatopoden d. Dresdener Museums. [Aus: „Abhandlgn. u. Berichte d. kgl. zoolog. u. anthropologisch-ethnograph. Museums zu Dresden".] Imp.-4. (56 S. m. 1 lith. Taf.) Berlin 891. R. Friedländer & Sohn. n. 8. —

**Thallwitz, Johannes:** Beobachtungen über den Saisonpolymorphismus einiger Planktoncladoceren. Dresden 1910: Teubner. S. 1—46. 4°
Dresden-Altstadt, Annen-S, RG P 1910 (765) [S 10. 442

**Thallwitz,** Rob., Gedichte. 12. (VIII, 143 S.) Döbeln 883. (Schmidt.) n. 1. —

Thalmann: Die Schenkung d. Gebietsantheile von Szaszcsor Sebeshely, und Sugag an den Magistrat von Mühlbach durch den Fürsten Stephan Bathori im J. 1575. 16 S. —Mühlbach, Progr. 1859

**Thalmann,** A., ein Tröpfchen Gift. Lustsp. 8. (16 S.) Berlin (888). M. Böhm. 1. 50

**Thalmann,** A., petite grammaire de la langue française, s.: Schweizer, G.

**Thalmann, A.,** voir: *Schweizer, G.*

Thalmann, A[dolf]. Erste thurgauische Lehrlingsstatistik vom Jahre 1909. Im Auftrage des Regierungsrates bearb. von A. Th'.... [Mit 2 Tabellen.] 30 S. 8. Frauenfeld, Huber & Co., (1909).

Thalmann, Arthur Arno

**Thalmann,** die Syphilis u. ihre Behandlung im Lichte neuer Forschungen. Hrsg. v. der Medizinal-Abteilg. des königl. sächs. Kriegsministeriums. (33 S.) gr. 8. Dresden 906. (C. Damm.) n. 1. —

**Thalmann,** die Syphilis u. ihre Behandlung im Lichte neuer Forschungen. Hrsg. v. der Medizinal-Abteilg. des königl. sächs. Kriegsministeriums. (33 S.) gr. 8. Dresden 906. (Leipzig, Th. Grieben.) 1. —

Die Syphilis u. ihre Behandlung im Lichte neuer Forschungen. Von Dr. [Arthur Arno] **Thalmann** ... Hrsg. von d. Medizinal-Abt. d. Kgl. Sächs. Kriegsminist. Dresden 1906: (Kriegsministerium). (33 S.) 8° 107. 1040. ?

Thalmann, Eduard

**Thalmann,** E., 25 Jahre Impfarzt. 1876—1901. Für Ärzte u. Behörden, Impffreunde u. Impfgegner. gr. 8. (72 S.) Münster 901. Coppenrath. n. 1. —

**Thalmann, Eduard,** Tierarzt, I. Assistent der stationären Klinik, aus Neuchâtel: Klinische und experimentelle Untersuchungen über die chirurgische Bedeutung des Adrenalins. Neuenburg 1906. 45 S. 8°. [20. V. 04.]
Bern Vet.-med. Diss. 1906/1907.

Thalmann, Eduard. Klinische und experimentelle Untersuchungen über die chirurgische Bedeutung des Adrenalins. Diss. Vet.-Med. Bern. 45 S. 8. Neuenburg, L. A. Borel, 1906.

Thalmann, E[rnst]. Der Fussballsport in der Schweiz. 8.
*In*: Fussball-Jahrbuch 1910. Hrg. vom Deutschen Fussball-Bund. Jahrg. 7. Selbstverlag des D. F. B.; Geschäftsstelle: Dortmund.... S. 161—164.

Thalmann, Ernst. Die Märztemperatur der nordöstlichen Ecke Deutschlands. 4 (57 S., 6 Fig.) **Progr.** Rg. *Tilsit* 1888 (22)

**Thalmann,** F., kurzer Leitfaden der Geographie von Deutschland für Stadtschulen, mit besonderer Berücksichtigung der topographischen Verhältnisse u. der nordöstlichen Bundesstaaten. 2., verm. Aufl. Pößneck 860. (Alberts.) 8. (42 S.) n. 2 *ngr.*

Thalmann, F., kurzer Leitfaden der Geographie von Deutschland für Stadtschulen, mit besond. Berücksichtigung der topograph. Verhältnisse und der nordöstl. Bundesstaaten. 2., verm. Aufl. 8. (42 S.) Pößneck 860, [Latendorf.] *

**Thalmann,** F., kurzer Leitfaden der Geographie von Deutschland für Stadtschulen mit besond. Berücksichtigung der topograph. Verhältnisse u. der norddeutschen Bundesstaaten abgefaßt. 3., verm. Aufl. Pößneck 869. Latendorf. 8. (52 S.) n. 3 *ngr.*

Thalmann, Frdr., die Fette u. Oele. Darstellung der Eigenschaften aller Fette u. Oele, der Fett- u. Oelraffinerie u. der Kerzen-Fabrikation. Handbuch für Industrielle, Talg- u. Oel-Fabrikanten, Parfümeure, Wachswaaren-, Seife- u. Kerzen-Fabrikanten, Lack- u. Firniß-Fabrikanten, Apotheker, Landwirthe ꝛc. Nach dem neuesten Stande der Technik leichtfaßlich geschildert. Mit 31 (eingedr. Holzschn.-)Abbildungen. 8. (IV, 240 S.) Wien 881. Hartleben. 3. —

Thalmann F, die Fette u Ole. 1. u 2. A. (Bibl. Chem.-techn. 83) Wien 1881. 92

Thalmann, Frdr., die Fette u. Oele. Darstellung der Gewinng. u. der Eigenschaften aller Fette, Oele u. Wachsarten, der Fett- u. Oelraffinerie u. der Kerzen-Fabrikation. 2., sehr verm. Aufl. 8. (VIII, 239 S. u. 41 Abbildgn.) Wien 892. A. Hartleben. n. 3. —; geb. n. 3. 80

Thalmann, Frdr., die Fette u. Ole. Ihre Gewinng. u. Eigenschaften. 3., sehr verm. u. verb. Aufl. (VIII, 246 S. m. 54 Abbildgn.) 8. Wien 910. A. Hartleben. 3.—; geb. 3. 80

**Thalmann,** Hermann: Der heutige Stand der Pluralbildung im Dako-Rumänischen ... (Aus: Jahresber. d. Inst. f. rumän. Sprache zu Leipzig, 4.) Leipzig, Druck v. A. Pries, 1896; 2 Bl., 54 S., 1 Bl. 8.
Leipzig, Phil. Fak., Inaug.-Diss. v. [12. Febr.] 1897

Thalmann, J. H., s. Thalmann, Johann Heinrich

Thalmann, Johann Christian (Kassel) A. S. 308/35

Specimen singularium et antiquorum in Hassia jurium, de bonis Zu Waldrecht.
Präs. Johann Wilhelm Waldschmidt.
Marburg (Müller) 6. VII. 1723. 34 S.

W. v.: Präs., Johann Tilemann, Johann Adolph Hartmann, J. G. Werner, Franz Benjamin Stückradt, J. G. Ries, Johann Konrad Meurer. 34277

Thalmann, Johann Heinrich

Thalmann, J. H., Ernstes u. Heiteres aus dem Kriegsjahre 1870/1871. Ein Gedenkblatt f. die schweiz. Wehrmänner. br. 8. (VII, 250 S.) Frauenfeld 872. Huber. n. 3. —

Thalmann, J[ohann] H[einrich]. O Thurgau, du Heimat, wie bist du so schön! Mit vielen Illustrationen [und 1 Tafel]. 8. Weinfelden [1898].

Thalmann, J[ohann] H[einrich]. Wanderungen durch den Thurgau. Mit 36 Illustrationen [wovon 1 Tafel] und einer Karte. 8. Bern und Biel 1889.

**Thalmann,** Marianne, meine Verse. (32 S.) kl. 8. Leipzig-Gohlis 910. Raschwitz, B. Volger. — 80

Thalmann, Mathilde, Prinz Karneval auf dem Turnerball, s.: Festspiele, turnerische.

Thalmayr, Franz: Festfeier zum 60jährigen Regierungs-Jubiläum Seiner Majestät des Kaisers Franz Josef I. S. 34—36. 8.
**Progr.** K. k. Staats-Gymn. *Ried* 1909.

**Thalmayr,** Franz: Zur Geschichte des Linzer Mädchen-Lyzeums. — Linz 1905: Wimmer. 21 S. 8°

Goethe und das classische Alterthum. Die Einwirkg d. Antike auf Goethes Dichtgn im Zshange m. d. Lebensgange d. Dichters dargest. v. Dr. Franz Thalmayr, k. k. Gymnasialprof. *Leipzig: G. Fock 1897.* (XI, 185 S.) 1 Bd 8. [97. 3037

**Thalmayr, Frz.,** Goethe u. d. classische Alterthum. D. Einwirkg. d. Antike auf Goethes Dichtgn. im Zusammenhange m. d. Lebensgange d. Dichters dargest. gr. 8. (XI, 185 S.) Leipzig 897. Linz a/D., Selbstverlag. n. 2. 50

Thalmayr, Franz: Katalog der Lehrerbibliothek des k. k. Staats-Gymnasiums in Linz. I. Theil: Classische Philologie. 1897. 8 (2 Bl., 51 S.). II. Theil: Encyklopädie. — Philosophie und Ästhetik — Pädagogik. — Religionswissenschaften. — Moderne Philologie. (Umschlagtitel: ... Theil.) 8 (1 Bl., 56 S.). **Progr.** K. k. Staats-G. *Linz* 1897. 1899

Thalmayr Dr. Franz: Über Wielands Classicität, Sprache und Stil. 42. Pilsen R. 94.
**Progr.**

Thalmayr, Franz: Medaillen des Erzhauses Österreich und der vaterländischen Geschichte in der Münzensammlung des k. k. Staats-Gymnasiums zu Linz. 8 (S. 3 - 50)
**Progr.** K. k. Staats-G. *Linz* 1898.

**THALMAYR, Franz: Verhältnisse zwischen Land und Wasser im Kaspi-Becken und über dessen Entleerung. — 1883. 66 S. Diss. Graz, Univ.**

**Thalmessinger, Hugo,** Justizrel. in Ulm: **Der Begriff der Gemeinschaft** und die Geltung von Mehrheitsbeschlüssen bei Gemeinschaftsverhältnissen. *Ulm 1899: H. Frey.* (70 S.) 8°
Tübingen, Jur. Diss. v. 1899

Thalmessinger, Viktor [aus Ulm]: Über gleichzeitiges Vorkommen von Carcinom und Sarkom. ... Würzburg: Paul Scheiner's Buchdr., 1888. 27 S. 8°
Würzburg, Med. Fak., Inaug.-Diss. v. 1888

Thalmud, Hierosolymit. u. Babylon., s. Compendium.

**Thalnitscher, Joa. Greg.,** historia cathedralis ecclesiae Labacensis, anno 1701. gr. 4. (93 S. m. 6 Taf.) Labaci 882. (Klagenfurt, Raunecker.) n. n. 5. —

**Thalnitscher,** Dr. Joa. Greg., historia cathedralis ecclesiae Labacensis. Anno 1701. gr. 4°. (93 S. mit 6 Taf.) Klagenfurt, Raunecker Baar fl. 2.—. **1886.**

**Thalreiter,** Franz, a. Zwiesel: Auflösung gewisser algebraischer Eliminationsaufgaben durch Benützung der Teilungsgleichungen der p-Funktion. München 1905: F. Straub. (59 S.) 8°
München, Phil. Fak., Ref. Lindemann, Diss. v. 7. Juli 1905
[Geb. 2. Mai 79 Zwiesel; Wohnort: Zwiesel; Staatsangeh.: Bayern; Vorbildung: Realgymn. München Reife Juli 00; Studium: München 9 S.; Rig. 7. Juli 05.]

**Thalreiter,** Frz., Flächen e. dreifach unendlichen linearen Systems, welche m. e. gegebenen algebraischen Raumkurve e. Berührung 3. Ordng. eingehen. (S. 211—231.) 8. München 907. G. Franz' Verl. — 60
Sonderabdr. aus: „Sitzungsber. d. k. bayer. Akad. d. Wiss."

Thalstern, Alexandrine v., Catharina u. Alexis, od. die zwei feindl. Nationen. 2 Thle. 8. (23 B.) Leipzig 834, Krappe.

**Thalwitzer,** Arnim [illegible] De [illegible] Berolini (1851) [illegible] 8°
Berlin. Med. Diss. v. 22. Sept 1851

Thalwitzer, August Hieronymus (Meissen) A. S. 174/21

De diversa officiorum civilium et vasalliticorum ratione. Präs. Christian Friedrich Wilisch.
Wittenberg (Dürr) 28. VII. 1787. 28 S.

Gew.: Johann Karl Gebhard Reinhard.
W. v.: Präs. 34278

Thalwitzer, Carl, s. Thalwitzer, Karl

**Thalwitzer,** Franz *Hugo Adolf Edmund* [aus Neustadt bei Magdeb.]: Ueber zwei in frühstem Kindesalter begonnene Fälle von Friedreichscher Krankheit ... Berlin, C. Vogts Buchdr., *1897;* 28 S., 1 Bl. 8.

Berlin, Med. Fak., Inaug.-Diss. v. 9. Febr. 1897

**Thalwitzer, Frz., der Parademarsch, e. ärztl. Betrachtg. Vortrag, geh. auf der 76. Versammlg. deutscher Naturforscher u. Aerzte (Abteilg. für Militärsanitätswesen).** (21 S.) Lex.-8. Dresden 904. [B. Alicke]. Kötzschenbroda, H. F. Ad. Thalwitzer. — 75; erhöht. Pr. n. 1. —

Thalwitzer, Johann August Hieronymus [Praes.], s. Hannemann, Karl Friedrich: Dissertatio qua demonstratur jure Sax. fratri liberos sororemque habenti bona a matre per ultimam voluntatem, sub lege, ne alienentur, sed ut in familia conserventur, relicta, extra familiam sub pacto de retrovendendo alienare non licere.

Thalwitzer, Johann August Hieronymus [Praes.], s. Krebs, Christian Ludwig: De subhastationibus observationes tres ex principiis juris Saxonici.

Thalwitzer, Karl

**Thalwitzer,** Carolus: Dissertatio ... sistens de cognoscenda et curanda ischialgia vulgo luxatio spontanea dicta observationes. Halae (1821): Schimmelpfennig. 33 S. 8°

Halle-Wittenberg, Med. Diss., nachgeliefert von dem am 15. Aug. 1821 auf Thesen, loco dissertationis de unguium morbis, promovierten Verf.

Geb. Wittenberg 30. 6. 1790 [vielmehr: 28. 6. 1799]. V.

**Thaly,** Coloman de, s.: Saussure, César de, lettres de Turquie.

Thaly, K. Az első hazai hírlap 1705–1710. (Die erste vaterländische Zeitung 1705–1710.) (48) S. Budapest 1880 0,50.

Thalysia, s. a. Vegetarier, der.

**Thalysia. Vereins-Blatt für Freunde der natürlichen Lebensweise. Monatsschrift zur Förderung wahrer Humanität und des Volkswohles auf der Basis der Ernährungsform und Rückkehr zur Natur. Organ des deutschen Vereins für naturgemässe Lebensweise und der Gesellschaft Thalysia. Begründet von Ed. Baltzer. Hrsg. und redig. unter Mitwirkung von A. Aderholdt. Redact.: Th. Müller. 20. und 21. Jahrg. 1887 und 1888. à Jahrg. 12 Nrn. (à Nr. $1\frac{1}{2}$ Bog.) gr. 8. Nordhausen. (Rudolstadt, Hartung und Sohn.) à Jahrg. ***

Frühere Jahrgänge, s. Vereins-Blatt für Freunde der natürlichen Lebensweise.

Die Fortsetzung — 22. Jahrg. 1889 — erscheint u. d. T.: Vegetarier, der.

**Thalysia.** Monatsschrift f. Reform-Moden u. Körperkultur (Schönheits- u. Gesundheitspflege, Ernährungs-Reform, Hauserziehg. u. Pflege des Familienlebens. Frauenfragen.) Hrsg. v. Paul Garms. Schriftleitung: Wilh. Hammer. 4. Jahrg. 1910. 12 Hefte. (II, 191 u. 80 S. m. Abb.) Lex. 8. Leipzig, Thalysia. 4. —

**Thalysia-Bibliothek.** 1.—8. Bdchn. kl. 8. Ebd. 2. 75

Ratgeber f. richtige Anwendung v. Heilkräutern m. üb. 100 Orig.-Rezepten. (61 S.) kl. 8. (909.) (3. Bdchn.) — 25

— f. Gesundheitspflege u. kleines Gesundheits-Lexikon. Eine Sammlg. bewährter Anweisgn. zur Bewahrg. der Gesundheit, zur Erhaltg. körperl. u. geist. Frische u. klarer Sinne bis ins hohe Alter. (72 S. m. Abbildgn.) kl. 8. (908.) (1. Bdchn.) — 25

— f. Nervenkranke. Angabe erprobter Haus- u. Volksmittel u. bewährter Kräutertees. Literatur-Anh. (48 S.) (910.) (5. Bdchn.) — 25

— f. Reform-Küche (fleischlose Kochkunst). Bewährte Vorschriften zur diätet. Ergänzg. u. Bereicherg. jeder Küche m. Anh. f. Rohköstler. (3. Aufl.) (61 S. m. Abb.) kl. 8. (909.) (2. Bdchn.) — 25

— f. naturgemässe Schönheitspflege (Körperkultur, Kosmetik, Hygiene). (40 S. m. Abbildgn. u. Titelbild.) 8. (908.) (4. Bdchn.) — 25

— bei Verdauungsleiden. Anh.: Die Kunst zu essen. Diätkuren bei verschiedenen Körperverhältnissen u. Zuständen. Literatur-Verzeichnis. (56 S.) (910.) (8. Bdchn.) — 25

Tracht, neudeutsche. Ratgeber f. Selbstanfertigg. der bewährtesten u. verbreitetsten Art gesundheitl. u. schöner Kleidg. (Reform-Kleidg.) (65 S. m. Abbildgn.) (907.) (7. Bdchn.) 1. —

Winkler, Ratgeber f. Säuglings- u. Kinder-Pflege m. e. Anh. üb. Schwangerschaft u. Stillzeit. (64 S. m. 2 Taf.) kl. 8. (909.) (6. Bdchn.) — 25

Tham, Karl Ignaz

— Anfangsgründe der böhm. Sprache; nebst deutschen, französ. u. böhm. Gesprächen ꝛc. 8. Prag u. Wien 785.

— s. Comenius Janua reserata.

— böhm. u. deutsche Gespräche über alle Gegenstände des gesellschaftl. Lebens, od. gründl. Anleit., in der möglichst. Geschwindigkeit böhmisch sprechen zu lernen. Ein Noth- u. Hülfsbuch ꝛc. 8. Prag 811. Enders. 16 gr

**Tham, Karl Ign., böhmische u. deutsche Gespräche üb. alle Gegenstände d. gesellschaftl. Lebens, nebst e. faßl. Anweis., die böhm. Aussprache gründl. zu erlernen. Zum Behufe f. alle, welche in d. möglichsten Geschwindigkeit böhm. sprechen lernen wollen. 2. Aufl. 8. (14¼ B.) Prag 831, Enders.**

— böhmische Grammatik zum Gebr. der Deutschen, nebst böhmisch-deutschen Gesprächen ꝛc. 8. Prag 804. Diesbach. (Hinrichs in Leipz.) 1 rthl — Dass. 5e Aufl. 8. Prag ... Kramer. 18 gr NB. s. auch unten: Sprachlehre.

— böhmische Grammatik zum Gebrauch d. deutschen, nebst verschied. böhm. Gesprächen, erklärten Historien, Erzählungen ꝛc. 5te verb. Aufl. 8. Ebend. 814.

— Kunst, in 3 Monaten böhmisch lesen, verstehen, schreiben u. sprechen zu lernen, nach den beliebten Kästner'schen Sprachgrundsätzen. 8. Prag 814. Enders. 16 gr

— Lehrbuch f. Anfänger in der böhm. Sprache, in grammat. u. syntakt. Uebungen, nebst den beliebt. Langenschen Gesprächen in böhm. Sprache mit Nachahmungen. 8. Prag 817. Kronberger u. W. 12 gr

— leichte u. gründl. Methode, in kurzer Zeit ächt böhmisch auszusprechen, zu lesen u. zu schreiben, für Deutsche zweckmäßig eingerichtet. 8. Prag 800. (Leipz., Joachim). 3 gr N. A. 8. Prag 808. Neureutter. 2 gr

— neueste, gründl. u. leichtfaßl. Methode, in möglichster Geschwindigkeit böhmisch richtig lesen u. schreiben zu lernen, als ein nöthiger Anhang zu dessen böhm. u. deutschen Gesprächen. 8. Prag 800. 2e A. 811. 3e A. 814. Enders. 8 gr

— böhm.-deutsches National-Lexicon, nach d. Tomsa'schen böhm.-deutsch-latein. Wörterbuche bearb. u. verm., in 2 Bden. (2r Bd. von Tomsa selbst verfaßt u. vermehrt.) gr. 8. Prag 805. Neureutter. 4 rthl

Tham, Karl, deutsch-böhm. synonym.-phraseolog. National-lexicon. (Mit e. Vorrede v. Jh. Chr. Adelung). gr. 8. Prag u. Wien 786. 2e Aufl. 2 Bde. 799. 3e Aufl. Ebd. 814. Neureutter. 2 rthl 12 gr (Joachim in Leipz.) 5 rthl 8 gr

**Tham, Carl Ign., neuestes ausführl. u. vollständ. deutsch-böhmisches synonymisch-phraseologisches Nationallexicon. 2 Thle. 3te Aufl. gr. 8. Leipzig, Central-Cpt. 818.**

— neuester, deutsch-böhm. Nomenclator, od. Nenner eigener Namen. 8. Prag 815. Buchler. 6 gr

— — neuester, deutsch-böhmischer Nomenclator, oder Nenner eigener Namen. 8. Prag, Buchler. 818.

— — böhmische Sprachlehre zum Gebrauche der Deutschen. Für Anfänger mit Beyspielen, Gesprächen und Leseübungen, verbessert v. W. Hanka. 6te Aufl. 8. Prag, Enders. 821.

— kurzgefaßte böhm. Sprachlehre; nebst böhm.-deutsch-französ. Gesprächen u. Ausz. aus d. besten böhm. Schriften. 8. Prag 795. Schönfeld. 12 gr 6e Aufl. Für Anfänger mit Beispielen, Gesprächen u. Leseübungen verbessert von W. Hanka. 8. Prag 821. Enders. 20 gr

— neuest. mögl. vollständ. deutsch-böhm. u. böhm.-deutsches Taschenwörterbuch, nach dem beliebten Straßburger u. Pariser: nouv. Dictionnaire de poche français-allemande et allemand-française, dann nach Haas, Thibaut ꝛc. 1r Bd. 12. Prag, Enders. 814.

— neuestes, möglichst vollständ. u. zweckmäßig eingerichtetes böhmisch-deutsches u. deutsch-böhm. Taschenwörterbuch, nach Cellarius, Komenius, Kropf, Loderecker, Neschel, Rohn, Tomsa, Weleslawin, Wodnian, Wußin u. mehrern andern frei bearb. 2 Bde. 12. Prag 815 u. 18. Enders. 4 ß 8 gr

— erster gründl. Unterricht in der böhm. Sprache, nebst Leseübungen für Deutsche. 8. Prag 804. Diesbach. (Hinrichs in Leipz.) 8 gr

THAM, K.: Versuch e. böhmisch-deutschen, juridischen u. geschäftsmännischen Lexikons, mit einem vollständ. deutschen Index versehen, od. zweckmäss. Sammll. genau u. bestimmt erklärter juridischer od. rechtlicher, gerichtlicher (Forensia) u. geschäftsmännischer Ausdrücke, Formeln, Redensarten und eigener Namen, zum Behufe der Rechtsbeflissenen, Rechtsgelehrten, Justiz- u. Magistratsbeamten, Justiziäre (Rechtspfleger), Richter, Rechtsfreunde oder Advocaten, Procuratoren, Notare u. Archivare, Translatoren, wie auch ihrer Subalternen u. sämmtl. Geschäftsmänner, sowohl bey Gerichtsbehörden, als bey Gubernien, Bankal-, Tabak-, Kreis-, Polizey-, Domänen- u. Wirthschafts-Aemtern. 808. gr. 8. (12 Gr.)

Tham, Karl Jgn., Versuch e. böhmisch-deutschen jurist. u. geschäftsmänn. Lexicons, mit e. vollständ. deutschen Index ꝛc. gr. 8. Prag 808. Widtmann. 1 ß 8 gr Hbg. Pr. 12 gr; bei Neureutter. 12 gr

— kleines böhmisch-deutsches Wörterbuch, od. Samml. der zum deutsch-sprechen nöthigen Wörter, Redensarten u. Sprüchwörter zum Gebrauch der Böhmen. 2 Abtheill. 8. Prag 808. Neureutter. 1 ß 8 gr

— kleines deutsch-böhm. Wörterbuch, od. Samml. der zum böhmisch-sprechen nöthigen Wörter, Redensarten u. Sprüchwörter, zum Behuf der Deutschen. 8. Prag 799. Neureutter; (a. Hinrichs in Leipz.) 16 gr

— neues kleines deutsch-böhmisches Wörterbuch zum Behufe d. Deutschen. 8. Prag, Neureutter. 804.

— Zeitungslexicon. gr. 8. Prag 800. Neureutter. 5 gr

Tham, Ludwig Christoph (Keula/Thür.) A. S. 7/9

Dissertatio iuridica de literis natalitiis Von Geburths=Briefen. Präs. Heinrich Linck, Rec.
o-O. 1732. 56 S.

Diss. Jena. 34282

Thamar, s.: Jacobi's neues Vereinstheater. 6. Hft.

Thame Mizwoth. טעמי מצות Motivirung der in der heil. Schrift anempfohlenen göttlichen Gebote und Verbote, 613 an der Zahl, von Menahem Bubli. *Lemberg* 1848. Gedruckt bei *M. F. Poremba.* 112 S. 8°.

Thamer, zur Abwehr in der Synodalfrage, s. Kümmell.

Thamer, C., Gesamt-Inhaltsverzeichniss, s.: Archiv f. Eisenbahnwesen.

Thamer, Carl, s. Thamer, Karl

Thamer, Johann Heinrich 4° Thl. XVII. 610/2

Schediasma de origine et dignitate pericoparum quae Evangelia et epistolae vulgo vocantur ... Oder: Vom Ursprung ...
Jena (Werther) 1716. 176 S. 34283

Thamer, I. H., schediasma de origine et dignitate pericoparum, quae evangelia et epistolae vulgo vocantur. 4. Ienae, Bertholetti. 754.

Thames (Views of the) and Medway, containing 82 views and a map. 4. London, Black et Armstrong. Cloth boards, gilt edges 8 1/3 ß

Thamhayn, Karl

**Thamhayn,** Carl: Ueber die mit Fractur des collum Humeri complicirten Schulterluxationen. Halle (1868): Hendel. 34 S. 8°
Halle-Wittenberg, Med. Diss. v. 9. Mai 1868
Geb. Halle a. d. S. 8. 8. 1842. V.

**Thamhayn,** Osk., Arzneimittellehre für Zahnärzte. Mit besonderer Berücksichtigung der Krankheiten der Mund-, Rachen-, Kehlkopf-, Nasen- u. Kieferhöhlen. gr. 8. (VIII. 274 S.) Stuttgart 880. Enke. n. 5.

**Thamhayn,** Oscar: De sanguinis corpusculorum origine. Lipsiae (1854): Brockhaus. 23 S. 8°
Halle-Wittenberg, Med. Diss. v. 6. Febr. 1854
Geb. Halle a. d. S. 1. 4. 1829. V.

Thamhayn, Osc., therapeutisches Taschenbuch. 8. (XXII, 257 S.) Stuttgart 879, Enke. * M 4.; geb. *

**Thamhayn, O., der Lister'sche Verband. Mit Bewilligg. d. (engl.) Verf. in's Deutsche übertragen. gr. 8. (XXXVI, 283 S.) Leipzig 875. Veit & Co. n. 4. 80**

Thamhayn, Willy Ernst

**Thamhayn,** Willy, Dr.: Zur Auswahl der französischen Lektüre am Gymnasium. Vorschläge und Wünsche. Solingen 1904: B. Boll. (27 S.) 4°
Solingen, st. G m. R P 1904 (545)

[Umschlagt.:] **Thamhayn,** *Willy Ernst* [Dr.]: Aus neueren französischen Lyrikern. Metrische Übertragungen. Seehausen i. d. A., Druck d. R. Schröterschen Buchdr., 1893; 3—12 S. 4.
Seehausen i. d. A., G, OP 1893 (254)

**Thamhayn,** Willy Ernst: Ueber den Stil des deutschen Rolandsliedes nach seiner formalen Seite. Halle 1884: Hendel. 64 S. 8°
Halle-Wittenberg, Phil. Diss. v. 6. Febr. 1884
Geb. Halle a. d. S. 19. 4. 1861. V.
Verf. erlebte die Diplomerneuerung 1934 als Oberstudienrat a. D., Professor in Solingen, vgl. Anh. Nr. 763.

**Thamhayn, Willy**: Zur Verwertung von Sarceys 'Siège de Paris' im Unterricht. Solingen 1909: Pfeiffer. 29 S. 4°
Solingen, st. G u. R P 1909 (630) [S 09. 468

**Thamling,** Hermann Claus, Referendar a. Moorhusen b. Elmshorn in Holstein: Die Wirkung der Wandelung. Glückstadt 1906: J. J. Augustin. (52 S.) 8° [F.]
Heidelberg, Jur. Fak., Ref. Endemann, Diss. v. 1. Mai 1906
[Geb. 12. Dez. 80 Moorhusen b. Elmshorn; Wohnort: Glückstadt; Staatsangeh.: Preußen; Vorbildung: Gymn. Glückstadt Reife O. 01; Studium: Heidelberg 3, Berlin 1, Kiel 2 S.; Rig. 2. März 06.]

**Thamm, A.,** die Entstehung u. Entwickelung d. Handels bis zur Neuzeit, auf weltkundl. Basis dargestellt. 12. (III, 326 S.) Striegau 891. G. Wattenbach. n. 4. —; geb. n. 5. —

Thamm, A., Leitfaden zur Kunstgeschichte cultivirter Völker alter und neuer Zeit. 1. Thl. 2. Aufl. gr. 8. (40 S.) Striegau 874, Tschörner. *

**Thamm, A.,** Leitfaden zur Kunstgeschichte cultivirter Völker alter u. neuer Zeit. 2., verb. Aufl. gr. 8. (136 S.) Wolfenbüttel 877. Zwissler. n. 1. 50

— Leitfaden für den Unterricht in der Weltgeschichte auf geographischer Grundlage u. vom Standpunkte der Cultur für Volks-, Mittel- u. Mädchenschulen. 8. (V, 140 S.) Striegau 879. Hoffmann. n. — 80

— **das Zeitalter Kaiser Wilhelm I. od. die Zeit der Gährg. Deutschlands, in Biographien dargestellt. Mit 1 Portrait in Lichtdr., sowie e. Fcsm. der letzten Unterschrift. 13 Lfgn. gr. 8. (VIII, 566 S.) Ebd. 892. 893. à n. — 50 (kplt. geb. in Leinw.: n. 8. 50)**

**Thamm,** Adl., s.: Blätter, bunte, aus aller Welt.

**Thamm, Adf., Sylvester, Ost-Holstein, s.: Richter's Führer.**

Thamm, Adph. Von Kiel bis Samoa. Erste u. letzte Seereise mit S. M. Kanonenboot „Eber". Reise-Erlebnisse d. am 16. März 1889 im Sturm bei Samoa ertrunkenen A. Th. Nach seinen Briefen hrsg. u. ergänzt von Otto Thamm. Mit Portr. u. Zeichng. von W. Süs. 8. (116 S.) Berl. 889, Conrad. * 1 50; geb. * 2 50

**Thamm, Adph.,** von Kiel bis Samoa. Erste u. letzte Seereise m. S. M. Kanonenboot „Eber". Reise-Erlebnisse des am 16. März 1889 im Sturm bei Samoa ertrunkenen A. Th. Nach seinen Briefen hrsg. u. ergänzt v. Otto Thamm. Mit Portr. u. Zeichng. v. W. Süs. (3. Aufl.) 8. (116 S.) Berlin 889. (Warmbrunn, M. Leipelt.) 1. 50

**Thamm, Adph.,** von Kiel bis Samoa. Erste u. letzte Seereise m. S. M. Kanonenboot „Eber". Reise-Erlebnisse des am 16. III. 1889 im Sturm bei Samoa ertrunkenen Obermatrosen Adolph Thamm. Nach seinen Briefen hrsg. u. ergänzt v. Otto Thamm. Neue Ausg. (132 S. m. 12 Abb.) gr. 8. Kattowitz 908. Gebr. Böhm. 3. 50

**Thamm, Chr. Fr. Wilh., einleit. Ideen f. d. Religions-Unterricht in obern Klassen d. Gelehrten-Schulen. Auch z. Neben-Gebrauch bei d. Niemeyerischen Lehr-Buche f. d. obern Klassen d. Gelehrten-Schulen bestimmt. gr. 8. (8¼ B.) Dresden u. Leipzig 837, Arnoldische Buchh.**

**Thamm,** Felix, Assistenzarzt im Grenadier-Reg. König Friedrich III. ⟨2. Schles.⟩ No. 11: Aus d. Königl. Univ.-Frauenklinik zu Breslau. Direktor: Geh. Medizinalrat Prof. Dr. Küstner. Die infrasymphysäre Blasendrainage. Breslau 1907: Breslauer Genossenschafts-Buchdruckerei. (22 S.) 8°
Breslau, Med. Fak., Ref. Küstner, Diss. v. 19. Nov. 1907
[Geb. 22. Aug. 81 Habelschwerdt (Reg.-Bez. Breslau); Wohnort: Breslau; Staatsangeh.: Preußen; Vorbildung: Gymn. Neiße Reife O. 01; Studium: Breslau 5, München 1, Breslau 3 S.; Coll. 16. Nov. 07; Approb. 22. Juni 06.]

**Thamm, Gust.,** Anleitung zur praktischen Kenntniß des Kommunal-Kassen- u. Rechnungswesens u. d. darauf Bezug habenden Gegenstände in den Königl. Preuß. Staaten. Mit 6 Tab. (in qu. gr. Fol.) gr. 8. (VI u. 126 S.) Schweidnitz 851, Heege. n. 1 ℳ

**THAMM,** J., Der Glätzer in Berlin. Lustspiel in 1 Akt mit Gesang. Habelschwerdt, Druck v. Schmidt, o. J. 8°. (In Warmbrunn, Reichsgräfl. Schaffgotsch'sche Majoratsbibl.)

Plan der Stadt Stargard in Pommern. Gez. d. J. Thamm, Geometer. M[assst.] 1:5000. *o. O. [1900.]* (1 Kartenbl. 50×54 cm.) gr. 2° [kol.] (o2. 805

Thamm, J: Ill. Preis-Verzeichnisse chirurgischer Instrumente usw. Berlin (1878. 1891)

**Thamm, J. K. Fr., Vaterlandskunde. Ein Lesebuch f. d. Preuß. Jugend, zur Erweck. u. Beförderung d. Vaterlandsliebe. 8. (22 B. u. 1 lith. u. ill. Charte.) Leipzig 831, Reclam.**
Die Charte apart, 1 Gr.

*Thamm*, Jh., (eigentl. Jh. Cph.,) († nach 1784.) doctrina salutis. 8. Bresl. 777.

— de internis Domini Jesu Christi doloribus mysteria per verni jejunii dominicas explicata. 4. Bresl. 784.

— über das Leiden Jesu Christi. 2 Bdchen. 12. Bresl. 774, 75.

— sacrosancta mysteria de cruciatibus et morte Domini nostri Jesu Christi. 8. Bresl. 776.

— Passio Domini Jesu Christi. 8. Bresl. 775.

— Precatio dominica passionis dominicae mysteriis accommodata. 8. Bresl. 778.

**Thamm, Just. Sam., dreyfacher Beytrag z. studium biblico-historicum zu beförd. Fol. Leipz. 739.**

**Thamm,** Karl Thdr., wohin? (50 S.) 8. Dresden 910. E. Pierson. 1. —; geb. in Leinw. m. Goldschn. n 1. 75

**Thamm, M., first steps in English conversation for use in schools. Ein Hilfsbuch f. den Gebrauch des Englischen als Unterrichts- u. Schulverkehrssprache. Auf Grund der neuen preuss. Lehrpläne von 1901 bearb. gr. 8. (VI, 66 S.) Gotha 902. F. A. Perthes. n. — 80**

**Thamm,** Max, Prof. Dr.: Epilog zur ‚Allgemeinen Deutschen Biographie'. Brieg 1905: C. L. Albrecht. (S. 3—25.) 4°
Brieg, k. G P 1905 (217)

Thamm, Max [Dr.]: Ergänzungen zu Herbsts historischem Hülfsbuch für die oberen Klassen der Gymnasien und Realschulen (II und III). . . . Lauban, Druck v. C. Goldammer, 1889; 1 Bl., 68 S. 4°
Lauban, st. ev. G, OP 1889 (183)

**Thamm,** Max [Prof. Dr.]: Zur Kritik von Wilhelm Herbsts „Encyklopädie der Neueren Geschichte". (Aus: Hettlers Zeitschr. f. d. geschichtl. Unterr., Bd. 1.) *Adlisweil-Zürich, Buchdr. Manns & Markwalder, 1897;* 23 S. 8.
Lauban, k. G, P 1897 (199)

**Thamm, Max,** zur Kritik v. Wilhelm Herbsts „Encyklopädie der neueren Geschichte". [Aus: „Zeitschr. f. den geschichtl. Unterr."] Progr. gr. 8. (23 S.) Lauban 897. (Bern, A. Hettler.) n. — 80

Thamm, Max. Zur Kritik von Oettinger's Moniteur des dates. S. 15—34. — Schnobelii dissertationes de pace. S. 35—49.
**Progr.** *Lauban* 1881

**Thamm,** Max, pract. Arzt: Aus d. Augenklinik von Prof. Dr. Magnus in Breslau. Statistik der Augenkrankheiten des Kindesalters. *Leipzig 1901: B. Georgi.* (72 S.) 8°
Leipzig, Med. Diss. v. (22. Sept.) 1901

**Thamm, Maxim.** De fontibus ad Tiberii historiam pertinentibus. (55) 8. Halis 1874.

**Thamm,** Melchior [Dr. phil. Oberl. zu Strassburg i. E.]: Albericus Gentilis und seine Bedeutung für das Völkerrecht, insbes. seine Lehre v. Gesandtschaftswesen ... Strassburg i. E., Buchdr. M. DuMont-Schauberg. 1896; 3 Bl., 76 S. 8.
Würzburg, Jur. Fak., Inaug.-Diss. v. 1896

**Thamm, Melchior**: Die Montabaurer Amtsbeschreibung des Hofrats Damian Linz, geschlossen den 31. Dezember 1786 (in e. kurzen Auszuge). [1.] Montabaur (1909): Sauerborn. S. 3—16. 4°
Montabaur, Kaiser-Wilhelms-G OP 1909 (541) [S 09. 469

**Thamm, [Melchior]**: Die Montabaurer Amtsbeschreibung des kurtrierischen Hofrats Damian Linz a. d. J. 1786 in kurzem Auszuge. [2.] Montabaur 1910: Sauerborn. S. 1—14. 4° ¶ (Forts. d. P-Beil. 1909.)
Montabaur, Kaiser-Wilhelms-G OP 1910 (546) [S 10. 443

**Thamm, Melchior**: Bericht über die Einweihung der Gymnasial-Turnhalle und über das erste Studien-Erinnerungsfest ehemaliger Schüler des Kaiser Wilhelms-Gymnasiums zu Montabaur. Montabaur (1908): Sauerborn. XVIII S. 4°
Montabaur, Kaiser Wilhelms G OP 1908 (521) [S 08. 481

**Thamm, Melchior**: Bruchstücke einer alten Kellereirechnung (nebst Faks.). Montabaur (1908): Sauerborn. S. 3—8. 4°
Montabaur, Kaiser Wilhelms G OP 1908 (521) [S 08. 482

**Thamm, Melch.**, Femgericht u. Hexenprozesse, s.: Meyer's Volksbücher.

**Thamm,** Melchior, Direktor Prof. Dr.: Die Kellnerei des kurtrierischen Amtes Montabaur, nach ungedruckten Quellen dargestellt. Montabaur 1907: G. Sauerborn. (S. 3—22.) 4° [F.]
Montabaur, Kaiser Wilhelms-G OP 1907 (494)

**Thamm,** Melchior [Silesiensis]: De re publica ac magistratibus Megarensium .... Halis Sax., formis Car. Colbatzky, 1885; 48 S. 8°.
Halle, Phil. Fak., Inaug.-Diss. v. [18. Jan.] 1886.

Thamm, Melchior, de re publica ac magistratibus Megarensium. Diss. Halle 1885, Lippertsche Buchh. 8°. 48 S.

**Thamm,** Melchior, Direktor Dr.: Der Versuch einer Schulreform im Amte Montabaur unter Clemens Wenceslaus, dem letzten Kurfürsten von Trier, nach ungedruckten Quellen dargestellt. Montabaur 1905: G. Sauerborn. (S. 3—18.) 4°
Montabaur, Kaiser Wilhelms-G OP 1905 (474)

**Thamm,** [Melchior], Direktor, Prof. Dr.: Ein altes Verzeichnis der Dörfer und Feuerstätten sowie d. Renten u. Gülten fremder Herren in der Stadt u. im Banne Montabaur. Montabaur (1906): G. Sauerborn. (S. 25—44.) 4° [F.]
Montabaur, Kaiser Wilhelms-G OP 1906 (492)

**Thamm, P.**, e. schüchterner Freier. Lustspiel in 2 Akten. Nach A. v. Winterfeld. 16. (52 S.) Freiburg i/Br. 890. Fehsenfeld. — 75

**Thamm,** Paul, am Herdfeuer. Märchen. 8. (87 S. m. 8 farb. Taf.) Dülmen 895. A. Laumann. Kart. 1. —

— Der Pseudo-Bräutigam, s.: Theater, kleines.

**Thamm, P.**, Sancho Pansa, der gefoppte Schildknappe, s.a. Theater, kleines.

Sancho Pansa, der gefoppte Schildknappe. Lustige Komödie in 1 Akt von P. **Thamm**. Paderborn: B. Kleine [1906]. (24 S.) 8° [F.]
— **Theater**, Kleines. H. 362. [06. 13607

**Thamm,** Paul, Müller Zausewind u. andere naturgeschichtliche Märchen, s.: Jugend-Bibliothek, Laumann'sche. 28. Lfg.

— Am Waldteiche u. andere naturgeschichtliche Märchen, s.: Jugend-Bibliothek, Laumann'sche. 29. 30. Lfg.

**Thamm, P.**, wenn man lügt, s. Theater, kleines.

**Thamm,** Rudolf, aus Aichstetten: Über **Salepschleim**. Beitrag zur Kenntnis d. Pflanzenschleime. *Würzburg 1903: C. J. Becker.* (63 S.) 8°
München, Phil. Diss. v. 1903

**Thamm,** Walter, a. Berlin: Das Relativpronomen in der Bibelübersetzung Wyclifs und Purveys. (Berlin 1908: E. Ebering.) (VII, 84 S.) 8°
Berlin, Phil. Fak., Ref. Brandl, Diss. v. 29. Febr. 1908
[Geb. 19. Juni 85 Berlin; Wohnort: Berlin; Staatsangeh.: Preußen; Vorbildung: Wilhelms-Gymn. Berlin Reife M. 03; Studium: Berlin 8 S.; Rig. 5. Dez. 07.]

Thammenhain [Schlagwort]

**Thammenhain,** s.: Sachsen. Karte. Messtischblätter.

Thamos, König in Egypten. Ein heroisches Drama in 5 A. (von Th. P. v. Gebler). 8. Dresd. 773. Walther. 6 gr. 2e Aufl. 8. Frankf. 775....

**Thamos** König in Aegypten. Ein heroisches Drama in fünf Aufzügen. Dresden 1775. 2. Aufl. Frankf. a. M. 1775.
V: *Gebler, Tobias Philipp Freiherr von.* (ML)

Than, Karl von

**Than,** Carl v., das chemische Laboratorium der k. ungarischen Universität in Pest. gr. 4. (17 S.) Mit 5 zinkograf. Taf. Wien 872. Braumüller. n. 4. —

Than, Carl, über die Zusammenstellung der Mineralwasseranalysen. 8. (21 S.) Wien 865, (Gerold's Sohn.) *
Aus: Sitzungsberichte der k. Akademie der Wissenschaften, besonders abgedruckt.

*Θάνατος, ὁ, τοῦ Ἄβελ, συντιθεὶς ὑπὸ τοῦ Γεσσνέρου εἰς πέντε ᾠδάς. Λειψ.* 795. 8. 18 gr.

TϕAuEmNoDrEuLnBbLSAaEtTyTrEeR, s. Tändelblätter.

**Thaner,** Frdr., Abälard u. das canonische Recht. — Die Persönlichkeit in der Eheschließg. 2 Festreden. gr. 8. (55 S.) Graz 900. Leuschner & Lubensky. n. 1. 20

**Thaner,** Fridr., s. a. **Anselmus**, collectio canonum.

Thaner, F., Anselmi episcopi lucensis collectio canonum una cum collectione Minore iussu Instituti Savigniani. I. Gr.-8°. (227 S.) Innsbruck: Wagner 1906. K 10. —

**Thaner** Friedrich, Dr.: Über Entstehung und Bedeutung der Formel: *„salva sedis apostolicae auctoritate"* in den päpstlichen Privilegien. S. 71. 807 . . . . . .
Separatabdruck

**Thaner,** Frdr., üb. Entstehung u. Bedeutung der Formel: Salva sedis apostolicae auctoritate in den päpstl. Privilegien. [Aus: „Sitzungsber. d. k. Akad. d. Wiss."] Lex.-8. (45 S.) Wien 872. Gerold's Sohn in Comm. n.n. — 75

— Die literar-geschichtliche Entwicklung der Lehre vom *Error qualitatis redundans in personam* und vom *Error conditionis*. S. 142 2 . . . . . . . . . . . . . .
Separatabdruck

— die literar-geschichtliche Entwicklung der Lehre vom error qualitatis refundans in personam u. vom error conditionis. gr. 8. (38 S.) Wien 900. (C. Gerold's Sohn.) n. 1. —
**Sonderabdruck aus:** „Sitzungsber. d. k. Akad. d. Wiss."

— Zwei anonyme Glossen zur *Summa Stephani Tornacensis*. S. 79. 211 . . . .
Separatabdruck

Thaner, Friedr., zwei anonyme Glossen zur Summa Stephani Tornacensis. Lex.-8. (25 S.) Wien 875, (Gerold's Sohn.) *
Aus: Sitzungsberichte der k. Akademie der Wissenschaften, besonders abgedruckt.

— die Sprüche Walther's von der Vogelweide üb. Kirche u. Reich. Vortrag zum Besten der Errichtg. d. Walther-Denkmals in Bozen, geh. am 20 Febr. 1875 im Universitätssaale zu Innsbruck. 8. (27 S.) Nördlingen 876. Beck. n. — 80

Thaner Friedrich, Dr.: Die *Summa Magistri Rolandi* nachmals Papstes Alexander III. Nebst einem Anhange *incerti auctoris quaestiones*. Innsbruck, 1874. Wagner .

— die Summa magistri Rolandi nachmals Papstes Alexander III. nebst e. Anh. incerti auctoris quaestiones. Mit Unterstützg. d. k. Akad. d. Wiss. in Wien. gr. 8. (LV, 303 S.) Innsbruck 874. Wagner. n. 8. —

— Untersuchungen und Mitteilungen zur Quellenkunde des kanonischen Rechtes. S. 89. 601 . . . . . . . . . . . . . . . . . . . . . . . .
Separatabdruck

Thaner, Frdr., Untersuchungen u. Mittheilungen zur Quellenkunde des canonischen Rechtes. [Aus: „Sitzungsber. d. k. Akad. d. Wiss."] Lex.-8. (34 S.) Wien 878. Gerold's Sohn in Comm. n. — 60

Thanet, Octave, amerikanische Kriminal-Erzählungen, s.: Zehnpfennig-Bibliothek.

Emlékbeszéd Du Bois-Reymond Emil, külsötagról. Thanhoffer Lajos, r. tagtól ... Budapest: Mag Tud. Akad. 1898. [Gedächtnisrede auf E. Dubois-Reymond ...] (32 S.) 8⁰
= Emlékbeszédek, A Mag. Tud. Akadémiae elhúnyt tagjai fölött tartott. Köt. IX. Szám 8.

Thanhoffer, Ludw. v., Grundzüge der vergleichenden Physiologie u. Histologie. Mit 195 Holzschn. gr. 8. (XX, 752 S.) Stuttgart 885. Enke. n. 16. —

Thanhoffer, Ludw. v., das Mikroskop u. seine Anwendung. Ein Leitfaden der allgemeinen mikroskop. Technik für Aerzte u. Studirende. gr. 8. (XVI, 236 S. m. eingedr. Holzschn.) Stuttgart 880. Enke. n. 6. —

Thanhoffer, L. v., üb. Zuchtlähme. Nach eigenen pathologisch-histolog. Untersuchgn. 2., verm. Aufl. Mit 55 in den Text gedr. Fig. Lex.-8. (88 S.) Wien 888. Perles. n. 3. —

Thanisch, Anton, Referendar aus Berncastel: Die Beweislast beim 'Kauf nach Probe'. *Borna-Leipzig 1903: R. Noske.* (VI, 53 S.) 8°
Leipzig, Jur. Diss. v. 1903

Thanisch, Joseph, cand. med. aus Lieser a. d. Mosel: Ueber multiple Neuritis. *München 1899: Kastner & Lossen.* (46 S.) 8°
München, Med. Diss. v. 1899

Thanisch, Joseph (geb. Trier 20. 12. 1838): De urethrae stricturis idiopathicis. Berolini (1862). (31 S.) 8°
Berlin, Med. Diss. v. 17. Juli 1862

Thankmar, der Eisenarm. Skizze in 5 A. 8. Wien 806. Wallishausser. 6 K

Thann [Schlagwort]

Thann, s.: Preussen. Messtischblätter.

Thann [Verfasser]

Thann Karl von: Über das Platinzyanäthyl. S. 31. 13 . . . . . . . . . . . . . . . . . . . . .
Separatabdruck

Thann, Karl v., über das Platincyanäthyl. (Aus den Sitzungsberichten d. k. Akad. d. W.) Wien 858. Gerold in Comm. gr. 8. (22 S.) n. 4 ngr

— Das Rumizin. S. 31. 26 . . . . . . . . . . . . . . . . . . . .
Separatabdruck

— Über die Zusammenstellung der Mineralwasseranalysen. S. 51. II. 317 . . . . . .
Separatabdruck

Thannabauer, Josef, s. Thannabaur

Thannabaur Adolf: Zur Jahrhundertfeier des Todestages Friedr. Schillers. 5. Triest St. R. 05.
Progr.

Thannabaur, Jos., Amortisations-Tafeln. Ein Hilfsmittel zur Berechng. der Zeit, d. Tilgungsraten, d. Zinsen u. d. Capitalrestes bei Darlehen rückzahlbar in halbjährl. Annuitäten, nebst e. leicht fassl. Anleitg. z. selbstständ. Entwurfe solcher Tafeln. Zum prakt. Gebrauche f. Sparcassa- u. Bankbeamte. gr. 8. (152 S.) Wien 896. C. Graeser & Co. Kart. n. 3. 60

Thannabaur: Einige Aufgaben über die Drehung des Punktes. 8 S. – Olmütz OR., Progr. 1861.

Thannabaur, Jos., geordnete Aufgabensammlung, enthaltend mehr als 3000 algebraische Aufgaben über die 4 Species u. die Gleichungen des 1. Grades mit 1 u. 2 Unbekannten. Ein Uebungsbuch für Schüler der Mittelschulen. 2., verb. Aufl. 8. (VIII, 168 S.) Olmütz 877. Slawik. n. 2. —

Thannabaur: Berechnung der Oberfläche und des Körperinhaltes eines Pontons. 6 S. – Olmütz OR., Progr. 1863.

Thannabaur, Jos., Berechnung v. Renten u. Lebens-Versicherungen. An der Hand v. Beispielen erläutert. gr. 8. (III, 135 S.) Wien 893. C. Graeser. n. 3. —

*Thannabaur J.*: Einige Relationen zwischen den Radien des einem sphärischen Dreiecke eingeschriebenen u. umschriebenen Kreises u. den Seiten des sphärischen Dreieckes. (18.) Olmütz R. 75.
Progr.

Thannabaur Josef: Die Rentenrechnung, an der Hand von Beispielen erläutert. 54. Olmütz R. 93.
Progr.

Thannabauer, Josef, Zinseszinsen und Rententafeln. Gr.-8. (80 S.) Cart. 1.20
Wien: Graeser 1893.

Thannecker, J. D., de missa praesanctificatorum. Viteb. 1711. 4.

Thannen, Albrecht [aus Sandhorst b. Aurich]: Ueber Retention der Placenta . . . . Würzburg, Becker's Univ.-Buchdr., 1886; 26 S.
Würzburg, Med. Fak., Inaug.-Diss. v. 1886.

Thannen, Albrecht, über Retention der Placenta. Diss. Würzburg 1886, Stahelsche Univ.-Buchh. 8⁰. 26 S.

Thanner, Adolf: Der Schutz gegen Verrat von Geschäfts- und Betriebsgeheimnissen. Borna-Leipzig 1910: Noske. IX, 123 S. 8°
Heidelberg, Jur. Diss. v. 24. Nov. 1910, Ref. v. Lilienthal
[Geb. 3. Okt. 75 Straßburg; Wohnort: Berlin; Staatsangeh.: Elsaß-Lothringen; Vorbildung: Lyz. Straßburg Reife M. 95; Studium: Straßburg 8 S.; Rig. 25. Okt. 10.] [U 11. 2154

Thanner, (Franz) Ignaz

Thanner, J., logische Aphorismen, als Versuch einer neuen Darstellung d. Logik. gr. 8. Salzb. Duyle. 811.

Thanner, (Fr.) Ign., wissenschaftl. Aphorismen der kathol. Dogmatik. gr. 8. Salzb. 816, (Mayr). 14 gr

— encyclopädisch-methodolog. Einleitung, zum akadem. wissenschaftl. Studium d. positiven Theologie, insbesond. d. kathol. gr. 8. München, Lentner. 809.

Thanner, J., Friedenslied. 4. Salzburg, Duyle.

Thanner, (Fr.) Ign., Handbuch der Vorbereitung u. Einleit. zum selbstständ. wissenschaftl. Studium, besond. der Philosophie. 1r Thl. (A. u. d. T.: Lehrb. der Logik.) gr. 8. Münch. 807. Lentner. 1 ℛ 4 gr 2r Thl. A. u. d. T.: Lehrbuch der Metaphysik. gr. 8. Ebd. 808. 1 ℛ

— d. Idee d. Organismus, angewandt a. d. höhere Lehrgeschäfte. 8. München, Lindauer. 806.

Thanner: Lehr- u. Handbuch d. pract. Philosophie für academ. Vorlesungen. I. Th. Versuch einer wissenschaftl. Darstell. d. allgem. pract. Philosophie u. d. Naturrechts nach d. Grundsätzen d. absoluten Identitätslehre. *Sulzbach*, Meyer. 811. gr. 8. (18 Gr.)

— Lehrbuch der Metaphysik. gr. 8. München, Lentner. 808.

— Lehrbuch der theoret. Philosophie, nach den Grundsätzen der absoluten Identitätslehre. 1r Thl. A. u. d. T.: logische Aphorismen, als Versuch e. neuen Darstell. der Logik. gr. 8. Salzb. 811. Duyle. 12 gr 2r Thl. A. u. d. T.: metaphys. Aphorismen, als Versuch e. neuen Darstell. der Metaphysik. gr. 8. Salzb. 811. Duyle. 12 gr

— s. G. Mutschelle, über Kantische Philosophie, u. dess. Moraltheologie.

— Predigt üb. die Salzburg. Ordinariats-Bewilligung vom Anfang Nov. 1800 bis Ostern 1801 an Abstinenztagen Fleischspeisen genießen zu dürfen. 8. Salzb. 180.. Duyle. 2 gr

s. Predigten u. Predigtentwürfe auf die Feste Mariens.

— über Schulinspection auf dem Lande. 8. Münch. 804. N. A. 813. Lentner. 5 gr

s. Transcendental. Idealismus in s. dreifachen Steigerung.

Thanner, (Frz.) Ign.: Academischer Versuch über das Vogteirecht in Salzburg. *Salzburg*, Duyle. 794. 8. (6 Gr.)

Ign. **Thanner's** Vers. e. möglichst fasslichen Darstell. d. absolut. Identitätslehre, zunächst als wissenschaftl. Orientirung über d. Höhe u. Eigenthümlichk. derselben. *Münch.*, Lentner. 810. 8° 16 gr

— Versuch e. möglichst faßl. Darstellung d. absoluten Identitätslehre rc. 8. Münch. Lentner. 811.

Thanner, Ign.: „Versuch einer wissenschaftlichen Darstellung des Naturrechts", Landshut 1801.

THANNHAUSER, Siegfried (München): Welcher Weg führt vom Tyrosin zur Homogentisinsäure?- München: Wolf 1910. 20 S.
10.7.1911 - Chr 1911/12,25; U 11.3749
Diss.Ingolst.-Landsh.-Mchn.

Thaer, üb. ländliche Arbeiter-Wohnungen, s.: Zeit- u Streit-Fragen, deutsche.

Thaer, A. P., Wort an preuß. Wahlmänner und Abgeordnete. In einer vorberathenden Wahl-Versammlung des oberbarnimschen Kreises gesprochen. gr. 8. (8 S.) Berlin 848, Amelangsche Sortimentsb.

Thaer, A. P., Wort an preuß. Wahlmänner u. Abgeordnete. In einer vorberathenden Wahl-Versammlg. des Oberbarnimschen Kreises gesprochen. gr. 8. (8 S.) Berlin 848, Gärtner. 1 1/2 ngr

Thaer, Albert

Thaer, [illegible] De Polystomo appendiculato. Berlin [illegible] 32 S. [illegible]
Berlin, Phil. Diss. [illegible] Apr. 1851

Thaer, Albrecht

Thaer, Ritter Albr., Abbild. u. Beschreib. der nutzbarst. neuen Ackergeräthschaften. 3 Hfte. Mit 28 Kpf. gr. 4. Hannov. 803—806. Hahn. (à 3 ℛ) 9 ℛ

Thaer, Albrecht [Dir. Prof. Dr.]: *Der Abschied des Direktors Prof. Dr. Carl Redlich.* Hamburg, gedr. bei Lütcke & Wulff, 1897; 4—6 S. 4.
Hamburg, R vor d. Holstenthore, OP 1897 (762)

— prakt. Ackerbaukunde, s. R. W. Dickson.

Thaer, A. Ebr., De actione systematis nervosi in febribus. 108 pp. Gott. 4°. *Ludwig*, III, 240–291. 1774.

— Diss. de actione syst. nervosi in febribus. 4. Götting. 774. Dieterich. 8 gr

Thaer, A., über den Anbau der Lupine. Berlin 859. R. Kühn. 8. (IV, 32 S.) 6 ngr

— Anleitung zur Viehzucht, s. J. E. Berger.

— s.a. Annalen der Ackerbaues.

— Annalen d. Ackerbaues 1r—6r Jahrg. à 12 Stck. mit K. u. Tab. 8. Berlin, Realschulbuchhandl. 805—10. (à 6 Rthlr. 16 gr.) 4

Thaer, Albr., Annalen d. Fortschritte d. Landwirthschaft in Theorie u. Praxis. Jahrg. 1811—12. (Fortsetzung d. Annalen des Ackerbaues.) Mit K. 8. Berlin, Realschulbuchh. (der Jahrg. von 12 Heften à 6 Rthlr. 16 gr.)

s.a. Annalen d. Niedersächs. Landwirthschaft.

Thaer, Albrecht und Benecke, J. C. (Herausgeber): „Annalen der Niedersächsischen Landwirthschaft", 6 Jahrgänge (je 4 Hefte), Celle und Hannover 1799—1804 (Hahn). Fortsetzung: Thaer, Albrecht (Herausgeber): „Annalen des Ackerbaues", 1.—6. Jahrgang (je 12 Stücke), Berlin 1805—1810 (Reimer). 7. und 8. Jahrgang u. d. T.: „Annalen der Fortschritte der Landwirthschaft in Theorie und Praxis" (je Jahrgang 12 Stücke) Berlin 1811 und 1812 (Reimer). Fortsetzung: „Möglinsche Annalen der Landwirthschaft" herausgegeben von den Lehrern des Instituts, 1. Jahrgang, 1. und 2. Band, Berlin 1817 (Reimer), 2.—14. Jahrgang oder 3.—30. Band, Berlin 1819—1832 (Rücker); 1 Supplementband, ebenda 1820. Fortsetzung: „Möglinsche Jahrbücher der Landwirthschaft" hersg. von der K. Preuss. Academie des Landbaues zu Möglin unter der Redaktion von F. Körte, Berlin 1836—1842 (Rücker).

**(Thaer, A.,) möglinsche Annalen d. Landwirthschaft, s. Annalen.**

Thaer, Albrecht: Ansprache bei der Beerdigungsfeier des Dr. [Louis] Köhler in der Friedhofskapelle am 10. Februar 1903. S. 5—6. 4. [Siehe auch Ahlgrimm.]
**Progr.** Oberrealschule vor dem Holstentore *Hamburg* 1903 (837).

: Ansprache bei der Trauerfeier für Professor Dr. Wilhelm Kollhoff auf dem Friedhofe am 14. Juni 1904. S. 6—7 der Schuln. 4.
**Progr.** Oberrealschule vor dem Holstentore *Hamburg* 1905 (878).

**Thaer,** Albr., Arithmetik u. Algebra, s.: **Kambly,** Ludw., u. **Langguth.**

**Thaer A.:** Rhapsodische Bemerkungen zu B. Bell's Abhandlungen üb. den Ackerbau. Berl. 1804. 78 S.

s. Joach. Chr. **Bergen,** Anleit.

**Thaer A.:** Beschreibung d. nutzbarsten neuen Ackergeräthe. H. 1-3 alt d. udk., 1 Vol.). Hann. 1803-06. (147) S. 27 Tvl. Forf.s Portr. 4°.

**Thaer,** A(lbrecht), Prof. Dr., Dir.: **Bestimmung** von Gestalt und Lage eines Kegelschnitts aus einer Gleichung zweiter Ordnung ohne Koordinaten-Transformation. Mit 1 Taf. *Leipzig: B. G. Teubner 1902.* (39 S.) 8°
Hamburg, OR vor d. Holstenthore, OP 1902 (817)

s. A. **Block,** Resultate.

s. **Dickson,** Ackerbaukunde.

s. **Eichhoff,** Grundriß der Chemie.

— Einleit. zur Kenntniß der engl. Landwirthschaft, u. ihrer neuen prakt. u. theoret. Fortschritte in Rücksicht auf Vervollkommnung deutscher Landwirthe u. Cameralisten. 3 Bde. Mit Kpf. gr. 8. Hannov. 798—800. 2e A. 801—806. Hahn. 9 ß — Zusätze hierzu für die Besitzer der beiden ersten Auflagen besond. abgedr. gr. 8. Ebd. 806. 6 gr

— Elemente der analytischen Geometrie der Ebene, s.: **Kambly,** Ldw., u. **Roeder.**

**Thaer,** Ritter Albr., Entwurf einer Gemeinheitstheilungsordnung für die Preuss. Staaten. 8°. Berlin, Reimer, 1813.

**Thaer's, Albr.,** Epigonen, s.: **Jüngst's** Reisebibliothek.

s. **F. K. G. Gericke,** prakt. Anleit.

— Geschichte meiner Wirthschaft zu Mögelin. Mit 1 Plane u. 1 K. gr. 8. Berl. 815. Reimer. 2 ß

**Thaer A.:** Grundsätze d. rationellen Landwirthschaft. 4 Bd. Berl. 1804-12. 13 Tvl. 4°.

— Grundsätze der rationellen Landwirthschaft. 4 Bde. gr. 4. Berl. 809, 10. Reimer. 18 ß 16 gr 2e Ausg. 4 Bde. gr. 4. Ebd. 822. 10 ß N. A. 831. 4 Bde. 8 ß Weiß P. 9 ß Velinpap. 12 ß

— Dass. im Auszuge f. die Schweiz u. Süddeutschland, von A. Pecht. 8. Augsb. 814. v. Jenisch u. St. 20 gr

— — dass. im Auszuge f. die Schweiz u. Süddeutschland, von A. Pecht. 8. Augsb. Stage. (in Comm.) 814.

**Thaer,** Albr., Grundsätze d. rationellen Landwirthschaft. 4 Bde. Neue, unveränd. Ausg. gr. 8. (... B. u. 4 B. Tabn.) Berlin 831, Reimer. 8 Thlr., wß. Pap. 9 Thlr., Vlnp.

**Thaer,** A., († d. 26. Oct. 1828), Grundsätze der rationellen Landwirthschaft. 4. Aufl. 4 Bde. Mit 13 Kpfrtaf. (in gr. 4.) gr. 8. (1520 S. u. 8 Tab. in gr. 4.) Berlin 847, G. Reimer. n. 6 ß

**Thaer,** A., Grundsätze der rationellen Landwirthschaft. 4 Bde. 5. Aufl. Berlin 853. G. Reimer. gr. 8. (1. Bd.: XVI, 392 S.; 2. Bd.: X, 304 S.; 3. Bd.: XII, 308 S. u. 13 lith. Taf. in 4. u. Fol.; 4. Bd.: XVI, 464 S.) n. 6 ß.

**Thaer,** A., Grundsätze der rationellen Landwirthschaft. 6. Aufl. 4 Bde. Mit 13 Kpfrtaff. (in 4.) Berlin 868. G. Reimer. gr. 8. (LIV, 1361 S.) n. 4 ß

**Thaer's,** Albr. (II.), Grundsätze der rationellen Landwirthschaft. Neue Ausg., hrsg. und mit Anmerkungen versehen von Guido Krafft, C. Lehmann, A. Thaer und H. Thiel. 16 Lfgn. gr. 8, (XLIII, 1100 S. mit 8 lithogr. Taf. und Thaer's Portr. in Holzschn.) Berlin 879,80, [Wiegandt, Hempel und Parey.] Parey.
à Lfg. * *M* 1. *

**Thaer A.:** Handbuch für die feinwollige Schaafzucht. Berl. 1811. 176 S.

— Handbuch für die feinwollige **Schaafzucht,** auf Befehl des preußischen Ministeriums herausg. gr. 8. Berl. Realschulbuchhdl. 811.

— Handbuch f. die feinwollige Schafzucht, auf Befehl des Preuß. Ministeriums herausgg. gr. 8. Berl. 811. (Reimer). 18 gr

— Hauptsätze der neueren Geometrie. Ergänzung der Planimetrie. [Aus: „Kambly-Roeder, Trigonometrie, 32. Aufl."] Neu bearb. (72 S. m. 43 Fig.) 8. Breslau 910. F. Hirt. — 90

— Haushaltungsrechnungsbücher für Landwirthe, enthalt.: 1) das Hauptbuch; 2) Arbeits-Wochenextract; 3) Arbeitsjournal; 4) monatl. Wirthschaftsjournal; 5) Geldjournal; 6) Anweis. zum Gebrauch dieser Bücher. Fol. Berl. ... Reimer. 9 ß 12 gr

**Thaer,** Albrecht, Dir. Prof. Dr.: [Schulrat Prof. Dr. Richard **Hoche** und seine Verdienste um die Oberrealschule. Ein Rückblick bei seinem Ausscheiden aus d. Dienst.] *Hamburg 1901: Lütcke & Wulff.* (S. 1—2.) 4°
Hamburg, OR u. R vor d. Holstenthore, OP 1901 (801)

s. Aug. **Hoffmann,** über Fellenbergs Wirthschaft ꝛc.

s. H. **Köhler,** Handbuch f. den Landmann.

**Thaer,** A*lbrecht* [Dir. Dr.]: Kennzeichen der Entartung einer Fläche zweiter Ordnung. *Halle a. S., 1892;* 29—40 S. 4.
Halle a. S., st. R, P 1892 (262)

**Thaer, A., Kennzeichen der Entartung e. Fläche 2. Ordnung.** Progr. gr. 4. (S. 31—40.) **Halle a/S. 892.** (Leipzig, G. Fock.) n. — 50

— s. J. G. Koppe, Unterricht.

Thaer, Albr., über die gegenwärtige landwirthschaftliche Krise in Deutschland. Academ. Festrede, zur Feier des Stiftungsfestes der großherzogl. hess. Ludewigs-Universität am 1. Juli 1885 gehalten. gr. 4. (19 S.) Gießen 885, (Ricker'sche Buchh.) *

Thaer, A., die alt-ägyptische Landwirthschaft. Ein Beitrag zur Geschichte der Agricultur. gr. 8. (36 S. mit 6 Taf.) Berlin 881, Parey. *

Aus: Landwirthschaftliche Jahrbücher, besonders abgedruckt.

— Trigonometrische u. stereometrische Lehraufgabe der Untersekunda, s.: Kambly, Ludw., u. Roeder.

Thaer: Leitfaden z. allgemeinen landwirthschaftlichen Gewerbs-Lehre. Berl. 1815. 240 S.

— Leitfaden z. allgem. landwirthschaftl. Gewerbslehre. gr. 8. Berl. 816. Reimer. 1 *ℛ* 8 *gr*

— Leitfaden zur allgemeinen landwirthschaftl. Gewerbslehre. 2e unveränd. Ausg. gr. 8. Berlin 836. Reimer. 1 1/3 *ℛ*

Thaer A.: Methode d. landwirthschaftlichen Buchhaltung durch d zu Mögelin eingeführte Schema erläutert. Berl. 1807. (158) (Særtr.).

— Methode d. landwirthschaftl. Buchhaltung, d. d. zu Mögelin eingeführte Schema erläutert. 8. Berl. Realschulbuchhdl. 808.

— Methode der landwirthschaftl. Buchhaltung, durch das zu Mögelin eingeführte Schema erläutert. 8. Berl. 808. (Reimer). 16 *gr*

— s. Jh. Fr. Meyer II., Preisschrift üb. d. Anlagen d. Schwemmwiesen.

— Nachr. üb. die Einrichtung des landwirthschaftl. Instituts zu Mögelin. 4. Berl. . . . (Reimer). 3 *gr*

: Nachruf am Sarge des Herrn J[acob] Bünz, am 22. Juli 1907. S. 7 bis 8. 4. **Progr.** Oberrealschule vor dem Holstentore *Hamburg* 1908 (954).

Thaer, A., Der Oeconomicus d. Xenophon. E. Beitrag z. Geschichte d. Landbaues. S.-A. O. J. 14 S.

— Plantimetrie, s.: Kambly, Ludw., u. Roeder.

— Reductionstabelle der Acker- u. Getreidemaaße auf tausend Theile. Fol. Berl. 805. (Reimer). 4 *gr*

— alphabet. geordnetes Sachregister üb. die ersten 12 Bände d. Annalen des Ackerbaues. 8. Ebend. 811.

— s. Thdr. Schmalz, Encyklopädie der Kameralwissenschaften.

— vermischte landwirthschaftl. Schriften; aus d. 3 ersten Jahrgang. der Annalen der Niedersächsisch. Landwirthschaft ausgewählt u. auszugsweise in Ansehung eigner Arbeiten verbessert. 1r—3r Bd. 8. Hannov. 804—6. Hahn. (III. 2. enthalt. die landwirthschaftl. Jahresgeschichte. 16 *gr*) 6 *ℛ* 4r—6r Bd. oder wohlf. Ausg. der Annalen ꝛc. 4r, 5r u. 6r Jahrg. 8. Ebd. 806. 6 *ℛ*

— Ueber die Stellung der Tagelöhner insbesondere in der Mark Brandenburg. 8⁰. Berlin 1865.

— s. H. Stenger, d. Güter-Verpachtungsgeschäft.

— Stereometrie, s.: Kambly, Ludw., u. Roeder.

— s. J. C. J. Störig, Thierheilkunde.

— System der Landwirthschaft. gr. 8. (XIII, 437 S.) Ebend. 877. n. 8. —

[F.] System der Landwirtschaft. Von Dr. Albrecht Thaer, o. ö. Prof. . . . an d. Univ. Giessen. 2., umgearb. Aufl. *Berlin: P. Parey 1896.* (X, 436 S.) 1 Bd 8. (96. 6636

— Trigonometrie, s.: Kambly, Ludw., u. Roeder.

— die landwirthschaftlichen Unkräuter. Farbige Abbildung, Beschreibung u. Vertilgungsmittel derselben. 24 Chromolith., nebst Text. gr. 8. (32 S.) Ebend. 881. cart. n. 5. —

— die landwirtschaftlichen Unkräuter. Farbige Abbildg., Beschreibg. u. Vertilgungsmittel derselben. 2., durchgeseh. Aufl. (24 Chromolith. m. Text) gr. 8. (32 S.) Berlin 893. P. Parey. Geb. in Leinw. n. 4. —

Thaer, A., die landwirtschaftlichen Unkräuter. Farbige Abbildg., Beschreibg. u. Vertilgungsmittel derselben. 3., durchgeseh. Aufl. 24 Farbendr.-Taf. nebst Text. (50 S.) 8. Berlin 905. P. Parey. Geb. in Leinw. n. 4. —

— unter welchen Voraussetzungen ist es gerathen, landwirthschaftl. benutzten Boden aufzuforsten? [Aus: „Landwirthschaftl. Jahrbb."] Lex.-8. (18 S.) Berlin 890. Parey. n. — 50

— Versuch e. Ausmittelung des Reinertrags der Grundstücke, mit Rücksicht auf Boden. gr. 8. Berl. 813. (Reimer). 1 *ℛ*

Thaer: Versuch einer Ausmittelung d. Rein-Ertrages d. productiven Grundstücke m. Rücks. auf Boden, Lage u. Oertlichkeit, nebst dem Entwurf einer Gemeinheitstheilungs-Verordnung . . . Neue unveränd. Aufl. Berl. 1833. 124 S.

—— Versuch e. Ausmittelung d. Rein-Ertrages d. produktiven Grundstücke, mit Rücksicht auf Boden, Lage u. Oertlichkeit, nebst d. Entwurf e. Gemeinheitstheilungs-Verordn. f. d. Preuß. Staaten, zu genauerer Prüfung vorgelegt. Neue, unveränd. Aufl. 8. (8 B. u. 1 B. Tab.) Berlin 833, Reimer.

Thaer, Albr., Versuche über den Ackerbau ꝛc. siehe B. Bell.

— s. Jh. P. Wagner, Beitrr.

Thaer, Ritter Albr., üb. die Werthschätzung des Bodens. Ein Versuch an die Stelle der schwankenden Wirthschaftsanschläge, bestimmte Grundanschläge zu setzen, um den Werth jedes Grundstücks zu bestimmen. 1r Bd. Die Schätzung des Ackerlandes. 8. Berl. 811. (Reimer). 20 *gr*

— über große u. kleine Wirthschaften u. über Werthschätzung des Bodens. 8. Berl. 812. (Reimer.) 1 *ℛ* 8 *gr*

— die Wirtschaftsdirektion d. Landgutes, s. a. Thaer-Bibliothek.

— die Wirthschaftsdirection des Landgutes. Berlin 861. G. Reimer. gr. 8. (VIII, 136 S.) 20 ngr.

Thaer A. [jun.]: Die Wirthschaftsdirection d. Landgutes. Berl. 1861. 136 S.
— — 2. umgearb. Aufl. Sst. 1879. 149 S.
(Thaer-Bibliothek. Bd. 50).

[F.] Die Wirtschaftsdirektion des Landgutes v. Dr. A[lbrecht] **Thaer,** o. ö. Prof. ... an d. Univ. Giessen. 3., umgearb. Aufl. *Berlin: P. Parey 1896.* (VI, 153 S.) 1 Bd 8.
= Thaer-Bibliothek. Bd 50. [96. 4091

**— über Wolle u. Schafzucht, s. Jotemps.**

**— ein paar Worte üb. Hrn. Kammerrath Zimmermann, in Beziehung auf dessen: ein paar Worte über Hrn. Staatsrath Thaer, in Beziehung auf Wechselwirthschaft. 8. Berl. 812. (Reimer). 12 gr**

Thaer, Albrecht (Giessen)
Ueber die Zerlegbarkeit einer ebenen Linie dritter Ordnung in drei gerade Linien.
Giessen: W. Keller 1878. 17 S. 4°
Diss. phil. 1.7.1878. vorh. 26.

**Thaer,** Albr., über die Zerlegbarkeit einer ebenen Linie dritter Ordnung in drei gerade Linien. Inaugural-Dissertation. gr. 4. (17 S.) Giessen 878. (Ricker.) n. 1. —

**Thaer,** Albrecht [Dir. Prof. Dr.]: Ziel und Einrichtung der Oberrealschule. Hamburg, gedr. bei Lütcke & Wulff, 1897; 1—3 S. 4.
Hamburg, R vor d. Holstenthore, OP 1897 (762)

Thaer, Alfred

**Thaer,** Alfr., d. evangelische Christ in s. Glauben u. Leben. gr. 8. (101 S.) Charlottenburg 896. C. Ulrich & Co., Sort. n. 1. —; geb. n. 1. 60

**Thaer,** Alfr., Gehet hin in alle Welt! Marc. 16, 15. Zehn Predigten aus den J. 1892/93. gr. 8. (VII, 86 S.) Berlin 893. G. Nauck. n. 1. —; geb. in Leinw. n.n. 1. 75

Thaer, Clemens, s. Thaer, Klemens

Thaer, Conrad Wilhelm Albert, s. Thaer, Albert

Thaer, E(rnestus Andreas) (Mitarb.):
s.: Wochenschrift für die gesammte Heilkunde. Jg. 1833/1-2. Berlin: 1833.
JB 6.066

Thaer, Friedrich Wilhelm Georg von, s. Thaer, Georg von

Thaer, Georg von

[F.] **von Thaer,** *Friedrich Wilhelm* Georg [Referendar]: Die Klagbarkeit der Differenzgeschäfte ... Breslau, Schletter'sche Buchh., 1895; 2 Bl., 59 S. 8.
Breslau, Jur. Fak., Inaug.-Diss. v. 14. [handschr.: 21.] Dez. 1895

Thaer, Klemens

**Thaer, Clemens,** Dr. phil.: Eine Ausdehnung der Galoisschen Theorie auf algebraische Gleichungen mit mehrfachen Wurzeln. Leipzig 1909: Teubner. 36 S. 8°
Jena, Phil. Hab.-Schr. v. 1909 [U 09. 1118

**Thaer,** Clemens, a. Berlin: Ueber Invarianten, die symmetrischen Eigenschaften eines Punktsystems entsprechen. Leipzig 1906: B. G. Teubner. (31 S.) 8°
Gießen, Phil. Fak., Ref. Pasch, Diss. v. 2. Okt. 1900
[Geb. 8. Dez. 83 Berlin; Wohnort: Gießen; Staatsangeh.: Hamburg; Vorbildung: Wilhelms-Gymn. Hamburg Reife M. 01; Studium: Leipzig 1, Gießen 7 S.; Rig. 24. Juli 06.]

Über Invarianten, die symmetrischen Eigenschaften eines Punktsystems entsprechen. Von Clemens **Thaer** aus Berlin. Leipzig: B. G. Teubner 1906. (31 S.) 8° [07. 10408

GV144
32

Thaer, Konrad Wilhelm Albert, s. Thaer, Albert

**Thaer W.:** Der Einfluss von Kalk u. Humus auf die mechanische, physikalische u. chemische Beschaffenheit von Ton-, Lehm- u. Sandboden. Preisschr. Gött. 1910. 145 S. 1 gr. Tvl.

Tharand [Sachliches OW]

**Tharand,** seine Bäder u. Naturschönheiten, für Fremde u. Einheimische zum Nutzen u. Vergnügen. 12. Pirna 805. Friese. 4 gr

**Tharand** en Saxe, eaux minerales ... Dresde 1807. V: *Erhard, Johann Ernst.* (NN) (EngG) (Ky)

*Tharand* en Saxe, eaux minerales, (par Jh. Er. Erhard). avec Estampes. 8. Dresd. 807. Beger. 6 gr

**Tharand** und seine Umgebungen ... 2. Ausg. Dresd. u. Leipz. 1835. V: *Cotta, Bernhard.* (EngG)

**Tharand** und seine Umgebungen, beschrieben von B. C. 2. Ausg. 16. (8 B., 1 Abbild. u. 1 Plan.) Dresden u. Leipzig 835. Arnoldische Buchh.

Tharand [Schlagwort]

**Tharand.** s.a. Sachsen. Messtischblätter.

Tharand — Plan von — und der Umgegend. Aufgenommen und gezeichnet von J. G. Lehmann, gestochen J. Bach in Dresden etc. 1818. 1 : 4,800. 1 Bl.

**Tharand's** Umgebungen; e. Skizze f. Naturfreunde, (v. Fr. Chr. Aug. Hasse). Nebst 1 Grundr. u. Prospekt. 8. Meißen 801.

Tharandt [Sachliches OW]

**Tharandt,** Stadt u. Akademie. Von Wandervogel. Mit 1 Kunstbeilage u. 20 Textbildern nach photograph. Aufnahmen. Lex.-8. (S. 185—200.) Neudamm 902. J. Neumann. n. — 50
Sonderabdruck aus: „Das Waldwerk in Wort u. Bild."

Tharandt [Schlagwort]

**Tharandt.** s.a. Geologische Karten (Sachsen).

**Tharandt.** Meinhold's Spezialkarte von Tharandt u. Umgebung. 1 : 20,000. 58×73 cm. Farbdr. Nebst Text v. Alb. Naumann. gr. 8. (12 S.) Dresden (901). C. C. Meinhold & Söhne. n. 1. 50; auf Leinw. n. 2. 50

**Tharandt.** Meinhold's Spezialkarte von Tharandt u. Umgebung mit Führer. 1 : 20,000. Kleinere Ausg. 51×44 cm. Farbdr. Mit Text. (16 S.) gr. 8. Dresden (903). C. C. Meinhold & Söhne. n. — 75; auf Leinw. n. 1. 50

Tharau [Schlagwort]

**Tharau,** s.: Preussen. Messtischblätter.

Tharau [Verfasser]

**Tharau, H.** In Sachen der Heilsarmee. Antwortschreiben an die Frau Gräfin Gasparin von D. Sautter de Blonay. Nach der 3. Aufl. aus dem Französischen übersetzt. In-8⁰. Bonn, Schorgens. 1883

**Tharau, Hans**, die ewigen Berge. Mit 6 Farbenbildern von Helga v. Cramm. gr. 8. (VIII, 237 S.) Gotha 882. F. A. Perthes. n. 7. —

—— s. Cramm, Helga v., vier Schweizerlandschaften.

**Tharau, Hans**, die Fackelträger d. Evangeliums. 8. (V, 244 S.) Berlin 892. Deutsche Evangel. Buch- u. Tractat-Gesellschaft. n. 2. 40; geb. in Leinw. n. 3. —

**Tharau, Hans**, e. erloschenes Geschlecht. 8. (215 S.) Leipzig 875. J. Naumann. n. 3. —; geb. n. 4. 25

— im Hochland. — Fee. Zwei Novellen. 8. (320 S.) Gütersloh 877. Bertelsmann. 3. 60

— Viktor Melchior. Die Haiderosen. Zwei Novellen. 8. (288 S.) Gütersloh 876. Bertelsmann's Verl. 3. —

— Novellen. 4 Bde. 8. Bielefeld 871. Velhagen & Klasing. à 2. —
1. Herbstzeitlose. (208 S.)
2. Amata. (207 S.)
3. Leidenschaft u. Liebe. (184 S.)
4. Kloster Roßdyk. — Palette u. Krone. (273 S.)

Tharau, Hans, Novellen. 4 Bde. 8. Bielefeld 871, Velhagen und Klasing. à Bd. *M* 2. *
geb. à * *M* 2,75.; geb. in 2 Bde. *
Inhalt:
Bd. 1. Herbstzeitlose. (208 S.)
„ 2. Amata. (207 S.)
„ 3. Kloster Roßdyk. — Palette und Krone. (273 S.)
„ 4. Leidenschaft und Liebe. (184 S.)

**Tharau, H.**, Schwester Phoebe. Ein Bild aus den Tagen der Apostel. 8. (172 S.) Leipzig 888. Böhme Nachf. n. 2. 25; geb. n. 3. 25

— die schönsten Sagen der deutschen Heimath. Der Jugend wiedererzählt. Mit 6 Tonbildern nach Zeichnungen von W. C. Arzt. gr. 8. (IV, 220 S.) Halle 878. Schwetschke's Sep.-Cto. cart. 3. —

— unica Spes. Eine Erzählg. aus unseren Tagen. 8. (183 S.) Norden 887. Soltau. n. 2. 25; geb. n.n. 3. —

— die Studiengenossen. 8. (286 S.) Norden 882. Soltau. n. 3. —; geb. n. 4. —

**Tharau, Hans**, die Studiengenossen. 2. Aufl. 8. (VIII, 244 S.) Norden 885. Soltau. n. 3. —

Tharau, Hans, Paul Sudram. 8. (174 S.) Norden 887, Soltau. * *M* 2.25.; geb. * *

— Vera. Eine Novelle. 8. (171 S.) Gütersloh 877. Bertelsmann. 1. 80

—— Vogelstimmen, s. Cramm, Helga v.

— ein Wort zu seiner Zeit f. Sonntagsschullehrer. gr. 8. (61 S.) Bonn 883. Schergens. n. — 50

**Tharaud, Jérome, u. Jean Tharaud,** Dingley's Ruhm. Roman. Einzige autoris. Übersetzg. v. H. Michalski. (150 S.) 8. Berlin 907. Verlag Dr. Wedekind & Co. 2.50; geb. n 3. 50

— — Aus Sturm u. Not, s.: Engelhorn's allgemeine Roman-Bibliothek.

**Tharäus**, Andr., Klage der Gerste u. des Flachses, s.: Schriften d. Vereins f. d. Geschichte Berlins, Hft. 83.

**Thaer-Bibliothek.** 1., 2., 5., 7., 11., 13., 17., 19., 21., 22., 24–32. Bd. 8. Berlin 874—76. Wiegandt, Hempel & Parey. geb. à n. 2. 50
1. Die rationelle Fütterung der landwirthschaftlichen Nutzthiere. Auf Grundlage der neueren thierphysiolog. Forschungen Gemeinverständlicher Leitfaden der Fütterungslehre v. Emil Wolff. (VI, 224 S.)
2. Die landwirthschaftliche Buchführung von Frhr. von der Goltz. 4. Aufl. (VIII, 158 S.)
5. Die käuflichen Düngstoffe, ihre Zusammensetzg., Gewinng. u. Anwendg. v. A. Rümpler. Mit 24 (eingedr.) Abbildgn. (in Holzschn.) u. 1 lith. Taf. (in qu. 4.) (VII, 207 S.)
7. Die Ziegelfabrikation. Von Paul Loeff. (VIII, 163 S.)
11. Die Fischzucht. Bearb. v. Max v. dem Borne. Mit 22 Illustr. (in eingedr. Holzschn.) (II, 124 S.)
13. Die Bienenzucht nach ihrem jetzigen rationellen Standpunkte. Bearb. von A. Bar. v. Berlepsch u. W. Vogel. Mit in den Text gedr. Holzschn. (VIII, 157 S.)
17. Praktische Düngerlehre, m. e. Einleitg. üb. die allgemeinen Nährstoffe der Pflanzen u. die Eigenschaften d. Kulturbodens. Gemeinverständlicher Leitfaden der Agrikultur-Chemie v. Emil Wolff. 6. verb. Aufl. (X, 208 S.)
19. Der Rübenbau. Für Landwirthe u. Zuckerfabrikanten bearb. v. F. Knauer. 4., verm. u. verb. Aufl. Mit 17 in den Text gedr. Holzschn. (IV, 143 S.)
21. Rathgeber bei Wahl u. Gebrauch landwirthschaftlicher Geräthe u. Maschinen. Abriß der landwirthschaftl. Geräthe- u. Maschinenkunde. Von Emil Perels. 4. umgearb. Aufl. Mit 53 in den Text gedr. Holzschn. (VI, 221 S.)
22. Die Beschlagkunde v. A. Rueff. (VIII, 168 S. m. eingedr. Holzschn.)
24. Die Ernährung der landwirthschaftlichen Kulturpflanzen. Von Adf. Mayer. (XI, 146 S.)
25. Die Gehölzzucht. Bearb. v. Hartwig. Mit 50 in den Text gedr. Holzschn. (V, 154 S.)
26. Der Obstbau. Kurze Anleitg. zur Anzucht u. Pflege der Obstbäume sowie zur Ernte, Aufbewahrg. u. Benutzg. d. Obstes, nebst e. Verzeichniß der empfehlenswerthesten Sorten. Von R. Noack. Mit 76 in den Text gedr. Holzschn. (III, 170 S.)
27. Die Gartenblumen, ihre Beschreibung, Anzucht u. Pflege. Von Th. Rümpler. Mit 160 in den Text gedr. Holzschn. (IV, 204 S.)
28. Der Kartoffelbau nach seinem jetzigen rationellen Standpunkte. Von Hugo Werner. (IV, 159 S.)
29. Bewässerung u. Entwässerung der Aecker u. Wiesen. Von L. Vincent. Mit 20 in den Text gedr. Holzschn. (VIII, 168 S.)
30. Gewächshäuser u. Mistbeete. Von J. Hartwig. Mit 52 in den Text gedr. Holzschn. (IV, 167 S.)
31. Die Rindviehzucht. Anleitung zu e. rationellen Züchtg., Ernährg. u. Benutzg. d. Rindviehs. In gemeinverständl. Form bearb. v. Vict. Funk. Mit 22 in den Text gedr. Holzschn. (VIII, 184 S.)
32. Der Pferdestall, sein Bau u. seine Einrichtung. Bearb. v. Frdr. Engel. Mit 151 in den Text gedr. Holzschn. (VIII, 159 S.)

**Thaer-Bibliothek.** 1., 3., 6., 8., 10., 17., 33., 35—40. Bd. 8. Berlin 877. Parey. geb. à n. 2. 50
1. Die rationelle Fütterung der landwirthschaftlichen Nutzthiere. Auf Grundlage der neueren thierphysiologischen Forschungen. Gemeinverständlicher Leitfaden der Fütterungslehre von Emil Wolff. 2., verb. Aufl. (VIII, 198 S.)
3. Wiesen- u. Weidenbau. Praktische Anleitung zur Auswahl u. Cultur der Wiesen- u. Weidenpflanzen, nebst Berechnung der erforderlichen Samenmengen. Von F. Burgtorf. 2., verb. Aufl. Mit 54 in den Text gedr. Holzschn. (VI, 161 S.)
6. Das landwirthschaftliche Rechenwesen. Mathematisches Vademecum für Landwirthe, Culturtechniker, Forst- u. Bauleute von F. C. Schubert. 3., neu bearb. Aufl. Mit 130 in den Text gedr. Holzschn. (192 S.)

8. Neuester immerwährender Garten-Kalender. Leicht verständliche praktische Anleitung, die in allen Monaten des Jahres in dem Landschafts-, Blumen- Gemüseaarten 2c. vorkommenden Arbeiten u. Verrichtungen rechtzeitig u. sorgfältig auszuführen. Von J. G. Meyer. 2., durchges. Aufl. (190 S.)
10. Landwirthschaftlicher Futterbau. Von Will. Löbe. 2., neu bearb. Aufl. Mit in den Text gedr. (Holzschn.-)Abbildungen. (VIII, 135 S.)
17. Praktische Düngerlehre mit einer Einleitung über die allgemeinen Nährstoffe der Pflanzen u. die Eigenschaften des Kulturbodens. Gemeinverständlicher Leitfaden der Agrikultur-Chemie von Emil Wolff. 7., verb. Aufl. (VIII, 184 S.)
33. Der Viehstall Der Bau u. die Einrichtung der Ställe für Rindvieh, Schafe u. Schweine von Frdr. Engel. Mit 150 in den Text gedr. Holzschn. (VII, 198 S.)
35. Anleitung zur chemischen Untersuchung landwirthschaftlich wichtiger Stoffe. Zum Gebrauch bei quantitativ-analytischen Arbeiten im chemischen Laboratorium u. bei Vorträgen über landwirthschaftlich-chemischen Analyse. Von Emil Wolff. Mit steter Berücksichtigung der unter den Agrikultur-Chemikern gebräuchlichen u. vereinbarten Untersuchungsmethoden. 3., neu bearb. Aufl. (VIII, 236 S.)
36. Praktische Desinfectionslehre für Viehseuchen. Von Landesthierarzt Aug. Zundel. Gekrönte Preisschrift. Unter Mitwirkung des Verf. nach dem Franz. Deutsch bearb. von G. J. G. F. Flemming. (IV, 179 S.)
37. Die Lupine als Feldfrucht. Von W. Kette. 8., verm. Aufl. (V, 89 S.) — Die Serradella, der Klee des Sandes. Von C. E. v. König. 4., verb. Aufl. (III, 40 S.)
38. Die Geflügelzucht. Von Leo E. Přibyl. Mit einem Vorwort von Wilh. Ritter von Hamm. Mit 15 in den Text gedr. Holzschn. (XII, 203 S.)
39. Landwirthschaftliche Taxationslehre von K. Birnbaum. (VIII, 182 S.)
40. Die Zimmergärtnerei. Anleitung zur Anzucht u. Pflege der für die Unterhaltung in bürgerlichen Wohnräumen geeignetsten Ziergewächse. Von Thdr. Rümpler. Mit 68 in den Text gedr. Holzschn. (V, 221 S.)

**Thaer-Bibliothek.** 2., 5., 7.—9., 14., 17., 21., 24., 31., 50., 57., 60., 62., 68., 76., 78., 79., 85. u. 90.—98. Bd. 8. Berlin, P. Parey. Geb. in Leinw. à n. 2. 50

Inhaltsübersicht in alphabetischer Ordnung:

Bock, Otto, die Ziegelei als landwirtschaftliches u. selbständ. Gewerbe. 2., neubearb. Aufl. M. 190 Textabb. u. 9 Taf. (VI, 197 S.) 898. (Bd. 7.)
Bos, J. Ritzema, Zoologie f. Landwirte. 2., verb. Aufl. (VIII, 226 S. m. 182 Abb.) 896. (Bd. 78.)
Fruwirth, C., Anbau der Hülsenfrüchte. M. 69 Textabb. (XII, 274 S.) 898. (Bd. 96.)
Funk, Vict., d. Rindviehzucht. Anleitg. zu e. ration. Züchtg., Ernährg. u. Benutzg. d. Rindviehs. 4., neubearb. Aufl. M. 53 Textabb. (VI, 213 S.) 898. (Bd. 31.)
Goltz, Theod. Frhr. v. d., die landwirtschaftl. Buchführg. 8., umgearb. Aufl. (VIII, 190 S.) 898. (Bd. 2.)
— Leitfaden der landwirtschaftl. Betriebslehre. (VIII, 179 S.) 897. (Bd. 93.)
Johne, A., Gesundheitspflege der landwirtschaftl. Haussäugetiere. Ein Abriß ihrer Grundlehren. M. 159 Textabb. (VI, 234 S.) 898. (Bd. 95.)
Kuhnert, R., der Flachs, s. Kultur u. Verarbeitung. Nebst Vorschlägen zur Hebg. d. Flachsbaues. M. 40 Textabb. (VI, 193 S.) 897. (Bd. 94.)
Lintner, C. J., Grundriß der Bierbrauerei. 2., neubearb. Aufl. M. 35 Textabb. (VIII, 183 S.) 898. (Bd. 85.)
Löwenherz, Max, Rechtsbeistand des Landwirts. Gemeinverständl. Darstellg. der wichtigsten Rechts- u. Verwaltungs-Verhältnisse nach Reichs- u. preuß. Gesetzen, unt. Berücksicht. d. bürgerlichen Gesetzbuches. 2., verm. u. verb. Aufl. (VIII, 239 S.) 898. (Bd. 79.)
Maercker, M., Anleitg. zum Brennereibetrieb. Prakt. Leitfaden f. Brenner u. zum Gebrauch an landwirtschaftl. Lehranst. M. 75 Textabb. (VIII, 184 S.) 898. (Bd. 97.)
May's Schweinezucht. Prakt. Anleitung zur Rassenauswahl, Zucht, Ernährg., Haltg. u. Mast d. Schweine. Neu bearb. v. Ed. Meyer. 4. Aufl. (VII, 256 S. m. 33 Abb.) 896. (Bd. 57.)
Mayer, Adf., die Ernährg. d. landwirtschaftl. Kulturpflanzen. 2., neubearb. Aufl. (XI, 132 S.) 898. (Bd. 24.)
Meyer's immerwähr. Garten-Kalender. Prakt. Anleitg., die in allen Monaten d. Jahres in d. Landschafts-, Blumen-, Gemüse-, Obst- u. Hopfengarten, in d. Reb- u. Baumschule, d. Blumen-, Gemüse- u. Frucht-Treiberei, in Gewächshäusern u. Treibkästen, in d. Orangerie, Obstorangerie, d. Samen-, Obstbaum-, Beeren- u. Gehölzzucht 2c. vorkomm. Arbeiten u. Verrichtgn. rechtzeitig auszuführen. 3., durchgeseh. Aufl. (IV, 202 S.) 898. (Bd. 8.)
Müller, Geo., landwirtschaftl. Giftlehre. (VI, 171 S. m. 48 Abb.) 897. (Bd. 92.)
— der gesunde Hund. Naturgeschichte, Körperbau, Rassen, Aufzucht u. Pflege d. Hundes. Für Hundebesitzer bearb. Mit 64 Textabb. (VIII, 148 S.) 898. (Bd. 98.)
— der kranke Hund. Anleitg. zur Erkenng., Heilg. u. Verhütg. der hauptsächlichsten Krankheiten. Für Hundebesitzer bearb. (190 S. m. 62 Abb.) 896. (Bd. 91.)
Perel's Ratgeber bei Wahl u. Gebrauch landwirtschaftl. Geräte u. Maschinen. Abriß d. landwirtschaftl. Geräte- u. Maschinenkunde. 7. Aufl., vollst. neu bearb. v. W. Strecker. (IV, 276 S. m. 154 Abb.) 897. (Bd. 21.)
Petri, Carl, das Schriftwerk d. Landwirts. Anleitg. zur Abfassg. s. schriftl. Arbeiten im Beruf u. bürgerl. Leben. Mit zahlr. Beispielen. 2., verm. u. verb. Aufl. (VII, 246 S.) 897. (Bd. 90.)
Rümpler, A., die käufl. Düngestoffe, ihre Zusammensetzung, Gewinng. u. Anwendg. 4., neubearb. Aufl. M. 32 Textabb. (VII, 248 S.) 897. (Bd. 5.)
Schoenbeck, Berth., Ratgeber b. Pferdekauf. Für Landwirte, Offiziere u. jeden Pferdehalter bearb. 2., verm. u. verb. Aufl. M. 103 Textabb. (VII, 159 u. XVI S.) 898. (Bd. 76.)
Schoenbeck, Rich., Reiten u. Fahren. Anleitg. zur Kenntnis d. Pferdes u. zu s. Gebrauch unter dem Sattel u. im Zuge. 3., neubearb. Aufl. Mit 111 Textabb. (VII, 268 S.) 898. (Bd. 68.)
Schubert's landwirtschaftl. Baukunde. 6. Aufl., vollst. umgearb. v. G. Meyer. M. 189 Textabb. (VIII, 239 S.) 898. (Bd. 9.)
Thaer, A., die Wirtschaftsdirektion d. Landguts. 3., umgearb. Aufl. (VI, 153 S.) 896. (Bd. 50.)
Urff, C., Forstkulturen u. Behandlg. d. Forstbeständen. Für Landwirte, welche sich m. Holzzucht befassen u. s. jüng. Forstleute zur Unterweisg. in waldbaul. Praxis bearb. 2., erweit. Aufl. M. 34 Textabb. (VIII, 173 S.) 898. (Bd. 60.)
Uslar, B. v., der Gemüsebau. Anleitg. z. Gebrauche an Lehranst. u. z. Selbstunterricht. 3., verb. u. verm. Aufl. Mit 114 Textabb. (IV, 188 S.) 898. (Bd. 14.)
Wolff's Düngerlehre, m. e. Einleitung üb. d. allgem. Nährstoffe d. Pflanzen u. d. Eigenschaften d. Kulturbodens. Gemeinverständl. Leitfaden d. Agrikulturchemie. 13. Aufl., neu bearb. v. J. H. Vogel. (VIII, 204 S.) 897. (Bd. 17.)
Wüst, Alb., leichtfassl. Anleitung zum Feldmessen u. Nivellieren. Für prakt. Landwirte u. landwirtschaftl. Lehranstalten bearb. 4. Aufl. (VI, 154 S. m. 116 Abb.) 896. (Bd. 62.)

**Thaer-Bibliothek.** 1., 4., 13., 18., 19., 21., 28., 29., 33., 35., 38., 57., 62., 63., 75., 78., 81., 83., 97. u. 99.—102. Bd. 8. Berlin, P. Parey. Geb. in Leinw. à n. 2.50

Inhaltsübersicht in alphabetischer Ordnung:

Berlepsch, A. v., Bienenzucht nach ihrem jetzigen rationellen Standpunkte. 4. Aufl., bearb. v. Geo. Lehzen. Mit 35 Textabbildgn. (VI, 162 S.) 899. (Bd. 13.)
Bos, J. Ritzema, Zoologie f. Landwirte. 3., verb. Aufl. Mit 194 Textabbildgn. (VI, 234 S.) 900. (Bd. 78.)
Engel, F., der Viehstall. Bau u. Einrichtg. der Ställe f. Rindvieh, Schafe u. Schweine. 3. Aufl., vollst. neubearb. v. G. Meyer. Mit 167 Textabbildgn. (VI, 181 S.) 900. (Bd. 33.)
Knauer, F., der Rübenbau. Für Landwirte u. Zuckerfabrikanten bearb. 8. Aufl. neubearb. v. M. Hollrung. Mit 35 Textabbildgn. (VI, 152 S.) 901. (Bd. 19.)
Maercker, M., Anleitung zum Brennereibetrieb. Praktischer Leitfaden f. Brenner u. zum Gebrauch an landwirtschaftl. Lehranstalten. 2., durchgeseh. Aufl. Mit 78 Textabbildgn. (VIII, 191 S.) 900. (Bd. 97.)
May's Schweinezucht. Praktische Anleitg. zur Rassenauswahl, Zucht, Ernährg., Haltg. u. Mast der Schweine. Neu bearb. v. Eduard Meyer. 5., neu bearb. Aufl. (VI, 260 S. m. 33 Abb.) 902. (Bd. 57.)
Michelsen, Ed., u. F. Nedderich, Geschichte der deutschen Landwirtschaft. Für den Schulgebrauch u. f. des deutschen Landwirts Feierstunden bearb. 4. Aufl., neu bearb. v. F. Nedderich. (VII, 272 S.) 902. (Bd. 4.)
Nowacki, Ant., Anleitung zum Getreidebau auf wissenschaftl. u. prakt. Grundlage. 3., neu bearb. Aufl. Mit 147 Textabbildgn. (VIII, 279 S.) 899. (Bd. 63.)
— praktische Bodenkunde. Anleitg. zur Untersuchg., Klassifikation u. Kartierg. des Bodens. 3., verm. u. verb. Aufl. Mit 9 Textabbildgn. u. 1 Farbendr.-Taf. (VIII, 190 S.) 899. (Bd. 81.)
Oldenburg, F., Anleitung zur Pferdezucht im landwirtschaftlichen Betriebe. (VIII. 195 S.) 901. (Bd. 102.)
Perels u. Strecker, Ratgeber bei Wahl u. Gebrauch landwirtschaftl. Geräte u. Maschinen. Abriß der landwirtschaftl. Geräte- u. Maschinenkunde. 8. Aufl., vollständig neu bearb. v. W. Strecker. Mit 167 Textabb. (VIII, 279 S.) 902. (Bd. 21.)
Pribyl's Geflügelzucht. 4. Aufl., unter besond. Berücksicht. der Eier- u. Fleischerzeugg. vollständig neubearb. von E. Sabel. Mit 39 Textabbildgn. (VIII, 236 S.) 899. (Bd. 38.)
Schubert, A., die Geflügelställe, ihre bauliche Anlage u. innere Einrichtung. 2., vollständig neubearb. u. verm. Aufl. (IV, 157 S. m. 161 Abbildgn.) 902. (Bd. 75.)
Stebler, F. G., der rationelle Futterbau. Praktische Anleitg. f. Landwirte u. für den Unterricht an landw. Lehranstalten. 4., umgearb. u. erweit. Aufl. der Schrift: Die Grassamenmischgn. zur Erzielg. des größten Futterertrages. Mit 141 Textabbildgn. (VIII, 222 S.) 900. (Bd. 101.)
Wagner, Paul, Anwendung künstlicher Düngemittel. 2. Aufl. (XII, 172 S.) 901. (Bd. 100.)
1. Aufl. (XII, 163 S.) 900.
Werner, Hugo, der Kartoffelbau nach seinem jetzigen rationellen Standpunkte. 4., neubearb. Aufl. (IV, 205 S.) 902. (Bd. 28.)

**Wolff's**, Emil, Anleitung zur chemischen Untersuchung landwirtschaftlich wichtiger Stoffe. Zum Gebrauch bei quantitativ-analyt. Arbeiten im chem. Laboratorium. Mit steter Berücksicht. der vom Verbande landwirtschaftl. Versuchsstationen vereinbarten Untersuchungsmethoden. 4. Aufl., vollständig neu bearb. v. E. Haselhoff. Mit 17 Textabbildgn. (X, 186 S.) 899. (Bd. 35.)

**Zapken**, A., Geburtshilfe. Für Landwirte bearb. 2., neu bearb. u. verm. Aufl. Mit 32 Textabbildgn. (VIII, 158 S.) 899. (Bd. 99.)

**Teichert**, Osk., gärtnerische Veredelungskunst, m. Berücksicht. der Obstbaumzucht. 3. Aufl., neubearb. v. A. Fintelmann. Mit 33 Textabbildgn. (VI, 158 S.) 900. (Bd. 18.)

**Vincent**, L., Bewässerung u. Entwässerung der Äcker u. Wiesen. 4. Aufl. Mit 20 in den Text gedr. Holzschn. (VIII, 151 S.) 899. (Bd. 29.)

— rationelle Fütterung der landwirtschaftlichen Nutztiere auf Grundlage der neueren tierphysiologischen Forschungen. Gemeinverständlicher Leitfaden der Fütterungslehre. 7. Aufl., neu bearb. v. Curt Lehmann. (VIII, 253 S.) 899. (Bd. 1.)

**Wüst's** leichtfassliche Anleitung zum Feldmessen u. Nivellieren. Für prakt. Landwirte u. landwirtschaftl. Lehranstalten. 5. Aufl., durchgesehen u. vervollständigt v. Alwin Nachtweh. Mit 127 Abbildgn. (VIII, 160 S.) 901. (Bd. 62.)

**Zajiček**, J. F., der Landwirt als Kulturingenieur. 2., verb. Aufl. Mit 196 Textabbildgn. (VII, 231 S.) 902. (Bd. 83.)

**Thaer-Bibliothek.** 2. 3. 7. 9. 11. 13. 14. 17. 19. 21. 26. 28. 31. 38. 60. 63. 68. 76. 78. 79. 81. 85. 89.—91. 93. 97. 100. 101. u. 103.—108. Bd. 8. Berlin, P. Parey. Geb. in Leinw. à n. 2. 50

**Albert**, Frdr., die Konservierung der Futterpflanzen nach verschiedenen Methoden. Mit 57 Textabbildgn. (VI, 194 S.) 905. (Bd. 103.)

**Berlepsch**, A. v., Bienenzucht nach ihrem jetzigen rationellen Standpunkte. 5. Aufl., bearb. v. Geo. Lehzen. Mit 32 Textabbildgn. (VII, 164 S.) 907. (Bd. 13.)

**Bock**, Otto, die Ziegelei als landwirtschaftliches u. selbständiges Gewerbe. 3., neubearb. Aufl. Mit 167 Textabbildgn. u. 5 Taf. (VI, 186 S.) 905. (Bd. 7.)

**Bode**, Alex., gärtnerische Betriebslehre. Ein Leitfaden zum Selbststudium u. zum Unterricht an gärtner. Lehranstalten. (VIII, 153 S.) 903. (Bd. 104.)

**Borne**, Max v. dem, künstliche Fischzucht. 5., neubearb. Aufl., hrsg. von Hans v. Debschitz. Mit 95 Textabbildgn. (VIII, 212 S.) 905. (Bd. 11.)

— Teichwirtschaft. 5., neubearb. Aufl., bearb. von Hans v. Debschitz. (VII, 188 S.) 906. (Bd. 89.)

**Bos**, J., Ritzema, Zoologie f. Landwirte. 4., verb. Aufl. Mit 202 Textabbildgn. (VIII, 240 S.) 905. (Bd. 78.)

**Burgtorf**, F., Wiesen- u. Weidenbau. Praktische Anleitg. zur Auswahl u. Kultur der Wiesen- u. Weidenpflanzen, nebst Berechng. der erforderl. Samenmengen. 5., durchgeseh. Aufl. Mit 63 in den Text gedr. Holzschn. (VIII, 171 S.) 905. (Bd. 3.)

**Funk**, Vict., die Rindviehzucht. Anleitung zu einer rationellen Züchtg., Ernährg. u. Benutzg. des Rindviehs. 5., neubearb. Aufl. Mit 57 Textabbildgn. (VI, 217 S.) 903. (Bd. 31.)

**Goltz**, Theod. Frhr. v. der, die landwirtschaftliche Buchführg. 9., umgearb. Aufl. (VIII, 188 S.) 903. (Bd. 2.)

— Leitfaden der landwirtschaftl. Betriebslehre. 2., umgearb. Aufl. (VI, 182 S.) 903. (Bd. 93.)

**Heyne**, Jobs., die Schafzucht. Rassen, Züchtg. u. Ernährg. des Schafes, Wollkunde u. techn. Verarbeitg. der Wolle. (VIII, 148 S. m. Abbildgn.) 906. (Bd. 107.)

**Huber**, Karl, die Obstverwertung. Mit 97 Textabbildgn. (VII, 135 S.) 906. (Bd. 108.)

**Knauer**, F., der Rübenbau. Für Landwirte u. Zuckerfabrikanten bearb. 9. Aufl., neubearb. v. M. Hollrung. Mit 34 Textabbildgn. (VIII, 174 S.) 906. (Bd. 19.)

**Lintner**, C. J., Grundriß der Bierbrauerei, 3., neubearb. Aufl. Mit 37 Textabbildgn. (VII, 188 S.) 904. (Bd. 85.)

**Löwenherz**, Max, Rechtsbeistand des Landwirts. Gemeinverständliche Darstellg. der wichtigsten Rechts- u. Verwaltungs-Verhältnisse nach Reichs- u. preuß. Gesetzen. 3., neubearb. Aufl. (VIII, 235 S.) 903. (Bd. 79.)

**Maercker's**, Max, Anleitung zum Brennereibetrieb. Praktischer Leitfaden f. Brenner u. zum Gebrauch an landwirtschaftlichen Lehranstalten. 3. Aufl., neubearb. v. M. Delbrück u. H. Lange. Mit 63 Textabbildgn. (VIII, 204 S.) 904. (Bd. 97.)

**Müller**, Geo., der kranke Hund. Anleitung zur Erkenng., Heilg. u. Verhütg. der hauptsächlichsten Hundekrankheiten. Fur Hundebesitzer bearb. 2., verm. Aufl. Mit 69 Textabbildgn. (VIII, 212 S.) 903. (Bd. 91.)

**Noack**, R., der Obstbau. Kurze Anleitg. zur Anzucht u. Pflege der Obstbäume, sowie zur Ernte, Aufbewahrg. u. Benutzg. des Obstes, nebst e. Verzeichnis der empfehlenswertesten Sorten. 4., verb. Aufl. Mit 90 Textabbildgn. (V, 183 S.) 903. (Bd. 26.)

**Nowacki**, Ant., Anleitung zum Getreidebau auf wissenschaftlicher u. praktischer Grundlage. 4., verb. Aufl. Mit 147 Textabbildgn. (VIII, 280 S.) 905. (Bd. 63.)

— praktische Bodenkunde. Anleitung zu Untersuchungen, Klassifikation u. Kartierg. des Bodens. 4., verb. Aufl. Mit 10 Textabbildgn. u. 1 Farbendr.-Taf. (VIII, 191 S.) 904. (Bd. 81.)

**Passon**, Max, die Beurteilung u. Begutachtung landwirtschaftlich wichtiger Hilfsstoffe. Mit 26 Textabbildgn. (VIII, 163 S.) 904.) (Bd. 105.)

**Petri**, Karl, Handelskunde f. den Landwirt. Praktische Anleitung f. den Einkauf der landwirtschaftl. Bedarfsgegenstände u. Verkauf der Erzeugnisse des Ackerbaues u. der Viehzucht unter Berücksicht. d. einschläg. gesetzl. Bestimmgn. (VII, 208 S.) 904. (Bd. 106.)

— das Schriftwerk des Landwirts. Anleitung zur Abfassg. seiner schriftl. Arbeiten im Beruf u. bürgerl. Leben. Mit zahlr. Beispielen. 3., neubearb. Aufl. (VIII, 275 S.) 903. (Bd. 90.)

**Pribyl's** Geflügelzucht. Unter besond. Berücksicht. der Eier- u. Fleischerzeugg. vollständig neubearb v. F. Sabel. 5. Aufl. Mit 43 Textabbildgn. (VIII, 260 S.) 904. (Bd. 38.)

**Schoenbeck**, Berth., Ratgeber beim Pferdekauf. Für Landwirte, Offiziere u. jeden Pferdehalter bearb. 3., verb. Aufl. Mit 103 Textabbildgn. u. e. besonderen Beilage: Taschen-Auszug. (VIII, 155 u. XVI S.) 906. (Bd. 76.)

**Schoenbeck**, Rich., Reiten u. Fahren. Anleitung zur Kenntnis des Pferdes u. zu seinem Gebrauch unter dem Sattel u. im Zuge. 4., neubearb. Aufl. Mit 94 Textabbildgn. (VIII, 250 S.) 905. (Bd. 68.)

**Schubert's** landwirtschaftliche Baukunde. 7. Aufl., neubearb. von G. Meyer. Mit 189 Textabbildgn. (VIII, 228 S.) 905. (Bd. 9.)

**Stebler**, F. G., der rationelle Futterbau. Praktische Anleitg. f. Landwirte u. f. den Unterricht an landw. Lehranstalten. 5., umgearb. u. erweit. Aufl. Mit 159 Textabbildgn. (VIII, 240 S.) 903. (Bd. 101.)

**Strecker**, W., Ratgeber bei Wahl u. Gebrauch landwirtschaftlicher Geräte u. Maschinen. Abriß der landwirtschaftl. Geräte- u. Maschinenkunde. Zugleich 9., vollständig neubearb. Aufl. des Perelsschen Ratgebers. Mit 168 Textabbildgn. (VIII, 272 S.) 906. (Bd. 21.)

**Urff**, C., Forstkulturen u. Behandlung von Forstbeständen. Für Landwirte, welche sich mit Holzzucht befassen, u. für jüngere Forstleute zur Unterweisg. in waldbaul. Praxis bearb. 3., erweit. Aufl. Mit 41 Textabbildgn. (VIII, 220 S.) 906. (Bd. 60.)

**Uslar**, B. v., der Gemüsebau. Anleitung zum Gebrauche an Lehranstalten u. zum Selbstunterricht. 4., verb. u. verm. Aufl. Mit 114 Textabbildgn. (IV, 188 S.) 906. (Bd. 14.)

**Wagner**, Paul, Anwendung künstlicher Düngemittel. 3., veränd. u. erweit. Aufl. (XII, 182 S.) 903. (Bd. 100.)

**Werner**, Hugo, der Kartoffelbau nach seinem jetzigen rationellen Standpunkte. 5., neubearb. Aufl. (IV, 231 S.) 906. (Bd. 28.)

**Wolff's** Düngerlehre, m. e. Einleitg. über die allgemeinen Nährstoffe der Pflanzen u. die Eigenschaften des Kulturbodens. Gemeinverständlicher Leitfaden d. Agrikultur-Chemie. 14. Aufl., neu bearb. v. H. C. Müller. (VI, 177 S.) 904. (Bd. 17.)

**Thaer-Bibliothek.** 2. 8. 17. 27. 30.—33. 52. 57. 62. 65. 69. 70. 75. 78. 81. 84. 85. 90. 93. 99.—102. 109.—112. Bd. 8. Berlin, P. Parey. Geb. in Leinw. à n 2. 50

**Bornemann**, Fel., die wichtigsten landwirtschaftlichen Unkräuter, ihre Lebensgeschichte u. Methoden ihrer Bekämpfung. Mit dem Neuning-Preise gekrönte Preisschrift. (VIII, 134 S. m. 35 Abbildgn.) 910. (Bd. 112.)

**Bos**, J. Ritzema, Zoologie f. Landwirte. 5., verb. Aufl. Mit 201 Textabbildgn.) (VIII, 227 S.) 909. (Bd. 78.)

**Engel**, Frdr., der Pferdestall, sein Bau u. seine Einrichtung. 3., durchgeseh. Aufl., bearb. v. G. Meyer. (VIII, 143 S. m. 158 Abbildgn.) 910. (Bd. 32.)

— Der Viehstall. Bau- u. Einrichtg. der Ställe f. Rindvieh, Schafe u. Schweine. 4. Aufl., vollständig neubearb. v. G. Meyer. (VIII, 174 S. m. 165 Abbildgn.) 910. (Bd. 33.)

**Fruwirth**, C., Hopfenbau u. Hopfenbehandlung. Gekrönte Preisschrift. 2., vollständig umgearb. Aufl. Mit 59 Textabb. (VIII, 185 S.) 908. (Bd. 70.)

**Funk**, Vict., die Milchwirtschaft. Mit 59 Textabbildgn. (VI, 246 S.) 908. (Bd. 52.)

— Die Rindviehzucht. Anleitung zu e. rationellen Züchtg., Ernährg. u. Benutzg. des Rindviehs. 6., neubearb. Aufl. Mit 60 Textabbildgn. (VII, 231 S.) 908. (Bd. 31.)

**Goltz**, Theod. Frhr. v. der, die landwirtschaftliche Buchführung. 10. Aufl., neubearb. v. Conr. v. Seelhorst. (X, 210 S.) 910. (Bd. 2.)

— Leitfaden der landwirtschaftlichen Betriebslehre. 3., neubearb. Aufl., hrsg. von C. v. Seelhorst. (VI, 202 S.) 907. (Bd. 93.)

**Hartwig**, J., Gewächshäuser u. Mistbeete. 3. Aufl., umgearb. v. Curt Reiter. (VIII, 160 S. m. 54 Abbildgn. u. 4 Taf.) 910. (Bd. 30.)

**Koch**, Alois, landwirtschaftl. Haustierkunde. Was der Landwirt üb. Tieranatomie, Zeugg., Entwicklg., Geburt u. Geburtshilfe u. üb. Gesundheitspflege wissen sollte. (VII, 204 S. m. 200 Abbildgn.) 910. (Bd. 111.)

**Lintner**, C. J., Grundriß der Bierbrauerei. 4., neubearb. Aufl. (VI, 192 S. m. 40 Abbildgn.) 910. (Bd. 85.)

**May's** Schweinezucht. Praktische Anleitg. zur Rassenauswahl, Zucht, Ernährg., Haltg. u. Mast der Schweine. 6., neubearb. Aufl., hrsg. v. Eduard Meyer. Mit 25 Textabbildgn. (VI, 217 S.) 907. (Bd. 57.)

**Meyer's** immerwährender Garten-Kalender. Praktische Anleitg., die in allen Monaten des Jahres in dem Landschafts-, Blumen-, Gemüse-, Obst- u. Hopfengarten, in der Reb- u. Baumschule, der Blumen-, Gemüse- u. Frucht-Treiberei, in Gewächshäusern u. Treibkästen, in der Orangerie, Obstorangerie, der Samen-, Obstbaum-, Beeren- u. Gehölzzucht etc. vorkomm. Arbeiten u. Verrichtgn. rechtzeitig auszuführen. 4., vollständig neubearb. Aufl. (III, 199 S.) 908. (Bd. 8.)

**Nowacki**, Ant., praktische Bodenkunde. Anleitung zur Untersuchg., Klassifikation u. Kartierg. des Bodens. 5., verm. u. verb. Aufl. (VIII, 216 S. m. 13 Abbildgn. u. 1 farb. Taf.) 910. (Bd. 81.)

— Der praktische Kleegrasbau. Kurz u. bündig gefaßte, auf Erfahrg. begründete Anleitg. zum Kunstfutterbau. 4., verb. u. erweit. Aufl. (VIII, 172 S.) 909. (Bd. 109.)

**Oldenburg**, F., Anleitung zur Pferdezucht im landwirtschaftlichen Betriebe. 2., neubearb. Aufl. (VII, 203 S.) 908. (Bd. 102.)

**Petri**, Karl, das Schriftwerk des Landwirts. Anleitung zur Abfassg. seiner schriftl. Arbeiten im Beruf u. bürgerl. Leben. Mit zahlreichen Beispielen. 4., neubearb. Aufl. (VII, 248 S.) 909. (Bd. 90.)

Riehm, E., die wichtigsten pflanzlichen u. tierischen Schädlinge der landwirtschaftlichen Kulturpflanzen. (VI, 158 S. m. 66 Abbildgn.) 910. (Bd. 65.)

Rümpler, Th., die Gartenblumen, ihre Beschreibung, Anzucht u. Pflege. 3. Aufl., neubearb. v. Otto Krauß. (IV, 170 S. m. 157 Abbildgn.) 910. (Bd. 27.)

Schlotfeldt, Ernst, Jagd-, Hof- u. Schäferhunde. Praktisches Handbuch f. jeden Hundebesitzer. 2., vollständig neubearb. Aufl. Mit 27 Textabbildgn. (VII, 189 S.) 909. (Bd. 69.)

Schoenbeck, Berth., die Widersetzlichkeiten des Pferdes, deren Ursachen, Folgen u. abhelfende Behandlung. 2., verb. Aufl. Mit 46 Textabbildgn. (VIII, 180 S.) 909. (Bd. 84.)

Schubert, Alfr., die Geflügelställe, ihre bauliche Anlage u. innere Einrichtung. 3., vollständig neubearb. u. verm. Aufl. Mit 196 Textabbildgn. (IV, 183 S.) 908. (Bd. 75.)

Schuppli, P., Viehhaltung u. Alpwirtschaft einschließlich der zugehörigen Betriebszweige Futterbau, Milchwirtschaft u. Schweinehaltung. Ein Leitfaden f. Land- u. Alpwirte, landwirtschaftl. Schulen u. zum Selbststudium. 2. Aufl. des „Leitfaden f. die Viehhaltungskurse am Oberhof". Mit 50 Textabbildgn. (VI, 204 S.) 909. (Bd. 110.)

Stebler, F. G., der rationelle Futterbau. Praktische Anleitg. f. Landwirte u. f. den Unterricht an landw. Lehranstalten. 6., umgearb. Aufl. Mit 161 Textabbildgn. (VIII, 234 S.) 909. (Bd. 101.)

Tapken, A., Geburtshilfe. Für Landwirte bearb. 3., verb. u. verm. Aufl. Mit 33 Textabbild. (VIII, 167 S.) 908. (Bd. 99.)

**Wagner, Paul, Anwendg. künstlicher Düngemittel. 4., vielfach veränd. u. erweit. Aufl. (XII, 191 S.) 908. (Bd. 100.)**

**Wolff's Düngerlehre, m. e. Einleitg. üb. die allgemeinen Nährstoffe der Pflanzen u. die Eigenschaften des Kulturbodens. Gemeinverständlicher Leitfaden d. Agrikultur-Chemie. 15. Aufl., neu bearb. v. H. C. Müller. (VI, 196 S.) 910. (Bd. 17.)**

Wüst's leichtfassliche Anleitung zum Feldmessen u. Nivellieren. Für prakt. Landwirte u. landwirtschaftl. Lehranstalten. 6. Aufl., durchgesehen u. vervollständigt v. Alwin Nachtweh. Mit 182 Textabbildgn. (VIII, 192 S.) 907. (Bd. 62.)

**Thardshimanjanz, Alexander**, aus Schemacha (Kaukasus): Experimentell-biologische Untersuchungen über Immunität und Allergie bei Hyphomycetenerkrankungen. (Aus der dermatologischen Abteilung der medizinischen Abteilung der medizinischen Universitäts-Klinik zu Basel.) Basel 1910. 21 S. 8°.
Basel. Med. Diss. 1909/10.

Thardshimanjanz, Alexander. Experimentell-biologische Untersuchungen über Immunität und Allergie bei Hyphomycetenerkrankungen. Aus der dermatologischen Abteilung der medizinischen Universitäts-Klinik zu Basel. Diss. Med. Basel. 21 S. 8. Basel, J. Kohlhepp, Februar 1910.

**Thari**, Eug., Kinderlieder-Bücher, s.: Flugschrift, 33., des Dürer-Bundes zur ästhetischen Kultur.

Tharjag, od. Inbegriff d. Mosaischen Vorschriften, s. Kreize-nach, M.

**Tharin**, die Welt des Predigers. Oder: Predigtentwürfe in vergleichenden Uebersichtstafeln zum Gebrauche für Geistliche. Aus dem Französ. bearb. von G. H. F. de Castres. Regensburg 853. Manz. gr. 4. (IV, 246 S.) 1 Rthlr. 20 ngr.

**Tharing, Herm., das Einschlafen d. Glieder, seine Ursachen, Verhütung u. Heilung. 12. (3½ B.) Nordhausen 841, Fürst.**

Thärmann, Hugo, neue Geld-Tabelle. Fol. (1 Bl.) Schönebeck 869, Senff.

**Thärmann**, Hugo, neue Geld-Tabelle. Fol. (1 Bl.) Schönebeck 872. Senff. — 10

Tharsander [Pseud.], s.a. Wegener, F. Georg Wilhelm

**Tharsander**, adeptus ineptus, od. Entdeckung d. falsch berühmten Kunst, Alchymie genannt. 8. Berlin, Haude. 744.

**Tharsander(n)**, Schauplatz vieler ungereimten Meynungen und Erzählungen; Worauf die unter dem Titel der Magiae naturalis so hochgepriesene Wissenschaften und Künste, von dem Gestirn und dessen Influenz, von den Geistern, ihren Erscheinungen und Würckungen; Von andern natürlichen Dingen, ihren geheimen Kräften und Eigenschaften: Ingleichen die mancherley Arten der Wahrsagerey, und viel andere fabelhafte, abergläubische und ungegründete Dinge mehr, vorgestellet, geprüfet und entdecket werden. Zur Beförderung der Wahrheit, wie auch zum Unterricht und Warnung, sich für thörichten Einbildungen und Betrug zu hüten, eröfnet von —. Berlin bey Ambrosius Haude. 8.

***Tharsander**, (G. Wilh. Wagner) Schauplatz vieler ungereimter Meinungen und Erzählungen, worauf der unter dem Titel der Magiae naturalis — gepriesenen Künste und Wissenschaften — vorgest., gepr. und entdeckt werden. Berl. u. Lpz. 735 — 42. 3 voll. 8.

**Tharsicius**, der hl., erster Märtyrer des allerheil. Sakramentes, s.: Blumen, eucharistische, Hft. 1.

Thasci Caecilii Cypriani Opera, s. Corpus scriptorum ecclesiast.

**Thasillo II., Herzog in Bojarien. Trspl. in 5 A. 8. München 806. Lentner. 12 gr.**

Thassilo der Zweyte, Herzog von Baiern, Trauerspiel in 5 Aufz. von J. B. v. Zahlhas. 8. Leipzig, Hartmann. 820.

**That** ..., s. Tat ...

**Thatcher**, C(harles) J(ennings), Easton, Penna., Amerika: Die elektrolytische Oxydation von Natriumthiosulfat und ihr Mechanismus. (Mit 15 Fig. im Text.) *Leipzig: W. Engelmann 1904.* (82 S.) 8° ¶ (Aus: Zeitschr. f. physikal. Chemie Bd 47, H. 6.)
Leipzig, Phil. Diss. v. 1904

THATE, ALEXANDER. Ueber die Einwirkung von Reductionsmitteln auf Orthonitrophenoxylessigsäure. Leipzig, 1884.

**Thate, W. Jul., d. tierischen Feinde des Ackerbaues, s.: Landwirtschaftliche u. Gartenbau-Bibliothek, Leipziger, Nr. 4.**

**Thatenbuch**, s. Tatenbuch

**Thater**, Carl Gustav, s. Thater, Gustav

**Thater,** (Carolus) Gustavus (*geb. Hirschberg in Schles. 12. 10 1811*). De tannino. Vratislaviae (1839). (28 S.) 8°
Breslau, Med. Diss. v. 22. Juli 1839

**Thaeter**, Anna, Julius Thaeter. Das Lebensbild e. deutschen Kupferstechers. Zusammengestellt aus schriftl. Nachlaß. Mit Portr. in Lichtdr. gr. 8. (V, 167 u. 185 S.) Frankfurt a/M. 887. Alt. n. 5. —; geb. n. 6. —

**Thaeter**, Anna, Julius Thaeter. Das Lebensbild e. deutschen Kupferstechers. Zusammengestellt aus schriftl. Nachlaß. Mit Portr. in Lichtdr. (2 Tle. in 1 Bd.) (Neue [Titel-] Ausg.) gr. 8. (V, 167 u. 185 S.) Neukirchen [887.] (900). Buchh. des Erziehungsvereins. Geb. in Leinw. n. 3. —

**Thäter**, Franz Karl

THÄTER, Franz Carl (Sonthofen): De tussi convulsiva.- München: Mühlthaler 1870. 32 S.
7.8.1869 - Urk; F 72; Chr 1869/70,12
Diss. Ingolst.-Landsh.-Mchn.

**Thaeter**, G. v. Bemerkungen über den Einfluß der verbesserten Schußwaffen auf das Gefecht. München 1891. 26 S.

**Thäter, G.**, 100 Briefe unterhaltenden und belehrenden Inhalts großentheils für die dritte Klasse der deutschen Volksschule sowie für Feiertagsschüler bearb. 1. Aufl. (165 S.) 1847. und 2., verb. Aufl. 8. (163 lithogr. S.) Lindau 851, Stettner. *

**Thäter, Glieb. v.**, meine Feldzugserinnerungen 1870/71. Nach 40 Jahren aufgezeichnet. (V, 229 S. m. 1 Karte.) 8. München 911. C. H. Beck. Geb. in Leinw. 3. —

**Thäter, J.**, Musenblumen in Poesie u. Prosa, aus d. menschl. Leben gepflückt. 8. (12 B.) Dinkelsbühl 829, Walthr.

**Thäter, J.**, Volksbibel, s. König, G.

**Thäter, Johannes.** — Selbstbiographie eines alten Schulmeisters. Nach dem Tode des Verf. für seine Freunde hersg. Nürnberg 866. Sebald'sche Buchdruckerei. 8. (IV, 140 S.) n. 10 ngr.

**Thäter, Joh.**, Weihnachtsgabe, seinen früheren Schülern u. Schülerinnen dargeboten. 12. (3⅜ B.) Nürnberg 844, Raw'sche Buchh.

**Thaeter, Julius.** Deutsche Trachten aus dem sechzehnten Jahrhundert, bearbeitet von Julius Thaeter. 1. Heft. 1827. O. O. [Umschlagtit.]
6 Taf. in Kupferst. 4°.
*Mehr nicht erschienen.*

**Thaeter,** Karl: Beiträge zur forensischen Chemie und Wertbestimmung scharfwirkender Drogen. I. Quantitativer und qualitativer Nachweis des Santonins in den Blütenköpfchen von Artemisia maritima. II. Ueber die Glukoside der Wurzel von Helleborus niger: Helleborein und Helleborin. *Berlin (1897): Denter & Nicolas.* (30 S.) 8°
München, Phil. Diss. v. 1897

**Thäter, Karl:** Das Munddach der Schlangen und Schildkröten. [Ohne Taf.] Leipzig: W. Engelmann 1910. S. 471—518. 8° ¶ (Aus: Morphol. Jahrbuch. Bd 41, H. 3.)
Erlangen, Phil. Diss. v. 26. Juli 1910, Ref. Fleischmann
[Geb. 15. Febr. 86 Nürnberg; Wohnort: Nürnberg; Staatsangeh.: Bayern; Vorbildung: Altes Gymn. Nürnberg Reife 05; Studium: Erlangen 7, Würzburg 1 S.; Rig. 9. Dez. 09.] [U 10. 906

**Thätjenhorst, H., u. A. Duntze,** Karte v. dem Gebiete der freien Hansestadt Bremen. Nach trigonometr. Messungen entworfen u. nach den Kataster-Karten bearb. Imp.-Fol. Lith. Bremen 851. (Kaiser.) n. n. 3 ℳ

Thätjenhorst, H., und A. Duntze, Karte von dem Gebiete der freien Hansestadt Bremen. Nach trigonometr. Messungen entworfen und nach den Kataster-Karten bearb. 4. vom Katasteramte gänzlich revid. Aufl. Lithogr. Imp.-Fol. Bremen 882, Kühtmann und Comp. *
Auf Leinw. mit Stäben **ℳ 15,50.; in Etui **

Karte von den Mündungen der **Weser**, **Elbe**, **Jade** und **Elder**. Entw. u. bearb. v. **H. Thätjenhorst**. 1 : 125000. Bremen. 1849. Lithographie. 1 Bl. Imp.-Fol., 87.65 cm.

Thätigkeit ..., s. Tätigkeit ...

**Thaetz,** Julius (geb. Posen 23. 7. 1818): De musculorum regeneratione experimentis illustrata. Berolini (1843). (22 S.) 8°
Berlin, Med. Diss. v. 26. Juli 1843

FSC
www.fsc.org
MIX
Papier | Fördert gute Waldnutzung
FSC® C083411

Kolibri 360 GmbH
Ferdinand-Jühlke-Straße 7
99095 Erfurt, Deutschland
produktsicherheit@kolibri360.de